ROBERT DRALLE

DIE GLASFABRIKATION

ZWEITE GÄNZLICH UMGEARBEITETE UND VERBESSERTE AUFLAGE

UNTER MITWIRKUNG VON

Dr. F. ECKERT, Glaswerke Ruhr, Essen, Privatdozent an der Technischen Hochschule-Berlin / Dipl.-Ing. W. FROMMEL, Fabrikdirektor, Ujpest bei Budapest / Regierungsbaumeister a. D. E. LUTZ, Fabrikdirektor, Dessau / Dr. ing. H. MAURACH, Geschäftsführendes Vorstandsmitglied der Deutschen Glastechnischen Gesellschaft, Frankfurt am Main / Betriebsingenieur H. MUHLERT, Gerresheim / Dr. ing. L. SPRINGER, Studienrat und Glashüttenchemiker, Zwiesel (Bayern) / Dipl.-Ing. O. WOLFF, Fabrikdirektor, Crefeld-Linn / Dipl.-Ing. F. WOLLNER, Fabrikdirektor, Ratten (Steiermark) / Dr. phil. A. WENDLER, Geheimer Regierungsrat, Berlin

HERAUSGEGEBEN

VON

DR. GUSTAV KEPPELER

o. Prof. a. d. Technischen Hochschule-Hannover

I. BAND

mit 714 Abbildungen im Text

und 16 Tafeln

1926

MÜNCHEN UND BERLIN

DRUCK UND VERLAG VON R. OLDENBOURG

DEM
ERSTEN
HERAUSGEBER
DIESES
WERKES
ROBERT DRALLE
ZUM
GEDÄCHTNIS

Vorwort.

In seinem Buche „Die Glasfabrikation" hat Robert Dralle der Glasindustrie ein wertvolles Erbe hinterlassen, das zu pflegen und weiterzuentwickeln für den Herausgeber der neuen Ausgabe und seine Mitarbeiter keine leichte Aufgabe war. Von den reichen Erfahrungen eines langen tätigen Lebens getragen und mit einer seltenen schriftstellerischen Begabung ausgestattet hat Dralle ein Werk geschaffen, das in der Glasliteratur der ganzen Welt eine neue Epoche einleitete. Da ließen es Rücksichten der Pietät zweifelhaft erscheinen, ob es gestattet sei, in der Zielsetzung des Ganzen sowie im Aufbau und in der Behandlung des Stoffes stärkere Änderungen vorzunehmen. Aber ein allzu fürsorgliches Erhalten des Gegebenen hätte leicht den Nachteil mangelnder Einheitlichkeit und des unorganisch Gewachsenen mit sich gebracht, sicher zum Schaden des Ganzen. Für die neue Bearbeitung schien deshalb das wertvollere Ziel zu sein: aus dem überkommenen Werk wieder eine neue lebendige Schöpfung zu erwecken. So haben wir versucht, auf dem von Dralle geschaffenen Fundamente weiterzubauen, das Gute erhaltend, manches wandelnd und Neues einfügend.

Vor allem waren wir bestrebt, eine strengere Systematik zur Anwendung zu bringen. Wie schon in der ersten Auflage sind in den ersten (früher 10, jetzt 9) Kapiteln die Grundlagen, Hilfsmittel und Arbeitsweisen der Glasfabrikation ganz von allgemeinen Gesichtspunkten aus behandelt. Diese Kapitel sind in dem vorliegenden I. Bande unter dem kurzen Titel: „Allgemeines" zusammengefaßt. Da die Ansprüche an literarische Hilfsmittel bei den in der Glasindustrie Tätigen sehr verschieden sind, haben wir versucht, einen Mittelweg einzuschlagen, der sowohl den werdenden Fachmann mit geringen Vorkenntnissen sicher in das neue Gebiet einführt als auch dem anspruchsvolleren Leser die neueren Errungenschaften von Wissenschaft und Technik vermittelt. Natürlich mußte in beiden Richtungen, schon aus Raummangel, eine gewisse Beschränkung eingehalten werden. Es kam hinzu, daß der zu behandelnde Stoff seit dem Erscheinen der ersten Auflage, besonders im ersten und neunten Kapitel, außerordentlich stark angewachsen ist. Aus diesem Grunde und aus drucktechnischen Erwägungen haben wir ein größeres Format als bei der 1. Auflage gewählt und einen Teil des Textes in kleinerer Schrift gedruckt. Nur auf diese Weise ist es möglich gewesen, den Stoff, der bei Verwendung des Formats und der Schriftart der ersten Auflage von 980 Seiten auf 1200 Seiten angeschwollen wäre, in einem handlichen Bande unterzubringen.

Besondere Aufmerksamkeit wurde den Abbildungen zugewandt. Eine größere Anzahl der Abbildungen wurde erneuert, sehr viele wurden neu aufgenommen. Herausgeber und Mitarbeiter sind dem Verleger für das weitgehende Entgegenkommen, mit dem er ihre Wünsche in der Frage der Abbildungen, wie in allen Punkten der Ausstattung, erfüllte, zu besonderem Danke verpflichtet.

Vielen Dank schuldet der Herausgeber auch seinen Mitarbeitern, deren verständnisvolle und sachkundige Hilfe die Herausgabe des vielseitigen Werkes ermöglichte.

Gewisse Schwierigkeiten zwingen uns, zunächst den I. Band für sich herauszugeben. Der II. Band soll „die Einzelzweige der Glasindustrie" behandeln. Und zwar sollen nicht bestimmte Anlagen und Projekte beschrieben, sondern die verschiedenen Zweige der Glasfabrikation mehr von allgemeinen und vergleichenden Gesichtspunkten aus behandelt werden. Es soll der Schwerpunkt der Darstellung weniger beim Entwerfen und Bauen als beim Betriebstechnischen liegen. Das Manuskript für den II. Band liegt größtenteils fertig vor. Er wird spätestens in Jahresfrist erscheinen. Da beide Bände ein untrennbares Ganzes bilden, wird das Sachverzeichnis für das ganze Werk dem zweiten Band mitgegeben werden. Um vorläufig die Benutzung des I. Bandes für sich zu erleichtern, sind im Text zahlreiche Verweisungen innerhalb des Bandes angebracht.

An die Leser und Benützer des Werkes richtet der Herausgeber noch die Bitte, ihn auf Mängel, Auslassungen und Überflüssiges aufmerksam machen zu wollen. Solche Hinweise sollen weitgehende Berücksichtigung finden. Sie werden also der Verbesserung des Werks und damit der Glasindustrie dienen. Ist doch die Förderung dieser Industrie das einzige Ziel, das Herausgeber und Mitarbeiter bei der Niederschrift der folgenden Seiten leitete.

Hannover, Ende Oktober 1925.

Dr. Gustav Keppeler.

Inhaltsverzeichnis.

I. Band. Allgemeines.

1. Kapitel.

Physikalische und chemische Grundlagen der Glaserzeugung.

Von Dr. Gustav Keppeler.

Eine streng gültige, für alle Fälle zutreffende Definition für das Glas zu geben, ist kaum möglich. Sieht man von einigen Spezialfällen ab, so dürfte sich das Wesen des Glases wie folgt zusammenfassen lassen: Glas im allgemeinsten Sinne des Wortes ist ein aus seinem Schmelzfluß durchweg amorph erstarrter anorganischer Stoff.

Der amorphe Zustand ist das charakteristische Merkmal des Glases. Wenn andere Eigenschaften eines Gegenstandes (Durchsichtigkeit, Glanz oder ähnliche Oberflächenerscheinungen, Sprödigkeit usw.) auf glasigen Charakter deuten möchten, so wird doch nur dann von einem „Glase" zu reden sein, wenn der Gegenstand amorph (nicht kristallisch) ist, d. h. wenn man in ihm von einem Punkte ausgehend nach allen Richtungen hin die gleichen Eigenschaften findet. Der amorphe Charakter allein genügt jedoch noch nicht, den Körper als Glas zu kennzeichnen. Jener Charakter muß auf dem Wege des Erstarrens aus dem Schmelzfluß erworben sein.

Schließlich muß der amorph aus seinem Schmelzfluß erstarrte Stoff aus anorganischen Verbindungen bestehen, um als „Glas" gelten zu können. Es gibt viele organische Körper, die bei geeigneter Kühlung glasartig erstarren, die aber doch nicht als Glas angesprochen werden dürfen. Der Begriff des Glases bleibt auf die anorganischen, die unverbrennlichen Stoffe beschränkt.

Die Verbindungen, die die Glasbildung hauptsächlich verursachen und ermöglichen, sind wenige: vor allem Kieselsäure, daneben Borsäure, Phosphorsäure und einige andere. In ihrer Gesellschaft aber können die Oxyde der meisten Elemente an der Glasbildung teilnehmen. Die Stoffwelt, die in der Form des Glases aufzutreten vermag, wird also durch den Rahmen der „anorganischen Natur" befriedigend umfaßt.

Die gegebene Begriffsbestimmung gestattet auch, die Erzeugnisse der Glasindustrie von ähnlich gearteten reinlich zu scheiden. Dies kann in zolltechnischen Fragen von Bedeutung sein. Die Glasindustrie hat mit den Tonindustrien, der Zementindustrie u. a. manches Gemeinsame, vor allem die Rohmaterialien und die Verwendung hoher Temperaturen im Erzeugungsverfahren. In manchen Fällen gleichen sich sogar die Erzeugnisse zum Verwechseln (Milchglas und Weichporzellan). Der Unterschied ist aber folgender: In der Tonindustrie werden die Rohmaterialien zur „Masse" gemischt; die Masse erhält in kaltem Zustand die gewünschte Form und wird durch Erhitzen auf hohe Temperatur gefestigt. Beim Glase aber werden die Komponenten in erster Linie vollkommen zu einem Flusse zusammengeschmolzen; der noch weiche Fluß dient der Formgebung bei hoher Temperatur, die Festigung geschieht beim Abkühlen, beim Erstarren.

In diesem Umstand tritt also das Kennzeichen, das unsere Begriffsbestimmung enthält, in Erscheinung, daß nämlich der „glasige Zustand" auf dem Wege des Erstarrens aus dem Schmelzfluß erworben sein muß.

Die oben gegebene Begriffsbestimmung des Glases umfaßt alle anorganischen Stoffe, die amorph aus dem Schmelzfluß erstarrt sind. Im technischen Maßstabe herstellbare und in der Praxis verwendbare Gläser müssen darüber hinaus eine Reihe wichtiger Eigenschaften besitzen. Unter der unendlichen Anzahl möglicher Glasschmelzen besitzt nur eine beschränkte diese Eigenschaften, die ihre industrielle Herstellung und noch mehr ihre Verwendung gestatten. Jener Begriff des Glases umfaßt also unbrauchbare und brauchbare, schlechte und gute Gläser. Es ist Aufgabe der wissenschaftlichen Behandlung der Glaserzeugung, die Bedingungen zu untersuchen und zu lehren, unter denen „gute Gläser", Gläser mit bestimmten, praktisch wichtigen Eigenschaften entstehen.

Es ergibt sich aus der Begriffsbestimmung, daß das Schmelzen und Erstarren für das Entstehen der Gläser besonders wichtig ist. Der obige Hinweis auf die hauptsächlichen Bestandteile der technischen Gläser zeigt ferner, daß wir uns vor allem mit den Schmelz- und Erstarrungserscheinungen der Kieselsäure und ihrer Mischungen mit anderen Oxyden beschäftigen müssen. Wir werden dabei bald erkennen, daß diese Stoffe oft vom normalen Verhalten stark abweichende Vorgänge zeigen, und daß gerade diese Abweichungen die Grundlage für die technische Herstellung und Verarbeitung der Gläser bilden. Solche Abweichungen von der Regel können nicht in ihrem vollen Umfange und ihrem innersten Wesen richtig erkannt werden, wenn wir nicht das Normale, das Gesetzmäßige zunächst kennen. Deshalb setzen wir an die Spitze unserer Betrachtungen die Darstellung der wichtigsten Gesetzmäßigkeiten, die wir über das Schmelzen und Erstarren der Körper kennen. Dabei müssen die Silikate, Borate u. a., die für die Glaserzeugung einzigartige Bedeutung haben, besondere Berücksichtigung finden.

Wir werden dabei auch gleichzeitig die im Schmelzfluß sich bildenden Verbindungen erkennen und so einen Abriß der Silikatchemie erhalten, soweit sie für den Schmelzfluß von Wichtigkeit ist. Denn die Kenntnis der auf wässerigem Wege gewonnenen Silikate nützt uns für die Betrachtung des Schmelzflusses wenig. Nur die aus dem Schmelzfluß sich ausscheidenden Körper[1]) sind für uns wichtig. Ihr Bestehen wird uns im „Schmelzdiagramm" angezeigt, dessen Aufbau und Auslegung uns im folgenden beschäftigen soll.

I. Normales Schmelzen und Erstarren.

1. Der einheitliche Stoff.

Erwärmen wir einen festen Körper mehr und mehr, so geht er bei einer bestimmten Temperatur in den flüssigen Zustand über, er „schmilzt". Dieser Schmelzvorgang erfordert einen bestimmten Wärmeverbrauch, und dieser Wärmeverbrauch verhindert ein weiteres Steigen der Temperatur. Während des Schmelzens bleibt also die Temperatur konstant. Diese Temperatur, die für einen bestimmten Körper charakteristisch ist, nennen wir den „Schmelzpunkt" desselben. Die Wärmemenge, die nötig ist, um die Gewichtseinheit eines festen Körpers von der Temperatur des Schmelzpunktes in eine Flüssigkeit von derselben Temperatur überzuführen, nennen wir die „Schmelzwärme".

Diese Dinge sind jedermann vom Eis und Schnee geläufig. Bringen wir zerkleinertes Eis oder Schnee, die im Freien eine Temperatur von — 5° angenommen haben mögen, ins Zimmer, so erwärmen

[1]) Es ist bemerkenswert, daß der erfolgreichste Glasschmelzer der neueren Zeit, Otto Schott, seine wissenschaftliche Bearbeitung des Glasgebietes mit dem Studium der im Schmelzfluß gewinnbaren Verbindungen, allerdings zunächst unter Ausschluß der Silikate begann. Siehe O. Schott, Beiträge zur Kenntnis der anorganischen Schmelzverbindungen. Braunschweig 1881 (F. Vieweg & Sohn).

sie sich zunächst auf 0°. Dann beginnen sie zu schmelzen. Aber die Temperatur bleibt hier beim Schmelzpunkt des Eises stehen. Alle Wärme, die aus der wärmeren Umgebung jetzt aufgenommen wird, dient zur Schmelzung weiterer Eisteile. Erst wenn die ganze Masse geschmolzen, zu Wasser von 0° geworden ist, kann das Thermometer weiter steigen. Genau so spielt sich normalerweise die Schmelzung für jeden festen Körper ab, sofern er einheitlich ist, nur die Lage des Schmelzpunkts, die Temperatur, bei der der Schmelzvorgang sich vollzieht, ist wechselnd. Erhitzen wir Kochsalz in einem Tiegel und verfolgen den Vorgang mit einem Thermometer, so zeigt sich, daß die Temperatur bei 820° stehenbleibt. Gleichzeitig tritt Schmelzung des Kochsalzes ein, und das Thermometer steigt nicht weiter, solange noch ungeschmolzenes Kochsalz vorhanden ist. Genau so schmilzt Silber bei 955°, genau so zeigt jede einheitliche Substanz bei ihrem Schmelzpunkt während des Schmelzens eine Konstanz der Temperatur. Wir sprechen in diesem Fall von „festem Schmelzpunkt".

Der Vergleich der Temperaturveränderungen, wie sie sich in Abhängigkeit von der Art des Erhitzens vollziehen, kurz gesagt, die genaue Beobachtung des „Temperaturganges" ist für das Studium der hier in Frage kommenden Erscheinungen äußerst wertvoll. Dies geschieht am besten auf zeichnerischem Wege, und zwar trägt man in einer Kurve die Änderungen der Temperaturen mit der Zeit des Anheizens auf, indem man die Zeit als Abszisse, die Temperatur als Ordinate aufträgt. Man zeichnet so Sekunde für Sekunde oder in anderen passenden Zeiträumen jeweils die in dem betreffenden Zeitpunkte vorliegende Temperatur auf und verbindet die Punkte durch eine Kurve. Auf diese Weise entsteht das folgende Bild (Abb. 1).

Zunächst geht die Temperatur, sofern wir uns unterhalb des Schmelzpunktes befinden, in die Höhe. In gleicher Zeit findet bei gleichmäßiger Erhitzung eine gleichmäßige Zunahme statt. Die Punkte zusammengehöriger Zeiten und Temperaturen bewegen sich auf der Kurve *a b*. In ihr kommt zum Ausdruck, wie die vorhandene Versuchseinrichtung angeheizt wird. Tritt in dem System kein wärmeverbrauchender Vorgang ein, so wird die Temperatur in der gleichen Weise weitersteigen, die Kurve *a b* wird sich in dem getüpfelten Stücke $b\,b_1$ fortsetzen. Nun sei T der Schmelzpunkt des zu prüfenden Stoffes. Diesen haben wir nach der Zeit Z erreicht. Es wird nun Schmelzung eintreten, die gesamte Wärmezufuhr wird für diesen Vorgang verbraucht. Die Temperatur bleibt also in den folgenden Sekunden bei T stehen, und die „Temperaturzeitkurve" bewegt sich infolgedessen auf der Horizontalen weiter, es entsteht im Bild das Stück *b c*, bis bei der Zeit Z_1 die ganze Substanz geschmolzen ist. Nun kann die Temperatur wieder steigen, und zwar steigt sie genau in der Weise weiter, wie sie ohne die Schmelzung weiter gestiegen wäre. Der Vorgang ist nur durch die Dauer des Schmelzvorganges nach späterer Zeit verschoben und wird im Bilde durch das Kurvenstück *c d* zum Ausdruck gebracht, das, wie aus dem Vorgesagten ersichtlich ist, parallel *b b'* liegt.

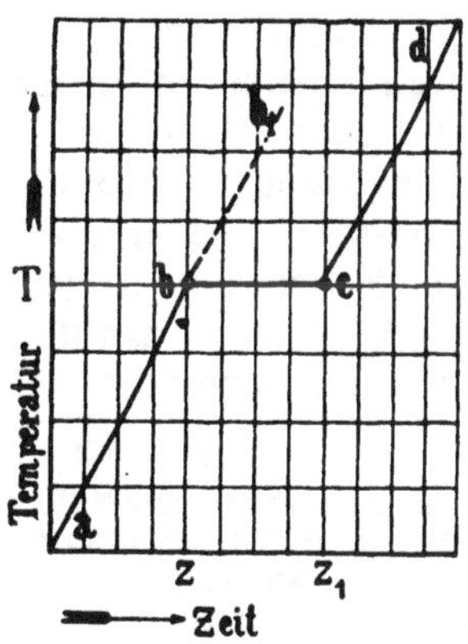

Abb. 1.

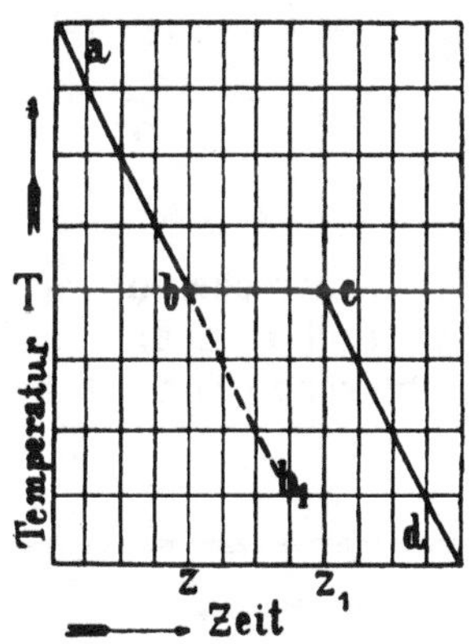

Abb. 2.

Praktisch läßt sich der Versuch besser umgekehrt durchführen. Wir bringen die Substanz zum Schmelzen, erhitzen sie über ihren Schmelzpunkt und beobachten nun die Veränderung der Temperatur während des Abkühlens. Wir erhalten so in Abb. 2 die „Abkühlungskurve", ungefähr das Spiegelbild der „Anheizkurve", die uns Abb. 1 darstellt.

Die Temperatur fällt entsprechend der Kurve *a b*, bis bei der Zeit Z der Schmelzpunkt T erreicht ist. Dann beginnt die Masse zu erstarren. Die Wärmemenge, die vordem zum Schmelzen gebraucht wurde, tritt hier wieder in Freiheit und verhindert ein Sinken der Temperatur. Entsprechend der abgeleiteten und abgestrahlten Wärme, die vordem die Abkühlung herbeiführte, tritt nun Erstarrung der Substanz ein. Die Temperatur T bleibt in der Zeit Z bis Z' konstant, bis die ganze Substanz erstarrt ist, dann fällt die Temperatur weiter auf dem Kurvenstück *cd*.

Bei diesem Abkühlungsversuch können Abweichungen von dem eben geschilderten Verhalten eintreten. Während beim Anheizen einer einheitlichen festen Substanz eine Überhitzung über den Schmelzpunkt hinaus nur in seltensten Fällen[1]) möglich ist, kann der flüssige Körper unter den Schmelzpunkt abgekühlt werden, ohne in den festen Zustand überzugehen. Der Betrag der „Unterkühlung", der bei den verschiedenen Stoffen möglich ist, ist sehr verschieden. Wasser z. B. kann bei vorsichtiger Abkühlung (Bedecken der Oberfläche mit dünner Ölschicht) auf — 8° bis — 10° abgekühlt werden, ohne zu erstarren. Aber schon durch Erschütterung wird es zum Kristallisieren gebracht. Hierbei wird aber wieder die Schmelzwärme frei und erwärmt das Wasser—Eisgemisch während der kurzen Zeit der Erstarrung. Die Temperatur steigt auf 0°, ein weiteres Steigen ist unmöglich, da dies ja wieder unbedingt zur wärmebindenden Schmelzung führen würde. Im Falle der Unterkühlung erhalten wir die in Abb. 3 skizzierte Abkühlungskurve.

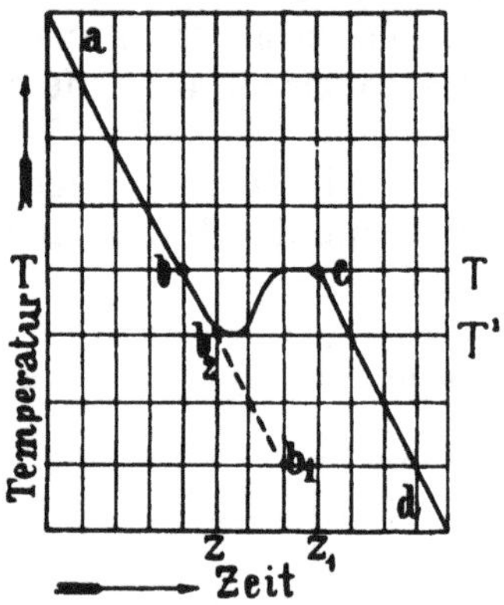

Abb. 3.

Die Temperaturzeitkurve bewegt sich hier von *a* ausgehend unter den Schmelzpunkt *T* hinunter über *b* stetig weiter bis b_2, wo bei der Temperatur *T'* die Erstarrung der Substanz beginnen möge. Infolge der nun auftretenden Schmelzwärme steigt die Temperatur rasch auf die Schmelztemperatur *T*, was das Kurvenstück b_2c zum Ausdruck bringt. Ist in dem Augenblick, wo der Schmelzpunkt erreicht ist, noch flüssige Substanz vorhanden, so bleibt die Temperatur beim Schmelzpunkt stehen, bis die ganze Substanzmenge erstarrt ist. Das Kurvenstück b_2c wird dann ein Stück als horizontale Linie verlaufen, die nach dem Grade der Unterkühlung mehr oder weniger lang ist. Ist alles erstarrt, findet die weitere Abkühlung genau wie in Abb. 2 im Sinne des Kurvenstückes *c—d* statt[2]).

Die Stoffe, die für die Herstellung der Gläser verwendet werden, zeigen die Unterkühlungserscheinungen in hohem Maße, ja, sie sind dort, wie wir sehen werden, von geradezu grundsätzlicher Bedeutung[3]). Wir können uns damit aber erst beschäftigen, nachdem wir die normalen Schmelzerscheinungen bei Gemischen kennen gelernt haben. In der untenstehenden Tabelle 1 sind die Schmelzpunkte einer Anzahl von Stoffen, die Beziehungen zu den technischen Gläsern haben, zusammengestellt.

Tabelle 1.
Schmelzpunkte einheitlicher Stoffe.

Bezeichnung	Chemische Formel	Schmelzpunkt °C	Bezeichnung	Chemische Formel	Schmelzpunkt °C
Kieselsäure	SiO_2	1600—1670	Kadmiummetasilikat.	$CdO \cdot SiO_2$	1240
Natriummetasilikat .	$Na_2O \cdot SiO_2$	1088	Manganmetasilikat .	$MnO \cdot SiO_2$	1275
Natriumdisilikat . .	$Na_2O \cdot 2\,SiO_2$	874	Kalziummetaborat[4]) .	$CaO \cdot B_2O_3$	1100
Kaliummetasilikat. .	$K_2O \cdot SiO_2$	966	Kalziumbiborat . . .	$CaO \cdot 2\,B_2O_3$	1030
Kaliumdisilikat . . .	$K_2O \cdot 2\,SiO_2$	1041	Kalziumpyroborat . .	$2\,CaO \cdot B_2O_3$	1225
Kalziummetasilikat .	$CaO \cdot SiO_2$	1540	Strontiummetaborat .	$SrO \cdot B_2O_3$	1100
Strontiummetasilikat	$SrO \cdot SiO_2$	1578	Strontiumbiborat . .	$SrO \cdot 2\,B_2O_3$	940
Bariummetasilikat. .	$BaO \cdot SiO_2$	1604 ± 5	Strontiumpyroborat .	$2\,SrO \cdot B_2O_3$	1130
Lithiummetasilikat .	$Li_2O \cdot SiO_2$	1201 ± 1	Bariummetaborat . .	$BaO \cdot B_2O_3$	1060
Magnesiummetasilikat	$MgO \cdot SiO_2$	1554	Bariumpyroborat . .	$2\,BaO \cdot B_2O_3$	1002
Bleimetasilikat . . .	$PbO \cdot SiO_2$	766	Bariumorthoborat . .	$3\,BaO \cdot 2\,B_2O_3$	1320
Zinkmetasilikat . . .	$ZnO \cdot SiO_2$	1437	Siliciumdioxyd . . . (Cristob.)	SiO_2	1710

[1]) Diese Fälle sind weiter unten besprochen; siehe „Schmelzverzug".

[2]) Da diese Beobachtungsweise weitgehende Einblicke in die Natur von Schmelzen zu liefern imstande ist, spricht man von ihr als der „Thermoanalyse".

[3]) Siehe „Kristallisieren und glasiges Erstarren". S. 28 u. ff.

[4]) Über die Schmelzpunkte der Mischungen der alkalischen Erden mit Borsäureanhydrid, Zeitschr. f. anorg. Chem. **40**, 337 (1904).

2. Die Erniedrigung des Schmelzpunktes und des Erstarrungspunktes durch Beimengungen.

Es ist eine allgemein bekannte Tatsache, daß der Schmelzpunkt und der Erstarrungspunkt (Gefrierpunkt) durch Beimengungen erniedrigt wird. Wasser, das Salze gelöst enthält, bleibt bei einer Temperatur, die wesentlich unter 0° liegen kann, noch flüssig. Legierungen verschiedener Metalle können mehrere hundert Grad unter den Schmelzpunkten der Komponenten schmelzen. Bei Versuchen läßt sich einfacher als der Schmelzpunkt der Erstarrungspunkt, der Gefrierpunkt, bestimmen[1]). Man nennt darum die vorliegende Erscheinung meist die „Gefrierpunktserniedrigung". So lange die Beimengungen, die ein Stoff enthält, verhältnismäßig gering sind, wird die Gefrierpunktserniedrigung von einem sehr einfachen Gesetz beherrscht. Dieses lautet: „Lösungen, die eine gleiche Anzahl Moleküle verschiedener Beimengungen in der gleichen Menge des gleichen Lösungsmittels enthalten, zeigen gleiche Gefrierpunktserniedrigung". Man nennt die Erniedrigung, die ein Grammolekül in 100 g Lösungsmittel erzeugt, die „molekulare Gefrierpunktserniedrigung". Sind 83,4, 164, 213,8 die Molekulargewichte von Lithiumsilikat, Strontiumsilikat und Bariumsilikat, so würde jedes dieser Silikate in demselben Lösungsmittel die gleiche Gefrierpunktserniedrigung hervorbringen, wenn sie diesem im Verhältnis 83,4:164:213,8 zugegeben werden. Man sieht auch deutlich, daß man die Erniedrigung für einen Zusatz berechnen kann, wenn bekannt ist, in welcher Weise ein Stoff den Gefrierpunkt heruntergedrückt hat.

Wir wissen, daß Natriummetasilikat bei 1088°, ein Gemisch aus 90% Natriummetasilikat und 10% Kalziummetasilikat bei 986° zu erstarren beginnt. In diesem Fall waren $\frac{10 \times 100}{90} = 11 \cdot 1$ g $CaSiO_3$ in 100 g Na_2SiO_3 gelöst und dadurch wurde eine Erniedrigung von 32° herbeigeführt. Das Molekulargewicht von $CaSiO_3$ ist 116,4, es berechnet sich also die molekulare Gefrierpunktserniedrigung des Natriumsilikats zu:

$$\frac{32 \times 116,4}{11,1} = 335^\circ.$$

Für Gemische, die in 100 g Na_2SiO_3 je 11,1 g Lithiumsilikat, Strontiumsilikat, Bariumsilikat enthalten, berechnen sich dann folgende Erniedrigungen:

$$\text{Lithiumsilikat: } \frac{335 \times 11,1}{83,4} = 44,6^\circ$$

$$\text{Strontiumsilikat: } \frac{335 \times 11,1}{164} = 23^\circ$$

$$\text{Bariumsilikat: } \frac{335 \times 11,1}{213,8} = 17,3^\circ.$$

Es muß jedoch ausdrücklich hervorgehoben werden, daß das hier mitgeteilte Gesetz nicht für alle Fälle genau zutrifft. Es treten oft Erscheinungen (Zersetzungen und Aneinanderlagerungen von Molekülen) auf, die die erwarteten einfachen Beziehungen trüben. Insbesondere gilt das Gesetz nur für verdünnte Lösungen, also nur für den Fall, daß die Beimengungen einen geringen Betrag erreichen. Man kann annehmen, daß Abweichungen von der gesetzmäßigen Depression schon bei einer Zugabe von 5% auftreten. In der Tat zeigen die obigen Berechnungen, die ja diese Grenze überschreiten, teilweise sehr geringe Übereinstimmung mit dem Versuch, der für 11,1 g Silikat in 100 g Natriumsilikat für Li_2SiO_3:43°; $SrSiO_3$:29°; $BaSiO_3$:3° ergab.

Ein Versuch mit Silikaten, der eine exakte Bestätigung des besprochenen Gesetzes zeigt, ist nicht bekannt geworden. Die hohen Temperaturen erschweren die genaue Feststellung der kleinen Depressionen, die im Bereiche der exakten Gültigkeit des Gesetzes lägen. Auf anderen Gebieten hat die Anwendung des Gesetzes wertvolle Dienste geleistet. Aber man muß sich der begrenzten Gültigkeit bewußt bleiben. Man glaubt vielfach die Wirkung von Flußmitteln auf Tone auf dem geschilderten Wege berechnen zu können (Richters, Ludwig). Rieke[2]) hat durch umfangreiche Versuche gezeigt, daß

[1]) Nach den Darlegungen im 1. Abschnitt sind ja Erstarrungspunkt und Schmelzpunkt identisch.

[2]) Sprechsaal, 1910, S. 198.

diese Berechnung nicht zutreffend ist. Als historisch bemerkenswert sei jedoch hervorgehoben, daß Richters den molekularen Mengen die gleiche Flußwirkung auf die Tonsubstanz 15 Jahre vorher zuschrieb, ehe Raoult das allgemein gültige Gesetz aus seinen Versuchen mit einfachen Lösungen bei niedrigen Temperaturen ableitete.

3. Gemische; Begriff der festen Lösung; Mischkristall.

Ehe wir uns den Erscheinungen des Schmelzens und Erstarrens bei Gemischen zuwenden, müssen wir uns über die Zustände, in denen sich die Bestandteile eines Gemisches nebeneinander befinden können, klar werden. Wir haben zunächst die mechanischen Gemenge auszuschalten, bei denen also relativ grobe Teile verschiedener Art nebeneinander liegen. Die Teile können unter Umständen so fein sein, daß wir sie mit bloßem Auge nicht unterscheiden können. Doch wird man in diesem Falle mit mechanischen Mitteln (Auslesen unter dem Mikroskop, Schlämmen, Schleudern der Emulsionsbestandteile, Lösen eines Bestandteils) eine Trennung leicht erreichen können. Während also „mechanische Gemenge" aus verschiedenartigen „heterogenen" Teilen bestehen, sind die „physikalischen Gemische" durchaus „homogen"; die vollkommene gegenseitige Durchdringung ist bei ihnen bis in die geringsten Dimensionen, bis zu den Molekülen vollzogen. Man erkennt, daß solche Gemische den chemischen Verbindungen nahestehen. Den Unterschied dieser beiden macht man sich am besten klar, wenn man sich sagt, daß der einheitliche Körper, die chemische Verbindung, sich aufbaut aus lauter gleichartigen Molekülen, das physikalische Gemisch aber aus verschiedenartigen Molekülen besteht.

Der Zustand, in dem sich die Bestandteile eines solchen Gemisches befinden, wird am deutlichsten durch die Bezeichnung „Lösung" zum Ausdruck gebracht.

Daß sich Gase gegenseitig zu einem durchaus gleichmäßigen Gemisch durchdringen, ist allgemein bekannt. Die große Beweglichkeit der Gasmoleküle führt diese Durchdringung leicht herbei. Bringen wir ein farbiges Gas (z. B. Stickstoffdioxyd, Jod) in ein Gefäß, das ein farbloses Gas, z. B. Luft, erfüllt, so zeigt sich in kurzem der Gefäßinhalt durchaus gleichmäßig gefärbt. Diesen Ausgleich der Unterschiede in der Zusammensetzung des Gemisches müssen wir uns so vorstellen, daß die Moleküle des einen Gases zwischen die des anderen hineinwandern. Wir nennen diesen Vorgang „Diffusion" und sagen, die Gase „diffundieren" ineinander. Im flüssigen Zustand vollziehen sich dieselben Vorgänge. Überschichten wir eine Farbstofflösung mit reinem Wasser, so „diffundieren" alsbald die Farbstoffmoleküle in das Wasser und färben dies stärker und stärker, bis kein Unterschied mehr zwischen der ursprünglich stark gefärbten Schicht und der farblosen Wasserschicht vorhanden ist. Entsprechend der geringeren Beweglichkeit der Flüssigkeitsmoleküle, dauert der Vorgang hier länger als bei Gasen. Dies Beispiel veranschaulicht eine Erscheinung von allgemeinster Bedeutung. Je zäher jedoch die Flüssigkeiten sind, um so größerer Zeitdauer bedarf der Ausgleich der Konzentrationsunterschiede. Ein Beispiel aus der Keramik: Der kobaltblaue gemalte Rand eines Porzellantellers läuft beim Brennen aus, d. i., in die Sprache der Physik übersetzt, der Farbkörper „diffundiert" in die farblose Glasur. Auch beim Färben des Glases durch Beizen (s. d.) und beim Läutern des Glases (s. d.) spielt die Diffusion eine Rolle.

Auch in festen Körpern findet Lösung statt. Diese Erscheinung mag dem Verständnis einige Schwierigkeiten bereiten, weil die Starrheit, die man dem festen Körper zuschreibt, eine gegenseitige Durchdringung als ausgeschlossen erscheinen läßt. Aber die Starrheit der festen Körper ist nichts Absolutes, sie ist nur eine ungemein verminderte Beweglichkeit, und diese, wenn auch minimale Beweglichkeit kann zum Ausdruck kommen. Metalle können kalt gezogen und getrieben werden, ja man kann mit entsprechendem Druck es dahin bringen, daß sie durch eine relativ enge Öffnung fließen. Der Gletscher, also Eis, fließt unter seinem eigenen Druck den Berg hinunter.

Dem festen Zustand ist also ebenfalls eine gegenseitige Verschiebbarkeit der Teilchen eigen. Der Unterschied ist nur ein gradueller. Die Beweglichkeit ist auf das geringste Maß zurückgeführt. In der Tat zeigen die festen Körper auch Lösungserscheinungen.

Für die Wanderung von festen Stoffen, die in fester Lösung sich befinden, ist ein altbekanntes Beispiel das Einwandern von Kohlenstoff in Eisen, wiewohl hierbei auch chemische Vorgänge eine Rolle spielen können. Die Wanderung von Metallen in anderen ist ebenfalls recht bekannt. Neuere Untersuchungen, besonders von Braune[1]), haben quantitative Aufschlüsse darüber gegeben. Bringt man auf einem kleinen Silberstab durch Aufschmelzen einen Stab Goldsilber-Legierung an, so wandert weit unterhalb des Schmelzpunktes das Gold in das Silber hinein, und zwar mit nachweisbarer Geschwindigkeit. Es wandern beim Konzentrationsunterschied 1 auf 1 cm durch den qcm je Tag hindurch

bei 767°	0,00011 g	Gold
847°	0,00022 g	„
916°	0,00052 g	„

Diese Mengen sind nicht so klein, als es scheinen möchte. Man muß bedenken, daß auch in Flüssigkeiten die Diffusion sich langsam vollzieht (bei Salzsäure 2,4 g, Rohrzucker 0,31 g, Eiweiß 0,05 g für Zimmertemperatur). Vergleichsversuche zeigen, daß Kupfer sehr viel rascher im Silber wandert als Gold, und daß auch die Wanderungsgeschwindigkeit des Kupfers im Silber größer ist, als in Gold. Besonders große Diffusionskoeffizienten hat Braune bei Silber in Schwefelkupfer beobachtet: 1 cm^2/Tag bei 200°. Man sieht, die Beweglichkeit des Silberteilchens ist hier so groß, wie sie der Diffusion in wässerigen Lösungen entspricht.

Diese Ergebnisse sind deshalb so wichtig, weil sie einen Einblick in den Mechanismus der Diffussion in festen Körpern geben. Die Vorstellung vom Bau der Kristalle nimmt die Atome an bestimmte Punkte im Raumgitter festgehalten an. Infolge der Wärmebewegung schwingen oder rotieren sie um die Gleichgewichtslage. Aber diese Bewegung kann dazu führen, daß ein Atom mit seinem Nachbaratom den Platz wechselt. Die Häufigkeit eines solchen Platzwechsels steht mit der Diffusionsgeschwindigkeit in naher Beziehung, die durch die genannten Versuche bestätigt wurde.

Für die Übertragung dieser Ergebnisse auf die vorliegenden Gegenstände ist wichtig, daß die Diffussion der Silikatmoleküle im Kristall ganz ungeheuer langsam ist. Auch in den Schmelzen selbst ist die Bewegung der Teilchen der Hauptbestandteile gering. Hierauf deutet die niedrige Kristallisationsgeschwindigkeit. Aber das Verhalten der metallischen Mischkristalle, als Beispiel des festen Körpers, mahnt doch, daß wir den Ortswechsel der Teilchen in der Schmelze und im — wie wir sehen werden — physikalisch betrachtet, flüssig bleibenden Glase nicht vernachlässigen dürfen. Es gibt eine große Anzahl von Erscheinungen, die besser sich erklären lassen, wenn wir diese innere Bewegung schon in Gebieten annehmen, in denen das Glas schon starr erscheint. Vor allem aber müssen wir wohl die Verschiedenheit der Beweglichkeit der Bestandteile eines Glases berücksichtigen. Der Nachweis der großen Beweglichkeit des Silbers und des Kupfers sollte in dieser Beziehung Beachtung finden.

So konnten Heydweiler und Klopfermann[2]) zeigen, daß aus Schmelzen von Silber- und Kupfersalzen die Metalle in das Glas, wenn auch langsam, hineindiffundieren. Dabei werden die Gläser gefärbt: Durch Silber Kaliglas gelb, Natronglas rot; durch Kupfer Kaliglas rot, Natronglas grünlichgelb. (Siehe auch unter „Silberbeize“ und „Kupferbeize“ sowie „Elektrolyse des Glases“.)

Im allgemeinen darf man aber die Geschwindigkeit der Diffusion im Glas, ja selbst in flüssigen Schmelzen, nicht überschätzen. In übereinander geschichteten Schmelzen von Diopsid und Plagioklas diffundierte[3]) bei 1500° der Diopsid mit 0,015 cm^2/Tag in Ab_2An_1 und mit 0,2 cm^2/Tag in Ab_1An_2, also mit der Geschwindigkeit zwischen Rohrzucker und Eiweiß in Wasser bei gewöhnlicher Temperatur.

Die Tatsache, daß auch feste Körper sich gegenseitig lösen, ist nach dem eben Gesagten nicht zu bezweifeln. Nach Van't Hoff, der zuerst diese Erscheinungen ins richtige Licht gesetzt hat, sprechen wir von einer „festen Lösung“. Wenn nun feste Körper sich gegenseitig lösen, so erscheinen die Bedingungen für das Entstehen einer festen Lösung besonders günstig beim Erstarren einer flüssigen Lösung. Hier, wo der winzige Kristallkeim aus der flüssigen Lösung heraus entsteht, muß, falls Lösung der festen Körper möglich ist, eine feste Lösung der Komponenten entstehen. Eine solche feste Lösung nennen wir „Mischkristall“.

Wir haben bis jetzt nicht der Grenzen der gegenseitigen Löslichkeit gedacht! Um dies zu tun, empfiehlt es sich zunächst, die Löslichkeit von Flüssigkeiten zu betrachten. Die gegenseitige Löslichkeit von Flüssigkeiten ist durchaus nicht allgemein. Es gibt Flüssigkeiten, die sich gegenseitig nicht lösen. Schüttelt man Öl und

[1]) Z. f. phys. Chem. **110**, 147 (1924). Dort auch die ältere Literatur.

[2]) Ann. d. Phys. (4) **32**, 739 (1910).

[3]) Bowen, J. of Geol. **29**, 295 (1921). — Betr. Bezeichnung Ab und An siehe Seite 32.

Wasser, so löst das Wasser kein Öl auf und auch in Öl ist Wasser praktisch nicht löslich. Die vollkommene Unlöslichkeit spielt bei Schmelzen eine geringe Rolle. Wir haben es dann mit den getrennten reinen Körpern zu tun, deren Verhalten beim Schmelzen und Erstarren schon oben behandelt ist. Praktisch von Bedeutung ist jedoch die Unlöslichkeit von einzelnen Gemengeteilen im Schmelzfluß beim Einschmelzen des Glases. Sie führt zur Bildung der Glasgalle (s. d.).

Das andere Extrem ist die vollkommene Löslichkeit, vollkommene Mischbarkeit. Alkohol kann in jedem Verhältnis mit Wasser verdünnt werden. Dieser Fall vollkommener Mischbarkeit findet sich bei den flüssigen Schmelzen sehr häufig. Zwischen den erwähnten Arten steht die begrenzte Löslichkeit, „die unvollkommene Mischbarkeit".

Ein Beispiel hierfür ist das Gemisch Wasser und Äther. Geben wir zu reinem Wasser allmählich steigende Mengen Äther und schütteln jeweils nach einer Zugabe durch, so löst sich der Äther im Wasser. Es entsteht so eine immer stärkere Lösung von Äther im Wasser. Schließlich aber ist das Wasser an Äther gesättigt, es nimmt keinen Äther mehr auf. Was weiter an Äther zugegeben wird, bleibt in einer auf dem Wasser schwimmenden Schicht zurück, die aber ihrerseits mit Wasser gesättigt wird. Diese gesättigte Lösung von Wasser und Äther kann ebenso durch Eintragen von Wasser in Äther entstehen. Die beiden Schichten, die beim Schütteln von Wasser und Äther entstehen, sind also die höchsten Konzentrationen, die Wasser in Äther und Äther in Wasser haben kann. Wir nennen sie darum die beiden „Grenzlösungen". Zahlenmäßig sind ihre Konzentrationen nicht genau bekannt. Nehmen wir an a% Äther und (100—a)% Wasser, anderseits b% Wasser und (100—b)% Äther. Es fehlen also Lösungen, die mehr als a% und weniger als (100—b)% Äther enthalten. Es ist also eine „Lücke" in der Mischbarkeit. Wir sprechen in diesem Fall von „Mischungslücke". Dieser Ausdruck gewinnt an Anschaulichkeit, wenn wir uns die Zusammensetzung der möglichen Gemische auf einer geraden Linie, Abb. 4, eingetragen denken, so daß links reiner (100%) Äther, 0% Wasser, rechts 0% Äther 100% Wasser ist. a wird dann von rechts nach links bis A, b von links nach rechts bis B aufgetragen. Die „Mischungslücke" reicht von A bis B. Bei Schmelzen tritt dieser Fall gelegentlich auf. Bei der Glasherstellung ist er sogar, wie wir sehen werden, von technischer Bedeutung; so beim Milchglas und der Trübung von Bleiboratgläsern (s. d.).

Abb. 4.

Beim Erstarren der Schmelzflüsse können nun sämtliche Fälle, die wir bei der flüssigen Lösung sahen, auch bei den erstarrenden Teilen auftreten. Wir hätten also die Erscheinungen beim Schmelzen und Erstarren zu beobachten, die eintreten bei Gemischen, die in flüssigem Zustand gegenseitig vollkommen löslich sind und bei denen die erstarrenden Bestandteile

1. in vollkommener Reinheit, ohne jede Beimengungen des anderen Bestandteils ausgeschieden werden;
2. eine ununterbrochene Reihe fester Lösungen bilden;
3. nicht unbegrenzt ineinander löslich sind, also Mischungslücken zeigen.

Schließlich soll dann der Fall besprochen werden, bei dem schon die flüssigen Bestandteile nicht vollkommen mischbar sind.

Diese Besprechungen können leider nicht das gesamte, für die Glasentstehung wichtige Material bringen, da die Durchforschung dieses Gebietes erst neuerdings begonnen wurde und demgemäß noch recht unvollständig ist. Vor allen Dingen müssen wir uns im wesentlichen auf Gemische mit zwei Komponenten beschränken.

4. Das Erstarren von Gemischen mit zwei Bestandteilen, die beim Erstarren rein auskristallisieren. „Eutektikum".

Wir haben oben gesehen, daß eine Beimengung zu dem Schmelzfluß eines Körpers dessen Erstarrungstemperatur herabdrückt. Mit wachsendem Zusatz steigert sich diese Erniedrigung des Gefrierpunktes. Wollen wir alle zwischen zwei Körpern möglichen

Gemische betrachten, so erhalten wir den besten Überblick, wenn wir die Tatsachen durch ein zeichnerisches Bild der im Spiele befindlichen Größen festhalten. Auf einer Grundlinie $A B$, Abb. 5, tragen wir die Gemische zwischen den Körpern K_A und K_B ein.

Punkt A heißt also: 100% reiner Körper K_A;

Punkt B heißt: 100% reiner Körper K_B.

Dazwischen liegen alle möglichen Gemische, so z. B. deutet Punkt C ein Gemisch von 40% K_A und 60% K_B an.

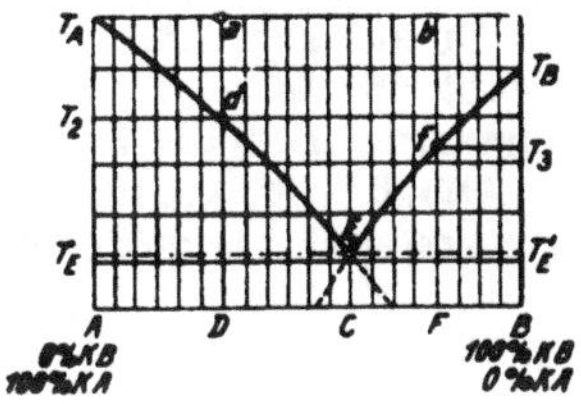

Abb. 5.

Auf den Senkrechten zur Geraden $A B$, die in den Punkten A, B und C errichtet sind, tragen wir die zu den entsprechenden Gemischen gehörigen Erstarrungspunkte mit den Erstarrungstemperaturen T_A, T_B und T_E usw. auf. Dem Gemisch mit 30% K_B (Punkt D) entspricht die Erstarrungstemperatur T_2. Haben wir also das Gemisch D z. B. auf T_A erhitzt, so ist es vollkommen flüssig. Wir befinden uns beim Punkt a. Wir können das Gemisch abkühlen, und es wird zunächst flüssig bleiben. Seine Zusammensetzung ändert sich auch nicht. Wir bewegen uns auf der Linie aD, die die Linie $T_A E$ in d schneidet. d entspricht nun der Erstarrungstemperatur des Gemisches D. Die Erstarrung beginnt, es scheidet sich der reine Körper K_A aus. Der Schmelzfluß ist in diesem Punkt an Körper K_A gesättigt. Die Kurve des Erstarrungsbeginns $T_A E$ gibt also gleichzeitig die Temperaturen an, bei denen die flüssigen Gemische an K_A gesättigt sind, wo jede weitere Abkühlung zur Abscheidung von K_A führen muß. In gleicher Weise beginnt ein Gemisch F, das wir von b abkühlen, in f angelangt, zu erstarren. Hier aber ist es der Körper K_B, der sich ausscheidet. Die Kurve $T_B E$ gibt also die Temperaturen, bei denen die Gemische an K_B gesättigt sind. Nun aber schneiden sich die Sättigungskurven $T_A E$ und $T_B E$ in E, d. h. nichts anderes, als das E entsprechende Gemisch C ist bei der Temperatur T_E für beide Bestandteile gesättigt. Es fallen beide Körper aus dem Gemisch heraus, und zwar genau in dem Verhältnis, in dem das Gemisch C sie enthält. Wir sehen also: „Gemische, deren beide Bestandteile sich beim Erstarren rein ausscheiden, zeigen ein ausgeprägtes Minimum der Erstarrungstemperatur. Das aus der niedrigst schmelzenden Mischung sich ausscheidende feste Gemenge der zwei Bestandteile hat die gleiche Zusammensetzung wie das flüssige Gemisch".

Das niedrigst erstarrende Gemisch nennen wir das eutektische Gemisch oder kurz das Eutektikum. Punkt E ist der „eutektische Punkt" und T_E wird „eutektische Temperatur" genannt.

Noch eine Besonderheit des Eutektikums ist hervorzuheben: Da das ausgeschiedene Gemenge die gleiche Zusammensetzung hat, wie die Schmelze, so ändert sich die Zusammensetzung der letzteren ebenfalls nicht. Wenn aber die Zusammensetzung unverändert bleibt, kann sich auch der Erstarrungspunkt nicht ändern. Daraus ergibt sich der wichtige Satz:

„Schmelzen und Erstarren des Eutektikums vollzieht sich bei konstanter Temperatur."

Das Eutektikum bietet also äußerlich das gleiche Bild, wie der einheitliche Körper mit festem Schmelz- und Erstarrungspunkt, die durch die, Seite 3 gegebenen Temperatur-Zeit-Kurven gekennzeichnet sind. Bei den übrigen Gemischen liegen die Verhältnisse anders.

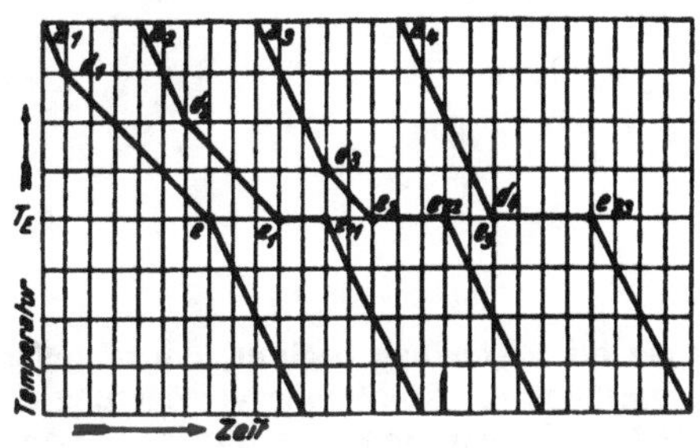

Abb. 6.

Knüpfen wir wieder an das Diagramm Abb. 5 an. Wir haben gesehen, daß ein Gemisch D bei der Temperatur T_2 an K_A gesättigt ist. Dieser Zustand wird durch den Punkt d im Diagramm wiedergegeben. Die geringste Abkühlung führt zur Ausscheidung von K_A. Damit aber steigt der Gehalt der Schmelze an K_B und ihre Erstarrungstemperatur sinkt. Abkühlung und Anreicherung der Schmelze an K_B gehen also Hand in Hand, entsprechend der Kurve dE. Schließlich ist alles K_A, was das Gemisch mehr als das eutektische enthielt, abgeschieden. Das nun zurückgebliebene Eutektikum erstarrt in der eben geschilderten Weise.

Die Menge des zurückgebliebenen Eutektikums hängt natürlich ganz von der Zusammensetzung der ursprünglichen Schmelze ab. Je mehr diese Zusammensetzung der des Eutektikums nahekommt, um so mehr erstarrt bei der allmählichen Abkühlung vom Eutektikum. Dadurch gewinnt nun die Art, in der sich die Abkühlung der einzelnen Gemische vollzieht, eine gewisse Eigenart. Wir wollen wieder beobachten, wie die Temperatur des Gemisches von Sekunde zu Sekunde fällt und so ihre Abkühlungskurve aufzeichnen. Zunächst haben wir die reine Abkühlung der gesamten Versuchseinrichtung. Mit dem Momente, wo sich etwas Festes ausscheidet, tritt aber Schmelzwärme auf, die Abkühlung erleidet eine Verzögerung. Die Abkühlungskurve zeigt einen Knick. Diese verzögerte Abkühlung hält dauernd an, während unter Abscheidung des überschüssigen Körpers die Zusammensetzung der Schmelze dem Eutektikum zustrebt. Ist dieses erreicht, so haben wir während dessen Erstarrung Konstanz der Temperatur, dann die weitere Abkühlung des Systems.

Abb. 6 zeigt, wie sich mit wachsendem Gehalt der zweiten Komponente das Bild der Abkühlungskurve gestaltet. Je größer die Beimengung zum reinen Körper ist, um so tiefer liegt die Temperatur,

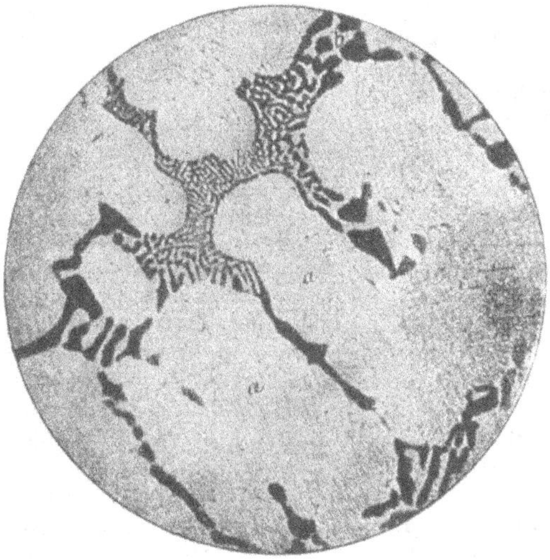

Abb. 7.

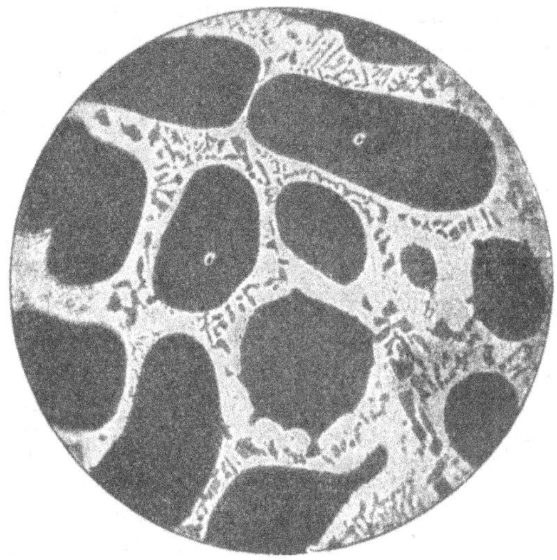

Abb. 9.

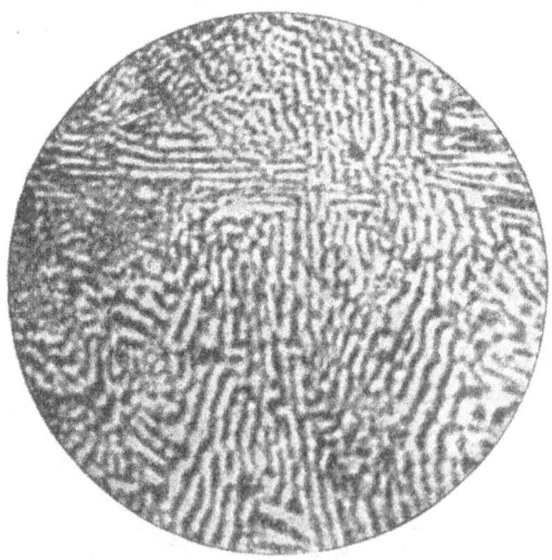

Abb. 8.

bei der die Erstarrung beginnt, um so tiefer liegt der Punkt ($d_1 — d_2 — d_3 — d_4$), in dem die Kurve entsprechend der Abkühlungsverzögerung einen Knick bekommt, und um so größer ist aber auch der Gehalt an Eutektikum, was durch die Länge der horizontalen Strecke ($e_1 — e_{11}$); ($e_2 — e_{22}$); ($e_3 — e_{33}$) zum Ausdruck kommt.

Wesentlich ist, daß wir praktisch für jedes Gemisch der zwei Bestandteile einen Haltepunkt der Temperatur erhalten, dessen Dauer um so länger ist, je näher die Zusammensetzung dem Eutektikum kommt. Das ist für die Erkennung der Eutektika von großem Werte.

Man bringt diesen Temperaturhaltepunkt des Eutektikums auch im Schmelzdiagramm zum Ausdruck.

Das Gemisch *D*, Abb. 5, scheidet bei der Abkühlung bei *d* die ersten festen Teile aus, erstarrt dann unter verlangsamter Abkühlung mehr und mehr. Bei der Temperatur des eutektischen Punktes, bei *d'*, findet schließlich bei konstanter Temperatur die Erstarrung des als Schmelze übrig gebliebenen Eutektikums statt. Die Erstarrung erstreckt sich also auf das Temperaturgebiet *d* — *d'*. Für jede andere Mischung, sowohl zwischen *A* und *C* wie zwischen *C* und *B*, erhalten wir immer als Erstarrungsende die eutektische Temperatur. Es liegen also die Endpunkte der Erstarrung alle auf der durch den eutektischen Punkt gehenden Horizontalen $T_E — T_E'$. Wir nennen diese „die eutektische Linie".

Das absonderliche Verhalten des Eutektikums hat dazu geführt, daß man in ihm lange eine chemische Verbindung der Komponenten sah. Diese Auffassung entspricht aber ganz und gar nicht der Wirklichkeit; nicht einmal um eine feste Lösung handelt es sich. Das Eutektikum ist ein mechanisches Gemenge der beiden festen Bestandteile. Freilich sind die Teilchen manchmal so fein, daß man sie nur bei starker Vergrößerung unter dem Mikroskop erkennen kann. Aber gerade das Mikroskop zeigt in anschaulichster Weise, daß die Ableitungen, die wir oben machten, zutreffend sind. Die Gemische, die in der Glaschemie eine Rolle spielen, zeigen optisch nicht die starken Kontraste, die für ein markantes Anschauungsmaterial wünschenswert sind. Metalle zeigen auffallendere Unterschiede, und diese lassen sich durch Ätzung, Anlaufen usw. noch heben. Es sei darum gestattet, zur Veranschaulichung des Gesagten das Paar Kupfer-Silber hier vorzuführen, das bei 72% Silber ein Eutektikum zeigt. Abb. 7 zeigt das erstarrte Gemisch 15% Kupfer, 85% Silber. Die Hauptmenge besteht aus hellem Silber *a*, das zunächst abgeschieden ist, und dessen grobe Teile durch das zuletzt erstarrende Eutektikum, ein Gemenge von feinsten Silber- und Kupferteilchen, verkittet sind.

Abb. 8 zeigt das Eutektikum, das ein gleichmäßiges Konglomerat kleiner Silber- und Kupferteilchen darstellt.

Abb. 9 zeigt eine Mischung von 65% Kupfer und 35% Silber, wo zunächst Kupfer ausgeschieden wird. Dies ist hier durch eine relativ größere Menge Eutektikum verbunden.

Das Auftreten von Verbindungen zwischen Komponenten der Gemische. Es ist nun noch ein Wort über die Verhältnisse zu sagen, die das Schmelzdiagramm Abb. 5 zeigt, wenn Verbindungen zwischen den Komponenten auftreten. Aus dem geschmolzenen Gemisch, das in seiner Zusammensetzung genau einer Verbindung entspricht, wird diese in reinem Zustand entstehen und das Verhalten einer einheitlichen Substanz: festen Schmelz- und Erstarrungspunkt zeigen. Durch das Auftreten von chemischen Verbindungen zwischen Komponenten eines Gemisches wird also das Schmelzdiagramm in zwei oder mehrere Teile geteilt, von denen jeder für sich den Charakter der Abb. 5 trägt. Abb. 10 macht das deutlich.

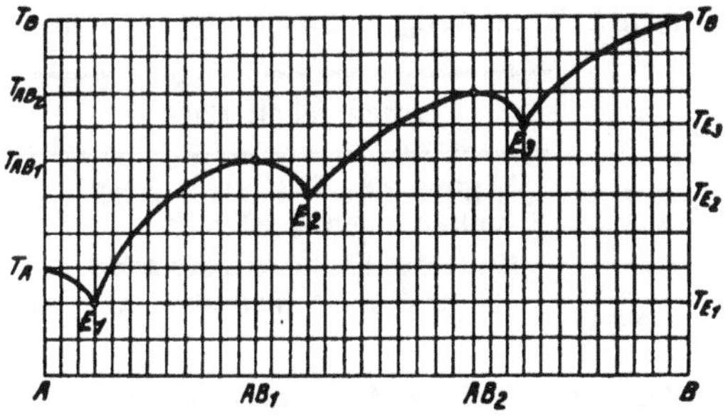

Abb. 10.

Zwischen *A* und *B* sollen zwei Verbindungen AB_1 und AB_2 bestehen. AB_1 und AB_2 werden also feste Schmelzpunkte zeigen bei T_{AB_1} und T_{AB_2}. Diese Schmelzpunkte liegen höher als die der benachbarten Mischungen. Enthält die Mischung mehr *A* als den Verbindungen entspricht, so gilt dieser Überschuß als Beimengung zu AB_1. Es wird also zwischen *A* und AB_1 ein Eutektikum E_1 auftreten; in gleicher Weise in E_3 zwischen AB_2 und *B* und schließlich eines E_2 zwischen AB_1 und AB_2. Tritt also eine chemische Verbindung zwischen Komponenten eines Gemisches auf, so zeigt die Verbindung ein Maximum im Schmelzdiagramm. Die Verbindung zeigt einen ausgesprochenen Haltepunkt der Temperaturen, der höher als jedes der benachbarten Gemische liegt. Zwischen zwei Verbindungen oder zwischen einer Komponente und einer Verbindung treten Erstarrungsintervalle auf, die mit einem gemeinsamen Haltepunkt endigen, der dem Eutektikum entspricht.

Man sieht, das Schmelzdiagramm, resp. die „Thermoanalyse", die zu ihm führt, ist in der Lage, uns zu verkünden, ob und welche Verbindungen in einem Schmelzfluß auftreten können.

Ferner lassen sich daraus Schlüsse ziehen, bei welchen Temperaturen Gemenge der untersuchten Stoffe zu schmelzen beginnen.

Beispiele aus der Glaschemie.

a) Die Kalk-Kieselsäure-Reihe. Über die Mischungen zwischen Kalk und Kieselsäure liegt eine Untersuchung[1]) vor, die in jeder Beziehung als Musterbeispiel solcher Studien bezeichnet werden muß, und der wir bis jetzt leider nur wenig Gleichartiges an die Seite stellen können. Die Resultate überblicken wir am besten an der Hand der Zeichnung Abb. 11. Zunächst sei hervorgehoben: es gibt zwischen Kalk und Kieselsäure nur zwei Verbindungen, das Orthosilikat Ca_2SiO_4 (oder $2\,CaO \cdot SiO_2$) und das Metasilikat $CaSiO_3$ (oder $CaO \cdot SiO_2$). Demnach erhalten wir zwei Maxima *B* und *C* in der Schmelzkurve und drei Eutektika.

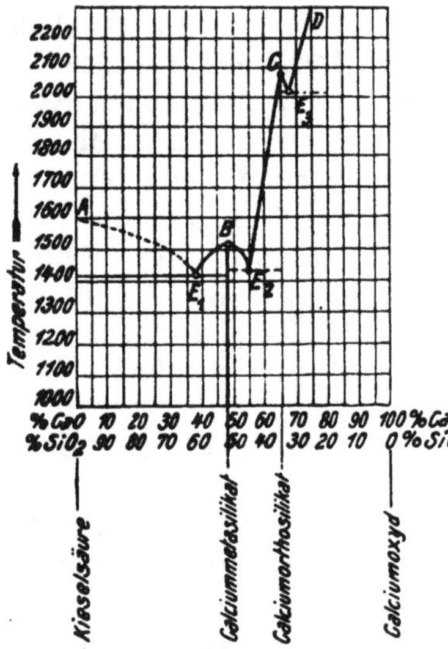

Abb. 11.

Kalziumoxyd CaO	2572°
Eutektikum CaO/Ca_2SiO_4)	2015°
Orthosilikat Ca_2SiO_4	2082°
Eutektikum $Ca_2SiO_4/CaSiO_3$.	1430°
Metasilikat $CaSiO_3$	1512°
Eutektikum $CaSiO_3/SiO_2$	1418°
Kieselsäure SiO_2	1600°

Die Glaschemie interessiert naturgemäß das Kurvenstück AE_1 am meisten, denn dieses Gebiet umfaßt die reinen Kalziumsilikatgläser. Aber gerade hier ist es besonders schwer, genaue Daten zu erhalten und um so schwieriger, je mehr wir uns mit der Zusammensetzung des Glases der reinen Kieselsäure nähern, die mit ihren Eigentümlichkeiten alle Vorgänge trübt. Man hat bis jetzt den Schmelzpunkt der Kieselsäure sehr verschieden hoch angegeben, meist wohl überschätzt. Das hat folgenden Grund. Der Schmelzvorgang vollzieht sich beim Quarz mit beispielloser Trägheit[2]). Die Schmelzung geht so langsam vonstatten, daß beim Anheizen des Versuchsofens leicht die Temperatur rascher steigt, wie die Schmelzung sich vollzieht. Das führt zu Überhitzungen, die sonst bei einheitlichen Körpern, wie wir sahen, kaum vorkommen. Zerkleinerung erleichtert das Schmelzen. Ferner ist zu beachten, daß der Quarz bei höherer Temperatur in Tridymit und bei noch höherer Temperatur in Cristobalit übergeht (s. Abschn. Polymorphie S. 22). Jeder dieser Modifikationen kommt ihr eigener Schmelzpunkt zu: Quarz ca. 1600, Tridymit 1670°, Cristobalit 1700°. Die eigentlich stabile Modifikation ist der Cristobalit. Die Gemische in der Nähe von SiO_2 sind nicht angegeben. Zuverlässig sind aber folgende Punkte:

Prozentgehalt CaO	30	32	35	40	45	48%
Beginn des Erstarrens resp. vollkommen geschmolzen. .	—	—	—	1453	1500	1512
Ende des Erstarrens resp. Beginn des Schmelzens . . .	1420	1418	1418	1421	1413	1512

Der Endpunkt des Erstarrens gibt uns die eutektische Temperatur. Die Mischungen zwischen 30 und 45% CaO geben praktisch übereinstimmende Werte. Die eutektische Linie erstreckt sich mindestens bis in die Gegend von 30% CaO. Bis 30% CaO tritt also keine neue Verbindung auf. Kalziumsilikate sind noch denkbar von der Formel $CaO \cdot 2\,SiO_2$ und $CaO \cdot 3\,SiO_2$. Dem ersten entspricht ein Kalkgehalt von 31,7%, dem zweiten von 23,7%. Die Existenz des Silikates mit 31,7% CaO ist nach den obigen Resultaten ausgeschlossen. Das mit 23,7% liegt so nahe an den

[1]) A. L. Day, E. T. Allen, E. S. Shepherd, W. P. Wite und F. E. Wright, Tschermaks Min. u. Petrogr. Mitteilungen, Bd. 26, 169 (1907).

[2]) Siehe hierüber näheres unter „Schmelzverzug".

beobachteten Punkten, daß seine Existenz der Beobachtung nicht hätte entgehen können. Dieser für die Glaschemie sehr wichtige Befund wird durch die mikroskopische Prüfung der erstarrten Gemische bestätigt. Es sind in ihnen zwischen 0 und 48,2% CaO nur die zwei endständigen Glieder vertreten, Kieselsäure und Kalziummetasilikat, in den bei den betreffenden Temperaturen beständigen Kristallformen: Tridymit und Pseudowollastonit.

Wie wir später sehen werden, hat man geglaubt, in den besten technischen Gläsern Trisilikate, Silikate der Formel $Me_2O \cdot 3\,SiO_2$ resp. $MeO \cdot 3\,SiO_2$ sehen zu müssen. Aus den obigen Untersuchungen geht hervor, daß die Annahme für reines Kalziumsilikatglas nicht zutreffend ist. Vielmehr würde ein solches lediglich ein Gemisch aus Kalziummetasilikat und Kieselsäure darstellen.

b) Lithion-Kieselsäure[1]). Es bestehen drei Verbindungen: das Orthosilikat Li_2SiO_4 oder $2\,Li_2O \cdot SiO_2$, das Metasilikat Li_2SiO_3 oder $Li_2O \cdot SiO_2$ und das Bisilikat $Li_2Si_2O_5$ und Eutektika zwischen diesen unter sich und mit Lithion. Das Bisilikat zeigt kein Schmelzpunktsmaximum, nur Übergangspunkt, bei dem es unter Zersetzung schmilzt. Die Daten sind in der nachstehenden Tabelle enthalten.

% SiO_2	Substanz	Schmelzpunkt
0	Li_2O	?
50,1	Orthosilikat . . . . . . $2\,Li_2O \cdot SiO_2$ . .	1256°
55	Eutektikum $2\,Li_2O \cdot SiO_2 - Li_2O \cdot SiO_2$ . .	1022°
66,8	Metasilikat . . . . $Li_2O \cdot SiO_2$ . . .	1202°
72,1	Eutektikum $Li_2O \cdot SiO_2 - Li_2O \cdot 2\,SiO_2$ . .	1027°
80,1	$Li_2O \cdot SiO_2$	1032°

Die Temperaturen sind durchweg sehr viel niedriger als bei der Kalk-Kieselsäure-Reihe.

c) Natron-Kieselsäure[2]). Dies System zeigt drei Verbindungen zwischen den beiden Komponenten: 1. Orthosilikat ($2\,Na_2O \cdot SiO_2$), 2. Metasilikat ($Na_2O \cdot SiO_2$) Schmelzpunkt 1088° und 3. Bisilikat ($Na_2O \cdot 2\,SiO_2$) Schmelzpunkt 874°. Die Eutektika zwischen 2. und 3. sowie 3. und α-Quarz schmelzen bei 840° bzw. 793°.

d) Kali-Kieselsäure[3]). Dies System ist nicht vollständig bekannt. Es existiert Metasilikat, Schmelzpunkt 966° und Bisilikat 1041°.

Vergleich von b), c) und d) zeigt, daß der Schmelzpunkt für Metasilikate mit steigendem Molekulargewicht des Alkalis sinkt. Auffällig sind weiter die außerordentlich niedrigen Schmelzpunkte der Eutektika.

e) Bleioxyd-Bleimetasilikat[4]). Von dem für die Bleigläser wichtigen System Bleioxyd-Kieselsäure konnten bis jetzt wegen des geringen Kristallisationsvermögens nur die Daten für Bleioxyd-Bleimetasilikat bestimmt werden:

Mol% PbO	$PbO - PbSiO_3$	Schmelzpunkt
0	PbO	876°
50	Eutektikum ($2\,PbO - PbO \cdot SiO_2$)	717°
33	$2\,PbOSiO_2$ (Orthosilikat)	740°
23	Eutektikum	690°
20	$3\,PbO \cdot 2\,SiO_2$	700°
16	Eutektikum	690°
	Metasilikat $PbO \cdot SiO_2$	770°

[1]) van Klooster, Zeitschr. f. anorg. Chem. **69**. 135, 1911. — R. Rieke und K. Endell, Sprechsaal **43**, 684 (1910); **44**, 97 (1911). Jäger u. van Klooster, K. Akad. van Wetensch. Wisk. u. Natk. Afd. **22**, 900 (1914).

[2]) Morey und Bowen, J. Phys. Chemistry, **28**, 1167 (1924).

[3]) Morey, Z. f. anorg. Chem. **86**, 323 (1914).

[4]) Hilpert u. Nacken, Ber. d. deutschen Chem. Gesellsch. **43**, 2565 (1910).

f) Die Kalk-Tonerde-Reihe[1]) zeigt auffallend viele Verbindungen:

% Al_2O_3	$CaO — Al_2O_3$	Schmelzpunkt
0	CaO	2572°
	kein Eutektikum	
37,8	Trikalziumaluminat $3\ CaO \cdot 3\ Al_2O_3$	1535° ± 5
50	Eutektikum	1395°
52,2	Verbindung $5\ CaO \cdot 3\ Al_2O_3$	1455° ± 5
53	Eutektikum	1400° ± 5
64,6	Kalziumaluminat $CaO \cdot Al_2O_3$	1600° ± 5
66,5	Eutektikum	1590° ± 5
75,2	Verbindung $3\ CaO \cdot 5\ Al_2O_3$	1720° ± 10
76	Eutektikum	1700° ± 10
100	Al_2O_3	2050°

Zu beachten ist die starke Schmelzpunktserniedrigung, die die Gemische gegenüber den ungewöhnlich hoch schmelzenden Komponenten erfahren.

g) Die Magnesia-Tonerde-Reihe[2]) zeigt nur eine Verbindung, $MgO \cdot Al_2O_3$, die in der Natur als Spinell vorkommt.

% MgO	$MgO — Al_2O_3$	Schmelzpunkt
0	Al_2O_3	2050°
8	Eutektikum	1925°
	$MgO \cdot Al_2O_3$ (Spinell)	2135°
45	Eutektikum	2030°
100	MgO	2800°

h) Die Tonerde-Kieselsäure-Reihe[3]) besitzt ebenfalls nur eine Verbindung, den Sillimanit $Al_2O_3 \cdot SiO_2$.

% Al_2O_3	$Al_2O_3 \cdot SiO_2$	Schmelzpunkt
0	Cristobalit SiO_2	1655°
13	Eutektikum	1610°
62,9	Sillimanit $Al_2O_3 \cdot SiO_2$	1816° ± 10
64	Eutektikum	1810° ± 10
100	Korund Al_2O_3	2050°

Die Bestimmung der Konstanten in der Nähe der Kieselsäure leidet auch hier unter der auffallenden Langsamkeit, mit der sich die Schmelzung vollzieht. Neben dem Sillimanit, der sich durch hervorragende Beständigkeit gegen chemische Agentien auszeichnet, kommen in der Natur noch zwei andere Verbindungen der gleichen Zusammensetzung vor, der Andalusit und der Kyanit, die sich vom Sillimanit nur durch die Kristallform unterscheiden. Sie sind bei Temperaturen über 1300° unbeständig und wandeln sich dort in Sillimanit um. Dieser ist also die Form, in der die Verbindung $Al_2O_3 \cdot SiO_2$ bei den genannten Temperaturen immer auftritt. Diese Tatsache ist von allgemeiner Bedeutung. Zunächst in technischer Beziehung, weil wir daraus sehen, daß die Tonsubstanz $Al_2O_3 \cdot 2\ SiO_2 \cdot 2\ H_2O$ der feuerfesten Tone und der durch Wasseraustritt entstehende Körper $Al_2O_3 \cdot 2\ SiO_2$ bei hohen Brenn-

[1]) Rankin, Zeitschr. f. anorg. Chem. **92**, 223 (1915).
[2]) Rankin u. Mervin, Journ. Amer. Chem. Soc. **39**, 571 (1916).
[3]) Rankin, Zeitschr. f. anorg. Chem. **92**, 222 (1915).

temperaturen nicht beständig sind. In der Tat fand man in feuerfesten Tonen, die über 1400° erhitzt waren, Kristallaggregate von Sillimanit[1]).

Das Bild, das Hartporzellan[2]) unter dem Mikroskop darbietet, ist das eines Glasflusses, in dem neben unaufgelösten Quarzkörnchen und Luftbläschen ein dichter Filz von Sillimanitkristallen eingebettet liegt. Während nun Mellor die Minderung der Güte von feuerfestem Material — also auch von Glashäfen — durch vielfaches oder langandauerndes Erhitzen dem zunehmenden Auftreten von Sillimanit zuschreibt, glaubt Zöllner die vortrefflichen Eigenschaften des Hartporzellans gerade auf die weitgehende Ausbildung der Sillimanitkristalle zurückführen zu müssen. Der Vorgang, der Tonsubstanz unter Kieselsäureabspaltung in Sillimanit überführt, hat sich aber auch in der Natur abgespielt, dort wo ein heißer Schmelzfluß Tongestein durchbrochen hat. Man findet z. B. bei Granitkontakt Tonschiefer, in denen aus der Tonsubstanz reizvoll verästelte Kristallaggregate von Sillimanit entstanden sind, die dem Gestein den Namen „Fruchtschiefer" verliehen haben. Der Schmelzfluß, aus dem vor Jahrtausenden der Granit erstarrte, hat also den Tonschiefer auf mindestens 1300° erhitzt.

Nach der Untersuchung von Bowen & Greig[3]) ist es zweifelhaft geworden, ob die einzige zwischen SiO_2 und Al_2O_3 bei hoher Temperatur existenzfähige Verbindung wirklich Sillimanit ist. Sie halten jene Verbindung für einen dem Sillimanit optisch und kristallographisch sehr ähnlichen Körper von der Zusammensetzung ($3\,Al_2O_3 \cdot 2\,SiO_2$), dem sie den Namen Mullit geben. In der Tat ergaben die Analysen der aus Porzellan oder Schamotte isolierten Kristalle (so die Zöllners und bei mir ausgeführte) für Sillimanit zu hohe Tonerdewerte. Demnach wäre alles, was bisher als Sillimanit bezeichnet ist, Mullit.

i) Magnesia-Kalk-Reihe[4]). Hier gibt es keine Verbindung, nur ein Eutektikum:

% MgO	MgO — CaO	Schmelzpunkt
0	CaO	2572°
33	Eutektikum	2300°
100	MgO	2800°

h) Verschiedene Systeme. Es folgen noch die Daten von einigen weiteren Systemen, die für die Glas-Chemie Interesse haben.

Natriumborat-Lithiumborat[5]).

% $LiBO_2$	$NaBO_2$ — $LiBO_2$	Schmelzpunkt
0	Natriummetaborat $NaBO_2$	996°
50	Eutektikum	648°
100	Lithiummetaborat $LiBO_2$	843°

Natriumborat-Natriumphosphat[6]).

Die Feststellung der Erstarrungskurve ist hier durch glasiges Erstarren in vielen Gebieten gestört:

% $NaPO_3$	$NaBO_2$ — $NaPO_3$	Schmelzpunkt
0	Natriumborat $NaBO_2$	610°
—	Eutektikum	—
61	Doppelverbindung $NaBO_2 \cdot NaPO_3$? . . .	800°
—	Eutektikum	—
100	Natriumphosphat $NaPO_3$	966°

[1]) Glasenapp, Tonindustrie-Zeitung **1907**, 1167. — Mellor, Trans. Engl. Cer. Soc. VI, 2, S. 129; Tonind.-Zeit. **1908**, 1127.

[2]) Zöllner, Chem.-Ind. **1908**, 212. — Tonind.-Zt. **1908**, 814.

[3]) J. Amer. Cer. Soc. 7, 238 (1924). — Ber. d. d. Keram. Ges. **5**, 14 (1924).

[4]) Rankin u. Mervin, a. a. O. S. 571.

[5]) van Klooster, Zeitschr. f. anorg. Chem. **69**, 122 (1911).

[6]) van Klooster, a. a. O. S. 122.

Kaliumborat-Kaliumphosphat[1]).

% KPO_3	KBO_2 — KPO_3	Schmelzpunkt
0	Kaliummetaborat KBO_2	947°
30	Eutektikum	770°
	Doppelverbindung $KBO_2 \cdot KPO_3$	885°
90	Eutektikum	681°
100	Kaliummetaphosphat KPO_3	810°

Kalziumsilikat-Kalziumfluorid[2]).

% CaF_2	$CaSiO_3$ — CaF_2	Schmelzpunkt
0	$CaSiO_3$	1512°
38,2	Eutektikum	1128°
100	CaF_2	1378°

Kalziumsilikat-Kalziumchlorid[2]).

	$CaSiO_3$ — $CaCl_2$	Schmelzpunkt
	$CaSiO_3$	1512°
	Eutektikum (99 Mol-% $CaCl_2$)	766°
	$CaCl_2$	782°

5. Gemische mit zwei Komponenten, bei deren Erstarren feste Lösungen auftreten. „Mischkristalle".

Im vorhergehenden Abschnitt haben wir Systeme kennen gelernt, bei denen der sich ausscheidende Bestandteil in vollkommener Reinheit erstarrt. Bei den Gemischen, die für die Glaschemie Interesse haben, ist dies durchaus nicht das vorherrschende Verhalten. Von mindestens eben so großer Bedeutung sind hier die Fälle, bei denen das sich Ausscheidende eine feste Lösung der beiden Komponenten ineinander, ein „Mischkristall" ist[3]). Der sich ausscheidende Mischkristall hat meist eine andere Zusammensetzung als die flüssige Lösung. Wir bedürfen darum im Schmelzdiagramm zweier Kurven, von denen die eine uns anzeigt, bei welcher Temperatur Schmelzen von gegebener Zusammensetzung zu erstarren beginnen. Diese nennen wir die „Erstarrungskurve". Sie ist in den Abbildungen dieses Abschnitts ganz ausgezogen. Eine zweite Kurve gibt uns Aufschluß über die Zusammensetzung der Mischkristalle, die sich bei gegebener Temperatur ausscheiden und über die Temperatur, bei der ein Gemisch bestimmter Zusammensetzung zu schmelzen beginnt. Diese ist die „Schmelzpunktskurve", die in den Abbildungen punktiert gezeichnet ist.

Wie schon S. 8 angedeutet, müssen wir unterscheiden zwischen Fällen, wo die beiden Komponenten im festen Zustand unbeschränkt ineinander löslich sind und solchen, wo eine Mischungslücke auftritt.

a) Die beiden Bestandteile bilden eine ununterbrochene Reihe von Mischkristallen. Hier haben wir wieder drei Typen zu unterscheiden, die in Abb. 12

[1]) van Klooster, a. a. O. S. 132.

[2]) B. Karandéef, Zeitschr. f. anorg. Chem. **68**, 188 (1910).

[3]) Siehe S. 7.

charakterisiert sind. Der einfachste Fall ist der, daß die Erstarrungspunkte aller möglichen Gemische zwischen den Erstarrungspunkten der reinen Komponenten liegen (I in Abb. 12). Es kann aber auch die Erstarrungskurve durch ein Minimum gehen (II in Abb. 12) und schließlich ebenso ein Maximum besitzen (III). Die Bedeutung der Kurvenpaare ist in allen drei Fällen dieselbe. Wir wollen sie bei I näher betrachten:

Wir nehmen ein Gemisch, dessen Zusammensetzung durch Punkt *x* zum Ausdruck gebracht sei, also der Zeichnung nach 33% *A* und 67% *B* enthält. Das Gemisch ist vollkommen geschmolzen. Beim Sinken der Temperatur bewegen wir uns auf der Vertikalen *a*—*b*. In *a* treffen wir die Erstarrungskurve; bei der zugehörigen Temperatur T_1 beginnt also die Erstarrung. Der sich ausscheidende Mischkristall hat aber nicht die Zusammensetzung der Schmelze (*x*). Diese Zusammensetzung des ausgeschiedenen Mischkristalls gibt uns die in der Abbildung punktierte Schmelzpunktskurve an, in dem wir die zur Temperatur T_1 gehörige feste Lösung suchen. Sie ist durch den Punkt *c* auf der Schmelzpunktskurve gekennzeichnet und hat die Zusammensetzung *C*, im speziellen Falle 5% *A* und 95% *B*. Sie ist also viel reicher an *B* als das flüssige Gemisch. Beim Erstarren wird dadurch die Zusammensetzung der Schmelze ärmer an *B* und reicher an *A*. Die Zusammensetzung der Schmelze bewegt sich auf Kurve *a*—*d*, die der gleichzeitig ausgeschiedenen Mischkristalle auf *c*—*b*. Sind wir bei *d* und *b*, d. h. bei der Temperatur T_2 angelangt, so ist alles erstarrt. Beim Erhitzen beginnt das gleiche Gemisch bei T_2 zu schmelzen, und zwar wird zunächst flüssig das *d* entsprechende Gemisch *D* (80% *A*). Unter allmählicher Temperatursteigerung verändert sich die Zusammensetzung der Schmelze entsprechend der Kurve *d*—*a*, bis bei T_1 die letzten Reste fester Substanz von der Zusammensetzung *C* schmelzen, um den Schmelzfluß *X* zu liefern.

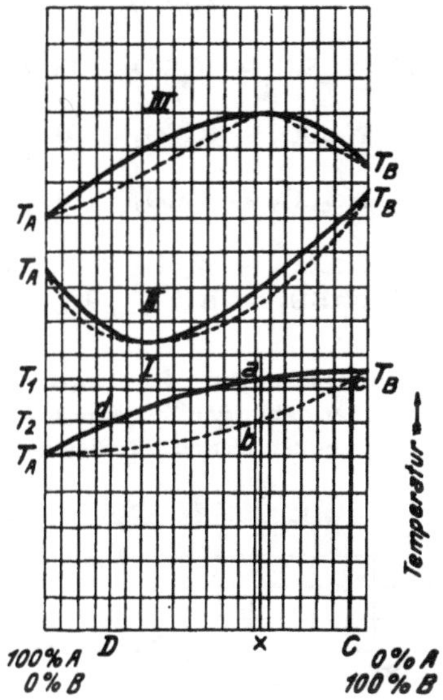

Abb. 12.

Das Charakteristische für diese Systeme ist also die dauernd wechselnde Zusammensetzung von flüssiger und fester Phase. Wir erhalten infolgedessen in der „Abkühlungskurve“ und in der „Anheizkurve“ (S. 3 u. 4) keinen Haltepunkt sondern nur einen, eine Verzögerung der Abkühlung oder Erwärmung zum Ausdruck bringenden Knick, Kurven ähnlich wie a_1—d_1—e in Abb. 6 (S. 9). Das die Verzögerung andeutende Stück d_1—e ist um so größer, je stärker sich die Zusammensetzung der ausgeschiedenen Mischkristalle von der der Schmelze unterscheidet. Wird dieser Unterschied gering, dann nähert sich der Knick d_1—e der Horizontalen, wird einem Haltepunkt ähnlich und wenn vollends die Zusammensetzung des Mischkristalls mit der der Schmelze übereinstimmt, erhalten wir einen Haltepunkt, genau wie bei einer einheitlichen Substanz und einem „Eutektikum“. Bei Fall I kann ein Haltepunkt, wie schon gesagt, nicht auftreten; jedoch bei II und III, und zwar bei den Gemischen, bei denen die Erstarrungskurve ein Minimum resp. ein Maximum hat, aber nur bei diesen (Gegensatz zu S. 9 und 10).

Der Fall I ist bei Beispielen, die für die Glaschemie Interesse haben, bekannt geworden bei den Gemischen der Feldspate Anorthit und Albit, bei denen nach der Untersuchung von Day und Allen die Schmelzpunkte der Gemische auf einer stetigen, die Schmelzpunkte der Komponenten verbindenden Linie liegen (s. S. 32). Die Schmelzpunkte selbst siehe im Kap. II Rohmaterialien bei Feldspat.

Weitere **Beispiele aus der Glaschemie** über isomorphe Gemische mit Schmelzpunktsminimum sind in der folgenden Tabelle 2 enthalten. Alle diese Systeme entsprechen den Kurven II in Abb. 12. Sie zeigen eine ununterbrochene Reihe von Mischkristallen und ein Schmelzpunktsminimum.

Die Systeme Na_2SiO_3 — $MgSiO_3$ und Li_2SiO_3 — K_2SiO_3 dürften sich ihrem Charakter nach diesen Systemen anschließen. Die Untersuchung konnte jedoch nicht durchgeführt werden wegen der geringen Kristallisationsgeschwindigkeit dieser Gemische.

Tabelle 2.

Schmelzpunktsminima einiger isomorpher Gemische.

Bestandteile des Gemisches mit ihren Schmelzpunkten	Schmelzpunktsminimum	Temperatur des Minimums	Literatur
1018° Na_2SiO_3 — $SrSiO_3$ 1529°	bei 20 Mol.-% $SrSiO_3$	875°	Wallace, Z. f. anorg. Chem. **63**, 8 (1909),
1018 Na_2SiO_3 — $BaSiO_3$ 1490	bei 30 Mol.-% $BaSiO_3$	905°	
1018 Na_2SiO_3 — Li_2SiO_3 1168	bei 48 Mol.-% Li_2SiO_3	786°	
1438 $BaSiO_3$ — $CaSiO_3$ 1512	—	unter 1000°	
1512 $CaSiO_3$ — $MnSiO_3$ 1218	bei 78 Mol.-% $MnSiO_3$	1184°	Ginsberg, Z. f. anorg. Ch. **61**, 122 (1909),
1040 Na_4SiO_4 — K_4SiO_4 913	bei 50 Gew.-% K_2SiO_4	743°	Thomas, Metall. **7**, 706 (1904),
820 Na_2CO_3 — K_2CO_3 860	bei 50 Mol.-% K_2CO_3	690°	Le Chatelier, Comp. rend. **118** (1894),
818 Na_2CO_3 — K_2CO_3 770	bei 50 Mol.-% K_2CO_3	770°	Amadori, Atti R. Acad. Linc. **21** u. **22** (1913),
860 Na_2CO_3 — K_2CO_3 896	bei 45 Mol.-% K_2CO_3	690°	
966 $NaBO_2$ — KBO_2 947	bei 45 Mol.-% KBO_2	850°	van Klooster, Z. f. anorg. Chem. **69**, 122 (1911).

b) Die beiden Bestandteile zeigen eine Mischungslücke (s. S. 8). Die Besonderheiten der hierher gehörigen Systeme wollen wir am Beispiel Lithiumsilikat-Kalziumsilikat, Li_2SiO_3 — $CaSiO_3$, kennen lernen, für das das in Abb. 13 dargestellte Schmelzdiagramm gilt. Es besitzt eine Mischungslücke zwischen 23% und 84% $CaSiO_3$, es sind also keine Mischkristalle möglich, die mehr als 23% $CaSiO_3$ und weniger als 84% $CaSiO_3$ haben. Haben die Gemische eine Zusammensetzung, die außerhalb dieser Lücke liegt, so sind die Verhältnisse genau diejenigen, die wir unter a) betrachtet haben. Haben wir z. B. ein Gemisch mit mehr als 84% $CaSiO_3$, so scheiden sich Mischkristalle von stets wechselnder Zusammensetzung ab, bis wir mit der Vertikalen durch die Zusammensetzung der ursprünglichen Schmelze die punktierte Schmelzpunktlinie treffen. Bei dieser Temperatur ist alles erstarrt. Haben wir nun ein Gemisch mit weniger als 84% $CaSiO_3$, so kommen wir bei der Ausscheidung zu einer Konzentration der Schmelze, bei der der Mischkristall gerade der Grenzlösung entspricht. Nun kann eine weitere Herabminderung des $CaSiO_3$-Gehalts im Ausgeschiedenen nicht mehr stattfinden, wie die Zusammensetzung der Schmelze auch sein mag. Das Ausgeschiedene hat immer die gleiche Zusammensetzung. Genau das gleiche findet statt, wenn wir Mischungen haben, die mehr als 23% $CaSiO_3$ enthalten. Infolgedessen erhalten wir ein Eutektikum, das aber hier aus den beiden Grenzmischkristallen und nicht aus reinen Kristallen besteht. Die Menge des Eutektikums hängt ab von der Zusammensetzung der Schmelze. Haben wir die Zusammensetzung des Eutektikums, das hier bei 50% $CaSiO_3$ liegt, so erstarrt dies durchaus bei konstanter Temperatur. In der Abbildung ist durch die Dreiecksform, die von der eutektischen Linie nach unten gezeichnet ist, die Menge des Eutektikums zum Ausdruck gebracht. Bei den Grenzlösungen 23% und 84% $CaSiO_3$ ist die Menge des Eutektikums null (Ecken des Dreiecks), bei 50% am größten (Spitze des Dreiecks).

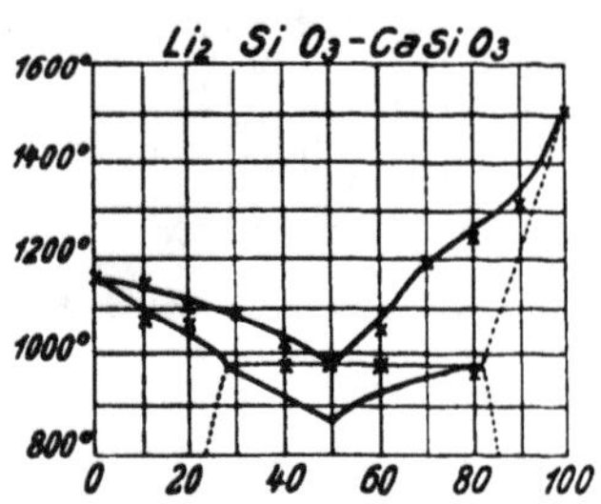

Gewichtsprozente $CaSiO_3$

Abb. 13.

Ganz analog sind die Verhältnisse für folgende Paare: Lithiumsilikat — Magnesiumsilikat; Lithiumsilikat — Bariumsilikat und Lithiumsilikat — Strontiumsilikat. Die auf diese bezüglichen Daten[1]) seien mit denen des eben besprochenen Paares in folgender Tabelle 3 vereinigt:

Tabelle 3.

	Mischungslücke	Eutektische Kristallisation Gew.-%	Eutektische Kristallisation Mol.-%	Temperatur der eutektischen Kristallisation
Li_2SiO_3—$CaSiO_3$	25—84% $CaSiO_3$	50 $CaSiO_3$	43,7 $CaSiO_3$	979°
Li_2SiO_3—$MgSiO_3$	50—75% $MgSiO_3$	55 $MgSiO_3$	52,3 $MgSiO_3$	885°
Li_2SiO_3—$BaSiO_3$	35—92% $BaSiO_3$	78 $BaSiO_3$	60,2 $BaSiO_3$	880°
Li_2SiO_3—$SrSiO_3$	22—92% $SrSiO_3$	60 $SrSiO_3$	45,3 $SrSiO_3$	1100°

[1]) Wallace, l. c.

Hieran schließt sich ein System, das für die Glaschemie von besonderer Bedeutung ist, das Paar: Natriumsilikat — Kalziumsilikat[1]). Dies zeigt eine ganz eigenartige Ausbildung; sein Schmelzdiagramm ist in Abb. 14 dargestellt. Es hat bei einer Zusammensetzung entsprechend der Formel 2 $Na_2SiO_3 \cdot 3\,CaSiO_3$ ein Maximum, woraus man schließen darf, daß diese Verbindung existiert. Durch diese Verbindung kann man das Diagramm in zwei Teile geteilt denken, einerseits für die Mischungen dieser Verbindung mit Na_2SiO_3, anderseits für die Mischungen mit $CaSiO_3$. Der erste Teil gibt eine ununterbrochene Mischkristallreihe mit einem Minimum bei 20% $CaSiO_3$ (Schmelzpunkt 932°), ähnlich wie es die Systeme S. 17 zeigen. Der zweite Teil zeigt eine Mischungslücke zwischen 70 und 80% $CaSiO_3$, die zu einer eutektischen Kristallisation mit 70% $CaSiO_3$ bei 1130° führt. Von 80 bis 100% $CaSiO_3$ haben wir wieder eine Mischkristallreihe. Das Bemerkenswerte ist, daß die Zusammensetzung der Mischkristalle besonders im Gebiet 0 bis 70% $CaSiO_3$ sich nur wenig unterscheidet von der Zusammensetzung der Schmelze.

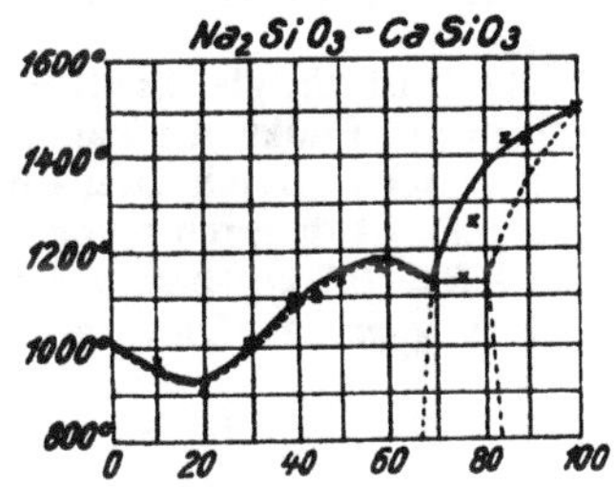

Abb. 14.

Da die gebräuchlichsten Gläser gerade Kalk-Natron-Gläser sind, ist das vorliegende System von besonderem praktischem Interesse, obschon der Überschuß von Kieselsäure, der den technischen Gläsern eigen ist, hier fehlt. Das meist verwandte Verhältnis 1 Na_2SiO_3 : 1 $CaSiO_3$ liegt in dem Gebiet 0 bis 70% $CaSiO_3$, wo, wie wir sehen, eine lückenlose Mischreihe gilt, mit Mischkristallen, deren Zusammensetzung sich nicht merklich von der der Schmelze unterscheidet. Wenn man dies Resultat auf die 2 Moleküle SiO_2 mehr enthaltenden Gläser übertragen dürfte, so wäre zu folgern, daß bei der Entglasung der betreffenden Gläser sich Kristalle von der Zusammensetzung des Glases ausscheiden.

Auch die im Schmelzdiagramm angedeutete Verbindung 2 Na_2SiO_3-3 $CaSiO_3$ könnte bei der Haltbarkeit der Gläser eine Rolle spielen. Es ist in diesem Zusammenhang auffallend, daß die besten von R. Weber analysierten Fenstergläser (siehe S. 95 im 3. Teil dieses Kapitels) stets mehr Kalk als Natron, meist das Verhältnis 1:0,6 bis 1:0,9, zeigen, während die angedeutete Verbindung 1:0,67 ergäbe.

Andererseits macht man unbewußt auch vom Schmelzpunktsminimum bei 20% $CaSiO_3$ Gebrauch. Dies entspricht einem Mol-Verhältnis 1 CaO : 4,2 Na_2O. Unsere weichsten Gläser (Preßgläser, gewöhnl. Weißhohlglas) nähern sich diesem Verhältnis, soweit es die Auslaugbarkeit gestattet. Sie bleiben meist bei 1 CaO : 3 Na_2O.

Dieser Überblick dürfte genügen, um die Reichhaltigkeit der Erscheinungen, die beim Schmelzen und Erstarren von Gemischen auftreten, zu zeigen, ohne daß damit Vollständigkeit erreicht wäre. Es wären insbesondere noch die Gemische zu nennen, die schon im flüssigen Zustand nur teilweise ineinander löslich sind und die zur Emulsionsbildung oder Trennung in zwei Schichten führen. Hier wäre besonders die umfassende Arbeit von Gürtler[2]) über die Lösungen von Metalloxyden in Borsäure zu nennen, wobei die Emulsionsbildung bei Bleioxyd-Borsäuregemischen hervorzuheben ist, durch die die von Zschimmer[3]) beobachtete Trübung von borsäurereichen Bleigläsern ihre Erklärung findet. Hierher gehört auch die Trübung der Gläser durch Kalziumphosphat, die im 3. Teil dieses Kapitels näher erläutert ist.

Der gegebene Überblick zeigt auch, wie lückenhaft unsere Kenntnisse sind, besonders bei den in den Gläsern vorliegenden Gemischen. Was bis jetzt ausreichend untersucht ist, sind immer Systeme mit nur zwei in ihren Mengen wechselnden Bestandteilen. Die Gläser setzen sich aber aus drei und mehr Bestandteilen zusammen. Um die chemischen Individuen, die im Glase vorhanden sind, zu erkennen und überhaupt einen tieferen Einblick in den Aufbau des Glases zu erhalten, müßten die mitgeteilten Zweistoffsysteme durch Drei- und Vierstoffsysteme ergänzt werden.

---

[1]) Wallace, l. c.

[2]) Zeitschr. f. anorg. Chem. **40**, 225 (1904).

[3]) Chem. Zeitg. **1901**, 730.

6. Dreistoffsysteme.

1. Die Dreieckskoordinaten. Um die Schmelzdiagramme der Dreistoffsysteme einheitlich darstellen zu können, ist es notwendig, ein besonderes Koordinaten-System einzuführen. Dieses gelingt leicht mit Hilfe eines gleichseitigen Dreiecks, das durch die beistehende Abb. 15 erläutert werden soll.

ABC ist ein gleichseitiges Dreieck. Nehmen wir einen Punkt *P* in diesem Dreieck und ziehen durch diesen Punkt die Parallelen zu den 3 Seiten $ab \parallel CB$, $cd \parallel AB$ und $ef \parallel AB$, dann ist der Punkt *P* schon durch zwei Entfernungen, z. B. *aP* und *fP* im Dreieck festgelegt. Die dritte Entfernung *Pc* ist dadurch schon gegeben, denn die Strecke $aP + fP + cP$ muß immer die Seitenlänge $AC = AB = BC$ ergeben, wie folgende Überlegung zeigen mag. *fP* ist gleich $dP = aC$, *ae* ist gleich *aP*, *cP* ist gleich *Ae*. Die Strecken $Ca + ae + eA$ bilden aber zusammen die Seite *CA*. In gleicher Weise

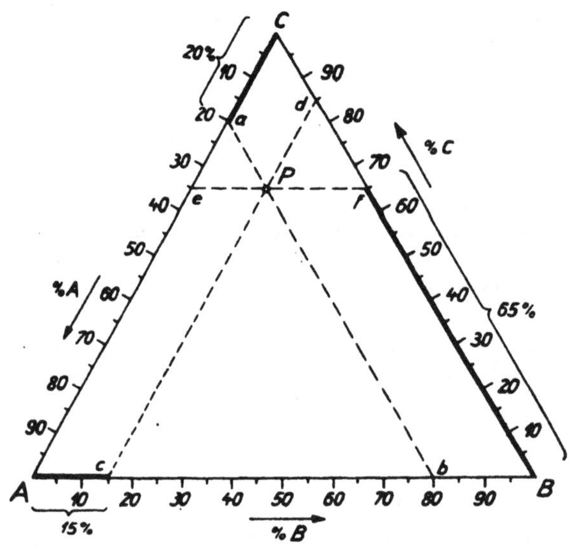

Abb. 15.

setzt sich in einem Dreistoffsystem die Einheit des Gemisches aus den drei Komponenten zusammen, oder wenn wir den Gehalt in Prozenten ausdrücken, liefert die Summe der Prozente immer 100. Teilen wir also die Seiten des genannten Dreiecks in 100 Teile ein, so können wir durch einen Punkt im Dreiecksystem den Prozentgehalt eines Gemisches an den drei Bestandteilen graphisch festlegen. Die Ablesung der Entfernungen und damit der Gehalte geschieht am besten an den Seiten des Dreiecks, wie dies durch die stark ausgesprochenen Linien für den Punkt *P* geschehen ist. Damit bedeuten die Eckpunkte *C*, *A* u. *B* gleichzeitig immer 100% des Stoffes der Stoffe *C*, *A* und *B*. Nehmen wir an, *C* bedeutet Kieselsäure, *A* Natriumoxyd und *B* Kalziumoxyd, so würde der Punkt *P* aussagen, daß das durch ihn gekennnzeichnete Glas *Ca* gleich 20% Na_2O, *Ac* gleich 15% CaO und *Bf* gleich 65% SiO_2 enthielte. Diese Darstellung kann natürlich für alle Stoffsysteme benützt werden, die aus drei Komponenten bestehen. Um nun eine bestimmte Eigenschaft, im vorliegenden Falle den Schmelzpunkt eines Punktes, zu kennzeichnen, muß man auf dem entsprechenden Punkt ein Lot errichten und auf diesem Lot den Schmelzpunkt auftragen. Auf diese Weise erhalten wir Flächen, wie wir beim Zweistoffsystem Linien erhalten haben. Diese Flächen schneiden sich in Linien. Wo drei solcher Schnittlängen zusammentreffen, erhalten wir einen, ein ternäres Eutektikum bezeichnenden, Punkt. Im Dreistoffsystem sind natürlich auch Zweistoffsysteme eingeschlossen, und zwar finden wir über den Seitenlinien des Dreiecks die Gemische von 2 Bestandteilen unter Ausschluß des jeweiligen dritten. Tritt zwischen den endständigen Stoffen eine Verbindung auf, so kann man durch einen Schnitt von der gegenüber liegenden Ecke zu dem Punkt ein spezielles Zweistoffsystem herausschneiden. Der experimentelle Aufbau der Dreistoffsysteme wird erleichtert durch das Herausschneiden derartiger einzelner Zweistoffsysteme. Um einen umfassenden

Überblick über ein Dreistoffsystem zu geben, kann man die Ergebnisse in der Form eines Modells darstellen, von dem die Abb. 16 für das System CaO — Al_2O_3 — SiO_2 ein Beispiel gibt.

Einen sehr guten Überblick über die Schmelzverhältnisse erhält man, wenn man in dem Modell die Punkte gleichen Schmelzpunktes verbindet. Diese können dann durch senkrechte Projektion unmittelbar in das Grunddreieck als Kurven eingetragen werden, wie dies in Abb. 17 geschehen ist.

Für die Glasindustrie wichtige Dreistoffsysteme. Die einschlägigen Dreistoffsysteme für die Stoffe, die die Glasindustrie besonders interessieren, sind nur wenig erforscht.

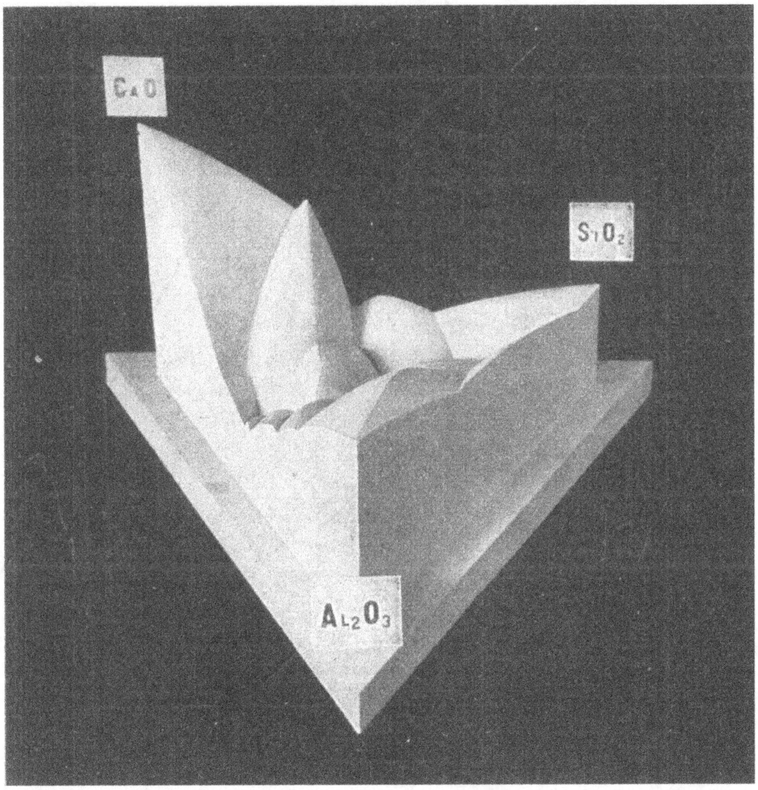

Abb. 16.

Das eigentliche Glasgebiet fehlt vollkommen, seine Erforschung ist besonders erschwert dadurch, daß kristalline Verbindungen nur schwer zu erhalten sind und die glasige Erstarrung vorherrscht. An untersuchten Dreistoffsystemen sind folgende zu nennen:

Dreistoffsysteme.

	Literatur.
Na_2O — Al_2O_3 — SiO_2	Wallace, Zt. f. anorg. Chem. **63**, 33 (1909).
Li_2O — Al_2O_3 — SiO_2	Balló u. Dittler, Zt. f. anorg. Chem. **76**, 766 (1912).
CaO — MgO — SiO_2	Doelter, Mineralchemie I, 937.
CaO — Al_2O_3 — MgO	Rankin u. Mervin, Journ. Amer. chem. Soc. **38**, 568 (1916).
CaO — Al_2O_3 — SiO_2	Rankin, Z. f. anorg. Chem. **92**, 213 (1915). Jänecke, ebenda **73**, 200 (1911), **89**, 355 (1914), **93**, 217 (1915).

Ein Ergebnis von Bedeutung kann aber schon heute, allerdings nur in sehr allgemeiner Form, aus diesen Untersuchungen abgeleitet werden: Beim Hinzufügen eines dritten Stoffes zu einem Zweistoffgemisch wird deren Schmelzpunkt erniedrigt. Dies wird besonders deutlich beim Betrachten des Modells für Al_2O_3—SiO_2—CaO-Gemische (Abb. 16). Wir sehen wie von dem Grenzkurvenzug, der die Schmelzpunkte der CaO-SiO_2-Gemische zusammenfaßt, die Flächen, die durch Hinzutritt von Al_2O_3 entstehen, herabstürzen d. h. niedrigere Schmelzpunkte anzeigen.

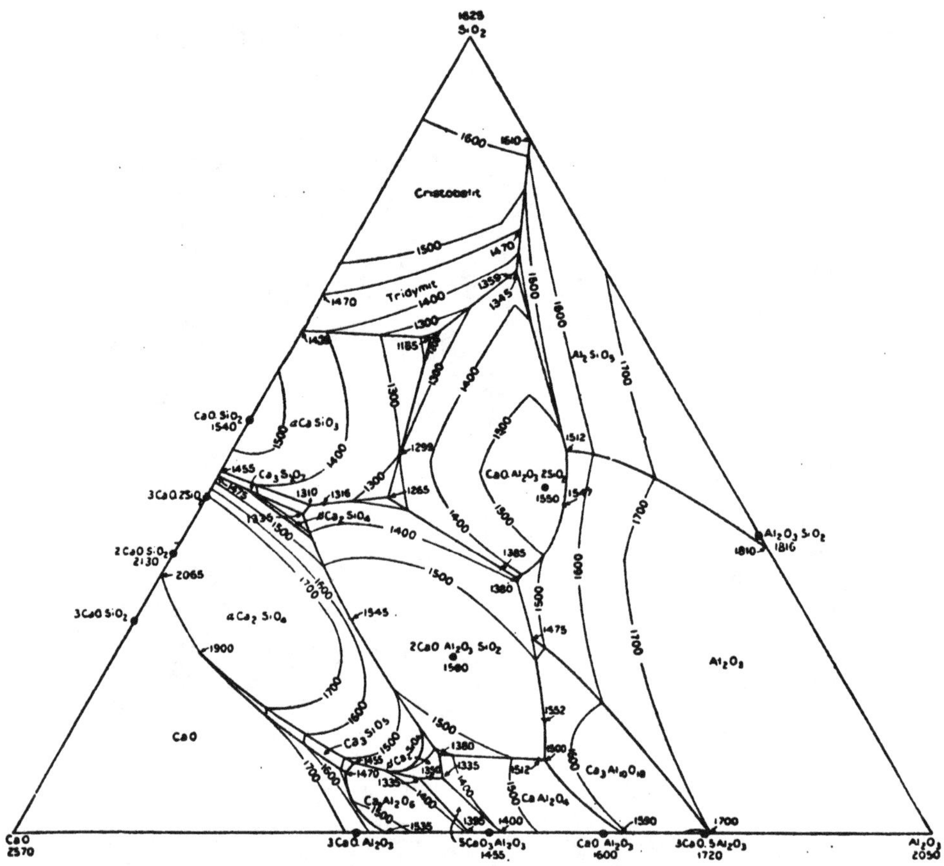

Abb. 17.

Von den an sich verhältnismäßig niedrig schmelzenden Eutektika fallen die talähnlich tief eingeschnittenen eutektischen Linien nach dem Innern d. h. mit steigendem Al_2O_3-Gehalt hinab. Ähnlich verhält sich CaO gegenüber Al_2O_3-SiO_2-Gemischen. Auf dieser Wirkung beruht die Möglichkeit, für sich allein so hoch schmelzende Stoffe wie Si_2O, Al_2O_3 u. CaO im industriellen Ofen zu Glas schmelzen zu können. Zahlenwerte für die Schmelzpunkte gibt Abb. 17.

7. Polymorphie — Umwandlungspunkt.

Bei der Besprechung der in vorstehenden Abschnitten behandelten Schmelzerscheinungen ist stillschweigend angenommen, daß jede der festen Verbindungen, wie sie in Gemischen auftreten, immer nur eine Art Kristalle mit bestimmten, die einzelne Verbindung kennzeichnenden Symmetrieverhältnissen, bildet. Dies ist wohl bei den behandelten Stoffreihen meist der Fall. Es gibt aber auch Ausnahmen, bei denen der gleiche Stoff bei gleicher chemischer Zusammensetzung, d. h. aus gleichartigen Molekülen aufgebaut, in verschiedenen Kristallformen auftritt. Diese Erscheinung, die wir bei den Elementen (z. B. beim Kohlenstoff, Schwefel, Silizium, Eisen usw.) wie bei den Verbindungen (z. B. bei Eis, Kieselsäure, Rutil, Kalziumkarbonat usw.) finden, nennt man **Polymorphie** und die Formen, in denen ein Stoff dabei auftritt, polymorphe Modifikation. Die Bildung der polymorphen Modifikation ist vergleichbar dem Auftreten eines Stoffes in verschiedenen Aggregatzuständen (gasförmig, flüssig, fest).

Wie die Dampfdrucke eines Stoffes in den verschiedenen Aggregatzuständen verschieden sind, so zeigen auch die polymorphen Modifikationen ungleiche Dampfdrucke. Infolgedessen können die Modifikationen eines Stoffes im allgemeinen nicht nebeneinander bestehen. Die Form mit dem höheren Drucke würde in die mit niedrigerem Drucke auf dem Wege der Verdampfung übergehen. Nur in dem Punkte, in dem sich die Dampfdruckkurven der beiden Formen schneiden, wo also die Dampfdrucke der beiden Formen gleich sind, können sie nebeneinander bestehen. Die Temperatur, bei der die beiden Modifikationen zusammenbestehen, heißt die Umwandlungstemperatur oder der **Umwandlungspunkt**. Dieser zeigt in seinem Wesen eine weitgehende Übereinstimmung mit dem Schmelzpunkt. Veränderung der Temperatur führt zur Umwandlung der einen Modifikation in die andere. Jedoch ist zu betonen, daß diese Umwandlungen sich häufig sehr träge vollziehen. Es ist für den Schmelzpunkt gezeigt worden (s. S. 3), daß normalerweise eine Erhitzung über die Temperatur des Schmelzpunktes nicht möglich ist. Im Gegensatz hierzu kann in Temperaturgebieten, in denen eine Modifikation nicht existenzfähig ist, diese oft lange verweilen, ehe sie sich in die beständigere umwandelt. Gerade bei den Formen der Kieselsäure, die uns hier besonders interessiert, ist dies Verhalten ganz ausgeprägt.

Die Energieinhalte der einzelnen polymorphen Modifikationen sind meist voneinander beachtlich verschieden. Der Übergang einer Modifikation in die andere ist also mit einer Wärmetönung verknüpft. Man nennt sie die „**Umwandlungswärme**". Beim Übergang von der bei höherer Temperatur beständigen Form, sagen wir α, in die bei niedrigerer Temperatur beständige (β), wird je Mol die Umwandlungswärme frei, bei der Rückbildung, die durch Erhitzung hervorgebracht wird, wird die gleiche Wärmemenge wieder aufgenommen, also eine genaue Parallele zur „Schmelzwärme". Bei genügend rascher Umwandlung zeigt sich also auch die Umwandlungstemperatur als ein Haltepunkt in der Temperaturzeitkurve (s. S. 3).

Die Umwandlungstemperatur beschränkt also die Beständigkeit jeder Modifikation eines Stoffes. Dadurch entsteht, wie man sagt, das „Existenzgebiet" und die Form, die in diesem Gebiete existenzfähig ist, nennen wir „**stabil**". Treffen wir infolge verzögerter Umwandlung eine Form in einem Existenzgebiet an, in der sie nicht stabil ist, so nennen wir diese „metastabil". Im Grunde genommen wird das Existenzgebiet durch Druck und Temperatur bestimmt. Wir wollen aber hier von der Behandlung des Druckeinflusses absehen.

Betont muß noch werden, daß die **Polymorphie nur dem festen Aggregatzustand** eigen ist. Im flüssigen und gasförmigen Zustand gibt es keine Polymorphie. Zwar ist der Dampfdruck verschiedener Modifikationen eines Stoffes verschieden, aber der Dampf, den sie bei der Verdampfung liefern, ist bei allen bei gleicher Temperatur der gleiche. Die Löslichkeit der verschiedenen Formen ist zwar verschieden, aber bei ihrer Auflösung im gleichen Lösungsmittel entstehen identische Lösungen. Die Gläser, die physikalisch als Flüssigkeit anzusprechen sind, können also keine Polymorphie, keine Umwandlungspunkte zeigen. Dies zu betonen, ist wichtig, weil in neueren Arbeiten das Vorkommen solcher Umwandlungspunkte behauptet wird.

Wir müssen uns darüber klar sein, daß bei der Erscheinung des **Umwandlungspunktes** gleichbleibende Moleküle die Kristallform, die sie aufbauen, das „Raumgitter", **sprunghaft** ändern. Daneben müssen wir beachten, daß gleichartige Atome zu verschiedenen Molekülen zusammentreten. Auch hier liegt der Einfluß der Temperatur vor, der mit steigender Temperatur die eine Molekülart an die Stelle der andern treten läßt und umgekehrt. Aber diese Art Vorgänge vollzieht sich nicht sprunghaft. Über ein weites Temperaturgebiet hinweg sind die beim Vorgang verschwindenden neben den neuentstehenden existenzfähig. Wir haben es also mit nichts anderem zu tun, als mit irgend einer Art „umkehrbarer chemischer Reaktionen". Etwa beobachtete Wärmetönungen oder unstetige Temperaturabhängigkeit von physikalischen Eigenschaften dürfen also beim Glas nicht als „Umwandlungspunkte" aufgefaßt, sondern müssen durch innere chemische Reaktionen bezw. Verschiebung der Gleichgewichte zwischen den Komponenten erklärt werden.

Wohl aber spielt die Polymorphie bei der Entglasung, beim Übergang in den wahren festen Zustand, eine Rolle und ebenso bei den Umwandlungen, die in den feuerfesten Erzeugnissen, bei der Schamotteware und in Silikasteinen auftreten.

Wir beschränken uns, als Beispiel der Polymorphie zu behandeln:

Die Modifikationen der Kieselsäure. Die Kieselsäure zeigt 3 wichtige Gruppen von Modifikationen: Quarz, Tridymit und Cristobalit. Die Gruppen Quarz und Cristobalit treten in 2 Modifikationen (α und β), Tridymit in 3 Modifikationen (α, β, γ) auf. Außer dieser Modifikation kommt noch die Form des „Chalcedon" vor, dessen genaue Einreihung noch nicht festliegt.

I. Quarz. 1. β-Quarz[1]). Verbreitetste Form der Kieselsäure, in der Natur als Bergkristall und seine verschiedenen Variationen (Rauchquarz, Amethyst usw.), als Quarzitgestein und Quarzsand. Häufigster und reichlicher Gemengteil von Eruptivgesteinen, kristallinen Schiefern und Sandsteinen, sowie häufige Beimengung von Tonen aller Art. Kristallform: trigonal-trapezoedrisch. Spez. Gew. 2,65, Härte 7. Die bei gewöhnlichen und mäßigen Temperaturen stabile Form der Kieselsäure wandelt sich bei 575° um in:

2. α-Quarz. Diese Umwandlung geht ohne jede Verzögerung sprunghaft bei der Durchwanderung der Umwandlungstemperatur vonstatten. Infolgedessen findet man α-Qarz in der freien Natur nicht. Er entsteht durch Erhitzen von β-Quarz über 575° und wandelt sich in diesen wieder um, wenn die Temperatur unter 575° sinkt. Kristallform: hexagonal-trapezoedrisch. Spez. Gew.: um 2% kleiner als die des β-Quarzes. Infolgedessen entsprechende Ausdehnung bei der Umwandlung $\beta \longrightarrow \alpha$. Diese führt, da plötzlich auftretend, zum Springen der Kristalle, die dadurch getrübt werden. Dies ist die Ursache, warum Quarz beim Glühen brüchig wird. Diese Erscheinung ist wichtig für die Praxis, weil sie die Herstellung von klarem, blasenfreien Quarzglas erschwert, die Zerkleinerung des Quarzes und der Quarzite erleichtert. α-Quarz ist bis 870°, also von 575—870° stabil. Bei dieser Temperatur findet Umwandlung in Tridymit statt, jedoch ungeheuer träge. Ohne Gegenwart von Flußmitteln läßt sich die Umwandlung nicht beobachten. Gelingt es, den Quarz so rasch zu erhitzen, daß er die Umwandlung in die bei höheren Temperaturen stabilen Formen nicht vollzieht, schmilzt er bei etwas über 1600° zu einer überaus zähen Schmelze.

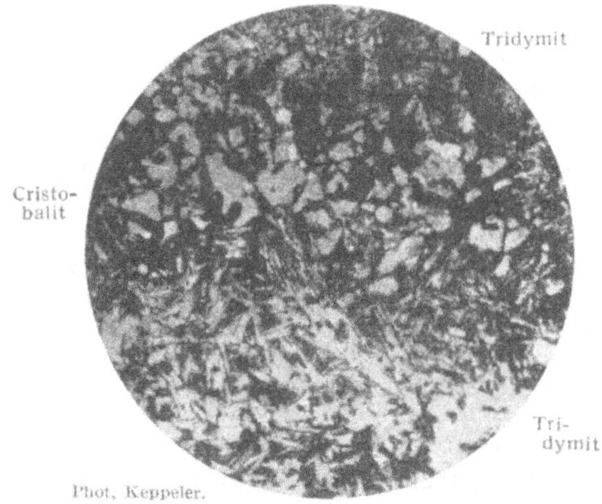

Abb. 18. Tridymit und Cristobalit in einem stark umgewandelten Silika-Gewölbestein.

II. Tridymit. 1. α-Tridymit kommt in der Natur nicht vor, da er sich bei niedriger Temperatur durch die β-Form in γ-Tridymit umwandelt. Er besitzt ein spez. Gewicht, das sich nur wenig von 2,27 unterscheidet. Bei 1470° liegt der Umwandlungspunkt, bei dem er unter geeigneten Bedingungen in α-Cristobalit übergeht. Die Umwandlung vollzieht sich aber sehr träge. Wird er durch rasche Erhitzung, ohne daß Umwandlung eintreten kann, über 1670° erhitzt, so schmilzt er. Die Schmelze ist sehr zähe. α-Tridymit ist auch unter 870°, dem Umwandlungspunkt in α-Quarz in metastabilem Zustand recht beständig und bleibt beim Abkühlen bestehen. Er wandelt sich bei 173° stets in

[1]) In der Art, wie die Bezeichnung α, β, γ den Modifikatonen beigelegt wird, besteht eine gewisse Verwirrung. Manchmal wird entsprechend der Reihenfolge, in der die Modifikationen beim Erhitzen, also beim Temperaturanstieg, aufeinander folgen, bezeichnet. Wir nennen dagegen in diesem Buch α diejenige Modifikation, die von der Schmelze ausgehend, also bei sinkender Temperatur, zuerst auftritt, β die bei der niedrigeren Temperatur usw. Dies ist die Bezeichnungsweise, die bei Mineralogen und Geologen neuerdings die häufigere ist.

2. β-Tridymit um. Dieser ist nur eine Durchgangsform mit sehr kleinem Stabilitätsbereich. Er geht schon bei 117° über in

3. γ-Tridymit. Dieser ist die bei gewöhnlicher Temperatur beständige Form. Wird in der Natur, besonders in vulkanischen Gesteinen gefunden. Er erscheint hexagonal, ist aber orthorhombisch, wobei die in der Umwandlung aus α-Tridymit entstehenden orthorhombischen Individuen die ursprünglich hexagonale Form erfüllen. Diese „Drillingsform" gab dem Mineral den Namen. In der Natur herrscht die Form von Platten vor, während man in künstlichen Bildungen (Silikasteine) spießige Zwillingsverwachsungen findet (s. Abb. 18 und 21 (S. 27)). Gelegentlich beobachtete Stäbchen sind durchschnittene Platten. Spez. Gew. 2,27. Bei der Erhitzung geht der γ-Tridymit rasch und bestimmt bei 117° in den β-Tridymit und bei 163° in α-Tridymit über.

III. Cristobalit. 1. α-Cristobalit ist die über 1470° stabile SiO_2-Modifikation, die bei der Abkühlung unter 1470° im metastabilen Zustande erhalten bleibt, bis zur Umwandlung in β-Cristobalit. α-Cristobalit erscheint isotrop, besitzt keine Doppelbrechung. Spez. Gew. nahe 2,30. Er schmilzt nach den Bestimmungen von Wietzel[1]) bei 1694 ± 10, also ziemlich genau bei 1700°. Der unterkühlte α-Cristobalit wandelt sich bei einer zwischen 275° und 220° liegenden Temperatur scharf erkennbar um. Die im Einzelfall beobachtete Temperatur hängt von der Wärmebehandlung ab, die der α-Cristobalit erfahren hat. Erneute Erhitzung verändert den Umwandlungspunkt. Er liegt aber nur in den Grenzen 275 bis 220°.

2. β-Cristobalit. Als metastabile Modifikation in der Natur, nicht häufig. Wie Tridymit meist in vulkanischen Gesteinen. In solchem Gestein von San Cristobal (Mexiko) zuerst gefunden, daher der Name. Kristallsystem: pseudoregulär, schwach doppelbrechend, noch schwächer als γ-Tridymit. Gut ausgebildete natürliche Kristalle zeigen Oktaederform, immer aber mit deutlichen Resten von Wachstumsformen. Bei den künstlich hergestellten Kristallen treten diese als „Skelettformen" in Erscheinung. Eine eigenartige Form ist auch die sogenannte „Pflasterstruktur", die in Silikasteinen auftritt (s. Abb. 19). Spez. Gew. 2,32. Über Cristobalit als Entglasungsprodukt mit den kennzeichnenden Wachstumserscheinungen, zu denen die Pflasterstruktur in Beziehung stehen dürfte, siehe S. 43 wie auch Abb. 40.

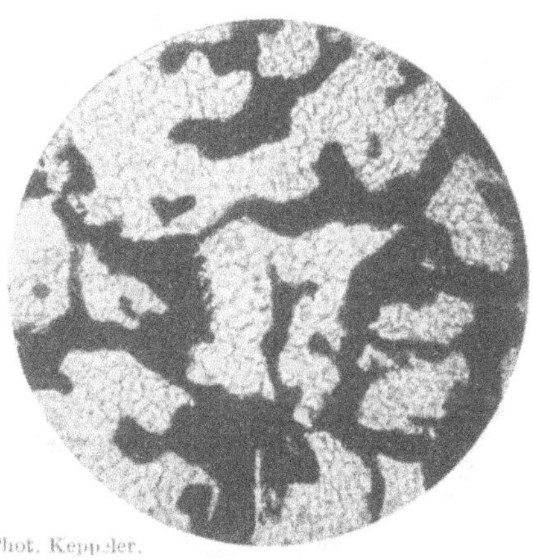

Abb. 19. Cristobalit in Pflasterstruktur aus einem Silikastein. Teil der Mittelpartie der Abb. 18 in stärkerer Vergrößerung.

Beim Erhitzen geht β-Cristobalit in scharf eintretender Umwandlung in α-Cristobalit über. Jedoch ist die Umwandlungstemperatur, wie bei der $\alpha \rightarrow \beta$-Umwandlung von der Vorerhitzung (Dauer und Höhe der Temperatur, Wiederholung der Erhitzung usw.) abhängig. Beim gleichen Präparat tritt die Umwandlung $\beta - \alpha$ bei etwa 20—30° niedriger auf als die Rückwandlung $\alpha - \beta$. Die Umwandlungstemperatur liegt für den Übergang $\beta \rightarrow \alpha$ in den Grenzen 198—240°. Bei mäßiger Vorerhitzung liegen die Umwandlungstemperaturen im allgemeinen niedriger als bei starker und langandauernder Erhitzung. (Über die Theorie dieser Veränderlichkeit siehe die Arbeit von Fenner[2]).)

Die $\beta \rightarrow \alpha$-Umwandlung des Cristobalits läßt sich leicht im Heizmikroskop erkennen. Mit Durchschreitung der Umwandlungstemperatur verschwindet die Doppelbrechung. Bei der Abkühlung kehrt sie bei der Umwandlungstemperatur wieder. Rieke und Endell[3]) konnten diese Umwandlung auch durch die Volumenveränderung nachweisen, und zwar für ihr Präparat bei 230°.

IV. Quarzglas. Die 2 Modifikationen α-Quarz, α-Tridymit liefern wie α-Cristobalit, wenn es gelingt, sie ohne Umwandlung in diesen, zum Schmelzen zu bringen, eine Schmelze von Siliziumdioxyd. Diese ist überaus zäh. Entsprechend den mutmaßlichen Schmelzpunkten für α-Qarz: 1600, α-Tridymit: 1670, α-Cristobalit: 1700 ist die Zähigkeit beim Quarz am größten. Die Zähigkeit ist aber auch bei 1700° noch ungewöhnlich hoch, so daß zur Formveränderung erhebliche Beanspruchungen notwendig sind. Ein „Fließen" tritt bei sehr viel höherer Temperatur auf. Daher kommt es, daß die mit Segerkegeln aus Quarz ermittelten Schmelzpunkte alle erheblich über 1700 liegen. Meist wird gefunden SK 35—36 = 1770—1790°. Die Schmelze läßt sich sehr stark unterkühlen, wird ohne Kristallausscheidung starr und bildet das sogenannte „Quarzglas". Beim Erhitzen über 1000° entglast Quarzglas unter Ausscheidung von α-Cristobalit, der bei Abkühlung unter 275°—220° in β-Cristobalit übergeht (s. o.). Da dabei eine beachtliche Volumenverminderung eintritt, zerspringt die Entglasungsrinde und blättert ab. Infolge dieser Erscheinung werden längere Zeit auf Temperatur über 1000° gebrachte

---

[1]) Wietzel, Zt. f. anorg. Chem. **116**, 1 (1921).
[2]) Ztschr. f. anorg. Chem. **85**, 133 (1914).
[3]) Rieke und Endell, Silicat-Ztschr. **1**, 6 (1913).

Quarzglas-Schutzröhren für Thermoelemente bei der Abkühlung auf gewöhnliche Temperatur brüchig. Läßt man sie nicht unter 300° abkühlen, so bleiben sie haltbar.

Das System SiO_2 weist also eine ganze Reihe von Modifikationen auf. Sie sind in der folgenden Tabelle 4 mit Eigenschaften und Umwandlungstemperaturen zusammengestellt:

Tabelle 4.

Überblick über die Kieselsäure-Modifikationen.

Modifikation	Kristallsystem	Dichte	Stabil bei Atmosphären-Druck	Umwandlung im metastabilen Zustand
Quarz β	trigonal	2,65	bis 575°	—
„ α	hexagonal	2,60	575 bis 870°	—
Tridymit α	pseudohexagonal	?	870° bis 1480° unterkühlbar	—
„ β	?	?	—	über 163° in α-Tridymit unter 117 in γ-Tridymit
„ γ	orthorhombisch	2,27	—	über 117° in β-Tridymit
Cristobalit α	isotrop (nicht doppelbrechend)	—	1470° — 1700° (?) unterkühlbar bei 1700° Schmelzpunkt	unter 275° — bis 220° in β-Cristobalit abhängig von vorhergehender Wärmebehandlung
„ β	pseudoregulär sehr schwach doppelbrechend	2,32	—	über 198° bis 240° in α-Cristobalit abhängig von Wärmevorbehandlung
Kieselsäureschmelze (bei Unterkühlung Quarzglas)	isotrop, d. h. ohne Symmetrie	SiO_2-Glas 2,21	als Schmelze über 1700° stark unterkühlbar dann „Quarzglas"	Entglasung zu Cristobalit über 1000°

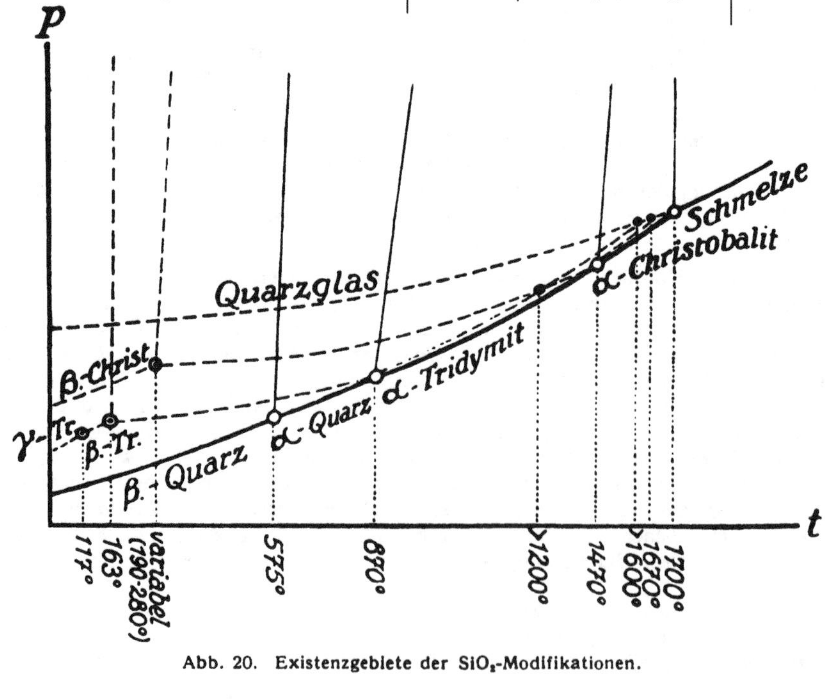

Abb. 20. Existenzgebiete der SiO_2-Modifikationen.

Außerdem gibt die Abb. 20 nach Wietzel (l. c.), der sich im wesentlichen Fenner anschließt, einen Überblick über die Stabilitätsgebiete. Die Dampfdrucke des Systems sind im beobachteten Temperaturgebiet sehr klein und der Messung nicht zugänglich. Die Darstellung ist bezüglich der Abhängigkeit der Dampfdrucke von der Temperatur rein schematisch, erläutert aber die Stabilitätsverhältnisse vollkommen. Die voll ausgezogenen Linien bedeuten die Dampfdrucke der stabilen Phase, die gestrichelten die der Modifikationen im metastabilen Zustand. Bei jeder Temperatur ist die Modifikation die weniger stabile, die den höheren Dampfdruck hat. Wo zwei Dampfdruckkurven sich schneiden, liegt der Umwandlungspunkt der beiden Modifikationen.

Wie mehrfach betont, vollziehen sich die Übergänge von einer zur anderen Modifikation nicht immer rasch. Wir haben in dieser Beziehung zwei Arten von Umwandlungen zu unterscheiden. Die Umwandlung der $\alpha \rightleftarrows \beta \rightleftarrows \gamma$-Modifikationen ineinander geht immer glatt vonstatten. Dagegen macht sich bei den Umwandlungen Quarz $\rightleftarrows$ Tridymit $\rightleftarrows$ Cristobalit stets eine große Trägheit geltend. Sie können in Zeiten, wie sie für Laboratoriumsbeobachtung zur Verfügung stehen, ohne Beschleuniger nicht realisiert werden. Als solche wirken Lösungsmittel (Alkalien, Alkalichlorid, Natrium-Wolframat, Titanoxyd usw.). Aber selbst in Gegenwart der Lösungsmittel treten oft Modifikationen auf, die außerhalb ihres Stabilitätsgebietes liegen.

Bei mehrstündiger Erhitzung von gefällter Kieselsäure und Quarzglas mit Natrium-Wolframat auf 800—850° entstand kein Quarz, sondern zunächst Tridymit, der sich erst bei sehr langem Verweilen in Quarz umwandelt. Die amorphen Formen geben ohne Flußmittel bei 1300—1400° nur Cristobalit, obwohl in diesem Gebiet Tridymit stabil ist. Erst Zusatz von Lösungsmitteln verwandelt den Tridymit in Cristobalit. Quarzglas entglast also für sich unter Bildung von Cristobalit. Gemahlener Quarz gibt ohne Flußmittel auch unterhalb 1470° Cristobalit und nicht, wie zu erwarten, Tridymit.

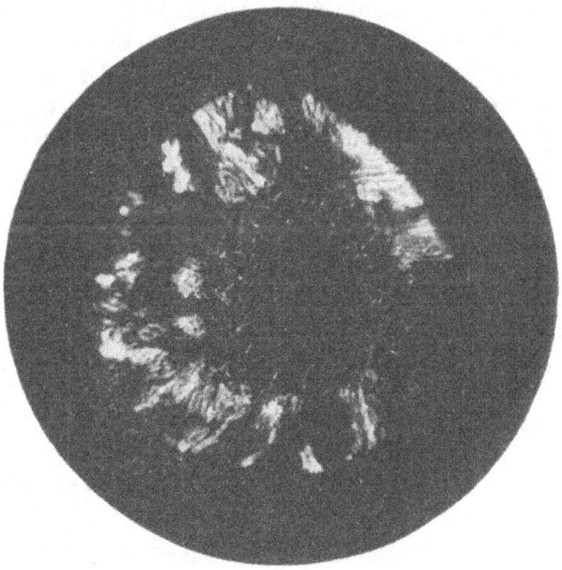

Abb. 21.

Quarzglas entglast also für sich zu Cristobalit. In Berührung mit Flußmitteln unter 1470° zu Tridymit, oberhalb zu Cristobalit. Kieselsäurereiche Gläser geben, da bei technisch erschmolzenen Gläsern 1470° kaum überschritten wird, Tridymit. Die Art der Umwandlung bei Silikasteinen ist strittig. Sicher ist, daß die dauerhafteste Form, die man in gebrauchten, also lang erhitzten Silikasteinen findet, der Tridymit ist (s. Abb. 18). Die Ansicht Le Chateliers[1]) ist also wohl richtig, daß im Silikastein die Bildung von Tridymit durch Cristobalit hindurchgehe. Ob man aber aus dem Überwiegen des Tridymits, wie dies Le Chatelier angibt, schließen darf, daß er die stabile Modifikation bei der Ofentemperatur ist, bleibt fraglich. Es ist sehr wohl möglich, daß entsprechend dem starken Temperaturgefälle im Deckenstein des Stahlofens in kurzer Entfernung von der Innenfläche Temperaturen wenig unter 1470° C herrschen. Dort muß bei langem Verweilen Tridymit entstehen, der einmal zu kräftigen Exemplaren ausgewachsen, bei den geringen vorhandenen Flußmittelmengen nicht mehr in Cristobalit umgewandelt wird. In der Decke des Glasofens mit seiner niedrigeren Temperatur (maximal 1500°) ist die Bildung von Tridymit die gegebene (s. Abb. 18).

Die Umwandlung von gröberen Quarzkörnern ist ungemein langsam. Man findet in der Wand von Glashäfen, die 20 Schmelzen auf ca. 1450° ausgehalten haben, immer noch Quarz, während der größte Teil in Tridymit umgewandelt ist. Wie langsam diese Umwandlung von Quarz geht, zeigen auch im Glas vorhandene Quarzstückchen (grober Sand oder Teilchen aus dem Deckenstein), sie sind, trotz tagelangen Verweilens in der Wannenschmelze, nur an der Randzone, wo sie mit Glas, also einem Beschleuniger, in Berührung waren, vollkommen in derbe Spieße von Tridymit umgewandelt (Abb. 21).

Der Kern ist isotrop geworden, zeigt also, daß auch hier die Umwandlung über den bei der Temperatur der Fensterglasschmelze gar nicht stabilen Cristobalit geht. Neblige Trübung des Kerns deutet auf Keime von Tridymit. In der Übergangszone leuchten dünne, senkrecht zur Fläche geschnittene noch im Wachstum befindliche Tridymitplättchen.

---

[1]) Le Chatelier, Kieselsäure und Silikate (Leipzig 1920), S. 179, 440, 444.

Diese merkwürdigen Umwandlungen hängen natürlich eng mit der Anordnung der Moleküle und Atome im Raumgitter der Kristalle zusammen. Es ist anzunehmen, daß in dieser Beziehung zwischen den α- und β-Modifikationen geringere Unterschiede sind, als zwischen Quarz, Tridymit und Cristobalit. Die neuere, mit Hilfe der Röntgenspektra geführte Forschung hat für den Quarz den Feinbau des Kristalls ziemlich geklärt. Für Tridymit und Cristobalit stehen wichtige Ergebnisse noch aus. Ein Eingehen auf diesen Gegenstand verbietet der Raum. Es muß aber auf die große Bedeutung dieses Gebietes[1]) hingewiesen werden, das uns schon wichtige Aufschlüsse von der Existenz der Atome und ihrer Gruppierung im Raum der Kristalle gegeben hat und uns auch weiterhin interessante Kunde von Dingen geben wird, die weit jenseits der Sichtbarkeit sind.

II. Kristallines und glasiges Erstarren. Glasbildung und Entglasung.

In den vorstehenden Kapiteln sahen wir, daß bei der Abkühlung der Schmelzen meist kristalline Körper ausgeschieden werden. Nur selten, insbesondere bei den kieselsäurereichen Mischungen, treten Schwierigkeiten auf, die Schmelzen zur Kristallisation zu bringen. Im allgemeinen vollzieht sich also mit dem Übergang aus dem flüssigen in den festen Zustand eine Ordnung der Moleküle in bestimmten Richtungen, die zur Abscheidung von mehr oder weniger gut ausgebildeten Kristallen führt. Die Betrachtung der hier obwaltenden Gesetzmäßigkeiten[2]) wird uns zu weiterer Erkenntnis des glasigen Zustandes führen.

1. Die Kristallisationsgeschwindigkeit.

Wie jeder Vorgang in der Natur erfordert auch die Kristallisation eine bestimmte Zeit zu ihrer Vollziehung. Ein Kristall wächst allmählich nach allen Seiten. Der Zuwachs, den er in den verschiedenen und bestimmten Richtungen erfährt, ist verschieden. Nur so ist die Entstehung der polyedrischen Formen zu erklären. Gleiche Wachstumsgeschwindigkeit in allen Richtungen würde ja zur Kugel führen. Die einzelnen Geschwindigkeiten, mit denen sich die verschiedenen Flächen des Körpers vergrößern, sind jedoch nicht beobachtet. Erfolgreich hat Tammann mit seinen Schülern die größte der fraglichen Geschwindigkeiten, die die anderen überholt und verdeckt, gemessen.

In einem U-Rohr wird die geschmolzene Substanz bis unter den Schmelzpunkt abgekühlt, „unterkühlt". Dann berührt man die Oberfläche der Schmelze mit einem Kristall und sogleich wächst in einer großen Anzahl paralleler Fäden die Kristallisation in die Schmelze hinein. Die vorgeschobenen Enden der Fäden bilden bald eine Ebene senkrecht zur Rohrachse und so läßt sich die Geschwindigkeit der Kristallisation an dem Fortschreiten dieser Ebene beobachten. Die Kristallisationsgeschwindigkeit ist für die verschiedenen Körper sehr verschieden. Tammann fand Werte von 1 mm pro Minute bis zu 100 m pro Minute. Für Stoffe, die den technischen Gläsern nahe stehen, liegen keine Messungen vor, für einzelne Glasbildner nur die von Kittel[3]). Das sehr gut kristallisierende Natriummetasilikat dürfte nach meiner Schätzung bei 600° eine Kristallisationsgeschwindigkeit von 100 mm die Minute besitzen.

---

[1]) Rinne, Das feinbauliche Wesen der Materie (Berlin, Bornträger). Bragg, Sir. W. H. and W. L. Bragg. X. Rays and Cristal Structure (London, G. Bell and Sons Ltd.). Über Quarz: Beckenkamp, Ztschr. f. anorg. Chem. **110**, 220 (1920). W. H. Bragg, Proc. Roy. Soc. A. **89**, 575; Ztschr. f. anorg. Chem. **90**, 270 (1915). Sosman, Journ. Franklin Inst. **194**, 741 (1922).

[2]) Tammann, Kristallisieren und Schmelzen. Leipzig (1903); derselbe, Glasbildung und Entglasung. Zeitschrift für Elektrochemie **10**, 532 (1904).

[3]) Kittel, Zt. f. anorg. Chemie **77**, 335 (1912).

Die Größe dieser Geschwindigkeit wird aber durch verschiedene Umstände beeinflußt. Sie ist insbesondere abhängig vom Grade der Unterkühlung, die der Stoff erfuhr. Bei geringen Unterkühlungen ist die Kristallisationsgeschwindigkeit gering, weil mit der Kristallbildung die Schmelzwärme frei wird, die die Badtemperatur erwärmt und so das Auftreten der Kristalle hemmt. Mit wachsender Unterkühlung wird die Abführung der Kristallisationswärme erleichtert, die Hemmung der Kristallisation wird geringer und die Geschwindigkeit der Kristallisation wächst.

Schließlich wird bei einer bestimmten Unterkühlung die Wärmeleitung so prompt, daß nur in einer dünnen Schicht am Ende der Kristallisation die Schmelztemperatur auftritt. Hier zeigt der Körper die ihm eigene maximale Kristallisationsgeschwindigkeit. Es kann diese noch bei größerer Unterkühlung erhalten bleiben. Sie zeigt sich also zunächst unabhängig von der Temperatur. Gehen wir aber noch weiter mit der Unterkühlung, so fällt die Kristallisationsgeschwindigkeit. Schließlich wird sie so gering, daß man praktisch keine Kristallisation mehr bekommt. Besitzt eine Substanz eine geringe Kristallisationsgeschwindigkeit, so kann man also durch entsprechend rasche Abkühlung die Substanz so schnell durch das Temperaturgebiet der maximalen Kristallisationsgeschwindigkeit hindurchführen und auf Temperaturen bringen, wo keine Kristallisation mehr auftritt. Bei so tiefen Temperaturen wird der Körper starr werden, aber ohne kristallisiert zu sein, er ist amorph wie die Flüssigkeit geblieben: er ist zum Glase erstarrt.

2. Die Neigung zu freiwilliger Kristallisation.

Die Kristallisationsgeschwindigkeit eines Körpers sagt uns, wie das Wachsen des kristallischen Anteils fortschreitet, wie rasch die irgendwie in Gang gebrachte Kristallisation, die Umwandlung der unterkühlten Schmelze in den kristallischen Zustand sich vollzieht. Voraussetzung dabei ist, daß die Kristallisation in Gang gebracht ist. Es ist also für die Umwandlung in den kristallischen Zustand in erster Linie von Wichtigkeit, wie stark die Neigung des Körpers zur freiwilligen Kristallisation, das „spontane Kristallisationsvermögen", wie Tammann diese Eigenschaft nennt, ist. Einen direkten Maßstab für das Kristallisationsvermögen besitzen wir nicht, wir können es jedoch aus seinen Wirkungen erkennen. Der Übergang einer unterkühlten Flüssigkeit in den kristallinen Zustand vollzieht sich nie durch die ganze Masse auf einmal. Er beginnt in einzelnen Punkten. Es bilden sich eine größere oder geringere Anzahl von „Kristallkeimen", von denen aus dann nach Maßgabe der Kristallisationsgeschwindigkeit die Kristallisation fortschreitet. Damit ist ein Anzeichen für das spontane Kristallisationsvermögen gegeben. Je größer dieses ist, um so größer ist die Anzahl der Kristallkeime, die in einer bestimmten Menge unterkühlter Schmelze enthalten sind. Das spontane Kristallisationsvermögen ist, wie die Kristallisationsgeschwindigkeit, in hohem Maße abhängig von der Temperatur. Mit wachsender Unterkühlung steigt das Kristallisationsvermögen sehr stark an, um bald einen maximalen Wert zu erreichen. Bei weiterer Entfernung vom Schmelzpunkt wird die Neigung zur Kristallisation geringer und schließlich gleich Null. Sehr wesentlich ist jedoch, daß die Kristallisationsgeschwindigkeit ihr Maximum näher am Schmelzpunkt erreicht als das Kristallisationsvermögen. Bei der tieferen Temperatur, bei der die größte Anzahl von Kristallkeimen auftritt, ist die Kristallisationsgeschwindigkeit so gering, daß es längerer Zeit bedarf, bis die Kristallkeime sich zu sichtbaren Gebilden ausgewachsen haben.

Wir erkennen aus dem Vorhergehenden, daß eine Substanz, die durch geringes Kristallisationsvermögen und geringe Kristallisationsgeschwindigkeit ausgezeichnet ist, leicht bis zur Starrheit abgekühlt werden kann, ohne daß eine Kristallausscheidung eintritt. Messungen für die Glasbildner in betreff Kristallisationsgeschwindigkeit und Kristallisationsvermögen hat Kittel[1]) angestellt. Für eine Anzahl natürlicher Silikate haben Schumow-Deleanu und Dittler[2]) die Kristallkeimzahl in ihrer Abhängigkeit von der Unterkühlung bestimmt. Das Maximum der Keimzahl lag für eisenreiche Silikate 50—80°, bei eisenarmen 100—180° unter dem Schmelzpunkt. Für die technischen Gläser selbst gibt es solche Untersuchungen noch nicht. Wir können nur sagen, daß die genannten Eigenschaften bei den Gläsern sehr schwach ausgebildet sind und daß eben darauf das Wesen der Gläser beruht. Es gibt aber noch Erscheinungen, mit denen die Kristallisation in enger Verbindung zu stehen scheint, und die eben die mangelnde Kristallisation von Glasbildnern und Gläsern noch besser veranschaulichen.

3. Die Viskosität (Zähigkeit).

Kristallisation besteht in einer Ordnung der kleinsten Stoffteilchen in bestimmten Richtungen und Abständen unter Bildung des „Raumgitters". Das Bestreben, sich in eine solche Ordnung zu fügen, wird um so leichter Genüge finden, je leichter sich die kleinsten Teilchen gegeneinander verschieben können, d. i. je geringer die innere Reibung, oder anders ausgedrückt, je geringer die Zähigkeit, die „Viskosität", ist. Nun ist es von hoher Wichtigkeit, daß gerade die in den Gläsern vorkommenden Verbindungen sich durch besondere Zähigkeit auszeichnen. Es scheint, als ob die Kieselsäure bei ihrem Schmelzpunkt noch eine Zähigkeit besitzt, die der Starrheit eines festen Körpers nahesteht. Wallace fand, daß eine Schmelze von 100 Teilen Natriummetasilikat und 20 Teilen Kieselsäure bei 1000° am Rührstab mit dem Tiegel aus dem Ofen gezogen werden konnte. Einige Messungen der Zähigkeit hat K. Arndt[3]) ausgeführt. Die Resultate sind in der Zeichnung Abb. 22 dargestellt. Man sieht, daß ganz ungeheure Unterschiede in der Zähigkeit der Körper existieren und daß die Zähigkeit derselben sich stark ändert mit der Temperatur. Sie fällt bei steigender Temperatur anfangs sehr rasch, um dann immer weniger veränderlich zu werden. Die Zähigkeit des untersuchten Glases ist besonders hervortretend. Sie beträgt bei 1350° noch das 36000fache des Wertes, den Wasser bei gewöhnlicher Temperatur besitzt. Ein Senkkörper würde also die Fallhöhe, die er im Wasser gewöhnlicher Temperatur in einer Sekunde durchmißt, in dem auf 1350° erhitzten Glasfluß in 10 Stunden zurücklegen.

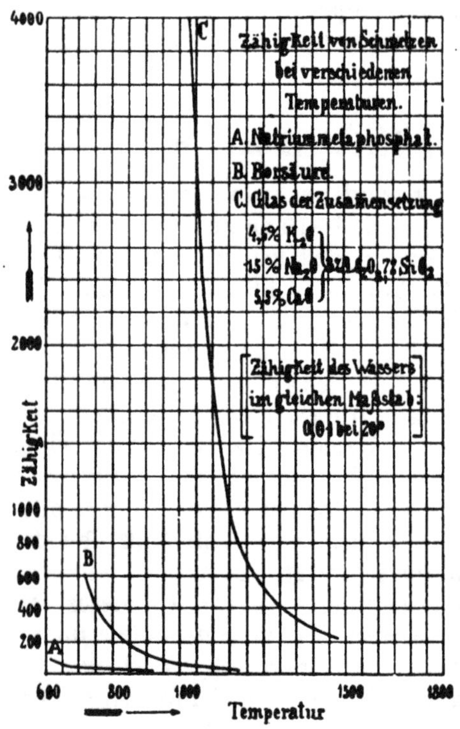

Abb. 22.

Noch eine weitere Folgerung können wir aus der Zeichnung ziehen: daß nämlich die Beziehungen zwischen Kristallisationsvermögen und Zähigkeit doch nicht so einfach sind, wie dies vielfach angenommen wird. Die verhältnismäßig dünnflüssige Borsäure

[1]) Kittel, Ztschr. f. anorg. Chemie **77**, 335 (1912).
[2]) Zentralbl. f. Min., **1911**, 753.
[3]) Ztschr. f. Elektrochem. **13**, 578 (1907).

kristallisiert gar nicht, während die viel zäheren Gläser merkbar zur Kristallisation neigen. Man wird zwar bei Gläsern ähnlicher Zusammensetzung sagen dürfen, daß die zäheren Schmelzen weniger zur Kristallisation neigen. Aber es ist nicht angängig, wie es von mancher Seite geschieht, Kristallisationsgeschwindigkeit und Viskosität der Schmelzen in unmittelbare Verbindung zu bringen und diese Beziehung als streng gültig anzusehen.

Die Entglasung, also Ausbildung sichtbarer Kristalle, ist nämlich von zwei Eigenschaften abhängig, einerseits von der Neigung zur Kristallisation, von der Kraft, die die Moleküle in die Ordnung des Raumgitters zwingt, anderseits von der ihr als Widerstand entgegen wirkenden Zähigkeit. Die Neigung zur Kristallisation und die Zähigkeit sind also unabhängig voneinander. Körper gleicher Zähigkeit müssen verschiedene Kristallisationsgeschwindigkeit zeigen, wenn sie verschiedene Kristallisationskraft besitzen!

4. Der Schmelzverzug.

Eine andere Erscheinung steht in näherer Beziehung zu mangelnder Kristallisationsfähigkeit. Im Schmelzpunkt befinden sich Schmelze und Kristall im Gleichgewicht, d. h. das Verhältnis von Schmelze und ungeschmolzenem Kristall bleibt unverändert, wenn weder Wärmezufuhr noch Wärmeabfuhr stattfindet. Diesen Gleichgewichtszustand kann man sich auch in der Weise vorstellen, daß in gleichen Zeiten ebensoviel von der Schmelze erstarrt, wie andererseits vom Kristallisierten schmilzt. Daraus ergibt sich, daß bei der Temperatur des Schmelzpunktes Kristallisationsgeschwindigkeit und Schmelzgeschwindigkeit zwar entgegengesetzt gerichtet, aber gleich groß sind. Man kann also aus der Größe der Geschwindigkeit des einen Vorganges auf den anderen schließen.

Wir haben gesehen, daß die Kristallisationsgeschwindigkeit den maximalen Wert dann besitzt, wenn sie sich infolge genügender Wärmeableitung bei der Temperatur des Schmelzpunktes abspielen kann. Bei weiterer Abkühlung der Schmelze fällt die Kristallisationsgeschwindigkeit. Sie steigt also mit der Temperatur, um beim Schmelzpunkt der Schmelzgeschwindigkeit gleich zu sein. Die Schmelzgeschwindigkeit muß aber ebenfalls mit der Temperatur größer werden. Nun aber haben wir als nahezu ausnahmslos geltendes Gesetz kennen gelernt, daß eine feste Substanz nicht über ihren Schmelzpunkt erhitzt werden kann, ohne zu schmelzen. Daraus ist zu schließen, daß die Wärmezuleitung in einem Kristall nicht so rasch erfolgen kann, daß die Geschwindigkeit der Wärmezufuhr die Geschwindigkeit des Schmelzvorgangs übertrifft. Gelänge aber die Überhitzung, so käme dadurch zum Ausdruck, daß der betreffende Körper eine ganz anormal geringe Schmelzgeschwindigkeit und also auch eine minimale Kristallisationsgeschwindigkeit hat. In der Tat gibt es aber Stoffe, die über den Schmelzpunkt erhitzt werden können[1]). Diese Erscheinung stellt eine Analogie zur Überhitzung von Flüssigkeiten über den Siedepunkt dar. In Anlehnung an den dafür üblichen Ausdruck: „Siedeverzug" wollen wir bei den überhitzten Kristallen vom „Schmelzverzug" reden.

Stoffe, die sich, ohne sofort zu schmelzen, über ihren Schmelzpunkt erhitzen lassen, schien es nach bisheriger Auffassung nicht zu geben. Das Studium der Schmelzerscheinungen bei der Kieselsäure und ihren Abkömmlingen zeigt aber, daß man ihnen diese überraschende Eigenschaft zuschreiben muß.

Die Anheizkurve, die den festen Schmelzpunkt charakterisiert und wie sie sonst bei einheitlichen Körpern gilt, mit dem bei der Schmelztemperatur einsetzenden und dort zu Ende verlaufenden Horizontalstück (s. S. 3) fehlt hier. Die Kieselsäure und ihre Abkömmlinge schmelzen nicht scharf, die Schmelzung vollzieht sich je nach den vorliegenden Bedingungen über ein größeres oder geringeres Temperaturintervall hinweg.

Eine Studie, die dies sehr anschaulich macht, haben Day und Allen[2]) mitgeteilt. Sie untersuchten die Feldspate: Anorthit ($CaO \cdot Al_2O_3 \cdot 2\,SiO_2$) und Albit ($Na_2O \cdot Al_2O_3 \cdot 6\,SiO_2$) und eine ganze Reihe Mischungen der beiden. Es läßt sich aus den Resultaten sehr schön der Einfluß des wachsenden Kieselsäuregehalts mit zunehmendem Albitgehalt erkennen. Abb. 23 zeigt, wie sich die Schmelzung unter gleichen Anheizbedingungen vollzieht. Die Kurven sind parallel zu sich so verschoben, daß für alle die Schmelzpunkte in ähnlicher Höhe liegen. Zum Vergleich ist die Kurve beigefügt, welche Silber als Körper

[1]) Siehe auch Tammann, Zur Überhitzung von Kristallen, Ztschr. phys. Chem. **68**, 257 (1910).

[2]) Z. f. phys. Chem. **54**, 1 (1905).

mit festem Schmelzpunkt unter den gleichen Bedingungen zeigt. Schon der Anorthit mit dem niedersten Kieselsäuregehalt zeigt keinen festen Schmelzpunkt. Bei den Temperaturen, wo die Schmelzung einsetzt, ist die Schmelzgeschwindigkeit so klein, daß nur eine geringe Wärmeabsorption eintritt. Das Thermometer steigt weiter und damit wird die Schmelzgeschwindigkeit größer. Es wird mehr Wärme für die Schmelzung verbraucht, der Temperaturanstieg wird verlangsamt, mehr und mehr, bis ein relativ kleiner ungeschmolzener Rest wieder eine geringe Wärmeabsorption herbeiführt. Schließlich, wenn alles geschmolzen ist, kehrt der normale Temperaturanstieg des Ofens wieder. Die Kurven zeigen also deutlich, wie stark man die Feldspate überhitzen kann, ohne daß sie vollkommen schmelzen. Sie zeigen, wie diese Abweichung mit steigendem Kieselsäuregehalt immer stärker wird. Bei einem Gemisch aus gleichen Teilen $CaO \cdot Al_2O_3 \cdot 2\,SiO_2$ und $Na_2O \cdot Al_2O_3 \cdot 6\,SiO_2$ ist die Kurve schon ungemein verflacht, der Wärmeverbrauch beim Schmelzen verteilt sich auf ein so großes Temperaturgebiet, daß nur noch eine geringe Abweichung von der Anheizkurve, die der Ofen an sich gibt, auftritt. Steigt der Kieselsäuregehalt noch weiter, so bedarf es der peinlichsten Genauigkeit, um überhaupt eine Verlangsamung des Temperaturanstiegs zu beobachten. Wir stellen also fest, daß die Abkömmlinge der Kieselsäure eine ganz auffallend geringe Schmelzgeschwindigkeit besitzen.

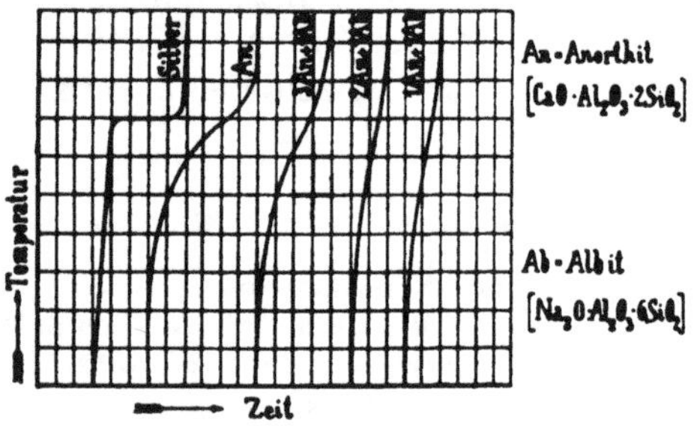

Abb. 23.

Wir haben oben den Schluß gezogen, daß in der Größe der Schmelzgeschwindigkeit eine Andeutung für die Kristallisationsgeschwindigkeit gegeben sei. Diese ist es auch, die uns hier besonders interessiert. In der Tat zeigen die angeführten Experimente diese Parallele. Die Schmelzen der meisten Feldspate, deren Erhitzungskurven in Abb. 23 aufgezeichnet sind, lassen sich noch ziemlich gut zur Kristallisation bringen. Schon bei 1 Albit + 1 Anorthit wird aber die Kristallisation so schwierig, daß zur vollständigen Kristallisation einige Tage nötig waren. Mit weiter wachsendem Albit- und damit SiO_2-Gehalt werden diese Schwierigkeiten immer größer. Reiner Albit konnte ebensowenig wie der entsprechende Kalifeldspat (Orthoklas) für sich zur Kristallisation gebracht werden.

Der ganze Komplex von Eigenschaften, den wir im Vorstehenden kennen lernten, Kristallisationsgeschwindigkeit, Kristallisationsvermögen, Schmelzgeschwindigkeit und Viskosität, findet sich also bei den Abkömmlingen der Kieselsäure abnorm ausgebildet. Er ermöglicht die Existenz des technischen Glases und die zu diesem führende Operation, die Abkühlung einer Schmelze ohne die geringste Kristallisation. Das Glas ist demnach eine ungemein stark unterkühlte Schmelze, deren Zähigkeit infolge der starken Abkühlung einen der Starrheit entsprechenden Wert angenommen hat. Kurz gesagt: **das Glas ist eine starre Flüssigkeit.**

Diese Ausdrucksweise mag befremdlich erscheinen. Sie trifft aber den Zustand des Glases so scharf, wie es keine Umschreibung tun könnte. Das Studium der Natur hat häufig Übergänge und Extreme kennen gelernt, die die Begriffe des normalen Sprachgebrauchs nicht mehr umfassen. Das darf uns aber nicht abhalten, durch anscheinend paradox Klingendes eigenartige Erscheinungen zu kennzeichnen. Wir haben in den vorhergehenden Abschnitten den Kristall als den eigentlichen Vertreter des festen Zustandes kennen gelernt. Die neuere Forschung hat aber auch „flüssige Kristalle" entdeckt, die zwar nicht die regelmäßige Anordnung der Moleküle in allen drei Dimensionen zeigen, in denen aber, wie sich optisch zeigen läßt, die Teilchen wie beim optisch einachsigen Kristall angeordnet sind.

Gleicherweise dürfen wir das Glas, das sich in nichts von der ursprünglichen Schmelze unterscheidet als durch die ins Extreme gesteigerte, in „Starrheit" übergegangene Zähigkeit, eine starre Flüssigkeit nennen. Andererseits wird aber auch erkennbar, daß sich das Glas als „starre Flüssigkeit" wesentlich von der „festen Lösung" (s. S. 6), die kristallische Struktur zeigt, unterscheidet.

Diese Erkenntnis läßt auch weiter schließen, daß dieselben chemischen Verbindungen, die wir in der Schmelze haben, auch im Glase erhalten sind. Wie wir im ersten Teil dieses Kapitels „Schmelzen und Erstarren" sahen, lösen sich die Glasbildner im geschmolzenen Zustand mit wenig Ausnahmen gegenseitig vollkommen. Wir werden es darum beim Glase nur in den seltensten Fällen mit einer einzigen chemischen Verbindung sämtlicher Komponenten, sondern meistens mit einer Lösung von mehreren Körpern zu tun haben, von denen nur ein Teil sich chemisch verbunden hat.

5. Das Glas beim Erhitzen. Entglasung.

Die oben entwickelte Anschauung über die Natur des Glases findet in den nachfolgend zu behandelnden Eigenschaften ihre volle Bestätigung. Wenn das Glas eine durch Unterkühlung übermäßig zäh gewordene Schmelze ist, so muß es noch die latente Schmelzwärme enthalten. Beim Anwärmen kann also keinerlei besondere Wärmeaufnahme stattfinden. Die Anheizkurve ist eine Kurve, in der auch bei peinlichster Beobachtung keine Unstetigkeit zu entdecken ist. Der erhitzte Körper geht, solange er Glas bleibt, ganz allmählich durch alle Stufen der Zähigkeit hindurch in eine mehr oder weniger dünne Flüssigkeit über. Jeder Grad Temperaturzuwachs vermindert die Zähigkeit vom starren Zustand zum flüssigen. Während der kristalline Körper, mag er auch den oben gekennzeichneten Schmelzverzug zeigen, bei einer ganz bestimmten Temperatur zu schmelzen beginnt, existiert beim Glase kein ausgesprochener Schmelzpunkt. Man kann bei ihm nur vom „Weichwerden" reden, und es bleibt unbestimmt, wann man den Eintritt des Erweichens als vorliegend ansehen will. Auffälliges Erweichen wird aber beim glasigen Körper weit unter dem Schmelzpunkt des kristallisierten Körpers beobachtet. Quarzglas ist bei 1400° merklich weich, bei 1500° vollkommen biegsam. Kristallquarz aber schmilzt jenseits von 1600°, je nach der Geschwindigkeit der Erhitzung.

Wir sind übrigens auch in der Lage, die latente Schmelzwärme, die noch im erstarrten Glase vorhanden ist, in Erscheinung treten zu lassen. Ein Weg dazu ist das Auflösen in geeigneter Flußsäure. Wir können uns vorstellen, daß ein Körper, der in einer Flüssigkeit gelöst ist, sich selbst gleichsam in flüssigem Zustand befindet. Die Überführung in den flüssigen Zustand erfordert die Aufwendung der Schmelzwärme. Die Lösung des Körpers ist mit einem bestimmten Wärmeverbrauch oder Wärmeaustritt, der „Lösungswärme", verbunden. Der flüssige und der feste Körper können nicht die gleiche Lösungswärme zeigen, da ja der flüssige Körper die Schmelzwärme schon enthält. Die bei der Lösung der beiden (der flüssigen und des festen Körpers) auftretenden Wärmemengen müssen sich also durch die Schmelzwärme unterscheiden. Und zwar muß der flüssige, also auch der glasige Körper, der Schmelzwärme entsprechend mehr Wärme beim Lösen liefern als der feste, kristallisierte.

Tabelle 5.

Namen der Stoffe	Lösungswärme beim Lösen in Flußsäure g-kal pro g		
	glasig	kristallisiert	Unterschied
Lithiumborat $LiBO_2$	259	203	56
Magnesiumborat $Mg(BO_2)_2$	719	599	120
Kalziumborat $Ca(BO_2)_2$	211	161	50
Strontiumborat $Sr(BO_2)_2$	175	141	34
Natriumsilikat Na_2SiO_3	486	457	29
Leucit	533	507	26
Mikroklin	600	517	83

Die vorstehende Tabelle 5[1]) zeigt, daß der glasige Zustand stets höhere Wärmemengen beim Lösen liefert, als der kristallisierte Körper frei werden läßt. Darin liegt eine weitere Bestätigung der Anschauung, die im Glase eine starre Flüssigkeit sieht.

Das wird noch klarer, wenn wir sehen, daß die Gläser beinahe ausnahmslos, wenn auch unter Schwierigkeiten, zur Kristallisation gebracht werden können. Wir fanden zwar, daß die maßgebenden Faktoren, das spontane Kristallisationsvermögen und die

[1]) Mulert, Z. f. anorg. Chemie **75**, 198 (1912).

Kristallisationsgeschwindigkeit, bei den zum Glase führenden Körpern oder Körpergemischen überaus klein sind. Halten wir aber eine glasige Substanz genügend lange Zeit auf der Temperatur des maximalen Kristallisationsvermögens, so bilden sich doch einige, unter Umständen auch zahlreiche Kristallkeime, die allerdings so langsam wachsen, daß sie sich nur in langen Zeiten zu sichtbaren Gebilden entwickeln. Treten aber wirklich Kristalle im Glas auf, dann hat es ja gerade die charakteristische, ihm sozusagen von der flüssigen Schmelze vererbte Eigenschaft der vollkommenen Gleichmäßigkeit, Homogenität, den amorphen Zustand, verloren: es ist „entglast".

Wir sahen oben, Glas enthält noch die Schmelzwärme. Geht also Glas in den wirklich festen, den kristallischen Zustand über, so muß sich die Schmelzwärme entwickeln. In der Tat können wir da, wo die „Entglasung" relativ rasch vonstatten geht, die Schmelzwärme in Erscheinung treten lassen. Wir benutzen dazu Gläser aus relativ leicht kristallisierenden Substanzen. Gürtler[1]) fand besonders geeignet: Natriummetasilikat Na_2SiO_3, Kobaltpyroborat $Co_2B_2O_6$, Kuprimetaborat CuB_2O_4 und Manganobiborat MnB_4O_7. Diese Substanzen lassen sich durch plötzliche Abkühlung in Glasform erhalten. Werden die so erhaltenen Gläser aber allmählich auf höhere Temperatur erhitzt, so kommen wir bald zu einer Temperatur, wo die Kristallisationsgeschwindigkeit recht groß wird. Es beginnen sich Kristalle abzuscheiden. Dabei wird aber die latente Schmelzwärme frei. Diese tritt so rasch auf, daß eine Ableitung nicht stattfinden kann, die Temperatur steigt und führt zu weiterer Beschleunigung des Kristallisationsvorgangs, die wieder eine gesteigerte Temperaturerhöhung herbeiführt. Auf diese Weise kommt bei diesen leicht kristallisierenden, technisch unbrauchbaren Gläsern eine ganz plötzliche Entglasung unter großer Wärmeentwicklung zustande, die sich in einem deutlichen, ob heftigen Erglühen der Masse äußert. Vollzieht man den Versuch in einem flachen, nicht zu kleinen Gefäß, so sieht man, besonders schön im Dunkeln, die Entglasung sich gleich aufglühenden Würmern durch die ganze Masse fortfressen!

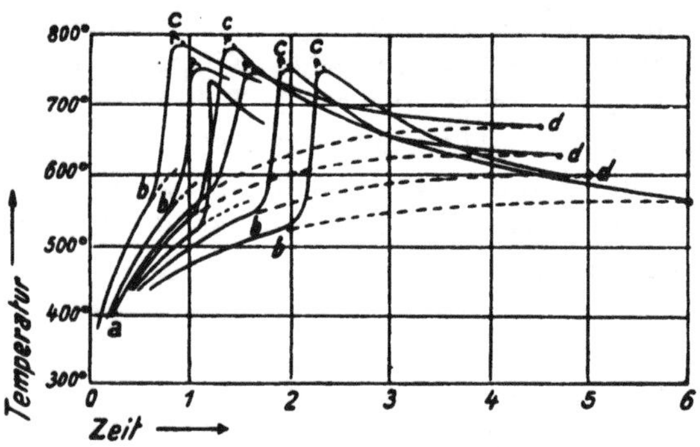

Abb. 24.

Wir bekommen ein anschauliches Bild, wenn wir den Vorgang graphisch darstellen, wie das für das Natriummetasilikat geschehen ist. Abb. 24. Die Kurven stellen die Änderung der Temperatur mit der Zeit dar. Der Tiegel, in dem sich das Glas befindet, wird auf dem Bunsenbrenner erhitzt, die Temperatur steigt auf den Kurven *ab*. Je nach dem Grade der Erhitzung ist der Temperaturanstieg rasch oder langsam, die Kurve steil oder flacher. Bei *b* nun beginnt die Kristallisation, erkennbar durch beträchtliche Wärmeentwicklung. Die Temperatur steigt ganz plötzlich um rund 200°, die Kurven steigen auf dem Stück *bc* fast senkrecht in die Höhe. Die Entglasung ist rasch vollendet, die Masse kühlt sich wieder ab und die Temperatur fällt allmählich auf die Höhe, die der Tiegel erreicht hätte, wenn er nur durch den Bunsenbrenner ohne den Eintritt eines wärmeliefernden Vorgangs erhitzt worden wäre. Die Kurve der Abkühlung trifft in *d* die Fortführung des Astes *ab*. So stellt das Feld *bcd* die Wärmeentwicklung dar, die die Entglasung liefert.

In ganz ähnlicher Weise fand Gürtler die Entglasung bei den drei anderen Silikaten. Die Temperaturerhöhung, die die plötzliche Entglasung der verschiedenen Silikate herbeiführt, ist wie folgt:

CuB_2O_4	245°	MnB_4O_7	160°
Na_2SiO_3	180°	$CO_2B_2O_5$	140°.

Für die Erkenntnis der Entglasungsvorgänge bringt auch eine Studie[2]) über die Kristallisation von geschmolzenem Borax einen wertvollen Beitrag.

[1]) Zeitschr. für anorg. Chemie. **40**, 268 (1904).

[2]) Day und Allen, Zeitschr. f. physik. Chem. **54**, 10 (1906).

Wenn auch die technischen Gläser infolge ihrer von der Technik angestrebten Eigenschaften diese Erscheinungen nicht so prägnant zeigen, so geht doch aus den erwähnten Untersuchungen unzweifelhaft hervor, daß die Gläser die Schmelzwärme noch enthalten, und daß sie diese beim Übergang in den Kristallzustand abgeben. Darin liegt ein weiterer Beweis, daß die Gläser tief unterkühlte starre Flüssigkeiten sind, in denen die Kristallisation bei der Abkühlung der Schmelze unterblieb, und damit ist auch eine natürliche Erklärung des früheren Geschlechtern so rätselhaften Vorgangs der Entglasung gegeben. Die Entglasung ist die nachträgliche Kristallisation einer unterkühlten Schmelze.

Das Glas befindet sich also im Grunde genommen in einem unnatürlichen, gezwungenen („labilen") Zustand, der natürliche „stabile" Zustand ist der des Kristalls. Bei den technischen Gläsern sind die Hemmungen, die der Auslösung des stabilen Zustandes im Wege stehen, im allgemeinen so groß, daß der labile Zustand sich als scheinbar stabil darstellt. Aber gerade im Hinblick auf diesen Schein ist hervorzuheben: Nicht das Glas, der kristallisierte Körper befindet sich im Gleichgewicht! Dies Ergebnis der bisherigen Betrachtungen zeigt auch, daß die den Glaszustand bedingenden Erscheinungen vorwiegend physikalischer Natur sind und daß deshalb die glasige Erstarrung nicht eng an ganz bestimmte Zusammensetzungen der Gläser gebunden ist.

6. Die Entglasungserscheinungen in der Praxis.

Wenn auch die von der Technik hergestellten Gläser ihrer Bestimmung nach die Entglasung selten zeigen, so treten doch auch hier unter entsprechenden Bedingungen Entglasungserscheinungen auf, deren Entstehung und Natur durchaus im Einklang mit dem bisher Gesagten sind.

Wenn ein Glas schon bei der Verarbeitung oder beim Wiedererhitzen, z. B. vor der Lampe[1]), Kristallausscheidung zeigt, so liegt ein schlechtes Glas vor, das viel zu große Kristallisationsgeschwindigkeit besitzt. In den relativ kurzen Zeiten, während deren sich die Verarbeitung und Kühlung im allgemeinen vollzieht, darf es in einem guten Glas zu einer sichtbaren Kristallbildung nicht kommen. Die Erfüllung dieser Bedingung bei der wochenlang dauernden Feinkühlung optischer Gläser und bei dem künstlichen Altern von Gläsern für andere wissenschaftliche Zwecke ist eine Forderung, der nur die wenigsten Gläser gerecht werden. Bei solchem Glase wird es natürlich schwer, die Entglasung zu beobachten. Doch entstehen auch bei brauchbaren Gläsern unter bestimmten Bedingungen interessante Kristallbildungen.

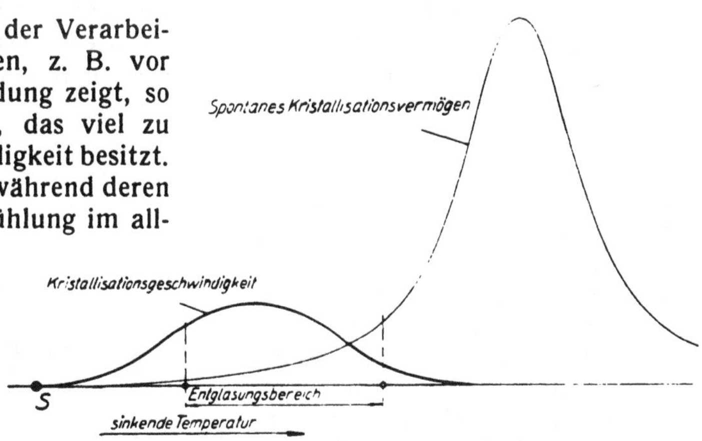

Abb. 25.

Um die Eigenart zu verstehen, müssen wir uns an die Vorgänge erinnern, die sich beim kristallischen Erstarren von Schmelzen zeigen. Wir sehen, das Kristallisieren hängt von zwei Eigenschaften ab, von der Kristallisationsgeschwindigkeit

[1]) Das Rauhwerden vor der Lampe ist nicht immer eigentliche Entglasung. Sehr häufig handelt es sich dabei um Glas, das Wasser aufgenommen hat. Siehe „Widerstandsfähigkeit gegen chemische Einflüsse" (s. S. 63—64).

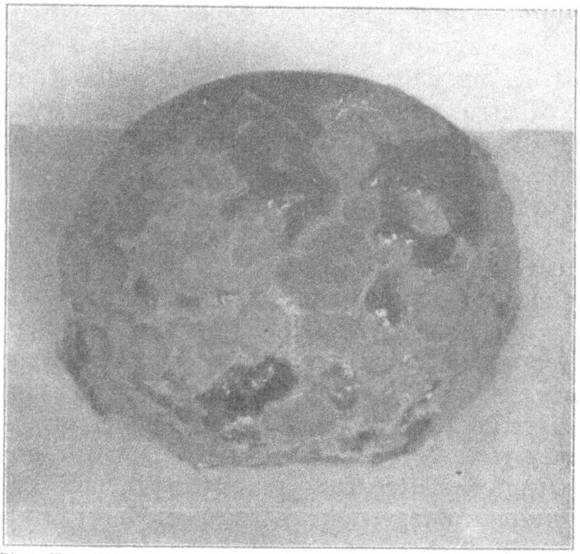

Phot. Keppeler. Abb. 26.

(s. S. 28) und von dem spontanen Kristallisationsvermögen. Die Größe beider ist von der Temperatur abhängig. Diese Abhängigkeit wird am besten mit Hilfe eines Schaubilds nach Tammann[1]) überblickt (s. Abb. 25). Der Punkt *S* stellt den Schmelzpunkt des kristallischen Stoffes dar. In ihm ist die Kristallisationsgeschwindigkeit null, eine Entglasung ist in diesem Punkte nicht möglich. Der Punkt wird deshalb manchmal „oberer Entglasungspunkt" genannt. Bei geringer Unterkühlung bleibt die Kristallisationsgeschwindigkeit zunächst sehr klein, sie steigt aber in dem Maße, wie wir uns durch weitere Unterkühlung von *S* entfernen. Bei einer gewissen Unterkühlung erreicht sie ein Maximum, um dann wieder zu fallen. Einen ähnlichen Verlauf zeigt die Abhängigkeit des spontanen Kristallisationsvermögens von der Temperatur (dünne Linie). Aber dies Kristallisationsvermögen ist noch gering, wenn die Kristallisationsgeschwindigkeit einen beachtlichen Wert angenommen hat, und erreicht ihr Maximum, wenn die Kristallisationsgeschwindigkeit bereits sich wieder der Null-Linie nähert. Daraus ergibt sich, daß verschiedenartige Entglasungsbildungen auftreten müssen, je nachdem man ein Glas sehr langsam aus dem Schmelzfluß abkühlen oder ein mäßig rasch abkühltes Glas allmählich wieder erhitzt. Im ersten Fall durchschreiten wir langsam das Gebiet der höchsten Kristallisationsgeschwindigkeit mit einer geringen Anzahl Kristallkeime, die ja nach S. 29 Ausdruck für die Größe des Kristallisationsvermögens sind. Von wenig Keimen ausgehend wachsen die Kristalle verhältnismäßig rasch. Im zweiten Fall haben wir bei ansteigender Temperatur zunächst die günstigsten Bedingungen für die Ausbildung vieler Keime, die erst bei höherer Temperatur wachsen. Wir erhalten also viele dichtgelagerte Kriställchen, die bei höherer Temperatur der längeren Erhitzungsdauer ganz ineinander wachsen. Beide Erscheinungen finden wir ganz ausgeprägt in der Praxis.

Die erste Gruppe der Entglasungserscheinungen, also der Fall, daß eine Glasschmelze überaus langsam abgekühlt wird, tritt ein, wenn ein in vollkommenem Betrieb ge-

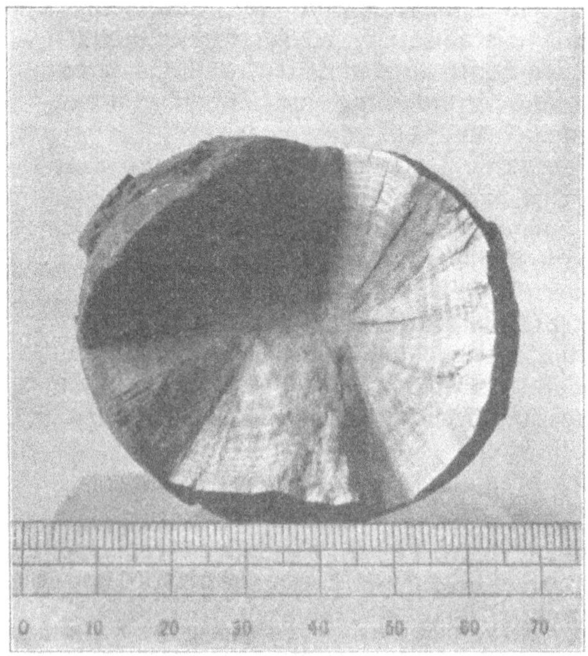

Phot. Keppeler. Abb. 27.

[1]) Z. f. Elektrochemie **10**, 532 (1904).

wesener Ofen gelöscht und nun der Inhalt von Wannen oder Häfen einer ganz allmählichen Abkühlung überlassen wird. Bei dieser langsamen Abkühlung wächst mit der Größe der Unterkühlung unter den Schmelzpunkt die Kristallisationsgeschwindigkeit[1]). Auch bei sonst langem Verweilen des Glasflusses auf gemäßigt hoher Temperatur (Sonntagspause, Streiks) treten diese Entglasungserscheinungen bei Gläsern auf, die sie normalerweise nicht zeigen. Wenn die Kristallisationsgeschwindigkeit auch recht klein ist, so geben doch die großen Zeiträume, während deren die günstigsten Temperaturen durchlaufen werden, genügend Gelegenheit zur Ausbildung von Kristallen. Nun sahen wir aber oben, daß die Temperatur maximaler Kristallisationsgeschwindigkeit höher liegt, als die des größten spontanen Kristallisationsvermögens[2]). Wenn wir also, wie hier, ganz allmählich von höherer zu niederer Temperatur gehen, wird zunächst die Zahl der Kristallkeime, aus denen die sichtbaren Kristalle hervorsprießen können, gering, die Kristallisationsgeschwindigkeit aber immerhin bemerkbar sein.

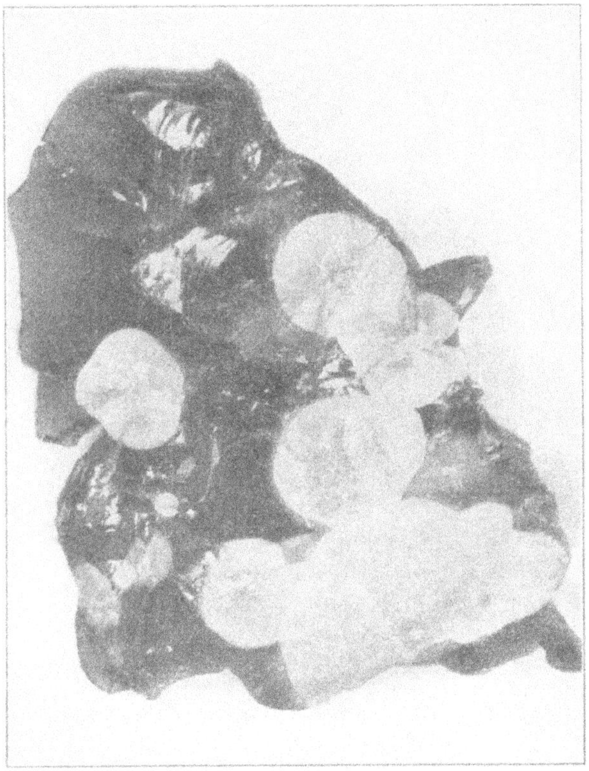

Phot. Keppeler. Abb. 28.

Bei tieferer Temperatur können wohl neue Kristallkeime entstehen, aber nun ist die Kristallisationsgeschwindigkeit auf so geringe Beträge gefallen, daß die Keime nicht mehr wachsen können. Sie bleiben unsichtbar. Wir kommen so zu dem merkwürdigen Bilde, daß an einzelnen, verhältnismäßig nur wenigen Stellen im Glase von einem Punkte aus ringsum sich die Kristallisation strahlenförmig vollzieht. Sie erzeugt so Kugeln, die aus strahlig-faserig angeordneten Kristallaggregaten bestehen. Diese Kugeln, „Sphärolithe" genannt, wachsen bis zu beträchtlicher Größe. Die Abb. 26 und 27 zeigen einen derartigen Sphärolithen aus der glastechnischen Sammlung der Technischen Hochschule Hannover. Sein größter Durchmesser ist 6 cm. Auf der Bruchfläche zeigt er strahlige feinfaserige Struktur, die, unterstützt durch die vom Mangan hervorgerufene Rosafärbung, dem Bruch einen samtartigen, matten Glanz verleiht. Es gibt auch noch größere Sphärolithe aus Flaschenglas.

Phot. Keppeler. Abb. 29.

[1]) Siehe S. 28.
[2]) Siehe S. 29.

Phot. Keppeler. Abb. 30.

Meist bilden sich jedoch Exemplare von 1 bis 2 cm Durchmesser aus. Derartige Stücke zeigen die Abb. 28 und 29 ebenfalls nach Objekten der obengenannten Sammlung.

Die Voraussetzung zur Ausbildung solcher Entglasungsprodukte ist das Vorliegen einer immerhin geringen Neigung zur Kristallisation. Es gibt aber natürlich Fälle, wo diese schon etwas gesteigert ist. Dann sind die Kristallkeime häufiger und damit auch die Kristallaggregate, die sich um sie gruppieren. Aber diese Kristallisationen haben dann einzeln einen kleineren Umfang. Kristallbildungen von wenigen Millimetern Durchmesser liegen dicht nebeneinander, oft in Schnüren angeordnet. Ein Belegstück für diese Erscheinung verdanke ich Herrn Dralle, Hameln (Abb. 30).

Wird bei einem Glas die Neigung zum Entglasen noch größer, dann häufen sich die Kristallkeime, in denen das Streben der Moleküle, sich in bestimmten Lagen zu ordnen, Genüge findet, so sehr, daß der Aufbau der Kristallgruppen um einzelne Zentren mehr und mehr verdeckt wird. Dann kann die ganze Glasmasse zu einem einzigen großen Kristallkonglomerat erstarren. Hier tritt aber doch noch der Einfluß der Abkühlungsdauer auf. Die an der Oberfläche liegenden Teile einer Wannenfüllung kühlen sich rascher ab als die tiefer liegenden Teile. Infolgedessen zeigen die an der Oberfläche liegenden Teile keine vollkommene Entglasung, während die tiefer liegenden ein vollkommenes Filzwerk von Kriställchen sind. Einige Stücke aus einer mir von Herrn Dralle zur Verfügung gestellten Serie von Proben aus verschiedener Tiefe (20 und 50 cm tief) einer Wanne mögen dies veranschaulichen (Abb. 31).

Bei diesen Stücken tritt eine wohl allgemeine Erscheinung besonders deutlich auf. Zwischen den Kristallen liegen Hohlräume. Bei der Erstarrung tritt also Kontraktion ein. Das ist wohl allgemein anzunehmen[1]), tritt aber seltener so deutlich hervor. Die Bestimmung des

20 cm tief

50 cm tief

Phot. Keppeler. Abb. 31.

[1]) Siehe Fußnote S. 39.

spezifischen Gewichtes, die Kersten[2]) von einem Glas und seinem Entglasungsprodukt ausgeführt hat, bestätigt dies. Er fand es für das Glas zu 2,66, für die Kristalle zu 2,77.

Terreil[3]) fand für Glas 2,724, für Entglasungsprodukt 2,824. Zum Teil entglastes Glas hatte 2,857 gegen 2,610 kaum entglast. Es ist zu berücksichtigen, daß die Ausdehnung bis zum Kristallisationspunkt die Verhältnisse wesentlich ändern kann. Ein Eingehen hierauf würde zu weit führen.

Die Entstehung der Kristallkeime, in denen, wie wir sahen, die Neigung zur Kristallisation zum Ausdruck kommt und die für den Eintritt der Entglasung maßgebend sind, wird übrigens oft von Fremdkörpern stark beeinflußt. An der Wand und auf dem Boden des Hafens kommen oft die Kristallausbildungen häufiger zustande, ebenso an der Oberfläche (s. Abb. 29), sei es, daß dort die Moleküle sich leichter ordnen, sei es, daß Sand, Schamottestückchen, Staub den Anreiz zur Ausbildung von Kristallkeimen enthalten. Pelouze[4]) konnte den Inhalt eines Hafens durch Einrühren von Glaspulver oder Sand zur vollkommenen Entglasung bringen, während ein daneben erkalteter Hafen mit dem gleichen Glas nur an einzelnen Stellen entglaste.

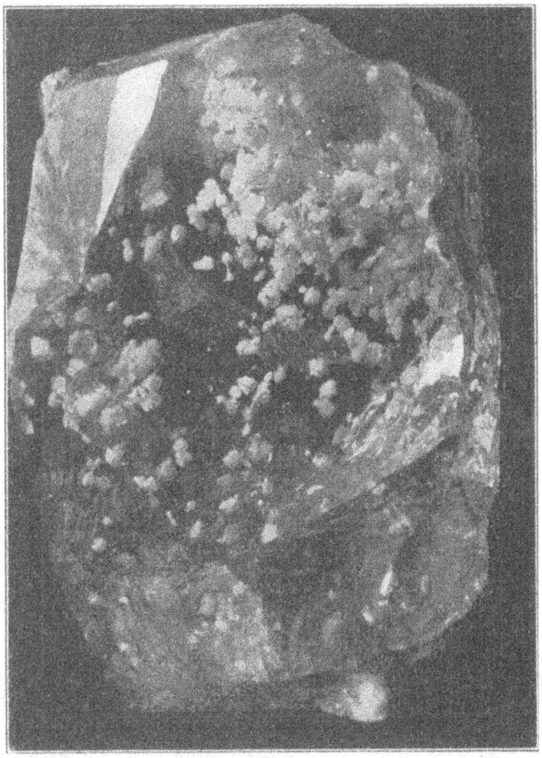

Phot. Keppeler. Abb. 32.

Bei Gläsern, die sehr zur Kristallisation neigen, genügt die bei der Herstellung und der Verarbeitung zur Verfügung stehende Zeit, um die unsichtbaren Keime zu Kristallen wachsen zu lassen. Da und dort sitzt dann im Glase ein „Steinchen", wie der Glasmacher diese Fremdkörper nennt. Es verkündet, daß die Zusammensetzung des Glases nicht die richtige ist (s. Abb. 32).

Zweite Gruppe von Entglasungserscheinungen. Bei ihr wird das veränderte Bild durch das zahlreiche Auftreten von Kristallkeimen bedingt. Es handelt sich meist um Glas, das vor der Auslösung der Entglasung schon mehr oder weniger weit abgekühlt ist. Dabei kommt man zu Temperaturen, wo das spontane Kristallisationsvermögen bemerkbar wird (s. S. 29). Es entstehen mehr Kristallkeime als bei höheren Temperaturen. Diese sind zwar nicht sichtbar, aber man kann doch annehmen, daß sie in den meisten Gläsern enthalten sind. Leydolt[5]) zeigt sogar, daß beim Anätzen mit Flußsäure, wobei das amorphe Glas leichter als der Kristall gelöst wird, in klarem Glase Kriställchen freigelegt werden und die Nachprüfung dieser Angabe durch Benrath[6]) beweist, daß es sich hier nicht

[1]) Die Geologen nahmen bisher umgekehrt beim Schmelzen der Silikate eine Zusammenziehung des Volumens an. Das scheint aber nicht zutreffend (s. Tammann, Kristallisieren und Schmelzen S. 48).

[2]) Tscheuschner, Glasfabrikation S. 48.

[3]) Terreil, Dingl. polytechn. Journ. 148, S. 58.

[4]) Compt. rend. **34**, 565.

[5]) Pogg. Annal. **86**, 494.

[6]) L. Benrath, Beiträge zur Chemie des Glases (Dorpat, C. Mattiessen 1871). — Wagners Jahresbericht 1871, 401.

um Kristalle von neugebildeten Fluoriden handelt. Auch das Aufleuchten, das die meisten Gläser in Röntgenstrahlen zeigen, dürfte zum Teil auf die Anwesenheit von Kristallkeimen zurückgeführt werden. Dafür spricht die Beobachtung, daß röntgenographische Aufnahmen von Raumgittern durch keimreiche Gläser[1]) gestört werden. Wie dem auch sei, beim Abkühlen bilden sich in beinahe allen Gläsern Kristallkeime von minimaler Größe, die sich unter günstigen Bedingungen zu größeren und schließlich sichtbaren Kristallen entwickeln.

Beim erneuten Anwärmen durchwandert man wieder zunächst die für die Keimbildung günstigen Temperaturen. Erreicht man dann die Temperatur größter Kristallisationsgeschwindigkeit, so finden sich in den gewöhnlichen Gläsern viel größere Mengen von Kristallkeimen vor, als bei der vorher besprochenen Art der Entglasung. Infolgedessen sind die Kristallbildungen viel dichter gesät und kleiner, meist von mikroskopischer Feinheit. Diese dichte Durchdringung macht das Glas milchig, undurchsichtig, porzellanähnlich. Diese Art der Entglasung entdeckte Réaumur, als er zwölf Stunden lang Glaskörper auf höhere Temperatur erhitzte und die Körper durch geeignete Füllung vor Deformation bewahrte. Man gab den so entstehenden Produkten den Namen Réaumursches Porzellan.

Phot. Keppeler. Abb. 33.

Diesem Entglasungsbild begegnet man auch sonst häufig. Es bedarf aber zu seiner vollkommenen Ausbildung längerer Zeiträume. Glasgegenstände, die Feuersbrünsten ausgesetzt waren, entglasen derart. Besonders schön zeigt sich die Erscheinung, wenn im Streckofen, in den heißeren Teilen des Kühlofens, Glasscheibenteile längere Zeit zurückbleiben. Sie werden dann milchig getrübt, von marmorähnlichem Charakter (Abb. 33). Die Entglasung beginnt hier an der Oberfläche. Teilweise entglaste Scheiben enthalten in der Mitte noch wenig verändertes Glas. Eine Untersuchung über das Auftreten der Entglasung an fertigem Fensterglas hat Amenomiya[2]) durchgeführt. Er fand bei einstündiger Erhitzung den Beginn der Entglasung bei 700°, die mit steigender Temperatur zunahm. Bei 1100° schmolzen die Kristalle und verschwanden. Beim Abkühlen ging die Entglasung langsamer als beim Anheizen. Auch das Herdglas entglast in dieser Weise. Die schwer schmelzbaren kieselsäurereichen Verbrennungsröhren der Chemiker, obschon sie aus dem weniger zum Entglasen neigenden Kaliglas hergestellt sind, entglasen bei dem wiederholten Anheizen bis zur Erweichung und darauf folgenden Abkühlen zu einem milchglasähnlich getrübten Scherben. Ist die Entglasung weniger fortgeschritten, so erhält das Glas Blaufärbung durch die Zerstreuung des Lichtes, die die vielen unendlich feinen Kriställchen hervorrufen. Hier ist die Häufung von Kristallkeimen bei geringer Ausdehnung des einzelnen Kristalls besonders deutlich.

Die hier zu schildernden Entglasungserscheinungen werden absichtlich hervorgerufen bei der Herstellung bestimmter Arten von „Trübglas“ (s. d.), des „Alabasterglases“ und der mit Fluorpräparaten getrübten „Kryolith- und Spatgläser“. Diese Art Gläser „laufen an“, d. h. durch erneutes Anwärmen wird die Kristallisation befördert und so die Trübung dichter. Weniger zur Ausscheidung von feinen Kristallen

[1]) Scherrer, in Zsigmondys Kolloidchemie (III. Aufl. Leipzig 1920, bei Spamer), S. 305, 405, 409, ferner ders. Phys. Zeitschr. **17**, 277 (1916).

[2]) J. Soc. Glass Techn. **6**, 231 (1922).

neigende Gläser trüben sich nur an den Stellen der Wiedererhitzung. Auf diese Weise entsteht bei weniger Fluor enthaltendem Glase der sog. „Anlaufopal".

Als Glasfehler tritt die Entglasung beim Wiedererwärmen auf bei der Bearbeitung mancher Gläser vor der Lampe. Es wird dann die Oberfläche rauh, „das Glas wird grätzig". Wie schon gesagt, bilden sich die Kristallkeime leichter an der Oberfläche, auch scheinen die Flammengase die Kristallisation zu beschleunigen. Beim Ausziehen solchen Glases liegen dann die schwerer erweichenden Kristalle in dem erweichten Glase und rufen ein Bild hervor, als ob die Oberfläche des Glases zerklüftet sei. Es ist jedoch zu beachten, daß Glas, das infolge seiner mangelhaften chemischen Zusammensetzung Wasser aufgenommen hat, sogenanntes „altes Glas", beim Bearbeiten vor der Lampe ähnliche Erscheinungen zeigt, die aber auf ganz anderen Vorgängen beruhen. Es wird ebenfalls „rauh" (s. „Beständigkeit gegen chemische Einflüsse", S. 64).

Zwischen den beiden hier geschilderten Formen der Entglasungsprodukte bestehen natürlich Übergänge. Ein weiteres Eingehen auf diese Dinge würde aber zu weit führen. Es erübrigt nur noch, auf die Eigenschaften der Entglasungsprodukte einzugehen. Die durch Entglasung entstehenden Kristallaggregate sind härter und auch gegen chemische Einflüsse beständiger als das Glas selbst. Sie erweichen, wie aus dem früher Gesagten hervorgeht, natürlich bei beträchtlich höherer Temperatur als das Glas. Was ihre chemische Zusammensetzung betrifft, so läßt sich darüber allgemein Zutreffendes nicht sagen. Es können je nach den vorliegenden Verhältnissen alle die Fälle eintreten, die wir in Abschnitt I, „Schmelzen und Erstarren", besprochen haben. Dort sahen wir, daß bei Silikatgemischen häufig Mischkristalle auftreten, und zwar solche, die sich in ihrer Zusammensetzung nur wenig oder gar nicht von der des Schmelzflusses unterscheiden. Man kann erwarten, daß das auch häufig beim Glas zutrifft. In der Tat finden sich eine Reihe von Analysen, nach denen diese Annahme zutreffend ist:

Tabelle 6.

	I		II		III		IV		V	
	entglast	glasig	entglast	glasig	entglast	glasig	entglast	glasig	entglast	glasig
SiO_2	55,85	56,84	58,65	59,33	63,79	64,39	62,3	62,5	64,72	63,74
Al_2O_3 . . .	2,22	3,64	7,22	7,69	7,73	7,42	2,5	2,1	4,71	4,80
Fe_2O_3 . . .	1,06	2,59	2,63	1,89	1,39	1,39	3,2	3,0	1,43	1,60
Me_3O_4 . . .	Spur	Spur	5,68	6,30	2,49	2,47	—	—	2,77	2,66
K_2O	0,68	0,40	1,03	1,36	1,52	1,45	} 0,9(?)	5,5	1,51	1,63
Na_2O . . .	8,47	8,69	9,97	9,70	9,76	9,78			7,08	7,57
MgO	7,63	6,37	0,31	0,35	0,61	0,73	8,4 ?)	5,6	—	—
CaO	24,14	21,15	15,18	14,13	13,38	12,81	22,7	21,3	18,60	18,59
	100,05	99,68	100,67	100,75	100,67	100,44	100,0	100,0	99,82	100,59

Analytiker:

I. Torreil, Dinglers Polytechn. Journ. **148**, 58.
II. Schwarz, ebenda **205**, 422.
III. Gröger, ebenda **142**, 297.
IV. Peligot, Bulletin de la Société d'Encouragement **1874**, 342.

Aus diesen Analysen muß man lesen, daß es nicht eine einfache Verbindung ist, die zur Abscheidung kommt. Es gehen alle Konponenten des Glases auch in das Entglasungsprodukt hinein. Die Mengenverhältnisse der Oxyde sind mit wenigen Abweichungen ganz ähnlich wie im Glase selbst. Beim Fall III sind die beiden Analysen nahezu übereinstimmend. Die Analysen V beziehen sich auf ein grünes Flaschenglas mit fast faustgroßen Sphärolithen. Sie sind in meinem Laboratorium ausgeführt und bestätigen im wesentlichen die Ergebnisse früherer Analytiker.

Besonders überraschend ist der Befund an sphärolithischen Entglasungsprodukten aus einem mit Fluor getrübten Glase, die in meinem Laboratorium untersucht wurden. Auch hier stimmte die Analyse des Sphärolithen mit der des regelmäßig getrübten Glases nahezu überein. Dies ist besonders bemerkenswert, weil das Ergebnis Licht in die immer noch dunkle Frage nach der Ursache der Fluortrübung zu bringen geeignet ist.

Die Analysen ergaben folgende Werte:

Tabelle 7.

sphärolithisch entglaste Teile		gleichmäßig trübes Glas
SiO_2	74,33	74,65
$Al_2O_3Fe_2O_3$	3,60	3,60
Na_2O	12,28	11,71
CaO	7,50	8,50
F	3,72	3,95

Es dürfte also die oben gegebene Auffassung zutreffend sein, nach der sehr häufig die Entglasungsprodukte der technischen Gläser Mischkristalle sind, die sich in ihrer Zusammensetzung nur wenig, manchmal wohl gar incht, von der des Glases selbst unterscheiden. Erinnert man sich des Wesens des Mischkristalls als einer festen Lösung, wo also bis auf die Moleküle eine gleichmäßige Vermischung der Bestandteile stattgefunden hat, so möchte man vermuten, daß es vielleicht gerade die besten Gläser sind, die bei der Entglasung Mischkristalle geben, deren Zusammensetzung mit der des Schmelzflusses übereinstimmt. Das Bekannte reicht aber nicht aus, um die Vermutung zu stützen.

Gegen die eben mitgeteilte Auffassung des chemischen Charakters von Entglasungsprodukten läßt sich einwenden, daß bei einer innigen Durchwachsung von Kristall und nicht entglastem Glas die Analyse des Gemenges die Zusammensetzung des ursprünglichen Glases geben muß, obwohl Kristall und Restglas von der Zusammensetzung des ursprünglichen Glases bedeutend, aber nach entgegengesetzter Richtung abweichen. Der Dünnschliff zeigt aber nach meinen eigenen Beobachtungen im Polarisationsmikroskop durchweg doppelbrechende Gefügeteile. Glas kann also nur dann vorhanden sein, wenn es sich überall im Sphärolith im gespannten Zustand befindet. Daß dies möglich ist, kann nicht von der Hand gewiesen werden. Es bleibt aber immerhin auffällig, daß das an die Oberfläche des Sphäroliths angrenzende Glas keine Doppelbrechung zeigt. Klarheit ist deshalb in dieser Frage mit den bisherigen Untersuchungsmitteln nicht zu bringen. Vielleicht gelingt es mit Hilfe der neuerdings in die Wissenschaft eingeführten röntgenographischen Untersuchung.

Diese ganze Betrachtung bezieht sich auf die am häufigsten beobachteten, vom übrigen unveränderten Glase deutlich sich abhebenden großen Kristallaggregate.

Es muß aber ausdrücklich hervorgehoben werden, daß die Kristallisation in anderer Weise, die Ausscheidung typischer Einzelkristalle, nicht außer acht gelassen werden darf. Vor allem muß gesagt werden, daß an den gegenwärtig erschmolzenen Gläsern sich Entglasungserscheinungen zeigen, die verschiedenartige Kristalle aufweisen. Abb. 30 und 31 zeigen Beispiele hierfür.

Es wurde auch von einzelnen Autoren beobachtet, daß einfache Verbindungen, wie Wollastonit (Kalziummetasilikat) aus Kalkgläsern, Bleisilikat aus Bleigläsern, Bariumdisilikat aus Barytgläsern auskristallisieren.

Aus der Reihe dieser Untersuchungen seien besonders die von Peddle[1]) erwähnt, aus denen Mikroaufnahmen nach freundlichst vom Autor zur Verfügung gestellten Originalen in Abb. 34—40 auf der Kunstdrucktafel bei Seite 48 dargestellt sind. Bei Gläsern mit über 20% CaO, z. B. beim Glas 65% SiO_2, 15% Na_2O, 20% CaO scheidet sich bei langsamer Kühlung Calciumsilikat in Form feiner Nadeln aus, wie dies Abb. 34 zeigt. Bei Barytgläsern liegt nach Peddle die Grenze, oberhalb der die Neigung zur Entglasung groß ist, bei 25%. Abb. 35 zeigt die Form, in der Bariumsilikat aus schwerem Bariumkron mit ca. 40% BaO, meist Schlieren folgend, bei langsamer Kühlung auskristallisiert. Gelegentlich aber, besonders bei erneuter Erhitzung, tritt es in anderer Form auf, deren Bild zwischen gekreuzten Nikols die Abb. 36 wiedergibt. Bleisilikat wird erst bei höheren Gehalten als 50% ausgeschieden. Abb. 37 zeigt solche Kristalle aus einem schwersten Flint mit 80% PbO.

[1]) Trans. Opt. Soc. 23, 123 (1921—22).

Besondere Beurteilung verdienen wohl auch die Entglasungserscheinungen, die wir als zweite Art (S. 39) bezeichnet haben. Diese im Anfang der Entstehung nur opaleszierenden, dann sich mehr und mehr trübenden Gläser können besonders bei hohem Kieselsäuregehalt sehr wohl Kieselsäure in der Form, je nach der Temperaturhöhe, des Cristobalits oder Tridymits ausscheiden. Sicher ist dies nach den Untersuchungen von Rieke und Endell[1]) für reines Quarzglas nachgewiesen (s. S. 27).

Le Chatelier[2]) hat auch in einem sehr langsam abgekühlten Halbkristall von Baccarat grobe Kristalle von Tridymit (s. S. 24) nachgewiesen. Abb. 38 und 39 zeigen Tridymitkristalle, wie sie Peddle in einem Bleiglas mit 62 % SiO_2 und 25 % PbO gefunden hat. Für die Bildung von Cristobalit (s. S. 25) ist die Glasschmelztemperatur im allgemeinen zu niedrig. Nur in einem Fall fand ihn Peddle. Abb. 40 zeigt dies Bild mit den eigenartigen Wachstumserscheinungen des Cristobalits. Die Entstehung solcher Individuen kann auf Impfwirkung durch die Hafenwand, Sandkörnchen etc. zurückgeführt werden.

Ob das Gleiche für Gläser mit mehreren Oxyden zutrifft, bleibt aber doch fraglich, weil man in entglastem Glase unmittelbar in opaleszierenden Teilen grobe Sphärolithe der oben geschilderten Art (s. S. 41) trifft. In dieser Beziehung ist die Beobachtung an fluorgetrübtem Glas nicht unwichtig, bei dem Sphärolith und Trübglas die gleiche Zusammensetzung hatten. Auch hier wird wohl die Anwendung röntgenographischer Methoden manches besser aufklären.

Man hat auch versucht, den unerwünschten Vorgang der Entglasung nutzbar zu machen und eine technische Verwertung für die Entglasungsprodukte zu suchen; aber es muß gleich gesagt werden, abgesehen von der S. 132 erwähnten Trübglasherstellung, stets mit geringem Erfolg. Réaumur hatte ja die Entglasung auf der Suche nach der Herstellung des Porzellans gefunden. Es war die Zeit, wo es nur Meißen (1709) gelungen war, die Herstellung des echten Porzellans zu finden und damit ein Problem zu lösen, an dem die Erfinder der europäischen Länder mit heißem Bemühen arbeiteten. Der Erfolg Meißens war ein erneuter Ansporn, die Herstellung des geschätzten Produktes zu suchen. In Wien (1720) wußte man sich durch Untreue und Bestechung den Schlüssel zu dem Geheimnis zu verschaffen. Réaumur, dem wir ja auch die heute noch gebräuchliche Thermometerskala verdanken, suchte auf eigenem Wege zum Ziele zu kommen und fand bei diesen Versuchen (1727) die Entglasung. Die entglasten Gefäße zeigten in der Tat wertvolle Eigenschaften, große Härte und geringere Sprödigkeit. Aber es gelang nicht, die Gefäße infolge der weitgehenden Erweichung sicher in der ursprünglichen Form zu erhalten. Das Verfahren war ein interessanter Versuch, nicht geeignet zur Fabrikation. Nichts ist von ihm erhalten geblieben, als sein Name: Réaumursches Porzellan.

Auch später hat man Verwertungen versucht. Man verzichtete auf die Herstellung von Hohlgefäßen und beschränkte sich auf die Herstellung von Baumaterialien, insbesondere Boden- und Wandfliesen. Arcy soll in dieser Richtung besonders tätig gewesen sein. In neuerer Zeit hat Garchey[3]) diese Verwertung wieder aufgenommen und nannte das Produkt „Keramo". Die Glashüttenwerke Adlerhütten-Penzig fabrizierten auf diese Weise Platten für Wandbekleidung, Fußbodenbelag und Fassadendekoration. Das Produkt scheint aber wieder ganz vom Markt verschwunden zu sein.

Inwieweit die Neigung zur Entglasung abhängig ist von der Zusammensetzung siehe im nächsten Teile dieses Kapitels, Abschnitt 3.

An Literatur über Entglasung ist außer der schon angeführten noch zu erwähnen:

Gröger, Chem. Industrie **1898**, 72.
Hundeshagen, Z. f. angew. Chem. **1890**, 725; **1901**, 686.
Williams, Journ. Am. Ceram. Soc. **1**, 134 (1918).
Fenner und Ferguson, ebenda, **1**, 468, 561 (1918).
Gelstharp, ebenda, **1**, 559 (1918).
Bowen, ebenda, **2**, 261 (1919).
Cox, ebenda, **2**, 576 (1919).

[1]) Rieke und Endell, Silikat-Zeitschrift **1** (1913).
[2]) Compt. Rend. **162**, 853 (1916). — Ref. Sprechsaal **52**, 374 (1919).
[3]) D. R. P. 91203 v. 21. März 1896; 109712 v. 23. Sept. 1898; 122662 v. 31. März 1900 u. 139335 v. 11. Juni 1901.

III. Die Eigenschaften der Gläser. Ihre Abhängigkeit von der Zusammensetzung.

Wir sahen in den vorhergehenden Abschnitten, daß man bei entsprechender Abkühlung eine ungeheure Menge von Stoffen in glasigen Zustand überführen kann. Aber die Bedingungen hierfür sind meist so, daß sie sich im großen nicht durchführen lassen. Z. B. ist meist die Kristallisationsgeschwindigkeit zu groß, als daß in der für die Verarbeitung notwendigen Zeit die Entglasung sich vermeiden ließe. Es erfährt schon dadurch das Gebiet der Gläser eine ziemliche Einschränkung. Aber auch das, was schon weniger schwierig als Glas zu erhalten ist, hat nicht immer die Eigenschaften, die für seine Verwendung notwendig sind. Es muß klar und durchsichtig sein, muß sich leicht verarbeiten lassen und dabei seine glasige Natur bewahren, es muß den Witterungseinflüssen widerstehen und muß chemischen Reagenzien gegenüber beständig sein. Diesen Grundbedingungen konnte die Glasmacherkunst schon frühzeitig genügen, aber sie war dann beschränkt auf die Verwendung nur weniger Substanzen. Im Grunde genommen waren es nur sechs Oxyde: Kieselsäure SiO_2, Tonerde Al_2O_3, Natron Na_2O, Kali K_2O, Kalk CaO und Bleioxyd PbO. Jahrhundertelange Erfahrung hatte in der Zusammenstellung der Gläser aus diesen Oxyden eine Auslese getroffen, die gewisse Mengenverhältnisse der zu verwendenden Oxyde empfehlenswert erscheinen ließ. Immerhin schwankten diese Zusammensetzungen in ziemlichen Grenzen, verursacht durch geringe Sorgfalt des Schmelzers, durch die Natur der am Orte leicht erreichbaren Rohmaterialien, oder durch die beschränkte und wechselnde Hitze, die der Ofen hergab. Auch die Produkte waren von sehr verschiedener Qualität. Fehler, die beobachtet wurden, fanden in der alten Hüttenregel ihre Erklärung, daß im Verhältnis zum Quarz der Gemengesatz zu viel basische Flußmittel enthielt. Schon diese alte Erfahrung deutete darauf hin, daß ein Zusammenhang zwischen Eigenschaften und Zusammensetzung der Gläser besteht. Als dann die wissenschaftliche Chemie auch die Fragen der Glasindustrie zu klären suchte, machte man sich daran, durch Analyse guter und schlechter Gläser den vermuteten Zusammenhang zu ergründen. In dieser Richtung waren tätig: Faraday[1]), Dumas und Berthier[2]), Warrington[3]), Vogel und Reischauer[4]), Siegwart[5]). Eine wesentliche Förderung hat aber das Problem erst durch die Arbeiten Webers erfahren, der durch Vergleich der Analysen von fehlerhaften und bewährten Gebrauchsgläsern wichtige Gesichtspunkte für die Zusammenstellung von Gläsern ermittelte. Damit kam man in den Besitz von ziemlich deutlichen Hinweisen, in welchem Maße die einzelnen Oxyde zu den Gesamteigenschaften beitragen. Die Anzahl erwünschter Eigenschaften war noch klein und mit der von Weber geschaffenen Erkenntnis nahezu zu befriedigen. Aber die stets vorwärts schreitende Technik, die immer wieder neue Mittel, neue Gesichtspunkte den Industrien zum Dienste bietet, stellt zur Durchführung dieses Neuen an andere Industrien neue gesteigerte Anforderungen. Die Glasindustrie konnte sich diesem allgemeinen Vormarsch nicht entziehen. Optik, chemische Technik, Beleuchtungsindustrie und andere Zweige wissenschaftlichen und technischen Lebens forderten Gläser von neuen, vordem unbeachteten und unverwirklichten Eigenschaften. Da nun die Erfahrung bis dahin schon ein Hilfsmittel bot, zur Erzielung bestimmter Eigenschaften

---

[1]) Phil. Trans. II, **120**, 1 (1830). — Annal. der Physik **18**, 515 (1830).
[2]) Dinglers Journal **39**, 27 u. 43 (1830).
[3]) Erdmanns Journal **36**, 37 (1845).
[4]) Dinglers Journal **152**, 181 (1858).
[5]) Ebenda **205**, 42 (1872).

ein bestimmtes Mischungsverhältnis der allgemein verwandten Oxyde zu wählen, so lag es nahe, zur Erzielung neuer Eigenschaften den Kreis der Oxyde zur Erschmelzung der Gläser zu erweitern. Der Jenenser Chemiker Döbereiner[1]) und später der englische Pfarrer Harcourt haben sich in dieser Richtung bemüht, leider aber mit keinem bemerkenswerten Erfolg. Der erste erfolgreiche Pionier dieser neuen Richtung, der mit Mut und Ausdauer durch das Gestrüpp vieler vergeblicher Schmelzungen dringend, sich das Neuland der wissenschaftlichen Glasschmelze eroberte, war Otto Schott[2]), der Begründer des Jenaer Glaswerks Schott und Genossen. Schott zog nahezu alle Grundstoffe, die die damalige Chemie kannte, heran, um ihre Eignung zur Glasbildung zu prüfen, und erweiterte so den Kreis der zu Gläsern erschmolzenen Oxyde ganz beträchtlich. Erfolg und Mißerfolg dieser Arbeitsweise erhärtete aber in gleicher Weise die Erkenntnis, daß ein inniger Zusammenhang zwischen Zusammensetzung und Eigenschaften besteht, und daß man durch die Wahl der einzuschmelzenden Oxyde und ihrer Mengen die Eigenschaften in weiten Grenzen verändern kann. Auf diesem Sockel steht das Schottsche Werk, das allen Ländern der Erde seine einzigartigen Produkte sendet. Aber wichtiger noch ist das breitere und umfangreichere Fundament der Einzelkenntnisse vom Verhalten aller der einzelnen Oxyde und Oxydgemische, auf dem sich jene wesentliche Erkenntnis aufbaut. Manches davon ist der Öffentlichkeit übergeben worden, zur Förderung unserer ganzen Industrie. Vereinzelt liegen auch ältere Erfahrungen vor. Einige Werke traten auch in die Fußstapfen Schotts. Mehr und mehr hat sich auch die wissenschaftliche Forschung mit den einschlägigen Gegenständen beschäftigt. Besonders hat auch der Weltkrieg, der eine Abschnürung der deutschen Ausfuhr als Kampfmittel heranzog, die Feinde Deutschlands veranlaßt, die deutschen Errungenschaften nachzuahmen und auf dem so gewonnenen Wege fortzuschreiten. So ist die Literatur über das vorliegende Gebiet in den letzten Jahrzehnten stark angewachsen. Das Wichtigste, was wir in dieser Beziehung sammeln konnten, ist in folgendem in bezug auf die verschiedenen Eigenschaften des Glases zusammengestellt[3]). Das Bekannte ist weit entfernt, eine systematische durchsichtige Behandlung der Gläser zuzulassen, dürfte aber doch schon manche Erleichterung der Arbeit des Glasmachers bringen.

1. Die Erkennung der Glasarten.

Nach dem Vorhergesagten gäbe also die Untersuchung eines Glases auf seine Bestandteile gewisse Anhaltspunkte für seine Eigenschaften. Die qualitative und quantitative Analyse kann hier nicht geschildert werden. Sie findet sich in allen Lehrbüchern der analytischen Chemie. Es seien jedoch einfache Proben für die Erkennung der Glasbestandteile, wie sie Mylius und Groschuff[4]) ausgearbeitet haben, mitgeteilt.

[1]) Pogg. Ann. **15**, 242 (**1829**).

[2]) E. Zschimmer, Die Glasindustrie in Jena (Jena bei E. Diederichs (1909).

[3]) Auf Vollständigkeit der zitierten Literatur, die nicht angestrebt wurde, konnte um so eher verzichtet werden, als seit Erscheinen der I. Aufl. eine Reihe ausgezeichneter Bearbeitungen dieses Gebietes erschienen ist:

Zschimmer, Artikel Glas im Handbuch der Naturwissenschaften V, 44—51. Jena 1913.

Derselbe, Artikel Glas in Dölters Handbuch der Mineralchemie I, 855—918. Dresden 1912.

Thiene, Artikel Glas in Krais' Handbuch der Werkstoffe II, 20—139. Leipzig 1920.

Eckert, Physikal. Eigenschaften der Gläser, Jahrb. der Radioaktivität u. Elektrotechnik XX, 93—275. Leipzig 1924.

[4]) Deutsche Mechaniker-Zeitg. **1910**, 41. — Diese Proben sollen durchaus kein Ersatz sein für die Untersuchung des Glases auf mikrochemischem Wege, welche H. Hemmes nach dem Vorgange von H. Behrens (Rec. Trav. chim. Bays-Bas **16**, S. 369, **1898**) erfolgreich gelehrt hat.

„Die Hauptbestandteile der gegenwärtig in Wissenschaft und Technik gebrauchten Glasarten sind:

Kieselsäure	Tonerde	Kali
Borsäure	Kalk	Natron
	Baryt	
	Bleioxyd	
	Zinkoxyd	
	Antimonoxyd	
	Magnesia.	

Nebenbestandteile, welche diese Stoffe in kleiner Menge begleiten, gibt es vielerlei; sie können hinsichtlich bestimmter Eigenschaften des Glases, namentlich auch für dessen Färbung, von Wichtigkeit sein; für die chemische Klassifikation der farblosen Gläser, um welche es sich hier handelt, sind sie meist ohne Bedeutung.

Der Chemiker unterscheidet die Gläser in einfacher und leicht verständlicher Weise, indem er die Hauptbestandteile in der Bezeichnung hervorhebt; zum Beispiel: Quarzglas, Tonerde-Natronsilikat, Kalk-Kalisilikat, Bleioxyd-Natron-Borosilikat usw.[1]).

Zu dieser Orientierung ist weder eine quantitative noch eine genaue qualitative Analyse erforderlich; es bedarf dazu nur gröberer Proben, welche die einzelnen Stoffe als Hauptbestandteile des Glases erkennen lassen.

Von der physikalischen Prüfung unterscheidet sich die chemische Prüfung des Glases dadurch, daß sie Material verbraucht.

Im folgenden wird ein einfacher analytischer Gang mitgeteilt, welcher leicht in einer Stunde beendigt werden kann und bei welchem der Materialverbrauch nur einige Milligramm beträgt, so daß der Glasgegenstand erhalten bleiben kann.

Während, wie schon erwähnt, auf dem einzuschlagenden Wege die Ökonomie an Zeit, Arbeit und Material in den Vordergrund treten soll gegenüber der Genauigkeit in den Nebendingen, so muß man im Bedarfsfalle auch auf diese eingehen. Die Ergänzung der ersten Orientierung durch eine genaue quantitative Analyse wird notwendig, wenn innerhalb der bestimmten Klasse die Glasart scharf definiert werden soll.

Mikrochemische Proben. 1. Das Glas wird in einem Umkreis von einigen Quadratmillimeter mit einer Feile rauhgekratzt. Diese Stelle benetzt man mit einem Tropfen ätherischer Jodeosinlösung und wäscht sie darauf mit einem Tropfen Äther.

Rotfärbung zeigt basenhaltiges Glas an, im Gegensatz zu Quarzglas, welches farblos bleibt.

2. Ein Tropfen zehnprozentige Fluorwasserstoffsäure wird auf das Glas gebracht.

Sofortige Trübung ergibt Glas, welches reich an erdigen oder schweren Oxyden ist (Kalzium, Barium, Blei, Zink usw.), im Gegensatz zu metallarmen Gläsern, welche keine Trübung zeigen.

3. Mit dem Reaktionsprodukt von 2 benetzt man das Ende eines Platindrahtes und bringt ihn vorsichtig in die Bunsenflamme.

Ein flüchtiges grünes Aufleuchten zeigt mit Sicherheit Borsäure an.

Natrium gibt sich bei dem Glühen durch die Gelbfärbung zu erkennen.

Größere Mengen Kalium erkennt man zugleich mittels eines vor das Auge gehaltenen blauen Kobaltglases an der Violettfärbung, besser aber mit Hilfe eines Taschenspektroskopes an der charakteristischen Linie im Rot.

4. Zu dem Reaktionsprodukt von 2 wird ein Tropfen Schwefelwasserstoffwasser gefügt[2]).

Schwarzfärbung zeigt Blei an (Flintglas), im Gegensatz zu bleifreien Gläsern, welche keine Färbung annehmen. Antimon gibt sich dagegen durch einen gelbroten Niederschlag kund.

---

[1]) Diese Bezeichnungsweise befindet sich durchaus im Einklange mit dem Gebrauche in den Glashütten und im besonderen auch mit der Klassifizierung der optischen Glasarten, über welche E. Zschimmer in der Deutschen Mechaniker-Zeitung 1908, S. 113, berichtet hat. Neuere vereinfachte Bezeichnungen sind im Kapitel: Optisches Glas im II. Bd. dieses Werkes angegeben.

[2]) Man kann das Schwefelwasserstoffwasser für diesen Zwecken auch ersetzen durch eine Lösung von 0,1 g krist. farblosem Natriumsulfid in 10 ccm Wasser nach Neutralisation mit 1 bis 3 Tropfen Salzsäure.

Die weitere Untersuchung der metallischen Bestandteile des Glases wird in Gefäßen vorgenommen. Zu diesem Zwecke wiederholt man die Reaktion 2, indem man ihr zur Entwicklung 5 Minuten Zeit läßt.

Das Reaktionsprodukt wird mit 3 ccm Wasser in einen Porzellan- oder Platintiegel gespült und darin mit so viel (ca. 0,1 g) Natriumbikarbonat vermischt, daß nach dem Aufbrausen ein kleiner Überschuß vorhanden ist. Nunmehr wird (etwa zwei Minuten) gekocht, bis sich ein Koagulum abscheidet. Die Vollständigkeit der Umsetzung erkennt man daran, daß ein Tropfen der abgegossenen alkalischen Flüssigkeit Methylenblaulösung nicht fällt; geschieht dies dennoch, so ist das Kochen fortzusetzen.

Nach dem Absetzen dekantiert man, wäscht den Niederschlag durch Abgießen dreimal mit je 3 bis 5 ccm Wasser aus und verdampft ihn in dem Tiegel mit zehn Tropfen verdünnter Salzsäure bei 100° zur Trockne. Der kleine Rückstand wird mit 3 ccm Wasser unter Zusatz von zwei Tropfen verdünnter Salzsäure behandelt. In dem unlöslichen Rest erkennt man die Kieselsäure des Glases, von welcher man abfiltriert.

Die filtrierte Chloridlösung wird, wenn nötig, durch Schwefelwasserstoff vom Blei (oder Antimon) befreit und dient nunmehr zu folgenden weiteren Versuchen[1]).

5. Die Lösung versetzt man im Reagierrohr mit einem Tropfen verdünnter Schwefelsäure und erwärmt zum Sieden. Ein schwerer weißer Niederschlag zeigt Barium an.

6. Die, wenn nötig, filtrierte Lösung von 5 wird mit einem Tropfen Ferrozyankaliumlösung versetzt. Ein weißer schleimiger Niederschlag zeigt Zink an. Erscheint der Niederschlag bläulich, so ist eine Spur Eisen anwesend.

7. Die nötigenfalls wiederholt filtrierte Lösung[2]) von 6 wird mit drei Tropfen Ammoniaklösung zum Sieden erhitzt. Ein weißer flockiger Niederschlag ergibt Aluminium.

8. Die nötigenfalls filtrierte Lösung von 7 wird mit einem Tropfen Oxalsäurelösung langsam erwärmt. Nach zwei Minuten ist das Kalzium am Entstehen einer weißen Trübung erkennbar.

9. In der, wenn nötig, filtrierten Lösung von 8 würde nach Zusatz von zwei Tropfen Natriumphosphatlösung die langsame Entstehung eines körnigen Niederschlages auf Magnesium hinweisen.

Nach dieser einfachen analytischen Orientierung ist man leicht imstande, das vorliegende Glas mit der richtigen Klassenbezeichnung zu versehen; die gestellte Aufgabe ist damit erfüllt.

Die bei den vorstehenden mikrochemischen Proben angewandte Aufschließung des Glases ohne Gefäß läßt sich bei den meisten Glasgegenständen in Anwendung bringen, ohne daß das Auge nachträglich einen Angriff bemerkt, denn bei der sofortigen starken Ausbreitung des Flüssigkeitstropfens beträgt die Dicke der aufgelösten Schicht noch nicht 0,1 mm.

Bei geschliffenen Linsen oder Prismen wird man die optisch wichtigen Teile durch einen Wachsüberzug zu schützen wissen. An konvexen Gegenständen, z. B. an einem Thermometer oder einer Flasche, kann man den reagierenden Tropfen hängend anbringen und ihm durch Drehen des Glases eine genügende Angriffsfläche geben. Bei großen oder feststehenden Gegenständen, z. B. einem Säureballon oder einer senkrechten Spiegelscheibe, bedient man sich zum Auftragen der Flußsäure eines kleinen Kautschukschwammes, mit dessen Hilfe das Reaktionsprodukt leicht in ein Gefäß mit Wasser zu übertragen ist. Die Größe und Form des Gegenstandes bietet also für die Anwendung des Verfahrens kein Hindernis."

2. Beständigkeit des Glaszustandes.

Gutes Glas darf selbst unter dafür günstigen Bedingungen die im zweiten Teil dieses Kapitels geschilderten Entglasungserscheinungen nicht zeigen: bei der normalen Verarbeitung und beim Abkühlen, die optischen Gläser beim Feinkühlen, Geräteglas und Kristall vor der Gebläselampe; wo immer das Glas bei Temperaturen, die der Kristallausbildung günstig sind, längere Zeit verweilt, darf die gefürchtete Kristallausscheidung nicht eintreten. Die Kraft, mit der die Gläser dem Kristallzustand entgegenstreben, ist von der Zusammensetzung abhängig. Maßgebende Untersuchungen liegen hier aber nicht vor. Nicht einmal ein geeignetes Meßverfahren ist

---

[1]) Wenn Blei und Barium von vornherein ausgeschlossen sind, kann man das Reaktionsprodukt 2 durch Eindampfen von 2 Tropfen verdünnter Schwefelsäure im Platintiegel und darauffolgendes Glühen von der Kieselsäure befreien und erhält dann einen Rückstand, welcher sich in verdünnter Salzsäure auflöst. Mit dieser Lösung lassen sich ebenfalls die Reaktionen 5 bis 9 zur Ausführung bringen.

[2]) Die Klärung der zinkhaltigen Mischung wird wesentlich erleichtert durch Hinzufügung einiger Tropfen sehr verdünnter Silbernitratlösung; der Niederschlag nimmt dadurch eine flockige Beschaffenheit an und läßt sich leicht abfiltrieren.

ausgearbeitet. Es liegt lediglich ein Vorschlag Zschimmers[1]) vor, für verschiedene Temperaturen die Zeiten, die das Auftreten einer sichtbaren Entglasung erfordert, als Maßstab zu verwenden. Es wäre zweifellos ein großer Fortschritt, wenn diese Angaben für eine größere Anzahl Gläser vorhanden wären. Vorläufig müssen wir uns mit mehr qualitativ festgestellten Unterschieden begnügen.

Schon die reinen Silikate[2]) unterscheiden sich in der Größe ihrer Neigung zur Kristallisation.

Unter den Silikaten[3]) ist das Kalimetasilikat noch nie kristallisiert erhalten worden. Im übrigen gelingt es ziemlich leicht, die einfachen Silikate zur Kristallisation zu bringen. Besonders leicht kristallisiert Lithiumsilikat. Bei Gemengen dieses Körpers mit Kaliumsilikat, die über 40% Kaliumsilikat haben, ist aber der Einfluß des schlecht kristallisierenden Kaliumsilikats so groß, daß bei kleinen Versuchen die Kristallisation unterbleibt. Gemische von Natrium- und Magnesiumsilikat sind ebenfalls schwer zur Kristallisation zu bringen. Zwischen 10 und 90% Magnesiumsilikat ist nur glasiges Erstarren beobachtet worden.

Über die Borate[4]) ist folgendes zu bemerken: Das Natriumborat $NaBO_2$ und Kaliumborat KBO_2 konnten nur kristallisiert erhalten werden, sie haben also hohes Kristallisationsvermögen und große Kristallisationsgeschwindigkeit. Auch $Mg(BO_2)_2$, $Ca(BO_2)_2$ und $Sr(BO_2)_2$ neigen sehr zur Kristallisation, sie sind nur unter den größten Vorsichtsmaßregeln glasig zu bekommen, leichter $LiBO_2$, $TlBO_2$, $Cd(BO_2)_2$, $Zn(BO_2)_2$ und $Pb(BO_2)_2$. Beim Erwärmen entglasen diese Gläser sofort meist unter Erweichen. Bleiborat und Thalliumborat entglasen nicht so leicht (s. a. S. 13).

Tritt zu den Silikaten überschüssige Kieselsäure, so wird mit wachsendem Kieselsäuregehalt der Glascharakter zunächst beständiger. Bei einem Zusatz von 19,7% SiO_2 zu Na_2SiO_3 wurde eine Schmelze[5]) erhalten, die, während zwei Stunden von 1150° auf 800° abgekühlt, nur zum Teil entglaste. Bei weniger langsamer Abkühlung genügt schon ein geringerer Überschuß des SiO_2. Kultascheff[6]) bekam schon bei 7,5% SiO_2-Zusatz keine Kristallisation mehr. Ganz systematisch hat Schaller[7]) die Neigung von SiO_2-Na_2O-Gläsern, zu entglasen, studiert. Er findet, daß Gemische mit 72% bis 77% SiO_2-Gehalt am wenigsten zur Entglasung neigen.

Bezüglich $CaSiO_3$ und SiO_2 sei auf die früher mitgeteilte Arbeit[8]): „Die Kalkkieselsäurereihe" hingewiesen, wo ermittelt wurde, daß bei 65% SiO_2 und 35% CaO durch die Langsamkeit im Schmelzen und Kristallisieren die Beobachtung von Temperaturfixpunkten unmöglich wurde. Es gehört also eine ganz beträchtliche Menge Kieselsäure dazu, um die Kristallisation des $CaSiO_3$ zu hemmen. Die größere Neigung zur Kristallisation, die dem Kalziumsilikat eigen ist, kommt auch in den Gemischen mit Na_2SiO_3 zum Ausdruck. Kultascheff fand bei Gemischen von 100, 80 und 70 Na_2SiO_3 und 20 und 30 $CaSiO_3$ einen Zusatz von 7,5 SiO_2 genügend, um bei seiner Abkühlungsgeschwindigkeit glasiges Erstarren zu erzielen. Bei Anwendung von 40 $CaSiO_3$ und 60 Na_2SiO_3 und 7,5 SiO_2 trat kristallisches Erstarren auf, bei einem Zusatz von 13 SiO_2 Glas.

Es wäre jedoch unrichtig, zu glauben, daß die die Entglasung aufhebende oder hemmende Wirkung der Kieselsäure dauernd mit wachsendem Kieselsäurezusatz zu den Silikaten zunehme. Die reine Kieselsäure neigt selbst zum Entglasen. Das „Quarzglas" ist in der Gegend von 1200° stark der Entglasung unterworfen. Es geht in die Kristallform der Kieselsäure über, die über 800° die beständige ist, in Tridymit bzw. Cristobalit (s. S. 24). Diese Umwandlung wird beschleunigt durch reduzierende Gase, noch mehr durch leicht schmelzende Salze, insbesondere Lithiumchlorid[9]). Es ist deshalb denkbar, daß die Silikate in sehr kieselsäurereichen Gemischen als Kristallisationsbeschleuniger („Mineralisatoren[10]), „agents mineralisateurs") wirken. Sicher ist die Entglasung bei wachsendem Zusatz von SiO_2 zunächst schwächer und schwächer, um bei sehr großen Kieselsäuregehalten sich wieder stärker bemerkbar zu machen. Sehr kieselreiche Gläser, z. B. die schwer schmelzbaren Verbrennungsröhren, sind meist durch geringe Tridymitausscheidung getrübt und erhalten wohl infolge der Trübung den blauen Stich. Auch „Alabasterglas" gehört hierher (s. a. S. 40 u. 131).

[1]) Theorie der Glasschmelzkunst II, S. 154.
[2]) Stein, Zeitschr. f. anorg. Chemie **55**, 195 (1907).
[3]) Wallace, Zeitschr. f. anorg. Chemie **63**, 1 (1909).
[4]) Tammann, Kristallisieren und Schmelzen, S. 49.
[5]) Wallace, l. c.
[6]) Zeitschr. f. anorg. Chem. **35**, 185 (1903).
[7]) Zeitschr. f. angew. Chem. **22**, 2370 (1909).
[8]) Seite 12 dieses Buches.
[9]) Tschermacks Petrogr. Mitt. **26**, 177.
[10]) Über die Wirkung von Mineralisatoren siehe Wallace, Zeitschr. f. anorg. Chem. 63, 45 (1909).

Abb. 34.
10 ×

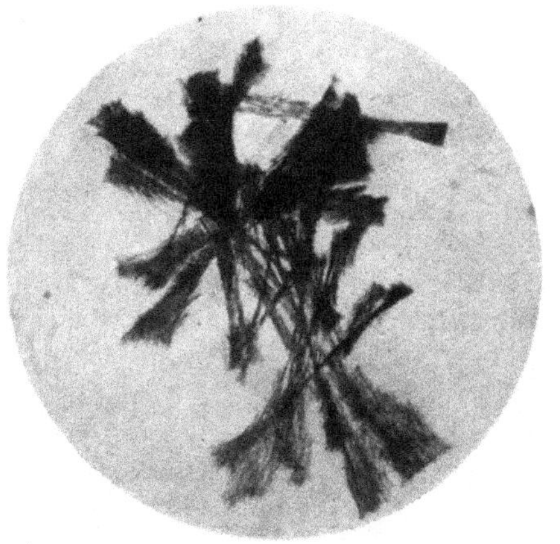

Abb. 35.
25 ×

Abb. 36.
10 ×

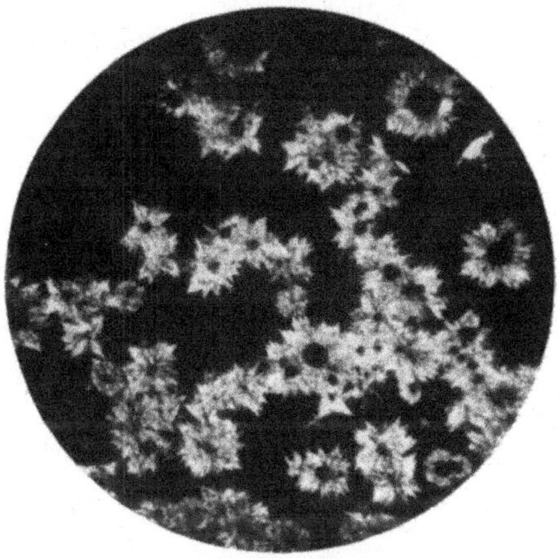

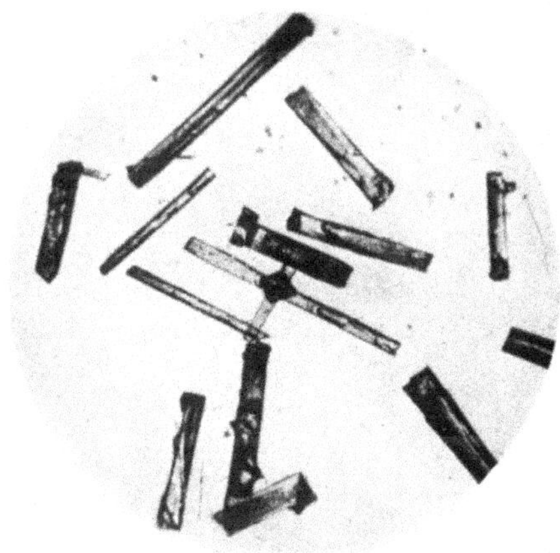

Abb. 37.
2 ×

Abb. 38.
58 ×

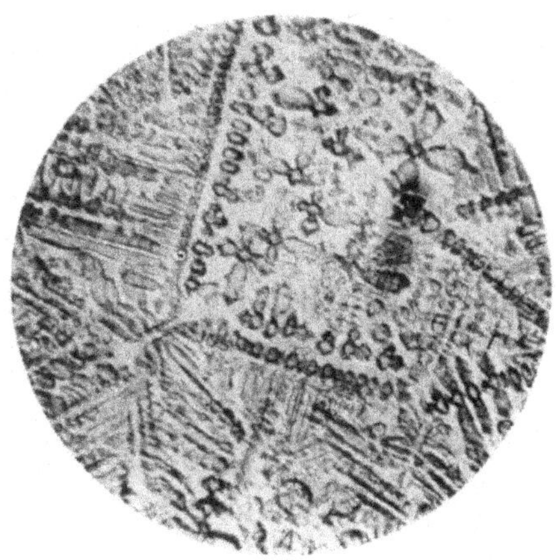

Abb. 40.
40 ×

Abb. 39. 58 ×

Mikroaufnahmen von Kristallbildungen in Gläsern nach Originalen von Peddle.

Verlag von R. Oldenbourg, München u. Berlin.

Wie die Kieselsäure wirkt auch die Borsäure der Kristallisation entgegen. Sie selbst ist, wie früher erwähnt, aus dem Schmelzfluß überhaupt noch nicht kristallisiert erhalten worden. Während $NaBO_2$ nur kristallisiert erstarrt, bereitet es die größten Schwierigkeiten, geschmolzenen Borax zur Kristallisation zu bringen. In ihm ist auf 2 $NaBO_2$ ein weiteres Molekül B_2O_3 enthalten. Es zeigt sich also der die Kristallisation hemmende Einfluß der Borsäure deutlich.

In den Gläsern sind nun die auf die Kristallisation bezüglichen Eigenschaften der einzelnen Verbindungen erhalten. Kaligläser neigen bedeutend weniger zur Entglasung als Natrongläser. Das zeigt sich auch in der Glasurtechnik. Ein Natronglas als Glasur auf Steinzeug oder Porzellan verwandt, entglast ohne weiteres, gibt keine blanke Glasur. Umgekehrt lassen sich Kaligläser schlecht zur Erzeugung von Kristallglasuren (Berdel) verwenden. Auch Bleigläser neigen sehr wenig zur Entglasung (s. S. 48). Dagegen kommt in Lithiumgläsern die Neigung des Lithiumsilikats zur Kristallisation ganz auffallend zum Ausdruck.

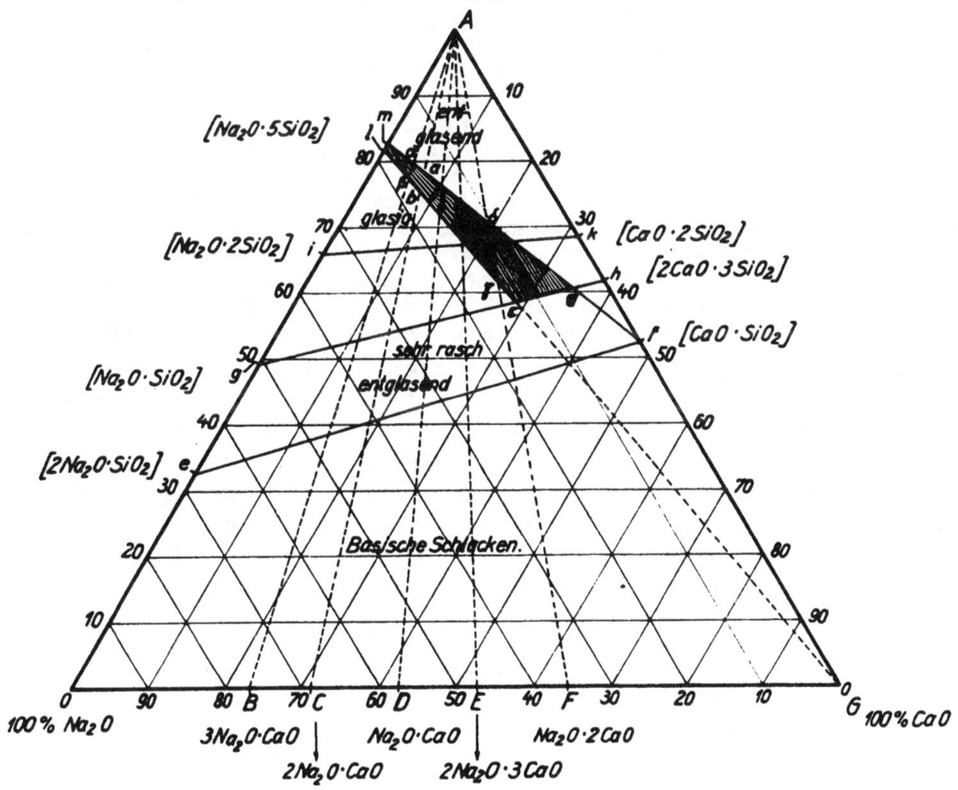

Abb. 41.

Gerade der erste Versuch, den Schott machte, neue Oxyde in die Glastechnik einzuführen[1]), wurde mit Lithiumoxyd unternommen, und es zeigte sich sofort, daß es überhaupt nicht möglich war, reine Lithiumgläser herzustellen. Durch Zusatz von Natron ließ sich die Neigung zur Entglasung dämpfen. Das Mittel, durch SiO_2 der Vermehrung der Entglasung entgegenzuwirken, konnte über 2 SiO_2 auf 1 Me_2O hinaus keine Verwendung finden, da sonst die Strengflüssigkeit keine Läuterung zuließ, so war das lithiumreichste Glas das folgende: $^8/_{20}$ Na_2O, $^{12}/_{20}$ Li_2O, 2 SiO_2.

Das Gesamtgebiet aller zwischen Na_2O, CaO und SiO_2 möglichen Schmelzen haben Gelstharp und Parkinson[2]) auf die Entglasungsmöglichkeit untersucht und die Ergebnisse mit Hilfe eines Dreiecksystems (Abb. 41) dargestellt. Es werden die Zusammensetzungen von Kalknatrongläsern durch Punkte im Dreieck (s. S. 20) festgelegt und nach ihrer Neigung zur Entglasung Flächen durch Linien

[1]) Verh. des Vereins zur Beförderung des Gewerbefleißes 1881.

[2]) Tras. Amer. Ceram. Soc. 16, 109 (1914).

abgegrenzt, in denen Zusammensetzungen ähnlichen Verhaltens liegen. Dabei wird rasche, durch Abschrecken in Wasser erzielte und langsame, nicht näher definierte Abkühlung unterschieden. Die Tatsache, daß das Natriummetasilikat $Na_2O\ SiO_2$ auf der Grenze (*g—h*) liegt, die die bei langsamer Abkühlung glasig bleibenden Schmelzen von denen trennt, die nur bei rascher Abkühlung als Glas erhalten werden, weist jedoch darauf hin, daß sehr kurze Abkühlungszeiten angewandt wurden. $Na_2O\ SiO_2$ erstarrt nach meiner Erfahrung nur bei Abschrecken des Tiegels in kaltem Wasser als Glas. Bei der immer noch sehr raschen Luftkühlung des Platintiegels erhält man für die glasig erstarrenden Schmelzen ein Dreieck (*m—h—g*), das begrenzt wird durch die Zusammensetzungen a) mit hohem Kieselsäuregehalt: $Na_2O \cdot 5\ SiO_2$ und $2\ CaO\ 3\ SiO_2$ und alle Mischungen dieser beiden Grenzzusammensetzungen, b) mit niedrigem Kieselsäuregehalt: $Na_2O \cdot SiO_2$ und $2\ CaO \cdot 3\ SiO_2$ und alle Mischungen dieser beiden Zusammensetzungen (Linie *g—h*). Für praktische Verhältnisse ist aber die Abkühlungszeit viel zu kurz, um daraus unmittelbaren Anhalt für die Praxis gewinnen zu können. Für praktische Verhältnisse wird das Feld der nicht entglasenden Natronkalkgläser mindestens auf einen geringen Teil des Dreiecks eingeengt, und wenn noch andere praktisch wichtige Eigenschaften (chemische Widerstandsfähigkeit) vorhanden sein sollen, wird das Gebiet noch viel kleiner. Nach den Verfassern ist die Auslaugbarkeit genügend klein, wenn der Natrongehalt weniger als 22% des Kieselsäuregehaltes beträgt (*q—l*). Dadurch entsteht die schraffierte Fläche *m—l—c—d*, die nach Ansicht Gelstharps und Parkinsons die praktisch brauchbaren Natronkalkgläser umfaßt. Im Grunde genommen geht für die Praxis folgendes aus der Untersuchung hervor. Gläser mit sehr hohem Kalkgehalt entglasen immer. Mit wachsendem Natrongehalt wird die Neigung zur Entglasung zunächst herabgesetzt, nimmt aber wieder zu. Bei ganz hohem SiO_2-Gehalt über 83% tritt immer Entglasung ein. Bei gegebenem Verhältnis von $Na_2O:CaO$ drängt SiO_2-Zuwachs die Entglasung zurück. Gläser, in denen Natron gegen Kalk überwiegt, brauchen und ertragen mehr SiO_2 (Ansteigen der Grenzlinie *hm* von rechts nach links), um die Entglasung zu verhindern.

Um eine noch bessere Übersicht zu geben, habe ich noch, von Punkt *A* ausgehend, die Linien *AB*, *AC*, *AD*, *AE* und *AF* eingetragen. Sie verbinden die Gläser mit bestimmtem Mol-Verhältnis $Na_2O : CaO$. Die technischen Gläser bewegen sich meist zwischen dem Mol-Verhältnis $3\ Na_2O : CaO$ und $Na_2O : 2\ CaO$. Dadurch schrumpft das Gebiet auf das gekreuzt schraffierte Feld ($\alpha, \beta, \gamma, \delta$) zusammen. Wir werden sehen, daß die Begrenzung durch gerade Linien recht ungenau ist (s. S. 101—102). Betr. die Bedeutung der Linie *Aa bB* siehe „Schmelzen" und „Läutern".

Neben SiO_2 und B_2O_3 wirkt besonders noch die Tonerde hemmend auf die Neigung zur Entglasung ein. Frank[1]) z. B. teilt mit, daß man bei genügend hohem Tonerdegehalt bei sehr alkaliarmen Gläsern (4 bis 5%) den Kalkgehalt bis ca. 25% CaO erhöhen konnte, ohne rauhes Glas zu erhalten. Auch Weber[2]) hat besondere Versuche angestellt, die den Einfluß der Tonerde auf den Entglasungsvorgang zeigen. Er weist darauf hin, daß es eine alte Hüttenregel sei, bei rauh werdenden Gläsern den Zusatz an Mergel zu erhöhen oder etwas feuerfesten Ton oder Kaolin zuzugeben. Er hat außerdem folgende zwei Versätze in Tiegeln eingeschmolzen:

	I	II
Sand	79,0	79,0
Kalkspat	6,2	6,2
Pottasche	9,0	9,0
Soda	19,3	19,3
Kaolin	—	10,0

Das aus I geschmolzene Glas zeigte beim Abkühlen Entglasung, II blieb blank. Im Gegensatz zu Frank gibt Weber an, daß ein Tonerdegehalt von 7 und 8% nicht genüge, um in Gläsern mit 17,8 resp. 14,8% CaO die Neigung zum Entglasen zu hemmen. Allerdings hatten diese Gläser nur 61 resp. 66% SiO_2, so daß dadurch die Abweichung von Franks Angabe erklärt ist.

Eine lehrreiche Veranschaulichung findet das eben geschilderte Verhalten der Tonerde in einer Mitteilung von Schott[3]). Es fiel auf, daß Thüringer Glas sich wiederholt vor der Lampe erweichen, aufblasen, anschmelzen usw. ließ, ohne die geringste

[1]) Verh. des Vereins zur Beförderung des Gewerbefleißes **1888**, 406.
[2]) Ebenda **1889**, S. 188.
[3]) Ebenda **1887**, 799.

Entglasung zu zeigen, während Schmelzungen von fensterglasartigen Kompositionen bei kurzem Erwärmen in der Flamme rauh und matt wurden. Auf Nachfrage erhielt Schott die Mitteilung, das Thüringer Glas verdanke seine Eigenschaft dem Umstande, daß es mit einem besonders geeigneten Sande erschmolzen sei. Lange Zeit hätte man als solchen nur einen in der Nähe des Dorfes Martinroda gefundenen Sand für geeignet gehalten. Alle übrigen Quarzsande und besonders gerade die reinen Sande hielt man für ungeeignet. Die Analyse des Sandes von Martinroda (siehe Rohmaterialien) ergab einen Gehalt von 3,66% Tonerde. Es lag nahe, auf diesen Bestandteil die wünschenswerte Eigenschaft des Thüringer Glases zurückzuführen. Probeschmelzungen aus reinem Quarz mit und ohne Zusatz von tonerdehaltigen Materialien bestätigten die Richtigkeit der Vermutung.

Eine analoge Erfahrung machte auch Dralle. Beim Versuch, in einem Mergel enthaltenden Gemenge für Flaschenglas den tonhaltigen Mergel durch Kalkstein mit wenig Tonerde zu ersetzen, erhielt man regelmäßig durch Entglasung trüb werdendes Glas. Die Stärke der Entglasung nahm zu mit abnehmendem Tonerdegehalt in den versuchten Kalksteinsorten.

Auch L. Appert[1]) weist auf den günstigen Einfluß von Al_2O_3 in Gläsern hin. Nach ihm soll man 8% der Kieselsäure durch Tonerde ersetzen.

Wir werden sehen, daß die Güte des Glases bezüglich Beständigkeit gegen chemische Agenzien durch Tonerde ebenfalls sehr günstig beeinflußt wird, so sehr, daß ungefähr ein Viertel des Kieselsäuregehalts durch Tonerde ersetzt werden kann, ohne die Qualität im geringsten zu beeinträchtigen. Diese Gläser sind gerade durch eine große Beständigkeit des Glascharakters ausgezeichnet.

3. Zähigkeit.

Der Flüssigkeitscharakter des Glases bedingt, wie schon hervorgehoben wurde, daß bei Temperaturänderungen eine durchaus stetige Änderung der Zähigkeit des Glases eintritt. Beginnend mit dem geringen Grad von Zähigkeit der fertig geläuterten Schmelze, die in ihrem Zustande einem dünnen Syrup vergleichbar ist, tritt mit der Abkühlung eine immer geringer werdende Beweglichkeit und schließlich ein vollkommenes Starrwerden auf, umgekehrt zeigt sich beim Erhitzen des Glases ein allmählicher aber stetiger Übergang vom starren zum mehr und mehr tropfbar flüssigen Zustand. In dieser Folge dauernd sich ändernder Zähigkeitsgrade sind eine Anzahl von praktischer Bedeutung. Zunächst bei der Formgebung. Zu dünnflüssiges Glas tropft, hat keinen Zusammenhalt, es behält nicht die Form, die man ihm gab. Zu hohe Zähigkeit erschwert die Bearbeitung. Die verschiedenen Formgebungsmethoden erfordern verschiedene Zähigkeit. Gußglas bedarf für das Auswalzen großer Massen in verhältnismäßig dünne Tafeln geringerer Zähigkeit als das Blasen kleiner Posten in gegebene Formen. Dabei ist durchaus nicht gleichgültig, in welcher Weise sich die Änderung der Zähigkeit mit der Temperatur vollzieht.

Die Verarbeitung eines Glaspostens u. dgl. erfordert immer eine gewisse Zeit. Während dieser Zeit ist eine Abkühlung unvermeidlich und damit wird das Glas zäher. Steigt die Zähigkeit rasch, so tritt bald ein Zustand ein, wo durch Blasen, Walzen oder Pressen keine Veränderung herbeiführbar ist. Wir haben deshalb auf ein Glas hinzuarbeiten, dessen Zähigkeit mit sinkender Temperatur möglichst wenig steigt. Es läßt sich dies, wie Tammann[2]) gezeigt hat, graphisch sehr anschaulich machen.

[1]) Compt. rend. **122,** 672.

[2]) Zeitschr. f. Elektroch. **10,** S. 32 (1904).

In Abb. 42 deuten Kurven *A* und *B*, wie mit steigender Temperatur die Zähigkeit sich vermindert, und zwar geschieht die Zähigkeitsverminderung bei *A* rascher. Z_1 und Z_2 sind die Zähigkeitsgrade, zwischen denen das Glas verarbeitet werden kann. Die Zähigkeit Z_1 hat das Glas *A* bei T_1, Glas *B* bei T_3. Die Zähigkeit Z_2 findet sich bei Glas *A* bei der Temperatur T_2, bei Glas *B* bei T_4. Man sieht, das Temperaturintervall, in dem das Glas *A* verarbeitungsfähig ist, T_2—T_1, ist beträchtlich kleiner als das entsprechende Temperaturgebiet T_4—T_3 bei *B*. Da sich die beiden Gläser bei gleicher Verarbeitung ziemlich gleichmäßig abkühlen werden, bleibt für die Verarbeitung des Glases *B* viel mehr Zeit, als für *A*. An der Pfeife verblasen, muß *A* häufiger angewärmt werden. Glas von der Art *A* nennt man „kurze" Gläser, Gläser wie *B* „lange" Gläser.

Es ist einleuchtend, daß dies Verhalten für die Maschinenarbeit besondere Bedeutung hat. Gerade hier muß das Glas zu Beginn der Verarbeitung genau seinen richtigen Zähigkeitsgrad haben und ebenso in Zwischenstadien und nach Vollendung der Formgebung die jeweils vom Arbeitsverfahren geforderte größere oder geringere Standfestigkeit besitzen. Die Möglichkeit, die z. B. der Glasbläser durch längeres oder kürzeres Verarbeiten in der Motze und in der Form hat, fällt weg. Die Maschine diktiert, unter Umständen auf Bruchteile von Sekunden, welchen Zustand das Glas in den verschiedenen Stufen der Verarbeitung haben muß. Es ist kein Zweifel, daß die Schwierigkeiten, auf die die Einführung mancher Maschinen stieß, darin begründet liegt, daß dem Studium der Zähigkeit der Gläser in ihrer Abhängigkeit von Zusammensetzung und Temperatur nicht genügend Aufmerksamkeit und kein systematisches Studium geschenkt wurde. Es ist eine der wichtigsten Aufgaben der Glasforschung, auf diesem Teilgebiete mehr Klarheit zu schaffen.

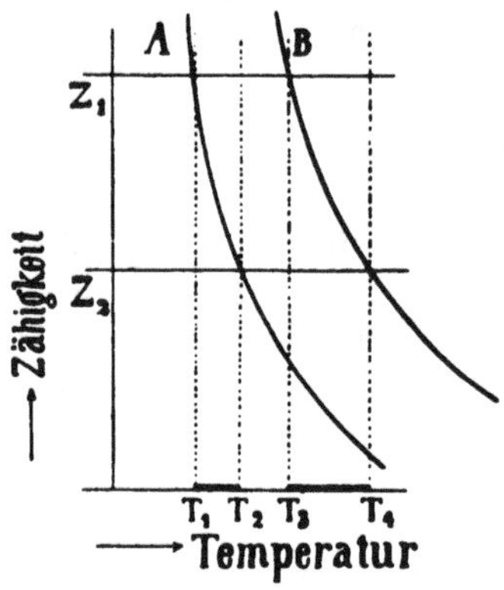

Abb. 42.

In dem eben besprochenen Gebiete der Zähigkeitsgrade liegen auch die geringen Zähigkeiten, die durch den Begriff Fließen zu bezeichnen sind. Sie spielen beim fertigen, erneut erhitzten Glas in der Praxis eine Rolle beim Senken des optischen Glases und beim Zusammenschweißen von Glasteilen vor der Lampe. In diesem Zustand beginnt die Formbeständigkeit, die bis dahin durch die hohe Zähigkeit bedingt ist, der Oberflächenspannung und der Schwerkraft zu unterliegen, was bei kleinen Stücken in der Abrundung scharfer Kanten, bei großen Stücken in einem Zusammensinken und Breitfließen in Erscheinung tritt.

Ebenfalls bei der erneuten Erhitzung auftretend und nahe benachbart dem Fließen, aber bei etwas gesteigerter Zähigkeit, also für das gleiche Glas bei etwas niedrigerer Temperatur liegt das Gebiet der „Deformation". Hier liegt die obere Grenze der anwendbaren Anfangstemperaturen für das Kühlen, die Grenze der Verwendbarkeit von Verbrennungsröhren, Reaktionsgefäßen, Thermometern, aber auch die notwendige Mindesttemperatur für das Vorpressen von Linsen, das Biegen und Senken von Spiegelglas usw.

Bei noch höheren Zähigkeiten vollzieht sich die Entspannung nicht oder schlecht gekühlter Gläser. Jedoch soll auf diese noch im Abschnitt „Kühlen" näher eingegangen werden.

Die Grenzen der den verschiedenen Zähigkeitsgraden eines Glases entsprechenden Temperaturgebiete werden häufig als „Punkte" bezeichnet, „Erweichungspunkt", „Fließpunkt", „Deformationspunkt" usw. Der Eintritt dieser Erscheinungen (Fließen, Deformieren usw.) ist aber nicht allein von der Temperatur abhängig, auf der sich das Glas befindet, sondern auch von der Zeitdauer und äußeren Bedingungen (Druck, Größe und Form des Stücks). Wird also die Eintritterscheinung durch einen Temperaturpunkt bezeichnet, so ist es notwendig, die näheren Bedingungen, unter denen der Fixpunkt erhalten ist, anzugeben.

Unter allen Umständen ist es aber von großer praktischer Bedeutung, die Zähigkeit von Gläsern bei verschiedenen Temperaturen zu kennen oder bestimmen zu können. Da aber die Zähigkeitsgrade nach vorstehenden Ausführungen eine sehr verschiedene Größe besitzen, sind auch die **Bestimmungsmethoden** sehr stark voneinander abweichend. Einen genauen Ausdruck für die Zähigkeit, die „innere Reibung" erhalten wir nur dann, wenn das Glas sich im eigentlich flüssigen oder sirupösen Zustande befindet. Bei höheren Graden der Zähigkeiten müssen mehr empirische Meßmethoden angewandt werden.

Für die **Bestimmung der Zähigkeit in eigentlich flüssigem Zustand** sei zunächst die Methode von Arndt[1]) erwähnt.

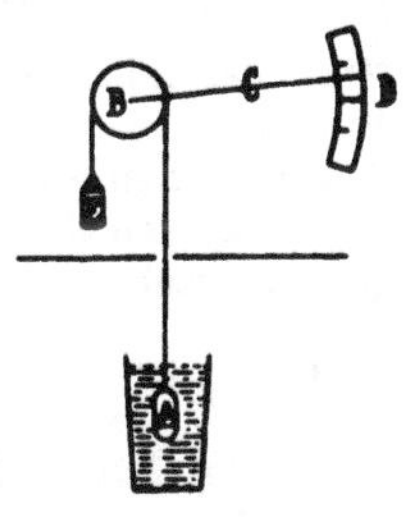

Abb. 43.

Abb. 43 zeigt seinen Apparat hierzu in schematischer Zeichnung. Der in der Schmelze sinkende Platinkörper *A* hängt an einem Draht und überträgt seine Bewegung auf ein leichtes Rädchen *B*, dessen feine Achse in Rubinlagern läuft, und auf einen am Rädchen befestigten Zeiger *C*, der sich vor einer Skala *D* bewegt. *E* ist ein passend gewähltes Gegengewicht, um den Fall zu verzögern. Die Theorie wie der Versuch ergibt, daß die Fallzeit umgekehrt proportional dem Übergewicht ist, und daß in zähen Flüssigkeiten das Produkt aus Fallzeit und zugehörigem Übergewicht ein Maß der Zähigkeit bildet. Durch Eichung mit Rizinusöl bei verschiedenen Temperaturen wurde ermittelt, daß der Reduktionsfaktor des Apparates, wenn man die Fallzeit in Sekunden, das Übergewicht in Zentigramm und die Zähigkeit in absolutem Maße zählt, bis zur Zähigkeit 6 herunter den Zahlenwert 0,47 hat. Unterhalb dieser Grenze wird der Reduktionsfaktor größer.

Mit diesem Apparat sind einige Messungen ausgeführt worden, die für die Glaschemie von Interesse sind. Die Resultate sind in folgender Tabelle zusammengestellt:

Tabelle 8.

	Temperatur	Zähigkeit $\frac{dyn}{cm^2}$
Wasser	20°	0,01
Rizinusöl	21,2°	8,9
Borsäure	900°	118,0
„	1100°	40,0
Natriummetaphosphat	900°	1,5
95% Borsäure und 5% Na-Metaphosphat	900°	47,3
Glas mit {72% SiO_2, 3% Al_2O_3, 5,5% CaO, 4,5% K_2O, 15% Na_2O}	1050°	36,0
	1100°	17,0
	1200°	12,0

Tammann[2]) benützt den umgekehrten Weg. Er beobachtet die Geschwindigkeit, mit der ein in der Schmelze steckender Stab durch ein Übergewicht in die Höhe gezogen wird.

Vesely[3]) legt zwischen 2 Haken, die in bestimmtem Abstand von einander stehen und gegeneinander gekrümmt sind, das zu untersuchende Glas fest. Der obere Haken wird aufgehängt. Der untere beschwert. Die bei einer bestimmten Zeit bis zur Berührung der beiden Haken verstreichende Zeit gilt als Maß der Viskosität.

Bei der Methode Margules[4])-Washburn[5]) wird die Kraft gemessen, die notwendig ist, einem Zylinder, der in der zu messenden Schmelze eingetaucht ist, eine bestimmte Umdrehungsgeschwindigkeit zu erteilen. Diese Methode haben Washburn und Shelton für die speziellen Messungen an Glas sehr

[1]) Z. f. chem. Apparatenkunde III, 474 (1908); Z. f. Elektrochem. **13**, 578 (1907).
[2]) Z. f. phys. Chem. **28**, 17 (1899).
[3]) Sprechsaal **11**, 441 (1911).
[4]) Sitzungsber. d. Wiener Akad. d. Wiss. **83**, Teil 2, 588 (1881).
[5]) Phys. Rev. (2) **15**, 149 (1920) sowie Journ. Am. Cer. Soc. **3**, 735 (1920). — Univ. of Illinois, Eng. Exp. Stat. Bulletin 140 (1924).

gut durchgebildet. In einem mit Platindrähten geheizten elektrischen Ofen sitzt unmittelbar an den Heizkörper anschließend der aus unglasiertem Porzellan bestehende Hafen zur Aufnahme der Glasschmelze. In die Schmelze taucht ein Porzellan-Hohlzylinder ein, der nach oben flaschenartig einen engeren, ebenfalls hohlen Stiel hat, dieser ragt durch den heizbaren Deckel des Ofens heraus. Am Stiel des Zylinders wird die Achse der Triebeinrichtung angebracht. Diese enthält ein wagrecht liegendes Rad, auf dem ein Seidenfaden aufgewickelt ist. Beide Enden des Seidenfadens laufen über eine weitere Rolle. Jedes Fadenende wird durch ein Gewicht gespannt, das sich mit dem entgegengesetzt ziehenden Gewicht im Gleichgewicht befindet. Durch Auflegen eines weiteren Gewichtes wird die Bewegung des Zylinders hervorgebracht. Die Viskosität in einem gegebenen Apparat ist dann $\eta = K \frac{W}{S}$, worin W die Maße des fallenden Gewichts, S die Umdrehungszahl je Minute und K eine für den Apparat geltende Konstante, die durch Eichung mit Flüssigkeit bekannter Zähigkeiten festgestellt wird. Washburn und Shelton haben zur Eichung käufliche Sirupe von Glukose benutzt, deren Zähigkeit durch andere Methoden (Ausflußgeschwindigkeit, Kugelfall) bestimmt war. Die Methode hat recht gute Werte gegeben. Ergebnisse siehe S. 55.

Abhängigkeit der Zähigkeit der Schmelzen von der Zusammensetzung.

Der Einfluß der Zusammensetzung auf die Zähigkeit ist an einfachen Silikatschmelzen geprüft durch E. Greiner[1]). Die Zähigkeit des Natriumsilikats (Na_2SiO_3 wird gesteigert beim Zusatz von Ferrosilikat ($FeSiO_3$), Mangansilikat ($MnSiO_3$), Ferrisilikat ($Fe_2(SiO_3)_3$), Magnesiumsilikat ($MgSiO_3$), Kalziumsilikat ($CaSiO_3$), Aluminiumsilikat ($Al_2(SiO_3)_3$), und zwar wirkt jedes dieser stärker verdickend als das vorhergehende. Kaliumsilikat mit überschüssiger Kieselsäure ist viel zäher als das entsprechende Natrongemisch. Die Zähigkeit eines Gemisches der Formel $Na_2SiO_3 + SiO_2$ wird vermindert durch die folgenden Oxyde: Eisenoxydul (FeO), Manganoxydul (MnO), Eisenoxyd (Fe_2O_3), Magnesiumoxyd (MgO), wobei die Zusätze nach dem Grad der verdünnenden Wirkung geordnet sind. Im gleichen Falle erhöht Zusatz von Kalziumoxyd (CaO) und Tonerde (Al_2O_3) die Zähigkeit.

Mit der von ihm ausgearbeiteten Methode (s. o.) hat Vesely[2]) von einer Anzahl Gläser von systematisch geänderter Zusammensetzung die relative Zähigkeit bestimmt. Er findet für Natron den in der Praxis allgemein bekannten starken Einfluß auf die Herabsetzung der Zähigkeit, der fast proportional dem Natronzusatz geht. Auch Kali verflüssigt, aber auf Gewichtsteile bezogen nur etwa halb so stark als Natron. CaO versteift, aber nur bis zu einer Grenze, dann tritt die durch CaO-Zuwachs herbeigeführte Kieselsäureverminderung in ihrer Wirkung stark auf und gleicht die Zähigkeitsvermehrung des CaO aus. Vesely führt auch, in Anlehnung an die Betrachtungsweise Tamanns (s. S. 51—52), einen einfachen Ausdruck für die Temperaturabhängigkeit ein. Er bildet aus einem Temperaturintervall a und dem zugehörigen Zähigkeitszuwachs b ein Dreieck, dann ist $\frac{a}{b}$ oder wie wir auch schreiben können: $\frac{\Delta t}{\Delta \eta}$ gleich der Tangente des Neigungswinkels α der Zähigkeitskurve. Also ist $\operatorname{tg}\alpha$ ein Maßstab für die „Länge" eines Glases (s. o. S. 52). Je größer $\operatorname{tg}\alpha$, um so „länger" ist das Glas, um so größer ist die Zeit seiner Verarbeitungsfähigkeit. Na_2O macht „länger", ebenso aber weniger K_2O. CaO kürzt.

Nach Studien, die Turner[3]) an Flaschenglas vorgenommen hat, kommt er zu folgender Anschauung über die Einwirkung der Einzeloxyde auf die Änderung der Viskosität mit der Zusammensetzung. Natron verflüssigt und setzt die Erstarrungsgeschwindigkeit herab, Kali wirkt ähnlich, ist aber in gleichen Mengen weniger wirksam wie Natron. Kalk macht Glas bei niedriger Temperatur weniger flüssig, bei hoher flüssiger. Die Erstarrungsgeschwindigkeit wird erhöht. Magnesia wirkt ähnlich wie

---

[1]) Diss. Jena 1907 — Ref. N. Jahrb. f. Min. 1908, II, 152.
[2]) Sprechsaal **44**, 441 (1911).
[3]) J. Soc. Glass-Technol. **3**, 37 (1919).

Kalk, jedoch nicht so stark. Tonerde setzt die Erweichungstemperatur herab. Die Viskosität ist aber nicht so hoch, wie die durch Kalk und Kieselsäure verursachte. Kieselsäure verleiht hohe Viskosität, die sich nur langsam ändert.

Eine vollkommene Übersicht über die Zähigkeit der Natronkalkkieselsäuregläser gibt die Untersuchung von Washburn & Shelton[1]) nach der Margulesschen Methode (s. S. 53). Sie haben durch Mischen der drei Grenzgläser

	SiO_2	Na_2O	CaO
1	47,6	51,8	—
2	82,3	17,3	—
3	62,7	14,3	22,6

in verschiedenen Verhältnissen 17 Gläser verschiedener Zusammensetzung geschmolzen und damit ein großes Gebiet der technischen Gläser dieser Art erfaßt. Von diesen

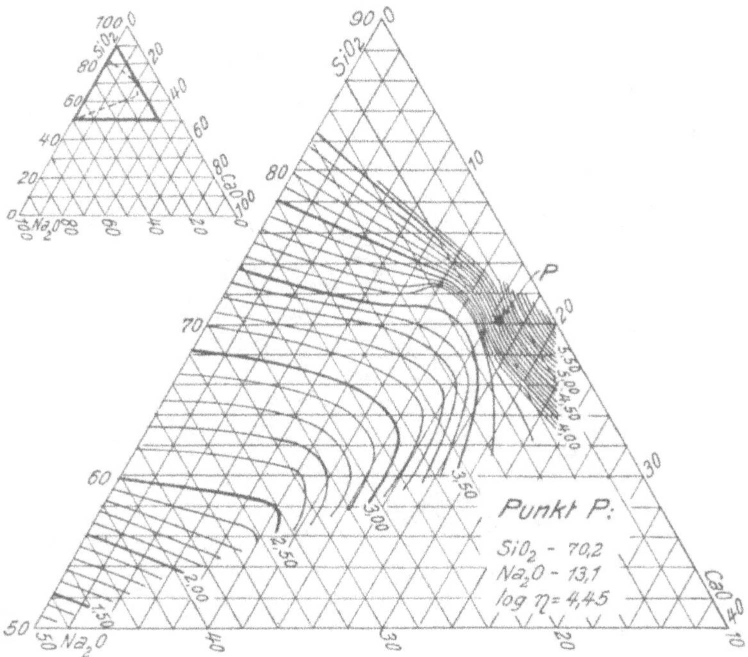

Abb. 44. Zähigkeit (log η) der Natronkalkgläser bei 1100°.

Gläsern wurde bei einer größeren Anzahl von Temperaturen zwischen 750° und 1500° die Zähigkeit bestimmt und im absoluten Maß $\left(\eta = \frac{\text{dyn}}{\text{cm}^2}\right)$ ausgedrückt. Da die Zähigkeit η mit der Temperatur ganz ungeheuerlich ansteigt, wird der Logarithmus des Wertes (log η) für die graphische Darstellung benutzt. Eine Kurve, die für jedes Glas aus log η als Abszisse und der Temperatur als Ordinate gezeichnet wird, läßt den Wert von log η für jede Temperatur entnehmen. Damit können für eine bestimmte Temperatur die Zähigkeiten aller untersuchten Gläser angegeben werden. Diese Werte dienen dazu, ein Raummodell herzustellen, in dem die Zusammensetzung des Glases durch einen Punkt im Dreieckkoordinatensystem (s. S. 20) der Grundebene festgelegt ist, während die Zähigkeit des Glases dieser Zusammensetzung durch ein entsprechend langes Lot in diesem Punkt über der Grundebene

[1]) University of Illinois Bulletin **21**, Nov. 33 (1924). Bulletin Nr. 140.

zum Ausdruck gebracht wird. In bestimmten Abständen parallel zur Grundebene gelegte Ebenen schneiden die Fläche des Raummodells in Linien, die die Punkte gleicher Zähigkeit verbinden. Diese Linien gleicher Zähigkeit („Log-Isokomen" genannt) werden nun in die Grundebene projiziert, so daß man in dieser unmittelbar die Punkte, die die Zusamensetzung der Gläser gleicher Zähigkeit ausdrücken, durch diese Log-Isokomen verbunden findet. Im Original sind solche Isokomenscharen für die Temperaturen 900°, 1000°, 1100°, 1200°, 1300°, 1400°, 1500° abgebildet. Die nebenstehenden Abb. 44 und 45 geben die Isokomenschar für 1100° und 1300° wieder[1]). Diese Kurvenscharen gestatten nun, die Zähigkeit für jedes Natronkalkglas im bedeckten Gebiet und für jede Temperatur von 800° bis 1500° zu entnehmen. Man sucht in jeder Kurventafel den Punkt der Zusammensetzung des fraglichen Glases und entnimmt den zugehörigen Wert für $\log \eta$. Trägt man diese Werte zu einer $\log \eta$-t-Kurve auf, so kann man den Wert für $\log \eta$ für jede auch zwischen den Hundertern liegende

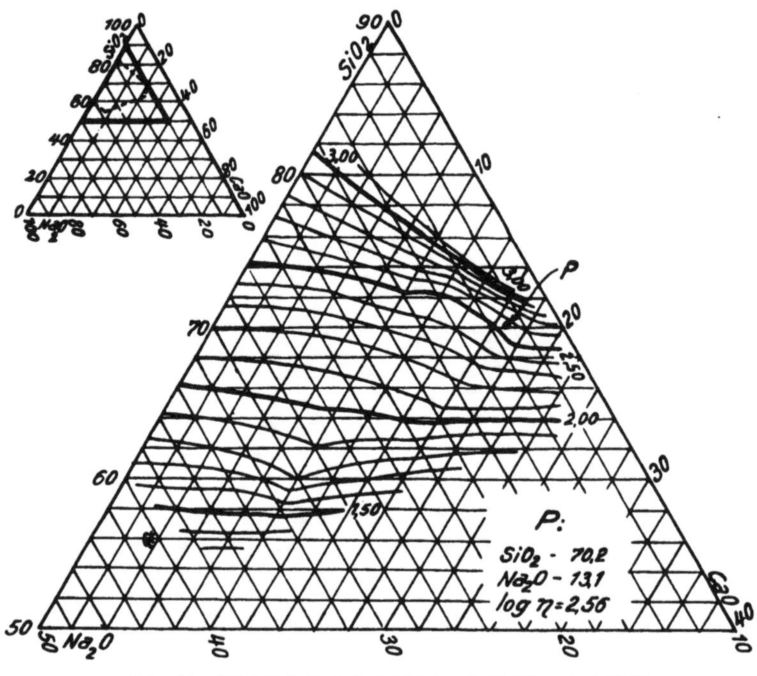

Abb. 45. Zähigkeit ($\log \eta$) der Natronkalkgläser bei 1300°.

Temperatur entnehmen. Der Antilogarithmus des gefundenen Wertes ist dann die Zähigkeit η. Z. B. ergibt sich für den in den Abb. 44 u. 45 besonders bezeichneten Punkt P (70,2 SiO_2, 13,1 Na_2O, 16,7 CaO) für 1365° C $\log \eta = 2{,}25$, für 980° C $\log \eta = 5{,}25$. Es ist also für 1365° $\eta = 180 \frac{\text{dyn}}{\text{cm}^2}$, für 980° $\eta = 180000 \frac{\text{dyn}}{\text{cm}^2}$. Die Zähigkeit steigt also bei der Temperaturerhöhung um 385° auf das Tausendfache. Um einen Anhalt für die Bedeutung dieser Zahlen zu geben, sei darauf hingewiesen, daß bei Zimmertemperatur für das Wasser $\eta = 0{,}01$, für den Vergleichssirup Nr. 1 der Verfasser mit 80% Glukose $\eta = 3{,}7$ und für Sirup 2 mit 90% Glukose $\eta = 35{,}6$. Das Glas P, das in seiner Zusammensetzung den Fenstergläsern nahe steht, ist also bei 1365° nur wenig zäher als ein dicker Sirup.

[1]) In dem kleineren Dreieck ist die Lage des untersuchten Gebietes im Gesamtsystem Na_2O—CaO—SiO_2 angedeutet.

Die vorliegende Arbeit gehört zum Besten, was an Experimentaluntersuchungen über Glas vorliegt. Eine volle Ausschöpfung ihres Inhalts ist erst möglich, wenn durch Vergleich mit weiteren Arbeiten und den Beobachtungen der Praxis die möglichen Folgerungen für die Praxis gezogen werden.

Washburn und Shelton haben selbst keine solche Folgerungen gezogen. Ein einfacher gesetzmäßiger Zusammenhang zwischen Zusammensetzung und Zähigkeit ist den Kurvenbildern nicht zu entnehmen. Auffällig ist aber der Unterschied des Bildcharakters von etwa 1200° aufwärts und abwärts. Bei den höheren Temperaturen ist der Einfluß der Kieselsäure überwiegend. Bei 1300° gehen in einem großen Teil des Gebiets die Isokomen, roh betrachtet, parallel zur Kieselsäuregrundlinie. Das Verhältnis von Kalk und Natron tritt in seinem Einfluß zurück. Bei 1100° gibt es für die Gläser gleicher Zähigkeit eine Art Maximum des Kalkgehalts, bei dessen Überschreitung der Kieselsäuregehalt sehr stark zurückgehen muß, wenn die Zähigkeit konstant bleiben soll. Also in diesem Teilgebiet überwiegt der Einfluß des Kalkes, und zwar zähigkeitssteigernd. In der Gegend der Kurvenkuppe zeigt sich auch deutlich, daß eine Steigerung des Kieselsäuregehalts auf Kosten des Kalkes bei gleichbleibendem Natron eine Verminderung der Zähigkeit bedingt. Man kann also, genau genommen, nicht allgemein von einem bestimmten Einfluß eines Oxyds auf die Zähigkeit des Glases sprechen, sondern muß berücksichtigen, daß dieser Einfluß mit der Temperatur und dem Verhältnis, in dem es sich zu anderen Gemengeteilen befindet, ändert.

Eine wichtige Einzelheit läßt sich noch der Arbeit von Washburn und Shelton[1]) entnehmen: Der Einfluß der Tonerde. Das Glas folgender Zusammensetzung: 72,25 SiO_2, 13,93 Na_2O, 0,05 Fe_2O_3, 0,76 Al_2O_3, 12,06 CaO, 0,20 MgO wurde durch Schmelzen mit 5% Al_2O_3 auf einen Gesamttonerdegehalt von 6% gebracht. Durch diesen Zusatz wird zwischen 960° und 1300° eine sehr starke Steigerung der Zähigkeit hervorgebracht, die bei 1100° am stärksten ist. Dort steigt η von 4000 auf 8000 $\frac{\text{dyn}}{\text{cm}^2}$. Oberhalb und unterhalb dieser Temperatur vermindert sich der Unterschied. Bei 960° wird die Zähigkeit des tonerdearmen und die des 6% Al_2O_3 enthaltenden Glases gleich. Unter dieser Temperatur besitzt das letztere sogar die kleinere Zähigkeit.

Sonst sind genaue Feststellungen über den Einfluß der Einzelstoffe auf die Zähigkeit nicht vorhanden. Es sei nur auf die ungemein niedrigen Zähigkeiten der freien Borsäure, die Arndt (s. S. 53) festgestellt hat, hingewiesen: ca. 40 $\frac{\text{cm}^2}{\text{dyn}}$ bei 1000°, woraus die erfahrungsgemäß die Viskosität stark erniedrigende Wirkung der Borsäure abgeleitet werden darf.

Beachtenswerte Bemerkungen über den Zusammenhang von Erscheinungen, die im Betriebe vor allem bei der Formgebung des Glases gemacht werden, mit der Zähigkeit des zu verarbeitenden Glases hat Frink[2]) gemacht. Nur will mir scheinen, als ob bei seinen Anschauungen die Viskosität zu einseitig Beachtung gefunden hätte, während wichtige Eigenschaften, wie die Oberflächenspannung, ganz unbeachtet blieben.

Eine weitere wichtige Untersuchung über die Zähigkeit der Gläser ist die von S. English.[3])

Erweichungs- und Fließtemperaturen werden mit Hilfe von kleinen Pyramiden bestimmt, analog der Verwendung von „Segerkegeln". Zschimmer bediente sich dieser Methode, um die Erweichung einer großen Anzahl Gläser zu bestimmen, wobei Temperaturen zwischen 665 und 865° festgestellt werden. Grenet benutzte kleine Prismen und betrachtete als Maßstab das Zusammensinken auf die Hälfte der ursprünglichen Höhe. Er fand so für ein Flaschenglas: 860°, für Spiegelglas von St. Gobain: 800°, Borsäure: 430°.

Die Temperaturen, bei denen die Erweichung eines Glases deutlich wird, sind besonders für die Kühlung von Bedeutung, weil bei bereits geformten Gegenständen der Kühlofen diese Temperatur nicht erreichen darf. Weidert und Berndt[4]) stellen einen Würfel von 25 mm Kantenlänge mit einer Körperdiagonale senkrecht in Kieselgur. Die Temperatur, bei der sich die ersten Anzeichen von bleibenden Eindrücken auf den polierten Flächen des Würfels zeigen, wird als „Deformationstemperatur" bezeichnet. Zschimmer[5]) legt zwei plangeschliffene und polierte Blättchen aufeinander und nennt die Temperatur, bei der die sich berührenden Flächen beginnen, aneinander festzufritten, „Kohäsionstemperatur". Im reflektierten Licht erscheint bei dieser Temperatur die angefrittete Stelle als dunkler, von Interferenzringen umgebener Fleck. Da die Kohäsionstemperatur von der Zeit abhängig ist, wird für praktische Zwecke 30 Min. auf bestimmte Temperatur erhitzt („relativer Kohäsionspunkt.) Bei der Anwendung verschiedener Erhitzungszeiten findet man durch Extrapolation die Temperatur für die Zeit unendlich („absoluter

---

[1]) l. c.
[2]) Sprechsaal, **42**, 611 (1911).
[3]) J. Glass. Techn. **8**, 205 (1924).
[4]) Z. f. techn Physik **1**, 51 (1920).
[5]) Silikat Zeitschr. **2**, 129 (1914.)

Kohäsionspunkt".) Die relative Kohäsionstemperatur liegt durchschnittlich etwa 30° höher, als die oben erwähnte Deformationstemperatur von Weidert und Berndt.

Als Fließtemperatur bezeichnen Weidert und Berndt[1]) die Temperatur, bei der ein Würfel, wie für die Bestimmung der Deformation angeordnet, so vollkommen breit ausfließt, daß die ursprünglichen Kanten nicht mehr erkennbar sind.

Die Deformation unter Belastung wird von Schaller an dünnen Glasfäden durch Messung der Geschwindigkeit, mit der sie im erweichten Zustand von einem angehängten Zuggewicht verlängert werden, ausgeführt. Die Erhitzung wird in einem elektrisch geheizten, zylindrischen Ofen von 50 mm Durchm. und 60 mm Höhe vorgenommen. Oben und unten ist der Ofen mit Schamotteplatten geschlossen, die in der Mitte Öffnungen zur Durchführung eines Thermoelementes und des Glasfadens besitzen. Bei langsamer Anheizung wird von Minute zu Minute die Temperatur und mit einem Fernrohr die Verlängerung des Fadens beobachtet und schließlich durch Auftragen der Werte in ein Koordinatensystem die Temperatur ermittelt, bei der sich der Faden um 1 mm in der Minute verlängert hat. Der Faden wird mit 1, 10, 100 und 1000 g Gewicht belastet. Die mit 10 g Belastung erhaltene Temperatur für 1 mm pro Minute Streckgeschwindigkeit heißt die „10 g-Zähigkeit" usw. Es wurden so folgende Werte erhalten:

Tabelle 9.

Glasart	Zähigkeitstemperatur für die Belastung mit Gramm			
	1	10	100	1000
Thüringer Bleiglas von Gundelach	577	530	490	450
Jenenser Normalglas 16 III	685	638	601	562
„ Borosilikat-Thermodruckglas 59 III	733	679	645	615
„ Verbrennungsröhrenglas 277 III	847	794	747	697

4. Oberflächenspannung.

Allen Flüssigkeiten eignet das Bestreben, sich selbst überlassen, Kugelgestalt anzunehmen oder doch mindestens ihre Oberfläche so weit als möglich zu verkleinern. Die Ursache dieser Erscheinung ist die, daß in der Oberfläche, mit der die Flüssigkeit an die umgebende Phase, sagen wir an die Luft, grenzt, sich Kräfte geltend machen, die so wirken, als wäre die Oberflächenschicht ein gedehntes elastisches Häutchen, das bestrebt ist, sich zusammenzuziehen. Diese Kraft nennen wir „Oberflächenspannung". Lassen wir aus einer engen dünnwandigen Röhre eine Flüssigkeit ganz langsam ausfließen, so bildet sich ein Tropfen, der sich allmählich vergrößert. Die Flüssigkeit wird von der Oberflächenspannung getragen, als ob sie in einem am Rohrende hängenden Säckchen hinge. Sobald die Oberflächenspannung das Gewicht nicht mehr tragen kann, fällt der Tropfen ab. Wir haben also im Tropfengewicht einen Hinweis auf die Stärke der Oberflächenspannung. Als Meßmethode („Tropfengewichtsmethode") ist dieser Weg wenig brauchbar.

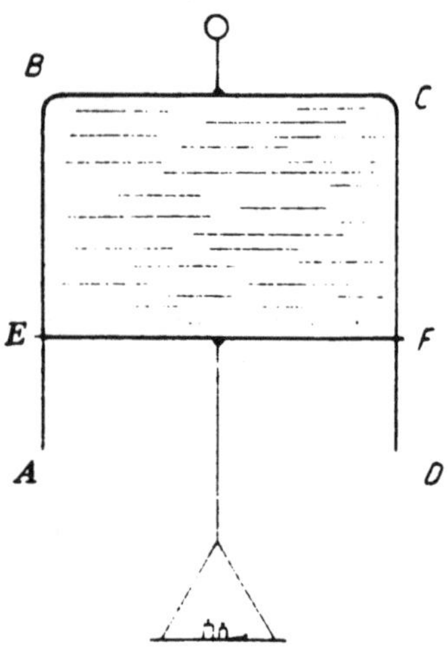

Abb. 46.

Noch anschaulicher ist folgender Versuch (s. Abb. 46): In einem aufgehängten Drahtbügel *ABCD* erzeugen wir eine Flüssigkeitshaut, was am besten mit Seifenwasser geschieht. Von dieser Flüssigkeitshaut lassen wir einen Draht *E—F* tragen und hängen an diesen eine feine Wageschale, die uns gestattet, die Belastung des Drahtes zu verändern. Nun gibt es ein Grenzgewicht, das eine ziemlich weitgehende Ausdehnung der Lamelle zuläßt. Eine Verminderung der Be-

[1]) Z. f. techn. Physik, 1, 121 (1920).

lastung veranlaßt die Lamelle, sich zusammenzuziehen, eine Überschreitung des Gewichtes zerreißt die Lamelle. Dies Grenzgewicht hält also der nach oben ziehenden Oberflächenspannung das Gleichgewicht, und zwar entspricht das Gewicht der doppelten Oberflächenspannung, denn sowohl die vordere, wie die hintere Oberfläche ist wirksam. Die Oberflächenspannung greift auf der Länge *TG* an. Die Einheit ist also: $\frac{\text{Kraft}}{\text{Länge}}$, in den Einheiten des absol. Maßsystem $\frac{\text{dyn}}{\text{cm}^2}$.

Die Wirkungen der Oberflächenspannung sind überaus vielseitig, infolgedessen auch die Methoden zu ihrer Messung. Jedoch sind nur wenige für Untersuchungen am Glas geeignet. In zwei Fällen[1]) ist die oben angedeutete Methode des „Tropfengewichtes" verwendet worden. Aber dabei ist die Grundbedingung, den Schnitt, der den abreißenden Tropfen getragen hat, genau definiert zu erhalten bzw. eine äußere Benetzung der tragenden Röhre zu vermeiden, außerordentlich schwierig. Deshalb sind genaue Messungen mit der Methode kaum zu erhalten, aber für die Erzielung von Vergleichswerten ist sie sehr geeignet.

Washburn und Libman, (s. u.) die das Problem eingehend studiert haben, wählen die Zylindertauch-Methode, die der Methode der Adhäsionsplatten und -Ringe verwandt ist. Wird ein Zylinder mit seiner genau horizontalen Bodenfläche der Oberfläche einer Flüssigkeit genähert, bis er eintaucht, so tritt im Augenblick des Eintauchens ein Zug auf, der den Zylinder nach unten zieht. Die Oberflächenspannung wirkt doppelt, innen und außen, längs des Umfangs. Ihr entgegen wirkt das Gewicht der vom eintauchenden Zylinder verdrängten Flüssigkeit. Der mittels einer sehr empfindlichen Federwage gemessene Zug ist die Differenz von Oberflächenspannungswirkung und Auftrieb. Damit ist es möglich, aus den gemessenen Größen die Oberflächenspannung in $\frac{\text{dyn}}{\text{cm}^2}$ zu messen. Die Ergebnisse Washburns und Libmans zeigen, daß die Methode sehr genaue Werte gibt.

Nun ist die Frage, wie sich die Oberflächenspannung beim Arbeiten mit Glas geltend macht. Die Grunderscheinung ist, die Oberflächenspannung strebt immer, die kleinste freie Oberfläche einzunehmen, wenn möglich die Kugelform, die bekanntlich für eine gegebene Masse die kleinste Oberfläche hat. Einfachster Fall: Wir haben einen Glasstab abgeschnitten. Er zeigt scharfe, schneidende Kanten. Nun erhitzen wir vor der Lampe. Sobald der Glasstab zu erweichen beginnt, runden sich die Kanten ab. Die Oberflächenspannung wird wirksam. Anfangs ist aber das Glas noch zu zäh, in dem Maße aber, wie das Glas weicher wird, geringere innere Reibung hat, spannt die Oberflächenhaut sich zur Kugel und preßt den Inhalt entsprechend zusammen. Der Vorgang wird also beherrscht von dem Gegeneinanderwirken von Oberflächenspannung und Zähigkeit.

Dies Beispiel mag zur Annahme führen, als ob eine möglichst hohe Oberflächenspannung das Erstrebenswerte sei. Das ist nicht zutreffend. Bei der Herstellung von Preßglas, das den Kristallschnitt nachahmen soll, möge die Zähigkeit ausreichend gering sein, um die Form zu füllen. Die Oberfläche hat dann scharf hervortretende Winkel. Das ist eine Form, die dem Streben der Oberflächenspannung vollkommen widerspricht. Je höher die Oberflächenspannung eines Glases ist, um so mehr wird das Glas Widerstreben zeigen, sich der komplizierten Oberflächenform anzuschmiegen. Scharfe Kanten werden nicht ausgefüllt oder runden sich beim Lösen aus der Form. Das Glas mit niedriger Oberflächenspannung wird sich gefügig in die Ecken und Kanten der Formwand legen und geringes Bestreben zeigen, die erhaltene Oberfläche zu verändern. In der Tat zeigen die weichen Preßgläser die niedrigsten Oberflächenspannungen (s. S. 61).

Auch beim Ziehen von Glasstäben und Glasröhren, beim Ausheben von Glaszylindern (Lubbers) und von Glastafeln (Fourcault, Colburn) macht sich die Oberflächenspannung stark geltend und drängt auf eine Einschnürung des Querschnitts hin.

---

[1]) Tillotson sowie Griffith s. w. u.

Das Glasblasen, vor allem die Erzeugung von Kugeln und Hohlkörpern allerdünnster Wandungen, gehört zu den reizvollsten Erscheinungen technischen und gewerblichen Lebens. Es gibt dafür kaum eine Parallele bei anderen Stoffen. Nur die Seifenblase gleicht den Gebilden des Glasbläsers. Die Seifenblase besteht aus einer dünnen Flüssigkeitshaut. Die Entwicklung einer im Verhältnis zur Masse so sehr großen Oberfläche setzt eine niedrige Oberflächenspannung voraus. In der Tat setzt die Seife die Oberflächenspannung des Wassers herab. Aber die Haltbarkeit wird bedingt durch die Zähigkeit, die durch den Seifenzusatz erhöht wird. Werden Zucker oder Glyzerin zugesetzt, so steigt die Zähigkeit, die Lamellen werden stabiler, wobei noch die Tatsache mitwirkt, daß durch diese Stoffe die Verdampfbarkeit herabgesetzt wird.

Es ist zu beachten, daß die Begünstigung großer, im Verhältnis zur Masse stark ausgedehnter Oberflächen durch eine niedrige Oberflächenspannung nicht bei reinen Flüssigkeiten auftritt. Nicht reine Flüssigkeiten mit an sich niedriger Oberflächenspannung lassen die Bildung von stabilen Lamellen zu, sondern Flüssigkeiten, die an sich, d. h. im reinen Zustande, eine hohe Oberflächenspannung besitzen, die aber durch kleine Mengen anderer Stoffe, die in der Flüssigkeit gelöst sind, erniedrigt wird. Es bedarf für diesen Effekt außerordentlich kleiner Mengen des Zusatzes, die gleichzeitig die Festigkeit des Häutchens erhöhen. So berechnet Freundlich[1]), daß für eine Oberfläche von 1 qcm 3×10^{-7}, (also der zehnmillionste Teil von 3 g), Pepton in Wasser genügen, um ein festes Häutchen zu erzeugen.

Weiter aber ist zu beachten, daß die Erniedrigung der Oberflächenspannung dadurch zustande kommt, daß die gelösten Bestandteile sich in der Oberfläche anreichern, in höherer Konzentration ansammeln, als im Innern (Adsorption). Da dieser Vorgang, wenn auch kurze, so doch merkliche Zeit beansprucht, so werden frisch gebildete Oberflächen im Augenblick der Bildung eine andere, und zwar im allgemeinen eine höhere Oberflächenspannung (I) zeigen als eine ältere Fläche, bei der sich das Gleichgewicht zur Lösung eingestellt hat (II). Man nennt I die „dynamische“, II die „statische“ Oberflächenspannung. Dafür nur wenige Zahlen[2]) für γ bei Zimmertemperatur:

	Oberflächenspannung $\gamma \frac{dyn}{cm^2}$ statisch	dynamisch
Wasser	75	75
Natriumoleatlösung 0,025 °/₀ g	55	79
„ 0,25 „	26	79
„ 1,25 „	26	62
„ 2,5 „	26	68

Die Übertragung all dieser Erscheinungen auf das Glas ist außerordentlich schwierig. Sie sind trotzdem angeführt worden, damit sie bei weiteren Versuchen auf diesem wichtigen Teilgebiet berücksichtigt werden. Zunächst ist das Glas im Vergleich mit den Flüssigkeiten, an denen diese Vorgänge studiert sind, ein höchst kompliziertes Gemisch. Jedoch darf man wohl kaum soweit gehen, das Glas in Parallele zu den dispersen Systemen zu stellen, wie dies Travers[3]) neuerdings getan hat. Solche Systeme („Gel“ und „Sol“) sind optisch nicht leer, inhomogen. Glas dagegen ist nach aller Erfahrung, wenn wir von absichtlich hervorgerufenen oder als Fehler auftretenden Ausscheidungen absehen, eine einheitliche Phase ohne innere disperse Phasengrenzen. Man wird vielmehr annehmen dürfen, daß sich im Glas bei den vielen in erheblicher Konzentration vorhandenen Bestandteilen eine gemeinsame Oberflächenspannung herausbildet, die sich ziemlich additiv aus den Oberflächenspannungen der Einzelbestandteile zusammensetzt. Diese Oberflächenspannung kann nun durch geringe Mengen gelöster Bestandteile verändert, herabgesetzt werden. Man muß dabei weniger an die eigentlichen Bestandteile des Glases, sondern mehr an Stoffe denken, die nur in kleinen Mengen im Glase löslich und vorhanden sind, zum Beispiel an Sulfat, Kochsalz, Arsenat. Die Richtigkeit der Beobachtung, daß Glas aus Sulfatgemenge sich bei der Verarbeitung anders

[1]) Freundlich, Kapillarchemie, I. Aufl., S. 303.
[2]) Rayleigh, Proc. Roy. Soc. **47**, 281 (1890).
[3]) Koll. Zeitschr. **28**, 219 (1921).

verhalte als Sodaglas gleicher Zusammensetzung, läßt sich nicht von der Hand weisen. Ein starker Einfluß so kleiner Mengen auf die Zähigkeit, wie ihn Frink[1]) annimmt, ist nicht denkbar, wenn man nicht auf die oben schon zurückgewiesene Annahme eines dispersen Zweiphasensystems zurückkommt (Vergleich Verflüssigung von Ton durch Alkalizusatz). Wohl aber ist für die Oberflächenspannung der Einfluß geringer Verunreinigungen geradezu typisch. Nun ist aber die Verarbeitung der Glasschmelze in fast allen technischen Fällen nichts anderes als die Hervorbringung von Oberflächen, die im Verhältnis zur Masse ungemein ausgedehnt und für den flüssigen Zustand weit entfernt von der Gleichgewichtslage sind, die zu erreichen die Oberflächenspannung anstrebt. Es ist also nicht unwahrscheinlich, daß die Wirkung des Sulfates durch ihren Einfluß auf die Oberflächenspannung verursacht wird.

Auch die Möglichkeit, daß der Unterschied zwischen statischer und dynamischer Oberflächenspannung praktisch eine Rolle spielt, wäre bei künftigen Arbeiten zu beachten. Jede Verarbeitung der Glasschmelze erzeugt, so lange sie im Gange ist, immer neue Oberflächen, so daß in manchen Fällen die dynamische Oberflächenspannung eine größere Rolle als die statische spielen könnte. Es liegt also hier ein reiches Feld für experimentelle Aufklärung vor uns.

An Messungen am Glas sind nur drei Arbeiten zu nennen. Tillotson[2]) hat nach der Tropfengewichtsmethode gearbeitet (er schmolz dünne Glasstäbe in der Gebläselampe ab und bestimmte das Gewicht der fallenden Tropfen). Untersucht wurden nur Boratgläser, und zwar von Na_2O, PbO und BaO. In allen Fällen wird die Oberflächenspannung durch Zusatz von B_2O_3 zum bas. Oxyd zunächst erhöht und beim Überschuß von B_2O_3 wieder vermindert. Temperaturen sind nicht bestimmt. Die Werte für γ bewegen sich zwischen 60 und 125 $\frac{\text{dyn}}{\text{cm}^2}$.

Griffith[3]) hat ein Glas folgender Zusammensetzung: 69,2 SiO_2, 0,9 Na_2O, 12,0 K_2O, 4,5 CaO, 0,9 MnO, 11,8 Al_2O_3 untersucht, und zwar ebenfalls nach der Tropfengewichtsmethode. Er fand:

bei Temperatur °C	1110	905	896	852	833	820	801	760	745
Oberflächenspannung $\frac{\text{dyn}}{\text{cm}^2}$.	403	418	438	436	448	436	450	446	439

Die Werte sind außerordentlich hoch und zeigen sehr geringe Abhängigkeit von der Temperatur.

Washburn und Libman[4]) haben nach der oben kurz skizzierten Zylindertauch-Methode (s. o.) die gleichen Gläser, für die Washburn und Shelton) (s. S. 55) die Zähigkeit bestimmt hatten, untersucht. Die Werte sind in der gleichen Weise durch graphische Darstellung ausgewertet und allgemeiner Verwendung leicht zugänglich gemacht, wie dies für die Zähigkeiten oben angegeben ist. Es sind für die zwei Temperaturen 1206° und 1454° C die Linien gleicher Oberflächenspannung („Isoepitatische Linien") gezeichnet, die für jedes Glas die Oberflächenspannung zu entnehmen gestatten. Die Werte bewegen sich bei 1206° C zwischen 150 und 170, bei 1454° C zwischen 130 und 160 $\frac{\text{dyn}}{\text{cm}}$. Bei 1206° liegt ein ausgesprochenes Minimum mit 150 bei etwa 22 Na_2O, 10 CaO, 68 SiO_2, also im Gebiet der sehr weichen Preßgläser, während die harten Fenstergläser mit 160—167 sich den höchsten γ-Werten nähern, die die Autoren beobachtet haben. Mit steigender Temperatur sinkt die Oberflächenspannung. Die Temperaturabhängigkeit ist aber gering. Von 1300° bis 1500° nimmt γ fast linear mit steigender Temperatur ab. Der Temperaturkoeffizient $-\frac{\Delta\gamma}{\Delta t}$ ist für ein bestimmtes Glas zu 0,061 bestimmt. Erinnert man sich nun daran, wie ungeheuer rasch im Vergleich hiermit die Zähigkeit abnimmt, so wird klar, daß man beim Temperaturanstieg

[1]) Trans. Am. Cer. Soc. **12**, 585 (1910). — Ref. Sprechsaal **42**, 611 (1911).
[2]) J. Am. Cer. Soc. — Ref. Sprechsaal **44**, (1911).
[3]) Phil. Trans. Roy. Soc. A. **221**, 163 (1920).
[4]) Univ. Illinois, Eng. Exper. Stat. Bulletin 140, 53 (1924).

zu einer Temperatur kommen muß, bei der die Wirkung der Oberflächenspannung die der Zähigkeit überwiegt (Fließtemperatur s. o.).

So gering nun die Änderung der Oberflächenspannung mit der Temperatur ist, so machen sich die Unterschiede, die durch Temperaturunterschiede am gleichen Gegenstande auftreten, doch geltend, besonders stark beim Ausheben von Zylindern nach dem Verfahren von Lubbers (s. Kap. IX).

Bei all diesen Betrachtungen ist nur die Grenzfläche flüssig-gasförmig (Glas gegen Luft) beachtet. Zwei sich berührende Flüssigkeiten haben ebenfalls eine ausgeprägte Grenzspannung gegeneinander, die eine umso schärfere Trennung hervorruft, je größer diese Spannung ist. Keine Trennungsschicht zeigen Flüssigkeiten, die sich gegenseitig lösen. Für solche Flüssigkeiten ist also die Grenzflächenspannung Null. Solange zwei weiche, durch kurze Berührung lose aneinander geheftete Glasstäbe verschiedener Art ihre eigene Oberfläche behalten, bleiben sie lose aneinander haften, ein kurzer Schlag trennt sie. Wenn wir länger die Berührungsstelle erhitzen, fließen die Gläser ineinander, die Grenzfläche verschwindet, die Gläser sind durch eine Übergangsschicht „verschweißt". Ein Bruch tritt nur durch Spannungen infolge ungleichmäßiger Abkühlung oder verschiedener Ausdehnungskoeffizienten auf.

5. Haltbarkeit und Beständigkeit gegen chemische Einflüsse.

a) Allgemeines. Manche Gläser sind nicht unbeschränkt haltbar. Ihre Oberfläche unterliegt mehr oder weniger tiefgreifenden Zersetzungen, die bei sehr schlechten Gläsern zur vollkommenen Zerstörung führen kann. Der wesentlichste Feind der Gläser ist das Wasser, und es gibt streng genommen kein Glas, auf das das Wasser nicht wenigstens eine ganz geringe Einwirkung hätte. Diese Veränderungen kommen aber bei guten Gläsern praktisch nicht in Betracht. Bei schlechten Fenstergläsern ist die Wirkung der Luftfeuchtigkeit und des Regens, die gesteigert wird durch die Wärme und das Licht der Sonne, augenfällig. Schon an der Luft werden mangelhafte Gläser an sich feucht oder beschlagen sich mit einem feinen weißlichen Belag, der nach dem Abwischen wiederkehrt. Der Glanz der Oberfläche verschwindet durch die fortgesetzten Wirkungen der Luftfeuchtigkeit, die Scheibe wird blind. Die Zersetzungsprodukte überziehen das Glas in dünnen Häutchen und lassen das Licht darauf in allen Farben des Spektrums spielen. Das führt zu einem Irisieren der Oberfläche, einem perlmutterartigen Schillern und Glänzen, das wir oft an Scheiben sehr alter Gebäude und an den Fenstern von Stallungen beobachten, und das uns besonders ein Kennzeichen antiker Glaswaren ist, die viele Jahrhunderte hindurch im Schoße der Erde lagen. Die Wirkung geht aber oft noch tiefer. Die starke Veränderung, die die Oberfläche erfährt, sprengt die obersten Schichten und läßt tausend feine Haarrisse in der Haut des Glases entstehen. Dieser Vorgang greift auch tiefer in die Substanz des Glases und führt mit immer umfangreicheren und tiefer gehenden Zerklüftungen den vollständigen Zerfall des Glases herbei. Bei weniger mangelhaften Gläsern bedarf es längerer Zeit, um deutliche Beschläge hervorzubringen. Ihr Entstehen wird unterstützt durch die Gegenwart größerer Feuchtigkeit. Weniger gute Scheiben sind, verpackt auf dem Lager, besonders der Zerstörung ausgesetzt, wo Papier und Stroh die Feuchtigkeit anzieht, auf das Glas überträgt und die Zersetzungsprodukte vom Glas hochsaugt.[1])

Nach einer Privatmitteilung von Heye an Pazaurek verdarben in den siebziger Jahren hundert Kisten aus Belgien bezogener Gläser auf dem Seetransport nach Ostindien, während aus Silberberg in Böhmen bestelltes Glas in der Nähe der Dampfkessel nach monatelanger Wasserfahrt keinen Schaden erlitt.

---

[1]) Diese Wirkung des Einwickelpapieres scheint mir nicht genügend beachtet. Gläser, die normaler Beanspruchung gerade noch genügen, können in Papier angegriffen werden. Bei Bleikristall kann auf diese Weise „Fleckenempfindlichkeit" (s. S. 72) in Erscheinung treten. Ob die Papiere in dieser Beziehung Unterschiede zeigen, ist nicht bekannt. Wir fanden die Wasseranziehung, bei einer Luftfeuchtigkeit von

bei einer Luftfeuchtigkeit von	75 %	89 %	95 %,
von Seidenpapier	9,1 %	14,1 %	17,9 %
von braunem Einwickelpapier	9,5 %	14,1 %	17,2 %

Die Haltbarkeit von Gläsern gibt sich auch in der Neigung zum Bestäuben zu erkennen. Je geringer die Qualität, um so leichter bestäuben sie. Bei nebeneinander eingesetzten Scheiben läßt sich das erkennen.

Die hier geschilderten Vorgänge treten in ähnlicher Weise beim Hohlglas auf und sind dort von gleicher Wichtigkeit. Wenn auch schlechte Gläser heute nicht mehr häufig sind, so kann das von der Arbeit früherer Zeiten nicht gesagt werden. Die fortschreitende Zersetzung alter Gläser ist eine stete Sorge der Museumsverwaltungen[1]), die bemüht sind, uns die Dokumente zu erhalten, die die kunstgewerbliche Leistungsfähigkeit vergangener Geschlechter vor Augen führen.

Pazaurek[2]) schildert anschaulich, wie solche Gläser schlechter Zusammensetzung mehr und mehr dem nagenden Feind zum Opfer fallen: „Zunächst dringt der Angstschweiß aus allen Poren, als könnte das arme Glas das nahende Ende selbst empfinden: eine stark salzig riechende und schmeckende Flüssigkeit scheidet sich an der Außenseite ab, bei deckellosen Gläsern auch im Innern. Bald bekommt das Glas einen Ausschlag, es wird milchig trüb, bald merkt man unregelmäßige Haarrisse, die es wie ein Spinngewebe umstricken. Die Risse vermehren und vertiefen sich immer mehr, bis ganze Geschwüre auftreten, Teile der Epidermis sich abblättern, durchgehende Sprünge entstehen und das immer runzeliger werdende Glas vollständig dem Verfall preisgegeben ist."

Auch bei diesem Zerfall beschleunigt die Anwesenheit von Feuchtigkeit das schleichende Leiden, und Umstände, die die Feuchtigkeit auf dem Glas sammlen, anreichern und zusammenhalten, sind besonders gefährlich. Der Staub ist darum ein ausgeprägter Feind kranker Gläser, ebenso die Papierumhüllung. (s. o.)

Schlechte Hohlgläser wirken jedoch auch zerstörend auf den Inhalt. Vielfach hat in früheren Jahren die geringe Beständigkeit des Glases von Flaschen veranlaßt, daß darin enthaltener Wein und noch mehr Champagner verdarb.

Man hat auch das Schwarzwerden, das manche Weine beim Stehen an der Luft zeigen, auf die geringe Widerstandsfähigkeit des Flaschenglases zurückführen wollen. Es ist das auch denkbar. Alkalische Lösungen[3]) von Gerbstoff färben sich an der Luft dunkel, und es ist nicht ausgeschlossen, daß Wein, der immer gerbstoffhaltig ist, genügende Mengen von Alkali aus dem Glase gelöst hat. Unbedingt nötig ist diese Erklärung nicht, da der Wein ohne die Mitwirkung des Glases die Erscheinung des Dunkelns an der Luft zeigen kann. Auch wäre wohl ein Wein schon in der Flasche selbst unansehnlich und von schlechtem Geschmack geworden, wenn er beachtenswerte Mengen von Alkali aufgenommen hat. Das Gleiche trifft für Bier zu, besonders wenn es in Flaschen pasteurisiert wurde. Auch da können Verfärbungen besonders bei hellem Bier durch schlechte Flaschen verursacht werden[4]).

Der dauernd wachsende Konsum von Mineralwässern mit oft starken Salzkonzentrationen und den in Deutschland beliebten hohen Kohlensäuregehalten stellen erhöhte Ansprüche an das Glas. Noch mehr trifft das zu für das Glas, aus dem die Gerätschaften des Chemikers hergestellt werden. Gerade hier sind wir in der Lage, zu beobachten, wie Gläser, die bei oberflächlicher Betrachtung als vollkommen unveränderlich erscheinen, doch tatsächlich einem merkbaren Angriff durch das Wasser unterliegen. Gerade in dieser Gruppe alter Gläser machen sich ganz auffallende Unterschiede in den Gläsern geltend. Analytische Arbeiten werden durch Abgabe von Glasbestandteilen an den Geräteinhalt falsch[5]). Jeder, der mit Biegeröhren gearbeitet hat, mußte die Erfahrung machen, daß alte Röhren aus gewöhnlichem Geräteglas vor der Lampe „rauh" wurden. Diese Erscheinung wird oft als „Entglasung" bezeichnet, was sie meist nicht ist (s. S. 41). Beim langen Lagern hat die Oberfläche des Glases Wasser aufgenommen. Beim Erhitzen wird dieses Wasser ausgetrieben, die Haut

---

[1]) F. Rathgen, Die Konservierung von Altertumsfunden (Handbücher der Königl. Museen, Berlin. 1898).

[2]) Pazaurek, Kranke Gläser, Mitt. des Nordböhm. Gewerbemuseums 1903.

[3]) Es ist nicht nötig, Lösung von Eisen anzunehmen.

[4]) Der Vollständigkeit halber sei noch die Schrift erwähnt: „Warum Bier nicht aus Gläsern getrunken werden soll" von Dr. W. Schultze in Liesing, der als beste Trinkgefäße für Bier silberne, innen vergoldete Pokale empfiehlt. Mitt. der Versuchsstation für Brauerei. Wien 1890.

[5]) Reinitzer, Zeitschr. f. anorg. Chemie 1894, S. 573.

schrumpft infolgedessen und zerreißt in feinen Sprüngen, ähnlich wie rasch trocknender Leim springt.

Abb. 46 gibt die mikroskopische Aufnahme der Oberfläche einer solchen „alten" Röhre, die beim Erhitzen vor der Lampe „rauh" wurde. Man sieht deutlich die Sprünge der Oberflächenhaut und da und dort von sich sammelnden Wasserdampfbläschen muschelig ausgesprengte Vertiefungen.

Im Grunde genommen sind alle Erscheinungen, die die mangelhafte Haltbarkeit des Glases bedingen, zurückzuführen auf die Wirkung des Wassers. Ob aber der Angriff des Wassers dem Glase mehr oder weniger anhaben kann, das ist bedingt durch seine Zusammensetzung. Wir werden uns deshalb mit dem Wesen des Eingriffs des Wassers in die Gläser und der Abhängigkeit der Wirkung dieses Feindes von der Zusammensetzung des Glases näher zu befassen haben. Ehe wir jedoch an die Zersetzungserscheinungen von Gläsern herantreten, empfiehlt es sich, die Untersuchungsmethoden zu besprechen, die für die Prüfung der Gläser auf ihre Haltbarkeit angewandt werden.

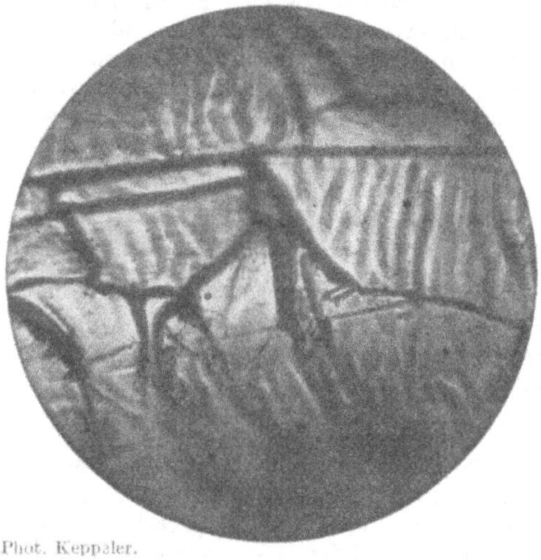

Phot. Keppeler.

Abb. 47. Vor der Lampe erhitzte „alte" Glasröhre unter dem Mikroskop.

b) Untersuchungsmethoden.

Die Methode, die als erste eine rasche Beurteilung von Gläsern erlaubte, ist das Prüfungsverfahren von Weber[1]), das dieser im Verfolg eines Preisausschreibens vorgeschlagen hat. Es besteht darin, daß die mittels Alkohols sorgfältig gereinigten Probestücke während 24 Stunden über eine mit einer Glasglocke überdeckte, starke, rauchende Salzsäure enthaltende Schale gelegt und alsdann behufs Verdunstung der kondensierten Säurepartikel 24 Stunden in einen abgeschlossenen Raum gestellt werden. Je nachdem nun die Gläser mehr oder weniger zum Beschlagen neigen, zeigt sich auf ihnen ein mehr oder weniger starker, weißer Beschlag, welcher sich bei den auf der Grenze stehenden Gläsern zu einem zarten Hauch abmindert, der bei den bewährten Gläsern unmerklich wird.

Seit Weber haben die Methoden zur Bestimmung der Haltbarkeit des Glases eine vielseitige Bearbeitung erfahren. Vor allem ist es Mylius, der seine ganze Lebensarbeit mit Erfolg dem Studium dieser Fragen gewidmet und die Technik dieses Sondergebietes mit einer ganzen Reihe wertvoller Untersuchungsmethoden bereichert hat. Alle neueren Methoden geben quantitative Ergebnisse. Da die Zersetzungswirkungen sich auf der Oberfläche des Glases abspielen und auch die tiefer gehenden Einwirkungen von dieser ausgehen, muß die Angabe über den Grad der Zersetzlichkeit auf die Oberflächeneinheit bezogen werden. Die durch den Werdegang des Glases entstandene Oberfläche eines fertigen Glasgegenstandes hat nicht genau die gleichen Eisenschaften, wie das innere Gefüge des Glases, das auf frischen Bruchflächen zutage tritt. Beide Arten von Oberflächen bieten Gelegenheit zur Prüfung des Glases. Die Oberflächen, wie sie aus der Formgebung des Glases hervorgehen („Formflächen") werden besonders häufig bei Hohlgefäßen zur Prüfung herangezogen. Bei diesen ist die Oberfläche z. B. bei Rundkolben, Reagenzröhren leicht auszumessen. Frische „Bruchflächen" sind beim Flachglas leichter in sicher ausmeßbarer Form zu erhalten, als beim Hohlglas. Sie sind aber meist klein und erfordern bei guten Gläsern sehr empfindliche Proben, als welche eigentlich nur die Myliussche Jodeosinbeize in Frage kommt. Für andere Untersuchungsarten werden häufig die frischen Bruchflächen durch die Herstellung von Pulver oder Körnern erzeugt. Das zerkleinerte Glas wird

[1]) Verhandlung, d. Ver. z. Beförder. d. Gewerbefl. **1863**, 131; Dinglers Polyt. Journ. **1863**, 129, 171.

durch Absieben zwischen zwei Sieben verschiedener, aber nicht zu weit auseinanderliegender Maschenweite (bei Mylius z. B. 72 und 121 Maschen je cm^2) auf ziemlich gleichmäßige Korngröße gebracht. Wird das spez. Gewicht des Glases bestimmt, die Körnerzahl für 1 cm^3 gezählt, so läßt sich unter der Annahme, daß die Bruchstücke gleiche Größe und bestimmte Form (Kugel, Würfel) hätten, ein ungefährer Maßstab für die Oberfläche finden. Die Methode enthält eine Reihe von Ungenauigkeiten. Die Oberflächenmessung ist nie genau, da die Form der Teilchen nicht zutreffend beurteilt werden kann. Aber auch die Abweichung der Schätzung von der Wirklichkeit ist sehr unregelmäßig und kann Schwankungen bis zu 30% erreichen[1]). Um an Hohlgefäßen frische den Bruchflächen entsprechende Gefügeflächen, ohne Zerstörung des Gegenstandes zu erzeugen, wird nach Mylius[2]) die äußere geblasene Oberfläche durch Schleifen aufgerauht. Die zur Untersuchung verwandten Flächen sind also folgende:

A) Formflächen,

B) Bruchflächen

- a) Bruchflächen von Platten,
- b) durch Schleifen aufgerauhte Formflächen,
- c) Pulver bestimmter Korngröße.

Die Zersetzungserscheinungen, die im Gebrauch der Glasgegenstände auftreten, werden zum Zwecke der quantitativen Erkennung und Bestimmung an den in oben beschriebener Weise hervorgebrachten Oberflächen künstlich in dreierlei Art hervorgerufen.

I. Durch feuchte Luft oder feuchte Flüssigkeiten, die für sich trocken Glas nicht angreifen (nasser Äther),

II. Wasser bei Temperaturen unter 100°,

III. Wasser von 100° und darüber (Autoklavenmethode).

Die Stärke des erzielten Angriffs kann nun wieder in verschiedener Weise bestimmt werden.

1. Für jede Art dieses Angriffs liegt prinzipiell die Möglichkeit vor, die Einwirkung durch Gewichtsveränderung (bei I Zunahme, bei II und III Abnahme) zu bestimmen. Diese Bestimmung der Stärke des Eingriffs ist wenig genau, da der in Lösung gegangene Anteil durch Wasseraufnahme z. T. kompensiert wird. Bei sehr guten Gläsern ist das Versuchsstück im Verhältnis zum Gewichtsverlust zu schwer. Bei schlechten Gläsern finden Abblätterungen statt, besonders beim starken Trocknen. Am stärksten sind diese bei der Verwendung von Pulvern und Körnern.

2. Es wird die Substanzmenge, die durch den Angriff aus dem Glase entfernt ist, durch die entzogene Alkalimenge gekennzeichnet. Dieser Weg ist der am häufigsten angewandte und gibt bei richtiger Ausführung wertvolle Aufschlüsse.

3. Das durch die Behandlung in Lösung gebrachte wird gesammelt, eingedampft, getrocknet und gewogen. Der Weg 3 kann auch durch Titration eines aliquoten Teils der Lösung mit 2 oder auch durch Wägen der nach der Behandlung getrockneten Probe mit 1 kombiniert werden.

Aus diesem Überblick ist erkennbar, daß für die Bestimmung der Haltbarkeit von Gläsern je nach Wahl der zu behandelnden Glasflächen, nach der Art des Angriffs und nach der Art der Feststellung des eingetretenen Angriffs eine große Mannigfaltig-

---

[1]) Kohlrausch, Ann. d. Phys. **44**, 577 (1891). — Wolff, Zeitschr. f. angewandte Chem. **35**, 138 (1922).

[2]) Zeitschr. f. angew. Chem. **34**, 281 (1921).

keit besteht. Wir beschränken uns auf die Besprechung der Methoden, die sich in der Praxis am meisten bewährt haben. Diese Methoden schließen sich auch stets den besonderen Gebrauchszwecken der betreffenden Gläser an.

A. I. Die Prüfung der gegebenen Formflächen mit feuchter Luft wird selten angewandt und auch dann besonders für optisches Glas mit geschliffenen und polierten Flächen. Eine quantitative Bestimmung unterbleibt. Es wird die Stärke des Angriffs nach äußeren Anzeichen geschätzt.

Zschimmer[1]) sucht die Wirkung feuchter Luft, die für optische Instrumente die Hauptschädigung darstellt, nachzuahmen, indem er den sich in Wirklichkeit in langen Zeiträumen einstellenden Effekt durch Erhöhung der Temperatur in kurzer Zeit zu erreichen sucht. Die Glasproben, runde Scheiben von 10 mm Durchmesser, werden mit geschliffener Oberfläche an der Innenseite des plangeschliffenen Deckels eines Glastroges befestigt, der mit gewöhnlicher atmosphärischer Luft gefüllt ist und sich hermetisch verschließen läßt. Der Glastrog hat eine halbzylindrische Form, 160 mm Länge und 35 mm Durchmesser. Die Glasproben werden reihenweise befestigt. Ihre Veränderung kann mikroskopisch ver-

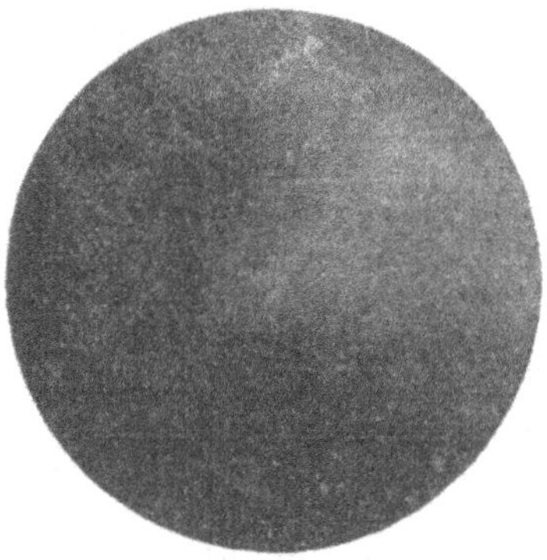

Abb. 48. Borosilikatkron O 802.

Abb. 49. Prismenkron O 3832.

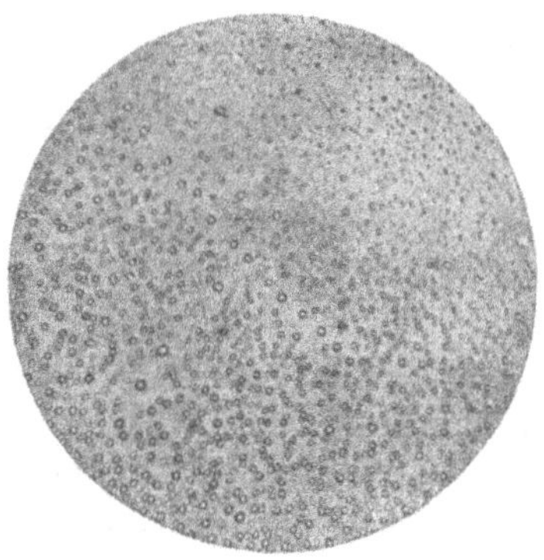

Abb. 50. Borosilikatkron O 3453.

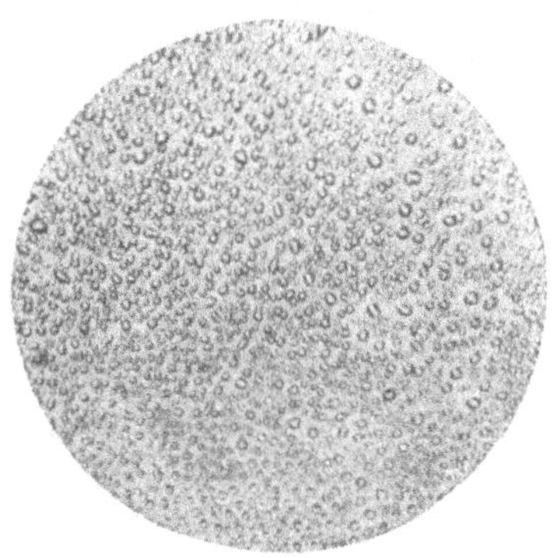

Abb. 51. Silikatkron O 60.

folgt werden. Der Glastrog wird dauernd auf erhöhter Temperatur gehalten. Die Abb. 48—51 zeigen die im Laufe von acht Monaten auf verschiedenen optischen Gläsern entstandenen Verwitterungsprodukte als feine Tropfenbildung bei 56facher Vergrößerung. Die Methode hat sich bei Schott und Genossen vorzüglich bewährt. Ihr Vorzug ist der, daß sie unter der Wirklichkeit ähnlichen, aber dieser gegenüber beträchtlich forcierten Bedingungen eine Auslese von Glasschmelzungen gestattet. Die Gläser, die bei dieser Probe geringe Tropfenbildung zeigen, haben sich auch in der Praxis besonders bewährt.

Elsden, Roberts und Jones[2]) haben mit einem überaus fein durchgebildeten Apparat und unter genauester Einhaltung der Versuchsbedingungen ebenfalls die Stärke des Beschlags bei der Behandlung mit feuchter Luft auf verschiedenen optischen Gläsern untersucht, ohne wesentlich bessere Ergebnisse als Zschimmer zu erzielen. Bemerkenswert ist aber an ihren Ergebnissen, daß sie etwas

[1]) Z. f. Elektrochem. 11, 629 (1905).
[2]) J. Soc. Glass Techn. 92 (1919).

schärfer differenzieren als die unten (B. I.) zu besprechende „natürliche Alkalität" und „Verwitterungsalkalität" nach Mylius.

Die Behandlung der vorhandenen Formfläche mit feuchtem, Jodeosin enthaltendem Äther besitzt mehr qualitativen Wert (Mylius[1]).

A. II. Die Prüfung der gegebenen Formflächen des Versuchsstücks mit Wasser wird besonders für Geräteglas gewählt. Es wird Wasser, bei mäßigen Temperaturen in das Versuchsstück eingefüllt, angewandt. Die Feststellung des Gewichtsverlustes (also A, II, 1), z. B. von Emerling[2]), Fresenius[3]), Weber und Sauer[4]) benutzt, ist neuerdings wenig angewandt. Besser ist die Untersuchung des in Lösung Gegangenen (Weg A, II, 2). Maßgebend sind hier besonders die Angaben von Förster und von Mylius.

Nach den Untersuchungen von Förster[5]) ist es nötig, zunächst die dem Glase bereits anhaftenden Verwitterungsprodukte zu entfernen. Gefäße werden drei Tage unter mehrfacher Erneuerung des Wassers ausgelaugt. Für die Bestimmung des Löslichen läßt man dann kaltes Wasser (20°) eine Woche lang einwirken und darauf heißes Wasser (80°) drei Stunden lang. Da mit steigender Temperatur die Wirkung des Wassers sehr viel stärker wird, ist große Sorgfalt auf die Konstanthaltung der Temperaturen zu legen. Bei Mitteilung von Resultaten muß die Art, wie sie gewonnen sind, genau angegeben werden.

Bei sehr geringen Alkalimengen muß die Bestimmung auf kolorimetrischem Wege[6]) geschehen. „Die erhaltenen Lösungen werden im Scheidetrichter mit Äther ausgeschüttelt und die getrennte wässerige Schicht nochmals mit Äther abgespült. Die Intensität der bleibenden Rotfärbung wird dann mit Hilfe eines Wolffschen Kolorimeters bestimmt"[7]). Bei stärkerer Angreifbarkeit wird der Alkaligehalt titriert.

Mylius und Förster[8]) haben für diesen Zweck die Titration mit Tausendstelnormalsäure unter Verwendung ätherischer Jodeosinlösung als Indikator verwandt. Zur Herstellung der Tausendstelnormallösung muß neutralisiertes Wasser verwandt werden, da vom destillierten Wasser aus den Aufbewahrungsgefäßen meist so viel alkalische Verunreinigungen aufgenommen sind, daß sie die Titration schon empfindlich stören. In guten Gläsern ist die Tausendstelnormalsäure einige Zeit haltbar. Die zu titrierende Lösung wird in einer kleinen Stöpselflasche mit etwa $^1/_5$ Volum einer sehr verdünnten Lösung von Jodeosin in Äther überschichtet und durchgeschüttelt. Das alkalische Wasser löst Jodeosin aus der Ätherschicht und färbt sich dabei rot. Man setzt nun Tausendstelnormalsäure zu und schüttelt nach jedesmaliger Säuregabe durch. Das vorhandene Alkali ist neutralisiert, wenn die wässerige Schicht gerade aus rötlich in farblos umschlägt. Einem Kubikzentimeter verbrauchter Tausendstelnormalsäure entsprechen 0,031 mg Natron (Na_2O) resp. 0,047 mg Kali (K_2O). Diese Titration erlaubt noch, 0,1 mg Na_2O in 100 cm³ Wasser genau zu bestimmen.

Neuerdings empfiehlt Mylius die Titration mit 1/100-Normalsalzsäure in einer Bürette mit fein ausgezogener Spitze. Walker[9]) titriert den Wasserauszug von Hohlgefäßen ebenfalls in Gegenwart von $^1/_5$ Volum ätherischer Jodeosinlösung (2 mg auf 1 Liter) mit $^1/_{50}$ Normalschwefelsäure.

Bei beiden Arten der Bestimmung (kolorimetr. und titrimetr.) wird der Alkaligehalt in 1/1000 mg Na_2O auf 100 cm² Glasoberfläche festgestellt. Ein etwaiger Gehalt an K_2O, CaO, BaO bleibt als solcher unberücksichtigt und ist in der Gesamt-Lösungsalkalität enthalten. Die Bedeutung dieser Untersuchungsart liegt darin, daß es Mylius gelang, darauf eine Klasseneinteilung der Gläser aufzubauen. Da die Ursache der Auslaugung des Alkali eine Hydrolyse sein dürfte, bezeichnet Mylius[10]) diese Einteilung als „hydrolytische Klassifikation der Glasarten". Nach dieser werden die in folgender Tabelle 10 aufgeführten Haltbarkeitsklassen nach den in bestimmten Zeiten je 100 cm² gelösten Mengen Alkali unterschieden:

---

[1]) Glastechn. Ber. 1, 33 (1923).
[2]) Zeitschr. f. analyt. Chem. 8, 434 (1869).
[3]) Quantit. Analyse II, 6. Auflage, 1887, S. 797.
[4]) Zeitschr. f. Analyt. Chemie 31, 425 (1892). — Ber. d. d. chem. Ges. **25**, 70 1914 (1892).
[5]) Ebenda, **34**, 381 (1894).
[6]) Ber. d. d. chem. Ges. **24**, 1482 (1891).
[7]) Glastechn. Ber. **1**, 38 (1923).
[8]) Wie 5.
[9]) Sprechsaal 39, 128 (1906).
[10]) Ber. d. V. intern. Kongr. f. angew. Chem. Bd. I, S. 683 (1903). — Sprechsaal **1903**, S. 884 und 924.

Tabelle 10.

Klassen der Gläser	1 1000 mg Alkali je 100 cm² gelöst in 7 Tagen bei 18°	in 3 Stunden bei 80°
1. Wasserbeständige Gläser	0—4	0—15
2. Resistente Gläser	4—12	15—45
3. Härtere Apparategläser	12—36	45—150
4. Weichere Apparategläser	36—150	150—600
5. Mangelhafte Gläser	über 150	über 600

Die geschilderte Prüfung, die dieser Einteilung zugrunde liegt, wurde mit langhalsigen Rundkolben von ca. 250 cm-Inhalt durchgeführt. In verschiedenen Fällen ist diese Form unzweckmäßig, manchmal gar nicht erhältlich, z. B. bei kleinen Versuchsschmelzen. Man kann sich dann mit Röhren, Stäben, Platten mit ausmeßbaren Oberflächen behelfen, die in Platin-, Quarzglas- oder guten Porzellangefäßen im Sinne der Mylius-Försterschen Prüfung nach dreitägiger kalter Auslaugung 7 Tage mit Wasser von 18° und 3 Stunden bei 80° ausgelaugt wurden. In den dabei erhaltenen Lösungen wird der Alkaligehalt bestimmt.

Um bezüglich der Wahl des Glasgegenstandes und der Zeitdauer die Prüfung zu vereinfachen, schlägt Mylius[1]) eine neue Form vor. Es werden Röhren an einem Ende zugeschmolzen verwandt. Die dreitägige Vorbehandlung wird durch gründliche Reinigung ersetzt. Es wird unmittelbar 3 Stunden bei 80° gelaugt. Diese Behandlung wird 3 bis 4 mal wiederholt und jeweils durch Titration mit Jodeosin-Äther der Alkaligehalt bestimmt. Schon die erste Auslaugung läßt die Unterschiede stark hervorgetreten. Sie treten aber noch stärker dadurch hervor, daß die beim 3- und 4-Behandeln in Lösung gehenden Alkalimengen bei sehr guten Gläsern Null, bei mittleren Gläsern sehr klein werden, während aus mangelhaften Gläsern immer noch beachtliche Alkalimengen gelöst werden. In unmittelbare Beziehung zu seiner „hydrolytischen Klassifikation" hat Mylius diese Probe nicht gebracht. Es ist nur gesagt, daß „Gläser, deren Alkaliabgabe bei der ersten dreistündigen Behandlung mit Wasser von 80° auf 100 cm² Oberfläche zur Neutralisation mehr als 2 cm² Hundertstel-Normal-Salzsäure erfordern, als hydrolytisch mangelhaft zu betrachten sind".

Mylius[2]) hat noch eine kolorimetrische Prüfung angegeben, bei der Phenolphthaleïn als Indikator verwandt wird („Phthalrotprobe"). 0,1 g Phenolphthaleïn in 1 l destilliertem Wasser aufgeschlämmt dienen zur Prüfung. Die Reagenzgläser werden mit der Aufschlämmung (vor Gebrauch geschüttelt) gefüllt und bei 80° stehen gelassen. Je schlechter das Glas um, so stärker die Rotfärbung, die sich je länger, je mehr vertieft. In sehr gutem Glas ist die Suspension nach 3 Stunden noch farblos. Zur zahlenmäßigen Festlegung der Färbung dient Vergleich mit alkal. Phenolphthaleïnlösung (0,1 g Phenolphthaleïn in 1 l 0,1 proz. Natronlauge); die Menge dieser Lösung, die auf das Volum der Reagenzröhren verdünnt, die gleiche Färbung, wie sie im Versuchsstück erhalten wurde, hervorbringt, wird in mg Phenolphthaleïn ausgedrückt. Das Verfahren macht „keinen Anspruch auf große Genauigkeit", schon weil Phenolphthaleïn bekanntlich der für Säure empfindlichste Indikator ist, die Reaktion also durch Spuren von Säuren (CO_2, SiO_2, B_2O_3 usw.) gestört wird. Es fehlt auch die zahlenmäßige Beziehung zur „hydrolytischen Klassifikation".

Neben den kolorimetrischen und titrimetrischen Methoden ist die elektrische Leitfähigkeit des in die zu prüfenden Gläser eingefüllten Wassers zur Bestimmung der Stärke des Wasserangriffs verwandt worden, so von Pfeifer[3]), Kohlrausch[4]), und von Haber und Schwenke[5]). Die Methode ist durch die vorgenannten verdrängt worden.

Der Weg A, II, 3, die aus den Formflächen des Glases, vor allem aus Gefäßen durch Wasser ausgelaugten Stoffe durch Eindampfen und Wägen zu bestimmen, erscheint unzweckmäßig.

A. III. Bei sehr guten Gläsern, namentlich solchen, die mit Wasser bei höheren Temperaturen in Berührung kommen, ist es wünschenswert, die Prüfung bei höherer Temperatur durchzuführen. Man verwendet dazu am besten Röhren, beinahe ganz mit Wasser angefüllt und zugeschmolzen. Sie werden, in Schutzröhren eingesetzt, im siedenden Wasserbade erhitzt. Versuchsdauer 5 Stunden. Das Rohr wird dann geöffnet, ausgespült und titriert. Nachträgliches Erhitzen in der Flamme zeigt die Stärke der eingetretenen Quellung.

[1]) Glast. Ber. **1**, 39 (1923).
[2]) Glast. Ber. **1**, 36 (1923).
[3]) Ann. d. Phys. **44**, 239 (1891).
[4]) Ann. d. Phys. **44**, 577 (1891). — Zeitschr. f. angew. Chem. **1892**, 85.
[5]) Zeitschr. f. Elektrochem. **10**, 143 (1904).

Den Versuch in vorstehender Ausführung bei noch höheren Temperaturen auszuführen, ist nicht zweckmäßig. (Angriff zu stark, um titrimetrisch erfaßt zu werden, verschiedene Wirkung innen und außen, an den Berührungsstellen mit Wasser und mit Wasserdampf.) Das Glas muß dann ganz im Wasser eingebettet werden. Auch tritt der Unterschied zwischen „Formflächen" und frischen Bruchflächen bei dieser Behandlung zurück. Die Methode ist deshalb unter B III besprochen.

B. I. Die Prüfung an frischen Bruchflächen des Glases hat den Vorteil, daß vorhergegangene, unkontrollierbare Einflüsse ausgeschaltet werden und daß die zur Prüfung kommende Fläche genau ausgemessen werden kann. Sie wird am häufigsten mit der Einwirkung feuchter Luft kombiniert. Auch auf diesem Teilgebiet sind die Untersuchungen und Arbeitsvorschriften von Mylius die maßgebenden.

Das wesentliche Hilfsmittel zur Messung der Angriffsstärke ist wieder Jodeosin. Um eine beschleunigte Wirkung hervorzubringen, wird feuchter Äther zur Einwirkung auf das Glas gebracht. Es ist eine recht alte Beobachtung, daß häufig die Libellen von Wasserwagen, geodätischen Instrumenten usw. unbrauchbar werden, weil das Glas infolge von Ausscheidungen an der inneren Oberfläche trübe und undurchsichtig wird. Die nähere Untersuchung[1]) zeigte, daß die Ursache dieses Mißstandes in dem Wassergehalt des zur Füllung der Libelle dienenden Äthers zu suchen ist und daß das Wasser die zur Verwendung gekommenen schlechten Gläser stark zersetzt. Es hat sich ferner gezeigt, daß die geringe Wassermenge des feuchten Äthers bei allen Gläsern ihrer Haltbarkeit entsprechende Wirkungen hervorbringt, größere oder kleinere, bei guten Gläsern überaus geringe Alkalimengen freilegt. Bringt man mit einer Jodeosinlösung in wassergesättigtem Äther Glasflächen zusammen, so wird durch Wasser Alkali an der Oberfläche frei. Das Alkali bildet mit Jodeosin ein Salz, das nicht in Äther löslich ist, auf der Oberfläche des Glases niedergeschlagen bleibt und diese rot färbt. Je mehr Alkali frei wird, um so mehr Jodeosinalkali liegt auf der Glasoberfläche, um so mehr rot ist sie gefärbt. Schon diese Probe gibt in der Stärke der Färbung einen rohen Maßstab für die Güte des Glases.

Die Einwirkung des Jodeosinäthers zeigt sich sofort. Schon eine Minute genügt, um deutliche und für die verschiedenen Gläser kennzeichnende Wirkungen hervorzubringen. Da in dieser kurzen Zeit nur das in der Oberfläche freiliegende oder der Hydrolyse unmittelbar zugängliche Alkali erfaßt wird, ist diese Probe kennzeichnend für das Glas. Mylius bezeichnet darum die in einer Minute durch feuchten Jodeosinäther umgesetzte Alkalimenge als „natürliche Alkalität". Da die feuchte Luft in längerer Zeit tiefer gehende Wirkungen hervorbringt, ist es notwendig, auch diese unter genau bestimmten Bedingungen zahlenmäßig festzulegen. Die so erhaltene Alkalität heißt „Verwitterungsalkalität".

Zur Prüfung auf natürliche Alkalität und Verwitterungsalkalität benutzt man die verschiedenen Glasarten als geschliffene und polierte Platten von 6 mm Dicke, 6 cm Länge und 3 cm Breite, welche an scharfer Kante mit einem Kerb versehen und dann glatt durchbrochen werden. Man taucht die Bruchstücke sogleich während einer Minute (bei 18°) in eine empfindliche ätherische Jodeosinlösung (0,5 g Jodeosin in 1 l mit Wasser gesättigtem Äther) und spült sie dann durch Eintauchen in reinen Äther ab. Der rote grünglänzende Überzug besteht auch hier aus den neutralen Alkalisalzen des Jodeosins. Die genauer zu messende Bruchfläche beträgt meist nur etwa 180 mm², und der darauf lagernde Farbstoff nur einige tausendstel Milligramm; mit wenigen Tropfen Wasser abgespült, kann seine Menge aber leicht und sicher mit Hilfe eines kleinen Tiegelkolorimeters durch Vergleichung mit einer roten Standardlösung (0,0106 Jodeosin-Natrium im Liter) bestimmt werden.

Die „natürliche" und die „Verwitterungsalkalität" wird ausgedrückt in mg Jodeosin, die bei den betreffenden Bedingungen auf 1 m² Bruchfläche niedergeschlagen sind. Mylius teilt auf Grund der „Verwitterungsalkalität" auf frischen Bruchflächen die Gläser in 5 Klassen, die der S. 67 mitgeteilten, älteren auf 1/1000 mg Na_2O je 100 cm² bezogenen „hydrolytischen Klassifikation" entsprechen. Da die Werte der letzteren auf gleichen Maßstab wie die Verwitterungsalkalität[2]) gebracht sind, werden diese als „Lösungsalkalität" bezeichnet. Ihrem Wesen nach sind diese ebenfalls „hydrolytische Alkalitäten", sie sind nur, infolge des veränderten Maßstabes, 1,38 mal größer als die der „hydrolytischen Klassifikation" S. 67.

---

[1]) Weber, Sprechsaal **21**, 34 u. 471 (1888). — Ber. d. d. chem. Ges. **21**, 3448 (1888). — Mylius, Zeitschr. f. Instrumentenkunde **8**, 267 (1888).

[2]) In der „hydrolitischen Klassifikation" ist die Alkalimenge ausgedrückt in mg/1000 Na_2O je 100 cm². Der Vergleich mit Verwitterungsalkalität erfordert Angabe in mg Jodeosins je m². 1 mg Jodeosin = 13,8 mg Natron, 1 m² = 10000 cm², also ist der Wert der hydrolytischen Klassifikation mit $\frac{1 \cdot 13{,}8 \cdot 10000}{1000 \cdot 100} = 1{,}38$ zu multiplizieren, um mit der Verwitterungsalkalität vergleichbar zu werden.

Tabelle 11.

Klasse	Bezeichnung der Glasklasse	Verwitterungs-alkalität an Bruchflächen mg Jodeosin je m²	Lösungsalkalität 2. Auszug 7 Tage zu 18° mg Jodeosin je m²	Lösungsalkalität 3. Auszug 3 Stunden zu 80° mg Jodeosin je m²
I	Wasserbeständige Gläser	0—5	0—5	0—20
II	Resistente Gläser	5—10	5—16	20—61
III	Härtere Apparategläser	10—20	16—49	61—202
IV	Weichere Apparategläser	20—40	49—202	202—809
V	Mangelhafte Gläser	über 40	über 202	über 809

Man sieht, daß bei guten Gläsern die Wirkung von Wasser und feuchter Luft sich wenig unterscheidet. Je weniger resistent aber die Gläser werden, um so größer werden die Unterschiede zwischen „Verwitterungs-" und „Lösungsalkalität".

Besteht das Bedürfnis, die Beschaffenheit des inneren Glasgefüges von Gegenständen kennen zu lernen, ohne eine Zertrümmerung derselben vornehmen zu müssen (große Flaschen, Kolben, Bechergläser, Kippsche Apparate, Fensterscheiben usw.), so greift man nach dem Vorschlag von Mylius zur Aufrauhung, um das Glasinnere freizulegen. Es wird eine kleine Fläche mit Alundumpulver in Paraffinöl mit Hilfe eines Buchenholzstempels geschliffen. Diese Fläche wird, wie bei der frischen Bruchfläche, mit ätherischer Jodeosinlösung angebeizt. Vom angebeizten Fleck werden 2 cm² zur kolorimetrischen Untersuchung verwandt. Das Ergebnis wird entsprechend der natürlichen und Verwitterungsalkalität im mg je m² Glasfläche ausgedrückt. Infolge der Rauheit der Fläche erhält man beim gleichen Glase schon den sechsfachen Wert, den scharfe Bruchflächen liefern. Für allgemeine Verwendbarkeit ist diese Methode zu schwerfällig. Wenn angängig werden Hohlgläser unmittelbar an den geblasenen Flächen durch Lösung mit Wasser untersucht (s. o.).

Diese Untersuchungsverfahren hat Mylius im Laufe langer Jahre entwickelt und eine große Anzahl von Arbeiten veröffentlicht, deren neuere die älteren überholen. Es sind mehrfach Zusammenfassungen gegeben, in denen die genauen Ausführungsbestimmungen der verschiedenen Untersuchungsformen mitgeteilt sind. Auf die neueren Arbeiten sei besonders hingewiesen:

Über Entstehung und Veränderung von wasserhaltigem Glas (mit Groschuff). Zeitschr. f. anorganische Chemie **55**, 101 (1907).

Über die Verwitterung des Glases. Sprechsaal **1908**, 390, 402, 418. Deutsche Mechanikerzeitung **1909**, 1, 13, 21, 33, 41.

Die Eosinreaktion des Glases an Bruchflächen II. Zeitschr. f. anorg. Chem. **67**, 200 (1910).

Über die Verwitterung des Glases. Ber. d. d. chem. Ges. **43**, 2130 (1910), Sprechsaal **43**, 594 (1910).

Über die Verwitterung des Glases II. Deutsch. Mechanikerztg. **1910**, 201.

Die hydrolytische Klassifikation und Prüfung der Glasarten mit Jodeosin. Silikatzeitschrift **1**, 1, 25, 45 (1913).

Thüringer Glas, Glastechn. Berichte **1**, 33 (1923).

Die Eosinreaktion des Glases an Bruchflächen. Zeitschr. f. anorg. Chem. **55**, 233 (1907).

B. II. Die Auslaugung von Bruchflächen einfacher Art mit Wasser unter 100° ist zur Prüfung des Glases bis jetzt nicht verwandt. Dagegen hat man häufig diese Form der Untersuchung auf Glaspulver bestimmter Körnung angewandt. Die Methode hat, wie erwähnt (s. S. 65), den Nachteil, daß die Oberfläche, die zum Versuche dient, sehr ungenau bekannt ist. Sie bietet aber den Vorteil, bei verhältnismäßig kleinen Mengen Glas große Oberflächen anwenden zu können und damit verhältnismäßig große Menge an Gelöstem zu erhalten. Dadurch wird es möglich, nicht nur das gelöste Alkali, sondern auch andere Glasbestandteile, die in Lösung gegangen sind, nachzuweisen und häufig auch der Menge nach zu bestimmen. Diese Gründe haben die Autoren immer wieder veranlaßt, bei Untersuchungen, die nicht der Prüfung technisch hergestellter Gläser, sondern der Aufklärung des Einflusses verschiedener Glasoxyde in verschiedenen Mengenverhältnissen gelten, auf diese Methode zurückzugreifen. Es hat sich auch dabei immer gezeigt, daß für gleichartig durchgeführte Versuchsreihen sehr gut vergleichbare Werte erhalten wurden. Die Auswertung dieser Versuche für allgemeinere Zwecke leidet aber unter der Tatsache, daß nicht einmal eine rohe Beziehung zu den oben gegebenen Klassifikationen der Gläser gegeben ist.

Schon Schwarz[1]) hat sich einer hierher gehörenden Methode, allerdings mit der Abweichung 10proz. Salzsäure statt Wasser anzuwenden, bedient.

Sehr genaue Ausführungsbestimmungen haben Mylius und Förster[2]) bei ihrer Untersuchung der Löslichkeit der Kali- und Natrongläser mit wechselndem Kalkgehalt (s. S. 76) festgelegt. Das Glaspulver wird zwischen Sieben von 72 und 121 Maschen je cm^2 abgesiebt.[3]) Um die Oberfläche des Glases bei veränderter Zusammensetzung möglichst konstant zu halten, wird nicht eine gleichbleibende Menge, sondern das Gewicht, das dem Volum von 20 g Jenenser Normalthermometerglas (spez. Gew. 2,584) entspricht, also wenn *Sn* das spez. Gewicht des zu untersuchenden Glases ist: $20 \cdot \frac{Sn}{2,584}$. Die so bestimmte Menge Glaspulver wird mit 70 cm^3 kohlensäurefreiem Wasser in einem mit Platinrückflußkühler versehenen Kölbchen im siedenden Wasserbade 5 Stunden erhitzt. Die Lösung wird abfiltriert und die in 60 cm^3 des Filtrats gelösten Bestandteile bestimmt. Die Summe der gefundenen Bestandteile charakterisiert die Auslaugbarkeit des betr. Glases.

Ich habe diese Methode selbst verwendet und dabei gute Vergleichswerte bekommen. Bei ausreichender Konzentration konnte in 30 cm^3 des Filtrats das Alkali titriert und in den anderen 30 cm^3 der Gesamtrückstand durch Eindampfen und Wägen bestimmt werden. Das zwischen den Sieben mit 72 und 121 Maschen je cm^2 bleibende Korn ist reichlich grob, ergibt sehr viel Abfall und verbraucht große Glasmengen. Wir sind deshalb neuerdings zu feinerem Korn und zwar zwischen 900 und 2500 Maschinen ie cm^2 übergegangen. Diese Korngröße ist sparsamer und ergibt gute Werte.

Peddle[4]) hat sich bei seiner Untersuchung über optische Gläser der Pulvermethode mit geringen Abweichungen bedient. Trockenes Glaspulver wird durch ein Sieb von 150 Maschen je cm^2 gesiebt. 5 g davon werden mit 100 cm^3 Wasser in einer Platinschale bei 80° eine Stunde lang digeriert. Das ungelöste Pulver wird abfiltriert und das Filtrat mit Schwefelsäure titriert. Das Ergebnis wird ausgedrückt in mg gelöstes Alkali auf 100 g Glas. Bei bestem optischen Glas dürfen nicht mehr als 200 mg H_2SO_4 je 100 g Glas zur Neutralisation gebraucht werden, beim Verbrauch von mehr als 1000 mg H_2SO_4 ist ein Glas ganz unbrauchbar. — Peddle kommt auf Grund seiner Versuche zur Ansicht, daß für allgemeine Untersuchungen die Auslaugung von gepulvertem Glas die besten Ergebnisse gibt.

Auch Turner[5]) schlägt in einer Kritik der Prüfungsmethoden für die Haltbarkeit des Glases, in der allerdings die Methoden von Mylius nicht berücksichtigt sind, neben dem Auslaugen von Formflächen die Verwendung von Pulver vor. Korngröße entsprechend Siebweite zwischen 20 und 30 Maschen je Zoll. Staub wird durch Waschen mit Alkohol entfernt (sehr wichtig!). 10 g werden in 500 cm^3 (5 g in 250 cm^3) Wasser am besten in einem Platindrahtnetz befindlich, gekocht, während das Volumen konstant gehalten wird. Der Zersetzungsgrad wird bestimmt, entweder als Gesamtverlust oder als Gesamtalkali, das gelöst ist. Bei genaueren Untersuchungen soll die Lösung in einer Platinschale eingedampft und nach schwachem Glühen gewogen werden. Abfallende Verwitterungsschuppen sind möglichst getrennt zu wägen.

B. III. Die Auslaugung von Bruchflächen bei höherer Temperatur als 100° (Autoklavenmethode) hat den Vorteil, verhältnismäßig kleine Flächen zu beanspruchen. Man ist infolgedessen hier nicht auf Pulver beschränkt, sondern kann kleine ausmeßbare Würfel, kurze Stücken von Glasstäben oder Glasröhren verwenden. Bei allen diesen Formen kann die Fläche ausgemessen werden. Es ist weiter der Vorteil gegeben, daß die zu untersuchenden Stücke ganz vom Wasser bedeckt sind. Es ist aber zu bedenken, daß der Eingriff so stark ist, daß er den Beanspruchungen normalen Gebrauchs nicht mehr entspricht. Trotzdem wird die Methode neuerdings nicht selten benützt, weil sie in kurzer Zeit sehr grobe Zersetzungseffekte gibt und auch bei geringen Mengen sehr resistenten Glases die Analyse des Auszugs gestattet. Besonders störend ist aber das gesteigerte Auftreten von Verwitterungsschuppen, die teils abfallen, teils am Glase haften bleiben und dadurch den Vergleich erschweren. Trotz dieser Mängel wird von vielen Seiten die Autoklavenmethode geschätzt, eben wegen der auffälligen, in die Augen springenden Unterschiede, die sie in kurzer Zeit hervorbringt. Man sollte sie aber nur für besonders resistente Gläser anwenden. Bei diesen ist sie auch sehr angebracht, weil es mit ihr gelingt, innerhalb einer Reihe von Gläsern, die im Sinne der Myliusschen hydrolytischen Klassifikation sämtlich als „wasserbeständig" anzusprechen sind, eine noch genauere Unterscheidung zu treffen. Sie bietet auch die Mög-

[1]) S. S. 76.

[2]) Berichte d. deutschen chem. Ges. **22**, 1104 (1889).

[3]) Über Siebweiten siehe Kap. 2, II, 2 (Zerkleinerung), Tab. 57.

[4]) Trans. Opt. Soc. **23**, Nr. 2 (1921/22); Sprechsaal **55**, 195 (1922); Journ. Soc. Glass Techn. **5**, 195 (1921).

[5]) J. Soc. Glass Techn. 30 (1922). — Ref. Glast. Ber. **I**, 147 (1923).

lichkeit, mit ihren gröberen Effekten die aus den besten Gläsern in Lösung gehenden Mengen von Kieselsäure und Borsäure zu bestimmen. Die letztere Bestimmung ist wichtig, weil gerade bei rein alkalimetrischer Prüfung sich als vollkommen resistent erweisende Gläser oft erhebliche Mengen Borsäure in Lösung gehen lassen. Auch für die Prüfung von Gläsern, die bei höheren Temperaturen gebraucht werden, Sterilisiergefäßen, Wasserstandsröhren usw. ist die Autoklavenmethode die gegebene. Ich selbst habe die Methode bei sehr resistenten Gläsern mit Vorteil angewandt und die erwähnten Vorteile bestätigt gefunden.

Für die Durchführung ist wichtig, genau einhaltbare Anheizgeschwindigkeit, genaue Einhaltung der Temperatur bzw. Drucks, die übrigens bei verschiedenen Klassen der Gläser verschieden hoch gewählt werden kann. Anwendung von Pulver und Korn ist nicht zu empfehlen. Ausmeßbare Oberflächen, wie oben erwähnt, sind vorzuziehen. Probe wird, im Silbertiegel mit Wasser übergossen, in den mit Wasser angefüllten Autoklaven eingesetzt. Nach Erreichung der Höchsttemperatur oder nach Verweilen während bestimmter Dauer läßt man abkühlen. Der Tiegelinhalt wird filtriert. Die Tiegel mit porösem Boden der Staatl. Porzellanmanufaktur, Berlin, sind hierfür sehr geeignet. Das Filtrat wird auf bestimmtes Volum gebracht. Ein gemessener Teil wird titriert, der andere Teil wird eingedampft und das Gesamtlösliche durch Wägung bestimmt. In diesem Teil wird SiO_2, B_2O_3, eventuell auch CaO, BaO bestimmt. Der Rückstand wird getrocknet und zurückgewogen. Auch der Gewichtsverlust ist kennzeichnend. Die Ergebnisse werden in mg/cm^2 dargestellt.

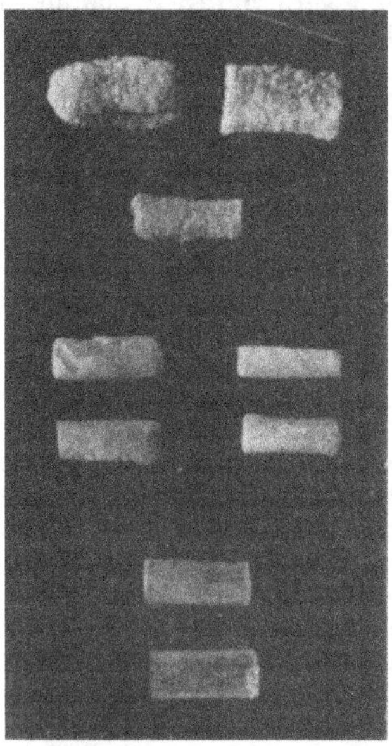

Phot Keppeler.

Abb. 52. Wirkung der Autoklavenbehandlung.

Die Autoklavenmethode wird auch in Thüringer Fabriken angewandt. Die Firma Greiner & Friedrichs[1])-Stützerbach benützt den Gewichtsverlust bei der Erhitzung mit Wasser auf verschiedene Temperaturen während 3 Stunden im Autoklaven als Prüfungsmittel. Die nebenstehende Abbildung 52 zeigt die Unterschiede der Wirkung bei 250° für verschiedene Gläser.

Auch in England hat man lebhaftes Interesse für die Autoklavenmethode. Baillie[2]) tritt besonders für ihre Vorzüge ein. Nach seiner Ansicht stimmen dabei die aus Alkalititration, Gewichtsverlust, Gesamtlöslichem im Filtrat abgeleiteten Werte überein und gehen der Eosinprobe von Mylius parallel. Turner[3]) bestreitet dies, verwirft die allgemeine Anwendung der Autoklavenmethode und will sie nur für die Prüfung von Gläsern für Wasserstandsröhren und ähnliche Zwecke zulassen. Withey[4]) kritisiert ebenfalls die Methode und verlangt, daß die Probe bei verschiedenen Drucken durchgeführt wird, wenn ein zutreffender Vergleich von Gläsern damit erreicht werden soll.

Besondere Untersuchungsmethoden sind dort angebracht, wo die Einwirkung nicht von Wasser, sondern von bestimmten Reagenzien geprüft werden soll. Man bedient sich dabei unmittelbar der Hohlgefäße (Rundkolben) und wägt den Substanzverlust, wie dies von Förster[5]) geschehen ist. Turner[6]) schlägt neuerdings vor, Scheiben (z. B. den ausgeschnittenen und an den Kanten polierten Boden eines Kolbens) in ein Becherglas mit 500 cm^3 Reagens zu hängen und bei Wasser und Salzsäure 6 Stunden, bei alkalischer Lösung 3 Stunden unter Konstanterhaltung des Flüssigkeitsstandes zu kochen. Die Gesamtoberfläche soll zwischen 80 und 100 cm^2 betragen. Maßstab für Angriff ist Gewichtsverlust.

Eine weitere Besonderheit der Prüfung erfordert die Fleckenempfindlichkeit der geschliffenen polierten optischen Gläser, die bei geringer Neigung zur Verwitterung durch die Berührung mit Agenzien (schweißige Finger, Pech, Gips) die Entstehung von Flecken zeigen. Im allgemeinen handelt es sich um eine Säurewirkung. Zschimmer[7]) prüft deshalb mit einem Tropfen 0,5proz. Essigsäure, der 0,05% Glyzerin zugesetzt ist. Nach 24 Stunden wird der Tropfen abgewaschen und das Glas getrocknet. Die etwaige Empfindlichkeit des Glases zeigt sich an der Stärke des Flecks. Tapohl[8]) prüft

[1]) Katalog der Firma: „Chemische Normalgeräte", Stützerbach, 1921.

[2]) J. Soc. Glass Techn. **6**, 279 (1922). — Ref. Glast. Ber. **1**, 147 (1923).

[3]) Diskussion zur Mitteilung: Hodkin und Turner, Angriff von Wasser und Dampf unter Druck auf Natron-Kalk-Silikatgläser. J. Soc. Glass Techn. **6**, 307 (1923). — Ref. Glastechn. Ber. **I**, 144 (1923).

[4]) J. Soc. Glass Techn. **6**, 289 (1923).

[5]) Ber. d. d. chem. Ges. **25**, 2494 (1892). — Z. f. analyt. Chem. **33**, 299 (1894); ebenda **33**, 322 (1894).

[6]) J. Soc. Glass Techn. **6**, 30 (1922).

[7]) Z. f. Instrumentenkunde **1903**, S. 55.

[8]) Glast. Ber. **1**, 97 (1923).

ebenfalls, und zwar quantitativer auf Säureempfindlichkeit. 1 cm^3 Glaspulver von 0,15—0,3 mm Korngröße wird durch Einrütteln in ein kleines Meßglas abgemessen und in einem Becherglas von 80 cm^3 Inhalt mit 10 cm^3 N/10 Salzsäure übergossen und 2 Stunden stehen gelassen. Danach wird unter Zusatz von 1 bis 2 Tropfen Methylorange, ohne zu filtrieren, mit einer gemessenen Menge N/10 NaOH alkalisch gemacht und dann der Überschuß zurücktitriert. Die Fleckenempfindlichkeit wird ausgedrückt in cm^3 vom Glas neutralisierter N/10 Salzsäure. Die Ergebnisse decken sich mit der Schätzung nach Zschimmer. Es wird eine Klasseneinteilung der Fleckenempfindlichkeit gegeben: A:0,0—0,1 cm^3, B:0,1—0,4, C:0,4—1, D:1—3, E mehr als 3 cm^3 N/10 Säure durch 1 cm^3 Glasgries neutralisiert.

Die Probe beachtet nicht, daß Fleckenempfindlichkeit vielfach durch Einwirkung auf Bleioxyd verursacht wird (s. S. 62 und 108).

c) Die Zersetzungserscheinungen. Es ist notwendig, die Vorgänge und Erscheinungen, die sich bei der Zersetzung des Glases abspielen, eingehender zu betrachten. Wir gehen dabei von einer Glasart aus, die vollkommen durch Wasser auflösbar ist und so die Zersetzungserscheinungen am stärksten zeigt: vom sogenannten „Wasserglas".

Unter Wasserglas[1]) versteht man durch Zusammenschmelzen von Alkalien und Kieselsäure erhaltene, glasig erstarrte Massen, die technischen Gläsern sehr ähnlich sehen. Sie sind aber durch geeignete Behandlung vollkommen im Wasser löslich. Je nachdem das zur Erzeugung dienende Alkali Natron oder Kali war, unterscheidet man Natronwasserglas und Kaliwasserglas. Chemisch betrachtet denkt man beim Wasserglas häufig an bestimmte Silikate, etwa Na_2SiO_3 und K_2SiO_3. Das in der Technik hergestellte Wasserglas enthält aber meist einen beträchtlichen Überschuß an Kieselsäure, meist 3 bis 4 Moleküle Kieselsäure auf 1 Molekül Na_2O resp. K_2O. In den Handel kommt das Wasserglas gewöhnlich als Lösung, die eine sirupdicke Flüssigkeit von 30 bis 35 Bé darstellt.

Diese Lösung entsteht nicht ohne weiteres. Es bedarf dazu langandauernden Kochens des zerkleinerten Wasserglases mit Wasser. In der Praxis wird die Lösung durch Kochen unter Druck im Autoklaven hergestellt.

Die Lösungsvorgänge werden am klarsten, wenn man Natron- und Kaliwasserglas gesondert betrachtet. Zunächst sei Natronwasserglas betrachtet. Mylius und Förster fanden, als sie 18,5 g zerkleinertes Wasserglas neun Tage lang bei 20° mit 70 cm^3 Wasser stehen ließen, daß 0,73% des Glases in Lösung gegangen war, bei dreimonatigem Stehen unter denselben Verhältnissen erhielt man 0,81% des Glases. Dabei war die Oberfläche des Glaspulvers mindestens 8 m^2. Wesentlich ist, daß das, was in Lösung ging, ganz und gar nicht der Zusammensetzung des Glases entsprach. Das Wasserglas enthielt 1 Molekül Na_2O, 3,2 Moleküle SiO_2, das Gelöste im ersten Versuch 0,32 Moleküle SiO_2, im zweiten 0,55 Moleküle SiO_2 auf 1 Molekül Na_2O. Es geht also mehr Natron in Lösung, der Rückstand wird an Kieselsäure angereichert. Durch reichliche Behandlung mit Wasser kann dem Wasserglas sein ganzer Natrongehalt entzogen werden. Es hinterbleibt reine Kieselsäure. Die Auflösung des Wasserglases ist also etwas ganz anderes, als die Lösung, die eintritt, wenn ein gegen Wasser beständiger Körper, z. B. Zucker, vom Wasser aufgelöst wird.

Das Wasserglas wird zersetzt im Sinne der Gleichung::

$$Na_2OSiO_2 + H_2O = 2\,NaOH + SiO_2.$$

Es ist jedoch nicht möglich, reine Natronlauge aus dem Wasserglas auszulaugen. Es löst sich in der entstehenden Natronlauge Kieselsäure auf, und zwar um so mehr, je länger die Digestionsdauer, je höher die Temperatur und je konzentrierter die Lösung ist. Die in der Technik erzeugte Wasserglaslösung verdankt also ihre Entstehung der sekundären Wirkung des in Freiheit gesetzten Natrons auf die Kieselsäure.

Das Kaliwasserglas zeigt sich noch unbeständiger. Die Löslichkeit der Kieselsäure in Kalilauge ist stärker. Während im ganzen die Einwirkung des Wassers hier ganz ähnlich ist, also ebenfalls in erster Linie Kali in Freiheit setzt, sind die Lösungen unter sonst gleichen Verhältnissen hier kieselsäurereicher. Die Begierde, mit der das Wasser auf das Kaliwasserglas einwirkt, kommt in einer deutlichen Wärmeentwicklung zum Ausdruck.

---

[1]) Herm. Mayer, Wasserglas (Sammlg. Vieweg, in Vorbereitg., 1925).

Mylius und Förster[1]), deren Versuche dieser Schilderung zugrunde liegen, beobachteten, daß ein dicker Brei aus Kaliwasserglas von der Formel ($K_2O \cdot 3\,SiO_2$) und Wasser innerhalb einer Viertelstunde sich von selbst um 14° erwärmte. Wurde das Wasserglas mit etwas Wasser auf 55° erwärmt, so stieg die Temperatur in wenigen Minuten auf 80°, also um 25°. Hier wird auch besonders deutlich, daß die beobachteten Erscheinungen mit einer Aufnahme von Wasser in das Glas einhergehen. In zehn Minuten ist beim zuletzt genannten Versuch der Brei zu einer homogenen Masse erstarrt. Überhaupt erhält man bei Mischungen aus Kaliwasserglas und Wasser in ein bis zwei Tagen steinharte glasige Massen, deren bis zu 50% betragender Wassergehalt bei starkem Erhitzen unter gewaltigem Aufblähen der Substanz entweicht.

Man muß sich also vorstellen, daß bei der Einwirkung des Wassers dieses in die Substanz des Wasserglases eindringt, daß eine „Quellung" der Glassubstanz stattfindet, wobei an die Oxyde Wasser angelagert wird, eine Hydratisierung derselben eintritt. Ein solcher Vorgang ist aber nicht möglich ohne Spaltung etwa vorhandener Silikate. Genau wie wir für den Vorgang in der Lösung das Symbol in chemischen Formeln schrieben, spielt sich beim Eindringen des Wassers in die feste Substanz der Vorgang ab:

$$K_2O \cdot x\,SiO_2 + (1 + y)\,H_2O = 2\,KOH + x\,SiO_2 \cdot y\,H_2O.$$

Die Wirkung des Wassers in Lösung wie in der festen Substanz des Glases kommt also auf eine Zerlegung der Silikate hinaus. Eine solche Trennung von Salzen in Säure und Base durch Wasser nennen wir: Hydrolytische Spaltung.

Salze aus starken Säuren und starken Basen, sog. „Neutralsalze", Kochsalz, Salpeter, Natriumsulfat, Chlorkalium usw., unterliegen diesen Wirkungen nicht. Enthält aber ein Salz eine schwache Säure oder eine schwache Base oder gar beides, so tritt die Spaltung durch das Wasser mehr oder weniger stark auf. Essigsaure Tonerde, das Salz der sehr schwachen Base Tonerde und der nicht zu den stärksten Säuren zählenden Essigsäure, ist in wässeriger Lösung zum Teil hydrolytisch gespalten, ein Teil des Gelösten ist getrennt in freie Säure und freie Base. Da bei der Spaltung äquivalente Mengen von Säuren und Basen auftreten, Essigsäure aber eine ziemlich starke Säure ist, so überwiegt der saure Charakter; eine Lösung von essigsaurer Tonerde reagiert sauer, färbt blaues Lackmuspapier rot und schmeckt säuerlich. Soda, das Salz der starken Base Natron und der schwachen Kohlensäure, ist ebenfalls hydrolytisch gespalten. Hier überwiegt aber der alkalische, der basische Charakter. Wässerige Sodalösungen reagieren basisch, färben roten Lackmus blau, schmecken laugig.

Die Kieselsäure ist nun eine ungemein schwache Säure. Zahlenmäßige Angaben darüber besitzen wir leider nicht. Aber es genügt, zu wissen, daß Kohlensäure sie aus den Lösungen der Silikate verdrängt. Sie ist also noch schwächer als Kohlensäure. Wir müssen sie zu den schwächsten Säuren rechnen, die wir kennen. Wenn trotzdem stärkere Säuren, wie Kohlensäure, Schwefligsäure, beim Niederschmelzen der Glasflüsse aus ihren Salzen ausgetrieben werden, so hat das, wie wir sehen werden, einen anderen Grund. Sicher ist: „Kieselsäure ist eine sehr schwache Säure, und demgemäß sind die wässerigen Lösungen ihrer Salze weitgehend hydrolytisch gespalten." Das geht aus den geringen Neutralisationswärmen[2]) hervor, die sich bei der Vereinigung von Kieselsäure mit Natronlauge ergeben und die selbst bei hohen Überschüssen an NaOH oder SiO_2 weit entfernt von der Neutralisationswärme bei der Bildung sog. Neutralsalze sind. Ferner zeigt sich dies bei Gefrierpunktsbestimmungen[3]) von Wasserglaslösungen, wo das einzelne Salzmolekül eine mehrfache, also die Spaltung andeutende Wirkung zeigt[4]). Dieselben Resultate geben Versuche zur Bestimmung der elektrischen Leitfähigkeit von Natronsilikatlösungen[5]).

Diese Tatsachen werden vortrefflich ergänzt durch umfangreiche Untersuchungen von Morey[6]) über das System $H_2O - K_2SiO_3 - SiO_2$ über das große Temperaturgebiet 200° — 1000° C hinweg. Bei höheren Temperaturen und entsprechenden Wasserdampfdrucken haben die Silikatlösungen geringe Wasser- und hohe Silikatkonzentration, so daß bei diesen Temperaturen eine Reihe von Kalisilikaten (K_2SiO_3 oberhalb 610°; $K_2SiO_3 \cdot \frac{1}{2}\,H_2O$ zwischen 370° und 610°; $K_2SiO_3 \cdot H_2O$ zwischen 200° und 370°; $K_2Si_2O_5 \cdot H_2O$ zwischen 280° bis 405°; $K_2Si_2O_5$; $KHSi_2O_5$ zwischen 420° und 515°) im Gleichgewicht mit den entsprechenden wasserhaltigen Schmelzen beständig sind. Dieser Befund ist zunächst von Wichtig-

---

1) Ber. d. D. chem. Ges. 22, I. 1098 (1889).
2) Thomson, Thermochem. Untersuchungen. Stuttgart 1906. S. 64.
3) Kahlenberg u. Lincoln, Journ. phys. Chem. 2, 77 (1898).
4) Siehe dieses Buch S. 5.
5) Kohlrausch, Zeitschr. f. phys. Chem. 12, 773 (1893), und Kahlenberg u. Lincoln a. a. O.
6) Morey u. Niggli, J. Chem. Soc. **35**, 1086 (1913). Morey, J. Am. Chem. Soc. **36**, 215 (1914); Z. f. anorg. Chem. **86**, 305 (1914). Morey, J. Am. Chem. Soc. **39**, 1173 (1917).

keit für die „Autoklavenmethode“ (s. S. 71). Man wird bei Kaligläsern, die bei höherer Temperatur als 200° im Autoklaven behandelt werden, das Auftreten von kristallisiertem $K_2SiO_3 \cdot H_2O$ erwarten dürfen, und aus den Beobachtungen von Mylius ist zu entnehmen, daß auch die Silikate anderer Basen im Autoklaven neue ähnliche Kristallausscheidungen geben. Ferner ist aus der Untersuchung zu entnehmen, daß mit sinkender Temperatur die flüssige Phase mehr und mehr Wasser enthält, wodurch die genannten Kalisilikate zersetzt werden, so daß bei Temperaturen unter 200° kein festes Silikat mit der Lösung im Gleichgewichte ist. Auch die Lösung selbst ist so gut wie vollkommen hydrolytisch gespalten, wobei also verschwindend kleine Mengen SiO_2 im Gleichgewicht in wahrer Lösung sind.

Der Grad der hydrolytischen Spaltung ist abhängig von den Konzentrationsverhältnissen, in denen sich die reagierenden Bestandteile zusammenfinden. Durch Verdünnung von Wasserglaslösungen wird die hydrolytische Spaltung erhöht. In sehr dünnen Wasserglaslösungen ist das Salz nahezu vollkommen in freies Natron und in freie Kieselsäure gespalten. Nach den Leitfähigkeitsmessungen von Kahlenberg und Lincoln[1]) gibt eine Lösung mit einem Äquivalent Na_2OSiO_2 in 1024 l eine Leitfähigkeit von 148, während die entsprechende Natronlösung 181 ergibt. Verdünnte Wasserglaslösungen verhalten sich also nahezu so, als ob sie Natronlösungen wären. Die Verhältnisse werden freilich durch die Anwesenheit der freien Kieselsäure verwickelt, weil diese Kieselsäure nicht in eigentlicher Lösung, sondern, wie man sagt, „kolloid gelöst“ sich vorfindet. Dadurch werden sehr eigenartige Erscheinungen hervorgerufen. Es würde aber zu weit führen, sie hier zu erläutern[2]).

Es ist aus dieser Sachlage heraus verständlich, daß die dünnen Lösungen von NaOH, die zunächst bei der Berührung von Wasser mit Wasserglas entstehen, nur wenig Kieselsäure mitlösen.

Umgekehrt wird durch Erhöhung der Konzentration der Spaltstücke die Spaltung zurückgedrängt, die relative Menge des unzersetzten Bestandteiles erhöht. Zusatz starker Natronlauge drückt die Hydrolyse zurück. Damit im Zusammenhang steht die Tatsache, daß das hochkonzentrierte Natriumhydroxyd, das beim Einwandern von Wasser in das Wasserglas entsteht, die daneben befindliche Kieselsäure vollkommen in lösliche Form überführt. Mit viel Wasser gelingt es nur bei Temperaturen über 100°, Wasserglas glatt zu lösen. Läßt man mit wenig Wasser Pulver von Wasserglas aufquellen, so erhält man, wie schon die Versuche von Mylius und Förster (s. S. 74) andeuteten, ein hydratisiertes trocken erscheinendes Wasserglas, das sich nun glatt im Wasser löst[3]).

All dies bezieht sich mehr auf den sekundären Vorgang der Lösung. Uns interessiert auch der primäre Vorgang im Glas. Wir sahen oben, daß eine Auflösung von Alkali und die Aufnahme von Wasser in die Silikate nicht möglich ist, ohne die Spaltung vorhandener Silikate. Wenn nun diese Spaltung durch das Wasser zustande gebracht wird, so wird der Grad der Spaltung, genau wie bei der eben betrachteten Hydrolyse in Lösung, abhängen von dem Verhältnis von Kieselsäure zum Alkali. Je mehr die Kieselsäure überwiegt, um so mehr widersetzt sich das Silikat der Spaltung durch das Wasser.

Nun ist aber noch zu bedenken, daß es nicht sicher ist, daß im Glase nur ungespaltene Silikate vorliegen. Das Glas ist ja im Schmelzfluß entstanden. Bei der hohen Temperatur machen sich thermische Spaltungen geltend, und es ist nicht unmöglich, daß sie bei der Erkaltung nicht vollkommen verschwinden, daß also in der erstarrten Schmelze neben dem gebundenen Oxyd ungebundenes vorhanden ist. Wasserglas wäre eine Lösung von Natriumsilikat und etwas Natron in überschüssiger Kieselsäure. Der Betrag an freiem Natron würde bei dieser Auffassung ebenfalls durch Erhöhung der Kieselsäurekonzentration vermindert werden im Sinne des Massenwirkungsgesetzes:

$$\frac{C_{Na_2O} \times C_{SiO_2}}{C_{Na_2SiO_3}} = K.$$

Eine Entscheidung, welche von beiden Erscheinungen die wesentlichere ist, läßt sich nicht treffen. In ihren Wirkungen sind sie identisch. Da für die Ausdrucksweise die zweite Vorstellung die einfachere ist, soll sie im folgenden benutzt werden. Wir werden sehen, daß sie recht brauchbar ist.

---

[1]) l. c.

[2]) Siehe hierüber außer den erwähnten Abhandlungen besonders Mylius, Bericht des VI. Internat. Kongresses für angewandte Chemie. Bd. I, 677; Sprechsaal **1908**, 140.

[3]) Caven, J. Soc. Chem. Ind. **63** (1918). Die Fa. Henkel, Düsseldorf, bringt solches Wasserglaspulver, in kleine Briketts gepreßt, unter dem Schutznamen „Portil“ für Haushaltszwecke in den Handel.

Im Sinne der hier angedeuteten Gleichgewichte könnte man die Löslichkeit von nur Alkali enthaltenden Gläsern sehr vermindern durch starke Erhöhung des Kieselsäuregehalts. Bis zu praktisch brauchbarer Löslichkeitsverminderung läßt sich dies jedoch nicht durchführen.

Um zu praktisch brauchbaren Gläsern zu kommen, müssen noch andere Oxyde im Glase vorhanden sein. Am häufigsten wird neben Alkali und Kieselsäure der Kalk verwendet.

Wie nun bei gleichbleibendem Molverhältnis von Alkali zu Kalk die Zersetzlichkeit mit wachsendem Kieselsäuregehalt zurückgeht, zeigt eine Untersuchung von Schwarz[1]).

Schwarz hat eine Anzahl Probeschmelzen vorgenommen, diese gepulvert und das Glaspulver der Einwirkung 10proz. Salzsäure ausgesetzt. Je nach der Zusammensetzung, die in der folgenden Tabelle in molekularen Verhältnissen angegeben ist, werden größere oder geringere Mengen von Glassubstanz aufgelöst. Die Menge des Gelösten ist in der letzten Spalte der Tabelle 12 angegeben.

Tabelle 12.

Molekularverhältnis der Schmelzung				In 10 proz. Salzsäure gelöst Prozente des Glases
SiO_2	CaO	K_2O	Na_2O	
3	1	1	—	45,25
4	1	1	—	7,66
5	1	1	—	0,65
6	1	1	—	0,33
5	1	—	1	0,58
6	1	—	1	0,17

Es ist augenfällig, daß mit steigendem SiO_2-Gehalt die Menge des Gelösten fällt. Befindet sich die Molekülzahl von Kalk zu Kali resp. zu Natron im Verhältnis 1 : 1, so wird einige Haltbarkeit beim Glase erst erreicht, wenn auf zwei Moleküle Basen fünf Moleküle SiO_2 kommen. Die Haltbarkeit steigt bei weiterem Kieselsäurezusatz. Selbst bei den relativ guten und hohen Kalkgehalt zeigenden Gläsern mit fünf und sechs Molekülen SiO_2 auf zwei Moleküle Basen zeigt sich noch der Unterschied zwischen Kali und Natron, der bei den Wassergläsern besonders stark hervortrat. Auch hier sind die Kalikalkgläser etwas weniger haltbar als die Natronkalkgläser.

Den Einfluß steigenden Kalkgehalts zeigen die Versuche von Mylius und Förster[2]), die gleichzeitig einen Vergleich mit dem kalkfreien Wasserglas sowohl für Natron- wie für Kaligläser zulassen. Die folgende Tabelle 13 zeigt die Mengen des Gelösten, wenn das Glaspulver fünf Stunden mit 70 ccm Wasser in einem Platinkölbchen auf 100° erhitzt wurde.

Tabelle 13

Formel	Gelöstes mg	Formel	Gelöstes mg
$2\,K_2O \cdot 6\,SiO_2$	6624	$2\,Na_2O \cdot 6\,SiO_2$	2987
$1^3/_4\,K_2O \cdot {}^1/_4\,CaO\,6\,SiO_2$	4674	$1^3/_4\,Na_2O \cdot {}^1/_4\,CaO\,6\,SiO_2$	507,6
$1^1/_2\,K_2O \cdot {}^1/_2\,CaO\,6\,SiO_2$	223.5	$1^1/_2\,Na_2O \cdot {}^1/_2\,CaO\,6\,SiO_2$	42,4
$1^1/_4\,K_2O \cdot {}^3/_4\,CaO\,6\,SiO_2$	32,1	$1^1/_4\,Na_2O \cdot {}^3/_4\,CaO\,6\,SiO_2$	17,4
$1\,K_2O \cdot CaO\,6\,SiO$ . . .	9,5	$1\,Na_2O \cdot 1\,CaO\,6\,SiO_2$. .	7,4

Wir sehen also, daß mit wachsendem Kalkgehalt die Lösbarkeit des Glases abnimmt. Wir finden bestätigt, daß Kaligläser leichter löslich sind als Natrongläser äquimolekularer Zusammensetzung. Jedoch tritt dieser Unterschied, der beim Wasser-

[1]) Verh. d. V. z. Beförderung d. Gewerbefl. **1887**, 90.
[2]) Ber. d. D. chem. Ges. 22, 1104 (1889).

glas und diesem nahestehenden Gläsern überaus stark ist, bei den viel Kalk enthaltenden Gläsern mehr und mehr zurück.

Wir finden also eine vollkommene Ähnlichkeit in den Erscheinungen zwischen Wasserglas und Glas in der Weise, daß mit der Steigerung des Gehaltes an Kalk und Kieselsäure die Lösbarkeit kleiner und kleiner wird.

Auch die beim Wasserglas auftretenden Erscheinungen der Quellung finden sich in den Gläsern.

Schott[1]) konnte an einer Reihe Gläsern zeigen, daß sie Wasser in sich aufnehmen, das beim Erhitzen ausgetrieben wird, was aber gleichzeitig mit einer Trübung, Zerklüftung und Abbröcklung verbunden ist. Mit der die Wasseraufnahme bedingenden Behandlung mit Wasser geht gleichzeitig eine Verarmung der Oberfläche an Alkali einher. Ähnliche Beobachtungen sind von Förster[2]) zusammengestellt. Sehr eingehende Untersuchungen haben Mylius und Groschuff an Gläsern anstellen können, die jahrelang in Akkumalatoren dauernd mit Wasser in Berührung waren und so die Wirkung des Wassers deutlich machten. Es zeigte sich, daß minderwertiges Glas durch die Akkumulatorenflüssigkeit merklich ausgelaugt wird unter Bildung eines wasserhaltigen Glases, indem Alkali aus- und Wasser bis zu 12% eintritt. In diesem Fall war Kern und Rinde wie folgt zusammengesetzt:

Tabelle 14

	Kern	Rinde		Kern	Rinde
SiO_2	69,7	77,4	MgO	0,2	0,2
SO_3	0,4	?	Na_2O	**22,8**	**4,6**
Al_2O_3	1,4	2,7	K_2O	3,7	1,1
Mn_3O_4	0,5		H_2O	**0**	**12,0**
CaO	1,3	1,5			

Dies Glas schien bei der Entnahme aus dem Wasser unverändert. Beim Liegen an der Luft verwitterte es aber unter Bildung zahlreicher Risse an der Oberfläche. In anderen Fällen wird die Veränderung erst beim Erwärmen erkenntlich. Beim langsamen Erhitzen blättert die äußere Schicht des Glases unter allmählicher Abgabe des vom Glase aufgenommenen Wassers ab. Rasches Erhitzen über 500° hinaus führt zu einer neuen Art Entglasung, bei welcher die Oberfläche des Glases von zahllosen kleinen Blasen durchsetzt ist, so daß man unter dem Mikroskop das Bild eines Schaumes hat. Diese Erscheinung tritt vor der Lötlampe auch bei Gläsern, die Wasser aus der Luft aufgenommen haben, ein[3]). Die Wasseraufnahme dieser Gläser ist übrigens weit größer (in einem etwa viermal so groß), als dem einfachen Ersatz von 2 NaOH durch H_2O entspräche. Sie ist um so stärker, je alkalireicher das Glas ist.

Bei besseren und guten Gläsern ist die Aufnahme von Wasser in das Glas, die „Quellung“ desselben, schwieriger nachweisbar. Je besser das Glas ist, in um so geringere Tiefe greift der Quellungsvorgang ein. Man ist dann meistens nur auf den Nachweis des Gelösten angewiesen. Wir besitzen aber selbst für gute Gläser den Nachweis der Wasseraufnahme in den Versuchen Habers[4]), bei denen an Glas, das in Säuren oder Laugen taucht, der Auftritt von elektrischen Phasengrenzkräften festgestellt werden konnte. Es ist jedoch bemerkenswert, daß an schwer schmelzbarem Jenenser Glas die Erscheinung merkbar erst dann auftrat, nachdem es zwei Stunden im Autoklaven mit Wasser auf 200° erhitzt war.

Als Beweis für die Auffassung von der „Quellung“ des Glases können auch die Versuche von Bunsen[5]) und von Warburg und Ihmori[6]) dienen. Diese sind des-

[1]) Zeitschr. f. Instrumentenkunde 9, 86 (1889).
[2]) Ber. d. D. chem. Ges. **25**, 2495 (1892), **26**, 2920 (1893).
[3]) S. S. 63 Text und Abb. 47.
[4]) Zeitschr. f. physik. Chem. **67**, 409 (1909).
[5]) Wiedemanns Annal. **20**, 545; 22, 145; 24 (1885).
[6]) Wiedemans Annal. **27**, 481 (1886).

halb besonders interessant, weil sie zeigen, daß die geschilderten Wirkungen nicht auf flüssiges Wasser beschränkt sind, sondern in gleicher Weise von Wasserdampf und feuchter Luft hervorgerufen werden. Anderseits tritt aber hier die Quellung nicht ungetrübt in Erscheinung, weil das Alkali nicht von der Oberfläche weggelöst wird, also an der Absorption von Wasser resp. Kohlensäure teilnimmt. Bunsen hatte in den erweiterten Raum eines Barometers Glasfäden gebracht und das Barometer mit Kohlensäure gefüllt. War die Kohlensäure ohne Spur von Wasserdampf, trat keine Veränderung ein. War sie feucht, so machte sich die Wirkung des Wassers geltend, es wurde Alkali an der Oberfläche in Freiheit gesetzt und dies verschluckte die Kohlensäure. Die Oberfläche der Glasfäden betrug 13628 cm^2. Sie verschluckte im ersten Jahre 42,91 cm^3, im zweiten 15,03, im dritten 12,04 cm^3 Kohlensäure. Die Zusammensetzung des Glases war:

$$70{,}7\ SiO_2,\ 16\ Na_2O,\ 2{,}1\ K_2O,\ 9{,}0\ CaO,\ 0{,}3\ MgO,\ 1{,}9\ Al_2O_3,\ 0{,}7\ Fe_2O_3.$$

Die Versuche von Warburg und Ihmori sind auch deshalb von besonderer Bedeutung, weil in ihnen die von Glas aufgenommenen Wassermengen direkt zur Wägung gebracht sind. Die Aufnahme des Wassers ist natürlich abhängig vom Partialdruck des Wasserdampfes. Bei ungesättigtem Wasserdampf werden 1 bis 5 Tausendstel-Milligramm auf den Quadratzentimeter Glasoberfläche aufgenommen. Näherte sich der Wasserdampfgehalt der Sättigung, so stieg die Menge des aufgenommenen Wassers auf 20 Tausendstel-Milligramm. Bringt man die Glasoberfläche in Räume geringeren Wasserdampfgehalts, so verdampft Wasser von der Oberfläche. Die hier gewogene Wasserhaut ist also keine dauernde. Warburg und Ihmori sprechen deshalb von der „temporären Wasserhaut". Sie ist wesentlich durch das freigelegte Alkali bedingt, das Wasser anzieht. Wird dieses durch Behandlung mit siedendem Wasser entfernt, so ist die Gewichtszunahme bedeutend geringer: bei Thüringer Glas 4 gegen 48, bei (wohl böhmischem?) Kaliglas 2 gegen 23 mg/1000.

Wie man sieht, ist die Wasseraufnahme bei guten Glastypen sehr gering und nur mit den genauesten Wagen festzustellen. Viel leichter gelingt es, die mit der Wasseraufnahme Hand in Hand gehende Auslaugung von Alkali nachzuweisen, und darum beziehen sich die meisten Untersuchungen auf die Bestimmung des in Lösung Gehenden. Gerade hierüber gibt es eine überaus reichhaltige Literatur, auf deren ausführliche Wiedergabe wir verzichten können. In diesen Untersuchungen ist meist nur auf die alkalischen Bestandteile Rücksicht genommen. Kohlrausch[1]) hat vollständige Analysen des von kaltem Wasser Gelösten im Vergleich mit dem Glase gegeben.

Ein Flaschenglas der Zusammensetzung:

$$\left.\begin{array}{l}1{,}6\ Na_2O\\0{,}1\ K_2O\\0{,}3\ CaO\end{array}\right\}0{,}16\ Al_2O_3\cdot 6{,}5\ SiO_2$$

ließ bei Behandlung von 9 g mit 250 g Wasser 140 mg in Lösung gehen, und zwar hatte die gelöste Substanz folgende Zusammensetzung:

$$\left.\begin{array}{l}1{,}966\ Na_2O\\0{,}028\ K_2O\\0{,}006\ CaO\end{array}\right\}0{,}075\ Al_2O_3\cdot 1{,}4\ SiO_2.$$

Wie beim Wasserglas ist auch hier im Gelösten eine beträchtliche Anreicherung von Natron im Verhältnis zur Kieselsäure eingetreten.

Ähnliche Resultate wurden mit einem böhmischen, schwer schmelzbaren Glas erhalten. Seine Zusammensetzung entsprach der Formel:

[1]) Ber. d. chem. Ges. **26**, 2998.

$$\left.\begin{array}{l}1{,}14\,(K_2O + Na_2O)\\0{,}86\,CaO\end{array}\right\}9{,}0\,SiO_2.$$

Entsprechend dem starken Überwiegen der Kieselsäure sind hier von 200 g Wasser aus 8 g Glas nur 80,6 mg gelöst mit folgender Zusammensetzung:

$$\left.\begin{array}{l}1{,}50\,(K_2O + Na_2O)\\0{,}50\,CaO\end{array}\right\}6{,}34\,SiO_2.$$

Auch hier ist die Lösung ärmer an Kieselsäure als das Glas.

Die Lösung der Glasbestandteile durch Wasser ist natürlich von der Temperatur des Wassers abhängig. Je höher die Temperatur, um so stärker der Angriff. Bei vier gleichen Kolben[1]) wurden pro cm² Oberfläche gelöst:

In 24 Stunden	bei	0°:	1,9 mg
„ 24 „	„	18°:	6,4 „
„ 1 Stunde	„	42°:	9,1 „
„ 1 „	„	80°:	153,0 „

Die Mengen, die bei niederer und hoher Temperatur gelöst werden, unterscheiden sich im allgemeinen um so mehr, je größer der Angriff schon bei gewöhnlicher Temperatur ist, wie folgende Tabelle zeigt:

Tabelle 15.

Glasart	Zusammensetzung					Formel	Gelöstes Alkali für gleiche Flächen bei	
	SiO_2	Na_2O	K_2O	CaO	$Al_2O_3 + Fe_2O_3$		20°	80°
Kähler & Martini . .	75,4	9,3	4,4	9,9	1,0	$\left.\begin{array}{l}0{,}95\,Na_2OK_2O\\0{,}85\,CaO\end{array}\right\}6\,SiO_2$	1,0	6,7
Schweig & Comp. . .	78,8	10,1	3,6	7,2	0,3	$\left.\begin{array}{l}0{,}9\,Na_2OK_2O\\0{,}6\,CaO\end{array}\right\}6\,SiO_2$	1,5	8,9
Kavalier	79,1	6,4	6,7	7,6	0,2	$\left.\begin{array}{l}0{,}72\,Na_2OK_2O\\0{,}57\,CaO\end{array}\right\}6\,SiO_2$	2,1	8,9
Böhmisches Hohlglas .	76,5	9,2	5,5	8,2	0,6	$\left.\begin{array}{l}0{,}99\,Na_2OK_2O\\0{,}69\,CaO\end{array}\right\}6\,SiO_2$	10	43
Leybolds Nachfolger .	76,5	10,4	6,6	5,9	0,6	$\left.\begin{array}{l}1{,}31\,Na_2OK_2O\\0{,}45\,CaO\end{array}\right\}6\,SiO_2$	13	176
Schilling	73,1	13,4	5,3	5,8	2,2	$\left.\begin{array}{l}1{,}35\,Na_2OK_2O\\0{,}47\,CaO\end{array}\right\}6\,SiO_2$	21	270

Besonders merkwürdig ist die Erscheinung, daß **bei fortgesetzter Behandlung mit Wasser die Menge des Gelösten abnimmt.** Wir sahen dies schon bei Bunsens Untersuchung[2]), wo die Menge absorbierter Kohlensäure im Laufe der Zeit abnimmt. Noch auffälliger trat dies bei Warburg und Ihmori hervor, wo die Behandlung mit siedendem Wasser genügte, um die Absorption von Wasserdampf in der Glasoberfläche auf ganz kleine Beträge, ja bei manchen Gläsern auf Null herabzudrücken.

Diese Verbesserung der Glasoberfläche durch Behandlung mit Wasser ist namentlich durch Kohlrausch[3]) hervorgehoben worden, der die Gläser durch Bestimmung der Leitfähigkeit des mit Glas in Berührung gebrachten Wassers untersuchte[4]). Es zeigte sich hier deutlich, daß bei wiederholter Behandlung von Gläsern mit Wasser die Einwirkung abnahm. Nach der Behandlung mit heißem Wasser und ebenso nach längerer Behandlung mit Säure waren die besseren Gläser gegen Wasser widerstandsfähiger als vorher. Besonders beachtenswert ist der Versuch, bei dem das zur Bestimmung der Leitfähigkeit dienende

[1]) Mylius u. Förster, Zeitschr. f. Instrumentenkunde. **11**, 311 (1891).
[2]) Siehe S. 78.
[3]) Annal. d. Phys. u. Chem. **44**, 577 (1891); Ber. d. D. chem. Ges. **24**, 3560; ebenda **26**, 2998.
[4]) Siehe S. 68.

Gefäß zehn Jahre mit Wasser ausgelaugt war, und dann in dieses Gefäß aus einem daran angeschmolzenen Vorratsgefäß im Vakuum vielfach Wasser eindestilliert wurde. Nach 30 Destillationen war die Leitfähigkeit des Wassers auf 0,04 herabgesetzt[1]), während der niederste vor der Auslaugung gefundene Wert 0,25 war. Bei Destillation in der Luft kommt man nicht unter 0,7.

Man sieht also, daß die Oberfläche guter Gläser durch die dauernde Behandlung mit Wasser schließlich praktisch unveränderlich wird. Die Erreichung dieses Zieles wird um so weiter hinausgeschoben, je schlechter das Glas ist. Je besser das Glas ist, um so früher findet die Wirkung des Wassers ihr Ende. Dies wird durch neuere Versuche von Mylius[2]) sehr deutlich. Zur Prüfung ist die auf Seite 69 behandelte Jodeosinprobe benutzt und die Angreifbarkeit des Glases wurde ausgedrückt in mg Jodeosin, die pro cm^2 der frischen Bruchflächen aufgenommen wurden. Die Versuche ergaben für:

Tabelle 16

Glas	mg Jodeosin nach			Verhältnis 1 Stunde / 1 Minute
	1 Minute	10 Minuten	60 Minuten	
Kaliwasserglas	3,2	18,0	—	--
Röhrenglas *A* minderwertig	1,3	4,2	5,7	4.4
„ *B* „	,0,5	1,0	1,5	3,0
Apparatenglas	0,2	0,2	0,2	1,0

Man sieht, daß die schlechten Gläser die 3fache resp. 4,4fache Zersetzung erleiden, wenn die Einwirkungsdauer von einer Minute auf eine Stunde erhöht wird, während das gute Apparatenglas schon nach einer Minute das Maximum des Wasserangriffs erfahren hat.

Es muß jedoch gesagt sein, daß man ganz exakt aus der Größe der anfänglichen Zersetzung nicht immer auf den Verlauf der verlangsamten Zersetzung schließen darf. Hierfür gibt Mylius folgende Beispiele:

Tabelle 17

Glas	mg Jodeosin auf 1 dm^2 Bruchfläche		
	I	II	
	nach 1 Minute	nach 1 Tag	Zunahme II—I
A	0,01	0,01	0
B	0,16	0,40	0,24
C	0,17	0.80	0,63
D	0,20	1,10	0,90
Spiegelglas	0,20	0,28	0,08

Wie man sieht, macht hier das Spiegelglas eine Ausnahme von der oben gegebenen Regel. Trotz eines anfänglich merklichen Angriffs ist die nachfolgende Zersetzung auffallend gering, mit anderen Worten: das Spiegelglas ist wohl hygroskopisch, aber kaum der Verwitterung zugänglich. Diese Erfahrung ist sehr häufig gemacht worden und hat eben die Notwendigkeit erwiesen, die einfache Alkaliprobe durch eine zweite nach Zeit und Temperatur gesteigerte Beanspruchung zu ergänzen. Vergleiche: Natürliche Alkalität und Verwitterungsalkalität (s. S. 69). Auslaugung 7 Tage bei 18° und 3 Stunden bei 80° C.

[1]) Kohlrausch u. Heydweiler, Annal. d. Phys. u. Chem. **53**, 209.
[2]) Zeitschr. f. anorg. Chem. **55**, 258 (1907).

Die Tatsache, daß bei den guten Gläsern nicht dauernd Alkali aus der Oberfläche gelöst wird, hat zur Annahme geführt, daß die Oberfläche alkalireicher sei. Das ist aber fraglich. Wird die Oberflächenschicht durch Ätzen entfernt, so zeigen die freigelegten Schichten keine Veränderung der Löslichkeit [1]).

Tritt an die Stelle des reinen Wassers solches, das chemische Reagenzien, Säure, Basen, Salze gelöst enthält, so ist der Angriff prinzipiell nicht verändert. Insbesondere bleibt bei der Wirkung der Säuren das Bild genau wie beim Wasser. Da das bei der Wirkung des Wassers gelöste Alkali durch die Säure neutralisiert wird, wird die sekundäre Wirkung des Alkalis geschwächt. Säuren greifen deshalb im allgemeinen Glas weniger an als Wasser selbst [2]).

Alkalien in sehr großer Verdünnung, z. B. in Tausendstel-Normallösung, wirken kaum anders als das Wasser selbst. Bei wachsender Konzentration nimmt die Wirkung rasch zu. Bei Kalk-Alkali-Gläsern wird in erster Linie das Alkalisilikat gelöst. Doppelt normale Natronlauge löst das Kalk-Alkali-Glas als solches auf. Sehr konzentrierte Laugen greifen Glas bei gewöhnlicher Temperatur weniger an als verdünntere, bei 100^{0} wenigstens nicht stärker als verdünnte.

Salze wirken natürlich sehr verschieden auf das Glas ein. Solche, die in wässeriger Lösung hydrolytisch Alkali abspalten (Soda z. B.), wirken den Alkalien entsprechend.

Die hier gegebenen Regeln treffen natürlich nicht immer zu. Es können sich spezielle Einflüsse der Lösungsmittel geltend machen. So wirkt Phosphorsäure stark lösend auf die Kieselsäure des Glases. Sie greift deshalb die Gläser überaus stark an. Bei Flußsäure ist dies noch sehr viel stärker. Anderseits kann auch ein bestimmter Glasbestandteil gewissen Reagenzien gegenüber eine abnorme Löslichkeit zeigen. So sind borsäurehaltige Gläser gegen Alkali sehr empfindlich, während sie sonstigen Reagenzien gegenüber überaus widerstandsfähig sein können. (S. a. den Abschnitt 6 S. 107.)

Im ganzen genommen aber lassen sich die Erscheinungen der Glaszersetzung im wesentlichen als Wirkungen des Wassers erkennen und vollständig unter den Gesichtspunkten der „Quellung" und der „Lösbarkeit" der an sich freien oder durch Hydrolyse freigelegten Oxyde zusammenfassen. Gerade die eben besprochene Erscheinung der Verbesserung des Glases durch Behandlung mit Wasser findet in dieser Auffassung ihre Erklärung. Das Wasser wirkt nicht nur an der Oberfläche als solches, sondern auch in Lösung im Glas selbst. Wir sahen, feuchter Äther, eine Lösung von ganz kleinen Mengen Wasser in Äther, wirkt wie Wasser selbst (Seite 69). Die Wirkung wird um so größer sein, je größer die Konzentration des Wassers ist und umgekehrt. Eine von Wasser angegriffene Glasschicht ist im gewissen Sinne eine Lösung von Wasser in Glas, je schlechter das Glas ist, um so größer ist die Konzentration des Wassers in dieser Lösung. Die an Wasser gesättigte Oberfläche wirkt auf die tiefer liegenden Schichten, wie etwa die Wasserlösung in Äther auf die Oberfläche wirkt. So gut nun z. B. in einer Gelatineschicht Salze diffundieren (Seite 6), kann auch in gequollenem Glase Alkali nach den wasserreicheren Schichten wandern, und so kann eine tiefgehende Zersetzung eintreten. Bei einem besseren Glase nimmt die Oberfläche weniger Wasser auf. Der geringen Konzentration in dieser Oberflächenschicht entsprechend, wird in der nächst tiefer liegenden noch weniger aufgenommen, und sehr bald ist die Menge und der Zustand des aufgenommenen Wassers so wenig aktiv, daß die benachbarte Schicht unverändert bleibt. Bei gutem Glase ist die in der äußersten Oberfläche aufgenommene Wassermenge schon so gering, daß ein Tiefergreifen vollkommen unterbleibt. Beim

[1]) Kohlrausch l. c.

[2]) Förster, Zeitschr. f. Instrumentenkunde, 13, 457 (1893).

idealen Glas sollte gar nichts aufgenommen werden. Es sei in dieser Beziehung daran erinnert, daß Haber bei schwer schmelzbarem Jenenser Glas das Auftreten von elektrischen Phasengrenzkräften, deren Zustandekommen eine Aufnahme von Wasser in die feste Phase voraussetzt, nur dann beobachten konnte, wenn das Glas im Autoklaven mit Wasser erhitzt war (Seite 77).

d) Einfluß der chemischen Zusammensetzung. Die letzten Betrachtungen haben uns gezeigt, daß der Vorgang der Zersetzung des Glases in diesem selbst stattfindet. Daraus ergibt sich, daß dieser Vorgang sich stark vom Lösen eines einheitlichen Körpers unterscheidet. Bei diesem tritt bei der Berührung mit dem Lösungsmittel ein Übergang des Körpers in die flüssige Phase auf, an dem nur die äußerste Grenzschicht teilnimmt und deren Geschwindigkeit nur von der Diffusion des an der Grenzschicht Gelösten im Lösungsmittel abhängt (Noyes und Whitney[1]), Nernst[2]), Brunner[3]). Dieser Übergang hört auf, wenn das Lösungsmittel mit dem zu lösenden Stoff gesättigt ist. Die Konzentration der bei einer bestimmten Temperatur mit dem Stoff gesättigten, im Gleichgewicht mit dem festen Stoff befindlichen Lösung nennen wir die „Löslichkeit" des Stoffes[4]).

Für den Angriff des Glases durch Wasser ist die Konzentration der entstehenden Lösung nicht von der gleichen Bedeutung. Es gibt keine gesättigte Lösung zwischen Glas und Wasser. Wenn die Abgabe von Glasbestandteilen an das Lösungsmittel aufhört, so ist dies nicht in der Sättigung des Lösungsmittels, sondern in der Zusammensetzung des Glases und in der vorhergegangenen Veränderung des zu lösenden Glases begründet. Der zu lösende Körper gibt keine Bestandteile mehr an die Lösung ab, obgleich sie für diese Bestandteile ungesättigt ist. Es ist deshalb unrichtig, beim Glas den Grad der Angreifbarkeit durch Wasser als „Löslichkeit" zu bezeichnen. Es ist nach den vorstehenden Ausführungen richtiger, diese Eigenschaft „Auslaugbarkeit" zu nennen. Es muß auch beachtet werden, daß in den verschiedenen geschilderten Untersuchungsmethoden (S. 65) kein absolutes Maß für die Auslaugbarkeit gefunden wird. Es wird nie die maximale Auslaugbarkeit, die in Parallele zur genannten „Löslichkeit" zu stellen wäre, erhalten. Der für die Auslaugbarkeit erhaltene Wert ist von der Oberfläche, die dem Angriff dargeboten wird, abhängig. Ferner wird aber ja kein Grenzwert, sondern stets eine in einer bestimmten Zeit gelöste Menge bestimmt. Das Ergebnis ist immer eine Funktion der Zeit. Die Messungen sind also Geschwindigkeitsmessungen, Bestimmungen der Auslauggeschwindigkeit. Diese kann natürlich sehr gut als Maßstab für den Grad der Haltbarkeit eines Glases dienen und kurz durch das Wort „Auslaugbarkeit" bezeichnet werden, das auch in qualitativer Beziehung alle die erwähnten Erscheinungen deckt. Wir müssen also „Löslichkeit" und „Auslaugbarkeit" genau auseinanderhalten, die freien Oxyde bzw. Hydroxyde zeigen „Löslichkeit", das Glas wird „ausgelaugt".

Die Auslaugung des Glases ist, wie wir sahen, verbunden teils mit einer Überführung frei vorhandener Oxyde in Hydroxyde (Hydratisation), teils mit einer Spaltung von Silikaten, Boraten usw. durch das Wasser (Hydrolyse), wobei in beiden Fällen Hydrate der Oxyde entstehen, die in Wasser mehr oder weniger löslich sind. Der Einfluß der Zusammensetzung kann sich in verschiedener Richtung geltend machen. Die Hydrolyse und Hydratisation werden sich beide ändern, wenn in einem Glas eine Anzahl Mole eines gegebenen Oxydes durch eine gleiche Zahl Mole eines anderen Oxydes ersetzt werden, also wenn z. B. in einem Glas, ohne sonst die molare Zusammensetzung zu ändern,

---

[1]) Z. f. phys. Chem. **1**, 689 (1897).

[2]) Ebenda **47**, 52 (1904).

[3]) Ebenda, **47**, 56 (1904).

[4]) Beispiel: Eine gesättigte Lösung von Chlornatrium in Wasser enthält in 100 Teilen Lösung 26,4 g NaCl. Wir sagen also, die „Löslichkeit" des NaCl bei 20° ist 26,4%.

CaO durch PbO ersetzt wird. Weiter ist von Einfluß auf die Auslaugbarkeit das Verhältnis der Mole, in dem sich gleiche Arten von Oxyden im Glas vorfinden, also wenn z. B. ein Kalk-Natron-Silikatglas im einen Fall 1 CaO, 0,5 Na_2O, 4 SiO_2, im anderen Falle 1 CaO, 1 Na_2O, 6 SiO_2 enthält. Schließlich sind noch Einflüsse denkbar, die durch räumliche Lagerung der verschiedenen Moleküle bedingt sind. Diese Einflüsse gehen nebeneinander her und überschneiden sich. Sie sollen getrennt besprochen werden.

a) **Einfluss der Oxydart.** Wir wollen zunächst das Verhalten der freien und der gebundenen Oxyde auseinanderhalten. Die freien Oxyde unterscheiden sich sehr stark in ihrem Verhalten zu Wasser, Kaliumoxyd (K_2O) und Natriumoxyd (Na_2O) sind ungemein unbeständig in Gegenwart von Wasser. Die geringsten Spuren Wasser, die mit ihnen in Berührung kommen, werden sogleich chemisch gebunden und dabei die Oxyde in Hydroxyde übergeführt. Man sagt, die Oxyde werden „hydratisiert". Bleioxyd und Zinkoxyd hydratisieren sich sehr schwer. Dieses Verhalten wird auch für die im Glase frei vorhandenen Oxyde, soweit sie an Grenzschichten mit Wasser in Berührung kommen, sich geltend machen. Es wäre deshalb wichtig, einen zahlenmäßigen Ausdruck zu besitzen, durch den die Kraft, mit der ein Oxyd zur Hydratisation drängt oder, wie man auch sagen kann, die „Affinität" des Oxydes zum Wasser gekennzeichnet wird. Ein exakter Maßstab für diese Größe ist die „freie Energie", die der Vorgang der Hydration für das betreffende Oxyd liefert. Die freie Energie dieses Vorganges ist nicht bekannt. Wir können aber in roher Annäherung statt der „freien Energie" die „Hydratisationswärme" setzen. In roher Annäherung wird der Hydratisationswärme die Affinität der Oxyde zum Wasser parallel gehen. Die Reaktion $K_2O + H_2O = 2\ KOH$ liefert je Mol K_2O 42 100 cal; ganz entsprechend liefert $CaO + H_2O = Ca\ (OH_2)$ 15500 cal. Die Zahlen zeigen, wie sehr die Neigung zur Hydratisation beim Kalk geringer ist, als beim Kali. Wir können nun die hauptsächlichen glasbildenden Oxyde, soweit die Hydratisationswärmen bekannt sind, wie dies in der nebenstehenden Tabelle geschen ist, nach der Größe der Hydratisationswärme ordnen. Dann finden wir die Reihenfolge: K_2O, Na_2O, BaO, SrO, CaO, PbO, MgO, ZnO. Dabei fällt die Hydratisationswärme von 42 100 cal auf 5400 bei MgO und wird beim ZnO negativ, d. h. bei diesem Oxyd wird Wärme zur Hydratisierung verbraucht, ein Zeichen für die im Vergleich mit den anderen Oxyden sehr geringe Neigung zur Hydratisation. Sofern also Oxyde im Glas ungebunden vorhanden sind, wird bei molekular gleichartig zusammengesetzten Gläsern beim Ersatz eines Oxydes durch ein anderes, in der obigen Reihenfolge nachfolgendes, die Stärke des Wasserangriffes abnehmen.

Tabelle 18.

Hydratisationswärmen und Löslichkeiten von Glasoxyden.

Oxyd	Formel	Molekular-Gewicht	Hydratisationswärme cal je Mol	Löslichkeit mg in 100 g Wasser
Kaliumoxyd	K_2O	94,2	42 100	76 700
Natriumoxyd	Na_2O	62,—	35 500	65 800
Bariumoxyd	BaO	153,4	22 260	2 850
Strontiumoxyd	SrO	103,5	17 700	580
Kalziumoxyd	CaO	56,1	15 540	151
Bleioxyd	PbO	223,2	?	17
Magnesiumoxyd	MgO	40,3	5 400	0,89
Zinkoxyd	ZnO	81,—	— 2 400	0,13
Borsäure	B_2O_3	69,8	16 800	2360,—
Kieselsäure	SiO_2	60,3	nicht bekannt, sehr niedrig	

Wie verhalten sich aber die gebundenen Oxyde? Sie sind vorwiegend an Kieselsäure gebunden. Diese ist eine überaus schwache Säure. Die Silikate neigen alle sehr stark zur Hydrolyse, deren Erfolg eben wieder die Bildung von Hydroxyden ist. Eine unmittelbare Lösung im Wasser ohne Zersetzung ist bei den Silikaten nicht möglich. Ihr Oxydanteil wird also ebenfalls hydratisiert und verhält sich dann wie das frei im Glas vorhandene Oxyd.

Mit der Hydratisierung der Oxyde ist aber nur primär das Glas verändert. Damit die Auslaugung eintritt, muß das Hydroxyd in Wasser löslich sein. Ein in Wasser unlösliches Oxyd würde sich wohl hydratisieren aber dann als Hydroxyd im Glase zurückbleiben. Je löslicher aber nun ein Oxyd in Wasser ist, um so leichter wird es aus dem Glase weggeführt werden. Im Glase entstehen Lösungen der Oxyde in dem eingedrungenen Wasser. Es ist ja nachgewiesen, daß die vom Glase aufgenommene Wassermenge viel größer ist, als diejenige, die zur Hydratisierung der Oxyde notwendig ist (s. S. 77). Der Gehalt der im Glas gebildeten Lösungen an Oxyd wird um so größer sein, je löslicher das Oxyd in Wasser ist. Damit aber ist der Konzentrationsunterschied gegen das an das Glas grenzende Wasser entsprechend größer, und im gleichen Maße wächst die Geschwindigkeit, mit der das Hydrat aus der inneren Lösung in das äußere Wasser diffundiert. Die Auslaugungsgeschwindigkeit wächst also mit der Löslichkeit der im Glas liegenden Oxyde in Wasser.

Es kommt noch etwas weiteres hinzu: Drücken wir die Löslichkeit ganz in Molen aus, so lösen sich in 20 Molen Wasser (360 g) etwa 3 Mole Kaliumhydroxyd, aber nur 0,008 Mole Kalziumhydroxyd. Nehmen wir nun an, an einer Stelle im Glas seien 20000 Moleküle Wasser[1]) zur Wirkung gekommen, so sind 3000 Moleküle K_2O aus dem Glase weggeführt, während von der gleichen Zahl Moleküle Wasser in sehr viel längerer Zeit nur 4 Moleküle CaO weggeführt werden konnten. An die Stelle der 3000 Moleküle K_2O treten aber mindestens 3000 Moleküle H_2O, für 4 Moleküle CaO nur 4 H_2O. Diese 4 Moleküle Wasser können natürlich von den benachbart liegenden Glasmolekülen sehr viel weniger lösen, als die 3000, die an Stelle von Kali getreten sind. Oxyde mit großer Wasserlöslichkeit werden also die Wirkung des Wassers sehr viel tiefergreifend werden lassen als wenig lösliche[2]). Umgekehrt wirken Oxyde mit kleiner Löslichkeit gewissermaßen als Schutz für die anderen. Schließlich ist noch zu beachten, daß die gesättigten Lösungen, die zunächst entstehen, bei den am meisten löslichen Oxyden, besonders den Alkalien stark wasseranziehend sind. Sie verdünnen sich gewissermaßen selbsttätig und schaffen dadurch die Möglichkeit, neues Oxyd in die Lösung aufzunehmen.

Diese Überlegungen über das Herausdiffundieren der löslichen Oxyde und das Weitergreifen der Lösung im Glas zeigen, daß die wahre Löslichkeit der Oxyde in Wasser von bestimmendem Einfluß auf die Auslaugbarkeit eines Glases sein muß. Nun sehen wir weiter, daß diese Löslichkeit, wie das die nebenstehende Tabelle deutlich zeigt, ganz parallel der Hydratisationswärme geht. Nach der Wasserlöslichkeit geordnet, erhalten wir bei dem angeführten Oxyd genau die gleiche Reihenfolge, wie wir sie bei der Hydratisationswärme fanden (Tabelle 18). Hydratisationsneigung und Wasserlöslichkeit haben wir aber als die wesentlichen Eigenschaften erkannt, die die Auslaugbarkeit eines Glases bedingen. Wir können also die Regel aufstellen:

> Bei Gläsern, die nach gleichen Molverhältnissen zusammengesetzt sind, ist die Löslichkeit der eingeschmolzenen Oxyde von bestimmendem Einfluß auf die Auslaugbarkeit des Glases.

Die diesen Sätzen zugrunde liegende Regel habe ich 1910 in der ersten Auflage dieses Buches aufgestellt. Sie ist teils als selbstverständlich hingenommen, teils wenig beachtet worden. Sie soll deshalb an dem inzwischen erhaltenen Material geprüft werden.

---

[1]) Das ist eine kleine Zahl, wenn man bedenkt, daß in einem Kubikzentimeter mehr als 20000 Trillionen Moleküle enthalten sind.

[2]) Dies ist ein ganz ähnliches Ergebnis, wie es schon S. 83 auf Grund anderer Anschauungen abgeleitet wurde.

Nach der Löslichkeit der Oxyde und nach den noch stärker voneinander abweichenden Hydratisationswärmen sollten Kaligläser leichter angreifbar sein, als die entsprechenden Natrongläser. Diese Erwartung wird auch durch die bekannten Versuchsreihen von Mylius und Förster[1]) bestätigt. Bei allen Schmelzen ist das Kaliglas stärker auslaugbar als das entsprechende Natronglas.

Bemerkenswert in diesem Zusammenhange ist auch[2]), daß die Verbindungen $K_2Si_2O_5$ oder $K_2O \cdot 2\ SiO_2$ und Na_2SiO_3 oder $Na_2O \cdot 1\ SiO_2$ die gleiche Zersetzlichkeit durch Wasser zeigen. Gleich langsam zersetzt werden: $KHSi_2O_5$ oder $K_2O \cdot H_2O \cdot 4\ SiO_2$ und $Na_2Si_2O_5$ oder $Na_2O \cdot 2\ SiO_2$. Also bei der Kaliverbindung muß immer eine höhere Säurungsstufe vorhanden sein, um gleiche Zersetzlichkeit wie beim Natron zu erhalten.

Die in der Praxis erschmolzenen Gläser lassen sich für die Beurteilung schlecht heranziehen, da sie nicht mit systematisch geänderten Molverhältnissen erschmolzen sind, und sich bei ihnen der Einfluß der anderen Oxyde stark geltend macht. Der Unterschied der Wasserlöslichkeit der Oxyde läßt nur eine geringe Verschiedenheit erwarten, wie dies ja auch in den Schmelzen von Mylius und Förster von der Zusammensetzung $1\ Me_2O \cdot 1\ CaO \cdot 6\ SiO_2$ zum Ausdruck kommt. Bei guten Gläsern komplizierterer Zusammensetzung können deshalb leicht scheinbar von der oben genannten Regel abweichende Ergebnisse erhalten werden, namentlich bei ungenügend definierten Oberflächen, wie sie z. B. bei der Untersuchung von Pulvern auftreten. So erklärt sich die entgegengesetzte Auffassung Peddles.

Die Erdalkalien folgen den Alkalien, und zwar in der Reihenfolge: BaO, SrO, CaO. Um die Richtigkeit zu prüfen, habe ich ganz den Mylius-Försterschen CaO-Gläsern entsprechende BaO- und SrO-Gläser schmelzen und untersuchen lassen. Die Ergebnisse sind in folgender Tabelle zusammengestellt:

Tabelle 19.

Auslaugbarkeit von Erdalkalinatrongläsern äquimolekularer Zusammensetzung.

Nr. der Schmelze	auf 6 SiO_2 Na_2O : MeO	spez. Gewicht	g angewandt	Summe des Gelösten mg	Im Gelösten SiO_2	Na_2O	BaO bzw. SrO
			A. Barytgläser.				
I	1,68 : 0,26	2,598	20,108	**3 820**	2735,6	970,—	51,1
II	1,44 : 0,62	2,739	21,200	**414,6**	236,—	168,—	Spuren
III	1,26 : 0,74	2,777	21,494	— durch Verunreinigung des Glases mit Schamotte gestört —			
IV	0,96 : 0,97	2,947	22,810	**134,2**	25,6	109,—	Spuren
			B. Strontiangläser.				
V	1,92 : 0,26	2,585	20,018	**2 597**	1837,—	716,2	19,1
VI	1,50 : 0,49	2,635	20,395	**158,7**	60,6	98,1	Spuren
VII	1,32 : 0,80	2,738	21,192	**58,3**	23,7	34,6	nicht nachweisbar
VIII	1,12 : 1,02	2,795	21,633	**30,9**	13,4	17,5	„ „
			C. Kalkgläser nach Mylius & Förster (l. c.).				
IX	1,75 : 0,25	2,453	18,979	**507,6**	303,9	202,8	—
X	1,5 : 0,5	2,471	19,118	**42,4**	8,1	34,3	—
XI	1,25 : 0,75	2,489	19,257	**17,4**	5,9	11,5	—
XII	1 : 1	2,505	19,381	**7,4**	3,2	4,2	—

Die Versuche zeigen deutlich, daß bei jeder Serie Gläser, die nach gleichen Molverhältnissen zusammengesetzt sind, die Auslaugbarkeit vom Barium zum Strontium und von diesem zum Kalkglas abfällt, so bei den Gläsern: $1{,}5\ Na_2O \cdot 0{,}5\ RO \cdot 6\ SiO_2$

[1]) Siehe S. 76 des Buches.

[2]) Morey, J. Am. Chem. Soc. **39**, 1173 (1917) s. a. S. 74.

von 415 bei Ba-Glas, auf 159 beim Sr-Glas und schließlich auf 42,4 beim Ca-Glas. Bei den Gläsern: 1 Na_2O : 1 RO : SiO_2 hat das Ba-Glas: 134, das Sr-Glas: 31 und das Ca-Glas: 7,4.

Die Ergebnisse Peddles[1]) stehen mit den meinen, soeben mitgeteilten, im Widerspruch. Er gibt die umgekehrte Reihenfolge der Güte der Gläser (Ba besser als Sr, Sr besser als Ca) an. Jedoch ist zu beachten, worauf Turner[2]) schon hinweist, daß die Unterschiede in Peddles Ergebnissen verhältnismäßig gering sind und daß die Pulvermethode in der von Peddle angewandten Form (er siebt das Feinste nicht ab) nicht immer zuverlässige Resultate gibt.

Betrachtet man aber in den Ergebnissen Peddles die Erdalkalien als geschlossene Gruppe und vergleicht deren Kurvenschar mit den Kurven für PbO und ZnO-Gläser, so tritt, den gröberen Unterschieden entsprechend, die Reihenfolge Erdalkalien-Bleioxyd-Zinkoxyd deutlich heraus. Auch in seinen Versuchen sind die Bleigläser viel weniger auslaugbar als die entsprechenden Erdalkaligläser und besser als alle anderen die Zinkgläser. Die Vermutung Peddles, die Auslaugbarkeit äquimolekularer Gläser würde beim Austausch der zweiwertigen Oxyde sich umgekehrt proportional den Molekulargewichten bewegen, ist also nicht zutreffend, vielmehr entspricht die Reihenfolge Alkalische Erden-Bleioxyd-Zinkoxyd der Wasserlöslichkeit und damit der oben aufgestellten Regel.

Über den Einfluß der Magnesia im Vergleich mit Kalk sind Untersuchungen von Dimbleby, Muirhead und Turner[3]) ausgeführt worden, und zwar analog denen von Mylius und Förster über Kali- und Natron-Kalkgläser und meinen über Ca-, Sr-, Ba-Natronsilikatgläser. Es wurden auch hier im Glas 2 $Na_2O \cdot 6\ SiO_2$ wachsende Molanteile von Na_2O durch CaO und MgO ersetzt. Löslichkeit und Hydratisationswärme (s. Tabelle 20) lassen erwarten, daß bei äquimolekularer Zusammensetzung die Magnesiagläser resistenter gegen Wasser als die entsprechenden Kalkgläser sind. Diese Erwartung findet sich für den Angriff von Wasser und teilweise auch für Salzsäure bestätigt. Abweichend sind die Ergebnisse für alkalische Lösungsmittel (Soda und Natronlauge), wobei sekundäre Wirkungen sich geltend machen.

Eine wichtige Frage ist auch die nach der Wirkung der Borsäure. Es wird vielfach angenommen, daß durch Borsäure die Auslaugbarkeit herabgesetzt werde. Versuche, die ich in meinem Laboratorium, ganz entsprechend den oben erwähnten, durch Herrn Dipl.-Ing. Ippach ausführen ließ, haben die in folgender Tabelle zusammengestellten Ergebnisse geliefert. Auch hier ist durch alle Schmelzungen der Typus $Na_2O : CaO : 6\ (SiO_2 + B_2O_3)$, soweit der Ausfall der Schmelze es erlaubte, erhalten. Es ist nur das Verhältnis $SiO_2 : B_2O_3$ schrittweise zugunsten der Borsäure verschoben.

Tabelle 20.

	Analyse in %					Molverhältnis				Ausgelaugt in mg				
	Na_2O	CaO	SiO_2	B_2O_3	Al_2O_3 Fe_2O_3	Na_2O	CaO	SiO_2	B_2O_3	Na_2O	CaO	SiO_2	B_2O_3	Summe
XIII	13.52	12.99	72.00	—	1.74	0.94	1	5.16	—	4.0	Spuren	5.4	—	9.4
XIV	13.23	12.22	65.92	6.01	2.22	0.98	1	5.02	0.39	2.8	Spuren	6.8	3.6	13.2
XV	12.98	11.79	60.40	14.09	1.08	1.00	1	4.76	0.96	4.0	1.2	6.3	5.0	16.5
XVI	12.94	11.52	53.92	20.44	1.10	1.02	1	4.35	1.42	4.4	2.1	9.6	6.3	22.4
XVII	11.05	12.38	53.10	21.02	2.36	0.80	1	3.99	1.36	5.1	3.2	9.3	6.9	24.5
XVIII	12.52	11.44	43.93	30.30	1.72	0.99	1	3.57	2.12	10.7	4.9	12.6	16.3	44.5
XIX	11.77	10.41	39.12	37.13	1.02	1.02	1	3.50	2.90	21.2	8.2	26.1	45.9	101.4

[1]) Trans. Opt. Soc. Vol. XXIII (1921/22) Nr. 2. Ausführl. Auszug Sprechsaal (1922).

[2]) J. Soc. Glass. Techn. 6, 307 (1923).

[3]) Transaction Soc. Glass Techn. 6, 101 (1922).

Die Ergebnisse zeigen, daß der Ersatz eines Teiles der Kieselsäure durch die gleiche Molzahl Borsäure, ohne sonst die Zusammensetzung des Glases wesentlich zu ändern, in jedem Falle die Gläser verschlechtert. Schon beim Verhältnis 5 $SiO_2 : 0,4\ B_2O_3$ ist die Löslichkeit 13,2, während das Glas, das nur SiO_2 als Säure hat, nur 9,4 mg Ausgelaugtes gab. Bei nahezu gleicher Molzahl SiO_2 und B_2O_3 steigt das Ausgelaugte auf 100 mg. Ganz entsprechend der Wasserlöslichkeit der Borsäure (siehe Tabelle 20, S. 83) (2360 mg in 100 g Wasser) verschlechtert der Ersatz der unlöslichen Kieselsäure durch Borsäure die Gläser. Sehr bemerkenswert ist auch, daß mit der Borsäure alle anderen Bestandteile Na_2O, CaO, SiO_2 in wachsendem Maße herausgelöst werden. Es ist dies eine volle Bestätigung der oben dargelegten Auffassung, daß die Wasserlöslichkeit eines Oxydes nicht nur seine eigene Auslaugung verursacht, sondern auch den Weg für den Angriff des Wassers auf die anderen Bestandteile freimacht. Die gleiche Beobachtung ist in unseren oben mitgeteilten Versuchen mit Strontian und Barytgläsern gemacht worden (s. S. 85).

Diese Ergebnisse stehen mit der allgemein verbreiteten Ansicht der Verbesserung von Gläsern durch Borsäure in vollem Widerspruch. Es wurden deshalb zur Bestätigung noch eine Anzahl Gläser mit einer höheren Säurestufe, und zwar 2:9 und 2:12, die aber nicht ganz erreicht wurden, untersucht[1]). Auch wurde der Borsäureanteil in der Säuresumme niedriger gehalten. Die Gläser sind dann sehr wasserbeständig, so daß es notwendig war, die Auslaugbarkeit mit Hilfe der Autoklavenmethode zu bestimmen, um deutliche Unterschiede zu erhalten. Mit Hilfe eines Vergleichsglases, das in der früheren Art und mit der Autoklavenmethode untersucht war, wurden die neuen Werte auf Vergleichsgröße mit den obigen gebracht. Der so erhaltene Wert ist als „Vergleichswert" bezeichnet.

Tabelle 21.

	Analyse					Molverhältnis				Ausgelaugt in mg					Vergleichswert
	SiO_2	B_2O_3	CaO	Na_2O	Al_2O_3 Fe_2O_3	Na_2O	CaO	SiO_2	B_2O_3	Na_2O	CaO	SiO_2	B_2O_3	Summe	
a	70,50	10,89	8,90	9,21	0,79	0,94	1	7,37	0,98	2,9	Spuren	Spuren	5,2	8,1	**1,6**
b	69,45	11,51	8,89	9,21	0,95	0,94	1	7,26	1,04	2,7	„	„	5,2	7,9	**1,6**
c	66,78	13,62	8,86	9,54	1,08	0,97	1	7,00	0,97	2,9	„	3,4	5,6	11,9	**2,4**
d	74,66	10,86	6,69	7,07	0,76	0,96	1	10,37	1,30	2,9	„	Spur	6,4	9,1	**1,8**
e	72,65	12,93	6,65	7,38	0,55	1,00	1	10,15	1,56	2,5	„	„	5,2	7,7	**1,5**
f	71,08	14,30	6,53	7,63	0,56	1,06	1	10,11	1,75	2,9	„	4,2	7,8	14,1	**2,8**
g	68,03	17,30	6,51	7,44	0,62	1,03	1	9,71	2,13	3,6	„	6,2	8,0	17,8	**3,6**

Diese Gläser sind nun sämtlich sehr viel wasserbeständiger, als die vorhergehenden. Aber wenn wir sie unter sich betrachten, und zwar immer die zu einer Säurungsstufe zusammengehörenden, also *a, b, c* für sich und *d, e, f, g* für sich, so zeigt sich wieder deutlich, daß mit steigendem Borsäureanteil die Auslaugbarkeit zunimmt. Also der Einfluß der Wasserlöslichkeit der Borsäure ist auch hier deutlich hervorgetreten. Wenn trotzdem die Gläser, verglichen mit denen der vorhergehenden Tabelle, so sehr viel besser sind, so liegt es daran, daß diese Gläser 7 bis über 10 Mole SiO_2 auf 1 Mol Na_2O enthalten. Solche Gläser kann man aber nur unter Heranziehung von Borsäure schmelzen. Ohne diesen Bestandteil wären die Gläser zu strengflüssig. Die Verbesserung der Gläser, die in diesem Falle eintritt, wird nur durch die Borsäure vermittelt, hervorgebracht wird sie durch die Kieselsäure. Borsäurehaltige Gläser verlangen also ebenfalls hohen Kieselsäuregehalt, wenn sie resistent

[1]) Ausgeführt von Dipl.-Ing. Triebel.

sein sollen. Das Verhältnis von $B_2O_3:SiO_2$ ist ein beschränktes. Bei den Kalknatrongläsern *a—c, d—g* liegt die Grenze, bis zu der der Einfluß der löslichen Borsäure unmerkbar ist, bei 1:7 bzw. 1:6. Je höher der SiO_2-Gehalt, um so größer kann auch der B_2O_3-Anteil sein.

β. **Einfluss des Molverhältnisses.** Die Tatsache, daß Gläser Lösungen einer Anzahl von Verbindungen ineinander sind, von denen die einen in Berührung mit Wasser stark der Hydratisierung und der Lösung unterliegen, die anderen weniger oder gar nicht, führt dazu, daß ein Glas um so mehr für Wasser auslaugbar ist, je größer sein Gehalt an hydratisierbaren Bestandteilen und je größer die Wasserlöslichkeit dieser Stoffe ist. Die soeben besprochenen Versuchsreihen, die den Einfluß der einzelnen Molekülart erläutern sollten, zeigen dies deutlich. Z. B. geht mit der Einführung wachsender Mengen des schwer löslichen Kalkes die Auslaugbarkeit des Glases ganz parallel zurück, weil in den 8 Molen Glas, beginnend mit 2 Molen Natron, der Gehalt an dieser leicht in Wasser löslichen Verbindung über 1,75, 1,5, 1,25 schließlich auf 1 Mol sinkt. Dieser Verlauf wiederholt sich bei den Versuchen mit Strontian und mit Baryt, allerdings etwas abgeschwächt, weil diesen Oxyden selbst größere Wasserlöslichkeit eigen ist.

Besonders stark tritt die Wirkung wachsender Mengen Kieselsäure, die ja als ganz unlöslich zu betrachten ist, auf. Je höher wir den Gehalt an SiO_2 wählen, um so mehr werden die löslichen Oxyde „verdünnt" und damit ihre Wirkung gemäßigt.

In allen diesen Fällen ist die Konzentration des einzelnen Bestandteils nicht unmittelbar und durch die anderen Bestandteile nicht unbeeinflußt wirksam. Die Bindungsverhältnisse werden sich stark geltend machen. Neben der mehrfach erwähnten Anwesenheit von freien und von in einfachen Salzen gebundenen Oxyden, werden wir mit der Doppelsalzbildung zu rechnen haben. Die Verteilung der in einem Glas vorhandenen Oxyde auf die verschiedenen möglichen Verbindungsarten hängt nun ab 1. von dem Molverhältnis, in dem die Oxyde vorliegen, 2. von der Temperatur der Schmelze und des daraus entstandenen Glases.

Wir müssen den Bindungszustand der Oxyde im Glas als „thermisches Gleichgewicht" ansprechen, als dessen einfachster Fall hier ein Metalloxyd-Kieselsäuregemisch gelten kann. Für dieses muß bei konstanter Temperatur, wenn MeO das Metalloxyd und C_{MeO}, C_{SiO_2}, C_{MeSiO_3} die Konzentrationen der im Gleichgewicht befindlichen Stoffe bedeuten, der Ausdruck gelten:

$$\frac{C_{MeO} \times C_{SiO_2}}{C_{MeSiO_3}} = K,$$

wobei K für ein bestimmtes MeO eine nur von der Temperatur abhängige Konstante bedeutet. Der Ausdruck sagt aus: Bei konstanter Temperatur ist das Verhältnis des Produktes der Konzentrationen der freien Oxyde zur Konzentration des ungespaltenen Anteils konstant. Erhöhen wir also durch SiO_2-Zusatz dessen Konzentration, so muß unter Verbrauch von MeO und SiO_2 neues $MeSiO_3$ gebildet werden, damit der Wert des Bruches: $\frac{C_{M_2O} \times C_{SiO_2}}{C_{MeSiO_3}}$ unverändert bleibt. „Die Dissoziation geht zurück", „wird zurückgedrängt". Es wird weniger freies MeO, dafür mehr ungespaltenes $MeSiO_3$ vorhanden sein.

Der Grad der Spaltung hängt von der Stärke der Basen und Säuren ab. Beim gleichen Molverhältnis zwischen Base und Säure ist das Salz der stärkeren Säure bei der gleichen Temperatur weniger gespalten als das der schwächeren, beispielsweise Natriumborat weniger als Natriumsilikat.

Die Gleichgewichte in Glasschmelzen werden verwickelt, weil immer mehr als 2 Oxyde in ihm enthalten sind. Es kann dadurch auch Doppelsalzbildung verursacht werden. Auch die Doppelsalze unterliegen der thermischen Spaltung. Jedoch ist über die in Gläsern auftretenden Doppelverbindungen so gut wie nichts bekannt. Es ist allerdings die Existenz von Disilikaten $K_2Si_2O_5$, Na_2SiO_5 sichergestellt, die bei höherer Temperatur (Na-Disilikat schon im Schmelzpunkt) dissoziieren. Es muß auch an die Möglichkeit der Bildung und Zersetzung von Kali-Natronverbindungen im Sinne der Gleichung:

$$2\,Na\,K\,SiO_3 \leftrightarrows K_2\,SiO_3 + Na_2\,SiO_3$$

gedacht werden. Aus der thermischen Analyse des Systems Ca SiO_3, - $Na_2\,SiO_3$ ergibt sich auch die Existenz der Verbindung $2\,Na_2\,SiO_3 \cdot 3\,Ca\,SiO_3$ (s. S. 19). Über seine Beständigkeit bei Temperaturen über dem Schmelzpunkt ist nichts bekannt.

Weiter wird das Gleichgewicht dadurch beeinflußt, daß die stärkere Säure die schwächere aus ihren Salzen verdrängt. Es ist sicher anzunehmen, daß in Natriumborosilikatgläsern das Gleichgewicht:

$$Na_2SiO_3 + B_2O_3 \rightleftarrows 2\,NaBO_2 + SiO_2,$$

das sich mit veränderter Temperatur verschiebt, sich einstellt. Ist die Möglichkeit, schwererlösliche Borate zu bilden, vorhanden, kann so bei beschränktem Borsäurezusatz eine Verbesserung des Glases eintreten (s. a. S. 87). Auch an die Existenz von Doppelsalzen, etwa vom Typus [$Na\,BO_2$. $Na\,SiO_3$], analog den nachgewiesenen [$Na\,BO_2 \cdot Na\,PO_3$] und [$K\,BO_2 \cdot K\,PO_3$] muß gedacht werden. Ihre Dissoziation verwirrt das Bild noch weiter.

Endlich muß auch ganz besonders die Ionisation im Glas beachtet werden, über die wir aber noch sehr wenig wissen.

Wir haben also in den Gleichgewichten zwischen Ionen, freien Oxyden basischer und saurer Natur, Silikaten, Doppelsilikaten eine weitere Ursache für die Herabsetzung der Auslaugbarkeit durch Zusatz schwer löslicher Verbindungen, insbesondere der Kieselsäure. Den Grad der Spaltung nachzuweisen, ist vorläufig außerordentlich schwierig, da ja die Silikate teilweise so stark zur Hydrolyse neigen, daß ihre Wirkung in der Auslaugbarkeit sich nicht von der des freien Oxydes trennen läßt. An dem Vorhandensein freier Kieselsäure zweifelt wohl niemand. Aber auch für das Vorhandensein freier basischer Oxyde im Glas sind gewisse Anzeichen vorhanden. So weiß man, daß sehr bleioxydreiche Gläser sich gelb färben, und man darf wohl mit Beck annehmen[1]), daß diese Färbung von freiem Bleioxyd herrührt, das ja gelb gefärbt ist. Auch die Möglichkeit, höhere Manganoxyde im Glas zu lösen und Glas so violett zu färben, deutet, da sonst Salze höherer Manganoxyde nur bei sehr tiefen Temperaturen hergestellt werden konnten, auf die Möglichkeit, freie Oxyde im Glase zu erhalten. Der Befund von Zsigmondy (siehe Farbige Gläser S. 136), daß mit zunehmendem Säuregehalt, also zunehmender Bindung als Manganoxydul, die Menge färbenden Manganoxydes abnimmt, unterstützt die hier vorgebrachte Auffassung.

Die Auffassung, daß der durch thermische Gleichgewichte geregelte Bindungszustand die Eigenschaften des Glases beeinflusse, glaube ich bestätigt zu finden, wenn man den Einfluß der Temperatur betrachtet. Mit steigender Temperatur muß die Spaltung wachsen (K wird größer), mit sinkender Temperatur geht sie zurück (K wird kleiner). Der ursprüngliche läuternde Glasfluß enthält also sehr viel mehr freie Basen als das gekühlte Glas. Bei ein und demselben Glas wird der Gehalt an freiem Oxyd von der Art der Abkühlung abhängen. Es kann fraglich werden, ob die Rückbildung der Salze aus Säure und Base sich so rasch vollzieht, daß während der Abkühlung sich immer der Gleichgewichtszustand einstellen kann, der der jeweils vorliegenden Temperatur entspricht. Es ist vielmehr anzunehmen, daß man durch plötzliche Abkühlung, durch „Abschrecken", den Gleichgewichtszustand höherer Temperatur festhalten, „festfrieren" kann. Dafür sprechen Erfahrungen in der Glasurtechnik, wo man fand, daß in Wasser gegossene Glasurschmelzen zersetzlicher waren, als die langsam im Ofen auf dem Scherben erstarrte Glasur.

Eine hiermit übereinstimmende Beobachtung an Glas ist die Feststellung an Jenenser Geräteglas 196^{III}. Die Phys. Techn. Reichsanstalt[2]) fand mit der Myliusschen Eosinprobe (s. S. 67) folgende Auslaugbarkeiten:

	In 3 Stunden bei 80° abgegeben $\frac{mg}{1000}$ Na_2O auf 100 cm²
ungekühlt	18,2
gekühlt.	5,15

Man hat diese Verbesserung des Glases durch Kühlung bisher der Wirkung der SO_2-haltigen Rauchgase des Kühlofens zugeschrieben. Man wird aber daneben auch die Rückbildung von Silikaten und Boraten auf Kosten freier Oxyde, vor allem von Alkali,

[1]) Siehe Bleioxyd, Kap. 2.
[2]) Preisliste von Schott u. Gen. Jena: Jenaer Geräteglas 1893.

sowie die Bildung von weniger zersetzlichen Doppelsalzen als Ursache der Verbesserung ansehen dürfen.

Bei einem rohen Tastversuch, den ich anstellte, zeigten aus Thüringer Glas geschmolzene Glastränen, also eine plötzlich abgeschreckte Schmelze (als Pulver zwischen dem 100- und 70-Maschensieb erhalten) 27,5 mg Auslaugbares, die gleichen Tränen, mäßig gekühlt, doch nicht ganz spannungsfrei, nur: 19,6 mg auf gleiche Oberfläche bezogen. Der stärkere Angriff, den bei der Anwendung der Autoklavenmethode auf in Form geblasene oder gepreßte Gegenstände sowie gegossene Scheiben in Hodkins und Turners[1]) Versuchen einzelne schlierenreiche Stellen zeigen, dürfte ebenfalls nicht allein auf die größere Oberfläche zurückzuführen sein, sondern auf die plötzliche Kühlung dieser Glasstreifen und die dadurch hervorgebrachte Erhaltung des Gleichgewichtes, das einer höheren Temperatur entspricht. Die plötzlich abgeschreckten Teile zeigen stärkere Dissoziation und damit größere Auslaugbarkeit.

Hierin würde, wie ich glauben möchte, ein starker Hinweis dafür vorliegen, daß für die Auslaugbarkeit eines Glases nicht nur die Zusammensetzung an sich, sondern auch der Umstand maßgebend ist, wie lange ein Glasgegenstand in den verschiedenen Stadien seiner Herstellung auf den maßgebenden Temperaturen gehalten wurde. Schon Läuterungsdauer und Läuterungstemperatur können einen Einfluß haben, es müßte also ein Unterschied auftreten können, ob ein Glas aus gleichem Gemenge einmal in der Wanne, das andere Mal im Hafen geschmolzen ist. Damit würde sich die in der Praxis gelegentlich gemachte Beobachtung erklären, daß zwei Glassorten gleicher Zusammensetzung, die an verschiedenen Produktionsstätten in verschiedener Arbeitsweise gewonnen sind, nicht ganz übereinstimmende Eigenschaften zeigen. Noch bedeutender wird aber der Einfluß bei der Abkühlung. Denn gerade hier wird es von der Art der Formgebung und der Kühlung des geformten Gegenstandes abhängen, inwieweit die Rückbildung der bei der Schmelztemperatur gespaltenen Verbindungen eintreten kann. Durch die Abschreckung, z. B. an den kalten Flächen der Form, werden die der höheren Temperatur entsprechenden Spaltungen und Bindungsverhältnisse festgehalten und in dem zur Kühlung gegebenen Gegenstand bewahrt. Gute Kühlung, d. h. genügend langsames Durchschreiten der Temperaturen, in der noch eine genügend starke Bewegung der Glasmoleküle vorliegt, stellt die den niedrigen Temparaturen des betreffenden Glases entsprechenden Gleichgewichte ein. Der „Herstellungstemperaturgang", wie ich diese Einflüsse des Herstellungsganges kurz zusammenfassend nennen möchte, bringt also noch eine Veränderlichkeit in die Wirkung des „Molverhältnisses". Aber gerade dieser sekundäre Einfluß des „Herstellungstemperaturganges" spricht für das Vorhandensein von Spaltungen der Silikate, Borate, Phosphate und ihrer Doppelverbindungen.

Der Kern der vorstehenden Überlegungen ist von mir bereits in der ersten Auflage dieses Buches mitgeteilt worden. Sie sind von der Fachwelt nicht beachtet. Erst neuerdings wird auch von anderer Seite auf die Abhängigkeit der Bindungsverhältnisse vom Temperaturgang hingewiesen und besonders Eckert (l. c.) hebt die Bedeutung dieser Einflüsse hervor und prägt für sie den Ausdruck „Wärmevergangenheit".

Dies alles ist aber nicht nur für den Grad der Auslaugbarkeit der Gläser, sondern im Grunde genommen für alle Eigenschaften des Glases von Bedeutung. Wir werden bei der Besprechung der physikalischen Eigenschaften der Gläser immer wieder finden, daß das gleiche Glas nicht genau übereinstimmende Eigenschaften besitzt, je nachdem es gut oder schlecht gekühlt ist. Wir werden weiter sehen, daß eine größere Anzahl von Eigenschaften sich additiv aus den Eigenschaften und dem Gehalt der in einem Glase vorhandenen Oxyde ungefähr errechnen lassen. Aber diese Beziehung stimmt meist nur annähernd.

Am besten stimmt sie bei der spez. Wärme. Nun erinnern wir uns, daß unter den Eigenschaften einer chemischen Verbindung im starren Aggregatzustand sich am genauesten die Molekularwärme aus den

[1]) J. Soc. Glas Techn. 6, 307 (1923).

Atomwärmen der Elemente als deren Summe ergibt. Die spezifische Wärme eines Gemenges von Verbindungen wie des Glases ergibt sich also aus den Atomwärmen der Elemente, unabhängig von der Bindungsart. Es ist für die spezifische Wärme ohne Einfluß, ob Oxyde frei, in einfachen oder komplexeren Verbindungen vorliegen. Wenn also die spezifische Wärme der Gläser sich genauer als andere Eigenschaften aus den Eigenschaften der Oxyde einfach additiv errechnen läßt, so zeigt die Abweichung bei den anderen Eigenschaften, daß eine wechselnde Gruppierung der Oxyde in die möglichen Verbindungen, die vom Molverhältnis der Oxyde und dem Herstellungstemperaturgang abhängig ist, tatsächlich vorhanden ist.

Diese über den vorliegenden Gegenstand hinausgreifenden Ausführungen zeigen aber weiter, daß man in der systematischen Untersuchung der physikalischen Eigenschaften einen geeigneteren Weg zur Aufdeckung des chemischen Aufbaus der Gläser haben dürfte, als in der Bestimmung der Auslaugbarkeit. Ein bemerkenswerter Ansatz zu solchen Untersuchungen liegt z. B. in Zschimmers Studien über den Einfluß der Oxyde, vor allem der Borsäure auf den Brechungsindex von Gläsern (s. S. 127).

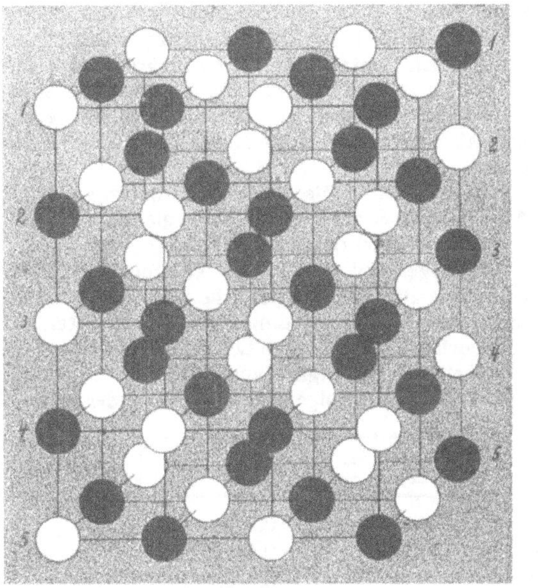

Abb. 53.

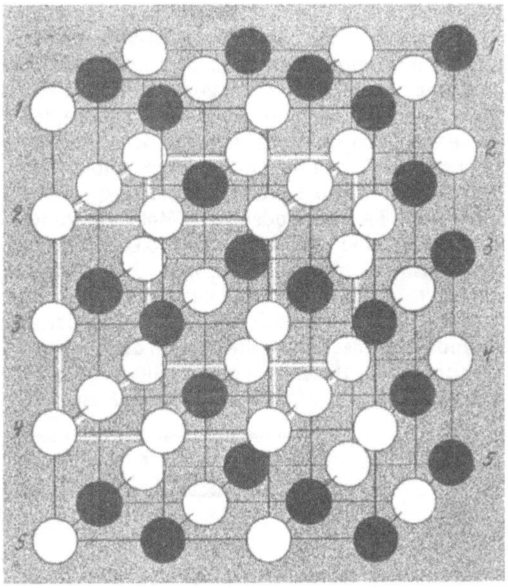

Abb. 54.

γ) **Einfluss der räumlichen Lagerung.** Die Erwägung, daß der Angriff der Agenzien auf das Glas von der Oberfläche ausgeht, und daß er seinen Weg durch die leichter angreifbaren Moleküle sucht, läßt es naheliegend erscheinen, daß man sich eine räumliche Vorstellung von der Lagerung der Moleküle und dem Einfluß dieser Lagerung auf die chemische Widerstandsfähigkeit macht. Dies ist um so mehr angebracht, als unsere Kenntnis vom „Feinbau der Materie"[1]) im letzten Jahrzehnt eine ungeahnte Entwicklung erfahren hat. Man darf auch annehmen, daß die Behandlung der Glasfragen auf Grund solcher Vorstellungen wesentlich zur Aufklärung beitragen dürfte.

Noch ist allerdings kaum etwas geschaffen, was für das Glasfach unmittelbar verwertbar ist. Wir dürfen aber keinesfalls vorübergehen an einer Untersuchung von Tamann, der auch dieses Teilgebiet mit einer ersten richtunggebenden Untersuchung[2]) bereichert hat. Wir gehen aus von dem Fall, der dem des Glases ganz entgegengesetzt ist, aber in die notwendigen Vorstellungen sicher einführt, von einem Mischkristall, der sich aus zwei Molekülen aufbaut, von denen das eine in einem Agens löslich, das andere unlöslich ist. Tamann hat seine Untersuchung mit Gold - Silberlegierungen durchgeführt. Bekannt ist, daß in Salpetersäure Silber löslich ist, Gold nicht. Es ist weiter bekannt, daß aus goldreichen Legierungen sich das Silber kaum herauslösen läßt, dagegen aus goldarmen leicht. Welche theoretischen

[1]) Rinne, Das feinbauliche Wesen der Materie nach dem Vorbilde der Kristalle. Berlin (Bornträger) 2.—3. Auflage, 22.

[2]) Über den molekularen Aufbau fester, isotroper und anisotroper binärer Mischungen. Z. f. anorg. Chem. **90**, 297 (1915).

Vorstellungen lassen sich für das Verhalten gewinnen? In einem isomorphen Mischkristall wird die Verteilung der verschiedenen Moleküle vollkommen gleichmäßig angenommen. Gold und Silber kristallisieren tetragonal. Das einfachste Kristallelement ist ein Würfel. Eine fortlaufende Reihe von Mischkristallen wird also erhalten, wenn wir in einem Würfel, dessen Ecken mit Silbermolekülen besetzt sind, fortlaufend eins, zwei, drei bis acht durch Goldmoleküle ersetzen. Eine besondere Rolle spielt in dieser Reihe der Mischkristall, der eine gleiche Anzahl Gold- und Silbermoleküle enthält. Wir können uns von der räumlichen Anordnung der Moleküle, dem „Raumgitter", eine Vorstellung machen, wie die Abb. 53 zeigt. Es müssen dabei natürlich regelmäßig Gold- und Silbermoleküle abwechseln. Die in Salpetersäure löslichen Silberteilchen sind als weiße Kugeln, die in Salpetersäure unlöslichen Goldteilchen sind als schwarze Kugeln angedeutet. Die oberste Lage ist durch (1) bezeichnet. Ist dies eine Außenfläche, so werden die hier liegenden Silberteilchen glatt gelöst werden. Die nächste tiefere Lage ist mit (2) bezeichnet. Hier ist erkennbar, daß die löslichen Ag-Teilchen regelmäßig durch ein unlösliches Au-Teilchen, das senkrecht darüber liegt, verdeckt ist. Die Salpetersäure kann hier nicht so leicht angreifen. Das Ag-Teilchen ist „geschützt". Diese Schutzstellen wiederholen sich bei den tieferen Lagen (3), (4) usw.

Wird nun der Silbergehalt erhöht, und zwar so, daß in jedem Würfelelement ein weiteres Au-Molekül durch ein Ag-Molekül ersetzt wird, und zwar systematisch so, „daß nur die Au-Moleküle der den drei Hauptrichtungen parallelen Punktreihen abwechselnd ersetzt werden", so erhält man das „Raumgitter", wie es Abb. 54 darstellt. Hier liegen nun die löslichen weißen Kugeln vielfach übereinander, und auf den weiß ausgezogenen Linien, die gewissermaßen acht Elementarwürfel zu einem größeren Würfel zusammenfassen, liegen nur solche löslichen Moleküle. Die Folge wird sein, daß diese Reihen von Silbermolekülen und das zentral in diesem Komplex liegende Molekül schnell von der Säure gelöst werden. Wir haben also im Vergleich mit der Anordnung nach Abb. 53 bei der Anordnung nach Abb. 54 eine sprunghafte Zunahme des gelösten Silbers zu erwarten.

Wie ist nun die Zusammensetzung solcher Legierungen? Im Falle der Abb. 53 haben wir 4 Mol Silber auf 4 Mol Gold oder auf 8 Mol Legierung, also $^4/_8 = 0{,}5$ Silber auf die Einheit Legierung. Im Falle der Abb. 54 sind vorhanden $^5/_8 = 0{,}625$ Silber. Die vorstehend beschriebenen räumlichen Anordnungen lassen also erwarten, daß bei den Au-Ag-Legierungen diejenigen mit weniger als 0,5 Mol-Anteil Silber so gut wie unlöslich sind, bei der Überschreitung dieser Grenze aber sofort erhebliche Löslichkeit eintritt. Tamann hat nun eine Reihe von Goldsilberlegierungen unter gleichen Bedingungen mit Salpetersäure behandelt und bestimmt, wieviel von dem in der Legierung vorhandenen Silber in Lösung gegangen war, und zwar drückt der Bruch α = gelöste Silbermenge dividiert durch die ursprünglich vorhandene diese Lösungsergebnisse aus. Ein Beispiel soll die Resultate erläutern. Es ist in folgender Tabelle wiedergegeben:

Mol Silber in der Einheit Legierung	α	Mol Silber in der Einheit Legiernng	α
0,7324	1,0	0,5985	0,98
0,6902	1,0	0,5480	0,44
0,6464	0,99	0,4954	0,0069

Es ist also oberhalb des Silbergehaltes 0,60 das Gelöste gleich dem Vorhandenen ($\alpha = 1$), d. h. alles Silber aus der Legierung herausgelöst. Mit der Annäherung an Molanteil 0,5 Silber geht die Löslichkeit rasch zurück und sobald weniger als 0,5 Mole Silber in 1 Mol Legierung enthalten sind, ist die Löslichkeit winzig klein. Also ganz wie es auf Grund der Vorstellung über die Anordnung der Moleküle im Raumgitter erwartet wurde.

Man kann also von einer ganz ausgesprochenen „räumlichen Schutzwirkung" sprechen, die die Goldmoleküle auf die Silbermoleküle ausüben. Bei dem entsprechenden Raumgitter (Ag $< 0{,}5$) befinden sich die Ag-Moleküle in „Schutzstellungen". Diese an den Legierungen Au-Ag erläuterte Erscheinung läßt sich durchaus verallgemeinern. Tamann hat das gleiche für Gold-Kupfer nachgewiesen und die Gesetzmäßigkeit trifft wohl auf alle tetragonal kristallisierenden isomorphen Mischkristalle zwischen zwei Stoffen, von denen der eine (A) in einem Agens unlöslich, der andere (B) löslich ist, zu. Abb. 55 zeigt dieses Verhalten in graphischer Darstellung durch den getüpfelten Linienzug. Bei einem hohen Gehalte an löslichem B bis 0,6 wird B vollkommen herausgelöst. Die Lösbarkeit fällt zwischen 0,6 und 0,5 B sehr rasch und wird unter 0,5 B null.

Dieses Ergebnis läßt sich nicht auf die Gläser übertragen. Es dient uns nur dazu, das Wesen der vorliegenden Erscheinungen klar hervorzuheben. Jene Erscheinungen sind festgestellt an Mischkristallen. Das Glas aber ist ja eine „starre Flüssigkeit". Diese Betrachtung zeigt, wie wichtig es ist, zwischen der „festen Lösung", dem isomorphen Mischkristall, für die auch viele Entglasungsprodukte ein Beispiel bieten, und der „starren Flüssigkeit", dem Glas, zu unterscheiden. In einer Flüssigkeit herrscht keine regelmäßige Anordnung. Die Moleküle sind an keinen bestimmten Ort im Raum gebunden. Sie befinden sich in unruhiger Bewegung, es herrscht ein wirres Durcheinander, in dem jedes Molekül zwischen anderen, bald frei, bald stoßend, bald gestoßen, wie die Mücke in einem Mückenschwarm hin- und herschwirrt. Dieses ist der Zustand von flüssigem Glas bei der Läuterung. Im starren Glas ist die Bewegung praktisch null. Aber die Unregelmäßigkeit und Zufälligkeit der Moleküllagerung bleibt bestehen.

Im starren Glase sind also die Moleküle vollkommen unregelmäßig gelagert. Um auch hier in die Vorgänge beim Angriff lösender Agenzien eindringen zu können, beschränkt sich Tamann zunächst auf den Fall, daß nur zwei Molekülarten in dem Glas enthalten sind, von denen die eine (B) löslich, die andere (A) unlöslich ist und die unter sich keine Verbindung eingehen. Der Fall ist geprüft an Gläsern, die nur aus Borsäure und Kieselsäure erschmolzen wurden. Trotz der Unregelmäßigkeit der Anordnung wird man annehmen können, daß ein B-Molekül da und dort im Glas von einer Anzahl A-Molekülen umgeben ist. Bei einer gewissen Anzahl von Molekülen kann das B so eingeschlossen sein, daß das B-Molekül gegen Lösung geschützt ist. Eine solche Konstellation, die aus 5 Molekülen (5—1 A und 1 B) bestehen möge, kann dann als „geschützter Komplex" angesprochen werden. Da alle anderen möglichen Verteilungen von A und B in einem gegebenen Gemisch sich zusammenfinden können, wird nur ein geringer Bruchteil in jener Schutzstellung auftreten. Mit Hilfe der Wahrscheinlichkeitsrechnung berechnet nun Tamann, wie groß der Anteil der B-Moleküle ist, die in solchen geschützten Komplexen bei einer gegebenen Zusammensetzung des Glases und des geschützten Komplexes auftreten können. Besteht der Komplex aus 5 Molekülen (4 A + 1 B) und ist das Glas aus einer gleichen Zahl Molen A und B erschmolzen, so ergibt sich beispielsweise die Wahrscheinlichkeit 1/32. Besteht der Schutzkomplex aus 6 Molen, wird also 1 B von 5 A umgeben, ist die Wahrscheinlichkeit 1/64. Die Wahrscheinlichkeit für das Auftreten geschützter Komplexe anderer Zusammensetzung und für andere Glasgemische gibt andere Werte. Es ist auch berücksichtigt, daß 2 und 3 B-Moleküle unmittelbar nebeneinander liegen und durch eine größere Anzahl A-Moleküle geschützt werden müssen. Auch andere Schutzarten durch geeignete Aneinanderlegung ungeschützter an geschützte Komplexe werden berücksichtigt. Die Rechnung ergibt aber, daß die erste Schutzstellung mit einem B-Kern weit überwiegt und die anderen bei der Rechnung vernachlässigt werden können.

Wenn nun diese Vorstellungen richtig sind, müßten bei einer vollkommenen Auslaugung mit dem Lösungsmittel nur die geschützten Komplexe zurückbleiben, also beim oben gewählten Beispiel von 1 Mol A zu 1 Mol B im Glas würde das Glas weitgehend durch andauernde Behandlung mit Wasser zerstört und, falls der Hauptschutzkomplex 5 A + 1 B umfaßt, nur 1/64 = 0,0156 B im Rückstand hinterbleiben. Das Glas aus 1 B_2O_3 + 1 SiO_2 hinterließ nun bei der Behandlung mit Wasser 0,0170 Borsäure, also in einiger Übereinstimmung mit der Voraussage. Man wird daraus schließen dürfen, daß zum Schutz der Borsäure durch Kieselsäure 5—6 Moleküle in einem Komplex zusammentreten, also auf 1 B_2O_3 Molekül 4 bis 5 SiO_2-Moleküle kommen. Die experimentellen Ergebnisse sind nicht durchweg so gut stimmend; einigermaßen noch bei höheren SiO_2-Gehalten, bei den Mischungen mit mehr B_2O_3 als 0,5 sind Ergebnisse von der Theorie ganz abweichend, was Tamann auf Adsorption von B_2O_3 in der hydratisierten SiO_2 zurückführt.

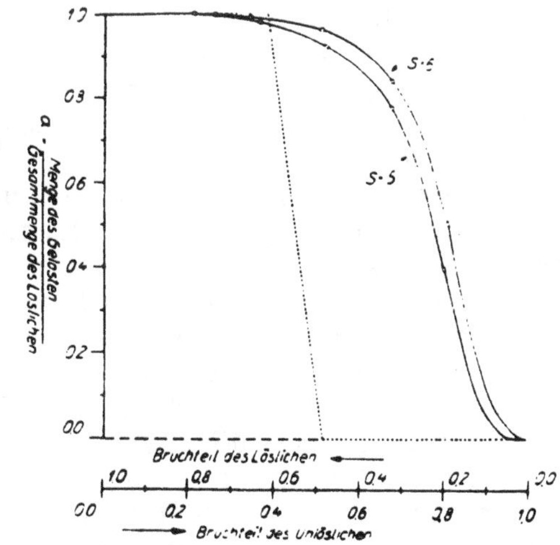

Abb. 55.

Sieht man hiervon ab, so ergibt sich das in Abb. 55 wiedergegebene Bild, in dem durch die ausgezogenen Kurven für die Fälle, daß der Schutzkomplex 5 (S = 5) bzw. 6 Moleküle (S = 6) umfaßt, die Lösbarkeit der Gläser in Abhängigkeit von ihrer Zusammensetzung dargestellt ist, und zwar für Gläser, die aus einem ganz unlöslichen (A) und einem löslichen Bestandteil (B) bestehen.

Man sieht, daß für den Fall B_2O_3 — SiO_2 nur bei ganz hohen SiO_2-Gehalten (bis höchsten 0,1 B_2O_3 0,9 SiO_2) minimale Löslichkeit vorhanden ist. Mit der Überschreitung dieses B_2O_3-Gehaltes nimmt die Auslaugbarkeit der Borsäure ungemein rasch zu und ist 0,5 B_2O_3 · 0,5 SiO_2 praktisch vollständig. Das Bild zeigt auch deutlich den Unterschied zu dem vorher erläuterten Fall der isomorphen Mischkristalle.

Es ist kein Zweifel, daß diese Betrachtungsweise ein neues Licht in die Auffassungen von der Zersetzlichkeit der Gläser bringt und daß folgerichtiges Durcharbeiten auch von praktischen Erfolgen begleitet sein wird. Freilich ist die Bearbeitung der technischen Gläser in dieser Richtung ungemein schwer, und zwar aus folgenden Gründen: Bei technischen Gläsern haben wir es mit einer größeren Zahl von Molekülarten zu tun. Aus löslichen Molekülen können durch Wechselwirkung neue unlösliche Moleküle entstehen. An sich nicht lösliche Moleküle werden durch Wasser hydrolytisch gespalten, der lösliche

Anteil wird weggeführt und unlösliche Moleküle werden durch andere in Lösung gebracht. Das Zusammenwirken all dieser Einflüsse bringt eine Unübersichtlichkeit hervor, die nur schwer zu entwirren sein wird. Immerhin wird man sich aber die Anschauung der Schutzwirkung durch räumliche Umlagerung von löslichen Teilen durch unlösliche zu eigen machen müssen. Diese Anschauung führt aber qualitativ zu ähnlichen Schlüssen, wie ich sie S. 83 u. 84 entwickelt habe.

e) Die Gläser der Praxis. Es ist wünschenswert, im Anschluß an die allgemeinen Betrachtungen etwas bestimmtere, für die Zusammensetzung einzelner Glasgattungen verwendbare Richtlinien zu erhalten. Es empfiehlt sich, dabei möglichst auf bewährte Zusammensetzungen zurückzugreifen. Dabei ergibt sich die Frage, in welcher Weise der Vergleich stattfinden soll. Dazu ist zu sagen: Da die Analyse unmittelbar die Zusammensetzung in Gewichtsprozenten der Oxyde liefert und da auch aus der Zusammensetzung des Gemenges leicht die prozentische Zusammensetzung zu berechnen ist, so ist die Angabe der Zusammensetzung in Gewichtsprozenten der Oxyde die bequemste und die in der Praxis ausschließlich benützte Grundlage für den Vergleich der Zusammensetzung der Gläser.

Will man jedoch tiefer in die Wirkung der Einzeloxyde eindringen, ist es notwendig, die Molverhältnisse zu berücksichtigen. Die vorhergehenden Seiten zeigen, wie die Auslaugbarkeit des Einzeloxydes an seine Molekülart geknüpft ist, daß insbesondere die Art und Menge der entstehenden Verbindungen durch das Molverhältnis, in dem die einzelnen Oxyde vorhanden sind, bedingt wird, und schließlich ist die Anschauung von der räumlichen Schutzwirkung, die von unlöslichen Molekülen auf lösliche ausgeübt wird, ebenfalls an die Molekülvorstellung gebunden. Aus diesen Gründen ist es notwendig, für tiefer gehende Betrachtungen das Molverhältnis zugrunde zu legen. Dies kann durch die Angabe der Zusammensetzung in Molprozenten, das heißt durch die Angabe der Anzahl Mole des einzelnen Oxydes bezogen auf 100 Mole Glas (Molsumme aller im Glase vorhandenen Oxyde) geschehen. Diese Grundlage ist recht brauchbar und muß angewandt werden, wenn man etwa die drei Hauptbestandteile in ein Dreieckskoordinatensystem (s. S. 20) eintragen will. Wie die Prozentrechnung überhaupt, hat diese Wiedergabe der Zusammensetzung den Nachteil, in einzelnen Gebieten des Systems die Prozentzahlen stark zusammenzudrängen und tatsächliche Unterschiede im Molverhältnis nicht genügend hervortreten zu lassen. Man geht deshalb besser von der Anschauung aus, daß das Glas eine Lösung ist und betrachtet ein Oxyd als das Lösungsmittel. Darin liegt etwas Willkürliches, da es sich ja um ein gegenseitiges Gelöstsein handelt. Die alte Anschauung, daß die Zusammensetzung der Gläser an enge Molekülverhältnisse gebunden sei, ist nicht zutreffend, namentlich die Anschauung der ausschließlichen Bildung von bestimmten Silikaten ist nach dem Vorhergehenden ganz zu verwerfen. Es sei dabei nur daran erinnert, daß es Gläser gibt, bei denen die basischen Oxyde weit überwiegen. So sind Zinkgläser erschmolzen, deren Zinkgehalt höher als der des Zinkmetasilikates ist. Das sind aber Ausnahmen und bei den meisten Gläsern ist die Kieselsäure in so großen Mengen vorhanden, daß wir diese als das Lösungsmittel ansprechen können. Der Übertragung auf andere Arten von Gläsern steht auch nichts im Wege. Aus diesen Gründen werden im Folgenden zur Darstellung des Molverhältnisses vorwiegend die Einzelmole der basischen Oxyde angegeben, die auf 100 Mole SiO_2 kommen. Bei Tonerde und Borsäure kann man im Zweifel sein, wie sie zu berücksichtigen sind. Im Hinblick auf die geringe Löslichkeit der Tonerde und die vielfach gemachte Annahme der Bildung von Alumino-Kieselsäure ist die Tonerde zur Kieselsäure geschlagen, das Molverhältnis also auf 100 Mole ($SiO_2 + Al_2O_2$) bezogen. In gleicher Weise geschieht dies bei der Borsäure im Hinblick auf den starken Einfluß auf die Bindungsverhältnisse.

Es ist wünschenswert, nur solche Gläser zu verwenden, für die eine zuverlässige, mit Analyse versehene Untersuchung der Auslaugbarkeit vorliegt. Das dieser Bedingung genügende Material ist aber sehr wenig zahlreich, weil vielfach bei solchen Untersuchungen, namentlich den neueren, die Zusammensetzung der Gläser fehlt, und dort, wo die Zusammensetzung und Auslaugbarkeit vorliegt, ist es sehr schwer, das Ergebnis auszuwerten, da die verwendeten Methoden zur Bestimmung der Auslaugbarkeit zu stark von einander abweichen.

Die Bezeichnung der Gläser soll in der bereits mehrfach berücksichtigten Einteilung Alkali-Silikatgläser, stark tonerdehaltige Alkali-Silikatgläser, Bleigläser, Borsilikatgläser usw. behandelt werden.

a) Die Alkali-Silikatgläser. Für die Alkali-Silikatgläser liegt eine Anzahl Bestimmungen der Löslichkeit vor. Sie sind in den Tabellen 22, 23, 24 und 25 mit der Zusammensetzung zusammengestellt. Aber gerade hier zeigt es sich, daß die Auswertung der Zahlen für die Auslaugbarkeit sehr schwer auf einen Vergleichsmaßstab gebracht werden kann. Ich habe aber versucht, durch den Vergleich der Methoden und Ergebnisse alle in Beziehung zur hydrolytischen Klassifikation von Mylius (s. S. 69) zu bringen.

Tabelle 24 enthält eine Anzahl Fenstergläser, von denen Glas 1 bis 7 von Weber, 8 von mir untersucht sind. Hier fehlt eine genaue Angabe der Auslaugbarkeit, da Weber wesentlich qualitativ nach seinem, Seite 64, angegegebenen Verfahren unterschieden hat.

Tabelle 22.

Haltbare Natronkalksilikatgläser.

(Fenster- und Spiegelgläser).

1—7 nach R. Weber, Poggendorfs Ann., Neue Folge **6**, 443 (1878).
8 nach Untersuchung des Herausgebers (1922).

Laufende Nummer	1	2	3	4	5	6	7	8
Nummer im Original	1	2	3	4	5	6	7	—
Glasart	Fensterglas	Fensterglas	Fensterglas	Fensterglas	Fensterglas	Fensterglas	Spiegelglas	Fensterglas
SiO_2	71,23	71,03	71,92	73,35	72,68	72,66	70,58	72,76
Al_2O_3	1,70	2,98	0,85	0,73	1,06	0,95	1,01	0,8
CaO	17,39	15,92	13,65	11,91	12,76	15,20	16,07	13,6
MgO	0,20	0,15	0,16	0,71	0,26	0,25	0,80	—
Na_2O	10,78	10,76	13,42	13,12	13,24	10,94	11,77	12,31
Auf 100 Mol SiO_2 kommen Mole CaO	25,0	24,0	20,8	18,8	19,2	22,7	26,3	19,9
Auf 100 Mol SiO_2 kommen Mole Na_2O	15,0	14,3	18,4	17,0	17,3	13,6	15,9	16,9
Molverhältnis: Na_2O : CaO : SiO_2	0,6 : 1 : **4**	0,6 : 1 : **4,17**	0,88 : 1 : **4,9**	0,9 : 1 : **5,3**	0,9 : 1 : **5,19**	0,6 : 1 : **4,4**	0,6 : 1 : **3,8**	0,85 : 1 : **4,97**
Mol SiO_2, die nach Tscheuschner notwendig	**4,08**	**4,08**	**5,3**	**5,4**	**5,4**	**4,08**	**4,08**	**5,17**
Glas-SiO_2—Formel-SiO_2[1])	—0,08	+0,09	—0,4	—0,1	—0,21	+0,38	—0,28	—0,2
Klasse	nicht feststellbar, vermutlich sämtlich II							II

[1]) Differenz zwischen der nach der Tscheuschner-Formel berechneten SiO_2-Mol-Zahl und der im Glas vorhandenen SiO_2-Mole je auf 1 Mol CaO.

Tabelle 25 enthält Alkali-Kalksilikatgläser, die von Mylius und Förster untersucht sind, und zwar durch die Auslaugung von Glaskörnern ganz in der Weise wie das Studium der Alkali-Kalkgläser mit wechselndem Alkali-Kalkverhältnis (Seite 76) durchgeführt wurde. Es ist außerordentlich schwierig, diese ganz anders geartete Untersuchung zu der späteren hydrolytischen Klassifikation in Beziehung zu bringen. Bei dieser Untersuchung liegt aber der Anhalt vor, daß das Glas 15 gleiche Auslaugbarkeit mit dem in derselben Untersuchung geprüften Jenaer Thermometerglas 16III zeigt, das der hydrolytischen Klasse II angehört.

Tabelle 23.

Alkalikalksilikatgläser verschiedener Haltbarkeit.

Nach Untersuchungen von Mylius & Förster (Methode: Auslaugung von Glaskörnern s. S. 71 Original: Ber. d. d. chem. Ges. **22**, 1092 (1889).

Laufende Nummer	9	10	11	12	13	14	15
Nr. im Original	1	2	3	4	5	6	8
Glasart	Gelbes alkalireiches Glas	Schlechtes Thüringer Glas	Glas von Tittel & Co.	Flaschenglas von Schilling-Gehlbach	Böhm. Glas von Kavalier	Rheinisch. Fensterglas	Grünes Flaschenglas Charlottenburg
Zusammensetzung Gewichts-% SiO_2	60,49	69,92	71,5	75,2	78,3	71,2	63,5
K_2O	13,25	6,6	7,1	4,2	13,3	—	1,3
Na_2O	15,41	16,5	14,3	11,9	1,4	13,5	9,5
CaO	5,42	3,75	6,7	8,3	6,8	13,4	14,0
Auf 100 Mole SiO_2 kommen Mole K_2O	14,0	6,04	6,36	5,80	10,9	—	1,31
Na_2O	25,10	23,0	19,45	15,40	1,8	18,44	14,55
$K_2O + Na_2O$	30,10	29,04	25,81	21,20	13,7	18,44	15,86
$K_2O + Na_2O$ korrigiert	43,8	31,0	27,9	23,1	17,3	18,44	16,3
CaO	9,64	5,77	10,08	11,87	9,34	22,92	23,7
Molverhältnis: K_2O+Na_2O : CaO : SiO_2	4,06 : 1 : **10,3**	5,03 : 1 : **17,33**	2,56 : 1 : **9,92**	1,79 : 1 : **8,42**	1,47 : 1 : **10,7**	0,805 : 1 : **4,36**	0,7 : 1 : **4,22**
$\frac{K_2O}{K_2O+Na_2O}$	0,36	0,21	0,25	0,27	0,79	0,0	0,08
Faktor für Tscheuschner-Formel	3,36	3,21	3,25	3,27	3,79	3,0	3,08
Mol SiO_2 n. Tscheuschner-Formel	**58,5**	**84,5**	**24,5**	**13,52**	**11,9**	**4,94**	**4,59**
Glas · SiO_2—Formel-SiO_2	— 48,2	— 67,2	—14,08	— 5,1	— 1,2	—0,58	— 0,37
Auslaugbarkeit Summe des Gelösten in mg	242,2	91,4	27,8	11,8	10,8	8,9	5,9
Klasse	IV	IV	III	II	II	II	II

Tabelle 26 enthält die erste Untersuchung von Mylius und Förster, bei der unmittelbar an den geblasenen Formflächen mit Jodeosin die Auslaugbarkeit bestimmt wurde. Es wird jedoch meist übersehen, daß die damalige Untersuchungsform der heutigen noch nicht vollkommen entspricht. Es wurde damals (1891) 3 Tage bei 20° und danach 1 Stunde bei 80° ausgelaugt. Von Förster ist dann später auf Grund seiner Beobachtungen erkannt worden, daß es notwendig ist, um vergleichbare Werte zu erhalten, nach der üblichen Vorbehandlung bei 20° 7 Tage und bei 80° 3 Stunden auszulaugen. Insofern sind auch die Werte dieser Tabelle nicht ohne weiteres für die Myliussche Klassifikation zu verwenden. Es sei noch bemerkt, daß im Original die Werte in Tausendstel-Milligramm auf ein Quadratdezimeter angegeben sind. Um die Werte auf die gleiche Basis der heutigen Klassifikation zu bringen, sind sie in den Tabellen in Milligramm Alkali je Quadratmeter angegeben. Diese Zahlen erhält man, wenn man die Zahlen des Originals durch 10 dividiert.

Die einzigen Werte, die ziemlich übereinstimmend mit der jetzt von Mylius angewendeten Untersuchungsweise untersucht sind, sind die Werte, Tabelle 27, die von Förster selbst, der wie schon gesagt, diese Form der Untersuchung angegeben hat, erhalten wurden.

Tabelle 24.

Alkalikalksilikatgläser verschiedener Haltbarkeit.

Nach Untersuchungen von Mylius & Förster. Methode: Auslaugung von Gefäßen, Titration mit Jodeosin s. S. 67, Original: Z. f. Instrumentenkunde 11, 311, 1891.

Laufende Nummer	16	17	18	19	20	21
Nr. im Original	1	2	3	I	10	14
Glasart	Kähler & Martini	Schweig & Co.	Kavalier	Böhmisches Hohlglas	Leybolds Nachfolger	Schilling
Zusammensetzung in Gewichts-%: SiO_2 . . .	75,4	78,8	79,1	76,5	76,5	73,1
Al_2O_3 . . .	1,0	0,3	0,2	0,6	0,6	2,2
K_2O . . .	4,4	3,6	6,7	5,5	6,6	5,3
Na_2O . . .	9,3	10,1	6,4	9,2	10,4	13,4
CaO . . .	9,9	7,2	7,6	8,2	5,9	5,8
Auf 100 Mole SiO_2 kommen Mole: K_2O	3,69	2,92	5,42	4,58	5,49	4,56
Na_2O	11,86	12,47	7,87	11,64	13,15	17,53
K_2O+Na_2O . .	15,55	15,39	13,29	16,22	18,64	22,09
K_2O+Na_2O . korrigiert	17,3	16,4	15,1	17,8	20,5	23,6
CaO	14,04	9,82	10,33	10,47	8,25	8,39
Molverhältnis: $\left.\begin{matrix}K_2O\\Na_2O\end{matrix}\right\}$: CaO : SiO_2	1,10 : 1 : **7,17**	1,58 : 1 : **10,18**	1,28 : 1 : **9,68**	1,41 : 1 : **8,72**	2,26 : 1 : **12,1**	2,63 : 1 : **11,9**
$\frac{K_2O}{K_2O+Na_2O}$ . . .	0,237	0,190	0,408	0,282	0,294	0,207
Faktor für Formel von Tscheuschner	3,237	3,190	3,408	3,282	3,294	3,207
Mol SiO_2 n. Tscheuschner	**7,22**	**11,15**	**10,76**	**8,47**	**20,1**	**25,4**
Glas-SiO_2 — Formel·SiO_2	— 0,05	— 0,97	— 1,08	+ 0,25	— 8,00	— 13,5
Auslaugbarkeit: mg/m² Alkohol						
3 Tagen bei 20°	0,10	0.15	0,21	1,0	1,3	2,6
1 Stunde bei 80°	0,67	0,89	0,89	4,3	17,6	27,0
Klasse?	II	II	II	III	IV	IV

Bei diesen Gläsern tritt nun meist die Schwierigkeit auf, daß sowohl Kali wie Natron im Glas enthalten ist. Bei der Rechnung in Gewichtsprozenten ist der Ersatz eines Gewichtsteils Natron durch ein Gewichtsteil Kali von geringem Einfluß, da dabei nach Molverhältnissen gerechnet, ein Mol Natron durch $^{62}/_{94}$ Mol Kali ersetzt wird. Dieser Ersatz in Molverhältnissen entspricht einer schwächeren Kaligabe, als sie die Löslichkeit verlangt. Bei der früheren Besprechung dieser Fragen habe ich einen Vorschlag gemacht[1]), der ungefähr darauf hinauskam, daß $^3/_4$ Mol Kali gleich 1 Mol Natron Na_2O im Einfluß auf die Auslaugbarkeit gleichzusetzen sei. Die Bearbeitung des hier mitgeteilten Materials hat gezeigt, daß diese Annahme ziemlich richtig ist und für die Bedürfnisse der Praxis im allgemeinen ausreichend sein dürfte.

Die Abhängigkeit der chemischen Resistenz der Alkalikalkgläser von ihrer Zusammensetzung ist vielfach in eine Gesetzmäßigkeit zu bringen versucht worden. Bei der Durchsicht des Materials bin ich zur Überzeugung gekommen, daß dies am besten auf graphischem Wege geschieht. Dabei ist wünschenswert, unmittelbar aus der Darstellung der Zusammensetzung einen Anhalt für die Auslaugbarkeit eines Glases zu

[1]) Dralle, Glasfabrikation, I. Aufl., S. 100 (1911).

Tabelle 25.

Alkalisilikatgläser verschiedener Haltbarkeit

nach Untersuchungen von Förster.

Methode: Auslaugung von Gefäßen, Titration mit Jodeosin s S. 67. Original: Zeitschr. f. analyt. Chemie **34**, 381 (1894).

	Laufende Nummer	22	23	24	25	26	27	28	29	30	31
	Nummer im Original	3	4	5	6	7	8	9	11	15	16
	Glasart										
Zusammensetzung in Gewichts-%	SiO_2	75,9	76,6	76,8	76,3	75,1	77,6	77,2	70,6	74 1	68,9
	Al_2O_3	0,3	0,6	0,4	0,3	0,5	0,3	0,4	2,9	0,4	3,2
	K_2O	5,8	6,6	6,2	7,0	11,8	4,3	4,6	0,6	9,7	6,7
	Na_2O	7,6	6,7	6,4	8,3	4,9	10,0	10,1	14,3	9,0	13,7
	CaO	10,4	9,5	10,0	8,1	7,6	7,8	7,7	11,2	6,8	7,2
Auf 100 Mol SiO_2 kommen Mole:	K_2O	4,89	5,51	5,19	5,87	10,06	3,55	3,81	0,53	10,55	6,05
	Na_2O	9,74	8,51	8,11	10,58	6,35	12,53	12,72	19,14	11,81	18,64
	$K_2O + Na_2O$	14,63	13,02	13,30	16,45	16,41	16,08	16,53	19,67	22,36	24,69
	$K_2O + Na_2O$ korrigiert	16,62	14,9	15,—	18,4	19,8	17,30	17,8	19,85	25,9	26,70
	CaO	14,7	13,3	14,0	11,42	10,88	10,81	10,73	16,60	9,87	11,00
	$\left.\begin{matrix}K_2O\\Na_2O\end{matrix}\right\}$: CaO : SiO_2	0,99:1:**6,79**	0,99:1:**7,5**	0,95:1:**7,14**	1,48:1:**8,76**	1,51:1:**9,19**	1,49:1:**9,25**	1,54:1:**9,32**	1,185:1:**6,03**	2,28:1:**10,4**	2,24:1:**9,08**
	Molverhältnis: $\frac{K_2O}{K_2O + Na_2O}$	0,335	0,42	0,39	0,35	0,63	0,22	0,23	0,027	0,472	0,25
	Faktor für Tscheuschner-Formel	3,335	3,42	3,39	3,35	3,63	3,22	3,23	3,027	3,472	3,25
	Mol SiO_2 nach Tscheuschner	**6,57**	**6,83**	**6,48**	**10,60**	**11,82**	**10.35**	**10,91**	**7,28**	**21,3**	**19,55**
	Glas-SiO_2 — Formel-SiO_2	+ 0,22	+ 0,67	+ 0,66	— 1,84	— 2,63	— 1,10	— 1,59	— 1,25	— 10,9	— 10,47
	Auslaugbarkeit: Alkali mg/m² nach 8 Tagen bei 20°	1,07	0,89	1,31	1,40	1,45	1,49	1,78	2,7	3,2	7,7
	3 Stunden bei 80°	2,84	2,82	2,68	5,60	4,50	5,00	6,60	9,8	21,7	65,4
	Hydrolyt. Klasse	II	II	II	III	III	III	III	III	IV	Grenze IV — Mangelhaft

finden. Schaller[1]) hat dies in sehr ansprechender Form getan, dadurch, daß er die Punkte, die die Zusammensetzung von Gläsern gleicher Resistenz darstellen, durch eine Kurve verbindet. Man erhält auf diese Weise eine Kurvenschar, aus der bei entsprechend dichter Lage ohne weiteres die Auslaugbarkeit entnehmbar ist. Ich habe mich dieser Darstellung angeschlossen nur mit dem Unterschiede, daß ich auf 100 Mole SiO_2

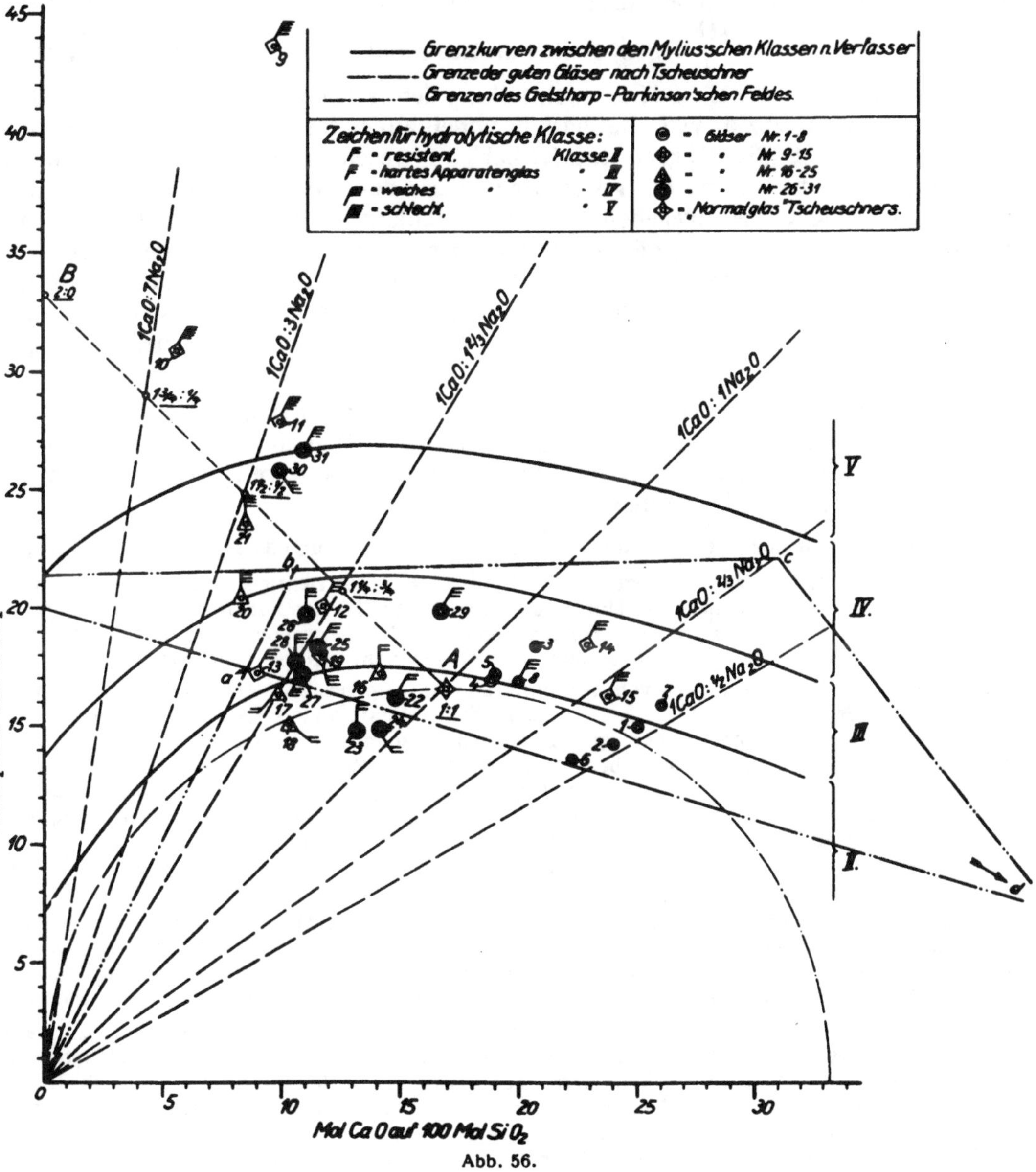

Abb. 56.

die Mole Kalk als Abszisse und die Mole Alkali (also a Na_2O + $^3/_4$ b K_2O, wenn a Mole Natron und b Mole Kali im Glas vorhanden sind), als Ordinate auftrage. Auf diese Weise sind die Punkte des in Abb. 56 dargestellten Systems erhalten, deren Bezeichnungen die verschiedenen aus den Tabellen 24—27 entnommenen Gläser ohne weiteres erkennen läßt.

[1]) Z. f. angew. Chem. 22, 2309 (1909).

Zur Einteilung des Feldes in Gebiete abgestufter Zersetzlichkeiten habe ich die Schallerschen Kurven mit herangezogen. Man kann für diese Kurven eine empirische Formel aufstellen und durch Veränderung der Konstanten sie im Feld verschieben. Es sind dann solche Kurven gezogen, auf denen die Grenzwerte liegen, die Mylius für seine hydrolytische Klassifikation angibt. Die von den Kurven eingeschlossenen Felder sind mit II, III, IV, V bezeichnet. Alle Punkte, die im Feld III, also zwischen der Grenzkurve $\frac{II}{III}$ und der Grenzkurve $\frac{III}{IV}$ liegen, stellen die Zusammensetzung der härteren Apparategläser dar. Es wurde dabei die Klasseneinteilung der in den Tabellen enthaltenen Gläser und die Lage der Grenzkurven unabhängig voneinander festgelegt, und es scheint mir beachtenswert, daß die Kurven tatsächlich im wesentlichen das Richtige treffen. Vor allem liegen die Punkte der resistenten Gläser der Tabelle 27, in der Tafel durch drei konzentrische Kreise angegeben, ganz in den Feldern, in die sie auf Grund der Untersuchung der Auslaugbarkeit gehören. Es sind dies, wie nochmals hervorzuheben ist, die einzigen resistenten Gläser, die in der der hydrolytischen Klassifikation zugrunde gelegten Untersuchungsweise untersucht und mit Analyse versehen sind. Trotzdem liegen auch die Punkte der anderen stets so, wie es die Untersuchung der Auslaugbarkeit erwarten läßt.

Man kann also aus einer solchen Tafel für eine gegebene Zusammensetzung ohne weiteres die hydrolytische Klasse, der das betreffende Glas angehört, feststellen. Die Lage und der Verlauf der Kurven müßte jedoch durch weitere Untersuchungen noch etwas sicherer festgestellt werden.

Ich hatte ursprünglich die Grenzkurve $\frac{II}{III}$ durch den Punkt für das sogenannte „Normalglas" (in der Tafel als Stern bezeichnet) gelegt. Ich halte dieses auch für richtiger. Es ist nicht geschehen, um die Punkte 16, 17, 18, die nach der Untersuchung in Tabelle 26 eine außerordentlich niedrige Auslaugbarkeit haben, noch in das Gebiet II hereinzunehmen. Wie aber schon angedeutet, ist die Untersuchungsform und damit das Ergebnis für diese drei Gläser nicht ganz vergleichbar.

Es sind in der Tafel dann noch vom Nullpunkte aus Linien gezogen. Das Verhältnis der Winkel zwischen diesen Geraden und der Abszisse einerseits, der Ordinate andererseits gibt ohne weiteres das Molverhältnis Na_2O zu CaO (bzw. das korrigierte Molverhältnis($Na_2O + \frac{3}{4}\ K_2O$:CaO)) an. Alle Punkte, die auf einer solchen Geraden liegen, haben das gleiche Molverhältnis Na_2O : CaO. Es ist bemerkenswert, daß sämtliche Fenstergläser zwischen der Linie 1 : 1 und ½ : 1 liegen. Apparategläser finden sich in diesem Gebiete so gut wie nicht. Nur 14 ist ein Präparate-Flaschenglas. Umgekehrt liegen alle resistenten Apparategläser zwischen den Molverhältnissen 1 CaO : $1^2/_3$ Na_2O und 1 CaO : 1 Na_2O. Vergleiche hierzu auch die Linien, die in Ergänzung des Gelstharp-Parkinsonschen Feldes in Abb. 41, S. 49 eingetragen sind.

Diese Tafeln dürften für die praktische Schmelzung wertvolle Hinweise zeigen. Es sei darauf hingewiesen, daß die angenommene Wirkung des Kalis auf die Auslaugbarkeit ($\frac{3}{4}$ Mol K_2O = 1 Mol Na_2O) sich bei der Aufstellung dieser Tafeln gut bewährt hat. Die so errechnete korrigierte Alkalimolsumme läßt die Punkte in das Feld fallen, das nach der Bestimmung der Auslaugbarkeit zu erwarten ist.

Auch Zschimmer[1]) betont, daß ein Überblick über Zusammensetzung und Resistenz am besten auf graphischem Wege geschieht. Er berücksichtigt in erster Linie den Gehalt an Kali und Natron und trägt die Gewichtsprozente in ein rechtwinkliges Koordinatensystem Na_2O als Abszisse, K_2O als Ordinate ein. Dadurch ist die Summe der Alkalien und das Verhältnis von K_2O und Na_2O festgelgt. Die Ergänzung zu 100 entspricht der Summe von Kalk und Kieselsäure. Um auch die Kalkmenge anzudeuten, setzt Zschimmer neben die Alkalipunkte je ein kleines Koordinatensystem, auf dessen in 20 Teile geteilter Abszisse der Kalkgehalt eingetragen wird. Die Art der Markierung bezeichnet die Haltbarkeit. Natürlich ist dadurch die Darstellung nicht in einem einfachen funktionellen Zusammenhang mit der Gesamtzusammensetzung gebracht. Das Diagramm von Zschimmer ist mehr eine zeichnerische Registratur, als eine graphische Darstellung der ineinander greifenden Verknüpfung der Eigenschaften des Glases mit den Mengenverhältnissen der Glasbestandteile. Immerhin ist bemerkenswert, daß Zschimmer auf diese Weise zu sehr einfachen Regeln kommt, deren Gültigkeit aber, wie wir sehen werden, beschränkt ist. Vor allem ist der Hinweis, daß ein gutes Alkalikalkglas nicht mehr als 13%

[1]) Sprechsaal **56**, 239 (1923).

Alkali enthalten könne, richtig. Jedoch wird bei dieser einseitigen Berücksichtigung des Alkaligehaltes die Sonderwirkung des Kalkes nicht genügend beachtet. Bei der Behandlungsweise Zschimmers wird der Kalk in seiner Wirkung der Kieselsäure in weiten Grenzen gleichgesetzt.

Im Grunde genommen gehört zum Alkaligehalt von 13%, entsprechend dem Höchstpunkt unserer Kurven, ein bestimmter Kalkgehalt (ca. 12,5%). Geringe Abweichungen von diesem Gehalt treten kaum in Erscheinung. Entfernt man sich aber mit dem genannten Kalkgehalt, so wird das Glas, einerlei ob ein Mehr oder Weniger an Kalk vorhanden ist,schlechter. Ferner gehören bei geringeren Alkaligehalten immer zwei Kalkgehalte zu einem Alkaligehalt für Gläser gleicher Haltbarkeit.

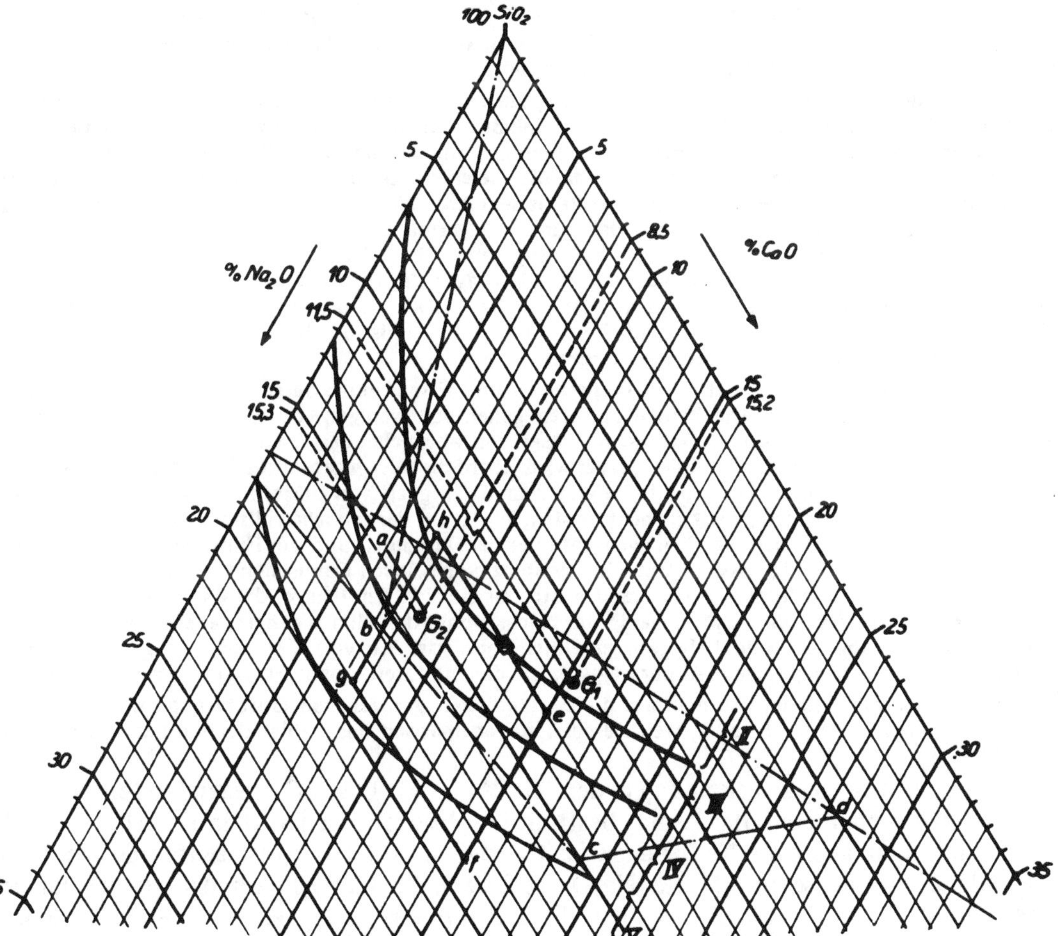

Abb. 57.

Man darf eben den Einfluß der Einzelbestandteile nicht losgelöst von dem der anderen betrachten, sondern muß immer den gegenseitigen Einfluß im Auge haben. Die Beurteilung geschieht am besten graphisch, aber natürlich so, daß der funktionelle Zusammenhang gewahrt bleibt. Geschieht dies nicht, können leicht Trugschlüsse entstehen.

Auch wenn wir die Grundlage, die Zschimmer fast ausschließlich benutzt, d. h. die prozentische Zusammensetzung zum Vergleich wählen, erhalten wir nicht viel größere Sicherheit. Zu diesem Zwecke ist es notwendig, die Zusammensetzung im Dreieckkoordinatensystem aufzutragen (s. Abb. 57). In diese sind die Kurven der großen Tafel, nach Umrechnung in Gewichtsprozenten eingetragen, ebenso die von Zschimmer[1]) angegebene Grenze für resistente und harte Apparategläser. Betrachtet man den

[1]) Sprechsaal, **57**, 466 (1924).

Verlauf der Kurven, so zeigt sich, daß sie in der Gegend, in der die Linie gleichen Alkaligehaltes tangential berührt, sehr flach verlaufen. Beim Höchstalkaligehalt kann also der Kalkgehalt ohne Beeinträchtigung der Resistenz des Glases um wenige Prozente schwanken, also eine Bestätigung der Auffassung Zschimmers. Aber dieser geht, was er übrigens als möglich voraussieht, in der Festsetzung der zulässigen Schwankungen für Kalk bei gleichbleibendem Alkaligehalt schon beim resistenten Glas (Klasse II) zu weit. Auch werden sie bei den härteren Apparategläsern (Klasse III) übereinstimmend mit Klasse II gewählt. Dadurch erhält man für die Gläser der Klasse III ein sehr umfangreiches Feld, das in Abb. 57 eingezeichnete Parallelogramm, das naturgemäß breite Gebiete von III umfaßt, aber weit über dieses hinausgreift, durch IV hindurch nach V. Das Parallelogramm *e, f, g, h*, der Zschimmerschen Grenzen für die hydrolytische Klasse III umschließt also Gläser jeden Grades der Auslaugbarkeit. Gläser, die an der Grenze der Resistenz liegen, harte, weiche und ganz schlechte Apparategläser.

Jüngst hat nun Zschimmer[1]) seine Grenzen in einem Dreieckskoordinatensystem dargestellt. Dadurch wird natürlich nichts Grundsätzliches geändert.

Zschimmer hat in dieser letzten Abhandlung auch die Grenzen eingetragen, die Gelstharp und Parkinson[2]) aufgestellt haben. Dies hat mich veranlaßt, in meine Darstellungen diese Grenzen ebenfalls einzutragen. In den bereits vorhandenen Zeichnungen mußte die Darstellung etwas anders als bei Zschimmer geschehen. Immerhin läßt sich, da die gleichen „Bezugs-Buchstaben" gewählt sind, der Vergleich ohne weiteres anstellen. In der amerikanischen Arbeit ist die Linie *a—d* die Entglasungsgrenze für kieselsäurereiche Gläser. Es scheint, daß damit einigermaßen das Richtige getroffen ist, denn von den reinen Natron-Kalk-Gläsern, die in den hier mitgeteilten Tabellen aufgezählt sind, fällt keines unter die Grenze. Am nächsten kommt ihr das Glas 6. Die Gläser 17, 18, 19, 23 und 24, die unter der Entglasungsgrenze liegen, also einen höheren Kieselsäuregehalt haben als dieser Grenze entspricht, enthalten alle beachtliche Mengen von Kali. Es dürfte in diesem Ergebnis die bekanntlich geringere Neigung des Kalis zur Entglasung zum Ausdruck kommen.

Was nun die übrigen Grenzen von Gelstharp und Parkinson betrifft, so muß man ihre Entstehung im Auge behalten. Die beiden Autoren gehen von wenigen. durch ihre Zusammensetzung ausgezeichneten Gläsern aus und verbinden Gläser von abweichender Zusammensetzung bei gleicher Zersetzlichkeit durch eine gerade Linie. Dabei wird ebenfalls die gegenseitige Beeinflussung der Glasbestandteile vernachlässigt. Die chemische Widerstandsfähigkeit von Gläsern, die aus Gemischen von zwei Grundgläsern zusammengesetzt gedacht werden, folgt nicht der einfachen Mischungsregel, sondern mit der Mischung verschieben sich die Gleichgewichte der Verbindungen und die Einflüsse, die die Auslaugbarkeit beherrschen. Infolgedessen kann die Resistenz von solchen Gemischen sehr ungleichartig sein. Die Linie *b—c* trifft allerdings insofern das Rechte, als sie sich der Kurve, die das Feld der weicheren und härteren Apparategläser trennt, ungefähr im Höchstpunkt des Alkalis nähert; aber bei einem höheren und niedrigeren Kaligehalt weicht sie ganz erheblich von dieser Kurve ab, so daß durch diese Linie die Hälfte des Gebietes für weichere Apparategläser zu den härteren Apparategläsern geschlagen wird.

Es scheint mir deshalb, daß man auf die Beständigkeitsgrenzen von Gelstharp und Parkinson keinen zu großen Wert legen sollte, weil sie eben zu schematisch das Gebiet der haltbaren Gläser umschließen.

Man wird also zweckmäßiger den in Abb. 56 bzw. 57 gezeichneten Kurven folgen, wenn man ein Glas einer bestimmten hydrolytischen Klasse erhalten will, z. B. erhält man aus Abb. 57 für das Glas G_1, das im Feld der resistenten Gläser liegt, folgende Zusammensetzung: 11,5 Na_2O, 15,2 CaO, 73,3 SiO_2. Ebenso sucht man im Dreieckfeld (Abb. 57) den Punkt, der die Zusammensetzung eines gegebenen Glases darstellt, und kann durch die Lage im betreffenden Feld die Zugehörigkeit zu einer bestimmten hydrolytischen Klasse feststellen. So z. B. finden wir für eine Zusammensetzung

$$15{,}3\ Na_2O,\ 8{,}5\ CaO,\ 76{,}2\ SiO_2$$

den Punkt G_2 und erkennen daraus, daß dieser Zusammensetzung ein Glas der hydrolytischen Klasse III, also zu den härteren Apparategläser gehörend, entspricht.

Um außerdem noch Fingerzeige für die Zusammensetzung zu geben, sind in Tabelle 26 die Zusammensetzungen der Natron-Kalkgläser gegeben, die den Grenzkurven $\frac{II}{III}$, $\frac{III}{IV}$ und $\frac{IV}{V}$ entsprechen.

[1]) Sprechsaal **57**, S. 466 (1924).

[2]) s. S. 49.

Tabelle 26.

Grenz-Zusammensetzung von Natron-Kalkgläsern

in Gewichtsprozenten.

Für resistente Gläser hydrolyt. Klasse II			Für härtere Apparategläser hydrolyt. Klasse III			Für weiche Apparategläser hydrolyt. Klasse IV		
% Na_2O	% CaO	% SiO_2	% Na_2O	% CaO	% SiO_2	% Na_2O	% CaO	% SiO_2
—	—	—	16,4	7,1	76,5	19,5	9,9	70,6
13,7	7,3	79,0	16,2	10,3	73,5	18,6	12,8	68,6
13,7	9,9	76,4	15,2	13,3	71,5	17,4	15,6	67,0
13,1	12,5	74,4	13,9	16,2	69,9	16,0	18,3	65,7
12,1	14,9	73,0	12,5	19,1	68,4	15,2	19,9	64,9
11,1	17,3	71,6	11,7	20,7	67,6	—	—	—
9,9	19,6	70,5	—	—	—	—	—	—
9,1	21,3	69,6	—	—	—	—	—	—

Der erste, der wohl den funktionellen Zusammenhang zwischen Zusammensetzung und Resistenz zu erfassen suchte, war Tscheuschner[1]), der sagte, daß, wenn x Mole Natron und y Mole Kalk in einem Glase vorhanden sind, daß dann, wenn z die Mole SiO_2 darstellt

$$z = 3 \cdot \left(\frac{x^2}{y} + y \right).$$

In der Tafel sind die Natrongläser, die sich nach dieser Formel errechnen, in der strichpunktierten kreisähnlichen Kurve dargestellt.

Man sieht, daß in der Tat die Punkte 22, 23, 24, für die die Resistenz absolut sichersteht, vor dieser Kurve liegen. Es scheint nur, daß bei hohem Alkaligehalt der notwendige Kieselsäuregehalt etwas zu hoch verlangt wird. Man kann also sagen, daß die Tscheuschnersche Formel im wesentlichen das Richtige trifft. Ich[2]) habe in der ersten Auflage dieses Buches darauf hingewiesen, daß für Kaligläser der Faktor der Tscheuschnerschen Formel besser 4 statt 3 sei, d. h., daß das „Kalinormalglas" nicht 1:1:6, sondern 1:1:8 entspräche. Körner[3]) hat dann darauf den Vorschlag gemacht, daß für die Berechnung des Kieselsäuregehaltes von Gläsern, die beide Alkalien enthielten, ein Faktor zu verwenden sei, der proportional dem Verhältnis Kali zu Natron zwischen 4 und 3 liegt. Ich habe mit Hilfe der nach Körner[4]) ermittelten Faktoren für die Gläser der Tabellen 22 bis 25 die Kieselsäure berechnet, die bei den vorliegenden Molverhältnissen Natron-Kali-Kalk notwendig wäre, um ein resistentes Glas zu erhalten. Da zeigt sich nun, daß bei den resistenten Gläsern nur ein ganz geringer Unterschied zwischen der in der Rechnung ermittelten und der tatsächlich im untersuchten Glas vorhandenen Molzahl an Kieselsäure vorliegt. Bei den resistenten Gläsern beträgt dieser Unterschied meist nur wenige Zehntel Prozente und überschreitet nur einmal kaum 1, bei den Gläsern der hydrolytischen Klasse III beträgt er 1 bis 3, während er bei den weichen und ganz schlechten Gläsern erhebliche Werte

[1]) Tscheuschner, Handb. der Glasfabrikation, Weimar 1885, S. 38.

[2]) Dies Buch, I. Aufl., S. 100 (1911).

[3]) Sprechsaal **48**, 333, 342, 353, 363, 373 (1915).

[4]) Bei der Berechnung nach Tscheuschner wird zunächst die Molzahl Alkali auf 1 Mol CaO ausgerechnet. Es seien in einem Glas vorgesehen: auf 1 Mol CaO: 1,6 Mol Alkali, bestehend aus 0,9 Mol Na_2O, 0,7 Mol K_2O. Der Körnersche Faktor ist dann $3 + \frac{0,7}{1,6} = 3,44$. Also ist die aufzuwendende Molzahl für Kieselsäure: $3,44\,(1,6^2 + 1) = 3,44 \times 3,56 =$ **12,25 Mol SiO_2**. Das Glas würde also folgende molare Zusammensetzung aufweisen: 0,9 Na_2O, 0,7 K_2O, 1 CaO, 12,25 SiO_2.

bis 48 und 67 annimmt. Demnach steckt in dieser Formel doch ein brauchbarer Kern. Freilich steht sie ganz auf empirischem Boden.

Für einen Fortschritt auf diesem Gebiete ist es notwendig, daß zunächst eine größere Anzahl Gläser systematisch und in vergleichbarer Weise untersucht wird.

β) Alkali-Kalk-Aluminosilikatgläser. Für den Einfluß der Tonerde auf die Resistenz der Kalknatrongläser liegt die schon erwähnte Untersuchung von Schaller vor. Die Ergebnisse sind in Abb. 57a zusammengestellt. Die Kurven stellen die Zusammensetzung von Gläsern gleicher Auslaugbarkeit dar. Die neben den Kurven stehenden Zahlen deuten den Grad der Auslaugbarkeit in einem von Schaller nicht näher angegebenen Maßstab an. 1 bedeutet geringste, 5 stärkste Auslaugbarkeit. Die Kurven sind so gezeichnet, daß jeder Punkt der SiO_2-Gläser durch seinen Abstand von Abszisse bzw. Ordinate den Gehalt an Na_2O bzw. CaO bezogen auf 100 Gew.-Teile

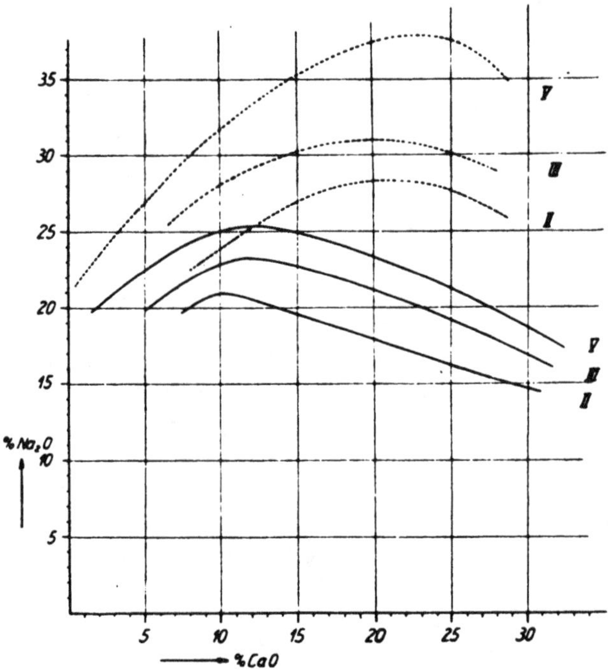

Abb. 57 a.

SiO_2 angibt. Für die tonerdehaltigen Gläser beziehen sich die Gewichtsmengen Na_2O und CaO auf 100 Teile eines Gemisches 100 SiO_2 + 10 Al_2O_3, also auf (90,9 SiO_2 + 9,1 Al_2O_3). Die ausgezogenen Kurven geben die Verhältnisse für die reinen SiO_2-Gläser, die getüpfelten für die Al_2O_3-haltigen Gläser wieder. Die Wirkung des Ersatzes von 9,1% der Kieselsäure durch 9,1 Al_2O_3 ist deutlich. Die Kurven für gleiche Auslaugbarkeit sind nach rechts und in die Höhe gerückt. Bei gleicher Auslaugbarkeit enthalten die mit Tonerde versetzten Gläser mehr Natron und mehr Kalk als die tonerdefreien. Die 9,1 Teile Al_2O_3 haben also auf die Zurückdrängung der Auslaugbarkeit eine viel stärkere Wirkung als 9,1 Teile SiO_2.

Dieser Einfluß der Tonerde auf die Haltbarkeit der Gläser ist für die Flaschenindustrie, die ihr Glas vielfach unter Verwendung von Eruptivgestein und Mergel erschmilzt, von ganz besonderer Bedeutung. Ihn zahlenmäßig nachzuweisen, besitzen wir keine vergleichenden Versuche, die eine sichere Einreihung in das hydrolytische System zuläßt. Eine mehr qualitative Untersuchung stammt von E. Eggers, der beobachtet hatte, daß in Flaschen, in denen Champagner verdorben war, der Säuregehalt von verdünnten Säurelösungen zurückging, also Alkali löslich wurde. Er untersuchte in ähnlicher Weise eine Anzahl Flaschen und fand dabei die in Tabelle 27 zusammengestellten Resultate.

Tabelle 27.

Tonerdereiche Flaschengläser

nach Eggers, Archiv für Hygiene, **1884**, S. 67.

Laufende Nummer	32	33	34	35	36	37
Nummer im Original	I	VI	II	IV	III	V
Glasart	nicht angegeben					
Zusammensetzung in Gewichtsprozenten: SiO_2	53,15	57,16	52,90	55,02	56,34	62,95
$Al_2O_3 + Fe_2O_3$	13,14	11,79	12,85	12,11	11,34	6,80
Na_2O	14,80	15,04	14,27	12,11	11,44	9,26
K_2O	3,21	2,72	3,16	3,59	3,46	1,40
CaO	14,64	11,79	15,88	16,21	12,05	16,72
MgO	0,84	0,90	0,95	1,04	1,15	1,80
Molverhältnisse: $Al_2O_3 : SiO_2$	12,7 : 87,3	10,9 : 89,1	12,5 : 87,5	11,5 : 88,5	10,6 : 89,4	6,0 : 9,4
Auf 100 ($SiO_2 + Al_2O_3$) kommen:						
$Na_2O + K_2O$	27,0	26,06	26,3	22,6	21,1	14,8
CaO + MgO	28,1	21,9	30,6	30,6	30,06	30,9
$\overset{I}{R}_2O : \overset{II}{R}O : (SiO_2 + Al_2O_3)$	0,98 : 1 : **3,56**	1,19 : 1 : **4,65**	0,86 : 1 : **3,27**	0,74 : 1 : **3,27**	0,7 : 1 : **3,33**	0,48 : 1 : **3,24**
Mol ($SiO_2 + Al_2O_3$) nach Tscheuschner	**5,91**	**7,2**	**5,22**	**4,64**	**4,47**	**3,68**
Glas · ($SiO_2 + Al_2O_3$) — Formel · ($SiO_2 + Al_2O_3$)	— 2,35	— 2,60	— 1,95	— 1,37	— 1,14	— 0,44
Gütebezeichnung von Eggers	schlecht	ziemlich gut (?)	schlecht	mittelmäß.	mittelmäß.	zieml. gut
Vermutlich hydrolytische Klesse	IV	IV	IV	III	III	II

Weitere Angaben über Verhalten von Flaschengläsern siehe bei Frink[1]).

Für die Beurteilung der tonerdereichen Gläser ist maßgebend die praktisch vollkommene Unlöslichkeit der Tonerde in Wasser. Sie ist also der Kieselsäure zuzuschlagen. Dem Standpunkt, der gerne die Möglichkeit der Bildung von Verbindungen berücksichtigt, widerspricht dies nicht, denn allgemein wird das Bestehen von Aluminokieselsäuren angenommen. Nach den oben mitgeteilten Ergebnissen dürfen wir die Tonerde zum mindesten der Kieselsäure gleichsetzen. Wir können dann einfach nach Tscheuschner (s. S. 103) die notwendige Molzahl der ganz unlöslichen Oxyde ($Z' = SiO_2 + Al_2O_3$) berechnen. In dieser Weise sind die in der Tabelle 29 als „Mol ($SiO_2 + Al_2O_3$)" eingetragenen Werte erhalten. Vergleicht man die im Glas auf 1 Mol CaO angewandte Molmenge $SiO_2 + Al_2O_3$ mit der errechneten, so wird das Glas um so besser sein, je mehr die beiden Größen übereinstimmen. Die Werte Glas ($SiO_2 + Al_2O_3$) — Formel ($SiO_2 + Al_2O_3$) der Tabelle 29 zeigen mit Ausnahme des Glases 33, daß die von Eggers auf Grund seiner Auslaugversuche vorgenommene Beurteilung den genannten Differenzwerten entspricht. Die in der Tabelle versuchte Einreihung in das hydrolytische System steht auf schwachen Füßen.

Auch hier fehlt für die Aufstellung sicherer Regeln eine systematische Untersuchung einer größeren Anzahl in der Zusammensetzung abweichender Flaschengläser. Vorläufig kann die Berechnung nach Tscheuschner, wobei 1 Mol Al_2O_3 = 1 Mol SiO_2 gesetzt wird, empfohlen werden[2]).

γ) Bleigläser. Für einige Bleigläser liegt eine Untersuchung von Kohlrausch vor, die einigermaßen gestattet, die Eingliederung in die hydrolytischen Klassen zu vollziehen.

---

[1]) Trans. Am. Cev. Soc. **15**, 706 (1913) — Sprechsaal **52**, 118 (1913).

[2]) Über die Zusammensetzung von Flaschengläsern wird in Band II nochmals zurückgekommen werden. D. H.

Tabelle 28.

Bleigläser

nach Kohlrausch, Ann. d. Phys. u. Chem. **44**, 577 (1891).

Laufende Nummer	38	39	40	41	42	43
Nummer im Original	29	8	28	26	26	9
Glasart	Blei-Kristall	Extra leichter Flint Jenaer Schmelzung 788	Englischer Leichtflint Jenaer Schmelzung 677	Gewöhnlicher Flint Jenaer Schmelzung 824	Sehr schwerer Flint Jenaer Schmelzung 303	Schwerster Flint Jenaer Schmelzung S 164
Zusammensetzung in Gewichtsprozenten: SiO_2 . . .	56,1	60,0	52,92	45,0	35,6	21,8
PbO . . .	31,1	27,3	37,27	46,2	60,1	78,07
K_2O	12,1	7,9	8,06	8,0	4,0	—
Na_2O . . .	0,6	4,5	1,39	0,5	—	—
Al_2O_3 . . .	—	0,2	0,25	0,2	0,2	0,08
MnO . . .	—	0,1	0,11	0,1	0,1	0,05
Molverhältnisse: Auf 100 Mol SiO_2 komm. PbO . . .	14,9	12,2	18,9	27,7	45,4	96,3
K_2O	13,8	8,5	9,7	11,0	7,15	—
Na_2O . . .	1,0	7,2	2,5	1,1	—	—
K_2O+Na_2O	14,8	15,7	12,2	12,5	—	—
$\overset{I}{R}_2O : PbO : SiO_2$	0,99 : 1 : **6,7**	1,18 : 1 : **8,17**	0,64 : 1 : **5,28**	0,45 : 1 : **3,62**	0,16 : 1 : **2,2**	0 : 1 : **1,04**
Mol SiO_2 berechnet	**6,94**	**8,68**	**4,84**	**3,70**	**1,96**	**1,0**
SiO_2-Glas — SiO_2 ber.	— 0,24	— 0,50	+ 0,44	— 0,08	+ 0,24	+ 0,04
Auslaugbarkeit Summe d. Leitfähigkeit aller Aufgüsse	784	426	559	238	41	5
Vermutliche hydrolytische Klasse .	III	III	II	II	I	I

Diese Untersuchung geschah mit staubfeinem Pulver, das in Flaschen erstmals mit der 20fachen, dann mehrfach mit der 100fachen Menge mehrere Tage behandelt wurde. Die vom Wasser aufgenommenen Substanzen wurden durch die elektrische Leitfähigkeit der erhaltenen Lösung bestimmt. Die Ergebnisse sind in Tabelle 28 zusammengestellt. Das Wichtigste dabei ist, daß das Bleisilikat $PbO \cdot SiO_2$, mit dem das Glas praktisch übereinstimmt, ohne jeden Überschuß von SiO_2 als wasserbeständig zu bezeichnen ist. Es kommt in diesem Verhalten die überaus geringe Wasserlöslichkeit des Bleioxydes (s. Tabelle 18, S. 83) zum Ausdruck. Die Gläser zeigen (in umgekehrter Reihenfolge) mit zunehmendem Alkaligehalt trotz gesteigerten Kieselsäuregehaltes eine zunehmende Auslaugbarkeit durch Wasser. In der ersten Auflage dieses Buches[1]) habe ich als Anhaltspunkt für die Berechnung der Bleigläser folgende Regel gegeben: „Rechnet man auf den Bleigehalt allein 1 Molekül SiO_2 für sich, so sind für das hinzutretende Alkali 6 bis 8 Moleküle SiO_2 zu nehmen." Bezeichnet, wie üblich, z die Molzahl SiO_2 und x die auf 1 Mol PbO bezogene Molzahl Alkali, so ist nach der gegebenen Regel: $z = (6x + 1)$ bis $(8x + 1)$. Die in der Tabelle 28 für „Mol-SiO_2 berechneten angegebenen Werte sind nach dem Ausdruck $(6x + 1)$ berechnet. Es zeigt sich, daß der Kieselsäuregehalt der von Kohlrausch untersuchten Bleigläser mit ganz geringen Abweichungen dem berechneten Wert entspricht. Die Resistenz nimmt aber mit steigendem Alkaligehalt sehr deutlich ab. Die benutzte Formel gibt

[1]) Dralle, Glasfabrikation, I. Aufl., Bd. I, S. 95.

also **nicht** Gläser gleicher Resistenz. Es ist aber zu beachten, daß die nach dieser Regel geschmolzenen Gläser in erster Linie optischen Ansprüchen zu genügen haben und außerdem genügende Resistenz besitzen. Wollte man durchweg gleich hohe Resistenz erzielen, müßte bei gegebenem PbO-Gehalt höherer, und zwar mit steigendem Alkaligehalt wesentlich höherer, Kieselsäuregehalt angewandt werden.

Die Auslaugbarkeit der untersuchten Bleigläser steigt auch nicht proportional mit wachsendem Alkaligehalt an. Dies Verhalten zeigt deutlich, daß die Auslaugbarkeit von Gemischen von zwei Grenzgläsern nicht einfach nach der Mischungsregel aus den Auslaugbarkeiten der Grenzgläser und den Mischungsverhältnissen berechnet werden kann. Dies ist nach den vorangehenden Ausführungen z. B. S. 102 zu erwarten.

Die früher aufgestellte Regel sagt nämlich, anders ausgedrückt, daß die untersuchten Bleigläser Gemische von wechselnden Mengen von Bleisilikat ($PbSiO_3$) und Kalihexasilikat ($K_2O \cdot 6\,SiO_2$) sind. Das Bleisilikat hat die Zusammensetzung: 79,4% PbO, 20,6% SiO_2; das Kalihexasilikat[1]) 20,6% K_2O, 79,4% PbO. Ist nun a der Bruchteil eines Glases, der aus $PbSiO_3$ besteht und ist PbO der Bleioxydgehalt in Gewichtsprozenten dieses Glases, dann ist $a = \frac{PbO}{79,4}$. Der Anteil an $K_2O \cdot 6\,SiO_2$ ist $1-a$. Der Kaligehalt in Gewichtsprozenten des Glases ist also dann:

$$(1-a)\,20,6 = \left(1 - \frac{PbO}{79,4}\right) 20,6$$

$$= \frac{20,6}{79,4}\,(79,4 - PbO) = \underline{0,26\,(79,4 - PbO)} \qquad \text{(I)}$$

Zschimmer[2]) hat für eine Anzahl anderer Bleigläser die Zusammensetzung graphisch auftragen lassen und fand die Punkte, die die Zusammensetzung der Gläser angeben, alle nahe an einer geraden Linie liegend, die den Punkt 76 PbO, 0 R_2O mit dem Punkt 20,1 PbO, 15,2 R_2O verbindet. Von dieser Beobachtung ausgehend, gibt er für den Alkaligehalt eines Bleiglases, wenn PbO der Prozentgehalt des Glases an Bleioxyd ist, folgende Formel:

$$R_2O = 0,27\,(76 - PbO) \qquad \text{(II)}$$

Wie man sieht, unterscheidet sich dieser Ausdruck (II) nur wenig von dem oben entwickelten (I). In beiden Formeln kommt zum Ausdruck, daß die in der Praxis vorherrschenden Bleigläser Gemische von nur zwei Grenzgläsern sind. Bei graphischer Darstellung liegen sämtliche Gläser auf der Geraden, die die Punkte der Grenzgläser verbindet. Das eine Grenzglas $K_2O \cdot 6\,SiO_2$ mit 20,6% K_2O ist beiden gemeinsam, denn die Zahl 0,27 ist das Verhältnis $\frac{20,6}{76}$. Die alkalifreie Grenze legt **Zschimmer** nach 76% PbO. Das gibt der Geraden gegenüber der durch Ausdruck I dargestellten eine ganz wenig geänderte Richtung, die im Verhältnis zu dem Abstand mancher Punkte von der Geraden gar keine Rolle spielt.

Die Übereinstimmung der Ergebnisse der beiden Betrachtungen zeigt, daß die praktisch erschmolzenen Bleigläser mit einiger Genauigkeit als Gemische der beiden Grenzgläser: $PbO \cdot SiO_2$ und $R_2O \cdot 6\,SiO_2$ zu betrachten sind. Die wechselnde Resistenz spricht dafür, daß sie bei dieser von der Technik vollzogenen natürlichen Auswahl nicht ausschlaggebend sein konnte. Es müssen deshalb andere Gründe für diese Auswahl maßgebend gewesen sein. Eine nicht unwesentliche Rolle dürfte dabei die mit steigendem Alkaligehalt zunehmende Neigung zur Entglasung spielen.

6. Spezifische Wirkung einiger Reagenzien. Ätzung von Glas und Säurepolitur.

Wie wir sahen, waren die Wirkungen, die Säuren, Basen und Salzlösungen auf Glas ausüben, im Grunde genommen Wirkungen des Wassers. Einzelne Reagenzien haben jedoch eine besondere Wirkung. Z. B. werden die borsäurehaltigen Gläser, die an sich hohe Haltbarkeit besitzen, von Alkali relativ stark angegriffen. Es macht sich eben eine starke Löslichkeit der Borsäure im Alkali bemerkbar. So verraten auch alle Gläser ihre Abkunft von der Kieselsäure. Ebenso macht sich die Säurelöslichkeit von in Wasser schwer löslichen Oxyden in der „Fleckenempfindlichkeit" geltend (s. S. 62 und 72).

[1]) Es ist ein eigenartiger Zufall, daß bei den beiden Verbindungen die Gewichte von Base und Kieselsäure gerade in umgekehrtem Verhältnis stehen.

[2]) **Japhe**, Sprechsaal, **57**, 366 (1924).

Phosphorsäure und in erhöhtem Grade Flußsäure, die beide auf die Kieselsäure lösend wirken, zersetzen auch die Glassubstanz. Über das Wesen des Phosphorsäureangriffs hat K. Hüttner[1]) eine Untersuchung veröffentlicht.

Besonders stark ist bekanntlich die Wirkung der Flußsäure, die eine vollständige Lösung herbeiführen kann. Haben wir z. B. ein Kalk-Natronglas der Normalzusammensetzung, so läßt sich die Einwirkung durch das folgende chemische Symbol zum Ausdruck bringen:

$$\left.\begin{matrix} Na_2O \\ CaO \end{matrix}\right\} 6\,SiO_2 + 28\,HF = 2\,NaF + CaF_2 + 6\,SiF_4 + 14\,H_2O.$$

1 Mol. Glas + 28 Mol. Flußsäure = 2 Moleküle Fluornatrium
+ 1 Molekül Fluorkalzium
+ 6 Moleküle Fluorsilizium
+ 14 Moleküle Wasser.

Fluorsilizium ist ein Gas und verflüchtigt sich. Fluornatrium und Fluorkalzium sind Salze. Das erste ist wasserlöslich, das zweite nicht, jedoch löst sich dieses etwas in verdünnter Säure. Mit Flußsäure können also Teile des Glases entfernt werden. Hierauf beruht die Ätzung des Glases.

Die Flußsäure entwickelt sich, wenn man Fluoride, z. B. Fluorkalzium (Flußspat), mit konzentrierter Schwefelsäure versetzt.

$$2\,CaF_2 + H_2SO_4 = 2\,HF + CaSO_4.$$

Fluorkalzium + Schwefelsäure = Flußsäure + Kalziumsulfat.

Man nimmt hierfür etwa drei Teile konzentrierte Schwefelsäure auf einen Teil Flußspatpulver. Die Reaktion muß in Bleigefäßen ausgeführt werden, da außer Blei, Gold und Platin kein Metall der Flußsäure widersteht. Neuerdings verwendet man für die Aufbewahrung der Flußsäure Gefäße aus Guttapercha, Hartgummi und Paraffin; auch Bakelit führt sich ein. Dieser hat den Vorzug, durchsichtig zu sein. Aus dem Gemisch von Flußspat und konzentrierter Schwefelsäure entwickelt sich die Flußsäure gasförmig. Legt man den Glasgegenstand über das Gefäß, in dem die Flußsäure entwickelt wird, so wird er an den freiliegenden Teilen „geätzt". Da die Flußsäure die Atmungsorgane ungemein stark angreift, muß diese Operation unter einem gut ziehenden Abzug (in einem mit einem Schornstein in Verbindung stehenden Kasten) oder im Freien vorgenommen werden.

Die Ätzung mit gasförmiger Flußsäure bietet verschiedene Schwierigkeiten, insbesondere ist es sehr schwer, größere Flächen gleichmäßig anzuätzen. Wie wir in Gleichung 1 sahen, entstehen bei der Einwirkung der Flußsäure auf das Glas die fluorwasserstoffsauren Salze der im Glase vorhandenen Oxyde. Da auf der Glasfläche zunächst kein Wasser vorhanden ist, so scheiden sich diese Salze fest ab und führen zur Trübung, zur Mattierung der geätzten Flächen. Nun aber entsteht, wie ebenfalls Gleichung 1 zeigt, bei der Ätzung Wasser. Dieses sammelt sich in unregelmäßig verteilten Tropfen, diese lösen Flußsäuredämpfe, es entstehen Tropfen verdünnter Flußsäure. Fluorkalzium oder Fluorblei sind aber in verdünnter Flußsäure löslich. Da wo also Tropfen entstehen, lösen sich die vordem abgeschiedenen Kriställchen wieder und hellen die Fläche auf. Man kann natürlich das Flußsäure entwickelnde Gemisch auch auf das Glas auftragen. Aber auch so macht sich die Löslichkeit der Fluoride geltend. Nach Keßler gelingt es, die Auflösung zu verhindern, indem man der Flußsäure Salze zusetzt. Eine brauchbare Mischung z. B. ist die folgende: 1 l Wasser, 250 g saures Fluorkalium (HFKF), 250 g Salzsäure und 140 g Kaliumsulfat. An die Stelle des Kaliumsulfats können auch andere Salze treten: Ammonsulfat, oxalsaures Kali oder auch Chlorzink. Diese Salze verhindern die Auflösung der auf der geäzten Fläche sich ab-

[1]) Zeitschr. f. anorg. Chemie **59**, 216 (1908).

scheidenden Kristalle. Wird die Flußsäure durch Mischung von Fluorammon mit Säuren erzeugt, so ist der Zusatz von Sulfaten nicht nötig. Das Ammonium scheint die Ausscheidung von Fluoriden zu begünstigen. In allen diesen Fällen erhalten wir eine Trübung der geätzten Fläche. Die darauf beruhenden Verfahren führen zur Mattätzung[1]). Die beistehende Abb. 58 zeigt das mikroskopische Bild einer Mattätzung.

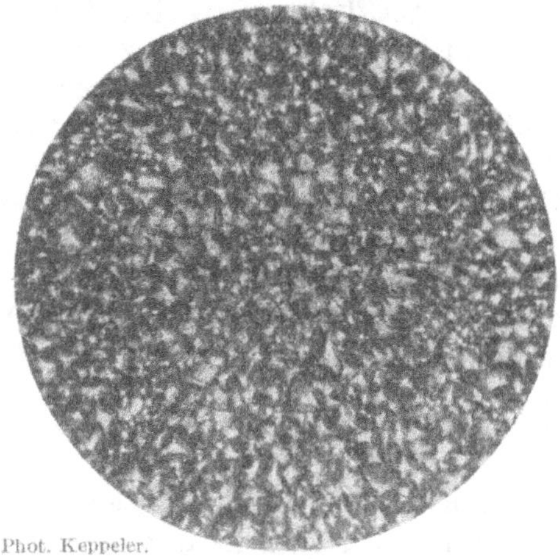

Phot. Keppeler.

Abb. 58. Mikroaufnahme einer Mattätzung.

Verwenden wir verdünnte wässerige Flußsäure, so löst sich die ganze Glassubstanz auf. Das blanke Glas tritt zum Vorschein, wir erhalten die Klarätzung. Die Konzentration und die für eine bestimmte Wirkung nötige Zeitdauer wechseln mit der Zusammensetzung des Glases. Sie lassen sich aber leicht ausprobieren.

Mit Flußsäure lassen sich auch Rauheiten entfernen, die den unpolierten Kristallschliff matt erscheinen lassen. Auch hier ist Säurekonzentration und Zeitdauer auszuprobieren. Mit Vorteil wählt man mehrere Tauchungen. Bei richtig eingestellter Säure lassen sich innerhalb weniger Minuten die Schliffstellen vollkommen blank erhalten. Die so erzielte „Säurepolitur" ist der Politur mit dem Borstenrad nicht nur wirtschaftlich überlegen, sondern auch im Effekt, weil sie in die feinsten Ecken und Kanten eindringt. Nähere Angaben über Mattätzung, Klarätzung und Säurepolitur s. Kap. Weißhohlglas in Bd. II.

7. Wirkungen des Lichtes.

Im Anschluß an die Besprechung der chemischen Eigenschaften des Glases sei auf einige Wirkungen des Lichtes hingewiesen, die im Grunde genommen, chemische Veränderungen der Glassubstanz sind. Namentlich bei Fensterglas zeigen sich diese Wirkungen: Im starken, jahrelang dauernden Sonnenlicht färben sich manche Scheiben violett. Auch manche Brillengläser färben sich im Lichte rosa. Man kann diese Färbungen oft auf den Mangangehalt zurückführen und annehmen, daß durch das Licht farbloses Manganoxydul in Manganoxyd übergeführt werde. Für diese Auffassung spricht auch die Angabe, daß grünliches, nicht genügend entfärbtes, also wenig Manganoxyd enthaltendes Glas im Sonnenlicht gebleicht worden sei.

Neben dieser Erklärung muß auch damit gerechnet werden, daß das Mangan mit der betreffenden Färbung gar nichts zu tun hat, daß vielmehr Alkalimetall, speziell Natrium, abgeschieden wird. Wir wissen, daß die Wirkungen des Lichtes auf die photographische Platte in der Abscheidung von Silber aus Bromsilber besteht. Das viel beständigere Kochsalz, Natriumchlorid, färbt sich im Licht nicht, wohl aber in der sehr viel wirkungsvolleren Bestrahlung mit Kathodenstrahlen oder Radiumemanation blau. Die gleiche blaue Färbung konnte Siedentopf[2]) dem Kochsalz verleihen, wenn er es Natriumdämpfen aussetzte und so Natrium in ihm löste. In beiderlei Weise gefärbtes Kochsalz zeigt sich unter dem Ultramikroskop erfüllt von allerfeinsten Natriumteilchen. Man wird die violette Farbe der Gläser, die im Sonnenlicht in jahrelanger Bestrahlung entsteht, durch Kathoden- und Radiumstrahlen in ganz kurzer Zeit herbeiführen können[3]). Gläser, in denen Radiumpräparate aufbewahrt werden, zeigen in der Tat in kurzer Zeit Verfärbungen. Da der Natriumdampf violett gefärbt ist, möchte man darum auch hier an die Färbung durch fein verteiltes Natrium denken (siehe auch weiter unten unter Anlauffarben). In der zitierten Untersuchung von Fischer ergaben jedoch nur die Gläser mit nachweisbarem Mangangehalt Verfärbungen im ultravioletten Licht. Ähnlich ist das Ergebnis Gortners[4]) im Sonnenlicht.

Für das Wesen der Verfärbungen ist kennzeichnend, daß die Verfärbungen bei der Erwärmung des Glases verschwinden, wobei meist Lumineszenz eintritt. Dies Verhalten deutet darauf hin, daß eine

[1]) Reinitzer, Fischer Jahresber., **1886**, 533.
[2]) Phys. Zeitschr. **6**, 855 (1905).
[3]) S. a. Fischer, Ber. d. D. chem. Ges. **38**, 946.
[4]) Amer. Chem. Journ. **(1908)**, 157 , Ref. Sprechsaal **42**, 459 (1909).

Ionisierung von Glasbestandteilen bei der Belichtung eingetreten war, die durch die Erwärmung wieder beseitigt wird. Eine volle Klärung der vorliegenden Probleme ist auch durch die neueren Untersuchungen nicht erbracht*).

8. Mechanische Eigenschaften.

a) Spezifisches Gewicht. Das spezifische Gewicht des Glases steht, wie vorauszusehen, im Zusammenhang mit seiner Zusammensetzung. Das spezifisch schwere Bleioxyd verleiht den Bleigläsern ebenfalls ein hohes spezifisches Gewicht. Jedoch läßt sich das spezifische Gewicht des Glases nicht einfach aus den spezifischen Gewichten der freien Komponenten berechnen. Die spezifischen Gewichte, mit denen die Oxyde im Glas auftreten, sind höher als die der freien Oxyde. Es findet also bei der Glasbildung eine Verdichtung statt. Es sind von dieser Regel nur wenige Ausnahmen bekannt geworden. Sind a_I, a_{II}, a_{III} die Prozentgehalte der Oxyde und z_I, z_{II}, z_{III} die spezifischen Gewichte, die den Oxyden im Glase zukommen, so läßt sich das spezifische Gewicht des Glases s nach folgender Gleichung berechnen:

$$\frac{a_I}{z_I} + \frac{a_{II}}{z_{II}} + \frac{a_{III}}{z_{III}} = \frac{100}{s}.$$

Für die wichtigsten Glasoxyde haben Schott und Winkelmann[1]) die z-Werte bestimmt. Sie sind in der untenstehenden Tabelle zusammengestellt. Diese Werte wurden durch eine Reihe neuerer Untersuchungen**) nachgeprüft und zum Teil verbessert. Auch die so erhaltenen Werte sind in der Tabelle eingetragen.

Tabelle 29.

Oxyd	Spezif. Gew. frei nach Schott & Winkelmann[1])	Spezifische Gewichte im Glas			
		Schott & Winkelmann[1])	Tillotson[2])	Baillie[4])	English & Turner[5])
PbO	9,32	9,6	—	10,30	—
ZnO	5,65	5,9	5,9	5,94	—
BaO	5,00	7,0	7,0	7,2	—
Al_2O_3	3,85	4,1	2,75	2,75	2,75
MgO	3,40	3,8	4,0	3,25	3,38
CaO	3,15	3,3	4,1	4,3	5,0
K_2O	2,66	2,6	—	3,2	—
Na_2O	2,55	2,6	2,8	3,2	3,47
P_2O_5	2,38	2,55	—	—	—
SiO_2	2,17	2,33	2,3	2,24	2,20
B_2O_3	1,46	1,90	2,24	2,90	—

Dazu Literatur:

[1]) Winkelmann und Schott, Qual. d. Phys. u. Ch. **51**, 730 (1894).
[2]) Tillotson, J. Soc. Chem. Ind., 1912, 28. Unter Benützung von 1.
[3]) Lasson, Am. J. Soc., **4**, 28, 263 (1909).
[4]) Baillie, J. Soc. Chem. Ind., **40**, 141 (1921); Keram. Rundschau **29**, 366 (1921).
[5]) English und Turner, Journ. Soc. Glass Techn. VI, 23 (1922).

Diese Zahlen können zur ungefähren Berechnung des spezifischen Gewichtes eines Glases dienen. Sie geben insbesondere einen Fingerzeig, wenn ein Glas von bestimmtem spezifischem Gewicht erschmolzen werden soll.

---

*) Die hierher gehörige Literatur findet sich bei: Meyer-Schweidler, Jahrburch der Radioaktivität, **1916**, S. 191; Eckert, ebenda **20**, 149 (1923); Clarke, Journ. Soc. Glass Techn., S. 155 (1921); Glast. Ber. **1**, 46 (1923).

**) Siehe Tabelle 31.

Dabei ist zu berücksichtigen, daß das spez. Gewicht, mit dem ein Oxyd in einem Glase auftritt, durch Art und Menge der anderen Oxyde, die mit ihm in das Glas eingeschmolzen sind, beeinflußt wird. Für Gläser mit einer großen Anzahl Komponenten sind die ermittelten Werte, die ja aus solchen Gläsern abgeleitet sind, mehr zutreffend, als bei einfach zusammengesetzten. Z. B. treten bei reinen Bleigläsern sehr starke Abweichungen auf. Der Grund für diese Erscheinung liegt vermutlich in den Bindungsverhältnissen. Je einfacher die Zusammensetzung ist, um so mehr ändert sich mit wechselndem Verhältnis von Base zu Säure die Verteilung auf Silikat bzw. Borat und freies Oxyd.

Das spezifische Gewicht der Gläser bewegt sich zwischen 2,2 und 6,33. Für die gebräuchlichsten Gläser der Technik, die üblichen Kalknatrongläser, schwankt das spezifische Gewicht wenig, es liegt meist nahe bei 2,5.

Ferner ist zu beachten, daß der Temperaturgang beim Werden des Glases eine Verschiedenheit des spezifischen Gewichtes auch bei gleich zusammengesetzten Gläsern hervorbringen kann. Gut gekühltes Glas zeigt ein höheres spezifisches Gewicht als nicht gekühltes (Riche[1], Schott[2]), Berndt[3])). Letzterer erhielt für Sendlinger Glas 514/640 in gespanntem Zustand die Dichte 2,5164, gekühlt: 2,5356.

Das spez. Gewicht von Glas im geschmolzenen Zustand wurde von Washburn und Libman[4]) bestimmt.

Sie geben u. a. folgende Werte an:

Zusammensetzung des Glases			Spez. Gewicht	
Na_2O	CaO	SiO_2	bei 1206°C	1454°
13.6	23.4	63.0	2.61	2.59
20.0	10.0	70.0	2.26	2.20
10.0	20.0	70.0	2.31	2.23
16.5	10.0	73.5	2.31	2.28
19.3	15.75	64.95	2.48	2.45

b) Zugfestigkeit. Für die mechanische Widerstandsfähigkeit des Glases ist die Zugfestigkeit von großer Bedeutung. Sie wird ausgedrückt durch das geringste Gewicht, das, an einem Glasstab von 1 qmm Querschnitt aufgehängt, diesen zerreißt. Denkt man sich die Zugfestigkeit eines Glases P zusammengesetzt aus den Zerreißfestigkeiten y_1, y_2, y_3 usw., die einem Prozent der einzelnen Oxyde im Glas zukommen, so ergibt sich folgende Gleichung:

$$P = a_1 y_1 + a_2 y_2 + a_3 y_3 + \ldots,$$

wo a_1, a_2, a_3 die Prozentgehalte der verschiedenen Oxyde bedeuten. Für y sind von Winkelmann folgende Werte gefunden:

SiO_2	0,09	BaO	0,05
P_2O_5	0,075	Al_2O_3	0,05
B_2O_3	0,065	PbO	0,025
As_2O_5	0,03	Na_2O	0,02
CaO	0,20	MgO	0,01
ZnO	0,15	K_2O	0,01

Die bei Gläsern beobachteten Zugfestigkeiten schwanken zwischen ca. 3,5 und 8 kg pro mm².

[1]) Dinglers Journ. **214**, 305 (1874).

[2]) Verh. d. Ver. Gewerbefl. **1879**, 273.

[3]) Zeitschr. f. Instrumentenkunde **40**, 20 (1920).

[4]) Univ. Illinois Bulletin **21**, Nr. 33 (1924). — Bulletin 140 der Engineering Experiment Station, S. 64.

Die Ergebnisse der Zugfestigkeitsbestimmung sind stark abhängig von der Vorbehandlung und dem Grad der dadurch hervorgebrachten Verspannung (s. z. B. Berndt[1])), der Oberflächenbeschaffenheit (Brodmann[2])) und von der Dauer der Belastung (Grenet[3])). Je länger die Belastung wirkt, um so geringere Beanspruchung hält das Glas aus.

c) Druckfestigkeit. Die Druckfestigkeit wird ausgedrückt durch das Gewicht in Kilogramm pro Quadratmillimeter, das gerade ausreicht, einen Glaswürfel von 1 mm Seitenlänge zu zerdrücken, sie spielt eine ähnliche Rolle wie die Zugfestigkeit. Die Werte für dieselben lassen sich in gleicher Weise wie oben aus der Zusammensetzung annäherungsweise finden. Die Werte, die hier für y einzusetzen sind, sind[4]):

	y		y
SiO_2	1,23	BaO	0,65
As_2O_5	1,00	ZnO	0,6
B_2O_3	0,9	Na_2O	0,52
P_2O_5	0,76	PbO	0,48
MgO	1,1	CaO	0,20
Al_2O_3	1,0	K_2O	0,05

Es ist bemerkenswert, daß die Druckfestigkeit die Zugfestigkeit stets um ein Vielfaches überragt. Die Druckfestigkeit der Gläser schwankt zwischen ca. 60 und 125 kg pro mm^2. Die Überlegenheit der Druckfestigkeit ist von großer praktischer Bedeutung, auf die wir später noch zu sprechen kommen werden (siehe: Kühlen Kap. 3, Verbundglas ebenda).

Einzelwerte für bestimmte Gläser gab Berndt, unter Mitteilung der Analyse Lecrenier[5]).

d) Elastizität. Glas ist bekanntlich elastisch. Glasstäbe, Röhren lassen sich biegen und sie kehren, nachdem die biegende Beanspruchung aufgehört hat, in ihre ursprüngliche Gestalt zurück. Ein weiter spiralförmig gesprengter Zylinder verhält sich wie eine Feder. Ein daran hängendes Gewicht zieht den Zylinder zu einer Spirale auseinander. Nimmt man das Gewicht weg, erhält man den Zylinder wieder. Auch für den Grad der Elastizität sind Beziehungen zur Zusammensetzung festgestellt. Die Beziehungen sind aber nicht einfach linear. Einigermaßen lineare Beziehung erhält man, wenn man die Gläser in Gruppen verwandter Zusammensetzung einteilt. Die Einzelheiten sehe man in den Originalveröffentlichungen[6]) nach.

Wichtig ist das Auftreten „elastischer Nachwirkungen“, d. h. ein durch eine Beanspruchung deformierter Glasgegenstand kehrt nach Beseitigung der Beansprung nicht vollkommen in die Ausgangsform zurück. Gläser, die starke elastische Nachwirkungen zeigen, geben auch starke thermische Nachwirkung (s. d.). Jedoch gehen die beiden Erscheinungen einander nicht vollkommen parallel[7]).

e) Härte. Neben den als Zug- und Druckfestigkeit sowie Elastizität in Erscheinung tretenden Eigenschaften ist die Härte für die praktische Verwendbarkeit der Gläser von großer Bedeutung. Es muß dabei beachtet werden, daß der Begriff „Härte“, wie ihn der Glasschmelzer benützt, mit der eigentlichen „Härte“ nur geringe Beziehung hat. Der Glasschmelzer versteht unter einem „harten“ ein schwer schmelzbares Glas.

---

[1]) Z. f. Instrumentenk. **40**, 20 (1920).

[2]) Gött. Nachr. Math. phys. Klasse 1894, S. 44.

[3]) Bull. Soc. Encouragement 1899, 839. — Ausführlich besprochen bei Le Chatelier, Kieselsäure und Silikate, Deutsche Ausgabe, S. 247.

[4]) Winkelmann und Schott, An. d. Phys. u. Chem. 51, 720 (1894).

[5]) Wiedergabe bei Le Chatelier l. c. S. 246.

[6]) Schott und Winkelmann, Ann. d. Phys. u. Chem. N. F. **51**, 700 (1894). — Winkelmann, ebenda **61**, 105 (1897). — Straubel, Ann. d. Phys. u. Chem. N. F. **68**, 769 (1899).

[7]) Kohlrausch, Pogg. Ann. 119, 350 (1863); **128**, I, 207, 377 insbesondere Weidmann, Wiedemanns Ann. **29**, 214 (1886).

Im allgemeinen Sprachgebrauch widersteht ein „hartes“ Glas höheren mechanischen Beanspruchungen mehr als ein „weiches“. Für die Kennzeichnung der Härte eines Gegenstandes wird am häufigsten die Mohssche Härteskala[1]), die die Stoffe, speziell Mineralien, danach einteilt, wie sie sich gegenseitig ritzen. Man hat beim Glas Schwierigkeit gehabt, diese Methode anzuwenden. Verfeinerungen der Methode, wie die Martenssche, bei der eine Diamantspitze mit Kegel von 90° über die zu prüfenden Fläche geführt und ansteigend so stark belastet wird, daß die Spitze einen Strich von 0,01 mm Breite zieht, haben gezeigt[2]), daß die Härte des Glases in sehr engen Grenzen schwankt. Le Chatelier[3]) weist darauf hin, daß fast alle Gläser der Härte 6 (Orthoklas) angehören, insofern sie zwischen Eisen (Härtegrad 5, Apatit) und gehärtetem Stahl (Härtegrad 7, Quarz) liegen. Die Unterschiede bei den Gläsern sind geringer, als die Genauigkeit der Methode festzustellen gestattet. Die Gläser ritzen sich gegenseitig, ob weich oder hart („aktive“ und „passive“ Ritzbarkeit Auerbachs[4])).

Die Härteprobe Auerbachs[5]) scheidet alle fremden Körper bei der Untersuchung aus und bedient sich nur des zu untersuchenden Körpers selbst. Eine Kugelfläche des Glases wird mit wachsendem Druck gegen eine Ebene desselben gedrückt. Dabei deformieren sich beide Flächen so, daß die Krümmung der Berührungsfläche zwischen Ebene und Kugel liegt. Mit steigendem Druck wächst der Durchmesser der Berührungsfläche. Man kommt schließlich zu einem maximalen Druck, bei dem die Elastizitätsgrenze des Körpers überschritten wird, wodurch bei einem plastischen Körper eine dauernde Deformation verursacht wird, beim unplastischen, spröden ein Bruch.

Auerbach definiert nun die absolute Härte als Maximaldruck im Mittelpunkt der Druckfläche in dem Augenblick, in dem der untersuchte Körper springt bzw. die erste dauernde Deformation zeigt. Sie wird in kg/cm² ausgedrückt und Formel:

$$H = P_1 \sqrt[3]{\varrho} = \frac{1}{\pi} \sqrt[3]{\frac{3}{2} E'^2 F'}$$

berechnet, wobei E' die Elastizitätsgrenze und F' die Festigkeitsgröße dem Versuch entnommen wird. Die folgenden Zahlen sollen die Vergleiche mit der Härteskala zeigen:

Stoff	Härtegrad nach Mohs	abs. Härte nach Auerbach kg/cm²
Flußspat	4	110
Apatit	5	237
Orthoklas.	6	253
Quarz	7	308.

Auerbachs Versuche ergaben für 14 Gläser Schottscher Schmelzung absolute Härten von 173—316 kg/cm², also nach Mohs zwischen 5—7 liegend, wie schon oben gesagt.

Beim Versuch, die Härten der Gläser additiv aus der Zusammensetzung zu errechnen, stößt man auf die Schwierigkeit, daß PbO einen sehr wechselnden Einfluß hat. Sieht man davon ab, so ergeben sich folgende Koeffizienten: SiO_2 = 3,32, B_2O_3 = 0,75, ZnO = 7,1, Al_2O_3 = 10,2, BaO = 1,95, K_2O = 3,9, Na_2O = —2,65, CaO = —6,3.

---

[1]) Die Mohssche Härteskala ordnet wie folgt: Gips 1, Steinsalz 2, Kalkspat 3, Flußspat 4, Apatit 5, Orthoklas 6, Quarz 7, Topas 8, Korund 9, Diamant 10.

[2]) Eckert, l. c. 242.

[3]) Kieselsäure und Silikate S. 243.

[4]) Annal. d. Phys. **53**, 1015 (1894).

[5]) Nachr. d. Ges. d. Wiss. Göttingen **1890**, 518. — Ann. d. Phys. **43**, 61 (1891); **45**, 262 u. 277 (1892); **58**, 357 (1896).

Die Koeffizienten dürften aber nur selten die Härte befriedigend errechnen lassen. Dabei bleibt bemerkenswert, daß der 100fache Betrag des Koeffizienten für $SiO_2 = 332$ und der Tonerde $= 1020$ mit dem Wert für Quarz 308 und Korund 1150 übereinstimmen.

Die Härte spielt in der Veredlung des Glases, beim Schleifen, eine große Rolle. Das Schleifen ist ja nichts anderes als ein grobes, tausend- und abertausendfach wiederholtes Ritzen. Lecrenier[1]) hat nun durch eine methodische Ausbildung des Schleifens ein Urteil über die Schleifhärte und ihre Beziehung zur absoluten Härte gewonnen. Er hat das Volum Glas in ccm bestimmt, das von den Glasproben durch einen unter gleichem Druck arbeitenden Schleifstein je Minute abgeschliffen wird. Die nachstehende Tabelle 30 enthält die Ergebnisse dieser Untersuchung.

Tabelle 30.

Abschleifbarkeit und absolute Härte nach Lecrenier.

Nr.	Zusammensetzung								Spezifisches Gewicht	Pro Minute abgeschliffenes Volumen in cm^3	Zugfestigkeit $\frac{kg}{mm^2}$	Druckfestigkeit $\frac{kg}{mm^2}$	Härte nach Auerbach
	SiO_2	B_2O_3	Fe_2O_3 + Al_2O_3	Na_2O	K_2O	CaO	BaO	PbO					
							Bleigläser.						
1	55,2	—	0,25	—	9,92	—	—	34,81	3,227	**1,696**	5,93	85,34	**265**
2	49,17	—	0,25	—	9,39	—	—	41,17	3,342	**1,503**	5,50	80,96	**262**
3	58,35	—	0,30	7,87	3,91	—	—	29,42	3,006	**1,301**	6,18	86,68	**233**
4	61,74	—	0.60	7,40	1,38	3,73	—	25,00	2,971	**1,069**	7,08	89,65	**202**
							Barytglas.						
5	61,00	—	0,60	11,24	—	—	26,91	—	2,876	**0,964**	7,06	77,35	**231**
							Alkalikalkgläser.						
6	71,66	—	0,50	13,85	—	11,48	—	2,41	2,541	**0,933**	9,08	91,66	**133**
7	67,91	—	0,60	—	20,52	10,82	—	—	2,497	**0,888**	9,37	87,45	**243**
8	72,04	—	0,60	17,02	—	10,19	—	—	2,521	**0,854**	8,88	91,73	**134**
9	73,08	—	0,60	15,84	—	10,33	—	—	2,504	**0,794**	8,98	93,00	**141**
10	72,19	—	0,50	15,62	—	11,35	—	—	2,547	**0,754**	9,15	92,05	**130**
11	73,26	—	0,45	14,43	—	11,71	—	—	2,513	**0,733**	9,24	93,34	**131**
							Borsäurehaltiges Alkalikalkglas.						
12	68,43	2,51	0,65	15,83	3,40	8,03	—	—	2,503	**0,544**	8,18	89,54	**226**

Die Gläser sind in der Reihenfolge der erhaltenen Schleifhärte geordnet. Wir finden für die Bleigläser (1—4), mit Ausnahme des Glases 2, mit sinkendem Bleigehalt eine regelmäßige Abnahme der absoluten, aber eine Zunahme der Schleifhärte. Es werden 1,696 bis 1,069 cm^3 je Minute abgeschliffen. Baryt an Stelle von Blei (Glas 5) gibt größere Härte, es werden nur 0,964 cm^3/min abgeschliffen.

Die Alkalikalkgläser 7—11 sind beim Schleifen viel weniger angreifbar und um so weniger, je weniger Alkali bei etwa gleichem Kalkgehalt und steigendem Kieselsäuregehalt sie enthalten, mit sinkendem Alkaligehalt sinkt die abgeschliffene Menge von 0,888 bei 7 auf 0,733 bei 11. Glas 12 entspricht ungefähr 8, enthält aber auf Kosten des SiO_2- und CaO-Gehaltes 2,5% B_2O_3. Dadurch wird die Schleifhärte erheblich gesteigert: Abschliff bei 8 : 0,854, bei 12 : 0,544. Glas 6 entspricht nahezu dem Glas 11, enthält aber außer Natron und Kalk wenig Bleioxyd. Dadurch geht die Schleifhärte merklich herunter. Abschliff bei 11 : 0,733, bei 6 : 0,933.

Die Schleifhärte geht nicht parallel der absoluten Härte nach Auerbach. Bei den Bleigläsern fällt sie mit fallendem Bleigehalt, ebenso bei den Alkalikalkgläsern mit fallendem Alkaligehalt. Die Steigerung der Härte durch Baryt (Glas 5) und Borsäure (Glas 12) ist jedoch bei der Schleifhärte

[1]) Le Chatelier, Kieselsäure und Silikate, S. 243 u. 246.

und absoluten Härte gleichlaufend. Der geringe Bleigehalt von Glas 6 ist ohne merklichen Einfluß auf die absolute Härte, wohl aber auf die Schleifhärte.

Eckert[1]) gibt die Schleifhärte einer Anzahl optischer Gläser der Sendlinger Optischen Werke an, und zwar ausgedrückt durch die Schleifzeit für den gleichen Volumenverlust bezogen auf das Borosilikat-Prismenkron 516/640 = 100. Folgende Daten seien mitgeteilt:

Kron 504/592	14	Barint 548/532	92
Flint 549/461	15	Kron 516/640	100
Spiegelglas	21	Barion 590/612	370
Flint 619/377	44	Barion 640/577	430
Kron 510/634	47	Quarz ‖ zur Achse	1503
		Quarz ⊥ zur Achse	1526

Man sieht, daß die Schleifzeiten doch sehr viel stärker schwanken, als dies den Zahlen von Lecrenier (s. o. S. 114) zu entnehmen ist.

Mit dem Fortschritt der Schleifarbeit beim Übergang zu feinerem Korn des Schleifmittels, beim „Doucieren“, tritt der Vorgang des Ritzens immer mehr zurück. Beim „Polieren“ fällt er ganz weg. Auch bei dieser Arbeit muß Material abgetragen werden, aber dies geschieht nicht dadurch, daß einzelne Körner mit einem Druck, der auf ihre Angriffsfläche bezogen recht hoch ist, in die Oberfläche eindringen und Teile aus ihr absplittern, sondern durch gleitende Reibung anfangs begrenzter, mehr und mehr aber an Ausdehnung zunehmender und ineinanderfließender Flächenelemente, die ungemein dünne Schichten abreibt. Sehr wahrscheinlich spielen dabei auch chemische Einwirkungen eine nicht geringe Rolle.

Ich schließe dies aus folgender Beobachtung: Beim Schleifen des gegossenen Spiegelrohglases werden bekanntlich ganz bedeutende Glasmengen abgeschliffen. Unzählige feine Glassplitter werden dabei von den Sandkörnern aus der Oberfläche ausgesprengt. Man sollte nun annehmen, daß der weggespülte Schleifsand beachtliche Mengen von Glassplittern enthielte. Das ist aber nicht der Fall. Eine Analyse des ausgebrauchten Schleifsandes einer Spiegelglasfabrik zeigt auch im salzsäurelöslichen Teil nur geringen Alkaligehalt (1,1%), aber merkliche Mengen kohlensauren Kalks (3,7%). Der größte Teil des abgeschliffenen Glases ist also durch Wasser vollkommen zersetzt worden. Das Alkali ging mit dem Spülwasser weg, der Kalk dagegen wurde durch die Kohlensäure der Luft und des Wassers gefällt und im Sand fein verteilt zurückgehalten. Dieser Befund vom starken Angriff des Wassers, der durch die feine Verteilung des Glases verursacht ist — der übrigens auch für die Beurteilung der chemischen Resistenz des Glases recht lehrreich ist — wird ähnlich auf der aufgerauhten Fläche des Glases sich einstellen. Auch diese wird alkaliarm werden und Wasser aufnehmen. Das so veränderte Glas wird weicher sein als das ursprüngliche und sich leichter abreiben lassen. Mit dem Abreiben werden neue Schichten für den kombinierten chemisch-mechanischen Angriff von Wasser und Schmiermittel freigelegt. Eckert[2]) kommt zu ähnlichen Anschauungen. Er schreibt: Es scheine ihm „nicht unwahrscheinlich, daß unter dem fortgesetzten langsam wechselnden sanften Druck beim Polieren und unter dem Einfluß des Wassers Quellungs- und Diffusionsvorgänge eine Rolle spielen können, vielleicht als Primärerscheinungen von Gleit- und Fließwirkungen“.

f) Sprödigkeit. Diese Eigenschaft bringt Föppl[3]) in Beziehung zur Schlagempfindlichkeit und Druckfestigkeit. Zur Bestimmung der Schlagempfindlichkeit dient ein Fallhammer, den man auf das zu untersuchende in Würfelform vorliegende Glas aus bestimmter und mit jedem Schlag zunehmender Höhe fallen läßt, so lange, bis Bruch erfolgt. Die gesamte auf die Probe gerichtete Schlagarbeit wird summiert, in cm/kg ausgedrückt und auf 1 cm^3 bezogen. Es wird der Durchschnitt aus mehreren Bestimmungen genommen. Dieser Durchschnitt heißt die „Wertziffer“, die also gewissermaßen den Schlagwiderstand eines Glases darstellt. Dividiert man die „Wertziffer“ in die Druckfestigkeit, so erhält man einen Maßstab für die Sprödigkeit, die „Sprödigkeitszahl“. Der reziproke Wert „Wertziffer durch Druckfestigkeit“ drückt die Zähigkeit aus.

---

[1]) Eckert, Physik. Eigenschaften der Gläser, S. 244.

[2]) l. c. S. 245/246.

[3]) Bayr. Akad. d. Wiss., Sitzungsber. d. math.-phys. Klasse **1911**, 505 (Sonderdruck). Referat: Sprechsaal **45**, 308 (1912).

Es wurden folgende Werte erhalten:

Tabelle 31.

Glasart	Fabrik-Nr. von Schott	Druckfestigkeit $kg \cdot cm^{-2}$	Wertziffer $kg \cdot cm^{-2}$	Sprödigkeitsverhältniszahl
Boratflint	S 389	6 223	1406	4,4
Geräteglas	—	8 910	855	10,4
Mittel-Flint	O 118	6 273	430	14,6
Zylinderglas	—	9 397	404	23,3
Normal-Thermometerglas	16 III	8 770	259	33,9
Borosilikat- „	59 III	9 380	259	36,2
Bleisilikat	—	4 470	98	45,6

Demnach gehört das Jenaer Geräteglas (1910!) zu den wenigst spröden, die bekannten Thermometergläser 16III und 59III zu den sprödesten.

Eine „Kugelfallprobe", die vom Autor als Härteprobe angesprochen wird, ist von Schneider[1]) angegeben.

9. Thermische Eigenschaften.

a) **Spezifische Wärme.** Unter der spezifischen Wärme versteht man die Wärmemenge in Wärmeeinheiten (cal), die man nötig hat, um 1 g einer Substanz von 0° auf 1° C zu erwärmen. Die spezifische Wärme c des Glases steht in engem Zusammenhang mit seiner Zusammensetzung; sie läßt sich bis auf 1% genau mit Hilfe der unten stehenden spezifischen Wärmen der Oxyde berechnen nach der Formel:

$$c = \frac{a_1}{100} \cdot c_1 + \frac{a_2}{100} \cdot c_2 + \frac{a_3}{100} \cdot c_3 \ldots,$$

wo a_1, a_2, $a_3 \ldots$ die Prozentgehalte, c_1, c_2, c_3 die spezifischen Wärmen der Oxyde sind[2]).

Spezifische Wärme der Oxyde.

SiO_2	0,1913	CaO	0,1903
B_2O_3	0,2272	BaO	0,0673
As_2O_5	0,1276	MgO	0,2439
P_2O_5	0,1902	PbO	0,0512
Na_2O	0,2674	ZnO	0,1248
K_2O	0,1860		

Die spezifischen Wärmen der Gläser schwanken zwischen 0,08 und 0,25. Diese Werte und die etwa mit Hilfe der in der Tabelle oben mitgeteilten Zahlen berechneten Werte sind jedoch nur für das Gebiet 15—100° zutreffend. Die spezifische Wärme ändert sich mit der Temperatur und eben die Werte sowohl für höhere wie tiefere Temperaturen fehlen uns meist, die wir zur Berechnung des Wärmeinhaltes flüssigen Glases, der seinerseits für die Aufstellung der Wärmebilanz der Glasöfen von der größten Wichtigkeit wäre, nötig hätten.

White[3]) gibt für weiches Röhrenglas folgende Werte: 100°: 0,1976, 500°: 0,2404, 700°: 0,2643, 900°: 0,2794, 1100°: 0,2908, 1300°: 0,2955, 1500°: 0,3007.

[1]) Dissertation Berlin 1910, Schneider, Die Kugelfallprobe.

[2]) Winkelmann, Wiedem. Ann. **49**, 401 (1893).

[3]) Amer. J. Science **28**, 334 (1919). — Journ. Chem. Soc. **116**, 133 (1919).

Über die Temperaturabhängigkeit der spez. Wärme von Gläsern siehe ferner Magnus[1]) (Beispiel eines Bleiglases) und Lindemann[2]) (bis Temp. der flüssigen Luft).

Nach Whites[3]) Versuchen an SiO_2 ist die spez. Wärme für Glas größer als für Kristall.

b) Wärmeleitfähigkeit[4]). Die Leitfähigkeit des Glases für Wärme ist relativ gering. Unter den verschiedenen Gläsern machen sich in der Wärmeleitfähigkeit ziemlich Unterschiede geltend.

Je leichter die Wärme von einer Stelle zur anderen geleitet wird, um so geringer sind die Temperaturdifferenzen, die in einem Glasgegenstand bei ungleichmäßiger Erwärmung auftreten können. Es ist ersichtlich, daß damit auch die auftretenden Spannungen geringer sind und die Widerstandskraft gegen schroffe Temperaturunterschiede größer ist. Der Zusammenhang der Wärmeleitfähigkeit mit der Zusammensetzung ist nicht so einfach, doch hat Winkelmann eine Berechnungsweise gefunden, die gestattet, die Wärmeleitfähigkeit der Gläser aus der Zusammensetzung abzuleiten, auf die einzugehen zu weit führen würde.

c) Ausdehnungskoeffizient. Die Ausdehnung, die ein Glas bei der Erwärmung erfährt, und ebenso die entsprechende Kontraktion bei der Abkühlung ist in mehrfacher Hinsicht von Bedeutung. Je geringer diese Ausdehnung ist, um so geringer sind die Spannungen, die in einem Glasgegenstande im Zustande unausgeglichener Temperatur auftreten, und um so größer seine Widerstandkraft gegen schroffe Temperaturänderungen. Der Ausdehnungskoeffizient spielt ferner eine Rolle bei Überfangarbeiten, beim Aufeinanderschweißen zweier Glasarten bei Brillengläsern, beim Verschmelzen zweier Glasarten, wenn Emaillestreifen auf Glasrohren angebracht werden sollen usw. Im allgemeinen lassen sich diese Arbeiten nur ausführen, wenn die beiden Glasarten in ihrem Ausdehnungskoeffizienten übereinstimmen. Ist dies nicht der Fall, so wird das Glas, das sich beim Erhitzen stärker ausdehnt und dementsprechend beim Abkühlen sich stärker zusammenzieht, nach dem Verarbeiten beim Abkühlen gesprengt werden. Für Einschmelzen von Metalldrähten in Glas muß das Einschmelzglas dem Ausdehnungscharakter des Metalls angepaßt sein, wobei allerdings noch andere Eigenschaften des Glases (Elastizität, Zugfestigkeit usw.) und des Metalls (Duktilität, Benetzbarkeit usw.) eine Rolle spielen.

Dieselben Verhältnisse sind von prinzipieller Bedeutung in der Glasurtechnik. Der Ausdehnungskoeffizient des die Glasur bildenden Glases muß übereinstimmen mit dem des Scherbens. Besitzt der Scherben einen größeren Ausdehnungskoeffizienten, so bildet das Glas ein Hemmnis für die beim Abkühlen eintretende Kontraktion: die Glasur blättert ab, kann sogar bei nicht genügender Widerstandskraft des Scherbens diesen sprengen. Umgekehrt zerreißt, falls der Scherben die geringere Ausdehnung besitzt, dieser die Glasschicht und führt zu einem mehr oder weniger feinmaschigen Netz von haarfeinen Rissen, „Haarrissen", dem bekannten „Craquelé" der Glasuren.

Die Erscheinungen werden natürlich durch die Festigkeit und Elastizität der Gläser beeinflußt. Bei hoher Festigkeit und großer Elastizität ertragen Gläser größere Unterschiede im Ausdehnungskoeffizienten als bei geringer Festigkeit und Elastizität.

Zur Illustration der hier auftretenden Kräfte sei eine Art der Dekoration von Tafelglas erwähnt. Leimlösungen schrumpfen beim Trocknen ungeheuer stark. Wird eine Glastafel mit einer Leimlösung bestrichen, so ist die Zusammenziehung der trocknenden Leimschicht so groß, daß die Glastafel meist zersprengt wird. Bei starkem Glas wird die ganze Oberfläche unregelmäßig abgeblättert, was zur Ausbildung einer reizvollen, an Eisblumen erinnernden Oberflächenzeichnung führt, die, wie gesagt, zur Dekoration und Mattierung von starkem Tafelglas verwendet wird.

---

[1]) Ann. d. Phys. (4) **31**, 607 (1910).
[2]) Phys. Zeitschr. **13**, 737 (1912).
[3]) Amer. J. Sciene **28**, 334 (1919). — Journ. Chem. Soc. **116**, 133 (1919).
[4]) Siehe Paalhorn, Dissertation. Jena (1894). Focke, Ann. Phys. u. Chem. **67**, 132 (1899). Winkelmann, ebenda **67**, 160 (1899). Eucken, Ann. d. Phys. 4. F. **34**, 185 (1911).

Was den wesentlichen Zusammenhang zwischen Glasart und thermischer Ausdehnung betrifft, so haben Schott und Winkelmann[1]) die in der Tabelle angeführten Koeffizienten y ermittelt, mit denen nach der bekannten Gleichung:

$$3\,\alpha = a_1\, y_1 + a_2\, y_2 + a_3\, y_3 \ldots$$

der kubische Ausdehnungskoeffizient $3\,\alpha$ aus den Prozentgehalten (a_1, a_2, $a_3 \ldots$) der verschiedenen Bestandteile des Glases berechnet werden kann. Das nach der Gleichung erhaltene $3\,\alpha$ ist noch durch $10^7 = 10000000$ zu dividieren.

B_2O_3	0,1	BaO	3
MgO	0,1	PbO	3
SiO_2	0,8	CaO	5
ZnO	1,8	Al_2O_3	5
P_2O_5	2	K_2O	8,5
As_2O_5	2	Na_2O	10

Durch Vermehrung des Gehaltes an durch hohen Koeffizienten ausgezeichneten Oxyden, insbesondere an Alkalien, ebenso durch Verminderung des Gehalts an Oxyden mit geringem Ausdehnungskoeffizienten, an Borsäure, Magnesia, Kieselsäure, Zinkoxyd, läßt sich der Ausdehnungskorffizient des aus den Oxyden erschmolzenen Glases vergrößern und umgekehrt.

Es ist bemerkenswert, daß die Hilfsmittel, die sich für die Beseitigung von Glasurfehlern aus obigen Koeffizienten ohne weiteres ableiten, schon empirisch in den von Seger[2]) gegebenen Regeln enthalten sind. Jene Zahlen von Schott und Winkelmann lassen die Wirkung von Veränderungen der Glasurzusammensetzung noch genauer abschätzen.

Havas und Meyer[3]) haben die Faktoren, die besonders für die Emailletechnik von Bedeutung sind, bestimmt und folgende Werte gefunden:

Na_3AlF_6	7,4	AlF_3	4,4	Sb_2O_5	3,6
NaF	7,4	CeO_2	4,2	CaF_2	2,5
ThO_2	6,3	PbO	4,2	MnO	2,2
Cr_2O_3	5,1	TiO_2	4,1	CuO	2,2
BeO	4,7	Fe_2O_3	4,0	ZrO_2	2,1
CoO	4,4	NiO	4,0	SnO_2	2,0

Wolff[4]) gibt für PbO bei gekühltem Glas 3, bei gespanntem Glas 4,9 an. Die Wärmeausdehnung von Glasuren untersuchten Rieke und Steger[5]).

Die mitgeteilten Faktoren sind für die Praxis ein wertvolles Hilfsmittel, um Gläser von bestimmter Wärmeausdehnung annähernd zu erhalten. Eine genaue Additivität liegt nicht vor. Dies wird besonders stark von Le Chatelier[6]) auf Grund der in seinem Institute von Grenet[7]) angestellten Versuche (s. u.) hervorgehoben.

Grenet hat für Gemische von Na_2O und B_2O_3, PbO und B_2O_3, $PbSiO_3$ und Al_2O_3, $PbSi_2O_5 + Al_2O_3$ den Ausdehnungskoeffizienten α bestimmt. Die Veränderung von α ist bei wachsendem Zusatz von B_2O_3 bzw. Al_2O_3 nicht stetig, sondern zeigt ein ausgesprochenes Minimum. Der Zusatz von SiO_2 zu einfachem Silikat ergibt für α Werte, die sehr viel höher als der mit Hilfe des α der glasigen SiO_2 linear errechneten Wertes. Grenet hat ferner die Veränderung bestimmt, die der Ausdehnungskoeffizient eines gegebenen Glases durch Zusätze erfährt, und zwar für ein Flaschenglas und für Spiegelglas von St. Gobain. Eine Auswahl der Werte, die für die Praxis manchen Fingerzeig, besonders für die Wirkung von Farboxyden und Trübmitteln geben mögen, sind in folgender Tabelle zusammengestellt. Zu betonen ist, daß der lineare Ausdehnungskoeffizient angegeben ist, also α, nicht $3\,\alpha$ wie bei obigen Tabellen.

---

[1]) Ann. d. Phys. u. Chem. **51**, 735 (1894).
[2]) Segers Gesammelte Schriften, 2. Aufl. (Berlin 1908), S. 477.
[3]) Sprechsaal **44**, 188, 207, 200 (1911).
[4]) Wolff, Sprechsaal, **44**, 627.
[5]) Sprechsaal **47**, 442 (1914).
[6]) l. c. 261.
[7]) Bull. Soc. d'encouragement.

Tabelle 32.

Flaschenglas von Blanzy	$\alpha \cdot 10^7$	Spiegelglas von St. Gobain	$\alpha \cdot 10^7$		
ohne Zusatz	69,6	ohne Zusatz	81,9	mit Zusatz von 6% Fe_2O_3	74,8
mit Zusatz von 2% Na_2O	74,4	mit Zusatz von 6% Na_2O	91,6	,, ,, ,, 6% U_2O_3	77,2
,, ,, ,, 4% K_2O	70,8	,, ,, ,, 6% K_2O	88,3	,, ,, ,, 6% CoO	76,4
,, ,, ,, 2% CaO	70,1	,, ,, ,, 6% CaO	83,5	,, ,, ,, 6% Co_2O_3	79,2
,, ,, ,, 6% $Ca_3P_2O_8$	74,2	,, ,, ,, 6% BaO	81,0	,, ,, ,, 6% MnO_2	78,6
,, ,, ,, 4% CaFl2	74,4	,, ,, ,, 6% SrO	82,4	,, ,, ,, 6% CuO	76,9
,, ,, ,, 4% CaB_2O_4	61,3	,, ,, ,, 6% SiO_2	77,3	,, ,, ,, 6% ZnO	72,4
,, ,, ,, 4% Fe_2O_3	61,6	,, ,, ,, 6% Al_2O	77,9	,, ,, ,, 40% ZnO	64,1
,, ,, ,, 4% Al_2O_3	58,9	,, ,, ,, 8% CaF_2	82,5	,, ,, ,, 8% $Na_2B_2O_7$	79,8
,, ,, ,, 4% SiO_2	62,0	,, ,, ,, 6% Kryolith	78,6	,, ,, 15,2% $Na_2B_2O_7$	82,1

Eine Korrektur der Schottschen Faktoren bringt auch eine Arbeit von English und Turner[1]), die Magnesia enthaltende Gläser untersuchten. Die dabei ermittelten Faktoren sind für $3\,\alpha$ bei:

Kieselsäure	$0{,}15 \cdot 10^{-7}$	Kalziumoxyd	$4{,}98 \cdot 10^{-7}$
Natriumoxyd	$12{,}96 \cdot 10^{7-}$	Magnesia	$1{,}35 \cdot 10^{-7}$

Danach erniedrigt der Zusatz von MgO an Stelle anderer Basen den Ausdehnungskoeffizienten des Glases nicht so stark, wie dies aus der Schottschen Zahl (0,1) sich ergibt.

Alle diese Abweichungen von der Regel der Addivität zeigen, daß eine gegenseitige Beeinflussung der Oxyde vorhanden, daß es nicht einerlei ist, mit welchen Oxyden und mit welchen Mengen derselben ein gegebenes Oxyd sich im Glas zusammenfindet. Sie sind ein lebendiger Ausdruck für den Wechsel der Bindungsverhältnisse (s. S. 88).

Die vorerwähnten Untersuchungen beziehen sich im wesentlichen auf das Temperaturgebiet 15°—100° und sind als mittlere Ausdehnungskoeffizienten in diesem Temperaturgebiet anzusehen. Der Ausdehnungskoeffizient ist aber selbst mit der Temperatur veränderlich. Für die meisten praktischen Zwecke, besonders für die Thermometrie ist ein gleichmäßiger Gang der Ausdehnung wichtig. Es liegen deshalb gerade über Thermometerglas eine Reihe von Untersuchungen[2]) vor, deren Wiedergabe hier zu weit führen würde.

Eine Übersicht über die Ausdehnungskoeffizienten einer großen Anzahl Schottscher Gläser ist mehrfach gegeben[3]). Im Temperaturgebiet von 15°—100° bewegt sich $3\,\alpha \cdot 10^7$ für Gläser hauptsächlich zwischen 100 und 350. Diese Zusammenstellungen enthalten vorwiegend Sonderschmelzungen mit selteneren Glasoxyden. Peters und Cagroe[4]) haben auch verbreitetere Glassorten untersucht, zugleich über das ganze Temperaturgebiet bis zur Erweichung und dabei folgende Werte erhalten:

Tabelle 33.

Glasart	Temperaturbereich	$3\,\alpha \cdot 10^7$
Flaschenglas	22—449° C	207
Weißhohlglas	22 — ca. 460° C	309—321
Spiegelglas	ca. 20 — ca. 500° C	284—324
Geräteglas — Jena	19 — 414° C	168
,, Pyrex	21 — 471° C	108
Einschmelzglas deutsch . . .	23 — 383° C	270
,, ,, Corning . . .	22 — 376° C	249

[1]) Journ. Soc. Glass Techn. 4, 115 (1920). — Ref. Glast. Ber. 1, 46 (1923).

[2]) Thiesen, Scheel und Sell, Z. f. Instrum. Kunde, 16, 49 (1896); Reimerdes, Ausdehnung von Quarz, Diss. 1896; Scheel, Abhandlg. der Phys.-Techn. Reichsanstalt 4, 35 (1904); Auffenberg, Abhängigkeit des therm. Ausdehnungskoeff., Diss. Jena 1905.

[3]) Zschimmer, Archiv f. phys. Chem. d. Glases u. keram. Massen, 1, 29 (1922); Thiene, Artikel Glas in Krais, Handbuch der Werkstoffe II, 31; Schott u. Gen., Jena, Katalog f. optische Gläser (1923).

[4]) Journ. Opt. Soc. of Am. 4, 105 (1920).

Wo in der Tabelle mehrere Werte für $3\alpha \cdot 10^7$ und die Temperaturen mit „*ca*" bezeichnet, ist das Ergebnis mehrerer untersuchter Gläser zusammengefaßt.

Bis zu den oberen Grenzen des angegebenen Temperaturgebietes wächst α ziemlich linear mit fortschreitender Temperatur an, oberhalb treten zunächst bei manchen Gläsern Unregelmäßigkeiten auf. Im Gebiet, bei dem sich bei der Kühlung Spannungsausgleich zeigt, tritt sehr starke Zunahme der Ausdehnung auf, und zwar bei den Gläsern am stärksten, die im unteren Temperaturgebiet kleine Ausdehnungskoeffizienten zeigen. Diese Unstetigkeit in der Temperaturabhängigkeit des Ausdehnungskoeffizienten deutet auf innere Veränderungen, die besonders für den Kühlvorgang von Bedeutung sind. (s. Kühlung.)

Spannungen im Glas beeinflußen den Ausdehnungskoeffizienten auch schon zwischen 15°—100°, wie dies einige Werte von Schott zeigen mögen:

Glasart Schottsche Nummer	Kub. Ausdehnungskoeffizient $3\alpha \cdot 10^7$	
59III	Kühlung mit Thermoregulator: 171	Kühlung in freier Luft: 177
16III	„ im Kühlofen: 241	„ „ „ „ : 244
0,662	„ mit Thermoregulator: 275	stark gespannt: 289

d) Thermische Nachwirkungen[1]) nennt man die Erscheinungen, daß Körper, die sich beim Erhitzen ausgedehnt haben, bei der Abkühlung auf die Ausgangstemperatur nicht wieder genau das ursprüngliche Volum einnehmen. Auch das Glas zeigt diese Nachwirkungen, die bei Thermometern besonders in Erscheinung treten und bei Temperaturmessungen große Ungenauigkeiten herbeiführen können. Bei den Thermometern treten die thermischen Nachwirkungen in zweierlei Weise auf. Bei neu hergestellten Thermometern, die ohne Verwendung lagern und nur die Temperaturschwankungen des Lagerraums mitmachen, zieht sich das Quecksilbergefäß allmählich zusammen. Dadurch rückt der Eispunkt und der Stand der Quecksilbersäule für jede andere Temperatur entsprechend in die Höhe. Man nennt diese Veränderung den „säkularen Anstieg". Diese Bewegung wird im Lauf der Zeit langsamer und kommt schließlich zur Ruhe. Verschiedene Glasarten zeigen die Erscheinung ungleich stark. Bei manchen tritt eine sehr starke Verschiebung des Nullpunktes (um einige Grade) auf, und die Veränderung kommt in vielen Jahren nicht zu Ende. Bei anderen besitzt der Anstieg ganz geringe Beträge (Hundertstel Grade) und erreicht in wenigen Monaten sein Ende. Die Veränderung kann durch Erhitzen auf geeignete Temperatur, „künstliches Altern", weitgehend beseitigt werden. Außer dem säkularen Anstieg erleidet das Quecksilbergefäß des Thermometers bei jeder Erwärmung eine Ausdehnung, die beim Abkühlen nicht sogleich vollkommen verschwindet. Infolgedessen zeigt das Thermometer nach jeder Erwärmung und darauffolgender Abkühlung eine zu tiefe Temperatur. Diese Erscheinung nennt man „Depression des Nullpunkts". Sie kann bei gewöhnlichen Gläsern einen ganzen Grad betragen. Allmählich im Verlaufe von Monaten verliert das Gefäß die Erweiterung, die die Depression der Nullpunktes herbeiführte. Die Feststellung der Depression geschieht wie folgt: Man bestimmt den Nullpunkt durch Eintauchen in schmelzendes Eis, erhitzt dann das Thermometer im strömenden Dampf siedenden Wassers 15 Minuten lang auf 100°, und wiederholt dann die Eispunktsbestimmung. Der Unterschied zwischen beiden Eispunktsmessungen heißt „die Nullpunktsdepression", in den Tabellen als *D* bezeichnet. Beide Veränderungen sind unter sich verknüpft, Gläser mit starkem säkularem Anstieg zeigen auch starke Nullpunktsdepression.

α) Nullpunktsdepression. Diese Unregelmäßigkeiten in der Genauigkeit von Thermometern haben frühzeitig zu wissenschaftlicher Untersuchung angeregt und es ist von besonderer Bedeutung,

[1]) Siehe über diese Frage vor allem die eingehende und selbständig durchdachte Besprechung der einschlägigen Arbeiten durch Hovestadt, Jenaer Glas S. 261—346 (Jena 1900).

daß gerade bei diesem Problem das Bestreben, Zusammenhänge zwischen Eigenschaften und Zusammensetzung der Gläser zu finden, einsetzt und bald Erfolge von großer praktischer Bedeutung bringt. Ein dauerndes Verdienst Webers bleibt es, diesen Zusammenhang in der Tat gezeigt zu haben, indem er bewies, daß die leichtflüssigen Alkalikalkgläser, die beide Alkalien enthielten, starke Nullpunktsdepression zeigten, während reine Kaligläser mit reichlichem Gehalt an Kieselsäure und Kalk die Erscheinung in bedeutend geringerem Maße zeigen. Aus seiner umfangreichen Untersuchung[1]), bei der 23 Thermometer aus Gläsern der verschiedensten Zusammensetzung eingehend und fortlaufend untersucht wurden, seien nur die zwei in der Tabelle zusammengestellten genannt.

Tabelle 34.

Beide Thermometer angefertigt: 1878, Juni 5.

Datum der Beobachtung	1: Thüringer Glas, leicht schmelzbar. Analyse: 68,3 SiO_2, 1,28 Al_2O_3, 12,8 Na_2O, 8,27 K_2O, 10,41 CaO — Stand der Quecksilberkuppe im Eisbad: vor dem Kochen	nach dem Kochen	D	13: Aus einer älteren vorhandenen Röhre von nicht ganz sicherer Herkunft. Analyse: 65,0 SiO_2, 2,04 Al_2O_3, 0,07 Na_2O, 19,51 K_2O, 13,58 CaO — Stand der Quecksilberkuppe im Eisbad: vor dem Kochen	nach dem Kochen	D
1878, Oktober 23	+0,497°	+0,095°	**0,402**	+0,072	—0,015	**0,087**
1879, Mai 17 . .	0,507	0,064	**0,443**	0,069	—0,043	**0,112**
1881, Januar 27	0,65	0,20	**0,45**	0,11	+0,01	**0,10**
1881, Juli 22 . .	0,60	0,27	**0,33**	0,10	+0,01	**0,09**
1882, Mai 22 . .	0,66	—	—	0,10	—	—
1883, Juni 7 . .	0,65	—	—	0,10	—	—
1883, Oktober 31	0,68	0,20	**0,48**	0,10	0,00	**0,10**

Der Vergleich der beiden Versuchsreihen bringt sowohl den säkulären Anstieg (bei 1 in 5½ Jahren von 0,497 auf 0,68) wie die beim jedesmaligen Erhitzen eintretende Depression zum Ausdruck. Beide Erscheinungen sind beim Glas 13 bedeutend abgeschwächt. Der Anstieg ist nach 2½ Jahren so gut wie beendet. Auffällig erschien Weber in der Zusammensetzung, daß der Natrongehalt fast 0 war. Bei Versuchsschmelzen gleicher Art mißlang die Wiederholung des günstigen Ergebnisses von 13 zunächst, wegen Verwendung unreiner Pottasche und mangelhafter Durchschmelzung. Nachdem diese Fehlerquellen beseitigt waren, erhielt man mit den aus den Schmelzen 19 und 20 am 18. Aug. 1883 hergestellten Thermometern am 31. Oktober desselben Jahres folgende Ergebnisse:

Tabelle 35.

	Analyse: SiO_2	Al_2O_3	K_2O	CaO	D
19	65,42	0,93	19,46	13,67	**0,09**
20	69,04	0,89	18,52	12,21	**0,09**

Schott hat Wiebe zur Prüfung noch weitere Schmelzungen übergeben, bei denen außer Na_2O, K_2O, CaO, Al_2O_3 und SiO_2, noch PbO, ZnO, BaO, Si_2O und B_2O_3 in die Gläser eingeführt wurden. Bei keiner dieser Schmelzen überschritt die Depression 0,1°, die meisten bleiben unter diesem Wert und ein Barytglas II mit 24% SiO_2, 16% Al_2O_3, 7% Na_2O, 53% BaO gab den niedrigsten Wert mit 0,02°. Diese Schmelzen besassen aber nicht alle anderen Eigenschaften, die für die Praxis von Wichtigkeit sind, wie Verarbeitbarkeit an der Pfeife und vor der Lampe, Haltbarkeit und Farblosigkeit. In dieser Beziehung

[1]) Sitzungsber. d. Berl. Akad. d. Wiss. 2, 1233 (1883); Ber. d. d. chem. Ges. 21, 1086 (1888); Sprechsaal (1888) 241.

waren allgemein verwendbar nur die Gläser 14^{III}, 16^{III} und 18^{III}, deren Zusammensetzung und Depression folgende ist:

Tabelle 36.

Nr.	SiO_2	B_2O_3	Al_2O_3	Na_2O	K_2O	CaO	ZnO	D
14^{III}	69,0	2	1,0	14,0	—	7	7	**0,05°**
16^{III}	67,4	2	2,5	14,0	—	7	7	**0,05°**
18^{III}	52,0	9	—	—	9	—	30	**0,05°**

Das Glas 16^{III} ist das Jenaer Normalthermometerglas, das seit 1885 im Großen hergestellt wird und sich seitdem unverändert in der Anwendung bewährt hat. Es ist durch einen weinroten Faden im Glas gekennzeichnet. Das Glas 18^{III} zeigte ebenfalls sehr gute Eigenschaften für die Thermometer mäßiger Temperaturen. Aber es entglast wegen seines hohen Zinkoxydgehaltes zu leicht, ist infolgedessen schlecht zu verarbeiten und wurde deshalb nicht in die Thermometrie eingeführt. Schott hat dann seine Versuche, zu einem idealen Thermometerglas zu kommen, fortgesetzt. Sie ergaben das Borosilikatglas 59^{III}, das mit der Schmelzung 63^{III} verglichen wurde. Die Ergebnisse sind folgende:

Tabelle 37.

Glas	SiO_2	Al_2O_3	B_2O_3	As_2O_3	Na_2O	CaO	D
59^{III}	72,0	5	12	—	11,0	—	**0,02°**
63^{III}	73,2	—	—	0,3	18,5	8	**0,05°**

Das Borosilikatglas 59^{III} besitzt also noch geringere Depression als 16^{III}, hat den niedrigen Ausdehnungskoeffizient $3\,\alpha \cdot 10^7 = 177$ und stimmt bis 50° sehr gut mit dem Luftthermometer überein.

Diese Ergebnisse werden durch gründliche Untersuchungen von Schott[1]) und Wiebe[2]) bestätigt und wesentlich erweitert. Die Untersuchung einer Anzahl älterer Thermometer aus Alkalikalkgläsern zeigte, daß die Depression bei diesen abhängig ist vom Mengenverhältnis von Kali und Natron im Glase. Je mehr das eine Alkali zuungunsten des anderen überwiegt, um so geringer ist die Depression. Die geringste Depression zeigen also Gläser, die ein reines Alkali enthalten, also nicht nur, wie Weber glaubte, reines natronfreies Kalikalkglas, sondern auch kalifreies Natronkalkglas zeigt die geringste Depression. Neue Schmelzungen haben dann dieses Ergebnis erläutert, wie die folgende Tabelle zeigt.

Tabelle 38.

N,O	SiO_2	Al_2O_3	Na_2O	K_2O	CaO	D
IV	70	—	—	13,5	16,5	**0,08°**
VIII	70	—	15,0	—	15,0	**0,08**
20^{III}	70	—	7,5	7,5	15,0	**0,17**
XXII	66	—	14,0	14,0	6,0	**1,05**
XXXI	66	—	11,9	16,9	6,0	**1,03**
17^{III}	69	5	15,0	10,5	—	**1,06**

In Thermometergläsern soll also nur ein Alkalioxyd enthalten sein. Sind beide vorhanden, so ist das Verhältnis beider nicht allein ausschlaggebend, vielmehr soll ihre Summe nicht zu hoch sein und gegen Kalk möglichst zurücktreten. Tonerde wirkt unter solchen Verhältnissen nicht wesentlich anders als Kalk.

β) Säkularer Anstieg. Es ist in der Einleitung dieses Abschnittes schon darauf hingewiesen, daß Nullpunktsdepressionen und säkularer Anstieg zusammenhängen. Dies geht auch schon aus den Zahlen der Tabelle 34, die Webers Versuche illustrieren, hervor. Die beim einmaligen Erhitzen eingetretene Depression geht in einigen Tagen zurück und wird im Verlauf längerer Zeit durch den sekularen

---

[1]) Verh. Ver. Förderg. Gewerbefl. Sitzber. **67,** 177 (**1888**), ebenda **71,** 161, (**1892**); Zeitschr. f. Instrumentenk. **11,** 334 (1891).

[2]) Sitzungsber. d. Berl. Akad. d. Wiss. **1884,** 843; **1885,** 1021; Zeitschr. f. Instrumentenkunde 6, 167 (1886).

Anstieg überholt. Der Stand des Quecksilbers steigt dauernd und um so rascher und stärker, je größer die Depression ist. Das zeigt sich auch bei Gläsern mit mäßiger und geringer Depression, wie dies aus folgenden Versuchen Wiebes hervorgeht:

Tabelle 39.

Glasart	D	°C Anstieg des Eispunktes in Tagen						
		4	42	88	200	285	570	1600
16^{III}	0,05	—	—	0,04	—	0,04	—	—
18^{III}	0,05	—	—	—	0,04	0,05	—	—
Franz. Glas . . .	0,07	—	—	0,04	0,07	—	—	—
Engl. Glas . g . .	0,18	—	—	0,10	—	—	0,16	—
Thür. Glas	0,36	—	—	—	0,25	—	0,38	0,44
XXII	1,05	0,05	0,09	0,16	0,25	—	—	—
XXXI	1,03	0,24	0,42	0,53	—	—	—	—

Auch weitere Versuche von Wiebe ergaben, daß die Reihenfolge der Gläser bei der Anordnung nach Nullpunktsdepression und nach säkularem Anstieg die gleiche bleibt.

γ) Künstliches Altern. Schon durch häufiges Erhitzen der Thermometer auf 100° tritt ein beschleunigter Anstieg des Eispunktes ein. Längeres Erhitzen und möglichst langsame Abkühlung verstärkt die Wirkung. Man kann auf diese Weise den säkularen Anstieg weitgehend ausschalten, besonders wenn das Thermometer vor der Füllung einer länger dauernden Erhitzung und darauf folgender sehr langsamer Abkühlung ausgesetzt wird. Diese Beobachtung hat zum Verfahren der „künstlichen Alterung" der Thermometer geführt. Da aber die Erhöhung der Temperatur die Veränderung stark beschleunigt und verstärkt, wie Tabelle 40 für 2 Thermometer 281 und 282 aus 16^{III} zeigt, muß die Alterungstemperatur dem späteren Gebrauch angepaßt werden.

Tabelle 40.

	281 Lage des Eispunktes	282 Lage des korrig. Siedepunktes
Vor der Erhitzung . . .	0,0°	100,0°
Nach 5 Minuten in 100°	0,0	—
„ 5 „ „ 200°	0,0	—
„ 5 „ „ 300°	—0,1	—
„ 5 „ „ 400°	+0,9	100,5
„ 5 „ „ 450°	—	103,2
„ 15 „ „ 475°	+9,0	109,5

Der durch künstliche Alterung gehobene Eispunkt ist recht beständig. Längere Zeit durchgeführte Untersuchungen führten Wiebe zur Ansicht, daß für chemische Thermometer aus 16^{III} in den meisten Fällen eine etwa 24stündige Erhitzung auf 300° vor der Herstellung der Skala ausreichen dürfte, um die beim Gebrauch eintretenden Eispunktserhebungen auf unerhebliche Größen einzuschränken.

Für Temperaturen über 360° füllt man die Thermometer mit einem indifferenten Gas (Stickstoff) und erweitert das obere Ende nach Schott zu einem größeren Gasraum, der verhindert, daß beim Ansteigen der Quecksilbersäule der Druck im Gas zu groß wird. Bei solchen mit Stickstoff gefüllten Quecksilberthermometern aus 16^{III} hat Wiebe festgestellt, daß sie bis 450° benutzbar sind, wenn sie vorher durch andauernde Erhitzungen gegen Standänderungen geschützt sind.

Für höhere Temperaturen dient das gegen 16^{III} strenger flüssige 59^{III}, aus dem *Hg*-Thermometer nach 14tägiger Alterung bei 500° und einem Gasdruck von 14—15 Atm. bis 510° benutzbar sind.

Nach Thiene[1]) wird für Thermometer bis 575° Jenaer Verbrennungsröhrenglas, bis 675° Jenaer Supremaxglas (1565^{III}) unter 50 Atm. verwendet.

---

[1]) Thiene, l. c. S. 41 — Prüfung dieser Thermometer siehe Wiebe, D. Mech.-Ztg. **1912**, 21 — ferner Z. f. Instr.-Kunde **38**, 97 (1918).

Für Ausführung der Alterung empfiehlt Schott, eine sorgfältige Feinkühlung mit genauer Regelung der Kühldauer, der Anfangstemperatur und des Temperaturgefälles beim Abkühlen. Eine solche Kühlung hat er mit Erfolg auf Thermometer aus 59^{III} angewandt.

δ) Theorie der thermischen Nachwirkungen. Hovestadt[1]) stützt sich auf die von Weidmann (s. S. 112) nachgewiesene Verwandtschaft zwischen elastischen und thermischen Nachwirkungen und glaubt, daß bei der Erwärmung der Thermometer infolge der geringen Wärmeleitung der Gläser ungleichmäßige Erwärmung und damit ungleichmäßige Ausdehnung der Schichten eintritt. Diese muß zu Spannungen führen, deren langsamer Ausgleich als Nachwirkung in Erscheinung tritt. Mir scheint, daß bei dieser Auffassung die mechanischen Eigenschaften des festen Körpers zu einseitig beachtet sind. Ich glaube, daß die thermischen Nachwirkungen, die uns das Thermometer so deutlich zeigt, ein deutlicher Hinweis darauf sind, wie langsam das Glas als Flüssigkeit mit seinem inneren Zustande Temperaturänderungen folgt. Das Thermometer ohne Alterung ist von der Arbeitstemperatur vor der Lampe abgeschreckt, die Lagerung seiner Teilchen und die Bindungen seiner Moleküle entsprechen höherer Temperatur. Beim langen Lagern geht dieser instabile Zustand ungeheuer langsam (säkularer Anstieg), dagegen bei der künstlichen Alterung verhältnismäßig rasch zurück. Auch das Abkühlen von der Gebrauchstemperatur geschieht zu rasch, als daß das Glas mit seiner Konsistenzwandlung folgen könnte. Es bleibt der Zustand der Gebrauchstemperatur noch einige Zeit erhalten (Nullpunktsdepression). Die Chemie des Glaszustandes ist aber noch so sehr in den Anfängen, daß die Unterschiede, die die verschiedene chemische Zusammensetzung bedingt, nicht erklärt werden können. Es scheint aber aus Versuchen in meinem Laboratorium hervorzugehen, daß in den Natronkaligläsern verwickeltere Gleichgewichte und stärkere Temperaturabhängigkeit der Bindungsverhältnisse als in den reinen Natronkalk- und in den reinen Kalikalkgläsern vorhanden sind, wie dies Eckert (l. c. S. 269) vermutet hat.

e) Wärmestoß-Festigkeit (Wärmefestigkeit nach Eckert). Schott und Winkelmann[2]) haben den Begriff des „Thermischen Widerstandskoeffizienten" eingeführt, um ein für die Praxis vielfach wesentliches Verhalten der Gläser zahlenmäßig ausdrücken und in ihren Ursachen erkennen zu können: die Widerstandskraft gegen schroffe Temperaturänderungen. Diese Eigenschaft muß besonders beim Geräteglas der Chemiker gut ausgebildet sein. Auch die zum Pasteurisieren verwendeten Flaschen müssen sie neben guter mechanischer (hohe Zug- und Druckfestigkeit) und chemischer Beschaffenheit besitzen. Auch Konservengläser sollten eine gewisse Wärmestoß-Festigkeit besitzen. Am meisten aber ist sie von Bedeutung bei Wasserstandgläsern, bei den Zylindern für Grubenlampen und für das Gasglühlicht, dessen Entwicklung der Auffindung von Gläsern von ungeahnt hoher Widerstandkraft gegen schroffe Temperaturunterschiede sehr viel verdankt. Dieser „thermische Widerstandskoeffizient" hängt von verschiedenen anderen Eigenschaften ab.

Je größer die Zugfestigkeit P,
je geringer der Ausdehnungkoeffizient a,
je geringer der Widerstand gegen elastische Änderungen E,
je größer die Leitfähigkeit für Wärme k,
je geringer die spezifische Wärme c,
je geringer das spezifische Gewicht s

bei einem Glase ist, und zwar ist der genannte Koeffizient

$$F = \frac{P}{aE}\sqrt{\frac{k}{s \cdot c}}.$$

Daß tatsächlich die erwünschte Eigenschaft des Glases ziemlich mit dem aus den verschiedenen Eigenschaften ermittelten Koeffizienten F parallel geht, zeigt folgende Tabelle, in der der Temperaturunterschied mitgeteilt ist, den Glaswürfel bein plötzlichen Abkühlen ertragen, ohne zu springen.

In der Tatsache, daß der Würfel mit 1 cm Kantenlänge durchweg höhere Temperaturdifferenzen aushält, als der mit 2 cm Kantenlänge, kommt die alte Erfahrung

[1]) l. c. S. 339.
[2]) Ann. d. Phys. u. Chem. **51**, 730 (1894).

zum Ausdruck, daß dünnwandiges Glas gegen Temperaturschwankungen weniger empfindlich ist als dickes.

Tabelle 41.

$\frac{1}{3} F$	Temperaturdifferenz		$\frac{1}{3} F$	Temperaturdifferenz	
	Würfel von 2 cm Kantenlänge	Würfel von 1 cm Kantenlänge		Würfel von 2 cm Kantenlänge	Würfel von 1 cm Kantenlänge
	0	0	2.51	32.0	50.5
4.10	110.5	148	2.49	66.2	98.5
4.06	—	148	2.32	77.8	88.4
3.56	95.5	—	2.14	69.8	88.5
3.45	84.7	103.5	1.96	65.8	87
3.23	78.5	103.5	1.49	—	62.7
2.79	70·9	90.5	1.17	52.8	61.9

Für das Verständnis dieser Vorgänge ist es nicht unwesentlich, darauf hinzuweisen, daß beim Erhitzen das Glas viel größere Temperaturunterschiede aushält, als beim Abkühlen. Winkelmann konnte einen 2 cm Würfel (und zwar vom letzten Glas der Tabelle, also dem am wenigsten wärmestoßfesten Glas) von 15° C in ein Zinkbad von 480° tauchen, also um 465° erhitzen, ohne daß es sprang. Beim Abkühlen um 52,8° ging es zu Bruch. Die Erklärung für dies Verhalten ist die folgende: Beim Erhitzen erleiden die äußeren Schichten des Glases Druckspannung, (sie werden durch die inneren kühleren in der Ausdehnung gehemmt), beim Abkühlen Zugspannung. Die Zugfestigkeit der Gläser ist aber viel geringer als die Druckfestigkeit (s. S. 112).

Gemäß der mathematischen Formulierung des Koeffizienten F sind die unter der Wurzel befindlichen Größen K, s und c von geringerem Einfluß. Der thermische Widerstand wird also vor allem durch die Zugfestigkeit (S. 111), Elastizität (S. 112) und die Wärmeausdehnung (S. 117) bedingt.

Kommt in einem Glasgegenstand durch Erhitzen oder Abschrecken der Bruch zustande, so ist er durch Spannungen verursacht. Die Spannungen bei ungleichmäßiger Temperaturänderung werden aber um so größer sein, je größer der Ausdehnungskoeffizient ist, sekundär wird die Bewahrung des Glases vor Bruch davon abhängen, ob Elastizität und Festigkeit die Spannungen überwinden. Man sollte also annehmen, daß Gläser von besonders niedrigem Ausdehnungskoeffizienten hohe Wärmestoßfestigkeit zeigen. Diese Richtlinie hat sich im allgemeinen in der Praxis bestätigt gefunden. Die Jenaer Gläser, die sich durch außerordentliche Unempfindlichkeit gegen plötzliche Temperaturschwankungen auszeichnen, besitzen überaus geringe Ausdehnungskoeffizienten, so das Borosilikatglas 59^{III} $3\alpha = 0{,}0000177$, während gewöhnliche Gläser den Koeffizienten $3\alpha = 0{,}00003 - 0{,}00004$ besitzen. Für das amerikanische Pyrexglas ist $3\alpha = 0{,}0000108$. Das reine Quarzglas, das jeder Temperaturschwankung trotzt, besitzt den Ausdehnungskoeffizienten $3\alpha = 0{,}0000015$[1]) oder noch weniger als den zehnten Teil des für Jenaer Schmelzung 59^{III} gefundenen Wertes[2]).

Die physikalisch-technische Reichsanstalt legt auch den Ausdehnungskoeffizienten einer Einteilung der Beleuchtungsgläser in Beständigkeitsklassen zugrunde. Man sollte aber in Erinnerung an den thermischen Widerstandskoeffizienten die Bedeutung des Ausdehnungskoeffizienten nicht einseitig überschreiten.

[1]) Ein Stab von einem Meter Länge dehnt sich also bei Quarzglas bei der Erwärmung von 0° auf 1000° um ½ mm aus, bei Borosilikatglas 59^{III} um 6 mm, bei gewöhnlichem Glas um 10—13 mm.

[2]) Die Zusammensetzung des Jenenser 59^{III} ist S. 122, Tab. 37, gegeben, die von Pyrexglas ist 80,5 SiO_2, 11,8 B_2O_3, 4,5 Na_2O, 2 Al_2O_3, 0,7 As_2O_5, 0,3 Fe_2O_3.

10. Optische Eigenschaften.

a) Lichtbrechung. Dringt ein Lichtstrahl in einen durchsichtigen Körper ein, so erfährt er eine Ablenkung seiner Richtung, er wird „gebrochen". In Abb. 59 sei *LO* ein Lichtstrahl, der in *O* in eine Glasplatte eintrete. Den Winkel α, den er mit dem auf der Glasfläche in *O* errichteten Lote *ON* (dem „Einfallslot") bildet, nennen wir den „Einfallswinkel". Der im Glase sich fortsetzende Strahl *OO'* wird gegen das Einfallslot zu gebrochen, der neue Winkel β, der „Brechungswinkel", ist kleiner als α. Für eine bestimmte Glassorte ist die Ablenkung eine ganz gesetzmäßige, geregelt durch die Beziehung:

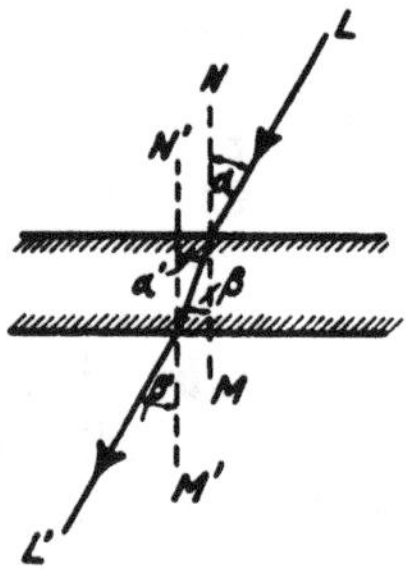

Abb. 59.

$$\frac{\sin \alpha}{\sin \beta} = n.$$

Das Verhältnis des Sinus des Einfallswinkels zum Sinus des Brechungswinkels bleibt bei demselben Glase stets dasselbe, welches auch die Richtung des einfallenden Strahles sein möge. Der Bruch

$$\frac{\sin \alpha}{\sin \beta} = n$$

kennzeichnet also das Brechungsverhältnis ganz exakt. Wir nennen *n* auch den „Brechungsindex". Meist bezieht man den Brechungsindex auf einen Lichtstrahl bestimmter Farbe, und zwar auf den des gelben Lichtes, das Natriumdampf aussendet. Dieser Index wird kurz N_D bezeichnet.

Liegt eine Platte mit parallelen Wänden vor, so sehen wir, daß das Brechungsverhältnis beim Austritt des Strahles in die Luft sich umkehrt. Der Neigungswinkel, unter dem er die Glasfläche verläßt, ist der gleiche wie der Eintrittswinkel. Da die beiden Flächen parallel sind, so wird also die Richtung des Strahls nicht geändert. Anders verhält sich die Sache, wenn die Grenzflächen nicht parallel sind, wenn also ein Prisma vorliegt. Wenn der Strahl das Prisma in der Weise durchdringt, daß der Einfallswinkel Glas—Luft α, gleich dem Brechungswinkel Luft—Glas α' ist, so zeigt sich deutlich, daß die Winkelstellung der beiden Grenzflächen eine Ablenkung des Lichtstrahls herbeiführt (s. Abb. 60). Der Lichtstrahl *LO* hätte an sich die Wand in *S* getroffen, das dazwischentretende Prisma führt den Lichtstrahl so, daß er die Wand in *L'* trifft. Diese Ablenkung des Lichtstrahls ist es, auf der alle optischen Instrumente, Lupen, Mikroskope, Fernrohre usw., beruhen. Die Optik hat darum ein wesentliches Interesse daran, Gläser von hoher Brechbarkeit zu besitzen. Doch auch beim Luxusglas, dem sog. Kristall, ist der Brechungswinkel von wesentlicher Bedeutung. Ein farbloser durchsichtiger Körper tritt in um so markantere Erscheinung, je höher seine Lichtbrechung ist. Je stärker er die Lichtstrahlen bricht, um so kontrastreicher ist das Spiel des Lichtes, das aus seinen Flächen und durch seinen Körper flutet, um so feuriger malt sich sein Bild im menschlichen Auge. Das prägnanteste Beispiel hierfür sind die Edelsteine, insbesondere der Diamant, für den $N_D = 2{,}417$ ist. Das Bleikristall sucht diese Brechung nachzuahmen, aber selbst das allerschwerste Flintglas bleibt mit $N_D = 1{,}963$ weit hinter der außerordentlichen Brechung, die dem Diamante eignet, zurück.

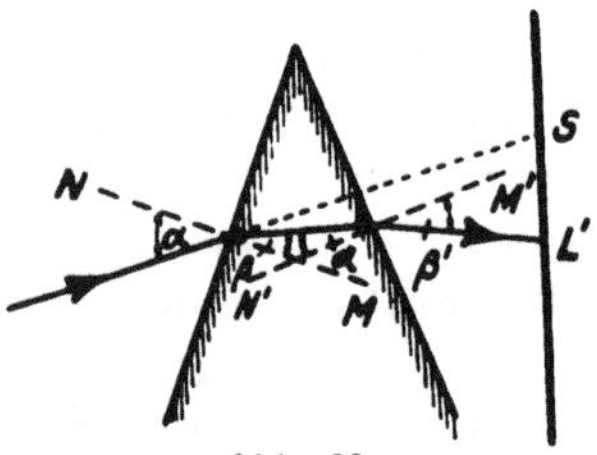

Abb. 60.

Die Abhängigkeit der Lichtbrechung eines Glases von seiner chemischen Zusammensetzung darzustellen, hat Zschimmer[1]) auf Grund der zahlreichen Schmel-

[1]) Zeitschr. f. Elektrochem. 9, 631 (1905).

zungen des Jenaer Glaswerks mit Erfolg unternommen. Er fand folgende Gesetzmäßigkeiten:

Der mittlere Brechungsindex der geschmolzenen amorphen Borsäure ($N_D = 1{,}462$) bzw. der glasigen Kieselsäure ($N_D = 1{,}4585$) oder eines Alkalisilikats wird durch Auflösung von Metalloxyden erhöht.

Die Erhöhung der Brechung wächst für äquivalente Mengen mit zunehmendem Molekulargewicht des gelösten Oxyds. Es erhöht also den Brechungsindex Zinkoxyd (Molgew. 81,4) mehr als Natriumoxyd (Molgew. 62,1) und Bariumoxyd (Molgew. 153,4) mehr als Zinkoxyd, am allerstärksten natürlich das Bleioxyd, das mit 222,9 das größte Molekulargewicht unter den gebräuchlichen glasbildenden Oxyden besitzt. Der Brechungsindex der glasigen Borsäure (B_2O_3) (1,462) wird z. B. durch Hinzufügen von 40 Teilen Baryt (BaO) auf 100 Teile Borsäure um 0,114 erhöht,

durch äquivalente Mengen von Lithion (Li_2O) um 0,077
„ „ „ „ Zinkoxyd (ZnO) um 0,093
„ „ „ „ Bleioxyd (PbO) um 0,248

Die Steigerung der Lichtbrechung ist aber der Konzentration der zugefügten Oxyde nicht proportional. Bei den leichteren Oxyden Li_2O, Na_2O, ZnO wächst die Lichtbrechung schwächer, bei den schweren BaO, PbO stärker als die direkte Proportionalität erwarten läßt.

Eigentümlich ist die Wirkung von Borsäure in Alkalisilikatgläsern. Sie führt bei geringem Zusatz zunächst eine Steigerung des Lichtbrechungsvermögens herbei, erreicht aber bald ein Maximum dieser Wirkung. Weitere Zugabe von Borsäure setzt dann den Brechungsindex herab, und zwar schließlich so stark, daß das erschmolzene Borosilikat eine geringere Brechung zeigt als das ursprüngliche Silikat. Diese eigentümliche Wirkung erklärt Zschimmer durch die verschiedenen Brechungen, die vermutlich der gebundenen und der freien Borsäure zukommen. Bei geringen Zusätzen tritt mehr und mehr der hohe Brechungsindex der gebundenen Borsäure in Erscheinung bis zu einem Maximum, von dem ab sich die schwache Brechung der freien Borsäure immer mehr geltend macht. Es ist dies eine überaus wichtige Untersuchung, weil sie zum ersten Mal einen klaren Hinweis auf die im Glase wechselnden Bindungsverhältnisse und vorhandenen Gleichgewichte gab. Es ist dadurch auch gezeigt, welche Wege beschritten werden müssen, um die Chemie des Glases besser aufzuklären (s. a. S. 88—91).

Neuerdings hat auch Peddle[1]) umfangreiche Versuche über die Abhängigkeit der Brechung von der Zusammensetzung mitgeteilt und in zweierlei Darstellung. Im einen Fall hat er Gläser vom Typus 20 Mol $Na_2O \cdot x$ Mol RO · 100 SiO_2 geschmolzen, wobei für x 5—30 Mole der Oxyde MgO, ZnO, CaO, SrO, BaO, PbO in die Gläser eingeführt wurden. Ganz übereinstimmend mit dem Befund Zschimmers ist der Zuwachs der Brechung, den gleiche Molzahlen der verschiedenen Oxyde hervorbringen, entsprechend der angegebenen Reihenfolge, also in der Reihe der Molekulargewichte. Bei wachsenden Mengen des gleichen Oxydes ist der Zuwachs des Brechungsindex ungefähr proportional dem Zuwachs an Oxyd. Bei den schwereren Oxyden nimmt bei höherem Zusatz die Brechung etwas weniger als proportional zu. Bei der zweiten Darstellung versetzt Peddle in einem Glase mit 30% Na_2O · 70% SiO_2 5—20% Na_2O durch gleiche Gewichtsmengen der angeführten RO-Oxyde. Dabei ist die Reihenfolge der Oxyde MgO, ZnO, BaO, PbO, SrO, CaO. Alle diese Oxyde steigern die Brechung im Vergleich mit Na_2O; MgO am schwächsten, CaO am stärksten. PbO rückt von der ersten an die dritte Stelle. Wachsende Mengen des gleichen Oxydes steigern nahezu proportional den Zusatz. Die gleiche Reihenfolge bleibt beim Ersatz von K_2O durch die genannten Oxyde. K_2O an Stelle von Na_2O vermindert die Brechung.

Wie angedeutet hat die Lichtbrechung des Glases nicht nur für das optische Glas praktische Bedeutung. Es ist eine sehr alte Beobachtung, daß das Bleioxyd dem Glase hervorragenden Glanz verleiht, und beim Kristall, wo hierauf besonderer Wert gelegt

[1]) Trans. Opt. Soc. **23**, 115 (1921).

wird, geht man im Bleigehalt so hoch, als andere Eigenschaften, besonders die Härte, dies gestatten. Englisches Kristallglas, das ehedem einen besonderen Ruf genoß, entspricht in seiner Zusammensetzung ziemlich genau der Formel 6 $SiO_2 \cdot K_2O \cdot PbO$ mit 53,4% SiO_2, 13,8 K_2O, 32 PbO. Dort, wo besonderer Wert auf die Lichtbrechung gelegt wird, geht man noch höher im Bleigehalt. Strasser verwendete zur Imitation von Edelsteinen ein Glas von folgender Zusammensetzung: 38,2% SiO_2, 7,8 K_2O, **53PbO**, das nach seinem Erfinder Straß genannt wird. Die Lichtbrechung dieses Glases ist in der Tat sehr hoch, aber die Härte ist so gering, daß die Flächen im Gebrauch bald erblinden.

Nächst dem Blei verleiht, wie wir sahen, der Baryt dem Glase hohes Brechungsvermögen, und es ist bemerkenswert, daß schon 1872 Benrath darauf hinwies, daß mit Baryt geschmolzenes Glas sich durch besonderen Glanz auszeichnete, und Versätze für solches gab. Die Typen, die er angab, hatten folgende Zusammensetzung:

58 SiO_2	12 Na_2O	27 BaO	3 Al_2O_3
58 „	8 „	32 „	2 „
58 „	11 K_2O	29 „	2 „

Die Anregung fiel wohl damals zunächst auf unfruchtbaren Boden. Seit vielen Jahren aber, nach Dralles Angaben in Belgien schon seit 1882, hat die Industrie verstanden, beim Preßglas und wohl auch beim Halbkristall sich die wertvollen Eigenschaften des Baryts nutzbar zu machen. Besonders in Amerika hat man den Baryt unter die Glasschmelzmaterialien aufgenommen, ebenso auch die Borsäure, die je ebenfalls die Lichtbrechung erhöht.

b) Farbenzerstreuung, achromatische Linsen. Bei der Besprechung der Lichtbrechung setzten wir voraus, daß der Lichtstrahl einheitlich sei. Das weiße Licht besteht jedoch, wie wir wissen, aus vielen farbigen Strahlen, die sich durch ihre Brechbarkeit unterscheiden. Der Lichtstrahl, der durch das Glasprisma dringt, wird durch dieses nicht nur abgelenkt, sondern auch in seine einzelnen Farben ausgelöst und dort, wo der gebrochene Strahl die Wand treffen sollte, entsteht ein Band (Abb. 61), das, von einem zum anderen Ende ineinander verlaufend, die Regenbogenfarben: Rot, Orange, Gelb, Grün, Blau, Indigo, Violett zeigt: das sog „Spektrum“[1]).

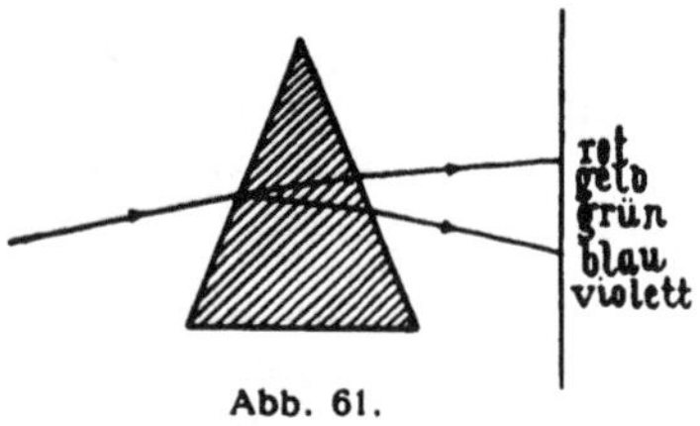

Abb. 61.

Nun legt die Optik nur in den seltensten Fällen Wert auf die Zerstreuung in Farben, die „Dispersion des Lichts“ genannt wird. Was sie bezweckt, ist nur die Ablenkung des weißen Lichtes ohne Zerstreuung. Daß dies erreicht werden kann, zeigen folgende Überlegungen. Die Gläser geben bei gleichem Brechungsvermögen nicht gleichgroße Farbenzerstreuung. So zeigt „Flintglas“ bei gleichem Prismenwinkel ein viel stärker auseinandergezogenes, ungefähr doppelt so langes Spektrum als „Kronglas“, aber bei weitem nicht die doppelte Ablenkung. Ein Flintglasprisma, dessen Prismenwinkel halb so groß ist wie der eines Kronglasprismas, gibt also ein Spektrum von der gleichen Länge wie dieses, bringt aber dabei eine viel geringere Ablenkung hervor. Verbinden wir also mit einem Kronglasprisma *K* (Abb. 62) ein Flintglasprisma *F* vom halben Winkel des Kronglasprismas in der Weise, daß die Kanten der beiden entgegengesetzt liegen, so wird das Flintglas den aus dem Kronglas dringenden Farbenfächer wieder zu weiß vereinigen, die Farbenzerstreuung beseitigen, aber die Ablenkung der Lichtstrahlen

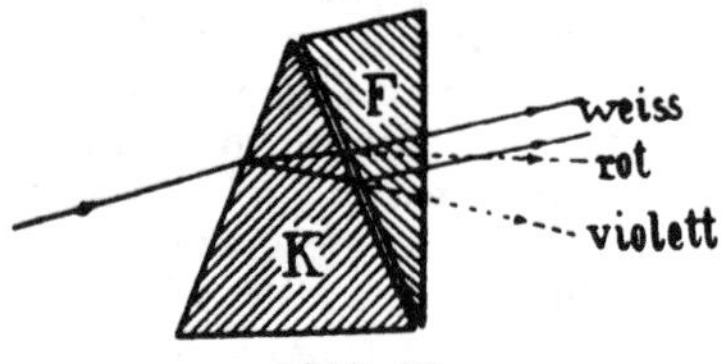

Abb. 62.

[1]) W. Oswald teilt für seine Farbennormierung das Spektrum in die Grundfarben: Rot, Kreß (von Kapuzinerkresse), Gelb, Grün, Eisblau, U-Blau (= Ultramarinblau), Veil.

nicht völlig aufheben. Hierauf beruht die Mission, die die Zusammenarbeit von Kron und Flint in der Optik zu erfüllen hat.

Jede Linse aus einfachem Glas entwirft ein farbenumsäumtes Bild. Um diese Farbenränder aufzuheben, besteht jede Sammellinse aus einer Sammellinse *K* (Abb. 63) aus Kronglas und einer Zerstreuungslinse *F* aus Flintglas. Solche Linsen heißen „achromatische Linsen". Das Kronglas war ursprünglich nichts anderes als ein gutes hartes Tafelglas. Es erhielt seinen Namen von der Zwischenstufe, die die geöffnete Blase bei der Mondglasherstellung annimmt und die einer Krone ähnelt. Das Flintglas war ein mehr oder weniger Bleioxyd enthaltendes Glas, das ursprünglich aus reinem „Flint" (Feuerstein) erzeugt wurde. Mit den vor Schott üblichen Schmelzungen gelang es übrigens nicht, die Farbenzerstreuung vollkommen zu beseitigen. Das Verhältnis der Brechung durch zwei Glasarten ist für die verschiedenen Farben nicht ohne weiteres das gleiche. Es kann die Brechung, die rotes Licht einerseits durch ein Kronglas, anderseits durch ein Flintglas erfährt, sich verhalten wie 10:17. Für Blau kann das Verhältnis 10 : 20 oder 10 : 22 sein. Bringen wir also in diesem Fall die Farbenzerstreuung einer Kronlinse durch eine Flintlinse entsprechender Krümmung im roten Teil des Spektrums zur Auslöschung, so gelingt dies nicht beim Blau. Es entsteht also immer noch kein ganz farbloses Bild, vielmehr erhalten wir ein „sekundäres Spektrum". Um auch dieses zu beseitigen, wa es also nötig, Glassorten zu finden, die im Gang der Dispersion vollkommen übereinstimmen.

Abb. 63.

Da der Optik besonders an der Ablenkung des Lichtstrahls liegt, so war gleichzeitig zu suchen, Krongläser hoher Brechung und geringer Dispersion und Flintgläser relativer geringer Brechung und hoher Dispersion zu finden, überhaupt eine möglichste Vielseitigkeit des Verhältnisses von Brechung und Dispersion zu erreichen.

Die Auffindung solcher Gläser, die für den Fortschritt der Optik und aller von ihr abhängigen Wissenschaften von fundamentaler Bedeutung waren, gelang Schott in jahrelanger gemeinsamer Arbeit mit dem Jenaer Professor Abbe. Aus den Hunderten von Probeschmelzen gingen Glaskompositionen hervor, die alle Ansprüche erfüllen ließen. Die Hilfsmittel, jene Effekte zu erreichen, beschränkten sich auf die sachgemäße Einführung einiger, in der Glashütte vordem wenig gebräuchlicher Oxyde: Borsäure, Phosphorsäure, Arsensäure, Baryt, Zinkoxyd.

Die Borsäure zeigte sich als vortrefflich geeignet, den Gang der Dispersion der Flinte mit dem beim Kronglas in Übereinstimmung zu bringen, da sie den blauen und violetten Teil des Spektrums zusammenzieht.

Die Phosphorsäure und der Baryt erlaubten, Krongläser hoher Brechung mit relativ niederer Dispersion herzustellen.

Zur Kennzeichnung der Gläser wird nach Abbe die Brechung in bestimmten Linien des Sprektrums herangezogen, und zwar der folgenden:

Linie	*A'*	*C*	*D*	*F*	*G'*
Wellenlänge μ	0,7677	0,6563	0,5893	0,4862	0,4341
Farbe	rot (Kalium-linie K_α)	orange (Wasserstoff-linie H_α)	gelb (Natrium-linie)	hellblau (Wasserstoff-linie H_β)	tiefblau (Wasserstoff-linie H_γ)

Als „mittlere Brechung" gilt der Brechungsindex für die gelbe Natriumlinie *D* und wird bezeichnet N_D. Als „mittlere Dispersion" gilt die Differenz der Brechungsindices für die Linien *F* und *C* des Spektrums, bezeichnet durch: $N_F - N_C$. Als „relative Dispersion", die also das Dispersionsvermögen eines Glases zum Ausdruck bringt, gilt die mittlere Dispersion dividiert durch die mittlere Brechung verkleinert um eine Einheit, also der Ausdruck $\frac{N_F - N_C}{N_D - 1}$.

An Stelle der „relativen Dispersion“ wird deren reziproker Wert benützt, der durch Buchstaben ν bezeichnet wird. Es ist also:

$$\nu = \frac{N_D - 1}{N_F - N_C}.$$

Krongläser besitzen geringere, Flintgläser hohe Dispersion. Da ν der reziproke Wert der „relativen Dispersion“ ist, besitzt ν für Krongläser einen höheren, für Flinte einen niedrigeren Wert. In der untenstehenden Tabelle 42 sind einige Schottsche Schmelzungen aufgeführt, die zeigen, wie stark durch die Veränderung der Zusammensetzung N_D und ν geändert werden können. Peddle hat bei Einführung von 5—20 Gew.-% RO an Stelle von Na_2O in einem Glas 20 $Na_2O \cdot 70\ SiO_2$ beobachtet, daß die „mittlere Dispersion“ in folgender Reihenfolge verändert wird: MgO, BaO, SrO, ZnO, CaO, PbO, und zwar vermindert MgO stärker als BaO, dies stärker als SrO beim Eintritt für Na_2O den Wert $N_F—N_C$. ZnO, CaO, PbO vergrößert, und zwar der Reihenfolge nach in wechselndem Maße.

Tabelle 42.

Schott. Fabriknummer	Bezeichnung	Zusammensetzung	Brech.-Index N_D	Mittlere Dispersion $N_F - N_C$	$\nu = \frac{N_D - 1}{N_F - N_C}$
527	Barytleichtflint	51,7 SiO_2 7 ZnO 10 PbO 0,3 As_2O_5 20 BaO 1,5 Na_2O 9,5 K_2O	1,5718	0,001133	50,4
S 7	Boratflint . . .	— 56 B_2O_3 — 32 PbO 12 Al_2O_3	1,6086	0,01375	44,3
154	Leichtsilikatflint	54,3 SiO_2 1,5 B_2O_3 33 PbO 0,2 As_2O_5 3 Na_2O 8 K_2O	1,5710	0,01327	43,0
165	Schweres Silikatflint	28,4 SiO_2 69 PbO 0,1 As_2O_5 2,5 K_2O	1,7541	0,02743	27,5
S 57	Schwerstes Silikatflint . . .	20 SiO_2 80 PbO 0,1 As_2O_5	1,9626	0,04882	19,7
225	Leichtes Phosphatkron . .	70 P_2O_5 3 B_2O_3 0,5 As_2O_5 10 Al_2O_3 4 MgO 12 K_2O	1,5159	0,00737	70,0
S 40	Mittleres Phosphatkron . .	59 P_2O_5 3 B_2O_3 1,5 As_2O_5 8 Al_2O_3 28 BaO	1,5590	0,00835	66,9

c) Absorption und Reflexion. Die Lichtmenge, die eine Lichtquelle durch einen Glasgegenstand sendet, durchdringt nicht ohne Verlust das Glas und wäre es auch das klarste und durchsichtigste, das wir erzeugen können. Ein Teil des Lichtstrahls, der die Außenfläche einer Glasplatte trifft, wird von dieser zurückgeworfen, „reflektiert“. (Die glänzende Metallunterlage der Spiegel besitzt diese Eigenschaft in ausgeprägtem Maße.) In gleicher Weise wird ein weiterer Teil des Lichts beim Verlassen der Platte von der zweiten Fläche reflektiert. Aber auch der Anteil des Lichtes, der den Glaskörper durchdringt, verläßt ihn nicht ungeschwächt, ohne an „Intensität“ verloren zu haben. Das Glas verschluckt, „absorbiert“ einen Teil des hindurchtretenden Lichtes. Es ist ersichtlich, daß die Durchsichtigkeit des Glases durch diese Absorption eine Einbuße erleidet, und zwar ist die Schwächung abhängig von den Eigenschaften des Glases, der Dicke der Glasschicht und dem Einfallswinkel, unter dem der Lichtstrahl das Glas trifft. Am stärksten machen sich in der Praxis, wo große Einfallswinkel kaum vorkommen, die Eigenschaften des Glases geltend. Die Durchsichtigkeit des Glases ist, im Grunde genommen, seine wichtigste Eigenschaft, und es entspricht in den meisten Fällen seiner Zweckbestimmung, auf die möglichste Herabsetzung der Lichtverluste durch Reflexion und Absorption hinzuarbeiten.

In der umstehenden Tabelle, S. 131, ist die Lichtdurchlässigkeit einiger technischer Glassorten nach den Bestimmungen von Vidström und Blomquist[1]) in Prozenten der ursprünglichen Lichtstärke mitgeteilt. Es ist dabei bemerkenswert, daß Spiegelglas bei beträchtlicher Dicke (8 mm) die gleiche Durchlässigkeit zeigt wie halb so starkes gewöhnliches Fensterglas. Auch das Kathedralglas ist recht

[1]) Sprechsaal **41**, 365 (1908). — Eine ähnliche Übersicht findet man z. B. bei Nußbaum, Leitfaden der Hygiene, S. 99. (München und Berlin, Oldenbourg 1902.)

durchlässig. Beim Drahtglas wird durch die Drahteinlagen sehr viel Licht zurückgehalten. Bei geriffeltem Glas möchte man nach den Versuchsresultaten ebenfalls beträchtliche Herabsetzung der Durchlässigkeit annehmen. Die Resultate lassen sich aber schlecht vergleichen, weil bei diesem Glas ein geschlossener Lichtstrahl zerstreute, „diffuse" Beleuchtung herbeiführt. Infolgedessen fällt ein Teil des das Glas durchdringenden Lichts nicht auf die begrenzte Fläche des Meßinstrumentes. Dieser Teil des Lichts kommt aber doch dem zu beleuchtenden Raum zugute. Die Wirkung geriffelter Gläser ist also günstiger, als die mitgeteilten Versuche anzeigen.

Tabelle 43.

Glassorte	Dicke der Gläser mm	Durchlässigkeit in % der ursprünglichen Lichtstärke
Unpoliertes Spiegelglas	7,5—8	87
Weißes Kathedralglas	3—3,7	90
Doppelt dickes A-, B- und C-Glas	3—4,4	87
1½ „ A-, B- und C-Glas	2,5—3,4	89
Einfach dickes A-, B- und C-Glas	1,5—2,2	90
Gewöhnliches Rohglas	5,2	87
Sandiges Rohglas	5	81
Sandiges Rohglas	13,5	75
Diagonal geriffeltes Rohglas	5,6—5,9	(67)
Parallel geriffeltes Rohglas	5,6—6	(63—76)
Ornamentglas von verschiedenen Mustern	30—6	(56—75)
Drahtrohglas (Maschen des Drahtnetzes 3 mm groß)	5,3	56
Drahtrohglas (Maschen des Drahtnetzes 6 qmm)	8	57
Drahtrohglas (Maschen des Drahtnetzes 6—7 qmm)	6,2—7,4	66
Drahtrohglas mit sechseckigen Maschen 17—20 qmm	6,6—7,8	76
Drahtrohglas mit sechseckigen Maschen 17—20 qmm	10,8	66

d) Diffuse Reflexion. Getrübte Gläser. Der Vorgang, der sich an der Oberfläche des Glases abspielt, die Reflexion, wiederholt sich tausendfältig, wenn im Glaskörper selbst sich viele Partikelchen eingebettet finden, die andere optische Eigenschaften haben als das Glas. Diese Körperchen können vollkommen duchsichtig sein, es findet doch an jeder Fläche eines Teilchens Reflexion statt. Das vom Licht getroffene Teilchen und das zwischen den Teilchen liegende Glas läßt Licht in die Tiefe dringen, bis es wieder auf die Grenzfläche eines anders gearteten Teilchens trifft. So wird das Licht aus dem Glas aus den verschiedensten Tiefen nach allen Richtungen in ganz ungeregelter Weise zurückgeworfen, es wird unregelmäßig zerstreut, „diffus" reflektiert.

Diese „diffuse Reflexion" zeigt sich schon bei rauher Oberfläche, die auf irgend eine Weise mattiert ist, wie durch Schleifen, Sandstrahlgebläse, Mattätzung (s. S. 108) u.s.f.

Auch das Lichtstrahlbündel, das sich in mit Teilchen durchsetztem Glase zwischen und durch die Teilchen hindurchwindet, verläßt es aufgelöst, gleichsam in allen Richtungen zersplittert. Solches Glas ist trüb, nicht durchsichtig, nur durchscheinend. Alabaster-, Milch-, Beinglas usw. gehören hierher.

Nach der Art der Trübung haben wir dreierlei Formen zu unterscheiden.

1. Der Glassatz enthält Bestandteile, die im erzeugten Glase unlöslich sind und in feinster Verteilung erhalten bleiben. In dieser Weise wirkt Zinnsäure, SnO_2. Sie löst sich zwar etwas, und bei genügender Hitze und ausreichender Schmelzdauer kann mit großen Mengen Zinnsäure klares Glas erschmolzen werden. Aber bei den üblichen Arbeitsmethoden löst sich nur ein geringer Teil, die Hauptmenge bleibt ungelöst und führt zur Trübung. Ähnliche Wirkung haben Zirkonoxyd[1]) und Titansäure[2]).

2. Die Entstehung der zweiten Art von Trübung ist auf Entglasungserscheinungen[3]) zurückzuführen. Alabasterglas und die mit Fluorpräparaten, mit Kryolith oder mit Flußspat, Kieselfluornatrium unter Zusatz von Feldspat, Kaolin usw. getrübten Gläser gehören hierher. Zur Herstellung von Alabaster-

[1]) D. R. P. 189364.
[2]) D. R. P. 115016, 118708, ferner Glässner, Chem. Ind. **1902**, 186.
[3]) Siehe S. 40 u. 42.

glas dient ein sehr kieselreiches, kalkarmes Glas. Nach Tscheuschner[1]) sind folgende Zusammensetzungen üblich:

	I	II	III
Kieselsäure	80,9	79,5	82,3
Natron	—	—	5,6
Kali	17,6	16,9	5,7
Kalk	0,7	2,8	3,3
Bleioxyd	—	1,0	—
Tonerde	0,8	—	3,2

Solche kieselsäurereichen Gläser trüben sich leicht durch Entglasung. Die Darstellung des Alabasterglases begünstigt die Ausscheidung von Kristallen dadurch, daß kaltes, zerkleinertes Glas, das also eine große Anzahl Kristallkeime enthält, in einem Glasfluß derselben Zusammensetzung bei möglichst niederer Temperatur aufgelöst wird, wo keine Zerstörung der Kristallkeime möglich ist, vielmehr ihrem Wachstum die günstigsten Bedingungen gegeben sind[2]).

Bei den mit Fluorpräparaten getrübten Gläsern besteht die Trübung in fluorhaltigen Kristallausscheidungen, deren chemische Individualität noch nicht erkannt ist[3]). Aus den S. 42 gegebenen Analysen grober Entglasungserscheinungen aus einem Fluoritglase möchte man schließen, daß es sich um Mischkristalle handelt, die in der Zusammensetzung mit dem Glas übereinstimmen.

3. Bei der dritten Trübungsart sind die trübenden Teilchen feine Tröpfchen erstarrten Glases. Bei hoher Temperatur sind die Bestandteile des Glases in vollkommener gegenseitiger Lösung. Bei der Abkühlung kann begrenzte Löslichkeit auftreten. Ist der Glasfluß dann noch dünnflüssig, so findet Trennung in zwei Schichten statt, wie bei Wasser und Öl. Ist aber die Zähigkeit der Schmelze sehr groß, der Unterschied im spezifischen Gewicht gering, dann können die bei der Durchschreitung der Löslichkeitsgrenze ausfallenden feinen Glaströpfchen sich nicht mehr vereinigen, sie bleiben im Glasfluß zerstreut, bilden eine „Emulsion", wie Milch, bei der feinste Fettröpfchen im Wasser schwimmen. In dieser Emulsionsform erstarrt das betreffende Glas. Gürtler[4]) hat diese Verhältnisse bei Mischung von Metalloxyden und Borsäure insbesondere bei Bleioxyd und Borsäure genau studiert.

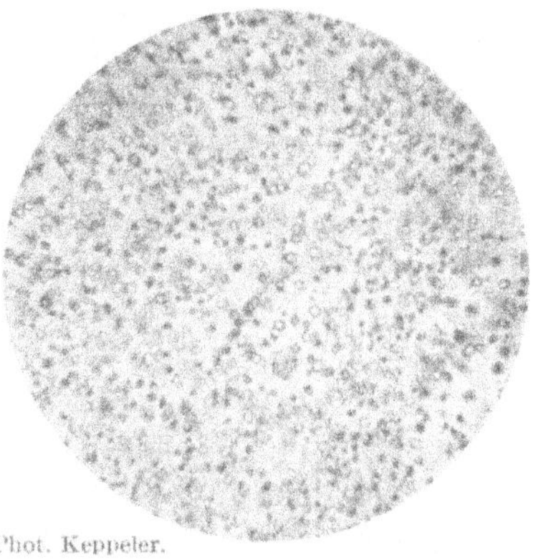

Phot. Keppeler.

Abb. 64. Mikroaufnahme von Milchglas.

Die Trübung von kalziumphosphathaltigen Gläsern, also beim eigentlichen „Beinglas", kommt auf diese Weise zustande. Unter dem Mikroskop erkennt man zahlreiche durchsichtige Kügelchen, die in einer glasigen Grundmasse eingebettet liegen (siehe Abb. 64).

Auf eines muß noch hingewiesen werden: In vielen Fällen, besonders bei Beleuchtungsglas, soll das trübe Glas nur die vielfältige Zerteilung der gerichteten Lichtstrahlen erreichen, „diffuse Beleuchtung" erzielen. Es soll also trotz der Trübung möglichst viel Licht durch das Glas dringen. Es ist ersichtlich, daß dies um so mehr der Fall sein wird, wenn die im Glas liegenden Tröpfchen und Kristalle möglichst wenig absorbieren. Die mit Kalziumphosphat, also mit diesem in reiner Form, mit Knochenasche oder Guano getrübten Gläser scheinen diese Bedingung zu erfüllen. Anderseits gilt es, zur Erzielung von deckenden Glasuren und Emails Mittel zu verwenden, die stark reflektieren, möglichst wenig Licht durch die geringsten Dicken hindurchlassen. In dieser Richtung wirkt vor allem Zinnsäure, die infolgedessen gerade auf diesem Gebiet eine große Rolle spielt. Zwischen Zinnsäure und Kalziumphosphat stehen die Fluorpräparate, die deshalb zum Ersatz für Zinnsäure herangezogen werden können. In der Emailindustrie ist jedoch lediglich mit Fluorpräparaten die wünschenswerte vollkommene „Deckung" nicht zu erreichen.

Mit bloßem Auge erkennbare, farbige Kristallflitter enthaltende und so getrübte Gläser nennt man „Aventurine". Man kennt hauptsächlich den Kupferaventurin (s. S. 141) und Chromoxydaventurin.

e) Auswählende Absorption im sichtbaren Teil des Spektrums. Gefärbte Gläser und „subtraktive Entfärbung". Wir sahen: selbst vom klaren Glase wird ein Teil des

[1]) Glasfabrikation, S. 546.

[2]) S. 19, 29, 39 40; über Alabasterglas s. ferner Sprechsaal **1895**, ebenda 1893, 66 und 780.

[3]) Siehe hierüber: Dingl. Journ. **113**, 221. Schott, Sprechsaal **1885**, 386. Weinreb, Dingl. Journ. **256**, 361. Zsigmondy, Dingl. Journ. **271**, 36 (1889). Jnwald. Diss. Berlin. Shaw, Trans. Am. Cer. Soc. **16**, 577 (1914); Sprechsaal, **52**, 53 (1919).

[4]) Zeitschr. f. anorg. Chemie. **40**, 225 (1904). — s. a. S. 19 i. d. B.

Lichtes verschluckt. Die verschiedenen Farben des Lichtes würden nur bei ganz farblos gedachtem Glase gleichmäßig absorbiert. Stellen wir in den Weg eines Lichtstrahls, der durch ein Prisma in seine einzelnen Teile aufgelöst ist, ein rotes Glas, so sehen wir nur noch ein kurzes rotes Band an der Stelle des Schirms, auf dem sich vorher das Spektrum entwickelte, die übrigen Farben sind ausgelöscht, verschluckt. Wir sehen also, die rote Farbe der verwendeten Glasscheibe entsteht dadurch, daß sie nur die roten Strahlen des Lichtes hindurchläßt, alle übrigen verschluckt. Ein Glas braucht aber nicht nur eine einzelne Farbe durchzulassen. Es können einige absorbiert werden, einige nicht. Seine Farbe ist dann die Mischfarbe aus den farbigen Strahlen, die aus dem es beleuchtenden weißen Licht nach der Absorption übergeblieben sind. Wir erkennen: die exakteste Charakterisierung der Farbe geschieht durch den Grad der Durchlässigkeit für die einzelnen Farben des Spektrums. Die hierauf beruhende Färbung wird hervorgebracht durch:

1. Oxyde resp. Silikate, Borate usw.
2. Elemente, wie Gold.
3. Sulfide.

Die Art der Färbung, also der auswählenden Absorption, hängt in erster Linie von der Natur und Menge der färbenden Substanz ab, sie ist aber nicht feststehend, sondern hängt ab von der Zusammensetzung des Glases, in dem das Oxyd aufgelöst ist. Diese Erscheinung dürfte zweierlei Ursache haben. Erstens besitzt das Grundglas selbst keine vollkommen gleichmäßige Absorption durch das Gesamtgebiet des Spektrum. Dadurch wird auch das Absorptionsspektrum des gefärbten Glases beeinflußt. Zweitens wird es, und zwar noch viel stärker durch die Bindungsverhältnisse, in denen der Farbkörper im Glase aufgenommen wird, beeinflußt. Man darf dabei nicht allein an die verschiedenen Oxydstufen eines Elementes denken. Auch die gleiche Oxydstufe wird in verschiedenen Gläsern verschieden gebunden. Wir finden hier wohl Parallelen zur Farbe wässeriger Lösungen: Eine konzentrierte, in ihrer Dissoziation durch überschüssige Salzsäure zurückgedrängte Lösung von Kupferchlorid ist gelblichgrün, diese Farbe spricht man dem nicht dissoziiertem Kupferchlorid zu. Die verdünnte Lösung zeigt die himmelblaue Farbe des Kupferions, die jedermann von wässerigen Kupfervitriollösungen bekannt ist. Löst man Kupferoxyd in Ammoniak, so entstehen tiefblaue Lösungen des komplexen Ions der Kupferammoniakate. Ähnliche Färbungen finden wir bei den Gläsern. Alkaliärmere Natronkalkgläser färbt Kupferoxyd grün, alkalireiche Kaligläser tiefblau, ganz in dem Farbton, wie Kupferoxydammoniak. Es ist keine Tatsache bekannt, die das Auftreten eines dem Kupferammoniak entsprechenden Komplexes, etwa eines Kupferalkalikomplexes im Glas annehmen ließe. Aber soviel darf aus diesen bekannten Tatsachen entnommen werden, daß die Bindungsverhältnisse, in denen die Farboxyde im Glase aufgenommen werden, einen wesentlichen Einfluß auf die Farbe der Gläser in Abhängigkeit von der Zusammensetzung des Grundglases ausüben. Systematische Absorptionsversuche könnten hier wohl Klärung bringen. Bleigläser z. B. sind im allgemeinen farblos, bei hohem Bleigehalt werden sie gelb, und zwar nach Beck[1]) darum, weil dann freies Bleioxyd in beträchtlichen Mengen auftritt, dem die gelbe Farbe eigen ist. — Über die Färbungen ist im allgemeinen zu sagen:

Violett färben	Manganoxyd. Manganoxyd mit wenig Kobaltoxydul. Nickeloxyd mit sehr wenig Kobaltoxydul.
Blau färben	Kobaltoxydul. Kupferoxyd.

[1]) Zeitschr. f. angew. Chemie. **21**, 1351 (1908). — s. a. S. 89 u. Kap. 2 unter Bleioxyd.

Grün färben	Eisenoxydul. Kupferoxyd. Chromoxyd. Uranoxyd.
Gelb färben	Eisenoxyd. Ceroxyd. Uranoxyd. Schwefel. Silber. Kohle.
Rot färben	Kupferoxydul. Gold. Selen.

Bezüglich der Art, wie diese Färbemittel im Glase zur Wirkung gebracht werden, haben wir drei Klassen zu unterscheiden[1]).

a) Direkte Färbung. Die färbenden Oxyde werden mit dem Glassatz resp. mit zerkleinertem Glas eingeschmolzen.

Aus der Art, wie die Farbenerscheinung eines Glases zustande kommt, ergibt sich, daß die Eigenart seiner Farbe am besten durch die Durchlässigkeit bzw. durch die Absorption der einzelnen Farben des Spektrums gekennzeichnet wird. Es gibt hierüber mehrere Untersuchungen[2]). Wir entnehmen einige wichtige Punkte der Arbeit von Zsigmondy[3]). Eine Übersicht über die Resultate dieser Untersuchung gibt die graphische Darstellung in Abb. 65. Das Spektrum ist als Abszisse angeordnet gedacht, als Ordinate ist die Stärke der Absorption aufgetragen, die der Lichtstrahl in den einzelnen Farben des Spektrums erleidet. Hohes Ansteigen der Kurve bedeutet also, daß in dem betreffenden Gebiet des Spektrums sehr viel Licht vom untersuchten Glas verschluckt wird, Annäherung an die Abszisse bedeutet hohe Durchsichtigkeit, geringe Absorption. Diese Gebiete, in denen die Kurve sich der Abszisse nähert, sind die, die für die Farbe des Glases maßgebend sind. Wir wollen an Hand der Zsigmondyschen Arbeit die einzelnen Oxyde durchsprechen.

Kobalt. Die Kobaltgläser enthielten 0,1 Kobaltoxyd auf 100 Teile ungefärbtes Glas, während die übrigen Oxyde in Mengen von 1 Teil oder 2 Teile auf 100 g Glas in Anwendung kamen. Trotzdem erhebt sich die Kurve[4]) weit über alle übrigen. Kobaltglas absorbiert sehr stark, im gewöhnlichen Sprachgebrauch ausgedrückt: „färbt sehr stark". Hohe Durchlässigkeit besteht nur im Blau, Violett und äußersten Rot. Das Glas, das gefärbt die gezeichnete Kurve Co_5 ergab, war ein Natron-Bleioxydglas der Formel: Na_2O, PbO, 5 SiO_2, also mit 51% SiO_2, 10,6% Na_2O, 38% PbO.

Bei der großen Durchlässigkeit im Rot und Violett ist dieses Glas von auffallend violetter Nuance. Ein Kali-Kalkglas (K_2O, CaO, 5 SiO_2) zeigte bei ungefähr gleich starker Absorption in Orange und Gelb geringere Durchlässigkeit im Rot und Violett, der violette Stich ist schwächer. Die Absorption in Rot und Violett ist noch stärker bei einem Natron-Kalkglas (Na_2O, CaO, 5 SiO_2), wie auch bei einem Natron-Zinkoxydglas (Na_2O, ZnO, 5 SiO_2). Es kommt also hier die Erfahrung zum Ausdruck, daß Natron-Kalkgläser mit Kobald ein reines Blau geben, wie Kali-Kalkgläser. Die Rotdurchlässigkeit der Kobaltgläser läßt sie leicht als solche erkennen. Erscheint ein roter Gegenstand, durch ein blaues Glas betrachtet, rot, so ist es sicher Kobaltglas.

---

[1]) Über die Herstellung von Farbgläsern für Glasmosaik hat umfangreiche Studien Schwarz (Verh. d. Ver. z. Bef. des Gewerbefl. **1887**, 90, 135 u. 180) veröffentlicht, die auch sonst für die Komposition von farbigen Gläsern von Wert sein werden.

[2]) Bunsen u. Roscoe, Pogg. **101**, 238 (1857). Vogel, Spektralanalyse. Berlin 1889. Edler u. Valenta, Sitzber. d. Wiener Ak. d. Wissensch. 1884. Henker, Abbeggs Handbuch d. anorg. Chem. III. 2, S. 385. Mitget. von Schaller.

[3]) Ann. d. Phys. **4**, 60 (1901).

[4]) Die Absorptionen sind auf gleiche Dicken des Glases und gleiche Lichtstärke bezogen.

Auf den Absorptionsverhältnissen des kobaltblauen Glases beruht ihre Anwendung in der qualitativen chemischen Analyse, als Lichtfilter für die Beurteilung der Flammenfärbung. Das gelbe Licht des Natriums (D-Linie) wird zurückgehalten, das Kaliumlicht ($K\alpha$ im Rot bei A-Linie und $K\gamma$ im Violett bei h-Linie) geht durch das Glas und wird so erkannt.

Chromoxyd. Die untersuchten Gläser wurden mit 1% Chromoxyd gefärbt. Die Färbung ist schwächer als beim Kobaltoxyd, obgleich der Zusatz an färbendem Oxyd den zehnfachen Betrag hat. Das Glas, für das die Kurve Cr_{12} gilt, war ein Natron-Borosilikatglas, es zeigt die größte Durchlässigkeit im Grün, schwächer im Gelb und Blau. Das Glas dürfte ziemlich rein grün sein. Bei Silikatgläsern, wie sie beim Kobalt genannt sind, verschiebt sich das Maximum der Durchlässigkeit mehr ins Gelb (in Abb. 65 Kurve Cr_1), das Grün wird ein wenig gelbstichig. Die meisten chromoxydgefärbten Gläser sind gelbstichig. Gemeinsam ist allen Chromoxydgläsern starke Absorption im kurzwelligen Teil des Spektrums, im Blau und Violett, die sich ins ultraviolette Gebiet fortsetzt. Daher ihre Anwendung für Schutzbrillen (Euphos Glas und Hallauer Glas). Die Löslichkeit des Chromoxydes in den Gläsern ist gering.

Kupferoxyd färbt noch schwächer. Es kamen hier 2% CuO zur Anwendung. Die Kupfergläser zeigen ein ausgesprochenes Minimum der Absorption zwischen Grün und Blau (bei 470 $\mu\mu$), die Farbe ist daher blaugrün. Jedoch ist der Einfluß des Grundglases sehr stark (s. o. S. 138). Borosilikatgläser sind ausgesprochen gelbgrün. Kalikalksilikatglas mit hohem Kaligehalt besitzt kaum grünen Stich des Blaus. Die Absorption im Rot ist vollkommen (Unterschied von Kobalt!). Ein roter Gegenstand durch kupferblau betrachtet, erscheint schwarz (Erkennungsmittel für Kupfergläser). Hierauf beruht die Anwendung von kupferblauen Gläsern in der Beleuchtungstechnik („Tageslichtlampen"). Die roten und gelben Strahlen werden auf diese Weise gedämpft und dadurch ein Licht hervorgebracht, das dem Tageslicht nähersteht, als die künstliche Lichtquelle. Es läßt vor allem Stoffärbungen besser in ihrem wahren Werte erkennen. Da das Kupferblau ziemlich gelbdurchlässig ist, wird es für den genannten Zweck durch geringen Kobaltzusatz, der ja Gelb sehr stark schwächt (s. o. S. 134) korrigiert. Diese Gläser lassen im wesentlichen die Teile des Spektrums durch, die auf die photographische Platte wirken; die nicht und wenig wirksamen werden absorbiert. Sie werden deshalb als Brillen für Photographen, besonders Kinofilmphotographen empfohlen, die damit die Wirkung einer Aufnahme auf der Photographie im vorausbeurteilen können.

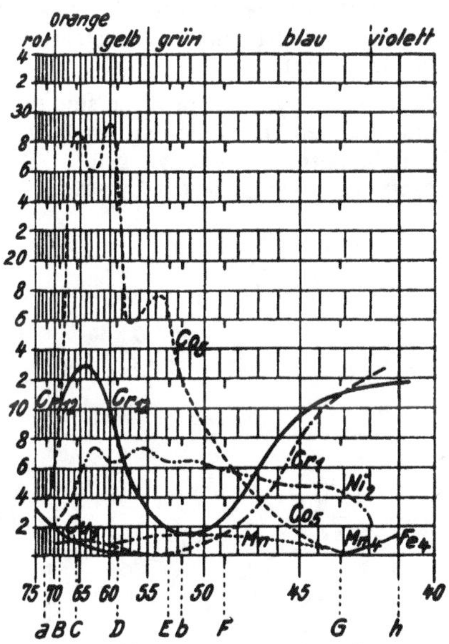

Absorption des Lichtes in gefärbten Gläsern.

Abb. 65.

Nickeloxyd färbt ziemlich stark; die in der Kurve Ni_2 zum Ausdruck gebrachte Absorption ist mit 0,25% Nickeloxyd hervorgerufen. Die Farbe ist sehr wechselnd in Abhängigkeit von der Zusammensetzung des zu färbenden Glases. Das Glas Ni_2, dessen Absorptionskurve in Abb. 65 dargestellt ist, ist ein einfaches Kalisilikat ($K_2O \cdot 3\,SiO_2$). Es zeigt hohe Durchlässigkeit im Rot und Violett, Kalisilikatgläser sind rotviolett gefärbt. Eine geringe Schwächung der Absorption, die sich im Gelb geltend macht, kommt kaum zum Ausdruck. Bei den Natrongläsern bleibt die hohe Durchlässigkeit im Rot erhalten, auch die geringste Aufhellung im Gelb bleibt bestehen, während violett am stärksten ausgelöscht wird. Natrongläser werden durch Nickeloxyd rotbraun gefärbt.

Ganz abweichend im Verlaufe der Absorption sind mit Nickel gefärbtes Boraxglas (gelb), Borosilikatglas (braun), Bleisilikat (s. S. 145), das ungeheuer stark absorbiert und eigentlich nur im äußersten Rot gut durchlässig ist.

Der Farbton der Nickelgläser ändert sich mit der Schichtdicke (Erkennungszeichen!). Die fast vollkommene Durchlässigkeit im Rot und die erhebliche Absorption im Grün, die beide allen Nickelgläsern eigen sind, sind wesentlich für die Anwendung von Nickeloxyd als Entfärbungsmittel von schwach eisenhaltigen Gläsern.

Manganoxyd. Mit diesem Oxyd ist es sehr schwer, eine bestimmte Färbung zu erzielen, weil die höheren Oxyde Mangansuperoxyd (Braunstein) MnO_2 und das Manganoxyd selbst Mn_2O_3 beim Einschmelzen der Reduktion unterliegen und vermutlich Manganoxydul (MnO) geben. Diese Reduktion wird durch die Flammengase herbeigeführt. Sie geht aber bis zu gewissem Grade auch bei oxydierender Flamme von selbst unter Sauerstoffentwicklung von statten. Bei der Bildung von Salzen des Mangans mit stärkeren Säuren (Salzsäure, Schwefelsäure usw.) ist das eine geläufige Erscheinung. Versuchen wir mit diesen das Salz einer höheren Oxydationsstufe darzustellen, so erhalten wir stets unter Sauerstoffentwicklung das Salz des Manganoxyduls. Ähnlich ist das Verhalten des Braunsteins und Manganoxyds beim Einschmelzen der Gläser. Es findet stets eine gewisse Sauerstoffabspaltung statt, und Zsigmondy konnte zeigen, daß der Sauerstoffverlust bei sonst gleichartigen Gläsern um so größer ist, je mehr die sauren Oxyde gegenüber den basischen in der Zusammensetzung des Glases überwiegen. Bei Gläsern sehr saurer Zusammensetzung gehen die höheren Oxyde vollständig in Manganoxydul über unter Abgabe des gesamten disponiblen Sauerstoffes. Aus diesen Gründen ist es überaus schwer, eine bestimmte Oxydationsstufe des Mangans und bestimmte Mengenverhältnisse der verschiedenen Stufen im Glas zu erzielen.

Welches der höheren Oxyde die Färbung hervorbringt, ist nicht ermittelt. Wichtig ist, daß das Manganoxydul kaum gefärbt ist. Für die Technik des Färbens und Entfärbens entsteht daraus die Schwierigkeit, im Glase bestimmte Farbtöne zu erzeugen und die Unsicherheit, die dem Färben und Entfärben mit Braunstein anhaftet, ist eben in diesen Verhältnissen begründet. Die Kurve Mn_4 für die Lichtabsorption in Abb. 65 gilt für ein Kalikalkglas $K_2O \cdot CaO \cdot 5\,SiO_2$ und zeigt eine gegen die anderen Gläser geringe Absorption bei einem Mangangehalt entsprechend 2% Mn_2O_3. Ausgenommen große Durchlässigkeit im Rot und Violett verteilt sich die Absorption ziemlich gleichmäßig über die verschiedenen Farben des Spektrums, sie ist am stärksten im Grün, was für die Auslöschung der Eisenfärbung wesentlich ist. Bei Natrongläsern ist der Verlauf der Absorption etwas anders, was auch in der Glaspraxis bekannt ist. Natrongläser werden mehr rotviolett gefärbt als Kaligläser. Die Kurven für Natrongläser zeigen stärkere Durchlässigkeit in Rot und Gelb. Daher wird für vollkommene Entfärbung von Natrongläsern dem Braunstein etwas Kobalt zugesetzt, das ja seine stärkste Absorption in Orange bis Gelb zeigt.

Eisenoxyd. Beim Eisen sind die Farben noch mannigfaltiger als beim Mangan, weil bei ihm den verschiedenen Oxydationsstufen FeO, Fe_3O_4 und Fe_2O_3 eigene Färbungen zukommen. Eisenoxydul färbt blaugrün, Eisenoxyd gelb[1]). Bei den Verhältnissen des Schmelzofens werden meist beide vorliegen, so daß je nach den Umständen ein mit Eisen gefärbtes Glas grünblau, grün, gelbgrün oder gelb erscheinen kann. Die von Zsigmondy veröffentlichten Absorptionskurven zeigen hohe Durchlässigkeit im mittleren Teil des Spektrums, wobei sich das Maximum der Durchlässigkeit zwischen Gelb und Blaugrün verschieben kann. Roh betrachtet kann man sagen, daß die Absorptionskurve des Eisenglases gewissermaßen das Spiegelbild der Kurve des Manganglases ist (siehe Kurven in Abb. 65). Die Farbe, für die das eine Glas hohe Durchlässigkeit besitzt, wird vom anderen stark verschluckt und umgekehrt. Denkt man sich also ein mit Eisenoxyd und ein mit Manganoxyd gefärbtes Glas getrennt hintereinander liegen, so werden gerade die Farben, die das eine Glas dem Licht ließ, vom anderen absorbiert. Das Licht wird farblos. Genau derselbe Vorgang spielt sich ab, wenn Teilchen der konträr gefärbten Gläser in ein und demselben Glas nebeneinander liegen. Es zeigt sich, daß wir in dieser Betrachtung eine Erklärung der Entfärbung eisenhaltigen Glases mit Braunstein haben. Zsigmondy illustrierte diesen Vorgang durch zwei Absorptionskurven. Die Kurve 1072, Abb. 66, gibt ein Bild der Lichtabsorption eines mit 2% Fe_2O_3 gefärbten Natronkalksilikatglases. In den Schmelzfluß dieses Glases wurde nun 1% Braunstein eingerührt. Das so erhaltene Glas zeigte die Absorptionskurve 1075. Diese Kurve verläuft ohne ausgesprochene Absorption und auch ohne ausgesprochene Durchlässigkeit. Sie besitzt eine geringeAufhellung im Grünblau, wie denn auch die aus weniger reinen Rohmaterialien erzeugten Gläser auch nach der Entfärbung leicht einen Stich ins Blaugrüne bewahren.

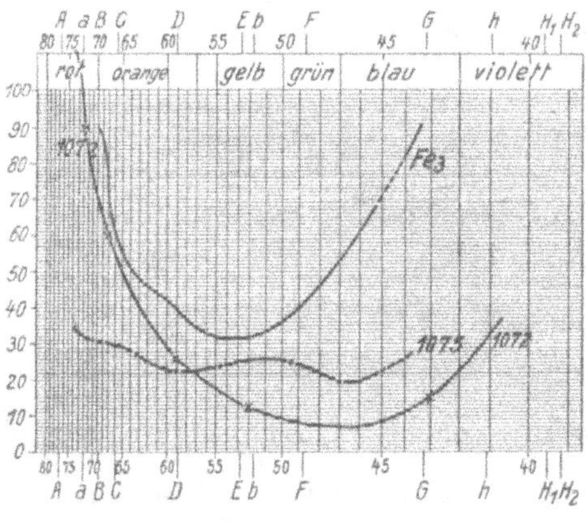

Abb. 66.

Es ist jedoch bemerkenswert, daß diese Art der Entfärbung Licht vernichtet, indem das von einem Glasbestandteil durchgelassene farbige Licht von dem andern absorbiert wird. Im Grunde genommen erhalten wir also abgeschwächtes, in seiner Intensität vermindertes Weiß, kurz gesagt, „graues" Licht, denn von der ursprünglichen Lichtmenge ist ein Teil verschwunden. Diese Entfärbungsart, die man die „subtraktive" nennen könnte, ist darum optisch unvollkommen. Die mit ihr entfärbten Gläser besitzen wenig Glanz.

Die Vergleichstafel zeigt übrigens, wie schwach doch im ganzen 2% Eisenoxyd färben. (Kurve Fe_4 in Abb. 65.) Da es genau genommen eisenfreie Rohmaterialien nicht gibt, ist diese geringe Färbekraft der Eisenoxyde von hoher Bedeutung für die Herstellung farbloser Gläser. Auf der anderen Seite hat man

[1]) Über die Färbungen der eisenhaltigen Gläser hat Christian Dralle, der Bruder unseres Robert, ausgedehnte Versuche angestellt, auf die hier besonders verwiesen sei. Chem.-Ztg. 24, Nr. 103 (1900).

aus der Not eine Tugend gemacht und aus der großen Verbreitung eisenhaltiger Rohmaterialien und ihrem relativ hohen Eisengehalt den Nutzen gezogen, mit ihrer Hilfe ein schönes Grün für die gewöhnlichen Flaschen zu erzeugen und hat von da aus weiter durch Kombination des Eisens mit Mangan andere Farben erzielt. Eine Übersicht über die Färbungen, die sich auf diese Weise erzielen lassen, gab Müller[1]). dessen Resultate in folgender Tabelle zusammengestellt sind:

Tabelle 44.

Gehalt in %		Farbe	
Eisenoxydul	Manganoxydul	Im Hafen erschmolzen	Im Wannenofen erschmolzen
0,75	3,50	hellichtgelb	grüngelb
1	2	gelbgrün	feuriggrün (Moselweinflasche)
2	2	grüngelb (Bordeauxflaschen)	fast ganz grün
2	4	feurig goldgelb (Madeiraflaschen)	gelbgrün
2,25	6,5	hellbraun (Niersteiner Flaschen)	heller ohne Feuer
1	7—8	dunkelorangebraun (dunkle Rheinweinfl.)	schmutzig heller ohne Feuer

Es ist klar, daß die beschriebene Einwirkung der Feuergase auf Eisenoxyd und Manganoxyd hier eine Rolle spielt. Darauf ist die Beobachtung Müllers zurückzuführen, daß in der Wanne weniger leuchtende Farbe erzielt wurde. Dies ist jedoch nicht allgemein zutreffend. Nach Erfahrungen von Robert Dralle läßt sich bei richtiger Anwendung der färbenden Oxyde und entsprechender Flammenführung das Rheinweinrot in der Wanne leichter, regelmäßiger und feuriger erschmelzen als im Hafenofen.

Seltene Erden. Die Absorptionsspektren der seltenen Erden sind dadurch ausgezeichnet, daß sie nicht scharfe Linien, sondern mehr oder weniger breite, verwaschene Banden zeigen. Weidert[2]) hat eine Anzahl Didymschmelzungen der Sendlinger Optischen Werke auf ihr Absorptionsspektrum im Vergleich mit den reinen Nitraten von Neodym, Praseodym und Samarium, den Hauptkomponenten des verwandten technischen Didyms. Ferner mit einem reinen Neodymglas. Die Banden bei den Gläsern sind breiter, unschärfer und in ihrer Lage verschoben. Der Einfluß des Grundglases ist sehr stark. Die Borsäure vermindert die Schärfe sehr stark, ebenso anscheinend der Kalk. Überall wird das Spektrum von den Neodymbanden beherrscht, während die Banden von Praseodym und Samarium sehr geschwächt sind. Es wurden auch 2 Didymgläser anderer Herkunft (ein Bleiglas von Mantois M 3130 und ein Natriumborosilikat von Schott F 3728) untersucht. Beide Gläser zeigen das Didymabsorptionsspektrum geschwächt und bestätigen so die mit den Sendlinger Gläsern erhaltenen Ergebnisse.

Der Einfluß der Zusammensetzung des Grundglases auf die Absorption des Lichts ist eingehender von Fedotieff[3]) untersucht worden. Er schließt aus seinen Untersuchungen, daß in einem Silikatglas mit gleichen RO beim Austausch der Alkalien mit zunehmendem Atomgewicht des Alkalimetalls, also von Li zum Na und von diesem zu K übergehend, die Farbe in der Richtung vom roten zum violetten Ende des Spektrums wandere, wie dies durch die Glasfarben zum Ausdruck kommt:

Tabelle 45.

Färbendes Oxyd	FeO (Fe_2O_3) (2%)	CoO (0,1%)	NiO (0,3%)	Mn_2O_3 (0.5%)	CuO (1%)
Glas	Färbung				
$Li_2O \cdot PbO \cdot 5\,SiO_2$	grünlichgelb	grünlichblau	gelb	gelb	bläulichgrün
$Na_2O \cdot PbO \cdot 5\,SiO_2$	gelbgrün	hellblau	rotviolett	rotviolett	grünlich-himmelblau
$K_2O \cdot PbO \cdot 5\,SiO_2$	reingrün	dunkelblau	blauviolett	violett	grünlichblau

Die in Abb. 67 wiedergegebenen Photographien der Absorptionsspektren für die 3 Kobaltgläser, die mit je 3 verschiedenen Belichtungen (Änderung des Abstandes der Lichtquelle und der Belichtungsdauer) aufgenommen sind, zeigen deutlich, daß sich das Maximum der Durchlässigkeit und das sich mit steigender Belichtung verbreiternde Gebiet merklicher Durchlässigkeit vom langwelligen zum kurzwelligen Gebiet des Spektrums verschiebt.

[1]) Sprechsaal **1880**, 212.
[2]) Z. f. wissenschaftl. Photographie **21**, 254 (1922).
[3]) Z. f. anorg. Chem. **134**, 87 (1924).

Der Einfluß, den der Austausch der Erdalkalien bei gleichbleibendem Alkali bringt, ist nicht so klar. Fedotieff glaubt aber, daß hier die gleichen Zusammenhänge zwischen Atomgewicht und Absorptionsspektrum der gefärbten Gläser herrschen. Als Beispiel gibt er folgende Feststellung:

	CoO	NiO	CuO
$Na_2O \cdot CaO \cdot 5\,SiO_2$ . . .	himmelblau	rotviolett	blau
$Na_2O \cdot SrO \cdot 5\,SiO_2$ . . .	blau	intensivviolett	blau

Auch für die färbenden Oxyde versucht er bei gleichbleibendem Grundglas beim Übergang von einem zum anderen Oxyd innerhalb derselben Metallgruppe (z. B. Fe, Co, Ni) die Verschiebung der Farbe nach Violett zu mit wachsendem Atomgewicht (vgl. Natronglas und Kaliglas in obiger Tabelle, für Li stimmt die Annahme nicht). Fedotieff weist selbst darauf hin, daß seine Versuche nicht in allen Teilen (vor allem bezügl. der Schmelze) die Vollkommenheit besitzen, um die aufgestellten Regeln sicher zu begründen.

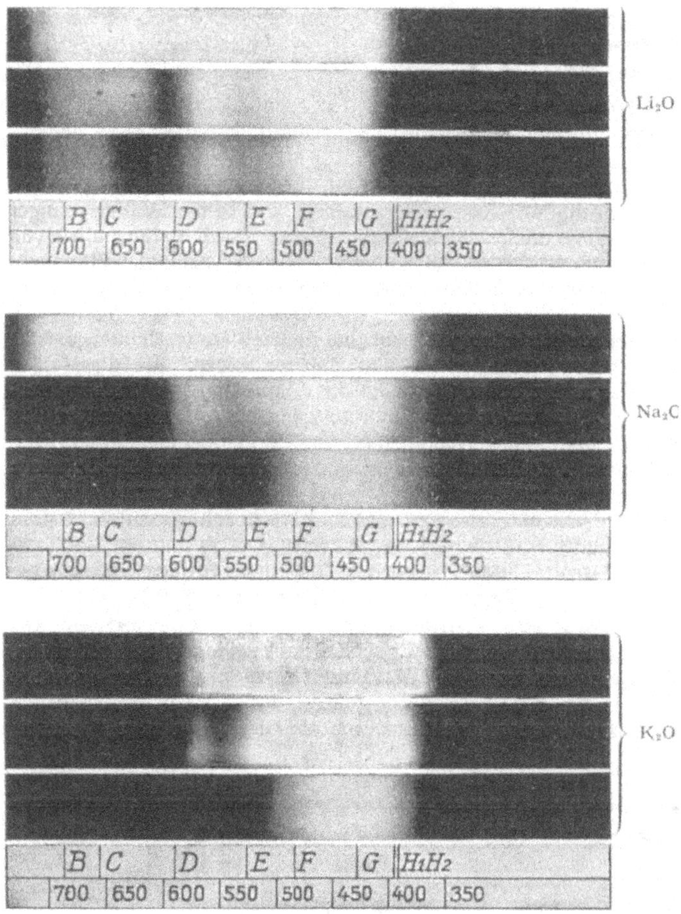

Abb. 67. Absorptionsspektren von Fedotieffs Kobaltgläsern.

β) Anlauffarben. Eine zweite Art des Färbens kommt bei den Anlauffarben zur Anwendung, hierher gehören der Goldrubin, Kupferrubin, Selenrubin, Schwefelgelb, Silbergelb. Diese Art von Färbungen ist am Goldrubin am besten studiert, besonders erfolgreich von Zsigmondy. Um das Resultat dieser Forschungen verstehen zu können, müssen wir zurückgreifen auf die Vorstellung, die wir uns vom Wesen der Lösungen machten (S. 6). Wir sagten, eine Lösung ist homogen, Gelöstes und Lösungsmittel durchdringen sich bis zu den Molekülen. Im Gegensatz zur Lösung stehen mechanische Gemenge, zu denen wir die Suspensionen von festen Körpern in Flüssigkeiten zu rechnen haben, beispielweise eine Aufschlämmung feinen Sandes in Wasser. Diese Sandteilchen folgen der Schwerkraft, setzen sich im Lauf der Zeit ab; filtrieren wir die Suspension, so bleiben die festen Teilchen auf dem Filter zurück. Zwischen den eigentlichen Lösungen, die auf diese Weise nicht in ihre Bestandteile zerlegt werden können, und den Suspensionen stehen die kolloiden Lösungen[1]), die bei oberflächlicher Betrachtung den wahren Lösungen durchaus ähneln. Ihre festen Partikelchen setzen sich in langen Zeiträumen nicht ab und gehen beim Filtrieren mit

[1]) Zur genaueren Beschäftigung mit dem Gegenstand sei empfohlen: Wa. Ostwald, Die Welt vernachlässigter Dimensionen (populär). — Zsigmondy, Kolloidchemie, 4. Aufl., Leipzig (1924).

durchs Papierfilter. Die Lösungen scheinen in der Durchsicht klar. Und doch gelang es, zu zeigen, daß sie in äußerst feiner Verteilung feste Teilchen enthalten, die sich der Erkennung durch gewöhnliche Mikroskope selbst bei den stärksten Vergrößerungen meist entzogen. Aber in dem von Zsigmondy und Siedentopf[1]) konstruierten Ultramikroskop betrachtet, leuchten diese unendlich feinen Teilchen hell auf und verraten ihre Anwesenheit, so wie ein heller Sonnenstrahl unserem Auge die feinen, in der Luft schwebenden Staubteilchen anzeigt, die uns vorher vollkommen entgingen. Also: die kolloiden Lösungen sind Suspensionen, bei denen die suspendierten Teilchen sich in so feiner Verteilung vorfinden, daß sie sich der Beobachtung selbst durchs stärkste Mikroskop entziehen.

Das Gold zeigt nun solche kolloiden, schön rubinrot gefärbte Lösungen in Wasser. In ihnen läßt das Ultramikroskop leuchtende Punkte erkennen, deren Größe je nach der Herstellung 6 bis 250 Millionstel Millimeter beträgt. Setzt man zu diesen Lösungen Salze wie Kochsalz, Chlorkalzium usw., so vereinigen sich die Teilchen zu größeren Komplexen. Die Farbe schlägt von rot nach blau. Ist man in der Lage, diese blaue Form festzuhalten, so lassen sich nun die Teile unter dem gewöhnlichen Mikroskop stärkster Vergrößerung erkennen, 100 bis 1000 der kleinen, rotfärbenden Teilchen haben sich zu einem Klumpen zusammengelagert[2]). Doch diese, durch den Salzzusatz eingeleitete Fällung geht weiter, die Teilchen wachsen mehr, die Lösung wird schmutzigbraun und trübt sich und schließlich fallen die Goldteilchen zu Boden.

Diesen wässerigen Lösungen genau entsprechend stellt der Goldrubin eine kolloide Lösung des Goldes im Glas dar. Auch in ihm bringt das Ultramikroskop Goldteilchen allerkleinster Dimension („Submikronen“) aufleuchtend in Erscheinung. Er wird hergestellt, indem man irgendein Goldpräparat im geläuterten Glase auflöst. Kunkel (1630 bis 1703), der Erfinder des Goldrubins, verwandte „Cassiusschen Purpur“, der das Gold schon im kolloiden Zustand enthielt. Es ist aber jedes Goldpräparat verwendbar[3]). 0,1 g Gold und noch weniger genügen für 1 kg Glas. Beim Kristall gelingt die Herstellung am leichtesten.

Doch läßt sich jedes Glas bei entsprechender Behandlung mit Gold rot färben. So hat der Chemiker der Société de St. Gobain, Surelle im Auftrage der englischen Marine goldrubinrotes Spiegelglas für Signalzwecke hergestellt.

Das goldhaltige Glas ist aber nach der Schmelze und Formgebung immer noch farblos, höchstens gelb gefärbt. Erst beim wiederholten Anwärmen auf Dunkelrotglut entwickelt sich die Farbe, das Glas »läuft rot an«. Das Anlaufenlassen bedarf der Vorsicht, denn bei zu starkem und zu lang währendem Anwärmen tritt der der Fällung der wässerigen kolloiden Lösung entsprechende Vorgang ein. Im erhitzten weichen Glase können sich die Teilchen bewegen, sie lagern sich zu größeren Komplexen zusammen. Das Rubinglas wird in der Durchsicht blau und im auffallenden Licht mißfarbig bis braun getrübt, „leberig“.

Im Anlaufenlassen liegt die Hauptschwierigkeit der Rubinherstellung, da jedes Glas seine besondere Anlauftemperatur und Anlaufzeit besitzt. Die Vergröberung der Teilchen ist stark abhängig von der Zusammensetzung des Glases und hat viele Beziehung zur Entglasung beim Wiedererwärmen (s. S. 39). Gläser, in denen sich das Anlaufen rasch vollzieht, werden auch leicht leberig. Bleigläser laufen zwar bei niedriger Temperatur, aber langsamer und gleichmäßiger an, als Natronkalkgläser. Schon beim Abkühlen entstehen bei diesen Goldkeime, an denen beim Wiedererwärmen Gold ankristallisiert und so die Vergröberung bis zur ultramikroskopischen, und im Falle des Lebrigwerdens bis zur mikroskopischen Sichtbarkeit hervorbringt. In einem geformten starkwandigen Glasgegenstand haben die einzelnen Stellen einen verschiedenen Abkühlungsvorgang durchgemacht, wir haben deshalb im roh gekühlten Stück Schichten rascher Abkühlung mit sehr kleinen Goldkeimen, und solche langsamerer Abkühlung

[1]) Ann. d. Phys. **10**, 1 (1903).
[2]) Kirchner und Zsigmondy, Drud. Annal. **15**, 573 (1904).
[3]) Annal. d. Phys. **10**, 1 (1903).

mit vielen verhältnismäßig stark angewachsenen Goldteilchen zu unterscheiden. Bei geringer Überhitzung beim Anlaufenlassen eilen diese Stellen rasch den anderen in der Färbung voran und werden leberig, während andere Teile erst in Blau umschlagen. Man erhält so ein von getrübten Streifen durchzogenes blaues Glas, in dem die trüben Schnüre und Bänder, wie „Stromlinien", die Bewegung erkennen lassen, die die Schichten des zähen Glasflusses bei der Verarbeitung gegeneinander vollzogen haben. Unregelmäßigkeiten in der Zusammensetzung wirken im gleichen Sinne.

Es ist eine Aufgabe der Glaschemie, Schutzzusätze zu finden, die, wie die Schutzkolloide bei wässerigen Kolloidlösungen, ein langsames und gleichmäßiges Wachsen der Metallteilchen herbeiführen und so auch an sich empfindliche Rubine und Farbgläser gegen zu leichtes Lebrigwerden schützen. Vielleicht wirkt die im Cassiusschen Purpur enthaltene Zinnsäure und die von Hohlbaum empfohlene Phosphorsäure in diesem Sinne.

Durch die Untersuchungen von Siedentopf und Zsigmondy[1]) sind die Größen der Goldteilchen, die Rubinglas färben, für eine Reihe von Rubingläsern ermittelt (s. nachstehende Tabelle). Es geht daraus hervor, daß die Goldteilchen in sehr verschiedener Größe im Glase enthalten sein können.

Die größten Goldteilchen, die im Glas *A* sind, sind mehr als 100mal größer als die im Glase *H*. Die feinere Verteilung wirkt intensiv färbend, wie dies schon angedeutet wurde. Ein erkennbarer ausschließlich gültiger Zusammenhang zwischen Teilchengröße und Farbennuance ist aber nicht vorhanden. Es scheint, daß auch neben der Teilchengröße die Form der Teilchen eine Rolle spielt. Es liegen auch hierfür Annahmen vor, die sich auf theoretische Erwägungen gründen[2]).

Die vielfach verbreitete Ansicht, die Teilchen der kolloiden Lösungen seien amorph isotrop, ist nicht mehr haltbar, seit Scherrer[3]) mit Hilfe röntgenographischer Aufnahmen von kolloiden Gold- und Silberlösungen den kristallischen, anisotropen Charakter der Teilchen bewiesen hat. Die Raumgitter dieser ultramikroskopischen Gold- oder Silberkriställchen unterscheiden sich nicht von denen, die grobe Stücke Gold oder Silber liefern.

Tabelle 46. **Teilchengröße bei Goldrubin**

nach Siedentopf und Zsigmondy, Annal. d. Phys. 10, 33—34.

Glas	Farbe im durchfallenden Licht ca. 4 mm dicke Schicht	Farbe des Lichtkegels	Gesamt-Goldgehalt cmm Gold in cdm Glas	Kolorimetrisch gefundener Goldgehalt	Teilchengröße in $\frac{mm}{1000000}$ a) aus dem Gesamt-Goldgehalt	b) aus dem kolorimetr. bestimmten Goldgehalt
A	Farblos	golbgelb	12,6	—	487—791	—
D	Schmutzigrötlich, »lebrig« getrübt . .	goldgelb sehr intensiv	10,1	—	131—173	—
Ca	Fast farblos	grün intensiv	13,3	—	115—145	—
Cb	Rosa	grün	13,3	—	63—106	—
Cc	Rosa	grün	13,3	1,34	20,6—32,8	9,6—15,3
Da	Hellblau	rosa kupferrot	6,8	—	68,8—103	—
Db	Hellblau bis violett .	messinggelb	6,8	—	68—74	—
E	Blauviolett mit rosa Schlieren . . .	braun mit grünen Schlieren	9,05	4,5	13,2—17,4	10,5—13,9
F	Hellrot	grün wenig intensiv	8,0	4,4	9,3—12,5	7,6—10,2
G	Hochrot intensiv . . .	grün wenig intensiv	14,0	7,2	10,5—13,2	8,4—10,6
H	Rosa	grün wenig intensiv	—	1,0	—	3,9—6,9

Über die Natur des farblosen, zum Anlaufen fertigen Rubins ist man sich nicht im klaren. Man könnte denken, er sei eine richtige Lösung von elementarem Gold in Glas oder eine kolloide Lösung von so kleinen Teilchen, die selbst der ultramikroskopischen Betrachtung entgehen. Dies ist aber zweifelhaft, da nach Maxwell-Garnett[4]) solche Lösungen ebenfalls rot sein müßten.

Maxwell-Garnett nimmt an, daß das Gold als chemische Verbindung, etwa als Goldsilikat, gelöst sei und der Anlaufprozeß auf einer Art Reduktion beruhe. Er stellt so den Anlaufprozeß in Parallele

[1]) S. a. Zsigmondy, D. R. P. 138281; Moldenhauer, Zeitschr. f. angew. Chem. **1895**, 184.

[2]) G. Mie, Physik. Zeitschrift **8**, 769 (1907). S. a. die unten zitierte Arbeit von Garnett.

[3]) Physik. Zeitschr. **19**, 27 (1918).

[4]) Trans. Royal Soc. **205**, A. 251 (1906).

zu den Verfärbungen, die sich bei der Einwirkung von Licht und starken Strahlungen anderer Art auf Gläser zeigen (s. S. 109). Er glaubt diese Annahme wahrscheinlich zu machen, indem er zeigt, daß ein farbloses Goldglas nach zweitägiger Bestrahlung durch Radium deutlich rot gefärbt war. Dieser Beweis scheint mir nicht gelungen. Die in der sichtbaren Färbung zum Ausdruck kommende Vergröberung beruht auf einer starken Bewegung der Goldteilchen. Wo sich solche treffen, können sie sich zu einem größeren Aggregate vereinigen. Diese Auffassung steht im Einklang mit den Untersuchungen Tammanns[1]). Jede Energiezufuhr muß die Bewegung der Teilchen steigern und damit die Vergröberung begünstigen, also auch die Bestrahlung mit Radium.

Nach Vorstehendem dürfte auch die Neigung zum „Lebrigwerden" mit der Beweglichkeit des Metallteilchens zusammenhängen. (Siehe Diffusion S. 6.)

Kupferrubin[2]) wird erzeugt durch Einschmelzen des Versatzes mit Kupferoxyd unter gleichzeitiger Beifügung eines Reduktionsmittels. Man verwendet hierzu am besten Zinnoxydul. Die Kupferoxydmenge entspricht ca. 0,25% des Versatzes. In dem fertigen, zunächst farblosen Glase wird die Farbe wieder durch „Anlaufenlassen", durch Erwärmen auf 500—700° erzeugt. Auch hier entstehen durch zu langes oder zu starkes Erhitzen Zusammenlagerungen der ultramikroskopischen Kupferteilchen, zu sichtbaren Kriställchen, die zum Trübwerden, „Lebrigwerden" des Rubins führen. Die Anlauftemperatur, überhaupt die Entstehung der roten Farbe und ihre Haltbarkeit beim Erhitzen ist stark abhängig von der Zusammensetzung des Grundglases. In niedrig schmelzenden Gläsern von geringer Zähigkeit, in der die Teilchenbewegung sehr groß ist, tritt rasch Umschlag in Braun, Schwarz und Trübung ein. So erklärt es sich, daß allgemein die Notwendigkeit eines hohen Kieselsäuregehaltes betont wird, was Williams[3]) in seiner vergleichenden Untersuchung bestätigt findet. Nach ihm sollen auf 2 Mol Basen 8—9 Mol SiO_2 kommen. Auch Kalk hemmt die Entwicklung der Farbe, während Ersatz von CaO durch Na_2O die Entwicklung beschleunigt, noch mehr tut dies PbO. Zu hoher Kieselsäuregehalt macht leicht streifig, wohl infolge ungleichmäßiger Schmelze. Wenig PbO beseitigt sie.

Die Farbtiefe des Kupferrubins ist schon bei 0,8% CuO auf das Glas so stark, daß eine Verwendung in der Masse nicht möglich ist. Kupferrubin wird deshalb fast ausschließlich als „Überfang" verwendet.

Bei hohen Kupfergehalten kann die Ausscheidung verhältnismäßig grober, trübender Teilchen absichtlich herbeigeführt werden und man erhält so neue eigenartige Effekte. Bei diesen trübroten Gläsern benutzt man meist Eisenoxyd (Hammerschlag) als Reduktionsmittel. Zunächst erhält man, bei plötzlichem Abschrecken ein klares grünes Glas, bei normaler Abkühlung eine opake kupferrote Masse, das „Hämatinon" der Alten, dessen Herstellung Pettenkofer[4]) wieder fand. Im Hämatinon lassen sich schon bei 200facher Vergrößerung die Kupferflitter in einem grünen Glase liegend erkennen. Geht die Übertreibung des „Anlaufens" noch weiter, so erreichen die flimmernden Metallflitter eine solche Größe, daß wir sie mit dem bloßen Auge unterscheiden können. Das so entstehende reizvolle Produkt ist der „Aventurin" der Venezianer[5]).

Wie beim Gold gelingt es auch beim Kupfer, kolloide, wässerige Lösungen zu erzeugen. Diese kolloide Lösung[6]) gleicht in der Farbe dem Kupferrubin, woraus man schließen darf, daß die Ursache der Färbung auch beim Kupferrubin kolloid gelöstes Kupfer ist, was sich auch aus der sichtbaren Ausscheidung metallischen Kupfers aus „Hämatinon" und „Aventurin" ergibt.

---

[1]) Zeitschr. f. anorg. Chem. **126**, 119 (1923).

[2]) Ebell, Dingl. Journ. **113**, 53, 131, 213, 321, 401 und 497. Sprechsaal **1895**, 439; **1904**, 500. Zulkowsky, Chem. Jnd. **20**, 134 (1897); **23**, 346 (1900).

[3]) Trans. Amer. Cer. Soc. **16**, 284 (1914). — Sprechsaal **52**, 140 (1919).

[4]) Pettenkofer, Wagners Jahresber. **1855**, **146** ebenda **1856**, 176 u. 183.

[5]) Zulkowsky, Chem. Ind. **1897**, 134; Sprechsaal **1903**, 1485.

[6]) Paal und Lenze, Ber. d. D. chem. Ges. **39**, 1550 (1906).

Die Ansicht Wöhlers[1]) und Ebells findet damit Bestätigung. Die Annahme Pettenkofers, der färbende Stoff sei Kupferoxydulsilikat, muß als unrichtig angesehen werden.

Das Wesen der kolloiden Lösung ist oben bei der Besprechung des Goldrubin näher erläutert.

Silbergelb entspricht in seinem Wesen genau dem Goldrubin. Seine Herstellung in der ganzen Masse des Glases ist überaus schwierig. Dem Silberteilchen kommt eine besonders hohe Beweglichkeit zu (s. S. 7.) Infolgedessen neigen wohl in der Masse gefärbte Silbergläser stark zum Trübwerden. Silbergelb wird deshalb fast ausschließlich durch „Beizen" hervorgebracht (s. S. 143).

Selenrubin. Eine Lösung von Selen im Glas verleiht ihm eine eigenartige hellrote Färbung. Der färbende Stoff ist elementares, kolloidal gelöstes Selen[2]). Nach Fenaroli ist die Teilchengröße bis 40 $\mu\mu$. Aus seinen sowohl wie aus Fränkels[3]) Untersuchungen ergibt sich, daß Kaligläser sich intensiver als Natrongläser färben. Fenaroli führt das auf die größere Zähigkeit der Gläser zurück, die die weitgehende Verteilung des Selens unterstützt. Nach Fränkel verstärkt Steigerung des SiO_2-Gehaltes die Färbung. Nur ein ganz geringer Teil des Selenzusatzes ist als Kolloid gelöst, die Hauptmenge ist in Bindung als Selenid und andere Verbindungen. Fenaroli fand eine weitgehende Übereinstimmung der Farbe der Selengläser mit der der wässerigen Kolloidlösungen des Selens, also ganz wie bei Gold- und Kupferrubin.

Fenaroli[4]) hat auch Tellurgläser hergestellt. Es gibt zwei Arten. Einerseits solche, die mit Reduktionsmitteln hergestellt sind und die kolloides Tellur gelöst enthalten. Sie sind, wie die Tellurhydrosole, blau und braun gefärbt. Anderseits entstehen beim Fehlen der Reduktionsmittel Gläser, die Polytelluride gelöst enthalten, und die, wie die wässerigen Lösungen dieser Telluride, rot gefärbt sind. Unabhängig von Fenaroli hat auch Fedotieff[5]) Tellurrubine hergestellt, und zwar mit metallischem Tellur. Die Farbe ist rotorange bis rosa, besonders schön bei Kaligläsern.

Unterschied der Rubine. Von den Rubinen ist der Goldrubin am stärksten blaustichig. Kupferrubin weniger. Dem Selenrubin fehlt blau vollkommen. Er erscheint darum viel gelblicher als Kupferrubin. Für diesen zeigt das Absorptionsspektrum nur im Rot, bis 600 $\mu\mu$, Durchlässigkeit. Gold zeigt, außer im Rot, Aufhellung im Blau und Violett, das Absorptionsmaximum liegt bei 540 $\mu\mu$ (im Gelbgrün). Betrachtet man durch Gold- und Kupferrubin ein Manganviolett, so erscheint es durch den Kupferrubin gesehen schwarz (Erkennungsmittel!).

Das Absorptionsspektrum des Selens zeigt nur im Gelb und Rot ein schmales, aufgehelltes Band. Wie wir sehen werden, ist dies für die Entfärbung mit Selen von großer Bedeutung.

Schwefel als Glasfärbungsmittel. Die Auflösung von Schwefel und Sulfiden im Glas erteilt dem Glas eine gelbe bis braune Farbe. Da Zusatz-Schwefel leicht aus dem Glase ausbrennt, erzeugt man die Färbung nicht mit Schwefel, sondern mit Sulfaten unter Zusatz von Reduktionsmitteln, insbesondere Kohle. Infolge des Herausbrennens des Schwefels ist es nicht leicht, die gewünschte Farbtönung zu erhalten. Die Gelb- und Braunfärbung kann auch als Fehler bei sulfathaltigen Gemengen auftreten. Verminderung des Kohlezusatzes bringt dann Abhilfe. In bereits geschmolzenem Glas wird die Farbe durch geringen Salpeterzusatz und Rühren beseitigt.

Ebell[6]) hat die Entstehung der Schwefelfärbung untersucht und fand, daß beim Zusatz von Kalium- und Natriumsulfid kieselsäurereiche Alkaligläser nicht, kieselsäurearme stark gefärbt werden. Nach Grieshammer[7]) wird freier Schwefel vom Glas nicht gelöst, erst durch Bindung an Basen insbesondere Alkali werden die Färbungen

---

[1]) Dingl. Journ. **88**, 157 (1843).

[2]) Treadwell d. j., Keram. Rundschau, **20**, 220 (1912). Kraze, Sprechsaal **45**, 215, 227 (1912). Fenaroli, Sprechsaal, **45**, 659 (1912) und **47**, 183, 203 (1914).

[3]) Rotfärbung des Selenglases, Dissert. Würzburg 1920. Witt, Silikatzeitschrift **2**, 177 (1914).

[4]) Sprechsaal **47**, 617 (1914).

[5]) Z. f. anorg. Chem. **134**, 99 (1924).

[6]) Dinglers Journ. **225**, 70, 168 (1877).

[7]) Sprechsaal, **43**, 153, 165 (1910).

hervorgebracht. Es färben die Alkalisulfide und Sulfide der Erdalkalien gelb bis schwarz. FeS und MnS grünlichgelb bis schwarz, PbS schwarz. ZnS färbt unter Trübung gelblichweiß. CdS färbt alle Gläser, außer Bleigläser, intensiv gelb.

Die Sulfidfärbungen[1]) erscheinen sogleich nach der Schmelze, zeigen aber den Anlaufeffekt. Durch erneutes Erhitzen wird die Färbung vertieft. Die Absorption ist im Gebiet über 600 $\mu\mu$ sehr gering, steigt unter dieser Grenze besonders bei 500 $\mu\mu$ ganz steil an. Dieses Bild zeigen auch die Absorptionsspektren von Fedotieff (Abb. 68). Auf der vollkommenen Absorption im kurzwelligen Teil des Spektrums beruht die Anwendung der Sulfidgläser, vor allem der Kadmiumsulfidgläser als Gelbfilter für photographische Zwecke.

Kohlegelb. Die Gelbfärbung, die organische Substanzen in Gläsern ohne Sulfatzusatz verursachen, wurde bis jetzt immer darauf zurückgeführt, daß in solchen Gläsern Sulfat als Verunreinigung von Soda und Pottasche vorhanden sei. Unabhängig voneinander haben nun Springer[2]) und Fedotieff[3]) gefunden, daß auch mit vollkommen schwefelfreien Gemengen durch Kohle (Fedotieff benützte die sicher schwefelfreie Zuckerkohle) gelbe bis braune Färbungen erzielt werden können, die ganz denen der Sulfide gleichen. Beide Autoren weisen aber darauf hin, daß die Kohlefärbungen schwieriger zu erzielen sind, als die des Schwefels. Fedotieff hat auch mit Kalziumkarbid und Siliziumkarbid (Karborundum) Färbversuche gemacht. Kalziumkarbid färbt genau wie Kohle. Karborundum wird nicht gelöst. Auffallend ist die große Ähnlichkeit der Absorptionsspektren von Schwefel- und Kohlegläsern, siehe Abbildung 68. Die Beobachtung ist weniger für die Erzeugung von Gelbgläsern von Wert, als dadurch, daß sie darauf hinweist, daß ungewollte Verfärbungen durch Kohlegehalt entstehen können.

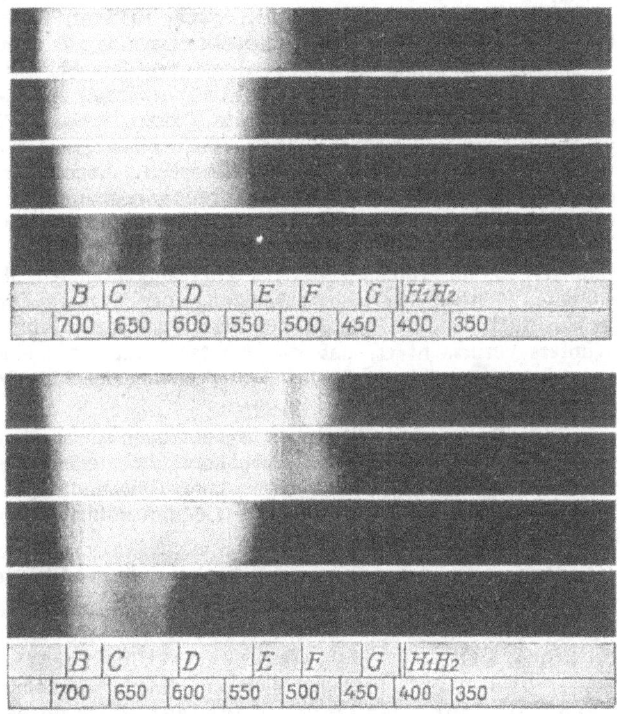

Abb. 68. Absorptionsspektren von Kohle- und Schwefel-Gelbgläsern nach Fedotieff. Oben Kohle, unten Schwefel.

γ) Dritte Art der Färbung „Beizen". Diese Art der Färbung ist ihrem Wesen nach übereinstimmend mit den Anlauffarben. Von diesen unterscheidet sie sich durch die Art, in der sie technisch hervorgebracht wird. Beim Färben des Glases durch Beizen wird das Glas nicht in der ganzen Masse gefärbt, sondern nur in der Oberflächenschicht dadurch, daß der Farbkörper aufgetragen und das Glas mit dem Auftrag erhitzt wird. Dabei wandert der färbende Stoff auf dem Wege der „Diffusion (s. S. 6) in das Glas ein. Als färbende Körper dienen vor allem Silber und Kupfer, deren Teilchen selbst in Legierungen und anderen kristallinen Gemischen große Beweglichkeit zeigen. Vor allem zeichnet sich das Silber durch große Beweglichkeit aus.

[1]) Zsigmondy, Löslichkeit von Sulfiden in Glas, Dinglers Journ. **273**, 29 (1889).

[2]) Sprechsaal **52**. 88 (1919).

[3]) Die Veröffentlichung Fedotieffs beruht auf einer Diplomarbeit, die Lebedeff unter Leitung von Fedotieff im W. S. 1913 14 am Polytechn. Institut in Petersburg ausgeführt hat. Die Veröffentlichung erfolgte in Deutschland erst 29. März 1924 in der mehrfach hier erwähnten Arbeit Zeitschr. f. anorg. Chemie **134**, 97 (1924).

Silberbeize. Für Silbergelb ist die Beize die beinahe ausschließlich gehandhabte Färbemethode. Das Silber wird, um leichter zerkleinert werden zu können, als Oxyd oder Chlorid angewandt. Der Verdünnungskörper darf bei der Einbrenntemperatur nicht schwinden, weder für sich noch mit dem Glase zusammensintern. Man wählt dazu scharf ausgeglühten Ton, Rötel, Eisenoxyd usw. und verreibt dieses mit $^1/_{10}$ bis $^1/_{15}$ Chlorsilber oder einem anderen Silbersalz oder $^1/_{15}$ bis $^1/_{20}$ Silberoxyd und Gummiwasser zu einer dünnen Paste, die man auf das Glas aufträgt, trocknet und einbrennt. Die Schicht läßt sich dann durch Abbürsten mit Wasser entfernen. Es geht nur ein sehr geringer Teil des Silbers in das Glas. Der Rest kann aus der abgewaschenen Schicht wiedergewonnen werden. Silber wandert außerordentlich leicht in Glas ein. Je höher die Einbrenntemperatur gewählt wird, um so rascher vollzieht sich beim gleichen Glas das Einwandern des Silbers und um so tiefer wird in gleichen Zeiten die Farbe. Kaligläser geben mehr reine, Natrongläser mehr bräunliche Töne. Zsigmondy[1]) hat gezeigt, daß beim Eintauchen der Gläser in eine silbernitrathaltige Phosphorsalzschmelze die Fortschritte der Beize unmittelbar beobachtet werden können. Auch im Laboratorium gibt es Gelegenheit, die Neigung des Silbers, in Glas einzuwandern, zu beobachten. Verwendet man bei Temperaturmessungen für Silberkonstantan-Thermoelemente dünne Biegeröhren aus einfachem Thüringer Glas, so findet man regelmäßig nach Benützung der Elemente bei 400—500° das Rohr, das vom Silberschenkel berührt war, am heißen Ende schön gelb gefärbt. Sogar aus einer Flüssigkeit, wie Salpetersäure wandert Silber in Glas. Dies kann man bei der Halogenbestimmung im Bombenrohr beobachten. Eine organische, also reduzierende Substanz wird im geschlossenen Glasrohr mit Silbernitrat auf 200 bis 300° erhitzt. Dabei wird oft das Glasrohr, soweit es von der silberhaltigen Säure bedeckt ist, gelbgrau bis tief braunrot gefärbt. Dieser Versuch im Bombenofen, dessen maximale Temperatur 300° sein dürfte, zeigt, bei welch niedriger Temperatur schon lebhafte Teilchenbewegung im Glas einsetzt. — Kupferbeize geschieht auf ganz ähnlichem Wege, wie die Silberbeize. Auch hier wird Kupferoxyd oder ein Kupfersalz mit einem erdigen schwer schmelzbaren Verdünnungsmittel verrieben, auf die Glasfläche aufgetragen und eingebrannt. Das erwünschte Kupferrubin erscheint aber nur selten sogleich, sondern muß häufiger erhitzt werden. Im allgemeinen sind drei Brände nötig, der erste nach dem Auftragen, der zweite reduzierend, um zunächst das als CuO aufgenommene Kupfer zu reduzieren, der dritte ohne besondere Vorsicht für die Entwicklung der Farbe. Die Wirkung des dritten Bandes entspricht dem „Anlaufen" bei den in der Masse gefärbten Kupferrubinen. Die geringere Beweglichkeit des Kupfers verursacht es, daß das Kupfer weniger tief eindringt als Silber. Die Kupferbeize umfaßt nur eine ganz minimale Schicht. Die Technik der Rotbeize ist durch die Egermann-Gläser besonders bekannt.

Die „Rotbeize" beruht ebenfalls auf dem Einwandern der Kupferteilchen. Diese Färbung wird immer bei Verbrennungsröhren beobachtet, bei denen aus Kupferoxydfüllung Cu ins Glas wandert. Auch bei Kjeldalkolben habe ich bei langer Anwendung den Boden durch die Einwirkung der Kupferdrahtnetze, auf denen sie ruhten, mit Kupferrubin gefärbt gefunden.

Das Einwandern der Metallionen aus geschmolzenen Salzen in das Glas haben Heydweiler und Klopfermann nachgewiesen (s. Diffusion S. 6 und Elektrolyse S. 147).

Zu der gewählten Bezeichnung „Beize" ist zu sagen, daß diese Art der Färbung häufig auch „Lasur" und „Ätze" benannt wird. Der Begriff „Ätze" scheint mit ganz unzutreffend. Eine „Ätzung" vollzieht sich unter Substanzverlust des geätzten Gegenstandes (Mattätze, Blankätze, Säurepolitur). „Lasur" ist in der Malerei und in der Holzbehandlung das Auftragen einer durchsichtigen Farbe, die nur oberflächlich aufliegt. Auch für den Schmuck des Glases werden solche durchsichtigen Farben aufgemalt. Nur für diese Technik soll die Bezeichnung „Lasur" benützt werden. Das Wort „Beizen" enthält wohl auch in einigen Fällen seiner Anwendung den Begriff „Ätzen", „Auflösen", z. B. beim Beizen der Häute zum Zwecke der Entfernung der Haare. Vorwiegend ist aber, wie übrigens auch beim Beizen der Häute, ein wesentlicher Bestandteil des Beizens das Durchtränken eines Gegenstandes mit einem Stoffe, die Aufnahme des Beizmittels in den zu beizenden Stoff, so beim Beizen von Geweben und von Holz zur Färbung. Wir sahen, daß bei den soeben besprochenen Färbungen das scheinbar undurchdringliche Glas den färbenden Stoff in sich aufnimmt. Demnach ist die Bezeichnung „Beize" für diesen Vorgang durchaus zutreffend. Im Gegensatz zu Hohlbaum[2]), der das Wort „Ätze" verwendet, schließe ich mich aus vorstehenden Gründen Strehblow[3]) und Pazaurek[4]), die „Beize" wählen, an. Diese Bezeichnung wird auch bei den einschlägigen Abschnitten über die technischen Verfahren angewandt werden.

---

[1]) Zsigmondy, Gelbfärben des Glases durch Lasieren, Sprechsaal **1895**, 1039; Dinglers Journ. **306**, 91 (1897). Springer, Sprechsaal **54**, 212—213, 226—227 (1921).

[2]) Herstellung usw. des Hohlglases, Wien 1910, S. 219.

[3]) Schmuck des Glases, Leipzig 1920, S. 143.

[4]) Gläser der Empire und Biedermeierzeit, Leipzig 1923.

f) Absorption im nicht sichtbaren Teil des Spektrums.

α) Ultraviolettdurchlässigkeit. Das Licht enthält außer den Strahlen, die das Auge als Licht empfindet, solche kleinerer Wellenlänge (kleiner als 400 $\mu\mu$). Sie liegen im Spektrum außerhalb des Violetts und heißen deshalb ultraviolette Strahlen. Sie wirken sehr stark auf die photographische Platte, zeichnen sich überhaupt durch starke chemische Wirkungen aus und zeigen z. B. bei Hautkrankheiten heilende Wirkung. Die gewöhnlichen Gläser absorbieren diese stark. Man hat aber stark ultraviolett durchlassende Gläser gefunden. Quarzglas besonders ist stark ultraviolettdurchlässig. Ihr Wert für photographische Objekte zur Aufnahme lichtschwacher astronomischer Objekte, zur Herstellung von Lampen für starke utraviolette Strahlung (Uviollampen von Schott, Quarzquecksilberbogenlampen von Heräus) ist einleuchtend.

Bei allen Gläsern findet man eine Grenze, von der ab Strahlung mit kleinerer Wellenlänge nicht mehr durchgelassen wird.

Kieselsäure und Borsäure sind in glasförmigem Zustand sehr stark ultraviolett-durchlässig. Quarzglas ist bis 220 $\mu\mu$ voll durchlässig, jenseits von 180 $\mu\mu$ so gut wie undurchlässig. Die hohe Durchlässigkeit bedingt die Verwendung des Quarzglases für Quecksilberbogenlampen. Zschimmer[1]) hat den Einfluß der einzelnen Qxyde auf Ultraviolettdurchlässigkeit untersucht. B_2O_3 läßt in 3 mm-Schicht bis 183 $\mu\mu$ die Strahlung durch. Alle Basen rücken die Durchlässigkeitsgrenze nach größeren Wellenlängen, Blei am stärksten, dann folgt Zink, dann Baryt. Natron wirkt stärker als Kali. Die Versuche Zschimmers sind deshalb besonders bedeutungsvoll, weil es ihm auf Grund der so gesammelten Erfahrung gelang, Kron- und Flintgläser mit hoher Ultraviolettdurchlässigkeit zu schaffen, die für die astronomische Photographie Anwendung fanden. Die Durchlässigkeitsgrenze eines solchen U-V-Krons ist für 10 mm Glasstärke 327 $\mu\mu$, bei 5,4 mm 292 $\mu\mu$. Fritsch und Lindemann[2]) haben aus Borsäure, Fluorkalzium und Tonerde Glasflüsse erschmolzen, die im Ultraviolett sehr schwach absorbieren. Ein ultraviolettdurchlässiges Glas betrifft auch das amerikanische Patent Lindemann U.S.A.P. 8704 (1907).

Für eine Anzahl optisch wichtiger Gläser hat H. H. Krüss[3]) die Durchlässigkeit im Spektralgebiet 425—309 $\mu\mu$ sehr genau bestimmt.

Auch das umgekehrte Bedürfnis, daß die Ultraviolettstrahlen durch Filter beseitigt werden sollen, liegt in der Praxis vor. Der ultraviolette Teil des Lichts schadet empfindlichen, vielleicht allen Augen. Nach Eckert[4]) liegt die Grenze der Durchlässigkeit für gewöhnliche Brillengläser bei 320 $\mu\mu$. Man hat darum Gläser von starker Absorption für Ultraviolett geschaffen. Es dienen hierfür schwach gelb gefärbte Cergläser. Die Sendlinger Opt. Werke stellen ein „Sinuval-Glas" genanntes Glas her, das im sichtbaren Teil unmerklich gefärbt ist und von 378 $\mu\mu$ alle Strahlen absorbiert. Auch das Schottsche Flint O 198 soll in ähnlicher Weise wirken, ebenso wohl alle schweren Flinte. Die gelbgrünen Euphos- und Hallauer Gläser absorbieren sehr gut das Ultraviolett, nehmen aber auch vom sichtbaren Lichte merkliche Beträge weg.

β) Ultrarotdurchlässigkeit. Die Energiestrahlen, die eine größere Wellenlänge als das sichtbare Rot haben, sind die Wärmestrahlen. Für dies Gebiet des Spektrums ist die Durchlässigkeit der Gläser nur wenig untersucht. Rubens[5]) fand für eine Anzahl Schottscher Gläser im Bereich von 0,7 bis 3 μ eine sehr geringe, im allgemeinen mit wachsender Wellenlänge sehr schwach abnehmende Absorption, die für die Gläser verschiedener Zusammensetzung nur wenig verschieden war. Zsigmondy[6]) hat, ohne Differenzierung nach Wellenlängen, die Absorption der Gesamtwärmestrahlung eines Argandbrenners gemessen und fand bei Glasstärken 7,5 mm eine Durchlässigkeit, die für sehr verschieden zusammengesetzte Gläser sich nur zwischen 59 und 63% bewegte. Sehr stark wird aber die Durchlässigkeit durch Eisenoxydgehalt herabgesetzt. 1% FeO verminderte die Durchlässigkeit einer 8,5 mm dicken Platte von 60% auf 0,76%, 2% auf 0,0%.

Die Absorption der Wärmestrahlen hat praktische Bedeutung für die Herstellung von Lampenschirmen insbesondere für Schreibtisch-, Bureau- und ähnliche Lampen.

---

[1]) Physikal. Zeitschrift **4**, 751 (1903); **8**, 611 (1907).

[2]) Ebenda, **8**, 513 (1907).

[3]) Z. f. Instrument.-Kunde **23**, 197, 229 (1903).

[4]) In der S. 45 zitierten Monographie S. 149, wo auch die Literatur über Augengläser mit Strahlungsschutz zusammengestellt ist, z. B. Crookes, Phil. Trans. **1914**, 241.

[5]) Ann. d. Phys. **45**, 283 (1892).

[6]) Dinglers Journ. **287**, 17 (1893), **289**, 237 (1893). — Z. f. angew. Chem. **1893**, 276. — Ann. d. Phys. **49**, 535 (1893).

g) Komplementärfarben, „additive" Entfärbung. Das weiße Licht setzt sich, wie wir auf S. 128 usw. sahen, aus unzähligen Einzelfarben zusammen. Es bedarf aber nicht der Mischung aller der tausendfältigen Nuancen, die im Spektrum aneinandergereiht sind, um „Weiß" zu erzeugen. Ein sich drehender Kreisel mit wenigen verschiedenfarbigen Feldern zeigt uns, daß eine geringe Anzahl richtig abgestimmter und bemessener Farben genügt, um „Weiß" zu erzeugen. Einfache Farben dieser Art, wie Rot, Grün und Violett, nennen wir die „Grundfarben". Ja bei richtiger Auswahl können sich schon zwei Farben zu „weiß" ergänzen. Solche sich gegenseitig zu weiß ergänzende Farbenpaare, wie

Gelb und Indigoblau,
Rot und Blaugrün,
Orange und Zyanblau,
Grünlichgelb und Violett,

nennen wir „Komplementärfarben".

Denken wir uns zwei Gläser, die in den Farben eines Komplementärfarbenpaares gefärbt sind, also beispielsweise ein rotes und ein blaugrünes Glas, so würde deren Vermischung weißes Glas ergeben. Diese Vermischung würde also eine Entfärbung des blaugrünen Glases durch das rote zur Folge haben. Wie man sieht, liegt hierin eine andere Art der Erklärung der Wirkung von Entfärbungsmitteln, wie die, die wir S. 136 gegeben haben. Die Wirkung, die dort beschrieben war, ist eine gegenseitige Absorption, eine Vernichtung von Licht, die Entstehung eines hellen Graus. Hier beim Zusammentreten von Komplementärfarben erhielten wir Weiß. Eine Entfärbung, die in dieser Weise, „additiv", arbeiten würde, wäre mit keinem oder doch sehr viel geringerem Lichtverlust verbunden, in optischer Beziehung also die vollkommenere zu nennen.

Die auf S. 136 wiedergegebenen Absorptionskurven für eisen- und mangangefärbte Gläser weisen durch ihren symmetrischen Verlauf darauf hin, daß die altehrwürdige Braunsteinentfärbung „subtraktiv" wirkt. Für die anderen Entfärbungsmittel ist die Wirkungsweise nicht genügend erforscht. Doch scheint bei der Selenentfärbung[1]) die additive Wirkung vorzuherrschen. Das Absorptionsspektrum von Selengläsern zeigt nur im Gelb und Rot deutlich Aufhellung und zeigt im Vergleich mit den Kurven der Eisengläser einen so sehr andersgearteten Verlauf, daß die Entfärbung nur durch gegenseitige Absorption nicht denkbar ist. Es ist deshalb anzunehmen, daß das Selenrot die Komplementärfarbe des Eisengrüns ist, die sich zu Weiß ergänzen und daß also die so erzielte Entfärbung weniger Licht verschluckt. Dies bestätigt die Erfahrung, daß mit Selen entfärbte Gläser von einer Reinheit und Brillanz erschmolzen werden, wie sie sich mit anderen Entfärbungsmitteln nicht erreichen lassen. Die Selenentfärbung hat jedoch die Schwierigkeit, daß die erzielte Nuance resp. die zur Entfärbung notwendige Menge von der Ofentemperatur abhängig ist. Bei kaltgehendem Ofen wird das Glas bei gleichbleibender Selenmenge leicht rosastichig.

Die Entfärbung mit Nickeloxyd steht in ihren technischen Qualitäten und wohl auch in optischer Beziehung zwischen Braunstein und Selen. Nach der Absorptionskurve zu urteilen, handelt es sich mehr um eine gegenseitige Auslöschung, als um Komplementärwirkung. Das mit Nickeloxyd entfärbte Glas ist darum „grau", nicht so brillant wie das mit Selen entfärbte.

Außer den genannten ist noch ein neueres Entfärbungsmittel zu nennen, und zwar seltene Erden[2]). die bei der Glühstrumpffabrikation abfallen. Die wirksamen Stoffe sind die rot gefärbten Neodymsalze, denen außer Erbium- wenig Praseodym- und Cer-Verbindungen beigemischt sein dürften.

---

[1]) D. R. P. 63558; 78565; 88615.

[2]) Droßbach, D. R. P. 103441.

11. Elektrische Eigenschaften.

Leitfähigkeit und Elektrolyse des Glases. Das Glas ist ein Elektrizitätsleiter zweiter Ordnung, d. h. der Stromdurchgang ist mit einer Bewegung von Glasbestandteilen verknüpft. Die Leitfähigkeit des Glases ist „elektrolytischer" Natur. Bei gewöhnlicher Temperatur ist die Leitfähigkeit allerdings außerordentlich gering, so gering, daß die technisch hergestellten Gläser praktisch als „Nichtleiter" angesprochen werden. Dies Verhalten ist von großer praktischer Bedeutung. Auf ihr beruht die Anwendung der Gläser als „elektrische Isolatoren". Es ist aber zu bemerken, daß sich bei sehr hoch gespannten Strömen die Leitfähigkeit des Glases geltend macht, daß also Glas für solche Ströme als Isolator nicht in Frage kommt und daß ferner infolge der Wasseranziehung an der Oberfläche (s. S. 78) eine oberflächliche Leitung eintritt, die das Isolationsvermögen direkt herabsetzt. Die Stärke dieser Störung geht unmittelbar parallel der Auslaugbarkeit der Gläser[1]).

Mit steigender Temperatur wird aber die Beweglichkeit der Teilchen größer und größer, so daß unter der Wirkung einer elektrischen Spannung eine Wanderung der Metallionen, vor allem der Natrium- und Kaliumionen, einsetzt. Schon bei 200° ist die Leitfähigkeit des Glases merklich[2]). Diese Erscheinung ist von doppelter Bedeutung. Einerseits schränkt sie die Verwendung des Glases als Isolator ein, anderseits liegt im Studium der mit der Glaselektrolyse verknüpften Erscheinungen ein wesentliches Hilfsmittel, den chemischen Zustand des Glases, vor allem seine Jonisation aufzuklären. Deshalb haben sich eine große Anzahl von Forschungsarbeiten mit diesem Gegenstand beschäftigt. Wenn trotzdem eine weitgehende Aufklärung auf diesem Wege nicht erzielt wurde, so liegt es daran, daß zu den Untersuchungen, die für die grundsätzliche Aufklärung zu komplizierten Gemische („Lösungen") der technisch hergestellten Gebrauchsgläser, ja verwickelte Sonderschmelzen für optische Zwecke, zu den Untersuchungen herangezogen wurden.

Setzt man ein mit Quecksilber gefülltes Reagenzrohr in Quecksilber, so daß das Glas innen und außen mit Quecksilber umgeben ist, erhitzt das Ganze auf 300°, steckt in das Quecksilber innen und außen die Zuleitungen des elektrischen Stroms und schließt den Strom, so wandert das Natriumion aus dem Glas in das als negativen Pol dienende Quecksilber, in dem es als „Amalgam" aufgelöst bleibt. Im Laufe der Zeit (schon nach einer Stunde) geht der Strom stark zurück, da an der Glasfläche, die im positiven Quecksilber (Anode) liegt, durch die Verarmung an Natrium eine getrübte kieselsäurereiche schlechtleitende Schicht sich bildet. Verwendet man Natriumamalgam als Anode, so bleibt das Glas klar, es wandert Natrium auf der Seite der Anode in das Glas hinein und wird auf der Kathodenseite an das Quecksilber abgegeben[3]). Wir haben also genau die Vorgänge vor uns, die wir von der Elektrolyse von Lösungen und Schmelzen von Salzen, Basen und Säuren kennen.

Die Einführung von Metallionen aus Amalgam ist nicht auf Na beschränkt. Tegetmeier[4]) konnte auch Lithiumion einführen, während der Versuch zur Einführung von K, Ca, Mg, Al, Zn, Sn, Bi und Au versagte. Dagegen konnte Günther Schulze[5]) nachweisen, daß bei reinem Quecksilber Hg-Ion an der Anode einwandert, was Warburg u. a. entgangen war.

Heydweiler und Kopfermann[6]) bedienten sich zur Einführung der Kationen der geschmolzenen Salze, teilweise sogar mit Salpeter gemischt. Sie konnten eine große Anzahl von Metallionen auf diese Weise in das Glas einwandern lassen (Na, K, Ba, Pb, Fe, Ag). Bei erneutem Anwärmen traten bei Kupfer und Silber die den Anlauffarben entsprechenden Färbungen auf, was, wie schon hervorgehoben, für die Erkenntnis der Glasfarbbeizen von Wichtigkeit ist (s. S. 143).

Unmittelbar aus reinen Metallanoden konnte Günther Schulze[7]) die Kationen in das Glas wandern lassen. Seine Ergebnisse geben auch einen Anhalt für die verschiedene Beweglichkeit der Ionen,

---

[1]) Kohlrausch, Ber. d. D. chem. Ges. **26**, 3002 (1893).
[2]) Beetz, Ann. d. Phys. Jubelband, S. 23 (1874).
[3]) Warburg, Ber. d. D. chem. Ges. **17**, 193 (1884).
[4]) Ann. d. Phys. **41**, 18 (1890).
[5]) Ann. d. Phys. (4), **37**, 435 (1912).
[6]) Ebenda (4), **32**, 739 (1910). — Sprechsaal **42**, 403 und 416 (1909).
[7]) l. c.

die bei der Entstehung der Beizfärbungen eine Rolle spielen dürfte. Stärkere Leitfähigkeit bzw. geringerer Widerstand entspricht ja größerer Beweglichkeit. Insofern ist bemerkenswert: Lithium und Silber verringert den Widerstand des Glases, Kalium, Eisen und Kupfer verstärkt ihn etwas, Kadmium, Quecksilber, Blei, Wismut und Zinn erhöhen ihn sehr stark.

Eines der Hauptkennzeichen der Elektrolyse ist es, daß mit dem Durchgang einer bestimmten Elektrizitätsmenge eine bestimmte, im Verhältnis der Äquivalentgewichte stehende Stoffmenge transportiert wird. 96500 Coulomb bringen 1 g Wasserstoff, 23 g Natrium, 63,6 Kupfer, 107,9 g Silber an der Kathode zur Abscheidung (Faradaysche Gesetz). Leblanc und Kerschbaum[1]) fanden beim Glas bei 250° bis 390° die an der Kathode ausgeschiedenen Natriummengen in guter Übereinstimmung mit diesem Gesetz. Für die Beweglichkeit der Natriumionen wurde 10^{-8} cm sec^{-1} $Volt^{-1}$ erhalten. Von den durch die elektrolytische Dissoziation $Na_2SiO_3 = 2\overset{+}{Na} + \overset{-}{SiO_3}$ entstehenden Ionen wandert nur das Natriumion. Es kann aber nicht die Gesamtmenge des Natriums aus dem Glas durch Elektrolyse entfernt werden. Etwa $^1/_5$ bleibt in dem sich durch Natriumabwanderung bildenden sehr schlecht leitenden Rückstand zurück, der aus SiO_3 und der überschüssigen Kieselsäure besteht. Die Einwanderung von Hg an der Anode, durch die der Vorgang besser verständlich wird, ist von Leblanc und Kerschbaum übersehen worden. Die geringe Beweglichkeit der Anjonen findet in neuen Diffusionsversuchen von Braune eine Parallele. Er fand, daß S und Se ungeheuer langsam wandern gegen Ag, Au, Cu.

R. Ambronn[2]) hat besondere Versuchsgläser (x Na_2O, CaO, 2 SiO_2) mit systematisch veränderter Zusammensetzung für seine Untersuchung benutzt. Er findet, daß nicht die Gesamtmenge des in einem Glase befindlichen Natriums und Kalziums dissoziierbar ist. Von 100 Atomen Glasbestandteilen sind 10 Atome Natrium und Kalzium zusammengenommen im Spannungsgefälle unbeweglich, wobei Natrium und Kalzium sich gegenseitig vollkommen gleichwertig vertreten können.

Die Abhängigkeit der Leitfähigkeit von der Temperatur folgt einer Exponentialfunktion. Nach Rasch und Hinrichsen[3]) ist der spezifische elektrische Widerstand des des Glases $W = \frac{v}{T} + c$, worin T die absolute Temperatur, v und c von der Art des Glases abhängige Konstanten sind. Auch diese Gesetzmäßigkeit[4]) ist ein Kennzeichen für die elektrolytische Natur des Glases.

---

[1]) Z. f. phys. Chem. **72**, 468 (1910).
[2]) Physik. Zeitschr. **14**, 112 (1913). — Ann. d. Phys. **58**, 139 (1919).
[3]) Z. f. Elektrochemie **14**, 41 (1908).
[4]) S. a. Königsberger, Z. f. Elektrochemie, **15**, 97 (1909). — Ambronn l. c.

2. Kapitel.

Rohstoffe und ihre Aufbereitung.

I. Teil. Rohstoffe.

Von Dr. Gustav Keppeler.

Unter Rohstoffen für die Herstellung des Glases sind in erster Linie die eigentlichen Schmelzmaterialien zu verstehen, die beim Zusammenschmelzen die Gläser ergeben. Wir können zwischen sauren und basischen Bestandteilen unterscheiden. Nach diesem Gesichtspunkt soll auch die Aufzählung in diesem Kapitel erfolgen. Es ist jedoch zu bemerken, daß eine Reihe zusammengesetzter Rohmaterialien, namentlich solche, die in ihrem natürlichen Zustande verwendet werden, beide Gruppen von Glasbestandteilen enthalten. Wir werden diese an die Besprechung der basische Oxyde liefernden Rohstoffe anreihen.

Es sind ferner noch Stoffe zu nennen, die für die Zusammensetzung der eigentlichen Glassubstanz nicht wesentlich sind, aber angewandt werden, um eine Veränderung der rohen Glassubstanz in irgendeiner Richtung herbeizuführen. Es gehören hierher die Stoffe zum Läutern, Entfärben, Färben und Ätzen des Glases.

1. Stoffe zur Einführung saurer Oxyde.

Kieselsäure.

Chem. Formel: SiO_2. Molekulargewicht: 60,4.

Die Kieselsäure ist der wichtigste Bestandteil der Gläser. Es gibt keine in technischem Maßstabe erschmolzene Glasart, die nicht als wesentlichen Bestandteil die Kieselsäure enthielte. Sie kann nur in beschränktem Maße durch andere saure Oxyde ersetzt werden.

Die natürlichen Formen der Kieselsäure. Ihr Vorkommen in der Natur ist sehr verbreitet, sie selbst und ihre Verbindungen nehmen den größten Anteil am Aufbau der festen Rinde unseres Planeten. Der Form nach hat man mehrere Arten zu unterscheiden: kristallisiert: Quarz, Tridymit, Cristobalit; amorph: Opal, zwischen Quarz und Opal stehend Chalzedon und Feuerstein.

Für die Behandlung der Gegenstände, deren Betrachtung dies Buch gewidmet ist, interessiert uns der Kiesel von den verschiedensten Gesichtspunkten aus. Das mehr Theoretische, das vorwiegend nach physikalisch-chemischen und mineralogischen Gesichtspunkten zu betrachten ist, wurde schon im Anschluß an die Schmelzerscheinungen an früherer Stelle mitgeteilt (Kapitel I, S. 24). Die Naturformen und diejenigen ihrer Eigenschaften, die bei der Herstellung feuerfester Produkte, insbesondere der Quarzitsteine (Silika oder Dinassteine) eine Rolle spielen, sollen bei der Besprechung dieser Erzeugnisse behandelt werden. An dieser Stelle kann nur auf die Kieselmineralien als Glasschmelzmittel eingegangen werden. Als Grundlage dient dabei die Erscheinungsart, in der die Kieselarten in der Natur vorkommen.

a) **Die kristallischen Modifikationen** sind Quarz, Tridymit, Christobalit und Chalzedon. Sie sind, wie erwähnt, schon S. 24 besprochen.

b) **Amorphe Formen der Kieselsäure.**

α) Opal ist ein derbes, meist in Gesteinsarten eingesprengtes Mineral, nierenförmig, traubig, auch als Versteinerungsmaterial von Holz usw. vorkommend. Die amorphe Kieselsäure enthält Wasser in wechselnden Mengen, meist 3 bis 13%. Infolgedessen sind auch andere Eigenschaften, wie spez. Gew. (1,9 bis 2,3) und Härte (5,5 bis 6,5) schwankend. Man unterscheidet viele Varietäten, den Edelopal mit seinem bunten Farbenspiel, Hyalit, Kieselsinter, Halbopal usw.

β) Kieselgur. Die amorphe Kieselsäure stellt auch das Baumaterial dar, aus dem mikroskopisch kleine Lebewesen (Diatomeen, Radiolarien) ihre Panzer aufbauen. Noch heute finden sich auf dem Boden von Seen und Meeren Schlammablagerungen, die aus einer massenhaften Anhäufung solcher Organismen bestehen und Kieselschlicke genannt werden. In gleicher Weise sind in früheren Epochen der Erdgeschichte ungeheure Ablagerungen der beschriebenen Art entstanden, die wir Infusorienerde, Kieselgur, nennen.

Entsprechend ihrer Entstehung enthält die Kieselgur immer organische Substanz und ist dadurch grau bis schwarz gefärbt. Diese wird durch Verglühen des Materials entfernt.

γ) Feuerstein (Flint). Im Anschluß an die amorphe Kieselsäure sei noch der Feuerstein erwähnt, der teils aus feinkristallinischer, teils aus amorpher Kieselsäure zusammengesetzt ist. Er kommt in gelbgrauen bis gelbbraunen bis schwarzen unregelmäßig gestalteten Knollen vor, besonders häufig in der weißen Kreide des nördlichen Frankreich und in den Kreidefelsen der Südküste von England, der dänischen Inseln und von Rügen, oft ganze Berge bildend.

Die amorphe Kieselsäure unterscheidet sich in chemischer Beziehung nur wenig von der kristallisierten. Bemerkenswert ist die größere Lösungsgeschwindigkeit und Reaktionsfähigkeit mit Alkalien und Alkalikarbonaten. Der Wassergehalt wird beim Erhitzen ausgetrieben.

Als Rohmaterial für die Glasfabrikation kommen natürlich nur Vorkommnisse von einiger Ergiebigkeit in Betracht. Infolgedessen beschränkt sich die Anwendung auf Quarzit, dem aus kristallisierten Quarz bestehenden Gestein, Sand, Kieselgur, Feuerstein. Ihre Verwendbarkeit hängt wesentlich von ihrer Reinheit ab. Der Gehalt an Eisen bildet darum einen der Hauptgesichtspunkte für die Beurteilung der Rohstoffe für die Glasfabrikation.

a) Quarzit besteht im wesentlichen aus Quarzkristallen. Man findet den Quarzit im Ural, in Norwegen, im Erzgebirge, Taunus und Harz, manchmal ganze Berge bildend, vielfach auch Spalten und Gänge anfüllend. Die Reinheit ist sehr verschieden.

Der Quarzit muß, um verwendet werden zu können, zerkleinert werden und, um diese Arbeit zu erleichtern, wird er vorher gebrannt und dann möglichst rasch abgekühlt, indem man den glühenden Quarz in Wasser wirft. Verunreinigungen werden für feinere Glassorten von den reineren Stücken abgeschlagen. Alle diese Vorbereitungen verteuern das Material ungemein. Dazu kommt, daß gerade durch die Zerkleinerungsvorrichtungen leicht Eisen in das Quarzmehl gebracht wird. Auf der anderen Seite besitzen wir Sande mit einer Armut an Eisen, wie sie von Quarziten kaum übertroffen werden kann. Die Transportkosten sind für Massengüter so billig geworden, daß meist ein aus entfernten Orten bezogener Sand sich in der Verwendung billiger stellen wird, als ein an Ort und Stelle anstehender Quarzit. So kommt es, daß der Quarzit als Rohstoff in der Glasfabrikation immer mehr zurücktritt.

b) Sand. Unter Sand im allgemeinen versteht man jedes harte, von Natur aus weitgehend zerkleinerte Gestein. Sand im engeren Sinne, besonders vom Standpunkt des Glasschmelzers, ist von Natur zerkleinerter Quarzit.

Der Sand geht aus der Verwitterung von quarzreichen Gesteinen hervor. Die weitgehende Zerkleinerung, die zuletzt durch dauernde Bewegung im Wasser zu Ende geführt wurde, gab auch der chemischen Zerstörung reichlich Gelegenheit zur Wirkung. Infolgedessen sind die leichter zersetzlichen Gemengeteile der Gesteine im Sand zerstört, und vorwiegend das beständige Mineral, der Quarz, ist erhalten geblieben. War dieser Quarz von vornherein sehr rein, so sind manchmal auf diese Weise Sande entstanden, die praktisch reine Kieselsäure sind und die dann ein ideales Material für die Glaserzeugung darstellen. Hierher gehören die Vorkommen von Dörentrup, Herzogenrath, Hohenbocka usw. Ähnliche Vorkommen besitzt Frankreich bei Fontainebleau, Maintenon, Nemours; England auf der Insel Wight.

Tabelle 47.

Reinste Glas-Schmelzsande.

Nach im Laboratorium des Verfassers ausgeführten Analysen.
Geologisches Vorkommen durchweg tertiär.

Lfd. Nr.	Herkunft bzw. Bezeichnung	Glühverlust	SiO_2	TiO_2	Al_2O_3	Fe_2O_3	CaO	MgO	NaKO	SiO_2 geglüht	Bezugsquelle
		1	2	3	4	5	6	7	8		
1	Nievelstein I (Herzogenrath) .	0,04	99,89	0,03	0,01	**0,008**	—	—	0,01	99,83	Vereinigte Rhein.-Westf. Kristallsandwerke m. b. H., Köln, Hansahaus
2	Welchenberg W. 6 b. Neuß a. Rh. .	0,06	99,80	0,03	0,05	**0,010**	0,10	Spur.	0,04	99,86	wie für 1.
3	Dörentrup O.B. .	0,11	99,75	0,06	0,02	**0,011**	—	—	0,06	99,86	Dörentruper Sand- u. Tonwerke, A.-G., Dörentrup
4	Rh. G. H. C. . . .	0,6	98,86	0,03	0,96	**0,012**	0,02	—	0,06	98,92	Herkunft nicht bekannt!
5	Hohenbocka . . .	0,05	99,85	0,03	0,04	**0,015**	—	—	0,02	99,90	Weichelt & Co., Dresden-A., Anton-Grafstraße 8
6	Merkstein-Worm b. Herzogenrath	0,03	99,85	0,05	0,02	**0,016**	—	—	0,04	99,88	M. Owerdick, Aachen
7	Dobien b. Wittenberg	0,10	99,58	0,05	0,13	**0,021**	0,01	—	0,11	99,68	Deutsche Bodenschätze m. b. H., Halle a. S.
8	Nievelstein II . .	0,16	99,54	0,06	0,15	**0,022**	—	—	0,07	99,70	Vereinigte Rhein.-Westf. Kristallsandwerke m. b. H., Köln, Hansahaus
9	Frechen F. 6 . . .	0,15	99,67	0,06	0,04	**0,023**	0,01	0,01	0,04	99,82	wie für 8.
10	Stellawerk	0,07	99,53	0,04	0,26	**0,030**	—	—	0,07	99,60	Stellawerk A.-G., Ratibor (Oberschl.).

Das Quarzmaterial, das den Sand bildet, ist selten so rein, wie in den genannten Vorkommen. Es enthält meist noch Eisen, Tonerde, Kalk usw., außerdem finden sich aus den ursprünglichen Gesteinen Teile beigemengt, die ebenfalls zu Verunreinigungen führen können, so Feldspat, Glimmer, Granat, Rutil, Magnesit, Kalk usw. Bei der Ablagerung der Sandmassen haben sich meist tonige Beimengungen mit abgesetzt. Diese können durch Waschen des Sandes[1]) entfernt werden. Dadurch wird eine wesentliche Verbesserung des Sandmaterials herbeigeführt.

[1]) S. dieses Kapitel, Aufbereitung der Rohstoffe, Sandwäsche.

Tabelle 48. **Zusammensetzung von Quarzsand, noch geeignet für Fenster- und Weißhohlglas.**

	Herkunft	SiO_2	Fe_2O_3	Al_2O_3	CaO	MgO	Na_2OK_2O	Glühverlust	Analytiker
1	Bernsdorf, Sachsen .	99,25	0,170 + 0,064 Mn_3O_4	0,334	0,042	0,018	0,096	0,112	C. Bischof 1880
2	Küßnacht, Schweiz .	96,76	0,26	1,84	0,7	0,04	—	—	Dralle Nr. 758
3	Büdingen	96,7	0,3	2,2	—	—	—	—	„ „ 356
4	Odersand	98,78	0,31	—	—	--	—	—	C. Bischof 1892
5	Frechen b. Köln a. Rh.	97,55	0,31	1,69	—	—	—	0,5	Dr. Ch. Dralle, R. Dralle Nr. 462
6	dto.	98,04	0,38	1,94	—	—	—	—	Dr. Ch. Dralle, R. Dralle Nr. 463
7	Skarkauer Kohlenwerke	96,8	0,44	0,94	—	—	—	0,2	Dralle Nr. 507
8	dto.	97,05	0,44	2,31	—	—	—	0,2	„ „ 512
9	Pola[1])	97,5	0,37	0,93	1,07	—	—	—	Schwartz 1887
10	Norderneyer Dünensand	98,0	0,34	0,66	0,7	0,36	—	—	„ 1887

[1]) Sand, der zu den venetianischen Mosaikgläsern verwandt wird.

In vielen Fällen hat das Durchsickern von reduzierenden, eisenlösenden Humussäuren eine weitgehende Reinigung der Sande hervorgebracht. Die Sande des Tertiärs, die vielfach noch von Braunkohlenlagern bedeckt sind, zeigen dies deutlich. Die Lagen des Dörentruper Sandes sind mit kleinen Braunkohlenschmitzen durchwachsen. Überhaupt gehören die besten Glassande, die in der Praxis gebraucht sind, dem Tertiär an. Die Sande unter unseren heutigen Hochmooren sind oft recht rein (siehe z. B. Sand vom Schweger Moor). Auch der Heidesand ist durch den Heidehumus ausgebleicht und meist ziemlich rein. Auf diese Einwirkungen ist auch der Gehalt an organischer Substanz zurückzuführen, die oft durch ihre Färbung Eisengehalt vortäuscht. Sie läßt sich leicht wegglühen und ist in der meist vorliegenden geringen Menge ganz unbedenklich.

Tabelle 49. **Kaolinhaltige Sande:**

	Herkunft	SiO_2	Fe_2O_3	Al_2O_3	CaO	MgO	K_2ONa_2O	Glühverlust	Rationelle Analyse			Analytiker	Bezugsquelle
									Quarz	Feldspat	Tonsubstanz		
1	Eisenberger Sand, roh	97,21	0,19	1,21		1,21		0,12	93	—	7,00	Laboratorium für Tonindustrie	Gösener Tonwerke, G. m. b. H., Eisenberg, S.-A.
2	Eisenberger Sand, gewaschen . .	98,71	0,03	0,59	—	0,08	0,53	0,18	96	—	4,00	Störmer	Gösener Tonwerke, G. m. b. H., Eisenberg, S.-A.
3	Eisenberger Sand, hellgrau. . . .	89,70	0,21	5,40	0,20	0,09	0,61	3,74	84,6	—	—	Bischof 1882	
4	Weißenbrunn bei Kronach, Porzellansand. . .	88,76	0,16	7,41	—	0,32	2,60	0,70	75,9	12,6	11,5	Laboratorium für Tonindustrie 1884	
5	Derselbe gewaschen	93,57	0,23	4,01	—	0,60	1,40	0,20	—	—	—	Sprechsaal 1899	Amberger Kaolinwerke, G. m. b. H., Hirschau
6	Hirschauer Quarzsand	92,71	0,33	4,38	--	—	2,33	0,51	81,34	13,78	4,88	Laboratorium für Tonindustrie	Amberger Kaolinwerke, G. m. b. H., Hirschau
7	Martinroda . . a)	91,38	0,47	3,66	0,31	Spur	3,49	—	—	—	—	Schott s. S. 59 i. d. B.	
8	„ . . b)	94,00	wenig	3,00	0,2	—	2,80	—	—	—	—	Sprechsaalkalender	
9	Carlshöhe, Glasursand	93,13	0,76	3,52	—	—	2,18	0,51	83,4	11,6	5,00	Ton-Ind.-Ztg. 793, 1896	
10	Fürstenwalde, Glasursand . .	87,07	1,52	6,50	0,34	0,20	2,3	2,07	74	10,7	15,3	Ton-Ind.-Ztg. 519	

Die Verwitterung, die wir Kaolinisierung nennen, führt zu einer weitgehenden Enteisenung des Materials. Wir finden darum im Rohkaolin, in dem durch die Verwitterung des Feldspats zerfallenen Gestein, neben dem Kaolin die unverwitterten Quarzkristalle. Ist der Rohkaolin vollkommen verwittert und ohne Glimmer, so kann durch Ausschlemmen des Kaolins ein sehr brauchbares Quarzmaterial entstehen. Bei geringem Kaolingehalt läßt sich der Sand direkt verwerten. Sein geringer Gehalt an Tonerde ist unter Umständen nützlich, wie wir S. 50 und 51 sahen. Hierher gehören die Glasursande und Porzellansande, auch Klebsande, sofern sie genügend eisenfrei sind.

In den Anfängen der Porzellanfabrikation wurden solche kaolinhaltigen Sande gewaschen, um den Kaolin als Porzellanerde zu verwenden, so bei Neuhaus im Solling für die historische Fabrik von Fürstenberg. Jetzt wird an denselben Stellen der Ton herausgewaschen, um reinen Sand für die Glasherstellung zu gewinnen.

Auch Sandsteine geben oft sehr reinen Sand. In Deutschland sind es die Kaolinsandsteine, die beim Ausschlämmen einen zur Glasfabrikation brauchbaren Sand geben, der den eben genannten kaolinhaltigen Sanden zuzurechnen ist.

Bemerkenswert ist die Glassandgewinnung in Pennsylvanien und West-Virginia in Nordamerika, wo in nahezu unerschöpflicher Menge ein weißer Sandstein vorkommt, der beim Zerkleinern und Waschen einen vorzüglichen Sand gibt. Bei Berkeley Springs werden täglich ca. 1000 t Glassand erster Qualität gewonnen von folgender Zusammensetzung:

99,889% SiO_2, 0,006% Fe_2O_3, 0,094% Al_2O_3, 0,011% CaO.

Baltimore liegt 150 Meilen östlich, Pittsburg 250 Meilen westlich von diesem Glassandzentrum.[1]

Verwendbarkeit der Sande. Die Zusammensetzung der Sande schwankt ihrem Ursprunge entsprechend ungemein. Für die Glasindustrie ist der Eisengehalt der wesentlichste Punkt. Von diesem hängt die Art der Verwendung ab. Jedoch kann man keine festen Grenzen ziehen, die für die Verwendbarkeit zur Herstellung bestimmter Glassorten nicht überschritten werden können, da der Eisengehalt der anderen Rohmaterialien, der Einfluß der Häfen und die Möglichkeit der Entfärbung schwer zu berücksichtigen ist. Immer muß aber beachtet werden, daß der Quarz unter den Schmelzmaterialien vorherrscht. Bei den meisten Gläsern besteht $^1/_2$ bis $^3/_4$ des Gewichts aus Kieselsäure. Deshalb ist der Eisengehalt des Sandes von ausschlaggebender Bedeutung. Einen ungefähren Anhalt für die Verwendungsmöglichkeiten von Sanden dürften folgende Angaben[2]) geben:

Kristall und optisches Glas verlangen eigentlich vollkommene Eisenfreiheit. Sind die anderen Rohmaterialien sehr rein, so dürfte sich jedoch mit einem Sand bis zu 0,02 zwar kein brillanter, aber doch brauchbarer Kristall erzeugen lassen.

Für Flachglas sind zwei Gesichtspunkte maßgebend: Art der Verwendung und Stärke des Glases. Gußflachglas mit starker Wandung braucht eisenärmeren Sand, als dünnes geblasenes Fensterglas. Für Fensterverglasung kann dann die Grenze angenommen werden: Spiegelglas, gegossen . . . 0,2% Fe_2O_3
Tafelglas, geblasen . . . . 0,5% Fe_2O_3

Bei den Spiegeln macht sich die Eisenfärbung stärker bemerkbar, weil sie die Farben nicht in ihrem vollen Werte widerspiegelt. Es kommt hinzu, daß im Spiegel das Licht die Glasschicht auf doppeltem Wege (hin und zurück) durchwandert, während die Fensterverglasung nur in der Durchsicht gesehen wird. Deshalb muß für Flachglas für Spiegel Sand mit weniger als 0,1% Fe_2O_3 verwendet werden.

Gewöhnliches Weißhohlglas verträgt bis zu 0,5% Fe_2O_3.

Für sämtliche vorgenannte Glasarten muß es aber Ziel einer fortschrittlichen Technik sein, sie möglichst farblos zu erschmelzen.

---

[1]) Griensley, Glass Sand Industry in West Virginia, Min. Ind. XVI, 465 (1907).

[2]) Diese Grundlagen für die Bewertung von Sanden wurden erstmals in der ersten Auflage dieses Buches vorgeschlagen. Ich darf annehmen, daß sie sich bewährt haben, da sie Springer in verschiedenen seiner Schriften und Zschimmer in seiner „Theorie der Glasschmelzkunst“ im wesentlichen übernahmen.

Deshalb sollte man nur unter zwingenden wirtschaftlichen Gründen an die oben angegebenen Grenzen herangehen, besser ist es, Sande zu wählen, deren Eisenoxydgehalt sich unter diesen Grenzen hält.

Auch für Farbgläser mit ausgesprochenen reinen Farben, gewissermaßen Kunstfarben, ist die Anwesenheit von Eisen meist störend, weil die Eisenfärbung die Farbe der anderen Farboxyde beeinträchtigt.

Bei Flaschenglas und anderem Grobhohlglas ist das Eisenoxyd das hauptsächliche Farboxyd. Es wird aus Ersparnisgründen meist mit stark eisenhaltigen Rohmaterialien erschmolzen. Man kann die so erzielte Färbung naturfarben nennen. Deshalb ist für diese Glasarten jeder Eisengehalt im Sand bis etwa 6% Eisenoxyd zulässig.

Neben der Zusammensetzung ist noch die Korngröße von Wert. Je feiner der Sand ist, um so rascher wird er aufgeschlossen. Grober Sand kann zum Teil unaufgelöst im Glase bleiben und eine besondere Form steinigen Glases bilden. Anderseits ist Allzufeines, das zwar vom Standpunkt des Angriffs durch die Alkalien günstig scheint, in der Praxis nicht so vorteilhaft, weil der mehlfeine Sand leicht staubt und bei den üblichen Mischungmethoden nicht genügend gleichmäßig im Gemenge verteilt wird. Es bilden sich dann kleine, locker gelagerte, kieselsäurereiche Nester, die sich zu langsam im Glas lösen und so den „Steinen" ähnliche Schmelzfehler verursachen.

Springer[1]) gibt an, daß Sand für das Schmelzen im Hafen eine 0,5 mm nicht überschreitende Korngröße haben soll, beim Schmelzen in der Wanne kann sie bis auf 1,25 bis 1,5 mm steigen. Er teilt auch Siebanalysen von einigen Sanden mit. Dabei ist aber durchweg die Drahtstärke nicht beachtet, so daß sämtliche Maße für die Korngröße viel größer angegeben, als sie in Wirklichkeit sind.

Zschimmer[2]) verlangt durchschnittlich ca. 0,5 mm.

J. E. Adams[3]) verlangt von gutem Glassand, daß alles durch das Sieb mit 40 Maschen je Zoll hindurchgeht und alles auf dem 60 Maschensieb zurückbleibt. Die meisten amerikanischen Sande entsprechen diesem Ideal nicht. Sie enthalten etwas gröbere Bestandteile. Die Hauptmenge geht aber durch das 60 Maschensieb. Sogar so feine Teile sind vorhanden, daß sie durch das 200 Maschensieb gehen.

Einen Überblick über die Korngrößenverteilung einer Anzahl bekannter Sande, von denen mir Proben zur Untersuchung zugegangen waren, gibt die folgende Tabelle. Die Siebweiten[4]) sind angegeben durch die Anzahl der Maschen auf den Quadratzentimeter. Darunter die wahre lineare Weite der freien Öffnungen in Millimeter. Die Sandmenge, die auf dem jeweils angegebenen Sieb zurückbleibt, jedoch durch das vorgehende durchgegangen war, ist auf 100 g der ursprünglichen Sandprobe bezogen.

Tabelle 50. **Korngrößenverteilung in Glas-Schmelzsanden.**

Es bleiben auf Sieb mit Maschen	$121/cm^2$	$250/cm^2$	$600/cm^2$	$900/cm^2$	$4900\ cm^2$	durch Sieb $4900/cm^2$ gehen	Relative Oberfläche cm^2 je 100 g Sand
Tatsächliche Weite der Sieb-Öffnung in mm	0,667	0,533	0,300	0,213	0,100		
	%	%	%	%	%	%	
Nievelstein I . . .	0,1	1,6	67,5	6,2	23,5	1,0	3950
Welchenberg W. 6. .	—	—	38,5	3,1	56,1	2,3	5500
Dörentrup O. B. . .	0,2	3,4	40,0	12,0	43,0	1,4	4950
R. G. H. C., Herkunft nicht bekannt . .	—	—	20,3	15,3	63,3	1,1	6050
Hohenbocka . . .	—	—	27,3	6,5	65,5	0,7	5850
Merkstein-Worm . .	—	—	48,2	12,5	39,3	—	4700
Dobien	0,2	0,9	36,4	9,0	52,0	1,5	5100
Nievelstein II . . .	1,0	2,6	50,4	4,8	41,2	—	4650
Frechen W. 6 . . .	—	0,2	32,3	5,8	61,3	0,4	5650
Stellawerk	0,4	4,8	53,8	5,6	34,2	0,8	4400

[1]) Glasindustrie-Kalender 1924/25, S. 18.
[2]) Theorie der Glasschmelzkunst II, S. 54.
[3]) The Glasindustry, **5**, 121 (1924).
[4]) Über Maße der Siebgrößen siehe die Tabelle 57.

Für die Geschwindigkeit, mit der sich bei sonst gleichen Verhältnissen ein fester Körper in einem Lösungsmittel löst, ist die Oberfläche des festen Körpers maßgebend. Nimmt man das Mittel der Maschenweite der beiden Siebe, zwischen denen ein bestimmter Teil des Sandes blieb, und stellt sich die durchschnittliche Form des einzelnen Sandkorns als Kugel vor, so kann man mit Hilfe des spez. Gew., des Gewichts dieser Sandfraktion und des Durchmessers die Oberfläche errechnen, die diesem Sandteil, wenn die Körnchen Kugeln wären, zukäme. Addiert man für alle Siebfraktionen der Sandprobe diese Oberflächen, so kommt man zu einem Verhältnismaß für die Oberfläche von 100 g Sand. Wie die Tabelle zeigt, bewegt sich bei den bekanntesten Schmelzsandsorten dieses Verhältnismaß zwischen 4000 und 6000 cm^2 je 100 g Sand. Ob für den Betrieb dieser Unterschied von Bedeutung ist, dafür liegen bis jetzt keine Anhaltspunkte vor.

Trotz großer Armut an Eisen kann ein Sand infolge anderer seltener Beimengungen das Glas färben, so z. B. ein Sand von Deuben bei Dresden, in dem Bischof nur 0,027 und 0,05% Fe_2O_3 fand. Es ist darum auch eine kleine Schmelzprobe, sofern keine genaue Analyse vorliegt, zu empfehlen.

Der Kieselsinter hat bislang in Deutschland kaum eine Rolle als Schmelzmaterial gespielt. Vor 15 Jahren sind jedoch umfangreiche und reine Lager im Taunus entdeckt worden, die für die Glasindustrie von Bedeutung werden könnten, ihre Ausbeutung stockt aber heute noch.

Kieselgur hat als Rohstoff der Glasindustrie den Vorteil, daß sie ungemein fein zerteilt ist. Sie ist außerdem als amorpher Quarz rascher von Alkalien löslich. Infolgedessen geht der Aufschluß dieses Materials leicht vonstatten. Auf der anderen Seite bringt aber die Feinheit des Materials geradezu Schwierigkeiten, weil durch die vielen Poren viel Luft aufgenommen wird, die bei der Erhitzung entweicht und zur Zerstäubung des Gemenges führt. Ähnlich ist es beim Einlegen. Der hohe Gehalt an organischer Substanz erfordert ein Ausglühen der Kieselgur.

Die Kieselgur ist in der norddeutschen Tiefebene weit verbreitet. Auf Grund der oben betonten Schwierigkeiten und weil in den Gegenden, wo sie vorkommt, sich auch Sande von genügender Reinheit finden, ist sie als Rohmaterial für die Glasfabrikation nicht angewandt. Doch verdankt sie ihrer größeren Lösungsgeschwindigkeit die Anwendung bei der Wasserglasfabrikation und in der Emailliertechnik.

Herkunft	SiO_2	Fe_2O_3	Al_2O_3	CaO	Wasser und organische Substanz	Analytiker
Oberhohe (Lüneburger Heide) obere Schicht	87,86	0,73	0,13	0,75	10,71	Jung, Keramik 1899, 24
do., untere Schicht	74,48	0,39	—	0,39	24,43	do.

Feuerstein, Flint ist in seinen Eigenschaften als Rohmaterial dem Quarzit nahezustellen, weil er ebenfalls zerkleinert werden muß. Er ist ihm insofern überlegen, als er beim Brennen und Abschrecken mürber als der Quarzit wird. Auch schließt er sich leichter auf. In früherer Zeit galt er als die reinste Kieselsubstanz und war das Schmelzmaterial für optisches Bleiglas und Kristall. Das „Flintglas" hat ja seinen Namen von ihm. Jetzt geschieht seine Anwendung nur mehr noch aus Tradition, da wir Sande besitzen, die ihm an Reinheit überlegen sind. In der Glasindustrie dürfte er kaum noch zur Anwendung kommen. Die ausschlaggebende Bedeutung des Flints liegt heutzutage auf einem anderen Gebiete: er ist das vortrefflichste Material zur Füllung von Kugelmühlen, besonders da, wo kein Eisen in das Mahlgut gebracht werden soll, also in der Feinglasindustrie, in Steingut- und Porzellanfabriken. Vorkommen s. oben.

Die gräulich-schwärzlichen Knollen, die beim Durchschlagen sich durchscheinend zeigen, sollen reiner sein als die ganz undurchsichtigen, die wohl oft durch Eisengehalt gelb gefärbt sind.

Die Prüfung des Sandes geschieht am besten durch die quantitative Analyse. Man raucht mit Flußsäure, von deren vollkommener Reinheit man sich stets überzeugen muß, die Kieselsäure ab und bestimmt im Rückstand die Verunreinigungen. Bei reineren Sanden muß man 10 g und mehr als Einwage nehmen. Eine genaue quantitative Analyse ist schon deshalb nötig, weil sich nur mit dieser Grundlage der richtige Gemengesatz ermitteln läßt.

Beimengungen von Ton erkennt man durch Aufschlämmen. 25—50 g Sand werden in einem schmalen, hohen Zylinderglas oder in einem Spitzglas mit 300—500 g Wasser gut durchgeschüttelt. Ist kein Ton vorhanden, bleibt das Wasser über dem sich rasch absetzenden Sand klar. Bei Tongehalt ist das Wasser um so trüber, je mehr

Ton vorhanden ist. Der Versuch kann auch quantitativ ausgeführt werden im Sinne der Schlämmanalyse der Tone.

Die Beobachtung unter der Lupe oder besser Mikroskop läßt dunkelgefärbte und dann meist eisenhaltige Fremdkörper erkennen. Der nicht zu sehr eisenhaltige Sand wird beim Glühen weiß. Dies Weiß ist aber die Folge der Beseitigung organischer Substanz (s. S. 152) und der schon betonten Trübung (S. 24) und darf nicht als Zeichen der vollkommenen Reinheit gedeutet werden. Diese Trübung kann bei mäßig eisenhaltigen Sanden die Färbung verdecken und deshalb irreführen.

Borsäure.

Chem. Formel: B_2O_3. Molekulargewicht 70.

Wichtige Anwendungsform	Formel	Mol.-Gew.	Einschmelz-verlust %	Gehalt an B_2O_3 %	Schmelz-punkt
Kristallisiertes Borsäurehydrat . . .	H_3BO_3	62	45,2	54,8	747[1]
Borax (Natriumbiborat)	$Na_2B_4O_7 \cdot 10\,H_2O$	382,3	47,2	36,6	—

Die Borsäure tritt an Bedeutung in der Glasindustrie weit hinter der Kieselsäure zurück. Doch hat die Erkennung ihrer vortrefflichen Eigenschaften eine gewaltige Steigerung ihrer Anwendung herbeigeführt, was durch das starke Wachsen der Produktion erleichtert wurde.

Die ursprünglich bekanntesten Vorkommen waren in vulkanischen Gegenden, wo heiße, dem Innern der Erde entströmende Wasserdämpfe Borsäure zutage förderten (Lagunen der Maremmen von Toskana). Diese Produktion spielt aber nur noch eine geringe Rolle auf dem Weltmarkt (ca. 3000 t). Noch weniger Beachtung verdient das Borsäuremineral, das Deutschland in seinen Kaliwerken gewinnt, der Borazit, von dem nicht mehr als 100 bis 150 t gefördert werden. Die wichtigsten Vorkommen von Borsäurerohmaterial liegen in Kalifornien und in Chile, die 1907 zusammen 77000 t hervorbrachten. Das Mineral, das in erster Linie zum Abbau kommt, ist der Colemanit $Ca_2B_6O_{11} \cdot 5\,H_2O$. Ferner sind Ulexit, der Boronatrocalcit $CaNaB_5O_9 \cdot 6\,H_2O$ und der natürlich vorkommende Borax, „Tinkal" genannt, $Na_2B_4O_7 \cdot 10\,H_2O$ zu erwähnen. Wichtig ist noch ein Vorkommen in der Türkei, in der Gegend des Schwarzen Meeres, wo der Pandermit $Ca_2B_6O_{11} \cdot 3\,H_2O$ abgebaut wird.

Eigenschaften der Borsäure. Die Borsäure ist in Wasser löslich. Sie kristallisiert in weißen, schwach glänzenden, durchscheinenden, biegsamen, sich fettig anfühlenden Schuppen aus, deren Zusammensetzung der Formel H_3BO_3 oder $B_2O_3 \cdot 3\,H_2O$ = 54,8% Borsäureanhydrit (wasserfreie Borsäure, Boroxyd) und 45,2% Wasser entspricht. Beim Erhitzen verliert die Borsäure dieses Wasser und geht in Borsäureanhydrit B_2O_3 über. In die Glassubstanz geht es in dieser Form ein. Bei der Anwendung von kristallisierter Borsäure geben also 100 Teile nur 54,8 Teile Glas. Das Borsäureanhydrit schmilzt bei ca. 600° und erstarrt vollkommen glasig. Dies Glas zieht aber Wasser an und löst sich unter starker Wärmeentwicklung. Die Wasseranziehung macht sich in Gläsern geltend, die freie Borsäure enthalten, ihre Menge in den Gläsern ist darum auf einen geringen Betrag beschränkt (als ganz rohe Grenze, die natürlich stark durch die übrigen Glasbestandteile beeinflußt wird, mögen 12% gelten). Sie ist eine stärkere Säure als die Kieselsäure.

In Alkali löst sich Borsäure leicht unter Bildung von Boraten, deren wässerige Lösungen stark hydrolysiert sind (s. S. 74).

Freie Borsäure ist in Wasserdämpfen flüchtig. Bei Anwendung von Borsäurehydrat führt während des Einschmelzens der entweichende Wasserdampf Borsäure weg. Es können dadurch Verluste entstehen, über deren Höhe keine allgemein gültigen Angaben gemacht werden können. Sie dürften aber bis zu einigen Prozenten anwachsen können.

Die Borsäure erleichtert die Schmelzbarkeit der Gläser. Auch die Zähigkeit wird stark vermindert (s. S. 87), so daß Gasblasen leichter entweichen können, die Läuterung also begünstigt wird.

Betreffend die Verbesserung der chemischen, mechanischen und optischen Eigenschaften im fertigen Glase siehe die einschlägigen Abschnitte in diesem Buche.

Als Rohstoffe zur Einführung von Borsäure finden oben erwähnte Mineralien, sofern sie in genügender Reinheit vorliegen, Anwendung. Eine sachgemäße Verwendung dieser Materialien setzt eine genaue Analyse und die dauernde Kontrolle der Lieferungen voraus, um stets das Gemenge richtig eingestellt zu erhalten. Einfacher arbeitet man mit definierten, im Handel in großer Reinheit zu habenden Produkten: der Borsäure selbst und dem Natriumsalz derselben, dem Borax.

Was betreffs der Anwendung der kristallinischen Borsäure zu sagen ist, ist bereits oben mitgeteilt. Der Borax hat die Formel $Na_2B_4O_7 + 10\,H_2O$, setzt sich also zusammen aus:

36,6% Borsäure, 16,2% Natriumoxyd, 47,2% Wasser.

Bei Anwendung von 100 Teilen Borax erhalten wir also nur 52,8% im Glas. Es ist zu betonen, daß wir mit Borax gleichzeitig Natron einführen, bei 100 Borax: 16,2 Natriumoxyd, entsprechend 27,7 Soda.

Borax schmilzt bei 747° und bildet beim Erkalten der Schmelze ein nur schwer kristallisierendes Glas. Es ist in Wasser leicht löslich.

Phosphorsäure und arsenige Säure spielen als eigentlich glasbildende saure Oxyde nur eine geringe Rolle. Die erste wird als Trübungsmittel, die zweite als Läuterungsmittel behandelt werden.

2. Rohstoffe zur Einführung basischer Oxyde.

Unter den basischen Oxyden, die für die Glasbildung sich eignen, ist eine größere Mannigfaltigkeit vorhanden. Doch beschränkt sich die Auswahl der praktisch angewandten auf einen kleinen Kreis. Es sind einerseits die leichtschmelzenden und (leider) auch leichtlöslichen Alkalien, die uns das Niederschmelzen in den erzielbaren Ofentemperaturen ermöglichen und anderseits die schwerlöslichen, die die Haltbarkeit des Glases erhöhen: Kalk, Strontian, Baryt, Bleioxyd und Zinkoxyd.

Wir beginnen mit den Alkalien, bei denen die Bedeutung von Kali und Natron im Laufe der Jahrhunderte gewechselt hat. Die antiken Gläser waren Natrongläser. Die spätere Glasfabrikation, die in größerem Maßstabe arbeitete, schloß sich eng an große Wälder an und wählte dann die aus der Holzasche gewonnene Pottasche als Alkali gebendes Mittel. Die Einführung der Steinkohle und der Sodafabrikation gab dem Natron wieder höhere Bedeutung, die noch gesteigert wurde, nachdem man in der Mitte des 19. Jahrhunderts gelernt hatte, das Sulfat ohne Umwandlung in Soda direkt im Ofen zum Glasschmelzen zu verwenden.

Natriumoxyd (Natron).

Chem. Formel: Na_2O. Molekulargewicht: 62,1.

Wichtige Verbindungen	Formel	Mol.-Gew.	Einschmelzeverlust %	liefert % Na_2O	Schmelzpunkt
Natriumsulfat	Na_2SO_4	142,16	56,3	43,7	884° ± 1
Natriumsulfat — kristallisiert	$Na_2SO_4 \cdot 10H_2O$	322,31	80,7	19,3	—
Soda — kristallisiert	Na_2CO_3, $10H_2O$	286,25	78,4	21,6	—
Soda — kalziniert	Na_2CO_3	106,10	41,5	58,5	853°

Das Natron ist neben Kieselsäure und Kalk der wichtigste Bestandteil technischer Gläser. Als solches wird es nie zum Schmelzen verwendet, doch bildet es eine Reihe verbreiteter oder doch leicht herstellbarer Salze, unter denen besonders hervorzuheben ist: Natriumchlorid, Natriumsulfat und Natriumkarbonat. Ein weiteres Natriumsalz haben wir bereits im Borax kennen gelernt.

Chlornatrium (Steinsalz, Kochsalz) ist das verbreitetste lösliche Alkalisalz. Es bildet den Hauptbestandteil des Meerwassers und kann bei günstigen klimatischen Verhältnissen aus diesem gewonnen werden (Meersalz). Die Natur selbst hat es an einzelnen Orten, wo einst Meeresfluten die Erde deckten, in reichlicher Menge angehäuft und durch überlagernde Fels- und Erdschichten vor erneuter Auflösung geschützt. Die Gewinnung dieser Lager geschieht teils durch Bergbau (Steinsalz), teils durch Salinenbetrieb (Siedesalz). Kochsalz ist das billigste Natriumsalz. Es kann aber nicht zur Glaserzeugung dienen. Kochsalz ist Chlornatrium und setzt sich mit SiO_2 nur in Gegenwart von Wasserdampf bei hohen Temperaturen um, wobei neben der Silikatschmelze Salzsäure erhalten wird:

$$\underset{\text{Kieselsäure}}{SiO_2} + \underset{\text{Chlornatrium}}{2\,NaCl} + \underset{\text{Wasser}}{H_2O} = \underset{\text{Natriumsilikat}}{Na_2SiO_3} + \underset{\text{Salzsäure.}}{2\,HCl}$$

Die technische Durchführung eines solchen Prozesses bietet so große Schwierigkeiten, daß sie kaum zu verwirklichen ist.

Auf den Glashütten glaubt man manchmal, einen Teil des Natronbedarfs als Kochsalz ins Gemenge bringen zu können, namentlich um durch das schon bei ca. 800° schmelzende Kochsalz das Einschmelzen zu erleichtern. Bei geringen Mengen besteht die Möglichkeit, daß der Wasserdampf der Feuergase die notwendige Oxydation vollführt. Doch ist dies für beachtliche Mengen nicht sichergestellt. Dazu kommt, daß das Chlornatrium schon bei 1000° sehr stark verdampft, bei 1450° siedet und bei Abwesenheit von Wasserdampf selbst bei 2000° noch unzersetzt ist. Es besteht also keinerlei Sicherheit darüber, wie viel der Menge angewandten Kochsalzes entsprechendes Natron wirklich in den Glasfluß eingeht. Es ist deshalb von der Anwendung eines so unkontrollierbaren Schmelzmittels auch in kleinen Mengen abzuraten.

Dafür spielt das Kochsalz als Ausgangsmaterial für die Herstellung von Soda und Sulfat eine ungemein wichtige Rolle.

Natriumsulfat (schwefelsaures Natron, Glaubersalz). Das Natron bildet mit Schwefelsäure ein Salz der Formel Na_2SO_4, das Natriumsulfat, genauer gesagt, das wasserfreie Natriumsulfat. Das Natriumsulfat kristallisiert jedoch aus wässeriger Lösung unter geeigneten Bedingungen in monoklinen Kristallen mit 10 Molekülen Wasser, $Na_2SO_4 + 10\,H_2O$ oder 44,11 Na_2SO_4 und 55,89% Wasser. In dieser Form nennen wir das Sulfat Glaubersalz.[1]) Zwischen den beiden Salzen, dem wasserfreien und kristallwasserhaltigen, besteht die Beziehung, daß das letztere oberhalb 32,8° nicht beständig ist.

Lösen wir Glaubersalz in Wasser von steigender Temperatur, so nimmt die Löslichkeit zunächst zu und erreicht bei 32,8° ihr Maximum mit 325 g kristallisiertem wasserhaltigen Glaubersalz in 100 Teilen Wasser. Wird eine solche gesättigte Lösung über 32,8° erhitzt, so wandelt sich die ganze Menge in wasserfreies Salz um, und dann treten die Lösungsverhältnisse dieses Salzes in Geltung, das mit wachsender Temperatur immer weniger löslich wird. Dunsten wir also eine Lösung von Natriumsulfat bei einer 33° überschreitenden Temperatur ein, so fällt uns wasserfreies Sulfat in kleinen rhombischen Oktaedern aus. Das Kristallwasser des wasserhaltigen Salzes besitzt übrigens schon bei gewöhnlicher Temperatur solche Spannung, daß es in trockener Luft verdampft, der Kristall verliert Wasser, „verwittert". Umgekehrt nimmt wasserfreies Sulfat Feuchtigkeit auf, wird wasserhaltig. Das ist bei lange lagernden Sulfatbeständen zu beachten.

Für die Glasfabrikation kommt nur das wasserfreie Salz in Anwendung. Es schmilzt bei 884° unzersetzt. Zwischen Zimmertemperatur und dem Schmelzpunkt, und zwar bei 240°, besitzt das Natriumsulfat einen Umwandlungspunkt (s. d. S. 22), bei dem das rhombische Salz in eine trikline Modifikation übergeht.[2]) Die Umwandlung ist mit einer Wärmetönung verbunden, die das 1,7 fache

---

[1]) Die häufig benützte Bezeichnung „wasserfreies Glaubersalz" für „wasserfreies Sulfat" entspricht nicht dem strengen Sprachgebrauch und gibt zu Verwechslung Anlaß. Es empfiehlt sich, „Glaubersalz" nur für das wasserhaltige Salz $Na_2SO_4 + 10$ aq zu verwenden.

[2]) Boeke, Z. f. anorg. Chem. **50**, 355 (1906).

der Schmelzwärme beträgt.[1]) Dies ist anscheinend für das Verhalten rasch abgekühlter „Galle" von Bedeutung. Das Natriumsulfat ist weniger flüchtig als das Kochsalz, jedoch verdampft es, hoher Temperatur ausgesetzt, stark. Ch. Dralle konnte schon bei 1000° nach 7—8stündigem Erhitzen beträchtliche Gewichtsverluste nachweisen. Auf dieser Verflüchtigung mag zum Teil der Alkaliverlust, der beim Einschmelzen des Glases beobachtet wird, und die Entstehung von stark sulfathaltigen Niederschlägen in den Rauchzügen der Öfen zurückzuführen sein.

Bei höherer Temperatur tritt eine Abspaltung von $SO_2 + O$ ein, nach Cobb bei 1200—1220°, die mit weiter steigender Temperatur lebhafter wird.

Die Zersetzung des Sulfats durch Kieselsäure geht nur sehr langsam von statten. Sie wird wesentlich durch die Anwesenheit und Einwirkung von Kohle und anderen reduzierenden Stoffen beschleunigt. Ein näheres Eingehen auf diese Reaktion wird bei der Besprechung des Einschmelzens (Kap. 3) erfolgen. Hier sei nur noch der Gewichtsverlust festgestellt, den Natriumsulfat beim Glasschmelzen erleidet.

Das Natriumsulfat setzt sich zusammen aus 43,7% Natriumoxyd (Na_2O) und 56,3% Schwefelsäureanhydrit (SO_3). Nur das Natriumoxyd geht in den Schmelzfluß über. Wenn wir also 100 Teile Sulfat ins Gemenge geben, so erhalten wir nur 43,7 Teile im Glase oder, um einen Teil Natriumoxyd zur Wirkung zu bringen, sind 2,28 Teile Sulfat abzuwägen. Dieser Betrag erfährt eine entsprechende Erhöhung, wenn das verwendete Natriumsulfat nicht 100% Na_2SO_4 enthält.

Wir wenden uns zu dem Vorkommen und der Herstellung des Natriumsulfats.

Das Natriumsulfat ist in natürlichen Wässern, insbesondere im Wasser des Meeres und mancher Binnenseen sehr verbreitet. Diese Vorkommen lassen sich natürlich direkt zur Glasfabrikation verwenden, doch bietet die stark schwankende Zusammensetzung große Schwierigkeiten.

Über derartige Vorkommen siehe Lunge, Handbuch der Sodaindustrie, 2. Band.

Eine gewisse Bedeutung besitzt wohl die Gewinnung aus den Mutterlaugen von Salinen und Meersalzgärten und namentlich die auf demselben Prinzip beruhende Darstellung aus Kochsalz und Kieserit, dem Auslaugrückstand der Kalisalze. In allen diesen Fällen werden Laugen, die Magnesiumsulfat und Kochsalz enthalten, der Kälte (unter — 3°) ausgesetzt und dadurch kristallisiertes Glaubersalz zur Abscheidung gebracht. Dies Salz ist noch durch Kochsalz, Magnesiumsulfat verunreinigt. Durch Verdampfen der Lösung dieses Endproduktes erhält man das wasserfreie Salz in sehr guter Qualität, insbesondere so gut wie eisenfrei. Nach Lunge ist die Durchschnittszusammensetzung:

Kalziniertes Natriumsulfat	Prima	Sekunda
Natriumsulfat	97	94
Kalziumsulfat	1,1	1,1
Natriumchlorid	1,6	2,5
Unlösliches	0,3	2,2
Eisenoxyd	0,04	0,07

Dank dem geringen Eisengehalt wird gerade das Sulfat der Kaliwerke besonders gerne in den Glasfabriken angewandt. Die Produktion ist aber teuer und nicht sehr groß.

Dagegen ist neuerdings ein Verfahren in der Entwicklung, das ein ganz ausgezeichnetes Sulfat liefert. Das Hochofenwerk Lübeck gewinnt bei metallurgischen Prozessen Natriumsulfat enthaltende Abfallaugen, die gereinigt, besonders von Eisen befreit und dann in ähnlicher Weise wie die Ablaugen der Kaliwerke und Meersalinen verarbeitet werden. Die reichlich zur Verfügung stehenden Hochofengase liefern eine

---

[1]) Hüttner und Tamann, ebenda, **43**, 215 (1905).

sehr billige Brennstoffquelle, die dem Werke gestattet, das gewonnene Sulfat vollkommen zu trocknen.[1]) Das so gewonnene Sulfat ist wohlfeil und entspricht höchsten Anforderungen an Reinheit. Eine Analyse, die im Laboratorium des Verfassers ausgeführt wurde, ergab folgende Zusammensetzung:

97,48% Na_2SO_4
0,13% Na_2SO_3
0,27% K_2SO_4
0,23% NaCl
0,35% $CaCO_3$
0,0020% Fe_2O_3
1,49% Feuchtigkeit

Diese Zusammensetzung entspricht einem Gehalt an ins Glas aufnehmbaren Oxyden von:

42,62% Na_2O
0,15% K_2O
0,21% CaO

Das verbreitetste Verfahren zur Herstellung von Sulfat ist die Umsetzung von Kochsalz mit Schwefelsäure.

Dieses Verfahren zerfällt in zwei zwar nicht scharf voneinander trennbare Vorgänge:

I. NaCl + H_2SO_4 = HCl + $NaHSO_4$
Kochsalz Schwefelsäure Salzsäure Natriumbisulfat

II. $NaHSO_4$ + NaCl = HCl + Na_2SO_4
Natriumbisulfat + Kochsalz = Salzsäure + **Natriumsulfat.**

Die Bedingungen für die Durchführung von I und II unterscheiden sich bezüglich Temperatur und Zustand der reagierenden Gemenge: I hat mäßige Temperatur, flüssige Bestandteile (H_2SO_4), darum als Gefäß dichte Metalle (Eisen oder Blei) notwendig und anwendbar. II gibt bei höherer Temperatur im Ofen bleibendes festes Reaktionsprodukt, also nicht dichter Boden aus feuerfesten Steinen.

Daraus ergeben sich folgende Quellen für mögliche Verunreinigungen des Sulfates: Unreines Kochsalz, unreine Schwefelsäure, Angriff der für I notwendigen „Pfanne", Abbröckeln der Schamottesteine aus dem Ofen für II. Für reinstes Sulfat muß Siedesalz und möglichst eisenfreie Schwefelsäure verwandt werden. Die genannte „Pfanne" gibt Eisen ab, wenn sie aus Eisen, darum enthält Eisenpfannensulfat mehr Eisen, als in Bleipfannen hergestelltes:[2])

bei Bleipfannen-Sulfat: 0,013 — 0,041% Fe_2O_3,
Eisenpfannen-Sulfat: 0,094 — 0,18% Fe_2O_3.

Das eben skizzierte Verfahren von Sulfat bedarf der besonderen Herstellung von Schwefelsäure. Wir kennen jedoch eine Reaktion, bei der die schweflige Säure, das Verbrennungsprodukt von Schwefel und Schwefelmetallen, mit Luft und Wasserdampf zusammen Kochsalz in Sulfat verwandelt, wie dies folgende Gleichung veranschaulicht:

$$4\,NaCl + 2\,SO_2 + O_2 + 2\,H_2O = 2\,Na_2SO_4 + 4\,HCl.$$

Kochsalz + Schwefligsäure + Luftsauerstoff + Wasserdampf = Natriumsulfat + Salzsäure.

Diese Reaktion verläuft bei 300° mit merklicher Geschwindigkeit. Sie ist insofern von Interesse, weil sie uns zeigt, daß Niederschläge, die sich aus verflüchtigtem Kochsalz in Rauchzügen und Schornsteinen absetzen, durch die heißen Abgase aus mit Sulfat arbeitenden Glasöfen, die ja SO_2, O_2 und HO_2 enthalten, in Sulfat umgewandelt werden, und gibt so einen Hinweis auf die Entstehung solcher stark sulfathaltiger Niederschläge in den Schornsteinen von Glasöfen. Die Reaktion wird aber auch technisch durchgeführt als sog. Hargreaves-Sulfatverfahren. Der hier besonders zu betonende Vorteil ist der, daß das Sulfat in den Zylindern des Hargreaves-Verfahrens kein Eisen aufnimmt. Das Sulfat, das aus „Siedesalz" auf diesem Wege hergestellt wird, ist infolgedessen nahezu eisenfrei. Das Hargreaves-Sulfat ist darum bei den Spiegelglasfabriken Lancashires besonders beliebt. Auch die „Société des Manufactures des Glaces et Produits chimiques, St. Gobain" betreibt in Chauny (Dep. Aisne) eine Hargreaves-Anlage. In Deutschland arbeiten nur zwei Fabriken nach Hargreaves, in

[1]) Keppeler, Sprechsaal, **57**, 438 (1924).
[2]) Ost, Z. f. angew. Chem. 1896, 11.

Stolberg bei Aachen (Rhenania, Ver. chem. Fabriken) und in Rheinau bei Mannheim (Th. Goldschmidt A.-G.).

Bewertung und Prüfung des Sulfats. Gutes Sulfat ist rein weiß, höchstens mit schwach grünlich-gelbem Stich. Es darf nicht hart, sondern muß „mürbe", zwischen den Fingern zerreiblich sein. Größere Klumpen mit kristallinischem Kern zeigen an, daß keine vollkommene Umsetzung des Kochsalzes stattgefunden hat. Der Gehalt an Na_2SO_4 soll 95 bis 97% betragen. An Verunreinigungen kommen in Betracht: Eisensulfat, Kochsalz, freie Säure, Gips. Eisen soll für Spiegelglas nicht mehr als 0,02% zugelassen werden. Kochsalz und freie Säure sind unnötiger Ballast, die sich im Ofen verflüchtigen. Gutes Sulfat soll nicht mehr als 0,5% Kochsalz und 1% freie Säure (SO_3) enthalten. Gips trägt sehr zur Bildung von Glasgalle bei. Mehr als 0,5% davon im Sulfat ist zu beanstanden.

1. Zur Bestimmung des Eisens löst man 10 bis 50 g Sulfat in Wasser, reduziert die Eisensalze durch Einleiten von Schwefelwasserstoff und vertreibt den Schwefelwasserstoff durch Kochen und Einleitung von Kohlensäure. Darauf titriert man mit $^1/_{10}$, bei besonders reinen Sorten mit $^1/_{20}$ Permanganat in feingeteilten schmalen Büretten.

2. Freie Säure bestimmt man wie folgt: Man löst 20 g Sulfat zu 250 cm^3, pipettiert 50 cm^3 heraus, setzt Metylorange zu und titriert mit Normalnatron zur Neutralisation. Jedes Kubikzentimeter der Lauge entspricht 1% SO_3.

3. Zur Natriumchloridbestimmung pipettiert man von der zur Säurebestimmung hergestellten Lösung nochmals 50 cm^3 ab, setzt die oben zur Neutralisation gebrauchten Mengen Normalnatronlauge zu, um genau zu neutralisieren, und dann einige Tropfen Kaliumchromatlösung und titriert mit Zehntelnormal-Silberlösung bis zum Umschlag von Gelb in Rosa. Zur Berücksichtigung des zur Färbung nötigen Silberbedarfs sind 0,2 cm^3 abzuziehen. Jedes Kubikzentimeter entspricht 0,146% NaCl.

4. Den Gehalt an eigentlichem Natriumsulfat bestimmt man auf folgende Weise: Man löst 1 g Sulfat und fällt zuerst Kalk, Eisen und Tonerde, indem man Salmiak, Ammoniak und schließlich oxalsaures Ammon zusetzt und erwärmt. Man filtriert vom Niederschlag ab und dampft das Filtrat in einer Platinschale unter Zusatz einiger Tropfen Schwefelsäure zur Trockne, glüht dann noch einmal nach Zusatz eines Stückchens Ammonkarbonat und wägt. Vom gefundenen Gewicht ist abzuziehen die auf Natriumsulfat berechnete Menge des Natriumchlorids (1 cm^3 Silberverbrauch = 0,001 774 g Na_2SO_4). Ist Magnesia vorhanden, so ist diese in üblicher Weise als Magnesiumphosphat zu bestimmen und vom Gewicht des Abdampfrückstandes abzuziehen. Der Rest entspricht dem in 1 g Sulfat wirklich vorhandenen Na_2SO_4.

Soda. Die Soda ist das kohlensaure Salz des Natrons, das Natronkarbonat, und hat die Formel: Na_2CO_3. Man unterscheidet zwischen „kristallisierter Soda", die mit 10 Molekülen H_2O auf 1 Molekül Na_2CO_3 kristallisiert, und der wasserfreien „kalzinierten Soda", also der Formel Na_2CO_3 entsprechend. Die Löslichkeitsverhältnisse sind ähnlich wie beim Glaubersalz.

Von praktischer Bedeutung sind die eigentliche Kristallsoda mit 10 Wasser und die durch Glühen, „Kalzinieren", daraus entstehende „kalzinierte Soda". Die Kristallsoda „verwittert" schon bei mäßiger Temperatur. Unterhalb 12° nur bei relativ sehr trockener Luft. Dagegen zieht kalzinierte Soda bei diesen Temperaturen schon aus mäßig feuchter Luft Wasser an. Dies ist für die Lagerung von Soda von großer Bedeutung,[1]) besonders in Küstenländern mit hoher Luftfeuchtigkeit. In der Glasfabrikation kommt ganz ausschließlich die „kalzinierte Soda" in Anwendung, mit 58,53% Na_2O und 41,47% CO_2. Die Soda schmilzt bei 853°. Sie verliert bei dieser Temperatur schon etwas Kohlensäure $Na_2CO_3 = Na_2O + CO_2$, und die Zersetzung wird mit wachsender Temperatur immer stärker.

Wie die Dampfspannung einer verdampfenden Flüssigkeit mit steigender Temperatur wächst, so besitzen die sich zersetzenden Salze einen gesetzmäßig mit den Temperaturen anwachsenden Zersetzungsdruck. Für die Soda wurde er von Lebeau[2]) gemessen. Er fand folgende Werte:

Temperatur:	700°	730°	820°	880°	999°	1010°	1050°	1080°	1100°	1150°	1180°	1200°
CO_2-Druck in mm Quecksilber:	1	1,5	2,5	10	12	14	16	19	21	28	38	41

[1]) Über den Einfluß der Lagerung siehe Japhe, Sprechsaal **56**, 393 (1923). — Ferner in Kap. 3 Lagerung der Rohmaterialien.

[2]) Lebeau, Compt. Rend. 137, 1255 (1903).

Der Sinn dieser Zersetzungsspannung ist der, daß nur dann eine Zersetzung der Soda stattfinden kann, wenn in der Atmosphäre über dem Salze ein geringerer Partialdruck an Kohlensäure herrscht, als die Zersetzungsspannung der Soda bei der gleichen Temperatur. Wir können also bei 1200° Soda nur dann zersetzen, wenn im Rauchgas weniger als $\frac{41}{760} \cdot 100$[1]) = 5,4 Vol.-% CO_2 enthalten sind. In einem normalen Rauchgas mit 13 Vol.-% Kohlensäure (Partialdruck der Kohlensäure $\frac{13}{100} \cdot 760 = 98{,}8$ mm Quecksilber) ist die Soda bei 1200° vollkommen beständig. Um in einem solchen Gasstrom Soda zu zersetzen, muß die Zersetzungsspannung 98,9 mm überschreiten, was nach obigen Zahlen erst in der Gegend von 1300° stattfinden dürfte.

Die Kohlensäure ist eine schwache Säure und in nur wenig fester Bindung mit dem Natron. Dank ihrer Flüchtigkeit (sie ist schon bei gewöhnlicher Temperatur ein Gas) wird sie von der kaum verflüchtigbaren Kieselsäure, trotzdem diese eine noch schwächere Säure ist, vollkommen aus den Alkalisalzen vertrieben[2]):

$$Na_2CO_3 + SiO_2 = Na_2SiO_3 + CO_2.$$

Es geht bei dieser Reaktion nur das Natron in das Glas ein, also von 100 Teilen Soda nur 58,53. Um also 1 Teil Natron in ein Glas einzuführen, sind 1,708 Teile kalzinierte Soda abzuwägen. Soll Sulfat durch Soda ersetzt werden, so sind für 2,28 Teile Sulfat 1,708 Teile Soda oder für 1 Sulfat 0,75 Soda abzuwägen.

Die Soda kommt auch in der Natur vor. Sie findet sich in vielen Binnenwässern, in den Natronseen von Ungarn, Ägypten und Zentralafrika, in den Steppen. Gewonnen wird die natürliche Soda besonders in Ägypten, Mexiko und Nordamerika. Die aus natürlichen Quellen gewonnene Soda ist im allgemeinen kein hochgradiges Produkt, sondern mehr oder weniger mit Kochsalz, Natriumsulfat und anderen Salzen verunreinigt. Bei ihrer Verwendung in der Glasindustrie muß darauf Rücksicht genommen werden.

Eine in früheren Zeiten sehr wichtige Quelle für Soda war die Asche von am Meeresstrand, am Ufer von Salzseen und in Salzsteppen lebenden Pflanzen, die im Gegensatz zu anderen Pflanzen Natron und nicht Kali assimilieren. Diese Pflanzen liefern bei der Verbrennuug eine an Soda reiche Asche. Heute ist in Europa diese Sodaquelle aber zu vollkommener Bedeutungslosigkeit herabgesunken.

Die Herstellung der Soda geschah früher nach dem sog. Leblanc-Verfahren. Aus Kochsalz wurde in der oben angedeuteten Weise Natriumsulfat hergestellt und dieses mit Kohle und Zusatz von Kalkstein erhitzt, dabei entsteht Soda und Schwefelkalzium.

Na_2SO_4 +	2 C +	$CaCO_3$ =	Na_2CO_3 +	CaS +	2 CO_2.
Sulfat	Kohlenstoff	Kalzium-Karbonat	Soda	Schwefelkalzium	Kohlensäure.

Soda ist in Wasser leicht löslich, Schwefelkalzium nicht. Durch Auslaugen des Reaktionsproduktes („Rohsoda") erhält man eine Lösung, aus der Soda kristallisiert. Diese Soda ist aber schwefelhaltig, was in der Glasindustrie zur Gelbfärbung führen würde. Durch Einleiten von Kohlensäure in die Lösung wird die Soda hochwertiger. Das Leblanc-Verfahren ist heutzutage vollkommen verdrängt durch den Solvay- oder Ammoniaksodaprozeß, so daß die Fabriken kaum in die Lage kommen werden, Leblanc-Soda zu kaufen.

Der Ammoniaksodaprozeß geht aus von starken Kochsalzlösungen, in die Ammoniak und Kohlensäure eingedrückt werden, es entsteht dann statt Chlornatrium Chlorammon und daneben Natriumbikarbonat:

NaCl +	NH_3 +	CO_2 +	H_2O =	$NaHCO_3$ +	NH_4Cl.
Kochsalz	Ammoniak	Kohlensäure	Wasser	Natriumbikarbonat	Chlorammon.

Chlorammon bleibt in Lösung. Das Natriumbikarbonat fällt als schwerlösliches Salz aus. Das Natriumbikarbonat zerfällt beim Glühen in kalzinierte Soda, Wasserdampf und Kohlensäure:

2 $NaHCO_3$ =	Na_2CO_3 +	CO_2 +	H_2O.
Natriumbikarbonat	Soda	Kohlensäure	Wasserdampf.

Die heutige Ammoniaksoda ist sehr rein, nur etwas durch Kochsalz verunreinigt. Man kann sie frisch bezogen zu 98% Na_2CO_3 annehmen. Das Verfahren ist im Laufe der Jahre so sehr

[1]) Das ganze Gasvolumen befindet sich unter normalem Barometerstand = 760 mm Quecksilber.

[2]) Näheres hierüber im Abschnitt „Vorgänge beim Einschmelzen", Kap. 3.

vervollkommnet worden, daß es nicht nur eine Vernichtung der Leblanc-Sodaindustrie herbeiführte, sondern eine enorme Verbilligung der Soda mit sich brachte. Als der Solvayprozeß ins Leben trat (Anfang 1860er Jahre), kostete 1 t Soda 400 M., vor dem Kriege noch nicht 100 M.

Bewertung der Soda. Für die Glasfabrikation wird möglichst hochprozentige, eisenfreie Soda gefordert.

Eisen bestimmt man wie folgt: 5 g Soda werden gelöst, mit eisenfreier Schwefelsäure neutralisiert, mit Schwefelwasserstoff reduziert, der Schwefelwasserstoff wird durch Einleiten von Kohlensäure zunächst kalt, dann unter Erhitzen ausgetrieben. Man läßt im Kohlensäurestrom erkalten und titriert mit $^1/_{20}$ Normalpermanganat. 1 cm^3 Verbrauch = 0,086% Eisenoxyd. Bei sehr eisenarmen Sorten werden enge Büretten mit feiner Teilung und feiner Spitze verwandt.

Chlornatrium wird wie beim Sulfat bestimmt, durch Titration mit Silbernitrat.

Sulfat wird durch Fällen der mit Salzsäure angesäuerten Lösung mit Chlorbarium erhalten. NaCl soll nicht über 1,5%, Na_2SO_4 nicht über 0,3% vorhanden sein. Eine geringe Überschreitung dieser Grenzen ist unbedenklich, höhere Gehalte wirken oft gallebildend.

Sodagehalt wird durch Titration mit Normalsäure und Methylorange als Indikator bestimmt. Zur Analyse werden abgewogen 2,65 g, aufgelöst und ohne Filtration titriert. Verbrauch von 1 ccm Normalsäure = 2% Na_2CO_3. Da die von dieser Bestimmung nicht erfaßten Bestandteile handelsüblicher Soda nicht glasbildend wirken, ist der so ermittelte Sodagehalt für die Berechnung des Gemengesatzes maßgebend. Da (s. o.) bei längerer Lagerung durch Wasseraufnahme der Sodagehalt in wechselnder Stärke (je nach Zeit, Witterungsverhältnissen und Art der Lagerung) zurückgeht, ist diese Bestimmung häufiger zu wiederholen und der Gemengesatz danach zu ändern! Erhöhter Wassergehalt zeigt sich durch Bildung von Klumpen und Zusammenbacken der Soda.

Sulfat oder Soda? Die Einführung des Sulfats in die Glasindustrie wurde seinerzeit durch die große Verbesserung der Öfen, die mit der Aufnahme der Siemensschen Regenerativheizung einsetzte, wesentlich erleichtert. Es lag damals die Ammoniaksodaindustrie noch in ihren ersten Anfängen, noch machte sich ihr Einfluß auf die Preisgestaltung nicht geltend. Die Leblancsodafabrikation ging aber ja vom Sulfat aus und mußte eine Reihe von Operationen aufwenden, um das Sulfat in Rohsoda überzuführen und aus dieser wieder ein handelsfähiges Produkt zu erhalten. Die Preisdifferenz zwischen Sulfat und Soda war infolgedessen sehr groß, und es bedeutete einen großen Fortschritt, als Teile der Glasindustrie auf die Herstellung von Soda verzichten lernten und das Natron in der Form des Sulfats dem Glase einverleiben konnten. Auch waren die Industrien nicht so dicht gesät und gewerbehygienische Grundsätze noch so wenig entwickelt, daß man ohne Bedenken die beim Sulfatglasschmelzen entstehende Schwefligsäure in die Atmosphäre schickte. Die wirtschaftlichen Vorteile schienen so groß, daß das Sulfat immer mehr sich einführte, daß seit Jahren das Glas, das in Wannen erschmolzen wird, so gut wie ganz und auch vielfach im Hafen erschmolzenes Glas, also Flaschen-, Fenster- und Spiegelglas, mit Sulfat hergestellt wird.

Und doch haben sich die Verhältnisse, die für die Einführung des Sulfats sprachen, ganz wesentlich geändert. Die vom Sulfat ausgehende Sodafabrikation ist verschwunden. Die Preise sind ungemein gefallen, so daß der Preisunterschied, der einst die Verwendung von Sulfat anregte, nicht mehr besteht. Man kann sagen, daß heute Sulfat pro Tonne 70 bis 80 M. kostet, Soda 115 bis 125 M. Nun aber bedürfen wir zur Einführung gleicher Mengen Natron an Soda nur $^2/_3$ dessen, was an Sulfat notwendig wäre. Der Ersatz einer Tonne Sulfat kostet uns also in Soda 77 bis 83 M. Auf die gleiche Ausbeute an Glas bezogen, ist also Sulfat nur wenig billiger als Soda. Dazu kommt, daß man beim Schmelzen mit Soda weniger Kohle braucht. Ihre Zersetzungswärme an sich ist geringer als die des Sulfats. Noch wichtiger aber ist, daß die Einwirkung der Kieselsäure auf das Sulfat sich bei sehr viel höherer Temperatur abspielt als der Angriff der Soda. Das Sulfat reagiert zudem viel langsamer, wir müssen für die gleiche Produktion die Wanne längere Zeit auf höhere Temperatur heizen, so daß also die Verwendung des billigeren Sulfats mit einem Mehraufwand an Brennmaterial erkauft wird.

Diese Überlegungen finden auch durch die Tatsache, daß ja nur ein geringer Bruchteil des Brennstoffverbrauchs (10 bis 15%) für den eigentlichen Schmelzvorgang verbraucht wird, keine wesentliche Einschränkung. Denn einerseits ist ja der Hauptwärmeverlust in den Glasschmelzöfen auf die große Strahlung zurückzuführen und dieser Verlust wird relativ vermindert durch Verkürzung der Schmelzperiode und die Herabsetzung der Ofentemperatur, anderseits wird der für die Schmelzarbeit nutzbar gemachte Teil der aufgewandten Gesamtwärme dadurch vergrößert, daß ein größerer Temperaturunterschied zwischen der Temperatur der Schmelze und der maximalen Flammentemperatur besteht. Dieser Temperaturunterschied ist ja das Maßgebende für den primären Wirkungsgrad der Feuerung. Wenn nun auch die Brennstoffersparnis beim Schmelzen mit Soda nicht unmittelbar der geringeren

Zersetzungswärme entsprechend einzusetzen ist, so bleibt das Sodaschmelzen doch wärmewirtschaftlich vorteilhafter. Setzt man obige Preisdifferenz ein, so stellt sich der Betrieb einerseits mit Sulfat, anderseits mit Soda dann gleich, wenn beim Schmelzen mit Soda eine Ersparnis an Kohle von 5 bis 15% erzielt wird. Nach unseren heutigen Erfahrungen könnte beim Sodaglasschmelzen eine Ersparnis an Brennmaterial von 15% wohl möglich sein und damit wäre die Soda dem Sulfat wirtschaftlich ebenbürtig geworden.

Sobald aber die Verwendung von Soda der des Sulfats wirtschaftlich gleichwertig ist, empfiehlt eine Reihe anderer Gesichtspunkte ihre Anwendung. Die niedere Einschmelztemperatur beim Sodaversatz schont den Ofen. Die Läuterung des Glasflusses vollzieht sich prompter und die Glasgallenbildung, die beim Sulfat einen beträchtlichen Umfang hat, tritt ganz zurück. Kurzum, die ganze Schmelzarbeit wird vereinfacht.

Dies wird von Seiten vieler Glasfachleute bestritten. Sie sagen, daß ein Sulfatgemenge viel mehr „arbeitet", „treibt", womit gesagt sein soll, daß das Sulfatgemenge in der Läuterungsperiode noch eine starke Gasentwicklung zeigt, die die Läuterung begünstigt. Diese Beobachtung ist nicht unrichtig. Man wird aber aus der Erfahrung heraus, daß in vielen Fällen reine Sodagemenge jahraus, jahrein zur vollen Läuterung gebracht werden, schließen dürfen, daß bei entsprechender Führung der Schmelze auch in den Industrien, die bis jetzt nur Sulfat kennen, mit Soda gleich gut geläuterte Gläser erschmolzen werden könnten. Auch genügt zur Herbeiführung der genannten Wirkung ein geringer Zusatz von Sulfat zur Soda.

Aber auch die Allgemeinheit hat das größte Interesse, daß das Sulfat als Schmelzmaterial der Glasindustrie verschwindet und damit die Rauchbelästigung durch diese wesentlich gemildert wird. Sobald man in der Lage ist, Glas mit Soda nicht teurer als mit Sulfat zu schmelzen, ist es ein Unding, den Schwefel in die Luft zu jagen und diese damit zu verpesten.

Die Glasindustrie verbrauchte vor dem Kriege jährlich ca. 150000 t Sulfat, schickte also 56000 t Schwefel oder, auf das Rohmaterial der Schwefelsäurefabrikation umgerechnet, 125000 t Pyrit nutzlos, ja die Allgemeinheit schädigend durch ihre Schornsteine. Das entsprach einem Geldverluste von 3 bis 4 Millionen Mark jährlich, die noch zudem größtenteils ins Ausland gingen, da $^4/_5$ des deutschen Pyritbedarfs vom Auslande gedeckt wurden. Die Ammoniaksodafabrikation dagegen baut sich ganz auf Materialien auf, die wir im Inland in reicher Fülle haben: Steinsalz, Kohle und Kalkstein. Diese volkswirtschaftliche Betrachtung bezieht sich natürlich nur auf das Sulfat, das aus Steinsalz und Schwefelsäure gewonnen wird. Sulfat aus den Kaliwerken und das Lübecker Sulfat bedürfen ja keiner Schwefelsäure zu ihrer Herstellung.

Natürlich würde der vollkommene Ersatz des Sulfats durch Soda nicht ohne Einfluß auf die chemische Industrie sein. Aber diese hat es jederzeit verstanden, sich veränderten Erzeugungs- und Absatzverhältnissen anzupassen. Der Einführung von Soda steht also auch von dieser Seite nichts im Wege; umgekehrt könnte die heimische Sodaindustrie, die mit einem Gestehungspreis von ca. 70 M. pro Tonne rechnet, wohl noch mit dem Sodapreis herabgehen, wenn sie ihre Produktion, die jetzt 300000 t beträgt, um mehr als 150000 t erhöhen könnte.

Von welcher Seite man die Frage: „Sulfat oder Soda?" beleuchten mag, ob man von rein wirtschaftlichen, von technischen, von gewerbehygienischen oder von nationalökonomischen Gesichtspunkten ausgehen mag, die Betrachtungen laufen alle in dem einen Punkt zusammen: „Sulfat kann und sollte mehr und mehr durch Soda ersetzt werden." Die Erfüllung dieser Forderung wird natürlich nur allmählich eintreten können.

Kaliumoxyd (Kali).

Chem. Formel: K_2O. Molekulargewicht: 94,3.

	Formel	Mol.-Gew.	Einschmelzverlust %	liefert % K_2O	Schmelzpunkt
Pottasche wasserfrei . .	K_2CO_3	138,2	31,8	68,2	891°
Pottasche kristallisiert .	$K_2CO_3 + 2\,H_2O$	174,3	45,9	54,1	891°
Kaliumsulfat	K_2SO_4	174,3	45,9	54,1	1067°
Kaliumnitrat	KNO_3	101,1	53,4	46,6	336,0° ± 0,11
Kaliumchlorid	KCl	—	100 (?)	—	768° ± 3

Die Bedeutung des Kalis als glasbildenden Oxydes ist in den letzten Jahrzehnten sehr viel geringer geworden. Es hat sich traditionell nur noch in den böhmischen Hütten erhalten, sonst aber nur da, wo seine optischen Eigenschaften dazu veranlassen, also bei der Herstellung von Halbkristall, Bleikristall, optischen und Farbgläsern sowie in manchen Fällen, wo es die Erleichterung der Schmelze und die Herabminderung der Neigung zum Entglasen zu besorgen hat (z. B. Apparateglas).

Auch die Quellen, denen wir das Kali entnehmen, sind andere geworden. Während ehedem das Kali wesentlich aus Pflanzenaschen entnommen wurde, besitzen wir jetzt in den in den sechziger Jahren aufgedeckten Kalisalzen der norddeutschen Tiefebene eine unversiegbar scheinende Quelle dieser wichtigen Stoffe. Diese Lager enthalten die verschiedensten Salze von teilweise komplizierter Zusammensetzung. Man stellt daraus einfachere Salze her. Wir nennen das Chlorid, das Sulfat, das Nitrat und das Karbonat des Kaliums.

Das Kaliumchlorid ist aus den gleichen Gründen, aus denen wir vor der Verwendung des Kochsalzes warnten (s S. 158), für die Glasindustrie so gut wie wertlos. Es verflüchtigt sich, falls nicht Wasserdampf gegenwärtig ist, unzersetzt. Siedepunkt 1420°.

Das Kaliumsulfat könnte in ähnlicher Weise wie das Natriumsulfat unter Zuhilfenahme von Reduktionsmitteln zur Einführung des Kalis in das Glas dienen. Dieses verbietet sich aber in Gegenwart von Bleioxyd, und auch wenn dieses fehlt, erschwert es die Arbeit. Man findet darum das Kaliumsulfat nicht als Schmelzmaterial in den Glashütten. Tritt es als Verunreinigung von Pottasche auf, so wirkt es in größeren Mengen gallebildend.

Das Kaliumnitrat dient wesentlich als Läuterungsmittel und ist bei diesen zu behandeln.

So bleibt als einziges Kalisalz, das eine größere Rolle als Schmelzmaterial in der Glashütte spielt, das Kaliumkarbonat, die Pottasche, übrig.

Pottasche. Die Pottasche ist das kohlensaure Salz des Kalis, das Kaliumkarbonat, und hat die Formel K_2CO_3. Man unterscheidet zwei Arten von Pottasche, einerseits die „kristallisierte" mit 2 Molekülen Wasser auf 1 Molekül K_2CO_3, häufig auch „Hydratpottasche" genannt, anderseits die „kalzinierte Pottasche", die also der Formel K_2CO_3 entspricht. Sie setzt sich aus 68,2% Kali und 31,8% Kohlensäure zusammen. Die „Hydratpottasche" enthält 20,7% Wasser und 79,3% wasserfreie Pottasche. Die Pottasche schmilzt bei 891°. Die Temperaturen für die Zersetzung der Pottasche sind nicht genau bekannt, sie liegen etwas höher als bei der Soda (s. S. 161). Beim Einschmelzen wird die Kohlensäure flüchtig. Von 100 Teilen kalzinierter Pottasche bleiben im Glas 68,2% Kali. Um also einen Teil Kali in ein Glas einzuführen, müssen wir 1,47 Teile 100proz. kalzinierte Pottasche abwägen.

Soll Soda durch Pottasche ersetzt werden, so ist zu berücksichtigen, daß 94,3 Teile Kali (K_2O) 62,1 Teilen Natron gleichwertig sind.

Um also zu ersetzen:	durch:	sind abzuwägen:
1 Teil Na_2O	K_2O	2,23 K_2CO_3
1 Teil Na_2CO_3	K_2CO_3	1,303 K_2CO_3
1 Teil K_2O	Na_2O	0,658 Na_2CO_3
1 Teil K_2CO_3	Na_2CO_3	0,767 Na_2CO_3
1 Teil Na_2SO_4	K_2CO_3	0,973 K_2CO_3

Die Herstellung der Pottasche aus Kalisalzen kann nicht analog dem Ammoniaksodaprozeß durchgeführt werden. Dagegen kann der alte Leblanc-Prozeß zur Herstellung von Pottasche dienen. Kaliumsulfat wird mit Kalk und Kohle geschmolzen, wobei man in Wasser lösliche Pottasche neben unlöslichem Kalziumsulfid erhält:

$$\underset{\text{Kaliumsulfat}}{K_2SO_4} + \underset{\text{Kohle}}{2\,C} + \underset{\text{kohlensaurer Kalk}}{CaCO_3} = \underset{\text{Pottasche}}{K_2CO_3} + \underset{\text{Kalziumsulfid}}{CaS} + \underset{\text{Kohlensäure.}}{2\,CO_2}$$

Durch Auslaugen dieser Schmelzen und Reinigung der Laugen erhält man die gereinigte Pottasche zunächst kristallisiert als „Hydratpottasche" $K_2CO_3 \cdot 2\,H_2O$ und daraus durch Kalzinieren wasserfreie mit 96 bis 98% K_2CO_3. Das Verfahren hat an Bedeutung eingebüßt, weil billiger arbeitende aufgekommen sind.

Sehr reine Pottasche erhält man nach dem Magnesiaverfahren, das von Engels erfunden und von Precht-Neustaßfurt verbessert wurde. Es wird folgendermaßen durchgeführt. In eine kaltgesättigte Chlorkaliumlösung, in der Magnesiumkarbonat aufgeschlemmt ist, wird Kohlensäure eingedrückt. Dabei geht Magnesiumkarbonat als Magnesiumchlorid teilweise in Lösung, teils bildet es ein schwer lösliches Doppelsalz aus Kaliumbikarbonat und Magnesiumkarbonat 2 $KHCO_3 \cdot MgCO_3$. Dies schwer lösliche Doppelsalz wird von der Mutterlauge getrennt und mit Wasser in Kaliumkarbonat und Magnesia zerlegt. Die Pottaschelösung wird eingedampft und daraus wasserhaltige Pottasche kristallisiert, meist aber kalziniert.

Auf diese Weise wird eine Pottasche hervorragender Reinheit erhalten, insbesondere enthält sie nur ganz geringe Mengen Natron, da das Natron kein analoges Doppelsalz mit Magnesiumkarbonat bildet. Analysen von zwei Pottaschesorten, die das Salzbergwerk Neustaßfurt auf dem geschilderten Weg herstellt, sind folgende:

Pottasche 96—98% kalziniert	Pottasche 98—100% kalziniert
97,15% K_2CO_3	99,45% K_2CO_3
0,07% Na_2CO_3	0,05% Na_2CO_3
1,25% KCl	0,06% KCl
0,31% H_2O	0,02% K_2SO_4
0,06% Unlösliches	0,40% H_2O.

Auch durch Elektrolyse kann Pottasche gewonnen werden. Da auf diesem Wege ebenso leicht das für viele Zwecke wertvollere und wirksamere Ätzkali erhalten wird, kommt das elektrolytisch gewonnene Ätzkali meist als solches in Handel. Für die Glasindustrie ist dies ganz unbrauchbar, da es die Hafenwände zu stark angreift.

Neben diesen Herstellungsmethoden kommen noch die älteren Quellen in Betracht, vor allem die „Pflanzenaschen"[1]) Durch Auslaugung der Asche und Eindampfen der Lösung erhält man die Pottasche. In rohem Zustand ist diese braungefärbt durch organische Substanz. Wird diese herausgebrannt, so erhält man die weiße, auch gräulich und bläulich gefärbte „Pottasche". Diese Pottaschensorten sind sehr wenig rein und in ihrer Zusammensetzung ungeheuer schwankend, und zwar in folgenden Grenzen:

40 bis 75% K_2CO_3	10 bis 1% KCl
6 „ 3% Na_2CO_3	10 „ 4% H_2O
30 „ 15% K_2SO_4	4 „ 2% Unlösliches.

Eine Pflanzenasche, die in Deutschland größere Bedeutung besitzt, ist die den Zuckerrüben entstammende. Bei vollständiger Verarbeitung der Rüben bleibt die sog. Schlempe zurück, die bei ihrer Verkohlung eine sehr pottaschereiche Kohle gibt. Diese „Schlempekohlenpottasche", auch kurz, aber fälschlich „Melasse" genannt, zeigt ebenfalls wechselnde Zusammensetzung. Ost gibt folgende zwei Analysen:

	I.	II.
K_2CO_3	59,0%	37,7%
KCl	15,2%	20,8%
K_2SO_4	4,3%	3,1%
Na_2CO_3	15,1%	30,8%
K_2S, $K_2S_2O_3$	0,5%	7,6% (zusammen)
Wasser und Unlösliches . . .	6,0%	

Diese Pottasche wird in deutschen Fabriken raffiniert und dabei eine 94—96-prozentige K_2CO_3-haltige Pottasche gewonnen. Sie enthält durchschnittlich:

95% K_2CO_3
3% Na_2CO_3
1% K_2SO_4
1% KCl.

Jedoch kommen auch minderwertige Produkte in den Handel. Diese Pottaschequelle ist ziemlich bedeutend. Deutschland verarbeitet jährlich 30000 t Schlempenkohle mit 15000 t Rohpottasche.

---

[1]) Braunkohlen- und Torfasche als Zusatz zum Gemenge (1/40 desselben) sind merkwürdigerweise patentiert gewesen. Franz H. Becker, D.R.P. 126728, 12. 11. 1901.

Schließlich ist noch die „Pottasche aus Wollschweiß“, ein Nebenprodukt der Wollwäscherei, zu nennen. Diese Pottasche enthält roh ca. 80% K_2CO_3 und wird durch Raffinieren auf noch höhere Grade der Reinheit gebracht.

Zusammenfassend können wir also feststellen, daß man auf dem Markte einerseits die rohen Pottaschen mit einem maximalen Gehalt von 80% K_2CO_3 findet, anderseits hochprozentige mit mehr als 95% K_2CO_3. Demnach ist auch ihre Verwendung nach zwei Gesichtspunkten vorzunehmen. Handelt es sich nur darum, die Pottasche als Alkali zu verwenden und läßt der örtliche Preis dies vorteilhaft erscheinen, so steht der Verwendung der rohen Pottasche nichts im Wege, falls die notwendige Menge sachgemäß festgestellt und die Verunreinigungen, insbesondere der nicht unbeträchtliche Gehalt an Kaliumsulfat, berücksichtigt wird. Will man aber durch die Verschmelzung von Kali die besonderen Eigenschaften (z. B. optische) im Glase hervorrufen, so wird man am besten mit möglichst hochprozentiger Pottasche fahren.

Bei der Lagerung „kalzinierter“ wasserfreier Pottasche ist große Vorsicht geboten, da sie stark wasseranziehend ist und infolgedessen den Gehalt an Pottasche leicht ändert. Dauernde Kontrolle und Beachtung des Pottaschegehalts beim Zusammenwägen des Gemenges ist notwendig. In Betrieben, in denen die Kontrollmöglichkeit fehlt, empfiehlt sich die Verwendung von kristallisierter Pottasche ($K_2CO_3 \cdot 2\,H_2O$), der sog. „Hydratpottasche“, die auch bei längerem Lagern ziemlich konstanten Gehalt zeigt.[1])

Untersuchung der Pottasche.[2])

Gesamtalkali wird durch Titration mit Normalsäure bestimmt.

Natriumkarbonat wird wie folgt bestimmt: 20 g Pottasche werden in einem 100-cm³-Kolben mit Salzsäure neutralisiert, nach Zusatz von 10 cm³ Alkohol zur Marke aufgefüllt, 10 Minuten geschüttelt und dann filtriert. 50 cm³ des Filtrats werden in gewogener Platinschale eingedampft, getrocknet, schwach geglüht und gewogen. Der Glührückstand, enthaltend die der Pottasche entsprechende Menge Chloralkalien, dazu vorher vorhandenes KCl, wird in Wasser aufgenommen und mit $^1/_{10}$ Silbernitrat titriert. Aus diesem Chlorgehalt und der Gesamtmenge der Chloralkalien berechnet man den Gehalt an KCl und NaCl und rechnet das letztere auf Na_2CO_3 um. — Den Gehalt an eigentlichem Kaliumkarbonat erhält man, indem man von der der Gesamtalkalität entsprechenden K_2CO_3-Menge die der Soda entsprechende Menge abzieht. Zur unmittelbaren Bestimmung des Gehaltes an K_2CO_3 empfiehlt es sich, die salzsaure Lösung mit Überchlorsäure zu fällen und aus dem Kaliumchloratniederschlag die K_2CO_3 zu berechnen.

Kaliumsulfat, dessen Bestimmung wegen der Gefahr der Gallenbildung notwendig ist, wird durch Fällung der neutralisierten und angesäuerten Pottaschelösung mit Chlorbarium bestimmt. Anzuwenden 2 g, bei Magnesiapottasche, die sehr wenig K_2SO_4 enthält, 50 g. — Chlorkalium durch Titration mit $^1/_{10}$ Silber.

Kalziumoxyd (Kalk).

Chem. Formel: CaO. Molekulargewicht: 56,1.

Wichtige Verbindungen	Formel	Mol.-Gew.	Einschmelzverlust %	liefert % CaO	Schmelzpunkt
Kalziumoxyd (gebr. Kalk)	CaO	56,1	—	100,—	2572°
Kalziumkarbonat (kohlensaurer Kalk Kalkspat) . .	$CaCO_3$	100,1	44 %	56,0	Bei gewöhnlichem Druck nicht unzersetzt schmelzbar
Kalziumsulfat (Gips) . .	$CaSO_4$	136,2	58,8 %	41,2	wie beim Karbonat
Kalziumfluorid (Flußspat) . .	$CaFl_2$	78,2	59,3%[3])	71,8[4])	1330°

[1]) Japhe, Sprechsaal, 57, 366 (1924).

[2]) Posts Chem.-Techn. Analyse. I, 4. Heft (3. Aufl.), S. 941.

[3]) Hierin ist das mit dem Feuer aus dem Gemenge verflüchtigte Silizium eingerechnet.

[4]) Bei vollständiger Verflüchtigung des Fluors, siehe Fluorverbindungen.

Das Kalziumoxyd ist unter denjenigen basischen Oxyden, die der Glasschmelzer zur Erhöhung der chemischen Widerstandsfähigkeit dem Glase einverleibt, das am häufigsten angewandte. Es ist das verbreitetste und billigste dieser Oxyde. Die hauptsächlichste Anwendungsform ist das Karbonat in seinen verschiedenen Arten.

Von früheren Zeiten hat sich wohl auch da und dort der Brauch erhalten, das Kalziumhydroxyd, den gebrannten, wassergelöschten und dabei zerfallenen Kalk zu verwenden. Außerdem ist noch der Gips, das Kalziumsulfat, als Schmelzmittel vorgeschlagen, aber kaum in Anwendung. Fluorkalzium, der Flußspat, gilt als Läuterungs- und Trübungsmittel, das Kalziumphosphat als Trübungsmittel.

Gebrannter Kalk. Die Verwendung des gebrannten, zerfallenen Kalkes empfahl sich früher, weil sich dadurch auf einfachste Art eine Zerkleinerung des Kalksteins erzielen ließ. Gebrannter Kalk ist, je nach Art des verwandten Kalksteins, mehr oder weniger reines Kalziumoxyd. Beim Löschen entsteht Kalziumhydroxyd $Ca(OH)_2$, das beim Liegen an der Luft Wasser und Kohlensäure aufnimmt. Es hängt sehr von den äußeren Umständen ab, wie viel es davon aufgenommen hat. Infolgedessen ist diese Anwendungsform sehr unsicher.

Es liegt heutzutage kein Grund vor, den Kalk gebrannt zu verwenden. Man kann ihn sehr leicht mechanisch zerkleinern. Es kommt hinzu, daß durch die Asche der zum Brennen des Kalks notwendigen Kohle eine Verunreinigung desselben eintreten kann. Ferner fällt bei der Verwendung von gebranntem Kalk die Kohlensäureentwicklung beim Einschmelzen weg, die dadurch, daß sie die schmelzende Masse bewegt, „arbeiten" läßt, die Homogenisierung und Läuterung des Glases befördert. Es spricht also nichts für die Verwendung von gebranntem Kalk, vieles aber dagegen (s. auch Einschmelzen in Kap. II).

Kalziumkarbonat, kohlensaurer Kalk. Der kohlensaure Kalk ist in reinster Form weiß. Er ist in reinem Wasser unlöslich. Er besteht aus 56 Teilen Kalziumoxyd und 44 Teilen Kohlensäure. Die Kohlensäure wird beim Einschmelzen flüchtig, von 100 Teilen reinem Kalk gehen also nur 56 Teile in die Glassubstanz über. Der Schmelzverlust beträgt 44%. Um also 1 Teil Kalziumoxyd dem Glase einzuverleiben, sind 1,78 kohlensaurer Kalk abzuwägen.

Der kohlensaure Kalk ist bis in die Gegend von 500° unzersetzt, darüber hinaus macht sich eine mit der Temperatur zunehmende Dissoziation geltend. Für jede Temperatur besteht eine bestimmte Zersetzungsspannung. Sie ist für eine Reihe von Temperaturen nach den Versuchen von Riesenfeld[1]) in folgender Tabelle zusammengestellt, und zwar in Millimeter Quecksilber.

Dissoziations-Spannung von $CaCO_3$

°C	mm Hg	°C	mm Hg
500	0,95	800	195
600	9,20	850	369
700	50,—	900	700
750	101,—	1000	2829

Bei 700° hat also der kohlensaure Kalk eine Zersetzungsspannung von 50 mm Quecksilber, oder in Atmosphären ausgedrückt, da eine Atmosphäre = 760 mm Quecksilber ist, $\frac{50}{760} = 0,066$ Atm. Mit diesem Druck ist die Kohlensäure bestrebt, aus dem Kalk auszutreten. Der Kalk kann bei 700° nur dann Kohlensäure abspalten, wenn der Kohlensäuredruck über ihm geringer ist als 0,066 Atm. oder 6,6 Vol.-% im Gas, das den Kalk bestreicht. Ist er höher, so unterbleibt die Zersetzung, ja es wird, falls schon kohlensaurer Kalk zu Ätzkalk zersetzt war, von diesem Kohlensäure unter Rückbildung von kohlensaurem Kalk aufgenommen:

$$CaO + CO_2 = CaCO_3.$$

Man sieht, der Zersetzungsdruck ist wesentlich für das Brennen des Kalks und Einschmelzen von Kalkgläsern. Haben wir ein Flammengas von 13% CO_2, entsprechend einem Partialdruck von $\frac{13}{100} \cdot 760 = 98,8$ mm, rund 100 mm Quecksilber, so muß also die Temperatur über 750° gebracht werden, bis die Neigung, Kohlensäure abzuspalten, sich geltend macht. Es würde aber bei dieser Temperatur ganz ungewöhnlich lange dauern, bis alle Kohlensäure durch die Rauchgase fortgeführt würde. Rascher geht die Reaktion bei 900°, wo, wie die Tabelle zeigt, die Kohlensäurespannung 1 Atm. beträgt, also den

[1]) Journ. de Chem. phys. 7, 561 (1909). Pott, Diss. Freiburg i. Br. (1909). — Cohn, Diss Freiburg i. Br. (1910).

Luftdruck überwindet. Hier liegt ein Zustand vor, der dem Siedepunkt einer Flüssigkeit entspricht. Die Zersetzung des Kalkes ist mit einem ziemlichen Wärmeverbrauch (42500 cal. pro 100 g $CaCO_3$) verknüpft.

Bemerkenswert ist noch, daß die angegebenen Spannungen nur für reinen Kalk gelten. Alkali und kohlensaurer Kalk lösen sich gegenseitig, wodurch die Spannungen herabgesetzt werden.

Man müßte also in Gegenwart von Soda höhere Temperaturen zur Zersetzung anwenden. Anderseits wird durch den großen Überschuß von Kieselsäure die Zersetzungsspannung bedeutend erhöht (s. Abschnitt über Reaktionen beim Einschmelzen, Kap. 3).

Vorkommen in der Natur. Kalziumkarbonat ist in der Natur sehr verbreitet und kommt in einer Reihe von Modifikationen vor. In großen, frei ausgebildeten rhomboedrischen Kristallen bildet es den Kalkspat und in rhombischen Kristallen den selteneren Aragonit; aus undeutlichen, verwachsenen Kriställchen zusammengesetzt den Marmor, Kalkstein, Tropfstein, Kreide. Der eigentliche Kalkspat, wegen seiner starken Doppelbrechung auch Doppelspat genannt, kommt hauptsächlich in Erz- und Mineralgängen, in den Höhlungen von Eruptivgesteinen und der dichten Kalksteine vor (in Deutschland: Andreasberg, Freiberg, Tharandt, Auerbach). Besonders berühmt ist der isländische Doppelspat wegen seiner hervorragenden Klarheit und Reinheit. Der Marmor ist die geschätzteste Art des Kalksteins. Er ist oft durch Beimengungen gefärbt. Die weißen Varietäten sind meist sehr rein. Während im Marmor das kristallinische Gefüge noch leicht erkennbar ist, zeigt der Kalkstein ein mehr feinkörniges bis vollständig dichtes Gefüge. Die Kalksteine kommen in allen Graden der Reinheit vor. Es gibt sehr reine, die praktisch aus 100% kohlensaurem Kalk bestehen, anderseits aber auch solche, die viel fremde Bestandteile enthalten. Häufig ist ein Gehalt an kohlensaurer Magnesia (s. Tabellen S. 171). Ist er beachtenswert, so reden wir von einem dolomitischen „Kalkstein". Ebenso kommen „kieselige Kalksteine" vor. Ist die Verunreinigung toniger Natur, so spricht man bei geringem Tongehalt von „mergeligem Kalkstein", enthält der Kalk mehr als 20% Ton, so nennen wir ihn Mergel, und zwar in diesem Fall Kalkmergel. Überwiegt der Tongehalt, so wird das Gestein Tonmergel genannt. Der Glasmacher nennt aber auch Kalk mit sehr wenig Ton Mergel, wenn er wenig fest ist (s. Tabelle S. 171).

Eine eigentümliche Art des Vorkommens des Kalkes ist die Kreide, ein erdiges abfärbendes Gestein, das sich aus den mikroskopisch kleinen Schalen abgestorbener Lebewesen zusammensetzt. Sie ist in der geologischen Formation, die nach ihr benannt ist, besonders stark vertreten.

Auch ein künstliches Produkt, der kohlensaure Kalk, der beim Kaustizieren der Soda abfällt, z. B. der Äscherkalk der Seifensieder, kann in der Glasindustrie als Schmelzmaterial dienen. Diese Produkte sind meist sehr feucht. Die Analyse eines solchen Seifenkalkes sei beispielsweise mitgeteilt:

45,6% CaO	0,3% Fe_2O_3
0,6% MgO	2,0% SiO_2
25,35° CO_2	23,7% Feuchtigkeit
2,6% Al_2O_3	

Eine Übersichtskarte der deutschen nutzbaren Kalkstein-Vorkommen ist von Heß von Wichdorff bearbeitet und herausgegeben (Berlin 1921, bei Dietrich Reimer).

Kalkstein als Rohstoff für die Glasindustrie. Aus der vorstehenden Übersicht über die Arten des Vorkommens der Kalksteine ergibt sich schon, daß die Zusammensetzung der verschiedenen Kalksteine außerordentlich ungleich ist. In den meisten Fällen würden aber die Beimengungen keine Mängel des Glases hervorrufen, insofern diese Beimengungen (MgO, Al_2O_3, SiO_2) ebenfalls glasbildend wirken. Vom optischen Glas und Farbglas abgesehen, wirken störend nur die färbenden Oxyde, von denen im allgemeinen nur Eisenoxyd vorhanden ist. Für die Beurteilung der Kalke bzw. ihre Eignung als Glasschmelzmittel kommt also besonders der Eisenoxydgehalt in Frage. Die Entscheidung der Frage, ob ein Kalk für ein bestimmtes Glas noch verwendbar sei, hängt vom Eisengehalt der

Tab. 51. **Sehr reine Kalksteine.**

Lfd. Nr.	Vorkommen: Ort	Vorkommen: Geolog. Formation	Zusammensetzung: CaO	MgO	Fe_2O_3	Al_2O_3	SiO_2	Glühverl., einschl. org. Subst., Feuchtigk. u. SO_3	Analytiker	Bezugsquelle
1	Hagenrath	Devon	55,56	0,09	0,06	—	0,40	43,89 (davon 0,03 SO_3)	?	Westdeutsche Kalkwerke Köln a/Rh.
2	Gladbach	Mittel-Devon	53,48	0,92	0,05	0,51	1,80	43,24 (davon 0,05 SO_3)	?	
3	Stolberg/Rhld.	Ober-Devon	55,10	0,21	0,09	—	0,24	44,36	Dr. Schridde-Aachen	H. Gehlen-Stolberg/Rhld.
4	Balve-Westf.	Mittel-Devon	55,54	0,06	0,08	0,12	0,36	43,72	Lab. f. Tonindustrie, Berlin	Allhoff-Balve
5	Limburg/Lahn	Mittel-Devon	55,32	0,47	0,024	0,005	0,008	44,17	Fresenius-Wiesbaden	Schäfer-Dietz/Lahn
6	Hahnstätten	Mittel-Devon	55,38	0,44	0,014	0,004	0,06	44,10	„ „	„ „ „
7	Tschirnhaus b. Liegnitz .	Silur	55,25	0,45	0,05	0,085	0,185	43,97	Dr. Seyda u. Dr. Woy, Breslau	
8	Groß-Strehlitz	Muschelkalk	55,76	0,13	0,03	0,12		43,96	?	Groß-Strehlitz u. Tarnauer Kalkwerke Gebr. Edlinger Groß-Strehlitz
9	Tarnau	Muschelkalk	55,85	0,06	0,02	0,05		44,02	?	
10	Hohenelbe-Böhmen . . .	?	55,72	0,05	0,098		0,14	43,99	Lab. d. Ver. Zwieseler und Pirnaer Farbenglaswerke, München	Wenzel Renner Schwarzenthal b. Hohenelbe-Böhmen
11	Oberrohdach b. Kronach, Oberfranken	Jura	52,93	0,27	0,08	1,20	3,52	42,00 (Spur SO_3)	Laborat. f. Tonindustrie, Berlin	Gebr. Schneider, Oberrohdach bei Kronach, Oberfr.
12	Ehrenstein-Schwäb. Alb. .	Oberer Jura	55,85	—	0,075		0,20	43,87	Lab. des Württ. Landesgewerbeamtes Stuttgart	Gebr. Merkle, Ulm a/D.

übrigen Glasschmelzmittel ab, insbesondere vom Eisengehalt des Sandes, der ja ¾ der Substanz des Glases ausmacht. Man sollte aber als allgemeinen Grundsatz gelten lassen, wenn möglich, für die als farblos geltenden Gläser die Rohmaterialien so eisenarm als möglich zu verwenden. In allen Gegenden Deutschlands befinden sich Kalksteinvorkommen, die diesen Grundsatz durchzuführen gestatten. Die Tabelle 51 zeigt, daß schon bei einer ganz unvollständigen Auswahl eine ganze Anzahl Kalksteine zu finden sind, deren Eisenoxydgehalt unter 0,05% liegt. Im Hinblick auf die verhältnismäßig geringe Menge (selten über 15%), die beim Kalk in das Glas eingeschmolzen wird, kann man die Grenze für den Eisenoxydgehalt des für die anspruchsvollsten Gläser verwandten Kalkes auf 0,1% Kalk festsetzen.

Für die Gläser, bei denen eine ziemlich starke Färbung zugelassen wird, ist der Einfluß des gewählten Sandes noch stärker, so daß hier eine allgemeine Regel nicht aufstellbar ist.

Man kann sagen, daß im allgemeinen mit dem Eisenoxydgehalt auch die Menge von anderen Verunreinigungen wächst. Kalk und Mergel, die einen beachtlichen Gehalt an Eisenoxyd haben, kommen aber nur für die Grobhohlglasindustrie (Flaschen usw.) in Betracht. Dort wird das Eisenoxyd als Färbungsmittel nur günstig wirken und ebenso die anderen Beimengungen wie SiO_2, Al_2O_3, MgO. Die Hauptsache bleibt, daß die analytisch festgestellte Zusammensetzung bei der Berechnung des Gemengesatzes sachgemäße Berücksichtigung findet (s. Berechnungen usw. am Schluß dieses Kapitels).

Tab. 52. **Mäßig reine Kalksteine.**

Lfd. Nr.	Vorkommen	Zusammensetzung CaO	MgO	Fe_2O_3	Al_2O_3	SiO_2	Glühverlust einschl. org. Subst., Feuchtigkeit u. SO_3	Analytiker
1	Santersheim-Eifel	52,90	0,57	1,50		2,60	42,43	Chem. Löffensend Call (Eifel)
2	Waldheim b/Aachen	53,61	Spuren	0,39		3,75	42,25	Geh. Rat. Prof. Classen, Aachen
3	Büren-Westfalen	49,56	0,44	0,23	2,82	5,05	58,10	Laboratorium f. Tonindustrie, Berlin
4	Neubeckum-Westfalen	50,12	0,41	1,66		10,11	37,70 (davon 0,63 SO_3)	?
5	Rothenfelde-Westfalen	45,81	—	5,90		11,93	36,36	?
6	Freden-Leine	53,59	0,54	0,58		1,18	44,11	Dr. Lauenstein, Hannover
7	Wendessen b/Wolfenbüttel	53,47	0,25	0,45		3,26	57,43	Dr. Frühling & Dr. Schuster, Braunschweig
8	Rüdersdorf b/Berlin	49,40	0,77	0,50	2,50	4,65	42,18	Mittelwert aus vielen Analysen
9	Querfurth	47,30	1,03	8,40		—	56,73 (davon 0,24 SO_3)	Dr. Rosenthal, Merseburg
10	Bennstedt b/Merseburg	50,50	0,74	2,99	4,20	—	41,57	Laboratorium f. Tonindustrie, Berlin
11	Görlitz	51,29	?	1,52		4,81	42,38	Sächs. mech. techn. Versuchsanstalt Dresden
12	Eisersdorf Kr. Glatz (Schlesien)	49,00	1,85	8,40		7,39	33,36	?
13	Weisenau b/Mainz	47,12	3,25	3,25		6,74	39,04	?
14	Malsch-Wiesloch b/Heidelberg	43,15	0,91	1,33	3,97	13,68	36,96	Lab. f. Tonindustrie, Berlin.
15	Ulm a. d. Donau	48,00	0,50	3,25		8,25	50,00	?

Tab. 53. **Kalkmergel.**

Lfd. Nr.	Vorkommen	Zusammensetzung CaO	MgO	Fe_2O_3	Al_2O_3	SiO_2	Glühverlust einschl. org. Substanz, Feuchtigkeit und SO_3
1	Flensburg	20,1	—	3,4	9,8	42,2	25,—
2	Lüneburg	22,7	15,1	3,6	7,1	19,6	31,9
3	Hameln/Weser	25,8	14,7	3,2	4,3	13,8	38,2
4	dto.	28,2	11,5	2,2	9,1	8,7	50,3
5	Misburg b/Hannover	49,8	Spur	0,5	2,5	6,5	40,7
6	Düren-Rhld.	31,4	1,3		3,9		71,7
7	Neckarelz-Diedesheim	33,56	2,0	3,4	7,8	23,12	30,1
8	Tölz	34,9	5,7	1,6	3,8	12,9	41.1

Was die Wirkung der einzelnen Beimengungen betrifft, so ist es natürlich einerlei, ob die in das Glas eingeführte Kieselsäure aus dem Sand oder aus dem Kalk stammt, jedoch ist im allgemeinen die SiO_2 im Sand billiger, als im Kalk.

Ein gewisser Tonerdegehalt kann aus mehrfachen Gründen nur begrüßt werden. Z. B. sind die Mergel von Hameln und solche von ähnlicher Zusammensetzung bei der Herstellung von Flaschenglas sehr beliebt. Ihr Tongehalt verleiht dem Glase wertvolle Eigenschaften, ebenso der relativ hohe Magnesiagehalt. Die Befürchtung, daß durch diesen das Glas zu schwer schmelzbar werde, ist nicht zutreffend. Derartige Flaschenglaskompositionen haben sich sehr bewährt.[1]) Es muß darauf hingewiesen werden, daß der Tongehalt namentlich auch in der geringeren Neigung zur Kristallisation zum Ausdruck kommt.[2]) Will man einen Mergel einfach durch gleiche Mengen eines weniger tonhaltigen Mergels oder gar durch einen reinen Kalk im Gemenge ersetzen, so wird das Glas „steinig", es entglast leicht. Man muß dann ein kalkärmeres und kieselsäurereicheres Gemenge einschmelzen.

Auch in anderen Gläsern wirken diese Oxyde ähnlich günstig. Sofern also der Eisenoxydgehalt die Verwendung eines Kalkes nicht ausschließt, sollte man — wenn nicht ein Glas von ganz bestimmter Zusammensetzung verlangt wird — sich durch die Anwesenheit von MgO, Al_2O_3, SiO_2 nicht abhalten lassen.

Was die für das Schmelzen günstige Korngröße betrifft, so gehen die Anschauungen hierüber auseinander. Vielfach wird, um die Gasentwicklung in der arbeitenden Schmelze in die späteren Perioden der Schmelze zu verlegen, grobes Korn empfohlen. Für die gleichmäßige Mischung sind aber feiner zerkleinerte Rohmaterialien günstiger. Es sollte aller Kalk für Wannengemenge durch Sieb mit 200 Maschen je cm^2, für Hafengemenge alles durch Sieb mit 600 Maschen, 75% durch 900-Maschensieb gehen. Für die Lösungsgeschwindigkeit ist die Art des Kalkes nicht unwesentlich. Kalke, die unter dem Mikroskop deutlich Kalkspatkristalle zeigen, lösen sich langsamer, als ganz fein kristallin und amorph scheinende. Kreide muß als die am besten sich lösende Kalkform angesprochen werden. Springer[3]) hat derartige Fälle aus der Praxis beschrieben. Man darf aus solchen Fällen aber nicht etwa schließen, daß das Schmelzen mit grobkristallischem Marmorkalk erhebliche Schwierigkeiten bringt. Die genannten Störungen sind nur dadurch entstanden, daß bei der Änderung des Rohmaterials genau der bisherige Schmelzgang beibehalten wurde. Eine geringe Steigerung der Schmelzhitze, bessere Mahlung und besseres Mischen lassen die genannte Schwierigkeit ohne weiteres überwinden.

Mit der Beurteilung des Kalkes als Glasschmelzmittel befassen sich noch folgende Veröffentlichungen:

a) Springer, Sprechsaal **56**, 188 (1923).

b) U. S. A. Department of Commerce, Bureau of Standards, Circular Nr. 118, Recommended Specification for Limestone etc. for use in the Manufacture of Glass (1921).

c) Dimbleby & Turner, Journ. Soc. Glass Techn. **6**.

d) Zschimmer, Theorie der Glasschmelzkunst II (1924).

e) Vogel, Auszug aus b und c. Sprechsaal **57**, 482 (1924).

Prüfung des Kalks. Die Bewertung des Kalks hängt sehr von dem Verwendungszwecke ab. Eine Elementaranalyse des Kalks wird bei unbekanntem Material sich nie umgehen lassen. Handelt es sich um die Herstellung von Fenster- und Spiegelglas, so wird neben der Kalkbestimmung der Eisen- und Manganbestimmung besondere Aufmerksamkeit zu schenken sein, noch mehr bei Gläsern, die farblos sein sollen. Bei Mergel kann man den in Salzsäure unlöslichen Rückstand bestimmen. Da die Zusammensetzung des Mergels oft im gleichen Bruch wechselt, empfiehlt es sich, eine solche Kontrolle

---

[1]) Chr. Dralle, Chem.-Ztg. 1900, 323.

[2]) Siehe Kap. 1, S. 50; auch die magnesiahaltigen Gemische kristallisieren nicht leicht; siehe S. 48. Einfluß auf Schmelzbarkeit s. S. 14.

[3]) Glasindustrie-Kalender **22**, 35 (1924/25).

regelmäßig auszuführen. Deutet die einfache Probe auf eine Veränderung, so ist sie durch eine Elementaranalyse zu ergänzen. Auch diese sollte in bestimmten Zeiträumen wiederholt werden. Veränderungen sind im Gemengesatz zu berücksichtigen.

Magnesiumoxyd.

Chem. Formel: MgO. Molekulargewicht: 40,32.

Wichtige Verbindungen	Formel	Mol.-Gew.	Einschmelzverlust %	liefert % MgO ins Glas	Schmelzpunkt °C
Magnesia gebrannt .	MgO	40,32	—	100,—	2800,—
Kohlensaure Magnesia (Magnesit)	$MgCO_3$	84,32	52,2	47,8	nicht unzersetzt schmelzbar
Doppelsalz: Kohlensaure Kalk-Magnesia (Dolomit)	$Mg \cdot Ca \cdot (CO_3)_2$	184,3	47,7	21,9 (+30,4 CaO)	nicht unzersetzt schmelzbar

Das Magnesiumoxyd (auch „Bittererde" genannt) findet sich in Gläsern seltener als das Kalziumoxyd. Früher wurde es den Gläsern nicht absichtlich zugesetzt, sondern kam in das Glas mit dem für die Herstellung des betreffenden Glases verwendeten Kalkstein, der als häufigste Beimengung die Magnesia enthält (s. Analysen von Kalksteinen und Mergeln, S. 171). Die Erkenntnis, daß Magnesia dem Glas sowohl in chemischer, wie mechanischer Beziehung gute Eigenschaften verleiht, hat aber im letzten Jahrzehnt dazu geführt, sie häufiger auch absichtlich als Bestandteil des Glases zu verwenden. Vor allem amerikanische Schmelzungen enthalten vielfach Magnesia, und zwar nicht nur Grünhohlglas und halbweißes Hohlglas, sondern auch farblose Gläser, wie Preßglas, Geräteglas, Glühlampenkolben, Glühlampensockel.

Um Magnesia dem Glase einzuverleiben, kann man vom Magnesiumoxyd selbst ausgehen. Die Formen, in denen die Magnesia im Handel ist, sind aber in ihren Eigenschaften stark wechselnd, auch löst sich die hierfür in Frage kommende gebrannte Magnesia oft schlecht. Man zieht deshalb die Karbonatformen, seien es künstlich hergestellte, seien es natürliche Formen (Dolomit) vor.

Magnesiumoxyd, „Magnesia usta", gebrannte Magnesia des Handels wird hergestellt durch Glühen („Brennen") der Karbonate, auch aus dem Chlorid bzw. Oxychlorid im Zusammenhang mit der Verwertung der Kaliablaugen. Lockeres weißes Pulver. Die Dichte hängt sehr von der Art der Erhitzung ab. Der Handel unterscheidet zwei Arten: eine lockere („Magnesia usta levis" des Arzneibuches) und eine dichtere („Magnesia usta ponderosa"). Beim Füllen gleicher Räume mit diesen Präparaten ist der Inhalt beim letzteren 3½mal schwerer als beim ersteren. Diese Unterschiede sind wichtig für die Geschwindigkeit des Schmelzens.

Magnesiumkarbonate werden durch Fällung aus Magnesiumsalzen, wohl auch durch Erhitzen von Magnesiumbikarbonaten hergestellt. Ihre Zusammensetzung ist nicht konstant und stark von den Bedingungen der Herstellung abhängig. Es sind immer „basische Salze", also einen Überschuß von MgO enthaltend. Auch unterscheidet man leichte (levissimum) und schwere (ponderosum) Sorten. Meist enthalten sie Bestandteile der Ausgangsstoffe (Alkali, Chlorid, Sulfat) adsorbiert. Die Zusammensetzung entspricht ungefähr folgenden Mol.-Verhältnissen:

$$5\,MgO \cdot 4\,CO_2 \cdot 7\,H_2O = \mathbf{40{,}0}\ \text{Gew.-\%}\ MgO$$

oder:

$$4\,MgO \cdot 3\,CO_2 \cdot 4\,H_2O = \mathbf{44{,}2}\ \text{Gew.-\%}\ MgO$$

im Mittel:

$$7\,MgO \cdot 5\,CO_2 \cdot 7\,H_2O = \mathbf{42{,}5}\ \text{Gew.-\%}\ MgO$$

Für die Verwendung in der Glasschmelze ist nicht nur der Magnesiagehalt, sondern auch die Dichte von Wichtigkeit, darum ist beim Wechsel des Präparates mit Abweichungen im Verhalten beim Schmelzen zu rechnen.

Doppelsalz: Kalziummagnesiumkarbonat, Dolomit. Magnesium bildet mit Kalzium ein Doppelkarbonat, $MgCa\,(CO_3)_2$, das als Dolomit in der Natur häufig vorkommt.

Tab. 54. **Eisenarme Dolomite.**

	Lfd. Nr.	Vorkommen	Zusammensetzung CaO	MgO	Fe_2O_3	Al_2O_3	SiO_2	Schmelzverlust	Analytiker	Bezugsquelle
Rohdolomite	1	Stolberg bei Aachen	32,49	19,69	0,12	0,51	0,09	47,10	Techn. Hochschule, Aachen	Westdtsche Kalkw. A.G.-Stolberg Rhld.
	2	Runkelm a/Lahn	30,33	20,55	0,41		1,85	46,86	Fresenius-Wiesbaden	F. Hubaleek & Cie, Coblenz
	3	Geithain-Sachsen	30,31	21,28	0,46		1,07	53,12	Dr. A. Röhrig-Leipzig	A. Lehmann, Geithain Sachsen
	4	Gruiten	31,31	20,18	0,76	0,48	0,48	53,21	W. Schulte-Bochum	Rhein.-Westf. Kalkw. A.G. Dornap
	5	Kaufungen	30,87	19,88	1,56	0,87	0,82	46,00	?	Promnitz & Siegener, Kaufungen
Gebrannte Dolomite	6	Pforten b/Gera	50,66	46,74	1,44		1,16	—	Dr. Fr. Moos-Gera	Gebr. Keil, Pforten b/Gera (Reuß)
	7	Hammerunterwiesenthal (Böhmen)	56,54	37,71	1,40		1,45	2,90	?	Kalkwerk Hammerunterwiesenthal (Böhmen)

Sämtliche Karbonatformen, auch der Dolomit, geben die Kohlensäure leichter ab, als das Kalziumkarbonat.

Vorkommen in der Natur. Die Magnesiumverbindungen kommen als Doppelsalze in den Kalisalzlagern vor, außerdem als Karbonatgestein. Das reine Magnesiumkarbonat, der Magnesit, tritt an wenigen Stellen in großen Massen gesteinbildend auf (Euböa, Steiermark, Tuxergrund-Tirol, Frankenstein-Schlesien). Häufig findet man ihn als Mischkristall mit Kalziumkarbonat, als sog. Dolomit ($Ca \cdot Mg \cdot (CO_3)_2$). (S. die Analysen in Tab. 54.)

Magnesia als Rohmaterial für die Glasindustrie. Die Wahl der Formart der Magnesia für die Glasschmelze hängt von der zu erzeugenden Glasart ab. Handelt es sich darum, ein Glas ganz bestimmter Zusammensetzung herzustellen, wird man am besten auf die künstlichen Formen (gebr. Magnesia, Magnesiumkarbonat) zurückgreifen und möglichst bei der einmal ausprobierten Marke bleiben. In manchen Fällen wird man auch für die vorbezeichneten Zwecke reine natürliche Dolomite verwenden können. Die Analysen solcher Dolomite mit Vorkommen und Bezugsquelle sind in Tab. 54 zusammengestellt. Kommt es nicht so genau auf die Einhaltung einer ganz bestimmten Zusammensetzung an, und ist man in der Lage, die Zusammensetzung des Glases dem Rohmaterial anzupassen, werden immer die Dolomite sehr gut verwendbar sein, wenn der Zweck, farbloses Glas zu schmelzen, die Verwendung magnesiahaltiger Mergel verbietet.

Prüfung der Magnesiaverbindungen. Die sämtlichen Magnesiaverbindungen sind, nach den üblichen Methoden der chemischen Analyse, auf Magnesiagehalt zu kontrollieren, da dieser immer etwas schwankt. Bei den künstlichen Produkten ist außerdem die Dichte zu prüfen. Ein kleines Meßgefäß ($100 cm^3$) wird unter Rütteln, immer in genau gleicher Weise (etwa löffelweise und für jeden Löffel sechsmaliges Aufstoßen des Gefäßes) gefüllt und das Gewicht des so eingefüllten Inhalts festgestellt. Da die Dichte bei den künstlichen Präparaten stark schwankt, für die Geschwindigkeit der Schmelze aber maßgebend ist, empfiehlt es sich, auch beim Bezug gleicher Marken, jede Packung auf Dichte zu prüfen.

Bariumoxyd (Baryt).

Chem. Formel: BaO. Molekulargewicht: 153,4.

Wichtige Verbindungen	Formel	Mol.-Gew.	Einschmelzverlust %	Einwage für 1 kg BaO im Glas kg	Schmelzpunkt
Kohlensaurer Baryt (Witherit)	$BaCO_3$	197,4	22,3	1,29	nicht unzersetzt schmelzbar
Schwefelsaurer Baryt (Schwerspat) . . .	$BaSO_4$	233,4	34,3	1,52	nicht unzersetzt schmelzbar
Salpetersaurer Baryt (Bariumnitrat) . .	$Ba(NO_3)_2$	261,5	41,3	1,70	575°

Das Bariumoxyd steht in seiner Bedeutung als Schmelzmaterial der Glasindustrie weit hinter dem Kalk zurück. Es ist in der Natur nicht so stark verbreitet wie der Kalk, aber doch nicht als selten zu bezeichnen. Der Baryt ist nicht als billiges Ersatzschmelzmittel anzusehen, so daß man ihn nur da einschmilzt, wo man bestimmte Effekte mit ihm erzielen will. Dies ist erleichtert durch das Aufkommen der Bariumindustrie, die das wesentliche Bariumpräparat, den kohlensauren Baryt, in hoher Reinheit liefert.

Auf die besonderen Eigenschaften des Baryts wie auch des Strontians als Glasoxyd hat zuerst Döbereiner[1]) hingewiesen, Goethe[2]) hat sich für diese Versuche interessiert. Später hat Benrath[3]) lebhaft die Vorzüge des Barytglases gerühmt und seine Kompositionen gelehrt. Die günstigen Eigenschaften des Baryts sind physikalischer Natur. Er steht dem Bleioxyd bz. dessen spezifischem Gewicht[4]) und Brechungsvermögen[5]) am nächsten, in seinem Ausdehnungskoeffizienten[6]) stimmt er mit ihm überein. Er dient darum meistens als Bleioxydersatz. Vor Bleioxyd hat er den Vorzug, vollkommen unempfindlich gegen Flammengase, sowohl gegen oxydierende wie reduzierende, zu sein.

Baryt ist zwar sehr schwer schmelzbar, schmilzt aber nach Moissan[7]) leichter als Strontian und Kalziumoxyd. Dagegen ist er unter diesen das in Wasser am stärksten lösliche Oxyd[8]), infolgedessen ist ein Barytglas chemisch weniger widerstandsfähig als ein Kalkglas entsprechender Zusammensetzung. Dies bestätigt die Erfahrung Zschimmers[9]), der mitteilt, Barium verhalte sich wie ein Alkali im Glase. Der Baryt wird infolgedessen wesentlich wegen der physikalischen Eigenschaften der Barytgläser eingeschmolzen bei der Herstellung von Halbkristall und Preßglas. Hier jedoch mit großem Erfolg und infolgedessen in wachsendem Umfang.

Das hauptsächlich angewandte Präparat ist der kohlensaure Baryt. Der Schwerspat tritt an Wichtigkeit zurück.

Bariumkarbonat, kohlensaurer Baryt. Das kohlensaure Salz des Bariums kommt als Witherit in der Natur vor, es kristallisiert nicht analog dem Kalkspat, sondern wie Aragonit. Der kohlensaure Baryt hat die Formel $BaCO_3$, besteht aus 77,7% Bariumoxyd und 22,3% Kohlensäure. Die Kohlensäure geht beim Einschmelzen flüchtig, man muß also 1,29 Teile $BaCO_3$ abwägen, wenn man 1 Teil BaO dem Glase einverleiben will. Das Bariumkarbonat schmilzt bei 1360° C unzersetzt, entwickelt aber aus der Schmelze lebhaft CO_2[10]).

---

[1]) Poggendorffs Ann. 15, 242, 1829.

[2]) Zschimmer, Glasindustrie in Jena, S. 25.

[3]) Beiträge zur Chemie des Glases, Dinglers Journal, 202, 422 (1871); siehe ferner über Barytgläser, Sprechsaal 1895, 687.

[4]) Kap. I, S. 110.

[5]) Kap. I, S. 127.

[6]) Kap. I, S. 118.

[7]) Ann. Chim.-Phys. (7) 4, 136 (1899).

[8]) Sprechsaal 1895, 687. Kap. I, S. 85 u. 96.

[9]) Chem.-Ztg. 1901, 730.

[10]) CO_2-Tensionen des festen $BaCO_3$:

1150° C	42 mm,
1200° C	92 mm
1350° C	735 mm.

Die höhere Beständigkeit des kohlensauren Baryts macht sich auch in größerer Zersetzungswärme geltend. Ein Vergleich mit dem verwandten $CaCO_3$ erlaubt folgende Zusammenstellung:

	Molekulare Zersetzungswärme in Kal.	Mol.-Gew.	Zersetzungswärme pro kg Karbonat in Kal.	Temp. für 1 Atm. CO_2-Spannung °C
$CaCO_3$ . . .	42520	100,13	424,7	910
$SrCO_3$ . . .	55770	147,64	377,8	1140
$BaCO_3$ . . .	62220	197,43	315,1	1360

Da äquivalente Mengen ins Glas eingeführt werden, ist natürlich die molekulare Zersetzungswärme zu vergleichen.

Die Geschwindigkeit der Zersetzung wird durch die Gegenwart von Kieselsäure sehr gesteigert, insofern sich dadurch die Tension, mit der sich die Kohlensäure abspaltet, beträchtlich erhöht. Das Einschmelzen des Bariumkarbonats macht infolgedessen nicht die geringsten Schwierigkeiten. Es gehört vielmehr zu den gutartigsten Schmelzmitteln, die man der Soda und der Pottasche an die Seite stellen kann.

Der Witherit kommt mit Ausnahme von England nicht genügend häufig vor, um als Schmelzmaterial zu dienen. Man wird sich mit Vorteil des künstlichen kohlensauren Baryts bedienen, der in großen Mengen im Handel ist. Kohlensaurer Baryt soll unter Aufbrausen vollständig in verdünnter Salzsäure oder Salpetersäure löslich sein. Es empfiehlt sich, den Gehalt des Präparats durch Auflösen in schwefelsäurefreier Salzsäure, Filtrieren (event. Bestimmung des Ungelösten) und Fällen mit Schwefelsäure zu kontrollieren. Auch auf Eisen ist zu prüfen.

Bariumsulfat, schwefelsaurer Baryt, Schwerspat. Das schwefelsaure Salz des Bariums, mit der Formel $BaSO_4$, ist in der Natur weit häufiger verbreitet als der Witherit. Es ist das hauptsächlichste Ausgangsmaterial für die Herstellung anderer Bariumpräparate. Die Verwendung von Schwerspat führt ohne entsprechende Kohlenbeigabe als Sulfat zur Gallenbildung, die Verwendung von kohlensaurem Baryt ist deshalb unter allen Umständen vorzuziehen[1]).

Für den gegenseitigen Ersatz der Schmelzmittel möge noch folgende Tabelle dienen:

Um zu ersetzen	durch	sind abzuwägen	Um zu ersetzen	durch	sind abzuwägen
1 Teil $BaCO_3$	$BaSO_4$	1,18 Teile $BaSO_4$	1 Teil $CaCO_3$	$BaSO_4$	2,34 Teile $BaSO_4$
1 „ $BaSO_4$	$BaCO_3$	0,846 „ $BaCO_3$	1 „ PbO	BaO	0,886 „ $BaCO_3$
1 „ CaO	BaO	3,52 „ $BaCO_3$	1 „ PbO	BaO	1,05 „ $BaSO_4$
1 „ CaO	BaO	4,16 „ $BaSO_4$	1 „ Pb_3O_4	$BaCO_3$	0,865 „ $BaCO_3$
1 „ $CaCO_3$	$BaCO_3$	1,97 „ $BaCO_3$	1 „ Pb_3O_4	$BaSO_4$	1,02 „ $BaSO_4$

Strontiumoxyd (Strontian).

Chem. Formel: SrO. Molekulargewicht: 103,6.

Der Strontian steht in seinen Eigenschaften zwischen Kalk und Baryt. Er kommt in der Natur vor, namentlich als Sulfat (Zölestin) und als Karbonat (Strontianit). Er ist relativ selten. Die wenigen ergiebigen Vorkommen werden für die Melasseentzuckerung nach dem Strontianverfahren in Anspruch genommen. Auch kann man mit ihm keine besonderen Eigenschaften des Glases erzielen, die sich nicht auch auf anderen Wegen erzielen ließen. Der Strontian besitzt darum nur eine ganz untergeordnete Rolle als Schmelzmittel.

Zinkoxyd.

Chem Formel: ZnO. Molekulargewicht: 81,4.

Das Zinkoxyd spielt nur bei der Herstellung von Spezialgläsern eine Rolle. Sein Lichtbrechungsvermögen übertrifft nur wenig das des Kalks und ist bedeutend geringer als das von Baryt und Blei. Dagegen zeigt es unter den basischen Oxyden nächst dem Magnesiumoxyd den geringsten Ausdehnungskoeffizienten. Zinkgläser zeigen hohe Zug- und Druckfestigkeit. Ferner ist die Löslichkeit des Zinkoxyds

[1]) Qualitative Versuche, die zeigen, wie schwer Bariumsulfat selbst in Gegenwart von Kieselsäure zersetzt wird, hat Mostowitsch veröffentlichst. (Metallurgie **6**, 450, 1909). — Ref. Sprechsaal **42**, 644 (1909).

in Wasser ungemein gering,[1]) so daß auch die chemische Widerstandsfähigkeit der mit Zinkoxyd erschmolzenen Gläser eine ganz hervorragende ist. Der hohe Preis beschränkt die Anwendung des Zinkoxyds auf die Herstellung von Geräteglas und einigen Kronglaskompositionen.

Das Zinkoxyd wird als solches eingeschmolzen. Andere Zinkverbindungen sind entweder teurer oder weniger rein. Das Zinkoxyd kommt als „Zinkweiß“ in den Handel. Es ist oft mit Schwerspat versetzt. Für die besonderen Zwecke, bei denen die Einschmelzung von Zinkoxyd wertvoll ist, empfiehlt es sich, ein möglichst reines Präparat zu verwenden. Es muß in Säuren ohne Rückstand löslich sein, ebenso muß sich der Niederschlag, den Natronlauge in der Säurelösung erzeugt, im Überschuß der Natronlauge lösen. Neben Eisen ist auf Kupfer, das ebenfalls färbt, zu prüfen.

Die einander äquivalenten Mengen, die beim Austausch von Zink und Kalk sich ersetzen können, sind in folgender Tabelle angegeben:

um zu ersetzen	durch	sind abzuwägen
1 CaO	ZnO	1,47 ZnO
1 $CaCO_3$	ZnO	0,823 ZnO
1 ZnO	CaO	0,681 CaO
1 ZnO	$CaCO_3$	1,21 $CaCO_3$

Bleioxyd.

Chem. Formel: PbO. Schmelzpunkt: 880°. Molekulargewicht: 222,91.

Wichtigste Verbindung	Formel	Mol.-Gew.	Einschmelz-verlust	Einwage für 1 PbO im Glas	Schmelzpunkt
Mennige	Pb_3O_4	684,73	2,33 %	1,024	Geht in Bleioxyd über ohne zu schmelzen

Das Bleioxyd ist nächst dem Kalk die meist verwandte, schwer lösliche Base unter den glasbildenden Oxyden. Es verdankt seine Anwendung in erster Linie seinen optischen Eigenschaften. Es besitzt das höchste Lichtbrechungsvermögen. Es ist selbst im Glase leicht reduzierbar. Freies Bleioxyd wird durch Wasserstoff schon bei 235° zu Metall reduziert. Dies bringt manche Schwierigkeiten mit sich, das Glas ist empfindlich gegen heiße Flammengase beim Niederschmelzen, beim Verarbeiten vor der Lötlampe und bei der „Feuerpolitur“, die das Vorpressen von Kristall bedingt. Beim Einschmelzen schützt man das Bleiglas durch die Verwendung geschlossener Häfen. Diese Arbeitsweise, bei der die Wärmeübertragung behindert ist, wird erleichtert durch den niederen Schmelzpunkt des Bleioxyds. Dieses schmilzt nämlich bei 880°. Auch die Bleigläser erweichen bei sehr niederer Temperatur und erleichtern dadurch die Arbeit der Bläser. In chemischer Beziehung sind die Bleigläser besser als analog zusammengesetzte Kalkgläser (s. S. 86 u. 106).

Zur Einführung des Bleioxyds in die Glassubstanz dient vorwiegend die Mennige, daneben wohl auch das eigentliche gelbe Bleioxyd, die Bleiglätte.

Mennige („Minium“) hat die Formel Pb_3O_4. Sie ist das Bleioxydsalz des als Säure aufzufassenden Bleisuperoxyds PbO_2, also $2\,PbO \cdot PbO_2$. Dies zeigt sich beim Behandeln mit Salpetersäure, wo Bleioxyd PbO weggelöst wird, während das Bleisuperoxyd PbO_2 zurückbleibt. Die Mennige besitzt eine lebhafte, je nach der Herstellungsweise von Orangerot bis Tiefrot gehende Farbe; sie heißt darum auch wohl rotes Bleioxyd.

Erhitzt erscheint sie schwarz und erhält nach dem Abkühlen wieder die rote Farbe. Während sich die Mennige aus Bleiglätte beim Erhitzen auf mäßige Temperatur (ca. 500°) bildet, wird sie umgekehrt beim Erhitzen auf höhere Temperatur unter Sauerstoffabspaltung wieder zu Bleioxyd zersetzt:

$$Pb_3O_4 = 3\,PbO + O.$$

[1]) 0,05 mg in 100 cm^3 Wasser; siehe auch S. 83.

Auch diese Zersetzung ist, ganz wie wir sie bei den Karbonaten, z. B. beim kohlensauren Kalk, fanden, von einem mit der Temperatur gesetzmäßig steigenden Gasdruck, in diesem Fall Sauerstoffdruck, begleitet. Die Sauerstoffdrucke der Mennige sind folgende:

450° C 10,5 mm	500° C 52 mm	550° C 223 mm	600° C 850 mm Quecksilber
475° C 24 mm	520° C 111 mm	575° C 422 mm	

Die Luft enthält $^1/_5$ ihres Volumens Sauerstoff. Da $^1/_5$ Atm. 152 mm Quecksilber entspricht, kann man also jenseits von 530° durch Glühen an der Luft aus Bleiglätte keine Mennige mehr erzeugen. Vielmehr ist bei Temperaturen über 530° die Sauerstoffspannung der Mennige so groß, daß diese an der Luft zersetzt wird, in der sauerstoffreien Atmosphäre noch früher, besonders rasch bei 590°, wo die Zersetzungsspannung bereits 1 Atm. überschreitet. Die Mennige geht deshalb, ohne zu schmelzen, in Bleiglätte über, und diese schmilzt bei 880°. Bei dieser Zersetzung gibt die Mennige 2,7% ihres Gewichts an Sauerstoff ab.

Diese Sauerstoffentwicklung tritt auch zu Beginn der Schmelze ein und ist vollendet, schon ehe die Glasbildung wirklich einsetzt. Ein Schutz der Glasschmelze gegen von außen kommende reduzierende Einflüsse (Flammengase) ist dadurch nicht gegeben, wohl aber werden in dem neu aufgegebenen und sich mehr und mehr erhitzenden Gemenge die zwischen den Körnchen von Sand, Kalk, Soda usw. bleibenden Hohlräume mit Sauerstoff erfüllt, der die immer in einzelnen Rohstoffen (Sand, Kalk) enthaltenen organischen Substanzen prompt verbrennt, so daß sie der Schmelze selbst nicht mehr gefährlich werden können.

Die Mennige ist auch aus anderen Gründen der Bleiglätte als Schmelzmittel vorzuziehen. Die Glätte wird durch Oxydation von metallischem Blei (Äschern) erzeugt. Die gebildete Bleiglätte schließt leicht unvollkommen oxydiertes Blei ein und schützt es vor weiterer Oxydation. Solches Blei wird im Glase gelöst und färbt dieses schwarz, ein Fehler, der sehr schwer zu beseitigen ist. Bei der Herstellung der Mennige werden mit der Glätte auch Metallreste oxydiert. Bei der Verwendung von Mennige ist man also sicherer, ein vollkommen durchoxydiertes Produkt zu haben und so, beim Ausschluß von reduzierendem Feuer, farbloses Glas zu erhalten.

Prüfung. Mennige wird manchmal besonders durch Bariumsulfat verfälscht. Man bestimmt den Gehalt an unlöslichen Beimengungen durch Lösung in Salpetersäure entweder unter Zusatz reduzierender Substanzen (Rohrzucker, Milchsäure, Oxalsäure usw.), oder nachdem man durch Glühen die Mennige in Bleioxyd übergeführt hat. Dabei wird auch als ebenfalls unlöslich ein etwaiger Gehalt an Zinnsäure erkannt, die das Glas trüben würde und deshalb nicht vorhanden sein darf. Fällt man das Blei mit Schwefelsäure aus und dampft das Filtrat ein, so zeigt Blaufärbung mit Ammoniak Kupfer und Blaufärbung mit gelbem Blutlaugensalz Eisen an. Ist Mangan vorhanden, so zeigt sich dies beim Kochen mit konzentrierter Salpetersäure durch violettrote Färbung der Lösung (Bildung von Übermangansäure). Wismut wird durch Rhodanammon nachgewiesen, Gelbfärbung, die auch kolorimetrische Bestimmung gestattet.[1]) Mennige soll nicht mehr als 0,01% Fe_2O_3 enthalten.

Aluminiumoxyd (Tonerde).

Chem. Formel: Al_2O_3. Schmelzpunkt: ca. 2000°. Molekulargewicht: 102,2.

An den verschiedenen Stellen dieses Buches wurde darauf hingewiesen, daß die Tonerde als glasbildendes Oxyd eine Reihe vortrefflicher Eigenschaften besitzt. Sie vermag vielfach die Neigung zur Kristallisation in Gläsern zu vermindern. Dank ihrer geringen Löslichkeit erhöht sie die chemische Widerstandsfähigkeit, und schließlich verleiht sie dem Glase auch sehr gute mechanische Eigenschaften. Große Mengen von Tonerde lassen sich dem Glas wegen ihrer Schwerschmelzbarkeit nicht einverleiben. Der Schmelzpunkt wird aber durch andere Oxyde so stark erniedrigt, daß mäßige Gehalte (bei den üblichen Kompositionen bis zu 10%) die Verarbeitung nicht wesentlich erschweren.

[1]) Heinrichs Glastechn. Ber. 2, 113 (1924).

Die Tonerde ist in Präparaten von hoher Reinheit im Handel. Diese werden aber in der Glasindustrie nur selten verwendet. Selbst wenn man alkalifreies Glas verschmelzen will, besitzt man im Kaolin eine nahezu alkalifreie Tonerdequelle. Kann Alkali vorhanden sein, so bieten die Feldspate eine Möglichkeit zur Einführung von Tonerde. Wird vollends nicht Farblosigkeit verlangt, so besitzen wir eine so reiche Auswahl an tonerdehaltigen Gesteinen, daß geeignete Zuschläge sich fast überall finden werden. Derartige Rohmaterialien werden auf den folgenden Seiten besprochen werden.

3. Rohstoffe, die mehrere glasbildende Oxyde enthalten.

Neben den bereits früher erwähnten Stoffen Borax (S. 157), Mergel (S. 171) und Dolomit (S. 174) sind hier namentlich die Tonerdesilikate zu nennen: Kaolin, Feldspate und die Eruptivgesteine. Daran schließen sich die künstlichen Gläser, die Scherben und Brocken, Abfälle der Glasfabrikation verschiedenster Art.

Kaolin.

Kaolin entsteht durch eine besondere Art der Verwitterung aus Feldspat, meist durch Verwitterung feldspathaltiger Eruptivgesteine unter gleichzeitiger Enteisenung des Materials. Sehr häufig liegt er auf der ursprünglichen Lagerstätte des verwitterten Gesteins und noch vermengt mit den unverwitterten Gemengeteilen (Quarz, Glimmer, Feldspat usw.). Aus diesem „Rohkaolin" wird der eigentliche Kaolin durch Ausschlämmen erhalten. Es hängt von der Feinheit der Zerteilung der Beimengungen und von der Art des Schlämmens ab, wie rein der Kaolin erhalten wird. Immerhin gibt es Kaoline, die praktisch rein genannt werden müssen. Der eigentliche Kaolin entspricht der Formel $Al_2O_3 \cdot 2\,SiO_2 \cdot 2\,H_2O$, er ist die reine Form der „Tonsubstanz" der Keramiker. Dieser Formel entspricht folgende Zusammensetzung: 39,5% Al_2O_3, 46,6% SiO_2, 13,9 H_2O. Das Wasser wird beim Glühen auf über 600° ausgetrieben. Es gehen also 86,1% in die Glassubstanz über, vorausgesetzt daß es sich um einen ganz reinen Kaolin handelte. Wie gesagt, sind aber auch die geschlämmten Kaoline mit Quarz und anderen Verwitterungsresten verunreinigt.

Zur Feststellung dieser Beimengungen bedient man sich in der Tonindustrie der sog. „rationellen Analyse"[1]. Diese Betrachtungsweise, die Ton und Kaolin als Gemenge aus Tonsubstanz, Quarz und Feldspat betrachtet, ist für die Tonindustrie sehr praktisch. Für die Berechnung der Gemengesätze ist wertvoller die Elementaranalyse, die also den Gehalt an den einzelnen Oxyden angibt und darum eine ganz exakte Grundlage für die Berechnung bietet. Doch ist auch hier, nachdem der Gemengesatz festgestellt ist, die rationelle Analyse als rasche und ohne Schwierigkeit häufig zu wiederholende Kontrolle der Lieferungen von Kaolin oder kaolinhaltigem Material sehr zu empfehlen.

In folgender Tabelle ist die rationelle wie die Elementar-Zusammensetzung einiger Kaoline[2]) mitgeteilt:

	Elementaranalyse							Ration. Analyse		
	Al_2O_3	SiO_2	Fe_2O_3	CaO	MgO	K_2O+Na_2O	Glühverlust	Tonsubst.	Quarz	Feldspat
Eisenberger Kaolin	36,44	47,46	1,32	0,24	0,20	0,85	13,49	29,3	5,9	1,8
Engelmannsreuther Rohkaolin	8,62	86,28	0,56	0,12	0,17	2,42	2,10	15,50	69,6	14,9
Hirschauer Rohkaolin	—	—	—	—	—	—	—	22,0	60,0	18,0
Hirschauer Kaolin	38,19	47,84	0,70	0,65	—	0,66	12,2	95,25	1,75	3,00
Kemmlitzer Kaolin	32,9	54,20	0,29	0,17	0,13	0,49	11,82	84,7	14,8	0,5
Zettlitzer Kaolin	38,67	46,13	0,70	0,08	0,00	0,11	14,29	99,4	0,1	0,5

[1]) Siehe Kap. 7, Feuerfeste Baustoffe.

[2]) Die Kaoline, die nicht ausdrücklich als „Rohkaolin" benannt sind, sind „geschlämmte".

Im Kaolin führen wir also im wesentlichen Kieselsäure und Tonerde in das Glas ein. Man wird aber in der Glasindustrie nur selten nötig haben, den Kaolin als Schmelzmaterial zu benutzen. Nur da, wo man auf die Reinheit eines bestimmten Alkalis (z. B. von Natron unter möglichstem Ausschluß von Kali) Wert legt oder wenn man sehr alkaliarme oder gar alkalifreie Gläser erschmelzen will, wird man sich zur Einführung von Tonerde des Kaolins bedienen. Wo Tonerde nur eingeführt wird, um die Neigung zur Entglasung zu hemmen, genügen meist die kaolinhaltigen Sande (S. 50).

Für die Verwendung von Kaolin ist übrigens folgendes bemerkenswert. Bei leicht schmelzbaren Gläsern ist das Gemenge schon in Fluß geraten, wenn der Wasseraustritt aus dem Kaolin lebhaft erfolgt. Durch die Dampfentwicklung wird der leichte Kaolin nach der Oberfläche getragen, reichert sich dort an und wird nur äußerst schwer aufgelöst. Diese Erscheinung tritt bei den leicht schmelzbaren und spezifisch schweren Bleigläsern besonders deutlich auf. Für das Einschmelzen von Kaolin ist für jedes Glas wichtig, daß der Kaolin scharf getrocknet und fein gemahlen wird. Eine geringe Überhitzung beim Trocknen (selbst bis 400°) ist nicht nur nicht schädlich, sondern erleichtert das Mahlen und die Schmelzung.

Feldspate.

Die Feldspate gehören zu den verbreitetsten Tonerdesilikaten, sie sind neben Quarz die wichtigsten Gemengeteile der Eruptivgesteine.

Wir können zwei Arten von Feldspaten unterscheiden:

1. Kalifeldspat $K_2O \cdot Al_2O_3 \cdot 6\,SiO_2$. Die Spaltflächen stehen ganz oder nahezu senkrecht zueinander: Orthoklas (monoklin), Mikroklin (triklin).

2. Plagioklase, die Spaltflächen bilden einen Winkel von 93 bis 94° miteinander.

a) Natronfeldspat $Na_2O \cdot Al_2O_3 \cdot 6\,SiO_2$ — Albit.

b) Kalkfeldspat $CaO \cdot Al_2O_3 \cdot 2\,SiO_2$ — Anorthit.

c) Natronkalkfeldspat, Mischkristalle verschiedener Zusammensetzung aus Albit (Ab) und Anorthit (An.)

Für diese Natronkalkfeldspate gelten die Namen: Oligoklas bis Ab_2An; Andesin Ab_4An_3; Labrador bis Ab_1An_2; Bytownit Ab_1An_6.

Die in der Natur gefundenen Feldspate weichen von diesen Zusammensetzungen mehr oder weniger ab, zum Teil infolge von Verunreinigungen durch Oxyde, die oben nicht berücksichtigt sind, zum Teil deshalb, weil sie sich zwischen die obigen Typen einreihen. Am konstantesten ist wohl die Zusammensetzung des Kalifeldspats, der deshalb dort, wo man seiner in der Glasindustrie bedarf, bevorzugt wird.

Tabelle 55.

Analysen einiger Feldspate[1]).

Vorkommen	SiO_2	Al_2O_3	Fe_2O_3	CaO	MgO	K_2O	Na_2O	Analytiker
Norwegen	64,44	18,75	0,65	0,27	—	13,82	2,40	Bischof
Norwegen, verwendet in der K. Porzellan-Manufaktur Berlin 1877	64,98	19,18	0,33	Spur	0,25	12,79	2,32	Seger 1877
dto. 1885	64,32	19,41	0,14	»	0,35	12,90	2,10	Seger 1894
Wunsiedel i. Fichtelgeb.	65,30	20,93	0,22	0,32	—	8,61	3,67	Kellermann
Weiden i. d. Oberpfalz, Bayern	65,49	19,44	0,59	0,86	0,89	1,95	10,17	Bischof
Hagendorf b. Weiden	64,8	19,83	0,22	—	Spur	11,63	3,23	Seger
Tirschenreuth, Oberpfalz	64,08	21,73	0,93	0,53	0,78	1,48	10,08	Bischof

Wir besitzen in Böhmen, Bayern, Thüringen ziemlich reine Vorkommen.[2]) Die beste Qualität ist die, die in großen Mengen aus Norwegen importiert wird. Seine hauptsächlichste Verwendung findet er in der Trübglasfabrikation, wo er mit Fluorpräparaten zusammen als Ersatz für Kryolith dient. Analog ist die Verwendung in

[1]) Bischof, Dingl. Journ. 222, 265. — Seger, Tonindustrie-Zeitung 1877, Nr. 45.

[2]) Einen Überblick über die Feldspatsorten des Handels, ihre Verunreinigungen und ihre Verwendbarkeit in der Porzellanindustrie gibt Dr. von Hackeloer-Köbbinghoff (Ber. der Deutschen Keram. Gesellschaft, 4, Heft 3, 124 (1923)).

der Emaille-Industrie. Falls der Alkaligehalt nicht stört, ist der Feldspat sehr geeignet für die Einführung von Tonerde in Spezialgläser, da er sich sehr leicht mit den anderen Gemengebestandteilen verschmilzt. Wo er billig genug ist, kann er auch als Schmelzmittel für gewöhnliches Glas, das gleichzeitig Alkali, Tonerde und Kieselsäure enthält, verwendet werden. Er ist aber hier meist durch sehr viel billigere Gesteine verdrängt.

Als Feldspat liefernde Rohstoffe sind außer den Feldspaten selbst feldspathaltige, den Rohkaolinen nahestehende Sande sowie Pegmatit sehr beachtenswert. Diese Rohstoffe besitzen einen meist niedrigen Eisengehalt. Sie finden in der deutschen Keramindustrie sehr häufig Anwendung und verdienen auch in der Glasindustrie größere Beachtung.

Hierher gehört auch der fälschlich als Feldspat bezeichnete Pegmatit von Ströbel am Zobten bei Breslau (Feldspat-Ströbel, G. m. b. H., Ströbel, Bez. Breslau), ein recht wertvolles Schmelzmaterial (siehe Analyse).

Chemische Analyse:				Rationelle Analyse:	
Glühverlust	0,67	Fe_2O_3	0,21	Feldspat	64,3
SiO_2	76,06	K_2O	4,68	Quarz	26,1
Al_2O_3	14,60	Na_2O	3,95	Tonsubst.	9,6.

Eruptivgesteine.

Die einen wesentlichen Bestandteil der Erdrinde ausmachenden Eruptivgesteine setzen sich in der Hauptsache aus folgenden Oxyden zusammen: SiO_2, Al_2O_3, Fe_2O_3, FeO, CaO, MgO, Na_2O und K_2O, also gerade aus Oxyden, aus denen sich auch die meisten gewöhnlichen Gläser zusammensetzen. Sofern also nicht der oft beträchtliche Eisengehalt stört, können sie als billiges Schmelzmaterial dienen. Vielfach ladet gerade der Eisengehalt zu ihrer Verwendung ein, weil man dann vom Zusatz färbender Oxyde bei der Herstellung von Grünglas absehen kann.

Die Zusammensetzung der Eruptivgesteine ist nicht regellos. Ihr Kieselsäuregehalt schwankt zwischen 30 und 80%, und den Kalifeldspat mit 65% SiO_2 als Norm nehmend, nennt man Gesteine mit mehr als 65% SiO_2 „saure“, mit 52 bis 65% „neutrale“, mit weniger als 52% basische Gesteine. Bei einem großen Teil der Eruptivgesteine sind die Feldspate ein maßgebender Bestandteil. Berücksichtigt man dies und erinnert man sich der wechselnden Zusammensetzung dieser Mineralgruppe und des Übergangs von albitreichen zu anorthitreichen Typen, so läßt sich erwarten, daß die Eigentümlichkeiten ihrer Zusammensetzung mehr oder weniger auch bei den Eruptivsteinen, die Feldspate enthalten, hervortreten müssen. In dem Maße wie zweiwertige Elemente, also kalkreiche Feldspate hervortreten, tritt die Kieselsäure ebenso wie Alkali zurück. Gleichzeitig wird aber der Tonerdegehalt ein größerer. Nun aber ist Alkalizusatz teurer als Kalkzusatz, man wird also mehr die Eruptivgesteine mit wenig Kalk und viel Kalinatron verwenden. Auch bietet ein allzu hoher Tonerdegehalt Schwierigkeiten, erstlich wegen der höheren Einschmelztemperatur, dann kristallisieren die Spate des Anorthitendes leichter und die Plastizität des Schmelzflusses ist bei höherer Temperatur geringer, so daß auch die Verarbeitung an der Pfeife erschwert ist. Man wird aus diesen Gründen für die Verwendung in der Glashütte die kieselsäurereichen Gesteine bevorzugen, also unter Berücksichtigung der deutschen Verhältnisse die folgenden:

Tiefengesteine	Ergußgesteine
Granit (Kali-Feldspat, Quarz und Glimmer)	Quarzporphyr (Feldspat, Quarz)
Syenit (Kali-Feldspat, Hornblende ohne Quarz)	{ Trachyt (Kali-Feldspat, Hornblende) / Quarzfreie Porphyre

Die aufgestellte Regel wird durchbrochen, wenn in einem Gestein der Nephelin als Gemengeteil stark hervortritt. Der Nephelin ist: $Na_2O \cdot Al_2O_3 \cdot 2\,SiO_2$ und hat die theoretische Zusammensetzung 42,25% SiO_2, 35,92% Al_2O_3 und 21,83% Na_2O. Dieser hohe Alkaligehalt[1]) tritt auch in Gesteinen, in denen Nephelin in beträchtlichen Mengen auftritt, hervor und macht sie zu einem wertvollen Glasschmelzmittel. Das

[1]) Eine ähnliche Rolle spielt der dem Nephelin analog zusammengesetzte Leuzit $K_2O \cdot Al_2O_3 \cdot 2\,SiO_2$.

bekannteste Gestein dieser Art ist der Phonolith (Klingstein), der ein sehr beliebtes Schmelzmaterial darstellt.

Tabelle 56.

Analysen einiger Eruptivgesteine.

	SiO_2	Al_2O_3	Fe_2O_3	FeO	MnO	CaO	MgO	K_2O	Na_2O	Cl	H_2SO_4	H_2O	Glühverlust
Granit, frisch, Passau	73,13	10,50	3,16	—	—	—	1,12	**9,04**	**1,80**	—	—	0,45	0,80
Quarzporphyr, Halle.	72,24	13,63	3,05	—	0,13	0,95	0,66	**5,24**	**2,95**	—	—	0,21	1,05
Syenit, Plauenscher Grund bei Dresden	59.83	16,85	—	7,01	—	4,43	2,61	**6,57**	**2,44**	—	—	1,29	—
Trachyt, Drachenfels	65,14	17,45	4,72	—	—	1,80	1,02	**4,72**	**4,51**	—	—	0,62	—
Phonolith mit Nephelin, Hohentwiel	55,21	21,78	2,06	2,01	—	2,10	0,13	**3,48**	**10,64**	—	0,46	2,07	—
Phonolith mit Nephelin, Zittau	59,17	19,74	3,39	—	—	0,92	0,15	**6,45**	**8,88**	—	—	1,18	—
Phonolith mit Leuzit vom Laacher See	48,25	16,63	—	6,53	—	7,82	1,23	**6,52**	**9,42**	0,26	1,68	1,94	1,10 CO_2
Phonolith mit Leuzit vom Laacher See	48,95	18,43	—	9,10	—	6,42	1,43	**6,90**	**6,51**	—	0,37	1,79	1,24 CO_2
Phonolith von Brohl (Rhenania, Ver. Chem. Fabriken, Aachen)	50,3	24,—	2,3	—	—	1,20	0,30	**9,50**	**8,1**	—	—	3,20	—

In Tabelle 56 sind Analysen einiger Eruptivgesteine zusammengestellt, die in der Glasindutrie Verwendung finden können. Sie sollen jedoch nur ein Bild des Charakters des Gesteins geben. Sie können die besonderen Analysen eines in der Praxis zu verwendenden Materials nie ersetzen.

Bruchglas.

Scherben, Brocken, Herdglas usw. sind ein vorzügliches Schmelzmittel. Seine Vorzüge sind im Abschnitt „Einschmelzen" näher erläutert. Allgemeines über Zusammensetzung braucht nicht gesagt zu werden. Hier soll nur darauf hingewiesen werden, daß die Scherben verschiedener Zusammensetzung nicht vermengt werden dürfen. Es empfiehlt sich dringend, für die verschiedenen Sorten scharf getrennte Lagerstellen einzurichten. Auch soll eine Verunreinigung durch Staub und Eisen vermieden werden.

4. Läuterungsmittel.

Um die Läuterung, d. i. die Überführung des geschmolzenen Gemenges in einen klaren, stein- und blasenfreien Fluß (s. Kap. 3) zu befördern, wendet man eine Anzahl Substanzen an. Diesem Zweck dienen hauptsächlich Arsenik, Salpeter und Flußspat. Der letztere ist bei den Trübungsmitteln unter Fluorpräparate besprochen.

Arsentrioxyd (Arsenik).

Chem. Formel: As_2O_3. Molekulargewicht: 198.

Das Arsentrioxyd (Arsenik) kommt in der Natur vereinzelt vor. In größerem Maßstabe wird es als Nebenprodukt bei der Verhüttung arsenhaltiger Erze gewonnen. Die im Handel befindlichen Sorten sind ziemlich rein, da sie durch Sublimation erhalten werden. Werden sublimierende Dämpfe rasch abgekühlt, so erhält man den Arsenik in Pulverform, auch „Arsenmehl" genannt. Bei langsamer Abkühlung erstarrt der Arsenik glasig, entglast aber in Gegenwart von Feuchtigkeit und wird trübe (Arsenik in Stücken). Das Arsentrioxyd verdampft, ohne zu schmelzen, da der Siedepunkt bei Atmosphärendruck niedriger liegt als der Schmelzpunkt. Genaue Temperaturangaben für beide Punkte existieren nicht. Aus den bei mäßigen Temperaturen gemessenen Dampfdrucken[1]) ($241^\circ C = 6{,}3$ mm; $280^\circ = 42$ mm, $307^\circ = 110{,}6$ mm)

[1]) Stelzner, Diss. Erlangen 1901 und Niederschulte, Diss. Erlangen 1903.

ergibt sich, daß schon bei 297° der As_2O_3-Dampfdruck = $^1/_{10}$ Atm. ist und der Siedepunkt bei ca. 400° C liegen dürfte. Das spezifische Gewicht des Arseniks ist 3,7. Arsenik ist sehr giftig, 0,06 g genügen, um einen Menschen zu töten. Es ist deshalb beim Umgang mit Arsenik große Vorsicht nötig. Die Wirkung des Arseniks beim Läutern des Glases ist eine mehrfache, in erster Linie eine mechanische. Diese beruht darauf, daß er bei den Temperaturen der zu läuternden Glasschmelze sehr hohe Dampfspannungen besitzt. Wird ein Stück Arsenik — man verwendet hier ausschließlich den stückigen Arsenik — auf den Glasfluß geworfen, so sinkt er infolge seines hohen spezifischen Gewichts sogleich zu Boden und verdampft mit großer Geschwindigkeit. Die aufsteigenden Blasen rühren den Glasfluß heftig durch und führen so eine Homogenisierung herbei. Daneben machen sich chemische Einflüsse geltend.

Eine volle Aufklärung der Wirkungsweise des Arseniks in chemischer Beziehung ist auch durch neuere Arbeiten nicht gegeben. Näheres siehe im 3. Kapitel im Abschnitt: Läutern und Kaltschüren.

Eine weitere Verwendung findet Arsenik, um Überfärbungen von Selen und Braunstein rückgängig zu machen, wenn bei der Entfärbung mit einem dieser Stoffe mehr als nötig zugesetzt wurde und das Glas einen roten Stich erhielt. Durch vorsichtigen allmählichen Zusatz von Arsenik in kleinen Stücken kann die Überfärbung gerade entfernt werden. Beim Selen dürfte die Wirkung auf einer teilweisen Verflüchtigung des Selens beruhen. Beim Braunstein beruht die Wirkung auf einer Reduktion des färbenden Manganoxyds zu weniger färbendem Manganoxydul.

Es ist ferner zu beachten, daß auch die Färbung mit anderen Metalloxyden durch die Läuterung mit Arsenik aufgehellt wird.

Salpeter.

Wir haben zwei Arten von Salpeter zu unterscheiden:

Natronsalpeter, Chilesalpeter. Formel: $NaNO_3$. Schmelzpunkt: 318°. Mol.-Gew. 85,06.

Der Natronsalpeter ist das salpetersaure Salz des Natriums: Natriumnitrat.

Der Chilesalpeter findet sich in riesigen Ablagerungen in den fast regenlosen Küstenstrichen Chiles und Perus. Dieser Rohsalpeter wird durch Umkristallisation gereinigt: raffinierter Salpeter. Er enthält 99 bis 99,5% $NaNO_3$, etwas NaCl, Na_2SO_4 und Feuchtigkeit. Gleiche Eigenschaften besitzen alle künstlich hergestellten Natronsalpeterarten. Der Natronsalpeter kristallisiert in großen durchsichtigen Rhomboedern. Natriumnitrat enthält 36,47 Na_2O, 63,53% N_2O_5 (Salpetersäureanhydrit). Es schmilzt bei 318° und beginnt bei wenig höherer Temperatur Sauerstoff zu entwickeln unter Bildung von Natriumnitrit, dem Natriumsalz der salpetrigen Säure:

$$\underset{\text{Natrium-nitrat}}{2\,NaNO_3} = \underset{\text{Natrium-nitrit}}{2\,NaNO_2} + \underset{\text{Sauer-stoff}}{O_2}.$$

Auch das Natriumnitrit ist nicht feuerbeständig, bei höherer Temperatur zersetzt es sich ebenfalls unter Stickstoff- und Sauerstoffspaltung:

$$\underset{\text{Natrium-nitrit}}{2\,NaNO_2} = \underset{\text{Natriumoxyd (Ätznatron)}}{Na_2O} + \underset{\text{Stick-stoff}}{N_2} + \underset{\text{Sauer-stoff}}{3\,O}$$

Natronsalpeter zieht Wasser an, im Gegensatz zu Kalisalpeter, der nicht hygroskopisch ist.

Von den Salpeterbestandteilen geht nur das Natriumoxyd in die Glassubstanz ein, es findet also ein Schmelzverlust von 63,5% statt. Um in der Form des Salpeters Natriumoxyd in ein Glas zu bringen, müssen wir für 1 Teil Na_2O 2,74 Teile Natronsalpeter abwägen. Ferner entspricht:

1 Teil Natronsalpeter = 0,624 Soda kalz.
1,6 Teile Natronsalpeter = 1 Teil Soda kalz.
1 Teil Natronsalpeter = 0,835 Teile Natriumsulfat (100%).
1,2 Teile Natronsalpeter = 1 Teil Natriumsulfat (100%).
0,841 Teile Natronsalpeter = 1 Teil Kalisalpeter.
0,813 Teile Natronsalpeter = 1 Teil Pottasche (100%).

Kalisalpeter, Kaliumnitrat. Formel: KNO_3. Mol.-Gew. 101,16. Schmelzpunkt 340°.

Kaliumnitrat ist das Kaliumsalz der Salpetersäure.

In Deutschland wird der Kalisalpeter hauptsächlich durch Konversion von Natronsalpeter mit Kaliumchlorid:

$$\underset{\text{Natronsalpeter}}{NaNO_3} + \underset{\text{Chlorkalium}}{KCl} = \underset{\text{Kalisalpeter}}{KNO_3} + \underset{\text{Chlornatrium}}{NaCl}.$$

gewonnen („Konversionssalpeter").

Die Löslichkeitsverhältnisse erlauben die Herstellung von sehr reinem Kalisalpeter. Die neuerdings hergestellten Produkte sind praktisch „chemisch rein" (bis 99,9% KNO_3).

Kalisalpeter enthält 46,54% Kaliumoxyd K_2O und 53,46% Salpetersäureanhydrid N_2O_5. Er schmilzt bei 340°. Ganz analog dem Natronsalpeter zersetzt er sich bei ca. 500° in Nitrit und Sauerstoff, bei sehr hoher Temperatur in Stickstoff, Sauerstoff und Ätzkali. Nur dies letztere ist glasbildend. Stickstoff und Sauerstoff sind Gase, die sich verflüchtigen. Der Schmelzverlust des Kalisalpeters beträgt 53,5%. Um 1 Teil K_2O ins Glas einzuführen, benötigt man 2,15 Teile KNO_3. Ferner sind:

1,00 Kalisalpeter = 0,684 Pottasche	1,19 Kalisalpeter = 1 Natronsalpeter.
1,46 Kalisalpeter = 1 Pottasche.	1,91 Kalisalpeter = 1 Soda kalz. (100 proz.).

Die Wirkung der beiden Salpeter beim Glasschmelzen beruht auf der Entwicklung oxydierender Gase, die Reste organischer Stoffe und den gelb färbenden Schwefel verbrennen. Sie leiten auch infolge ihres niederen Schmelzpunktes prompt das Schmelzen ein und wirken stark lösend auf die schwer löslichen Teile des Gemenges. Auch wird durch die Gasentwicklung ein Rühren des Glasflusses hervorgebracht, durch das Unterschiede in der Zusammensetzung und in den Eigenschaften des Glases ausgeglichen werden. Die neuere Anschauung[1]) geht dahin, daß Salpeter auch die Wirkung des Arseniks unterstützt, so sehr, daß nur durch das Zusammenwirken beider eine gute Läuterung und Beseitigung der feinen Gasblasen möglich ist. Der Arsenik nimmt bei niedriger Temperatur den Sauerstoff des Salpeters auf und spaltet ihn bei höherer Temperatur wieder ab. Die so entstehende Gasentwicklung trägt die feinen Gispen an die Oberfläche. Der Hauptwert des Salpeters liegt darin, daß man die Schädigung durch kohlehaltige Beimengungen oder durch reduzierende Flammen fernhalten kann. Es ergibt sich daraus, daß dort, wo das Glas reduzierend geschmolzen werden muß (z. B. Kupferrubin) oder wo man die Schmelzung nur unter Kohlezusatz durchführen kann (Sulfatgemenge), die Anwendung von Salpeter ausgeschlossen ist Die Anwendung des Salpeters ist, abgesehen vom höheren Preis, auch infolge seiner Eigenschaften beschränkt. Die stark lösende Wirkung des geschmolzenen und sich zersetzenden Salpeters wirkt zerstörend auf die Häfen. Man gibt bis zu 15% des Alkalis als Salpeter. Bei Kristall durchschnittlich 10%. Es ist ferner zu beachten, daß durch die Salpeterzugabe Alkali in das Glas eingeführt wird. Es ist darum bei einem gegebenen Gemenge die dem Salpeterzusatz entsprechende Menge Soda oder Pottasche weniger zu verwenden (s. o.). Manchmal dient der Salpeter nur dazu, um einen weniger heiß gehenden Hafen rechtzeitig fertig geschmolzen zu bekommen. In diesem Fall gebe man so viel zu (man beginne mit 1 kg pro 100 kg Sand), als zum Ausgleich der Geschwindigkeit nötig ist, und berücksichtige, um eine Verschlechterung des Glases zu vermeiden, den Salpeterzusatz beim Gemenge.

Natronsalpeter zieht stets Wasser an. Er ist vor dem Abwiegen zu trocknen (wegen des Schmelzpunktes nicht über 300° zu erhitzen). Für den Fall, daß

[1]) Zschimmer, Theorie der Glasschmelzkunst (Jena 1924), Buch II, S. 88ff.

nicht die Einführung von Kali in das betreffende Glas aus anderen Gründen ausgeschlossen ist, wird immer Kalisalpeter, der nicht wasseranziehend ist, angewandt. Unter den Handelsmarken sind die mit der Bezeichnung „raffiniert“ zu bevorzugen.

5. Färbungs- und Entfärbungsmittel.

Färbung und Entfärbung des Glases unterscheiden sich nicht voneinander, da wir zur Entfärbung eine Färbung hervorbringen, die die Farbe des rohen Glases auslöscht (s. Kap. 1, S. 135 u. 136). Die für beide Zwecke angewandten Verbindungen sollen zusammen behandelt werden. Man kann natürlich zum Färben des Glases die verschiedensten Verbindungen eines färbenden Oxydes verwenden. Hier sollen nur diejenigen, die im allgemeinen zu empfehlen sind, besprochen werden. Auf eines sei aber noch besonders hingewiesen. In der Glasmacherwelt sind da und dort noch „Sätze“ verbreitet, die Färbemittel von sehr wechselnder Zusammensetzung enthalten. Gerade aber hier hat sich ein Wandel vollzogen. Man ist auf solche rohen Produkte unbestimmter Zusammensetzung nicht mehr angewiesen. Die chemische Industrie liefert heutzutage diese Präparate in hoher Reinheit. Da aber nur mit einem reinen Produkt eine bestimmte Nuance immer wieder sicher zu erhalten und da in den meisten Fällen der Zusatz an färbendem Stoff nur gering ist, also der Preisunterschied nicht zu sehr ins Gewicht fällt, sollte man die Färbungen, wo irgend möglich, mit reinen Produkten vollziehen.

Eisenverbindungen.

Element: Eisen. Chemisches Zeichen: Fe. Atomgewicht: 55,84.

Eisenoxydul (Ferrooxyd), Formel: FeO, Mol.-Gew. 72, ist die Verbindung des zweiwertigen Eisens mit Sauerstoff. Beständig ist es nur in seinen Verbindungen, färbt Glas grün. Es ist ein schwarzes Pulver, das aber ungemein zur Oxydation neigt. Beim Liegen an der Luft geht es oft unter Erglühen in Oxyd über. Als Handelsprodukt existiert es demnach nicht; wird solches angeboten, so ist es teilweise oxydiert.

Eisenoxyd (Ferrioxyd), Formel: Fe_2O_3, Mol.-Gew. 160, ist die Verbindung des dreiwertigen Eisens mit Sauerstoff. Entsteht bei der Zersetzung von Eisensalzen flüchtiger Säuren, beim Rösten von Schwefelkies an der Luft, beim Glühen von Eisenvitriol. Auf diese Weise entsteht je nach Höhe der Glühtemperatur ein hellrotes, braunrotes, violettrotes Pulver, das als Caput mortuum, Kolkothar, Englisch-Rot usw. bekannt ist. Wir finden dies Produkt auch in den Spiegelglasfabriken als „Polierrot“.

Das aus Eisenvitriol hergestellte Rot spielt eine große Rolle als Anstrichfarbe, als Mennigeersatz. Um die Herstellung hellroter Sorten zu erleichtern, setzt man oft Kalk zu, der die Umwandlung bei niederer Temperatur vollziehen läßt. Dann erhält das Eisenoxyd bemerkenswerte Mengen Gips, der natürlich beim Einschmelzen „Galle“ bildet. Es ist deshalb auf Gehalt an Schwefelsäure zu prüfen. — Auch wasserhaltige Oxyde existieren. Sie entstehen durch Fällen aus Eisenoxydsalzen mit Alkali, Ammoniak, Kalk und anderen Basen als rotbraun flockige Niederschläge. Was im Handel als „Eisenoxyd braun“ bezeichnet wird, sind solche durch Fällung erhaltene Hydrate des Eisenoxyds. Der Gehalt an Wasser ist wechselnd. Auch in der Natur finden sich Eisenhydroxyde (Ferrihydroxyde) als brauner Glaskopf, Brauneisenerz, Raseneisenerz.

Eisenoxyd färbt Glas gelb bis gelbbraun. Für Glasfärbung empfiehlt sich die Anwendung möglichst heller, gipsfreier Sorten von Eisenoxydhydrat.

Eisenoxyduloxyd (Ferroferrioxyd), Formel: Fe_3O_4, Mol.-Gew. 232, steht bezüglich seiner Oxydationsstufe zwischen Eisenoxyd und Eisenoxydul. Es ist das Oxyd des Eisens, das bei hoher Temperatur das beständigste ist. Es entsteht bei der Verbrennung von Eisen (Hammerschlag). Auch Eisenoxyd verliert, sehr hoch erhitzt, Sauerstoff und geht in Oxyduloxyd über: $3\,Fe_2O_3 \rightarrow 2\,Fe_3O_4 + O$. Dieses kommt auch als Magneteisenstein in der Natur vor. Das „schwarze Eisenoxyd“ des Handels ist Eisenoxyduloxyd.

Der Übergang der Eisenoxyde in einander ist dadurch kompliziert, daß sie feste Lösungen (Mischkristalle) bilden. Der Zersetzungsdruck des Fe_2O_3 ist also nicht unabhängig von der Menge des in ihm gelösten FeO. Die Sauerstoffdrucke, die bei verschiedenen Temperaturen zu bestimmten Mischungen von FeO und Fe_2O_3 gehören, sind gemessen.[1]) Man kann aber daraus über das Verhältnis von FeO: Fe_2O_3 in einem Glas bei gegebener Temperatur nichts Genaues ableiten, da die Verhältnisse im Glas noch weiter kompliziert werden. Einige Andeutungen in dieser Richtung versuchten Hostetter, Roberts und Sosmann.[2])

Eisenoxydulsulfat, Ferrosulfat, Eisenvitriol, Formel: $FeSO_4$, 7 H_2O, Mol.-Gew. 278,2, ist das schwefelsaure Salz des Eisenoxyduls, das in hellgrünen Prismen kristallisiert.

Die Färbung des Glases durch Eisenverbindungen ist ebenso häufig ungewollt und störend, als sie absichtlich hervorgerufen wird. Die vorausstehenden Blätter zeigen, daß es ungemein schwer ist, vollkommen eisenfreie Rohmaterialien zu erhalten. Infolgedessen besitzen die meisten Gläser von Haus aus eine größere oder geringere Eisenfärbung. Beabsichtigte Eisenfärbung ist beinahe nur beim Flaschenglas zu finden. Hier sind wir auch selten genötigt, besonders färbende Substanzen in das Gemenge zu geben, weil die für diesen Zweck verschmolzenen Rohmaterialien (Sand, Kalk, Mergel, Silikatgestein) schon genügend Eisen in das Glas bringen. Sollte der Ausnahmefall existieren, daß die zur Verfügung stehenden Rohmaterialien sehr eisenarm sind, so wird man entweder einen in der Nähe vorkommenden eisenreichen Lehm oder Ton zusetzen oder aus größerer Entfernung einen sehr eisenreichen Zuschlag beziehen, wie Raseneisenerz, sehr dunkel gefärbte Basalte usw. Für bessere Glassorten wird die reine Eisenfärbung selten verwendet, sondern eine meist unter Zusatz von anderen färbenden Oxyden erzielte Misch- und Schwarzfärbung. In diesen Fällen empfiehlt sich die Anwendung von „Eisenoxyd rot". Enthält dies keine in Schwefelsäure unlöslichen Beimengungen und namentlich auch keinen Gips, so kann es als nahezu reines Eisenoxyd betrachtet werden. Die hydratischen Produkte „Eisenoxyd braun" sind meist ebenfalls recht rein, aber von nicht feststehendem Eisenoxydgehalt (daher Bestimmung durch Glühen notwendig!).

Eisenvitriol sollte man nicht verwenden, da man mit jedem Sulfat nur den Schmelzvorgang verschlechtert.

Manganverbindungen.

Element: Mangan, Chemisches Zeichen: Mn. Atomgewicht: 54,93.

Das Mangan bildet Verbindungen einer größeren Anzahl von Oxydationsstufen. Die wichtigsten für uns sind:

Manganoxydul, Formel: MnO, Mol.-Gew. 71,0. Schwierig herstellbar, sehr leicht oxydierbar, jedoch in Salzen mit Säuren die beständigste Oxydationsstufe, in die die Salze der anderen übergehen. Die Salze sind in wässeriger Lösung und kristallisiert (mit Kristallwasser) ganz licht rosa, wasserfrei farblos.

Manganoxyd. Formel: Mn_2O_3, Mol.-Gew. 157,9. Braunschwarzes Pulver, durch vorsichtiges Glühen der anderen Manganoxyde im Luftstrom erhalten. Die Salze des Manganoxyds mit starken Säuren sind nur in der Kälte beständig. Manganisulfat bildet violette Lösungen.

Das Manganoxyd ist, wie früher ausgeführt, als das Glas violett färbende Oxyd anzusehen. Über sein Verhalten im Glas weiter unten.

Mangansuperoxyd, Braunstein, Pyrolusit. Formel: MnO_2, Mol.-Gew. 87, ist das verbreitetste Manganerz. Es kommt in grauschwarzen, säulenförmigen, rhombischen Kristallen oder in faserigen und derben Massen vor. In Thüringen, bei Gießen usw. Die größten und reinsten Vorkommen sind die kaukasischen. Der Braunstein ist nur für sich beständig. Salze seiner Oxydationsstufe sind nicht bekannt. Beim Erhitzen geht er in Oxyd[3]), in Gegenwart von Säuren in die Oxydulstufe über.

---

[1]) Hostetter und Sosmann, Journ. Am. Chem. Soc. **38**, 1188 (1916).

[2]) Journ. Am. Cer. Soc. **4**, 927 (1921).

[3]) Sauerstofftension des MnO_2 bei 448° C = 125 mm; 478° = 200 mm; 536° = 1040 mm (Askenasy und Klonowsky, Z. f. Electroch. **16**, 104 (1910).

Auch beim Einschmelzen geht der Braunstein unter Sauerstoffabgabe in Manganoxyd über und dieses ist das färbende Prinzip bei der Hervorbringung der violetten Glasfärbung. Der höchste Mangangehalt ist beim Einkauf von Braunstein anzustreben. Vor allem ist möglichste Eisenfreiheit zu fordern, da ja durch einen Braunstein mit merklichem Eisengehalt durch in das Glas gebrachte Eisenfärbung die Wirkung des Braunsteins ausgelöscht wird.

Kaliumpermanganat. Formel: $KMnO_4$, Mol.-Gew.: 158. Die höchste Oxydationsstufe, die das Mangan bildet, ist Mn_2O_7, dessen Hydrat die Übermangansäure ($HMnO_4$) ist. Die Säure bildet mit vielen Basen Salze. Das bekannteste ist das Kaliumpermanganat oder Übermangansaure Kali ($KMnO_4$), dessen schwarzviolette, in Wasser mit tief roter Farbe sich lösenden Kristalle auch dem Laien bekannt sind. Beim Erhitzen zerfällt das Permanganat über Zwischenstadien in Manganoxyd, Sauerstoff und Kaliumoxyd.[1]) Es wirkt also ähnlich wie Braunstein, hat aber vor ihm den Vorzug, immer in vollkommener Reinheit vorzuliegen, ganz bestimmten Mangangehalt und den höchstmöglichen Sauerstoffgehalt zu besitzen. Ferner kann es dem Gemenge in Wasser gelöst zugesetzt werden, wodurch eine sehr gleichmäßige Verteilung erzielt wird. Sein hoher Sauerstoffgehalt und sein Gehalt an Kali läßt es auch zum Teil die Rolle des Salpeters übernehmen, natürlich mit dem Unterschied, daß es dem Glas das färbende Manganoxyd zuführt. Mit 100 Teilen Permanganat werden 50 Teile Mn_2O_3 und 29,8 Teile Kali ins Glas gebracht, der Schmelzverlust durch Sauerstoffentwicklung ist 20,2%. Um die gleiche Manganoxydmenge in ein Glas einzuführen, muß man statt 100 Teilen 100proz. Braunstein, 144,4 Teile Kaliumpermanganat verwenden.

Für die Wirkung des Braunsteins in der Glasschmelze sind zwei Einflüsse maßgebend: einerseits wird durch den Braunstein die Oxydationsstufe des im Glase enthaltenen Eisens und damit die Farbe, die dem Glase an sich zukäme, verändert, anderseits wird der Braunstein unter der Einwirkung von Hitze und Gemengebestandteilen reduziert. Gerade die letzteren Einflüsse sind sehr verschiedener Art und erschweren die volle Wirkung des zugesetzten Braunsteins.

Die geringe Beständigkeit der Salze des die eigentliche Entfärbung bedingenden Manganoxydes mit starken Säuren zeigt uns, daß diese Oxydationsstufe wenig beständig ist. So geht auch im Glas durch zu langes Erhitzen die Farbe des Manganoxydes zurück, unter Umständen verloren, indem das Manganoxyd in das ungefärbte Manganoxydul übergeht. Dieser Übergang geschieht besonders rasch, wenn reduzierende Einflüsse vorhanden sind. Erhitzt man mit Manganoxyd violett gefärbtes Glas in reduzierender Flamme, so wird es farblos. Sind reduzierende Einflüsse (sei es im Gemenge, sei es durch die Beschaffenheit der Flamme) vorhanden, so wird also ein Teil des Manganoxyds seinem Zwecke entzogen. Bei Gemengen, die nicht absichtlichen Kohlenzusatz enthalten, besteht in der Verwendung von Braunstein mit hohem Gehalt an aktivem Sauerstoff ein gewisser Schutz gegen Reduktion. Aber bei Sulfatgemengen wird durch die Kohle eine Menge Braunstein wertlos gemacht, so daß hier leicht eine unnötige Braunsteinverschwendung getrieben wird. Insofern wäre es besser, den Braunstein nicht im Gemenge, sondern erst ins geschmolzene Glas zu geben. Aber hier tritt eine neue Schwierigkeit auf. Der Braunstein (spezifisches Gewicht 4,5 bis 5,0) sinkt zu Boden und färbt das Glas ungleichmäßig. Es muß deshalb durch „Blasen" stark gerührt werden. Aber auch abgesehen von diesen Schwierigkeiten bleibt die Manganfärbung unsicher, weil das färbende Oxyd im Schmelzfluß nicht beständig und die Färbung infolgedessen von der Dauer und Hitze der Schmelze abhängig ist. Man hat nie die Gewähr, wieviel von einer bestimmten Menge Braunstein als Oxyd erhalten bleibt. Diese Unsicherheit macht sich bei der Entfärbung, wo es sich um feine Nuancen handelt, viel schlimmer bemerkbar als bei tieferen Färbungen, die durch andere Oxyde unterstützt werden können. Dazu kommt, daß die Entfärbung mit Manganoxyd auch in optischer Beziehung unvollkommen ist. Die Folge davon ist, daß man immer mehr den Braunstein zunächst durch Nickeloxyd, dann durch Selen ersetzt hat.[2])

---

[1]) Askenasy und Solberg, Nernst-Festschrift 1912, S. 53 (Halle, bei Knapp).

[2]) Siehe S. 146.

Chromverbindungen.

Element: Chrom. Chemisches Zeichen: Cr. Atomgewicht: 52.

Das Chrom bildet mehrere Reihen von Verbindungen, darunter sind zwei wichtig, einerseits die des Oxyds, anderseits die der Chromsäure.

Chromoxyd, Formel: Cr_2O_3, Mol.-Gew. 152. Es stellt ein grünes Pulver dar, auch kristallinisch kann man es erhalten. Die Farbennuance wechselt mit der Herstellungsart. Es färbt Glas grün mit einem starken Stich ins Gelbe (s. S. 135). Zum Einschmelzen benutzt man nicht gern das Chromoxyd selbst, da es sich etwas langsam im Schmelzfluß löst und sich außerdem nicht so leicht gleichmäßig im Gemenge verteilen läßt, wie die in Wasser löslichen Chromate.

Salze der Chromsäure, Chromate.

a) Kaliumchromat, einfachchromsaures Kali, Formel: K_2CrO_4, Mol-Gew. 194,2, enthält 48,5% K_2O und 51,5% Chromsäure CrO_3 und gibt 39,15% seines Gewichts an Chromoxyd.

Gelbe rhombische Pyramiden, in der Kälte im doppelten Gewicht Wasser mit gelber Farbe löslich.

b) Kaliumbichromat, doppeltchromsaures Kali, Formel: $K_2Cr_2O_7$, Mol.-Gew. 294,2, gibt 32% Kaliumoxyd, 68% Chromsäure und 51,7% seines Gewichts an Chromoxyd. Kristallisiert in orangeroten Kristallen des triklinen Systems. Bei gewöhnlicher Temperatur im zehnfachen Gewicht Wasser löslich.

c) Natriumchromat, einfachchromsaures Natron, Formel: $Na_2CrO_4 + 10\,H_2O$, Mol.-Gew. 342, enthält 18,14% Natriumoxyd (Na_2O), 29,25% Chromsäure (CrO_3) und 52,61% Wasser. Gelbe an der Luft zerfließende Kristalle, sehr leicht in Wasser löslich. Es gibt 22,22% seines Gewichtes an Chromoxyd. Durch Trocknen oder durch Kristallisierenlassen oberhalb 30° erhält man das einfachchromsaure Natrium wasserfrei, also von der Formel: Na_2CrO_4 mit 39,17% Na_2O und 60,83% CrO_3. Es gibt 48,02% seines Gewichts an Chromoxyd.

d) Natriumbichromat, doppeltchromsaures Natron, saures chromsaures Natron, Formel: $Na_2Cr_2O_7 + 2\,H_2O$, Mol.-Gew.: 298,37, enthält 20,81 Natriumoxyd (Na_2O), 67,13% Chromsäure (CrO_3), 12,06% Wasser und gibt 51% seines Gewichtes an Chromoxyd. Natriumbichromat kristallisiert in orangeroten Kristallen.

Alle Chromate zersetzen sich bei höherer Temperatur, so auch beim Einschmelzen der Gläser, und zwar unter Sauerstoffentwicklung in Chromoxyd und Kaliumoxyd bzw. Natriumoxyd:

$$2\,K_2CrO_4 = 2\,K_2O + Cr_2O_3 + 3\,O$$
$$K_2Cr_2O_7 = K_2O + Cr_2O_3 + 3\,O.$$

Das auf diese Weise entstehende Chromoxyd färbt Gläser gelblichgrün. Bei niedrig schmelzenden Gläsern kann die Zersetzung der Chromsäure nicht vollkommen sein und der gelbe Stich der Chromfärbung ist dann noch lebhafter. Sehr wesentlich ist, daß die Gläser nur eine sehr geringe Lösungsfähigkeit für Chromoxyd haben. Geht man über die Löslichkeit hinaus, so bleibt Chromoxyd ungelöst und schwimmt in kleinen Partikeln im Glase. Gibt man sehr große Mengen von Bichromat, so scheidet sich der Überschuß in glänzenden, dunkelgrünen Kristallflitterchen im Glase aus. Auf diese Weise entsteht der sog. Chromaventurin.

Kupferverbindungen.

Element: Kupfer. Chemisches Zeichen: Cu. Atomgewicht: 63,57.

Von den Kupferverbindungen kommen in der Glasindustrie beinahe ausschließlich die Oxyde in Anwendung, und zwar Kupferoxydul und Kupferoxyd.

Kupferoxydul, Cuprooxyd, Formel Cu_2O, Mol.-Gew.: 143,2. Es entsteht durch Reduktion von Kupferoxydsalzen in alkalischer Lösung. Es bildet ein lebhaft rotes, kristallinisches Pulver. Es ist bei gewöhnlicher Temperatur an der Luft beständig.

Kupferoxyd, Cuprioxyd, Formel: CuO, Mol.-Gew.: 79,6. Das Kupferoxyd ist ein schwarzes Pulver und entsteht durch Glühen von Kupfer an der Luft. Der sog. Kupferhammerschlag ist kein reines Kupferoxyd, er enthält wechselnde Mengen von Kupferoxydul und metallischem Kupfer. Durch längeres Glühen an der Luft wird er vollkommen in Kupferoxyd übergeführt. Kupferhammerschlag ist manchmal durch verschiedene Beimengungen verfälscht. Er muß sich ohne Rückstand in verdünnter Salpetersäure lösen.

Kobaltverbindungen.

Element: Kobalt. Chemisches Zeichen: Co. Atomgewicht: 58,97.

Der Kobalt zeigt zwei wichtige Oxydationsstufen: die des Kobaltoxyduls (Kobaltoverbindungen) und die des Kobaltoxyds (Kobaltiverbindungen). Während unter den Oxyden das Kobaltoxyd bzw. das zwischen beiden stehende Oxydoxydul die beständigste Form ist, gehören die Salze der Oxydulreihe an. Beim Einschmelzen des Glases entsteht Kobaltoxydul, Kobaltooxyd CoO mit dem Mol.-Gew. 75 und dieses ist die die Gläser blaufärbende Substanz. Es ist zu leicht oxydierbar, als daß es als solches im Handel wäre. Die beim Glasfärben zur Anwendung kommenden höheren Oxyde entwickeln beim Übergang in das Oxydul Sauerstoff:[1])

$$2\,Co_2O_3 = 4\,CoO + O_2$$
$$2\,Co_3O_4 = 6\,CoO + O_2$$

Kobaltoxyd, Kobaltioxyd, Formel: Co_2O_3, Mol.-Gew. 166. Dunkelbraunes Pulver, durch gelindes Glühen von Kobaltnitrat an der Luft gewonnen. Ein solches reines Produkt gibt 90,4% Kobaltoxydul. Da die meisten technischen Produkte durch Röstoperationen erhalten werden, entsprechen sie meist nicht der Formel Co_2O_3, sondern sie nähern sich der Zusammensetzung Co_3O_4, ohne jedoch auch dieser genau zu entsprechen. Am meisten dürfte sich das „graue" Kobaltoxyd des Handels der Zusammensetzung Co_3O_4, entsprechend 93,4% CoO, nähern. Daneben sind noch Verunreinigungen durch andere Metalloxyde möglich. Kobaltoxyde, die davon frei sind, heißen reines Kobaltoxyd (Abkürzung RKO).

Neben diesen reinen Oxyden, die auf nassem Wege hergestellt sind, existieren Produkte, die direkt aus kobaltreichen Erzen durch Rösten hergestellt werden. Sie führen den Namen „Safflor" (Zaffer). Die Marken sind OS = ordinärer Safflor, MS = mittlerer Safflor, FS = feiner Safflor, durch Wiederholen der Buchstaben werden dazwischenliegende und noch feinere Sorten bezeichnet.

Außerdem ist noch die Smalte zu nennen, ein Kobaltkalisilikatglas mit 2 bis 7% Kobaltoxydul.

Die Färbung mit Kobaltoxydul ist ungemein ausgiebig (s. S. 134). Maßgebend ist der Gehalt des verwendeten Präparats an Kobaltoxydul. Da infolgedessen die Nuance der Färbung mit dem schwankenden Gehalt stark wechselt, gewinnt die Färbung mit möglichst reinem Kobaltoxyd eine sehr viel größere Sicherheit. Neben der eigentlichen Glasfärbung spielt Kobaltoxyd zur Ergänzung von unvollkommenen Entfärbungsmitteln, wie Braunstein und Nickeloxyd, eine Rolle.

Nickelverbindungen.

Element: Nickel. Chemisches Zeichen: Ni. Atomgewicht: 58,7.

Nickel bildet zwei Oxydationsstufen: Nickeloxydul und Nickeloxyd. Nur das Nickeloxydul bildet Salze. Dieses ist es auch, das als glasfärbende Substanz in Betracht kommt. Nickeloxyd geht beim Einschmelzen des Glases in Oxydul über. Die Farbkraft ist deshalb bei den verschiedenen Präparaten nach ihrem Gehalt an Nickeloxydul zu beurteilen.

Nickeloxydul, Formel: NiO, Mol.-Gew. 74,7. Durch starkes Glühen leicht zersetzlicher Nickelverbindungen (Hydroxydul, Karbonat, Nitrat) erhalten. Grünes Pulver, im Handel als „Nickeloxyd graugrün" bezeichnet. Reines Nickeloxydul enthält 100% NiO.

Nickeloxydulhydrat, Formel: $Ni(OH)_2$, Mol.-Gew. 92,7, ist das wasserhaltige Nickeloxydul, ein apfelgrünes Pulver von nicht ganz feststehendem Wassergehalt. Hat es den theoretischen Wasser-

[1]) Bei 905° ist der Sauerstoffdruck gleich dem O_2-Teildruck der Luft, also ca 1/5 Atm. Foote u. Smith, Journ. Am. Chem. Soc. 30, 1344 (1908).

gehalt, so enthält es 80,60% des eigentlich färbenden Nickeloxyduls. Nickeloxydulhydrat heißt im Handel: Nickeloxyd grün.

Nickeloxyd, Formel: Ni_2O_3, Mol.-Gew. 165,4, entsteht durch Glühen zersetzlicher Nickelsalze bei möglichst niederer Temperatur. Schwarzes Pulver, das beim scharfen Glühen unter Sauerstoffabspaltung das graugrüne Nickeloxydul gibt. Reines Nickeloxydul gibt 90,3% seines Gewichtes an färbendem Nickeloxydul. Dies Nickeloxyd hat die Handelsbezeichnung: „Nickeloxyd schwarz".

Für die Färbung und Entfärbung des Glases ist demnach das ausgiebigste das reine Nickeloxydul, das „graugrüne" Oxyd des Handels. Über die Färbung, die Nickeloxydul hervorbringt, s. S. 135. Als Entfärbungsmittel ist es viel sicherer als Braunstein, weil die in der Hitze beständigste Oxydstufe gerade die ist, die die Entfärbung hervorbringt. Jedoch ist in optischer Beziehung die Entfärbung mit Nickel nicht ideal (s. S. 146).

Selenverbindungen.

Element: Selen. Chemisches Zeichen: Se. Atomgewicht: 79,2.

Das Selen ist ein dem Schwefel sehr ähnliches Element und kommt mit diesem vergesellschaftet in der Natur vor. Es bildet mehrere Modifikationen[1]): rotes amorphes Selen vom spezifischen Gewicht 4,26, bei niederer Temperatur beständig, und metallisches Selen vom spezifischen Gewicht 4,8, bei höherer Temperatur beständig. Selen siedet bei 670°. In Glasflüssen gelöst färbt es sie rot. Selen bildet analog dem Schwefel zwei wichtige Oxydstufen: SeO_2 und SeO_3. Selendioxyd SeO_2, Mol.-Gew. 111,2. Dieses gibt genau wie die schweflige Säure mit Metallen Salze, die Selenite. Im Handel ist hauptsächlich Natriumselenit Na_2SeO_3, entsprechend 45,7% Selen. Selentrioxyd SeO_3 ist ohne praktische Bedeutung. Sowohl Selentrioxyd wie Selendioxyd und auch ihre Salze sind sehr leicht reduzierbar zu Selen. Leitet man in eine Lösung von seleniger Säure schweflige Säure ein, so fällt rotes amorphes Selen aus. Auch im Glasfluß gehen die Selenite in Selen über. Da bei der Verwendung von Selen dieses zum Teil verdampft und verbrennt, wird die Anwendung der Selenite bevorzugt. Die Färbung mit Selen hängt sehr von der Ofentemperatur ab. Unter den richtig gewählten Bedingungen gibt es die vollkommenste Entfärbung von Glas (s. S. 146).

Silberverbindungen.

Element: Silber (Argentum). Chemisches Zeichen: Ag. Atomgewicht: 107,88.

Das Silber bildet Salze nur einer Oxydationsstufe, entsprechend dem Oxyd Ag_2O. Es ist leicht nur in Salpetersäure löslich. Silber schmilzt bei 950°.

Silberoxyd, Ag_2O, Mol.-Gew. 231,8, enthält 93% Silber, entsteht durch Fällung von Silbersalzlösungen mit starken Basen. Dunkelbraunes Pulver, in Wasser kaum löslich. Sehr wenig beständig, gibt bei 250° schon den ganzen Sauerstoff ab, wieder metallisches Silber bildend.

Silbernitrat, salpetersaures Silber, $AgNO_3$, 169,9, enthält 63,5% Silber. Es entsteht durch Auflösen von Silbermetall in mäßig verdünnter Salpetersäure und kristallisiert aus dieser Lösung in weißen, plattenförmigen Kristallen. Es schmilzt bei 200° und läßt sich dann in Stangen gießen („Silbernitrat in Stangen", „Höllenstein"). In Wasser ist es sehr leicht löslich, 1 Teil Wasser löst 2 Teile $AgNO_3$. Aus neutralen Lösungen fällt Ammoniak Silberoxyd Ag_2O, das aber im Überschuß unter Doppelsalzbildung löslich ist. Aus saurer Lösung fällt Ammoniak kein Silberoxyd, da sogleich Doppelsalzbildung eintreten kann. Diese ammoniakalischen Lösungen sind besonders wichtig, da sie sich von allen reduzierenden Substanzen (Traubenzucker, Weinsäure, Seignettesalz usw.) leicht zu metallischem Silber reduzieren lassen, das sich auf reinen Glasflächen als blanker Spiegel niederschlägt (Belegen des Spiegelglases mit Silber).

Silberchlorid, Chlorsilber, AgCl, Mol.-Gew. 143,3, enthält 75,25% Silber, entsteht durch Fällen von Silbersalzlösung mit Salzsäure als weißer, am Lichte sich schwarz färbender Niederschlag. In Wasser unlöslich, jedoch wie die meisten Silbersalze in Ammoniak löslich.

---

[1]) Siehe Polymorphie, S. 22.

Sämtliche Silbersalze sind wenig beständig. Überall zeigt sich das Bestreben, in das Metall, die beständigste Form, überzugehen („Edelmetall"). Beim Erhitzen wird im Glas jede Silberverbindung in Silbermetall zersetzt, das vom Glase gelöst wird und dieses intensiv goldgelb färbt. Man hat früher Silbersalze aus Silbermünzen hergestellt. Das empfiehlt sich nicht. Silbermünzen sind Scheidemünzen, haben demgemäß einen sehr viel höheren Kaufwert, als ihrem Metallwert entspricht. Man kauft darum sehr viel billiger das geeignete Silberpräparat, als es selbst aus Silbermünzen herzustellen. Silbermünzen sind außerdem kein reines Silber, sie enthalten 10% Kupfer. Um reines Silbersalz zu erhalten, fällt man die salpetersaure Lösung der Münze mit Salzsäure und erhält so reines Silberchlorid.

Für die verschiedenen Zwecke eignen sich die einzelnen Silberpräparate verschieden gut. Für die Färbung in Masse nimmt man am besten das wasserlösliche Nitrat, weil es sich durch Übergießen des Gemenges mit der Lösung am leichtesten verteilen läßt. Für die Färbung durch „Beizen" bedarf es eines pulverförmigen, staubfeinen Körpers, der sich sehr gleichmäßig verreiben läßt. Silberoxyd erfüllt diese Forderung und bietet den für das Beizen wichtigen Vorteil der niederen Zersetzungstemperatur. Silberchlorid, ungeschmolzen, läßt sich ebenfalls leicht verteilen und ist darum für die Gelbbeize ebenfalls geeignet. Für das Belegen der Spiegel kommt nur Silbernitrat in Frage.

Goldverbindungen.

Element: Gold. Chemisches Zeichen: Au. Atomgewicht: 197,2.

Gold gehört zu den edelsten Metallen, d. h. seine Neigung, mit anderen Elementen Verbindungen einzugehen, ist sehr gering. Die Verbindungen, die man herstellt, sind sehr wenig beständig, schon gelindes Glühen zersetzt sie alle unter Abscheidung von metallischem Gold („Poliergold" und „Glanzgold"). Das Gold schmilzt bei 1050°. Löslich ist es nur in Chlor und in Flüssigkeiten, die Chlor enthalten oder entwickeln. Das bekannteste Lösungsmittel ist Königswasser, ein Gemisch von Salpetersäure und Salzsäure. Die Lösung in Königswasser gibt:

Goldchlorid, Chlorgold, $AuCl_3$, Mol.-Gew. 303,55, enthält 64,96% Gold. In Wasser leicht löslich. Im Handel meist schon in Packungen von je 1 g abgewogen. Goldchlorid wird von allen reduzierenden Substanzen sehr leicht zu metallischem Gold reduziert. Durch die Einwirkung von Zinnchlorür entsteht dabei der

Goldpurpur, Cassius' Purpur. Seine Bildung geschieht in der Weise, daß das Goldchlorid das Zinnchlorür zu Zinnchlorid ($SnCl_4$) oxydiert, und daß aus diesem durch Wasser Zinnsäure abgeschieden wird:

$$2\ AuCl_3 + 3\ SnCl_2 + 6\ H_2O = 2\ Au + 3\ SnO_2 + 6\ HCl.$$

Demnach ist der Cassius' Purpur ein inniges Gemenge von kolloidem Gold und kolloider Zinnsäure. Mit Alkali geht die Zinnsäure in Lösung und bringt als „Schutzkolloid" wirkend auch das Gold in Lösung. Durch diese Auffassung, die besonders durch die Arbeiten von Zsigmondy[1]) exakt begründet wurde, verliert die Idee, der Purpur sei eine Verbindung, etwa zinnsaures Gold, jeden Boden. Cassius' Purpur kann sehr verschiedene Mengen Gold enthalten.

Da alle Goldpräparate beim Erhitzen Gold geben, färben sie Glas sämtlich wie das Gold selbst prachtvoll purpurrot. Zur Einführung des Goldes in das Glas kann man, wenn genügende Verteilung im Gemenge stattfindet, jede Form verwenden. Die Verteilung geschieht am einfachsten, wenn man das Gemenge mit einer Goldchloridlösung gleichmäßig benetzt.

Man kann das Goldchlorid durch Auflösen von Goldmünzen in Königswasser selbst herstellen. Deutsche und französische Goldmünzen enthalten 90% Gold und 10% Kupfer, österreichische Dukaten 98,6% Gold und 1,4% Kupfer. Kunkel hat zur Herstellung seiner berühmten Rubingläser Cassius' Purpur verwandt. Dies ist jedoch, wie schon gesagt, nicht nötig.

---

[1]) Liebigs Annalen **301**, 361 (1898).

Uranverbindungen.

Element: Uran. Chemisches Zeichen: U. Molekulargewicht; 238,2.

Das Uran bildet eine ganze Reihe von Oxydstufen. Für die Glasindustrie wichtig sind nur zwei.

Das Oxydul, UO_2, ein schwarzes Pulver, das beim Erhitzen an der Luft in höhere Oxyde übergeht. Es färbt Glas schwarz und wird auch als schwarze Porzellanfarbe benutzt.

Das Urantrioxyd, meist Uransäure genannt, ist ein gelbbraunes Pulver von der Zusammensetzung UO_3 und dem Molekulargewicht 286,2, färbt Glas gelb mit lebhafter grüner Fluoreszenz. Häufiger angewandt sind die Alkalisalze des Urantrioxyds, Uranate genannt, besonders das Natriumuranat, Uranoxydnatrium, $Na_2UO_7 + 3\ H_2O$, das ein gelbes, oranges Pulver darstellt. Es enthält 83,84% Urantrioxyd. Im Handel ist es manchmal als „Uranoxyd lichtgelb" usw. bezeichnet, noch häufiger findet sich die Bezeichnung „Urangelb".

Seltene Erden.

Mit der Entwicklung der Gasglühlichtindustrie hat die Chemie eine Reihe von Elementen näher kennen gelernt, die große Ähnlichkeit miteinander besitzen und stets miteinander in enger Gemeinschaft in der Natur vorkommen. Unter diesen „seltenen Erden" finden nur Thor und in sehr geringen Mengen Cer für die Herstellung der Glühstrümpfe Verwendung. Infolgedessen erhält man bei der Reindarstellung der Glühlichtpräparate große Rückstände der von Thor befreiten seltenen Erden. Unter ihnen ist das Neodym, das rosagefärbte Salze bildet und auch Glas rosa färbt. Die Rückstände der Cergewinnung können darum zur Glasfärbung und Glasentfärbung verwandt werden.

Die Chemie teilt die „Seltenen Erden" in zwei Gruppen, die Ceriterden (Verwandte des Cers) und „Yttererden" (Verwandte des Yttriums). Der Monazitsand, das Ausgangsmaterial für die Glühstrumpffabrikation enthält vorwiegend Ceriterden. Nur diese spielen vorerst in der Glasindustrie eine Rolle. Diese Gruppe umfaßt die Elemente: Lanthan (La), Cer (Ce), Praseodym (Pr), Neodym (Nd), Samarium (Sm), Europium (Eu).

Cer (At.-Gew. 140,25) und sein Nitrat sind im Handel. Es ist ausgezeichnet durch sein Dioxyd (Cerioxyd), das in reinem Zustand farblos, aber durch die geringsten Beimengungen gelb gefärbt ist. Seine Salze sind gelb. Es färbt auch Glas gelb. Cerhaltiges Glas ist für U-V nicht durchlässig.

Das Didym, früher als Element betrachtet, besteht aus Praseodym (At.-Gew. 140,9) und Neodym (At.-Gew. 144,3). Die Salze farbloser Säuren sind vom ersten grün, vom zweiten rot. Die Trennung wird nur für besondere Zwecke durchgeführt. Die Bezeichnung Didym für die Praseodym und Neodym enthaltenden Salze ist beibehalten. Die Didymsalze des Handels enthalten auch die anderen mit Pr und Nd vergesellschafteten Ceriterden, La, Ce, Sm. Das hauptsächliche Didymsalz des Handels ist ebenfalls das Nitrat. Weidert[1]) fand in einem Präparat auf den Oxydteil bezogen: 22% Nd_2O_3, 12,5% Pr_2O_3, 6,9% Sm_2O_3, 20,2% Ce_2O_3, 38,4% La_2O_3.

Die seltenen Erden, besonders aber die Didymelemente sind sowohl in wässeriger Lösung, wie in Gläsern ausgezeichnet durch typische Arbsorptions-Banden. Auch im Ultraviolett zeigen sie sehr starke Absorption. (Siehe Weidert l. c., dort auch die ältere Literatur.)

6. Trübungsmittel.

Phosphate.

Element: Phosphor. Chemisches Zeichen: P. Atomgewicht: 31.

Die ältesten Trübungsmittel sind kalziumphosphathaltige Stoffe, insbesondere die Asche tierischer Knochen. Die so getrübten Gläser nannte man Beinglas. Die Verwendung von Knochenasche ist unter den heutigen Verhältnissen unrationell, schon vom volkswirtschaftlichen Standpunkt aus. Man verwertet jetzt alle Bestandteile der Knochen, also neben dem Phosphatgehalt: Fett und Leim, die beim Glühen verbrannt werden. Außerdem ist die Zusammensetzung der Knochenaschen sehr wechselnd und dann die Arbeit mit ihnen unsicher. Die moderne Glashütte verzichtet deshalb auf die umständliche und teure Herstellung von Knochenasche.

---

[1]) Zeitschr. f. wissensch. Photographie **21**, 254 (1922).

Ähnlich unzuverlässig ist der phosphathaltige Guano, der aus den Exkrementen von Seevögeln entstanden ist. Es empfiehlt sich deshalb, zur Erzeugung von Phosphattrübungen die reinen Salze der Phosphorsäure zu verwenden.

Die Phosphorsäure, H_3PO_4, Mol.-Gew. 98, ist eine mäßig starke, dreibasische Säure. Sie bildet drei Reihen von Salzen, je nachdem ein, zwei oder drei Äquivalente einer Base mit einem Molekül H_3PO_4 in Verbindung treten, z. B.:

Primäre Salze:

Mononatriumphosphat NaH_2PO_4, Monokalziumphosphat $Ca(H_2PO_4)_2$.

Sekundäre Salze:

Dinatriumphosphat Na_2HPO_4, Dikalziumphosphat $CaHPO_4$.

Tertiäre Salze:

Trinatriumphosphat Na_3PO_4, Trikalziumphosphat $Ca_3(PO_4)_2$.

Die wichtigsten Salze des Handels sind:

Dinatriumphosphat, einfachsaures Natriumphosphat, sekundäres Natriumphosphat, gewöhnlich kurz Natriumphosphat genannt. Formel: $Na_2HPO_4 + 12\,H_2O$, Mol.-Gew. 358,3, kristallisiert in monoklinen, leicht verwitternden Säulen mit 12 Molen Kristallwasser. Es enthält:

Unverwittert: 17,33% Na_2O; 19,82 P_2O_5; 62,85% H_2O;
getrocknet: 43,70% Na_2O; 49,96% P_2O_5; 6,34% H_2O.

Natriumphosphat ist zu fünf Gewichtteilen in 100 Teilen Wasser löslich und reagiert alkalisch.

Dikalziumphosphat, einfachsaures Kalziumphosphat, sekundäres Kalziumphosphat, Formel: $CaHPO_4 + 2\,H_2O$, Mol.-Gew.: 172,2, weißes, kristallinisches Pulver in Wasser unlöslich. Es hat die theoretische Zusammensetzung: 32,60% CaO; 41,23% P_2O_5; 26,17% H_2O. Es entsteht beim vorsichtigen Fällen einer Phosphorsäurelösung mit Kalk. Es wird hauptsächlich gewonnen bei der Salzsäureextraktion der Knochen und heißt dann „Präzipität", „Knochenfuttermehl". Da die Salzsäure für diesen Zweck arsenfrei, also gut gereinigt sein muß, ist dieses Präparat auch im übrigen ziemlich rein. Der Wassergehalt wechselt wohl. Die Produkte des Handels enthalten 30 bis 40% P_2O_5.

Trikalziumphosphat, $Ca_3(PO_4)_2$, Mol.-Gew.: 310,3, mit 54,24% CaO und 45,76% P_2O_5. Wird erhalten durch Fällung von Phosphorsäurelösungen mit einem Überschuß von Kalkmilch. Es ist ein weißes, lockeres Pulver. Handelsbezeichnung: Kalziumphosphat oder Trikalziumphosphat „weiß", „reinweiß" auch „schneeweiß". Es ist das Präparat, das wohl am häufigsten zur Trübung von Gläsern und Emails verwendet wird. Aber auch die anderen beiden Präparate können für diesen Zweck dienen.

Über das Zustandekommen der Phosphattrübung s. S. 132.

Fluorpräparate.

Element: Fluor. Chemisches Zeichen: F. Atomgewicht: 19,05.

Die Fluorpräparate dienen nicht nur zur Trübung der Glassubstanz in der ganzen Masse, sondern auch teilweise zur Trübung der Oberfläche des Glases dadurch, daß diese angeätzt und mit mikroskopisch feinen Kriställchen bedeckt wird (s. S. 108 u. 109).

Fluorwasserstoff, HF, Mol.-Gew.: 20,06, bildet sich bei der Einwirkung von Schwefelsäure auf Fluoride, z. B. auf Kalziumfluorid (Flußspat)

$$\underset{\text{Kalzium-fluorid}}{CaF_2} + \underset{\text{Schwefel-säure}}{H_2SO_4} = \underset{\text{Fluor-wasserstoff}}{2\,HF} + \underset{\text{Kalzium-sulfat}}{CaSO_4}$$

Der Fluorwasserstoff ist eine höchst giftige, stark ätzende Flüssigkeit, die bei 19° siedet. In Wasser ist er leicht löslich, die wässerige Lösung heißt Flußsäure. Diese löst Glas, Ton und die meisten Metalle auf. Sie kann infolgedessen nur in Platin, Blei, Guttapercha, Berkelit und Paraffin aufbewahrt werden. Die konzentrierte Flußsäure enthält, wenn sie durch Destillation gereinigt ist, 40% HF, so auch die im Laboratorium zum Aufschluß von Silikaten benutzte. Die technischen Marken enthalten 65 bis 70% HF und 50 bis 55% HF.

Eine zum Zwecke der Mattätzung mit den entsprechenden Zusätzen versehene Säure führt den Namen Mattsäure. Die Flußsäure bildet zwei Reihen von Salzen, neutrale und saure. Man muß sich die Formel des Fluorwasserstoffs verdoppelt denken, H_2F_2. Tritt ein Metalläquivalent, z. B. ein Atom Natrium an die Stelle von Wasserstoff, so erhält man das saure Natriumfluorid, $NaHF_2$. Werden beide Wasserstoffatome durch Natrium ersetzt, so erhält man das neutrale Natriumfluorid Na_2F_2. Ebenso existieren zwei Kaliumfluoride. Im Handel sind am bekanntesten die Ammoniumfluoride.

Saures Ammoniumfluorid, saures Fluorammon, $NH_4 \cdot HF_2$, Mol.-Gew. 57,15 mit 70,2% HF. Farblose Kristalle von saurer Reaktion. Das Salz ätzt Glas, und zwar im Gegensatz zu wässeriger Flußsäure, matt; daher die Bezeichnung „Mattsalz“. Es ist infolge eines höheren Fluorwasserstoffgehaltes wirksamer als

Neutrales Ammoniumfluorid, Fluorammon, NH_4F, Mol.-Gew. 37,09 mit 54,1% HF. Farblose, an der Luft zerfließliche Kristalle, die wie das saure Salz schon im trockenen Zustande Glas ätzen.

Die Ammoniumfluoride eignen sich zum Einschmelzen nicht, weil sie sich schon bei sehr niederer Temperatur vollständig verflüchtigen.

Kalziumfluorid, Fluorkalzium, Flußspat, Fluorit CaF_6, Mol.-Gew. 78,23, kommt in der Natur als Flußspat vor. Er ist in Wasser unlöslich, fällt infolgedessen beim Zusammenbringen von wässerigen Lösungen von Kalziumsalzen und Fluoriden aus.

Neben dem natürlichen Flußspat ist auch künstlicher im Handel. Der Flußspat kann unter Zusatz von Schwefelsäure und Natriumsulfat zur Mattätzung dienen. Seine Hauptverwendung fand er als Flußmittel zum Einleiten des Schmelzens. Zur Beurteilung dieser Verwendung s. S. 226. Auch werden mit Flußspat in Verbindung mit Feldspat und Kaolin Trübgläser erzeugt.

Kryolith ist das Doppelfluorid von Natrium und Aluminium: Na_3AlF_6, auch $3\,NaF \cdot AlF_3$ geschrieben. Mol.-Gew. 210,6. 54,3% Fluor. — Der Kryolith kommt in mächtigen Lagern im südlichen Grönland vor. In Deutschland wird er auch künstlich hergestellt. Häufig ist aber das, was als künstlicher Kryolith bezeichnet wird, nicht das genannte Natrium-Aluminiumfluorid, sondern ein zur Herstellung von Trübglas geeignetes Gemenge von Fluorpräparaten.[1]) Der Kryolith ist das häufigst verwandte Trübungsmittel. Er kann aber durch andere Fluoride im Gemenge mit Feldspat, Kaolin und anderen tonerdehaltigen Stoffen ersetzt werden. Beim Einschmelzen gehen beträchtliche Mengen von Fluor mit der Kieselsäure verloren, als Fluorsilizium. Wird zu lange erhitzt, so kann alles Fluor flüchtig gehen, und man erhält klares Glas, „Ausschüren“ des Glases. Wie die Trübung zustande kommt, ist nicht vollkommen aufgeklärt (s. S. 40, 41 u. 132).

Die Kieselfluorwasserstoffsäure, hauptsächlich als Nebenprodukt der Superphosphatfabrikation erhalten, ist in Wasser löslich und kann zur Darstellung anderer Fluorpräparate, wie sie oben erwähnt sind, dienen. In der Tat entstammt in Deutschland ein großer Teil der Fluorpräparate dieser Quelle. Die Kieselfluorwasserstoffsäure gibt mit Kochsalz ohne weiteres das schwerlösliche Kieselfluornatrium, SiF_6Na_2. Mol.-Gew.: 188,8 mit 60,5% Fluor. Da Natrium und Kieselsäure sowieso im Glase enthalten sind, so ist dieses sehr ausgiebige und billige Salz ganz vortrefflich geeignet zur Einführung von Fluor in Trübglasgemengen.

Zinnoxyd (Zinnsäure).

Formel: SnO_2. Molekulargewicht: 151.

Das Zinnoxyd entsteht beim dauernden Erhitzen von metallischem Zinn an der Luft, ebenso bei der Behandlung von Zinn mit Salpetersäure. Zinnoxyd soll frei von färbenden Oxyden, also rein weiß sein. Es ist im Glas nur schwer und langsam löslich. Das Ungelöste verteilt sich äußerst fein und gleichmäßig im Glase, ähnlich einer kolloiden Lösung (s. S. 138). Die mit Zinnoxyd versetzte Schmelze wird infolgedessen getrübt. Die geringe Durchsichtigkeit der Zinnoxydteilchen verleiht den damit erzeugten Emails große Deckkraft (S. 132).

Neben dem Zinnoxyd sind noch andere Zinnverbindungen, die in der Glasindustrie Verwendung finden, zu nennen. Das Zinn bildet neben der Oxydationsstufe des Zinnoxyds SnO_2 noch eine solche mit

[1]) Derartige Gemenge erkennt man durch folgende Probe. Man kocht mit Wasser, filtriert und versetzt mit Chlorbarium. Eine entstehende Fällung weist auf die Anwesenheit löslicher Fluorpräparate, meist Kieselfluornatrium hin. Kryolith ist gänzlich wasserunlöslich.

geringerem Sauerstoffgehalt: die des Zinnoxyduls, SnO, Mol.-Gew.:135, das als weißes bis gelbes Pulver im Handel ist. In Salzsäure gelöst gibt es Zinnchlorür, das mit 2 Mol. Wasser wasserhelle monokline Kristalle bildet, das Zinnsalz, $SnCl_2 + 2\,H_2O$, Mol.-Gew. 225,9. Zinnoxydul und die Salze, die sich von ihm ableiten, also auch Zinnsalz sind unbeständig und stets bestrebt, in die höhere Oxydationsstufe überzugehen, sie sind „starke Reduktionsmittel". Die Eigenschaft wird beim Glasschmelzen ausgenützt, wenn wir eine reduzierende Schmelze z. B. bei der Herstellung von Kupferrubin ausführen wollen. 135 g Zinnoxydul sind für diesen Zweck ebenso wirksam wie 225,9 g Zinnsalz. Dieses letztere zieht stark Wasser an, erhält sich nur bei vollkommen luftdichtem Verschluß in gleicher Wirksamkeit. Außerdem ist es flüchtig und siedet schon bei 600°. Zinnoxydul ist darum dem Zinnsalz für den genannten Zweck vorzuziehen.

Zinnsalz hat noch eine sehr wichtige Verwendung: Es dient zur Erzeugung irisierender Flächen auf Glas.

Talk, Talkum, Speckstein, ein als Mineral vorkommendes, wasserhaltiges Magnesiumsilikat ($3\,MgO, 4\,SiO_2, H_2O$) bildet leicht zerreibliche, fettig sich anfühlende Massen. Sein Pulver löst sich im Glas langsam und trübt es in gleichmäßiger Verteilung. Man findet es vielfach in Glassätzen für getrübte Gläser unter der Bezeichnung „Federweiß". Es ist jedoch nicht im Glas unlöslich. Zu lange Dauer der Schmelzen und hohe Temperatur löst auch den Talk auf.

II. Aufbereitung der Rohstoffe und Herstellung des Glasgemenges.

Von Ingenieur Muhlert, Gerresheim.

Die Rohstoffe, welche zur Glasherstellung verwendet werden, haben wir in den vorhergehenden Abschnitten eingehend kennen gelernt. Aus der Verschiedenartigkeit ihrer Zusammensetzung und ihrer Beschaffenheit im rohen Zustande ersehen wir, daß sie sich im natürlichen Zustande nicht ohne weiteres zum Schmelzen von Glas eignen und daß auch ein gleichmäßiges Glasgemenge sich aus ihnen nicht herstellen läßt, sondern daß eine gewisse Aufbereitung erforderlich ist.

Um ein gutes Abschmelzen zu erreichen, ist es von nicht zu unterschätzender Bedeutung, daß die einzelnen Rohstoffteilchen in feiner Beschaffenheit möglichst gleichmäßig im Glasgemenge verteilt sind. Die Gleichmäßigkeit des Korns ist von doppelter Bedeutung. Sie erleichtert die Gleichmäßigkeit des Mischens und auch die Güte der Schmelze, da beispielsweise in einem Sand verschiedener Körnung die größeren Körner nicht so rasch wie die feinen abschmelzen und kleine Steinchen im Glas zurücklassen. Ein derartiges Glas muß als vollkommen fehlerhaft angesehen werden. Auch haben diese Steinchen auf die Festigkeit des Glases Einfluß. Bei einzelnen Rohstoffen, wie z. B. Mergel, kommt es vor, daß, wenn dieser in feuchtem und in nicht feinem Zustande, sondern in erbs- bis nußgroßen Stücken im Gemenge vorhanden ist, diese Teilchen beim Einlegen durch die plötzlich auftretende innere Dampfspannung explosionsartig auseinander springen. Die Teilchen fliegen oft mehrere Meter weit und springen bis in die Schiffchen oder Kränze, aus welchen das Glas herausgearbeitet wird und verunreinigen auf diese Weise das blank geschmolzene Glas.

Bei der Vermischung verschiedener Rohstoffteilchen sind die Form und die Größe der Körner sowie die spez. Gewichte zu berücksichtigen. Die Form und die Größe der Rohstoffteilchen sind der Natur nach sehr verschiedenartig. In dieser Beziehung Gleichmäßigkeit so weit als möglich herbeizuführen, ist eben die Aufgabe der Aufbereitung. Die spezifischen Gewichte sind dagegen unveränderlich. Wir müssen also die Mischmethoden so ausbilden, daß die Unterschiede des spezifischen Gewichtes möglichst geringen Einfluß gewinnen.

1. Sandwäsche und Trocknung.

Der Hauptbestandteil der Gläser ist, wie wir wissen, die Kieselsäure, welche man meistens als Sand dem Gemenge zusetzt. Die Sande sind von außerordentlich verschiedener Beschaffenheit. Fast alle enthalten Beimengungen in wechselnder Menge. Sande, welche mehr oder weniger unrein sind, können verwertet werden, indem man dieselben ausschlämmt oder wäscht. Die Sandwäsche geschieht am besten bei den Gruben, wo der Sand gewonnen wird. Es muß hierzu reichlich klares Spülwasser zur Verfügung stehen. Die Sandwäsche beruht darauf, daß die feinen, tonigen Bestandteile, in denen auch meist das Eisen angereichert ist, von einem rasch fließenden Wasserstrom aufgewirbelt und als Trübung weitergetragen werden, während die Quarzkörner zurückbleiben.

a) Die Sandwäsche. Von den Einrichtungen zur Sandwäsche hat sich am meisten die von Körting eingebürgert.

Bei dieser (Abb. 69) wird das Waschen und Fördern gleichzeitig durch die Verwendung von Wasserstrahlpumpen erreicht. Die Wäsche besteht aus mehreren Waschtrögen *a*, deren Anzahl davon abhängt, wie stark die Verunreinigung im Sande ist. Am oberen Rande der Tröge befindet sich je ein Überlauf *b*, durch welchen das trübe Wasser abläuft. Unter den Trögen ist an den Auslaufstutzen für das Waschgut je eine Wasserstrahlpumpe *c* angebracht, welche den Spülversatz durch die Leitung *d* in den nächstfolgenden Trog führt. Eine Druckwasserleitung *e* versieht sämtliche Pumpen mit dem nötigen Frischwasser, es wird also das trübe Wasser, welches oben durch *b* abläuft, immer wieder durch klares ersetzt, so daß die Sandtrübe von Trog zu Trog ständig klarer wird. Aus dem letzten Trog muß das Wasser ziemlich rein ablaufen, und die Pumpe fördert den reinen Sand auf einen Stapelplatz, der so angelegt sein muß, daß das Wasser aus dem Sand fortsickern kann. Den noch nassen Sand schüttet man hiernach auf große Haufen, wo das Wasser weiter abläuft und der Sand mehr und mehr trocken wird. In noch feuchtem Zustande wird er dann verladen und nach den Hütten verfrachtet. Bei trockener Lagerung verliert der Sand nun, bis er in der Hütte verbraucht wird, noch soviel an Feuchtigkeit, daß er für gewöhnliche Gläser wie z. B. Flaschenglas direkt verwendet werden kann.

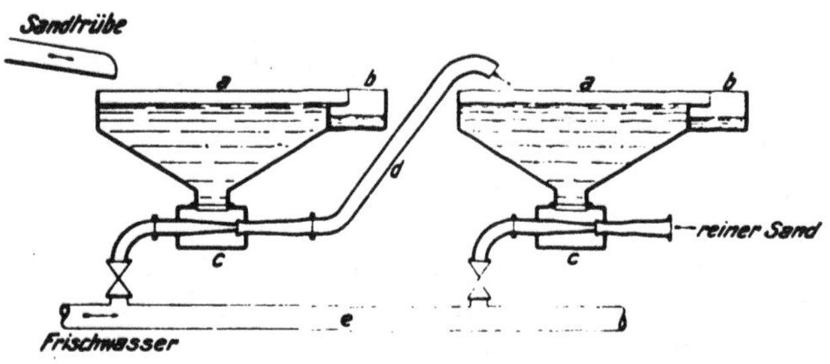

Abb. 69.

b) Sandtrocknung. Bei der Herstellung feinerer Gläser und vor allem beim Hafenofenbetrieb ist es nötig, daß der Sand ganz trocken ist. Nur mit trockenem Sand ist die gewünschte Zusammensetzung genau zu erreichen und ein vollkommen gleichmäßiges Gemenge zu erzielen. Auch kommt es wohl im Winter vor, daß der nasse Sand zu harten, großen Stücken gefriert. In diesen Fällen müssen wir besondere Sandtrockenöfen aufstellen. Die Brennöfen, welche in den Hütten zum Brennen von Steinen Verwendung finden, wie die Temperöfen, sind zum Trocknen des Sandes ohne weiteres geeignet. Ihre Verwendung für diesen Zweck erfordert aber viel Arbeit für die Beschickung und Entleerung. Auch dauert das Trocknen des Sandes lange und verbraucht verhältnismäßig viel Kohle. Es sind deshalb Spezialkonstruktionen, welche kontinuierlich arbeiten, vorzuziehen. Für alle diese Öfen ist aber meistens eine eigene Feuerung vorgesehen, wodurch viel Brennmaterial unnütz vergeudet wird. Wenn man bedenkt, welche ungeheuren Mengen an Abhitze bei der Glasschmelze verloren gehen, sollte jeder Betrieb, wo irgend möglich, die Abhitze auch zur Sandtrocknung mit heran ziehen. Ein ganz geringer Teil der Abhitze, welche ungenützt durch die Schornsteine entweicht, würde genügen, um den Sand zu trocknen.

Trockentrommeln kommen nur für größere Betriebe in Frage. Bei diesen besteht der Trockenkanal aus einem zylindrischen Rohr, welches auf Rollen wagerecht gelagert, durch zwei am Umfang angebrachte Zahnkränze in Drehung versetzt wird. Auf der einen Seite ist die Feuerung und ein Schütttrichter für den nassen Sand vorgebaut. Im Innern der Trommel angebrachte Schaufeln befördern den Sand langsam dem anderen Ende zu. Hier wird die feuchte Luft durch die Esse nach oben abgesogen, während der trockene Sand durch eine Rutsche herausläuft.

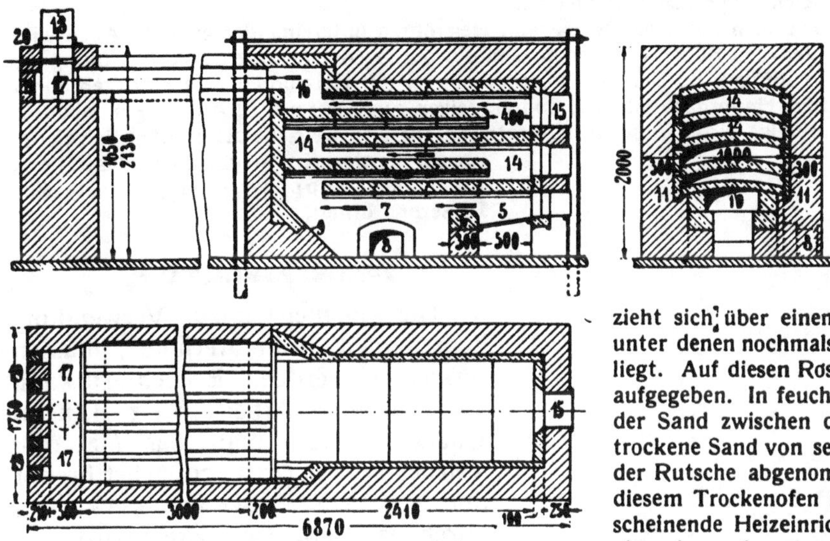

Abb. 70, 71, 72. Sandtrockenofen nach Perret.

Ein alter, aber vielfach bewährter Sandtrockenofen ist der nach System Perret, der in Abb. 70 bis 72 abgebildet ist. Die eigentliche Sandtrocknung vollzieht sich über einen Rost von Heizröhren, unter denen nochmals ein Rost von Stabeisen liegt. Auf diesen Rost wird der feuchte Sand aufgegeben. In feuchtem Zustande hält sich der Sand zwischen dem Rost, während der trockene Sand von selbst durchrieselt und an der Rutsche abgenommen werden kann. Zu diesem Trockenofen gehört eine kompliziert scheinende Heizeinrichtung, die aus 5 übereinander gelagerten Gewölben besteht, so zwar, daß diese zungenartigen Gewölbe einen Zickzackweg für die Heizgase schaffen. Auf die Gewölbeflächen wird der Brennstoff gelegt und allmählich nach unten gezogen bzw. geschoben. Da jede Gewölbefläche von unten erwärmt wird und die Luft schon heiß ankommt, kann man in diesen Öfen sehr schlechte Brennstoffe, insbesondere die Abfälle (Koks aus Generatoren usw.) verwenden. Um den Ofen in Betrieb zu setzen, wird zunächst ein Feuer auf dem Rost 5 erzeugt. Nachdem der Oberteil des Ofens warm genug geworden ist, beschickt man diesen mit Verbrennungsrückständen, Koks usw. und schließt das untere Feuer. Die auf dem Zickzackwege nach unten beförderte Asche rutscht an der Rampe 9 ab und wird durch die seitliche Tür 8 herabgezogen. Dieser Ofen ist noch vielfach auf den Glashütten im Betriebe und wird wegen seines gleichmäßig milden Feuers und der geringen Bedienungskosten sehr geschätzt. (Eingehende Beschreibung siehe Dralle I. Aufl. S. 664ff.)

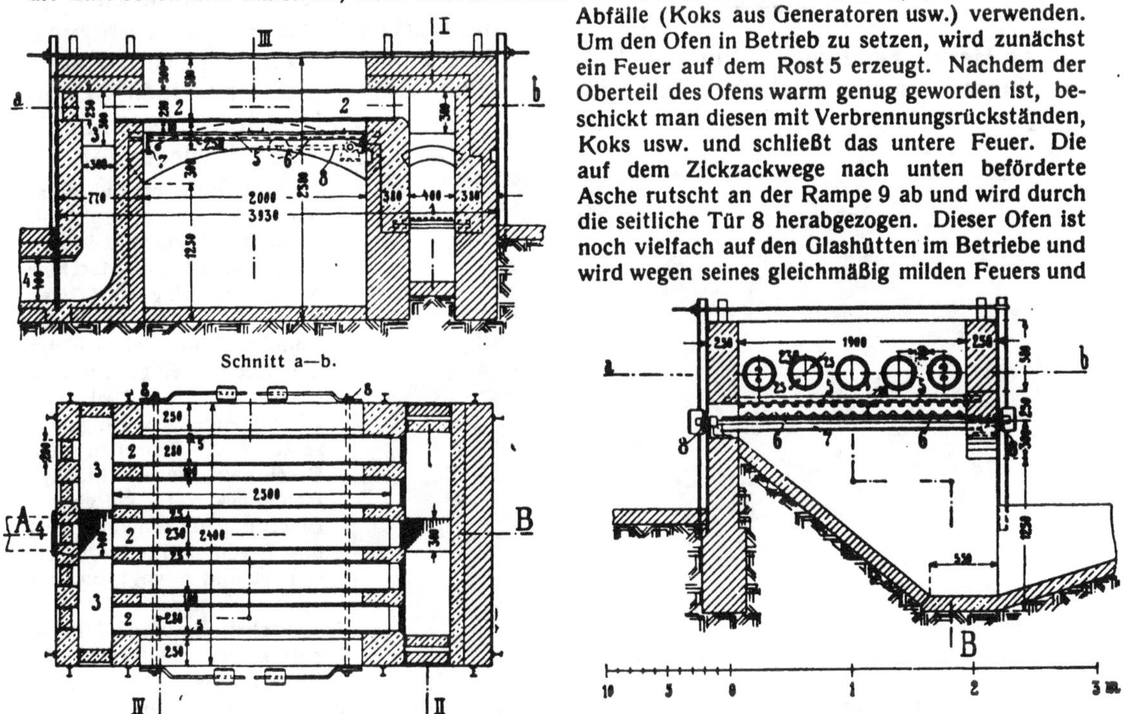

Schnitt a—b. Schnitt A—B. Schnitt III—IV.

Abb. 73, 74, 75. Sandtrockenofen System Dralle-Fricke.

Die Abb. 73, 74 und 75 veranschaulichen einen Sandtrockenofen mit direkter Feuerung System Dralle-Fricke. Die Heizgase gehen durch gußeiserne Rohre, welche ca. 200 mm l. Durchm. haben und in etwa 2 m Länge so verlegt sind, daß zwischen je zwei Rohren ein Abstand von 50 bis 100 mm frei bleibt. Die Enden der Rohre sind in je einem Querkanal zusammengefaßt, durch welche die heißen Gase zu und abgeführt werden. Unter dem Heizrohrsystem liegt ein beweglicher engerer Rost, mittels dessen der abgetrocknete Sand leicht abgerüttelt werden kann.

Derartige Öfen werden auch mit zwei Reihen von Heizröhren untereinander gebaut. Auch wird manchmal die Abhitze unter dem Boden des Gemengehauses durchgeführt, um eine Vortrocknung des dort lagernden Sandes zu vollführen[1]). Bei allen Vorzügen dieser mit Heizröhren ausgestatteten Sandtrockenöfen zeigen sie einen Hauptnachteil: Die Röhren neigen zum Rosten und Abblättern, wodurch der Sand mit Eisen verunreinigt wird. Dieses bringt natürlich für viele Betriebe die größten Schwierigkeiten. Es erscheint möglich, daß das alitierte Eisen von Krupp auf diesem Gebiete eine Besserung bringt.

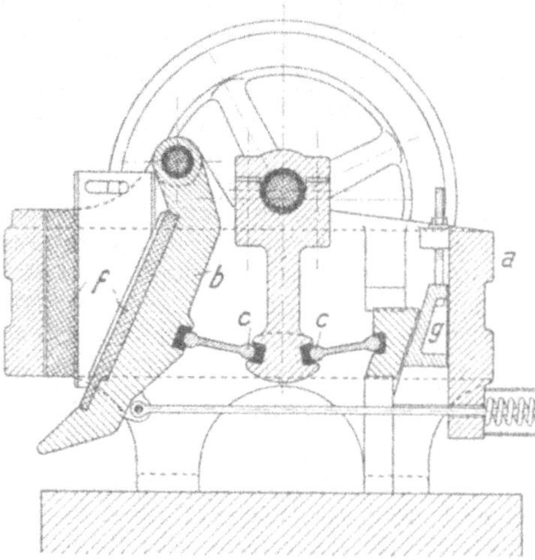

Abb. 76. Steinbrecher.

2. Zerkleinerung.

Die am meisten zur Verwendung kommenden Rohmaterialien müssen zerkleinert werden. Erleichtern kann man sich diese Arbeit, wie z. B. beim Quarzit, indem man das Material, welches sehr hart ist, zunächst brennt und in kaltem Wasser abschreckt, wodurch das Gefüge gelockert wird. Da der Sand fast allgemein dem Quarzit vorgezogen wird, kommt dies heute nicht mehr in Frage. Man hat auch heute geeignete, gute Maschinen für die Hartzerkleinerung zur Verfügung.

a) Hartzerkleinerung. Für die Vorzerkleinerung von hartem, grobem Gestein wie Quarzit, Granit, Kalkstein, Phonolith, Feldspat usw. wendet man einen Steinbrecher an, wie ihn die Abb. 76 wiedergibt.

Abb. 77. Walzenmühle der Krupp-Gruson-Werke Magdeburg-Buckau.

Im Steinbrecher wird das Material von etwa Kopfgröße in faustgroße Stücke vorgebrochen. Die Maschine besteht aus einem kräftigen Gußeisen- oder Stahlgußrahmen *a*, in diesem hängt die Brechschwinge *b*, welche durch die Kniehebel *c* in schwingende Bewegung versetzt wird. Zwischen dem Brechmaul liegen kräftige Brechbacken *f*. Durch die Bewegung der Schwinge wird das Brechmaul ständig erweitert und verengt, und auf diese Weise das in dem konischen Brechmaul nachrutschende Material zerkleinert, bis es schließlich in etwa faustgroßen Stücken herausfällt. Durch den Keil *g* kann die Öffnung des Brechmauls verstellt werden. Der Antrieb erfolgt meistens durch Riemen, außerdem befindet sich ein kräftiges Schwungrad auf der Kurbelwelle.

In der Abb. 77 sehen wir eine einfache Walzenmühle. Dieser wird das Material in etwa faustgroßen Stücken zugeführt. Sie bricht es bis auf etwa ein Viertel bis ein Sechstel dieser Größe, wobei

[1]) Hohlbaum, Die Herstellung usw. des Weißhohlglases, (Wien und Leipzig 1910.) S. 105.

sich allerdings auch feines Korn und Mehl bildet. Wird eine weitergehende Zerkleinerung gewünscht, so kann man doppelte oder dreifache Walzwerke anwenden. Die Walzwerke sind zum Vermahlen von sehr harten Gesteinen bis zur Sandfeinheit geeignet.

Eine Kombination oben genannter Maschinen bilden die Steinbrechwalzenmühlen. Steinbrecher und Walzenmühle befinden sich in einem gemeinsamen Rahmen und zwar so, daß der Brecher über der Mühle angeordnet ist. Der Vorteil dieser Maschinen besteht darin, daß der Raum- und Kraftbedarf geringer, die Anlagekosten niedriger sind und die Bedienung einfacher und billiger ist, da nur der Steinbrecher beschickt werden muß, während die Beschickung der Walzenmühle fortfällt.

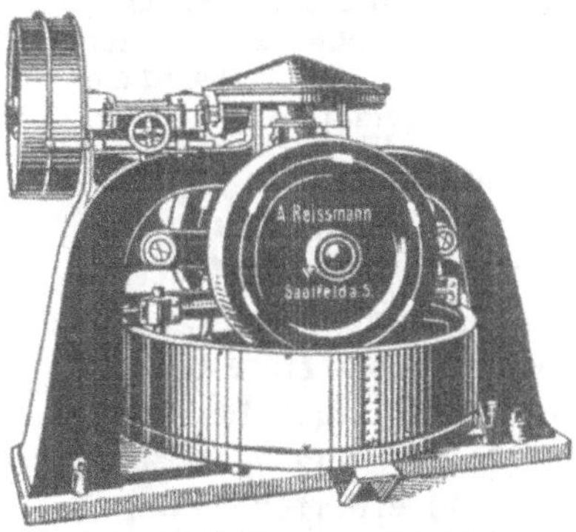

Abb. 78. Kollergang mit feststehenden Läufern und umlaufender Mahlbahn.

Abb. 79. Kollergang mit Stein-Mahlarmatur.

Die Kollergänge dienen zur Erzeugung von Gries bis auch zur Mehlfeinheit. Die Stücke können in Faustgröße und stärker aufgegeben werden, also z. B. ist das vom Steinbrecher kommende Material zur Vermahlung im Kollergang gut geeignet. Die Kollergänge werden für Unter- wie Oberantrieb gebaut, auch hat man solche mit feststehenden Läufern und rotierender Mahlbahn, wie wir einen solchen der Firma A. Reißmann A.-G., Saalfeld-Saale, in der Abb. 78 wiedergeben. Die Hartgußmahlbahn sowie die aufgekeilten Läuferringe sind auswechselbar. Bei eiserner Mahlbahn und eisernem Läufer findet immer eine Abnützung und damit eine Verunreinigung des Mahlgutes durch Eisen statt. Darf das Mahlgut nicht durch Eisen verunreinigt werden, so verwendet man Kollergänge mit Stein-Mahlarmatur, wie wir einen solchen in Abb. 79 sehen, mit unterem Antrieb. Mahlbahn und Läufer sind in diesem Falle aus Quarzit oder Granit hergestellt.

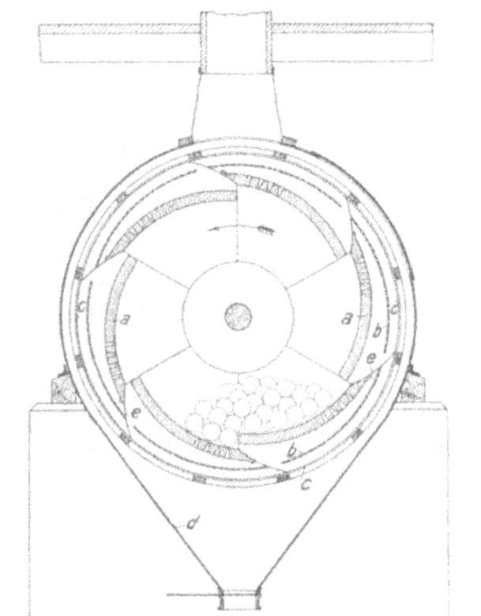

Abb. 80. Kugelmühle.

Die Kugelmühlen dienen dazu, die Rohstoffe in grießige Stücke oder Mehl je nach Wahl der Siebe zu mahlen. Es können nach Größe der Mühle Stücke bis zu 150 mm Durchm. aufgegeben werden. Der Mahlvorgang ist ein ununterbrochener, da das Mahlgut sofort selbsttätig abläuft, sobald die gewünschte Feinheit erreicht ist. Auch ist das Mahlerzeugnis von großer Gleichmäßigkeit. In der Abb. 80 sehen wir einen Querschnitt durch die Mühle, die wie folgt arbeitet. Das Rohmaterial wird durch einen seitlichen Trichter zugeführt. Bei der Drehung der Trommel rollen die Stahlkugeln polternd über die Stufen herab, zerschlagen und zerquetschen das Mahlgut. Das Zerkleinerte fällt durch die Löcher der Platten *a* hindurch auf die groben Vorsiebe *b*, von hier auf die Feinsiebe *c* und durch diese in den unteren Teil des Blechmantels *d*. Das auf den Sieben zurückbleibende Gut wird durch die Rücklaufschaufeln *e* wieder in die Trommel zur weiteren Vermahlung gebracht. Kugelmühlen können nur da verwendet werden, wo man auf Beimischung von Eisen durch den Mahlvorgang keine Rücksicht zu nehmen braucht.

Will man Feinmahlung ohne Beimischung von Eisen erreichen, so wendet man die Trommelmühlen an, wie eine solche in Abb. 81 von der Firma A. Reißmann, Saalfeld, zu sehen ist. Es gibt

Trocken- und Naßtrommelmühlen, jedoch kommen für uns nur die Trockentrommelmühlen in Betracht. Die Trommeln haben innen ein Quarz-, Granit-, Silex- oder Porzellanfutter. Die Vermahlung wird durch Flintsteinkugeln vorgenommen. Bei sehr hartem Material muß für gute Vorzerkleinerung Sorge getragen werden, während bei weicheren Rohstoffen größere Stücke aufgegeben werden dürfen. Die Arbeitsweise ist periodisch. Durch den Verschlußdeckel wird ein bestimmtes Quantum an Mahlgut eingefüllt, dieser verschlossen und die Trommel solange in Drehung belassen, bis die gewünschte Feinheit erreicht ist. Hierauf wird die Trommel still gestellt und vor die Verschlußöffnung ein Rost gesetzt. Die Trommel wird wieder in Drehung versetzt, so daß das Material heraus fällt, während die Flintkugeln hinter dem Rost zurück bleiben. Hierauf wird die Trommel von neuem gefüllt.

Abb. 81. Trommelmühle.

b) Mittelhartes und weiches Material. Für die Zerkleinerung von mittelhartem und weichem Material wie Holzkohle, Kreide, Kaolin, Ton, Soda und Sulfat — letztere beiden Materialien nehmen auch bei sorgfältigster Lagerung Feuchtigkeit aus der Luft auf und erhärten — kann man die im vorigen Abschnitt besprochenen Zerkleinerungsmaschinen wie Kollergang, Walzenmühle und Trommelmühle gut verwenden. Besonders sind aber hierfür die Schleudermühlen geeignet. Bei hoher Leistung wird ein grießiges Mahlerzeugnis gewonnen. Die Feinheit hängt von der Beschaffenheit des zu vermahlenden Stoffes ab sowie von der Anzahl der Stabkreise und der Umlaufzahl.

Abb. 82. Schleudermühle, Gesamtansicht.

In Abb. 82 sehen wir die Gesamtansicht einer Schleudermühle der Firma Fr. Krupp Grusonwerk, A.-G., Magdeburg, während uns die Abb. 83 eine Mühle veranschaulicht, bei der das Gehäuse abgenommen und die Mahlkörbe auseinander gezogen sind.

c) Siebevorrichtungen. Die besprochenen Zerkleinerungsmaschinen liefern außer der Kugelmühle ein mehr oder weniger ungleichmäßiges Material. Aus diesem Grunde muß man die zerkleinerten Rohstoffe durch Siebzylinder laufen lassen. Die Siebzylinder werden mit den Zerkleinerungsmaschinen wie Walzenmühle, Kollergang usw. direkt vorteilhaft so verbunden, daß das Mahlgut direkt nach der Vermahlung in den Siebzylinder rutscht. Die abgesiebten feinen Materialien werden mittels Elevator und ev. Schnecke in die Silos oder Buchten befördert, während ein anderer kleiner Elevator den Rest groben Materials wieder in die Mahlvorrichtung zurück bringt.

Abb. 83. Schleudermühle mit freigelegten Mahlkörben.

In der Abb. 84 sehen wir einen derartigen Siebzylinder mit abnehmbarem Siebrahmen. Die Rahmen werden mit Stahldraht- oder Phosphorbronzegewebe bespannt. Im unteren Teil des Kastens liegt eine Schnecke, die das Material nach der Austrittsöffnung befördert. Die nachstehende Siebgewebetafel (Tab. 57, S. 202) dient zur Bestimmung des Feinheitsgrades auf Grund der Nummer des Gewebes. Es sei dazu bemerkt, daß durch die Nummer des Siebes fast allgemein die Weite eines Siebes durch die Anzahl der Maschen je laufenden englischen Zoll angegeben wird. Nur die Zementindustrie rechnet die Anzahl der Maschen auf den Quadratzentimeter.

Abb. 84. Siebtrommel der Krupp-Gruson-Werke Magdeburg-Buckau.

Die Beschaffenheit des Kornes der einzelnen Rohstoffe braucht nun aber nicht so sehr gleichmäßig zu sein, wie es für eine ideale Mischbarkeit wohl notwendig wäre. Aus wirtschaftlichen Gründen geht man bei der Zerkleinerung nur bis zu einem gewissen notwendigen Grade, da das Feinmahlen die Rohstoffe sehr verteuert. Der Hauptwert ist nicht so sehr auf die Feinheit, als gerade auf die Gleichmäßigkeit zu legen. Die meisten Rohstoffe sollen eine grobmehlige Beschaffenheit[1]) haben. Es gibt aber auch Materialien, die man in grober Grießform, ja körniger Struktur ohne Nachteil zum Gemenge zusetzen kann, wie z. B. den Phonolith, wo selbst Stücke bis Erbsengröße nichts schaden, weil ja das einzelne Korn nicht einheitlich, sondern selbst aus mehreren feinen Kristallen besteht, die sehr rasch schmelzen. Wie einerseits eine weitgehende Zerkleinerung geboten erscheint, so soll man doch anderseits auch nicht zu weit damit gehen. Feine staubartige Gemenge, welche sehr viel feines Mehl enthalten, sind dadurch von Nachteil, daß beim Einlegen in den Schmelzofen zu viel Staub mit dem Zug in den Unterbau des Ofens abgeführt wird,

[1]) Über die Korngröße von Sand und Kalk siehe S. 154 bzw. 172.

Tabelle 57. **Tafel zur Bestimmung des Feinheitsgrades von gesiebtem Korn und Mehl.**

Gewebe-Nr. = Maschen pro lfd. Zoll engl.	Ungefähre Drahtstärke in mm [1]) [2])	Ungefähre l. Maschenweite in mm	Anzahl der Maschen pro cm²	Gewicht kg/m² [2])	Gewebe-Nr. = Maschen pro lfd. Zoll engl.	Ungefähre Drahtstärke in mm [1]) [2])	Ungefähre l. Maschenweite in mm	Anzahl der Maschen pro cm²	Gewicht kg/m²
2	2,7	10,2	0,6	7,25	35	0,32 0,3	0,43	190	1,35 1,70
2½	2,5	8	1	6,50	40	0,25 0,28	0,38	250	1,20 1,40
3	2	6,5	1½	6,00	45	0,24	0,32	314	1,10 1,25
3½	1,8	5,5	2	5,60	50	0,21	0,30	390	1,00 1,20
4	1,6	4,75	2½	5,25	55	0,2	0,26	470	0,95 1,08
5	1,5	3,65	4	4,80 7,00	60	0,18	0,23	560	0,90 1,00
6	1,5	2,75	5½	4,50 6,00	65	0,165	0,22	655	0,85 0,96
7	1,3	2,33	7½	4,25 5,25	70	0,16	0,21	760	0,80 0,90
8	1,11	2,06	10	4,00 4,75	75	0,15	0,19	870	0,75 0,85
9	1,02	1,80	12½	3,80 4,30	80	0,14	0,18	990	0,80
10	0,93	1,61	15½	3,60 4,00	85	0,13	0,17	1120	0,76
11	0,82	1,47	19	3,40 3,80	90	0,127	0,15	1250	0,74
12	0,8	1,32	22½	3,20 3,65	100	0,118	0,14	1550	0,70
13	0,74	1,21	26¼	3,00 3,50	110	0,105	0,121	1880	0,65
14	0,67	1,16	30½	2,80 3,30	120	0,0925	0,119	2230	0,60
15	0,65	1,04	35	2,65 3,15	130	0,08	0,116	2620	0,50
16	0,6	0,98	40	2,50 3,00	140	0,075	0,106	3040	0,45
18	0,56	0,85	50	2,25 2,80	150	0,07	0,099	3500	0,40
20	0,47 0,42	0,80	62	2,00 2,65	160	0,0675	0,091	3970	0,38
22	0,45 0,41	0,73	75	1,90 2,50	180	0,065	0,081	5000	0,33
25	0,415 0,4	0,62	97	1,80 2,30	200	0,045	0,080	6200	0,30
28	0,4 0,308	0,57	121	1,60 2,15	220	0,044	0,072	7500	0,28
30	0,34 0,35	0,50	140	1,45 2,00	250	0,0425	0,059	9700	0,25

[1]) Die Drahtstärken und Maschenweiten können nur als ungefähre Durchschnittswerte angesehen werden, weil die Drahtstärken von den Gewebelieferanten niemals genau eingehalten werden.

[2]) Obere Zahl = Siebe aus Stahldraht, untere Zahl = Siebe aus Phosphorbronce.

welcher hier zusammen sintert, beträchtliche Ablagerungen hervorruft und die Kammern frühzeitig zerstört.

Betriebe, die farblose und kunstgefärbte Gläser herstellen, müssen auf sorgfältige Fernhaltung von Eisen sehen. Dies geschieht am besten dadurch, daß man die zerkleinerten Rohstoffe und Scherben über elektrisch erregte, starke Magnete führt. Da das Gemenge sich dabei leicht entmischen kann, wird die Enteisenung vor der Beschickung der Mischer vorgenommen.

3. Gemengeherstellung.

a) Rohstofflager. Der Lagerung der Rohstoffe sollte mehr Beachtung geschenkt werden, als dieses auf vielen Hütten der Fall ist. Um unnütze Transporte zu vermeiden und die Rohstoffe in gleichbleibender Reinheit und Wirksamkeit zu erhalten, ist ein geräumiges, leicht zugängliches und übersichtliches Lager anzulegen. Wir müssen berücksichtigen, welche Mengen der einzelnen Stoffe verbraucht werden und in welchen Mengen die Anfuhr stattfindet. Es ist z. B. ein Unterschied, ob ein Waggon mit vielleicht 10 bis 20 Tonnen oder ein großer Kahn in das Rohstofflager entleert werden muß. Es muß stets nicht nur ein genügender, sondern ein reichlicher Vorrat vorhanden sein. Hiernach ist die Größe der Rohmaterialienbuchten zu bemessen. Rohstoffe, die noch einer Aufbereitung bedürfen, müssen den Zerkleinerungsmaschinen bequem zugeführt und von hier leicht in die Buchten für fertige Rohstoffe gebracht werden können. Stoffe, die aus der Luft Feuchtigkeit aufnehmen, können wir nicht in Schuppen lagern, vielmehr bringen wir diese, wie Sulfat, Soda usw. am besten in dem massiven Gemengehausbau unter, und zwar nicht in Säcken, sondern in schmaler, hoher, dichter Lagerung zwischen festen Zwischenwänden, damit nur die verhältnismäßig geringe Oberfläche Wasser anziehen kann und diese Oberflächenschicht die Hauptmasse schützt.

b) Das Gemengehaus ist an den Rohstoffschuppen anzulehnen oder wenigstens in dessen unmittelbarer Nähe zu errichten (Abb. 86). Anderseits ist aber auch für die Lage die Zufuhr des Gemenges nach den Hüttengebäuden zu berücksichtigen. Die Größe und der Ausbau richtet sich danach, wieviel und welche verschiedenen Gemenge hergestellt werden. Die Zerkleinerungsmaschinen, welche wir im vorigen Abschnitt kennen gelernt haben, werden ebenfalls im Gemengehaus ausfgestellt.

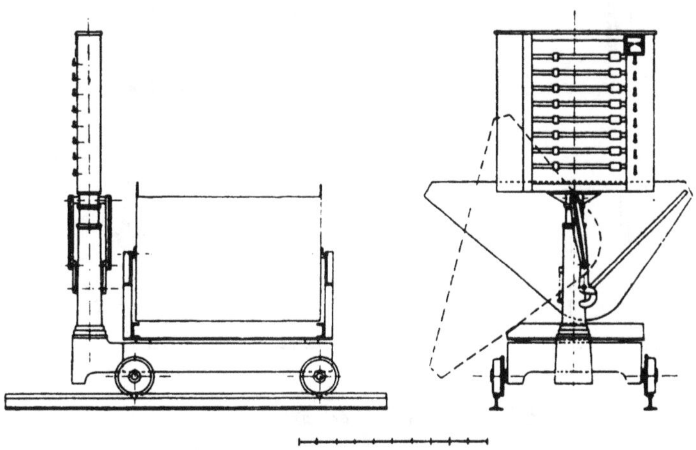

Abb. 85. Gattierungs- oder Mischwage.

Das Zusammenbringen der Gemengebestandteile geschieht sowohl nach Gewicht wie nach Volumen. Wird nach Gewicht gearbeitet, so werden die Rohstoffe abgewogen und zusammengetragen.

Die Garvenswerke Hannover bauen für diesen Zweck eine Gattierungs- oder Mischwage, welche wir in Abb. 85 sehen, und welche besondere Vorteile bietet. Sie ist mit einem Muldenkipper zusammengebaut und läuft auf Schmalspurgleis, wird aber auch mit Hängebahnwagen kombiniert gebaut. Die Wage erhält soviel Wiegehebel wie das Gemenge Rohstoffe enthält. Die Laufgewichte

werden vom Betriebsleiter eingestellt und der Kasten, worin die Laufgewichtshebel eingebaut sind, verschlossen. Die Einspielung der Zunge kann von außen beobachtet werden. Der bedienende Arbeiter hat nur hierauf zu achten, wobei er die Gewichte nicht zu kennen braucht.

Das Gleis, das vor den einzelnen Rohstoffbuchten vorbeiführt und auf dem die Gattierungswage läuft, muß wenigstens an den Stellen, wo gewogen wird, peinlich

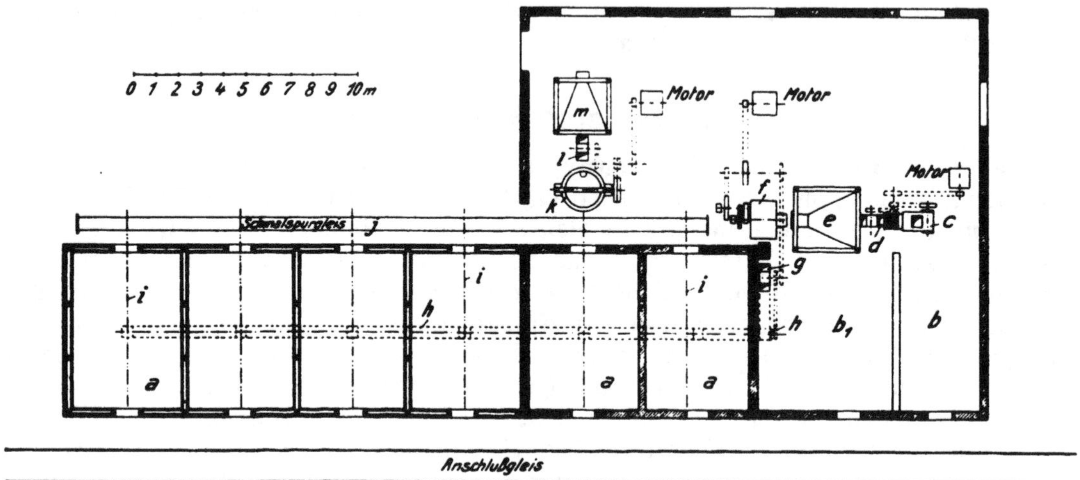

Abb. 86. Rohstofflager und Gemengehaus.

genau wagerecht und fest verlegt sein, da sonst die Wiegehebel nicht frei einspielen können. Man fährt mit der Mischwage vor die letzte Rohstoffbucht, schaufelt soviel ein, bis der Wiegehebel einspielt, und legt hierauf diesen mit dem ersten Handgriff fest. So fährt man von Bucht zu Bucht und wiegt die einzelnen Rohstoffe zu, indem man jedesmal durch den betreffenden Handgriff einen weiteren Wiegehebel ausschaltet. Neben den Handgriffen sind die Materialbezeichnungen angebracht. Ist alles eingewogen, so fährt man vor den Mischer und schüttet den gesamten Inhalt hinein.

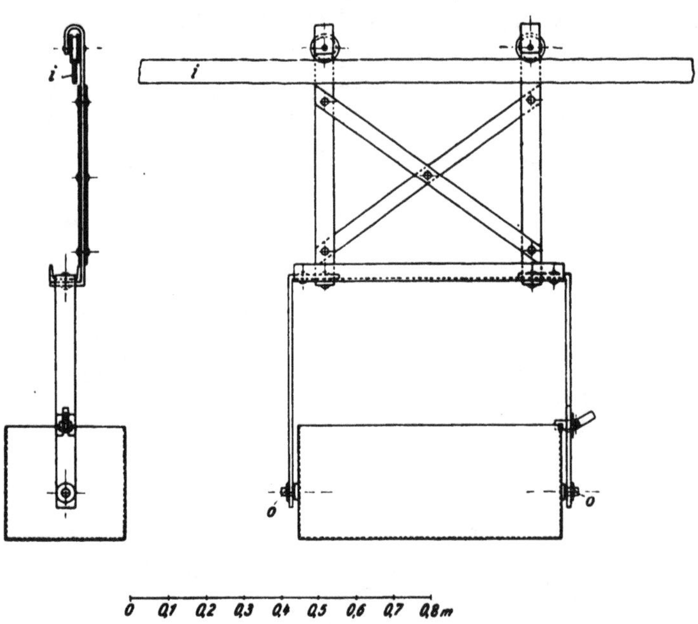

Abb. 87. Meßkasten auf Laufschiene.

Wird das Gemenge nach Volumen zusammengestellt, so werden die Rohstoffe in Meßkästen, welche gestrichen voll gefüllt werden, zusammengetragen.

Man kann auch diese Arbeit mittels mechanischer Hilfsmittel einfacher und billiger gestalten. Abb. 86 zeigt uns beispielsweise ein Schema einer derartigen Einrichtung. In den Rohstoffbuchten *a* liegen Laufschienen *i* in etwa 3 bis 5 m über Flurhöhe, an welchen Hängebahnkippkästen laufen. Die Größe dieser Kästen ist so bemessen, daß gerade das zum Gemengesatz erforderliche Volumen hineingeht. In der Abb. 87 sehen wir einen derartigen Meßkasten. Er ist um den Zapfen *o* drehbar eingerichtet,

und zwar so, daß der Schwerpunkt des Kastens etwas höher als der Drehpunkt liegt; mittels eines Schnäppers wird er festgehalten, damit man das Material einfüllen kann. Ist der Kasten mit Sand od. dgl. gefüllt und abgestrichen, so wird er an der Schiene *i* bis über den Muldenkipper, welcher auf dem Schmalspurgleis *j* läuft, verschoben, hier zieht man den Schnepper zurück, und der Kasten schlägt infolge seines höher liegenden Schwerpunktes von selbst um und entleert seinen Inhalt in den Muldenkipper. So bringt man, indem man von Bucht zu Bucht fährt, den Gemengesatz zusammen.

Das Abmessen der Gemengebestandteile mit einem Raummaß ist wenig zuverlässig. Die Menge, die ein Kasten aufnimmt, hängt von der Art der Beschickung ab. Besonders große Fehler werden bei wechselnder Feuchtigkeit gemacht. Die Dichte, mit der sich Sand beim Einschütten in ein Gefäß lagert, ist bei feuchtem Sand, wie Turner[1]) und seine Mitarbeiter gezeigt haben, viel geringer als bei trockenem und wechselt mit dem Feuchtigkeitsgehalt. Die Bemessung der Gemengeteile sollte deshalb möglichst nach Gewicht geschehen.

Eine dritte Art, die Gemengebestandteile zusammenzubringen, ist die, lösliche Rohstoffe in Wasser aufzulösen und sie über das Gemenge zu schicken. Dies Verfahren ist dann besonders vorteilhaft, wenn es sich um verhältnismäßig kleine Mengen, wie sie bei Färbungs- und Entfärbungsmitteln (Permanganat, Kaliumbichromat, Goldchlorid, Silbernitrat usw.) in Verwendung kommen. Die Verteilung dieser geringen Menge ist auf diese Weise sehr gut. Bei unlöslichen Färbungsmitteln empfiehlt es sich, das Farboxyd mit einem Teile des Sandes innig zu vermahlen, wozu kleinere Trommelmühlen oder sogenannte Büchsenmühlen, von denen man sich für jedes Farboxyd eine besondere Büchse halten kann, mit Vorteil verwendet werden.

Nachdem der Satz zusammengetragen ist, muß dieser gut durchgemischt werden damit ein gleichmäßiges Gemenge entsteht. Man unterscheidet Hand- und Maschinenmischung. Bei der Handmischung wird das Material zwei- bis dreimal gut durchgeschaufelt.

Die übliche, gewissermaßen „zünftige" Arbeitsweise ist die, daß das Gemenge in einer flachen Mulde mit einer Krücke mehrfach hin- und hergezogen wird. Weniger üblich, aber bei sorgfältiger Ausführung gute Resultate liefernd, ist die Arbeit mit Spitzhaufen, wie sie beim Handmischen von Mörtel und Beton gebräuchlich ist. Das zusammengebrachte Gemenge wird zu einem spitzen Haufen aufgeschüttet und nun schaufelweise abgetragen und zu einem neuen Spitzhaufen aufgeschüttet. Dabei wird jede einzelne Schaufel am Boden des ersten Haufens weggenommen und auf die Spitze des neuen Haufens geworfen, so daß die Teile gleichmäßig nach allen Seiten herunterrieseln. Wird so das Gemenge 4- bis 5mal umgearbeitet, ist es ausreichend gemischt. Im allgemeinen läßt die Mischung der Gemenge sehr viel zu wünschen übrig. Die Proben, die Turner (l. c.) aus den gleichen Gemengen an verschiedenen Stellen entnehmen und analysieren ließ, zeigen eine geradezu erschreckende Ungleichmäßigkeit. Will man beim Handmischen befriedigende Gleichmäßigkeit haben, so ist allergrößte Sorgfalt notwendig.

Sicherer wird eine praktisch gleichmäßige Mischung mittels Mischmaschine erreicht. Auch ist die Maschinenmischung billiger als die Handmischung. Wie es größere Werke geben kann, welche die Handmischung vorziehen, ist unverständlich. Wenn man schlechte Erfahrungen mit einer Mischanlage gemacht hat, so liegt es nur daran, daß die Anlage nicht sachgemäß ausgeführt worden ist.

Die Mischmaschinen sind nach verschiedenen Gesichtspunkten gebaut.

Mischer, wie die in Abb. 88, arbeiten mit Rührwerken. Bei diesen dreht sich in einem gußeisernen Mischteller ein kräftiges Rührwerk. Die Schaufeln dieses Rührwerkes sind so eingestellt, daß die Rohstoffe von der Mitte nach dem Schüsselrand und von hier wieder zur Mitte wechselweise geworfen werden. Hierdurch wird eine intensive Mischung gewährleistet, viel besser, als dieses von Hand möglich ist. In dem Boden des Mischtellers befindet sich eine verschließbare Öffnung, um das fertige Glasgemenge abzulassen. Diese Mischer müssen sehr kräftig ausgeführt sein, da die Rohmaterialien naturgemäß den Schaufeln einen starken Widerstand entgegen setzen. Abb. 89 zeigt einen ähnlichen Mischer von Geiler und Kalkow, Deuben-Dresden. Bei diesem wird noch durch ein Zahnradgetriebe die Schaufel *k* in drehende Bewegung versetzt, das Mischgut also gut durchgerührt. Der Verschleiß dieses Getriebes ist aber sehr groß.

---

[1]) Journ. Soc. Glass Techn. 6, 234 (1922) und Refer. Sprechsaal 1924.

Eine andere Art Mischer sind die Trommelmischer.

Wir sehen einen solchen der Firma Stothert and Pitt Ltd. London in Abb. 90. Die Mischtrommel wird durch einen am Umfang liegenden Zahnkranz in Drehung versetzt. Im Innern der Trommel sind vier breite Schaufeln in gleichmäßigen Abständen am Umfang angenietet. Durch Drehung der

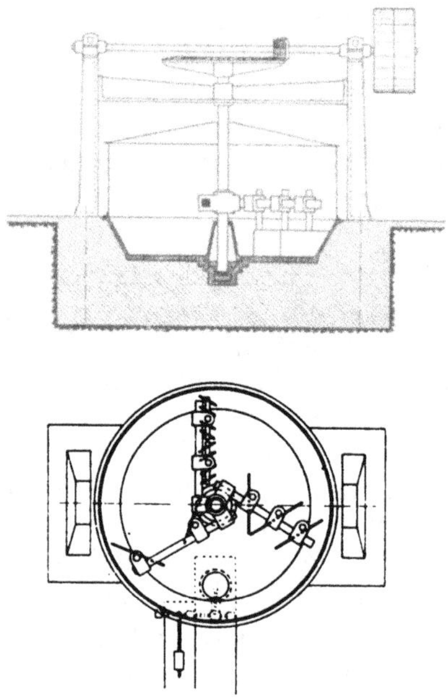

Abb. 88. Mischer mit Rührwerk.

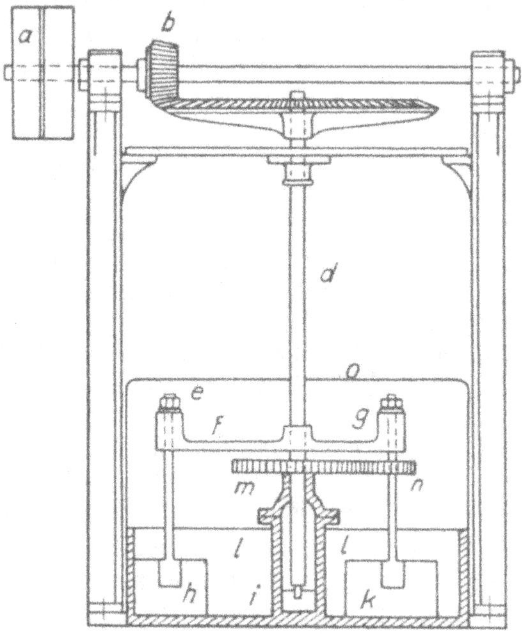

Abb. 89. Mischer mit Planetengetriebe.

Trommel wird das Material hoch gehoben und nach den Seiten geworfen, hierdurch wird alles gut miteinander vermischt. Wir sehen in der Abbildung im Hintergrunde den Einschüttrichter, wo das Rohmaterial aufgegeben wird, vorn in der Mitte sehen wir die Entleerungsschaufel in Entleerungsstellung. Während der Mischperiode ist dieselbe nach oben heraus gekippt, und die Trommel verschlossen. Der Drais-Smith-Mischer[1]) der Draiswerke G. m. b. H. in Mannheim-Waldhof ist wohl als der beste Mischer anzusprechen. Wir sehen ihn in der Abb. 91 wiedergegeben. Die Maschine besitzt eine Trommel von doppeikonischer Form, deren Inneres wir auf der Abb. 92 finden. Wir sehen die kräftigen Schaufeln von besonderer Form, die spiralförmig angeordnet sind und das Material beim Drehen gegenseitig nach der Mitte der Trommel werfen. Diese ist mit einem Zahnkranz umgeben, in welchen ein konisches Räderpaar eingreift und die Trommel in Umdrehung versetzt. Die Rohmaterialien werden der Trommel entweder durch einen großen Fülltrichter zugeführt, oder aber, wie in Abb. 91, mit automatischem Hebewerk mittels Förderwagen. Bei der Füllung mittels Förderwagen kann man den Mischer beliebig hoch aufstellen. Füllung und Entladung vollziehen sich während des Ganges der Maschine. Die Reinigung ist einfach, weil die Trommel restlos entleert wird, und Ritzen und

Abb. 90. Trommelmischer von Stothert and Pitt-London.

[1]) Der Drais-Smith-Mischer beruht auf dem Patent D. R. P. von Smith-Milwaukee, nach dem in verschiedenen Ländern Mischer gebaut werden, so in England von Stothert & Pitt-London. Nach der zitierten Veröffentlichung von Turner usw. haben sich sowohl die Smith-Mischer, wie der vorerwähnte von St. & P. (Abb. 90) sehr gut bewährt.

Fugen, in welchen sich das Material festsetzen könnte, vermieden sind. Die Draiswerke stellen den Mischer in sieben Größen her mit einer Füllung von 80 bis 1500 Litern.

Abb. 91. Drais-Smith-Mischer.

Die Trommelmischer mit eingebauten Prall- und Zerteilflächen haben eine Reihe von Vorzügen. Die Mischung in ihnen vollzieht sich rasch und liefert ein sehr gleichmäßiges Gemenge. Gegenüber den Mischern mit Rührwerken zeigen sie geringere Abnützung und geringeren Kraftverbrauch, da, wie leicht einzusehen, beim Trommelmischer nur Hebearbeit zu leisten, beim Rührmischer fortgesetzt die nicht geringe innere Reibung des Gemenges zu überwinden ist.

Die Maschinenmischung im allgemeinen findet Bedenken, wo es sich darum handelt, Gemenge für Farbgläser herzustellen, weil leicht eine Verunreinigung eines Gemenges durch

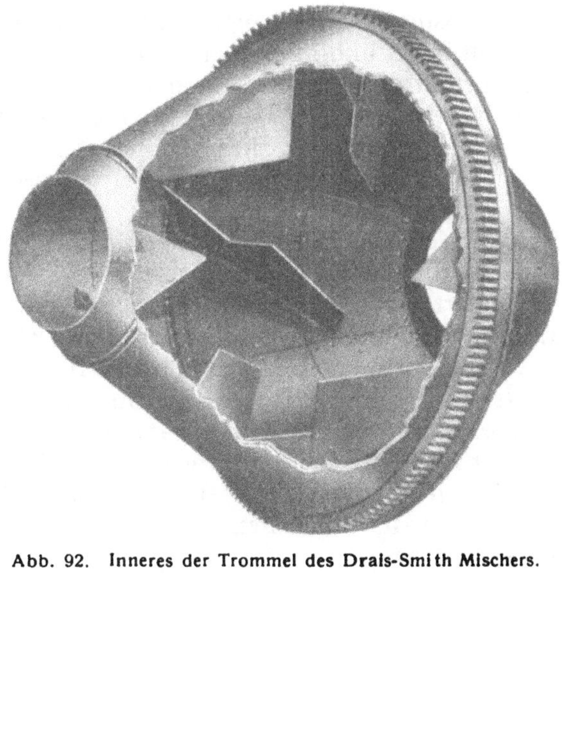

Abb. 92. Inneres der Trommel des Drais-Smith Mischers.

Reste eines vorhergehenden stattfinden kann. Bei sorgfältiger Reinigung der Mischer, die mit Hilfe eines Blasebalges oder wenn Preßluft z. B. im Zusammenhang mit Sandstrahlgebläsen vorhanden ist, mit dieser sehr gründlich geschehen kann, ist diese Schwierigkeit zu überwinden. Auch können für besonders empfindliche Gemenge besondere Mischer aufgestellt werden. Man vergesse bei solchen, scheinbar unnötigen Anschaffungen die alte und immer bewährte Hüttenregel nicht: „Gut gemischt ist halb geschmolzen".

c) Gemengelagerung und Transport. Für Wannenöfen wird das Gemenge, welches in 24 Stunden durchgesetzt wird, gewöhnlich in 8 Stunden fertiggestellt. Die Lagerung geschieht in Silos entweder im Gemengehaus oder in den Hüttengebäuden über den Einlegebühnen. Beim Hafenofenbetrieb ist es praktisch, immer eine Hafenfüllung in der Mischtrommel fertig zu stellen, vor allem ist dieses geboten, wenn verschiedene Gemenge hergestellt werden müssen. Der Schmelzer bzw. Schmelzgehilfe muß zu jeder Zeit, je nach Bedarf, das Gemenge zum Schmelzofen schaffen können. Bei kleinen Entfernungen bis zur Einlegebühne kann die Beförderung mittels Elevator und Förderschnecke bewerkstelligt werden. Bei größeren Entfernungen kann man Förderschnecken nicht mehr mit Vorteil anwenden. Hier hat man Gemengehochbahnen, bei welchen entweder gewöhnliche Muldenkipper oder Spezialwagen mit Bodenentleerung auf einem Schmalspurgleis von Hand verschoben werden. Eine besondere Ausführung dieser Art ist folgende: Der Gemengewagen wird über die Kuppe eines großen Schmelzofens für zwei Owensmaschinen gefahren und entleert hier seinen gesamten Inhalt durch die Kuppe in den Ofen. Derartige Anlagen arbeiten seit einer Reihe von Jahren zur größten Zufriedenheit. Von großer Wirtschaftlichkeit sind die Hängebahnen, vor allem die Elektrohängebahnen, bei denen Aufzüge und Fahrkatzen mit automatischer Schaltung arbeiten. Derartige Anlagen baut die Firma Bleichert & Co., Leipzig-Plagwitz. Der Gemengebehälter wird, nachdem er im Gemengehaus gefüllt ist, in die Aufzugseile eingehängt und der Schalthebel herum gelegt. Alles andere geht automatisch vor sich. Eine eingebaute Schaltwalze besorgt durch entsprechend angelegte Anschläge die verschiedenen Umschaltungen. Während dieser Zeit wird ein zweiter Gemengebehälter gefüllt, und, sobald der erste zurück ist, dieser eingehängt. Ein einziger Mann kann auf diese Weise leicht mehrere Öfen bedienen.

d) Anordnung der Gesamtanlage. Über die Anordnung der gesamten Einrichtungen für die Aufbereitung der Rohstoffe, ihre Lagerung, die Herstellung, Lagerung und Transport des Gemenges läßt sich nur schwer allgemein Gültiges sagen, da diese Einrichtungen und ihre Anordnung stark von der Größe und Art der Hütte und den Eigenheiten der örtlichen Verhältnisse abhängen. Immerhin dürfte es von Nutzen sein, für einen mittleren Betrieb eine übersichtliche Lösung der Aufgabe, wie sie in Abb. 86 dargestellt ist, kurz zu erläutern.

Rohstoffe, die zur Gemengebereitung geeignet ankommen, werden in die Buchten *a* vom Waggon aus entladen. Die beiden letzten Buchten liegen bereits in dem massiven Bau des Gemengehauses, um hier Soda und Sulfat, die keine Feuchtigkeit vertragen können, zu lagern. In den Raum *b* kommen die Materialien, welche zunächst noch zerkleinert werden müssen, sie gelangen über den Steinbrecher *c* in den Silo *e*, von wo aus die Kugelmühle *f* beschickt wird. Der Elevator *g* hebt das Material in die Schnecke *h*, welche über den Buchten *a* für fertige Rohstoffe liegt und Schieberausläufe hat. Die fertigen Rohmaterialien liegen nun in den Buchten *a* nebeneinander. Der Gemengesatz wird, wie besprochen, zusammengebracht, auf dem Schmalspurgleis *j* vor den Mischer *k* gefahren und hineingeschüttet, nachdem letzterer in Betrieb gesetzt ist. Sobald gut durchgemischt ist, wird durch die Öffnung im Mischsteller das Gemenge in den Elevator *l* gelassen, welcher es in den Silo *m* hebt, von wo es nach Bedarf abgelassen wird.

III. Berechnungen.

1. Berechnung der Zusammensetzung des Glases aus dem Gemengesatz.

a) Das Gemenge sei:

1000	Sand
400	Kalk
400	Sulfat
25	Kohle
1825	

Die Kohle geht vollkommen flüchtig.

1000 Sand gehen vollkommen in das Glas ein 1000 SiO_2

400 kohlensaurer Kalk geben $400 \cdot \frac{56}{100} =$ 224 CaO

400 Sulfat geben $400 \cdot \frac{43{,}7}{100} =$ 175 Na_2O

zus. 1399 Glas.

Die Umrechnung in prozentische Zusammensetzung erfolgt folgendermaßen:

$$1000\ SiO_2 = \frac{1000}{1399} \cdot 100 = 71{,}48\%\ SiO_2$$

$$224\ CaO = \frac{224}{1399} \cdot 100 = 16{,}00\%\ CaO$$

$$175\ Na_2O = \frac{175}{1399} \cdot 100 = 12{,}52\%\ Na_2O$$

1399 Glas 100,00 Glas.

Die Glasausbeute, die für die Kalkulation des Gestehungspreises wichtig ist, ergibt sich aus dem Vergleich des Gemenges 1825 kg mit dem Glas

$$1399\ \text{kg zu:}\ \frac{1399 \cdot 100}{1825} = \mathbf{76{,}7\%};\ \text{der Schmelzverlust zu}\ 23{,}3\%.$$

Bei dieser Berechnung liegt die Annahme zugrunde, die Materialien seien vollkommen rein. Sind die Beimengungen bemerkenswert, so sind diese zu berücksichtigen. Besonders muß der schwankende Feuchtigkeitsgehalt von Pottasche (s. S. 165), Soda (s. S. 161) und Sulfat (s. S. 158) beachtet werden. Man benutzt für diese Berichtigung des Gemengesatzes am einfachsten die chemische Elementaranalyse, wie dies in den nächsten Beispielen gezeigt wird. Außerdem ist für die Alkalien und, falls solche eingeschmolzen wird, für Borsäure eine Korrektion für den Verdampfverlust anzubringen. Wie an anderer Stelle ausgeführt wird, existieren über diesen Verlust keine zuverlässigen Angaben. Der Verlust hängt eng zusammen mit der Zusammensetzung des Glases und der Betriebsart des Ofens. Es gibt also überhaupt keine allgemein gültigen Zahlen für den Verdampfverlust. Wir wollen mit dem sehr hohen Verlust von 5% des Alkalis rechnen.

b) Ein Glas werde mit folgendem Gemenge eingeschmolzen:

1000	Sand
300	Kalktuff
300	Sulfat
15	Kohle
10	Flußspat
1625	Gemenge.

Die Zusammensetzung ist für

	SiO_2	Al_2O_3	Fe_2O_3	CaO	MgO	Na_2OKO_2	CO_2
Sand	96,76	1,84	0,26	0,70	0,04	—	—
Kalk	3,60	1,05	0,25	52,35	0,21	—	41,36

Der Sand hat keinen bemerkenswerten Glühverlust; mit 1000 kg Sand bringen wir also ins Glas:

$$1000 \cdot \frac{96{,}76}{100} = 967{,}6 \text{ kg, } SiO_2 \text{ und } 1000 \cdot \frac{1{,}84}{100} = 18{,}4 \text{ kg } Al_2O_3.$$

In gleicher Weise werden die übrigen Bestandteile des Sandes berücksichtigt.

Der Kalk enthält 41,36% Kohlensäure, die beim Einschmelzen flüchtig geht. Es bleiben also an Oxyden 58,64% im Glas. Diese setzen sich zusammen, wie es oben die Analyse angibt. Mit 300 kg unseres Kalktuffs bringen wir in das Glas:

$$300 \cdot \frac{3{,}6}{100} = 10{,}8 \text{ kg } SiO_2 \text{ und } 300 \cdot \frac{1{,}05}{100} = 3{,}15 \text{ kg } Al_2O_3 \text{ usw.}$$

Das Sulfat soll 97% Na_2SO_4 enthalten. Die Beimengungen sind zum Teil, wie Feuchtigkeit, Kochsalz und freie Schwefelsäure, flüchtig, also nicht zu berücksichtigen, zum Teil, wie $Fe_2(SO_4)_3$ und $CaSO_4$, ihrem Oxydgehalt nach einzusetzen. Beim vorliegenden Sulfat ist die Menge der letzteren Beimengungen zu klein, als daß sich die Berechnung lohnte. Sulfat von 100% gibt 43,7% Na_2O, also 300 kg 97proz. Sulfat: $300 \cdot \frac{97}{100} \cdot \frac{43{,}7}{100} = 127{,}2$ kg Na_2O. Wenn jedoch 5% verdampfen, 120,8 kg Na_2O.

Die Kohle wird vollkommen in die flüchtige Kohlensäure verwandelt.

Flußspat gibt 71,8% seines Gewichts CaO. Mit 10 kg Flußspat bringen wir ins Glas 7,18 kg CaO. Flußspat verflüchtigt aber Kieselsäure, und zwar 38,6% seines Gewichts. 10 kg Flußspat verflüchtigen demnach 3,9 kg Kieselsäure, die also abzuziehen sind.

Demnach ergeben sich die Mengen der einzelnen Oxyde, die wir im Glase einschmelzen, und die Gesamtzusammensetzung wie folgt:

	SiO_2	Al_2O_3	Fe_2O_3	CaO	MgO	Na_2O
1000 Sand	967,6	18,4	2,6	7,0	0,4	—
300 Kalktuff	10,8	3,2	0,7	157,1	0,6	—
300 Sulfat	—	—	—	—	—	120,8
10 Flußspat	−3,9	—	—	7,2	—	—
Zus. 1292 Glas mit	974,5	21,6	3,3	171,3	1,0	120,8

Daraus ergibt sich, wie oben unter a), die prozentische Zusammensetzung, z. B. $\frac{974{,}5}{1292} \cdot 100 = 75{,}4\%$ SiO_2. Die Zusammensetzung des Glases ist: 75,4% SiO_2, 1,7% Al_2O_3, 0,3 Fe_2O_3, 13,2 CaO, Spur MgO, 9,4% Na_2O.

In ganz analoger Weise läßt sich aus jedem Gemenge, unter Zugrundelegung der Analysen der Rohmaterialien, die Zusammensetzung des aus dem Gemenge erscholzenen Glases berechnen.

Die Glasausbeute ist bei dem eben berechneten Gemenge:

$$\frac{1292 \cdot 100}{1625} = \mathbf{79{,}5}\%,$$

der Schmelzverlust also **22,5**%.

2. Berechnung des Molekularverhältnisses, in dem die Oxyde in einem Glas vorhanden sind.

a) Direkt aus dem Gemenge. Dieser Weg empfiehlt sich bei reinen Rohmaterialien. Es kann hier die Menge, die von einem Rohmaterial angewandt wird, direkt in Grammolen ausgedrückt werden; damit erhalten wir auch die Anzahl Grammole Oxyd, die aus dem betreffenden Rohmaterial in das Glas eingehen, weil 1 g-Mol eines Karbonats, Sulfats usw. stets eine äquivalente Anzahl Grammole Oxyd gibt. Ebenso ist dies bei dem tausendfachen Betrag, dem Kilogrammol.

Wir wollen mit dem Satz rechnen, der der Berechnung Ia zugrunde lag (s. S. 209).

Das Molgewicht der Kieselsäure ist 60,4. Es sind also

$$1000\text{ kg Kieselsäure} = \frac{1000}{60,4} = 16,6\text{ kg-Mole } SiO_2.$$

In gleicher Weise berechnen sich für 400 kg Kalk, mit dem Molgewicht 100,1:

4,0 kg-Mole $CaCO_3$.

Für Sulfat mit dem Molgewicht: 142,2 ergibt die Berechnung:

2,8 kg-Mole Na_2O.

Das Molkularverhältnis der Oxyde im erschmolzenen Glas ist also: 2,8 Na_2O:4 CaO:16,6 SiO_2, woraus man durch Division mit 4 das Verhältnis, bezogen auf 1 CaO erhält:

0,7 Na_2O: 1 CaO: 4,15 SiO_2.

Um zu prüfen, ob wir es mit einem guten Glas zu tun haben, benutzen wir die Tscheuschnersche Formel (S. 103). Haben wir x Na_2O und 1 CaO, so muß der Kieselsäuregehalt z sein:

$$z = 3\,(x^2 + 1),$$

also in unserem Falle: 3 (0,49 + 1) = 4,47 SiO_2.

Das aus dem angegebenen Gemengesatz erschmolzene Glas, das statt 4,47 Mole SiO_2 nur 4,15 enthält, ist also ein etwas weiches Glas, das nicht allen Anforderungen an chemische Widerstandsfähigkeit[1]) entspricht, aber doch der Klasse der „härteren Apparategläser" angehört.

b) Aus der prozentischen Zusammensetzung. Sind die Rohmaterialien nicht rein, so empfiehlt es sich, zuerst die prozentische Zusammensetzung zu berechnen. Wir wollen die unter 1b berechnete Zusammensetzung benutzen.

100 kg Glas enthalten 75,4 kg SiO_2, das sind $\frac{75,4}{60,4} = 1,25$ kg -Mole SiO_2.

1,7 kg Tonerde sind (beim Molgewicht der Tonerde = 102,2) $\frac{1,7}{102,2} = 0,016$ kg-Mole Al_2O_3.

In derselben Weise erfährt man durch Division mit dem Molgewicht der Oxyde, daß 100 kg Glas enthalten

0,236 kg-Mole CaO
und 0,151 kg-Mole Na_2O.

Unter Vernachlässigung der nur in geringer Menge vorhandenen Oxyde hätten wir also das Molverhältnis:

0,151 Na_2O: 0,236 CaO: 1,25 SiO_2.

Um auf 1 CaO zu beziehen, dividieren wir mit 0,236 und erhalten:

0,64 Na_2O: 1 CaO: 5,28 SiO_2.

Nach der Tscheuschnerschen Formel (s. S. 103) müßte bei diesem Basenverhältnis der Kieselsäuregehalt 3 ($0,64^2$ + 1) = 4,23 Mole SiO_2 sein. Das aus dem angegebenen Gemengesatz erschmolzene Glas hat also einen beträchtlichen Kieselsäureüberschuß, der ihm eine hervorragende Widerstandskraft gegen chemische Einflüsse verleihen wird.

3. Berechnung des Gemengesatzes.

a) Aus der chemischen Analyse des Glases. Wir legen zugrunde das rheinische Fensterglas, das bei den Versuchen von Mylius und Förster (s. S. 96, Tab. 25) sich als sehr widerstandsfähig gezeigt hat. Es hat die Zusammensetzung:

71,2% SiO_2, 1,6 Al_2O_3, 13,4 CaO, 13,5 Na_2O.

Es soll das Gemenge für 100 kg Glas berechnet werden.

1. Kalk soll als reiner Kalkspat in Anwendung kommen und Natron als Sulfat mit 97% Na_2SO_4. Die Einführung der geringen Menge Tonerde wird im allgemeinen nicht notwendig sein, da sie zum Teil aus der Hafenauflösung, zum Teil aus den Verunreinigungen des Sandes und des Kalkes stammt. Soll

[1]) S. S. 68, Tab. 12.

es trotzdem geschehen, so kann sie auf verschiedenem Wege eingeführt werden, entweder durch Verwendung eines Sandes mit geringem Tongehalt oder durch Zufügung von Kaolin oder Feldspat. Das zweite Mittel wird man seltener anwenden. Beispielsweise soll aber doch die Rechnung vorgeführt werden. Um 1,6 kg Al_2O_3 im Glas zu erhalten, wären nötig, 4,2 kg reinsten Kaolins, mit dem man aber, da der Kaolin 46% SiO_2 enthält, 1,9 kg SiO_2 einführt. Diese wären von der notwendigen Kieselsäure abzuziehen. Hat man also einen reinen Sand, so wären für 100 kg Glas nur noch 71,2 — 1,9 = 69,3 kg Sand abzuwägen. Um 1 kg CaO in Glas einzuschmelzen, bedürfen wir 1,78 kg $CaCO_3$ (s. Tab. 58, S. 218), für 13,4 also 23,85 kg Kalkspat. Für 1 kg Natron brauchen wir 2,29 Sulfat mit 100% Na_2SO_4, also $\frac{229}{97} = 2{,}36$ Sulfat mit 97% Na_2SO_4. Für 13,5: 13,5 · 2,36 kg Sulfat und bei einem Verdampfverlust von 5%: 13,5 · 2,36 · 1,05 = 33,44 kg Sulfat.

Wir erhalten also folgenden Gemengesatz:

für 100 kg Glas:	oder auf 1000 kg Sand in abgerundeten Zahlen:
69,3 kg Sand	1000 kg Sand
4,2 kg Kaolin	60 kg Kaolin
23,9 kg Kalk	345 kg Kalk
33,4 kg Sulfat	480 kg Sulfat
dazu 1,7 kg Holzkohle	25 kg Holzkohle.
Summe 132,5 kg Gemenge	

Glasausbeute je 100 kg Gemenge: **75,5%**.

2. An Stelle des reinen Sandes und Kalkspates sollen nun zum Schmelzen des obigen Glases die Rohmaterialien, die wir S. 210 verwendet sahen, benutzt werden. Beide enthalten etwas Tonerde. Um 71,2 kg SiO_2 zu erhalten, haben wir $\frac{71{,}2}{96{,}76} \cdot 100 = 73{,}6$ kg Sand mit 96,76% SiO_2. Wir führen damit gleichzeitig ein $73{,}6 \cdot \frac{1{,}84}{100} = 1{,}35$ kg Al_2O_3 und $73{,}6 \cdot \frac{0{,}7}{100} = 0{,}52$ kg CaO.

Um 13,4 kg CaO zu erhalten, bedürfen wir don dem Kalktuff $\frac{13{,}4}{52{,}35} \cdot 100 = 25{,}6$ kg. Damit kommen noch $25{,}6 \cdot \frac{1{,}05}{100} = 0{,}27$ kg Al_2O_3 und $25{,}6 \cdot \frac{3{,}6}{100} = 0{,}9$ kg SiO_2. Diese Kieselsäure ist, genau genommen, von der oben berechneten Sandmenge in Abzug zu bringen. Wir benötigen also nur 72,5 kg Sand. Umgekehrt sind 0,5 kg Kalk weniger zu nehmen wegen des Kalkgehalts des Sandes.

An Tonerde führen wir ein 1,35 + 0,27 = 1,62, also zufällig genau die Menge, die die Analyse des Glases vorschreibt. — Die Sulfatmenge bleibt wie bei 1.

Der Gemengesatz lautet also:

für 100 kg Glas	auf 1000 kg Sand in runden Zahlen
72,5 kg Sand	1000 kg Sand
25,1 kg Kalktuff	345 Kalktuff
33,4 kg Sulfat	460 kg Sulfat
1,7 kg Kohle	23 kg Holzkohle.
Summe 132,7 kg Gemenge	

Glasausbeute je 100 kg Gemenge: **75,3%**.

3. Es soll noch ein Gemengesatz berechnet werden für ein Glas von folgender Zusammensetzung:

61,5% SiO_2 12,5% Al_2O_3 4% Fe_2O_3 12% CaO 10% Na_2O,

und zwar sollen für dies Glas in Anwendung kommen:

	SiO_2	Al_2O_3	Fe_2O_3	CaO	MgO	Alkalien
Phonolith mit . . .	63,—	20,—	2,25	1,5	0,2	13,—
Trachyt mit.	51,8	21,8	9,4	6,7	1,55	8,65
Sand mit	93,3	5,5	1,—	—	—	—
Kalkstein mit	7,2	4,4	1,8	53,8	1,5	—
Sulfat mit 97% Na_2SO_4.						

Bei der Betrachtung der Analyse sieht man, daß Trachyt und Phonolith sich schon sehr der Zusammensetzung des gewünschten Glases nähern. Sie haben nur zu hohen Tonerdegehalt und Trachyt zu hohen Eisengehalt. Wir werden also die beiden Gesteine benutzen, um Tonerde und Eisenoxyd im wesentlichen durch sie einzuführen. Mit Rücksicht darauf, daß auch die anderen Gemengeteile noch etwas Eisen bringen, wollen wir mit ihnen nur 3,5 kg für 100 Glas einführen. Nehmen wir x Phonolith, so erhalten wir, da wir mit jedem Kilogramm Phonolith $\frac{2,25}{100}$ kg Fe_2O_3 einführen, $0,0225\, x$ Fe_2O_3. Mit y kg Trachyt: $0,094\, y$ Fe_2O_3. Es muß also sein:

$$0,0225\, x + 0,094\, y = 3,5 \quad \ldots\ldots \quad (1)$$

Da Tonerde auch in Sand und Kalk ist, wollen wir nur 10 kg Tonerde mit Trachyt und Phonolith einführen. Da Phonolith 10% und Trachyt 21,8% Tonerde enthält, soll also sein

$$0,2\, x + 0,218\, y = 10 \quad \ldots\ldots \quad (2)$$

Durch Auflösung von Gleichung (1) und (2) erhalten wir:

$$x = 12,8 \text{ und } y = 34,1.$$

Um also 3,5 kg Fe_2O_3 und 10 kg Al_2O_3 zu erhalten, haben wir 12,8 kg Phonolith und 34,1 Trachyt von der oben angegebenen Zusammensetzung abzuwägen.

Sehen wir zu, welche Mengen wir von den verschiedenen Oxyden damit erhalten. Der Phonolith enthält 63% SiO_2, also erhalten wir in 12,8: $12,8 \cdot 0,63 = 8,06$ usw.

	SiO_2	Al_2O_3	Fe_2O_3	CaO	MgO	Na_2OK_2O
12,8 Phonolith enthalten.	8,06	2,56	0,29	0,19	—	1,66
34,1 Trachyt enthalten	17,66	7,43	3,20	2,28	0.52	2,95
12,8 Ph. und 34,1 Tr. geben zusammen	26,32	9,99	3,49	2,47	0,52	4,61

Wir bedürfen noch $61,5 - 26,32 = 35,18$ kg SiO_2. Auch Kalk wird noch etwas Kieselsäure bringen. Wir brauchen also nur 34 kg SiO_2 im Sand einzuführen. Da der Sand 93,3% SiO_2 enthält, brauchen wir $\frac{34 \cdot 100}{93,3} = 36,5$ Sand. Mit 36,5 Sand erhalten wir, entsprechend seiner oben angegebenen Zusammensetzung:

	SiO_2	Al_2O_3	Fe_2O_3	CaO	MgO	Na_2OK_2O
36,5 kg Sand enthalten	34,05	2,01	0,37	—	—	—
12,8 Ph. + 34,1 Tr. + 36,5 Sand . . =	60,37	12,00	3,86	2,47	0,52	4,61

Nun fehlen uns noch $12 - 2,47 = 9,53$ CaO. Unser Kalk enthält 53,8% CaO, wir benötigen also $\frac{9,53 \cdot 100}{53,8} = 16,35$ kg Kalkstein.

Natron fehlen noch $10 - 4,61 = 5,4$. Um diese einzuführen, brauchen wir $\frac{5,4 \cdot 100 \cdot 100}{43,7 \cdot 97} = 12,7$ kg Sulfat 97proz. Im Hinblick auf einen Verdampfungsverlust von 5%: $12,7 \cdot 1,05 = 13,4$ kg Sulfat. An Einzeloxyden erhalten wir durch Kalkstein und Sulfat noch:

	SiO_2	Al_2O_3	Fe_2O_2	CaO	MgO	Na_2OK_2O
16,35 Kalkstein	1,18	0,71	0,29	9,35	0,24	—
13,4 Sulfat	—	—	—	—	—	5,4
Alles zusammen	61,55	12,71	4,15	12,00	0,76	10,00

Wie man sieht, stimmt die so berechnete Zusammensetzung befriedigend mit der zu erschmelzenden überein.

Wir erhalten also folgenden Gemengesatz:

für 100 kg Glas	auf 100 kg Sand in abgerundeten Zahlen
12,8 kg Phonolith	350 kg Phonolith
34,1 kg Trachyt	935 kg Trachyt
36,5 kg Sand	1000 kg Sand
16,35 kg Kalkstein	450 kg Kalkstein
13,4 kg Sulfat	370 kg Sulfat
Summe: 113,15 kg Gemenge	20 kg Kohle.

Glasausbeute je 100 kg Gemenge: **88,4%**.

Eine gewisse Schwierigkeit bietet nur die Abschätzung der kleineren Mengen Oxyde, die im Verlauf der Rechnung noch aus anderen Rohstoffen hinzutreten. Aber wenn man eine Rechnung einmal in der vorgeführten Weise durchführt, läßt sich leicht erkennen, wie groß bei nicht ganz stimmendem Resultat diese Korrekturen vorzusehen sind. Allgemein kann man sagen: Man beginnt mit den Rohstoffen, die eine Reihe Oxyde in beträchtlichen Mengen enthalten, und benutzt sie zur Einführung der Oxyde, an denen sie reicher sind als alle übrigen. Für die reinsten Produkte berechnet man zuletzt die notwendigen Mengen.

Will man ganz genau vorgehen, so setzt man für jedes zu verwendende Rohmaterial, wie es oben für Phonolit und Trachyt geschehen ist, eine unbenannte Zahl x, y, z usw. ein, und stellt für jedes Oxyd die Gleichung auf, die die Summe dieses Oxydes aus den einzelnen Rohstoffen ergibt. Man erhält soviele Gleichungen, als Oxyde vorhanden sind und löst sie nach x, y, z usf. auf.

b) Aus dem Molekularverhältnis. Wie in den Abschnitten über den Zusammenhang von Zusammensetzung und chemischer Widerstandskraft der Gläser gezeigt wurde, läßt sich der Charakter eines Glases am besten erkennen durch das Molekularverhältnis der in ihm vorhandenen Oxyde. Da es sich bei den in großem Maßstabe geschmolzenen technischen Gläsern nur um Kalk, Alkali und Kieselsäure handelt, ist das Maßgebende das Verhältnis von Alkali zu Kalk zu Kieselsäure.

Sieht man von den Flaschengläsern ab, handelt es sich durchweg um recht reine Rohmaterialien. Wir können infolgedessen das Gemenge direkt aus dem Molekularverhältnis berechnen.

1. Direkt aus dem Molekularverhältnis. *a*) Es soll hier für ein Spiegelglas vom Molekularverhältnis: $0{,}7\ Na_2O : 1\ CaO : 4{,}47\ SiO_2$ das Gemenge berechnet werden.

Ein Mol CaO entsteht aus einem Mol $CaCO_3$. Um 1 kg-Mol CaO zu erhalten, haben wir 1 kg-Mol $CaCO_3$, d. i. das Molekulargewicht in Kilogramm, also 100 kg Kalkspat abzuwägen. Das Molekulargewicht von Na_2SO_4 ist 142,16, wir haben also hier $0{,}7\ Na_2O = 0{,}7 \cdot 142{,}16 = 99{,}5$ Sulfat 100proz., und wenn dies 97proz. ist und ein Verdunstungsverlust von 5% gibt: $99{,}5 \cdot \frac{105}{97} = 107{,}7$ kg Sulfat 97proz. Das Molgewicht der Kieselsäure ist 60,4, wir brauchen also $4{,}47 \cdot 60{,}4 = 270$ kg Sand.

Entsprechend der gestellten Forderung geben die erhaltenen Mengen der Gemengebestandteile:

$$270\ \text{kg}\ SiO_2 + 56\ \text{kg}\ CaO + 43{,}7\ Na_2O + 6\ C = 369{,}7\ \text{kg Glas.}$$

Für 100 kg Glas sind also: $270 \cdot \frac{100}{369{,}7} = 73$ kg Sand notwendig, entsprechend: $108 \cdot \frac{100}{369{,}7} = 29{,}2$ kg Sulfat usf.

Wir erhalten also folgende Gemengesätze:

Aus der Molrechnung		je 100 kg Glas	auf 1000 Sand
Sand	270	73,0	1000
Kalk	100	27,1	270
Sulfat	108	29,2	400
Kohle	6	1,6	20
	Summe:	130,9	

Die Glasausbeute je 100 kg Gemenge ist also $\frac{100 \cdot 100}{130{,}9} = $ **76,4%**.

b) Es soll noch ein Bleiglas berechnet werden, und zwar vom Molekularverhältnis: 0,9 K_2O : 1 PbO : 7,25 SiO_2.

1 Mol Mennige gibt 3 Mole Bleioxyd: 1 $Pb_3O_4 = 3\,PbO + O$. Wir brauchen also ein Drittel des Molekulargewichts der Mennige in Kilogramm: $\frac{1}{3} \cdot 684{,}7 = 228{,}2$ kg. Das Molgewicht der Pottasche ist 138,3, also sind nötig: $0{,}9 \cdot 138{,}3 = 124{,}5$ kg und, da das Molgewicht von SiO_2 60,4 ist, $7{,}25 \cdot 60{,}4 = 438$ Sand.

Das Gemenge ist also folgendes:

nach der Molrechnung	auf 100 kg Glas	auf 100 Sand
438 Sand	60,6 Sand	1000 Sand
228 Mennige	31,6 Mennige	520 Mennige
125 Pottasche	17,3 Pottsache	285 Pottasche
Summe:	109,5 kg Gemenge.	

Die Glasausbeute ist also $\frac{100 \cdot 100}{109{,}5} = \mathbf{91{,}3\%}$.

2. Indirekt. Bei kompliziert zusammengesetztem Rohmaterial, wie wir es für Grobhohlglas häufig anwenden, ist die Benutzung einer „Formel" erschwert. Die Wirkung der einzelnen Oxyde auf die Löslichkeit des Glases ist nicht genügend bekannt und die Zusammensetzung des Rohmaterials läßt nicht mehr die Freiheit in der Komposition des Glases, wie es reine Produkte tun. Wie man sich in einem solchen Falle helfen kann, soll folgendes Beispiel zeigen. Es soll ein gutes Grünglas unter Verwendung von Hamelner Mergel erschmolzen werden. Dieser hat folgende Zusammensetzung:

in 100 Mergel: 8,65 SiO_2, 9,06 Al_2O_3, 2,24 Fe_2O_3, 28,2 CaO, 11,46 MgO.

Da dies Produkt sehr billig ist, werden wir möglichst viel davon dem Gemengesatz einverleiben. Nun ist das Wesentliche seiner Zusammensetzung der hohe Gehalt an Erdalkalien, die rd. 40% ausmachen. Dieser ist zu hoch. Für Gläser dieser Art stellt ein Erdalkaligehalt von 18% ziemlich die obere Grenze dar. Um 18 kg Erdalkalien zu erhalten, brauchen wir: $\frac{100 \cdot 18}{40} = 45$ kg Mergel. Diese enthalten

8,89 SiO_2, 4,07 Al_2O_3, 1,01 Fe_2O_3, 12,69 CaO, 6,57 MgO, zusammen: 28,2 kg Oxyde.

Um dieses aus 45 kg Mergel entstehende Oxydgemenge in 100 Glas überzuführen, brauchen wir im wesentlichen Kieselsäure und Natron. Die Kieselsäure und die Tonerde, die bereits im Mergel sind, berücksichtigen wir später. Erdalkalien haben wir unter Zurechnung des Eisenoxydes 20,3. Es bleiben uns also für Kieselsäure und Natron 79,7. Sind a Natron und b Kieselsäure nötig, so ist:

$$a + b = 79{,}7$$
$$b = (79{,}7 - a) \quad \ldots \quad (1)$$

Nachdem der Kalk festliegt, können wir für das Verhältnis von Kieselsäure und Natron die Tscheuschnersche Formel anwenden, nach der sein soll

$$z = 3\,(x^2 + 1),$$

wo z die Mole Kieselsäure und x die Mole Natron sind, die auf 1 Mol Erdalkalien kommen. Wir wollen einführen 12,69 kg Kalk, 6,57 kg Magnesia, 1,01 kg Eisenoxyd, a kg Natron und b kg Kieselsäure. Diese Mengen, in Molen ausgedrückt, erhält man durch Division mit dem Molekulargewicht wie folgt:

$$\frac{12{,}69}{56{,}13} = 0{,}226\ \text{CaO};$$
$$\frac{6{,}57}{40{,}36} = 0{,}163\ \text{MgO}; \quad \frac{a}{62{,}1}\ \text{Mol Natron}; \quad \frac{b}{60{,}4}\ \text{Mol}\ SiO_2;$$
$$\frac{1{,}01}{159{,}76} = \underline{0{,}006\ Fe_2O_3}$$
$$0{,}395\ \text{Mol Erdalkalien}$$

oder auf 1 Erdalkalien bezogen:

$$1\ \text{Mol Erdalkalien:}\ \frac{a}{0{,}395 \cdot 62{,}1} : \frac{b}{0{,}395 \cdot 60{,}4}.$$

Nach obiger Formel soll also sein:

$$\frac{b}{0{,}395 \cdot 60{,}4} = 3\left[\left(\frac{a}{0{,}395 \cdot 62{,}1}\right)^2 + 1\right].$$

Nach Gleichung (1) kann b nur noch sein: $b = 79{,}7 - a$, also erhalten wir:

$$\frac{79{,}7 - a}{0{,}395 \cdot 60{,}4} = 3\left[\left(\frac{a}{0{,}395 \cdot 62{,}1}\right)^2 + 1\right].$$

Daraus erhalten wir $a = 6$ und in (1) eingesetzt $b = 73{,}7$.

Um also die 45 kg Mergel zu 100 kg eines Glasese entsprechend Tscheuschners Angaben zu ergänzen, bedürfen wir 6 kg Natron und 73,7 kg Kieselsäure. Da durch den Sand noch eine Vermehrung des Tonerdegehalts stattfinden wird, nehmen wir 7 kg Natron. Für diese sind nötig $7 \cdot 2{,}29 \cdot 100 = 16{,}5$ kg Sulfat 97%. Mit Rücksicht auf den Verdampfverlust 17,3 kg Sulfat.

Damit erhalten wir zu den 28,2 kg Oxydgemisch, das aus den 45 kg Mergel stammt, noch 7 kg Natron, also zusammen 35,2 kg. Den Rest: 100 -- 35,2 = 64,8 geben wir Kieselsäure. Da Sand keinen nennenswerten Glühverlust hat, nehmen wir ebensoviel Sand, der folgende Zusammensetzung haben mag: 97% SiO_2, 2,1 Al_2O_3 und 0,9 Fe_2O_3. Das Glas wird infolgedessen zusammengesetzt wie folgt:

	SiO_2	Al_2O_3	Fe_2O_3	CaO	MgO	Na_2O	Summe
aus 45 Mergel	3,89	4,07	0,01	12,69	6,57	—	28,2
aus 17,3 Sulfat	—	—	—	—	—	7,00	7
aus 64,8 Sand	62,85	0,36	1,58	—	—	—	64,79
	66,74	4,43	1,59	12,69	6,57	7,00	99,99

Das entspricht ziemlich genau der Zusammensetzung, die in Osterwald aus Hamelner Mergel erschmolzen wurde. Jedoch ist der Eisengehalt niederer, wir werden den Gehalt um 1% erhöhen müssen, entsprechend der Zugabe von 1 kg Eisenerz auf 100 kg Glas. Die Zugabe an Erz hängt aber von dessen Eisengehalt ab.

Das berechnete Gemenge ist also folgendes:

auf 100 kg Glas:	auf 1000 Sand:
64,8 Sand	1000 Sand
45,0 Mergel	690 Mergel
17,3 Sulfat	270 Sulfat
1,0 Eisenerz	15 Eisenerz
0,9 Kohle	15 Kohle.
128,0 Gemenge.	

Das Gemenge hat eine Glasausbeute von $\frac{100 \cdot 100}{128} = 78{,}1\%$.

Dieser Rechnung liegt die Absicht zugrunde, einen möglichst hohen Gehalt an Kalk-Magnesia durch Verwendung der größten Mengen Mergel zu erzielen. Infolgedessen hat dies Glas einen so niederen Alkaligehalt, wie er selten zu finden ist. Von vornherein einen so hohen Gehalt an Kalk-Magnesia festzulegen geht auch nur an, wenn wir kalkfreien Sand verwenden. Sobald dieser Kalk enthält, ist der am Beginne der Rechnung angenommene Betrag von Kalk, der dem Mergel entnommen werden soll, niedriger einzusetzen. Dadurch wird auch die Menge des anzuwendenden Mergel geringer. Wie sehr durch solche Beimengungen der Gemengesatz für das gleiche Glas sich ändert, mag die Feststellung zeigen, daß bei einem Sand mit 4 bis 5% CaO statt ca. 45 Mergel nur 40 Mergel für 100 Glas nötig sind.

4. Wahl der Einheit des Gemengesatzes.

Auf den Hütten hat sich seit langer Zeit der Gebrauch eingebürgert, die Gemengesätze auf 100 oder 1000 Gewichtsteile Sand zu beziehen. Dies mag seinen Grund darin haben, daß in früheren Zeiten unter den Schmelzrohstoffen der Sand die größte Gleichmäßigkeit der Zusammensetzung zeigte. Es empfahl sich also für den Schmelzer, dem keine Analyse als Richtschnur dienen konnte, die anderen Rohmaterialien auf die angewandte Sandmenge zu beziehen. Es kam hinzu, daß infolge der geringeren Genauigkeit des Wägens die etwas größeren Mengen Kalk, Soda usf., die auf 100 Sand bezogen gegenüber den Mengen für 100 Glas anzuwenden sind, bevorzugt wurden. Auch dürfte vielfach die auf 100 Sand bezogene Satzmenge in nahen Beziehungen zur Größe des Hafeninhaltes gestanden haben, ja nicht selten entsprach das auf 100 Sand bezogene Gemenge gerade einer „Einlage", zu der noch der jeweils übliche Zuschlag an Scherben kam. Unter den heutigen gänzlich veränderten Verhältnissen mit ihren größeren Häfen, der Bevorzugung der Wannenschmelze sowie der notwendigen und möglichen Steigerung der Genauigkeit bei der Herstellung des Gemenges empfiehlt es sich aber, diesen älteren Gebrauch zugunsten der Angabe des Gemengesatzes bezogen auf 100 kg Glas, die viele Vorzüge besitzt, zu verlassen.

In den obigen Berechnungen (S. 209 bis 216) ist meist an erster Stelle der Gemengesatz auf 100 kg Glas gegeben. Diese Art, Gemengesätze anzugeben, besitzt sehr viele Vorzüge. Aus den vorgeführten Berechnungen erkennt man, daß diese Angabe in viel näheren Beziehungen zur Zusammensetzung des Glases steht, als die ältere. Man erhält aus der prozentischen Zusammensetzung immer zunächst das Gemenge auf 100 Glas und muß für 1000 Sand noch eine Umrechnung vollziehen. Der Vergleich der Gemenge untereinander sagt uns aus dem gleichen Grunde mehr über die Eigenschaften der Gläser. Schließlich aber gibt die Angabe für 100 kg Glas beim Einsetzen der Preise der einzelnen Rohmaterialien in einfacher Rechnung den Gemengepreis für 100 kg Glas, eine der Hauptgrundlagen für die Kalkulation.

Aus diesen Gründen fordert Zschimmer[1]), daß die Angaben des Gemengesatzes stets auf 100 kg Glas bezogen werden sollen und diese Forderung sei hier eindringlich unterstützt. Die genannte Einheit des Gemengesatzes hat nämlich noch weitere Vorzüge. Wie oben mehrfach gezeigt, gibt das Hundertfache des reziproken Wertes des Gemengegewichts G für 100 kg Glas, also

$$\frac{100}{G} = A\,\%$$

die Glasausbeute je 100 kg Gemenge. Diese Größe gibt nicht nur eine Grundlage für die Kalkulation, sondern auch z. B. im Vergleich mit der tatsächlich erhaltenen Ausbeute an fertig geformter oder fehlerfrei gekühlter Ware, einen wertvollen Maßstab für die Betriebsüberwachung, auch für die Ausnutzung von Hafen- und Wannenraum spielt sie eine Rolle. Schließlich steht sie in gewisser Beziehung zum Kohlenverbrauch je 100 kg Glas, namentlich bei Wannen. Unsere Öfen nutzen ja, wie an anderer Stelle (Kap. 8, Berechnungen) gezeigt ist, nur 10 bis 15% der aufgewandten Wärme für den Glasschmelzvorgang aus. Die Hauptwärme wird verbraucht für die Deckung der Strahlungs-, Leitungs- und Abgasverluste, und innerhalb der wirklich nutzbar gemachten Wärme überragt die für Erhitzung des Gemenges auf die Schmelz- und Läutertemperatur notwendige die anderen Posten. In einem gegebenen Ofen wird also der Wärmeaufwand nur wenig von der Art des Gemenges abhängen und für 100 kg Gemenge wechselnder Art unter sonst gleichen Umständen ziemlich derselbe sein. Daraus ergibt sich, daß man beim gleichen Kohlenverbrauch um so mehr Glas schmelzen kann, je höher die Glasausbeute je 100 kg Gemenge ist. Demnach ist ein Flaschenglas-Gemenge, wie das S. 214 errechnete mit 88,4% Glasausbeute, dem von S. 212 mit 75,3% Ausbeute auch wärmewirtschaftlich überlegen. Natürlich handelt es sich dabei nicht um eine strenge Proportionalität.

Man sieht also, wie wertvoll es wäre, wenn in der Technik die Festlegung der Gemengesätze je 100 kg Glas allgemein Eingang fänden.

Zuschläge von Scherben dürfen nicht in den Gemengesatz einbezogen werden. Färbe- und Trübungsmittel werden, wie Zschimmer empfiehlt, ebenfalls nicht in den Gemengesatz einbezogen, sondern es wird die Zusatzmenge auf 100 kg Glas angegeben.

[1]) Theorie der Glasschmelzkunst II, 1, 108.

Tabelle 58.

Zahlen für die Berechnungen.

I. Zur Berechnung der Glaszusammensetzung aus dem Gemengesatz.

Prozentsatz des glasbildenden Oxyds in verschiedenen Rohmaterialien.

Im Gemenge	im Glas	log
100 As_2O_3	= 0	—
100 $B(OH)_3$	= 56,4 B_2O_3	75 150
100 $B_4O_7Na_2 + 10\ H_2O$	= 36,6 B_2O_3	56 373
	16,3 Na_2O	21 369
100 $BaCO_3$	= 77,7 BaO	89 049
100 $BaSO_4$	= 65,7 BaO	81 764
100 C	= 0	—
100 $CaCO_3$	= 56,0 CaO	74 864
100 CaF_2[1]	= 71,8 CaO	85 583
	—38,6 SiO_2[1]	58 664
100 K_2CO_3	= 68,2 K_2O	83 369
100 KNO_3	= 46,6 K_2O	66 847
100 K_2SO_4	= 54,1 K_2O	73 306
100 $MgCO_3$	= 47,8 MgO	67 981
100 NaCl	= 0	—
100 Na_2CO_3	= 58,5 Na_2O	76 737
100 $NaNO_3$	= 36,5 Na_2O	56 233
100 Na_2SO_4	= 43,7 Na_2O	64 031
100 PbO	= 100 PbO	—
100 Pb_3O_4	= 97,7 PbO	98 973
100 PbO_2	= 93,3 PbO	96 989
100 ZnO	= 100 ZnO	—

II. Zur Berechnung des Gemengesatzes aus der Analyse des Glases.

Menge eines Rohmaterials, das für 1 Gewichtsteil Glasoxyd ins Gemenge gegeben werden muß.

im Glas	im Gemenge	log
1 B_2O_3	= 1,77 $B(OH)_3$	24 850
1 „	= 2,73 $B_4O_7Na_2 + 10\ H_2O$	43 627
1 BaO	= 1,29 $BaCO_3$	10 951
1 „	= 1,52 $BaSO_4$	18 236
1 CaO	= 1,78 $CaCO_3$	25 136
1 K_2O	= 1,47 K_2CO_3	16 631
1 „	= 2,15 KNO_3	33 153
1 „	= 1,85 K_2SO_4	26 694
1 MgO	= 2,09 $MgCO_3$	32 019
1 Na_2O	= 6,11 $Na_2B_4O_7 + 10\ H_2O$	78 631
1 „	= 1,71 Na_2CO_3	23 263
1 „	= 274 $NaNO_3$	43 767
1 „	= 2,29 Na_2SO_4	35 939
1 PbO	= 1 PbO	—
1 „	= 1,02 Pb_3O_4	01 027
1 „	= 1,07 PbO_2	03 011
1 ZnO	= 1 ZnO	00 000

[1]) Mit 1 CaF_2 werden 0,386 SiO_2 verflüchtigt.

3. Kapitel.

Vorgänge beim Einschmelzen, Läutern, Kühlen.

Von Dr. Gustav Keppeler.

In den früheren Abschnitten haben wir uns mit den Eigenschaften des fertigen Glases und mit den Rohmaterialien beschäftigt. Sache der späteren Beschreibung wird es sein, die technischen Einzelheiten der Glasherstellung zu besprechen. Es dürfte jedoch nützlich sein, die theoretischen Gesichtspunkte, die bis jetzt keine Erwähnung finden konnten, zu erläutern, die beim Werden des Glases aus dem Gemenge und bei seiner Umformung in den Glasgegenstand eine Rolle spielen.

I. Vorgänge beim Einschmelzen.

a) Theoretisches. Das Gemenge des Glasmachers ist ein grobes mechanisches Gemisch der Rohmaterialien, dessen Einzelteile bei nicht erhöhter Temperatur dauernd ohne irgendeine Veränderung nebeneinander liegen bleiben würden. Durch die starke Wärmezufuhr, die sich in der hohen Temperatur des Glasofens auf das frisch aufgegebene Gemenge geltend macht, treten Schmelzungen der Gemengebestandteile, chemische Umsetzungen zwischen diesen und auch Schmelzen der in den Umsetzungen entstandenen neuen Verbindungen ein.

Auf Grund älterer Anschauungen ist man geneigt, anzunehmen, daß der erste dieser unter sich verketteten Vorgänge das Schmelzen der leicht schmelzbaren Verbindungen sei. Nach den neueren Untersuchungen ist diese Annahme nicht zutreffend. Schon die Tatsache, daß in festen Körpern Diffusion stattfindet[1]), weist darauf hin, daß die Teilchen sich berührender Körner von festen Körpern ineinander diffundieren und so die Möglichkeit zu chemischen Reaktionen zwischen festen Körpern unterhalb der Schmelztemperatur der Bestandteile des Gemisches geben. Mit steigender Temperatur wird die Wärmebewegung der Moleküle immer größer, so daß an der Grenzfläche zweier sich berührender Stoffe die Moleküle des einen in den Schwingungsbereich der Moleküle des benachbarten Körpers kommen können. Die Lindemannsche Theorie[2]) des Schmelzpunktes von chemischen Individuen beruht ja auf der Vorstellung, daß im Schmelzpunkt der Ausschlag der Schwingungen der Moleküle um ihre Mittellage so groß wie der Abstand der Moleküle im Raumgitter wird, so daß ein dauernder das ganze Kristallgerüst umfassender Platzwechsel der Moleküle, und damit freie Beweglichkeit desselben, also der flüssige Zustand erreicht wird. Von diesem Gesichtspunkt aus müssen chemische Reaktionen zwischen den sich berührenden Gemengeteilen schon bei verhältnismäßig niedrigen Temperaturen erwartet werden.

---

[1]) Siehe Kap. I S. 7.
[2]) Phys. Zeitschr. **11**, 609 (1910) — Diss. Berlin 1911.

Daß sie zwischen den in den Glasgemengen hauptsächlich vorhandenen Stoffen in der Tat eintreten, hat Cobb[1]) durch eine umfangreiche, alle möglichen Teilreaktionen berücksichtigende Arbeit nachgewiesen. Er fand, daß diese Reaktion bei den in der Tabelle 59 zusammengestellten Temperaturen eintreten.

Tabelle 59.

Beginn der Reaktionen.

Nach Cobb.

Reaktion	wird merklich bei	wird lebhaft bei
$Na_2CO_3 = Na_2O + CO_2$	680 – 690°	?
$Na_2CO_3 + SiO_2 = Na_2SiO_3 + CO_2$	800°	900°
$CaCO_3 + SiO_2 = CaSiO_3 + CO_2$	800°	1100—1250°
$2\,Na_2SO_4 = 2\,Na_2O + 2\,SO_2 + O_2$	1200—1220°	1330—1450°
$2\,Na_2SO_4 + 2\,SiO_2 = 2\,Na_2SiO_3 + 2\,SO_2 + O_2$	1120—1130°	ca 1200°

Durch Behandlung der Reaktionsprodukte mit Salzsäure konnte er z. B. bei einem Gemisch von $CaCO_3$ und SiO_2 nach einstündigem Erhitzen auf 1100° bereits 5,8%, bei einstündigem Erhitzen auf 1200° 14,4% SiO_2 in Lösung bringen, und damit als in Silikat umgewandelt nachweisen, obwohl das Gemisch noch locker und nicht fest zusammengebacken war. Die festen Bestandteile hatten also Kalksilikat gebildet. Dies ist besonders auffallend, wenn wir uns erinnern, daß CaO bei 2800°, SiO_2 bei 1700°, das Eutektikum zwischen $CaSiO_3$ und SiO_2 bei 1426°, das Eutektikum zwischen $CaSiO_3$ und Ca_2SiO_4 bei 1440° schmilzt.

Diese Ergebnisse sind bei verhältnismäßig langandauernder Erhitzung auf einer bestimmten Temperatur erhalten. Hedval[2]) untersuchte Gemische von CaO, SrO und NaO mit SiO_2. Er fand, daß bei Verwendung von gefällter Kieselsäure schon bei 1100° nach 5 Minuten der Umsatz deutlich nachweisbar ist. Alle anderen Formen der Kieselsäure, insbesondere der Quarz reagieren aber sehr langsam bei dieser Temperatur. Für ihn wird der Umsatz erst bei 1400° so schnell, daß er in diesen kurzen Zeiten nachweisbar wird. Auch für Gemische von Kaolin und CaO ist von Tamann und Pape[3]) der Umsatz beim raschen Erhitzen von 650° aufwärts, also im festen Zustand nachgewiesen.

Bei der Mitteilung dieser Ergebnisse sind diejenigen Reaktionen bevorzugt, die sich zwischen den schwer schmelzbaren Bestandteilen abspielen, um eindeutig zu zeigen, daß die chemischen Umsetzungen sich vollziehen, ohne daß ein Flüssigwerden durch Schmelzen vorangeht. Natürlich bleibt das Schmelzen nicht aus, wenn die Schmelztemperatur für Bestandteile erreicht ist, die im erhitzten Gemenge noch vorhanden oder neu entstanden sind. Eine nicht zu übersehende Rolle spielen dabei auch die Eutektika[4]), die sich zwischen den aneinander grenzenden Gemengeteilen ausbilden. Sie schmelzen wie ein einheitlicher Körper. Dies zeigt auch die erwähnte Arbeit von Hedval (l. c.). Beim raschen Erhitzen des Gemenges zeigen die „Erhitzungskurven", die den Temperaturanstieg in Abhängigkeit von der Zeit darstellen, Haltepunkte oder doch Verzögerungsintervalle, die darauf hin. deuten, daß bei der Temperatur des Eutektikums alle zugeführte Wärme für das Schmelzen des Eutektikums verbraucht wird. Die so entstehenden Schmelzen, in denen ungeschmolzene und unveränderte Gemengeteile liegen, werden beim Fortgang der Erhitzung die letzteren allmählich gelöst.

Wenn wir die Vorgänge noch eingehender betrachten wollen, so ist zu beachten, daß die Gemenge im ursprünglichen Zustande neben der Kieselsäure und auch wohl natürlichen Silikaten hauptsächlich Karbonate des Natrons, Kalis und Kalks, sowie Natriumsulfat enthalten. Von den Karbonaten wissen wir, daß sie für sich mit steigender Temperatur wachsende Neigung, in Kohlensäure und Oxyd zu zerfallen, zeigen (s. S. 161 u. 168), und daß diese Neigung in einer für jede Temperatur eine bestimmte Größe annehmenden Zersetzungsspannung zum Ausdruck kommt. Wir sahen, daß der kohlensaure Kalk[5]), der im kohlensäurefreien Raum schon von 500° ab wachsende Neigung zur Kohlensäureentwicklung zeigt, in einem Strom 13% CO_2 enthaltender Rauchgase auf mindestens 750° erhitzt werden muß, um in solcher Atmosphäre Kal-

[1]) Journ. Soc. Chem. Ind. **29**, 69, 250, 335, 399, 608, 799 (1910). — Ref. Sprechsaal.
[2]) Zeitschr. f. anorg. Chem. **98**, 57 (1916).
[3]) Ebenda **127**, 43 (1923).
[4]) Siehe Kap. I, S. 9.
[5]) Siehe S. 168.

ziumoxyd zu geben. Bei 910° ist sein Kohlensäuredruck gleich 1 Atm. Er verhält sich also hier analog siedendem Wasser. Im offenen Raum entwickelt er bei dieser Temperatur dauernd Kohlensäure, so lange Wärmezufuhr stattfindet, bis zur vollkommenen Zersetzung.

Für die Zersetzung $Na_2CO_3 = Na_2O + CO_2$ wurden die Drücke bei Besprechung der „Rohmaterialien" ebenfalls mitgeteilt[1]). Sie sind sehr viel niedriger wie die des Kalks bei der gleichen Temperatur.

Die Kohlendioxyddrucke der Karbonate werden nun im Glasgemenge verändert, einerseits, und zwar vermindert, dadurch, daß gegenseitige Lösungen eintreten, anderseits gesteigert durch die Einwirkung der Kieselsäure. Es kommt also nicht nur der Zersetzung eines Karbonats, sondern auch dem Umsatz des Karbonats mit Kieselsäure eine bestimmte Kohlensäurespannung zu. Greifen wir die Reaktion heraus: $K_2CO_3 + SiO_2 \rightleftarrows K_2SiO_3 + CO_2$, so würde bei einem gegebenen Mengenverhältnis von K_2CO_3, SiO_2, Na_2SiO_3 bei einer bestimmten Temperatur ein bestimmter Kohlensäuredruck über dieser Schmelze herrschen, und solange dieser Kohlensäuredruck über der Schmelze vorhanden ist, kann eine weitere Einwirkung von SiO_2 auf K_2CO_3 unter CO_2-Abspaltung nicht vonstatten gehen. Die Gleichgewichte, die sich bei diesen Reaktionen einstellen, sind in einer umfangreichen Arbeit von Niggli[2]) gemessen worden, durchweg für 1 Atm. CO_2-Druck. Er fand so z. B. bei einem Gemisch von Pottasche und Kieselsäure im Verhältnis $K_2O : SiO_2 = 1 : 1$ in der Schmelze:

bei 898° C	Molprozente:	43,2 K_2O,	43,0 SiO_2,	13,8 CO_2,
bei 956° C	„	44,1 K_2O,	44,0 SiO_2,	11,9 CO_2.

Herrscht also über einer solchen Schmelze ein CO_2-Druck von 1 Atm., so bleibt im genannten Temperaturgebiet immer CO_2 in der Schmelze zurück, und zwar um so mehr, je mehr Mole K_2O auf 1 SiO_2 kommen. Dagegen entweicht mit wachsendem SiO_2-Gehalt mehr und mehr, und beim Verhältnis 1 K_2O : 2 SiO_2 alles Kohlendioxyd.

Für Soda-Kieselsäuregemische zeigt bei 1000° und dem Molverhältnis 1 Na_2O : 0,495 SiO_2 die Schmelze mit 18,3 Mol-% CO_2 den Druck von einer Atmosphäre, beim Mol.-Verhältnis 1 Na_2O : 1 SiO_2 ist die Schmelze CO_2-frei. Bei Lithion ist das Mol.-Verhältnis, das bei 1000° im CO_2-Strom CO_2-frei wird: 2 Li_2O : 1 SiO_2. Wir können also sagen, daß die Gemische: 1 K_2CO_3 - 2 SiO_2, ferner 1 Na_2CO_3 + 1 SiO_2, und schließlich 2 Li_2CO_3 + 1 SiO_2 bei 1000° bis zum Ende der Umsetzung einen höheren CO_2-Druck als 1 Atm. entwickeln und infolgedessen praktisch kohlensäurefreie Schmelzen liefern müßten. Für die Schmelzen, die mit den Kohlensäurepartialdrucken, die im Glasofen auftreten, 10 bis 18 Vol.-% CO_2 im Gleichgewicht sind, liegen keine neueren Messungen[3]) vor.

Die erwähnten Nigglischen Arbeiten enthalten noch andere Einzelheiten, die für die Vorgänge beim Glasschmelzen von Bedeutung sind, z. B. das wichtige System Na_2CO_3 — $CaCO_3$, das in jedem Kalksodagemenge eine Rolle spielt. Es konnte das schon früher vermutete Kalknatrondoppelkarbonat $Na_2Ca(CO_3)_2$ aufgefunden werden, das bei 813° schmilzt und mit Soda eine eutektische Schmelze mit dem Schmelzpunkt 780° bildet. Die Schmelze jenes Doppelsalzes löst sowohl Soda wie Kalziumkarbonat auf. Die Lösungen spalten aber CO_2 ab und scheiden dann Ätzkalkkristalle (CaO) aus, und zwar entwickeln die Soda-Kalkmischungen bei folgenden Temperaturen im Kohlensäurestrom, mit siedeähnlicher Erscheinung, CO_2:

39 Mol.-% $CaCO_3$ bei 970°; 47 Mol.-% $CaCO_3$ bei 958 bis 968°.

---

[1]) Siehe S. 161.

[2]) Zeitschr. f. anorg. Chem. **84**, 229 (1914); **98**, 241 (1916).

[3]) Die in der ersten Auflage dieses Buches, S. 213, mitgeteilten Werte von v. Wiltorf sind infolge der unsicheren Einhaltung der angegebenen Temperaturen sehr ungenau.

Bei 75 Mol.-% $CaCO_3$, wo die Löslichkeit des $CaCO_3$ in Na_2CO_3 überschritten ist und $CaCO_3$ als Bodenkörper auftritt, findet die CaO-Abspaltung bei 880° bis 911° statt, also bei der Temperatur, bei der $CaCO_3$ für sich 1 Atm. CO_2 entwickelt.

Für die Erkenntnis des Glasschmelzvorganges sind beachtenswert: die auffallend niedrigen Temperaturen, bei denen die Gemische von $CaCO_3$ und Na_2CO_3 schmelzen und dünnflüssig werden; ferner, daß diese Schmelzen CO_2 entwickeln und dabei CaO abspalten, mit einem gegen freies $CaCO_3$ nicht sehr gemäßigten Druck. Dieser aus der Schmelze sich ausscheidende Ätzkalk ist natürlich sehr aktiv und greift stark etwa anwesende Kieselsäure unter Bildung von Kalksilikat (Ca_2SiO_4 bzw. $CaSiO_3$) an, so zwar, daß, solange noch Kalk vorhanden ist, sich Ca_2SiO_4 bildet. Erinnern wir uns nun, daß der Angriff auf den Quarz nach Hedval (s. o.) verhältnismäßig langsam verläuft, so erklärt sich, daß die dünnflüssigen kieselsäurearmen Schmelzen, die aus Soda-Kalk- bzw. Pottaschekalkgemengen zunächst entstehen, aus dem Gemenge aussickern können und kieselsäurereichere Gemengereste zurücklassen, die dann langsam gelöst werden.

Über Umsetzung der Sulfate im erhitzten Gemenge ist weniger bekannt als bei den Karbonaten. Auch bei ihnen spielt die Zersetzungsspannung, mit der SO_3 aus ihnen zu entweichen bestrebt ist, eine wesentliche Rolle. Die Zersetzungsspannung des Sulfats ist bei den fraglichen Temperaturen anscheinend noch gering. Man greift deshalb zu einem anderen Mittel. Man gibt zu sulfathaltigem Gemenge stets etwas (4 bis 7% des Sulfatgewichts) Kohle, die das Sulfat zu Sulfit reduziert:

$$\underset{\text{Sulfat}}{2\,Na_2SO_4} + \underset{\text{Kohle}}{C} = \underset{\text{Sulfit}}{2\,Na_2SO_3} + \underset{\text{Kohlensäure}}{CO_2}$$

Das Sulfit hat bei der gleichen Temperatur eine höhere Zersetzungsspannung als das Sulfat. Die Umsetzung mit Kieselsäure wird infolgedessen beschleunigt[1]). Dazu kommt, daß die im schmelzenden Gemenge auftretende Kohlensäureentwicklung die flüchtigen Zersetzungsprodukte wegführt, den Schwefelsäuredruck über dem Salz dauernd niederhält und so die Zersetzung fördert. Wie sehr die Zersetzung des Sulfates durch reduzierende Stoffe beschleunigt wird, zeigen die Beobachtungen von Cobb (l. c.). Während die Zersetzung des Sulfates für sich bei etwa 1200°, in Gegenwart von SiO_2 aber ohne Reduktionsmittel bei 1120° merklich wird, erhielt er bei der Erhitzung des unvermischten Sulfates im trockenen Wasserstoffstrom schon bei 530° bis 540° nachweisbare Entwicklung von Schwefelwasserstoff, die mit steigender Temperatur anwuchs und bei 900° schon recht lebhaft wurde. In der Praxis kommt dann noch eine weitere Erscheinung hinzu, die die Zersetzung des Sulfates befördert. Karbonate, insbesondere der kohlensaure Kalk, des Gemenges zersetzen sich, wie wir sahen, bei den im Glasofen herrschenden Temperaturen mit starker Gasentwicklung; die Kohlensäure, die aus ihnen austritt, verdünnt infolgedessen sofort das aus dem Sulfat kommende Schwefelsäuregas, führt es weg und

---

[1]) An Stelle dieser vereinfachten Erklärung müßte man bei exakter Behandlung folgendes berücksichtigen: Das aus dem Sulfat abgespaltene SO_3 zersetzt sich in SO_2 und O_2. Das vollständige Gleichgewicht wäre also wie folgt zu schreiben:

$$2\,Na_2SO_4 + 2\,SiO_2 \rightleftarrows 2\,Na_2SiO_3 + 2\,SO_3$$
$$2\,SO_3 \rightleftarrows 2\,SO_2 + O_2.$$

Durch Kohlenzusatz brauchen wir den Sauerstoff auf, der teils CO, teils CO_2 bildet. Es wird dadurch SO_3 zersetzt und neue Mengen SO_3 können nachdringen. Es ist auch zu bedenken, daß Sulfit sich in Sulfat und Sulfid umlagert: $4\,Na_2SO_3 = 3\,Na_2SO_4 + Na_2S$ (Keppeler, Chem. Ind. 1905). Infolgedessen findet man in einem Gemenge, das gerade sich umzusetzen beginnt in der Zone zwischen geschmolzenem Glas und unverändertem Gemenge, Na_2S, das sich aber bei hoher Temperatur wieder umsetzt in $3\,Na_2SO_4 + Na_2S + 4\,SiO_2 = 4\,Na_2SiO_3 + 4\,SO_2$ (siehe die später zitierte Arbeit von O. Schott).

macht für neues SO_3 Platz und begünstigt so die Zersetzung des Sulfats. In der Tat ist es eine alte Erfahrung der Glasmacher, daß das Niederschmelzen von sulfathaltigem Gemenge in Gegenwart von kohlensaurem Kalk besser vonstatten geht als mit gebranntem Kalk.

Die Menge Kohle[1]), die man dem Gemenge zuzusetzen hat, entspricht nicht exakt der Formel:

$$2\,Na_2SO_4 + C = 2\,Na_2SO_3 + CO_2 \quad \ldots \ldots \ldots \ldots (1)$$

nähert sich aber dieser mehr als folgender:

$$Na_2SO_4 + C = Na_2SO_3 + CO \quad \ldots \ldots \ldots \ldots (2)$$

Der ersten Gleichung entsprechen $\frac{12 \times 100}{2 \times 142{,}2} = 4{,}22$ kg[2]) Kohlenstoff auf 100 kg Sulfat. Die zweite Gleichung ergibt 8,44% des Sulfatgewichts. O. Schott[3]) hat die aus einem schmelzenden Sulfatgemenge entwickelten Gase für sich aufgefangen und nur Schwefligsäure und Kohlensäure gefunden. Scheurer-Kestner[4]) fand sowohl Kohlensäure wie Kohlenoxyd, und zwar in Abhängigkeit vom Kohlenzusatz:

Na_2SO_4	50	50	50
C	4,5	6	8
SiO_2	50	50	50
Das entwickelte Gas enthielt:			
	85,5% CO_2	79,1% CO_2	73% CO_2
	14,5% CO	20,9% CO	27% CO

Mit wachsendem Kohlenzusatz nimmt die Menge Kohlenoxyd zu. Da dies bei (auf das Sulfatgewicht bezogen) 9% Kohlenstoff, eine Menge, die in der Technik nie verwendet wird, 14,5% Kohlenoxyd auf 85,5% Kohlensäure ausmacht, kann man sagen, daß die Schottsche Angabe, die Schmelze des Sulfatgemenges gebe Kohlensäure, im wesentlichen richtig ist. Wenn man in der Praxis statt 4,22% des Sulfatgewichts 5 bis 7% verwendet, so liegt das daran, daß die zugesetzte Kohle nicht reiner Kohlenstoff ist und außerdem, ehe sie in Wirkung tritt, zum Teil verbrennen kann.

Die richtige Bemessung des Kohlenzusatzes ist für die Schmelzung der Sulfatgemenge von der größten Wichtigkeit. Wenn auch das Sulfat für sich bei den Temperaturen der Glasöfen geringe Zersetzungsspannungen zeigt, so ist doch praktisch die Umsetzung ohne Reduktion kaum möglich. Während nun Karbonate unzersetzt in Silikaten löslich sind[5]), trifft dies für die Sulfate nur in geringem Maße zu. Die Folge davon ist, daß das unzersetzte Sulfat für sich schmilzt, aus dem Gemenge aussaigert und sich vom Glasflusse trennt. Wie Öl auf dem Wasser schwimmt, so liegen dann Schichten geschmolzenen Sulfats auf dem Glase, die gefürchtete „Glasgalle" bildend.

Wie das Natriumsulfat verhalten sich alle Salze, die sich nicht prompt mit Kieselsäure umsetzen und nicht vollkommen im Glase löslich sind: Kaliumsulfat, Kalziumsulfat (Gips) und Kochsalz, soweit es nicht verdampft ist. Infolgedessen ist das Auftreten von Glasgalle nicht auf die unter Verwendung von Sulfat zusammengesetzten

---

[1]) Graphit als Reduktionsmittel für Sulfat empfiehlt Franz H. Becker (DRP. 138630). — Wegen der besseren Verteilbarkeit wollen Görisch & Co., Dresden, flüssige oder leicht schmelzende Reduktionsmittel verwenden (Teer, Pech, Harz, Mineralöl usw.). DRP.

[2]) 12 ist das Mol.-Gewicht des Kohlenstoffs, 142,2 das des Sulfats.

[3]) Dinglers Journal **115**, 529.

[4]) Compt. Rend. **114**, 117 u. 296 (1892).

[5]) Siehe die oben zitierten Arbeiten von O. Schott und von Niggli.

Gemenge beschränkt, sondern auf alle, in denen die genannten Verbindungen eventuell als Verunreinigung der Rohmaterialien enthalten sind. Gerade diese Fälle waren es, die in den früheren Zeiten der Glasfabrikation, ehe der Ursprung der Glasgalle und ihre Beseitigung mit Kohle erkannt war, dem Glasschmelzer so ungeheure Schwierigkeiten bereiteten. Er mußte oft mehrmals den Glasfluß ausschöpfen, in Wasser gießen, das die löslichen Salze entfernte, und von neuem schmelzen, um schließlich ein reines Glas zu erhalten. In der modernen Glashütte wird man, wenn bestimmende Gründe für die Verwendung unreiner Materialien sprechen, den Gehalt an Sulfat bestimmen und danach den Kohlenzusatz einrichten. Geringer Gehalt an Sulfaten setzt sich auch ohne Kohlezusatz um.

Die Zusammensetzung der Glasgalle ist nach obigem stark wechselnd und von der Natur des Gemenges und der darin enthaltenen Rohmaterialien abhängig. Girardin gab folgende Zusammensetzungen an:

Na_2SO_4	83,32	90,51	55,92
$CaSO_4$	10,35	6	25,11
NaCl	1,43	0,04	0,20
Unlösliches	3,25	3,35	17,77
Feuchtigkeit	1,65	0,10	1,00

Handelt es sich um ein eigentliches Sulfatgemenge, so steigt in der aus diesem stammenden Galle der Gehalt an Alkalisulfat besonders hoch, wie dies eine Analyse von Wich's zeigt, mit über 96% Alkalisulfat.

Man erkennt aus diesen Darlegungen, daß es zweckmäßig ist, die Entstehung der Galle nach Möglichkeit zu verhindern[1]). Blieb das Sulfat in den ersten Stadien des Schmelzprozesses unzersetzt und kommt als solches zum Schmelzen, so ist die nachträgliche Zerstörung erschwert. Vorher bot die große Anzahl einzelner Teilchen eine riesige Fläche, auf der die Kohle angreifen konnte und von der, im Falle des Kohlenmangels, die Gase, wenn auch in winzigen Mengen, das SO_3 allmählich wegtragen konnten. Fließt das Sulfat in eine Masse zusammen, so ist es nur die Oberfläche der Schmelze, aus der die Feuergase in riesigen Zeiträumen die Schwefelsäure wegtragen können. Ist die Menge nicht allzu groß, so kann man wieder die Reduktion zu Hilfe nehmen, „man brennt die Galle ab", d. h. man stellt die Flamme reduzierend ein oder man streut Kohle auf, oder führt ein Stück Holz auf der Oberfläche hin und her und leitet so die Vorgänge ein, die schon beim Niederschmelzen die gänzliche Zersetzung des Sulfats hätten vollführen sollen.

Haben sich stärkere Ansammlungen von Galle auf der Oberfläche gebildet, so gelingt auch das „Abbrennen" kaum und man ist gezwungen „die Galle abzuschöpfen", das Glas „abzufeimen". Wir haben dabei Gelegenheit, den grundsätzlichen Unterschied zwischen Glas und prompt kristallisierenden Substanzen zu beobachten. Das Glas verhält sich bei der Berührung mit kalten Gegenständen träge, es wird allmählich zäher und fest. Die Galle kühlt sich in Berührung mit kaltem Eisen oder wasserhaltigen und infolgedessen stark kühlenden Gegenständen momentan ab und kommt so plötzlich bei 880° zur Kristallisation, die mit Wärmeentwicklung und Volumenveränderung einhergeht. Bei etwa 240° tritt noch die S. 158 erwähnte Umwandlung des Natriumsulfats ein, die nahezu das Doppelte der Schmelzwärme liefert. So werden beim raschen Abkühlen der Galle große Wärmemengen frei, die das vorhandene Wasser plötzlich verdampfen und explosionsartige Schläge verursachen können, die Glas auswerfen. Die zum „Abfeimen" benutzte „Schöpfkelle" muß also trocken und gut angewärmt sein.

Aus mehrfachen Gründen wird oft die Frage aufgeworfen, welche Mengen an Schwefeldioxyd sich den Schornsteingasen der mit Sulfatgemenge arbeitenden Glasöfen beimengen. Meine

[1]) C. Bock in Gaya (Mähren) setzt dem schmelzenden Glas noch Alkalisulfat zu, um es der Einwirkung der Verbrennungsgase durch die Gallendecke zu entziehen!?! (DRP. 157135 vom 18. Sept. 1902.)

Berechnung[1]) ergibt, daß dies 0,4 Vol.-% SO_2 sind. Wislicenus fand bei der Bestimmung 0,44 Vol.-% SO_2, und die zur Auswertung der Abgasanalysen an einer Tafelglaswanne vorgenommene Berechnung von Maurach[2]) ergab: 0,4 %. Diese sämtlichen Werte stimmen praktisch überein und zeigen das Schwefeldioxyd in einer so weitgehenden Verdünnung, daß bei den heutigen Verfahren eine rentable Gewinnung von Schwefelsäure ausgeschlossen ist. Anderseits sahen wir oben, daß gerade diese Verdünnung das rasche Wegführen der Zersetzungsprodukte, das Niederschmelzen des Gemenges befördert. Der Versuch, die Wiedergewinnung der Schwefelsäure rentabler zu gestalten durch Erhöhung der Schwefelsäurekonzentration in den Ofengasen, etwa durch Verwendung von Natriumbisulfat und Gips an Stelle von Sulfat und Kalkspat[3]), wie dies neuerdings vorgeschlagen wurde, muß den Schmelzvorgang ungünstig beeinflussen und ist zu verwerfen. Günstigere Aussichten für die Wiedergewinnung der Schwefelsäure könnten eintreten, wenn sich die Hoffnungen erfüllen, die man in Amerika auf das noch in der Entwicklung befindliche Verfahren, SO_2 aus armen Gasen durch festes Kieselsäuregel zu adsorbieren, setzt.

b) Der Schmelzgang in der Praxis. Das Gemenge für die in einem Hafen zu schmelzende Glasmenge wird nicht auf einmal „eingelegt", sondern in einer Anzahl von „Einlagen", weil das Gemenge von Luft erfüllt, locker gelagert ist und infolgedessen das 1½- bis 2fache an Raum einnimmt, wie das aus ihm entstehende Glas. Das Niederschmelzen sehr großer Einlagen geht zu langsam; ferner kocht das schmelzende Gemenge auf, es muß also freier Raum für das Aufkochen bleiben.

Das Gemenge wird nicht in den leeren Hafen gegeben. Es würde das Hafeninnere zu stark abkühlen und dadurch Tonstücke absplittern lassen. Auch greifen die noch ungebundenen Basen (Kalknatronkarbonat s. o. S. 221), die zuerst schmelzen, den Hafen stark an. Deshalb läßt man in bereits benutzten, ausgearbeiteten Hafen eine Bodendecke Glas zurück. Neue Häfen müssen zuerst voll auf Temperatur gebracht und dichtgebrannt sein. Dann werden sie durch Einwerfen von Glasbrocken „verglast" und erhalten so eine Schutzschicht aus dem zu schmelzenden Glas, das weniger stark als die Gemengebasen den Ton löst. Auf dem Boden wird eine Schicht Glas aus Scherben geschmolzen.

Das eingelegte Gemenge erhitzt sich nicht gleichmäßig durch die ganze Masse. Der pulverige, höchstens griesige Haufen ist mit vielen kleinen Hohlräumen erfüllt und wirkt wärmeschützend, etwa wie eine Sandisolationsschicht an einem Ofen. Während das Äußere sich mehr und mehr der Schmelzhitze nähert, nimmt nach dem Innern zu die Temperatur ab, so daß in der ersten Zeit nach dem Einlegen die Mitte des Haufens kaum einige hundert Grad zeigt. Von der an einem Punkte im Gemenge herrschenden Temperatur hängt aber der Stand des Umsatzes zwischen den Gemengeteilen ab. Nun schreitet aber die Temperatur in Schichten parallel zur Oberfläche des Haufens von außen nach innen vorwärts. In einem bestimmten Augenblicke ist infolgedessen in den verschiedenen Schichten des Gemengehaufens die Schmelzung ganz ungleichmäßig fortgeschritten. Alle Schichten durchlaufen aber mit dem Ansteigen der Temperatur eine fortgesetzte Änderung ihres chemischen und physikalischen Zustandes vom grob mechanischen Gemenge zur gleichmäßigen flüssigen Lösung. Aber die Schichten vollziehen diese Veränderungen zu verschiedenen Zeiten, eine nach der andern von der Oberfläche beginnend immer mehr mit der Temperatur nach innen vordringend.

Nach den oben mitgeteilten Experimentaluntersuchungen ist es klar, daß die Wirkung der noch festen Teile aufeinander sogleich einsetzt. So kommt es zum Schmelzen kieselsäurearmer, leichtflüssiger Teile, die an der Oberfläche herabfließen, wie das Wasser an der Oberfläche eines Schneehaufens herabrieselt. Darin liegt eine große Gefahr. Der Quarz löst sich, wie wir sahen, sehr langsam. Schwitzt nun das

[1]) Siehe dieses Buch I. Auflage S. 218.
[2]) Der Wärmefluß in Glasschmelzöfen (München, Oldenbourg 1923) S. 71.
[3]) Ker. Rundschau 1911, S. 42. — DRP. 207761.

Gemenge Alkali und Kalk aus, so reichert sich Kieselsäure im Resthaufen an und man erhält so quarzreiche Teile, die sich sehr langsam lösen. Feiner Sand wird rascher gelöst und, sofern er nicht gelöst ist, von den·am Gemengehaufen herabfließenden Tropfen mit in die Bodenflüssigkeit geschwemmt. Grober Quarz löst sich schlechter und bleibt länger im Gemenge haften.

Die Neigung der leicht schmelzenden Teile, aus dem Gemengehaufen abzuwandern, zeigt uns, daß wir für die Einleitung der Schmelze keine besonderen Flußmittel notwendig haben. Das früher verwandte Kochsalz ist ganz zu verwerfen. Auch der Flußspat ist nicht notwendig und bringt, unvorsichtig angewandt, nur Schaden. Er führt uns Kieselsäure als Fluorsilizium weg und bringt neuen Kalk ins Glas, so daß wir also einen zu weichen Satz erhalten[1]). Dagegen ist der Zusatz von Bruchglas aller Art, Brocken, Scherben, mißglückte Schmelzen usf. ein wichtiges Hilfsmittel, die Schmelze nicht allein im ganzen zu beschleunigen, sondern auch im einzelnen zu regeln. Das frühe Erweichen des Glases wirkt im wahren Sinne die Schmelze erleichternd. Es löst die frühzeitig schmelzenden und zum Wegfließen neigenden Gemengeteile, hält sie so zurück, verhindert also die Entmischung und mildert dadurch auch den Angriff auf Hafen und Wannensteine.

Man gibt die Scherben, nicht zu weitgehend zerkleinert und nicht innig gemischt, am besten beim Einlegen abwechslungsweise eine Kelle Gemenge, eine Kelle Scherben. So ist dann im eingelegten Haufen ein Teil Gemenge ringsum von Glas umgeben, das beim Schmelzen die günstigen, oben angeführten Wirkungen (Einschluß und Zurückhalten der kieselsäurearmen Anfangsflüsse) ausübt. Zu weitgehende Zerkleinerung und innige Mischung können Schwierigkeiten bringen, weil lange Erhitzung auf Temperaturen unterhalb des Schmelzpunktes zur Entglasung führt und besonders bei kleinstückigem Material (s. S. 40). Entglastes Glas löst sich sehr schwer, so kann man „steiniges" Glas erhalten.

Die Einlage schmilzt also an der Oberfläche immer mehr, während die nächsttieferen Schichten erst gefrittet sind und das Innerste noch loses Pulver enthält. Aus dem Schmelzfluß steigen Kohlensäureblasen auf, die dadurch noch vermehrt werden, daß auch in den tieferen sinternden und frittenden Massen sich ebenfalls Gase und Dämpfe entwickeln, die die verglasende Oberflächenschicht durchbrechen.

Der Gemengehaufen schwimmt auf der Oberfläche des bereits geschmolzenen Glases, zum Teil in dieses eintauchend. Er wird durch Abschmelzen immer kleiner, bis er schließlich ganz verschwindet. Im abgeschmolzenen Schmelzfluß setzen sich die Reaktionen fort und führen das Werden des Glases zu Ende.

Man darf eine neue Einlage nicht geben, ehe die vorhergehenden vollkommen abgeschmolzen und genügend heiß und dünnflüssig geworden sind!! Das neu eingelegte Gemenge entzieht dem bereits geschmolzenen Glas viel Wärme. Ist dieses nicht durchgeschmolzen und nicht heiß genug, so tritt dadurch eine starke Abkühlung ein. Da nun der Gemengehaufen den Zutritt der Wärme zu dem darunter befindlichen Glasfluß hemmt, bleibt dieser längere Zeit, unter Umständen einige Stunden, auf der niedrigeren Temperatur stehen. Dadurch kann leicht Entglasung eintreten, wie wir das S. 36 u. ff. kennen gelernt haben. Das gleiche tritt ein, wenn bei sonst unverändertem Schmelzgang ein Glas, das sonst mit erheblichem Scherbenzusatz ohne diesen geschmolzen wird, weil das scherbenfreie Gemenge dem geschmolzenen Glas viel mehr und rascher Wärme entzieht.

Eine notwendige Voraussetzung für den glatten Verlauf der Schmelze ist, wie schon S. 195 u. 208 betont, weitgehende Zerkleinerung und innige Mischung der Rohstoffe. Finden sich im kleinsten Teil des Gemenges sämtliche Rohstoffe im richtigen Verhältnis zusammen, so bedarf es nur kurzer Zeit, um Glas entstehen zu lassen. Ist die Mischung ungleichmäßig, fehlt ein Rohstoff am einen Punkt und ist er am anderen angereichert, so dauert es viel länger, bis der Ausgleich vollzogen ist, ja wenn

[1]) Näheres siehe I. Auflage S. 208/209.

z. B. Quarz, mag er auch fein zerkleinert sein, sich an einer Stelle anhäuft, so entsteht dort ein äußerst zäher kieselsäurereicher Fluß, in dem ein Haufwerk feiner, ungelöster Quarzkörnchen schwimmt. Solche Stellen sind dann für das Glas schwer auflösbar und bleiben als steinige bzw. stark getrübte Stellen im Glas zurück. Man vergesse nie, daß in diese Schmelzen der Ausgleich durch Diffusion (s. S. 7) außerordentlich langsam vonstatten geht. Freilich spielen neben der Diffusion, und zwar stärker als diese, Strömungen eine Rolle. Schwerere Teile der Schmelze, im allgemeinen kieselsäurereiche Schmelzen, beim Bleiglas[1]) bleireiche Flüsse, sinken zu Boden und tragen so noch mehr zur Entmischung bei. Anderseits setzen auch Strömungen nach oben ein, veranlaßt durch aufsteigende Gasblasen und die heißeren Schichten, die an der Wand des Hafens liegen. Auch ist es ein öfters geäußerter Gedanke, durch frühzeitiges mechanisches Rühren den Ausgleich in der Glasschmelze zu befördern. Praktische Versuche in dieser Richtung sind aber früher nicht bekannt geworden. Erfolgreich scheint aber jetzt Morey[2]) gewesen zu sein, der durch frühzeitiges Rühren bei optischem Glas die Schmelzdauer von 48 Stunden auf 18 Stunden herabsetzen konnte (näheres siehe Band II, optisches Glas).

II. Läutern und Kaltschüren.

Durch die Schmelzung, die vorstehend besprochen wurde, ist das Glas noch nicht in verarbeitungsfähigen Zustand übergeführt. Die Masse ist zwar in Fluß geraten. Die Neubildung der möglichen Verbindungen, in der Hauptsache also der Silikate, ebenso die gegenseitige Lösung der Komponenten ist im wesentlichen vollzogen. Aber die Masse ist noch ungemein zähflüssig und ungleichmäßig. Bei sehr weitgehender Zerkleinerung der Gemengebestandteile und noch so guter Mischung des Gemenges ist doch das Gefüge des Gemenges ein unendlich grobes gegen die molekulare Verteilung der Lösung (s. Kap. 1, S. 6) und in der zunächst erhaltenen Schmelze sind die Ungleichmäßigkeiten des Gemenges nicht vollständig beseitigt. Ihr Ausgleich in der zähen, schwer beweglichen Flüssigkeit ist stark behindert (siehe „Diffusion", Kap. 1, S. 7). Die Zähflüssigkeit verhindert auch, daß die Gase, die sich beim Schmelzvorgang entwickeln, rasch entweichen können. Infolgedessen ist die ganze Masse stark mit Gasblasen durchsetzt.

Um dies alles zu ändern, muß das Glas auf höhere Temperatur gebracht werden, wodurch der Schmelzfluß bedeutend an Zähigkeit verliert (s. z. B. Abb. 22 auf S. 30). Die notwendige Temperaturerhöhung wird zum Teil schon ohne Veränderung des Feuers eintreten, weil nun die wärmeverbrauchenden Reaktionen wegfallen. In der Wanne ist dies der wesentliche Vorgang; beim Hafenofen wird die Temperatursteigerung durch Verstärkung des Feuers unterstützt.

Die so erreichte Dünnflüssigkeit reicht aber meist nicht aus, um die Unvollkommenheiten des Glasflusses aufzuheben. Es ist praktisch nicht möglich, dem Fluß eine so geringe Zähigkeit zu geben, wie sie etwa Wasser besitzt, und doch wissen wir, wie lange sich Gasblasen in einem gashaltigen Wasser (Sodawasser) halten. Bewegen wird aber solches Wasser durch Schütteln des Gefäßes oder durch Rühren, so findet sofort eine lebhafte Gasentwicklung statt. Das gleiche Mittel benutzt seit langer Zeit der Glasschmelzer, und zwar rührt („bülwert") er dadurch, daß er vom Boden des Schmelzgefäßes aus eine heftige Gasentwicklung hervorruft, die den Schmelzfluß in die lebhafteste Bewegung bringt. Um diese Gasentwicklung herbeizuführen, wird

[1]) Fenner, Journ. Am. Cer. Soc. 2, 102 (1919) — wie auch in folgender Veröffentlichung.

[2]) Morey, ebenda 2, 146 (1919). — Beide Arbeiten (1. und 2.) sind referiert von Endell, Deutsche opt. Wochenschrift 1920.

ein grobes Stück Arsenik auf die Glasoberfläche geworfen. Der schwere Arsenik (s. S. 182) sinkt zu Boden und vergast dort sehr rasch. Oder man bringt mit einer Eisenstange eine gut abgewaschene Kartoffel oder ein Stück nasses Holz auf den Boden und bewegt sie dort hin und her. Der große Wassergehalt der Kartoffel wird dann so rasch und mit solcher Spannung entbunden, daß er ebenfalls die Glasmasse stark bewegt. Zum gleichen Zweck könnte auch komprimierter Sauerstoff oder Preßluft durch die Glasmasse getrieben werden; jedoch bereitet dies technische Schwierigkeiten. Auch wirken Glasbestandteile, die bei niederer Temperatur im Glase unverändert bleiben und sich bei höherer Temperatur unter Gasentwicklung zersetzen, in ähnlicher Weise. Hierher gehört auch Salpeter und Arsenik, die dem Gemenge zugesetzt werden. Nach Schott[1]) kommen diese einzeln nicht zur Wirkung, sondern nur gemeinschaftlich, und zwar in der Weise, daß bei niedriger Temperatur As_2O_3 durch den Salpeter zu As_2O_5 oxydiert wird, das als Arseniat zunächst im Glas festgehalten wird. Bei höherer Temperatur geht unter Sauerstoffabspaltung das Arseniat in Arsenit über. In die aufsteigenden Sauerstoffblasen fließen die feinen Bläschen des Glases und die gelösten Gase hinein. So wird das Glas gispenfrei.

Diese Auffassung, der auch Zschimmer zustimmt, dürfte im wesentlichen das Richtige treffen. Wenn Einzelbeobachtungen[2]) ihr zu widersprechen scheinen, so liegt es daran, daß der von Schott vereinfacht geschilderte Vorgang mit Nebenreaktionen verbunden ist, so Verflüchtigung von Arsenik, Einwirkung der Flammengase und reduzierender Bestandteile des Gemenges, unvollständige Zersetzung des Arseniats. Sicher ist, daß man im Glase stets weniger Arsen als dem Gemenge zugegeben und stets in beiden Oxydationsstufen findet.

Eine bemerkenswerte Beobachtung ist auch die von Springer, daß unter sonst gleichen Bedingungen ein Glas, das mit reiner Pottasche sehr schwer zu läutern war, sich glatt blank schmelzen ließ, wenn etwas Sulfat oder Kochsalz zugegeben war. Eine Erklärung dieses Verhaltens wird weiter unten gegeben.

Die Bewegung der dünnflüssigen Schmelze hat nicht nur den Zweck, die Gasbläschen möglichst alle zum Entweichen zu bringen, sondern auch die Gleichmäßigkeit der Zusammensetzung zu erhöhen. Um diese vollkommen zu gestalten, läßt man den Glasfluß längere Zeit auf hoher Temperatur und damit in dünnflüssigem Zustande verweilen. Dabei können sich die Unterschiede in der Zusammensetzung mehr und mehr ausgleichen.

Für die Herstellung optischen Glases reicht diese Arbeitsweise nicht aus, weil geringe Unterschiede in der Zusammensetzung sich in den optischen Eigenschaften des Glases sehr stark geltend machen. Was bei der oberflächlichen Betrachtung, dem Auge entgeht, zeigt die optische Untersuchung, ein auf gewöhnliche Weise geläutertes Glas ist vollkommen durchsetzt mit einer Unzahl von Schlieren, das sind Streifen und Schnüre, deren Zusammensetzung und damit auch deren Lichtbrechung von der des umgebenden Glases abweicht. Glas für optische Zwecke muß dauernd gerührt werden. Dies geschieht durch Bewegung eines in den Glasfluß eingehängten Tonstabs.

Das so weit als möglich geläuterte Glas ist für die Verarbeitung zu dünnflüssig. Es muß durch allmählichere Abkühlung in zäheren Zustand übergeführt werden. Beim Hafenbetrieb nennen wir diese Operation „Kaltschüren" oder „Abstehen lassen". Diese Abkühlung muß möglichst gleichmäßig erfolgen, um nicht zur Entstehung erneuter Ungleichmäßigkeiten Anlaß zu geben. Haben wir z. B. in einer Wanne über dem läuternden Glase sehr scharfes Feuer und ließen nun an den Schafflöchern zwecks rascher Kühlung viel Luft zutreten, so könnten sich die oberen Schichten

[1]) Zschimmer, Theorie der Glasschmelzkunst II, 88.

[2]) Scholes, Trans. Am. Cer. Soc. **15**, 585 (1913). Gelstharp, Journ. Ind. Eng. Chem. **4**, 16 (1912). Allen u. Zies, Journ. Am. Cer. Soc. **1**, 787 (1918).

so rasch abkühlen, daß die tieferen nicht mitkommen. Die Folge davon wird sein, daß man beim Ausarbeiten einer solchen Schmelze „rampiges“, „welliges“ Glas bekommt.

Was über die Zähigkeit der zu verarbeitenden Glasschmelzen bekannt ist, wurde in Kap. 1, S. 60 u. ff. mitgeteilt.

Diese Schilderung könnte den Eindruck erwecken, als ob die Läuterung des Glases eine einfache, technisch leicht zu beherrschende Maßnahme sei. Das ist nicht der Fall. Die Befreiung des Glases von Schlieren und namentlich von Gasblasen gelingt nicht immer leicht. Besonders auffallend ist die Tatsache, daß blankgeschmolzene, praktisch gispenfreie Glasschmelzen beim Abstehenlassen, beim Rühren und besonders beim bis unter gewisse Temperaturen fortgesetzten Rühren erneut „gispig“ werden. Diese Erscheinung erschwert die Herstellung eines fehlerlosen Glases außerordentlich. Auch die Erklärung des Wesens dieser Erscheinung ist bis heute ganz unzulänglich, und damit sind auch die Mittel für ihre Beseitigung nicht sicher anzugeben. Die Schwierigkeit dieses Problems liegt besonders auch darin, daß eine bestimmte Erklärung, die mit einzelnen Teilen der Läuterungsprobleme sich gut deckt, manchmal mit anderen ebenso sicher beobachteten Erscheinungen im Widerspruch zu stehen scheint. Es ist deshalb sehr schwer, alle Beobachtungen der Praxis unter einem einheitlichen Gesichtspunkte zu behandeln. Da aber gerade eine solche, die Teilerscheinungen einheitlich zusammenfassende Erklärung das Verständnis für die vorliegenden Aufgaben fördern dürfte, will ich eine solche Erklärung versuchen, auf die Gefahr hin, daß die zukünftige genauere Durchforschung des Gebietes manches unrichtig finden könnte.

Sicher ist, daß auch verarbeitetes gispenfrei gebliebenes Glas noch Gase enthält. Diese wurden nach Art und Menge an 3 Gläsern von Washburn, Footit und Bunting genau untersucht, wobei die Glasproben im Vakuum solange erhitzt werden, bis kein Gas mehr aus dem Glase entwickelt wurde. Dabei wurden die in der Tabelle erhaltenen Werte erhalten:

Tabelle 60.

Gasmengen aus fertigem Glas.

Nach Washburn, Footit und Bunting.

Glasart	Volumprozent ccm Glas je 100 ccm Glas				Gewichtsprozent g Gas je 100 g Glas			
	O_2	Co_2	N_2	zus.	O_2	Co_2	N_2	zus.
Barytflint-Probe 1	83	27	$\angle 1$	**110**	0,035	0,011	—	**0,046**
„ 2	36	12	$\angle 1$	**48**	0,015	0,0045	—	**0,020**
Leichtflint	45	10	3	**18**	0,0045	0,014	0,0025	**0,021**
Borosilikat (Pyrex)	6	5	6	**17**	0,0036	0,0035	0,0031	**0,010**

Die Gase sind also im Glas vorhanden. Dem Gewicht nach sind die Mengen allerdings sehr gering, als Volumen gemessen, sind sie aber doch recht beachtlich. 18 bis 110 ccm Gas, die in 100 ccm Glas auftreten, können dieses Glas vollkommen mit Gispen durchsetzen.

Nun erhebt sich die Frage, in welcher Form sind diese Gase im Glas enthalten? Dies könnte in zwei Formen geschehen. Entweder wirklich als Gas gelöst, wie Sauerstoff und Stickstoff sich im Wasser lösen, oder die Gase sind chemisch gebunden, wie die Kohlensäure in Karbonaten. Beide Formen der Gasbindung sind möglich, wohl auch im Glas vorliegend. Ich möchte aber glauben, daß die chemische Bindung die vorherrschende ist. Diese Annahme widerspricht den Schlüssen, die man aus den Arbeiten von Cobb (siehe S. 220) und besonders denen von Niggli (siehe S. 221) ziehen muß. Aus des letzteren Gleichgewichtsmessungen ergibt sich, daß bei den hohen Temperaturen der Glasläuterung und den verhältnismäßig hohen Kieselsäuregehalten der Gläser die Karbonate vollkommen zersetzt und kein CO_2 in der Schmelze im Gleichgewicht mit den geringen CO_2-Teildrucken der Flammengase sein kann. Auch bei viel tieferer Temperatur liegen wohl die Gleichgewichte so, daß kein CO_2 mehr im Glas sein sollte. Aber es ist neben dem Gleichgewicht die Reaktionsgeschwindigkeit zu berücksichtigen, mit der sich das Gleichgewicht einstellt, und es bleibt die Frage — und deren Beantwortung ist für technische Prozesse oft das allerwichtigste — ob diese Reaktionsgeschwindigkeit ausreichend ist, um das Gleichgewicht unter den gegebenen Bedingungen, vor allem in der gegebenen Zeit zu erreichen.

Nun zeigt die Erfahrung, daß die Reaktionen, auch solange die reagierenden Bestandteile in noch recht hohen Konzentrationen vorhanden sind, in den Glasschmelzen außerordentlich langsam verlaufen. Die Messungen von Washburn und seinen Mitarbeitern zeigen aber, daß die Konzentrationen der im Glas vorhandenen Gase außerordentlich gering sind und damit auch die Geschwindigkeit der

Abspaltung. Demnach würde die Abspaltung der letzten im Glas enthaltenen Gasreste sich überaus langsam vollziehen, so langsam, daß die Entbindung des Gases sich nur in nach Stunden zu rechnenden Zeiträumen erkennbar wird. Auf Grund dieser Anschauung hätten wir also folgendes anzunehmen: In einer blank geschmolzenen Glasschmelze, die der Schmelzer für fertig geläutert ansieht, sind durch die Maßnahmen der Läuterung (hohe Temperatur, Bülwern, Rühren usf.) die Gasblasen, die bis zu diesem Augenblicke sich im Glasfluß gesammelt haben, entfernt. Könnten wir nun das Glas ohne innere Störung sehr rasch in den verarbeitbaren Zustand abkühlen, erhielten wir unter allen Umständen gispenfreies Glas.

Das ist aber nicht möglich. Die Abkühlung beim Kaltschüren dauert lange und ist sehr ungleichmäßig. Die Flamme wird abgestellt, die Schafflöcher werden aufgerissen und kalte Luft stürzt auf die Häfen. Dabei wird in erster Linie die Oberfläche des Glases abgekühlt, die tieferen Stellen bleiben lange heiß. In diesen wird die nachhinkende Zersetzung der gasabspaltenden Verbindungen langsam weitergehen, aber die Konzentration ist ja so gering, daß sie an sich nicht in Erscheinung treten kann. Man denke, wie ungeheuer viel Gasmoleküle sich begegnen und sammeln müssen, um eine einzelne kleine Gispe zu bilden. Auf dem Wege der Diffusion in den ruhenden zähen Schmelzen würde dazu sehr lange Zeit notwendig sein. Häufiger aber können Moleküle zusammentreffen und damit rascher Gasblasen aufbauen, wenn in der Schmelze selbst Strömungen und Bewegungen auftreten, die immer neue Schichten des Flusses aneinander vorbeiführen und in Berührung miteinander bringen. Die Bedeutung dieser Bewegungen für die Läuterung selbst ist ja in der Praxis längst erkannt. Die nachträglich auftretenden Gispen können aber ebenfalls durch solche Bewegungen verursacht sein. Treten Strömungen auf, so geben sie, wie eben geschildert, langsam sich in unsichtbaren Teilchen entbindendem Gas die Gelegenheit, zu größeren Bläschen sich zu sammeln. Bewegungen in der geläuterten Schmelze werden aber gerade durch die ungleichmäßige Abkühlung beim Abstehen hervorgebracht; die kühler gewordenen Oberflächen- und Wandteile sinken zu Boden, das heißer gebliebene Innere steigt in die Höhe. Durch mechanisches Rühren werden die Bewegungen noch gesteigert und damit auch das Anwachsen der in der Zwischenzeit abgespalteten Restgase zu sichtbaren Gispen. Man sagt dann (nicht ganz zutreffend), der Schmelzer habe „die Gasblasen ins Glas hineingerührt".

Von dieser Betrachtungsweise aus gesehen, ist also das nachträgliche Auftreten der Gispen, „Spätgispen", nicht unmittelbar durch die sinkende Temperatur, sondern in erster Linie durch die Zeitdauer des Abstehens verursacht. Dadurch wird auch der Widerspruch erklärt, der darin liegt, daß das Gas, das doch bei niedriger Temperatur leichter löslich, fester chemisch gebunden ist, als bei höherer, nun gerade bei sinkender Temperatur in Erscheinung tritt. Weiter würde, die Richtigkeit der mitgeteilten Vorstellungen vorausgesetzt, zu folgern sein, daß die Bekämpfung der in zweiter Linie auftretenden Gispen bei der Vervollkommnung der eigentlichen Läuterung einzusetzen hat. Die oben erwähnten Versuche Washburns und seiner Mitarbeiter sind ja im Ergebnis nichts anderes als eine nachträglich wiederholte Läuterung des fertigen Glases unter Heranziehung des Vakuums.

Die interessante Beobachtung Zschimmers[1]), daß das Auftreten von „Spätgispen" durch die Anwendung von hohem Druck (ca. 300 Atm.), den man auf das abstehende Glas setzt, verhindert werden kann, ist wohl wegen der hohen Kosten nur in seltenen Fällen praktisch anwendbar.

Aus den gleichen Gründen verbietet sich die Anwendung von Vakuum beim Läutern. Man wird also besonders die bekannten Mittel besser studieren und auswerten müssen. Unsere obigen Überlegungen führen zur Annahme, daß geeignete und frühzeitige Bewegung der Schmelze besonders günstig sein müßte, wie dies ja die Erfahrung mit Bülwern, Blasen und der gemeinsamen Verwendung von Salpeter und Arsenik in der Tat bestätigt. Bei diesen Mitteln kommt aber noch etwas anderes in Betracht: Es ist eine einfache, oft benutzte Laboratoriumsmethode, sich kohlensäurefreies Wasser herzustellen dadurch, daß man von CO_2 befreite Luft durch das Wasser leitet. In jede durch das Wasser perlende Luftblase stürzen die Kohlensäuremoleküle aus dem Wasser und werden mit der Luft aus dem Wasser entführt. Diese Methode ist wirkungsvoller als Auskochen. Die Wasserdampfblasen beim Bülwern und der von Salpeter entwickelte Sauerstoff haben die ähnliche Wirkung in der Glasschmelze. Darum empfiehlt sich die Anwendung dieser Mittel beim Läutern besonders.

Die oben kurz gestreifte, von Springer (l. c.) hervorgehobene Wirkung von Sulfat und Kochsalz ist wohl zum Teil wie folgt zu erklären. In dem zähen, ganz ungleichmäßigen Fluß, der nach dem Niederschmelzen des Gemenges den Hafen erfüllt, sind die genannten, im Glas nur sehr beschränkt löslichen Bestandteile geschmolzen als Tröpfchen, Schnüre, Klümpchen usf. überall durch die ganze Masse verteilt. Bei steigender Temperatur und geringerer Zähigkeit steigen sie aus der Masse hoch, dabei bringen sie Bewegung in die Masse, stoßen die bereits ausgeschiedenen Gasblasen zusammen und treiben sie in die Höhe. Gleichzeitig aber lösen sie die Karbonatreste, die noch „Spätgispen" erzeugen könnten, in sich auf und führen sie in die Galle. Es ist diese Wirkung vergleichbar der, die eintritt, wenn der Chemiker eine Flüssigkeit mit einer anderen (sagen wir Nitrobenzol mit Wasser) im Scheidetrichter schüttelt, „auswäscht", oder Walkerde in ein Öl rührt, dann Absitzen läßt und so das Öl klärt und entfärbt. Der alte Glasmacher sah ja auch in der Galle das Medium, die die Schädlichkeiten der Glas-

[1]) Zschimmer, Theorie der Glasschmelzkunst II, 139. — D.R.P. 352732 vom 8. Dez. 1914.

schmelze in sich aufnehmen und aus dem Glase entfernen sollte. Neben dieser Wirkung kommt noch eine weitere in Frage, auf die wir gleich zu sprechen kommen.

Die außerordentlich geringe Konzentration, in der die Reste der gasabspaltenden Verbindungen im Glasfluß vorhanden sind und die geringe Geschwindigkeit, mit der das Gas entbunden wird, führt dazu, daß die in einem kleinen Raumteil des Glases sich zusammenfindenden Gasmengen nur ganz allmählich aus den Dimensionen des Moleküls zu sichtbaren Größen anwächst. Wir haben es also mit allerfeinst zerteilten, sog. dispersen Systemen zu tun. Diese zähen, mit feinsten Gasbläschen durchsetzten Schmelzen zeigen, wie die Emulsionen (zwei ineinander innigst verteilte sich nicht lösende Flüssigkeiten) und die Suspensionen (Festes im Flüssigen feinst verteilt) stark entwickelte Grenzflächen. Wie bei manchen Suspensionen trotz ziemlicher Unterschiede im spez. Gewicht die Absitzgeschwindigkeit sehr gering sein kann, so kann bei den zähen Glasschmelzen trotz verhältnismäßig großen Auftriebs der Gasblasen, deren Aufsteigen unmerklich klein werden. In beiden Fällen spielt die Feinheit der Teilchen eine große Rolle und weiter die Oberflächenspannung (s. S. 58). Washburn hat bereits angedeutet, daß die Oberflächenspannung für das Aufsteigen der Gasblasen im Glas von Bedeutung sei. Es ist aus seinen Ausführungen nicht ersichtlich inwiefern. Wir können dies so erklären: Wenn zwei Gasbläschen sich in einer Flüssigkeit begegnen, so werden sich die beiden zu einer größeren umso leichter vereinen, je größer die Oberflächenspannung ist. Je stärker diese ausgebildet ist, um so mehr ist die disperse Phase, in diesem Falle die Gasblasen, bestrebt, kleine Oberflächen anzunehmen, also für die gleiche Menge ihre Zahl zu verringern. Große Blasen steigen natürlich leichter auf. Die Grenzflächen zwischen dispersen Phasen zeigen auch elektrische Ladungen. Auch sie beeinflussen das Zusammentreten der Teilchen. Alle diese Eigenschaften der Grenzflächen können stark verändert werden durch kleine Zusätze. Als solche kommen gerade die oben erwähnten Stoffe, wie Kochsalz und Sulfat[1]) in Frage, wie auch Arsenite und Arsenate, wobei auch besonders an die Ionisation dieser in großer Verdünnung im Glasfluß enthaltenen Salze zu denken ist. Die oben erklärte Reinigungswirkung des Sulfats, wie die von Arsenik kann also auch als Adsorption und damit kapillarchemische Wirkung aufgefaßt werden. Man darf dann erwarten, daß Stoffe, in geringer Menge dem Glasfluß zugesetzt, durch Veränderung der Grenzspannung und der Grenzladung das Zusammenfließen der Gasblasen und ihr Aufsteigen aus dem Glasfluß beschleunigen. Beim eingehenderen Studium der Läuterung und der Spätgispen wird man also nicht vorübergehen dürfen an der von Wo. Ostwald so genannten „Welt der vernachlässigten Dimensionen".

Schmelzfehler. Ungenügende Läuterung führt zu einer Reihe von Glasfehlern. Wurden die Gasblasen[2]) nicht vollkommen ausgetrieben, so bleiben sie natürlich auch im Glase erhalten, „gispiges Glas". Ist die Durchmischung nicht vollkommen gewesen, so erhalten wir „Rampen, Wellen, Streifen, Schlieren". Hat das Glas nicht überall die gleiche Zusammensetzung, so besitzt es auch nicht gleiche Lichtbrechung. Die Stellen, die andere Lichtbrechung zeigen, erscheinen, als ob sie aus anderem Glase wären. Sie machen den Eindruck von Wellen und Streifen, obwohl das Glas an den Stellen gleichmäßig dick sein kann. Die ungleichmäßige Zusammensetzung kann herrühren von ungenügender Durchmischung des Flusses, sie kann auch dadurch herbeigeführt werden, daß der Glasfluß nicht auf gleichmäßige Temperatur gebracht wurde. Ferner kann die Zusammensetzung an einzelnen Stellen sich ändern dadurch, daß Tonbestandteile aus Schiffchen, Ringen, aus der Hafenwandung und den Wannensteinen aufgenommen werden. Fäden entstehen durch Tropfen, die aus dem abschmelzenden Gewölbe in das Glas fallen, als sehr schwer schmelzbares Glas sich mit dem übrigen Glas schlecht verschmelzen und so auf dem Glas erhaben liegen bleiben. Verteilt sich der Tropfen im Glas, so entstehen ebenfalls Schlieren und Streifen.

Steine können mehrfachen Ursprung haben. Sie können durch Entglasung (S. 45) entstanden sein oder es handelt sich um ungelöste Körper, die sowohl aus dem Gemenge stammen können wie aus dem Hafen oder dem Ofenbaumaterial. Ist das Steinchen durch Abbröckeln des Hafens oder der Wannensteine erhalten, also aus tonigem Material, so zeigt sich im Dünnschiff ein stark lichtbrechender Hof um den Stein. Ist der Stein quarzig, so hat man zu unterscheiden, ob der Stein relativ lange an dem Schmelzprozeß teilgenommen hat oder ob dies kürzer der Fall war. Im letzteren Fall ist die sich ziemlich scharf abhebende Quarzpartikel umgeben von einem klaren Glas von ganz abweichender Zusammensetzung, von sehr viel größerem Ausdehnungskoeffizienten. Dies Glas zieht sich beim Abkühlen stärker zu-

[1]) Der mögliche Einfluß des Sulfats auf die Oberflächenspannung bei Glas, das aus Sulfatgemenge hergestellt ist, und damit auf die in der Praxis beobachtete bessere Verarbeitbarkeit ist schon S. 59 hervorgehoben.

[2]) Gispiges Glas kann auch bei alkalireichem Glas durch Alkalidämpfe entstehen. Freies Alkali verdampft bei relativ niederer Temperatur. Entsprechend den S. 88 vorgetragenen Anschauungen kann läuterndes Glas freies Alkali enthalten, um so mehr Glas, das an Alkali reicher ist. In diesem kann die Tension merkbar werden und Blasen bilden.

[3]) Der oft in Tridymit umgewandelt ist. Siehe die Mikrophotographie eines solchen Sandkorns aus dem Silikastein Kap. 1, S. 127.

sammen, als der Quarz. Der Quarzkern[3]) ist also dem sich abkühlenden Glase im Wege. Er zerreißt es und es bilden sich, oft erst nach längerer Zeit auftretende, von dem Quarzkorn ausstrahlende Sprünge. Hat das Korn den ganzen Schmelzprozeß mitgemacht, dann ist es stärker abgeschmolzen und umgeben von einem quarzreichen Glas, das einen allmählichen Übergang zur Hauptmasse des Glases darstellt und manchmal auch getrübt ist. Die Spannungen, die hier auftreten, sind nicht so groß. Die Sprünge bleiben aus. Da nun Quarzkörner, die erst in den späteren Stadien des Schmelzprozesses in das Glas fielen, nur aus einem abbröckelnden Dinasgewölbe stammen können, wird man bei Steinen, die mit strahlenförmigen Sprüngen umgeben sind, meist auf die genannte Ursache schließen dürfen. Bleiben die Sprünge aus, so dürfte der Stein aus dem Gemenge kommen oder es müßten sich nur über den Einlegestellen einer Wanne schlechte Dinassteine befinden. Stammen die Steine aus dem Gemenge, so sind die groben Bestandteile abzusieben und das Gemenge besser zu mischen.

III. Kühlen.

Schlechte Kühlung. Die Kühlung der Glasgegenstände hat den Zweck, die Spannungen, die sich in ihnen geltend machen, auszugleichen. Diese sind verursacht durch die ungleichmäßige Abkühlung, die das Glas während der Verarbeitung erfährt. Die Abkühlungsverhältnisse sind z. B. beim Gießen einer Spiegelglastafel zu Beginn andere, als in jedem späteren Momente, sie sind da, wo die Tafel auf dem Gußtisch aufliegt, andere, als an der oberen Fläche, die mit der Luft in Berührung ist. Der Hals einer Flasche wird sich in anderer Weise abkühlen als der Rumpf usf.

Die Eigenschaften des Glases sind nun abhängig von der Art der Abkühlung. Rasch gekühltes Glas besitzt andere Eigenschaften als langsam gekühltes. Man hat früher für diese Unterschiede nur Ursachen physikalischer Art angenommen. In der ersten Auflage dieses Buches[1]) wurde aber schon darauf hingewiesen, daß es sehr wohl möglich sei, daß diesen Unterschieden auch chemische Verschiedenheiten zugrunde liegen können. In neuerer Zeit hat namentlich Eckert[2]) auf die Möglichkeit der Änderung der Bindungsverhältnisse mit der Temperatur hingewiesen. Er stützt sich dabei auf Autoren, die Unstetigkeiten in der Temperaturabhängigkeit verschiedener Eigenschaften bei Gläsern beobachtet haben. Wie S. 90 mitgeteilt ist, ist es mir mit Ippach gelungen, zu zeigen, daß abgeschrecktes Glas eine wesentlich höhere Auslaugbarkeit besitzt als dasselbe Glas in gut gekühltem Zustand. Es ist kein Zweifel, daß der Unterschied in der Auslaugbarkeit auf eine Verschiedenheit der Bindungsverhältnisse hinweist. Mit diesem mehr qualitativen Ergebnis müssen wir uns vorläufig begnügen. Es ist aber sicher, daß die weitere Durchforschung dieses Gebietes wichtige Aufklärungen auch für die Technik des Kühlens bringen wird.

Der Unterschied in den Eigenschaften eines Glases im ungekühlten und gekühlten Zustand zeigt sich am deutlichsten beim Ausdehnungskoeffizienten. Dieser ist bei rascher Kühlung größer als bei langsamer Kühlung. Pulfrich fand bei einem 20 mm starken Glasstab, der nach dem Ausziehen an der Luft erkaltet war, als Ausdehnungskoeffizient

In der Mitte	$3\alpha = 0{,}00002770$,
15 mm von der Mitte	$3\alpha = 0{,}00003020$,
am Rande	$3\alpha = 0{,}00003275$.

Dieser Unterschied dokumentierte sich dadurch, daß die ursprünglich eben geschliffenen Endflächen des Glasstabs bei 96° eine nach innen gerichtete deutliche Krümmung aufwiesen.

Solche gewissermaßen in Zonen auftretende Unterschiede der Eigenschaften in einem homogenen Körper werden sonst z. B. bei Metallen durch rasche Abkühlung nicht hervorgebracht. Für ihr Auftreten beim Glas ist insbesondere die geringe

[1]) Dralle, 1. Aufl. S. 225 (1911).
[2]) Eckert, Jahrb. d. Radioaktivität **20**, 266 (1923).

Wärmeleitfähigkeit neben anderen physikalischen Größen (Ausdehnungskoeffizient, Elastizität, spez. Wärme, Zähigkeit) verantwortlich zu machen. Beim Abschrecken eines Metallstückes, z. B. von Kupfer, können geringe Temperaturunterschiede während des Abkühlens und damit kleine Spannungen im Stück auftreten. Mit der vollkommenen Abkühlung, also mit dem Ausgleich der Temperaturunterschiede, sind auch die Spannungen ausgeglichen. Auch das Abschrecken aus dem flüssigen Zustand bringt keine wesentliche Veränderung der Erscheinung hervor, weil die Erstarrung sich beim gesetzmäßig festliegenden Erstarrungspunkt vollzieht. Gießen wir flüssiges reines Kupfer in eine kalte Form, so wird zwar die Abkühlung unter den Erstarrungspunkt und damit das Festwerden schrittweise von außen nach innen fortschreiten. Es kann auch, ohne die Anwendung besonderer Vorsichtsmaßregeln, infolge der mit der Abkühlung sich einstellenden Zusammenziehung die Metallmasse nicht ausreichen, um die Form vollkommen auszufüllen. Es kann ein Lunker, d. i. ein Hohlraum, im Innern entstehen. Aber der feste Teil besitzt von der Wandung zum Innern die gleichen Eigenschaften.

Anders bei der raschen Abkühlung von Glas: Die geringe Wärmeleitfähigkeit des Glases führt dazu, daß das Äußere sich rascher abkühlt wie das Innere. Die Oberflächenschichten eines Glasstückes verlieren infolgedessen ihre Beweglichkeit und werden starr zu einem Zeitpunkt, in dem der Kern noch höhere Temperatur und darum ein größeres Volumen besitzt, als der Gebrauchstemperatur entspricht. Zu Beginn des Abkühlens wird zunächst die kühlere Schale auf den Kern drücken. Aber bei weiterem Fortschreiten der Abkühlung hält die Schale die Schrumpfung des Kerns, der gewissermaßen an ihr aufgehängt ist, auf. Der Kern kann sich nicht so stark zusammenziehen, wie es vollkommener Abkühlung entspricht. Er bleibt gedehnt, er befindet sich in Zugspannung und übt so auf die Schale eine Druckspannung aus. Infolge dieser Verhältnisse finden wir entsprechend der Geschwindigkeit, mit der die Abkühlung nach innen fortschreitet, eine Ungleichmäßigkeit der Eigenschaften im rasch gekühlten Glasstück.

Diese durch die geringe Leitfähigkeit und den allmählichen Übergang vom flüssigen zum starren Zustand verursachte Schwierigkeit wird noch verschärft durch die Unstetigkeit, die die Wärmeausdehnung des Glases bei höheren Temperaturen zeigt. Schon bei der Besprechung dieser Größe (Kap. 1 S. 119) ist auf die Beobachtungen von Peters und Cragoe hingewiesen, daß bei der Annäherung an das Temperaturgebiet, in dem ein Glas ausgesprochen weich wird, eine Änderung der Wärmeausdehnung stattfindet. Das gleiche geht aus den Arbeiten von Pietenpol[1]) und von Lafon[2]) hervor. In Anlehnung an diese Untersuchungen hat Schönborn[3]) die Bedeutung der genannten Unregelmäßigkeit für das Auftreten und die Beseitigung von Kühlspannungen auf Grund eigener Versuche eingehend auseinandergesetzt.

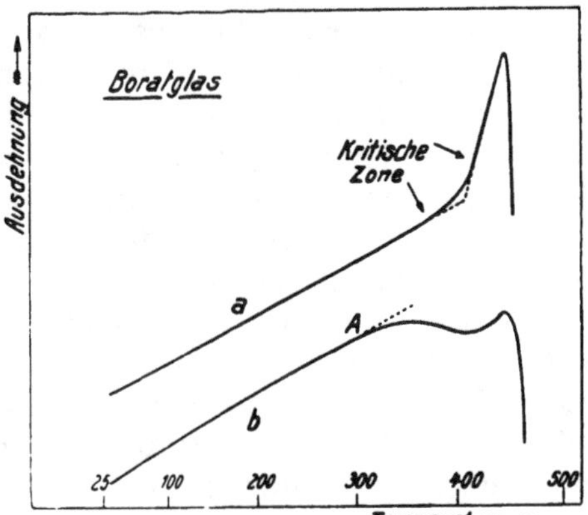

Abb. 93.

Abb. 93 gibt, als Beispiel in der Kurve *a*, die Ausdehnung eines Stabes aus einem Boratglas wieder, das allerdings die gekennzeichnete Erscheinung besonders

[1]) Phys. Rev. (2) **15**, 520 (1920).

[2]) Compt. Rend. **175**, 955 (1922). — Ref. Keram. Rundschau **31**, 230 (1923).

[3]) Keram. Rundschau **33**, 17 (1925).

ausgeprägt zeigt. Man erkennt, wie bei mäßigen Temperaturen bis 375° der Stab durchaus stetig mit steigender Temperatur wächst. Dann tritt eine gesteigerte, und zwar bis 420° immer stärker werdende Ausdehnung auf, bis oberhalb 420° der nun erreichte, höchste Ausdehnungskoeffizient das wieder stetige Wachsen des Stabes beherrscht. Bei weiterer Temperatursteigerung über 450° hinaus erweicht der Stab so sehr, daß er unter dem Druck der Anschläge, zwischen denen sich die Messung vollzieht, sich stark verkürzt. Die Kurve fällt deshalb in diesem Temperaturgebiet scharf ab. Da sich in dem Temperaturgebiet, in dem das rasche Anwachsen des Ausdehnungskoeffizienten vom kleinen, für niedrige Temperaturen geltenden Wert zum hohen sich vollzieht, beim raschen Durchlaufen bei der Abkühlung Spannungen sich ausbilden und beim ausreichenden Verweilen in diesem Temperaturbereich vorhandene Spannungen verschwinden, wird dieser Bereich „kritische Zone" genannt.

Bei der ohne besondere Vorsicht vollzogenen Abkühlung eines starkwandigen Glasstückes wird es möglich sein, daß die Außenschicht bereits die „kritische Zone" durchschritten hat und starr geworden ist, während das Innere noch auf einer Temperatur oberhalb dieser Zone sich befindet. Während nun bei weiterer Abkühlung die Schale sich von dem großen dem Zustand des Kerns angepaßten Volumen gemäß dem kleineren Ausdehnungskoeffizienten der niedrigeren Temperatur nur wenig zusammenzieht, durchläuft der Kern noch das Gebiet des großen Ausdehnungskoeffizienten. Dadurch werden die Spannungen, deren Auftreten oben nur aus den Temperaturunterschieden im Glasstück erklärt wurde, wesentlich stärker.

Das Studium der Ausdehnung bei höheren Temperaturen gibt auch einen Einblick in den Zustand schlecht gekühlten Glases. Bei der allmählichen stetigen Temperatursteigerung wächst auch ein infolge schlechter Kühlung gespannter Stab zunächst stetig (Kurve *b* in Abb. 93). Aber bei Annäherung an die kritische Zone wird die Ausdehnung schwächer, hört auf und macht schließlich im Gebiet der kritischen Zone einer Verkürzung Platz. Die im Stab befindliche Spannung wirkt sich aus und führt ihn, unter Ausgleich der Spannung, auf die Länge zurück, die er bei vollkommener Kühlung bei der gleichen Temperatur erhalten hätte. Die Temperatur, bei der die Verminderung der Ausdehnung beginnt (Punkt *A* in der Abb. 93), entspricht dem „Entspannungsbeginn", dessen andersgeartete Bestimmung unten noch erwähnt wird. Man erkennt hieraus, daß die Bestimmung des Ausdehnungskoeffizienten über das entsprechende Temperaturgebiet hinweg, unmittelbar Aufschlüsse für die praktische Durchführung der Kühlung gibt.

Wichtig ist auch, daß unterhalb der „kritischen Zone" rasche Abkühlung keine bleibenden Spannungen hervorrufen kann. Bei mäßig rascher Abkühlung, also geringen Temperaturdifferenzen, werden die äußeren Schichten zwar durch die heißeren inneren in der Zusammenziehung aufgehalten. Sie erhalten Zugspannung, während die inneren unter Druck stehen. Aber wenn sich die Temperaturunterschiede nach vollzogener Abkühlung ausgeglichen, sind auch diese Spannungen verschwunden. Es sind diese keine bleibenden, sondern vorübergehende Spannungen. Wohl aber können diese bei rascher Abkühlung unterhalb der „kritischen Zone", namentlich bei Gläsern mit großem Ausdehnungskoeffizienten bzw. großer Wärmestoßempfindlichkeit (siehe Kap. 1 S. 124), so groß werden, daß sie das Glasstück sprengen, da ja das Glas den hierbei in der Oberfläche auftretenden Zugspannungen nur schlecht widersteht (Kap. 1 S. 112). Auch in dieser Beziehung unterscheidet sich der oben behandelte Fall der Abkühlung aus höherer Temperatur. Solange in diesem Fall die Außenschicht unter Zug steht, ist sie weich, nachgiebig. Später, wenn sie starr geworden ist, kommt schon die starke Zusammenziehung der Innenschicht zur Wirkung und bringt die Schale unter Druck. Dann kommt zur Auswirkung, daß Glas höhere Druckfestigkeit als Zugfestigkeit besitzt.

Die vorstehend besprochene Unstetigkeit in der Wärmeausdehnung des Glases steht nicht vereinzelt da. Auch für andere Eigenschaften sind Unstetigkeiten nachgewiesen, so von Eichlin[1]) für die spez. Wärme. Hier fällt die Temperatur für die Änderung mit der für die Änderung der Ausdehnung zusammen. Le Chatelier[2]) hat auf Grund der Untersuchungen von Washburn und Shelton[3]), und besonders der von English[4]) auch für die Viskosität eine Unstetigkeit nachgewiesen, aber die Temperatur, bei der sich die Änderung der Temperaturabhängigkeit der Viskosität vollzieht, liegt einige Hundert Grade abseits von den Temperaturen der Ausdehnungs- und spez. Wärmeänderung. Immerhin darf man erwarten, daß die weitere Durchforschung dieses Gebietes wichtige Aufklärungen über die Konstitution des Glases bringen wird. Inwiefern es unzulässig ist, derartige Erscheinungen als Anzeichen für „Umwandlungspunkte" aufzufassen, siehe S. 23 u. 24). Diese falsche, namentlich von Lebedeff angenommene Vorstellung wird schon von Lafon und Le Chatelier[5]) zurückgewiesen.

Ausgleich der Spannungen. Der Ausgleich der Spannungen setzt eine gewisse Beweglichkeit der Teilchen im Glas, also eine geringere Zähigkeit als im starren Zustand voraus. Die Feststellung der Zähigkeitsgrade (s. Kap. 1, S. 53) in diesem Gebiet ist aber erschwert. Man benutzt gerade das Verschwinden von Spannungen als Hilfsmittel, den Eintritt und die Zunahme der Beweglichkeit zu studieren. Da mit steigender Temperatur die Zähigkeit immer rascher abnimmt und die Spannung sich infolgedessen immer schneller ausgleicht, ist für diese Beobachtungen einerseits die Zeit des Ausgleichs, anderseits die Stärke der Spannungen von Bedeutung.

Als Maßstab für die Zeit, die für die Entspannung notwendig ist, gilt Maxwells „Relaxationszeit" (Relaxation wörtlich = Erschlaffung, Entspannung, z. B. eines Muskels), d. i. diejenige Zeit, in der eine gegebene Spannung auf den e-ten Teil ihres Anfangsbetrages wirkt, wobei e die Basis der natürlichen Logarithmen ist. Bei konstanter Temperatur scheint die Abnahme der Spannung je Zeiteinheit nicht, wie Maxwell annahm, proportional der Stärke der Spannung, sondern nach den neueren Untersuchungen von Adams und Williamson[6]) proportional dem Quadrat der Spannung.

Es ist also bei konstanter Temperatur und gegebener Anfangsspannung die Geschwindigkeit der Entspannung anfangs viel rascher wie später und die Entfernung der letzten Restbestände besonders langwierig. Die Geschwindigkeit der Entspannung ist natürlich außerordentlich stark abhängig von der Temperatur und damit von der Zähigkeit des Glases. So sind von Adams und Williamson für ein Borosilikatkron folgende Zeiten für den praktischen Ausgleich von Spannungen angegeben:

Ausgleichstemperatur:	454	475	503	526	549	575	599° C
Ausgleichsdauer:	30 Tage	7 Tage	1 Tag	5 Std.	1 Std.	10 Min.	2 Min.

Den durch diese Ausgleichsdauer gekennzeichneten Zuständen entspricht eine Relaxationszeit von 2 Stunden bis herab zu Sekunden. Auch der Vergleich zwischen Dauer des Gesamtausgleichs und Relaxationszeit wie verhältnismäßig langsam die Entspannung schließlich zu Ende verläuft.

Für die Wirkung der Spannungen im Glas bringt es keinen wesentlichen Unterschied, ob sie durch schlechte Kühlung oder durch Beanspruchung von außen durch Zug, Druck, Biegung oder Dehnung hervorgerufen sind[7]). Solche Beanspruchungen führen dazu, daß das Glas aufhört „isotrop" zu sein. Sie besitzen nicht mehr nach allen Richtungen gleiche Eigenschaften, sondern von Stelle zu Stelle verschiedene. Dies tritt am besten bei der Betrachtung im polarisierten Licht auf. Der gespannte Gegenstand zeigt Doppelbrechung und zwar ruft Druck in Gläsern, mit Ausnahme der bleireichsten Flinte (Pockels l. c.), negative Doppelbrechung hervor. Zwischen gekreuzten Nikols erscheint das Gesichtsfeld bei einfarbigem Licht an einzelnen Stellen aufgehellt, bei weißem Licht in einem spektrumähnlichen Wechselspiel von Farben aufleuchtend, deren Änderung von Stelle zu Stelle die Verschiedenheit

[1]) Journ. Am. Opt. Soc. **4**, 340 (1920); **8**, 419 (1924).
[2]) Journ. Soc. Glass. Techn. **9**, 12 (1925).
[3]) Dies Buch S. 55.
[4]) Journ. Soc. Glass. Techn. **8**, 205 (1924).
[5]) Compt. Rend. 175, 958 (1922).
[6]) J. Franklin Inst. **190**, 597 und 835 (1920).
[7]) Über die optischen Veränderungen, die mechanische Beanspruchung im Glas hervorruft, siehe besonders Pockels, Ann. d. Phys. (4) **7**, 745 (1902), wie auch Adams u. Williamson l. c.

der inneren Beschaffenheit verrät. Sind die Spannungen regelmäßig verteilt, so sind auch die entstehenden Bilder regelmäßig. Ein solches Glas verhält sich dann wie ein optisch einachsiger Kristall. So erinnern die konzentrischen Ringe mit dem dunklen Kreuz, die ein schlecht gekühlter Glasstab bei der Durchsicht zwischen den gekreuzten Nikols zeigt (Abb. 94), ganz an die Bilder, die Kalkspat, Quarz usw. bei der gleichen Betrachtung senkrecht zur Achse entwerfen: ein dunkles Kreuz, dessen Mittelpunkt von einer großen Anzahl heller und dunkler, bzw. farbiger Ringe umschlossen ist (siehe Abb. 94). Je stärker der Glasstab gespannt ist, um so zahlreicher sind diese Ringe und um so dichter liegen sie aneinander. Es ist klar, daß diese Erscheinung für das Studium der vorliegenden Fragen, wie auch für die Kontrolle des Kühlvorgangs in der Praxis wertvoll ist.

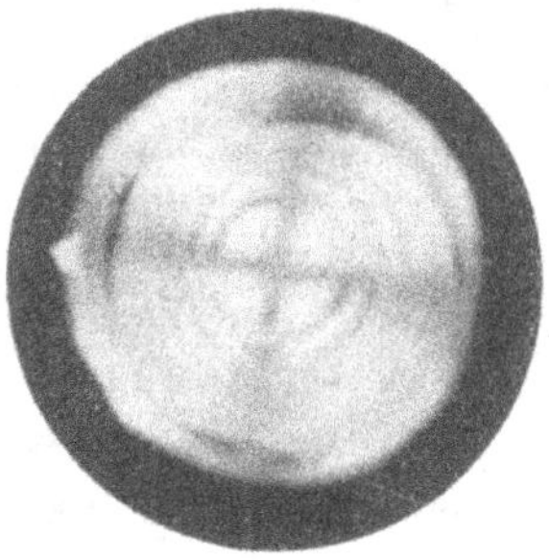

Abb. 94.

Schott[1]) bediente sich zuerst dieses Hilfsmittels. Er erhitzte stark gespannte, an den Enden polierte Glaszylinder. Diese wurden in der Richtung der Längsachse zwischen gekreuzten Nikols betrachtet, und dabei vor sowie nach einer 24stündigen Erhitzung auf bestimmte Temperaturen die Anzahl der Ringe gezählt. Die Verminderung der Ringzahl zeigt den Beginn der Entspannung an. Schott stellt so für eine Anzahl Gläser die Lage des Entspannungsbeginns fest und fand:

Flint 67,2	Kron 682	Kron 792	16^{III}	59^{III}
350—360°	400—410°	400—410°	400—410°	430—440°

Ähnlich verfuhr Grenet[2]). Er erhitzt mit bestimmtem Temperaturanstieg (100° in 10 Min.) gespannte Glasstücke und beobachtet, bei welcher Temperatur innerhalb 20° die Doppelbrechung verschwindet. Diese Temperatur nennt er „Kühltemperatur". Das hierbei beobachtete rasche Verschwinden verlangt natürlich höhere Temperaturen als der „Entspannungsbeginn" Schotts. Grenet bestimmt außerdem die Temperatur, auf die man erhitzen muß, um bei der plötzlichen Abkühlung von ihr aus Spannungen zu erhalten. Diese von ihm „Härtungstemperatur" genannte Temperatur entspricht dem „Entspannungsbeginn" näher.

Für ein Spiegelglas von St. Gobain seien die von Grenet gefundenen Werte angegeben:

Mol-Verhältnis	Kühltemperatur	Härtungstemperatur
0,59 Na_2O : CaO : 4,13 SiO_2	604°	524°

Die praktische Kühlung muß sich zwischen Grenets „Kühltemperatur" und seiner „Härtungstemperatur" vollziehen.

Der Kühlvorgang wurde in ähnlicher Weise auch von English und Turner[3]) untersucht. Sie unterscheiden eine „obere Kühltemperatur" und eine „untere Kühltemperatur".

Schließlich bezeichnet Twyman[4]) als „Kühltemperatur" diejenige Temperatur, bei der 95% der ursprünglichen Spannung im Glas innerhalb 3 Minuten verschwinden.

Schulz[5]) hat einen besonderen Apparat konstruiert, der eine quantitative Messung der Doppelbrechung und damit der Spannung zuläßt. Er hat bei der weiteren Durchforschung des Gebietes wertvolle Dienste geleistet.

Das hauptsächliche Verfahren in den umfangreichen Untersuchungen von Zschimmer und Schulz[6]) ist die Bestimmung von „Härtungstemperaturen". In einem elektrischen Ofen wird der Versuchskörper auf eine bestimmte Temperatur erhitzt, bis er spannungsfrei geworden ist. Dann wird er ausgestoßen, so rasch als möglich auf 20° abgekühlt und die Spannungen in ihm mit dem Schulzschen Apparat bestimmt. Dies Verfahren wird für eine Reihe Ausgangstemperaturen durchgeführt und so die Abhängigkeit der erzeugten Spannung von der Ausgangstemperatur, von der abgeschreckt wurde, festgestellt. Dabei zeigte sich, daß bis zu einer unteren Grenze (*a*) praktisch keine bleibende Spannung auftritt (starr-elastischer Zustand), dann tritt mit steigender Ausgangstemperatur wachsende Spannung auf. Ihr Ansteigen folgt einer hyperbolischen Funktion, bis von einer oberen Grenze (*b*) ab eine Zunahme der Spannung nicht mehr erfolgt. Bei dieser Temperatur würde der Ausgleich in einem ge-

[1]) Z. f. Instrum.-Kunde **11**, 330 (1891). — Z. f. analyt. Chem. **31**, 419 (1892).

[2]) Bull. Soc. d'encour. (V) **3**, 1507 (1898).

[3]) J. Soc. Glass-Techn. **2**, 90 (1918).

[4]) Ebenda **1**, 70 (1917).

[5]) Physik. Zeitschr. **13**, 1017 (1912).

[6]) Ann. d. Phys. IV, **42**, 345 (1913). — S. a. die Besprechung der Arbeit durch Eckert, l. c. S. 251.

spannten Körper sehr rasch erfolgen. Wir können darum die Grenze *b* mit der Kühltemperatur von Grenet und der „Entspannungstemperatur" von Weidert unp Berndt (s. u.) gleichsetzen. Das Gebiet zwischen *a* und *b* dürfte der mit Hilfe des Ausdehnungskoeffizienten festgestellten „kritischen Zone" (s. S. 233) entsprechen.

Weidert und Berndt[1]) verfahren umgekehrt. Ein stark gespanntes Glasstück wird langsam auf eine bestimmte Temperatur erhitzt und dann noch langsamer wieder abgekühlt. Vor und nach der Erhitzung wird die Größe der Spannung mit dem Schulzschen Apparat (s. o.) bestimmt. Die nach der Erhitzung verbliebene „Restspannung" wird in Prozenten der Anfangsspannung, die der Versuchskörper vor der Erhitzung zeigte, ausgedrückt und in Abhängigkeit von der erreichten Höchsttemperatur gebracht. Es zeigt sich, daß auch hier drei Temperaturgebiete bestehen. Bis zu einer unteren Grenze — entsprechend unserer Grenze *a* aus den Zschimmer-Schulzschen Versuchen —, bis zu der die „Restspannung" gleich der Anfangsspannung ist, von da ab sinkt die Restspannung auf ein Minimum. Die Temperatur, bei der dies Minimum erreicht wird und bei der der Ausgleich der Spannung sich außerordentlich rasch vollzieht, wird „Entspannungstemperatur" genannt. Wird noch höher erhitzt, findet keine Veränderung mehr statt, ähnlich wie in den Zschimmer-Schulzschen Versuchen oberhalb der *b* genannten Grenze.

Die Versuchsverfahren von Weidert und Berndt, wie das von Zschimmer und Schulz, lassen also die Grundlagen für den Kühlungsvorgang ermitteln. Ebenso kann man nach Schönborn mit Hilfe der Ausdehnung bei höheren Temperaturen die „kritische Zone" feststellen (s. S. 233).

Die Kühlung in der Praxis. Die vorstehenden auszugsweise wiedergegebenen Arbeiten stimmen alle darin überein, daß zwei Grenztemperaturen existieren, die für die Durchführung der Kühlung wichtig sind.

1. Eine untere Temperatur, von der aus bei der Abkühlung ein bis dahin spannungsfrei abgekühltes Glas keine bleibenden Spannungen mehr erhalten kann, wie auch vorhandene Spannungen innerhalb praktisch anwendbarer Zeiten unterhalb dieser Temperaturgrenze nicht verschwinden.
2. Eine obere Temperatur, bei der Spannungen augenblicklich verschwinden, und bis zu der, von der unteren herkommend, die Geschwindigkeit des Ausgleichs dauernd zunimmt, oberhalb der aber kein wesentlich gesteigerter Einfluß auf den Ausgleich der Spannungen mehr zu beobachten ist.

Zwischen diesen beiden Grenztemperaturen muß sich die praktische Kühlung vollziehen. Treten in diesem Temperaturgebiet ausgesprochene Temperaturunterschiede im zu kühlenden Glasstück auf, so entstehen Spannungen, die unterhalb nicht mehr ausgleichbar sind.

Die vorstehend aufgeführten Arbeiten geben also die Grundlagen für die Durchführung des Kühlungsvorganges in der Praxis. Die verschiedene Untersuchungsweise, wie die verschiedenen Bezeichnungen der verschiedenen Autoren, mögen auf den ersten Blick verwirrend erscheinen. Bei genauer Betrachtung aber zeigt sich, daß sich die bei den einzelnen Punkten beobachteten Zustände ziemlich decken. Es dürfte sich deshalb empfehlen, die bevorzugten Temperaturen, die sich aus den genannten Arbeiten ergeben, übersichtlich zusammenzufassen:

Beobachter	Untere Entspannungsgrenze	Entspannungsmaximum
Schott	Temperatur des Entspannungsbeginns bei 24 std. Erhitzung	—
Grenet	Härtungstemperatur	Kühltemperatur
Zschimmer und Schulz	Freibleiben von Spannung	Härtungstemperatur
Weidert und Berndt . .	Obere Grenze der höchsten Restspannung	Entspannungstemperatur
Peters u. Cragoe sowie Schönborn . . .	Beginn der kritischen Zone bei der Ausdehnung	Ende der kritischen Zone
English und Turner . .	Untere Kühltemperatur	Obere Kühltemperatur
Twyman	—	Kühltemperatur

[1]) Z. f. techn. Phys. **1**, 51 (1920).

Für die Praxis[1]) wird sich mit diesen Unterlagen ein Verfahren für die Feststellung der Temperaturhöhe und des Temperaturganges bei der Kühlung leicht ausbilden lassen. Da wo es sich um weitgehende Ansprüche an Spannungsfreiheit handelt, wird man sich der Arbeitsweise von Zschimmer und Schulz, bzw. Weidert und Berndt bedienen. Für Erzeugnisse, bei denen der Anspruch an Entspannungsfreiheit nicht so weit geht, genügt wohl die Feststellung der Spannung auf Grund der im polarisierten Lichte erscheinenden Ringzahl im Anschluß an Schott. Es wäre aber außer der Temperatur des Entspannungsbeginns noch die Temperatur des raschen Ausgleichs zu bestimmen.

Nach den Forderungen, die an die Kühlung gestellt werden, kann man zwei Hauptfälle unterscheiden, die in der Praxis vorkommen. Im ersten Falle handelt es sich um vollkommen erkaltete, gespannte Glaskörper, die von ihren Spannungen vollkommen befreit werden sollen. Diese müssen also auf die geeignete Temperatur gebracht und dann allmählich abgekühlt werden. In der Praxis fällt mit diesem Verfahren vielfach das Senken von Glasstücken in Plattenform für optische Zwecke zusammen. Dadurch ergibt sich schon eine obere Grenze, die am besten das Entspannungsmaximum bis zur Erweichungstemperatur (s. S. 57) überschreitet, um ein promptes Sinken in der Form sicherzustellen. In diesem Zusammenhang ist das bisher übliche Verfahren der Kühlung so, daß man in langsamem Temperaturanstieg auf eine maximale Temperatur ansteigt, die etwas über der Entspannungstemperatur liegen dürfte, und dann wiederum sehr langsam die Temperatur senkt. Eine solche Kühlung erfordert viel Zeit und Brennstoff. Auf Grund der neueren Beobachtungen haben Adams und Williamson eine anders geartete Kühlweise empfohlen. Sie steigern die Temperatur sehr rasch, so rasch, als es möglich ist, ohne einen Bruch des Glases zu verursachen. Sie gehen aber nicht so hoch wie bisher, sondern nur bis zu einer sog. „Ausgleichstemperatur", die wohl höchstens in der Mitte unserer oben genannten beiden Temperaturgrenzen, besser noch in der unteren Hälfte des Gebietes liegen dürfte, und halten die Temperatur auf dieser Höhe längere Zeit konstant, so daß alle Spannungen ausgeglichen sind. Da man nun sich in der Nähe der unteren Grenze befindet, kann man wieder sehr rasch abkühlen und kommt dabei zu einem Zeit- und Produktionsgewinn.

Beim zweiten Fall, der für die große Praxis der häufigere ist, kommt der Gegenstand unmittelbar von der Formgebung. Er ist zum Teil noch plastisch und nur die Oberflächen sind stärker, aber, wie eingangs dieses Abschnittes gezeigt ist, ungleichmäßig abgekühlt. Die Aufgabe der Kühlung ist es nun, zunächst die Spannungen, die sich infolge dieser ungleichmäßigen Abkühlung im Glasstück ausgebildet haben, zu beseitigen und weiter zu verhindern, daß bei der Abkühlung neue Spannungen auftreten. Es würde auch hier wünschenswert sein, möglichst hoch mit der Temperatur zu gehen, jedoch wird die Erhitzung begrenzt durch die Gefahr einer Überhitzung, die leicht ein Verziehen und Verbiegen der geformten Gegenstände hervorrufen kann. Dies ist besonders wichtig bei dickwandigen Gegenständen, bei denen die Oberflächenschicht bei der Formgebung und Abkühlung eine gewisse Festigkeit erhalten hat. In diesen Fällen besitzt das Innere einen so großen Wärmeinhalt, daß er, wenn im Kühlraum die weitere Abstrahlung von Wärme aus der Oberfläche verhindert ist, die Oberflächenschicht erneut zum Erweichen bringen kann, und damit die Gefahr der Deformation der Gegenstände hervorruft. Man muß also möglichst weit unter der Erweichungstemperatur (s. S. 57) bleiben. Es ist natürlich auch in diesem Falle das beste, die Gegenstände längere Zeit auf einer mäßig hohen Temperatur, die etwa der Mitte der kritischen Zone entsprechen dürfte, zu halten, langsam sich der unteren Grenze zu nähern und dann verhältnismäßig rasch abzukühlen.

[1]) Eckert, Z. V. d. I. **67**, 522 (1923). — Schönborn l. c.

Der Kammerkühlofen bietet für die Einhaltung eines bestimmten Temperaturganges bei der Kühlung nur wenig Möglichkeiten der Veränderung. Wir können im wesentlichen nur die Anfangstemperatur bestimmen und müssen dann den Ofen sich selbst überlassen. Hier ist wichtig, möglichst der oberen Kühltemperatur als Ausgang näher zu kommen.

Bei Kanalkühlöfen ist eine wesentlich bessere Anpassungsfähigkeit an die Kühlungsbedingungen möglich. Wir können durch die entsprechende Beheizung und Feuerung die Höhe der Anfangstemperatur und die Ausdehnung der so erhitzten Ofenteile einstellen und können weiter durch die Regelung der Geschwindigkeit, mit der das Glasstück durch den Kanalofen wandert, die Verweildauer in den einzelnen Temperaturgebieten festlegen. Die Isolierung der Stellen, in denen wir die Wärme halten wollen, sowie die Verwendung dünner Kanalwandungen an anderen stärker kühlenden Stellen gestattet uns die Ausdehnung der Kühlung bei einer mäßigen, nahe an der unteren Grenze liegenden Ausgleichstemperatur und einen raschen Temperaturabfall nach vollendetem Ausgleich. Es könnte, von diesem Gesichtspunkte aus gesehen, der Schluß des Kühlkanals eine andere bauliche Ausführung als das heutige Backsteingemäuer erhalten. Die Abkühlung von unserer unteren Kühlgrenze auf gewöhnliche Temperatur findet nur darin eine Beschränkung ihrer Geschwindigkeit, daß nicht vorübergehende Spannungen ein Brechen des Glases hervorrufen.

Genaue Angaben über Ausgangstemperaturen und Temperaturgang für die Gläser der Praxis sind noch wenig bekannt geworden. Als Beispiel seien noch Werte aus der Untersuchung von English und Turner gegeben:

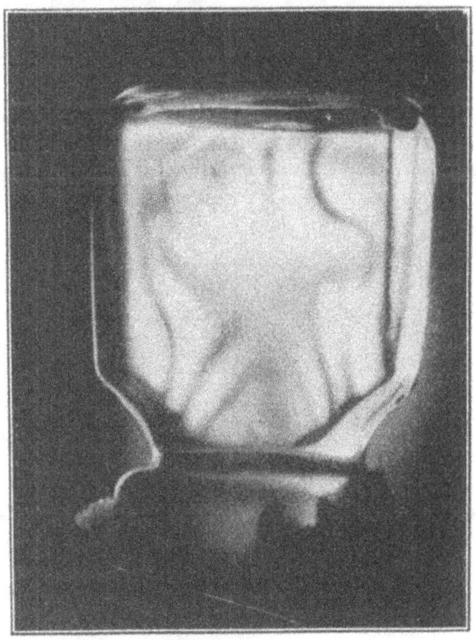

Abb. 95.

Glas	Zusammensetzung			Obere Kühltemperatur	Untere Kühltemperatur
	% SiO_2	% Na_2O	% CaO		
7	74,41	17,20	7,45	538°	320°
9	74,96	14,88	9,36	562°	?
11	74,93	13,01	11,68	601°	?
17	69,73	11,22	17,38	613°	?

Glas 7 und 9 sind weiche Gläser, wie sie für einfaches Weißhohlglas, Preßglas usw. Anwendung finden. Glas 11 steht dem Normalglas nahe. Glas 17 ist ein kalkreicher Typ, wie wir ihn unter den Flaschengläsern finden.

Kontrolle der Kühlung. Die Prüfung auf die Güte der Kühlung geschieht am besten durch die Betrachtung der Gegenstände im polarisierten Licht. Abb. 95 zeigt einen schlecht gekühlten Griffstopfen im polarisierten Licht. Wir erkennen Figuren, die auf der Photographie hell in dunklem Grunde, in Wirklichkeit farbig erscheinen. Derartige unregelmäßige Spannungen setzen den Gebrauchswert eines Glasgegenstandes herab, weil er leichter bei mechanischen Beanspruchungen und beim Erhitzen springt. Es ist deshalb nötig, die Erzeugnisse nach der Kühlung auf Spannungen dauernd zu prüfen. Dazu dienen: Spannungsprüfer, auch Polariskope genannt. Ihre äußere Form muß sich den zu unterscheidenden Gegenständen anpassen. Wir bringen als Beispiel den Polarisationsapparat J. 281 von Goerz, Optische Werke Abb. 96.

Bei dieser Ausführungsform werden die notwendigen optischen Teile, Polarisator, Analysator und Beobachtungslupe, in einem Holzkasten montiert, und zwar befindet sich der Analysator, bestehend aus einer schwarzen Glasplatte, auf dem Boden des Holzkastens. Das Licht tritt durch das Fenster *F*, welches mit einer Mattscheibe bedeckt ist, ein und gelangt nach Reflexion an dem schwarzen Spiegel zu der Blende *B*, die mit einem spannungsfreien Abschlußglas bedeckt ist, um ein Verstauben des

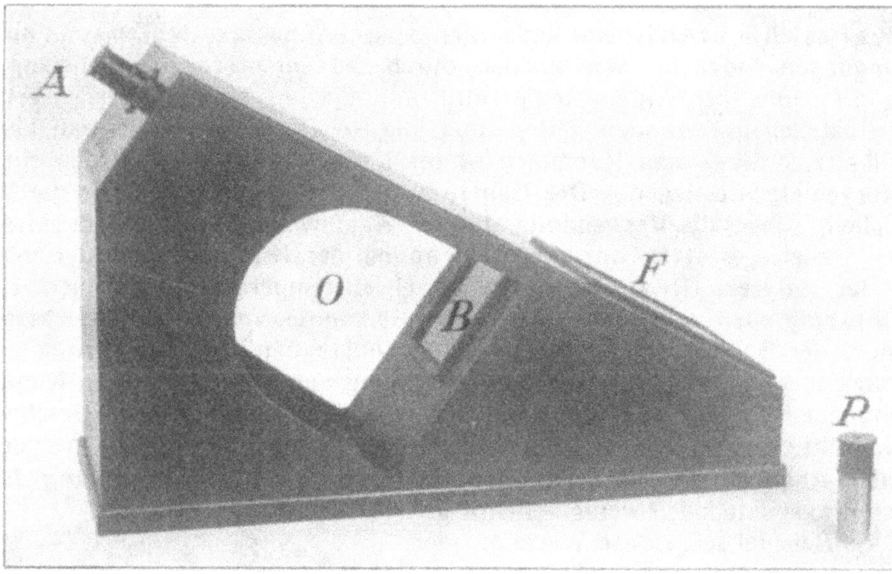

Abb. 96.

Spiegels zu verhüten. Der zu untersuchende Gegenstand wird seitwärts in die bei *O* sichtbaren Ausschnitte eingeführt. Beobachtet man durch den mit dem Polarisator und der Augenlinse versehenen drehbaren Stutzen *A*, so erscheint ein spannungsfreier Körper bei gekreuzter Stellung von Polarisator und Analysator dunkel, während jede Spannung sich nur durch Aufhellung oder bei stärkerer Spannung durch Färbung des vorher dunklen Gesichtsfeldes bemerkbar macht.

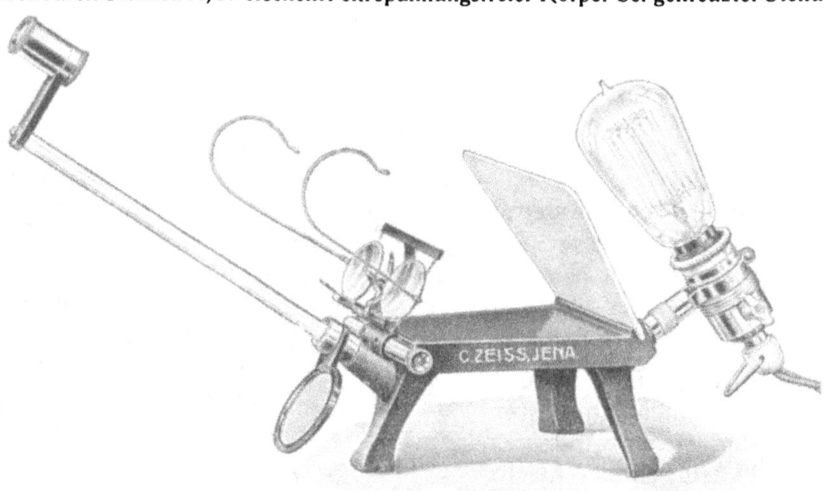

Abb. 97.

In manchen Fällen ist es ratsam, an Stelle der bei geringen Spannungen auftretenden Helligkeitsänderungen den Farbenumschlag zu beobachten. Zu diesem Zweck wird zwischen Polarisator und Analysator ein Glimmerplättchen von geeigneter Dicke eingeführt, welches eine rotviolette Färbung des Gesichtsfeldes erzeugt. Bei Beobachtung gespannter Körper schlägt die Farbe je nach der Spannungsrichtung in Gelb oder Blau über. Das auswechselbare Okular ist unter *P* besonders dargestellt.

Im Prinzipe ähnlich gebaut, doch dem besonderen Zweck angepaßt, ist der Spannungsprüfer für Brillengläser von Carl Zeiß, Jena Abb. 97. Auf Grund der vorstehenden Ausführungen dürfte die Wirkungs- und Anwendungsweise des Apparates ohne weiteres verständlich sein.

Absichtlich hervorgerufene Spannungen. Hartglas. Bei den bisher besprochenen Spannungen sind hauptsächlich solche Spannungen ins Auge gefaßt, die sich ungleichmäßig im Glasgegenstand verteilen. Daneben sind noch Spannungen von großer Bedeutung, die durch rasche, im übrigen aber gleichmäßige Abkühlung hervorgerufen werden. Denken wir uns eine soeben geformte, noch weiche Glaskugel, die in allen ihren Punkten gleiche Temperatur besitzt, in kalte Luft gebracht, so wird die äußerste Schicht rasch erstarren. Die inneren Schichten befinden sich noch auf höherer Temperatur, die erstarrte Oberfläche umschließt deshalb das der hohen Temperatur entsprechende Volumen. Bei weiterer Abkühlung sind die inneren Schichten bestrebt, sich zusammenzuziehen und zu erstarren. Aber die starr gewordene Schale, an der sie hängen, hindert sie daran. Die Schale wird durch diesen Zug nach innen komprimiert, sie erhält „Druckspannung", das Innere bleibt gedehnt, befindet sich in „Zugspannung". Nun ist aber die Druckfestigkeit des Glases sehr viel größer als die Zugfestigkeit (s. S. 112). Die Glaskugel hält infolgedessen sehr viel stärkere Beanspruchungen aus, um so mehr, als es bei der Kugelform überaus schwer ist, das Gleichgewicht der Spannungen zu stören. Wird aber doch die Oberfläche verletzt, stürzt das ganze System zusammen und zerfällt, entsprechend dem radialen Zug im Innern, in viele kleine keilförmige Längssplitter. Anders bei unsymmetrischen Körpern, wofür die bekannten Glastränen ein beliebtes Beispiel sind. Sie werden hergestellt, indem man dünnflüssiges Glas in Wasser tropfen läßt. Dadurch wird die äußere Schicht sehr rasch gekühlt und so einem beträchtlichen Druck ausgesetzt. Infolgedessen ist die Träne gegen Stoß und Schlag überaus unempfindlich geworden. Wird aber das Gleichgewicht der Spannung gestört, indem man die Spitze abbricht, so zerfällt die ganze Träne explosionsartig in ein Pulver. Wird die Entfernung der Spitze vorsichtiger ausgeführt, durch Weglösen mit Flußsäure, so tritt der Zerfall nur ein, wenn die Anätzung bis zu der Stelle geschieht, wo das dicke Ende sich rascher verjüngt[1]).

Bei diesen Beispielen tritt uns immer nur die äußere komprimierte Schicht entgegen. Bei rasch gekühlten Hohlgläsern, besonders bei Flaschen, ist das Innere langsamer gekühlt wie das Äußere. Die Innenseite der Wandung befindet sich infolgedessen, wie unsere obigen Ausführungen zeigen, in Zugspannung. Sie besitzt infolgedessen geringere Festigkeit. In der Tat zerspringen häufig dickwandige Hohlgefäße beim Putzen mit harten Gegenständen. Besonders deutlich wird dies bei den sog. Bologneser Fläschchen, die zur Beurteilung der Läuterung des Glases auf den Hütten mit großer Wandstärke geblasen und durch Schwenken in der Luft gekühlt werden. Diese zerspringen sofort, sobald man Sand hineinbringt und die innere Fläche damit ritzt.

Bei der Herstellung seines „Hartglases" hat es de la Bastie verstanden, auch auf der Innenseite eine komprimierte Schicht zu erzeugen, indem er den noch heißen Gegenstand in Öl warf und dadurch die ganze Oberfläche, auch die innere, gleichmäßig rasch kühlte und so mit einer Druckspannung besitzenden, „gehärteten" Schicht überzog. Das Hartglas ist bekanntlich gegen Stoß und Schlag, sowie gegen Temperaturschwankungen sehr unempfindlich. Aber der Zustand des Hartglases ist doch in gewissem Sinne ein labiler. Kleine Unregelmäßigkeiten, die Verletzung der schützenden Schicht usf., können zu explosionsartigem Zerfall führen.

Schott[2]), der zur Aufklärung dieser Verhältnisse viel beitrug, hat nun den Spannungszustand des Hartglases in seinem „Verbundglas"[3]) nachgeahmt. Indem er auf dem Wege des „Überfangens" Gegenstände aus zwei Gläsern von verschiedenem Ausdehnungskoeffizienten herstellt, und zwar so, daß das Innere aus dem Glas mit geringer Ausdehnung besteht, erzielt er Glasgegenstände, die an der Innenseite des Scherbens ebenfalls eine komprimierte Schicht besitzen. Während das gewöhnliche Hartglas im Kühlofen seine besonderen Eigenschaften verlieren würde, kann das Verbundglas, dessen Spannungszustand auf dem Unterschied der verwendeten Glasarten beruht, besonders gekühlt werden. Dadurch werden etwaige Unregelmäßigkeiten der Spannung, die bei der Abkühlung während der Verarbeitung hervortraten, ausgeschaltet und damit auch die Selbstexplosionen, die beim Hartglas auftreten. Man kann natürlich nicht ohne Einschränkung zwei Gläser verschiedener Ausdehnung aufeinander schmelzen (s. S. 117). Es muß das richtige Verhältnis der Schichtendicke getroffen werden, damit die Festigkeit der Schichten den zwischen ihnen auftretenden Spannungen genügt. — Das Verbundglas wurde besonders für die Herstellung von Wasserstandsgläsern angewandt.

Diese Betrachtungen zeigen, daß bei den Gläsern, bei denen es nur auf Festigkeit ankommt, eine rasche Abkühlung, sofern sie sich gleichmäßig über die ganze Oberfläche erstreckt, nicht schädlich, sondern eher nützlich sein kann. In anderen Fällen ist das Auftreten auch der gleichmäßigen Spannungen auszuschließen, so insbesondere bei optischem Glase. Dieses muß ganz spannungslos sein.

Da die Unregelmäßigkeiten von Thermometern ebenfalls auf die Anwesenheit von Spannungen zurückzuführen ist, werden diese Fehler ebenfalls durch eine Art Feinkühlung, durch längeres Erhitzen auf 470°, „künstliches Altern", gemildert.

---

[1]) V. de Luynes, Compt. Rend. **76**, 346; Dingl. Journ. **209**, 397.

[2]) Dingl. Journ. **116**, 75; Verh. des Ver. zur Beförderung des Gewerbefl. 1879 und 1892, 161; Zeitschr. f. Instrumentenkunde 1890, 41.

[3]) DRP. 61573 (5. April 1891).

4. Kapitel.

Brennstoffe.

Von Dr. Gustav Keppeler.

Abgesehen von Holz und Holzkohle sind alle festen Brennstoffe fossilen Ursprungs oder Veredelungsprodukte von fossilen Brennstoffen. Sie stellen also alle die mehr oder weniger stark veränderten Reste von Vegetationen früherer Perioden der Erdentwicklung dar. Die Veränderung, die diese pflanzlichen Stoffe erfahren haben, führte zu einer Anreicherung des Kohlenstoffs, während der Gehalt an Wasserstoff wenig und der an Sauerstoff stärker fällt.

Je älter der Brennstoff ist, um so mehr weicht seine Zusammensetzung von der der ursprünglichen Pflanzen ab, wie das folgende Tabelle zeigen mag.

Tabelle 61.

Mittlere Zusammensetzung verschiedener fester Brennstoffe.

Brennstoff	Zeit der Bildung	Wasser %	Asche %	Zusammensetzung der brennbaren Substanz			Disponibler Wasserstoff %	Koks %
				% C	% H	% O		
Holz	jetzt	frisch..... 50 trocken...15–25	1,0–2,0	50	6	44	1	20
Torf........	nach Eiszeit	roh.......85–92 trocken...20–30	1,0–10	60	6	34	2	35
Braunkohle .	Tertiär	roh.......50–65 trocken... 15	6–15	65	5	29	3	40
Wälderkohle	Kreide	5 –10	10–20	70	6	24	3,2	45
Flammkohle		2 – 4	6–15	75	6	19	3,5	50
Gaskohle . .		2 – 4	6–15	80	6	14	4	60
Kokskohle ..	Karbon	1,5– 3	6–15	85	5	10	4,5	70
Magerkohle .		1 – 2	6–15	90	4	6	3,3	90
Anthrazit ...		0,5– 1	6–15	95	2	3	1,7	95

1. Holz.

Die Elementarzusammensetzung des Holzes nähert sich der der Zellulose, die beinahe die Hälfte seiner Bestandteile ausmacht. Die Zellulose hat: 44,4% C, 6,2% H, 49,4% O. Der andere Hauptbestandteil, die Ligninkörper, besitzt einen höheren Kohlenstoffgehalt.

Die Zusammensetzung einiger Holzarten im trockenen Zustand findet sich in der folgenden Tabelle nach Gottlieb[1]).

---

[1]) Gottlieb, Journal f. prakt. Chemie. 28 (1883), S. 385.

Holzart	100 Teile enthalten					Heizwert pro 1 kg bei Verbrennung z. CO_2 & Wasserdampf
	C	H	O	N	Asche	
Eichen	50,16	6,02	43,45	—	0,37	4295
Buchen	49,06	6,11	54,17	0,09	0,57	4450
Tannen	50,36	5,92	43,39	0,05	0,28	4715
Fichten	50,31	6,20	43,08	0,04	0,37	4750
Mittel	49,56	6,11	43,82	0,1	0,42	4488

Die Verbrennungswärme eines Kilogrammes Zellulose ist ebenfalls nach Gottlieb: 4150. Wesentlich ist ferner der sehr geringe Schwefelgehalt des Holzes (s. unten).

Der Aschegehalt des Holzes ist, wie die eben mitgeteilten Analysen zeigen, sehr gering. Bemerkenswert ist, daß die Rinde meist aschenreicher als der Holzkörper ist. Die Rinde soll 6% Asche enthalten können. Dazu kommt, daß der Rinde Staub und Teile des Bodens, auf dem das Holz gelagert wurde, anhaften. Die Holzasche besteht vorwiegend aus „Kaliumkarbonat" (Pottasche), jedoch nicht ausschließlich aus diesem, sie enthält ferner kohlensaure, schwefelsaure und phosphorsaure Salze des Kalziums, Natriums, Kalks, des Magnesiums, von Eisen und Mangan. Auch Chloride sind stets in wohl bestimmbarer Menge vorhanden (s. a. Pottasche S. 166).

Der Wassergehalt ist ungemein wechselnd, nicht allein zwischen den verschiedenen Holzarten, sondern auch bei derselben Holzart je nach der Jahreszeit, Standort und Alter. Im Frühjahr und im Sommer ist das Holz saftreicher als im Winter. Man fällt darum das Brennholz im Winter. Fruchtbarer Boden erzeugt Holz von größeren Gefäßen, es ist darum wasserreicher. Junges Holz zeichnet sich ebenfalls durch höheren Wassergehalt aus. Bei längerem Trocknen wird der Wassergehalt der verschiedenen Hölzer unabhängig vom anfänglichen Betrag ziemlich der gleiche, und zwar 20%. Jedoch nimmt das trockene Holz wieder Feuchtigkeit auf. Bei Berührung mit Wasser kann die Aufnahme über den Gehalt des frisch gefällten hinausgehen, ja ein Mehrfaches von diesem betragen. Geflößtes Holz ist infolgedessen sehr wasserreich.

Die Verbrennungseigenschaften des Holzes sind recht gute. Es hat einen niederen Entzündungspunkt. Die Stücke backen weder zusammen, noch zeigen sie ein Zerbröckeln. Die Verbrennung des Holzes vollzieht sich ohne Schwierigkeit selbst in der primitivsten Feuerung. Die Flamme ist rein und frei von Flugstaub und Schwefel. Das Brennholz findet deshalb Anwendung, wo diese Eigenschaft besonders ins Gewicht fällt, so bei gewissen Porzellan- und Glasöfen. Wie die anderen festen Brennstoffe verbrennt auch das Holz nicht glatt auf einmal, sondern es erleidet unter dem Einfluß der selbst erzeugten Hitze eine trockene Destillation (Entgasung), über die unten berichtet wird.

Die gas- und dampfförmigen Zersetzungsprodukte bilden die Flamme und hinterlassen Holzkohle, die bei genügender Luftzufuhr flammenlos verbrennt. Holz gibt viel Gas und damit eine lange Flamme. Harzreiches Holz gibt eine stärkere, heizkräftigere, aber auch zum Rußen stärker neigende Flamme. Der bei der Entgasung entstehende kohlige Rückstand, die Holzkohle, hat einen sehr niedrigen Entzündungspunkt (250° C) und hohe Brenngeschwindigkeit. Infolge dieser Eigenschaften gibt das Holz verhältnismäßig hohe Leistungen in der Zeiteinheit, bezogen auf gleiche Rost- oder Generatorflächen. Einen Nachteil bei der Verfeuerung von Holz bildet die geringe Dichte und die sperrige Lagerung der Holzstücke, wodurch bei großen Leistungen Beschickungsschwierigkeiten entstehen. Die Verwertung von Holzabfällen wie Sägespänen ist schwierig, gelingt aber auf geeigneten Rosten. Man hat auch gelernt, sie zu brikettieren und dadurch besser zu verwenden.

Trotz der mehr und mehr gesteigerten Anwendung der verschiedensten Kohlensorten wird für das Holz als Brennstoff ein Verwendungsgebiet doch erhalten bleiben, es wird stets zum Entfachen eines Kohlenfeuers benutzt werden, wie auch beim Anwärmen frisch gemauerter Öfen. Schon diese Verwendungen allein sichern dem Brennholz einen ziemlichen Absatz.

Heizwert. Wie oben mitgeteilt, ist der Heizwert der trockenen Holzsubstanz im Durchschnitt 4490 WE. Fischer[1]) gibt für Eichenholz 4421 WE. Zu bemerken ist jedoch, daß selbst das lufttrockene Holz 20% Wasser enthalten kann. Der Heizwert wird dadurch geringer, nicht nur weil die Menge der brennbaren Substanz in der Gewichtseinheit heruntergedrückt wird, sondern es wird auch ein Teil der Verbrennungswärme zur Verdampfung des Wassers verbraucht. Dementsprechend berechnet sich der Heizwert von 1 kg Holz:

Vollkommen trocken	4490 WE
mit 10% Wasser	3980 „
„ 20% „	3470 „
„ 30% „	2965 „

In ähnlicher Weise wird die Flammentemperatur und der Nutzeffekt der Feuerung durch den Wassergehalt beeinflußt.

Holzverkohlung. Das Holz wird unter dem Einfluß der Hitze zersetzt. Bei allmählicher Anwärmung zeigt es auch bei Luftabschluß schon bei 150° die Anzeichen einer Veränderung, es bräunt sich. In dem Maße, wie die Erhitzung sich weiter steigert, schreitet auch der Zerfall der Verbindungen, aus denen der Holzkörper sich aufbaut, fort und liefert schließlich Holzkohle.

Holzkohle. Die Holzkohle ist je nach der Temperatur, bei der sie hergestellt ist, verschieden in ihren Eigenschaften und bezüglich ihrer Zusammensetzung. Um ganz wasserstoff- und sauerstofffreie Kohle zu erhalten, müßte man sehr hoch erhitzen. Bei 450° ist das Holz nahezu ausgegast. Man erhält so aus 100 kg Holz 24 kg Holzkohle mit 85—90% Kohlenstoff. Sie stellt ein vorzügliches, aschenarmes, durch Mangel an Schwefel ausgezeichnetes Brennmaterial dar, dessen allgemeiner Verwendung nur sein sehr hoher Preis im Wege steht.

2. Torf.

Der Torf ist der jüngste fossile Brennstoff. Seine Bildung ist in der Gegenwart noch im Gange. Große Flächen der Erde zeigen eine Geländeart, die wir „Moore“ nennen. Diese liefern den Torf. Man muß zwei Arten von Mooren, die ihrer Entstehungsart und ihren Lebensbedingungen nach grundsätzlich verschieden sind, auseinanderhalten:

1. die Niederungsmoore,
2. Hochmoore.

Zwischen beiden gibt es einen Übergang („Übergangsmoore“).

Niederungsmoore stehen in nahen Beziehungen zu unseren Wiesen. Sie sind gewissermaßen versumpfte „saure“ Wiesen. Sie schließen sich meist den Läufen der Flüsse an und breiten sich in deren Niederungen aus, wo deren nährstoffreiches Wasser einer üppigen Vegetation der verschiedensten Sumpf- und Wasserpflanzen Gelegenheit zur Entfaltung gibt. Falls das Wasser genügenden Gehalt an Nährsalzen enthält, entstehen Niederungsmoore auch häufig in Tümpeln und Landseen.

Hochmoore[2]). Die Entstehung der Hochmoore ist nicht an stehendes Wasser gebunden. Sie können sich auf nacktem Boden bilden, vorausgesetzt, daß die Lebensbedingungen, besonderen Moosarten (Sphagnaceen), die von prinzipieller Bedeutung für die Entstehung von Hochmooren sind, vorliegen. Diese Hochmoore bedürfen für ihr Fortkommen eines nährstoffarmen Bodens und großer Feuchtigkeit. Auf Lehm und Tonboden siedelt sich ein Hochmoor nicht unmittelbar an, wohl aber auf festem Gestein und besonders auf dem im Lauf der Jahrtausende ausgelaugten Heidesand.

Für die Entstehung eines Hochmoores und sein Wachstum ist eine grundsätzliche Bedingung: Nährsalzarmut des Wassers. Das Wachstum der dem Hochmoor eigenen Pflanzenarten ist nicht wie beim Niederungsmoor an das Grundwasser gebunden. Sie wachsen weit über den Grundwasserspiegel

---

[1]) Chem. Technologie der Brennstoffe I, 425.

[2]) C. A. Weber, Über die Vegetation und Entstehung des Hochmoors von Augstumal im Memeldelta mit vergleichenden Ausblicken auf andere Hochmoore der Erde. Berlin 1902.

hinaus und haben im Lauf der Jahrtausende, Moore bis zu 20 m Mächtigkeit geschaffen. Wohl infolge der geringeren Verdunstung wachsen diese Hochmoore in der Mitte rascher und präsentieren sich infolgedessen als eine ganz flache Kuppe. Man hat sie darum Hochmoore genannt, obschon sie absolut nicht, wie dieser Name vermuten ließe, an eine bestimmte Höhenlage gebunden sind; im Gegenteil, sie sind im nordwestdeutschen Flachlande besonders häufig.

Verbreitung der Moore. Die Moore sind stete Begleiter des Vegetationsbildes der gemäßigten Zone. In Europa sind es außer Deutschland besonders Rußland, Schweden, Norwegen, Dänemark und Irland, in denen große Bodenflächen mit Mooren bedeckt sind.

In Deutschland sind sie am meisten verbreitet in der Norddeutschen Tiefebene, als breiter Gürtel der Nordsee und Ostsee folgend, sowie am Fuße der Alpen in Bayern und Oberschwaben. Die Mächtigkeit wird meist überschätzt, sie ist durchschnittlich 2½—3 m. Das vielfach angenommene Nachwachsen des Moores ist ohne jede Bedeutung (in ca. 1000 Jahren 1 m).

Als Beispiel für die Zusammensetzung von Torf, ihre Abhängigkeit vom Vertorfungsgrad und damit im allgemeinen von der Tiefe der Lage seien nach von Feilitzen folgende Zahlen für Hochmoortorf von Ocholt in Oldenburg wiedergegeben:

Tiefe	Zustand	100 Teile Trockentorf enthalten		100 Teile asche- und wasserfreie Substanz enthalten		
		Asche	brennbare Substanz	% C	% H	% O + N
0— 20 cm	erdig, vermodert	11,73	88,27	55,47	5,65	38,88
20— 60 cm	hellbrauner, kaum zersetzter Sphagnumtorf	1,61	98,39	55,06	5,86	39,08
60—100 cm	brauner, wenig zersetzter Sphagnumtorf mit viel Wollgras	1,28	98,72	58,25	5,50	36,25
100—120 cm	dunkelbrauner Torf mit sehr viel Wollgras mäßig zersetzt	1,25	98,75	58,23	5,40	36,37
180—200 cm	dunkelbrauner, sehr gut vertorfter Sphagnumtorf	1,62	98,38	57,75	5,54	36,89

Torfgewinnung. Dem Abbau eines Torflagers muß eine Entwässerung vorausgehen, diese geschieht durch Ziehen von Gräben, die das Wasser abführen. Zu weitgehende Entwässerung schadet der weiteren Verarbeitung, da der Torf dann beim weiteren Trocknen leicht zerbröckelt. Bester Wassergehalt für die Verarbeitung schwankt zwischen 85 und 90%. Nach der Entwässerung wird die oberste, nicht oder nur wenig veränderte Schicht abgehoben (Bunkerde). Alsdann wird der Torf gestochen, und zwar mit einem besonders gestalteten Spaten („Stecheisen", „Sticker"). Ein solches gestochenes Stück von der Form eines Ziegelsteines heißt „Soden", die Torfart „Stichtorf".

Der Stichtorf schwindet beim Trocknen nur wenig und bleibt ungemein locker und leicht, nur bei besonders gut vertorften Lagen mäßig schwer. Man ging deshalb dazu über, den Rohtorf innig zu mischen und zu kneten, so daß man eine breiige Masse erhält, die ähnlich wie bei der Handziegelei in geeignete Formen oder auf andere Art in regelmäßige Stückform gebracht wird. Man hat so den Vorteil, den Torf verschiedener Schichten zu mischen und ein gleichmäßiges Produkt zu erzeugen. Der durch dieses Verfahren, das in Einzelheiten oft abgeändert wird, gewonnene Torf heißt: Brei-, Back-, Streich-, Tret- oder Baggertorf.

Die eben aufgeführten Gewinnungsweisen stellen den Übergang zu dem „Maschinentorf" dar. Es wird hier die dort von Hand besorgte Mischung und Durcharbeitung der Rohmasse durch geeignete maschinelle Einrichtungen bewirkt, deren prinzipielle Elemente meist an Wellen sitzende, sich gegeneinander bewegende, scherend wirkende Messer sind. Man kann diesen Teil der Maschine am besten einer Fleischhackmaschine vergleichen. Die in diesem Teile erhaltene teigartige Masse wird von Schnecken durch geeignete Mundstücke zu einem ununterbrochenen Strang gepreßt, der in einzelne Soden geschnitten und dann der Trocknung überlassen wird („Strangtorf").

Wird die Masse mit mehr Wasser (90—95%) verarbeitet, so erhält man einen zerfließlichen Brei, den man in Formen fließen läßt oder in gewisser Schichthöhe ausbreitet und nachdem er eine gewisse Konsistenz erhalten hat, in Soden zerschneidet („Breitorf“, „Backtorf“).

Die Knetarbeit hat nun eine beachtenswerte Verdichtung des Torfmaterials zur Folge. Der Stichtorf ist von Stück zu Stück nicht gleichmäßig und spiegelt in dieser Verschiedenartigkeit die Eigenschaften der verschiedenen Schichten des Moores wider. Vor allem ist er weniger dicht und nimmt bei Regen oder sonstiger Durchfeuchtung nach dem Trocknen wieder viel Wasser auf.

Beim Maschinentorf wird die im Moor anstehende Masse aus allen verwertbaren Schichten gemischt, zerrissen und geknetet. Dadurch werden diejenigen Teile, in denen die ursprüngliche Pflanzenstruktur erhalten ist, zerkleinert und mit dem strukturlos gewordenen Material aufs innigste gemischt. Der strukturlose Teil des Torfs, den wir Torfhumus nennen wollen, hat die Eigenschaften eines Kolloids und trocknet unter starker Schrumpfung zusammen, vergleichbar mit einer Leimtafel, auch insofern, als es die Pflanzenreste verkittet und so beim Trocknen ein dichtes, fest zusammenhängendes Ganzes gibt. Zum Unterschied vom Leim besitzt aber der Torf die Eigenschaft, einmal getrocknet, nicht wieder in Wasser aufzuquellen. Infolgedessen nimmt getrockneter Maschinentorf Wasser nicht leicht wieder auf, was seine Lagerung im Freien und seinen Transport erleichtert.

Trocknen des Torfes. Ganz einerlei, ob nun Stichtorf oder Maschinentorf vorliegt, der frische Torfsoden wird immer eine große Menge Wasser, 87—90% des Gesamtgewichts enthalten. Die Entfernung des größeren Teiles dieser Wassermasse ist der schwierigste Punkt der Torfgewinnung. Um aus 100 kg Torf mit 80% Wasser einen solchen von 20% Wasser zu erhalten, muß man 75 kg Wasser verdampfen und erhält dann 25 kg vom erwünschten Torf. Hat der Rohtorf gar 95% Wasser, müssen $93^1/_3$ kg Wasser verdampft werden, und man erhält nur $6^2/_3$ kg Torf von 20% Wasser.

Die frischen Soden sind plastisch, können deshalb nicht in Haufen gesetzt werden. Sie werden zunächst auf geebnetem Gelände ausgelegt. Wenn sie das Wasser bis auf 50% verloren haben, werden sie konsistenter. Aber gerade bis die Trocknung soweit gediehen ist, muß schon sehr viel Wasser verdunstet sein. Das dauert schon mehrere, bis zu sechs Wochen. Unrationell ist das Trocknen bei künstlich erzeugter, höherer Temperatur. Man ist infolgedessen darauf angewiesen, an der Luft zu trocknen und darum sehr abhängig vom Wetter und bezüglich der Arbeit an die wenigen Monate April bis Juli gebunden. Diese Umstände verteuern infolge der geringen Ausnutzung der Betriebsmittel die Torfgewinnung sehr. — Verfahren durch Pressen von in geeigneter Weise vorbereitetem Rohtorf den Hauptteil des Wassers zu entfernen, sind nach jahrzehntelangen Versuchen zu einem gewissen Erfolg gelangt (Madruck).

Brenntorfsorten.

Für den Nutzwert eines Brenntorfs sind besonders maßgebend der Wassergehalt, der Aschegehalt und der Heizwert der brennbaren Substanz.

Wassergehalt. Der Wassergehalt des Rohtorfes ist ein ungewöhnlich hoher. Der Torf eines Moores, das soweit entwässert ist, daß es für Menschen und Tiere begehbar wird, enthält immer noch 80—90% Wasser. Der fertige zur Verwendung kommende Torf enthält 20—40% Wasser, doch sollte eine gut lufttrockene Sorte nur 25% enthalten.

Asche. Der Aschegehalt von Torfen ist ungemein wechselnd. Stark in dieser Beziehung unterscheiden sich Hochmoortorf und Niederungsmoortorf. Der Hochmoortorf besitzt normalerweise nur 1—3% Asche. Durch Sandeinwehungen namentlich bei sehr flachgründigen Mooren und bei unsorgfältiger Grabweise, bei der Teile des Untergrundes mitgefördert werden, wird der Aschegehalt erhöht. Aschengehalte bei Hochmoor, die 5% überschreiten, sind nur auf solche Mißgriffe zurückzuführen und können beanstandet werden. Die Niederungsmoortorfe haben teils infolge des hohen Salzbedürfnisses der Pflanzen, aus denen sie entstanden, teils durch Einschlämmungen von Ton und Sand einen wesentlich höheren Aschegehalt. Er ist höchst selten kleiner als 5%, meist zwischen 8 und 12%, manchmal aber auch erheblich höher. Niederungsmoor sollte teils aus diesem Grunde, teils weil durch die Gewinnung des Niedermoortorfes leicht kultivierbares Gelände verwüstet wird, möglichst wenig für Brennzwecke gewonnen werden.

Heizwert der brennbaren Substanz. Dieser bewegt sich im allgemeinen zwischen 4900 und 5500 WE. Besonders gute Torfsorten zeigen einen Heizwert der brennbaren Substanz bis zu 5800 WE.

Für die Bewertung des Brenntorfs sind von der Nordwestdeutschen Arbeitsgemeinschaft zur Förderung des Torfwesens Normen aufgestellt. Diese fordern im Zustande der Lieferung für guten Hochmoortorf aus dem nordwestdeutschen Erzeugergebiete

für Brenntorf erster Güte weniger als 30% Asche und Wasser zusammengenommen,
„ „ mittlerer Güte 30—40% Asche und Wasser zusammengenommen.

Für gerichtliche Streitigkeiten ist maßgebend der Heizwert, und zwar bezeichnet man

Torf mit weniger als 2000 WE als nicht marktfähig,
„ „ 2000—2800 WE als geringwertigen Brenntorf,
„ „ 2800—3500 WE als Torf mittlerer Güte,
„ „ mehr als 3500 WE als Brenntorf erster Güte.

Wesentlich für die Nutzeigenschaften ist weiter die Dichte. Als Maßstab für diese gilt das Schüttraumgewicht. Das ist das Gewicht eines lose mit dem Torf aufgeschütteten Kubikmeters. Die genannten Normen geben folgende Grenzen:

für schweren Torf ein Schüttraumgewicht von über 275 kg je cbm,
„ mittelschweren Torf ein Schüttraumgewicht von 200—275 kg je cbm,
„ leichten Torf ein Schüttraumgewicht von 150—200 kg je cbm.

Bezüglich des schweren Torfes kommt diese Vorschrift dem Erzeuger weit entgegen. Schwerer Maschinentorf hat ein Schüttraumgewicht von 300—350 kg je cbm.

Einige dem Handel entnommene Torfproben gaben bei der Untersuchung[1]) folgende Ergebnisse:

Tabelle 62.

Auswahl guter Torfarten

(wenn nichts anderes bemerkt: Maschinentorf).

Herkunft nach Landstrich	Erzeuger	Heizwert WE je kg	Wasser %	Asche %	Brennbares %
	a) Hochmoortorf				
Ostfriesland	Auricher Torfwerke, Aurich	3580	27,7	2,8	69,5
Emsland	Torfwerk van Koten, Papenburg (Stichtorf)	3930	25,1	1,5	73,4
Oldenburg	G. Strenge, Elisabethfehn	3705	26,0	1,6	72,4
Bremen	Torfwerk Günnemoor	3800	25,3	1,0	73,7
Hannover	Torfwerk Niedersachsen, Wahrenholz bei Gifhorn	4380	16,3	1,6	82,1
Schleswig	Verband Nordischer Torferzeuger	3580	24,6	2,5	72,9
	b) Niederungsmoortorf				
Hannover	Troll & Co., Rehburg	4125	21,8	6,9	71,3
Mecklenburg	Kargower Torfwerke, Kargow bei Neustrelitz	3370	19,6	9,7	70,7
Mark Brandenburg	Torfwerk Bergerdamm	3050	25,0	11,4	63,6
Pommern	Gebr. Goedhart, A.-G., Zarthentin am Haff	3160	25,0	5,7	69,3
Ostpreußen	Allenstein (Erzeuger nicht genannt)	3385	25,0	6,2	68,8

Verbrennungseigenschaften des Torfes. Wie wir sahen, haben die in ihrer mechanischen Verarbeitung verschiedenen Torferzeugnisse lufttrocken nahezu denselben Wassergehalt, ebenso, auf das Gewicht bezogen, denselben Gehalt an brennbarer Substanz, deren Zusammensetzung auch nur wenig wechselt. Der Heizwert

[1]) Ausgeführt von der Versuchsanstalt für technische Moorverwertung an der Technischen Hochschule Hannover.

eines Kilogramms Torf wird also durch die mechanische Verdichtung zu Maschinentorf nicht verändert. Diese verändert nur die Dichte. Sie beträgt für dieselbe Torfsorte beim Maschinentorf meist das 1½—2fache der Dichte des Stichtorfes.

Infolge seiner geringen Dichte verhält sich der Stichtorf beim Brennen wie leichtes Holz. Er brennt einmal angezündet ohne weiteres weiter. Da er der Luft eine große Angriffsfläche bietet, verbrennt er sehr rasch. „Er hält keine Glut". Für gewerbliche und gar industrielle Feuerungen ist er infolgedessen unbequem, weil er eine überaus häufige und großräumige Beschickung der Feuerstelle erfordert. In gleicher Weise wirkt das ungünstige Verhältnis von Volum und Gewicht für den Transport. Sehr geeignet ist der leichte Moostorf für Anfeuerungszwecke. Er wird deshalb häufig als „Zündtorf" bezeichnet.

Bessere Eigenschaften hat der dichtere Maschinentorf. Jedoch muß auch hier bedacht werden, daß man es mit einem besonderen Brennstoff zu tun hat. Um einen Luftüberschuß möglichst zu vermeiden, muß die Schichthöhe bei diesem grobstückigen Material höher und die Rostfläche geringer als bei der Steinkohle sein. Der Luftbedarf ist ein anderer (niederer), ebenso die Menge der pro Kilogramm entstehenden Rauchgase. Darum andere Zugverhältnisse. Für die Kontrolle der Feuerung ist zu beobachten, daß infolge des geringen Gehalts an „disponiblem Wasserstoff" beinahe nur für die Verbrennung des Kohlenstoffs Sauerstoff nötig ist, die Rauchgase also theoretisch um 20% CO_2 enthalten könnten. Eine gute Torffeuerung sollte darum Rauchgase von annähernd 15% CO_2 ergeben. Hochmoortorf ist außerordentlich arm an Schwefel, er enthält nur 0,25—0,35% Schwefel. Die Flamme des Hochmoortorfes ist infolgedessen sehr rein. Kesselwandungen usw. werden deshalb sehr geschont. Da wo Torf nicht durch Frachtkosten usw. verteuert wird, ist er ein schätzungswerter Brennstoff. Sehr empfehlenswert ist es, den Torf in geeigneten Brechern auf etwa Faustgröße zu brechen.

Zur Gasfeuerung eignet sich der Torf, sowohl als Stich- wie als Maschinentorf, ausgezeichnet. Näheres darüber finden wir in Kapitel 5.

3. Braunkohle.

Die Kohlen der Tertiärformation faßt man unter dem Namen der Braunkohlen zusammen, weil sie meist von brauner oder braunschwarzer Farbe sind. Sie stehen ihrer Natur nach zwischen Steinkohle und Torf. Man hat daraus den Schluß abgeleitet, daß sie in ähnlicher Weise entstanden sind wie der Torf. Dies dürfte auch vielfach zutreffend sein.

Die Verbreitung der Braunkohle[1]) ist eine sehr große. Sie findet sich beinahe auf der ganzen Erde. In Europa findet man sie häufig. Die deutsche Braunkohle gewinnt mehr und mehr an Bedeutung. Abbauwürdige Vorkommen finden sich hier besonders in Mitteldeutschland.

Ein Überblick über die örtliche Verteilung ergibt sich am besten aus dem Umfang der Syndikate, die die Braunkohlenproduktion kontrollieren. Die gesamte deutsche Braunkohlenindustrie ist nämlich in Syndikate zusammengeschlossen, und zwar in das

Mitteldeutsche Braunkohlensyndikat, umfassend das mitteldeutsche Kernrevier (mit den Gruben bei Halle-Merseburg, Bitterfeld, Meuselwitz-Altenburg-Borna, und Deuben-Teuchern-Zeitz), ferner das Magdeburg-Helmstedter, das Anhalter und das Kasseler Grubengebiet mit einer Produktion von 51931000 t Rohbraunkohle und 11347000 t Briketts im Jahre 1921;

Ostelbisches Braunkohlensyndikat, umfassend die Niederlausitzer, Frankfurter, Forster und Görlitzer Gruppe mit einer Produktion von 32570000 t Rohbraunkohle und 8586000 t Briketts im Jahre 1921;

---

[1]) Eine vorzügliche Zusammenstellung sämtlicher Gruben für Braunkohle und Steinkohle im Deutschen Reiche gibt die im Maßstab 1:800000 im Gea-Verlag G. m. b. H., Berlin W 35, erschienene „Übersichtskarte der Stein- und Braunkohlengruben" mit dem sehr ausführlichen Register dazu.

Rheinisches Braunkohlensyndikat, umfassend die Grubengebiete bei Köln, in Hessen-Nassau und Oberhessen mit 34114000 t Rohbraunkohle und 7544000 t Briketts im Jahre 1921;

Kohlensyndikat für das rechtsrheinische Bayern, umfassend die Pechkohlengebiete von Hausham, Penzberg, Peißenberg, Marienstein sowie die Braunkohlengebiete von Dettingen, Schwandorf, Schmidgaden, Schwarzenfeld und Großweil.

Auch die böhmischen Braunkohlen sind für weite Bezirke Deutschlands von Bedeutung. Vor dem Kriege deckte Bayern 44% seines Bedarfs mit böhmischer Kohle.

Die Braunkohlenförderung ist stark im Wachsen begriffen. Sie betrug in Deutschland:

1880	1902	1913	1921
12000000 t	43000000	87191000 t	123011000 t

An böhmischen Braunkohlen wurden ca. 8000000 t in Deutschland eingeführt.

Arten der Braunkohle. Der Habitus der Braunkohlen ist sehr verschieden. So zeigt Lignit noch ganz das Gefüge des Holzes, aus dem die Kohle entstand. Er enthält oft mächtige Baumstämme mit Ästen und Wurzeln. In Deutschland ist die Bezeichnung Lignit und lignitische Kohle auf die Arten Braunkohle beschränkt, die vorwiegend ihre Holzstruktur noch zeigen. Dagegen wird in den Ländern romanischer Zunge und englischer Sprache die Bezeichnung „Lignit“ allgemein für Braunkohle jeder Art angewandt. Eine weitere Form des Vorkommens ist die erdige Braunkohle, die krümmelig, erdig, mulmig erscheint. Auch wenn größere Stücke vorliegen, ist der Zusammenhalt dieser Stücke so gering, daß sie mit den Händen zerdrückt werden können. Größere Festigkeit zeigt die sog. Knorpelkohle, die wohl älter als die lignitische und die erdige Braunkohle ist und unter dem Gesteinsdruck etwas mehr ausgetrocknet und fester geworden ist.

Eine Sonderstellung nimmt die sog. Pech- und Glanzkohle ein, da sie durch vulkanische Einflüsse stark verändert ist. Der Ausbruch von Eruptivgestein hat die Braunkohle so stark verändert, daß sie nun pechähnlich erscheint, einen geringeren Wassergehalt und sehr viel höheren Heizwert als die übrige Braunkohle besitzt.

Abbau und Aufbereitung. Der Abbau der Braunkohlenlager geschieht sowohl durch Tagbau wie durch Grubenbau. Beim Grubenbau werden senkrechte Schächte in die Lagerstätte getrieben und diese untereinander mit einem System von horizontalen und geneigten Strecken verbunden. Durch die Verbindung dieser wird der Flöz in Pfeiler geteilt. Das milde gebreche Gefüge der Braunkohle macht keine Sprengung nötig, man baut mit Haue und Keilhacke ab.

Der Tagebau ist in Deutschland häufiger. Er wird angewandt, wenn die das Kohlenflöz bedeckenden Schichten nicht zu mächtig sind. Es lohnt sich die Abräumung der Deckschichten noch, wenn sie etwas mächtiger als der Flöz selbst sind, zudem die Deckschichten oft wertvolles Material, Sand, Kies und wohl verwertbare Tone enthalten. Man räumt jetzt beinahe ausnahmslos mit Baggermaschinen ab. Ebenso geschieht der Abbau unmittelbar in die Förderwagen.

Die im Tagebau oder aus der Grube geförderte Kohle ist von zu verschiedener Größe, um direkt sich zur allgemeinen Verwendung zu eignen. Sie bedarf der Aufbereitung. Die nasse Aufbereitung wird bei der Braunkohle nicht angewandt, da sie dabei zu stark Schlamm bildet. Die trockene Aufbereitung hat nur die Trennung der Kohle nach verschiedenen Größen zum Zweck, die dann verkaufsfähige Sorten darstellen. Die Förderkohle wird zunächst auf einen beweglichen Siebrost geworfen, auf dem die Stückkohle zurückbleibt. Die kleineren Stücke fallen durch den Rost in den sog. „Rätter“, in welchem die Kohle durch ein System von ungleich weiten Sieben getrennt wird. Die Siebe sind so gestellt, daß die auf jedem einzelnen zurückbleibende Korngröße gesondert gesammelt werden kann. Die Anzahl der verschiedenen Siebe und damit der hergestellten Kohlenmarken richtet sich nach Bedarfs- und Absatzverhältnissen. Jedoch ist die Zahl der hergestellten Marken stark eingeschränkt. Man unterscheidet im allgemeinen nur Förderkohlen, Stückkohlen, Siebkohlen. Im Zeitz-Weißenfelser Revier werden die Siebkohlen wie folgt unterschieden:

Klarkohle	bis 20 mm	Korngröße,
Nußkohle	20— 80 „	„
Maschinenkohle	80—130 „	„
Stückkohle	über 130 „	„

Außerdem noch im ostelbischen Gebiet Staubkohlen und im rheinischen Staub-, Schlamm- und Filterkohlen. Eine weitergehende Sortierung erfahren die oberbayerischen Pechkohlen.

Tabelle 63. **Zusammensetzung und Heizwert von Braunkohlen.**

Bezeichnung	Zusammensetzung der Kohle im Zustand der Lieferung							Heizw. im Zustand d. Lieferg.	Zusammensetzung der wasser- u. aschefreien Substanz in 100 Teilen				100 Teile Kohle geben			Heizwert der brennbaren Substanz	Analytiker
	Wasser %	Asche %	brennbare Substanz %	Kohlenstoff %	Wasserstoff %	Sauerstoff u. Stickstoff %	Schwefel %	WE je kg	Kohlenstoff %	Wasserstoff %	Sauerstoff u. Stickstoff %	Schwefel %	Koksausbeute	fixen Kohlenstoff	flüchtige Bestandteile	WE je kg	
Mitteldeutsche:																	
1. West-Halle: Lützkendorf, Cäcilie	47,45	5,35	**47,2**	31,12	2,79	9,42	**3,87**	**2800**	65,93	5,91	19,96	**8,20**	24,98	19,63	27,58	**6574**	B.u.E.
2. **Meuselwitz: Meuselwitz, Vereinsglück**	54,1	3,9	**42,0**	29,7	2,5	8,7	**1,1**	**2494**	70,4	5,9	21,1	**2,6**	21,0	17,1	24,9	**7030**	L.
3. Borna: Romsdorfer Braunkohlenwerk	50,98	2,78	**46,24**	33,53	3,51	8,4	**0,80**	**3051**	72,5	7,58	18,19	**1,73**	17,19	14,41	31,83	**7666**	L.
4. Helmstedt: Grube unbekannt	48,7	6,41	**44,89**	31,58	2,42	9,01	**1,88**	**2769**	70,3	5,39	20,1	**4,1**	—	—	—	**6820**	K.
5. „ „ „	49,11	5,62	**45,27**	32,44	2,38	8,96	**1,49**	**2850**	71,6	5,25	19,8	**3,2**	—	—	—	**6950**	K.
6. „ „ „	48,72	5,92	**45,36**	31,67	2,57	9,52	**1,60**	**2897**	69,8	5,66	21,0	**3,5**	—	—	—	**7024**	K.
Ostelbische:																	
7. Frankfurt a/O: Ziebingen, Bach	45,33	1,99	**52,62**	35,93	2,56	13,2	**0,99**	**2966**	68,2	4,86	25,06	**1,88**	26,44	24,45	28,23	**6154**	B.u.E.
8. „ „ : Fürstenwalde, Gnadenreich	51,2	4,8	**44,0**	29,7	2,3	11,3	**0,7**	**2373**	67,6	5,1	25,8	**1,5**	25,4	20,6	23,4	**6367**	M.
9. Senftenberg: Costebrau, Friedr.-Wilhelm	56,0	3,04	**46,96**	27,33	2,09	11,31	**0,23**	**2102**	66,72	5,10	27,62	**0,56**	26,22	23,18	17,78	**6230**	L.
10. Forst: Weißwasser, Adelina-Schacht	55,83	1,62	**42,55**	27,36	2,03	12,88	**0,28**	**2148**	64,3	4,77	30,27	**0,66**	20,93	19,31	23,24	**6094**	L.
Rheinische:																	
11. Rhein. Braunkohlen Syndek. Cöln	50,0	3,5	**46,5**	31,0	2,6	12,64	**0,3**	**2500**	66,7	5,7	27,15	**0,65**	25,5	22,5	27,0	**6025**	
12. „ „ „ „	62,0	1,8	**37,2**	25,0	1,9	9,0	**0,2**	**1800**	67,2	5,1	27,10	**0,54**	16,8	15,0	20,0	**5840**	
Böhmische:																	
13. Teplitzer Becken: Lietitz, Leopoldschacht	40,3	9,6	**50,1**	36,1	3,1	10,1	**0,8**	**3148**	72,0	6,2	20,2	**1,6**	35,3	25,7	24,4	**7100**	M.
14. Tepl. Becken: Daßnitz, Tiefbau	40,7	4,7	**54,6**	39,6	3,4	11,3	**0,3**	**3458**	72,5	6,3	20,6	**0,6**	29,2	24,5	30,1	**7120**	M.
15. „ „ Dux, Luise Schacht	26,9	3,1	**69,9**	51,6	4,1	14,3	**0,22**	**4700**	73,75	5,86	20,37	—	34,9	31,8	38,1	**6840**	L.
16. „ „ Schwaz, Lotte-Marie-Grube	31,64	4,51	**63,85**	46,2	3,5	14,15	**0,58**	**4138**	72,35	5,48	22,17	—	36,0	31,5	32,4	**6730**	L.
17. Tepl. Becken: Brüx, Richard-Sch.	29,25	7,75	**63,0**	45,75	3,53	13,72	**1,43**	**4175**	72,62	5,60	30,78	—	38,7	30,9	32,0	**6990**	L.
18. „ „ Komotau, Rafaeli-Grube	32,87	5,93	**61,2**	43,91	3,22	14,07	**0,93**	**3931**	71,75	5,26	22,99	—	36,9	31,0	30,2	**6900**	L.
19. Falkenauer Becken: Neusattel, Katharinenschacht	34,5	5,8	**59,7**	43,2	3,8	9,7	**3,0**	**4105**	72,5	6,3	16,3	**4,9**	32,3	26,5	33,1	**7560**	L.
20. Falkenauer Becken: Falkenau, Josefi-Schacht	20,12	5,75	**74,13**	56,1	5,19	12,84	**3,14**	**5726**	75,52	6,94	17,54	—	—	—	—	—	L.

Tabelle 64. **Zusammensetzung und Heizwert von Braunkohlenbriketts.**

Bezeichnung	Zusammensetzung der Kohle im Zustand der Lieferung							Heizw. im Zustand d. Lieferg.	Zusammensetzung der wasser- u. aschefreien Substanz in 100 Teilen				100 Teile Kohle geben			Heizwert der brennbaren Substanz	Analytiker
	Wasser	Asche	brennbare Substanz	Kohlenstoff	Wasserstoff	Sauerstoff u. Stickstoff	Schwefel		Kohlenstoff	Wasserstoff	Sauerstoff u. Stickstoff	Schwefel	Koksausbeute	fixen Kohlenstoff	flüchtige Bestandteile		
	%	%	%	%	%	%	%	WE je kg	%	%	%	%				WE je kg	
Mitteldeutsche:																	
1. Meuselwitz: Meuselw., Vereinsglück Gewerkschaft, Wilhelms-Schacht	10,44	10,77	**78,79**	54,24	4,64	16,52	**3,39**	**5165**	68,84	5,89	20,97	**4,3**	44,27	33,5	45,29	**6953**	L.
2. Borna: Gnadendorf	14,26	8,52	**77,22**	53,44	4,4	18,14	**1,24**	**4885**	69,2	5,7	23,49	**1,61**	42,57	34,05	43,17	**6744**	L.
3. Halle, Merseburg: Waldau	16,57	10,49	**72,94**	50,97	4,2	15,25	**2,52**	**4725**	69,88	5,76	20,91	**3,45**	40,09	29,6	43,34	**6615**	B.u.E.
4. Helmstedt: Grube unbekannt	16,75	9,65	**74,6**	52,31	4,38	15,63	**1,28**	**4870**	70,06	5,87	20,95	**1,68**	—	—	—	**6662**	—
5. „ : „ „	16,38	9,1	**74,52**	53,0	4,7	15,5	**1,32**	**5025**	71,13	6,3	21,29	**1,78**	—	—	—	**6875**	—
6. „ : „ „	17,74	8,56	**73,7**	52,48	4,57	15,34	**1,31**	**4950**	71,19	6,2	20,82	**1,78**	—	—	—	**6860**	—
Ostelbische:																	
7. Senftenberg: Ilse	14,77	5,33	**79,9**	55,91	4,07	19,14	**0,78**	**4900**	70,0	5,09	23,93	**0,98**	40,17	34,84	45,06	**6245**	B.u.E.
8. „ : Heye I	11,19	10,1	**78,0**	54,8	4,8	15,8	**2,6**	**5115**	70,2	6,2	20,0	**3,4**	42,7	32,6	45,4	**6978**	M.
Rheinische:																	
Union	15,0	5,0	**80,0**	54,0	4,2	21,4	**0,4**	**4800**	67,5	5,25	26,75	**0,5**	41,0	36,0	44,0	**6115**	

Bemerkung: In der „Bezeichnung" überschriebenen Spalte ist zunächst das engere Grubengebiet, dann die Grube genannt, der die Probe entstammt.

Die Analysen sind entnommen:

L.: Dr. H. Langbein, Die Auswahl der Kohlen. Leipzig. Ambrosius Barth 1905.
„ Artikel „Heizstoffe" in Muspratt's Ergänzungswerk Bd. I, 1, S. 252—312 Braunschweig. Vieweg & Sohn 1917.

E.u.B.: Dr. H. Bunte, Zur Beurteilung der Brennstoffe. Sonderdruck. München. R. Oldenbourg 1902.

M.: Dr. O. Mohr, Artikel „Brennstoffe" in Ullmann, Enzyklopädie der techn. Chemie Bd. III Seite 35—78. Berlin. Urban und Schwarzenberg.

Die vielfach zitierten Analysen von Dr. Aufhäuser-Hamburg sind für den vorliegenden Zweck nicht brauchbar, da in ihnen durchweg die Angabe des Schwefelgehaltes fehlt.

Die Produktion an kleinstückigen und erdigen Kohlen, an „Klarkohlen“ ist so groß, daß sie als solche nicht vollkommen Absatz finden kann. Um sie besser zu verwerten, werden sie in Brikettform gebracht (s. u.).

Zusammensetzung der Braunkohlen. Die reine brennbare Substanz, also die wasser- und aschenfrei gedachte Braunkohle, zeichnet sich gegenüber dem Torf durch einen höheren Kohlenstoffgehalt (63—75% C) aus, der Sauerstoffgehalt ist geringer, 14—30%, der Wasserstoffgehalt bald niederer, bald höher. Die obenstehende Tabelle enthält die Analysen einer Anzahl Braunkohlen.

Der Aschegehalt ist 4—10%, doch kommen Aschengehalte bis zu 30% vor. Die erdige Braunkohle ist aschenreicher als die faserigen Sorten und die Glanz- und Pechkohlen.

Der für die Glasindustrie vielfach besonders wichtige Gehalt an Schwefel ist bei den Braunkohlen recht verschieden. Selbst im gleichen Grubengebiet ist er manchmal stark wechselnd. Sieht man hiervon ab, so kann als allgemeine Regel gelten, daß im mitteldeutschen Gebiet sich meist hohe Schwefelgehalte, selten unter 1,5% bezogen auf wasser- und aschefreie Substanz, finden. Günstiger liegen die Verhältnisse bei den ostelbischen, hessischen und rheinischen Braunkohlen (s. die Tabelle 63).

Der Wassergehalt der Förderkohle schwankt bei deutschen Braunkohlen von 45—65%, er ist meist 50%. Den niedrigsten Wassergehalt zeigen die Kohlen des Helmstedter Reviers mit 45—48%.

Wie der Heizwert der Braunkohlen ist auch ihr Verhalten im Feuer ein sehr verschiedenes. Die jüngeren Sorten erinnern sehr an die Verbrennungsweise des Holzes und des Torfes. Sie sind leicht und bieten in einigermaßen groben Stücken der Luft große Angriffsoberflächen. In der Hitze erleiden sie eine trockene Destillation, bei der meist ein sehr geringer Rückstand bleibt. Die Entwicklung verhältnismäßig großer Mengen flüchtiger Bestandteile verleiht ihnen eine lange Flamme, wobei der geringe Entgasungsrückstand bei der Verbrennung eine nur geringe örtliche Hitze gibt, so daß der Rost sehr geschont wird, sofern kein zu hoher Schwefelgehalt vorliegt.

Erdige, mulmige Braunkohlen und alle Klarkohlen werden mit Vorteil mit Unterwindgebläse verbrannt, da sie sonst dem Schornsteinzug zu großen Widerstand entgegensetzen. Ihr hoher Wassergehalt und die feine Verteilung erschwert die Verbrennung sehr. Man erhält große Verluste durch Unverbranntes im Aschenfall und durch Flugkoks, der sich in den Flammrohren querschnittverengend niederschlägt und sie schließlich verstopft. Bei gleichmäßiger Beschickung geben Planroste gute Resultate, mehr angewandt sind Schräg- und besonders Treppenroste. Infolge der weniger lokalisierten Hitze ist die Asche der Braunkohlenfeuerungen meist gutartig. Rostverschlackungen sind seltener als bei Steinkohle. Besondere Schwierigkeiten machen die erdigen Rohbraunkohlen in den Gaserzeugern (s. 5. Kap.).

Ältere, wasserärmere und kohlenstoffreichere Braunkohlen, wie die bayerischen Pechkohlen und die böhmischen Braunkohlen nähern sich in ihrem Verhalten den jüngeren Steinkohlen.

Naßpreßsteine werden durch innige Verarbeitung der grubenfeuchten Braunkohlen mit Wasser und Verformung in einer den Ziegelpressen ähnlichen Einrichtung hergestellt. Sie trocknen sehr langsam, haben meist noch viel Feuchtigkeit (30—40%), zerbröckeln und stehen nicht im Feuer. Sie sind nur von lokaler Bedeutung.

Braunkohlenbriketts. Um Braunkohlen brikettieren zu können, muß eine Trocknung vorangehen. Wie bei der Aufbereitung betont wurde, wird die Förderkohle sortiert und die kleinstückige Kohle wird nach weiterem Zerkleinern nochmals gesiebt. Die gröberen Stücke werden in einem Feinwalzwerk noch weiter zerkleinert. Die so erhaltene gleichmäßig feine Kohle wird nun getrocknet. Die Trocknung darf jedoch nicht zu weit getrieben werden, sonst bindet die Kohle schlecht. Man bringt im allgemeinen die Feuchtigkeit auf 12—15% herunter.

Die so getrockneten Feinkohlen kommen in die Stempelpresse, wo sie einem Druck von ca. 1200 bis 1500 Atm. ausgesetzt werden. Unter diesem Druck wird die Braunkohle mit mäßigem Wassergehalt plastisch, die Teilchen werden dicht aufeinander gepreßt. Auch schmilzt die beim Pressen auftretende Wärme das Bitumen. Dadurch wird das Brikett wasserfest. Die Braunkohlenbrikettierung vollzieht sich also ohne Bindemittel und bei hohem Druck. Die heiß aus der Presse kommenden Briketts müssen gekühlt werden, ehe sie in Haufen gelagert werden, um Selbstentzündungen zu vermeiden.

Die Briketts haben den großen Vorzug der Sauberkeit, eines geringen Raumbedarfs beim Lagern wie in der Feuerung. Ihre Festigkeit erlaubt einen weiten Transport. Das Brikett soll ruhig abbrennen, ohne zu zerfallen. Es ist dadurch der Verlust des Unverbrannten im Aschenfall auf ein Minimum beschränkt, und der Gasweg im Generator bleibt frei. Im Feuer zerfallende Briketts bringen Schwierigkeiten. Die Schonung des Rostes und die lange Flamme, die den Braunkohlen eigen sind, sind im Brikett erhalten. Der Aschengehalt, sowie der Gehalt an Schwefel steht in unmittelbarer Beziehung zu den betr. Eigenschaften der verwendeten Rohkohle (s. o.). In der Glasindustrie werden solche Briketts zur direkten Heizung von Kühlöfen, Auftreiböfen usw. mit großem Nutzen gebraucht, ebenso als Generatorbrennstoff und als Zusatz zu minderwertigen Generatorkohlen. Außer den sog. „Salonbriketts" werden für gewerbliche Zwecke Briketts extra vom Format 4 × 4,5 × 3,3 cm gepreßt und unter dem Namen „Industriebriketts" in den Handel gebracht. Es kann nicht genug betont werden, welch große Annehmlichkeiten ein solcher Brennstoff von ganz bestimmter, stets gleichbleibender Stückgröße bietet. Die Produktion an Braunkohlenbriketts ist deshalb stets im Wachsen begriffen. Sie betrug für Deutschland:

1913	1921
21412000 t	24281000 t

4. Steinkohlen.

Schreitet man in den geologischen Formationen von den jüngeren zu den älteren weiter, so finden wir in ihnen Brennstoffe von höherem Kohlenstoffgehalt. Im Tertiär fanden wir die verschiedenen Braunkohlen, auf der Grenzscheide zwischen Kreide und Jura begegnen wir der Wälderkohle, die sich in ihrem Charakter schon sehr der eigentlichen Steinkohle nähert. Diese gehört dem Karbon an und hat dieser Formation ihren Namen gegeben. In den ältesten Formationen vom Silur bis zum Gneis finden wir den Graphit, der als nahezu reiner Kohlenstoff (mit Spuren von Wasserstoff und Stickstoff) anzusprechen ist.

Vorkommen und Verbreitung der Steinkohlen. Die Steinkohlen befinden sich in der obersten, sog. produktiven Abteilung des Karbons. Zwischen Sandsteinschichten liegen, mit Tonschiefern abwechselnd, die Kohlenflöze in wechselnder Menge übereinander. Die Mächtigkeit der Flöze ist sehr verschieden, bald sind sie nur wenige Zentimeter dick, bald mehrere Meter. Die Ablagerung ist muldenförmig. Man spricht darum von Kohlenbecken. Die Steinkohlen sind auf allen Erdteilen verbreitet. Nordamerika und Asien (China) besitzen ungeheure Lager. In Europa ist es nach England besonders Deutschland, das sich durch Kohlenreichtum auszeichnet. Von technischer Bedeutung sind die folgenden Lagerstätten:

1. Das niederrheinisch-westfälische Becken mit (Witten, Dortmund, Essen, Duisburg) ca. 70 abbauwürdigen Flözen. Im Jahre 1921 bestanden 170 Werke mit einer Förderung von 90459000 t.

2. Das Aachener Becken (Worm- und Inderevier).

3. Das Saarbecken, nach der bayerischen Pfalz übergreifend, bis 1933 von Frankreich besetzt.

4. Das Becken von Zwickau und Lugau in Sachsen.

5. Das Niederschlesische Becken (Waldenburg).

6. Das Oberschlesische Becken (Kattowitz, Beuthen, Zabrze), nach Polen und Österreich übergreifend. Bis zur Wegnahme durch Polen der Ausdehnung nach das größte deutsche Kohlenbecken. Der bei Deutschland verbliebene Teil förderte 1921: 29639000 t.

Die deutsche Kohlenförderung betrug 1921 ohne das Saargebiet: 136210000 t

Abbau. Die Steinkohle wird ausschließlich durch Grubenbau abgebaut. Die Schächte, die hierzu „abgeteuft" werden, sind in Deutschland bis 900 m tief. Die Kohle wird durch Sprengung vom Flöz abgesprengt. Dabei ist nicht zu vermeiden, daß Teile des angrenzenden Gesteins („Berge") losgesprengt werden. Aus der gesprengten Kohle werden schon in der Grube die Berge ausgelesen, allerdings seit Kriegsende recht mangelhaft.

Kommt die Kohle so, wie sie aus der Grube verfahren, „gefördert" wird, zur Verwendung, so sprechen wir von Förderkohle. Wird die Kohle in verschiedenen Stückgrößen gesondert — „separiert" — so unterscheidet man folgende Sorten:

1. Stückkohle über 80 mm groß,
2. Nußkohle verschiedener Größe, I, II, III, 8—80 mm,
3. Feinkohle, kleiner als 8 mm.

Vielfach wird auch eine Trennung der Berge von den Kohlen durchgeführt. Das geschieht durch eine Art von Schlämmprozeß, wobei durch geeignete Wassergeschwindigkeiten die leichtere Kohle weggetragen wird, während die Steine und stark berghaltigen Kohlen zu Boden fallen. Man nennt diesen Prozeß „Wäsche". Die so erzeugte Kohle heißt „gewaschene Kohle". Von den Abfällen des Waschprozesses, die früher nie Verwendung fanden, aber in Zeiten der Kohlennot meist zum großen Ärger der Verbraucher in den Handel kamen, nennt man die Rückstände „Waschberge" das feinste Abgeschlämmte „Schlammkohle". Die gewaschene Kohle selbst ist sehr viel ascheärmer als die Förderkohle oder die nur durch Separation aufbereiteten Kohlen. Gewaschene Feinkohle ist das Hauptmaterial der Kokerei, infolgedessen ist der Hüttenkoks meist viel ascheärmer als der Koks der Leuchtgasfabriken, die seltener gewaschene Kohle verwenden.

Die Arten der Kohlen. Die Kohle eines Flözes erscheint nur in den seltensten Fällen als durchaus homogene Masse. Schon das bloße Auge erkennt, daß die Kohle in ihren verschiedenen Teilen verschiedenen Glanz und wechselnde Oberflächenerscheinung zeigt. Neben Kohlenarten von untergeordneter Bedeutung (Cannel-, Pseudocannel-, Faserkohle) sind es besonders die Matt- und Glanzkohle, die die Flöze zusammensetzen. Diese Kohlenarten liegen in dicken und dünnen Schichten, unregelmäßig miteinander abwechselnd, übereinander, bald nur ein feines Schnürchen der einen in der anderen dahinziehend, bald beide annähernd in gleicher Masse auftretend und dadurch der Flözkohle ein gestreiftes Aussehen verleihend. Die Glanzkohle tritt in den älteren („liegenden") Flözen beinahe rein auf. Sie ist kohlenstoffreich und gasarm, tiefschwarz, besitzt lebhaften Glasglanz und große Sprödigkeit. Die kohlenstoffreichsten Varietäten stellen die anthrazitischen Kohlen, „Anthrazite" dar. Die Mattkohle kommt nie allein ein Flöz ganz erfüllend vor, sondern stets mit der eben beschriebenen Glanzkohle in innigem Gemenge. Sie ist ohne eigentlichen Glanz, besitzt nicht die reinschwarze Farbe der Glanzkohle, sondern hat mehr einen gräulichen oder bräunlichen Stich. Der Kohlenstoffgehalt ist niedriger als bei der Glanzkohle, die Menge der flüchtigen Bestandteile höher.

Kohlentypen. Je nachdem Anzahl und Mengenverhältnisse wechseln, in denen die Kohlenarten ein Flöz zusammensetzen, wird der Charakter der Durchschnittskohle ein anderer. Es muß betont werden, daß Matt- und Glanzkohle nur die hauptsächlichsten Gemengeteile bilden, daß es deren noch andere gibt. Es ist ferner daran zu erinnern, daß eine ganz geringe Menge des Flözbestandteils von ausgesprochen abweichenden Eigenschaften einen Einfluß auf das Verhalten der Kohle haben kann. So kommt es, daß der Charakter der Steinkohlen ungemein variiert, ebenso wie ihre chemische Zusammensetzung. Ein direkter Zusammenhang zwischen dieser und den Eigenschaften existiert nicht. Man hat darum auf Grund der für die technische Verwendung wesentlichen Eigenschaften Klassifikationen nach Kohlentypen versucht, von denen die hier mitgeteilte, von Gruner aufgestellte für deutsche Verhältnisse recht brauchbar ist.

Steinkohlentypen.

Kohlentype	Elementar-Zusammensetzung der Reinkohle %	Disponibler Wasserstoff %	Menge des Koksrückstandes bei der Entgasung	Beschaffenheit des Koksrückstandes	Menge des entwickelten Gases; Beschaffenheit der Flammen	Vertreter des Kohlentyps
Trockene Kohle (Sandkohle) Flammkohle	75--80 C 5,5—4,5 H 19,5—15,5 O	2,5—3	50—60	pulverförmig, höchstens zusammengefrittet Spez. Gew. 1,25	50—40 langflammig	Oberschles. Kohlen
Fette Kohle (Backkohle) Gaskohle	80—85 C 5,8—5 H 14,2—10 O	3,7—4	60—80	geschmolzen, stark gebläht Spez. Gew. 1,28—1,3	40—32 langflammig	Saar- und Ruhrkohlen
Fette Kohle (Backkohle) Eßkohle	84—89 C 5,5—5 H 10,5—6 O	um 4,2	68—74	geschmolzen, mittelmäßig fest Spez. Gew. 1,30	32—26 mäßig lange Flamme	Ruhrkohlen
Fette Kohle (Backkohle) Kokskohle	88—91 C 5,5—4,5 H 6,5—4,5 O	4,0—4,7	74—82	geschmolzen, sehr fest Spez. Gew. 1,3—1,35	26—18 kurzflammig	Ruhrkohlen
Magere Kohlen (anthrazit. Kohlen und Anthrazit)	90—95 C 4,5—2 H 5,5—3 O	3,8—1,5	82—92	wenig gefrittet bis pulverförmig Spez. Gew. 1,35--1,41	18—8 sehr kurzflammig	Westfälische sowie Sächsische Anthrazite

Dieser Einteilung ist in erster Linie die Beschaffenheit der beim Brennen auftretenden Flamme zugrunde gelegt. Je nach der Größe der entwickelten Flamme unterscheidet man langflammige oder kurzflammige Kohlen. Da die Flamme brennendes Gas ist, so steht die Natur einer Kohlenflamme im engen Zusammenhange mit der Art und der Menge der Gase, die die Kohle beim Erhitzen entwickelt, kurz gesagt mit der Menge der flüchtigen Bestandteile. Diese steht, wie leicht einzusehen, im umgekehrten Verhältnis zu der Menge des sog. Koksrückstands, des Rückstands, der bei der Erhitzung unter Luftabschluß unverflüchtigt zurückbleibt. Geht viel Gas weg, so bleibt wenig Koks. Die Kohle, die einen großen Koksrückstand gibt (Tiegelprobe), ist also kurzflammig und umgekehrt. Vielfach wird das genannte Verhalten durch die Bezeichnung: „gasarm“ resp. „gasreich“ unterschieden.

Das diesbezügliche Verhalten einer Kohle steht in einem gewissen Zusammenhang mit der Elementarzusammensetzung. Sauerstoff und Wasserstoff haben größeren Einfluß auf die Gasausbeute als der Kohlenstoff, insbesondere aber der „disponible“ Wasserstoff. Bei grober Betrachtung kann man sagen, daß je mehr disponibler Wasserstoff vorhanden ist, um so mehr Kohlenwasserstoffe in den Destillationsprodukten sind, um so mehr wird die Flamme leuchten und rußen.

In der gegebenen Klassifikation der Kohlen ist eine zweite technisch wichtige Eigenschaft der Kohlen zu ihrer Unterscheidung benutzt: Menge und Beschaffenheit des Koksrückstandes. Es kommt nämlich den Kohlen in ganz verschiedenem Maße die Eigenschaft zu, bei der Erhitzung zu schmelzen. Manche Kohlen erweichen bei der Erhitzung zu einem ziemlich dünnen Fluß, der sich unter Gasentwicklung zersetzt. Diese Gasentwicklung treibt die Kohlenschmelze blasig auf, der Koksrückstand erscheint deshalb aufgebläht. Je zäher die Schmelze, um so weniger tritt die Erscheinung des Aufblähens auf, um so kompakter erscheint der Koks. Das Schmelzen der Kohle nennt man „Backen“, weil bei solchen Kohlen die schmelzenden Kohlenpartikelchen zusammenfließen, benachbarte Kohlenstücke „zusammenbacken“ und infolgedessen ein vollkommen zusammenhängender homogener Kokskuchen entsteht. Solche Kohlen heißen „Backkohlen“.

Tabelle 65. **Chemische Zusammensetzung und**

Von H. Bunte

Bezeichnung	Zusammensetzung der lufttrockenen Kohle; in 100 Teilen Kohle sind enthalten:					
	Kohlenstoff C	Wasserstoff H	Sauerstoff und Stickstoff O u. N	Schwefel S	Wasser W	Asche
A. Ruhrkohlen.						
1. Bickefeld	85,63	4,04	3,56	1,99	0,80	3,98
2. Bonifacius	79,60	4,23	6,77	1,71	1,09	6,60
3. Consolidation	81,82	4,85	6,12	0,96	1,14	5,11
4. Dahlbusch	69,49	4,23	6,37	0,85	2,07	16,99
5. Dannenbaum	85,18	4,38	4,39	1,06	1,84	3,15
6. Ewald	79,27	5,13	10,36	0,63	2,18	2,43
7. Friedrich Ernestine	80,59	4,94	6,85	1,12	1,54	4,96
8. Fröhliche Morgensonne	89,27	4,41	2,74	1,25	0,70	1,63
9. General	81,96	4,81	6,62	1,57	1,42	3,62
10. Graf Beust	79,05	4,93	10,52	1,62	0,59	3,29
11. Graf Moltke	75,25	4,54	6,72	1,58	1,51	10,40
12. Hörde	80,08	3,68	4,11	1,49	0,80	9,84
13. Holland	83,37	4,77	5,00	1,01	0,99	4,86
14. Lothringen	82,63	4,55	6,22	1,02	1,49	4,09
15. Matthias Stinnes	81,65	4,49	4,02	1,53	1,28	7,03
16. Mont-Cenis	66,20	4,30	7,43	1,70	2,50	17,87
17. Oberhausen	79,30	4,36	4,66	0,96	0,57	10,15
18. Pluto	80,97	5,05	9,27	0,41	1,52	2,78
19. Recklinghausen	81,22	5,11	6,32	1,43	1,44	4,48
20. Shamrock	82,36	4,79	3,63	1,19	1,10	6,93
21. Viktoria Matthias	80,72	4,80	8,66	1,56	0,98	3,28
22. Vollmond	79,76	4,77	5,44	1,30	0,92	7,81
23. Westende	81,36	4,76	3,33	1,53	1,18	7,84
24. Zollverein	79,77	4,75	5,68	1,86	1,64	6,30
B. Saarkohlen.						
1. Dudweiler	78,26	5,11	8,57	0,97	1,32	5,77
2. Frankenholz	77,40	5,03	7,90	1,26	1,99	6,42
3. Friedrichsthal	76,20	4,98	9,28	1,11	2,03	6,40
4. Heinitz	70,27	4,64	9,61	0,78	2,24	12,46
5. von der Heydt	69,07	4,21	10,93	1,12	3,90	10,77
6. St. Ingbert	81,49	4,99	8,31	0,65	1,73	2,83
7. Itzenplitz	75,11	4,85	10,68	1,05	3,61	4,70
8. König	76,69	5,20	8,05	2,10	1,21	6,75
9. Kohlwald	73,48	5,03	10,86	0,93	4,05	5,65
10. Püttlingen	68,67	4,57	10,80	0,80	3,93	11,23
11. Reden	72,98	5,06	11,30	0,99	3,45	6,22
C. Schlesische Kohlen.						
1. Deutschland (Gottesberg)	71,90	4,56	17,37	1,15	1,58	3,44
2. Viktor	81,12	4,24	4,93	1,23	1,65	6,83
3. Guido	77,79	4,85	10,07	0,57	1,67	5,05
4. Königin Louise	70,60	4,30	8,77	1,57	2,28	12,48
5. Mathilde	78,31	4,70	9,87	0,75	2,05	4,32
6. Paulus	73,96	4,40	15,16	1,41	1,95	3,12
D. Sächsische Kohlen.						
1. Kaisergrube Gersdorf b. Ölsnitz	71,45	4,76	10,06	1,30	8,91	3,52
2. Vereinigt Feld Bockwa-Hohnhedorf	74,63	4,97	9,60	1,80	3,50	5,50
3. Zwickau-Oberhohndorf Wilhlmschacht	75,95	5,35	11,17	0,63	3,68	3,22

Heizwert deutscher Steinkohlen.
und P. Eitner.

Brennbare Substanz in 100 Teilen Rohkohle	Zusammensetzung der wasser- und aschefreien Substanz in 100 Teilen				100 Teile Kohle geben			Berechneter Heizwert	Kalorimetrisch ermittelter Heizwert des Brennstoffes	Kalorimetrisch ermittelter Heizwert der brennbaren Substanz
	Kohlenstoff C	Wasserstoff H	Sauerstoff und Stickstoff O u. N	Schwefel S	Koks-Ausbeute	Festen Kohlenstoff	Flüchtige Bestandteile			
95,22	89,93	4,24	3,74	2,09	85,97	81,99	13,23	8024	8077	**8486**
92,31	86,23	4,59	7,37	1,20	82,27	75,67	16,64	7467	7537	**8172**
93,75	87,27	5,17	6,53	1,03	75,15	70,04	23,71	7828	7827	**8370**
80,94	85,85	5,23	7,87	1,05	73,10	56,11	24,83	6633	6618	**8191**
95,01	89,65	4,62	4,62	1,11	77,12	73,97	21,04	8026	8080	**8516**
95,39	83,10	5,38	10,86	0,66	—	—	—	7533	7590	**7971**
93,50	86,19	5,28	7,33	1,20	70,08	65,12	29,38	7731	7736	**8283**
97,67	91,40	4,51	2,81	1,28	85,18	83,55	14,12	8438	8441	**8646**
94,96	86,31	5,07	6,97	1,65	70,54	66,92	28,04	7824	7840	**8265**
96,12	82,24	5,13	10,95	1,68	74,43	71,14	24,98	7488	7486	**7792**
88,09	85,43	5,15	7,63	1,79	73,90	63,50	24,59	7199	7236	**8225**
89,36	89,62	4,12	4,59	1,67	86,16	76,32	13,04	7435	7482	**8379**
94,15	88,55	5,07	5,31	1,07	78,82	73,96	20,19	7973	7900	**8308**
94,42	87,52	4,82	6,58	1,08	76,28	72,19	22,23	7804	7840	**8313**
91,69	89,05	4,90	4,38	1,67	78,73	71,70	19,99	7800	7842	**8560**
79,63	83,14	5,40	9,33	2,13	71,83	53,96	25,67	6368	6424	**8086**
89,28	88,82	4,88	5,22	1,08	82,11	71,96	17,32	7539	7520	**8426**
95,70	84,60	5,28	9,70	0,42	—	—	—	7688	7742	**8099**
94,08	86,33	5,43	6,72	1,52	71,38	66,90	27,18	7859	7871	**8376**
91,97	89,55	5,21	3,95	1,29	78,46	71,53	20,44	7953	7978	**8682**
95,74	84,31	5,01	9,05	1,63	73,74	70,46	25,28	7650	7637	**7983**
91,27	87,39	5,23	5,96	1,42	77,56	69,75	21,52	7674	7679	**8420**
90,98	89,43	5,23	3,66	1,68	80,27	72,43	18,55	7881	7907	**8699**
92,06	86,65	5,16	6,17	2,02	73,33	67,03	25,03	7670	7646	**8316**
92,91	84,23	5,50	9,22	1,05	65,49	59,72	33,19	7572	7538	**8122**
91,59	84,51	5,50	8,62	1,37	60,80	54,38	37,21	7461	7463	**8166**
91,57	83,21	5,45	10,13	1,21	60,83	54,43	37,14	7296	7343	**8032**
85,30	82,38	5,44	11,27	0,91	68,59	56,13	29,17	6696	6709	**7881**
85,33	80,95	4,93	12,81	1,31	61,70	50,93	34,40	6424	6478	**7619**
95,44	85,38	5,23	8,71	0,68	68,46	65,63	29,81	7752	7798	**8181**
91,69	81,92	5,29	11,65	1,14	63,72	59,02	32,67	7108	7170	**7850**
92,04	83,32	5,65	8,75	2,28	61,07	54,32	37,72	7475	7571	**8233**
90,30	81,37	5.57	12,03	1,03	60,21	54,56	35,74	7016	6989	**7766**
84,84	80.94	5,39	12,73	0,94	64,95	53,72	30,12	6492	6533	**7729**
90,33	80,79	5,60	12,51	1,10	62,36	56,08	34,25	6974	6971	**7740**
94.98	75,70	4,80	18,29	1,21	65,73	62,29	32,69	6536	6627	**6987**
91,52	88,64	4,63	5,39	1,34	81,46	74,63	16,89	7643	7646	**8365**
93,28	83,29	5,20	10,80	0,61	—	—	—	7349	7429	**7983**
85,24	82,83	5,04	10,29	3,84	71,68	58,70	26,54	6671	6662	**7837**
93.03	83,64	5,02	10,54	0,80	67,82	63,50	30,13	7356	7414	**7931**
94.93	77,91	4,64	15,97	1.48	64,19	61,07	33,86	6739	6804	**7180**
87,57	81,59	5,44	11,49	1,48	59,75	56,23	31,34	6782	6750	**7769**
91,00	82,00	5,46	10,55	1,99	—	—	—	7162	7169	**7901**
93,10	81,58	5,74	12,00	0,68	—	—	—	7292	7299	**7684**

Die „Sinterkohlen" zeigen kein eigentliches Schmelzen, sondern der Koksrückstand erscheint nur „gesintert", „zusammengefrittet". Die Übergange zwischen Sinterkohlen und Backkohlen bilden die backenden Sinterkohlen. Außerdem gibt es noch Kohlen, die nicht nur kein Backen oder Sintern zeigen, bei denen das erhitzte Kohlenstück sich nicht verändert, sogar oft zu Pulver auseinanderfällt, das höchstens lose zusammenfrittet. Solche Kohlen heißen „Sandkohlen".

Es besteht ein gewisser Zusammenhang zwischen der Höhe der Koksausbeute und der Backfähigkeit einer Kohle. Die Kohlen mit dem größten und dem kleinsten Rückstand zeigen gar keine Schmelzen. Die jüngsten gasreichen Kohlen und magere, dem Anthrazit nahestehende Kohlen, wie dieser selbst, backen nicht. Bestimmte oder gar zahlenmäßige Zusammenhänge zwischen der Elementarzusammensetzung und der Koksausbeute und Koksbeschaffenheit existieren nicht. Zwei Kohlen von gleicher Zusammensetzung können verschiedene Koksausbeute geben und sich bezüglich des Backens verschieden verhalten. Eine Kohle, die ihrer Koksausbeute nach als Schmiedekohle zu bezeichnen wäre, kann ihrem Verhalten nach eine Gaskohle sein. Die Saarkohlen z. B. geben in sämtlichen Typen viel geringere Koksausbeuten, als die Tabelle angibt. Die gegebene Tabelle ist deshalb nicht ohne Einschränkung brauchbar, sie stellt aber eine gute Übersicht über die Eigenschaften verschiedener Kohlentypen dar.

Das Verhalten, das die Kohlen in der Hitze zeigen, ist natürlich für ihre technische Verwendung von wesentlicher Bedeutung. Die verschiedenen Kohlentypen eignen sich für verschiedene Verwendungsarten, die schon in der Tabelle durch ihre Bezeichnung als „Esskohle", „Backkohle", „Gaskohle" usw. angedeutet sind. Die Typen I und V eignen sich zu Flammöfen, für Dampfkesselfeuerung wie zum Hausbrand. Je geringer die Menge der Koksrückstände ist, um so weniger konzentriert sich die Verbrennungswärme auf dem Rost, um so geringer sind die Schwierigkeiten, die die Überhitzung des Rostes mit sich bringt. Die langflammigen Sandkohlen, „Gasflammkohlen", werden für Generatorbetrieb bevorzugt, während die mageren anthrazitischen Kohlen als Hausbrand und für Schachtöfen, besonders aber für Kraftgasgeneratoren geeignet sind. Mit der gesteigerten Backfähigkeit wird die Verwendung für den Betrieb von Gaserzeugern für Glas- und andere Öfen erschwert, dafür werden solche Kohlen dann für andere Zwecke wertvoller. Die an gasförmigen Produkten reichste Kohle, die bereits ein gewisses Backen zeigt, also einen Koks von gewisser Stabilität gibt (backende Sinterkohle), wird als Gaskohle verwendet. Für das Schmiedefeuer, das in erhöhtem Maße einen kompakten, aber doch nicht zu schwer entzündlichen Entgasungsrückstand verlangt, werden Kohlen mit geringerer Gasausbeute und größerem Kohlenrückstand verwandt, während bei der Kohle, die der Koksfabrikation dient, die höchste Koksausbeute verlangt wird, die sich mit vollkommenem Backen vereinigen läßt.

Natürlich bestehen zwischen diesen Typen Übergänge, es gibt auch Kohlen, die sich der Gesamtheit ihrer Eigenschaften nach nicht in eine der bezeichneten Klassen einordnen. Ferner ist zu betonen, daß durch Mischen von zwei Typen, die für sich nicht einem bestimmten Verwendungszweck genügen, ein Material von den gesuchten Eigenschaften erzielt werden kann. Dies geschieht besonders mit Vorteil bei der Kokerei, kann aber auch für den Generatorenbetrieb von großem Nutzen sein.

Zusammensetzung der Kohle, Asche und Wassergehalt. Die Einteilung in Typen enthält bereits Angaben über die Grenzen, zwischen denen sich die Zusammensetzung der Steinkohlen bewegt. Vorstehend (S. 256 u. 257) geben wir eine von Bunte und Eitner zusammengestellte Tabelle, in der die Zusammensetzung bestimmter Kohlensorten ersichtlich ist.

Über den Schwefelgehalt der Kohlen kann nichts Allgemeingültiges gesagt werden. Bei vielen Steinkohlen ist er recht hoch. Näheres siehe in der beigefügten Tabelle.

Der Aschengehalt der Steinkohlen ist sehr schwankend. Der im eigentlichen Flöz vorhandene Aschegehalt wird erhöht durch die — jetzt gegenüber der Zeit vor dem Kriege vermehrte — Beimengung von Bergen. Er beträgt meist 8—15%, nicht selten noch mehr. Gewaschene Kohle hat selten unter 4% Asche, meist 4—8%. In ihrem Charakter stehen die Aschen den Tonen nahe und besitzen wie diese sehr verschiedene Zusammensetzung. Dazu treten noch andere mineralische Begleiter, insbesondere der Schwefelkies. Nicht schmelzende Asche bleibt pulverig zurück und macht keine Schwierigkeiten bei der Entfernung. Dies ist der Fall, wenn die Asche den hochfeuerfesten Tonen nahesteht und einen Schmelzpunkt über 1500° zeigt. Kohlen mit derartiger Asche sind deshalb besonders geschätzt, aber selten. Gehalt an Quarz, Feldspat, Glimmer, Eisenoxyd usf. setzen den Schmelzpunkt der Asche herab, führen dazu, daß im Feuer die Asche zu zähen Klumpen zusammenfließt. Diese Schmelzflüsse, die in den kälteren Teilen der Feuerung oder des Gaserzeugers erstarren, nennen wir „Schlacke". Die durch die Schlacke verursachten Schwierigkeiten werden bei sehr leicht fließender Schlacke (Schmelzpunkt unter 1200°) wieder geringer. In besonderen Fällen kann durch Zugabe von Kalk die Schlacke leichtflüssiger gemacht werden.

Auf den geringen Gehalt an Wasser, der die Steinkohlen vor den anderen festen Brennstoffen auszeichnet, ist bereits hingewiesen. Er ist im grubenfeuchten Zustande selten höher als 3% und bewegt sich meist zwischen 2 und 3%. Nur bei ganz jungen Kohlen (Wälderkohle) ist er höher und erreicht 10%.

Heizwert. An sich schon ist infolge des geringen Sauerstoffgehaltes der Heizwert der reinen Steinkohlensubstanz (ohne Wasser und Asche gedacht) höher, aber gerade der geringere Wassergehalt läßt diesen hohen Heizwert um so mehr hervortreten. Kohle, die sich gerade im Regen befand, kann natürlich recht feucht sein. Ebenso hat das Kohlenklein, das der nassen Aufbereitung entstammt, oft einen recht hohen Feuchtigkeitsgehalt. 8—10% Wasser ist für diese Kohlensorte keine Seltenheit.

Lagerung der Kohle und Selbstentzündung. Manche Kohlen verhalten sich wie ungesättigte Verbindungen. Sie nehmen beim Behandeln mit Brom beträchtliche Mengen dieses Elementes auf. Ebenso werden sie beim Lagern an der Luft schwerer, indem sie Sauerstoff aufnehmen. Die Kohlen besitzen diese Eigenschaft in sehr verschiedenem Maße. Kohlen, die stark zur Oxydation neigen, erhalten durch die Veränderung an der Luft eine große Wertverminderung, nicht allein dadurch, daß der Heizwert leidet, sondern die Kohle kann auch dadurch ihre ganze Backfähigkeit verlieren. Substanzverluste sind wohl auch vorhanden, aber nicht in dem Umfange, wie es gelegentlich behauptet wurde. Neben der Oxydation, die in einer Sauerstoffaufnahme in die Moleküle der Kohle besteht, geht nämlich eine langsame Verbrennung her, die zur Bildung von Kohlensäure führt. Dadurch wird ein gewisser Substanzverlust hervorgerufen, der aber bei gewöhnlicher Temperatur kaum bemerkbar, mit steigender Temperatur aber immer mehr in den Vordergrund tritt. Nun liefert die Oxydation in gleicher Weise Wärme wie die eigentliche Verbrennung unter Feuererscheinung. Dazu kommt die minimale Wärmeleitungsfähigkeit der Kohle. Die kleinen Wärmemengen, die im Innern eines Kohlenhaufens infolge der langsamen Oxydation entstehen, werden infolgedessen nicht weggeleitet und können sich bis zur Entzündung steigern. Luftzug begünstigt diese. Bunker müssen infolgedessen unten geschlossen sein und nur zur Entnahme geöffnet werden. Laufende Temperaturbeobachtung im Innern läßt Selbstentzündungen rechtzeitig erkennen.

5. Flüssige Brennstoffe.

Die Heizöle, die für die Verfeuerung in industriellen Betrieben hauptsächlich in Frage kommen, sind:

1. Erdöl oder seine Verarbeitungsprodukte,
2. Steinkohlen- und Braunkohlenteer, sowie bei ihrer Verarbeitung entstehende Erzeugnisse.

Man verwendet die billigeren Produkte, also entweder Rohöl oder Rohteer, oder von den Verarbeitungsprodukten diejenigen, die für andere Zwecke nicht oder wenig geeignet sind. Es sind dies beim Erdöl und Braunkohlenteer die bei mittleren Temperaturen destillierenden Teile, die höher als die Benzine und niedriger als die zu Schmieröl verarbeitbaren Fraktionen sieden oder auch Rückstände der

Verarbeitung sind (Massut). Aus der Steinkohlenteer-Verarbeitung sind es vor allem Öle, die nach der Gewinnung von Benzol, Toluol, Xylol, Naphthalin und Anthrazen übrig bleiben, vorwiegend sogenannte „Anthrazenöle".

Die Heizöle enthalten, sofern man von wasserhaltigem Teer absieht, nur Spuren von Wasser. In frisch gewonnenem Teer, besonders im Generatorteer ist der Wassergehalt oft sehr groß. Absitzenlassen in Gruben mit Wärmeschlangen führt zur Entwässerung. Im Winter Ausfrieren noch rascher.

Auch der Aschengehalt ist minimal, sofern Teer nicht durch Flugstaub verunreinigt ist (Bestimmung: Auflösen in Benzol und Filtrieren.).

Demnach sind die flüssigen Brennstoffe durch den hohen Gehalt an brennbarer Substanz ausgezeichnet.

Die Zusammensetzung der brennbaren Substanz der Heizöle ist verschieden. Die Erdöle haben um 85 % C, 13 % H, 2 % Sauerstoff, Stickstoff, Schwefel. Ähnlich ist die Zusammensetzung der Braunkohlenteeröle. Die Steinkohlenteeröle haben etwa 90 % C, 10 % H.

Der Heizwert schwankt wenig. Es geben im Mittel Erdölerzeugnisse: 10 000 WE, Braunkohlenteeröle: 9800 WE, Steinkohlenteeröle: 9000 WE.

Wesentlich für die Beurteilung der Heizöle sind noch Flammpunkt, Brennpunkt und Zündpunkt. Unter Flammpunkt versteht man die Temperatur, bei der beim allmählichen Anheizen soviel brennbare Dämpfe auftreten, daß bei Annäherung einer Flamme die Oberfläche des Öls kurz aufflammt. Beim Brennpunkt ist die Dampfentwicklung so stark, daß das Öl, angezündet, weiter brennt. Der Zündpunkt ist die Temperatur, bei der das Öl in der Luft von selbst ohne Berührung mit einer Flamme zur Entzündung kommt. Der Zündpunkt ist für die Verbrennung die wichtigste Eigenschaft. Er ist bei den verschiedenen Ölen sehr verschieden und seiner Lage nach die Art eines Öles am besten kennzeichnend. In ihm kommt die chemische Natur des Öls am stärksten zum Ausdruck. Erdöl zündet bei etwa 380°, Steinkohlenteeröl bei 580°.

Ferner ist wichtig etwaiger Gehalt an Ruß und Flugstaub (s. o.) sowie die Beständigkeit in der Hitze. Die genannten Beimengungen und Zersetzlichkeit führen zu Verstopfungen von Leitungen, Düsen usf. Diese Schwierigkeiten treten zurück bei den Destillaten.

Die Zähigkeit ist schließlich auch zu beachten wegen der Bewegung in Röhren und Düsen. Sie soll nicht zu hoch sein. Zu zähflüssiges Material, wie z. B. Teer, kann aber durch entsprechende Vorwärmung leicht in ausreichender Dünnflüssigkeit erhalten werden.

Bücher über Brennstoffkunde:

H. Bunte, Zum Gaskursus. Manuskriptdruck zu beziehen durch Gasinstitut, Techn. Hochschule Karlsruhe i. B.

E. Graefe, Technologie der Brennstoffe, Dresden, Th. Steinkopff 1925.

G. Keppeler, Brennstoffe und ihre Verbrennung. München, R. Oldenbourg 1922.

Le Chatelier, Industrielle Heizung. Leipzig Ak. Verlagsges. 1922.

H. Menzel, Theorie der Verbrennung, Dresden, Th. Steinkopff 1924.

B. Neumann, Chem. Technologie der Heiz- und Leuchtstoffe. Ergänzungswerk zu Muspratt. Erster Band, erster Halbband. Braunschweig, Vieweg & Sohn 1917.

Strache und Lant, Kohlenchemie, Entstehung, chemisches Verhalten u. Untersuchung der Kohlen, Leipzig, Akad. Verlagsges. 1924.

A. Winter, Feste Brennstoffe, München 1922.

F. Wirth, Brennstoffchemie, Berlin E. Stilke 1922.

5. Kapitel.

Gaserzeugung.

Von Dipl.-Ing. O. Wolff.

1. Vorgänge im Vergaser.

Der Gaserzeuger ist ein feuerfest ausgekleideter Schacht, in dem feste Brennstoffe in hoher Schicht aufgehäuft und mittels durchströmender Luft, teilweise unter Zusatz von Dampf, in Gas umgewandelt werden.

Der oben eingefüllte Brennstoff durchwandert zunächst die Trocknungszone, in der die von unten aus der Feuerzone aufsteigenden heißen Gase die Feuchtigkeit verdampfen, dann die Entgasungszone, in welcher eine Zersetzung des festen Brennstoffes unter Abspaltung von flüchtigen Bestandteilen, von Dämpfen und Gasen, unter Hinterlassung eines kohlenstoffreichen „Koks" genannten Rückstandes eintritt. Weiter hinabsinkend kommt dieser Koks in die eigentliche Vergasungszone. In der letzteren erfolgt dann die Umwandlung des Entgasungsrückstandes in brennbare Gase, und zwar wird nach der vorherrschenden Annahme zunächst der Kohlenstoff durch den Sauerstoff der Luft in Kohlensäure verwandelt, wobei Wärme erzeugt wird; bei der Berührung der Kohlensäure mit glühendem Kohlenstoff wird diese dann in Kohlenoxyd umgewandelt. Gleichzeitig wird der meist mit eingeblasene Wasserdampf durch glühenden Kohlenstoff in Wasserstoff und Kohlenoxyd umgesetzt. Der letztere Vorgang verbraucht Wärme, so daß durch die Regelung der Luft- und Dampfmenge sowie der Strömungsgeschwindigkeiten die für die Gaserzeugung erwünschten Temperaturen eingestellt werden können.

Für die vorgenannten Vergasungsreaktionen gelten die chemischen und thermochemischen Gleichungen:

$$\text{Verbrennung}\begin{cases} C + O_2 = CO_2 & +97000\text{ cal} \ldots\ldots \text{I} \\ 2C + O_2 = 2CO & +58800\text{ cal} \ldots\ldots \text{II} \end{cases}$$

$$\text{Vergasung}\begin{cases} C + CO_2 \rightleftarrows 2CO & -38800\text{ cal} \ldots\ldots \text{III} \\ C + H_2O \rightleftarrows CO + H_2 & -28800\text{ cal} \ldots\ldots \text{IV} \\ C + 2H_2O \rightleftarrows CO_2 + 2H_2 & -18800\text{ cal} \ldots\ldots \text{V} \end{cases}$$

Die Reaktionen I und II liefern Wärme und können als Verbrennungen angesprochen werden. Reaktion III, IV und V verbrauchen Wärme, verlaufen dauernd nur unter Wärmezufuhr und können als Vergasungsreaktionen im engeren Sinne angesprochen werden.

Im Temperaturgebiet, in dem sich die Vorgänge im Generator abspielen, sind die Reaktionen III, IV und V keine vollständig verlaufenden Reaktionen. Sie sind umkehrbar, was durch das Pfeilzeichen $\rightleftarrows$ zum Ausdruck gebracht wird. Sie verlaufen nicht vollständig im Sinne der von links nach rechts gelesenen

Gleichung zu Ende, sondern bis zu einer Grenze. Wir finden immer alle Bestandteile, also für

III: CO_2 und CO,
IV: H_2O, CO und H_2,
V: H_2O, CO_2 und H_2

zusammen. Das Mengenverhältnis entspricht dem Grenzzustand, dem „Gleichgewicht". Dies ist bestimmt durch die im Generator vorliegende Temperatur. Je höher die Temperatur ist, um so mehr verschwinden die Bestandteile der linken Seiten der Gleichungen und machen denen der rechten Seite Platz.

Für die Reaktion III sagt die Gleichgewichtslehre aus, daß bei konstanter Temperatur:

$$\frac{C_{CO}^2}{C_{CO_2}} = K,$$

worin C_{CO} und C_{CO_2} die im Gleichgewicht befindlichen Konzentrationen und K die mit steigender Temperatur wachsende Gleichgewichtskonstante bedeutet. Diese sind gemessen von Boudouard[1]). Clément[2]) hat andere Werte gefunden. Eine Reihe weiterer Untersuchungen[3]) zeigt aber, daß die Werte von Boudouard im wesentlichen richtig sind. Bei der Verwendung der Boudouardschen Werte ist zu berücksichtigen, daß die Entstehung von CO im Sinne der Gleichung III sich unter Volumvergrößerung vollzieht. Das Verhältnis $\frac{CO}{CO_2}$ ist demnach in einem Gas, das durch Reduktion reiner CO_2 entsteht, ein anderes, als in dem mit Luft hergestellten, also von 21% CO_2 ausgehenden Generatorgas. Die so berechneten Werte sind in Tab. 66 zusammengestellt. Da CO_2 unverbrennlich ist und daher keinen Heizwert im Gas liefert, muß auf einen möglichst niedrigen Gehalt an diesem hingearbeitet werden.

Tabelle 66.

Temperaturen	Gaszusammensetzung im Gleichgewicht				
°C	Generatorgas aus reiner CO_2		Generatorgas mit Luft hergestellt, also ausgehend von 21% CO_2, 79% N_2		
	% CO_2	% CO	% CO_2	% CO	% N_2
450	97,8	2,2	19,2	2,0	78,8
500	94,6	5,4	17,1	6,4	76,5
550	88,0	12,0	14,1	11,5	74,4
600	76,8	23,2	10,1	18,1	71,8
650	60,2	39,8	6,1	24,7	69,2
700	41,3	58,7	3,1	29,4	67,5
750	24,1	75,9	1,5	32,2	66,3
800	12,4	87,6	0,6	33,7	65,7
850	5,9	94,1	—	34,7	65,3
900	2,9	97,1	—	34,7	65,3
950	1,23	98,77	—	34,7	65,3
1000	0,7	99,3	—	34,7	65,3

Diese Werte zeigen, daß auf Grund des Gleichgewichts schon bei 800° ein kohlensäurefreies Generatorgas entstehen müßte. In der Praxis tritt das nicht ein. Die Einstellung des Gleichgewichts erfordert eine gewisse Zeit, und zwar bei Temperaturen unter 800° recht erhebliche Zeiten, so daß die Zeit, während der das den Generatorschacht durchströmende Verbrennungsgas in der Brennstoffzone verweilt und mit der glühenden Oberfläche der Brennstoffstücke in Berührung ist, nicht ausreicht, um das Gleichgewicht zu erreichen. Erst bei 1000° werden die Umsatzgeschwindigkeiten so groß, daß die Einstellung des Gleichgewichts sich in einigen Sekunden vollzieht. Die Folge davon ist, daß unter 1000° die Gaszusammensetzung dem Gleichgewicht einer tiefer gelegenen Temperatur entspricht, als sie im Brennstoff-

[1]) Compt. rend. **128**, 824 u. 1522 (1899), **130**, 132 (1900) — Bull. soc. chim. **21**, 713 (1899), **23**, 137 (1900).

[2]) Un. of Illinois Bull. 30 (1909).

[3]) Mayer & Jacoby, Journ. f. Gasbel. **52**, 282 (1909). — Rhead & Wheeler, Journ. Chem. Soc. **1910**, 2178. — Schraube, Diss., Berlin T. H. 1911.

bett tatsächlich herrschte. Wir können zunächst allgemein sagen, daß die Zusammensetzung eines Generatorgases um so mehr dem Gleichgewicht für die maßgebende Generatortemperatur entspricht, je heißer der Generator geht und je länger die Gase mit dem glühenden Brennstoff in Berührung sind.

Es kommt aber noch ein sehr wesentlicher Gesichtspunkt hinzu. Die Umsatzgeschwindigkeit hängt sehr stark ab von der Natur des Brennstoffs und des Rückstandes, den er bei der Entgasung hinterläßt. Bei niedriger Temperatur erhaltene Entgasungsrückstände, insbesondere die der jüngeren Brennstoffe, sind viel reaktionsfähiger als bei hoher Temperatur erhaltene (Gaskoks, Zechenkoks). Das Verhalten steht in nahen Beziehungen zur Verbrennungsgeschwindigkeit und diese wieder zum Entzündungspunkt, der von Karl Bunte und Kölmel[1]) für einige Entgasungsrückstände wie folgt ermittelt ist:

Holzkohle	252° C
Halbkoks	395° „
Gaskoks	505° „
Zechenkoks	640° „

In ähnlicher Weise stuft sich die Geschwindigkeit ab, mit der unter sonst gleichen Bedingungen die Brennstoffe die Reduktion von CO_2 zu CO vollziehen[2]). Ein reaktionsfähiger Brennstoff (Holz, Torf) braucht also kürzere Verweilzeit im Generator oder kleinere Schicht und geringere Brennstoffoberfläche als ein weniger aktiver (Steinkohle), um das gewünschte Gleichgewicht mit hohem CO-Gehalt einzustellen.

Eine bemerkenswerte Folgerung aus diesen Gesetzmäßigkeiten ist das Dellwik-Wassergasverfahren (s. S. 299). Bei diesem wird die Luft beim Heißblasen des Generators mit solcher Geschwindigkeit geblasen, daß trotz der bis auf 1200° ansteigenden Temperatur, bei der keinerlei CO_2 im Gleichgewicht mehr vorhanden ist, vorwiegend CO_2 entweicht, ein schlagender Beweis, wie stark die Durchströmungsgeschwindigkeit die Zusammensetzung des Generatorgases beeinflußt.

Für die Vergasung im Wasserdampf, für die die beiden Gleichungen IV und V gelten, haben wir folgende Gleichgewichtsbeziehungen:

$$\text{Für IV:} \qquad C + H_2O \rightleftarrows CO + H_2 \qquad K_{IV} = \frac{C_{CO} \cdot C_{H_2}}{C_{H_2O}}$$

$$\text{„ V:} \qquad C + 2\,H_2O \rightleftarrows CO_2 + 2\,H_2 \qquad K_V = \frac{C_{CO_2} \cdot C^2_{H_2}}{C^2_{H_2O}}.$$

Die beiden Gleichgewichte sind bezüglich der Temperaturgebiete, in denen sie herrschen, nicht scharf getrennt. Man kann aber allgemein sagen, daß V bei niedriger Temperatur, IV bei hoher Temperatur vorherrscht. Beide greifen ineinander und sind durch die Gleichung VI verknüpft:

$$\text{V—IV} \qquad CO + H_2O \rightleftarrows CO_2 + H_2 \; . \; . \; . \; . \; . \; . \; . \; \text{VI},$$

für die das Gleichgewicht gilt:

$$K = \frac{K_{IV}}{K_V} = \frac{C_{CO} \cdot C_{H_2O}}{C_{CO_2} \cdot C_{H_2}}.$$

Dies Gleichgewicht spielt sich nur im Gasraum ab und wird, da es für die Wassergasherstellung grundlegend ist, als „Wassergasgleichgewicht" im engeren Sinne bezeichnet. Das Gleichgewicht ist seinerseits wieder mit dem oben besprochenen Gleichgewicht $CO_2 + C \rightleftarrows 2\,CO$ verknüpft, insofern bei ausreichender Zeit die Bestandteile des Wassergasgleichgewichtes CO_2 und CO sich mit dem Kohlenstoff ins Gleichgewicht setzen.

---

[1]) Gas und Wasserfach **65**, 592 (1922).

[2]) Brennstoffchemie **4**, 43 (1923). — S. a. bezügl. Einfluß der Verbrennlichkeit von Kohle auf Generatorgang: Korevaar, Stahl und Eisen, **1923**, 431.

Das Wassergasgleichgewicht ist am besten gemessen von Hahn[1]), auf dessen Werten die Berechnungen von Haber[2]) beruhen. Seine letzte Berechnung gibt folgende Werte für K:

Temp. °C	K	Temp. °C	K
727	0,68	1327	2,92
927	1,34	1427	3,31
1027	1,73	1527	3,69
1127	2,12	1627	4,09
1227	2,52	1727	4,45

Hieraus ergibt sich, daß K ungefähr bei 840° gleich 1 wird. Bei dieser Temperatur sind also CO_2 und H_2O gleichstarke Oxydationsmittel[3]). Oberhalb übertrifft Kohlensäure die Oxydationskraft des Wassers, unterhalb umgekehrt.

Für die Beurteilung der Frage, inwieweit das Wassergasgleichgewicht unter praktischen Verhältnissen sich einstellt, sind immer noch die Versuche, die Harries[4]) im Bunteschen Institut ausgeführt hat, maßgebend. Die Ergebnisse beim Überleiten von Wasserdampf über Kohle sind in folgender Tabelle, und zwar in der Darstellung Luggins[5]) zusammengestellt:

Tabelle 67.

Temp. °C	Zusammensetzung des Glases %				K	K
	H_2	CO	CO_2	H_2O	beob.	ber.
674	8,41	0,63	3,84	87,12	1,70	0,49
758	22,28	2,67	9,23	65,82	0,85	0,70
838	28,68	6,04	11,29	54,09	1,01	0,98
838	32,77	7,96	12,11	47,15	0,94	0,98
861	36,48	11,02	13,33	39,18	0,89	1,07
954	44,43	32,70	5,66	17,21	2,25	1,41
1010	47,30	48,20	1,45	3,02	2,12	1,65

Der Vergleich des aus der Gaszusammensetzung sich ergebenden K-Wertes mit dem von Luggin berechneten ist zum Teil recht gut. Haber hat daraus geschlossen, daß im Gasraum selbst unter katalytischer Beeinflussung durch die Brennstoffoberfläche sich das Gleichgewicht verhältnismäßig rasch einstellt. Anders verhält sich das Gleichgewicht zwischen Gas und Kohle. Hier bleiben die CO-Gehalte des Gases weit hinter den zu erwartenden zurück. Es spielen hier all die Gesichtspunkte eine Rolle, die oben beim Gleichgewicht C, CO, CO_2 erläutert sind. K. Neumann[6]) hat durch seine Versuche im Generator dies Verhalten bestätigt. Das Gleichgewicht zwischen den Bestandteilen der Gasphase unter sich stellt sich rasch ein, das Gleichgewicht dieser Bestandteile mit der Kohle hinkt stark nach.

Für die Praxis ergeben die Werte ein allgemeines Bild über die Abhängigkeit der Gaszusammensetzung von der Temperatur. Man sieht vor allem, daß bei Temperaturen unter 1000° ganz erhebliche Beträge von Wasserdampf unzersetzt bleiben. Da der unzersetzte Wasserdampf die Wärmebilanz des Gaserzeugers verschlechtert, vor allem aber die Flammentemperatur erniedrigt, wird man mit dem Wasserdampfzusatz sehr sparsam sein, um dessen unvollständige Zersetzung möglichst zu vermeiden.

Aus der Tatsache, daß das Gasgleichgewicht sich in Berührung mit der Brennstoffschicht oder sonstigen heißen Flächen rasch einstellt, ergibt sich, daß bereits fertiges

---

[1]) Z. f. phys. Chem. **44**, 513 (1903) und **48**, 735.

[2]) Thermodynamik techn. Gasreaktionen, S. 122ff., Z. f. phys. Chem. **68**, 726 (1910). — Die neuen Bestimmungen des Wassergasgleichgewichts von Engels (Journ. f. Gasbel. **62**, 483, 1919) bringen nur eine unwesentliche Veränderung der zuletzt von Haber gegebenen Gleichung.

[3]) Haber, l. c. S. 128.

[4]) Journ. f. Gasbel. **37**, 32 (1894).

[5]) Ebenda **41**, 714 (1898).

[6]) Forschungsarbeiten, herausgeg. v. V. d. I., Heft 140.

Gas bei Temperaturen über 800°, also vor allem in den Regenerativkammern sich im Sinne der Gleichgewichtsverschiebung verändern kann. Auch im freien Gasraum gehen, wenn auch mit geringerer Geschwindigkeit, die Reaktionen zwischen den Gasbestandteilen weiter und verringern den Heizwert.

Die Vergasung durch Luft allein ergibt Temperaturen in der Feuerzone von 1000—1200°, sogar bis 1500°; man würde also, da hier die chemischen Umsetzungen sehr schnell erfolgen, mit geringer Berührungszeit (großen Strömungsgeschwindigkeiten) arbeiten und hohe Leistungen erzielen können, wenn nicht die Schlackenbildung dies unmöglich machen würde, so daß man den Zusatz von Wasserdampf meist nicht entbehren kann.

Die Gasgleichgewichte lassen also stets einen gewissen Betrag von unzersetztem Wasserdampf erwarten. Die Gasanalyse, die nur die Zusammensetzung des trockenen Gases liefert, gibt aber gerade über diesen wichtigen Punkt keinen Aufschluß. Da im Gasraum sich das Gleichgewicht einigermaßen rasch einstellt, kann aus dem Gehalt an CO_2, CO und H_2 der Gehalt an unzersetztem Wasserdampf berechnet werden.

B e i s p i e l e. 1. Generatorgas aus Braunkohle enthalte 10 % H_2, 25 % CO und 4 % CO_2. Austrittstemperatur = 730°. $K = 0{,}68$; x % sei unzersetzter Wasserdampf. Dann muß sein:

$$\frac{25 \cdot x}{4 \cdot 10} = 0{,}68 \qquad x = 1{,}09 \text{ Wasserdampf auf 100 trockenes Gas,}$$

$$\text{das nasse Gas enthält also: } \frac{1{,}09 \cdot 100}{101{,}09} = 1{,}08\ \%\ H_2O.$$

Also sehr gute Zersetzung des Wasserdampfes.

2. Generatorgas aus Koks enthalte: 15 % H_2, 20 % CO und 8,5 CO_2.

Austrittstemperatur: 800 ° C. $K = 0{,}96$. Dann ist:

$$\frac{20 \cdot x}{15 \cdot 8{,}5} = 0{,}96 \qquad x = 6{,}1 \text{ Wasserdampf auf 100 trockenes Gas.}$$

Auf nasses Gas bezogen ist also die Zusammensetzung:

$$\frac{6{,}1 \times 100}{106{,}1} = 5{,}8\ \%\ H_2O.$$

also ungenügende Zersetzung des Wasserdampfs. Man beachte die darin zum Ausdruck kommende geringe Aktivität des Koks (s. o. S. 263).

Wärmetechnisch ist kein sehr großer Unterschied in der Vergasung mit Luft (nicht ganz zweckmäßig „Luftgas" genannt) und derjenigen mit Dampfzusatz (Mischgas). Versuche von Wendt und die von Neumann (Forschungsarbeiten Heft 31 bzw. Heft 140) haben ergeben, daß bei Steinkohle als Vergasungsmaterial etwa 30 cm über dem Rost bei Luftgasbetrieb die Reduktion von CO_2 fast ganz erfolgt ist und daß in dieser Zone eine Temperatur von ca. 1400° herrscht, während mit Dampfzusatz die Temperatur etwa 1100° betrug und der geringste CO_2-Gehalt 75 cm über dem Rost gefunden wurde.

Die Versuche von Wendt ergaben folgenden Überblick über die Wärmeverteilung beim Generatorbetrieb:

Es wurden nachgewiesen von der zugeführten Brennstoffwärme:	bei Luftgas %	bei Mischgas %
1. auf dem Rost des Dampfkessels. . .	0,31	4,78
2. in der ausnutzbaren Wärme im Gas.	71,41	74,80
3. im Teer.	5,70	6,08
4. im Ruß.	0,32	0,05
5. fühlbare Wärme des Gases	12,54	9,92
6. fühlbare Wärme des Rostdurchfalls .	1,15	0,08
7. Strahlung als Rest.	8,57	4,29
	100,00	100,00

Hierbei wurde bei Mischgasbetrieb etwa 0,65 kg Dampf je kg Kohle zugesetzt. Der Unterschied im Wirkungsgrad bezogen auf reines kaltes Gas betrug also nur 3,4% zugunsten des Dampfzusatzes, und wenn die Eigenwärme des Gases, wie in Hüttenbetrieben, teilweise dem Ofen zugute kommt, so wird der

Unterschied noch geringer. Vom wärmetechnischen Standpunkt bringt also der Dampfzusatz nicht sehr große Vorteile.

Bis zu einem Dampfzusatz von 0,5 kg je kg Kohle — Steinkohle ist hierbei stets gemeint, für andere Kohlen sind die Ziffern nach dem Kohlenstoffgehalt ungefähr umzurechnen, stimmen aber nicht genau — bleibt der Wirkungsgrad des Mischgasbetriebes ungefähr gleich. Hierbei wird aber bereits ein Teil des Dampfes unzersetzt in das Gas entweichen. Bei stärkerem Dampfzusatz macht sich dieser unzersetzte Dampf im Gase für den Ofenbetrieb schädlich bemerkbar. Versuche von Bone und Wheeler[1]) lassen an Hand von ausgedehnten Tabellen genau den Einfluß des steigenden Dampfzusatzes auf den Vergaserbetrieb erkennen. Die Temperatur in der Feuerzone sinkt, Kohlensäure und Wasserstoff nehmen zu, Kohlenoxyd nimmt ab und obwohl der Heizwert des Gases noch nicht ungünstig ist, wird dasselbe für den Ofenbetrieb unbrauchbar.

Neuere Versuche der Wärmestelle Düsseldorf des Vereins deutscher Eisenhüttenleute sowie amerikanische Versuche von Clements (Stahl und Eisen 1923, S. 84—90 und S. 1303—1305) haben zu folgender Wärmebilanz des Gaserzeugerbetriebes geführt.

Einnahme:			
Heizwert der Kohle	7642	WE/kg	= 97,21%
Wärmeinhalt des Zusatzdampfes (33,5%)	215	„	= 2,73%
Wärmeinhalt des Windes (20,5°)	4,700	„	= 0,06%
Wärmeinhalt der Luftfeuchtigkeit (28,8 g)	0,008	„	
	7861,7	WE/kg	100,00
Ausgabe:			
Heizwert des Gases 4,05 kg 1365 WE/kg	5507	WE	= 70,04%
Fühlbare Wärme des Gases (674°)	790,7	„	= 10,07%
Heizwert des Teeres (60,5 g)	568	„	= 7,22%
Heizwert des Rußes (30,3 g)	195	„	= 2,48%
Wärmeinhalt der Gasfeuchtigkeit (194,5 g)	183	„	= 2,33%
Heizwert des Kohlenstoffs in der Asche (19,6 g in 57,7 g Asche)	207	„	= 2,63%
Strahlung und andere Verluste	411	„	= 5,23%
	7861,7	WE	100

Die Versuche von Clements sind mit reichlichem Dampfzusatz durchgeführt, weshalb das Gas 194,5 g Feuchtigkeit enthält. Die Gaserzeuger sind demnach, wie man zu sagen pflegt, ziemlich kalt betrieben worden. Clements stellt nun der Wärmeeinnahme, d. h. durch Kohle, Dampf und Luft zugeführter Wärmemenge drei verschiedene Wirkungsgrade gegenüber, nämlich 1. den Heißgaswirkungsgrad, d. h. die Summe von Gas und Teer und Ruß und fühlbarer Wärme des feuchten Gases. Diesen Wirkungsgrad ermittelte er bei fast allen Versuchen zu mehr als 90%. 2. den Kaltgaswirkungsgrad, d. h. den Gasheizwert. Dieser Wirkungsgrad liegt zwischen 62 und 70%. 3. Den Ofengaswirkungsgrad, bei dem angenommen ist, daß außer dem Gas noch Teer und 80% des Rußes nutzbar dem Ofen zugeführt wird, während andererseits die Eigenwärme des Gases, die in größeren Anlagen doch teilweise verloren geht, vernachlässigt wird. Clements begründet dies besonders auch damit, daß diese Eigenwärme solange für den Ofen keinen Gewinn bedeutet, wie anderseits noch aus den Kammern des Ofens unausgenutzte Wärme in den Schornstein entweicht. Dieser letztere Wirkungsgrad kann für einen praktischen Überblick über den Ofenbetrieb wohl von gewissem Wert sein, ist aber für wissenschaftliche Messungen nicht zu benutzen, weil er keine feststehende Größe besitzt. Dieser Wirkungsgrad wurde zu 72—80% ermittelt. Über Kontrolle des Dampfzusatzes s. S. 322.

Für die Erzeugung eines guten Generatorgases ist erforderlich, daß die Berührung zwischen Brennstoff und Luft bzw. Dampf gesichert ist und die chemischen Umsetzungen die erforderliche Zeit haben. Zu diesem Zweck müssen folgende Bedingungen eingehalten werden:

1. Das Brennstoffbett muß genügend hoch, möglichst porös und gleichmäßig sein,
2. die Feuerzone muß eine hohe Temperatur besitzen, so hoch wie die Rücksicht auf Schlackenbildung und Schmelztemperatur des Brennstoffes es gestattet,

[1]) Stahl u. Eisen **27**, I, 787 (1907), **28**, II, 1592 (1908). Siehe auch dies Buch, I. Auflage, S. 369 u. 375. Originale: An investigation on the use of steam in gas-producer practice. Journ. Iron and Steal Inst. **1907**, I, 126. Further experiments upon gas-producer practice. Ebenda, **1908**, III, 206.

3. der Dampfzusatz, der bei den meisten Brennstoffen aus den unter 2. genannten Rücksichten nötig ist, darf nicht zu hoch sein, damit nicht unzersetzter Wasserdampf die Verbrennungstemperatur des Gases verschlechtert,
4. die Strömungsgeschwindigkeit der Vergasungsluft und des zugemischten Wasserdampfes dürfen nicht zu groß sein, also die Beanspruchung des Gaserzeugers darf nicht die zulässige Grenze überschreiten,
5. die gleichmäßige Verteilung des Luftdampfgemisches unter dem ganzen Querschnitt und die Erhaltung eines gleichmäßig durchlässigen Feuers ist von ausschlaggebendem Einfluß. Deshalb ist die Eignung der einzelnen Brennstoffe für die Vergasung sehr verschieden.

2. Die verschiedenen Brennstoffe im Gaserzeuger.

Für die Gaserzeugung kommen als Brennstoffe Holz, Torf, Braunkohle, Steinkohle und Koks in Betracht. Bei allen Brennstoffen ist es für die Vergasung nötig, ein möglichst gleichmäßiges, luftdurchlässiges Bett von 80—120 cm Stärke zu schaffen. Daher ist neben der chemischen Zusammensetzung auch die physikalische Beschaffenheit des Brennstoffes ausschlaggebend für die Verwendung im Gaserzeuger. Bei den **jüngeren Brennstoffen,** die im allgemeinen wenig Asche enthalten, stört hauptsächlich der Wassergehalt. Werden dieselben auf natürlichem Wege oder künstlich möglichst gut vorgetrocknet, so stellen sie einen sehr gutartigen Brennstoff für die Gaserzeugung dar. Torf und stückige Braunkohle mit weniger als 30% Wassergehalt sind deshalb gut zu vergasen. Holz kommt nur in seltenen Ausnahmefällen in Betracht. Stückige Braunkohle kommt in Deutschland leider verhältnismäßig selten vor, die Braunkohle muß deshalb meistens abgesiebt werden, weil die erdige (mulmige) Braunkohle wegen ihrer Undurchlässigkeit Schwierigkeiten macht. Abgesiebte Braunkohle (Knorpelkohle) oder Lignit (hellbraune, holzige und oft unterirdisch gewonnene, deshalb stückige Braunkohle) sind neuerdings immer mehr zur Vergasung herangezogen worden.

Auch bei **Steinkohle** ist eine Nußkohle von gleichmäßiger Korngröße am besten geeignet. Bei Förder- und Stückkohlen sollten stets die groben Stücke bis auf Faustgröße zerkleinert werden. Magere Kohlen sind backender Kohle vorzuziehen.

Wesentlich ist ferner besonders bei Steinkohle die **Zusammensetzung der Asche.** Bei aschenarmem Torf und guter Braunkohle sind im allgemeinen die brennbaren Bestandteile in der Aschenzone bereits vergast, so daß kein Zusammenschmelzen der Asche stattfindet. Bei aschenreicher Steinkohle tritt die Anreicherung der Asche in der eigentlichen Feuerzone auf und je nach der Schmelzbarkeit der Asche bildet die Kohle im Generator zähflüssige Schlacken, deren Beseitigung außerordentlich lästig ist. Neigt die Kohle infolge des zu niedrigen Schmelzpunktes der Asche zur Schlackenbildung schon in der eigentlichen Feuerzone, so entsteht ein ungleichmäßiges Kohlenbett und die Vergasungsluft sucht sich einzelne Kanäle, um dort mit größter Geschwindigkeit und höchster Temperaturentwicklung hindurchzugehen, während an anderen Stellen keine Berührung zwischen Luft und glühendem Kohlenstoff stattfindet. Es bilden sich dann an einzelnen Stellen große Schlackenklumpen und an anderen Stellen Hohlräume, wodurch ein geordneter Generatorbetrieb aufhört. Die Asche der Kohle besteht im allgemeinen aus Tonerdesilikaten, Kalk, Magnesia, Eisenoxyd und Alkalien. Je mehr Kieselsäure und Tonerde gegenüber den basischen als Flußmittel wirkenden Oxyden überwiegen, und speziell je mehr wiederum der Gehalt an Tonerde für sich gegenüber der Kieselsäure anwächst, desto schwerer schmelzbar ist die Schlacke[1]). Der Schmelzpunkt schwankt zwischen 1100 und 1600°, liegt aber meist schon zwischen

[1]) Anhaltspunkte hierfür liefert das Dreistoffsystem: CaO-Al_2O_3-SiO_2, Seite 21 i. d. B.

1200 und 1300°, d. h. bei den im wirklichen Betrieb vorkommenden Temperaturen. Die geschmolzene Schlacke frißt das Mauerwerk an und bildet beim Erkalten unter teilweiser Verbindung mit dem feuerfesten Material harte Ansätze, welche den nutzbaren Querschnitt verengen und dadurch ein gleichmäßiges Arbeiten unmöglich machen bzw. die Bedienung erschweren.

Zur **Bekämpfung der Schlackenbildung** arbeitet man in zwei entgegengesetzten Richtungen: entweder wird die Temperatur künstlich erhöht, um die Schlacke vollständig zum Fließen zu bringen, oder man sucht durch Dampfeinführung die Temperatur der Feuerzone unter den Schmelzpunkt der Schlacke herabzudrücken. Auch wenn an einzelnen Stellen Überhitzungen und Schmelzungen auftreten, wird durch die raschere Abkühlung in den tieferen Schichten ein leichterer Zerfall der Schlacke hervorgerufen. Die Vereinigung beider Wirkungen des Wasserdampfes führt zu einer mürben, kleinstückigen Schlacke, die sich leicht entfernen läßt.

Soll die gesamte Asche absichtlich in dünnflüssige Schlacke übergeführt und wie beim Hochofen flüssig abgezogen werden, so müssen fast stets besondere Flußmittel als Zuschläge beigemischt werden. Derartige Abstichgaserzeuger eignen sich deshalb nur für große Einheiten und für den Betrieb mit gleichmäßigem Brennstoff, weil sonst die Zuschläge ständig wechseln müssen. Sie werden deshalb bisher ausschließlich für Koks verwendet. Mit den Abstichgaserzeugern hat die Erzeugung von reinem Luftgas wieder an Bedeutung gewonnen.

Die Bekämpfung der Schlackenbildung durch Einführung von Dampf ist allgemein üblich. Der Wasserdampf wird beim Durchstreichen der glühenden Kohlenschicht unter Aufnahme von Kohlenstoff in brennbares Gas umgesetzt. Es bildet sich je nach der Temperatur und der Berührungszeit mehr Kohlensäure oder Kohlenoxyd neben dem abgespaltenen Wasserstoff. Nur bei sehr hohen Temperaturen gelingt die Zersetzung des Wasserdampfes einigermaßen vollständig. Immer geht bei den üblichen Generator-Betriebstemperaturen ein Teil des Dampfes unzersetzt mit dem Gas aus dem Generator. Da ein hoher Feuchtigkeitsgehalt des Gases aus den verschiedensten Gründen schädlich ist, ist die Beimischung des Wasserdampfes zur Vergasungsluft begrenzt, wenn man nicht ein sehr schlechtes Gas erhalten will. Für mittlere Betriebsverhältnisse wird man ein Gas von 3 bis 5% Kohlensäure, 26—28% Kohlenoxyd und 9—11% Wasserstoff anstreben und dies entspricht einem Zusatz von 0,25—0,30 kg Dampf für 1 kg vergaste Steinkohle. Der Feuchtigkeitsgehalt des Gases beträgt dabei erfahrungsgemäß etwa 30—50 g pro cbm. Anzustreben ist unter allen Umständen ein nicht zu hoher Dampfzusatz, soweit die Eigenschaften der Steinkohle und die Rücksicht auf eine gute Bedienung des Generators dies zulassen.

Die Verwendung trockenen oder noch besser überhitzten Dampfes ist stets vorzuziehen. Die Anwendung von Dampfstrahlgebläsen ist nicht empfehlenswert, weil dieselben viel Dampf verbrauchen und das richtige Mischungsverhältnis zwischen Luft und Dampf nicht in beliebigen Grenzen eingestellt werden kann. Außerdem verführen sie den Arbeiter erfahrungsgemäß dazu, reichlich Dampf beizumischen und das Gebläse für einen möglichst bequemen und schlackenfreien Betrieb zum Nachteil der Gaszusammensetzung einzustellen. Es ist also stets vorzuziehen, die Luft durch Ventilator einzublasen und die erforderliche Dampfmenge getrennt beizumischen. Die Temperatur des eingeführten Luftdampfgemisches bildet für bekannte Betriebsverhältnisse ein bequemes Maß für die zugesetzte Dampfmenge Steigert man den Dampfzusatz über das für den gewöhnlichen Betrieb zulässige Maß, so sinkt die Temperatur und das erzeugte Gas verliert durch den zunehmenden Kohlensäuregehalt sowie die großen Mengen des unzersetzten Wasserdampfes immer mehr an Heizkraft und wird schließlich unbrauchbar.

Durch starke Vorwärmung des Dampfluftgemisches kann man die Wirkung hohen Wasserdampfzusatzes ausgleichen und kommt auf diesem Wege zu dem Mondgasverfahren, bei welchem auf 1 kg vergasten Kohlenstoff etwa 2,5 kg Wasserdampf zugemischt und das Dampfluftgemisch auf 250° vorgewärmt wird.

Bei diesem Verfahren ist in sehr geschickter Weise ein Wärmeaustausch in der gesamten Apparatur von dem Erfinder durchgebildet, jedoch kommt das Verfahren nur für sehr große Anlagen und ganz bestimmte Kohlensorten in Frage. Durch den starken Dampfzusatz wird nämlich erreicht, daß der Stickstoff der Kohle ohne Zersetzung in Form von Ammoniak gewonnen werden kann und nur für diesen Zweck wird das Verfahren angewendet. Die Zusammensetzung des Mondgases ist etwa 14—16% CO_2, 10—12% CO, 24—26% H und 3—3,5% CH_4, entsprechend einem Heizwert von 1180—1260 WE. Die Bedienung solcher Anlagen ist bezüglich des Gaserzeugers sehr einfach, jedoch bedingen die Nebenanlagen stets einen chemischen Betrieb, der für Glashüttenwerke nur sehr selten in Frage kommen kann.

Die Hoffnungen, die man auf die Entwicklung solcher Vergasungsanlagen mit Gewinnung der Nebenerzeugnisse gesetzt hat, haben sich in Deutschland nicht erfüllt, weil wir im Gegensatz zu England, wo derartige Anlagen weit verbreitet sind, nur wenige nicht backende Steinkohlensorten besitzen, die einen hohen Stickstoffgehalt aufweisen und deshalb zur Gewinnung von schwefelsaurem Ammoniak vorteilhaft sind. Die Versuche, Steinkohlen von mittlerer Backfähigkeit, wie sie die meisten deutschen Kohlensorten besitzen, für solche Anlagen zu verwenden, sind unbefriedigend ausgefallen.

Die vorstehenden Ausführungen beziehen sich auf Steinkohle. Für **Braunkohlenbriketts** eignet sich jeder gewöhnliche Steinkohlengaserzeuger; doch zeigen ihre Aschen sehr verschiedenes Verhalten. Während manche Briketts ohne Dampfzusatz vergast werden können, bilden andere Sorten derartig zähflüssige und harte Schlacken, daß trotz des natürlichen Feuchtigkeitsgehaltes ein Zusatz von Dampf erforderlich ist. Zu beachten ist, daß die Asche mancher Braunkohlen zu Sand zerfällt und manchmal mit Wasser eine zähe klebrige Masse bildet, welche die Rostspalten verstopft und schwer zu entfernen ist. In solchen Fällen setzt man dem Gaserzeuger etwa 5% Steinkohle zu, um eine stückige Schlacke zu erzielen, und erreicht damit einen ausgezeichneten Betrieb. Man kann auch ohne Steinkohle arbeiten, wenn man einen Gaserzeuger verwendet, bei dem trockenes Austragen der Verbrennungsrückstände stattfindet (s. u. S. 282).

Bei Vergasung von abgesiebter Rohbraunkohle ist zu beachten, daß infolge des hohen Feuchtigkeitsgehaltes das erzeugte Gas sehr viel Wasserdampf enthält, wodurch die Temperatur im Ofen herabgedrückt wird. Hierfür ist es vorteilhaft, wenn einerseits die Kohle im Generator selbst eine gewisse Vortrocknung erfährt, so daß in der eigentlichen Feuerzone eine ziemlich hohe Temperatur erzielt wird, und wenn andererseits das Gas in langen Rohrleitungen bzw. Kanälen einen großen Teil der Feuchtigkeit verliert und somit einigermaßen trocken in den Ofen gelangt. Beide Bedingungen sind gerade bei älteren Gaserzeugern (Bauart Siemens) oft in Glashütten erfüllt, sofern nicht der Gaserzeuger unmittelbar mit dem Ofen zusammengebaut ist (wie z. B. bei den Nehse-Dralle-Öfen). Hieraus erklärt sich die merkwürdige Tatsache, daß manche Hütten gerade mit veralteten Anlagen leichter die durch die Kriegsnot erzwungene Umstellung auf Rohbraunkohle vornehmen konnten. Bei neuen Anlagen für Rohbraunkohle macht man sich diese Erfahrung ebenfalls zunutze, indem man teilweise die Kohle in besonderen Einrichtungen vortrocknet, um den Betrieb der Gaserzeuger zu verbessern, und außerdem das ganze Gas vollständig abkühlt, so daß der Wasserdampf größtenteils kondensiert wird. Hierbei wird auch der Teer mit abgeschieden. Durch Einhaltung einer bestimmten, niedrigen Temperatur im Vergaser vermeidet man die Zersetzung der Kohlenwasserstoffe und gewinnt den Teer in petroleumähnlicher Beschaffenheit. Der Erzeugung dieses „Urteer" genannten Produktes wird in großen Kreisen der Technik lebhaftes Interesse entgegengebracht, dürfte aber für Glashütten vorläufig nicht in Frage kommen.

Für die praktische Verwendbarkeit und die **Eignung der verschiedenen Brennstoffe** zum Betrieb von Gaserzeugern bietet die Zusammensetzung keinen eindeutigen Anhalt. An und für sich gilt zwar grundsätzlich die Regel, daß der Gehalt an Kohlenstoff wesentlich für den Wert eines Brennstoffes ist. Aber für die meisten industriellen Gasfeuerungen handelt es sich um die Erzielung gleichmäßiger Beheizung von großen

Ofenräumen, also um die Entwicklung langer Flammen. Ferner ist für die Durchführung der Glas-Schmelzprozesse eine bestimmte Temperatur nötig und hierfür ist zu beachten, daß das Gas aus den nach der Analyse minderwertigen Brennstoffen in der Regel einen höheren Heizwert zeigt als zum Beispiel aus Anthrazit. Ebenso erzielt man aus Koks praktisch nur ein Generatorgas von 1100—1150 WE Heizwert, während Generatorgas aus guter Gasflammkohle 1200—1350 WE Heizwert besitzt.

Aus Braunkohlenbriketts erzielt man ein Gas von 3,5—4% CO_2, 31—32% CO, 13 bis 14% H, 2,5% CH_4 mit einem Heizwert von 1400 WE und aus manchen minderwertigen Ligniten vom Westerwald gelingt es ohne weiteres, ein Gas von dem gleichen Brennwert zu erzielen. Ähnlich verhält sich gut trockener „Älterer Hochmoortorf“ (s. u.).

Neuere Spezial-Vergaser für Rohbraunkohle eröffnen die Aussicht, aus diesem uns für die nächste Zukunft am leichtesten zur Verfügung stehenden Brennstoff ein Generatorgas von 1200—1300 WE Heizwert herzustellen, jedoch ist dies Problem noch nicht vollkommen zufriedenstellend gelöst.

Es ist also im Rahmen der durch die Verwendung des Gases gegebenen Bedingungen (Ofentemperatur) stets zu untersuchen, welcher Brennstoff unter Berücksichtigung der Transportwege und Frachtkosten sich am günstigsten stellt. Da aber nicht alle Gaserzeuger sich ohne weiteres gut für jeden Brennstoff eignen und vor allem zur Erzeugung der für den Betrieb nötigen Gasmengen eine verschiedene Zahl von Generatoren nötig ist, also auch verschiedene Bedienungskosten entstehen, so ist die Wahl des günstigsten Brennstoffes für eine vorhandene Anlage oder die Errichtung einer zweckmäßigen Vergasungsanlage für gegebene Betriebsverhältnisse in jedem Einzelfall sorgfältig zu prüfen.

Braunkohlenbriketts und Torf vergasen sich angenehmer und vorteilhafter als Steinkohle. Da nach dem Heizwert gerechnet etwa das 1½fache an Briketts verbraucht werden müßte, so wird man also durch leichtere Bedienung und besseren Wirkungsgrad bei Anwendung von Briketts Ersparnisse erzielen, wenn der Preis derselben sich unter Berücksichtigung dieses Mehrverbrauchs nicht teurer stellt. Die Anwendung von Braunkohlenbriketts zur Vergasung hat deshalb in letzter Zeit ständig zugenommen.

Es muß aber damit gerechnet werden, daß die Erzeugung von Briketts hiermit in der nächsten Zukunft nicht Schritt halten wird. In Braunkohlengegenden sollte deshalb besonders für größere Betriebe der Übergang zur Rohbraunkohle angestrebt werden. In dem Abschnitt über Braunkohlenvergasung sind einige Konstruktionen hierfür und die bisherigen Ergebnisse mitgeteilt. Wo eine stückige und harte, besonders aber wo abgesiebte Rohbraunkohle günstig zu beziehen ist, verspricht deren Verwendung in dafür geeigneten Gaserzeugern Erfolg.

Ganz besonderes Interesse bietet für die Glashütten, die teilweise weit abseits von den Kohlengebieten liegen, die Vergasung von Torf. Erfreulicherweise ist neuerdings auf diesem Gebiet ein wesentlicher Fortschritt erkennbar. Torf ist an und für sich ein sehr gutartiger Brennstoff und nur wegen des hohen Wassergehalts kann er nicht allgemein verwendet werden. Alle Versuche, durch künstliche Trocknung die Feuchtigkeit des Torfs zu beseitigen, mußten als unwirtschaftlich aufgegeben werden. Aber es ist möglich, einen Torf von 30—35% Wassergehalt zu liefern, und der Vergasung eines solchen Torfs steht nichts im Wege. Im Vergleich mit Rohbraunkohle kann als feststehend gelten, daß die Vergasung von Torf mit diesem Wassergehalt einen sehr angenehmen störungsfreien Betrieb ergibt, da der Torf nur einen sehr geringen Aschengehalt besitzt und meist eine gutartige Schlacke bildet. Das gewonnene Gas besteht etwa aus 6—8% CO_2, 0,4% O, 28% CO, 13% H_2, 2,5% CH_4, und hat einen Heizwert von 1350—1400 WE. Für Glashütten mit günstiger Frachtlage für Torf eröffnet sich also hier eine Aussicht, die bisher noch viel zu wenig beachtet wurde und die nur ein verständnisvolles Zusammenarbeiten zwischen Torfwerk und Verbraucher erfordert. Wenn das Torfwerk durch die Bestimmungen des Lieferungsvertrages die angemessene Entschädigung für möglichst trockene Ware findet, so wird es einen großen Vorteil darin finden, sich durch eine regelmäßige tägliche Lieferung eine ganz bestimmte Basis für seinen Betrieb zu schaffen. Für die Glashütte aber ist es eine einfache Rechnung, ob sich die Heizwerteinheit frei Hütte in Form von Torf billiger stellt.

3. Bau der Gaserzeuger.

a) Der Schacht. Der Gaserzeuger besteht im wesentlichen aus einem viereckigen oder runden Schacht, in welchem die Kohle 1—1,3 m hoch aufgeschüttet wird und in dessen oberem Teil über dem Kohlenbett ein genügender Gasraum sich befinden soll. Er ist mit feuerfesten Steinen umgeben.

Die älteren Anlagen besitzen durchweg einen viereckigen Schacht, welcher unten durch einen Plan- oder Treppenrost abgeschlossen ist, auf welchem die Kohle ruht

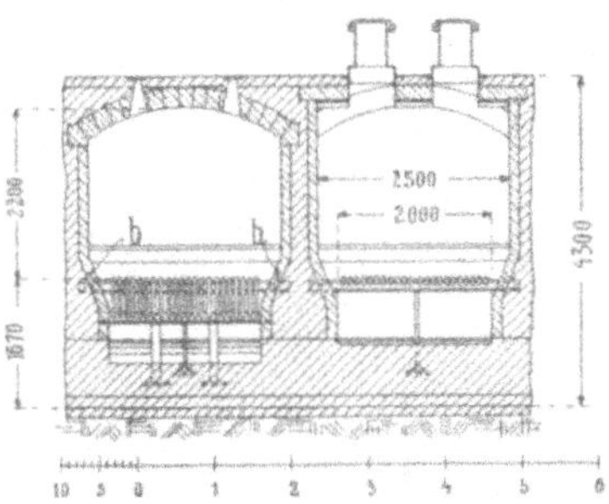

Abb. 98.

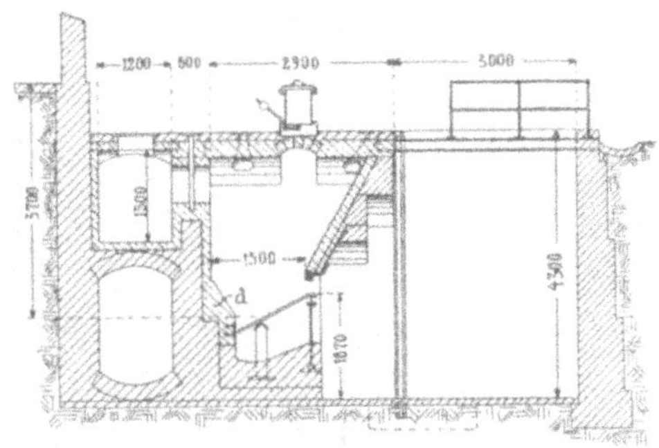

Abb. 99.

(Abb. 98 u. 99). Diese Gaserzeuger besitzen oft einen besonderen Füllschacht, von dem aus die Kohle entsprechend dem natürlichen Böschungswinkel in ungefähr gleichmäßiger Schütthöhe über den Rost ausgebreitet wird. Dieser oft auch „Schüttung“ genannte Generator ist in Form und Arbeitsweise einer Halbgasfeuerung ähnlich und wird für kleine Leistungen besonders in unmittelbarer Verbindung mit dem Ofen auch heute noch häufig angewendet (Abb. 100 u. 101). Die Leistung beträgt 50—60, höchstens 80 kg für 1 qm Rostfläche je Stunde. Auf der einfachen Bauart und der geringen Beanspruchung beruht der wesentlichste Vorzug des einfachen Schachtgenerators, doch ist er deshalb für den Großbetrieb auch nicht geeignet.

Ursprünglich arbeiteten solche Gaserzeuger mit natürlichem Kaminzug, so daß die Vergasungsluft ohne jede Regelung durch den Rost eintrat. Sie sind unter dem Namen „Siemens-Generatoren“ noch heute vielfach verbreitet und meist zu 2 oder 4 in einem Mauerblock verankert. Die äußere Umkleidung besteht aus gewöhnlichem Ziegelmauerwerk. Solche Gaserzeuger wurden fast stets tief angelegt, so daß der durch die Gasbildung erzeugte Auftrieb nutzbar gemacht wird. Man ging aber bald dazu über, die Luft unter Druck einzuführen, und mußte deshalb den Rostraum nach außen abschließen.

Bei größerem Querschnitt des Schachtes war man gezwungen, den Treppenrost beiderseitig anzuordnen, während die Beschickung in der Mitte des Schachtes erfolgte. Aus diesem rechteckigen Schacht mit 2 Rosten entstand dann der mit einem Blechmantel von 6—8 mm Stärke umkleidete Rundschacht mit einem vieleckigen

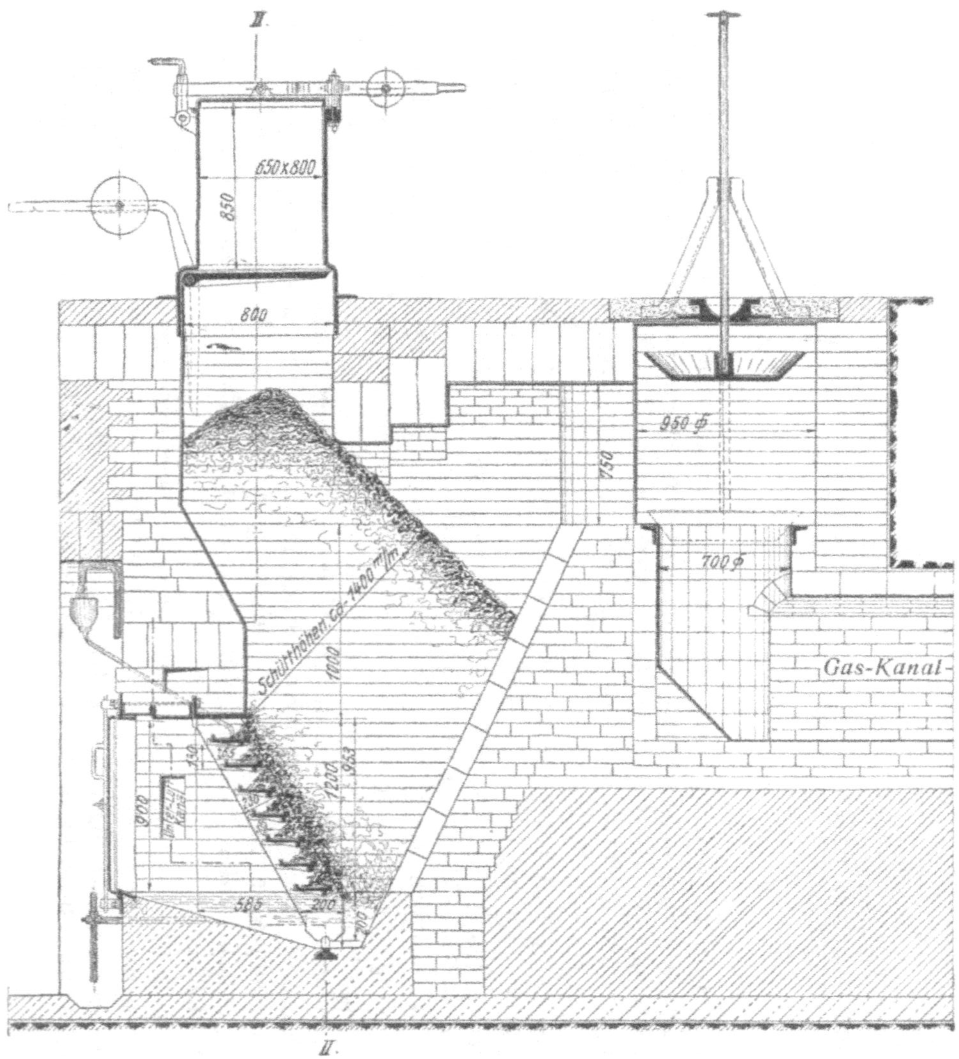

Schnitt: I—I.
Abb. 100.

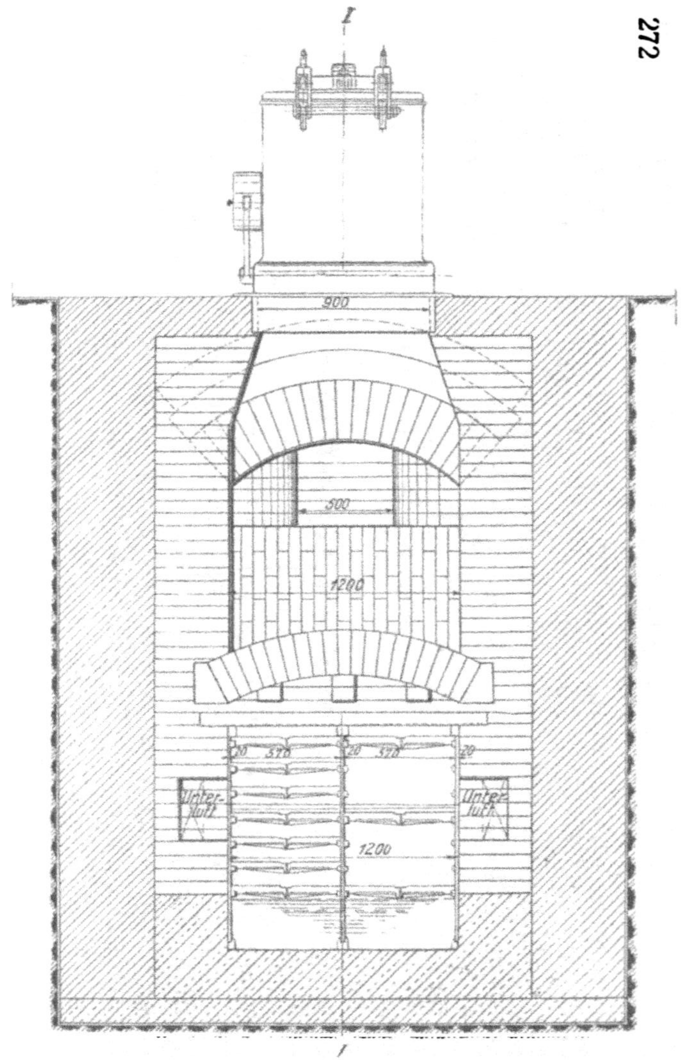

Schnitt: II—II.
Abb. 101.

Treppenrost, dem sogenannten Korbrost, der wohl zuerst von Bletzinger 1893 veröffentlicht wurde und dann speziell von der Firma Poetter in großer Anzahl ausgeführt, neuerdings aber wieder verlassen wurde.

Dieser Gaserzeuger ist unten durch eine aufgehängte Blechglocke abgeschlossen, die oben und unten einen Wasserabschluß besitzt. Beim Abschlacken wurde die Glocke hochgezogen, so daß der Treppenrost auf seinem ganzen Umfang freilag und von Schlacken gesäubert werden konnte. Unten war der Korbrost offen, und die Asche wurde gleichmäßig herausgeschaufelt, so daß der ganze Inhalt des Schachtes nachrutschen konnte. Man ging in dieser Entwicklung weiter, indem die Asche sich unten in ein gemauertes Wasserbad aufstützte, aus dem sie nunmehr abgekühlt und ohne Staubbelästigung herausgeschaufelt werden konnte. Aus dieser Bauart, welche sich lange Jahre hindurch mit gutem Erfolg bewährt hat, entstand dann der rostlose Gaserzeuger mit unterem Wasserabschluß, aus dem ohne Betriebsunterbrechung die Asche entfernt werden kann.

Bei runden Gaserzeugern besitzt das Mauerwerk eine Stärke von 300—350 mm und wird im allgemeinen aus einem halbsauren Material (s. Kap. 7) hergestellt, weil bei der schwankenden Zusammensetzung der Kohle weder ein hochbasisches noch ein ausgesprochen saures Material gewählt werden sollte. Wo natürlich eine bestimmte Kohlensorte mit Sicherheit zur Verfügung steht, deren Aschenzusammensetzung bekannt ist, kann auch der Generatorstein dieser Zusammensetzung angepaßt werden. Es empfiehlt sich, über den drei untersten Steinreihen ein am Eisenblechmantel befestigtes Winkeleisen als Tragring einzubauen, welches die darüber befindlichen Steine trägt, so daß die untersten drei Reihen für sich ersetzt werden können, wenn sie durch den Einfluß der Schlacke und des Feuers zerfressen worden sind.

Zwischen Mauerwerk und Mantel befindet sich eine Isolier- und Ausdehnungsschicht von 40—50 mm Stärke, die der Billigkeit wegen meistens mit Sand oder Kesselasche gefüllt wird.

Das Mauerwerk wird von einem Winkelring aus Gußeisen oder Stahlguß getragen, der mit dem Mantel fest verbunden ist. An diesen Winkelring schließt nach unten der Eintauchring an, der in der Regel aus einzelnen Stücken zusammengesetzt ist und in die Wasserschüssel eintaucht, um so den Abschluß des Schachtes gegen die Außenluft zu bewirken.

Der Eintauchring wird entweder aus einzelnen Segmenten in Gußeisen oder Stahlguß ausgeführt, oder er besteht aus Blech, welches innen mit besonderen Verschleißringen aus Gußeisen bzw. Stahlguß armiert ist. Bei der letzteren Bauart muß darauf geachtet werden, daß dieser Verschleißring sorgfältig befestigt wird; denn es kommt erfahrungsgemäß vor, daß infolge eines Bedienungsfehlers die Feuerzone bis in die Höhe dieses Ringes heruntersinkt und daß dann infolge der hohen Temperatur der Verschleißring sich von dem Blechmantel abbiegt, so daß Schlackenstücke zwischen Blechmantel und Verschleißring festsitzen und ein gleichmäßiges Nachrutschen der Asche hindern.

Der Mantel wird meist in der Höhe geteilt, so daß zwei Ringe von etwa 1500 mm Höhe entstehen. Diese werden auf der Baustelle entweder durch eine Lasche oder durch Winkelringe verschraubt, bzw. vernietet. Mit Rücksicht auf den Transport wird bei größeren Gaserzeugern jeder einzelne Mantelring nochmals in zwei oder drei Teile zerlegt und auf der Baustelle vernietet. Der Mantel ruht auf vier gußeisernen oder schmiedeeisernen Füßen.

Man hat öfters statt der Ausmauerung des Schachtes einen wassergekühlten Doppelmantel verwendet, um dadurch jede Anbackung der Schlacke an dem Mantel zu verhüten. Die Ausführung ist jedoch neuerdings allgemein wieder verlassen worden. Diese Doppelmäntel sind schwierig herzustellen, und wenn eine Undichtheit im Betrieb auftritt, so ist die Reparatur außerordentlich lästig und bedingt eine längere Betriebsstörung (vgl. Abb. 113, S. 279).

Außerdem entzieht die Wasserkühlung dem Vergaser eine beträchtliche Wärmemenge, etwa 2—3% der Gesamtwärme. Man hat zwar demgegenüber versucht, den Wassermantel als Dampfkessel auszubilden und den zum Betrieb nötigen Dampf unter Ausnutzung der abgeführten Wärme kostenlos zu erzeugen; aber auch diese Konstruktion hat sich wenig bewährt, weil der Dampfraum eines solchen Kessels sehr gering ist und daher ein ziemlich nasser Dampf erzeugt wird, der für den Generator nachteilig ist. Nur für Koks hat sich eine besondere Bauart (System „Marischka") im Betrieb bewährt, wobei die heißen Gase eine Reihe von Röhren umspülen und auf diese Weise eine bessere Ausbildung des Dampfkessels ermöglicht wird. Im großen und ganzen muß aber von solchen Kühlmänteln abgeraten werden.

b) Beschickungseinrichtung. Die Brennstoffzuführung erfolgt fast bei allen Gaserzeugern durch einen einfachen Trichter mit doppeltem Verschluß, der etwa die Kohlenmenge für $^1/_2$ Stunde faßt. Im wesentlichen kommt es bei dem Fülltrichter nur darauf an, daß er genügend solide gebaut ist. Die Glocke ist meist aus Stahlguß ausgeführt und häufig mit Schamotte ausgemauert. Eine gute Verteilung der Kohle wird dadurch erreicht, daß um die Glocke ein ringförmiger Mantel in bestimmtem Abstand angeordnet ist, durch den je nach der Senkung des Verschlußkegels die Kohle nach der Mitte des Vergasers abgelenkt wird, während bei der tiefsten Lage sämtliche auf der Glocke ruhende Kohle mehr nach dem Umfang des Gaserzeugers gestreut wird. Man kann also bei geschickter Handhabung dieser Vorrichtung die Kohle gleichmäßig über den ganzen Querschnitt verteilen (Abb. 111, 113, 114 u. a.).

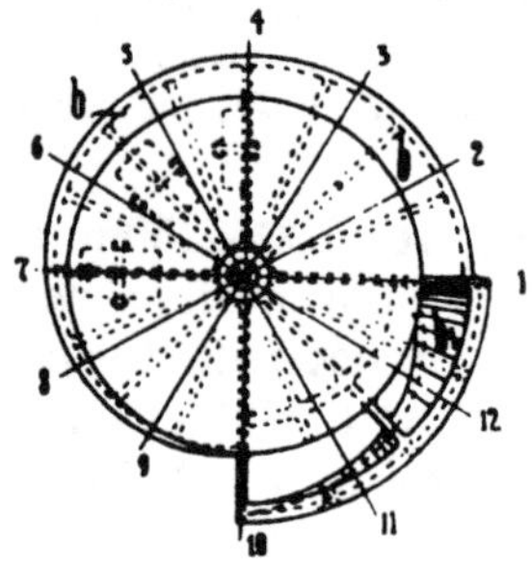

Abb. 102.

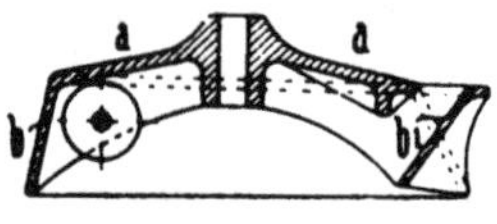

Abb. 103.

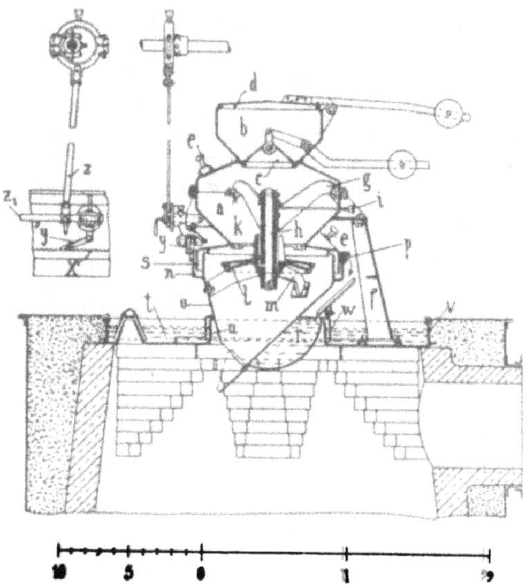

Abb. 104.

Obwohl der Vorteil einer ununterbrochenen gleichmäßigen Kohlenzuführung für die Erzielung eines gleichmäßigen Gases nicht zweifelhaft sein kann, haben sich mechanische Beschick-Vorrichtungen, die in Amerika viel verbreitet sind, in Deutschland weniger bewährt. Sie eignen sich in der Hauptsache für Nußkohle, die aber in Deutschland den Werken nur ausnahmsweise zur Verfügung steht. Sie beruhen darauf, daß die Kohle durch einen Trichter auf einen rotierenden Verteilteller (z. B. Abb. 102/103 System Bildt) oder über einen Verteilteller in einen rotierenden Trichter fällt, der an jeder Stelle des Umfangs eine andere Neigung besitzt,

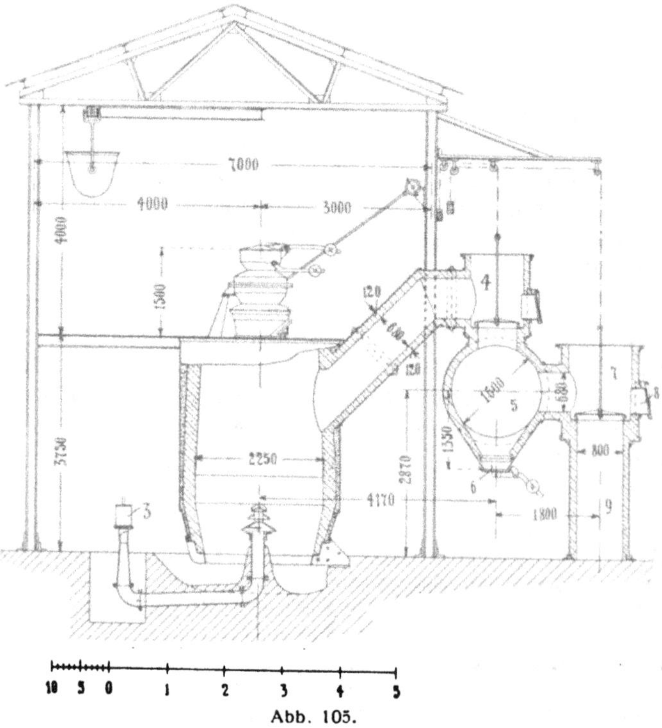

Abb. 105.

so daß die Kohle während der Umdrehung des Trichters über diese verschieden geneigten Flächen mehr oder weniger weit nach außen geworfen wird.

Als Beispiel für eine solche Konstruktion sei der Morgan-Gaserzeuger nachstehend beschrieben (Abb. 104/105).

Dieser Gaserzeuger steht über einem Wasserbehälter, der durch das Fundament gebildet wird. Durch das Gebläse 3 wird die Luft dem Zentralrohr mit Haube zugeführt. Das Gas verläßt den Gaserzeuger durch eine Verbindungsleitung, gelangt von hier in das Ventilgehäuse 4, von dort in die Hauptsammelleitung 5, die mit Staubtaschen versehen ist. Von hier aus gelangt das Gas durch das Hauptgasventil 7 mit Reinigungstür 8 zur Gasleitung 9 nach dem Ofen. Zur Bekohlung dient eine Hängebahn. Die automatische Beschickungsvorrichtung (Abb. 7 u. 8) wird von drei Füßen *f* getragen. Auf dem Behälter *a* befindet sich ein Aufsatz *b* mit einer Glocke *c* und einer äußeren Verschlußklappe *d*, die nur beim Kohlenaufgeben geöffnet wird. Durch die Schaulöcher *e* sehen wir die am Kohlenbehälter festgeschraubten Arme *g* mit dem Vertikallager *h*, in dem ein Zapfen *k* mit Überwurf und Splint geführt und durch die Schmiervorrichtung *i* geschmiert wird. Unten hat dieser Zapfen einen Teller *l*, der durch die Arme *m* mit dem Unterteil *o* verschraubt ist; dieses Unterteil hat oben eine Wasserrinne *n*, in welche der Rand *s* des feststehenden Oberteils *a* eintaucht. Die Abdeckplatte des Schachtes *t*, auf der die schon erwähnten Tragfüße *f* festgeschraubt sind, ist mit einem äußeren Rande *v* und mit einem inneren Rande *u* versehen, über den der Rand *w* des Unterteils *o* hinweggreift. Durch eine Rohrleitung wird der oberen Rinne *u* Wasser zugeführt, das bei *p* überläuft, in den Hohlraum *r* tritt und von hier aus in den flachen Wasserbehälter *t* des Generatordeckels gelangt. Oben hat das drehbare Unterteil einen Zahnkranz *x* (s. Abb. 8), in welchen die Sperrklinke *y* des Schaltbetriebes *z* eingreift und so das Unterteil mit seinem wassergekühlten Kohlenverteiler in Umdrehung bringt. Durch Verschiebung der Exzenterstange *z* auf dem Hebel z_1 kann die Umdrehungszahl geändert und die Kohlenaufgabe reguliert werden.

Die Kohle wird durch den exzentrischen Verteiler *r* über die ganze Fläche des Generatorschachtes gleichmäßig verteilt. Bei kleinen Anlagen wird die Kohle am besten vom Waggon aus auf die Beschickungsbühne geschafft und von Hand in den Fülltrichter geschaufelt. Wenn mehrere Generatoren zu einer Batterie vereinigt sind, so werden über den Beschickungsvorrichtungen Kohlenbunker angebracht, die durch Öffnen von Schiebern mit den Fülltrichtern verbunden werden können.

Die Kohlenschicht im Generator soll so gehalten werden, daß die Windhaube immer in Asche steht, die Brennzone liegt etwa 20 cm höher.

Um ein Verschlacken zu verhindern, ist der Generatorschacht bis in die Aschenschicht zylindrisch. Solche Gaserzeuger werden in zwei Normalgrößen von 2400 und 3000 mm Schachtdurchmesser gebaut. Die Leistung beträgt bei mittlerer Steinkohle 7000 bzw. 10000 kg in 24 Stunden.

Dieser Gaserzeuger wird in ähnlicher Ausführung als runder, unten verengter Schacht mit zentraler Windeinführungshaube, Wasserabschluß und gewöhnlichem Fülltrichter von fast allen Firmen gebaut, da sich das Patent lediglich auf die mechanische Beschickungsvorrichtung bezieht. Er ist für kleine und mittlere Betriebe sehr stark verbreitet und kann für Steinkohle auch heute noch empfohlen werden, falls nicht eine größere Leistung die Anlage von Drehrost-Gaserzeugern notwendig macht.

c) Der Rost. Über die Plan- und Treppenroste, die bei den viereckigen älteren Gaserzeugern benutzt wurden, ist nichts besonderes zu bemerken. Sie sind genau so ausgeführt, wie die entsprechenden Roste von Halbgasfeuerungen. Bei Treppenrosten wird häufig eine Wasserberieselung benutzt, durch die die Rostplatten gekühlt werden, während das unten abfließende Wasser in einem Bassin (Wasserschiff) gesammelt wird (siehe Abb. 100). Durch das langsam herabrieselnde Wasser wird neben der Kühlung des Rostes eine gewisse Verdampfung erzielt und dadurch die Schlackenbildung gemindert, sowie eine, wenn auch nicht sehr bedeutende Zersetzung des Wasserdampfes ermöglicht (s. S. 263 u. ff.).

Die Entwicklung der Schachtgeneratoren mit Wasserabschluß führte zu einem **einfachen zentralen Rost,** der eigentlich nur eine Windverteilungshaube darstellt. Bei den verbreiteten Gaserzeugern der Bauart „Morgan" wird in Deutschland meist eine dreistufige Haube verwendet. Andere Bauarten verwenden eine zentrale Haube, die mit Schlitzen versehen ist. Während also bei dem System „Morgan" der Wind nur unter den Haubenflächen auftritt, so daß die Gefahr der Verstopfung geringer ist, tritt hierbei der Wind unmittelbar durch die Schlitze in die Aschenschicht aus (Abb. 106). Alle diese Gaserzeuger werden so betrieben, daß die Haube nicht in das Feuer reicht, sondern daß bis ca. 20 cm über der Haubenspitze der Schacht mit Asche bzw. Schlacke gefüllt gehalten wird.

In dieser Höhe befindet sich im Blechmantel eine Reihe von Stochlöchern, durch welche die Höhenlage des Feuers nachgeprüft werden kann. Die Asche soll gleichmäßig am Umfang solange entfernt werden, bis die vorgeschriebene tiefste Lage des Feuers erreicht ist. Es ist aber nicht zu verhüten, daß bei unaufmerksamer Bedienung und auch unter dem Einfluß ungünstiger Kohle die angestrebte gleichmäßige Lage des Kohlenbettes nicht immer aufrecht erhalten werden kann und dadurch das Gleichgewicht des Generators gestört wird.

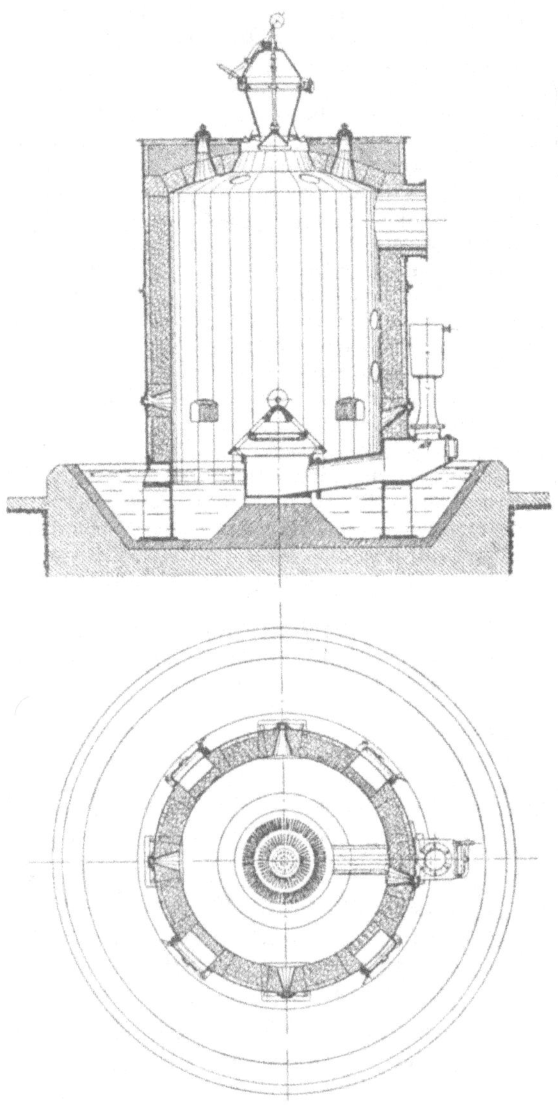

Abb. 106.

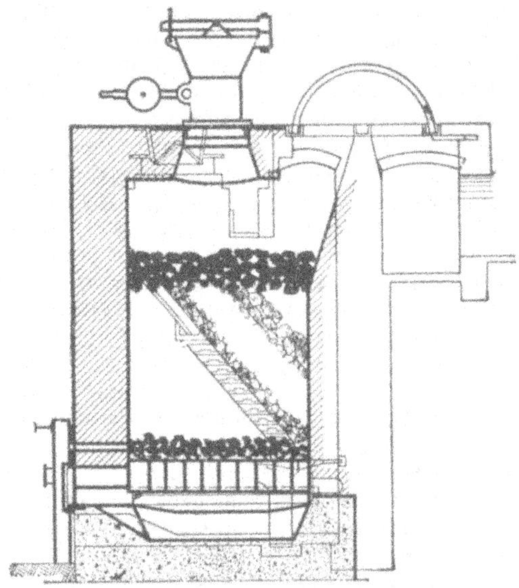

Abb. 107.

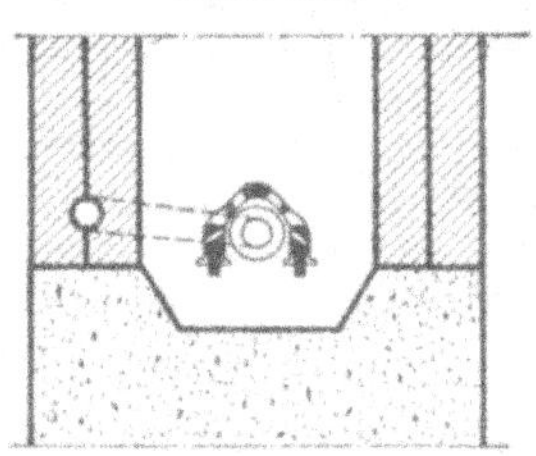

Abb. 108.

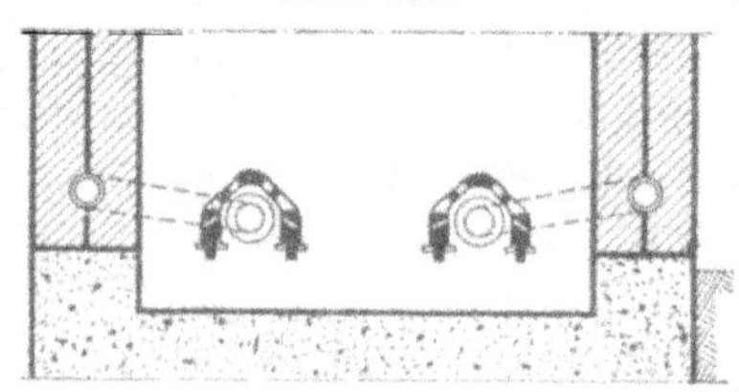

Abb. 109.

Die Vorteile, die mit der Dampf- und Druckluftzufuhr bei den Rundschachtgeneratoren verbunden sind, ließen das Bedürfnis erwachsen, auch für rechteckige Schachtvergaser den Blasebetrieb verwenden zu können. Die beste Lösung dieser Aufgabe finden wir im **Dachrost**[1]), dessen Einbau in die vielfach noch üblichen „Siemens-Schüttungen" in einfacher Weise möglich ist. Abb. 107—109 stellt einen solchen Dachrost

[1]) Friedmann, Geblasene Generatoren, Glastech. Ber. 3, 8 (1925). (Abb. aus Gaserzeuger in Glashütten 1925 Selbstverl. der »Wärmetechnischen Beratungsstelle der deutschen Glasindustrie« (W.B.G.) Frankfurt/M entnommen.)

dar, der in einen Treppenrost-Gaserzeuger eingebaut ist. Der Treppenrost wird entfernt. Der vormalige Aschenfall ist durch Herunterziehen des Gemäuers und durch Türen dicht geschlossen. Für die Luft- und Dampfzufuhr werden je nach der Breite des Schachtes ein oder zwei gelochte Rohre am Fuß des Schachtes, in die die Luftdampfleitung mündet, eingeführt. Über diese Rohre wird ein dachförmiger Rost gelegt. Er hat, wie beim Rundschacht die Windverteilungshaube des Zentralrostes, die Aufgabe, den Wind noch gleichmäßiger zu verteilen. Über dem Rost sind Öffnungen zum Stochern und zur Beobachtung des Feuers vorgesehen. Vorteile des Dachrostes sind: gute Windverteilung, gegen natürlichen Zug fast verdoppelte Leistung, angenehmes Abschlacken, niedrige Anschaffungskosten, beste Raumausnutzung, weil mehrere Generatoren in Blocks mit gemeinsamen Wänden zusammengelegt werden können, was noch Verminderung der Strahlungsverluste bringt.

Eine wichtige Wendung in der Entwicklung des Gaserzeugerbaues ist die etwa 1905 beginnende Einführung des **Drehrostgenerators**, der die oben erwähnte Schwierigkeit, in Rundschächten mit Zentralrost gleichmäßige Brennstofflagerung aufrecht zu erhalten, zu überwinden berufen war. Er hat sogleich allgemeine Beachtung gefunden und ist heute überall eingeführt, wo es sich um große Leistungen handelt. Obwohl eine Reihe von Einrichtungen zur selbsttätigen Austragung der Schlacke schon länger bekannt war, hat erst die Bauart von Kerpely weitere Verbreitung gefunden. Sie beruht auf einem exzentrisch gelagerten oder oval geformten Rost, der in einer drehbaren Aschenschüssel gelagert ist; durch die Drehbewegung wird die Asche von dem Rost nach außen gedrückt und von einer Schaufel erfaßt, welche feststehend mit dem Mantel des Vergasers verbunden ist. Die Asche staut sich daher vor dieser Schaufel auf und wird über den Rand der Aschenschüssel ausgetragen.

Abb. 110.

Abb. 110 zeigt einen ähnlichen Drehrost, wie er in den ersten Kerpely-Generatoren angewandt wurde, und zwar in der heutigen Ausführung der Firma Julius Pintsch A.-G.-Berlin.

Die Durchbildung der auf dem Vorbilde Kerpelys aufbauenden Generatorkonstruktionen ist in den letzten zwei Jahrzehnten fortgeschritten. Wir bringen deshalb zur Erläuterung des Baues und der Wirkungsweise in Abb. 111 die Bauart, die heute von Thyssen & Co. Mülheim-Ruhr geliefert wird.

In einem gemauerten Fundamentkörper befindet sich der Windraum, welcher oben von einem kreisförmigen Kasten von u-förmigem Querschnitt begrenzt wird und so eine Tasse bildet, welche mit Wasser gefüllt wird. In diese Rinne taucht ein Blechring, der am inneren Umfang einer gußeisernen Aschenschüssel *d* befestigt ist. Am äußeren Umfang hat diese Schüssel einen Zahnkranz *c*. In ihn greift ein Schaltwerk *k*, das die Aschenschüssel langsam und regulierbar umdreht. Beim Original-Kerpely rollte die Aschenschüssel auf einem Kugellager und wurde von diesem zentral geführt. In der Aschenschüssel ist der domartige Aufbau *g* angeordnet, wodurch die Aschenschüssel einen ringförmigen Raum erhält; dieser Aufbau trägt einen widerstandsfähigen ausgebauten Rost, der weit in das Generatorinnere hineinragt und der sich mit der Aschenschüssel kontinuierlich dreht. Durch seine exzentrische Lage wird das Brennmaterial in eine ständig nach außen drängende Bewegung versetzt, um ein gleichmäßiges Niedersinken der Schlacke bis in den ringförmigen Raum der Aschenschüssel zu erreichen. Indem der im Querschnitt exzentrische Rost die Asche vor sich hertreibt, bewerkstelligt er mit Hilfe eines Staubleches auch die automatische Entfernung der Asche aus der Schüssel. Infolge der ständigen Bewegung und der größeren Rostfläche ist die Leistung dieser Gaserzeuger wesentlich größer als bei festem Rost.

Wie bereits weiter oben gesagt, hat der Rost unsymmetrischen Querschnitt; in seinem unteren Teil *g* ist er massiv gebaut, der obere Teil dagegen, der zur Windverteilung dient, besteht aus einzelnen auswechselbaren Platten (siehe Abb. 110). Die Rostspitze ist in besonderem Maße exzentrisch gesetzt, um eine möglichst intensive Bewegung in der Kohlensäule herbeizuführen.

In der abgebildeten heutigen Ausführung von Thyssen (Abb. 111) sind die Rostschlitze in die Mantellinie der beiden den Rost bildenden Kegel gelegt, so daß sie als kreisender Wirbel in den Schacht geschickt wird und so eine gleichmäßige Verteilung erhält.

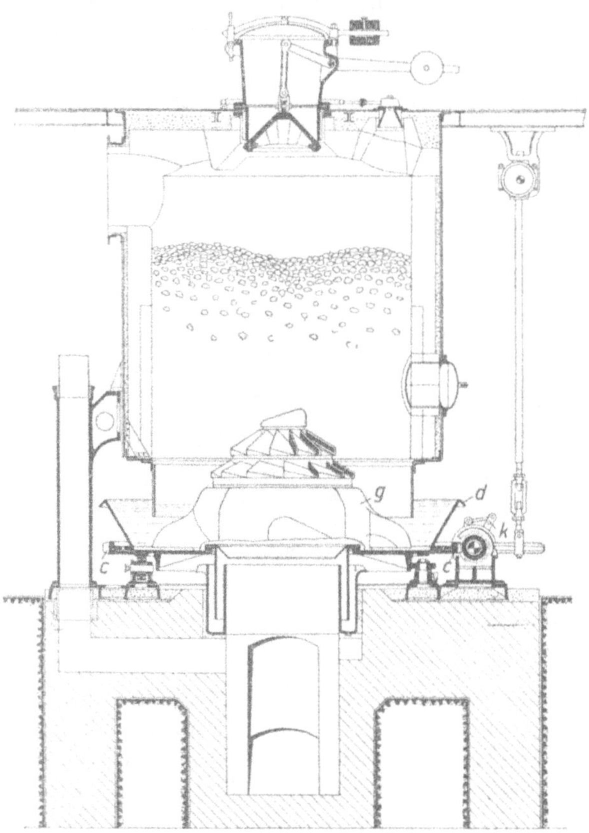

Abb. 111.

Zum Antrieb der Aschenschüssel dient ein Schneckenrad, welches in den Zahnkranz *c* eingreift und von einem Exzenter vermittels des Schaltwerkes *k* gedreht wird. Die Aschenschüssel macht im Durchschnitt in 2—3 Stunden eine Umdrehung.

Aus Abb. 111 ist ersichtlich, daß der eigentliche Generatorschacht auf eisernen Füßen ruht. Er hatte anfangs Mantelkühlung, um das feuerfeste Material von der Berührung mit dem Brennstoff ganz auszuschalten, da dieses in erster Linie Gelegenheit zu Schlackenansätzen bietet. Infolgedessen kann man die Temperatur der oberen Feuerschichten verhältnismäßig hoch halten, so daß eine vorteilhafte Gaszusammensetzung erreicht wird. Wegen der damit verbundenen Nachteile ist jedoch diese Konstruktion nur vereinzelt noch in Anwendung.

Der obere Teil des Generatorschachtes besteht aus einem Blechmantel, der mit feuerfesten Steinen ausgemauert ist. In diesem Teil befindet sich meistens der seitlich angebrachte Gasabzug. Zur Kohlenaufgabe dient ein Fülltrichter von beliebiger Konstruktion, je nach Maßgabe der zur Verwendung kommenden Kohle.

Abb. 112 zeigt eine Anlage von Kerpely-Gaserzeugern mit dem Antrieb der Aschenschüssel. Abb. 122, S. 298, gibt das Bild einer Generatorenzentrale mit Kohlenbunkern und einem elektrisch betriebenen Kohlengreifkran, der die ganze Halle befährt, die Kohlen aus der Kohlengrube nimmt und in die Bunker befördert. Abb. 121 gewährt einen Blick auf die dazugehörige Bedienungsbühne. Hier hat jeder Kohlenbunker einen schrägen Auslauf mit Muschelschieber zum Beschicken der Füllkasten.

Der Generator eignet sich zur Vergasung von Braunkohlen, Steinkohlen, Lignit und auch für sehr aschenreiche Kohlen, die früher überhaupt nicht vergast werden konnten. Derselbe wird in drei gebräuchlichen Größen gebaut und zwar:

Nr.	Schachtdurchmesser mm	Annähernder Durchsatz in 24 Stunden		
		f. Steinkohle	Braunkohle	Lignit.
1	2100	10—12 t	20 t	15 t
2	2600	14—16 t	28—30 t	20—22 t
3	3000	18—20 t	bis 40 t	25 t

Abb. 112.

Hier sei bemerkt, daß sich das deutsche Kerpely-Patent nur auf eine bestimmte Rostform bezieht, nämlich den „Polygonrost", während der runde, unsymmetrisch im Schacht sitzende Rost nicht geschützt ist. Deutsche Firmen haben bald nach Einführung der Bauart 1905 die Lizenz erworben und Versuche mit deutschen Kohlen im „Kerpely"-Generator angestellt; als die Originalkonstruktion nicht recht befriedigte, schlugen sie eigene Wege ein. Größtenteils sind die entstandenen Bauarten weniger in der Wirkungsweise verschieden als durch die Patentansprüche der Erfinder, jedoch haben sich praktisch einige Rostformen besonders gut bewährt, von denen in folgendem noch weitere erwähnt werden sollen:

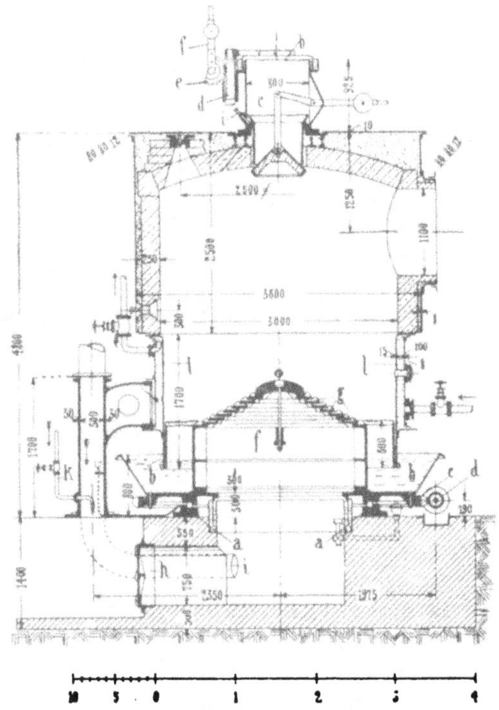

Abb. 113.

Dem ursprünglichen „Kerpely-Rost" ähnlich ist die ältere Bauart von Ehrhardt & Sehmer (Abb. 113) und von Thyssen, die den Rost aus wagerechten Treppenstufen zusammensetzen. Die einzelnen Ringe des Rostes greifen ineinander und sind oben durch eine Haube überdeckt, so daß der ganze Rost durch eine starke Schraube und ein im

Unterteil sitzendes ⊏-Eisenpaar zusammengehalten wird. Der Rost von Rehmann besitzt eine Anzahl von Spitzen, ist aber grundsätzlich hiervon nicht verschieden. Weite Verbreitung hat der Hilger-Rost gefunden, der ursprünglich von der Firma Poetter G. m. b. H. gebaut wurde (Abb. 114). Dieser Rost besteht aus einem sternförmigen Aufsatz und besitzt als Besonderheit den sogenannten Pilgerschritt-Antrieb, durch den es ermöglicht wird, den Rost und die Aschenschüssel abwechselnd vorwärts und rückwärts zu drehen. Es wird behauptet, daß diese schrittweise Bewegung eine energische Durcharbeitung des Brennstoffes und der Feuerzone bewirkt. Neuerdings vertreibt Poetter G. m. b. H. ihren Gaserzeuger nicht mehr unter dem Namen „Hilger"-Generator, sondern nennt ihn „System Pötter". Es sind mehrere Hundert Vergaser dieser Bauart ausgeführt, und wenn man auch über den Wert des Pilgerschritts geteilter Meinung sein kann, so ist es zweifellos ein Vorteil, den Rost rückwärts drehen zu können, wenn dies einmal erwünscht erscheint. Abb. 115 zeigt eine Anlage mit einer großen Anzahl von Pötter-Generatoren. Im Vordergrund ist der Pilgerschritt-Antrieb des Drehrostes deutlich erkennbar.

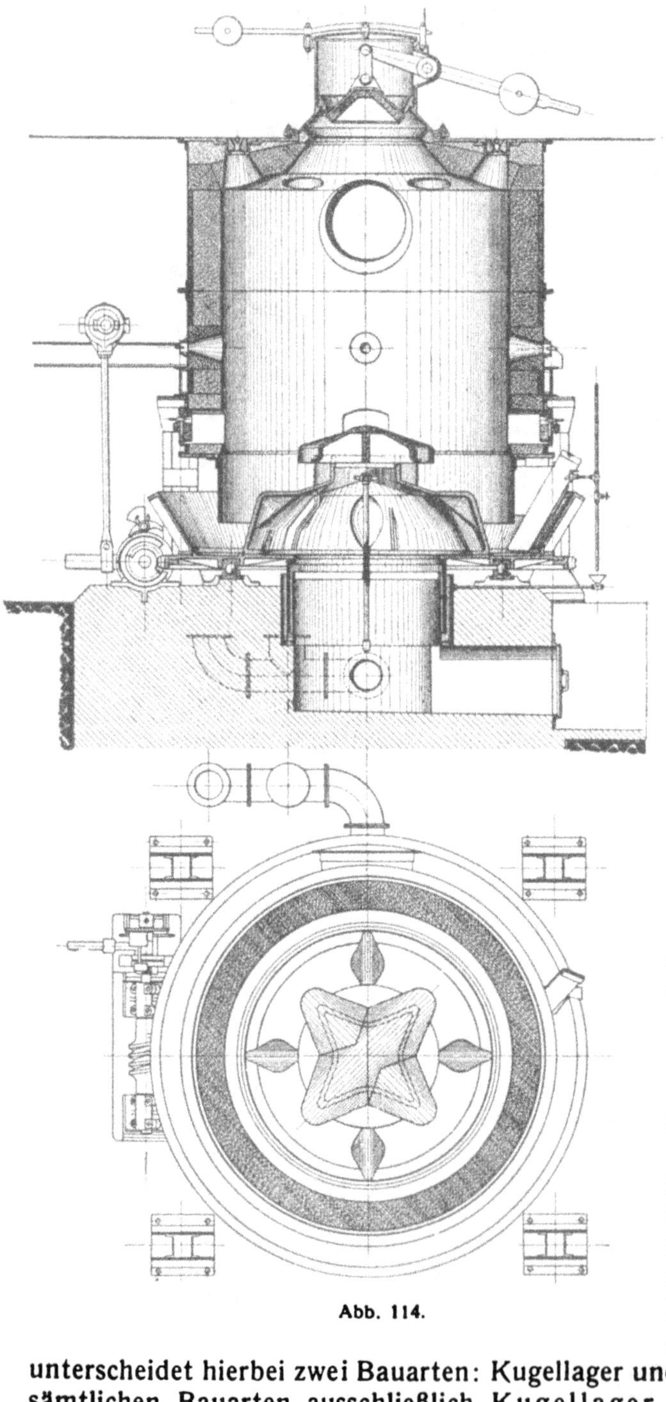

Abb. 114.

Eine zweifellos gute Konstruktion des Drehrostes hat die Firma „Siemens" in Verbindung mit den Rombacher Hüttenwerken ausgebildet. Die Haube dieses Rostes ist außerordentlich stark und einfach mit schweren Rippen gebaut, und der eingelassene Wind tritt entgegen der Drehrichtung der Haube am Fuß der Rippen aus, wodurch ein großer Windquerschnitt erzielt wird, ohne daß die Gefahr der Verstopfung vorliegt.

Auch die Berlin-Anhaltische Maschinenfabrik hat eine Rostkonstruktion mit starken Rippen, bei denen ebenfalls der Wind entgegengesetzt zur Drehbewegung der Schüssel austritt.

Für den Betrieb ist weniger die Form des Rostes ausschlaggebend, als seine solide Konstruktion und Verlagerung. Die Aschenschüssel, auf welcher der Rost und das gesamte Kohlengewicht ruht, muß besonders sorgfältig verlagert werden, weil durch die exzentrische Drehbewegung des Rostes seitliche Beanspruchungen auftreten. Man unterscheidet hierbei zwei Bauarten: Kugellager und Rollenlager. Anfangs wurden bei sämtlichen Bauarten ausschließlich Kugellager verwendet. Unter dem Schüsselboden befindet sich ein Ring, in welchem Gußstahlkugeln von etwa 90 mm Durchm. laufen. Die obere Bahn dieses Kugellagerringes ist mit der Aschenschüssel aus Guß verbunden, während die untere in Stahlguß ausgeführt und auf dem Fundament befestigt ist. Mit Rücksicht auf die seitlichen Kräfte sind diese beiden Ringhälften nicht in der Mittelachse geteilt, sondern der untere Ring greift außen über die Achse der Kugeln nach oben, so daß sie unter keinen Umständen nach außen aus der Bahn herausgedrückt werden können. Die anfänglichen Ausführungen dieser Art haben sich nicht bewährt, weil man teilweise unbearbeitete, gegossene Kugeln benutzte, um daran zu sparen. Bei einwandfreier Ausführung mit geschmiedeten oder gehärteten Gußstahlkugeln, die in einer Stahlgußbahn laufen, ist gegen diese Bauart nichts einzuwenden.

Bei der Ausführung mit Rollenlagern sind an die Aschenschüssel unten 6 Böcke geschraubt, die je ein senkrechtes und ein wagerechtes Laufrad tragen. Beide Räder stützen sich gegen einen Stahlgußring und zwar so, daß die senkrechten Räder auf der Oberfläche des Ringes laufen und die senkrechten Kräfte, also das ganze Gewicht aufnehmen, während die seitlichen Rollen am Umfang des Ringes aufliegen und eine seitliche Verschiebung der Schüssel verhindern.

Abb. 115.

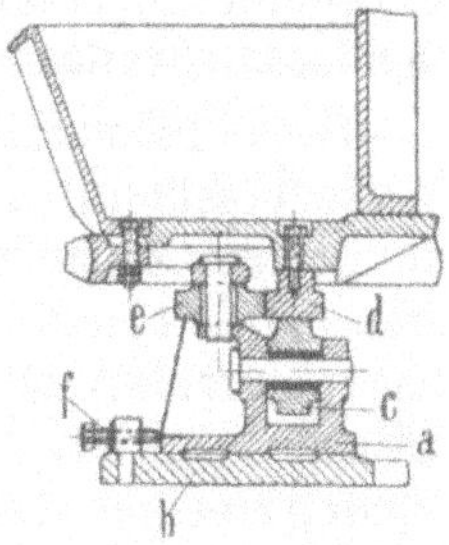

Abb. 116.

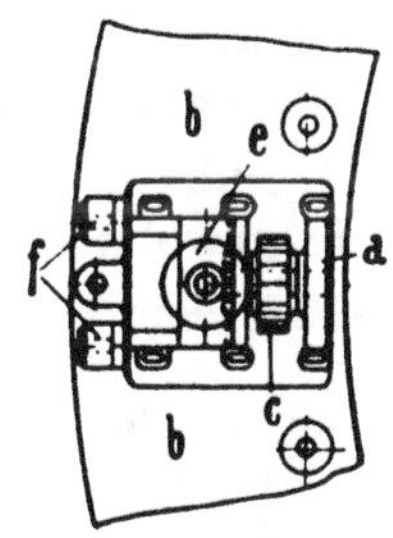

Abb. 117.

Die Konstruktion kann auch so umgeändert werden, daß die genannten Böcke auf einer Grundplatte *b* verstellbar befestigt sind, so daß die senkrechten und die Seitenrollen auf einem Laufkranz *d* an der Schüssel arbeiten. In jedem Fall muß auf eine sorgfältige Lagerung (gehärtete Bolzen und Bronzebüchsen) und Schmierung der Rollen geachtet werden; die seitlichen Rollen müssen nachstellbar sein, weil sonst ein gleichmäßiges Arbeiten im Betrieb so gut wie ausgeschlossen ist (Abb. 116 u. 117).

Eine Vereinfachung dieser Lagerung erreicht man durch Benutzung konischer Tragrollen, die zur Aufnahme des Seitenschubes einen seitlichen Spurkranz außen besitzen, wodurch besondere Seitenrollen entbehrlich werden.

Ein Vorzug der Rollenlagerung besteht darin, daß bei diesen Vergasern unter der Drehschüssel etwa 300 mm freier Raum bleibt, so daß die Rollen zugänglich sind und auch im Notfall ausgebaut werden können. Ein Nachteil ist, daß bei nicht genügender Aufsicht dieser Raum unter der Schüssel sich voll Schlacke setzt und dadurch Veranlassung zu Störungen gegeben wird. Die Kosten für beide Ausführungen sind gleich.

Die Aschenschüssel mit dem Rost wird durch eine Schnecke und Schneckenkranz aus Stahlguß angetrieben. Leider wird die Schnecke von vielen Firmen unbearbeitet ausgeführt, so daß im Betrieb häufig nur eine geringe Auflagefläche die ganze Beanspruchung aufzunehmen hat und dadurch Brüche entstehen. Auf die gute Ausbildung dieser Teile und auf kräftige Bemessung des Schneckenkranzes, der Schnecke sowie des Antriebsrades ist deshalb der größte Wert zu legen. Das Antriebsrad wird meist durch Sperrklinke angetrieben. Es ist zweckmäßig, einen Hebel dieser Übertragung absichtlich so schwach zu bauen, daß er im Fall übermäßiger Beanspruchung bricht, damit die wertvollen Zahnräder nicht zertrümmert werden.

Trockene Aschenaustragung (Hochdruck-Gaserzeuger). Die Austragung der Asche über den Rand der wassergefüllten Drehschüssel findet naturgemäß eine Grenze, wenn der Winddruck bei einer sehr dicht liegenden Kohle zu groß wird; denn in solchen Fällen müßte die Tiefe des Wasserabschlusses stark vergrößert werden, damit der Wind nicht den Verschluß durchschlägt, anderseits aber wird die Asche eine solch hohe Schüssel nicht mehr übersteigen. Für solche Fälle ist die trockene Aschenaustragung nötig, die z. B. mit dem Hochdruck-Gaserzeuger ermöglicht wird. Die bekannteste Bauart rührt von Kerpely her. Der Gaserzeuger hat im unteren Teil eine vollständig dicht abgeschlossene Ummantelung, die an einer Stelle des Umfanges eine Sammeltasche für die Asche besitzt. Dieser Behälter ist mit einer Verschlußglocke versehen, so daß die Asche von Zeit zu Zeit ohne Betriebsunterbrechung abgelassen werden kann.

Diese Hochdruck-Gaserzeuger brauchen nur einen niedrigen oder auch gar keinen Wasserverschluß; es genügt als unterer Abschluß des Schachtes eine wagerechte Platte, von der die Asche durch einen seitlichen Abstreifer in die Sammeltasche gedrückt wird. Diese trockene Aschenaustragung hat besondere Vorteile bei Braunkohle, deren Asche manchmal mit Wasser einen zähen Brei bildet, welcher schwer zu entfernen ist. Die Asche einzelner Braunkohlen erhärtet auch in Verbindung mit Wasser zu einer zementartigen Masse, so daß in solchen Fällen die trockene Austragung große Annehmlichkeiten bietet (s. a. S. 269). Auch saugt sich die Braunkohlenasche bis hinauf in Höhe der Feuerzone voll Wasser, wodurch ebenfalls der Betrieb des Vergasers leidet. Neuere Spezial-Vergaser für Braunkohle lassen daher das Streben nach einer Trennung des Schachtinhaltes von dem Aschenteller erkennen.

Hochdruck-Gaserzeuger werden nur in solchen Ausnahmefällen in Frage kommen, wo die gewöhnlichen Bauarten von Vergasern versagen.

Gaserzeuger mit flüssiger Schlacke (Abstichgaserzeuger). Bereits 1841 schlug Ebelmen vor, nach Art des Hochofens Vergaser mit flüssigem Schlackenabstich zu bauen. Aber erst vor etwa 15 Jahren kam dieser Gedanke wieder zur Geltung. Diese Gaserzeuger liefern wegen ihres heißen Ganges ein sehr kohlenoxydreiches Gas und leisten 800—1000 kg pro qm Schachtquerschnitt in der Stunde. Zur Erzielung einer leichtflüssigen Schlacke setzt man Kalkstein oder Eisenschlacke von Hochöfen oder anderen metallurgischen Öfen zu. Sie eignen sich naturgemäß nur für Großbetriebe und für einen stets gleichmäßigen Brennstoff, dem die Zuschläge wie beim Hochofen genau angepaßt werden müssen.

In der Regel betreibt man diese Abstichgaserzeuger nur mit Koks. Reiner Koksgrus macht auch hier Schwierigkeiten, weil bei dem angestrengten Betrieb mit hohem Druck sehr große Staubmengen mitgerissen werden. Als Zuschlag wird meist 10—15% Hochofenschlacke verwandt, so daß mit der flüssigen Schlacke auch ständig etwas Eisen gewonnen wird. Bei dem Abstichgenerator von Würth wird auch etwas Dampf oberhalb der Winddüsen eingeblasen. Aus 1 kg Koks werden 4,42 cbm Gas von 1200 WE Heizwert erzeugt, mit 2% CO_2, 32% CO und 7,5% H_2. Die Gase ziehen mit 700° ab, der Winddruck beträgt 600 mm WS. Ein Generator von 100 t beansprucht nur wenig mehr Platz als ein Drehrostgaserzeuger von 20 t Leistung.

Neuerdings beansprucht der Trockengasgenerator der Georgs-Marienhütte, der von der Firma Eickworth & Sturm in Dortmund vertrieben wird, allgemeines Interesse. Er arbeitet ohne Dampfzufuhr und benutzt zur Verflüssigung der Koksasche einen Zuschlag von Mischer- oder basischer Martinschlacke. Die Höhe des Vergasers beträgt 5 m. Alle 3—4 Stunden wird die flüssige Schlacke abgestochen und alle 8—12 Stunden das Eisen aus dem besonderen Abstichloch abgelassen. Das Gas hat 0,3 bis 0,7% CO_2, 23—33,5% CO und nur 12 g Feuchtigkeit auf 1 cbm Gas, weshalb die Bezeichnung „Trockengas" dafür gewählt ist. Der Heizwert wird mit 1133 WE angegeben und nach der Zusammensetzung ergibt Koks von 86—88% Kohlenstoff eine Ausbeute von 4,8—5 cbm. Der Winddruck ist 400 mm WS, die Gastemperatur etwa 700°, der Gasdruck 50—70 mm, der Kühlwasserverbrauch 250 l/Min. bei 32° Zulauf- und 44,5° Ablauftemperatur für einen Vergaser von 30 t Leistung in 24 Stunden. Der Windbedarf für diese Leistung ist etwa 100 cbm minutlich entsprechend einem Kraftverbrauch von 20 PS.

Zur Bedienung ist ein Mann für die Beschickung und ein Mann zum Abstich nötig, dazu muß zeitweise eine Hilfe gegeben werden. Die Ausmauerung hält 9—10 Monate.

Trotz dieser Vorzüge für besondere Anwendungsfälle werden Abstichgaserzeuger für die Glasindustrie nicht in Frage kommen.

4. Die Wahl des Gaserzeuger-Systems.

a) Vergasung von Steinkohle. Die Frage, ob im Einzelfalle einfache Schachtgaserzeuger oder solche mit Drehrost gewählt werden sollen, hängt von der Leistung ab. Mit Rücksicht auf gleichmäßige Kohlenverteilung und regelmäßige Bedienung des Feuers wird der Durchmesser des Vergasungsschachtes nicht über 3 m gewählt.

Die Leistung der Drehrost-Vergaser ist trotz der zahlreichen Konstruktionen nicht wesentlich verschieden. Die Firma Poetter gibt folgende Werte an:

Tabelle 68.

Art des Brennstoffs:	Größe der Generatoren		
	2200 mm ϕ 7′2″	2600 mm ϕ 8′7″	3000 mm ϕ 9′10″
	t	t	t
Böhmische Braunkohle oder deutsche Rohbraunkohle	18—22	26—30	35—38
Rheinische oder andere ähnliche Braunkohlenbriketts	18—22	26—30	35—38
Gewaschene Nußkohle je nach Qualität	11—15	16—20	22—26
Förderkohle mit 20—30% Staub, je nach Qualität	10—14	15—19	21—24
Kleinkohle mit 50% Staub, je nach Qualität	9—11	13—15	17—19
Gaskoks oder Hüttenkoks ohne Staub oder Anthrazit	15—17	21—24	28—32
Koksasche von 0—40 mm, wobei ca. 25% Staub (unter 10 mm)	11—13	15—17	20—22
Brikettierte Koksasche	14—16	19—23	26—30
Saarkohle II. Sorte mit 15% Kokslösche	10—11	14—15	18—19
Oberschlesische Nußkohle mit 25% poln. Nußkohle	10—12	14—16	18—20
Französische Loirekohle mit ca. 50% Staub (unter 10 mm)	10—12	14—16	18—20
Nordfranzösische Kohle vom Pas de Calais mit 50% Staub (unter 10 mm)	12—14	16—18	20—22
Südrussische Kohle aus dem Donetz-Gebiet mit ca. 55—65% Staub (unter 10 mm)	13—15	19—21	24—28
Stark backende englische Steinkohle (Newcastle und Yorkshire) mit 30% Staub (unter 10 mm)	11—13	15—17	20—22

Man tut gut, für den praktischen Betrieb diese Ziffern um 10—15% zu verkleinern.

Ein Schachtvergaser von 3 m l. Durchm. leistet bei Steinkohle in 24 Stunden 10—12 t (oberschlesische 10—20% mehr), der Drehrost von 2,6 m Durchm. (die praktisch fast ausschließlich bewährte Größe) etwa 13 t. Wenn man berücksichtigt, daß zwei Gaserzeuger vom Betriebsstandpunkt aus stets besser sind als ein einzelner, so wird man bei Tagesleistungen bis 25 t mit dem Drehrost keinen Vorteil erzielen. Über 50 t dagegen ist derselbe wirtschaftlich überlegen. In den Grenzfällen entscheidet die Kohlen- und Arbeiterfrage, so daß bei schwer zu behandelnder Kohle der Drehrost, bei gutartiger Kohle und geringen Anforderungen an die Qualität des Gases der einfache Schacht zu wählen ist.

Immer aber soll die Anlage reichlich bemessen werden, denn ein hochbeanspruchter Gaserzeuger, einerlei von welchem System, ist eine stete Quelle des Ärgers.

Veraltete Gasanlagen sollen unbedingt umgebaut werden. Ein Beispiel dafür bietet die Veröffentlichung von Nowotny[1]) in Eckamp, der unter Benutzung der Mäntel und anderen Teile ältere Wilson-Gaserzeuger in verbesserte Morgan-Gaserzeuger umbaute, damit die Leistung von 5000 kg auf 9—10000 kg erhöhte und drei

[1]) Sprechsaal **55**, 264 (1922).

Stocher ersparte, neben der Verbesserung des Gases und der dadurch erzielten Produktionssteigerung, so daß der Umbau nach seiner Angabe in 6—8 Monaten voll bezahlt ist.

b) Vergasung von Braunkohlenbriketts. Die bisher beschriebenen Gaserzeuger für Steinkohle sind im allgemeinen ohne jede Änderung auch für Braunkohlenbriketts geeignet. Die Schütthöhe ist hierbei entsprechend der lockeren Schichtung der Briketts etwa 30 cm höher zu halten, die Gaserzeuger müssen also hierfür die nötige Höhe bis zum Abzugsstutzen besitzen. Bei Vergasern mit unterem Wasserabschluß ist zu beachten, daß die Asche von Briketts oft sehr dicht liegt und, wie schon oben erwähnt, mit Wasser eine breiartige, zähe Masse bildet; es muß deshalb u. a. mit höheren Drücken gearbeitet werden (s. S. 269 u. 282). Überwindung dieser Schwierigkeit S. 287 u. 288.

Bei Siemens-Generatoren wird kaum irgendeine Änderung beim Übergang auf Briketts nötig sein. Bei Drehrosten ist nur die Frage, ob die Rostform nicht zur Verstopfung durch die Asche neigt. Sehr verbreitet ist der Pötter-Generator für Briketts. Beispielsweise ergaben bei dieser Bauart rheinische Briketts im 2,1 m-Drehrostgenerator mit 17,7 t Leistung ein Gas von 3,82% CO_2, 0,18% O, 30,0% CO, 11,9% H_2, 1,3% CH_4, 52,8% N mit einem Heizwert von 1342 WE. Die Abzugstemperatur der Gase aus dem Generator ist mit 530° angegeben, doch beträgt sie im allgemeinen nur etwa 400° C. Nach der oben angegebenen Zusammensetzung berechnet sich eine Ausbeute von 2,87 cbm für 1 kg Briketts, so daß bei 5158 WE Heizwert des Brennstoffes ein Wirkungsgrad von 80% erreicht wird.

Die Entwicklung der neueren Rostformen läßt erkennen, daß besonders für Braunkohle flachere Roste (wie auch der Pöttersche Sternrost) bevorzugt werden. Sie ergeben jedenfalls leichter eine gleichmäßige Windverteilung als die in mehreren Stufen übereinander angeordneten Turmroste der älteren Systeme.

Im Betrieb ist bei Briketts weniger Dampf nötig als bei Steinkohle, besonders da das Gas sowieso durch die Feuchtigkeit der Briketts (12—15%), die in der Trocknungszone entweicht, einen unerwünschten Gehalt an Feuchtigkeit bekommt. Die Beanspruchung beträgt bei Festrost-Gaserzeugern mit Gebläse bis 120 kg Briketts auf 1 qm Schachtfläche, im Drehrostgenerator bis 250 kg. Weitere Betriebsergebnisse sind weiter unten im Vergleich mit Rohbraunkohle und anderen Brennstoffen zusammengestellt (s. S. 286 u. 290).

Zur Vergasung von Braunkohlenbriketts und böhmischer Rohbraunkohle hat sich besonders der Drehrost-Generator „Saxonia" der Maschinenfabrik Grosse in Bischofswerda eingebürgert. Er ist ein einfacher, ausgemauerter Schacht von etwas geringerer Bauhöhe als sonst üblich. Der Drehrost ist eine einfache, in mehreren Etagen aufeinandergesetzte Haube (ähnlich wie die Morgan-Haube). Der Windaustritt erfolgt also durch die ringförmigen Schlitze zwischen den einzelnen Hauben. Als Leistung gibt die Lieferfirma an in 24 Stunden:

	Böhmische Braunkohle bis Nuß II	Steinkohle	Briketts
bei 1,5 m Durchmesser	6— 8000 kg	3— 5000 kg	4— 6000 kg
„ 2,2 „ „	12—15000 „	8—10000 „	12—15000 „
„ 2,6 „ „	20—24000 „	14—16000 „	18—20000 „

Auch hier wird man gut tun, die Leistung etwas vorsichtiger einzusetzen. Der Generator ist der billigste mit Drehrost auf dem Markt befindliche und gerade in Glashütten sehr verbreitet.

c) Vergasung von Rohbraunkohle. Die Vergasung von Braunkohle hat für die nächste Zukunft der deutschen Brennstoffwirtschaft eine ganz besondere Bedeutung gewonnen. Es ist schon erwähnt worden, daß voraussichtlich die Herstellung von Briketts nicht genügend gesteigert werden kann, so daß besonders für größere Betriebe die Verwendung von Rohbraunkohle unbedingt anzustreben ist. Ausschlaggebend für ihre

Verwendung in Gaserzeugern sind der Wassergehalt und die Körnung. Die deutsche Braunkohle enthält fast stets 50—62% Feuchtigkeit. Eine stückige Braunkohle kann selbst mit diesem Wassergehalt in geeigneten Gaserzeugern ohne Schwierigkeit verarbeitet werden. Es ist zu beachten, daß bei nasser Kohle stets eine größere Schütthöhe gehalten werden muß. In der obersten Zone trocknet die Kohle unter der Einwirkung der hindurchziehenden Gase, nimmt aber immer noch einen beträchtlichen Wassergehalt bis zu den tieferen Schichten der Brennstoffsäule mit, weshalb bei feuchten Brennstoffen stets die Feuerzone außerordentlich niedrig ist. Da die heißen Gase ihre Wärme an die darüberliegende nasse Kohle abgeben, wird die Grenze der Vergasungsmöglichkeit erreicht, wenn die Temperatur der Gase in der frischen Kohle unter 100° sinkt und das ausgeschiedene Wasser mit dem sich niederschlagenden Teer zusammen eine dichte Masse bildet, so daß die gesamte Kohlenschicht zusammenklebt und kein Gas mehr durchläßt. Es ist klar, daß dieser Grenzfall bei feinkörnigem Material, also bei erdiger Braunkohle leichter erreicht wird, als bei stückiger Kohle. Ebenso, daß stückiger, wenn auch sehr nasser Torf aus diesem Grunde leichter vergast werden kann als eine erdige Rohbraunkohle.

Aus diesen kurzen Ausführungen folgt, daß die dünne Feuerzone bei der Rohbraunkohlen-Vergasung besonders empfindlich ist. Die Bearbeitung von Hand bringt deshalb leichter das Feuer aus dem Gleichgewicht, ebenso wie jede Unregelmäßigkeit in der Aschenentfernung. Für die Vergasung von Rohbraunkohle muß also der Gaserzeuger sozusagen ohne Stocharbeit seine Feuerzone selbst erhalten, und deshalb ist die gleichmäßige Windverteilung und die gleichmäßige Entfernung der Asche hierbei von größter Wichtigkeit.

Die älteren Siemens-Generatoren eignen sich für einigermaßen stückige Braunkohle verhältnismäßig gut, weil die Kohle infolge der geringen Beanspruchung in dem Füllschacht austrocknen kann, bevor sie auf den Rost gelangt und bei den geringen Geschwindigkeiten von Luft und Gas die Feuerzone sich verhältnismäßig leicht im Gleichgewicht erhält. Runde Schachtgaserzeuger eignen sich nicht ausnahmslos in gleichem Maße für Rohbraunkohle, besonders weil die Asche in dem meist verwendeten Wasserabschluß zusammenklebt und deshalb nicht leicht auf dem ganzen Querschnitt gleichmäßig entfernt werden kann.

Drehrostgaserzeuger eignen sich ohne weiteres für eine Braunkohle, wenn sie abgesiebt ist bzw. der Staubgehalt nicht allzu groß ausfällt.

In Mitteldeutschland finden sich sehr viele knorpelreiche Braunkohlen, deren Vergasung glatt gelingt. In einem Pötter-Generator von 2,6 m Durchm. ergab ungesiebte Förderkohle aus der Gegend von Schönebeck mit 47% Feuchtigkeit, 5% Asche, 20% Kohlenstoff, 2% Schwefel und 26% flüchtigen Bestandteilen ein Gas von 5,91% CO_2, 25,6% CO, 1,81% CH_4, 0,68% C_mH_n, 0,24% O_2, 54,51% N_2 und 11,25% H_2 mit einem Heizwert von 1300 WE. Zweifellos gehört diese Braunkohle (Helmstedter Revier) mit etwa 3000 WE Heizwert zu den günstigsten Sorten. Eine Braunkohle von Gewerkschaft Bruckdorf-Nietleben ergab ungesiebt bei 65% Feinkorn (unter 10 mm) und 49,36% Wasser ein Gas von 8,6% CO_2 und 21,1% CO mit einem Heizwert von 1166 WE, wobei der Durchsatz des 2,6 m Drehrostes 15 t/24 Std. betrug. Mit rheinischer Braunkohle sind umfangreiche Versuche in „Stahl und Eisen", 1920, S. 1065 veröffentlicht worden, in denen die Vergasung von Briketts mit derjenigen von Rohbraunkohle verglichen wird. Der Schachtdurchmesser betrug 2600 mm (= 5,3 qm Schachtquerschnitt) und die Höhe von der Rosthaubenspitze bis zur Decke 3600 mm.

Bei Brikettverwendung wurde wie bisher die Brennstoffschicht (gleich Füllung abzügl. der Schlackenzone) über Rosthaube rd. 1100 mm hoch gehalten. Bei dem Versuch mit Rohbraunkohlen ging man schon am zweiten Tage auf rd. 1300 mm Brennstoffschichthöhe über. Die Ergebnisse einer Reihe von

Untersuchungen der verbrauchten Rohbraunkohle sind im Abschnitt Brennstoffe S. 250 zusammengestellt. Im Mittel beträgt hiernach der Gehalt an

H_2O 57,1%
C 27,1%
Asche 2,5%

der untere kalorimetrisch ermittelte Heizwert 2090 WE/kg.

Die Vergasungsergebnisse sind in folgender Tabelle zusammengestellt:

Tabelle 69.

Versuchsergebnisse bei der Vergasung rheinischer Braunkohle.

1	2	3		4	5					6	7	8	9	10	11	12
Zeit März 1920	Kohlenschichthöhe	Durchsatz je 24 st	Durchsatz je m² und st	C-Gehalt des Rückstandes	Zusammensetzung des trockenen Gases in Vol.-%					Taupunkt	Temp. der Luft	Relat. Luftfeuchtigkeit	Barometerstand mm	Gas-Temp.	Winddruck mm	Gasdruck mm
	mm	t	kg	%	CO_2	O_2	CO	CH_4	H_2	°C	°C	%	Qu.-S	°C	WS	WS
2.	1400	18,0	143	7,8	9,2	0,2	22,3	1,8	10,3	74	14	66	765	212	129	40
3.	1300	19,5	153	7,6	10,4	0,0	21,5	1,3	12,4	73	14	74	773	206	224	39
4.	1390	27,5	216	8,8	9,0	0,2	24,5	1,3	12,7	74	13	70	765	191	228	41
5.	1320	23,5	185	8,1	9,0	0,2	24,4	1,4	12,9	76	13	68	755	201	223	40
31.	1350	19,1	150	8,1	9,0	0,1	23,8	1,3	11,3	76	14	65	756	100	160	40
Mittelwert	1350	21,5	169	8,1	9,3	0,1	23,3	1,4	11,9	75	14	69	763	200	193	40

Tabelle 70.

Versuchsergebnisse bei der Vergasung von Rohbraunhohle und Braunkohlenbriketts in Durchschnittszahlen.

Nr.	Brennstoff		Rohbraunkohle	Braunkohlenbriketts
1	Unterer Heizwert des Brennstoffes je kg	WE	2090	4800
2	Kohlenschichthöhe	mm	1350	1100
3	Feuerzonenhöhe	mm	175	250
4	Durchsatz in 24 st	t	21,5	15,8
5	Durchsatz je m² u. st	kg	169	124
6	Durchsatz von trockenem Brennstoff in 24 st	t	9,2	13,4
7	Durchsatz von trockenem Brennstoff je m² u. st	kg	72,5	105
8	Vergleichszahl der beiden trockenen Durchsätze	—	0,69	1,00
9	Winddruck	mm WS	193	200
10	Dampfdruck	atü	—	1/2
11	Gastemperatur am Gaserzeuger	°	200	420
12	Taupunkt des Gases	°	75	53
13	Gasdruck	mm WS	40	40
14	Kohlenstoff im Gaserzeugerrückstand	%	8,1	13,7
15	Ausbeute trockenen Gases je kg Brennstoff, bez. auf 15° u. 1 kg/cm²	m³	1,59	3,11
16	Brennbare Bestandteile im trockenen Gas	Vol.-%	36,6	42,1
17	Auf 1 m³ trockenes Gas von 15° kommen Wasserdampf	g	372	106
18	Unterer Heizwert je m³ bez. auf 15° u. 1 kg/cm²	WE	1044	1236
19	1 kg Brennstoff erzeugt im Gas	WE	1660	3830
20	Wärmetechnischer Wirkungsgrad	η	0,80	0,79
21	Erzeugte gebundene Wärme im trockenen kalten Gas in 24 st	Mill. WE	35,7	60,5
22	Vergleichszahl zur Hervorbringung derselben Wärmemengen	—	0,59	1,00
23	Verbrennungstemperatur des kalten trockenen Gases	°	1629	1783
24	Verbrennungstemperatur des kalten feuchten Gases ohne Teer	°	1288	1665
25	Verbrennungstemperatur d. kalten feuchten Gases mit 10 g Teer	°	1334	1701

Es wurde bei den Versuchen mit Rohbraunkohlen kein Wasserdampf zugesetzt. Das erzielte Gas hatte etwa 9,3% Kohlensäure, 23,3% Kohlenoxyd, 1,4% Methan und 11,9% Wasserstoff. Der Winddruck betrug ca. 190 mm WS bei einem Gasdruck von 40 mm und einer Gastemperatur von etwa 200°. Der Wassergehalt des feuchten Gases betrug 35,9% entsprechend 372 g auf 1 cbm trockenes Gas von 15° bezogen. Der Durchsatz betrug im Drehrostgaserzeuger von 2,6 m Schachtdurchmesser 21,5 t oder stündlich 169 kg je qm Schachtquerschnitt. Wegen des hohen Feuchtigkeitsgehaltes hatte das Gas einschl. 10 g Teer eine Verbrennungstemperatur von nur 1334°, während das trockene Gas 1629° haben würde. Schon hieraus geht hervor, daß für die Durchführung von manchen Prozessen wie z. B. auch im Glashüttenbetrieb das Gas aus Rohbraunkohle nur bei vorheriger Abscheidung des Wassers verwendet werden kann. Dies geschieht durch Abkühlung des Gases, bei der gleichzeitig der Teer ausfällt. Da viele Rohbraunkohlen eine erhebliche Ausbeute an Teer ergeben, ist die Verkaufsmöglichkeit des Teers von großer Bedeutung für die Wirtschaftlichkeit der Rohbraunkohlenvergasung. Hierbei wird also die Gewinnung von hochwertigem Teer (Tieftemperaturteer) besonders wichtig sein. Es ist jedoch zu berücksichtigen, daß durch Einrichtung für die Kühlung des Gases und die Teergewinnung die Anlage nicht unerheblich verteuert und der Betrieb schwieriger wird. Diese Einrichtungen sind deshalb nur für größere Betriebe wirtschaftlich zu gestalten.

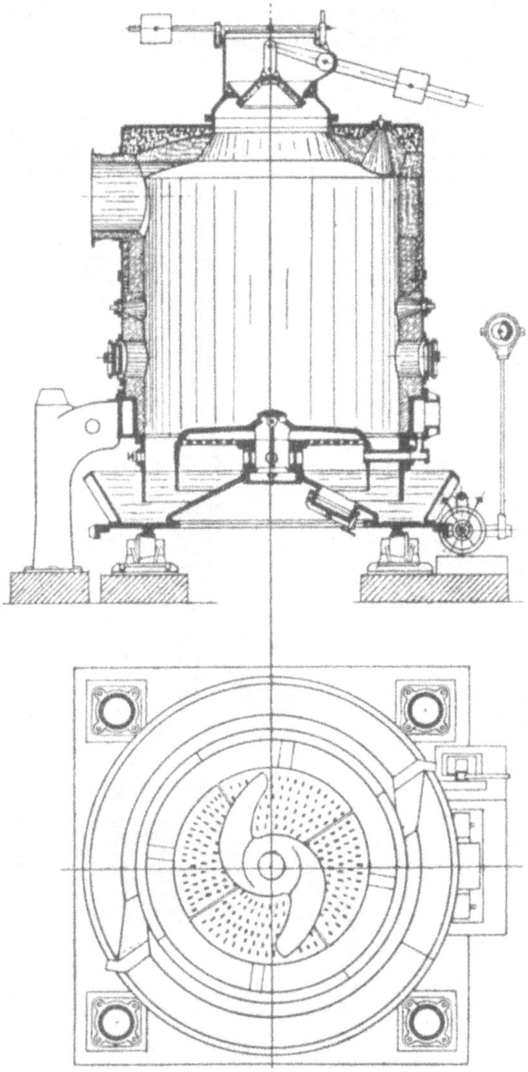

Abb. 118.

Neuerdings sind einige verbesserte Konstruktionen von Drehrostgaserzeugern bekannt geworden, die sich gerade für Rohbraunkohle besonders gut eignen.

In Mitteldeutschland ist der Keula-Generator recht verbreitet, der auf Abb. 118 dargestellt ist. Er besitzt einen ebenen feststehenden Rost, welcher beinahe über die ganze Schachtquerfläche des Vergasers reicht und den Wind gleichmäßig auf dem ganzen Querschnitt austreten läßt. Die Zuführung des Windes erfolgt durch die Tragkonsolen des Rostes, die an dem Schachtabschlußring befestigt sind. Diese Art der Luftzuführung ermöglicht, die Luftschlitze in der Rostplatte, im Falle von Verstopfungen durch eingeklemmte Asche oder andere Umstände, vom Schüsselbodenaufsatz her zu reinigen, ohne daß der Generator ausgepackt werden muß. Ein S-förmiger Aschenräumer dreht sich nach Bedarf[1]) über diesem Rost und fördert die Asche langsam nach dem Umfang hin, wo sie über den Rand des Rostes in die Wasserschüssel fällt. Der Inhalt des Vergasers ist also von dem Wasserraum der Schüssel fast ganz getrennt und dadurch wird vermieden, daß infolge der hygroskopischen Eigenschaften der Braunkohlenasche das Wasser in die Höhe gesaugt und die Feuerzone nachteilig beeinflußt wird. Nach Angabe des Lieferwerkes wird in einem Planrost-Generator mit 2,6 m Durchmesser eine Leistung von 160—240 kg je m^2 und Stunde, entsprechend 20—30 t abgesiebter deutscher Rotbraunkohle, und von 125—175 kg je m^2 und Stunde, entsprechend 16—22 t Braunkohlenbriketts im normalen Dauerbetrieb erzielt. Bei besonders günstiger Kohlenzusammensetzung sind noch höhere Durchsätze erreicht worden.

[1]) Es ist nicht notwendig, den Aschenräumer dauernd laufen zu lassen.

Eine besonders interessante Konstruktion ist von der Lurgi-Gesellschaft für Wärmetechnik, der Nachfolgerin der Akt.-Ges. für Brennstoffvergasung herausgebracht worden. Dieser Tischrostgaserzeuger ist in Abb. 119 dargestellt. Auch diese Bauart besitzt einen vollständig flachen Rost, der sogar unter das Mauerwerk des Schachtes noch hinuntergreift und durch eine eigenartige Verbindung von zwei Drehbewegungen die Asche langsam von der Mitte nach außen befördert, so daß sie stetig am ganzen Umfang des Vergasers ausgetragen wird. Auch hierbei ist der Schachtinhalt von dem Wasser der Abschlußschüssel vollständig getrennt. Der Tischrostgaserzeuger ist an Stelle von Drehrosten der bisher üblichen Bauart mit der gleichen Kohlensorte erprobt und bewies in einem Probebetrieb von 4 Wochen,

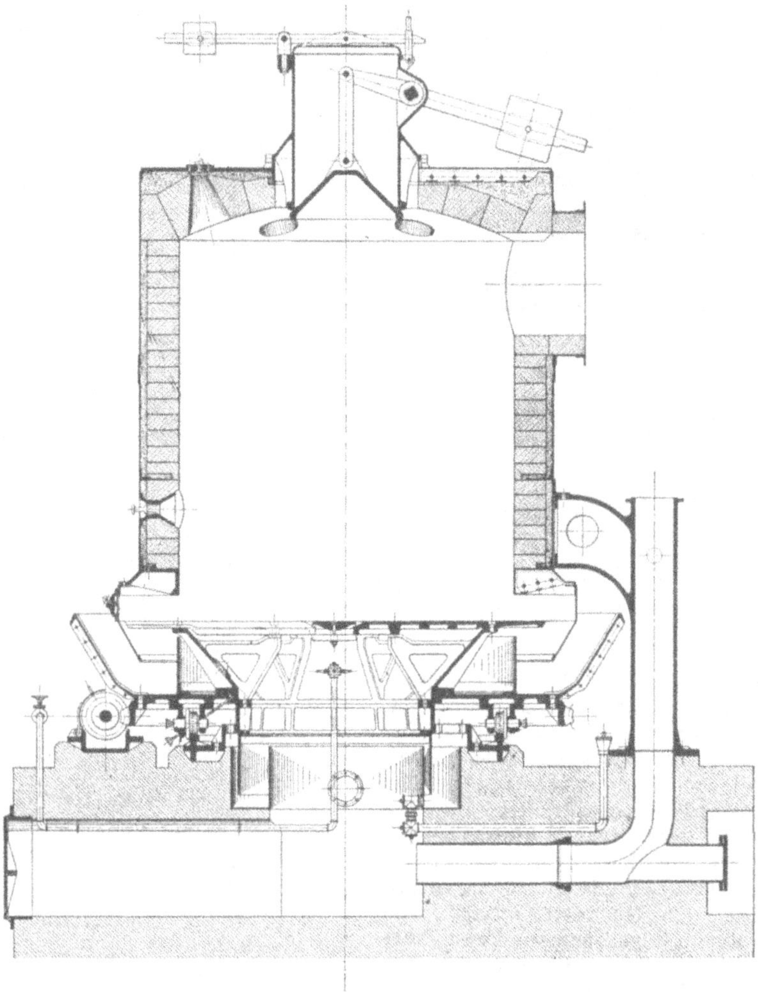

Abb. 119.

daß tatsächlich so gut wie keine Stocharbeit nötig war, während die Leistung gegenüber 18 t der bisherigen Drehroste auf durchschnittlich 27—28 t und bei angestrengtem Betrieb auch anstandslos auf 33 bis 34 t gesteigert werden konnte. Mit einer Rohbraunkohle von 52% Wasser wurde ein Gas von 1309 WE Heizwert erzielt, während die Asche nur 6,45% brennbare Bestandteile enthielt, was einem Kohlenstoffverlust von 0,5% vom Gewicht der durchgesetzten Kohle entspricht.

Diese Ergebnisse beweisen, daß die Vergasung einer Braunkohle von 52% Wasser mit sehr guten Ergebnissen gelingt, wenn es sich nicht um eine ausgesprochen erdige Kohle handelt. Sofern der Feuchtigkeitsgehalt des Gases den Brennwert zu stark beeinträchtigt, bereitet es keine Schwierigkeit, wie bereits oben erwähnt, durch Kühlung des Gases das Wasser auszuscheiden und damit ein für die meisten Betriebszwecke ausreichendes Gas einwandfrei herzustellen. Es soll allerdings hierbei nicht verschwiegen werden, daß die Beseitigung der Abwässer eine schwierige Aufgabe ist, wenn man dasselbe nicht auf

Schutthalden pumpen und dort versickern lassen kann. Großenteils wird das Wasser in Kühltürmen verdampft, teilweise auch zur Windsättigung für den Gaserzeuger benutzt.

Handelt es sich um die Vergasung einer erdigen (mulmigen) Rohbraunkohle, so werden allerdings auch diese Konstruktionen nicht genügen. Hierbei macht man meist die Erfahrung, daß bei einer bestimmten Temperatur, die etwa bei 90° liegen dürfte, die Kohle mit Teer und Wasser teigartig zusammenfließt, ein Vorgang, der jede Vergasung unmöglich macht. Dann muß die Kohle in besonderen Einrichtungen vorgetrocknet werden.

Für die Vergasung von Rohbraunkohle ist in den letzten Jahren die eigenartige Konstruktion des Heller-Generators vielfach versucht worden. Er besteht aus einem ganz einfachen viereckigen Schacht, der oben sehr weit, unten ganz eng eingezogen ist. Die Luft strömt an der engsten Stelle durch Düsen in den beiden gegenüberliegenden Wänden von außen ein, und der Hauptvorteil soll darin bestehen, daß in dem schmalen, nach oben erweiterten Schacht die Luft sehr gleichmäßig verteilt wird und daß die oben in breiter Fläche gelagerte Kohle langsam vorgetrocknet wird, bevor sie zur Vergasung gelangt. Indem so die Eigenwärme des Gases weitgehendst dem frischen Brennstoff zugute kommt, soll ein sehr guter Wirkungsgrad erzielt werden. Die Erfolge des Systems sind sehr stark verschieden, wie zu erwarten war: bei gewissen böhmischen Kohlen, die sich glatt vergasen lassen, hat er große Verbreitung gefunden und wird in Böhmen auch in Glashütten angewandt. Die Leistung des Einzelschachtes ist 5—6 t, so daß eine große Zahl von solchen Gaserzeugern erforderlich ist. Aber bei schlackender Kohle ist ein solch enger Schacht in kürzester Zeit zu einem Schlackenklumpen erstarrt, an dem jede Mühe verloren ist.

Ein eigenartiges Mittel, um schwierige Brennstoffe zu meistern, ist von Blezinger angegeben worden: er setzt unter den Schacht einen Rostwagen, an den das Gebläse angeschlossen wird. Hat sich der Rost verstopft, so wird der Rostwagen ausgefahren und ein zweiter, dicht an ihn anschließender Wagen rückt an seine Stelle, ohne daß das Feuerbett des Vergasers stark gestört wird. Auf diese Weise gelingt es, dem Vergaser immer wieder ein frisches, lockeres Rostfeuer unterzuschieben. Die Abdichtung muß mit Lehm erfolgen.

Es kann nicht bestritten werden, daß besonders in der Zeit der schlimmsten Kohlennot die Blezinger-Gaserzeuger ein brauchbares Hilfsmittel waren. Auf die Dauer werden sie sich nicht behaupten.

d) Torfvergasung. Die Vergasung von Torf macht sehr wenig Schwierigkeiten, wenn derselbe lufttrocken ist, also 30% und weniger Wasser enthält. Jeder einfache Schacht von 2 m oder mehr Durchmesser genügt hierfür, nur soll die Schütthöhe 2 m betragen. Die Höhe vom Rost bis zur Unterkante des Abzugs soll wenigstens 3 m sein. Es genügt für kleine Leistungen ein einfacher Flachrost, wobei oft beiderseitig einige Treppenstufen angesetzt sind, so daß man die Schlackenschicht gut durchstochern kann. Bei rundem Schacht sind diese senkrechten Teile des Rostes manchmal auch aus senkrechten Stäben gebildet, so daß ein Korbrost entsteht.

Es ist bereits auf S. 270 hervorgehoben worden, daß die Vergasung von Torf grade für weit von der Steinkohle, aber nahe den Moorgebieten liegende Glashütten große Aussichten bietet. Der Torf wird zweckmäßig gebrochen, da die üblichen Torfsoden (ziegelförmige Stücke, in denen der Torf geformt und getrocknet wird) (s. S. 245) zu sperrig im Generator lagern. Auch hier sind durch Brechen der Soden erhaltene, faustgroße bis eiergroße Stücke am günstigsten.

Die Leistung beträgt im gewöhnlichen Schacht 160—200 kg stündlich; Drehrost ist überflüssig, da der Aschengehalt nur etwa 2% beträgt, aber für große Betriebe doch günstig. Der Gebläsedruck wird etwa 100 mm betragen, die Temperatur am Abzug etwa 350—400°. Je nach der Zusammensetzung der Asche muß etwas, aber möglichst wenig Dampf zugesetzt werden, also weniger als bei Steinkohle (Gemisch von Dampf und Luft etwa 45°). Wegen der geringen Aschenmenge braucht nicht täglich, sondern nur alle drei Tage abgeschlackt zu werden.

Torfgas enthält viel Methan, es verbrennt im Ofen mit leuchtender Flamme und ist auch aus diesem Grunde für den Schmelzer angenehm. Es enthält, aus Hochmoortorf hergestellt, sehr wenig Schwefel (z. B. 0,07 g je cbm).

In einem Stahlwerk der Georgs-Marienhütte ergaben sich im fortlaufenden Betrieb folgende Analysen mit Torf:

CO_2	O_2	CO	H_2	CH_4	Heizwert
4,8	0,0	28,0	12,3	3,6	1491
5,2	0,2	26,0	12,0	2,6	1339
4,6	0,4	27,2	10,0	2,8	1341
5,8	0,0	25,0	11,2	1,8	1218
4,2	0,4	29,0	10,4	2,0	1340
8,0	0,2	25,2	13,0	2,6	1326
3,8	0,4	29,0	9,4	2,4	1344
5,0	0,4	29,2	14,0	1,6	1405
5,8	0,6	26,4	13,0	2,6	1379
6,0	0,2	26,0	13,2	2,0	1285

Demnach kann die Vergasung von Torf sehr wohl für Glashütten in Betracht kommen, und es ist im Interesse der Brennstoffwirtschaft zu wünschen, daß die Glashütten dieser Frage ihre Aufmerksamkeit zuwenden.

Auch die Brikettierung von Torf ist neuerdings wieder aufgenommen worden. Die hergestellten Briketts sind ein ausgezeichneter, harter und den Braunkohlenbriketts mindestens gleichwertiger Brennstoff, so daß ihre Einführung nur eine Kostenfrage ist, über die heute ein abschließendes Urteil noch nicht ausgesprochen werden kann.

e) Vergleich der Ergebnisse mit verschiedenen Brennstoffen. Schon bei der Besprechung der Betriebsergebnisse mit Steinkohle ist darauf hingewiesen, daß die deutschen Glasfabriken die Beanspruchung der Generatoren außerordentlich niedrig halten (s. S. 283). Dieser Eindruck wird bestätigt durch die vergleichenden Untersuchungen von Maurach.

Maurachs Untersuchungen[1]) ergeben, daß in Glashütten die ausgeführten älteren Gaserzeuger mit Treppenrost (Siemens-Generatoren) mit 40—50 kg Stundenleistung für 1 qm Schachtquerschnitt und weniger beansprucht sind. Diese Beanspruchung ist natürlich sehr gering. Bei rostlosen Schachtgaserzeugern ist praktisch der ganze Schachtquerschnitt als Rostfläche anzusehen. Geblasene Gaserzeuger dürfen mit 80—100 kg stündlich für 1 qm Querschnitt beansprucht werden.

Tabelle 71.

Gaserzeuger und ihre Beanspruchung.

(Nach Maurach.)

Nr.	Brennstoffverbrauch (Steinkohlen 7000 kcal)		Gaserzeuger		Schachtquerschnitt		Beanspruchung kg für 1 m² und Std.
	t in 24 Std.	kg auf 1 kg geschmolzenen Glases	Bauart	Anzahl	eines Gaserzeugers m²	insgesamt m²	
1	35,0	0,56	Rundschacht mit Gebläsewind und Dampf	7	5,31	37,17	**40**
2	23,0	0,79	Siemensgaserzeuger mit natürlichem Zug	11	2,2	24,2	40
3	18,5	0,80	desgl.	4	2,56	10,24	**75**
4	11,8	0,91	desgl.	5	2,15	10,75	**46**
A	16,5	1,10	Rechteckiger Schachtquerschnitt	3	3,08	13,92	**50**
			Rundschacht mit Gebläsewind und Dampf	1	4,68		
B	13,5	1,23	Wilsongaserzeuger	3	4,44	13,32	**42**
C	3,5	2,43	Saxonia-Drehrost	1	5,31	5,31	**28**

[1]) Zeitschr. d. Vereins deutscher Ingenieure Bd. 67, S. 517 (1923).

Zur Ergänzung sei hier noch die Zahlentafel 5 aus der Maurachschen Arbeit (Tabelle 71) wiedergegeben, welche die Beanspruchung der Gaserzeuger veranschaulicht. Sie bezieht sich auf 4 Wannen und 3 Hafenöfen *A*, *B*, *C*, für welche Maurach die Angaben über Gaserzeuger, Ofenabmessungen, Brennergeschwindigkeiten und Kammern untersucht hat. Die zugehörigen weiteren Ziffern über diese Anlagen finden sich im Kapitel 8, „Öfen", so daß für jede Anlage die sämtlichen zusammengehörigen Angaben in der entsprechenden Zahlenreihe 1—4 bzw. *A*, *B*, *C* gefunden werden können.

Die Ziffern beweisen, wie vorsichtig gerade die Glasindustrie in der Wahl der Beanspruchungen ist, denn beispielsweise ist sogar bei der Anlage *C* mit Drehrost-Gaserzeuger die Beanspruchung am geringsten. Daß diese Ängstlichkeit übertrieben ist, bedarf keiner Erläuterung. Aber die in den Katalogen und Angeboten der Generatorfirmen genannten Ziffern sind anderseits mit Vorsicht aufzunehmen. Deshalb ist die Zahl der Gaserzeuger reichlich zu wählen und sind ganz besonders auch die Leitungen und Ventile reichlich zu dimensionieren.

Die Tabelle 72 zeigt eine Zusammenstellung der Gaszusammensetzung bei verschiedenen Brennstoffen.

Tabelle 72.

Zusammensetzung in Volumen-Hundertteilen und Heizwerte von Generatorgas aus verschiedenen Brennstoffen.

	Steinkohlen	Rohbraunkohlen	Braunkohlenbriketts	Torf	Koksofengas
Wasserstoff H_2	12,0	11,3	7,5	11,0	50,5
Sumpfgas CH_4	2,0	0,6	2,0	4,0	29,2
Schwere Kohlenwasserstoffe $C_m H_n$	0,2	0,2	0,4	—	—
Kohlenoxyd CO	24,4	23,4	31,5	19,1	6,3
Kohlensäure CO_2	7,0	8,8	3,5	11,7	2,2
Stickstoff N_2	54,4	55,7	55,1	54,2	9,4
Spez. Gew.	1,153	1,184	1,180	1,186	0,524
Heizwert kcal/m³	1250	1084	1390	1220	4330

Neuerdings hat noch Friedmann[1]) vergleichende Zusammenstellungen über Leistungen und Anschaffungskosten von Gaserzeugern gegeben. Diese Angaben stützen sich auf Erfahrungen und Erhebungen der Wärmetechn. Beratungsstelle der deutschen Glasindustrie, Frankfurt a. M. Sie sind in den folgenden Tabellen 73 und 74 zusammengestellt.

Tabelle 73.

Normale Durchsatzleistungen verschiedener Gaserzeuger in kg je qm Querschnitt in einer Stunde.

	Rohbraunkohle	Briketts und böhmische Braunkohle	Steinkohle
Alte Siemens-Generatoren	60— 90	50— 70	30— 50
Dachrost-Generatoren	110—150	80—100	50— 80
Rundschacht-Generatoren mit Festrost	—	80—100	50— 80
Drehrost-Generatoren	150—200	120—160	90—120

[1]) Glast. Berichte 3, 8 (1925).

Tabelle 74.

Angenäherte Anschaffungskosten (Juli 1924) für eine Anlage zur Vergasung von 40000 kg Braunkohlenbriketts täglich.

Eingeschlossen sind Schächte mit Ausmauerungen und Zubehör, Ventilator, sowie Rohrleitungen mit Armaturen an den Gaserzeugern.

Anlage ohne Reserve			Anlage mit Reserve			
	Durchsatz kg/qm Std.	Preis Mk.		Normal sind im Betrieb	Dnrchsatz kg/qm Std.	Preis Mk.
2 Drehrostgeneratoren je 2,6 m Durchm.	157	37000-60000	3 Drehrostgenerator. je 2,6 m Durchm.	2 Gaserzeuger	157	50000-80000
oder 3 Drehrostgenerat. je 2,2 m Durchm.	146	45000	4 Drehrostgenerator. je 2,2 m Durchm.	3 „	146	57000
oder 3 Rundschachtgeneratoren mit Festrost, je 2,6 m Durchm.	104	30000-35000	4 Rundschachtgeneratoren mit Festrost, je 2,6 m Durchm.	4 Gaserzeuger	79	38000-45000
oder 5 Rundschachtgeneratoren mit Festrost, je 2,2 m Durchm.	88	40000-45000	5 Rundschachtgeneratoren[1]) m. Festrost, je 2,2 m Durchm.	5 „	88	40000-45000
oder 5 Dachrostgeneratoren, je 2,2 × 1,56 m Querschnitt	98	27000	6 Dachrostgenerator. je 2,2 × 1,56 m Querschnitt	6 Gaserzeuger	81	32000

5. Hilfseinrichtungen.

a) Einführung von Dampf und Luft. Wir haben bereits gesehen, daß Dampfstrahlgebläse weniger zu empfehlen sind, jedoch sind sie eine zweckmäßige und billige Reserve für den Fall, daß der zum Antrieb des Ventilators dienende elektrische Strom versagt. Man rechnet bei Dampfstrahlgebläsen 1 kg Dampf von 3—5 Atm. für 50 cbm Luft, so daß der Dampfverbrauch des Gebläses 8—10% der Generatorkohle betragen würde, da der Luftbedarf für 1 kg Kohle etwa 4—4,5 cbm beträgt. Wegen der Kondensationsverluste ist aber praktisch die doppelte Dampfmenge zu rechnen.

Benutzt man einen gußeisernen Fuß zur Windeinführung, so kann das Gebläse auf einen zweiten Fuß aufgesetzt werden. Anderenfalls baut man in die Windleitung ein ⊥-Stück ein, schließt den Ventilator an den einen Schenkel und benutzt den anderen zum Anschluß des Strahlgebläses. Die Windleitung sollte stets mit Gefälle verlegt sein. Ist dies versäumt, so muß die Leitung zur Ableitung des Kondensats angebohrt sein.

Zur Feststellung der nötigen Größe des Ventilators dienen Angaben der Firma Schiele, die in Tabelle 75 (S. 293) zusammengestellt sind.

Der erforderliche Druck schwankt von 30 bis 200 mm bei Steinkohle, bis 300 mm bei Braunkohle, jedoch sollen bei richtig bemessener Anlage und normalem Betrieb 80—100 mm WS genügen. Die Luftmenge für Steinkohle rechnet man gewöhnlich mit 5 cbm für ein kg C, während in Wirklichkeit 4,3 cbm Dampfluftgemisch gebraucht werden.

Neuerdings wird häufig ein selbsttätiger Regler für den Winddruck in Abhängigkeit vom Gasdruck verwendet. Diese Regelung ist insbesondere bei größeren Anlagen wertvoll, weil je nach dem verschiedenen Widerstand in einzelnen Generatoren deren Leistung sich verschieden einstellt. Trotz der unleugbaren Vorteile haben sich bisher solche Regelvorrichtungen nicht allgemein eingebürgert.

Tabelle 75.

Leistung der Hochdruckventilatoren von G. Schiele & Co., Frankfurt a. M.-Bockenheim.

Nummer des Kohlendurchsatzes	Kohlendurchsatz in 24 Std.	Kohlendurchsatz in 1 Minute	Windverbrauch in einer Minute pro kg Kohle 5 cbm	Leistung des Ventilators bei einer Tourenzahl	Druck in mm Wassersäule mm	Druck in mm Wassersäule mm	Kraftbedarf PS	Kraftbedarf PS	I. Hochdruckventilator zur direkten Kupplung mit einem Elektromotor Gleichstrom 220 Volt Gewicht Ventil. ohne Elektromotor	II. Hochdruckventilator mit Riemenantrieb, gekreuzt, ohne Zubehör: Riemenscheiben Durchmesser in	II. Riemenscheiben Breite in	II. Gewicht ca.	Modell-Nummer der Fabrik
	t	kg		von	von	bis	von	bis	kg	mm	mm	kg	
1	5	3,48	18	1600—2050	70	250	0,5	2,8	100	100	70	115	42/142
2	10	7,00	35	1300—2425	70	250	0,8	4,7	160	120	80	185	43/143
3	15	10,42	52	1000—1875	70	250	1,25	7,5	250	150	90	310	44/144
4	20	13,82	70	875—1620	70	250	1,5	9	300	175	100	360	44a/144a
5	30	20,82	105	780—1445	70	250	1,9	11	420	200	100	500	45/145
6	40	27,77	139	700—1300	70	250	2,6	16	515	225	125	600	45a/145a
7	50	34,72	174	615—1130	70	250	3	17,8	720	2 Stück à 250	150	835	46/146
8	60	41,67	204	550—1000	70	250	4	23,7	860	2 Stück à 275	160	1050	46a/146a
9	70	48,71	244	550—1000	70	250	4	23,7	860	2 Stück à 275	160	1050	46a/146a
10	80	55,55	278	480— 885	70	250	5	27	1300	2 Stück à 300	180	1550	47/147
11	90	62,43	312	480— 885	70	250	5	27	1300	2 Stück à 300	180	1550	47/147
12	100	69,44	350	380— 703	70	250	7	42	1975	2 Stück à 350	200	2300	48/148

Zur Erzeugung des Dampfes dienen neben völlig unabhängigen Dampfkesselanlagen zwei Verfahren: entweder unter Ausnutzung der Abhitze von Öfen in Abhitzedampfkesseln, die besonders behandelt werden, oder Apparate, durch die heiße Gase zum Teil durch den Ventilator gesaugt und die mit Wasser berieselt werden, so daß dieses verdampft; das Gemisch von Abgasen mit Wasserdampf und Frischluft wird dann in den Gaserzeuger gedrückt. Von letzterem Verfahren hat am meisten Verbreitung das System der Firma Bender & Främbs gefunden. Hierbei wird in einer gemauerten Verbrennungskammer ein Teil Generatorgas verbrannt und dem Strom der heißen Verbrennungsgase entgegen rieselt Wasser über eine Anzahl von Blechen herab, dessen Menge nach dem Betrieb eingestellt wird. Das Gemisch aus den mit Wasserdampf beladenen Verbrennungsgasen und Frischluft wird mit etwa 150° und einem Kohlensäuregehalt von 1% unter den Vergaserrost geleitet. Es wird angegeben, daß zur Vergasung von Steinkohle etwa 3 cbm Gemisch nötig sind und daß der Verdampfer etwa 3% der vergasten Kohle verbraucht. Da die Kohlensäure sich z. T. wieder in Kohlenoxyd umsetzt, ist der Mehrverbrauch teilweise wieder ausgeglichen. Wo die Kesselanlage weit entfernt liegt und die Verluste durch Kondensation in der Dampfzuleitung bedeutend sein würden, ist das Verfahren vorteilhaft. Anstatt frisches Generatorgas zu verbrennen, kann auch Abgas vom Ofen dazu verwandt werden[1]).

b) Stochlochverschlüsse. Um die Arbeiter vor den Stichflammen und der Belästigung durch die austretenden Gase beim Stochen des Gaserzeugers zu schützen, werden neuerdings Stochlochverschlüsse empfohlen, die darauf beruhen, daß durch einen entgegengeblasenen Strom von Dampf oder Preßluft der Austritt der Gase verhindert wird. Sämtliche Konstruktionen dieser Art sind aber mit gewissen Nachteilen

---

[1]) Ein besonderer Reservegenerator ist nicht erforderlich, da der Durchsatz bei 4 Generatoren mit 110 kg/qm Stunde vorübergehend gehalten werden kann.

verbunden. Das Einblasen von Dampf ist an und für sich nachteilig, weil dadurch der Feuchtigkeitsgehalt des Gases vermehrt wird. Außerdem verstopfen sich die engen Düsen dieser Apparate leicht durch Teer und Kohlenstaub, so daß häufig solche Einrichtungen nur beim Besuch der Gewerbe-Inspektion in Anwendung sind. Das Einblasen von Preßluft ist deshalb nachteilig, weil die nach dem Innern des Gaserzeugers brennende Stichflamme dem Arbeiter den Überblick beim Stochen nimmt und ihm deshalb die sinngemäße Bearbeitung des Feuers unmöglich macht. Einen Ausweg bietet

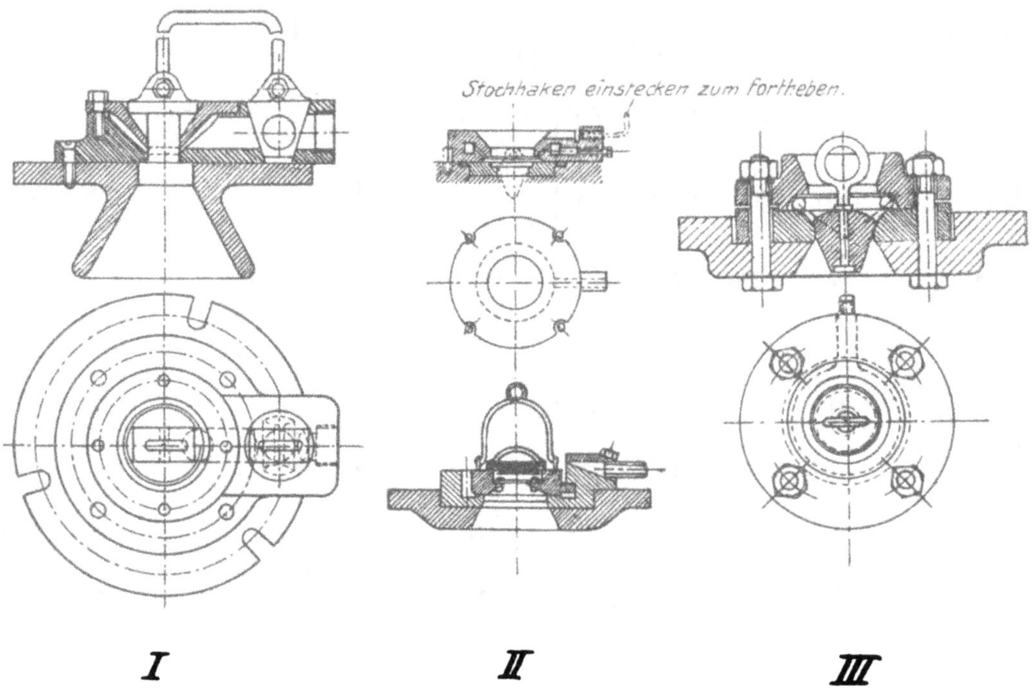

Abb. 120.

der Verschluß von Spetzler (Abb. 120), der einen Luftstrom wagrecht über das Stochloch wegbläst. Der Verschluß besteht aus zwei leicht auseinanderzunehmenden Hälften, zwischen denen ein etwa 0,5 mm starker, aber 6—8 cm breiter Spalt für die Preßluft bleibt; die beiden Hälften greifen mittels Bajonettverschluß ineinander. Wenn dieser Verschluß gut eingestellt ist, arbeitet er einwandfrei; bei der Einstellung ist aber die Prallwirkung zu berücksichtigen, die der Luftstrom durch die eingesteckte Stochstange erleidet, so daß der Spalt eigentlich für einen bestimmten Stangendurchmesser eingepaßt werden muß. Auch dieser Verschluß hat also seine Schwächen.

6. Die Fortleitung des Generatorgases.

Die Abgangsstutzen vom Gaserzeuger sind meist wagerecht. Besser ist für die Reinigung eine Abführung schräg nach oben, falls nicht sofort hinter dem Gaserzeuger ein Staubsack angebracht werden kann. Der Staubsack besteht entweder nur aus einem großen Behälter, in dem das Gas seine Geschwindigkeit wesentlich verlangsamt und dadurch den Staub fallen läßt, oder aus einem Behälter mit stark ungleichen Räumen, in denen das Gas durch eine Scheidewand gezwungen wird, seine Richtung

[1]) Stahl und Eisen **1913**, S. 1743; **1919**, S. 1199.

und gleichzeitig seine Geschwindigkeit zu ändern. Der Staubsack taucht entweder unten in einen Wasserbehälter, aus welchem der Staub im Betrieb herausgeschaufelt werden kann, oder er trägt unten eine dicht schließende Klappe zur trockenen Entleerung. Letzteres ist im allgemeinen vorzuziehen, weil der leichte Ruß auf dem Wasser schwimmt und deshalb nicht gut durch den Wasserabschluß herausgezogen werden kann.

Das Absperrventil jedes Gaserzeugers muß besonders zuverlässig ausgeführt sein und besteht meist aus einem mit Schamotte ausgefütterten Stahlgußteller, der sich auf einem gußeisernen Winkelring aufsetzt. Die Dichtung erfolgt nicht durch zwei aufeinander gepreßte Flächen, sondern entweder durch einen konischen Ring, der sich mit seiner Fläche auf die scharfe Kante des rechtwinkeligen Sitzes drückt, oder durch eine zugespitzte Kante des Tellers auf der wagerechten Sitzfläche. In beiden Fällen sind also bearbeitete Abdichtungsflächen nötig. Um diese zu sparen, wählt man manchmal einen Verschluß durch Wasser oder Sand. Wasser ist nur in seltenen Fällen zu empfehlen, weil dabei ständig eine Verdampfung stattfindet und außerdem von außen nicht unbedingt sicher festgestellt werden kann, ob ständig genügend Wasser nachfließt, um den Abschluß aufrecht zu erhalten. Der Verschluß mit Sand oder Lehm ist brauchbar, falls unmittelbar über dem Ventil im Gehäuse eine Klappe angeordnet ist, durch die man Lehm und Sand einbringen kann, wenn der Kanal unbedingt sicher abgeschlossen werden soll. Ein Wasserabschluß ist als Notabschluß in der Gasleitung gut auszuführen. Man baut zu diesem Zweck einen Kasten ein, welcher eine Scheidewand hat. Im Betrieb ist der Kasten nicht mit Wasser gefüllt, so daß das Gas frei unter der Scheidewand hindurchströmen kann. Will man plötzlich absperren, so läßt man den Kasten voll Wasser laufen und hat dann die Gewähr für eine vollständige Absperrung der Gasleitung.

Über die Bemessung und Anordnung der Gasleitungen herrschen sowohl in der Literatur wie in der Praxis außerordentlich widersprechende Ansichten, und doch ist der Einfluß der Leitungsanordnung auf Temperatur, Druck und Zusammensetzung des Ofengases durchaus nicht zu unterschätzen. Höhenlage und Entfernung der Gaserzeuger vom Ofen sind für den Betrieb von der größten Wichtigkeit, ebenso wie die Reinigung der Kanäle und Rohrleitungen im Betrieb. Der Temperaturabfall einer ausgemauerten Rohrleitung bei 65—100 mm starker Ausmauerung und bei den praktisch vorkommenden Temperaturen der Steinkohlenvergasung = 650—750° beträgt etwa 4° für 1 m. Gut ausgemauerte und vollständig trockene unterirdische Kanäle bringen etwa 2° Abkühlung je m; bei einem Heizwert des Gases von 1150 WE macht die Eigenwärme des Gases etwa 15% aus, so daß bei Steinkohle unbedingt jeder Verlust an Temperatur vermieden werden muß. Bei Rohbraunkohle verzichtet man auf die Ausmauerung der Rohrleitung, weil die Abkühlungsverluste geringer sind als der Zuwachs an Heizwert infolge der Trocknung des Gases.

Die **Reibungsverluste** in geraden, genügend weiten Rohrleitungen und Kanälen sind nicht bedeutend. Wichtiger ist der Verlust durch Richtungsänderung und plötzliche Verengung des Querschnittes. Hierbei muß noch berücksichtigt werden, daß gerade hinter den Ventilen und Krümmern in der Leitung Ruß und Staub niedergeschlagen wird. Insgesamt rechnet man bei Steinkohle mit einer Ablagerung von etwa 2% der vergasten Kohlenmengen. Die zu wählenden Geschwindigkeiten sind für die Gaskanäle und Leitungen 4—6 m, in den Ventilzuleitungen 8—10 m, im Ventil selbst 10—12 m je Sek. Im Hauptsammelkanal, in welchem sich der Staub ablagern soll, ist eine Geschwindigkeit von etwa 1 m zu wählen, keinesfalls mehr als 2 m. Für eine Anlage von drei Drehrosten = 45 t Tagesleistung erhält man etwa folgende Abmessungen: Abgang von den Gaserzeugern 800 Durchm., Staubsammler 3,5 Durchm.

oder 2,5 × 2,5 m, Sammelkanal 8—10 qm, Verbindungskanäle zum Ventil 1000 bis 1100 Durchm., Ventil 800 Durchm.

Nicht aufgeklärt ist bisher der Einfluß des Druckes in den Leitungen auf den Betrieb; obwohl eine Änderung des Gasdruckes in den praktisch vorkommenden Grenzen auf den Vorgang der Vergasung eigentlich nicht von Einfluß sein könnte, so steht die Tatsache fest, daß im Betrieb Gasdrücke von mehr als 30—50 mm WS nachteilig sind. Verständlich ist, daß bei höherem Gasdruck die Bedienung der Gaserzeuger nicht mehr sorgfältig erfolgt, das Gas entzündet sich beim Stochen an den Stochlöchern und erschwert dem Arbeiter den Überblick über das Feuer. Der mit dem höheren Gasdruck verbundene höhere Winddruck wird auch die Gefahr der Kanalbildung im Gaserzeuger und damit der Verschlackung vergrößern. Bei größerem Gas- und Winddruck liegt schließlich die Gefahr vor, daß von mehreren Gaserzeugern einer wegen seines geringen Eigenwiderstandes eine sehr hohe Leistung aufweist, während die übrigen zurückbleiben.

Ob es vorteilhafter ist, die Gaserzeuger unmittelbar neben dem Ofen aufzustellen oder eine längere Leitung, unter Umständen sogar eine vollständige Kühlung des Gases anzuordnen, ist eine viel umstrittene Frage. Bekanntlich stehen in den Abgasen des Ofens etwa doppelt soviel Wärmeeinheiten zur Verfügung, als die Luft selbst bei sehr guter Vorwärmung aufnehmen kann. Es stände also an und für sich nichts im Wege, selbst bei kaltem Gas durch die Vorwärmung desselben wieder eine gleiche Ofentemperatur zu erzielen wie bei heißem Gas. Man erreicht mit kaltem Gas naturgemäß die Vorteile einer guten Reinigung, anderseits machen sich alle Undichtigkeiten bei kaltem Gas, insbesondere bei wasserstoffreichem Gas, weit mehr bemerkbar. Im allgemeinen werden bei kleineren Anlagen stets die Gaserzeuger möglichst nahe an den Ofen gerückt. Bei großen Anlagen läßt sich dies praktisch nicht durchführen. Bei Kohlen von mehr als 25% Feuchtigkeit wird eine Abkühlung des Gases unter allen Umständen vorteilhaft sein, so daß hierfür die Entfernung zwischen Gaserzeugern und Öfen keine Rolle mehr spielt. Solange man die Gaserzeuger ohne Gebläse betrieb, hat bekanntlich Siemens eine längere Rohrleitung empfohlen und erreichte damit einen günstigeren Auftrieb des Gases. Wenn man beispielsweise das Gas aus dem Siemens-Generator in einem ausgemauerten Turm von 10 m Höhe aufsteigen läßt, wobei die Temperatur etwa 600° betragen möge, so ergibt sich im oberen Ende dieses aufsteigenden Rohres eine Druckzunahme von 9,6 mm infolge des spez. Gewichtes, ähnlich wie in einer Leuchtgasleitung der Druck für je 10 m Höhe um etwa 7 mm Wassersäule wächst. Wenn nun das Generatorgas in einer wagerechten Rohrleitung auf 250° abgekühlt und dann wiederum 10 m tief zu dem gemauerten Sammelkanal hinuntergeführt wird, so ist dazu ein Widerstand von nur 7,3 mm WS zu überwinden. Das Gesamtsystem dieses Siemensschen Syphons ergibt also eine Druckzunahme von 2,3 mm WS. Für Gaserzeuger, die mit natürlichem Zug arbeiteten, ergab also diese Anordnung sehr günstige Zugverhältnisse. Die Reinigung der Kanäle ist bei großen Anlagen schwierig. In der Regel brennt man sie aus, indem man Luft eintreten läßt und sie anderseits an den Kamin anschließt. In Amerika werden Gasleitungen durch Einblasen von Preßluft gereinigt, wofür an den tiefsten Stellen im Abstand von ca. 1 m Öffnungen angeordnet sind.

Wo Gaskanäle an beiden Seiten zugänglich sind, hat man bei Längen bis 15 m einen der Kanalform angepaßten Blechschild hindurchgezogen. Bei oberirdischen Leitungen findet man in einzelnen Fällen Ketten, die hin und her gezogen werden und mit Abstreifblechen versehen sind, welche den Staub in Staubsäcke befördern. Alle diese Einrichtungen versagen, wenn es sich nicht um trockenen Staub handelt.

Besondere Sorgfalt verdient die Staubbeseitigung bei Vergasung von Braunkohle, deren Staub sich bei Austritt an die Luft sofort entzündet und auch mit Wasser nicht sofort gelöscht werden kann, weil er sehr leicht ist. Hier bleibt nur das Ausbrennen übrig.

Am besten sind jedenfalls solche Anlagen, bei denen ein Gaskanal und eine ausgemauerte, oberirdische Leitung vorgesehen ist.

Teergewinnung. Bei Steinkohlenvergasung ist, wie oben erwähnt, anzustreben, daß das Gas heiß in die Öfen gelangt und in den Kanälen hohe Temperaturen behält, bei denen ein Niederschlagen von Teer verhindert wird. Da im allgemeinen das Gas den Generator mit 500—600° verläßt und bei gemauerten Kanälen mit einer Abkühlung von 1—2° pro lfd. m auszukommen ist, bei ausgemauerten Rohrleitungen mit 4—5°, so gelingt dies selbst bei großen Entfernungen.

Bei Braunkohlenbriketts verläßt das Gas den Gaserzeuger mit 380—400°. Der butter- oder vaselinartig sich niederschlagende Teer ist leichter auszuscheiden und kann verhältnismäßig rein gewonnen werden, wenn seine Ausscheidung oberhalb des Taupunktes für den Wasserdampf des Gases erfolgt. Man wählt dafür meist Zentrifugalreiniger (Schleuderwascher), die gleichzeitig das Gas unter Druck setzen und es den Öfen zuführen. Die Auswaschung erfolgt meist durch fein verteilten Teer.

Grunewald[1]) beschreibt eine solche Einrichtung der Fa. Hager & Weidmann in Bergisch-Gladbach. Das im Drehrost-Gaserzeuger von 2,6 m Durchm. gewonnene Gas aus rheinischen Braunkohlenbriketts verließ denselben mit 300°, hatte nach dem Staubsack noch 160° und enthielt 5,4% CO_2 bei 30,5% CO und 10,8% H_2. Es wurden 2,5 cbm Gas von 1386 WE Heizwert aus 1 kg Briketts hergestellt. Der Gaserzeuger wurde hierbei mit 1,36 m Schütthöhe betrieben. Das Gas strömt aus dem Staubsack, der unten eine trockene Entleerung besitzt, in den Luftkühler und wird hier bis nahe an den Taupunkt heruntergekühlt. Dann gelangt es in den direkt mit Elektromotor gekuppelten „Teerwolf", der aus zwei nebeneinander liegenden Flügelrädern besteht. Das Gas wird durch die Ventilatorflügel angesaugt und die Teertropfen gegen die Außenwand des Gehäuses geworfen; von dort geht das Gas durch eine Siebtrommel, wird von dem fein zerstäubten Waschteer getroffen und durch den zweiten Ventilator nach außen geschleudert. Das teerfreie Gas gelangt dann in einen Tropfenfänger, wo mitgerissene Teertropfen sich absetzen und in den Wascher zurückgeleitet werden. Die Anlage benötigt für einen 2,6 m Drehrost bei einer Vergasung von 450 kg Briketts stündlich etwa 3 PS und ergibt bei rheinischen Braunkohlenbriketts 4,5% Teer mit nur 2,1% Wasser. Gleichzeitig wird das Gas auf 50 mm Wassersäule Druck gebracht. Der Teer ist also gut verkäuflich, die Reinigung ist mit diesem einfachen Apparat gut und sicher erzielbar.

Ähnliche Apparate werden auch von anderen Maschinenfabriken gebaut.

Neuerdings sind auch die Versuche mit der elektrischen Reinigung des Gases erfolgreich abgeschlossen, so daß die Einführung dieser Apparate in die Praxis bevorsteht (z. B. Lurgi-Gesellschaft, Frankfurt a. M.). — Vorläufig bietet die Isolierung in den feuchten Innenräumen der Gasreiniger Schwierigkeiten.

Mit Rücksicht auf die Vorteile des gereinigten Gases im Betrieb verdient eine solche einfache Teergewinnung bei allen Betrieben mit Briketts volle Beachtung. Die Gewinnung eines brauchbaren Teeres ist gerade bei Briketts in jedem gewöhnlichen Schacht- oder Drehrost-Gaserzeuger möglich. Man kann aber die Bedingungen für günstigste Teerbeschaffenheit noch verbessern durch Einrichtungen zur Gewinnung von Tieftemperaturteer, auf die einzugehen hier zu weit führen würde.

7. Gesamtanlagen.

Jede moderne Gaserzeugeranlage sollte mit Transporteinrichtungen für Kohle und Asche versehen sein. Obwohl das Hochheben der Asche naturgemäß weniger Geld kostet als das Heben der Kohle, hat man sich fast allgemein entschlossen, die Gaserzeuger wegen der besseren Beaufsichtigung nicht mehr unter Flur aufzustellen. Fast immer ist die Lagerung eines Kohlenvorrats von 1—2 Tagen über den Gaserzeugern zu verlangen (Sonntagsbetrieb der Transportanlagen ist zu vermeiden). Die Zusammenfassung der Gaserzeuger zu einer Zentralanlage ist vor allem bei Glashütten zu erstreben, wo mehrere Öfen arbeiten und jeder für sich zu wenig Kohle erfordert, um eine moderne Drehrostanlage zu rechtfertigen. In einer Kristallfabrik ergab beispielsweise eine solche Zentralanlage an Stelle der alten Siemens-Generatoren eine Kohlenersparnis von 22%, ungerechnet die Ersparnis an Arbeitern für das Stochen und den Kohle- sowie Aschentransport.

Bis zu 30 t Tagesleistung wird man die Entladung von Hand noch in Rücksicht ziehen können, besonders wenn das Gelände es ermöglicht, die Kohlen vom Waggon auf die Beschickungsbühne zu werfen. In solchen Fällen bietet die halbtiefe Lage der

[1]) Stahl und Eisen 44, 532, 1924.

Gaserzeuger (etwa 2 m unter Flur) eine gute und billige Lösung. Aber schon bei dieser Leistung wird eine Förderung der Kohle mit Becherwerk in Hochbehälter

Abb. 121.

über den Gaserzeugern oft vorgezogen werden. Für größere Anlagen sind Selbstgreifer viel verbreitet. Bis 10 Gaserzeuger können durch einen Greiferkran bedient werden, Reserve muß natürlich vorhanden sein.

Abb. 122.

Die Bunker über den Gaserzeugern erhalten am einfachsten einen Klappenverschluß, der in wagerechter Lage durch den natürlichen Böschungswinkel der Kohle abschließt und in gesenkter Schräglage als Einlaufschurre zu den Fülltrichtern dient (Abb. 121). Auch Rundschieber haben sich bei schrägem Auslauf gut bewährt (Abb. 122).

Becherwerke für die Kohlenförderung sind in Oberschlesien am meisten verbreitet, wo sie sich für die harte, meist als Nußkohle zur Verfügung stehende Kohle am besten eignen, während sie sich in Westdeutschland für die allgemein verwandte Förderkohle weniger eingebürgert haben. Dagegen eignen sich für stückige Braunkohle die Becherwerke recht gut.

In allen Fällen ist die Elektro-Hängebahn für die Bedienung von Gaserzeugern sehr geeignet. Für größere Anlagen ist der Einseil-Greiferkran sehr häufig in Anwendung.

8. Wassergas.

Wassergas wird hergestellt durch Vergasung von glühendem Kohlenstoff mit überhitztem Wasserdampf im Sinne der Gleichung: $C + H_2O = CO + H_2$. Bereits bei der kurzen Besprechung der Vorgänge im Gaserzeuger (s. S. 261) haben wir gesehen, daß diese Vergasung Wärme erfordert. Infolgedessen muß der Wassergaserzeuger jedesmal nach einer Gaserzeugungsperiode wieder heiß geblasen werden. Die Wassergaserzeugung zerfällt also in die sich abwechselnden Perioden des „Heißblasens" und „Gasens".

Bei dem älteren Arbeitsverfahren wurde während des Heißblasens ein Generatorgas ähnlich dem „Luftgas" erzeugt, dessen zweckmäßige Verwendung nur möglich war, wenn zwei oder mehr Gaserzeuger im Wechsel arbeiteten und so die Gaslieferung einigermaßen ausgeglichen wurde, aber auch dann schwierig blieb.

Nach dem neueren Verfahren von Dellwik erfolgt das Heißblasen mit so hohen Luftgeschwindigkeiten, daß während des Durchstreichens durch den Generator keine Zeit für die Reduktion der Kohlensäure bleibt (s. S. 263) und infolgedessen vorwiegend (über 13%) Kohlensäure gebildet wird. Damit wird die Heißblasezeit auf 1—2 Minuten verkürzt, während die eigentliche Wassergaserzeugung 8—10 Minuten dauert. Das Wassergas wird stets in einem Wascher gereinigt und gekühlt und sodann in einem Gasbehälter aufgespeichert.

Das Wassergas hat etwa 4% CO_2, 42% CO, 50% H_2, 0,5% CH_4, 3,5% N und einen Heizwert von 2600 WE. Man gewinnt 2—2½ cbm Wassergas aus 1 kg Koks. Wirtschaftlich kann also das Wassergas im allgemeinen für Heizzwecke nicht mit dem gewöhnlichen Generatorgas in Wettbewerb treten, abgesehen davon, daß trotz aller Sicherheitsvorrichtungen, selbsttätigen Umstellungen usw. der Wechselbetrieb niemals angenehm ist. Aber für manche Zwecke, wo kleinere Mengen Gas für hohe Temperaturen benötigt werden, wie in der Glühlampenfabrikation, überhaupt für Arbeiten an der Lampe, Absprengen, Abschmelzen usw., hat es sich sehr eingebürgert, zumal es durch seine kurze heiße Flamme sich gerade für solche besonderen Zwecke gut eignet. Auch als Ersatz bzw. zur Streckung des Leuchtgases sind Wassergasanlagen in großer Zahl gebaut worden.

Neuerdings werden auch solche Anlagen für Wassergas mit Drehrosten zur selbsttätigen Schlackenentfernung ausgeführt.

Die eigentlichen Wassergasverfahren sind auf die Verwendung von Koks beschränkt. Mehrfach sind aber Versuche gemacht, mit Hilfe des Wassergasverfahrens dem oberen Teil des Vergasers soviel Wärme zuzuführen, daß eine gute Entschwelung erfolgt, während im unteren Schacht die Vergasung durch Wasserdampf stattfindet. Zu diesen Bestrebungen gehört das Doppelgasverfahren von Professor Strache, der den oberen Teil des Schachtes als eine von heißen Gasen umspülte Retorte ausbildet, in der die Kohle in Halbkoks verwandelt wird, der dann im unteren Schacht nach dem Wassergasverfahren vergast wird. Hierbei sollen also die Heißblasegase zum Beheizen der Schwelretorte dienen, und jedesmal nach dem Umstellen auf Wassergasbildung wird die Außenbeheizung der Retorte abgestellt, so daß das heiße Wassergas nun durch die in der Schwelretorte liegende frische Kohle zieht und diese entgast. Die Entgasung ist in 2 Stunden beendet. Dasselbe Ziel der „restlosen Vergasung" verfolgt das Trigas-Verfahren der Dellwick-Fleischer-Wassergas-Gesellschaft, bei dem ebenfalls Stein- und Braunkohle im oberen Teil des Gaserzeugers entschwelt werden, während der untere Teil als Wassergaserzeuger nach einem eigenartigen Wechselbetrieb arbeitet.

Das Wassergas wie auch das Strachesche Doppelgas und Trigas finden in den Glashütten für Schmelzöfen noch wenig Verwendung. Im allgemeinen dürften sie, besonders das Wassergas, auch zu teuer für die Glasschmelze sein. Es darf aber nicht übersehen werden, daß die höhere Flammentemperatur rascher zu schmelzen und damit eine größere Produktion im gleichen Ofenraum zu erzielen gestattet. Auch wird die Wärmewirtschaft eines solchen Ofens besser. Genaue Ergebnisse liegen aber hierüber nicht vor.

Das Wassergas spielt jedoch eine nicht geringe Rolle für die Verarbeitung und Veredlung der Glashüttenprodukte. Seine kurze heiße Stichflamme macht es für das Absprengen, Randschmelzen, Lochen, Anschweißen und Einschmelzen besonders geeignet. Es ist für diese Verwendungszwecke bei einigermaßen großen Betrieben wesentlich billiger als Leuchtgas. In Glühlampenfabriken dürfte es häufiger angewandt werden als Leuchtgas.

Eine weitere wichtige Anwendung des Wassergases ist die Beheizung von Muffeln für das Anwärmen von Rohglasstücken für das Senken, Pressen und Stanzen, also in der Herstellung von Perlen, Knöpfen und Uhrgläsern. Der Betrieb solcher Anwärmmuffeln mit Wassergas ist billiger als der mit Leuchtgas, kaum teuerer, aber viel bequemer, gesünder und leichter regulierbar als der mit Generatorgas oder gar Holzkohle und Koks.

Bücher über Vergasung und Gaserzeuger.

F. Haber, Thermodynamik technischer Gasreaktionen (München, Oldenbourg).

Ferd. Fischer-Gwosdz, Kraftgas (Leipzig, Spamer 1921).

Hub. Hermanns, Vergasung und Gaserzeuger (Halle, Knapp 1921).

W. B. G. Gaserzeuger in Glashütten (Frankfurt, Selbstverlag der Wärmetechn. Beratungsstelle, 1925).

Em. Dowson u. A. T. Larter, Producer Gas (London, Longmans, Green & Co.).

Jules Deschamps, Les Gazogènes (Paris, Vve. Dunod).

N. E. Rambush, Modern Gas Producers (London, Benn Brothers Ltd., 1923).

6. Kapitel.

Überwachung des Ofenbetriebes.[1]

Bearbeitet auf Grund von Erfahrungen der „Wärmetechnischen Beratungsstelle der Deutschen Glasindustrie" (W.B.G.), Frankfurt a. M.

Von Dr. ing. H. Maurach.

Jeder Ofen einer Glashütte stellt nach seiner Errichtung gewissermaßen eine Individualität dar. Je mehr beim Bau der Öfen feuerungstechnisch auf alle erdenklichen Umstände Rücksicht genommen wurde, um ihre höchste wirtschaftliche Leistung zu erzielen, um so sorgsamer hat auch ihre Betriebsführung zu erfolgen. Sobald das tote Gemäuer mit dem Eintritt des ersten Feuers seiner Bestimmung übergeben wird, ist eine sachkundige Überwachung und Behandlung der lebendigen Ofenanlage erforderlich. Pflicht jeder Betriebsleitung ist es daher, durch fortgesetzte Einzel- und Daueruntersuchungen die besten Vorschriften für die Bedienung herauszufinden.

Neben technisch und physikalisch-chemisch begründeten Fachkenntnissen gehören hierzu geeignete Meßinstrumente sowie die Anwendung bewährter Meßverfahren. Niemals kann wohl die langjährige Übung und praktische Erfahrung im Beobachten der Betriebsvorgänge ersetzt werden, aber erst die Vereinigung von bewährten Erfahrungen und genauen Messungen wird Sicherheit und Gleichmäßigkeit in die Betriebsführung bringen[2]).

In der Hauptsache sind es 3 Arten von Messungen, die für eine wärmewirtschaftliche Betriebsführung von Nutzen sein können. Sie erstrecken sich auf die Feststellung von:

A. Temperatur,
B. Druck bzw. Unterdruck (Zug),
C. Beschaffenheit des Frisch- und Abgases.

Nur an Hand dieser 3 gemeinsam ausgeführten Feststellungen ist es möglich, sich ein vollständiges Bild von den Wärmevorgängen in den einzelnen Teilen der Ofenanlage zu verschaffen[3]).

I. Temperatur.

Bestimmung von Temperaturen.

Während das Messen von Längen oder Gewichten darauf beruht, daß man sich einer unveränderlichen Maßeinheit (z. B. Meter, Kilogramm) bedient, erfolgt die Bestimmung von Temperaturen, indem man gesetzmäßig die Vorgänge und Veränderungen feststellt, die unter dem Einfluß der Wärme an thermometrischen Stoffen hervorgerufen werden. So wird beispielsweise für das 100° Quecksilberthermometer nach Celsius die Temperatur aus der sichtbaren Ausdehnung des Quecksilbers vom

[1]) Der Abschnitt „Ausführung von Gasuntersuchungen" S. 350—365 ist vom Herausgeber Dr. G. Keppeler verfaßt und in Kap. 6 eingefügt.

[2]) H. Maurach, Vom wärmetechnischen Meßwesen in Glashütten. Zeitschr. d. V. D. I., Bd. 68, 1924, S. 520/24, 15 Abb.

[3]) Aus der Wärmewirtschaft in Glashütten. Selbstverlag des W. B. G. Frankfurt a/M. 1924, 48 S., 13 Abb.

Schmelzpunkt des Eises bis zum Siedepunkt des Wassers (Fixpunkte) definiert. Der Bestimmung wird eine Einheit (Grad) zugrunde gelegt, die gleich dem hundertsten Teil der linearen Ausdehnung des Quecksilbers unter Atmosphärendruck zwischen den beiden genannten Punkten ist. Die Aufzeichnung des gesetzmäßigen Verlaufes der Grade innerhalb zweier Fixpunkte nennt man Temperaturskala. Nicht immer ist die Einteilung der Skala so gleichmäßig wie beim Quecksilber. Für Temperaturbestimmungen sind 4 Größen willkürlich festzusetzen:

1. Meßprinzip,
2. thermometrischer Stoff,
3. Nullpunkt der Teilung,
4. Maßeinheit.

Hieraus ergibt sich ohne weiteres, daß die Zahl thermometrischer Skalen beliebig groß und ihre Einteilung sehr verschieden sein kann (Abb. 123).

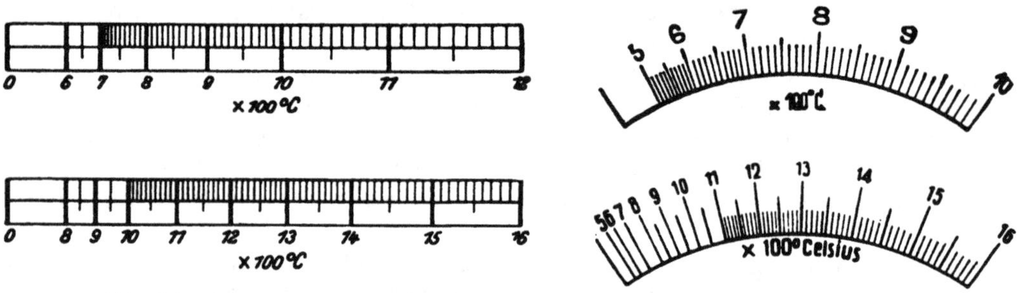

Abb. 123. Gradlinige und bogenförmige Temperaturskalen für höhere Temperaturwerte.

Die Notwendigkeit, sich über eine Normal-Temperaturskala zu einigen, hat zu dem „Gesetz über die Temperaturskala und die Wärmeeinheit vom 7. VIII. 1924" geführt. Dasselbe ist nach der theoretischen und juristischen Seite hin von der Physikalisch-Technischen Reichsanstalt ausgearbeitet worden. Es gewinnt besonders dort Bedeutung, wo bei vertraglichen Vereinbarungen Temperaturmessungen die Grundlage bilden[1]).

Als gesetzliche Skala ist die „Thermodynamische Skala" eingeführt. Bei dieser wird die normale Schmelztemperatur des Eises mit 0° C und die normale Siedetemperatur des Wassers mit 100° C bezeichnet. Zur Festlegung der Werte unter 0° C und über 100° C wird das Gasthermometer benutzt, das wissenschaftliche Rückgrat aller in der Praxis angewendeten Temperatur-Meßinstrumente[2]). Die gasthermisch gemessenen Temperaturen bei 8 besonders geeigneten Fixpunkten (Schmelzpunkte, Siedepunkte u. dgl.) und Interpolationsformeln sind festgelegt und gestatten es, beliebige Temperaturen aus Messungen mit Thermometern zu berechnen, wenn diese Thermometer in Anlehnung an die Fixpunkte geeicht sind.

Tabelle von Fixpunkten.

Thermometrischer Stoff	Temp. in Grad C	Thermometrischer Stoff	Temp. in Grad C
Wasserstoff	— 259	Natriumchlorid	+ 800
Sauerstoff	— 183	Silber	+ 960,5
Quecksilber	— 38,9	Gold	+ 1063
Wasser	± 0	Kupfer	+ 1083
Wasser	+ 100	Palladium	+ 1557
Zinn	+ 231,8	Platin	+ 1764
Blei	+ 327,4	Rhodium	+ 1920
Quecksilber	+ 357	Iridium	+ 2340
Zink	+ 419,4	Wolfram	+ 3000
Schwefel	+ 444,7	scheinbare Sonnentemperatur	+ 6000
Antimon	+ 630		

[1]) Reichsministerialblatt Bd. 52, Nr. 40 vom 17. Okt. 1924, S. 335.

[2]) Burgess-Le Chatelier, Messung hoher Temperaturen. Verlag J. Springer, Berlin, 1913, S. 33/78.

1. Temperatur-Meßgeräte.

Instrumente, welche zur Bestimmung niederer Temperaturen dienen, bezeichnet man allgemein als Thermometer, diejenigen zur Bestimmung höherer Temperaturen als Pyrometer. Für betriebstechnische Temperaturmessungen in Glashütten kommen folgende Gruppen in Betracht[1]):

1. Schmelzpyrometer,
2. Thermometer und Pyrometer unter Ausnutzung der Ausdehnung thermometrischer Stoffe,
3. elektrische Thermometer und Pyrometer,
4. optische Pyrometer,
5. Strahlungspyrometer.

Für die Betriebe der Glasindustrie sind allgemein die nachstehenden Herstellungsbedingungen für Pyrometer anzugeben:

a) Einfachheit im Aufbau und in der Bedienung,
b) widerstandsfähiges und rostsicheres Material unter Vermeidung vernickelter Einzelteile (Gemengestaub, Gase, Dämpfe),
c) lange Lebensdauer bei betriebsmäßig derber Behandlung,
d) Anpassung an die mit den Meßstellen wechselnden praktischen Bedürfnisse,
e) sofortiges Ansprechen des Pyrometers und Anzeigeinstruments auf Temperaturänderungen,
f) möglichst hohe Annäherung an die absoluten Meßwerte[2]).

1. Schmelzpyrometer. Eine besondere Art von Temperaturmeßgeräten benutzt die mit steigender Temperatur eintretende Veränderung des Erscheinungszustandes der Körper. Die gebräuchlichsten dieser Körper sind die sog. „Segerkegel" (SK). Es sind dies dreiseitige Pyramiden von etwa 6 cm Höhe, die verschiedene Schmelztemperaturen besitzen. Sie wurden im Jahre 1886 von Prof. Dr. H. Seger, dem verdienstvollen keramischen Forscher angegeben. In Glashütten sind sie nur wenig in Gebrauch. Sie bilden eine im ganzen aus 59 Nummern bestehende Reihe systematisch aufgebauter, an Schwerschmelzbarkeit stetig zunehmender Silikatgemenge. Unter der Einwirkung der Hitze ziehen sie sich zuerst, wenn das Erweichen anfängt, ohne Formänderung zusammen (siehe Abb. 124), dann biegen sie sich über, krümmen sich und lassen ihre Spitze nach unten wenden. Dieser Zeitpunkt ist stets mit Genauigkeit zu erkennen. Die zu ermittelnde Temperatur entspricht z. B. in der vorliegenden Abbildung dem Schmelzpunkt von Segerkegel 8, d. i. 1250° C.

Abb. 124. Segerkegel.

Die folgende Aufstellung enthält die Nummern der Segerkegel und die annähernden Mittelwerte ihrer Schmelzpunkte in Celsiusgraden, die bei neueren Messungen gefunden wurden. Genaue Temperaturen lassen sich mittels der Segerkegel im allgemeinen nicht bestimmen, da die Erweichung der Kegel nicht allein von der Temperatur, sondern auch in sehr hohem Grade von der Dauer der Erhitzung abhängt[3]).

---

[1]) Vgl. Mitteilung Nr. 37, Temperaturmeßgeräte. Herausgegeben v. d. „Wärmestelle Düsseldorf", 1922.

[2]) Fehlergrenzen an Meßgeräten für Temperaturen und Wärmemengen. Glastechn. Berichte Frankfurt a/M. 1925, Bd. III, Heft 2, S. 56.

[3]) F. Hoffmann, Bericht über die 31. Versammlung des „Vereins Deutscher Fabriken feuerfester Produkte", Berlin 1911, S. 53.

Schmelztemperaturen der Segerkegel.

		Rote Segerkegel[1])		
022 — 600°	010a — 900°	*010 — 900°*	7 — 1230°	28 — 1630°
021 — 650	09a — 920	*09 — 930*	8 — 1250	29 — 1650
020 — 670	08a — 940	*08 — 970*	9 — 1280	30 — 1670
019 — 690	07a — 960	*07 — 1000*	10 — 1300	31 — 1690
018 — 710	06a — 980	*06 — 1020*	11 — 1320	32 — 1710
017 — 730	05a — 1000	*05 — 1040*	12 — 1350	33 — 1730
016 — 750	04a — 1020	*04 — 1060*	13 — 1380	34 — 1750
015a — 790	03a — 1040	*03 — 1080*	14 — 1410	35 — 1770
014a — 815	02a — 1060	*02 — 1100*	15 — 1435	36 — 1790
013a — 835	01a — 1080	*01 — 1120*	16 — 1460	37 — 1825
012a — 855	1a — 1100	*1 — 1140*	17 — 1480	38 — 1850
011a — 880	2a — 1120	*2 — 1155*	18 — 1500	39 — 1880
	3a — 1140	*3 — 1170*	19 — 1520	40 — 1920
	4a — 1160		20[2]) — 1530	41 — 1960
	5a — 1180		26 — 1580	42 — 2000
	6a — 1200		27 — 1610	

2. Thermometer und Pyrometer unter Ausnutzung der Ausdehnung thermometrischer Stoffe. Zu dieser Gruppe gehören vor allen Dingen die Flüssigkeitsthermometer. Sie kamen erst im Anfang des 18. Jahrhunderts in Benutzung. Der am meisten verwendete thermometrische Stoff ist Quecksilber. Der Meßbereich gewöhnlicher Quecksilberthermometer liegt zwischen — 40° und + 357° C (Gefrierpunkt bzw. Siedepunkt des Quecksilbers). Durch Füllen des oberen, sonst luftleeren Raumes des Haarröhrchens mit Stickstoff oder Kohlensäure unter Druck bis zu 60 Atm. und unter Verwendung besonderer Glassorten kann man den Meßbereich der Quecksilberthermometer bis auf 750° C ausdehnen.

Folgende Glassorten werden für die Herstellung von Thermometern verwendet, und zwar bis zum Meßbereich von:

450° C Jenaer Normalglas 16/III,
520° C Borosilikatglas 59/III,
575° C Jenaer Verbrennungsröhrenglas,
675° C Jenaer Supremaxglas 1565/III.

Für höhere Temperaturen bis 750° C wird als Glas mit Vorteil durchsichtiger Quarz benutzt, welcher einen sehr kleinen Ausdehnungskoeffizienten und keine erheblichen Nullpunktveränderungen besitzt. Die Trägheit der Quecksilberthermometer, zumal bei Messungen von Temperaturen gasförmiger Medien ist trotz aller Genauigkeit in den Angaben sehr groß. Für die Bestimmung rasch wechselnder Temperaturen scheiden sie daher aus. Die Fehlergrenzen, welche Laboratoriums- und andere wissenschaftliche Thermometer einhalten müssen, sind aus der folgenden Zusammenstellung zu ersehen.

Fehlergrenzen für Flüssigkeitsthermometer.[3])

Bei einem Skalenumfang bis	und Einteilung der Skala in $^1/_{20}°$, $^1/_{10}°$ oder $^1/_5°$	$^1/_2°$ oder $^1/_1°$
100°	0,25°	0 5°
200°	0,5°	1,0°
300°	1,0°	2,0°
400°	—	3,0°
575°	—	5,0°

Für gewerbliche Thermometer sind die Fehlergrenzen z. T. auf das Doppelte erweitert. Die Angaben gelten für Thermometer mit Celsiusteilung.

---

[1]) Diese (älteren) Segerkegel (ohne *a*) sind von Dr. M. Simonis (Tonindustrie-Zeitung 1908, S. 1764) durch die links daneben stehenden, zur Vermeidung von Verwechselungen mit a bezeichneten, ersetzt. Die Abnehmer, die sich an die roten Segerkegel gewöhnt haben und sie daher nicht gern missen möchten, können diese Nummern auch weiter von dem Prof. Dr. H. Seger und E. Cramer, G. m. b. H., Berlin NW 21, Dreysestr. 4, beziehen.

[2]) Die Segerkegel 21—25 werden nicht mehr hergestellt, weil ihre Schmelzpunkte zu nahe aneinander liegen.

[3]) B. Eckardt, Die Prüfung von Thermometern durch das Thür. Landesamt f. Maß und Gewicht, Glas und Apparat 1924, S. 163.

In Glashüttenbetrieben finden Quecksilberthermometer Verwendung zur Bestimmung der niedrigen Temperaturen von Wasser, Luft, Gas und Dampf. Für Dauermessungen sollten sie nur bis zu Temperaturen von 150° C gebraucht werden. Bei höherer Belastung treten allmählich Veränderung des Nullpunktes und damit eine Ungenauigkeit in den Angaben ein (Ermüdungserscheinung). Werden Quecksilberthermometer mit metallenen Schutzrohren als sog. „Stab- oder Stockthermometer" benutzt, so ist darauf zu achten, daß nach dem Messen von feuchten Gasen keine Ansammlungen von Kondenswasser zwischen Schutzhülle und Glasröhre entstehen. Diese führen beim Herausholen des Thermometers aus der Meßstelle leicht zum Zerspringen.

Instrumente, welche auf der relativen Ausdehnung zweier Metalle oder eines Metalles und eines Graphitstabes beruhen, sind die Metallpyrometer bzw. die Graphitpyrometer. Bei den letzteren schließt beispielsweise ein Eisenrohr einen Graphitstab ein. Die verschiedenartige Ausdehnung bei Temperaturänderungen wird mittels Hebel auf einen Zeiger übertragen, der sich über einer in Grade eingeteilten Skala dreht. Die obere Verwendungsgrenze dieser Instrumente liegt ungefähr bei 800° C. Durch wiederholtes Erhitzen und Erkalten nehmen die Metalle und das Graphit im Laufe der Zeit nicht wieder die ursprüngliche Länge an. Auch das Zeigerwerk wird zumeist eine Fehlerquelle für derartige Pyrometer. Die Zuverlässigkeit in der Temperaturanzeige nimmt ab, die Fehler betragen oft bis über 100° C. Zu genauen Messungen sind die Instrumente unbrauchbar. Jedenfalls empfiehlt sich die häufige Nachprüfung der Angaben durch Vergleich mit geeichten Pyrometern.

3. Elektrische Thermometer und Pyrometer. Die wichtigste Gruppe der Temperaturmeßgeräte bilden die elektrischen Pyrometer, die erst in neuerer Zeit zu hoher Empfindlichkeit ausgebildet worden sind. Das Anwendungsgebiet dieser Instrumente ist überall dort gegeben, wo die Ablesung der Temperaturangabe von der eigentlichen Meßstelle örtlich getrennt, oder wo mehrere Meßstellen auf ein Ableseinstrument vereinigt, oder wo schließlich der Temperaturverlauf aufgezeichnet werden soll.

Man unterscheidet in dieser Gruppe:

a) Widerstandsthermometer, bei denen der mit der Temperatur sich ändernde elektrische Widerstand eines Metalls zur Grundlage der Messungen benutzt wird und

b) thermo-elektrische Pyrometer, bei denen der elektrische Strom gemessen wird, welcher entsteht, wenn man die eine Verbindungsstelle von zwei verschiedenen zu einem geschlossenen Stromkreis vereinigten Metalle erwärmt.

a) Widerstandsthermometer. Die Metalle ändern im reinen Zustande unter dem Einfluß der Temperatur ihren elektrischen Leitungswiderstand gesetzmäßig. Für die Ausnutzung dieses Verhaltens im höheren Temperaturbereich ist zu beachten, daß

1. der Schmelzpunkt der verwendeten Metalle hoch genug liegt,
2. diese von Gasen nicht angegriffen werden und
3. die jedem Material eigenen Konstanten möglichst unveränderlich bleiben.

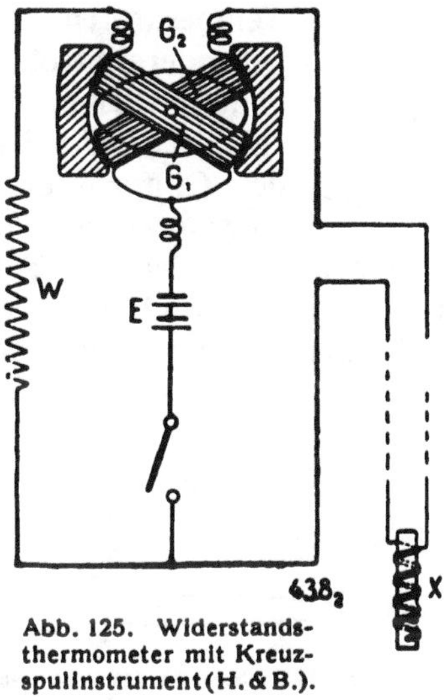

Abb. 125. Widerstandsthermometer mit Kreuzspulinstrument (H. & B.).

Diesen Forderungen genügen vor allem die edeln Metalle Platin, Gold und Silber. Um sich über die Empfindlichkeit bei der Änderung des Widerstandes eine Vorstellung zu machen, sei erwähnt, daß beispielsweise ein Platindraht, der in Eis gelagert einen Widerstand von 10 Ohm, in siedendem Wasser einen solchen von 14 Ohm besitzt. Innerhalb eines Temperaturunterschiedes von 100° C ändert sich somit der Widerstand des Platindrahtes um 4 Ohm. W. Siemens war der erste, welcher die Änderung des Widerstandes benutzte als Maß für die Temperatur.

Mit Hilfe einer Meßeinrichtung für elektrischen Widerstand (Wheatstonesche Brücke) lassen sich ohne weiteres Temperaturmessungen ausführen (Abb. 125). Der zu messende Widerstand x, als Thermometer ausgebildet, wird dabei mit einem Widerstand von bekannter Größe w verglichen. Zu dem eigentlichen Widerstandsthermometer x gehört ein Ablese- oder Schreibgerät G und eine konstante Stromquelle E. Das Ablesegerät muß ein Widerstandsmesser sein, der so eingerichtet ist, daß er die Größe des gesuchten Widerstandes oder mittelbar die vom Widerstand abhängige Temperatur durch Zeigerausschlag angibt. Dabei ist es vorteilhaft, wenn der Anzeigeapparat seine Angaben unabhängig von der Meßspannung gibt mit Rücksicht auf die beim praktischen Gebrauch stets abnehmende Spannung der Stromquelle E (Akkumulator oder Trockenbatterie). In einer bewährten Ausführung, dem sog. Kreuzspul-Widerstandsmesser nach Bruger (Hartmann & Braun A.-G., Frankfurt a. M.) wird der Einfluß der Meßspannung ausgeschaltet, indem eine Drehspule G_1 in Reihe mit einem konstanten Vergleichswiderstand W liegt, während die andere Drehspule G_2 in Reihe mit dem Widerstandsthermometer x geschaltet ist. Beide Stromkreise werden von der Stromquelle E gespeist. Der Ausschlag des Zeigers gibt das Verhältnis der Ströme und damit das Verhältnis der Widerstände, durch entsprechende Eichung, unmittelbar die Temperatur an.

Abb. 126. Widerstandsthermometer für Rauchgase.

Abb. 127. Glimmerstreifen mit Platindrahtwicklung.

Die äußere Form des Widerstandsthermometers richtet sich nach dem besonderen Zwecke, dem dasselbe dienen soll (Abb. 126). Für technische Meßzwecke bis etwa 500° C ist Platin in Form eines sehr dünnen Bandes auf eine Glimmerplatte gewickelt (Abb. 127) oder für hohe Temperaturen bis etwa 700° C auf einen Magnesitstab gewickelt, der durch ein Quarzrohr geschützt ist.

Im allgemeinen verwendet man jedoch für Messungen von Temperaturen über 600° C das weniger kostspielige und ohne besondere Stromquelle arbeitende thermoelektrische Pyrometer (Thermoelement). Bei Temperaturmessungen von Gasen ist die chemische Einwirkung derselben auf die Quarzglasarmierung oder den Glimmer des Widerstandsthermometers nicht ungefährlich. Gegenüber den Thermoelementen besitzt das Widerstandsthermometer in den niederen Temperaturbereichen eine größere Meß-Genauigkeit. Wenn es also erforderlich ist, Temperaturen unterhalb 600° C genau zu bestimmen, wie z. B. beim Dampfluftgemisch des Gaserzeugers, Kühltemperaturen im hinteren Ende des Streckofens u. dgl., so wird man dem Widerstandsthermometer immer den Vorzug geben.

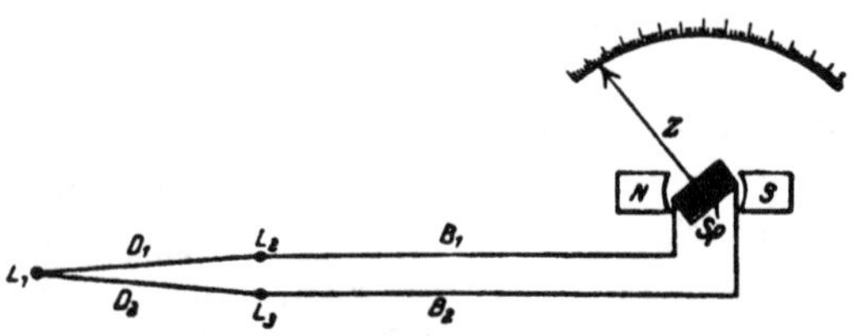

Abb. 128. Schema des thermo-elektrischen Pyrometers.

b) Thermo-elektrische Pyrometer. Die thermo-elektrischen Pyrometer beruhen auf der Messung des thermo-elektrischen Stromes, der in einem aus zwei verschiedenen Metallen (reines Metall und Metallegierung) zusammengesetzten Stromkreise fließt, sobald sich die beiden Lötstellen der Metalle nicht auf gleicher Temperatur befinden (Abb. 128).

Bringt man z. B. die Lötstelle L_1 (heiße Lötstelle) des aus zwei verschiedenen Metalldrähten D_1 und D_2 bestehenden Thermoelementes durch Erhitzen in einem Ofen auf eine höhere Temperatur, als wie sie an den Enden L_2 und L_3 (kalte Lötstelle) herrscht, so entsteht zwischen L_2/L_3 und L_1 ein Spannungsunterschied und dadurch beim geschlossenen Leiterkreis ein elektrischer Strom. Von L_2 und L_3 gehen die Leitungsdrähte B_1 und B_2 zu dem Anzeigeinstrument. Sie sind an die Drehspule *Sp* angeschlossen, die sich zwischen den Magnetpolen *N* und *S* bewegt. Der in der Spule durch das Thermoelement erregte Strom veranlaßt sie, eine Drehbewegung auszuführen. Der Drehwinkel ist um so größer, je höher die Temperatur der heißen Lötstelle L_1 ist. Der an der Drehspule befestigte Zeiger *Z* zeigt die Temperatur auf der Skala des Ableseinstrumentes an.

Die Thermoelemente werden je nach der vorliegenden Höchsttemperatur aus Nichtedelmetallen oder Edelmetallen hergestellt. Für Messungen bis etwa 800° C kann man praktisch, wie Untersuchungen der Physikalisch-Technischen Reichsanstalt gezeigt haben[1]), Thermoelemente aus Eisen und Konstantan (Legierung aus 40% Nickel und 60% Kupfer) verwenden. Der Eisendraht soll von möglichst großer Reinheit sein. Für Temperaturen über 800° C bis 1600° C (im praktischen Betrieb aus später zu erwähnenden Gründen nur bis 1200° C) ist das Platin/Platin-Rhodiumelement erfahrungsgemäß brauchbar und zuverlässig. Le Chatelier führte im Jahre 1887 ein Platin/Platin-Rhodiumelement für Messungen in die Praxis ein.

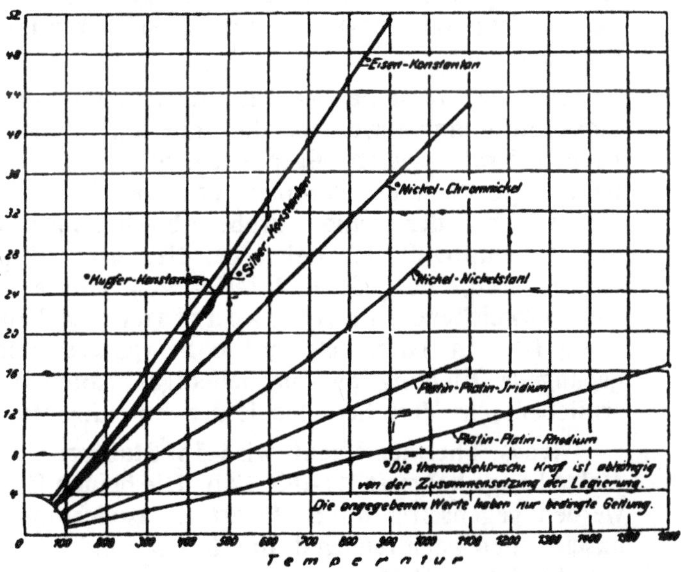

Abb. 129. Thermo-elektrische Kräfte in Abhängigkeit von der Temperatur verschiedener Metallverbindungen.

Eine anschauliche Übersicht über den Verlauf der thermoelektrischen Kräfte in Abhängigkeit von der Temperatur verschiedener Metallverbindungen gibt die Abb. 129. In derselben sind für die Temperaturen (Abszisse) die entsprechenden elektromotorischen Kräfte (Ordinate) der Metallpaare verschiedener Thermoelemente zeichnerisch dargestellt. Die Werte sind zahlenmäßig auch in der nachstehenden Tabelle aufgeführt. Aus der Zahlentafel ersieht man beispielsweise, daß die thermo-elektrische Kraft eines Kupfer-Konstantanelementes bei 500° C 25,6 mV und für Eisenkonstantan 27,5 mV, für Platin/Platin-Rhodium dagegen nur 4,23 mV beträgt.

[1]) Fr. Hoffmann und A. Schulze, Über die Brauchbarkeit von Thermoelementen aus unedlen Leitern in hohen Temperaturen. E.T.Z. 1920, Heft 22, S. 427.

Elektromotorische Kraft verschiedener Elementenpaare in Millivolt. (mV).

Temperatur in °C.	Kupfer-Konstantan	Eisen-Konstantan	Nickel-Nickel-stahl	Nickel-NiCr	Pt-Pt Ir.	Pt-Pt Rh
100	4,1	5,4	2,5	3,8	—	—
200	8,8	10,8	4,9	7,6	—	—
300	14,0	16,3	7,3	11.5	—	2,32
400	19,6	21,9	9,7	15,5	5,7	3,26
500	25,6	27,5	12,1	19,4	7,4	4,23
600	—	33,2	14,7	23,4	9,0	5,24
700	—	39,1	17,5	27,3	10,7	6,29
800	—	45,2	20,6	31,2	12,4	7,37
900	—	51,3	24,1	35,1	14,0	8,48
1000	—	—	27,6	38,9	15,6	9,61
1100	—	—	—	42,7	17,3	10,76
1200	—	—	—	—	—	11,93
1300	—	—	—	—	—	13,11
1400	—	—	—	—	—	14,29
1500	—	—	—	—	—	15,48
1600	—	—	—	—	—	16,67

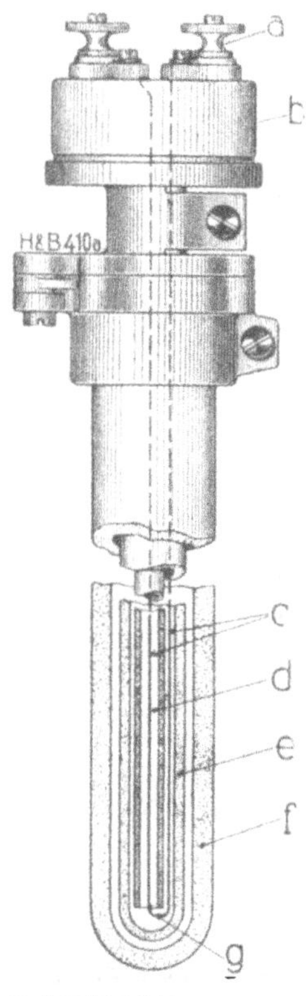

a) Anschlußklemmen.
b) Anschlußkopf aus Hartporzellan.
c) Elementdrähte aus Platin und Platin-Rhodium.
d) Feuerfeste Isolierrohre aus Ton.
e) Inneres Schutzrohr.
f) Äußeres Schutzrohr.
g) Lötperle.

Abb. 130. Schnitt durch ein Thermoelement.

Die Drähte aus den unedlen Metallen bzw. ihren Legierungen werden in Stärken von etwa 2—3 mm gehalten. Die Abmessungen des Platins und Platin-Rhodiums überschreiten nicht das Maß von 0,5—0,6 mm.

Aus der vorstehenden Zusammenstellung darf ohne weiteres nicht entnommen werden, daß die auftretenden elektromotorischen Kräfte gleichartiger Elemente stets denselben Verlauf haben. Je nach der Reinheit des Metalles und der Legierung treten mehr oder weniger große Abweichungen in den Angaben auf. Es empfiehlt sich daher bei Neuanschauffungen oder nach Reparaturen, die jedem Material von Hause aus eigene und stets abweichende Thermokonstante nachzuprüfen. Unzulässig ist, ein Thermoelement ohne weiteres und ohne vorausgegangene Eichung an ein beliebiges Ableseinstrument anzuschließen, ein Versehen das leider nur allzuoft begangen wird.

Jedes Thermoelement wird in Stabform bis zu mehreren Meter Länge hergestellt (Abb. 130). Die beiden Elementendrähte *c* werden gegenseitig durch feuerfeste Isolierröhrchen aus Ton *d* auseinander gehalten und durch ein inneres *e* und äußeres *f* Schutzrohr umhüllt.

Um das Element gegen chemische und mechanische Einflüsse zu sichern, umgibt man es mit sog. „Schutzverkleidungen". Unter Berücksichtigung der Betriebsverhältnisse in Glashütten, insbesondere im Schmelzofen, können folgende Forderungen an die Stoffe, die zu Schutzverkleidungen Verwendung finden, gestellt werden. Sie sollten:

1. feuerfest sein und eine Schmelztemperatur besitzen, welche oberhalb derjenigen des Platins (1750° C) liegen,
2. plötzliche und wiederholte Temperaturänderung aushalten, ohne zu zerbrechen,

3. undurchlässig für Gase sein oder eine aufgetragene Glasur fest verbindend annehmen können, um gasdicht zu werden,
4. widerstandsfähig sein gegen chemische Beeinflussungen durch Gase und Gemengebestandteile,
5. die Unveränderlichkeit der Form und des Zustandes bewahren im höheren Temperaturbereich zur Vermeidung von Verziehen, Verbiegen und Rissebildung,
6. bei der Herstellung plastisch sein zwecks Verarbeitung in dünnwandige Rohre.

Es ist bisher leider nicht gelungen, alle diese Forderungen durch ein Material vollständig zu erfüllen. Vielerorts hat das Thermoelement infolge schlechter Beschaffenheit der Schutzrohre mehr Unannehmlichkeiten bereitet, als der Nutzen durch die Temperaturangabe wert war und ist dadurch ungerechterweise in Verruf geraten. Die Zukunft wird auch hier noch manche Verbesserungen bringen müssen, um seine Verwendung beim Dauerbetrieb im Schmelzofen (über 1200° C) sicherzustellen.

Als Material für innere Schutzrohre (s. Abb. 130 e) kommen in Betracht:

Quarzglas. Dasselbe widersteht dem schroffstem Temperaturwechsel bis auf etwa 1400° C. Bei längerem Erhitzen über 1000° C entglast Quarzglas und zerfällt[1]). Eisenoxyd sowie Flugasche greifen das Quarzglas stark an. Nach Untersuchungen von Villard[2]) über Gasdurchlässigkeit läßt Quarzglas in der Rotglut bei etwa 1000° C Wasserstoff durch. Die Montierung aus Quarz ist überall dort anwendbar, wo es sich um vorübergehende, rasch auszuführende Messungen handelt. Für den Dauerbetrieb ist sie nicht geeignet. Bei 1600° C beginnt Quarz sich zu deformieren.

Marquardtsche Porzellanmasse (Staatl. Porzellanmanufaktur, Berlin). Schutzrohre aus diesem Stoff sind bis etwa 1600° C feuerbeständig, dagegen sehr empfindlich gegen raschen Temperaturwechsel und Stichflammen. Um die Gasdurchlässigkeit zu behindern, sind sie innen und außen glasiert. Das Marquardtrohr ist für Dauermessungen bis 1400° C zu gebrauchen, falls es nicht von der Flamme direkt getroffen wird.

Als Material für äußere Schutzrohre (s. Abb. 130 f) finden hauptsächlich zwei Materialien Verwendung.

Schamotte in bester Qualität hat sich bisher gut bewährt. Sie eignet sich für dauernden Einbau besonders auch dort, wo Stichflammen auftreten. Beim Einbau von neuen Elementen empfiehlt es sich, die Erwärmung so langsam wie möglich vorzunehmen, damit das Rohr nicht springt. Für den Schmelzraum von Öfen in Glashütten nehme man Rohre, deren Kegelschmelzpunkt auf keinen Fall unter 1750° C (SK 34) liegt. Im Hinblick auf die träge Temperaturübertragung ist eine Wandstärke von etwa 5 mm zu wählen, bei erfahrungsgemäß rascher Abnutzung der Rohre im Ofen auch bis zu 10 mm.

Silitrohre (Silizium-Karbid, Fabrikat von Gebr. Siemens, Berlin-Lichtenberg). Dieses Material ist weniger empfindlich gegen Temperaturschwankungen als Schamotte. Bei höheren Temperaturen (über 1200° C) zersetzt sich Silit unter Ausscheidung von Kohlenstoff, der die inneren Schutzrohre und die Elementdrähte angreift. Bei 1500° C geht die Zerstörung des Silitrohres schnell vor sich. Silit wird bei diesen hohen Temperaturen von den Alkalidämpfen des Gemenges stark angegriffen und zuletzt vollkommen zerfressen. Bei niedrigeren Temperaturen (z. B. Kühlofen) ist die hohe mechanische Festigkeit und Wärmeleitfähigkeit des Materials schätzenswert. Nachteilig hat sich erwiesen, daß bei Silitrohren am geschlossenen Ende der Bodenabschluß durch einen aufgesetzten Deckel erfolgt, der sich im glühenden Zustande leicht abhebt und das Eindringen von Gas ermöglicht. Elemente in Silitrohren folgen den Temperaturschwankungen des Ofens rascher wegen der hohen Wärmeleitfähigkeit dieses Materials als solche aus Schamotte.

Stahlrohre kommen nur in Betracht für Thermoelemente aus unedlen Metallen bis zu 800° C. In letzter Zeit hat das von der Friedrich Krupp A.-G., Essen, hergestellte alitierte Eisen besonderen Anklang gefunden. Im Vergleich mit gewöhnlichem Flußeisen ist dieses Material durch ein besonderes Diffusionsverfahren hitzebeständiger gemacht, jedoch auch nicht unbegrenzt bei der Hitze haltbar.

---

[1]) Siehe Entglasung, sowie Modifikationen der Kieselsäure, Kap. 1, S. 25 u. 43.

[2]) A. Katz, Quarzglas und Quarzgut. Verlag Vieweg & Sohn, Braunschweig 1919, S. 38.

Im Raume des Glasschmelzofens bestehen u. a. zwei Gefahrenquellen für die Schutzrohre. Es sind dies:

a) Bestandteile des Generatorgases, von welchen besonders das Kohlenoxyd (CO) und der Wasserstoff (H_2) beim Dauerbetrieb zersetzenden Einfluß auf die Masse der Schutzrohre haben. Der Wasserstoff als leichtester Bestandteil des Generatorgases streicht längs des Gewölbes hin und bildet bei Luftüberschuß Stichflammen.

b) Dämpfe und Gase, herrührend aus den Alkalien des Gemenges. Bei Verwendung von Sulfatgemengen tritt die schweflige Säure (SO_2) schädigend auf. Auch ein starker Ofenzug reißt erfahrungsgemäß Gemengeteilchen in Staubform mit sich, die an Schutzrohren abgelagert und im Schmelzfluß zersetzend wirken.

Es erscheint daher ratsam, um diesen schädigenden Einflüssen zu begegnen, möglichst Schutzrohre in Glasschmelzöfen einzubauen, die einen geringen Gehalt an Kieselsäure besitzen und reich an Tonerde sind.

Einbau elektrischer Pyrometer.

Bei Verwendung der besten elektrischen Pyrometer und des geeignetsten Schutzrohres ist ein Mißerfolg nicht ausgeschlossen, sofern der Einbau des Pyrometers an der Meßstelle nicht der Eigenart der Apparate in sachgemäßer Weise Rechnung trägt.

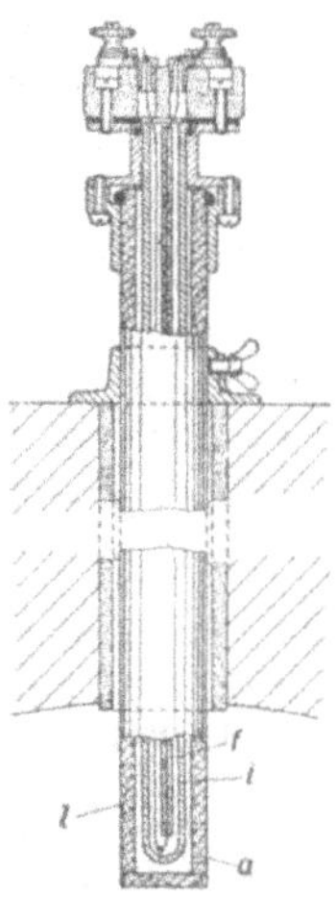

Abb. 131. Vertikal eingebautes Thermoelement.

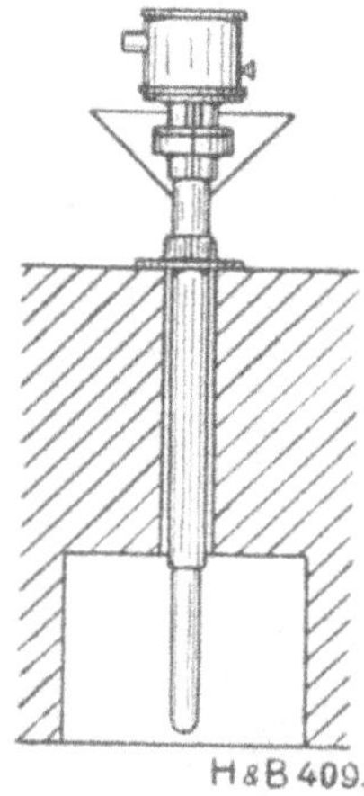

Abb. 132. In Gewölbeaussparung eingebautes Thermoelement.

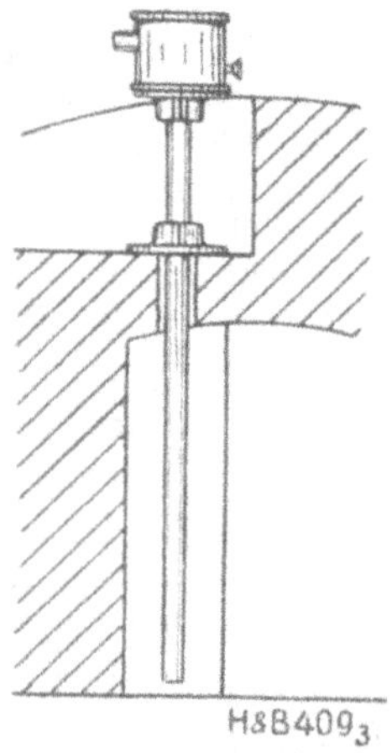

Abb. 133. In Mauernische eingebautes Thermoelement.

Die vertikale Anordnung (Abb. 131) wird in den meisten Fällen der horizontalen vorgezogen, weil dabei am wenigsten zu befürchten ist, daß sich die Rohre im Glühzustand infolge ihres Eigengewichtes durchbiegen. Wenn angängig, sind die Pyrometer durch Einbau in Mauernischen (Abb. 132 u. 133) vor direkten Gasströmen zu bewahren. Allerdings besteht hierbei der Mißstand, daß die absolute Meßgenauigkeit infolge des Wärmeaustausches zwischen Ofenwand und Schutzverkleidung leidet. Entgegen allen bisherigen Grundsätzen, das Pyrometer stets nur senkrecht anzuordnen, ging man auch mancherorts zur wagerechten Lagerung über (Abb. 134). Zur Vermeidung von Durchbiegungen der bei höheren Temperaturen stets sich erweichenden Schutzrohre wird das Pyrometer der ganzen Länge nach durch einen entsprechend ausgehöhlten Silikastein *s* (s. Kap. 7) unterstützt. Das Element wird in Silikamehl *m* eingelagert. Diese Anordnung hat den Vorteil, sich häufig von dem Zustand des Elementes während des Betriebs überzeugen zu können nach Entfernung des Keilsteines *k*. Selbst bei einer Beschädigung der Schutzrohre ist es möglich, die wertvollen Teile des Elementes zu retten. Das Pyrometer kann auch bei dieser Anordnung anstatt im Gewölbe in den Seitenwänden angebracht werden.

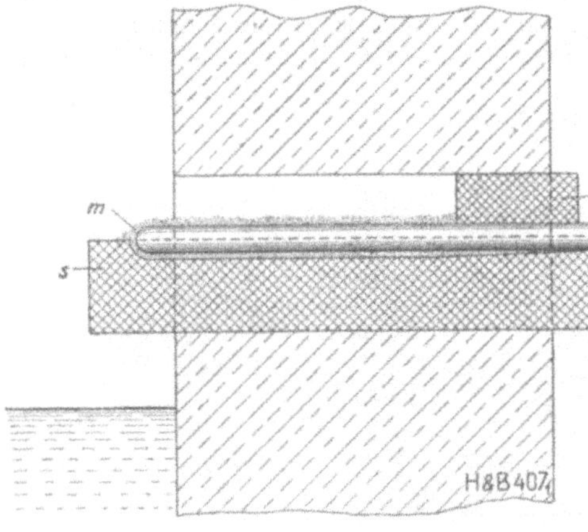

Abb. 134. Wagerecht eingebautes Thermoelement.

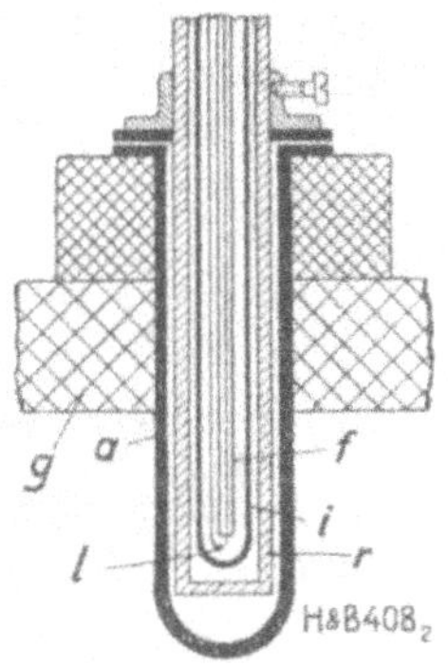

Abb. 135. Im Gewölbe eingebautes Thermoelement mit starkem Schamotteschutzrohr.

Abb. 136. Thermoelement mit Schutzkappe für Pyrometerkopf.

Für viele Hütten ist die Erhöhung der Lebensdauer des Pyrometers wichtiger gewesen als die starke Annäherung an die absolut genaue Temperatur der Meßstelle. Man erreichte dies dadurch, daß man das Thermoelement mit dem inneren *i* und äußeren *r* Schutzrohr mit einer dritten Verkleidung aus Schamotte *a* umgab, die fest mit dem Ofenmauerwerk verbunden war. Aber auch dieses Schutzrohr war denselben schädlichen Wirkungen unterworfen wie das Schutzrohr *r* (Abb. 135).

Abb. 137. Vertikal eingebautes Thermoelement mit Kompensationsleitungen.

Die Auswahl der Einbaustelle für Pyrometer wird sorgsamst von Fall zu Fall in Anlehnung an die konstruktive Durchbildung des Ofens und seine Betriebsführung zu treffen sein. Nach getroffener Auswahl der Meßstellen sind die Mauerstärken und Eintauchlängen genau an Hand von Zeichnungen oder besser durch Aufnahmen an Ort und Stelle zu ermitteln.

Das Prinzip des Thermoelementes verlangt, daß die Temperatur des Klemmenkopfes (s. Abb. 130 *a* u. *b*) sich auf normal niedriger und konstanter Höhe (etwa 20° C) befindet. Nun ist es aber gerade bei Glasöfen sehr schwierig, den herausragenden Teil der Thermoelemente völlig aus dem Bereiche der vom Ofen ausgehenden strahlenden Wärme zu rücken, selbst wenn der Pyrometerkopf durch eine Kappe geschützt ist (s. Abb. 136).

Durch Verwendung von sog. Kompensationsleitungen, die nichts anderes sind als die Verlängerung der Elementendrähte (s. Abb. 137) von dem heißen Kopf des eigentlichen Pyrometers bis zu einer Stelle mit niederer konstanter Temperatur, werden Meßfehler eingeschränkt. Diese Leitungen sind für Glashüttenbetriebe mit

Asbestumklöppelung vorgesehen und tragen dadurch den mechanischen und physikalischen Einwirkungen des Betriebes Rechnung[1]).

Da es nicht möglich ist, mittels eines mit Schutzrohren umgebenen Thermoelementes die „wahre Temperatur" des Gases zu bestimmen, hat man neuerdings das Thermoelement als sog. „Durchflußpyrometer" (s. Abb. 138) ausgebildet[2]). Durch das Rohr, in dem sich das Thermoelement

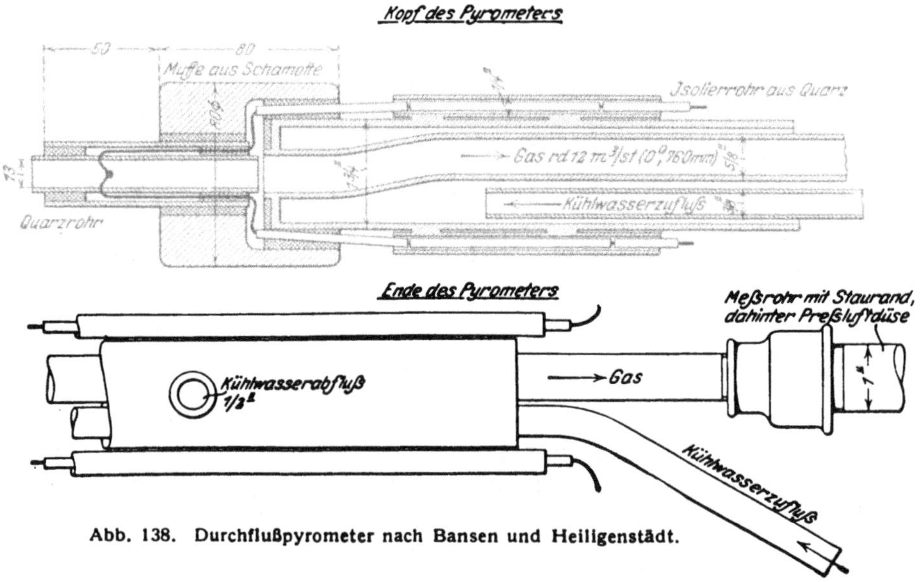

Abb. 138. Durchflußpyrometer nach Bansen und Heiligenstädt.

befindet, werden die heißen Gase mit Hilfe einer Strahlpumpe unter großer Geschwindkeit durchgesaugt. Der Wärmeaustausch mit der Umgebung wird durch Schutzrohre von starker Isolationsfähigkeit möglichst herabgesetzt. Unter Anwendung dieses Mittels nimmt die freigelegte Lötstelle des Thermoelementes die Temperatur des Gases mit sehr großer Annäherung an. Absaugepyrometer werden bis jetzt nur als Versuchsgeräte für wissenschaftliche Messungen verwendet. Für betriebstechnische Messungen und für den Dauerbetrieb sind sie noch nicht brauchbar ausgebildet worden[3]).

Zeigerinstrumente für elektrische Pyrometer.

Zur Messung von Spannungen elektrischer Ströme, welche etwa 5—10000 mal kleiner sind als die Spannung einer gewöhnlichen 110 Volt Glühlampe, bedarf es außerordentlich feiner Meßinstrumente. Die in Deutschland hervorragend ausgebildete Meßinstrumententechnik hat in der Anfertigung sog. „Präzisions-Millivoltmeter" nach jeder Richtung hin Vorbildliches geleistet. Für die Beurteilung der Güte eines Millivoltmeters ist ausschlaggebend:

Abb. 139. Temperatur-Anzeigeinstrument mit vertikal gelagerter Achse (H. & B.).

a) die Lagerung der Drehspule,

b) sein innerer elektrischer Widerstand und Temperaturkoeffizient.

Je nachdem das Anzeigeinstrument als Wand- (Abb. 139) oder als Tischapparat (Abb. 140) ausgeführt wird, ist die Achse der Drehspule senkrecht oder wagerecht gelagert. Im allgemeinen benutzt man für

[1]) K. Hencky, Zur Technik der Temperaturmessungen. Zeitschr. d. V. D. I. 1924, Nr. 13, S. 297/301.

[2]) s. a. F. Maule, Messung hoher Gastemperaturen zwecks richtiger Bemessung der Ofenelemente. Glast. Ber., Frankfurt a/M., 3, 113 (1925).

[3]) Bericht des Stahlwerksausschusses d. V.D.E. Nr. 82, S. 15.

eine größere Zahl an verschiedenen Meßstellen eingebauter Pyrometer ein Ableseinstrument. Dieses, mit einem Tastenumschalter versehen, gestattet, die Einschaltung der jeweils gewünschten Meßstelle und somit die Ablesung der Temperatur (s. Abb. 141).

Genügen auch die Zeigerinstrumente für Einzelablesungen in vielen Betrieben, so wird man doch häufig die dauernde Aufzeichnung der Temperaturen bevorzugen.

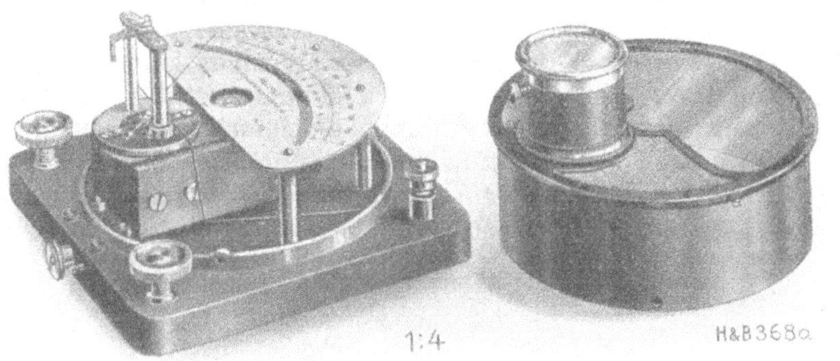

Abb. 140. Hochohmiges Drehspul-Millivoltmeter mit Bandaufhängung (H. & B.).

Abb. 141. Anzeigeinstrument mit Tastenumschalter für 10 Meßstellen (S. & H.).

Abb. 142. Sechsfach-Temperaturschreiber von H. & B.

Diesem Zwecke dienen die schreibenden Meßgeräte. Es sind dies Registrierapparate, welche in farbigen Kurven die Temperaturen der verschiedenen Meßstellen auf einem fortlaufenden Papierband aufzeichnen. Die Apparate sind für den Anschluß von 6, neuerdings bis zu 12 Pyrometern eingerichtet (s. Abb. 142). Die auf einem Papierstreifen aufgezeichneten Temperaturkurven ermöglichen es der Betriebsleitung, jederzeit durch Vergleich des Verlaufes der verschiedenen Temperaturwerte die Ursachen von Betriebsstörungen zeitlich und örtlich festzustellen.

4. Optische Pyrometer. Durch die bloße Beobachtung der Feuerung ist der geübte Betriebsmann schon in der Lage, die Temperatur des Ofens zu schätzen. Diese Art der Temperaturbestimmung bringt natürlich sehr leicht subjektive Beobachtungsfehler mit sich, d. h. daß bei verschiedenen Beobachtern verschiedene Meßergebnisse je nach Veranlagung erzielt werden. Die Empfindlichkeit des menschlichen Auges wechselt in weiten Grenzen und wird durch die verschiedensten Umstände beeinflußt wie u. a. durch die stark im Hüttenraum wechselnde Tageshelligkeit. Mit der steigenden Temperatur eines Körpers wächst die Intensität der ausgesandten Lichtstrahlen entsprechend ihrer Reihenfolge im Spektrum. Hierauf beruht das Schätzen der Temperatur mit dem Auge durch die geübten Hüttenmeister und Schmelzer. Wie der Eisenhüttenmann nach den verschiedenen Glühfarben (siehe nebenstehende Aufstellung) des Eisens dessen Temperatur bestimmt, so trifft auch der Glasfachmann ähnliche Feststellungen bei der Schmelze und Verarbeitung des Glases.

Abhängigkeit der Glühfarbe von der Temperatur.

Anfangendes Glühen	525° C	dunkle Gelbglut	1100° C
Dunkelrotglut	700° C	helle Gelbglut	1200° C
beginnende Kirschrotglut	800° C	Weißglut	1300° C
volle Kirschrotglut	900° C	Blauglut	1400° C
helle Kirschrotglut	1000° C		

Die optische Temperaturbestimmung beruht auf den Strahlungsgesetzen des „schwarzen Körpers", d. i. eines Körpers, der fremde auf ihn fallende Strahlung völlig aufnimmt und nichts zurückstrahlt, selbst strahlend aber das Maximum an Strahlung liefert. Praktisch wird er verwirklicht durch einen überall auf gleicher Temperatur befindlichen Hohlraum, aus welchem die Strahlung nur durch eine kleine Öffnung austritt. Die meisten hüttenmännischen Öfen erfüllen diese Forderung mit genügender Genauigkeit. Die gesamte Wärme- und Lichtstrahlung des „schwarzen Körpers" ist nach dem Stefan-Boltzmannschen Gesetz proportional der 4. Potenz seiner absoluten Temperatur. Seine Lichtstrahlung allein, als Teilgebiet des Spektrums, das vom Auge empfunden wird, folgt einem anderen Gesetz, und zwar steigt sie bei Rotglut etwa mit der 30., bei heller Weißglut mit der 12. Potenz der absoluten Temperatur an[1]).

Zur optischen Temperaturbestimmung sind im wesentlichen die Pyrometer von Holborn und Kurlbaum und von Wanner im Gebrauch[2]). Man mißt mit ihnen nicht unmittelbar die absoluten Glühfarben, wie es durch das Auge geschieht, sondern vergleicht sie mit der einer geeichten Glühlampe (Normalstrahler), deren Helligkeit durch geeignete Vorrichtungen am Pyrometer in Übereinstimmung gebracht werden kann mit der Helligkeit des zu untersuchenden Körpers.

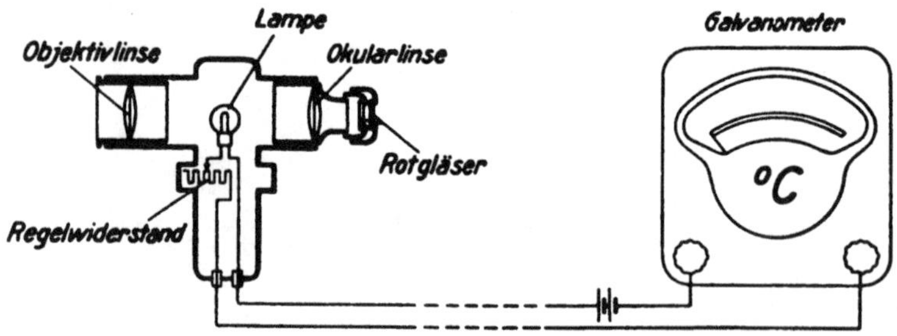

Aus Dr. Kenath: „Elektr. Temperaturmeßgeräte".
Abb. 143. Schema des Glühfadenpyrometers Siemens & Halske.

a) Glühfadenpyrometer nach Holborn u. Kurlbaum. Abb. 143 zeigt das Schema der Anordnung des von Siemens & Halske A.-G. hergestellten Glühfadenpyrometers. In einem Fernrohr mit Objektiv- und Okularlinse ist eine kleine 4 Volt Glühlampe eingebaut. Dieselbe wird über einen Regulierwiderstand aus einem zweizelligen Akkumulator gespeist. Die Messung wird in der Weise ausgeführt, daß der Beobachter das Fernrohr auf das glühende Objekt (den Strahler) richtet, dessen Temperatur gemessen werden soll, bis

[1]) A. R. Meyer, Über die Messung hoher Temperaturen auf optischem Wege. Dinglers Polytechnisches Journal 1913, Heft 31, 33, 34.

[2]) A. Fry, Optische Temperaturmessung in der Praxis. Stahl u. Eisen 1924, Heft 45, S. 1398/1405.

er ihn in dem Bildfeld erkennt. In der Blickrichtung liegt aber auch der Glühfaden der Vergleichslampe. Die Objektivlinse des Fernrohrs entwirft ein Bild des Objektes in die Ebene des Glühfadens. Die Helligkeit des letzteren wird nun durch Einstellung des Regulierwiderstandes solange geändert, bis der Glühfaden auf dem leuchtenden Untergrund des Objektes verschwindet (s. Abb. 144 u. 145). Es ist dann die gesuchte Temperatur diejenige des Glühfadens. Die Glühlampe ist so geeicht, daß zu jeder Temperatur die zugehörige Stromstärke bestimmt ist.

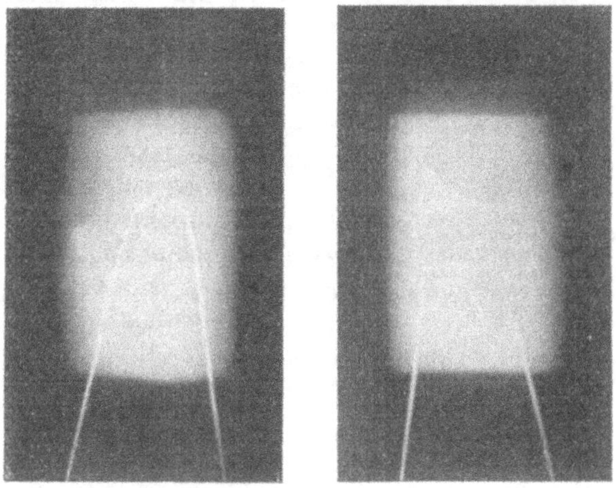

Temperatur zu hoch gemessen. Temperatur richtig gemessen.

Abb. 144 u. 145. Einstellbilder des Glühfadenpyrometers.

Für niedrige Temperaturen (600 bis 700° C) kann die Beobachtung durch das Okular direkt erfolgen. Hat man aber an einem nichtschwarzen Strahler, z. B. an einem blanken Glasspiegel oder einer glühenden Glasfläche die Temperatur zu messen, so erhält man keinen vollständigen Farbenausgleich, die Einstellung wird unsicher. Man setzt dann dem Okular einen Farbfilter vor, der nur Licht einer Wellenlänge durchläßt, um Glühfaden und Strahler in gleicher Farbe zu sehen. Für tiefe Temperaturen sind Rotfilter, für höhere Temperaturen (über 1200° C) Grünfilter geeignet.

Die nebenstehende Abbildung (Abb. 146) zeigt ein tragbares Holborn Kurlbaum-Pyrometer, wie es in neuester Ausführung vorliegt. Es ist nicht zur dauernden, sondern nur zur gelegentlichen Betriebskontrolle an verschiedenen Stellen des Ofens bestimmt. Sein Meßbereich beträgt ohne Rauchglas 600—1600° C, mit Rauchglas 1000 bis 2000° C. Nach Versuchen von G. Keinath[1]) hat sich gezeigt, daß bei Temperaturen von 600 bis 700° C nur geübte Beobachter auf 10—20° C genau messen können; zwischen 700 und 1000° C treten nur vereinzelt Fehler bis zu 15° C auf, bei höheren Temperaturen beträg die Einstellunsicherheit im allgemeinen nur ± 5° C. Die Entfernung vom glühenden Körper kann beim Glühfadenpyrometer groß sein, ohne Einfluß auf die Meßgenauigkeit. Zur Beobachtung kann man sich mit kleinen Schauöffnungen im Mauerwerk begnügen.

Aus Dr. Keinath: „Temperaturmeßgeräte".

Abb. 146. Tragbares Holborn-Kurlbaum-Pyrometer, Bauart Siemens & Halske, In dem Kasten ist der 4 V-Akkumulator enthalten, oben ist der Strommesser, die Rotgläser und das Rauchglas.

[1]) G. Keinath, Über die subjektiven Einstellfehler bei optischen Pyrometern. Stahl u. Eisen, 1923, S. 9/12.

b) Halbschattenpyrometer nach Wanner. Das von Dr. R. Hase, Hannover, hergestellte Pyrometer hat äußerlich ebenfalls das Aussehen eines Handfernrohres. In das in Form von 2 Halbkreisen geteilte Gesichtsfeld des Apparates tritt sowohl das Licht des betrachteten glühenden Körpers, wie auch das Licht der Vergleichsquelle einer elektrischen Glühbirne. Diese beiden Helligkeiten werden von vornherein ungleich sein (s. Abb. 147). Leitet man nun einen Lichtstrahl durch ein System von Kalkspatprismen, sog. Nicol, so ist seine Stärke abhängig von der Stellung dieser beiden Prismen zueinander, und es ist möglich, die Helligkeit eines so geführten Lichtstrahles durch gegenseitige Drehung der Prismen nach Belieben zu verändern. Diese als Polarisation bezeichnete Eigenschaft des Lichtes wird bei dem Wannerschen Pyrometer benutzt, indem in den Weg der Lichtstrahlen eine solche Polarisationsvorrichtung gestellt wird. Die Helligkeit der beiden Halbkreise des Gesichtsfeldes ist so in Übereinstimmung zu bringen, daß die Trennungslinie zwischen ihnen verschwindet. Die dazu benötigte Drehung des Nicols wird an einer Kreiseinteilung des Okulars abgelesen und damit auch direkt die Temperatur (Abb. 148).

Aus Dr. Keinath: „Elektr. Temperaturmeßgeräte“.
Abb. 147. Bildfeld des Wanner Pyrometers bei ungleicher Temperatur.

Aus Dr. Keinath: „Elektr. Temperaturmeßgeräte“.
Abb. 148. Wanner-Pyrometer in der Ausführung Dr. R. Hase-Hannover.

Das Wanner-Pyrometer von Dr. R. Hase wird in neuester Ausführung mit einem Meßbereich von 650—1130° C, weite Teilung zwischen 650 und 900° C und mit einem Meßbereich von 840—2000° C, weite Teilung zwischen 1000 und 1500° C, hergestellt. Die üblichen Fehler bei der Beobachtung treten zwischen 700 und 1000° C bis zu 15° C auf, bei höheren Temperaturen beträgt die Einstellunsicherheit meistens nur $\pm$ 5° C.

5. Strahlungspyrometer. Im Gegensatz zu den optischen, kann man mit den Strahlungspyrometern, die auf der Messung der gesamten Wärme- und Lichtstrahlung des Körpers beruhen, theoretisch bis zu beliebig tiefen Temperaturen heruntergehen. Die von dem glühenden Objekt ausgehenden Wärmestrahlen werden bei den bekannten Ausführungen mittels einer Linse gesammelt und auf ein geschwärztes Blättchen geworfen, auf dem ein ganz feines Thermoelement aufgelötet ist. Das Blättchen bzw. die Lötstelle des Thermoelementes erhitzt sich, und das an das Thermoelement angeschlossene Anzeigeinstrument (Galvanometer) mißt die Übertemperatur des Blättchens gegen die Umgebung.

Die Angaben aller Strahlungspyrometer sind auch nur unter der Voraussetzung der „schwarzen Strahlung“ (s. S. 314) genau richtig. Beim Anvisieren glühender Körper

[1]) C. E. Foster, Practical Applications of Pyrometers to Glass Works. Journal of the Soc. of Glass Technology 1924, S. 109/116.

im Freien treten mehr oder weniger große Fehler auf, je mehr die Eigenstrahlung der Oberfläche von der des schwarzen Körpers abweicht. Würde man beispielsweise versuchen, die Temperaturen der glühenden Glasmasse (z. B. Flasche an der Pfeife, Spiegelglas auf dem Gießtisch, Tafelglaswalze bei Einführung in den Trommelofen oder dgl. m.) durch Strahlungspyrometer zu bestimmen, so wären die Angaben sicherlich sehr ungenau. Die leuchtende Gasflamme im Ofen steht unter dem Einfluß selektiver Strahlungen, ihre Helligkeit allein kann daher nicht als Maßstab für die Temperatur der Flamme dienen. Leider wird dieser Fehler bei der Bestimmung der Temperaturen nur allzu häufig begangen. Bei der Beobachtung des Glasspiegels im Wannenofen wurde vergleichsweise festgestellt, daß geschmolzenes Glas dem „schwarzen Körper" näherkommt als unoxydiertes geschmolzenes Metall[1]). Beim optischen Pyrometer (s. S. 314) sind bei solchen Messungen die Fehler geringer als beim Strahlungspyrometer. Dieses wendet man am zuverlässigsten nur auf Hohlräume an, die bei gleichmäßiger Wandungstemperatur und relativ kleiner Öffnung dem vollkommen schwarzen Körper in bezug auf die Strahlung am nächsten kommen.

Im Gegensatz zu den optischen Pyrometern hängen die Angaben der Strahlungspyrometer von der Natur des zwischen dem glühenden Körper und dem Instrument befindlichen Mediums ab. Das Absorptionsvermögen mancher Gase, wie Wasserdampf und Kohlensäure, auf viele Lichtstrahlen ist zu berücksichtigen. Auch Staub- und Rauchgase können in dieser Beziehung einwirken. Dagegen bieten aber die Strahlungspyrometer den Vorteil, daß sie einmal eingebaut, keiner subjektiven Einwirkung mehr bedürfen. Sie zeigen die Temperaturen unmittelbar an und gestatten auch Registrierung und Fernanzeige.

a) Hohlspiegelpyrometer von Féry. Dieses Instrument ist das älteste Gesamtstrahlungspyrometer. Durch eine Flußspatlinse werden die von dem glühenden Objekt ausgehenden Wärmestrahlen auf der Oberfläche eines vergoldeten Hohlspiegels gesammelt. Im Brennpunkt desselben befindet sich die Lötstelle eines Thermoelementes aus Eisen und Konstantan. Der Durchmesser des Spiegels beträgt je nach der Ausführung 7—12 cm, die Brennweite 7,5 cm. Bei 1200° C werden etwa 4 mV erzeugt. Die auf das Thermoelement fallende Strahlung ist im wesentlichen durch das Reflexionsvermögen des Spiegels bedingt. Die Änderung der Oberfläche des Spiegels durch Zerkratzen oder durch Ablagerung von Staub ist von Einfluß auf die Messung.

Eine praktische Vergleichsmessung mittels des Férypyrometers mit dem Wannerpyrometer an einem Versuchs-Glasschmelzofen sei hier wiedergegeben[1]).

Temperaturmessungen an einem Versuchs-Glasschmelzofen mittels Wanner- und Féry-Pyrometer.

	Wanner-Pyrometer	Féry-Pyrometer	Korrektion	Temp.-Diff. der Lötstellen	Gesamt-Korrektion
Mit Heizgas	1465	1390	+ 75	12	+ 87
	1432	1379	+ 53	16	+ 69
Heizgas abgestellt	1449	1363	+ 86	0	+ 86
	1380	1290	+ 90	0	+ 90
				Mittel	+ 83

Bei 1430° C ergab sich im Mittel eine Korrektion von + 83° C, um welche das Férypyrometer zu niedrig zeigte. Dabei war es ziemlich gleichgültig, ob das Gas durch den Ofen hindurchstrich oder abgestellt war. Allerdings kann man hieraus noch nicht folgern, daß die Absorption des Heizgases zu vernachlässigen ist, da ja die Verbrennungsprodukte nach Abstellung der Heizgase im Ofen verbleiben.

[1]) G. Berndt, Untersuchung zweier Strahlungspyrometer. Mitteilungen aus dem physik. Laboratorium der Opt. Anstalt C. P. Goerz A.-G., Dinglers Polytechnisches Journal, 1919, Heft 24 u. 25.

b) Strahlungspyrometer „Ardometer." Abb. 149 zeigt das „Ardometer", von Siemens & Halske A.-G. in seinen einzelnen Teilen. Die von dem glühenden Körper ausgehenden Strahlen werden von der Objektivlinse gesammelt und auf das Thermoelement abgelenkt. Zur Erhöhung der Empfindlichkeit befindet sich das

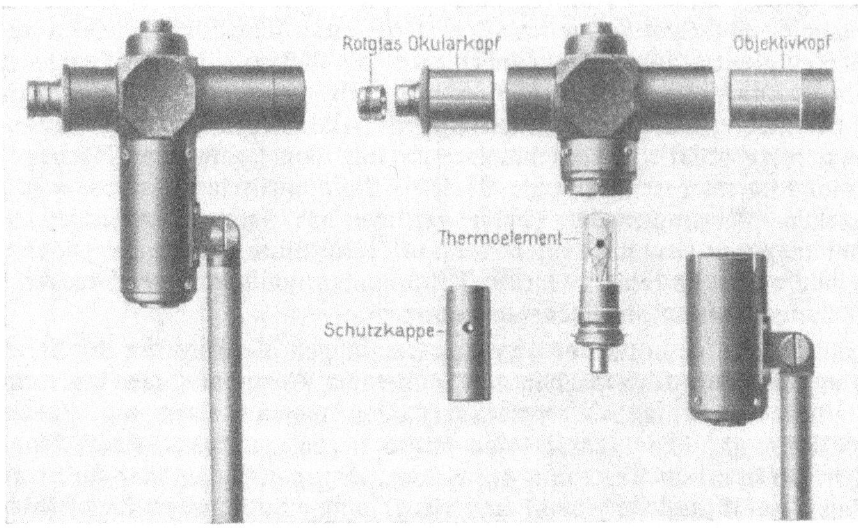

Aus Dr. Keinath: „Elektr. Temperaturmeßgeräte".
Abb. 149. Ardometer und seine Einzelteile.

Thermoelement in einem evakuierten und darauf mit Helion gefüllten Glasgefäß. Vor der Messung muß die Objektivlinse genau auf den glühenden Punkt eingestellt werden. Der Beobachter sieht durch die kleine Okularlinse hindurch, nachdem er sie zu seinem Auge passend verschoben hat, so daß er das Blättchen scharf sieht. An dem dunklen Blättchen vorbei visiert man nun auf den glühenden Gegenstand und richtet das Fernrohr so, daß er von dem Blättchen gerade verdeckt wird (s. Abb. 150 u. 151).

Bei der Anwendung von Gesamt-Strahlungspyrometern ist die Lebensdauer des Meßgerätes im Gegensatz zum Thermoelement dadurch er-

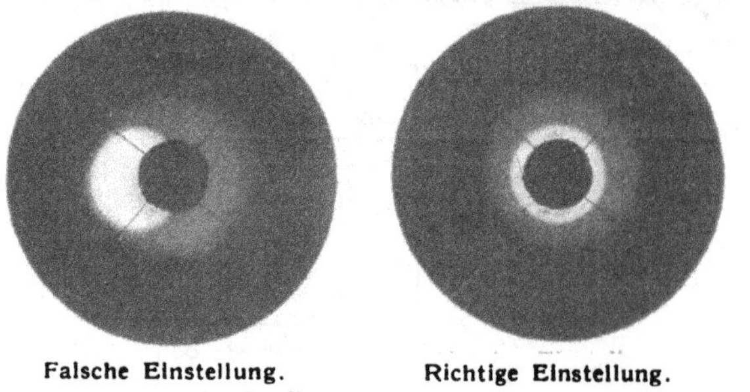

Falsche Einstellung. Richtige Einstellung.
Aus Dr. Keinath: „Elektr. Temperaturmeßgeräte".
Abb. 150 u. 151. Einstellbilder für das Ardometer.

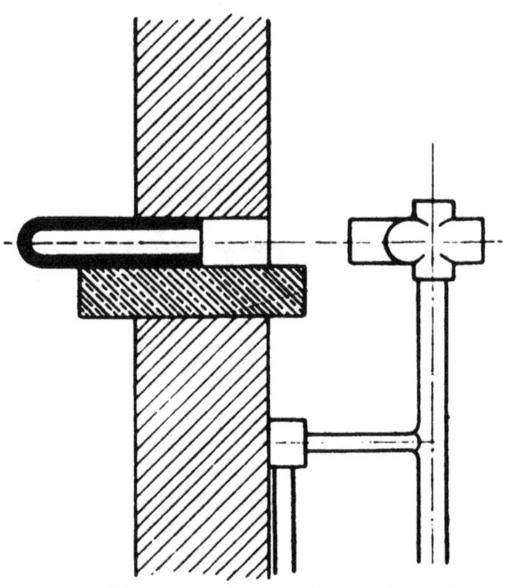

Abb. 152. Glührohr mit vorgebautem Strahlungspyrometer.

höht, daß es außerhalb der Meßstelle aufgestellt werden kann. Man mauert ein Rohr aus feuerfestem Stoff, das denselben Bedingungen unterworfen ist, wie das äußere Schutzrohr der Thermoelemente, in die Ofenwand, so daß der geschlossene Boden des Rohres die Temperatur des Ofeninnern annimmt. Die von dem glühenden Boden (Abb. 152) ausgehende Strahlung des sog. „Glührohres" wird durch die Objektivlinse des vorgebauten Strahlungspyrometers aufgefangen und auf die Lötstelle des Thermoelementes vereinigt. Mittels des Ardometers können Messungen bis zu 2000° C ausgeführt werden. Bei der Beschaffung des Instrumentes ist der Meßbereich entspre-

Aus Dr. Keinath: „Elektr. Temperaturmeßgeräte“.

Abb. 153. Temperaturmessung in der Drehwanne einer Owens-Flaschenblasmaschine mittels „Ardometer“ (S. & H.).

chend dem Gebrauchszweck zu wählen. Unter 600° C sind mit dem Strahlungspyrometer keine ausreichend genauen Temperaturbestimmungen auszuführen.

Abb. 153 zeigt den Einbau eines Ardometers an der Drehwanne einer Owens-Flaschenblasmaschine. Das Anzeigeinstrument ist unmittelbar neben der Reguliervorrichtung für die Gaszufuhr gesetzt.

c) Strahlungspyrometer „Pyro“. Das von der Firma Dr. R. Hase, Hannover, hergestellte

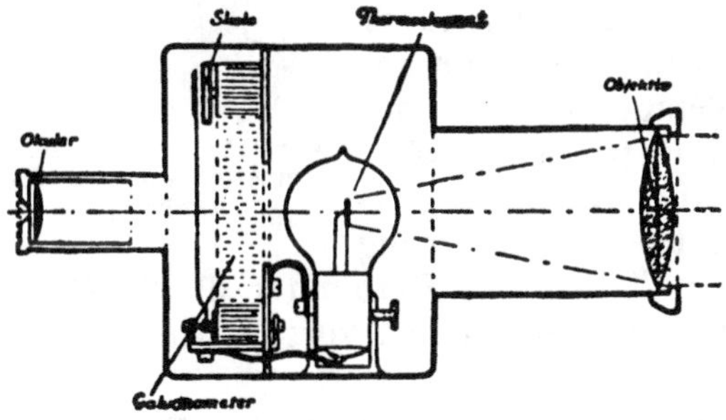

Abb. 154. Schnitt durch das Strahlungspyrometer „Pyro“.

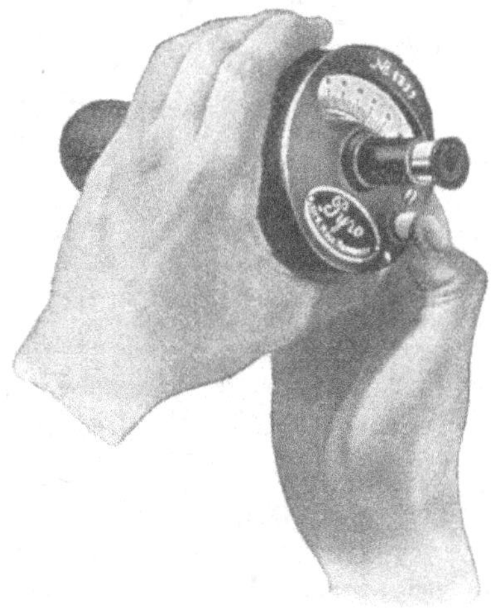

Abb. 155. Das Strahlungspyrometer „Pyro“ im Handgebrauch.

Strahlungspyrometer ist in der optischen Anordnung ähnlich der des Ardometers. Wie aus der nebenstehenden Abb. 154 ersichtlich ist, treffen die durch das Objektiv gesammelten Wärmestrahlen in seinem Brennpunkt ein höchst empfindliches Thermoelement, welches wie der Glühfaden einer Glühlampe in eine Glaskugel eingeschmolzen und mit seiner scheibenförmigen Lötstelle in der optischen Achse des Fernrohres justiert ist. Bemerkenswert ist, daß das Galvanometer direkt in das Fernrohr hineingelegt ist. Für den Benutzer des Instrumentes ist es anfänglich schwierig, das Fernrohr zunächst zu zentrieren und dann, ohne es zu verschieben, die Temperaturen auf der Skala über dem Okular abzulesen. Hervorzuheben ist die hohe spez. EMK des Thermoelementes, welche bei 1400° C etwa 62 mV erreicht. Abb. 155 zeigt das betriebsfertige Instrument im Handgebrauch. Staubdicht abgeschlossen, kommt es im Aussehen und beim Gebrauch einem Feldstecher gleich. Im Gegensatz zu den optischen Pyrometern ist die Fernleitung und Aufzeichnung der Meßresultate ohne Schwierigkeiten durchzuführen. Das Instrument wird in einer Reihe von Typen mit verschiedenen Meßbereichen hergestellt[1]).

Einbau von Strahlungspyrometern.

Strahlungspyrometer, insbesondere „Ardometer" und „Pyro", sind bereits in einer Anzahl von Glashütten in Verwendung und erfreuen sich wegen ihrer Meßgenauigkeit und einfachen Handhabung einer großen Beliebtheit als Überwachungsgerät bei Temperaturen über 1000° C. Bei Anwendung der Instrumente zu Dauermessungen treten allerdings noch Schwierigkeiten auf, die zur vorsichtigen Behandlung zwingen und einer weiteren technischen Durchbildung erfordern.

Zunächst läßt wiederum die Haltbarkeit der Glührohre zu wünschen übrig. Durch Abspringen des verschlossenen und in den Ofenraum hineinragenden Endes können bei Überdruck im Ofeninnern leicht Flammen zu dem frei liegenden Meßinstrument gelangen, dieses zerstören oder wenigstens in seiner Meßgenauigkeit beeinflussen. Selbsttätige Verschlußvorrichtungen schränken diese Gefahr ein. Die Vorrichtung beruht darauf (Abb. 156), daß durch die infolge Bruch des Glührohres *A* entstehende hohe Temperatur ein vor der Öffnung gespannter Schmelzdraht *D* abgeschmolzen wird und der um den Zapfen *C* sich drehende Verschlußdeckel *B* vor die Öffnung fällt. Die Öse *E* gestattet die Verbindung mit einer Alarmvorrichtung.

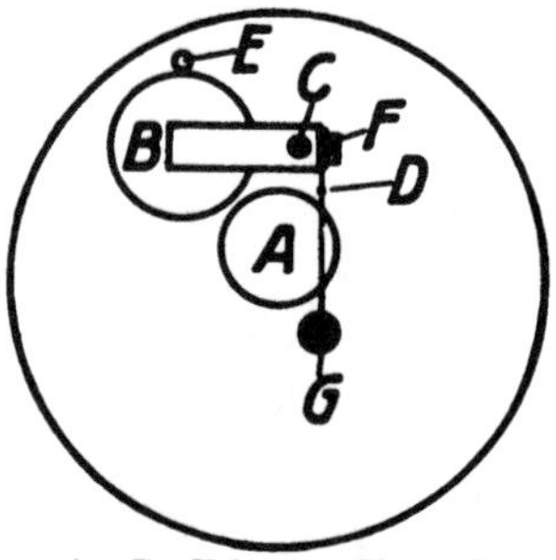

Aus Dr. Keinath: „Elektr. Temperaturmeßgeräte".

Abb. 156. Selbsttätige Verschlußvorrichtung beim Bruch eines Glührohres.

Störend ist die Wärmestrahlung der äußeren Ofenwand, unter welcher das Instrument zu leiden hat. Das Gerät wird dadurch oft so heiß, daß man es kaum anfassen kann. Temperaturen in der Umgebung des Instrumentes über 60° C führen eine Wärmeausdehnung und damit eine Verzerrung der Optik herbei. Empfehlenswert ist es daher, das Pyrometer durch Wasser oder Luft zu kühlen (Abb. 157). Auch sollte man durch einen vorgebauten Asbestschirm die strahlende Wärme abhalten.

Abb. 157. Ardometer für Glasschmelzöfen mit wassergekühltem Umbau (S. & H.).

Der in der Umgebung der Schmelzöfen meist mit Soda und Sulfat untermengte Staub schlägt sich nicht allein auf die Armatur der Pyrometer sondern auch auf die Linsen derselben nieder. Da dadurch die Strahlung auf die Lötstelle verringert und die Temperaturanzeige gefälscht wird, müssen die Linsen in kürzeren Zeitabständen entweder mit einem Pinsel gereinigt oder durch einen fortgesetzten Luftstrom vor Verstaubung geschützt werden.

---

[1]) Siehe Fußnote S. 315.

2. Betriebstechnische Temperaturmessungen.

Der Wert der Temperaturmessungen wird in vielen Glashütten immer noch nicht anerkannt. Wie kein Fieberthermometer an sich imstande ist, einen Kranken zu heilen, so darf man natürlich auch von dem besten Temperaturmeßgerät nicht erwarten, daß durch seine Anwendung die störungsfreie Betriebsführung gesichert sei. Nur in der Hand eines erfahrenen Fachmannes erfüllen die Temperaturmeßgeräte ihren Zweck, die Sicherheit in der Betriebsführung zu verstärken und in der auf Erfahrung und Gefühl beruhenden Ofenführung eine Gleichmäßigkeit zu erlangen.

Eine genaue Temperaturbestimmung erfordert Muße, Kenntnisse, Erfahrung und gesunden Menschenverstand. Sie kann nur erzielt werden, wenn ein zuverlässiges Instrument mit der erforderlichen Sachkenntnis angewendet wird. Mit dem Messen allein ist aber nur ein Bruchteil der Arbeit verrichtet. Bei weitem schwieriger ist die Auswertung der Meßergebnisse für den praktischen Betrieb.

Die Auswahl eines für den jeweiligen Zweck bestimmten Meßinstrumentes, die Wahl der Meßstelle am Ofensystem und der richtige Einbau des Instrumentes sollte stets erst erfolgen, wenn der Betriebsleiter sich selbst Rechenschaft abgelegt hat über alle Einzelheiten. Das setzt außer einer genauen Kenntnis der Ofenkonstruktion, der sich darin abspielenden Verbrennungsvorgänge eine annähernde Beherrschung der Gesetze der Wärmeübertragung, auch erprobter Meßverfahren voraus. Nur bei diesem Vorgehen und durch anhaltende Verbesserung der pyrometrischen Einrichtung sowie sorgfältiger Bedienung derselben werden das Vertrauen des Bedienungspersonals in die Temperaturmeßeinrichtungen erhöht und die Kosten für die Einheit der Ofenausbeute vermindert.

Neben dem Austausch von praktischen Feststellungen in verschiedenen Hütten unter Fachkollegen, wie er bereits innerhalb der „Wärmetechnischen Beratungsstelle der Deutschen Glasindustrie" (W.B.G.), Frankfurt a. M., erfolgreiche Verwirklichung gefunden hat, ist auch das fortgesetzte Studium von Fachliteratur von Nutzen[1]).

---

[1]) O. Knoblauch-K. Hencky, Anleitung zu genauen technischen Temperaturmessungen mit Flüssigkeits- und elektrischen Thermometern, 1919, R. Oldenbourg, München.

F. Henning, Die Grundlagen, Methoden und Ergebnisse der Temperaturmessung, 1915, Vieweg & Sohn, Braunschweig.

G. Keinath, Elektrische Temperatur-Meßgeräte, 1923, R. Oldenbourg, München.

C. N. Fenner (Carnegie Inst. Washington), Use of optical pyrometers for control of optical-glass furnaces (Transact. of the Amer. Institute of mining and metall. Engen., Chicago Meeting Sept. 1919).

W.B.G. (Wärmetechnische Beratungsstelle der Deutschen Glasindustrie) Aus der Wärmewirtschaft in Glashütten, 1924, Selbstverlag der W.B.G., Frankfurt a. M.

H. Maurach, Der Wärmefluß in einer Schmelzofenanlage für Tafelglas, 1923, R. Oldenbourg, München.

R. S. Whipple, De quelques difficultés constatées en utilisant une installation pyrométrique dans une usine, Zeitschr. „Le Verre", 1922, Nr. 2 u. 3.

Society of Glass Technology, Sheffield, veröffentlicht im Journal of the Soc. of Gl. Techn. Bd. VIII, 1924, S. 94/138 folgende Sammelaufsätze:

E. A. Coad-Pryor, The Use of Pyrometers in the Glass Industry.

W. M. Clark, Continious High Temperature Measurement in Glass Works.

C. E. Foster, Practical Applications of Pyrometers to Glass Works.

W. Bowen, Some Reflections on Pyrometer Design and a Description of a new Radiation Pyrometer.

R. S. Whipple, Recent Advances in the Design of Temperature Measuring Instruments

Foote, Fairchild, Harrison, Pyrometric Practice. Technologic Paper of the Bureau of Standards, Nr. 170, 1921, Washington. Gov. Print. Off.

In der folgenden Zusammenstellung ist versucht, einen Überblick zu schaffen über die Temperaturmeßbereiche, wie sie beispielsweise an einer Schmelzofenanlage[1]) und Nebenöfen für Tafelglas durch Messungen festgestellt wurden.

Temperaturmeßbereiche.

Meßstellen	Temp. in °C
a) Gaserzeuger:	
Gasabzug[2])	500— 700
Gassammelkanal[3]) bis Umsteuerventil	400— 700
b) Glasschmelzofen:	
Gaskammer	
untere Steinlage	550— 600
obere „	850— 900
Brennerschacht	950—1100
Luftkanal	
Eintritt Luftwechsel	30— 60
„ Luftkammer	300— 700
Luftkammer	
untere Steinlage	650— 800
obere „	1050—1150
Brennerschacht	1150—1250
Ofenraum	
Schmelzraum	1300—1500
Arbeitsraum	1250—1350
Glasspiegel	1370—1430
Ofenwandungen	1250—1400
Essekanal	400— 250
c) Verarbeitung und Formgebung:	1100— 800
d) Kühl- und Streckofen:	850— 50

Die Werte der vorstehenden Zahlentafel sind nicht als starre Größen zu nehmen. Es wird Sache eines jeden Betriebsleiters sein, an bestehenden Öfen durch eigene Messungen die zweckmäßigsten Temperaturen festzustellen.

a) Gaserzeuger. Unter der meßtechnischen Ausrüstung eines Gaserzeugers[4]) nehmen die Instrumente zur Feststellung der Temperatur eine hervorragende Stelle ein (Meßstellen 11, 11a, 12, 12a, 13, 14) Abb. 158. Die Messung der Dampflufttemperatur des nach getrennter Zuführung von Luft 1 und Dampf 2 entstehenden Gemisches ist deshalb so wichtig, weil diese Temperatur gleichzeitig ein Maß ist für den Dampfgehalt des Gemisches (s. S. 378).

---

[1]) H. Maurach, Der Wärmefluß in einer Schmelzofenanlage für Tafelglas. Verlag R. Oldenbourg, München, 1923, S. 52, 77ff.

[2]) Beim Betriebe mit Braunkohlenbriketts 150°—250° C, Rohbraunkohle 60°—120° C.

[3]) Temperaturverlust in den Leitungen 2—5° C pro lfd. m je nach Bauausführung.

[4]) Die Bedeutung der weiteren Ausrüstung des Generators wird in Teil II und III dieses Kapitels hervorgehoben.

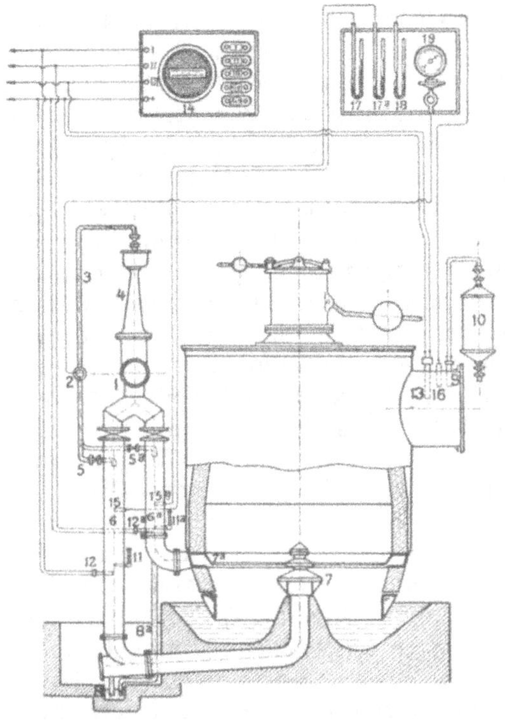

Abb. 158. Meßtechnische Ausrüstung eines Gaserzeugers.

Zeichenerklärung.

1. Windleitung.
2. Dampfleitung.
3. Leitung zum Dampfstrahlgebläse.
4. Dampfstrahlgebläse (Reserve).
5. Dampfeinführung in die zentrale Windleitung.
5a. Dampfeinführung in die Randwindleitung.
6. Zentrale Windleitung.
6a. Randwindleitung.
7. Zentrale Windhaube.
7a. Randwindkasten.
8. Entwässerung der zentralen Windleitung.
8a. Entwässerung der Randwindleitung.
9. Gasentnahmeleitung zum Sammelgefäß.
10. Sammelgefäß für Gasproben.
11. Quecksilberthermometer zur Messung der Dampflufttemperatur in der zentralen Windleitung.
11a. Quecksilberthermometer zur Messung der Dampflufttemperatur in der Randwindleitung.
12. Fernthermometer zur Messung der Dampflufttemperatur in der zentralen Windleitung.
12a. Fernthermometer zur Messung der Dampflufttemperatur in der Randwindleitung.
13. Pyrometer bezw. Thermometer zur Messung der Gastemperatur.
14. Anzeigeinstrument für die Temperaturen 12, 12a, 13.
15. Anschluß zur Messung des Druckes in der zentralen Windleitung
15a. Anschluß zur Messung des Druckes in der Randwindleitung.
16. Anschluß zur Messung des Druckes im Gasabzugsstutzen.
17. Manometer zur Messung des Druckes in der zentralen Windleitung.
17a. Manometer zur Messung des Druckes in der Randwindleitung (s. Fußnote S. 344).
18. Manometer z. Messung des Druckes im Gasabzugsstutzen.
19. Manometer z. Messung des Druckes in der Dampfleitung.

Die Temperatur des den Gaserzeuger verlassenden Frischgases ist an sich schon ein Merkmal für den Gang desselben. Im freien Gasraum über der Kohlensäule pendelt beispielsweise (Abb. 159) die Temperatur beim Betriebe mit Steinkohle etwa in den Grenzen zwischen 300 und 600° C[1]). Erneute Beschickung *a* in Zeitabständen von 15 Minuten bringt ein Fallen der Gasabzugstemperatur mit sich. Langsam steigt die Temperatur im Gasraum bis zur neuen Beschickung. Brennt der Generator durch, wie der Fachmann zu sagen pflegt, so wird sich dieser Zustand durch Ansteigen der Temperaturkurve oberhalb der in dem Schaubild angegebenen Höchstpunkte *a* zeigen. Die Regelmäßigkeit des Kurvenverlaufes gestattet einen Rückschluß auf die gleichmäßige Bedienung des Generators.

b) Glasschmelzofen. Ein Glasschmelzofen erfüllt feuerungstechnisch seinen Zweck nur dann, wenn er bei niedrigem Brennstoffverbrauch eine große Wärmemenge liefert unter Entwicklung hoher Temperaturen. Die Temperaturen, bei denen gewöhnliches Glas geschmolzen werden kann, bewegen sich zwischen 1300 und 1500° C. Es handelt sich dabei um Temperaturen, die zum Schmelzen der Rohstoffe nötig sind. Fertigglas wird schon bei Hitzegraden zwischen 600 und 800° C weich. Je nach der Betriebsweise des Ofens muß die Temperatur im Ofenraum gleichmäßig hoch gehalten werden (Wannenbetrieb), oder je nach dem Verlauf des Schmelzprozesses steigend und fallend diesem angepaßt sein (unterbrochener Hafen-

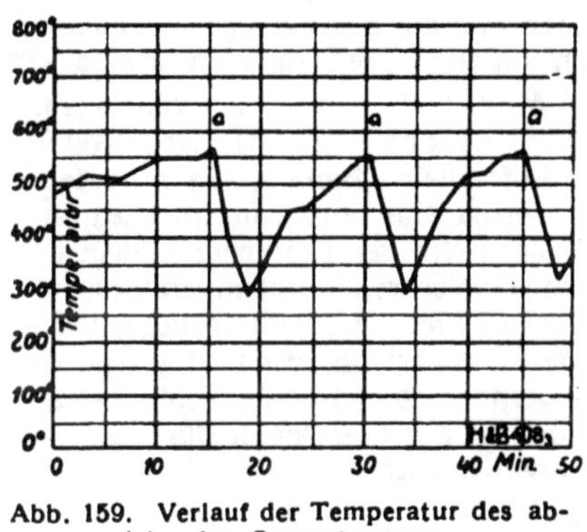

Abb. 159. Verlauf der Temperatur des abziehenden Generatorgases.

[1]) F. I. Denk, The influence of charging the producer on the temperature of the gas. Journal of the American Ceramic Society. Vol. III, Febr. 1920, S. 99.

betrieb). Zu hohe Temperaturen sind unwirtschaftlich wegen Vergeudung von Brennstoffen, Erhöhung der Strahlungsverluste und übermäßigen Abbrandes der Ofenmauern. Zu niedrige Temperaturen liefern ein zu träge fließendes Schmelzgut. Das gute Gelingen einer Glasschmelze wird stets abhängig sein von der richtig eingehaltenen Temperatur. Insbesondere bedarf die Einschmelztemperatur, die Läuterungstemperatur und schließlich die Arbeitstemperatur, d. i. diejenige, bei welcher das fertige Glas der Wanne oder dem Hafen entnommen wird, einer besonderen Überwachung. Die zu künftige Entwicklung der Glasforschung wird die Einhaltung von Temperaturen in Abhängigkeit von den verschiedenartigen Rohstoffen und der daraus folgernden wechselnden Zusammensetzung des Glases noch näher festlegen müssen.

Die Anordnung der Brenner und die Wahl der Eintrittsgeschwindigkeit von Gas und Luft hat einen hervorragenden Einfluß auf die entwickelte Temperatur. Je nachdem das Feuer des Ofens scharf oder schwach eingestellt ist, herrschen höhere oder niedrigere Temperaturen an den verschiedenen Stellen des Ofenraums. Der so vielfach benutzte Ausdruck „Ofentemperatur" ist ein Sammelbegriff, unter dem die Temperaturen an den verschiedensten Stellen des Ofeninnern fallen. Die tatsächliche Flammentemperatur weicht bereits um einen ansehnlichen Betrag von der „theoretischen" Flammentemperatur ab. Die Oberflächentemperaturen des inneren Ofenmauerwerks (Ofengewölbe, Brenner und frei liegende Wannensteine), halten sich stets unterhalb der Flammentemperatur. Stärke der Ofenwandungen, Ofenbauart, Öffnungen verschiedener Art und Größe sowie Betriebsweise bedingen bei gleicher Flammentemperatur die stärksten Abweichungen der Temperaturhöhe.

In den meisten Fällen wird die Betriebsleitung einer Glashütte darauf verzichten, die absolut genauen Temperaturen festzustellen und sich mit Annäherungswerten begnügen. Die Kenntnis der letzteren im Zusammenhang mit den Gründen einer zufriedenstellenden Betriebsweise des Ofens trägt vielfach zur Aufklärung bei, ganz besonders bei Störungen, die nicht allein auf die Temperatur zurückzuführen sind.

Abb. 160 stellt die Einrichtung einer betriebstechnischen Temperaturüberwachung mit 6 Meßstellen an einem Glasschmelzofen dar. An den Meßstellen III und IV sind Strahlungspyrometer, an den übrigen Meßstellen Platin/Platinrhodium-Thermoelemente eingebaut. Die Angaben sämtlicher Instrumente sind gleichzeitig an einem gewöhnlichen Anzeigeinstrument *A* im Betriebe durch Ofenmeister, Schmelzer u. a. festzustellen. In der Meßzentrale der Hütte bei der Betriebsleitung befindet sich der Temperatur-Mehrfachschreiber *R*, der die Temperaturen aller Meßstellen selbsttätig aufzeichnet.

Zu den einzelnen Meßstellen ist folgendes zu bemerken:

Meßstelle I. Im Sammelkanal oder Gasüberführungskanal wird die Temperatur des Frischgases gemessen. Wichtig ist, für möglichste Gleichmäßigkeit in der Gastemperatur zu sorgen. Stärkere Ausschläge der Temperaturkurve nach oben weisen auf Brennen des Gases im Kanal hin. Temperaturstürze sind auf gleichzeitige Beschickung der Generatoren mit größeren Mengen feuchten Brennstoffes oder auf zu starke Dampfzufuhr zurückzuführen.

Meßstelle II und V. Von allergrößtem Einfluß auf die Ofentemperatur ist die Vorwärmung der Verbrennungsluft. Beim Rekuperativofen begnügt man sich bekanntlich mit der Vorwärmung der Luft allein. Beim Regenerativofen wird sowohl die Luft als auch das Gas vorgewärmt. Während zu niedrige Gas- und Lufttemperaturen die Erzielung der Ofenhitze verhindern und somit die Ursache zu folgenschweren Störungen bilden, werden umgekehrt durch zu hohe Temperaturen in den Kammern auch die Verbrennungstemperaturen übermäßig gesteigert. Die richtige Vorwärmetemperatur muß in Anpassung an die jeweils vorliegenden Umstände durch planmäßige Vorversuche ermittelt werden. Die höhere Vorwärmung der Luft gegenüber dem Gas hat den Vorteil, daß die den Heizwert des Gases vermindernde und zu Rußabscheidungen in den Kammern führende Zersetzung der schweren Kohlenwasserstoffe und der Teerdämpfe durch zu hohe Erhitzung des Gases gemildert wird. Mit höheren Gastemperaturen ist auch der Nachteil verbunden, daß das an und für sich leichtere Gas noch leichter wird und deshalb gerne nach dem Ofengewölbe steigt, so daß dort zu hohe das Mauerwerk schnell zerstörende Temperaturen auftreten.

Die Einstellung des Verhältnisses der Luft- zur Gasvorwärmung erfolgt entweder von vornherein durch sorgsame Wahl der Abmessungen der Gaskammern oder aber dadurch, daß man mit Hilfe von Drosselschiebern in den Abgaskanälen einen entsprechend geringeren Teil der die Kammer aufheizenden Abgase durch die Gaskammer, den größeren Teil durch die Luftkammer strömen läßt. Sind durch Messungen sowohl in der Luftkammer als auch in der Gaskammer die gewünschten Temperaturhöhen festgestellt, so kann man sich für die laufende Betriebsüberwachung auch mit der Aufzeichnung der Luftkammertemperaturen allein begnügen.

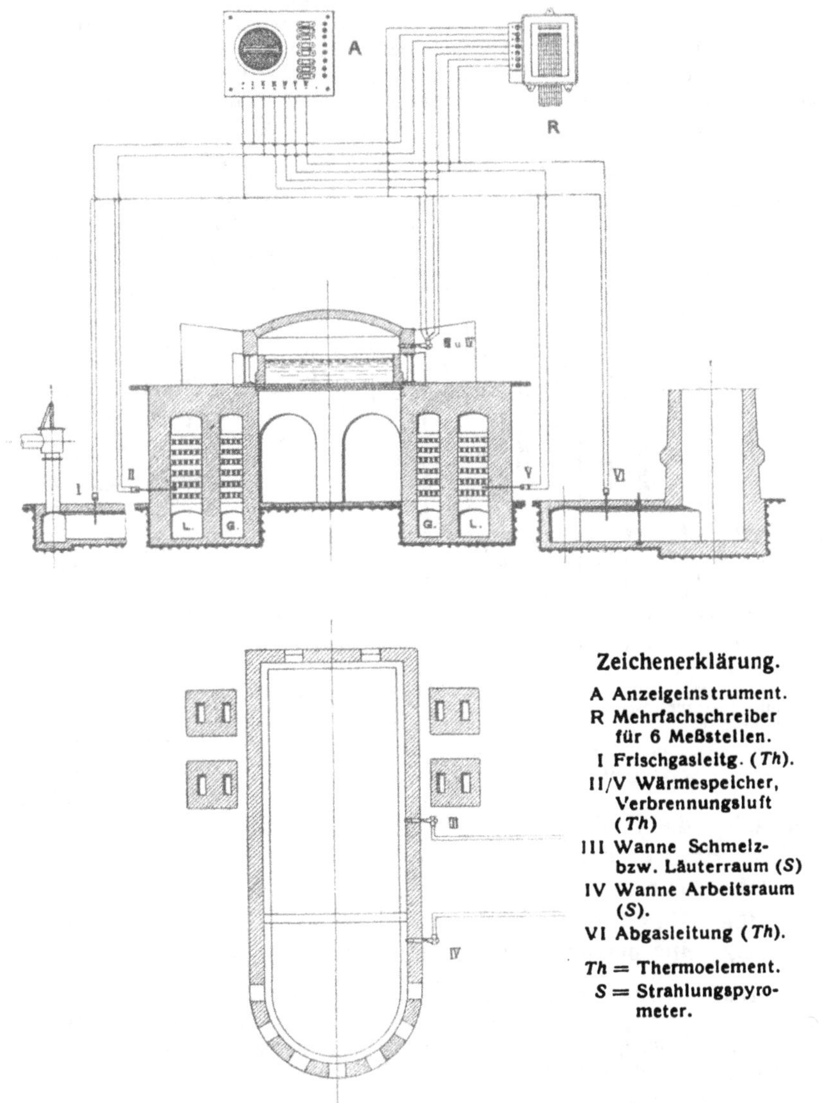

Abb. 160. Temperaturmeßanlage für Wannen-Schmelzofen.

Ist sich die Betriebsleitung über die Wirkungsweise der Kammern im klaren, dann wird sie vorteilhaft die Meßstellen II und V nicht in den Brennerschacht der Luftkammern legen, sondern sich für die laufenden Feststellungen mit den Vorgängen in den untersten Steinlagen der Kammern begnügen. Sie entzieht dadurch das Thermoelement den auf S. 310 näher angeführten Gefahrenquellen.

Meßstelle III und IV. In der Praxis beurteilt der Schmelzer die Höhe der Temperaturen im Ofenraum in der Regel nach dem Aussehen der Mauerfugen. Durch den Einbau von Temperaturmeßinstrumenten ist die Überwachung des Verlaufes der Ofentemperatur weit zuverlässiger möglich. Dabei empiehlt es sich, sowohl im Schmelzraum (III) als auch im Arbeitsraum (IV) je ein Strahlungspyrometer einzubauen. Ganz besonders bei diesen Meßstellen wird es gelingen, nur angenäherte Relativwerte der auftretenden Temperaturen zu ermitteln. Häufige Kontrollmessungen mittels optischer Pyrometer an den verschiedensten Stellen des Ofeninnerns, wie Randsteinen, Hafenwandungen, Brennern, Gewölbe, Glasspiegel u. a. m., empfehlen sich nebenher unbedingt.

Meßstelle VI. Die Feststellung der Temperatur der Abgase im Essekanal ist sowohl betriebstechnisch als wärmetechnisch von Interesse. Jede Erniedrigung der Abgastemperatur hat einen Abfall der Zugstärke und damit unter Umständen Betriebsschwierigkeiten, jede Erhöhung aber eine Vergrößerung der Wärmeverluste im Gefolge, indem die mit den Abgasen durch die Esse strömende Wärme für den Ofen verloren ist. Zu hohe Abgastemperaturen lassen auf eine schlechte Ausnutzung der Abgaswärme in den Kammern schließen. Die Gründe hierfür liegen entweder in einer ungenügenden Bemessung der Kammern von Hause aus oder in baulichen Schäden und Verstopfung im Laufe der Betriebszeit.

Die Aufzeichnungen des Temperaturschreibers bilden insgesamt eine wertvolle Übersicht über den Verlauf der Betriebsvorgänge. In Abb. 161 ist ein Diagrammstreifen eines Temperatur-Mehrfachschreibers für 6 Meßstellen von einem Wannenschmelzofen für Tafelglas wiedergegeben. Scharfe Spitzen der Temperaturlinie treten nicht in Erscheinung, weil die doppelten Schutzverkleidungen der Thermoelemente jähe Schwankungen im Temperaturverlauf abdämpfen. Die Aufzeichnungen erstrecken sich auf mittlere Temperaturen, wie sie an den Einbaustellen auftreten. Die Umsteuerperioden sind in charakteristischer Weise zu erkennen, so daß das Diagramm gleichzeitig die Einhaltung der vorgeschriebenen Wechselzeiten zu verfolgen gestattet. Das Endziel der praktischen Temperaturmessung, die Temperatur im Arbeitsraum (Meßstelle IV) so einzustellen, daß das Glas den für seine Entnahme und Verarbeitung notwendigen Grad der Zähflüssigkeit hält, ist erreicht. Die Temperaturkurve zeigt eine befriedigende Gleichmäßigkeit.

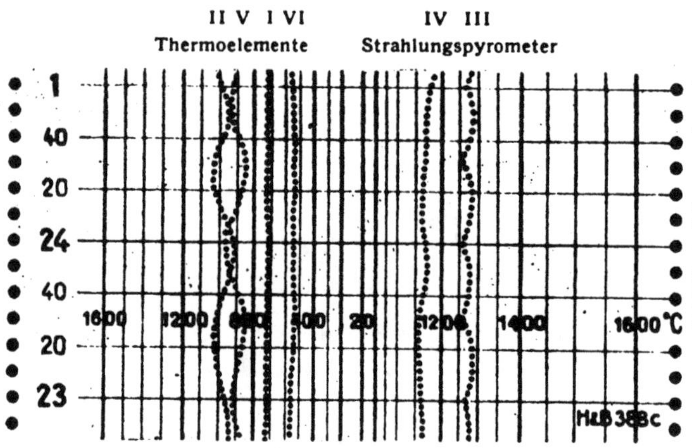

Meßstelle I Gassammelkanal
„ II Luftbrennerschacht (linke Kammerseite)
„ III Schmelzwanne
Meßstelle IV Arbeitswanne
„ V Luftbrennerschacht (rechte Kammerseite)
„ VI Abgaskanal

Abb. 161. Diagrammstreifen eines Temperatur-Mehrfachschreibers für 6 Meßstellen.

c) Verarbeitung und Formgebung. Die Feststellung der Temperatur bei der Verarbeitung und Formgebung der glühenden Glasmasse bereitet bei dem heutigen Stand der Meßtechnik keine Schwierigkeiten. Die Abkühlung der Glasmasse und damit der Übergang vom zähflüssigen in den festen Zustand vollzieht sich sehr rasch. Beim Guß von Spiegelglasplatten, beim Blasen der Walzen für Tafelglas, beim Ziehen von Röhren und bei der Hohlglasbläserei sorgt der Facharbeiter durch gefühlsmäßige Behandlung der Glasmasse (s. S. 314 oben) dafür, daß sie diejenige Temperatur hält, welche für die Verarbeitung unbedingt erforderlich ist, und daß die Temperatur nicht unter die Grenze sinkt, welche für die spätere Haltbarkeit gefährlich werden kann. Nach der Erstarrung der äußeren Hülle ist die Bestimmung der Oberflächentemperatur vor Einbringen in den Kühlofen von Wichtigkeit. Alle diesbezüglichen Untersuchungen gehören mehr in das Arbeitsgebiet der Physik als der Betriebstechnik[1]).

[1]) Siehe Kap. 1, ferner das umfassende Literaturverzeichnis bei F. Eckert, Über die physikalischen Eigenschaften der Gläser. Jahrb. d. Radioaktivität und Elektrotechnik, XX. Bd., Heft 2/3, auszugsweise auch „Glastechn. Berichte“, Bd. I, Heft 6, S. 129, 1924.

d) Kühl- und Streckofen. Beim Kühlen des Glases[1]) herrscht das Bestreben, das Glas so schnell, als nur mit guter Kühlung verträglich ist, durch den Kühlofen zu schicken. Um Spannungen des Glases am vorteilhaftesten zu entfernen, ist die Kenntnis von zwei Temperaturen (s. S. 237) erforderlich:

1. einer oberen, bei der Spannungen praktisch momentan beseitigt werden können, ohne das Glas zu deformieren,
2. einer unteren, unterhalb der in allen praktischen Fällen auch bei raschester Kühlung keine neuen bleibenden Spannungen auftreten können.

Liegen die Entspannungstemperatur[2]) und die kritische Kühlgeschwindigkeit des Glases im Laboratorium ermittelt vor, dann läßt sich durch Versuche der richtige Ofengang leicht ermitteln.

Die Temperaturmessungen in Kühlöfen selbst erstrecken sich auf die Feststellung von Temperaturen, die einen resultierenden Wert darstellen der Temperaturen der Ofenwände, der eingeführten Glasmassen und der gasförmigen Medien. Bei einer Betriebsüberwachung der Kühlöfen kann also von der Feststellung einer genauen Kühltemperatur nicht gesprochen werden. Die Angaben jedes in den Kühlofen eingebauten Meßinstrumentes werden irreführend beeinflußt durch die Strahlungswärme der Wandflächen und des glühenden Glases. Mit Vorteil wird man in den Teilen des Kühlofens, in welchen die Temperatur unterhalb 600° C liegt, Widerstandsthermometer verwenden. Im Gegensatz zum Thermoelement, welches die Temperatur stets punktförmig mißt, kann man durch Ausspannen des Meßdrahtes des Widerstandsthermometers leicht einen guten Mittelwert der Temperatur feststellen.

II. Druck bzw. Unterdruck (Zug).

Zweifellos ist die im vorigen Abschnitt besprochene Beobachtung der in den Ofenanlagen herrschenden Temperaturen die wichtigste des Betriebes. Zur Feststellung des Betriebszustandes genügt aber die Bestimmung der Temperaturen allein nicht, sondern es sind weiter auch die in den verschiedenen Teilen der Anlage herrschenden Druckverhältnisse kennzeichnende Größen. Ihre Bestimmung ist ein wichtiges, oft unerläßliches Hilfsmittel zur Einstellung und Einhaltung gleichmäßig günstiger Betriebszustände sowie zur Feststellung abnormaler Verhältnisse.

Druckmessungen an einer Ofenanlage haben einen mehrfachen Zweck. Es können festgestellt werden:

1. Absolute Druckhöhe in der Strömungsrichtung der verschiedenen Medien (Gas, Luft und Abgas),
2. Druckverlauf an einzelnen Meßstellen, um zeitlich entweder die gewünschte Gleichmäßigkeit oder beabsichtigte Veränderung zu erkennen,
3. Strömungswiderstände zwischen örtlich getrennten Meßstellen,
4. Geschwindigkeiten und Mengen der strömenden Medien.

[1]) Siehe den Abschnitt „Kühlen", Kap. 3, S. 232 u. ff.
[2]) 3. Kap., S. 237.

1. Grundlagen und Allgemeines.

Maßeinheiten.

Als Maßeinheiten für den Druck verwendet man in der Technik die folgenden: für

a) Drucke, die ein Vielfaches des Luftdruckes betragen (z. B. Dampfdruck oder hydr. Druck) 1 at (technische Atmosphäre), d. i. ein Druck von 1 kg pro cm^2 oder 10000 kg pro m^2;
b) Drucke, die sich nicht erheblich vom Luftdruck (Barometerstand) unterscheiden, 1 mm QS (Quecksilbersäule), d. i. ein Druck, der imstande ist, eine 1 mm hohe Quecksilbersäule zu tragen;
c) Drucke, die einen sehr geringen Bruchteil des Luftdruckes betragen, 1 mm WS (Wassersäule), d. i. ein Druck, der eine 1 mm hohe Wassersäule tragen kann.

Die in den Generatoren, Leitungen, Öfen, Schornsteinen der Glashütten herrschenden Über- und Unterdrücke sind so gering im Verhältnis zum Luftdruck, daß sie meistens nur in mm WS gemessen werden.

Zwischen den angeführten Maßeinheiten bestehen folgende Beziehungen:

1 at = 735,5 mm QS = 10000 mm WS,
1 mm WS = 1 kg/m^2,
1 mm QS = 13,6 mm WS.

Die früher verwendete „physikalische Atmosphäre“ (Atm.) entspricht einem Druck von 760 mm QS = 1,033 at.

Absoluter Druck, Über- und Unterdruck.

Als „Druck“ oder „Spannung“ oder auch „Pressung“ bezeichnet man bekanntlich die Kraft, welche von einem in einem Gefäß oder in einer Leitung eingeschlossenen flüssigen oder gasförmigen Medium auf eine Flächeneinheit der inneren Wände des Gefäßes bzw. der Leitung ausgeübt wird. Die Instrumente zur Messung des Druckes, mit Ausnahme des Barometers, zeigen nicht

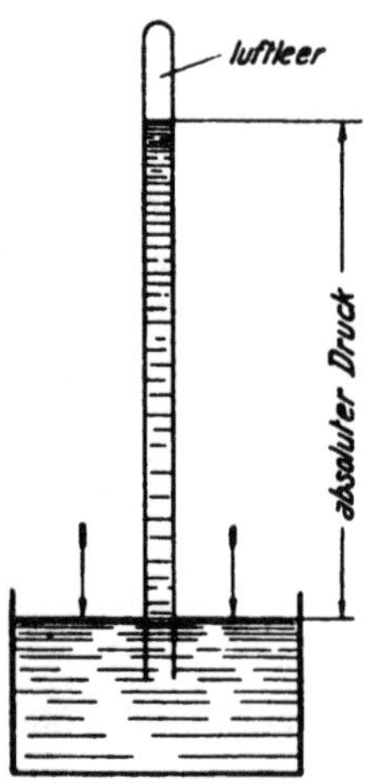

Abb. 162. Messung des absolut. Druckes mittelst des Heberbarometers.

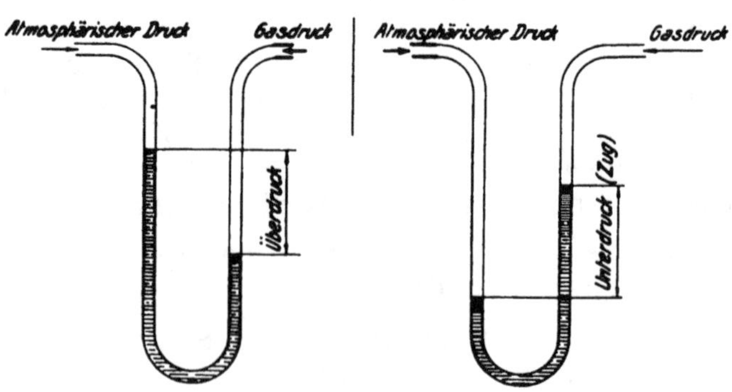

Abb. 163. Messung des Über- und Unterdruckes mittels des U-Rohrmanometers.

den sog. „absoluten Druck“ an, d. h. die gesamte Kraft auf eine Flächeneinheit, sondern nur den Unterschied gegenüber dem Druck der umgebenden Luft, dem „atmosphärischen Druck“. Man spricht von „Überdruck“, wenn der Druck in dem zu untersuchenden Raum größer ist als der atmosphärische, hingegen von „Unterdruck“ (Zug), wenn er geringer ist als dieser.

Den absoluten Druck kann man messen, wenn der Raum über der zu messenden Quecksilber- oder Wassersäule luftleer ist, wie dies bekanntlich beim Barometer zutrifft (Abb. 162).

Für einfache Messungen geringer Über- und Unterdrücke wird häufig ein U-förmig gebogenes Glasröhrchen (U-Rohr Manometer) verwendet, das an einem Ende mit der Meßleitung verbunden, am anderen Ende offen ist (Abb. 163).

Der Unterschied in der Höhe des Flüssigkeitsstandes in den beiden Schenkeln zeigt den Unterschied zwischen dem atmosphärischen und dem zu messenden Druck an.

In der Sprache der Betriebsleute versteht man unter Druck immer den entsprechenden Überdruck, unterscheidet also nur zwischen „Druck" und „Zug".

Beispiel. Bei einem Barometerstand von 758 mm QS herrscht in der Windleitung eines Generators ein Druck (Überdruck) von

$$122{,}4 \text{ mm WS bzw. } 122{,}4 : 13{,}6 = 9 \text{ mm QS}$$

Demnach beträgt der absolute Druck des Windes:

$$758 + 9 = 767 \text{ mm QS bezw. } 767 : 735{,}5 = 1{,}043 \text{ at} = 1{,}043 \text{ kg/cm}^2.$$

Statischer Druck und Staudruck.

Ein sehr wichtiger, grundsätzlicher Unterschied besteht zwischen dem „statischen Druck", der die Strömungsverhältnisse nicht berücksichtigt und dem „Staudruck". Letzterer ist gleich dem Druck, welchen das mit einer gewissen Geschwindigkeit strömende Medium auf eine senkrecht zur Strömungsrichtung liegende Fläche, also auf ein Hindernis ausübt. Der Unterschied zwischen dem statischen und dem Staudruck tritt z. B. deutlich in Erscheinung, wenn bei sehr niedrigem Barometerstand (statischem Druck) die Staudrücke der atmosphärischen Strömung (Wind, Sturm) gegen Hindernisse (Bäume, Hausdächer usw.) oft verheerende Größen annehmen.

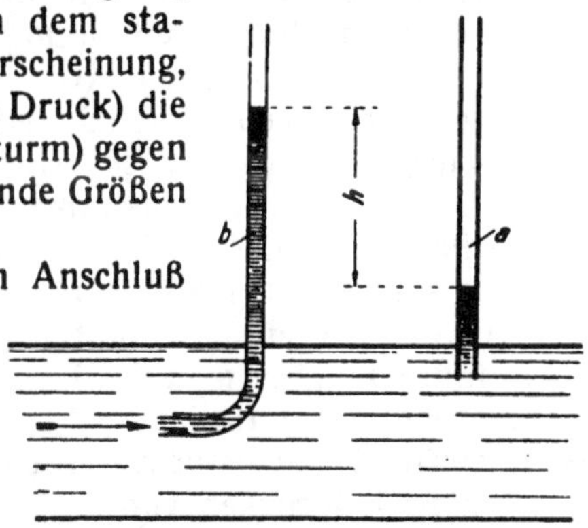

b statischer Druck + Staudruck   *a* statischer Druck

Abb. 164. Messung des statischen Druckes und des Staudruckes.

Auf den Staudruck bewegter Medien ist beim Anschluß von Meßvorrichtungen Rücksicht zu nehmen. Ein in eine strömende Flüssigkeit gestecktes Röhrchen, dessen Endfläche parallel zur Strömungsrichtung (Abb. 164 *a*) liegt, gibt den statischen Druck bzw. Überdruck an; ist aber die Endfläche senkrecht zur Strömungsrichtung (Abb. 164 *b*), so stellt sich die Summe aus dem statischen und Staudruck ein. Der Höhenunterschied *h* der beiden Flüssigkeitssäulen zeigt daher den durch die Stauung erzeugten Druck an. Für gewöhnlich versteht man unter Druck den „statischen Druck" bzw. „Überdruck", der auch meistens allein gemessen wird. Der Anschluß muß also nach Anordnung *a* erfolgen. Den Staudruck mißt man nur, um aus dem Unterschied gegen den statischen Druck einen Schluß auf die Strömungsgeschwindigkeit und daraus weiter auf die Menge des strömenden Mediums zu ziehen (vgl. Mengenmessung S. 341 u. ff.).

Druckabnahme mit steigender Ortshöhe.

In ruhenden Gassäulen nimmt der absolute statische Druck nach oben ab, entsprechend der Abnahme des Gewichtes der über der Meßstelle lagernden flüssigen oder gasförmigen Säule. Bekannt ist, daß auf hohen Bergen oder in hochgelegenen Luftschichten der Luftdruck viel geringer ist als am Meeresspiegel. Aber auch bei verhältnismäßig so geringen Höhenunterschieden, wie sie beispielsweise zwischen Aschenfall und Bühne des Generators oder zwischen Fuß des Wärmespeichers (Kammer) und Brennermündung oder etwas größer zwischen Fuß und Mündung des Schornsteins vorkommen, spielt die Änderung des Druckes eine wichtige Rolle, wie weiter unten bei der Besprechung des Auftriebes erörtert wird. Bei genauen Messungen muß deshalb immer angegeben werden, auf welches Niveau sie sich beziehen. Der Unterschied p im statischen Druck zweier um h m Höhe auseinander liegenden Stellen einer ruhenden Gassäule mit dem spez. Gewicht γ kg/m³ ist, wie ohne weiteres verständlich,

$$p = \gamma \cdot h \text{ kg/m}^2 \text{ (mm WS)}$$

Beispielsweise herrscht zwischen Aschenfall und Bühne eines 4,5 m hohen Generators bei einem spez. Gewicht der Luft von 1,2 kg/m³ ein Druckunterschied von $4{,}5 \cdot 1{,}2 = 5{,}4$ mm WS.

Druckverlust durch Strömungswiderstand.

Bei strömenden Medien treten noch weitere Druckveränderungen auf. Jede Strömung eines flüssigen oder gasförmigen Mediums wird durch einen Druckunterschied bewirkt, und zwar erfolgt die Strömung freiwillig nur von Stellen mit höherem Druck zu Stellen mit geringerem Druck. (Die sog. „Verdichtungsströmung" in düsenartigen Rohrstücken seien hier nicht berücksichtigt.) Die Abnahme des Druckes in der Richtung der Strömung ist in erster Linie durch den Widerstand bedingt, den der Kanal oder die Rohrleitung der Strömung entgegensetzt und durch dessen Überwindung eine dem Druckunterschied entsprechende Kraft verbraucht wird. Dieser Widerstand wird verursacht durch die Reibung an den Wänden der Kanäle, durch Stöße und Wirbelbildungen bei scharfen Krümmungen und plötzlichen Querschnittsänderungen. In den großen Querschnitten der gemauerten Gas-, Luft- und Abgasleitungen der Glasofenanlagen sind die Druckverluste infolge dieser Widerstände sehr gering. Hingegen ist z. B. zum Durchströmen eines mit Brennstoff gefüllten Generatorschachtes ein verhältnismäßig erhebliches Druckgefälle nötig. Die Lücken zwischen den Brennstoffstücken stellen Kanäle mit großen, rauhen Oberflächen und unzähligen scharfen Richtungs- und Querschnittsänderungen dar, durch welche sich der Wind bzw. das Gas hindurchzwängen muß. Es ist begreiflich, daß deshalb bei den alten Siemens-Generatoren mit natürlichem Zug größere Schütthöhen nicht gehalten und feinkörnige Brennstoffe nicht verstocht werden können. Neuzeitliche Schachtgeneratoren arbeiten mit Unterwinddrücken von 20—200 mm WS, welche bis auf einige wenige mm zur Überwindung des Widerstandes der Brennstoffsäule verbraucht werden. Auch das Gitterwerk der Regeneratoren und Rekuperatoren (Kammern) stellt dem Durchfluß oft beträchtlichen Widerstand entgegen, der bis zu 10 mmm WS betragen kann.

Druckverlust durch Beschleunigung.

Eine weitere Verminderung des statischen Druckes erfolgt durch die Umsetzung von Druck in Geschwindigkeit.

Soll die Geschwindigkeit eines Gases mit dem spez. Gewicht γ von W_1 m/Sek. auf W_2 m/Sek. erhöht werden, so ist zu dieser Beschleunigung eine Druckhöhe von $h = \frac{\gamma}{2g} (W_2{}^2 - W_1{}^2)$ mm WS nötig.

Beispiel. Durch einen Kanal strömt Abgas von dem spez. Gewicht $\gamma = 0{,}7$ kg/m³ mit einer Geschwindigkeit von $W_1 = 3$ m/Sek. Wie groß ist der Druckverlust bei reibungslosem Strömen durch den Kaminschieber, der den halben Kanalquerschnitt freigibt?

Die Geschwindigkeit im Schieber muß bei halbem Querschnitt das Doppelte von W_1, also $W_2 = 6$ m/Sek. betragen. Daher ist der theoretische Druckabfall bei reibungsloser Strömung:

$$h = \frac{0,7}{2 \cdot 9,81} \cdot (6^2 - 3^2) = 0,89 \text{ mm WS.}$$

Die Messung des Druckabfalls beim Durchfluß einer Querschnittsverengung von bekannter Größe (Staurand, Venturirohr) wird benützt, um daraus die Strömungsgeschwindigkeit und weiter die Menge des strömenden Mediums auszurechnen (vgl. Mengenmessungen S. 340 u. ff.).

Der wirkliche Unterschied der statischen Drücke vor und hinter dem Schieber wird etwas größer sein, da die Reibung und Wirbelbildung an den Rändern der Durchflußöffnungen einen weiteren Druckverlust bewirkt. Der gesamte Druckverlust wird als Schieberwiderstand bezeichnet.

Auftrieb warmer Gassäulen.

Ähnlich wie ein in eine spezifisch schwerere Flüssigkeit eingetauchter Körper von der Flüssigkeit nach aufwärts gedrückt wird, erfährt eine Gassäule von entsprechend hoher Temperatur durch die umgebende kalte und deshalb spez. schwerere Außenluft eine nach aufwärts gerichtete Kraft, den Auftrieb[1]). Er ist gleich dem Unterschied in den Gewichten einer kalten Luft- und der warmen Gassäule von gleichen Abmessungen. Bezogen auf 1 m² Querschnitt ist demnach der Auftrieb einer H m hohen Gassäule vom spez. Gewicht γ_1 kg/m³ in Luft von spez. Gewicht γ_2 kg/m³

$$h = H\,(\gamma_2 - \gamma_1) \text{ kg/m}^2 \text{ (mm WS).}$$

Der absolute statische Druck der Außenluft ist unten um das Gewicht der kalten Luftsäule größer als oben. Der absolute statische Druck des warmen Gases ist unten nur um das geringere Gewicht der Gassäule größer als oben. Die Druckzunahme von oben nach unten erfolgt also außen stärker als innen; daher ist am Fuße des Schachtes der Unterdruck im Gas größer als oben, und zwar um den Unterschied in den Gewichten der beiden Säulen, also um den Auftrieb. Der absolute Druck ist aber, wie schon betont, unten immer größer als oben.

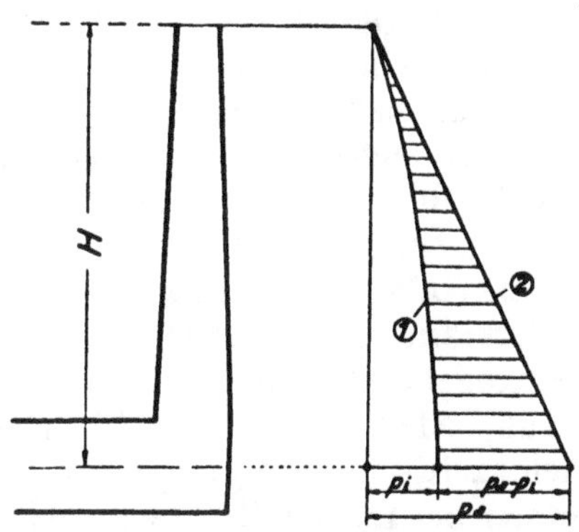

Abb. 165. Druckverlauf und Wirkungsweise beim Schornstein.

In Abb. 165 zeigt Linie 1 die Zunahme des absoluten Druckes im Schacht, Linie 2 die Zunahme des absoluten Druckes in der Außenluft. Die Linie 1 ist gekrümmt, weil die Temperatur der Abgase unten höher ist, die Druckzunahme daher langsamer erfolgt als oben.

Am Fuße des Schachtes ist der Druck immer um p_i größer als oben, außen um p_a größer als oben; herrscht oben, innen und außen derselbe Druck, was z. B. bei Schornsteinen meist der Fall ist, so ist demnach der Unterdruck am Fuß $p_a—p_i$; er wird als „statische Zugstärke" bezeichnet.

Schließt man einen Augenblick den Rauchschieber, so daß die Abgassäule als ruhend angenommen werden kann, so ist die statische Zugstärke mit einem U-Rohr Manometer zu messen.

---

[1]) C. Dichmann, „Der basische Herdofenprozeß", 1920. Verlag J Springer, Berlin, S. 5 und ff.

Beispiel. In einem Schornstein von 35 m Höhe betrage das Mittel der Ein- und Austrittstemperaturen 170°; das betr. spez. Gewicht der Abgase 0,80 kg/m³. Die Außenluft habe 20° und ein spez. Gewicht 1,20 kg/m³. Demnach beträgt die statistische Zugstärke

$$35\,(1{,}20-0{,}80) = 14 \text{ mm WS.}$$

Ist die Abgassäule in Bewegung, so muß der absolute statische Druck am Schornsteinfuß um den zur Überwindung der Bewegungswiderstände sowie zur Beschleunigung der Abgase erforderliche Betrag größer, die Zugstärke also geringer sein als vorher.

In den meisten Fällen ist die Höhe des Schornsteins und die Temperatur der Abgase so groß, daß der zur Verfügung stehende Zug stärker ist, als zum Absaugen der Abgase aus dem Ofen notwendig wäre; dann pflanzt sich, wenn keine sachgemäße Reglung dieses Zuges stattfindet, der Unterdruck bis in den Ofen fort, was als unerwünschte Folge das Eindringen kalter Luft durch offenstehende Arbeitstüren oder durch Risse im Mauerwerk hat und dadurch eine Abkühlung des Ofens bewirkt.

Man findet Anlagen, wo durch den stark ziehenden Schornstein die ganze Gasleitung bis in den Generator hinein unter Unterdruck gesetzt wird; die volle Ausnützung des Zuges hat in solchen Fällen in den gemauerten Kanälen stets Undichtigkeiten zur Folge, während sich im umgekehrten Fall, bei Überdruck in der Gasleitung, Mauerrisse durch den Teergehalt des Gases verschmieren. Die durch die Mauerrisse eindringende Luft mischt sich mit dem Gase und verbrennt an den Stellen, wo die Zündtemperatur (450° bis 650° C) erreicht wird unter entsprechender Verminderung des Heizwertes.

Zur Verhinderung dieser Erscheinungen wird bei zu starkem Zug der im Abgaskanal vor dem Schornstein angeordnete Schieber teilweise geschlossen (gedrosselt), so daß die Abgase sich vor dem Schieber stauen, ihr absoluter Druck größer, die Zugstärke kleiner wird. Und gerade hierin liegt der große Wert eines hohen Schornsteins, weil so eine weitgehende Regelung des Zuges in Abhängigkeit von Witterungs- und Betriebsverhältnissen möglich ist. Auch sind bei Öfen mit Sulfatschmelze solch hohe Schornsteine wegen des Gehaltes der Abgase an Schwefeldioxyd ein unbedingtes gewerbehygienisches Erfordernis.

Aber ein nicht zu beseitigender Fehler für den Ofenbetrieb ist der entgegengesetzte Fall, daß nämlich der Schornstein nicht imstande ist, die im Ofen erzeugten Abgase herauszubefördern. Die Folge ist ein Überdruck im Ofen, der außer dem lästigen Ausflammen, auch verminderte Gas- und Luftzufuhr und weiterhin ein Nachlassen der Ofenleistung bewirkt. Eine Verringerung der Zugstärke bei einer in Betrieb befindlichen Anlage kann dadurch eintreten, daß im Laufe der Betriebszeit die Strömungswiderstände zwischen Ofen und Schornstein wachsen, z. B. infolge von Verstopfungen der Regeneratorkammern durch heruntergeflossenes Herdglas oder verglasten Gemengestaub, oder aber infolge Einschaltung eines Abhitzekessels (s. 8. Kap.). Dieser kühlt gleichzeitig die Abgase ab, so daß der Zug noch weiter sinkt. In vielen Fällen, z. B. immer bei Einschaltung eines Heizröhrenkessels, wird sich die Anordnung einer künstlichen Saugzuganlage erforderlich machen, falls eine entsprechende Erhöhung des Schornsteines nicht angängig ist. Eine Schwächung des Zuges tritt auch durch den Hinzutritt falscher kalter Luft ein, z. B. am undichten Luftwechsel an Regenerativöfen oder an den Schornsteinschiebern. Durch die Abkühlung der Abgase wird nicht nur der Auftrieb verringert, sondern auch die zu fördernde Abgasmenge um den Betrag der hinzugetretenen kalten Luft vermehrt.

Ein Nachteil zu geringen Schornsteinzuges bei Schmelzöfen mit Siemens-Regeneratoren liegt ferner darin, daß die zur periodisch erfolgenden Umkehr der Flammenrichtung, also zur Verzögerung der Gas-, Luft- und Abgassäulen zwischen Wechsel und Ofen und ihrer Beschleunigung in entgegengesetzter Richtung erforderliche Zeit mit abnehmendem Zug wächst. Da dieser Vorgang eine Störung in der wünschenswerten Gleichmäßigkeit des Ofenbetriebes darstellt, sollte er sich in möglichst kurzer Zeit abspielen; dazu ist eine kräftige Zugwirkung erforderlich[1]). Allgemeine einfache Regeln für die Größe der notwendigen Zugstärke in Glashüttenbetrieben lassen sich nicht geben. Sie ist abhängig von der Bauart und Größe des Ofens[2]), den Abmessungen und dem Zustand der Kanäle sowie der Kammern, der Betriebsweise und Beanspruchung der Ofenanlage. Gebräuchliche Werte für den Unterdruck am Fuße des Schornsteins liegen etwa zwischen 10—30 mm WS[3]).

Auftrieb im Generator und in der Gaskammer.

Bei einer mit „natürlichem Zuge" betriebenen Anlage, wie sie bei Verwendung alter Siemens-Generatoren ohne Gebläseluft- und Dampfzusatz in Glashütten noch sehr häufig zu finden sind, ist wie beim Schornstein, der Unterschied in den Gewichten der warmen Gassäule und einer kalten Luftsäule von gleicher Höhe, also der Auftrieb die bewegende Kraft für das Ansaugen der Vergasungsluft und die Beförderung des Gases aus dem Generator durch die Kanäle und die Kammern in den Ofenraum. Der gesamte Auftrieb besteht aus dem Auftrieb im Generatorschacht und im senkrecht aufsteigenden Schacht der Gaskammer des Wärmespeichers, vermindert um den entgegengesetzter Strömung wirkenden Auftrieb des Gases zwischen Gasabzug des Generators und Kammerfuß.

Es ist ein vielverbreiteter Irrtum zu glauben, daß die Luftzufuhr zum Generator und die Beförderung des Gases in den Ofen durch die Einwirkung des Schornsteinzuges geschieht. Selbstverständlich kann die Größe des Schornsteinzuges auch einen Einfluß auf die Menge der angesaugten Luft haben, weil von ihm der als Gegendruck für die Gasbewegung wirkende Druck im Ofenraum abhängt.

Druckverhältnisse in Ofenanlagen mit natürlichem Zug.

Bei richtig eingestelltem Schornsteinzug, also einem Druck von ± 0 im Ofenraum, herrscht infolge der Auftriebswirkung in der Gaskammer ein geringer Unterdruck, der sich meist bis zum Gaswechsel ausdehnt. Er erreicht seinen Höchstwert von etwa 2—7 mm WS am Fuß der Kammer, entsprechend dem um den Durchströmwiderstand der Kammer verminderten Auftrieb des heißen Gases. In der Gasleitung zwischen Generator und Wechsel stellt sich meist ein Überdruck ein, der am Gasabzugsstutzen des Generators seinen Höchstwert von oft 1—4 mm WS annimmt. Im Generatorschacht geht der Überdruck von oben nach unten allmählich in Unterdruck über; vor dem Rost herrscht ein Zug von einigen mm WS; er ist gleich dem Gesamtauftrieb, vermindert um die zur Beschleunigung der Luft und des Gases, sowie zur Überwindung der Bewegungswiderstände in der Brennstoffsäule, den Gaskanälen, im Wechsel und Wärmespeicher notwendigen Druckhöhe.

In der abziehenden Kammer des Wärmespeichers ist infolge der Verbindung mit dem Schornstein der Unterdruck um einige mm WS größer als in der Gas- und Luftkammer. An jeder Stelle zwischen Brenner und Wechsel tritt infolgedessen entsprechend der Umsteuerung eine periodische Druckschwankung auf, deren Aufzeichnung durch ein registrierendes Druckmessergerät eine einfache Kontrolle für den Zeitpunkt des Umschaltens und die Dauer der einzelnen Umsteuerperioden ermöglicht.

---

[1]) F. Mayer, Die Wärmetechnik des Siemens-Martin-Ofens. Verlag W. Knapp, Halle, 1909, S. 32ff.

[2]) W. F. Grum-Grzimajlo, Journal der Russischen Metallurg. Gesellschaft, Moskau, auszugsweise „Stahl u. Eisen", 1913, S. 860/64 u. 939/43, Grundlagen für das richtige Entwerfen von Ofenanlagen.

[3]) Fr. Seufert, Verbrennungslehre und Feuerungstechnik, Verl. Jul. Springer Berlin 1923, S. 96 ff.

Am Fuße der Abgaskammern beträgt der Unterdruck meist 6—12 mm WS. Im Verlauf der Abgasleitung nimmt der absolute Druck entsprechend den Strömungswiderständen allmählich oder — beim Durchgang durch Schieber — sprungweise ab; die zu messende Zugstärke wächst um den gleichen Betrag, sie erreicht ihren Höchstwert von etwa 10—25 mm WS hinter dem Schieber am Schornsteinfuß und nimmt dann im Schornstein selbst allmählich ab. An der Mündung herrscht angenähert der atmosphärische Druck der Umgebung.

Druckverhältnisse in Ofenlagen mit Luftzuführung durch Gebläse.

Zum Betrieb von Gaserzeugern mit größerer Schütthöhe des Brennstoffes oder feinkörnigem Brennstoff sowie zur Vergasung größerer Durchsatzmengen ist der natürliche Auftrieb nicht mehr fähig. Man führt dann den Wind mit einem gewissen Überdruck zu, welcher bekanntlich entweder durch einen Ventilator oder einen Dampfstrahlapparat erzeugt wird. Der Überdruck muß mit dem Durchsatz von Brennstoff quadratisch steigen; mit wachsendem Durchsatz steigt nämlich die zur Vergasung erforderliche Luftmenge und daher die Luftgeschwindigkeit proportional; diese Geschwindigkeit ist aber (s. Seite 341) eine Funktion der Quadratwurzel aus dem Überdruck. Bei doppelter Durchsatzmenge ist also ungefähr vierfacher Winddruck, bei dreifachem Durchsatz neunfacher Winddruck erforderlich. Wie früher erwähnt, werden geblasene Gaserzeuger für Glasöfen mit Überdrücken bis etwa 200 mm WS betrieben.

Der statische Überdruck des eingeblasenen Windes wird zum größten Teil zur Überwindung der Widerstände in der Brennstoffsäule des Generators aufgebraucht, so daß das Gas im Abzugrohr nur noch einen geringen Überdruck aufweist, der selten über 15 mm WS steigt, meist nur 5—10 mm WS beträgt. In der Gasleitung, meist in der Nähe der Wechseltrommel, geht der Überdruck in Unterdruck über. Der weitere Verlauf des Druckes unterscheidet sich nicht von dem in Anlagen mit Gasbewegung durch natürlichen Zug[1]).

Auftrieb in der Luftkammer.

Während, wie erwähnt, die Bewegung des Gases bei neueren Anlagen meist durch Unterwind in Verbindung mit dem Auftrieb bewirkt wird, findet die Förderung der zur Verbrennung des Gases im Ofen erforderlichen Sekundärluft fast ausschließlich durch den natürlichen Auftrieb der im Wärmespeicher erhitzten Luftsäule statt. Auch hier ist also bei normalem Ofenbetrieb nicht der Schornsteinzug die treibende Kraft; aber noch mehr als bei der Gaslieferung ist der vom Schornsteinzug abhängige Druck im Ofenraum von Einfluß auf die Menge der durch den Auftrieb in den Ofen gedrückten Luft. Der Auftrieb hängt ab von der Höhe der Kammer, dem Widerstand, den das Gitterwerk, die Schächte und die Brenner der Strömung entgegensetzen, sowie von der Temperatur der Luft in der Kammer. Herrscht im Ofen kein nennenswerter Überdruck, ist also der Schornstein imstande die Verbrennungsprodukte abzuführen, so reicht auch der Auftrieb der Luftsäule meist zur Bewegung der Verbrennungsluft aus; andernfalls ist die Anordnung eines Gebläses nötig, das die Luft durch den Wechsel dem Ofen zudrückt; ein Gebläse ist auch erforderlich, wenn durch unzureichende Bemessung der Kanalquerschnitte oder durch Verstopfung der Kammern der Strömungswiderstand steigt; welches die Ursache unzureichender Zuführung von Sekundärluft ist, kann durch Druckmessungen festgestellt werden.

[1]) Ed. Maurer und R. Schrödter, Über den Einfluß des Höhenunterschiedes und der Entfernung zwischen Generatoren und Öfen im Martinbetriebe. Mitteilungen aus dem Kaiser-Wilhelm-Institut für Eisenforschung zu Düsseldorf, Bd. III, Heft 1, 1921, Verlag Stahleisen, G. m. b. H., Düsseldorf.

2. Druckmeßgeräte[1]).

a) Federmanometer (Metallmanometer). Für Messungen von Drücken, die in Atmosphären gemessen werden, wie sie z. B. in Dampfleitungen vorkommen, verwendet man die bekannten Röhrenfelder- oder Röhrenplatteninstrumente, von deren Beschreibung hier abgesehen wird.

Membrandruckmesser beruhen in ihrer Arbeitsweise auf der Bewegung einer sehr dünnen Platte (Membrane) aus hartem Metall, die sich unter der Einwirkung des zu messenden Druckes mehr oder minder stark durchbiegt[2]).

b) Flüssigkeitsmanometer. Das einfachste Manometer — so bezeichnet man allgemein die Druckmeßinstrumente — ist ein U-förmig gebogenes Glasrohr, das bis etwa zur Mitte der Schenkel mit Wasser gefüllt ist. Es empfiehlt sich, das Wasser durch geringen Zusatz von Eosin rot zu färben. Der eine Schenkel bleibt offen, der andere wird durch einen Schlauch mit dem zu untersuchenden Raum verbunden (Abb. 163). Eine Skala mit Millimeterteilung läßt den Über- oder Unterdruck gegenüber dem atmosphärischen Druck als Höhenunterschied der Wassersäule in beiden Schenkeln ablesen. An Stelle des Druckunterschiedes gegenüber der Atmosphäre kann man natürlich auch den Unterschied der Drücke an zwei verschiedenen Stellen einer Anlage z. B. vor und hinter einem Schieber oder einem Stauflansch messen, indem man die beiden Schenkel mit den entsprechenden Stellen verbindet[3]). Dieser Anordnung entsprechen die nachstehend unter c) genannten Manometer.

c) Differenzdruck- bzw. Zugmesser. Zweckmäßigerweise wird man das Rohr auf einer Rückwand befestigen, welche außerdem mit Fußplatte versehen ist, so daß es senkrecht aufgestellt werden kann, oder aber man hängt das Brett mit dem Rohr vertikal auf. Vorteilhaft ist es, das Rohr oder die Skala verschiebbar anzuordnen; der tiefere Meniskus soll dann bei Ablesung mit dem Nullpunkt der Skala zusammenfallen. Mit einem derartigen Universalinstrument ist man in der Lage, alle normalerweise in Glasschmelzanlagen vorkommenden Über- und Unterdrücke zu ermitteln, es sollte deshalb in keiner Hütte fehlen.

An Stelle von Wasser verwendet man bei stark teerhaltigen Gasen auch Petroleum zur Füllung. Dieses löst den Teer, so daß der Apparat nicht verschmutzt. Die Skala muß entweder mit Hilfe eines Wassermanometers empirisch geeicht werden, oder aber man multipliziert das Ergebnis der Ablesung in Millimeter mit dem spez. Gewicht des Petroleums (0,79 — 0,82 g/cm³), um den Druck in mm WS zu erhalten.

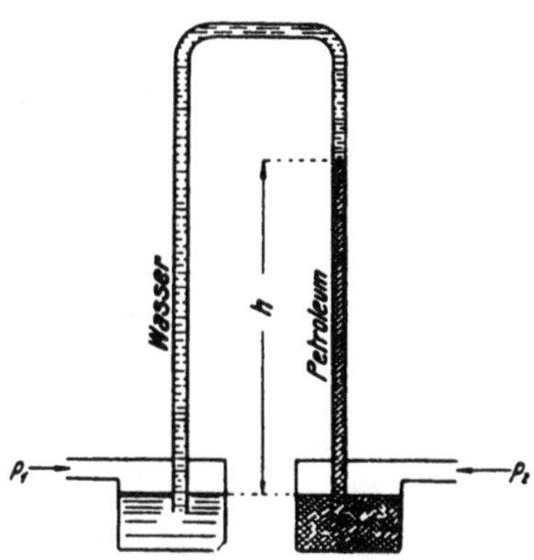

Abb. 166. Differenzdruck- bzw. Zugmesser unter Verwendung von zwei verschiedenen Flüssigkeiten.

Bei Flüssigkeitsmanometern wird eine Erhöhung der Empfindlichkeit erreicht, indem man z. B. zwei sich nicht mischende Flüssigkeiten von wenig verschiedenem spez. Gewicht z. B. Wasser mit dem spez. Gewicht $\gamma_1 = 1000$ kg/m³ und Petroleum mit $\gamma_2 = 800$ kg/m³ zur Füllung verwendet (Abb. 166).

---

[1]) Vgl. Mitteilungen, Nr. 38, „Druckmeßgeräte", herausgegeben von der Wärmestelle Düsseldorf, 1922.

[2]) Membrandruckmesser und -druckschreiber s. Journal für Gasbeleuchtung und Wasserversorgung, 1920, Nr. 52, nach Mitteilungen des Gasinstituts Karlsruhe.

[3]) P. Verbeck, Über die Messung des Über- und Unterdruckes und der Geschwindigkeiten von Gasen u. s. f. Chem. Zeitg. **1913**, 1338 u. 1361.

Der Druck p_1 ist um soviel größer als der Druck p_2, als die h mm hohe Säule vom spez. Gewicht γ_1 schwerer ist als die gleich hohe Säule vom spez. Gewicht γ_2.

$$p_1 - p_2 = h\ (\gamma_1 - \gamma_2)$$

für

$$p_1 - p_2 = 1 \text{ mm WS}$$

ist

$$h = \frac{p_1 - p_2}{\gamma_1 - \gamma_2} = \frac{1}{1000 - 800} = 0{,}005 \text{ m} = 5 \text{ mm}.$$

Die Anzeige ist also fünfmal so empfindlich wie beim gewöhnlichen Manometer. Es gibt verschiedene Konstruktionen derartiger Instrumente; sie leiden meistens an dem Mangel, daß eine saubere Einstellung der Trennungsfläche beider Flüssigkeiten sich oft nur schwer erreichen läßt.

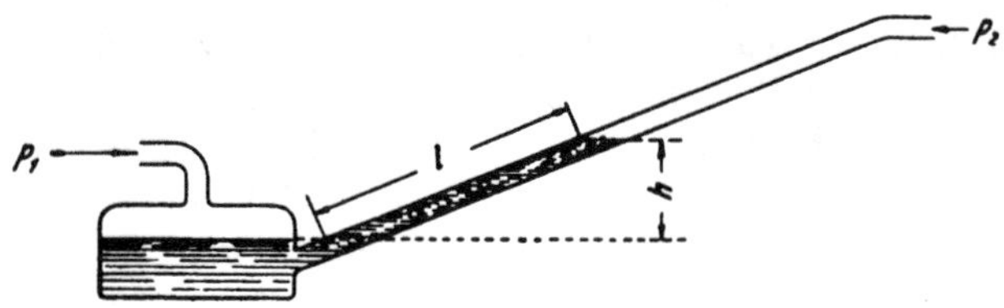

Abb. 167. Differenzdruck- bzw. Zugmesser mit schräg liegendem Meßrohr.

Das gebräuchlichste Mittel, um bei Flüssigkeitsmanometern eine größere Genauigkeit zu erzielen, ist die schräge Lage des Meßrohres und der Skala (Abb. 167).

Der Ausschlag l auf der Skala ist je nach der Neigung ein Mehrfaches des senkrechten Niveauunterschiedes h, der für den Überdruck $p_1 - p_2$ maßgebend ist. Die Einstellung des Nullpunktes muß mit einer Wasserwage erfolgen.

Solche Instrumente werden unter der Bezeichnung „Mikromanometer" z. B. von den Firmen R. Fueß, Berlin-Steglitz, Georg Rosenmüller, Dresden-N., Paul Schultze, Berlin-Charlottenburg, u. a. m. in den Handel gebracht (Abb. 168). Bekannt ist auch das Recknagelsche Differentialmanometer.

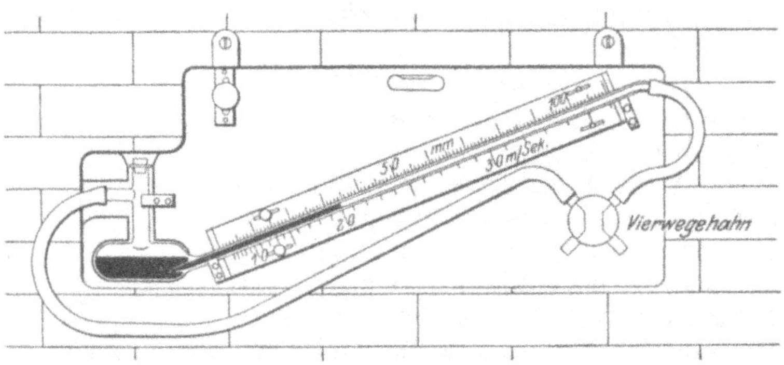

Abb. 168. Flüssigkeitsmikromanometer mit geneigtem Schenkel.

Die Mikromanometer dienen außer zur Bestimmung des Druckunterschiedes gegenüber der Außenluft insbesondere zur Messung kleiner Geschwindigkeiten aus dem Unterschied in den Drücken vor und hinter einem Drosselquerschnitt (vgl. Mengenmessungen S. 340 u. ff.).

Registrierende Druckmesser.

Sollen die Druckmessungen nicht nur als einzelne Stichproben ausgeführt werden, sondern zur laufenden Kontrolle des Betriebes dienen, so verwendet man Geräte, welche den gemessenen Druck dauernd selbst aufschreiben. Am meisten verbreitet in Glashütten sind die auf dem Grundsatz der Tauchglocke beruhenden Apparate.

Der „Hydroapparat" (Abb. 169) besteht im wesentlichen aus einem teilweise mit Flüssigkeit gefüllten Gefäß und einer mit einem hohlen Schwimmer zusammengebauten Glocke, welche in die Flüssigkeit eintaucht und sich an Kolbenführungen reibungslos auf und abbewegen kann. Durch eine dünne Rohrleitung wird der Raum unter der Glocke in Verbindung mit dem auf seinen Druck zu untersuchenden Raum gebracht, so daß an beiden Stellen der gleiche Druck herrscht. Die Glocke stellt sich in ihrer Höhenlage dem jeweiligen Über- oder Unterdruck entsprechend ein. Ihr Hub wird durch eine auf die Glocke gesetzte und mit einer Schreibfeder versehenen Stange ohne Hebelübersetzung auf einem Diagrammblatt aufgezeichnet, welches um eine auf dem Deckel des Gefäßes befindliche Trommel gespannt ist. Die Trommel wird durch ein Uhrwerk in Drehung versetzt. Der Meßbereich kann durch entsprechende Ausführung der Glocke den vorliegenden Verhältnissen angepaßt werden. Während beispielsweise zum Registrieren des Unterwinddruckes bei Generatoren mit Gebläse ein Bereich von 0—100 oder bis 200 mm WS notwendig ist, wird ein zur Kontrolle der Umsteuerung zwischen Gaswechsel und Ofen eingebauter Apparat einen Meßbereich von etwa — 15 bis + 15 mm WS haben müssen. Zur Messung des Schornsteinzuges wird ein Meßbereich von 0 bis — 30 mm WS erforderlich sein[1]).

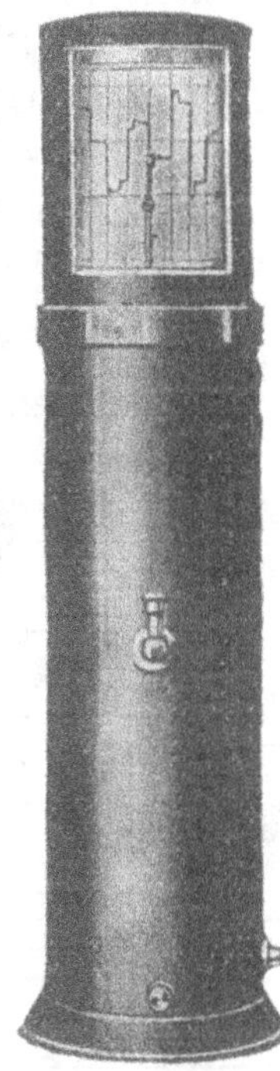

Abb. 169. Ansicht des Hydroapparates.

Der „Debro"-Druckmesser ist ebenfalls nach dem Prinzip der Tauchglocke gebaut (Abb. 170). Ein fast reibungslos in Öl laufender Schwimmer wird in seiner Höhenlage durch den zu messenden Gasdruck eingestellt. Die jeweilige Lage wird durch eine Schreibfeder auf einem Diagramm aufgezeichnet oder durch einen Zeiger auf einer Skala angegeben. Die Vermeidung jeglicher Hebelübersetzung bewirkt wie beim Hydroapparat die Empfindlichkeit der Anzeige auch bei kleinen Druckschwankungen.

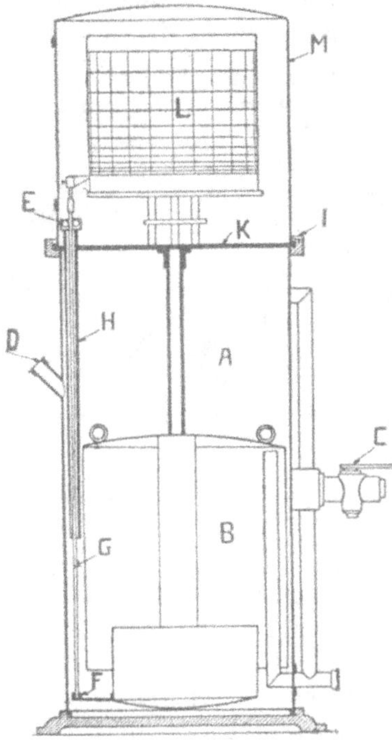

Zeichenerklärung:

A Flüssigkeitsbehälter.
B Schwimmer.
C Doppelhahn.
D Auffüllvorrichtung.
E Rollenführung.
F Führungsarm.
G Schreibstange.
H Führungsrohr.
I Einsatzstück.
K Abschlußplatte.
L Trommel.
M Schutzhaube.

Abb. 170. „Debro"-Druckmesser im Schnitt.

Anschluß der registrierenden Druckmesser. Bildet auch der Druckmesser als solcher den Hauptbestandteil der Meßanlage, so wird man der Wahl und Anordnung der Meßstelle im Gas- oder Luftkanal sowie den Rohrleitungen, welche Meßstelle und Apparat verbinden, besondere Aufmerksamkeit zuwenden müssen. Bei unzweckmäßiger Anordnung der Anschlußleitungen entstehen häufig Verstopfungen durch Teer, Ruß und Staub. Dadurch werden die Angaben des Druckmessers stark beeinflußt. Wichtig ist auf jeden Fall bei der Verwendung des Apparates, häufiger auf die richtige Einstellung des Zeigers auf die Nullinie zu achten.

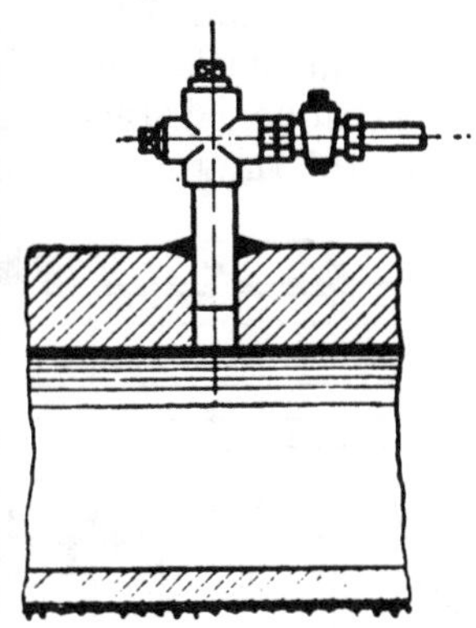

Abb. 171. Anschluß des Druckmessers an den Gaskanal.

Zur Vermeidung von Verstopfungen ist die in Abb. 171 dargestellte Anordnung der Anschlußleitung vorteilhaft. Der Gasdruck pflanzt sich durch ein möglichst weites in den Gaskanal senkrecht hineinragendes Rohr fort. An dem erweiterten Kopfsetzt ein Rohr von mindestens ½" l. W. an als Verbindung zum Druckmesser. Die bei Druckschwankungen entstehende Geschwindigkeit in dem Kopf ist so gering, daß Staub und Ruß kaum in die Leitung mitgerissen werden können. Um die Reinigung zeitweise zu erleichtern, sind zwei Stopfen und vorgesehen.

[1]) Siehe Katalog der „Hydro"-Apparatebauanstalt, Düsseldorf, mit ausführlichen Anleitungen und Literaturangaben.

Aufzeichnungen registrierender Druckmesser.

Für die Überwachung des Betriebes ist das laufende Aufschreiben der Druckverhältnisse, insbesondere an folgenden drei Punkten von Wichtigkeit:

1. im Gassammelkanal oder Gasüberführungskanal,
2. im Gaskanal zwischen Gaswechsel und Kammer,
3. im Abgaskanal.

1. Von dem Druck im Gassammelkanal hängt die dem Ofen zuströmende Gasmenge und damit auch die dem Ofen zugeführte Wärmemenge ab. Alle Schwankungen im Gasdruck, hervorgerufen z. B. durch Beschickung, Stochen, Entschlacken der Generatoren, Änderung der Luft- und Dampfzufuhr usw. bewirken entsprechende Schwankungen des Gasdruckverlaufes (Abb. 172). Dieses in den meisten Glashütten

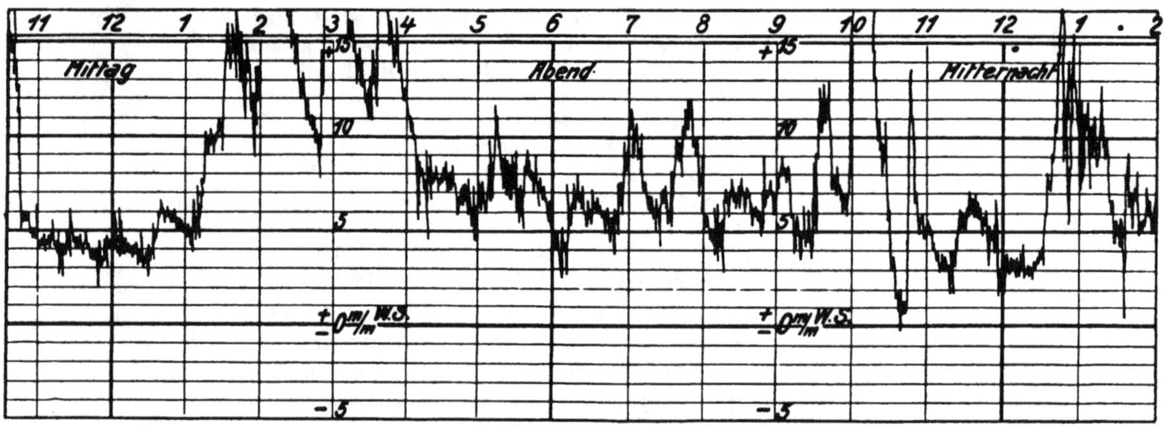

Abb. 172. Verlauf des Gasdruckes im Gassammelkanal ohne Regulierung.

sich in seiner Unregelmäßigkeit zeigende Bild ist der Grund zu den bekannten Mahnrufen der Ofenbelegschaft an die zeitweise unzulängliche Bedienungsweise der Generatoren. Bei der durch seine Lage zur vorherrschenden Windrichtung am Betriebsort und die Launen des Wetters bestimmten Betriebsweise der alten Siemens-Generatoren mit natürlichem Zuge ist die Betriebsleitung diesen Druckschwankungen machtlos gegenüber. Dagegen gelingt es, bei den geblasenen Gaserzeugern die Gaszufuhr durch Regulierung auf einen gleichmäßigen Stand zu halten (s. Abb. 173).

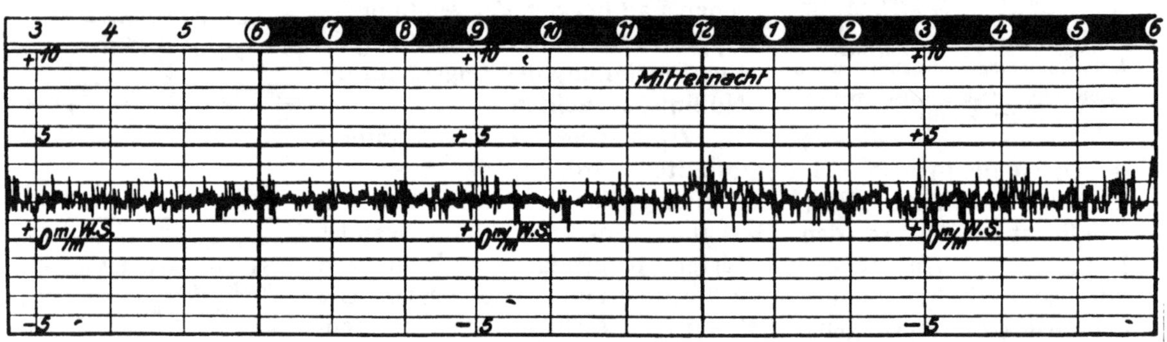

Abb. 173. Verlauf des Gasdruckes im Zuleitungskanal bei Regulierung.

2. Der Unterdruck zwischen Gaswechsel und Kammer wechselt je nachdem durch den Gaskanal das Frischgas der Kammer zuströmt oder während der Abgasperiode der Kanal unmittelbar mit dem Schornstein verbunden ist. Jede Umsteuerung bewirkt daher eine fast plötzliche Druckänderung im Betrage von mehreren Millimetern WS.

Die Aufzeichnung durch einen registrierenden Druckmesser bringt daher auch den Zeitpunkt des Umschaltens und die Dauer der einzelnen Umsteuerperioden zum Ausdruck (s. Abb. 174).

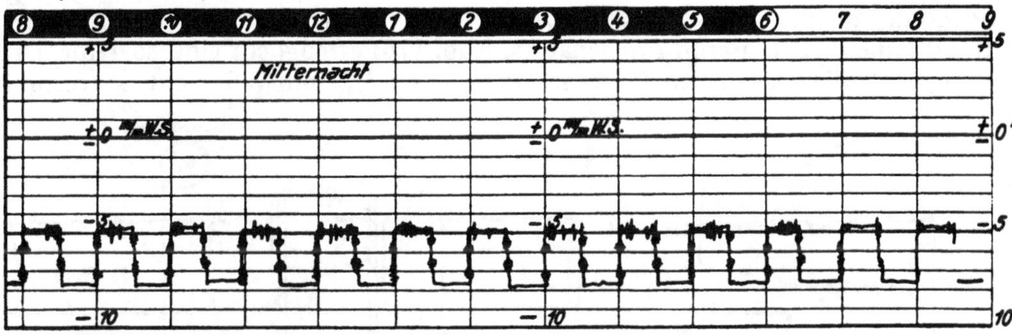

Abb. 174. Unterdruck (Zug) des Frischgases bzw. Abgases je nach Stellung des Gaswechsels.

3. Der Unterdruck (Zug) im Essekanal oder am Schornsteinfuß soll einer dauernden Beobachtung unterliegen. Störungen des Ofenbetriebes durch Verstopfungen, Verstellungen an den Schiebern, auch die Wechselzeiten treten auf dem Diagrammstreifen hervor (s. Abb. 175).

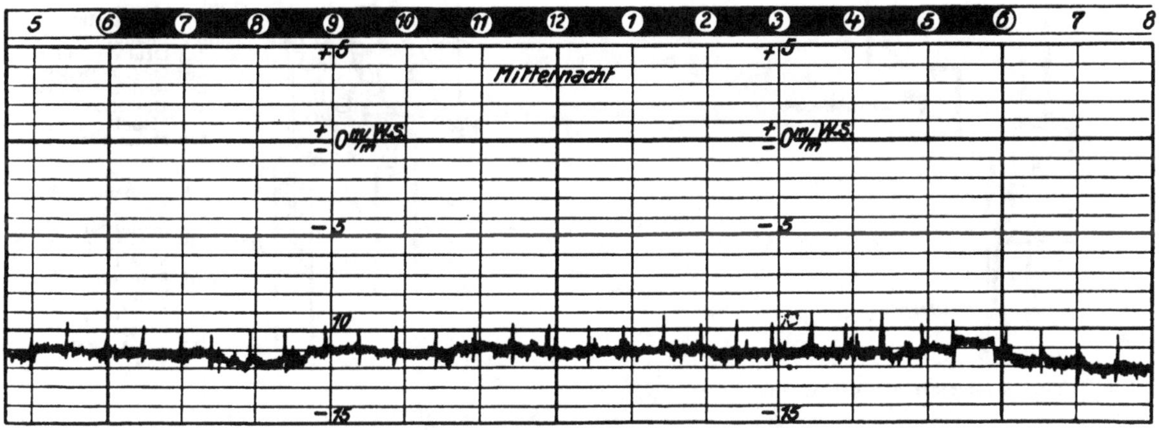

Abb. 175. Verlauf des Unterdrucks im Essekanal.

Gasdruckregler.

Wie bereits in Abb. 172 dargestellt, schwankt der Druck in den Gasleitungen zu den Öfen stets stark. Das fortgesetzte Wechseln der Durchgangswiderstände in den Gaserzeugern, sei es durch verschiedene Körnung des eingeführten Brennstoffs, Verschlackung, Eingriffe durch die Bedienung u. a. mehr bringt es mit sich, daß auch in der Gaszufuhr entsprechende Schwankungen auftreten. Damit ändert sich natürlich auch die Gasbelieferung der Öfen, und ungleichmäßiger Gang ist die notwendige Folge. Dieser Übelstand läßt sich beseitigen, indem man für eine empfindliche schnell wirkende Gasdruckregelung in den Gaszuleitungen sorgt. Eine Druckregelung von Hand, die von der Geschicklichkeit und Zuverlässigkeit des die Regulierung bedienenden Arbeiters abhängt, wird stets sehr roh und unvollkommen ausfallen (s. Abb. 173). Man ist daher zu den Selbstreglern[1]) übergegangen, deren Zweck ist, bei kleinen auftretenden Druckunterschieden selbsttätig und schnell einzugreifen. Die unmittelbare Gasdruckregelung dürfte bei den in Glashütten meist vorkommenden Gaskanälen von rechteckigem Querschnitt und der Betriebsweise mit staub- und teerhaltigen Gasen einige

[1]) Klopfer. Regelung von Feuerungen. Zeitschr. Die Wärme, Berlin 1925. Nr. 34, S. 433.

Schwierigkeiten bereiten. Hingegen ist es ohne weiteres geglückt, den Gasdruck mittelbar selbsttätig zu beeinflussen im Hauptsammelkanal, an den sämtliche Generatoren angeschlossen sind oder im daran anschließenden Zuleitungskanal durch Regelung der Windzufuhr zu den Generatoren. Der Strahlrohrregler der Askaniawerke A.-G., Bambergwerk, Berlin-Friedenau (s. Abb. 176) ermöglicht eine so feine Druckregelung, daß die maximalen Druckschwankungen $^1/_{10}$ mm WS nicht überschreiten.

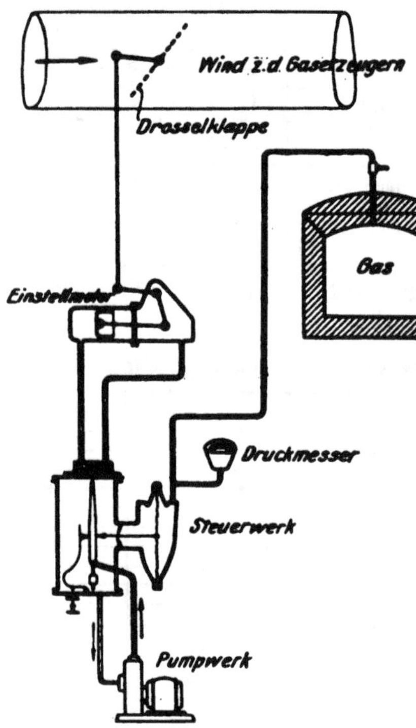

Abb 176. Strahlrohrregler der Askaniawerke, A.-G.

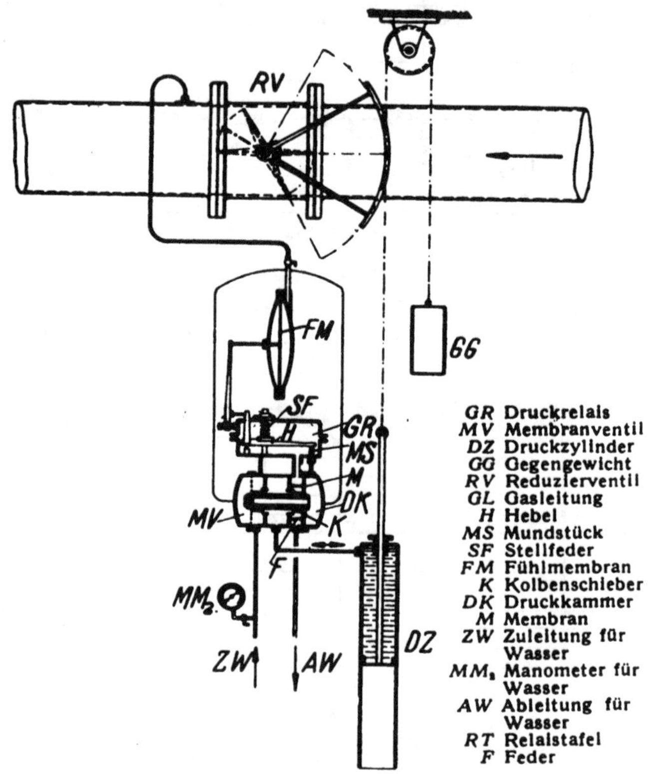

Abb. 177. Schema des „Arca"-Reglers.

Der Arca-Gasregler der Arca Regler A.-G. Berlin dient speziell zur genauen Regelung niedrigster Drucke von Gasen jeder Art. In Abb. 177 ist eine schematische Darstellung einer Regleranlage in einem Gaswerk wiedergegeben, in welchem der Gasdruck in den Kammeröfen auf 1 mm WS konstant zu halten war. Er arbeitet mit außerordentlicher Genauigkeit. Die Arbeitskraft, die bei Regulierung von Hand notwendig ist, wird gespart.

Recht gute und bewährte Ausführungen von Gasdruckreglern liefern auch die Firma Jos. Heinz Reinicke, Bochum, und die Allgemeine Vergasungs-Gesellschaft m. b. H., Berlin-Halensee. In Glashütten liegen große Erfahrungen über Regleranlagen für ungereinigtes Generatorgas noch nicht vor.

Geschwindigkeiten und Mengen strömender Medien.

In den meisten Hütten besteht vollständige Unklarheit darüber, welche Menge von Heizgasen, Dampf, Vergasungs- und Verbrennungsluft sowie von Abgasen in ihren Generatoren und Öfen erzeugt bzw. eingeführt werden und wie sie sich auf die einzelnen Verwendungsstellen verteilen.

Für die laufende Überwachung des Betriebes spielt die Bestimmung der strömenden Mengen wohl nicht dieselbe wichtige Rolle wie Messung von Temperaturen, Drücken und die Gasuntersuchungen. Unerläßlich ist sie jedoch für die Aufstellung von Wärmebilanzen, welche Aufschluß darüber geben sollen, wie groß die den einzelnen Teilen der Anlage zugeführten Wärmemengen sind und wie sie sich in nützlich verwendete und verloren gehende Wärme aufteilt.

Berechnung der Mengen.

Zum Teil ist es möglich, die erwähnten Mengenbestimmungen auf indirektem Wege durch Rechnung auszuführen. Beispielsweise können die in den Generatoren erzeugte Gasmenge sowie die zur Vergasung notwendige Luftmenge berechnet werden, wenn die Menge des verstochten Brennstoffes, seine Elementaranalyse, die Analyse des Gases und die Kohlenstoffverluste in den Rückständen und im Flugstaub bekannt sind. Auf ähnliche Weise lassen sich die Mengen an Zusatzdampf und an Vergasungsluft berechnen; wird die gesamte berechnete Gasmenge einem einzigen Ofen zugeführt, so können ferner aus der Analyse der Abgase die Menge der Verbrennungsluft und der Abgase berechnet werden. Diese Rechnungen sind ziemlich umständlich und ihre Genauigkeit leidet daran, daß sie auf einer Anzahl verschiedenartiger Messungen und Schätzungen aufgebaut sind, deren Fehler sich zufälligerweise summieren können.

Es muß leider festgestellt werden, daß bis jetzt ein anderes, betriebstechnisch verwendbares Mittel zur Bestimmung der in rechteckig gemauerten Kanälen von großem Querschnitt mit verhältnismäßig geringer Geschwindigkeit strömenden Mengen nicht gefunden ist. Zur Fortleitung von Generatorgas, Abgas und Verbrennungsluft werden aber in Glashüttenbetrieben überwiegend solche gemauerten Kanäle verwendet, so daß trotz der erwähnten Mängel zur Rechnung gegriffen werden muß[1]).

Auch die Rechnung versagt aber, wenn es sich um die Verteilung der in einer Generatorenanlage erzeugten Gasmenge auf verschiedene Öfen, z. B. Schmelzöfen, Trommelöfen, Streck- und Kühlöfen usw. handelt; der Wärmeverbrauch der Nebenöfen kann deshalb nur dort festgestellt werden, wo für ihren Betrieb eine besondere Gaserzeugungsanlage vorhanden ist; auch dort ist das Ergebnis infolge der erwähnten Mängel der rechnerischen Bestimmung nur angenähert richtig.

Hingegen ist es möglich, mit Hilfe einfach auszuführender Druckmessungen die Geschwindigkeiten und Mengen der in Rohrleitungen strömenden Medien zu bestimmen; als solche kommen hauptsächlich Gebläsewind und Dampf für die Generatoren, in einzelnen Fällen auch Generatorgas und Abgase in Betracht.

Man verwendet für diesen Zweck entweder Staugeräte oder Stauränder; zur Bestimmung von Dampfmengen sind auch besondere Bauarten als sog. „Dampfmesser" in Verwendung.

Das einfache Staurohr.

Die Messung der Strömungsgeschwindigkeit mit Staugeräten beruht auf der Messung des Staudruckes (s. S. 329).

In der einfachsten Form besteht das Gerät aus einem winkelrecht abgebogenen Glas- oder Metallrohr *d*, dessen offene Mündung der Strömung zugewendet ist und in welchem daher die Geschwindigkeit des entsprechenden Stromfadens vernichtet wird; ein zweites gerades Rohr *S* ist parallel zur Strömung abgeschnitten. Die beiden Rohre sind durch Schläuche mit den Schenkeln eines U-Rohrmanometers mit Wasserfüllung verbunden. In dem Manometer stellt sich dann der Staudruck als Unterschied *h* in dem Wasserstand der beiden Schenkeln ein (s. Abb. 178).

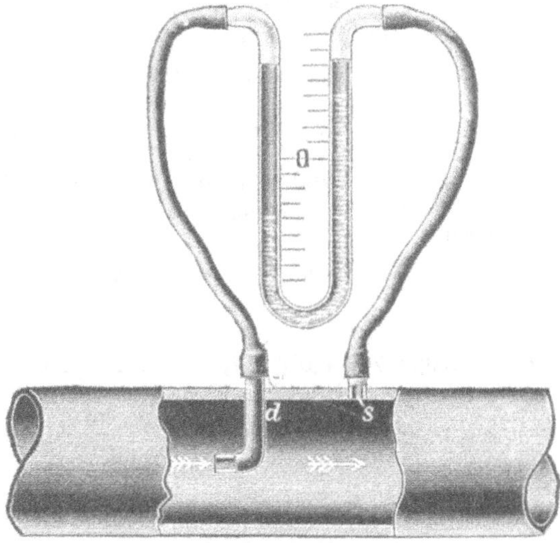

Abb. 178. Anordnung zur Messung des Staudruckes.

Berechnung der Strömungsgeschwindigkeit. Aus dieser Ablesung kann die Geschwindigkeit an der entsprechenden Stelle des Strömungsquerschnittes nach der folgenden Beziehung berechnet werden:

$$W = \sqrt{2\,g\,\frac{h}{\gamma}}.$$

[1]) L. Litinsky, Messung großer Gasmengen. Leipzig 1922. Verlag Otto Spamer.

Darin bedeutet

W die gesuchte Geschwindigkeit in m/sec.,
$g = 9{,}81$ m/sec.², die Erdbeschleunigung,
h den Staudruck in mm WS,
γ das spez. Gewicht des strömenden Gases in kg/m³ bei der Temperatur und dem Druck an der Meßstelle.

Beispiel: An einem bestimmten Punkt des Querschnitts einer Gebläsewindleitung wird ein Staudruck von 3,5 mm WS gemessen, die Temperatur beträgt an dieser Stelle 40°; der absolute statische Druck 760 mm QS (vgl. Beispiel im Abschnitt „Druckmessungen"), wie groß ist die Strömungsgeschwindigkeit?

Das spez. Gewicht der Luft beträgt 1,293 kg/m³ bei 0° und 760 mm QS; unter den gegebenen Verhältnissen daher

$$\gamma = 1{,}293 \cdot \frac{767}{761} \cdot \frac{273}{273 + 40} = 1{,}14 \text{ kg/cbm}.$$

Demnach ist die Geschwindigkeit

$$W = \sqrt{2 \cdot 9{,}81 \cdot \frac{3{,}5}{1{,}14}} = 7{,}76 \text{ m/sec}.$$

Staugeräte zeigen nur den Staudruck an einem bestimmten Punkt des Strömungsquerschnittes an, da aber die Geschwindigkeit über dem Querschnitt nicht gleichmäßig verteilt ist — sie ist in der Mitte größer als am Rand — so muß zur Bestimmung der mittleren Geschwindigkeit eine größere Anzahl von Messungen an verschiedenen Punkten des Querschnitts vorgenommen werden[1]).

Berechnung der Strömungsmenge, Reduktion auf den Normalzustand. Bei einer durchschnittlichen Geschwindigkeit von W m/sec. in einem Querschnitt von F m²/Flächeninhalt beträgt der Rauminhalt der strömenden Menge $V = F \cdot W$ in m³/sec.

Diese Angabe bezieht sich auf den physikalischen Zustand des strömenden Mittels im betreffenden Querschnitt. Um das entsprechende Gewicht berechnen zu können, müssen demnach Druck und Temperatur an dieser Stelle gemessen werden. Meistens gibt man aber nicht das Gewicht an, sondern rechnet zum Vergleich das Volumen auf eine Temperatur von 0° und einen absoluten statischen Druck von 760 mm QS aus. Diese Reduktion auf den Normalzustand geschieht folgendermaßen:

Es sei

p der absolute statische Druck in mm QS,
t die Temperatur in Celsiusgraden,

dann ist für gasförmige Stoffe das reduzierte Volumen:

$$V_0 = V \cdot \frac{p}{760} \cdot \frac{273}{273 + t} \text{ m}^3\text{/sec (bei } 0^\circ \text{ und 760 mm QS)}.$$

Beispiel: Die durchschnittliche Geschwindigkeit der Luft in einer Windleitung von 300 mm l. W. beträgt 7,8 m/sec., die Lufttemperatur ist 40°, der absolute statische Druck 767 mm QS. Wie groß ist die strömende Menge?

Der Querschnitt der Leitung beträgt

$$F = \frac{d^2 \pi}{4} \cdot 0{,}300^2 = 0{,}0707 \text{ m}^2,$$

die Menge daher $V = 0{,}0707 \cdot 7{,}8 = 0{,}552$ m³/sec. (bez. auf 40°, 767 mm QS). Die Reduktion auf den Normalzustand ergibt

$$V_0 = 0{,}552 \cdot \frac{767}{760} \cdot \frac{273}{273 + 40} = 0{,}486 \text{ m}^3\text{/sec}.$$

Mängel des einfachen Staugeräts.

Die auf Grund der Messungen mit der besprochenen einfachsten Ausführungsform des Staugerätes aus der angegebenen Formel berechneten Geschwindigkeiten weichen aber von den wirklichen Geschwindigkeiten mehr oder minder ab. Die Fehler rühren in erster Linie davon her, daß an der parallel zur Strömungsrichtung liegenden Mündung Wirbelungen auftreten, welche eine Störung in der Einstellung des statischen

[1]) O. Krell jr., Über Messung von dynamischen und statischen Druck bewegter Luft. Verlag R. Oldenbourg, München 1904.

Druckes bewirken. Es sind deshalb verbesserte Geräte konstruiert worden, von welchen besonders die Ausführungen nach Prandtl der Firma Georg Rosenmüller, Dresden, und nach Brabbé der Firma R. Fueß, Berlin-Steglitz, sich besonders praktisch bewährt haben (s. Abb. 179). Der der Strömung zugekehrte Kopf des Staukörpers ist so ausgebildet, daß er der Strömung einen möglichst geringen Widerstand bietet, um Wirbelbildungen zu vermeiden. Die axiale Bohrung des Staukörpers mißt die Summe aus statischem und Staudruck, also den Gesamtdruck. Die Entnahme des statischen Druckes erfolgt durch Schlitze im Mantel des Staukörpers, die parallel zur Strömungsrichtung liegen. Die Schlitze liegen so weit ab vom Kopf, daß eine Störung der Messung durch Wirbel nicht eintritt. Von den Druckentnahmestellen führen 2 Rohre durch einen rechtwinklig zum Staukörper angeordneten Schaft zu Schlauchanschlußstutzen, welche durch Gummischläuche mit einem U-Rohrmanometer verbunden werden. Dieses zeigt dann den Staudruck an.

Um geringe Staudrücke genauer messen zu können, schließt man die Staugeräte nicht an ein gewöhnliches Manometer an, sondern an ein Mikromanometer (s. S. 336). Abb. 180 zeigt den Einbau eines Staurohres in eine Leitung und den Anschluß an ein Mikromanometer mit schrägem Meßrohr.

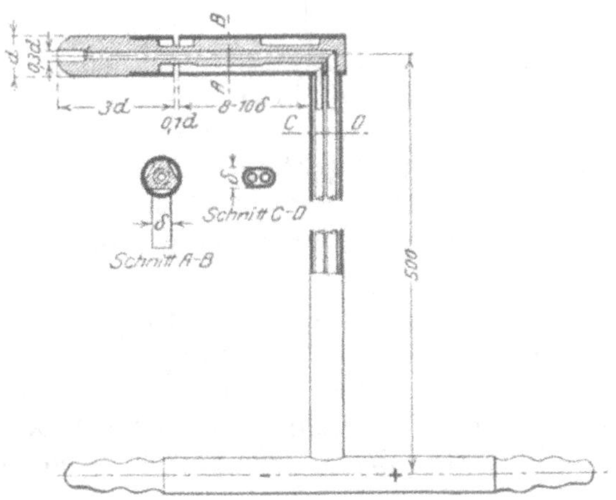

Abb. 179. Prandtlsches Staurohr.

Abb. 180.

Messungen mit Staugeräten. Die Genauigkeit der Messungen wird durch Störungen in der Parallelität der Stromfäden, wie sie beispielsweise durch scharfe Querschnitts- oder Richtungsänderungen bewirkt werden, empfindlich beeinträchtigt. Deshalb sollen vor und hinter dem Gerät genügend lange gerade Rohrstrecken liegen. Dadurch, daß das Staugerät nur die Geschwindigkeit an einem einzelnen Punkt mißt, ergibt sich als weiterer Nachteil, daß eine selbsttätige Aufschreibung der durchschnittlichen Geschwindigkeit und daher auch der strömenden Mengen nicht möglich ist. Als Vorteil der Staugeräte ist zu erwähnen, daß ihr Einbau nur sehr geringe Druckverluste bewirkt. Zur Bestimmung von Geschwindigkeiten von weniger als 3—4 m sind Staurohre nicht zu verwenden, da für diese der Staudruck zu gering ist, um einigermaßen zuverlässige Ablesungen zu ermöglichen. Die Geschwindigkeiten in den Gas- und Abgaskanälen betragen nun gewöhnlich weniger als 3 m, so daß Staurohre nicht in Frage kommen. In den Brennerschächten und Brennern sind die Geschwindigkeiten wohl bedeutend höher, jedoch verhindern die hier auftretenden hohen Temperaturen die Verwendung von Staugeräten. Auch zur Bestimmung von Dampfgeschwindigkeiten sind Staurohre nicht zu empfehlen.

Staurand. Unter Staurand, Stauflansch oder Drosselscheibe versteht man eine in die Rohrleitung eingesetzte Scheibe mit einer Öffnung, deren Querschnitt geringer ist als der der Rohrleitung. Zur Erhöhung der Strömungsgeschwindigkeit beim Durchfluß durch die Drosselöffnung ist wie im vorhergehenden Abschnitt besprochen wurde (s. S. 330), ein entsprechendes Druckgefälle nötig, so daß der Druck hinter der Öffnung geringer ist als der vor der Öffnung. Aus dem gemessenen Druckunterschied kann dann ein Schluß auf die Strömungsgeschwindigkeit[1]) und bei bekanntem Querschnitt der Drosselöffnung, auch auf die Menge gezogen werden. Am einfachsten und billigsten wird die Scheibe aus Blech von 4—6 mm Stärke hergestellt. Die Öffnung soll scharfkantig unter 45° abgeschrägt sein. Abb. 181 zeigt den Schnitt eines Blechstaurandes.

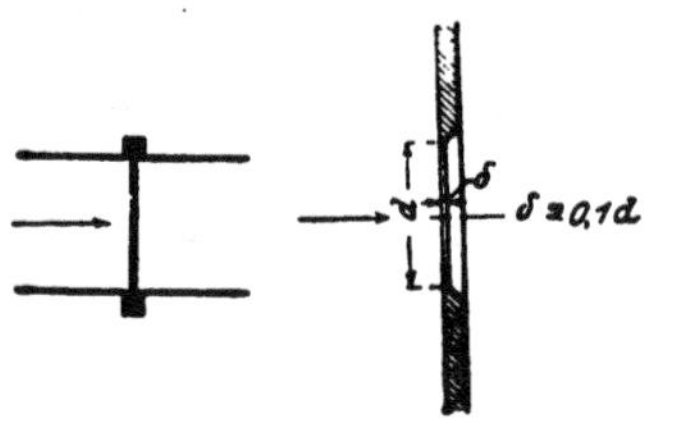

Abb. 181. Staurand aus Blech.

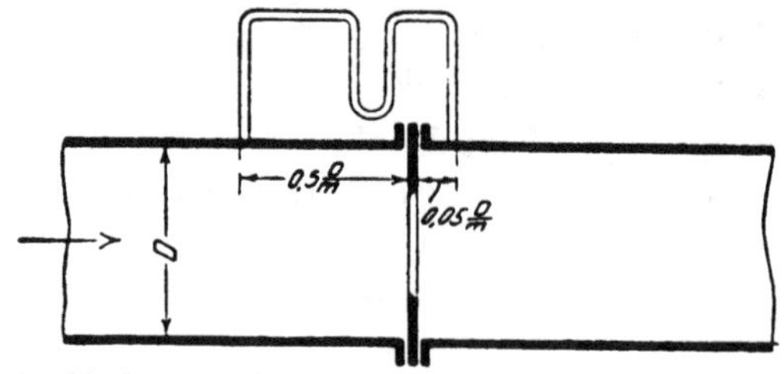

Abb. 182. Staurand in Rohrleitung mit Anschluß der Meßrohre.

Die Anordnung des Staurandes in der Rohrleitung geht aus Abb. 182 hervor[2]). Das Verhältnis m des Drosselquerschnittes zum Querschnitt der Rohrleitung soll vorteilhaft zwischen 0,5—0,7 gewählt werden. Größere Werte ergeben wohl geringeren Druckverlust, aber auch ungenauere Ablesungen.

Die Messung des Druckunterschiedes erfolgt mit Hilfe eines einfachen U-Rohrmanometers oder eines Mikromanometers. Häufig verwendet man auch registrierende Instrumente (S. 337). Diese können auch zur direkten Ablesung der Geschwindigkeit und Menge geeicht sein. Aus dem abgelesenen Druckunterschied h in mm WS kann die Geschwindigkeit w_0 im Durchflußquerschnitt f_0 nach der Formel berechnet werden

$$w_0 = k\sqrt{2\,g\,\frac{h}{\gamma}} \text{ in m}^3\text{/sec.}$$

Für das spez. Gewicht γ kg/m³ kann mit genügender Genauigkeit das arithmetische Mittel aus den spez. Gewichten vor und hinter dem Staurand einsetzen. Der Faktor k, die sog. „Durchflußzahl" hängt von dem Verhältnis m des Durchflußquerschnitts zum Querschnitt der Rohrleitung sowie von der Strahleinschnürungszahl μ ab. Für die angegebene Anordnung ist

$$k = \frac{\mu}{\sqrt{1 - m^2\,\mu^2}}$$

und nimmt mit wachsendem m zu. Nach dem Vorschlag von Langen sind folgende Werte empfehlenswert:

$m =$	0,3	0,4	0,5	0,6	0,7	0,8
$\mu =$	0,653	0,668	0,689	0,717	0,756	0,808

Diesen Werten ist nur angenäherte Richtigkeit beizumessen, da die Kontraktion außer von m noch von einer Reihe anderer Faktoren, wie Durchmesser, Geschwindigkeit

[1]) An Stelle der Messung des „statischen Druckes" empfiehlt sich häufig zweckmäßiger die Feststellung der Strömungsgeschwindigkeit (s. beispielsweise Meßstellen 17 u. 17 a. Abb. 158 S. 323).

[2]) Vgl. Mitteilungen Nr. 40 u. 76, Mengenmeßgeräte für Flüssigkeiten, Gase und Dämpfe. Herausgeg. von der Wärmestelle Düsseldorf 1922.

u. a. abhängig ist. Dementsprechend sind auch die Durchflußzahl k und die berechnete Menge ungenau. Auch die Messung mit dem Staurand ist gegen Wirbelungen sehr empfindlich, so daß der Einbau in einem längeren geraden Rohrstrang von gleichbleibendem Querschnitt erfolgen soll[1]).

Beispiel: In die Gebläsewindleitung einer Gaserzeugeranlage wurde ein Blechstaurand eingebaut. Der lichte Durchmesser der Leitung betrug $D = 0{,}35$ m, der des Staurandes $d = 0{,}20$. Die entsprechenden Querschnitte sind

$$F = \frac{\pi}{4} \cdot 0{,}35^2 = 0{,}0962 \text{ m}^2 \text{ bzw.}$$

$$f_0 = \frac{\pi}{4} \cdot 0{,}20^2 = 0{,}0344 \text{ m}^2.$$

Das Verhältnis m ist dann $= f_0 : F = 0{,}326$.

Die Messung und Aufzeichnung der Drücke erfolgte durch 2 Hydroapparate; die Diagramme zeigten sehr gleichmäßigen Druckverlauf, so daß der Berechnung der mittleren Geschwindigkeit die Durchschnittswerte der statischen Überdrucke zugrunde gelegt werden können; diese betrugen:

$p_1 = 118$ mm WS vor dem Staurand,
$p_2 = 17$ mm WS hinter dem Staurand,
ihre Differenz ist $h = 101$ mm WS,
ihr Mittelwert 67,5 mm WS = 67,5 : 13,6 = rd. 5 mm QS,
der Barometerstand betrug 744 mm QS.

Für die Berechnung des spez. Gewichtes kann daher als mittlerer absoluter Druck angenommen werden $p = 744 + 5 = 749$ mm QS.

Die Temperatur der strömenden Luft wurde mit einem durch die Rohrwand gesteckten Quecksilberthermometer gemessen; sie betrug 18° C.

Das spez. Gewicht der Luft beträgt 1,293 kg/m³ bei 0° und 760 mm QS; in der Leitung daher

$$\gamma = 1{,}293 \cdot \frac{749}{760} \cdot \frac{273}{273 + 18} = 1{,}2 \text{ kg/m}^3.$$

Die Kontraktionszahl wird aus der Tabelle durch Interpolation zu $\mu = 0{,}657$ ermittelt; die entsprechende Durchflußzahl ist

$$k = \frac{0{,}657}{\sqrt{1 - 0{,}326^2 \cdot 0{,}657^2}} = 0{,}674.$$

Die Geschwindigkeit in der Drosselscheibe ist

$$W_0 = 0{,}674 \cdot \sqrt{2 \cdot 9{,}81 \cdot (101 : 1{,}2)} = 27{,}0 \text{ m/sec.}$$

Die Geschwindigkeit in der Leitung ist

$$W = 0{,}326 \cdot 27{,}0 = 8{,}8 \text{ m/sec.}$$

Die Strömungsmenge ist

$$V_0 = 0{,}0962 \cdot 8{,}8 = 0{,}846 \text{ m}^3\text{/sec } (18^\circ \text{ C, } 749 \text{ mm QS}).$$

Die Reduktion auf den Normalzustand ergibt

$$V_0 = 0{,}846 \cdot \frac{749}{760} \cdot \frac{273}{273 + 18} = 0{,}810 \text{ m}^3\text{/sec.}$$

Dampf- und Wassermesser.

Von der Behandlung der Dampfmesser und auch der Wassermesser wird an dieser Stelle abgesehen unter Hinweis auf die ausgedehnte Spezialliteratur, die sich mit diesem Sondergebiete befaßt[2]).

---

1) C. Kisker, Praktische Messung industrieller Gasmengen. Kruppsche Monatshefte, 1921, Juniheft, S. 101 ff.

2) A. Gramberg, Technische Messungen. Berlin 1924, 5. Aufl. Verlag Jul. Springer.

III. Beschaffenheit des Frisch- und Abgases.

Die wärmewirtschaftlichen Vorteile der Vergasung können erst dann zur Geltung kommen, wenn sich der Betriebsmann über die Vorgänge der Vergasung und Verbrennung in qualitativer und quantitativer Hinsicht Klarheit verschafft.

1. Bedeutung der Gasuntersuchung.

Frischgasanalysen.

Heizwert.

Wie im 5. Kap. über Generatoren (S. 260 u. ff.) ausführlich erörtert wurde, ist der Zweck der Vergasung die Umwandlung der in festen Brennstoffen enthaltenen brennbaren Bestandteile in brennbares „Generatorgas". Während an dem Heizwert der zur Verfügung stehenden Kohle nichts geändert werden kann, hängt der Heizwert und die Menge des erzeugten Gases außer von der Kohle und der Bauart des Gaserzeugers in sehr hohem Maße von der Betriebsführung der Gaserzeuger ab. Aus ein und derselben Kohle kann man in ganz gleichartigen Gaserzeugern Gas von verschiedenem Heizwert und in verschiedener Menge erzeugen, je nach der Windpressung, dem Dampfzusatz, der Schütthöhe im Generatorschacht, der Art der Beschickung und Entschlakkung, der Sorgfalt beim Stochen usw., so daß man aus dem Heizwert des Gases sich ein Urteil über die Zweckmäßigkeit der Generatorführung bilden kann.

Als Heizwert bezeichnet man bekanntlich die Wärmemenge, gemessen in Wärmeeinheiten (WE)[1], die bei der Verbrennung einer Mengeneinheit des Brennstoffes frei wird. Bei festem Brennstoff bezieht man den Heizwert gewöhnlich auf 1 kg, bei Gasen auf 1 m^3, bei 0° C und einem Druck von 760 mm QS (normaler Luftdruck am Meeresspiegel). Die Angabe von Druck und Temperatur ist bei Gasen nötig, da hiervon das in 1 m^3 enthaltenes Gasgewicht abhängt. Man unterscheidet den sog. „unteren Heizwert" (*Hu*), auch kurz „Heizwert" genannt, bei welchem das durch Verbrennung der wasserstoffhaltigen Bestandteile entstehende „Verbrennungswasser" in Dampfform enthalten ist, von dem „oberen Heizwert" (*Ho*) besser „Verbrennungswärme" genannt, bei welchem das Verbrennungswasser durch Abkühlung zu flüssigem Wasser kondensiert ist. Praktisch rechnet man meist mit dem Heizwert. Die Verbrennungswärme wird nur bei wissenschaftlichen Berechnungen genauen Wärmebilanzen verwendet. In der nebenstehenden Zusammenstellung sind die Heizwerte der Einzelbestandteile des Generatorgases angegeben, die allgemein den Rechnungen zugrunde zu legen sind.

Heizwerte der Einzelbestandteile von Generatorgas.

		Unterer Heizwert H_u je cbm, 0° u. 760 mm Hg			Unterer Heizwert H_u je cbm, 0° u. 760 mm Hg
Azetylen	C_2H_2	13470 WE	Propan	C_3H_8	21750 WE
Äthylen	C_2H_4	14100 „	Butan	C_4H_{10}	28230 „
Propylen	C_3H_6	20850 „	Wasserstoff	H_2	2580 „
Butylen	C_4H_8	27150 „	Kohlenoxyd	CO	3050 „
Methan	CH_4	8580 „	Benzoldampf	C_6H_6	34500 „
Äthan	C_2H_6	15150 „			

Zweck der Frischgasanalysen.

Generatorgas enthält an brennbaren Bestandteilen Kohlenoxyd (CO), Wasserstoff (H_2), Methan (CH_4), schwere Kohlenwasserstoffe verschiedener Zusammensetzung (C_mH_n) und Teerdämpfe. Die nicht brennbaren Bestandteile sind Stickstoff (N_2), Kohlensäure (CO_2), freier Sauerstoff (O_2) in sehr kleinen Mengen und schließlich Wasserdampf (H_2O). Außerdem enthält das Gas meist noch geringe Mengen von

[1]) 1 Wärmeeinheit (WE) oder Kalorie ist die Wärmemenge, die zur Erwärmung von 1 l Wasser um 1° C nötig ist. Mit 1 m^3 Gas von 1200 WE könnte man also bei vollkommener Ausnutzung des Heizwertes 1200 l Wasser um 1° oder 120 l um 10° oder 12 l um 100° erwärmen.

schwefliger Säure (SO_2), aus der Verbrennung des in der Kohle enthaltenen Schwefels, ferner Schwefelwasserstoff (H_2S) und Ammoniak (NH_3) aus dem Stickstoff der Kohle. Die Untersuchung der Zusammensetzung des Gases erfolgt durch „Analyse", d. h. Zerlegung einer Gasprobe in ihre Einzelbestandteile.

Die Zusammensetzung des Generatorgases, von welcher der Heizwert abhängt, gibt Aufschluß über die Wirtschaftlichkeit des Betriebes. Je mehr brennbare Bestandteile das Gas enthält, desto wertvoller ist es. Je mehr unverbrennbare Kohlensäure (CO_2) vorhanden ist, desto schlechter ist das Gas und desto größer sind die Verluste bei der Vergasung. Ein CO_2-Gehalt von mehr als 7% bei der Vergasung von Steinkohle oder Braunkohlenbriketts bzw. 10% bei Rohbraunkohlen läßt mit Sicherheit darauf schließen, daß in den Generatoren nicht alles in Ordnung ist. Entweder brennt der Generator durch, d. h. ein Teil des Gases verbrennt schon im Generator infolge Durchtritts von Luft durch die Brennstoffsäule oder die Glutzone im Generator ist zu niedrig bzw. zu kalt, so daß die Reduktion der in der Verbrennungszone gebildeten Kohlensäure (CO_2) zu Kohlenoxyd (CO) nur mangelhaft erfolgt. Hoher Gehalt an Wasserstoff (H_2) vergrößert wohl den Heizwert des Gases, ist aber im Übermaß, d. h. bei mehr als etwa 13—15% ein Beweis von Dampfverschwendung bei geblasenen Generatoren. Außerdem ist bei hohem Gehalt an H_2 auch meist hoher Gehalt an CO_2 infolge kalten Generatorganges sowie große Gasfeuchtigkeit, hervorgerufen durch den Durchtritt unzersetzten Dampfes, zu beobachten. Diese Andeutungen weisen schon darauf hin, daß es einer besonderen Übung bedarf, aus einer Analyse zu lesen:

1. wie das Gas entstanden ist,
2. welche Veränderungen es auf dem Wege vom Gaserzeuger zum Brenner erlitten und
3. welchen Einfluß die Gaszusammensetzung auf die Verbrennung voraussichtlich haben wird.

Nur auf dieser Grundlage können bestimmte Anordnungen für die Betriebführung der Generatoren und Öfen fußen.

Ist durch regelmäßige Analysen an den Generatoren, Hauptsammel- und Überführungskanal die Überwachung der Gaserzeugung gewährleistet, so ist es auch notwendig, sich durch gelegentliche Stichproben davon zu überzeugen, daß in den Kanälen und Kammern, vom Gaswechsel ausgehend bis zu den Brennern, keine nachteilige Veränderung des Frischgases eintritt. Eine solche Verschlechterung des Gases wird oft durch ungewollte frühzeitige Verbrennung, insbesondere in den Kammern, hervorgerufen, wenn durch Undichtigkeiten in den Wänden oder im Wechsel falsche Luft hinzutritt. Die durch eine derartige Verbrennung erzeugte Wärme kommt für den eigentlichen Verbrennungsvorgang im Ofenraum nur zum allergeringsten Teil in Betracht. Sie geht fast ausschließlich durch Abstrahlung nach außen verloren. Dieser Umstand findet in vielen Glashütten nicht die gebührende Beachtung, man hat von der Größe der dadurch entstehenden Verluste meist keine Vorstellung (s. 8. Kap. Öfen bes. Abhitzeverwertung).

Die Untersuchung der Frischgase auf ihre Zusammensetzung hin läßt alle diese Fehler und damit ihren Einfluß auf die Wirtschaftlichkeit erkennen. Sie gestattet nicht nur die im Betriebe erreichten Durchschnittswerte mit Normalwerten zu vergleichen, sondern gestattet auch bei regelmäßiger Durchführung die Herbeiführung einer Gleichmäßigkeit in der Gaszusammensetzung, welche für einen störungsfreien Ofenbetrieb so außerordentlich wertvoll ist[1]).

[1]) E. Maurer und S. Schleicher, „Über die chemische und thermische Veränderung der Herdofenheizgase beim Vorwärmen, insbesondere in Gegenwart von Teerdämpfen. Mitteilungen aus dem Kaiser-Wilhelm-Institut f. Eisenforschung, Düsseldorf, 3. Bd., 2. Heft, S. 57/76, 1921.

Abgasanalysen.

Abgase im Ofenraum.

Jeder feste, flüssige oder gasförmige Brennstoff bedarf zu seiner vollkommenen Verbrennung einer ganz bestimmten Luftmenge. Diese Luftmenge ist größer als die sog. „theoretische Luftmenge", welche aus der Art und der Menge der brennbaren Bestandteile des Brennstoffes errechnet werden kann. Sie hängt von einer Reihe von Faktoren, insbesondere von der Innigkeit der Mischung des Brennstoffes mit der Verbrennungsluft ab, welche ein Haupterfordernis für eine gute Verbrennung ist[1]). Da diese Mischung aber nie vollkommen sein kann, muß man immer mit einem gewissen Luftüberschuß arbeiten, um eine vollständige Verbrennung aller brennbaren Bestandteile zu erzielen. Das Generatorgas enthält als solche neben geringen Mengen von Methan (CH_4) und schweren Kohlenwasserstoffen (C_mH_n) hauptsächlich Kohlenoxyd (CO) und Wasserstoff (H_2). Das Kohlenoxyd verbindet sich bei der Verbrennung mit dem Sauerstoff der Luft zu Kohlensäure (CO_2). Der Wasserstoff (H_2) verbrennt mit dem Sauerstoff der Luft zu Wasserdampf (H_2O). Bei vollständiger Verbrennung des Gases sind in den Abgasen nur Kohlensäure, Wasserdampf, überschüssiger Sauerstoff und natürlicher Stickstoff (N_2) enthalten, welch letzterer den Hauptbestandteil der Luft ausmacht und als Ballast bei dem Verbrennungsvorgang durch die ganze Ofenanlage hindurchgeschleppt wird.

Bei der Verbrennung des vorgewärmten Generatorgases im Ofenraum des Glasschmelzofens unter Zuführung von vorgewärmter Luft (s. S. 24) spielt die Luftmenge eine wesentliche Rolle, nicht nur in bezug auf die Zusammensetzung der Abgase sondern auch auf die Flammenbildung[1]). Bei Verbrennung ohne Luftüberschuß oder mit Luftmangel hat die Flamme reduzierenden Charakter, d. h. sie kann Sauerstoff aus chemischen Verbindungen aufnehmen bzw. Kohlenstoff abgeben. Die Verbrennung erfolgt schleichend mit langer, rötlich oder gelb leuchtender Flamme.

Mit wachsendem Luftüberschuß gewinnt die Flamme oxydierenden Charakter, sie kann Sauerstoff abgeben; die Flamme wird kürzer, farbloser und bis zu einer gewissen Grenze heißer.

Wenn auch vom wärmetechnischen Standpunkt aus eine vollkommene Verbrennung mit entsprechendem Luftüberschuß erstrebenswert ist, so veranlassen doch im einzelnen Falle Rücksichten schmelztechnischer oder chemischer Natur mit reduzierender Flamme zu arbeiten, insbesondere bei der Glaubersalzschmelze[2]). In keinem Falle ist es jedoch erforderlich, in den Abgasen einen höheren Gehalt als 1—1,5% CO festzustellen.

Zweck der Abgasanalysen.

Durch den Verbrennungsvorgang wird Wärme erzeugt. Ist die Verbrennung unvollkommen, d. h. ist in den Abgasen der Öfen noch Kohlenoxyd oder Wasserstoff zu finden, so wird weniger Wärme erzeugt, als möglich, d. h. zur Erzielung einer bestimmten Heizwirkung wird mehr Gas verbraucht, als notwendig ist.

Aus 1 kg im Generator verstochter Braunkohlenbriketts mit einem Heizwert von 4800 WE entstehen rd. 6,5 m^3 Abgas, deren Untersuchung beispielsweise einen CO-Gehalt von 3% liefert. 1 m^3 CO hat einen Heizwert von 3050 WE, demnach gehen für jedes kg Briketts

$$6{,}5 \cdot 0{,}03 \cdot 3050 = \text{rd. } 600 \text{ WE}$$

verloren, entsprechend einem Verlust von 12,5% des aufgegebenen Brennstoffes.

Wie schon oben aufgeführt, ist Voraussetzung für eine Vermeidung der Verluste durch unvollkommene Verbrennung ein gewisser Luftüberschuß. Je größer dieser

[1]) G. Keppeler, Die Brennstoffe und ihre Verbrennung. 1922, Verlag R. Oldenbourg, München.

[2]) Hesse-Friedmann, Die Flamme im Glasschmelzofen. Glastechn. Berichte Frankfurt a. M. 1925, Heft 2. S. 46.

Überschuß ist, desto eher wird das Auftreten unverbrannter Gasbestandteile, also hauptsächlich von Kohlenoxyd und Wasserstoff, in den Abgasen verhindert werden können. Die Wirtschaftlichkeit in der Verbrennung steigt aber nur bis zu einer gewissen Höhe mit dem Luftüberschuß. Führt man eine größere Luftmenge zu, als zur Verbrennung erforderlich ist, so muß die überschüssige Luft mit erwärmt werden. Dadurch sinkt die Temperatur der Flamme, die Wärmeübertragung auf das zu beheizende Schmelzgut oder die Glasmasse wird infolge des verminderten Temperaturgefälles geringer, und schließlich wächst die in den zum Schornstein ziehenden Abgasen steckende „fühlbare Wärme" entsprechend der Vergrößerung der Abgasmenge durch den Luftüberschuß, d. h. es geht mehr Wärme durch den Schornstein verloren.

Bei Gasfeuerungen genügt im allgemeinen ein Luftüberschuß von 10—25%, um bei zweckmäßiger Bauart der Brenner eine vollkommene Verbrennung zu erzielen. Bei der Verfeuerung fester Brennstoffe muß mit bedeutend größerem Luftüberschuß gearbeitet werden. Die Mischung von Brennstoff und Luft kann hier nicht so innig sein wie bei den gasförmigen Brennstoffen, ein Grund, weshalb die Gasfeuerung auch wirtschaftlicher arbeitet. Ein Kennzeichen für die Höhe des Luftüberschusses bildet der Prozentgehalt der Abgase an Kohlensäure und an Sauerstoff. Je größer der Luftüberschuß ist, desto weniger Kohlensäure ist prozentual in den Abgasen zu finden; sie werden durch die überschüssige Luft gewissermaßen verdünnt. Der Sauerstoffgehalt wächst mit dem Luftüberschuß.

In den Brennern der Schmelzöfen weisen die Abgase bei normaler Zusammensetzung etwa 15—18,5% Kohlensäure und etwa 6-bis herunter zu 1% Sauerstoff auf. Die größeren Werte von CO_2 sind in der Mehrzahl der Fälle mit dem Auftreten unverbrannter Gase verbunden. Zusammenfassend kann man sagen:

Die Verbrennung ist um so wirtschaftlicher, je größer der Gehalt der Abgase an Kohlensäure und je geringer ihr Gehalt an brennbaren Bestandteilen und an Sauerstoff ist.

Aus dem Gehalt der Abgase an Kohlensäure allein kann kein Schluß auf die Güte der Verbrennung gezogen werden. Ein hoher Gehalt an Kohlensäure bei gleichzeitiger Anwesenheit von unverbrannten Gasen (Verbrennung mit Luftmangel oder zu geringem Luftüberschuß) wird in der Regel wirtschaftlich ungünstiger sein als ein geringerer Gehalt an Kohlensäure ohne Anwesenheit unverbrannter Gase (vollkommene Verbrennung mit genügend großem Luftüberschuß). Die Vorteile der Verbrennung mit geringem Luftüberschuß werden durch den Wärmeverlust infolge unvollkommener Verbrennung hinfällig.

Den erst erwähnten Fall der unvollkommenen Verbrennung findet man in Glasöfen außerordentlich häufig. Die Analyse der Abgase in den abziehenden Brennerköpfen weist gewöhnlich mehr oder minder großen Gehalt an Kohlenoxyd, seltener (bei Vergasung von Rohbraunkohle) auch an Wasserstoff auf (Abb. 200, S. 369). Hierdurch entstehen Wärmeverluste. Die bei der Verbrennung dieser Gase in den Abgaskammern der Wärmespeicher erzeugte Wärme ist für den Schmelzvorgang verloren, nur bei sonst ungenügender Vorwärmung von Gas und Luft wird sie durch bessere Aufheizung der Kammern während der Abgasperiode zum Teil ausgenützt. Die im Abgaskanal noch vorhandenen brennbaren Gase sind aber auf alle Fälle, auch bei Einschaltung von Abhitzeverwertern (s. 8. Kap., Teil III) vollständig verloren, da dort die Temperatur der Abgase bereits unter dem Zündpunkt liegt.

Die durch Luftmangel oder unzweckmäßige Ausbildung der Gas- und Luftbrenner bewirkte unvollkommene Verbrennung des Gases im Ofenraum hat ein Sinken der Temperatur zur Folge, welches oft verkehrterweise durch vermehrte Gaszuführung auszugleichen gesucht wird. Der Gasüberschuß kühlt die Flamme noch mehr ab, abgesehen von dem großen Verlust an unverbrannten Gasen. Andererseits ist aber zu beachten, daß ein niedriger Gehalt an Kohlensäure, also großer Luftüberschuß, durchaus nicht immer eine Gewähr für die vollkommene Verbrennung gibt. In der Mehrzahl der Fälle strömen durch Undichtigkeiten des Mauerwerks der Wärmespeicher und Abgaskanäle sowie der Schieberführung mehr oder minder große Mengen falscher Luft ein, wodurch der prozentuale Gehalt an Kohlensäure sinkt und an Sauerstoff steigt. Diese Überlegung ist besonders wichtig für die Entnahme von Proben zur Untersuchung der Wirtschaftlichkeit der Verbrennung. Proben sind möglichst unmittelbar hinter dem Verbrennungsraum zu entnehmen.

2. Ausführung der Gasuntersuchungen[1]).

Entnahme von Gasproben.

Um ein Gas analysieren, d. h. seine Zusammensetzung feststellen zu können, ist es notwendig, eine Probe des Gases zu nehmen, die dem zu untersuchenden Gas genau entspricht und nicht mit fremden Bestandteilen, z. B. Luft, vermengt ist. Die Entnahme der Gasprobe erfordert deshalb die allergrößte Sorgfalt und Beseitigung der im Einzelfalle möglichen Fehlerquellen[2]).

Entnahmeröhren.

Um die Gasprobe an den noch näher zu bezeichnenden Stellen entnehmen zu können, benutzt man Röhren aus gasdichtem Material, das bei den in Frage kommenden Temperaturen unverändert bleibt und das auch keine Einwirkung auf die Frisch- und Abgase zeigt. Bei Temperaturen unter 500° (Frischgas vieler Generatoren, Fuchs von Dampfkesselfeuerungen) bedient man sich am besten eiserner Röhren. Für höhere Temperaturen empfiehlt sich die Anwendung von Quarzglas, das jeder bei der Gasentnahme vorkommenden Temperatur standhält und vor allem plötzliche Erhitzung, wie schroffe Abkühlung ohne Bruchgefahr erträgt. Auch gutes, glasiertes Porzellan ist sehr geeignet, hält aber schroffe Temperaturänderungen nicht so gut aus. Tonröhren sind, weil porös, zu verwerfen, da durch die Wandung Wasserstoff hinaus und Luft einwandert. Die zur Gasentnahme dienenden Röhren sollen nicht zu weit sein, am besten 5—8 mm l. W., über 1 cm ist unpraktisch, weil zuviel Gas angesaugt werden muß, bis die geeignete Probe für Einzelbestimmungen erhalten wird. Zu enge Röhren verstopfen sich leicht durch Flugasche und Teer. In Fällen, wo dauernd Gas abgezogen wird, wie bei selbsttätig registrierenden Apparaten (s. S. 366 ff.) werden Röhren mit 10—15 mm l. W. gewählt. Nur ganz gerade Rohrstücke verwenden, mit Neigung gegen Entnahmeöffnung verlegen, an Ecken Kreuzmuffen, deren offene Enden mit Nippel verschlossen werden! Sonst sehr schwierige Reinigung!!

In Einzelfällen, wo bei recht hoher Temperatur Gas entnommen wird, z. B. wenn vor und hinter den Gaskammern Gas entnommen werden soll, um die Veränderungen in der Kammer nachzuweisen, müssen wassergekühlte Röhren verwendet werden. Den Kühler stellt man her, indem man 3 Eisenröhren verschiedener Weite z. B. 5, 12 und 20 mm konzentrisch ineinander steckt und so verschweißt, daß der Zwischenraum zwischen dem engsten und mittleren Rohr für die Zuleitung, der Raum zwischen dem mittleren und weitesten für die Ableitung des Kühlwassers dient. Durch die innere engste Röhre wird das Gas entnommen.

---

[1]) Dieser Abschnitt (Seite 350 bis 365) ist vom Herausgeber Dr. G. Keppeler bearbeitet und sinngemäß hier eingefügt.

[2]) Vgl. Mitteilungen Nr. 19, Die Technische Gasanalyse 1 (Entnahme der Gasprobe), herausgeg. v. d. Wärmestelle Düsseldorf, Verein deutscher Eisenhüttenleute 1921.

Die oben beschriebenen Entnahmeröhren müssen in die Wandungen der Leitungen und Öfen gasdicht eingesetzt sein. Bei nur gelegentlich vorgenommenen Untersuchungen kann dies mit feuchter Hafenmasse geschehen, die aber immer genügend feucht, d. h. plastisch verwendet und feucht gehalten werden muß, damit nicht durch Trockenrisse Luft angesaugt werden kann. Besser ist es für die regelmäßige Kontrolle an bestimmten Stellen zweckmäßig eingerichtete Öffnungen anzuordnen, die mit dichten, aber leicht zu öffnenden Verschlüssen (verschmierte Tonstopfen, im 45°-Winkel abgeschnittene Stutzen mit darauf fallenden Klappen usw. Gut passende Kegel setzen sich fest, besser Kegel auf Zylinderkante) versehen sind. In eiserne Gasleitungen werden kleine Stutzen (20—25 mm Durchm.) eingesetzt. Sind die Leitungen isoliert, so muß der Stutzen, dicht in der Leitung eingesetzt, aus der Isolierschicht herausragen. Auch bei gemauerten Kanälen und Feuerzügen können an Stellen, deren Temperatur 500° nicht überschreitet, im Mauerwerk ca. 25 mm weite Eisenröhren eingesetzt sein. Wo höhere Temperaturen herrschen, verwendet man Tonröhren (wegen der leichteren Herstellung weitere) oder spart eine entsprechende Öffnung im Mauerwerk aus. Immer ist es aber wichtig, daß dieser Einführungsweg gegen das Mauerwerk vollkommen mit magerem Schamottemörtel abgedichtet wird, damit nicht Luft durch die Fugen, namentlich die senkrechten, eindringen kann. Dies ist besonders zu beachten an Stellen, wo das umfassende Ziegelmauerwerk an das feuerfeste Gemäuer stößt. An der Außenwand wird in diesen Fällen ein kurzer, mit Stopfen oder Klappe verschließbarer Eisenrohrstutzen mit Dichtungsflansch sorgfältig so eingedichtet, daß er sich an die Tonröhre oder die ausgestrichene Aussparung dicht anschließt. Zum Abdichten und Einkitten eignet sich ein Kitt, der aus Ton und Asbest mit geringen Mengen von verdünntem Wasserglas angemacht wird.

In die Röhren oder Stutzen wird die Gasentnahmeröhre mit einem Gummistopfen eingesetzt und nach der Probenahme wieder entfernt. Wo der Gummistopfen unter Hitze leidet (Geruch nach angebranntem Gummi) nimmt man feuchte Hafenmasse. Feuchthalten wie oben wichtig!

Die unmittelbare Entnahme der Gasprobe mit Hilfe des gasanalytischen Apparates kommt nur selten in Frage. Meist sind die für die Ausführung der Analyse zu stellenden Bedingungen (gleichmäßige Raumtemperatur, keine wärmestrahlenden Wände, also keine einseitige Erwärmung, ausreichende Beleuchtung ohne Sonnenstrahl) an den zu untersuchenden Generatoren, Öfen usw. nicht vorhanden. Deshalb wird meist die zu untersuchende Gasprobe in einem Sammelgefäß aufgefangen und ins Laboratorium gebracht werden müssen, wo sie in den gasanalytischen Apparat übergeführt wird (s. S. 360).

Entnahmestellen.

Die Stellen, an denen sich die Gasentnahme für die Betriebskontrolle empfiehlt, sind die folgenden. Sie sind im Schema auf Tafel 2 durch den Buchstaben *G* bezeichnet:

für Generatorgas:

In der Verbindungsleitung zwischen Generator und Gassammelkanal, zwecks Prüfung der Arbeitsweise der Generatoren;

zwischen Gassammelkanal und Brenner (bei Rekuperativ-) bzw. Umsteuerventil (bei Regenerativöfen);

nur in besonderen Fällen: vor und hinter den Gaskammern, um Veränderungen des Gases festzustellen.

Für Rauchgas von Kesselfeuerungen:

am Ende des Flammrohrs bzw. des Überhitzers. Nicht bei offener Feuertüre Probe nehmen!

Für Abgase der Schmelzöfen:

Im Verbindungskanal zwischen Kammern und Schornstein (Fuchs), unmittelbar hinter den Rekuperatoren bzw. Kammern.

Im Abgaskanal über den Rekuperatoren bzw. dem Gaskanal zwischen Brenner und Kammer, zwecks Prüfung, ob die Kammern dicht sind. Undichtigkeit wird erkannt an, gegen die Analyse bei 2a, gesteigertem Kohlensäure- und vermindertem Sauerstoffgehalt.

In der Nähe von Schiebern, Ventilen, Krümmern usw. in weiten Kanälen ist beim Einsetzen der Entnahmeröhren Vorsorge zu treffen, daß der eigentliche Gasstrom erfaßt wird, weil an solchen Stellen sich Stauungen einstellen können. Holzstab einführen! Versengte Stelle zeigt, wo der Hauptgasstrom zieht.

Da die selbsttätigen Gasprüfer dauernd kontrolliert werden müssen, empfiehlt es sich, in der Abgasleitung kurz vor dem Gasprüfer ein T-Stück mit Hahn einzusetzen, um hier jederzeit Probe nehmen zu können.

Immer muß die Röhre, die das Gas aus der Leitung, dem Fuchs und dgl. in die Meßröhre des Apparates oder das Sammelgefäß führt, vollkommen mit dem zu untersuchenden Gas durchgespült sein. An Stellen, wo das Gas unter Druck steht, z. B. in der Gasleitung unmittelbar nach dem Generator, ist dies leicht zu errreichen, da bei der Beseitigung des Verschlusses das Gas von selbst ausströmt. In diesem Falle wird ein Glas-T-Stück mit einem Ende an die Entnahmeröhre mit Gummischlauch angesetzt. Die beiden anderen Enden sind mit Glashähnen oder mit Gummischlauchenden und Quetschhahn verschließbar. Man öffnet nacheinander diese beiden Enden, bis die Entnahmeröhre ausgespült ist, und schließt dann an eines der beiden Enden das Gassammelrohr oder die Meßbürette des Orsatapparates (s. u.) an. Bei unter Druck stehendem Gas ist es sehr bequem, am Sammelgefäß einen Dreiweghahn (siehe Abb. 183)

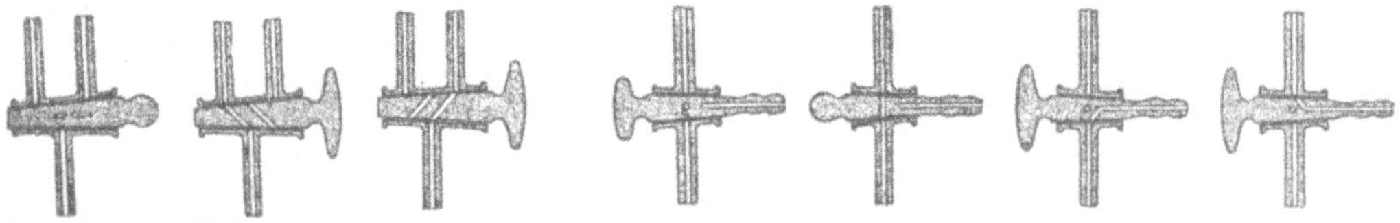

Geschlossen. Stellung 1. Stellung 2. — Zweiwegehahn.
Geschlossen. Stellung 1. Stellung 2. Stellung 3. — Dreiwegehahn.

Abb. 183.

mit Becheraufsatz, wie er bei den Bunte-Büretten üblich ist, zu haben. Man füllt in den Becher etwas Wasser und läßt hierdurch das Gas zunächst ausströmen (Stellung 3), dreht dann den Hahn so, daß die Verbindung mit dem Sammelgefäß hergestellt ist (Stellung 2).

Wo Gas nicht unter Überdruck steht, ist es notwendig, das Gas sowohl zum Zwecke der Ausspülung des Entnahmerohres, wie für die Probenahme selbst herauszusaugen. Vielfach findet man für diesen Zweck Gummiball-Saug- und Druckpumpen. Diese sind sehr bequem, bedürfen aber der dauernden Kontrolle, um sicher zu sein, daß in der Tat Gas ohne Vermischung mit Luft eingesogen wird. Es empfiehlt sich zu diesem Zwecke das Ausblasende durch einen Gummischlauch mit einem Glasrohr zu verbinden, das man in eine kleine, mit Wasser gefüllte Schale taucht. Man kann dann am Glasrohr bzw. aus dem Auftreten von Gasblasen das richtige Arbeiten der Pumpe beurteilen.

Man saugt mit dieser Pumpe das Gas durch das Meßgefäß des Orsatapparates oder durch das Sammelgefäß. Man kann sich auch eines T-Stücks wie oben bedienen und zunächst mit der Pumpe das Entnahmerohr mit Gas ausspülen und kann dann, nachdem man das nach der Pumpe führende Ende des T-Stücks geschlossen hat, das Sammelgefäß durch Ablaufenlassen des in ihm befindlichen Wassers mit Gas füllen.

Probe-Sammelgefäße.

Auch die Sammelgefäße selbst können dadurch, daß man sie mehrfach füllt und entleert, zum Ausspülen des Entnahmerohres verwendet werden. Als Sammelgefäße sind für kleinere Mengen Hahnpipetten von 250—350 cm³ Inhalt (Abb. 187) gebräuchlich. Will man sie zum Aussaugen des Entnahmerohres benützen, so werden sie mi teinem T-Stück, wie es oben beschrieben ist, verbunden (siehe Abb. 185) oder sie enthalten selbst am oberen Ende einen Zwei- oder Dreiweghahn (siehe Abb. 184). Diese Einrichtungen gestatten beim Absaugen Gasentnahmerohr und Sammelgefäß miteinander, beim Ausblasen das Gassammelrohr mit der freien Luft zu verbinden. Zum Füllen werden kleine Aspiratorflaschen von mindestens 500 cm³ Inhalt verwendet, die am Boden einen zweiten halsartigen Ansatz besitzen (Abb. 185).

Man setzt in den unteren Ansatz mit einem dicht schließenden Stopfen ein Glasrohr ein und verbindet dieses Glasrohr mit Hilfe eines langen Gummischlauches mit dem unteren Ende des Sammelgefäßes. Man füllt die Flasche mit Wasser, das mit Kochsalz gesättigt ist, oder einer anderen Absperrflüssigkeit. Wird die Flasche gehoben und der untere Hahn des Sammelgefäßes geöffnet, das obere Ende mit der freien Luft in Verbindung gebracht, so wird der Luft- oder Gasinhalt des Gefäßes durch das nachdringende Wasser verdrängt. Ist das Sammelgefäß gefüllt, so schließt man den unteren Hahn ab und bringt durch entsprechende Hahnstellung am oberen Ende das Entnahmerohr und Sammelgefäß in Verbindung. Der untere Hahn wird wieder geöffnet, die Flasche gesenkt, und damit füllt sich das Sammelgefäß mit Gas. Durch mehrfache Wiederholung des Füllens und Ausblasens des Sammelgefäßes gelingt es, eine unvermischte Probe des zu entnehmenden Gases zu erhalten. Die Aspiratorflasche hat den Vorteil, daß man sie in der gewünschten Höhe leicht aufstellen oder mit Hilfe einer am Hals befestigten Drahtschleife aufhängen kann.

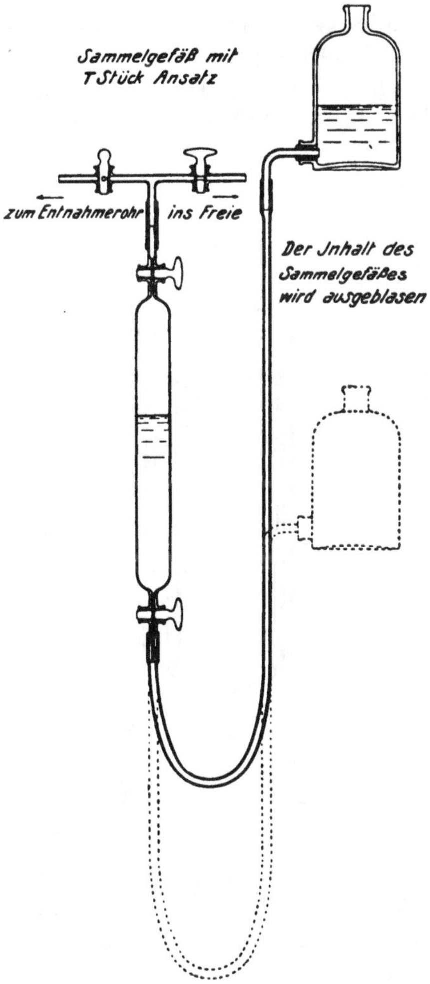

Abb. 185. Anwendung der Sammelröhre zur Entnahme von Gasproben.

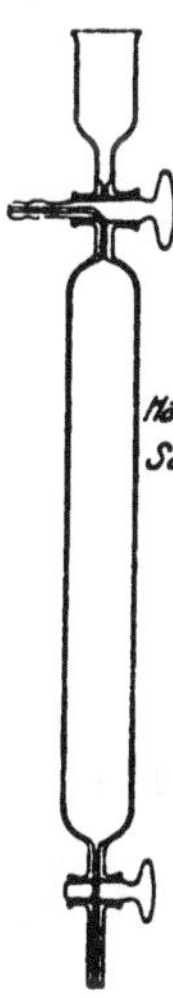

Abb. 184.

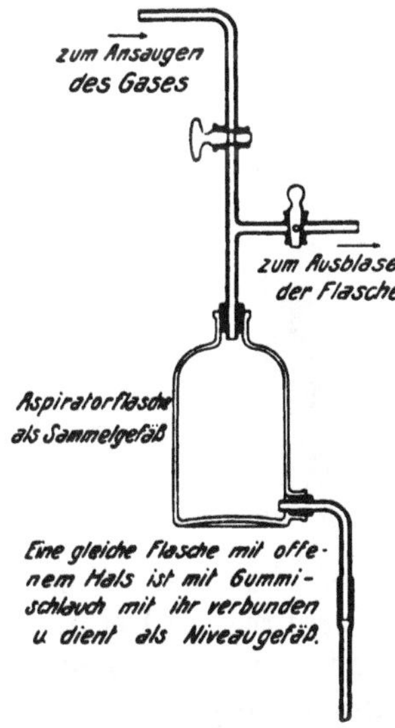

Abb. 186.

Vielfach ist es angenehm, im Laboratorium größere Mengen Gas zur Verfügung zu haben. Dann empfiehlt sich, statt des röhrenförmigen Sammelgefäßes eine Aspiratorflasche, wie eben geschildert, zu verwenden. In diese Sammelflasche (Abb. 186) wird in den Hals eine Röhre mit Zwei- oder Dreiweghahn oder auch ein T-Stück mit zwei

Hähnen eingesetzt, die dieselbe Funktion, wie oben geschildert, erzielen. In den unteren Ansatz setzt man ein einfaches Hahnstück. Durch sehr langsames Anziehen des Gases ist es möglich, eine für eine längere Betriebsperiode gültige Durchschnittsprobe zu erhalten.

Diese Aspiratorflaschen sind in allen Größen im Handel. Man kann sich dieselbe Einrichtung mit entsprechenden Flaschen aus Zinkblech machen, wobei man einfache Gashähne mit Schlauchtüllen aus Gelbguß verwendet (Abb. 187). Diese Flaschen haben den Vorzug, weniger zerbrechlich zu sein. Man ist aber bei der Verwendung der Absperrflüssigkeit auf Wasser beschränkt.

Für die Entnahme einer guten Sammelprobe, die ein Bild der Durchschnittszusammensetzung während einer längeren Betriebsperiode (ganze Schichten, Tage) haben sich tragbare Aspiratoren (Abb. 188) bewährt. Das Gefäß wird mit Schlauch von unten ganz mit Wasser gefüllt, die Entnahme dann oben angeschlossen und durch schwaches Öffnen des oberen und unteren Hahns die Geschwindigkeit des Absaugens eingestellt.

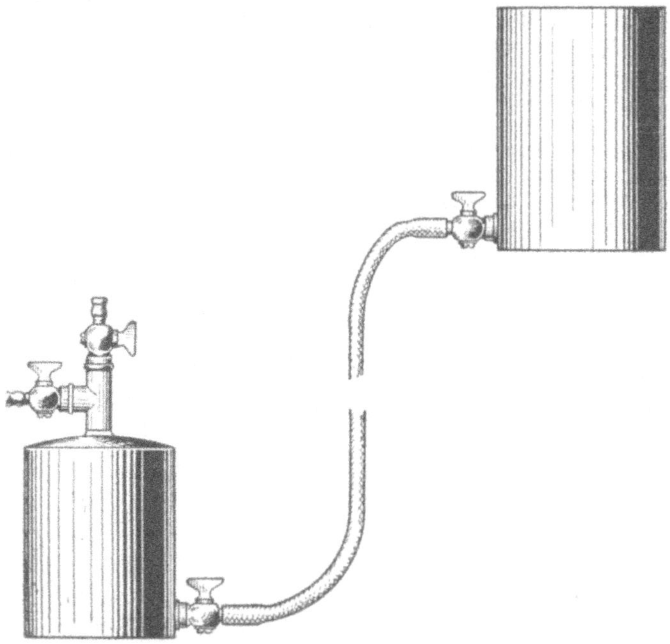

Abb. 187. Gas-Sammelvorrichtung aus Zinkblech.

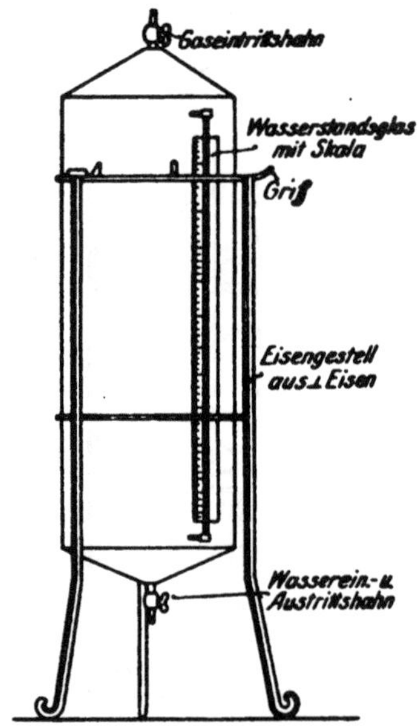

Abb. 188. Tragbares Gas-Sammelgefäß.

Wasser absorbiert Kohlensäure in erheblichem und die anderen Gasbestandteile in geringerem Maße. Beim Stehen über Wasser verändert sich deshalb die Zusammensetzung des aufgefangenen Gases. Man soll deshalb nie frisches, sondern mit dem betreffenden Gas gesättigtes Wasser zum Auffangen der Probe verwenden. Sehr geringe Aufnahmefähigkeit besitzt eine nahezu gesättigte Kochsalzlösung (300 g Kochsalz in 1 l Wasser). Sehr angenehm, aber recht teuer, ist auch ein Gemisch von gleichen Teilen Glyzerin und verdünnter Schwefelsäure, wie es von Jul. Pintsch A.-G. in ihren Orsatapparaten verwendet wird. In allen Fällen, auch für Wasser, erleichtert eine gefärbte Absperrflüssigkeit das Arbeiten. Dies geschieht durch Zusatz von ganz geringen Mengen von Methylorange oder einem anderen wasserlöslichen Farbstoff.

Um eine Verschmutzung oder gar eine Verstopfung der Hähne und Kapillaren durch die staubförmigen Verunreinigungen oder den sich niederschlagenden Teer des Gases zu verhindern, muß vor den Apparat, in welchem das Gas analysiert werden soll, ein Filter gesetzt werden. Man verwendet dazu meist ein mit Watte, Asbestwolle oder Glaswolle gefülltes Glasröhrchen.

Grundlagen der Untersuchungen.

Absorptionsvorgänge.

Eine Anzahl der Gasbestandteile werden durch eine rasch sich vollziehende chemische Umwandlung von bestimmten Flüssigkeiten absorbiert, „verschluckt". Aus der dadurch hervorgerufenen Volumenabnahme ergibt sich die Menge des betreffenden Bestandteils, den die ursprüngliche Gasprobe enthielt. Die Reihenfolge der nacheinander folgenden Bestimmungen muß so erfolgen, daß eine Flüssigkeit, die mehrere Bestandteile löst, erst dann zur Anwendung kommt, wenn nur noch einer von diesen vorhanden ist. Z. B. die alkalische Pyrogallollösung schluckt Kohlensäure und Sauerstoff. Um den Sauerstoff mit der genannten Lösung bestimmen zu können, muß vorher die Kohlensäure mit Kalilauge entfernt sein. Für einen bestimmten Gasbestandteil sind oft mehrere Absorptionsmittel vorhanden. Sie seien im folgenden mitgeteilt, und zwar nach den Gasen geordnet, zu deren Bestimmung sie dienen, und in deren Reihenfolge, wie die Einzelbestimmungen in der Analyse aufeinander folgen.

Absorptionsflüssigkeiten für:

Kohlensäure (CO_2) dient konzentrierte Kalilauge. 350 g Kaliumhydroxyd, im Chemikalienhandel als „Kaliumhydroxyd gereinigt in Stangen" (Kalium hydricum depurar. in bacillis) (Anm. Kaliumhydroxyd „mit Alkohol gereinigt", oder „e alkohole depur." nicht verwenden, da es spätere Bestimmungen stört) bezeichnet, werden in einer Porzellanschale in destilliertem Wasser aufgelöst (es tritt starke Erwärmung ein) und zum Liter aufgefüllt. Diese Lösung dient zur Füllung des Absorptionsgefäßes. Die Absorption der Kohlensäure geht sehr rasch vonstatten. Es ist nicht nötig, das Gas über der Kalilauge länger stehen zu lassen. Die Lösung ist sehr ergiebig; 1 cm³ Lösung nimmt bis 50 cm³ Kohlensäure auf.

Die teils aus der Verbrennung der Kohle, teils aus der Gemengezersetzung stammende schweflige Säure (SO_2) sowie der im Generatorgas vorkommende Schwefelwasserstoff (H_2S) wird von der Kalilauge aufgenommen, also als Kohlensäure angesehen. Ihre gesonderte Bestimmung ist meist unwesentlich. Wenn nötig müssen sie nach besonderen Methoden bestimmt werden.

Die sog. schweren Kohlenwasserstoffe (C_nH_m) können enthalten Äthylen (C_2H_4), geringe Mengen seiner Homologen Propylen (C_3H_6), Butylen (C_4H_8), Azethylen (C_2H_2), ferner Dämpfe von Benzol (C_6H_6), Toluol (C_7H_8). Ihr Betrag in den zu untersuchenden Gasen ist zu klein, um eine Trennung durchzuführen. Sie werden zusammen bestimmt. Als Absorptionsmittel dient rauchende Schwefelsäure vom spez. Gewicht 1,938, die 24% Schwefelsäureanhydrid enthält. Rasche Absorption. Mit Vorsicht zu handhaben und vor Berührung mit feuchter Luft zu schützen. Am offenen Ende des Absorptionsgefäßes Gummiblase oder nach unten hängendes Chlorkalziumröhrchen anbringen (dann sehr ergiebig). Nach der Absorption wird das Gas zur Beseitigung von Säuredämpfen nochmals über Kalilauge geführt.

Zur Absorption der schweren Kohlenwasserstoffe kann auch gesättigtes Bromwasser dienen. Es wird hergestellt, indem man in eine mit destilliertem Wasser gefüllte Stöpselflasche einige ccm Brom (käuflich als Bromum pr. anal.) gibt und etwas schüttelt. Man kann auch in die Absorptionspipette Wasser mit einigen Tropfen Brom geben. Brom ist stark ätzend, gibt schwer heilende Ätzwunden. Darum große Vorsicht!

Sauerstoff (O_2) kann mit mehreren Absorptionsmitteln bestimmt werden: Das am häufigsten verwandte Mittel ist Pyrogallol (käuflich als Acidum pyrogallicum bisubl.) in alkalischer Lösung. Hoffmann[1]) hat gezeigt, daß stark pyrogallolhaltige Flüssigkeiten rascher und besser absorbieren als die bis jetzt üblichen. 40 g Pyrogallol werden in 90 cm³ Wasser im Absorptionsgefäß gelöst und 50 cm³ Kalilauge vom spez. Gewicht 1,55 (600 g zum Liter gelöst) zugegeben. Dauer der Absorption 5—10 Minuten. Unter 15° ist die Absorption sehr träge. Offenes Ende des Absorptionsgefäßes durch Gummibeutel verschließen! 1 cm³ der Lösung absorbiert maximal 35 cm³. Weitere, jedoch weniger gebräuchliche Absorptionsmittel für Sauerstoff sind weißer Phosphor (gefährliche Handhabung!) aber für den Geübten im Laboratorium sehr zu empfehlen) und Natriumhydrosulfit (wenig ergiebig).

Kohlenoxyd (CO). Zur Absorption vón Kohlenoxyd wird Kupferchlorür verwandt, und zwar, da dies Salz in Wasser nicht löslich ist, in ammoniakalischer oder in salzsauerer Lösung. Das Kupferchlorür (cuprum chloratum album) ist als weißes, in Folge von teilweiser Oxydation meist grünlich gefärbtes Pulver käuflich.

---

[1]) Zeitschr. f. angew. Chemie, **35**, 325 (1923).

Die meist verwendete ammoniakalische Kupferchlorürlösung erhält man nach Winkler wie folgt: 250 g Ammoniumchlorid werden in einer Literflasche in 750 cm^3 Wasser gelöst und zur Lösung 200 g Kupferchlorür und einige Kupferdrahtspiralen hinzugegeben. Diese Ausgangslösung bleibt gut verschlossen stehen. Für den Gebrauch werden 3 Volumen derselben mit 1 Volumen Ammoniak vom spez. Gewicht 0,91 gemischt, z. B. werden in einer Pipette mit einem Fassungsvermögen von 320 cm^3 zunächst 80 cm^3 des Ammoniak (0,91 spez. Gewicht) gegeben und dann mit einem Trichter mit langem Rohr, das in das Ammoniak taucht, 240 ccm obiger Ammonchlorid-Kupferchlorürlösung zugegeben. Stärkeres Ammoniak ist ungünstig, wegen NH_3-Tension, die manchmal Gasvermehrung vortäuscht. 1 cm^3 dieser Lösung absorbiert 16 cm^3 Kohlenoxyd.

Die Bindung des Kohlenoxyds in beiden Lösungen ist sehr wenig fest. Es besteht immer die Gefahr, daß aus einer mehrfach gebrauchten Lösung CO austritt. Deshalb immer 2 Pipetten anwenden, von denen eine ziemlich frisch eingefüllt ist. Kupferchlorür absorbiert auch Sauerstoff und schwere Kohlenwasserstoffe, ammoniakalische Lösung auch Kohlensäure. Deshalb müssen diese Gase vorher entfernt sein. Beide Lösungen leiden unter Einfluß der Luft, deshalb offenes Ende der Pipette dauernd mit Gummibeutel oder, wenn außer Betrieb, mit Stopfen verschließen.

Verbrennungsmethoden.

Die brennbaren Gase können dadurch analysiert werden, daß man sie mit Sauerstoff oder Luft verbrennt und die dadurch hervorgerufenen Veränderungen bestimmt. Die Formen, in denen diese Verbrennung durchgeführt wird, sind sehr verschiedene; Überleiten des Gasluftgemisch durch glühendes Platinröhrchen, über Platindraht, Palladiumasbest, Palladiumdraht, Explosion auf die verschiedenartigste Weise. Wir wählen die von Coquillon eingeführte durch den elektrischen Strom zum Glühen gebrachte Platinspirale. Winkler gibt als geeignet Platindraht von 0,35 mm Stärke an, von denen 6 Windungen übereinander von 1,3 mm Durchm. gewickelt werden. Der Draht muß für vollständige Verbrennung hell glühen, bei zu starkem Glühen schmilzt er durch. Diese Art von Verbrennung wird in dem unten beschriebenen Orsatapparat von Schmidt und Desgraz angewandt.

Bei der Verbrennung zeigen die Gasbestandteile folgendes Verhalten:

Wasserstoff (H_2) verbrennt zu flüssigem Wasser:

$$2\,H_2 + O_2 = H_2O$$

2 Raumteile Wasserstoffgas + 1 Raumteil Sauerstoffgas liefern 0 Gasraum flüssiges Wasser; also 3 Raumteile Gas verschwinden auf 2 Raumteile Wasserstoff.

Die Gasraumabnahme, „Kontraktion" $c = {}^3/_2$ des vorhandenen Wasserstoffs oder $H = {}^2/_3\,c$.

Kohlenoxyd (Co) verbrennt zu gasförmiger Kohlensäure:

$$2\,CO + O_2 = 2\,CO_2$$

2 Raumteile CO + 1 Raumteil O_2 liefern 2 Raumteile CO_2.

Es tritt also eine Kontraktion $c = 3 - 2 = 1$ Raumteil oder der Hälfte des vorhandenen Kohlenoxyds ein:

$$c = {}^1\!/_2\,CO \text{ oder } CO = 2\,c.$$

Die entstandene Kohlensäure kann durch Kalilauge absorbiert werden und die dabei eintretende Raumverminderung ist gleich dem Volum des vorhandenen Kohlenoxyds.

Methan (CH_4) verbrennt zu flüssigem Wasser und gasförmiger Kohlensäure:

$$CH_4 + 2\,O_2 = CO_2 + 2\,H_2O$$

1 Raumteil CH_4 + 2 Raumteile O_2 liefern 1 Raumteil CO_2 + O Raum flüssiges Wasser, also die Kontraktion C ist $3 - 1 = 2$ Raumteile und entspricht dem Doppelten des vorhandenen Volums Methan:

$$c = 2\,CH_4 \quad CH_4 = {}^1/_2\,c.$$

1 Raumteil Methan liefert 1 Raumteil Kohlensäure, die weitere nach der Verbrennung bei Überleitung über Kalilauge eintretende Abnahme des Volums ist also gleich der vorhandenen Menge Methan.

Im allgemeinen empfiehlt es sich, das Kohlenoxyd vor der Verbrennung durch Absorption zu bestimmen. Wir haben dann nur H_2 und CH_4 zu bestimmen. Die Kontraktion, die durch Verbrennung entsteht, setzt sich aus den oben erläuterten Einzelkontraktionen zusammen. Ist x der Wasserstoffgehalt und y der Methangehalt, und ist der Gasraum durch die Verbrennung um C vermindert, so ist:

$$C = {}^3/_2\, x + 2\, y.$$

Wird dann noch die bei der Verbrennung entstandene Kohlensäure durch Absorption über Kalilauge gemessen und dabei K cm^3 Gasraumabnahme gemessen, so ist:

$$y = K$$
$$x = {}^2/_3\, (C - 2\, K).$$

Soll Kohlenoxyd gleichzeitig mitverbrannt werden, so muß noch eine weitere Bestimmung, und zwar die des Sauerstoffverbrauchs stattfinden. Im Verlauf der Analyse ist ja der Sauerstoff entfernt worden. Für die Verbrennung ist Luft zugegeben, die gemessen wurde, ein Fünftel davon ist Sauerstoff S_1. Wird nach der Verbrennung und der Absorption der bei der Verbrennung entstandenen Kohlensäure noch der übrig gebliebene Sauerstoff S_2 bestimmt, so hat man den Sauerstoffverbrauch $S = S_1 - S_2$. Aus obigen Gleichungen ergibt sich, daß bei der Verbrennung verbrauchen:

1 Vol. Wasserstoff: ½ Vol. Sauerstoff,
1 Vol. Kohlenoxyd: ½ Vol. Sauerstoff,
1 Vol. Methan: 2 Vol. Sauerstoff.

Ist z die vorhandene Menge Kohlenoxyd und wie oben $H = x$ und $CH_4 = y$, so ist der Gesamtsauerstoffverbrauch S:

$$\tfrac{1}{2}\, x + 2\, y + \tfrac{1}{2}\, z = S.$$

Bei Anwesenheit von z Kohlenoxyd wird die unmittelbar nach der Verbrennung abgelesene Kontraktion:

$$C = {}^3/_2\, x + 2\, y + \tfrac{1}{2}\, z$$

und die weitere, durch Kalilauge erzielte Kontraktion ist:

$$K = y + z.$$

Aus diesen 3 Gleichungen ergibt sich:

Wasserstoff $x = C - S$,
Methan $y = S - {}^1/_3\, K - {}^1/_3\, C$,
Kohlenoxyd $z = {}^1/_3\, C + {}^4/_3\, K - S$.

Ganz abweichend von den vorstehend beschriebenen Verbrennungsmethoden, vollzieht sich die Verbrennung über Kupferoxyd. Hier ist das erhitzte Kupferoxyd selbst der Sauerstoffträger, der den Sauerstoff an das zu verbrennende Gas abgibt. Die Ausführung geschieht nach Jäger in der Weise, daß man über Kupferoxyd, das in Form kleiner Körner (½—1 mm) oder kurzer Drahtstückchen in einem Quarzglasröhrchen erhitzt wird, das Gas leitet. Das Gas wird nicht mit Luft vermischt. Der ganze Gasrest wird zur Verbrennung verwandt, infolgedessen ist die Bestimmung von H und CH_4 auf diese Weise einfacher und genauer wie bei anderen technischen Methoden. Ihre allgemeine Einführung verdient die größte Beachtung.

Das Kupferoxyd, das bei der Verbrennung zu Kupfer reduziert wird, muß nach jeder Verbrennung durch Überleiten von Sauerstoff oder Luft wieder oxydiert werden. Der Luftgehalt des Röhrchens macht sich bei der Verbrennung geltend. Man schaltet ihn aus, indem man vor Beginn der Analyse das Röhrchen und die kapillaren Verbindungen mit Stickstoff füllt, den man einer käuflichen Stahlflasche entnimmt oder aus Luft in der betr. Pipette mit Phosphor oder Pyrogallol hergestellt hat. Nach häufiger Benutzung wird das Kupferoxyd weniger aktiv (vermutlich durch Verdichtung der Oberflächen). Es wird durch frisches ersetzt. Wasserstoff kann neben Methan für sich bestimmt werden, wenn man das Kupferoxyd nur auf 250° erhitzt. Die Verbrennung von Methan fordert Erhitzung zu heller Glut (über 650°) und nicht zu rasches Überleiten.

Die Volumverhältnisse sind folgende:

Wasserstoff verbrennt zu flüssigem Wasser:

$$H_2 + CuO = H_2O + Cu$$

1 Gasraum Wasserstoff + 0 Gasraum Kupferoxyd, liefern 0 Gasraum flüssiges Wasser und 0 Gasraum Kupfer.

Die vorhandene Wasserstoffmenge ist also gleich der beim Verbrennen über Kupferoxyd erhaltenen Kontraktion.

Methan verbrennt wie folgt:

$$CH_4 + 4\,CuO = CO_2 + 2\,H_2O + 4\,Cu$$

1 Glasraum Methan + 0 Gasraum Kupferoxyd (fest)

liefern 1 Gasraum Kohlensäure + 0 Gasraum Kupfer (fest).

Es tritt also bei der Verbrennung des Methans über Kupferoxyd keine Kontraktion ein. Zu seiner Bestimmung leitet man über Kalilauge, die dann eintretende Kontraktion ist gleich der vorhandenen Menge Methan.

Kohlenoxyd kann neben Methan über Kupferoxyd nicht bestimmt werden. Es gibt zunächst über der Sperrflüssigkeit der Bürette keine Kontraktion, dann über Kalilauge eine Kontraktion, die dem eigenen Volum gleich ist, stimmt also im Verhalten mit Methan ganz überein.

Unverbranntes in Rauchgasen wird als Ganzes über Kupferoxyd verbrannt und unmittelbar über Kalilauge geleitet. Die dann eintretende Gesamtkontraktion gilt als „Unverbranntes (H, CO, CH_4)“. (Prinzip des „Duplex-Mono“-Apparates sieheu. S. 369.) Eine Trennung ist meist nicht möglich und auch unnötig.

Gasanalyse von Hand.

Aus der großen Anzahl der gasanalytischen Apparate soll nur eine kleine Auswahl gegeben werden, die den Bedürfnissen der Praxis besonders genügen. Eine Aufzählung aller brauchbaren Einrichtungen geht über den Zweck des vorliegenden Buches hinaus[1]).

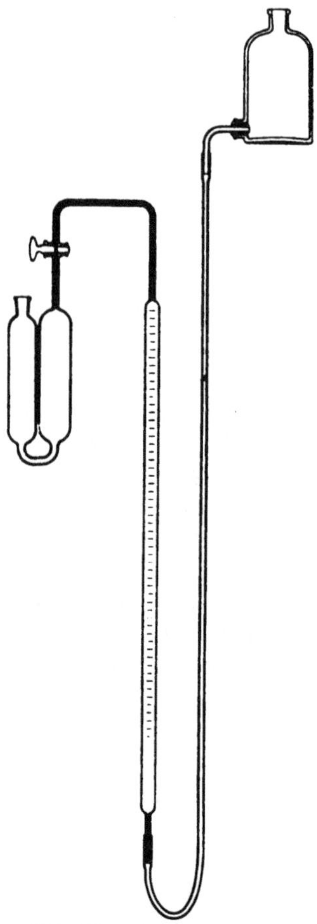

Abb 189. Schema der gas analytischen Apparate.

Die meisten technischen gasanalytischen Apparate bestehen im Prinzip aus einer „Meßbürette“, d. i. eine nicht allzu weite in Bruchteile eines Kubikzentimeters eingeteilte Meßröhre, die durch Gummischlauch mit einem Niveaugefäß verbunden wird (siehe Abb. 189). Durch Einstellen des Flüssigkeitsstandes in der Meßröhre und dem Niveaugefäß auf genau gleiche Höhe kann das in der Meßröhre enthaltene Gas gemessen werden.

Der andere Teil der Apparate besteht aus einer Reihe von „Absorptionspipetten“, d. s. U-Röhren, deren beide senkrechte Schenkel zu bauchigen Zylindern erweitert sind. Der eine Schenkel hat einen kurzen flaschenhalsartigen Ansatz zum Einfüllen der Lösungen, während der andere durch eine Kapillare mit einem sehr engen Röhren- und Hahnsystem in Verbindung steht, welches gestattet, das in der Meßröhre befindliche Gas nacheinander in die verschiedenen Absorptionspipetten überzuführen und nach vollzogener Absorption wieder in die Meßbürette zurückzubringen. Die Ausführung dieser Apparate ist im einzelnen sehr verschieden.

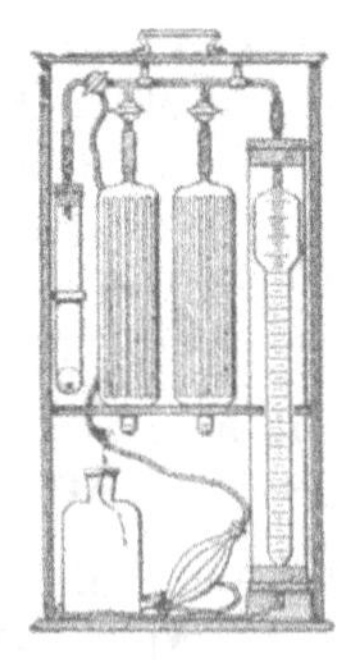

Abb. 190. Einfacher Orsatapparat zur Bestimmung von Kohlensäure und Sauerstoff.

Gasanalysenapparate.

Für die Beurteilung der Rauchgase genügt oft die Bestimmung von Sauerstoff und Kohlensäure in einem Orsatapparat mit nur 2 Absorptionspipetten. Das Beispiel eines solchen Apparates in der Ausführung der Firma Dr. R. Hase, Hannover, mit einem dritten mit Watte gefüllten, als Teerfilter dienenden Gefäß zeigt die Abbildung 190.

[1]) Vgl. Mitteilungen Nr. 61 u. 62, Geräte und Verfahren zur Untersuchung von Gasen. Herausgeg. von der Wärmestelle Düsseldorf, 1924.

Die 100 cm³ fassende Meßbürette ist in einem Kühlmantel eingeschlossen, der vor Temperaturschwankungen schützt.

Ergibt sich aus der Betrachtung der Summe von Sauerstoff und Kohlensäure der Verdacht, daß unvollkommene Verbrennung besteht, ist die Bestimmung des Unverbrannten notwendig. Die Kohlenoxydbestimmung ist bei kleinen Mengen nicht sehr genau, und sie erfaßt auch nicht alles Unverbrannte. Es ist deshalb zweckmäßig, alles Unverbrannte auf einmal durch Verbrennung zu bestimmen. Ferner müssen ja

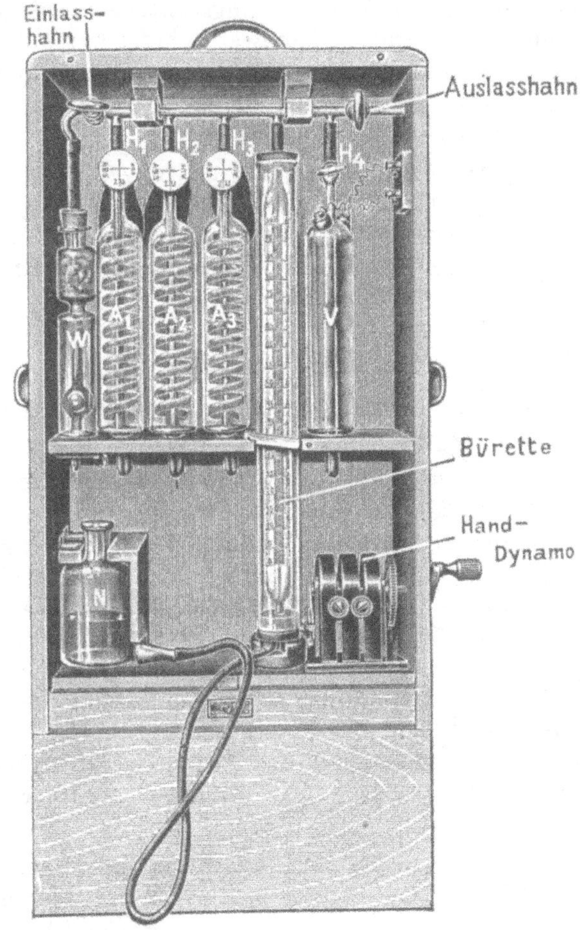

Abb. 191. Orsatapparat der Fa. Dr. R. Hase-Hannover. Modell 1925.

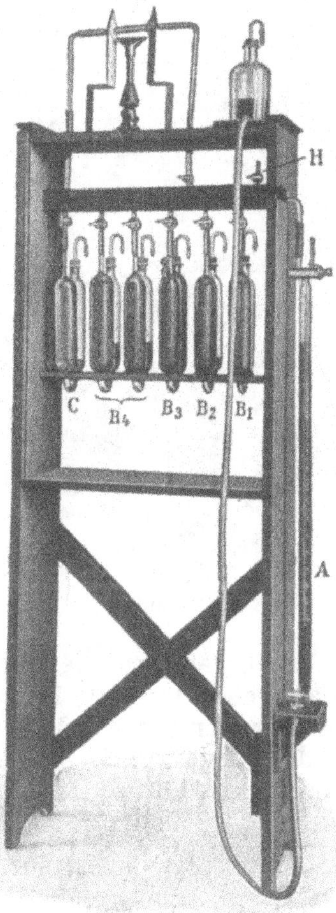

Abb. 192. Orsatapparat der Fa. Julius Pintsch, A.-G., Berlin.

im Generatorgas außer dem Sauerstoff und der Kohlensäure auch noch Kohlenoxyd, Wasserstoff, Methan und schwere Kohlenwasserstoffe bestimmt werden. Dazu dienen neben anderen die Orsatapparate von Dr. R. Hase-Hannover, ausgeführt von der Firma Hase und von Julius Pintsch A.-G., Berlin. Die Vor- und Nachteile beider Systeme dürften sich gegenseitig aufheben. Während im ersten Apparat Pipetten, in denen die Gase durch eine Glasspirale mit kleiner Öffnung in die Absorptionsgefäße strömen und dadurch in innige Berührung mit den Absorptionsflüssigkeiten kommen (siehe Abb. 191), vergrößert Pintsch die Oberfläche der Absorptionsflüssigkeiten wie auch sonst üblich, durch Glasstäbe oder Perlen in den Pipetten. Der Hauptunterschied der beiden Einrichtungen zeigt sich in der Art, wie die Verbrennung der nicht absorbierbaren Gase (Wasserstoff, Methan usw.) durchgeführt wird (s. Abb. 191 u. 192).

Sie geschieht bei dem Haseschen System durch eine Platinspirale, die mittels elektrischen Stroms, der von einer kleinen Handdynamomaschine erzeugt wird, zum Glühen gebracht wird. Um die Verbrennung durchzuführen, muß dem Gasrest eine gemessene Menge Luft zugeführt werden. An der glühenden Platinspirale verbrennen dann die brennbaren Gase, soweit sie vorhanden sind. Da das Meßrohr nur 100 cm³ faßt, ist nur ein Bruchteil davon für den Gasrest zur Verfügung.

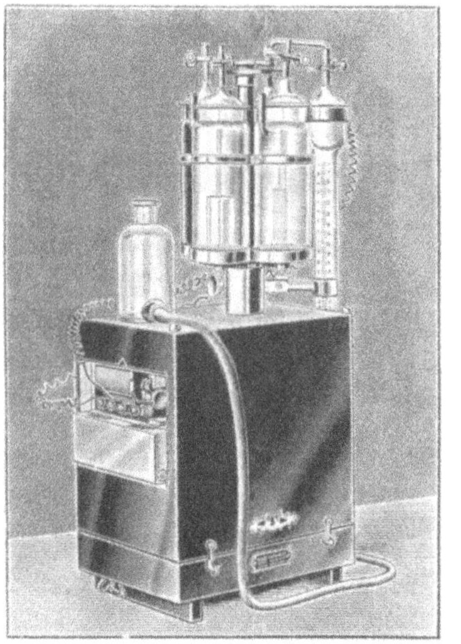

Abb. 193.

Pintsch verwendet zur Verbrennung Kupferoxyd in einem Verbrennungsröhrchen aus geschmolzenem Quarz. Schwer schmelzbares Glas bricht zu häufig. Die Verbrennung über Kupferoxyd ergibt die Vorteile, die oben, S. 357, schon besprochen sind.

Als sehr handlicher und gedrungen gebauter Orsat-Apparat, der sich besonders für Reisen eignet, sei noch der Apparat von Deutz genannt. Er wird von der Firma Dr. Siebert und Kühn-Cassel geliefert (Abb. 193).

Handhabung der Apparate.

Die Handhabung der Apparaturen[1]) vollzieht sich wie folgt:

a) Abmessen der Probe. Durch Heben der Niveauflasche füllt man Bürette und die Ansatzkapillare des oberen Hahnes mit Sperrflüssigkeit. Man füllt die Kapillare und das Verbindungsschlauchstück zum Sammelgefäß mit Wasser und verbindet mit Hilfe dieses Schlauchstücks das Sammelgefäß und die Kapillare des Hahns. (Kurze Schläuche, möglichst Glas an Glas stoßen lassen!) Durch ein Stativ mit Klammer wird die Sammelflasche in der richtigen Lage gehalten. Man öffnet den Hahn des Sammelgefäßes und senkt das Niveaugefäß, während man das Niveaugefäß des Sammelgefäßes hebt (wie S. 353) und läßt so Gas in die Bürette strömen, und zwar bis unter die 100 cm³-Marke.

Man schließt dann den oberen Hahn und entfernt die Verbindung mit dem ebenfalls geschlossenen Sammelgefäß. Nun hebt man mit der rechten Hand das Niveaugefäß, so daß der Stand der Flüssigkeit in der Bürette nur wenig über der Marke 100 ccm steht, kneift dann mit Daumen und Zeigefinger der linken Hand den Gummischlauch zusammen, läßt sodann die Flüssigkeit von der Wandung zusammenlaufen und hierauf durch vorsichtiges Lüften der Finger bei gesenktem Niveaugefäß den inneren Stand genau auf Null einspielen. Dann kneift man den Schlauch wieder fest zusammen, öffnet kurz den oberen Hahn nach der freien Luft, um den Überdruck abzulassen, und schließt ihn wieder. Auf diese Weise gelingt es, genau 100 cm³ abzumessen, wodurch ein Umrechnen auf Prozente unnötig wird. Die Abmessung wird kontrolliert, indem man (bei geöffnetem unteren Hahn) das Niveaugefäß auf gleiche Höhe mit dem inneren Stand bringt und prüft, ob dieser auf Null steht, andernfalls wird der Stand notiert und der Umrechnung auf 100 zugrunde gelegt.

[1]) Vgl. Mitteilungen Nr. 20, Die Technische Gasanalyse 2 (Ausführung der Analyse). Herausgeg. von der Wärmestelle Düsseldorf, 1922.

b) Messungen:

1. Man führt nun durch Heben des Niveaugefäßes die 100 cm^3 in die nun geöffnete Pipette mit Kalilauge über, bis die Sperrflüssigkeit gerade in die Kapillare tritt, und dann wieder in die Meßbürette zurück, schließt den Hahn der Kalipipette, bringt die Oberfläche der Sperrflüssigkeit auf gleiche Höhe wie der innere Stand und liest diesen Stand ab. Der Unterschied zwischen beiden Ständen, die Abnahme des Volumens, ergibt den Gehalt an Kohlensäure. Man leitet das Gas so oft in die betreffende Pipette zurück, bis die erneute Ablesung in der Meßbürette keine Veränderung des Standes zeigt. Nur dann ist die Vollständigkeit der Absorption sicher. Lösungen, bei denen die Erzielung vollständiger Absorption sehr lange Zeit in Anspruch nimmt, sind durch frische zu ersetzen. In gleicher Weise wird der bei der vorhergehenden Bestimmung gebliebene Gasrest in folgender Reihenfolge geführt;
2. zur Bestimmung der schweren Kohlenwasserstoffe über rauchende Schwefelsäure oder Brom mit nachfolgender Absorption über Kalilauge und Messung des Standes. Dann Ablesung;
3. zur Bestimmung des Sauerstoffs in die Pyrogallolpipette (bzw. Phosphor oder Natr. Hydrosulfit). Dann Ablesung;
4. zur Bestimmung des Kohlenoxyds über Kupferchlorür nacheinander über eine weniger frische und dann eine möglichst frische Lösung (bei saurer Lösung nochmals über Kalilauge). Dann Ablesung.

Über Herstellung, Eigenschaften und Behandlung der Lösungen s. S. 355/356.

Die Handhabung der Niveauflasche und das Hin- und Zurückleiten sind bei allen Pipetten dieselben, wie es oben bei der Kalilaugepipette beschrieben wurde. Nur wird der über der betreffenden Pipette befindliche Hahn geöffnet, während alle übrigen Pipettenhähne geschlossen bleiben. Bei dem Herüberdrücken des Gases in die jeweiligen Pipetten ist auf das sorgfältigste darauf zu achten, daß die Sperrflüssigkeit nicht mit in die Pipetten gelangt, während man beim Zurückleiten des Gases unter allen Umständen vermeiden muß, daß die Pipettenflüssigkeiten über die Marken hinaus in den Kapillarhahn gelangen. Am zweckmäßigsten stellt man die Niveauflasche jedesmal beim Überführen zur Pipette auf das obere bzw. beim Zurückführen in die Bürette auf das untere Brett des Orsatapparates, nimmt den Schlauch in die linke Hand, läßt durch allmähliches Abkneifen des Schlauchs die Sperrflüssigkeit ganz langsam sich bewegen, kneift an der entscheidenden Stelle scharf zusammen und schließt mit der rechten Hand den Pipettenhahn.

Ist Sperr- oder Pipettenflüssigkeit in die Verbindungskapillaren oder Hähne gekommen, so reinige man sie gründlich nach der Analyse und Lösen der Verbindungsschläuche in Wasser. Kupferchlorürniederschläge werden mit konzentrierter Salzsäure entfernt. Mit Wasser gut nachspülen Als Hahnfett verwendet man vorteilhaft ein durch Zusammenschmelzen erhaltenes Gemisch von Lanolin mit wenig Bienenwachs oder kolloidalen Graphit in Wasser. Der Hahn über der rauchenden Schwefelsäure wird nicht mit Fett, sondern mit Schwefelsäure geschmiert. Nach Möglichkeit sollen die Hähne jeden Tag einmal bewegt werden, um das Festsetzen zu verhindern, was bei den Hähnen der Kalilauge und der Kupferchlorürpipette leicht geschieht. In diesem Falle versuche man sie nicht mit Gewalt zu lösen, sondern lege sie ein bis zwei Stunden in ein Wasserbad, das man allmählich zum Kochen bringt, und versuche durch vorsichtiges Klopfen mit Holz auf das Küken des Hahns diesen herauszudrücken.

Die bisherige Schilderung der Handhabung bezieht sich in Einzelheiten auf den Pintschschen Orsat, sie ist im wesentlichen auf die meisten Orsatapparate, so auch auf den abgebildeten von Schmidt und Desgraz zu übertragen.

Mit dem Kohlenoxyd sind nach obigem Gang der Analyse die absorbierbaren Bestandteile entfernt. Es folgt die Verbrennung von Wasserstoff und Methan.

5. Verbrennung von Wasserstoff und Methan. Zur Ausführung der Verbrennung über erhitztem Platin, wie sie in dem Dr. Hase schen Apparat (siehe Abb. 191 Seite 359) angewandt wird, muß man je nach dem Gehalte des ursprünglichen Gases an H_2 und CH_4 einen verschieden großen prozentualen Anteil des verbliebenen Gasrestes verwenden, und zwar um so weniger, je höher der Gehalt an H_2 und CH_4 voraussichtlich ist. Im selben Maße ist die Luftmenge größer zu nehmen.

Nachstehende Tabelle enthält eine Zusammenstellung der ungefähren Gehalte zweier Gasarten an CH_4 und H_2, der zur Verbrennung anzuwendenden Mengen und den erforderlichen Luftmengen.

Gasart	Unabsorbierter Gasrest Vol. Proz.	enthaltend Vol. Proz.		zur Verbrennung anzuwendende Menge Vol. Proz.	zur Verbrennung dieser Menge erford. Luftquantum Vol. Proz.
		H_2	CH_4		
Generatorgas bezw. Mischgas . .	ca. 65—75	2—20	0—4	ca. 40—60	ca. 40—70
Wassergas	„ 50—55	45—50	0—8	„ 25	„ 75—80

Man verdrängt mittels der Niveauflasche den Gasrest bis auf die anzuwendende Menge aus der Bürette, und zwar entweder durch den Durchgangshahn rechts ins Freie oder durch Überleitung in das Absorptionsgefäß A_1, falls man diesen Teil zur Wiederholung der Bestimmung aufheben will. Alsdann liest man das in der Bürette verbliebene Quantum genau ab und führt dasselbe in das Verbrennungsgefäß V über. Nunmehr saugt man durch Öffnen des Durchgangshahnes die ungefähr erforderliche Luftmenge in die Bürette, liest dieselbe ebenfalls genau ab und drückt sie unter schnellem Umdrehen der Dynamokurbel, so daß der Platindraht in V lebhaft glüht, langsam ebenfalls dahin über.

Nach mehrmaligem Hin- und Zurückleiten (es ist darauf zu achten, daß kein Strom erzeugt wird, wenn das Wasser den Platindraht erreicht), ist die Verbrennung vollendet. Man überzeugt sich hiervon durch den Vergleich mehrerer Ablesungen; der Hahn des Verbrennungsgefäßes ist nach vollständigem Zurückbringen natürlich wieder zu schließen.

Ist durch die Wiederholung der betr. Operation keine Veränderung mehr im Volum eingetreten, so absorbiert man nacheinander durch Überführung nach A_3 bzw. A_2 die bei der Verbrennung gebildete CO_2 und den noch vorhandenen O_2 unter jedesmaliger Ablesung der Volumverminderung in der Bürette. Alsdann hat man sämtliche Daten zur Berechnung der Zusammensetzung des Gases, und zwar

1. die Kontraktion C, d. h. den Unterschied zwischen der Summe der Volumina des zur Verbrennung angewendeten Gasrestes und der eingesaugten Verbrennungsluft einerseits und dem Volumen der Verbrennungsgase andererseits;
2. die Menge K der gebildeten Kohlensäure;
3. die Menge S_2 des überschüssigen Sauerstoffes. Ist kein Sauerstoff mehr vorhanden, so ist die Verbrennung mit mehr Luft zu wiederholen, da sie dann sicher nicht vollständig war. Durch Subtraktion des überschüssigen O_2 von dem in der angewandten Luftmenge enthalten gewesenen (21 Vol.-%) erhält man den verbrauchten Sauerstoff S.

Zur Berechnung dienen die Seite 356 gegebenen Gleichungen. Oder wie in Beispiel 5 gezeigt.

Im Orsatapparat von Pintsch werden die Gase mit Kupferoxyd verbrannt. Das Kupferoxyd muß vor Beginn der Analyse mittels Luft oder Sauerstoff hinreichend oxydiert, Verbrennungsröhrchen und Kapillaren mit Stickstoff gefüllt sein. Nach Absorption von CO_2, CnHm, O_2 und CO vollzieht sich die Verbrennung wie folgt:

Nach dem Anheizen des Verbrennungsröhrchens öffnet man den Hahn der mit Kochsalzlösung gefüllten Absperrpipette (um durch Ausdehnen der Luft keine Undichtigkeiten zu bekommen), erhitzt das Röhrchen auf Rotglut, leitet das Gas in 8 bis 10 Minuten einmal langsam in die Absperrpipette, läßt es in der Sperrpipette erkalten und bespritzt zur sicheren Abkühlung das Verbrennungsröhrchen mit

Wasser, zieht das Gas in die Meßröhre und liest ab. Der Unterschied zwischen der Ablesung vor dem Überleiten und der jetzigen ist Wasserstoff. Erst dann leitet man das Gas zur Absorption der Kohlensäure wieder in die Kalilaugepipette. Man wiederholt die Verbrennung und Absorption über Kalilauge solange, bis keine Volumenabnahme mehr stattfindet.

Bei fraktionierter Verbrennung des H_2 wird das Verbrennungsröhrchen durch den mit kleiner Flamme brennenden Bunsenbrenner auf 250° C erhitzt und Gas wie eben erwähnt, darübergeleitet, dann abgekühlt und nach dem Zurückleiten in der Meßröhre abgelesen. Die Kontraktion ist Wasserstoff.

Auswertung der Analyse

Beispiele. Die Niederschrift und Ausrechnung der Analysen ergibt sich noch aus folgenden Beispielen.

a) Generatorgas.

Beispiel 1.

Generatorgas aus Steinkohle und Wasserdampfzufuhr im Generator. H_2 und CH_4 mit der glühenden Platinspirale verbrannt.

Maßnahme	Stand in der Meßbürette	Abnahme ccm	% Gasbestandteil
Für die Analyse abgemessen . , . . .	100,—	—	—
Absorption mit Kalilauge	96,—	4,—	4,— CO_2
Absorption mit rauch. Schwefelsäure, dann Kalilauge	95,7	0,3	0,3 $C_n H_m$
Absorption mit Pyrogallol	95,7	—	—
Absorption mit ammoniaks. Kupferchlorür .	68,7	27,·	27,—CO
bleibt Gasrest	68,7	—	—
Davon abgemessen.	33,—	—	—
Luft zugefüllt bis	70,—	—	—
also 70 — 33 = 37 ccm Luft:			
nach Verbrennung über glühender Platinspirale	62,8	7,2	—
nach Absorption mit Kalilauge	61,3	1,5	—
Berechnung von CH_4 und H_2-Gehalt also 1,5 ccm CH_4 im zur Verbrennung angewandtem Gasrest und damit im Gas $1{,}5 \frac{68{,}7}{33}$	—	—	3,1 CH_4
1,5 ccm CH_4 geben 3 ccm Abnahme. Von den 7,2 ccm Abnahme kommen also auf H_2: 7,2 — 3 = 4,2	—	—	—
4,2 ccm Kontraktion entsprechen $4{,}2 \times {}^2/_3 =$ 2,9 Wasserstoff; im Gas selbst also $2{,}9 \frac{68{,}7}{33}$	—	—	6,0 H_2
Nicht absorbierbar und nicht verbrennbar	—	—	59,6 N
			100

Kontrolle durch Sauerstoffverbrauch.

Der nach der Verbrennung und Absorption mit Kalilauge erhaltene Gasrest wird mit Pyrogallol absorbiert, danach Stand: 58,3. Also sind nach 61,3 — 58,3 = 3,0 cm³ O vorhanden. Angewandt sind $37 \cdot \frac{21}{100} = 7{,}4$, also verbraucht 7,4—3,0 cm³ = 4,4

$$\begin{array}{rl} 1{,}5\ \text{cm}^3\ CH_4\ \text{brauchen} & 2 \times 1{,}5 = 3{,}0 \\ 2{,}9\ \text{cm}^3\ H_2\ \text{brauchen} & \underline{\tfrac{1}{2} \times 2{,}9 = 1{,}4} \\ & \text{zusammen } 4{,}4. \end{array}$$

Also ist die Bestimmung richtig.

Beispiel 2.

H_2 und CH_4 mit glühendem Kupferoxyd verbrannt.

Generatorgas aus Steinkohle mit Wasserdampfzufuhr im Generator.

Maßnahme	Stand in der Bürette ccm	Abnahme ccm	% Gasbestandteil
Für die Analyse abgemessen	100,—		
Nach Absorption mit Kalilauge	93,4	6,6	6,6 % CO_2
„ „ „ Pyrogallol	93,—	0,4	0,4 % O_2
„ „ „ rauchende Schwefelsäure und dann Kalilauge	92,7	0,3	0,3 % C_nH_m
„ „ „ s. Kupferchlorür .	67,8	24,9	24,9 % CO
Ganzer Gasrest über Kupferoxyd verbrannt	49,1	18,7	18,7 % H_2
Der verbrannte Gasrest mit Kalilauge absorbiert	48,8	0,3	0,3 % CH_4
Nicht absorbierbar und nicht brennbar .	48,8	—	48,8 % N_2
			100 %

b) Abgas bei Verwendung von westfälischer Steinkohle:

Beispiel 3.

Maßnahme	Stand in der Meßbürette ccm	Abnahme ccm	% Gasbestandteil
Für die Analyse abgemessen	100,—	—	—
Absorption mit Kalilauge	85,—	15,—	15,—% CO_2
Absorption mit Pyrogallol	80,5	4,5	4,5 % O_2

Bei Abgasen unterbleibt die Bestimmung der schweren Kohlenwasserstoffe. Die Summe von Kohlensäure und Sauerstoff ist 19,5, ein wesentlicher Betrag an „Unverbranntem" kann nicht vorhanden sein.

Beispiel 4.

Maßnahme	Stand in der Meßbürette ccm	Abnahme ccm	% Gasbestandteil
Für die Analyse abgemessen	100,—	—	—
Absorption mit Kalilauge	87,8	12,2	12,2 % CO_2
Absorption mit Pyrogallol	83,4	4,4	4,4 % O

Die Summe von $CO_2 + O = 16,6$ deutet auf unvollständige Verbrennung.

Es wird noch CO bestimmt =

Absorption mit Kupferchlorür	78,6	4,8	4,8 % CO

Also sehr starke unvollständige Verbrennung.

Beispiel 5.

Maßnahme	Stand in der Meßbürette ccm	Abnahme ccm	% Gasbestandteil
Für die Analyse abgemessen	100,—	—	—
Absorption mit Kalilauge	84,—	16,—	16,— % CO_2
Absorption mit Pyrogallol	80,2	3,8	3,8 % O
Absorption mit Kupferchlorür	80,—	0,2	0,2 % CO

Der Grad der unvollkommenen Verbrennung ist unsicher. Die Analyse wird wiederholt. Die Kupferchlorürabsorption unterbleibt. Dafür wird der ganze nach der Sauerstoffbestimmung gebliebene Gasrest über Kupferoxyd verbrannt (s. S. 17).

Beispiel 4.

Maßnahme	Stand in der Meßbürette ccm	Abnahme ccm	% Gasbestandteil
Für die Analyse abgemessen	100,—	—	—
Absorption mit Kalilauge	84,—	16,—	16,— % CO_2
Absorption mit Pyrogallol	80,2	3,8	3,8 % CO_2
Gasrest über CuO verbrannt und dann mit Kalilauge absorbiert	79,2	1,—	1,0 % Unverbranntes

Die Unvollkommenheit der Verbrennung tritt sehr viel deutlicher hervor, als durch die gesonderte Bestimmung des Kohlenoxyds.

Schriften über Gasanalyse.

W. Hempel, Gasanalytische Methoden 4. Aufl. Braunschweig, F. Vieweg & Sohn, 1913.

Cl. Winkler, Lehrbuch der technischen Gasanalyse 4. Aufl. Leipzig, A. Felix, 1919.

B. Neumann, Gasanalyse und Gasvolumetrie. Leipzig, S. Hirzel, 1901.

H. Bunte usf., Zum Gaskursus. — Manuskriptdruck zu beziehen durch das Gasinstitut Karlsruhe i. B. Dort besonders Arbeitsweise mit Bunte-Bürette.

W. Hempel, Artikel „Gasanalyse" im Ergänzungswerk zu Muspratts Encyklopädischem Handbuch der techn. Chemie I, 1. S. 211—247. Braunschweig, F. Vieweg & Sohn, 1917.

Travers-Estreicher, Experimentelle Untersuchung von Gasen. Braunschweig. F. Vieweg & Sohn, 1905. Nur für wissenschaftliche Arbeiten.

Berücksichtigung des Feuchtigkeitsgehaltes.

Die Zusammensetzung der Gasprobe, wie sie auf vorstehend besprochene Weise ermittelt wurde, entspricht nicht genau derjenigen des Gases an der Entnahmestelle, da die im Gas stets enthaltenen Dämpfe von Teer und benzolartigen Ölen sowie der größte Teil des Wasserdampfes im Gas (der sog. „Gasfeuchtigkeit") infolge der Abkühlung im Entnahmerohr kondensieren und entweder in die Gasleitung zurückfließen oder sich im Filter und im Sperrwasser des Apparates absetzen. Zur Analyse gelangt also nur das sog. „trockene Gas". Vollständig trocken ist es allerdings nicht, sondern es enthält immer noch die der Temperatur im Untersuchungsraum entsprechende Sättigungsmenge an Wasserdampf. Da aber der Wasserdampf sich proportional auf alle Bestandteile verteilt, entspricht die in Vol-% erhaltene Gasanalyse auch der Zusammensetzung trockenen Gases. Wohl aber ist der Wasserdampf bei Gasmengenmessungen zu berücksichtigen.

Die Orsatanalyse richtig durchzuführen, ist so schwer, daß wenig Leute auf Grund großer Übung den Anspruch erheben können, zuverlässig zu arbeiten. Analysen nach Lehrbüchern und sonstigen Anweisungen auszuführen ist nicht angebracht. Zum Mindesten gehört eine praktische Ausbildung in einem gut eingerichteten Gasanalytischen Laboratorium, so daß die erforderlichen Handgriffe und Begriffe fest sitzen. Die Unsicherheit macht sich hauptsächlich in der Bestimmung des Kohlenoxyds (CO) und der schweren Kohlenwasserstoffe (CmHn) bemerkbar.

Zwischen der Analyse eines Brennstoffes und der Analyse des aus ihm entstehenden Generatorgases bzw. durch vollkommene oder unvollkommene Verbrennung entstandenen Abgase herrschen bestimmte mathematische Beziehungen. Diese wurden u. a. von Oberingenieur G. Neumann aufgestellt[1]). Eine Nachrechnung, ob die gefundenen Werte der Analyse überhaupt in einem praktisch möglichen Verhältnis stehen, empfiehlt sich jeweils zur Sicherheit.

[1]) Vgl. Mitteilungen Nr. 28, Formeln für die Kontrolle der Gaszusammensetzung bei Verbrennungs- und Vergasungsvorgängen und für die Berechnung der Luft- und Abgasmengen. Wärmestelle Düsseldorf, 1922.

3. Selbsttätige Gasprüfer.

Eine bedeutende Erleichterung der Betriebsüberwachung ist durch Anwendung selbsttätiger Gasprüfer möglich. Diese sollen dem Betriebspersonal jederzeit ein Bild von der Güte des Gases bzw. der Verbrennung geben und jede Veränderung möglichst sofort anzeigen, um Fehler durch entsprechende Maßnahmen rasch beheben zu können. Durch die Aufzeichnungen der Gasprüfer soll die Betriebsleitung aber auch eine Unterlage in Händen haben über die Bedienung der Generatoren und die Einstellung des Feuers während der Betriebsschicht. Unter dem Zwang der Verhältnisse der sich mit Erfolg durchsetzenden wärmewirtschaftlichen Bestrebungen sind eine große Reihe von selbsttätigen Gasprüfern gebaut und auf den Markt gebracht worden, von denen eine beschränkte Anzahl praktisch bewährter Ausführungen besprochen werden soll. Die Apparate zur Durchführung der Gasanalyse von Hand können durch die selbsttätigen Gasprüfer nicht ersetzt werden. Erstere bleiben ein unentbehrliches Hilfsmittel für eine wirtschaftliche und gelegentliche Betriebsüberwachung. Durch die Einführung von selbsttätigen Gasprüfern ist es aber möglich, die Ausführung der immerhin langwierigen Handanalysen auf gelegentliche Ergänzung und Nachprüfung der Anzeigen der selbsttätigen Gasprüfer zu beschränken.

Nach ihrer Wirkungsweise kann man folgende Arten von selbsttätigen Gasprüfern unterscheiden:

a) chemisch wirkende Gasprüfer,
b) Gasprüfer auf physikalischer Grundlage,
c) elektrische Gasprüfer.

Während die chemisch wirkenden Apparate periodisch arbeiten, indem in regelmäßigen Zeitabschnitten Analysen hintereinander durchgeführt werden, geben alle anderen, auf den physikalischen Eigenschaften der Gase beruhenden und elektrisch wirkenden Apparate fortlaufende Anzeigen.

Eine Untersuchung der Zusammensetzung der Gase unmittelbar im Gaskanal, etwa in der Art der Temperaturmessungen, ist wegen der hohen Temperatur der Gase, ihrem Gehalt an Wasserdampf sowie ihrer Verunreinigung durch Ruß, Staub und Teer nicht möglich. Man muß deshalb die Gasprobe aus dem Gaskanal mit Hilfe einer Wasserstrahlpumpe, eines kleinen Ventilators oder irgendeiner anderen entsprechenden Vorrichtung durch eine Zweigleitung in den Apparat saugen. Auf Vermeidung undichter Stellen in dieser Leitung ist zu achten, damit die Zusammensetzung des Gases sich durch eindringende Falschluft nicht ändert. Fast alle Apparate sind auch empfindlich gegen die Verunreinigungen, so daß die Gase vor ihrem Eintritt sorgfältig filtriert werden müssen. Schließlich erfordern diese Apparate eine außerordentlich peinliche Wartung. In vielen Glashütten versagen sie dieserhalb nach kurzer Zeit und verkommen unter dem schädigenden Einfluß des Hüttenstaubes.

a) Chemisch wirkende Gasprüfer.

Nur Kohlensäure messende Gasprüfer.

Allen diesen Apparaten gemeinsam ist die Methode der Bestimmung des Kohlensäuregehaltes, die im Prinzip mit der des Orsatapparates übereinstimmt. Aus einem Meßgefäß wird eine bestimmte Menge der zu untersuchenden Gase (meist 100 cm^3) in ein mit Kalilauge gefülltes Absorptionsgefäß (Laugentopf) gedrückt. Nachdem die Kohlensäure der Abgase von der Kalilauge absorbiert ist, wird der Rest der Gasprobe wieder in das erste oder in ein anderes Meßgefäß befördert. Der Unterschied zwischen der zuerst abgemessenen Menge und dem Rest ist gleich dem Kohlensäuregehalt, er wird von einer Registriervorrichtung auf einem Diagrammstreifen aufgezeichnet.

Die gebräuchlichsten chemisch wirkenden Gasprüfer sind:

„Ados“-Apparat der Firma „Ados“, G. m. b. H., Aachen (Abb. 194 u. 195),

„Gefko“-Apparat der Firma „Gefko“, Gesellschaft für Kohlenersparnis, Berlin W 15 (Abb. 196),

„Debro“-Apparat der Firma Apparatebauanstalt Paul de Bruyn, G. m. b. H., Düsseldorf 59 (Abb. 197).

Eigentlicher Untersuchungs-Apparat.

Abb. 194. „Ados“-Abgasprüfer, Modell FAZ mit Fernanzeiger und Fernregistrierung.

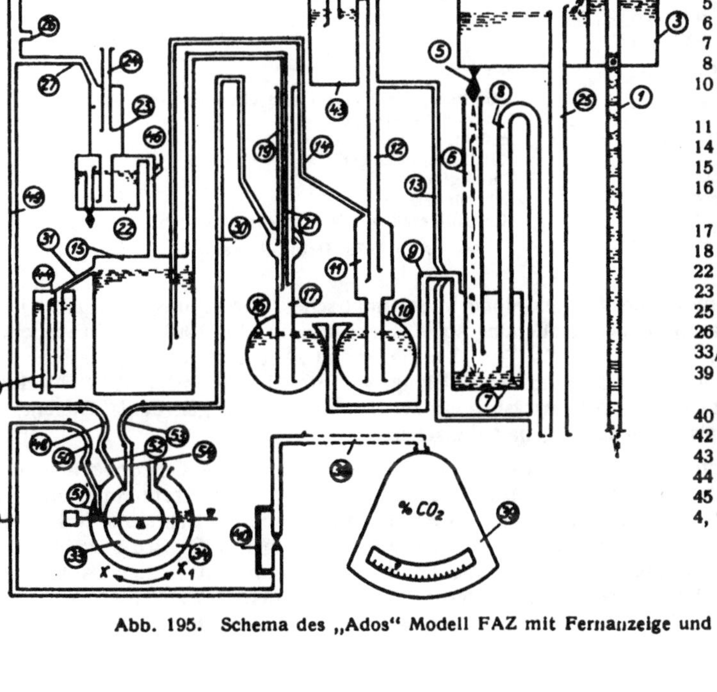

Gasuntersuchungsapparat A.

1 Wasserstrahlpumpe,
3 Wassereinlaufkasten,
5 Wasserzuflußhahn,
6 Wassereinlaufrohr,
7 Kraftwerkgefäß,
8 Heberrohr,
10 Kugelförmiges Sperrflüssigkeitsgefäß,
11 Meßgefäß,
14 Durchperlkapillare,
15 Absorptionsgefäß,
16 Kugelförmiges Sperrflüssigkeitsgefäß,
17 Steigrohr,
18 Zwischenwand,
22 Sperrflüssigkeitsgefäß,
23 Durchsaugegefäß,
25 Überlaufrohr,
26 Düse,
33/34 Sperrventile,
39 Fernanzeige- bzw. Fernregistrierinstrument,
40 Dämpfung,
42 Gaseintritt,
43 Sperrgefäß,
44 Kalilaugenausgleichgefäß,
45 Ablaufrohr,
4, 9, 12, 13, 19, 21, 24, 27, 29, 30, 31, 37, 38, 46, 48, 49, 50, 51, 52, 53, 54 Rohrleitungen, Rohre und Rohrverbindungen.

Abb. 195. Schema des „Ados“ Modell FAZ mit Fernanzeige und Fernregistrierung.

Von einer Beschreibung der Apparate wird abgesehen, da die von diesen Firmen herausgegebenen Prospekte und Kataloge diese mit allen Einzelheiten bringen.

Abb. 196.
„Gefko"-Apparat.

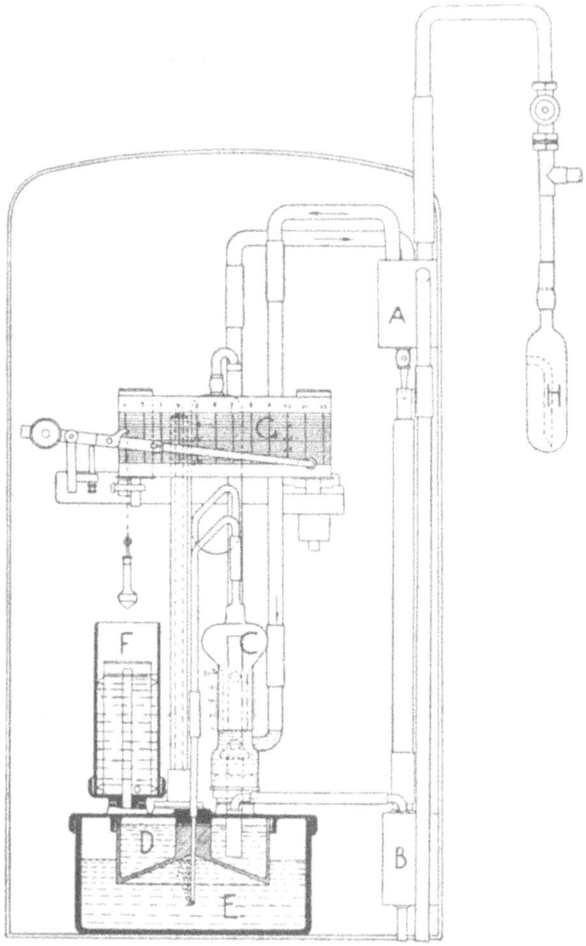

Saugkasten mit Ober- und Unterkammer *A*
Kraftwerkkasten *B*
Meßflüssigkeitsbehälter *D*
Kalilaugenbehälter *E*
Tauchglocke *F*
Schreibwerk *G*
Kontrollgefäß mit Wasserabscheider *H*

Abb 197. Debro-Apparat.

Gasprüfer, die Kohlensäure und Brennbares anzeigen.

Der einzige chemisch wirkende Apparat, welcher außer der Kohlensäure (CO_2) auch noch brennbare Bestandteile der Gase (CO) anzeigt, ist der „Duplex-Mono" der Firma H. Maihak A.-G., Hamburg (Abb. 198). Er stellt eine Erweiterung des einfachen Monoapparates zur Bestimmung der Kohlensäure dar, indem an diesem noch eine Vorrichtung zur Verbrennung der brennbaren Bestandteile des Gases angeschlossen ist.

Abb. 199 zeigt die Arbeitsweise des Duplex-Mono in schematischer Darstellung, und zwar ist in Abb. 199a die Stellung des Apparates bei Untersuchung auf Kohlensäure, in Abb. 199b bei Untersuchung auf brennbare Gase und Kohlensäure ersichtlich. Aus dem Meßgefäß *A* gelangt die abgemessene Gasprobe durch einen Quecksilberumschalter *B* in das mit Kalilauge gefüllte Absorptionsgefäß *D*. Nachdem dort die Kohlensäure absorbiert ist, wird der Gasrest in ein zweites Meßgefäß *E* gedrückt. Die entstandene Raumverminderung wird als Kohlensäuregehalt registriert.

Nach automatischer Umstellung des Schalters *B* gelangt die angesaugte Gasprobe in ein mit Kupferoxyd gefülltes, von elektrischem Strom beheiztes Quarzglasrohr *C*. Hier verbrennen die in der Gasprobe enthaltenen brennbaren Gase mit dem aus dem Kupferoxyd durch die Erhitzung frei werdenden Sauerstoff zu Kohlensäure und Wasserdampf. In dem Absorptionsgefäß *D* wird sowohl die ursprünglich vorhanden gewesenen (Stellung *a*) als auch die bei der Verbrennung entstandene Kohlensäure von der Kalilauge absorbiert. Der Wasserdampf kondensiert und fällt aus. Im zweiten Meßgefäß *E* wird dann der Gasrest gemessen. Die Raumverminderung, welche gleich der Summe aus der Kohlensäure und den brennbaren Bestandteilen des Gases ist, wird von der Schreibvorrichtung registriert (Abb. 198).

Da abwechselnd je eine Untersuchung auf Kohlensäure allein und eine solche auf Kohlensäure und brennbares Gas stattfindet, ergibt der Unterschied in der Länge zweier aufeinander folgenden Diagrammstriche die Menge der brennbaren Bestandteile. Abb. 200 zeigt einen aufgezeichneten Diagrammstreifen von einem Duplex-Mono, welcher die Zusammensetzung der Abgase eines Glaswannenofens wiedergibt.

Der Antrieb der angeführten Apparate, das Ansaugen der Gasprobe und die zum Abmessen und zur Analyse nötigen Bewegungen werden durch Druckwasser aus der Wasserleitung, seltener durch Druckluft oder elektrischen Strom bewirkt. Die Steuerung der einzelnen Bewegungen erfolgt durch sehr sinnreiche, jeder Bauart eigentümliche Mechanismen, welche aber, wie die Abbildungen zeigen, einen ziemlich verwickelten Aufbau der Apparate bedingen.

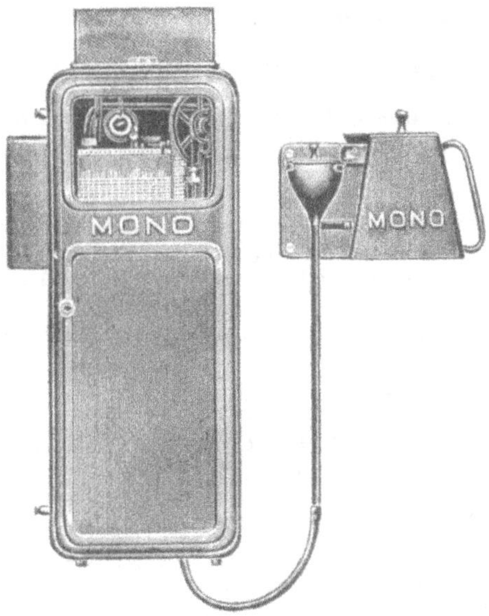

Abb. 198. „Duplex-Mono-Apparat".

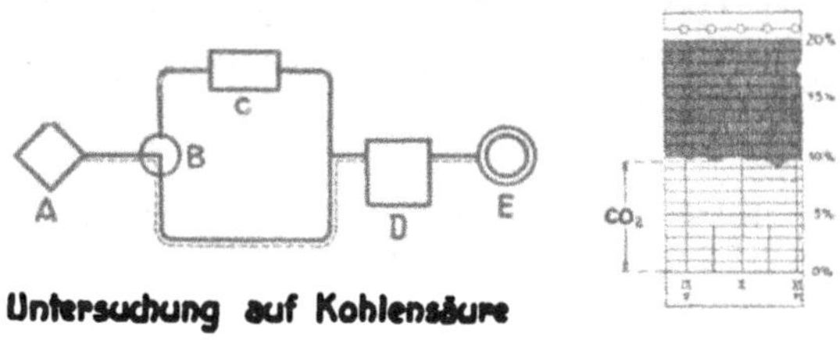

Abb. 199a.

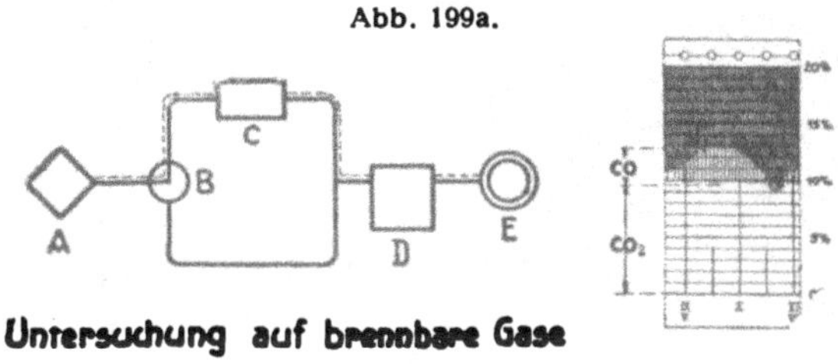

Abb. 199b.

Abb. 199. Schematische Darstellung der Arbeitsweise des „Duplex-Mono".

Außer den zur Messung, Absorption und Steuerung sowie zur Registrierung der Meßergebnisse nötigen Hauptteilen sind noch Zubehörteile zur Gasentnahme, zum Kühlen, Filtern und Trocknen des Gases, zum Filtern des Betriebswassers, zum Füllen des Apparates mit Kalilauge usw. erforderlich. Für den elektrischen Teil des Duplex-Mono sind außerdem noch Stromquelle und Leitungen nötig.

Eine genaue Beschreibung der Wirkungsweise und der Handhabung der verschiedenen Apparate wäre hier zu umständlich; es sei diesbezüglich auf die Druckschriften der betreffenden Firmen verwiesen.

Die Dauer einer Analyse beträgt gewöhnlich 2—6 Minuten, so daß stündlich 10—30 Analysen selbsttätig ausgeführt werden können; einzelne Apparate ermöglichen eine noch höhere Anzahl von Analysen. Trotz der Umständlichkeit ihres Aufbaues arbeiten die angeführten Apparate infolge einer sehr sorgfältigen, auf Grund langjähriger Betriebserfahrungen entwickelten Durchbildung bei sachgemäßiger Wartung jahrelang ohne Störung und mit befriedigender Genauigkeit.

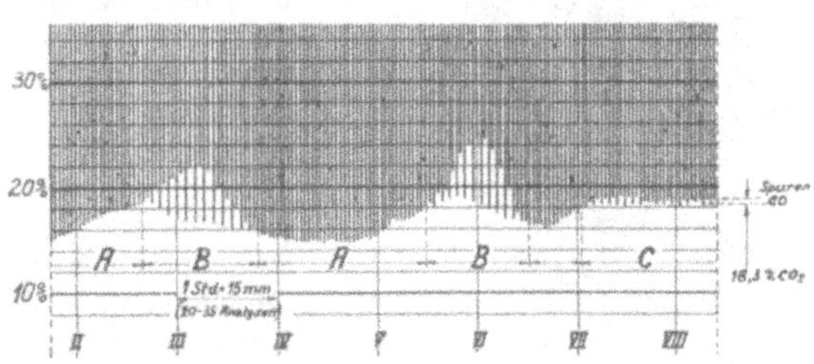

A Auftüberschuß } Brennstoff- { durch freie Wärme
B Luftmangel } verluste { durch gebundene Wärme
C Richtige Luftmenge und Gaszusammensetzung: gute Brennstoffausnützung.

Abb. 200. Schaubild der Abgase eines Glaswannenofens.

Die grundsätzlichen Nachteile aller chemisch wirkenden Gasprüfer können durch Verbesserungen nicht behoben, sondern nur gemildert werden. Sie liegen in folgenden Umständen:

Die verwendeten Lösungen sättigen oder zersetzen sich mit der Zeit und müssen deshalb öfters erneuert werden.

Infolge der Dauer der Analysen eilen die Anzeigen der Apparate hinter der augenblicklichen Zusammensetzung nach.

Eine Fernanzeige ist in der Regel nicht möglich, erfordert also ihre Aufstellung unweit der Gasentnahmestelle.

Schließlich sind die Apparate alle mehr oder minder zerbrechlich sowie empfindlich und erfordern sachgemäße Wartung, die nicht durch gleichgültiges ungeschultes Personal, sondern nur durch Leute vorgenommen werden darf, welche auch Interesse daran haben.

b) Gasprüfer auf physikalischer Grundlage.

1. Gasprüfer berechnet auf dem Prinzip der Gasdichte.

Das spez. Gewicht der Kohlensäure ist größer als das der Luft. Infolgedessen ist auch das spez. Gewicht eines Gases um so größer, je höher sein Gehalt an Kohlensäure ist.

Der Gasanalysator Krell-Schultze bestimmt den Gewichtsunterschied einer Gassäule gegenüber einer gleich hohen Luftsäule mit einem Mikromanometer, dessen Ausschlag demnach ein Maß für den Kohlensäuregehalt ist. Die Gewichtsunterschiede sind naturgemäß sehr gering (1 l Luft wiegt bei 0° und 760 mm QS 1,293 g, 1 l Kohlensäure = 1,977 g), so daß derartige Gaswagen große Empfindlichkeit aufweisen.

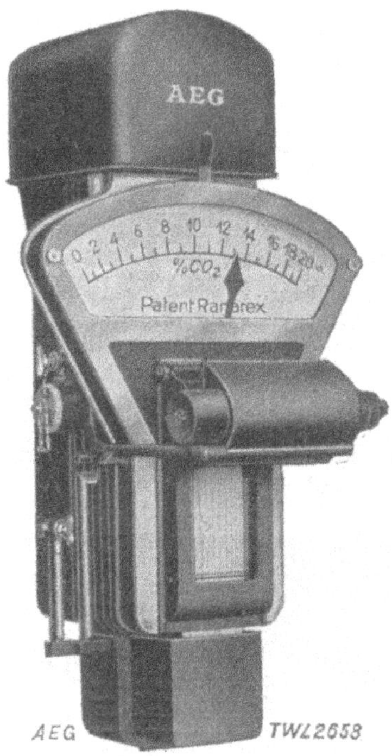

Abb. 201. „Ranarex"-Gasdichtemesser. (A.E.G. Berlin.)

Ranarex.

Größere Verstellkräfte erzielt der in Abb. 201 dargestellte Ranarex-Gasdichtemesser der A.E.G., bei welchem die Meßkräfte durch Aufwendung motorischer Energie vervielfacht werden. Die Wirkungsweise der Ranarex-Meßkammer geht aus Abb. 202 schematisch hervor.

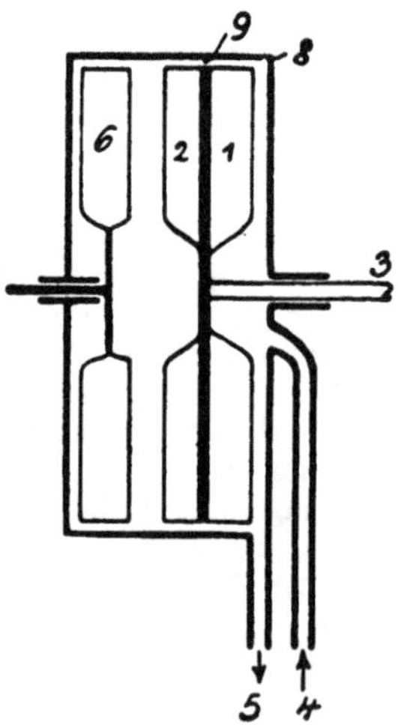

Abb. 202. Schema des Ranarex-Gasdichtemessers.

Durch einen kleinen Elektromotor wird von der Welle 3 ein Schleuderrädchen 1/2 angetrieben und dadurch die Gase, die bei 4 eintreten und bei 5 austreten, in eine sehr schnelle kreisende Bewegung versetzt. Die rotierenden Gase üben auf das mit Flügeln versehene Meßrädchen 6 ein Drehmoment aus, dessen Größe nicht nur mit dem spez. Gewicht der Gase sondern auch mit dem Quadrat der Geschwindigkeit wächst. In einer zweiten Meßkammer gleicher Art wird die atmosphärische Luft der Umgebung in genau gleiche Bewegung versetzt. Die auf die beiden Meßrädchen übertragenen Drehmomente verhalten sich demnach wie das spez. Gewicht der Gase zum spez. Gewicht der Luft. Das Verhältnis kann als Maß für den Kohlensäuregehalt der Gase dienen. Durch eine einfache mechanische Kuppelung der Achsen der beiden Meßrädchen wird das Verhältnis auf einer Skala sichtbar angegeben. Außerdem wird der Kohlensäuregehalt durch minutlich erfolgende Lochung eines Papierstreifens sichtbar registriert. Durch eine elektromagnetisch wirkende Fernübertragung kann die Anzeige an das Betriebsbureau weitergegeben werden. Wichtig für das zuverlässige Arbeiten des Apparates ist eine gute Vorreinigung der Abgase von Staub und Wasserdampf, da durch diese das spez. Gewicht stark beeinflußt werden kann. Die dazu nötigen Vorrichtungen werden mitgeliefert. Brennbare Gase (Kohlenoxyd und Wasserstoff) können mit dem Gasdichtemesser nicht bestimmt werden.

2. Gasprüfer auf dem Prinzip der Zähigkeit des durchströmenden Mediums.

Die Union-Apparatebaugesellschaft m. b. H., Karlsruhe, stellt einen selbsttätigen Gasprüfer her, der darauf beruht, daß Kohlensäure einerseits geringere Zähigkeit (innere Reibung) besitzt als Luft und infolgedessen durch eine Kapillare (enges Rohr) leichter in einen Raum hineinströmt. Andererseits ist sie schwerer als Luft und strömt deshalb auch schwerer durch eine Düse (Öffnung in einem Blech) heraus. Wird daher durch einen Raum zwischen einer Kapillare und einer Düse ein kohlensäurehaltiges Gas durchgesaugt, so stellt sich darin infolge der Stauung ein größerer absoluter Druck, also ein geringerer Unterdruck ein, als wenn Luft durchströmt. Der manometrisch gemessene Unterschied gibt ein Maß für den Kohlensäuregehalt, welcher von einer Schreibvorrichtung fortlaufend registriert wird.

Das einfache Prinzip des Apparates kommt in der im Verhältnis zu den chemisch wirkenden Gasprüfern auffallenden Einfachheit der Bauart vorteilhaft zur Geltung. Dieselbe Firma hat neuerdings ein Meßgerät zur Registrierung von CO_2 und CO auf den Markt gebracht[1]).

c) Elektrische Gasprüfer.

Kohlensäure besitzt eine um etwa 40% geringere Wärmeleitfähigkeit als die anderen Bestandteile der Gase. Hierauf ist die Bestimmung des Kohlensäuregehaltes folgendermaßen begründet (Abb. 203). Spannt man in einem Metallrohr, das mit dem

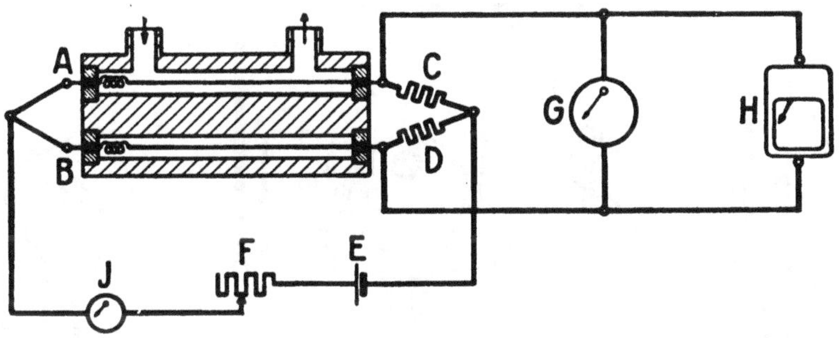

Abb. 203. Meßanordnung des elektrischen Rauchgasprüfers (Siemens & Halske).

zu untersuchenden Gas gefüllt ist, einen dünnen Platindraht aus (bei *A*) und heizt ihn durch einen elektrischen Strom von bestimmter Stärke, so nimmt er eine um so höhere Temperatur an, je größer der Kohlensäuregehalt ist, da Kohlensäure weniger Wärme ableitet als die anderen Gase. Mit der Temperatur ändert sich aber auch der elektrische Widerstand des Drahtes. Dieser wird mit Hilfe der in der Elektrotechnik vielfach verwendeten Wheatstoneschen Brückenschaltung verglichen mit dem Widerstand eines in Luft ausgespannten Drahtes (bei *B*). Der Unterschied wird unmittelbar an einem Galvanometer *G* angezeigt, welches in Prozent/Kohlensäure geeicht ist. An beliebiger Stelle kann noch ein Fernanzeiger *H* oder eine Registriervorrichtung angeordnet werden.

Es ist möglich, an den Apparat zur Bestimmung der Kohlensäure einen Ergänzungsapparat zur Bestimmung des Gehaltes an brennbaren Gasen anzufügen. Diese werden an einem elektrisch erhitzten Platindraht verbrannt, wobei die katalytische, d. h. die Verbrennung beschleunigende Wirkung des Platins mitwirkt. Die dazu benötigte geringe Sauerstoffmenge ist in den Abgasen meist enthalten. Zur Sicherheit wird aber durch eine kleine Düse ständig eine geringe Luftmenge angesaugt, welche bei der Eichung des Instrumentes berücksichtigt ist. Die infolge der Verbrennung eintretende Temperaturerhöhung des Drahtes bewirkt eine Zunahme seines elektrischen Widerstandes, welche ähnlich wie bei dem Kohlensäureprüfer gemessen werden kann.

[1]) R. Dünckel, Ein neues Meßgerät zur Registrierung von CO_2 und CO auf physikalischer Grundlage. Das Gas- und Wasserfach, München 1924, Heft 15, S. 197.

Aus Dr. Keinath: „Elektr. Temperaturmeßgeräte“
Abb. 204. Empfänger des elektrischen Gasprüfers (Siemens & Halske).

Der in seiner Form äußerst einfache Apparat Abb. 204 wird von der Firma Siemens & Halske A.-G., Berlin, hergestellt. Ein theoretischer Mangel des Instrumentes ist der Umstand, daß es bei Vorhandensein von freiem Wasserstoff einen zu niedrigen Kohlensäuregehalt angibt. Die hohe Wärmeleitfähigkeit des Wasserstoffes gleicht die geringere der Kohlensäure mehr oder minder aus. Die Gefahr, in diesem Falle auf Luftüberschuß in den Abgasen, anstatt auf den tatsächlich vorhandenen Luftmangel zu schließen, ist aber durch die Anzeige des Ergänzungsgerätes für unverbrannte Gase vermieden. Außerdem kommt freier Wasserstoff in den Abgasen der Öfen nur in sehr seltenen Fällen, in kleinsten Mengen und auch dann nur vorübergehend vor, so daß der erwähnte Nachteil praktisch nicht von Bedeutung ist.

Da jeder Ansatz von Ruß oder sonstige Abscheidungen am Meßdraht die Wärmeleitfähigkeit beeinflußt und infolgedessen die Anzeige stört, ist eine sorgfältige Filtrierung der Abgase nötig (Abb. 205).

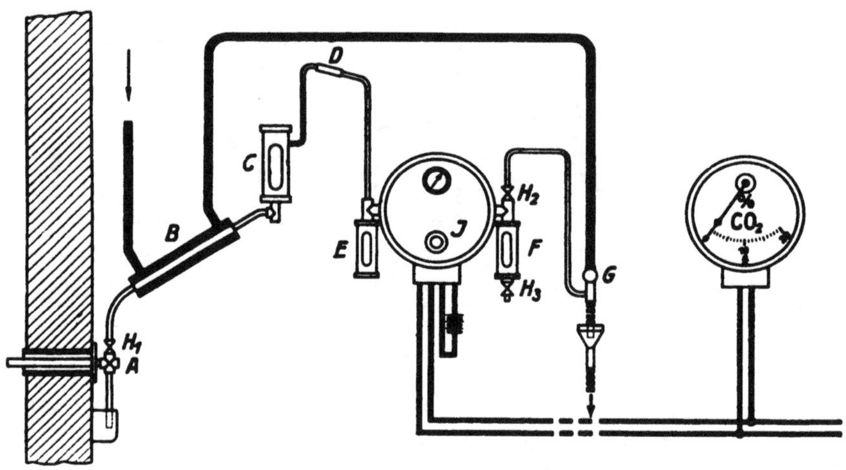

Aus Dr. Keinath: „Elektr. Temperaturmeßgeräte“.

A Gasentnahme. *D* Drosselspule. *G* Wasserstrahlpumpe.
B Kühler. *E* Feinfilter. H_1, H_2, H_3 Absperrhähne.
C Grobfilter. *F* Manometer. *J* Regelwiderstand.

Abb. 205. Leitungsplan einer CO_2-Meßanlage.

Einbau selbsttätiger Gasprüfer.

Zur Erleichterung der Betriebsüberwachung ist man zum Einbau der selbsttätigen Gasprüfer an verschiedenen Stellen des Ofens übergegangen. Der störende Fehler in der Gaszusammensetzung besteht in zu hohem Gehalt an Kohlensäure (CO_2) und dementsprechend zu geringem Gehalt an Kohlenoxyd (CO) im Frischgas. Umgekehrt wird für die Zusammensetzung der Abgase bei wirtschaftlicher Verbrennung ein hoher Gehalt an Kohlensäure und ein um so geringerer Gehalt an brennbaren Bestandteilen angestrebt. Im Gegensatz zu den bisher üblichen Anschauungen sollte man daher beim Frischgas besonderen Wert auf die Feststellung der Kohlensäure, hingegen beim Abgas auf die Bestimmung der unverbrannten Bestandteile legen. Darauf ist bei der Auswahl der Apparate zu achten.

Im übrigen geben die von den einzelnen Herstellungsfirmen herausgegebenen Schriften ausführliche Anleitung für den Einbau und die Bedienung der Apparate. Bei den Öfen der Glashüttenindustrie tritt die Empfindlichkeit aller Apparate gegen Verschmutzung durch Flugstaub, Ruß, Teer usw. besonders in Erscheinung. Es empfiehlt sich daher ganz besonders, neben der angeführten Filtrierung der Gase, die Anordnung des Entnahmerohres im Gaskanal wie nachstehend angegeben auszuführen (Abb. 206).

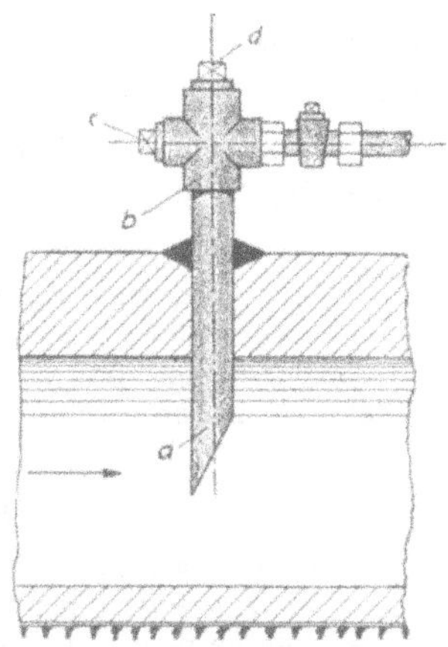

Abb. 206. Anordnung des Gasentnahmerohres.

Das Entnahmerohr *a* soll stets senkrecht von oben in den Gaskanal eingeführt werden. Das Ende ist schräg abzuschneiden, so daß die Öffnung von der Strömungsrichtung abgewendet ist, um das Eindringen von Flugstaub u. dgl. zu verhindern. Die Stopfen *c* und *d* gestatten ein gelegentliches Durchstoßen der Leitung zwecks Reinigung während des Betriebes. Selbstverständlich muß auf die Dichtheit der Leitung sorgfältig geachtet werden, um die Zusammensetzung der Gase durch den Hinzutritt falscher Luft nicht zu verändern. Da die Möglichkeit undichter Stellen mit der Länge der Leitung wächst, ist es vorteilhaft, sie so kurz wie irgend möglich auszuführen.

4. Gasfeuchtigkeit.

Ursachen und Wirkungen der Gasfeuchtigkeit.

Jedes in Generatoren erzeugte Gas enthält mehr oder minder große Mengen von Wasserdampf, die als Feuchtigkeit des Gases bezeichnet werden (siehe S. 263—266.) Die Gasfeuchtigkeit rührt zum Teil von der Nässe und dem Schwelwasser des in die Generatoren eingeführten Brennstoffes her, welche in dem aufsteigenden warmen Gasstrom verdampfen und mit dem Gas fortgeführt werden. Ein weiterer Teil der Gasfeuchtigkeit entstammt dem meist mit dem Wind in den Generator eingeführten Dampf, soweit dieser nicht beim Vergasungsprozeß zersetzt wird. Insbesondere wird bei Verwendung von Dampfgebläsen oft viel überschüssiger Dampf eingeblasen[1]). Endlich trägt auch der bei Stochlochverschlüssen (siehe S. 293) zur Vermeidung von Gasverlusten während des Stochens in den Generator von oben eingeblasenen Dampf zur Erhöhung der Gasfeuchtigkeit bei, insbesondere wenn infolge einer Undichtigkeit des Dampfabsperrorganes nicht nur beim Stochen sondern dauernd Dampf einströmt.

Die Analyse des erzeugten Gases mit dem Orsatapparat, wie sie im vorhergehenden (s. S. 363) besprochen wurde, liefert die Zusammensetzung des Gases in angenähert trockenem Zustande. Der größte Teil der im erzeugten Gase enthaltenen Dämpfe kondensiert infolge der Abkühlung in der Entnahmeleitung sowie in dem Sperrwasser des Apparates und fällt dadurch aus. Für die Bewertung des Gases ist aber die Kenntnis seiner Feuchtigkeit sehr wichtig, da diese die Qualität des Gases herabsetzt. Die Nachteile der Feuchtigkeit liegen vor allem in dem Sinken der Verbrennungstemperatur, des Wirkungsgrades der Verbrennung und der Produktion an Glas.

Während z. B. mit Steinkohlen- oder Brikettgas von geringer Feuchtigkeit selbst bei ungünstiger Zusammensetzung jeder Schmelzofen meist anstandslos betrieben werden kann, ist es mit dem sehr feuchten Gas aus Rohbraunkohlen auch bei günstiger Analyse des trockenen Gases und selbst bei hoher Vorwärmung schwer, die für den Schmelzbetrieb erforderlichen Ofentemperaturen zu erzielen. Leidet schon, wie weiter unten erklärt, die Glasproduktion, so wird außerdem der Kohlenverbrauch im Verhältnis zur Produktion außerordentlich hoch.

Die Verringerung der Verbrennungstemperatur ist in erster Linie durch die Verminderung des Heizwertes infolge des Wasserdampfgehaltes bedingt. Der Dampf

[1]) Siehe Kap. Gaserzeuger, sowie H. Le Chatelier, Die industrielle Heizung, übersetzt von B. Finkelstein, Akadem. Verlagsgesellschaft m. b. H., Leipzig 1922, S. 284.

nimmt ebenso wie der Stickstoff an der Verbrennung nicht teil, verdünnt also das Gas und verringert seinen Gehalt pro Kubikmeter an brennbaren Bestandteilen.

Beispiel. Ein Gas ergibt bei der Analyse in trockenem Zustand folgenden Gehalt an brennbaren Bestandteilen in Raumprozenten:

$$CO = 23{,}6,\ CH_4 = 2{,}7,\ C_mH_n = 0{,}5,\ H_2 = 13{,}9.$$

Der untere Heizwert des trockenen Gases beträgt H_u = 1380 WE/m³. Das Gas enthält 160 g = 200 l Wasserdampf pro m³ trock. Gas (1 g Dampf rd. 1,25 l Dampf bei 0° C und 760 mm QS), d. h. in 1 m³ feuchtem Gas sind nur 1000:1200 = 0,833 m³ trock. Gas oder in 1200 l feuchtem Gas sind 1000 l trock. Gas enthalten. Der Gehalt des feuchten Gases an brennbaren Bestandteilen ist daher:

$$CO = 0{,}833 \cdot 23{,}6 = 19{,}7;\ CH_4 = 0{,}833 \cdot 2{,}7 = 2{,}25;$$

$$C_mH_n = 0{,}833 \cdot 0{,}5 = 0{,}42;\ H_2 = 0{,}833 \cdot 13{,}9 = 11{,}6.$$

Der Heizwert sinkt um 230 WE auf 1150 WE/m³ feuchtes Gas. Die bei der Verbrennung entstehende Wärme muß nicht nur die Verbrennungsprodukte des trock. Gases sondern auch die Gasfeuchtigkeit auf die Flammentemperatur erhitzen, sich also auf ein größeres Gewicht verteilen, so daß die erzielbare Temperatur niedriger wird.

Dazu kommt noch, daß die spez. Wärme des Wasserdampfes, d. i. die zur Erwärmung der Raum- oder Gewichtseinheit um 1° C nötige Wärmemenge, höher ist als die der Verbrennungsprodukte des trockenen Gases. Hierdurch sinkt die Temperatur noch weiter.

Beispiel. Ein Generatorgas aus geringwertiger Rohbraunkohle habe einen unteren Heizwert H_u = 1100 WE/m³ trock. Gases und einen Feuchtigkeitsgehalt von etwa 400 g/m³ trock. Gases. Es errechnet sich bei vollkommener Verbrennung mit 20% Luftüberschuß eine theoretische Temperatursteigerung von rd. 1250° C. Kühlt man aber das Gas bis auf 30° C herunter, so fällt so viel Wasser aus, daß der Feuchtigkeitsgehalt nur noch 30 g/m³ ist, und die theoretische Temperatursteigerung beträgt dann rd. 1630° C. Die Flammentemperatur ist also bei Verwendung gekühlten Gases theoretisch um 370° C, praktisch vielleicht um 200—250° C höher als bei Verbrennung des rohen Gases. Während die theoretisch errechnete Verbrennungstemperatur nur von dem Heizwert des Gases sowie der Menge und der spez. Wärme der Abgase abhängt, wird die tatsächlich erzielbare höchste Flammentemperatur auch beeinflußt durch die während der Verbrennung auftretende Wärmeabgabe der Flamme durch Strahlung und Leitung an die Ofenwände und an den Ofeninhalt. Je schneller die Verbrennung erfolgt, desto weniger Wärme wird während der Verbrennung verloren gehen, eine desto höhere Temperatur wird also erreicht.

Der Wasserdampf verhindert nun die zur Erzielung großer Verbrennungsgeschwindigkeiten erforderliche innige Mischung zwischen den brennbaren Bestandteilen des Gases und der Verbrennungsluft. Er wirkt daher auch aus diesem Grunde der Entstehung hoher Temperaturen entgegen. Die Schmelzdauer und daher die Produktion der Glasschmelzöfen wird stark von der Flammentemperatur beeinflußt, da die durch Strahlung übertragene Wärme von der 4. Potenz der absoluten Temperatur abhängig ist. Je feuchter also das Gas, um so geringer ist die pro Kilogramm Brennstoff erzeugte Glasmenge, d. h. zur Erzielung derselben Produktion muß eine größere Brennstoffmenge vergast werden.

Endlich verursacht der Wasserdampf auch erhebliche Wärmeverluste dadurch, daß er mit mehr oder minder hoher Temperatur in den Kamin zieht, den Wärmeinhalt der Abgase, der für den Ofen verloren ist, also vergrößert. Der Wirkungsgrad, mit welchem die Brennstoffwärme in der Anlage ausgenützt wird, sinkt demgemäß.

Überall dort, wo Gase Zerstörungen des feuerfesten Materials veranlassen, treten sie gewöhnlich auch als Träger von flüssigen Bestandteilen auf. In welchem Umfange die Zerstörung von feuerfesten Steinen durch Gasfeuchtigkeit und die chemischen Bestandteile des Gases erfolgt, ist bisher noch nicht hinreichend geklärt[1]).

[1]) K. Endell, Über die Haltbarkeit feuerfester Baustoffe in der Glasindustrie. Vortrag, gehalten auf der 1. Tagung der „Deutschen Glastechnischen Gesellschaft“ in Berlin am 23. Mai 1924, s. „Sprechsaal“ 1924, Nr. 27, S. 321/25.

Feuchtigkeitsgehalt des Frischgases.

Es ist also eine wichtige Aufgabe der Betriebsleitung durch entsprechende Maßnahmen — richtige Einstellung des Zusatzdampfes, Vortrocknung des Brennstoffes, Entwässerung des Gases, sparsame Verwendung des Dampfes für die Stochlochverschlüsse usw. — den durchschnittlichen Feuchtigkeitsgehalt des Frischgases soweit als möglich zu vermindern. Die normalen Werte für den Feuchtigkeitsgehalt des Frischgases bewegen sich meist zwischen folgenden Grenzen, pro m³ trock. Gas bei 0° C und 760 mm QS, und zwar für Gas aus:

Steinkohle	30— 60 g
Braunkohlenbriketts	75—150 g
Rohbraunkohle	180—400 g.

Für die glatte Betriebsweise des Ofens kommt es aber nicht nur darauf an, diesen Durchschnittsgehalt an Feuchtigkeit niedrig zu halten, sondern vor allem auch darauf, daß möglichst wenig Schwankungen im Feuchtigkeitsgehalt auftreten. Jede Veränderung desselben bewirkt entsprechende Änderungen der Flammentemperaturen und stört daher die für die Herstellung guten Glases so überaus wichtige Gleichmäßigkeit des Ofenganges.

Die Schwankungen der Feuchtigkeit rühren von der Ungleichmäßigkeit in der Einstellung des Zusatzdampfes her. Zu ihrer Behebung wurden im Abschnitt über Temperaturmessungen geeignete Maßnahmen vorgeschlagen (s. S. 322). In starkem Maße hängen sie auch von der Art der Beschickung des Generators ab. Oft wird dann erst frischer Brennstoff aufgegeben, wenn das Gas anfängt blau auszusehen, d. h. wenn der Brennstoff in den oberen Schichten vollständig getrocknet und zum größten Teil entschwelt ist. Das Gas ist dann vor der Beschickung mehr oder minder trocken. Durch die Einführung großer Mengen nassen Brennstoffes steigt natürlich der Feuchtigkeitsgehalt plötzlich in starkem Maße. Abb. 207 zeigt eine Kurve der Gasfeuchtigkeit für Braunkohlenbrikettgas, welche bei einem Generator einer sächsischen Glashütte aufgenommen wurde. Das plötzliche Ansteigen der Gasfeuchtigkeit zu hohen Werten sowie die Ungleichmäßigkeit im Feuchtigkeitsgehalt als Folgen zu langer Pausen in der Beschickung gehen daraus deutlich hervor.

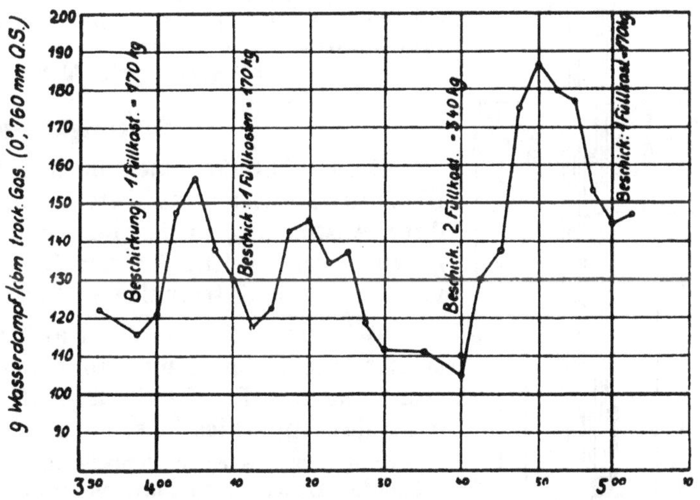

Abb. 207. Verlauf der Gasfeuchtigkeit bei unregelmäßig beschicktem Gaserzeuger.

Insbesondere ungünstig wirkt natürlich das plötzliche Aufgeben von größeren Mengen kalter und durchnäßter Rohbraunkohle auf die abgegasten heißen Schichten. Dabei ergießt sich ein förmlicher Regen in den Generator, der neben den für die Gaszusammensetzung schädlichen Folgen der Abkühlung auch die Gasfeuchtigkeit vorübergehend stark vergrößert. Auch die gleichzeitige Beschickung mehrerer Generatoren wirkt in dieser Beziehung sehr schädlich und sollte unter allen Umständen vermieden werden.

Feuchtigkeitsgehalt des Abgases. Ist auch der Feuchtigkeitsgehalt des Frischgases im wesentlichen abhängig von verschiedenen Betriebsfaktoren, so treten die absoluten Mengen an Wasserdampf in den Hintergrund gegenüber den Feuchtigkeitsmengen, die vor allem durch den Verbrennungsvorgang im Ofenraum selbst frei werden. Sie lassen sich an Hand der Gasanalysen berechnen.

Um ein Beispiel anzuführen, betrug bei einer Schmelzofenanlage für Tafelglas, in der stündlich 1450 kg Steinkohle mit 13% Feuchtigkeitsgehalt verstocht wurden, entsprechend einer Frischgasmenge (feucht) von 5990 m³/Std., die gesamte Abgasmenge 12900 m³/Std. Der Feuchtigkeitsgehalt der Abgase zergliederte sich wie folgt:

Wasserdampf a. d. Kohlenfeuchtigkeit	49 kg/Std.
unzersetzter Zusatzdampf	90 „
Schwelwasser	151 „
Feuchtigkeit der Vergasungsluft	30 „
Wasserdampf Frischgas zusammen	320 „
Verbrennungswasserdampf	958 „
Wasserdampf der zugeführten Verbrennungsluft	63 „
Wasser aus dem Gemenge	117 „
Insgesamt	1458 kg/Std.

Die gesamte durch den Schornstein abziehende Feuchtigkeitsmenge betrug daher annähernd dem Gewichte nach ebensoviel wie die zugeführte Brennstoffmenge. Die spez. Feuchtigkeit der Abgase war 131 g/m³ trock. Abgas[1]).

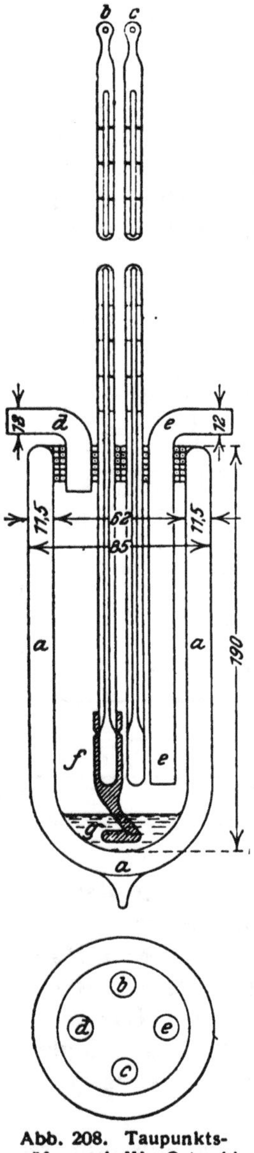

Abb. 208. Taupunktsprüfer nach Wa. Ostwald.

Feuchtigkeitsmesser.

Die Feuchtigkeitsmessungen technischer Gase, wie sie in den Glashüttenbetrieben auftreten, sind dadurch erschwert, daß zu ihrer Ausführung bisher nur Meßverfahren und Apparate gegeben waren, welche für das Laboratorium, aber nicht für die verstaubten und teerhaltigen Gase des Betriebes geeignet sind.

a) Taupunktsprüfer nach Wa. Ostwald. Derselbe gestattet eine einfache und für den Betrieb genügend genaue Bestimmung des Feuchtigkeitsgehaltes. Abb. 208 zeigt die Anordnung des Apparates in schematischer Darstellung[1]).

Er besteht aus einem doppelwandigen Glasgefäß *a*, das in der Art der bekannten Dewarschen Flaschen luftleer ist, wodurch ein guter Wärmeschutz gewährleistet wird. Das Gefäß ist durch einen Stopfen verschlossen, in welchen ein Glasrohr *d* zur Gaszufuhr und ein auf den Boden des Gefäßes reichendes Glasrohr *e* zur Gasabfuhr eingesteckt ist. In das Gefäß reichen zwei Quecksilberthermometer mit genauer auf ein Fünftel Grad C geeichter Skala; die Kugel des einen Thermometers *b* (feuchtes Thermometer) wird durch ein in Wasser tauchendes Läppchen *f* feucht gehalten. Die Kugel des anderen Thermometers *c* (trockenes Thermometer) gibt unmittelbar die jeweilige Gastemperatur *t* an. Der Apparat beruht auf dem Prinzip der bekannten, in der Meteorologie schon lange verwendeten Psychrometer zur Bestimmung der Luftfeuchtigkeit. Ist das den Apparat durchströmende Gas nicht mit Wasserdampf gesättigt, so tritt an der Kugel des feuchten Thermometers eine Verdunstung und infolgedessen eine Abkühlung ein (Verdunstungskälte). Das feuchte Thermometer zeigt dann eine geringere Temperatur t_f an als das trockene. Der Temperaturunterschied t_f, die sog. „psychrometrische Differenz", ist um so größer, je weniger Feuchtigkeit das Gas enthält. Die Verdunstung und die Entstehung der Verdunstungskälte erfolgt um so energischer, je trockener das Gas ist.

---

[1]) Siehe auch Maurach, Der Wärmefluß. Verlag R. Oldenbourg, München, 1923, S. 76.

[1]) Vgl. Mitteilungen Nr. 26 und 62, sowie Ergänzung zu Mitteilungen Nr. 26 vom 10. April 1923, Feuchtigkeitsbestimmung. Herausgeg. von der Wärmestelle Düsseldorf.

Die Bewegung des Gases durch den Apparat geschieht am besten durch eine Absaugevorrichtung, z. B. eine Wasserstrahlpumpe, da die durch den vorhandenen Überdruck aus dem Gaskanal zugeführten Gasmengen für die Untersuchung meist nicht genügen. Die Geschwindigkeit des Gasstromes soll möglichst gering sein, jedoch mindestens so groß, daß sich die Gasfeuchtigkeit nicht vor oder in dem Apparat niederschlägt. Ist das Gas nahe der Sättigung, so schützt man es vor Abkühlung, indem man die Zuführungsleitungen mit wärmeisolierenden Mitteln (Putzwolle oder dgl.) umgibt. Die Regelung der Geschwindigkeit und dadurch der Gastemperatur kann durch Abklemmen des Leitungsschlauches bewirkt werden. Erfahrungsgemäß stellt sich eine befriedigende Genauigkeit ein, wenn die psychrometrische Differenz durch Regelung der Gasgeschwindigkeit auf etwa 4—10° C eingestellt wird.

b) U-Rohr-Feuchtigkeitsmesser der Wärmestelle Düsseldorf.

Der von der Firma Ströhlein & Co., Düsseldorf, hergestellte Apparat (Abb. 209) beruht im Prinzip auf denselben Vorgängen wie der Feuchtigkeitsmesser nach Ostwald. Er ist klein und handlich und eignet sich für betriebstechnische Messungen sehr gut.

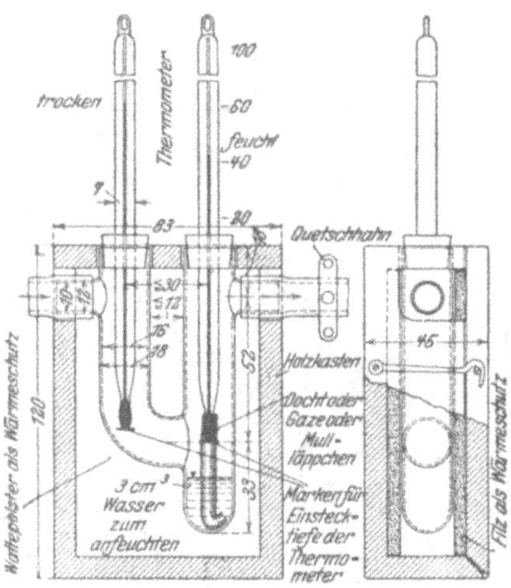

Abb. 209. U-Rohr-Feuchtigkeitsmesser der Wärmestelle Düsseldorf.

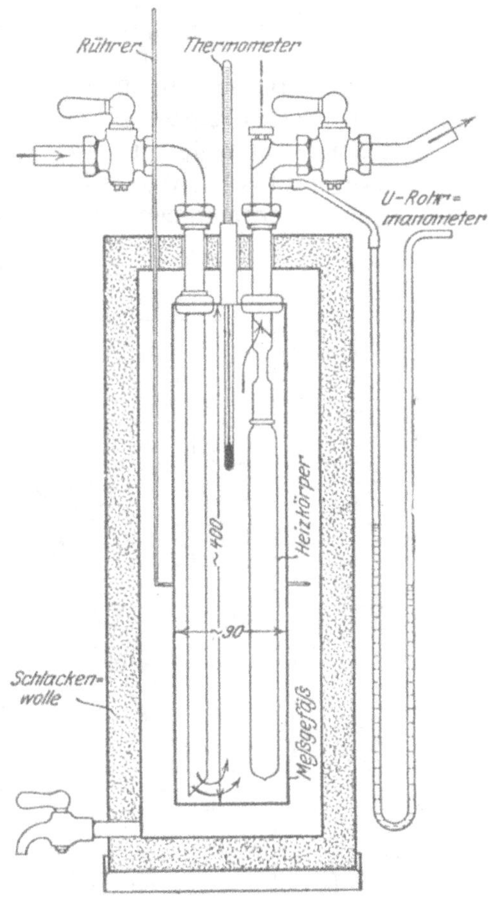

Abb. 210. Feuchtigkeitsmesser nach Prof. Dr. Nägel.

c) Feuchtigkeitsmesser nach Prof. Dr. Nägel.

Die Wirkungsweise des von der Firma Georg Rosenmüller, Dresden N 6, hergestellten Apparates (Abb. 210) beruht auf folgendem Grundgedanken:

Wird ein bestimmtes Volumen eines feuchten Gases bei einer über dem Taupunkt liegenden Temperatur von der äußeren Atmosphäre abgeschlossen, so daß es den Druck des Barometerstandes *b* hat, und wird es danach auf eine Temperatur, die sicher unter dem Taupunkt liegt, abgekühlt, dann fällt der Druck erstens durch Abkühlung des trockenen Gases und auch dadurch, daß der Wasserdampf bis auf diejenige Feuchtigkeit kondensiert, welche der neuen Temperatur entspricht. Aus den hierbei gemessenen Temperatur- und Druckgrößen läßt sich der ursprüngliche Wasserdampfgehalt des Gases berechnen. Der Apparat liefert recht genaue Ergebnisse und eignet sich besonders für teerhaltige Gase. Jede einzelne Bestimmung nimmt etwa 15 Minuten in Anspruch[1]).

[1]) E. Maase, Die Bestimmung des Feuchtigkeitsgehaltes von Generatorgas. „Feuerungstechnik", 1922/23, Verlag Otto Spamer, Leipzig, S. 27.

Berechnung der Gasfeuchtigkeit.

Aus der psychrometrischen Differenz $t - t_f$ kann der Teildruck des Wasserdampfes p_d, d. h. der Anteil des Wasserdampfes an dem gesamten Druck des feuchten Gases, angenähert nach folgender Formel berechnet werden:

$$p_d = p_f - 0{,}6\,(t - t_f) \text{ mm QS} \quad \text{(I)}$$

Darin ist p_f der Sättigungsdruck von Wasserdampf bei der Temperatur t_f des feuchten Thermometers, d. h. der Druck des Dampfes in einem Raum, der bei t_f ⁰ C mit Dampf gesättigt ist. In allen gebräuchlichen Dampftabellen[1]) sind die zusammengehörigen Werte von Temperatur und Sättigungsdruck angegeben. In Abb. 211 u. 212 ist die gegenseitige Abhängigkeit beider Größen innerhalb der gebräuchlichen Grenzen in einer Kurve graphisch dargestellt, aus welcher zu jeder Temperatur der zugehörige Sättigungsdruck entnommen werden kann.

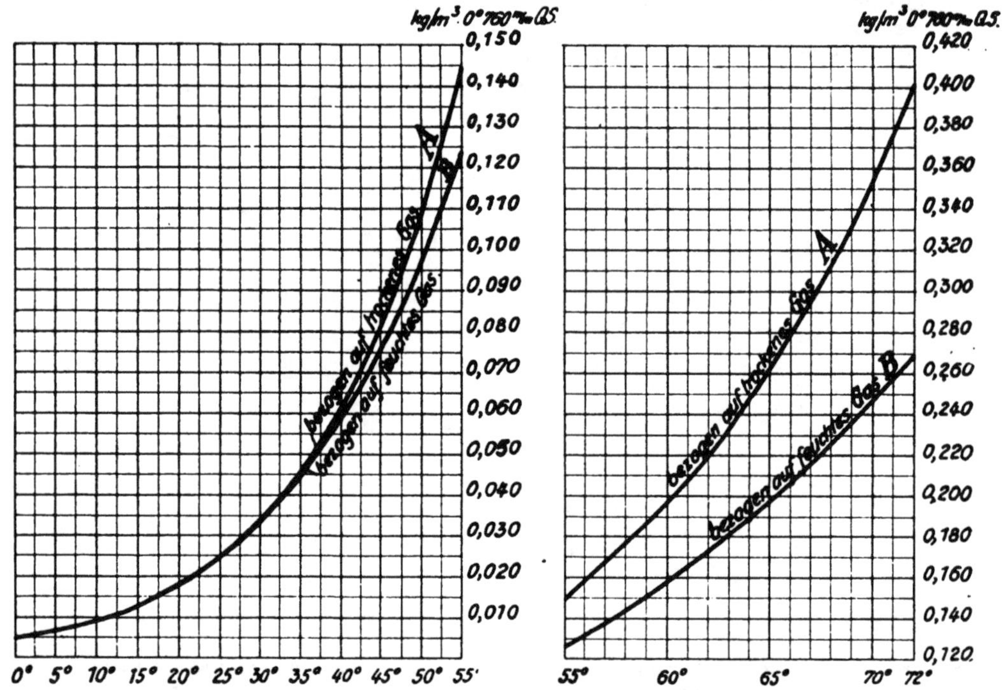

Kurve *A*: Dampfdruck in mm Q · S'.
Kurve *B*: Feuchtigkeisgehalt in kg/cbm trockenes Gas (0° C. 760 mm QS).
Abb. 211 u. 212. Dampfdruck- und Feuchtigkeitskurven für gesättigtes Gas, bezogen auf einen Mischungsdruck von 760 mm QS.

Dem Faktor 0,6 in der angeführten Formel I haftet eine gewisse Unsicherheit an, da er von verschiedenen Bedingungen, so z. B. von der Geschwindigkeit des durchströmenden Gases abhängt, die nicht immer genau eingehalten werden kann. Daher ist der auf Grund dieser Formel errechnete Wert des Dampfteildruckes p_d kann die im Gas bei einem Gesamtdruck von p mm QS enthaltene Dampfmenge berechnet werden. Man bezieht sie meist auf diejenige Menge trock. Gases, die in einem Raum von 1 m³ Inhalt bei 0⁰ und 760 mm, QS enthalten ist. Sie ergibt sich aus der Formel:

$$D = \frac{804\, p_d}{p - p_d} \text{ g Dampf/cbm trock. Gas} \quad \text{(II)}$$

[1]) Wärmetabellen der Physikalisch-Technischen Reichsanstalt, Verlag F. Vieweg & Sohn, Braunschweig 1919, und W. Schüle, Technische Thermodynamik, 4. Aufl., Bd. I, 1921, Verlag Jul. Springer, Berlin.

Wird das feuchte Gas abgekühlt, so ändert sich der Teildruck des Dampfes nicht, bis der Taupunkt erreicht ist. Der Taupunkt ist bekanntlich jene Temperatur, bei welcher die in einem Gas enthaltene Feuchtigkeitsmenge zur Sättigung ausreicht. Der Taupunkt ist daher auch ein Maß für den Feuchtigkeitsgehalt. Wird die Abkühlung unter den Taupunkt getrieben, so kondensiert ein entsprechender Teil des Dampfes. (Taubildung in der kalten Morgenluft.) Beim Taupunkt t_0 ist der Teildruck p_d gleich dem Sättigungsdruck. Aus den Kurven der Abb. 211 kann demnach für den nach Formel I ausgerechneten Teildruck der Taupunkt ohne weiteres entnommen werden.

In Abb. 211 u. 212 sind auch die nach Formel II berechneten Dampfmengen pro m³ trockenes Gas (0° C und 760 mm QS) für einen Gesamtdruck des feuchten Gases im Apparat von 760 mm QS als Kurven *B* eingetragen. Sie sind auch in den gebräuchlichen Dampftabellen enthalten. Will man auf einen anderen Druck p umrechnen, so muß man den aus der Kurve entnommenen Wert D_{760} folgendermaßen korrigieren:

$$D_p = D_{760} \cdot \frac{760 - p_d}{p - p_d} \qquad \text{(III)}$$

Die Umrechnung ist erforderlich, wenn der Barometerstand erheblich von 760 mm QS verschieden ist. Über- oder Unterdrücke des Gases im Apparat können vernachlässigt werden, da sie meist nur einige mm WS betragen.

Beispiel. Nach Einstellen des Beharrungszustandes zeigt das:

trockene Thermometer eine Temperatur von $t = 47{,}8^0$
feuchte „ „ „ „ $t_f = 39{,}5^0$
der Barometerstand beträgt $b = 741$ mm QS.

Taupunkt und Feuchtigkeitsgehalt des Gases sind zu bestimmen.

Aus Kurve *A* (Abb. 211) ergibt sich die der Temperatur t_f entsprechende Sättigungsspannung $p_f = 53{,}5$ mm QS.

Nach Formel I ist daher der Teildruck des Wasserdampfes im Gas:

$$p_d = 53{,}5 - 0{,}6\,(47{,}8 - 39{,}5) = 48{,}5 \text{ mm QS.}$$

Nach Formel II ergibt sich daraus der Feuchtigkeitsgehalt:

$$D = \frac{804 \cdot 48{,}5}{741 - 48{,}5} = 56{,}3 \text{ g/cbm trock. Gas } (0^0,\ 760 \text{ mm QS}).$$

Der Taupunkt kann für einen Sättigungsdruck p_d aus der Kurve *A* (Abb. 211) abgelesen werden. Er ist $t_0 = 37{,}7^0$ C. Aus der Kurve *B* (Abb. 211) ergibt sich der Feuchtigkeitsgehalt bei einem Gesamtdruck von 760 mm QS. Er beträgt $D = 55$ g/m³.

Wie ersichtlich, ist die Korrektur für den von 760 mm QS abweichenden Barometerstand unerheblich, so daß für praktische Rechnung die aus der Kurve *B* entnommenen Werte für den Feuchtigkeitsgehalt genügende Genauigkeit besitzen, zumal die Rechnungsunterlagen ja nur angenähert richtig sind.

Unmittelbare Bestimmung des Taupunkts.

Mittels des unter Fig. 208 beschriebenen Apparates ist es auch möglich, den Taupunkt t_0 unmittelbar, ohne jede Rechnung zu bestimmen. Man drosselt die Gasströmung ganz allmählich, wodurch die Temperaturen in beiden Thermometern sinken. Die Temperatur des trockenen Thermometers nimmt schneller ab als diejenige des feuchten. Die Temperatur, bei welcher beide Thermometer gleiche Anzeigen ergeben, ist der Taupunkt. Sie entspricht dem Sättigungszustand des Gemisches, bei welchem eine Verdunstung am feuchten Thermometer nicht mehr auftritt. Es empfiehlt sich durch mehrmalige Wiederholung des Verfahrens die Genauigkeit der Bestimmung zu erhöhen.

IV. Wärmewirtschaftliche Betriebsführung.

Brennstoff und Gestehungspreis.

Das letzte Ziel aller wärmewirtschaftlichen Bestrebungen ist nicht Brennstoff, sondern vor allem Geld zu sparen. Der Zwang, sich mit Wärme- und Energiewirtschaft in Glashütten zu befassen, wird daher wesentlich bedingt durch den Anteil, welchen die Brennstoffe an dem Gestehungspreis des Glases nehmen. Sind auch die diesbezüglichen Wertteile in den einzelnen Hütten trotz eines ähnlichen Erzeugungsvorganges infolge abweichender Bedingungen der technischen und wirtschaftlichen Produktionsmittel verschieden, so lassen sich doch Durchschnittszahlen aufstellen, welche sich den wahren Verhältnissen nähern. Der Spielraum, den jedes Einzelunternehmen für sich in Anspruch nehmen kann, wird hierdurch nicht berührt. Unter diesem Vorbehalt ergibt sich beispielsweise für Spiegelglas und Flaschenglas, etwa folgendes Bild.

Aufteilung der Gestehungskosten in Prozenten.

	Flaschenglas	Spiegelglas
Löhne und Gehälter	23,5	18,2
Schmelz- Schleif- und Poliermaterialien . .	18,3	30,8
Brennmaterialien	**23,5**	**27,4**
Ofenbaumaterialien	1,4	10,3
Versch. Materialien	1,4	2,4
Nebenbetriebe	13,1	3,1
Gen. Unkosten, Abschreibungen und dergl. .	18,8	7,8
	100,0	100,0

1. Brennstoff- und Energieverteilung.

Wärmeschemen.

Bei dieser Aufstellung der Selbstkosten treten die Ausgaben für Brennstoffe je nach dem technischen Charakter des Glaserzeugnisses mit 23 bis 28% hervor. Ein sorgsames Verfolgen dieses wichtigen Postens der Selbstkostenberechnung [1]) ergibt daher die Forderung mittels der Wärmetechnik wesentliche Ersparnisse zu erzielen [2]).

Um den erforderlichen Überblick über den Wärme- und Energieverbrauch zu gewinnen, ist festzustellen, wohin der eingeführte Brennstoff bei seiner Umwandlung in Wärme und Kraft sich innerhalb der Hütte verlaufen hat. Systematisch ist jede Feuerstelle (Gaserzeuger, Rostfeuerung), jeder Ofen (Schmelz- und Nebenöfen) und jede Maschine mit den Hilfsmitteln neuzeitlicher Meßtechnik zu untersuchen, um nachzuweisen, ob sie auch das Höchste von dem leisten, was bei sachgemäßer Betriebsführung die bauliche Ausführung leisten kann. Jeder Stoff, der am Herstellungsprozeß beteiligt ist, muß der Überwachung unterliegen. Kein Gemengerest, keine Glasscherbe und kein feuerfester Stein darf ungenutzt verloren gehen,

[1]) Ausschuß für wirtschaftliche Fertigung (AwF) im Verein deutscher Ingenieure, Berlin NW 7. Druckschrift Nr. 7, 2. Auflage, April 1921. „Richtige Selbstkostenberechnung als Grundlage der Wirtschaftlichkeit industrieller Unternehmungen und als Mittel zur Besserung der Wettbewerbsverhältnisse."

[2]) S. Herzog, „Berechnung technischer und industrieller Betriebe". Verlag Urban & Schwarzenberg, Berlin 1921. Selbstkostenberechnung einer Spiegelglasfabrik, S. 253/328.

denn in allen steckt umgewandelte Brennstoffenergie. Durch fortgesetzte Steigerung in der Genauigkeit der Messungen muß es gelingen, den Brennstoff auf seinem Wege vom unansehnlichen Rohstoff bis zum klaren durchsichtigen Glasgut in allen Einzelheiten zu verfolgen.

Aufschluß über die teilweise sehr verwickelten Zusammenhänge zwischen Energieerzeugung und -verwertung gibt der Wärmehaushaltplan der Hütte. In Abb. 213 ist beispielsweise das Wärmeschaubild für eine Spiegelglashütte wiedergegeben.

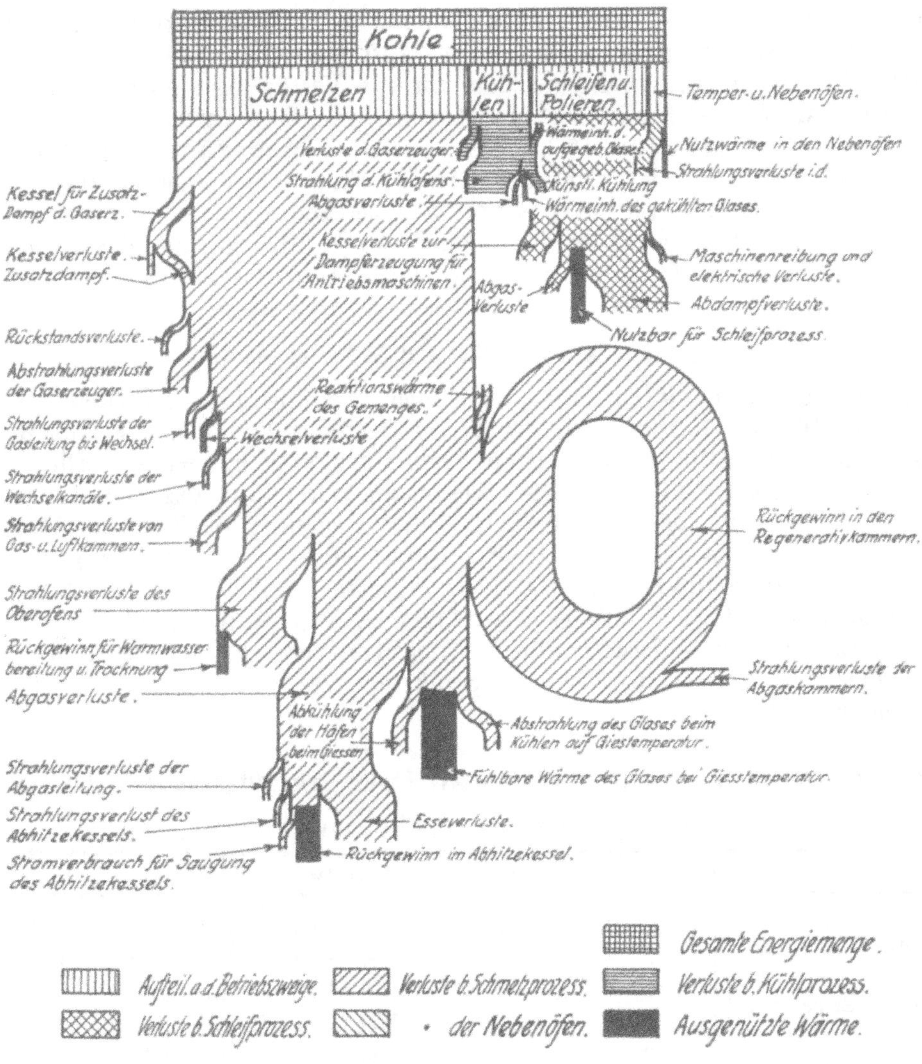

Abb. 213. Wärmeschaubild einer Spiegelglashütte.

Der gesamte der Hütte zugeführte Brennstoff (die Breiten bedeuten die Mengen) ist in seiner Umwandlung zergliedert. Das Bild veranschaulicht die Teilmengen jeder Energieform für die einzelnen Arbeitsvorgänge. Es fällt dabei auf, wie wenig Energie (etwa 10 bis 20%) wirklich nutzbar als Schmelzwärme oder Formgebungskraft in das erzeugte Glas übergeht, wie groß hingegen die weitverzweigten Verluste sind, die teils mit Verschulden des Herstellers, teils durch die technische Unvollkommenheit der Anlage entstehen. Diese Wärmestrombilder[1]) lassen sich für jede Hütte aufstellen und bilden die Unterlage für das wärmewirtschaftliche Arbeitsprogramm der Betriebsleitung. Bei sorgsamster Verfolgung der einzelnen Verlustproben gelangt die Anlage allmählich in den Zustand, in welchem, je nach Bauart und Betriebsweise, die höchstmögliche Wärmeausnutzung erreicht werden kann. Verbesserungsvorschläge für die Wärmewirtschaft finden ihre Grundlage in den Feststellungen des Wärmehaushaltplanes.

Wärmepreis und Brennstoffzufluß.

Aus dem Heizwert des Brennstoffes[2]) und dem Brennstoffpreis loco Hütte berechnet sich der Wärmepreis. Nach rein kaufmännischen Gesichtspunkten trifft die Hütte die geeignete Auswahl aus dem ihr zur Verfügung stehenden oder angebotenen Brennstoff. Leider ist die zahlenmäßige Bestimmung der Brennstoffmengen und Brennstoffkosten in der Mehrzahl der Fälle die einzige Feststellung, mit der sich die Hüttenleitung in gewissen Zeitabständen befaßt. Die wärmewirtschaftliche Gesundung wird aber nur dort eintreten, wo außerdem fortgesetzt Betriebsversuche (s. S. 301) die Güte des verwendeten Brennstoffes (Brennstoffuntersuchung) und seine rationelle Ausnutzung im Betriebe nachprüfen.

Verbrauchszahlen für den Wärmebedarf.

Die Betriebsmittel der Glashütten (Schmelz-, Kühl- bzw. Strecköfen), welche hauptsächlich für den Brennstoffverbrauch in Betracht kommen, weichen in ihren Abmessungen, ihrer Bauart und Betriebsweise stark voneinander ab. Die Arbeitsverfahren wechseln von Hütte zu Hütte. Die für die Herstellung des Glases zubereitete Mischung der Rohstoffe, d. i. die Einstellung des Gemenges, ist in keiner Hütte dieselbe. Maschinen zur mechanischen Bearbeitung (Schleifen und Polieren) des Glases lassen bei der Vielseitigkeit ihrer Ausführungsarten einheitliche Festsetzung des Kraftverbrauches nicht zu. Infolgedessen können Verbrauchszahlen für den Wärmebedarf nur annähernde Gültigkeit besitzen, und es wäre verfehlt, die in der nachstehenden Zusammenstellung aufgeführten Werte als Normen für die Fachgruppen anzunehmen.

Verbrauchszahlen für den Brennstoffbedarf in kg pro aufgegebenes Gemenge.

I. Flaschen-Grünglas (Wannenbetrieb)

Brennstoff	Betriebsweise	Schmelzen	Kühlen	Summe
Steinkohle	3 schicht. Betr.	0,80—0,85	0,07—0,10	0,87—0,95
	2 „ „	0,90—1,00	0,08—0,12	0,98—1,12
Braunkohlen-Briketts .	3 „ „	1,16—1,23	0,10—0,15	1,26—1,38
	2 „ „	1,30—1,45	0,12—0,18	1,42—1,63
Böhm. Braunkohle . .	3 „ „	1,24—1,32	0,11—0,16	1,35—1,48
	2 „ „	1,40—1,55	0,13—0,19	1,53—1,74
Torf oder Holz . . .	3 „ „	1,60—1,70	0,07—0,10	1,67—1,80
	2 „ „	1,80—2,00	0,08—0,12	1,88—2,12
Rohbraunkohle . . .	3 „ „	2,43—2,58	0,20—0,30	2,63—2,88
	2 „ „	2,74—3,04	0,24—0,36	2,98—3,40

[1]) „Wärmestrombilder (Sankey-Diagramme) aus dem Eisenhüttenwesen." Verlag Stahleisen m. b. H. Düsseldorf 1922.

[2]) s. Kap. 4, S. 250 u. 257.

II. Hohlglas (Hafenbetrieb).

Brennstoff	Schmelzen	Formgebung	Kühlen	Summe
Steinkohle	0,61	0,44	0,45	1,50
Braunkohlen-Briketts	0,88	0,65	0,66	2,19
Böhm. Braunkohle	0,94	0,69	0,70	2,33
Torf oder Holz	1,21	0,89	0,90	3,00
Rohbraunkohle	1,74	1,37	1,38	4,49

III. Spiegelglas (Hafenbetrieb)

Brennstoff	Betrieb mit	Schmelzen	Kühlen	Schleifen und Polieren	Summe
Steinkohle	3 Öfen	0,85—1,05	0,18—0,20	0,47—0,69	1,50—1,94
	2 Öfen		0,25—0,30		1,57—2,04
	1 Ofen		0,45—0,59		1,77—2,33
Braunkohlen-Briketts	3 Öfen	1,25—1,50	0,25—0,30	0,69—1,40	2,19—3,20
	2 Öfen		0,35—0,45		2,29—3,35
	1 Ofen		0,65—0,86		2,59—3,76
Böhm. Braunkohle	3 Öfen	1,35—1.60	0,28—0,40	0,74—1,50	2,37—3,40
	2 Öfen		0,39—0,47		2,48—3,57
	1 Ofen		0,70—0,92		2,79—4,02
Torf oder Holz	3 Öfen	1.70—2,05	0,36—0,40	0,94—1,91	3,00—4,06
	2 Öfen		0,50—0,60		3,14—4,56
	1 Ofen		0,90—1,18		3,64—5,14
Rohbraunkohle	3 Öfen	2,60—3,15	0,58—0,66	1,44—2,92	3,62—6,67
	2 Öfen		0,75—0,90		3,79—6,97
	1 Ofen		1,37—1,79		4.41—7,86

IV. Tafelglas (Wannenbetrieb)

Brennstoff	Schmelzen	Formgebung (Trommelöfen)	Kühlen	Summe
Steinkohle	0,65—1,10	0,60—0,80	0,14—0,18	1,39—2,08
Braunkohlen-Briketts	0,95—1,60	0,90—1,10	0,20—0,26	2,05—2,96
Böhm. Braunkohle	1,05—1,70	1,00—1,20	0,21—0,27	2,26—3.17
Torf oder Holz	1,35—2,20	1,24—1.37	0,27—0,35	2,86—3,92
Rohbraunkohle	2,00—3,35	1,90—2,30	0,40—0,50	4,30—6,15

Den Zahlentafeln I bis IV wurden folgende durchschnittliche untere Heizwerte zugrunde gelegt für:

Steinkohle	7000 WE
Braunkohlen-Briketts	4800 WE
Böhmische Braunkohle	4500 WE
Torf oder Holz	3500 WE (lufttrocken)
Rohbraunkohle	2300 WE (50% Feuchtigkeit).

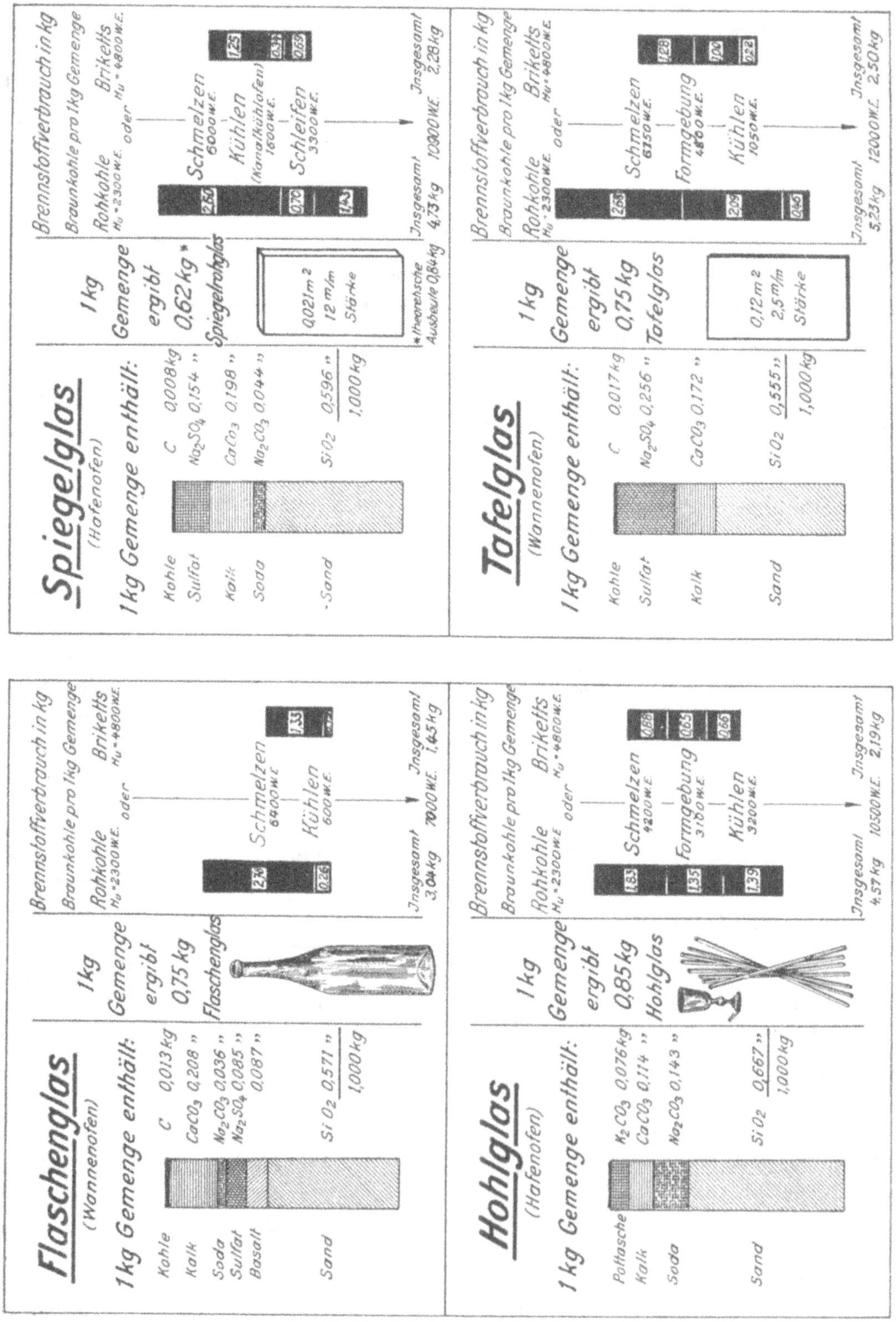

Abb. 214. Wärmebedarf bzw. Brennstoffverbrauch bezogen auf 1 kg Gemenge.

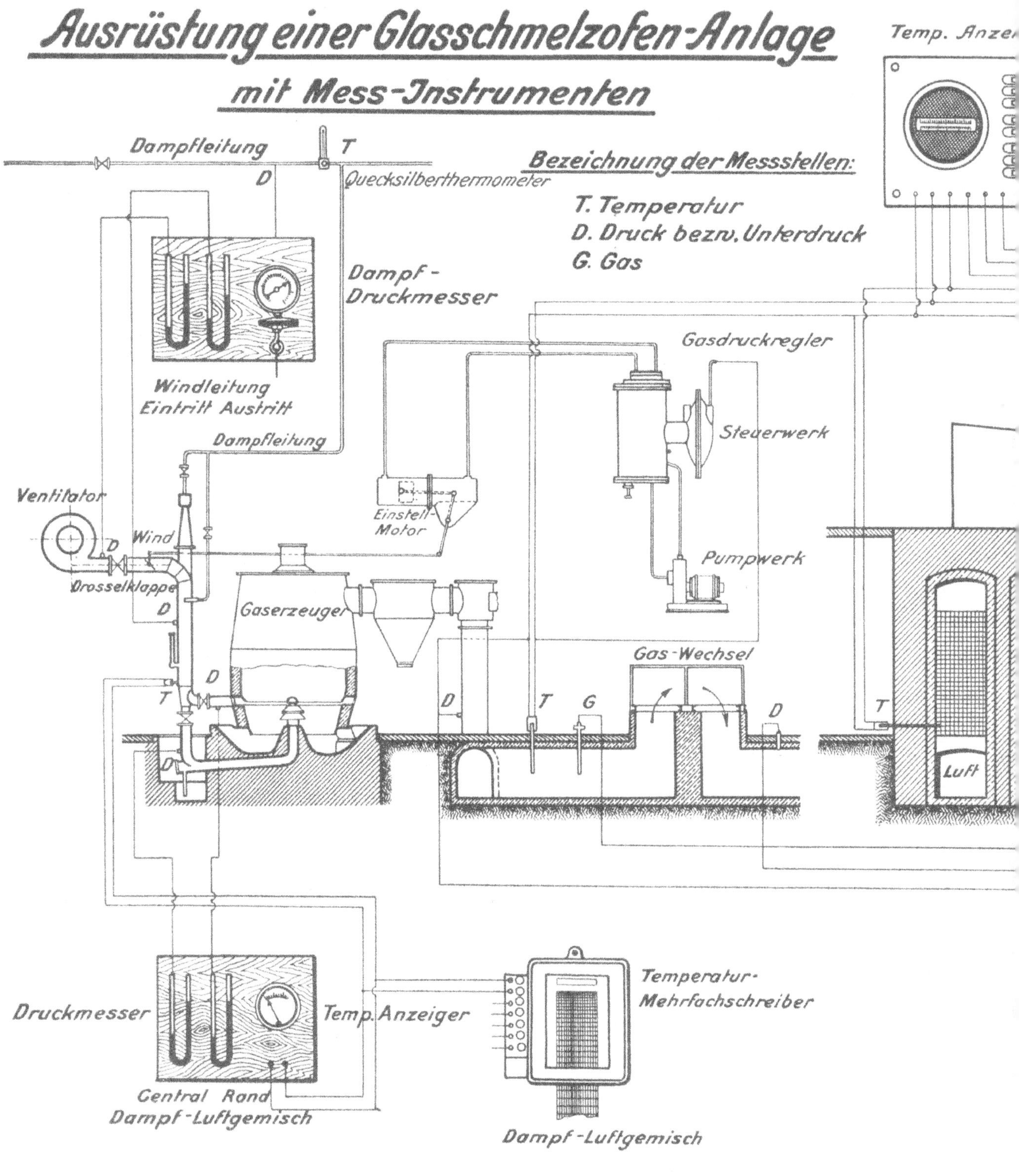
Ausrüstung einer Glasschmelzofen-Anlage
mit Mess-Instrumenten
Bezeichnung der Messstellen:
T. Temperatur
D. Druck bezw. Unterdruck
G. Gas
Dampfleitung
Quecksilberthermometer
Dampf-Druckmesser
Windleitung
Eintritt Austritt
Dampfleitung
Ventilator
Wind
Drosselklappe
Gaserzeuger
Einstell-Motor
Gasdruckregler
Steuerwerk
Pumpwerk
Gas-Wechsel
Luft
Temp. Anze
Druckmesser
Temp. Anzeiger
Central Rand
Dampf-Luftgemisch
Temperatur-Mehrfachschreiber
Dampf-Luftgemisch

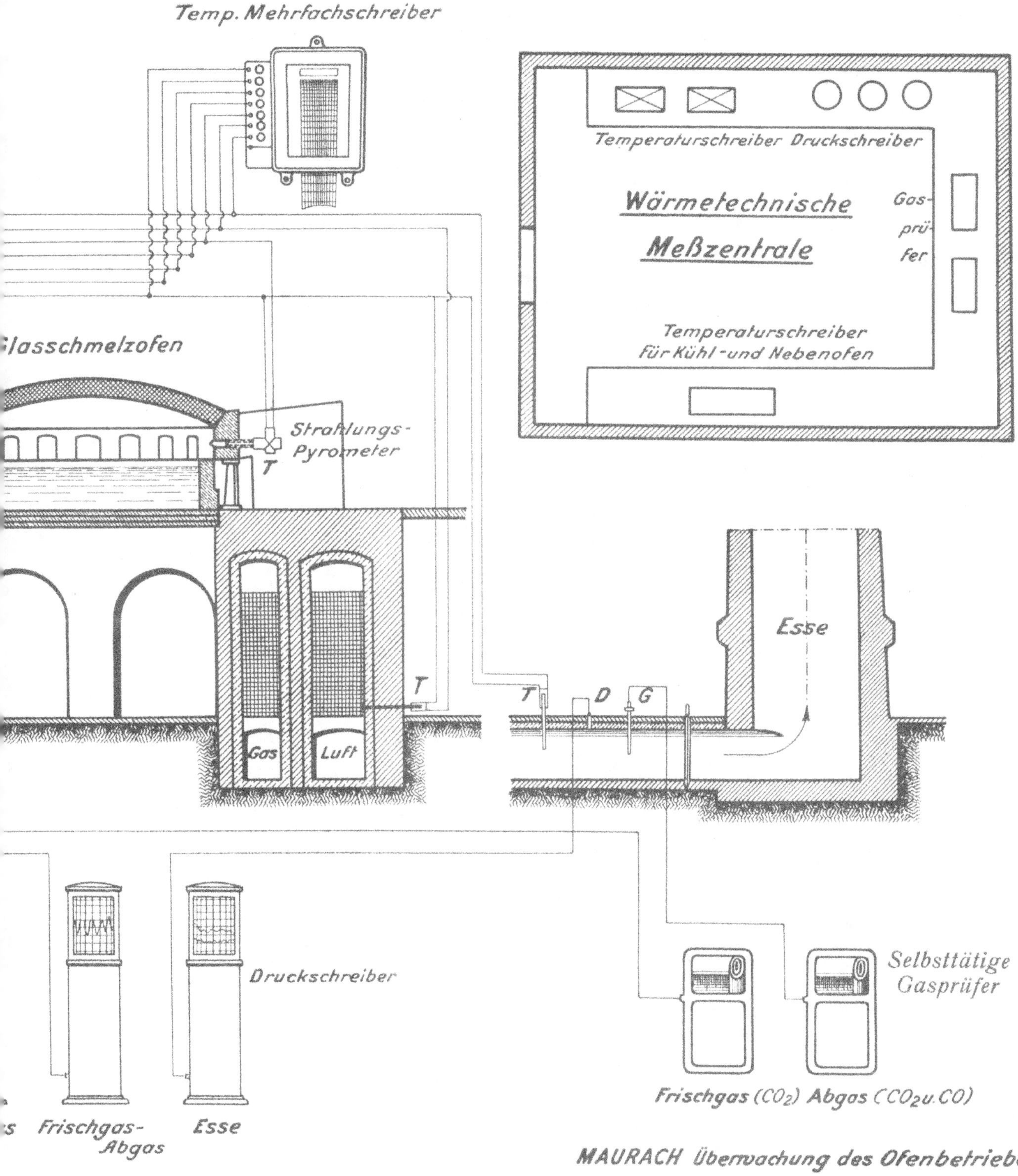

MAURACH Überwachung des Ofenbetriebes.

Verlag von R. Oldenbourg, München und Berlin.

Die Verbrauchszahlen sind nicht auf die Gewichtseinheit des erzeugten Glases, sondern auf die Gewichtseinheit des aufgegebenen Gemenges (mit Scherbenzusatz in üblichen Grenzen) bezogen. Dieser Ausweg wurde deshalb gewählt, weil der Begriff „geschmolzenes Glas" in der Praxis nicht eindeutig ist. Das Gewicht der dem Ofen in glühendem Zustande entnommenen Glasmasse kommt der theoretischen Ausbeute am nächsten. Bruch, Abfälle und Rückstände im weiteren Verlauf der Verarbeitung vermindern die tatsächlich als „verkaufsfähiges Glas" für den Unternehmer ausschlaggebende Gewichtsmenge. Steht die für das Schmelzen des Einsatzes aufgewendete Wärmemenge zahlenmäßig fest, so sind die beim nachfolgenden Verarbeitungsprozeß verloren gehenden Glas- bzw. Wärmemengen getrennt zu erfassen. Abb. 214 veranschaulicht bildlich aus 4 Fachgruppen, die an Hand von Versuchen und aus einer umfangreichen Wärmestatistik für je ein Unternehmen gewonnenen mittleren Werte des Wärmebedarfs. Leider gestattet die Unkenntnis der spez. Wärmen bei hohen Temperaturen nicht den theoretischen Wärmebedarf für einen bestimmten Gemengesatz genauestens zu berechnen. Auch das Fehlen von Erfahrungen über den Wärmeübergang im Schmelzofen auf die Glasoberfläche bzw. die Hafenwandungen, läßt es heute noch nicht zu Wärmeabgabe und Wärmeaufnahme zu messen. Immerhin gelingt es vorläufig in genügend weitgehendem Maße für die Praxis Zahlenwerte aufzustellen, welche die Wärmetechnik der Glashütten zunächst auf eine nicht ganz unsichere Grundlage stellen.

2. Organisation des Meßwesens.

Wärmebureau.

Die vollkommene Aufklärung der Brennstoff- und Energieausnutzung verlangt in jeder Hütte zielbewußte Maßnahmen. Zunächst ist die Einstellung von technisch vorgebildeten Hilfskräften erforderlich, die in der Praxis des Messens und in der Theorie des Berechnens erfahren sind. In kurzer Zeit machen sich diese Kräfte bezahlt durch einen Teil der Ersparnisse an Brennstoffen. Erst der „Wärmeingenieur" kann die Beaufsichtigung und Vervollkommnung der verwickelten wärmetechnischen Vorgänge bei einer Glashütte durchführen. Dem Wärmeingenieur untersteht das Wärmebureau, welches den statistischen Überblick schafft. Hier laufen alle Aufzeichnungen, Versuchsergebnisse, Meßstreifen (s. S. 323, 326, 338 und 375) u. a. täglich zusammen, um in graphischen Aufzeichnungen den Betriebszustand zu verbildlichen.

Während es in den kaufmännisch bestens geleiteten Betrieben frühestens nach Abschluß der Monatsbilanz, also reichlich verspätet, gelingt, zahlenmäßig Ausfälle zu entdecken, gibt das Wärmebureau mit seiner ununterbrochen geführten Wärmestatistik täglich Aufschluß über Verluste und Betriebsfehler. Ohne technische Überwachung kommen diese erst nach Wochen in ihrem vollen Umfang zum Ausdruck und werden geldlich meistens nur der Wirkung, aber nicht der Ursache nach erkannt. In kurzer Zeit wachsen die Aufgaben der Brennstoff- und Energiewirtschaft über den Rahmen der einzelnen Hütte hinaus. Es entstehen Bestrebungen nach Zusammenarbeit unter den Angehörigen derselben Fachgruppe. Der Erfahrungsaustausch findet durch Wärmestellen statt. Die deutsche Glasindustrie besitzt eine solche Zentralorganisation in der „Wärmetechnischen Beratungsstelle der deutschen Glasindustrie (W.B.G.), Frankfurt a. M."[1]).

[1]) Siehe die Jahresberichte dieser Vereinigung nebst Druckschriften, erschienen im Selbstverlag der W.B.G.

Aufgaben des Wärmeingenieurs.

Gelingt es schon durch rein organisatorische Maßnahmen Ersparnisse an Brennstoffen zu erzielen[1]), so liegen dem Wärmeingenieur die rein technischen Arbeiten ob. In engster Anpassung an die Forderungen der Glaserzeugung und unter Berücksichtigung aller damit zusammenhängender Vorgänge, bringt er das Meßwesen, wie es im vorliegenden 6. Kap., S. 301/79, behandelt ist, zur Anwendung.

Das erste und wichtigste Ziel ist die Ermittlung der Verbrauchszahlen für den einzelnen Wärmeerzeuger oder -verbraucher, für bestimmte Abteilungen des Betriebes und für die ganze Hütte. Die nächste meist wesentlich schwierigere Aufgabe ist die Beurteilung und Verbesserung der Verbrauchszahlen. Im Vergleich mit denjenigen anderer Hütten gelangt man zu den erreichbaren günstigsten Grenzzahlen. Als letzte Aufgabe kommt die dauernde Erhaltung der Verbrauchszahlen auf der niedrigsten Stufe und der Versuch weiterer Senkung hinzu.

Wärmebilanzen.

Der Wärmehaushaltplan erfordert zu seiner Aufstellung Betriebsversuche, Wärmebilanzen[2]) und laufende Feststellungen aller Einzelteile der Gesamtanlage, die unter Feuer stehen.

1. Generatoren. Zur Erlangung der günstigsten Betriebsweise der Generatoren ist eine besondere Einstellung erforderlich. Diese ist erreicht, wenn ein Gas erzeugt wird, welches eine möglichst hohe Verbrennungstemperatur und geringe Schwankungen der Verbrennungswärme zeigt. Bauart, Brennstoffbeschaffenheit, Dampfzusatz, Belastung und Art der Bearbeitung sind hierbei von Einfluß. Das Ergebnis einer Generatorbilanz ist in Abb. 215 als Beispiel wiedergegeben.

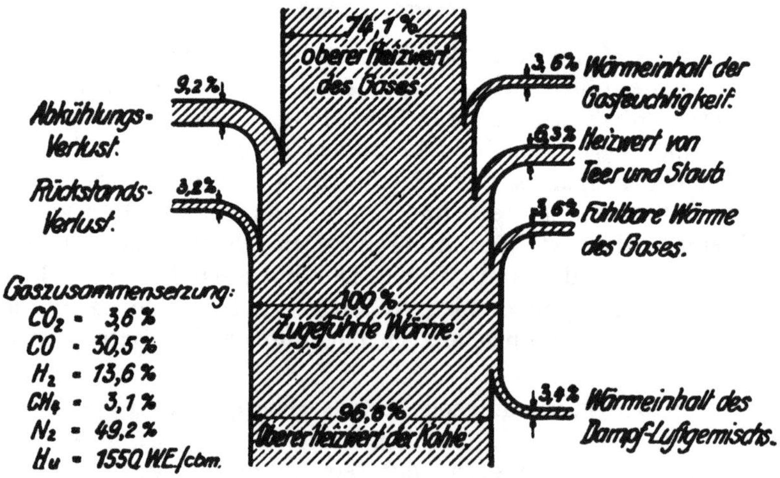

Aus: „Gaserzeuger für Glashütten". Druckschrift der W. B. G., Frankfurt a. M., 1924.

Abb. 215. Wärmestrombild eines mit Braunkohlen-Briketts beschickten Gaserzeugers.

2. Schmelzöfen. In den Gasleitungen geht bereits ein Teil der Brennstoffwärme und der Wärmeinhalt des zugeführten Dampfluftgemisches verloren, so daß nur ein Bruchteil des Wärmeeinbringens im Gas-Umsteuerventil zur Verfügung steht. Die Wärmebilanz des Schmelzofens läßt sich nun durch Einzelfeststellung der im folgenden aufgezählten Nutzwärme und Wärmeverluste ermitteln:

---

[1]) W. Friedmann, „Die Wärmeverluste und ihre Verringerung beim Glasschmelzen". Keram. Rundschau 1924, Nr. 7, S. 71.

[2]) A. Hallbäck och V. Christiansen. Värmetekniska undersökningar vid svenska glasbruck. Stockholm 1925. A. B. Gunnar Tisells Tekniska Förlag, ferner: Gehlhoff, Rickleffs und Schreiber, Wärmetechn. Untersuchungen am Glasofen. I. Wärmefluß im Siemens-Braunkohlen-Generator mit Treppenrost. Z. f. techn. Physik, **1924**, 278.

a) Im Herd wird der zugeführten Wärme die Nutzwärme entzogen. Sie setzt sich zusammen aus dem Wärmeaufwand zum Schmelzen (s. S. 503) und dem Wärmeinhalt des fertigen flüssigen Glases. Gleichzeitig entstehen gewisse Wandverluste des Ofenraumes durch Kühlung, Strahlung und Ableitung von Wärme.

b) Das übrige Ofensystem (Brenner, Züge, Kammern, Kanäle, Ventile) führt weitere Wandverluste durch Kühlung, Strahlung und Leitung herbei.

c) Die sog. Essenverluste stellen einen weiteren starken Verlustposten dar. Sie werden vermindert durch Rekuperatoren (s. S. 437), Regeneratoren (s. S. 442) und schließlich durch Abhitzekessel (s. S. 531). Der Rest der Wärme geht im Schornstein verloren.

d) Lässigkeit der Bedienung und mangelhafte Unterhaltung verursachen ebenfalls beträchtlichen Wärmeverlust (Mauerritzen, ausflammende Türen und Öffnungen, undichte Ventile, Grundwasser im Ofenfundament).

e) Betriebsweise (Schichteneinteilung, Beanspruchung) und Dauer der Ofenreise sind von großem Einfluß auf die Höhe der Wärmeverluste. In Abbildung 216 ist die Wärmebilanz eines Wannenschmelzofens für Tafelglas als Beispiel wiedergegeben.

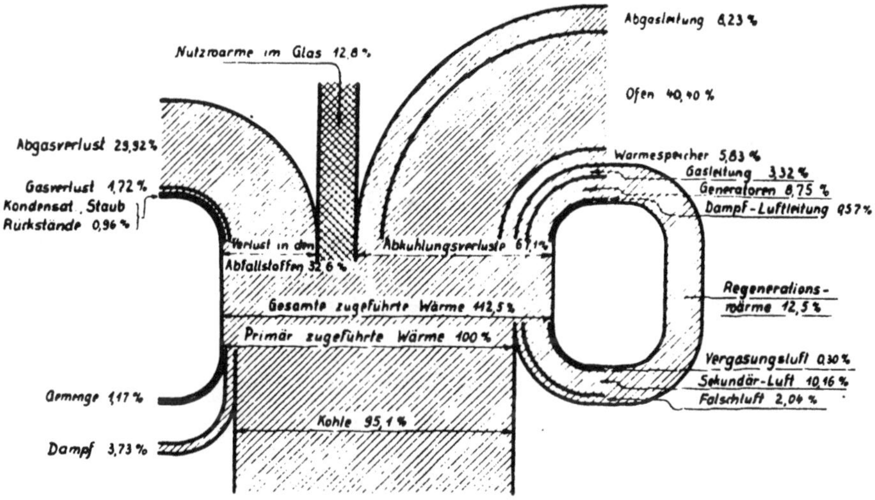

Aus Maurach: „Der Wärmefluß". Verlag von R. Oldenbourg, München u. Berlin.

Abb. 216. Wärmeverteilung einer Schmelzofenanlage für Tafelglas.

3. Trommel- und Auftreiböfen gehören neben den Schmelzöfen zu den stärksten Wärmeverbrauchern in Tafel- und Hohlglashütten. Für jeden Schichtbetrieb besonders angeheizt, stehen diese Öfen nur unter Feuer, um beim Verarbeitungsprozeß des Glasgutes dieses auf der erforderlichen Temperatur zu halten. Von der zugeführten Wärme wird von den Glaskörpern nur etwa 2—4% aufgenommen, der Rest geht verloren durch Strahlung der Wandungen, offene Feuerlöcher, Esse, unachtsame Feuereinstellung u. dgl. m. Verwendung von Rekuperatoren zur Vorwärmung der Verbrennungsluft, Aufstellung von Abhitzekesseln (s. S. 531) zur Dampferzeugung haben sich als erfolgreiche Mittel zur Hebung der Wärmewirtschaft dieser Öfen gezeigt.

4. Kühlöfen. Der Wärmewirtschaft des Kühlofens wurde bisher nur wenig Beachtung geschenkt. Der hohe Brennstoffverbrauch der Kühlöfen ist bedingt durch die meist unentwickelten ofenbautechnischen Verhältnisse. Zwischen Schmelzofen und Kühlofen besteht wärmetechnisch ein grundsätzlicher Unterschied. Beim Schmelzofen werden die Rohstoffe, aus welchen das Glas erzeugt wird, bei niedriger Temperatur eingeführt und Glas in feurigflüssigem Zustande ausgeschöpft. Beim vollständig verlustlosen (idealen) Schmelzofen ist also ein bestimmter Wärmebedarf stets erforderlich. Beim Kühlofen wird das Arbeitsgut heiß eingebracht und kalt entnommen. Wären die Wände des Ofens vollkommene Isolatoren, so brauchte nicht Wärme zugeführt, sondern im Gegenteil könnte Wärme abgegeben werden. Die Bezeichnung „Ofen" käme dann nicht mehr in Betracht. Der Kühlofen bildet wärmetechnisch eines der interessantesten Objekte[1]) und bedarf in jeder Hütte einer genauesten Untersuchung. Ähnlich liegen die Verhältnisse bei Strecköfen. Die Wärmeverteilung in einem Glaskühlofen zeigt beispielsweise Abb. 217, S. 389.

[1]) W. Friedmann, Wärmetechnisches vom Gußglas-Kühlofen. Zeitschr. des Vereins d. Ing. 1924. Nr. 21, S. 526.

Monat .... 192 **Generatorbetriebs-Monatskontrolle.** Generator Nr. ......

Bauart .... Lichter Durchmesser $D =$ ...... m Schachtquerschnitt $F =$ ...... m² Höhe $H =$ ...... m

Tag	Brennstoffsorte			Vergaste Kohlenmenge	Durchsatz pro Stunde	Durchsatz pro m²×Std. Schachtquerschnitt	Reparatur oder Reinigung	Unterer Heizwert der Kohle	Sättigung der Vergasungsluft	Volum proz. Zusammensetzung des Gases							Unterer Heizwert des feuchten Gases	Drücke			Temperatur des Gases im Abzugsstutzen	Aus Analyse errechnete Gasmenge
	Steinkohle	Braunkohlen-Brikett	Rohbraunkohle							CO_2	O_2	CO	H_2	CH_4	N_2	H_2O		In der Hauptwindleitung	Unter dem Rost	Im Gasabzug		
	kg	kg	kg	kg	kg/Std.	kg/m²×Std.	Std.	WE/kg	°C	%	%	%	%	%	%	%	WE/cbm	mm WS	mm WS	mm WS	°C	cbm/Std.
1																						
2																						
30																						
31																						
Sa.																						
Mittel																						

Monat .... 192 **Schmelzofenbetriebs-Monatskontrolle.** Wanne Nr. ......

In Betrieb seit .... 192.. Lichte Länge ...... m Lichte Breite ...... m Glasstand ...... m Anzahl der Schichten ......

Tag	Temperatur des Gases vor Stelltr.	Druck des Gases vor Stelltrommel	Temperaturen											Abgasanalysen				Barometerstand u. Windrichtung	Zug im gemeinsamen Essekanal	Einlage			Produktion			Sortierung				Schnittverlust	Bemerkungen
			Kammern				Oberofen			Esse				Kammern																	
			der Luft links	der Luft rechts	des Abgases links	des Abgases rechts	in der Schmelzwanne	Läuterwanne	Arbeitswanne	Esseschieber d. Luftkammern	Esseschieber d. Gaskammern	Gemeinsamer Essekanal	d. Außenluft	CO_2	O_2	Brennbares	CO_2 im gem. Essekanal			Gemenge	Scherben	Insgesamt	Walzenzahl	Tagesleistung		I.	II.	III.	IV.		
	°C	mm	°C	°C	°C	°C	°C	°C	°C	°C	°C	°C	°C	%	%	%	%	mm Q-S	mm WS	kg	kg	kg	Stck.	qm	kg	qm	qm	qm	qm	%	
1																															
2																															
30																															
31																															
Sa.																															
Mittel																															

5. Temperöfen. Der Wärmeverbrauch von Temperöfen zum Antempern der feuerfesten Materialien für den Ofenbetrieb ist unbedeutend im Vergleich mit dem des Schmelzofens. Trotzdem lassen sich erfolgreiche Versuche anstellen, um die erforderliche Nutzwärme zu erfassen.

Die laufenden Feststellungen werden zweckmäßig in ein Betriebsbuch eingetragen. Unter Benützung von geeigneten Vordrucken (s. S. 388) sind jeweils, den Betriebsverhältnissen im einzelnen Falle angepaßt, derartige Kontrollbücher zu empfehlen.

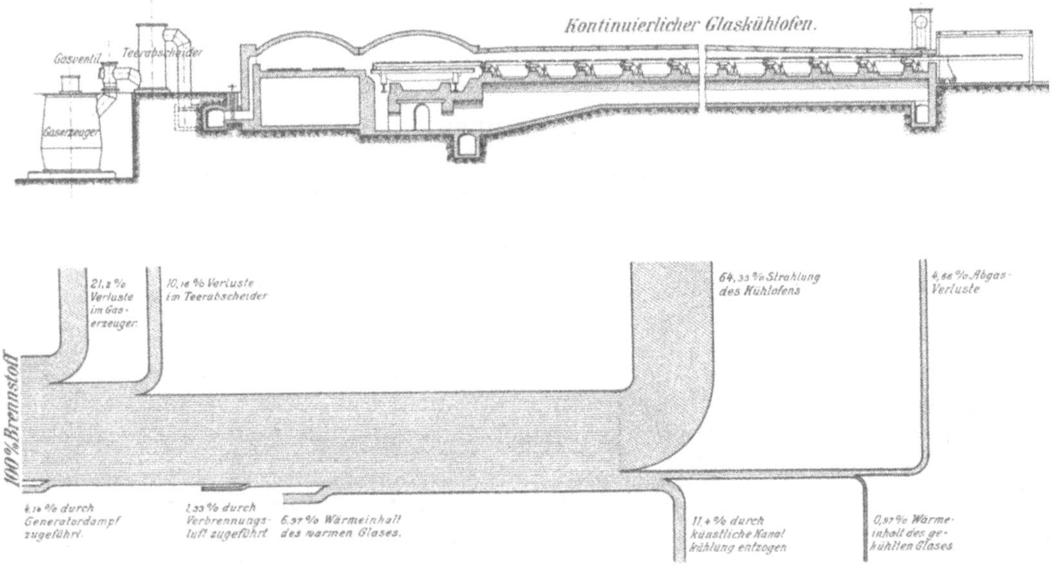

Abb. 217. Wärmefluß in einem Kanal-Kühlofen.

Meßzentrale.

Die für die Wärmestatistik und Auswertung derselben erforderlichen Unterlagen setzen voraus, daß das Meßwesen in jeder Hütte zusammengefaßt ist. Zu diesem Zwecke werden im Betriebe an geeigneter Stelle Meßzentralen errichtet, in denen die Apparatur für die Daueruntersuchungen aufgestellt wird. Die bei Seite 384 befindliche Tafel II:

Ausrüstung einer Glasschmelzofenanlage mit Meßinstrumenten,

bringt eine solche Meßzentrale in übersichtlicher Weise zum Ausdruck. Standort und Zahl der Meßinstrumente richtet sich nach der Größe der Ofenanlage. Registrierende Instrumente, mit ihren Aufzeichnungen sollen dem Betriebspersonal zugänglich sein, damit es lernt, bestimmte Werte auf den Registrierstreifen bei seiner Tätigkeit einzuhalten, ohne einer dauernden Überwachung und Belehrung durch Aufsichtsbeamte zu bedürfen.

Von der Beschaffung einer Meßzentrale ist abzusehen, wenn man nicht gleichzeitig die erforderliche, nicht unerhebliche Zeit für die Instandhaltung und regelmäßige Bedienung der Apparatur aufzubringen gewillt ist. Ein reinlich gehaltener Meßstand erleichtert nicht nur die Arbeit, sondern stärkt auch das Vertrauen in die Genauigkeit und Zuverlässigkeit der Messungen.

7. Kapitel.

Feuerfeste Erzeugnisse.

Von Dr. Gustav Keppeler.

Arten der feuerfesten Erzeugnisse.

Die Glasindustrie bedarf großer Massen sog. „feuerfester" Erzeugnisse, Platten und Blöcke in den verschiedensten Formen, Ausmaßen und Arten, Steine für den Bau der Öfen, ferner Häfen, Ringe, Schiffchen, Streckplatten und andere Hilfsmittel aus feuerfesten Stoffen.

Die geringe Genauigkeit, die dem Begriff „feuerfest" im üblichen Sprachgebrauch zukommt, erfordert eine genauere Festsetzung. Der Sprachgebrauch des täglichen Lebens nennt alle Dinge feuerfest, die in Berührung mit Feuer, meist dem Feuer des Küchenherdes, standhalten, ohne zu Bruch zu gehen. Vom Standpunkt des Technikers gesehen, ist diese Auffassung irrig. Für die Technik tritt in den Vordergrund die Frage, auf welche Temperatur ein Gegenstand erhitzt werden kann, ohne zu schmelzen. Die Anforderungen der Technik sind aber sehr verschieden. Selbst in der Glasfabrikation gehen die Ansprüche sehr weit auseinander. Die Temperaturen der Kühlöfen sind sehr viel niedriger, als die der Schmelzöfen. Andererseits gibt es keinen absolut feuerfesten Stoff, der jede noch so hohe Temperatur, ohne zu schmelzen, aushielte. Es ist deshalb notwendig, eine Temperaturgrenze festzusetzen, die mindestens von den als „feuerfest" zu bezeichnenden Erzeugnissen ertragen werden muß. Man hat deshalb vereinbart, daß diese Grenze 1580° (Segerkegel 26) sein soll.

Die Hauptbestandteile der meist verwandten feuerfesten Erzeugnisse sind Tonerde (Al_2O_3) und Kieselsäure (SiO_2). Bei der Beschäftigung mit den Grundlagen der Glasfabrikation haben wir immer wieder (s. S. 31) gefunden, daß stark kieselsäurehaltige Stoffe und Gemenge keinen exakten Schmelzpunkt zeigen. Sie zeigen vielmehr ein ganz allmähliches und über ein weites Temperaturgebiet hinweg sich erstreckendes Weichwerden. Es ist deshalb nicht möglich, von einem Schmelzpunkt im engeren Sinne zu reden. Man muß sich vielmehr auf einen bestimmten Erweichungsgrad einigen, um ein Kennzeichen für das Schmelzen eines feuerfesten Erzeugnisses zu haben. Wie allgemein in der Keramik dient hierzu der sog. „Kegelschmelzpunkt", d. h. diejenige Temperatur, bei der eine dreiseitige, schmale und spitze Pyramide so weit erweicht, daß sie „fällt" d. h. umsinkt und mit der Spitze die Unterlage berührt. Der Vergleich wird mit gleichförmigen Pyramiden von bestimmter Zusammensetzung, den sog. „Segerkegeln" (s. S. 303) vollzogen, und man drückt am besten die so gekennzeichnete Erweichungstemperatur eben durch die Nummer des Segerkegels aus.

Wie schon oben festgestellt, gelten als feuerfeste Erzeugnisse diejenigen, deren Kegelschmelzpunkt mindestens Segerkegel 26 oder einer höheren Nummer entspricht.

Innerhalb der feuerfesten Erzeugnisse ist es üblich, noch folgende Gruppen zu unterscheiden:

Erzeugnisse, die mit Segerkegel	26—29 „fallen":	mäßig feuerfest,
„ „ „ „	30—33 „	gut feuerfest
„ „ „ „	33—36 „	hoch feuerfest.

Es wäre aber falsch, die Brauchbarkeit eines feuerfesten Erzeugnisses ausschließlich nach der Feuerfestigkeit zu beurteilen. Es spielen bei der Eignung eines Materials für einen bestimmten Zweck eine ganze Anzahl anderer Eigenschaften noch eine wesentliche Rolle. Es soll auf diese weiter unten zurückgekommen werden. Zunächst ist es wichtig, uns ein Bild von den Arten der meist verwandten feuerfesten Erzeugnisse zu machen.

Eine große Rolle bei der Herstellung feuerfester Produkte spielen die Tone. Es ist aber nicht möglich, und zwar aus Gründen, die wir weiter unten kennen lernen werden, aus reinem unverändertem Ton ohne Vermischung mit anderen Bestandteilen ein brauchbares Erzeugnis herzustellen. Der unveränderte Ton spielt bei der Herstellung viel mehr die Rolle eines Bindemittels als die des maßgebenden Bestandteiles. Der Massenanteil, der die wesentlichen Eigenschaften der feuerfesten Erzeugnisse bedingt, besteht entweder aus gebranntem Ton, der sog. Schamotte oder aus Quarz. Die übrigen Teile der zur Herstellung dienenden Masse sind vorwiegend Bindemittel. Aus diesem Grunde haben wir im Rahmen der von der Glasindustrie gebrauchten feuerfesten Baustoffe zwei Hauptgruppen zu unterscheiden:

1. Quarzitstein,
2. Schamottegut.

Aus Quarzitmassen werden ausschließlich einfache und Form-Steine, sog. „Vollware" hergestellt. Aus Schamottemassen auch Gefäße aller Art (sog. „Hohlware"). Wir fassen deshalb aus Schamottemasse hergestellte Voll- und Hohlware unter der Bezeichnung „Schamottegut" zusammen.

In den Quarzitsteinen ist der Quarzit entweder durch Kalk oder durch Ton gebunden. Wir haben deshalb zwei Arten von Quarzitsteinen zu unterscheiden:

1. Quarzitsteine[1]):
   a) kalkgebundene: Kalkquarzitsteine (Silikasteine);
   b) tongebundene: Tonquarzitsteine.

Infolge der historischen Entwicklung findet man für die Kalkquarzitsteine eine ganze Anzahl verschiedener Bezeichnungen, vor allem „Silika" und „Dinas". Gerade die letztere Bezeichnung ist in Glashütten noch allgemein üblich, obwohl sie dem heute vorwiegend hergestellten Produkt nicht mehr entspricht.

Die Fabrikation der Kalkquarzitsteine wurde zuerst in England aufgenommen, und zwar diente hierfür ein Kohlensandstein, der Dinassandstein von Swansea, nach dem diese Steine die Bezeichnung „Dinasbricks" erhielten. Als in Deutschland die Herstellung entsprechender Steine aufgenommen wurde, nannte man sie ohne Rücksicht auf Rohstoff und Bindungsart ebenfalls Dinassteine. Bald zeigte sich, daß wir in Deutschland ein Rohmaterial besitzen, das noch bessere Steine, als die aus Kohlensandsteinen, mit Kalkbindung erzielen ließ, die sog. Findlingsquarzite (s. S. 394). Es wurden dann diese deutschen Steine als „englische Dinassteine" bezeichnet, obwohl sie nichts mit Dinassandstein zu tun haben. Gleichzeitig wurden auch tongebundene Quarzitsteine hergestellt, denen man die Bezeich-

[1]) Wernicke, dem wir für die Ausbildung der Quarzitsteinfabrikation viel verdanken, unterscheidet „Quarzkalkstein" und „Quarztonstein". Da aber in der deutschen Sprache bei zusammengesetzten Worten der unterscheidende Teil vor den mehreren Bezeichnungen gemeinsamen Begriff gesetzt wird, vergleiche „Weißhohlglas", „Grünhohlglas", ziehe ich die oben benützten Bezeichnungen vor.

nung „deutscher Dinasstein" und „Tondinas" beilegte. Für die aus Findlingsquarzit hergestellten Steine führte sich mehr der Name „Silikasteine" ein, der auch in den Ländern englischer Zunge allgemein für Kalkquarzitsteine üblich geworden ist. Diese Namen, die oft unzutreffend auf die verschiedensten Erzeugnisse übertragen wurden, geben zu großer Verwirrung Anlaß. Es empfiehlt sich deshalb zu vereinfachen, vor allem die ganz unnötige und unrichtige Bezeichnung Dinas ganz fallen zu lassen und genau entsprechend der den Stein zusammensetzenden Masse von „Kalkquarzitsteinen" und „Tonquarzitsteinen" zu sprechen. Aus Bequemlichkeit kann für die Steine der ersteren Art, die kalkgebundenen, die sehr verbreitete Bezeichnung „Silikasteine" benützt werden, ein Wort, das, wie Silizium, Silikat usf. von dem lateinischen Silex = Kieselstein abgeleitet, eine einigermaßen zutreffende Kennzeichnung der Ware gibt.

a) Die kalkgebundenen Silikasteine haben einen sehr hohen Kieselsäuregehalt, und zwar meist über 94%, am besten 96% SiO_2. Bei der Herstellung aus Kohlensandsteinen kann der SiO_2-Gehalt auf 93% fallen, der Gehalt an Al_2O_3 auf 3,5% steigen.

b) Bei der Verwendung von Ton kann man nicht mit so kleinen Zuschlägen an Bindemittel auskommen, wie bei Kalk (2%). Es dürfte kaum gelingen, einen Stein von ausreichender Festigkeit zu erhalten, wenn man den Tonzusatz unter 10% der Masse sinken läßt. Deshalb erreichen die Tonquarzitsteine nur selten den Kieselsäuregehalt der Kalkquarzitsteine. Er schwankt meist zwischen 92% unter 94% SiO_2.

Die Zusammensetzung des Schamottegutes ist sehr schwankend. Die Wahl der Tone und das Verhältnis von Schamotte und Ton ist sehr wesentlich für die Eigenschaften des Erzeugnisses. Aber erstlich können diese Faktoren bei der Erzeugung eines Steines bestimmter Eigenart wechseln, d. h. es können durch ganz verschiedene Tonmischungen und verschiedene Verhältnisse von Ton und Schamotte in der Praxis sich gleich verhaltende Erzeugnisse hergestellt werden, und zweitens ist am fertigen Produkt weder die Zusammensetzung der Masse noch die Art der verwandten Tone usf. festzustellen. Eine Unterscheidung der Waren in dieser Beziehung wäre also wertlos. Es ist auch in der Praxis nie der Versuch dazu gemacht worden.

Entsprechend dem in der wissenschaftlichen Keramik allgemein üblichen Gebrauch ist für die Unterscheidung der Arten von Schamottegut das Verhältnis von Gesamtton und Quarz maßgebend, das in dem in der Pauschalanalyse festgestellten SiO_2 und Al_2O_3-Gehalt zum Ausdruck kommt. Es kann dabei keine Rücksicht darauf genommen werden, inwieweit der Gesamtton der verarbeiteten Masse als grüner Ton oder als Schamotte zugesetzt ist. Ebenso wird nicht näher beachtet, ob der Quarzzusatz in der Form von Sand, Kieselstein oder Quarzit gemacht oder ob er von Natur aus als Gemengteil der verwandten Tone in die Masse kam. Man spricht deshalb in diesem Gebiet der Fabrikation allgemein von Quarz, dagegen beim Silikastein usw. von Quarzit.

Auf Grund des Gehaltes an Kieselsäure und Tonerde, die durch das Verhältnis Ton und Quarz in der Masse bedingt sind, teilt man nun das Schamottegut in 3 Klassen mit einem ziemlich weiten Spielraum:

a) basisch,
b) halbsauer,
c) sauer.

a) Als basisch gilt dabei die Ware, die sich von der eigentlichen reinen Tonsubstanz ableitet, die gebrannt 54,3% SiO_2 und 45,7% Al_2O_3 enthält. Diese Beträge werden aber selten erhalten, da nur wenig Tone so rein sind. Immer enthalten sie Flußmittel (Alkalien, Kalk, Eisenoxyd). Ferner ist zu beachten, daß die hochplastischen, sog. Bindetone von Natur aus fast immer einen nicht unerheblichen Gehalt an freiem Quarz haben (meist 10—25%). So kommt es, daß diese nur aus ungebranntem und gebranntem Ton, ohne Quarzzusatz hergestellten „basischen" Steine, die „Schamottesteine im engeren Sinne" selten einen so niedrigen SiO_2-Gehalt und einen so hohen Al_2O_3-Gehalt wie oben angeführt haben. Da, wie gesagt, das Ton-Quarz-Verhältnis bis 25% Quarz steigen kann, ist mit folgenden Grenzen zu rechnen:

$$52—60\%\ SiO_2 \text{ und } 37—45\%\ Al_2O_3.$$

Zu beachten ist, daß die Bezeichnung „Schamotte" also zwei Arten von keramischen Stoffen umfaßt: einerseits gebrannten, namentlich scharf gebrannten Ton an sich, andererseits Steine und Hohlware, die aus der vorbezeichneten Schamotte unter Zusatz von „grünem" Ton geformt und dann gebrannt sind.

Wird den tonsubstanzreichen Tonen noch Tonerde in der Form von Bauxit oder Korund zugesetzt, so steigt der Tonerdegehalt noch viel höher. Man erhält dann sog. hochbasisches Material. Bei Steinen dieser Art wird der genannte Zusatz als wesentlich angesehen und in der Bezeichnung zum Ausdruck gebracht (Bauxitsteine, Korundsteine) oder es wird ein Sondernamen gewählt, z. B. Dynamidonsteine für Korundsteine besonderer Art (70% Al_2O_3).

b) Bei den halbsauren Massen steigt der Quarzgehalt über 30%. Zum Teil findet kein besonderer Quarzzusatz statt. Der Quarzgehalt stammt dann aus sehr quarzreichen Tonen. Vielfach wird aber auch ein besonderer Quarzzusatz gegeben. Diese Massen bestehen also aus Ton, Schamotte und Quarz. Die daraus hergestellte Ware wird deshalb auch oft als „Quarzschamotte" bezeichnet. Auch die Bezeichnung „Halbschamotte" findet sich hierfür. Für sie gelten etwa folgende Grenzen:

$$65—85\%\ SiO_2 \text{ und } 12—30\%\ Al_2O_3.$$

Von den in der Glasindustrie verwandten feuerfesten Erzeugnissen gehören wesentlich mehr, als man glaubt, in diese Rubrik des „halbsauren Materials", namentlich manche Hafen- und Wannenblockmassen, da viele in der Glasindustrie bevorzugten Tone einen hohen Gehalt an Quarz haben, ohne daß dies dem Glashüttenmann zum Bewußtsein kommt. Vor allem gehören hierher die früher in den Hütten selbst hergestellten „Kappensteine".

c) Als saure Massen sind die oben (s. S. 392) erwähnten Tonquarzitsteine zu betrachten. Ihnen fehlt die Schamotte. Der Gehalt an SiO_2 erhebt sich über 92%, erreicht aber selten 94%. Bei dieser Einteilung werden auch manchmal die Silikasteine als „sauer" bezeichnet.

Es kann nicht eindringlich genug betont werden, daß diese Bezeichnungen „sauer" und „basisch" bei feuerfesten Erzeugnissen nichts mit dem „Säure"- und „Basenbegriff" der Chemie zu tun haben. Die Einbürgerung dieser Bezeichnungen geschah aus anderen Gründen. Man wollte kurze, bequeme Worte haben und nannte eben Steine, die den höchsten Gehalt an Kieselsäure hatten, „sauer", und diejenigen, die den niedrigsten Gehalt an SiO_2 hatten, „basisch". Wie wenig basisch im Sinne des Chemikers die reine Schamotte ist, zeigt sich daran, daß sie gerade von Basen (Kalk, Pottasche, Natron usf.) sehr stark unter Bildung von Aluminosilikatschmelzen angegriffen wird. Die alte Faustregel, basische Schmelzen verlangen basisches Ofenfutter, muß also mit größter Vorsicht gehandhabt werden. Basische Steine im eigentlichen Sinne sind Magnesitsteine, Dolomitsteine, die aber für die Glasindustrie nicht in Frage kommen.

Schließlich muß noch betont werden, daß Bezeichnungen, die sich auf den Verwendungszweck beziehen (also z. B. Wannensteinqualität, Streckplattenqualität usf.) vermieden werden sollten, da die verschiedenen Lieferanten ganz verschiedene Zusammensetzungen für den gleichen Zweck wählen. Es empfiehlt sich deshalb, die oben erklärten Bezeichnungen, am besten mit Festlegung des Al_2O_3- und SiO_2-Gehaltes, zu wählen. Es wird dann das Verständnis zwischen Hersteller und Verbraucher ein wesentlich besseres als heute. Ferner aber entsteht daraus der Hauptvorteil, daß der Glasfachmann selbständig und mit eigenem Verstehen die Beziehungen zwischen Zusammensetzung der Masse und Eignung für die einzelnen Zwecke verfolgen kann! Freilich bleiben dabei noch andere Einflüsse, vor allem die des Gefüges, die erst weiter unten besprochen werden können, offen. Es handelt sich ja hier vorläufig nur darum, einen Überblick über die Arten der feuerfesten Erzeugnisse zu geben.

I. Quarzitsteine.

Quarzitsteine werden in den Glashütten für den Bau der Gewölbe der Schmelzöfen, der Brenner und anderer den höchsten Temperaturen ausgesetzter Ofenteile verwendet. Ihre sachgemäße und wirtschaftliche Herstellung setzt die Erzeugung großer Mengen voraus. Deshalb ist es allgemein üblich geworden, diese Art Steine nicht selbst herzustellen, sondern aus Spezialfabriken zu beziehen. Infolgedessen wird im folgenden nur soweit auf den Gegenstand eingegangen, als für das Verständnis der Eigenschaften dieser Steine und zu ihrer Beurteilung notwendig ist.

1. Kalkgebundene Quarzitsteine (Silikasteine).

Rohstoffe. Für die Herstellung der Silikasteine ist die Rohstoffart von ganz besonderer Bedeutung. Wie wir S. 392 sahen, bestehen diese Steine fast ausschließlich aus Quarzit, der mit nur ca. 2% Kalk gebunden wird. Während für die Glasfabrikation der Sand (s. S. 150) das hauptsächliche Quarzmaterial ist, kommt für die Silikasteinherstellung nur Quarzit in Frage, d. h. Quarzgesteine, die in zusammenhängenden Massen und nicht wie der Sand von Natur zerkleinert gefunden werden. Es können aber nur solche Quarzite Verwendung finden, deren Gehalt an SiO_2 mindestens 97%, besser über 98% beträgt. Diese Quarzite sind auch nicht erstmals so in der Erdrinde abgelagert, wie wir sie finden. Sie sind z. T. aus Sanden entstanden, die durch natürliche Bindemittel verkittet sind. Durch die Art ihrer Entstehung ist ihr Gefüge bedingt, und dies Gefüge ist gerade für ihre Verwendung bei der Silikaherstellung von besonderer Bedeutung. Unter den für die Silikasteine in Frage kommenden Quarziten unterscheidet man in Deutschland im wesentlichen 3 Arten.

1. Kristallinische Quarzite (Felsquarzite) sind Meeresbildungen. Infolge der langsamen Ausscheidung sind die einzelnen Quarzkristalle verhältnismäßig groß. Die Kristalle wurden durch hohen Gebirgsdruck zu einer zusammenhängenden Gesteinsmasse verdichtet. Das Gefüge der Felsquarzite (Abb. 223 auf Tafel III bei S. 400) ist mosaikähnlich, setzt sich ausschließlich aus Kristallen zusammen. Die Quarze sind ziemlich groß. Ein Kristall fügt sich ohne Bindemittel an den anderen, in dichter, stark verzahnter Lage. Auch die Verunreinigungen, die sog. „accessorischen" Bestandteile treten in ausgeprägten Kristallindividuen auf.

2. Kohlensandsteine sind Bildungen des Brakwassers der Steinkohlenformation. Die Quarzausscheidungen sind weniger groß, oft etwas abgerundet. Das Gefüge hat nicht den ganz ausgesprochen kristallinen Charakter wie bei den Felsquarziten. Die meisten Individuen liegen aber auch hier dicht ohne Bindemittel aneinander gepreßt. Durch dazwischen gelagerte Kohle sind die Kohlensandsteine im ungebrannten Zustande dunkel gefärbt.

3. Zementquarzite (Findlingsquarzite) sind aus ganz feinen Sandmassen des Tertiärs entstanden, die durch kieselsäurehaltige Wässer zusammengekittet wurden. Infolgedessen zeigt das Gefüge der Findlingsquarzite (Abb. 224 auf Tafel III bei S. 400) vorwiegend kleine Quarzstückchen, die aber nur selten eng aneinanderliegen, sondern mit einer strukturlosen Masse, dem „Basalzement" genannten Bindemittel umgeben sind. Sie werden deshalb meist „Zementquarzite" genannt. Auch der Name „Amorpher Quarzit" wird benutzt, der sich auf den Zustand des Bindemittels bezieht, deshalb nicht gut gewählt erscheint.

Manchmal werden auch gebrochene Kieselsteine als Beimengung zu den Quarzitsteinen verwandt. Sie sind durch riesige Kristallindividuen ausgezeichnet und verhalten sich noch schlechter als die Felsquarzite.

Umwandlungserscheinungen. Wir wissen (Kap. 1 S. 24), daß Quarz über 900° nicht dauernd beständig ist. Er wandelt sich, falls die Temperatur und Zeitdauer der Erhitzung ausreichend ist, in Tridymit und Cristobalit um. Diese Umwandlung tritt besonders dadurch in Erscheinung, daß gegenüber β-Quarz mit dem spez. Gew. 2,65 die neuen Formen ein geringeres spezifisches Gewicht haben, und zwar Tridymit: 2,27 und Cristobalit: 2,33. Bei vollkommener Umwandlung würde also ein Stück Quarz sein Volumen beim Übergang in Cristobalit um 13,7%, beim Übergang in Tridymit 16,7% vergrößern. Ein so starkes Wachsen der Steine im Ofengewölbe oder Brenner würde zu großen Unzuträglichkeiten führen. Es muß deshalb das Ziel der Steinherstellung sein, das Wachsen vor dem Einsetzen ins Gewölbe schon beim Brennen der Steine möglichst weitgehend zu vollenden.

Nun sahen wir (s. S. 27), daß gerade die Umwandlung Quarz—Tridymit—Cristobalit sich im allgemeinen außerordentlich träge vollzieht. Dies Verhalten findet sich auch ausgesprochen beim Felsquarzit wieder. Dagegen zeigen Kohlensandsteine eine etwas raschere und Findlingsquarzite eine recht rasche Umwandlung. Abb. 218 zeigt nach Endell[1]) dies deutlich.

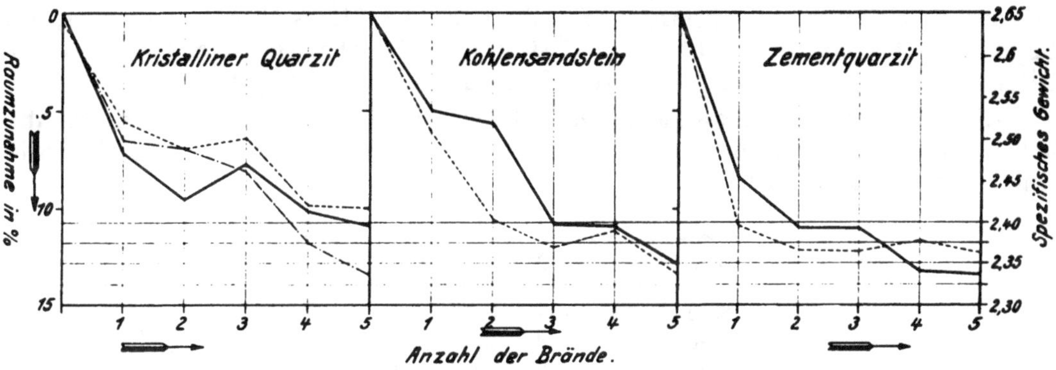

Abb. 218.

Es wurden verschiedene Quarzitsorten jede fünfmal auf 1450° C erhitzt. Nach jedem Brande wurde abkühlen lassen und das spezifische Gewicht bestimmt. Es zeigt sich nun, daß von den Felsquarziten nur einer und auch dieser erst nach dem fünften Brande sein spezifisches Gewicht nahe an 2,33 heranbrachte, die Kohlensandsteine haben schon nach dem dritten Brande ein spezifisches Gewicht von weniger als 2,4 erreicht. Beim Zementquarzit wird die gleiche Umwandlung schon beim ersten bzw. beim zweiten Brand erreicht.

Daraus ergibt sich, daß die Zementquarzite der beste Rohstoff für die Herstellung der Silikasteine sind, da beim richtigen Brennen die Umwandlung des Quarzes weitgehend vollzogen wird.

Es ist natürlich auch möglich, aus Felsquarziten gute stark umgewandelte Silikasteine zu erzeugen. Dies erfordert aber, daß ein großer Teil des Quarzits (25%) zu einem unfühlbar feinen Mehl zermahlen wird und der Brand sehr lange und bei sehr hoher Temperatur durchgeführt wird[2]). In Ländern, denen Kohlensandsteine und Zementquarzite fehlen, ist man zu dieser Arbeitswei segezwungen. In Deutschland, das über zahlreiche Vorkommen von Zementquarziten verfügt, ist es zweckmäßiger, auf diese teuere, viel Kohle verschluckende Arbeit zu verzichten und sich vorwiegend der Zementquarzite zu bedienen.

Herstellung der Silikasteine. Der Quarzit wird auf Kollergängen gemahlen, meist unter Zusatz des als Bindemittel dienenden Kalks in der Form von Kalkmilch aus möglichst reinem Kalk. Man mahlt so lange bis eine formgerechte Masse entstanden ist. Die Bemessung und gleichmäßige Verteilung des Kalks ist sehr wichtig, einerseits weil dem Kalk die Aufgabe zufällt, die Umwandlung des Quarzes zu beschleunigen, und darum jedes Quarzitteilchen gleichmäßig in Kalk eingehüllt sein soll, anderseits weil ein Überschuß von Kalk die Feuerfestigkeit des Produktes stark herabdrückt.

[1]) Stahl und Eisen **1913**, 1770.

[2]) Le Chatelier und Bogitch, Compt. Rend. **165**, 742 (1917). — Dauphin, ebenda, **165**, 1002 (1917). — Lux, Stahl und Eisen **41**, 258 u. 794 (1921). — Artzinger, ebenda, 792.

Die so hergestellte Masse kann von Hand geformt werden. Dies geschieht in offenen Formen, in die die Masse eingeschlagen wird, eine Arbeit, die das Eintragen in kleinen Zugaben und große Sorgfalt beim Schlagen erfordert, da nur so die notwendige dichte Lagerung erzielt wird. Die Handformerei wird nur für große Stücke und besondere Formstücke angewandt, die in verhältnismäßig kleinen Mengen hergestellt werden. Für Steine der üblichen Formate dienen Pressen, die aber bei der wenig plastischen Masse sehr hohe Drucke notwendig machen. Man verwendet meist Drehtisch-Pressen.

Die rohen Preßlinge werden 24 Stunden scharf getrocknet und dann bei sehr langsamem Temperaturanstieg auf Segerkegel 15° (1435°) gebracht und einige Stunden auf dieser Temperatur gelassen. Für die Güte des Steins ist es noch besser, wenn Segerkegel 16 (1460°) erreicht wird. Unter den Faktoren, die die Güte des Silikasteines bedingen, ist der Brand der wichtigste.

Eigenschaften der Silikasteine. Die Silikasteine sind ausgezeichnet durch ihren hohen Gehalt an SiO_2, der selten unter 95% sinkt. Die folgende Tabelle enthält einige typische Analysen.

Tabelle 76.

SiO_2	Al_2O_3	Fe_2O_3	CaO	MgO	KNaO
96,25	0,88	0,79	1,85	0,14	0,39
96,18	1,39	0,68	0,99	—	—
95,74	1,29	0,62	2,10	0,08	0,17
94,50	1,70	1,10	1,85	0,15	0,60

Der hohe Kieselsäuregehalt führt zu hoher Feuerfestigkeit, die Segerkegel 33 bis 34 entspricht.

Nun ist, wie schon S. 390 betont, der Zustand, in dem ein Kegel umschmilzt, verhältnismäßig flüssig. Ein Mauerwerk in diesem Zustand ist nicht denkbar. Es ist dann die Frage, wie nahe man sich dem Kegelschmelzpunkt nähern kann, ohne die Festigkeit, die das Mauerwerk erfordert, zu verlieren. Gerade in diesem Punkte zeigt das Silikamaterial seine hervorstechende Eigenschaft, und auf ihr beruht seine Anwendung im Ofenbau für die am meisten erhitzten Teile, ja sie macht manche Prozesse, wie den Siemens-Martin-Prozeß erst möglich. Ein gut gebrannter Silikastein bleibt beim Erhitzen bis nahe an den Schmelzpunkt raumbeständig, zeigt höchstens geringes Wachsen, keinesfalls Schwinden und erst kurz vor dem Kegelschmelzpunkt Erweichen. Unter Druck gesetzt (s. S. 415) kann ein Silikastein bis etwa 1650° erhitzt werden, ehe sich eine merkliche Erweichung zeigt. Von hier ab fällt dann die Zähigkeit rasch ab, um bei 1710 bis 1750° den Kegelschmelzpunkt zu zeigen. Ton und Schamotte beginnt, trotz ebenso hohen Kegelschmelzpunktes wie ihn der Silikastein besitzt, frühzeitig, unter Umständen einige Hundert Grad unter dem Schmelzpunkt zu erweichen und geht allmählich in immer größere Beweglichkeit über, bis der Flüssigkeitsgrad des Kegelschmelzpunktes erreicht ist (s. S. 415). Ton ist also bei den Temperaturen des Glasschmelzofens schon weich, etwas plastisch und würde dem Druck des Mauerwerks nachgeben.

Dies wertvolle Verhalten zeigt jeder Silikastein mit ausreichend hohem SiO_2-Gehalt. Die Unterschiede unter den Silikasteinen kommen vor allem im Grade ihrer Raumbeständigkeit zum Ausdruck. Im Hinblick auf die Verwendung der Silikasteine im Siemens-Martinofen mit seinen hohen Temperaturen ist die Frage der Raumbeständigkeit in den letzten Jahren vielfach untersucht. Die Ergebnisse sind zum Teil schon oben mitgeteilt. Es ergibt sich daraus, daß für den genannten Zweck ein Silikastein verwandt werden muß, dessen Quarzgehalt durch den bei Herstellung angewandten Brand so weit umgewandelt ist, daß er, im Gewölbe des Siemens-Martinofens eingemauert, nur geringes Nachwachsen zeigt. In deutschen Fabriken wird für diesen Zweck fast ausschließlich Zementquarzit wie oben geschildert verarbeitet und gut gebrannt. Solche Steine sind dann regelmäßig ausreichend umgewandelt. Es sind nur geringe Reste von Quarz erhalten (s. Abb. 225 auf Tafel III bei S. 400), das Hauptgefüge ist in feines Kristallhaufwerk von Tridymit und Cristobalit umgewandelt. Solche Steine werden meist als Silika I bezeichnet. Sie sind für Glasschmelzöfen ohne weiteres geeignet, wenn sie langsam angeheizt werden (s. u.). Sie gelten jedoch im allgemeinen für die Zwecke der Glasindustrie als zu teuer. Dieser Gesichtspunkt kann aber nicht immer maßgebend sein. In Fällen, in denen es sich um sehr hohe Ofentemperaturen bzw. um die Erzwingung großer Schmelzleistungen handelt, sollte man immer auf Silika I zurückgreifen.

Wo es sich um das Schmelzen farblosen Glases in offenen Häfen handelt, ist zu berücksichtigen, daß die Zementquarzite nicht so rein sind, wie die besten kristallinen Quarzite. Es kann also durch Silika I aus Zementquarzit Verunreinigung des Glases eintreten. Beste Silikasteine aus Felsquarzit wären dann besser, aber es besteht die Schwierigkeit, diese in Deutschland in tadellos gebranntem Zustande zu erhalten.

Die Hersteller feuerfester Erzeugnisse bieten unter verschiedenen Bezeichnungen (Silika II, Spezial, Fabrikmarke mit einer Anzahl Sterne usf.) Kalkquarzitsteine an, die den Anforderungen des Siemens-Martinofens nicht genügen, aber für die Verwendung im Gewölbe des Glasschmelzofens gut brauchbar sein sollen. Diese Erzeugnisse enthalten wenig oder keinen Zementquarzit und werden bald aus Kohlensandstein, bald aus Felsquarzit unter Beimengung von gemahlenem Bruch gebrauchter Silikasteine (um das Wachsen einzuschränken) hergestellt. Es ist kein Zweifel, daß unter diesen Produkten sich solche finden, die ihre Dienste im Glasschmelzofen zur vollen Zufriedenheit erfüllen. Manchmal trifft dies aber nicht zu. Die Beobachtungen, die ich in dieser Beziehung zu machen Gelegenheit hatte, seien im folgenden mitgeteilt:

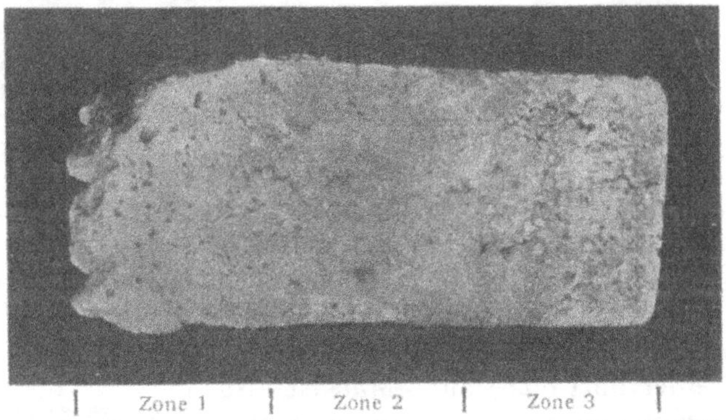

Abb. 219. Phot. Keppeler.

Wenn wir von „Wachsen" sprechen, so dürfen wir, auch für die Verhältnisse im Martinofen, nicht annehmen, daß der ganze Stein auf einmal wächst. Im Stein herrscht ein erhebliches Temperaturgefälle, so daß von der Feuerseite nach außen zu auf jeder Höhe ein anderer Zustand herrscht.

Abb. 219 zeigt einen aus einem Ofengewölbe ausgebrochenen Stein. Er ist schon um ein Drittel seiner Länge abgeschmolzen. Der Stein wurde der Länge nach parallel zur Schmalseite durchgesägt und eben geschliffen. Das Bild zeigt das so freigelegte Gefüge. Man kann daran deutlich drei Zonen unterscheiden: 1. Die von der Flamme angeschmolzene Unterseite mit speckig glänzendem und dichtem Bruch. Mit bloßem Auge ist nur eine einheitliche porzellanartig gesinterte Masse mit einigen eingeschlossenen Luftblasen erkennbar. Diese Zone ist ganz in Cristobalit umgewandelt (ähnlich wie bei Abb. 19, S. 25). 2. Daran reiht sich, abseits vom Feuer, eine Zone mit noch porösem Gefüge, in dem auch die größeren Quarzstücke milchig getrübt mit bloßem Auge noch genau erkennbar sind. Im polarisierten Lichte unter dem Mikroskop zeigt sich aber weitgehend Umwandlung in Tridymit. 3. Die nach außen grenzende Zone zeigt gegenüber dem frischen Stein nur wenig Veränderung. Die Temperatur ist hier nicht so hoch geworden, daß eine Veränderung des Steines hätte eintreten können.

Die Umwandung vollzieht sich also in Zonen. Der gezeigte Stein war einer sehr hohen Ofentemperatur ausgesetzt. Bei geringerer Temperatur werden die Zonen bei der gleichen Steinart schmäler. Ein poröserer Stein, der Alkalidämpfe tiefer eindringen läßt, zeigt breitere Zonen, als ein dichterer.

Nun aber findet ein dauerndes Abschmelzen des Gewölbes statt. Abb. 220 u. 221 zeigen Teile aus abgebrochenen Gewölben in stark abgeschmolzenem Zustande im Vergleich mit dem unveränderten Stein. Sie machen deutlich, wie mit fortschreitendem Abschmelzen die Umwandlung in höhere Schichten rückt.

Es wächst also der Stein nicht als Ganzes und damit besteht auch keine große Gefahr, daß das Gewölbe zerdrückt werden könnte. Für den Glasschmelzbetrieb liegt die Gefahr in anderer Richtung, die aber ebenso empfindlich werden kann wie der Einsturz des Gewölbes.

Abb. 220. Phot. Keppeler.

Auch die in Umwandlung begriffene Zone wächst nicht als einheitliches Ganzes. Jeder Stein enthält ja bereits umgewandelte, raumbeständig gewordene Teile und unveränderten Quarz. Gerade die einzelnen verhältnismäßig großen Quarzstücke können die Glasschmelze gefährden. Sie sind es, die vor allem in der Umwandlung zurückgeblieben sind und nun nachträglich wachsen. Sie drücken damit auf ihre unmittelbare Umgebung im Stein, und wenn sie keinen Halt finden, drücken sie die vorgelagerten feineren Teile weg, fallen selbst heraus und lassen so langsam, aber dauernd kleine Bröckchen in den Ofen fallen. Diese lösen sich im Glas nicht auf und geben Steine. Dieser Fehler hört nicht auf. Man ist also gezwungen, das Gewölbe zu erneuern. Diese Erscheinung tritt bei heiß gehenden Öfen leichter und stärker auf als bei mäßig hoch erhitzten. Ich habe den Eindruck, daß sie bei den querbeheizten Fensterglaswannen, bei denen die Flammen noch sehr heiß auf die gegenüberliegende Seite schlagen, häufiger auftritt als bei anderen Glasöfen.

Abb. 221. Phot. Keppeler.

Nun ist aber unbestreitbar, daß auch Silikasteine mit verhältnismäßig großen Quarzstücken, die nicht ganz umgewandelt sind, die soeben beschriebene Erscheinung nicht zeigen. Betrachtet man aber bei einem solchen Steine (Abb. 226 auf Tafel III) das Gefüge unter dem Mikroskop, so zeigt sich, daß die Umwandlung zwar nicht vollkommen ist. Aber die Quarzstücke sind stark zersprungen und nicht mehr scharf kantig. Sie zeigen eine isotrop gewordene Randzone, und vor allem zieht sich durch den ganzen Schnitt, jedes Quarzstückchen umschließend, ein Netzwerk von Schnüren, die aus feinkörnigen Tridymitkristallen gebildet sind. Dieses Netzwerk gibt die Bindung. Der gleichmäßig im Stein verteilte Kalkzusatz hat den Quarz angefressen, aufgelöst und als „Mineralisator“ (s. S. 48) in Tridymit umgewandelt. Tritt infolge des Nachwachsens der so eingeschlossenen Quarze eine gewisse Lockerung des Gefüges in der Randzone ein, so genügt das zahnige Netz doch noch, um die Quarzstücke zu halten. Vielleicht wirken auch Kapillarkräfte der bereits flüssigen Teile, die die engen Zwischenräume erfüllen. Schließlich sorgt der gleichmäßig verteilte Kalk für Erneuerung des etwa beschädigten Netzes.

Diese Auffassung wird bestätigt, wenn man Dünnschliffe von Silikasteinen betrachtet, die das oben geschilderte Abbröckeln im Glasschmelzofen zeigen. Abb. 227 (auf Tafel III) zeigt das Gefüge eines Steins, der aus einem Gewölbe stammt, das wegen starken Bröckelns und dauernder Verunreinigung des Glasspiegels unmittelbar nach der Herstellung wieder abgebrochen werden mußte.

Abb. 228 (auf Tafel III) zeigt einen Stein, der nicht im Glasofen eingebaut war, der aber einer Lieferung entstammt, die sich nicht bewährt hatte. In beiden Fällen sehen wir große Quarzstücke, wenig gesprungen und mit ganz scharfen Umrissen von der Umgebung sich abheben. Das Netzwerk von Tridymitschnüren ist nicht vorhanden. Kurz, alles Anzeichen, daß diese Steine nicht ausreichend gebrannt sind.

Auf eine weitere, im Gebrauch wichtige Eigenschaft der Silikasteine muß aufmerksam gemacht werden: die Unstetigkeit der Wärmeausdehnung. Alle drei Kieselsäure-Modifikationen zeigen ja (S. 24 u. 25) eine $\beta \rightarrow \alpha$ Umwandlung, die mit sprunghafter Ausdehnung verbunden ist, und zwar

für:					
Tridymit	bei ca. 130°	eine Volumausdehnung	von	0,40 %	(= 0,15% linear)
Cristobalit	„ „ 235°	„	„	3%	(= 1% linear)
Quarz	„ „ 575°	„	„	1,35%	(= 0,45% linear).

Abb. 222 zeigt für die drei Modifikationen die Verlängerung, die Stäbe von je 1 m Länge zwischen 0° und 1000° erleiden, zweieinhalbfach vergrößert. Wird ein Ofen unvorsichtig angeheizt, können diese sprunghaften Ausdehnungen ebenfalls zu Schädigungen des Gefüges der Steine führen. Es empfiehlt sich deshalb, die Öfen mit Rücksicht auf die Gewölbe besonders vorsichtig anzutempern, und zwar gerade im Temperaturgebiet bis 600°, d. h. ehe das Gewölbe voll glühend wird.

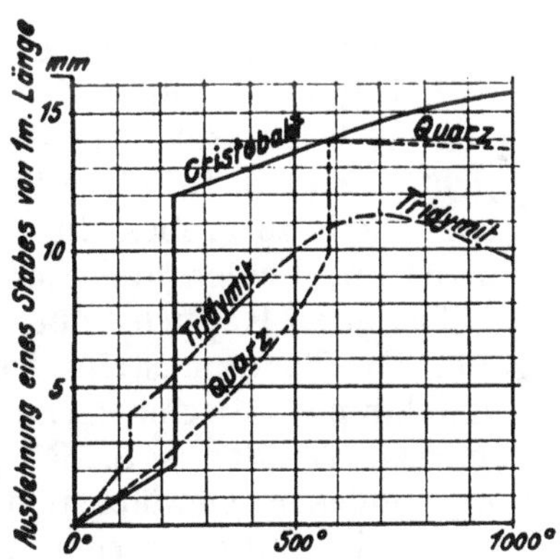

Abb. 222.

Ist übrigens das Abbröckeln der Kappensteine nur Folge unvorsichtigen Anheizens, so ist die Erscheinung nicht dauernd, sondern ist in kurzer Zeit behoben.

Prüfung der Silikasteine. In der deutschen Glasindustrie existieren bis jetzt keine Regeln für die Beurteilung der Silikasteine für Glasöfen. Die folgenden Angaben sind darum nur Vorschläge. Der Verfasser bittet um Mitteilung, inwieweit die Vorschläge in der Praxis sich bewähren.

Analyse. Vollständige Analyse ist im allgemeinen nicht notwendig. Es genügt 1 g mit Flußsäure aufzuschließen, den Aufschluß mit Schwefelsäure abzurauchen. Sulfatrückstand 8—14%. Tonerdegehalt nicht über 2,5, Kalkgehalt nicht über 2%.

Wahres spezifisches Gewicht gibt guten Anhalt über Güte der Umwandlung. Gute Durchschnittsprobe des gepulverten Steins in Pyknometer eingewogen (A). Vorher Pyknometerinhalt mit Wasser ausgewogen (J). Im Pyknometer gewogene Steinprobe mit Wasser bedeckt, im Vakuumexsikkator evakuiert, um Lufteinschlüsse zu entfernen. Dann auf Marke aufgefüllt. Alles bei 15°. Dann Pyknometerfüllung (B) mit Steinprobe und Wasser gewogen.

Das spez. Gewicht ist dann

$$S_w = \frac{A}{J - B + A}.$$

S_w soll sein für Silika I $\gtreqqless$ 2,35, für Silika II $\gtreqqless$ 2,40.

Nicht immer ganz sicher, da Beimengung von Brocken alter Silikasteine höhere Umwandlung vortäuschen.

Gefüge des Dünnschliffs im Polarisationsmikroskop. Dünnschliffe fertigen Voigt & Hochgesang, Göttingen. Sie sollen wenig unveränderten Quarz, gut ausgebildetes Tridymitnetz zeigen (vgl. Abb. 225 und 226).

Porosität. Stein trocken gewogen (G_t). Stein in Wasser gelegt, um Luft zu vertreiben gekocht, ev. unter Glocke mit Wasser bedeckt evakuiert. Nasser Stein außen rasch und vorsichtig abgewischt, naß rasch gewogen (G_n). Porenvolum: $V_p = G_n - G_t$. Volumen des Steins oder eines Brockens davon (V_s), im Volumenometer (z. B. Seger) bestimmt. Oder aus wahrem spez. Gew. S_w ermittelt. $V_s = \frac{G_t}{S_w}$. Porenvolumen in Prozent $= \frac{V_p \cdot 100}{V_p + V_s}$, soll 20% nicht überschreiten.

Raumbeständigkeit. Prüfung im Apparat zur Feststellung der Erweichung nach Steger oder nach Hirsch, siehe S. 415. Bei dieser Untersuchung soll kein plötzliches Wachsen auftreten. Erweichungspunkt bei 2 kg/cm²: Silika I: 1660—1670, Silika II: 1620—1630. Für einfachere Verhältnisse: Probestein wird langsam, etwa durch allmähliches Vorschieben im Brenner bis zum Ofen hoch erhitzt, langsam wieder zurückgezogen. Der erhitzte Stein muß fest bleiben, darf nicht „klapperig" werden, Klang beim Anschlagen beurteilen.

Die „Provisional Specifications for Glass Refractories" der Society of Glass Technology fordern:

Zusammensetzung: Mindestens 94% SiO_2, nicht mehr als 2% Kalk.

Feuerfestigkeit: Mindestens Kegel 32, Bestimmung in oxydierender Atmosphäre bei Temperaturanstieg von 50° je 5 Minuten.

Nachwachsen. Der Probestein darf nach zweistündigem Erhitzen bei Kegel 12 und Abkühlung nicht mehr als 0,75% lineare Ausdehnung zeigen.

Struktur. Gleichmäßig gebrannt. Gleichmäßige Struktur ohne Löcher und Sprünge.

Maßhaltigkeit. Flächen sollen gut eben sein. Dimensionen nicht mehr als ± 2% von Vorschrift abweichen.

2. Tonquarzitsteine.

Betreffs Begriff und Zusammensetzung dieser Steine siehe S. 391 und 392.

Bei der Herstellung der Tonquarzitsteine spielt die Art des verwendeten Quarzmaterials keine Rolle, da die Schwindung des Tons das Wachsen des Quarzes ausgleicht. Es kann für diese Steine auch Sand verwendet werden. Wichtig ist, daß der Quarzit kein zu grobes Korn hat, damit ein gleichmäßiges Abschmelzen des Gewölbes eintritt und Fehler ähnlicher Art, wie sie S. 399 beschrieben sind, vermieden werden.

Die alten Kappensteine, die die Hütten selbst herstellten, gehören in diese Kategorie. Die Tonquarzsteine haben aber den Nachteil, daß das unter der Wirkung der Alkalidämpfe Abschmelzende („Kappentropfen") sich im Glase schwer löst und Schlieren, Wenden (s. S. 231) gibt. Man ist aus diesem Grund mehr und mehr von den tongebundenen Gewölbesteinen abgekommen und zu Silikamaterial übergegangen. Im Hinblick auf die geringere Schmelzgeschwindigkeit des Silikamaterials dürften die Silikagewölbe auch dauerhafter sein.

Die Herstellung der Tonquarzsteine unterscheidet sich nicht von der der Schamottesteine.

II. Schamottegut.

1. Rohstoffe und ihre Eigenschaften.

Aus Gründen, die unten zu erörtern sind, werden vorwiegend tonhaltige Erzeugnisse meist nicht ausschließlich aus Ton hergestellt. Der Ton spielt dabei nur die Rolle des bildsamen Bindemittels. Daneben werden nichtbildsame feuerfeste Stoffe, die sogen. Magermittel, verwandt. Unsere Besprechung hat also zu berücksichtigen

a) bildsame Rohstoffe: Tone,
b) unbildsame Rohstoffe: Magermittel.

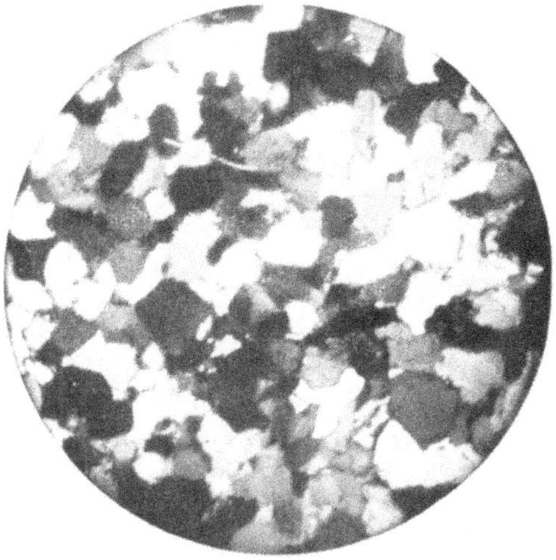
Abb. 223.

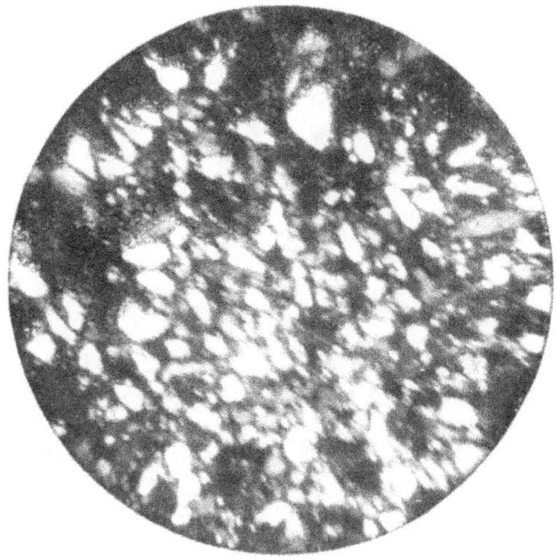
Abb. 224.

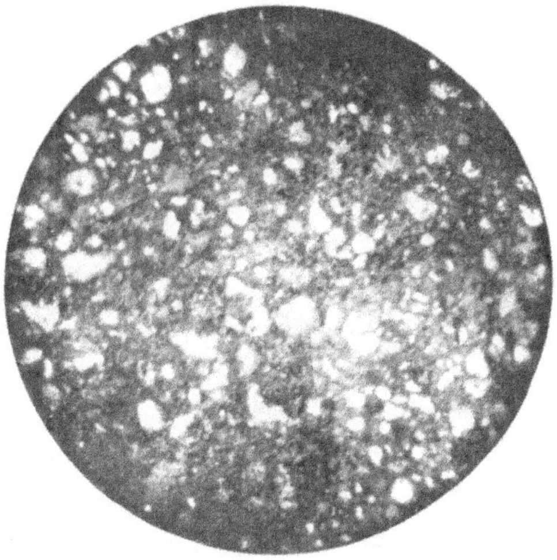
Abb. 225.

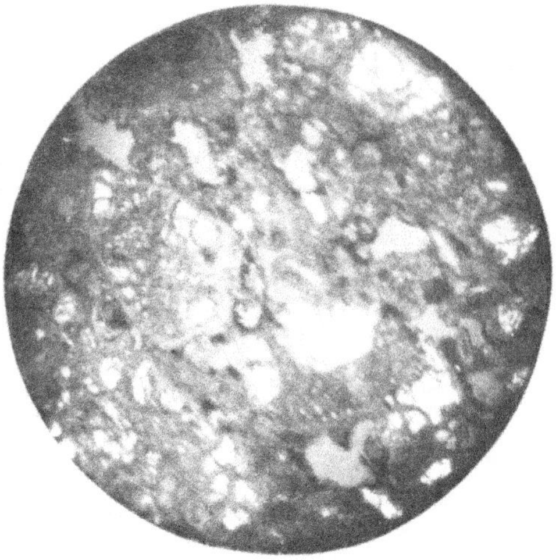
Abb. 226.

Abb. 227.

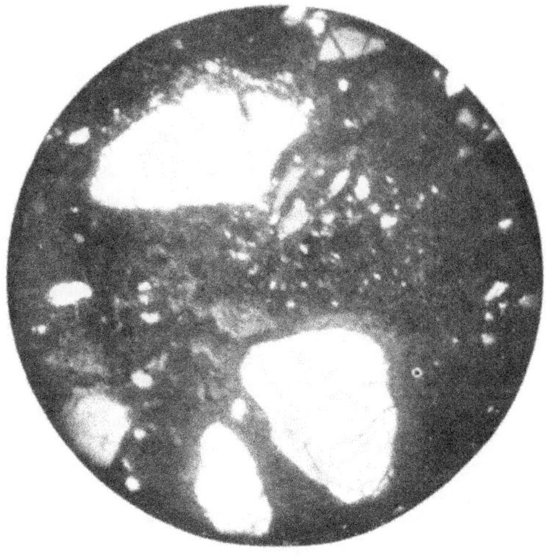
Abb. 228.

Verlag von R. Oldenbourg, München u. Berlin.

a) Tone.

Begriff. Als Tone bezeichnet man durch Verwitterung entstandene und dadurch weitgehend zerkleinerte, weiche Gesteine, die reich an Aluminiumsilikat und im feuchten Zustande bildsam sind. Da sie Verwitterungsprodukte von Gesteinen der verschiedensten Art sind, ist die Art der Tone außerordentlich wechselnd. Vom Standpunkt des Keramikers ist für Ton kennzeichnend der Gehalt an einem bestimmten Mineral von der Zusammensetzung $Al_2Si_2O_9H_4$, in Oxyde aufgelöst: $Al_2O_3 \cdot 2SiO_2 \cdot 2H_2O$, die nach Seger als eigentliche „Tonsubstanz" bezeichnet wird. Die Tone, die für die Herstellung feuerfester Erzeugnisse in Frage kommen, haben meist einen recht hohen Gehalt an dieser Tonsubstanz.

Die Bezeichnung „Ton" wird nicht immer im Sinne unserer oben gegebenen Begriffsbestimmung benutzt. Andererseits wird der Ton, namentlich im Sprachgebrauch der Hüttenpraxis, nicht selten als „Tonerde" bezeichnet. Nun enthält der Begriff Ton schon den wesentlichen Inhalt des Begriffs Erde, d. i. Bodenart. Die Zusammenstellung Ton und Erde ist also unnötig. Es kommt hinzu, daß die Chemiker das Wort Tonerde als deutsche Bezeichnung für Aluminiumoxyd Al_2O_3 verwenden. Es empfiehlt sich also, den bildsamen Rohstoff jeder Art von Keramik nur als „Ton" zu bezeichnen und „Tonerde" für die Bezeichnung von Aluminiumoxyd zu reservieren. Will man den Toncharakter einer Erde, einer Bodenart hervorheben, spricht man von einem Tonboden, einer tonigen Erde.

Eigenschaften, die durch den Gehalt an Tonsubstanz bedingt sind.

Die Eigenschaften, die den Tonen allgemein zukommen, sind wesentlich bedingt durch die Eigenschaften der sogen. „Tonsubstanz", die in den wertvolleren Tonen den Hauptbestandteil ausmacht. Die Tonsubstanz liegt im gutgeschlemmten Kaolin in nahezu reiner Form vor, sie hat die der Formel $Al_2O_3 \cdot 2SiO_2 \cdot 2H_2O$ entsprechende Zusammensetzung:

39,6% Tonerde,
46,5% Kieselsäure,
13,9% Wasser.

Sie führt als Mineral von ausgesprochener Kristallform (monokline, an hexagonale Formen erinnernde Blättchen) den Namen „Kaolinit". Unter den physikalischen Eigenschaften ist besonders stark hervortretend und für die Verwendung der Tone wichtig die „Bildsamkeit", auch „Plastizität" genannt. Sie kommt darin zum Ausdruck, daß Tone, mit Wasser angemacht, sich verformen lassen. Diese Eigenschaft, die ja auch Glas im Zustande der Verformung in hohem Maße besitzt, entspricht etwa dem Verhalten einer sehr zähen Flüssigkeit, die bei geringem Druck nachgibt und sich beim Pressen jeder umgebenden Form anschmiegt, aber doch so zähe ist, daß die ihr gegebene Form, von der Wirkung der Schwere unbeeinflußt, standhält, die also, sich selbst überlassen, formbeständig bleibt. Die Bildsamkeit der Tone findet ihre Erklärung darin, daß ein Stück Ton kein festes zusammenhängendes Gestein ist, sondern sich aus einer Unmenge einzelner sehr feiner Blättchen aufbaut, die so klein sind, daß sie meist nicht einmal unter dem Mikroskop erkennbar sind. Der Kaolin enthält etwas größere Teilchen. Infolgedessen sind die Blättchen unter dem Mikroskop erkennbar. Diese treten auch in Erscheinung, wenn man eine in einem Glase befindliche dünne Kaolinaufschlämmung in auffallendem Lichte betrachtet. Man erhält dann einen flimmernden Widerschein, der dadurch hervorgebracht wird, daß die in Bewegung befindlichen Blättchen sich bald mit der breiten Fläche gegen das Licht stellen, das Licht widerspiegeln und so aufleuchten, bald wieder mit der schmalen Fläche gegen das Licht gerichtet, viel weniger davon zurückgeben. Bei Tonen erhält man diese Erscheinung weniger deutlich, weil die Teilchen feiner sind wie im Kaolin. Hierauf beruht auch der wesentliche Unterschied in der Plastizität. Kaoline mit den gröberen Teilchen haben eine mäßige Plastizität, während Tone sehr viel höhere Plastizität zeigen. Bei Tonen kommt noch hinzu, daß gewisse Beimengungen schleimiger Natur („Kolloide") die Teilchen umkleiden und so gewissermaßen als Schmiermittel dienen, so daß bei Formveränderungen die Blättchen leichter übereinander gleiten.

Die mit Wasser in den Zustand der Bildsamkeit versetzten plastischen Tone fühlen sich fettig an. Man spricht deshalb häufig von „fetten Tonen" und meint damit sehr bildsame Tone. Im Gegensatz dazu nennt man Tone mit geringer Plastizität „mager". Eigentliches Fett ist aber in „fett" genannten Tonen nicht enthalten.

Mit der Bildsamkeit ist eng verknüpft das Bindevermögen der Tone, das den trocknen Ton zusammenhält und auch dem Tone beigemengte fremde Körper, die selbst keine Bindefähigkeit besitzen, festhält. Eine kleine Probe ungebrannten Tones ist immer ein Haufwerk von unzähligen überaus kleinen Teilchen. Eine gleichartige Anhäufung von feinstem Sand oder fein gemahlenem gebrannten Ton läßt sich mit Wasser ebenfalls in einen Zustand bringen, in dem die Masse mit einiger Schwierigkeit verformt werden kann, aber das geformte Stückchen besitzt nach dem Trocknen nur geringen Zusammenhalt und der geringste Druck genügt, die Teilchen wieder zu Pulver zu zerdrücken. Das geformte Stückchen ungebrannten — der Keramiker sagt „grünen" — Tones hält nach dem Trocknen fest zusammen, auch dann, wenn ihm fremde Körper, wie die unten zu nennenden „Magermittel", beigemengt sind. Je stärker das Bindevermögen eines Tones ist, um so größere Mengen Magermittel können ihm beigemengt werden, ohne daß die Festigkeit des so gemagerten Tones unter die im Einzelfall geforderte Festigkeit sinkt.

Eine andere Eigenschaft, die mit der Bildsamkeit und dem Bindevermögen parallel geht, ist das Schrumpfungsvermögen, die Schwindung des nassen Tones. Die Bindefähigkeit des nassen Tones bedingt, daß die Teilchen, zwischen denen im feuchten Zustande Wasserhäutchen liegen, beim Trocknen sich gegenseitig, in gleichem Maße wie die Trocknung das Wasser entfernt, nähern. Dadurch daß die Teilchen nun dichter aneinander heranwandern, zieht sich die Gesamtmasse zusammen. Der von dem Stück in Anspruch genommene Raum wird geringer. Den Verlust an Größe nennen wir „Schwindung". Wenn das Trocknen sich richtig vollzieht, ist die Schwindung in allen Richtungen die gleiche. Alle Einzelteile eines geformten Körpers nehmen in gleicher Weise an der Schwindung teil, so daß alle Maße sich in gleichem Verhältnis verkleinern. Im Sinne der Geometrie gesprochen: beim Trocknen eines nassen geformten Tonkörpers entsteht ein ähnlicher und ähnlich gelegener Körper.

Aber um dies tatsächlich zu erreichen, ist es notwendig, daß wir die Trocknung mit größter Vorsicht vollziehen. Die Struktur des Tones bedingt es, daß im Zustande der Verformung die zwischen den unzähligen und allerfeinsten Tonteilchen liegenden Wasserhäutchen ungemein dünn sind, so dünn, daß die Sprache des täglichen Lebens keinen zutreffenden Ausdruck dafür kennt. Ihre Dicke dürfte sich in der Größenordnung von Millionstel Millimetern bewegen. Solche feinen Kapillaren (Haarröhrchen) haben die Eigenschaft, das Wasser mit ungeheurer Kraft zurückzuhalten. Es wird auch klar, daß es außerordentlich lange Zeit beansprucht, bis die Haarröhrchen eine beachtliche Menge aus dem Innern an die Oberfläche befördert haben.

Wir erinnern uns in diesem Zusammenhang daran, daß man ja zur Abdichtung eines Wasserbaues gegen das herandrängende Stromwasser Spundwände aus Ton aufstellt. Mit ähnlicher Zähigkeit, mit der der Ton der Spundwand sich gegen das Durchdringen des Wassers wendet, hält der plastische Ton das Anmachwasser in einem Formstück zurück. Ton ist also „wassersperrend".

Das ungemein langsam auf den kapillaren Räumen an die Oberfläche steigende Wasser verdunstet dort unmittelbar. Hervorspringende Teile, Ecken und Kanten neigen dazu, rascher auszutrocknen, weil an so geformten Stellen die Kapillaren nach mehreren Seiten hin den Weg offen finden und die Wege vom Innern aus auch kürzer sind als zu den Hauptflächen des Stückes. Ähnlich wirkt ungleichmäßige Luftbewegung, die an einer Stelle mehr Luft wegführt als an einer anderen. Sie führt infolgedessen zu einem ungleichmäßigen Zusammenziehen. Diese ungleichmäßige Schwindung bringt ein Verziehen des Gegenstandes hervor, das dann auch Spannungen im Stück erzeugt.

Auch bei gleichmäßiger Wegführung des Wassers an der gesamten Oberfläche, besonders bei zu trockener Luft und rascher gleichmäßiger Luftbewegung, kann der Fall eintreten, daß aus der Oberfläche das Wasser rascher entfernt wird, als dies aus dem Innern auf den dünnen Haarröhrchen nachwandern kann. Die rasch getrocknete Oberfläche wird dann durch das noch nasse Innere in der Schwindung aufgehalten. Sie wird dadurch in einem gewissen Spannungszustande gehalten, der bei allzu großer Differenz im Wassergehalt zwischen Oberfläche und tieferen Schichten zum Bruch führt.

Die vorstehend behandelten Eigenschaften: Bildsamkeit, Bindevermögen und Trockenschwindung sind untereinander eng verbunden, und zwar so, daß ein Ton, der große Bildsamkeit besitzt, auch starkes Bindevermögen und starke Trockenschwindung zeigt. Daraus ergibt sich, daß die Maßnahmen, die ein gleichmäßiges Trocknen der Körper herbeiführen sollen, bei den plastischen Tonen ganz besonders wichtig sind.

Unter den chemischen Eigenschaften der Tonsubstanz ist besonders hervorzuheben die Möglichkeit, sie in konzentrierter Schwefelsäure aufzuschließen. Wird ein Ton mit konzentrierter Schwefelsäure abgeraucht, so wird dadurch die Tonsubstanz ($Al_2Si_2O_9H_4$), das Aluminiumsilikat ($Al_2O_3 \cdot 2\,SiO_2 \cdot 2\,H_2O$) zersetzt. Das dabei entstehende Aluminiumsulfat ist in dünner Salzsäure löslich und die aus dem Tonsubstanz-Molekül ausgeschiedene Kieselsäure ist ebenfalls leicht durch dünne Natronlauge (7- bis 8proz.) oder ganz dünne (½proz.) Flußsäure in Lösung zu bringen, während Mineraltrümmer, die nicht Ton sind, wie Quarz, Feldspat usw. ungelöst zurückbleiben. Darauf beruht die „rationelle Analyse“[1]) der Tone, die einen wichtigen Aufschluß über die Zusammensetzung eines Tones gibt.

Beim schwachen Erhitzen des Tones gehen die geringen Reste von Wasser, die durch Anziehung zurückgehalten sind, weg, so daß ein Ton, der auf 120° erhitzt ist, nur noch das chemisch gebundene Wasser (die zwei Moleküle Wasser der Tonsubstanz und das Hydratwasser der Kolloide) enthält. Bei weiterem Erhitzen werden zunächst die Hydrate von Kolloiden und die organischen Bestandteile zersetzt, was sich daran zeigt, daß bei nicht genügendem Luftzutritt der Ton sich dunkelgrau bis schwarz färbt. Das chemisch gebundene Wasser, das sogen. Konstitutionswasser, beginnt bei 450° zu entweichen, zunächst jedoch nur sehr langsam. Die Wasserabgabe geschieht rascher über 600° und ist bei 800° vollendet.

Dieses Wasseraustreiben erfordert einen besonderen Wärmeaufwand, der sich daran zeigt, daß in gleichmäßig erhitztem Tone, im Temperaturgebiet von 600—800° sich eine starke Verzögerung des Temperaturanstieges geltend macht. Mit diesem Wasseraustritt ist ein vollkommener Zerfall der Tonsubstanz verbunden, was darin zum Ausdruck kommt, daß in der Tonsubstanz, die bei 700° entwässert wurde, der Tonerdegehalt vollkommen in Salzsäure löslich ist. Bei unvollständig entwässerten Tonen entspricht die löslich gewordene Tonerde dem Wasserverlust. Man muß sich also vorstellen, daß in schwach gebrannten Tonen Tonerde und Kieselsäure zwar innigst gemengt, aber nicht in chemischer Verbindung nebeneinander liegen. Der Vorgang des Wasseraustreibens wäre also durch folgende chemische Umsatzgleichung zu schreiben:

$$Al_2Si_2O_9H_4 \rightarrow Al_2O_3 + 2\,SiO_2 + (2H_2O\uparrow).$$

Der so aus reiner Tonsubstanz durch Verlust des Konstitutionswassers hervorgehende Körper hat dann die Zusammensetzung:

45,7% Tonerde,
54,3% Kieselsäure.

[1]) Sprechsaalkalender.

Mit dem Wasseraustritt hat sich aber noch eine außerordentlich wichtige Veränderung des Tones vollzogen: der Ton hat seine Bildsamkeit verloren. Ton, der nur getrocknet ist, ja wenn er auch bei Temperatur bis 450° scharf getrocknet ist, kann durch erneutes Anmachen mit Wasser immer wieder in den bildsamen Zustand versetzt werden. Ist durch Erhitzen auf 700° das sogen. Konstitutionswasser ausgetrieben, so hat er seine wichtigste Eigenschaft, die Plastizität, für immer verloren und hört auf, Ton im eigentlichen Sinne zu sein. Er ist nun „gebrannter Ton", „Schamotte", wenn auch im Sinne der Praxis ungenügend gebrannte Schamotte.

An die Stelle der Bildsamkeit ist aber eine andere Eigenschaft getreten, die der Festigkeit, des stärkeren Zusammenhalts. Der „grüne Ton" quillt und weicht in einem Überschuß von Wasser auf, seine festen Teilchen werden durch langsam eindringendes Wasser voneinander entfernt. Mechanische Bearbeitung, Rühren und Erwärmen befördern diesen Vorgang. Der „gebrannte Ton" ist wasserbeständig geworden. Die Teilchen eines Stückes von gebranntem Tone halten, in Wasser gelegt, fest zusammen. Auch gegen mechanische Beanspruchung ist die Widerstandsfähigkeit größer geworden. Diese Veränderung herbeizuführen, ist ja Hauptzweck des Brennens der Tone. Die aus dem Ton geformten Gegenstände sollen dadurch Festigkeit erhalten.

Freilich ist der Grad der Festigkeit, der bei der Temperatur des vollkommenen Wasseraustritts erreicht wird, noch recht gering. Die Stücke klingen beim Anschlagen dumpf. Die Volumveränderung, verglichen mit dem trockenen Stück, ist unerheblich. An die Stelle des Wassers sind gewissermaßen Poren getreten. Der schwach erhitzte Ton ist also noch sehr wenig dicht, porös, d. h. für Flüssigkeiten und besonders für Gase stark durchlässig. Werfen wir ein Stück solchen schwach gebrannten Tones ins Wasser, so sehen wir sofort lebhaft Luftblasen aus dem Stücke aufsteigen; das Wasser verdrängt die Luft, die die Poren des Stücks erfüllte.

Wird der Ton nun weiter erhitzt, auf weiter ansteigende Temperatur gebracht, so vollziehen sich weitere Veränderungen. Die Poren werden kleiner, das Stück wird dichter und schrumpft mehr und mehr. Zu der während des Trocknens erhaltenen „Trockenschwindung" tritt nun die „Feuerschwindung".

Mit der Feuerschwindung ist, wie gesagt, eine Verringerung der Porosität verbunden, die schließlich zu einer vollkommenen Verdichtung führt. Dieser Zustand wird bei den verschiedenen Tonen bei sehr verschiedener Temperatur erreicht (1000°—1450°). Da für die Technik und das tägliche Leben das Dichtsein des „Scherbens" [1]) von großer Bedeutung ist, spielt die Temperatur, bei der ein Ton sich dicht brennt, kurz: die „Dichtbrandtemperatur", bei der Beurteilung der Tone eine große Rolle.

Zwischen 960 und 1100° tritt eine neue Umwandlung des Tons ein, die vermutlich in einer Verdichtung der freiliegenden Tonerde (s. o.) beruht. Bei genauer Beobachtung des Temperaturanstiegs zeigt sich nämlich, daß der mehr und mehr erhitzte Ton in diesem Gebiete selbst Wärme liefert. Die Temperatur des Tones erhebt sich für kurze Zeit über die des Versuchsofens. Diese exotherme Wärmetönung ist nicht so sehr wie die bei 450°—700° auftretende endotherme Reaktion ein typisches Kennzeichen der Tonsubstanz, weil auch Gemische mit kolloider Tonerde die Reaktion bei 960° zeigen. Dies ist einer der Beweise dafür, daß das Tonsubstanzmolekül beim Wasseraustritt zerfällt.

Eine weitere eigenartige Erscheinung im Gebiete der Dichtbrandtemperatur ist das „Wachsen" gewisser feuerfester Tone mit niedriger Dichtbrandtemperatur. Mißt man einen Formling aus solchem Ton unmittelbar vor dem Dichtwerden und brennt ihn dann ganz dicht, so zeigt er nach dem Dichtbrennen eine Volumenzunahme. Die Ursache dieser Erscheinung ist nicht aufgeklärt. Sicher handelt es sich nicht um die Quarz-Tridymit-Umwandlung (s. S. 24) des beigemengten Quarzes. Denn bei quarzarmen Tonen ist die Ausdehnung des Tones größer, als sie von dieser Umwandlung verursacht sein könnte. In der Praxis wird die Erscheinung wenig beachtet, weil dort das Brennen des Tones auf einmal vom Trocknen bis zur gewünschten Temperatur vollzogen wird. Dann verdeckt die große Gesamt-Feuerschwindung das geringe Wachsen im letzten Stadium des Brandes.

[1]) Über die Bedeutung des keramischen Begriffs „Scherben" siehe Anmerkg. [1]) Seite 411.

Parallel mit der Feuerschwindung und der Verminderung der Porosität geht eine zunehmende Steigerung der Festigkeit. Der Scherben klingt beim Anschlagen immer heller. Nach dem Dichtbrande klingen dünne Scherben fast so hell, wie Glas.

Bei der Steigerung über die Dichtbrandtemperatur hinaus tritt bald beginnende Erweichung ein. Zunächst ist sie unmerklich und wird nur bei starker Belastung erkennbar. Jedoch wird bei geeigneter Beobachtung erkannt, daß selbst die reine Tonsubstanz bei 1350° zu erweichen beginnt. Mit fortschreitender Temperaturerhöhung wächst die Erweichung ganz allmählich, die Zähigkeit bleibt immer noch erheblich, bis bei S. K. 35 (ca. 1750° C) die reine Tonsubstanz so weich geworden ist, daß ein aus ihr geformter Kegel umsinkt (Kegelschmelzpunkt). Gerade dieser große Temperaturunterschied zwischen beginnender Erweichung und Schmelzpunkt ist für die Tonsubstanz und die Tone kennzeichnend. Wo hohe Drucke in Frage kommen, ist also der Kegelschmelzpunkt nicht maßgebend. Es ist auch schon darauf hingewiesen, daß der Quarzitstein in diesem Punkte dem Schamottestein überlegen ist (s. S. 396). Es wird noch mehrfach auf diese wichtige Tatsache hinzuweisen sein.

Bei langandauernder Erhitzung zwischen Dichtbrandtemperatur und Schmelzpunkt findet eine Ausscheidung von neugebildeten Kristallen statt, die man früher als Sillimanit ($Al_2O_3SiO_2$) angesprochen hat, jetzt aber als Mullit ($3\,Al_2O_3 \cdot 2\,SiO_2$) erkannt hat. Man kann diese Kristalle in Dünnschliffen von lange Zeit bei hoher Temperatur erhitztem Tone (Schamottesteinen, Hafenschalen, Hartporzellan) als dünne stark verfilzte Nädelchen erkennen. Sie lassen sich auch mit Flußsäure aus jenen tonhaltigen Stücken isolieren. Man nimmt an, daß die Bildung des Mullits erst jenseits von 1300° beachtlich wird. Nach freundlicher Privatmitteilung von Singer hat er in Steinzeug schon bei niedrigerer Temperatur Mullitkristalle gefunden. Da Mullit außerordentlich hart ist und die Kriställchen im hocherhitzten Ton stark verfilzt ineinanderhängen, glaubt man vielfach, daß durch die Ausbildung von Mullit in den gebrannten Tonwaren die Festigkeit und andere Eigenschaften verbessert werden.

Bestandteile der Tone. Unter Bestandteilen der Tone sollen hier nicht die Oxyde, wie sie in der chemischen Vollanalyse gefunden werden, verstanden sein, sondern mineralogisch mehr oder weniger definierte Individuen, deren fein zerkleinertes Gemisch in den Tonen vorliegt.

Tonsubstanz. Der Hauptbestandteil der feuerfesten Tone ist die sog. Tonsubstanz (s. S. 401), die mit ihren Eigenschaften das hauptsächliche Verhalten der Tone bedingt. Der Gehalt an Tonsubstanz ist aber doch außerordentlich wechselnd. Ferner ist die Art der Tonsubstanz von Ton zu Ton nicht ganz gleich. Vor allem ist die Größe der Teilchen verschieden. Während im Kaolin die Tonsubstanzteilchen eine Größe von einigen Zehntel Millimeter haben können, sinkt bei Tonen die Größe bis zur ultramikroskopischen Feinheit herunter. Immer sind die in einem Tone vorhandenen Tonteilchen verschieden groß. Aber von Ton zu Ton ist die Verteilung auf die verschiedenen Größen ebenfalls ganz verschieden. Wir besitzen hierüber vorläufig keine genauen Untersuchungen. Die übliche Schlämmanalyse ist zu grob für die feinen Teilchen des Tons. Wir können aber allgemein sagen: Der Unterschied von Kaolin und Ton ist vor allem in dieser Verschiedenheit der Teilchengröße bedingt. Und auch die Verschiedenheit von Ton zu Ton beruht zum Teil hierauf. Denn Plastizität, Bindefähigkeit und Schrumpfung hängen hiervon ab. Der Ton, der am meisten feine und feinste Teilchen enthält ist der bildsamste. Je feiner diese Teilchen sind, um so mehr nimmt der Ton kolloiden Charakter an. Die feinsten Teilchen eines hochplastischen Tones verhalten sich in Wasser aufgeschlämmt durchaus wie eine kolloide Lösung (s. S. 138).

Ein gewisses Urteil über die Feinheit der Tonsubstanz bietet die Hygroskopizität, die am besten über 10%iger Schwefelsäure bestimmt wird.

Es ist aber nicht nötig, für die feinsten Teilchen einen besonderen Namen einzuführen (z. B. Clayit, wie Mellor vorschlägt, oder Kolloidton). Denn chemisch sind diese Teilchen nichts anderes als gewöhnliche Tonsubstanz und außerdem ist schwer zu sagen, von welcher Feinheit ab dieser Tonteil seinen besonderen Namen führen soll.

Die chemische Zusammensetzung der Tonsubstanz ist oben angegeben. Die natürliche entspricht nicht immer ganz genau dieser Formel ($Al_2O_3 \cdot 2\,SiO_2 \cdot 2\,H_2O$). In geringem Maße kann Fe_2O_3 das Al_2O_3 im genannten Molekül ersetzen. Bei der Entstehung aus Feldspat ist die Umwandlung in Kaolinit wohl auch nicht immer vollständig gewesen. Man nimmt etwas alkalihaltige Zwischenprodukte an, die aber auch wie die Tonsubstanz in Schwefelsäure löslich sind. Aber der in Schwefelsäure aufschließbare Anteil entspricht doch sehr nahe der genannten Formel. Über Glimmergehalt s. u. bei „Alkalihaltige Mineraltrümmer" und S. 407.

Während also die chemische Zusammensetzung der „Tonsubstanz" sich kaum ändert, wechselt ihr physikalisches Verhalten (Bildsamkeit und Bindevermögen) sehr stark. Man kann also nicht ohne weiteres von Tonsubstanzgehalt bzw. Tonerdegehalt auf die Plastizität eines Tones schließen. Wenn dies in der Spiegelglasindustrie trotzdem mit einigermaßen brauchbarem Erfolg geschieht, so liegt dies daran, daß dort immer ganz gleichartige Tone verwandt werden, die sich nur durch den Tonsubstanzgehalt bzw. Quarzgehalt unterscheiden.

Kolloide. Außer der Tonsubstanz, die selbst zum Teil in kolloider Verteilung in hochplastischen Tonen enthalten ist, kommen noch sowohl anorganische, wie organische Kolloide als Bestandteile der Tone in Frage. Die anorganischen Kolloide sind Hydrate von adsorptiv gebundener Tonerde und Kieselsäure in wechselnden Verhältnissen, die nach Stremme unter dem Namen Allophanoide zusammengefaßt werden. Nach meiner Auffassung spielen sie in den feuerfesten Tonen eine verhältnismäßig sehr geringe Rolle. Mehr verbreitet und von Einfluß auf die Tone ist die organische Substanz, die man unter dem Namen „Humus" zusammenfassen kann. Er erhöht die Plastizität und Bindefähigkeit. Die Färbung der Tone ist meist durch den Gehalt an Humus bedingt. Man kann zwei Arten Humus unterscheiden: 1. brauner Humus, der Braunkohle und dem Torf verwandt, größtenteils in Alkali löslich, begünstigt Gießverfahren. Brauner Humus ist enthalten z. B. im Ton von Löthain, Schwepnitz, einigen Pfälzer Tonen; 2. grauer Humus, dem Seeschlick, Faulschlamm, Lebermudde usw. verwandt, in Alkali kaum löslich, erschwert Gießverfahren. Er ist in allen grau-blauen Tonen enthalten: z. B. Klingenberg, Saarau blau, Großalmerode usw. Durch Brennen wird der Humus leicht entfernt. Auf das Verhalten im höheren Feuer ist er ohne Einfluß.

Quarz (Sand). Neben der Tonsubstanz ist der Quarz der häufigste und in den größten Mengen auftretende Bestandteil der Tone. Feuerfeste Tone sind nur selten ganz frei von Quarz. Gerade eine große Anzahl plastischer Tone, wie die Westerwälder, Großalmeroder, haben einen beträchtlichen Sandgehalt. Man kann sagen, daß der Gehalt der feuerfesten Tone von 5—60% schwankt. Die Feinheit der Sandkörnchen ist sehr verschieden. Manchmal sind sie unfühlbar fein, in anderen Fällen gröber. Gerade die Feinheit des Sandkorns im Ton spielt eine große Rolle und die Verschiedenheiten nach Korngröße und Mengen des Sandgehaltes bedingen zum großen Teil die Unterschiede der Tone. Die Schlämmanalyse gestattet ein gewisses Urteil über die Teilchenfeinheit. Ein Teil des Quarzes ist aber oft so fein, daß er mit der Tonsubstanz übergeht. Feinster Quarz wirkt als Flußmittel, gröberer als Magermittel, so daß sich solche Tone verhalten wie künstlich durch Sandzusatz gemagerte Massen. Der Quarzgehalt setzt also Schwierigkeiten beim Trocknen, Trockenschwindung und Feuerschwindung herab.

Alkalihaltige Mineraltrümmer. Von ihrer Entstehung her enthalten die Tone außer den genannten die verschiedenartigsten Mineraltrümmer. In den reineren Tonen, die für die Herstellung feuerfester Produkte in Frage kommen, sind in erster Linie Feldspatreste zu nennen, die z. T. zersetzt sind. Außerdem kommt häufig Glimmer vor. Diese Minerale enthalten Alkali und wirken als Flußmittel. Die nicht in Schwefelsäure löslichen Anteile dieser Mineraltrümner werden in der rationellen Analyse kurz als Feldspat bezeichnet.

Verschiedene Beimengungen. Während die vorstehend behandelten Stoffarten als die eigentlich kennzeichnenden Bestandteile der Tone anzusprechen sind, enthalten die Tone in wechselnder Menge noch Beimengungen wechselnder Art, die von einem gewissen Einfluß auf das Verhalten der Tone sind. Es seien zunächst

Eisenverbindungen erwähnt, deren Anwesenheit hauptsächlich die Brennfarbe der Tone bedingt. Eisenfreier Ton brennt sich reinweiß, mit der Steigerung des Eisengehaltes geht die Farbe durch lichtes Kremgelb, dann Ockergelb schließlich in Rot über. Das Eisen ist in verschiedenen Verbindungen vorhanden, und zwar sowohl in Eisenoxydul, wie in Eisenoxydverbindungen. Ein Teil dürfte konstitutionell in der Tonsubstanz, an Stelle von Al_2O_3 gebunden sein. Ein anderer Teil als freies Oxyd. Auch Eisensilikat kann vorhanden sein. In den feuerfesten Tonen sind diese sämtlichen Eisenformen nicht in erheblichen Mengen vorhanden. Der entsprechende Eisenoxydgehalt bewegt sich zwischen 1,0 und 2,5%. Diese Unterschiede sind aber bei der Herstellung farblosen Glases schon wichtig, weil das Eisenoxyd mit Hafenauflösung in das Glas gelangt und dieses färbt (s. S. 136). Ein besonders unangenehmer, aber leider auch häufiger Begleiter guter feuerfester Tone ist der Schwefelkies, der meist in der Form von Markasit (nicht in der des Pyrits) in mehr oder weniger großen Knollen vorkommt. Die größeren Knollen lassen sich vor der Aufbereitung auslesen. Die Knollen sind sehr spröde und zerbrechen in den Mühlen in sehr feine Sprengstücke, die sich nicht mehr aussondern lassen. Die Schwefelkiesstückchen schmelzen mit der Umgebung zu dünnen Flüssen, fließen aus und geben Löcher in Häfen und Wannensteinen, an denen die Glasschmelze besonders leicht angreift. In allen Fällen, auch wenn der Schwefelkies durch weitgehende Zerkleinerung gleichmäßig im Ton verteilt ist, setzt er den Schmelzpunkt herunter und färbt das Glas durch Eisengehalt. Schlämmverfahren besonders in Verbindung mit der Elektroosmose beseitigen den Schwefelkies vollkommen.

Kalk, als kohlensaurer Kalk und als Gips, ist in feuerfesten Tonen wenig vorhanden, aber sonst ein sehr häufiger Begleiter der Tone. Bei beachtlichem Gehalt an $CaCO_3$ hört der Ton auf, feuerfest zu sein.

Auch Titanoxyd ist in allen Tonen enthalten, meist in geringen Prozentsätzen, doch in einigen Fällen auch in recht erheblicher Menge. Bei der Brennfarbe der Tone wirkt das Titan die Eisenfärbung verstärkend. In Kreisen der Glasfachleute wird auf Grund dieser Beobachtung eine ähnliche Wirkung im Glas vermutet, es ist aber eine solche nicht nachgewiesen. Ferner kommt Vanadin in manchen Tonen wie auch in weniger reinen Sanden vor. Es ist in Braunkohlentonen beobachtet. Es kann — ein solcher Fall soll in einer Hütte für optisches Glas beobachtet sein —, wenn es mit der Hafenauflösung in das Glas kommt, zu grünen und blauen Verfärbungen führen. Ebenso wird in seltenen Fällen Molybdän als Tone verfärbend genannt. Auch hier dürfte es sich um Braunkohlentone handeln, die dem Kupferschiefer des Zechsteins benachbart liegen.

Salze, vor allem Sulfate, des Eisens, Kalks, der Magnesia und der Alkalien enthalten alle Tone aus dem Grundwasser adsorbiert. Ihre Wirkungen sind bei feinerer Beobachtung sehr wohl bemerkbar, besonders in ihrem Einfluß auf Bildsamkeit usw. Sind sie stärker vertreten, so führen sie beim Brande zu Ausblühungen bzw. Beschlägen. Im allgemeinen stören sie die Verwendung der feuerfesten Tone in der Glasindustrie nicht merklich. Von erheblichem, und zwar erschwerendem, Einfluß können sie aber bei der Formgebung nach dem Gießverfahren sein.

Rationelle und empirische Zusammensetzung. Wie aus den vorstehenden Mitteilungen hervorgeht, sind die hauptsächlichen Bestandteile der Tone: Tonsubstanz, Quarz und „Feldspat", im Sinne schwefelsäureunlöslicher alkalihaltiger Mineraltrümmer. Diese Art der Zusammensetzung wird durch die „rationelle Analyse"[1]) rasch und bequem erfaßt, wenn auch zugegeben werden muß, daß sie nicht sehr genau ist und ihre Resultate dadurch etwas getrübt werden, daß sie den Glimmer zur Tonsubstanz[2]) schlägt, so liegt doch ihr Hauptvorteil darin, daß sie rasch den Gehalt an freier, in Form von Sand vorhandener Kieselsäure erkennen läßt. Dies ist nicht nur im Hinblick auf den in der Keramik allgemein bewährten Brauch, bei der Zusammenstellung von Massen auf das Verhältnis von Tonsubstanz zu Quarz großen Wert zu legen (siehe auch Einteilung der feuerfesten Erzeugnisse S. 392), von Bedeutung, sondern sicher auch für das Verhalten der Tonerzeugnisse in der Glasindustrie. Der Quarz-

[1]) Kurze Zusammenstellung über Ausführungsarten, Sprechsaalkalender **1925**, 27.

[2]) Eine Methode, die den Glimmergehalt annähernd ermittelt, ist die von Kallauner und Matejka, Sprechsaal 1914, Nr. 25.

Tabelle 77.
Zusammensetzung und Eigenschaften einiger feuerfester Tone[1]).

	Herkunft	Art	Plastizitätszahl	Wasseranziehung über 10 proz. Schwefelsäure	Gesamt-Analyse							Rationelle-Analyse		
					Glühverlust	SiO_2	Al_2O_3	Fe_2O_3	CaO	MgO	NaKO	Tonsubstanz	Quarz	Feldspat
				%										
Tone	Löthain-Meißen	sehr fett stark humushaltig, braun	382	10,56	9,90	64,10	24,63	0,52	0,20	0,10	0,50	62,8	37,4	0,2
Tone	Ebernhahn (Westerwald)	sehr fett weniger Humus, grau	315	9,03	8,52	55,30	30,22	2,17	1,10	—	2,70	82,4	17,4	0,2
Tone	Wildstein	fett, weiß	303	8,00	13,04	46,76	36,10	1,80	1,60	0,22	0,38	97,8	1,8	0,4
Tone	Lautersheim	mager, kaolinartig, bräunlich	243	7,51	12,30	47,78	36,89	1,50	—	0,10	0,43	96,9	3,0	—
Kaoline	Zettlitz	sehr guter Kaolin für Kaolin gut plastisch	231	5,88	13,52	46,90	38,43	0,67	—	0,11	0,37	98,4	0,7	0,9
Kaoline	Hirschau	selbst für einen Kaolin sehr mager	149	3,02	11,91	48,25	36,56	1,72	1,25	—	0,31	87,3	4,2	8,5

gehalt in diesen Produkten ist von außerordentlicher Lebensdauer; kann man doch in Häfen, die 20 und mehr Schmelzen bei 1500° mitgemacht haben, im Dünnschliff immer noch Quarz nachweisen. In der beigegebenen Tabelle 77 über feuerfeste Tone, die in der Glasindustrie eine Rolle spielen, ist deshalb, wenn irgend möglich, auch die rationelle Zusammensetzung angegeben, und ich glaube, der Glasindustrie warm empfehlen zu sollen, sich bei der Beurteilung der von ihr verwandten Tone, vor allem für laufende rasche Kontrollbestimmungen der Tone und Massen, dieses Hilfsmittels viel mehr als bis jetzt zu bedienen.

Natürlich ist für die Feststellung von Feinheiten, der Anwesenheit färbender Oxyde, der Flußmittel usw. die sog. empirische Analyse, die Gesamtanalyse, die die Menge jedes einzelnen Oxydes, unbekümmert um die Bindungsart, in der die Oxyde im Ton vorliegen, ermittelt, notwendig. Für eine vollständige Kennzeichnung des Tones muß also die Vollanalyse, auch Elementaranalyse genannt, gewählt werden. In Tabelle 77 sind auch die Vollanalysen mitgeteilt.

Arten der Tone. Die Aufzählung der Haupt- und Nebenbestandteile der Tone läßt erkennen, daß in der Natur sich eine unabsehbare Anzahl von Varietäten der Tone vorfindet. Alle Versuche, eine Einteilung der Tonarten zu geben, scheitern an dieser Vielseitigkeit. Erfolg haben nur solche Einteilungen, die sich auf wenige große Klassen mit groben Unterschieden beschränken, am besten auf Grund der Verwendungsmöglichkeit, also etwa: 1. Ziegeltone, 2. mittelwertige Tone für bessere Töpfereien, einfaches Steinzeug, 3. feuerfeste Tone. Aber schon für diese Einteilung sind die Grenzen verwischt. Für uns kommen nur die feuerfesten Tone in Frage.

Hier eine weitere Einteilung zu geben, ist nicht möglich. Die Bezeichnungen Steingutton, Steinzeugton, Hafenton haben ja einen gewissen Wert, sind aber doch ebenfalls unscharf, weil derselbe Ton immer mehreren Zwecken dienen kann und dient. Ursprungsbezeichnungen wie Westerwälder, Pfälzer usw. Tone enthalten wichtige Fingerzeige für die Art der Tone. Aber man muß bedenken, daß nicht nur in naher Nachbarschaft, sondern in der gleichen Grube die Tone stark wechseln. Hinweise auf das geologische Vorkommen sind nur dann von Wert, wenn sie durch eine weitere Kennzeichnung des Tons ergänzt sind, z. B. feuerfester Tertiärton, feuerfester Schieferton des Karbons. Alle solche Bezeichnungen sagen dem Sachkenner, der schon über die Bekanntschaft mit einer größeren Anzahl von Tonarten verfügt, recht viel. Aber solche Kenntnisse zu vermitteln, liegt weder im Ziel, noch im Vermögen eines kurzen Abrisses, wie er hier zu geben ist.

---

[1]) Nach Untersuchungen, die Dr.-Ing. Rosenow im Laboratorium des Verfassers ausgeführt hat. (Rosenow, Über die Bildsamkeit der Tone, Diss. Hannover 1911.)

Innerhalb der feuerfesten Tone sind aber doch zwei Gruppen ziemlich scharf auseinanderzuhalten: Kaoline und eigentliche Tone. Eine ganz genaue Trennung läßt sich auch hier nicht vollziehen, es gibt Übergänge zwischen beiden: Kaolinartige Tone. Wenn wir aber unter Kaolinen nur solche Tonbildungen verstehen, die an der ursprünglichen Lagerstätte, auf der sie entstanden sind, noch liegen, so ist eine ziemlich scharfe Grenze gegeben.

Über Kaoline, ihre Entstehung und Zusammensetzung ist schon bei Behandlung der Schmelz-Rohstoffe (2. Kap. S. 179) einiges mitgeteilt. Für die Verarbeitung als keramischer Rohstoff ist wesentlich, daß der Kaolin sehr viel weniger plastisch und weniger bindefähig als die eigentlichen Tone ist. Der ungebrannte Kaolin ist mürb, immer sehr hellfarbig, fast weiß. (Eine Ausnahme macht ein roter, in Schlesien vorkommender Kaolin.) Beim Brennen bleibt er bis zu sehr hoher Temperatur porös. Er brennt sich meist bei sehr starker Feuerschwindung erst bei 1350°—1450° dicht. Seine Feuerfestigkeit ist sehr hoch. In der Glasindustrie finden Kaoline als feuerfestes plastisches Material wenig Anwendung. Man fürchtet die hohe Porosität und starke Feuerschwindung. Dies Urteil wäre nachzuprüfen und zu untersuchen, ob nicht scharf gebrannte Kaolin-Schamotte dort mit Vorteil Verwendung finden kann, wo man einen hochtonhaltigen Scherben erzeugen will. Die eigentlichen Tone sind, vermutlich infolge weiterer Aufarbeitung beim natürlichen Transport von der Entstehungsstätte zur neuen Lagerstätte, plastischer geworden. Sie schrumpfen infolgedessen beim Trocknen außerordentlich stark (s. S. 402), zeigen meist niedrige Dichtbrandtemperatur (s. S. 404) und haben eine gegenüber den Kaolinen, wenn auch oft nur wenig, geminderte Feuerfestigkeit.

b) Magermittel.

Die Schwierigkeiten, die sowohl beim Trocknen wie beim Brennen infolge der starken Trocken- und Feuerschwindung plastischer Tone (s. S. 403) eintreten, erfordern in den zu verarbeitenden feuerfesten Massen einen Zusatz von Stoffen, denen Wasserbindevermögen, Trockenschwindung und Feuerschwindung vollkommen oder doch in hohem Maße fehlen, kurz gesagt, des Zusatzes von Magermitteln[1]).

Die Magermittel können verschiedener Art sein. Sie können beim Brande keinen wesentlichen Stoffaustausch mit den umgebenden Teilen des Bindemittels vollziehen. Solche Rohmaterialien nennt man indifferente Magermittel. Es können aber auch solche Wirkungen zwischen Magermittel, dem Bindeton und anderen Bestandteilen der keramischen Masse eintreten. Durch sie wird ein gesteigertes Sintern und schließlich Schmelzen und Fließen hervorgebracht. Man nennt solche Magermittel deshalb Flußmittel. In den allermeisten Fällen ist die Verwendung von Flußmitteln bei den feuerfesten Stoffen, die in der Glasindustrie Verwendung finden, ausgeschlossen, weil ja eben durch sie die Verwendbarkeit in hohen Temperaturen beeinträchtigt oder unmöglich gemacht wird. Es kommen also für die Erzeugung feuerfester Produkte im wesentlichen nur die indifferenten Magermittel in Frage, die wir kurz, da die Magerung der Masse die Hauptsache ist, Magermittel nennen wollen.

Magere Tone. Wasserbindevermögen, Bildsamkeit, Trockenschwindung, Feuerschwindung besitzen die verschiedenen Tone in verschiedenen Graden. Durch Zumischung von mageren Tonen zu fetten wird eine Mischung erreicht, in der der schädliche Einfluß der genannten Eigenschaften herabgesetzt ist. Magere Tone sind einerseits solche, die bei hohem Tonsubstanzgehalt geringe Bildsamkeit besitzen, also Kaoline und kaolinartige Tone, andererseits, und zwar in den meisten Fällen, Tone, deren eigentlicher Tongehalt recht plastisch ist, die aber schon von Natur aus durch einen

[1]) Über den Begriff von „mager" und „fett" bei Tonen siehe S. 402.

hohen Quarzgehalt gemagert sind. Magere Tone, die im übrigen die notwendigen Eigenshaften der Feuerfestigkeit und des Dichtbrennens besitzen, sind sehr wohl geeignet, als Magermittel zu dienen. Aber natürlich nur in beschränktem Umfange, weil sehr magere Tone, bei denen die genannten Schädlichkeiten ganz beseitigt werden, nicht existieren, ausgenommen Schieferton und Tonschiefer. Trotzdem empfiehlt sich die Zumischung magerer Tone aus anderen Gründen. Die einzelnen Schichten und verschiedenen Stellen in einem Tonlager sind nie ganz gleichmäßig. Ist in einer Masse ein Ton in sehr hohem Prozentsatz enthalten, so machen sich solche Schwankungen der Eigenschaften eines Tones sehr stark geltend. Durch die Mischung mit anderen Tonen ist man in der Lage, die Menge eines einzelnen Tones herabzusetzen und damit die Wirkung der Schwankungen geringer zu gestalten. Aus diesem Grunde ist die Vermischung mehrerer Tonsorten, unter denen magere mit fetten wechseln, sehr empfehlenswert.

Schiefertone. Unter den Tonen nehmen die Schiefertone eine besondere Stellung ein. Sie gehören älteren geologischen Formationen an und finden sich vor allem in der kohlenbildenden Formation des Karbons. Sie sind durch die ungeheuer lange Lagerung unter hohem Gebirgsdruck stark verändert und haben dabei ihre Plastizität weitgehend verloren. Es kommt hinzu, daß die besonders wertvollen Schiefertone in unmittelbarer Angrenzung im Liegenden der Kohlenflöze vorkommen und mit kohliger Substanz stark durchsetzt sind. Für die Verwendung dieser Tone ist es zweckmäßig, diese kohlige Substanz zu entfernen, was am besten durch Ausbrennen geschieht. Durch dieses Ausbrennen wird die Plastizität vollkommen beseitigt, so daß der Schieferton als vollkommenes Magermittel im Sinne des gebrannten Tones, der „Schamotte“, (s. unten) zu betrachten ist. Diese Schiefertone besitzen aber sehr wertvolle Eigenschaften für die Herstellung feuerfester Produkte. Eine Anzahl der Vorkommen, vor allem die Schiefer von Rakonitz und von Neurode, sind ungemein rein und stehen in ihrer Zusammensetzung der Tonsubstanz sehr nahe. Ihre Feuerfestigkeit ist so groß, wie man sie sonst nur beim besten Kaolin findet. Die wünschenswerte Magerung ist vorhanden, und zwar von Natur aus durch die während undenkbar langer Zeiten unter dem hohen Gebirgsdruck erfolgte Pressung. Sie sind aber beim Ausbrennen nicht so hoch erhitzt, wie die gut gebrannte Schamotte. Die Folge davon ist, daß noch gewisse Veränderungen, die der hohen Temperatur eigen sind, im Tonschiefer sich beim Brande in hoher Temperatur vollziehen, und es ist sehr wohl möglich, daß infolgedessen der Tonschiefer gleichmäßiger an den inneren Veränderungen einer feuerfesten Masse beim Brande auf hohe Temperatur teilnimmt, als die vollkommen totgebrannte Schamotte. Dieses Verhalten dürfte einen der Vorzüge, vor allem die bessere Widerstandsfähigkeit gegen plötzliche Temperaturschwankungen, die den mit Tonschiefer hergestellten Massen eigen sind, begründen.

Weiter besitzen die guten Tonschiefer eine sehr geringe Angreifbarkeit durch die Glasschmelzen. Diese Eigenschaft ist begründet in dem hohen Tonerdegehalt. Sie muß berücksichtigt werden bei der Zusammenstellung von Hafenmassen und Wannensteinen, da sonst Unzuträglichkeiten entstehen, auf die weiter unten zurückzukommen ist (s. S. 417/418).

Schamotte (gebrannter Ton) (s. S. 391 u. 404) ist das hauptsächliche Magermittel bei der Herstellung feuerfester Erzeugnisse. Die Schamotte kann in zweierlei Art gewonnen werden, einerseits als Bruch ausgebrauchter, vielfach benutzter Schamottewaren, die lange im Feuer waren, also Bruch von Schamottesteinen, Porzellankapseln, Glashäfen usw. Man legt besonderen Wert darauf, daß die Schamotte durch anhaltendes oder häufiges Erhitzen alle Veränderungen, die hohe Temperatur im Tone hervorbringt, möglichst vollständig erlitten hat, daß, wie man sagen kann, der Ton „tot gebrannt“ ist. Aus diesen Gründen ist in der feuerfesten Industrie

Bruch von Porzellankapseln, die vielfach dem Scharffeuerbrand des Porzellanofens ausgesetzt waren, besonders beliebt. Sie kommen wegen der stark wechselnden Zusammensetzung für die Glasindustrie wenig in Frage. Die Glashütte hat aber in ihren eigenen gebrochenen Glashäfen eine Quelle für Schamotte, die die gleichen Eigenschaften hat. Die „Hafenschalen"[1]) müssen aber vor der Zerkleinerung nicht nur von der anhaftenden Glasschicht gereinigt werden, sondern es ist notwendig, auch die äußerste Schicht (innen und außen an der Hafenwand) etwa 5 mm stark zu entfernen, weil in dieser Schicht Alkali und Kalk aus dem Glas eingewandert und damit die Feuerfestigkeit gemindert ist.

Der Anfall an Hafenschalen ist aber in den meisten Hütten nicht ausreichend, um den Bedarf an Schamottekorn zu befriedigen. Es muß deshalb noch besonders durch Brennen von grünem Ton Schamotte hergestellt werden. Die Lieferanten bekannter feuerfester Tone liefern alle auch Schamotte aus ihren Tonen. Da aber in der Glashütte meist mehrere Tone gemischt werden (aus den S. 410 erwähnten Gründen), empfiehlt es sich, die Schamotte selbst herzustellen. Es ist wünschenswert, daß das Schamottekorn, das den Massen[2]) zugeführt wird, durchaus die gleichen Eigenschaften wie die Bindemasse besitzt, deshalb ist es besser, für die Schamotte die gleichen Tone und in gleichen Verhältnissen zu verwenden, wie für den ungebrannten Teil der Masse, diese Masse ist im Tonschneider innig zu mischen, in Batzen zu schneiden und so zu brennen.

Für die Wahl der Brenntemperatur kann man zwei Gesichtspunkte geltend machen. Einerseits wird eine mäßig hoch gebrannte Schamotte beim Brennen bzw. Antempern und in der ersten Zeit im Schmelzofen, — die Brenntemperatur des Schamottegutes erreicht ja nie die Schmelzofentemperatur — noch starke Veränderungen erfahren, also mit dem ungebrannten Teil der Masse zusammenarbeiten und darum weniger Spannungen im Scherben hervorbringen. Andererseits bleibt aber dann eine erhebliche Feuerschwindung in der schwach gebrannten Schamotte zurück und wird auf die Gesamtmasse übertragen, wenn nicht, wie beim Schieferton (s. S. 410), die Verdichtung schon von Natur aus vollzogen ist. Nun aber ist ja die Herabsetzung der Feuerschwindung der Hauptzweck des Schamottezusatzes und man zieht darum ganz allgemein scharf gebrannte Schamotte vor, und die Erfahrungen der Praxis weisen darauf hin, daß dabei die im Sinne der ersteren Erwägungen zu erwartenden Schädigungen nicht merklich sind. Dies dürfte in dem Erweichen des Tones, das schon weit unterhalb des Kegelschmelzpunktes einsetzt (s. S. 416), begründet sein. Man wird also die Schamotte möglichst scharf brennen.

Quarz. Der Quarz hat als Magerungsmittel, neben der Herabsetzung der Trockenschwindung, zwei wichtige Eigenschaften: erstens die, daß er bis nahe an den Schmelzpunkt seine Standfestigkeit bewahrt, und zweitens die, daß er durch sein Wachsen in hoher Temperatur das Schwinden des Tones ausgleicht. Mit beiden Erscheinungen wirkt er der Feuerschwindung und dem Erweichen des Tones entgegen, übertrifft also die Schamotte in ihren diesbezüglichen Wirkungen.

Für die Magerung von Schamotteware genügt hoher Kieselsäuregehalt, Mangel an Flußmittel. Die Formart des Quarzes (s. S. 150 u. 394) ist unerheblich. Man

---

[1]) Wir vermeiden den Ausdruck „Scherben", weil er in der Keramik ein wichtiger, vielfach gebrauchter Ausdruck für die Bezeichnung der gebrannten inneren Masse eines Gegenstandes ist, besonders wenn man den Charakter der Masse im Auge hat. Man sagt Steinzeug hat einen „gesinterten Scherben", Steingut hat einen „porösen Scherben" usf.

[2]) Was für die Glasschmelze das „Gemenge" ist, nennt der Keramiker „Masse". Die Mengenverhältnisse für eine „Masse" heißen Masse-„Versatz", also entsprechend dem „Gemengesatz" des Glasmachers.

bedient sich deshalb der billigeren Sorten, des kristallinen Quarzits, der Kieselsteine und des Sandes.

In allen Fällen, wo das Schamottegut nur in Berührung mit Flammen und Feuergasen kommt, nimmt man den Quarz in recht grobem Korn, weil die oben gekennzeichneten Eigenschaften um so schräfer hervortreten, je grobkörniger der Quarz ist. Kommen aber Schmelzen oder sonstiges angreifendes Erhitzungsgut mit dem Schamottestück in Berührung, so macht sich ein ungleichmäßiges Abschmelzen und in dessen Folge Abbröckeln des Steins geltend. Das ist der Grund, warum der zünftige Glashüttenmann den Quarz als Magermittel grundsätzlich ablehnt. Eine solche Stellungnahme ist aber zu einseitig. Quarz in feiner Körnung zeigt das ungleichmäßige Abschmelzen nicht und bringt doch noch die erwünschten Wirkungen genügend stark hervor. Dies beweist die günstige Erfahrung, die man vielfach mit stark quarzhaltigen Tonen (Großalmeroder, belgischer Ton der Spiegelglasindustrie) gemacht hat.

Will man künstlich mit Quarz magern, wird man also zu feinem Sand greifen. Unter Umständen empfiehlt es sich sogar, den Sand noch zu mahlen, um ein möglichst feines Gefüge zu erhalten.

Auf eine Erscheinung muß aber noch hingewiesen werden. Infolge der geringen Viskosität der Glasschmelzen bleiben — namentlich in Wannen — die die Wand berührenden Glasteile sehr lange mit der Wand in Berührung, länger als der in einiger Entfernung fließende Strom. Um ein größeres Quarzteilchen entsteht deshalb eine Zone von kieselsäurereicherem, zur Entglasung neigendem Glas. Dies wird nun durch den in Umwandlung befindlichen Quarz geimpft und so entstehen wohl die beobachteten Ausscheidungen von Cristobalit (s. S. 25, 42, 43, 48).

c) Feuerfestigkeit und Erweichen der Tonmassen.

Die Feuerfestigkeit und das Erweichen der Tonmassen, die für unsere Zwecke in Frage kommen, werden beherrscht einerseits von dem Verhältnis von Tonerde und Kieselsäure in den Massen, andererseits von dem Gehalt an sog. Flußmitteln, d. s. die basischen Oxyde der Alkalien, des Kalks, der Magnesia und des Eisens. Es ist unerheblich für die Feuerfestigkeit, ob eine Tonmasse den Quarz von Natur aus oder als nachträgliche Zugabe enthält. Ebenso ist es nicht von ausschlaggebendem Einfluß, wie sich die Gesamtmenge der Flußmittel einer Masse auf rohen Ton und auf die Schamotte verteilen. Aus diesen Gründen werden die einschlägigen Fragen im Anschluß an die Behandlung der Rohstoffe und ihrer allgemeinen Eigenschaften erst jetzt gemeinsam für Tone und Tonmassen besprochen. Die feuerfesten Massen dürfen nur einen geringen Betrag an Flußmitteln enthalten, ihr Einfluß tritt deshalb erst in zweiter Linie hervor. In erster Linie ist maßgebend das Verhältnis von $Al_2O_3 : SiO_2$. Beim Schmelzen scheidet die Frage, ob SiO_2 gebunden im Ton oder frei als Sand des Tons oder des Zusatzes vorhanden war, sofern der Sand feinkörnig ist, vollkommen aus. Wir bekommen einen einigermaßen zutreffenden Einblick, wenn wir zunächst die anderen Beimengungen vernachlässigen und nur betrachten, wie die Schmelzvorgänge sich abspielen, wenn reine Tonerde und reine Kieselsäure gemischt werden.

Das System Al_2O_3—SiO_2. Wie schon S. 15 angedeutet, ist das System Al_2O_3-SiO_2 durch die Arbeit von Bowen & Greig[1]) neuerdings berichtigt worden. Danach (Abb. 229) besteht zwischen Al_2O_3-SiO_2 nur eine Verbindung, und zwar nicht, wie bisher angenommen wurde, Sillimanit $Al_2O_3 \cdot SiO_2$, sondern Mullit $3\,Al_2O_3 \cdot 2\,SiO_2$ entsprechend 71,8% Al_2O_3 und 28,2% SiO_2.

Ferner existiert nur ein Eutektikum (s. S. 9), und zwar zwischen SiO_2 und Mullit. Es hat die ungefähre Zusammensetzung 5,5% Al_2O_3 und 94,5% SiO_2. Sein Schmelzpunkt liegt bei $1545^0 \pm 5^0$. Zwischen Mullit und Al_2O_3 besteht kein Eutektikum. Der Mullit schmilzt bei 1810^0 „inkongruent", d. h. er zersetzt sich beim Schmelzen

[1]) J. Amer. Cer. Soc. 7, 238 (1924).

in eine kieselsäure- und tonerdehaltige Schmelze und Korund, die Form, in der Tonerde kristallisiert. Abb. 229 gibt einen Überblick über dies System, und zwar durch den stärker ausgezogenen Kurvenzug.

Bei der Anwendung dieser Ergebnisse auf die Beurteilung der Feuerfestigkeit von Tonen ist nun zu berücksichtigen, daß dieser Kurvenzug keine Schmelzpunktkurve ist, sondern eine Art Löslichkeitskurve.

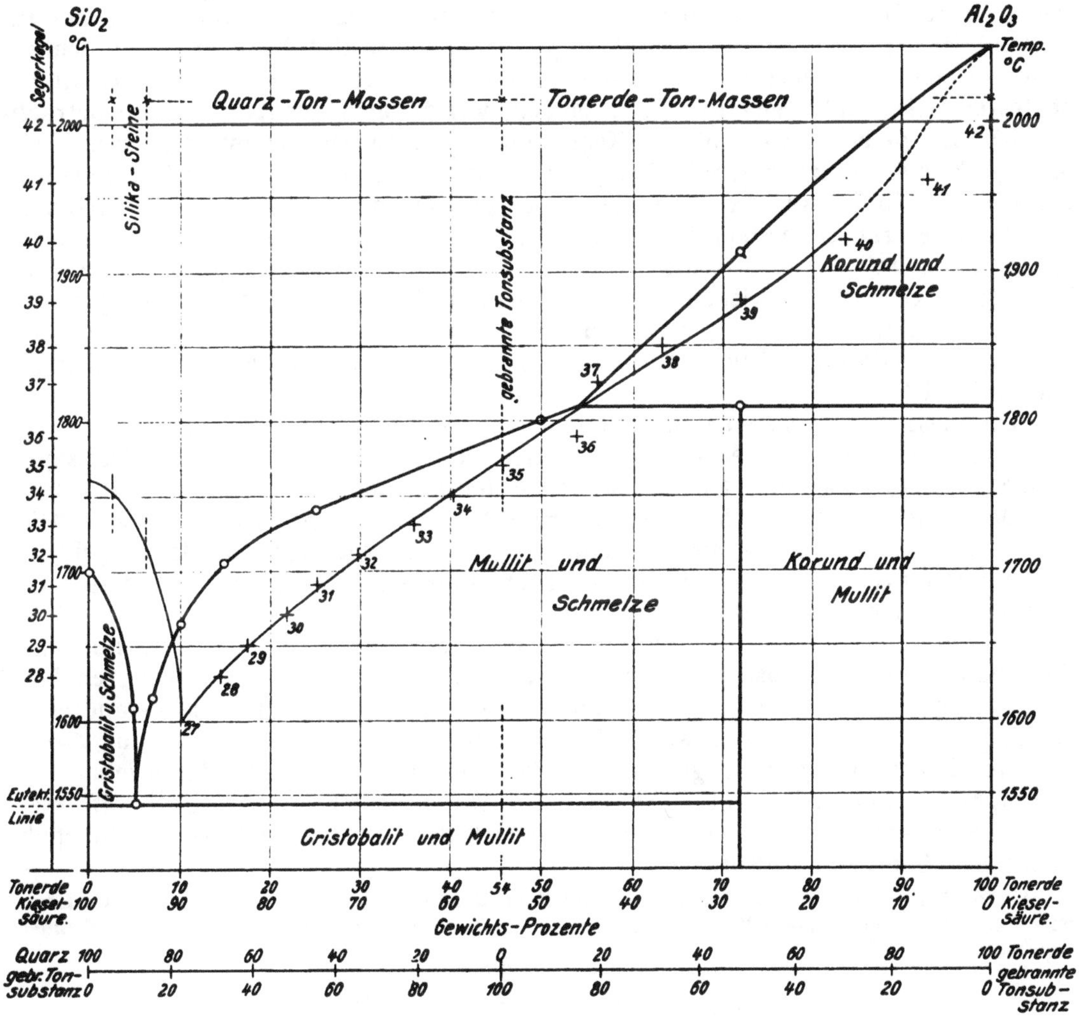

Abb. 229.

Die Schamottemassen, mit denen wir in der Glasindustrie zu tun haben, bewegen sich im wesentlichen zwischen 25 und 45% Tonerde. Wenn wir also beispielsweise ein Gemisch von 25% Al_2O_3 und 75% SiO_2 allmählich auf höhere Temperatur bringen, so tritt nach der Kurve vollkommenes Schmelzen bei 1740° ein; aber damit ist nicht gesagt, daß nicht Teile des Gemisches vorher zu schmelzen beginnen. Die Kurve sagt aus, daß bei 1740° die letzten festen Teile verschwinden und daß über 1740° nichts Festes mehr existieren kann. Aber der Beginn des Schmelzens liegt viel tiefer, und zwar im Eutektikum, sobald wir die durch 1545° gehende eutektische Linie überschreiten, beginnt das Schmelzen. Je nach der Zusammensetzung bildet sich schon bei 1545° in größerer oder geringerer Menge die eutektische Schmelze, und zwar kommen beim

Gemisch mit 25% Al_2O_3 auf das Eutektikum annähernd 70% der gesamten Mischung. Es ist klar, daß ein so großer Prozentsatz schon ein merkliches Erweichen herbeiführt. Dieses Erweichen wäre noch stärker, wenn nicht gerade die Kieselsäure-Tonerde-Mischungen außerordentlich hohe Zähigkeit besäßen.

Nun ist weiter zu berücksichtigen, daß die Feuerfestigkeitsbestimmung sich ja im Grunde genommen auf einen bestimmten Zähigkeitsgrad (s. S. 405) bezieht. Diese, dem Umfallen des Segerkegels entsprechende Zähigkeit, wird aber schon eintreten, ehe die letzten Reste von fester Substanz gelöst sind. Daß dies zutreffend ist, erkennt jeder, der mit Segerkegeln gearbeitet hat, an der milchigen Trübung, die die Kegel zeigen. Sie sind nie unter vollkommenem Verschwinden der festen Teile zum klaren Flusse geschmolzen. Von diesem Gesichtspunkte aus betrachtet, ist also zu erwarten, daß die Kegelschmelzpunkte der Schamottemassen tiefer liegen, als die Grenzkurve festflüssig im Schmelzdiagramm. In der Tat bestätigt dies Abb. 229, in die, durch Kreuze bezeichnet, die Zusammensetzung und der Schmelzpunkt der Segerkegel oberhalb SK 28 eingetragen sind. Die Kegelschmelzpunkte liegen natürlich oberhalb der eutektischen Linie, weil Menge und Flüssigkeitsgrad der Schmelze bei 1545° noch nicht ausreichen, um den Kegel zum Fallen zu bringen. Sie liegen aber tiefer, als die Grenzlinie fest/flüssig, und zwar bis Kegel 28 um so tiefer, je näher wir dem Eutektikum rücken, d. h., je mehr Eutektikum in dem betreffenden Gemisch vorhanden ist.

Die kieselsäurereichsten Gemische machen eine Ausnahme. Hier liegt der Kegelschmelzpunkt überall höher als der Grenzpunkt fest/flüssig, weil die Kieselsäureschmelzen, selbst nachdem alles flüssig geworden ist, noch so hohe Zähigkeit zeigen, daß der Kegel noch standhaft bleibt. Erst bei Erhitzungen von durchschnittlich 100° über den Grenzpunkt wird die Zähigkeit soweit erniedrigt, daß der Kegel fällt. Es kommt hinzu, daß sich auch der Schmelzverzug (s. S. 31) gerade bei diesen Gemischen besonders geltend gemacht.

So liegen die Verhältnisse, wenn wir von Gemischen ausgehen, die nur reine Tonerde und reine Kieselsäure enthalten. Nun aber enthalten ja die feuerfesten Tone zwar geringe, aber doch beachtliche Mengen von sog. Flußmitteln, von Bestandteilen, die den Schmelzbeginn noch weiter herabdrücken. Unsere Kenntnisse auf diesem Gebiete sind vorläufig wenig genau, weil die Drei- und Mehrstoffsysteme sehr wenig durchforscht sind. Aber ein Blick auf das Raummodell für das Dreistoffsystem Al_2O_3—SiO_2—CaO (s. S. 21) zeigt uns, wie stark geringe Mengen Kalk den Schmelzpunkt der Gemische erniedrigen.

Unter den vorliegenden Verhältnissen handelt es sich vor allem um tonerde- und kieselsäurereiche Gemische. Für diese gelten folgende Eutektika in Gew.-% mit den entsprechenden Schmelzpunkten:

CaO	Al_2O_3	SiO_2	
23	15	62	1165°
16	37	48	1510°
10	20	70	1345°
6,7	17,5	75,8	1470°

Man sieht also, daß schon unter 1200° der Kalkgehalt eutektikumbildend wirkt. Freilich wird bei dem geringen Kalkgehalt der feuerfesten Tone die Menge Eutektikum, die sich bilden kann, sehr gering sein, aber schon bei 1350° kann nach der angegebenen Zusammensetzung 1% Kalk 10% Eutektikum bilden. Es ist zu berücksichtigen, daß neben Kalk in etwas höherem Maße die Alkalien vorhanden sind, die eine noch stärkere Flußwirkung ausüben. Die entsprechenden Systeme sind nicht so genau durchforscht, wie das genannte Kalksystem. Wie stark diese Flußwirkung aber sein kann, zeigt z. B. das Eutektikum: 27 LiO_2, 11,5 Al_2O_3, 61,5 SiO_2, das schon bei 950° (!) schmilzt.

Aus alldem geht hervor, daß schon bei 1200° ein nicht geringer Teil eines feuerfesten Tons oder einer Schamottemasse in den flüssigen Zustand übergegangen ist. Dieser benetzt die noch nicht gelösten Teile. Die Oberflächenspannung der Flüssigkeit (s. S. 58) zieht die Teile zusammen und bringt so das früher erwähnte Dichtbrennen (s. S. 404) hervor. Mit weiterer Steigerung der Temperatur löst die Flüssigkeit schrittweise weitere Anteile an Tonerde und Kieselsäure auf. Nun müssen wir uns daran erinnern, daß beim Brennen des Tones das Raumgitter des Kaolinitteilchens zertrümmert wurde (s. S. 403) und infolgedessen Kieselsäure und Tonerde in feinster Verteilung zurückblieben. Diese feinsten Teile sind von einer zähflüssigen Masse benetzt. Es liegen also ganz ähnliche Verhältnisse vor wie in einem mit Wasser angemachten Ton bei gewöhnlicher Temperatur. Solange wenig Wasser, sagen wir 10%, vorhanden ist, ist die Reibung zwischen den Teilchen so groß, daß nur bei sehr hohen Drucken sich die Plastizität äußert. Bei höherem Wassergehalt (16—20%) erhalten wir den handgerechten Zustand, ein geformtes Stück ist standfest und unterliegt noch nicht der Wirkung der Schwerkraft. Aber ein geringer Druck, der Druck des Fingers genügt, um die Form zu ändern. Bei noch höherem Wasserzusatz wird der Ton so weich, daß die Masse auch ihre Standfestigkeit ganz verliert. Genau dieselben Übergänge finden beim Brennen des Tones auf höhere Temperaturen statt, nur mit dem Unterschiede, daß eben die ansteigende Temperatur die Menge der Flüssigkeit vermehrt und die der festen Anteile, die mit dem Wachsen der Flüssigkeit mehr und mehr aufgezehrt werden, vermindert.

Es ist also klar, daß weit unterhalb des Kegelschmelzpunktes, und zwar mit der Ausbildung des ersten niedrigst schmelzenden Eutektikums beginnend, die Erweichung des Tones einsetzt und immer stärker wird.

Dieser Mangel der Schamottemassen ist außerordentlich einschneidend, aber, weil in den Naturgesetzen begründet, nicht zu beseitigen. Wir erkennen aus diesem Verhalten, daß die Schamottemassen bei Temperaturen über 1300° schon mehr oder weniger plastisch, aber immerhin noch mit solcher Zähigkeit begabt sind, daß sie unter den normalen Beanspruchungen standhaft bleiben. Die obigen Betrachtungen des Eutektikums der reinen Tonerde und reinen Kieselsäure weisen aber darauf hin, daß die Schamottemassen mit der Annäherung an dieses bei 1545° liegende Eutektikum, also in der Gegend von 1500°, sich in einem außerordentlich kritischen Zustand befinden. Eine geringe Überschreitung der Temperatur vermehrt dort die Menge der eutektalen Schmelze so außerordentlich, daß die Zähigkeit der Masse der Beanspruchung nicht mehr standhält. Diese Erscheinung tritt auch bei Glashäfen in Öfen mit hohen Schmelztemperaturen ein, wenn das Glas zur Läuterung übergeht und das Feuer nicht rechtzeitig gedämpft wird (s. S. 429).

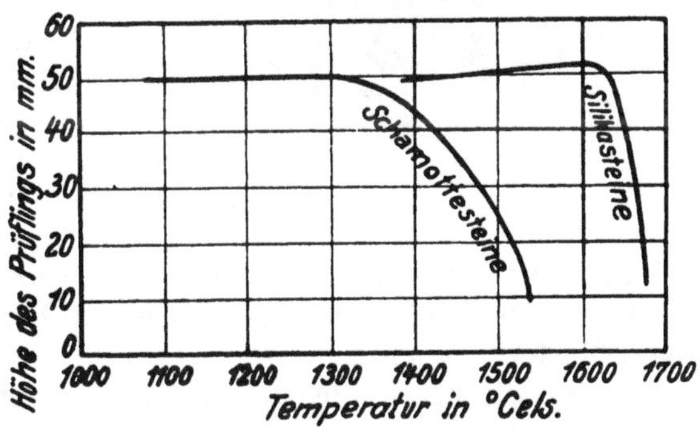

Abb. 230. Erweichung von Ton- und Silikamassen.

Die vorstehenden Betrachtungen zeigen, wie wichtig es ist, das Erweichungsverhalten von Tonen und Tonmassen studieren zu können. Man hat deshalb in dem letzten Jahrzehnt Methoden ausgebildet, um die Tone in dieser Richtung prüfen zu können[1]). Die Apparate beruhen darauf, daß der Prüfling in einem elektrischen Ofen (Kohlegries—Ofen) allmählich erhitzt wird. Auf ihm steht ein Kohlenstempel, der mit einer bestimmten Belastung, meist 2 kg je cm², auf den Prüfling drückt. Eine Schreibvorrichtung, die die Bewegungen des Prüflings vergrößert, zeichnet

[1]) In Deutschland sind zwei Apparate im Gebrauch: Der Apparat von Steger, vertrieben durch die Studiengesellschaft „Atom" Berlin-Steglitz, Breitestr. und der Apparat des Tonindustrielaboratoriums Berlin NW 21, Dreysestr. 4.

Ausdehnungen und Senkungen genau auf, während gleichzeitig von Zeit zu Zeit die Temperatur gemessen wird. Es zeigt sich nun bei den feuerfesten Tonen, daß meist oberhalb 1350° ein deutliches allmähliches Absinken der aufgezeichneten Kurve eintritt. Abb. 230 zeigt vergleichsweise mit dem Verhalten des Silikasteins eine solche Kurve. Es geht deutlich aus diesem Bild hervor, daß die Tonmasse sehr viel früher zu erweichen beginnt, als die Silikamasse.

Die oben gezogene Parallele zwischen der durch die Erhitzung weich gewordenen Schamottemasse und einer mit Wasser angemachten Tonmasse läßt auch verstehen, warum scharf gebrannte Schamotteteile in nicht zu feinem Korn dem Ton bei sonst gleicher Zusammensetzung eine etwas höhere Standfestigkeit verleihen. Bei lang andauerndem Erhitzen hat im Ton eine Umkristallisation stattgefunden. Besonders wenn ein hoher Quarzgehalt vorhanden ist, ist es zu einer weitgehenden Verwachsung von Tridymitkristallen gekommen, die in der flüssigen Tonmasse ein Skelett bilden, das sich gegen diese Verschiebungen wehrt. Abb. 231 zeigt in einem Dünnschliff aus einem gebrochenen Glashafen ein Korn, das aus einer früheren Hafenschale stammt. Es ist vollkommen mit Trydimitkristallen durchsetzt. Solche Teile sind in sich weniger beweglich als die frisch gebrannten Teile des Hafens. Sind viele derartige Teile vorhanden, so reiben sie sich gegenseitig und vermindern die Beweglichkeit der Gesamtmasse, so wie eine mit grobem Korn versetzte nasse Schamottemasse im handgerechten Zustande weniger bildsam ist als eine entsprechende Porzellan- oder Steingutmasse mit fein gemahlenen Magermitteln. Aus dem gleichen Grunde ist eine Masse, die grobkörnigen Quarz enthält, der sich außerordentlich langsam löst und seine Standfestigkeit bis zu den höchsten Temperaturen bewährt, standfester, als eine Masse mit Feinquarz. Derartige grobe Quarzmassen kommen aber für die Glasindustrie aus oben angeführten Gründen nicht in Frage.

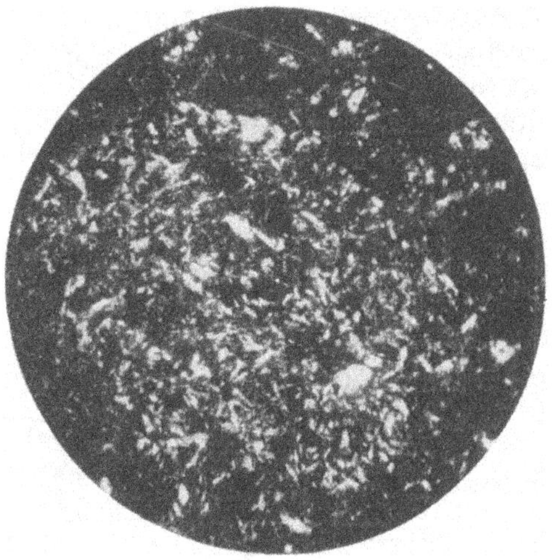

Abb. 231. Phot. Keppeler.

Wenn die hier angenommene Wirkung der Umkristallisation tatsächlich eintritt, so müßte ein Hafen im Laufe der Zeit standfester werden. Leider sind die Betriebsstatistiken nicht genau genug, um dies zu erweisen. Ich glaube, daß, wenn man die Häufigkeit der Hafenbrüche in Beziehung zu der Schmelzenzahl, die die Häfen ausgehalten haben, bringt, die Brüche bei niedriger Schmelzenzahl die häufigeren sind. Hat der Hafen eine gewisse Anzahl Schmelzen überstanden, so geht er, sofern er nicht überhitzt wird, nicht durch Weichwerden, sondern durch Abnutzung durch die Schmelze zugrunde.

In diesen Darlegungen scheint mir eine geschlossene Erklärung für das frühzeitige Erweichen der Tone, die in der Literatur[1]) als vorläufig nicht erklärbar bezeichnet wird, vorzuliegen.

2. Aufarbeitung der Rohstoffe und Massebereitung.

a) Zurichtung der Rohmaterialien.

Tone. Eine Reinigung der Tone vorzunehmen, gehört nicht zu den Aufgaben einer Glashütte. Sie muß sich darauf beschränken, Tone in verwendbarer Form zu beziehen. Es sei jedoch darauf aufmerksam gemacht, daß gewisse Reinigungsmethoden,

[1]) Z. B. Straßmann, Industrie feuerfester Steine und ihre Aufgaben für Gaswerke und Kokereien Bücher der d. keram. Ges. Bd. I Bonn 1921, Litinsky, Schamotte und Silika (Leipzig), Spamer 1925.

insbesondere Schlämmbetriebe in Verbindung mit elektroosmotischer Entwässerung [1]) eine vorzügliche Wirkung und hochwertiges Material liefern. Für die Massebereitung ist es notwendig, den Ton fein zu mahlen. Er muß für diesen Zweck zunächst getrocknet werden. Das geschieht meist durch Lagerung unter Dach. Für das Mahlen des Tons werden Kollergänge (s. S. 199), Schleudermühlen (s. S. 200) und Kugelmühlen (s. S. 199) angewandt. Der Ton muß zwecks gleichmäßiger Quellung im Anmachwasser sehr fein gemahlen werden. Man siebt auf Sieben mit 14—16 Maschen je lfd. Zoll (s. S. 202) und gibt das Gröbere auf die Mühle zurück.

Nicht genügend Beachtung hat bis jetzt die Windsichtung in der Tonaufbereitung der Glasindustrie gefunden. Es wird hierbei das Feinste durch einen Windstrom aus der Mühle getragen und im Separator abgeschieden, während das Gröbere zur Mühle zurückkehrt. Es läßt ich so das Sieben umgehen, der gewünschte Feinheitsgrad läßt sich genau und auf viel feineres Mehl einstellen als beim Sieben. Die Anlagen sind gut durchgearbeitet, zeigen hohe Leistung und sind mäßig teuer.

Magermittel. Die scharfgebrannte Schamotte wird auf dem Steinbrecher gebrochen und auf Kollergängen oder in Kugelmühlen zerkleinert, und zwar ziemlich weitgehend. Da für die Glasindustrie ein möglichst dichter Scherben notwendig ist, werden die Korngrößen selten über 2 mm, kaum über 3 mm gewählt. Eine Ausnahme machen nur die Wannenbodenblöcke und die unteren Teile der Streckplatten, für die grobes Korn erwünscht ist. Die feuerfeste Industrie trennt durch Sieben die einzelnen Korngrößen und mischt bestimmte Mengen der einzelnen Korngrößen für die Masse, und zwar so, daß die Menge der kleineren immer gerade ausreicht, um die zwischen den groberen Körnern bleibenden Poren zu füllen. In der Glasindustrie ist dies nicht üblich, jedoch ist es sehr notwendig, die beim Mahlen der Schamotte erhaltenen feineren Teile mit zu verwenden und nicht etwa das 2-mm-Korn für sich abzusieben. Nur so ist es möglich, eine gleichmäßige Verteilung von Schamotte und grünem Ton in der Gesamtmasse zu erhalten.

Quarz wird wenig verwandt. Wo dies der Fall sein sollte, wird ebenso verfahren wie bei der Schamotte.

b) Massebereitung.

Wahl der Masseversätze. Bei der Wahl des Versatzes ist man gezwungen, zwischen zwei Gegensätzen das richtige Mittel zu finden. Um im Feuer Bewegungen in der Masse möglichst auszuschalten, ist man bestrebt, einen möglichst hohen Gehalt an Magermitteln zu verwenden. Diese Maßnahme findet aber ihre Grenze in der Plastizität des verwandten Tones. Um nun aber die Möglichkeit der Magerung möglichst weit ausnützen zu können, verwendet man sehr fette Tone, die aber eben wieder gerade bezüglich Trockenschwindung und Feuerschwindung die größten Schwierigkeiten machen.

Im Bestreben, diese Gegensätze zu vermitteln, ist man im allgemeinen auf ziemlich gleichartige Massen zurückgekommen, die ziemlich nahe um 50% grünen Ton und 50% Schamotte schwanken, wie auch im einzelnen die Massenversätze lauten mögen. Tabelle 78 enthält eine Zusammenstellung üblicher Massenversätze für Häfen, Kränze u. s. f.

Aus den oben erwähnten Gründen (s. S. 410) nimmt man für den Ton mehrere Rohtone, um die Schwankungen der einzelnen Sorte möglichst auszuschalten. Es ist außerordentlich wichtig, bei der Wahl von Ton und Schamotte darauf hinzuarbeiten, daß eine gleichmäßige Angreifbarkeit durch die Schmelzen erzielt wird. Unterschiede können aber durch schärferen Brand, d. h. durch ausreichende Erhitzung im Ofen, ehe der Hafen beschickt bzw. eingeglast wird, ausgeglichen werden. Dies ist besonders wichtig bei der Verwendung von Schieferton (s. S. 410) als Schamotte, der die Eigenschaft hat, der Masse eine größere Wärmestoßfestigkeit (s. S. 124) zu verleihen. Aber der Schieferton besitzt auch im Verhältnis zu anderer Schamotte eine stärkere Widerstandskraft gegen die Schmelze. Wird

[1]) Mit Elektroosmose arbeiten die Werke in Chodau bei Karlsbad und Großalmerode. Der Betrieb in Staudt bei Montabaur (Westerwald) ist eingegangen.

also der mit Schieferton gearbeitete Hafen oder Wannenstein nicht genügend gebrannt, so löst sich der Ton rascher als der Schieferton. Um das einzelne Schiefertonteilchen wird der Ton herausgelöst, das schwer lösliche Schieferteilchen wandert in das Glas. Die Oberfläche eines solchen Hafens wird dann ganz ungleichmäßig zerfressen („Zellenstruktur"). Abb. 232 zeigt ein Wandstück eines solchen Hafens. Schieferton sollte also am besten nicht über 1½ mm groß verwendet werden und außerdem muß das Gut sehr scharf gebrannt sein, ehe es mit Glas in Berührung kommt, also auch ehe es verglast wird. Ein systematischer Aufbau der Versätze ist bis jetzt nicht möglich, weil die notwendigen Grundlagen fehlen. Nur nach zwei Richtungen hin hat sich eine gewisse Scheidung vollzogen. Für Häfen, die dauernd im Ofen bleiben und sehr hohen Temperaturen ausgesetzt sind (man kann sie als Standhäfen bezeichnen), arbeitet man gern auf einen hochtonsubstanzhaltigen Scherben hin.

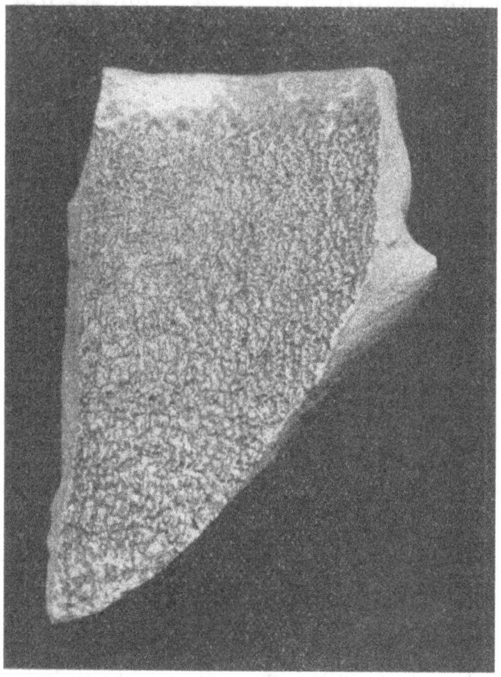

Phot. Keppeler.

Abb. 232. Stück einer ungleichmäßig angegriffenen Hafenwand.

Für Häfen, die aus dem Ofen zum Zwecke des Gusses entfernt werden (Gießhäfen), sucht man den Quarzgehalt möglichst zu erhöhen. Dies geschieht durch die Verwendung stark quarzhaltiger Tone. Die Massen sind etwa so zusammengesetzt, daß 50 Teile grüner Ton und 50 Teile Schamotte verwandt werden. Ton und Schamotte enthalten wieder etwas über die Hälfte an Quarz. Auf Grund der Erfahrungen von St. Gobain, die auf die ganze europäische Spiegelglasindustrie übernommen sind, wird folgende Vorschrift empfohlen: Es werden etwa 50 Ton und 50 Schamotte (Hafenschalen + frische Schamotte) gemischt. Der Ton wird aus stark sandhaltigem Ton (mager) und wenig sandhaltigem Ton (fett), meist belgischen Ursprungs, so gemischt, daß im Gemisch 10—13%, meist 12,5% sog. „aktive Tonerde", d. h. aus dem ungebrannten Ton stammende Tonerde enthalten sind. Im übrigen fehlen Regeln, die sich vom Rezept, das nur auf bestimmte Tone gegründet ist, freimachen. Es wird eine Hauptaufgabe sein, auf diesem Gebiete Wandel zu schaffen. Mangels anderer Angaben sind wir infolgedessen gezwungen, einige Massenversätze, wie sie die Praxis verwendet, mitzuteilen:

Tabelle 78.

Massenversätze für Häfen, Kränze, Schiffchen, Brücken.

Lfd. Nr.	Angaben des Ursprungsortes	Angegeben von	Abgemessene Teile roh	gebrannt	Hafenschalen
1	Großalmerode . . . (Nr. 1–5: Siebwelten für rohen Ton 4, für gebrannten Ton 4,3, für Hafenschalen 5 Fäden auf 10 mm Sieblänge.)	Schnurpfeil, Hans	10½	6	6
2	„ . . .	Jaquart, Joseph (Fensterglas) . .	4	3	2
3	„ . . .	Angaben von Großalmerode selbst	5	6	—
4	„ . . .	„ „ „ „	1	2	—
5	„ . . .	Rühl, Daniel, Minden	2	1	1
6	Koblenz	Schnurpfeil, Hans	3	4	—
7	Westerwald	„ „	2	2	1
8	Vallendar	Dr. Tscheuschner } für Weißhohlglas und Kristall	13	5	5
9	„	Itschert Söhne	1	1	1
10	Großalmerode		4	2	3
	Meißen		2	—	2
11	Großalmerode	Schnurpfeil, Hans	5	3	3
12	„	„ „	2	1½	1½

Tabelle 78 (Fortsetzung).
Massenversätze für Häfen, Kränze, Schiffchen, Brücken.

Lfd. Nr.	Angaben des Ursprungsortes	Angegeben von	Abgemessene Teile roh	gebrannt	Hafenschalen
13	Gröden	Schnurpfeil, Hans	2	1	1
14	Meißen	„ „	1	—	—
	Großalmerode	„ „	1	—	—
	Rakonitz	„ „	—	2	—
15	Klingenberg	„ „	5	$2^1/_2$	$2^1/_2$
	Coburg	„ „	4	2	2
16	Bunzlau	„ „	3	3	1
17	Meißen	„ „	2	2	—
18	Briesen	„ „	4	—	3
	Großalmerode	„ „	6	—	
	Kapselscherben	„ „	—	8	
19	Kaierlich	„ „	2	2	1
20	Vallendar	„ „	2	1	1
21	Wildstein	„ „	5	3	2
22	Blansko	„ „	5	4	2
23	Grünstadt (Pfalz)	„ „	2	1	1
24	Hettenleidelhein (Pfalz)	„ „	2	$1^1/_2$	1
25	Deggendorf	Flamm	10	6	6
26	Klingenberg	„	10	5	5
27	Kehlheim	„	9	5	4
			11	5	5
28	Schwarzenfeld	„	8	5	5
29	Longeau	„	7	—	—
	Schwarzenfeld	„	7	5	5
	Klingenberg	„	5	—	—
30	Namur (Ardoise)	Dralle (Fensterglas)	7	5	5
31	Andenne	„ „	8	5	5
			7	5	5
32	Forges-les-Eaux	Dr. Tscheuschner	10	5	5
33	Forges-les-Eaux	„ „	5	5	—
	Pfalz	„ „	6	—	5
34	Forges-les-Eaux	„ „	10	—	—
	Bedoins	„ „	4	4	5
35	Langenau (Longeau)	„ „ } für optische Gläser,	6	—	—
	Namur	„ „ } Flint u. Crownglas	6	5	5
36	Stourbridge	„ „	$8^1/_2$	5	5

Eigentliche Massebereitung. Die dem Versatz entsprechende Menge der einzelnen Bestandteile der Massen wird meist nicht gewogen, sondern gemessen und in einem flachen Netzkasten getrennt und übereinander ausgebreitet, so daß eine Lage über der anderen liegt. Auf diese Lagen wird die notwendige Wassermenge mit der Brause aufgegossen. Für die Bildsamkeit des Tones ist es außerordentlich wichtig, daß die Durchnässung und die damit verbundene Quellung des Tones möglichst gleichmäßig geschieht. Wo warmes Wasser zur Verfügung steht, bietet dies einen erheblichen Vorteil. Beim Wasserzusatz muß man sehr vorsichtig sein, da ein Überschuß die Masse zu weich und nicht standfest macht. Die gleichmäßige Entfernung des Wasserüberschusses ist außerordentlich schwierig. Die in der Glasindustrie verarbeiteten Massen haben etwa 16 bis 20% Wasser, meist um 18% bezogen auf die fertige formgerechte Masse.

Die eingenetzte[1]) Masse muß nun gemischt werden. Dies wurde früher durch Schaufeln und Treten der Massen erreicht. Neuerdings ist wohl allgemein der Tonschneider, ein Zylinder mit Mundstück, in dem eine unterbrochene Schnecke bewegt wird, verbreitet. Bei der Durchbewegung durch diesen Tonschneider wird die Masse innig gemischt. Die im Netzkasten liegende Masse wird senkrecht abgetragen, so daß alle Teile entsprechend dem Versatz mit der Schaufel entfernt werden. In dieser Weise wird die Masse dem Tonschneider zugeführt. Es empfiehlt sich, die Masse mehrfach aufzugeben, d. h., den aus dem Mundstück dringenden Strang abzuschneiden und unmittelbar wieder auf den Tonschneider zu werfen.

In einzelnen Hütten hält man diese Mischung nicht für ausreichend und bedient sich der Mischmaschine von Werner und Pfleiderer oder ähnlichen, die nach Art der Arbeit des Bäckers die Masse durchkneten. Ich glaube, daß der Erfolg nicht den aufgewandten Mitteln entspricht, denn bei solchen Schamottemassen haben die Maschinen großen Verschleiß und großen Kraftverbrauch. Ein liegender Tonschneider mit Speisewalzen (Abb. 233) und verengtem Mundstück, das die Masse in der Maschine staut und so zu stärkerem Durchkneten bringt, dürfte besseren Erfolg haben.

Abb. 233. Liegender Tonschneider mit Speisewalzen.

Abb. 234. Mischtrommel für Schamottemassen.

Eine sehr gute Art des Mischens ist auch die folgende: Man gibt in eine Mischtrommel (Abb. 234) die Bestandteile der Masse in trockenem Zustande, mischt innig durch und netzt dann, während die Rührer der Mischtrommel weiterlaufen, mit der Brause an. Diese Masse wird im Tonschneider noch weiter bearbeitet. Für diese „trockene Aufbereitung" mit Mischschnecke und Tonschneider werden von verschiedenen Firmen (Reißmann-Saalfeld, Dorst A.-G. Oberlind) ganz automatische Einrichtungen gebaut. Sie finden neuerdings in vielen Betrieben Eingang.

Die so fertiggestellte Masse bleibt zunächst im Massekeller monatelang liegen, am besten mit feuchten Tüchern bedeckt, damit sie sich in ihrem Wassergehalt erhält. Sie wird, wie man sagt, dem „Faulen" überlassen. Um ein eigentliches Faulen handelt es sich dabei natürlich nicht. In Fällen, wo wenig plastische Tone, wie Kaolin usw. in der Masse sind, werden Feldspatreste noch weiter zersetzt. Sie geben dabei ganz geringe Mengen von Alkali ab, das ähnlich wie in verstärktem Maße beim Gießverfahren eine Verminderung der Zähigkeit und ein inneres Glätten der Masse bedingt. Bei den fetten Tonen kommt dieser Vorgang kaum in Frage, sondern es werden die Kolloide, die beim Trocknen des Tones ihre Quellbarkeit zum Teil verloren haben, erneut aufgequollen, wodurch ebenfalls eine Erhöhung der Plastizität eintritt.

Abb. 235. Masseschlagmaschine.

Vor der Verarbeitung ist es notwendig, die Masse nochmals durchzuschlagen. Beim ruhigen Liegen unter dem Druck der Schichtung tritt eine Verfilzung der Tonblättchen ein. Das System von vielen kleinen Teilchen bekommt eine

[1]) In der Hütte als das „Genetz" bezeichnet.

Art von Trägheitsmoment, so daß sie sich anfangs der durch die Formgebung hervorgerufenen inneren Bewegung in der Masse widersetzen. Durch das Schlagen und Bewegen wird diesem Widerstand entgegengearbeitet, und die Masse wird wieder bildsamer. Das Schlagen und Treten der Tonmasse ist eine außerordentlich schwere Arbeit. Man hat sie deshalb durch das Bearbeiten mit Maschinen, densogen. Masseschlagmaschinen ersetzt (Abb. 235). Bei diesen Maschinen wird ein ringförmiger zwischen Walzen liegender Strang, der auf der sich drehenden Maschine liegt, von den Walzen abwechslungsweise von beiden Seiten und dann wieder von oben gepreßt. Die Wirkung der Maschine hat Ähnlichkeit mit der streichenden Bewegung des Hafenmachers. Diese Längsbewegung unterstützt das Gleichrichten und Übereinandergleiten der blättchenförmigen Tonteilchen. Die, vielfach vermutete, Entfernung von Luftblasen tritt beim Schlagen nicht ein.

3. Herstellung und Verwendung der Schamotteerzeugnisse der Glashütten.

a) Formgebung.

Steine, Blöcke und Strecksteine. Steine werden, sofern sie von den Glashütten selbst hergestellt werden, in hölzernen Formen „gestrichen". Die Schamotteindustrie stellt die Steine oft in einer Ziegelmaschine genau wie Ziegelsteine her und preßt sie nach. Größere Formate, wie Wannenblöcke, werden in hölzernen, eisenbeschlagenen Formen gestampft.

Die Strecksteine werden in Holzformen hergestellt, welche auf 50 bis 60 cm hohen Böcken liegen. Der Formboden wird mit Stroh oder einer Lage Schamotte oder Hafenschalenschrot bedeckt, darauf kommt eine Lage Packleinwand und dann wird die untere grobe Schicht hergestellt, wie z. B. die ebene Platte eines Hafenbodens. Je nach der Größe des Strecksteines wird die untere grobkörnige Schicht 6 bis 8 cm stark. Diese Schicht läßt man etwa zwei Tage stehen, damit sie anzieht und sich alle Feuchtigkeit gleichmäßig in ihr verteilt, darauf wird die Oberfläche gerauht und nun die zweite feine Schicht von 3 bis 4 cm Stärke aufgeschlagen, geebnet und geglättet und dann mit reiner feuchter Leinwand bedeckt. Nach 4 bis 5 Tagen wird die Platte jeden Tag nachgeschlagen, und zwar solange, bis sich bei dieser Arbeit keine Feuchtigkeit mehr bemerkbar macht, was unter normalen Verhältnissen und bei richtiger gleichbleibender Temperatur von ca. 15° in etwa 14 Tagen eintreten wird. Die Ecken sind während dieser Zeit mit Steinen oder Eisenplatten zu belasten, weil sie sich sonst beim Trocknen leicht werfen und in die Höhe ziehen. Der ganze Trockenprozeß erfordert 6 bis 8 Wochen.

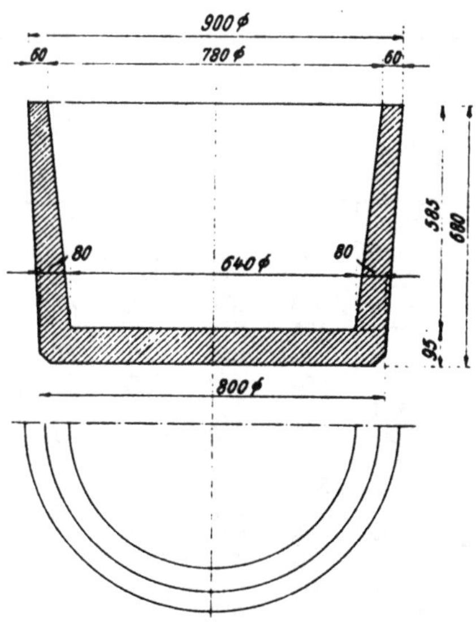

Abb. 236.

Häfen, Kränze, Schiffchen, Brückensteine usw. Am meisten werden kreisrunde Häfen gebraucht. Abb. 236 stellt einen solchen üblicher Form dar, und zwar mittlerer Größe (5 der Tabelle 79). Um das Werkzeug beim Hafensetzen besser ansetzen zu können, ist die Bodenkante gebrochen. Die Hafendimensionen hängen vom gewünschten Inhalt ab, es muß aber ein etwa 30% größerer Inhalt angenommen werden, weil die Häfen meistens etwas schräg im Ofen stehen, weil sie nicht ganz vollgelegt werden können, und weil immer ein Rest nach der Arbeit im Hafen bleibt. Weitere Angaben über runde Häfen finden sich in Tabelle 79, S. 422.

Handelt es sich um Herstellung von Gläsern, welche nicht mit den Verbrennungsprodukten in Verbindung kommen dürfen, so werden **verdeckte Häfen** von rundem oder ovalem Horizontalschnitt Abb. 237—239 verwandt. Auch Abb. 240 und 241 zeigen einen verdeckten Hafen, der oben mit einem Loch *c* versehen ist, das durch einen Deckel *d* verschließbar ist, wodurch eventuell auch direktes Feuer in den Hafen gelangen kann.

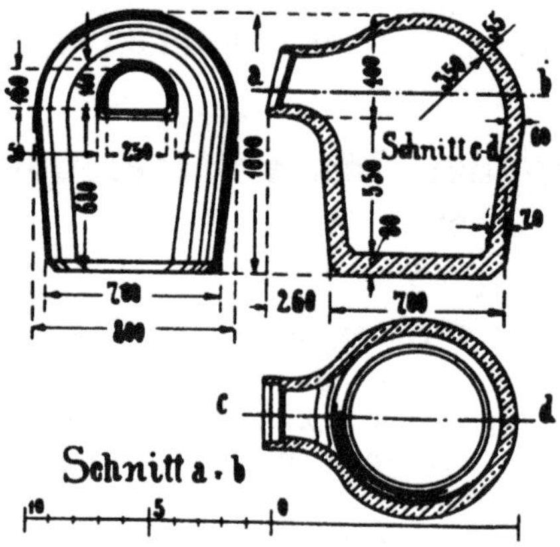

Abb. 237, 238 u. 239.

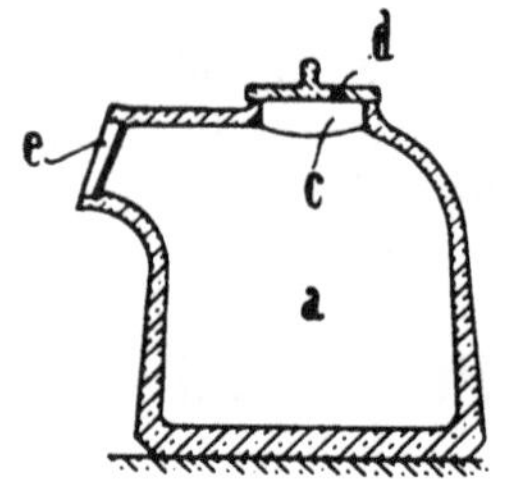

Abb. 240.

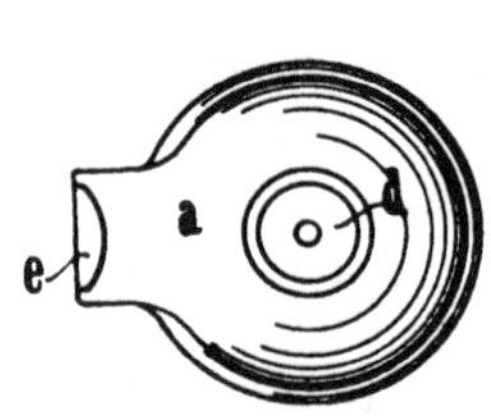

Abb. 241.

Tabelle 79.

Nr.	oberer äußerer Durchm.	oberer innerer Durchm.	unterer äußerer Durchm.	unterer innerer Durchm.	Wandstärke oben	Wandstärke unten	äußere Höhe	innere Höhe	Bodenstärke	Rauminhalt	Hafeninhalt berechnet	Hafeninhalt Nutzglas	Eigengewicht	Preis
	mm	mm	mm	mm	mm	mm	mm	mm	mm	cbm	kg	kg	kg	M. ca.
1	500	420	440	320	40	60	500	435	65	0,047	116	78	100	17
1 a	550	465	485	360	42	62	520	453	67	0,068	170	112	110	20
2	600	510	530	400	45	65	540	455	70	0,089	223	149	120	22
2 a	650	555	575	440	47	67	560	483	77	0,112	280	187	170	23
3	700	600	620	480	50	70	590	495	85	0,135	338	225	220	30
3 a	750	645	665	520	52	72	610	523	87	0,160	400	267	250	35
4	800	690	710	560	55	75	640	550	90	0,185	462	308	290	40
4 a	850	735	755	600	57	77	690	598	92	0,207	519	346	330	46
5	900	780	800	640	60	80	680	585	95	0,230	575	374	370	52
5 a	950	825	815	650	62	82	700	603	97	0,294	785	490	450	63
6	1000	870	830	660	65	85	720	620	100	0,358	895	597	530	75
6 a	1050	915	915	740	67	87	740	638	102	0,397	992	661	580	81
7	1100	960	1000	820	70	90	760	655	105	0,436	1090	727	630	88
7 a	1150	1005	1045	860	72	98	780	673	107	0,483	1209	808	670	94
8	1200	1050	1090	900	75	95	800	690	110	0,531	1328	875	710	100
8 a	1250	1095	1145	950	77	97	820	708	112	0,592	1484	991	770	110
9	1300	1140	1200	1000	80	100	840	725	115	0,654	1640	1094	830	120
9 a	1350	1085	1255	1050	82	102	870	753	117	0,767	1921	1281	890	130
10	1400	1230	1310	1100	85	105	900	780	120	0,884	2210	1469	950	140
10 a	1450	1280	1365	1150	87	107	930	808	122	0,992	2480	1657	1010	150

Abb. 242—245 zeigen einen Hafen für kontinuierlichen Betrieb. Im offenen Abteil *a* wird geschmolzen, im verdeckten Abteil *b* kühlt sich das Glas auf Arbeitstemperatur ab und wird durch die Schnauze *f* ausgearbeitet. *d* ist das Gemengeeinlegeloch. Abb. 246 u. 247 zeigen einen ebensolchen Hafen, der aber noch einen Läuterungsraum *e* enthält.

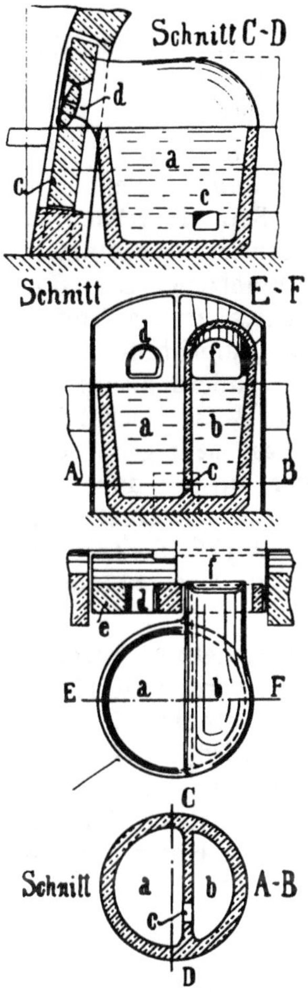

Abb. 242—245. Hafen für kontinuierlichen Betrieb.

Das Gemenge wird in *a* eingelegt, gelangt schmelzend bzw. geschmolzen durch *b*, *d* nach *e*, das Glas wird hier geläutert und aus *g* durch die Schnauze *h* ausgearbeitet. Abb. 248 u. das zeigen einen sog. Stiefelhafen. Der Stiefel *b* taucht in 249 unten reine Glas des Hafens *a*, welches nun kontinuierlich ausgearbeitet werden kann, während frisches Gemenge in den sonst unverdeckten Hafen nach Bedarf eingelegt wird.

Die Häfen für Spiegelglas sind oval mit flachen Längswänden. Sie haben Aussparungen zum Ansetzen der Zange. In Bd. II wird eine Anzahl Formen dieser Häfen näher beschrieben.

Abb. 250 zeigt noch im Lichtbild eine Anzahl gängiger Formen von Glashäfen, wie sie der Fabrikation der „Vereinigten Schamottefabriken vorm. C. Kulmiz in Marktredwitz, Bayern, entstammen.

Um zu verhindern, daß aus dem Hafen oder der Wanne unreines Glas von der Oberfläche entnommen wird, benutzt man:

a) Kränze von runder oder ovaler Form (Abb. 251 u. 252) oder

b) Schiffchen nach Abb. 253—257.

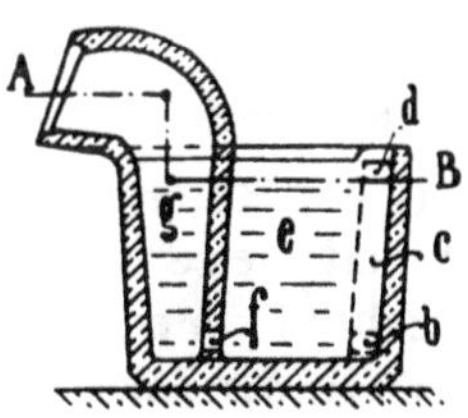
Abb. 246.

Abb. 248.

Abb. 247.

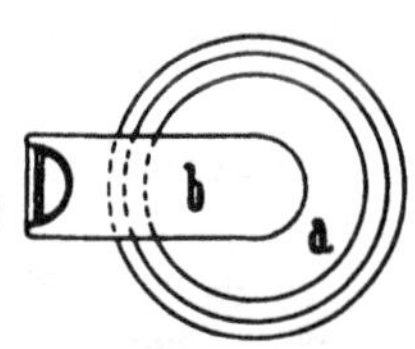
Abb. 249.

Sie schwimmen im Glase und ihr Rand ragt nur einige Zentimeter über der Oberfläche hervor. Die kleinen Flächen in den Kränzen und Schiffchen

Abb. 250

lassen sich leicht durch Abfämen mit einem Eisen von Unreinigkeiten befreien, und da frisches, reines Glas nur von unten eintreten kann, so verhindern sie das Eintreten von Verunreinigungen. Ihre Größe hängt von der Größe der herzustellenden Gläser ab und die Eintauchtiefe von dem Flüssigkeitsgrade des Glases.

c) Brücken (schwimmende Brücken, Brückensteine, Schwimmer), Abb. 258, werden, wie aus Fig. 2 Taf. V ersichtlich ist, in die Fensterglaswannen gelegt und trennen die Wanne in den Schmelz-, Läuter- und Arbeitsraum. Seitlich werden sie von vorspringenden Steinen gehalten und in der Mitte durch Klammern *a* verbunden. Sie verhindern, daß ungeschmolzenes Glas und Verunreinigungen in die Arbeitswanne gelangen.

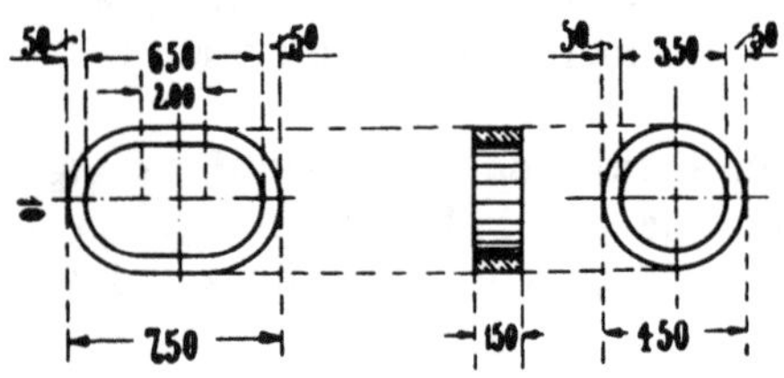
Abb. 251 und 252.

Die Anzahl der in der Hafenstube herzustellenden Gegenstände, die außerdem im Betrieb gebraucht werden, als z. B. Bratlochsteine, Kuchen, Schafflöcher usw., ist sehr groß, und die Wünsche der Glasmacher müssen dabei berücksichtigt werden. Der Raum verbietet es, hierüber viel zu sagen. In Wirklichkeit ist es auch immer Sache des Hüttenmeisters und Hafenmachers, derartige Gegenstände in passender Form zu beschaffen.

Die Gestaltung der Häfen (oft „Hafenbau" genannt) usw. geschieht vorwiegend von Hand. Die Arbeitsweise ist verschieden. In manchen Hütten werden die Häfen ganz freihändig aufgebaut. Meist werden aber hölzerne Formen verwendet, die einen Halt für die Außenseite der Wand geben. Bei einer Arbeitsweise wird die für den ganzen Hafen notwendige Masse auf dem Boden durch Einwerfen einzelner Batzen und Bearbeiten zu einer dicken Platte geformt, die dann durch in der Mitte erfolgendes Stampfen an den Seiten in die Höhe getrieben wird, so daß der ganze Hafen wie aus

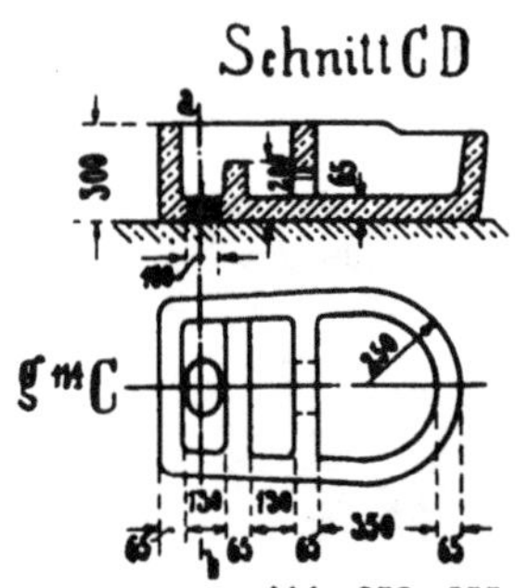

Abb. 253—255.

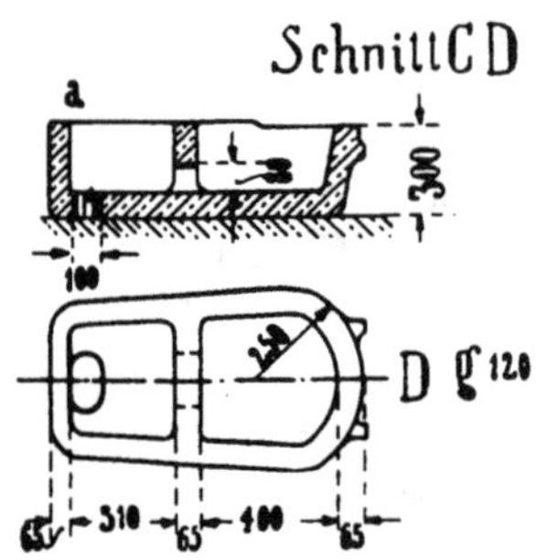

Abb. 256—257.

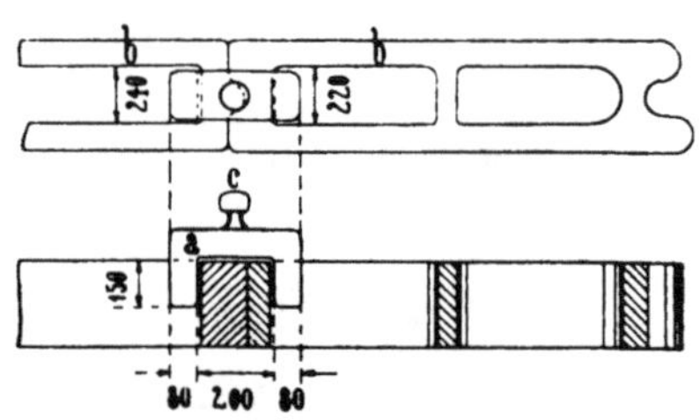
Abb. 258.

einem Stück gepreßt entsteht. Eine andere Arbeitsweise ist die folgende: Es wird der Boden in der gewünschten Stärke hergestellt und kräftig geschlagen, dann wird am Umfang aufgerauht und nun mit Hilfe der Wandform aus einzelnen Batzen die Wand aufgeschlagen und gestrichen. Bei all diesen Hantierungen ist es wichtig, eine gleichmäßige Struktur zu erzeugen, so daß der Hafen wie aus einem Stück ersteht.

Gießverfahren. Wird eine Tonmasse, die mit Wasser gerade in formgerechten Zustand gebracht ist, mit Alkali, z. B. etwas Sodapulver, versetzt und durchgearbeitet, so wird die Masse weicher und zerfließt. Werden die Zusätze richtig gewählt, zerfließt die Masse wie Butter in der heißen Pfanne. Wird ein solcher „Schlicker" in eine Gipsform gegossen, so zieht diese das Wasser an sich und die Tonmasse, die die Form der Gipsform annimmt, wird wieder fest. Dies ist die Grundlage des Gießverfahrens, das schon sehr viele Jahrzehnte in der Porzellan- und Steingutindustrie angewandt wird, und das Dr. Weber, Schwepnitz, auf die Gestaltung grobkörniger Massen übertragen hat (D. R. P. 158496).

Um mit solchen groben Massen nach dem Gießverfahren tadellose Gegenstände erhalten zu können, muß der Tonschlicker für sich bei hoher Beweglichkeit möglichst niederigen Wassergehalt besitzen. Andernfallls entstehen Lunker oder Verziehungen.

Keppeler und Spangenberg haben gezeigt, daß man diese starke Verflüssigung durch Zusatz von geeignetem Humus und Alkali erzielen kann. Andere schwache kolloidale Säuren in stark alkalischer Lösung, z. B. Wasserglas, wirken ähnlich. Dr. Webers „Rhyolin" besteht im wesentlichen aus seinem stark humushaltigen Schwepnitzer Ton und Wasserglas in den für den in Frage kommenden Ton eingestellten Verhältnissen. Die Tone sind durchaus nicht alle gleich geeignet, im Gießverfahren verarbeitet zu werden. Am besten gießen sich Tone wie der Löthainer, Schwepnitzer, die von Hause aus gut mit Alkali reagierenden Humus enthalten. Störend sind Salze, vor allem Gips, Eisensulfat usf. Gerade die fettesten Tone der Glasindustrie reagieren schlecht auf die alkalischen Zusätze. Verfasser hat gefunden, daß dies an einem Gehalt an grauem Humus liegt, der die Tonteilchen umkleidet und die Zusätze nicht zur Wirkung kommen läßt. Erhitzt man diese Tone auf 350—450° C, so wird der schädliche Humus zerstört und die Tone lassen sich dann mit entsprechenden Zusätzen gießen.

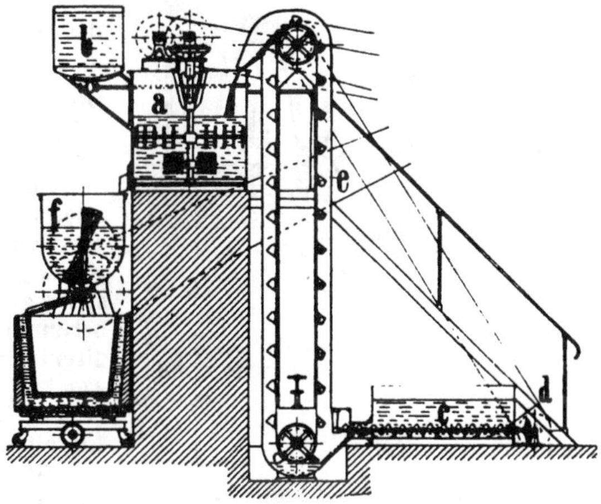

Abb. 259.

Man muß also sagen, daß jeder Ton, ja jede Masse, um in den zum Gießen geeigneten Zustand übergeführt zu werden, eine besondere Behandlung, zum mindesten genau bestimmte Zusätze verlangt. Das erschwert die Einführung des an sich so wertvollen Verfahrens. Es kommt hinzu, daß die Glasfachleute abgeneigt sind, von ihren bewährten Hafenmassen abzugehen und zu gleichwertigen, ja vielleicht besseren Massen, die dem Gießverfahren angepaßt sind, überzugehen.

Nach dem Gießverfahren lassen sich sämtliche feuerfeste, in der Glasindustrie benötigten Artikel herstellen, als Glashäfen beliebiger Größe, Kränze, Schiffchen, Brückensteine, Wannensteine usw., ohne daß es kostspieliger maschineller Einrichtungen und speziell geschulter Arbeiter bedarf. Es ist hierbei zu beachten, daß die gegossenen Gegenstände sich durch Gleichmäßigkeit und Dichte des Scherbens auszeichenen, wie sie durch Handarbeit nicht erzielt werden können.

Die Durchführung des Verfahrens in der Weberschen Art ist die folgende:

Das Wesentliche der Gießanlage ist der vertikale Misch- und Rührapparat *a* (Abb. 259) und das horizontal gelagerte Reservoir *b*. Ein abgewogenes oder abgemessenes Gemengequantum wird in einen trichterförmigen Kasten *c* geschüttet, an dessen Sohle sich eine horizontale Transportschnecke *d* befindet. Diese transportiert es in Verbindung mit einem Elevator *e* in gleichmäßigem Strome nach dem Misch- und Rührapparat *a*. Das für ein gewisses Gemengequantum vorher berechnete Wasserquantum wird in dem Gefäße *b* abgemessen und hierin die vorher abgewogenen Alkalien gelöst. Dieses alkalische Wasser fließt gleichzeitig mit dem Tonschamottegemenge dem Rührwerk *a* zu, dessen rasch rotierende Mischflügel beides in intensiver Weise mischen und zu einer homogenen flüssigen Masse verarbeiten. Die Arbeitsweise dieser einfachen maschinellen Vorrichtung ist so berechnet, daß innerhalb 30—40 Minuten ein Einheitsquantum Gemenge von 250 oder 500 oder 900 kg und mehr fertig gerührt wird.

Spangenberg und ich haben für das Mischen von grober Schamottemasse für Gießzwecke ebenfalls solche Bottiche mit senkrechtem Rührer verwendet. Wir haben aber die Beobachtung gemacht, daß sie viel Kraft verbrauchen und auch ziemliche Reparaturkosten. Wir sind deshalb auf die Seite 200 beschriebenen Trommelmühlen mit Erfolg zurückgekommen. In diese wird Masse, Wasser und Zusätze gegeben. Die Trommel wird geschlossen und gedreht. In 15—20 Minuten ist der Gießbrei fertig, bei sehr geringem Kraftverbrauch. Ich glaube, daß diese Mischtrommeln den Vorzug verdienen.

Um ein kontinuierliches Arbeiten zu ermöglichen und um gleichzeitig der verflüssigten Masse noch weiterhin Zeit zur völligen Aufschließung zu lassen, ist bei der Weber'schen Einrichtung noch ein Reservoir *f* angeordnet, in welchem ein einfacher Mischflügel langsam rotiert. In dieses Reservoir, welches beliebig groß sein kann, läßt man die gerührten Massen einlaufen, und von hier aus erfolgt entweder direkt der Guß in die dem Zweck entsprechend gestalteten Formen, oder die flüssige Tonmasse wird in Eimern oder Kübeln nach den Formen gebracht, und diese an Ort und Stelle gefüllt. Die Formen werden zweckmäßig aus Gips hergestellt; dieser entzieht der Tonmasse rasch einen Teil des in ihr enthaltenen Wassers und bewirkt somit eine raschere Verfestigung derselben.

Der wesentliche Vorteil des Gießverfahrens ist die große Ersparnis an Arbeitslöhnen. Die ganze Anlage bedient ein Mann. Ferner sind die Gegenstände viel dichter als die geformten. Sie werden weniger angefressen. Eine weitere Verbreitung des Gießverfahrens in der Glasindustrie scheint deshalb durchaus in deren Interesse zu liegen.

b) Antempern und Hafensetzen, Einbringen von Schiffchen usw.

Vor dem Antempern werden die Häfen, Schiffchen, Kränze u. dgl. sorgfältig gereinigt und untersucht. Fehlerhafte Stücke werden zerschlagen und zu untergeordneten Zwecken von neuem verarbeitet. Über Temperöfen siehe Kap. 8. Zum Transport der Häfen dienen gewöhnlich eiserne Karren (s. Abb. 260).

Abb. 260.

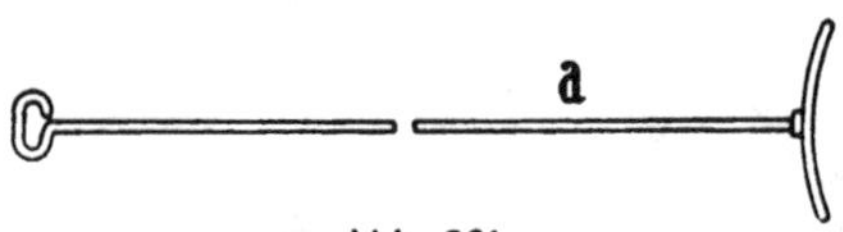

Abb. 261.

Der betreffende Hafen wird am besten auf ein starkes Brett gestellt, und auch in den Temperofen wird ein Brett gelegt, dann läßt sich der Hafen mittels der eisernen Krücke *a*[1]) (Abb. 261) leicht in den Ofen schieben. Um ein Zurückweichen des Wagens zu verhindern, wird ein eiserner Keil mit einem Stiel *b* vor das eine Rad geklemmt. Im Temperofen selbst werden die Häfen, wie aus den Abbildungen der Temperöfen zu ersehen ist, auf Schamottesteine gestellt, so daß das Feuer auch von unten die Böden berühren kann. Die angeführten Ofenkonstruktionen haben direkte Feuerung, man kann aber auch Gasfeuerung verwenden. Nach dem Einbringen der Häfen werden vor die Häfen, welche dem Feuer am nächsten stehen, Schutzwände aus alten Steinen oder aus rohen Tonschollen aufgestellt, um die Häfen vor Stichflammen zu schützen, dann wird das Hafentor geschlossen und mit dem Anfeuern langsam begonnen. Das Antempern von Häfen mittlerer Größe und von Brückensteinen u. dgl. größeren Gegenständen erfordert ca. fünf Tage Zeit. Am letzten Tage wird so viel Feuer gegeben, als nur irgend möglich ist. Als Höchsttemperatur sind etwa 900° anzusehen. Kleinere Gegenstände, wie Schiffchen, Kränze u. dgl. können in etwa 24 Stunden angetempert werden. Wenn die Temperöfen ganz besetzt und die Lücken, soweit es geht, mit Rohton oder anderen zum Brennen bestimmten Gegenständen gefüllt werden, so kann man für 1000 kg Schamottegewicht auf 300—400 kg Kohlenverbrauch rechnen. Der hohe Kohlenverbrauch ist bedingt durch den großen leeren Raum der Häfen.

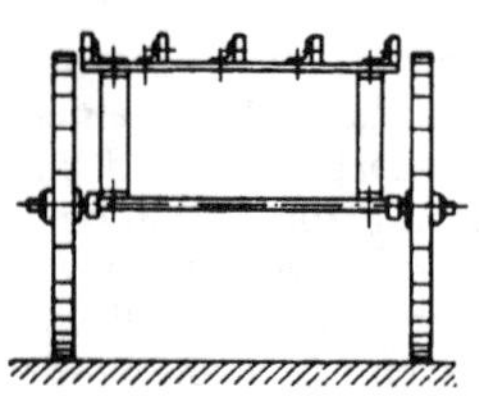

Abb. 262.

Dem **Hafensetzen** geht das Herausnehmen der alten Häfen aus dem Schmelzofen voran.

Nach Feierabend werden die Häfen tunlichst weit ausgefämt, d. h. das Glas, welches sich nicht mehr zur Verarbeitung eignet, wird mit der Pfeife oder einem Eisenstab dem Hafen entnommen und, da es wieder benutzt werden kann, in eisernen Scherbenkasten aufbewahrt.

Es wird dabei scharfes Feuer gegeben, um die Häfen ohne Schaden vom Gesäß brechen und durch Unterlegen von Steinen hochheben zu können, dieses geschieht mittels eiserner Stangen und Haken durch die geöffneten Stopflöcher und Schafflöcher unter Aufsicht des Hüttenmeisters von den Glasmachern und ihren Gehilfen.

Inzwischen ist eine starke Bohle, die schon mehrere Tage in einem mit Wasser gefüllten Behälter gelegen hat, so weit wie möglich unter den vor dem Hafentor stehenden Hafen geschoben, unter diesen wird das eiserne Rahmenwerk des Hafensetzwagens (Abb. 262, 263 u. 264) gefahren und dann die Bohle mit dem daraufstehenden Hafen auf den Wagen gezogen, wobei der Hafen mit eisernen Stangen und Haken im Gleichgewicht erhalten wird, dann wird der Hafen auf den Hüttenhof gefahren und umgekippt, damit das letzte Glas herauslaufen kann, welches dabei große Blasen bildet, die knisternd zerspringen.

[1]) Fachausdruck: „Rührmichtnichtan" oder „Dominix".

Nach dem Herausbringen der Häfen beginnt das Ausbessern des Gesäßes.

Bei Öfen mit in der Bank befindlichen Brennern (Büttenöfen) fängt man bei der Reparatur der Brenner an. Durch die Stopflöcher werden eiserne Krücken gegen die Wandungen der Brenner gehalten, so daß sie nach oben überstehen, und dann wird beste grobkörnige und hierzu besonders im Einnetzkasten vorgerichtete, plastische Schamottemasse mit der vorher glühend gemachten Plattschüppe, — das ist eine mehrere Meter lange eiserne Stange von etwa 40 mm Durchmesser, die an einem Ende spachtelförmig ausgeschmiedet ist, — bis gegen die Krücke geschoben und mit einer anderen ebenfalls glühenden Krücke gegen den Ansatz der zuerst erwähnten Krücke gedrückt und dort mit der Plattschüppe festgeschlagen. Zu dieser Arbeit gehört Geschick, da aber die Glasmacher, der Hüttenmaurer, ja alle Personen, deren Unterhalt doch mehr oder weniger von der Beschaffenheit des

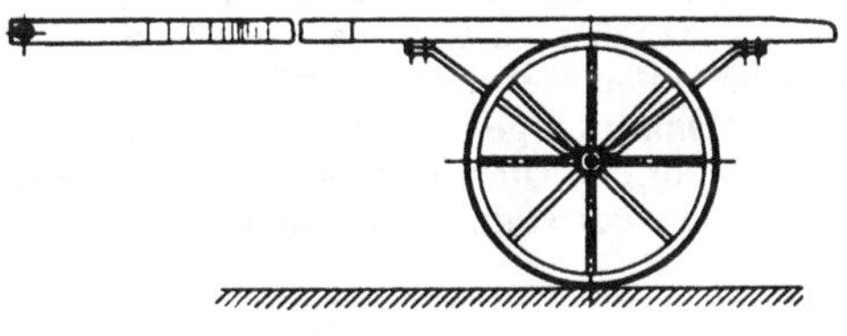

Abb. 263.

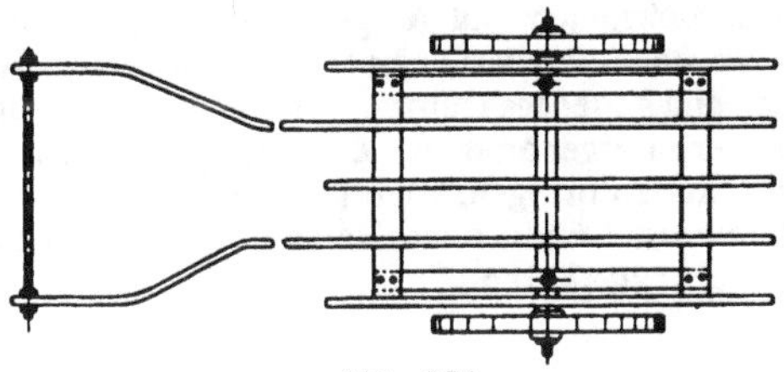

Abb. 264.

Ofens abhängt, interessiert sind, so finden sich wohl immer zu solchen Arbeiten geeignete Leute, vorzüglich wenn der Betriebsleiter im Notfall selbst mit Hand ans Werk legt und mit gutem Beispiel vorangeht. Andere Glasmacher haben inzwischen etwaige Löcher im Gesäß mit Schamotte ausgefüllt und ausgeschlagen. Ist die eigentliche Reparatur beendet, so wird eine dünne Schicht grober Schamotte oder Schrott von Hafenschalen oder gemahlener grobkörniger Quarz über die ganze Bank gebreitet, so daß dieselbe etwa 1 cm dick damit bedeckt ist, dann wird, wenn die Reparaturen größeren Umfang angenommen hatten, der Ofen geschlossen und nun möglichst scharfes Feuer gegeben. Hierdurch sintert die Schamottemasse, da sich vor der Reparatur auf dem Gesäß doch immer Glas befindet, fest mit dem Gesäß zusammen, was sehr erwünscht ist. Bei kleinen Reparaturen ist natürlich eine immerhin mehrere Stunden Zeit erforderliche Behandlung dieser Art nicht nötig, sondern das Hafensetzen beginnt dann direkt nach beendeter Reparatur.

Bei Öfen mit einem oder mehreren Glasabziehlöchern im Gesäß werden in diese Löcher feuchte Rundhölzer von etwa 8 cm Durchmesser getrieben, so daß sie über das Gesäß emporragen, und dann wird die plastische Schamottemasse gegen diese Hölzer gedrückt, die nachher herausbrennen.

Ist hierauf die Temperatur im Ofen wieder soweit als tunlich ermäßigt, derart, daß die Ofenwandungen nur noch hellrot erscheinen, so kann das Hafensetzen beginnen.

Das Hafentor am Temperofen ist geöffnet, eine Holzbohle wird unter den ersten Hafen geschoben, der Hafenwagen darunter gefahren, die Bohle mit dem Hafen daraufgezogen und dann zum Schmelzofen gefahren, gewendet und „mit einem Ruck" der Hafen in den Ofen gedrückt, wobei natürlich eiserne Haken und Stangen zur Unterstützung wie beim Herausnehmen der alten Häfen gebraucht werden. Der Hafenstand, das heißt die Bank an der Stelle, wohin der Hafen zu stehen kommt, sollte vorher noch mit einer Schutzschicht versehen werden, bestehend aus einem plastischen Gemisch von Kohlenklein und fettem Tonschlamm, wodurch die Bank sehr geschont wird. Einige Glasmacher ziehen und schieben den Hafen an seinen Platz, so daß er ungefähr richtig steht, inzwischen ist ein zweiter Hafen herangeholt, und so wird fortgefahren, bis alle Häfen untergebracht sind, dann werden die Bratlochsteine vorgesetzt, während die Stopflöcher, sobald der betreffende Hafen davorsteht, sofort geschlossen werden.

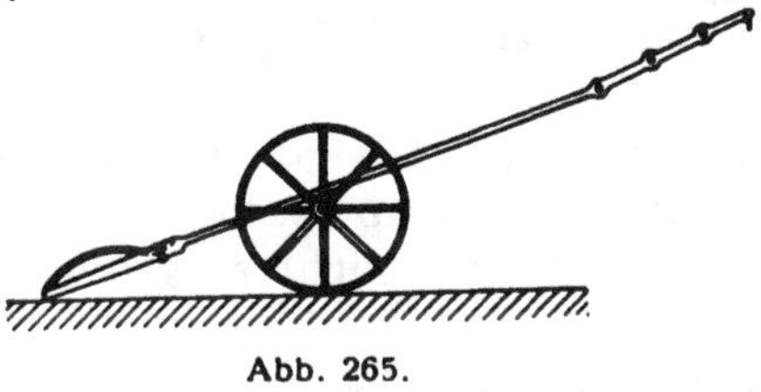

Abb. 265.

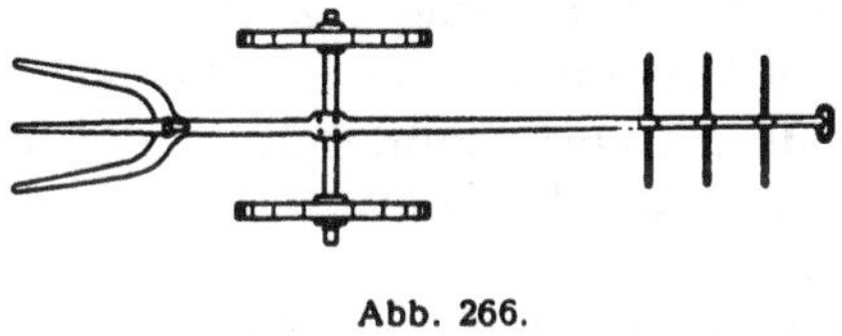

Abb. 266.

Je größer die Häfen sind, desto schwieriger ist die Arbeit des Hafensetzens. In Belgien und Frankreich geschieht dasselbe nach einem anderen Verfahren, nämlich mit dem Teufel (diable).

Das ist ein zweiräderiger Wagen (Abb. 265 u. 266), auf dessen Achse ein langer, schmiedeeiserner, starker Hebel fest verschraubt ist. Das eine Ende des letzteren ist zu einer starken zweizinkigen Gabel ausgeschmiedet; auf dem Gabelrumpfe ist eine starke Feder aus Flacheisen angenietet. Die Ecken dieser Teile sind gut abgerundet. Das andere Ende ist mit drei oder mehr runden eisernen Stangen versehen. Ferner ist zum Setzen der Häfen nach dieser Methode ein eiserner Hafenwagen (Abb. 267 und 268) nötig, der mit einer eisernen Deichsel zum Vorspannen eines Pferdes versehen ist.

Das Einsetzen selbst geschieht nun wie folgt: Der erste Hafen wird im Temperofen mittels eiserner Stangen und Hafenhaken auf die Seite gelegt, und zwar so, daß seine Mündung nach vorn gerichtet ist. Vor dem Umlegen wird die Asche an der betreffenden Stelle zu einem Haufen zusammengekrückt, damit der Hafen keinen Schlag erhält. Nun schieben die Motzer den Teufel so vor den Temperofen, daß die Gabel *a* in den Hafen gelangt, unter der Zeit haben die Lehrbuben den Hafenwagen (Abb. 267 u. 268) zur Stelle geschafft. Die Glasmacher drücken nun das Hebelende des Teufels etwas nach unten, dadurch hebt sich der auf seiner Gabel, hauptsächlich aber auf der Feder hängende Hafen und kann durch Zurückziehen und geeignete Drehungen des Teufels sanft und sicher auf den Hafenwagen niedergelegt werden. Ist der Temperofen ziemlich entfernt vom Hafenofen, so wird der Wagen durch Vorspannen eines Pferdes transportiert. Am Schmelzofen wird der Hafen wieder mit dem Teufel vom Hafenwagen heruntergenommen. Es erübrigt noch, ihn auf die Bank zu legen, dort aufzurichten und an seinen Platz zu bringen. Der Teufel wird zu diesem Zweck so vor den Ofen geschoben, daß seine Gabel mit dem darauf hängenden Hafen in den Ofen gelangt; hier wird der Hafen sanft niedergelegt und der Teufel zurückgefahren.

Abb. 267.

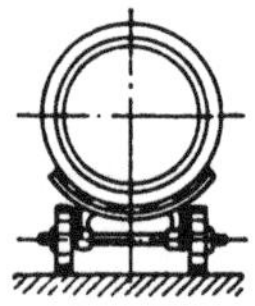
Abb. 268.

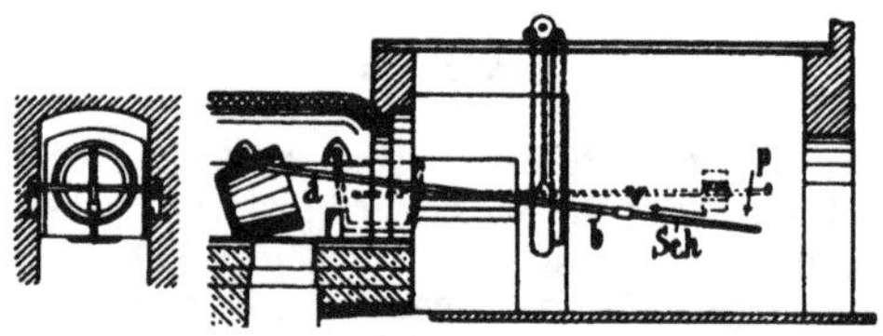
Abb. 269.

Die Schürer haben inzwischen eine Welle aus starkem Rundeisen, die an beiden Seiten mit je einem Ansatz versehen ist, auf Gleitschienen (Abb. 269) gelegt, die nun einem langen schmiedeeisernen Hebebaum *ab* als Unterlage dient. Nötigenfalls kann der eine Arm noch durch Aufstecken des Schlüssels *Sch* verlängert werden. Mit Hilfe dieses Hebels wird der Hafen aufgerichtet, indem die Glasmacher den freien Hebelarm in der Pfeilrichtung *p* und *v* betätigen, während andere Glasmacher von den Arbeitsplätzen aus mittels zweier Hafenhaken, die von beiden Seiten durch je ein Arbeitsloch geführt werden, verhindern, daß der Hafen seitlich umschlägt. Die Aufstellung des Hafens vor dem Schaffloch übernimmt der betreffende Glasmacher, wobei ihn natürlich mehrere Kollegen unterstützen.

Eine dritte Methode ist das Hafensetzen mit der Zange, dem dazugehörigen Wagen oder auch Laufkran und anderen mechanischen Hilfsmitteln. Diese Methoden sind besonders in der Spiegelglasindustrie ausgebildet. Sie werden in Band II ausführlich besprochen.

Im allgemeinen ist hier noch zu bemerken: Alle Gegenstände, die beim Hafensetzen benutzt werden, also die eisernen Stangen, Haken und überhaupt die Eisenteile, welche mit dem heißen Hafen in Berührung kommen, sollten vorher angewärmt werden. Sind sie zu heiß geworden, so werden sie im Wasser abgekühlt, vom Hammerschlag befreit und vor der Benutzung wieder angewärmt. Alle diese Gegenstände sollen in genügender Anzahl stets zum Gebrauch fertig vorhanden sein, damit keine Störung eintritt, wenn etwas davon zugrunde geht.

Die Hafenbohlen sollen bei jeder Benutzung genau untersucht und die verbrannten Teile rechtzeitig abgesägt werden.

Zeigen sich infolge der Berührung von kaltem Eisen an den Häfen Risse, so ist dieser kaum zu entschuldigende Fehler in etwas dadurch zu verbessern, daß man die Risse mit Sulfat oder Soda einreibt, dadurch schmelzen sie bei nicht zu großem Umfange zu.

Unter normalen Umständen kann das Hafensetzen in 1½—2½ Stunden ausgeführt werden.

Die Behandlung der Häfen im Ofen. Wenn die Bratlochsteine vorgesetzt, alle Stopflöcher verschlossen und abgedichtet sind, läßt der Schmelzer mehr Gas in den

Ofen bei fast ganz geschlossenem Luftventil und öffnet den Schornsteinschieber, so weit als es nötig ist, das Feuer muß aber immer etwas aus den Schafflöchern herausschlagen. Erst nach etwa drei bis vier Stunden wird allmählich das Luftventil etwas mehr geöffnet. Vier bis fünf Stunden später kann dann der Ofen so heiß sein, daß die Glasmacher zum Zurechtsetzen der Häfen gerufen werden.

Jeder Glasmacher muß dafür sorgen, daß sein Hafen so steht, wie es die Arbeit erfordert, dabei müssen sich die Arbeiter natürlich gegenseitig helfen. Auch die Schafflochsteine werden, falls solche schadhaft sind, ausgewechselt und wieder eingerichtet, und dann wird mit dem Einglasen der neuen Häfen begonnen. Der Schmelzer legt in jeden Hafen etwa zwei Einlegekellen (Abb. 270) Scherben ein und läßt diese schmelzen. Es ist nicht ratsam, mehr Scherben auf einmal einzulegen, weil der Hafenboden sonst zu sehr abkühlt, sondern man wiederholt das Einlegen besser einigemal, nachdem die vorhin eingelegten Scherben geschmolzen sind, darauf wird Glas mit dem Bindeeisen (Abb. 271) aufgenommen und damit zuerst der Hafenrand und dann die Innenwandung eines jeden Hafens eingeglast. Wenngleich diese Arbeit etwa eine Stunde Zeit in Anspruch nimmt, so sollte man sie doch regelmäßig vornehmen. Die Poren werden durch das Verglasen mit zähflüssigem Glas angefüllt, das die Häfen viel weniger angreift, als die aus dem niederschmelzenden Gemenge aussickernden alkalireichen dünnflüssigen Salze (Sulfat, Natronkalkkarbonat usf.) s. S. 225 u. 226). Dadurch wird auch der Hafen gegen den Angriff dieser Salze geschützt. Nach dem Einglasen wird mit dem Einlegen des Gemenges begonnen. Die ersten Schmelzen sollten schonend, bei nicht voller Hitze vorgenommen werden, dadurch wird die Haltbarkeit der Häfen erhöht. Vor Beginn der Arbeit ist es auch wohl üblich, den Hafenrand noch einmal besonders einzuglasen, so daß etwas Glas außen am Hafenrand überfließt und draußen an der Hafenwand heruntersickert, wodurch auch diese verglast wird.

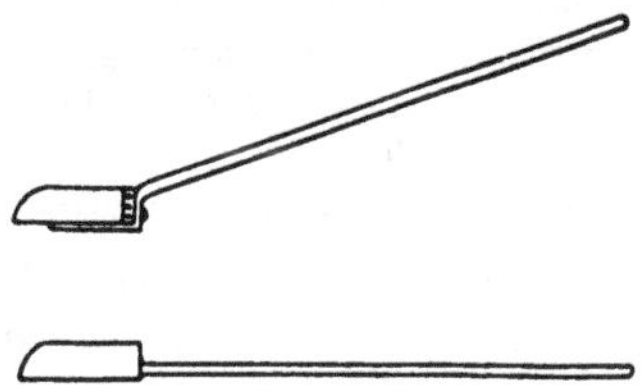

Abb. 270.

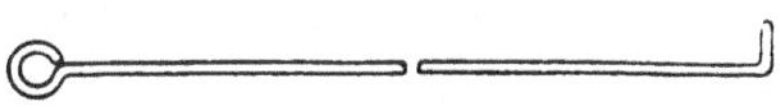

Abb. 271.

Die Häfen erhalten naturgemäß da, wo sie der Außenwand des Ofens zugekehrt sind, geringere Hitze als an der der Ofenmitte zugewandten Seite, sie werden also dort weniger angegriffen als hier. Um dieses auszugleichen, sollte man runde Häfen alle paar Tage etwas drehen, bei ovalen Häfen ist das allerdings ausgeschlossen.

Vom Hafenstopfen. Es kommen hierbei folgende Fälle in Betracht:

Der Hafen läuft am Boden. Der kritische Zeitpunkt für die Häfen (s. S. 423) tritt ein beim „Blankschnüren", das ist nach beendeter Schmelze. Solange noch geschmolzen wird, wird Wärme absorbiert, ist die Schmelze beendet, so steigt die Temperatur, weil nun weit weniger Wärme nötig ist, und wenn dann die Häfen nicht kapitelfest sind, und wenn der Schmelzer nicht gut aufpaßt und rechtzeitig den Ofen abstehen läßt, d. h. die Temperatur durch teilweises Abstellen der Gas- und Luftventile unter richtiger Regulierung des Schornsteinzuges mäßigt, dann geht der Hafen leicht zu Bruch. Der Schmelzer muß während dieser kritischen Periode seine Häfen gut im Auge behalten, bemerkt er dann, daß der Inhalt eines Hafens abnimmt, dann kommt das Hafenstopfen.

Das Stopfloch ist aufgemacht, die Glasmacher treffen ein und hören: „Er läuft am Boden". Sie wissen Bescheid. Der Hammer wird geholt, das Stoßeisen unter den Hafenrand gezwängt und der Hafen angehoben. Dann wird ein Stein darunter geschoben, und nun sieht man, daß mitten unter dem Boden ein dünner Strahl silberhell hervorquillt. Natürlich sucht sich das Glas die heißesten Stellen und sickert nach der Ofenmitte hin, daher konnte der Schmelzer nicht sehen, wo der Hafen läuft. Der Hafen hat ein Loch. Nun nimmt man einen Kegel aus gebrannter Hafenmasse, in dem unten eine kleine Öffnung ist, damit wird der spitze Kegel auf eine zugespitzte eiserne Stange gesteckt, etwas im Glase angewärmt und dann mit seiner Spitze in das Loch gesteckt, gleichzeitig lassen die Glasmacher den Hafen auf die Bank zurücksinken, wobei das Eisen rechtzeitig entfernt werden muß. Zuweilen gelingt es, hierdurch das Loch zu stopfen — aber nicht immer tritt ein günstiger Erfolg ein, dann muß der Boden kalt gestellt werden.

Dasselbe geschieht beim Bodenriß. Der Hafen wird angehoben und auf Schamottesteine gestellt, dann nimmt der betreffende Glasmacher kleine Würste aus Hafenmasse, legt dieselben auf ein vorher glühend gemachtes spachtelförmiges Eisen, während ein anderer mit der hohlen Hand oder mit einem Glase kaltes Wasser gegen das Loch oder gegen den Riß schleudert, wodurch das Glas erstarrt und für kurze Zeit ein Nachsickern verhindert wird. Ein dritter Mann hat inzwischen das flüssige Glas unter dem Hafenboden weggekratzt, und nun beginnt der erste Glasmacher den beschädigten Teil des Bodens mit Hafenmasse so abzugrenzen und nach dem Ofeninnern so dicht zu machen, daß von hier aus keine direkte Hitze mehr an diese Stelle gelangen kann, gleichzeitig setzt er diese Abgrenzung bis ins

Stopfloch fort, so daß von hier aus die Außenluft eine Abkühlung der abgegrenzten Bodenfläche bewirkt. Wird diese Arbeit richtig ausgeführt und reißt der Hafen nicht weiter, so kann er zuweilen, aber nicht immer, als gerettet angesehen werden. Der Boden wird schwarz, und das Laufen hat aufgehört.

Der Hafen hat einen Riß am Rand. Das Rettungswerk bleibt das gleiche.

Der Hafen hat einen Bauchriß, natürlich an der Feuerseite, er wird gedreht, so daß der Riß vor das Stopfloch kommt und nun wird der Riß mittels Eingrenzung auch hier in derselben Weise kaltgestellt. Aus diesen Fällen ist die Bedeutung des Stopfloches zu ermessen. Es soll so hoch wie möglich sein, denn mit seiner Höhe ist auch die Höhe begrenzt, bis zu welcher der Hafen überhaupt gestopft werden kann.

Der Hafen reißt oben am Rande, er wird gedreht, so daß der Riß gegen die Ofenwand kommt, und dann wird eine Klammer aus Hafenmasse, die natürlich im gebrannten Zustande vorhanden sein muß, langsam warm gemacht und über den Riß des Hafenrandes gezwängt.

Das zum Hafenstopfen benutzte Werkzeug muß glühend sein an der Stelle, wo es mit weicher Hafenmasse oder Ton oder Schamotte in Berührung kommt, weil andernfalls ein Festkleben dieser Materialien am kalten Werkzeug stattfindet.

Die Kränze werden gewöhnlich mit den Häfen zusammen in den Ofen gebracht, d. h. ein Kranz wird in jeden Hafen zum Antempern gelegt, oder sie werden im Kühlofen angetempert und dann in den Hafen gebracht, wenn die erste Schmelze beendet ist.

Das Einbringen der Schiffchen und Brücken erfolgt unter Zuhilfenahme von Holzbohlen, auf denen die angetemperten Schiffchen an den Ofen transportiert und dann durch eine Öffnung in das Glas der Wanne geschoben werden. Das Antempern dieser Gegenstände geschieht in ähnlichen Temperöfen, wie solche zum Antempern der Häfen benutzt werden, die Größenverhältnisse sind dabei natürlich verschieden und müssen vorher festgelegt werden.

Bücher über feuerfeste Erzeugnisse.

Carl Bischoff, Die feuerfesten Tone und Rohstoffe, 4. Auflage, von K. Jakob und Dr. E. Weber bearbeitet (Leipzig, J. A. Barth 1923).

Friedrich Wernicke, Die Herstellung der feuerfesten Baustoffe. 2. Auflage. (Berlin, J. Springer 1921).

Hans Schnurpfeil, Die Tonindustrie im Glashüttenbetrieb (Berlin, Tonindustrie-Ztg. 1908).

L. Litinski, Schamotte und Silika (Leipzig, O. Spamer 1925).

8. Kapitel.

Öfen.

Von Dipl.-Ing. O. Wolff und Dr. G. Keppeler.

Bei dem Bau und der Konstruktion von Glasschmelzöfen und bei den übrigen Öfen der Glasindustrie spielt bis jetzt die wissenschaftliche Berechnung keine ausschlaggebende Rolle. Die grundlegenden Zahlenwerte sind meist durch jahrelange praktische Erfahrung gewonnen, und andere Grundlagen fehlen vorläufig. Infolgedessen wird ein Betriebsleiter beim Bau eines Ofens nur selten ganz neue Wege gehen können. Und doch ist die Verbesserung der Konstruktion nur möglich, wenn alle Einzelheiten der Öfen in ihrer Wirkungsweise genau erforscht sind und man den Vorgang wissenschaftlich verfolgen kann. Es muß zugegeben werden, daß auch in der Stahlindustrie, wo ähnliche Öfen zum Schmelzen benutzt werden, die wissenschaftliche Forschung bisher nicht ausreichendes Material für die Berechnung und die Beherrschung der Ofenkonstruktion gesammelt und gesichtet hat. Die Angaben von Toldt in seinem Buche „Die Regenerativ-Öfen" sind in der Hauptsache ebenfalls nur eine Zusammenstellung von Erfahrungswerten ausgeführter Öfen, und der Versuch, aus diesen praktischen Werten gesetzmäßige Richtlinien abzuleiten, ist nur in wenigen Fällen gelungen. Ähnlich müssen auch in der Glasindustrie die Zahlen von ausgeführten Öfen zusammengestellt werden, um die in der Praxis bewährten Größen zu erhalten.

Wärmeverbrauch der Glasschmelzöfen. Die Wärmestelle für die Glasindustrie hat in den letzten Jahren begonnen, das vorliegende Zahlenmaterial zu ordnen. In der Arbeit von Maurach „Aus der Technik des Glasschmelzofens"[1]) finden wir eine kurze und übersichtliche Zusammenstellung solcher Zahlenwerte, von denen uns zunächst der Wärmeverbrauch von Glasschmelzöfen interessiert.

Tabelle 80.

Zum Schmelzen von 1 kg Glas erforderliche Brennstoffmengen in kg.

Brennstoffart	Spiegelglas (Hafenofen) kg	Tafelglas (Wannenofen) kg	Flaschen-Grünglas (Wannenofen) kg
Steinkohlen (7000 kcal)	1,15 bis 1,35	0,9 bis 0,95	1,05 bis 1,15
Braunkohlenbriketts (4800 kcal) .	1,7 „ 1,95	1,3 „ 1,4	1,55 „ 1,65
Böhm. Rohbraunkohlen (4500 kcal)	1,8 „ 2,1	1,4 „ 1,5	1,65 „ 1,8
Torf oder Holz (3500 kcal) . . .	2,3 „ 2,7	1,8 „ 1,9	2,1 „ 2,3
Rohbraunkohle (2300 kcal) . . .	2,5 „ 4,1	2,7 „ 3,0	3,2 „ 3,5

Zum Glasschmelzen benötigt man eine Temperatur, die je nach Art des zu schmelzenden Gemenges schwankt und im allgemeinen zwischen 1200 und 1500° liegt. Die

[1]) Z. V. D. I. **67**, 517 (1925).

Ofentemperatur sollte beim Schmelzen mindestens etwa 200° höher liegen als die Temperatur des Arbeitsvorganges selbst. Aber das Gefälle zwischen der Flammentemperatur und der erforderlichen Schmelztemperatur des Glases kann nicht viel größer als die genannte Temperaturdifferenz sein, weil die Haltbarkeit der feuerfesten Materialien schon unter 1750° ihre Grenze findet. Ja, die Öfen sind diesen Temperaturen wirklich gewachsen, erst seitdem man die besonders gefährdeten Ofenteile aus Silikasteinen (s. S. 394) herstellt.

Maurach gibt die in Tabelle 80 wiedergegebene Zusammenstellung über die zum Schmelzen von Glas nötigen Wärmemengen. Ferner sei auf Kap. 6 S. 382/383 ververwiesen. Schon aus diesen Zusammenstellungen folgt, daß bei den verschiedenen Arbeitsgebieten der Glasindustrie erhebliche Unterschiede in feuerungstechnischer Beziehung bestehen. Die Abmessungen der Öfen sind dem einzelnen besonderen Zwecke entsprechend verschieden, und Besonderheiten der Ofenkonstruktion müssen bei der Besprechung der verschiedenen Fabrikationszweige in Band II behandelt werden. Zunächst sollen hier die gemeinsamen Grundlagen für den Bau der Öfen erörtert, die Unterlagen für die rechnerische Ermittelung im Vergleich mit ausgeführten Anlagen besprochen und der Aufbau der Öfen im allgemeinen betrachtet werden.

Ofenarten. Die Hauptbedeutung unter den Öfen der Glasindustrie kommt den Schmelzöfen zu. Für die Raumgestaltung des Behältnisses, in dem sich das Niederschmelzen der Gläser vollzieht, besitzen wir zwei grundsätzlich verschiedene Arten. Im einen Falle stehen im Ofen eine Anzahl kleiner Behälter, die sog. Häfen, das sind kreisrunde oder ovale Bottiche, deren Inhalt sich im allgemeinen zwischen 300 und 1000 l bewegt. Die Schmelzung des Glases im Hafen vollzieht sich nicht ununterbrochen. Er wird allmählich mit dem sog. Gemenge angefüllt, wobei das Gemenge niederschmilzt. Ist das Glas zu klarem Flusse ausgeschmolzen (geläutert), so wird der Inhalt des Hafens verarbeitet und dann erneut in ihm Glas geschmolzen. Für Massenproduktionen ist dieser Weg umständlich und bietet eine verhältnismäßig sehr geringe Ausnutzung des Ofenraums.

Diese Mängel beseitigt die sog. Wanne. Bei dieser ist die Grundfläche des Ofens wesentlich vergrößert und die gesamte Grundfläche des Oberteils des Ofens dient dem Vorgang der Glasschmelze. Vergleichbar einem kleinen Teiche oder besser einem träge fließenden Strom füllt geschmolzenes Glas den ganzen Ofen. Auf dessen einer Schmalseite wird das Gemenge dauernd in kurzen Zeitabschnitten eingetragen. Es schmilzt unter der Glut des Ofens zusammen und fließt nach der andern Seite, wo es aus den Arbeitsöffnungen nach Maßgabe des Arbeitsganges entnommen wird.

Der wesentliche betriebstechnische und damit wirtschaftliche Unterschied (siehe den Kohlenverbrauch in Tabelle 80) zwischen den beiden Ofenarten liegt also darin, daß dem Hafenofen unterbrochene, dem Wannenofen ununterbrochene Schmelze eigen ist. Ein Zwischenglied, das die weitgehende Ausnützung des Bodenraums der Wanne für den Schmelzzweck mit periodischer Schmelze verbindet, ist die „Tageswanne".

Die Wanne ist dem Hafenofen nicht nur an sich wirtschaftlich überlegen, sondern entsprechend den größeren Ausmaßen des Schmelzraums wesentlich leistungsfähiger, aber die Wahl, ob Hafen- oder Wannenschmelze wird noch von anderen Faktoren bedingt. Im Hafen folgen die verschiedenen Stadien des Glaswerdens, des Schmelzens, Läuterns, Abstehens und Ausarbeitens, einander zeitlich an der gleichen Stelle; in der Wanne räumlich an verschiedenen, benachbarten Stellen der Öfen zu gleicher Zeit. Der Hafenbetrieb gestattet deshalb einen unmittelbareren Eingriff in den Schmelzgang (Läuterungsmittel, Rühren, den Bedingungen der einzelnen Schmelze mehr anpaßbare Temperaturreglung usf.) und vor allem Gläser in kleineren Mengen von verschiedener, aber bestimmter Zusammensetzung zu erzeugen. So kommt es, daß man für Gläser bestimmter und besonderer Eigenschaften den Hafen, für die im größten Maßstabe gebrauchten Gläser die Wanne bevorzugt. Die Verhältnisse liegen ähnlich wie in der Stahlindustrie, wo für die Erzeugung von Edelstahl der Tiegel-Schmelzofen, für die großen Massen normalen Stahls der Siemens-Martin-Ofen gewählt wird. Wie man aber in der Stahlindustrie, unterstützt von einem gesteigerten Verbrauch, gelernt hat, veredelte Stahlsorten im Siemens-Martin-Ofen herzustellen, so geht auch in der Glasindustrie die Entwicklung dahin, eben wegen der großen wirtschaftlichen Vorteile, die Wanne an die Stelle des Hafens zu setzen, sofern nicht Mangel an Absatz, große Besonderheiten des Glases und Art der Verarbeitung diesem Streben eine Grenze setzen.

Es ist nicht möglich, auf Grund einer einfachen Überlegung, etwa unter Zugrundelegung der Flächen der Glasspiegel oder des Rauminhalts des Schmelzraums, die Leistung einer Wanne und eines Hafens zu vergleichen. In einer Wanne sind innerhalb des flüssigen Bades am Boden der Wanne sehr große Glasmassen, die trotz der Beheizung nicht mit in Fluß kommen, ja, gar nicht in Fluß kommen dürfen, weil sie die Aufgabe haben, den aus einzelnen Platten zusammengesetzten Boden abzudichten. Man kann also auf keinen Fall damit rechnen, daß der ganze Inhalt einer Wanne gleichmäßig an dem Schmelzvorgang teilnimmt. Bei den Häfen wirkt die Beheizung nicht ausschließlich, aber stark von der Oberfläche aus. Es ist z. B. nachgewiesen, daß bei verdeckten Häfen die Schmelzdauer doppelt so lang ist wie bei dem offenen Hafen. Daher auch der Vorschlag Baldermanns[1]), niedrige flache Häfen mit großer offener Schmelzfläche zu verwenden. Aber der Wärmedurchgang durch die Hafenwand darf nicht ganz vernachlässigt werden. Immerhin wird in einem Hafen das Innere der Glasmasse leichter und schneller durchgearbeitet sein, als beim Wannenbetrieb. Knoblauch führt einen Vergleich zwischen der Leistung eines Hafenofens und einer Wanne in folgender Weise durch:

Ein Tafelglasofen mit 12 Häfen von etwa 1200 mm l. Durchm. würde einen freien Schmelzspiegel von 14 m² aufweisen, wenn man die Oberfläche der Häfen zusammenrechnet. Die Erzeugung an fertigem Glas wird 12000 kg in einer Schicht betragen. Auf den ganzen Schmelzspiegel berechnet, steht die Glassäule bei einem spezifischen Gewicht von 2,5 etwa 350 mm hoch. Stellen wir uns einen solchen Hafenofen als Tageswanne vor, so würde der Ofen etwa 9 × 3,6 m oder 32 m² freien Schmelzspiegel besitzen und eine tägliche Leistung von 8000 kg Glas ergeben. Diese Erzeugung entfällt auf 14 Schmelz- und 10 Arbeitsstunden. Es entfällt somit auf eine Schmelzstunde eine Erzeugung von 8000 : 14 = 570 kg oder eine Glassäule von etwa 7—8 mm je Stunde. Im Hafenofen würde die erschmolzene Glassäule in einer Schmelzstunde 14,9 mm betragen. Hiernach müßte man schlußfolgern, daß die Schmelze im Hafenofen, wenn man den freien Schmelzspiegel mit dem eines gleich großen Wannenofens vergleicht, doppelt so rasch erfolgt, wie in einer Tageswanne und infolgedessen auch in einer ununterbrochen arbeitenden Wanne.

Ähnliche Ergebnisse erhält man nach Knoblauch, wenn man nur von der Erzeugung der beiden Ofenarten ausgeht. Im Hafenofen soll in 36 Stunden abgeschmolzen werden. Die Erzeugung des obengenannten Hafenofens mit 12 Häfen = 12000 kg entspricht etwa 1100 m² Fensterglas von 2 mm Stärke. Eine Wanne für die doppelte Leistung in 24 Stunden würde also, verglichen mit dem Hafenofen, in 36 Stunden die dreifache Leistung haben. Die Tafelglaswanne dieser Leistung würde einen freien Schmelzspiegel von 20 × 5 m = 100 m² erhalten müssen. Die erschmolzene Glasmasse mit einem Gewicht von 24000 kg in 24 Stunden ergibt für je 1 m² freie Schmelzfläche 240 kg, entsprechend einer Glassäule von 96 mm in 24 Stunden oder 4 mm je Stunde. Im Hafenofen würden wir in 36 Stunden 12000 kg bei einem freien Schmelzspiegel der Häfen von 14 m² schmelzen oder 857 kg je m². Mit einem spezifischen Gewicht von 2,5 entspricht dieses einer Glassäule von 9,5 mm je Stunde, d. h. mehr als doppelt so viel wie in der Wanne.

Wenn man nun auch beachtet daß der angewandte Vergleichsmaßstab kein ganz zutreffendes Bild der Schmelzleistung gibt (s. a. S. 491), so erscheint doch zweifellos die Wirkung der Beheizung im Hafenofen wesentlich intensiver als in der Wanne,

[1]) Sprechsaal 1920, S. 205 J. Baldermann: Der Verlauf des Schmelzprozesses in niedrigen Glashäfen.

und zwar in der Hauptsache wohl aus dem bereits oben erwähnten Grunde, daß in dem riesigen Behälter der Wanne niemals die ganze Glasmasse gleichmäßig an dem Schmelzvorgang teilnimmt. Es muß deshalb bei jeder Wanne damit gerechnet werden, daß nur die oberen Schichten der Glasmasse dauernd durch den Herdraum fließen, während in der Tiefe dauernd Wärme von der Glasmasse verzehrt wird, ohne daß dieselbe tatsächlich nutzbringende Arbeit leistet. Wir haben also ähnliche Verhältnisse wie in einem Fluß, bei dem in der Tiefe des Flußbettes das Wasser fast keine Bewegung zeigt. Auf diese Nachteile der Wanne führt Knoblauch es zurück, daß die zahlreichen kleinen Hafenbetriebe auch heute noch wirtschaftlich am Leben geblieben sind, obwohl man annehmen möchte, daß auf Grund der gesamten Arbeitsbedingungen diese kleinen Betriebe eigentlich mit einem modernen Großbetrieb bei Verwendung von Wannen den Wettbewerb nicht mehr aushalten könnten.

Beheizungsart. Der Herdraum eines Schmelzofens, einerlei ob Hafenofen oder Wanne, kann naturgemäß verschiedenartig beheizt werden. Die älteren Öfen sind Öfen mit unmittelbarer oder Halbgasfeuerung. Neuere Öfen besitzen ausschließlich Gasfeuerung, und zwar im allgemeinen mit Generatorgasbetrieb. In einzelnen Fällen kommt die Beheizung durch Kokereigas, selten durch Wassergas in Frage. Vor dem Kriege konnte man die Gestehungskosten für 1 m³ Generatorgas mit 0,2, höchstens 0,3 Pfg. einsetzen. Entsprechend dem Heizwert, dem freilich Nutzeffekt und Ausbringen an Glas nicht unmittelbar parallel gehen — höherer Heizwert liefert unverhältnismäßig günstigere Ergebnisse —, dürfte demnach das Kokereigas höchstens 1—1,2 Pfg. kosten, wenn es mit dem Generatorgas in Wettbewerb treten wollte. Heute sind die Gestehungskosten für Generatorgas infolge des höheren Kohlenpreises und höherer Löhne auf etwa 0,4—0,5 Pfg. gestiegen. Dementsprechend könnte das Kokereigas bei einem Preis von weniger als 2 Pfg. pro m³ in Frage kommen. Das Wassergas wird in bezug auf die Herstellungskosten mit Generatorgas niemals in Wettbewerb treten können, da man für 1 m³ Wassergas (das etwa 2½ m³ Generatorgas ersetzt) 0,8 kg Koks im praktischen Betrieb rechnen muß. Die Beheizung von Schmelzöfen mit Wassergas kann deshalb auch nur in ganz besonderen Einzelfällen in Betracht gezogen werden. In Ländern mit billigen Ölquellen, also vor allem in Amerika, sind Öfen mit Ölfeuerung beliebt. Ferner liegt die Möglichkeit vor, daß in Zukunft auch die Kohlenstaubfeuerung sich wenigstens für Teilgebiete der Glasindustrie zu einer technisch und wirtschaftlich vorteilhaften Beheizungsart entwickelt. Schließlich ist auch der elektrischen Heizung zu gedenken, die für Länder mit großen Wasserkräften erhebliche Bedeutung hätte, deren Einführung in die Glasschmelze aber den größten Schwierigkeiten begegnet.

Rückführung der Abgaswärme. Unabhängig von der Art des Schmelzbetriebs, einerlei ob er ununterbrochen oder unterbrochen geführt wird, geschieht die Beheizung der Schmelzöfen ununterbrochen, wobei die Temperatur des Schmelzraums nur in einem engen Bereich (150—250°) schwankt. Die Abgase der Verbrennung können sich nicht unter die jeweilige Ofentemperatur abkühlen und ziehen so ab. Ohne besondere Vorrichtungen würden also die Abgase der Heizung mit der Arbeitstemperatur des Ofens in den Schornstein ziehen und so eine ungeheure Abwärme verlorengeben. Es ist das Verdienst Friedrich Siemens', mit der Einführung der Gasfeuerung gleichzeitig der Glasindustrie und damit allen Industrien, die hoher Temperaturen in ihren Öfen bedürfen, einen Weg gewiesen zu haben, auf dem die sonst verlorene Wärme dem Ofenbetrieb zurückgeführt werden kann. Es ist das die Methode der Wärmeregeneration; sie beruht darauf, daß unter dem Ofen mit feuerfesten Steinen ausgesetzte Kammern angeordnet sind, durch die die Abgase ziehen und in denen sie ihre Wärme zum guten Teil zurücklassen. Die so erhitzten Kammern geben wieder ihre Wärme an kalte Luft und wenig warmes Gas, die dem Ofen zugeführt werden, ab und bringen sie so dem Ofensystem wieder zu. Um diese Art der Wärmerückgewinnung durchzuführen, bedarf man zweier Kammerpaare, von denen das eine von den Abgasen erhitzt wird, das andere die Vorwärmung von Gas und Luft besorgt. Da bei diesen Vorgängen die heizende Kammer durch Abkühlung, und die wärmeaufnehmende Kammer durch Annäherung an die Abgastemperatur wirkungslos wird, wird von Zeit zu Zeit die Richtung der Gase umgestellt, „umgesteuert" und dadurch die Rolle der Kammern vertauscht, „gewechselt". Für das Regenerativsystem ist also kennzeichnend der Wechselbetrieb. Man kann deshalb die dabei verwandte Einrichtung zur Wiedergewinnung der Wärme: „Wechselstrom-Wärmespeicher" oder kurz „Wärmespeicher" nennen.

Eine zweite Form der Nutzbarmachung der Wärme, die in den Abgasen des Schmelzofens steckt, ist die sog. Rekuperation. Sie beruht darauf, daß nach dem Prinzip des Gegenstroms die Abgase in einem Röhrennetz im Zickzackwege dem Schornstein zugeführt werden, während die kalte Luft an den Röhren vorbeistreicht und so die Wärme aus den Abgasen aufnimmt. Es wird bei diesem System meist darauf verzichtet, auch das Gas vorzuwärmen. Man zieht dabei vor, das Gas unmittelbar beim Ofen zu erzeugen, so daß es nahezu mit der gleichen Temperatur, mit der es aus dem Generator zieht (ca. 500^0) im Brenner ankommt. Die beigegebenen Zeichnungen (S. 438) zeigen deutlich, wie die Rekuperationssysteme gebaut sind. Auf Grund der Arbeitsweise bezeichnen wir die Rekuperatoren als „Gegenstrom-Wärmetauscher" oder kurz „Wärmetauscher".

Bei der überragenden Bedeutung, die der Wärmerückführung zukommt, sind die ihr dienenden Einrichtungen im Abschnitt „Öfen mit Gasheizung" besonders behandelt und der Besprechung ausgeführter Öfen vorangestellt. Ebenso sind andere wichtige Bauteile, die im einzelnen ganz verschieden ausgebildet und in der verschiedensten Art zum Ofen gruppiert werden können, behandelt, weil so ihre Besprechung von allgemeinen Gesichtspunkten aus erleichtert wird.

Erst dann werden die Schmelzofensysteme als Ganzes behandelt. An die Schmelzöfen schließen sich die Nebenöfen der Glasindustrie, wie Kühlöfen, Auftreiböfen, Temperöfen usf. Dabei ist nur das Grundsätzliche mitgeteilt. Es bleibt der im zweiten Band erfolgenden Behandlung der Einzelzweige der Glasindustrie vorbehalten, den Inhalt des vorliegenden Kapitels durch die Mitteilung besonderer Konstruktionen und von Öfen für spezielle Bedürfnisse zu ergänzen.

I. Schmelzöfen.

1. Ofen mit unmittelbarer und Halbgas-Feuerung.

Die ältesten Glasschmelzöfen besaßen einfache Rostfeuerungen und wurden meist mit Holz geheizt. Später entwickelten sich die Öfen mit Halbgasfeuerungen.

Solche Öfen besitzen im Unterbau einen einfachen Plan- oder Schrägrost. Die entwickelten Gase treten durch die Brenner von unten in die Sohle des Ofenraumes ein und mischen sich unmittelbar vorher mit der Verbrennungsluft, welche in Kanälen um die Feuerung herumgeführt und dadurch vorgewärmt wird. Die im Brenner entstehenden Flammen steigen zwischen den Häfen hoch, um durch besondere Öffnungen den Ofen nach oben zu verlassen. Zum Ein- und Ausfahren der Häfen dienen große Öffnungen an den Kopfenden des Ofens, Hafentore genannt. Sie werden durch große Platten, die sog. Vorrichter, verschlossen. Die Regelung der Ofentemperatur erfolgt durch Schüren der Feuerung und Einstellung der Zusatzluft. Die Bedienung solcher

Öfen erfordert also hohe Geschicklichkeit des Arbeiters und der Ofengang ist ganz von dieser Geschicklichkeit abhängig. Daß solche Öfen außerordentlich unwirtschaftlich arbeiten, ist selbstverständlich. Die ausströmenden Feuergase bilden außerdem eine unhaltbare Belästigung der Schmelzer. Letztere würde geringer, wenn die Abgase nicht mehr nach oben, sondern ebenfalls durch die Bodenfläche des Ofens abgeführt würden.

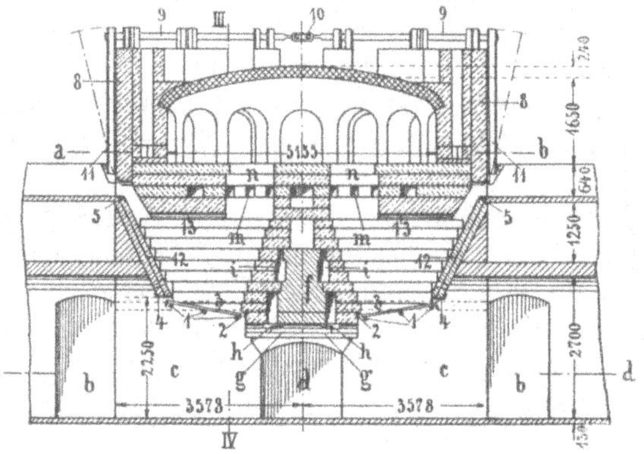

Abb. 272.

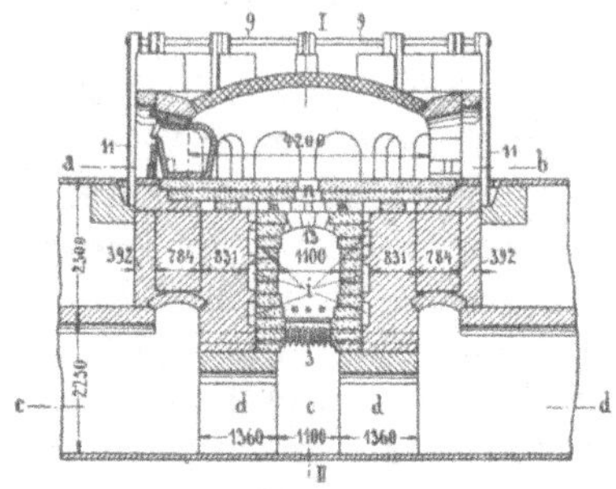

Abb. 275.

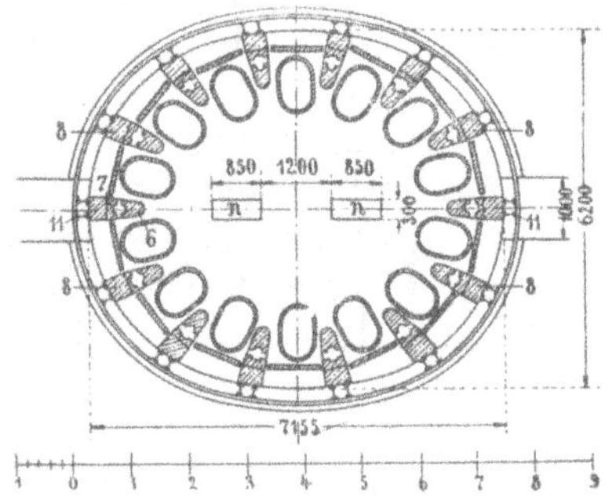

Abb. 273.

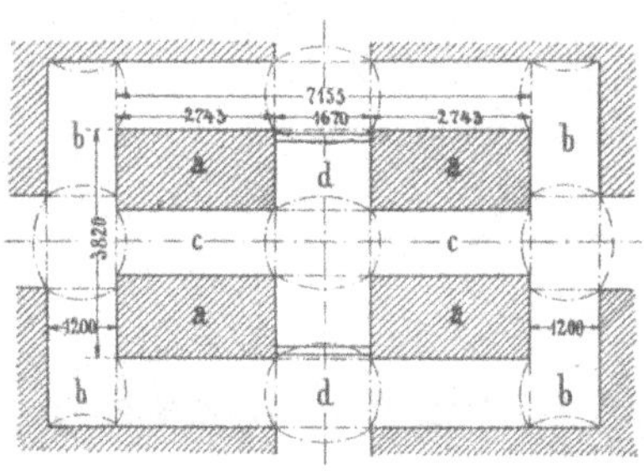

Abb. 274.

Ein solcher Ofen — nach Boëtius — ist in den Abb. 272—275 dargestellt. Der Ofen war besonders zur Herstellung von Weißhohl- und Luxusgläsern früher stark verbreitet. Der Unterbau (Abb. 274) besteht aus 4 Pfeilern *a*, einem Umgang *b*, den Schürgruben *c* und dem Verbindungsgang *d*. Über den beiden Schürgruben *c* befinden sich die Roste 1 der beiden Halbgaserzeuger, die von der oberen Bühne durch die Öffnung 11 mit Kohle versorgt werden. Um die Wände der Gaserzeuger sind die Luftkanäle *i* (Abb. 272) angeordnet, in denen die Luft vorgewärmt wird. Die heiße Verbrennungsluft strömt durch die Kanäle *m* in die aufsteigenden Gase, welche durch die Brenner *n* in den Ofen eintreten. Die Abgase verlassen den Ofen durch die Pfeilerschornsteine *8* und einen gemeinschaftlichen Kamin, der in den Abbildungen fortgelassen ist.

Daß man den hier kurz besprochenen Ofen ebensogut mit Generatorgas[1]) heizen kann, bedarf keiner Erwähnung, wie überhaupt die Halbgasfeuerung mehr oder weniger ein Mittelding zwischen einer unmittelbaren Rostfeuerung und einer eigentlichen Generatorgasheizung ist. Bei einem Ofen mit ausgesprochener Gasfeuerung soll jedoch in der Hauptsache nicht die Eigenwärme des Gases die im Ofen verlangte Temperatur bringen, sondern die unmittelbare Ausnutzung des Gasheizwertes, der in der brennenden Flamme frei wird. Um die Verbrennungstemperatur hierbei möglichst zu steigern, wird bei jeder Gasfeuerung die Vorwärmung der Verbrennungsluft sorgfältigst ausgeführt. Diese Maßnahme ist verbunden mit Rück-

[1]) Bei Gasen mit sehr hohem Heizwert (Naturgas, Kokereigas) wird oft auf die Rückführung der Abhitze verzichtet. In diesem Falle sind dann die Öfen dem Boëtius-Ofen sehr ähnlich gebaut. Die Halbsgas-Kohlenschächte fallen weg und die Gasbrenner treten an Stelle der einfachen Brenner *n*.

führung der Abgaswärme ins Ofensystem. Gerade die Art, wie diese Aufgabe gelöst wird, ergibt, wie eingangs dieses Kapitels gezeigt wurde, das grundsätzliche Unterscheidungsmerkmal für die neueren Konstruktionen der Glasschmelzöfen. Wie dort gezeigt wurde, unterscheiden wir „Rekuperation" und „Regeneration".

2. Öfen mit Gasheizung.

A. Art der Wärmerückführung und ihre Hilfsmittel.

a) Rekuperation (Wärmetauscher). Während bei den ältesten Öfen die Vorwärmung der Luft nur in wenigen einfachen Kanälen erfolgte, die um den Gaserzeuger herum im Mauerwerk angeordnet waren, und die Abhitze des Ofens mit etwa 1000° unausgenutzt entwich, wird bei dem Ofen mit Rekuperation diese Abhitze dazu verwendet, die Luft vorzuwärmen. Der Rekuperator ist an sich nichts weiter, als ein System von Kanälen, in welchen die heißen Abgase und die kalte Verbrennungsluft im Gegenstrom aneinander vorbeigeführt werden, so daß die Abgase ihre Wärme teilweise an die Luft abgeben.

Anfangs verwendete man dazu schmiedeeiserne Rohre. Bei Temperaturen von mehr als 500° ist dies nicht mehr möglich, weil Eisen oberhalb dieser Temperatur rasch verbrennt. Es kommen deshalb nur feuerfeste Erzeugnisse für den Rekuperator in Betracht.

Die Anordnung des Rekuperators ist in der Hauptsache eine Frage der Kosten und des zur Verfügung stehenden Raumes und bietet daher dem Konstrukteur weitgehenden Spielraum. Infolgedessen finden wir auch eine außerordentlich große Zahl von Konstruktionen, von den einfachsten neben und übereinander angeordneten, aus Platten zusammengesetzten Kanälen bis zu den verwickeltsten und ungemein dünnwandigen Rohrstücken, aus denen ein solches System aufgebaut werden kann. In der Wirkung ist die Konstruktion grundsätzlich nicht verschieden, jedoch sind vom wärmetechnischen Standpunkte aus folgende Gesichtspunkte maßgebend:

Verfolgen wir den sich im Rekuperator abspielenden Vorgang, so ist maßgebend die Zahl der Wärmeeinheiten, die für je 1 m² Wandfläche auf der einen Seite von den heißen Abgasen abgegeben und durch den feuerfesten Stein nach der anderen Seite an die zu erwärmende Luft übertragen wird. Diese Zahl nennen wir „Wärmeleitzahl", wenn sie auf eine Platte von 1 m Dicke bezogen und für je 1° Temperaturunterschied ausgedrückt wird. Für feuerfeste Steine ergibt sich hierbei folgendes:

Die Wärmeleitzahl ist für Silikamaterial wesentlich günstiger als für Schamottesteine [1]). Sie nimmt ferner mit der Temperatur zu. Beispielsweise findet man

	bei 200°	bei 600°	bei 1000°
für Silika	0,56	0,88	1,19
für Schamotte . .	0,51	0,66	0,82.

Das Wärmeleitvermögen ist also bei den für den Ofenbetrieb in Frage kommenden Temperaturen für Silikasteine erheblich günstiger als für Schamotte. Die Wärmeübertragung ist weiter abhängig vom Übergangswiderstand zwischen Gas und Wandung. Wenn auch diese Vorgänge im einzelnen noch nicht genügend erforscht sind, so rechnet man für die üblichen Geschwindigkeiten in Metern pro Sekunde folgende Wärmemengen je m²:

bei Geschwindigkeit $v =$	0,5	1	2	3	5	10	15
Wärmeübergang WE/m² .	300	600	1200	2000	3600	8000	13000

---

[1]) van Rinsum, Z. V. D. I., **62**, 601 (1918). Forschungsarbeiten d. V. d. Ing. 1920, Nr. 228. — Weitere Angaben über Silikasteine im Kap. 7, S. 394 u. ff.

Bei höheren Temperaturen und größeren Temperaturgefällen steigt die Leistung für je 1 m^2 Wandfläche des Rekuperators ganz erheblich, so daß beispielsweise für die später zu besprechenden Kammern der Regeneratoren diese Ziffern nicht mehr anwendbar sind.

Zur Berechnung der Rekuperatorfläche gibt die „Hütte" (Taschenbuch für Eisenhüttenleute), S. 254 folgendes Beispiel:

Bei einer Rauchgastemperatur von 900° am Eintritt und 450° am Austritt aus dem Rekuperator, also einer Mitteltemperatur der Abgase von 675° und einer Luftvorwärmung von 20° auf 650° entsprechend einer mittleren Lufttemperatur von 335°, ist das Gefälle zwischen den Mitteltemperaturen von Abgas und Luft 340°.

Nimmt man an, daß der Stein eine um 50° höhere Mitteltemperatur annehmen muß, so sind die Wandtemperaturen 625° bzw. 385°, die Mitteltemperatur des Steines daher 505°. Hierbei ist die Wärmeleitzahl für Schamotte 0,62. Bei einer Plattenstärke von 0,05 m fließen also für je 1° Temperaturunterschied und 1 m^2 Rekuperatorfläche 0,62:0,05 = 12,4 WE über oder insgesamt 12,4 × (625 — 385) = 2970 WE/m^2 stündlich durch die Rekuperatorwand. Dies entspricht einer Gasgeschwindigkeit von 4,25 m.

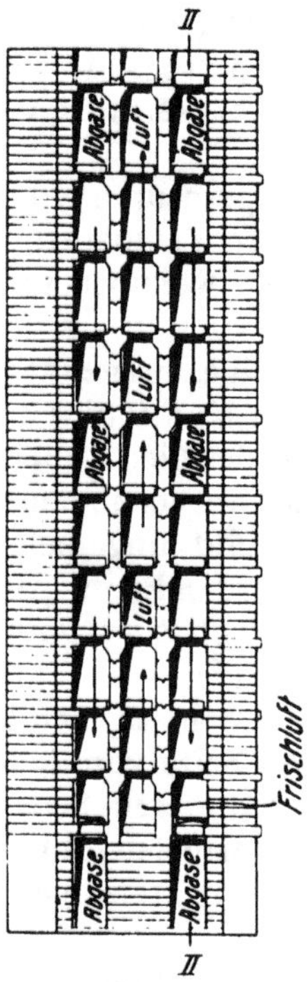

Schnitt: I—I.

Abb. 276.

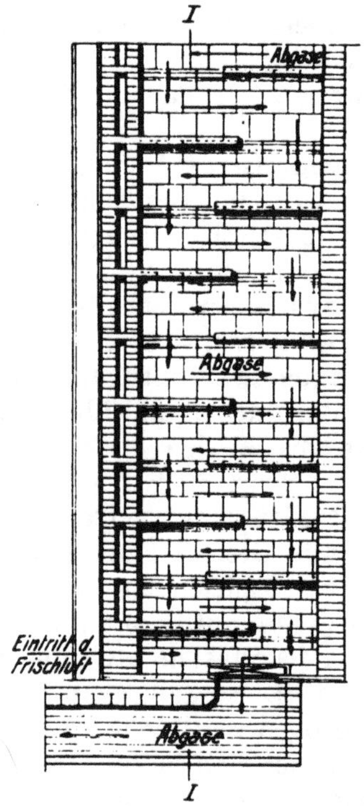

Schnitt: II—II.

Abb. 277.

Ein einfacher aus Platten zusammengestellter Rekuperator ist in den Abb. 276—277 in Längs- und Querschnitt dargestellt. Die Kanäle sind in der Weise angeordnet, daß die Luft von unten nach oben aufsteigend zwischen den beiderseits angeordneten Kanälen für die heißen Abgase geführt wird.

Das ganze System ist in starkem Mauerwerk eingeschlossen, um die Ausstrahlungsverluste möglichst zu vermindern. Die einzelnen Platten der senkrechten Wände sind mit Nut und Feder ineinandergesetzt, während die wagerechten Platten sich auf passende Vorsprünge in den senkrechten Wandplatten aufstützen. Die einzelnen wagerechten Züge können von außen durch besondere Öffnungen von dem mitgerissenen Staub und Ruß gereinigt werden.

Eine andere Anordnung des Rekuperators ist in den Abb. 278—280 dargestellt. Hierbei wird die Luft in Zickzackwegen ebenfalls von unten nach oben zwischen den Abgaskanälen hindurchgeführt. Die Abgase werden bei dieser Konstruktion in zwei nebeneinander liegenden Kanalreihen von oben nach unten geleitet.

Eine in Glashütten vielfach ausgeführte Bauart ist der Rekuperator von Nehse, der in den Abb. 281—283 dargestellt ist. Dieser Rekuperator besteht aus Schamotteröhren *e*, die in eigenartiger Weise gegeneinander versetzt in einer großen Kammer eingebaut sind. Die Luft steigt im Zickzackweg durch die Röhren empor, während die heißen Abgase, auf dem Wege *a*—*b* von oben nach unten ziehend, die Röhren umspülen. Man kann natürlich auch ein solches System aus einzelnen Platten zusammensetzen, wie es in der Abb. 284 dargestellt ist. Eine grundsätzlich dem Nehse-

Rekuperator gleichende, aber in der Ausführung abweichende Anordnung zeigen noch die Abb. 285—287.

Man findet auch Rekuperatoren, bei denen sowohl die Abgase wie die Luft in röhrenförmigen Formsteinen aneinander vorbeigeleitet werden (Abb. 288).

Weiter ist zu erwähnen, daß man auch Rekuperatoren findet, bei denen die einzelnen Röhren senkrecht angeordnet sind.

Beispielsweise ist in den Abb. 289—290 der Aufbau eines Rekuperators wiedergegeben, der grundsätzlich mit dem Platten-Rekuperator der Abb. 276—277 Ähnlichkeit aufweist. Hierbei sind Röhrenstücke für die Luft senkrecht aufeinandergebaut und zwischen diesen wagerechte Platten eingespannt,

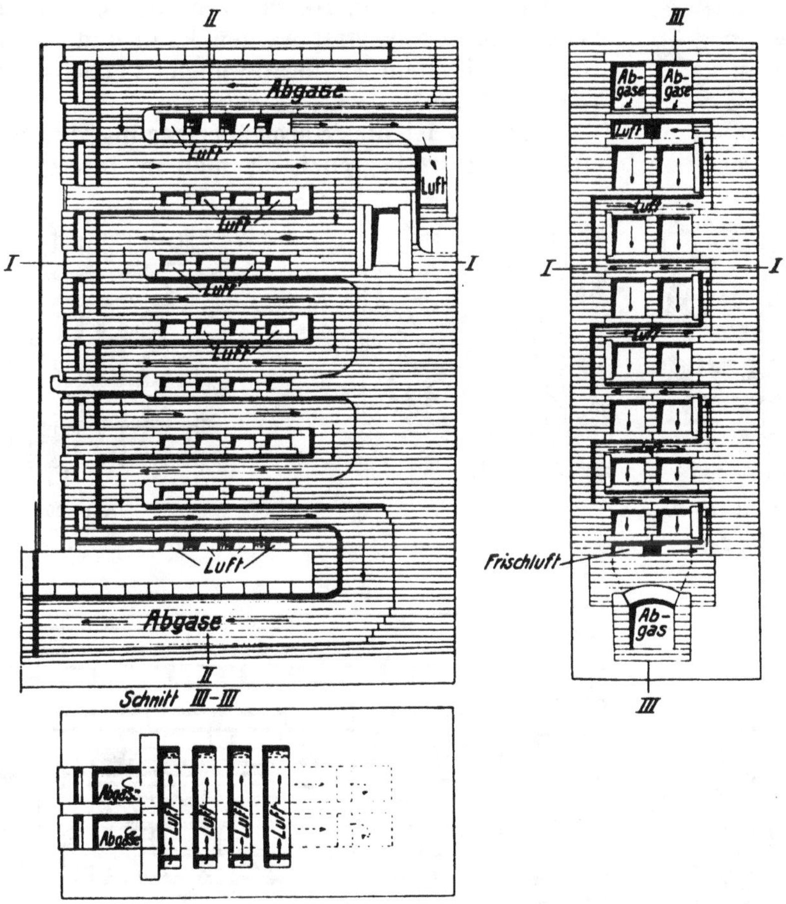

Abb. 278—280.

so daß in dem Zwischenraum zwischen zwei senkrechten Rohrstücken die wagerechten Kanäle für die Führung der Abgase gebildet werden. In den Grundformen geht dieser Rekuperator auf den von Radot-Lencauchez zurück. Er ist in Frankreich (jetzt meist als Derval-Rekuperator bezeichnet) und in England (dort Stein-Rekuperator genannt) sehr verbreitet.

Endlich sei noch in den Abb. 291—292 eine andere, auf Charneau zurückgeführte Anordnung erwähnt, bei der die Luft in wagerechten Kastensteinen geführt wird, während die Abgase durch dazwischenliegende wagrechte Kanäle herabfallen.

Naturgemäß beanspruchen die aus einfachen Platten zusammengestellten Kanäle zur Unterbringung einer bestimmten Heizfläche bedeutend mehr Raum und daher auch bedeutend mehr Steinmaterial als Röhren-Rekuperatoren. Das Streben der Erfinder geht deshalb immer dahin, auf kleinstem Raum große Wärmeübertragungsflächen unterzubringen, die Rekuperatoren dadurch zu verbilligen und die Strahlungsverluste im Verhältnis zur Heizwirkung zu vermindern. Diesen Bestrebungen ist aber eine Grenze gesetzt durch die Rücksicht auf die für die Reinigung notwendige Zugänglichkeit, die Nachdichtung der Fugen sowie durch die Widerstände, welche bei engen und verwickelten Konstruktionen erheblich zunehmen und die Gefahr der Verstopfung vergrößern. Jeder Ofen arbeitet infolge der Wärmedehnungen des Materials im Betriebe und es liegt bei jedem Rekuperator die Gefahr vor, daß die Fugen infolge des ungleichmäßigen Wachsens der einzelnen Ofenteile undicht werden. Je weniger also ein Rekuperator in den einzelnen Zügen von außen beobachtet werden kann und je komplizierter das Kanalsystem ist, desto weniger betriebssicher ist seine Konstruktion.

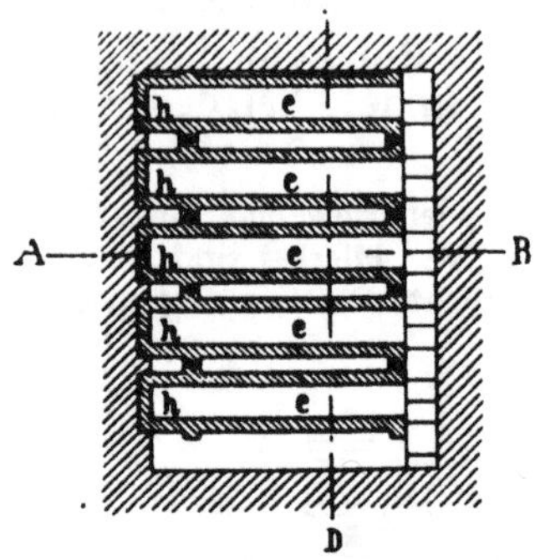

Schnitt: E—F.

Abb. 281.

Ebenso ist die Wärmeübertragung durch die Wandfläche insofern begrenzt, als man im Interesse der Stand-

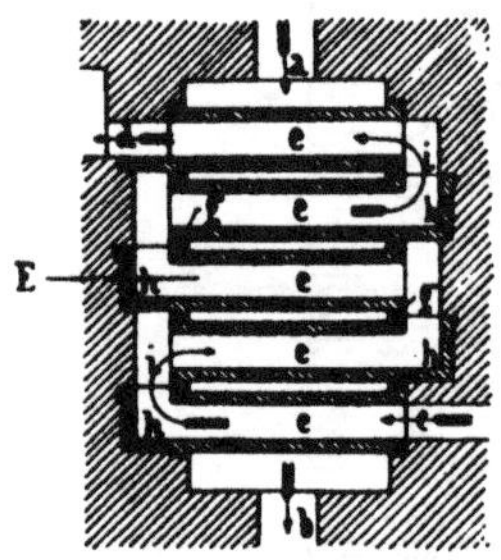

Schnitt: A—B.

Abb. 282.

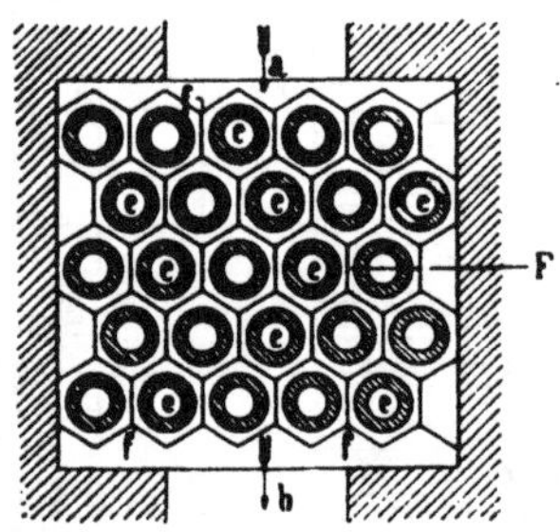

Schnitt: C—D.

Abb. 283.

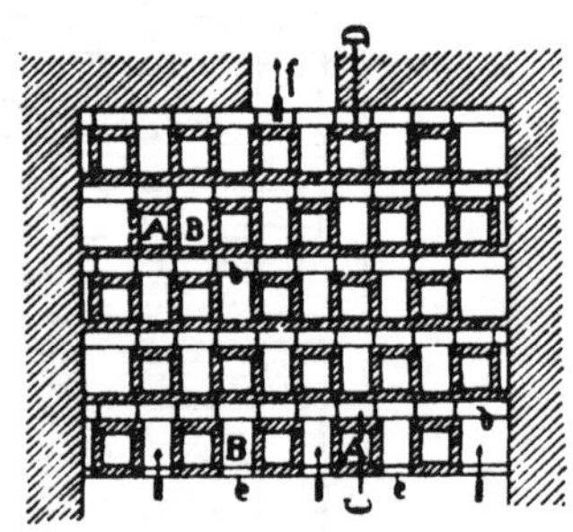

Abb. 284.

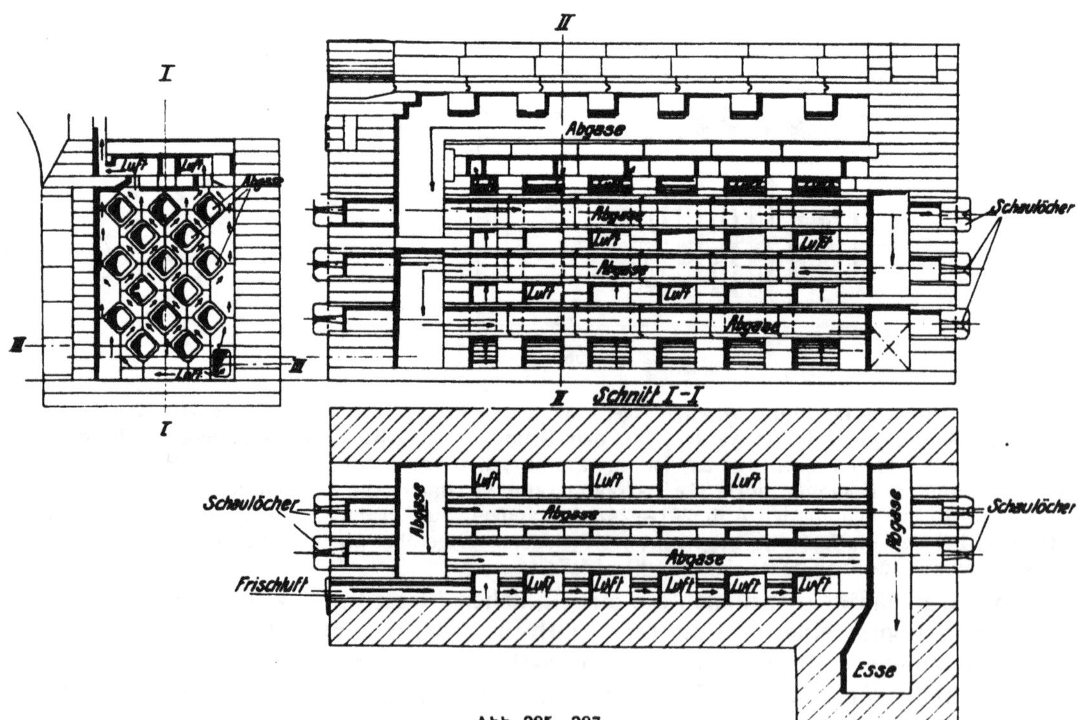

Abb. 285—287.

festigkeit des Aufbaues die Wandstärke nicht zu gering wählen darf. Ein großer, aus einfachen Platten zusammengestellter Rekuperator besitzt eine große Steinmasse, die zunächst auf Temperatur gebracht werden muß. Er ist also weniger elastisch als ein aus Röhren aufgebauter dünnwandiger Wärmeaustauscher, aber anderseits betriebssicherer. Auch stellt er, einmal auf Temperatur gebracht, ein großes Wärmereservoir dar, das bei Betriebsschwankungen ausgleichend wirkt.

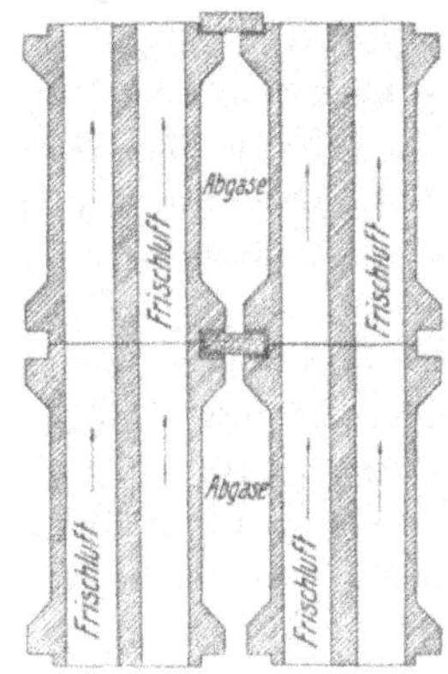

Abb. 289.

Je nach dem zur Verfügung stehenden Raum, dem nötigen Kostenaufwand und den besonderen Anforderungen des Betriebs muß also der Konstrukteur seinen Weg wählen.

Die Rekuperatoren haben sämtlich vom Betriebsstandpunkt aus den unvermeidlichen Nachteil, daß mit der Zeit Gemenge, Staub und Ruß mitgerissen werden und an einzelnen Stellen die Querschnitte verengen, so daß dadurch die gleichmäßige Verteilung der Luft gehindert wird. Da die einzelnen Züge nicht befahrbar sind, sondern höchstens von außen gereinigt werden können, muß damit gerechnet werden, daß der Wirkungsgrad des Rekuperators im Laufe des Betriebes nachläßt. Unangenehm ist auch die daraus sich ergebende Zunahme des Widerstandes wegen des wechselnden Kaminzuges. Verwickelte Konstruktionen mit häufiger Richtungsänderung des Gasweges fördern das Absetzen von Flugstaub und damit die eben genannten Nachteile. Hinzu kommt die schon erwähnte Tatsache, daß

Abb. 288.

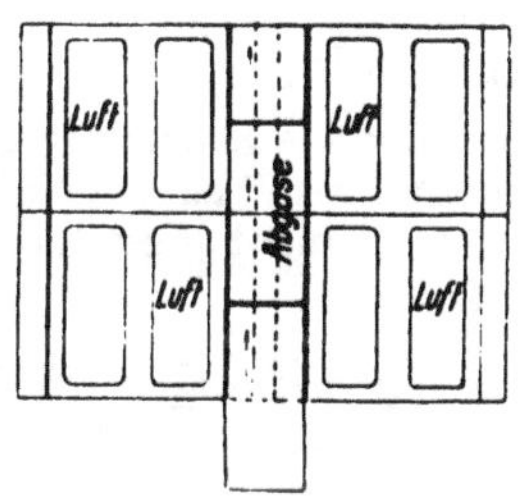

Abb. 290.

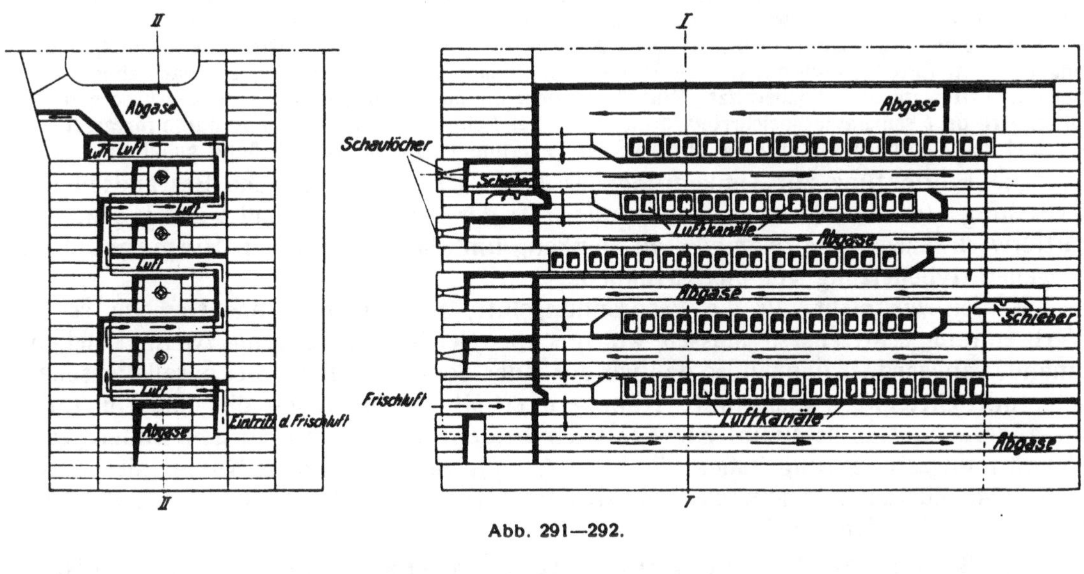

Abb. 291—292.

jedes Schamottematerial im Betrieb arbeitet und zwar naturgemäß je nach der Temperatur in den einzelnen Teilen des Ofens verschieden. Die Gefahr der Undichtheit besteht deshalb bei jedem Rekuperator. Je höher die Temperaturen sind, desto größer wird diese Gefahr, und je mehr also zur Erzielung sparsamsten

Kohlenverbrauches die Beanspruchungen der Öfen gesteigert werden, desto mehr treten diese Gefahren in den Vordergrund.

Die Haupteigenschaften des Rekuperators, die immer wieder für ihn einnehmen, sind die einfache Bauart und der umstellungsfreie, gleichmäßige Betrieb. Trotzdem schien das Aufkommen der Siemensschen Regenerativ-Feuerung zunächst die Rekuperatoren ganz zu verdrängen. Aber gerade diese Neuerung hat die Konstrukteure zu neuer Bearbeitung der Rekuperativöfen angeregt. Sie sind in Deutschland, namentlich infolge des Wirkens von Nehse und Robert Dralle, nie ganz verschwunden und haben im Ausland, vor allem in Frankreich, England und Amerika, immer zahlreich Anwendung gefunden. Während in Deutschland die Frage z. Z. wenig Interesse findet, macht sich in den genannten Ländern gerade jetzt wieder eine Bewegung für den Rekuperator geltend. Die Entscheidung der Frage Rekuperator oder Regenerator hängt aber nicht nur mit den eigentlichen Eigenschaften der beiden Konstruktionsprinzipien zusammen, sondern auch vorwiegend mit Dingen, die außerhalb liegen: Größe und Gestaltung des Ofens, Ofentemperatur, Art des Brennstoffs und des zu schmelzenden Glases usw. Die Frage kann deshalb erst an späterer Stelle behandelt werden.

b) Regeneration. Das grundlegende Patent für die Regenerativbeheizung hat Friedrich Siemens im Jahre 1856 angemeldet. Dem Patent lag folgender Versuch zugrunde:

Ein aus Schamotte gemauerter Kanal (Abb. 293) der an beiden Enden *c* und *d* geschlossen werden konnte, besaß an beiden Enden einen Schornstein und in der Mitte eine Feuerung *g*, die ebenfalls nach oben hin dicht abgeschlossen werden konnte. Die Kanalteile *a* und *b* waren mit Ziegelsteinen ausgefüllt. Wurde nun der Schieber *c* und der Kamin *f* geschlossen, während die Feuerung brannte, so saugte der Schornstein *e* die heißen Gase der Feuerung nach *a* und erhitzte das dort befindliche Gitterwerk bis zu heller Glut. Nach einer gewissen Zeit war diese Temperatur ungefähr gleichmäßig erreicht und dann wurde der Schieber *c* und Kamin *f* geöffnet, während *d* und Kamin *e* geschlossen wurde. Nunmehr saugte der Schornstein *f* die frische Luft von *c* durch das vorher erhitzte Gitterwerk, erwärmte dadurch die Luft. Die Verbrennung bei *g* lieferte infolge der hocherhitzten Verbrennungsluft eine außerordentlich hohe Temperatur. Die heißen Gase zogen dann in der entgegengesetzten Richtung der in Abb. 293 eingezeichneten Pfeile durch das Gitterwerk im Kanal *b* nach dem Schornstein *f*, und nach einiger Zeit war das Gitterwerk bei *b* hocherhitzt. Wurde nunmehr die Zugrichtung wieder umgekehrt, so gab das Gitterwerk bei *b* seine aufgespeicherte Wärme an die bei *d* eintretende Luft ab, und durch fortgesetzten Wechsel der Zugrichtung wurde die Hitze in der Feuerung *g* dauernd auf Weißglut gehalten.

Abb. 293.

Die Einrichtung zur Umkehrung des Zuges ist der wesentliche Bestandteil der Erfindung. Im übrigen brauchen wir nur statt der Kanalteile *a* und *b* uns je eine mit Gitterwerk ausgefüllte Kammer zu denken, um das Prinzip der Siemensschen Regenerativbeheizung vor uns zu haben.

Wollen wir nicht nur die Verbrennungsluft, sondern auch das Gas vor seiner Verbrennung erhitzen, so müssen wir uns die gleiche Vorrichtung zweimal nebeneinander angeordnet denken, so daß wir auf jeder Seite des Ofens zwei parallel geschaltete, mit Gitterwerk ausgefüllte Kammern erhalten, von denen die eine für Luft, die andere für Gas bestimmt ist. Statt der beiden Schornsteine an den Enden jeder Vorwärmungseinrichtung haben wir beim Ofenbetrieb nur einen Kamin, der durch einen Umsteuerapparat abwechselnd mit dem rechten und dem linken Ende der Einrichtung verbunden wird.

Das Schema der Regenerativbeheizung in der allgemein üblichen Form ist in Abb. 294 in Grundriß und Aufriß wiedergegeben. Auf jeder Seite des Ofens sehen wir eine Gaskammer *o* und eine Luftkammer *p*. Die beiden Gaskammern und die beiden Luftkammern sind durch Kanäle miteinander verbunden, und in jedem Verbindungskanal befindet sich eine Umschaltvorrichtung, von der aus gleichzeitig Kanäle nach

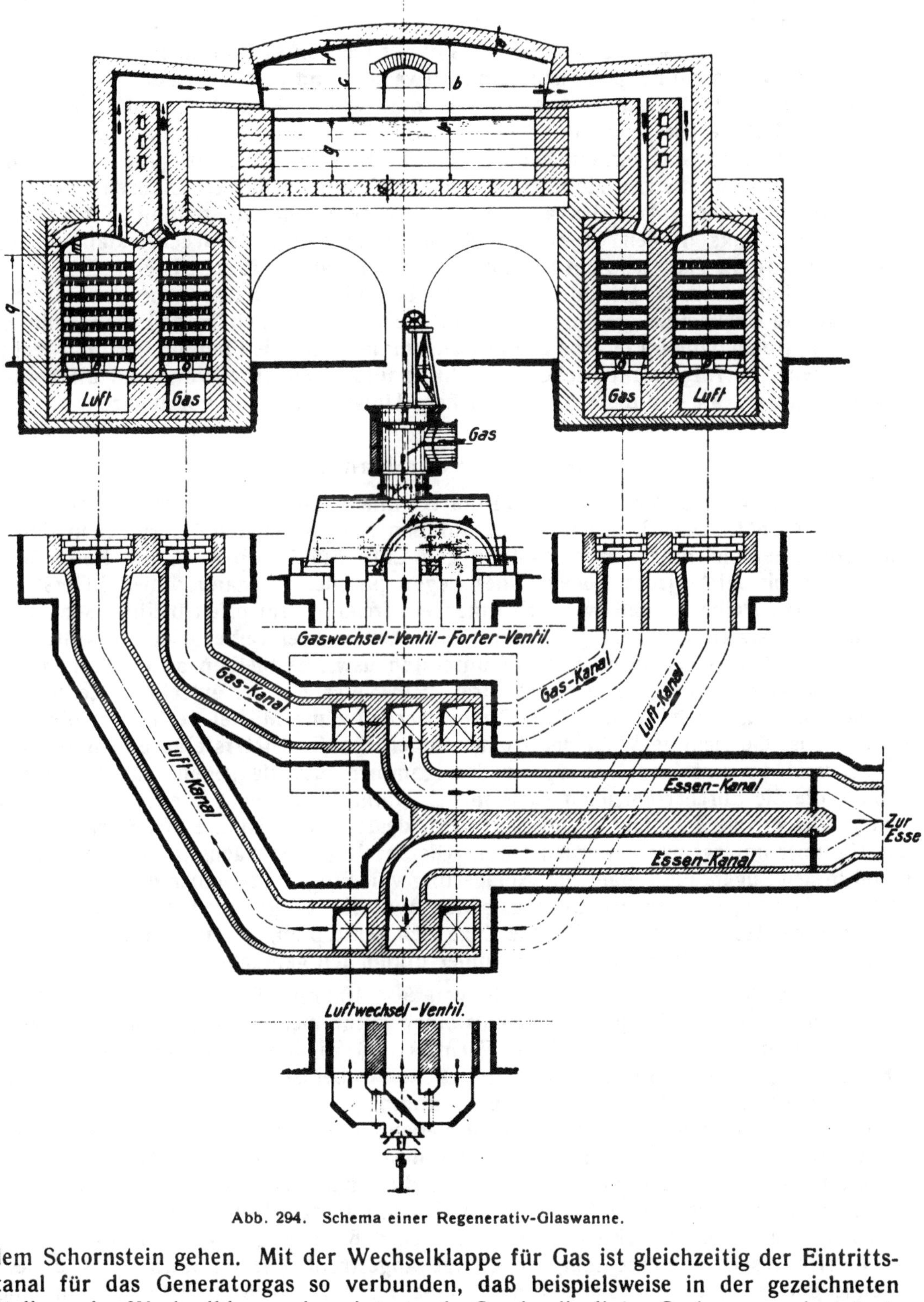

Abb. 294. Schema einer Regenerativ-Glaswanne.

dem Schornstein gehen. Mit der Wechselklappe für Gas ist gleichzeitig der Eintrittskanal für das Generatorgas so verbunden, daß beispielsweise in der gezeichneten Stellung der Wechselklappe das eintretende Gas in die linke Gaskammer einströmt, sich dort erhitzt, und dann im Ofen verbrennt. Die heißen Abgase ziehen aus dem Ofen nach der rechten Seite ab, und ein Teil derselben durchzieht die rechte Gaskammer, um dort seine Wärme abzugeben, während der andere Teil durch die rechte Luftkammer abgeführt wird, um diese vorzuwärmen. Aus dieser rechten Luftkammer entweichen die abgekühlten Verbrennungsgase nach dem Luftwechsel und von dort in der gezeichneten Stellung der Luftwechselklappe nach dem Kamin, während gleichzeitig die kalte Luft durch den Luftwechsel nach links in die linke Luftkammer strömt. Diese linke Luftkammer ist von der vorhergehenden Umschaltung hoch erhitzt, gibt ihre Wärme an die Luft ab, und die erhitzte Luft vereinigt sich auf der linken Ofenseite mit dem heißen Gas aus der linken Gaskammer. In der gezeichneten Stellung tritt also die Flamme von links in den Ofen ein. Werden nunmehr beide Wechselklappen umgestellt, so wird die Flammenrichtung umgekehrt: Die kalte Luft geht nach rechts durch die rechte Luftkammer, das kalte Gas wird ebenfalls in dem Gaswechsel nach rechts in die rechte Gaskammer geführt. Gas und Luft erhitzen sich in den beiden linken Kammern, treten dann im rechten Brenner zusammen, und die Flamme tritt von rechts in den Ofen. Die Abgase entweichen nach links und geben ihre Wärme an die beiden linken Kammern ab, um diese für die nächste Umschaltperiode vorzuheizen.

1. Ausführung der Kammern.

In der wirklichen Ausführung sind die Kammern ganz oder teilweise unter dem Ofen angeordnet. Das Gitterwerk ruht auf den sog. Bogensteinen, zwischen denen die Kanäle zur gleichmäßigen Verteilung von Luft und Gas bzw. Abgas freibleiben. Von Mitte bis Mitte jedes Bogensteines liegen parallel zueinander die Gittersteine der untersten Reihe, so daß zwischen ihnen ein freier Raum offen bleibt. Senkrecht zu dieser untersten Steinlage wird dann die nächste Steinreihe gelegt, darüber die dritte Reihe übereinstimmend mit der untersten usw.; es bleiben also zwischen den Steinen senkrecht aufsteigende Kanäle frei. Ein Versetzen der einzelnen Steinreihen gegeneinander ist nicht üblich. Die Steine werden ohne Mörtel verlegt. Selbstverständlich ist die richtige Wahl der Abmessungen für die Gittersteine und damit der Querschnitt der einzelnen Heizzüge in der Kammer ausschlaggebend für die Widerstände, die die durchströmenden Gase in der Kammer finden. Je enger die Kanäle und je kleiner das Steinformat gewählt wird, desto größer ist die Heizfläche, die in der Kammer untergebracht werden kann. Gleichzeitig aber wächst damit der Widerstand in den Zügen, die Gefahr der Ablagerung von Flug- und Gemengestaub und der dadurch hervorgerufenen Herabsetzung der Wärmeleitung durch die Gittersteine, wie auch die Möglichkeit, daß einzelne Züge sich verstopfen, so daß eine gleichmäßige Verteilung der Gase über die ganze Kammer unmöglich gemacht wird.

Man wählt im allgemeinen Kanäle von 90—100 mm Breite. Die Gittersteine werden häufig aus gewöhnlichen Normalsteinen zusammengestellt, jedoch bevorzugt man, wenn irgend möglich, größere Formate. Dralle empfahl Gittersteine von 400 mm Länge, 135 mm Breite und 75 mm Dicke. Dabei ist jedoch zu berücksichtigen, daß die Schamottefabiken nach den Bestimmungen der Konvention solche Steine nicht mehr als Normalsteine verkaufen, bei denen das Verhältnis der Länge zur Breite größer als 2:1 ist. Solche Gittersteine werden deshalb teurer als Normalsteine. In den Stahlwerken ist man neuerdings bestrebt, für die Gittersteine ein Normalformat einzuführen und zwar werden hierfür Steine von 300 mm Länge, 150 mm Breite und 75 mm Dicke empfohlen. Zu berücksichtigen ist hierbei, daß die Möglichkeit, die Gittersteine im Betrieb rasch auszuwechseln, unbedingt angestrebt werden muß. Aus diesem Grunde darf ebenfalls das Format der Steine nicht zu groß gewählt werden, und auch deshalb scheint das angegebene Stahlwerksformat sich mehr und mehr einzubürgern.

Für die Berechnung der Kammern und des Gitterwerks können wir uns bis jetzt nur auf Erfahrungswerte stützen. Siemens rechnete 51 m^2 Heizfläche, um die Wärme von 1000 kg in 24 Stunden verbrannter Kohle aufzunehmen, also für eine Regeneratorkammer 25,5 m^2. Nach Toldt sollen für je 1000 kg in 24 Stunden vergaste Kohle 3,5 m^3 Gitterwerk für 4 Kammern verwandt werden, wobei die Hälfte des Gitterwerks für freien Raum gilt. Also ist das Steingewicht 1,75 m^3 oder 3150 kg. Derselbe Verfasser sagt an anderer Stelle: Um die Temperatur von 1 m^3 Gas oder Luft (berechnet bei 0° und 760 mm Barometerstand), pro Sekunde um 100° zu erhöhen, ist ein Regeneratorvolumen von 6 m^3 und ein Gitterwerksgewicht von 2850 kg zu verwenden. Rechnen wir mit einer mittleren Gastemperatur von 500° im Regenerator und einer Umsteuerungszeit von 30 Minuten, rechnen wir ferner etwa 10 m^3 Verbrennungsprodukte für 1 kg Kohle, so ergibt sich etwa 70—75 kg Gitterwerk für je 1 kg zwischen 2 Umsteuerungen vergaste Kohle.

Eine andere Grundlage ist die Zeit, die für Gas und Luft zum Austausch der Wärme zur Verfügung stehen muß. Man rechnet im allgemeinen eine Aufenthaltszeit des Gases von 8 Sekunden, der Luft von 9—10 Sekunden in den Kammern und eine Geschwindigkeit bei 0° von 0,45 m. Berechnet man für das Gas und Luftvolumen bei 0° nach dieser Geschwindigkeit den freien Einströmungsquerschnitt für die Kanäle über den Bogensteinen, so wird die Kammergrundfläche das Doppelte betragen müssen, da ½ des Gitterwerks aus Steinen, ½ aus freiem Kanalquerschnitt besteht. Mit der zugrundegelegten Aufenthaltszeit für Gas und Luft kann also hiernach der Rauminhalt des Gitterwerks und danach die Höhe desselben in der Kammer berechnet werden. Über dem Gitterwerk muß genügend freier Raum für die gleichmäßige Verteilung des Gas- bzw. Luftstromes bleiben, und zwar rechnet man dafür etwa $^1/_4$ der Kammerhöhe. Diese Berechnung wird von Osann empfohlen.

Ein anderer Weg wird von Toldt angegeben, der von der zulässigen Abkühlung der Kammern ausgeht.

Gleich nach dem Umsteuern ist im Gitterwerk eine Wärmemenge aufgespeichert, die durch das Steingewicht der Kammer G, die spezifische Wärme s der Steine (0,21—0,23) und durch die mittlere Temperatur T bestimmt wird, welche man in der Mitte der Kammer mit 1000° einsetzen kann. Die aufgespeicherte Wärmemenge ist $W = G \times s \times T$. Am Ende der Umsteuerung hat das durchfließende Gas eine Wärmemenge mitgenommen, die durch die Gasmenge Q, die spezifische Wärme des Gases S_g und die Temperatursteigerung des Gases in den Kammern bestimmt wird. Letztere kann mit etwa 500° angenommen werden. Die Abkühlung der Kammer entspricht also dem Verhältnis der aufgespeicherten Wärme zu der vom Gas mitgenommenen Wärme, und wenn die zulässige Abkühlung der Gaskammer erfahrungsgemäß mit 75°, der Luftkammer mit 100° zwischen 2 Umsteuerungen festgelegt wird, so kann daraus das Steingewicht berechnet werden.

Der Gang der Rechnung wäre demgemäß folgender: In der Gaskammer kann bei 75° C Abkühlung zwischen zwei Umsteuerungen und bei einer mittleren spezifischen Wärme des Steinmaterials von 0,23 WE pro kg und pro °C eine Wärmemenge von

$$75 \cdot 0{,}23 \cdot 1000 = 17250 \text{ WE pro 1 t Steingewicht}$$

an das Gas zur Vorwärmung abgegeben werden; in der Luftkammer bei 100° Abkühlung entsprechend

$$100 \cdot 0{,}23 \cdot 1000 = 23000 \text{ WE pro 1 t Steingewicht.}$$

Für irgendeinen Ofen sei eine Gasmenge von 3560 m^3 pro Stunde erforderlich, die eine stündliche Luftmenge von 5050 m^3 zur Verbrennung notwendig hat. Das zugrunde gelegte Gas besteht aus:

2,5% CO_2	0,4% C_nH_m
31,5% CO	7,5% H_2
2% CH_4	55,1% N_2

spezifisches Gewicht des Gases 1,18 kg/m^3
unterer Heizwert des Gases . . 1400 WE/m^3.

Unter Anlehnung an die von Dr.-Ing. Bansen in der Hütte „Taschenbuch für Eisenhüttenleute" S. 221—240 niedergelegten Tabellen berechnen wir die theoretische Verbrennungstemperatur zu 2150° C, um die für den Glasschmelzprozeß erforderliche Ofentemperatur von 1600° erreichen zu können. Dies ergäbe im vorliegenden Falle, da der Gasheizwert von 1400 WE/m^3 zur Erreichung einer Temperatur von 2150° nicht ausreicht, eine notwendige Vorwärmetemperatur für Gas und Luft von 630° C. Bei 630° C enthält 1 m^3 Gas von der spezifischen Wärme 0,3 WE/kg und °C:

$$1{,}18 \cdot 0{,}3 \cdot 630 = 223 \text{ WE.}$$

Tritt das Gas mit 200° C schon in die Kammer ein, so bringt es bereits

$$1{,}18 \cdot 0{,}3 \cdot 200 = 71 \text{ WE}$$

im m^3 mit und muß in der Kammer nur noch 223—71 = 152 WE/m^3 aufnehmen. Die für 1 m^3 Gas in Frage kommende Verbrennungsluft beträgt ca. 1,83 kg. Diese Menge benötigt bei einer mittleren spezifischen Wärme von 0,25 WE/kg zur Vorwärmung auf 630° eine Wärmemenge von 289 WE. Die vom Gas und der Luft aufzunehmende Gesamtwärmemenge beträgt also 289 + 152 = 441 WE bezogen auf 1 m³ Frischgas und die dazu erforderliche Verbrennungsluft von 1,83 kg. Bei 3560 m³ Gasverbrauch pro Stunde geht an die Kammersteine eine Wärmemenge von 441 × 3560 = rd. 1570000 WE über. Entsprechend ist bei einer halbstündigen Aufheizdauer an die Gas- und Luftkammer eine Wärmemenge von 785000 WE abzugeben. Diese muß von den Rauchgasen aufgebracht werden, von denen wir annehmen, daß sie mit einer Temperatur von 1200° C in die Kammer eintreten sollen. Die der stündlichen Gasmenge entsprechende Rauchgasmenge beträgt 10700 kg. Halbstündlich gehen durch eine Gas- und eine Luftkammer also 5350 kg Rauchgas. Diese enthalten bei 1200° C (Hütte T. f. Eisenhüttenleute, S. 240):

$$335 \cdot 5350 = 1{,}79 \cdot 10^6 \text{ WE}.$$

Davon geht die Wärmemenge von 785000 WE an die Kammersteine im Wärmeaustausch dauernd verloren, so daß für die Strahlungs-, Leitungs- und Abgasverluste noch 1005000 WE bleiben. Auf 1 kg Rauchgas bleiben somit noch

$$\frac{1\,005\,000}{5350} = 188 \text{ WE/kg}.$$

Dies entspricht einer Abgastemperatur von ungefähr 700° C. Unter Berücksichtigung der Kammerverluste und etwa vorhandener Undichtigkeiten, die zum Eindringen von Kaltluft Veranlassung geben können, würde man mit ca. 600° C Abgastemperatur praktisch zu rechnen haben. Diese rechnerische Prüfung der Abgastemperatur muß immer vorgenommen werden, um überhaupt feststellen zu können, ob die in den Rauchgasen vorhandene Wärmemenge beim Eintritt in die Kammern ausreicht, um die erforderliche Gas- und Luftvorwärmtemperatur sicher erzielen zu können. Erst wenn man sich davon überzeugt hat, hat es Zweck, die erforderlichen Steingewichte zu berechnen.

Die erforderlichen Steingewichte ergeben sich:

a) für die Gaskammer bei 1780 m³ Gas pro 30 Min. Aufheizdauer zu:

$$\frac{1780 \cdot 152}{17250} = 15{,}7 \text{ t}.$$

b) für die Luftkammer entsprechend:

$$\frac{1780 \cdot 289}{23000} = 22{,}3 \text{ t}$$ [1])

Die Temperaturen sind allerdings hierbei nur geschätzt und die Schwierigkeit, derartige Messungen genau durchzuführen, läßt eine solche Rechnung von vornherein als wenig genau erkennen. Wenn wir Temperaturen von Gas und Luft in einer hellrot glühenden Steinmasse wie in einem Kanal oder in einem Regenerator messen wollen, so geben die Instrumente mehr die Strahlungstemperatur des glühenden Gitterwerkes, als die Temperatur des zu messenden Gasstromes an[2]).

Fritz Meyer hat auf dem Stahlwerk in Aachen-Rote Erde diese Rechnung von Toldt nachgeprüft und für 100 kg stündlich verbrannte Kohle gefunden für die Gaskammer 25,8 m² Heizfläche und 1274 kg Steingewicht, für die Luftkammer 33 m² Heizfläche und 1630 kg Steingewicht.

Das Verhältnis zwischen Gas- und Luftkammer ist ebenfalls ein in der Praxis leider durchaus nicht feststehender Zahlenwert. Man wählt im allgemeinen die Luftkammer 1,3 bis 1,4 mal so groß wie die Gaskammer. Maurach gibt in der bereits erwähnten Arbeit (s. S. 431) folgende Zusammenstellung über die Abmessung von Wärmespeichern:

---

[1]) Daß gegen vorstehende Berechnungsweise Einwände möglich sind, muß ohne weiteres zugegeben werden. Die außerordentlich komplizierten Vorgänge bezüglich des Wärmeüberganges in den Kammern sind durch das vorliegende Versuchsmaterial noch nicht soweit geklärt, daß eine annähernd richtige Berechnung möglich wäre. Für den Interessenten sei nachstehend die hierfür in Frage kommende Literatur angegeben:

1. Stahl und Eisen 1922, Heft 36, 37, 38 und 40 von Dr.-Ing. Schwarz, Oberhausen. Über den Einfluß der Gas- und Windgeschwindigkeit auf den Wärmeübergang im Gitterwerk von Hochofenwinderhitzern.
2. Stahl und Eisen 1923, S. 882—885. Zuschrift zur vorgenannten Arbeit von Schwarz.
3. Stahl und Eisen 1923, Heft 32, S. 1031—1039. Die Berechnung des Wärmebedarfs der Siemens-Martinöfen von Dr.-Ing. Brahm.
4. Stahl und Eisen 1924, Heft 2. Zur Theorie und Berechnung der Winderhitzer. Dr.-Ing. Gröber.
5. V.D.I.-Zeitschrift 1923, S. 883—886. Wissenschaftlicher Beirat des V. D. I.
6. Bericht der Wärmestelle des V. d. E. Nr. 51 u. 55.
7. Bericht des Stahlwerksausschusses des V. d. E. Nr. 71.

[2]) Berichte der Wärmestelle; Düsseldorf, Nr. 12, Verlag Stahl und Eisen.

Tabelle 81.

Abmessungen von Wärmespeichern.

Nr.	Lichte Höhe in m	Lichte Breite der Gaskammer m	Lichte Breite der Luftkammer m	Lichte Länge des Gitterwerks m	Lichte Höhe des Gitterwerks m	Rauminhalt Gaskammer v_g m³	Rauminhalt Luftkammer v_l m³	$v_g + v_l$ m³	Gitterwerksraum $G + L =$ m³	Verhältniszahlen $\frac{v_l}{v_g}$	Gitterwerk auf 1 m² Glasspiegel m³	Gitterwerk auf 1 m³ Ofenraum m³
						Wannenöfen:						
1	4,1	1,35	1,75	16,5	3,06	89	116	205	68 + 88 = 156	1,3	0,95	0,33
2	3,0	2,05	2,05	12,1	2,07	72	72	114	51 + 51 = 102	1,0	0,82	0,26
3	2,6	1,58	1,58	8,7	2,2	35	35	70	30 + 30 = 60	1,0	1,15	0,37
4	2,53	1,00	1.25	5,5	1,75 L 2,0 G	13,6	17,0	30,6	9,6 + 13,7 = 23,3	1,25	0,48	0,25
						Hafenöfen:						
A	3,1	1,8	2,0	5,5	2,3	30	33	63	23 + 25 = 48	1,1	2,6	0,60
B	3,2	1,8	2,0	6,2	2,6	35	39	74	29 + 32 = 61	1,1	4,0	0,69
C	2,0	0,96	0,96	2,9	1,6	5,5	5,5	11,0	4,4 + 4,4 = 8,8	1,0	2,3	0,88

Maurach zieht aus dieser Zusammenstellung den Schluß, daß bei normalen Wannenöfen 0,8—1,2 m³ Gitterwerk auf 1 m² Glasspiegel oder 0,25—0,37 m³ Gitterwerk auf 1 m³ Ofenraum anzuwenden sind, während bei Hafenöfen die entsprechenden Werte mehr als doppelt so hoch liegen. Maurach empfiehlt, der Luftkammer bei gleicher Höhe und gleicher Länge eine um etwa 30 % größere Breite als der Gaskammer zu geben.

Neuerdings geht man allgemein dazu über, für die oberen $^2/_3$ der Kammern ebenso wie der Umfassungswände Silikamaterial (s. S. 394) zu verwenden. Es ist bereits bei der Besprechung der Rekuperatoren erwähnt worden, daß der Wärmedurchgang bei Silikamaterial sich wesentlich günstiger stellt als bei Schamottesteinen, und daß bei den für die Regeneratorkammern in Frage kommenden Temperaturen sich dieses Verhältnis noch mehr zugunsten der Silikasteine verschiebt. Da der Silikastein außerdem auch bei den höchsten Temperaturen nicht weich wird (s. S. 396), so empfiehlt sich unter allen Umständen, sämtliche, den hohen Temperaturen ausgesetzten, Teile der Kammern in Silika auszuführen. Jedoch erträgt der im Feuer gewesene Silikastein schroffe Temperaturschwankungen schlecht. Deshalb eignen sich für die unteren Kammerschichten Schamottesteine besser.

Nach den Untersuchungen von Nusselt, deren Anwendbarkeit auf die Regeneratorkammer aber neuerdings bezweifelt wird, kann man bei einer Strömungsgeschwindigkeit von 0,5 m 7,33 WE auf 1 cm² übertragen. Bei 8,5 m Geschwindigkeit beträgt die Wärmeübertragung bereits 35,7 WE auf ein cm². Hieraus folgt, daß die Geschwindigkeit in den Kammern nicht zu gering gewählt werden darf.

Eine übermäßige Vergrößerung der Kammern hat natürlich keinen Zweck. Die erzielbare Temperatur ist begrenzt durch die Temperatur der obersten Steinlagen, welche hauptsächlich von der Temperatur der in die Kammer einströmenden Abgase beeinflußt ist. Sobald daher die Temperatur der vorgewärmten Luft- und Gasmenge sich dieser Temperatur nähert, bringt eine weitere Erhöhung keinen Vorteil mehr.

Andererseits aber ist zu berücksichtigen, daß zu kleine Kammern einen niemals wieder zu verbessernden Fehler des Ofens bedeuten, während zu große Kammern jederzeit durch entsprechende Einbauten auf ein geringeres Maß gebracht werden können. Es empfiehlt sich deshalb unter allen Umständen, die Kammern so reichlich zu wählen, wie es der zur Verfügung stehende Raum zuläßt.

Wesentlich ist eine gleichmäßige Verteilung von Gas und Luft über die ganze Querschnittsfläche. Sowohl bei liegenden wie bei stehenden Regeneratoren werden leicht die Gasströme sich den bequemsten Weg suchen, so daß in den Ecken tote Räume entstehen, durch welche in Wirklichkeit Gas und Luft nicht hindurchströmen. Es muß deshalb der größte Wert darauf gelegt werden, nötigenfalls den kürzeren Weg für die Gase durch engere Querschnitte zu erschweren, und den längeren Weg durch größere Zwischenräume zu erleichtern.

Betr. Einzelheiten siehe die ausgeführten Beispiele S. 476 u. ff.

2. Umsteuerventile.

Die Einrichtungen zum Wechseln der Zugrichtung haben nach den oben gemachten Ausführungen den Zweck, abwechselnd die eine Gas- bzw. Luftkammer mit der Einströmung und gleichzeitig die andere Gas- bzw. Luftkammer mit dem Kamin zu verbinden. Es gibt eine große Anzahl solcher Einrichtungen von der einfachsten Umstellklappe bis zu dem modernsten Drehventil.

Weite Verbreitung hat das in Abb. 295—298 dargestellte Forterventil gefunden.

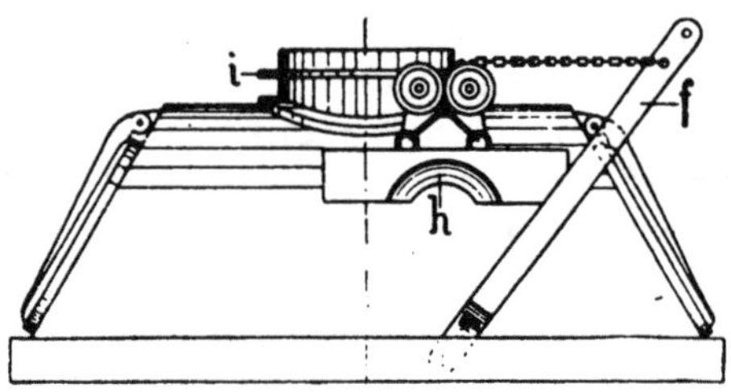

Abb. 295.

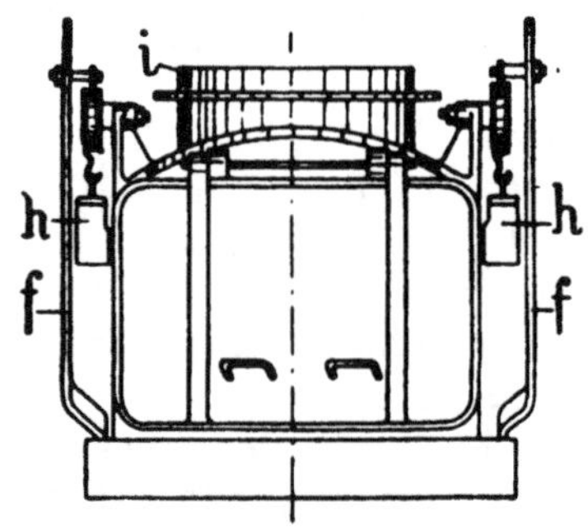

Abb. 296.

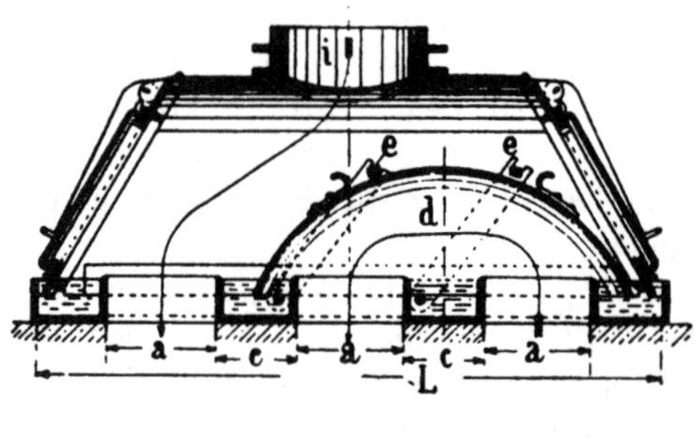

Abb. 297.

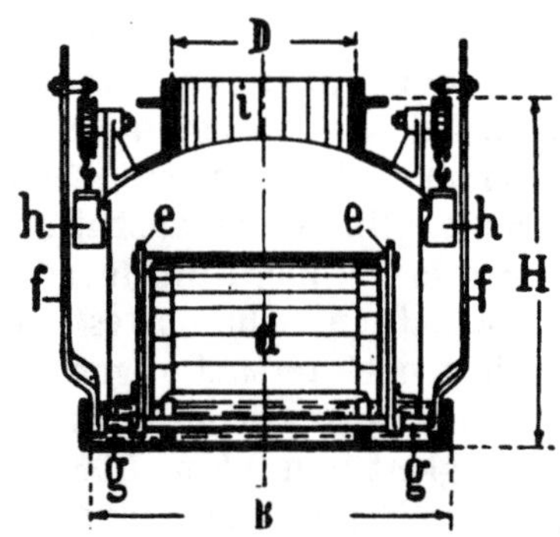

Abb. 298.

Es besteht aus einem gußeisernen Untersatz mit 3 Öffnungen, die in einer Wasserrinne stehen. Die beiden äußeren der Öffnungen *a* sind mit den Regeneratoren verbunden, während die Mittelöffnung zum Schornsteinkanal führt. Der ganze Körper ist von einem Gehäuse überdeckt, in welchem sich oben oder an der Seite die Zuleitung *i* für Gas befindet. In dem Gehäuse ist eine Glocke *d* aus Stahlblech oder Stahlguß beweglich angeordnet, so daß sie entweder den rechten oder den linksseitigen Kanal mit dem mittleren Abzug verbindet. In der in Abb. 297 gezeichneten Stellung verbindet beispielsweise die Glocke den rechten Regenerator mit dem Abzug nach dem Kamin. Das Generatorgas strömt also bei *i* ein und geht durch den linken Kanal in den linken Regenerator. Ebenso wird die einströmende Luft durch ein gleiches oder ähnliches Ventil gesteuert. Gas und Luft durchströmen also die Kammern an der linken Ofenseite, erhitzen sich beide an dem Gitterwerk und kehren durch den rechten Anschluß der Ventile zurück, um nach dem Kamin abzuströmen.

Abb. 299 zeigt eine Ausführung des Forterventils von der Maschinenbau A.-G. Tigler in Duisburg-Meiderich. Die Tabelle der üblichen Abmessungen unter Bezugnahme auf die Abb. 295—298 ist in folgendem zusammengestellt:

Normales Modell für Handumsteuerung nach Abb. 295—298.

Nr.	Forter Durchm. mm	Siemens Durchm. mm	*a*	*b*	*c*	*L*	*B*	*H*	Gewicht kg
1	400	500	400	300	350	3000	1300	1400	3600
2	450	525	400	400	350	3000	1450	1450	3850
3	500	550	450	450	300	3000	1450	1525	4100
4	550	600	500	500	350	3300	1500	1575	4500
5	600	750	550	550	350	3450	1550	1625	5100
6	650	775	600	600	350	3700	1600	1675	5700
7	700	800	500	800	380	3510	1860	1725	6100
8	750	825	600	750	440	3880	1800	1750	6650
9	800	1000	650	800	400	4000	1860	1775	6800
10	850	1050	650	900	400	4200	2000	1825	6950
11	900	1100	750	900	350	4250	2000	1875	7300
12	950	1200	750	950	400	4400	2100	1900	8400

Abb. 299.

Die größeren Ventile erhalten häufig neuerdings einen Antrieb durch Druckwasser entsprechend der Abb. 300. Hierbei ist auf dem Gußkörper des Gehäuses ein Doppelplunger angeordnet, der abwechselnd von der einen bzw. von der anderen Seite Preßwasserdruck erhält und dadurch das Ventil bewegt.

Ebenso wird häufig für große Ventile dieser Art elektrischer Antrieb gewählt, wie in Abb. 301 angedeutet ist. Hierbei wird der Steuerhebel der Ventilglocke durch ein elektrisch angetriebenes Kurbelgetriebe betätigt. Der Motor wird nach vollzogener Umsteuerung durch eine selbsttätige Endausschaltung abgestellt.

Eine andere ebenfalls viel verbreitete Umsteuervorrichtung ist die Gaswechseltrommel nach Abb. 302—303. Der Apparat besteht aus einer gußeisernen Grundplatte *a* von kreisrunder Form, in welcher sich vier gleiche Öffnungen *b*, *c*, *d* und *e* befinden.

Diese Öffnungen sind ebenso wie der äußere Rand mit einer Erhöhung eingefaßt und bilden dadurch eine Wasserrinne. Über der Grundplatte ist eine Glocke *k* aus Schmiedeeisen drehbar aufgehängt, die durch eine Scheidewand *q* in zwei gleiche Hälften zerlegt wird. Die Glocke hängt an einer senkrechten Welle *i*, und diese stützt sich auf ein Lager, welches durch eine Traverse *h* gehalten wird. Die Traverse wird von 2 Säulen *g* getragen. Durch den Hebel *l*, welcher mit der Welle *i* durch ein Scharnier *m* verbunden ist, läßt sich die Glocke aus dem Wasserverschluß herausheben, so daß sie sich in der Höchstlage frei drehen läßt. Je nach der Stellung der eingetauchten Glocke trennt also die Scheidewand die Öffnungen in der Grundplatte gasdicht ab, und es wird dadurch immer eine Kammer mit dem Schornstein, die andere mit dem Gaseintritt verbunden.

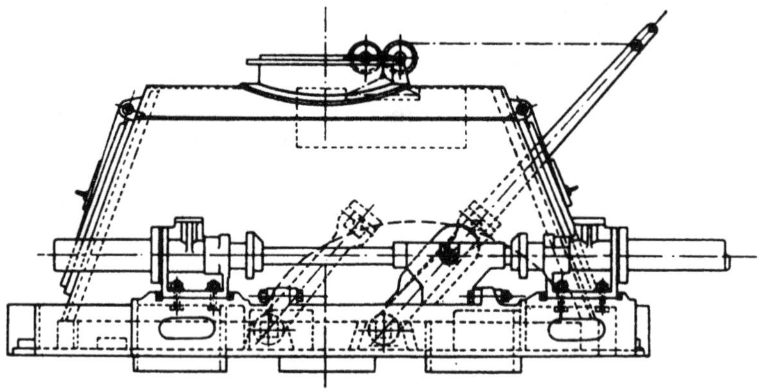

Abb. 300.

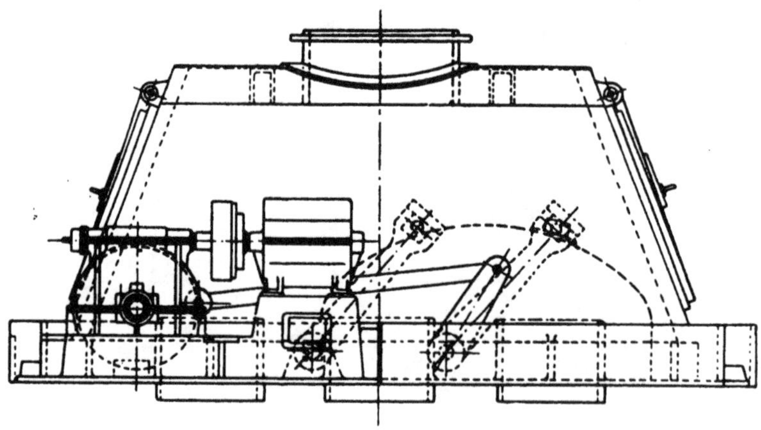

Abb. 301.

Das Gewicht einer Gaswechseltrommel dieser Bauart für die gebräuchlichen Abmessungen ist in der folgenden Zahlentafel zusammengestellt:

Nr.		Durchmesser mm	Gewicht ca. kg	Nr.		Durchmesser mm	Gewicht ca. kg
1	Gaswechseltrommel von	1000	700	7	Gaswechseltrommel von	1700	1400
2	„ „	1100	800	8	„ „	1800	1500
3	„ „	1200	900	9	„ „	1900	1600
4	„ „	1300	1000	10	„ „	2000	1700
5	„ „	1400	1100	11	„ „	2100	2040
6	„ „	1600	1300	12	„ „	2200	2380

Während der Zeit des Umwechselns schließt die Glocke nicht vollständig ab und es sind daher für einen kurzen Augenblick die Öffnungen für den Gaseintritt und für den Rauchkanal verbunden. Beim Umstellen tritt also jedesmal Frischgas in den Kamin aus. Um diesen Verlust zu vermeiden, verbindet man den vorbeschriebenen Apparat mit einem besonderen Gasabschlußventil, wie dies in Abb. 304 bei *d* sichtbar ist. Aus dieser Abbildung ist zu erkennen, daß für die Luft der gleiche Wechselapparat benutzt werden kann. An dem Hebel *b* befindet sich ein Kreissegment *c*, an welchem das Abschlußventil aufgehängt ist. Die Welle *f* der Glasglocke wird unten von einem Hebelarm *g* gefaßt, dessen anderer Arm *h* gelenkförmig mit dem Hebel *i* der Luftglockenwelle *k* verbunden ist. Sobald der Hebel *b* heruntergedrückt wird, schließt sich das Ventil *d*, und gleichzeitig werden die beiden Glocken für Gas- und Luft so hoch gehoben, daß sie gedreht werden können. Wird der Hebel *b* freigelassen, so senken sich beide Glocken durch das Gewicht *l* in ihre Abschlußlage, und das Gasventil öffnet sich.

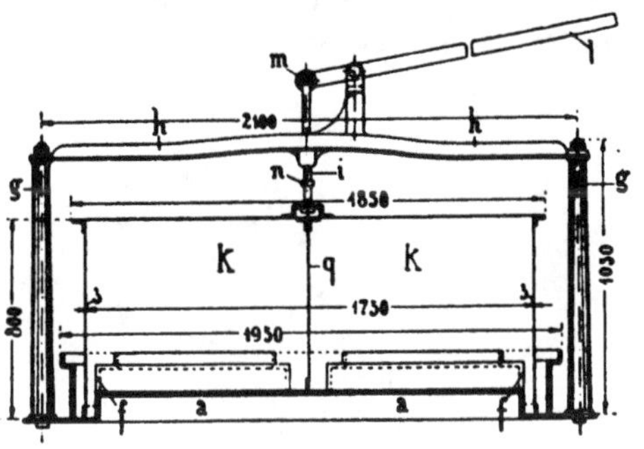

Abb. 302.

Eine weitere Vorrichtung zur Umstellung ist die Glocke nach System Turk, die in Abb. 305 bis 306 dargestellt ist. Sie besteht aus einem guß-

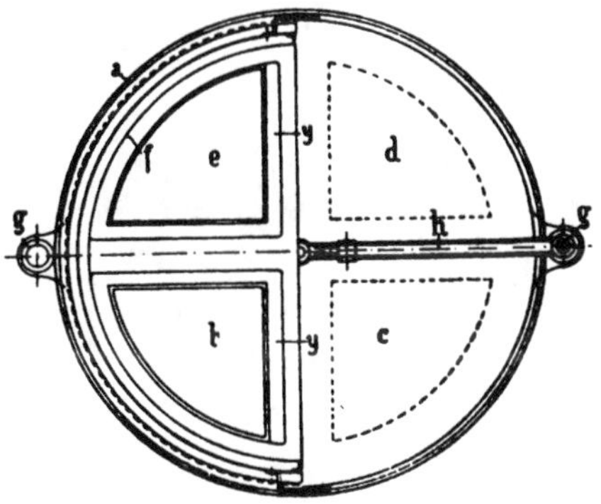

Abb. 303.

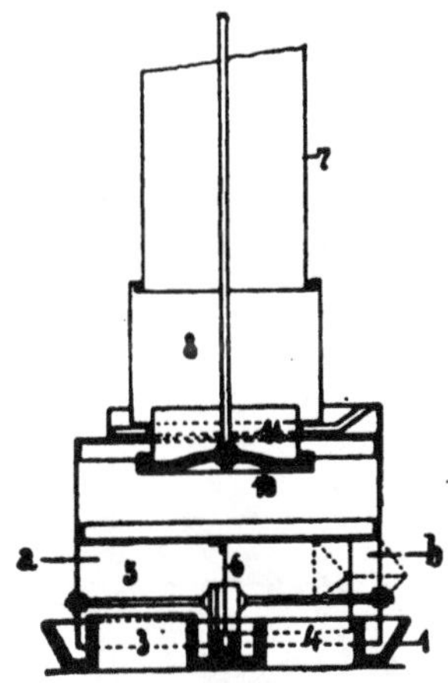

Abb. 305.

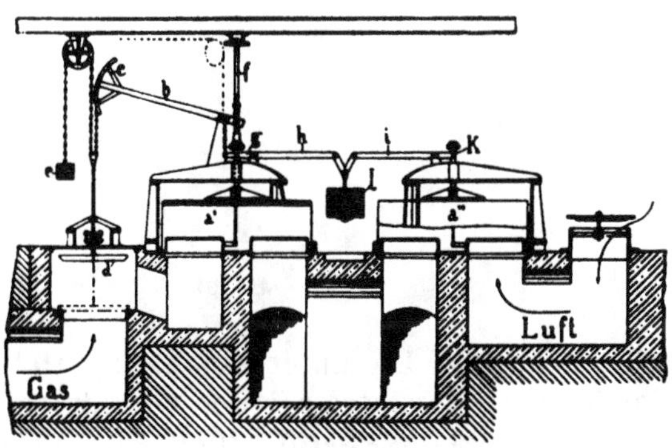

Abb. 304.

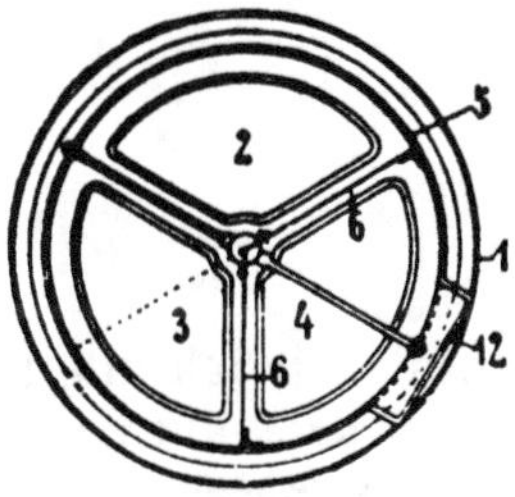

Abb. 306.

eisernen Teller **1** mit 3 Kreisausschnitten **2**, **3** und **4**, die mit Wasserrinnen umgeben sind. In diese taucht eine Glocke **5** ein, deren innere Scheidewand **6** der Dreiteilung der Grundplatte **1** entspricht. Das Gas wird von dem Zuleitungsrohr **7** durch das Ventil **10** von oben zugeführt. Diese Anordnung bezweckt, den schädlichen Raum zwischen dem Gasabschlußventil und dem Wechseln auf das geringste Maß zu beschränken.

Eine vollständig andere Anordnung des Gaswechsels zeigt das in den Abb. 307 bis 310 dargestellte Fischerventil. Dasselbe wird von der Firma Fischer & Demmler in Mülheim a. d. Ruhr gebaut. Das Ventil besteht aus 3 Hauptteilen, nämlich dem drehbaren Innenzylinder *a* mit Scheidewand, dem Außenzylinder mit 4 Dichtungsleisten *q* und einer Grundplatte. Der Innenzylinder *a* wird durch das Gegengewicht *b* an die bearbeitete Fläche des oberen Ringes *t* gepreßt, so daß das Ventil nach oben abgedichtet ist. Die Abdichtung am Umfange des Innenzylinders erfolgt durch die vier losen Leisten *d*, die durch Gewichte *e* und Bolzen *f* ständig gegen den Innenzylinder gepreßt werden. Die Leisten können durch Kopfschrauben *i* beliebig eingestellt werden, so daß der Innenzylinder sich frei ausdehnen kann, ohne daß

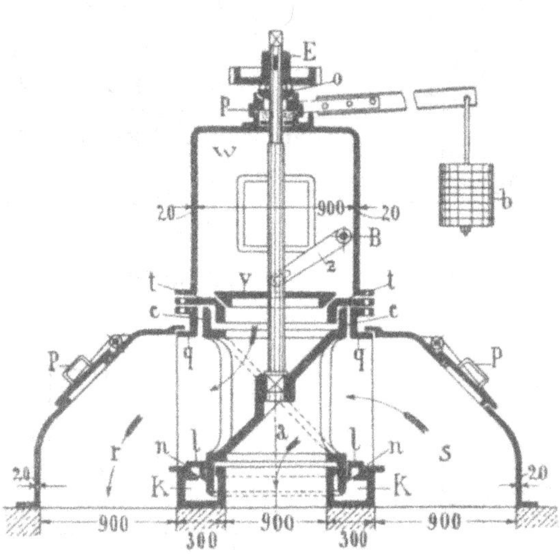

Abb. 307.

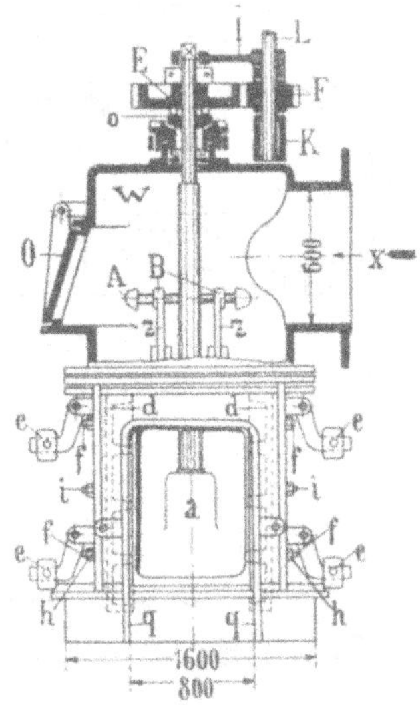

Abb. 308.

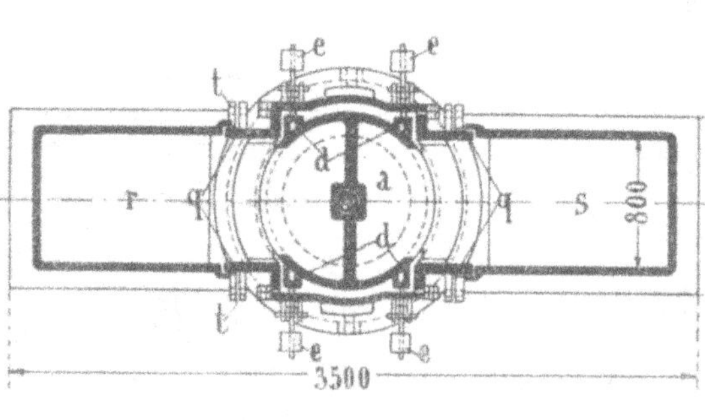

Abb. 309.

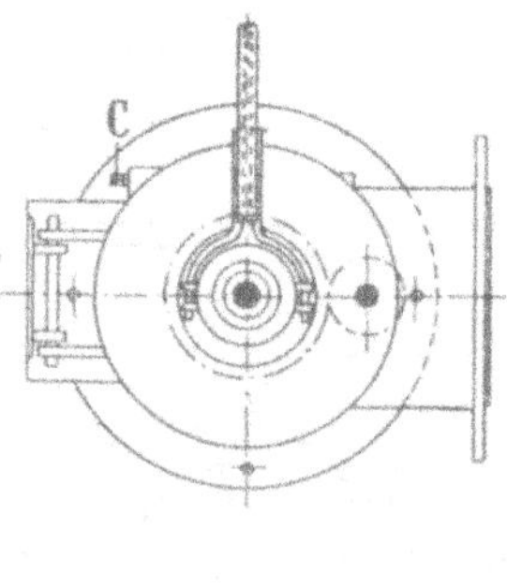

Abb. 310.

dadurch die Abdichtung nach außen gefährdet wird. Die untere Dichtung erfolgt dadurch, daß der Innenzylinder in die Sand- oder Wassertasse *k* der Grundplatte eintaucht. Ein Herausschleudern des Sandes oder bei Wasserdichtung eine zu starke Verdampfung des Wassers wird durch Segmentstücke *l* verhindert.

Über dem eigentlichen Wechsel ist ein Abschlußventil *v* angeordnet, durch dessen Teller die Stange zur Betätigung des Drehzylinders hindurchgeführt ist. Diese Welle greift durch ein Vierkant in der Mitte des drehbaren Innenzylinders an.

In der gezeichneten Stellung tritt das Gas oben bei *x* ein und gelangt bei geöffnetem Ventil *v* entsprechend dem einzeichneten Pfeil durch *r* nach der einen Kammer des Ofens, während die Abgase von der anderen Kammer durch *s* zurückkehren und nach unten durch *a* nach dem Kamin entweichen. Bei einer Drehung des Innenzylinders um 180° dreht sich die Scheidewand in die punktiert eingezeichnete Lage und die entgegengesetzte Verbindung wird hergestellt.

Dieses Ventil ist außerordentlich geschickt durchdacht. Es hält vollständig dicht. Außerdem schließt das Gaseinlaßventil während der Drehung des Ventils selbsttätig. Es hat jedoch den Nachteil, daß infolge der Wärmeausdehnung der Innenzylinder sich leicht verzieht, und daß dadurch die leichte Drehbarkeit in Frage gestellt wird. Ein weiterer Nachteil ist der, daß an dem Umfang des Innenzylinders sich Teer und Ruß in harten Krusten absetzen, und daß deshalb die Dichtungsleisten nicht mehr abschließen. Das Ventil ist deshalb nur dann zu empfehlen, wenn mit reinen und wenig heißen Gasen gearbeitet wird.

Als möglichst einfaches Wechselventil für die Luft benutzt man häufig die in den Abb. 311—314 gezeichnete Wechselklappe. Hierbei ist über der Wechselklappe ein einfaches Tellerventil *E* zur Regelung der Lufteinströmung angeordnet. Dieses Ventil wird durch Schraubenspindel und Handrad *H* von der Bühne aus bedient. Zum Luftwechseln wird eine einfache Umschaltklappe *C* benutzt, die in einem Gehäuse

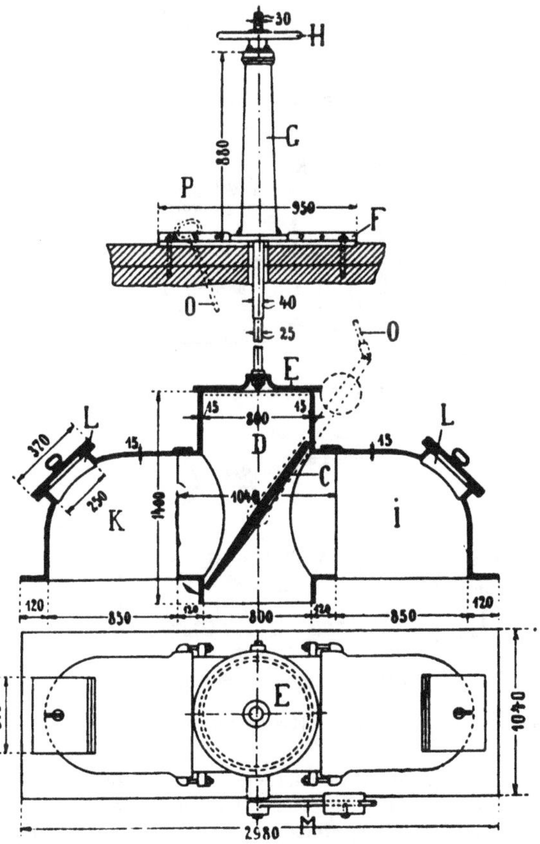

Abb. 311 u. 312.

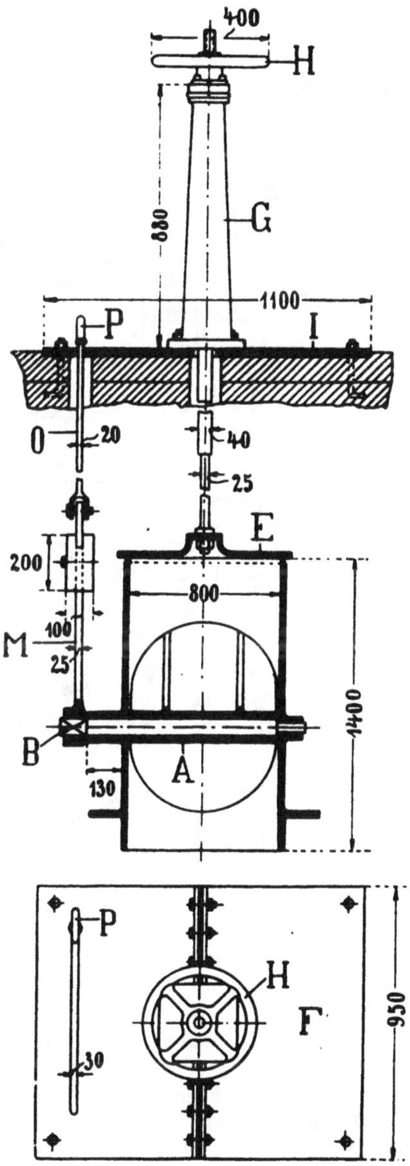

Abb. 313 u. 314.

untergebracht ist. Die Klappe besitzt eine Welle mit Vierkant *B*, an den der Umsteuerhebel *M* angreift. Auf diesem Hebel ist ein Gegengewicht angebracht. Der Hebel besitzt am Ende ein Gelenk, an dem die Stange *O* mit dem Handgriff *P* befestigt ist. Das Gehäuse der Klappe ist mit der Reinigungsöffnung *L* versehen.

Eine interessante Konstruktion für einen Umsteuerungsapparat ist Hugo Knoblauch, Freiburg, geschützt worden (Abb. 315—319). Das Neuartige an dieser Konstruktion ist, daß die Umsteuerung nicht durch eine Wechseleinrichtung für den ganzen Ofen, sondern für jedes Brennerpaar gesondert geschieht, wobei aber die Umschaltung der Ventile gemeinsam geschieht. Die Wechseleinrichtung ist stets verbunden mit einem quergeheizten Büttenofen eigener Konstruktion.

Die Konstruktion besteht aus 8 Ventilen, die in zwei Reihen nebeneinander angeordnet sind und vermittels einer zwangläufigen Steuerung von einer Welle aus eingestellt werden. Die Steuerung ist derartig gebaut, daß durch Drehen der Kurbel je ein Gas- und Luftdeckel und damit gleichzeitig die beiden zugehörigen Abschlußdeckel für die beiden andern Kammern geschlossen werden. Beim weiteren Drehen der Kurbel heben sich dann wiederum gleichzeitig die Gas-, Luft- und Schornsteinventile der anderen Ofenseite. Der Vorteil dieses Apparats ist, daß beim Umwechseln der Schornsteinzug abgesperrt und dadurch die unmittelbare Verbindung des vollen Schornsteinzugs mit dem Ofen verhindert wird.

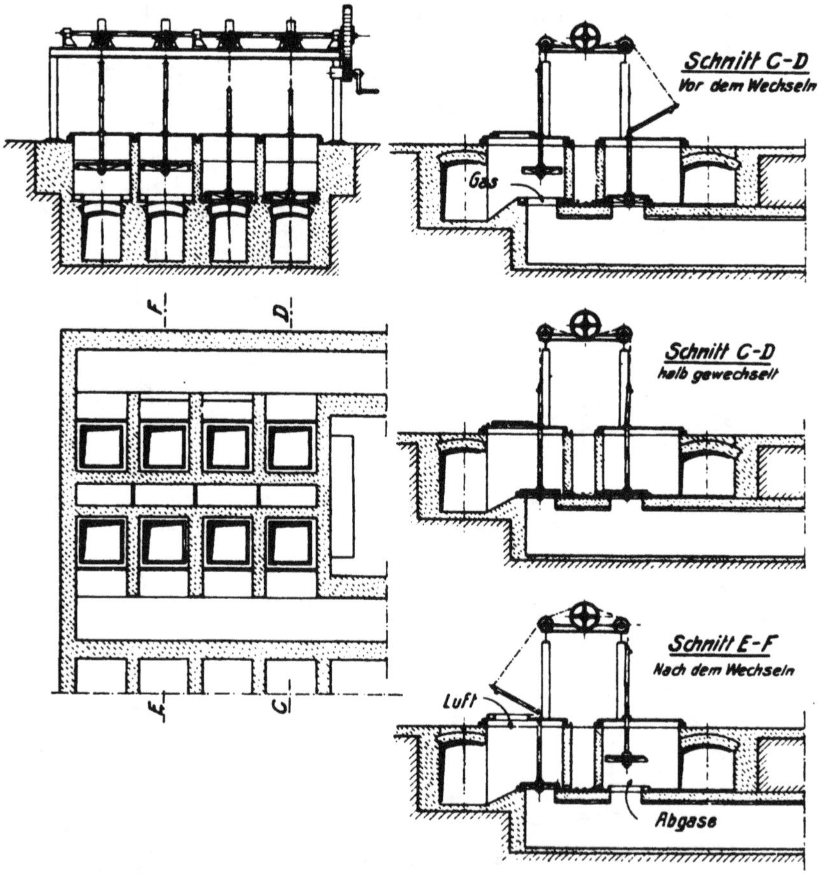

Abb. 315—319. Umsteuerungseinrichtung von Hugo Knoblauch.

Nach erfolgtem Umstellen tritt also der Schornsteinzug genau in demselben Maße wieder ein, wie Gas und Luft dem Ofen zuströmen. Wenn auch dieser Verlust beim Umstellen, der bei den meisten übrigen Wechselapparaten vorhanden ist, nicht diejenige Bedeutung hat, welche die Erfinder derartiger Konstruktionen ausrechnen, so ist immerhin die Vermeidung dieses Verlustes ein wesentlicher Vorteil. Die Anordnung des Apparates ist außerdem sehr übersichtlich und einfach, weil die Ventile nur aus einfachen Tellern bestehen und die ganze Einrichtung bequem zugänglich ist. Ein Nachteil der Einrichtung war ursprünglich, daß zu jedem Kanal zwei Wasserrinnen gehören, so daß in dem ganzen Apparat leider verhältnismäßig große Flächen sind, in denen das Wasser verdampft. Jedoch wird neuerdings die Konstruktion auch ohne diese Wasserabschlüsse mit einfachen Tellerventilen ausgeführt, bei stark teerhaltigen Gasen besteht natürlich wie bei allen Ventilen die Gefahr des Hängenbleibens.

Die Anordnung des Knoblauchschen Apparates ist in Abb. 315—319 gezeigt.

Über jedem Kanal sind die Ventilsitze angeordnet, deren zugehörige Ventile mit dem Gaskanal bzw. dem Schornstein verbunden sind. Die aus dem Gaskanal ankommenden Gase fallen durch das

Ventil abwärts in den Kanal, während die aus dem Kanal vom Ofen kommenden Gase aufwärts in den Schornsteinkanal steigen. Genau so sind die Luftventile angeordnet.

Der Antrieb des ganzen Apparates gestaltet sich sehr einfach. Für jedes Deckelpaar ist je ein Kettenrad vorhanden und die Deckel sind durch über Leitrollen laufende Ketten so an den Kettenrädern befestigt, daß bei der Drehung des Kettenrades die eine Kette sich abwickelt und den Ventildeckel schließt, während sich die andere Kette desselben Kettenrades aufwickelt und das daranhängende Ventil aufhebt. Die ganze Anordnung des Apparates ist zweifellos sehr übersichtlich, und die Bedienung geschieht durch einen Arbeiter in wenigen Sekunden, weil das Gewicht der Ventile durch Gegengewicht ausgeglichen ist und infolgedessen die Arbeitsleistung zur Bedienung der Umsteuerung sehr gering ist.

c) Vergleich der Rekuperation und Regeneration.

Die Frage, welches der beiden besprochenen Systeme der Wärmerückführung für die Öfen der Glasindustrie vorzuziehen ist, wäre man wohl geneigt, im Hinblick auf die Seite 441 erwähnten grundsätzlichen Schwierigkeiten der Rekuperatoren dahin zu beantworten, daß im allgemeinen bei Neubauten mit neuzeitlichen großen Ofenabmessungen die Regenerativheizung den Vorzug verdient. Tatsächlich aber besitzt auch die Rekuperativheizung immer noch viele Anhänger, die sich vor allem auf die langjährige Bewährung der Rekuperativöfen berufen.

Für Temperaturen bis 1500°, die in der Glasindustrie nur selten überschritten werden, können in der Tat auch beide Systeme unbedenklich ausgeführt werden. Im Kohlenverbrauch besteht praktisch kein Unterschied zwischen den beiden Bauarten. Dralle gibt folgende Zusammenstellung der Betriebsergebisse von einigen älteren Wannen, teils mit Rekuperation teils mit Regenerativfeuerung. (Siehe Tabelle 82, S. 456.)

Danach könnte man sogar feststellen, daß die meisten ausgeführten Rekuperativwannen den Regenerativöfen in der Sparsamkeit des Kohlenverbrauchs überlegen waren.

Die Zahlen dieser Zusammenstellung sind heute wesentlich überholt und können lediglich zum Vergleich herangezogen werden. Insbesondere wird durch bessere Ausnutzung der Kohle in modernen Gaserzeugern der Verlust in den Rückständen bis auf 1 oder 1,5% heruntergebracht werden. Aber diese Verbesserung kann beiden Systemen zugute kommen. Jedenfalls beweist die Zusammenstellung, daß keine der beiden Bauarten hinsichtlich des Kohlenverbrauchs im praktischen Betriebe als der anderen wesentlich überlegen bezeichnet werden kann.

Aber die vollständige Ausnutzung der Abhitze ist mit keinem Rekuperator möglich. Bedenken wir, daß je kg Kohle etwa 10 m³ Abgase von mehr als 1000° den Ofen verlassen, und daß nur etwa die Hälfte dieses Volumens an Verbrennungsluft benötigt wird, so folgt daraus, daß von der in den Abgasen enthaltenen Wärme nur ungefähr die Hälfte durch die Luft aufgenommen werden kann, da die spezifische Wärme der Luft und der Abgase nicht sehr verschieden sind. Selbst bei bester Vorwärmung werden also die Abgase aus dem Rekuperator mit etwa 500° austreten.

Bei dem Regenerator ist es möglich, die Abhitze weiter auszunutzen, indem ein Teil der überschüssigen Abwärme an das Gas übertragen wird. Man könnte also hinter dem Regenerator niedrigere Abgangstemperaturen als hinter dem Rekuperator erhalten. Es kommt hinzu, daß man auf dem zur Verfügung stehenden Raum nach dem Regenerativsystem etwa dreimal soviel Heizfläche unterbringen kann, wie nach dem Rekuperativsystem, und daß deshalb meistens die Fläche der Rekuperatoren knapp bemessen werden muß.

Betrachten wir die Wärmeverteilung in einem Glasofen, so finden wir, daß etwa 40% durch Strahlung verloren geht. An diesem Verlust, der in der Hauptsache durch die Ausstrahlung des Gewölbes und der Ofenwandungen verursacht wird, können wir nicht viel ändern[1]). Maurach[2]) hat bei seinen Arbeiten eine Ofenanlage in allen Teilen genau untersucht und den Wärmefluß rechnerisch und zeichnerisch zusammengestellt. Das Gas wurde in sieben freistehenden, rostlosen, runden Schachtgeneratoren erzeugt, vergast werden täglich 35 t Saarkohle mit einem unteren Heizwert von 7160 WE. Auf 1 kg Kohle werden rd. 2,5 m³ Luft und 0,4 kg Dampf in den Gaserzeuger eingeführt. Aus 1 kg Kohle werden

[1]) Die gleichen Verhältnisse finden wir auch bei den Schmelzöfen der Stahlindustrie.

[2]) Wärmefluß in Glasschmelzöfen.

Tabelle 82.

Vergleich der Dimensionen, des Glasinhaltes und der Monatsproduktion verschiedener Glaswannen.

(Maße abgerundet.)

I Innere Dimensionen der Wanne: Länge des Glasspiegels	Breite des Glasspiegels	Tiefe	II Fläche des Glasspiegels und Inhalt in cbm	III Glasinhalt	IV Gesamtraum der Wanne in cbm	V Freier Raum über dem Glase in cbm	VI Monatlicher Kohlenverbrauch inkl. Kühlöfen in kg	VII Monatliche Glasproduktion in kg	VIII Kohlenverbrauch für 100 kg Glas	IX Monatliche Glasproduktion, reduziert: für 1 qm Wannenfläche	für 1 cbm Glasraum	für 1 cbm Gesamtwannenraum	für 1 cbm freien Raum über dem Glase	X Wannensystem	XI Der Lufterhitzer hat: feuerberührte Flächen	luftberührte Flächen	XII Die freien Flächen der Gittersteine und der Regeneratorwände im Innern betragen für die Luftkammer	Gaskammer	Bemerkungen über die Art der Gaserzeuger
m	m	m		kg					kg	kg	kg	kg	kg		qm	qm	qm	qm	
7	2,5	1	17	42 500	31	14	205 200	145 606	143	8565	8565	4697	10 400	Rekuperativ	67,2	46	—	—	Planrostgaserzeuger ohne Gebläse
7	3	1	20	50 000	38	18	266 760	197 600	135	9880	9880	5200	10 977	,,	99,2	68,0	—	—	,,
7,5	4,5	1	32	80 000	59	27	299 670	218 739	137	6835	6835	3708	8101	,,	153,60	105,60	—	—	,,
7,5	5	1	37	92 500	70	33	331 550	249 248	133	6736	6736	3566	3553	,,	153,60	105,60	—	—	,,
8	5,5	1	42	105 000	82	40	373 155	283 196	130	6742	6742	3453	5231	,,	153,60	105,60	—	—	,,
8,5	6	1	45	112 500	90	45	392 500	301 923	130	6709	6709	3354	6709	,,	153,60	105,60	—	—	,,
8,5	6,5	1	50	125 000	103	53	440 300	352 240	125	7045	7045	3419	6646	,,	197,12	150,80	—	—	,,
8,5	7	1	56	140 000	118	62	484 216	327 084	120	5841	5841	2772	5275	,,	230,40	158,40	—	—	,,
10	7	1	77	192 500	162	85	526 130	445 772	118	5789	5789	2752	6189	,,	280,00	212,12	—	—	,,
8	3,5	1	28	70 000	51	23	297 350	218 640	136	7809	7809	4287	9941	Regenerativ	—	—	170,90	165,18	,,
										inkl. Kohlen f. d. Gebläse									
8,25	6,7	1	46	114 650	88	42	394 973	264 640	151[1])	5753	5753	3007	6301	,,	—	—	185,90	125,84	Gebläsegaserzeuger mit Planrost
11 m Durchmesser		1	104	260 000	248	144	—	650 000	?	6250	6250	2621	4514	,,	—	—	225,44	163,76	?
										83 954[2])									

[1]) Der Minimalbedarf betrug 112 kg, der Maximalbedarf betrug 180 kg.

[2]) 83954 : 12 = 6996 = rund 7000 kg Glas pro qm Glasspiegel und pro Monat.

3,85 m^3 trockenes Gas von 1380 WE unterem Heizwert erzeugt. Hierzu kommen noch etwa 10 g Teer und 60 g Feuchtigkeit auf 1 m^3 Trockengas. Die Temperatur des Gases beim Austritt aus den Gaserzeugern beträgt 650°. Das Gas wird durch einen Sammelkanal von 4 m^2 Querschnitt von Staub befreit und tritt dann in die Kammern der nach dem Regenerativprinzip gebauten Wanne. Die Wanne hat eine innere Länge von 27 m, eine lichte Breite von 6 bzw. 8 m und einen freien Glasspiegel von 164 m^2 Fläche. Der Glasstand beträgt 1,1 m. Das Gemenge wird in ununterbrochenem Betrieb an der Stirnseite aufgegeben und eingeschmolzen, während am anderen Ende das Glas zur Verarbeitung entnommen wird. Die Kammern haben rd. 4 m lichte Höhe und 16,5 m lichte Länge. Die lichte Breite beträgt bei den Gaskammern 1,35 m, bei den Luftkammern 1,75 m. Das Gas wird in den Kammern von 480° auf 950° vorgewärmt. Die Verbrennungsluft tritt ebenfalls bereits mit 450° in die Kammer ein und wird auf durchschnittlich 1150° erhitzt. Die Abgase kühlen sich in den Kammern von 1200° in den Brennerschächten bis auf 630° am Fuße der Kammern ab. Etwa $^4/_5$ der Abgasmenge strömt durch die Luftkammer, $^1/_5$ durch die Gaskammer. Ein Teil der Abgase durchläuft noch einen Abhitzekessel und wird hierdurch bis auf 340° am Fuße des Schornsteins abgekühlt. Das Gas verbrennt mit rund 1,4 m^3 Luft auf 1 m^3 Trockengas, entsprechend einem Luftüberschuß von nur 5,5 %. Die Höchstwerte der gemessenen Flammentemperatur schwanken um 1600°, während im Schmelzraum durch Thermoelemente 1380° und im Arbeitsraum der Wanne 1200° gemessen wurden. Die Temperatur des Glasspiegels be-

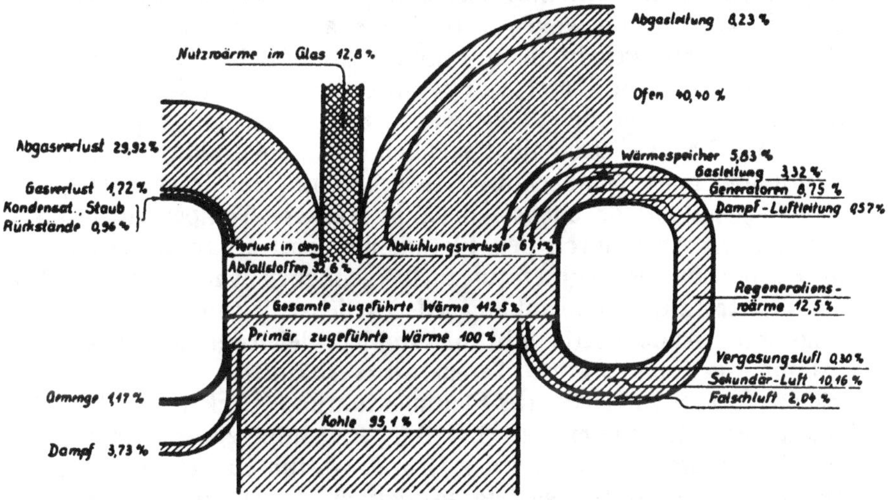

Aus Maurach: „Der Wärmefluß". Verlag von R. Oldenbourg, München u. Berlin.

Abb. 320.

trägt 1400° in der Schmelzwanne und 1240° vor den Arbeitsöffnungen. Verarbeitet werden täglich rd. 50 t Gemenge, denen etwa 23 t Glasscherben beigesetzt werden. Aus 100 kg Gemenge werden 73 kg Glas geschmolzen. Die bei der Glasbildung verbrauchte Wärme kann mit 272 WE für 1 kg Glas angenommen werden. Für die spezifische Wärme des Glases im flüssigen Zustand wird 0,32 eingesetzt.

Auf Grund dieser Angaben und Messungen ist das in Abb. 320 wiedergegebene Bild der gesamten Wärmeverteilung von Maurach zusammengestellt. Daraus geht hervor, daß nur 12,8 % der zugeführten Gesamtwärme in dem aus der Wanne entnommenen flüssigen Glas enthalten sind, während die gesamte übrige Wärmemenge verloren geht. Außer dem bereits oben erwähnten Strahlungsverlust des Herdes mit rd. 40% gehen in den Gaserzeugern 8,75%, in den Wärmespeichern 6 %, in der Abgasleitung 8% durch Abkühlung verloren. Die Abgase entführen etwa 30 % der zugeführten Wärme in den Schornstein.

Bei diesen Versuchen hat sich also auch bei dem Regenerativofen noch hinter den Kammern eine Temperatur von 600° ergeben. Bei der untersuchten Anlage wird jedoch noch ein Teil der Abgaswärme in einem Abhitzekessel verwertet.

Auch diese Untersuchung zeigt also, daß, im Gegensatz zur theoretischen Erwartung, die in der Praxis vorhandenen Regenerativöfen den Rekuperativöfen wärmewirtschaftlich nicht wesentlich überlegen sind.

Jedoch bieten bei der Abhitzeverwertung[1]) die Rekuperatoren geringere Schwierigkeiten, bei beiden Beheizungssystemen den Wirkungsgrad der Gesamtanlage durch einen solchen Abhitzekessel wesentlich zu verbessern. Die Anordnung eines solchen Kessels ist in der Hauptsache davon abhängig,

[1]) Siehe auch den Schlußteil III dieses Kapitels: »Abhitzeverwertung«.

ob genügend Platz zur Verfügung steht, und ob der nötige Kaminzug für den Ofen mit Sicherheit gewahrt bleibt. In vielen Fällen wird man zu künstlichem Zug übergehen müssen. Da der Widerstand bei einfachen Rekuperatorsystemen in der Regel geringer ist als der von Regeneratoren, wird der Betrieb eines Abhitzekessels bei Rekuperativöfen geringere Schwierigkeiten bieten. Immerhin ist nicht zu bestreiten, daß die Einschaltung eines solchen Kessels eine Komplikation für den Betrieb bedeutet, und daß es eigentlich besser wäre, das Wärmegefälle in der eigentlichen Ofenanlage soweit als möglich auszunutzen. Wenn es also gelänge, bei einem Regenerativofen durch reichliche Bemessung der Kammern die Abhitze bis auf etwa 350° auszunutzen, so wäre eine solche Ofenanlage jedenfalls vorzuziehen gegenüber einem Rekuperativofen, dessen Abgase mit 500—600° entweichen und dann noch in einem Abhitzekessel bis auf 350° ausgenutzt werden.

Was die erreichbare Temperaturhöhe betrifft, so muß in diesem Punkte das Regenerativsystem als überlegen betrachtet werden. In den meisten Fällen genügen aber die mit dem Rekuperativsystem erreichbaren Temperaturen. Zwar fällt bei diesem die Vorwärmung des Gases weg. Man darf aber nicht vergessen, daß die Vorwärmung des Gases durch eine gewisse im Regenerator eintretende Heizwertverschlechterung (durch Gleichgewichtsverschiebung und nicht selten auch durch Luftzutritt, zum Teil wieder aufgewogen wird (siehe auch Zweikammerofen S. 476 ff.).

Trotz der Gleichwertigkeit in diesen Punkten wird für bestimmte Zwecke das Regenerativsystem unbedingt vorgezogen, besonders für die Beheizung von großen Hafenöfen von sehr großer Länge, wie sie z. B. in der Spiegelglasindustrie üblich sind. Bei so großen Längen ist es nicht möglich, mit dem Rekuperativsystem überall im Ofen gleichmäßig hohe Temperaturen zu erhalten. Das Regenerativsystem zeigt während einer Wechselperiode ebenso hohe, ja stärkere Temperaturunterschiede im Verlauf der Flamme. Aber durch den Flammenwechsel erhalten gerade die Stellen, die vor dem Wechsel in der Temperatur zurückgeblieben waren, nun stärkere Hitze. So kommt es, daß trotz der Schwankung jede Stelle zu irgendeiner Zeit auf Höchsttemperatur kommt. Andererseits gibt die immer gleichziehende Flamme des Rekuperativsystems durchaus stetige Temperaturverhältnisse im Ofen. Es erlaubt auch eine größere Anzahl von Arten der Flammenführung (Umkehr- und Prallflammen), siehe Einteilung der Glasschmelzofen S. 470 ff., und infolgedessen manchmal bessere Anpassung an die Herdform. Dies ist der Grund, warum für kürzere Hafenöfen und Flaschenwannen das Rekuperativsystem so vielfach Anwendung findet.

Falls diese letzten Gesichtspunkte, Temperaturhöhe und Herdform, für das Rekuperativsystem günstig liegen, besitzt es folgende Vorzüge: Meist geringere Baukosten, geringerer Platzbedarf, stetiger Betrieb, Wegfall aller Umsteuereinrichtungen und infolgedessen einfachere Bedienung, geringere Temperaturschwankungen.

Dabei ist vorausgesetzt, daß die S. 44 näher bezeichneten baulichen Schwierigkeiten durch die gewählte Rekuperatorkonstruktion und verständige Betriebsführung überwunden sind. Daß dies möglich ist, bewiesen die von Nehse und Robert Dralle vor vielen Jahren gebauten Öfen. Es sei nur an eine Mitteilung von Theisen[1]) erinnert. Er fand 1919 in Dänemark eine 1892 von Dralle erbaute Flaschenglaswanne „Nehse-Dralle", also nach 27 Jahren, im Betrieb. In dieser Zeit war der Rekuperator nur dreimal erneuert. Die Steine der Seitenwand waren alle 18 Monate ausgetauscht. Der Boden war noch derselbe, wie ihn Dralle 27 Jahre vorher eingebaut hatte!

B. Weitere wichtige Bauteile der Schmelzöfen.

a) **Brenner und Flammenentwicklung.** Die Brenner haben die Aufgabe, Gas und Luft zur Verbrennung zusammenzuführen, sowie die Richtung und die Art der Flammenentwicklung zu bestimmen. Bei den mit Regeneration arbeitenden Öfen sind sie gleichzeitig die Abzugsöffnungen, durch die die Flammenabgase aus dem Ofenraum weg- und den Regenerationskammern zugeführt werden.

[1]) Hodkin u. Counsen, Textbook of Glass Technology, S. 375.

Früher hat man von der Einrichtung eines eigentlichen Brenners abgesehen, Gas und Luft durch einfache Schlitze in mehreren getrennten Strömen dem Ofen zugeführt, und zwar so, daß jeder Glasstrom von zwei Luftströmen eingeschlossen war. Solche Brenner geben infolge der späten, erst in einigem Abstand vom Eintritt in den Ofen erfolgenden Mischung eine langgestreckte, aber nicht straff auf das Schmelzgut gerichtete Flamme. Am meisten verbreitet sind jetzt Brenner, bei denen Gas und Luft übereinander ausströmen, und zwar im allgemeinen die Luft über dem Gas. Dieser Anordnung liegt die Annahme zugrunde, dadurch einseits das Gewölbe vor der unmittelbaren Flammenwirkung schützen, andererseits die Flamme nach unten auf das Schmelzgut ablenken zu können. Hierbei wählt man im allgemeinen für das Gas entweder wagerechte Ausströmung oder einen schwachen Einströmungswinkel von etwa 15°, während die Lufteinführung mit dem doppelten Einströmungswinkel, also mit etwa 30° nach unten geneigt ist. Die Flamme soll hierdurch auf den Glasspiegel gedrückt werden, während das Gewölbe, die Seitenwände und die Brennerköpfe auf der Abzugsseite durch den oben darüber geführten Luftstrom geschützt werden. Aus diesem

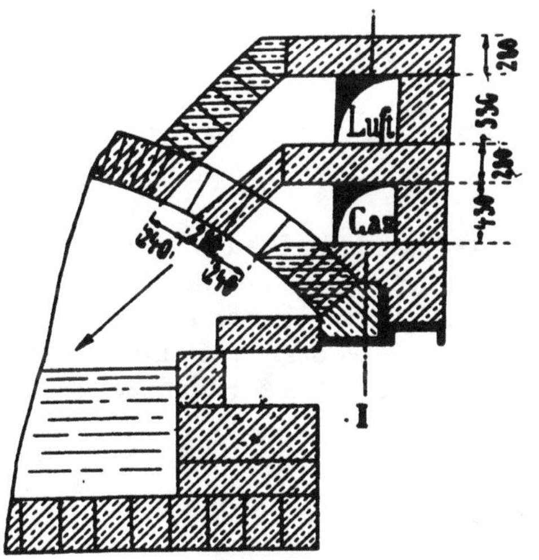

Abb. 321.

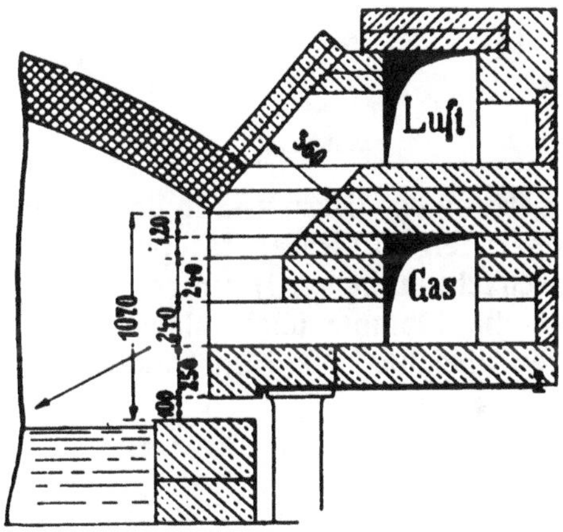

Abb. 322.

Grunde macht man auch den Luftkanal etwas breiter als den Gaskanal, so daß er seitlich den Gaskanal überdeckt. Ein rechteckiger Querschnitt ist im allgemeinen mit Rücksicht auf die gute Verteilung der Flamme über die ganze Breite des Ofens vorzuziehen. Die Brenneröffnungen sind möglichst tief an den Glasspiegel heranzulegen.

In Bezug auf die Mischung von Gas und Luft unterscheidet man 2 Arten von Brennern, nämlich solche, in denen Gas und Luft sich erst im Ofen mischen (Abb. 321 und 322) und solche, bei denen Gas und Luft sich in einer Art Vorkammer bereits mehr oder weniger vermischen (Abb. 323 u. 324). Im letzteren Falle werden häufig Gas und Luft unter 90° zusammengeführt, d. h. man läßt das Gas einfach von unten in den schwachgeneigten Luftstrom eintreten.

Eine Zeitlang hat man den Grundsatz der freien Flammenentfaltung, der speziell von Siemens verfochten wurde, dahin ausgelegt, daß die Flamme möglichst im Ofen, ohne das Bad zu berühren, den ganzen Herdraum ausfüllen solle. Von diesem Standpunkt aus hat man das scharfe Herunterdrücken der Flamme auf den Glasspiegel verworfen und deshalb mehr wagerechte oder nahezu wagrechte Ausströmungsschlitze bevorzugt. Eine Anzahl bewährter Brennerkonstruktionen für Wannen ist in den Abb. 321—325 wiedergegeben. Eine Beschreibung der Brenner an sich ist wohl nicht nötig, da dieselben aus den Abbildungen ohne weiteres verständlich sind.

Bei den Hafenöfen wird durch die im Ofenraum stehenden Häfen eine andere Verteilung der Flamme im Ofen bedingt als bei der Wanne, bei der es sich um schnellste

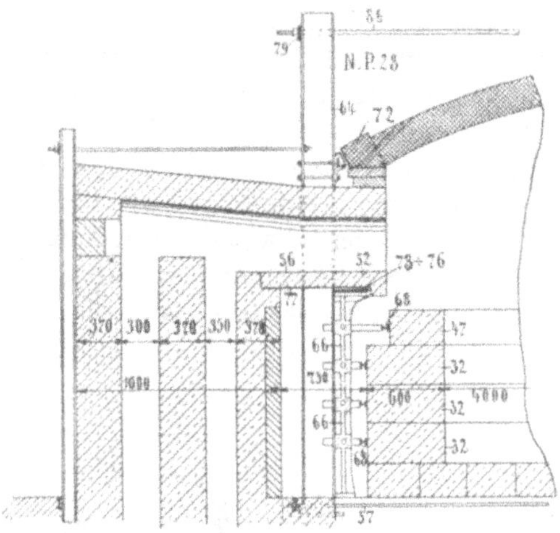

Abb. 323.

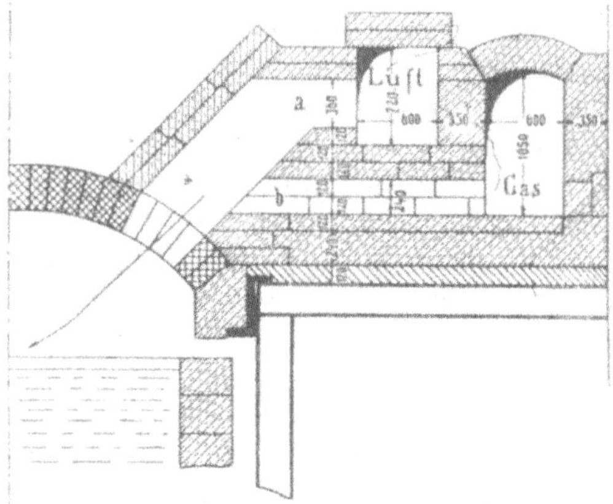

Abb. 324.

Schmelzung der Glasmasse in dem eigentlichen Herd handelt. Die einfachste Form des Brenners zeigt für Regeneratorsystem der „Büttenofen", bei dem die Gase aus getrennten, schachtähnlichen Öffnungen des Gesässes, den „Bütten", in den Herd hochziehen, wobei die Flamme überschlagend auf der anderen Seite des Ofens durch ähnliche Bütten abzieht. Die Konstruktionen, die die Flamme auf die Häfen stark nieder-

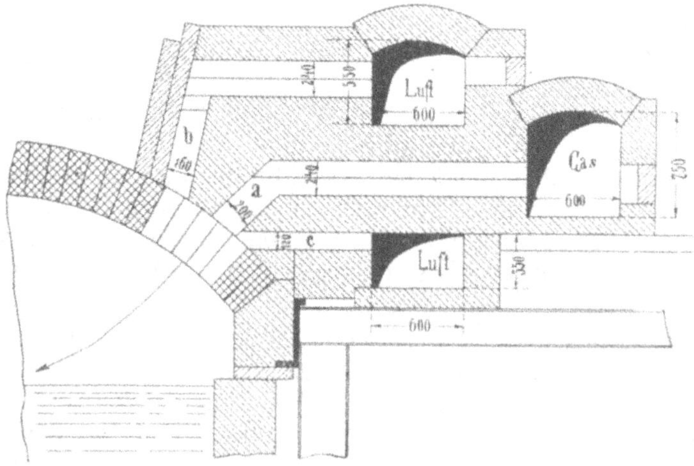

Abb. 325.

drücken, sind hier weniger häufig. Man begnügt sich mit Horizontalführung oder nur schwacher Abwärtsneigung der Flamme. Die Konstruktion ähnelt den oben angeführten für Wannenöfen. Im übrigen sei auf die Beispiele ausgeführter Öfen in Abb. 347 bis 374 sowie in den Tafeln IV—XIII verwiesen.

Besonders empfehlenswert wären an und für sich Brenner, bei denen durch eine verstellbare Zunge der Zusammenprall von Gas und Luft und damit die Länge der Flamme eingestellt werden kann. Jedoch macht die Konstruktion solcher Brenner mit Rücksicht auf die Standfestigkeit einige Schwierigkeiten. In Amerika hat man hierfür vielfach eine Wasserkühlung eingeführt, die jedoch in Deutschland bisher nicht üblich geworden ist. Das Schamottematerial in den Brennern ist natürlich sowohl bei dem einziehenden wie bei dem zuführenden Kopf der höchsten Abnutzung unterworfen, und je mehr gerade diese Teile im Betriebe abschmelzen, desto mehr wird die beabsichtigte Mischung von Gas und Luft sowie Flammenform und -größe verändert. Die Wirkungsweise des Brenners entspricht dann nicht mehr den gewollten Bedingungen. Mit Rücksicht auf die Abnützung hat man bei den Schmelzöfen der Stahlindustrie neuerdings auswechselbare Brenner eingeführt. Bei dieser Konstruktion wird das eigentliche Brennerstück, welches vollständig in einer schmiedeeisernen Umkleidung eingeschlossen ist, durch einen Laufkran schnell herausgehoben und gegen ein bereitliegendes Ersatzstück ausgewechselt (Bauart Friedrich).

In den Brennern wird die höchste Geschwindigkeit des gesamten Gasweges durch den Ofen angewandt und mit Recht. Geschwindigkeiten für das Gas von 10 m und für die Luft von 15 m sind durchaus üblich, und bei den Schmelzöfen der Stahlindustrie arbeitet man vielfach sogar mit der doppelten Geschwindigkeit.

In der bereits wiederholt erwähnten Arbeit von Maurach[1]) findet sich eine Zusammenstellung von Brennerabmessungen und Strömungsgeschwindigkeiten für die von ihm betrachteten Öfen. Maurach konnte hierbei natürlich nur von bestimmten einheitlichen Grundlagen ausgehen und hat daher folgende Rechnung zugrundegelegt:

Aus 1 kg Steinkohle von 7000 WE werden 4,3 m³ trockenes Gas bei 0° und 760 mm Barometerstand mit 60 g Feuchtigkeit (= 0,075 m³ Wasserdampf auf 1 m³ trockenes Gas) erzeugt; 1 m³ trockenes Gas soll mit 1,5 m³ Luft verbrannt werden, sodaß 6 m³ Luft für 1 kg vergaste Kohle zu rechnen sind. Die Abgasmenge wird unter Berücksichtigung der Kontraktion und der geringen, aus der Gemengezersetzung freiwerdenden Gasmenge zu 10 m³ für 1 kg Kohle angenommen. Die Temperaturen sind geschätzt zu 950° im Gasbrenner, 1150° im Luftbrenner und 1250° im Abgasausgang. Demnach errechnet Maurach die durch die Brenneröffnungen zuströmenden Mengen zu 19,3 m³ Gas, 31,3 m³ Luft, und 56 m³ Abgas, bezogen auf 1 kg Steinkohle.

Hiernach ist für die betrachteten Öfen die in 1 Sekunde durchströmende Gas- und Luftmenge berechnet und danach auf Grund der Querschnitte die Geschwindigkeit ermittelt. Natürlich können diese Grundlagen sich im Betrieb jederzeit ändern, wenn die Gaszufuhr schwankt, wenn durch eine schlechtere Bedienung der Gaserzeuger oder durch andere Ursachen die Zusammensetzung der Gase wechselt oder wenn aus anderen Gründen die zugrundegelegten Temperaturen nicht erreicht werden.

Tabelle 83.

Brennerabmessungen und Strömungsgeschwindigkeiten.

Nr	Brennstoffverbrauch Steinkohlen 7000 kcal		Rauminhalt m³/s			Einströmquerschnitt		Brennerschächte Querschnitt		Geschwindigkeiten m/s		
	t/h	kg/s	Gas (950° C) m³	Luft (1150° C) m³	Abgase (1250° C) m³	Gas m³	Luft m³	Gas m³	Luft m³	Einströmung Gas	Einströmung Luft	Ausströmung Abgase
1	35	0,405	7,82	12,70	22,68	2,52		1,31	1,80	8,15		9,0
2	23	0,266	5,14	8,33	14,89	1,20	1,65	1,58	2,16	4,28	5,05	5,23
3	18,5	0,214	4,15	6,71	11,98	0,53	0,92	0,84	0,95	7,83	7,28	8,26
4	11,8	0,137	2,64	4,29	7,66	0,25	0,32	0,27	0,35	10,56	13,41	13,4
A	16,5	0,191	3,70	6,00	10,72	1,15		0,54	0,54	8,4		9,3
B	13,5	0,156	3,00	4,90	8,72	0,47	0,60	0,66	0,78	6,4	8,2	8,2
C	3,5	0,040	0,78	1,27	2,36	0,24		0,18	0,23	8,55		9,42

In Verbindung mit den an anderer Stelle wiedergegebenen Zahlentafeln (s. S. 447—464), welche sich sämtlich auf dieselben in der ersten Spalte durch Nummern bezeichneten Öfen beziehen, ergeben diese Zahlen einen wertvollen Einblick in die bei ausgeführten Öfen angewandten Geschwindigkeiten. Man sieht daraus, daß in der Glasindustrie selten Geschwindigkeiten von 10 m für das Gas und 13 m für die Luft überschritten werden, während man, wie bereits oben erwähnt, in den entsprechenden Öfen der Stahlindustrie neuerdings wesentlich höhere Geschwindigkeiten anwendet. Maurach betont mit Recht, daß für die Bemessung der Brenner von größter Wichtigkeit die Erkenntnis vom Wesen der Flamme ist, die aber vorläufig nicht ausreicht.

[1]) Z. V. D. I. 67, 517 (1923).

Über die Vorgänge in den Flammen[1]) sind vielfach nicht zutreffende Vorstellungen verbreitet. Man erwartet zu große Wirkungen vom „Mischen" von Gas und Luft, namentlich von den üblicherweise angewandten Mitteln. Denken wir uns zwei Ströme, einen von Brenngas und einen von Luft, in unmittelbarer Berührung ruhig und stetig dahinfließen! Dann wird die Verbrennung von 2 Größen abhängen: 1. von der Diffusion, d. h. von dem gegenseitigen Einwandern von Luft in Gas und Gas in Luft; 2. von der Geschwindigkeit der Verbrennung an den Stellen, wo ein Molekül brennbares Gas (H_2, CO, CH_4 usf.) unmittelbar auf ein Molekül Sauerstoff stößt. Diese zweite Größe ist ganz außerordentlich groß. Überall, wo ein brennbares Molekül mit Sauerstoff zusammenstößt, geschieht die Verbrennung momentan. Also wird die Diffusion den Verbrennungsvorgang ganz überragend beherrschen. Soll die hohe Verbrennungsgeschwindigkeit in Erscheinung treten, muß eine ganz gleichmäßige Mischung stattfinden, wie sie in einem explosiven Gemisch vorliegt. Im Vergleich hiermit ist jede Mischung, wie sie in den üblichen Brennern der Öfen der Glasindustrie erreicht wird, grob. Die Geschwindigkeitsunterschiede zwischen Gas und Luft sind gering. Während in dem eingangs gedachten Beispiel Gas und Luft auf einer Ebene aneinandergrenzen, auf der allein die gegenseitige Durchdringung stattfindet, schaffen wir durch die Mischeinrichtung der üblichen Brenner eine größere Anzahl von unregelmäßigen Flächen, im ganzen von größerem Ausmaß und damit gesteigerte Diffusion. In gleicher Weise wirkt der Aufprall auf den Glasspiegel, durch den an einer Stelle Wirbel erzeugt werden. Aber die in beiden Fällen erreichte Steigerung der Diffusion ist nicht sehr groß. Stärkere Wirkungen würden erzielt, wenn größere und für Gas und Luft ungleich große Strömungsgeschwindigkeiten angewandt würden. Dadurch werden lebhafte Wirbel erzeugt, die sich auf den ganzen Flammenweg erstrecken. Dadurch gelingt es, in der Zeiteinheit größere Gasmengen ohne Verlängerung der Flamme zu verbrennen, höhere Anfangstemperatur und damit bessere Nutzeffekte zu erzielen. Denn an sich wirkt das Mischen verkürzend auf die Flamme, und wir dürfen nicht vergessen, daß wir im Glasofen lange Flammen haben müssen, die den Gesamtraum des Ofens ausreichend bestreichen. Diese Betrachtung zeigt, daß die Abweichungen der Brennerkonstruktionen, wie wir sie bei den heutigen Öfen finden, nur geringe Unterschiede in der Heizwirkung verursachen können.

Für die Wirkung der Flammen ist natürlich weiter von Bedeutung, in welcher Weise die Übertragung der Flammenhitze auf das schmelzende Gut stattfindet. Wir können dabei 3 Arten von Wärmeübertragung unterscheiden:

a) Konvektion, die Wärmeübertragung durch Strömung heißer Gasmassen, die einen Teil ihres Wärmeinhalts in Berührung mit weniger heißen, festen und flüssigen Körpern an diese abgeben. An diese Art der Wärmeübertragung wird in erster Linie gedacht bei der Anwendung von Flammen, die auf den Glasspiegel niedergedrückt werden.

b) Eigenstrahlung der Flammengase.

c) Rückstrahlung der Wände und des Gewölbes.

Die Ansichten über das Überwiegen der einen oder anderen Form der Wärmeübertragung im gasgefeuerten Ofen haben im Laufe der Zeit geschwankt. Die Praxis hat in letzter Zeit der Konvektion und Rückstrahlung die größere Bedeutung zugemessen und danach ihre Maßnahmen getroffen. Nun drängen aber die mit einem erheblichen Aufwand von experimentellem Rüstzeug ausgeführten Arbeiten von Schack[2]) und von Rummel[3]) selbst bei den vorsichtigsten Voraussetzungen zum Schluß, daß zwei Drittel der wirklich von der Gasflamme im Glasofen übertragenen Wärmemengen durch Eigenstrahlung der Gasmassen übertragen werden.

Diese Auffassung wird unterstützt durch die Beobachtungen am Bunsenbrenner. Dieser zeigt einen grünen leuchtenden Kern, in dem die Verbrennung mit der Erstluft stattfindet. Die Untersuchungen Habers[4]) und seiner Mitarbeiter haben gezeigt, daß dies Leuchten eine wesentlich stärkere Strahlung darstellt, als sie einfacher Temperaturstrahlung entspricht. Man bezeichnet jene Art der Strahlung als Chemolumineszenz und will damit sagen, daß ein gut Teil der chemischen Energie, die bei der Verbrennung entbunden wird, direkt als Strahlung in Erscheinung tritt. Damit rückt der oben benützte Begriff „Eigenstrahlung" in eine neue Beleuchtung. Die von der Flamme ausgestrahlte Energie entspringt unmittelbar dem Verbrennungsvorgang.

Mit dieser Erkenntnis verlieren aber auch viele Ziele, die sich der Ofenbau bisher gestellt hat, ihre Grundlage. Wir erkennen nun, daß es für die Wärmeübertragung einen geringen Unterschied bedeutet, ob die Flamme frei im Raum brennt oder ob sie auf die Glasfläche prallt. In beiden Fällen geben die

---

[1]) Keppeler, Brennstoffe und ihre Verbrennung, S. 36.

[2]) Z. V. d. I. 1924, Heft 39.

[3]) Mitt. d. Wärmestelle des Ver. D. Eisenhüttenleute, Düsseldorf. 51 u. 55 (1924).

[4]) Haber & Richardt, Z. f. anorg. Chem. **38,** 5 (1904); Allner, J. f. Gasbd. **48,** 1035 (1906); Haber, Z. f. Electroch. **14,** 571 (1908); Haber, Zeitschr. phys. Chem. **68,** 726 (1910); Baur, Ann. Chim. Phys. (8) **28,** 5, 244, 372 (1913).

gerade brennenden Gasteile den Hauptteil ihrer Wärme durch Strahlung unmittelbar ab. Das angestrebte Niedrighalten der Decke, das die Rückstrahlung unterstützen sollte, erscheint im Lichte der neuen Tatsachen ebenfalls von geringerem Werte. Es wird dadurch nur die Außenfläche und damit der Verlust durch Leitung und Strahlung von Wand und Decke etwas kleiner. Für die Wärmeübertragung tritt dieser Gesichtspunkt zurück.

Und mit diesen Erwägungen stimmt auch die vielfach in der Praxis gemachte Erfahrung überein, daß ein in seinen Dimensionen und seiner Bestimmung gegebener Ofen mit verschiedenen Brennerkonstruktionen gleiche Ergebnisse liefert. Die Richtlinie in der Fortentwicklung der Brenner muß also weniger auf die bisherigen Gesichtspunkte, als auf größte Einfachheit und Lebensdauer, Zugänglichkeit und Regelungsmöglichkeit abzielen. Der Fortschritt bezüglich der Erzielung günstiger Flammenentwicklung wird vor allem durch größere Strömungsgeschwindigkeiten erreicht werden.

b) **Der Herd.** Die Bemessung der Herdgröße kann ebenfalls nur aus Erfahrungswerten vorgenommen werden. Bei Wannenöfen wird ihre Bestimmung noch besonders dadurch erschwert, daß zu dem eigentlichen Schmelzraum der Läuterungsraum und der Arbeitsraum hinzukommen, deren Größe je nach der Art des erzeugten Glases ganz verschieden ist. Es ist bereits oben erwähnt worden, daß man die arbeitstäglich in der Wanne nachschmelzende Glasmenge gleich einer 10—15 cm starken Schicht des Glasspiegels ansetzt. Bei der üblichen Glastiefe von etwa 1 m entspricht dies also $^1/_7$ des Einsatzgewichtes. Es ist jedoch nicht üblich, die tägliche Glaserzeugung im Verhältnis zu dem gesamten Inhalt an Schmelzgut so groß zu bemessen, weil sonst leicht Unreinigkeiten in das Glas kommen. Andererseits ist, da fast die Hälfte der gesamten zugeführten Wärme durch die Strahlung des Ofens verloren geht, für die Wärmewirtschaft des Ofens von ausschlaggebender Bedeutung, daß die ausstrahlenden Flächen und damit die Abmessungen des Herdes so klein wie möglich gehalten werden.

Bei den von Maurach untersuchten Öfen ergaben sich für 4 Wannen- und 3 Hafenöfen die in Tabelle 84 zusammengestellten Werte für die Abmessungen des Herdes. Aus dieser Zusammenstellung ergibt sich, daß im allgemeinen der freie Raum über dem Glasspiegel zu 0,60 des gesamten Ofenraumes gewählt wird. Die in 24 Stunden entnommene Glasmenge beträgt höchstens $^1/_7$ des gesamten Wanneninhalts, und bei Hafenöfen etwa 0,6 des gesamten Hafeninhalts.

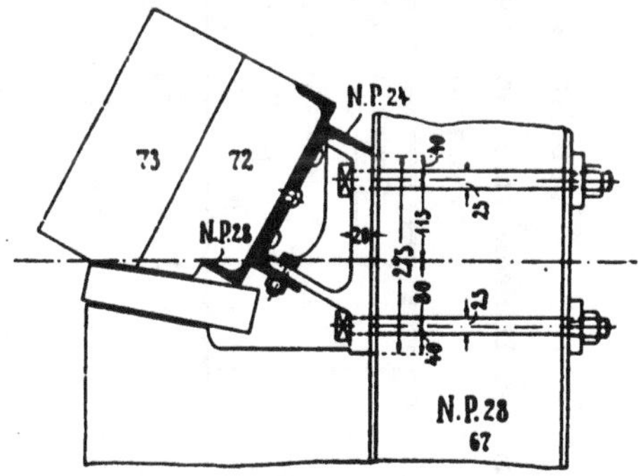

Abb. 326.

Der wichtigste Teil des Herdes ist das Gewölbe in konstruktiver Hinsicht. Während man früher eine starke Wölbung der Kappe bevorzugte und das Gewölbe im ganzen hochlegte, baut man neuerdings flache Gewölbe, die so tief als möglich heruntergezogen werden. Bei einer Spannweite von 6,5 m gibt Maurach die Stichhöhe des Gewölbes mit 75 cm und die Scheitelhöhe über dem Glasspiegel mit 1,6 m an.

Das Gewölbe wird fast stets freitragend angeordnet, so daß es nicht auf den Seitenwänden des Ofens aufliegt. Abb. 323 (S. 460) zeigt die Auflagerung des Gewölbes, dessen Widerlager (in der Figur mit 72 bezeichnet) durch eine besondere Konstruktion in Gußeisen die Gewölbelast auf die senkrechten Verankerungsträger überträgt.

In der Abb. 326 ist das Widerlager genau dargestellt. Die Steine (72) greifen in ein U-Eisen Normalprofil 28, gegen das nochmals ein U-Eisen NP 24 genietet ist. Letzteres U-Eisen ist mit einem gußeisernen Tragschuh verschraubt, und dieser ist wiederum durch Schrauben mit dem senkrechten Verankerungsträger verbunden. Die freitragende Kappe der Wanne ist also vollständig von den Brennern und von dem eigentlichen Bau des Schmelzraumes getrennt, so daß nötigenfalls schadhaft gewordene Steine der Seitenwände und Brenner ohne Verletzung des Gewölbes ausgewechselt werden können. Bei der in Abb. 323 gezeichneten Ausführung ruhen die Brenner auf gußeisernen Säulen 66, an denen gleichzeitig besondere Druckbolzen befestigt sind, um den Druck der Glasmasse auf die Seitenwände abzufangen.

Tabelle 84.

Abmessungen und Betriebsangaben von ausgeführten Glasschmelzöfen.

Wannenöfen

	Wannenöfen für	Länge	Breite	Höhe	Fläche des Glasspiegels	Glasstand	Glasinhalt der Wanne			Entnommene Glasmenge in 24 h			Gesamter Rauminhalt des Ofens	Freier Raum über dem Glasspiegel	Verhältnis freier Raum zum Gesamtraum
								(spez. Gew. 2,5)	Glas auf 1 m² Fläche	Gewicht	Stärke der vom Spiegel entnommenen Schicht	Bruchteil des gesamten Wanneninhalts			
		m	m	m	m²	m	m³	t	t		cm		m³	m³	m³
1	Tafelglas	27,0	6,8	3,00	164	1,1	180	450	2,8	63	15,4	$^1/_{7,2}$	465	285	0,61
2	Tafelglas	24,7	{6,35 5,00}	3,10	125	1,2	150	375	3,0	29	9,2	$^1/_{12,9}$	396	246	0,62
3	Ornament- und Drahtglas . . .	{12,25 11,70}	{5,8 4,5}	3,04	52	1,2	62	155	3,0	23	17,6	$^1/_{6,8}$	162	100	0,62
4	Flaschenglas . .	{8,22 8,08}	{6,50 6,36}	2,32	49	0,75	38	95	2,0	13	10,6	$^1/_{7,3}$	93	55	0,59

Hafenöfen

	Hafenöfen für	Länge l	Breite b	Höhe h	Gesamter Rauminhalt des Ofens	Einzelner Hafen				Anzahl der Häfen	Sämtliche Häfen		Bruttoausbeute bei einem Guß			
						Rauminhalt	Glasinhalt	Glasinhalt (spez. Gew. 2,5)	Glasspiegel s		Glasinhalt	Glasspiegel		Plattendicke		Bruchteil des gesamten Hafeninhalts
		m	m	m	m³	l	l	t	m²		t	m²	m²	cm	t	
A	Spiegelglas . .	10,5	4,0	2,35	80	750	650	1,63	1,15	16	26,0	18,5	456	15	17,0	0,65
B	Spiegelglas . .	11,4	3,87	2,12	83	600	410	1,03	0,96	16	16,5	15,4	400	11	11,0	0,67
C	Spiegelglas . .	4,85	2,30	0,96	10	72	65	0,163	0,24	16	2,6	3,84	72	8	1,44	0,55

Die Stärke des Gewölbes schwankt von 250—350 mm; bei längeren Gewölben unterteilt man dasselbe in mehrere Abteilungen, die vollkommen unabhängig voneinander ausgeführt werden. Zwischen den einzelnen Abteilungen bleibt ein freier Spalt von 50—100 mm Breite, um die Ausdehnung der Silikasteine auszugleichen. Diese Zwischenräume werden mit besonderen Steinen abgedeckt.

Das Ofengewölbe wird in der Regel nicht berechnet. Man bestimmt für das zeichnerisch entworfene Gewölbe lediglich die Eigenlast und die Drucklinien nach den Kämpfer- und Scheitelfugen, um zu prüfen, ob die Drucklinie mindestens um $\frac{1}{3}$ der Steinstärke von der Außenkante entfernt bleibt.

Für den auf Tafel IV dargestellten Ofen ist beispielsweise in Abb. 327—328 das Gewölbe schematisch wiedergegeben. Entsprechend der Pfeilerverteilung zerfällt das Gewölbe in drei größere Mittelfelder und zwei kleinere Seitenfelder. Die Berechnung eines Mittelfeldes soll in folgendem etwas näher betrachtet werden:

Aus der Abb. 328 ist zu entnehmen, daß hinter jedem Arkadenstein 12 Pfeiler 13a und b aufgemauert sind, die sich außen gegen die senkrechten Verankerungsträger stützen. Auf diesen gemauerten Pfeilern ruht die Gewölbelast, welche von 2 Quadrateisen 1c auf sie übertragen wird. Diese Quadrateisen reichen also von einer Vertikalschiene zur anderen und bilden einen gleichmäßig belasteten an den Enden aufgelagerten Balken.

Es bedeute:

a die Länge des Ofengewölbes bzw. eines Feldes = 2,6 m,
b die Spannweite des Gewölbes = 4 m,
d die Stärke des Gewölbes = 0,3 m,
f die Pfeilhöhe des Gewölbes = 0,6 m,
q das Gewicht pro m³ = 2000 kg,
g die mittlere Bogenlänge, die sich aus der Zeichnung ergibt,
α den Winkel zwischen den Radien durch die Widerlagerlinien,
H den Horizontalschub,
V den Vertikaldruck,
K die zulässige Beanspruchung des Eisens = 700 kg.

Zur Berechnung des Horizontalschubes genügt die angenäherte Gleichung

$$H = \frac{a \cdot \frac{g}{2} d \cdot q \frac{b}{4}}{\frac{d}{2} \cdot f} = 4576 \text{ kg}.$$

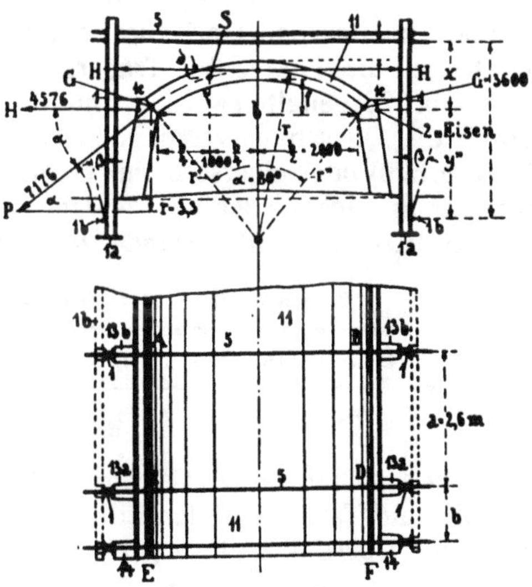

Abb. 327 u. 328.

Diese Schubwirkung muß von den Quadrateisen 1c aufgenommen werden, deren Querschnitt sich danach gleich $W = \frac{Hl}{8K} = 212$ ergibt. Dem entsprechen 2 Quadrateisen von 60 · 60 mm.

Das Gesamtgewicht des Gewölbes ist $G = g \cdot a \cdot d \cdot q$. Für die gezeichnete Konstruktion beträgt bei einem Radius von 3,3 m die mittlere Bogenlänge $g = 4,6$ m, und das Gewicht des Gewölbes wird, bei einer Ofenlänge $a = 10,4$ m, $G = 28702$ kg. Unter Vernachlässigung der eintretenden Kräftezerlegung kann man annehmen, daß die Last des Gewölbes von den 8 Arkadenbögen 14 auf die 10 Pfeiler 12 und 13 von je 3300 cm² Querschnitt übertragen wird. Dadurch wird die Belastung je cm² = 0,87 kg, während die zulässige Belastung pro cm² 10—11 kg beträgt.

Es sei an dieser Stelle erwähnt, daß man in Amerika für Gewölbe von großer Spannweite auch hängende Bauarten anwendet, die bereits bei uns Beachtung gefunden haben. Nötigenfalls scheut man nicht davor zurück, wassergekühlte Tragbalken anzuordnen, wie überhaupt die Wasserkühlung an den Köpfen, Brennern und Türen amerikanischer Öfen ganz allgemein üblich ist.

Für den Boden und die unteren Reihen der Seitenwandsteine sowie für Bankplatten bei Hafenöfen empfiehlt Dralle ein grobkörniges Gefüge. Der Boden des Ofens (das Gesäß) wird häufig etwas schräg ausgeführt, damit das Glas bei einem Hafenbruch besser abfließen kann. Jedoch liegt darin die Gefahr, daß die Häfen nicht gerade stehen und deshalb beim Drehen der Häfen — man dreht die Häfen im Betrieb, damit nicht immer die gleiche Stelle dem Gasstrom ausgesetzt ist — leicht Glas überläuft. Es ist deshalb ein wagerechter Boden vorzuziehen, in dem für den Abfluß des Glases einzelne Kanäle ausgespart sind.

c) **Verankerung.** Über die Abmessung und Stärke der Verankerung lassen sich naturgemäß allgemeine Angaben nicht machen, da die Verankerung sich bei jedem Ofen nach den gegebenen Abmessungen, der Anordnung der Brenner und Türen usw. richten muß. Es ist Wert darauf zu legen, daß der eigentliche Schmelzraum durch in gleichen Abständen angeordnete Anker gehalten wird. Die Verteilung der senkrechten Träger wird meistens mit Abständen von weniger als 1 m erfolgen müssen. Aus Tafel

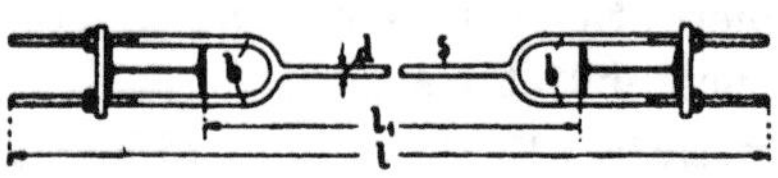

Abb. 329.

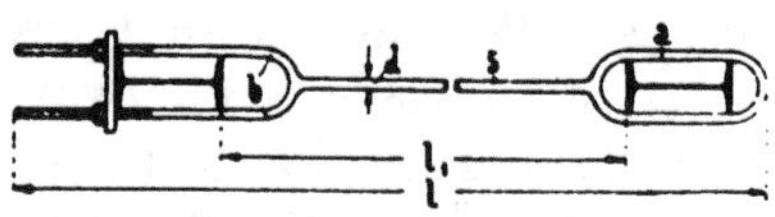

Abb. 330.

Abb. 331.

IV sowie den Abb. 327 und 328 ist beispielsweise die Anordnung der Verankerung bei einem Hafenofen zu ersehen. Die Queranker, die vielfach doppelt ausgeführt werden, müssen den Horizontalschub des Gewölbes aufnehmen. Sie übertragen diese Kräfte auf die senkrechten Träger, die unten im Boden eingelassen und durch Schienen 1 b (Abb. 328) gehalten werden, ohne daß sie fest eingespannt sind. Oben sind die Schienen durch die Queranker verspannt. Die Anker werden beiderseits mit Gabeln versehen (s. Abb. 329) oder einerseits mit Gabel und andererseits mit Bügel (Abb. 330). Vielfach führt man auch Anker mit beiderseitigem Bügel aus, welche in der Mitte durch ein mit Rechts- und Linksgewinde versehenes Kuppelstück nach Abb. 332 versehen sind.

Verkuppelungs- oder Ankerschrauben, mit Rechts- und Linksgewinde.

Bolzenstärke mm . . .	3	6	19	22	25	28	32	35	38
Gew. d. St. etwa kg . .	1,1	1,3	2,6	2,9	4,5	4,9	7,5	8	11,6

Für den Ofen, dessen Gewölbe unter Zugrundelegung der Abb. 327 besprochen wurde und der auf Tafel IV in den Einzelheiten wiedergegeben ist, gestaltet sich die Berechnung der Queranker Nr. 5 (Abb. 327) wie folgt:

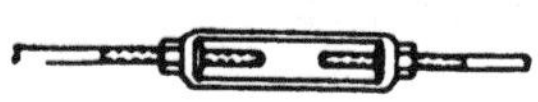

Abb. 332.

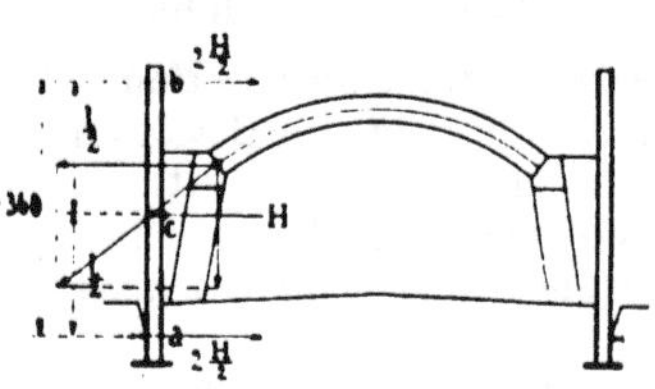

Abb. 333.

Nachdem der Horizontalschub des Gewölbes ermittelt ist, ergibt sich unmittelbar daraus mit der zulässigen Beanspruchung der Querschnitt der Anker. Er wird bei Öfen von mittleren Abmessungen 40—50 mm betragen. Im vorliegenden Falle ergibt bei einem Horizontalschub von 4576 kg die Berechnung nur einen Durchmesser von 30 mm.

Dieser Druck wird durch die Anker auf die senkrechten Träger übertragen. Denken wir diese Träger uns entsprechend der Abb. 333 zwischen 2 Anker *a* und *b* eingespannt, so hat jeder dieser Anker die Hälfte des Schubes von jedem Feld aufzunehmen. Der Träger erhält also von zwei benachbarten Feldern je den halben Horizontalschub oder insgesamt die oben ausgerechnete Beanspruchung von 4476 kg. Aus der Abb. 333 ist zu entnehmen, mit welchen Hebelarmen die Kräfte auf den Träger wirken. In dem besprochenen Fall ist der Hebelarm beiderseits gleich und mit der in der Abbildung angegebenen Länge $L = 3{,}6$ m des Trägers ergibt sich ein Widerstandsmoment von 588, welches einem T-Träger *NP* 30 entspricht. Statt dessen können aus praktischen Gründen besser 2 T-Träger *NP* 24 verwandt werden.

Im allgemeinen hat die Berechnung einer Verankerung nicht viel Zweck. Die Kräfte, die im warmen Zustand des Ofens auf die Verankerung wirken, sind für keine

Berechnung zugänglich. Man wird deshalb meistens die Verteilung der Anker an Hand der Zeichnung vornehmen und die einzelnen Träger bei Anordnung von Trägerpaaren *NP* 24—28, bei einzelnen Trägern *NP* 28—30 ausführen.

Abb. 335.

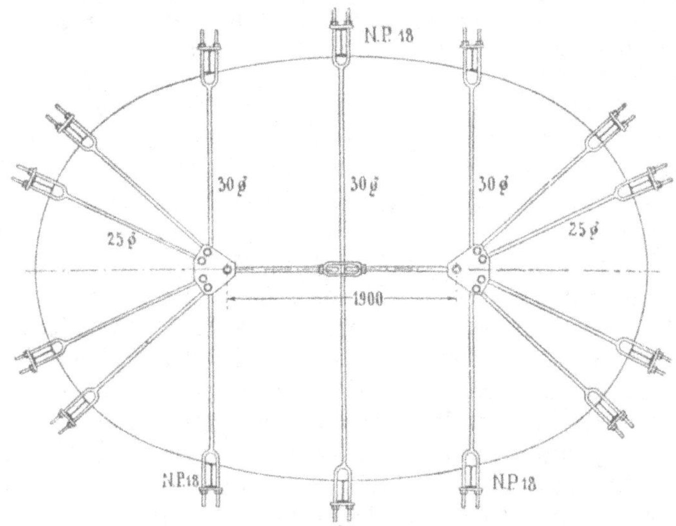

Abb. 336.

Bei sehr langen Ankern darf die Durchbiegung nicht vernachlässigt werden Es empfiehlt sich, die Durchbiegung durch Stützen oder Spanneisen auszugleichen. Aus den Abb. 334 u. 335 kann die Ausführung der Verankerung auch für den Fall entnommen werden, daß man U-Eisen verwendet. Hierbei werden die beiden Eisen (1, 1) durch Laschen *(a, b)* verbunden, durch welche der Anker *(c)* hindurchgeführt wird:

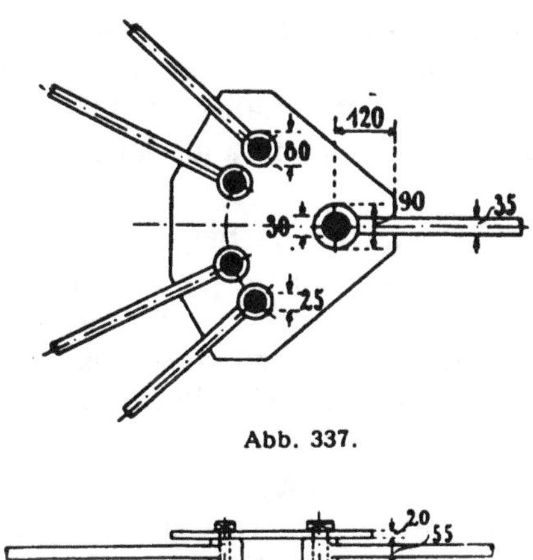

Abb. 337.

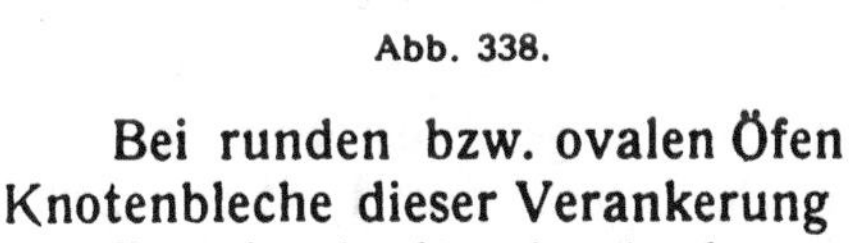

Abb. 338.

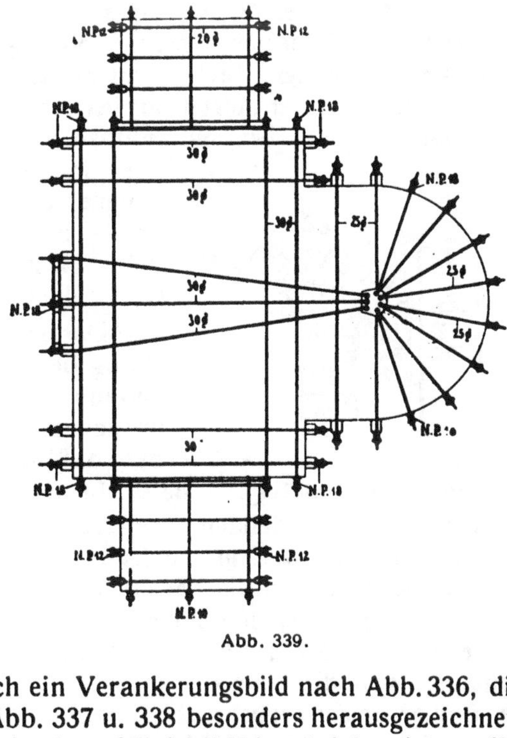

Abb. 339.

Bei runden bzw. ovalen Öfen ergibt sich ein Verankerungsbild nach Abb. 336, die Knotenbleche dieser Verankerung sind in Abb. 337 u. 338 besonders herausgezeichnet.

Für eine breit gebaute, kurze Wanne, wie sie auf Tafel XII beschrieben ist, ergibt sich ein Verankerungsplan entsprechend Abb. 339.

d) **Bauausführung.** Guter Baugrund ist festgelagerter Kies und feste Sandschichten in wenigstens 3—4 m Tiefe, ebenso trockener Ton und Lehm. Dagegen ist wasserhaltiger Ton und Lehm, Fließsand, überhaupt feinkörniger feuchter Sand außerordentlich gefährlich, ebenso wie eine Mischung oder wechselnde Schichtung von nassem Sand mit Ton oder Lehm. Auf Mutterboden und aufgeschütteten Boden kann unter keinen Umständen gebaut werden. Der zulässige Druck beträgt bei festgelagertem Kies und Sand 4—5 kg pro cm^2, bei losem Sand 2,5 kg. Bei ungünstigem Baugrund muß das Fundament bis auf tragfähigen Boden geführt werden, oder der gesamte Druck muß durch eine Eisenbetonplatte aufgenommen werden.

Liegt die Gefahr vor, daß in die tiefsten Kanäle bzw. Ofenteile Grundwasser eintreten kann, so muß die gesamte Ofengrube hiergegen geschützt werden. Das Eindringen von Wasser in die Gaskanäle oder Kammern, ja schon das Aufsteigen von Feuchtigkeit in den Poren des Fundaments macht jeden wirtschaftlichen Ofenbetrieb unmöglich.

Das feuerfeste Material (7. Kap. S. 390) muß in der Qualität den einzelnen Ofenteilen angepaßt werden. Für die Gaskanäle genügt ein gewöhnlicher feuerfester Stein in Schamottequalität. Für Rekuperatoren, vor allem für Brenner und Füchse, kommt nur der beste Schamottestein in Frage. Bei den Regenerativkammern wird neuerdings nur das unterste Drittel in Schamotte ausgeführt, während die übrigen Teile einschließlich Gewölbe in Silika ausgeführt werden. Für die oberen $^2/_3$ der Gittersteine genügt hierbei ein Silikastein zweiter Qualität. Für Generatoren wird vielfach eine halbsaure Qualität (s. S. 393) verwendet. Besonders tragfähig, also mechanisch fest, müssen die Bogensteine sein, auf denen das ganze Kammergewicht ruht.

Gewölbe, Brenner und Züge des Oberofens werden immer mehr aus Silikasteinen gewählt. Bankplatten und Wandsteine der Hafenöfen, die mit dem schmelzenden Glasmaterial in Berührung kommen, werden aus besonders dichtem, feinkörnigem Schamottematerial hergestellt. Früher bevorzugte man dafür englische Steine, die ein sehr dichtes Gefüge besitzen.

Die Flächen der Steine müssen genau aufeinander passen, so daß die Steine mit weichem und kornlosem Mörtel mit engen Fugen ohne Hammerschlag aufeinandergelegt werden können. Steine und Mörtel müssen von der gleichen Zusammensetzung sein. Der Verbrauch an Mörtel darf bei Schamottemauerwerk 10—12% des Steingewichts nicht überschreiten, bei Silikasteinen weniger als 10%. Wannensteine werden ganz ohne Mörtel aufeinandergepaßt. Die Verwendung behauener Steine ist zu verwerfen. Die Brennhaut der Steine ist gegen den Einfluß der alkalischen Dämpfe beim Glasschmelzen bedeutend widerstandsfähiger als eine behauene Fläche.

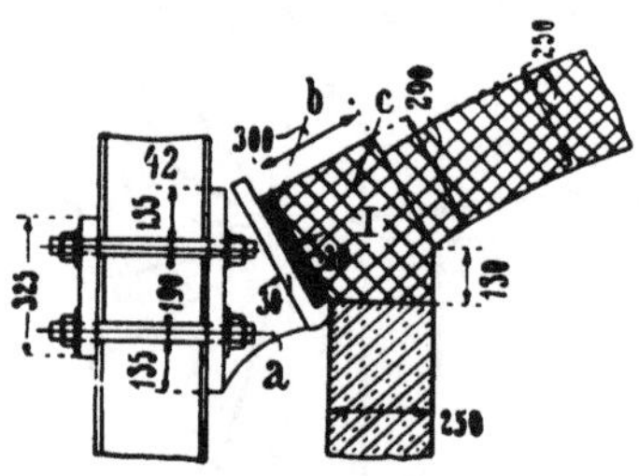

Abb. 340.

Das Ofengewölbe wird, wie bereits bei der Besprechung des Herdes erwähnt wurde, nicht zwischen den Seitenwänden eingespannt, sondern die Widerlager werden unmittelbar mit der Verankerung so verbunden, daß der Gewölbedruck von der Eisenkonstruktion aufgenommen wird (vgl. S. 463, Abb. 326 und Abb. 340).

Die zu verwendenden Ziegelsteine (Hintermauerungssteine) sollen trocken und nur an den mit Zementmörtel vermauerten Stellen durchwässert werden. Alle Mauerkörper von mehr als 2 Stein Stärke sind mit Entfeuchtungskanälen von 65 mm^2 Querschnitt zu versehen, um das Reißen des Mauerwerks beim Anheizen zu vermeiden. Einige Wochen nach der Inbetriebnahme des Ofens werden die Ausgänge dieser Kanäle vermauert und dienen als Wärmeschutz. Jedoch sind solche geschlossenen Kanäle nur für die weniger beanspruchten Ofenteile verwendbar. Der Oberofen und die Brenner, insbesondere die Sohle des Ofens, müssen gut gekühlt sein, und zwar muß die Luft in diesen Kühlkanälen frei durchströmen können.

Da die Fugen im feuerfesten Mauerwerk möglichst dünn gehalten werden, kann das äußere Ziegelmauerwerk mit dem feuerfest gemauerten Ofen nicht im Verband gemauert werden. Man läßt höchstens in jeder 4.—6. Schicht das Ziegelmauerwerk mit dem feuerfesten Material einbinden und benutzt Ausgleichplättchen von 20 bzw. 30 mm Stärke, um auf die gleiche Höhe zu kommen.

Das Aussetzen der Kammern ist bereits bei der Besprechung der Kammern erläutert worden. Außen werden die Kammern meist durch eine Doppelwand von ½ Stein Stärke mit 150—200 mm Zwischenraum zugemauert. In diesen Wänden befinden sich Schauröhren, deren Ausführung aus Abb. 341 und 342 hervorgeht.

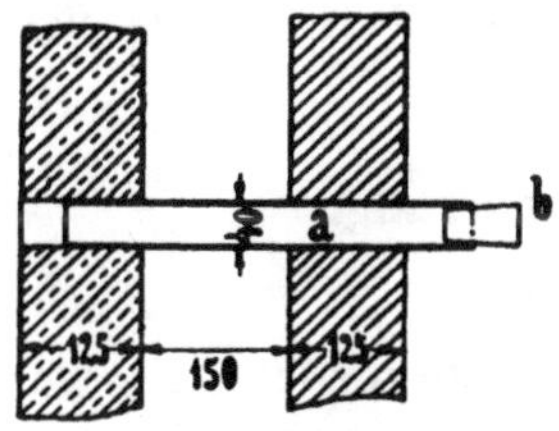

Abb. 341.

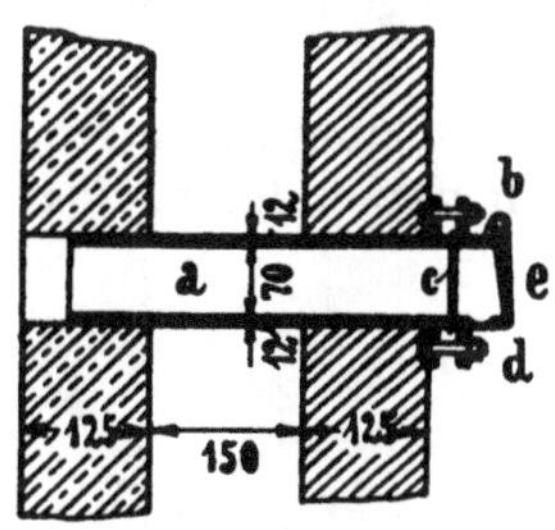

Abb. 342.

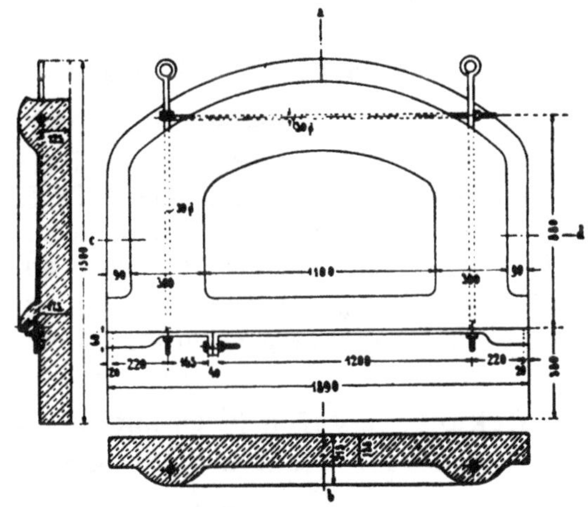
Abb. 343.

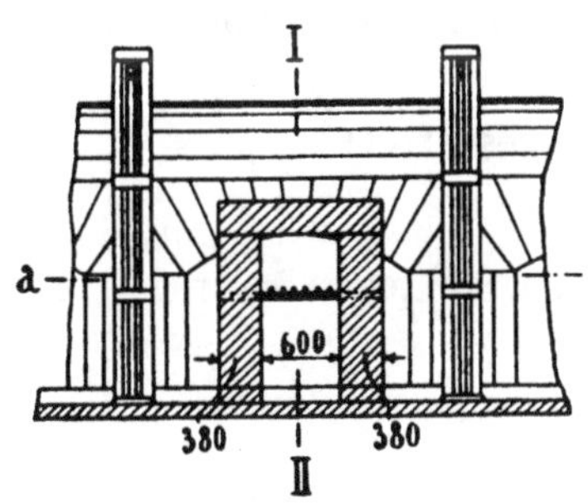

Abb. 344.

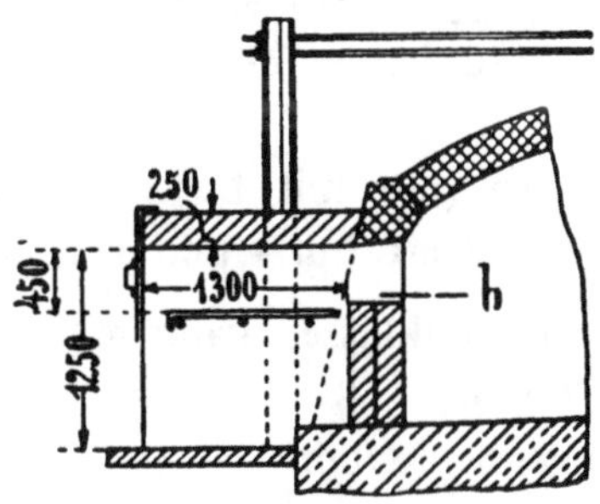

Abb. 345.

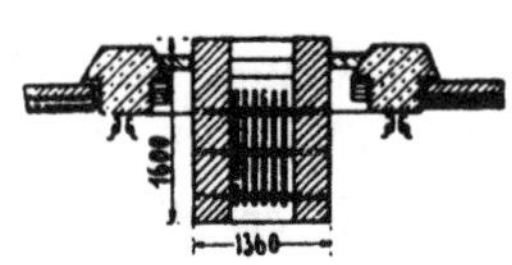
Abb. 346.

Bei Hafenöfen werden die Tore zum Einsetzen der Häfen durch große Platten verschlossen, die in der Regel einen eisernen Rahmen besitzen. In diesem eisernen Rahmen sind Ösen angebracht, an welchen die Hebevorrichtung angreift. Die Tore werden entweder einzeln von Hand gehoben, — wobei sie an einem Drahtseil hängen, das über eine Rolle geführt wird und das Gewicht der Hafentore durch ein Gegengewicht ausgeglichen ist, oder man bringt bei größeren Öfen auch eine durchgehende Welle an, auf der die Rollen für die Betätigung der Hafentore sitzen, und diese Welle wird durch einen Motor bewegt. Eine Ausführung der Hafentore ist aus Abb. 343 zu entnehmen.

Zum Auswechseln von abgenutzten Seitenwandsteinen empfiehlt Dralle ungebrannte Tonsandsteine folgender Zusammensetzung:

- ⅓ roher Ton von Großalmerode,
- ⅓ gebrannter Ton von Großalmerode,
- ⅓ gebrannter und dann gemahlener Sandstein.

Bei Verwendung von gebrannten Steinen müssen diese natürlich gut angetempert werden.

Wie das Anheizen der Schmelzöfen geschieht, sei am Beispiel eines Hafenofens gezeigt. Es werden hiezu in einigen Hafentoren Hilfsfeuerungen eingebaut, wie sie in Abb. 344—346 angedeutet sind. Die Feuerungen dienen zum Trocknen und

Anwärmen des gesamten Ofens, wobei die Wechselventile auf Mitte gestellt werden und die Abgase der Hilfsfeuerungen durch die beiden Brenner abziehen. Man beginnt mit ganz schwachem Feuer und großem Luftüberschuß, so daß im Anfangsstadium mehr mit warmer Luft als mit Feuer getrocknet wird. Allmählich wird das Feuer gesteigert und erst, wenn das Ofeninnere zu glühen beginnt, kann Gas gegeben werden. Es empfiehlt sich ein Thermoelement (s. S. 305) an der der Hilfsheizung entgegengesetzten Seite einzubauen, um sicher einen genügend langsamen und ganz gleichmäßigen Temperaturanstieg erzielen zu können (siehe Empfindlichkeit der Silikagewölbe S. 397—398).

C. Ausgeführte Ofensysteme für Gasfeuerung.

Einteilung der Glas-Schmelzöfen.

Die Bauart der Glasschmelzöfen ist im einzelnen außerordentlich wechselnd. Es ist wünschenswert, eine Übersicht nach einheitlichen Gesichtspunkten zu gewinnen. Ein Versuch hiezu sei im folgenden gemacht, wobei Bezeichnungen verwendet werden, die zur Unterscheidung schon gebräuchlich sind.

Aus den vorhergehenden Mitteilungen ergibt sich, daß als Hauptunterscheidungsmerkmal die Art der Wärmerückführung zu gelten hat. Wir haben demnach zu unterscheiden:

I. Rekuperativöfen (Öfen mit Gleichzugflammen),
II. Regenerativöfen (mit Wechselzugflammen).

Außerdem kann noch unterschieden werden, ob nur die Luft oder ob Luft und Gas vorgewärmt wird. Bei den Öfen zu I. kommt nur die Luftvorwärmung vor. Bei den Regenerativöfen sind beide Möglichkeiten ausgenützt, wir haben deshalb bei II. zu unterscheiden:

a) Zweikammeröfen (nur mit Luftkammern ausgestattet),
b) Vierkammeröfen (mit Luft- und Gaskammern).

Die so unterschiedenen Ofenklassen kann man überall noch teilen α) in Hafenöfen und β) in Wannenöfen.

Wir erhalten also folgenden Überblick:

Rekuperativöfen.

Hafenöfen | Wannenöfen

Regenerativöfen.

Zweikammeröfen.

Hafenöfen | Wannenöfen

Vierkammeröfen.

Hafenöfen | Wannenöfen

Diese Einteilung sagt aber über die Einzelkonstruktion noch sehr wenig aus. Um die weiteren Eigenarten in ein System bringen zu können, empfiehlt es sich, auf die Flammenführung zurückzugreifen. Zunächst ist zu sagen, daß, allgemein betrachtet, die Flammenführung beim Rekuperativsystem größere Veränderlichkeit zuläßt als die Regenerativfeuerung. Jedoch bringt die Wahl, ob Zwei- oder Vierkammersystem, keine Änderung. Die Flammenführung ist für beide die gleiche.

Die unten für Regenerativöfen gegebene Einteilung trifft also sowohl auf Zweikammeröfen wie auf Vierkammeröfen zu.

Während für die Wannenöfen die Flammenführung vom Boden aus wegfällt, ist diese für Hafen anwendbar und sehr häufig, so daß wir bei den Hafenöfen die Brenner einerseits unter dem Glasspiegel der Häfen (Unterflammen), anderseits über den Häfen (Oberflammen) angeordnet finden. Für das Rekuperativsystem kommt dann noch in Frage, ob die Flammenrichtung von außen nach innen oder von innen nach außen führt. Auf diese Weise ergeben sich 6 Möglichkeiten der Flammenführung im Rekuperativofen (siehe Einteilung S. 472). Man muß dann noch unterscheiden, ob die Hauptrichtung der Flamme parallel oder quer zur Längsachse des Ofens verläuft. In beiden Fällen sind die aufgeführten Flammenführungen anwendbar, ebenso für die Rundöfen. Da es sich nur um eine Wiederholung, bzw. eine Verdreifachung für Längs-, Quer- und Rundflammen handelt, sindim unten gegebenen Schema diese Variationen nicht besonders aufgeführt. Eine Vervollständigung im Sinne der soeben gemachten Bemerkung ergibt sich von selbst. Im allgemeinen herrscht beim Hafenofen die Längsflamme vor. Querheizung ist selten (Rekuperativ: Unitofen, Regenerativ: Knoblauchs Mehrfachbüttenofen).

Dagegen muß bei der Wannenbeheizung die Längs- bzw. Querführung der Flamme als primär unterscheidendes Merkmal benutzt werden. Zu diesen Flammen tritt noch die umkehrende und zur Ausgangswand zurückkehrende Flamme, die allgemein als „Hufeisenflamme" bezeichnet wird. Spaltet sich die Hufeisenflamme und kehrt in zwei getrennten Strömen zurück oder vereinigen sich zwei Ströme bei der Umkehr zu einem zwischen den zwei liegenden, so spricht man von „Doppelhufeisen-Flamme".

Im übrigen sei auf die auf S. 472 stehende Übersicht verwiesen.

I. Rekuperativ-Öfen.

(Öfen mit Gleichzugflamme.)

a_1) Hafenofen mit niederschlagenden Oberflammen mit Nehse-Rekuperator. Bauart Dralle. Tafel IV.

Für 14 Häfen zur Herstellung von Weißhohlglas.

Der Unterbau besteht aus 2 Lufterhitzern mit einem dazwischen liegenden Durchgang. Jedem Lufterhitzer wird die Luft durch ein Ventil 31 zugeführt, gelangt von hier aus durch die senkrechten Kanäle *a* in die Verteilungskanäle *b* und von hier aus unter die Lufterhitzungskammer, wo sie in die Höhe steigt und durch die Kanäle *c* zu den beiden am Ende des Ofens angeordneten Brennern zieht. Der Querschnitt der Züge in dem Rekuperator ist entsprechend der Temperaturzunahme vergrößert, und die oberen beiden Lagen sind mit 70 mm Wandstärke ausgeführt, während die unteren Züge nur 50 mm Stärke besitzen. Die Gase gelangen von den Gaskanälen *e* in die mit Gasschiebern 36 versehenen Vertikalkanäle und von da zu den Brennern.

Die beiden Flammenströme ziehen von den Brennern aus in den Ofen und prallen in der Mitte aufeinander, während die Abhitze durch 12 in der Sohle angebrachte Schlitze entweicht, von denen jeder zwischen 2 Häfen liegt.

Aus diesen gelangen die Verbrennungsprodukte in die Glastaschen *h*, aus denen das Herdglas leicht von beiden Seiten entfernt werden kann. Von diesen Glastaschen aus strömen die Abgase durch je 2 Kanäle *i* in die Verteilungskanäle *k* und von dort aus in fünfmaligem Richtungswechsel zu den Schornsteinkanälen *l* und von hier aus zum Kamin.

Die an verschiedenen Stellen des Ofens angeordneten Kühlkanäle sind mit *m* bezeichnet. Der Regulierschieber 32 dient zum Einlassen kalter Luft in den Kühlkanal *m* über dem Durchgang im Unterbau und die Kühlluft strömt von hier aus in die Kühlkanäle *m* unter dem Ofen.

Einteilung der Glas-Schmelzöfen auf Grund der Flammenführung nach Keppeler.

I. Gleichzugflammen.
(Rekuperativ.)

A. Hafenöfen.

1. Oberflammen.

a) nach innen niederschlagend

b) nach außen niederschlagend

c) niederschlagende „Prallflamme“ von außen, nach außen zurückschlagend.

2. Unterflammen.

a) nach innen überschlagend

b) nach außen überschlagend

c) aufsteigende „Prallflamme“ von außen, nach außen zurückschlagend

B. Wannenöfen.

a) mit Querflammen

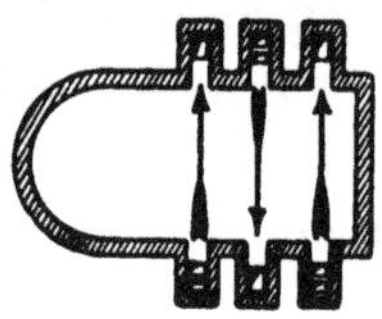

b) mit Längsflammen

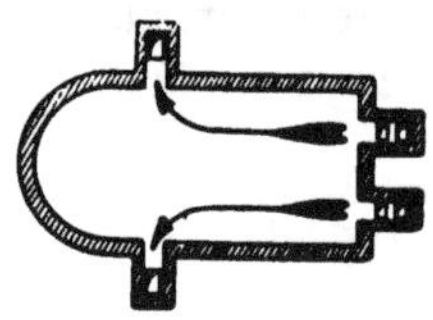

c) mit Längs- und Querflammen

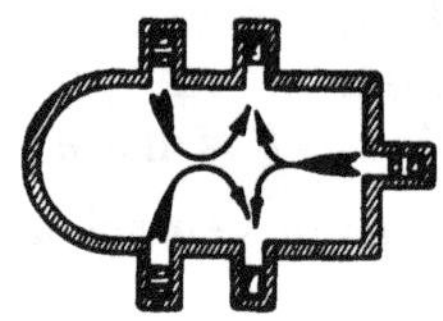

d) „Doppelhufeisenflamme“ nach außen umschlagend

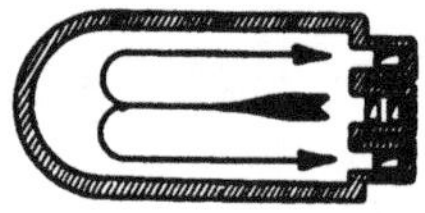

e) „Doppelhufeisenflamme“ nach innen umschlagend

II. Wechselzugflammen.
(Regenerativ.)

A. Hafenöfen.

1. Oberflammen

2. Unterflammen

a) mit einfachen Bodenschützen „Büttenöfen“,
b) mit Bodenbrennern.

B. Wannenöfen.

a) mit Querflammen

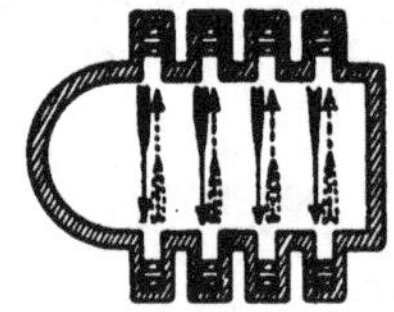

b) mit Längsflammen

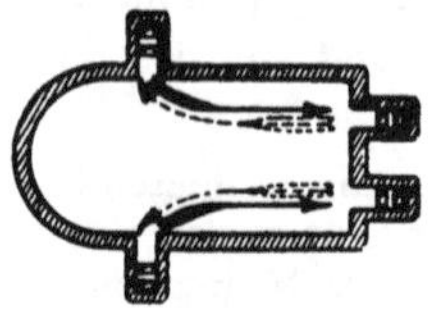

c) mit „Hufeisenflamme“

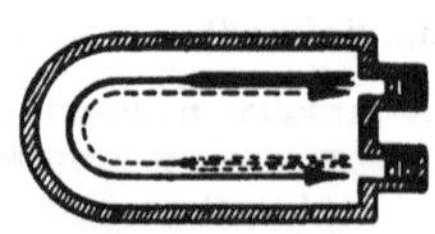

a_2) Hafenofen mit Prallflammen mit Nehse-Rekuperator, Bauart Nehse. Für 8 Häfen für Weißhohlglas u. ä. Abb. 348—350.

Die Besonderheit dieser Bauart ist die Flammenführung[1]), bei der sich die Abzüge auf der gleichen Seite unter den Brennern befinden. Wird Gas- und Luftzufuhr einerseits, Schornsteinzug anderseits richtig eingestellt, so prallen die Flammen in der Mitte aufeinander und durcheinander, schlagen um und werden durch die Abzüge weggeführt. Es kommt also ein Flammenbild zustande, wie es etwa durch Abb. 347 wiedergegeben werden kann[2]).

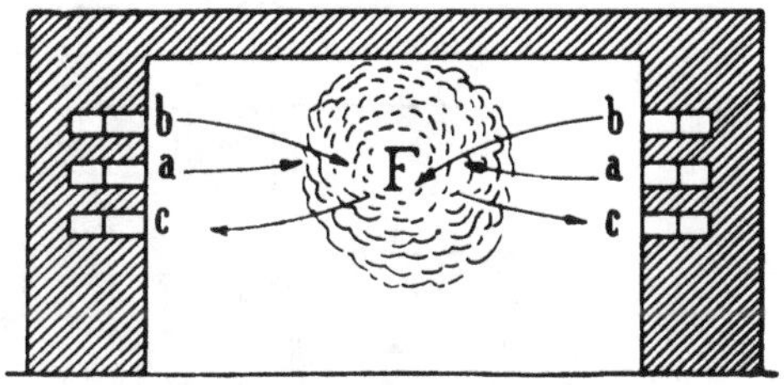

Abb. 347.

Abb. 348 zeigt einen Längsschnitt durch diesen Ofen, Abb. 349 (Schnitt a—b) einen Horizontalschnitt durch den Brenner der einen Stirnwand des Ofens und durch die beiden Abzugskanäle an der gegenüberliegenden Stirnseite. Beide Brennerköpfe und Abzugskanäle an den beiden Stirnseiten des Ofens sind gleich, wir haben daher nur die eine Seite zu betrachten. Das Gas strömt (vergl. Abb. 350) vom Hauptgaskanal der Gaserzeuger durch die beiden Kanäle 1 zum Ofen. Der Kanal 1 steigt bei 2 und mündet oben in den horizontalen Gasschieberkanal 3, in welchem sich der Gasregulierschieber 4 befindet. Unter diesem Kanal liegt der Heißluft-

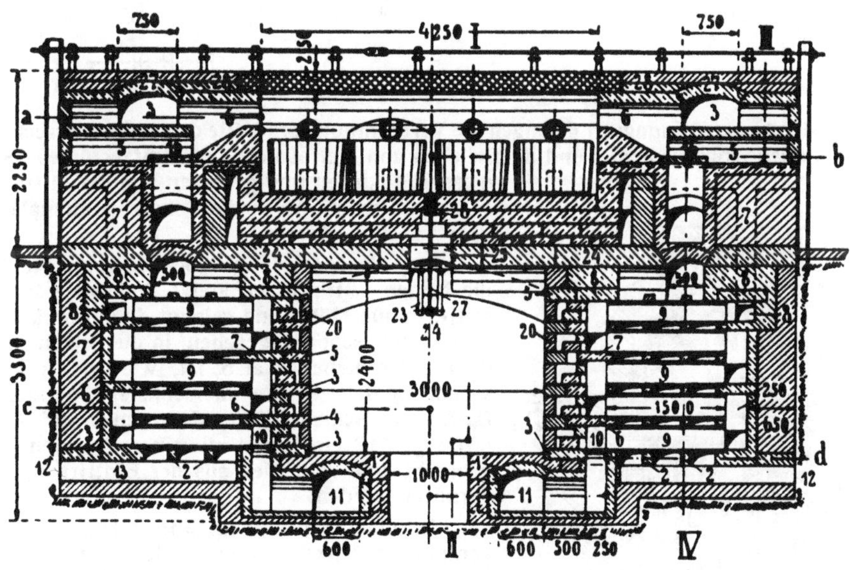

Abb. 348.

kanal 5. Die heiße Luft und das Gas, welches nur mit seiner Eigenwärme einströmt, treten im Brenner 6 zusammen. Die beiden Flammenströme kehren sich, in vertikaler Ebene gedacht, hufeisenförmig um, senken sich dabei nach unten und verlassen den Ofen durch die tiefliegenden vier Abzugskanäle 7. Ein Teil der Flammenströme durchdringen sich, breiten sich fächerartig aus, ziehen sich vor den gegenüberliegenden Füchsen wieder zusammen und ziehen in diese hinein.

An den Heißluft- und den Gaskanälen müssen Reinigungstüren angebracht werden zum Herausziehen des sich hier bildenden Rußes; dieser setzt sich unter den Brennergewölben, vorzüglich ganz vorn an der Mündung, leicht fest und bildet dann oft sehr schnell ein Hindernis für den Flammeneintritt. Es hängt sich Flocke an Flocke, dabei sintert der Ruß graphitartig zusammen, wie ein Vorhang hängen

[1]) Diese Flammenführung ist Klattenhoff, damals Direktor einer Fensterglasfabrik in Funnet (Belgien), durch D. R. P. 21523 geschützt worden, aber etwa gleichzeitig und unabhängig von ihm auch von Nehse entworfen.

[2]) A. de Boischevalier, Z. V. D. J. 1883, 254.

dann diese Gebilde im Brenner. Aus diesem Grunde ist vor allen Dingen dem Brenner gegenüber eine kleine Reinigungstüre anzubringen, die sich leicht öffnen und schließen läßt, man kann dann, wenn man den Ofen vor der Arbeit abstehen läßt, diese Gardine mit einer leichten Krücke ohne Mühe und Anstrengung in einigen Augenblicken beseitigen.

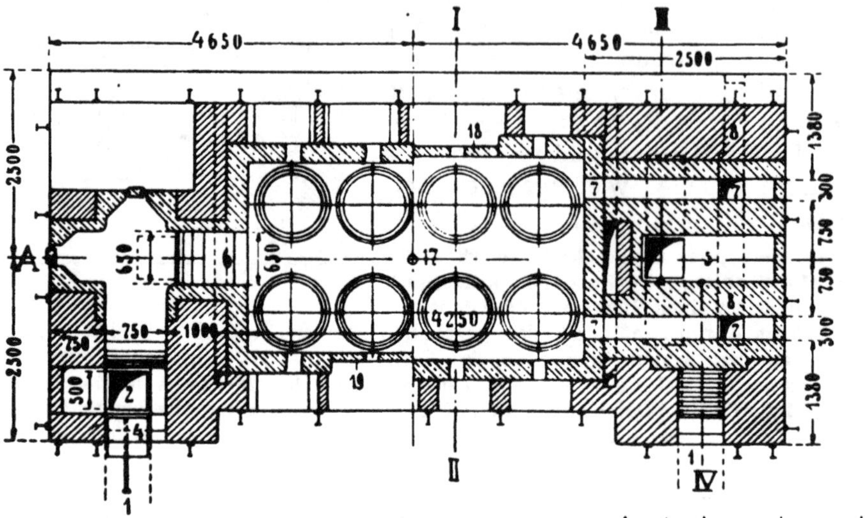

Abb. 349.

Aus den vier Abzugsöffnungen 7 gelangen die Verbrennungsprodukte durch die senkrechten Kanäle 7 in den horizontalen Abhitzekanal 8 und durchziehen von hier aus die Lufterhitzerzüge 9. Sie verlassen diese Züge unten und gelangen von der Mitte des unteren Horizontalkanals 10 in die Schornsteinkanäle 11 und von dort aus zum Kamin.

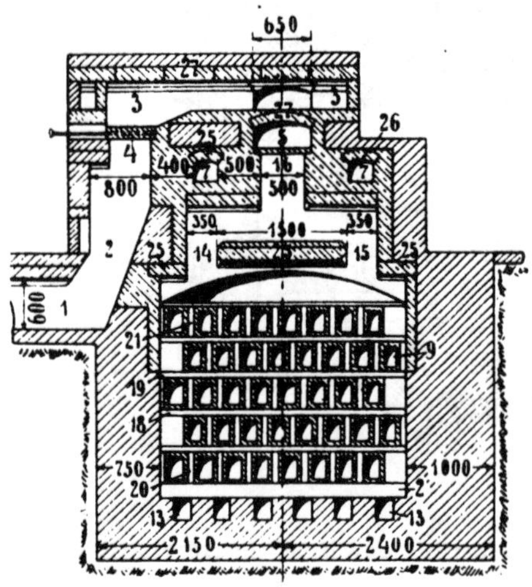

Abb. 350.

Die Sekundärluft tritt bei 12 in die Kanäle 13 unter die beiden Lufterhitzer, steigt, indem sie deren Züge umspült, in die Höhe und gelangt dann durch die Kanäle 14 und 15, wie schon angegeben, in die beiden Brenner 6. In dem Luftschieberkanal 5 ist, wie aus Abb. 350 zu ersehen, ebenfalls ein Regulierschieber 16 vorgesehen, besser fällt dieser Schieber fort, dann muß vor den Eintrittsöffnungen 12 ein Kanal mit einem Luftventil o. dgl. angebracht und von hier aus der Eintritt der kalten Luft reguliert werden.

Zwischen den beiden Lufterhitzern befindet sich ein geräumiger Mittelgang, von dem aus das Reinigen der Lufterhitzerzüge vorgenommen wird.

Zum Abziehen des Herdgases ist mitten im Gesäß ein Loch 17 vorgesehen.

β_1) Wannenofen mit nach außen umschlagender Doppel-Hufeisenflamme. Bauart Dralle. Abb. 351—352.

Für Flaschenglas.

Bei diesem Ofen sind 3 Rekuperatoren in der Breite der Wanne angeordnet. Die Luft wird durch entsprechende Zufuhrschlitze gleichmäßig auf die 3 Rekuperatoren verteilt. Die Flamme schlägt in der Mittelachse in den Wannenraum hinein, teilt sich fächerartig nach außen und kehrt in zwei Ästen in die rechts und links vom Brenner angeordneten Abzugskanäle zurück.

Diese Wanne, die vielfach in Deutschland und andern Ländern von Nehse und von Dralle gebaut wurde, hat sich, wenn die Rekuperatoren aus gutem Schamottematerial gebaut sind und im Betrieb eine Überhitzung der Rekuperatorröhren vermieden wird, sehr gut bewährt (s. S. 458).

Hafenöfen mit dieser Flammenführung sind in Belgien und vor allem in Frankreich weitergebildet worden. Man hat sie dort mit dem, ursprünglich von Radot-Lencauchez (s. S. 441) angegeben, jetzt meist unter dem Namen Delval gehenden Rekuperator versehen. Man hat mit diesen Öfen, z. B. in St. Gobain, recht gute Ergebnisse erzielt.

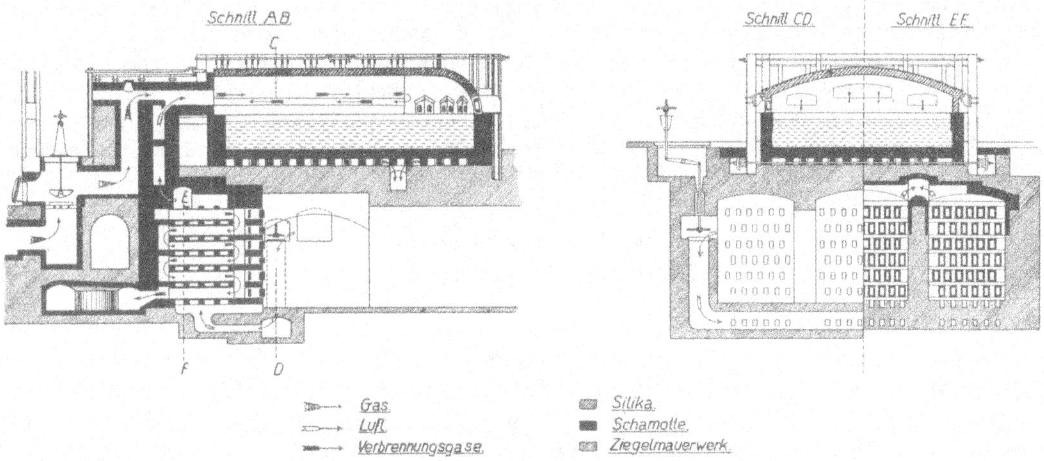

Abb. 351 u. 352.

β_2) Wannenofen mit Längs- und Querflamme (Bauart Dralle) für Fensterglas. Tafel V und VI.

Der Ofen benötigt 171690 kg feuerfeste Steine einschl. Mörtel und 6300 kg Eisenteile.

Der Rauminhalt des Ofens beträgt 12,91 m³. Ein Hafen von 750 mm Durchmesser, 700 mm Höhe faßt 0,161 m³. Das täglich erzeugte Glasgewicht beträgt 4000 kg. Der Kohlenverbrauch für 100 kg fertiges Glas beträgt 112 kg.

Das Gas wird in vier gewöhnlichen Planrostgaserzeugern hergestellt, die unabhängig von der Wanne erbaut sind. Das Gas gelangt vom Hauptkanal durch den Kanal 11 in den Ventilschacht 12 und von dort durch den Verbindungskanal 13 und 14 in den Hauptbrenner 7 am Kopf der Wanne. Außerdem besitzt die Wanne noch 2 Hilfsbrenner 9, welche zur Beheizung des vorderen Teils der Wanne und des Läuterungsraumes sowie des Arbeitsraumes dienen. Zu diesen Brennern strömt das Gas durch einen Kanal 15 (Fig. 4), welcher vom Hauptgaskanal aus nach dem Kanal 16 führt. In Fig. 8 ist ein Längsschnitt durch Kanal 16 und die Kanäle 17 und 18 sichtbar, welche das Gas den beiden Vorderbrennern zuführen.

Die Sekundärluft strömt bei 1 (Fig. 7) durch 4 Regulierschieber ein, von denen zwei für jeden Lufterhitzer bestimmt sind. Von hier aus gelangt die Luft in die vier senkrechten Kanäle 2, von denen je zwei mit einem unteren Luftverteilungskanal 3 der Rekuperatoren verbunden sind. Schon in diesen Kanälen, welche zwischen den beiden Lufterhitzern und den zugehörigen Abhitzekanälen eingebaut liegen, wird die Sekundärluft angewärmt und gelangt dann in die Züge 4 der Lufterhitzer. Aus diesen strömt sie oben durch je 2 Kanäle 5 (Fig. 5) nach dem senkrechten Kanal 6 (Fig. 5) und von hier in den Hauptbrenner 7. Eine zweite Verbindung der Kanäle 5 mit den senkrechten Kanälen 8 (Fig. 7) versorgt die beiden Vorderbrenner 9 mit heißer Verbrennungsluft. Die beiden Kanäle 8 (Fig. 3) sind mit Schiebern versehen, so daß die Vorderbrenner unabhängig von dem Hauptbrenner mehr oder weniger Luft erhalten oder auch ganz abgeschlossen werden können. Die beiden Heißlufträume der Rekuperatoren sind durch Kanäle 10 miteinander verbunden.

Aus dem Hauptbrenner zieht ein breiter Flammenstrom in gerader Richtung in die Wanne und biegt dann sich rechts und links teilend nach den beiden Füchsen 22. Die beiden Flammenströme der Vorderbrenner prallen mitten in der Wanne aufeinander und ziehen ebenfalls durch die beiden Füchse 22 aus der Wanne ab. Von hieraus gelangen die gesamten Verbrennungsprodukte nach den senkrechten Kanälen 23, die mit dem gemeinsamen Abhitzekanal 24 verbunden sind (Fig. 8). Aus diesem ziehen sie mit fünfmaligem Richtungswechsel durch die Züge der beiden Lufterhitzer zum Sammelkanal 25 und von hier aus durch 26 zum Kamin. In den großen Mauerkörpern des Unterbaues sind kleine Isolierkanäle vorgesehen (Fig. 3). Die Sohle des Abhitzekanals 24 ist nach beiden Seiten etwas geneigt angelegt, so daß das sich etwa von dem mitgerissenen Gemenge bildende Glas an den heißesten Stellen unter den senkrechten Kanälen 23 durch die Öffnungen 27 (Fig. 8) entfernt werden kann.

An den Stellen, wo die Gewölbe der Abzugschlitze 23 und der Brenner 9 in die Kuppe der Wanne eindringen, sind Entlastungsbögen 36 vorgesehen (Fig. 8), welche den Druck nach beiden Seiten auf die Widerlager und von hier aus auf die gußeisernen Konsolplatten übertragen, auf denen die ganze Kuppel ruht (Fig. 6).

Das Gemenge wird an beiden Seiten bei 31 eingelegt. Die Wanne ist durch 2 Schwimmer in die eigentliche Schmelzwanne, einen Läuterungsraum und die Arbeitswanne zerlegt.

Die Wanne erfordert etwa 507 t feuerfeste Steine und Mörtel, ferner 450 m³ Ziegelmauerwerk, 145 m³ Zementmauerwerk und 300 m³ Fundamente. Das Gewicht der Eisenteile beträgt 25000 kg.

Die Oberfläche des Glasspiegels ist 64,7 m²; der Rauminhalt der Wanne 167,2 m³; davon Glasraum 77,64 m³ und freier Raum 89,56 m³. Das Gewicht des Glases beträgt 194,1 t und die Glaserzeugung im Monat 250,8 t = 3860 kg für je 1 m² Bodenfläche.

II. Regenerativ-Öfen.

(Öfen mit Wechselflamme.)

a) Zweikammersysteme.

Seit F. Siemens die Regenerativ-Feuerung in die Glasindustrie eingeführt hat, wurden die Öfen dieser Art mit 4 Wärmespeichern, ein Kammerpaar für Luftvorwärmung, ein Kammerpaar für Gasvorwärmung gebaut. Es haben sich aber häufiger Stimmen erhoben, ob es für alle Glasarten notwendig ist, Luft und Gas weitgehend vorzuwärmen und ob es nicht genügen könnte, nur die Luft vorzuwärmen, also nur ein Kammerpaar oder zwei Kammern anzuwenden, wenn man den Gaserzeuger möglichst nahe an den Herd setzt und so das Gas schon ziemlich heiß (500—600°) der Flamme zuführt. Es unterliegt ja keinem Zweifel, daß durch die Vorwärmung des Gases dem Ofen beträchtliche Wärmemengen aus der Abhitze wieder zugeführt werden. Wie schon S. 458 angedeutet, enthält aber die Vorwärmung des Gases doch auch gewisse Gefahren. An den glühenden Flächen des Regeneratoreinsatzes kann eine Zersetzung der besonders heizkräftigen Kohlenwasserstoffe eintreten. Das nahe Heranbringen des Gaserzeugers an den Herd, gestattet, mit Vorteil der Flamme Teernebel zuzuführen und in der Verbrennung nutzbar zu machen, die sonst in längeren Leitungen sich niederschlagen und den Betrieb erschweren. Hinzu kommen Verschiebungen des Wassergasgleichgewichtes (s. S. 265), vor allem Oxydation des CO durch Wasserdampf. Schließlich liegt bei schlecht ausgeführten Regeneratoren die Möglichkeit vor, daß durch Undichtigkeiten zwischen Luft- und Gaskammer, die im Betrieb oft schwer erkannt werden können, vorzeitig Teilverbrennung des Gases eintritt. Dies alles führt zur Heizwertverschlechterung. Durch die Vorverbrennung und die Gleichgewichtsverschiebung im Gas wird zwar die Temperatur des Gases erhöht. Aber diese Temperaturerhöhung bringt nicht den Gewinn, der den Heizwertverlust decken könnte, da ja (s. S. 462) die Hauptwärmeübertragung auf das Schmelzgut durch unmittelbare aus der Verbrennung stammende Strahlung stammt. Es muß infolgedessen unser Bestreben sein, die Verbrennung im Ofenraum selbst zu konzentrieren.

Leider liegen keine unmittelbaren Untersuchungen[1]) in dieser Richtung vor. Aber auf Grund der langjährigen Erfahrungen an Rekuperativöfen kann man den vorstehenden Erwägungen eine gewisse Berechtigung nicht absprechen. Auch finden sie in der unten erwähnten günstigen Beurteilung des Zweikammersystems Unterstützung.

[1]) Wenn man von den Beobachtungen Kurt Neumanns (s. S. 264) im Gaserzeuger und denen von Maurer und Schleicher (s. Kap. 6, S. 347) absieht.

Im folgenden ist ein Beispiel eines Zweikammerofens gegeben.

Zweikammer-Wanne mit Hufeisen-Flamme für Flaschenglas (Bauart Klattenhoff), Abb. 353—356.

Die Gaserzeuger sind möglichst nahe an die Wanne herangerückt, damit das Gas heiß zu den Brennern gelangt. Abb. 356 zeigt einen Horizontalschnitt durch die linksliegende Luftkammer 2 der Wanne. Die zweite Kammer ist von der ersten durch einen Mittelgang 3 getrennt, unter dem der Schornsteinkanal 4 liegt. Dieser ist mit der Luftwechselklappe 5 verbunden. Die Verbrennungsluft tritt bei 6 ein und gelangt je nach der Stellung der Wechselklappe entweder in die Luftkammer 1 oder 2. Unter jeder Luftkammer liegen die beiden Verbindungskanäle 7 bzw. 8, durch welche die beiden Kammern mittels

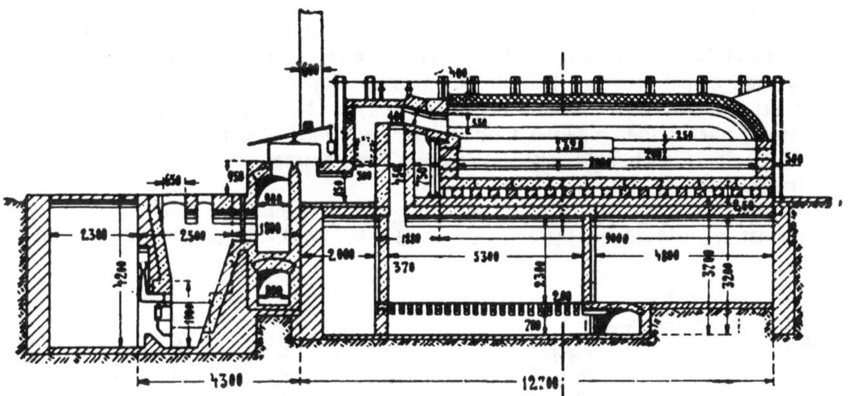

Abb. 353.

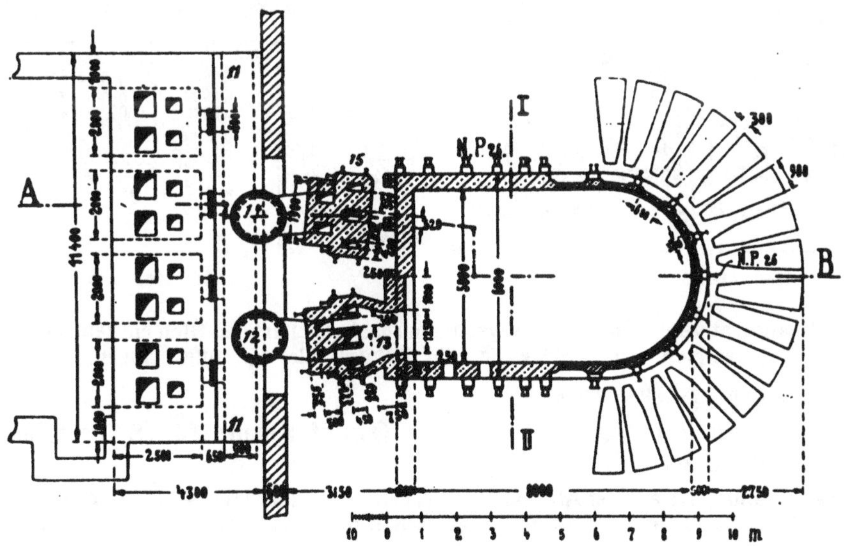

Abb. 354.

der Verbindungskanäle 9 bzw. 10 an den Luftwechsel angeschlossen sind. Das Gas tritt durch die Wechseltrommel 12 entweder in den rechten Brenner 13, oder durch die Trommel 14 in den linken Brenner 15. Jeder Brenner hat in dem vorliegenden Falle 2 senkrechte Gas- und 3 senkrechte Luftkanäle. Da die Achse der Brenner schräg nach der Mitte der Wanne gerichtet ist und gleichzeitig eine Neigung nach unten besitzt, wird die Flamme frei in das Innere der Wanne einströmen, ohne das Gewölbe und die Seitenwände anzugreifen.

Die Anlagekosten einer solchen Wanne sind natürlich erheblich geringer als die einer mit 4 Kammern ausgerüsteten Regenerativwanne und können wohl mit den Baukosten eines Rekuperativofens gleichgestellt werden.

In England werden der vorstehenden Bauart sehr ähnliche unter dem Namen „Harwey-Siemens-Öfen" (von E. W. Harwey Gas Furnace Co., Ltd. London) gebaut, und zwar sowohl Hafenöfen mit überschlagender Flamme aus Bodenbrennern, wie Wannen, die letzteren mit Hufeisenflammen und mit querziehenden Flammen. Hodkin und Cousen[1]) betonen als Vorteile des Zweikammersystems:

1. Kleinere Grundfläche, einschließlich Gaserzeuger rund die Hälfte.
2. Geringere Baukosten, Ersparnis 30—50%.
3. Einfacherer Bau, leichtere Regelung und bequemerer Betrieb.
4. Weniger häufige und billigere Reparaturen.
5. Bessere Wärmewirtschaft. 25—30 vH Ersparnis.

Für einen Hafenofen wird als Kohlenverbrauch angegeben: 0,8 kg Kohle je kg fertige Flaschen („16 cwt per ton").

Auch H. Schnurpfeil[2]) berichtet, daß er mit dem mehrfach von ihm gebauten Zweikammersystem die besten Erfahrungen gemacht. Er findet in Leistung, Betrieb und Wärmewirtschaft keinen Unterschied, dagegen den Bau wesentlich einfacher und billiger.

Schließlich sei auf ein Urteil von Herrn Schneegluth-Schiedam (Holland) hingewiesen, der mitteilt, daß sowohl nach seinen eigenen Erfahrungen, wie nach den ihm zugekommenen Urteilen anderer Fachleute in der Flaschenglasfabrikation das Zweikammersystem sich dem Vierkammersystem gegenüber überlegen gezeigt hat.

Wie schon oben hervorgehoben, sind die Wirkungen der Gaskammer nicht genügend durchforscht. Auch aus den sonst so wertvollen Untersuchungen der W. B. G.-Frankfurt läßt sich nicht einmal ein

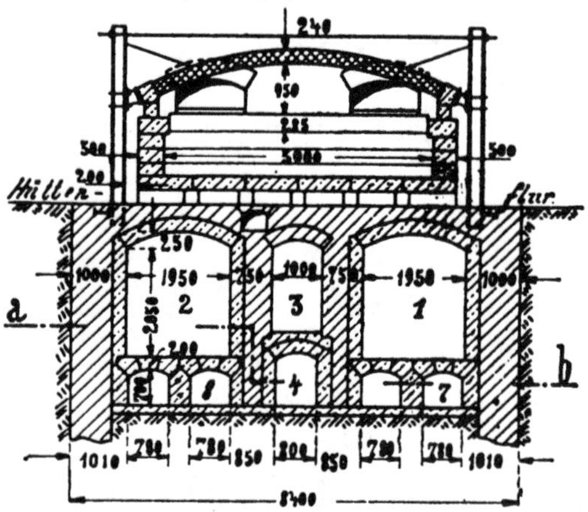

Abb. 355.

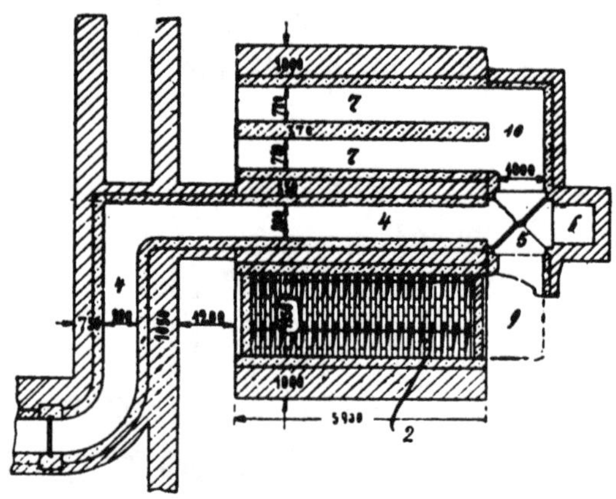

Abb. 356.

Vergleich von Rekuperativ- und Regenerativsystem an sonst gleichartigen Öfen entnehmen, ebensowenig etwas über das Zweikammersystem. Möge die nahe Zukunft hier Klärung bringen.

b) Vierkammer-Systeme.

a_1) Hafenofen mit längsziehender Oberflamme für Spiegelglas (Bauart Robert Dralle). Tafel VII.

Die Kanalanordnung ist aus der Abb. 357 zu ersehen. Das Hauptgasventil des Ofens ist mit *l* bezeichnet und befindet sich über dem Flur im Kellergeschoß der Hütte. Die Gaszuleitung mündet also in die Einströmung des Wechselventils, System Fischer (vgl. Abb. 307). In der gezeichneten Stellung geht das Gas bei geöffnetem Gasventil nach links in den Kanal *b*. In der Kanalanordnung, Abb. 357, ist dieser Kanal mit 133b bezeichnet. Von dort strömt das Gas in den Bodenkanal der Gaskammer *G''*, durchläuft diese Gaskammer und strömt durch den Kanal *g* senkrecht empor zum Brenner. Während mit den Ziffern 133 der Abb. 357 das Gasventil und seine Teile bezeichnet sind, ist der Luftwechsel mit seinen Kanälen mit 134 bezeichnet. Hierfür ist die in den Abb. 311—314 dargestellte einfache Wechselklappe benutzt. Die eintretende Luft gelangt durch den Kanal 134b in die Luftkammer *L''*, die der Gaskammer *G''* entspricht und sich parallel zu dieser über die halbe Ofenlänge erstreckt. Die Luft steigt durch die Regeneratorkammer *L''* und den Kanal *l''* senkrecht empor, wird um 90° umgelenkt und gelangt dann in den Ofen.

[1]) Textbook of Glass Technology (London 1925), S. 399.

[2]) Der Glasmacher (Chur-Schweiz, 1923), S. 43 und 71.

Das Gas wird einfach von unten senkrecht in den Luftkanal eingeführt. Die Führung der Gas- und Luftzüge ist aus Fig. 4 der Tafel VII zu erkennen. Wir haben es also hier mit einem horizontalen Brenner zu tun, in dem Gas und Luft sich bereits vor ihrem Eintritt in den Ofen mischen. Die Flamme tritt in einem rechteckigen Schlitz von 1600 mm Breite, also fast auf die ganze Ofenbreite, aus. Die Abgase treten durch den entgegengesetzten Kopf in die Kammern *G'* und *L'*, von dort durch die Kanäle 133a aus der Gaskammer und 134c aus der Luftkammer in die Wechselventile zurück und gelangen von dortaus durch die Abgaskanäle *c* und *d* in den Hauptschornsteinkanal 134a (siehe Abb. 357).

Der Aufbau der Kammern ist aus Fig. 1 und 2 der Tafel VII erkennbar. Im vorliegenden Fall sind Gittersteine von 400 mm Länge, 135 mm Höhe und 75 mm Dicke verwendet. Die Kanäle in den Kammern werden glatt von unten nach oben durchgehend angeordnet. Die Breite der Gaskammer beträgt 1500, der Luftkammer 2000 mm. Dementsprechend enthält in der Breite die Gaskammer 9, die Luftkammer 11 Reihen Steine, zwischen denen in der Gaskammer 10, in der Luftkammer 12 Kanäle von

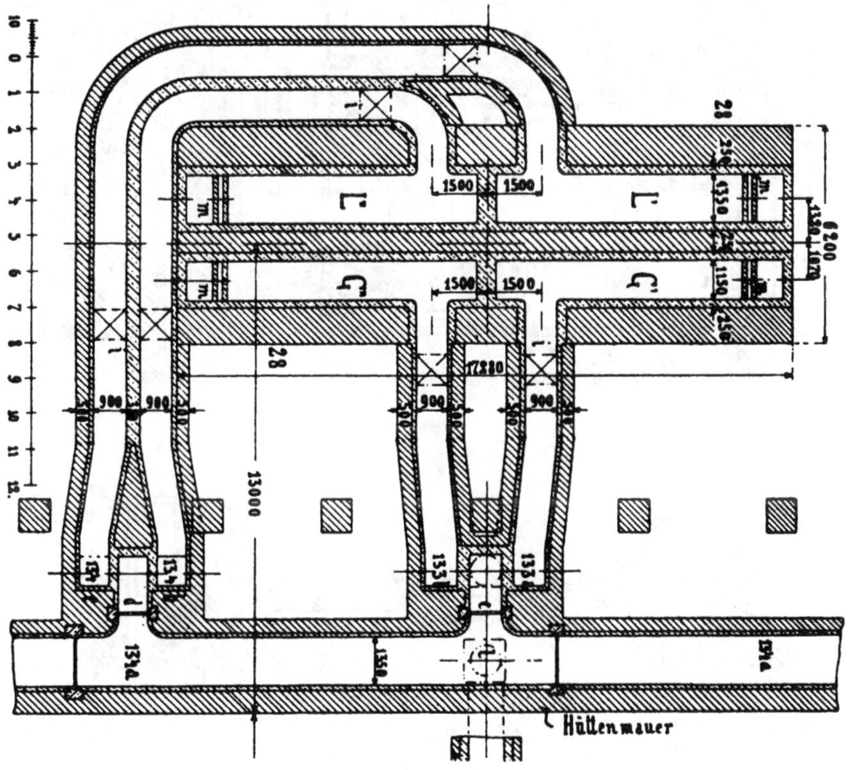

Abb. 357.

90 mm Breite und 135 mm Höhe freibleiben. Außen sind die Kammern durch die Doppelwände *m* abgeschlossen. In diesen Doppelwänden sind Beobachtungsöffnungen eingelassen, die durch Stopfen verschlossen sind.

Wie aus Fig. 1, Tafel VII erkennbar, sind in diesem Fall die Kammern nicht ganz mit Gitterwerk ausgefüllt, sondern unter den Zügen ist ein großer freier Raum zur Ablagerung des Staubes freigelassen.

Im Boden des Ofens, der wagrecht ausgeführt ist, sind vertiefte Kanäle *n* zur Entleerung des Bodenglases freigelassen. Der Boden ist durch ein umfangreiches Kanalsystem gekühlt.

Die Arkadenpfeiler 12 tragen bei diesem Ofen die Last des Gewölbes, dessen seitliche Widerlager durch besondere, hinter den Arkadenpfeilern aufgebaute Stützmauern gebildet werden. Die Stützmauern nehmen durch Vermittlung der eingelassenen Quadrateisen 1c den Seitendruck des Gewölbes auf, und übertragen ihn auf die senkrechten Verankerungsträger.

Die Berechnung des Herdgewölbes und ebenso die der Verankerung sind bei den entsprechenden Abschnitten früher besprochen. Die Verschlüsse der Hafentore hängen an Ketten, die in 2 Ösen des Bratlochsteines eingreifen. Dieser Stein selbst ist in der Abb. 343 dargestellt. Die Ketten laufen über 8 Kettenräder *s* (Fig. 1 Tafel VII) und diese sitzen auf 2 Wellen *o*, welche durch Elektromotor rechts und links gedreht werden können. Die Wellen sind in einer besonderen, von der Verankerung unabhängigen Eisenkonstruktion gelagert.

Dieser Ofen besitzt eine Brennerkonstruktion, welche mit dem Ofenmauerblock verbunden ist. Nur ein schmaler Kühlkanal sorgt für die Kühlung der Züge. Der Brenner hat jedoch den Vorzug der größten Einfachheit. Trotzdem würde man voraussichtlich bei einem modernen Ofen den Brenner mehr freistehend ausführen und auch die Verankerung dürfte an einzelnen Stellen besser vor der strahlenden Hitze des Mauerwerks geschützt sein. (Zahlenangaben siehe Tab. 85, S. 482—483.)

a_2) Hafenofen mit überschlagender Unterflamme für Fensterglas. Erzeugung 200000 m². Abb. 358—362.

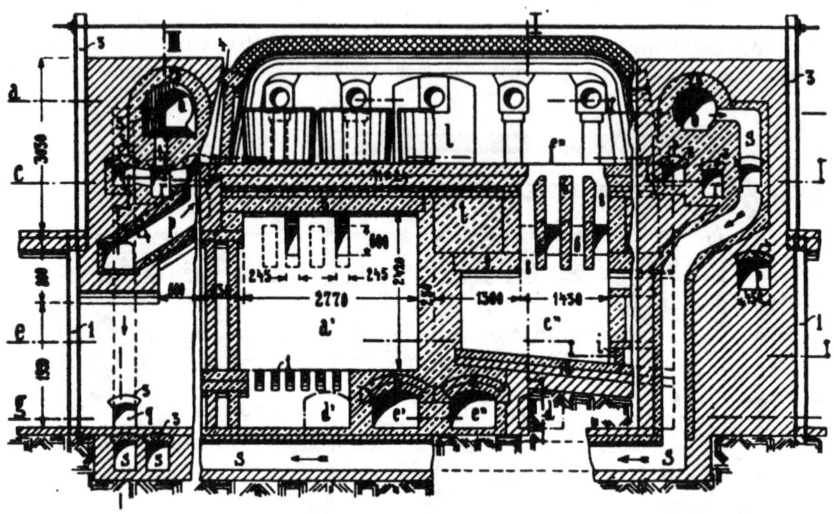

Abb. 358.

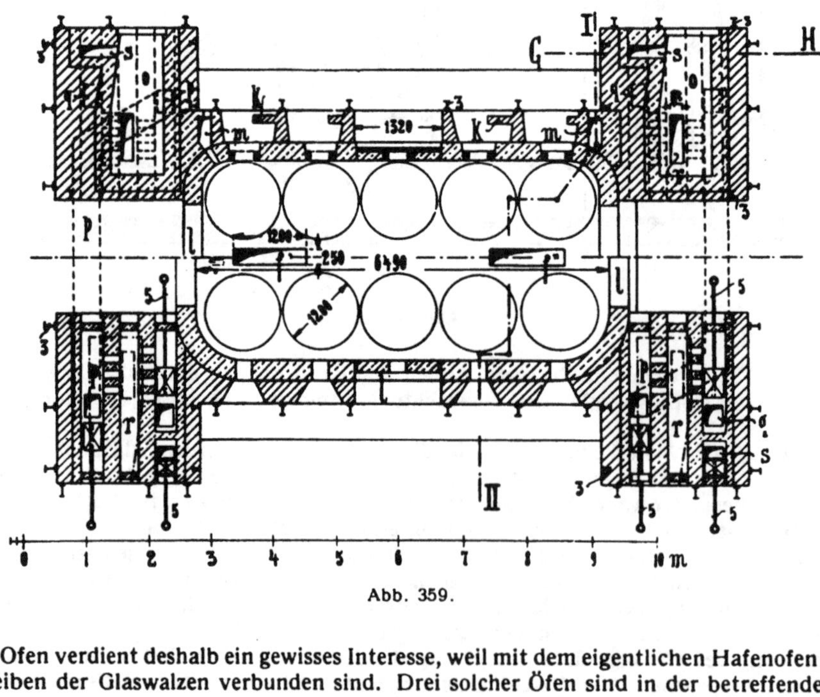

Abb. 359.

Dieser Ofen verdient deshalb ein gewisses Interesse, weil mit dem eigentlichen Hafenofen 4 Trommeln zum Auftreiben der Glaswalzen verbunden sind. Drei solcher Öfen sind in der betreffenden Glashütte aufgestellt und besitzen eine gemeinsame Gaserzeugungsanlage, bestehend aus 3 Drehrostgaserzeugern von 2,6 m Durchm., wovon 1 als Reserve dient.

Die Lage der Regeneratoren ist insofern bei diesem Ofen geändert, als zwischen beiden eine Glastasche c angeordnet ist. Die Gase treten im Boden des Ofens durch einen der beiden Brenner ein und ziehen durch den andern ebenfalls im Boden befindlichen Brenner ab. Weil solche Öfen mit dem im Boden angeordneten Brenner die Eigentümlichkeit aufweisen, daß die Brenner beim Bau durch besondere Holzformen (Bütten) ausgespart wurden, nannte man dieselben auch Büttenöfen. Die Beheizung der Häfen ist bei dieser Konstruktion nicht sehr günstig, weil die Häfen von der Flamme nur einseitig beheizt werden.

An jeder Ofenecke befindet sich eine Trommel *o*. Das Gas wird diesen Trommeln durch einen absperrbaren Kanal zugeführt und gelangt zunächst in die unter der Trommelsohle liegenden kleinen

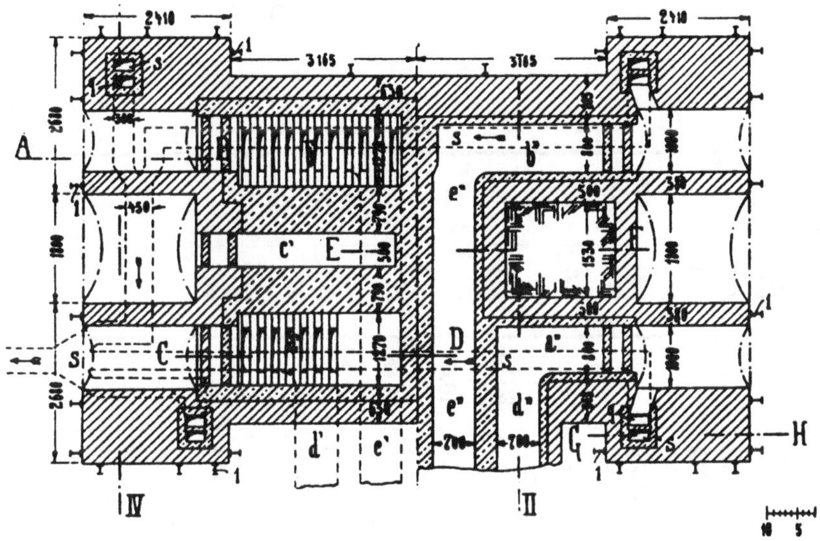

Abb. 360.

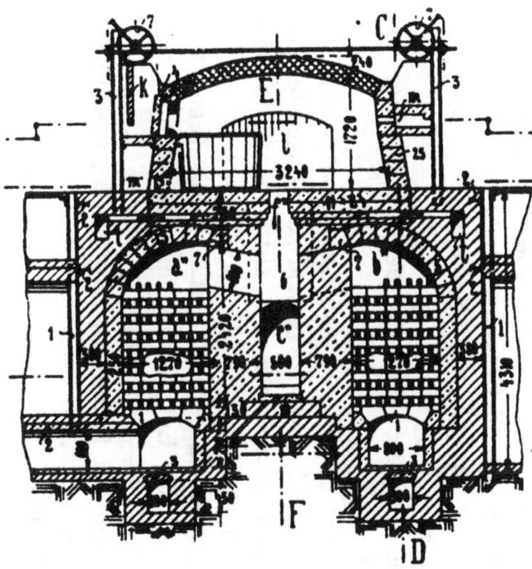

Abb. 361.

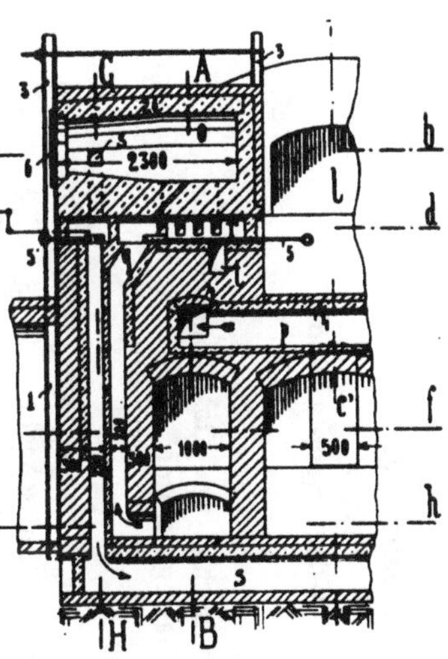

Abb. 362.

Kanäle *p*. Von diesen Kanälen aus führen 4 Schlitze nach dem Mischkanal *r* jeder Trommel. Neben dem Kanal *r* liegt andererseits der Luftkanal *q*, der ebenfalls durch 4 Schlitze mit dem Mischkanal *r* verbunden ist. Die Verbrennungsluft steigt vorher durch die Kanäle *q* empor, die unmittelbar neben dem Abhitzekanal *s* liegen und dadurch eine Vorwärmung der Luft bewirken. Gleichzeitig sind die Kühlkanäle *t* unter dem Gesäß des Ofens mit der Luftzuführung verbunden, um auch hierdurch heiße Luft zu erhalten. Die Führung der Abgase ist durch die Kanäle *s* und die eingezeichneten Pfeile angedeutet.

Tabelle 85.

Position	Siemensofen für 16 Häfen. Betriebsergebnisse[1]) und Angaben über die Dimensionen der Kanäle, Regeneratoren etc. — rund	kg	m²	m³	Unten Temperatur °C nach dem Wechseln	Unten Temperatur °C vor dem Wechseln	Oben Temperatur °C nach dem Wechseln	Oben Temperatur °C vor dem Wechseln	Druck in mm Wassersäule	Zug in mm Wassersäule
1	Kohlenverbrauch für die Generatoren in 24 Stunden $\frac{2\,820\,000}{340}$	8 300	—	—	—	—	—	—	—	—
2	„ „ „ Gebläse in 24 Stunden $\frac{364\,933}{340}$	1 074	—	—	—	—	—	—	—	—
3	Gemengeverbrauch in 24 Stunden (1000 Sand, 410 Kalk, 400 Sulfat, 11 Kohle, 40 Soda)	14 010	—	—	—	—	—	—	—	—
4	Glasproduktion (rohes Spiegelglas)	11 760	327	—	—	—	—	—	—	—
5	Gasabschlußventil am Gaserzeuger	—	0,3848	—	640	—	—	—	30	—
6	Hauptgaskanal	—	2,6706	—	562	—	—	—	—	—
7	Verbindungskanal nach dem Hauptgasventil	—	1,1000	—	550	—	—	—	—	—
8	Hauptgasventil	—	0,6362	—	480	—	—	—	27	—
9	Gaswechsel	—	0,6362	—	515	495	—	—	27	—
10	Kanal zwischen Gaswechsel und Gasregenerator	—	0,5200	—	530	510	—	—	25	—
11	Kanal unter dem Gasregenerator	—	1,1500	—	610	590	—	—	23	—
12	Gasregenerator	—	—	—	950	920	1010	960	21	—
12	a) Gesamtinhalt der Kammer, des Gasschachtes und des Brenners bis zum Luftschacht	—	—	28,35	—	—	—	—	—	—
12	b) Kubikinhalt von 2634 Gittersteinen à 0,400 · 0,075 · 0,135 mm à 8,1 kg und Gesamtgewicht	21 236	—	10,67	—	—	—	—	—	—
12	c) Kubikinhalt der ausgesetzten Kammer etc., abzüglich der Gittersteine	—	—	17,68	—	—	—	—	—	—
12	d) Gesamtinnenfläche der Kammer, des Gasschachtes und des Brenners	—	77,63	—	—	—	—	—	—	—
12	e) Freie Fläche der Gittersteine und der Vorsatzwände	—	210,28	—	—	—	—	—	—	—
12	f) Freier Querschnitt der Schlitze zwischen den Bogensteinen I	—	3,7375	—	—	—	—	—	—	—
12	g) Freier Querschnitt zwischen den Gittersteinen in horizontaler Richtung, oben	—	2,3625	—	—	—	—	—	—	—
13	Gasschacht und Brenner bis zum Luftschacht (die Temperatur der Gase bis vor der Entzündung im Brenner wird demnach erhöht um (1190—480) = 710°	—	0,3640	—	1190	—	—	—	—	—
14	Luftventil, Temperatur der Luft beim Eintritt 45°, Erwärmung in der Reversiergrube	—	0,3848	—	482	462	—	—	—	4,5
15	Kanal unter dem Luftregenerator	—	1,3500	—	519	—	—	—	—	4,5

Nr.										
16	Luftregenerator	—	—	—	619	599	920	920	—	4,8
							oben			
16	Luftregenerator	—	—	—	—	—	1130	950	—	—
16	a) Gesamtinhalt der Kammer, des Luftschachtes und des Brenners vom Schacht bis in den Ofen	—	—	37,80	—	—	—	—	—	—
16	b) Kubikinhalt von 3156 Gittersteinen à 0,400 · 0,075 · 0,135 mm à 8,1 kg und Gesamtgewicht	25 564	—	12,82	—	—	—	—	—	—
16	c) Kubikinhalt der ausgesetzten Kammer etc. abzüglich der Gittersteine	—	—	24,98	—	—	—	—	—	—
16	d) Gesamtinnenfläche der Kammer, des Luftschachtes und des vorderen Brenners	—	85,190	—	—	—	—	—	—	—
16	e) Freie Fläche der Gitter und Vorsatzsteine	—	236,360	—	—	—	—	—	—	—
16	f) Freier Querschnitt der Schlitze zwischen den Bogensteinen 2	—	4,390	—	—	—	—	—	—	—
16	g) Freier Querschnitt zwischen den Gittersteinen in horizontaler Richtung	—	2,835	—	—	—	—	—	—	—
17	Luftschacht. (Die Temperatur der Luft vom Eintritt in den Luftwechsel bis in den Brenner wird demnach um [1130 — 45] = 1085° erhöht)	—	0,576	—	1130	—	—	—	—	—
18	Brenner, vorn	—	—	—	—	—	1640	—	—	—
19	Ofen, in der Mitte, bei der größten Hitze	—	44,80	64.2	—	—	1750	—	—	—
20	Austritt im anderen Brenner. (Für den Schmelzprozeß im Ofen [1750—1290] = 460°	—	—	—	—	—	1290	—	—	—
21	Im Gasschacht, Abhitze	—	—	—	—	—	1190	—	—	—
22	In dem Gasregenerator, Abhitze	—	—	—	960	920	1010	950	—	—
23	Im Kanal unter dem Gasregenerator, Abhitze	—	—	—	—	—	590	610	—	—
24	Im Kanal zwischen Gasregenerator und Gaswechsel, Abhitze	—	—	—	—	—	510	530	—	—
25	Im Gaswechsel, Abhitze	—	—	—	—	—	495	515	—	—
26	Im Schornsteinkanal des Gasregenerators vor dem Schieber, Abhitze (Temperaturerhöhung im Gaswechsel! 22°)	—	—	—	—	—	527	—	—	—
27	Im Luftschacht, Abhitze	—	—	—	—	—	1130	—	—	—
28	Im Luftregenerator, Abhitze	—	—	—	599	619	950	920	—	—
29	Im Kanal unter dem Luftregenerator, Abhitze	—	—	—	—	—	519	—	—	—
30	Im Luftwechsel, Abhitze	—	—	—	—	—	472	—	—	—
31	Im Schornsteinkanal des Luftregenerators vor dem Schieber, Abhitze (Temperaturerhöhung im Luftwechsel! 38°)	—	—	—	—	—	510	—	—	13
32	Im Hauptschornsteinkanal, Abhitze beim Eintritt	—	—	—	—	—	510	—	—	15
33	Im Hauptschornsteinkanal, Abhitze, 22 m entfernt vom Eintritt (Abkühlung auf 1 m Kanallänge = 3°)	—	—	—	—	—	450	—	—	15,5

[1]) Vgl. Die Wärmetechnik des Siemens-Martinofens von Prof. F. Mayer in Aachen. Stahl und Eisen, J. 28, 1908, Nr. 21, S. 717.

β_1) Wannenofen mit querziehender Flamme für Fensterglas. Erzeugung 350—400000 m². Tafel VIII und IX.

Während die auf S. 477 beschriebene Rohglaswanne einen breiten Herd mit langem Flammenweg aufweist, ist die Wanne für Fensterglas ein ausgesprochen langer und schmaler Herdraum, so daß für die Querbeheizung nach dem Regenerativprinzip sich ein kurzer Abstand von Kopf zu Kopf ergibt. Wir können also die auf Tafel VIII und IX dargestellte Wanne, die wir jetzt besprechen wollen, nur mit der Rekuperativwanne, Tafel V/VI vergleichen.

Das Gas strömt vom Hauptgaskanal nach dem Hauptgasventil 19 (Tafel VIII, Fig. 8) und gelangt von hier aus nach der Gaswechseltrommel 25, welche in bekannter Weise mit den beiden Gaskammern, wie aus Fig. 6 und 7 Tafel VIII zu ersehen ist, durch Verbindungskanäle unter Flur der Reversiergrube verbunden ist. *a* bezeichnet den Gaseintritt im Wechsel, *b* und *d* sind die Verbindungskanäle der Regeneratoren und *c* ist der Schornsteinkanal.

Die Luft strömt durch das Luftventil in den Luftwechsel (Fig. 1 und 3), gelangt durch die Kanäle *f* und *g* unter die Luftregeneratoren, während der Schornsteinkanal *e* sich bei dem Schornsteinschieber 23 zu dem gemeinschaftlichen Schornsteinkanal *c'* vereinigt, der von hier aus ansteigend nach dem Schornstein führt.

Die Regeneratoren liegen zu beiden Seiten eines 4 m breiten Mittelganges und haben von hier aus und von den äußeren Kellergängen je drei Türen, ihre Einrichtung ist aus Fig. 4, 7 und 10, Tafel VIII und IX ersichtlich.

Von den Kammern führen senkrechte Gas- und Luftkanäle direkt in die Brenner, von denen sich drei an jeder Wannenseite befinden. Zwischen Brenner und Wanne ist ein Gang von 750 mm Breite, der mit einer Blechplatte 77 (Fig. 4) überbrückt ist, die einerseits von dem Mauerwerk des Brenners und anderseits von gußeisernen Säulen 66 getragen wird. Diese Säulen haben, wie aus Abb. 323 ersichtlich ist, in ihrem Schaft vier Aussparungen für vier Stück Flacheisen, die mittels Klemmschrauben befestigt werden können und zum Festhalten der Seitensteine dienen, zu welchem Zweck die 60-mm-Schienen 68 rings um jede Steinschicht gelegt werden. Diese Schienen bestehen aus einzelnen Stücken und werden beim Auswechseln der Seitensteine durch Lösen der Klemmschrauben und Zurückziehen der Flacheisen nach und nach herausgenommen und wieder eingesetzt, wenn die neuen Steine hingelegt sind.

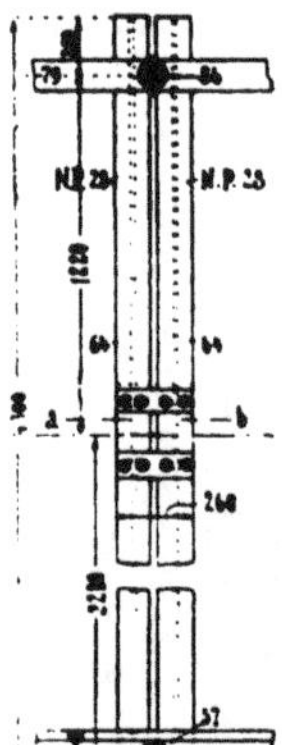

Abb. 363.

Abb. 364.

Die Sohle der Brenner ist horizontal, sie liegt vorn etwas tiefer als hinten, das Brennergewölbe ist hinten geneigt und vorn horizontal, so daß der Gasstrom in schräger Richtung in den Strom der heißen Luft dringt, wodurch der Verbrennungsprozeß eingeleitet wird.

Die Wanne wird durch zwei schwimmende Brücken *h* (Fig. 2 Tafel VIII) in den Schmelzraum *i*, den Läuterungsraum *k* und die Arbeitswanne *l* zerlegt. Zwei Brückensteine werden nach dem Vollschmelzen der Wanne und nachdem sie im Temperofen allmählich angetempert sind, in die Wanne geschoben, wozu die Öffnung *m* in der Seitenwand dient (Fig. 2 Tafel VIII), die Steine schwimmen im Glase, tauchen aber nicht ganz ein, sondern ragen etwa 60 mm über den Glasspiegel empor. Sie werden von den Öffnungen *u* und *o* aus mittels eiserner Haken so zusammengeschoben, wie aus Fig. 2 zu erkennen ist, dann drückt sie das flüssige Glas, welches sich aus der Schmelzwanne nach vorn bewegt, wo es der Wanne entnommen wird, in einem stumpfen Winkel zusammen, wobei ein Vorsprung in der Mitte des einen Steines in eine Ausbuchtung des anderen Steines greift, während sich die freien Schenkel gegen die vorspringenden Steine 33 legen. Hierdurch werden Verunreinigungen oder ungeschmolzene Gemengeteile, die auf der Oberfläche schwimmen, verhindert, in die Arbeitswanne zu gelangen.

Auf Reversiergrubenflur steht die Säule 24 mit Handrad zum Regulieren des Luftventils, auch das Wechseln der Luft erfolgt von hier aus. Der Gaswechsel wird durch Aufstecken eines Schlüssels auf den Vierkant der Trommelwelle bei 25 betätigt, da eine Säule hier beim Einlegen hinderlich sein würde. Der Wechsel selbst ist nach der schon beschriebenen und in Abb. 302/303 dargestellten Bauart eingerichtet, das Pedal zum Heben der Glocke ist in Fig. 2 Tafel VIII mit *t* bezeichnet.

Zwischen der Reversiergrube und der Wanne ist ein freier Gang, damit die Wannensteine der Stirnwand ausgewechselt werden können. An der Einlegestelle wird dieser Gang durch eine Platte aus Riffelblech überbrückt. Für die Konstruktion des Wannenbodens sind im Mittelgang, wie aus Fig. 1 Tafel VIII ersichtlich ist, noch fünf Verstärkungsbogen in gutem Zementmauerwerk zwischen den I-Trägern 52 angeordnet.

Die Kuppe der Wanne ist mit Rücksicht auf die Ausdehnung der Silikasteine in drei Felder geteilt, zwischen denen entsprechend breite Spalten sind, die mit Silikasteinen abgedeckt werden. Die Kuppe über der Arbeitswanne ruht direkt auf deren Wandungen, während die übrige Kuppe freitragend angeordnet ist und von den zwölf Säulen 64 getragen wird.

Abb. 363 u. 364 zeigen eine solche Säule, die aus einer Grundplatte und aus zwei durch Vernietung verbundenen I-Eisen Normalprofil 28 besteht. Jede Säule ist durch einen Anker Nr. 57, der durch einen Kühlkanal unter dem Wannenboden durchgeht, mit der gegenüberstehenden Säule fest verbunden.

An jeder Säule ist oben (s. Abb. 326, S. 463) eine gußeiserne Konsole festgeschraubt, und diese tragen an jeder Seite das aus zwei [-Eisen gebildete Kuppenwiderlager. Die [-Eisen, Normalprofil 24 und 28, sind unter sich miteinander vernietet und mit den sechs zugehörigen Konsolen der Säulen 64 fest verschraubt. In das größere [-Eisen legen sich dann direkt die Silikaformsteine 72 der 300 mm starken Kuppe.

Oben ist jedes Säulenpaar durch einen Anker 86 verbunden, der durch die Löcher der Flacheisen 79 geht, welche an jeder Seite den sechs Säulen einen festen Horizontalverband geben.

Aus vorstehendem ist ersichtlich, daß die freitragende Kuppe von der Wanne und von den Brennern vollständig getrennt ist. Die Umfassungswände zwischen der Kuppe und der eigentlichen Wanne ruhen auf gußeisernen Platten 73—76, und diese werden von den in Abb. 323, S. 460 dargestellten gußeisernen Säulen 66 getragen.

Aus Fig. 8, Tafel IX ist die Verankerung des festen Kuppenteiles im Querschnitt durch die Arbeitswanne zu ersehen, außerdem ist hier die Anordnung der Bodenkühlung und ein Schnitt durch den Kellerraum unter der Arbeitswanne vor den Regeneratoren gegeben.

Tabelle 86.

7, 8	Angaben über die Gas- und Luftkammern	7 Gaskammer	8 Luftkammer
a	Kubikinhalt einer leeren Kammer	23,1 m³	27,3 m³
b	„ der Gittersteine	12,53 „	13,08 „
c	Innenfläche einer Kammer	57,08 m²	62,45 m²
d	Freie Fläche der Gittersteine	226,74 „	252,28 „
e	Freier Querschnitt zwischen den Schlitzsteinen	6,72 „	7,14 „
f	„ „ „ „ Gittersteinen	4,45 „	6,00 „
g	Freier Querschnitt der senkrechten Kanäle zwischen den Kammern und den Brennern in einem Brennerschacht	0,30 „	0,48 „
h	Freie Fläche der senkrechten Kanäle zwischen den Kammern und den Brennern in einem Brennerschacht	6,50 „	8,00 „
9	Freier Querschnitt eines Brenners		0,48 m²
10	„ „ der Schornsteinkanäle in der Reversiergrube		0,56 „
11	„ „ des Hauptschornsteinkanals		0,72 „
12	Oberfläche des Glasspiegels		76,00 „
13	Kubikinhalt des ganzen Wannenraumes		234,52 m³
14	„ „ Glasraumes		91,20 „
15	„ „ Raumes über dem Glase		143,32 „
16	Gewicht des Glases, 91,2 m³ à 2500 kg		228000 kg

β_2) Wannenofen mit querziehender Flamme (Bauart Gobbe) für Fensterglas. Erzeugung: 350—400000 m². Tafel X und XI.

Als interessante Ofenkonstruktion vom Standpunkt der geschichtlichen Entwicklung soll noch die Wanne von Gobbe, Tafel X und XI besprochen werden, die eine eigenartige Ausführung des Gasregenerators sowie des Brenners zeigt und gleichzeitig die bei der letztbesprochenen Konstruktion schon hervorgetretene Beheizung in der Querrichtung noch deutlicher erkennen läßt, indem bei der Gobbe-Wanne eine große Zahl von Einzelbrennern nebeneinander angeordnet sind.

Wir wollen zuerst verfolgen, welchen Weg Luft, Gas und Abgase einschlagen, wenn die rechtsliegende Regeneratorengruppe heiß ist, und darauf den Weg bei der umgekehrten Zugrichtung betrachten.

Als Umsteuerungsorgane dienen hier Schieber zum Öffnen oder Schließen der in einen gemauerten Block einmündenden Luft-, Gas-, Schornstein- und Verbindungskanäle von den Regeneratoren nach dem Wechsel.

Die Luft strömt bei 51 (Fig. 7 und 8) ein und zieht rechts durch die Kanäle 2 und 3, verteilt sich von hier aus in 41 Kanäle 4 . . ., um von dort in der rechten Luftkammer emporzusteigen. Diese Kammer 5 ist durch zwei senkrechte äußere Kanäle 6 mit dem Horizontalkanal 7 verbunden. Ferner verbindet ein senkrechter Mittelkanal 8 die Kammer 5 mit einem zweiten Horizontalkanal 9. Zwischen diesen beiden Heißluftkanälen 8 und 9 liegt der Horizontalheißgaskanal 39, auf den wir später zurückkommen werden.

Von Kanal 9 gehen zehn Schlitze in die zehn Brenner, in denen sich Luft und Gas begegnen und von wo aus die Flammenströme durch die starke Neigung der vorderen Brennerplatten zuerst steil nach unten gerichtet ihren Weg quer durch die Wanne nehmen. Die Abgase strömen durch die gegenüberliegenden Brenner resp. Füchse 13 zum Teil durch die zugehörigen Kanäle in den linken oberen Horizontalheißluftkanal 15 und ziehen von dort durch die beiden senkrechten Außenkanäle 16 in die Luftkammer 17. Der andere Teil der Abgase strömt von den zehn Brennern 13 durch die zugehörigen Kanäle in den linken unteren Horizontalheißluftkanal 19 und gelangt durch den senkrechten linken Mittelkanal 20 ebenfalls in die linke Luftkammer 17.

Von hier aus ziehen die Abgase durch 42 Schlitze nach 21—22 in den senkrechten Kanal 23 des Wechselblockes, dessen Mündung geöffnet ist, während der Schieber 24b den benachbarten senkrechten Mittelkanal 25 abschließt und der Schieber 24a den dritten Kanal freiläßt (vgl. auch Fig. 6). Dieser Kanal S_2—26 steht direkt mit dem Schornsteinkanal 27 in Verbindung, und es leuchtet ein, daß bei der bezeichneten Schieberstellung die Abgase durch den Kanal 24 nach dem Schornstein gelangen.

Das Gas passiert einen sehr hohen Gassammelkanal 28, welcher zum Ansammeln von Ruß vortrefflich geeignet ist, und tritt dann durch den senkrechten Kanal *G*—29 (Fig. 10) in den Schieberkanal 30, dessen Schieber 30a sich in Offenstellung befindet, während der Schieber 30b den senkrechten Kanal 55 verschließt. Die Gase müssen demzufolge in den senkrechten Schacht 31 treten, der durch die Kanäle 32 und 33 mit dem unter der rechten Gaskammer 35 befindlichen Kanal 34 verbunden ist. Letztere sind nicht in der üblichen Weise mit Gittersteinen ausgesetzt, sie sind vielmehr, von der Mitte aus betrachtet, durch Scheidewände in zwei Gruppen von je vier langen parallelen Kanälen zerlegt, die sich natürlich lange nicht so leicht verstopfen können, wie die kleinen Kanäle zwischen den Gittersteinen (vgl. Fig. 3).

In dem Gewölbe des Kanals 34 ist in der Mitte eine Öffnung vorgesehen, durch welche die Gase zwischen die erwähnten Kanalgruppen der Gaskammer 35 treten, sich an deren langen und hohen Wandflächen erhitzen, um dann durch die beiden senkrechten Kanäle 38 nach dem schon erwähnten Horizontalheißgasmittelkanal 39 zu gelangen, der zwischen den Heißluftkanälen 7 und 9 liegt und in der Mitte durch eine Quermauer in zwei Hälften zerlegt ist. Der Kanal 39 ist ebenfalls durch zehn Schlitze mit den zehn Brennern 11 verbunden.

Die Brenner 13 der linken Wannenseite sind mit dem Heißgasmittelkanal 42 durch Zwischenkanäle verbunden, aus dem Kanal 42 gelangen die Abgase durch zwei senkrechte Kanäle 43 links und rechts in die vier Kanäle der linken Gaskammer 44 und von dort strömen sie durch 45, 46 und 47 nach dem Vertikalkanal 48 des Wechselblockes, dessen Schieber 48a (Fig. 9) geöffnet ist und den Mittelkanal 56 schließt. Auch der Schieber 48b muß sich auf Offenstellung befinden, damit die Abgase durch den Kanal 48 und 50 nach dem Schornsteinkanal 27 gelangen können.

Nach dem Wechseln gestalten sich die Stromrichtungen wie folgt: Die Luft tritt wieder durch Kanal 51 (Fig. 7) ein, durchzieht den Schieberkanal 52 und gelangt durch den Wechselkanal 53 nach dem Schacht 54, der durch die Kanäle 21 und 22 mit der linken Luftkammer 17 verbunden ist.

Das Gas strömt bei 29 (Fig. 10) ein, zieht durch 30 über den beim Wechseln durch den Schieber 30b geschlossenen Mittelkanal 31 hinweg und gelangt in den Vertikalkanal 55, der durch die Kanäle 47 und 46 mit dem Kanal 45 unter der Gaskammer 44 in Verbindung steht.

Von den Brennern 13 ziehen die Flammenströme quer durch die Wanne nach den in der rechten Wannenseite befindlichen Brennern 11, und gelangen durch die drei Horizontalkanäle 7, 39 und 9 in die Verbindungskanäle 6, 8 und 6 und von hier auch in die rechtsliegenden Kammern 5 und 35.

Von der Luftkammer 5 ziehen die Abgase durch Kanäle 4 nach 3 und 2 und von hier durch den senkrechten Schacht 25 in den horizontalen Wechselkanal 24, dessen Schieber 24b beim Wechseln den Kanal 23 schließt, so daß die Abhitze von hier aus durch den senkrechten Kanal 26 zum Schornsteinkanal 27 gelangt.

Von der Gaskammer 35 aus gelangen die Abgase durch die Kanäle 34 und 33 nach dem Vertikalschacht 56 und ziehen durch den Wechselkanal 48 und den Vertikalkanal 50 zum Schornsteinkanal 27.

Wir wollen nun die konstruktive Durchbildung dieser Wannenanlage näher betrachten.

Fig. 3 ist, wie wir aus den Querschnitten auf Tafel X und XI entnehmen können, der am tiefsten liegende Horizontalschnitt durch den Wannenunterbau, nur die Schornsteinkanäle liegen noch tiefer.

Zwischen den beiden Regeneratorengruppen, die wir bereits beschrieben haben, befindet sich ein geräumiger Mittelgang von 3000 mm Breite und 2500 mm Höhe, der rechts und links von je einem Gewölbe 57 und 58 überspannt ist.

Von diesem Gange aus sind die Luftkammertüren 59 (Fig. 1) und die Schwenkgruben 60 zugänglich.

Zwischen den Gewölben 57 und 58 sind 34 je 1½ Stein starke Bogen 61 ausgeführt, die oben mit Schamottesteinen horizontal ausgeglichen sind und zum Tragen der Wannenbodensteine dienen.

Zwischen diesem Bogen 61 befinden sich 32 unten 120 und oben 230 mm breite Schlitze 62, durch welche die Luft aus dem Mittelgang emporsteigt, kühlend unter dem Boden hinwegzieht und an beiden Seiten der Wannen, wie aus Fig. 4 zu ersehen ist, entweicht.

Der Längenschnitt *AB* (Fig. 1) und der Querschnitt (Fig. 2) lassen erkennen, daß die im Innern 16 m lange Wanne 1,80 m tief ist, und daß der Arbeitsraum kreisförmige Gestalt hat.

Zwei Brücken 65 (Fig. 8) trennen den Schmelz- und Arbeitsraum voneinander.

Diese Brücken bestehen, da die Wanne nur 3 m breit ist, aus je einem Stück und haben ⊓-förmigen Querschnitt.

Die horizontalen Heißluft- und Heißgaskanäle 9, 39 und 7 und 19, 42 und 15 und die Kuppe der Schmelzwanne mitsamt ihren Brennern werden unabhängig von der eigentlichen Wanne von den I-Eisen 67 und 68 getragen, die gleichzeitig einen Teil der Verankerung bilden. Die Kuppe selbst liegt auf den Widerlagern 69 (Fig. 2 und 4) und diese ruhen auf gußeisernen Konsolplatten 70, welche von den Konsolen 71 getragen werden, die an den I-Eisen 67 festgeschraubt sind. Des weiteren befinden sich an den I-Eisen 67 und 68 noch Konsolen 72, zum Tragen der I-Eisen 73 und zwischen diesen sind Gewölbekappen 74 gespannt, auf denen die vorbenannten Kanäle ruhen. Ein Teil der Last wird dabei von dem Mauerwerk der senkrechten Gas- und Luftverbindungskanäle 6, 6, 8 und 16, 16, 20 aufgenommen.

Die Kuppe der Arbeitswanne wird direkt von den Umfassungswänden derselben getragen.

Fig. 11 Tafel XI zeigt die Kuppe in eine Ebene gelegt und dort abgewickelt von oben gesehen mit den Brennern, von denen die ersten sieben Paar einen Qureschnitt von 600 · 250 mm und die übrigen drei einen solchen von 500 · 250 mm haben.

Drei Spalte von 50 mm Breite tragen der Ausdehnung der Silikasteine Rechnung. Das Gemenge kann in bekannter Weise durch Öffnungen in der Stirnwand eingelegt werden. Gobbe hatte früher aber zum Einlegen noch eine besondere Einrichtung, die in einem kleinen Vorbau *a* besteht, der durch einen Bogen von der Wanne getrennt ist.

β_3) Wannenofen mit Hufeisenflamme. Kurze, breite Form für Guß-Flachglas. Tafel XII.

Zwei solcher Wannen bilden eine Anlage zur Herstellung von 160000 m² Rohglas und 200000 m² Drahtglas jährlich. Die beiden Wannen liegen in einem gemeinschaftlichen Gebäude und zwischen beiden liegt der Hauptgaskanal zur Beheizung der gesamten Öfen einschließlich der Streck- und Kühlöfen. Sechs Gaserzeuger mit Rundrost liefern das Gas für die gesamte Anlage, wobei 1—2 Gaserzeuger als Reserve dienen.

Vom gemeinschaftlichen Hauptgaskanal der sechs Gaserzeuger strömen die Gase durch den Verbindungskanal V^1 nach dem Hauptgasventil 24 (Fig. 3 Tafel XII), passieren den Gaswechsel 15, System Forter und von da den Regenerator 18 oder 19.

Die Reversiergrube ist, wie Fig. 5 zeigt, mit Moniergewölben versehen, die zwischen I-Träger 4 (Fig. 1) gespannt sind. Wir gelangen von der Treppe 1 aus nach unten, zwei Säulen 2 stützen den Unterzug 3, auf denen die I-Träger 4 festgeschraubt sind, die links in der Giebelmauer 5 und rechts im Mauerwerk der Wanne fest eingemauert sind. Oben sind die Monierkappen mit Beton ausgeglichen und mit Zementestrich versehen. Hüttenflur und Reversiergrubenflur liegen in einer Höhe. In ähnlicher Weise ist auch der Keller, durch den die Gasverbindungskanäle gehen, ausgebildet, wie solches aus Fig. 4 ersichtlich ist.

Die Gaskanäle V^1 und G^4 sind mit seitlichen Reinigungstüren 7 und mit Explosionsplatten 8 versehen und können vom Keller und von der Reversiergrube aus leicht gereinigt werden.

Auch von der Generatorenhalle aus sind die Gaskanäle zugänglich.

Oben sind die freiliegenden Gaskanäle mit L-Eisen 9 eingefaßt, die von der Verankerung 10 und 11 (Fig. 3 und 4) festgehalten werden. Im Gasventilschacht ist vor dem Ventilsitz eine Doppeltüre 12 angebracht, welche zum Reinigen und zum Auswechseln des Ventils dient, falls solches schadhaft wird. Vom Ventil aus wird das Gas durch ein Verbindungsrohr 13 aus Gußeisen mit Reinigungsklappe 14 nach dem Gaswechsel 15 geleitet, und strömt hier je nach der Stellung des Wechsels durch die Kanäle 16 und 17 nach einer der Gaskammern 18 oder 19, welche unter den zwei Brennerpaaren 20 und 21 liegen.

Das Gasventil V^1 und das Luftventil 22 werden oben vom Reversiergrubenflur aus bedient und mittels der Handräder 23 und 24 reguliert.

Die Sekundärluft gelangt durch den Luftwechsel entweder nach Kanal 25 oder 26 und von hier aus entweder in die rechtsliegende Luftkammer 27 oder in die linksliegende Luftkammer 28, welche durch Kanäle 29 (Fig. 2 und 6) mit den Brennern verbunden sind.

Zwischen den beiden Luftkammern liegt ein 3,5 m breiter Mittelgang 31, der die Reversiergrube mit dem Ventilationsgang 37 verbindet. Dieser geht quer durch das ganze Hüttengebäude und mündet in zwei Ventilationsschächte, die oben mit Klappen aus Riffelblech für gewöhnlich verschlossen sind und nur beim Reinigen der Regeneratoren oder bei Reparaturen geöffnet werden. Diese Klappen müssen dicht schließen, weil sonst die Regeneratoren durch Zugluft äußerlich abgekühlt werden. Sehr empfehlenswert würde die Bekleidung der Regeneratorenwände mittels Wärmeschutzmasse oder Isoliersteinen sein. Die Reversiergrube und alle Kellerräume sind mit guter Beleuchtung zu versehen, damit bei vielleicht plötzlich nötig werdenden Reparaturen oder Reinigungsarbeiten keine Störung entsteht. Zur Verankerung und zum Tragen des Wannenbodens sind folgende Vorrichtungen im Mittelgang 31 getroffen. An beiden Seiten stehen vertikale Säulen 33 aus I-Eisen, hinter welchen die Horizontalschienen 34 liegen. Alle acht Säulen sind verbunden durch je ein L-Eisen 36 und diese sind mit dem I-Eisen 35 verschraubt.

Diese I-Träger liegen beiderseits fest im Mauerwerk. Auf ihnen liegen Formsteine 38, die die Bodensteine 55 und 56 der Wanne tragen. Zwischen den Formsteinen 38 befinden sich Kanäle zum Abkühlen des Wannenbodens. Die Luft tritt von unten durch den Mittelgang in diese Kühlkanäle, zieht unter dem Boden durch und entweicht beiderseits oben in Richtung der eingezeichneten Pfeile Fig. 2 und 5 Tafel XII.

Vorn am Eingang von der Reversiergrube ist der Mittelgang auf 1,10 m Länge überwölbt.

Die Wanne selbst besteht, wie aus Fig. 3 Tafel XII ersichtlich ist, aus der mit zwei Brennerpaaren versehenen Schmelzwanne und der Arbeitswanne.

Die Konstruktion der Brenner ergibt sich aus den Fig. 1, 2 und 3. Über den Luftschächten 29 liegt in jedem Brenner eine Schamotteplatte 42, vorn ist die Wand dieser vertikalen Luftkanäle geneigt, hierdurch wird die heiße Luft in schräger Richtung in den Gasstrom geleitet, der durch das geneigt liegende Brennergewölbe gewissermaßen auf den Luftstrom heruntergedrückt wird. Diese Brennerkonstruktion hat sich bewährt, nur ist eines dabei zu beachten. Werden die Gewölbe aus Formsteinen hergestellt, so tritt leicht ein Schwinden dieser Steine ein und trotz der sorgfältigsten Verankerung ist es schon vorgekommen, daß sich im Brennerkopf einzelne Bogensteine senken und den Querschnitt verkleinern oder wohl gar herausfallen. Unter Umständen kann man sich durch Überlegen von Schamotteplatten helfen, mitunter kann ein solcher Unfall aber auch zum Löschen der Wanne führen. Um diesem Übelstand vorzubeugen, tut man gut, den Brennerkopf ohne Verband anzulegen, wenn dann eine Beschädigung eintritt, so werden die ersten Bogensteine fortgestoßen und neue Steine eingesetzt, die vorher, wie Abb. 365 zeigt, beim Einsetzen durch zwei eiserne Spannbügel fest zusammengehalten werden. Die alten Widerlager dieses Bogenstückes sind meistens unbeschädigt und können liegen bleiben.

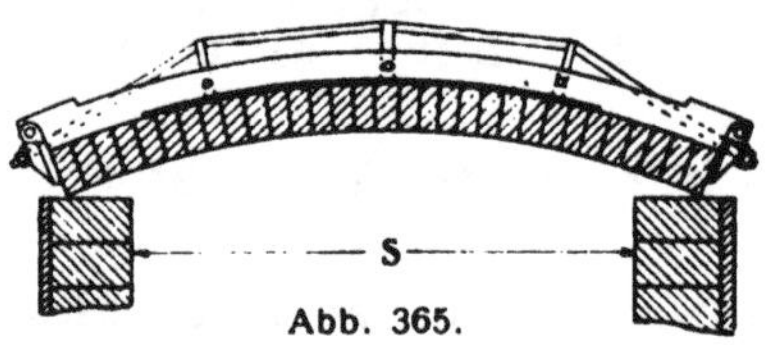

Abb. 365.

Bei Verwendung von Silikasteinen (s. S. 394) ist das Herausfallen von Gewölbesteinen so gut wie ausgeschlossen, weil dieselben so fest zusammenschmelzen, daß sie später beim Abbrechen in großen Stücken zusammenhalten, und außerdem wachsen dieselben in der ersten Zeit etwas, wodurch einem Lockerwerden von selbst vorgebeugt ist.

Fig. 6 Tafel XII zeigt einen Vertikalschnitt durch das eine Brennerpaar und durch den Gasregenerator 19.

Die Gas- und Luftzuführung ist wie bei dem vorher besprochenen Hafenofen eingerichtet, auch zum Aussetzen der Kammern können hier dieselben Formsteine von 400 · 135 · 65 mm genommen werden.

Die Kuppe der Wanne ist über der Schmelzabteilung und über dem geraden Teil der Arbeitswanne freitragend, zu diesem Zweck sind an die I-Träger 42 gußeiserne Konsolen *a* geschraubt, wie solches aus Abb. 340 (S. 468) zu ersehen ist.

Auf den Konsolen liegen gußeiserne Platten *b*, gegen welche sich die Widerlager *e* stützen. Die I-Eisen 42 sind über dem Wannengewölbe verankert, wie Abb. 339 zeigt.

Die Anker der halbrunden Arbeitswanne werden von einem Knotenblech (Abb. 337, S. 467) in zentraler Lage festgehalten.

Zwischen den Ankern und der Kuppe muß ein freier Raum von etwa 300 mm über dem Scheitel bleiben, damit sich die Kuppe beim Antempern frei bewegen kann.

Zur Verbindung der Regeneratoren mit dem Schornstein dienen die Kanäle 44 vom Gaswechsel aus und die Kanäle 46 vom Luftwechsel aus; jeder dieser Kanäle hat einen Schornsteinschieber 45 und 47. Hinter den Schiebern vereinigen sich die Kanäle zu einem gemeinsamen Schornsteinkanal 49.

Tabelle 87.

Angaben über Produktion und Dimensionen.

Produktion pro Monat = 26 Tage = 268 320 kg, also auf 1 m² Grundfläche 6661 kg.

1.	Kohlenverbrauch in 24 Stunden für die Generatoren	10 000 kg
2.	Kohlenverbrauch in 24 Stunden für die Gebläse	1 173 „
3.	Gemengeverbrauch in 24 Stunden	13 200 „
	Das Gemenge ist zusammengesetzt aus:	
	1000 kg Sand	
	380 „ Kalkspat	
	200 „ Soda	
	100 „ Sulfat	
	4 „ Kohle.	
4.	Produktion in 24 Stunden ca. 600 qm Roh- oder Drahtglas à 17,2	10 320 kg
5.	Hauptgasventil, Durchmesser = 800 mm	0,503 qm
6.	Abschlußventil im Forterswechsel 700 mm Durchmesser	0,385 „
7.	Querschnitt der Kanäle zwischen den Wechseln und Regeneratoren	0,56 „
8.	Querschnitt der Kanäle unter den Gasregeneratoren	0,50 „
9.	Querschnitt der Kanäle unter den Luftregeneratoren	0,66 „
10.	**Angaben über die Gasregeneratoren.**	
	a) Kubikinhalt der leeren Kammer	10 cbm
	b) Kubikinhalt der Gittersteine (1330 · 0,4 · 0,135 · 0,075) =	5,32 „
	c) Innenfläche der Kammer	24,82 qm
	d) Freie Oberfläche der Gittersteine	105 „
	e) Freier Querschnitt zwischen den Schlitzsteinen	1,85 „
	f) Freier Querschnitt zwischen den Gittersteinen	1,19 „
	g) Freier Querschnitt der Gasschächte eines Brennerpaares	0,54 „
	h) Fläche der Gasschächte vom Regenerator bis zum Brenner	10,92 „
11.	Luftventil, Durchmesser = 800 mm	0,503 „
12.	**Angaben über die Luftgeneratoren.**	
	a) Kubikinhalt einer leeren Kammer	12,765 m³
	b) Kubikinhalt der Gittersteine (1670 · 0,4 · 0,135 · 0,075) =	6,680 „
	c) Innenfläche einer Kammer	37,500 m²
	d) Freie Oberfläche der Gittersteine	134,10 „
	e) Freier Querschnitt zwischen den Schlitzsteinen	1,85 „
	f) Freier Querschnitt zwischen den Gittersteinen	1,49 „
	g) Freier Querschnitt der Luftschächte eines Brennerpaares	0,72 „
	h) Freie Fläche der Luftschächte eines Brennerpaares	15,08 „
13.	Querschnitt eines Brennerpaares	0,63 „
14.	Querschnitt eines Schornsteinkanals in der Reversiergr. be	0,42 „
15.	Querschnitt des gemeinschaftlichen Schornsteinkanals	0,72 „
16.	Kubikinhalt des ganzen Wannenraumes	91,68 cbm
17.	Kubikinhalt des Glases	40,28 „
18.	Kubikinhalt des Raumes über dem Glase	51,40 „
19.	Oberfläche des Glasspiegels	40,28 m²
20.	Gewicht des Glasinhaltes von 40,28 cbm à 2600 kg	105,728 kg

β_4) Wannenofen mit Hufeisenflamme. Rundform für Flaschenglas. Bauart Siemens. Abb. 366—371.

Die von Siemens nach dem Prinzip der „freien Flammenentfaltung“ (s. S. 459) entworfene Wanne hat kreisrunden Querschnitt und ist durch zwei luftgekühlte Scheidewände 13 in drei Abteilungen zerlegt, wodurch es ermöglicht wird, daß gleichzeitig Glas von drei verschiedenen Farben zur Herstellung gelangt. Diese Dreiteilung mag unter besonderen Umständen bei kleinen Wannen zweckdienlich sein, bei großen Wannen ist sie nicht zu empfehlen, weil die Haltbarkeit der ganzen Wannenanlage durch die Scheidewände sehr gefährdet wird.

Jede Abteilung hat ihr besonderes Einlegeloch 14.

Die Kühlluft tritt bei 15 ein und wird durch einen regulierbaren Abzugskanal 16 vom Hauptschornstein abgesogen.

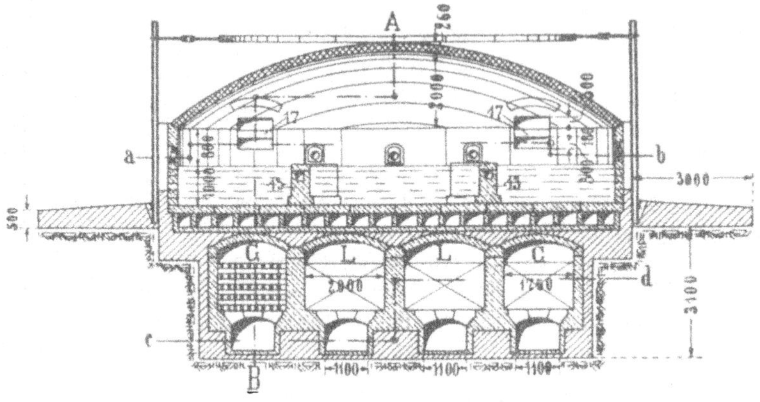

Abb. 366.

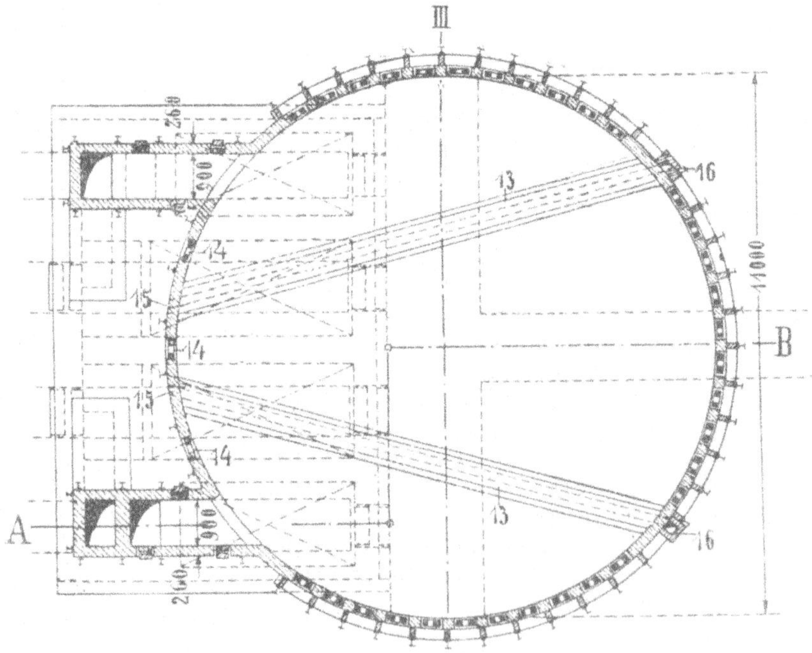

Abb. 367.

Die Konstruktion der beiden Brenner ergibt sich aus Abb. 367—368. Der Luft- und Gaseintritt sind fast bis in die Wanne durch das Gewölbe 17 getrennt, so daß die Verbrennung erst in der Wanne eingeleitet wird. Die Gaszuführung liegt unten und die Luftzuführung darüber. Neuerdings findet man bei diesen Wannen auch eine Brennerkonstruktion nach Abb. 370, wobei der Gasstrom *a* von unten und oben durch je einen Luftstrom *b* getroffen wird.

Da die Brenner vom Wannenumfang fast $1\frac{1}{2}$ m zurückliegen und die Kuppe, dem Wannendurchmesser entsprechend, sich bis zu der ansehnlichen Höhe von 3 m über den Glasspiegel erhebt, so wird das

Mauerwerk an keiner Stelle von der Flamme direkt getroffen, die von einem Brenner aus in kreisförmiger Richtung zum anderen Brenner zieht. Auch das Gemenge, welches zwischen beiden Brennern eingelegt wird, und die Glasoberfläche bleiben unberührt, da die Flammenführung nicht aus der Horizontalebene abgelenkt wird, man kann hier also tatsächlich von „freier Flammenentfaltung" sprechen.

Abb. 371 zeigt eine derartige Wannenanlage im Bild, mit einer Ventilations- und Kühlanlage, von Sichtig & Co., Maschinenfabrik in Karlsruhe.

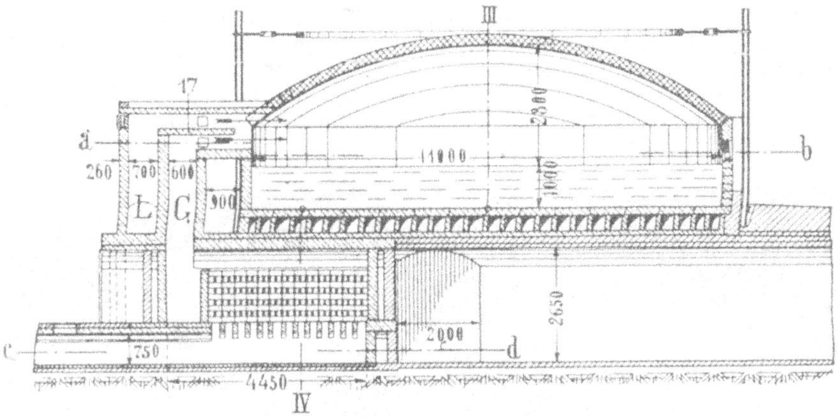

Abb. 368.

Wie schon oben gesagt, hat Siemens in dieser Wanne seinen, seinerzeit scharf umstrittenen Gedanken von der „freien Flammenentfaltung" verwirklicht. Inwieweit dieser Gedanke berechtigt ist, geht aus den Betrachtungen S. 462 hervor. Man muß aber beachten, daß für die Erklärung der manchmal angegebenen, aber nicht immer bestätigten günstigen Ergebnisse dieser Wannenart noch andere Gründe geltend gemacht werden können. Die scheinbar überlegene Leistung könnte vielleicht ihren Grund in der eigenartigen Gestaltung des Umfangs haben, die das Anbringen einer unverhältnismäßig großen Anzahl von Schafflöchern und damit das Ausarbeiten eines Höchstmaßes von Glas gestattet. Das Ausbringen wird hier durch die tatsächliche Schmelzleistung bedingt, in anderen Fällen durch die Leistungsfähigkeit der Formgebung, die in vielen Fällen die erreichbare Schmelzleistung nicht voll auszunutzen gestattet. Ferner ist bei der Be-

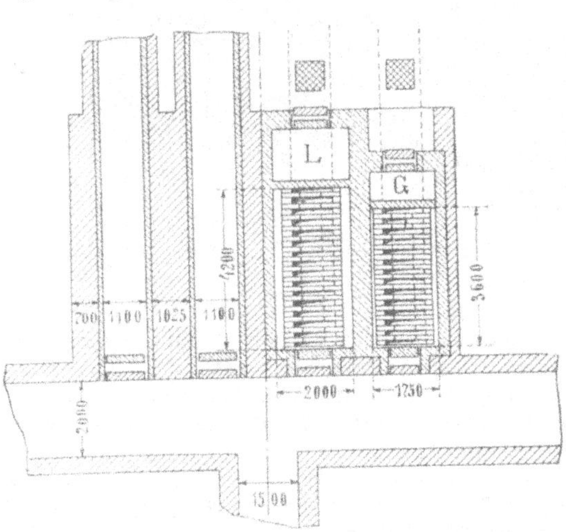

Abb. 369.

Abb. 370.

urteilung der Wärmewirtschaft der Rundwanne zu beachten, daß die kreisrunde Form im Verhältnis zum Glasspiegel die kleinste Oberfläche und damit den geringsten Strahlungsverlust in der Zeiteinheit ergibt. Kommt nun noch eine gesteigerte Verarbeitung von Glas in der Zeiteinheit hinzu, dann werden die Verluste je Einheit erzeugten Glases noch kleiner (s. a. S. 455—457) und die Wärmeökonomie größer.

Schließlich ist praktisch noch von Bedeutung, daß die Baukosten des Siemensofens nicht sehr von denen anderer Wannen abweichen. Die auf Tafel VIII/IX dargestellte Regenerativwanne hat fast die gleichen Baukosten (4—5000 M. geringer als die Rundwanne) und faßt ebenfalls etwa 90 m³ Glas = 220—230 t.

Das Prinzip der hufeisenförmig geführten Flamme ist auch bei langen Öfen sowohl in der Eisenindustrie (Siemens-Stoßofen) wie im Glasbetrieb mit Erfolg angewandt worden. Ein Beispiel für eine nach diesem Grundsatz beheizte Wanne sei im folgenden beschrieben:

β_5) Wannenöfen mit Hufeisenflamme. Langform, Bauart Dralle. Tafel XIII und XIV. Flaschenglas. Erzeugung 3½—4 Millionen.

Die Planrostgaserzeuger, die zu dieser Anlage gehören, haben wir bereits im vorigen Kapitel besprochen. Das Glas strömt aus dem Hauptgaskanal 16 zum Gasventil und Gaswechsel 17, dessen Konstruktion hinlänglich aus Fig. 6 und 7 erkenntlich ist. Das Luftventil 18, die beiden Schornsteinschieber 19 und die Kanalführung in der Reversiergrube bedürfen auch keiner eingehenden Beschreibung mehr. Die Regeneratoren liegen unter der Wanne; es sei nur erwähnt, daß der Teil 26—27 der Schlitzkanäle abgedeckt ist (Fig. 7), wodurch die Abgase resp. Luft und Gas gezwungen sind, die Kammern mehr in der Längsrichtung zu durchziehen. Die vier Kammern sind von der Reversiergrube aus und vom Keller 28 leicht zugänglich.

Abb. 371.

Fig. 4 und 7 zeigen die Anordnung des Schiebers 22, welcher zur Regulierung der Bodenkühlung dient und durch den Kanal 29 mit dem Kühlkanal unter dem Wannenboden verbunden ist. Der Kanal 29 ist durch Bogensteine Nr. 36 abgedeckt. Diese tragen die 250 mm hohen Bodenpfeiler, auf denen die Bodensteine über dem Kühlkanal liegen. Jeder Bodenstein ruht auf fünf ganzen und auf vier halben Bodenpfeilern, wie solche in Fig. 8 punktiert zu erkennen sind.

Die Anordnung der beiden Brenner 35 und 36 ergibt sich aus Fig. 1, 2, 7 und 8. Der Brenner 35 ist durch den Kanal 31 mit der Gas- und durch Kanal 32 mit der Luftkammer verbunden, in den Brenner 36 münden die Kanäle 33 und 34 der anderen Regeneratorengruppe.

Zwischen den Brennerschächten und der Stirnwand der Wanne befindet sich ein 900 mm breiter Gang, welcher zum Auswechseln der Seitensteine nötig ist, und der oben mit einer Blechbrücke 26 abgedeckt wird, die auf den I-Eisen 37 und 38 ruht.

Die Flamme zieht einmal durch den Brenner 35 in die Wanne und strömt durch den Brenner 36 ab. Nach dem Wechseln tritt die entgegengesetzte Flammenrichtung ein.

Das Gemenge wird bei 39 an jeder Wannenseite eingelegt und das Glas bei 40 ausgearbeitet.

Mit 41 ist das Glasabstichloch bezeichnet, durch welches beim Auswechseln der Seitensteine das Glas in den Keller läuft, zu welchem Zweck im Gewölbe bei 42 eine Öffnung angeordnet ist, die gewöhnlich mit einer gußeisernen Abdeckplatte verdeckt ist.

Die Kuppe des rechteckigen Wannenteiles ist, wie schon früher beschrieben, freitragend, die der Arbeitswanne ruht auf den Ringsteinen.

Tabelle 88. **Betriebsergebnisse.**

Position		kg
		Glas
1	Jahresproduktion 3 500 000 Flaschen ca.	2 623 680
2	Kohlenverbrauch, westfälische Förderkohle (Zeche Bismarck), inklusive Beheizung der Kühlöfen	Kohle 2 970 350
3	Für 100 kg verkaufsfertige Flaschen sind demnach ca. 136 kg Kohlen nötig	Glas
	Monatsproduktion	218 640
	pro Quadratmeter Grundfläche	7 044

Tabelle 89. **Wichtige Maße.**

1	Querschnitt des Kanals unter dem Gaswechsel	0,49 m²
2	„ „ „ „ „ Luftwechsel	0,49 „
3	„ „ Gasventils, 700 mm Durchmesser	0,3848 „
4	„ „ Luftventils, 700 mm „	0,3848 „
5	„ „ Kanals unter der Gaskammer	0,45 „
6	„ „ „ „ „ Luftkammer	0,45 „

7, 8	Angaben über die Gas- und Luftkammern	7 Gaskammer	8 Luftkammer
a	Kubikinhalt einer leeren Kammer	12 m³	14,5 m³
b	Kubikinhalt der Gittersteine	2,45 „	2.75 „
c	Innenfläche einer Kammer	40,68 m²	43,80 m²
d	Freie Fläche der Gittersteine	124,5 „	127,1 „
e	Freier Querschnitt zwischen den nicht verdeckten Schlitzen .	0,84 „	0,84 „
f	„ „ „ „ Gittersteinen, horizontal . .	2,15 „	2,30 „
g	„ „ der Gasverbindungskanäle zum Brenner .	0,36 „	—
h	„ „ der Luftverbindungskanäle zum Brenner .	—	0,36 „

9	Freier Querschnitt des Brenners	0.30 m²
10	„ „ der beiden Schornsteinkanäle in der Reversiergrube .	0,70 „
11	„ „ des Hauptschornsteinkanals	0,64 „
12	Freie Oberfläche des Glasspiegels	28,2 „
13	Kubikinhalt des ganzen Wannenraumes	50,76 m³
14	„ „ Glasraumes	28,20 „
15	„ „ Raumes über dem Glase	22,56 „
16	Gewicht des Glases (cbm 2 500 kg)	60,500 kg

Höhe des Schornsteines über Hüttenflur . . . . 35,00 m
Oberer Durchmesser des Schornsteines im Lichten . . . . . 0,75 m

A. Zugmessungen in Millimeter Wassersäule.

1. Vor dem Schornsteine im Hauptkanal . . . . 15,5 mm
2. Vor den Schornsteinschiebern 19 . . . . 13 „
3. Im Kühlkanal vor dem Schornsteinschieber . . . . 5 „
4. Im Kanal hinter dem Gaswechsel . . . . 6 „
5. In den Gaskammern hinten 5, vorn 4,9, im Mittel . . . 4,95 „
6. Im Kanal hinter dem Luftwechsel . . . . 4,5 „
7. In den Luftkammern hinten 5, vorn 4,6 im Mittel . . . 4,8 „

Temperatur-Messungen.

I. Gase.

1. In den Gasübergangsrohren Nr. 14 unten über dem Gaserzeuger:
   a) nach der Beschickung 610° } im Mittel . . . . 640°
   b) vor „ „ 670° }
2. Im Hauptgaskanal 16 . . . . 562°
3. Vor dem Hauptgasventil 17 im Verbindungskanal . . . . . 530°
4. Im Gasventilgehäuse . . . . 480°
   (Abkühlung vom Gaserzeugeraustritt bis Mitte Gasventil = (640—480) = 160° auf 10,4 m Länge, also betrug die Abkühlung für 1 m 15,39°.)
5. Im Gaswechsel 17:
   a) nach dem Wechseln 515° } im Mittel . . . . 505°
   b) vor „ „ 495° }
   (Erhöhung der Temperatur im Gaswechsel (505—480) = 25°.)
6. In den Kanälen vor den Kammern:
   a) nach dem Wechseln 530° } im Mittel . . . . 520°
   b) vor „ „ 510° }
7. Hinten in den Kanälen unter den Kammern:
   a) nach dem Wechseln 610° } im Mittel . . . . 600°
   b) vor „ „ 590° }
8. In den Kammern:
   a) hinten und unten SK 010—09 = 920° }
   b) „ aber oben „ 09—08 = 950° }
   c) vorn und unten „ 08 = 960° } im Mittel . . . 960°
   d) „ aber oben „ 07 = 1010° }
9. Oben im Gasverbindungskanal vor dem Eintritt in den Brenner SK 3 . . . . 1190°
   (Temperaturerhöhung der Gase vom Gasventil ab bis zum Brenner 1190—480 = 710°.)
   (Temperaturgefälle in einer halben Stunde = einer Wechselperiode 20°.)

II. Luft.

1. Beim Eintritt in den Luftwechsel . . . . 45°
2. Unten im Luftwechsel:
   a) nach dem Wechseln 482° } im Mittel . . . . 540°
   b) vor „ „ 599° }
3. Hinten in den Kanälen unter den Kammern . . . . 519°
4. In den Kammern, hinten und unten
   a) nach dem Wechseln 619° } im Mittel . . . . 619°
   b) vor „ „ 619° }
   c) hinten oben SK 010—09. . . . . 920°
   d) vorn unten „ 010—09. . . . . 920°
   e) „ oben „ 01 . . . . 1130°
5. Im Luftverbindungskanal vor Eintritt in den Brenner . . . . 1130°
   (Die Temperaturerhöhung der Luft vom Eintritt in den Luftwechsel bis zum Brenner beträgt also in unserm Fall 1130—45 = 1085°.
   Die Luftkammern liefern 1085—710 = 375° mehr Wärme als die Gaskammern.)

Vergleichen wir die mitgeteilten Ergebnisse dieser Wanne mit Hufeisenflamme mit der Siemens-Rundwanne, so zeigen sich im Gegensatz zu anderen Angaben bei beiden die gleichen relativen Leistungen. Westmann gibt an, daß die Rundwanne von 11 m Durchm. bei 220 t Inhalt 25000 kg Flaschenglas in 24 Stunden schmilzt. Die vorstehend beschriebene Wanne enthält nur 60 t Glas, erzeugt aber monatlich 218 t Glas oder täglich bei 27 Arbeitstagen 8000 kg. Dies entspricht 1:7,5 der Glasmasse. Für die gleiche Schmelzleistung müßte die Rundwanne 220:7,5 = 30 t Tagesleistung haben.

In der Schmelzwanne wurde eine Temperatur von 1430° C gemessen (Segerkegel 15)[1]).

β_6) Tageswanne nach dem Regenerativsystem. Abb. 372—374.

Wir haben bislang nur Wannen für kontinuierlichen Betrieb kennen gelernt, in den nebenstehenden Figuren ist dagegen eine Tageswanne für intermittierenden Betrieb dargestellt, d. h. die Wanne wird während der Nacht vollgeschmolzen, und das Glas wird am Tage ausgearbeitet. Der Betrieb ist ungünstiger, und auch die Haltbarkeit ist kürzer als bei größeren Wannen für kontinuierlichen Betrieb, dagegen hat die

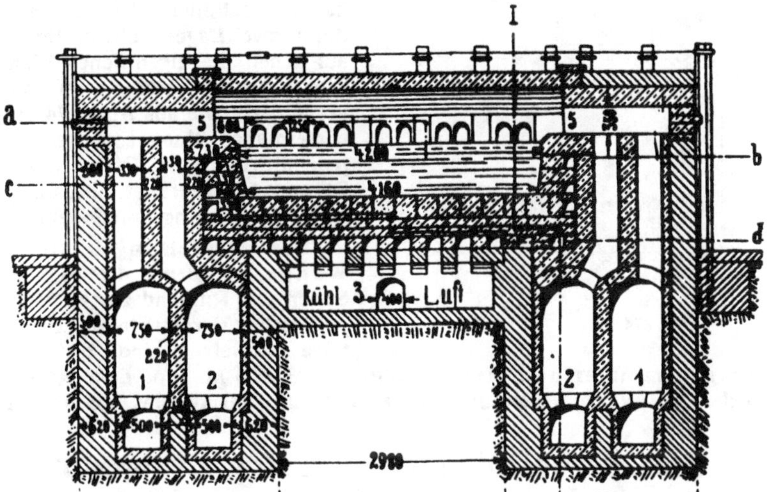

Abb. 372.

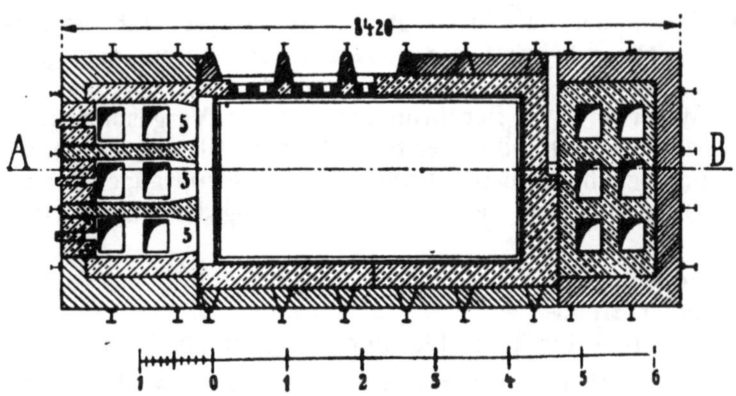

Abb. 373.

Tageswanne dem Hafenofen gegenüber Vorzüge, weil die Häfen fortfallen und der Betrieb einfacher wird, auch an Brennmaterial wird dem Hafenofen gegenüber gespart.

Derartige Tageswannen können zur Herstellung von Flaschen, Weißhohlglas für gewöhnliche Haushaltsartikel, Lampenzylinder, Preßglas, Bauartikel und auch zur Herstellung von Fensterglas benutzt werden, wenn es sich um kleine Produktion und um Sodagemenge handelt, für Sulfatgemenge sind diese kleinen Wannen nicht zu

[1]) Vortrag von Dr. Löser, Keramische Rundschau 1907, Nr. 34.

empfehlen, weil die Wannensteine sehr stark angegriffen werden und dabei leicht Steine ins Glas kommen.

Für kleine Fabriken und in Ländern, wo an die Qualität des Glases keine allzu großen Ansprüche gestellt werden, sind derartige Wannen ganz gut zu gebrauchen.

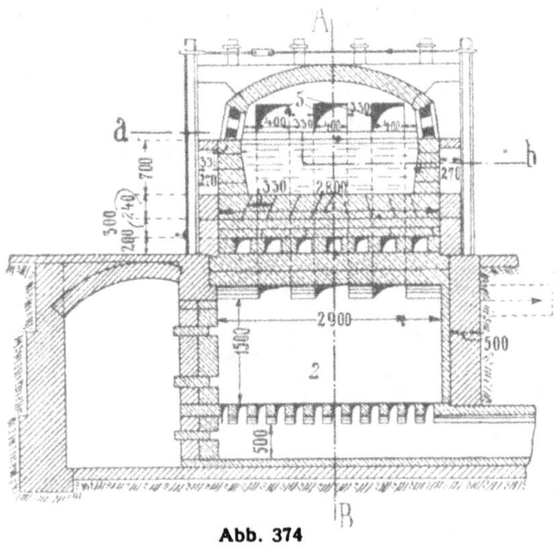

Abb. 374

Aus Abb. 372 u. 374 ist zu ersehen, daß der Unterbau der Wanne aus zwei Paar Regeneratoren 1 und 2 besteht, zwischen denen sich das eigentliche Wannenfundament mit dem Kühlkanal 3 befindet. Die Bodenkühlkanäle sind durch zwei Lagen Schamotteplatten abgedeckt, auf denen die eigentlichen Wannenbodensteine liegen, letztere bilden, um das Auftreiben zu verhindern, wie aus Abb. 374 ersichtlich ist, gewissermaßen einen scheitrechten Bogen. An jeder Stirnseite des Ofens sind je drei einfache Brenner 5 angeordnet, alles übrige ist wohl ohne weitere Erklärung zu verstehen.

Die Herstellungskosten einer solchen Wanne, von denen drei in einer Glasfabrik im Süden von Rußland zur Herstellung von Monopolflaschen (Branntweinflaschen) mit gutem Erfolge im Betrieb sind, betrugen inklusive zweier Planrostgaserzeuger und Reversiergrube 31600 M. (vor dem Kriege). Die Wanne erzeugte monatlich 47150 kg Flaschen und verbrauchte für 100 kg Glas 155 kg Steinkohlen.

3. Glasschmelzöfen für flüssige Brennstoffe.

a) Ölbrenner.

Die Aufgabe der Ölfeuerung[1]) kennzeichnet sich kurz gesagt darin, die einzelnen Öltropfen so innig mit der Luft in Berührung zu bringen, daß die Ölteilchen restlos verbrennen, das Öl also möglichst fein zu zerstäuben und auf dem ganzen Flammenweg schwebend zu erhalten. Kommen die Tropfen zu früh mit festen Gegenständen, wie z. B. dem Mauerwerk, in Berührung, bevor die Vergasung bzw. Verbrennung erfolgt ist, so verkokt das Öl und bildet feste Ansätze, die einen regelmäßigen Betrieb der Feuerung unmöglich machen. Daher ist das Hauptaugenmerk bei der Konstruktion jeder Ölfeuerung auf die richtige Ausbildung der Düsenform zu legen. Man unterscheidet:

1. Tropf-Feuerungen,
2. Verdampfer-Brenner,
3. Zerstäuber und durch Zerstäubung wirkende Niederdruckbrenner.

Das System der Tropffeuerung kennzeichnet sich dadurch, daß die Öltropfen auf eine Aufschlagplatte fallen und dort verdampfen. Hieraus folgt, daß der Betrieb einer solchen Feuerung nur mit hocherhitzter Luft möglich ist, denn nur dadurch wird die sofortige Verdampfung und Verbrennung der Ölteilchen gesichert, ohne daß Verkokung eines Teils des Öles eintritt. Andererseits kann eine solche Feuerung ohne Gebläse betrieben werden. Die Tropffeuerung ist naturgemäß nur bei ununterbrochenem Betrieb anwendbar.

Verdampfer-Brenner sind solche Ölfeuerungen, bei denen die heiße Ölflamme selbst eine Verdampferschale oder eine Rohrschlange umspült. Zum Anheizen muß diese Verdampferschale durch eine Hilfsfeuerung angewärmt werden. Auch der Verdampferbrenner hat den Vorteil größter Einfachheit und benötigt kein Gebläse, jedoch kommt diese Art der Ölfeuerung nur in besonderen Fällen in Frage, weil nur hitzebeständige, wenig zersetzliche und leicht verdampfbare Öle brauchbar sind. Auch können damit hohe Temperaturen nicht erzielt werden.

[1]) Keppeler, Brennstoffe und ihre Verbrennung, S. 29 u. ff. Essig, Ölfeuerung.

Am besten wird die Aufgabe der Ölfeuerung durch die Zerstäubung gelöst. Die Zerstäubung des Öles erfolgt entweder durch Dampf oder durch Preßluft. Außerdem arbeiten zahlreiche Zerstäuberkonstruktionen in der Weise, daß das unter Druck gesetzte Öl in dem Mundstück der Düse gleichzeitig eine drehende Bewegung erhält, so daß die Fliehkraft des Ölstrahles die Zerstäubung bewirkt.

Die für die Zerstäubung aufzuwendende Arbeitsleistung nimmt naturgemäß mit der Viskosität des Heizöles zu. Je höher das Öl vorgewärmt ist, desto dünnflüssiger ist es und desto leichter wird die Zerstäubung erfolgen. Wird dem Ölstrahl außer seiner achsialen Bewegung durch geeignete Form der Düse gleichzeitig eine Drehbewegung erteilt, so wird die Zentrifugalkraft die Kohäsion der Tropfen überwinden und die Zerstäubung der einzelnen Tropfen bewirken. Die rotierende Bewegung des Ölstrahles kann auf verschiedene Weise erzielt werden, und es gibt eine große Anzahl von Konstruktionen für derartige Zerstäuber.

Bei der Zerstäubung durch Preßluft wird in der Regel ein Druck von etwa 2 atm. angewandt. Die Zerstäubung durch Dampf wird für Industrieöfen weniger benutzt, weil der Dampf die Temperatur der Flamme herabdrückt und in allen industriellen Feuerungen unerwünscht ist.

Während bei den Brennern dieser Art nur die zum Zerstäuben nötige Preßluft unter Druck gesetzt und die Verbrennungsluft besonders zugeführt wird, arbeiten die sog. Niederdruckbrenner in der Weise, daß die gesamte Verbrennungsluft gleichzeitig die Zerstäubung des Öles besorgt; während also im ersteren Falle nur die zum Zerteilen des Öles nötige Energie aufgewandt wird, wird im letzteren Falle der ganze Luftstrom durch den Brenner geleitet.

Für kleine Leistungen bis zu 80 kg stündlich sind die mit niedrigem Druck arbeitenden Brenner (bei denen, wie oben erwähnt, nicht nur die zur Zerteilung des Ölstrahles erforderliche Luftmenge, sondern die gesamte Verbrennungsluft durch den Brenner geführt wird) viel verbreitet. Bei dieser Art von Ölbrennern ist nur ein Druck von 250—500 mm/WS erforderlich. Die Verwendung von hocherhitzter Luft ist allerdings bei diesen Brennern nicht möglich, weil sonst in der Düse selbst eine Verdampfung eintreten würde, die zur Ausscheidung von Koksteilchen und zu Verstopfungen führen würde.

Für größere Leistungen und daher für alle Öfen der Industrie wird die Zerstäubung durch Druckluft von ca. 2 atm. Pressung bewirkt.

b) Anwendung in der Glasindustrie.

Grundsätzlich kann jede Ofenbauart, die für Gasfeuerung vorgesehen ist, einfach durch Ersatz der Gasbrenner durch Ölbrenner für Ölfeuerung geeignet gemacht werden. Jedoch ist bei der Ölfeuerung eine Vorwärmung des Öles unnötig, weil der Heizwert des Öles gegenüber Gas so überlegen ist, daß eine Vorwärmung keinen Nutzen bringen könnte. Sie ist aber auch ganz unmöglich, weil das Öl sich in den Kammern zersetzen würde. Es ist also bei der Ölfeuerung nur die Vorwärmung der Luft möglich. Daraus ergibt sich, daß als ölbefeuerte Öfen brauchbar sind:

1. Rekuperativöfen,
2. Regenerativöfen nach dem Zweikammersystem.

Sollen Regenerativöfen nach dem Vierkammersystem mit Ölfeuerung ausgestattet werden, so sind entweder die Gaskammern außer Betrieb zu setzen oder für die Vorwärmung der Luft mit heranzuziehen.

Ferner sind vorwiegend Öfen mit „Oberflammen" geeignet, weil die Installation von Ölbrennern für Unterflammen in der heißen Sohle im allgemeinen zu großen technischen Schwierigkeiten begegnet.

Wir beschränken uns darauf, Rekuperativöfen wiederzugeben, die bei Neubauten, die ausschließlich der Ölfeuerung dienen sollen, bevorzugt werden.

α) Hafenofen mit Ölfeuerung. Bauart Dralle. Abb. 375 und 376.

Der Ofen ist mit Rekuperatorsystem Nehse ausgerüstet, zwischen denen eine große Glastasche angeordnet ist. Die heiße Luft strömt an jeder Stirnseite bei *L* zu den Brennern, vor denen die Druckluftzerstäuber *O* angebracht sind, so daß die heiße Luft durch den Ölstrahl mitfortgerissen wird (vgl. auch die Anordnung Abb. 377).

Das Öl wird vom Kesselwagen in einen Behälter gepumpt, der mit Heizschlangen versehen ist, um dem Öl ständig eine gleichbleibende Temperatur von 60—70° geben zu können.

Vor jedem Brenner befindet sich ein selbsttätiger Regler *R*, der den Zufluß des Öles bestimmt. Die Abgase verlassen den Ofen durch Öffnungen *A*.

Ein Ofen mit 12 verdeckten Häfen à 550 kg Inhalt verbrauchte in 24 Std. 1600 kg Kreosotöl gegenüber 3600 kg Steinkohlen.

Ebensogut läßt sich die Ölfeuerung bei Wannen, Trommeln, Kühlöfen usw. anbringen.

β) Wanne mit nach außen gerichteter Doppel-Hufeisenflamme für Ölfeuerung. Bauart Dralle. Abb. 377—379.

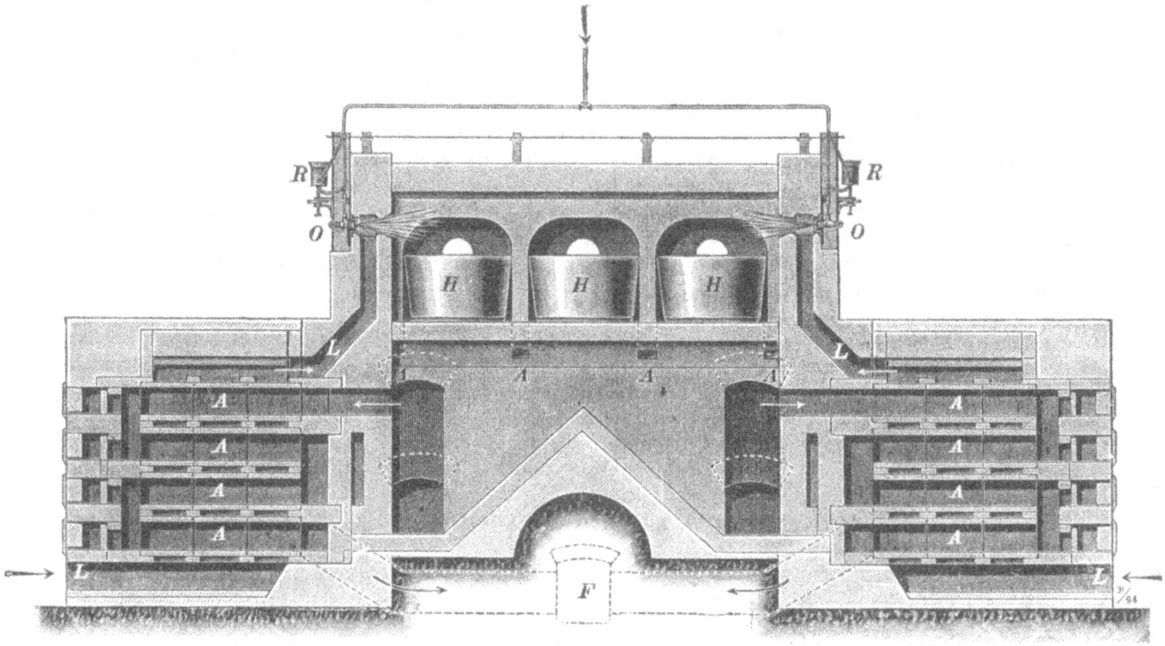

Abb. 375.

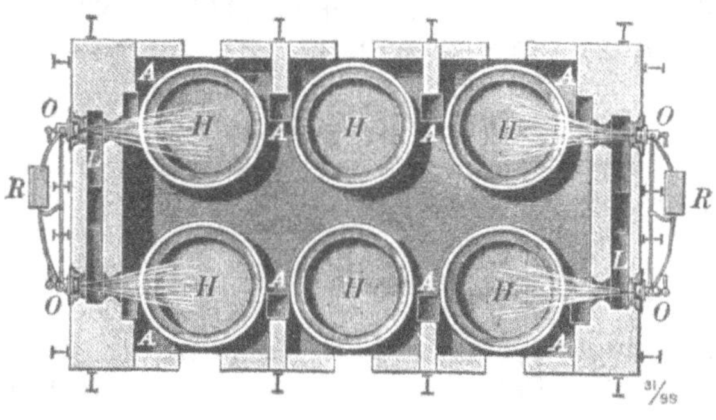

Abb. 376.

Der Rekuperator ist teils in Schnitt, teils in Ansicht dargestellt. Die Brenner sind in der Mitte der Kopfwand angeordnet, die zwei Flammenströme schlagen in Hufeisenform nach außen und die Abgase ziehen durch die beiden senkrechten Abzüge nach dem Rekuperator. Die Luft steigt in einzelnen Teilströmen um die Abgaskanäle hoch, tritt von 3 aus in den um die Brenner fassenden Ringraum und wird von dem zerstäubten Ölstrahl mitgerissen, wobei allerdings schon der Aufstieg vom Rekuperator allein genügen würde, um sie der Flamme zuzuführen.

Man kann mit 0,5 kg Heizöl für 1 kg geschmolzenes Flaschenglas auskommen.

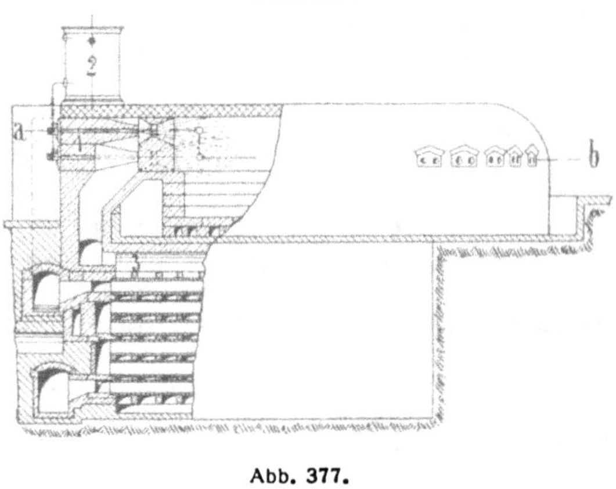

Abb. 377.

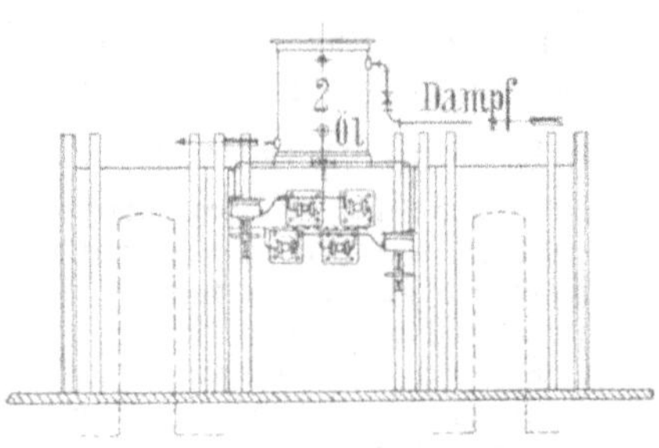

Abb. 378

γ) Wannenofen mit Quer- und Längs-Flamme für Ölfeuerung. Bauart Dralle. Abb. 380.

Fensterglas. Erzeugung 250000 m².

Vergleiche den entsprechenden Ofen mit Gasfeuerung S. 475.

Bei der Beschreibung dieser Anlage seien gleichzeitig die notwendigen zahlreichen Hilfseinrichtungen kurz mitbeschrieben.

In dem Maschinenhaus 1 sind 2 Dieselmotore von je 50 PS (einer als Reserve) aufgestellt, die den gesamten maschinellen Betrieb der Hütte übernehmen. An die Haupttransmission sind die Kompressoren 8 und die Ölpumpe 6 angeschlossen. Vom Windkessel 7 aus geht die Hauptdruckluftleitung 9 zu den Öfen, und zwar Abzweigleitung 10 zu den Steinbrennöfen 11 und 12, Abzweig 13 zu den Vorderbrennern 14 und Abzweig 15 zu den Hauptbrennern 16 der Wanne 17. Zur Beheizung der beiden Strecköfen 22, in denen die Walzen zu Tafeln ausgestreckt und dann langsam gekühlt werden, dienen die Leitungen 18 und 20 und die Brenner 19 und 21.

Eine zweite Rohrleitung 23 führt das Öl zu den genannten Brennern. Die Brenner der Wanne erhalten von den Rekuperatoren heiße Verbrennungsluft. Die Hauptbrenner besitzen je 120 kg, die Vorderbrenner 50 kg Stundenleistung. Den Zerstäubern der Strecköfen wird die erforderliche Verbrennungsluft durch einen besonderen Ventilator zugeführt.

Die Gesamtkosten einer solchen Einrichtung betragen mit den nötigen Ölbehältern, Maschinen, Rohrleitungen und Brennern etwa 60000—70000 M., wogegen die Wanne allerdings wegen des Fortfalls der Generatoren ca. 20000 M. billiger wird.

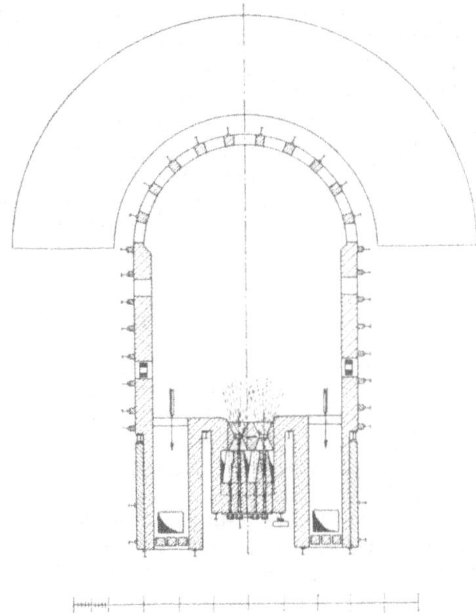

Abb. 379.

Öfen mit Regenerativfeuerung nach dem Zweikammersystem

sind ganz entsprechend den Rekuperativöfen gebaut. Sie bedürfen aber die doppelte Anzahl von Brennern und Umschaltvorrichtungen, die entsprechend dem Flammenwechsel einen Brenner aus- und den andern einzuschalten gestatten. In der ersten Auflage dieses Buches S. 593 ist einiges über die Einrichtungen mitgeteilt.

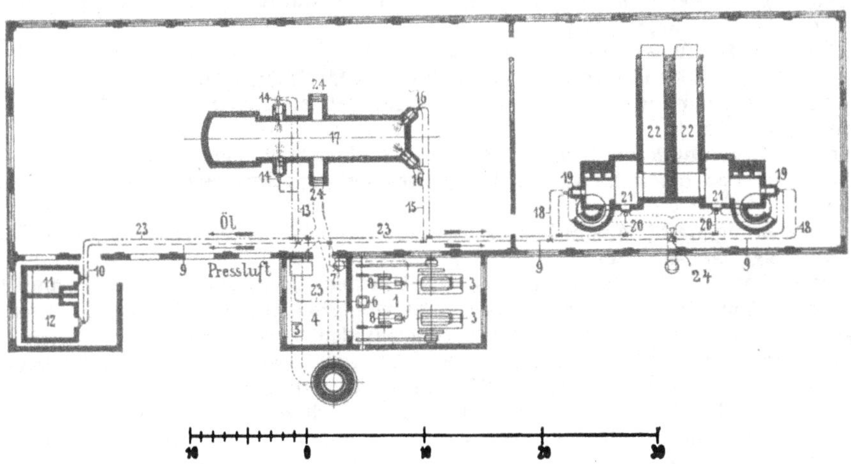

Abb. 380.

c) Wirtschaftlichkeit.

Für die Wirtschaftlichkeit der Ölfeuerung sind zwar in erster Linie die Brennstoffkosten maßgebend, aber die sonstigen Vorteile der Ölfeuerung sind für viele Zwecke so groß, daß auch bei höheren Brennstoffkosten sehr häufig die Ölfeuerung jeder anderen Heizungsform wirtschaftlich überlegen ist.

Bei einem Kohlenpreis von 20 M./t Steinkohle von 7000 WE beträgt der Preis für 1000 WE in Form der Kohle nicht ganz 0,03 M. In Form von Teer, Öl bzw. Heizöl werden die Kosten für den gleichen Wärmewert etwa dreimal so hoch sein, aber der Wirkungsgrad der Ölfeuerung ist entsprechend dem höheren Heizwert des Öles günstiger als derjenige aller anderen Feuerungen. Für viele Zwecke ist ferner die außerordentlich hohe Temperatur ausschlaggebend, welche man mit der Ölfeuerung erreichen kann. Die Bedienung der Ölfeuerung ist ungemein einfach und billig. Endlich ist die Ölfeuerung rasch betriebsfertig und aus diesem Grunde sehr gut geeignet für solche Öfen, die nur vorübergehend betrieben werden. In der Glasindustrie sind vor allen Dingen die nur vorübergehend betriebenen Nebenöfen für die Ölfeuerung geeignet. Bei ölgefeuerten Öfen kann man häufig auf die umständliche Rekuperation bzw. Regeneration verzichten, so daß die Anlagekosten und damit auch Abschreibung und Unterhaltung wesentlich billiger werden.

Ist der ölgefeuerte Ofen einmal richtig eingestellt, so arbeitet er ohne jede Wartung. Aschen- und Schlackentransport kommen gänzlich in Fortfall, weil das Öl restlos und rauchlos verbrennt, ohne irgendwelche Rückstände zu hinterlassen. Insbesondere Hütten mit hoher Kohlenfracht werden die Frage der Ölfeuerung mit Interesse verfolgen.

Die Nutzbarmachung der in den Abgasen enthaltenen Wärme geschieht bei der Ölfeuerung häufig durch Abhitzekessel oder ähnliche Einrichtungen.

4. Öfen für Kohlenstaubfeuerung.

Obwohl im gegenwärtigen Augenblick die Beheizung der Glasöfen mit Kohlenstaub in Deutschland noch nicht eingeführt ist, dürfen wir an dieser Feuerungsart nicht vorübergehen. Ist doch die Eisen- und Stahlindustrie heute auch in Deutschland schon dazu übergegangen, den Kohlenstaub — von Stein- und Braunkohlen, sogar von Torf — in erheblichem Umfange anzuwenden, nicht nur für Dampfkessel und nebensächliche Öfen, sondern sogar für Martinöfen, also für Temperaturen und Wärmeleistungen, welche die der Glashütten übersteigen.

Daß die Staubfeuerung für manche Gebiete ganz gewaltige Vorteile bietet, ist unbestreitbar. Wir brauchen nur an den umständlichen, lästigen Generatorenbetrieb in der Hütte zu denken, an die Abhängigkeit von der Sorgfalt und Willigkeit der Stocher, an die Schwierigkeiten der Kohlenbeschaffung, — wenn wir an deren Stelle eine maschinelle Kohlenvermahlung setzen könnten, die den fertigen Staub in geschlossenen Rohren ohne Ruß, Schmutz, Asche und Schlacke zum Ofen leitet, wo ein spezieller Maschinist das Ventil wie bei einer Dampfmaschine handhabt, dann sehen wir ein Ideal vor uns, das zur Verwirklichung anreizt, aber sich natürlich nicht so einfach und überall in die Tat umsetzen läßt. Aber immerhin, da die Kohlenstaubfeuerung erst in der Entwicklung ist und die bisherigen Erfolge sehr gut sind, darf auch die Glasindustrie nicht daran vorbeigehen.

Die Staubfeuerung ist gekennzeichnet durch folgenden einfachen Arbeitsgang:

Die Kohle wird nach vorheriger Trocknung ganz fein vermahlen und mit Preßluft in einer Düse vermischt. Es entsteht eine sehr lange heiße Flamme, während Asche bzw. Schlacke flüssig auf dem Boden der Brennkammer anfallen.

Die Kohlenstaubfeuerung ist eine maschinelle Einrichtung — darin liegt ein wesentliches Merkmal. Der Vorzug der Maschine ist Ersparnis an Arbeitskräften, Unabhängigkeit von den Launen der Leute, Regelbarkeit im Betrieb und im vorliegenden Fall rasche Betriebsbereitschaft, so daß man mit wenigen Aufheizstunden auskommt.

Bei der Staubfeuerung kommt hinzu, daß Magerkohlen, Halbkoks, Braunkohlenstaub, Torf verwendbar sind, und daß damit für viele bisher schwer verkäufliche Brennstoffsorten ein guter Absatz ermöglicht wird.

Die Staubfeuerung ergibt so hohe Temperaturen, daß die Ofenbauart in sehr vielen Fällen vereinfacht und verbilligt werden kann.

Die Nachteile der Staubfeuerung sind begründet in der außerordentlich raschen und heißen Verbrennung. Die Gefahr der Explosion ist zwar nicht sehr groß, nachdem man inzwischen die Staubfeuerung genauer kennt, aber sie wird nie ganz verschwinden — wie schließlich auch bei jedem Generatorenbetrieb. Die heiße Flamme stellt besondere Anforderungen an das feuerfeste Mauerwerk, das nicht nur den hohen Temperaturen standhalten muß, sondern auch dem zerfressenden Einfluß der flüssigen Schlacke. Bei basischen Aschen muß man also ein dichtes Schamottematerial nehmen. Endlich muß man große Brennkammern in Kauf nehmen, die nach den Öfen zu große Öffnungen besitzen und der Flamme freien Austritt lassen. Die Flamme selbst läßt man bogenförmig (Einführung von oben oder schräg) brennen, damit die Schlacke an der tiefsten Stelle des Flammenbogens ausfällt und flüssig abgezogen werden kann.

Eine weitere Frage ist die der Beseitigung der Asche. Sie ist für die Einführung der Kohlenstaubfeuerung in die Glasindustrie von entscheidender Bedeutung. Es liegen hierüber bis jetzt keinerlei Erfahrungen vor. Man muß aber vorläufig bezweifeln, daß eine vollkommene Entfernung der Asche in der Brennkammer gelingt. Dann kämen zunächst ohne Schwierigkeit nur die Öfen mit gedeckten

Häfen in Frage. Bei offenem Schmelzen in Häfen und Wannen wäre der Grad der Empfindlichkeit für die Reste der Flugasche zu prüfen. Es ist denkbar, daß Flaschengläser wenig unter der Flugasche leiden, vorausgesetzt, daß sie glatt von der Glasoberfläche gelöst werden kann. Mit der gewünschten Qualität dürften aber die Schwierigkeiten in diesem Punkte steigen.

Ausführung der Staubfeuerung.

Wenn die Kohle erhebliche Wassermengen enthält, muß sie vor der Vermahlung getrocknet werden. 5% Feuchtigkeit bei Steinkohle, 17% bei Braunkohle[1]) werden als Grenze angegeben. Die Trocknung erfolgt in Trommeln, möglichst mit der Abhitze vorhandener Öfen.

Die Mühle ist der Kernpunkt jeder Staubfeuerung. Kleine Mühlen, welche direkt mit dem Ventilator gekuppelt sind, werden von verschiedenen Spezialfirmen geliefert. Dieser Maschinensatz enthält dann auch gleichzeitig die Einrichtung und Regelung der Brennstoffmenge und der Luft, so daß für kleinere Einzelanlagen eine sehr einfache und billige Konstruktion gegeben ist.

Für größere Betriebe mit mehreren Feuerstellen wird eine zentrale Mahlanlage geschaffen, der Staub wird durch Transportschnecken oder Preßluft zu den Vorratsräumen befördert.

Für derartige große Mahlanlagen unterscheidet man langsamlaufende und schnellaufende Mühlen (Kugel- oder Ringmühlen); auch Hammermühlen werden angewandt, bis zu 2000 Umdrehungen minutlich.

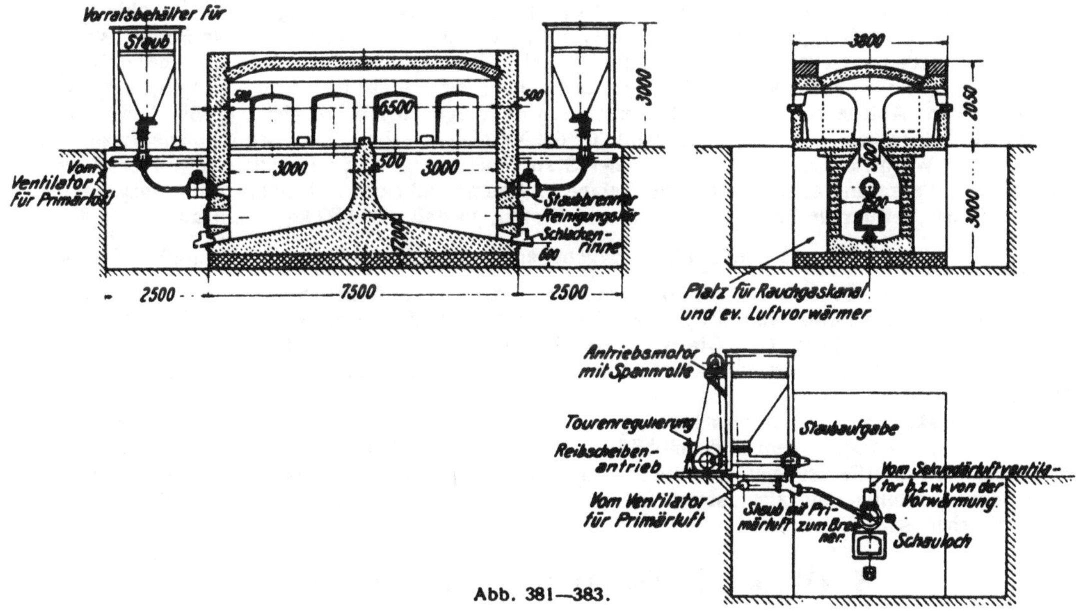

Abb. 381—383.

Wie bereits oben erwähnt wurde, ist über einem bestimmten Wassergehalt Trocknung der Kohle vor der Mahlung nötig. Die Trockentrommel wird mit der Abhitze des Ofens beheizt. Die getrocknete Kohle gelangt in die Mühle, die neuerdings vielfach mit einem Windsichter ausgerüstet wird, d. h. die gemahlene Kohle wird durch einen Windstrom in einem Zyklon ausgeschleudert, derart, daß die gröberen Teilchen wieder in die Mühle zurückfallen und nur der ganz fein gemahlene Staub von dem Windstrom in den Sammelbehälter weiter getragen wird („Windsichtung"). Bei großen Anlagen wird der Staub durch eine Pumpe besonderer Bauart mit Luft vermischt den einzelnen Behältern zugedrückt, und diese Pumpanlage besitzt eine automatische Regelung. Abb. 381—383 zeigt für einen Hafenofen die Anordnung der Staubfeuerung nach dem System Fuller, das in Amerika sehr verbreitet ist. Von dem Vorratsbehälter wird der Staub durch eine selbsttätige Aufgabevorrichtung in die Rohrleitung gedrückt und die Primärluft zugemischt. Dieses Gemisch gelangt in den Brenner, in dem die Sekundärluft entweder vom Ventilator oder von dem Regenerator- bzw. Rekuperator zugeleitet wird, ähnlich wie dies auch bei der Ölfeuerung geschieht. Die Flamme brennt dann in die Brennkammer, deren Form und Bemessung einen der wesentlichsten Erfahrungspunkte bildet. Da die Temperatur der Kohlenstaubfeuerung sehr hoch ist (bis 1800° C), so ist kein feuerfestes Material auf die Dauer der unmittelbaren Einwirkung der Flamme und der flüssigen Schlacke gewachsen. Deshalb muß man die Brennkammer so groß wählen und sie so formen, daß die direkte Flamme nicht auf die Steine aufschlägt. Der große Flammenraum

[1]) Berichte der Wärmestelle des Vereins Deutscher Eisenhüttenleute, Nr. 46.

bewirkt gleichzeitig, daß die Staubteilchen sich niederschlagen und als flüssige Schlacke sich unten am Boden sammeln. Die flüssige Schlacke wird von Zeit zu Zeit abgezogen, die Wände der Brennkammer müssen aus einem besonders hochwertigen, erstklassigen feuerfesten Material (Spezialerfahrungen) zusammengesetzt werden, der Herd wird aus Magnesit, Dolomit oder anderem, der chemischen Natur der Schlacke angepaßten Material hergestellt (gestampft).

Die Kammer ist im vorliegenden Falle nach dem Herd zu eingeschnürt, die Gase umspülen die Häfen— hier sind Stiefelhäfen angewendet — und ziehen durch Öffnungen im Gesäß des Ofens ab. Der Ofen ist von beiden Seiten beheizt.

Bei einem vom Kopf aus beheizten Wannenofen würde die Brennkammer natürlich hoch liegen. In diesem Falle führt man die Flamme im Gewölbe der Brennkammer, also von oben ein, läßt sie schräg nach unten brennen und bogenförmig wieder nach oben über die Feuerbrücke in die Wanne ziehen, so daß sich die Schlacke auch in diesem Fall auf der geneigten Sohle der Brennkammer sammelt und flüssig abgezogen wird. Immerhin wird man mit dieser Beheizung bei langen Wannen Erfahrungen abwarten müssen.

Wirtschaftlichkeit. Selbstverständlich sind Anschaffungspreis, Kraftverbrauch und Reparaturkosten der einzelnen Systeme ganz verschieden. Man wird etwa 1% für Trocknung, 3% für Kraftverbrauch und 2% für Verluste, zusammen 6% Energieverlust für die Vorbereitung bzw. Herstellung des brennfertigen Steinkohlenstaubes zu rechnen haben, während z. B. die Vergasung in Generatoren 15—20% Verluste bis zum Brenner bedingt. Auch gegenüber der Brikettierung der Braunkohle kostet die Bereitung des brennfertigen Staubes etwa 20% Kohle weniger. In dem Bericht Nr. 36 der Wärmestelle des „Vereines Deutscher Eisenhüttenleute" findet sich eine Aufstellung über die Vorbereitungskosten pro 1 t Kohle, einmal auf dem Weg der Verstaubung, einmal auf dem Weg der Vergasung, ausgerechnet für eine Anlage von 2 Drehrostgaserzeugern im Vergleich mit der gleich großen Mahlanlage, die nicht die Hälfte kostet. Ausschlaggebend für die Vergleichsrechnung ist der Kohlenaufwand für eine bestimmte Wärmeleistung im Ofen. Bei der Staubfeuerung werden verbraucht 2% Trocknungskohle. Bei der Vergasung aber arbeitet die Anlage insgesamt vielleicht mit einem Wirkungsgrad von 70% einschl. der Leitungsverluste (Teer, Ruß und Staub), so daß den 980 kg Staub auf der anderen Seite $\frac{980}{0{,}70}$ ist 1400 kg zu vergasende Kohle gegenüberstehen (einschl. Dampferzeugung). Da auch die Löhne bei dem Generatorenbetrieb etwa das Dreifache ausmachen, so ergibt die Gegenüberstellung eine Ersparnis von 40% des Brennstoffaufwandes zugunsten der Staubfeuerung. Das Ergebnis der Aufstellung ist: Die Kohlenstaubfeuerung erfordert pro t Kohle einen Aufwand von 13,63% des Kohlenpreises für Abschreibungen und Zinsen, Reparaturen, Kraft, Trocknung, Löhne usw.

Die Kohlenstaubfeuerung ist also ins Auge zu fassen, wo die Aussicht besteht, die Kohlenkosten des Betriebes um 15—20% zu senken durch billigere Kohle (Grus, Brikettabrieb) oder durch Stillsetzung alter Generatoren und Feuerungen oder durch Beseitigung veralteter Öfen, besonders da Kohlenstauböfen einfacher und billiger ausfallen, sofern für die Glasindustrie das Problem der Unschädlichmachung der Asche sicher gelöst ist.

5. Öfen mit elektrischer Beheizung.

Zur Vervollständigung sollen auch über Schmelzöfen mit elektrischer Beheizung einige Worte gesagt werden, obwohl — mehr aus wirtschaftlichen als aus technischen Gründen — solche Öfen für uns kaum in Frage kommen werden.

Widerstandsöfen kommen für Glas nicht in Betracht, weil die Schmelzmasse sehr schlecht leitend ist. Lichtbogenöfen übertragen die Hitze des Flammenbogens durch Strahlung auf das Bad.

Nach einer Mitteilung[1]) sind in solchen Öfen Flaschen hergestellt worden; doch ergaben die von den Elektroden herunterfallenden Kohlenteilchen Verunreinigungen des Glases, wobei gleichzeitig die reduzierende Wirkung des Kohlenstoffes nachteilig bemerkbar wurde.

Es sind deshalb Sonderkonstruktionen vorgeschlagen worden, bei denen der Lichtbogen nicht frei über dem Schmelzgut brennt, sondern über einer Brücke aus gut leitenden Körpern zwischen zwei Schmelzgefäßen von ziemlich schmaler, rechteckiger Form, die durch Scheidewände getrennt sind, um einen langsamen, stetigen Fluß des Glases zu erzielen.

Wenn man bedenkt, daß der Schmelzvorgang des Glases nur etwa 10% von der praktisch verbrauchten Wärme benötigt, und daß ein elektrischer Ofen die Strahlungsverluste, die beim üblichen Ofen 40 bis 50% betragen, bei weitem nicht zu haben braucht (weil er die Oberflächen und leeren Räume vermeiden und viel rascher einschmelzen kann), so ist das Problem des elektrischen Ofens für besonders hochwertige Gläser vielleicht nicht ganz aussichtslos. Für große Mengen ist die elektrische Energie

[1]) Sprechsaal 1920, S. 205.

für deutsche Verhältnisse zu teuer; denn bei einem Wirkungsgrad von 45% des elektrischen Ofens und unter der Annahme, daß das Warmhalten des Glases die Hälfte der Schmelzwärme erfordert, würden für 1 kg Glas etwa 2 kW/Std. nötig sein gegenüber 1 kg Steinkohle im gasgefeuerten Ofen. Wir haben bei der Ölfeuerung zwar gesehen, daß in manchen Fällen der dreifache Brennstoffpreis kein Hindernis für die Wirtschaftlichkeit der Ölfeuerung ist, aber in Deutschland besteht wohl keine Aussicht, ein so günstiges Preisverhältnis der elektrischen Energie zur Kohle zu erreichen.

6. Berechnung der Hauptabmessungen.

Um einen Überblick über den Wärmeverbrauch der Öfen und die richtige Dimensionierung der Querschnitte zu erhalten, sollen nachstehend einige Berechnungsbeispiele näher behandelt werden. Nach Ermittlung des Wärmebedarfs wollen wir uns ein Bild machen über die Geschwindigkeiten, mit denen sich die Bewegung von Gas und Luft in den verschiedenen Teilen des Ofens vollzieht.

a) Theoretischer Wärmebedarf.

Über die Bildungswärme der Silikate, wie überhaupt über die Wärmetönung der Glasschmelze liegen nur sehr spärliche Angaben vor. Sie beschränken sich auf die unten[1]) genannten Arbeiten.

Wir wollen versuchen, aus einzelnen Daten und begründeten Annahmen die Wärmetönung unter Beschränkung auf die einfachsten Vorgänge zusammenzusetzen. Wir haben dann zunächst für die einzelnen Bestandteile des Gemenges die Wärmemengen zu berechnen, die nötig sind, um das Gemenge auf die Höchsttemperatur (1500°) zu bringen, indem wir die Menge mit dem 1500fachen Betrag der spezifischen Wärme multiplizieren (1), nun aber zersetzen sich einige Bestandteile des Gemenges und erfordern dafür eine bestimmte Wärmemenge (2). Der Einfachheit halber sehen wir beim Sulfat davon ab, daß die Kohlenbeimengung infolge der Oxydation der Kohle den Wärmeverbrauch vermindert. Schließlich haben wir die neu entstehenden Silikate und ihre überschüssige Kieselsäure zu schmelzen und auch dafür Wärme aufzuwenden. Für Silikate können wir die Schmelzwärme den Versuchen von Tammann entnehmen. Für Na_2SiO_3 ergeben sich 29 Kal. pro kg. Für Mikroklin ($K_2OAl_2O_36\ SiO_2$), ein dem Glase ähnliches Silikat: 83 Kal. pro Kilogramm. Wir werden keinen zu großen Fehler begehen, wenn wir für das Schmelzen des Glases 60 Kal. einsetzen (3). Aus den drei Posten setzt sich der Wärmebedarf zusammen. Nun aber gewinnen wir noch durch die Vereinigung der basischen Oxyde mit Kieselsäure. Die Wärmemenge, die hier gewonnen wird, ist wohl etwas geringer als bei der Vereinigung der Oxyde mit Kohlensäure. Die Untersuchung von Mulert (l. c.) ergibt für die molekulare Bildungswärme (Na_2O, SiO_2): 97850 also rund 100000 Kal. und für (CaO, SiO_2): 15000 Kal. (4).

Wir werden als Beispiel ein Kalknatronglas der Normalzusammensetzung: $CaO \cdot Na_2O \cdot 6\ SiO_2$ nehmen, und zwar die Rechnung sowohl für das Sodagemenge wie für das Sulfatgemenge durchführen.

Sodagemenge.	Sulfatgemenge.
1 kg Mol.	1 kg Mol.
106 Na_2CO_3	142 Na_2SO_4
100 $CaCO_3$	100 $CaCO_3$
360 SiO_2	360 SiO_2
566 kg Gemenge	602 kg Gemenge
geben 478 kg Glas	geben 478 kg Glas

1. Erwärmung des Gemenges auf 1500°.

Sodagemenge	Sulfatgemenge
106 Na_2CO_3	142 Na_2SO_4
106 × 1500 × 0,28 = 44520	142 × 1500 × 0,23 = 48990
100 $CaCO_3$	100 $CaCO_3$
100 × 1500 × 0,21 = 31500	= 31500
360 SiO_2	360 SiO_2
360 × 1500 × 0,20 = 108000	= 108000
184020	188490
= rd. 185000	= rd. 190000

[1]) Thomson, Thermochem. Untersuchungen II, S. 426. Tammann, Krystallisieren und Schmelzen. Mulert, Z. f. anorg. Chem. **75**, 198 (1912). Le Chatelier, Compt. rend. **120** (1895). Tschernobaeff, Bull. Soc. d'encour. de l'ind. **107**, 729 (1905), Wietzel, Z. f. anorg. Chem. **116**, 1 (1921).

2. Zur Zersetzung der Karbonate und des Sulfats.

1 Molekül Na_2CO_3:	75480	1 Molekül Na_2SO_4:	157310
1 Molekül $CaCO_3$:	42490	1 Molekül $CaCO_3$:	42490
	117970		199800
	= rd. 120000		= rd. 200000

3. Schmelzwärme.

478 × 60 = rd.	30000	30000
alles zusammen	— 335000	— 420000

4. Wärmeentwicklung durch Silikatbildung.

1 Molekül Na_2SiO_3	100000	
1 Molekül $CaSiO_3$	15000	
	+ 115000	+ 115000
bleibt	— 220000	— 305000

Für 1 kg Glas ist der gesamte Wärmebedarf:

220000:478 = 460 Kal.	305000:478 = **640** Kal.

Diese Wärmemenge wird erzeugt, bei einem Heizwert von 7000 Kal. pro Kilogramm Kohle, von

65 g Kohle	**90 g Kohle.**

Es sei wiederholt betont, daß die vorstehenden Rechnungen große Unsicherheiten enthalten. Aber diese bestehen hauptsächlich in den Punkten, die für das Sodagemenge und das Sulfatgemenge gleich eingesetzt werden mußten. Der Fehler ist deshalb bei beiden gleich. Man kann also das richtige Resultat ableiten, daß das Sodagemenge für die gleiche Glasproduktion um ca. 28% weniger Kohle zum Einschmelzen bedarf als der Sulfatsatz, ganz abgesehen von den anderen Vorteilen (s. hierüber Rohmaterialien, S. 163).

Wenn nun auch die ermittelten Zahlen nur einen geringen Grad der Genauigkeit haben, so sind sie doch der Größenordnung nach richtig und deuten darauf hin, daß in unseren heutigen Glasschmelzöfen nur ein sehr geringer Prozentsatz der aufgewandten Kohle (10—20%) für den eigentlichen Glasschmelzprozeß dient. Alles andere geht durch Leitung und Strahlung und in der Abhitze verloren. Man sieht daraus, wie notwendig es wäre, die Wärmebilanz[1]) unserer Glasöfen näher zu untersuchen. Eine der Hauptgrundlagen hierzu ist die Bestimmung der Wärmetönung des Einschmelzprozesses und der spezifischen Wärmen der in Frage kommenden Verbindungen bei hohen Temperaturen.

In dem zu berechnenden Ofen sollen nun 10000 kg Glas aus 11840 kg Gemenge geschmolzen werden. Nehmen wir zur Sicherheit der Berechnung an, daß die in Frage kommenden Öfen einen Wirkungsgrad von 12,5% ergeben, so hätten wir je kg Glas an Kohle aufzuwenden:

$$\frac{0{,}065 \cdot 100}{12{,}5} = 0{,}52 \text{ kg}.$$

Für 10000 kg Glas: **5200 kg.**

Wir müssen aber von der Schmelze bis zur Verarbeitung das Glas noch warm halten und setzen deshalb als Verbrauch für 10000 kg Glas: **8000 kg** Kohle ein.

Diese Kohlen- und Wärmemenge auf eine Schmelz- und Arbeitszeit von 24 Stunden verteilt, ergibt eine stündliche Kohlenmenge von

$$\frac{8000}{24} = 333 \text{ kg}$$

oder sekundlich eine Kohlenmenge von $\frac{333}{3600}$ = rd. 0,093 kg.

[1]) Die meisten in der Literatur enthaltenen Wärmebilanzen von Glas-Schmelzöfen fußen auf Rechnungen, die sich in der Genauigkeit nicht über die von uns gegebene erheben. Die einzige zuverlässige Experimentarbeit ist die Maurachs. (Wärmefluß in einer Schmelzofenanlage, München, R. Oldenbourg 1923.)

Die Kohle soll in Drehrostgeneratoren vergast werden; wir erhalten ein Gas mit einer Zusammensetzung von

$$\begin{aligned} CO_2 &= 2{,}4\% \\ CO &= 30{,}5\% \\ O_2 &= 1{,}0\% \\ H_2 &= 10{,}8\% \\ CH_4 &= 2{,}1\% \\ N_2 &= 53{,}2\% \\ \hline & 100{,}0\% \end{aligned}$$

Der untere Heizwert aus der Analyse errechnet sich hieraus 1386 WE je m^3.

Gasausbeute aus 1 kg Kohle rd. 4,5 m^3 von 0° und 760 mm.

Theoretischer Luftbedarf 1,14 m^3 für 1 m^3 Gas.

Zur Berechnung des Luftüberschusses und damit der praktisch erforderlichen Luftmenge sei eine mittlere Rauchgasanalyse der trockenen Abgase von 15,6% CO_2 und 3,8% O_2 zugrunde gelegt. Der Stickstoff ergibt als Rest 80,6% N_2.

Der Luftüberschuß errechnet sich nach der allgemeinen Formel[1]):

$$U = \frac{N}{N - \frac{79}{21} O}$$

$$U = \frac{80{,}6}{80{,}6 - 14{,}3} = 1{,}22.$$

Der Luftüberschuß beträgt demnach 22%. Die bei der Zersetzung des Gemenges auftretenden Gase, welche aus CO_2, SO_2 und H_2O-Dampf bestehen und ca. 1½% der gesamten Abgasmenge ausmachen, sind hier unberücksichtigt gelassen.

Für 1 m^3 Generatorgas werden 1,22 × 1,14 = rd. 1,39 m^3 Luft von 0° und 760 mm erforderlich.

b) Rekuperativofen.

Der Berechnung zugrunde gelegt sei der Wannenofen Tafel V und VI. Das Gesamtgewicht der Glasmasse beträgt rd. 194000 kg, hiervon werden täglich 10000 kg verarbeitet und wieder ebensoviel an Gemenge in gleichen Zwischenräumen zugesetzt.

Querschnitte.

Das von den Generatoren zum Gassammelkanal geleitete Gas tritt mit einer mittleren Temperatur von ca. 550° C in letzteren ein. Gase dehnen sich bei der Erwärmung je 1° C um $^1/_{273}$ des bei 0° eingenommenen Volumens aus.

0,093 kg Kohle ergeben 0,42 m^3 Gas von 0°.

Anstatt dieser 0,42 m^3 haben wir an dieser Stelle bei 550° C ein Volumen von

$$0{,}42 + \frac{0{,}42 \cdot 550}{273} = 1{,}26 \text{ m}^3 \text{ pro Sek.}$$

Für das Gas sei eine Geschwindigkeit von 4 m/Sek. zugrunde gelegt, hiermit errechnet sich der Kanalquerschnitt zu

$$F = \frac{Q}{v} = \frac{1{,}26}{4} = 0{,}315 \text{ m}^2.$$

Diesem Querschnitt entspricht ein Kanal von 500 × 650 mm.

Bei ungereinigtem Generatorgas, wie dies in den meisten Fällen Verwendung findet, hat man stets mit Ablagerungen von Teer und Flugstaub zu rechnen und führt praktischerweise den Kanal um ein beträchtliches größer aus, um nicht in zu kurzen Abständen ein Reinigen vornehmen zu müssen. Ein Kanal von 800 × 1800 mm würde auch bei größeren Ablagerungen noch die genügende Gasmenge hindurchlassen.

Der Ofen soll 3 Brenner erhalten, und zwar den größeren vor Kopf, während zwei kleinere den Vorderteil der Wanne beheizen.

Von dem Hauptkanal zweigt das Gas in 3 Kanäle zu den einzelnen Brennern ab, so verteilt, daß der Kanal zum Kopfbrenner denselben Querschnitt erhält, wie die beiden Kanäle zu den Vorderbrennern. Die Geschwindigkeit des Gases soll hier beibehalten werden, die Menge zum Kopfbrenner wird sekundlich 0,21 m^3 von 0° betragen.

---

[1]) Keppeler, Brennstoffe und ihre Verbrennung, S. 51.

Die Gastemperatur ist hier auf ca. 480° gefallen, mithin das Volumen bei dieser Temperatur

$$0{,}21 + \frac{0{,}21 \cdot 480}{273} = 0{,}58 \text{ m}^3/\text{Sek.}$$

Der Zweig des Gaskanals zum Kopfbrenner wird

$$F = \frac{Q}{v} = \frac{0{,}58}{4} = 0{,}145 \text{ m}^2$$

was einem Kanal von 350 × 500 mm entspricht.

In Anbetracht des vorher Erwähnten und mit Rücksicht auf das Befahren des Kanals sei ein Querschnitt von 500 × 650 mm gewählt. Die beiden Kanäle für die Vorderbrenner würden demnach Querschnitte von 250 × 350 mm erhalten, die aber auch aus praktischen Gründen in bezug auf Reinigung 500 × 650 mm ausgeführt werden.

Beim Eintritt des Gases in die Brenner wird dasselbe noch eine Temperatur von ca. 400° aufweisen. Die Eintrittsgeschwindigkeit sei 5 m/Sek., so lassen sich in derselben Weise wie vorstehend die erforderlichen Querschnitte berechnen, die aber nicht größer zu wählen sind, da hier mit diesen Eintrittsgeschwindigkeiten günstige Mischungen von Gas und Luft zu erreichen sind.

Berechnung der Rekuperatoren.

Zunächst bestimmt man die stündliche Abgasmenge

333 kg Kohle · 4,5 m³ Gas = rd. 1500 m³/stündl.

1 m³ Gas mit der 1,22fachen Luftmenge verbrannt entwickelt 2,16 m³ Abgase von 0°.
Die Eintrittstemperatur te der Rauchgase in den Rekuperator beträgt 1200° C.
Die Austrittstemperatur ta beim Verlassen des Rekuperators beträgt im Mittel 500° C.
Abgasmenge pro Stunde 1500 × 2,16 = 3240 m³ v. 0°.
Mitgeführte Wärme 1152000 WE/Std.
Verlorengehende Wärme 486000 WE.

Abgasvolumen bei 1200° C $3240 + 3240 \cdot \frac{1200}{273} = \text{rd. } 17500 \text{ m}^3$.

Die mittlere Temperatur beträgt $\frac{1200 + 500}{2} = 850°\text{ C}$.

Wird die Luft auf 680° vorgewärmt, so wird die mittlere Lufttemperatur bei 20° Anfangstemperatur

$$t\,l_m = \frac{680 + 20}{2} = 350°\text{ C}.$$

Der mittlere Temperaturunterschied zwischen Abgas und Luft ist

850—350 = 500° C.

Ist das Temperaturgefälle zwischen Stein und Rauchgas bzw. Luft $t—\delta$ = 50°, so sind die mittleren Wandtemperaturen

850—50 = 800° und 350 + 50 = 400°.

Die mittlere Steintemperatur wird

$$\frac{800 + 400}{2} = 600°\text{ C}$$

und die Wärmeleitzahl λ für Schamottematerial 0,66.

Die Plattenstärke für die Rekuperatorplatten sei gewählt mit 60 mm = 0,06 m.

Dividiert man die Wärmeleitzahl λ durch die Plattenstärke s, so erhält man

$$\frac{\lambda}{s} = \frac{0{,}66}{0{,}06} = 11 \text{ WE},$$

die Wärmemenge, die bei 1° Temperaturunterschied pro m² hindurchfließt.

Bei einem Temperaturunterschied von 800—400° fließen insgesamt

$$Q = 11 \cdot (800—400) = 11 \cdot 400 = 4400 \text{ WE/m}^2 \text{ u. Std.}$$

hindurch.

Damit diese Wärmeübertragung vor sich geht, ist eine mittlere Geschwindigkeit $v\,m$ = 5 m zugrunde gelegt. Die zu übertragende stündliche Wärmemenge wird

1152000 — 486000 = 666000 WE,

wofür eine Heizfläche von

$$\frac{666\,000}{4400} = \text{rd. } 152 \text{ m}^2$$

erforderlich wird.

Der Rekuperator soll lt. Tafel VI in zwei gleiche Hälften unterteilt werden. Die Rauchgase sollen in zweimal 6 Zügen von einem gemeinsamen Sammelkanal aus abgeleitet werden, die den Rekuperator verlassenden Abgase werden wieder in einem gemeinsamen Kanal gesammelt und zum Kamin abgeleitet. Die in den Rekuperatoren erwärmte Luft wird oberhalb der Rekuperatorzüge unter einem Gewölbe gesammelt und von hier in Kanälen zu den einzelnen Brennern geleitet.

Die mittlere Geschwindigkeit der Abgase sei 5 m/Sek., der freie Querschnitt der Züge errechnet sich bei einem Rauchgasvolumen bei 850° von 13330 m³/Std. = 3,70 m³/Sek. zu

$$F = \frac{Q}{v} = \frac{3,70}{5} = 0,75 \text{ m}^2.$$

Dieser Querschnitt verteilt sich auf die beiden Rekuperatorhälften in gleichem Verhältnis

$$\frac{0,75}{2} = 0,375 \text{ m}^2.$$

Die Rekuperatorzüge seien ausgeführt in Kästen von 250 mm Höhe und 150 mm Breite, entspricht pro Kasten ein freier Querschnitt von 0,0375 m², demnach sind zehn derartige Kästen für jeden Rekuperatorzug ausreichend.

Bei einer Länge der Rekuperatorzüge von effektiv 2 m wird nach Abzug der Riegelsteine eine nutzbare Länge von 1,52 m verbleiben. Die Heizfläche jedes Zuges wird 1,28 m², bei zehn horizontalen Zügen 12,8 m² und bei sechs übereinanderliegenden Zügen

$$F_h = 6 \cdot 12,8 = 76,8 \text{ m}^2$$

für eine Hälfte, mithin wird die gesamte Rekuperatorheizfläche

$$F_g = 2 \cdot 76,8 = 153,6 \text{ m}^2$$

gegenüber einer erforderlichen Heizfläche von 152 m².

Die Geschwindigkeit in dem ersten Zuge wird

$$v = \frac{17\,500}{3600 \cdot 0,75} = \text{rd. } 6,5 \text{ m/Sek.}$$

und im letzten Zuge

$$v = \frac{3240 + \frac{3240 \cdot 500}{273}}{3600 \cdot 0,75} = 3,4 \text{ m/Sek.}$$

Berechnung der Abgaszüge.

Der Abzug der gesamten Gase aus dem Ofen erfolgt durch zwei seitliche Abzüge. Die Geschwindigkeit sei hier mit 5 m/Sek. gewählt. Der Gesamtquerschnitt wird

$$F = \frac{3240 + \frac{3240 \cdot 1200}{273}}{3600 \cdot 5} = 0,972 \text{ m}^2.$$

Dieser Querschnitt auf 2 Abzüge verteilt ergibt für jeden

$$\frac{0,972}{2} = 0,486 \text{ m}^2$$

entsprechend einem Abzugskanal von 800 × 600 mm.

Der obere Verteilungskanal zwischen den beiden Rekuperatoren könnte mit demselben Querschnitt eines Zuges ausgeführt werden. Da aber dieser Kanal gleichzeitig als Glastasche dient, empfiehlt es sich, denselben mit 800 mm Breite und einer Höhe von 800 mm auszuführen.

In den absteigenden Abzug können zur Regulierung der Abgase und zur Stauung der Wärme im Schmelzraume Schamotteschieber eingebaut werden. Für den Abgaskanal hinter den Rekuperatoren lege man eine Geschwindigkeit von $v = 3,5$ m zugrunde. Das Volumen beträgt hier

$$V = 3240 + \frac{3240 \cdot 500}{273} = 9180 \text{ m}^3\text{/Stde.}$$

Der Querschnitt des Abgaskanals errechnet sich zu

$$F = \frac{Q}{v} = \frac{9180}{3600 \cdot 3,5} = 0,73 \text{ m}^2$$

entsprechend einer Breite von 800 mm und einer Höhe von 950 mm.

Berechnung der Luftquerschnitte.

Die zu erwärmende Luft tritt in je zwei für jede Rekuperatorhälfte vorgesehene Schächte mit Tellerventilen unterhalb der Abzugkästen ein, wird hier durch ein Kanalsystem auf die ganze Breite verteilt, umspült die durch die Abgase erhitzten Kästen von unten nach oben und sammelt sich unterhalb der Abschlußgewölbe. Die eine Hälfte des Rekuperators liefert die Luft für den Hauptbrenner, während die andere Hälfte für die Luftzufuhr zu den Vorderbrennern in Betracht kommt.

Die Luft soll lt. vorstehender Berechnung auf eine Temperatur von 680° C vorgewärmt werden. Erforderlich sind für den Kopfbrenner, mit welchem die Hälfte der gesamten Wärme dem Ofen zugeführt wird,

$$750 \cdot 1{,}39 = \text{rd. } 1050 \text{ m}^3 \text{ Luft von } 0^\circ.$$

Das Volumen bei 680° wird

$$V = 1050 + \frac{1050 \cdot 680}{273} = \text{rd. } 3660 \text{ m}^3 \text{ von } 680^\circ.$$

Der Gesamtquerschnitt des Luftkanals wird in 2 Abzweigkanälen zum Brenner geführt und erhält bis zur Vereinigung vor dem Brenner bei einer Geschwindigkeit $v = 3$ m einen Querschnitt von

$$F = \frac{\frac{Q}{v}}{2} = \frac{\frac{3660}{3600 \cdot 3}}{2} = 0{,}67 \text{ m}^2$$

er wird ausgeführt mit 750 × 900 mm.

In dem aufsteigenden Schacht zum Brenner kann die Geschwindigkeit auf 5 m/Sek. erhöht werden. Der Brenner soll eine Breite von 1500 mm erhalten, mithin wird auch die Breite des Luftkanals 1500 mm. Der Querschnitt wird

$$F = \frac{3660}{3600 \cdot 5} = 0{,}204 \text{ m}^2,$$

bei einer Breite von 1500 mm könnte die Tiefe des Kanals

$$\text{nur } \frac{0{,}204}{1{,}5} = 140 \text{ mm sein.}$$

Brenner.

Die Abmessungen der Luftkanäle zu den Vorderbrennern ergeben sich ohne weiteres aus der vorhergehenden Berechnung zu 750 × 900 mm und die aufsteigenden Schächte zum Brenner, bei einer Brennerbreite von 750 mm, erhalten je eine Breite von 750 mm bei 140 mm Tiefe. Querschnitte und Geschwindigkeiten in den Brennern.

Das stündliche Luftvolumen bei 1400° beträgt $1050 + \frac{1050 \cdot 1400}{273} = 6400 \text{ m}^3$

Das stündliche Gasvolumen bei 1400° beträgt $750 + \frac{750 \cdot 1400}{273} = 4600$ „

11000 m^3

Abzüglich ca. 10 % Kontraktion 1000 „

10000 m^3

die sekundliche Menge beträgt $\frac{10000}{3600} = 2{,}78 \text{ m}^3$.

Legt man im Brenner selbst eine Geschwindigkeit von 7 m zugrunde, so wird der freie Querschnitt des Kopfbrenners

$$F = \frac{2{,}78}{7} = 0{,}4 \text{ m}^2$$

entsprechend einer mittleren Höhe von 350 mm bei 1500 mm Breite. Für die Vorderbrenner werden die Querschnitte bei der halben Gas- und Luftmenge des Kopfbrenners je 0,2 m² Querschnitt erhalten entsprechend 750 mm Breite bei 350 mm mittlerer Höhe.

c) Regenerativöfen.

Als zweites Beispiel sei hier derselbe Wannenofen, jedoch mit Regenerativgasfeuerung beheizt, behandelt.

Im Ofen soll dasselbe Glas, wie in Beispiel 1 näher behandelt, geschmolzen werden, so daß derselbe Kohlenverbrauch, wie in vorstehendem Beispiel näher behandelt, auch hier in Frage kommt. Auch dasselbe Gas soll für die Beheizung Verwendung finden. Bei einem Luftüberschuß von 22% benötigt

1 m³ Generatorgas 1,39 m³ Luft von 0° und 760 mm oder, auf Kilo umgerechnet, benötigt 1 kg Gas = 1,56 kg Luft. Die Temperaturen in den verschiedenen Ofenabschnitten, betragen nach praktischen Erfahrungen:

Flammentemperatur im Herdraum 1600° C.
Temperatur der Abgase beim Eintritt in die Regeneratoren 1500°.
Temperatur der Abgase beim Austritt aus den Regeneratoren 400°.
Eigenwärme des Generatorgases 400° C.
Temperatur des Generatorgases beim Eintritt in die Regeneratoren 400°.
Temperatur der Luft beim Eintritt in den Regenerator 150° C.
Temperatur der Gase beim Austritt aus dem Regenerator 800° C.
Mittlere Temperatur des Gases im Regenerator 600° C.
Temperatur der Luft beim Austritt aus dem Regenerator 950° C.
Mittlere Temperatur der Luft im Regenerator 550° C.
Temperatur der Verbrennungsgase beim Eintritt in den Kamin 300° C.

Die dem vorstehenden Beispiele entnommenen Brennstoffverbrauchsmengen ergeben:

10000 kg Glas der Zusammensetzung Beispiel 1 erfordern an Kohle von 7000 WE/kg 8000 kg Kohle oder

$$8000 \cdot 4{,}5 = 36000 \text{ m}^3$$

Generatorgas pro 24 Stunden oder 41580 kg/24 Std. Der stündliche Kohlenverbrauch berechnet sich hieraus zu

$$\frac{8000}{24} = 333 \text{ kg}$$

oder auf das Gas bezogen zu

$$\frac{36000}{24} = 1500 \text{ m}^3$$

Generatorgas von 0° oder

$$\frac{41580}{24} = 1732 \text{ kg}$$

Generatorgas. Der sekundliche Gasverbrauch berechnet sich zu

$$\frac{1500}{3600} = 0{,}42 \text{ m}^3$$

von 0° und 760 mm oder in kg

$$\frac{1732}{3600} = 0{,}48 \text{ kg/Sek.}$$

1 kg Gas mit der praktischen Verbrennungsluft entwickelt 2,56 kg Abgase. 0,48 kg Gas entwickeln demnach $0{,}48 \cdot 2{,}56 = 1{,}23$ kg Abgase/Sek. 0,42 m³ Gas entwickeln $0{,}42 \cdot 2{,}16 = 0{,}91$ m³ Abgase von 0° und 760 mm.

Unter Zugrundelegung folgender Aufenthaltszeiten in den einzelnen Ofenabschnitten:

Gas im Gittermauerwerk mindestens . . . . . 3 Sekunden
Gas im Regenerator mindestens . . . . 4 „
Luft im Gittermauerwerk mindestens . . . . . 3 „
Luft im Regenerator mindestens . . . . 5 „
Verbrennungsgase im Herdraum mindestens . . 2 „

lassen sich die einzelnen Querschnitte errechnen.

Gaskanal.

Für das Gas in den Kanälen vom Generator zum Ofen sei eine sekundliche Geschwindigkeit von 4 m zugrundegelegt. Bei einer mittleren Temperatur des Gases von 400° C wird das sekundliche Volumen

$$0{,}42 + \frac{0{,}42 \cdot 400}{273} = 1{,}03 \text{ m}^3.$$

Der Querschnitt des Gaskanals wird demnach

$$F = \frac{Q}{v} = \frac{1{,}03}{4} = 0{,}26 \text{ m}^2.$$

Diesem Querschnitt entspricht ein Kanal von 450 mm Breite und 600 mm Höhe.

Bei ungereinigtem Generatorgas, wie dies in den meisten Fällen Verwendung findet, hat man stets mit Ablagerungen von Teer und Flugasche zu rechnen, außerdem ist auf das Befahren des Kanals Rücksicht zu nehmen. Ein Kanal von 800 × 1800 mm würde auch bei größeren Ablagerungen noch die erforderliche Gasmenge durchlassen.

Das Hauptgasventil erhält bei einer Geschwindigkeit von 2 m/Sek. einen Querschnitt von

$$\frac{1,03}{2} = 0,51 \text{ m}^2$$

entsprechend einem Durchmesser von 800 mm.

Brenner.

Die Beheizung des in Betracht kommenden Ofens soll durch 2 × 3 Querbrenner erfolgen. Das Gas soll unten, die Luft in jedem Brenner oben austreten.

Das sekundliche Gasvolumen beträgt 0,42 m³, bei einer Erwärmung auf 800° C.

$$0,42 + \frac{0,42 \cdot 800}{273} = 1,65 \text{ m}^3.$$

Die Geschwindigkeit der Gase beim Eintritt in den Verbrennungsraum sei mit 8 m/Sek. in Rechnung gesetzt, danach errechnet sich bei einer Breite des Gasschlitzes von 1,2 m die Höhe des Gasschlitzes zu

$$h = \frac{\frac{1,65}{8}}{1,2} = 0,17 \text{ m} = 170 \text{ mm}.$$

Die Geschwindigkeit der Luft beim Eintritt in den Verbrennungsraum sei ebenfalls mit 8 m eingesetzt. Die sekundliche Luftmenge beträgt 0,58 m³ von 0° und 760 mm, auf 950° C erwärmt wird das Luftvolumen

$$0,58 + \frac{0,58 \cdot 950}{273} = 2,6 \text{ m}^3/\text{Sek}.$$

Der Luftschlitz soll auf beiden Seiten den Gasschlitz um 100 mm überragen, demnach eine Breite von 1,4 m erhalten. Hieraus ergibt sich

$$h = \frac{\frac{2,6}{8}}{1,4} = 0,23 \text{ m} = 230 \text{ mm}.$$

Für die Umsteuerung von Gas als auch von Luft sollen Reversierventile Verwendung finden. Die Abgase treten durch diese Ventile mit 400° C, und mit annähernd derselben Temperatur passiert das Gas diese Ventile. Die sekundliche Abgasmenge beträgt insgesamt 1,23 m³. Hiervon sollen $^2/_5$ durch die Gaskammern, $^3/_5$ durch die Luftkammern geleitet werden, die gleichen Mengen werden die Reversierventile passieren. Die Reversierventile für das Gas sind für eine Abgasmenge von 0,492 m³ pro Sek. zu berechnen, diejenigen für Luft für 0,738 m³ bezogen auf 0°.

Das Volumen für die Gasreversierventile wird

$$0,492 + \frac{0,492 \cdot 400}{273} = 1,213 \text{ m}^3/\text{Sek}.$$

Die Geschwindigkeit in diesen Ventilen soll 3 m möglichst nicht übersteigen, somit errechnet sich der freie Querschnitt zu

$$F = \frac{1,213}{3} = 0,404 \text{ m}^2.$$

Es wird ein quadratischer Querschnitt zugrundegelegt, mithin handelt es sich im vorliegenden Falle um ein Ventil von

$$a = \sqrt{0,404} \sim 0,65 \text{ m} = 650 \text{ mm}$$

für die Gasumsteuerung.

Zur Umsteuerung der Luft errechnet sich das Reservierventil aus der sekundlichen Abgasmenge von 0,738 m³ von 0°, bei 400°

$$0,738 + \frac{0,738 \cdot 400}{273} = 1,82 \text{ m}^3.$$

Die Geschwindigkeit sei dieselbe wie zuvor, mithin wird der freie Querschnitt

$$F = \frac{1,82}{3} = 0,61 \text{ m}^2$$

und für quadratischen Querschnitt wird

$$a = \sqrt{0,61} = 0,78 = 800 \text{ mm}.$$

Der Querschnitt des Gaskanals vor den Regeneratoren wird bei einer Geschwindigkeit von 2,5 m pro Sek.

$$F = \frac{1,03}{2,5} = 0,41 \text{ m}^2.$$

Gewählt sei hier ein rechteckiger Querschnitt des Kanals mit größerer Breite und geringerer Höhe, und zwar einer Breite von 800 mm bei einer Höhe von 500 mm. Die Luft hat hinter dem Reversierventil eine Temperatur von 150°, mithin wird das sekundliche Volumen

$$0,58 + \frac{0,58 \cdot 150}{273} = 0,9 \text{ m}^3/\text{Sek}.$$

Bei einer Geschwindigkeit von 2 m ergibt sich ein freier Querschnitt von

$$F = \frac{0{,}9}{2} = 0{,}45\ \mathrm{m}^2,$$

dementsprechend sei dieser Kanal mit 850 mm Breite und 550 mm Höhe ausgeführt.

Berechnung der Regeneratoren.

a) Gasregenerator.

Das Gasvolumen bei 0° und 760 mm Druck beträgt 0,42 m³/sec. Die Erwärmung im Regenerator soll 400° C betragen. Nach Toldt kann man für 1 m³ Gas oder Luft von 0° und 760 mm für eine Stunde und 100° Temperaturerhöhung im Regenerator ein Regeneratorvolumen von 6 m³ und ein Gitterwerksgewicht von 2850 kg einsetzen. Demnach würde sich das Regeneratorvolumen errechnen zu

$$6{,}0 \cdot 0{,}42 \cdot 4 = 10{,}08\ \mathrm{m}^3.$$

Das Gewicht der Packung berechnet sich nach vorstehendem zu

$$2850 \cdot 0{,}42 \cdot 4 = 4{,}788\ \mathrm{t}.$$

Das spez. Gewicht der Steine beträgt 1,8, hieraus errechnet sich das Volumen der Packung zu

$$\frac{4{,}788}{1{,}8} = 2{,}66\ \mathrm{m}^3.$$

Das freie Regeneratorvolumen wird

$$10{,}08 - 2{,}66 = 7{,}42\ \mathrm{m}^3.$$

Das mittlere Volumen des Gases im Regenerator ist unter der Annahme, daß die Luft unten im Regenerator schon mit 200° ankommt,

$$0{,}42 + \frac{0{,}42 \cdot 600}{273} = 1{,}34\ \mathrm{m}^3,$$

mithin wird die Aufenthaltszeit

$$\frac{7{,}42}{1{,}34} = 5{,}5\ \text{Sek.}$$

Die Aufenthaltszeit soll im Regenerator mindestens 4 sec betragen, da es im vorliegenden Falle 5,5 sec sind, so sind die vorstehenden Abmessungen richtig gewählt.

b) Luftregenerator.

Das Luftvolumen beträgt bei 0° und 760 mm Druck für 1 m³ Gas 1,39 m³ Luft, für 0,42 m³ Gas sekundlich

$$0{,}42 \cdot 1{,}39 = 0{,}58\ \mathrm{m}^3\ \text{Luft sekundlich.}$$

Die Erwärmung soll im Luftregenerator 800° betragen. Das Regeneratorvolumen berechnet sich wie vor zu

$$6 \cdot 0{,}58 \cdot 8 = 27{,}84\ \mathrm{m}^3.$$

Das Gewicht der Packung wird

$$2850 \cdot 0{,}58 \cdot 8 = 13{,}224\ \mathrm{t}.$$

Das spez. Gewicht der Steine beträgt 1,8, hieraus errechnet sich das Volumen der Packung zu

$$\frac{13{,}224}{1{,}8} = 7{,}34\ \mathrm{m}^3.$$

Der freie Regeneratorraum wird

$$27{,}84 - 7{,}34 = 20{,}5\ \mathrm{m}^3.$$

Das mittlere Volumen der Luft im Regenerator ist

$$0{,}58 + \frac{0{,}58 \cdot 550}{273} = 1{,}75\ \mathrm{m}^3,$$

mithin wird die Aufenthaltszeit der Luft im Regenerator

$$\frac{20{,}5}{1{,}75} = 11{,}7\ \text{Sekunden.}$$

Die Aufenthaltszeit der Luft soll im Regenerator mindestens 5 sec betragen. Da diese nach vorstehender Berechnung 11,7 sec ergibt, darf der Regenerator als zu groß bemessen angesehen werden, doch in Anbetracht einer guten Luftvorwärmung sollen die Abmessungen beibehalten werden. Es kommt hinzu, daß durch Gemengestaub hervorgerufene Querschnittsverengungen ohne Einfluß auf den Ofengang sind. Um die Abgasmengen für die Kammern einstellen und regulieren zu können, müssen die Abgaskanäle hinter den Reversierventilen getrennt voneinander durch Schieber reguliert werden können. Für die Abmessungen der Abgaskanäle bis zum Hauptrauchkanal können die freien Querschnitte der Gas- und Luftreversierventile beibehalten werden, der Hauptkanal würde den doppelten Querschnitt erhalten.

II. Nebenöfen.

1. Kühlöfen.

a) Kammerkühlöfen.

Die zum „Kühlen" (s. S. 232) verwandten Öfen sind in ihrer älteren Ausführung einfache, meistens rechteckige Kammern aus feuerfesten Steinen, die vor der Beschickung zunächst auf die Kühltemperatur gebracht werden und in denen das eingesetzte Glas langsam (z. B. Flaschen 4—5 Tage) abkühlend verweilt. Die Größe dieser Kammern ist naturgemäß der erzeugten Ware angepaßt. Da die Öfen mehrere Tage kühlen, muß immer eine größere Anzahl vorhanden sein, die man zweckmäßig mit gemeinsamen Wandungen zu einem Block vereinigt.

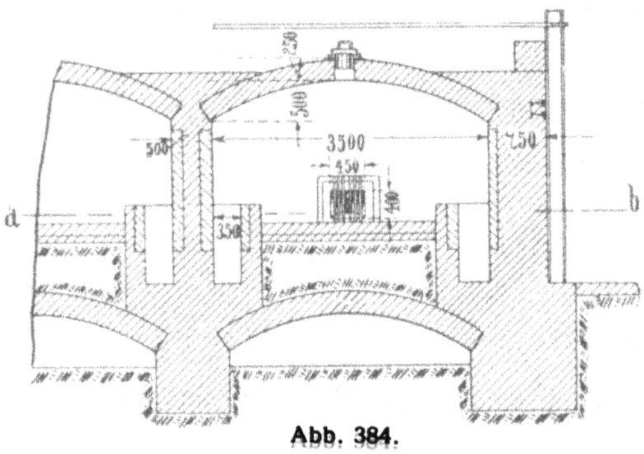

Abb. 384.

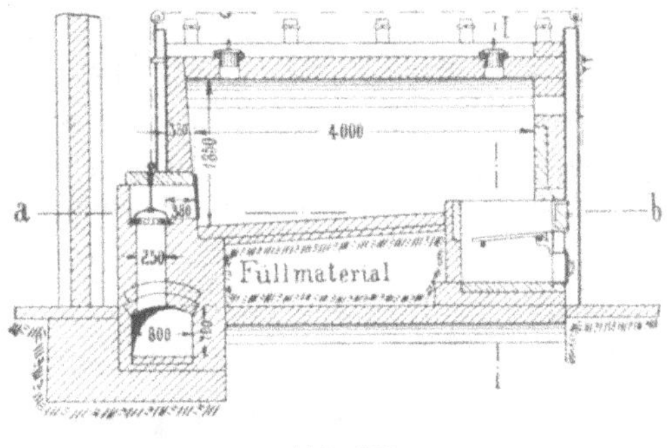

Abb. 385.

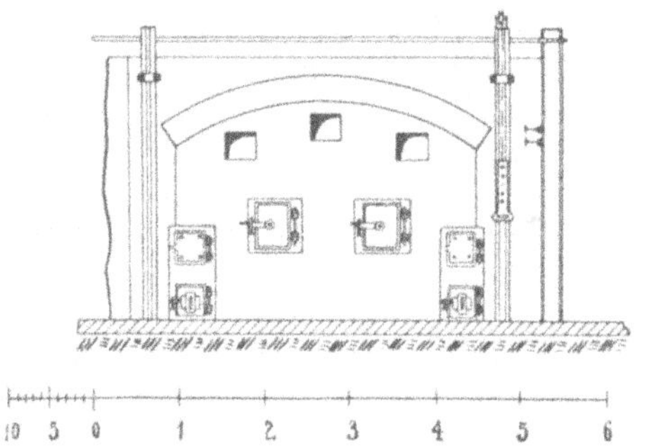

Abb. 386.

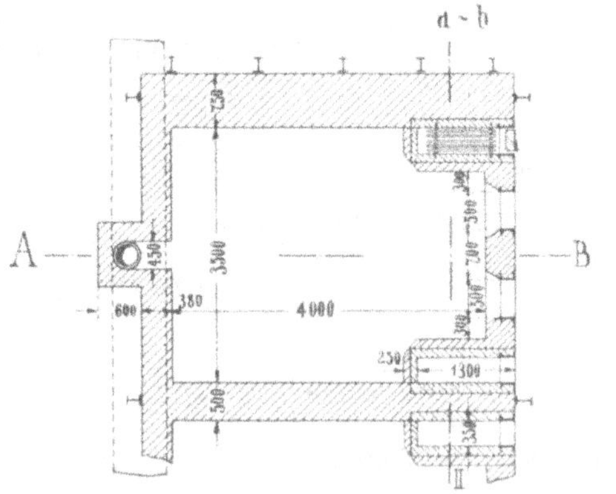

Abb. 387.

α) Kühlkammer für Flaschen mit Rostfeuerung (Abb. 384—387). Die Zeichnungen dürften ohne weiteres verständlich sein.

β) Kühlkammer für Flaschen mit Gasfeuerung (Abb. 388—391).

Das Gas gelangt von dem Gaskanal *G* durch die Knierohre 2, die von den Lufteinströmungen umgeben sind, in die Brenner *a* und die Verbrennungsgase verlassen den Ofen bei *b*, gehen durch das Ventil abwärts nach *c* und gelangen schließlich in den Schornsteinkanal *d*. Statt des sonst üblichen Schiebers ist in diesem Falle ein Ventil 6 verwandt, welches von der Vorderseite des Ofens vermittels eines Seilzuges bedient wird.

Je nach der Art des Betriebes können die Gläser auch bei Benutzung derartiger Kühlkammern nicht unmittelbar in die Öfen gepackt, sondern müssen in besondere Kühltöpfe gelegt und mit diesen in die Kammern eingesetzt werden. Die vollen Töpfe werden dann nach einer gewissen Abkühlungszeit mit einer eisernen Gabel über der Kammer herausgehoben und auf Hüttenflur gestellt, wo man sie verdeckt allmählich abkühlen läßt. Solche Kühltöpfe werden aus Schamotte oder auch aus Eisen hergestellt und haben gewöhnlich etwa 350 mm Durchm. und 800 mm Höhe.

Nachdem die Kammer mit der zu kühlenden Ware vollgesetzt ist, wird das Feuer ausgelöscht und sämtliche Türen werden geschlossen.

Soll bei Kammern mit Gasheizung die Feuerung abgestellt werden, so nimmt man die Knierohre fort und verschließt die Öffnung durch einen gußeisernen Deckel, der in einen Sandverschluß eintaucht.

Gleichzeitig werden sämtliche andere Öffnungen des Ofens verschlossen. Nach Beendigung der Abkühlzeit werden die Entlüftungsdeckel 5 im Gewölbe der Kammern geöffnet, damit der Ofen von innen heraus rascher abkühlt.

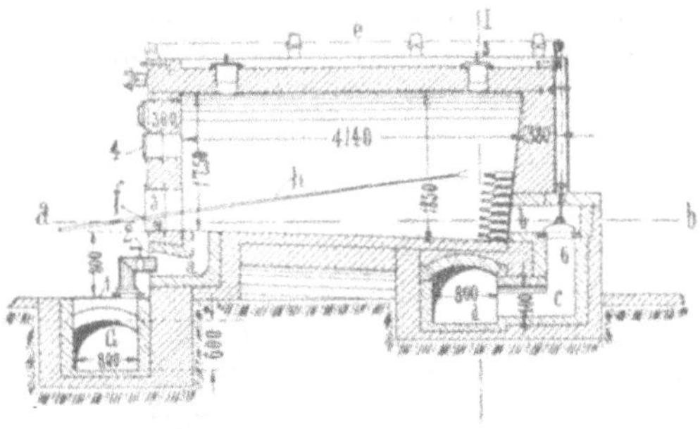

Abb. 388. Längsschnitt.

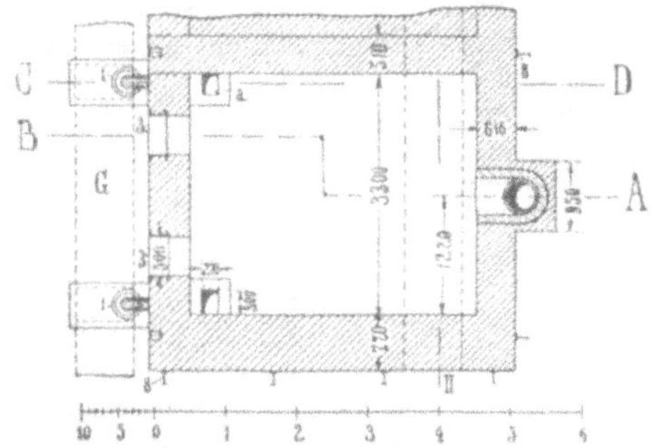

Abb. 389.

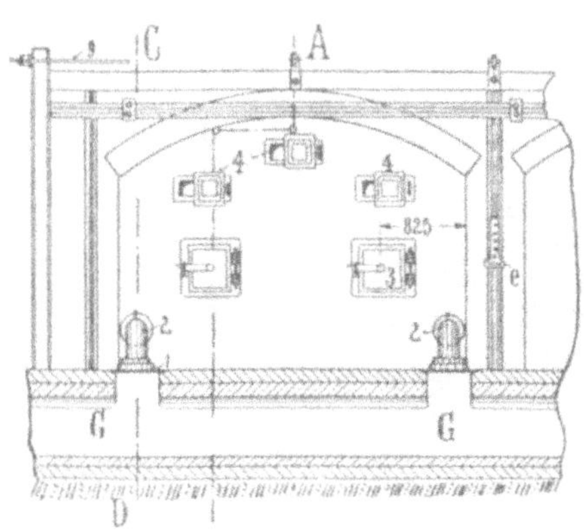

Abb. 390.

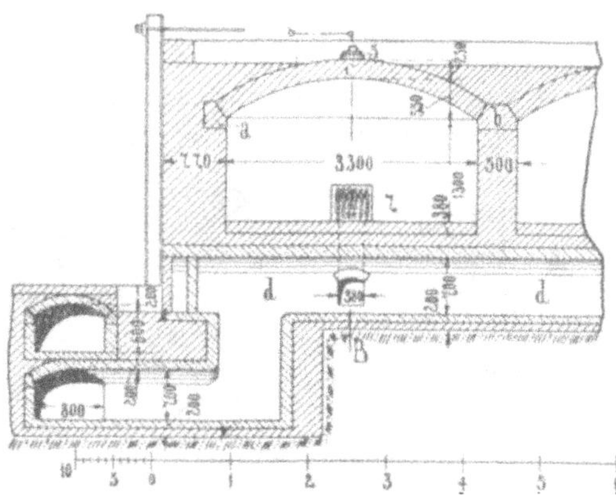

Abb. 391. Querschnitt.

Die Baukosten für einen Block von vier derartigen Kühlkammern von je 1600 × 1600 mm Grundfläche gibt Dralle auf etwa 2500 M. an. Bei Benutzung der Glühtöpfe erhalten wir eine Ofenkonstruktion, die auch in der Eisen- und Metallindustrie als Topfglühofen heute noch weit verbreitet ist.

b) Kanalkühlofen mit Innenheizung.

Neuerdings werden aber derartige Öfen durch Kanalöfen ersetzt, wobei das fertige Erzeugnis langsam auf Wagen durch einen geheizten Kanal gefahren wird und dadurch allmählich die gewünschten Temperaturen durchläuft. Auch in der Glasindustrie sind solche Kühlöfen bereits vielfach eingeführt.

α) Kanalkühlofen für Hohlglas mit Wagenförderung (Abb. 392—393).

Der geheizte Kanal besitzt ein Schmalspurgleis, auf welches die mit dem Glas beladenen Wagen geschoben und langsam durch den Ofen hindurchgeführt werden. Die gefüllten Wagen werden durch die vordere Tür — die als Hänge- oder Schiebetür ausgebildet sein kann — eingefahren. Das Beladen der nötigenfalls vorher angewärmten Wagenkästen erfolgt von der Seite. Boden und Kühlwand der Wagenkästen werden meist etwas geneigt ausgeführt, damit die Gläser, speziell Flaschen und ähnliche Gegenstände, sicherer und fester liegen. Der gefüllte Wagen drückt nun im Ofen die vor ihm stehenden Wagen vor sich her, so daß jeder Wagen den Ofen gleichmäßig von vorne bis hinten durchläuft. Das Untergestell der Wagen wird vor der Hitze des eigentlichen Kühlraumes durch eine Sandtasse geschützt. Zu diesem Zweck befinden sich seitlich an dem Boden des Wagens 2 Winkeleisen, die mit ihrem senkrechten Schenkel in je einem U-Eisen gleiten. Dieses U-Eisen ist mit Sand gefüllt, so daß zwischen dem oberen Teil des Kanals, in welchem die heißen Gase sich ausbreiten und dem unteren Raum, in welchem die Laufräder und Achsen des Wagens sich befinden, ein dichter Abschluß gebildet wird. Die Wagen müssen natürlich dicht aneinander anschließen, so daß zwischen ihnen kein Spalt frei bleibt.

Auf die Länge des Kanals verteilt, sind eine Reihe von Einfülltrichtern angeordnet, die in die Sandtassen münden und durch welche nach Bedarf neuer Sand eingefüllt werden kann. Derartige Öfen werden je nach der Art des erzeugten Glases für 4—6 und mehr Wagenlängen gebaut. Zur Regelung der Temperatur an den einzelnen Stellen des Ofens sind im Gewölbe bzw. in den Seitenwänden eine Reihe von Abzügen eingebaut, die einzeln durch Schieber reguliert werden können. Die heißen Gase können deshalb an verschiedenen Stellen des Ofens abgesaugt und dadurch ihre Wirkung mehr oder weniger weit auf die Länge des Ofens verteilt werden. Außerdem sind Umführungskanäle vorgesehen, welche die heißen Gase je nach Wunsch mehr oder weniger dem vorderen oder dem hinteren Teil des Ofens zuführen.

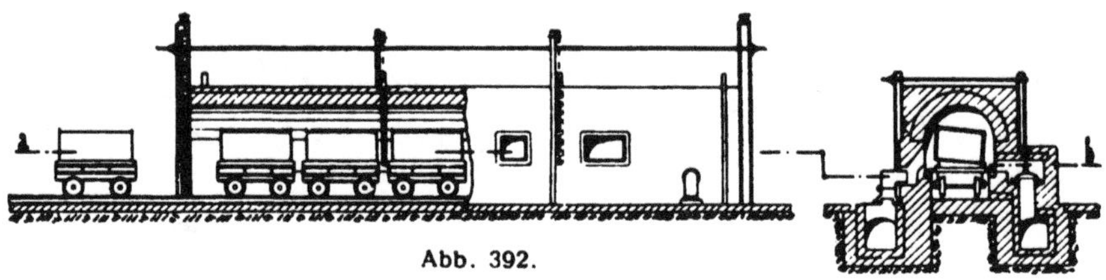

Abb. 392.

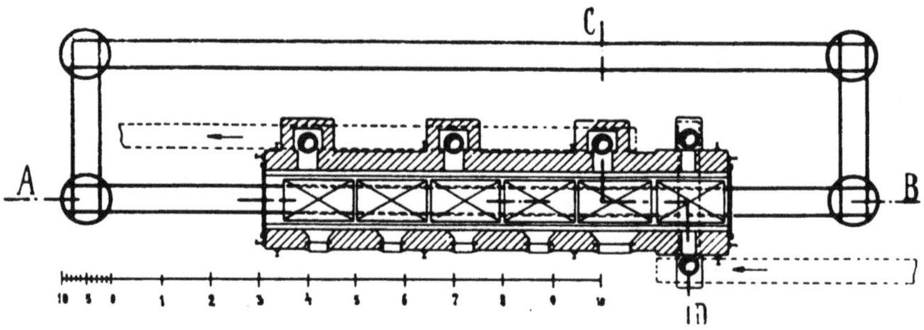

Abb. 393.

β) Kanalkühlofen für Hohlglas mit Kastenförderung (Abb. 394—396). An Stelle der Wagen ist hier ein einfacheres Hilfsmittel gewählt, indem eine ununterbrochene Reihe von Blechkästen in dem Kanal angeordnet ist. Diese Kästen laufen auf 3 Bahnen, nämlich einem U-Eisen 8 in der Mitte und 2 Winkeleisen 5 auf den beiden Seiten.

Auf diesen 3 Stützbahnen gleiten die flachen, offenen Kästen 13, und jeder Kasten greift etwa 60 mm auf den nächsten Kasten über, damit kein Spalt zwischen den einzelnen Kästen auftreten kann, sondern eine ununterbrochene Kühlrinne entsteht, in welcher die Gläser ruhen. Die einzelnen Kästen werden durch Haken und Ösen miteinander zusammenhängend verbunden, und das ganze wird durch eine Handwinde 11 und eine Kette durch den Kanal gezogen. Das Gas tritt von dem Kanal g durch das Knierohr 2 in den Brenner, von dem aus die heißen Gase auf beiden Seiten in den Kanal eintreten. Der Abzug der Verbrennungsgase erfolgt durch verschiedene Öffnungen, wodurch die Temperatur in dem Kanal geregelt wird. Zum bequemeren Einsetzen und Entleeren der Kästen sind vorne und hinten außerhalb des Ofens eiserne Gestelle angebracht, auf welche die Kästen aufgesetzt werden.

γ) Kanalkühlöfen mit Bandförderung.

Für die Bewegung des zu kühlenden Gutes wird mit Vorteil ein endloses Förderband angewandt. Die Einrichtung eines solchen Förderbandes ist S. 519 beschrieben. Bei diesen Öfen wird aber meist nicht Innenfeuerung, sondern Außenfeuerung, „Muffelfeuerung“ angewandt.

δ) Kanalkühlöfen mit Rostförderung.

Für Flachglas aller Art wird die Bewegung des zu kühlenden Gutes auf Rosten aus Stäben angewandt. Die Ausbildung des Förderrostes und der Fortbewegung hängt im wesentlichen von der Stärke des Glases ab. Ferner ist mit der Kühlung der Vorgang des Streckens, der die Herstellung der ebenen Flächen oder ihre Erhaltung bezweckt, zu verbinden, demgemäß sind diesen Kühlöfen die Streckeinrichtungen vorgebaut.

ε) Streck- und Kühlofen für dünnes Flachglas. System Biévez. Tafel XV und XVI.

Dieser Ofen besteht aus dem Anwärmekanal 8 für die Walzen, dem Streckofen 7, dem Wechselofen 10, dem Überlegeofen 13 und dem eigentlichen Kühlkanal 4, 5 und 6. Das Gas wird den einzelnen Abteilungen des Ofens durch zwei Kanäle zugeführt. Von dem Gaskanal 1 gelangt das Gas durch ein Glockenventil 2 zum Teil zu den Seitenbrennern 3, die mit Schiebern versehen sind, in den horizontalen Brennerkanal 4, dem die Luft durch die Kanäle 5 zugeführt wird (Abb. 3); ein anderer Teil des Gases gelangt von dem Ventil 2 in die Sohlenbrenner 6 des Streckofens 7. Die

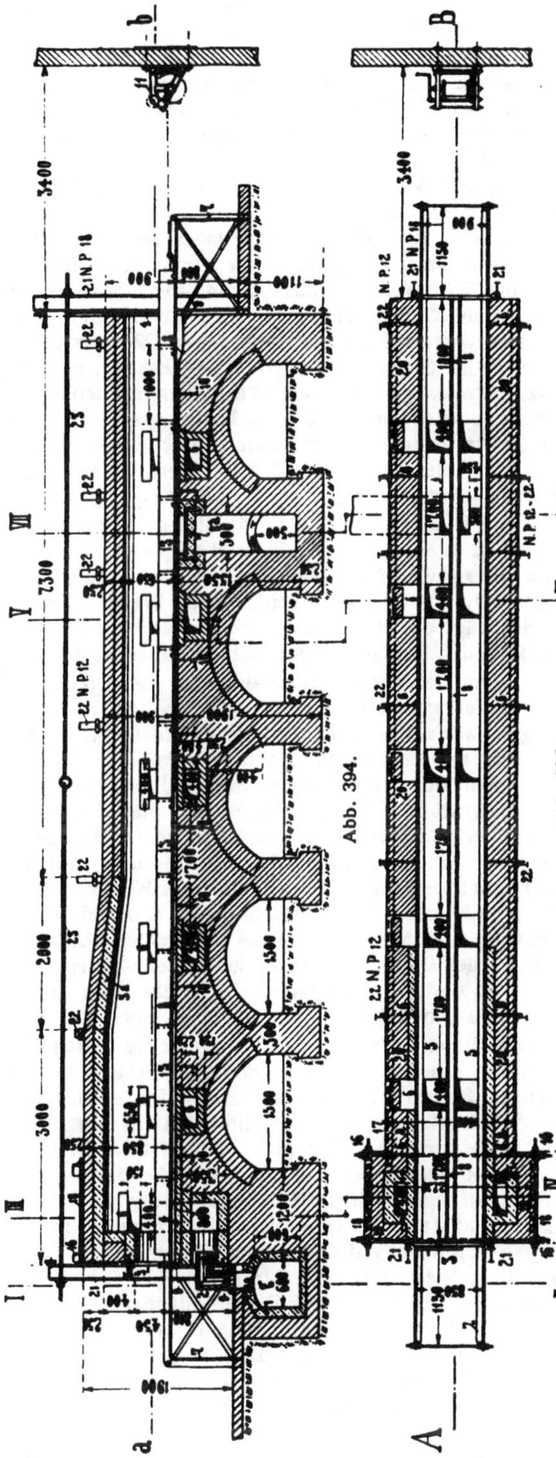

Abb. 394. Abb. 395.

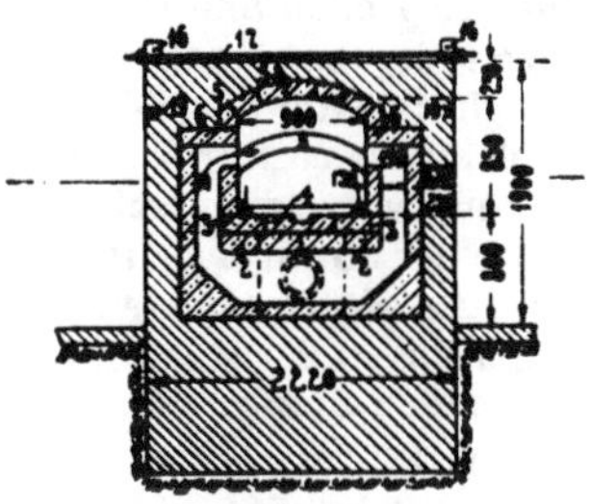

Abb. 396.

Flammen ziehen aus dem Seitenbrenner am Gewölbe entlang, vereinigen sich mit den Flammen der Sohlenbrenner und beheizen den Vorwärmekanal 8, während ein anderer Teil nach dem Wechselofen 10 übertritt. Der Wechselofen, der Überlegeofen und der vordere Teil des Kühlkanals werden außerdem durch Seitenbrenner 12 geheizt. Während dieser Teil des Ofens sein Gas durch den Kanal 11 erhält, führt nach dem vorderen Teil des eigentlichen Kühlkanals eine zweite Gaszuführung 14, die mit einem Schieber 15 versehen ist. Von diesem Schieber aus gelangen die Gase durch den Verbindungskanal 16 nach dem Querkanal 17 und von hierüber zu den Brennern 12 im eigentlichen Kühlkanal. Die Verbrennungsprodukte entweichen bei den meisten derartigen Öfen durch die Türen des Ofens in die Hütte. Man kann aber auch die Verbrennungsgase einem Schornstein zuführen, wie dies bei Neuanlagen wohl selbstverständlich ist. Betrachten wir nun den Betrieb des Ofens.

In dem Walzenwärmekanal 8 befinden sich drei gußeiserne Lagerböcke 18 mit je einem vertikal angeordneten Rad. Auf diesem Rad liegt ein aus Flacheisen hergestellter Walzenring 19, an welchem gleichmäßig verteilt die Doppellager 20 (Abb. 10) mit halbkreisförmigem Ausschnitt festgeschraubt sind. Auf diesem Ring liegen die anzuwärmenden Walzen. Zum Drehen des Ringes dient ein schmiedeeiserner Schlüssel 21 (Abb. 6). Sind die 3 Walzen eingelegt, wie dieses in Abb. 2 dargestellt ist, so wird die Abschlußtür geschlossen. Nach genügender Erhitzung der Walze Nr. 3 legt der Strecker dieselbe auf den Streckstein des Streckwagens 22. Der dargestellte Ofen besitzt drei solcher Streckwagen. In Abb. 10 ist ein solcher auf dem Wechselwagen stehend im Längsschnitt dargestellt, während Abb. 4 zwei Streckwagen auf dem Wechselwagen nebeneinander stehend zeigt, wovon der eine 23 im Querschnitt und der andere 24 von hinten gesehen ist. Auf dem rechteckigen Wagengestell ist eine eiserne Plattform festgeschraubt, deren Flacheisenrahmen den Streckstein gegen Verschiebungen schützt. An den beiden Stirnseiten des Rahmens ist ein etwa 500 m langer Griff befestigt, mit dem der Wagen bewegt werden kann.

Der Wechselwagen 28 ist ähnlich gebaut, nur besitzt er an Stelle der Plattform 2 Paar Eisenbahngleise 26 quer zu seiner Längsrichtung und von gleicher Spurweite wie die Gleise 25 im Streckofen 7 und die Gleise 27 im Überlegeofen. Der Wechselwagen 28 wird bewegt durch eine Zahnstange *a* mit Zahnrad *b*, das auf einer senkrechten Welle *c* des Lagerbocks 29 befestigt ist (s. Abb. 11 und 12). Die Welle trägt das Handrad *d*, während an dem Lagerbock zwei Führungsrollen *e* angebracht sind. Durch Links- oder Rechtsdrehen des Handrades wird der Wechselwagen bewegt.

Wenn der Strecker die Walze Nr. 3 gestreckt und die Tafel poliert hat, schiebt er den Streckwagen 22 mit der fertigen Platte auf den Wechselwagen (Abb. 8 und 10) in die Mittelstellung. Dann wird der Wechselwagen nach rechts geschoben, bis der leere Streckwagen 23 in die Mittelstellung kommt und von dem Strecker auf das Gleis 25 in den Streckofen gezogen werden kann. Inzwischen ist der leere Streckwagen 24 mit einem durch die Öffnung 32 im Überlegeofen gestreckten Haken auf das leere Gleis des Wechselwagens gestoßen worden. Dieser wird wieder zurückgefahren und der Wagen 22 mit der zuerst gestreckten polierten Scheibe 3 in den Überlegeofen gezogen. In dem Türrahmen 34 des Überlegeofens befindet sich eine Rolle 35, auf welcher die Überlegegabel bewegt wird. Hiermit wird die Scheibe Nr. 3 gefaßt und vom Streckwagen auf die Sohle des Kühlkanals niedergelegt. Es erübrigt sich, noch die Einrichtung des Kühlkanals selbst zu beschreiben. Aus Abb. 1 und 2 ist ersichtlich, daß die Kanalsohle in der Längsrichtung fünf Aussparungen 38 und in der Querrichtung vier Aussparungen 39 besitzt. In der Mittelachse jedes Querkanals ist in den Seitenwänden des Kühlkanals eine senkrechte U-förmige Führungsleiste 40 vertieft eingemauert, in welcher sich auf jeder Seite eine eiserne Stange, die unten zu einem Lager ausgebildet ist, auf- und abbewegen läßt.

In diesen Lagern ruhen 4 wagerechte Wellen so, daß sie in ihrer gewöhnlichen Stellung in den erwähnten Querkanälen der Ofensohle verdeckt liegen. Diese Wellen tragen je 5 Rollen mit beiderseitigen Spurkränzen und auf diesen Rollen liegen über die ganze Länge des Kühlkanals Flacheisen, welche ebenfalls in ihrer gewöhnlichen tiefsten Lage in den Längskanälen verdeckt liegen und also die am Boden des Ofens liegenden Glastafeln nicht berühren. Werden aber die Stangen in den Führungsleisten 40 hochgezogen und dadurch die darin gelegten Wellen mit den Rollen und Flacheisen hochgehoben, so legen sich die Flacheisen unter die Glasplatten und heben sie vom Boden empor. In dieser Lage zieht dann der Ofenmann die Flacheisen mit der Traverse 54 gleichzeitig an. Die Flacheisen bewegen sich leicht auf den Rollen, indem sie die Glasscheiben ebenfalls mit sich fortbewegen. Nachdem auf diese Weise die Glasplatten um eine Scheibenbreite im Kühlkanal vorwärts geschoben sind, läßt man das ganze System der Wellen mit ihren Rollen und Flacheisen wieder abwärts gleiten und die Glasscheiben legen sich in ihrer neuen Stellung wieder auf den Boden des Kühlkanals auf, während die Wellen mit den Rollen und daraufliegenden Flacheisen in den Aussparungen der Kanalsohle verschwinden. Diese Bewegung der in den Führungsleisten 40 auf- und abgleitenden Stangen wird nun durch die Hebel 43 mit den Gegengewichten 44 bewirkt. Mit dem Drehpunkt dieser Hebel sind an jeder Stange Hebel 46 verbunden, die durch eine gemeinsame Zugstange 47 wiederum unter sich fest verbunden sind, und zwar sind über dem Gewölbe weg auch die Hebel der einen Ofenseite mit denen der anderen Seite fest vereinigt, um ein vollständig gleichmäßiges Anheben des ganzen Systems zu gewährleisten. An diesem ganzen Rahmen greift nun der Haupthebel 48 an, der am freien Ende eine Zugstange 50 mit Handgriff trägt. Ein Ziehen an diesem Handgriffe bedingt also ein gleichmäßiges Anheben sämtlicher Hebel 46 und damit sämtlicher Stangen 43. Hierdurch heben sich die sämtlichen Wellen mit den Rollen und daraufliegenden Flacheisen, also auch sämtliche im Kühlkanal befindliche Glasplatten.

In dieser Weise werden die sämtlichen Glastafeln langsam und gleichmäßig durch den Kühlkanal bewegt. Der Kühlkanal besitzt eine Länge von mindestens 12—14 m. Das Gewölbe ist mit 4 Schlitzen 55 zum Einschieben von Blechschiebern versehen, für welche in den Seitenwänden gußeiserne Führungen angeordnet sind. Die Schieber können in bestimmten Höhenlagen festgehalten werden und dienen zum Regulieren der Temperatur. Die Temperatur beim Strecken beträgt 650—700°, im Wechselofen über den Strecksteinen ca. 530°, im Überlegeofen ca. 400°. Von hier aus soll sich das Glas in dem Kühlkanal allmählich vollständig abkühlen.

Bei guter Generatorkohle von etwa 7000 WE würde sich der Kohlenverbrauch in 24 Stunden auf etwa 2200 kg stellen, entsprechend 4,5—5 kg für 1 m² fertiges Fensterglas. Die Tageserzeugung schwankt von 350—500 m². In Belgien werden sogar bis 600 m² fertiges Glas bei einem Kohlenverbrauch von 2100 kg geleistet, d. h. für 1 m² fertiges Glas werden angeblich nur 3,5—3,7 kg Kohlen gebraucht. Die Herstellungskosten eines solchen Ofens betragen 15000—20000 M.

Das Einbringen der Walzen kann auch entsprechend Abb. 397 erfolgen. Hier wird zum Einbringen der Walze in den Streckofen ein Schwengelhorn benutzt, welches aus einem um die senkrechte Welle 1 schwingenden Arm 2 besteht. An seinem freien Ende 3 ist ein gebogenes Eisen 4 festgeschraubt und dieses trägt die Walzenhalter 5.

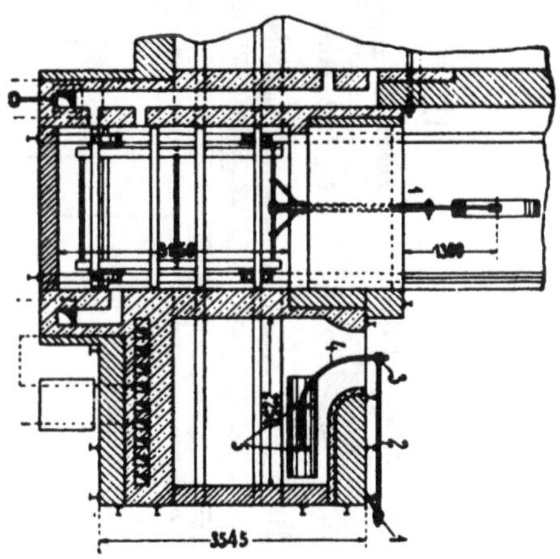

Abb. 397.

ζ) Kanalkühlofen für starkes, gegossenes Flachglas. („Strakou").

Gegossenes und gewalztes Flachglas in der Stärke des „Spiegelglases" ist im Anfangsstadium der Kühlung zu weich, als daß es auf den Rost gelegt werden könnte. Die Tafeln würden zwischen den Auflagestellen sich senken und stark uneben werden. Entsprechend dem Streckofen des Fensterglases muß eine Vorkühlung vorgeschaltet werden, während der die Tafeln auf ebenen Flächen bewegt werden. Es ist das Verdienst Cruikshanks, eine einfache Lösung für diese Aufgabe gefunden und damit die Kanalkühlung in die Spiegelglasindustrie eingeführt zu haben. Für ganz starkes Glas ist aber die Kammerkühlung immer noch notwendig.

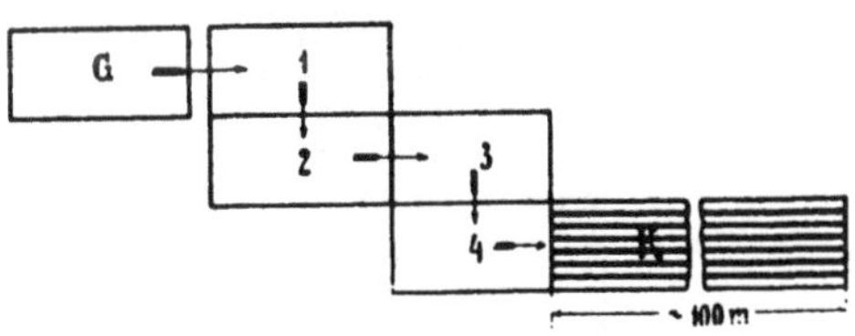

Abb. 398.

Abb. 398 zeigt das Schema einer derartigen Anlage.

Die Tafel wird unmittelbar nach dem Guß vom Gießtisch *G* auf die Fläche der Ofenabteilung 1 geschoben, dann nach Abteilung 2 hinüber, darauf nach Abteilung 3 und gelangt schließlich aus der Abteilung 4 in den langen Kühlkanal *K*.

Natürlich ist die Einrichtung zur Fortbewegung des Glases in dem Kühlkanal bei den hier erforderlichen Abmessungen nicht mehr beizubehalten, jedoch ist das Prinzip des Ofens dasselbe geblieben. Eine eingehende Beschreibung des Ofens befindet sich in dem Abschnitt Spiegelglas. Moderne Spiegelglaskühlöfen besitzen in der Regel 5 Wechselkammern, durch die das Glas wandert, bevor es in den eigentlichen Kühlkanal gelangt. In dem Kühlkanal selbst wird es bereits nach wenigen Minuten um eine Plattenbreite vorgeschoben, so daß die konstruktive Ausbildung eines solchen Ofens ganz besondere Spezialerfahrungen erfordert.

Früher hat man in der Spiegelglasindustrie ausschließlich einzelne Kammeröfen verwandt, die jedoch nahezu 1 kg Steinkohle für 1 kg Rohglas erforderten. Bei dem modernen Kanalkühlofen, dem sog. „Strakou", beträgt der Kohlenverbrauch nur etwa die Hälfte. Große Kanalkühlöfen können sogar mit einem Verbrauch von nur etwa 0,25 kg Kohle auf 1 kg Glas auskommen. Der Wärmeverbrauch hängt hauptsächlich von der Leistung des Ofens ab. W. Friedmann[1]) hat einige interessante Betrachtungen über den Wärmeverbrauch solcher Kanalkühlöfen angestellt. Er macht darauf aufmerksam, daß eigentlich der Kühlofen überhaupt nicht die Aufgabe hätte, das Glas zu erwärmen, sondern im Gegenteil abzukühlen, und daß deshalb theoretisch ein Wärmeverbrauch dieses Ofens überhaupt nicht

[1]) Z. D. V. I. **1924,** S. 526—528.

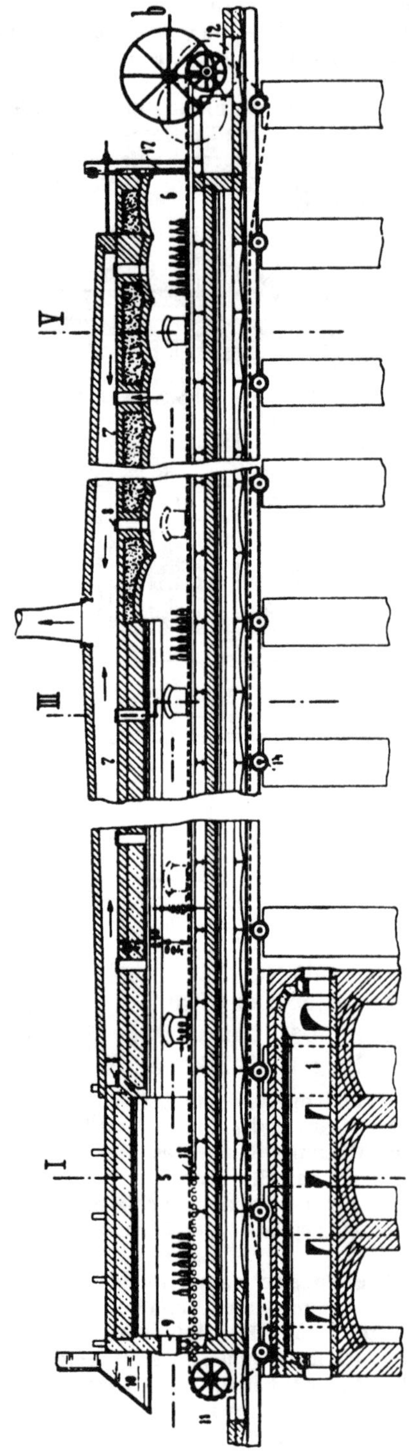

Abb. 399.

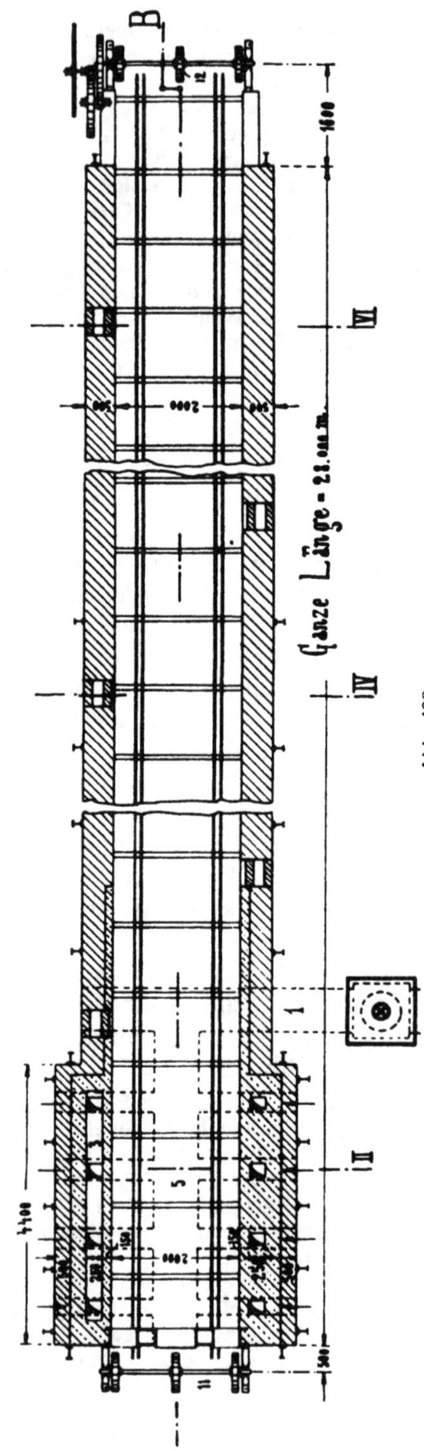

Abb. 400.

vorhanden sein sollte. Lediglich die großen Ausstrahlungsverluste des Ofens bedingen den tatsächlichen praktischen Wärmeaufwand. Außerdem müssen die Tafeln vor dem Einschieben in den Kühlofen eine gewisse Steifheit besitzen, damit das empfindliche Spiegelglas unter keinen Umständen Verzerrung erleidet. Da die Abkühlung außerhalb des Ofens ungleichmäßig erfolgt, würden die Tafeln bei einer unmittelbar anschließenden weiteren Abkühlung leicht zu große Spannungen erhalten und springen.

Deshalb werden die Tafeln in der ersten Kammer des Kühlofens tatsächlich etwas angewärmt. Der Wärmeverbrauch hierzu ist sehr gering, und die aufgenommene Wärme wird wieder an den Ofen abgegeben.

Friedmann gibt an, daß in einem beobachteten Falle für 1 kg Glas rund 0,32 kg Steinkohlen im Kühlofen verbraucht wurden. Er erklärt diesen Wärmeaufwand einmal mit der Ausstrahlung des Ofens und besonders auch mit dem Wärmeverbrauch zum Aufheizen bzw. Warmhalten des Ofens ohne Rücksicht auf die Leistung desselben, so daß also mit andern Worten ein Kühlofen bei voller Ausnutzung naturgemäß nur einen Bruchteil der Wärme bezogen auf das ausgebrachte Glasgewicht verbraucht, gegenüber einem Kühlofen, der nicht mit voller Leistung arbeiten kann.

Er befürwortet die Ausnutzung der Abhitze auch bei derartigen Kühlöfen, weil dies der einzige Weg sein würde, um die Verluste in dem eigentlichen Kühlkanal auszunutzen, andererseits glaubt er, daß durch zweckmäßige Isolation der vorderen Kammern ganz erhebliche Anwärme gespart werden kann, ebenso wie bei Tafelglas-Strecköfen durch gute Isolierung 50—60% der vorher verbrauchten Kohlenmengen gespart werden können.

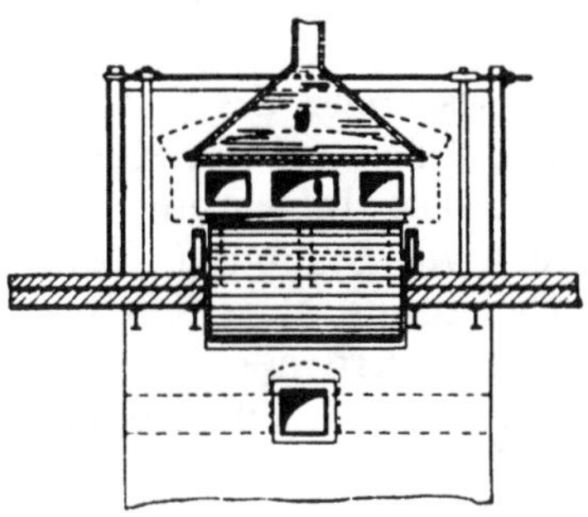

Abb. 401.

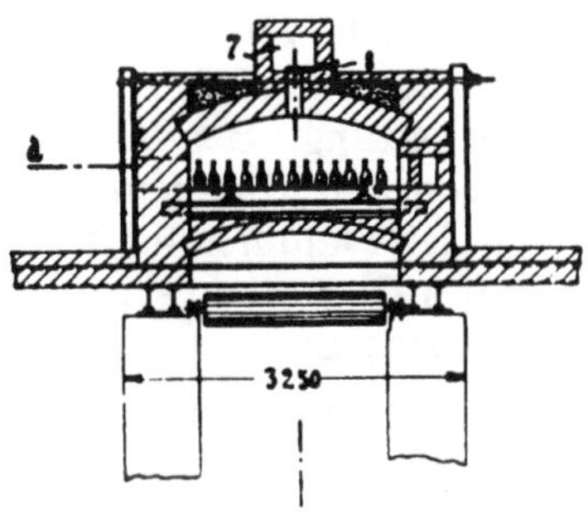

Abb. 402.

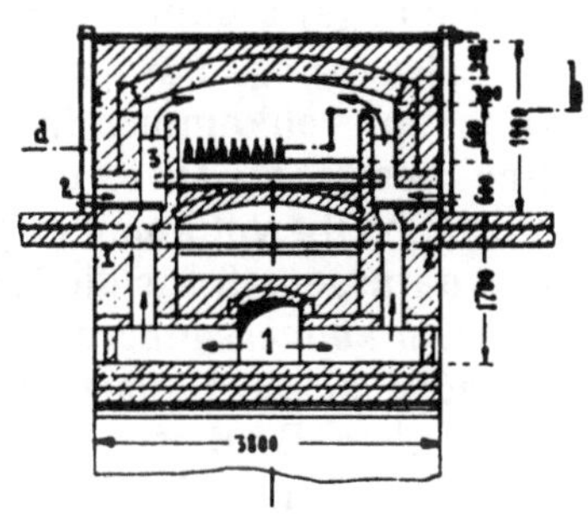

Abb. 403.

η) Kanalkühlöfen mit Außenfeuerung („Muffelkanalkühlöfen").

An Stelle der Kanalkühlöfen mit Innenfeuerung, bei der das zu kühlende Gut unmittelbar mit der Flamme in Berührung kommt, führen sich neuerdings Kanalöfen ein, bei denen Kühlkanal und Feuerzüge durch eine Zwischenwand getrennt sind, also „Muffelöfen". Bei diesen findet also die Temperaturerhaltung in den verschiedenen Teilen des Kanals im wesentlichen durch das strahlende Gewölbe statt. Dadurch ist die Erwärmung sehr viel gleichmäßiger, als wenn die Flamme das Kühlgut unmittelbar berührt.

ϑ) Kanalkühlofen mit Bandförderung für Flaschen. Bauart Owens. Abb. 399—403.

Derselbe besteht im wesentlichen ebenfalls aus einem Kanal, der jedoch 28 m Länge besitzt und 2 m breit ist. Der Ofen wird meistens mit Gas beheizt. Das wesentliche Merkmal dieses Ofens besteht in einem über die ganze Ofenbreite sich erstreckenden Förderband, welches aus einzelnen Blechstreifen (Flacheisen von 80 mm Breite und 4 mm Dicke) besteht. Diese Flacheisenstreifen sind an zwei Gallschen Ketten befestigt, so daß gewissermaßen ein endloses eisernes Förderband von 2 m Breite entsteht.

Die obere Seite des Bandes ist auf zahlreichen Rollen gelagert und bildet daher eine wagerechte, vollkommen geschlossene Fläche, auf der die Flaschen aufgestellt werden. Am hinteren Ende des Ofens, also auf der Austrittsseite, liegt der Antrieb. Das Band ist über drei auf einer gemeinschaftlichen Welle befestigte Kettenräder 12 geführt. Die Welle wird mittels einer Zahnradübersetzung gedreht und dadurch das ganze Band in dem Ofen vorwärts bewegt. An der vorderen Seite ist das Band ebenfalls über drei gleiche Räder 11 gefüht, während der Unterstrang im Unterbau des Ofens auf Walzen gelagert ist.

Das Einlegetor des Ofens wird durch einen gußeisernen Rahmen mit drei nebeneinander befindlichen Türen gebildet. Diese Türen sind so bemessen, daß der Einleger mit einer besonderen Einlegekelle eine Anzahl von Flaschen, meistens 5 Stück, gleichzeitig von der Maschine holt und sie durch die Öffnung einführen kann. Durch eine Drehung des Handgriffes kann er mit diesem besonderen Werkzeug die Flaschen gleichzeitig und sicher auf das Transportband abstellen. Er besetzt so die ganze Breite des Transportbandes der Reihe nach und gibt dann ein Zeichen, worauf das ganze Transportband mit den daraufstehenden Flaschen um ein bestimmtes Maß vorwärts bewegt wird. Gleichzeitig kommen also am andern Ende des Ofens die entsprechende Zahl von Flaschen fertig gekühlt aus dem Kanal. Das Gas wird den vier Brennern 3 auf jeder Ofenseite zugeführt. Die einströmende Gas- und Luftmenge kann für jeden Brenner eingestellt werden. Die in den Kanal kommenden Flammen heizen zunächst den Vorderofen 5 und ziehen dann durch den Kanal ab, wodurch derselbe eine allmählich nach hinten abnehmende Temperatur erhält. Über dem Gewölbe des Kanals befindet sich der Abhitzekanal 7, der durch zwölf Öffnungen mit dem eigentlichen Ofenkanal verbunden ist. Jede Öffnung besitzt einen Schieber, so daß die Abhitze aus dem Ofen je nach Wunsch mehr oder weniger weit hinten im Ofen abgezogen werden kann und dadurch die Temperatur an den einzelnen Stellen des ganzen Ofenkanals regelbar ist.

Der Owens-Ofen kühlt die Flaschen in 12 Stunden ab. Seine Leistung beträgt mindestens 10000 Flaschen in 12 Stunden. Der Kohlenverbrauch der Kanalöfen beträgt 7,5—10 kg für 100 kg fertige Flaschen, während gewöhnliche Kammerkühlöfen 50 häufig aber 100% mehr Kohle gebrauchen. Die Baukosten eines derartigen Kanalofens sind von Dralle mit 25000 M. angegeben.

Der vorstehend geschilderte Ofen ist kein vollkommener Muffelofen, insofern im Anfangsstadium die Flamme im Kanalinnern brennt.

Neuerdings baut man in Amerika Kanalöfen von den Abmessungen des Owens-Ofens für vollkommen indirekte Beheizung. Bei diesen Öfen bildet der gesamte Kanal eine riesige Muffel, die außen von den Gasen umspült wird. Der Innenraum der Muffel bleibt vollkommen frei von der Flamme und deshalb auch von Staub und Ruß, was naturgemäß für die Reinheit des Glases von sehr großer Bedeutung ist. Derartige Muffeln können außerdem in der Temperatur sehr genau eingestellt werden, so daß die Vorzüge dieser Bauart wohl unbestreitbar sind, jedoch erschweren die außerordentlich hohen Baukosten die allgemeine Einführung solcher Muffelöfen. Weitere Beispiele in Band II.

2. Auftreiböfen.

In Weißhohlglas-, Kristallfabriken usw. werden die vom Gehilfen (Motzer, Anfänger, Ballotmacher) angefangenen Gläser meistens in besonderen Öfen wieder angewärmt, um dem Glase die für die weitere Verarbeitung nötige Temperatur zu erteilen. Auch in Flaschenfabriken, die mit Sodaglas arbeiten, werden die Mundstücke in verschiedenen Ländern in besonderen Öfen (Gloriaöfen) aufgetrieben, weil diese Arbeitsmethode unter Umständen vorzuziehen ist. Derartige Öfen heißen „Auftreib- oder Einbrennöfen", sie werden sowohl mit direkter Feuerung als auch mit Gas geheizt. Auch in der Perlen- und Knopfindustrie sind derartige Öfen nötig und werden dort Drucköfen genannt.

Mitunter werden solche Öfen auch noch direkt mit einem Kühlofen verbunden.

Im nachstehenden sollen einige derartige Öfen besprochen werden.

1. Flaconauftreib- und -Kühlofen mit direkter Feuerung. Abb. 404—408.

Abb. 405 stellt diesen Ofen im Horizontalschnitt dar. Unter dem eigentlichen Ofenraum 1 befindet sich, wie aus Abb. 408 im Längenschnitt zu ersehen ist, die Feuerung mit dem Planrost 2. Als Brennmaterial werden hiefür Steinkohlen oder Briketts benutzt, welche mit langer Flamme verbrennen. Die Flammen gelangen durch die Feuerzüge 4 und 5 in den eigentlichen Ofen 1, erhitzen denselben und ziehen durch die Öffnung 6, welche mit einem Schamotteschieber 7 eingestellt werden kann, in einen Blechmantel, der über dem Ofen angebracht und mit einem Schornstein verbunden ist.

Der Ofen selbst ist noch mit einem Hilfsrost 8 für Koksbeschickung versehen.

Abb. 404 zeigt den Ofen von der Seite und Abb. 406 von vorn gesehen, während Abb. 407 einen Querschnitt darstellt.

In Abb. 404, 405 und 407 sehen wir bei 9 eine Öffnung, durch welche Kohlenstückchen in den Ofen geworfen werden, wenn das Feuer zu klar brennt, weil dabei das Glas leicht anläuft, d. h. es bekommt durch die oxydierende Flamme einen weißblauen Überzug bzw. Schein oder Hauch, was durch die eingeworfenen Kohlen und den sich daraus bildenden Rauch vermieden wird.

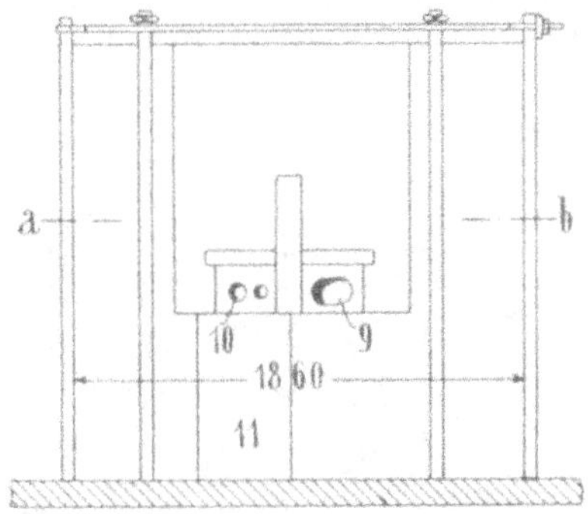

Abb. 404.

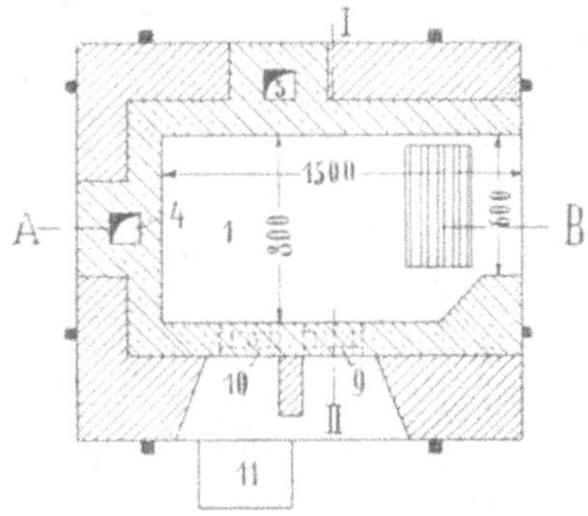

Abb. 405.

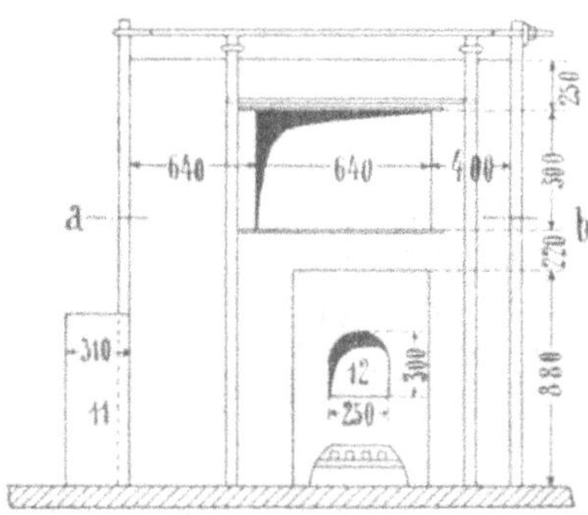

Abb. 406.

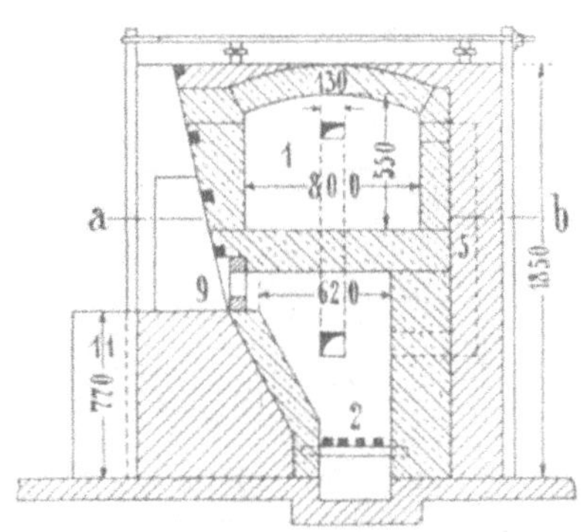

Abb. 407.

Neben der Öffnung 9 sind die beiden Auftreibe- bzw. Einbrennlöcher 10, durch welche die Gläser in den Ofen gehalten werden. Zwischen den Öffnungen 9 und 10 ist eine sog. Schirmmauer, die eine Belästigung des Glasmachers durch Rauch verhindert oder mindestens etwas abschwächt.

Der Pfeiler 11 dient zur Aufnahme der Marbelplatte.

Der große Ofenraum dient gleichzeitig zur Aufnahme von mehreren Kühlhülsen aus Eisenblech (Kühltöpfen), in welche der Junge, der zu jeder Werkstatt gehört, die Gläser mit der Pflegegabel hineinlegt. Die vordere Tür 11 ist zu diesem Zweck mit einer oder mehreren kleinen Öffnungen (Pflegetüren) versehen, die durch Blechschieber geschlossen werden können.

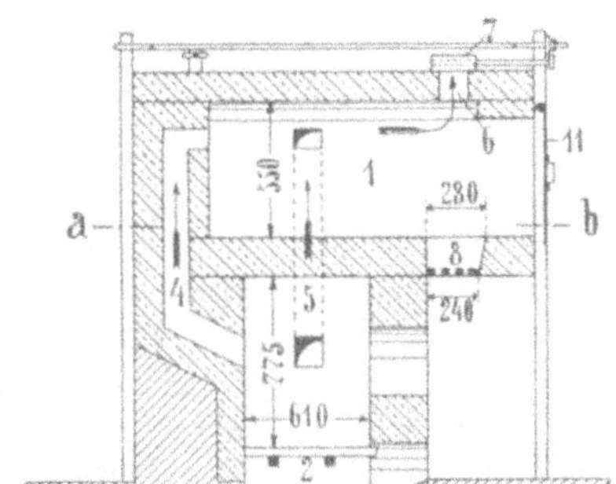

Abb. 408.

Diese Türen werden meistens vom Hüttenschmied hergestellt und angeschlagen, damit etwaige Arbeitsgewohnheiten der Glasmacher berücksichtigt werden können. Auch mit der Feuerungstür 12 und der Verankerung ist solches der Fall.

2. Doppelauftreib- und Kühlofen.

Abb. 409—410 zeigen zwei Horizontalschnitte und Abb. 411—412 zwei Vertikalschnitte durch diesen Ofen. Derselbe besteht aus zwei Trommelöfen 1 und zwei daneben stehenden Kühlöfen 2.

Unter der Sohle jeder Ofengruppe befindet sich eine Planrostfeuerung 9, aus der das Feuer durch die Kanäle 3, 4 und 5 in die vier Ofenabteilungen gelangt.

Die Verbrennungsprodukte ziehen aus den Auftreiböfen durch die Kanäle 6, die mit dem Schornstein 7 verbunden sind.

Ebenso wird auch die Abhitze aus den Kühlöfen durch die Kanäle 8 dem Schornstein zugeführt.

Die Feuerlöcher 6 dienen zum Anwärmen der Hefteisen.

Die Verbrennungsluft wird unter Druck durch die Rohrleitungen 11 unter die Roste geblasen, sie kann aber außerdem noch durch die Kanäle 10 angezogen werden, wobei sie sich an dem Mauerwerk der Öfen erwärmt.

Die Anlagekosten betragen etwa 1000 M.

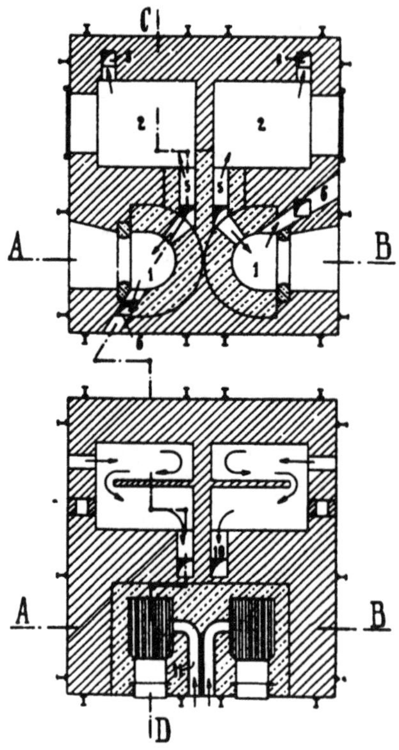

Abb. 409 u. 410.

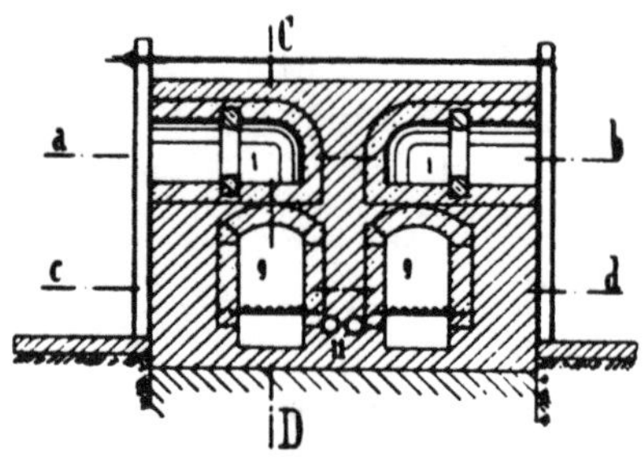

Abb. 411.

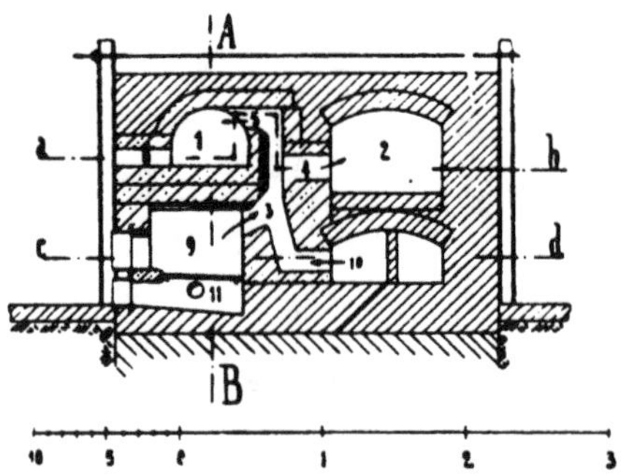

Abb. 412.

3. Auftreibofen mit Gasfeuerung nach dem Rekuperativsystem Nehse.

Die Abb. 413—418 stellen einen solchen Ofen in verschiedenen Schnitten dar. Derselbe besteht aus dem Gaszuführungskanal, dem Lufterhitzer und dem eigentlichen Auftreibofen.

Das Gas strömt vom Kanal 1 durch das Knierohr 2 in den Brennerkanal 3.

Die Luft tritt durch einen Regulierschieber 4 in den senkrechten Kanal 5, dann in den Horizontalkanal 6, zieht darauf durch den Lufterhitzer 7, erhitzt sich dort und gelangt in einen zweiten Brennerkanal 8. Zwischen den beiden Brennerkanälen liegt der Mischkanal 9, der durch die Schlitze 10 und 11 mit den beiden vorbenannten Kanälen verbunden ist. In dem Mischkanal wird die Verbrennung eingeleitet, die Flamme tritt von da durch den Brenner 12 in den Ofen 13 und die Verbrennungsprodukte entweichen bei 15, durchziehen den Lufterhitzer und gelangen in den Schornsteinkanal 17.

Diese Öfen haben sich auch zum Anwärmen der Walzen in der Fensterglasindustrie bewährt, der Ofen selbst bekommt dann die Form der Trommelöfen in Abb. 358—359 (s. S. 480).

Der Ofen erfordert:

7,2 m^3 Erdarbeit,
9,0 m^3 Ziegelmauerwerk,
15,3 t ff. Material,
500 kg Eisenteile

und kostet etwa 1200 M.

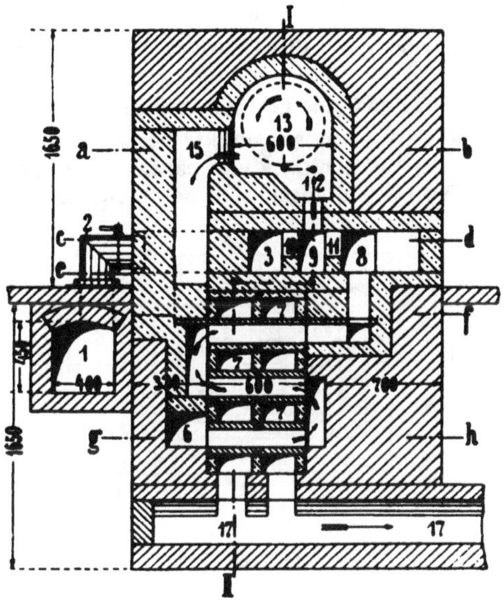

Abb. 415.

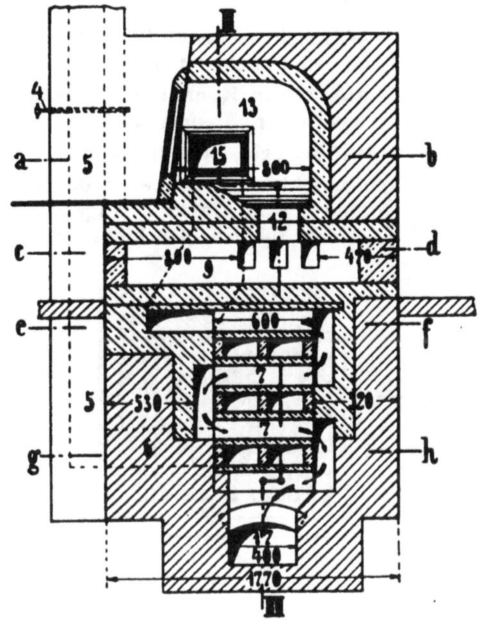

Abb. 416.

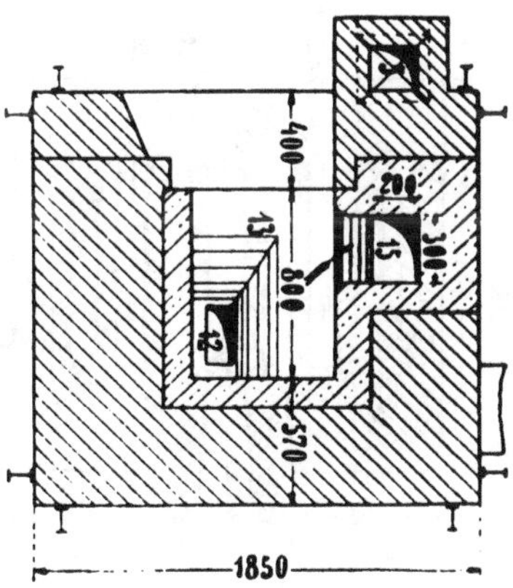

Abb. 417.

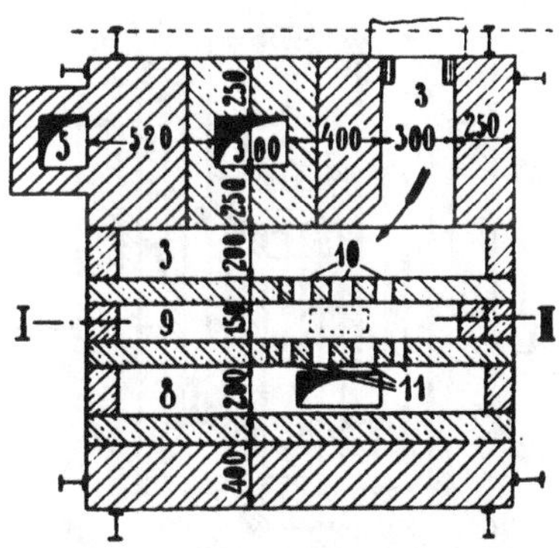

Abb. 418.

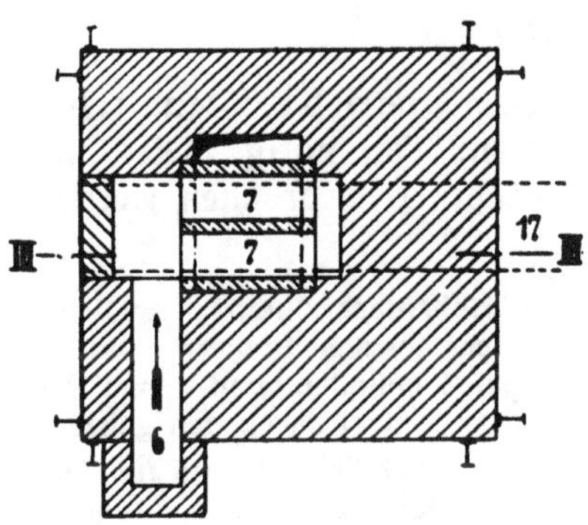

Abb. 414.

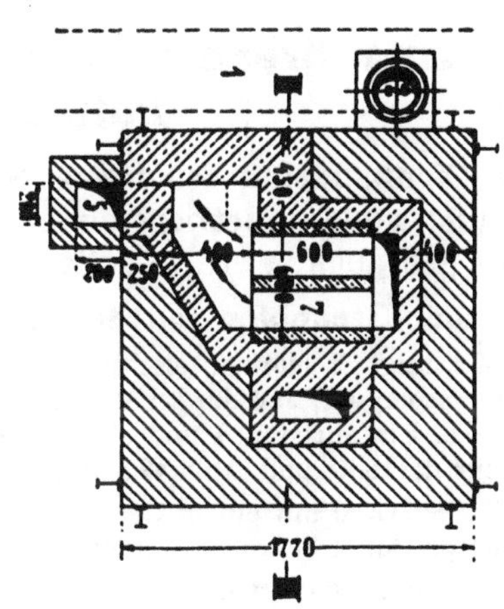

Abb. 413.

4. Gloria-Ofen.

Abb. 419—422 stellen einen Auftreibofen mit vier Plätzen dar zum Auftreiben von Flakons, Medizingläsern und auch zu Flaschenmundstücken, falls Sodaglas verarbeitet wird.

Das Gas strömt vom Kanal 1 durch ein Knierohr, gelangt dann direkt in den Brennerschacht 2 und von hier aus in den Brenner 3.

Die Luft tritt bei 4 ein, zieht durch die Lufterhitzerzüge 5 und 6 und gelangt dann in den Brenner 3.

Die Flamme zieht vom Brenner in den Ofen und die Verbrennungsprodukte verlassen denselben durch vier Öffnungen 7 im Gesäß, gelangen in die Züge 8 des Lufterhitzers und darauf in den Schornsteinkanal 9, welcher mit einem Schieber versehen ist. Die Herstellungskosten betragen 350—450 M.

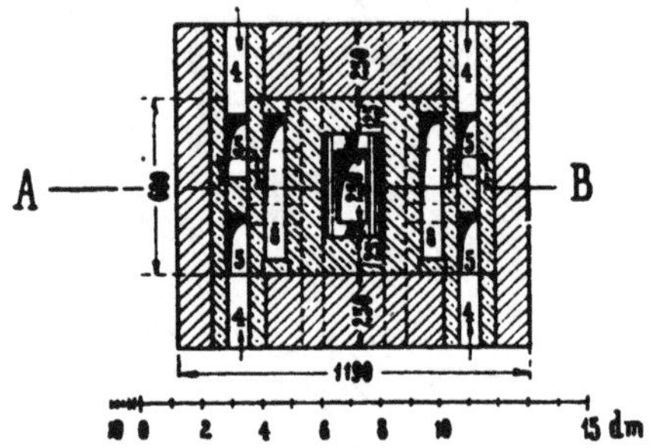

Abb. 419.

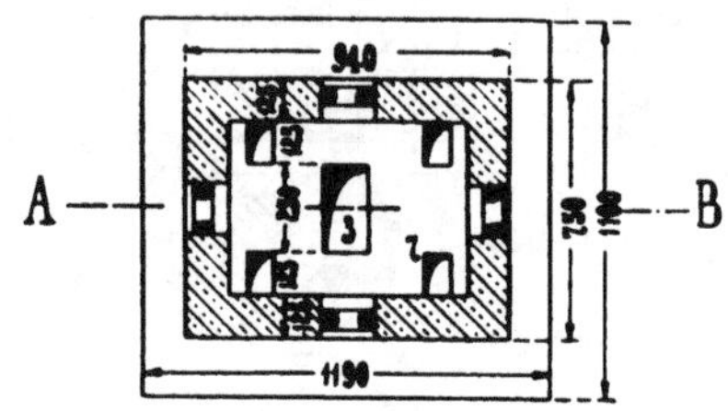

Abb. 421.

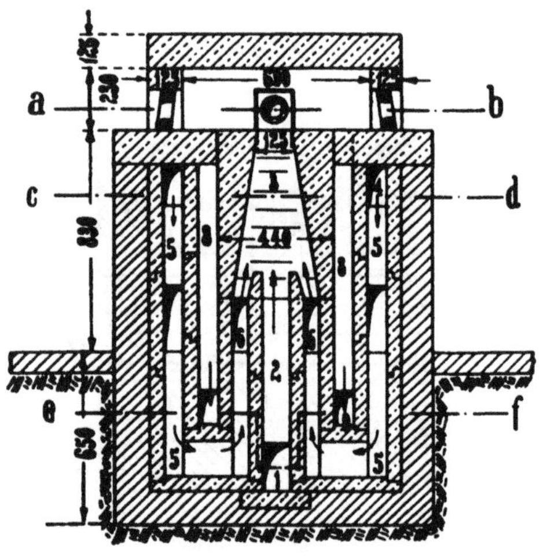

Abb. 420.

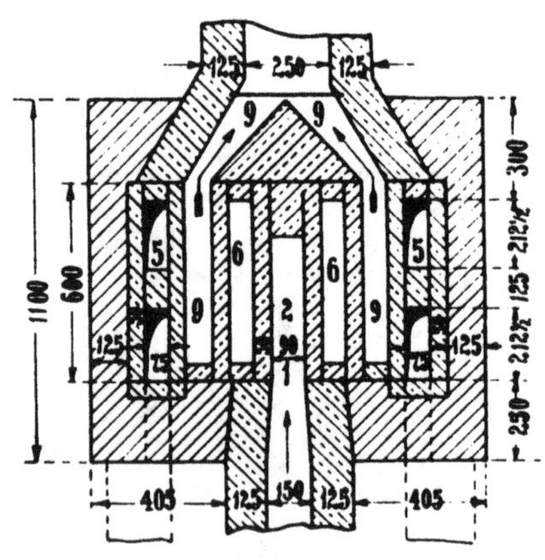

Abb. 422.

3. Ofen zum Brennen von feuerfesten Steinen und Betriebsmitteln, Temperöfen.

Zum Ofenbau sind feuerfeste Steine und zum Betrieb Häfen, schwimmende Brücken und andere Betriebsmittel aus feuerfestem Ton nötig. Die Ofenanlagen, die hierbei gebraucht werden, sollen in diesem Abschnitt besprochen werden.

a) Runder Brennofen mit direkter Feuerung.

Abb. 423 zeigt 2 Horizontalschnitte in verschiedener Höhenlage durch den Ofen. Aus dem Schnitt *AB* ersehen wir, daß der kreisförmige Unterbau des Ofens aus acht Pfeilern 1 besteht, zwischen denen sich das Einfahrtstor 3 und sieben Planrostfeuerungen 2 befinden, von denen Abb. 424 eine Vorderansicht darstellt und Abb. 425 einen Vertikalschnitt, der zentral durch den ganzen Ofen geht.

Oben ist der Ofen mit einem Gewölbe 4 überspannt, in dem sich Öffnungen 5 für den Abzug der Verbrennungsprodukte befinden, welche von einem Rauchfang 6 dem Schornstein 7 zugeführt werden.

Diese Ofenkonstruktion ist einfach, billig und für unsere Zwecke wohl zu empfehlen, trotzdem sie zu den alten Veteranen gehört.

Der Ofen erfordert:

23 m³ Erdarbeit,	90 t ff. Steine, und
36 m³ Fundamente,	2,25 t Eisenteile.
65 m³ Ziegelmauerwerk,	

Die Baukosten betragen etwa 6000—7000 M.

Betriebsergebnisse:

Für 1000 kg gebrannten Ton oder scharf gebrannte Schamottewaren sind nötig: ca. 180—200 kg langflammige Steinkohlen von etwa 7000 Kal.

Der Ofen kann auch zum Brennen von Quarz, Mergel, Sandstein u. dgl. sehr gut benutzt werden.

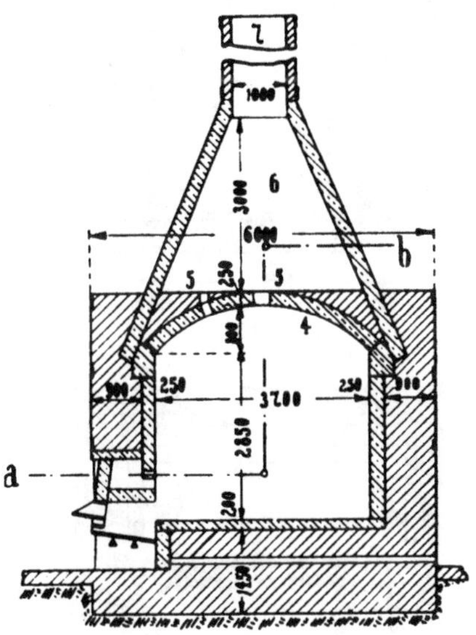

Abb. 425.

b) Kammerofen mit Planrostfeuerung zum Brennen von feuerfesten Materialien.

Abb. 426 zeigt einen Horizontalschnitt durch die Fundamente und Kanäle, Abb. 428 einen Querschnitt durch die Anlage und Abb. 427 einen Längsschnitt durch einen der beiden Öfen.

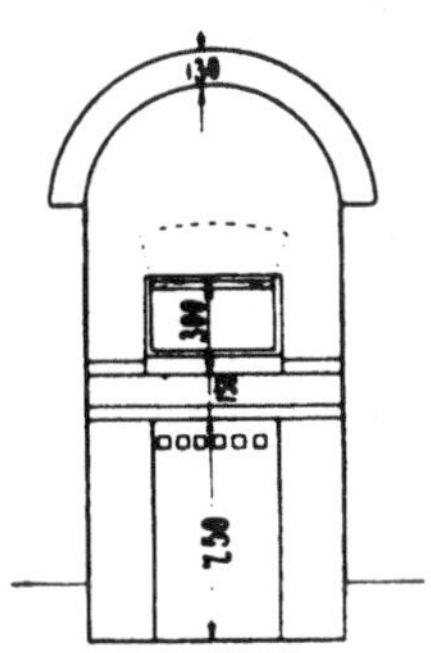

Abb. 424.

Nehmen wir an, daß Ofen 2 im Scharffeuer steht, während Ofen 3 gerade in Betrieb genommen wird, dann zieht das Feuer vom Planrost 1 durch die Kanäle des Einsatzes von Ofen 2 und entweicht durch Schlitze 4 in den Kanal 5. Dieser Kanal ist durch einen Schieberschacht 6 und einen Verbindungskanal 7 mit dem Kanal 5 des Ofens 3 verbunden.

An der Vorderseite der Ofenanlage sind vorn zwei Schieberöffnungen 8 im Ofen 3 und zwei ebensolche 9 im Ofen 2 angeordnet, welche miteinander gemeinsam den Schornsteinkanal 10 haben.

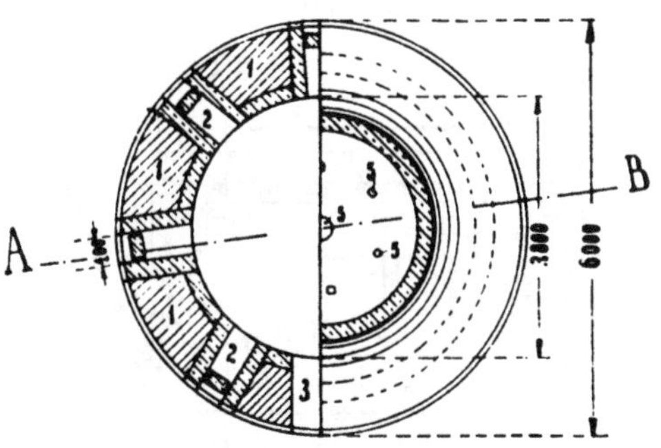

Abb. 423.

Werden die Schieber 9 geschlossen und die Schieber 6 und 8 geöffnet, so ziehen die Verbrennungsprodukte aus dem Ofen 2 durch die Kanäle des frischen Einsatzes im Ofen 3, wärmen den Einsatz allmählich an, wobei die Feuertüren 13 dieses Ofens natürlich geschlossen werden müssen, und ziehen dann durch die Schieberöffnungen 8 zum Schornsteinkanal 10.

Die Feuerungen dieses Ofens werden vorher bis oben hin mit Kohlen beschickt und diese auf der Oberfläche mit einer Lehmschicht dicht bedeckt. Ist nun der Einsatz im Ofen 2 gar gebrannt, was je nach Gattung, Größe und Zweck 5—10 Tage Zeit beansprucht, dann ist der Einsatz im Ofen 3 durch die Abhitze so heiß geworden, daß das Heißschüren dieser Kammer beginnen kann, während der Einsatz von Kammer 2 allmählich abkühlt. Zu diesem Zweck müssen die Feuertüren der Kammer 2 und ihre Schieber 6 und 9 geschlossen werden, dann werden die Feuertüren von Ofen 3 geöffnet, die Feuer aufgeschürt und regelmäßig beschickt.

Bei dieser Konstruktion wird durch die Ausnutzung der Abhitze Brennmaterial gespart.

Die Verankerung solcher Öfen soll wegen der wechselnden Temperatur sehr sorgfältig ausgeführt werden, um das Reißen des Mauerwerkes zu verhindern. Auch auf die Anordnung von Isolierkanälen unter der Ofensohle und in dicken Wandkörpern ist Rücksicht zu nehmen.

Betriebsergebnisse:

Für 1000 kg gebrannte Ware sind nötig ca. 160—170 kg langflammiger Steinkohle von etwa 7000 Kal.

Anlagekosten: ca. 12000 M.

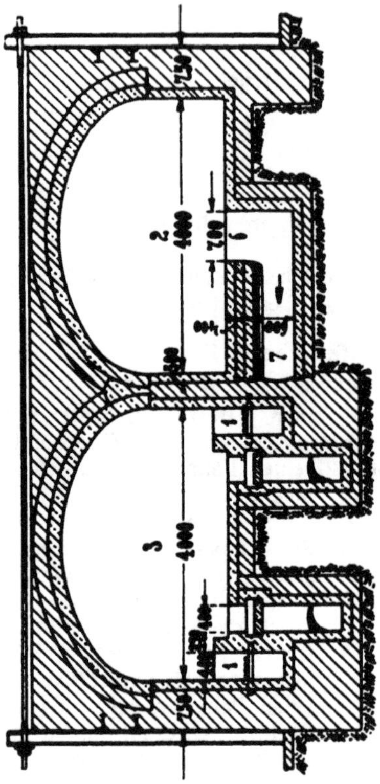

Abb. 428.

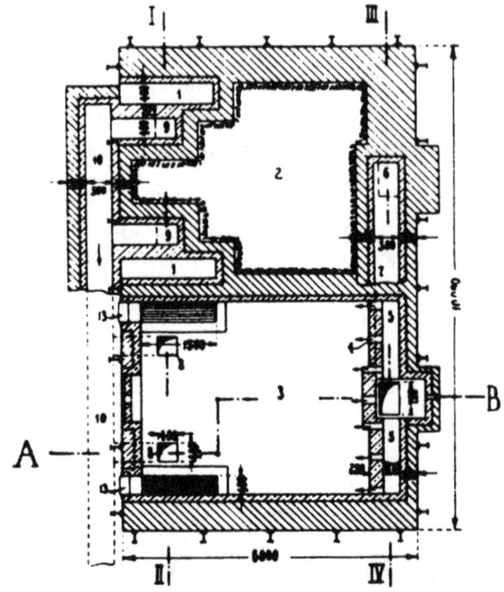

Abb. 426.

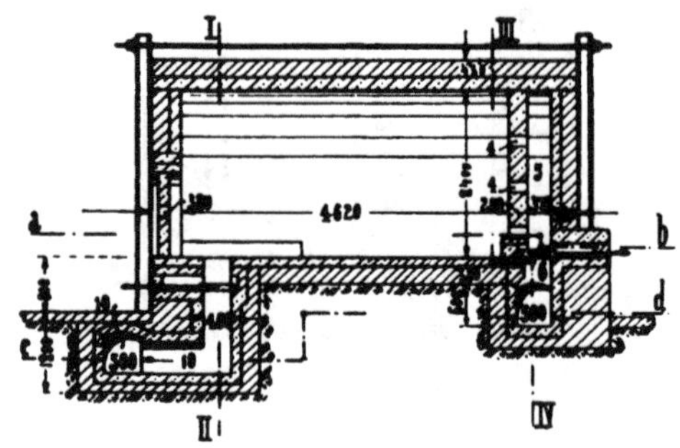

Abb. 427.

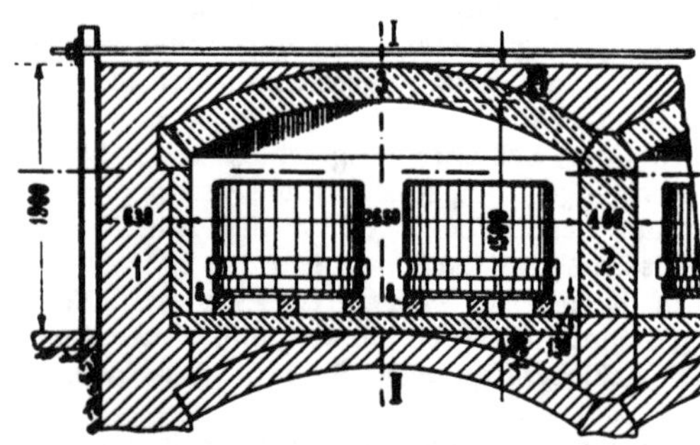

Abb. 429.

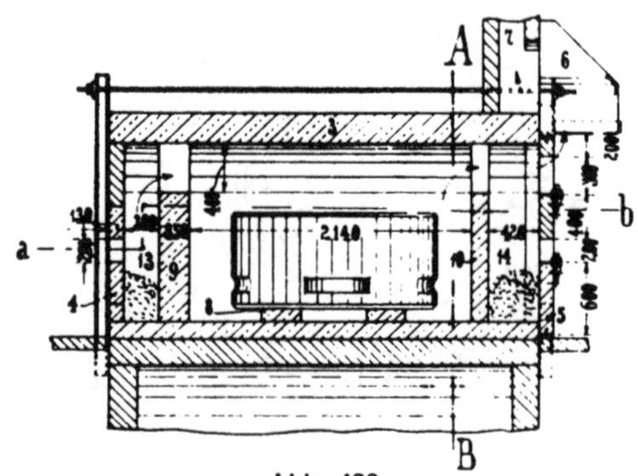

Abb. 430.

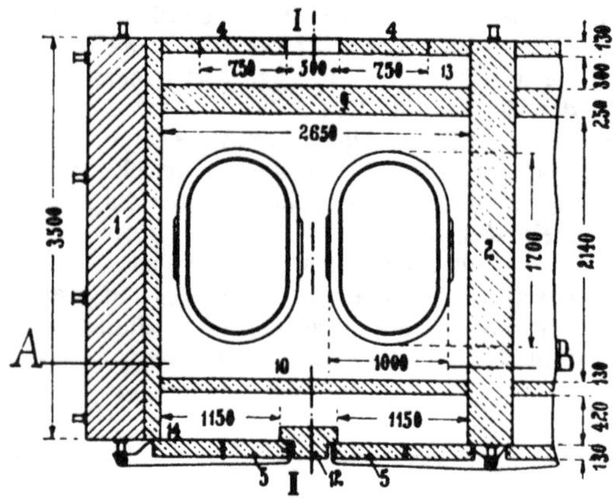

Abb. 431.

c) Temperofen für Spiegelglashäfen.

Wie aus den Abb. 429—431 zu ersehen ist, besteht dieser Ofen aus zwei parallelen Seitenwänden 1 und 2 und dem Gewölbe 3. Die Rückwand hat zwei kleinere Türen 4 und die Vorderwand zwei größere Türen 5.

Vorn über der Tür 5 ist ein Rauchfang 6 und ein Schornstein 7 angebracht, der durch das Dach hinweggeführt werden muß, damit das Hüttengebäude frei von Rauch bleibt. Besser würde es sein, einen gemeinschaftlichen Horizontalkanal zu einem der Fabrikschornsteine zu führen.

Das Antempern der Häfen, von denen jeder der vier Öfen je zwei aufnehmen kann, geschieht wie folgt. Die Häfen werden, wie Abb. 429 und 430 zeigen, auf einige Pfeilersteine 8 gesetzt, dann werden die beiden Innenmauern 9 und 10 eingebaut, dazu wird sehr steif angemachter, feuerfester Mörtel verwandt, wenigstens für die Vordermauer 10, weil diese abgebrochen werden muß, sobald die Häfen aus dem Ofen herausgenommen werden. Dann werden die Rückwand 11 und der Mittelpfeiler 12 aufgeführt und die Räume 13 und 14 zwischen den Innen- und Außenmauern mit leichtem Holzfeuer beschickt, allmählich geht man dann zur Beschickung mit Kohlen oder Briketts über, bis die Häfen auf die höchst erreichbare Temperatur gebracht sind.

Derartige Öfen können auch zum Brennen von Ton, Kränzen, Steinen usw. benutzt werden.

Der Ofen erfordert:

24,0 m³ Erdarbeiten,
18,0 m³ Fundamente,
12,0 m³ Ziegelmauerwerk,
22,6 m³ ff. Steine,
3600 kg Eisenteile

und kostet etwa 3000 M.

d) Temperofen mit direkter Feuerung für 8 Häfen à 1000 mm Durchmesser.

Wie aus den Abb. 432 und 433 zu ersehen ist, hat dieser Ofen zwei Planrostfeuerungen *F* mit gußeisernen Feuertüren, die mit Schamotte ausgefüttert sind. Zwischen diesen beiden Türen befindet sich das Hafentor. Soll dasselbe nach dem Einbringen der Häfen nur einfach vermauert werden, so ist es empfehlenswert, eine Hängetür aus Eisenblech mittels Kette und Rollen davor aufzuhängen und

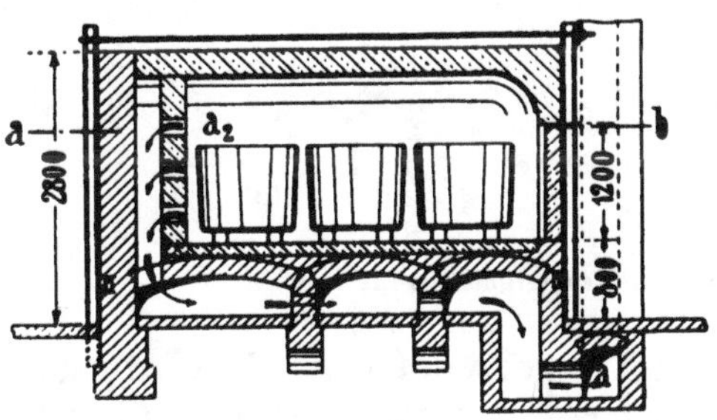

Abb. 432.

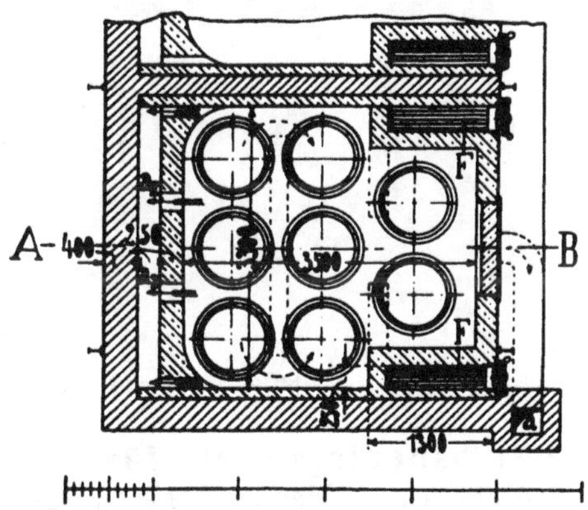

Abb. 433.

mittels Gegengewichts auszubalancieren. Beim Hafenherausnehmen wird diese Tür in den Zwischenpausen heruntergelassen.

Nach hinten wird von dem eigentlichen Ofen durch Einbauen einer Scheidewand, die mit Kanälen a_2 versehen ist, ein freier Raum von 250 mm Breite abgetrennt; derselbe steht mit drei unter der Ofensohle befindlichen Gewölben in Verbindung. Durch Scheidewände wird der überwölbte Raum unter der Ofensohle in verschiedene Abteilungen zerlegt, deren letzte durch einen Kanal, welcher vor dem Ofen unter Hüttenflur liegt, in einen Schornstein mündet.

Das Feuer, welches hier vorn aus den beiden Planrostfeuerungen aufsteigt, erfüllt den Ofenraum, ihn von unten nach oben durchziehend, und dann wieder nach unten gerichtet, sehr gleichmäßig. Die Verbrennungsprodukte entweichen in Richtung der eingezeichneten Pfeile, durchziehen die einzelnen Züge unter der Ofensohle und entweichen bei *a* in den Schornstein.

Die Herstellungskosten eines solchen Temperofens betragen etwa 3000 M.

III. Abhitzeverwertung und Schornstein.

1. Die Verwertung der Abhitze.

Nach Dr.-Ing. Duhr[1]) enthalten die Abgase einer gut geführten Glaswanne 26,3% der aufgewandten Kohlenwärme, während nur 15% zum Glasschmelzen verbraucht werden und ca. 40% durch Strahlung und Abkühlung im Ofen und den Kanälen verloren gehen. Das Wärmediagramm dieser Glaswanne ist in Abb. 434 wiedergegeben[2]).

Ähnliche Ergebnisse erhielt Maurach (s. S. 457).

Diese Ziffern lassen klar erkennen, welche Bedeutung die Nachprüfung und Verbesserung der Wärmewirtschaft in der Glashütten-Industrie besitzt und welche Ersparnisse durch die Verwertung der Abwärme erzielt werden können.

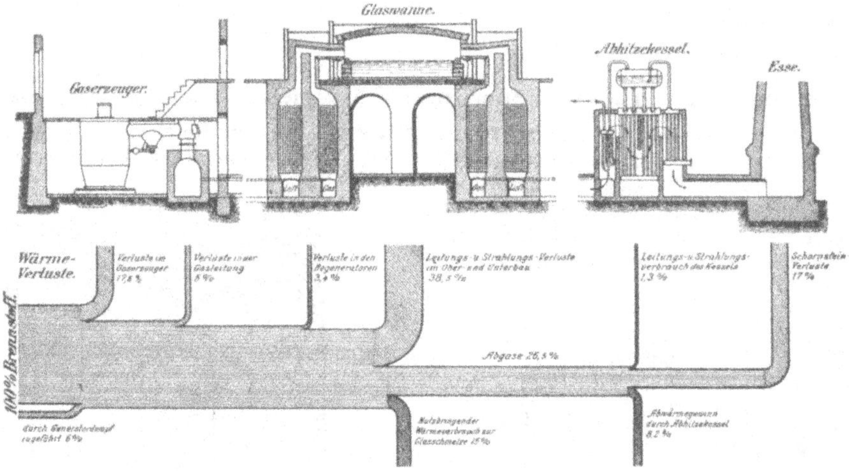

Abb. 434. Wärmeverteilung in einer Fensterglas-Wanne.

Betriebsbedingungen für die Abhitzeverwertung. Die Abgase der Schmelzöfen in der Glasindustrie verlassen den Herdraum mit einer weit über 1000° liegenden Temperatur. Die vollkommene Ausnützung dieser Wärme zur Vorwärmung von Luft bzw. Gas und Luft ist nicht möglich. Denn da bei dem meist üblichen Steinkohlengeneratorbetrieb die Menge der Abgase etwa doppelt so groß ist wie die erforderliche Verbrennungsluftmenge und die spezifische Wärme nicht sehr verschieden ist, so kann die Luft nur etwa die Hälfte der Abhitzewärme aufnehmen. Auch bei Vorwärmung von Gas — das von den Generatoren schon heiß ankommt — und Luft nach dem Regenerativprinzip kann, wenn Gas und Luft bestenfalls auf etwa 1100° vorgewärmt werden, das Wärmegefälle nicht ausgenutzt werden. Die Abgase verlassen deshalb meist die Regeneratoren mit etwa 500—600°, die Rekuperatoren mit 600 bis 700°.

Die untere Grenze für das ausnützbare Wärmegefälle der Abhitzeverwertung ist gegeben durch die Forderung, daß der Kaminzug und damit der Ofenbetrieb auf keinen Fall leiden darf. Bei natürlichem Zug wird man deshalb im allgemeinen eine Temperatur von 300° C nicht gern unterschreiten.

[1]) Vortrag, gehalten auf der Hauptversammlung der Glasindustriellen Deutschlands, Dresden, 3. Juni 1921.

[2]) „Abhitzekessel in Glashütten", von der Wärmestelle des Verbandes der deutschen Glasindustrie, Frankfurt a. M., Selbstverlag.

Will man die Abhitze weitergehend ausnutzen, so wird meist künstlicher Saugzug zu Hilfe genommen werden müssen. Aber auch bei dieser weiter unten näher zu besprechenden Einrichtung wird man nicht unter 200° C gehen, weil im Generatorbetrieb die Abgase schweflige Säure enthalten, die in trockner Gasform unschädlich ist, aber die Kesselrohre und Leitungen zerfrißt, sobald sich Wasserdampf niederschlägt und die Säure löst. Man müßte in solchen Fällen sehr schwere und teure Konstruktionen in Gußeisen wählen, die meist unwirtschaftlich sein würden.

Im allgemeinen wird man für die Prüfung der Frage, ob in einem vorhandenen Glashüttenbetrieb Abhitzeverwertung angebracht ist, vorsichtig nur mit einem Temperaturgefälle bis 300° rechnen, während die zur Verfügung stehende Eintrittstemperatur etwa mit 600° anzunehmen und leicht durch Messungen nachzuprüfen ist.

Möglichkeiten der Ausnutzung von Abhitze.

Bei allen Temperaturen der Abhitze über 450° kann man unbedenklich die Ausnutzung in einem Abhitzekessel in Aussicht nehmen.

Bei niedrigeren Temperaturen als 450° kommt die Vorwärmung von Speisewasser, die Erzeugung von Warmwasser für andere Zwecke oder endlich die Vorwärmung der Gebläseluft für die Gaserzeuger in Frage.

a) Dampfgewinnung durch Abhitze.

Der Wärmeaufwand für 1 kg Dampf von 1 at beträgt bekanntlich 646 WE, während für Dampf von 10 at nur etwa 20 WE mehr aufzuwenden sind. Überall wo die Möglichkeit vorliegt, hochgespannten Dampf zu verwerten, ist deshalb die Erzeugung von Hochdruckdampf anzustreben, wobei gleichzeitig die Rohrleitungen enger, also billiger, ausfallen und weniger Abkühlungsverluste ergeben. Kann man Hochdruckdampf z. B. in einer Turbine oder Kolbenmaschine ausnutzen und den Abdampf den Generatoren zuführen, so ist die erzeugte Kraft fast kostenlos gewonnen. Andrerseits ist natürlich die Siedetemperatur des Wassers bei Hochdruckbetrieb entsprechend höher und damit das ausnutzbare Wärmegefälle geringer, weshalb die Wahl des richtigen Dampfdruckes für eine Abhitzeverwertung von großer Wichtigkeit ist.

Bei den zur Verfügung stehenden Temperaturen ist stets eine Überhitzung anzustreben. Der Überhitzer wird dem Kessel vorgeschaltet, um hierfür die höchste Temperaturstufe auszunutzen. Hinter dem Kessel kann, wenigstens bei den mit künstlichem Zug arbeitenden Anlagen, ein Speisewasser-Vorwärmer angebracht werden.

Ausführung der Abhitzekessel. Für die Bauweise der Abhitzekessel ist der grundlegende Gesichtspunkt, daß das Temperaturgefälle nur ⅓—¼ des bei unmittelbarer Flammenbeheizung des Kessels zur Verfügung stehenden Gefälls beträgt, und daß infolgedessen die Wärmeübertragung pro m² Heizfläche und pro 1° C Temperaturgefälle erheblich niedriger ist. Abhitzekessel machen daher eine sehr große Heizfläche im Verhältnis zu ihrer Leistung notwendig. Um die Anlagekosten in wirtschaftlichen Grenzen zu halten, muß man also hohe Geschwindigkeiten der Heizgase und möglichst innige Berührung der gesamten Gasmenge mit den übertragenden Rohrwänden zu erzielen suchen. Die Durchwirbelung der Gase und sorgfältige Führung das Gasstromes ist dabei von großer Wichtigkeit für die Dampfleistung je m² Heizfläche.

Endlich muß der Abhitzekessel sicher und widerstandsfähig gegen Explosionen sein und im Betrieb sowohl von der Wasser- wie von der Gasseite aus sich leicht reinigen lassen, damit nicht durch Ablagerungen die Wirksamkeit der Heizfläche beeinträchtigt wird.

Daraus ergibt sich, daß als Abhitzekessel in erster Linie der Rauchrohr-(Lokomotiv-)Kessel oder der Wasserrohr-Kessel in Betracht kommen. Besonders der Rauchröhrenkessel ist für diesen Zweck geeignet, weil das ausziehbare Röhrenbündel eine bequeme Reinigung gestattet und ferner jede Einmauerung wegfällt, damit auch die Gefahr des Eindringens von falscher Luft. Ein Beispiel für den Einbau eines solchen Kessels zeigt Abb. 435/437.

Der Nachteil des Rauchröhrenkessels liegt in seinem größeren Widerstand infolge der engen Rohren und großen Geschwindigkeiten. Daher arbeiten Abhitzekessel dieser Bauart meist mit künstlichem Zug

Bei Wasserrohr-Kesseln kann man den Widerstand auf 3 mm Wassersäule und darunter bringen, so daß bei einem Kamin, wie er im allgemeinen in Glashütten vorhanden ist und wenigstens 20 mm Zug ergibt, dieser Verlust meist ohne Gefahr für den Ofenbetrieb zulässig ist. Insbesondere sind zahlreiche Wasserrohr-Kessel liegender Bauart über Trommelöfen nachträglich angeordnet worden; solche Kessel dürfen jedoch nicht mit dem Ofen in Verbindung stehen, sondern müssen auf besonderem Traggerüst gelagert werden.

Jeder Abhitzekessel soll eine Umführung besitzen, so daß er jederzeit ausgeschaltet werden kann!

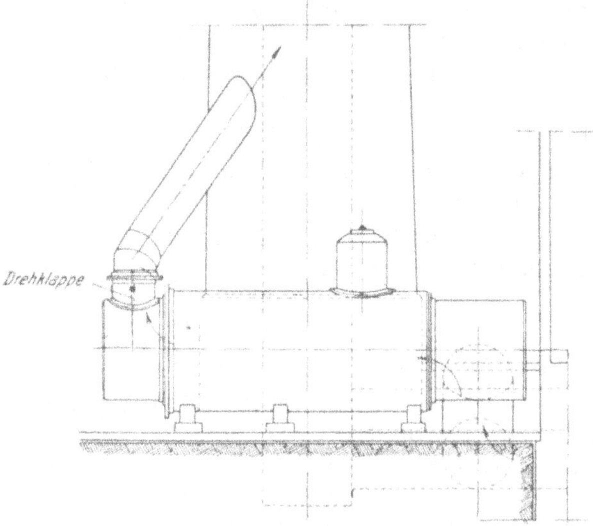

Abb. 435.

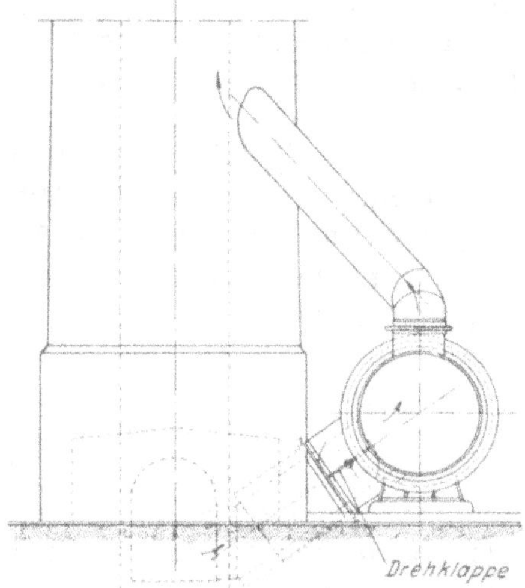

Abb. 436.

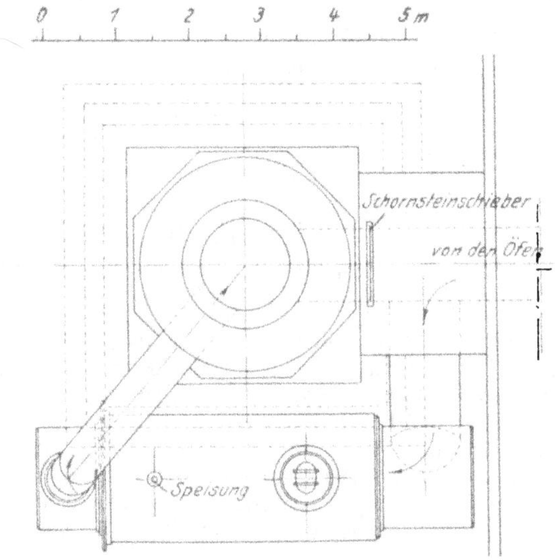

Abb. 437.

Wirkungsgrad und Leistung der Abhitzekessel. Der Wirkungsgrad jedes Dampfkessels setzt sich zusammen aus dem der Feuerung, für den das Temperaturgefälle maßgebend ist, und dem der Kesselheizfläche, der durch die Leitungs- und Strahlungsverluste bestimmt wird. Der letztere Faktor ist auch beim Abhitzekessel in gleicher Weise wie beim befeuerten Kessel vorhanden und beträgt etwa 0,8. Der Wirkungsgrad der Feuerung beträgt beim Abhitzekessel bei einer Temperatur von

Hinter dem Kessel	Vor dem Kessel		
	900°	700°	500°
200°	77,8%	71,4%	60%
250°	72,2%	64,3%	50%
300°	66,7%	57,2%	40%

Bei einer gut geleiteten Glaswanne mit Regenerativ-Feuerung, bei der die Abgase die Kammern mit 500° verlassen, werden wir also vorsichtig gerechnet die Abhitze bis 300° ausnutzen (ohne künstlichen Zug) und einen Wirkungsgrad von 0,4 · 0,8 = 32% erwarten können. Wenn beispielsweise bei der dem Wärmediagramm auf S. 528 zugrunde liegenden Wanne die mit 450° abgehenden Gase 26,5% der gesamten Kohlenenergie enthalten und im Abhitzekessel 8,2% der Gesamtwärme wieder gewonnen wurden, so bestätigt diese praktische Ziffer die obige Überlegung. Im allgemeinen können 8—12% der gesamten im Generator verbrauchten Kohlenwärme in Form von Dampf zurückgewonnen werden. Je höher die Anfangstemperatur, je näher der Kessel am Ofen, je besser das Eindringen von falscher Luft vor dem Kessel verhindert wird, desto größer ist der Gewinn.

Die Leistung der Abhitzekessel je m² Heizfläche hängt bei dem gegebenen Wärmegefälle, wie wir es in der Glasindustrie in der Regel finden, wesentlich von der Konstruktion des Kessels ab. Sie beträgt im allgemeinen bei den ausgeführten Anlagen 4—6,5 kg Dampf je m² Heizfläche stündlich. Eine Reihe von Betriebsergebnissen ausgeführter Anlagen ist zusammengestellt in dem Buch von Peter, die Abhitzekessel, S. 82, Tabelle 5. Ebenso sind in dem von der Wärmestelle für die Glasindustrie herausgegebenen Heft „Abhitzekessel in Glashütten" einige ausgeführte Anlagen beschrieben und abgebildet, weshalb von der Wiedergabe solcher Zeichnungen abgesehen werden kann, zumal sich die Abhitzekessel grundsätzlich nicht von der Ausführung der normalen, direkt gefeuerten Kessel unterscheiden.

Zahlreiche Anlagen zur Abhitzeverwertung sind speziell in der Glasindustrie nach den Angaben von Zivil-Ing. Pfoser in Achern (Baden) ausgeführt worden, beispielsweise in den Glashütten von Vopelius.

Abb. 438. Abhitzekessel an Trommelöfen.

Ein Bild von einer solchen Anlage zur Ausnutzung der Abhitze von 2 Trommeln ist in Abb. 438 wiedergegeben. Der liegende Wasserröhrenkessel hat 65 m² Heizfläche. Der Verbrauch der Doppeltrommel ist etwa 400 m³ Generatorgas stündlich. Die Abgase haben etwa 700° und die Stundenleistung des Kessels ist ca. 300 kg Dampf von 6 at entsprechend 4,6 kg Dampf je m² Heizfläche und Stunde.

Die Rauchröhrenkessel sind bisher in der Glasindustrie weniger angewandt worden, haben sich aber gerade als Abhitzekessel in anderen Industrien sehr gut bewährt und es ist wohl mit Sicherheit darauf zu rechnen, daß auch in den Glashütten diese Bauart des Abhitzekessels sich einbürgern wird.

Wie schon oben erwähnt, kann die Ausnutzung der Abhitze bis 300° bei normalen Schornsteinabmessungen bzw. Zugverhältnissen unbedenklich zugelassen werden, da der Zugverlust durch den Widerstand des Kessels nur einige Millimeter Wassersäule beträgt.

Kommt man durch Einschaltung des Kessels an die Grenze des sicheren Ofenganges — wobei für Regenerativöfen natürlich auf den ungünstigsten Betriebszustand bei stark verschlackten Kammern Rücksicht genommen werden muß und ebenso bei Rekuperativöfen verschmutzte Kanäle in Rechnung zu ziehen sind —, dann muß man künstlichen Zug zu Hilfe nehmen.

Den **künstlichen Zug** erzeugt man dadurch, daß die Abgase aus dem Ofen durch einen Ventilator fortgeschafft werden. Man unterscheidet direkten und indirekten Saugzug. Bei direktem Zug fördert der Ventilator unmittelbar die heißen Abgase und drückt sie in den Abzugsschlot. Wenn auch bei künstlichem Zug die Temperatur der abziehenden Gase, die für den Ventilator in Frage kommt, nur etwa 200° betragen wird, so bedingt immerhin diese Temperatur für den Ventilator und seine Lagerung spezielle teure Ausführungen. Demgegenüber werden bei indirektem Zug keine heißen Gase durch den Ventilator gefördert, sondern Luft, die durch eine Düse geblasen wird und dadurch infolge der injektorartigen Wirkung die Abgase mitreißt. Ein dritter Weg ist der kombinierte Saugzug, bei dem man wie bei dem indirekten Verfahren mit Düsenwirkung arbeitet, aber keine Frischluft, sondern einen Teil der Abgase durch den Ventilator saugt. Es ist einleuchtend, daß der Wirkungsgrad des direkten Verfahrens günstiger ist. Bei größeren Anlagen wird wegen der dauernden Stromkosten dieser Faktor ausschlaggebend sein, nachdem die Schwierigkeiten der Ausführung heute überwunden und beide Verfahren genügend erprobt sind. Der Ventilator beim direkten Verfahren wird immerhin mit 50—60% Nutzeffekt arbeiten, während beim indirekten Saugzug kaum mehr als 15% zu erreichen ist. Jedoch ist die Wirtschaftlichkeit des einen oder anderen Verfahrens in jedem Fall zu untersuchen.

Es kann nicht zweifelhaft sein, daß die bisherigen Ausführungen von Abhitzekesseln, so wirtschaftlich sie sind, den besonderen Bedingungen der Abhitzeverwertung noch nicht völlig angepaßt sind und sich zu sehr an die üblichen direkt gefeuerten Kessel anlehnen. Der Wärmedurchgang je m² Heizfläche und je 1° C Temperaturunterschied beträgt bei den üblichen Ausführungen nur etwa 10 WE, weil die Geschwindigkeiten zu gering, die Durchmischung der Gase zu mangelhaft und die Berührung der Gasteilchen mit den wärmeaufnehmenden Flächen unvollkommen ist. Gerade die Zuhilfenahme des künstlichen Zuges gibt die Möglichkeit, Zug und Geschwindigkeiten der Gase zu verstärken, was auch für den Ofengang nur von Vorteil sein kann. Die Abhitzekessel können, wie neuere Ausführungen in Stahlwerken beweisen, 40% geringere Heizfläche erhalten, wodurch sie erheblich verbilligt werden, und trotzdem Leistungen von 10—11 kg je m² Heizfläche an Stelle von 4—6 kg ergeben.

b) Anderweitige Verwertung der Abhitze.

Wenn es im Hüttenbetrieb nicht möglich ist, einen Abhitzekessel anzuordnen, so ist die Verwertung der Abhitze doch unbedingt anzustreben.

Man kann entweder das Speisewasser vorhandener Kessel vorwärmen oder auch zu anderen Zwecken heißes Wasser erzeugen.

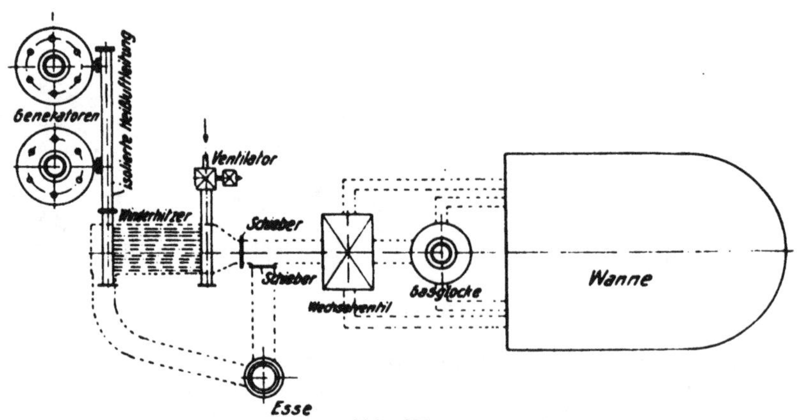

Abb. 439.

Eine weitere Möglichkeit zur Abhitzeverwertung bietet die Vorwärmung der Luft für die Gaserzeuger. Hierbei wird die Vergasungsluft von einem Ventilator durch ein System von gebogenen Rohren gedrückt, die in eine Umführung des Rauchkanals eingebaut werden. Da solche Anlagen verhältnismäßig selten sind und immerhin in den Fällen Beachtung verdienen, wo eine bessere Verwertung der Abhitze nicht möglich ist, so soll in Abb. 439 die Anordnung erläutert werden.

Der Abhitzekanal teilt sich in zwei Kanäle, von denen der erstere zur Esse, der letztere zu dem Winderhitzer führt. Beide Abzweigungen sind durch Schieber absperrbar. Der Winderhitzer besteht aus einer Reihe parallel geschalteter Rohrbogen zwischen zwei Sammelrohren. Die

Generatorluft wird von dem Ventilator nach dem Sammelrohr gedrückt, durchströmt die Rohrbögen und gelangt in die Leitung zu den Generatoren. Die Abgase der Wanne gehen nach Umspülung der Winderhitzerröhren zur Esse. Die Geschwindigkeit der Luft in den Rohren beträgt praktisch 1,5 m/s. Die Zahl der Rohre richtet sich nach der zu erwärmenden Luftmenge. Mit dieser einfachen Einrichtung läßt sich die Luft bequem auf 350° vorwärmen. Die Leitungen werden zweckmäßig isoliert. Für einen Drehrostgenerator von 8000 kg Steinkohle Tagesleistung sind stündlich 1625 m³ Luft nötig. Wird diese auf 300° erhitzt, so bringt sie 121875 WE mit entsprechend einer Ersparnis von 18 kg/Std. = 432 kg Steinkohle in 24 Stunden. Der Jahresgewinn wird also bei dieser kleinen Leistung immerhin bei einem Kohlepreis von *M* 20 pro Tonne schon *M* 3150 ausmachen. Natürlich muß der Gaserzeugerbetrieb für die Betriebsweise mit heißer Luft besonders eingestellt werden.

c) Nutzbarmachung der Strahlungsverluste.

Man kann die Wärmeverluste, die der Schmelzofen durch die Strahlung der Wände, Decke usf. erfährt, im weiteren Sinne auch als „Abhitze" auffassen und suchen, diese Wärme nutzbar zu machen. Gerade diese Aufgabe ist von der allergrößten Bedeutung, weil die Wärmestrahlung der Öfen die stärkste Verlustquelle im ganzen System ist. Eine vollkommene Ausschaltung dieser Verlustquelle, etwa durch weitgehende Isolierung der Ofenoberfläche, ist nicht möglich, weil die so hervorgerufene Stauung der Wärme zur Überhitzung von Wand und Gewölbe und damit zu deren frühzeitiger Zerstörung führen würde. Eine Isolation ist nur möglich, wenn sie gleichzeitig mit einer Kühlung der isolierten Teile verbunden wird, wobei die im Kühlmedium aufgenommene Wärme auf geeignete Weise nutzbar gemacht werden kann.

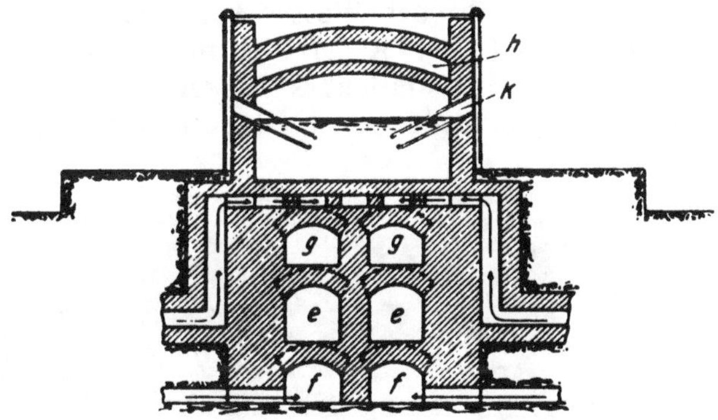

Abb. 440.

Die deutsche Glasindustrie hat bis jetzt nur die Furcht vor einer Überhitzung gelten lassen und infolgedessen jeden Einschluß des Gewölbes vermieden. Dies hat den Fortschritt

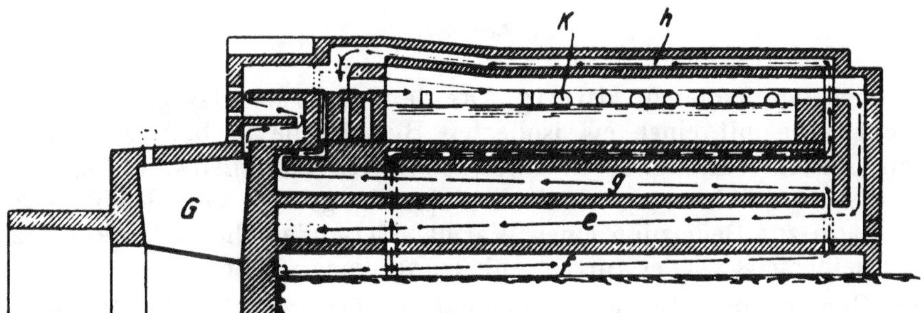

Abb. 441.

außerordentlich verzögert, was um so mehr auffällt, als Boucher in Cognac schon vor mehreren Jahrzehnten eine weitgehende Ausnützung der Strahlungsverluste vollzogen hat, und zwar dadurch, daß er die Decke der Wanne zu einer Art Rekuperator ausgebildet hat. Dadurch wird die strahlende Wärme des Gewölbes wieder unmittelbar dem Brenner zugeführt.

Die Abb. 440/441 zeigen einen Querschnitt und einen Längsschnitt durch die Bouchersche Wanne. Der Gaserzeuger *G* ist, wie bei den Rekuperativöfen und den Zweikammeröfen unmittelbar an den Ofen herangerückt. Ein Teil Luft, die dem Brenner zugeführt wird, geht zunächst in den Kanälen *f* und *g* an den abziehenden Gasen *e* vorüber. Außerdem geht die Kühlluft, die den Boden der Wanne kühlt, in einen breiten Kanal *h* über dem Gewölbe hinweg, wo es seine höchste Hitze erhält und nun von oben in den Brenner eintritt. Die ganze Wanne ist nur als Längskanal ausgebildet, auf dessen Längswandungen die Schafflöcher angebracht sind. Damit die Gase ohne Verdünnung mit Luft abgesaugt werden können, sind von den Schafflöchern aus in den Glasspiegel weite Tauchröhren *k* gesteckt, die einen vollkommenen Abschluß des Feuerraumes nach außen erzielen und dadurch eine weitgehende Wärmeersparnis bringen. Aus diesen Tauchrohren wird das Glas ausgearbeitet.

Nach Angaben von Henrivaux[1]) soll sich diese Wanne sehr gut im Betriebe bewährt und sehr geringen Kohlenverbrauch gezeigt haben. Mag auch die Bauweise dieses Ofens nicht sehr einfach sein, so ist doch die Tatsache, daß sie längere Zeit im Betriebe war, der Beweis, daß sich Isolation und Kühlung des Gewölbes zum Zwecke der Abhitzegewinnung sehr wohl vereinigen lassen. Deshalb empfiehlt es sich, dies Ergebnis zu beachten und auf ihm weiter zu bauen.

In Deutschland hat man sich bis jetzt darauf beschränkt, über das Gewölbe Röhren zu hängen, die die strahlende Wärme des Gewölbes aufnehmen und zur Erhitzung von Luft oder Wasser verwandt werden können. Abb. 442 zeigt eine Einrichtung von Pfoser-Achern, bei der das über der Wanne aufgehängte Röhrensystem dazu benützt wird, um heißes Wasser zu erzeugen, das einem Dampfkessel als Speisewasser zugeführt oder sonst (Badeeinrichtung für die Belegschaft) verwendet wird.

Abb. 442.

Es ist auch von Professor Hüttig, Dresden, der Vorschlag gemacht worden, das ganze Ofengewölbe mit einer ev. isolierten Blechkappe zu bedecken und zwischen Kappe und Gewölbe, und zwar in einzelnen durch Zwischenwandungen gebildeten Zügen kalte Luft durchzusaugen, die die Strahlungshitze des Gewölbes aufnimmt. Diese Luft kann zur Beheizung eines Warmwasser- oder Niederdruckkessels benützt werden, der seinerseits wieder zur Raumheizung dienen kann.

Dieses Gebiet gibt also noch reichhaltige Gelegenheit, die Wärmewirtschaft unserer Öfen zu verbessern.

2. Der Schornstein.

Der Schornstein hat allgemein die Aufgabe, die in einer Feuerungsanlage entstehenden Rauchgase nach ihrer möglichst vollkommenen Ausnutzung im Arbeitsvorgang ins Freie zu befördern und zugleich die Möglichkeit einer Verbrennung überhaupt dauernd aufrecht zu erhalten, indem er mittels der ihm zukommenden Zugwirkung

[1]) Verrerie au XX. siècle.

die zur Verbrennung erforderliche Luft- und Gasmenge (bei Rostfeuerungen nur die Luftmenge) nachströmen läßt.

Im folgenden sei der Gang der rein wärmetechnischen Berechnung des Schornsteins gezeigt. Die statische Berechnung bleibt unberücksichtigt, da lediglich die Bestimmung der Abmessungen des Schornsteins hier in Frage kommt.

Theorie des Schornsteins.

a) Grundlegende Betrachtungen. Begleitet man in irgendeiner Feuerungsanlage die Verbrennungsgase auf ihrem Wege von der Feuerung bis ins Freie, so findet man bei Feuerungen, die mit gewöhnlichem Luftdruck betrieben werden, daß die Zugwirkung des Schornsteins bzw. das Unterdruckgebiet schon da einsetzt, wo der Bewegung der Luft bzw. des Gases zur Feuerung hin die ersten Widerstände entgegentreten; in den häufigsten Fällen also direkt am Rost. Bei Unterwind bzw. bei Verwendung von Gebläse, ja bei jedem tief liegenden Gaserzeuger, der eigenen Auftrieb hat (s. S. 296) wird der Kaminzug da einsetzen, wo die Förderkraft der Gebläse durch die Widerstände aufgezehrt ist. Diese Stelle bezeichnet man gewöhnlich als $\pm$ 0-Stelle. Bei auszuführenden Anlagen kann die Stelle dieses Nullpunktes auf Grund der Erfahrung mit ziemlicher Genauigkeit angegeben werden. Auch der Widerstand, den die Rauchgase bis zum Austritt zu überwinden haben, läßt sich auf Grund ausgeführter Anlagen genügend genau abschätzen, da man sowieso gezwungen ist, wegen des Wechsels der bestehenden Zugverhältnisse Sicherheitszuschläge zu machen. Siehe auch S. 505ff.

b) Zugstärke und Schornsteinhöhe. Die sog. statische Zugstärke eines Schornsteins beruht auf der Verschiedenheit des Gewichts der im Schornstein befindlichen Rauchgassäule gegenüber einer äußeren, gleich hohen Luftsäule. Sie wird gemessen in mm WS oder kg/m².

Denkt man sich das Übergewicht der äußeren Luftsäule gegenüber der gleich hohen inneren Rauchgassäule dargestellt durch eine andere Rauchgassäule von demselben mittleren spezifischen Gewicht der Rauchgase γ_r, wie es die Rauchgase im Innern des Schornsteins aufweisen und ist die Zugstärke $= p$, so würde die Höhe dieser Rauchgassäule in m sein: $h = \frac{p}{\gamma_r}$, deren Gewicht ja auch dem Gewicht von p mm WS entspricht. Bei völlig reibungslosem Durchgang der Rauchgase durch alle Ofenräume und Kanäle müßte die Austrittsgeschwindigkeit w der Rauchgase aus der Schornsteinmündung also sein:

$$w = \sqrt{2\,g\,h} = \sqrt{\frac{2\,g\,p}{\gamma_r}} \text{ m/s},$$

wobei g die Erdbeschleunigung von 9,81 m/s bedeutet.

Praktisch wird diese Geschwindigkeit nicht annähernd erreicht, wegen der Reibungsverluste in den Rauchgasführungskanälen. Um die Reibungswiderstände möglichst gering zu halten, dürfen die Kanäle nicht zu eng dimensioniert werden (s. a. S. 537), da die Reibung mit dem Quadrate der Geschwindigkeit wächst. Ebenso sollen Krümmungen, insbesondere scharfe Ecken und rauhe Flächen der Kanalwände tunlichst vermieden werden.

Als Mindestaustrittsgeschwindigkeit der Rauchgase aus dem Schornstein muß 3—4 m pro Sekunde angenommen werden, um eine Rückstauung der Rauchgase

[1]) „Aus der Wärmewirtschaft in Glashütten", Selbstverlag der wärmetechnischen Beratungsstelle der deutschen Glasindustrie.

durch den Wind zu verhindern. Diese Geschwindigkeit müßte bei der kleinsten in Betracht kommenden Rauchgasmenge noch erreichbar sein. Für die maximale durchzusaugende Rauchgasmenge kann als Austrittsgeschwindigkeit bis zu 8 m pro Sekunde angenommen werden. Die der statischen Zugstärke entgegenwirkenden Kräfte sind demgemäß:

1. Die Reibungswiderstände in allen Teilen der Anlage,
2. der Austrittsverlust an der Schornsteinmündung, der in hohem Maße von den herrschenden Windverhältnissen abhängt,
3. der Rest der Zugstärke, der in Form von kinetischer Energie in den Rauchgasen lebendig ist und von der äußeren Windströmung vernichtet oder aufgenommen wird.

Wirkt der äußere Wind an der Schornsteinmündung saugend, so steigt die Zugwirkung, bei Gegendruck des Windes an der Mündung sinkt sie. Undichtheiten an den Schiebern und im Mauerwerk sowie Flugstaubansammlungen bewirken eine Herabsetzung der Zugstärke. Aus diesen Gründen, sowie wegen der häufig schwankenden Abgas- und Außenlufttemperaturen, von denen die Zugstärke abhängig ist, muß die Zugstärke von vornherein reichlich bemessen werden, um auch bei stark wechselnden Witterungsverhältnissen noch eine sichere, gleichmäßige Feuerführung erreichen zu können (s. a. S. 332). Die Sicherheitszuschläge zur Zugstärke betragen ca. 10 bis 15 mm WS. Der etwa vorhandene Zugüberschuß kann durch den Rauchschieber aufgehoben werden. Eine Erhöhung der Zugwirkung kann durch Anwendung von Saugzug erreicht werden, falls eine Erhöhung des Schornsteins nicht mehr in Frage kommen kann.

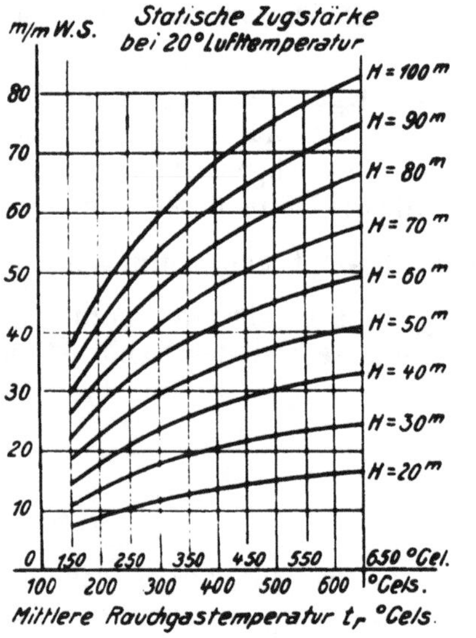

Abb. 443.

Zur rechnerischen Ermittlung der statischen Zugstärke setzen wir:

die Schornsteinhöhe . . . . H_m
absolute mittlere Rauchgastemperatur im Schornstein . . . . . . T_r° C
mittlere Rauchgastemperatur im Schornstein . . . . t_r° C
absolute Temperatur der Außenluft T_l° C
Temperatur der Außenluft . . . . t_l° C
Spez. Gew. der Luft und Rauchgse bei 0° C im Mittel . . . . . $\gamma_0 = 1{,}3$ kg/m³
absolute 0-Temperatur . . . . . . $T_0 = 273°$ C.

Als Druck der äußeren Luftsäule von der Höhe H_m ergibt sich dann $H\gamma_0 \frac{T_0}{T_1}$. Für den Gegendruck der Rauchgassäule im Schornstein ergibt sich entpsrechend: $H\gamma_0 \frac{T_0}{T_r}$, so daß die statische Zugstärke wird:

$$p = H\gamma_0 T_0 \left(\frac{1}{T_l} - \frac{1}{T_r}\right) \text{mm WS} \quad . \quad . \quad . \quad . \quad . \quad (\text{I})$$

Für die Temperatur der Außenluft $t_l = 20°$ C, für $\gamma_0 = 1{,}3$ kg/m³ und für $T_0 = 273°$ C ergibt sich dann

$$p = \left(1{,}21 - \frac{355}{T_r}\right) H \text{ mm WS} \quad . \quad . \quad . \quad . \quad . \quad . \quad . \quad . \quad . \quad . \quad . \quad . \quad . \quad . \quad . \quad (\text{II})$$

Bei gegebener Außentemperatur ist also die Zugstärke abhängig von der Rauchgastemperatur und der Schornsteinhöhe. Die Werte für die Zugstärke, die sich gemäß Gleichung II bei 20° Außentemperatur für zusammengehörige Rauchgastemperaturen und Schornsteinhöhen ergeben, sind in Tabelle 90 zusammengestellt.

Tabelle 90.

Statische Zugstärke von Schornsteinen in Abhängigkeit von Rauchgastemperatur und Schornsteinhöhe.

Temperatur der Außenluft = 20° C.

Schornsteinhöhe	Mittlere Rauchgas-Temperaturen																			
H. m	150	175	200	225	250	275	300	325	350	375	400	425	450	475	500	525	550	575	600	625	650
16	5,95	6,7	7,36	7,97	8,5	9,0	9,45	9,9	10,2	10,6	10,9	11,2	11,5	11,8	12,0	12,2	12,5	12,65	12,9	13,0	13,2
18	6,7	7,55	8,3	8,97	9,6	10,1	10,6	11,1	11,5	11,9	12,3	12,6	13,0	13,2	13,5	13,8	14,0	14,2	14,5	14,7	14,9
20	7,45	8,4	9,2	10,0	10,6	11,2	11,8	12,3	12,8	13,2	13,7	14,0	14,4	14,7	15,0	15,3	15,6	15,8	16,1	16,3	16,5
22	8,2	9,2	10,1	11,0	11,7	12,4	13,0	13,6	14,1	14,6	15,0	15,4	15,8	16,2	16,5	16,8	17,2	17,4	17,7	17,9	18,2
24	8,9	10,0	11,0	11,9	12,8	13,5	14,2	14,8	15,4	15,9	16,4	16,8	17,3	17,6	18,0	18,4	18,7	19,0	19,3	19,5	19,8
26	9,7	10,9	12,0	12,9	13,8	14,6	15,3	16,0	16,6	17,2	17,8	18,2	18,7	19,1	19,5	19,9	20,3	20,6	20,9	21,2	21,5
28	10,4	11,7	12,9	13,9	14,9	15,8	16,5	17,3	17,9	18,6	19,1	19,6	20,2	20,6	21,0	21,4	21,8	22,2	22,5	22,8	23,1
30	11,1	12,6	13,8	14,9	16,0	16,9	17,7	18,5	19,2	19,9	20,5	21,0	21,6	22,0	22,5	23,0	23,4	23,7	24,1	24,4	24,8
35	13,0	14,7	16,1	17,4	18,6	19,7	20,6	21,6	22,4	23,2	23,9	24,6	25,2	25,8	26,2	26,8	27,3	27,7	28,1	28,5	28,9
40	14,9	16,8	18,4	19,9	21,3	22,6	23,6	24,7	25,6	26,5	27,4	28,0	28,8	29,4	30,0	30,6	31,2	31,6	32,2	32,6	33,0
45	16,7	18,8	20,7	22,4	23,9	25,3	26,6	27,8	28,8	29,8	30,8	31,6	32,4	33,1	33,7	34,4	35,1	35,6	36,2	36,7	37,2
50	18,6	21,0	23,0	24,9	26,6	28,2	29,5	30,8	32,0	33,2	34,2	35,1	36,0	36,8	37,5	38,3	39,0	39,6	40,2	40,8	41,3
55	20,5	23,0	25,3	27,4	29,3	31,0	32,4	33,9	35,2	36,5	37,6	38,6	39,6	40,5	41,2	42,1	42,9	43,5	44,2	44,8	45,5
60	22,3	25,1	27,6	29,9	32,0	33,8	35,4	37,0	38,4	39,8	41,0	42,1	43,2	44,1	45,0	45,9	46,9	47,5	48,2	48,9	49,6
65	24,2	27,2	30,0	32,4	34,6	36,6	38,4	40,0	41,65	43,0	44,5	45,6	46,8	47,8	48,7	49,8	50,7	51,5	52,3	53,0	53,7
70	26,0	29,3	32,2	34,9	37,3	39,4	41,3	43,2	44,8	46,5	47,9	49,1	50,4	51,5	52,5	53,6	54,6	55,4	56,3	57,0	57,9
75	27,9	31,4	34,5	37,4	39,9	42,2	44,3	46,3	48,0	49,7	51,3	52,6	54,0	55,1	56,2	57,4	58,5	59,4	60,3	61,1	62,0
80	29,8	33,5	36,8	39,8	42,6	45,0	47,2	49,4	51,2	53,0	54,7	56,1	57,6	58,8	60,0	61,2	62,5	63,3	64,3	65,2	66,1
85	31,6	35,6	39,1	42,3	45,2	47,8	50,2	52,5	54,5	56,4	58,1	59,7	61,2	62,5	63,7	65,0	66,3	67,2	68,3	69,3	70,2
90	33,5	37,7	41,5	44,8	47,9	50,7	53,1	55,5	57,6	59,7	61,5	63,1	64,8	66,2	67,5	68,9	70,2	71,2	72,4	73,4	74,4
95	35,3	39,8	43,7	47,3	50,5	53,5	56,1	58,6	60,8	63,0	65,0	66,7	68,5	69,9	71,2	72,7	74,0	75,1	76,4	77,5	78,5
100	37,2	41,9	46,0	49,8	53,2	56,3	59,0	61,7	64,0	66,3	68,4	70,2	72,0	73,5	75,0	76,5	78,0	79,1	80,4	81,5	82,6

Die gleichen Werte sind in dem Schaubild (Abb. 443) zeichnerisch verbunden. Aus dieser Darstellung ist ohne weiteres ersichtlich, daß in gleich großen Temperaturintervallen die Zunahme der Zugstärke immer kleiner wird, je höher die mittlere Rauchgastemperatur ist, gleiche Schornsteinhöhe vorausgesetzt.

Die mittlere Rauchgastemperatur im Schornstein muß bei noch nicht ausgeführten Anlagen schätzungsweise bestimmt werden. Meist ist die am Schornsteinfuß zu erwartende Temperatur auf Grund ausgeführter Anlagen bekannt. Wenn man dann für 1 m Schornsteinhöhe 1—2° C Temperaturverlust annimmt, so geht man in der Rechnung noch sicher genug.

c) Der Schornsteinquerschnitt und die geförderte Rauchgasmenge. Die zweckmäßigste Form des Querschnitts ist der Kreis. Der kreisförmige Querschnitt hat gegenüber allen anderen Querschnitten die Vorteile, daß er der Bewegung der Rauchgase den geringsten Widerstand entgegensetzt und daß er außerdem die geringste äußere Schornsteinoberfläche ergibt und daher die Strahlungsverluste bei ihm am geringsten sind. Für die statische Berechnung käme noch hinzu, daß der Winddruck beim runden Schornstein am kleinsten wird.

Die Bemessung des Schornsteinquerschnittes soll möglichst reichlich sein, insbesondere dann, wenn mit der Möglichkeit gerechnet werden muß, daß durch Erweiterung der Anlage noch weitere Feuerstellen angeschlossen werden sollen. Bei Glasschmelzöfen stellt man zweckmäßig für jeden Ofen einen besonderen Schornstein auf. Im allgemeinen soll die kleinste lichte Weite nicht größer als $^1/_{25}$ der Schornsteinhöhe sein. Bei zu großem Querschnitt läuft man Gefahr, daß kalte Luft von oben in den Schornstein hineingelangt und dadurch den Austritt der Rauchgase, wenn nicht verhindert, so doch erschwert. Für die Verjüngung gibt die Hütte bei gemauerten Schornsteinen an: $d_u = d_o + 0{,}016\ H$ bis $d_o + 0{,}02\ H$, wobei d_u der untere lichte Durchmesser, d_o der obere lichte Durchmesser des Schornsteins ist. Sollte die Standfestigkeit nicht ausreichen, so muß d_u unter Beibehaltung der Wandstärken vergrößert werden.

Die Förderleistung wächst proportional mit dem Querschnitt, hinsichtlich der Schornsteinhöhe aber nur proportional mit deren Wurzel.

Die maximale Förderleistung bei konstanter Schornsteinhöhe und konstantem Querschnitt wird erreicht bei einer mittleren Rauchgastemperatur von 314° C. Bei weiterer Steigerung der Abgastemperatur nimmt die Förderleitsung wieder ab. Die Schaulinien der Abb. 444 zeigen dies deutlich. Sie lassen die Förderleistung je m² Querschnitt für verschiedene Rauchgastemperaturen und Schornsteinhöhen entnehmen.

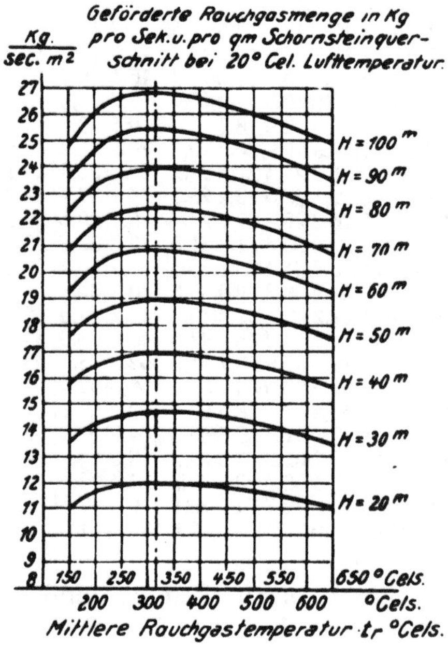

Abb. 444.

Aus Vorstehendem ergibt sich demnach, daß für eine Steigerung der Förderleistung eines Schornsteines eine Querschnittserweiterung wirksamer ist, als eine Erhöhung des Schornsteines. Ev. kann ein Deckring auf die Schornsteinmündung aufgelegt werden, so daß bei geringster vorkommender Förderleistung noch eine Rauchgasaustrittsgeschwindigkeit von 3—4 m pro Sekunde vorhanden ist. Durch Abnehmen oder Erweiterung des Deckrings kann dann die Leistung des Schornsteines, insbesondere dann, wenn sein Zugüberschuß hinreichend ist, weiter gesteigert werden.

Eine Schornsteinerhöhung kommt nur dann in Frage, wenn durch irgendwelche Verhältnisse die Zugstärke zu klein geworden ist, etwa durch Einbau einer Abhitzeverwertungsanlage, die sowohl einen erhöhten Widerstand, als auch eine Senkung der Zugstärke (infolge Verringerung der Abgastemperatur) verursacht. Die Tatsache, daß ein Schornstein bei einer ganz bestimmten mittleren Rauchgastemperatur eine maximale Förderleistung ergibt, bleibt auch dann noch bestehen, wenn die Reibung berücksichtigt wird. Die Reibung wird lediglich eine Größenänderung dieser Temperatur, wie auch der maximalen Förderleistung bewirken.

Die übliche Berechnung des Schornsteines.

Unter Berücksichtigung der Reibung und der Tatsache, daß durch das Ansaugen von Falschluft die rechnerisch aus dem Gas- oder Kohlenverbrauch bestimmte Rauchgasmenge in Wirklichkeit überschritten wird, müssen bei der Bestimmung der Abmessungen des Schornsteines Sicherheitskoeffizienten eingeführt werden. Deshalb sind für die Berechnung des Schornsteines, je nachdem, für welche Anlagen derselbe in Betracht kommt, verschiedene Formeln in Gebrauch. Nachstehend seien die hauptsächlichsten erwähnt.

Die „Hütte" gibt für Dampfkessel-Schornsteine die Formel von G. Lang an, wonach der Schornsteinquerschnitt ist:

$$F_0 = \frac{B \cdot G\,(1 + a\,t_0)}{\gamma \cdot \delta \cdot 3600 \cdot V_n}\,.$$

Hierin bedeutet:

B die von der Kesselanlage stündlich gebrauchte Brennstoffmenge in kg.
G die bei der Verbrennung von 1 kg Brennstoff erzeugte Gasmenge in kg.
$a = \frac{1}{273}$ die Wärmeausdehnungszahl der Gase.
γ das spez. Gewicht von 1 m³ mitteltrockener Luft von 0° C bei mittlerem Barometerstand.
δ die Dichte der Rauchgase bez. auf Luft von 0° C.
t_0 die Temperatur der Rauchgase an der Schornsteinmündung.
V_n die Ausströmungsgeschwindigkeit der Rauchgase in m/s.

Die Schornsteinhöhe über dem Rost ist nach G. Lang für Dampfkessel:

$$H = 15\,d_0 + 2{,}5\,V_n + a\,l - 160\,t_{gi})\,\frac{700 - t_m}{200 + t_m}$$

wobei:

l die Länge der Feuerzüge und des Fuchses in m.

$t_{gi} = \frac{du - do}{2H} = 0{,}008 + 0{,}01$ der durchschnittliche innere Anlauf des Schornsteins.

a ein Erfahrungswert $= 0{,}03$ bis $0{,}15$, meist $= 0{,}04$.

t_m die mittlere Temperatur der Rauchgase.

Nach v. Reiche ist der obere Schornsteindurchmesser

$$d_0 = 0{,}09\,B^{0{,}4} \text{ bis } 0{,}1\,B^{0{,}4}.$$

Als kleinstes Maß für die obere Lichtweite bei gemauerten Schornsteinen ist 0,6 m anzusehen. Nach Angaben von Osann (Lehrbuch der Eisenhüttenkunde) kann für die Berechnung von Schornsteinquerschnitten angenommen werden, daß von den aus den Schaulinien Abb. 444 hervorgehenden Fördermengen in kg pro m² nur der φ-fache Teil praktisch vom Schornstein geleistet wird, wobei zu setzen wäre:

a) $\varphi = 0{,}33$ für Dampfkessel und gewöhnliche Flammöfen,
b) $\varphi = 0{,}17$ für Öfen mit Regenerativfeuerung,
c) $\varphi = 0{,}10$ für Cowper.

Berechnungsbeispiel: Zugrunde gelegt sei der Wannenofen nach Tafel V und VI. Die stündliche Rauchgasmenge betrug nach früheren Rechnungen 3240 m³ bei 0° und 760 mm Druck für einen Ofen entsprechend einer Kohlenmenge von ca. 330 kg pro Stunde. Berechnet man die zu erwartenden Widerstände im Rekuperator und in den Füchsen[1]), so ergibt sich, daß man mit einer Zugstärke von 10 mm WS noch auskommen würde. Zur Sicherheit setzen wir in die Rechnung 20 mm WS ein. Bei Annahme einer mittleren Rauchgastemperatur im Schornstein von 400° C ergibt die Tabelle 90 eine Schornsteinhöhe von $H = 30$ m ($p = 20{,}5$ mm WS).

Es sollen 2 Öfen an den Schornstein angeschlossen werden. Die stündliche Rauchgasmenge ist also 6480 m³ bei 0° C. Legt man für die Schornsteinberechnung zur Sicherheit und unter Berücksichtigung eingedrungener Luft die doppelte Menge zugrunde, so ergibt sich ein stündlich zu förderndes Abgasgewicht von: $2 \cdot \frac{6480 \cdot 1{,}3}{3600} = 4{,}68$ kg/s, wobei für das spez. Gewicht der Rauchgase 1,3 kg pro m³ gesetzt ist. Für $\varphi = 0{,}33$ ergibt sich ein theoretisches Abgasgewicht von $\frac{4{,}68}{0{,}33} = 14{,}2$ kg/s. Die Schaulinien Abb. 444 ergeben bei 400° C und einer Schornsteinhöhe von 30 m das theoretische Gasgewicht zu 14,6 kg/s und pro m² an. Als Schornsteinquerschnitt ergibt sich dann $F_m = \frac{14{,}2}{14{,}6} = 0{,}98\,\text{m}^2$, dem ein Durchmesser von 1,1 m entspricht.

Das Verhältnis $d:H$ ist $1:27$ also $< 1:25$.

Die sekundliche Gasmenge ist bei 400°:

$$\frac{6480 \cdot 673}{3600 \cdot 273} = 4{,}45\ \text{m}^3/\text{s}.$$

Die Geschwindigkeit im Schornstein also:

$$\frac{4{,}45}{1{,}1} = \sim 4\ \text{m/s}.$$

Diese Geschwindigkeit entspricht der erfahrungsgemäß bei Schornsteinen vorhandenen Austrittsgeschwindigkeit.

Würde einer der beiden Öfen außer Betrieb gesetzt, so müßte die Geschwindigkeit auf die Hälfte zurückgehen. Bei 2 m/s erhöht sich aber die Gefahr, daß kalte Luft von oben in den Schornstein eindringt und den Zug vermindert, worunter der Ofengang stark leidet. Es ist auch aus diesem Beispiel ersichtlich, daß es zweckmäßiger ist, für jeden Ofen einen besonderen Schornstein zu errichten, um für den Ofenbetrieb möglichst gleichmäßige Zugverhältnisse zu bekommen. Diese Forderung ist deshalb für den Glasofenbetrieb weit wichtiger als für den Dampfkesselbetrieb u. a., weil der durch schlechten Ofengang auftretende Schaden weit größer und unangenehmer werden kann, als in anderen Betrieben.

---

[1]) „Hütte", Taschenbuch für Eisenhüttenleute, II. Aufl. S. 263.

9. Kapitel.

Maschinen zur Verarbeitung von Glas.

Von Dr. A. Wendler.

I. Maschinen und Apparate zum Pressen, Stanzen und Walzen.

1. Gesenkartige Werkzeuge und Pressen.

Die Formung von Glas in geschmolzenem Zustande durch Pressen gehört entsprechend der Einfachheit des Vorganges zu den ältesten Verarbeitungsweisen des Glases und wird wohl schon solange geübt, als man überhaupt Glas in geschmolzenem Zustande bearbeitet. Je nach der Gestalt des zu pressenden Gegenstandes haben die Werkzeuge, welche die geschmolzene Masse in die gewünschte Gestalt pressen sollen, eine verschiedene Ausbildung.

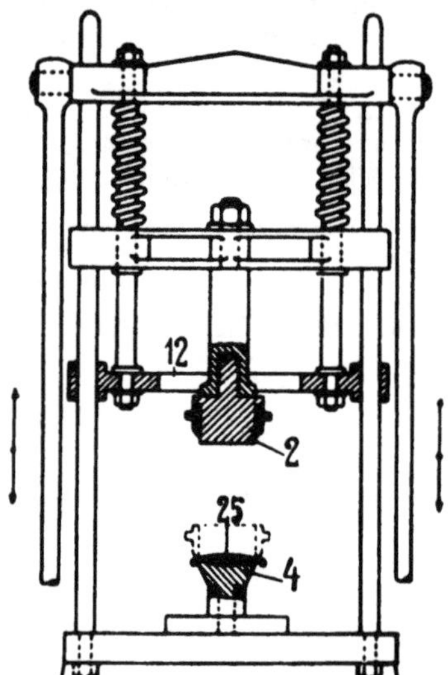

Abb. 445.

Für **massive, unter Umständen durchlochte Gegenstände** von gedrungener, also nicht vorzugsweise nach einer Richtung ausgedehnter Gestalt, wie Kugeln, Knöpfe, Perlen werden in der Regel gesenkartige Zangen oder kleine Pressen benützt. Diese Gegenstände, deren Herstellung bekanntlich vorzugsweise in Böhmen von alters her zu Hause ist [1]), werden von erweichten Glasstäben mit Hilfe dieser Werkzeuge abgekniffen. Für größere massive Gegenstände verwendet man Formen mit Eingußtrichter, in welche man das mit dem Aufnehmeeisen aus dem Ofen genommene Glas einlaufen läßt, wobei man das Einfließen des Glases aus dem Trichter in die Form nötigenfalls durch Drücken mit dem Eisen unterstützt. Auch zur Verarbeitung des aus dem Schmelzofen aufgenommenen Glases werden gesenkartige Pressen, also mit zwei schalenartigen Preßbacken, verwendet. Die Abb. 445 zeigt z. B. eine einfache, von Rückl angegebene Einrichtung, um gewöhnliche Glaslinsen zu pressen [2]). Das Glas wird mit der Pfeife aufgenommen und auf das untere der beiden Gesenke 2 und 4 aufgebracht. Beim Abschneiden des Glaspostens vom Eisen wird darauf geachtet, daß die Narbe außerhalb des Gesenkes zu liegen kommt. Zieht man darauf den Handhebel der Maschine an, so bewegt sich

[1]) Über die Methoden und Werkzeuge, welche in Böhmen zum Pressen von Perlen verwendet werden, berichtet z. B. ein mit Abb. versehener Aufsatz im Sprechsaal 1913, S. 52. Daß übrigens schon Anfang dieses Jahrhunderts die „Knopfdrückerei" auch in den Vereinigten Staaten eine gewisse Entwicklung gewonnen hatte, ergibt sich aus Nat. Glass Budg. 34, Nr. 10, S. 1.

[2]) D. R. P. 134342.

die Traverse 12 nieder, an welcher das obere Gesenk federnd, und ein das Gesenk umgebendes, ringförmiges Messer starr befestigt ist. Das ringförmige Messer schneidet den Glasposten rings um das untere Gesenke ab und das Obergesenk drückt ihn zusammen mit dem Untergesenk zu einer Linse aus. Seitdem das Pressen von Glaslinsen aus zugeschnittenen und wieder erweichten Glasplattenstücken Bedeutung gewonnen hat, hat man auch hierfür ähnliche Gesenkpressen nebst dazugehörigen Anwärmeöfen zum Erhitzen der Plattenstücke konstruiert[1]). Auch für kleine Glasfliesen zur Wandbekleidung sind solche gesenkartige Preßvorrichtungen versucht worden[2]).

Um die Herstellung kleiner massiver Gegenstände, wie Glasstopfen, zu beschleunigen, wird zuweilen eine Einrichtung benutzt, bei welcher mehrere Formhöhlungen in einem Block vereinigt und durch kurze Kanäle mit einem Magazinraum verbunden sind, in welche eine zur Ausfüllung aller Formhöhlungen genügende Glasmenge eingefüllt wird. Ein in das Magazin eingeführter Druckstempel verdrängt das Glas durch die Kanäle nach den einzelnen Formhöhlungen. Es entstehen also mehrere, z. B. acht massive Körper gleichzeitig.

Dabei kann das Glasmagazin neben oder besser über den Formhöhlungen liegen, oder die Formhöhlungen können im Kreise um das Glasmagazin verteilt sein. In jedem Falle hängen Magazin und Formhöhlungen durch enge Verbindungskanäle zusammen, welche unter Umständen unmittelbar vor der Einmündung in die Formhöhlung noch eine kurze Einschnürung haben. Infolgedessen hängen nach dem Pressen die Glasgegenstände mit dem Glasrest, dem „verlorenen Kopfe", im Glasmagazin durch einen dünnen Zapfen zusammen, welcher leicht an der Einkerbung abgeschlagen werden kann. Die Abtrennung kann aber auch gleichzeitig mit dem Pressen erfolgen, wenn man zwischen Glasmagazin und den daneben oder darunter liegenden Formhöhlungen einen Schieber anbringt, durch welchen die Verbindungskanäle zwischen Magazin und Form hindurchgehen. Dieser Schieber wird, nachdem die Formhöhlungen vollgepreßt sind, seitlich verschoben und schneidet die Gußzapfen dicht vor den Formhöhlungen ab. Wenn die Formen um das Magazin herumliegen, so können die Gußzapfen gleich durch den in das Magazin eintretenden Stempel abgeschnitten werden. Stempel und Magazin müssen in diesem Falle zylindrisch sein und genau ineinander passen, so daß der Stempel das Glas nur nach unten verdrängt und es zum Abfließen durch die radialen Verbindungskanäle nach den Formhöhlungen zwingt. Der Boden des Magazins ruht auf Federn oder einer anderen nachgiebigen Unterlage, welche so lange Widerstand leistet, bis die Formhöhlungen gefüllt sind. Dann aber, bei steigendem Druck, gibt er nach, so daß der Stempel noch weiter nach unten und dicht bei den radialen Verbindungskanälen vorbei gehen kann, wobei er die Gußzapfen abschneidet.

Da es unvermeidlich ist, daß in dem Magazin ein gewisser Glasrest verbleibt und verloren geht, so kann natürlich unter Umständen der Gewinn an vermehrter Erzeugung und Arbeitsersparnis zunichte gemacht werden durch vermehrten Glasverbrauch.

Auch durch Einsaugen des Glases in die Formhöhlung unmittelbar aus dem Vorratsbehälter für geschmolzenes Glas hat man massive Glasgegenstände herstellen wollen[3]). Man würde hierbei die geschlossene Form mit einer am unteren Ende befindlichen Öffnung in die Glasmasse eintauchen und durch eine andere Öffnung am oberen Formende die Luft absaugen. Dies ist in gewissem Sinne ebenfalls ein mechanisches Pressen, bei welchem der Vorratsbehälter das Glasmagazin und der atmosphä-

[1]) D. R. P. 263406 von Sill; D. R. P. 397427, Öst. Pat. 95681 v. Ulbricht.

[2]) D. R. P. 169956 von Stiel.

[3]) S. z. B. brit. Pat. 4334 v. J. 1899 von Marchand.

rische Luftdruck das Druckwerkzeug darstellt. Nach den Erfahrungen mit der Owens-Flaschenblasemaschine ist kaum daran zu zweifeln, daß man unter Umständen auf diese Weise Glasgegenstände wird herstellen können. Ein amerikanisches Patent [1]) ist sogar auf das Projekt erteilt worden, die Owensmaschine diesem Zwecke anzupassen, und zwar nicht nur um kleine Gegenstände, sondern sogar Preßkristallgeschirr herzustellen. Die eben besprochene Methode ist ja offensichtlich nicht auf massive Glasgegenstände beschränkt, sondern an sich auch für Hohlglas geeignet. Von vornherein ist freilich nicht zu übersehen, ob sie praktisch hierfür in Betracht kommt.

Für Hohlglas können die gegeneinander zu pressenden Formteile nicht mehr, wie bei den Gesenken, einander wesensgleich sein, sondern bestehen, entsprechend der inneren und äußeren Gestalt des Glashohlkörpers, in einer äußeren, einer Form im engeren Sinne, und einer inneren Form; mit anderen Worten in einer Form und einem Preßkern oder Preßstempel. Für die Praxis ist diese Art Glaspressen von ausschlaggebender Bedeutung und immer gemeint, wenn man schlechtweg von Glaspressen spricht. In die deutsche Praxis haben sich nur wenige bewährte und verhältnismäßig einfache Typen eingeführt, die fast ausnahmslos für Handbetrieb eingerichtet sind. Vorschläge, die Glaspressen selbst oder ihr Zubehör zwecks Beschleunigung und Verbilligung der Arbeit zu verbessern, sind in Fülle gemacht worden. Namentlich die Amerikaner sind wie auf den meisten Feldern der mechanischen Glasverarbeitung, auch hier vorangegangen [2]), und haben völlig automatische Pressen konstruiert. welche gewaltige Produktionen liefern und für die Erzeugung von Massenartikeln Verwendung finden. Unter den so anders gearteten wirtschaftlichen Verhältnissen Europas haben diese Pressen bisher noch nicht Fuß gefaßt, können aber bei der gewaltigen wirtschaftlichen Umwälzung, welche inzwischen eingetreten und noch lange nicht zu Ende ist, Bedeutung gewinnen. Es werden daher auch diese Maschinen im Folgenden gestreift werden.

Mit dem Einfüllen des Glases in die Preßform beginnt der Preßvorgang. Diese Arbeit, die bei der überlieferten Handarbeit durch Aufnehmen des geschmolzenen Glases aus dem Ofen mit dem Aufnehmeeisen und Abschneiden mit der Schere verrichtet wird, mechanisch auszuführen, sind zahlreiche Versuche gemacht worden. Eine Teillösung findet man bei den meisten amerikanischen Pressen mit Preßluftantrieb verwirklicht. An der Stelle, an welcher die auf einem Drehtisch umlaufenden Preßformen durch Ablaufenlassen des Glases vom Eisen gefüllt werden, ist ein Hebel so angeordnet, daß der Arbeiter mit dem über die Form gebrachten Eisen den Hebel niederdrücken kann, so bald genügend Glas in die Form gelaufen ist. Dieser Hebel öffnet nun ein Druckluftventil, welches den Druckluftantrieb einer an der Füllstelle über der Form angeordneten Schere in Gang setzt, so daß also das Abschneiden nunmehr mechanisch geschieht. Von diesen Pressen wird weiter unten nochmals zu reden sein.

Selbstschöpfende Pressen. Seit dem Erfolge der Owensmaschine ist auch der Gedanke der Amerikaner Croskey und Locke mehrfach wieder aufgenommen worden, das Glas mit Hilfe von Sauggefäßen aus dem Ofen zu entnehmen und in die Form zu entleeren [3]) und auch dahin weiter ausgebildet worden, daß das Sauggefäß unmittelbar mit der Presse verbunden, und daß eine Vielzahl solcher aus Form, Saugschöpfer und Stempel bestehender Einheiten an einem Drehgestell wie bei der Owensmaschine,

[1]) Am. Pat. 914823 von G. W. Graves und J. Whittemore.

[2]) In diesem Zusammenhange mag es von Interesse sein, daß nach einer Mitteilung von E. W. Tillotson vom Mellon-Institute in Pittsburg (Nat. Glass Budget 34 Nr. 6) der erste erfolgreiche Versuch, Hohlglas zu pressen, im Jahre 1827 von einem D. Jarves in Sandwich, Mass. gemacht wurde. Dieser von vielen Glasmachern jener Zeit bezeugte Versuch soll gelungen und das erste von Jarves gepreßte Wasserglas noch auf der Centennial Exposition ausgestellt gewesen, aber dabei zerbrochen sein.

[3]) Am. Pat. 575214.

oder richtiger ausgedrückt, wie bei der Westlake-Maschine (s. dies. Kap., Teil II, 3 b) vereinigt werden[1]). Die Konstruktionen lehnen sich neuerdings sogar eng an die der Westlakemaschine an[2]). Während des Krieges ist aber das zuerst erwähnte Problem eines selbstständigen, das Glas unmittelbar aus dem Ofen entnehmenden und in tadellosen Posten in eine Maschinenform abliefernden Apparates in Amerika endlich praktisch gelöst worden, und dieser Lösung sowie der Geschichte der Lösung ist der dritte Teil des Kapitels gewidmet, auf welchen daher hier nur Bezug genommen wird. Doch wirken diese Speisemaschinen bereits umgestaltend auf die Formmaschinen ein, wovon noch unten gesprochen wird.

Ist die Form gefüllt, so wird sie unter den Preßstempel geschoben. Dies geschieht bei den einfachen Pressen in der Regel von Hand. Doch ist diese Bewegung auch bei den Handpressen in mechanische Verbindung mit dem Preßstempelantrieb gebracht worden.

Nunmehr wird der Preßstempel in Bewegung gesetzt, in der Praxis meist mit Hilfe eines Handhebels. Die Anordnung und überhaupt der Bau einer einfachen Glaspresse ist aus Abb. 446[3]) ersichtlich.

Abb. 446.

Über dem auf Rädern fahrbaren Maschinentisch erheben sich zwei Ständer, zwischen welchen der Schaft sichtbar ist, der unten den Preßkern trägt. Dieser Schaft ist oben mit Gewinde versehen und in der Höhenrichtung durch Mutter und Gegenmutter auf der Traverse einstellbar, welche oben die beiden Ständer verbindet und auf ihnen auf und ab verschoben werden kann. Diese Bewegung wird durch den Handhebel rechts bewirkt, welcher eine Exzenterwelle unter dem Maschinentisch dreht, die wieder die beiden nach der Traverse hinaufreichenden Zugstangen auf und ab bewegt. Unterhalb der Traverse sitzt am Preßkernschafte eine Platte, welche ebenfalls durch Mutter und Gegenmutter in der Höhe eingestellt werden kann und an ihren vier Ecken durchbohrt ist, so daß vier von Schraubenfedern umgebene Stangen darin Führung finden. (Infolge dieser Anordnung heißt diese Art Pressen: Federkorbpressen). Diese vier Stangen tragen unten den „Formring", welcher den Preßkern dicht schließend umfaßt, sich beim Pressen auf die Formmündung aufsetzt und nach innen so viel vorsteht, daß er den mit Glas auszufüllenden Hohlraum nach oben abschließt, wenn der Preßkern in die Form eindringt. Infolge der federnden Befestigung setzt sich der Formring bei jeder Formhöhe dicht auf, indem die Schraubenfedern entsprechend zusammengedrückt werden. Wenn der innere Rand des Formrings nach unten vorsteht und mit diesem vorstehenden Teile im Innern der Form Führung findet, so vermag er beim Pressen, ohne

[1]) S. z. B. die Presse nach D. R. P. 336069 des Europ. Verbandes d. Flaschenfabriken, von M. J. Owens herrührend. Brit. Pat. 142007.

[2]) Brit. Pat. 166272 von Th. C. Moorshead und Am. Pat. 1147892 von J. W. Robinson.

[3]) Von Jungrichter und Ringel, Radeberg i. S.

daß der dichte Abschluß aufgehoben wird, ein wenig nach oben auszuweichen, falls etwas mehr Glas in die Form eingeschnitten worden ist als nötig. Es wird so das Überpressen des Glases über den Formrand sowohl als auch das Zerdrücken des Gegenstandes vermieden. Der Preßkern ist, damit man ihn je nach dem herzustellenden Gegenstande auswechseln kann, an seinem Schafte lösbar befestigt. Es dient hierzu, wie aus Abb. 446 (in welcher der Preßkern vom Schafte entfernt ist) ersichtlich, ein unten am Preßschafte sitzendes Klauenpaar, zwischen welches ein am Schafte verschraubbarer Konus von oben einzutreten vermag. Er drängt hierbei die oberen Klauenenden auseinander und führt die unteren Enden zusammen, so daß sie den zwischen diese Enden eingebrachten Kern fest und unverrückbar an einer eigens in ihn eingedrehten Nut festhalten. Die Stellung der Formen genau unter dem Preßkern wird durch verstellbare Anschläge am Preßtische, die sog. Stelleisen (hinten am Maschinentisch sichtbar) gesichert.

Abb. 447.

Falls der Preßdruck zu stark ist, kann das mit Gewalt emporgetriebene Glas unter Überwindung des Druckes der Schraubenfedern den Formring abheben und austreten, so daß der obere Glasrand schlecht ausgebildet wird. Dies zu vermeiden, wird die Bewegung des Formringes bei den sog. Exzenterdruckpressen in zwangläufige Verbindung mit der Stempelbewegung gebracht, z. B. bei der in Abb. 447 [1]) veranschaulichten Exzenterdruckpresse. Der Formring ist hierbei an der untersten Traverse befestigt, und kann mit Hilfe einer Exzentervorrichtung gehoben und gesenkt werden, je nachdem der links sichtbare Gewichtshebel gehoben oder gesenkt wird. Dieser Gewichtshebel ist durch eine Kette von einstellbarer Länge an dem den Preßstempel tragenden oberen Querhaupt aufgehängt. Geht also der Preßstempel nieder, so sinkt der Gewichtshebel und der Formring setzt sich auf die Form.

Für einfach wirkende Pressen genügt zum Antrieb der Handschwengel. Indessen hat man für den Preßstempel auch pneumatische Antriebe versucht, sei es, indem man die Kurbelwelle unter dem Preßtische durch einen Preßluftzylinder antrieb, sei es unmittelbar, indem man den Preßkern auf der Kolbenstange eines über dem Preßtische senkrecht stehenden Luftdruckzylinders befestigte. Diese Anordnung hat jedenfalls den Vorteil, daß der Preßkern mit elastischem Druck in die Form eingeführt wird und ein zu scharfes Auspressen infolgedessen leichter vermieden wird. Geht man aber dazu über, Pressen mit mehreren der Reihe nach in Tätigkeit tretenden Formen und Stempeln zu bauen, so ist ein mechanischer Antrieb der ganzen Maschine, also

[1]) Von Geiler und Kalkow, Deuben, Bez. Dresden.

sowohl des Preßstempels, als auch des die Formen tragenden, drehbaren Tisches, unumgänglich. Denn der Kraftbedarf ist hier zu groß, als daß er von Hand längere Zeit geleistet und namentlich die zur Verzinsung der Maschine nötige Arbeitsgeschwindigkeit erreicht werden könnte. Der Antrieb geschieht mit Vorliebe durch Preßluft. Ist eine Reihe solcher Pressen an eine Leitung angeschlossen, so ist darauf zu achten, daß die Zufuhr zu allen mit dem gleichen, vorgeschriebenen Druck erfolgt.

Diese Pressen mit Formendrehtisch, unter Umständen auch mit einem Stempelrevolver versehen und mit Kraftbetrieb, haben namentlich in den Vereinigten Staaten infolge der riesenhaften Erzeugung von Preßglas eine außerordentliche Entwicklung erfahren. Der bevorzugte Typ wurde bereits weiter oben gestreift, bei welchem der Anfänger mit dem Eisen, welches er über die Preßform hält, um das Glas dareinlaufen zu lassen, ein Ventil niederdrückt, das die Schere zum Abschneiden in Gang setzt. Auch die andern im weiteren in Wirkung tretenden Mechanismen werden unmittelbar durch besondere Preßluftkolben betätigt, wobei die Bewegung jedes der die Kolben der Reihe nach steuernden Luftventile mit Hilfe von Druckluftleitungen abhängig gemacht ist von der Bewegung des in der Reihe vorausgehenden Steuerventils und Kolbens, also daß jede neue Bewegung erst nach ordnungsmäßigem Ablauf der vorhergehenden eintritt. Da der Anfänger also zugleich die Maschine bedient und steuert, so hat man diesen Typ die „Ein-Mann-Presse" genannt.

Im folgenden soll eine neuere Presse dieser Art kurz beschrieben werden, welche von W. J. Miller, einem führenden amerikanischen Konstrukteur auf diesem Gebiete, herrührt, und welche zugleich erkennen läßt, bis zu welcher „Feinfühligkeit" der Arbeitsweise diese Pressen gediehen sind. Der Vorgang des Glaspressens von Hand, so einfach er aussieht, darf dennoch nicht ohne Aufmerksamkeit ausgeführt werden. Vielmehr muß der den Preßschwengel bedienende Arbeiter den Druck nach Gefühl und Erfahrung sorgsam bemessen und ihn, nachdem der Stempel dem Glase zunächst im Groben die Form gegeben hat, entweder ein wenig verstärken oder den Stempel ohne Druck ruhen lassen oder sogar ein wenig erleichtern. Auch muß die Zeit bis zum Zurückziehen des Stempels richtig abgepaßt werden, alles je nach der Art des zu verarbeitenden Glases und des zu erzeugenden Gegenstandes. Diese Feinheiten ahmt die Millersche Presse selbsttätig nach[1]).

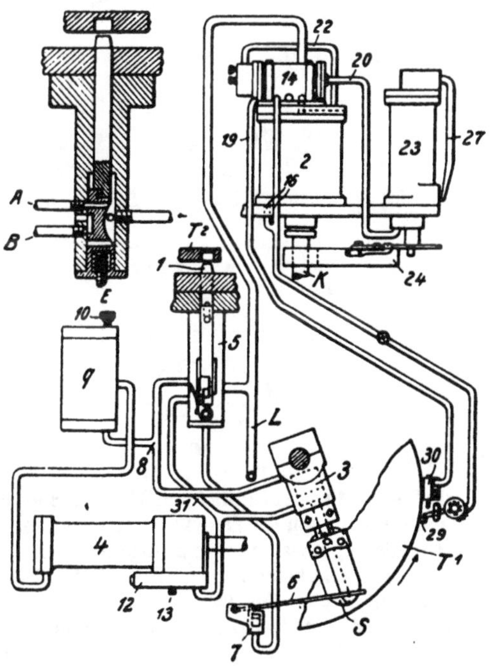

Abb. 448.

Die Abb. 448 gibt das Schaltungsschema der Druckluftsteuerung. Bei T^1 ist ein Stück des die Formen tragenden Drehtisches und durch einen Pfeil die Drehrichtung angedeutet, bei T^2 ein anderes Stück im Querschnitt mit einer der Vertiefungen an der Unterseite, in welche der Bolzen 1 eindringt, um den Tisch festzusetzen, nachdem er eine von den 5 Formen durch eine Teildrehung unter den Preßstempel geführt hat. Die Kolbenstange dieses Preßstempels ist bei *K* sichtbar und bei 2 der zugehörige Druckluftzylinder. *S* ist die über der Füllstation, also vor der Preßstation angebrachte Schere zum Einschneiden des Glases, 3 der sie öffnende und schließende Druckluftzylinder und 4 der Druckluftzylinder, dessen Kolben beim Vorschub den Formendrehtisch einen Schritt weiterschaltet und beim Rückgang den Schaltarm leer mitnimmt. *L* ist die Hauptdruckluftleitung. Im Beginn der Arbeit lastet der Druck

[1]) Am. Pat. 1130918 gibt eine sehr eingehende Beschreibung davon. Ein deutsches Patent ist nicht vorhanden.

auf einem mit dem Sperrbolzen 1 verbundenen Kolben im Zylinder 5, ohne den Bolzen zurückziehen zu können. Wenn aber der Arbeiter das Anfange-Eisen mit dem Glase auf den Hebel 6 stützt und diesen dabei niederdrückt, öffnet er ein Ventil 7, durch welches der Druck unter dem Sperrbolzenkolben im Zylinder 5 entweicht, so daß der Bolzen den Tisch T_2 freigibt. Der Sperrbolzenkolben ist gleichzeitig als Schieberventil ausgebildet, und bei der eben erwähnten Bewegung führt dieser Schieber dem Scherenzylinder 3 und dem Tischantriebszylinder 4 durch die bei 8 gegabelte Leitung Druckluft zu, die sogleich die Schere schließt und das Glas abschneidet, den Tisch aber erst nach Vollendung des Einschneidens in Gang setzt. Zu diesem Zwecke ist in die Leitung nach dem Tischzylinder 4 ein Ventil 9 eingeschaltet, welches durch den Luftdruck sich zwar öffnet, aber erst nach einer gewissen, durch die Schraube 10 einstellbaren Zeit. Dann erst kann die Luft in den Zylinder 4 gelangen und den Tisch drehen, um die eben gefüllte Form unter den Stempel zu bringen. Die volle Geschwindigkeit dieser Drehung wird, um einen Stoß beim Einschnappen des Sperrbolzens zu verhindern, gegen Ende gebremst, indem der durch die Leitung 31 Abb. 448 (= *B* in der Einzelzeichnung links oben) und den Kolbenschieber im Zylinder 5 erfolgende Auspuff durch ein im Hilfszylinder 12 sitzendes von der Kolbenstange aus gesteuertes Ventil abgesperrt wird und der Schluß des Auspuffs durch einen stark eingeschnürten, dauernd offenen Auslaß erfolgt, dessen Weite durch die Schraube 13 eingestellt werden kann.

Nunmehr soll der Preßstempel niedergehen. Die Auf- und Abbewegung des Preßstempels wird durch das auf dem Druckluftzylinder 2 sitzende Schieberventil 14 gesteuert (Abb. 448, 449), wobei die von oben durch die Hauptleitung *L* eintretende Druckluft durch die beiden senkrechten Bohrungen des Schiebers abwechselnd über den Druckluftkolben 15 (Abb. 449) oder, bei der dort gezeigten Stellung, durch die Leitung 16 unter den Kolben geführt wird, wobei der Auspuff durch die Schieber-Längsnut 17 und die Bohrung 18 geht. Der Schieber ist, da die Druckluft stets durch sein Inneres und die beiden engen wagerechten Kanäle nach den Enden des Schiebergehäuses gelangen kann, für gewöhnlich von beiden Enden gleich belastet und im Gleichgewicht. Er geht aber in die rechte oder linke Endstellung, wenn der Druck durch die an die Schiebergehäuseenden anschließenden Leitungen 20 bzw. 19 entweicht, auf eine noch zu erläuternde Weise. Um jedoch dem Schieber gewisse mittlere Stellungen zu geben, welche einmal den Höchstpreßdruck bestimmen oder nach der eigentlichen Formgebung ein Nachpressen oder eine Verminderung des in der eigentlichen Formungsperiode herrschenden Druckes bedingen, ist ein Hilfsschieber 21 am linken Ende des Hauptschiebergehäuses vorgesehen. Der Hauptschieber wird, nach Entlastung der Leitung 19 zwecks Einleitung des Preßhubes, nach links verschoben und schiebt dabei den Hilfsschieber ebenfalls um einen durch Stellschraube einstellbaren Betrag nach links, indem die Druckluft aus dem Innern des Hauptschiebers durch die schon erwähnte nach links führende enge, wagerechte Bohrung in das Hilfsschiebergehäuse eindringt, von dort aber z. T. nach oben durch ein federbelastetes und durch Stellschraube hinsichtlich der Durchlaßweite einstellbares Kugelventil entweicht. Der infolgedessen verminderte Druck rechts vom Hilfsschieber wird nach einiger Zeit, die durch die Stellschraube des Kugelventils verändert werden kann, durch den wachsenden Gegendruck links vom Hilfsschieber 21 überwunden, welcher durch das Einströmen von Luft aus dem Stempelzylinder durch die den Hauptschieber umgehende Leitung 22 entsteht. Der Hilfsschieber geht also einige Zeit nach Beginn der Preßbewegung des Stempels wieder nach rechts und verstellt mit einem Fortsatz den Hauptschieber nach rechts in eine Mittelstellung, oder genauer in eine von 3 Mittelstellungen, je nach der Länge des in das Hauptschiebergehäuse eindringenden Stiftfortsatzes. Dieser Stift besteht in Wirklichkeit nicht wie in Abb. 449 aus einem Stück mit dem Schieber, sondern ist in diesen eingeschraubt und daher in seiner Länge veränderlich. Die drei von dieser Länge abhängenden Mittelstellungen des Hauptschiebers sind: Eine, bei welcher der Zutritt der Luft über den Preßkolben gesperrt, der Auspuff von unterhalb des Kolbens offen ist. Die zu dieser Zeit in den Preßzylinder eingedrungene Luftmenge expandiert und treibt den Preßkolben mit begrenztem Höchstdruck in das Glas. Eine andere, bei welcher der Zutritt der Druckluft über den Preßkolben zum größten Teile, aber nicht ganz gesperrt ist. Der Preßdruck wächst daher, während der Stempel im Glase steckt, noch langsam an. Endlich eine letzte, bei welcher der Raum über dem Preßkolben von der Luftzufuhr völlig abgeschnitten und sogar schon in stark gedrosselter Verbindung mit dem Auspuff steht. Der Druck des im Glase steckenden Kolbens läßt langsam nach.

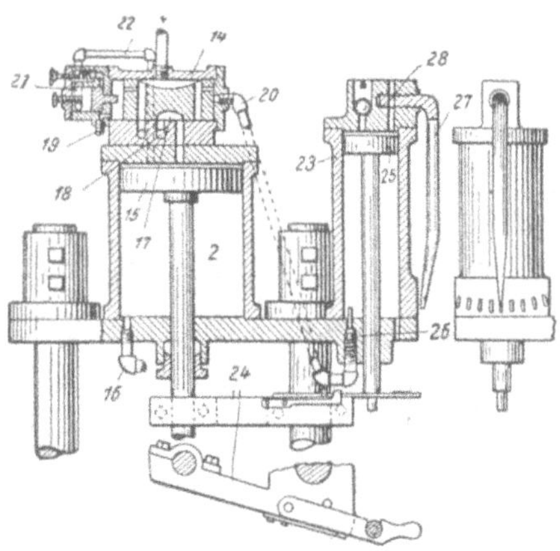

Abb. 449.

Die Zeitdauer, welche der Preßstempel im Glase verharrt, wird, da dies für ein gutes Erzeugnis wesentlich, selbsttätig und je nach den Verhältnissen einstellbar durch den rechts vom Preßzylinder 2 stehenden Zylinder 23 bestimmt. (Man nennt Vorrichtungen dieser Art in den Vereinigten Staaten „dwelling device", was man sinngemäß etwa als „Rastregler" wiedergeben könnte.) In diesem Zylinder geht ein Kolben 25 (Abb. 449) mit so leichtem Spiel, daß er von selbst herabsinkt, sobald ihn ein an der Stange des Preßstempels befestigter Arm 24 nicht mehr unterstützt. Dieser Arm faßt unter einen Absatz der zu 25 gehörigen Kolbenstange und gibt also diese Stange frei, sobald der Preßstempel niedergeht. Dann sinkt also auch der Kolben 25, bis er das die rechte Seite des Hauptschiebers entlastende Ventil 26 aufstößt, worauf der Hauptschieber in die Stellung gemäß Abb. 449 geht und der Preßstempel in die Höhe geht. Die Zeitdauer, welche bis zum Aufstoßen des Ventiles 26 vergeht, wird durch den auf einer Skala spielenden Zeiger 27 bestimmt, der mit einem Hahn 28 verbunden ist. Je nach der Zeigerstellung kann die Luft rascher oder langsamer über den sinkenden Kolben 25 nachströmen, wodurch die Senkungsgeschwindigkeit bestimmt wird. Das Ende des oben erwähnten Armes 24 kann gegen die Wirkung einer Blattfeder von Hand aus geschwungen werden, um, falls der Preßstempel beim Niedergang stecken bleibt, den Kolben 25 trotzdem fallen zu machen und die Umsteuerung des Preßstempels zu ermöglichen.

Kehren wir zu dem Augenblick zurück, da der Preßtisch die eben gefüllte Form unter den Preßstempel bringt. Dabei stößt ein am Tischrand vorstehender Stift 29 (Abb. 448) ein Ventil 30 auf und entlastet dadurch die Leitung 19, so daß der Hauptschieber aus der Stellung gemäß Abb. 449 nach links geht und damit den Niedergang des Preßstempels bewirkt. Das Spiel der Druckluft bis zum Wiederansteigen des Preßtempels wurde eben beschrieben. Bei diesem Wiederansteigen wird auch der Kolben 25 wieder in die Anfangsstellung gehoben. Am Ende jeder Tischdrehung schnappt der Sperrbolzen 1 (Abb. 448) in den Tisch ein und steuert dabei den Kolbenschieber im Ventil 5 so um, daß die Luft aus der Hauptleitung *L* durch die Leitung 31 hinter den Tischantriebskolben tritt und ihn und den Schaltarm für den Tisch in die Anfangslage zurückbewegt. Die Kupplung des Schaltarms mit dem Tisch wird durch ein besonderes Gestänge jedesmal gelöst, sobald der Sperrbolzen einschnappt und umgekehrt. Die Maschine steht nun still, bis der Arbeiter mit dem neu beschickten Anfange-Eisen das Ventil 7 aufs Neue niederdrückt.

Die Arbeitsgeschwindigkeit solcher Pressen ist begrenzt durch die Geschwindigkeit, mit welcher die zur Beschickung der Vorformen (bei der eben geschilderten 5 an der Zahl) nötigen Glasmengen am Aufnahme-Eisen postenweise und taktmäßig herangeschafft werden können, und diese findet wieder ihre Grenze an der menschlichen Leistungsfähigkeit. Diese Arbeit zwischen Maschine und Ofen ist sehr anstrengend, obgleich immer mehrere Anfänger je eine Maschine versorgen, beständig mit Preßluft angeblasen werden und nach 40 Minuten Arbeit 20 Minuten Pause haben.

Infolge dieser Verhältnisse sind auch Versuche, völlig automatische Pressen mit rein mechanischem Getriebe ohne Druckluftglieder und für sehr große Produktionen einzuführen, früher nicht gelungen. Nun hat sich aber durch die Erfindung der im Teil III behandelten Speiser die Lage völlig geändert. Früher kam die Beschickung der Maschine nicht nach, nun ist es umgekehrt. Der Hartford-Fairmont-Speiser z. B. liefert die Glasposten für die Vorformen in so rascher Aufeinanderfolge, daß eine Maschine nicht nachkommen kann, man muß vielmehr zwei bis drei selbsttätige Maschinen mit einem solchen Speiser koppeln und diese Maschinen natürlich so nahe wie möglich zusammen und an den Speiser heranrücken. Die Hartford-Fairmont Co. hat nun das Problem zu lösen versucht, zwei Drehtischpressen mit zwangläufigem Tischantrieb auf gemeinschaftlicher Fundamentplatte an eine Antriebswelle zu legen und mit dem Speiser zu koppeln. Diese Pressen haben je 8 Formen und daher entsprechend wuchtige, in rascher Folge achtmal während eines Umlaufs anhaltende Tische. Die Tische müssen sich in genau aufeinander abgestimmtem Rhythmus miteinander abwechselnd drehen und halten, damit sie abwechselnd vom Speiser versorgt werden können. Die Haltepunkte müssen, damit die Posten nicht neben oder auf die Form fallen, haarscharf eingehalten werden. Jeder Tisch und Preßkolben muß im Falle einer Störung für sich vom fortlaufenden Getriebe abgeschaltet werden können, und es muß eine Einrichtung getroffen werden, daß bei der Wiedereinschaltung Tisch und Stempel wieder genau in den Arbeitsrhythmus der Zwillingsmaschine sich einfügen. Für die Tische sind mechanische Antriebselemente gewählt, für die Stempel Druckluftzylinder, es müssen daher, falls die Stempel stecken bleiben, oder die Formen nicht genau an den Preßpunkt gelangen, Sicherungen vorhanden sein, um den Tisch oder Stempel selbsttätig und unbeschadet des Fortganges der andern Presse anzuhalten. Dieser Fülle von Forderungen zu genügen, hat die genannte Firma oder vielmehr ihre Ingenieure Karl E. Peiler und Edw. H. Lorenz zwei Konstruktionen entworfen, auf deren Einzelheiten einzugehen hier zu weit führen würde[1]).

Diese Zwillingspresse mit zusammen 16 Formen liefert nach englischen Berichten bei Versorgung durch den Hartford-Fairmont-Speiser 34 Becher in der Minute[2]).

Nachdem der Gegenstand gepreßt und die Form unter dem Stempel hervorgezogen und geöffnet ist, wird der Gegenstand daraus entfernt. Dies hat man bei mechanisch angetriebenen Pressen zu erleichtern gesucht, indem man Einrichtungen an der Presse anbrachte, entweder um die Form selbsttätig umzukippen (bei flachen Formen) oder ihren Boden selbsttätig aufsteigen zu lassen, so daß der Gegenstand aus der Form emporgehoben wird.

Von größter Wichtigkeit für den Betrieb der Glaspressen ist die Aufrechterhaltung der richtigen Temperatur der Form und des Preßstempels. Sind diese Teile zu kalt, so werden die gepreßten Gläser rampig und reißen an den Rändern ein, sind Form und Preßkern zu heiß, so beginnt das Glas am Eisen zu haften[3]). Vor Beginn der Arbeit wird die richtige Formentemperatur bei Handpressen zweckmäßig durch Anwärmen von Form und Kern in besonderen Öfen erzielt[4]). Während der Arbeit stellt sich zwischen der Erwärmung durch die Hitze des verarbeiteten Glases einerseits und der natürlichen oder künstlichen Abkühlung anderseits ein Gleichgewichtszustand her. Daß dieser Gleichgewichtszustand aber bei der für die Glasverarbeitung besten Temperatur von Form und Stempel sich einstellt, dafür können verschiedene Mittel Anwendung finden. Bis zu gewissem Grade kann es ohne künstliche Abkühlung erreicht werden durch geeignete Bemessung und Verteilung der Metallstärken von Form und Stempel unter Berücksichtigung der Tatsache, daß, je größer die Oberfläche, desto stärker die Abkühlung, und je größer die Masse, desto langsamer die Abkühlung. Da Form und Stempel mit Rücksicht auf die Handlichkeit nicht zu schwer und mit Rücksicht auf die Haltbarkeit nicht zu leicht gemacht werden dürfen, da also einer entsprechenden Gestaltung und Bemessung der formenden Teile enge Grenzen gezogen sind, so müssen u. U. für geeignete Abkühlung besondere Vorkehrungen getroffen werden. Das Gewöhnlichste ist das Anblasen mit Preßluft, die durch Schlauchleitungen an die Presse herangeführt wird und besonders zur Abkühlung der Stempel nötig ist.

Das andere Mittel ist, Form und Preßstempel während der Arbeit zu wechseln, wie dies bei den Pressen mit Formen-Drehtisch geschieht. Die Zahl der auf dem Drehtisch aufzustellenden Formen steht also immer in Beziehung zu der zu erzielenden Arbeitstemperatur.

Da die Erhitzung von Form und Stempel ungleich stark ist, so müssen für den Stempel besondere Kühleinrichtungen getroffen werden. Ist nur ein Stempel vorhanden für mehrere Formen, so muß er durch Preßluft oder Wasser gekühlt werden. Indessen hat man auch hier das Mittel mehrerer abwechselnd zu benützender Stempel angewendet, die in einem Revolverkopf vereinigt sind, wobei die Zahl der so vereinigten Stempel nach dem Grade der erforderlichen Abkühlung und unabhängig von der Zahl der Formen auf dem Drehtisch bestimmt wird. Die Anordnung ist dabei so, daß die Revolverachse senkrecht steht und der jeweils in die Preßstellung gelangende Stempel zu-

---

1) S. Am. Pat. 1316550 und Brit. Pat. 131284.

2) J. Soc. Glass. Techn. 1918, S. 19.

3) Vezgl. auch die Untersuchung von Zschimmer, Hesse und Meures über diese Fragen. Sprechsaal 1925, S. 185, 200, 216 u. 379.

4) Über geeignete Öfen und die Behandlung der Pressen überhaupt siehe Sprechsaal 1908, S. 582; ferner Am. Pat. 1248483 betr. Wärmeofen.

gleich unter einen von oben wirkenden Druckkopf gelangt, der ortsfest über der Preßstelle angeordnet ist. Der Druckkopf drückt also die Stempel einen nach dem andern nieder.

Statt daß der Stempelrevolver sich in wagrechter Ebene dreht, findet man bei amerikanischen Pressen auch die Anordnung, daß er sich in senkrechter Ebene dreht, was gewisse Vorteile bietet. Die Revolverachse liegt also wagerecht und ist in senkrechten Gleitführungen verschiebbar, während die einzelnen Kerne sternförmig nach allen Seiten von dieser Achse abstehen. Wenn ein Kern nach unten gerichtet ist, steht ein anderer genau entgegengesetzt nach oben und dient dem auf und ab gehenden Druckschafte, welcher den Preßdruck ausübt, als Angriffspunkt.

Bei den Drehtischpressen hat man den Stempel vielfach an einem Ausleger der Mittelsäule angebracht. Dies hat aber den Nachteil, daß infolge Federns des Auslegers der Stempel leicht aus der achsialen Lage kommt und ebenso wie der Preßring einseitig abgenützt und rascher unbrauchbar wird. Besser ist es, den Stempelantrieb an einem von zwei Säulen getragenen Joch aufzubauen.

Damit eine Glaspresse während der Arbeit das richtige Wärmegleichgewicht annimmt, ist natürlich auch nötig, daß die Arbeitsgeschwindigkeit die richtige ist, da bei zu rascher Arbeit die Form zu heiß, bei zu langsamer zu kalt würde. Anderseits muß auch die Schmelzbarkeit des Glases der Presse oder umgekehrt der Bau der Presse der Schmelzbarkeit des Glases angepaßt sein. Ein schwer schmelzbares Glas muß heiß in die Form kommen und erhitzt sie stark, ein leicht schmelzbares kann kühler verarbeitet werden und läßt auch die Formen kühler. Es liegt also nicht immer am Bau der Presse allein, wenn ihre Arbeit nicht befriedigt.

Wenn es sich darum handelt, Glasrohre oder überhaupt rohrförmige Körper zu pressen, so sind besonders eingerichtete Formen in Anwendung zu bringen. Sind kurze Rohre herzustellen, wie z. B. Schutzgläser für Grubenlampen, so kann eine Form Anwendung finden, deren Boden eine Öffnung hat, welche im Durchmesser genau der oberen Öffnung des Formringes und des Preßkernes entspricht. Durch diese Öffnung kann ein genau passendes Einsatzstück eingeführt werden, welches sie verschließt, während das Glas eingeschnitten wird, aber, wenn der Preßkern am Boden der Form angelangt und die Form ausgefüllt ist, nach unten herausgestoßen wird. Der Preßkern stößt also den überschüssigen Teil der Glasmasse durch die Bodenöffnung der Form und schneidet die Masse gleichzeitig von dem in der Form sitzenden gepreßten Glaszylinder ab [1]).

Handelt es sich aber um große und lange Rohre, so liegt die Schwierigkeit an anderer Stelle. Beim Pressen von Glashohlkörpern in der gewöhnlichen Weise muß der Stempel, der in das am Boden der Form liegende Glas eindringt, dieses so verdrängen, daß es zwischen Stempel und Form und entgegen der Stempelbewegung bis zum obersten Formrande aufsteigt. Ist nun die Form, wie bei den Glasrohren nötig, sehr hoch und schmal, so liegt die Gefahr nahe, daß das Glas erstarrt, ehe es zwischen Form und Stempel zu genügender Höhe aufgestiegen ist. Die Frage ist in Deutschland von mehreren Seiten studiert worden und zwar im Zusammenhang mit der Herstellung gläserner Telegraphenmasten [2]), bisher anscheinend ohne abschließendes Ergebnis. Dagegen sind schon früher von dem französischen Glasindustriellen Appert Apparate konstruiert und in die Praxis eingeführt worden, welche lange Rohre, Säulen und auch besonders große und dabei tiefe Glasgefäße zu pressen gestatten. Der Grundgedanke ist der, daß der Kern nicht von oben, sondern von unten in die Form eindringt. Die Form ist also unten und oben offen und das untere Ende wird, bevor das Glas von

---

[1]) Siehe z. B. D. R. P. 58078 und 209924.

[2]) D. R. P. 167113, 180091, 180433 von F. A. Grosse; D. R. P. 179818, 187408 von E. Lange und franz. Pat. 386697 der Schützschen Glasindustrie, G. m. b. H.

oben eingegossen wird, durch die Spitze des Stempels verschlossen. Wird nach dem Einfüllen des Glases der Stempel emporgetrieben, so steigt das geschmolzene Glas nicht entgegen der Kernbewegung auf, sondern mit dem Kern. Das geschmolzene Glas steigt ferner nicht wie bei dem gewöhnlichen Pressen in einer dünnen Schicht zwischen Form und Stempel auf, sondern liegt während des Emportreibens in einer gedrungenen Masse über der Stempelspitze und läßt sich daher, ohne zu erstarren, über eine große Formlänge verteilen. Die Formwandung kann, damit das aufsteigende Glas festgehalten wird und nicht abreißt, mit ringförmigen Vertiefungen versehen sein, welche das Glas festhalten. Das obere und untere Formende sind natürlich um die Wandungsstärke des Rohres verengt, so daß sie den Stempel dicht umschließen. Ist die Stempelspitze an der oberen Formmündung angekommen, so stößt sie das überschüssige Glas heraus [1]).

Nach diesem Appertschen Verfahren, welches der Erfinder „Moulage méthodique" nennt, können auch große Gefäße von 100—200 l Inhalt gepreßt werden, z. B. Akkumulatorenkästen. Der Preßkern hat hierbei einen wassergekühlten Kopf. Die oberen Öffnungsränder der Form sind zugeschärft und das bis an diese Ränder verdrängte Glas wird durch eine in geeigneten wagerechten Führungen laufende Glaswalze zwecks Bodenbildung eingeebnet und der Überschuß durch die scharfen Formränder abgeschnitten, oder es wird das oben herausgedrängte Glas nur mit einer säbelförmigen, wagerecht geführten Schneide abgestrichen [2]).

Nach dem Appertschen Verfahren gepreßte Säulen sind z. B. von der Société de St. Gobain zum Aufbau des Palais Lumineux auf der Pariser Weltausstellung von 1900 geliefert worden. Von dieser Gesellschaft werden auch große Akkumulatorenkästen nach dem Appertschen Verfahren fabriziert [3]), welches übrigens gerade bei der Herstellung größerer Gefäße später einen erfolgreichen Mitbewerber in dem Sievertschen Blaseverfahren gefunden hat (s. dies. Kap., Teil II, Abschn. 6).

Pressen zur Herstellung von Glastafeln bieten im allgemeinen nichts Besonderes. Sie werden angewendet für mäßig große und dicke Tafeln, wie sie als Deckenlichter zum Einlassen in Kellerdecken usw. gebraucht werden, bis zu etwa 60 · 60 cm Kantenlänge und 35 mm Dicke. Die Tragfähigkeit solcher Tafeln kann auf 250 kg pro cm² geschätzt werden. Besondere Pressenkonstruktionen sind dagegen nötig für die Fabrikation des in zunehmendem Maße gebrauchten Luxfer-Prismenglases, das sind Glastafeln, welche an einer Oberfläche mit stark vorspringenden parallelen Prismen von vorgeschriebenem Querschnitte besetzt sind, so daß sie, in Fensterhöhlungen eingesetzt, durch Brechung der Strahlen in den Prismen steil von oben einfallende Lichtstrahlen möglichst wagerecht und tief in das Innere von dunklen Räumlichkeiten hineinwerfen. Um solche Tafeln zu gewinnen, benutzt man Maschinen, welche aus einer Walz- und Preßvorrichtung kombiniert sind. Die Walze breitet das Glas seitlich aus zu einer glatten Glastafel des gewünschten Umrisses, auf welche sich sofort eine Preßplatte niedersenkt, welche an der Unterseite stark vorspringende Rippen trägt und die Glastafeloberfläche zu prismatischen Rippen umformt [4]).

[1]) D. R. P. 53121 und franz. Pat. 200473 (in Descriptions, nouv. série 1889, Band 71, 3, S. 21; Paris, imprimerie national, 1892).

[2]) D. R. P. 57693.

[3]) Siehe J. Henrivaux, La Verrerie au XXe siècle (Paris 1903), S. 78. Ferner Bull. soc. d'enc. 134, 8. S. 745/6.

[4]) Im Sprechsaal 1906, S. 505 und 549, findet sich eine ausführliche Beschreibung solcher Vorrichtungen, s. auch D. R. P. 139550 von Wadsworth. — Mit ähnlichen Einrichtungen können überhaupt Tafeln mit sehr hohen und steilen Reliefs hergestellt werden, z. B. Tafeln, welche aus einer Vielzahl rechteckiger, von Facetten eingefaßter Felder bestehen und nachträglich in diese zerlegt werden können. Die Felder können durch Schleifen der Fläche und Nachschleifen der Facetten in kleine

In Amerika wird das Pressen in größtem Maßstabe herangezogen beim Vorpressen des echten Schliff-Kristalls, indem der Gegenstand mit dem vollständigen Reliefmuster an der Außenseite mit Hilfe von Preßform und Preßstempel gepreßt, und dann das Relief durch Schleifen und Polieren nachgearbeitet wird. Dies bedeutet natürlich eine außerordentliche Vereinfachung und Verbilligung der Arbeit gegenüber dem Herausschleifen des Reliefs aus dem Fleisch eines außen glatten Glasgefäßes. Es verleitet allerdings auch, wie amerikanische Quellen berichten, die Schleif- und Polierarbeit mit billigen Kräften flüchtig und unsorgfältig auszuführen. Bei sorgfältigem Nachschleifen und Polieren aber steht das Erzeugnis hinter dem ganz von Hand gearbeiteten nicht zurück, außer daß an der Innenseite längs der Vertiefungen des äußeren Musters fast unmerkliche Anschwellungen zu fühlen sein sollen. [1]) Im übrigen zeigt auch die Innenseite der Gefäße den vollen Glanz des geblasenen Glases, trotzdem sie zunächst durch den Preßstempel gebildet worden ist und dabei ein „gehämmertes" Aussehen angenommen hat. Dieser Mangel wurde beseitigt und damit die Fabrikation des vorgepreßten Schliffkristalls möglich gemacht durch die Erfindergabe J. M. Owens, dessen Name auf jeder von dem Fortschritt der Glastechnik berichtenden Seite steht. Es wird nämlich gegen die Innenseite des noch in der Form liegenden Glasgefäßes sofort nach Entfernung des Preßstempels eine kräftige Gebläseflamme gerichtet, welche die Oberfläche schmilzt, so daß sie bei Wiedererstarrung den Hochglanz einer Flüssigkeitsoberfläche hat. Es darf aber nur eine oberflächliche Schmelzung eintreten, weil sonst das Glas in wagerecht verlaufenden Wulsten herabzusacken anfängt. Die Form wird daher u. U. — während des Feuerpolierens von innen — von außen gekühlt. Das Verfahren wird nach einer späteren Verbesserung ergiebiger, wenn man den gepreßten Gegenstand aus der Form herausnimmt und auf eine rasch gedrehte Scheibe stellt, auf der es von außen mit Luft angeblasen und gekühlt wird, während ins Innere wieder eine kräftige Gebläseflamme wirkt [2]). Die Preßform wird bei dieser Arbeitsweise rascher frei, nicht so stark erhitzt und eher aufs neue verwendbar. Die Veredlung der Innenfläche durch das Feuerpolieren könnte vielleicht erleichtert werden, wenn man nach der Idee von P. Th. Sievert den Preßstempel mit poröser und angefeuchteter Oberfläche versieht, wodurch die gepreßte Fläche bereits einen beträchtlichen Grad von Glätte und Feuerpolitur annimmt [3]).

Es ist erstaunlich, daß diese seit Jahren in Amerika in größtem Maßstabe ausgeführte Technik des Vorpressens des Schliffkristalls sich anderwärts, auch in Deutschland, noch nicht eingebürgert hat. Soweit sich feststellen läßt, liegt dies nicht an etwa anders gearteten technischen oder wirtschaftlichen Verhältnissen, sondern nur an Hemmungen persönlicher Art. Bemerkenswert und warnend ist allerdings auch, daß die Verbilligung des Schliffkristalls durch das beschriebene Verfahren nach neueren Nachrichten in den Vereinigten Staaten ihm den Charakter eines Luxusgegenstandes genommen und die Produktion außerordentlich vermindert hat. Er wird jetzt auch von Farbigen gekauft, aber nur in ganz geringer Menge, aber nicht mehr von Wohlhabenden.

Spiegel, Fingerplatten für Türen usw. verwandelt werden, s. D. R. P. 170305. Zur Herstellung von Kugeln, Knöpfen, Glassteinen beschreibt D. R. P. 288807 ein Walzwerk mit dahinter folgendem, mechanisch bewegtem Doppelgesenk. Die aus dem Walzwerk austretende Glastafel wird durch das Doppelgesenk von beiden Seiten mit halbkugligen, pyramidalen usw. Vorsprüngen versehen. Durch Zerbrechen der Tafel längs der ganz dünn gepreßten Vertiefungen entstehen dann Kugeln, Doppelpyramiden usw., welche nur noch von den Graten befreit werden müssen.

[1]) Nat. Glass. Budg. 35 Nr. 51 v. 24. 4. 1920, ferner J. Soc. Glass Techn. 1918, S. 19.

[2]) S. Sprechsaal 1905, S. 755.

[3]) D. R. P. 148543.

2. Apparate zum Stanzen von Glas.

Das Stanzen von Glas, wenn man darunter das Verfahren versteht, aus noch plastischen Glasschichten oder -wandungen scharf umschriebene Stücke mit Hilfe von Schneiden herauszutrennen, welche einen geschlossenen, dem Umriß des auszustanzenden Stückes entsprechenden ebenen Umriß bilden, dieses Verfahren wird meistens mittels einfacher Werkzeuge (Zängeleisen usw.) ausgeführt. Doch sind auch Maschinen, welchen dieses Verfahren zugrunde liegt, gebaut worden. Die bekannteste ist die von P. Th. Sievert zur Herstellung von Glasbuchstaben, sog. Patentbuchstaben, angegebene [1]). Sie besteht zunächst aus einer Walzeinrichtung, welche das geschmolzene Glas zu einer Platte einebnet. Diese Platte wird noch heiß unter die eigentliche Stanzeinrichtung gebracht. Diese gleicht äußerlich einer Presse zur Herstellung von Glastafeln. An Stelle der Preßplatte ist aber ein wagerechter gitterförmiger, durchbrochener Rahmen angebracht und in den Gitteröffnungen sind durch Schrauben die Stanzen in beliebiger Anzahl befestigt. Diese Stanzen bestehen aus von dem Rahmen nach unten abstehenden und zu Schneiden zugeschärften Leisten, welche den Umriß des zu stanzenden Gegenstandes, z. B. eines Buchstabens, wiedergeben und diesen Gegenstand aus der Glastafel herausschneiden, wenn der Rahmen mit ausreichendem Druck niedergepreßt wird. Indessen bewirken die Stanzen nicht ein völliges Durchschneiden, sondern nur ein tiefes Einschneiden der Glastafel. Die vollständige Zerlegung der Tafel in die einzelnen Buchstaben erfolgt dann, indem man die Rückseite so lange abschleift, bis die die einzelnen Buchstaben verbindenden eingeschnittenen dünnen Stellen abgeschliffen sind. Man erhält also die Buchstaben gleich auf der Rückseite geschliffen. Die Vorderseite ist rundlich gewölbt und stark glänzend, beides eine Folge der Spannung, welche die zwischen den Schneiden eingeschlossene Glasoberfläche beim Eindringen der Schneiden erfährt. Da die Stanzen leicht lösbar an dem Rahmen befestigt sind, so können sie ganz nach Bedarf durch andere ersetzt werden.

Stanzapparate haben ferner Anwendung gefunden zur Herstellung von Lochzylindern, indem die Zylinderwand an der geeigneten Stelle wieder erhitzt und dann in den Stanzapparat gebracht und ausgeschnitten wurde [2]).

3. Glaswalzmaschinen.

Zu den ältesten maschinellen Verarbeitungsweisen des Glases gehört das Walzen. Die ersten Anfänge dieser Technik und ihre allmähliche Entwicklung, sowohl in wirtschaftlicher Hinsicht als auch hinsichtlich der mechanischen Hilfsmittel, sind so ausführlich in älteren Werken dargestellt, daß sie hier übergangen oder nur gestreift werden können [3]). Heute ist jedenfalls die Industrie des Glaswalzens derjenige Zweig des Glasfaches, welcher in der Ausbildung seiner maschinellen Hilfsmittel am weitesten fortgeschritten ist.

Die Walzmaschine in ihrer einfachsten Form besteht aus einem metallenen länglichen Tisch, dessen Ränder um soviel erhöht sind, als die Dicke der zu walzenden Platte beträgt, und aus einer zylindrischen, ebenfalls metallenen Walze, welche, in der Längsrichtung des Tisches auf den erhöhten Randleisten laufend, über den Tisch hinweg geführt werden kann und dabei das geschmolzene Glas, welches zuvor auf

[1]) D. R. P. 67292, 71635, 78738. Ausgeübt wird das Verfahren von der Aktiengesellschaft vorm. Friedr. Siemens, Dresden.

[2]) Ein solcher Apparat amerikanischen Ursprungs ist neben anderen Lochvorrichtungen im Sprechsaal 1906, Nr. 37, S. 1298/9, beschrieben.

[3]) Eine sehr vollständige Darstellung der Entwicklung der Walzerei ist z. B. in: Benrath, Die Glasfabrikation, Braunschweig 1875, gegeben.

den Tisch ausgegossen worden ist, zu einer flachen Platte von der Breite des Tisches einebnet. Diese ursprüngliche Einrichtung wurde nach zwei Richtungen hin weiter entwickelt. Einmal ging die Entwicklung dahin, die gewalzten Tafeln, das „Rohglas", um die Herstellungskosten pro Flächeneinheit herabzudrücken, immer größer zu machen. Es mußten also immer größere Glasmengen auf einmal bewältigt werden und dementsprechend besondere Vorkehrungen getroffen werden. So kam die heutige Apparatur der Spiegelglashütten zustande.

Da man die wellige Oberfläche des gewalzten Glases (Rohglases) zur Herstellung von Spiegelglas noch glatt schleifen muß, kam man auf die Idee, den Mangel der Oberfläche, wo es auf Durchsichtigkeit des Glases überhaupt nicht ankommt, dadurch zu verdecken, daß man ein Reliefmuster darauf hervorbringt. So ergab sich die Walzmaschine für Kathedral- und Ornamentglas.

Abb. 450 zeigt eine Zeichnung des Walztisches und Walzenwagens für Rohglas (letzteren nach einem Projekt der Benrather Maschinenfabrik A.-G.)[1]). Der gewaltige Walztisch *a* ist auf Gleisen verschiebbar, welche zwischen den die **Wände** der Halle bildenden beiden Reihen von Kühlöfen entlang laufen[2]). Die eine Reihe ist links bei *q* angedeutet. Die Längsausdehnung des Tisches steht quer zur Gleisrichtung. Rechts auf dem Tisch oder vielmehr auf seinen erhöhten Randleisten liegt die Walze *g* in der

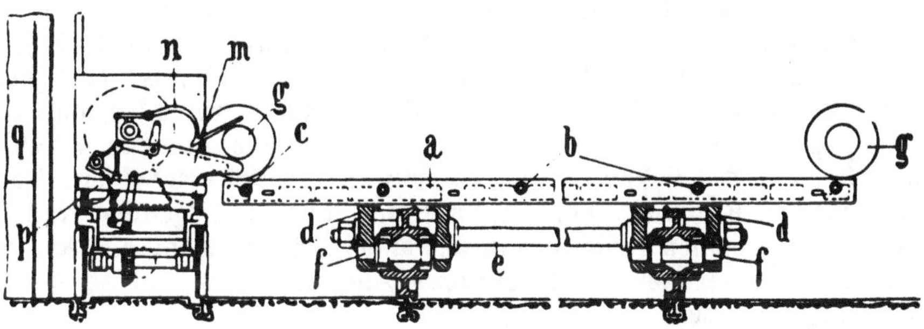

Abb. 450.

Stellung vor Beginn des Auswalzens (die Abbildung zeigt den Augenblick, in welchem das Glas vor die Walze gegossen wird). Auf den Randleisten führen sich Kulissen (in der Abbildung nicht dargestellt), das sind senkrechte Wände, welche mit ihrer ausgerundeten Kante dicht an die Unterseite der Walze nahe ihren Enden sich anschließen und das Überfließen des Glases über die Randleisten verhindern sollen. An den Walzenachsen befestigte Drahtseile führen nach links zu einem Hilfswagen, welcher zwischen Kühlofenreihe und Walztisch ebenfalls auf Gleisen verschiebbar ist. Dieser Wagen trägt den elektrischen Motor zum Antrieb des Ganzen. Seine Kraft dient einmal dazu, um nach Kuppelung des Hilfs-, oder Walzenwagens mit dem Walztisch, diesen seitlich vor den nächsten Kühlofen zu führen, wobei ein am anderen Ende des Walztisches befindlicher, übereinstimmender zweiter Hilfswagen mitwirkt. Ferner befindet sich auf dem Walzenwagen eine doppelte Seilwinde, welche mit Hilfe der schon erwähnten Seile die Walze über den Tisch und dann noch eine auf dem Walzenwagen angebrachte schiefe Ebene *m* hinaufzieht. Auf diese Weise hebt sich die Walze über die Tischplatte, damit die fertiggewalzte Glastafel darunter hinweg und in den Kühlofen eingeschoben werden kann. Dieses Einschieben erfolgt mit einer Schiene (Einschiebekrücke), welche quer vor dem zuerst ausgewalzten Ende der Glastafel liegt und an beiden Enden an Drahtseilen befestigt ist, welche ebenfalls vom

[1]) Siehe D. R. P. 109858; vgl. ferner das entspr. Kapitel im II. Bard.

[2]) Wenn die Rohglasplatten in einem Kanalkühlofen gekühlt werden (s. S. 515 u. ff.) so steht der Walztisch natürlich unverrückbar fest.

Walzenwagen her aufgewunden werden. Für alle diese Bewegungen, welche früher von Hand ausgeführt wurden, ist infolge der zunehmenden Tafelgrößen mechanischer Antrieb nötig geworden.

Um den Gießtisch gegen die Hitze der gewaltigen, auf einmal darauf ausgegossenen Glasmasse, welche oft 1000 bis 1500 kg Glas beträgt, zuweilen noch mehr, widerstandsfähig zu machen, gibt man ihm bei einer Länge von 8 bis 9 m und 5 m Breite eine Dicke von etwa 20 cm, so daß er das gewaltige Gewicht von etwa 70 t erreicht. Besonders kommt es darauf an, daß er infolge der Erhitzung so wenig wie möglich seine völlig ebene Gestalt verliert, denn da die gewalzten Glastafeln mit ebenen Schleifscheiben bearbeitet werden, so ist es klar, daß jede Abweichung der Tafel von der ebenen Gestalt vollständig als Verlust anzusehen ist. Die Erhitzung des Tisches ist, wie unschwer einzusehen, in der Mittellinie am stärksten. Auch die Walze dehnt sich in der Mitte stärker aus als am Ende. Da trotz seiner Dicke ein einheitlicher Walztisch sich noch zu stark verziehen würde, so setzt man ihn aus Längslamellen von Gußstahl, zehn bis zwölf an der Zahl, zusammen, von denen jede immer noch das ansehnliche Gewicht von etwa 7 t hat und an der Oberseite gehobelt ist. Diese Lamellen werden durch Querbolzen *b* und *c* zusammengehalten, können sich aber in der Längsrichtung unabhängig voneinander ausdehnen. Ferner gebraucht man die Vorsicht, nur etwa acht Platten hintereinander auf demselben Tisch zu walzen. Da auch mit diesen Vorsichtsmaßregeln der Schleifverlust infolge Unebenheit der Glastafeln noch 50% beträgt, so ist man dazu übergegangen, die Gießtische zu kühlen. Es ist aber bei großen Walztischen nicht leicht, die Kühlung so auf die Fläche zu verteilen, daß sie überall die Erhitzung ausgleicht. Gewöhnlich gehen durch jede Lamelle 4 Kühlkanäle, die im Querschnitt in den Ecken eines Rechtecks angeordnet erscheinen. Das Wasser tritt in einen unteren Kanal ein, kommt durch den darüber liegenden Kanal zurück, geht durch einen diagonalen Krümmer in das andere untere Rohr und kommt durch den darüber liegenden Kanal wieder zurück. Alle Lamellen sind an querlaufende Verteilerrohre angeschlossen.

L. Rembaux in Moustier sur Sambre, Belgien, hat sich z. B. einen mit Wasser gekühlten Walztisch patentieren lassen [1]), bei welchem die einzelnen Lamellen hohl und in der Mitte der Länge durch eine Querwand geteilt sind, so daß in jeder Lamelle zwei Abteilungen entstehen. Die vier im Mittelpunkt des Walztisches zusammenstoßenden Abteilungen erhalten das kalte Wasser zugeführt, welches dann in vier Strömen, von denen jeder ein Viertel des Walztisches kühlt, im Zickzackwege nach den Ecken des Walztisches geht und dort abgeführt wird. Neuerdings benützt man zur Kühlung der Walztische auch das Durchblasen von Luft [2]).

Die Lamellen des Walztisches ruhen auf zwei kräftigen, durch Querstreben *e* verbundenen Wangen *d* auf, in denen die festen Achsen *f* für die vier Räder liegen. Die Räder selbst drehen sich, um die Fortbewegung der gewaltigen Last zu erleichtern, mittels Rollenlagern auf ihren Achsen.

Die Walze *g* ist zylindrisch und, damit sie das Glas besser faßt, mit einer leichten Rillung versehen. Die Einrichtung des Hilfs- oder Walzenwagens ist aus Abb. 451 bis 452 zu ersehen. Der Motor *h* (links in Abb. 451) treibt den Wagen an, wenn der damit gekuppelte Walztisch verschoben werden soll. Der Motor *i* betreibt die Seilwinden *k*, *l* zum Ziehen der Walze. Am Walzenwagen angekommen, laufen die Achsenenden auf schiefen Ebenen *m* auf (Abb. 450) und werden schließlich von den Haken *n* gefangen. In diesem Augenblicke stoßen die Walzenenden an einen Hebel an, der den

[1]) D. R. P. 139712 und 188974; s. ferner das französische Patent 405800 der Soc. an. des Ateliers Zimmermann, Hanrez et Cie. in Monceau sur Sambre.

[2]) Siehe z. B. belg. Pat. 205723 von A. Haut. Brit. Pat. 28458 vom J. 1907 von A. Lindsay Forster.

Motor i ausrückt. An denselben Seilen wie die Walze wird auch die Krücke zum Einschieben der Glastafeln angehängt, welche die Glastafeln über die Leitfläche p in den Kühlofen q einschiebt. Am Ende dieser Bewegung stößt die Krücke gegen einen Hebel, welcher wiederum den Motor i ausrückt. Die Kontakte zum Wiedereinrücken sind am Führerstand (rechts in Abb. 451) vereinigt. Auch die Walzen werden gekühlt, wobei am besten die Zu- und Ableitungen durch Stopfbüchsen in der Drehachse der hohlen und nicht zu wandstarken Walze angeschlossen werden.

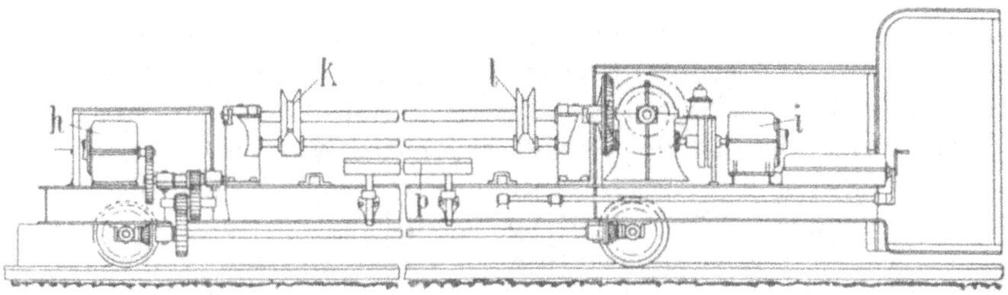

Abb. 451.

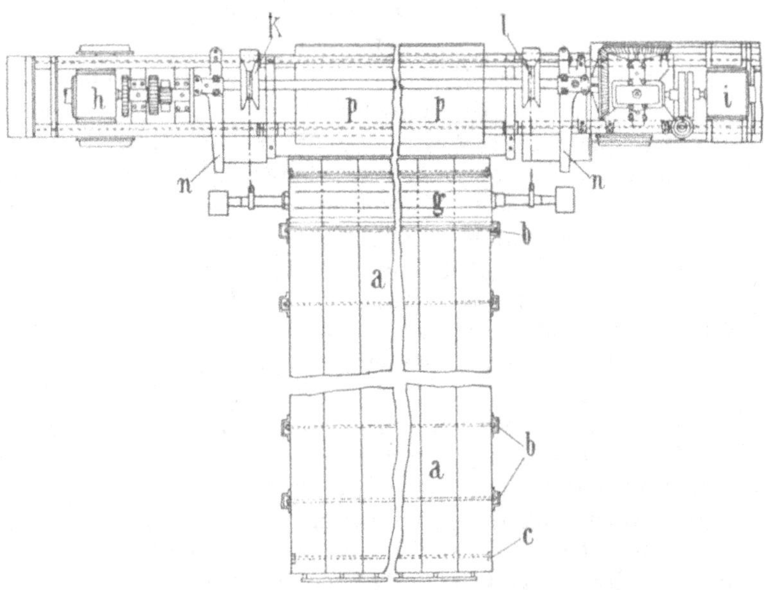

Abb. 452.

Das Einschieben der Glastafeln hat seine besonderen Schwierigkeiten, einerseits infolge des großen Gewichtes der Glastafeln, anderseits infolge des Umstandes, daß die Glastafel so rasch wie möglich in den Kühlofen kommen muß und doch, wenigstens an dem Ende, an welchem die Schiebebrücke eingreift, so starr geworden sein muß, daß sie trotz des starken anzuwendenden Schubes nicht aufgestaucht wird. Da im beschriebenen Falle die Krücke an dem zuerst ausgewalzten und inzwischen etwas erstarrten Ende der Tafel angesetzt wird, ist hier das Glas kurze Zeit nach Beendigung des Auswalzens fest genug. Beim Einschieben kommt allerdings das wärmste Tafelende an die warme Hinterseite des Kühlofens, das kälteste Tafelende dagegen, welches der Wiederaufwärmung am meisten bedarf, an die vordere kühlste Ofenwand zu liegen. Im Beginne der Glaswalzerei, als die Glastafeln nur klein waren, walzte man deshalb vom Ofen her, also umgekehrt wie eben geschildert. Die heutigen großen Platten dagegen würden springen, wenn man warten wollte, bis das zuletzt gewalzte, etwas zugespitzte Ende der Tafel, „der Kopf", so fest ist, daß man die Krücke ansetzen kann. Aus diesem Dilemma soll der Vorschlag der Société de St. Gobain heraushelfen [1]), nach welchem vom Kühlofen her gewalzt und das zuerst gewalzte Tafelende sogleich um eine darauf gelegte Schiene umgeschlagen und somit daran befestigt werden soll. Die Schiene wird darauf durch längs der Tischseiten verlaufende Stößer, an deren anderen, vom Ofen abgelegenen Enden der übliche Seilzug angreift, in den Kühlofen eingeführt. Auf diese Weise kommt der warme Tafelkopf an die Vorderseite des Ofens [2]).

Bei einer von Henrivaux [3]) mitgeteilten Konstruktion eines Walzenwagens, von welcher Abb. 453 eine Draufsicht darstellt, sind außer den Winden T_1 zum Ziehen der Walze, welche bei 45 cm Durchmesser neun Umdrehungen machen, zwei andere Winden T_2 zum Ziehen der Krücke vorhanden. Diese Winden haben zu Anfang eine Windefläche geringen Durchmessers, welche sich mit ein bis zwei Umläufen zu der Fläche normalen Umfanges von 37 cm Durchmesser bei 48 Umdrehungen erweitert. Das Einschieben beginnt also ganz langsam und geht dann erst zur normalen Geschwindigkeit über. Die Steuerung erfolgt bei diesem Walzenwagen von Hand.

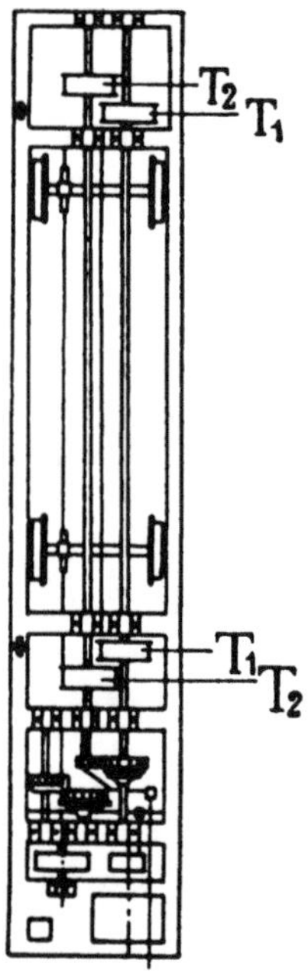

Abb. 453.

Immer wiederholte Bemühungen sind dem Ziele gewidmet worden, eine größere Ebenflächigkeit des Rohglases zu erzielen, um die folgende Schleifarbeit zu vermindern; es würde hierdurch auch möglich werden, Rohglas von 8 mm und weniger zu walzen, woraus sich in wirtschaftlicher Weise geschliffene Glasplatten von weniger als 5 mm Dicke herstellen lassen würden. Mit diesem Problem hat sich z. B. M. Bichéroux, Herzogenrath, beschäftigt [4]). Demselben Ziele strebt der eigenartige Gedanke zu, das Walzwerk, welches in den bisher bekannten Ausbildungen nur für kleine dünne, gemusterte Tafeln (Ornamentglas) brauchbar war (s. S. 558), so umzubauen, daß man den Inhalt eines ganzen Glashafens zwischen die beiden Walzen in derselben Weise ausgießen kann, wie sonst auf den Walztisch. Zu diesem Zwecke ist der übliche schräge und schmale Aufgußtisch durch einen etwa 5 m breiten, um die Achse der Unterwalze schwingbaren Aufgußtisch ersetzt, auf den bei wagerechter Lage der Hafeninhalt kunstgerecht aufgegossen wird und der dann langsam so hochgekippt wird, daß das Glas zwischen die Walzen laufen kann. Dabei wird der Glasstrom durch zwei an der Ablaufkante des Tisches verteilte eisbrecherartige Erhebungen in 3 Teile geteilt und auf drei nebeneinander angeordnete Walzwerke von je etwa $^5/_3$ m Ballenlänge verteilt. Den 3 Walzwerken entsprechen drei parallel laufende Ablegetische, auf denen die 3 Glasbänder laufend quergeteilt werden können [5]).

Auch das Gießen und Walzen von Rohglas unmittelbar aus dem Wannenofen ist ein immer wieder versuchtes Problem. Ob das letzte Projekt dieser Art von Mc Kelvey und Ryan [6]) eine endgiltige und praktische Lösung darstellt, scheint noch fraglich. Das Wannenglas läuft dabei in dauerndem langsamem Strome in eine kippbare Gießpfanne ein, welche in einer besonderen unten offenen Heizkammer sich befindet. Die

[1]) Siehe österr. Pat. 29440.

[2]) Betr. Einschieben von Glastafeln vgl. ferner Belg. Patent 134077 vom 15. März 1898 von Th. Haut in Jeumont (Frankreich).

[3]) La Verrerie au XXe Siècle, Paris 1903, S. 70.

[4]) D. R. P. 232670.

[5]) D. R. P. 334699.

[6]) D. R. P. 392355, Am. Pat. 1397287.

Temperatur in der Heizkammer kann völlig unabhängig von der der Wanne geregelt werden. Beim Gießen wird durch Kippen der Gießpfanne deren Inhalt auf den unmittelbar darunter stehenden fahrbaren Gießtisch entleert und dieser zwecks Auswalzens mit der Charge unter der Walze hinwegbewegt.

Eine gelungene, wenn auch eine spezielle Lösung des Problems stellt die viel besprochene Anlage der Ford Motor Co. in Detroit, Mich. dar, als deren Erfinder C. W. Avery und E. T. Brown zeichnen. Eine spezielle Lösung, weil damit nur für Automobile gebrauchte Spiegelscheiben von etwa 1 m Breite und 6 mm Dicke hergestellt werden und wohl auch nur herstellbar sind.

Die Abb. 454[1]) zeigt, daß das aus einer Wannenschnauze unter Reglung durch einen Schieber dauernd ausfließende Glas in einem Zuge zu einem Bande ausgewalzt und dieses durch einen Kanalkühlofen geführt wird. Der endlose Walztisch 1 besteht aus stählernen Quergliedern 2 an einer endlosen Kette, welche vom hinteren Ende her, also von der Welle 3 angetrieben wird, so daß die Stahlplatten einander vorwärtsschieben und daher stets dicht aneinanderschließen. Ein Aufbäumen des Stahlbandes wird dadurch verhindert, daß die für gewöhnlich vom Bande mitgenommene vordere Welle 4

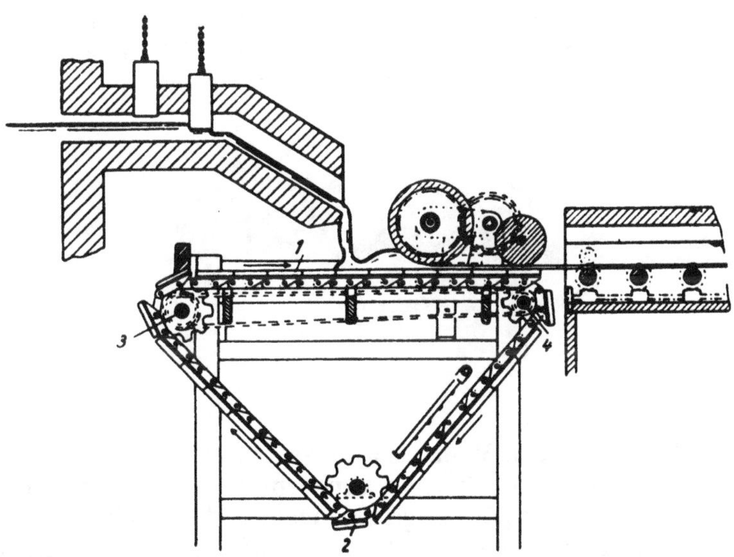

Abb. 454.

in eigentümlicher Weise durch eine zweite Treibkette mit der hinteren verbunden, zur antreibenden, also das Band ziehenden Welle wird, falls eine Neigung zum Aufbäumen eintritt. Das Stahlband wird im unteren Trum durch eine Wasserbrause gekühlt und gleitet auf 3 Längsträgern unter einer Haupt- und einer Nachwalze aus Nichrome hinweg, welche mit gleicher Oberflächengeschwindigkeit wie das Band angetrieben werden. Randleisten sind an der Gießfläche nicht vorhanden (wie es nach der Abb. den Anschein haben könnte). Vielmehr wird die Fallhöhe des Glasstromes auf den Tisch, die Glastemperatur und die Vorschubgeschwindigkeit des Tisches so aufeinander abgestimmt erhalten, daß der an der Walze sich stauende Glasstrom dabei auf die gewünschte Breite auseinanderfließt. Eine Anlage dieser Art wurde nach etwa 3jähriger Versuchsarbeit Ende 1922 in Highland Park, Detroit in regelmäßigen Betrieb genommen und 4 weitere Anlagen kamen seit August 1924 in einer neuen, gewaltigen Anlage in River Rouge, Mich., nacheinander in Gang. In River Rouge wurde die Walzmaschine 1924 in der Weise abgeändert, daß der endlose Walztisch ersetzt wurde durch eine Walze von 1,20 m Durchmesser, deren Achse etwas vor derjenigen der oberen Walze von 0,23 m Durchmesser liegt. Die beiden Walzen bilden also eine Bucht, in welche der Glasstrom in einer der Glastafelbreite angepaßten Breite ständig hineinfließt. Während das Glas, welches mit etwa 1150° C den Ofen verläßt, in der Walzenbucht noch durch 3 Reihen von Gasbrennern erhitzt wird, werden die Walzen mit Wasser gekühlt, welches ihre innere Höhlung,

[1]) Brit. Pat. 195293, oder Franz. Pat. 1565034

deren Weite $^1/_3$ des Walzendurchmessers beträgt, mit einer automatisch genau regulierten Temperatur von 82° C durchströmt. Hinter den Walzen geht das Glasband freihängend in den unmittelbar anschließenden Kanalkühlofen von 135 m Länge, wovon etwa 50 m beheizt sind und wird in diesem in 1 $^1/_3$ Stunde von 600° auf etwa 30° herunter gekühlt. Das Glasband ist etwa 7—8 mm dick und nach dem Schleifen 6,5 mm; sodaß der Schleifverlust im Vergleich zu anderen Walzverfahren außerordentlich gering ist. Der Gesamtverlust an Glas betrug (1924) nur ungefähr $^1/_5$ des die Walzen verlassenden Glases[1]).

Bemühungen beim Walzen unmittelbar Tafeln mit völlig ebenen glänzenden Oberflächen gleich denen des geblasenen Glases zu erhalten, sind bisher ohne praktischen Erfolg geblieben[2]).

Die Walzeinrichtungen zur Herstellung von Glastafeln, deren Oberflächen an einer oder beiden Seiten ein körperliches Muster tragen (Kathedral- und Ornamentglas) sind einfacher und kleiner als die für Spiegelglas, da Glasfehler bei diesen Tafeln nicht sichtbar oder schädlich sind und daher das Glas kellenweise geschöpft und ausgewalzt werden kann[3]).

Die Abb. 455 zeigt die Einrichtung mit ausreichender Deutlichkeit (nach einer Konstruktion von J. A. Grosse, Bischofswerda). Der eigentliche Walztisch, auf welchem die Walze ruht, liegt in einem kräftigen, auf Rädern fahrbaren Rahmen aus T-Trägern. Die Walze ist an beiden Enden durch Gewichte beschwert und wird,

Abb. 455.

durch Ketten erfaßt, über den Walztisch hinweggezogen. Die Ketten sind über zwei Kettenräderpaare gespannt und können von dem am linken Ende der Maschine angebrachten Schwungrade und Vorgelege aus nach beiden Richtungen bewegt werden. Die Walze ist durch abstehende, den Tisch an beiden Seiten übergreifende Ränder geführt. Der eigentliche Walzenkörper ist gegen seine auf den Tischrändern aufliegenden Endstücke um soviel abgesetzt, als der Dicke der zu walzenden Tafeln entspricht. Leisten auf die Ränder des Walztisches zur Bestimmung der Glasdicke aufzulegen vermeidet man, weil die Glastafeln seitlich vom Tisch herunter und in den Kühlofen geschoben werden. Vor der Walze werden die beiden Kulissen zum Zusammenhalten des Glases durch ein Paar an den Zugketten befestigter Bügel gehalten. In dem Walztisch ist das Muster eingraviert, welches die Glastafelunterfläche erhalten soll. Die Unterseite des Walztisches ist, um die Gravierung zu schonen, meist zum Zwecke der Kühlung mit Rippen besetzt, welche in einen Wasserkasten eintauchen. Zuweilen wird auch die Walze gekühlt, indem durch ihre Höhlung Wasser geleitet wird. Die Ab-

[1]) J. Soc. Glass Techn. VIII, 32 (Dec. 1924). Beschreibungen (mit Abb.) der ganzen Anlage einschl. des ebenfalls im continuierlichen Prozeß arbeitenden Schleif- und Polierapparates in Glass Industry IV, 1 (Jan. 1923); V, 7 (July 1924); VI, 2 (Febr. 1925). Ceramic Industry, Chicago' IV, 4 (April 1925).

[2]) S. z. B. D. R. P. 100557, 103442, 106084, 210026 von P. Th. Sievert; D. R. P. 42036 von Picard; D. R. P. 122812 und Am. Pat. 735048 von L. Appert.

[3]) Eine kritische Besprechung der verschiedenen Walzeinrichtungen für Ornament- und Kathedralglas von kundiger Seite findet sich in Z. V. D. I. 68 (1924) Nr. 21, S. 509—514, m. vielen Abb.

messungen des Walztisches entsprechen der Größe der darauf herzustellenden Tafeln, welche meist 1 bis 1,20 m breit und 3,50 bis 5 m lang sind.

Da die Gravierung eines ganzen Walztisches sehr teuer ist und um so kostspieliger wird, als man für jedes neue Muster einen neuen Tisch braucht, so ist man auf den Gedanken gekommen, das Muster nicht auf dem Tisch, sondern auf der Walze anzubringen. Auf diesem Gedanken beruht die in folgendem dargestellte, in der Praxis sehr gebräuchliche Walzmaschine (nach Chance). Bei dieser wird das Glas zunächst zu einer glatten Tafel gewalzt, und zwar nicht mit einer Walze auf dem Tisch, sondern zwischen zwei Walzen. Bekanntlich ist die durch eine Walze gebildete Glasoberfläche glatter als die durch den Tisch gebildete. Die glatte Tafel tritt sofort zwischen ein zweites Paar von Walzen, welches nun das Muster in die Tafel einpreßt. Je nachdem man die Glastafel auf der einen oder beiden Seiten mustern will, ist nur die obere oder beide Walzen mit einer entsprechenden Gravierung versehen. Die Gravierung einer Walze ist natürlich erheblich billiger als die eines Tisches, zumal der Durchmesser nur etwa 12 bis 15 cm, ihre Länge 1,20 m beträgt.

a und *b* in Abb. 456 sind die beiden glatten Walzen, welche etwas schräg übereinanderstehen. Gegen die untere Walze legt sich ein eiserner Tisch *c* dicht an, auf welchen das Glas aufgegossen wird und welcher so geneigt ist, daß das Glas, dem Gefälle folgend, leicht zwischen die Walzen eintritt. Die aus diesem ersten Walzenpaare austretende Tafel gelangt über einen kurzen Führungstisch *d* zwischen das zweite Walzenpaar *e* und *f*, durch welches sie die Musterung erhält, und von dort über eine zweite kurze Leitfläche *g* oder auch unmittelbar auf den Ablegetisch *h*, welcher auf der Rollenstraße *i* verschiebbar ist und in dem Maße nach rechts fortschreitet, als die Glastafel aus dem zweiten Walzenpaare herauskommt. Der Ablegetisch liegt zweckmäßig so tief, daß sich der Tisch *c* in einer das Aufgießen bequem ermöglichenden Höhe befindet.

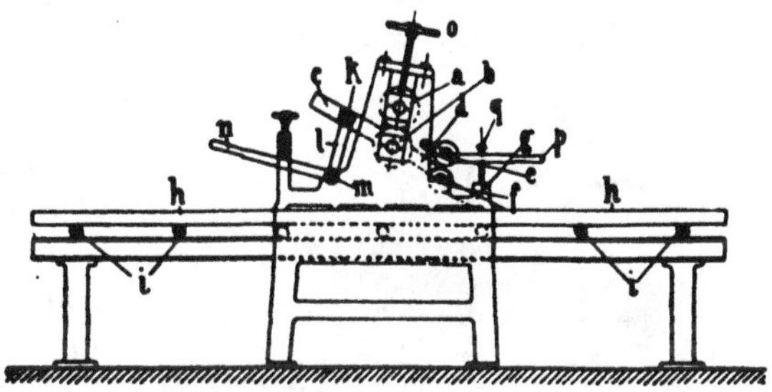

Abb. 456.

Alle beweglichen Teile der Maschine sind durch ein zusammenhängendes Getriebe mit motorischem Antrieb verbunden, und zwar in solcher Weise, daß die beiden ersten Walzen sich in entgegengesetztem Sinne mit gleicher Umfangsgeschwindigkeit drehen und das Glas zwischen sich hineinziehen. Die Drehung der zweiten Walzen ist von gleicher Art wie die der ersten. Indessen kann die Umfangsgeschwindigkeit der zweiten Walzen etwas größer sein als die der ersten. Die Fortbewegungsgeschwindigkeit des Ablegetisches entspricht natürlich genau der Umfangsgeschwindigkeit der zweiten Walzen.

Die glatten Walzen, welche beständig der Hitze des aufgegossenen Glases ausgesetzt sind, müssen kräftig mit Wasser gekühlt werden, welches vermittelst der hohlen Achsenzapfen durch das Walzeninnere hindurchgeführt wird. Für den Aufgußtisch ist eine Wasserkühlung nicht unbedingt erforderlich, da er von Zeit zu Zeit gewendet werden kann. Er ist hierzu mit seitlich abstehenden Zapfen am oberen gabelförmigen Ende *k* eines Winkelhebels *l* gelagert, welcher bei *m* am Walzengerüst angelenkt ist und an der Handhabe *n* vom Gerüst hinweggeschwungen werden kann. In dieser Stellung kann nun der Tisch gedreht und darauf wieder gegen die untere Walze angelegt und irgendwie am Walzengerüst festgestellt werden[1]. Der Abstand der ersten Walzen kann durch senkrechtes Verschrauben des oberen Walzenlagers mittels des

[1]) D. R. P. 172123.

Handrades *o* geregelt werden. Die Musterwalze *e* ruht in Lagern, welche an schwingbaren Hebeln *p* mit Handhabe sitzen. Der Abstand dieser Walze von der Gegenwalze *f* wird durch eine Druckschraube *q* und Feder geregelt. Wenn das zuerst unter die Musterwalze tretende Tafelende schon zu hart geworden ist, um noch ein Muster anzunehmen, so kann sich, wie aus dem Gesagten hervorgeht, die Musterwalze heben, so daß die Gravierung geschont wird.

Um das in gravierten Walzen festzulegende Kapital noch mehr zu verringern, hat L. Appert[1]) den Vorschlag gemacht, die bemusterten Walzen aus einem zylindrischen Kernstück und einer Anzahl daraufgesteckter Ringe aufzubauen, welche auf der Außenseite graviert sind und dicht aneinanderschließend die gemusterte Walzenoberfläche bilden. Indem man einzelne Ringe durch anders gravierte ersetzt, kann man mit der so zusammengesetzten Walze zahlreiche verschiedene Muster herstellen.

Mit den beschriebenen Walzmaschinen können natürlich auch farbige oder, indem man mehrere Glasposten von verschiedener Farbe auf einmal aufgießt, marmorierte Glastafeln, z. B. sog. Opaleszentglas, ausgewalzt werden. Ein gewalztes Glas mit eigenartiger farbiger Verzierung hat P. Th. Sievert hergestellt, indem er mit Hilfe von Schablonen und Klebemitteln auf Papierbogen Muster aus farbigen Glaskörnern erzeugte und die Bogen auf eine heiße Glastafel aufwalzte, wobei das Papier verbrennt und so das farbige Muster auf die Glastafel überträgt[2]).

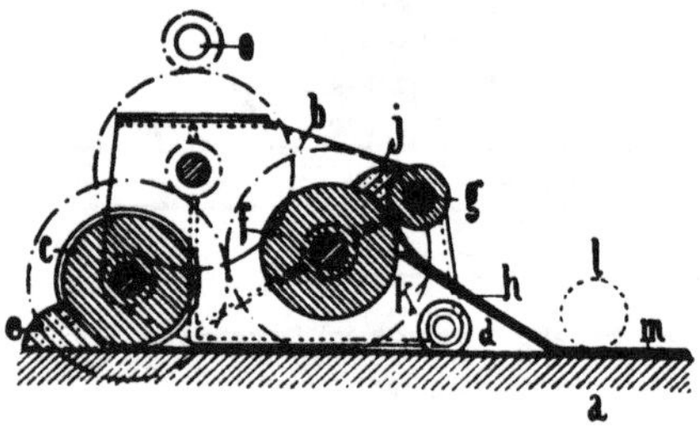

Abb. 457.

Eine Walzmaschine, welche sehr an die noch zu erwähnenden Maschinen zur Drahtglasherstellung erinnert, hat A. C. Pilkington in St. Helens konstruiert zur Herstellung eines eigenartigen Tafelglases, dessen Oberflächen zwar glatt sind, welches aber trotzdem ein glänzendes Reliefmuster zeigt, das sich im Innern der Tafel befindet. Wie sich aus Abb. 457 ergibt, läuft über den Walztisch *a* ein Wagen *b*, an welchem drei Walzen vereinigt sind. Die erste glatte Walze *c* walzt einen Glasposten *e* zu einer Schicht *d* aus. Ein zweiter Glasposten *j* wird auf die schräg übereinanderstehenden Walzen *f* und *g* aufgegossen, von denen die untere gemustert, die obere glatt ist. Hier entsteht also eine Glasschicht, welche auf der Unterseite gemustert ist und diese gleitet über die Leitfläche *k* herunter, bleibt auf der unteren Glasschicht liegen und kann, falls sie nicht ohne weiteres damit verschmilzt, durch eine Schleppwalze *l* leicht angedrückt werden. Es ist klar, daß nun das Muster hohl im Innern der Glastafel liegt. Da nur die höchsten Teile des Musters an der unteren Glasschicht anhaften, zwischen den vertieften Teilen aber und der anderen Schicht Luft verbleibt, so erscheint das Muster infolge Totalreflexion stark glänzend. Die Idee, Glas durch ein solches „inneres Muster" zu verzieren, ist übrigens schon vor Jahren von Goerisch ausgesprochen worden[3]). Dieses Glas hat sich in der Praxis nicht eingeführt, obgleich es zweifellos den Vorzug hätte, daß sich nicht, wie beim Ornamentglas, Schmutz auf seiner Oberfläche festsetzen kann, was unter Umständen wichtig ist.

Glastafeln mit Ventilationslöchern sind von Appert durch Walzen hergestellt worden[4]).

---

[1]) D. R. P. 134936.

[2]) D. R. P. 103515, 107788, 117237, 122726 usw.

[3]) D. R. P. 79922.

[4]) Brit. Pat. 11589 v. J. 1885; Henrivaux, Verrerie au XXe Siècle, II. éd. Paris 1911, S. 172.

4. Drahtglas-Walzmaschinen[1]).

Metall und Glas bleibend miteinander zu verschmelzen, ist eine schwierige Aufgabe. Zwar haftet geschmolzenes Glas an den meisten Metallen, wenn sie genügend erhitzt werden, aber beim Erkalten springt das Glas infolge seines geringeren Ausdehnungsvermögens von dem Metall wieder ab, so auch von dem für die technische Verwendung in erster Reihe in Betracht kommenden Eisen. Dennoch ist die Verbindung von Glas und Eisen im Drahtglase gelungen, einem Tafelglas mit eingebettetem Drahtgewebe, dessen hohe Bruchfestigkeit, Wetterbeständigkeit, Feuer- und Diebessicherheit es zu einem Baustoff von größtem Werte macht.

Um ein haltbares Drahtglas herzustellen, muß einmal die Verschmelzung von Glas und Metall so vollkommen wie möglich sein, und ferner muß das Drahtnetz, um es den zerstörenden Einflüssen der Witterung zu entziehen, vollständig vom Glase eingeschlossen sein. Um solche Einbettung zu erzielen, muß das Glas recht heiß, bei einer Temperatur von wenigstens 1000° C, also viel heißer als etwa beim Blasen, verarbeitet werden. Natürlich müssen auch die Glasdicke und die Drahtstärke in solchem Verhältnis stehen, daß das Glas den durch die Zusammenziehung des Drahtes verursachten Spannungen widerstehen kann. Anderseits muß zwecks inniger Verschmelzung das Drahtnetz eine völlig blanke, staub-, fett- und rostfreie Oberfläche haben. Es wird daher aus ganz blankem, weichem Stahldraht (Klavierdraht) hergestellt und die Netzrollen werden bis zum Augenblicke des Verbrauches durch dichte Hüllen geschützt. In den Vereinigten Staaten gibt man dem Draht wohl auch eine leichte Verzinnung. Die verwendeten Drahtstärken sind verschieden. Die vormals Siemensschen Hütten verwenden ein Netz von etwa 1 cm Maschenweite und 0,9 mm Drahtstärke, während die Hütten von St. Gobain nur 0,6 mm starken Draht verwenden. Die einzelnen Drähte sind nicht miteinander gedrillt, sondern liegen wie die Fäden eines Leinengewebes. Besonders in England und in den Vereinigten Staaten verwendet man ein Netz von sechseckigen Maschen, in welchem die Drähte zum Teil miteinander verdreht sind.

Um den Ausdehnungskoeffizienten des Drahtes mehr dem des Glases anzunähern, hat man in Frankreich Versuche gemacht, einen Stahldraht mit 34% Nickel zu verwenden, ohne daß indessen die erzielten Vorteile die Mehrkosten und den Übelstand aufwiegen konnten, daß der Nickelstahldraht in Berührung mit dem heißen Glase eine große Menge absorbierter Gase entweichen läßt, welche in der fertigen Platte zum großen Teile eingeschlossen werden und Luftblasen bilden[2]).

Die Versuche zur Herstellung von Drahtglastafeln reichen weit zurück. Schon im Jahre 1857 erhielt in England ein gewisser Newton ein Patent[3]) auf ein aus dem Auslande mitgeteiltes Verfahren, nach welchem er eine der halben Dicke der Tafel entsprechende Glasschicht in eine Form gießt, dann das Drahtnetz auflegt und die zweite halbe Glasdicke darüber gießt und die Platte durch Pressen vollendet. Die Frage kommt in der Folgezeit nie ganz zur Ruhe und wird im Jahre 1886 in Frankreich durch Bécoulet und Bellet eifrig studiert, ohne daß diese beiden Erfinder auf etwas anderes kommen, als schon Newton angegeben hatte. Im Jahre 1888 meldet Armin Tenner in Deutschland ein neues Verfahren zur Drahtglasherstellung zum Patent an[4]), welches durch die Aktiengesellschaft vorm Friedrich Siemens, Dresden,

[1]) The Journal of the Franklin Institute, Vol. CXXXVII, Nr. 3, S. 161, März 1894. Shumans process etc. — Appert im Bulletin de la Société d'Encouragement 1902, S. 745. — Patentberichte s. Dinglers Polyt. Journal 1895, Bd. 298, S. 109; 1896, Bd. 299, S. 12; 1900, Bd. 135, S. 589.

[2]) D. R. P. 128705.

[3]) Brit. Pat. 1535 vom Jahre 1855.

[4]) D. R. P. 46278 angemeldet 18. 5. 1888, veröffentlicht 18. 3. 1889.

1891 in die Praxis eingeführt wird. Das zum ersten Male auf dem Markte erscheinende neue Erzeugnis Drahtglas erregt großes Aufsehen und spornt die Erfindertätigkeit in anderen Ländern lebhaft an.

In Deutschland erhielt zunächst P. Th. Sievert ein Patent[1]), welches, ebenfalls von der Aktiengesellschaft vorm. Siemens angewendet, eine gewisse Bedeutung erlangte. Der Nächste, der mit einem erfolgreichen Drahtglasverfahren auftrat, war der Amerikaner Frank Shuman[2]), dem als Dritter L. Appert in Frankreich folgte[3]). Diese Verfahren werden weiter unten näher beschrieben. Die darauf erteilen, unten angeführten Patente sind heute sämtlich erloschen.

Die Verfahren, welche in der Praxis Anwendung gefunden haben, lassen sich sämtlich auf einige einfache Schemata bringen. Das zuerst versuchte ist, das Drahtnetz zwischen die beiden besonders gewalzten Hälften der fertigen Tafel einzulegen. Die Amerikaner haben diesem „Zwischenwalzverfahren" den anschaulichen Namen „Sandwich Process" gegeben. Hierher gehören die älteren Versuche von Newton, Bécoulet und Bellet, sowie später das Tennersche und das Appertsche Verfahren. Der zweite Weg ist, das Drahtnetz durch die Walze in die auf der Unterlage liegende geschmolzene Glasmasse hineinzudrücken. Das Glas dringt dabei von der Unterseite des Netzes her durch seine Maschen hindurch. Auf dieser Arbeitsweise beruht von den älteren Versuchen z. B. das Verfahren von Armstrong[4]) und das praktisch gewordene, schon erwähnte Verfahren von Shuman. Ein dritter Weg endlich ist der, das geschmolzene Glas durch die Walze in das auf der Unterlage liegende Drahtnetz hineinzudrücken, so daß es von der Oberseite her durch seine Maschen hindurchdringt. Hierzu ist von den älteren Versuchen das Verfahren von Hyatt zu rechnen[5]) und das schon oben erwähnte Verfahren von P. Th. Sievert. Das zweite und dritte Verfahren werden von den Amerikanern unter dem Namen „Solid process" zusammengefaßt.

Tenner beginnt sein Verfahren damit, daß er eine etwa der halben Glasdicke entsprechende Glasmasse auf einer Unterlage oder Form ausgießt. Er geht aber insofern über seine Vorgänger Bécoulet und Bellet hinaus, als er zunächst diese Glasmenge durch eine Walze einebnet, auf diese ebene Glasschicht das Drahtnetz auflegt und nun die zweite Glasmenge aufgießt und wiederum durch die Walze einebnet. Es liegt auf der Hand, daß hierdurch eine viel gleichmäßigere Einlegung des Drahtnetzes in die Glastafel erzielt wurde. Das Auflegen des Drahtnetzes geschieht, wenn es sich um längere Stücke handelt, praktisch durch eine über die erste fertig gewalzte Glasschicht hinweggeführte geriffelte Walze, ohne daß es erheblich in die Glasschicht eingedrückt wird.

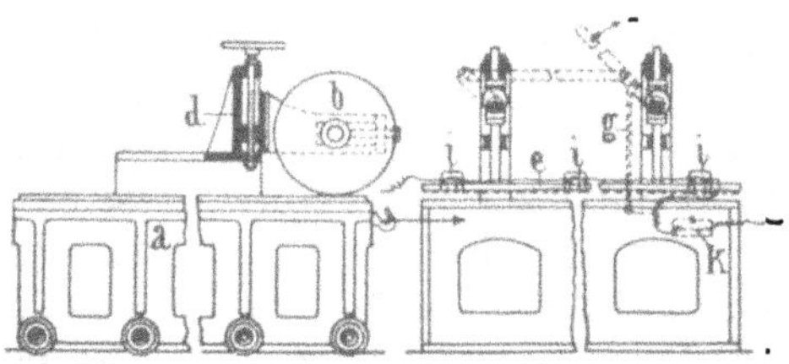

Abb. 458.

Um das Auflegen des Drahtnetzes auf die zuerst gewalzte Schicht zu erleichtern, gab P. Th. Sievert folgende sinnreiche Einrichtung an[6]). Ein Tisch, auf welchem das Drahtnetz sorgfältig ausgebreitet wurde, wird unter einen wagerechten Rahmen *e* eingeführt (Abb. 458), welcher mit einer großen Anzahl Elektromagneten *i* besetzt ist, die durch einen bei *k* befindlichen Schalterhebel gleichzeitig erregt oder ausgeschaltet werden können. Durch die Erregung der Magneten wird das Drahtnetz von ihnen angezogen und festgehalten, wenn der Tisch wieder entfernt wird. Jetzt wird auf den Walztisch *a* die erste

[1]) D. R. P. 60560, angemeldet 9. 5. 1891, veröffentlicht 5. 2. 1892.
[2]) Am. Pat. 483020/1, angemeldet 6. 7. 1892, veröffentlicht 20. 9. 1892 und D. R. P. 83081.
[3]) Franz. Pat. 233528, en date du 19. 10. 1893 und D. R. P. 81426.
[4]) Brit. Patent 5701 vom Jahre 1887.
[5]) Brit. Patent 1482 vom Jahre 1871.
[6]) D. R. P. 102961, patentiert auf den Namen der Aktiengesellschaft vorm. Friedrich Siemens.

Hälfte der Glasmasse aufgegossen und ausgewalzt, und dann der Tisch unter der am Orte verbleibenden (aber in Lagern *d* senkrecht verstellbaren) Walze *b* hinweggefahren, wobei er die ausgewalzte Glasschicht gleichzeitig unter das von den Magneten festgehaltene Drahtnetz bringt. Der die Magnete und das Netz tragende Rahmen *e* kann durch eine einfache Exzentervorrichtung mit Handhebel im ganzen bis unmittelbar über die Glasschicht gesenkt werden, wobei am Ende der Bewegung ein vom Exzenterwerk nach dem Schalter führendes Hebelwerk *g* den Schalter ausschaltet und die magnetische Anziehung aufhebt, so daß das Drahtnetz auf die soeben ausgewalzte Glasschicht gleichmäßig ausgebreitet niederfällt. Darüber wird die zweite Glasschicht aufgewalzt. Natürlich kann man so, wie Abb. 459 zeigt, eine ganze Anzahl von nach einem Muster zurechtgeschnittenen Drahtnetzstücken auf einmal in das Glas einbetten, welches später entsprechend zerteilt werden kann, ohne daß man die mühsame Arbeit des Zerschneidens des im Glase festgehaltenen Drahtes hätte[1]).

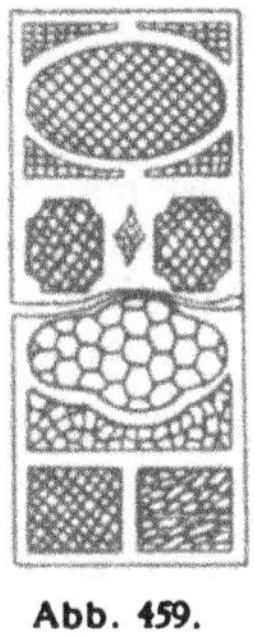

Abb. 459.

Das Tennersche Verfahren, das seine große industrielle Bedeutung gehabt hat, ist jetzt mehr in den Hintergrund getreten und wird wohl nur noch für Fußbodenplatten (zur Abdeckung von Lichtöffnungen) verwendet. Es ist vielfach abgeändert worden, ohne daß eine dieser Varianten erhebliche praktische Bedeutung erlangt hat[2]).

Obgleich zeitlich nach dem Shumanschen Verfahren sich anreihend, steht das Appertsche Verfahren im Wesen dem Tennerschen am nächsten. Der grundlegende Unterschied besteht darin, daß Appert, während noch die erste Glasschicht im Auswalzen begriffen ist, gleichzeitig und im gleichen Schritte mit diesem Vorgang das Auflegen des Drahtnetzes und das Walzen der zweiten Glasschicht auf das Netz ausführt. Die Walzmaschine ist hierzu (Abb. 460 und 461) folgendermaßen eingerichtet:

a ist ein fahrbarer Wagen mit einem Gießtisch *b*. Über dem Gießtisch befinden sich die beiden Walzen *c* und *d*, welche in am Orte festen Lagern in ihrer Höhenlage beliebig verstellbar sind. Über der Walze *c* ist eine an der Oberfläche gerauhte und mit einer Bremsvorrichtung versehene Walze *e* angeordnet, welche sich von der Mitte aus nach beiden Stirnseiten zu etwas verjüngt, und über dieser endlich ist rechts seitlich der Rollenhalter *f* für das Drahtgewebe angeordnet. Der Arbeitsvorgang ist folgender: Zuerst wird so viel Drahtgewebe unter den Walzen *c* und *d* durchgeführt, daß man dieses einerseits an einer Klemmvorrichtung *g* am Gießtisch befestigen kann, dann wird das Gewebe durch die Walze *e* und deren Gegengewicht *h* stramm und in gestreckter Lage über dem Gießtisch gehalten, und zwar in einer Höhe, welche durch eine Leiste *i* am rechten Gießtischende und durch die Höhenstellung der beiden Walzen *c* und *d* bestimmt wird und so zu bemessen ist, daß das Gewebe in der Mittelebene der zu gießenden Glastafel liegt.

Die Walzen *c* und *d* greifen beiderseits durch Zahnräder *k* in je eine auf dem Gießtisch angebrachte Zahnstange *l* und sind drehbar und in der Höhe einstellbar in den Lagerböcken *m* gelagert, welche seitlich von dem fahrbaren Gießtisch montiert sind.

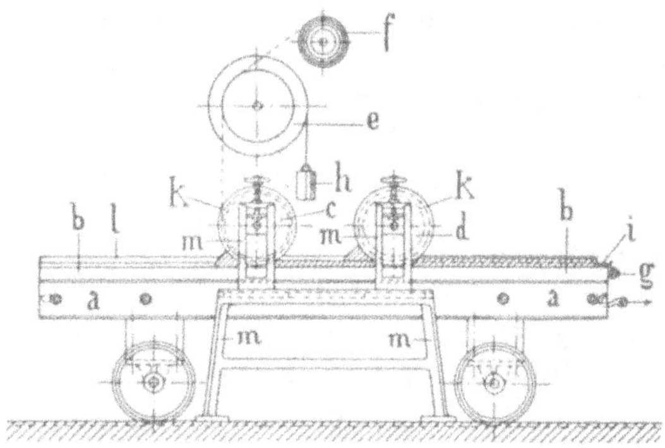

Abb. 460.

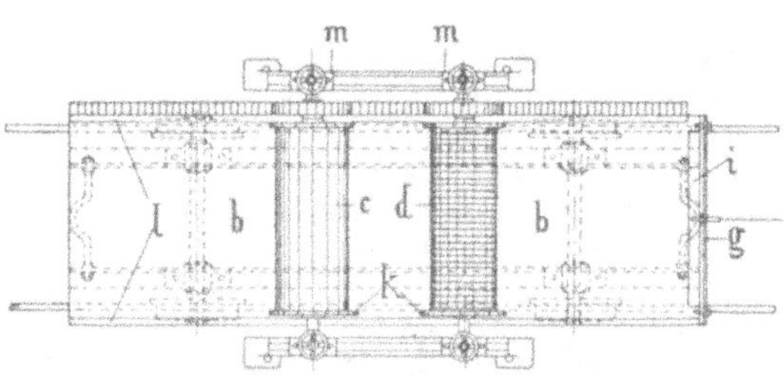

Abb. 461.

Wird nun Glas auf den Gießtisch vor die Walze *c* gegossen, wobei der Tisch nach rechts verschoben werden muß, so drehen sich beide Walzen, der Glasposten wird durch die erste Walze ausgebreitet und gleichzeitig das Drahtnetz aufgewalzt. Sowie die Glasschicht hinter der ersten Walze erscheint,

[1]) Über die mechanischen Eigenschaften des Drahtglases von Siemens, siehe Praktischer Maschinenkonstrukteur 1898, S. 93.

[2]) Ein neuerer Versuch dieser Art ist Speer und Taylor unter D. R. P. 184048 patentiert.

wird aber auch Glas zwischen beide Walzen *c* und *d* gebracht; so entsteht, wie sich ohne weiteres aus Abb. 460 ersehen läßt, eine Glastafel, bei der das Drahtgewebe genau in der Mittelebene liegt, wenn die Walzen richtig eingestellt sind.

Auf dem Gießtisch sind beiderseits in der Längsrichtung noch auswechselbare Lineale angeordnet, welche die Breite der Tafeln bestimmen.

Soll das Glas geriffelt oder gemustert werden, so können die Gießtafel und die Walze *d* mit dem entsprechenden Muster hierfür versehen werden.

Diese Einrichtung zum Gießen und Walzen von Drahtglas kann auch für feststehende Gießtische benutzt werden, dann sind die Walzen *c* und *d* in einem Gestell gelagert, in dem sie über den Gießtisch hinweggezogen werden.

Nach Fertigstellung einer Tafel wird das Drahtgewebe entweder mit einer Schere abgeschnitten oder man schneidet das Gewebe vorher in bestimmte Längen und verbindet die einzelnen Längen mit Bindfaden o. dgl., welcher bei der Berührung mit dem glühenden Glase verbrennt und so die Trennung herbeiführt.

Der Vorzug des Appertschen Verfahrens ist, daß infolge des unmittelbar aufeinanderfolgenden Walzens der beiden Schichten ihre Verbindung, besonders die Verschmelzung des Glases mit dem Drahtnetz, auch dann sehr innig ist, wenn Tafeln erheblicher Länge gewalzt werden. Auch ist das Walzen dünner Tafeln sehr erleichtert, weil die erste Glasschicht nicht Zeit findet, sich bedenklich abzukühlen, bevor die zweite Schicht aufgewalzt wird. Im Vergleich zu dem noch zu erwähnenden Shumanschen Verfahren liefert es Tafeln mit glatterer Oberfläche.

Das Appertsche Verfahren hat eine ausgedehnte Anwendung gefunden, so bei der Soc. an. de St. Gobain auf ihren Hütten in Mannheim, Stolberg und Altwasser, durch die Firma Gebrüder Pilkington in St. Helens und durch die Appert Glass Co. in New York und Port Allcghany. Auch dieses Verfahren ist vielfach variiert worden [1]).

Die Drahtglaswalzmaschine von Frank Shuman beruht, wie schon erwähnt, auf einem Verfahren, bei welchem das Drahtnetz in die auf dem Walztisch liegende Glasmasse eingedrückt wird. Zu diesem Zwecke war bereits bei dem oben zum Vergleich herangezogenen Armstrongschen Projekt zur Einbettung des Drahtnetzes u. a. eine Rippenwalze und folgende Glättung des Glases durch eine glatte Walze vorgeschlagen worden. Auch Sievert hatte bereits in seinem, kurz vor der Anmeldung der Shumanschen Erfindung in Amerika, erschienenen britischen Patente [2]) beiläufig auf das Einpressen des Drahtnetzes mit einer Rippenplatte und folgendes Glätten mit einer Walze hingewiesen. Es lag also die verbesserte und methodische Arbeitsweise, mit welcher Shuman hervortrat, gleichsam in der Luft. So war sie auch unabhängig von Shuman bei Siemens (Dresden) gefunden worden.

Bei diesem Shuman-Verfahren ebnet die Glaswalze das Glas, welches der ganzen zu einer Drahtglastafel zu verarbeitenden Masse (nicht der Hälfte) entspricht, zu einer Schicht ein. Unmittelbar hinter der ersten glatten Walze läuft eine Ringelwalze, welche das Drahtnetz der ganzen Breite nach bis etwa zur Mitte der Glasschicht eindrückt, wobei das Glas von unten durch die Maschen des Netzes durchquillt. Eine dritte dicht hinter der zweiten kommende Walze glättet die durch das Drahtnetz gefurchte Glasoberfläche wieder zur Ebenheit. Es ist augenfällig, daß dieses Verfahren am wenigsten Handarbeit und am wenigsten Geschicklichkeit bei der Bedienung der Maschine voraussetzt. Allerdings gelingt es nicht, durch die dritte Walze die Glasoberfläche so vollkommen glatt zu machen, wie die bei dem Appertschen Verfahren erzielte, bei welchem ein Wiederzerreißen der einmal gewalzten Oberfläche nicht stattfindet.

Aus dem bereits Gesagten ergibt sich die Einrichtung der Walzmaschine von selbst. In einem gegemeinschaftlichen Gestell *e* (Abb. 462 und 463) sind die drei erforderlichen Walzen vereinigt, zuerst die Glattwalze *a*, dahinter die Ringelwalze *d*, dann die zweite Glattwalze *f*. Das Drahtnetz wird vorher in entsprechender Länge zugeschnitten und über eine am Walzenwagen befestigte schiefe Ebene *c* oder von einer Rolle aus zugeführt. Der Antrieb der dreifachen Walze erfolgt bei modernen Ausführungen elektrisch. Aus dem Gesagten ergibt sich, daß, wenn das geschmolzene Glas in Abb. 463 links

[1]) Siehe z. B. das am. Pat. 844552, nach welchem die beiden Schichten unabhängig voneinander gewalzt und sogleich miteinander vereinigt werden.

[2]) Brit. Pat. 11039 v. J. 1891.

vor die Walzen gebracht wird und diese nach links in Bewegung gesetzt werden, hinter dem Walzenwagen eine fertige, auf beiden Seiten glatte Drahtglastafel erscheint.

Außer dem Vorteil der raschen und einfachen Arbeit bietet das Shumansche Verfahren noch den anderen, daß man sehr dünne Tafeln, bis herab zu 4 mm Dicke, danach walzen kann.

Für besonders dünne Tafeln hat übrigens Shuman eine Walzmaschine konstruiert [1]), welche sich von der vorher beschriebenen dadurch unterscheidet, daß die erste Glaswalze weggelassen ist, so daß die zweite Ringelwalze gleichzeitig die Ausbreitung der auf den Tisch gegossenen Glasmasse und das Eindrücken des Glasnetzes besorgt.

Das Verfahren von Shuman, zuerst ausgeführt im September 1903 in Tacony bei Philadelphia, hat sich auf Kosten der andern Verfahren mehr und mehr ausgebreitet und findet Anwendung z. B. in der Hütte von Schalke in Westfalen, Schlesische Spiegelglasfabrik Altwasser, bei der Soc. des Glaces et Verres Spéciaux du Nord

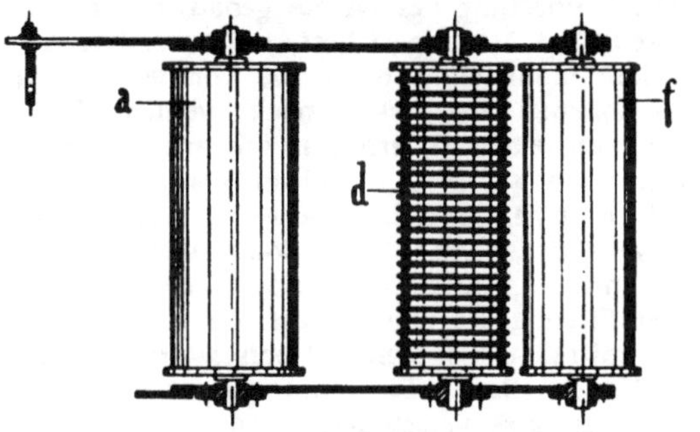

Abb. 462.

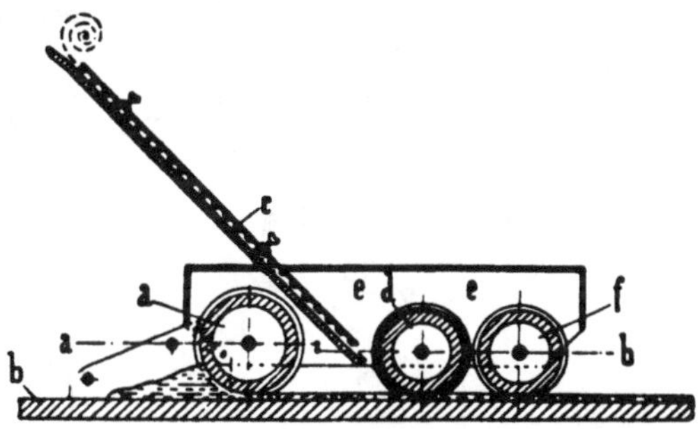

Abb. 463.

in Jeumont, bei der Soc. des Verreries de Charleroi und bei der Mississippi Glass Co. in St. Louis. Wie schon erwähnt, wurde das gleiche Verfahren unabhängig von Shuman bei Siemens (Dresden) gefunden und in der Folgezeit benutzt.

Chance Brothers & Co. haben sowohl für das Appertsche wie für das Shumansche Verfahren eine Einrichtung benutzt, welche der Ornamentglaswalzmaschine Abb. 456 entspricht [2]). Im ersten Falle besorgt das zweite Walzenpaar das Aufwalzen der zweiten Schicht, im zweiten Falle ist eine Ringelwalze nebst Gegenwalze zwischen die beiden Glattwalzenpaare eingeschaltet.

Abb. 464.

Abb. 465.

Von den Drahtglasverfahren der dritten Gruppe, bei welchen das Glas über das auf dem Walztisch liegende, meist in entsprechendem Abstande von der Tischfläche ausgespannt gehaltene Drahtnetz und von oben durch seine Maschen hindurchgedrückt wird, hat nur das schon früher erwähnte Verfahren von P. Th. Sievert [3]) beachtenswerte praktische Anwendung bei der Aktiengesellschaft vorm. Friedrich Siemens zur Herstellung dünner Drahtglastafeln von mäßiger Ausdehnung gefunden. Es wird durch die Abb. 464 und 465 veranschaulicht. *C* ist eine Form, deren Boden mit Vorsprüngen *A* versehen ist. Auf diese Vorsprünge wird das Drahtnetz *B* aufgelegt und das Glas darüber gegossen. Dieses dringt durch die Maschen des Netzes und hebt, indem es sich unter dem Netz ausbreitet, dieses ein wenig an, so daß es in der schließlich durch Walzen oder Pressen fertiggestellten Glastafel eingeschlossen liegt.

Die Verfahren dieser Art haben den Vorzug, daß sie bei gleich einfacher Ausführung wie das Shumansche Verfahren eine Glasoberfläche liefern, welche nicht von dem

[1]) D. R. P. 105516.

[2]) Brit. Pat. 12628 v. J. 1905; 12495 v. J. 1905.

[3]) D. R. P. 60560.

Drahtnetz zerschnitten worden ist, also ebenso glatt sein kann wie die beim Appertschen Verfahren erhaltene. Doch haben die Anstrengungen, dieses Verfahrens in eine praktisch brauchbare Form zu bringen, bisher keinen Erfolg gehabt. Dies gilt auch von der folgenden Einrichtung zum „Überwalzen" eines gespannten Drahtnetzes mit geschmolzener Glasmasse von oben her[1]).

Das Drahtnetz *b* (Abb. 466) wird zunächst über den Gießtisch *a* ausgebreitet (welcher in der Abbildung im Querschnitt rechtwinklig zur Längsausdehnung gezeichnet ist), wobei seine Längsränder an den Rändern des Tisches zwischen Leisten *c* und *d* festgeklemmt werden können. Dies ist jedoch nicht das Wesentliche. Wichtig ist vielmehr, daß die ganze Fläche des Drahtnetzes durch Klötze o. dgl. *k* unterstützt ist, welche von unten durch den Walztisch hindurchtreten. Wird von dem einen Ende des Tisches her mit dem Auswalzen der auf das Drahtnetz aufgegossenen Glasmasse begonnen, so wird das Glas durch die Maschen hindurchgepreßt und zu einer das Netz in ihrer Mitte enthaltenden Tafel ausgebreitet. Die Einbettung des Netzes genau in der Mitte wird durch die Stützklötze *k* gesichert, welche erst zurückgezogen werden, unmittelbar bevor sie von der vor der Walze hergeschobenen Glasmasse erreicht werden. Dieses Zurückziehen kann selbsttätig erfolgen, indem schwingende Hebel *l*, welche die Klötze auf und ab bewegen können, gleichzeitig durch einen mit der Walze verbundenen Anschlag niedergedrückt werden. Doch kann auch irgendein anderer Mechanismus Anwendung finden. Wesentlich ist nur die Unterstützung des Drahtnetzes auf seiner ganzen Fläche bis unmittelbar vor seiner Überschwemmung mit dem geschmolzenen Glase. Es könnten statt der Klötze auch Glasposten Verwendung finden, welche mit der Glasmasse verschmelzen, oder verbrennliche Stützkörper, welche nur eine geringe Menge Asche zurücklassen, die in das Glas eingeht[2]).

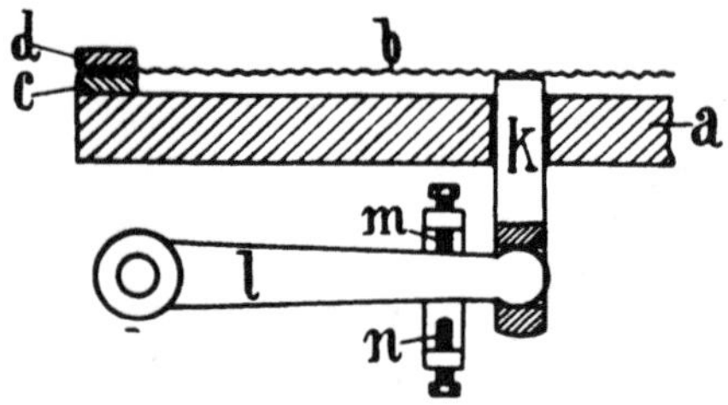

Abb. 466.

Sowohl für das Einwalz- als auch für das Zwischenwalzverfahren (Shuman bzw. Tenner und Appert) hat man in vielen Varianten auch Walzwerke angewendet, bei welchen also die Tafelbildung zwischen Walzen erfolgt und ein Tisch nur zum Ablegen der fertigen Drahtglastafel dient[3]).

Drahtglastafeln können natürlich auch geschliffen und poliert werden und tatsächlich findet solches Drahtglas an Stelle von Spiegelglas Verwendung, besonders in England. Die Anwendung des geschliffenen Drahtglases ist in der Zunahme begriffen und findet für Windschutzscheiben für Automobile viel Beachtung. Es kommt hierbei natürlich auf sehr saubere Einbettung des Drahtnetzes und geringe Unebenheit der Außenflächen an. Man hat diese Drahtglassorte übrigens in der Praxis statt durch Schleifen von fertigem Drahtglas zuweilen auch in der Weise gewonnen, daß man ein Drahtnetz zwischen zwei geschliffene Glastafeln einlegte und das Ganze in einem Anwärmeofen so lange erhitzte, bis die beiden Glastafeln unter Einschließung des Netzes miteinander verschmolzen. Dieses Verfahren zum Zwecke der Ersparnis von Brennstoff ununterbrochen auszuführen, hat J. I. Arbogast einen Kanalofen mit geeigneter Inneneinrichtung konstruiert[4])

Kurz zu erwähnen sind schließlich noch die in neuerer Zeit gemachten Versuche, Drahtglas mit einzelnen parallelen Drähten herzustellen. P. Chauvel, Stolberg a. Rh.[5]), benutzt hierzu eine Einrichtung, welche ähnlich der Shumanschen ist und in die Praxis übergegangen ist. Die Ringe auf der zweiten Walze, welche das Eindrücken der Drahteinlage besorgen sollen, sind jedoch längs ihres Grates genutet, so daß sie den einzelnen Drähten eine Führung bieten. Diese Drähte werden von einer Reihe von Drahtspulen herabgeführt, welche auf einer gemeinschaftlichen Achse oben am Walzenwagen sitzen.

---

[1]) D. R. P. 110235 von Baumgärtel.

[2]) Es würde zu weit führen, alle Versuche nach dem Überwalzverfahren hier zu besprechen. Es sei nur noch auf die amer. Pat. 856661, 876307 und 945054 von Frank und Arno Shuman hingewiesen.

[3]) Bei der großen Zahl dieser Varianten sei hier nur auf eine sehr ausführliche und sachkundige Besprechung derselben in Z. V. D. I. 68 (1924), Nr. 21, S. 509—514, mit vielen Abbildungen verwiesen.

[4]) Am. Pat. 844767.

[5]) D. R. P. 176513.

Von diesen Spulen gehen die Drähte unter der Ringelwalze und der zweiten Glattwalze hinweg zum Ende des Walztisches, an welchem sie befestigt sind. Wenn dieses Glas mit einer parallel zur Drahtrichtung unregelmäßig gerippten Oberfläche versehen wird, so werden die Drähte infolge der Lichtbrechung durch die Rippen oder Runzeln unsichtbar. Von Fourcault ist bei seinem Fensterglasverfahren (s. Teil IV dieses Kapitels) auch die Einführung von Längsdrähten in die gezogenen Glastafeln geplant worden[1]).

II. Blasemaschinen.

Übersicht. Während es sich bei der Glaswalzerei von vornherein um eine mit Maschinen arbeitende Großindustrie handelte, während man die Glaspresserei als eine zur Herstellung größerer Hohlglasware von einfacher Gestalt dienende weitere Ausbildung des von Alters her bekannten Glasdrückens ansehen kann, stellt das Auftauchen der Glasblasemaschine den ersten Einbruch in das eigenste Gebiet des Glasmachers dar, in welchem seine bis aufs höchste getriebene Handfertigkeit bis dahin unbeschränkt und anscheinend für immer geherrscht hatte. Heute, wo der Sieg der Maschinenarbeit auf großen Gebieten entschieden und für andere Gebiete in naher Aussicht steht, so daß die Zeit bereits vorauszusehen ist, wo für die Handbläserei nur noch wenige Reservate übrigbleiben werden, kann die Frage interessieren, wann die Blasemaschine zum erstenmale aufgetaucht ist. Die Frage ist natürlich bei dem Mangel an vollständigen Nachrichten schwierig zu beantworten, auch wäre zunächst die Vorfrage zu erledigen: Was ist eine Glasblasemaschine?

Auch diese Erfindung hat ihre Vorläufer gehabt und als einen von den ältesten kann man den wohlbekannten „Piston Robinet" ansehen. Wenn der Glasbläser den Piston niederdrückt, so jagt er ein wenig zusammengedrückte Luft in den an der Pfeife hängenden Glaskörper, bläst also mit Preßluft. Einen Schritt weiter geht der oft gemachte Versuch, mit der Blasepfeife einen Preßluftbehälter nebst Auslaßventil zur Pfeife zu verbinden, wobei der Glasmacher statt der Blasearbeit nur die Steuerung des Ventils zu leisten hat. Solche Druckluftpfeifen sind aber trotz ihrer augenfälligen sanitären Vorteile bisher von den Glasbläsern zurückgewiesen worden, weil sie zu unhandlich und in der Blaswirkung nicht schmiegsam genug waren. Ein neuester Versuch dieser Art, die Patentpfeife von Lorentz und Lippold[2]), weist einen neuen und einleuchtenden Gedanken insofern auf, als die Druckluft aus dem das obere Pfeifenende umgebenden Behälter nicht unmittelbar das Glas aufbläst, sondern einen in die offene Pfeifenmündung eingebauten Luftinjektor betreibt, dessen Druckluftstrahl also die atmosphärische Luft ansaugt und einbläst. Das Injektorventil ragt so aus der Pfeifenmündung heraus, daß es der Glasmacher mit Lippen oder Kinn verschieben kann. Der Injektor gibt eine sanfter einsetzende Blaswirkung. In den Glashüttenwerken, in denen sie versucht worden ist, hat diese Patentpfeife technisch befriedigt, ist aber wie frühere dem Mißtrauen der Arbeiter begegnet.

Sehr früh kam man auch auf den Gedanken, Preßluftleitungen an den Ofen und an den Platz des Glasbläsers zu führen und mit Anschlüssen für die Pfeife zu versehen, um so der Lunge des Glasbläsers einen Teil ihrer Arbeit, in der Regel den letzten und schwersten, abzunehmen. Bontemps, der französische Glasfabrikant, berichtet in seinem Buche[3]), daß er bereits im Jahre 1833 ein französisches Patent auf eine solche Anlage genommen und die Anlage selbst mit gutem Erfolge benutzt habe. Eine neuere ausgeführte Anlage dieser Art beschreibt Appert[4]). Preßluftanschlüsse sind auch gelegentlich an den bei der Fensterglasfabrikation gebrauchten Schwenkmaschinen angebracht worden.

[1]) D. R. P. 169955.
[2]) D. R. P. 360898 und 401593, franz. Pat. 539244.
[3]) Bontemps, Guide du verrier. Paris 1868, Seite 325.
[4]) Bull. soc. d'enc. Bd. 134 (1922), S. 741 ff.

Alle diese Einrichtungen sind aber noch keine Blasemaschinen. Um eine solche zu verwirklichen, bedarf es außer der Form und der Pfeife mindestens noch einer Einrichtung, um beim Blasen die Form und die mit Preßluft gespeiste Pfeife oder eine Preßluftdüse in die richtige Stellung zueinander und in feste Verbindung miteinander zu bringen und dadurch die unmittelbare Mitwirkung der menschlichen Hand beim Aufblasen des Glases auszuschalten. In dem Aufblasen allein erschöpft sich aber die Blasearbeit nicht, vielmehr muß eine vorbereitende Behandlung vorausgehen, durch welche die aus dem Ofen genommene, geschmolzene Masse in eine zum Aufblasen geeignete vorläufige Gestalt gebracht wird. An dieser Stelle nun teilen sich bereits die Wege des maschinellen Blasens, je nach der Art der vorbereitenden Behandlung.

Bei der aus dem grauen Altertum überkommenen Handarbeit wird bekanntlich die Mündung eines verhältnismäßig engen Rohres, der Blasepfeife, wiederholt in geschmolzenes Glas eingetaucht und auf diese Weise das Glas in einer ungefähr kugligen Masse an der Rohr-Ausmündung angesammelt. Dieser Glasposten wird durch eine vorbereitende Behandlung in einen Zwischenkörper, das Külbel, übergeführt und dieses zur endgültigen Gestalt aufgeblasen. Bei einer ersten Gruppe von Blasemaschinen wird das gleiche Verfahren zur Beschickung des ebenfalls langen, pfeifenartigen Blasewerkzeuges angewendet. Das Glas schmilzt hierbei am Pfeifenende fest. Bei einer andern, der größten Gruppe, dagegen wird das geschmolzene Glas für einen Glasgegenstand mit Hilfe einer entsprechenden Form zunächst in eine ungefähr kegelige oder zylindrische Gestalt mit einem kopfartigen, verdickten Ende gebracht. Dieser Körper erhält eine in der Längsachse des Glaskörpers liegende Höhlung zum Einblasen der Druckluft aus einer Druckluftdüse, wobei der Kopf zum Festhalten des Glaskörpers (welchen man „Maschinenkülbel" nennen könnte) an dieser Düse und überhaupt zum Halten bei der weiteren Entwicklung zum fertigen Gegenstande dient. Die zur Bildung des Külbels verwendete Form muß also einen dem Külbelkopf entsprechenden Teil, eine Kopfform haben. Man kann also die beiden erwähnten Gruppen unterscheiden als Blasemaschinen ohne Kopfform (s. Abschnitt 1) und Blasemaschinen mit Kopfform. Jene ergeben wie das Handverfahren zunächst mundstücklose, durch Abschlagen oder Absprengen von der Pfeife getrennte Hohlkörper, diese dagegen Glasgegenstände mit einem verdickten Kopfe oder Rande (wie Flaschen, Weckgläser).

Beide Gruppen kann man als „Külbelmaschinen" gegenüberstellen einer dritten eigenartigen, dem Blaseverfahren von P. Th. Sievert entsprechenden Gruppe von Blaseapparaten. Diesem originellen Erfindergeist ist es gelungen, bei der vorläufigen Formung der geschmolzenen Masse zu einer zum Aufblasen geeigneten Gestalt einen neuen Weg zu gehen, welcher zu eigenartigen praktischen Ergebnissen führt und uns daher später noch näher beschäftigen wird (s. Abschnitt 6 dieses Kap.). Dieser Erfinder, P. Th. Sievert, brachte die Glasschmelze zunächstin die Gestalt einer Glaslage oder eines Glaskuchens, dessen Umriß dem Querschnitt des herzustellenden Körpers entspricht. Diesen Glaskuchen überdeckte er mit einer mit Luftzuleitung versehenen Metallkappe, deren Ränder mit den Rändern des Glaskuchens zusammenfallen und sie in geeigneter Weise festhalten. Bläst man die Luft zwischen die Metallkappe und die Glaslage ein, so muß diese zu einem Hohlkörper ausgedehnt werden. Es leuchtet ein, daß man der Metallkappe und der Glaslage einen fast beliebig großen Durchmesser geben und so Hohlglaskörper gewinnen kann von einer Mündungsweite, welche nach dem alten, vom kegelförmigen oder zylindrischen Külbel ausgehenden Blaseverfahren kaum oder überhaupt nicht herstellbar waren. Auch die Größe der nach dem Sievertschen Verfahren zu gewinnenden Körper geht, da man die Glaslage ihrem Durchmesser entsprechend dick machen kann, weit über das nach dem alten Verfahren Erreichbare hinaus.

Die „Külbelmaschinen mit Kopfform“ (Abschnitte 2—5) machen die große Masse der in der Praxis verwendeten Blasemaschinen aus, und so mannigfaltig und zahlreich sind die hierzu gehörigen Typen, daß der Versuch einer weiteren Einteilung oder Systematik gemacht werden soll, der Übersichtlichkeit der weiteren Darstellung halber. Es ist klar, daß dieses System, wie jedes denkbare, der unendlichen Verflechtung schöpferischer Gedanken und den vielgestaltigen Zusammenhängen eines organischen Wachstums, wie es die Entwicklung der Glasblasemaschine darstellt, hie und da Gewalt antun muß, indem es Übergänge und Zusammenhänge zerreißt. Immerhin bietet die Art und Weise, wie das Külbel gewonnen wird, ein Merkmal für eine auch der praktischen Entwicklung Rechnung tragende Einteilung.

Bei der Gruppe der sog. „Preßblasemaschinen“ (s. Abschnitt 2) wird das Külbel durch Pressen der geschmolzenen Masse mit Kopf und soweit entwickeltem Hohlraum gewonnenen, daß im wesentlichen nur noch das Aufblasen in einer Fertigform übrig bleibt. Anders wird bei dem Rest der Kopfformmaschinen zunächst durch Gießen ein Külbel mit Kopf und einer nur wenig in den Kopf eindringenden Mundstückshöhlung gewonnen und der eigentliche Hohlraum durch ein erstes, ein Vor-Blasen gewonnen, dem das Fertigblasen zur endlichen Gestalt folgt. Da das Bodenende des Külbels dicker als der Kopf, die Gießform also am Bodenende weiter ist, so bevorzugte man zunächst das Külbel auf dem Kopf stehend zu gießen und vorzublasen und dann zwecks Fertigblasens aufzurichten. Indem man diesen Kippvorgang in der Maschine vornahm, kam man zu den „Kippmaschinen“ (turn-over-System, s. Abschnitt 3). Bei einer andern Anordnung steht die Vorform verkehrt, die Fertigform aufrecht, aber keiner der Formteile ist kippbar in der Maschine angeordnet. Um die Aufrichtung des Külbels vor der Einschließung in die Fertigform zu ermöglichen, ist entweder die Kopfform ganz von der Maschine losgelöst und als eine Formzange ausgebildet, welche von Hand mit dem daran hängenden Külbel herausgenommen, gewendet und auf die Fertigform aufgesetzt wird. Oder es ist mit der Maschine ein besonderer mechanischer Greifer verbunden, welcher den Kopf des vorgeblasenen Külbels nach Öffnung der (in diesem Falle mit der Maschine verbundenen Kopfform) ergreift und es ohne Kopfform in die Fertigform einsetzt: „Überlegemaschinen“ (s. Abschnitt 4). Um das Kippen zu ersparen und dadurch die Arbeit zu beschleunigen, versuchte man auch in der aufrecht stehenden Vorform das Külbel gewissermaßen durch Eingießen von unten her, nämlich durch Empordrängen oder Einspritzen oder durch Aufsaugen zu bilden (s. Abschnitt 5). Hiermit ist die zweite Gruppe, die der Külbelmaschinen vollständig, und mit der dritten, den Sievertapparaten, die Familie der Blasemaschinen überhaupt.

Die Einteilung, welche die folgende Darstellung beherrscht, ist also folgende:

A. Das Glas wird vor dem Blasen zu einem Külbel geformt,

a) ohne Kopf: **Blasemaschinen ohne Kopfform (1)** (vorwiegend für Weißhohl- und Beleuchtungsglas, Glühbirnen),

b) mit Kopf, und hergestellt durch

I. Pressen: **Preßblasemaschinen (2)** (vorwiegend für Gefäße mit weiter Mündung),

II. Gießen

α) in umgekehrt stehender Vorform, und aufgerichtet

1. mit Hilfe einer kippbar an der Maschine angeordneten Form: **Blasemaschinen nach dem Kippsystem (3)** (bes. für enghalsige Flaschen);

2. auf andre Weise: **Blasemaschinen nach dem Überlegesystem (4)** (besonders für enghalsige Flaschen),

β) in aufrecht stehender Vorform, durch Saugen oder Spritzen gefüllt, **Blasemaschinen mit aufrechter Spritz- oder Saugform (5)** (besonders für enghalsige Flaschen).

B. Das Glas wird vor dem Blasen zu einer Schicht geformt: **Blasemaschinen und -Apparate nach P. Th. Sievert (6).**

1. Blasemaschinen ohne Kopfform, besonders für Weißhohl- und Beleuchtungsglas, sowie Glühlampenkolben.

(Paste mould machines.)

Diese Maschinen sind hervorgegangen aus dem Bestreben, wenigstens den einfachsten Teil des Glasblasens, nämlich das Aufblasen des an einer Blasepfeife vorbereiteten Külbels, mit maschinellen Mitteln auszuführen. Solche Maschinen sind zuerst in den Vereinigten Staaten in die Praxis eingedrungen, obgleich die erste nachweisbare Ausführung des Gedankens sich in einem im Jahre 1887 von den Engländern Rylands und Stoner genommenen Patent findet[1]). Es ist die einfachste Form, sozusagen der Begriff einer Glasblasemaschine, ein Gerüst, welches unten eine durch Handhebel aufzuklappende Form, oben ein durch eine Preßluftleitung gespeistes Gehäuse zeigt, in dessen untere mit Gummidichtung und Federventil versehene Öffnung die Mündung der Blasepfeife eingesteckt wird, nachdem der Glasmacher daran kunstgerecht Glas aufgenommen und in ein zum endlichen Aufblasen fertiges Külbel verwandelt hat. Von Arbeitsersparnis kann bei dieser primitiven Maschine nicht die Rede sein.

Praktischer wurde die Sache in Amerika angefaßt. Wir begegnen hier bereits dem Namen John Michael Owens, dessen Namen in unsren Tagen durch die automatische Flaschenblasemaschine weltberühmt geworden ist.

Er nahm im Jahre 1894 ein Patent auf eine Maschine, bei welcher mehrere Pfeifenhalter an einer Art von Karussell vereinigt erscheinen und sich damit an der Stelle vorbeibewegen, an welcher der Anfänger steht, so daß dieser die vorbereiteten Pfeifen in das Drehgestell einsetzen kann. Während des Umlaufes wird geblasen und an der gegenüberliegenden Seite des Karussells entnimmt ein anderer Arbeiter die Pfeifen mit dem fertigen Glaskörper[2]).

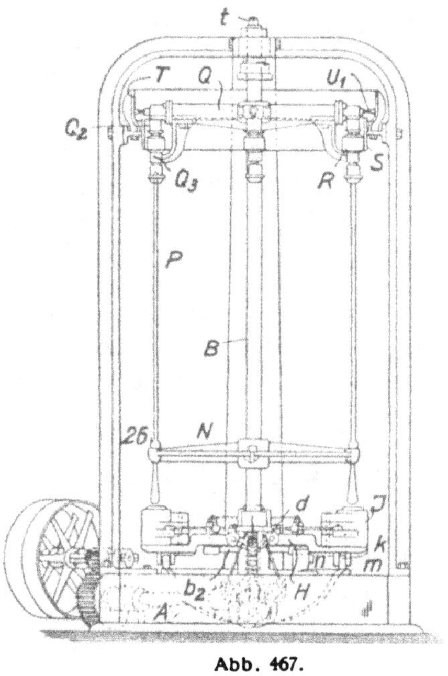

Abb. 467.

In Abb. 467 ist B die Mittelachse des Karussels, welche drei übereinander liegende Armkreuze aufweist. Durch die obersten Arme Q strömt von der Leitung t her die Preßluft zu Muffen O_2, in welchen ein drehbares Futter Q_3 zur Aufnahme des Blasemundstückes der Pfeife P steckt. Dieses Futter wälzt sich mit einem Reibungsgrade R auf einer Anlaufschiene S ab, um die gewünschte Drehung zu erzeugen. Das Durchströmen der Preßluft wird durch ein Ventil U_1 geregelt, das während des Umlaufes an einer unrunden Schiene T entlanggleitet und dadurch im geeigneten Momente geöffnet und geschlossen wird. Das mittlere Armkreuz N dient zum Halten der mit geeigneten Knäufen versehenen Pfeifen. Die Arme des untersten Kreuzes sind an der Drehachse bei d gelenkig befestigt. Sie sind durch Rollen k unterstützt, welche auf einer Schienenbahn mit

[1]) Brit. Pat. 1431 v. J. 1887, Fig. 814, S. 940. I. Aufl.

[2]) Am. Pat. 548588 zeigt eine bereits durchkonstruierte Form der ersten Idee.

einem auf und ab steigenden Teile (Vorderseite der Maschine) laufen. Diese Arme tragen die Blaseformen *J*. Links in der Figur wird die Pfeife so in die Maschine eingehängt, daß das Glaskülbel in die geöffnete Form kommt. So tritt es, nachdem die Form darum geschlossen, seine Reise an, wird, während es den hinteren Teil der Schienenbahn durchläuft, aufgeblasen und rechts in der Figur wird der fertige Glasgegenstand entnommen. Die Form wird rechtzeitig geschlossen und wieder geöffnet durch geeignete, in ihrem Wege angebrachte Anschläge. Auf dem Wege vorn herum von rechts nach links gleitet die offene Form in den Wassersumpf *A* hinunter und wird darin genäßt. Die Formen sind innen mit einer das Gleiten des gedrehten Glaskörpers an der Formwand befördernden Masse ausgekleidet, in der Regel aus Kohlepulver und Öl o. dgl. (paste mould). Eine Fertigblasemaschine dieser Art[1]) besaß 3,30 m Höhe und 1,50 m Basisbreite. Solche Maschinen mit je 5 Formen, 3 Anfängern und 1 Einsetzer benützt die Macbeth-Evans Co. Pittsburg ausgiebig[2]).

Man hat versucht, diese „Fertigblasemaschinen" weiter zu entwickeln durch Einrichtungen, welche das Aufnehmen des Glases an der Pfeife und die Entwicklung des Glaspostens zu einem reifen Külbel maschinell anzuführen gestatten. So hat man zur Ergänzung dieser Fertigblasemaschine andre Maschinen, zum Teil recht verwickelte gebaut, welche die Arbeit des Anfängers automatisch genau nachahmen[3]). In diese Maschinen wird eine gewöhnliche Blasepfeife eingelegt, mit welcher die Maschine selbsttätig aus dem Ofen Glas aufnimmt und ein Külbel anfängt und marbelt. Die so vorbereitete Pfeife könnte man dann in die Fertigblasemaschine einhängen. Da der Gedanke nicht weiter verfolgt worden ist, kann man wohl annehmen, daß diese Anfangemaschinen sich nicht bewährt haben.

Eine andre Verbesserung und Weiterentwicklung der Blasemaschinen ohne Kopfform ist bei dem Bestreben entstanden, sie der Fabrikation von Glühlampenkolben dienstbar zu machen. Da es sich hier um einen äußerst dünnwandigen und dennoch mit ganz gleichmäßiger Wandstärke herzustellenden Glasgegenstand handelt, also eine für die Maschine viel schwierigere Aufgabe als das Blasen von Lampenzuggläsern und einfachen Gläsern und Bechern, so mußte besonderer Wert auf die Vorbereitung des Külbels durch Marbeln und fein abgestuftes Vorblasen gelegt werden, wenn man diese Arbeit der Maschine übertragen wollte, also die Pfeife bereits anhängt, nachdem lediglich der Glasposten vom Anfänger daran aufgenommen ist.

Eine solche Maschine ist für die Empire Machine Co. in Portland, Maine, in erster Reihe durch Chamberlin entwickelt worden. Bevor eine kurze Beschreibung dieser Maschine gegeben wird, muß noch erwähnt werden, daß man hierbei das Ziel anfangs noch weiter gesteckt und eine Maschine konstruiert hat, welche eine Anfangemaschine, eine Marbelvorrichtung und eine Fertigblasemaschine in sich vereinigt und völlig automatisch die Pfeife in den Ofen einführt, mit dieser Glas aufnimmt, marbelt, schwingt und fertigbläst[4]). Dabei ist eine Vielzahl von Arbeitseinheiten an einem ohne Anhalten sich drehenden Gestell vereinigt. Dieses, sowie ein neueres, ähnliches Projekt der Compagnie générale d'Électricité in Paris[5]) sind jedoch ohne Ergebnis geblieben. Anders dagegen die zuvor erwähnte halbautomatische Maschine[6]), welche auf Grund der von 1908—1912 mit 2 Versuchsmodellen gemachten Erfahrungen von 1912 ab entwickelt und 1914 in den regelmäßigen Betrieb eingeführt wurde. An dieser Maschine haben auch die Corning Glass Works ein Interesse genommen.

---

[1]) Siehe die Abbildung Fig. 816 in der ersten Auflage dieses Buches.

[2]) Am. Pat. 929456 zeigt eine Blasemaschine für Bogenlampenkugeln.

[3]) Der Amerikaner Altenbaugh hat solche Maschinen konstruiert und sich patentieren lassen. Siehe z. B. die amerikanischen Patente 618974 und 768970. Bock, der Konstrukteur einer Owensmaschine, hat in Amerika ein Patent (792581) auf eine „Anfangemaschine" anderen Systems genommen, bei welchem die Pfeife in eine Saugform, an welche die Saugleitung oben seitlich anschließt, eingesteckt und durch Vollsaugen der Form mit dem Glasposten versehen wird.

[4]) D. R. P. 249419 und Brit. Pat. 16794 v. J. 1910 der Empire Machine Co.

[5]) D. R. P. 379339, Am. Pat. 1401713 von Lecoultre.

[6]) D. R. P. 292226 und 290988, Am. Pat. 1124701/2 von Chamberlin.

Abb. 468 zeigt eine Arbeitseinheit dieser Maschine „Type E", von denen eine Vielzahl in einer Reihe hintereinander (senkrecht zur Blattebene) auf der gemeinschaftlichen Basis 1 stehen, wobei die Antriebswelle 2 und die Hauptarbeitsachse 3 durch die ganze Reihe hindurchgehen und vom Motor 4 angetrieben werden. Jede Einheit kann aber nach Bedarf mit der Welle 2 gekuppelt werden, während sie sich selbst zu gegebener Zeit ausrückt. Der aus zwei Röhren 5 bestehende Pfeifenhalter schwingt um die Achse 3 und hat oben ein (von der Welle 3 aus drehbares) Futter 6 für die Pfeife 7, welche an zwei weiteren Punkten ihrer Länge zwischen Friktionsrollen leicht lösbar gehalten ist. Bei wagerechter Stellung des Pfeifenhalters 5,5 wird die mit Glas beschickte Pfeife eingelegt und nach Einrücken der Maschine so geschwungen, daß das mit Glas beschickte Ende vor die Marbelvorrichtung 8 kommt[1]), welche aus einer sich drehenden Scheibe 9 mit zwei Marbelflächen 9a und 9b und einem gegen den Glasposten vorzubewegenden Becher 10 besteht. Die Drehung der Scheibe und die Bewegungen der Maschine im algemeinen werden von der um die Hauptachse 3 sich drehenden, bei 11 angetriebenen Hauptkurvenscheibe 12 bewirkt. Die Arbeit der Marbelvorrichtung, während der die Pfeife sich um ihre Längsachse dreht, wird durch Abb. 469—73 veranschaulicht. Der aufgenommene Glasposten (Abb. 469) wird durch die erste dagegen arbeitende Marbelfläche 9a in regelmäßige Kegelstumpfgestalt gebracht und etwas abgekühlt (Abb. 470). Der dann vorschnellende und sofort wieder zurückgehende Becher 10 schiebt den überschüssigen Teil des Postens auf die Pfeife zurück (Abb. 471), so daß stets die gleiche Glasmenge vor der Pfeife bleibt und aufgeblasen wird. Die zweite Marbelfläche 9b gibt dem Posten eine zylindrische Gestalt (Abb. 472), worauf ein kurzer Luftstoß das in die Pfeife etwa eingedrungene Glas herausdrückt und eine erste Höhlung macht (Abb. 473).

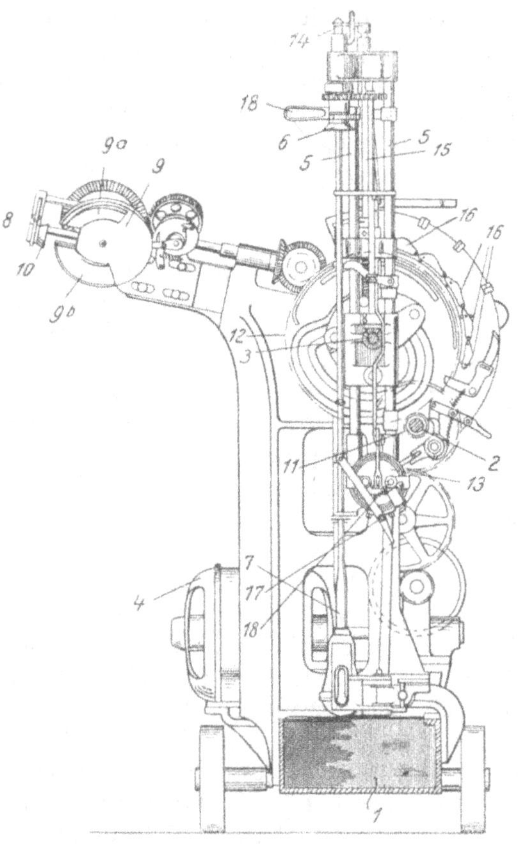

Abb. 468.

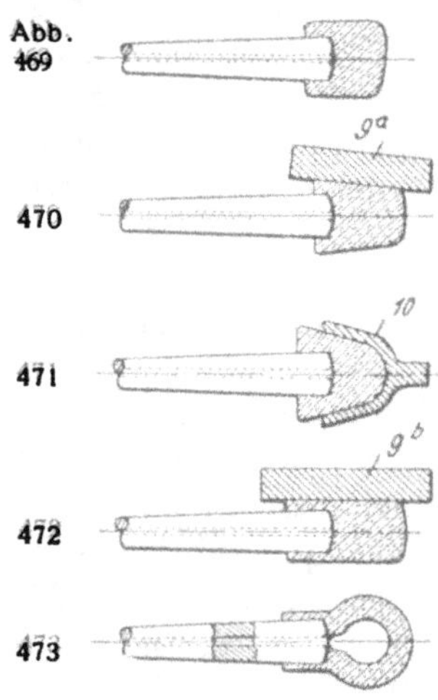

Abb. 469—73.

Der Becher 10 wurde bei der in den praktischen Betrieb genommenen Ausführung weggelassen, ebenso andere versuchsweise erprobte Einrichtungen zur genauen Festlegung der Größe des Külbels[2]).

Zum Blasen dient einmal eine oben in dem Futter 6 für die Pfeifenmündung sitzende Kolbenpumpe und eine Pumpe 13 mit Gummi-Membran. Die Kolbenstange 14 der ersten Pumpe ist mit einer federnd nach unten gedrückten Stange 15 verbunden, deren unteres mit Reibungsrolle versehenes Ende über eine Reihe von festen Steuerdaumen 16 hinweggeht, wenn die Pfeife aus der Marbel- in die Hanglage aufgerichtet wird. Dabei schickt der Kolben in rascher Aufeinanderfolge kurze Luftstöße in das Külbel und sperrt es nach jedem Stoße ab, so daß die Luft im Külbel expandiert. Zahl und Stärke der Stöße kann durch Änderung der Zahl und Stellung der Steuerdaumen genau geregelt werden. Während des Vorblasens und Aufrichtens dreht sich die Pfeife, wird aber im Hang angehalten. In dieser Lage rückt das Maschinengetriebe sich selbst aus, so daß nunmehr das Külbel im Hang sich verlängern kann, bis der Arbeiter das

[1]) D. R. P. 287479, Am. Pat. 1148214.
[2]) D. R. P. 290400, Am. Pat. 1148215/6.

Getriebe aufs neue einrückt, wodurch die Pfeife aufs neue gedreht, die Blaseform aus dem Wassertrog angehoben und um das Külbel gelegt und dieses durch die Membranpumpe ausgeblasen wird, wobei infolge einer langen und weiten Verbindungsleitung der Blasdruck nur langsam ansteigt. Schließlich entfernt sich die Form wieder, das Futter läßt das obere, bis dahin festgeklemmte Pfeifenende los, und die Pfeife mit dem fertigen Kolben sinkt ein wenig, bis der sie noch haltende um den Punkt 17 schwingende Arm durch eine Feder 18 in solcher Lage angehalten wird, daß die Pfeife griffbreit hängt[1]), worauf die Einheit sich zum zweiten Male von selbst ausrückt.

Der bedienende Arbeiter legt in die erste Einheit der Reihe eine beschickte Pfeife, und zwar in den zunächst wagerecht liegenden Rahmen ein und klemmt durch den Handhebel 18 ihre Mündung im Futter 6 abdichtend fest, wobei gleichzeitig die Maschine eingerückt wird. Während er zur nächsten Einheit weitergeht, arbeitet die erste weiter bis zu dem der Külbelstreckung dienenden Stillstand. Ohne zurückzugehen kann nun der Arbeiter mit Hilfe einer längs der Reihe sich erstreckenden Schubstange die erste Einheit im richtigen Augenblick wieder einrücken, worauf diese ihren Arbeitsprozeß zu Ende führt, ausrückt und die Pfeife mit dem fertigen Kolben präsentiert.

Die Abb. 474 zeigt eine praktische Ausführung der Maschine mit 4 Einheiten. Ursprünglich verarbeitete die Maschine Bleiglas aus Häfen, später Kalk-Magnesia-Glas aus der Wanne. Sie arbeitet ununterbrochen in 3 achtstündigen Schichten und liefert nach Angabe der Empire Machine Co. in 24 Stunden 10000 Glühlampenkolben (ohne Ausschuß), und diese Kolben, sowie andere damit geblasene Weißholglassachen, besonders Becher, sollen von guter Qualität sein. Sie hat gegenüber der automatischen Westlake-Maschine (s. Abschnitt 3, B) den Vorteil größerer Anpassungsfähigkeit an wechselnde Anforderungen des Betriebes hinsichtlich Größe und Gestalt der Ware.

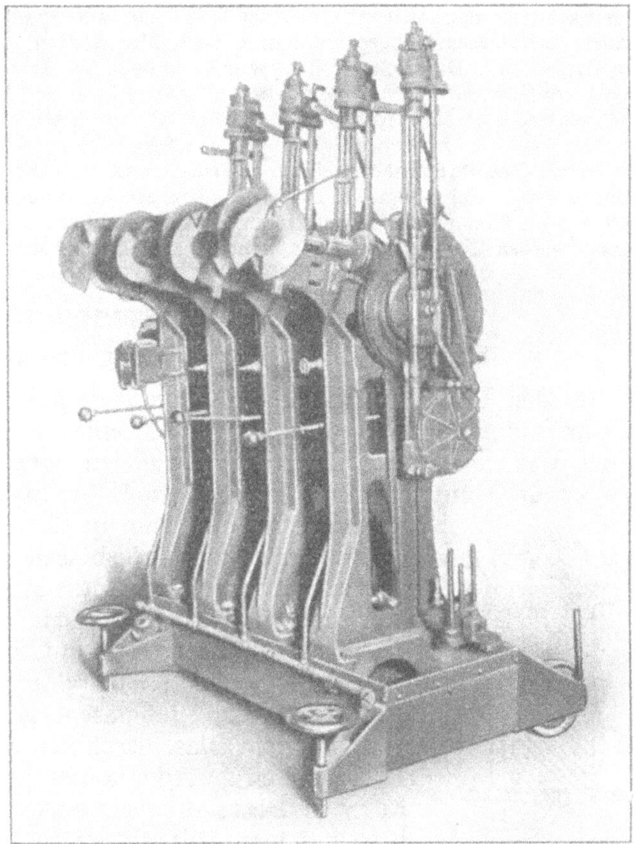

Abb. 474.

P. Th. Sievert hat übrigens den Versuch gemacht, Becher ganz ohne Glasabfall mechanisch zu blasen, und zwar mit Hilfe einer den Preßblasemaschinen (s. Abschnitt 2) ähnlichen, aber kopfformlosen Maschine[2]), bei welcher im Innern eines Blasrohres, dessen Mündungsweite der oberen Öffnung des Bechers entspricht, der Preßstempel untergebracht ist. Senkrecht unter beiden ist eine kleine nach oben sich öffnende Feuertrommel angeordnet. Vor dem Pressen wird die Blasrohrmündung in die Trommel eingesenkt und glühend gemacht. Die Mündung paßt genau in die Mündung der flachen Preßform, und wenn darin ein flaches, schalenartiges Külbel gepreßt wird, klebt dessen oberer Rand (welcher nur die Stärke des Becherrandes haben darf!) an der Pfeife an. Nach Entfernung der Vorform wird das Külbel in der Feuertrommel aufgewärmt, fertiggeblasen, der fertige Becher von der Pfeife abgeschlagen, mit einer Kupfermanschette umgeben und in verkehrter Stellung wieder in das Blasrohr geschoben und der Becherrand in der Feuertrommel verschmolzen. Der Becher wird dann einem mit der Maschine verbundenen, von der Trommel geheizten Kühlrohr übergeben. Die Maschine ist gut

[1]) D. R. P. 290988, Am. Pat. 1156858.

[2]) D. R. P. 179569 und 179647; Dralle I. Aufl., S. 944—947 m. Abb.

durchkonstruiert, aber für Handbedienung und einfache Wirkung eingerichtet, und in dieser Form kaum lebensfähig, während sie bei Weiterentwicklung zu einer automatischen Maschine mit mehreren Arbeitseinheiten nicht aussichtslos scheint.

Die Konstruktion einer durchaus mechanisch arbeitenden, also auch das Külbel erzeugenden Blasemaschine, welche beiderseits offene mundstücklose Glasware, also z. B. Lampenzylinder, in einem Zuge, ohne Absprengen einer Kappe, völlig fertig liefert, ist praktisch noch nicht versucht worden. Die Schwierigkeiten, die hierbei zu überwinden sind, solange man wenigstens bei dem den gewöhnlichen Blasemaschinen zugrundeliegenden Verfahren beharrt, sind augenfällig.

Man hat bei der Herstellung von Zylindern mit kopfformlosen Maschinen das Absprengen, wenigstens der unteren Kappe, sich dadurch gewissermaßen zu ersparen versucht, daß man mit dem Zylinder in einem Stück und unten anschließend ein Gefäß, Becher, Tintenfaß o. dgl. blies. Das Absprengen des so geblasenen Doppelstückes lieferte also ein Gefäß. (Dieser Kunstgriff ist übrigens auch für die Mundbläserei versucht worden.)

Im übrigen kommen die sich mit diesem Gegenstande beschäftigenden Projekte sämtlich darauf hinaus, einen röhrenförmigen Körper durch Ziehen herzustellen und ihn in Formen auf einmal der ganzen Länge nach oder abschnittsweise zu einer Reihe aneinanderhängender Glasgegenstände, z. B. Lampenzylinder, aufzublasen. Abgesprengt muß auch hier werden, aber jede Sprengung gibt ohne Abfall einen Gegenstand. Das Ziehen soll entweder wie beim Verfahren von Lubbers, also richtiger als „Ausheben", erfolgen und das Aufblasen abschnittsweise in einer Form[1]). Oder es sollen durch wirkliches Ziehen, wie es jetzt beim Röhrenziehen üblich ist, nur unter Zuhilfenahme mechanischer Mittel weite Rohre hergestellt und gleichzeitig der ganzen Länge nach aufgeblasen werden[2]). Oder endlich es sollen lange fertige Glasrohre zunächst bis zur elektrischen Leitfähigkeit erhitzt, darauf zwischen zwei drehbare Preßluftdüsen, welche zugleich die Pole eines Hochspannungsstromkreises vorstellen, eingespannt, durch den hindurchgeschickten elektrischen Strom erweicht und in einer umgelegten Reihenform aufgeblasen werden[3]). Dies alles sieht mehr nach bloßen Phantasiespielen als nach ausführbaren Ideen aus.

2. Preßblasemaschinen

für Gefäße mit weiter Mündung und verstärktem Rand.

Bei den Preßblasemaschinen ist die gesamte Handarbeit bis zur Gewinnung des zum Aufblasen fertigen Külbels durch einen Preßvorgang ersetzt. Das gepreßte Külbel, wenn man diese Bezeichnung auf den Zwischenkörper anwenden darf, wird dann an der Mündung durch einen Deckel, Stempel o. dgl. mit Preßluftzuführung abgeschlossen und nun in die durch eine Fertigform vorgestellte vollendete Gestalt aufgeblasen. Dies ist der Grundgedanke aller Preßblasemaschinen[4]). Diese Maschinen sind, wie die Glaspressen, nur zur Herstellung von Gefäßen mit weiter Mündung geeignet. Für Gefäße mit enger Mündung, besonders Flaschen, muß ein anderer Weg zur Külbelbildung eingeschlagen werden (s. Abschnitt 3). Die Preßblasemaschine ist in der Praxis unter den verschiedenen Blasemaschinen wohl die älteste. Schon im Jahre 1873 nahmen die Amerikaner James S. und Thomas B. Atterbury in Pittsburg ein amerikanisches Patent auf eine Preßblasemaschine, mit der sie gehenkeltes Hohlglas herstellen wollten, z. B. Wasserkrüge. Man sieht dieser Maschine (Abb. 475) ihre Abstammung von der Glaspresse noch deutlich an. Die Preßform *a* wird zunächst durch einen als vorläufiger Boden dienenden Block *b* nach unten abgeschlossen und darauf das Glas eingeschüttet. Der Preßring *c* wird aufgelegt, der Preßstempel *d* eingedrückt und so der Rand des Kruges, der Henkel und seine beiden Ansatzstellen geformt. Der Rest der Glasmasse bleibt in einem gedrun-

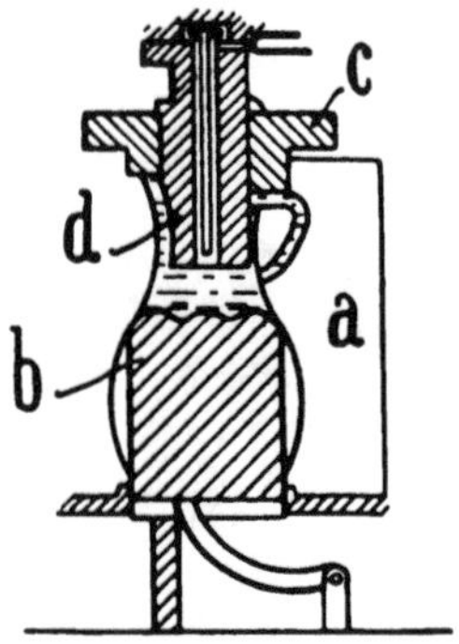

Abb. 475.

[1]) Am. Pat. 682980; öst. Pat. 39946.

[2]) Am. Pat. 766932, 767391, 768034, 768589, 769149.

[3]) D. R. P. 161280.

[4]) Größere Aufsätze über diesen Gegenstand wurden veröffentlicht von Wendler, Dinglers Polyt. Journal 1903, Band 318, S. 105 und 154. Appert, Bulletin de la Société d'Encouragement, Paris 1903, Band 105, S. 273.

genen Kuchen auf dem Boden versammelt. Nachdem der Block *b* nach unten versenkt worden ist, wird durch eine mittlere Bohrung des Preßstempels Luft eingeblasen, die den Glaskuchen so gleichmäßig aufblasen soll, daß er die dem Krugbauche entsprechende Höhlung der Form mit gleichmäßiger Wandstärke ausfüllt. Daß das schwerlich gelingen kann, liegt für den Kundigen auf der Hand. Die Gründe werden noch später erörtert.

Die von den Atterburys gegebene Anregung scheint zunächst nicht weiter verfolgt worden zu sein, denn erst im Jahre 1882 nimmt Arbogast ein amerikanisches Patent[1]) auf eine Preßblasemaschine, welche eine weitere wichtige Neuerung aufweist. Die Neuerung besteht darin, daß das Pressen des Glaskörpers in eine vorläufige Gestalt nicht, wie bei Atterbury, in der verkürzten Fertigform, sondern in einer besonderen Preßform (s. Abb. 476), vorgenommen wird. Eine wesentliche Verbesserung liegt hierin insofern, als der Glaskörper nunmehr unabhängig von der Gestalt der Fertigform durch den Preßvorgang in solcher Gestalt vorgebildet werden kann, daß die durch Blasen zu bewirkende Ausdehnung eine möglichst geringe und nach allen Richtungen möglichst gleiche ist oder sich in der Hauptsache auf die seitlich ausladenden Teile des fertigen Glasgefäßes beschränken darf. Da die Preßluft, falls sie nicht in einem scharfen Strahle zutritt, auf alle Teile der durch das Pressen hergestellten Külbelwand mit gleicher Kraft wirkt, wird die an jeder Stelle erzielte Ausdehnung und Wandstärke von dem Zähigkeits- bzw. Temperaturgrade der Glaswandung abhängen, also um so gleichmäßiger sein, je gleichmäßiger die Temperaturverteilung im Külbel ist. Es ist klar, daß eine gleichmäßige Wärmeverteilung um so leichter eintreten wird, je geringer und je gleichmäßiger die durch Pressen hergestellte Dicke der Glaswandung ist, und daß eine ungleichmäßige Ausdehnung um so weniger zur Entstehung dünner Wandstellen in dem die Fertigform ausfüllenden Glaskörper führen kann, je geringer der Betrag der Ausdehnung beim Blasen überhaupt ist. Hieraus erhellt auch, warum die Maschine der Atterburys nicht taugen konnte. Die Glasmasse ist um die durch Pressen im Glase erzeugte Anfangshöhlung sehr ungleich verteilt und muß nach den verschiedenen Richtungen des durch Blasen auszufüllenden Raumes sehr verschieden stark ausgedehnt werden.

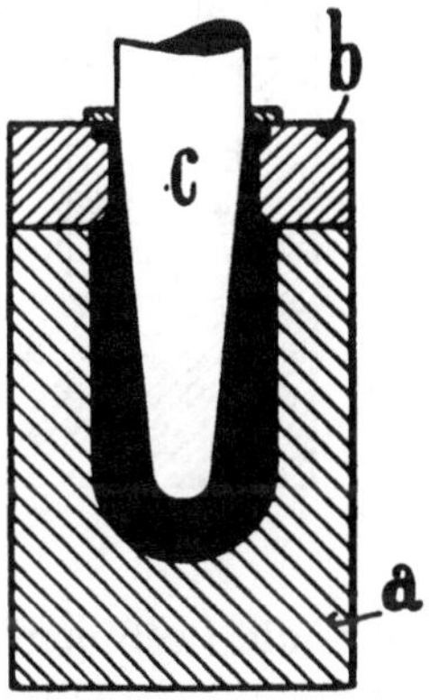

Abb. 476.

Mit der Anwendung einer getrennten Preß- und Blaseform ist auch die zweite in dem Arbogastschen Patente enthaltene Neuerung ursächlich verbunden. Es ist nämlich auf die Form *a* (Abb. 476), welche nur dem eigentlichen Körper des Külbels entspricht, eine besondere Form aufgesetzt, in welcher das Mundstück des Glasgegenstandes beim Eindringen des Preßstempels *c* gebildet wird, und zwar bereits in seiner endgültigen Form. Auf diese Weise kann nach dem Pressen die Körperform *a* und der Stempel entfernt und der nunmehr frei in der Halsform *b* hängende Zwischenkörper mit einer besonderen Fertigform umschlossen werden. Auf die obere Mündung der Halsform wird schließlich ein Blasestempel aufgesetzt und mit der hierdurch zugeführten Preßluft der Zwischenkörper in der Fertigform aufgeblasen.

Bei allen heutigen Preßblasemaschinen für Gefäße mit Mundstück wird das Külbel mit Hilfe der Kopfform in der oben geschilderten Weise während der Überführung aus der Vor- in die Fertigform gehalten. Preßform, Kopfform und Fertigform sind nebst den Werkzeugen zum Pressen und Blasen also die wesentlichen Bestandteile der Preßblasemaschinen. Bei der großen

[1]) Am. Pat. 260819.

Anzahl der bereits vorhandenen Systeme, in welchen die eben angeführten Elemente in allen möglichen Variationen zusammenwirken, ist es unmöglich, auf alle Einzelheiten einzugehen. Zwei Haupttypen können aber unterschieden werden, je nach der Art, in welcher die Überführung des Külbels aus der Preßform in die Blaseform ausgeführt wird. Der eine Weg ist der von Arbogast beschrittene, der andere Weg scheint von Windmill herzurühren, der im Jahre 1886 ein britisches Patent auf eine Preßblasemaschine nahm [1]). Die beiden Überführungsweisen sind in den Abb. 477—480 schematisch veranschaulicht. Bei der Arbogastschen Weise (Abb. 477 und 478) wird nach dem Pressen die Preßform *P* weggenommen und die Halsform *h*, welche das Külbel hält, auf die Fertigform *f* aufgesetzt oder die Fertigform unter die unbeweglich verbleibende Kopfform verbracht, was auf dasselbe herauskommt. Darauf wird die Fertigform unten durch einen Boden *b* abgeschlossen und das Külbel *K* zu dem fertigen Gegenstande *g* aufgeblasen. Die Windmillsche Methode (Abb. 479 u. 480 ist so,

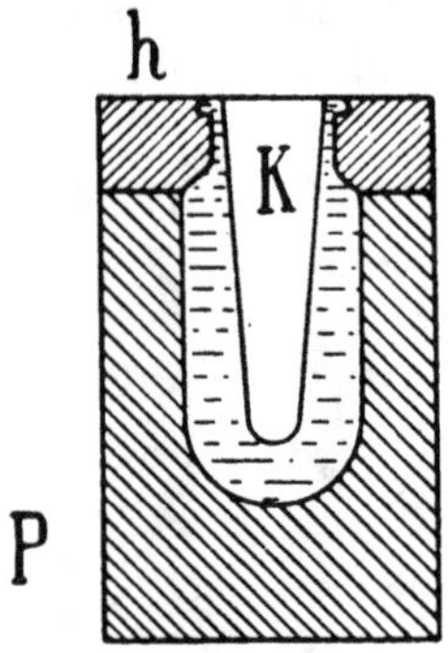

Abb. 477.

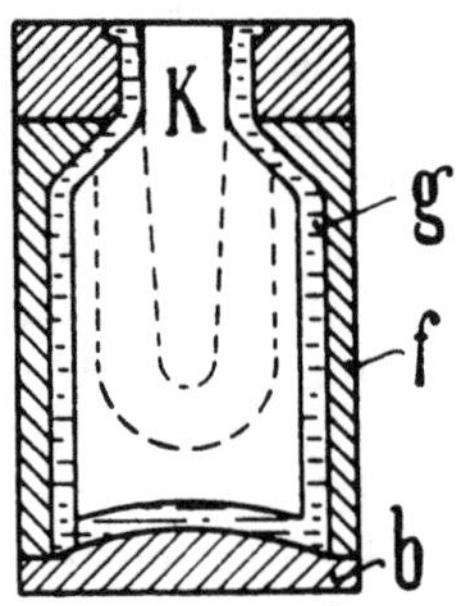

Abb. 478.

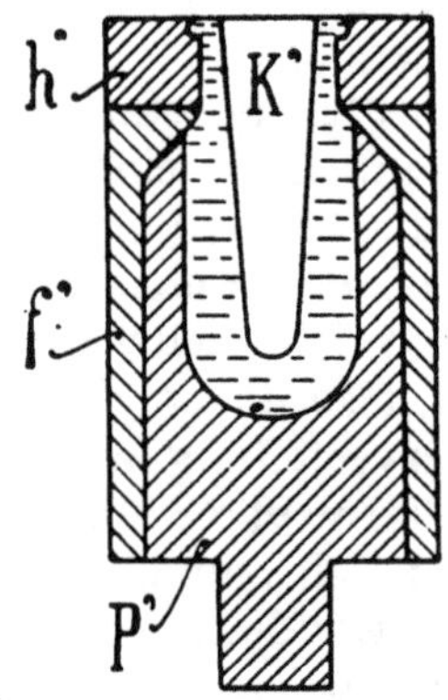

Abb. 479.

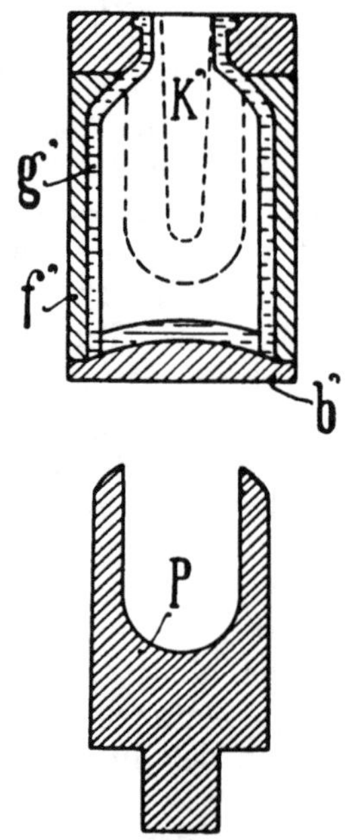

Abb. 480.

daß die Preßform *p'* mit ihrer äußeren Begrenzung genau die innere Höhlung der Fertigform ausfüllt und mit ihrer inneren Begrenzung zusammen mit der Halsform *h'* die äußere Gestalt des Külbels *K'* wiedergibt. Die Halsform kann in diesem Falle aus einem Stück mit der Fertigform bestehen. Nachdem der Preßstempel in die Form eingedrungen und das Külbel *K'* gebildet hat, wird die Preßform *p'* nach unten aus der Fertigform *f'* herausgezogen (Abb. 480), so daß nunmehr der untere Teil des Külbels darin freihängt. Wird jetzt unter die Fertigform ein Boden *b'* gebracht und das Külbel aufgeblasen, so entsteht das fertige Gefäß *g'*. Es ist, wenn mit dieser Einrichtung rasch und ohne Beschädigung des Külbels gearbeitet werden soll, nicht ganz unnützlich, am Boden der Preßform eine kleine Luftöffnung anzubringen, durch welche zwischen die Preßform und das herauszuziehende Külbel Luft eintreten kann.

Beide Methoden, sowohl die von Arbogast als auch die von Windmill, haben ihre besonderen Vorteile. Bei der Windmillschen Anordnung ist der Übergang aus der Preß- in die Blasestellung außerordentlich einfach und rasch auszuführen, sie eignet sich daher besonders für rasch arbeitende, halb oder ganz automatische Maschinen. Sie kann allerdings in gewissem Sinne nur eine beschränkte Anwendung erfahren, und zwar, wie sich aus der Betrachtung der Abb. 479 und 480 ergibt, ist sie nur zur Herstellung solcher Glasgegenstände geeignet, welche unter dem Halse eine stark ausladende Schulter haben. Andernfalls würde zwischen der Fertigform *f'* und dem Külbel nicht genügend

[1]) Brit. Pat. 8526 v. J. 1886.

Platz für eine Preßformwand von ausreichender Stärke bleiben. Anderseits hat die Arbogastsche Anordnung den Vorteil, daß bei ihr der Regel nach die Preßstation und die Blasestation sich nebeneinander befinden. Es würde ja in der Tat keinen Zweck haben, die Kopfform stehen zu lassen und sowohl die Preßform mit dem Preßstempel als auch die Blaseform mit dem Blasekopf zu ihr und von ihr zu bewegen. Aus der Nebeneinander-Anordnung der Preß- und der Blasestation bei der Arbogastschen Weise ergibt sich aber die Möglichkeit, daß man mit der Preßblasemaschine auch Preßglas herstellen kann, indem man nur mit der Preßeinrichtung arbeitet, dabei natürlich unter den Preßkopf eine der üblichen Preßformen setzt. Ebenso kann man, wenn man die Kopfform nach Arbogast von der Preßform auf die Fertigform überträgt, das Külbel in einer gewöhnlichen Glaspresse, wie sie auf vielen Hütten vorhanden ist, herstellen. Um also zur Herstellung von gepreßtem und geblasenem Hohlglase überzugehen, braucht man nur eine Blaseeinrichtung nachträglich zu beschaffen. Auf diesen Zusammenhang der Preßblasemaschine mit der Glaspresse wird noch wiederholt einzugehen sein. Im ganzen scheint die Anordnung Arbogast der von Windmill überlegen zu sein, da diese letzte in der neueren Zeit stark in den Hintergrund tritt.

Was die Preß- und Blasewerkzeuge anbetrifft, so sind sie bei einigen Maschinen in eigenartiger Weise kombiniert worden, indem die Preßluft durch eine Längsbohrung des Preßstempels zugeführt wird, die dann an der Mündung durch ein Knopfventil verschlossen ist, das sich beim Blasen von selbst öffnet [1]).

Oder der Preßstempel ist konzentrisch im Blaserohr geführt und verschließt seine Mündung, wird nach dem Pressen aber so in das Rohr zurückgezogen, daß die Rohrmündung frei wird oder noch ein wenig vorgeschoben, so daß zwischen Stempel und Blaserohr ein Ringspalt für den Austritt der Luft frei wird [2]). Ist bei solchem Preßblasestempel die Vorform à la Windmill versenkbar, so beginnt sofort nach ihrer Versenkung das Blasen. Anderseits kann bei der Anordnung nach Arbogast der Preßblasestempel dazu benutzt werden, um, wenn er nach dem Pressen in die Höhe geht, gleich die Kopfform mitzunehmen und auf die Blaseform zu überführen.

Auf Grund der beschriebenen Arbeitsverfahren (Arbogast und Windmill) und mit den im allgemeinen gekennzeichneten Formungswerkzeugen sind nun in einer vom Einfachen zum immer Vollkommeneren fortschreitenden Entwicklung zahlreiche Preßblasemaschinen konstruiert worden, aber die Entwicklung zeigt in verschiedenen Ländern charakteristische Verschiedenheiten.

In Amerika ist die Entwicklung der Preßblasemaschine der europäischen weit vorausgeeilt. Die Preßblasemaschine von Arbogast ist z. B. schon im Jahre 1892 von Taylor in Huntington, V. St. A. zur Fabrikation von Vaselinegläsern im größten Maßstabe benützt worden [3]), und die mit Preßblasemaschinen heute erzielte Produktion in Amerika wird von Fachleuten auf das Mehrhundertfache der deutschen geschätzt. Konservengläser (Jars) usw. bilden dort infolge der ungeheuren Erzeugung einen Börsenhandelsartikel.

Der Anstoß zur Einführung der Preßblasemaschine in Deutschland ist von Amerika ausgegangen. Im weiteren aber ist die Entwicklung ihre eigenen, durch die besonderen Produktionsverhältnisse bedingten Wege gegangen. Die amerikanische Glasindustrie ist oder war von der Natur außerordentlich dadurch begünstigt, daß ihr unerschöpflich scheinende Mengen von Naturgas als verhältnismäßig billiges Feuerungsmittel zur Verfügung stehen. Anderseits sind die Löhne, die in Amerika für Glasmacher gezahlt werden, außerordentlich viel höher als in Europa. Die Folge ist, daß von je in dem Selbstkostenpreise der Glasware der Arbeitslohn eine aus-

[1]) Dinglers Polyt. Journal 1903, S. 108, Abb. 9.
[2]) s. z. B. D. R. P. 142259.
[3]) Diamant 1911, Nr. 3.

schlaggebende Rolle spielte, während der Wert des Glases als Rohstoff dagegen zurücktrat. Eine Maschine, die unter amerikanischen Verhältnissen gewinnbringend arbeiten sollte, mußte daher vor allen Dingen an Arbeitslöhnen sparen. Ob sie mehr Glas verbraucht als der Handarbeiter, ist nicht so wichtig. Ganz anders in Europa. Bei den billigeren Löhnen spielte in den Selbstkostenpreisen der Wert des Glases selbst eine beträchtliche Rolle. An diesen Verhältnissen scheiterte der erste ernstliche Versuch zur Einführung einer amerikanischen Preßblasemaschine in Deutschland, nämlich der in Amerika weit verbreiteten Maschine von Blue[1]). Es zeigte sich, so wird von Fachleuten berichtet, bei ihrer praktischen Erprobung sehr bald, daß die damit gearbeiteten Gläser zu schwer und für den inländischen Markt auch zu plump und minderwertig waren, so daß der im Verhältnis zur Handarbeit erhöhte Glasverbrauch und die Minderung des Warenwertes reichlich die bei den Arbeitslöhnen gemachte Ersparnis aufwog. Vergleicht man allerdings die Bluesche Maschine mit den späteren, erfolgreichen deutschen Maschinen, so findet man in der Art und Anordnung der unmittelbar formgebenden Teile kaum einen grundsätzlichen Unterschied, der die größere Schwere der Erzeugnisse erklären könnte. Freilich können hierbei Maßverhältnisse eine große Rolle spielen: je nachdem man das Külbel beim Pressen etwas länger oder kürzer macht und zwischen dem Pressen und Blasen, während es frei in der Blaseform hängt, entsprechend mehr oder weniger sich strecken, „aushängen" läßt, muß die Glaswandung stärker oder schwächer werden. Spielt der Glasverbrauch keine Rolle, so wird man, um sich das Aufblasen bequemer zu machen, um eher ein Durchblasen zu vermeiden, das Külbel lieber etwas länger und dicker machen.

In jedem Falle stand noch ein anderes Hindernis der Einbürgerung amerikanischer Maschinen im Wege. Man benutzte in Amerika schon damals vielfach recht komplizierte, halb- und ganzautomatische Maschinen. Diese eigneten sich erst recht nicht zur Einführung. So brachte es z. B. die völlig automatische und entsprechend komplizierte Maschine von Pyle[2]) nicht über eine Probevorführung in Penzig (N.-Schl.) hinaus. Diese Maschinen setzten eine Ausrüstung der Hütte voraus, die in sehr vielen Fällen in Deutschland nicht vorhanden war und ist, und die man sich, an das Alte gewöhnt und auf einen nicht ganz sicheren Erfolg hin, auch nicht gern anschaffte. Sie setzten eine Luftkompressoranlage und erhebliche Maschinenkräfte, Reparaturwerkstätte u. dgl. mehr voraus. Mit einem Worte, um die Preßblasemaschine in Deutschland einzuführen, mußte die Frage von Anfang an aufs neue studiert werden. Ergebnis dieser Bemühung war eine Rückkehr zum Primitiven und Voraussetzungslosen.

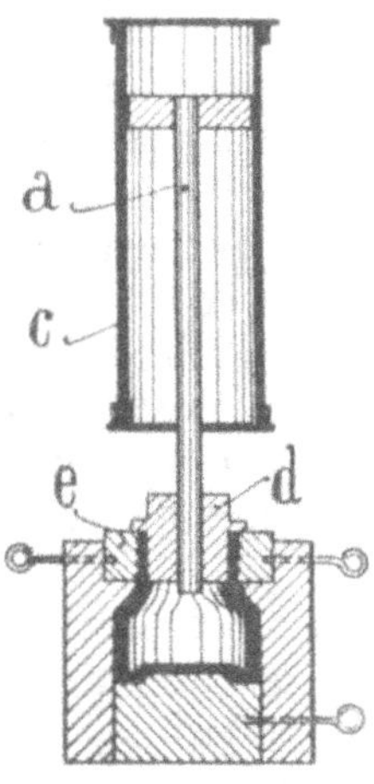

Abb. 481.

Wie oben erwähnt, kann man bei der Preßblasefabrikation zur Herstellung des Külbels eine gewöhnliche Presse benutzen. Da diese vielfach vorhanden oder in einfacher Form leicht beschafft ist, so ergänzte man diese durch eine Vorrichtung einfachster Art zum Aufblasen des in der Vorform gepreßten und mit der Kopfform in eine Fertigform eingehängten Külbels. Hecker, Wevelinghofen hat einige Einrichtungen dieser Art angegeben[3]), deren wesentliche Teile in einem Blaserohr *a* (Abb. 481), einem an dessen unteren Ende befestigten, genau in den Hals des in der Blaseform sitzenden Külbels passenden Blaskopfe *d* und einer oben an das Rohr angeschlossenen Luftpumpe bestehen. Der Pumpenkolben sitzt unmittelbar am Blasrohre und der Zylinder *c* ist darüber auf und ab verschiebbar. Dieses Blasewerkzeug soll entweder einfach von Hand aufgesetzt und bewegt oder, da hierbei der Arbeiter doch rasch ermüden wird, gemäß Abb. 482 an einem Gerüstausleger so aufgehängt werden, daß zunächst mit einem Handhebel *n* der Blasekopf *l* auf- oder eingesetzt und dann mit dem zweiten Handhebel *f* der Pumpenzylinder

[1]) D. R. P. 90216, 102845.
[2]) D. R. P. 142520.
[3]) D. R. P. 182204; s. ferner D. R. P. 167312, 176508.

niedergedrückt und dadurch das Külbel in der Form aufgeblasen werden kann. Eine erheblich verbesserte Fertigblasemaschine ist die von Cmok (s. S. 581).

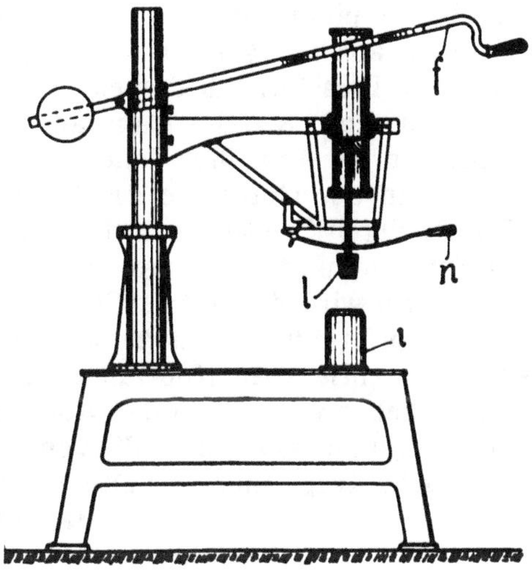

Abb. 482.

Wenn die eben geschilderten Einrichtungen auch keinen Fortschritt in der Richtung automatischen Arbeitens bedeuten, so hatten sie doch das Gute, in die Frage des Baues geeigneter Preßblasemaschinen einen neuen Gesichtspunkt einzuführen, auf einen guten Gedanken aufmerksam zu machen, der zwar schon früher, und zwar auch in Deutschland ausgesprochen, aber in Vergessenheit geraten war. Dieser gute Gedanke war die Ausstattung der Preßblasemaschinen mit einer das Blasen besorgenden Handluftpumpe. Hierdurch wird nämlich die Maschine unabhängig von jeder besonderen Hüttenausrüstung mit einer Kompressoranlage oder mit Maschinenkraft. Der gute Gedanke wurde von Schiller aufgenommen und weiter vervollkommnet.

Die Preßblasemaschine von Schiller[1]) ist in Abb. 483 dargestellt. Sie gehört zu der Art Windmill (Abb. 479/480). An der Mittelsäule der Maschine ist etwa in halber Höhe ein Tisch auf einem Kugellager drehbar, und auf dem Tisch steht links die Blaseform. Links und rechts oben sehen wir die Handluftpumpe zum Blasen und den Preßkolben zum Pressen des Külbels, welcher sich, wie üblich, durch einen federnd an der Kolbenstange befestigten Zuhaltering hindurchbewegt. Unter der Blaseform ist die gemäß der Windmillschen Einrichtung versenkbare Preßform sichtbar. Sie stützt sich mit einer unteren Verlängerung auf eine Führungsbahn und gleitet, wenn der Tisch vom Preßstempel nach der Blasepumpe hin gedreht wird, auf der nach links abfallenden Kante der Führungsbahn herab, so daß das Külbel frei in der Blaseform hängen bleibt. Sowie die Blaseform unter der Blasepumpe steht, erfaßt der Arbeiter mit der rechten Hand (s. Abbildung) ein Handrad und schraubt damit den Blasekopf fest auf die Blaseform nieder. Der Mechanismus ist sehr einfach und aus Abb. 484 ersichtlich. Dort ist ein Handgriff 8, der eine Schraubenmuffe 7 auf einem am Ausleger 5 festen Gewinde niederzuschrauben gestattet.

Abb. 483.

[1]) Vertrieben von der Schiller-Glasmaschinen-Industrie, G. m. b. H., in Berlin. D. R. P. 187599, 210027.

Die Muffe nimmt dabei den mittels Stiftes 10 gegen Drehung gesicherten, aber auf und ab beweglichen Blasekopf mit. Dabei wird der Blasekopf, ohne sich gegen die Blaseform zu drehen, fest auf die Form niedergedrückt und bleibt so auch nach dem Loslassen des Handrades sitzen. Der Arbeiter braucht also den Blasekopf nicht, wie bei Abb. 482, dauernd niederzudrücken. Zur Abdichtung ist eine Asbestscheibe an der Unterseite des Kopfes befestigt. Schließlich wird das Aufblasen des Külbels durch Niederziehen des Handgriffes mit der linken Hand besorgt (Abb. 483), der im Innern der Druckpumpe den Kolben niederführt. Aus der aufgeklappten Fertigform wird der fertige Gegenstand in der Kopfform hängend herausgenommen. Diese Kopfform liegt beim Pressen und Blasen auf der Blaseform und gleicht im Wesen der später beschriebenen Kopfzange der Wolfschen Maschine (s. Abb. 488 u. 489). Beide Handhebel, sowohl der für die Druckpumpe als der für die Presse (Abb. 483 rechts oben), gehen beim Loslassen mit Hilfe von Gegengewichten selbsttätig in die Höhe, so daß sie niemals im Wege sind. Die Druckpumpe kann an der Maschinensäule mit Hilfe eines Handrades und einer Schraubenspindel in der Höhe eingestellt und dadurch mit Blaseformen verschiedenster Höhe benutzt werden. Der Boden der Fertigform wird an einem Handgriff in die Form eingeschoben. Damit bei raschem Arbeiten die Preßform und der Stempel nicht zu heiß werden, ist dafür gesorgt, daß sie mit Hilfe der in der Maschine selbst erzeugten Druckluft angeblasen und abgekühlt werden können. Links unten sieht man z. B. eine Preßluftdüse, welche die an dieser Stelle in Tieflage befindliche Preßform anbläst. Eine Düse zum Anblasen des Preßstempels ist im Bilde hinter diesem verborgen. Die Luft zum Anblasen der Formteile kann im oberen Teile der Blasepumpe beim In-die-Höhegehen des Kolbens erzeugt werden. Man sieht in der Abbildung die vom oberen Ende der Blasepumpe ausgehenden Luftschläuche. Als zweckmäßiger aber hat es sich u. U. erwiesen, am Untergestell der Maschine eine besondere, etwa durch ein Pedal zu bewegende Luftpumpe anzubringen, welche die Leitung zum Anblasen der Maschinenteile speist. Wenn es sich um die Herstellung ungewöhnlich großer Gefäße handelt, so würde die Blasepumpe unhandliche Abmessungen erhalten müssen und bei der Anordnung gemäß Abb. 483 über dem Blasetische im Wege sein. In diesem Falle wird sie daher, wie Abb. 484 zeigt, unter den Blasetisch verlegt und mit dem über der Form befindlichen niederschraubbaren Blasekopf durch einen Luftschlauch verbunden. Die Schillersche Maschine kann durch einen völlig ungelernten Arbeiter bedient werden — außerdem ist für je 2 Maschinen ein „Anfänger" nötig — und leistet pro Schicht je nach der Größe 1700—2800 Glasgefäße. Obgleich Gläser der verschiedensten Gestalt und durchaus befriedigender Qualität mit dieser Maschine hergestellt werden können, wird sie heute nur noch für solche Gläser gebraucht, welche anders als durch Vorpressen nicht herstellbar sind, z. B. Henkelkrüge (hierzu dient eine der Abb. 475 ähnliche Formenanordnung, nur daß statt des Bodenblocks eine der Form p' in Abb. 479 und 480 entsprechende versenkbare Vorform vorhanden ist). Im übrigen aber ist diese Preßblasemaschine überholt durch desselben Erfinders Universal-Blasemaschine (s. Abschnitt 4) mit welcher auch weithalsige Gefäße in besserer Qualität als durch Preßblasen durch Gießen und Blasen gewonnen werden, wobei das Glas mit geringerer Wandstärke

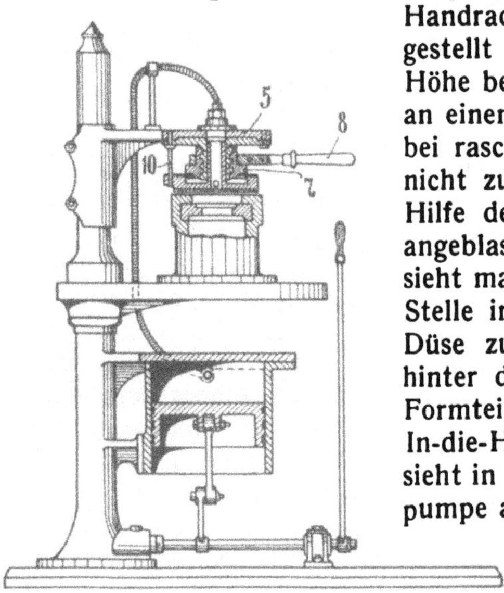

Abb. 484.

(also weniger empfindlich beim Erhitzen im Gebrauch) und mit noch besserem Glanz erhalten werden kann.

Eine noch weiter gehende Vereinfachung haben die „selbstblasenden“, also ohne Kompressoranlage arbeitenden Maschinen durch eine von den Arbeiten P. Th. Sieverts (vgl. S. 848, Abb. 737 I. Aufl. und Abb. 595 dieser Aufl.) ausgehende Erfindung erfahren durch die Heranziehung des Wassers als Blasemittel, indem man es durch die Hitze des zu blasenden Glases selbst verdampft. Dieser letzte Gedanke entstammt ja dem Handwerksgebrauch der Glasmacher, aber Sievert verwertete ihn für das Maschinenblasen, indem er einen auf die Fertigform abdichtend passenden Deckel an der Unterseite mit Asbest bekleidete und den Asbest durch Benetzen mit Wasser feucht erhielt[1]). Beim Aufsetzen des Deckels auf die Fertigform verdampft das Wasser durch die strahlende Hitze des vorgepreßten und in die Fertigform übertragenen Külbels, und dieser Dampf bläst das Külbel auf. Die Adlerhütten in Penzig haben nach diesem Prinzip eine Handblasemaschine mit selbsttätiger Wasserzuführung konstruiert[2]), welche zusammenarbeitet mit einer eigenartigen Preßeinrichtung[3]) nach dem Arbogastschen Prinzip zur Fabrikation „gedreht geblasener“, vollkommen nahtloser Gefäße, besonders Einmachgläser von schönem Glanz und guter Glasverteilung. Eine andre Wasserblasemaschine hat neuerdings die R. Cmok-G. m. b. H. — Berlin-Niederschönhausen — konstruiert. Diese Maschine, welche auch mit einer besonderen Vorblase-Maschine[4]) mit Einsaugeform nach dem Proeger-Typ — s. Abschnitt 4 — zusammen gebraucht wird, ist in Abb. 485 durch ein Schaubild und in Abb. 486 teils in Ansicht, teils im Schnitt durch den oberen Maschinenteil dargestellt. Die Kopfformzange wird, wenn das darinhängende Külbel in die Fertigform eingehängt werden soll, in die Gabel 1 (Abb. 486) eingeschoben, welche am Maschinenständer aufgehängt ist. Dieser Ständer trägt, mit einem Handrad in der Höhe einstellbar, den Wasserblaseapparat mit dem Wasserkasten 2 und dem damit durch ein Doppelgelenkrohr 3 verbundenen, mit dem Handhebel 4 auf und ab beweglichen Blasekopf 5. Der Blasekopf ist in der oberen Stellung von selbst festgestellt, da hierbei der mit dem Handhebel verbundene Kniehebel 4^1 in der Strecklage ist. Der Wasserraum 6 dieses Kopfes, der mit einem Wasserstandsrohr 7 versehen ist, speist einen Meßhahn 7', der nach Füllung seines Hohlraumes durch eine Drehung oben vom Wasserraum abgesperrt und mit der Außenluft verbunden, unten an einen das Wasser zur Asbestscheibe 8 leitenden Kanal 9 angeschlossen wird, so daß diese Scheibe genäßt wird. Der zylindrische Meßraum des Hahnes kann durch

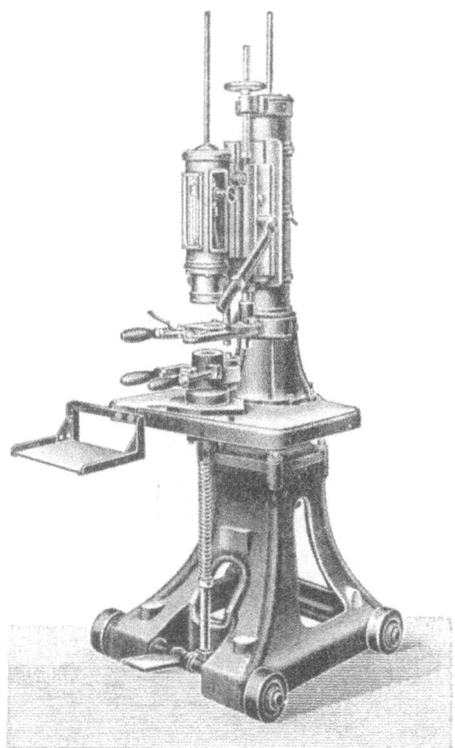

Abb. 485.

[1]) D. R. P. 142521, auf den Namen der Glashüttenwerke Adlerhütten A.G., Penzig, O.-L.

[2]) D. R. P. 261889 und 292853.

[3]) D. R. P. 296486.

[4]) D. R. P. 390675, auch 388201.

einen in der Achsenrichtung verschiebbaren Kolben verändert werden. Wird der Blasekopf herabgelassen, so setzt er sich auf die scharfe Kante 10 der Kopfform abdichtend auf, und der in dieser Kreislinie eingeschlossene Teil der nassen Scheibe wird durch den federnd nachgebenden Mittelstempel 11 seiner ganzen Fläche nach an die trichterartig vertiefte Oberfläche der Kopfform angedrückt (s. punktierte Zeichnung). Der durch die Hitze dieser Form entwickelte Wasserdampf kann nur nach dem Innern des Külbels entweichen und erzeugt hier den zum Aufblasen erforderlichen Dampfdruck. Diese Wasserblaseköpfe sollen infolge des allmählichen Druckanstiegs eine ganz besonders gute Blasearbeit leisten.

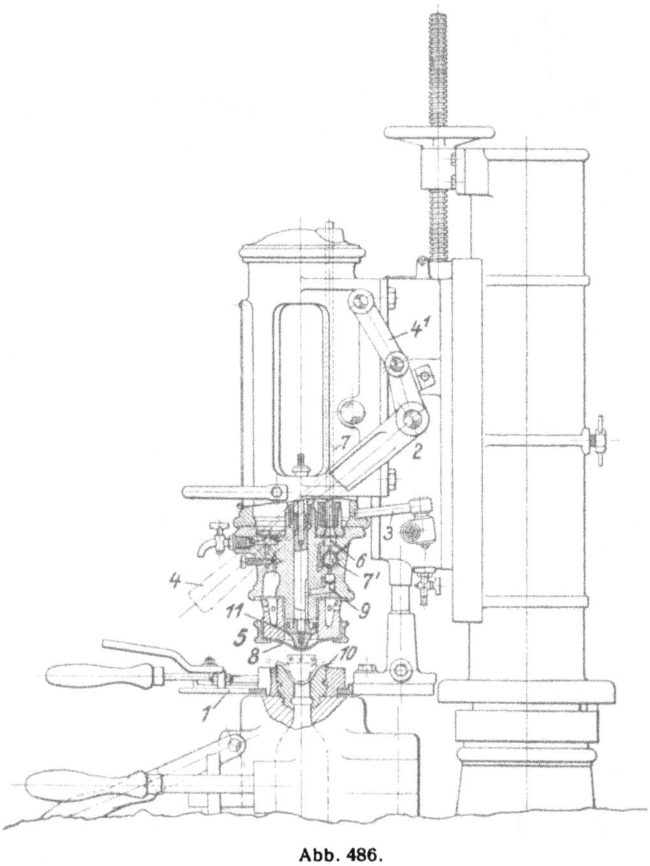

Abb. 486.

Der nächste Schritt in der Mechanisierung des Preßblaseverfahrens ist die Versorgung der Maschine mit Kompressorluft, welche auch als Betriebskraft zur Bewegung der formgebenden Werkzeuge ausgenützt werden kann. In dieser Gruppe sind besonders die Preßblasemaschinen von Jean Wolf[1]) zu nennen, welche insofern halbautomatisch sind, als dabei die Bewegungen durch Druckluftantrieb ausgeführt, aber mit einem Handsteuer in ihrer Reihenfolge und Dauer beherrscht werden. Die verschiedenen Druckluftleitungen gehen durch einen mit Handkurbel zu drehenden Zentralhahn mit entsprechenden Bohrungen für jede der durchgeführten Leitungen. Die absetzende Drehung der Kurbel ergibt dann das Arbeitsspiel der Maschine. Abb. 487 zeigt die Universal-Glas-Preßblase-Maschine, daran links die durch Druckluftzylinder betriebene Federkorbpresse, rechts den in gleicher Weise auf und abbewegten Blasekopf, dessen Mundventil durch das Aufsetzen auf die Form aufgestoßen wird. Links vorn ist die Kurbel des Handsteuerhahns, und ferner sind Luftleitungen, aus einem Ventilator gespeist, zum Anblasen und Kühlen der Formen und der Arbeiter sichtbar. Der Preßstempel wird schärfer, nämlich aus der Druckluftleitung gekühlt, und dieser Kühlstrom wird selbsttätig abgestellt, sowie der Stempel aus der abgebildeten Ruhestellung niedergeht. Die Kraftzylinder, welche den Preßstempel bzw. Blasekopf tragen und bewegen, können durch Schraubenspindel mit Handrädern (siehe Abb. 487) für verschiedene Formhöhen eingestellt werden. Bei der Arbeit schneidet der links stehende Presser das am Anfange-Eisen zugebrachte Glas in die Preßform

[1]) Ausgeführt von Wolfs Maschinenbau-Ges. m. b. H. in Köln. Wegen eines älteren Modells einer ganz einfachen Handmaschine Art Windmill mit Kompressor-Blaseluft wird auf D. R. P. 168996 und 176511 sowie Abb. 740, I. Aufl. verwiesen.

ein, schiebt die Form von Hand unter den Stempel und steuert den Hahn. Das gepreßte, mit der Kopfform ausgehobene Külbel setzt er auf die Blaseform auf. Ein Junge hat lediglich das fertige Glas aus der Fertigform herauszunehmen und von der Kopfzange zu lösen[1]. Beim Schließen der Blaseform wird selbsttätig der den Blasekopf aufsetzende Druckluftzylinder angelassen und beim Öffnen der Form umgesteuert.

Der Kopfform hat Wolf die sehr einfache und handliche, später auch von anderen Konstrukteuren übernommene Form einer Zange mit parallel verschiebbaren Backen gegeben, welche mit einer Hand geöffnet werden kann. Die Einrichtung und Handhabung ist aus Abb. 488 und 489 zu ersehen[2]. An dem Handgriff *d* sitzt die eine Kopfformhälfte *c* mit Aussparungen zur Aufnahme von Stangen *b*, die an dem einen Ende in der anderen Kopfformhälfte *a* eingeschraubt sind und am anderen Ende durch ein auf dem Handgriff sitzendes Querjoch *f* verbunden sind. Das Querjoch wird durch eine Feder *e* von der Form abgedrückt, so daß die beiden Formhälften dicht zusammen gepreßt werden. Hat man ein in der Kopfform sitzendes Schraubenglas aus der Fertigform herausgenommen, so legt man den Handgriff der Kopfform in eine in Abb. 487 rechts sichtbare, am Maschinenbett befestigte Gabel ein und zieht den Handgriff an. Die Kopfform öffnet sich also, und das Schraubenglas bleibt frei auf dem Maschinenbett stehen.

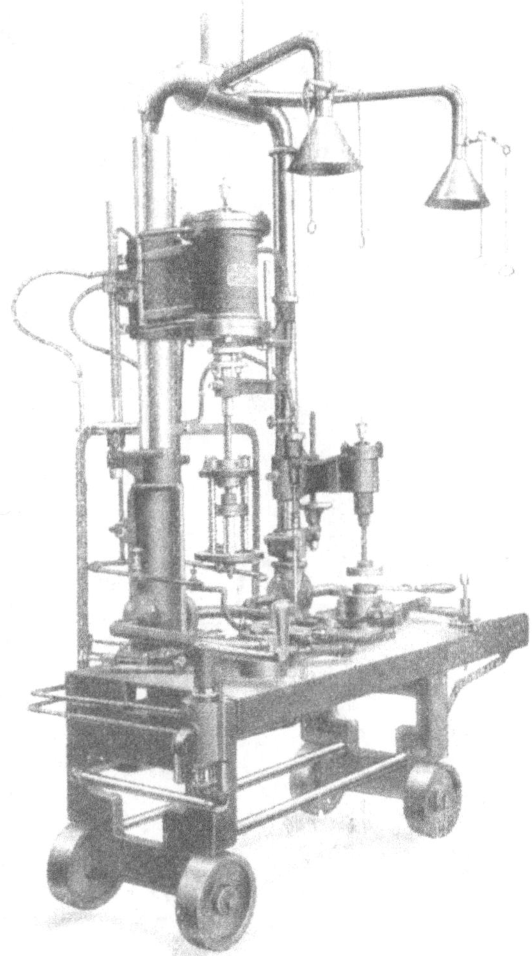

Abb. 487.

[1]) Eine ähnliche Wolfsche Konstruktion zeigt franz. Pat. 471889, eine weitere ähnliche Maschine, aber mit zwei auf einem mechanisch angetriebenen Drehtisch sitzenden Blaseformen D. R. P. 234546.

[2]) D. R. P. 182400, 232286.

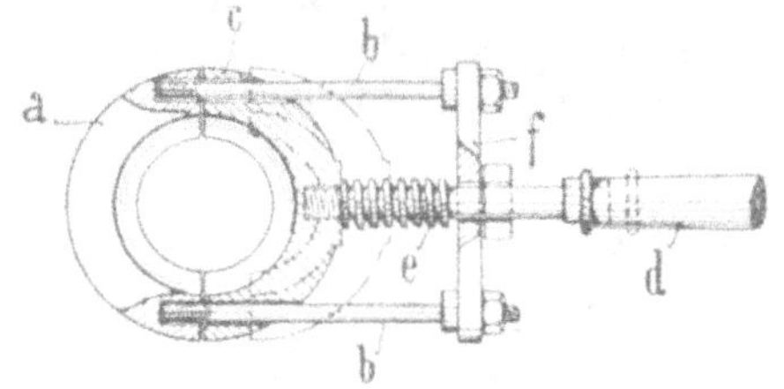

Abb. 488.

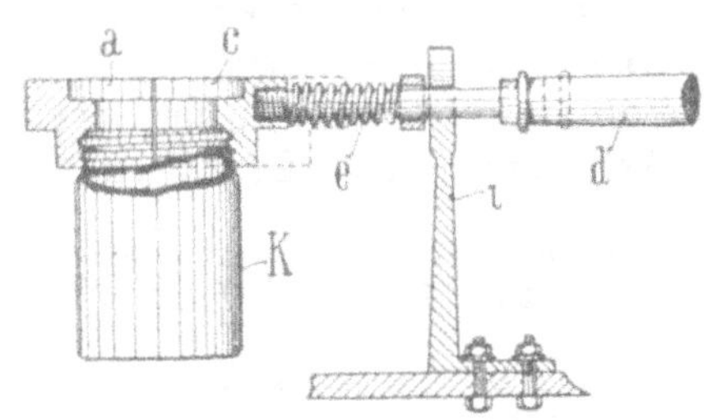

Abb. 489.

Bei der Arbeit werden in Verbindung mit den beiden Körperformen 3 Kopfzangen benutzt, so daß eine immer auskühlen kann. Der Luftbedarf für Kraftzwecke ist ungefähr 1,5—2 m³ von 1—2 at, für Kühlzwecke ungefähr 30 m³ Niederdruckluft in der Minute, die Leistungsfähigkeit nach Angabe des Erfinders 300 bis 350 Schraubengläser zu 1 Pfd. Inhalt in der Stunde. Es kann eine für gewöhnliches Hohlglas geeignete Glasmasse verarbeitet werden.

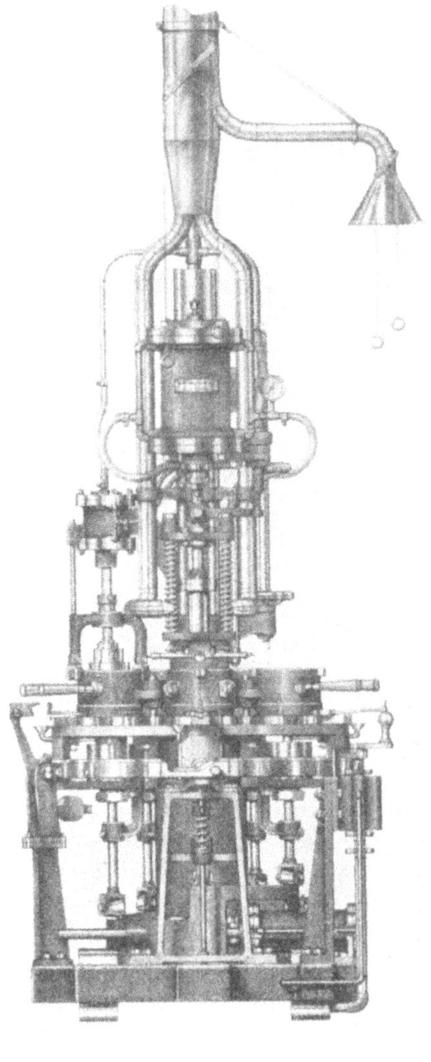

Abb. 490.

Abb. 490 zeigt eine halbautomatische Revolver-Preßblase-Maschine von Wolf[1]), bei welcher die Preßformen in der Art Windmill und wie bei Abb. 483 in der Fertigform versinken, nur daß der Formentisch in e i n e r Richtung gedreht wird. Der Bock vorn unten führt die federnd emporgedrängte und einschnappende Stange zum genauen Fixieren des Drehtisches in der Preßstellung und unterstützt den Tischrand unter dem Preßstempel[2]). Bemerkenswert ist der in der Abb. 490 links sichtbare, besondere Zuhaltebügel für die Blaseform[3]), welcher federnd verschiebbar auf dem Rohr des Blasekopfes sitzt und, wenn er mit diesem niedergeht, mit je einer Klaue an seinen beiden unteren Enden über aneinanderliegende keilförmige Nasen der Blaseformhälften greift und dabei die Hälften fest zusammenpreßt. Der Drehtisch wird mechanisch, durch Druckluft angetrieben. Eigenartig ist ferner die Kühlung der Preßformen, welche in der versunkenen Stellung in je ein zugehöriges Wasserbad mit selbsttätiger Wasserversorgung eintauchen. Die Steuerung mittels der rechts in Abb. 490 sichtbaren Kurbel des Steuerhahns, die Kühlung des Preßstempels, der Formen und der Bedienung, die Einstellung für verschiedene Formengrößen und der Kraftbedarf gleichen denen der Maschine Abb. 487, die Leistungen werden als im Mittel etwa 50% höher angegeben[4]).

Der schon erwähnte Zusammenhang der Preßblasemaschinen mit den Pressen zeigt sich in e i n e r w e i t e r e n A u s b i l d u n g d e r e b e n b e s c h r i e b e n e n R e v o l v e r m a s c h i n e n zu einer Form mit 2 Drehtischen. Da man, wenigstens in Amerika, schon früh auch Glaspressen mit Drehtisch hatte, so lag es nahe, vorhandene Pressen dieser Art durch einen Drehtisch mit Blaseformen zu einer Preßblasemaschine zu

[1]) Eine Konstruktionszeichnung gibt Brit. Pat. 168468.

[2]) S. auch D. R. P. 303739 (Feststellkugel und Stützrolle).

[3]) D. R. P. 343604.

[4]) Dieser Maschine gegenüber zeigt die in der I. Aufl. S. 857—863 dargestellte amerikanische Maschine (v. Miller) keine grundsätzlichen Unterschiede, außer etwa einer pneumatischen Zuhaltungsklaue für die Blaseform an der Preßstelle.

vervollständigen. Das erste Modell dieser Art rührt von Blue her[1]. Solche Zweitisch-Maschinen sind neuerdings bei Blasemaschinen auch andrer Typen sehr in Aufnahme gekommen, weil sie mehrere eigentümliche Vorteile bieten. Da z. B. jeder der beiden Drehtische bei gegebener Formengröße geringeren Durchmesser hat, als ein Vor- und Fertigformen tragender Tisch haben könnte, so bekommt der Grundriß der Zweitisch-Maschine im Vergleich zur Eintisch-Maschine eine schmälere, langgestreckte Form, was die Aufstellung mehrerer solcher Maschinen nebeneinander und möglichst dicht an der Glasentnahmestelle erleichtert. Ferner ist nun reichlich Platz zur Aufstellung zahlreicher, auch sehr großer Formen vorhanden, und das Gewicht des einzelnen Tisches wird nicht so groß. Das ermöglicht eine raschere absetzende Drehung der Tische, ohne daß die Stöße beim Anhalten der Drehbewegung eine schädliche Stärke erreichen. Demgegenüber ist man in der Zahl und Größe der Formen beschränkt, wenn man Vor- und Fertigform paarweise nebeneinander auf demselben Drehtisch aufstellt, wie dies bei einigen Maschinen der Art Arbogast der Fall ist, so z. B. bei einer Preßblase-Maschine der Hartford-Fairmont Co., bei welcher zwei solcher Drehtische, von denen jeder 8 Vor- und 8 Fertigformen enthält[2], in derselben Weise zu einer Zwillingsmaschine vereinigt sind, wie dies im Abschnitt „Pressen" (S. 540) geschildert worden ist. Bei dem großen Moment dieser schweren Tische müssen ganz besondere Vorkehrungen getroffen werden, um sie genau in der richtigen Stellung anzuhalten und Brüche bei Fehlbewegungen zu vermeiden. In dieser Richtung kann kaum zu viel getan werden. Eine in Amarika landläufige Redensart sagt, daß die Maschine „as fool-proof as possible", so narrensicher wie möglich sein soll.

Hier sei, vor Weiterverfolgung der Zwei-Tisch-Anordnung, die Bemerkung eingeschaltet, daß es bei größerem Tischdurchmesser nicht mehr ratsam ist, den Preßkolben an einem Ausleger der Maschinenmittelsäule zu befestigen, weil der Preßdruck einen langen Auslegerarm biegt, was zu schiefer Stempelbewegung und starkem Verschleiß an Stempeln und Preßringen führt. Es ist dann besser, den Stempel an einem Joch auf zwei Säulen anzuordnen, deren eine die Mittelsäule sein kann. Der bedeutsamste Vorteil der Anordnung der Formen auf 2 Tischen liegt aber (um zu diesem Punkte zurückzukehren) in der Vereinfachung der Bedienung. Bei der Anordnung auf nur einem Tisch sind die Stationen des die Maschine mit Glas beschickenden und anlassenden Arbeiters, die Station zum Überlegen des Külbels aus der Vor- in die Fertigform und zum Herausnehmen der Flasche aus der Fertigform (Austragen) soweit voneinander entfernt, daß jede besonders besetzt sein muß, daß also ein Arbeiter und 2 Jungen gebraucht werden (Drei-Mann-Maschine). Bei der Anordnung auf 2 Tischen dagegen kann die Austragestation so nahe an die Überlegestation (also die Stelle zwischen den Tischen) gelegt werden, daß beide Tätigkeiten durch ein und denselben Jungen übernommen werden können. Es sind also nur 2 Leute nötig („Zwei-Mann-Maschine"). Es wird dabei die bereits bei den Pressen an dem Beispiel einer Presse von W. J. Miller (S. 545) gezeigte Anordnung allgemein bevorzugt, nach welcher der Anfänger mit der Pfeife, von welcher er das Glas in die Preßform einlaufen läßt, gleichzeitig ein Druckluftventil niederdrückt, welches die Maschine in Gang setzt, worauf durch die Wirkung eines Systems von miteinander gekuppelten, besonders hintereinander geschalteten Druckluftantrieben ein Arbeitsschritt der Maschine selbsttätig abläuft und dann die Maschine wieder anhält. Es bedarf also hierbei keines besonderen Pressers.

---

[1] Am. Pat. 607947, 607948, 607950.

[2] Je eine Vor- und eine Fertigform stehen bei dieser Zwillings-Preßblasemaschine der Hartford-Fairmont Comp. in Canajoharie, N. Y. nebeneinander und eine selbsttätig bewegte Klaue faßt das in der Preßform ein wenig angehobene Külbel am Kopf, hebt es völlig aus, schwenkt es über die Fertigform und senkt es in diese ein, s. am. Pat. 1331472.

Bei der 2-Mann-Maschine ist darauf zu achten, daß zwischen den Tischen ein genügender Abstand bleibt, da andernfalls der Aufenthalt für den Überlege-Jungen unerträglich wird infolge der enormen Hitzestrahlung der an dieser Stelle einander besonders nahe kommenden Formen. Man verzahnt daher die Tische zu gemeinschaftlicher Drehung zweckmäßig nicht unmittelbar miteinander, sondern schaltet zwischen ihre Zahnkränze ein ausreichend großes Zwischenrad ein (vgl. z. B. 6 in Abb. 521 sowie Abb. 525 u. 527) oder wählt den bei Abb. 492 erläuterten Gemeinschaftsantrieb.

Ist der Überlegejunge entbehrlich gemacht durch einen Mechanismus zum Überlegen der Külbel und zum Austragen der fertigen Flasche, so ist sie hiermit zur Ein-

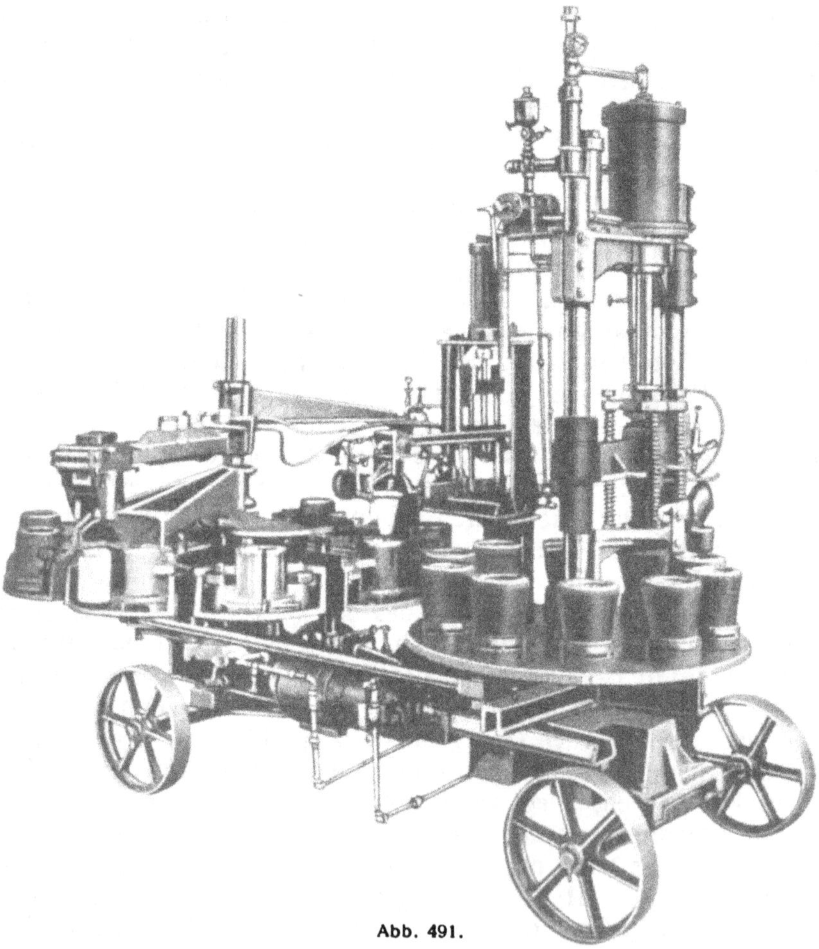

Abb. 491.

Mann-Maschine entwickelt. Auch das Endziel, die voll-automatische, die Kein-Mann-Maschine (No-man machine) ist bereits in der amerikanischen Praxis verwirklicht, indem das Glas in einzelnen Posten unmittelbar aus dem Ofen durch einen „Speiser" (feeder) in die Form gelangt, dessen Getriebe mit dem der Blasemaschine gekuppelt ist.

Bei diesen letzten und auch bei den vom Anfänger bedienten Preßblasemaschinen muß außerdem, um die regelnde Tätigkeit des Pressers zu ersetzen, ein regelbarer Mechanismus vorhanden sein, um den Druck des Preßstempels, während er in der Form steckt, und die Zeit seines Verharrens darin zu regeln (Pausier-Vorrichtung, Rastregler, dwelling-device). Ein Beispiel eines solchen Rastreglers ist bei der schon erwähnten Presse von J. W. Miller (S. 545) beschrieben worden.

Die Abb. 491 gibt ein Schaubild und die Abb. 492 einen Aufriß einer Ein-Mann-Preßblasemaschine mit 2 Tischen von Wm. J. Miller (Swissvale, Pa.), welche aber auch mit einem Speiser zusammen vollautomatisch gemacht werden kann[1]).

Der fahrbare Unterbau mit Lenkachse hat einen Mittel-Längsträger, auf dem die Mittelsäulen der beiden Drehtische, 1 für die Preßformen, 2 für die Blaseformen stehen, während das Joch für den die Federkorbpresse antreibenden Druckluftzylinder 3 durch die Mittelsäule des Preßtisches und eine zweite auf einem Ausleger (Abb. 492) des Unterbaus sich erhebende Säule gebildet wird. Die übereinstimmende und absetzende Drehung der beiden Tische kann durch einen Druckluftzylinder 5 (mit Luftbremsen für jeden Hub) am Unterbau geschehen, dessen Kolben mit den beiden Schaltarmen oder Rotatoren 6 und 7 für die Tische gekuppelt ist. Am Ende des Arbeitshubes der Rotatoren treten deren von unten in den Tisch eingreifende Bolzen dergestalt in Zusammenwirken mit den die Tische in der Arbeitsstellung festlegenden, ebenfalls von unten in die Tische einschnappenden Sperrbolzen 8 und 9, daß deren Aufwärtsbewegung die Zurückziehung der Rotatorbolzen veranlaßt, so daß die Rotatoren ihre Leerschwingung zurück machen können. Der Bolzen 8, oder vielmehr seine Führung, unterstützt wie üblich den

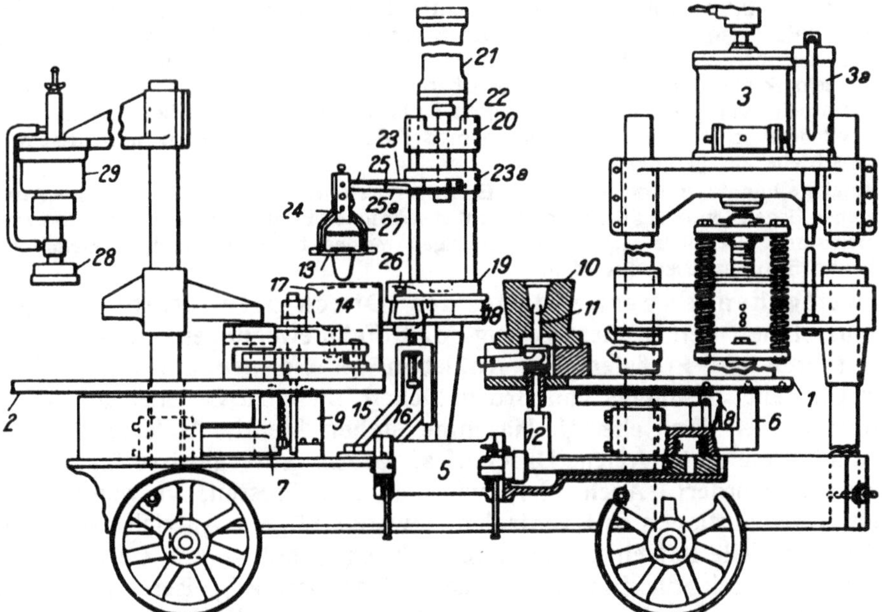

Abb. 492.

Tischrand an der Preßstation. Neben dem Kraftzylinder 3 für das Pressen steht der schon früher beschriebene Rastregler 3a für den Preßstempel (S. 545 und 585). Die Preßform 10 ist ungeteilt, die Form für den Kopf oder Rand des Preßlings wird durch eine Nut am Rande der Preßform und den nach innen darüber vorspringenden Preßring gebildet. Es liegt also nach dem Pressen der Külbelkopf offen, so daß, wenn nach zwei Teildrehungen die Preßform in die Stellung gemäß Abb. 492 gelangt und ein durch ihren Boden gehenden Stößer 11 auf eine ansteigende Bahn 12 aufläuft, das Külbel soweit aus der Form auftaucht, daß sein Kopf durch die Überlegezange 13 (Abb. 491 u. 492) gefaßt, ausgehoben und über die Blaseform 14 geschwenkt werden kann. Der Überleger ist an einem Ausleger 15 des Mittelträgers in der Höhe verschiebbar befestigt, so daß er für verschiedene Formhöhen mittels der Druckschraube 16 eingestellt werden kann. Er trägt zwei Druckluftzylinder, einen liegenden 17 (gestrichelt gezeichnet) auf der Grundplatte 18, welcher die Drehung der auf der Grundplatte liegenden Platte 19 und des darauf sich erhebenden Joches 20 bewirkt, und ferner trägt er den die Hebung und Senkung des Külbelgreifers bewirkenden stehenden Zylinder 21 an einem (nur mit seinem Oberteil sichtbaren) unbeweglichen Joch 22. Die Kolbenstange dieses stehenden Zylinders geht in der Drehachse des Joches 20 durch dieses hindurch und trägt unten ein Querhaupt 23a mit dem Greiferarm 23 und an diesem einen hängenden vierseitigen Rahmen 24, durch den der Gelenkbolzen der Greiferzange hindurchgeführt

[1]) Brit. Pat. 152597 und 174645.

ist. Die Schwenkung des Greiferarmes wird also durch die Drehung des Joches 20, die Hebung des Greiferarmes durch das am drehbaren Joch 20 auf und ab gehenden Querhaupt 23a bewirkt. Die oberen Enden der gekreuzten Zangenschenkel sind durch Lenker mit einem um den Punkt 25 des Armes 23 schwingenden zweiarmigen Hebel 25a verbunden, dessen anderes Ende auf den in der Höhe verstellbaren Anschlagbolzen 26 aufschlägt, wenn der Arm durch den stehenden Zylinder niederbewegt wird. Es spreizen sich also die Zangenbacken, wenn die Zange auf das in der Preßform bereitstehende Külbel herabgeht, und sie schließen sich durch die Feder 27, sowie der Greifer sich wieder hebt. Es folgt die Schwenkung über die offene Blasform 14, das Einsenken des hängenden Külbels in die zugeklappte Blaseform, auf deren oberen Rand es liegen bleibt, wenn die Zange sich öffnet. Nun machen die Tische eine neue Teildrehung, welche das Külbel zwischen den Zangenbacken heraus- und unter den Blasekopf 28 führt, welcher nun durch einen Druckluftzylinder 29 auf die Blaseform aufgepreßt wird und das Külbel aufbläst. Die Blaseformen werden rechtzeitig geöffnet und geschlossen, indem an ihren Hälften angreifende Lenker durch eine um die Mittelsäule angeordnete Daumenkurve radial vor- und zurückbewegt werden.

Wie schon oben erwähnt (S. 585) betätigt der Anfänger mit dem Eisen, von welchem er das Glas in die Form einlaufen läßt, ein Druckluftventil, welches zu einem komplizierten Schaltungssystem (ähnlich dem der Millerpresse (s. S. 545 Teil I, Abschn. 1) von Luftleitungen, Schiebern und Ventilen gehört[1]) und durch welches nun ohne weiteres Zutun alle durch Druckluftzylinder verrichteten Bewegungen in der richtigen Reihenfolge und im richtigen Zeitmaß sich abspielen, also das Öffnen und Schließen einer (nicht dargestellten) mechanischen Schere zum Abschneiden des Glases, das Entriegeln beider Drehtische, ihre gemeinschaftliche Teildrehung und Wiederverriegelung, der Niedergang des Preßtempels, sein Rasten und Aufsteigen, das Überlegen des beim vorigen Tempo gepreßten Külbels, das Blasen des beim vorigen Tempo übergelegten Külbels und schließlich die Rückkehr des Greifers in neue Arbeitsbereitschaft. Bei Speiserbetrieb müßte das einleitende Ventil in richtigem Rhythmus vom Speisergetriebe aus betätigt werden.

Die Maschine könnte, um die Arbeit der Einträger zu erleichtern, diesen noch das Ausheben der fertiggeblasenen Gegenstände aus der durch Anschlag geöffneten Form abnehmen durch eine mechanische Aushebevorrichtung. Beispiele solcher Vorrichtungen werden bei den Flaschenblasemaschinen (Abschnitt 3A und 5B) beschrieben werden.

Die weitgehende Verwendung des Druckluftantriebs hat gerade für Glasblasemaschinen den großen Vorzug, daß Fehlbewegungen, hervorgerufen etwa durch Einfrieren des Preßstempels, Ankleben der Formen am Glas, Einklemmen erstarrter Glasteile, besonders von Bruchstücken, nicht zu Brüchen an der Maschine führen können, weil dann eher die Maschine stehen bleibt. Anderseits läßt sich annehmen, daß diese umfangreiche Druckluftapparatur eine gewisse laufende Instandhaltungsarbeit erfordert. Auch hier, wie bei den Pressen, verwendet man aber neuerdings Konstruktionen mit zentralem, zwangläufigem Antrieb, bei denen also alle arbeitenden Teile mit einer Hauptwelle durch Gestänge und Getriebe verbunden sind, nachdem durch die Einführung der selbsttätigen Speiser eine raschere Beschickung und damit auch eine größere Arbeitsgeschwindigkeit der Blasemaschinen möglich geworden ist. Ein Beispiel ist die oben (S. 585) erwähnte Hartford-Fairmont-Zwillingsmaschine (die dafür viele Sicherungen hat) und die automatische Preßblasemaschine von Mainzer[2]), welche aber noch wenig hervorgetreten ist. Diese hat insofern eine eigenartige Anordnung, als je eine Preß- und eine Blaseform ortsfest auf der Maschinenbank stehen und dazwischen ein heb- und senkbarer Revolver angeordnet ist mit mehreren Kopfformen, die durch den Revolver der Reihe nach auf die Preßform aufgesetzt und nach dem Pressen mit dem Külbel angehoben, über die Blaseform gebracht und hier aufgesetzt werden. Alle Bewegungen werden durch Daumenscheiben veranlaßt, welche sämtlich in Reihe nebeneinander auf einer im Maschinenuntergestell liegenden wagerechten Antriebswelle sitzen. Ist auch das Getriebe verhältnismäßig einfach, so dürfte doch die Konstruktion, da nur ein einziger Formensatz vorhanden, im Verhältnis zur möglichen Leistung, ziemlich teuer sein.

---

[1]) S. Brit. Pat. 152697 und 174645.

[2]) D. R. P. 294399, 299566.

3. Blasemaschinen nach dem Kippsystem.

A. Flaschenblasmaschinen.

Von dem Problem des maschinellen Glasblasens ist die Preßblasemaschine nur eine Teillösung, indem damit nur Gefäße mit verhältnismäßig weitem und kurzem Halse hergestellt werden können. Aus der Betrachtung der Abb. 493 geht die Unzweckmäßigkeit des Preßblaseverfahrens für die Flaschenerzeugung deutlich hervor. Das in der Figur sichtbare Külbel würde, wenn es gepreßt werden könnte, sich allerdings gut aufblasen. Es ist aber ohne weiteres die große, wenn nicht unüberwindliche Schwierigkeit einzusehen, durch den niedergehenden dünnen Stempel das Glas aufwärts durch den schmalen Ringkanal zwischen dem Stempel und der Form empor in die Kopfform zu drängen. Das Glas wird immer geneigt sein, in diesem engen Kanal zu erstarren und sich vorzeitig festzusetzen. Sollte der Flaschenhals selbst gut ausgebildet werden, so wird er infolge ungleicher Abkühlung zum Springen neigen. Dazu kommt die Schwierigkeit, eine Form mit so enger Mündung zu beschicken. Sie hat den amerikanischen Erfinder genötigt, außer der besonderen Kopfform *k* noch das Halsstück *B* der Form abzutrennen. Beide Formen müssen also, um den Formenunterteil *L* mit Glas füllen zu können, geöffnet und wieder geschlossen werden. Die Preßblasemaschine ist aber nicht nur in Ansehung des Ergebnisses eine bloße Teillösung, sondern überhaupt nicht aus dem Problem des mechanischen Glasblasens entsprungen, vielmehr eine Weiterentwicklung der Glaspresse zu dem Zwecke, auch Gefäße mit einer Schulter oder andern Erweiterung unterhalb der an sich schon weiten Mündung herzustellen.

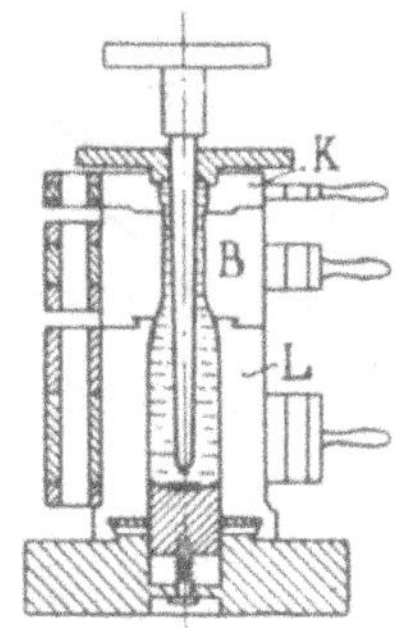

Abb. 493.

Das Problem des mechanischen Glasblasens im allgemeinen.

Im Gegensatz zu den besprochenen Teillösungen blieb also die Aufgabe: einmal die Arbeit des Anfängers zu ersetzen durch eine einfachere Methode um am Ende einer Druckluftleitung (der Pfeife entsprechend) eine annähernd kuglige Glasmasse, dem Glasposten entsprechend, anzusammeln und zu befestigen, zweitens sie mit einer ersten Lufthöhlung zu versehen und ihre Temperatur so zu vergleichmäßigen, daß sie hierin dem handgemachten Külbel ähnlich wird und drittens durch bloßes Aufblasen in einer dem zu blasenden Gegenstande entsprechenden Form einen Gegenstand von gleichmäßiger Glasverteilung ergibt.

Schon der erste in der Patentliteratur nachweisbare Versuch einer Glasblasemaschine für enghalsige Gefäße (welche im folgenden mit dem Worte „Flaschen") zusammengefaßt werden) zeigt die endgültige Art der Bildung des Postens an der Blasepfeife. Bei dem im Jahre 1859 an A. Mein erteilten englischen Patent [1]) wird das Glas in eine auf dem Kopfe stehende, der Flasche entsprechende Form von oben eingefüllt, in deren Mündung die Preßluftleitung dornartig vorspringt. Ob es den Kopfteil der Form ordentlich ausfüllt, ist dem Zufall überlassen. Da von unten nach oben geblasen wird, noch dazu in einer Form vom Durchmesser der fertigen Flasche, muß es dünne oder durchgeblasene Böden geben. Nach einem ganz unbeholfenen Versuche von C., G., W. und J. Kilner im folgenden Jahre [2]) kommt J. Bowron 1861 [3]) einen Schritt weiter (Abb. 494). Es ist eine der fertigen Flasche entsprechende

[1]) Brit. Pat. 1680 v. J. 1859.
[2]) Brit. Pat. 2079 v. J. 1860.
[3]) Brit. Pat. 354 v. J. 1861.

Form *d* vorhanden, welche um eine wagerechte Achse *b* gekippt, also auf den Kopf gestellt und durch die Bodenöffnung gefüllt werden kann. Auch ein Dorn zum Formen der Mundstücksöffnung ist da, gebildet durch das Ende der längs verschiebbaren Luftleitung *n*. Fertiggeblasen wird verständigerweise bei aufrechter Formstellung. Aber ob die Kopfform ausgefüllt wird, ist wiederum dem Zufall überlassen, da der durch ein Gegengewicht ausgeglichene Boden *i* natürlich erst beim Wiederaufrichten der Form aufsteigt. Falls das Glas leichtflüssig ist, soll es nach der Patentschrift gar nach Öffnung des abgesonderten Oberteiles *e* von oben eingegossen, dann durch Kippen des Ganzen in den Kopfteil hinunterlaufen, dann nach dem Wiederaufrichten der Form wie vorher geblasen werden.

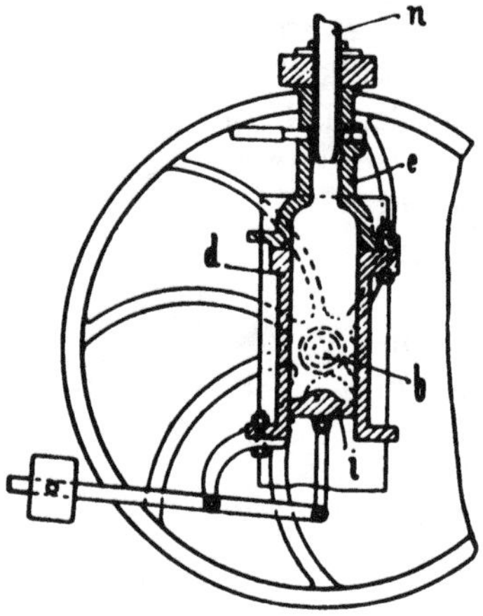

Abb. 494.

Immerhin ist hier bereits der Weg erkannt, um von der dem ersten Schritte günstigsten, umgekehrten Stellung der Form rasch zu der für den dritten Schritt günstigsten aufrechten Stellung zu gelangen, nämlich mit Hilfe der kippbaren Formanordnung, welche den Maschinen dieses Abschnittes den Namen gegeben hat.

Hiernach ist in der englischen Patentliteratur hinsichtlich der Flaschenmaschine eine Lücke von 25 Jahren. In Amerika wird 1876 Albert Robert Weber eine Flaschenmaschine patentiert, die äußerlich der von Bowron sehr ähnlich sieht (Abb. 495), aber die kippbare Anordnung der Form nicht aufweist. Eine andre Anordnung dient dem ersten Schritte. Der Unterteil *a* der Form ist ungeteilt und unbeweglich, der Oberteil besteht aus zwei durch Scharnier zusammenhängenden Hälften. In der Form ist ein Boden *b* verschiebbar, der durch Gegengewichte ausgeglichen ist und durch ein unter den Schaft *c* des Bodens greifendes Pedal ausgehoben werden kann. Oben auf die Form ist ein an eine Preßluftleitung angeschlossener Windkasten *e* aufzusetzen, der zwischen Führungsstangen gehoben und gesenkt werden kann und dessen düsenartige Mündung so in den Formenoberteil hinreinreicht, daß der Zwischenraum der Gestalt des Flaschenkopfes entspricht. Das Glas wird nach Öffnen des Formoberteiles in den unteren Teil eingeschnitten, durch Treten auf das Pedal empor- und gegen den Kopfteil der Form gepreßt, so daß der Flaschenkopf entsteht, und nun durch Einblasen von Preßluft das Glas aufgeblasen, wobei der Formboden allmählich nach unten zurückgedrängt wird. Der zweite Schritt, die zum „Maschinenkülbel" führende Zwischenbehandlung, ist auch hier noch vernachlässigt, aber daß der Gedanke, den Posten an der Blasemündung bei aufrechter Formstellung dadurch anzusammeln, daß man ihn gewissermaßen in die Kopfform von unten einspritzt oder eindrückt, einen brauchbaren Kern enthält, beweist der Umstand, daß er, später wieder aufgenommen, zu praktischen Ergebnissen geführt hat (s. Abschnitt 5 A).

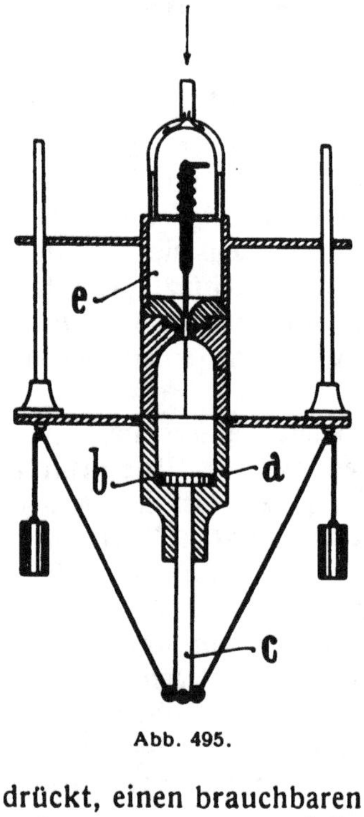

Abb. 495.

Es ist auch keine Fortsetzung der Bowronschen, noch der Weberschen Erfindung, noch endlich ein auf einer klaren Erkenntnis des zu lösenden Problems beruhender Versuch, was zehn Jahre später (1886) Arnall und Ashley herausbringen[1]). Ihr Apparat ist die Webersche Anordnung gewissermaßen auf den Kopf gestellt, wie Abb. 496 zeigt. Durch die Umkehrung der Weberschen Anordnung ist die Füllung der Form sehr erleichtert. Die Form *a* steht verkehrt und ist unten durch die in den Kopfteil hineinragende Preßluftleitung *e* abgeschlossen. Über der Form steht der Boden *b*, der mit seinem Schafte in einer Führung auf und ab beweglich ist und nach dem Einfüllen des Glases in die Form zum Eindrücken dient. Beim Blasen dagegen weicht er wieder nach oben zurück und schließt am Ende des Blasens die Form oben als Boden ab. Die Anwendung eines Stempels in Verbindung mit der umgekehrten Form, zur Unterstützung der Ausfüllung der Kopfform durch das von oben hineinlaufende Glas, läßt vermuten, daß die beiden Erfinder bereits den Vorteil erkannt haben, der in der Verwendung einer nicht allzu heißen und dünnflüssigen Glasmasse liegt. Sie verkürzt die Zeit des Wartens bis das Glas die zum Blasen geeignetere zähere Beschaffenheit angenommen hat und vermindert die Temperaturunterschiede in dem aufzublasenden Glasposten. Aber es wird mit nur einer Form von der endgültigen Weite gearbeitet. Die Wichtigkeit des zweiten Schrittes ist noch nicht erkannt und es braucht einer, wie zahlreiche Patente beweisen, weiteren eifrigen Beschäftigung mit dem Problem, bis Ashley dahin gelangt. Erst 1887[2]) fügt Ashley der Flaschenblasemaschine jenes Glied hinzu, welches Arbogast für die Preßblasemaschine einführte, nämlich die besondere Vorform, womit die Abtrennung der Kopfform notwendig verbunden ist, um das Külbel während des Wechsels der Körperformen zu halten. Nun ist es möglich der Glasmasse unabhängig von der Gestalt der Endform diejenige Ausgangsform zu geben, welche zur Bildung eines richtigen Külbels die günstigste ist, also zur Bildung eines Zwischenkörpers, der beim einfachen Aufblasen eine möglichst gleichmäßige Glasverteilung in der Wandung der fertigen Flasche ergibt. Dazu ist vor allem wichtig, daß die Vorform einen geringeren Durchmesser hat als die Endform. Infolge dieses geringeren Durchmessers der Vorform ist in ihr die Glasmasse in der Richtung des Preßluftstrahles beim Aufblasen angehäuft, also in der Richtung, in welcher die größte Ausdehnung zu erwarten ist.

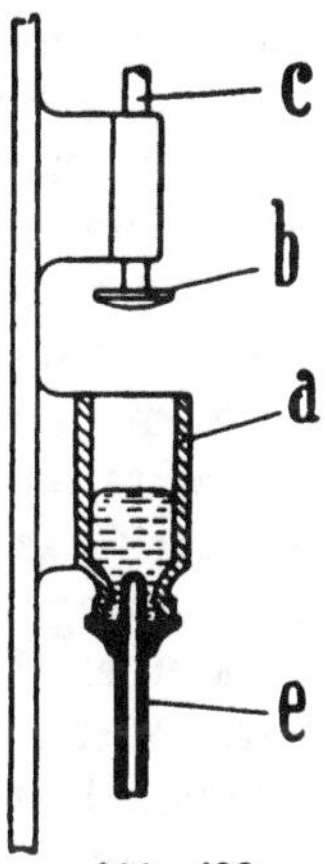

Abb. 496.

Die Bildung eines Flaschenkopfes ist bei der ersten Anordnung gemäß Abb. 496 dadurch gesichert, daß die Mündung der Preßluftleitung *e* in das Innere der Kopfform vorspringt, so daß das seitlich davon liegende Glas nicht weggeblasen werden kann. Aber dieser zuerst angewandte, dauernd in die Form hineinragende Blasestempel kühlt den Flaschenkopf zu stark ab und erhitzt sich leicht so stark, daß das Glas daran anklebt. Er wurde daher durch einen beweglichen Dorn ersetzt[3]), der vor dem Einfüllen zurückgezogen wird und zur Bildung der Külbelmündung in das Glas eingestoßen und hernach wieder zurückgezogen wird. Hierbei bleibt eine Höhlung zurück, von welcher aus das Külbel stufenweise aufgeblasen werden kann wie bei der Handarbeit. Später hat man es vorgezogen, den Dorn beim Einfüllen bereits gleichsam als Formkern in die Form vorstehen zu lassen und ihn danach möglichst bald zurückzuziehen.

Zwar hatte auch Ashley den ersten Entwurf bald dadurch abgeändert, daß er die Form in Abb. 496 kippbar anordnete[4]), aber jetzt erst in Anwendung auf die besondere

[1]) Brit. Pat. 8677 v. J. 1886.
[2]) Brit. Pat. 3434 v. J. 1887.
[3]) Brit. Pat. 14727 v. J. 1886.
[4]) Brit. Pat. 14727 v. J. 1886.

Külbelform kam die kippbare Anordnung der Form zur vollen Wirkung. Durch die kippbare Anordnung der Vorform [1]) war es möglich, statt das Külbel in der umgekehrten Stellung fertigzublasen, zuvor die Vorform umzudrehen und nunmehr weiter aufzublasen. Es wird hierdurch möglich, von einem verhältnismäßig kurzen Külbel auszugehen, in welches der kurze Mundstücksdorn vergleichsweise tief eindringt. Nachdem man die Vorform umgekehrt und geöffnet hat, zieht sich nämlich das Külbel unter seinem eigenen Gewicht, wie dies auch bei der Handbläserei ausgeführt wird, in die Länge und nähert sich so der fertigen Flasche an. Dabei streckt sich auch die innere, durch Zurückziehen des Dorns und vorsichtiges Einblasen einer geringen Menge Luft entstandene Höhlung.

Hierbei zeigte sich eine neue Schwierigkeit. Das Glas der äußeren und seitlichen Schichten des Külbels ist durch die Vorform abgekühlt und härter geworden, während das Glas im Innern des Külbels weich bleibt, fließt und sich am Boden des Külbels, also in der Stoßrichtung des Preßluftstrahles sammelt. Die durch Druckstempel entsprechend *b* in Abb. 496 erzeugte äußere starre Haut am Külbelboden wird dann beim weiteren Blasen leicht gesprengt, das weiche Innenglas herausgedrängt und auseinander- und durchgeblasen. Wartet man anderseits, bis auch das innere Glas hart genug ist, so kühlt wieder der Külbelhals zu stark ab und neigt zum Springen. Hier versuchte Ashley Abhilfe zu schaffen, indem er gegen den Boden des aus der Vorform befreiten, an der Kopfform hängenden Külbels während des vorläufigen Aufblasens eine Metallplatte andrückte oder, wie in der Patentschrift zu lesen, das Külbel „puddelte" [2]). Es wird hierdurch das aus dem Külbelinnern herausgeblasene weiche Glas abgekühlt, an der Ausdehnung nach unten gehemmt und zur Ausdehnung mehr nach der Seite genötigt. Für kleinere Flaschen, wie sie mit der Ashleyschen Maschine hergestellt wurden, war dieses Mittel zunächst ausreichend. Bei größeren Flaschen wollte es zuerst nicht genügen. Das weiche Glas suchte sich nämlich hier beim Aufblasen des Külbels einen Ausweg zwischen der starren Seitenwand des Külbels und dem durch die Stützplatte abgekühlten und gehaltenen Bodenteil. Es kam häufig zum Durchblasen der Flaschen am Rande des Bodens oder doch zum Aufblasen bis zu ungenügender Wandstärke. Diese neue Schwierigkeit zu besiegen kamen zwei Nachfolger von Ashley, nämlich B o u c h e r in Cognac und G r o t e in London, fast gleichzeitig um das Jahr 1897 auf den Gedanken, eine dem Motzen ähnliche Behandlung des Külbels zu versuchen. B o u c h e r senkte das Külbel während des vorläufigen Aufblasens in eine topfartige, oben offene Form mit dicken Metallwänden ein [3]). Grote bearbeitete den Külbelboden mit einem metallenen Löffel, der um den Boden des Külbels streichend hin und her bewegt wurde [4]). S e v e r i n endlich brachte an seiner Maschine einen richtigen Motzklotz an, in dem das Külbel wie bei der Handbläserei unter Drehen bearbeitet wurde [5]). Alle diese Kunstgriffe hatten den Zweck, die Wärme am Külbelboden gleichmäßiger zu verteilen, sie dem nach unten herausgeblasenen heißen und zu weichen Glase zu entziehen und sie auf die schon allzu starr gewordenen unteren Wandungsteile des Külbels zu übertragen, gleichzeitig natürlich auch den Külbelboden zu stützen. Heute ist man hiervon fast ganz abgekommen. Diese Zwischenbehandlung ist zeitraubend und wurde entbehrlich in dem Maße, als die Verbesserungen der Maschinen-Konstruktionen ein schnelleres Arbeiten erlaubten. Je rascher man nämlich das Külbel aus der Vorform entfernt, desto geringer werden die Temperaturunterschiede zwischen dem Külbelwandteil und dem Innenglase. Es ist das Verdienst von Severin hierauf

[1]) Brit. Pat. 3434 v. J. 1887.
[2]) Brit. Pat. 11288 v. J. 1889.
[3]) Brit. Pat. 27062 v. J. 1898 (amended).
[4]) Dinglers polyt. J. Bd. 318 (1903), S. 155—157, Abb. 13, 14, 22.
[5]) D. R. P. 127298, 156964.

aufmerksam gemacht zu haben. Er zeigte, daß es nicht nur möglich, sondern höchst vorteilhaft ist, das Külbel schon von der Vorform zu befreien, wenn sie noch mit der Bodenöffnung nach oben steht. Das Külbel steht dann von der Kopfform frei nach oben empor und wird in dieser Lage schon teilweise aufgeblasen[1]). Dadurch, daß die Luft in das freistehende Külbel eindringt, ist es diesem möglich, sich gleichmäßig nach oben und nach der Seite auszuweiten. Es kommt also nicht erst zu einem Herausblasen des inneren heißen Glases, wie es unvermeidlich ist, wenn man das Külbel in der geschlossenen Vorform oder freihängend, aber nach unten aufbläst. Da das Külbel ferner fast unmittelbar nach dem Einfüllen des Glases in die Vorform von dieser befreit wird, so hat es eine sehr gleichmäßige Temperatur, und alle die vorher erläuterten Schwierigkeiten verschwinden. Es genügt nunmehr bei jeder Flaschengröße, den Boden während des weiteren Aufblasens ein wenig durch eine Metallplatte, wozu der Fertigformboden benutzt werden kann, zu stützen und abzukühlen, wie dies schon von Ashley vorgeschlagen war.

Im übrigen hat zur Beseitigung dieser Schwierigkeiten auch beigetragen, daß man allgemein dazu überging, das in die Vorform eingegossene Glas durch einen von oben darauf wirkenden Druck in die Kopfform einzudrücken. Ein solches Eindrücken wurde schon bei dem ersten Modell einer „Kippmaschine" von Arnall und Ashley (s. Abb. 496) mit Hilfe eines Druckstempels ausgeführt, war aber bei den späteren Konstruktionen wieder weggelassen worden. Statt des Stempels verwendet man heute allgemein das Eindrücken mit Hilfe von Druckluft durch einen auf die umgekehrte Vorform aufzusetzenden Kopf oder das Einsaugen des Glases in die Kopfform von unten her. Dieses Eindrücken befreit, wie schon bei Abb. 496 erwähnt, von der Notwendigkeit sehr dünnflüssiges heißes Glas zu verarbeiten und vermindert dadurch die im Külbel auftretenden Temperaturunterschiede von vornherein.

Auf der geschilderten Stufe der Entwicklung[2]) hatte die Ashley-Maschine alle Teile der modernen Flaschenblasenmaschinen, besonders der nach dem Kippsystem, abgesehen von dem Druckstempel oder -kopf, den aber Ashley auch schon angegeben hatte, so daß man ihn mit Recht als Vater der Flaschenblasemaschine bezeichnen kann[3]). Die Abb. 497 und 498 geben diesen Entwicklungszustand wieder.

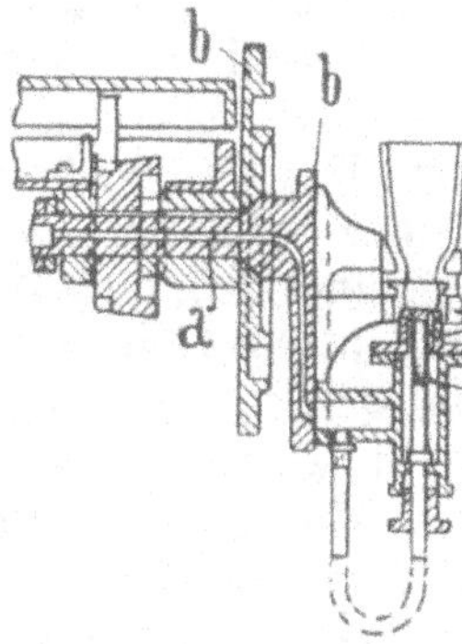

Abb. 497.

Die Vorform und die Kopfform *c* (Abb. 497,) jede aus zwei Hälften gebildet, sitzen an einem Halter *b*, der um eine hohle Achse *a* drehbar ist. In dem die Kopfform unten abschließenden Futter *e* ist ein hohler Dorn *f* verschiebbar, durch den ein wenig Preßluft eingeblasen werden kann, nachdem das Glas in die Form eingegossen und durch Emporstoßen und Zurückziehen des Dornes mit einer Höhlung versehen ist. Darauf wird die Vorform an ihrem Träger *b* umgedreht, ihre Hälften werden in Schlitzführungen seitlich vom Külbel hinwegbewegt. Man läßt dieses unter Unterstützung des Külbelbodens durch eine Platte und weiterem vorsichtigen Einblasen von Preßluft sich ein wenig strecken und legt die Blase-form *i* (Abb. 498) herum und bläst völlig auf.

Die Abb. 499 zeigt ein von Ashley gebrauchtes Versuchsmodell, das nur hinsichtlich der Anordnung der Kopf- und Vorform ein wenig von dem eben beschriebenen

[1]) D. R. P. 136895.

[2]) Brit. Pat. 3673 v. J. 1889.

[3]) Oder noch richtiger als die Mutter! Aus einem sehr interessanten Aufsatz über die Geschichte der Ashley-Maschine in J. Soc. Glass Techn. VII (1923), Nr. 28, S. 224—334, welchem auch die Abb. 499 entstammt, geht hervor, daß Ashley, Leiter einer Eisengießerei in Ferrybridge, die erste Idee zur Flaschenblasemaschine um 1886 von dem Posthalter Josiah Arnall in Ferribridge, South Yorkshire, empfing, der also gleichsam der Vater des Gedankens war, während ihm Ashley Fleisch und Blut der Wirklichkeit gab. Arnall hatte schon 20 Jahre früher seine Ideen dem Flaschenfabrikanten Edgar Breffitt vorgetragen, bei diesem aber kein Verständnis gefunden.

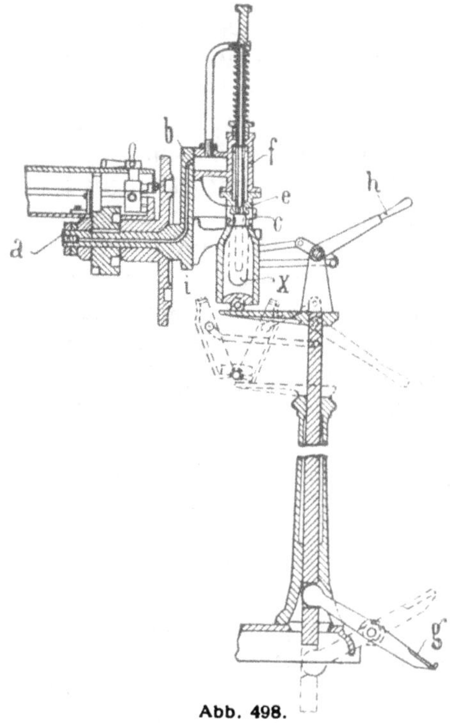

Abb. 498.

abweicht[1]). Übereinstimmend ist ein um eine wagerechte Achse drehbarer Träger *b* mit einem Futter *e* für den hohlen Dorn *f* zum Blasen vorhanden. Dieser Dorn ist mit dem Preßluftschlauch verbunden und mit einem Querstab als Handhabe versehen. Die Vorformhälften *c* und die Kopfformhälften (ebenfalls am Boden sichtbar) sind an Zangenschenkeln befestigt und werden an dem Dornfutter, bzw. an der Vorform festgeklemmt, nach dem der Träger um 180° gedreht worden ist. Die Fertigformhälften *i* drehen sich um eine Angel, welche hinter dem das Maschinengestell ersetzenden Pfosten angebracht ist, während die Bewegungseinrichtung mit Abb. 498 übereinstimmt. Das Ganze so kläglich aussehend wie ein Säugling in der ersten Windel, und doch wie dieser ein Gefäß unbegrenzter Möglichkeiten. Mit zwei dieser Versuchsmaschinen, die durch einen Anfänger mit Glas versorgt wurden, sollen 30 Dutzend Selterwasserflaschen in einer Schicht von 10¼ Stunden gemacht worden sein, was erstaunlich viel ist, aber nicht genug war, um die Maschine lebensfähig zu machen. Auch die Verbindung der Kopf- und Vorform mit dem Träger und das mechanische Öffnen wie bei Abb. 497 u. 498 genügte noch nicht.

Bei dem Aufbau einer Flaschenblasemaschine für Handbetrieb ist nämlich nicht nur die Rücksicht maßgebend, daß die an der Formgebung unmittelbar mitwirkenden Teile leicht und ohne den Arbeiter zu ermüden gehandhabt werden können. Es ist vielmehr noch zu bedenken, daß der ganze Formvorgang eines Glaskörpers insofern an eine bestimmte Zeitspanne gebunden ist, als er sich abspielen muß von dem Augenblick, wo das geschmolzene Glas in die Maschine eingebracht wird, bis zu dem Zeitpunkte, wo es bis zur Formbeständigkeit abgekühlt ist und angesichts der Gefahr des Zerspringens nicht länger in der Maschine verweilen darf. Auch für die einzelnen Abschnitte des Formvorganges ist eine bestimmte Glastemperatur die zweckmäßigste. Es muß also die Anordnung der Formenteile auch so sein, daß damit die einzelnen Abschnitte des Formvorganges im richtigen Tempo ausgeführt werden können oder umgekehrt, daß bei dem möglichen Arbeitstempo die richtige Temperaturverteilung in den Formen und im Glase sich einstellt.

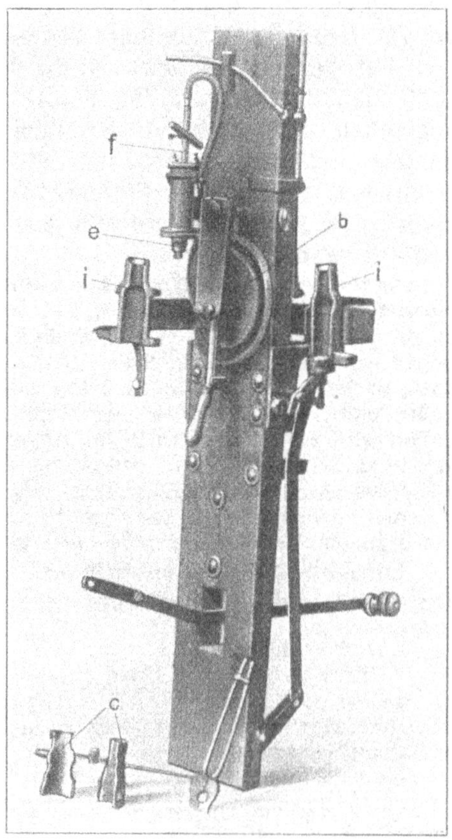

Abb. 499.

[1]) Diese Maschine entspricht dem Brit. Pat. 3686 v. J. 1889.

Äußerst wichtig ist also, daß dieser in der Maschine bei flotter Arbeit sich einstellende, einem Gleichgewicht entsprechende Wärmezustand der einzelnen Formteile der ihrer Arbeit förderlichste ist. Die Vorform erhält ja mit dem eingegossenenen Glase sehr viel Wärme zugeführt und darf doch nicht so erhitzt werden, daß das Glas am Metall zu kleben beginnt und daß die eingegossene Glasmasse zu lange Zeit braucht, um die zur weiteren Verarbeitung nötige Zähigkeit zu gewinnen. Die Vorform muß also Gelegenheit zur Abkühlung haben. Anderseits hat es sich als zweckmäßig herausgestellt, daß während der Arbeit die Kopf- und Fertigform bei schwacher Rotglut sich erhalten. Bei der Kopfform ist dies erwünscht, damit die Mundstücke nicht einreißen oder springen, bei der Fertigform, damit die Flasche möglichst schönen Glanz aufweist. Man kann nun, und so wird bei vielen Maschinen verfahren, die Vorform mit Wasser oder Preßluft kühlen und die Fertigform, nötigenfalls auch die Kopfform, mit Wärmeschutzmänteln einhüllen. Noch einfacher kommt man aber zum gewünschten Ziele, wenn man die der Abkühlung bedürftigen Teile im Verhältnis zu den warm zu erhaltenden vervielfältigt, also z. B. mehrere Vor- und Kopfformen mit einer Fertigform zusammen arbeiten läßt. Da immer je eine Vorform leer steht, so hat sie Zeit zur Abkühlung.

Solche Erfahrungen waren es offenbar, welche Ashley veranlaßten, im weiteren eine Maschine zu bauen[1]), bei welcher an einem zunächst für mechanischen, später für Handbetrieb bestimmten, um eine Mittelsäule drehbaren Gestell 4, später 3 aus Kopf- und Vorform bestehende Einheiten von der Anordnung gemäß Abb. 498 angeordnet waren und an dessen Umfang eine einzige Fertigform im wesentlichen gemäß dieser Abbildung aufgestellt war. Bei der Drehung des Gestells wurde das Kippen des Vorformträgers, das Einstoßen des Dornes und das Öffnen der Vorform, später der Kopfform mechanisch durch Anlaufschienen und -Kurven besorgt. Von diesen Maschinen hatte Ashley zu einer Zeit gleichzeitig 10 in Betrieb, und Robert Dralle sah 1892 von diesen Maschinen 22 in flottem Betriebe an einer Siemenswanne in Castleford bei Ashley u. Co., was für ihre Brauchbarkeit spricht. Aber obgleich wiederholt Gesellschaften gegründet und umgeformt, Kapitalien aufgebracht und verloren, zahlreiche Maschinen gebaut und benützt wurden, obgleich der Maschinenfabrikant Josua Horne in Castleford bei ihrer Verbesserung mitwirkte und obgleich die Maschine, wie schon gesagt, in fast allen wesentlichen Punkten mit späteren erfolgreichen übereinstimmt, so brach im Jahre 1894 das ganze Unternehmen endgültig zusammen, und die Anlagen in Castleford einschließlich der Maschinen wurden versteigert, ein Opfer schlechter Geschäftsführung und der Sabotage durch die Trade-unions. Obgleich diese für den Mißerfolg der Ashley-Maschine angegebenen Gründe bei der anscheinend rationellen Bauart glaubhaft erscheinen, so ist doch zu sagen, daß die bloße kritische Betrachtung einer Blasemaschinenkonstruktion noch kein zuverlässiges Urteil über deren Brauchbarkeit ergibt. Abgesehen von den schon oben angegebenen Bedingungen trägt zur Erhaltung des richtigen Wärmegleichgewichts in den formgebenden Teilen der Maschine noch ein anderer, zunächst wenig augenfälliger Punkt sehr viel bei, nämlich die richtige Verteilung der Metallmassen an den einzelnen Formteilen, bei welcher es sehr auf Erfahrung ankommt.

Nach dem Erörterten leuchtet ein, daß Blasemaschinen, die auf dem Papier sehr befriedigend aussehen und von als gut erprobten Maschinen sich anscheinend kaum unterscheiden, dennoch in der Praxis sich als unbrauchbar erweisen können.

Der Mißerfolg Ashleys war nur ein persönlicher, seine Erfindung war lebensfähig, lebte weiter und war, wie wir wissen, der Ausgangspunkt einer heute schon fast unübersehbaren Zahl von Nachfolgeerfindungen. In Deutschland begann 1891

[1]) Brit. Pat. 3673 v. J. 1889.

Hilde nach selbständigen Ideen eine Glasblasemaschine zu entwickeln, nachdem bereits 1889 Bauer das erste deutsche Patent auf eine sehr unvollkommene Blasemaschine erhalten, aber anscheinend nicht weiter verfolgt hatte. Fast gleichzeitig, um 1897 traten Boucher in Cognac und Grote in London mit Kippmaschinen hervor, von denen die erste eigenartige Züge aufweist, die Grotesche aber sich eng an die von Ashley anlehnt. Auch nach Amerika kamen aus England Maschinen des Kippsystems, aber ihre Verbreitung und Entwicklung war mäßig, offenbar weil diese Maschinen noch zu sehr auf Handbedienung angewiesen waren. Erst als die im Jahre 1899 begonnenen Versuche von M. J. Owens zur sog. Owensmaschine geführt hatten, setzte auch hier eine Entwicklung ein, welche die in Europa bald mit Riesenschritten ein- und überholte.

Aus der Fülle können im folgenden nur die Maschinen herausgegriffen werden, welche eine Stufe in der Entwicklung bezeichnen oder hervorragende praktische Bedeutung gewonnen haben. Da durch Ashley das Arbeitsverfahren der Kippmaschine in den Grundzügen festgelegt war, so beziehen sich alle weiteren äußerlich sichtbaren Fortschritte vorwiegend auf die Zusammenordnung der formgebenden Teile in solcher Weise, daß bei möglichst hoher Produktion und flottem, bei Handbetrieb nicht rasch ermüdendem Arbeitsgang das schon oben erörterte Wärmegleichgewicht bei richtiger Arbeitstemperatur der verschiedenen Formen gesichert ist. Daß außer den sichtbaren Fortschritten in den Konstruktionen auch nicht ohne weiteres sichtbare gemacht wurden ist oben schon gesagt worden.

Abb. 500.

In England blieb die Entwicklung von der Ashley-Maschine beherrscht. Die zunächst sich ausbreitende Kippmaschine von Grote zeigt wenig neue Züge, denn auch Ashley hatte bereits Druckluft zur Bewegung der Formenteile herangezogen. Die Maschine wurde seinerzeit in Deutschland eingeführt, wird heute aber wohl kaum noch benutzt und ist auch in England von andern abgelöst. Sie kann aber als Beispiel einer Handmaschine mit mehreren Einheiten an einem Drehgestell gelten. Die letzte Form der Maschine ist in den Abb. 500 bis 503 dargestellt [1]).

Die Mittelsäule der Maschine ist mit einem Kugellager in dem Maschinenfuße drehbar. Mit der Mittelsäule dreht sich der Maschinentisch mit zwei Fertigformen an entgegengesetzten Seiten und ferner die oben an der Säule angebrachte wagerechte Achse, an deren Enden je eine Drehscheibe mit einer Vorform 13, einer Kopfform 14 und dem darin verschiebbaren hohlen Blasedorn sitzen. Dieser hohle, notwendigerweise stark in die Glasmasse vorspringende Dorn erhitzt sich leicht zu stark, worunter Dorn und Flasche leidet. Er ist neuerdings allgemein durch eine feste, u. U. mäßig vorgezogene Düse ersetzt, welche durch einen massiven Dorn ausgefüllt ist, wenn dieser in vorgeschobener Stellung steht, und durch Zurückziehen des Dornes freigegeben wird (s. die Boucher-Maschine und Abb. 505). Der hohle Dorn wird durch eine von oben herabkommende Leitung und die hohle wagerechte Welle mit Preßluft

[1]) „Ältere Formen, I. Aufl. S. 883/4. D. R. P. 116927; Brit. Pat. 12392 v. J. 1897, 14539 v. J. 1898, 18817 v. J. 1898, 16625 v. J. 1899; D. R. P. 133942. D. R. P. 215711; Brit. Pat. 1581 v. J. 1908."

versorgt, deren Menge durch Ventile 25 mit Handrädern zu beiden Seiten der Kopfform geregelt wird. Der Blasdorn schraubt im Innern der Muffe 15 und bewegt sich dementsprechend in der Halsform vor und zurück, wenn man das Handrad 31 dreht. Rechts in Abb. 500 wird das Glas eingefüllt. Das Külbel wird, wie bei Ashley, im Hang teilweise aufgeblasen und gestreckt und die Fertigform (Abb. 500 rechts) darumgeklappt und das Külbel zur Flasche aufgeblasen. Ein Werkzeug zum Abkühlen des Külbelbodens wie bei Ashley und allen späteren Kippmaschinen ist an der Maschine nicht vorhanden. Vielleicht soll nötf. der Grotesche Löffel benützt werden (s. S. 592 Anm. 4). Nachdem der Blasekern aus der Halsform zurückgeschraubt und die Kopfform geöffnet ist, wird der Mittelsäule der Maschine und dem Tische eine halbe Umdrehung erteilt, so daß der eben benutzte Formsatz die Stellung links erhält und der leere nach rechts gelangt und zur Herstellung der zweiten Flasche benutzt werden kann. Währenddessen kühlen die geöffneten Hälften der Vor- und Kopfform (welche besonders heiß werden) des anderen Formensatzes ab. Dagegen bleibt die Fertigform mit der eben fertiggestellten Flasche noch einige Zeit geschlossen, wobei der Flaschenkopf oben frei heraussteht und daher nicht mehr stark abgekühlt wird, der Flaschenkörper dagegen Zeit hat, fest zu werden. Da somit die Fertigform nur kurze Zeit offen bleibt, wird sie in der für den Glanz der Flasche wünschenswerten höheren Temperatur erhalten, ein Fortschritt gegenüber Ashley. Die Formen werden pneumatisch geöffnet und geschlossen, so daß, abgesehen von der Bewegung des Tisches und der Drehscheiben, sowie dem Herein- und Herausschrauben des Blasekernes, nur drei Handgriffe von dem Glasbläser auszuführen sind, nämlich die Steuerung des zum Öffnen und Schließen der Vorform und der Halsform dienenden Preßluftventils, eines anderen Ventils zum Öffnen und Schließen der Fertigform und endlich des Ventils für die Blaseluft. Dagegen ist nicht ein einziges Formenschloß an der Maschine vorhanden. Die pneumatische Bewegung der Formhälften erfolgt durch die in den Abb. 501—503 dargestellten Einrichtungen. In Zahnsegmente am hinteren Ende der um die Achse 33 (Abb. 502) schwingenden Vorformtragarme greift je eine Zahnstange ein, die an beiden Enden mit je einem in einem Preßluftzylinder 38 (Abb. 500 u. 502) abdichtenden Kolben 37 versehen ist und hin und her bewegt werden kann, indem man die Preßluft abwechselnd von links und rechts in den Zylinder ein- und am anderen Ende austreten läßt. Die Formhälften werden sich also, je nachdem man ihre Preßluftzylinder von einem oder vom anderen Ende mit Druckluft versorgt, abwechselnd öffnen und schließen und in der Schlußstellung fest zusammengepreßt bleiben, so daß ein besonderer Verschluß unnötig ist. Eine

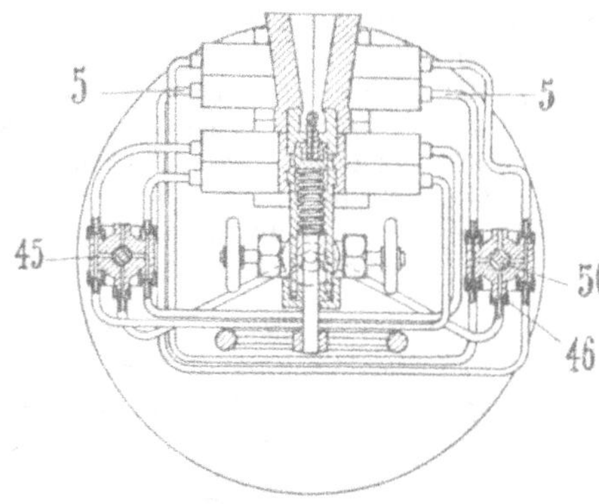

Abb. 501.

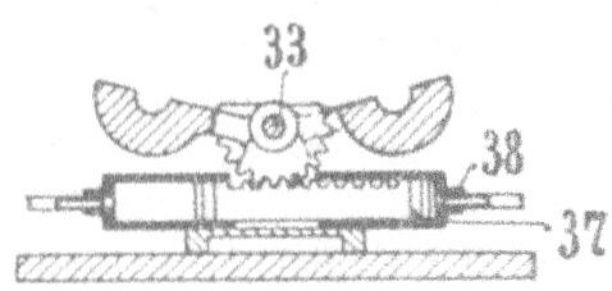

Abb. 502.

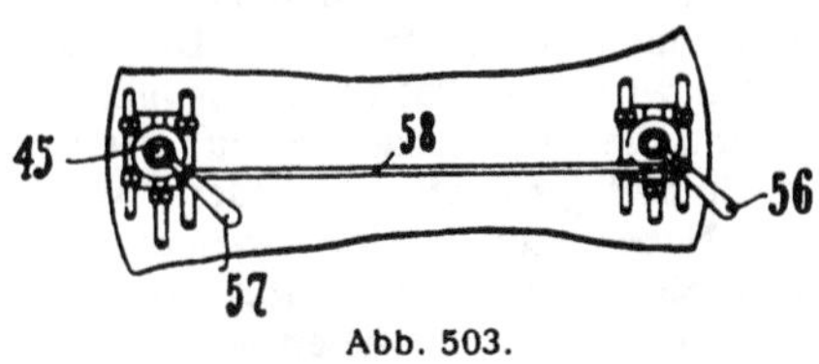

Abb. 503.

mit der eben geschilderten Einrichtung übereinstimmende ist auch für die Kopfform getroffen. Die dazu dienenden Preßluftzylinder sind in den Abb. 500 und 501 über den für die Vorform dienenden sichtbar.

Die Steuerung aller vier Zylinder wird von einem einzigen Handgriff aus besorgt. Die Enden der Vorformzylinder sind durch dünne Rohrleitungen und die wagerechten Hahnbohrungen an den Vierweghahn 50 (Abb. 501) rechts, die Enden der Kopfformzylinder ebenso an den Hahn 45 links angeschlossen. Von den senkrechten Kanälen der Hahngehäuse dient der untere zur Zufuhr von Preßluft aus den Leitungen, der obere als Auspuff.

Bei geschlossenen Formen und den Hahnstellungen gemäß Abb. 501, bei welchen die von unten kommenden Lufteinströmungskanäle 46 mit den nach links führenden Bohrungen verbunden sind, müssen die Formen sich öffnen, und die umgekehrten Bewegungen werden herbeigeführt, wenn man die Hahnküken eine Vierteldrehung ausführen läßt. Zu beachten ist, daß beim Schließen zuerst die Kopfform-, danach die Vorformhälften bewegt werden müssen, beim Öffnen zuerst die Vorform-, dann die Kopfformhälften. Damit der Arbeiter die zugehörigen Vierweghähne nur in der richtigen Reihenfolge bewegen kann, sind ihre Handgriffe in der aus Abb. 503 ersichtlichen Weise durch eine Stange 58 so gekuppelt, daß sie ihre Bewegungen stets gleichzeitig und in gleicher Richtung machen müssen. Der eine

Hahngriff ist aber zu seinen Bohrungen und im Vergleich zu dem anderen Hahngriffe so eingestellt, daß der Vorformhahn dem anderen, dem Kopfformhahn, in der dem Öffnen entsprechenden Drehrichtung, z. B. um eine Achteldrehung, vorauseilt, so daß er also bereits Preßluft durchläßt und die Vorform öffnet, während der Kopfformhahn noch geschlossen ist. Erst bei einer Weiterdrehung in derselben Richtung läßt auch der Kopfformhahn Luft durch und öffnet sich die Kopfform. Bei der umgekehrten Drehrichtung erreicht natürlich der Kopfformhahn zuerst die der entgegengesetzten Luftzuführung entsprechende Stellung, so daß sich die Kopfform vor der Halsform schließt. Beide Formen kann man also öffnen oder schließen, gleichviel ob man sich des Hebels 57 oder 56 bedient.

Die in jeder Hütte vorhandenen zweiteiligen Fertigformen können ohne weiteres an der Maschine angebracht werden, indem sie mit ihrer Bodenplatte auf die in Abb. 500 links sichtbaren, mit entsprechenden Löchern und Schrauben versehenen Platten befestigt werden. An diesen Platten greift die Einrichtung zum Öffnen und Schließen der Fertigformhälften an. Sie besteht aus einem unten am Maschinentisch hängenden, mit der Fertigform konaxialen Druckluftzylinder, welcher aus der Preßluftleitung unter Vermittlung biegsamer Rohrspiralen 16 und unter Steuerung durch eingeschaltete Hähne mit Druckluft versorgt werden. An dem Kolben dieser Zylinder sitzt keine Kolbenstange, sondern unmittelbar am Kolben sind zwei nach den Fertigformhälften gehende Lenker angebracht. Natürlich fehlt der obere Zylinderdeckel. Wird nun der Kolben des Zylinders durch Preßluftzufuhr in die Höhe gestoßen, so bewegt er die auseinandergeklappten Formhälften mit Hilfe der Lenker zusammen. Bei Entlastung des Zylinders drückt das Gewicht der auseinander klappenden Formhälften den Kolben wieder herunter.

Die beiden Handhebel, welche oben an der Rückseite der linken Drehscheibe und unten hinter der rechten Drehscheibe sichtbar sind, dienen der Entriegelung dieser Drehscheiben, wenn sie um 180° gedreht werden sollen. Sie sind paarweise angebracht, damit bei jeder der beiden Endstellungen der Scheibe ein Hebel der linken Hand des Arbeiters erreichbar und die andere Hand für die Bewegung der Steuerhebel freibleibt. Der Riegel steht radial an der Drehscheibe und schleift unter dem Druck einer Feder am Rande der hinten an der Drehscheibe sitzenden Platte 17, deren Umfang mit zwei Einschnitten versehen ist, in welche der Riegel einschnappen kann. Außerdem ist der Umfang dieser Platte nicht kreisförmig, sondern er entfernt sich von einem Einschnitt zum anderen im Sinne der Scheibendrehung allmählich von seinem Mittelpunkte, so daß der Riegel im Verlaufe einer halben Scheibendrehung immer weiter zurückgedrängt wird, wobei er auf die Scheibe eine zunehmend bremsende Wirkung ausübt. Die Scheibe wird demzufolge beim Einschnappen des Riegels stoßfrei angehalten[1]).

Der Maschinentisch kann je nach der Höhe der verwendeten Form an der Mittelsäule der Maschine verschieden hoch eingestellt werden.

Die Grotesche Maschine leistet nach Angabe des Erfinders 150 Flaschen stündlich, wobei der Einträger noch das Herausnehmen der fertigen Flasche aus der Fertigform besorgt und ein mit einem Löffel arbeitender Einfüller zwei Maschinen bedient.

Andre, nach der Groteschen in England aufgetretene Varianten der Ashley-Maschine mit mehreren kippbaren Einheiten an einem Drehgestell sind die von Th. W. Simpson[2]), bei welcher alle Bewegungen, auch die absetzende des Drehgestells automatisch bewirkt werden und von Steele[3]). Bei dieser letzten wird das Glas in die umgekehrt stehende Kopfform eingesaugt und diese Saugung, das Vorblasen und die Druckluftkolben zur Bewegung der Vorformhälften mechanisch durch die Kippbewegung der Einheit gesteuert. Besonderer Wert ist auf die Zentrierung der Formen in der Arbeitsstellung gelegt. Neben dem Typ mit Drehgestell ist noch ein anderer entwickelt worden, bei welchem zwei kippbare Einheiten Rücken an Rücken stehen, z. B. durch Th. W. Simpson[4]) und durch F. H. Pierpont[5]), auf den nur hingewiesen werden kann.

Eine andere, recht zweckmäßige Verbindung zweier vollständiger Kippmaschinen ist bei der Maschine von Geiger[6]), Achern i. B., vorgenommen. Die Maschinen stehen nebeinander, d. h. die Kippachsen liegen in einer Flucht, die feststehenden Fertigformen beide vorn. Die senkrechten Mittelachsen der Kopfformen stehen nicht radial zur Kippachse, sondern tangential, dementsprechend liegen die Mittelachsen der umgekehrt stehenden Vorform und der zugehörigen Fertigform nicht in derselben Senkrechten, sondern hintereinander. Die beiden Kippachsen sind auf gegenläufige Drehung mittels derselben Handkurbel gekuppelt. Ist ein Külbel z. B. in die rechtsstehende Fertigform eingehängt und das Fertigblasen eingeleitet, so braucht der Arbeiter auf die Beendigung nicht zu warten, sondern überläßt das Weitere dem Einträger und beginnt sofort an der Nachbareinheit ein neues Külbel.

[1]) D. R. P. 231858.

[2]) D. R. P. 234384; 221665.

[3]) D. R. P. 330979; 330980; 331629; entsprechend Brit. Pat. 5332 v. J. 1915, 17378 v. J. 1915; 5333 v. J. 1915; 13703 v. J. 1915.

[4]) Brit. Pat. v. J. 1901: 21158, 21521; v. J. 1902: 4145, 26262, 26338 (amended); v. J. 1910: 14003.

[5]) Schweiz. Pat. 29141 (angem. 1903).

[6]) D. R. P. 297407.

Ungefähr gleichzeitig mit Grote nahm Boucher in Cognac, Frankreich, das Problem der Flaschenblasemaschine in Angriff, gedrängt durch Schwierigkeiten mit der Arbeiterschaft seiner Glashütte. Seine Versuche begannen 1894, und 1897 nahm er die maschinelle Fabrikation von Flaschen im großen auf. Seine Maschine entspricht der von Ashley insofern, als (s. Abb. 504) eine Vorform *e* und eine Kopfform *f* verwendet werden, welche an dem um 180° drehbaren Balancier *b* (mit Schwungrad *d*) sitzen und eine Fertigform *l*. (Die Formen sind aufgeklappt dargestellt.) Abweichend von der Ashleymaschine und verbessert ist die Einrichtung zur Bildung des Flaschenhalses (Abb. 505).

Während Ashley noch versucht hatte, die Mündung der Flasche durch einen langen, nach dem Füllen in die Vorform hineingestoßenen Dorn gleichsam auszubohren, benutzt Boucher einen bereits beim Einfüllen des Glases in die Kopfform einen wenig vorstehenden und gleichsam als Gießkern wirkenden Dorn *g*, welcher vor dem Blasen zurückgezogen wird und dann eine gleichmäßige und sauber ausgebildete Höhlung hinterläßt. Der Dorn bildet zugleich den Abschluß der Kopfform gegen das Eindringen von Preßluft. Er wird beim Umkehren der Form durch die Wirkung eines auf der Balancierwelle sitzenden Exzenters von selbst zurückgezogen[1]). Außerdem ist an der Maschine eine Einrichtung vorhanden, welche in der Figur nicht dar-

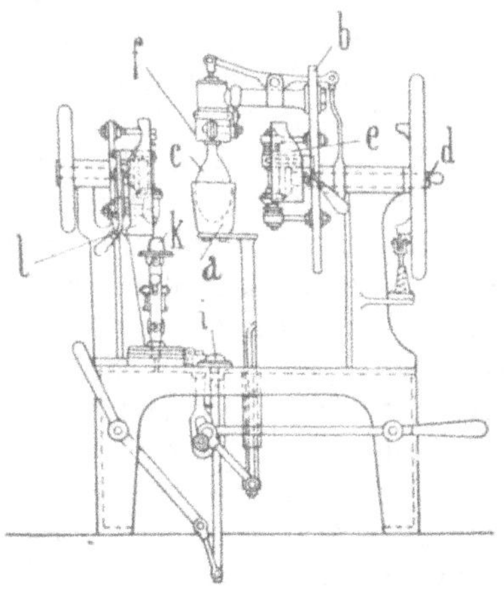

Abb. 504.

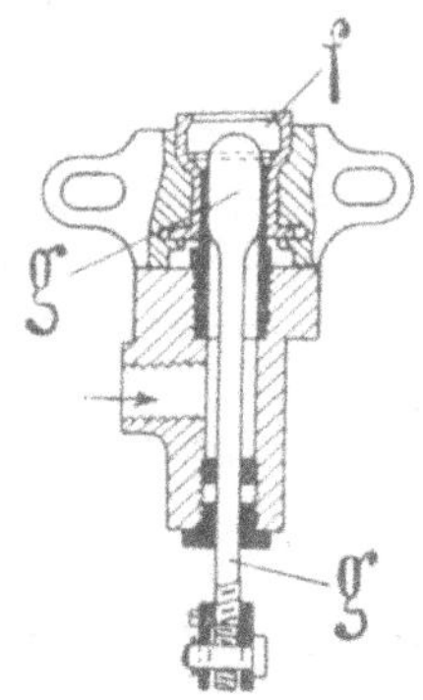

Abb. 505.

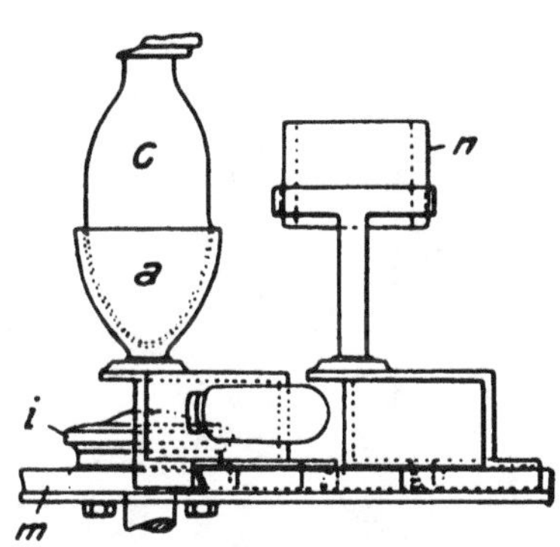

Abb. 506.

gestellt ist, aber mit der in Abb. 507 links oben sichtbaren übereinstimmt und in einem Deckel mit Preßluftanschluß besteht, welcher auf die umgekehrte Vorform aufgesetzt wird. Wenn durch ein Pedal ein Hahn in der entsprechenden Luftleitung geöffnet wird, so wird das Glas durch die Druckluft in der Vorform von oben nach unten gepreßt und in die Kopfform bis zu ihrer völligen Ausfüllung hineingedrückt. Da es sich für Boucher in erster Reihe um die Herstellung von Flaschen handelte, welche nach Art der Rotweinflaschen einen kurzen Hals, eine kräftig ausspringende Schulter und einen langen, walzenförmigen Körper haben, so ist in der Vorform das Glas zum größeren Teil in einer gedrungenen Masse vorhanden, deren Inneres daher im Beginn des Vorblasens viel weiches Glas enthält. Es ist daher bei der Maschine besonders vorgesorgt, dieses beim Vorblasen am Külbelboden herausdrängende Glas gut zu verteilen. Zu diesem Ende diente bei der ersten Form der Maschine die schon erwähnte topfförmige Zwischenform *a*[2]) und diese wurde später[3]) durch die Einrichtung Abb. 506 ersetzt. Hierbei ist an dem heb- und senkbaren Schaft der Bodenform *i* in Abb. 504 eine Platte *m* befestigt, auf welcher in Schlittenführungen eine Topfform *a* und eine

[1]) D. R. P. 139446.
[2]) Brit. Pat. 27062 v. J. 1898 (amended).
[3]) Brit. Pat. 23974 v. J. 1903; Bull. Soc. d'Enc. 101 (1901), S. 620ff.

Zylinderform *n* so verschoben werden können, daß sie abwechselnd mit gleicher Mittelachse über die Bodenform gebracht werden können. Zuerst kühlt man den Külbelboden mit der Form *a*, wobei man unter allmählichem Senken der Form den oberen Teil *c* des Külbels sich strecken läßt. Dann kühlt man mit der Zylinderform *n* den oberen Teil und läßt den unteren Teil sich strecken. Der bei der ersten Maschine (Abb. 504) vorhandene besondere Boden *k* für tief eingestochene Böden[1]) ist später durch einen besonderen Apparat ersetzt worden. Zum Einpressen des Glases in die Vorform wird Preßluft von $^3/_4$ at, zum Blasen dagegen schwächer gepreßte Luft von $^1/_4$ at Druck verwendet. Zur Bedienung der Maschine genügt ein Arbeiter und immer für zwei Maschinen ein Anfänger. Mit dieser Besetzung liefert eine Maschine stündlich 85 Flaschen von 700 g, eine Angabe, die in Anbetracht der zahlreichen zur Herstellung der Flaschen notwendigen Handgriffe ziemlich hoch erscheint. Über die Beschaffenheit der Flaschen, namentlich über Glasverteilung und Glanz, wird Gutes berichtet. Bei einem Vergleich der Druckfestigkeit mit Flaschen, welche gleichzeitig aus demselben Ofen von Hand gefertigt wurden, zeigten sich die Maschinenflaschen mit einem größten Widerstand von 23,6 at den handgearbeiteten Flaschen mit 20,3 at überlegen. Die Leistungsfähigkeit der Maschine hinsichtlich der Verschiedenartigkeit der herstellbaren Flaschensorten wurde auf der Pariser Weltausstellung durch eine reichhaltige Sammlung verschieden geformter Flaschen veranschaulicht. Für die Herstellung gedrehter Flaschen hat Boucher gewisse Abänderungen seiner Maschine angegeben, die aber praktische Bedeutung nicht erlangt haben.

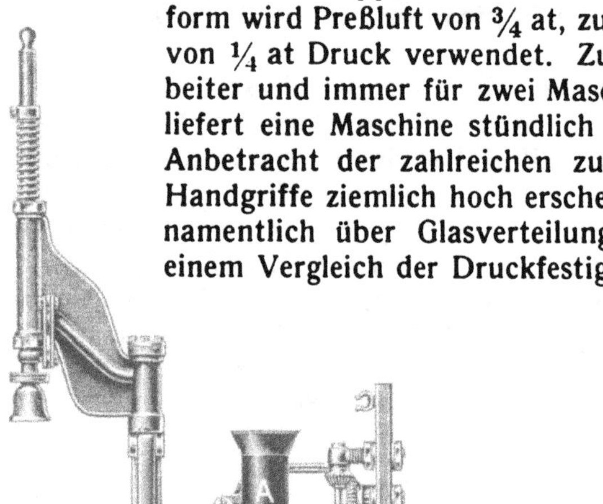

Abb. 507.

Für schnellere Arbeit konstruierte Boucher die Maschine Abb. 507[2]), bei welcher die Vorform *A* und die Kopfform *C* in doppelter Anzahl vorhanden sind, so daß, während die Flasche in der Fertigform vollendet wird, bereits ein zweiter Glasposten in die zweite Vorform eingegeben werden kann. Die Kopfformen sitzen nicht unmittelbar an der Lagerbüchse *E* des Balanciers, sondern an abstehenden, gekrümmten Armen, so daß zwischen ihnen Platz für einen Mechanismus bleibt, welcher in dem Augenblicke, in welchem die beiden Sätze Kopf- und Vorformen ihren Platz wechseln, aus der oberen Kopfform den in sie hineinragenden Dorn zurückzieht und in die andere Kopfform den Dorn vorschiebt, so daß die nunmehr obere Form unten abgeschlossen ist und gefüllt werden kann, während in der jetzt unteren die Flasche fertiggeblasen wird. Zum Zwecke der nötigen senkrechten Verschiebung hängen die beiden Dorne in der Mitte durch eine wagerecht liegende Büchse zusammen, welche auf einem exzentrischen Teile der festen Welle I drehbar ist. Die Luft zum Blasen wird unter Regelung durch ein rechts an der Maschine sichtbares Pedal aus der für mehrere nebeneinander aufgestellte Maschinen

[1]) Brit. Pat. 14258 v. J. 1897 (amended).

[2]) D. R. P. 142625; s. ferner Brit. Pat. 7969 v. J. 1915.

dienenden Hauptleitung *L* für schwach gepreßte Luft entnommen und durch die Leitung *N* und die hohle Achse I der Kopfform zugeführt. Die Längsbohrung dieser Achse endet durch einen Querkanal nach unten, so daß die Preßluft nur immer in denjenigen hohlen Arm und diejenige Kopfform eintreten kann, welche nach unten steht. Links an der Maschine befindet sich ein zweites Pedal zur Steuerung eines Preßlufthahnes *M*, welcher aus der Hauptleitung *K* Luft von höherer Pressung einer senkrecht geführten und verschiebbaren Kappe zugeführt, die an dem drehbaren Arme links oben an der Maschine sitzt, mit dem Arme über die Vorform gedreht und mit dem Handhebel darauf gedrückt werden kann. Ein Schnepper auf dem Maschinentisch hält den Balancier in seinen beiden Arbeitsstellungen fest. Unmittelbar links daneben ruht in einer Aussparung des Maschinentisches die hier mit Handhabe versehene topfförmige Zwischenform, welche schon bei der ersten Maschine erwähnt wurde. Der Vorformboden ist mit zwei gegenständigen Handhaben versehen, mit welchen er in zwei von der Vorform nach unten abstehende Haken eingesetzt wird. Die Abb. 508 zeigt die Maschine in dem Augenblicke, in welchem die Glasmasse aus der Vorform befreit worden ist. Sie läßt die gedrungene Form des Külbels und den kurzen Hals erkennen und ferner, daß der Aufbau der Maschine durch die Absicht beherrscht ist, dem Arbeiter die Bedienung im Sitzen zu ermöglichen, indem er sitzend alle zu bewegenden Teile erreichen kann [1]) (s. Abb. 508).

Abb. 508.

Als Leistung dieser Maschine wird eine Erzeugung von 120 Stück 700 g schwerer Flaschen in der Stunde angegeben, was wohl als eine Bestensleistung zu verstehen ist.

Für das Glas, welches mit der Bouchermaschine verarbeitet wird, werden folgende Zusammensetzungen angegeben:

	1.	2.	3.
SiO_2	70	65	60
CaO	17	16	21,1
Na_2O	9	7	9,6
Al_2O_3	2	7	7,4
Fe_2O_3	1	3	7,4
MnO_2	1	?	—

1. in Cognac, 2. in Carmaux, 3. in Pont-St.-Esprit. Die Sätze Nr. 2 und 3 sind durchaus normale Flaschenglassätze.

Die **Anfänge der Glasblasemaschine in Deutschland** sind, wie schon erwähnt, an die Namen **Bauer** und **Hilde** geknüpft. **Hilde** hat von 1891 ab, zunächst in enger Anlehnung an die **Ashley**-Maschinen, sich mit der Kippmaschine beschäftigt, ist dann aber eigene Wege gegangen [2]). Auf ähnlichen Gedanken beruhen auch die Maschinen von **Heerdt** [3]). Bei den **Heerdt**- und **Hilde**-maschinen ist eine sehr einfache und handliche Anordnung der Formen dadurch erreicht, daß die den Stufen des Ashley-Verfahrens entsprechenden Stationen, also zum Einfüllen, Vorblasen und Fertigblasen nebeneinander auf einer Werkbank angeordnet sind. Die Vorform wird nach dem Füllen und Eindrücken des Glases über Kopf seitlich fortgeschwungen oder fortgewälzt nach der zweiten Station, an dieser das vorgeblasene Külbel mit einer Zange herausgenommen und auf die Fertigform übergelegt. Die Bewegungen werden z. T. durch handgesteuerte Druckluftzylinder ausgeführt. Bei der Heerdt-Maschine und auch bei den späteren Hildeschen Modellen [4]) liegt ein Vorteil darin, daß der Flaschenkopf sofort nach dem Eindrücken des Glases auf der ersten Station freigelegt, also nicht schädlich ab-

[1]) Nach dem, was über die Entwicklung der Kippmaschine durch Ashley gesagt worden ist wird man die Behauptung von Appert (Bull. soc. d'encour. 134 (1922) S. 748) würdigen können, daß alle Blasemaschinen, die Owensmaschine und die Blaseapparate von P. Th. Sievert nicht ausgenommen, nur Abänderungen oder Verbesserungen der Boucher-Maschine seien.

[2]) Öst. Pat. 6954, 8139; D. R. P. 136530, 138859, 136648.

[3]) Öst. Pat. 818, D. R. P. 105842; Brit. Pat. 2790 v. J. 1900.

[4]) Öst. Pat. 17960, D. R. P. 164440, Am. Pat. 784744.

gekühlt wird. Für die Frage des Innenglases hat Hilde eine eigenartige, wenn auch nicht ganz überzeugende Lösung angegeben, welche aus der den Arbeitsgang der Maschine veranschaulichenden Abb. 509 hervorgeht[1]). Die Vorform 1 sitzt lose in der schwingbaren Gabel 2, die Kopfformhälften 3 sind in der Maschinenbank parallel verschiebbar. Nach dem Einfüllen und Eindrücken wird die Kopfform geöffnet und die Vorform unter den Vorblasekopf 4 geschwungen, der auf den freiliegenden Külbelkopf aufgedrückt wird. Dieser Kopf wird dann mit der Zange 5 erfaßt, die Vorform geöffnet und zurückgeschwungen und nun das herausgeblasene weiche Innenglas z. T. mit den parallel geführten Scherblättern 6 abgetrennt, wobei sich eine neue Außenhaut bildet. Dann wird das Külbel an der Zange hängend herumgeschwungen (s. 7) und in der Fertigform 8 fertiggeblasen. Diese Hildemaschine ist z. B. bei Friedrich Siemens, Dresden, eingeführt worden. Um die Produktion zu steigern, hat Hilde später zu Formen mit 4—5 Formhöhlungen gegriffen[2]). Solche Maschinen sind gebaut worden, scheinen sich aber nicht bewährt zu haben. Diese 4- bis 5fachen Formen sind ganz gewaltige Metallmassen, ebenso die zugehörigen Blas- und Druckköpfe und müssen schwerfällige Bewegungen ergeben, auch wenn diese durch Druckluftantriebvorrichtungen ausgeführt werden.

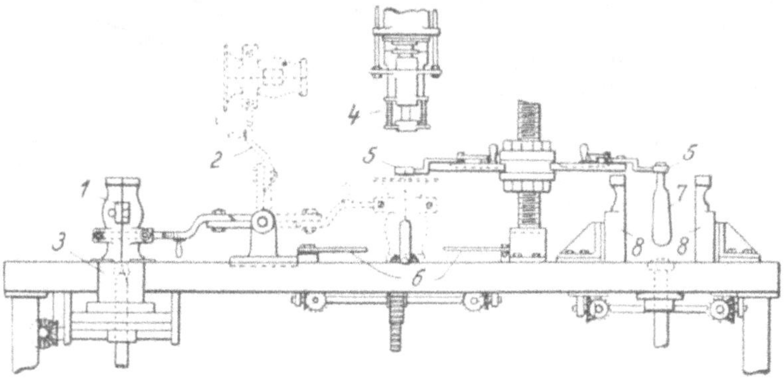

Abb. 509.

Mit einem neuen Gedanken hat H. Severin, Achern, die Kippmaschine sowohl hinsichtlich des Arbeitsverfahrens, als auch der Konstruktion vorwärtsgebracht. Das Ziel ist dabei, das Külbel, sobald es irgend fest genug ist, jedenfalls noch vor dem Herumschwenken, aus der Vorform zu befreien[3]). Auf die große Bedeutung dieses Gedankens ist schon oben (S. 592/593) hingewiesen worden. Durch diese Arbeitsweise wird dem Külbel eine Gleichmäßigkeit der Temperatur bewahrt, welche die gute Beschaffenheit der fertigen Flasche verbürgt und jede Zwischenbearbeitung des Külbels überflüssig macht. Dieser Absicht entsprechend wird bei den Severinschen Maschinen die Vorform nicht, wie etwa bei Grote und Boucher, zusammen mit der Kopfform herumgeschwenkt, sondern die Vorform und die Fertigform stehen übereinander, behalten ihren Platz und öffnen sich um unbewegliche Achsen. Zwischen den beiden Formen sitzt an einer wagerechten drehbaren Achse die Kopfform so, daß sie in der einen Stellung den unteren Abschluß der Vorform und in der anderen den oberen Abschluß der Fertigform bildet.

Diese zuerst von Severin angegebene Anordnung ist die bei späteren Kippmaschinen bevorzugte. Sie ist aber dadurch noch weiter vervollkommnet, daß an der wagerechten Achse zwei Kopfformen angebracht sind, von denen die eine die Vorform unten abschließt, während die andere gleichzeitig auf der Fertigform aufsitzt. Man kann also, während die eine Flasche fertiggeblasen wird, bereits die andere in der Vorform beginnen. Diesem System, welches bei Severin-Maschinen zuerst von

[1]) Am. Pat. 784744, Brit. Pat. 1973 v. J. 1902.

[2]) Öst. 26327, D. R. P. 185052 (1906); D. R. P. 256816, 263920 (1911).

[3]) D. R. P. 161557; Brit. Pat. 9489 v. J. 1902. Wegen den ersten Formen der Severin-Maschinen ist zu vergleichen D. R. P. 136895; 127298, 156964; und Dinglers polyt. J. 318, S. 159.

Leistner benützt worden ist[1]), hat Severin eine verbesserte konstruktive Verwirklichung dadurch gegeben, daß er die beiden Kopfformen nicht übereinander (radial zur Kippachse), sondern nebeneinander (tangential zur Kippachse) an der wagerechten drehbaren Kippachse anordnete. Dementsprechend sind auch die Vor- und die Fertigform seitlich gegeneinander versetzt. Aus der Nebeneinanderanordnung der Kopfformen ergibt sich eine übersichtlichere, leichter zugänglichere Bauart, und die Einrichtung zum Bewegen der beiden Kopfstempel kann außerordentlich vereinfacht werden. Dies erhellt aus der Betrachtung der Abb. 510, welche die Einrichtung der verbesserten Severinschen Handmaschine schematisch wiedergibt.

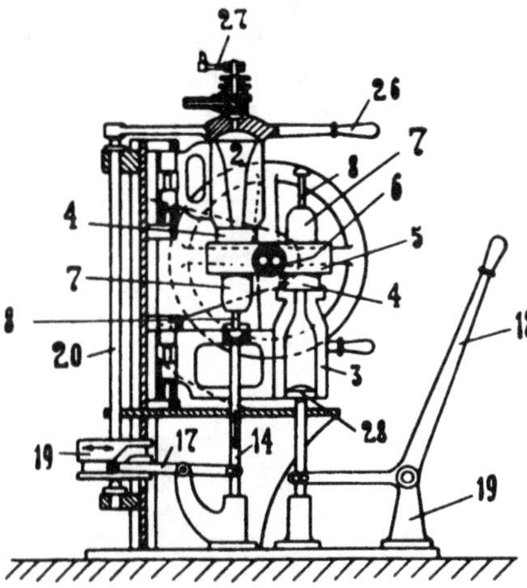

Abb. 510.

An der drehbaren wagerechten Achse 6 sitzt eine Platte 5 und daran rechts und links von der Achse zwei entgegengesetzt gerichtete Kopfformen 4. 2 und 3 sind die seitlich gegeneinander versetzten, um feste Achsen aufklappbaren Formen zum Vor- und Fertigblasen. Die Kopfstempel 8 können in den an der Platte 5 sitzenden rohrförmigen Führungen 7 vor- und zurückbewegt werden. Der in die Vorform hineinragende Kopfstempel steckt bei dieser Stellung mit seinem unteren knopfförmigen Ende lose in einer Klaue der Stange 14 und kann mit dieser auf und ab bewegt werden. Die Luftzufuhr zu den Kopfformen erfolgt durch zwei in der wagerechten Achse vorhandene konaxiale (in der Abbildung nebeneinanderliegende) und mit Hähnen versehene Kanäle. Auf die Vorform kann mit Hilfe des Handgriffes 26 ein Druckluftkopf zum Eindrücken des Glases aufgesetzt werden. Die Zufuhr und Absperrung der Preßluft geschieht selbsttätig beim Ein- und Ausschwenken des Deckels, dessen Bewegung mit dem Antriebe für den Kopfstempel gekuppelt ist, damit die rechtzeitige Einführung des Stempels vor dem Einfüllen und Einpressen des Glases gesichert ist. Die hinten an der Maschine sitzende senkrechte Achse 20 des Preßluftdeckels trägt unten eine Kurvenscheibe 19, in deren Nut der Zapfen eines zweiarmigen Hebels 17 läuft, welcher am Schafte 14 des Kopfstempels angreift. Der Kopfstempel wird dadurch gehoben und in die Kopfform vorgeschoben, wenn der Arbeiter den ganz ausgeschwenkten Deckel um die Hälfte seiner Bahn heranzieht. Wird, nachdem das Glas eingefüllt ist, der Deckel völlig über die Vorform bewegt und gepreßt, so hat die Kurvenscheibe Leerlauf. Dem Rückgange der Deckelplatte entspricht das völlige Herausziehen des Kopfstempels aus der Kopfform.

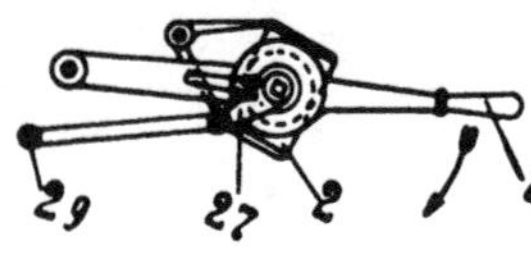

Abb. 511.

Wie aus Abb. 510 ersichtlich, sitzt in dem Druckluftkopf ein Hahnküken, dessen Steuerhebel 27 gelenkig mit einem um einen festen Zapfen 29 (Abb. 511) schwingenden Lenker verbunden, in solcher Weise, daß das Küken beim Einschwenken des Druckluftkopfes in Offenstellung, beim Ausschwenken in Geschlossenstellung gedreht wird. Der Fertigformboden 28 kann mit Hilfe des Handhebels 18 gehoben und gesenkt und dadurch zum Stützen des Külbels vor dem Fertigblasen und zum Abschließe der Fertigform benutzt werden.

Nach dem Eingießen, Eindrücken und dem Öffnen der Vorform steht das Külbel in umgekehrter Stellung frei nach oben und wird vorgeblasen, dann herumgeschwenkt, während des Verlängerns und wiederholten Blasens mit der Bodenform gestützt, in die Fertigform eingeschlossen und völlig aufgeblasen. In Abb. 512, welche die praktische Ausführung der Maschine wiedergibt, finden wir die oben erwähnten wesentlichen Teile, nämlich die Vorform 2, daran eine ihre Hälften auseinanderziehende Feder, ferner die offenstehende Fertigform 3, welche mit Hilfe des seitlich an der Maschine angebrachten Pedals geöffnet und geschlossen wird. Zwischen ihren Hälften erscheint in schräger Stellung der Kopfstempel 8. Der Stempel steht schräg, da die Doppelkopfform 4 gerade in der Drehung aus der einen in die andere Endstellung begriffen dargestellt ist. Unter der Fertigform ist die Bodenform sichtbar, welche durch den vorn aus der Maschine herausstehenden Handhebel, mit einem die Verriegelung

[1]) D. R. P. 151628. Andere Leistnersche Maschinen s. D. R. P. 183524 u. 183525. In eigenartiger Weise sind bei der Leistnermaschine gemäß D. R. P. 183524 und Brit. Pat. 26258 die aufrechte Fertigform und die umgekehrte Vorform nebeneinanderstehend zu einem zweischaligen Körper vereinigt, während zwei Kopfformen um eine schräge Achse kreisend die Plätze unter der Vorform bzw. über der Fertigform wechseln.

bewirkenden Nebengriff, bewegt wird. Der die Vorform oben abschließende Deckel befindet sich in ausgeschwenkter Stellung, daran der zugehörige Luftschlauch und der Steuerhebel für das Preßluftküken. In der Höhe der Kopfform ist rechts außen das Ende der wagerechten Achse, um welche die Kopfform schwenkt, sichtbar. An diesem Ende mündet ein Luftrohr 17 ein, welches die konaxialen, zu den beiden Kopfformen führenden Kanäle speist.

Über der mit 4 bezeichneten Kopfform sind drei Hähne sichtbar, von denen die äußeren zu den beiden Kopfformen gehören und zur Luftregelung beim Blasen dienen. Die zugehörigen Leitungen zweigen aus dem rechts außen an der Maschine angebrachten senkrechten Zylinder ab, in welchem sich die mit stärkerer Pressung zugeführte Luft auf einen schwächeren, zum Blasen geeigneten Druck ausdehnt. Die erwähnten Hähne sind so eingerichtet, daß sie in der einen Stellung die Kopfform und den Zugang zum Külbelinneren mit der Zuleitung für die Blaseluft, in der anderen Stellung mit dem Gehäuse des mittleren Hahnes unter Abschluß der Blaseluft verbinden. Dieser mittlere Hahn verbindet in der Mittelstellung die Leitungen nach den Kopfformen mit der Außenluft, so daß es möglich ist, beim Vorblasen des Külbels genau in dem Augenblick, in welchem man die Külbelausdehnung aufzuhalten wünscht, die Luftspannung in seinem Innern nach außen abzulassen. Legt man dagegen den mittleren Hahn nach rechts (oder nach links) um, so schließt er den Weg nach der rechten (oder linken) Kopfform von der Verbindung mit der Außenluft ab und schließt ihn an den Kanal an, durch welchen der Kopfform stark gepreßte Luft zugeführt werden kann zwecks Kühlung. Dies geschieht nur dann, wenn die Kopfform leer ist, also nach dem Entnehmen einer fertigen Flasche bis zum Emporschwingen in die neue Blasestellung, und bewirkt eine energische Kühlung der Kopfform und des Stempels.

Abb. 512.

Hinten an der Maschine bei 30 befindet sich der Anschluß an die allgemeine Preßluftleitung. Die erste von diesem Rohre nach links abzweigende Leitung dient zu der erwähnten Stempelkühlung. Die darunter nach links abgehende und wieder aufsteigende speist den Expansionszylinder bzw. die Kopfformen. Noch weiter nach unten geht nach links eine Leitung mit einem Hahne 32 ab, welche zum Kühlen der Vorform dient, und zwar wird hierzu Wasser und Luft gemeinschaftlich verwendet. Das Wasser befindet sich in einem dem Expansionszylinder entsprechenden Zylinder an der anderen Seite der Maschine. Die Preßluft tritt unten in diesen Zylinder ein, stößt durch die Wassersäule hindurch und geht mit einem Anteile Wasser durch biegsame Schläuche nach Hohlräumen in den Wandungen der Vorform.

Diese Hohlräume sind durch Bohren hergestellte Kanäle von 10 bis 12 mm Weite, und zwar teils in der Längsrichtung der Form verlaufend und um die Formhöhlung verteilt, teils die Längskanäle so verbindend, daß ein zusammenhängender Weg entsteht, dessen Enden an Zu- und Ableitungen anschließen.

Der entstehende Dampf findet durch eine geeignete Leitung Abzug. Auf diese Weise wird eine energische und doch sehr fein regelbare Kühlung mit geringem Preßluftverbrauch ermöglicht. Der Grad der Kühlung wird selbsttätig geregelt. Der Hahn 32 ist nämlich durch ein geeignetes Gestänge so mit einer der beweglichen Vorformhälften verbunden, daß er beim Öffnen der Vorform für kurze Zeit geöffnet und dann wieder geschlossen wird. In dem Gestänge ist ein leicht veränderliches Glied eingeschaltet, welches die Zeit der Kühlwirkung nach Bedarf zu regeln gestattet.

Diese sinnreiche, wirksame und leicht zu regelnde Kühlung ermöglicht eine rasche Arbeit mit einer einzigen Vorform.

Die gerade Fortsetzung des Rohres 30 biegt unten um und mündet auf dem Wege 33/34 zwecks Kühlung in das Innere des Bodenstempels. Links an der Maschine befindet sich ein Schwungrad zur Drehung der wagerechten Kopfformschwenkachse, welches durch den darüber sichtbaren gekrümmten Handhebel festgestellt oder entsichert werden kann. Oben über der Maschine befindet sich eine Blende, welche den Arbeiter vor der Strahlung des Glases beim Einfüllen schützt, links unten der Korb zur Aufnahme der fertigen Flaschen.

Die Bedienung der Maschine ist außerordentlich handlich und auch von gänzlich ungelernten Arbeitern rasch zu erlernen. In einer Schicht von neun Arbeitsstunden können 1000—1200 Flaschen von 450 g durch einen Arbeiter, also 110—130 pro Stunde, hergestellt werden. Die Güte der Flaschen ist außerordentlich befriedigend, besonders

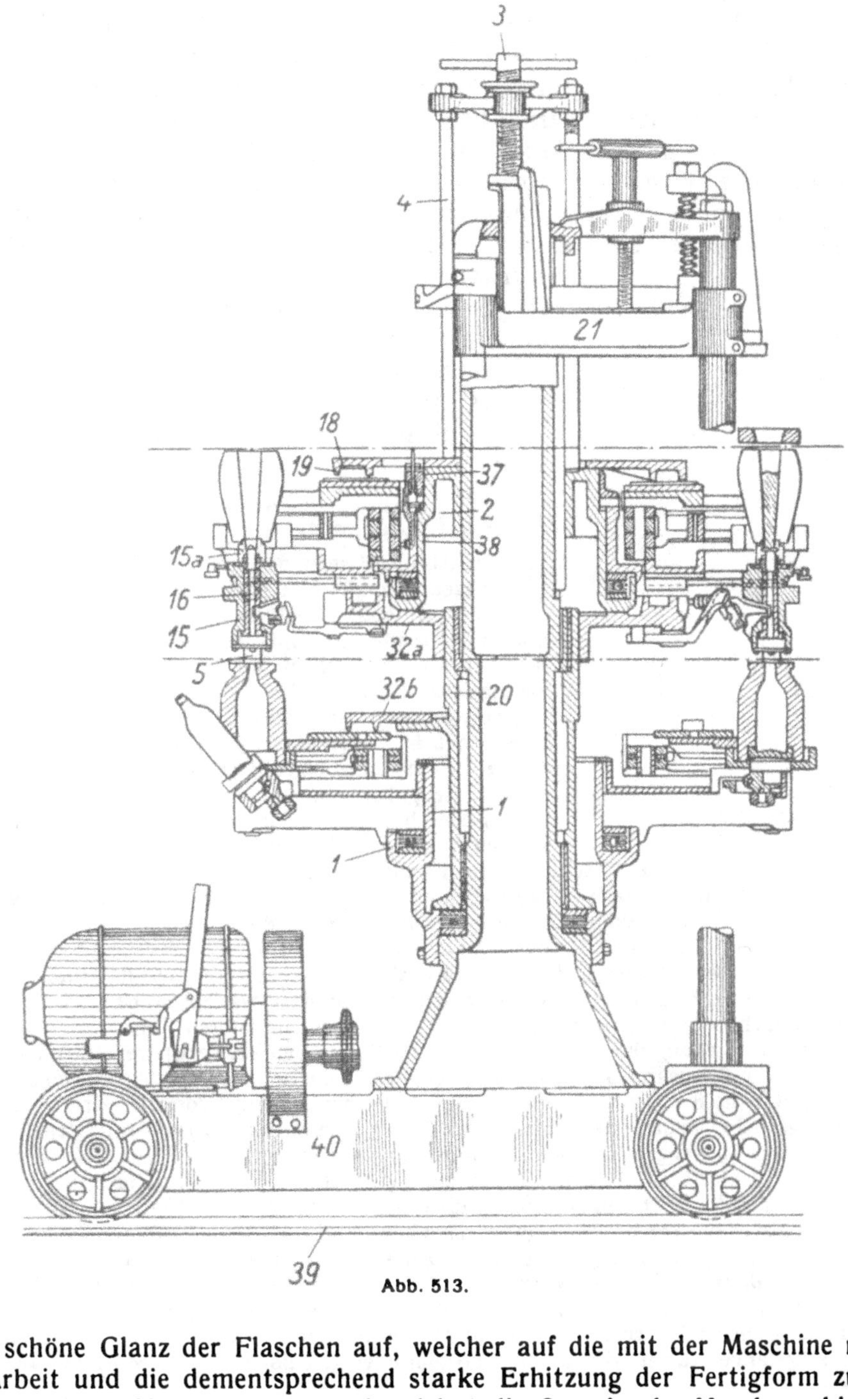

Abb. 513.

fällt der schöne Glanz der Flaschen auf, welcher auf die mit der Maschine mögliche rasche Arbeit und die dementsprechend starke Erhitzung der Fertigform zurückzuführen ist. Diesen Vorzügen entsprechend hat die Severinsche Handmaschine große Verbreitung auch in überseeischen Ländern gefunden, und sie dürfte auch aus den schon früher auseinandergesetzten Gründen neben den automatischen Maschinen nicht ihre Bedeutung verlieren.

Im Jahre 1909 war die Maschine z. B. in Nienburg und Achern in Betrieb, außerhalb Deutschlands in Hostomitz bei Teplitz, St. Yorre, Marseille, Gouhenans, Bordeaux, São Paolo, Sansurinowka.

Die Severin-Maschine gemäß Abb. 510 ist von Mainzer zu einer völlig automatischen Maschine[1]), aber mit nur einer Einheit, entwickelt worden nach dem auch seiner Preßblasemaschine zugrunde liegenden Konstruktionsgedanken: Ableitung aller Bewegungen von einer einzigen liegenden Daumenkurven-Welle durch Getriebe unter Ausschluß jedes Druckluftantriebs. Auch die zum Einsaugen des Glases in die Kopfform dienende Saugpumpe wird so angetrieben. Diese auch Königmaschine genannte Maschine ist noch wenig hervorgetreten, aber angeblich noch nicht aufgegeben. Das Getriebe ist zwar einfach und übersichtlich, aber im Vergleich zu dem Aufwand kann die Leistung der Maschine nur gering sein, da eben nur mit einem Formensatz gearbeitet wird.

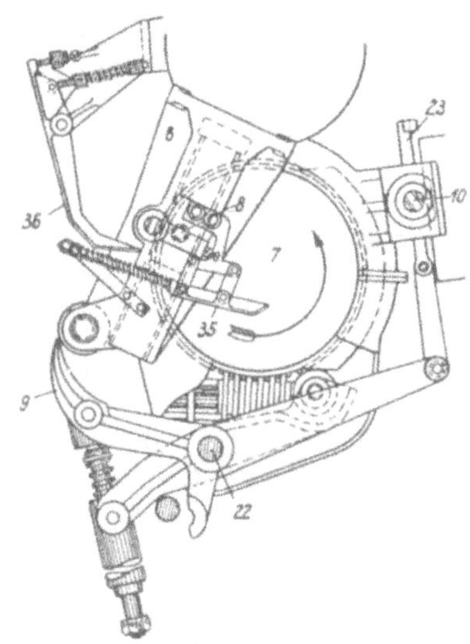

Abb. 514.

Dagegen ist eine ebenfalls vollständig automatische Severin-Kippmaschine mit 8 Formen-Einheiten von J. B. Graham für die Owens Bottle Co. in Toledo, Ohio, konstruiert worden, welche in den Vereinigten Staaten vielfache Anwendung gefunden hat.

Die Abb. 513 zeigt den Gesamtaufbau[2]). Auf der Mittelsäule sitzende ringförmige Konsolen 1 und 2 tragen auf Kugellager den unteren Drehtisch für die Fertigformen und den oberen Tisch für die Kopf- und Vorformen, deren Anordnung dem Schema Abb. 510 entspricht, nur daß Vor- und Fertigform gleichachsig untereinander stehen und dem entsprechend die einzige Kopfform nicht seitlich derAchse, sondern radial dazu angebracht ist. Die obere Konsole kann durch die Druckspindel 3 und Tragstangen 4 entsprechend der zu verwendenden Formengröße gehoben und gesenkt werden. Die beiden Drehtische hängen lösbar durch senkrechte Verbindungspfosten 5 zusammen. Zur schrittweisen Drehung der Tische dient (s. Abb. 514) ein um die Mittelsäule schwingender Rotator 6, der beim Vorwärtsschwung mit dem oberen Tisch gekuppelt, dann entkuppelt und leer zurückgeführt wird. Die Schwingung erhält er durch eine sich ständig drehende Scheibe 7, deren Zapfen 8 in einen in einer Nut des Rotators hin und hergehenden Block eingreift. Der Vorwärtshub geschieht, während der Zapfen 8 ungefähr das in der Abb. 514 oben gelegene Drittel seiner Kreisbahn durchläuft, wobei die Hubgeschwindigkeit im Anfang und Ende des Hubes klein, dazwischen ein Maximum ist, was zusammen mit dem schwingenden und federnd nachgebenden Bremsarm 9 die Stöße der schwerbelasteten Tische sehr mildert. Außerdem dauert die Tischdrehung nur etwa $\frac{1}{3}$, der für die Formarbeit verwendbare Stillstand dagegen $\frac{2}{3}$ der Gesamtzeit. Der Bremsarm 9 steuert auch den Feststellbolzen 10. Der Arbeitsgang verteilt sich folgendermaßen auf die 8 Haltestationen. I. Die umgekehrt stehende Vorform wird durch einen mit dem Maschinengetriebe gekuppelten Speiser (s. Teil III) unmittelbar aus dem Ofen mit Glas gefüllt, welches in einem langgestreckten Klumpen aus dem Speiser fällt. II. (s. Abb. 515). Das Glas wird durch den Druckluftkopf 11 in die Kopfform eingedrückt. Der Mundstücksdorn 12 wird zurückgezogen, so daß der Luftzutritt freigegeben und die freigelegte Höhlung im Glase ein wenig aufgeblasen. III. (Abb. 516). Nach Aufsetzen der Formbodens 13 wird das Külbel aufgeblasen. Die Vorwölbung inmitten des Bodens 13 muß sehr günstig auf die Abkühlung und Verteilung des Bodenglases wirken. IV. Die Vorformhälften öffnen sich, legen das auf dem Kopf stehende Külbel frei und stoßen einen Riegel 14 (Abb. 516) zurück, so daß nunmehr der Kopfformträger 15 mit dem Külbel um die z. T. hohle zur Luftzuführung dienende Achse 16 radial zur Mittelsäule nach außen um 180° kippt. V. (Abb. 517). Das bereits sehr lange Külbel wird in die Fertigform eingeschlossen und bedarf nur noch geringer

[1]) D. R. P. 281306, 282069, 292167.

[2]) Am. Pat. 1405204.

Streckung, worauf es auf Station VI fertig geblasen und der Kopf durch Öffnen der Kopfform 15a (Abb. 513 u. 517) freigelegt wird. VIII. Die Kopfform wird wieder zurückgeschwungen, der Dorn wieder gehoben, die Kopfform und die Vorform geschlossen. Die fertige Flasche bleibt, mit bloßem Kopf, in ihrer Form und diese wird erst auf Station III für kurze Zeit geöffnet, worauf die Bodenform 17

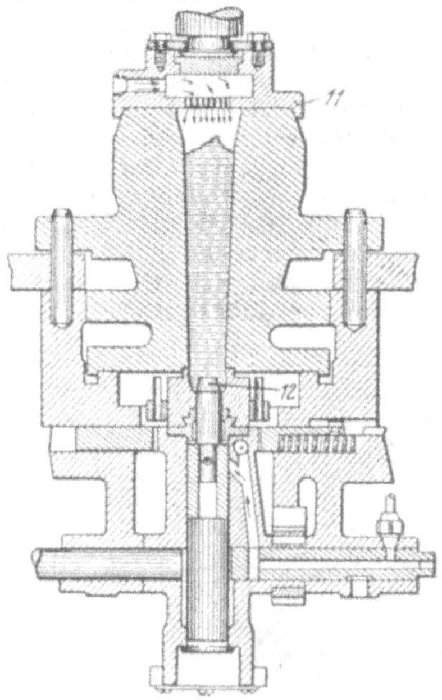

Abb. 515.

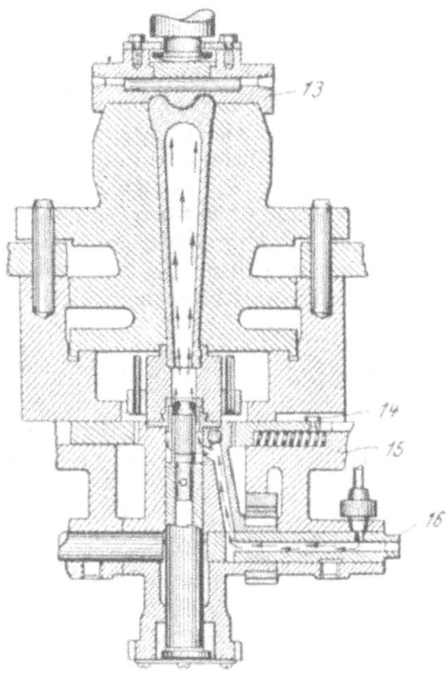

Abb. 516.

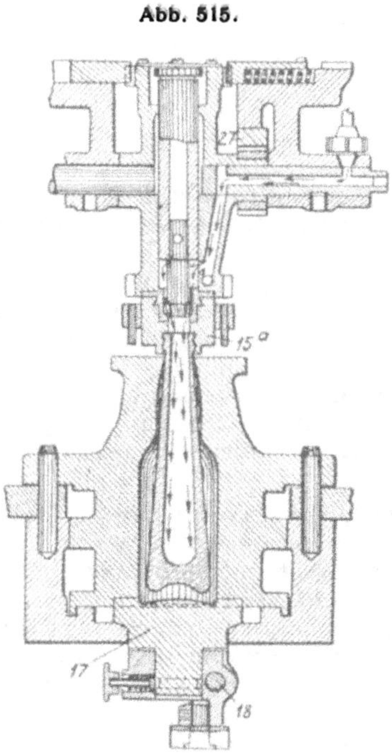

Abb. 517.

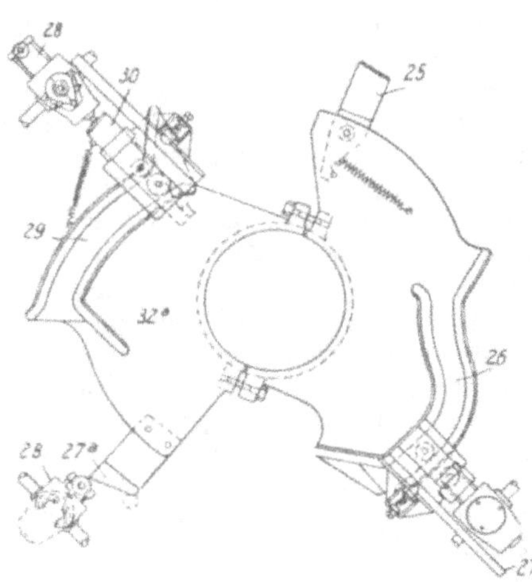

Abb. 518.

(Abb. 517) um die extentrische Achse 18 umkippt, die Flasche abwirft (s. Abb. 513), gleich wieder aufgerichtet und auf Station V wieder von der Fertigform umschlossen wird.

Die notwendigen Bewegungen der Vorformhälften entstehen während der Tischdrehung durch die feststehende Kurvennut 18 (Abb. 513) an der oberen Ringkonsole 2, indem die Nut eine Rolle 19 und eine daran befestigte Gabel (entsprechend 31 Abb. 519) radial verschiebt, deren Enden durch Lenker mit den Vorformhälften verbunden sind. Eine ähnliche Rolle 19 und Gabel 31 steuert die Fertigformhälften (Abb. 519). Das Aufsetzen und Abheben des Druckkopfes und des Vorformbodens (Abb. 515/516), welche in dem in der Höhe verstellbaren Gerüst 21 (Abb. 513) sitzen, wird gemeinschaftlich von der senkrechten Welle 22 (Abb. 514) des Bremshebels bewirkt durch einen Daumenschieber, ähnlich dem in Abb. 514 den Bolzen 10 steuernden Daumenschieber 23. Alle andern Bewegungen spielen sich während der Tischstillstände ab unter der Wirkung von Führungsnuten und -schienen, welche an einer Daumenplatte 32 a (Abb. 513 und 518) vereinigt sind. Diese Daumenplatte sitzt an der um die Mittelsäule auf Kugellagern hin und herschwingenden, mit dem Rotator verbundenen Büchse 20. Diese Daumenplatte 32a ist in Abb. 518 am Ende ihrer Rückwärtsschwingung gezeigt, nachdem sie mit dem Anschlag 25 beim Passieren der Station II den Dorn zurückgezogen, auf Station IV mit der Daumennut 26 die Zahnstange 27 vorgeschoben hat, welche die Kopfform umkehrt (s. auch Abb. 517), auf Station VI mit dem Anschlag 27a ein die Hälften der abwärts gerichteten Kopfform spreizendes Joch 28 vorgestoßen, auf Station VIII mit der Daumennut 29 die Kopfform wieder hochgekippt und mit dem Daumen 30 den Dorn wieder vorgestoßen hat. Das die Kopfform schließende Joch 28 wird hier durch die sich schließende Vorform nach außen gestoßen.

Abb. 519.

Beim Vorwärtshub bewegt sich die ganze Daumenplatte zusammen mit dem Rotator und dem Drehtisch, bleibt also ohne Wirkung auf die beweglichen Formenteile. Dies ist auch zu beachten bei Abb. 519, auf welcher die untere Daumenplatte 32b (s. auch Abb. 513) der hin und hergedrehten Büchse und in der Daumennut 33 die Führungsrollen 19 der die Fertigformhälften auf und zu bewegenden Gabeln 31 sichtbar sind. Die Daumenplatte ist am Ende ihres Rückganges (gegen den Uhrzeiger) dargestellt und hat auf diesem Rückgange die geschlossen auf Station III angekommene Fertigform geöffnet und dabei zunächst durch den Hilfsdaumen 35 (Abb. 514) die Bodenform gestützt und langsam umfallen lassen (zwecks Auswerfens der Flasche), sogleich aber wieder die Bodenform durch den zweiten Hilfsdaumen 36 aufgerichtet. Die offen und mit gestütztem Boden auf Station IV angekommene Fertigform ist um das hier niedergeschwungene Külbel halb geschlossen worden und die halb geschlossen auf Station V angekommene Fertigform ganz geschlossen worden.

Die Druckluftleitungen zum Eindrücken des Glases, erstem und zweitem Vorblasen, Fertigblasen und eine Kühlluftleitung werden durch eine Batterie von Hähnen beherrscht, welche durch geeignete Daumen einer gemeinschaftlichen hin und hergedrehten Welle gesteuert werden. Die Blaseleitungen enden in Durchbohrungen einer an der Mittelsäule befestigten ringförmigen Schiene 37 (Abb. 513) an den Stationen II, III, VI und werden durch eine anliegende Schiene des Drehgestells verdeckt, bis die darin angebrachten Anschlußöffnungen der zur Kopfform führenden Kanäle 38 jenen Öffnungen gegenübertreten, so daß nunmehr ein zusammenhängender Luftweg bis zur Form hergestellt ist.

Die Maschine steht auf einer mit einer Handkurbel und vier gekuppelten Druckspindeln heb- und senkbaren Plattform 39 (Abb. 513), so daß sie in der richtigen Höhe zum Ofen eingestellt und mit Hilfe ihrer fahrbaren Basis 40 auch auf den richtigen Abstand gebracht werden kann. Diese Basis trägt den Elektromotor und das Reduziergetriebe, und dieses ist mit dem Getriebe des Speisers durch eine teleskopische Welle verbunden. Für Flaschen mit tief eingestochenem Boden erhält der Vorformboden eine andere als die in Abb. 516 gezeigte Gestalt, so daß dar Külbelboden beim Vorblasen die aus Abb. 520 sich ergebende Gestalt erhält, welche also sich der Gestalt des Mittelstückes des Fertigformbodens anschmiegt. Beim Fertigblasen soll dann der die Bodeneinstülpung umgebende Glasring hohl aufgeblasen werden. Danach wird das Mittelstück 41 selbsttätig heruntergezogen und die Flasche abgekippt[1]).

Die Graham-Maschine hat sich neben der Owensmaschine in bemerkenswertem Maße eingeführt. Nach einem Bericht der Owens Bottle Co. aus dem Jahre 1919[2]) waren damals insgesamt 15 Maschinen in verschiedenen Werken im Betriebe. Ihr Vorzug ist, dank einer recht geschickten Konstruktion, der Owensmaschine gegenüber die größere Einfachheit und Billigkeit und, da die Beschickung nicht aus einer Drehwanne, sondern durch einen Speiser erfolgt, Ersparnis an Heizung, aber die Produktion ist erheblich kleiner. Nach einem englischen Berichte[3]) lieferte in einem Falle, in welchem eine Graham- und eine 10armige Owensmaschine nebeneinander dieselben Flaschen arbeiteten, die Owensmaschine 295, die Graham-Maschine mit 8 Einheiten 132 Groß verkaufsfähige Flaschen in 24 Stunden (Verhältnis 9:4), wobei natürlich unter anderen auch der Umstand, daß jene ununterbrochen, diese absetzend sich dreht, von Einfluß ist. Übrigens ist die Maschine durch Vermehrung der Einheiten von 8 auf 10 und selbst 15 und durch eine Umkonstruktion für kontinuierliche Drehung (Brit. Pat. 192347) durch La France so verbessert, daß sie selbst auf den Werken der Owens Bottle Co. in vielen Fällen an die Stelle der Owensmaschine getreten ist. Die 15-armige Maschine macht 320 Groß 280 g-Flaschen in 24 Stunden. Die Graham-Maschine soll sich für schwere Flaschen besser als für leichte Flaschen eignen.

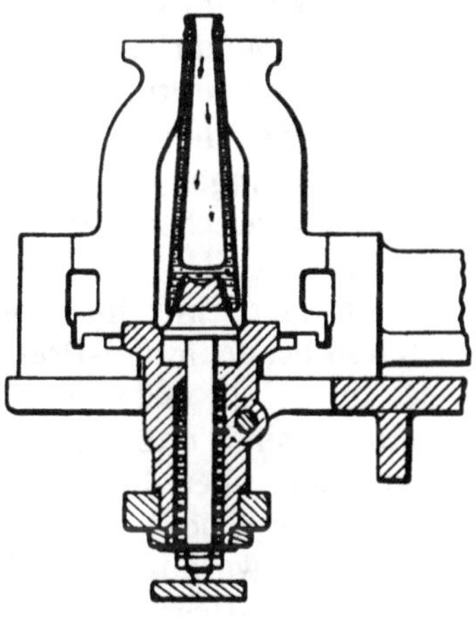

Abb. 520.

Da die einzelnen Formbewegungen nicht, wie etwa bei den früher beschriebenen Miller-Pressen und -Preßblasemaschinen, durch ein System von Druckluftzylindern (welche nötf. bei Hindernissen nachgeben), ausgeführt werden, sondern durch kinematische Ketten, so ist der Forderung der Betriebssicherheit durch entsprechende Einschaltung von Gliedern Rechnung getragen, welche, falls die beweglichen Formteile Widerstand finden, federnd nachgeben. Ganz besonders umfangreich sind solche Sicherungen bei einer vollautomatischen Kippmaschine mit Drehgestell[4]), welche kürzlich von der Hartford-Fairmont Co. konstruiert worden und u. a. mit einem an die Eisenbahn-Druckluftbremse erinnernden Sicherungssystem versehen ist. Da Nachrichten über ihre praktische Bewährung noch nicht vorliegen, genüge dieser Hinweis.

Eine mit dem Aufnahme-Eisen in Gang zu setzende, im übrigen selbsttätige Glasblasemaschine mit Kippformen und einem Drehtisch ist auch die in den Vereinigten Staaten vielgebrauchte Maschine von C. S. F. Cox[5]). Sie unterscheidet sich von der Graham-Maschine einmal dadurch, daß der Drehtisch und alle Formvorrichtungen durch Druckluftzylinder angetrieben werden und Vorform und Fertigform nicht über- sondern nebeneinander angeordnet sind, und zwar so, daß ihre Verbindungslinie einem Tisch-Radius entspricht. Es stehen also vier der Anordnung der ersten Boucher-Maschine (Abb. 504) entsprechende Einheiten, jede in radialer Anordnung so auf dem Drehtisch, daß die Fertigform der Tischkante zunächst steht, oder vielmehr auf einer Konsole über den kreisförmigen Tischumriß hinausgerückt ist. Es macht nicht den Eindruck, daß die Anordnung besonders handlich ist.

---

1) Am. Pat. 1404206.

2) Nat. Glass Budg. 34 (1919) Nr. 50.

3) J. Soc. Glass Techn. III (1919), S. 183 u. VIII (1924) S. 293.

4) Brit. Pat. 184171 und 184172. Auch die Formenanordnung ist eigenartig.

5) Am. Pat. 1385428, angem. 4. 6. 1912, patentiert 26. 7. 1921.

Bemerkenswert ist, daß das in die Vorform eingefüllte Glas nicht durch Stempel oder Druckluft von oben her in die Kopfform eingedrückt, sondern von unten her in die Kopfform eingesaugt wird.

In gewissem Sinne zu den Kippmaschinen gehörig, in anderer Hinsicht der Owensmaschine verwandt, ist die Westlake- oder nach dem Erfinder Kadow-Maschine genannte selbsttätige Maschine zum Blasen von Glühlampenkolben (Abschnitt 3 B). Sie teilt mit den ersteren die Eigentümlichkeit, daß die Vorform auf dem Kopfe steht, demnach vor Überführung in die Fertigform das in der Vorform gebildete Külbel gekippt werden muß. Aber die Vorform wird nicht wie bei den normalen Kippmaschinen von oben durch Eingießen gefüllt, sondern nach dem Prinzip der Owensmaschine von unten her durch Ein- und Aufwärtssaugen des Glases. Im ganzen betrachtet ist diese Maschine trotz oder wegen dieser doppelten Verwandtschaft eine Klasse für sich, weil sie die Lösung darstellt eines besonderen, höchst schwierigen Problems, das der gewöhnlichen Kipp- wie Owens-Maschine fremd ist, nämlich das Blasen eines Hohlkörpers von der äußersten Dünnwandigkeit und Ausgeglichenheit der Glasqualität, Wandstärke und Spannungszustandes, wie ihn ein Glühlampenkolben darstellt. Diesem Problem und seiner Lösung wird daher ein besonderer Abschnitt 3 B gewidmet.

Auch bei den Maschinen des Kippsystems hat die Anordnung der Formen auf 2 Tischen Eingang gefunden (vgl. S. 585). Die bekanntesten 2-Tisch-Maschinen (nicht zu verwechseln mit der Zwillingsanordnung der Hartford-Fairmont-Maschine) sind die O'Neill- und die Lynch-Maschine. Sie werden im ganzen und hinsichtlich aller Einzelmechanismen durch Druckluftzylinder angetrieben, welche in der schon bei der Miller-Presse (S. 545) und -Preßblasemaschine (Abb. 492) geschilderten Weise durch ein vielverzweigtes Netz von Luftleitungen und Ventilen so miteinander verbunden sind, daß der Anfänger (falls die Maschine als Ein-Mann-Maschine gebaut ist) mit dem über die Vorform gehaltenen Eisen mit dem aufgenommenen Glase ein Ventil niederdrückt, das zunächst den Druckzylinder der mechanischen Schere in Gang setzt, worauf im weiteren automatisch jede Bewegung durch Druckzylinder die nächste auslöst und nach Ablauf eines Arbeitsganges an jeder der Stationen der Drehtische die Maschine sich selbst ausrückt. Auch diese Maschinen können mit einem Speiser gekuppelt und dadurch zu „Kein-Mann-Maschinen" gemacht werden.

Die Abb. 521 zeigt die allgemeine Anordnung einer O'Neill-Maschine neuester Konstruktion [1]) für mittlere Flaschengrößen, und zwar links den Tisch (im folgenden Külbeltisch genannt) mit den an Drehscheiben 1 sitzenden scharnierenden Vorformen 2 und Kopfformen 4. Auf dem Tische rechts (im weiteren Blasetisch genannt) sind die 6 Fertigformen 3 und das Gestänge zum Öffnen und Schließen derselben sichtbar. Der Kraftzylinder 5 dreht beim Einzuge einen mit dem mittleren Zahnrad 6 gekuppelten Rotator, der beim Kolbenausstoß entkuppelt ist, so daß bei der ersten Bewegung beide Tische im Uhrzeigersinne um 60° gedreht werden, bei der zweiten stillstehen.

Abb. 522 zeigt die Drehscheibe 1, welche an einem weiten, im Lager 7 drehbaren Zylinder 7a (s. Abb. 524) sitzt und an geeigneter Stelle ihres Umlaufs an einer Kegelzahnteilung 8 des Maschinengestells sich abwälzend um 180° gekippt wird. An der Scheibe sitzen die Vorformhälften 2 in ihren um dieselbe Achse schwingenden Haltern 2a. Die Kopfform und ihr Zapfen dagegen sind nicht an der Scheibe fest. Der Mundstückdorn 11, im Ruhezustande durch eine Feder aus der Kopfform zurückgezogen, hat einen unten ins Freie mündenden Luftkanal.

Die Arbeit mit dieser Kippform verläuft in folgenden Stationen. I. (Abb. 522). Beim Eintritt in die Station I ist das untere Ende des Mundstückdorns in die Klaue 12 eingetreten und wird durch den Druckzylinder 13 in Stellung gehoben. Eine durch einen liegenden Kraftzylinder vorgeschobene Klaue faßt über die keilförmigen Nasen 14 der Vorformhälften und drückt sie fest zusammen. Nun läuft, vom Eisen oder aus dem Speiser, durch den zu dieser Station gehörigen Trichter Glas ein, bis die Form zu

[1]) Am. Pat. 1462652, angemeldet 14. 6. 20. Das Brit. Pat. 144344, angemeldet 6. 2. 1919, zeigt eine sehr ähnliche frühere Form.

etwa $^3/_4$ gefüllt. Der Druck mit dem Eisen auf das schon erwähnte Anlaßventil setzt die (nicht gezeichnete) Schere in Gang, ein Druckluftkopf 15 schwenkt über den Trichter und preßt das Glas in die Kopfform. Es folgt das Zurückziehen des Dorns, ein leichtes Vorblasen um die Mundstückhöhlung zu er-

Abb. 521.

halten, Rückzug des Druckkopfes 15 und der Zuhaltungsklaue und erste Drehung nach Station II. Dabei und überhaupt bis zur Öffnung wird die Vorform dadurch geschlossen gehalten, daß das ihre Hälften zustoßende Gestänge 16 (Abb. 524), welches durch das Drehscheibenlager hindurchgeht und bei 16' eine drehbare Verbindung hat, durch eine Daumenscheibe 17 nach außen gedrängt wird. Station II

(Abb. 523). Die Vorformhälften werden hier wieder durch eine Klaue zusammengehalten, von oben senkt sich ein an dieser Station angeordneter Vorformboden darauf, von unten wird ein zur Station gehöriger Vorblasekopf 17a gegen das untere Ende des Dornes 11 gedrängt und das Glas vorgeblasen. Nach dem Rückgang von Klaue, Formboden und Vorblasekopf führt die zweite Drehung nach Station III, in welcher das vorgeblasene Külbel fester wird, und die dritte Drehung, bei welcher die Vorform wie beschrieben aufgerichtet wird, nach Station IV. Abb. 524 zeigt die hier aufgerichtete Vorform 9 gegenüber einer Blaseform 9a des Blasetisches, in welche nun das an der Kopfform hängende Külbel überführt werden soll, und zwar indem die Kopfform auf Führungen 18 um etwa 16 cm (Abb. 521 u. 523) über die halbgeöffnete Blaseform 9a verschoben wird. Auf diesen von der Drehscheibe 1 abstehenden Führungsstangen 18 sitzt ein Schlitten 19, welcher die aus Abb. 522 und 523 ersichtliche Führungsbüchse für den Mundstückkolben 11 trägt, ferner den Scharnierzapfen 20 für die durch eine Blattfeder 21 zusammengehaltenen Kopfformhälften an der Schlittenunterseite und endlich einen aufwärts federnden Keil 22, der von oben zwischen die Tragarme dieser Hälften eindringend diese auseinandertreibt, um den Flaschenkopf loszulassen.

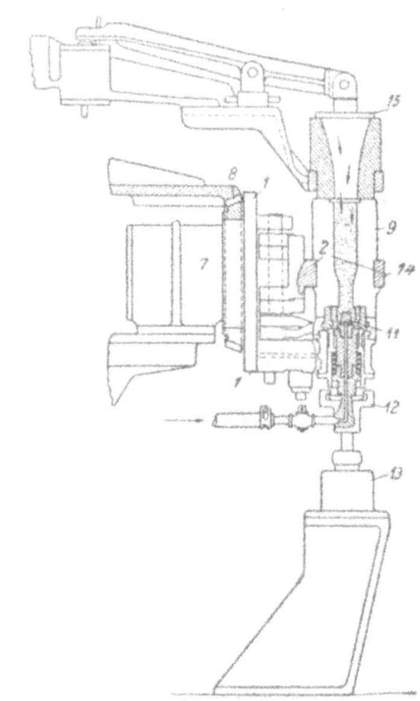

Abb. 522.

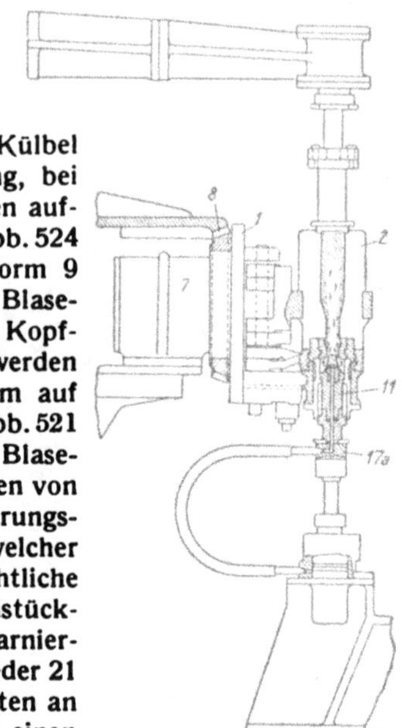

Abb. 523.

Die Kopfform wird nun durch eine vom Zylinder 23 vorgetriebene Klaue 24, in welche sie bei der Kippbewegung eingetreten ist, vorgeschoben, bis über die Fertigform und auf dieser zentriert, indem ein am Schlitten sitzender mittelständiger Bolzen 25 in die Führung 26 des Blasetischgestells eindringt. Dann schließt der vom Zylinder 27 bewegte Winkelhebel 28 die Blaseform um das Külbel und der Zylinder 29 stößt mit dem Schuh 30 gegen den Keil 22, so daß der Flaschenkopf losgelassen wird und die Kopfform zurückgezogen werden kann. Die leer gewordenen Formen werden bei der vierten Drehung durch eine Kippbewegung wieder umgekehrt, werden auf den Stationen V und VI gekühlt, wobei sie während der fünften Drehung mit Öl ausgespritzt werden und gelangen mit der sechsten Drehung wieder zur Füllstelle. Da die Vorform nach Station III gelangend noch nicht gekippt werden darf, so darf sie bei dieser Ankunft auch noch nicht mit dem entsprechenden Kegelzahnbogen 8 in Berührung treten, sondern erst wenn sie sich zur Weiterreise nach Station IV in Bewegung gesetzt hat. Um aber die Kipp-

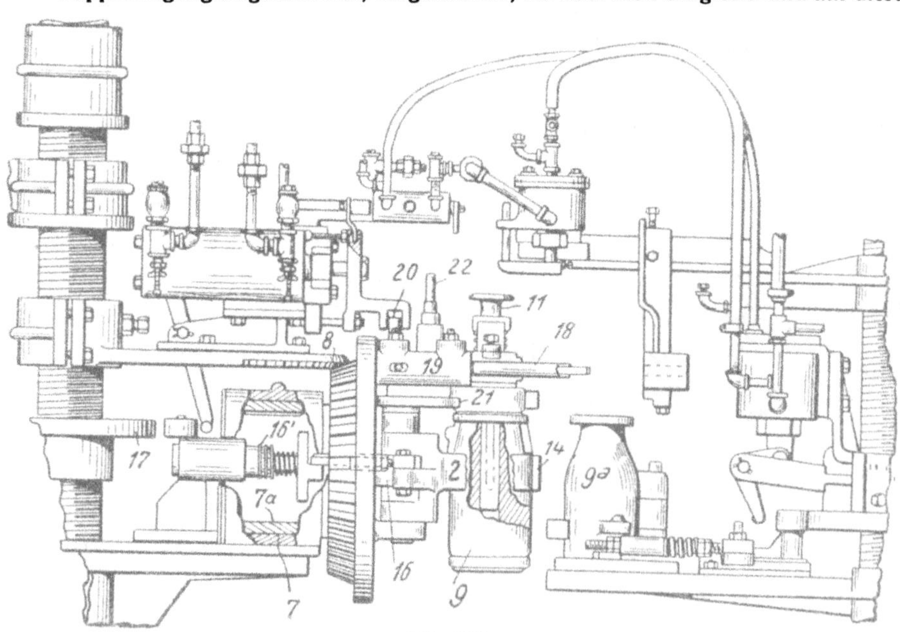

Abb. 524.

bewegung sofort mit voller Geschwindigkeit bei Beginn der Fortbewegung einsetzen zu lassen, hat der Kegelzahnbogen über Station III ein gelenkiges Anfangsstück, welches beim Eintreffen der Kippform noch hochgeklappt ist, dann aber durch einen Druckzylinder niedergeschwungen und in Eingriff mit dem Zahnkranz der Drehscheibe 1 gebracht wird. Ein ähnliches gelenkiges Endstück des Zahnbogens ist, nach der Wiederaufrichtung der Vorform, auf Station V in niedergeklappter Stellung, so daß es die Kippbewegung beim Anhalten des Tisches durch dieses Endstück gebremst wird. Vor der Weiterreise der Form wird es selbsttätig hochgeklappt, da andernfalls die Form wieder aufgerichtet werden würde.

Nach der Übernahme des Külbels auf Station I des Blasetisches (Abb. 524), wobei der Flaschenkopf frei auf der Oberfläche der Blaseform aufruht, führt die erste Drehung dieses Tisches die Form sogleich nach der Fertigblasestation II. Ein Streckenlassen des Külbels im Hang ist nicht erforderlich, da die Vorblaseform bereits die Länge der fertigen Flasche hat. Der Blasedruck beträgt 1,1 Atmosphären. Auf Station III bläst ein ähnlicher Kopf einen Luftstoß zwecks Kühlung und Nachblasens ein. Der Druckkopf und die Fertigblaseköpfe haben in ihrer Mündung Kugelventile, welche beim Aufsetzen auf die Formen aufgestoßen werden. Auf Station IV kühlt die Flasche in der Form ab, auf Station V wird sie ausgetragen, auf Station VI kühlt die offene Fertigform ab. Die Einrichtung zum Austragen der Flasche besteht wie Abb. 521 erkennen läßt, in einer vom Blasetischzahnkranz aus angetriebenen senkrechten Welle 31 mit einem Querjoch, an dessen Enden je ein aus zwei Klauen bestehender und an den Enden eines Balanciers hängender Greifer 32 senkrecht geführt ist, der durch 2 Druckzylinder so betätigt wird, daß er sich senkt, einen Flaschenkopf erfaßt und durch eine Drehung der Welle über eine zum Kühlofen führende Fördereinrichtung bringt und darauf absetzt. Wird mit Einträgern gearbeitet, so werden die Flaschen auf ein mit der Maschine gekuppeltes kurzes endloses Förderband abgesetzt, von welchem der Einträger sie postenweise abholt; natürlich kann statt dieses Fördertisches auch eine bis zum Ofen fördernde Einrichtung gebraucht werden.

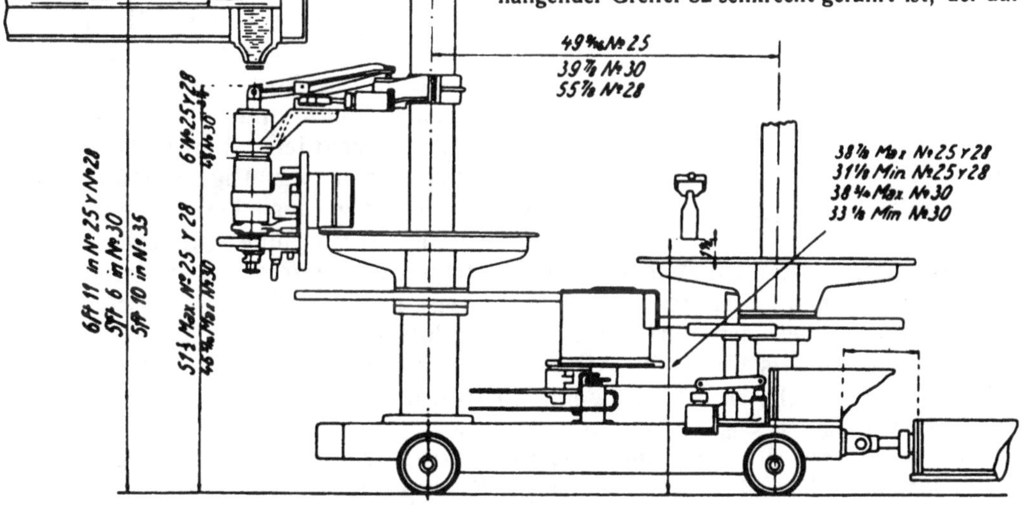

Abb. 525.

Der Antrieb der Maschine durch Druckluft erfordert ca. 4 m³ Luft von 2,5—2,8 at in der Minute. Zum Zwecke der Luftkühlung der Maschinenteile wird ein Ventilator mit einer Mindestleistung von 156 m³ bei einem Druck von 5—7,5 cm Wassersäule gebraucht. Die Schmierung der Kraftzylinder wird durch Einspritzen von Öl in die Hauptdruckleitung ausgeführt, so daß das Öl durch den Druckluftstrom weiter in die Zylinder geführt wird.

Zur Bedienung genügt, außer den Anfängern bei Handspeisung, ein Junge zum Abtragen der Flaschen vom Absetztisch. Bei mechanischer Speisung und mechanischem Eintragen kann ein Mann 2 Maschinen überwachen.

Die Maschine Nr. 44 wird in 3 Größen gebaut. Die Maschine gemäß Abb. 521 arbeitet Flaschen von 170—1130 g, 12—32 cm Höhe und bis zu 11,5 cm Durchmesser und 6 cm lichte Halsweite. Mit einer besonderen Armatur können Mundstücke mit innerem Gewinde gemacht werden. Eine andere Maschinengröße liefert Flaschen bis 2630 g, während die dritte für kleine Flaschen von 14—227 g, 4,5—22,5 cm Höhe und bis zu 8,9 cm Durchmesser bestimmt ist. Die beiden ersten Modelle liefern 23 Flaschen max., die dritte 28 max. in der Minute je nach Größe. Die Formenteile sind leicht auszuwechseln, namentlich die Auswechslung der Kopfform und des Dorns nebst Führungsbüchse ist äußerst rasch auszuführen. Die Abb. 525 gibt (in englischem Maß) die wichtigsten Maße der 3 Maschinenmodelle bei Aufstellung an einer mechanischen Speisevorrichtung.

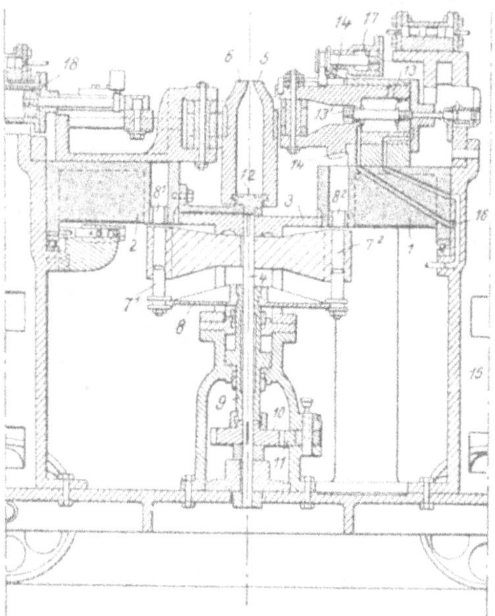

Abb. 526.

Der Antrieb der Maschine durch Druckluftzylinder verleiht ihr die schon bei den Preßblasemaschinenher vorgehobene Sicherheit gegen Bruch und vermeidet verwickelte, unübersichtliche Getriebe. Auch die Verteilung der Blasearbeit auf 3 Stationen trägt zur Vereinfachung der einzelnen Mechanismen bei. Natürlich setzt die störungsfreie Instandhaltung des Antriebssystems mit etwa 17 Druckzylindern und zahlreichen Steuer- und Einstellventilen, Leitungsanschlüssen und Dichtungen sorgfältige Ausführung und Überwachung voraus. Daß diesen Anforderungen mit der Maschine genügt werden kann, dafür spricht der Umstand, daß sie zu den verbreitetsten in den Vereinigten Staaten gehört.

Die bereits oben genannte Lynch-Maschine ist ebenfalls mit 2 Tischen, Drehscheiben zum Kippen der Vorform und Druckluftantrieb eingerichtet. Sie unterscheidet sich besonders durch die Art der Überführung des Külbels aus der Vor- in die Fertigform, welche ohne besondere Überführungsvorrichtung geschieht.

Die Abb. 527 zeigt ein Schaubild und Abb. 526 einen senkrechten Mittelschnitt der Maschine von der Mittelachse des Vorformtisches 1 rechts bis zu der des Fertigformtisches 2 links, welche gemeinschaftlich und absetzend entgegengesetzt dem Uhrzeigerlaufe durch das dazwischenliegende Zahnrad 3 auf der senkrechten Achse 4 gedreht werden. Auch hier trägt jeder Tisch 6 Formen. Wie bei der O'Neill-Maschine wird das Glas an der Station I des Vorformtisches eingefüllt und eingedrückt, auf Station II

Abb. 527.

genau wie bei der O'Neill-Maschine vorgeblasen, die Form auf dem Wege nach Station III aufgerichtet und auf der in der Abb. 526 u. 531 sichtbaren Station III das Külbel überführt. Zu diesem Zwecke sind sowohl die Vorform 5 als auch die Blasform 6 soweit über die Tischränder vorgebaut, daß an dieser Station III ihre Achsen bei geschlossener Stellung in derselben senkrechten Linie liegen. Die Abb. 526 zeigt je eine Hälfte beider Formen bei geschlossener Stellung; in Wirklichkeit ist wie im Schaubild Abb. 527 an dieser Station III sowohl die eintreffende Vorform als auch die eintreffende Blaseform offen mit um je 90° ausgeschwenkten Hälften. Bei der Abreise sind die Vorformhälften noch immer geöffnet, die Blaseformhälften geschlossen. Die Überführung geschieht so, daß die Blaseform um das an der Kopfform hängende Külbel (Abb. 527) geschlossen und danach die Kopfform geöffnet wird, so daß das Külbel mit der Fertigform weiterreisend auf Station II des Blasetisches kühlt, bei III fertiggeblasen wird, die fertige Flasche bei IV in der Form abkühlt, bei V ausgetragen wird, die offene Fertigform bei VI kühlt. Die leere Vorform kühlt bei Station IV ihrer Rundreise, wird bei V geschlossen, von V nach VI aufgerichtet.

Dadurch, daß sowohl die Vor- als auch die Fertigform über den Tischrand völlig hinausragen, wird eine besondere Einrichtung zur Überführung des Külbels aus der einen in die andere Form überflüssig. Aber diese Anordnung der Formen hat noch den andern Vorteil, daß aller Glasabfall, welcher etwa durch fehlerhafte Stücke entsteht, glatt zu Boden fällt und keinen Schaden in der Maschine anrichten kann.

Bei der geschilderten Überführung kommt natürlich alles darauf an, daß an der Überführungsstelle die beiden Formachsen genau übereinstimmen, also die Drehtische aufs genaueste zentriert sind. Zu diesem Zwecke sind die beiden Feststellbolzen 7^1 und 7^2 an ein und demselben Querjoch 8 befestigt und werden gemeinschaftlich in die Augen 8^1 und 8^2 der Tische eingeschoben, indem der hohle Träger 9 des Joches durch einen Druckluftkolben gehoben wird, wobei dieser Träger 9 zugleich das auf der Welle 4 des Mittelzahnrades 3 mit Feder und Nut verschiebbare Zahnrad 10 aus dem Eingriff mit der Zahnstange 11 des Hauptantriebszylinders ausrückt, oder, beim Herausziehen der Feststellbolzen, wieder einrückt. Wie die Abbildung zeigt, hat das in der Vorform 5 aufgeblasene Külbel bereits die Länge der fertigen Flasche und steht auf dem Boden 12 der Fertigblaseform auf, welcher vom Rande des Blasetisches vorsteht. (In Wirklichkeit muß wohl das vorgeblasene Külbel ein wenig kürzer sein, um von dem Boden nicht seitlich angestoßen zu werden.)

Auch bei der Lynch-Maschine liegt der Mechanismus zum Öffnen und Schließen der Vorform im Innern der zylindrischen Achse für die Kippbewegung und besteht in einem Druckluftkolben 13, der ein mit den Formhälften durch Lenker verbundenes Querhaupt hin- und herschiebt, während die Kippbewegung um zweimal 180° durch Abwälzen des Zahnkranzes 14 an zwei mittelständigen Zahnsegmenten geschieht. Ein durch die Mittelsäule 15 des Formtisches 1 und diesen selbst gebildeter Mehrweghahn (s. die Bohrungen 16) steuert den Kolben 13. An der Überführungsstelle (Station III Abb. 526) zieht ein Kolben 17 zu seiner Zeit die Kopfform auf (in Abb. 527 völlig auseinandergeklappt), und ein andrer Kolben 18 schließt hier die Fertigform, deren Hälften später von Station IV bis I des Blasetisches mit Hilfe einer mittelständigen Daumennut geöffnet werden.

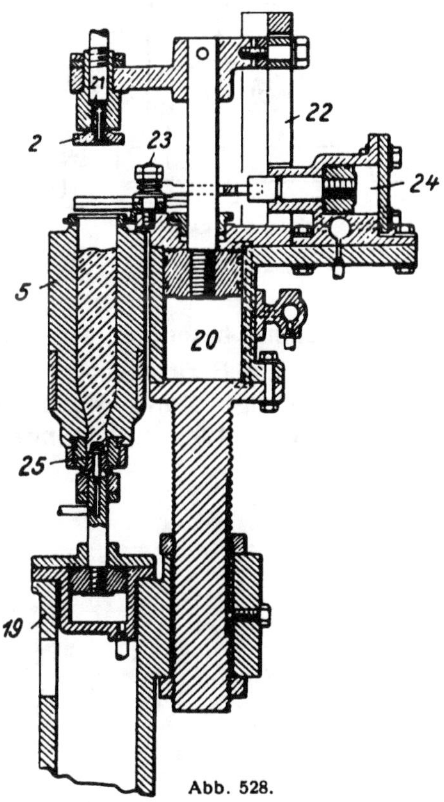

Abb. 528.

Die Füll-, Vorblase- und Fertigblasestation sind mit Druck- und Blaseeinrichtungen gleich denen der O'Neill-Maschine ausgestattet. Abb. 528 zeigt in einem Schnitt durch die Füllstation I auf einem Pfosten 19 in der Höhe verstellbar den Druckzylinder 20 zum Heben und Senken des das Glas in die Vorform 5 eindrückenden Druckluftkopfes 2 mit dem Mündungsventil 21, welches aufgestoßen wird, sobald der damit zusammenhängende Kopf sich auf die Form aufsetzt. Der Kopf wird beim Heben und Senken zugleich durch eine schräge Kulissenführung 22 ausgeschwenkt bzw. über die Form eingeschwenkt. 23 ist der Gelenkzapfen der durch den Druckzylinder 24 bewegten Schere, welche durch ein vom Anfänger niedergedrücktes Ventil in Gang gesetzt wird. Alle anderen Bewegungen schließen sich selbsttätig durch ein vielverzweigtes Netz von Leitungen, selbsttätigen Ventilen usw. an, von dessen Ausdehnung die Abb. 529 einen Begriff gibt, welche den zum Vorformtisch gehörigen Teil des Netzes darstellt. Der hohle Mundstücksdorn 25 (Abb. 528) hat keine Blaseöffnung, wird aber mittels Durchblasens von Druckluft so weit gekühlt, daß nach dem Zurückziehen die von ihm veranlaßte Mündungsvertiefung im Glase nicht wieder zusammenfällt. Diese Einrichtung erweckt das Bedenken, daß das Glas hier zu starr wird und beim Vorblasen auf Station II entweder nicht mehr durchgeblasen wird oder mit einem heftigen Druckstoß, während für eine gute Glasverteilung beim Aufblasen des Külbels das Blasen mit sanft ansteigendem Druck erwünscht ist. Abb. 530 zeigt die Vorrichtung zum Übersetzen der fertigen Flasche aus der Blaseform auf ein kurzes mit der Maschine gekuppeltes Förderband, von welchem der Einträger die Flaschen postenweise abholt. Die Greifer 26 werden durch den Druckluftkolben 27 geschlossen und nach dem Erfassen des Flaschenkopfes ein wenig gehoben. Der Kolben 28 schiebt darauf die ganze Greiferanordnung nach links, worauf die Senkung der Flasche auf das Förderband, Loslassen und Rückkehr des Greifers folgt. Die Abb. 531[1]) zeigt die Gesamtanordnung der Maschine in Grundriß und Aufriß nebst Absetztisch und eingeschriebenen Hauptmaßen.

Die Maschine kann auch mit einem mechanischen Speiser gekuppelt und von einer bis zum Kühlofen fördernden Eintragevorrichtung bedient und somit völlig automatisch betrieben werden, mit einer Leistung von 8—25 Flaschen minutlich. Zu diesem Zwecke ist besonderer Wert auf geringe Bauhöhe gelegt, so daß der obere Rand der Kopfform wenig mehr als 1 m über Flur liegt. Die Zapföffnung des Ofens befindet sich dann etwa 1 ½ m über Flur. Der Platzbedarf ist etwa 3 × 1,65 m über alles.

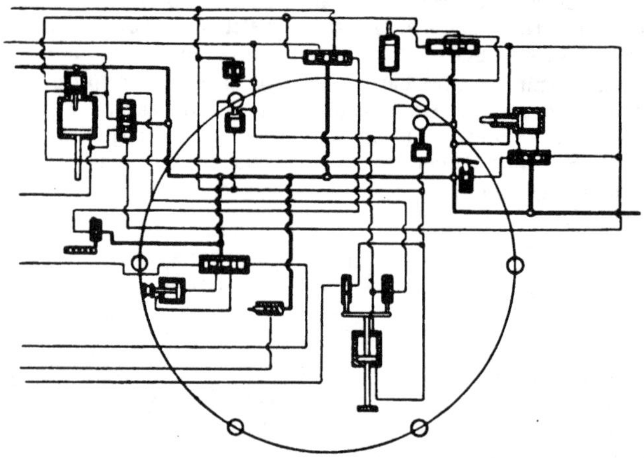

Abb. 529.

Die vielfache Übereinstimmung der O'Neill- und der Lynch-Maschine, an welcher auch die Cox-Maschine teilnimmt, zeigt bereits die Bildung eines festen Typs für die völlig automatische oder durch den Anfänger allein zu bedienende Kippmaschine, besonders der Ausbildung mit 2 Tischen, an.

Nach dem Bericht eines englischen Fachmannes arbeitete eine von ihm im Betriebe besichtigte Lynch-Maschine enghalsige Flaschen von 113—900 g. Als durchschnittliche Leistung in 9 Stunden wurde festgestellt 6500 flache Flaschen von 113 g

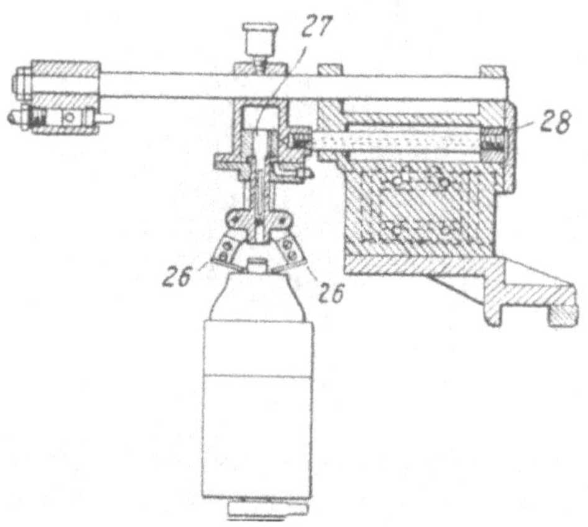

Abb. 530.

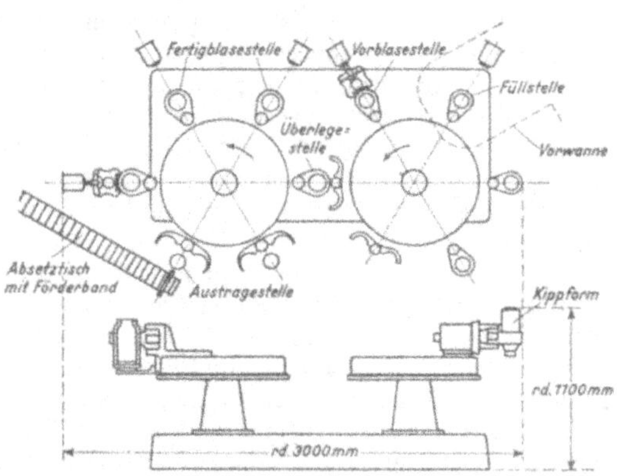

Abb. 531.

und in einem anderen Falle ca. 6400 Marmeladengläser mit Schraubendeckelverschluß von 255 g.

[1]) Druckstock von der D.G.G. zur Verfügung gestellt; vergl. „Glastechnische Berichte“ III. Bd., Heft 3, S. 92, Bild 9.

Die Normalmaschine arbeitet enghalsige Flaschen bis 1 l Inhalt, von 7,6—34,3 cm Höhe unter dem Kopf und bis 11 cm Durchmesser. Zum Betriebe der Blasemaschine werden etwa 4½ m^3 Druckluft von 2,8 at gebraucht.

B. Automatische Blasemaschinen für Glühlampen-Kolben und anderes Weißhohlglas

(Westlake-Maschine und Empire-Maschine).

Das Ei, aus welchem die Kadow-Maschine ausgebrütet worden, hat sozusagen in demselben Nest gelegen, wie die Owens-Maschine, aber ein doch recht anders aussehender Vogel ist daraus flügge geworden. Bei näherer Betrachtung ist immerhin die Familienähnlichkeit festzustellen.

Als zuerst erfinderische Köpfe das Problem zu umkreisen anfingen, so dünnwandige Gegenstände wie Glühlampenkolben auf automatischem Wege zu blasen, hatte die Kippmaschine für Flaschen und andre starkwandige Gefäße bereits eine lange und ergiebige Entwicklung hinter sich. Aber das hier zu lösende Problem schien doch ein so ganz anders geartetes, so unvergleichlich schwierigeres als beim Flaschenblasen, daß die ersten Versuche nicht bei der Flaschenblasemaschine, sondern an anderer Stelle anknüpften. Schon daß es sich um die Verarbeitung von Bleiglas handelte, hieß ein neues, noch unerforschtes Land betreten. Ein Hohlkörper sollte geblasen werden, dessen Wandstärke nur Bruchteile eines Millimeters beträgt und viel geringer ist als bei den kleinsten bis dahin maschinell geblasenen Flaschen. Da außerdem der Körper von mäßiger Größe ist, so war eine vergleichsweise winzige Glasmenge zu verarbeiten, und der mechanische Blasevorgang mußte bei höchster Anforderung an die Güte des Erzeugnisses und entsprechend subtiler Abstufung in kürzester Zeit beendet sein, ehe der geringe Wärmevorrat des Glasklümpchens sich verzettelte. Ein Hohlkörper war herzustellen, dessen Bestimmung ihn recht in den Brennpunkte der Blicke rückt, d. h. eine unvergleichlich größere Reinheit und gleichmäßige Verteilung des Glases wurde gefordert. Und gerade der Boden, an dem sonst eine vom Abschneiden des Glases herrührende Narbe sich schamhaft verbergen kann, ist bei der Glühlampe Mittelpunkt der Erscheinung. Und schließlich war dieser zu blasende Hohlkörper nur das Rohstück für eine unter abermaliger Erhitzung vor der Gebläselampe stattfindende weitere Umgestaltung zur fertigen Glühbirne, d.h. er mußte, um bei dieser Wiedererwärmung nicht zu platzen, abermals von ganz gleichmäßiger Wandstärke und spannungsfrei sein. Nein, dies alles mit der Flaschen- oder Preßblasemaschine zu leisten, in der der Glasposten von Anfang an in ergiebige Berührung mit massigen Kopf-, Vor- und Fertigformen gerät und einen allzu langwierigen Weg in solcher Berührung bis zur Vollendung zu machen hat, dies schien in der Tat unmöglich, jedenfalls eine Aufgabe außerhalb der praktischen Erfahrung. In der Praxis hatte man Glühlampenkolben bereits mit kopfformlosen Blasemaschinen geblasen (s. Abschnitt 1), allerdings nicht automatisch, da hierbei das Glas von Hand an der Pfeife aufgenommen, gemarbelt und vorgeblasen und in der Maschine nur fertig geblasen wird. Man versuchte also zunächst diese Pfeifen-Blasen-Maschinen dadurch automatisch zu machen, daß man ihnen auch die Arbeit des Anfängers übertrug. Über diese Versuche, welche nicht ohne ein praktisches Ergebnis geblieben sind, ist im Abschnitt 1 dieses Teiles II das Nähere gesagt worden. Der Mißerfolg drängte also wieder zur Glasblasemaschine mit Külbelform zurück, zu der Methode also, die zu verarbeitende Glasmasse in einer Vorform zum Posten zu sammeln und zugleich mit der Mündung des Blasinstrumentes zu verbinden. Den Glasposten so bald wie möglich aus der Vorform herauszubekommen schien das Wichtigste, die eigenartige Verteilungsarbeit bei der handgeblasenen Birne durch Schwenken und fein abgestuftes Blasen maschinell zu ermöglichen, das zweite. Es lag nahe, eine Vorform zu kombinieren mit einem pfeifenartigen Blasewerkzeug, welches also das

Külbel in Schwingungen mit ausreichend langem Radius und Drehung um die Längsachse zu versetzen gestattete. Eine solche Kombination war bereits in den Anfängen des Maschinenblasens angegeben worden, allerdings mit ganz anderem Endziele (Abb. 532)[1].

Radial und gegenständig zu der wagerechten Drehachse *a* stehen einmal der Halter *b* der aufklappbaren Form *c* und das Traggestell *d* für die Pfeife *e*. Wenn das Glas in die zugeklappte Form eingegossen und durch Preßluft (eingeblasen durch den Klappdeckel *f*) in die Kopfform eingedrückt ist, wird bei einer halben Drehung der Achse *a* selbsttätig das Pfeifenmundstück e^1 in die Preßluftdüse *g* eingeführt und ein Külbel geblasen. Dieses wird an der Pfeife aus der Form herausgenommen und von Hand zu einer Flasche fertiggeblasen. Abb. 533 zeigt, daß das innere Rohr der Pfeife unten das einzusteckende Pfeifenmundstück e^1 und oben den Dorn *h* zur Bildung der Mundöffnung des Külbels trägt, der also im Beginn des Blasens zurückgezogen wird. Die Kopfform *l* ist mit der Pfeife verbunden und wird durch Längsverschiebung einer äußeren Pfeifenhülse geöffnet. Wenn auch der Endzweck ein ganz andrer, so ist doch die unmittelbare Leistung dieser Einrichtung dieselbe, welche, zu einer rohen Lösung des Problems, von einer Glasblasemaschine mit Külbelform für Glühlampenkolben gefordert wird: Ein Külbel mit Kopf zu gießen, gleichzeitig an einer pfeifenartigen Preßluftdüse leicht lösbar zu befestigen, rasch aus der Gußform zu entfernen und durch Schwingen und Marbeln an der Pfeife wie üblich fertig zu stellen. Der gleiche oder ähnliche Zweck führte zu ähnlichen Mitteln, die aber noch weiterer Verfeinerung bedurften, um auch die andern, schon oben aufgezeigten Schwierigkeiten des Problems zu meistern: daß keine Schnittnarbe, keine Formnaht am fertigen Erzeugnis durch die geringste Spur sichtbar sein darf und die Wandstärke bei äußerster Dünne völlig gleichmäßig sein muß.

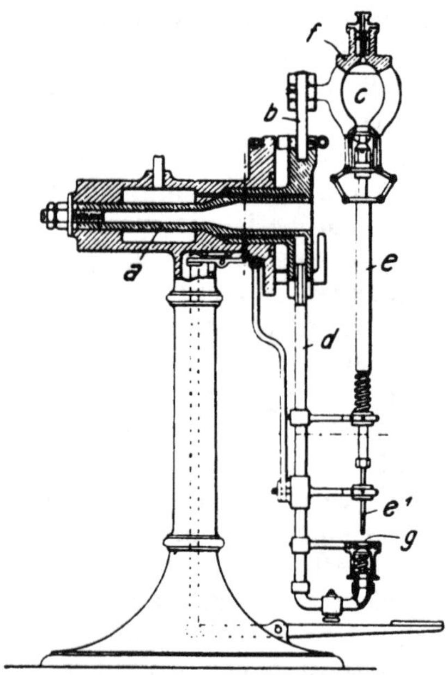

Abb. 532.

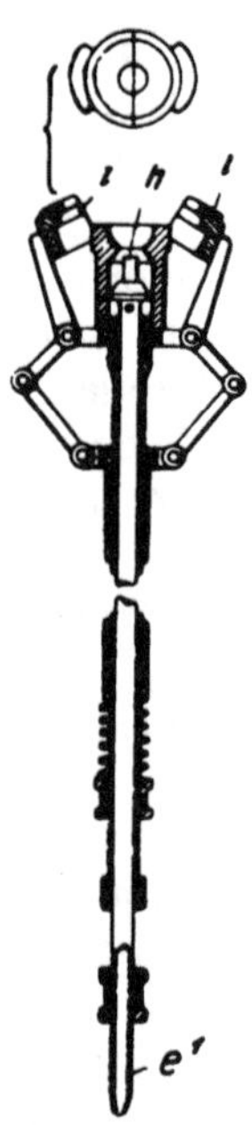

Abb. 533.

Zwei Lösungen des Problems liegen vor, von denen die ältere, die Westlake-Maschine, die erfolgreichere Entwicklung durchgemacht hat, so daß die jüngere, nämlich die von R. W. Canfield herrührende Maschine der Empire Machine Co (Maine)[2], nur nach dem Grundgedanken des Formverfahrens und der Arbeitsweise überhaupt kurz erläutert werden wird.

Die **Empire-Maschine** besteht, wie üblich, aus mehreren (vier) gleichen, um eine Mittelsäule umlaufenden Einheiten, von denen Abb. 534 die eine zeigt, und welche der Anordnung gemäß Abb. 532 insofern gleicht, als an dem Träger *A* der Einheit ein pfeifenartiges Werkzeug um eine wagerechte Achse *a* schwenkbar gelagert, in dem Luftrohr *e* der Pfeife eine den Mundstücksdorn *h* tragende längsverschiebbare Spindel e^1 untergebracht ist und an der Mündung der Pfeife eine Kopfform *i* aus zwei halbringförmigen, nach innen übergreifende Backen zum Festhalten des Külbelhalses an der Pfeife angelenkt ist. Übereinstimmend ist ferner, daß die Spindel unter einem Behälter *c* in Stellung gebracht werden kann, in welchen das Glas von oben eingefüllt wird, worauf es von oben her in die durch die Backen und die Pfeifenmündung nebst Mundstücksdorn gebildete Kopfform eingedrückt wird, und daß nach Freilegung das gebildete, an der Pfeife hängende Külbel durch Schwenken und Blasen

---

[1]) D. R. P. 120276, 120902, 126052; Brit. Pat. 24895 v. J. 1899 u. 215 v. J. 1900.

[2]) D. R. P. 348946 und 307226; Am. Pat. 1260637, angemeldet 20. 8. 1914.

fertiggeblasen werden kann. Das Eigenartige der Anordnung und Wirkungsweise der Empire-Maschine geht dagegen aus den Abb. 535a—h hervor.

Statt der aufklappbaren Form wird, um die Bildung von Formnähten zu vermeiden, ein ungeteilter zylindrischer Behälter *c* (Abb. 535a) zum Eingießen des Glases verwendet, der nur einmal für alle Einheiten, also ortsfest an der Füllstation der Maschine, und zwar heb- und senkbar angeordnet ist. Durch die Form und Bewegungsweise der Scherenbacken *b* (Abb. 535b) wird dafür gesorgt, daß der nach dem Einlaufen des Glases in den Füllbehälter und Abschneiden fallende Glaszipfel sich seitlich umlegt (s. punktierte Linie in Abb. 535b) und durch den nun herabgehenden innen glockenförmigen Stempel *f* in den unteren massigen Teil des über der Pfeife ruhenden Glaspostens eingepreßt wird (Abb. 535c). Hierdurch und durch die mit der Pressung verbundene Verdrängung der Glasmasse soll die Schnittnarbe aufgelöst werden. Im Stempel gefangene Luft kann durch eine Scheitelöffnung solange entweichen, bis die Glasmasse das federnd offen gehaltene Knopfventil *d* in dieser Öffnung schließt. Nachdem der Preßstempel *f* und der Behälter *c* wieder emporgegangen, zeigt die Glasmasse die Gestalt gemäß Abb. 535d. Durch die Pressung ist der Rand der Glasmasse in den Ringraum zwischen der Pfeifenmündung *e* und die Formbacken *i* hineingedrückt worden, so daß nunmehr der Glasposten abgedichtet an der Pfeifenmündung befestigt ist. Zwischen Formbacken und Pfeifenmündung ist eine federnd nachgiebige Hülse *g* eingeschaltet, welche, falls die Formbeschickung etwas zu groß ausgefallen, zurückweichend dem Überschuß Raum gibt. Dieser Überschuß ebenso wie die etwa zwischen Glockenstempel und Formbacken entstehende Naht fallen in den ohnehin später abzutrennenden Mündungswulst des Lampenkolbens. Gleichzeitig mit dem Preßstempel wird auch der Mundstückdorn *h* vom Glasposten zurückgezogen (Abb. 535d) und die ganze Einheit in fortschreitende Bewegung um die Maschinenachse und gleichzeitig die Pfeife in Drehung um die eigene Achse versetzt worden. Dabei sinkt der Glasposten etwas ein (Abb. 535e), und seine äußere und innere, beim Pressen abgekühlte Oberfläche wird von innen her wieder soweit gleichmäßig aufgewärmt, daß sie bei dem folgenden Vorblasen gleichmäßig gedehnt wird. Die richtige Bemessung dieses Zeitabschnittes ist äußerst wichtig für die Erzielung einer gleichmäßig starken, von Rampen und Streifen freien Glaswandung. Ein weiterer Temperaturausgleich findet statt, während die Pfeife im weitern Verlauf ihrer Wanderung und Achsendrehung um 90° gekippt und ein erster Luftstoß durch eine kleine Druckpumpe an der Maschine eingeblasen wird (Abb. 535f). Während der weiteren Fortbewegung wird die Pfeife auf den Kopf gestellt, der Külbelhals durch eine dagegengeführte Schablone *K* etwas eingeengt (Abb. 535g), die Drehung der Pfeife abgestoppt und das Külbel der Längsstreckung überlassen. Nötigenfalls kann die Fortbewegung der ganzen Einheit bis zu ausreichender Külbelstreckung angehalten werden. Genügt die Streckung, so geht die Einheit weiter, die Drehung der Pfeife setzt wieder ein und die Blaseform schließt sich um das Külbel, welches nun durch Luft höherer Pressung aus einem Kompressor fertiggeblasen wird. Drehung und Fortbewegung der Pfeife hören auf,

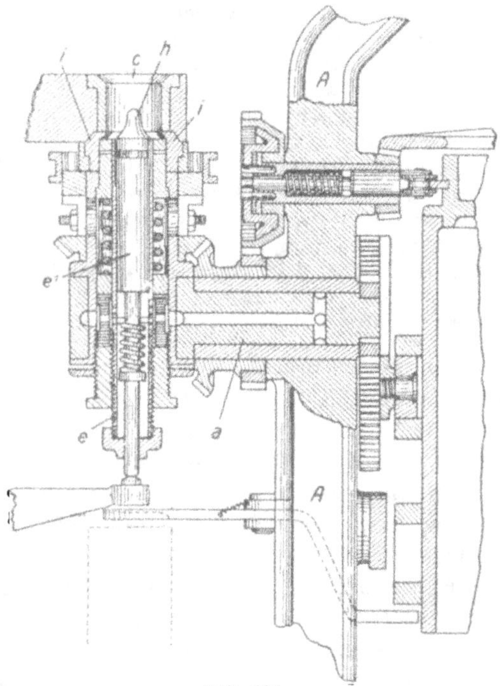

Abb. 534.

Abb. 535a.

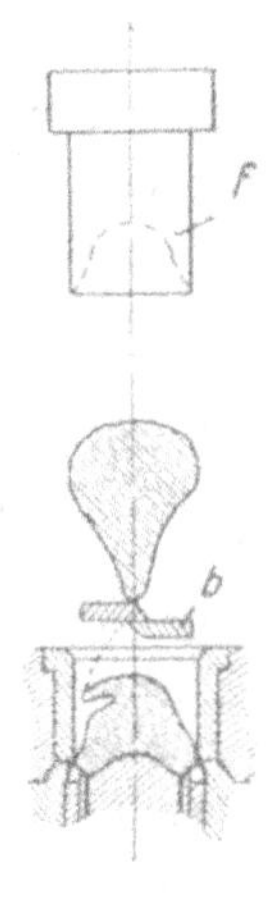

Abb. 535b.

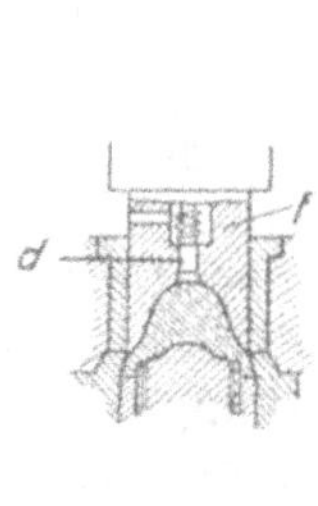

Abb. 535c.

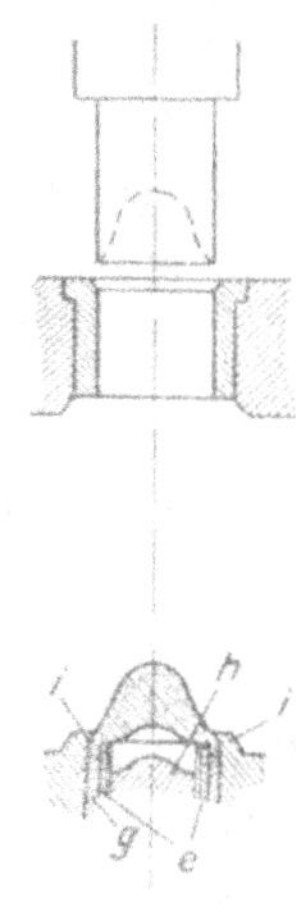

Abb. 535d.

die Blaseform öffnet sich, die Pfeife stellt sich etwas schräg (Abb. 535h) und der fertige Lampenkolben fällt aus den von Hand geöffneten Formbacken heraus. Die Träger (*A*, Abb. 534) der Einheiten werden einzeln und selbsttätig mit einem ständig um die Maschinenmittelachse sich drehenden Mitnehmer gekuppelt, sobald die Pressung vollendet ist (Abb. 535d). Sie können nach Bedarf durch den bedienenden Arbeiter gelöst und angehalten werden zwecks Verlängerung der Streckperiode vor der Ankunft an der Fertigblasestation. Hier werden sie selbsttätig entkuppelt und angehalten, nach Entleerung der Form vom Arbeiter wieder in Gang gesetzt, an der Füllstation selbsttätig angehalten. Alle anderen Bewegungen verlaufen automatisch. Auch das Anprallen an die vorausgehende Einheit wird durch selbsttätige Entkupplungseinrichtungen verhindert. Die vom Arbeiter zu bedienenden Tritthebel für die Entkupplung (zwecks Streckens) und die Kupplung (nach der Formenentleerung sind in der Nähe der Blasestation und des Hebels zur Öffnung der Kopfformbacken (Abb. 535h) angebracht, der Tritthebel zur Ingangsetzung des Preßmechanismus an einer andern Stelle, so daß zwei Arbeiter zur Bedienung der Maschine nötig sind.

Abb. 535e.

Abb. 535f.

Abb. 535g.

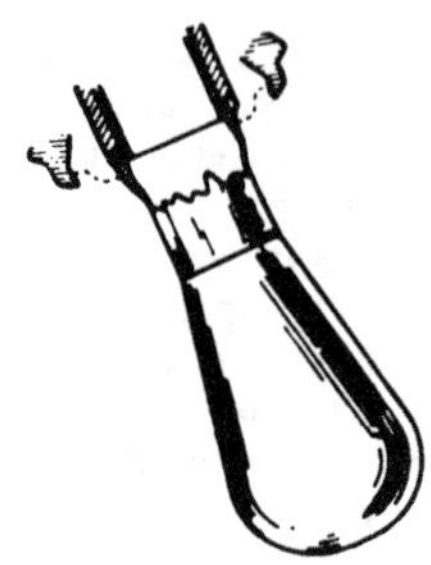
Abb. 535h.

In dieser ersten eben beschriebenen, halbautomatischen Form und solange sie von Hand beschickt werden mußte, schien die Empire-Maschine durch die Westlake-Maschine hoffnungslos geschlagen. Sie hat aber durch die Einführung der selbsttätigen Speiser, durch welche die Glasversorgung selbsttätig geschieht, neue Aussichten gewonnen. Bei einer neuen Konstruktion, Typ *F*, sind 2 der beschriebenen Drehgestelle mit je 6 Pfeifen mit einem Mehrfachspeiser zu einer vollautomatischen Maschine verbunden worden. Zu jedem Drehgestell gehört ein Füllbehälter *c* (Abb. 534) zwischen denen die Verteilerrinne zwecks abwechselnder Beschickung hin- und herpendelt (s. Brit. Pat. 218107). Diese Maschine, Ergebnis 7 jähriger Arbeit, hat vor der Westlake-Maschine den Vorzug größerer Einfachheit und geringeren Raumbedarfs (Frontbreite etwa 2 m). Sie ist seit 1920 in den Corning Glass Works in Corning V.St.N. in Betrieb, verarbeitet bleifreies Glas aus der Wanne zu Glühlampenkolben und Weißhohlglas und leistet in 24 Stunden 35000, nach einer andern Angabe 43000 Kolben (ohne Ausschuß). Ein heikler Punkt, die in die Glasmasse eingehende Schnittnarbe, soll durch die beschriebene Ausführung des Pressens und durch Erhitzung des Külbelscheitels (bei umgekehrter Stellung) mit Hilfe von Gasbrennern überwunden sein.[1])

Welche Wege sind nun bei der **Westlake-Maschine** eingeschlagen? Wie schon eingangs angedeutet, sind die ersten Versuche hierbei von der Owens-Maschine ausgegangen, aber zunächst erfolglos geblieben, was nicht wundernehmen kann, wenn man die Eigenart und Schwere des oben entwickelten Problems betrachtet. Schließlich ist von der Owens-Maschine das Prinzip der Vorformfüllung durch Aufsaugen des Glases unmittelbar aus dem Ofen und die allgemeine Anordnung des Maschinengestells und der die formgebenden Teile steuernden Getriebe übrig geblieben, im übrigen aber ebenfalls der Typ der alten Christianssonschen Maschine wieder aufgenommen, oder wohl aus der technischen Sachlage heraus selbstständig entwickelt worden. Es besteht also auch hier die Maschinen-Einheit aus der um eine wagerechte Achse kippbaren Pfeife, deren mit aufklappbaren Kopfformbacken versehenes Mundstück unter einer Vorform in Stellung gebracht werden kann. Aber diese Vorform wird in der Art der Owens-Maschine beschickt.

Die Abb. 536a—f veranschaulicht in großen Zügen den Formvorgang der Westlake-Maschine[2]). Die Saugform *a* (Abb. 536a) wird innerhalb eines Ringschwimmers im Ofen ins Glas eingetaucht und durch Absaugen der Luft gefüllt. Der Glasstrang wird beim Zurückziehen der Saugform aus dem Ofen

[1]) J. Soc. Glass. Techn. 1917, S. 207/8, 1919, S. 190, 1924. S. 289.
[2]) D. R. P. 269949, Am. Pat. 1021048.

durch das links von der Form sichtbare Messer zu solcher Zeit abgeschnitten, daß das abgeschnittene Glas bei *c* zwischen die Ofenwand und den Schwimmer fällt und daher das Glas an der Schöpfstelle nicht verunreinigt. In der Saugform findet keinerlei weitere Behandlung des gebildeten Glaspostens statt, sondern sogleich, nachdem sie auf ihrem Rückzuge über der Pfeife *d* (Abb. 536b) zum Stillstand gekommen, öffnet sich der aus halbringförmigen Abschnitten *e* bestehende Unterteil der Form und läßt den Glasposten *C* auf die Pfeifenmündung fallen, wo er durch die an der Pfeife angelenkten Mundstücksbacken *f* festgeklemmt wird (Abb. 536c). Um eine völlig luftdichte Befestigung des Glaspostens an der Pfeife und damit eine zuverlässige Bemessung der Luftstöße zu sichern, wird der Glasposten bereits in der Saugform mit einem Flansch *g* versehen (Abb. 536a und b), der zwischen der Pfeifenmündung und den Backen *f* eingeklemmt wird (Abb. 536c), worauf ein Dorn *h* vorstößt und zurückgehend eine erste Höhlung im Posten zurückläßt, welche die Druckluft dann erweitert (Abb. 536d). Da der Glasposten in der Saugform keinerlei weitere Behandlung erfährt, sondern dieselbe sofort und noch sehr heiß verläßt, wird die geringe äußerliche Abkühlung durch Wärmezufuhr von innen leicht ausgeglichen und seine Homogenität wieder hergestellt. Die Schnittnarbe befindet sich an der Unterseite des Postens und fällt daher in das später abzutrennende Mundstück. Wie Abb. 536d, in welcher der Glasposten durch einen ersten Luftstoß aufgeblasen ist, bereits erraten läßt, fällt auch das ganze mit dem Pfeifenmundstück in Berührung befindliche Glas später ab. Der den eigentlichen Lampenkolben bildende Oberteil des Postens hat, weil der entsprechende Saugformteil *i* (Abb. 536b) nicht zerlegt zu werden braucht, keine Formnaht. Nach dem ersten Luftstoß wird die Druckluft aus dem Külbel abgelassen, so daß es einsinkt (Abb. 536e) und dieser Vorgang wiederholt sich mehrere Male unter jedesmal weiterer Ausdehnung des Külbels. Beim Einsinken nähert sich die obere Külbelwand, welche das heiße Glas aus dem Innern enthält, den unteren Wandteilen, was einen wirksamen Temperaturausgleich und zusammen mit dem vorsichtigen stufenweisen Aufblasen vorzügliche Glasverteilung ermöglicht. Die Pfeife schwingt nun herum und verharrt unter Drehung um die eigne Achse einige Zeit in einer fast wagerechten, gegen das Ausblaseende hin wenig ansteigenden Lage, bevor sie sich völlig auf den Kopf stellt. Nun folgt ein Zeitabschnitt, in welchem, unter dem Einfluß einer Pendelbewegung oder von Auf- und Abbewegungen der Pfeife, das Külbel sich streckt, und dann das Aufblasen in der mit Paste ausgekleideten Fertigform unter erneutem Drehen der Pfeife. Der Blasedruck wird darauf abgelassen und durch eine schwächere Luftpressung ersetzt, welche nach dem Öffnen der Fertigform das Zusammenfallen des Kolbens verhindert, falls er noch zu weich ist, ohne ihn weiter aufzublasen. Die Abb. 536f zeigt den Kolben so wie er die Maschine verläßt. Eine vervollständigte Beschreibung des Arbeitsvorganges wird nach Beschreibung der Luftregelungsventile (S. 630) gegeben.

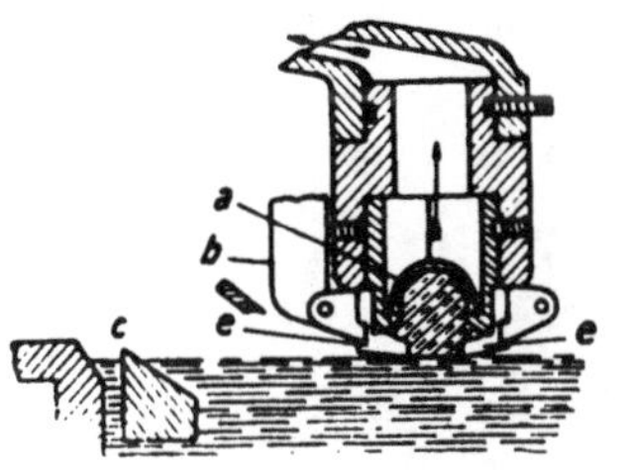

Abb. 536 a.

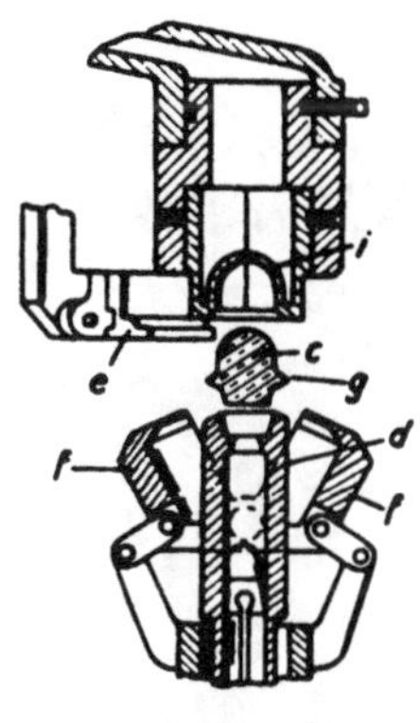

Abb. 536 b.

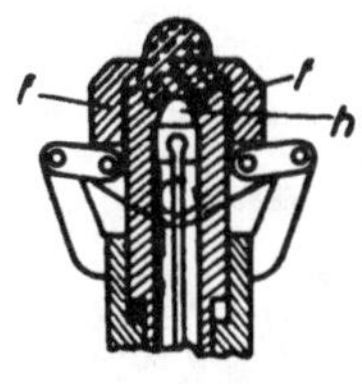

Abb. 536 c.

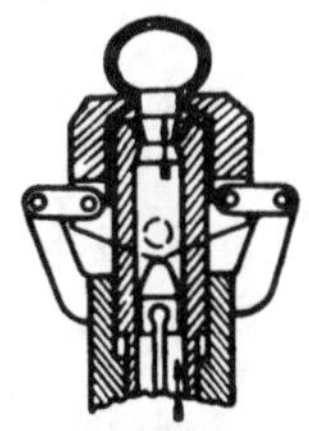
Abb. 536 d.

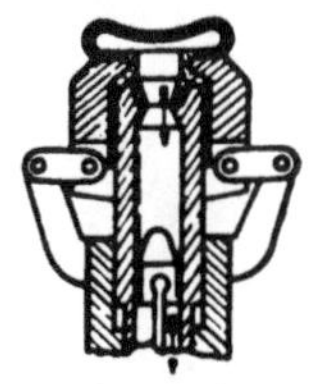
Abb. 536 e.

Abb. 536 f.

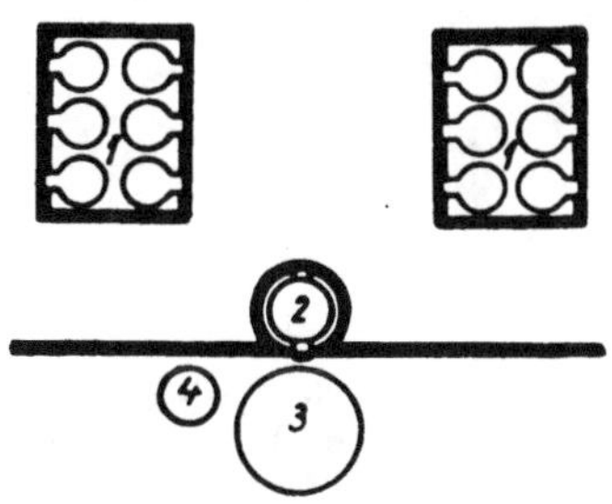

Abb. 537.

Die zur Ausführung dieses Verfahrens entworfene Ofen- und Maschinenanlage hat, da die ersten Versuche bis ins Jahr 1907 zurückreichen und die erste Maschinebereits 1911 lief, mancherlei Umgestaltungen erfahren. Überholtes kann nur gestreift werden.

Eine erste große Schwierigkeit erwuchs, als man eine Lampenkolben-Maschine nach dem Owensprinzip und einen dafür geeigneten Ofen zu schaffen gedachte, daraus, daß es sich um die Verarbeitung von Bleiglas handelte. Versuche, die Drehwanne oder überhaupt den Wannenofen hierfür brauchbar zu machen, blieben ohne Erfolg[1]). Die Abb. 537 zeigt eine Ofenanlage aus dem Jahre 1916 zur Speisung

[1]) S. O. Richardson, der Generalmanager der die Entwicklung der Westlake-Maschine betreibenden, Libbey Glass Co, hat eine Reihe von Patenten auf Stiefelwannen für Bleiglas genommen, aber dies Konstruktionen scheinen sich nicht eingebürgert zu haben. Zu vergleichen Am. Pat. 756409, 766771, 809925.

der Westlake-Maschine mit Bleiglas[1]). Sie besteht aus 2 Schmelzöfen 1 mit je 6 gedeckten Häfen, aus denen das Glas mit einer Kelle in einen besonderen kleinen Ofen 2 übergeschöpft wird. Der Ofen hat 2 Mündungen, eine zum Eingießen mit der Kelle, die andere, welche durch eine Öffnung in der Wand zwischen Maschinen- und Ofenhaus zugänglich ist, zum Einführen der Saugformen der Blasemaschine 3. Die innere Einrichtung ist folgende[2]). An die Einfüllöffnung des Ofens schließt sich die Mündung eines gedeckten Hafens an. Dieser Mündung gegenüber hat der Hafen einen zweiten, bis etwa in die Ofenmitte reichenden Stutzen, der sich hier mit einem abwärts gebogenen Knie auf einen aufwärts gebogenen Stutzen eines zweiten Hafens aufsetzt, dessen gegenüberliegende Arbeitsöffnung an die Entnahmeöffnung des Ofens anschließt. Der Glasraum des Einfüllhafens hat eine Scheidewand mit Durchlaß am Boden,

Abb. 538

der Entnahmehafen einen Ringschwimmer. In den ersten Hafen wird vorgeschmolzenes Bleiglas aus den Hafenöfen eingetragen, in ihm geläutert und fertig aus dem Schwimmer des zweiten Hafens geschöpft. Da es übrigens inzwischen gelungen ist, zum Blasen von Glühlampenkolben geeignete bleifreie Sätze zu finden, welche in der Wanne geschmolzen werden können (s. S. 632), so hat das Problem der kontinuierlichen Bleiglasbereitung an Wichtigkeit verloren.

4 ist ein kleiner, heute entbehrlich gewordener rotierender Kühlofen. Die Blasemaschine hat wie gewöhnlich ein Drehgestell mit mehreren ringsum verteilten Arbeitseinheiten. Das Drehgestell ununterbrochen, nicht schrittweise zu drehen, schien zur Erreichung einer ausreichenden Mengenleistung unerläßlich. Wie aber dabei die Saugformen durch die enge Mündung des gedeckten Arbeitshafens hindurch füllen?

[1]) J. Soc. Glass. Techn. 18, S. 24.

[2]) Am. Pat. 1004080.

Zunächst ein Wort über den allgemeinen Aufbau der Maschine, von welcher Abb. 538 ein Schaubild gibt, mit abmontierten Blaseformen, in der S. 623—630 dargestellten Ausführung. Der auf S. 631 geschilderte Mechanismus zum Abschlagen der Kolben von der Pfeife ist nicht sichtbar.

Abb. 539 zeigt die linke Seite des Drehgestells, welches auf einem fahrbaren Unterbau steht, auf welchem es durch einen Kurbelantrieb von Hand[1]) oder motorisch[2]) in der richtigen Höhe eingestellt und an den Ofen herangefahren werden kann. Die feststehende Mittelsäule zeigt im unteren Teil (also ähnlich wie bei der Owens-Maschine) übereinander liegende Ringe 1, welche die Kurvenführungen zur Steuerung der Pfeifen- und Formbewegungen enthalten, und im oberen Teil übereinanderliegende Nuten 2, in welchen Anschlagdaumen zur Steuerung der Blas- und Saugventile an beliebiger Stelle eingefügt werden können. Das Drehgestell trägt an der Basis 3 den zum Antrieb dienenden Zahnkranz. Der obere Gestellrahmen 4 wird von 12 Säulenpaaren 5 getragen. Zwischen je zwei Säulen ist radial gelagert die wagerechte Welle 6, mit welcher die Pfeife 7 geschwenkt wird (in Abb. 538 gehört zu jeder Welle *ein Paar* Pfeifen). Die Pfeife wird in dem gegabelten Ende der Achse in leicht zu öffnenden Laschen 8 gehalten und durch eine selbsttätige sich öffnende und schließende Zange 8a genau senkrecht festgestellt; darunter ist die Fertigform 9 auf und ab schwingbar. Innerhalb des Säulenkranzes sind radial stehende Schlittenführungen 13 am Drehgestell vorgesehen. Die darin gleitenden Schlitten fassen mit Reibungsrollen in die feststehenden Kurvenführungen der Ringe 1, erhalten dadurch bei der Gestelldrehung eine radiale Hin- und Heibewegung und bewirken durch Verbindungsgestänge die Steuerung der Formwerkzeuge. Der Gestelloberbau enthält über jeder Pfeife eine Saugform 10, deren die nötigen Luftkanäle enthaltender Tragarm 11 auf einer lafettenartigen schrägen Bahn 12, gesteuert durch feststehende Führungskurven hin- und hergeht, wobei die Saugform einmal schräg abwärts in Ofenöffnung eingestoßen und nach der Füllung wieder über die (umgekehrt wie in Abb. 539 stehende) Pfeife geführt wird.

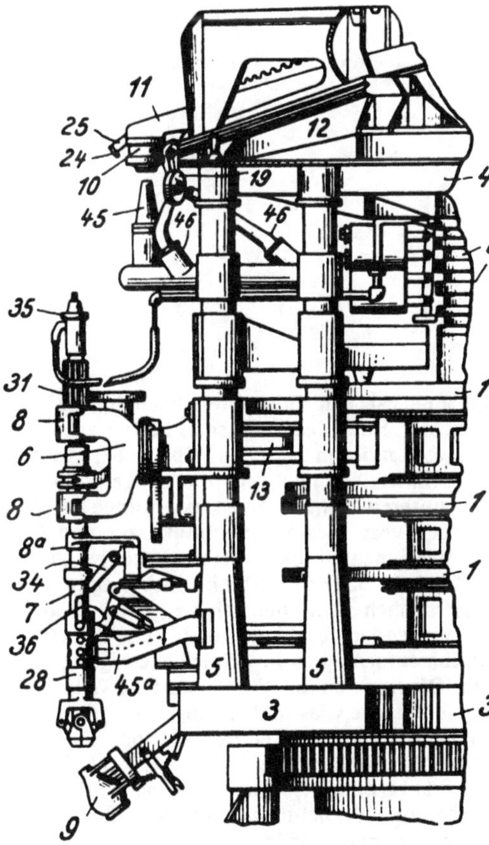

Abb. 539.

Um nun bei ununterbrochener Gestelldrehung das Anschlagen der Saugform an die Seiten des Ofenloches zu verhindern, war bei der ersten Form der Maschine[3]) die Lafette 12 auf dem oberen Gestellrahmen seitlich beweglich, wurde während der Hin- und Herbewegung der Saugform im Ofen durch einen selbsttätigen Mechanismus am Orte festgehalten und eilte dann der zugehörigen Blasepfeife mit erhöhter Geschwindigkeit nach. Bei den neueren Maschinen ist es aber gelungen, die Bewegung der Saugform und namentlich das Vollsaugen so zu beschleunigen. daß der kurze Augenblick des Vorbeiganges der auf dem Drehgestell fest angebrachten Lafette vor der Ofenöffnung zur Ausführung der Schöpfbewegung genügt[4]). Abb. 540 zeigt die Saugform 10 nebst dem auf der Lafette 12 gleitenden Tragarm 11 und Steuermechanismen von oben gesehen vor der Ofenöffnung 14 (mit dem Ringschwimmer 15) und durch eine strichpunktierte Linie die Bewegungsbahn der Saugform. Sie zeigt auch, ebenso wie Abb. 538, worauf noch später näher einzugehen, daß zwei Saugformen miteinander zu gemeinschaftlicher Bewegung verbunden sind. Die Formensätze enthalten dementsprechend je zwei gemeinschaftlich bewegte Pfeifen und Formen, insgesamt sind also 24 Pfeifen und Formen vorhanden.

Abb. 541 zeigt die neuere verbesserte Gestalt der Saugform. Der aus Kupfer gefertigte Oberteil 15 ist konisch, was das Herausfallen des angesaugten Postens erleichtert. Der Deckel ist aus einer Graphitplatte 17 mit mittlerem Vorsprung angefertigt, wird daher heißer als die Kupferwand und hält das

[1]) Am. Pat. 1151795.

[2]) Am. Pat. 1142437.

[3]) D. R. P. 269949, 277469 (enthält die Saugform) 287256; Franz. Pat. 439157. Eine Beschreibung mit Abb. findet sich auch im Spr. 1913, Nr. 1 u. 2.

[4]) Am. Pat. 1223393; D. R. P. 391241.

obere keglig sich verschwächende und daher an sich leichter die Wärme verlierende Glaspostenende so warm, daß es keine Wandverdickung im Boden des Glaskolbens gibt. Der Unterteil der verbesserten Form besteht nicht aus 2 Halb-, sondern einem einheitlichen, um 18 schwingenden Ring 19 und wird durch das Gestänge 20 geöffnet und geschlossen, welches durch ein Gelenk und eine federnde Teleskopverbindung bruchsicher gemacht ist. Einzelne Bohrungen und äußerst feine radiale Schlitze verbinden das Innere der Saugform mit dem zum Exhaustor führenden Kanal des Formarmes. An dem senkrechten zylindrischen Ende dieses Armes ist der Saugformoberteil 15 mit etwas senkrechtem Spiel gehalten und die Berührungsflächen beider Teile sind konzentrische Kugelschalen. Der Formoberteil wird daher durch den von unten dagegen geführten Deckel bei jeder Lage abdichtend gegen das zylindrische Armende angepreßt. Eine mehrfach gebrochene Dichtungsfläche zwischen Ober- und Unterteil und der Umstand, daß die Saugleitung gerade hier durch die feinen Schlitze endet, sorgt für rasches und energisches Saugen. Ist die Form gefüllt und der Unterteil heruntergeklappt, so wird die Luftleere selbsttätig vermindert. Das verminderte Vakuum reicht aus, um zunächst den Glasposten noch in der Form zu halten, ohne aber noch die Form nebst Posten gegen das Ende des Saugarmes halten zu können. Es öffnet sich daher zwischen beiden entsprechend dem vorhandenen Spiel ein Spalt, der die Luftleere rasch und völlig aufhebt.

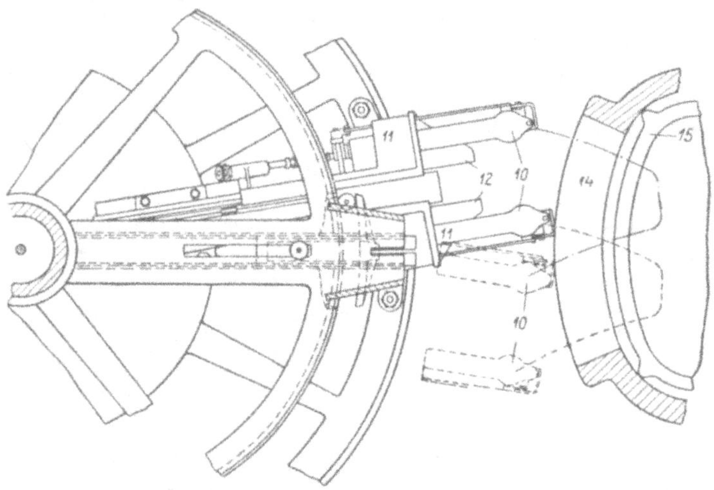

Abb. 540.

Unmittelbar nachdem die vollgesaugte Glasform aus der Schmelze ausgetaucht ist, geht unter ihrer unteren Öffnung eine Messerklinge 24 (Abb. 539) hinweg, welche von einem schwingenden Arm 25 getragen wird, dessen Drehpunkt am Saugform-Arm sitzt und der durch ein von Kurvenführungen am Maschinenteil gesteuertes Gestänge so bewegt wird, daß die Abschneidebewegung des Messers nach dem Ofenloch zu geht mit sofort anschließender Rückbewegung. Bei der ersten Maschinenform ging die Schneidebewegung nach dem Ofeninneren zu[1]) und warf zuweilen das abgeschnittene Glas in den Ringschwimmer, was nunmehr nicht mehr eintreten kann. Das Gestänge ist geteilt, die Teile teleskopisch und federnd verbunden. Die Messerschneide steht schräg zur Schneidbewegungsrichtung, ergibt also einen scherenartigen Schneidvorgang. Die Klinge ist leicht lösbar und nachstellbar am Arm befestigt.

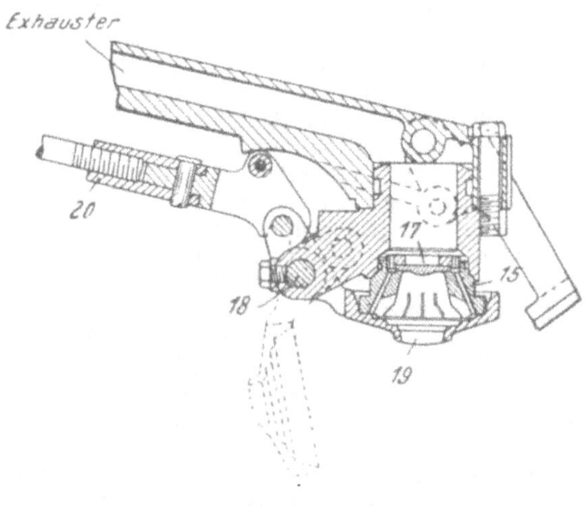

Abb. 541.

Die Blasepfeife, auf deren nach oben gewendetes Mundstück die Saugform nach dem Abschneiden, Zurückgehen und Aufklappen des Formunterteils den Glasposten fallen läßt, ist in Abb. 542 bis 544 in einem in 3 Abschnitte zerlegten Längsschnitte dargestellt[2]). Sie entspricht insofern der alten Christianssonschen Pfeife (Abb. 620), als an dem eigentlichen (in der Abbildung schwarz dargestellten) Pfeifenrohr 26 die Mundstücksbacken 27 angelenkt sind, welche durch die Verschiebung der äußeren federnd vorwärts gedrängten

---

[1]) Am. Pat. 1040346.

[2]) Am. Pat. 1248664.

Hülse 28 geöffnet und geschlossen werden, und als im Inneren des Pfeifenrohres ein längs verschiebbares und mit Rückzugsfedern versehenes Rohr 29 gelagert ist, welches der Blaseluft-Zufuhr dient und den die Blaseöffnung im Glasposten vorformenden Dorn 30 trägt. Zwischen dem Haupt- und Luftrohr ist noch ein drittes Rohr 32 gelagert (in Abb. 542—544 grau getönt), welches mit einem das Hauptrohr umgebenden Bund (Abb. 543 oben) durch einen (durch Schlitze des Hauptrohres durchgreifenden) Bolzen 33a starr verbunden ist. Dieser Bolzen und ein andrer 33b, Abb. 542, der in ähnlicher Weise das dritte Rohr 32 mit der Außenhülse 28 (Abb. 542) verbindet,

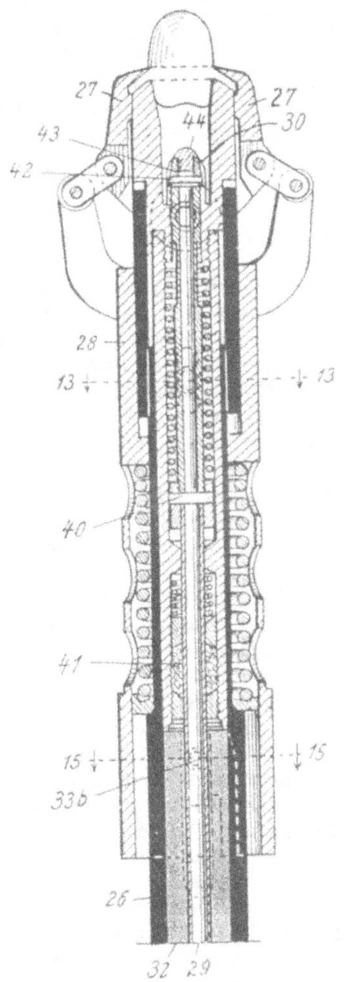

Abb. 542.

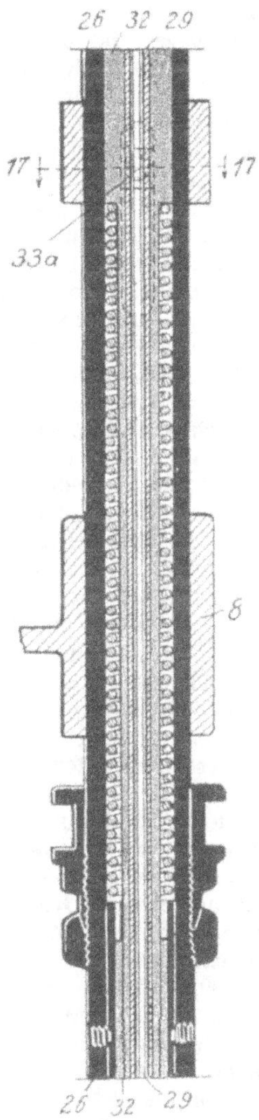

Abb. 543.

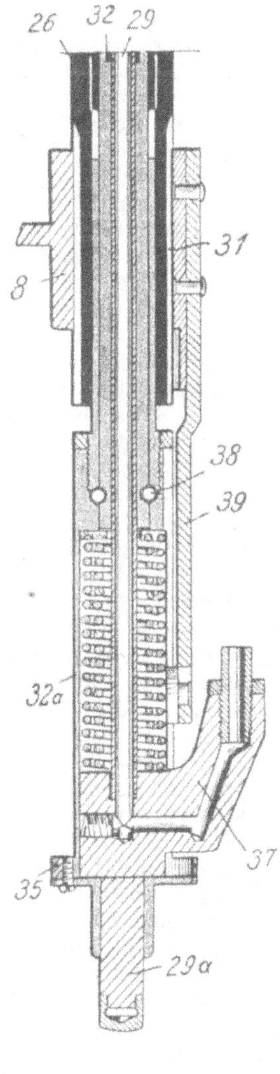

Abb. 544.

halten die bisher beschriebenen konzentrischen Teile unbeschadet ihrer Längs-Verschiebbarkeit zu gemeinschaftlicher Drehung (s. u.) mit Hilfe des Zahnkranzes 31 (Abb. 539 u. 544) zusammen, wobei sich das Hauptrohr 26 der Pfeife in den Schellen 8 (Abb. 539, 543, 544) des Pfeifenhalters 6 (Abb. 539) dreht.

Das dritte Rohr 32 wird zu den geeigneten Zeitpunkten entgegen der Wirkung seiner Vorschubfeder zurückgezogen, das erstemal, wenn es sich bei der in den Abb. 542—544 gezeigten Pfeifenstellung, darum handelt, die Hülse 28 (Abb. 542) und die Mundstücksbacken zu öffnen, wobei der erwähnte Querbolzen 33b das dritte Rohr und die Hülse auch zu gemeinsamer Längsverschiebung verbindet. Diese Verschiebung wird veranlaßt durch einen vom Maschinengetriebe bewegten Finger 34 (Abb. 539) der, da die Pfeife dabei umgekehrt wie in Abb. 539 steht, gegen den vorspringenden Rand 35 (Abb. 539 oben und 544 unten) des untersten gehäuseartigen Teiles 32a Abb. 544, des dritten Rohres von oben her anschlägt. Dem nach unten zurückgehenden dritten Rohr fällt ein lose darauf sitzendes, den Sitz des niederfallenden Glaspostens bildendes Mundstückrohr (Abb. 542) nach. Hebt sich der Finger wieder, so treten durch Federwirkung die Gegenbewegungen ein, d. h. das wiederansteigende Mundstückrohr und die sich schließenden Formbacken klemmen den Flansch des Glaspostens zwischen sich fest. (Soll nach dem Fertigblasen der Glaskolben freigegeben werden, so wird bei der Pfeifenstellung gemäß Abb. 539 die entsprechende Rückzugsbewegung des dritten Rohres 34 bewirkt durch den Anschlag des erwähnten Fingers gegen den dann anliegenden mittleren Pfeifenbund (Abb. 539).) Unmittelbar nach dem Festklemmen des Glaspostens wird der Dorn 30 gegen seine Rückzugsfedern rasch vorgestoßen, indem gegen das unterste Ende des den Dorn tragenden Luftrohrs, 29a (Abb. 544, unten) ein anderer, selbsttätig sich bewegender Finger 36 (Abb. 539) anschlägt[1]). Der Luftanschluß 37 (Abb. 544) des Luftrohres geht durch einen Schlitz des gehäuseartigen Endes des dritten Rohres, welches mit dem Hauptteil dieses Rohres durch Kugellager 38 (Abb. 544) drehbar verbunden ist und durch einen in seinen Schlitz eingreifenden Finger 39 des Pfeifenhalters 8 gegen Drehung gesichert ist. Eine Verbesserung gegen die ursprüngliche Konstruktion bedeutet es, daß das den Dorn tragende, durch die ganze Pfeifenlänge gehende Organ 29 zugleich als Luftweg dient. Bei der außerordentlich feinen Abstimmung der Blaseluftstöße ist es wichtig, auf diese Weise das Entweichen der abgemessenen Luftmengen durch Undichtheiten möglichst zu verhindern. Dies wird auch erreicht, obgleich das Luftrohr bei 40 (Abb. 542) in zwei Teile (jeder mit besonderer Rückzugsfeder) geteilt ist, dies, um ein Festklemmen des am Dornende stark erhitzten Luftrohres durch Krummziehen zu verhindern. Die Dichtung wird durch eine oberhalb der Teilungsstelle (oberhalb im Sinne der Luftströmung) befindliche Stopfbüchse 41 (Abb. 542) besorgt. Die aus dem Luftrohr (in Abb. 542 oben) austretende Luft würde die Gefahr mit sich bringen, den Mundstücksdorn 30, welcher den Abschluß des Luftrohres bildet, abzukühlen. Schädlich wäre dies, weil dann das Glas in der vom Dorn erzeugten Mundstücköffnung des Glaspostens kälter und fester werden würde als das übrige und der erste Luftstoß entweder dieses festere Glas nicht durchstoßen, oder, falls er durchstößt, den Posten zu unsanft vorblasen würde. Der Luftkanal des Rohres mündet daher durch eine Querbohrung 42 und äußere Längsrille 43 am Umfang des das Rohrende abschließenden Metallpfropfens aus, und in die axiale Bohrung dieses Pfropfens ist eine besondere Spitze 44 aus Graphit oder noch besser Kupfer eingeschraubt, welche, vor den Luftstrahlen geschützt, sich bald hoch erhitzt und doch am Glase nicht haftet.

Die Fertigform 9[2]) sitzt ähnlich wie bei der Owens-Maschine an einem schwingenden Arm und wird von diesem selbsttätig abwechselnd gegen die Pfeife mit dem daran hängenden Külbel angehoben und nach dem Fertigblasen offen in ein Kühlwasserbecken niedergeschwungen. Das Gestänge zum Auf- und Zuklappen der Form ist durch eingeschaltete Federn nachgiebig, falls das Öffnen oder Schließen auf Widerstand stößt. Der die Formhälften vereinigende Scharnierzapfen ist an einem Schlitten befestigt, der an dem Ende des Schwingarmes zwecks Regelung der Höhenlage der Form auf- und abbewegt werden kann, und zwar mittels eines an einer Rastenscheibe durch Sperrklinke feststellbaren Winkelhebel mit Handgriff. Die Formschalen sind innen, wie üblich, mit einer wasseraufsaugenden Paste und mit Entlüftungsschlitzen am Boden und am Ansatz des Kolbenhalses versehen.

Da bei der raschen Arbeit den formgebenden Teilen durch das verarbeitete Glas außerordentliche Wärmemengen zugeführt werden, muß für ausreichende Kühlung[3]) gesorgt werden. Die Kühlvorrichtung für die Saugform befindet sich bei der ursprünglichen Maschinengestalt gemäß Abb. 539 mit vor- und nacheilender Saugform zwischen den Arbeitseinheiten (im Grundriß gesehen) und besteht aus 3 Luftdüsen, von denen die mittlere 45 (Abb. 539) in das Innere der Saugform 10 bläst, und zwei seitliche 46 den niedergeklappten ringförmigen Formunterteil 19 anblasen. Bei der verbesserten Maschine, bei der die Saugform gleichbleibende Winkelgeschwindigkeit hat, sind entsprechende Düsen über der Arbeitseinheit so angebracht, daß sie die Saugform treffen, wenn sie hinter die Pfeifenlängsachse zurückgezogen und außer Tätigkeit ist. In Höhe der Außenhülse 28 an der Pfeifenausmündung bei der Stellung gemäß Abb. 539 befdet sich eine zweite radial ausblasende Düse 45a, welche diese Hülse und durch ihre siebartig durchlöcherte Wand auch das Hauptrohr der Pfeife kühlt. Die gesamte Kühlluft wird durch den Unterbau der Maschine in eine ringförmige Kammer der hohlen Mittelsäule eingeführt, welche durch Öffnungen der Säulenwand zu den richtigen Zeitpunkten mit dem Innenraum des hohlen unteren Gestellrahmens und der hohlen Tragsäulen des Maschinengestells in Verbindung steht, von welchen (s. Abb. 539) die oberen Kühldüsen abzweigen. Die untere Kühldüse zweigt auch von den Säulen ab, hat aber einen besonderen, selbsttätig gesteuerten Klappenverschluß.

---

[1]) Am. Pat. 1315130 gibt eine verbesserte Ausbildung dieser Anschlagvorrichtung.

[2]) Am. Pat. 1156009.

[3]) Am. Pat. 1248664.

Zum Zwecke der Entwicklung eines zum Ausblasen geeigneten Külbels aus dem Glasposten sind außer den schon im einzelnen dargestellten Bewegungen der Pfeifenteile noch die folgenden, bereits an Hand der Abb. 536a—e kurz erwähnten Bewegungen der ganzen Pfeife nötig. Wenn die Pfeife unter der Saugform in Stellung gebracht und durch die sich selbsttätig darum legende zweiteilige Klaue 8a (Abb. 539)[1]) genau ausgerichtet ist, wird sie zunächst ein wenig angehoben, damit die Fallstrecke des Glaspostens tunlichst verkleinert wird, und nach dem Empfang des Postens wieder ebensoviel gesenkt. Zweitens wird, während des ersten Vorblasens, die Pfeife um ihre Längsachse gedreht. Unter Fortdauer des Blasens und Drehens wird drittens die Pfeife in eine der Wagerechten nahe Schräglage mit dem ausblasenden Ende aufwärts gebracht und einige Zeit so erhalten. Viertens wird unter Aufhören der Drehung die Pfeife völlig umgekehrt, so daß das Külbel hängt und nun durch Bewegung der Pfeife die Längsstreckung des Külbels unterstützt. Bei den älteren Ausführungen der Maschine geschah dies durch Hin- und Herschwenken, bei den neueren ebenso wirksam durch Auf- und Abstoßen (übrigens ebenfalls alter Handwerksbrauch beim Blasen großer Hohlkörper). Es folgt fünftens erneutes Drehen während des Aufblasens in der Fertigform, aber mit größerer Umdrehungsgeschwindigkeit als vorher, sechstens eine Drehung mit der ersten Geschwindigkeit, aber in umgekehrter Richtung, während der Kolbenhals an einer ihn einkerbenden Klinge entlang geführt wird. Das Wiederaufrichten der Pfeife nach Abgabe des Külbels macht den Beschluß.

Der Antrieb zum Heben und Senken, Drehen und Schwingen der Pfeife erhellt zur Genüge aus Abb. 545. Jedoch muß im Folgenden stets beachtet werden, daß zu jeder Arbeitseinheit der Maschine je zwei Pfeifen gehören, welche neben- und parallel zueinander an ein und demselben drehbaren Halter 6 mit gabelförmigem Ende 8,8 gehalten werden. Das Getriebe zum Schwingen ist also für beide Pfeifen dasselbe, aber die Getriebe zum Drehen der Pfeife und zum Heben und Senken sind hinsichtlich der an den Pfeifen angreifenden Endglieder verdoppelt[2]). In einem Lager 48 des Maschinen-Drehgestells liegt die hohle Achse 49 des gegabelten Pfeifenhalters 6. Die erforderlichen Schwingungen erhält der Halter mittels des auf seiner Achse sitzenden Stirnrades 50, ein damit kämmendes zweites Stirnrad, eine auf dessen Achse 51 sitzende Schnecke und eine radial liegende Zahnstange, welche zur Schnecke längs verschiebbar ist mit Hilfe einer Kurvenführung an der Maschinenmittelsäule. Damit die Schwingungen genau und ohne Spiel verlaufen, sind die Stirnflächen der Zähne der Zahnstange konzentrisch zur Umfläche der Schnecke gekrümmt[3]) und die Schwingungsachse 49 durch eine Bandbremse 49a gedämpft. Der Pfeifenhalter macht außer den dem Wechsel der 3 Arbeitsstellungen der Pfeife (aufrecht, schräg, köpflings) bei der älteren Form 2 ganze Hin- und Herschwingungen zwecks Külbelstreckung. An deren Stelle treten bei den neueren Maschinen 4—5 rasche Auf- und Abbewegungen[4]) mit Hilfe des Winkelhebels 52, dessen äußeres Ende mit Fingern in einen Bund 53 der Pfeife greift, während das innere Ende ebenso mit einer in der Pfeifenhalterachse 49 verschiebbaren Hülse 54 verbunden ist, welche durch eine Kurvenführung der Mittelsäule gesteuert wird und auch das Anheben und Senken der Pfeife vor und nach Empfang des Glaspostens besorgt. Die Drehung der Pfeife um ihre Längsachse geschieht durch die mittelste Achse 54a (s. Abb. 545). Um dieser Achse, und damit der Pfeife, die oben aufgezählten nach Richtung und Geschwindigkeit wechselnden Drehungen zu erteilen[5]) ist ihr inneres Ende mit zwei hintereinander sitzenden Kegelrädern verschiedenen Durchmessers versehen, und außerdem gegen den vorderen Achsenteil in der Längsrichtung verschiebbar, wobei diese Verschiebung durch eine Kurvenführung der Mittelsäule so gesteuert wird, daß die Räder abwechselnd mit drei nach ungefähr demselben Radius gebogenen Zahnstangen (mit kegelförmiger Zahnfläche) zum Eingriff gebracht werden, erst das große Rad mit einer oben angreifenden Zahnreihe zwecks langsamer Drehung der Pfeife (Külbelentwicklung), dann das kleine Rad zwecks rascher Drehung in gleicher Richtung (Fertigblasen), dann das große Rad mit einer unten angreifenden Zahnung, zwecks langsamer umgekehrter Drehung (Einkerben des Kolbenhalses).

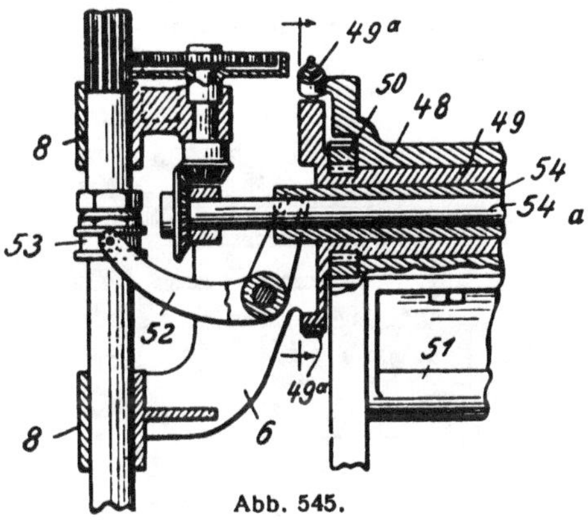

Abb. 545.

[1]) Am. Pat. 1315130 gibt eine verbesserte Konstruktion der Klaue für Einheiten mit 2 Pfeifen.

[2]) Einrichtung zur gemeinschaftlichen Zentrierung beider Pfeifen s. Am. Pat. 1315130.

[3]) Am. Pat. 1248664; D. R. P. 390676.

[4]) Am. Pat. 1221332.

[5]) D. R. P. 376207; Am. Pat. 1331772.

Die Steuerung der Luftsaugung und der Druckluftzufuhr ist gegen die erste Ausführung[1]) noch weiter vervollkommnet worden und namentlich die Steuerung des Blasevorganges stellt ein feinmechanisches Kunstwerk dar. Da eine Vorform zum vorläufigen Aufblasen und Temperaturausgleichen nicht benutzt werden kann, so hängt von der richtigen Ausführung der eigentlichen Blasearbeit am freien Glasposten oder Külbel alles ab. Außerordentlich sind die Anforderungen, welche an die Genauigkeit dieser Arbeit angesichts der Kleinheit der verarbeiteten Glasmenge und der geringen, Bruchteile eines Millimeters betragenden Wandstärke gestellt werden und sie könnten unüberwindlich erscheinen, wenn man an die langen Wege und vielfachen Verbindungen denkt, welche die Luft bis zum Külbel zu durchlaufen hat und deren Dichtheit, reibungslose Bewegung und maßgebende lichte Querschnitte durch wechselnde Erhitzung und Abkühlung beständig bedroht sind. Wird doch die Saugung und die Druckluft aus zentralen Kammern auf 12 Arbeitseinheiten und 24 Pfeifen verteilt und in jeder Einheit mit besondrer Steuerung geregelt. Jede Undichtheit in einer der 12 Einheiten bedroht das Gleichgewicht in den zentralen Kammern und also des Ganzen. Außerdem mußten, um den unvermeidlichen, an sich kleinen und dennoch bereits für die Arbeit der Maschine störenden Schwankungen in der Beschaffenheit des Glases folgen zu können, diese Steuervorrichtungen während des Ganges der Maschine nachstellbar sein. Und dennoch ist dies Problem von unvergleichlicher Schwierigkeit gelöst worden, in 5jähriger stetiger Versuchsarbeit und Durchprobung aller möglichen Ventilanordnungen und mit entsprechenden Kosten. Als die neue Steuerung 1912 vollendet, eingebaut und erprobt war, war auch das Gesamtproblem der Westlakemaschine gelöst.

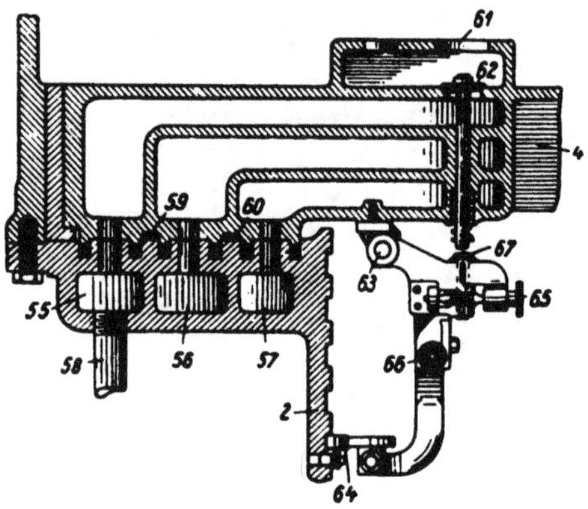

Abb. 546.

Abb. 546 zeigt die Einrichtung zur Verteilung der Luftsaugung, sowie der Hoch- und Niederdruckluft auf die Maschineneinheiten[2]) und es ist hierbei 2 der auch in Abb. 539 sichtbare schmälere Oberteil der Maschinenmittelsäule mit den zur Einführung der Luft-Steuerdaumen dienenden Nuten in der Außenwand. In der Decke der Säule liegen drei konzentrische Ringkammern 55, 56, 57, welche durch sich überdeckende Schlitze mit entsprechenden Kammern des oberen Rahmens 4 des Maschinen-Drehgestells in Verbindung stehen. Die Kammer 55 ist durch eine im Innern der Mittelsäule aufsteigende Leitung 58 mit der Luftpumpe, und es sind die Kammern 56 und 57 in gleicher Weise mit Speichern für Niederdruck- bzw. Hochdruckluft verbunden. Die 3 Kammersysteme sind an den aufeinandergleitenden Dichtungsflächen durch doppelte Dichtungs-Ringnuten mit Packungen (Abb. 546) geschieden und ringförmige Hohlräume 59 und 60 zwischen den Nuten stehen durch besondere (nicht dargestellte) nach der Oberseite des Gestellrahmens 4 führende Kanäle mit der Atmosphäre in Verbindung, um im Falle einer Undichtheit eine gegenseitige Beeinflussung der 3 verschiedenen Kammerdrucke zu verhindern. An den oberen Auslaß 61 der Saugkammer schließt sich ein Hohlraum der Saugformlafette 12 (Abb. 539) an, der in dem Augenblicke, wo der Saugformarm zwecks Saugens auf der Lafette in die äußerste Stellung vorgeschoben ist, durch sich überdeckende Öffnungen mit einem zur Saugform führenden Kanal des Armes in Verbindung tritt, so daß nunmehr das Vakuum auch in der Saugform auftritt und wirkt. Die genaue Steuerung des Saugvorganges besorgt das Ventil 62, welches durch eine Feder geschlossen gehalten und durch einen um den Punkt 63 des Gestellrahmens schwingenden Arm geöffnet wird. Der Arm wird hierzu zur richtigen Zeit durch einen Steuerdaumen 64 der Mittelsäule bewegt. An dem schwingenden Arm sind zwei während des Maschinenganges, also nach dem Erfordernis des Augenblicks, zugängliche Stellschrauben 65 und 66 vorhanden. Die erste, obere, dient dazu, den gegen die Spindel des Saugventils 62 anschlagenden Knopf 67 senkrecht zu verstellen, um seine Abnützung auszugleichen und das Maß der Ventilöffnung, also die Stärke der Saugung in der Form nach der Zähigkeit und Tem-

[1]) Am. Pat. 1195588.

[2]) D. R. P. 277469.

peratur des Glases während des Ganges der Maschine einstellen zu können. Die Stellschraube 66 vermag den herabhängenden unteren Teil des Armes parallel zu seiner Schwingungsachse, tangential also zur Mittelsäule zu verschieben, so daß der Zeitpunkt, an welchem der Arm durch den Steuerdaumen 64 getroffen und das Ventil geöffnet und geschlossen wird, verlegt werden kann, ebenfalls im vollen Laufe der Maschine. Der Daumen hat einen niedrigeren kurzen Endteil, um die schon früher (S. 624) erwähnte Verminderung des Vakuums in der Form nach der Füllung zu bewirken[1]).

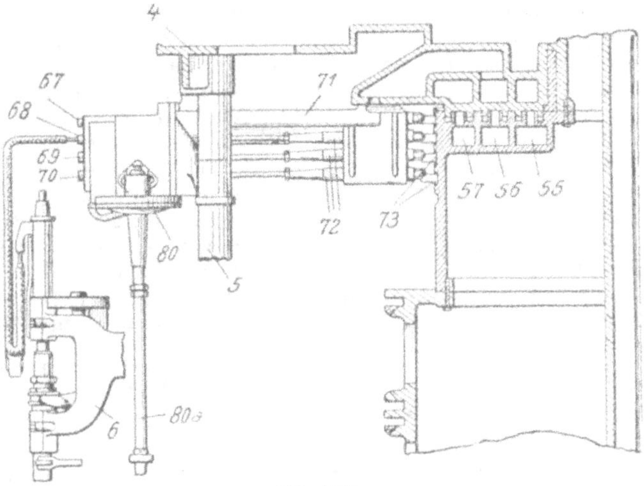

Abb. 547.

Die Einrichtung zur Steuerung des Blasevorganges ist in Abb. 547 in einer Gesamtansicht gegeben, welche die Mittelsäule und vom Drehgestell den oberen Rahmen 4, eine der ihn tragenden Säulen 5, sowie die Blasepfeife an ihrem drehbaren Halter 6 zeigt[2]). Vier Steuerventile 67—70 dienen zur Zuführung von Niederdruckluft (67), Hochdruckluft (68 und 69) und zur Entlüftung des Glaskörperhohlraums (70). Sie münden sämtlich in denselben (hinter Ventil 68 sichtbaren) mit der Pfeife durch einen Schlauch verbundenen Stutzen, das Auspuffventil 70 natürlich außerdem ins Freie. Die die drei Blaseventile mit den Ringkammern 56 und 57 für Niederdruck- bzw. Hochdruckluft verbindenden Kanäle liegen im Teil 71, welcher die oberste von 4 Stoßstangen 72 verdeckt, die zu den richtigen Zeitpunkten durch versetzbare Daumen 73 an der Mittelsäule verschoben werden und die zugehörigen 4 Ventile steuern. Die Ventile haben im allgemeinen sämtlich die gleiche in Abb. 548 gezeigte Ausbildung, dargestellt in wagrechtem Schnitt durch Abb. 547 in Höhe des Niederdruckventils 67. 74 ist der Einströmungs-, 75 der Ausströmungskanal (beim Auspuffventil umgekehrt). Die Ventilspindel, deren Gummiventilkopf 76 durch eine Feder 77 auf den Sitz gedrückt wird, besteht aus drei voneinander völlig getrennten Abschnitten. Der erste ist die schon bei Abb. 547 erwähnte Stoßstange 72, der zweite 73a, durch eine Feder 74a nach rechts gedrängte, tritt in das eigentliche Ventilgehäuse ein, unter Abdichtung durch eine Stopfbüchse 75a und einen gegen die innere Gehäusewand abdichtenden Teller 76a, der dritte, den Ventilkopf tragende 77a ist an beiden Enden gerade geführt, am linken in einer Büchse, am rechten durch einen dichtschließend in seiner Kanalbohrung gleitenden Teller 78. Diese Konstruktion ist das Ergebnis vieler Versuche. Sie verhindert, daß die unvermeidliche Erhitzung Klemmungen, Spannungen und schädliches Spiel im Steuerungsgestänge oder Undichtigkeiten verursacht. Das Niederdruckventil 67 weist zum Unterschied von den anderen nochein vorgeschaltetes, von Hand einzuregelndes Nadelventil 79 (Abb. 548) auf, dessen Durchlaßquerschnitt erheblich kleiner ist als der des Hauptventils. Da die Niederdruckluft im Beginn des Aufblasens in der Fertigform gebraucht wird, so bewirkt diese während des Ganges einstellbare Drosselung, daß der Druck im Külbel anfangs nur langsam ansteigt, bis die Glasblase überall der Form anliegt. Würde die Pressung ein gewisses Maß übersteigen,

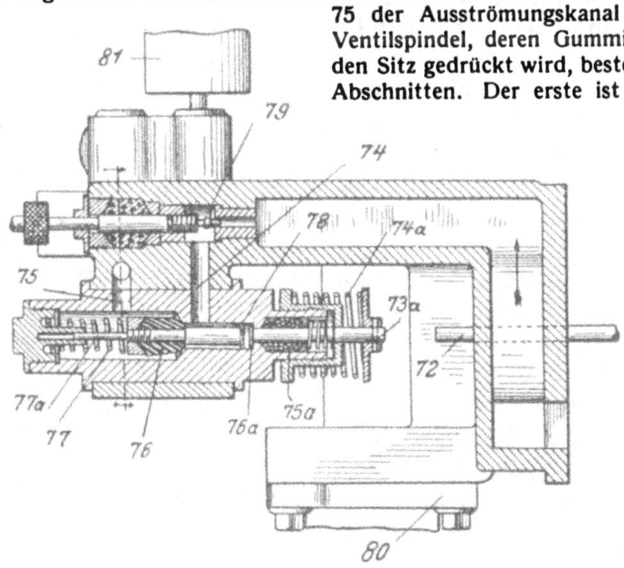

Abb. 548.

[1]) Am. Pat. 1205354.

[2]) Am. Pat. 1255317.

während das schwache Glashäutchen noch nicht überall der Formwand anliegt, so würden nur die nicht anliegenden Teile der Glasblase der Pfeifendrehung folgen und es würde eine Verzerrung der Birne eintreten. Die Niederdruckluft hat im Hauptverteiler etwa 0,02 at Druck. Die Hochdruckluft hat im Verteiler 0,55—0,65 at Druck. Da hier Schwankungen unvermeidlich sind, anderseits aber gerade die Hochdruckluft bei der Entwicklung des Glaspostens zum Külbel durch einzelne Luftstöße mit eingeschalteter Entlüftung gebraucht und hierzu mit der äußersten Genauigkeit bemessen werden muß, so wird sie in jeder Maschineneinheit durch einen empfindlichen Membranregler 80 (Abb. 547) auf den Normaldruck gebracht (der während des Maschinenlaufs mit Hilfe der Stellschraube 80a geändert werden kann), durch das Ventil 69 in ein Meßgefäß 81 (in Abb. 547 hinter dem Ventilkasten gelegen, im wagerechten Schnitt Abb. 548 sichtbar) eingelassen und nach Schluß dieses Ventils durch das Ventil 70 zur Pfeife entlassen. Mit dem zur Pfeife führenden Schlauchstutzen steht auch das die Luft aus dem Külbel auslassende Ventil 70 in Verbindung und tritt nach jedem durch das Zusammenwirken der Ventile 68, 69 abgemessenen Hochdruckluft- stoße in Wirkung. Am Schlusse des Aufblasens in der Fertigform mit Niederdruckluft werden noch einmal die Ventile 68 und 69 geöffnet, aber nunmehr gleichzeitig, so daß mit einem konstanten Hochdruckstrom das Fertigblasen unter Drehen beendet wird. Es folgt nach Aufhören der Drehung wieder Entlüftung der nunmehr fertigen Birne, erneute Anfüllung mit Niederdruckluft und Öffnen der Fertigform. Die Niederdruckfüllung kann die freigelegte Birne nicht weiter aufblasen, verhindert aber, daß sie zusammenfällt, falls sie etwas zu warm aus der Form gekommen.

Der Arbeitsgang jeder Einheit ist also im einzelnen folgender: Schließen der unteren Saugformhälfte, Vorschub der Saugform, Abschneiden nach Füllung der Saugform mit vollem Vakuum, Minderung des Vakuums, Rückzug der Form über die Pfeife, welche ungefähr gleichzeitig in die Stellung mit den Formbacken nach oben geschwungen und festgestellt wird. Anheben der Pfeife, Öffnen der Formbacken, Herabklappen der unteren Saugformhälfte, Aufhebung des Vakuums, Herausfallen des Postens. Schließen der Formbacken der Pfeife, Vorstoß und Rückzug des Külbel-Mündungsdornes. Rückzug der offenen Saugform in die Kühlstellung. Zwei Hochdruck-Luftstöße nebst folgender Entlüftung, also Aufschwellen und Einsinken des Külbels. Drehung der Pfeife um die Längsachse mit der kleinen Geschwindigkeit, erneuter Luftpuff. Unter fortdauernder Drehung und bei einem neuen Luftpuff Schwenkung der Pfeife in die fast wagerechte Lage. Aufhören der Drehung, Schwenkung der Pfeife in senkrechte Stellung, Streckung des hängenden Külbels durch Schwingung oder Auf- und Abstoßen der Pfeife. Feststellen der Pfeife, neuer Luftpuff, Einschließen des Külbels in die Fertigform. Wiederbeginn der Pfeifendrehung mit der großen Geschwindigkeit. Aufblasen mit allmählich auf etwa 0,02 at ansteigendem, dann mit Hochdruck. Anfüllen der Birne mit Niederdruckluft, Öffnen und Senken der Fertigform in den Wasserbehälter.

Die Birne ist fertiggeblasen und wird durch folgende Einrichtung von der Pfeife getrennt [1]), wobei diese sich mit der kleinen Geschwindigkeit und entgegengesetzt wie vorher dreht. Wenn die Birne fertiggeblasen wird, ist sie nicht völlig eingeschlossen, sondern zwischen Pfeife und Fertigform bleibt ein schon ausreichend erstarrter Teil des Kolbenhalses frei. Dieser Teil streift während des Kreislaufes der Einheit an einem unten an der Maschinenbasis befestigten Messer entlang. Das Messer ist im allgemeinen konzentrisch zur Kreisbahn gebogen, weicht aber im mittleren Teil ein wenig von der Kreisbahn, in dem es hier allmählich gegen die Bahn des Kolbens vor- und ebenso wieder zurücktritt. Dieses Messer drückt also, während der noch immer ein wenig weiche Kolbenhals daran unter Drehung entgegengesetzt der Abwälzungsrichtung entlangstreift, eine Kerbe in den Hals und erzeugt hier durch Abschreckung des Glases eine Spannungszone. Höhenlage und radialer Abstand des Messers und die Exzentrizität seiner Krümmung sind nach Bedarf einstellbar, auch kann das Messer mit einem Handhebel aus der Arbeitslage zurückgezogen werden. Nach ungefähr einer $^1/_5$-Drehung gelangt nun die Einheit an die in Abb. 549 gezeigte Abnehmevorrichtung.

---

[1]) Am. Pat. 1208978.

Diese ist an Auslegern 82 der Maschinenbasis gehalten und durch eine Treibwelle 83 mit dem Maschinenantrieb verbunden, welche einen auf Kugellagern um eine senkrechte Mittelwelle drehbaren Tisch 81 am Zahnkranze 85 dreht. An diesem Tisch sind gegenständig 2 Greiferpaare zum Erfassen der abzunehmenden Birne 86 angebracht, welche um die Achse 87 sich öffnen und schließen und um die wagerechte Achse 88 auf- und abschwingen können (vgl. Abb. 549 rechts und links). Die Greifer kreisen mit solcher Geschwindigkeit, daß sie in der Stellung rechts je einer der kreisenden Blase-Einheiten gegenübertreten, wobei die richtige Winkelstellung des Tisches 84 zum Drehgestell der Blasemaschine durch eine Flanschverbindung 83a ermöglicht wird, welche die beiden Teile der Treibwelle 83 in beliebiger Verdrehung gegeneinander zu verbinden erlaubt. Die Öffnungsbewegung der Greiferpaare und ihre Aufwärtsschwingung werden durch radial am Tisch verschiebbare Schlitten bewirkt, welche dabei gegen Federwirkungen von den gegen Reibungsrollen 89 der Schlitten wirkenden Kurvendaumen bewegt werden, und zwar so, daß sie kurz vor dem Zusammentreffen mit der Blasepfeife und dem von der Fertigform befreiten Kolben geöffnet werden und sich bei der Gegenüberstellung um den Kolbenhals schließen, wobei die beiden halbringförmigen nach innen zugeschärften Teile des oberen Greifers 90 sich in die vorher am Kolbenhals erzeugte Nut >-förmigen Querschnitts einlegen und die halbzylindrischen Teile des unteren Greifers 91 sich um den zylindrischen Halsteil legen.

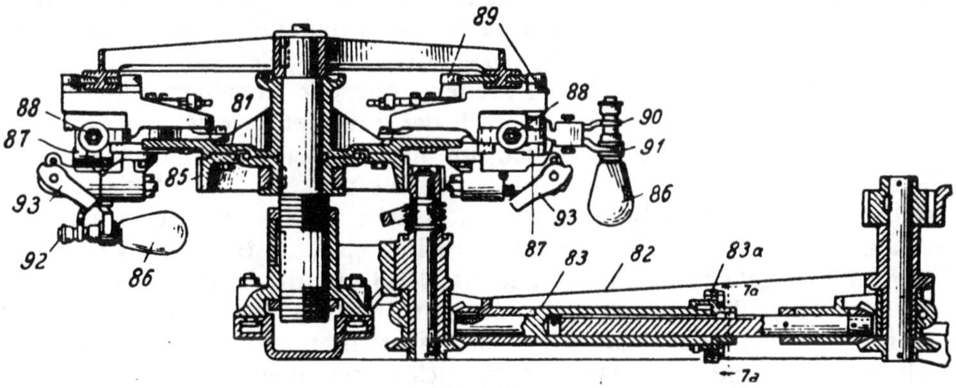

Abb. 549.

Im gleichen Augenblick öffnen sich die Formbacken der Blasepfeife und geben die Birne frei. Nach 180° Umlauf werden die Greifer so niedergeschwungen, daß der Kolben wagerecht liegt (Abb. 549 links), mit seinem verdickten Mündungsteil 92 in der Bahn eines Hammers 93, der nun unter dem Einfluß einer ebenfalls durch einen Kurvendaumen gesteuerten Schnappvorrichtung eine rasche Auswärtsschwingung vollführt und den Kolbenkopf an der eingedrückten Nut abschlägt. Im weiteren Kreislauf wird der Kolben wieder senkrecht gestellt und durch Öffnen der Greifer mit dem Boden voran auf einen unter dem Drehtisch durchgehenden endlosen Förderer fallen gelassen, der ihn nach der Prüfungsstelle im Packraum führt.

Bei der ersten Konstruktion der Maschine wurde der fertige Kolben einfach durch Öffnen der Formbacken der Pfeife aus der Maschine entfernt und der verdickte Kopf erst nach völliger Erstarrung des Kolbens entfernt. Es zeigte sich aber, daß die in dem dickwandigen Kopf bei völliger Erstarrung entstehenden Spannungen auch auf den dünnwandigen Kolben einwirken, so daß er später bei der Abtrennung des Kopfes oft platzte, es sei denn, daß man den Kolben nach dem Verlassen der Maschine einer regelrechten Kühlung, oder, wenn die Abtrennung des Kopfes an der Gebläseflamme erfolgte, einer vorhergehenden langsamen Anwärmung unterwarf. Die Kolben zeigten sich jedenfalls haltbarer, wenn man sie (wie dies noch Ende 1916 geschah), nach der Befreiung von der Fertigform sogleich durch einen Jungen von der Pfeife abschlagen ließ. Denn hier und ebenso bei Anwendung des eben beschriebenen Apparates ist der Kolben im Augenblicke der Köpfung noch so warm, daß gefährliche, den Kolben zum Platzen bringende Spannungen darin noch nicht entstanden sind.

Über die Arbeit und Bedienung der Westlake-Maschine ist wenig nachzutragen. Wenn Bleiglas verarbeitet wird, dienen, wie schon gesagt, gedeckte Häfen zum Schmelzen, aus welchen mit Kellen der eigentliche Arbeitsofen beschickt wird; die Mängel und Schwierigkeiten hiervon liegen auf der Hand. Es war daher von größter Bedeutung, als man die Verwendbarkeit der Gläser, in welche Kalk und Magnesia an Stelle von Blei eingeführt ist, für Glühlampenkolben erkannte, da hiermit die Möglichkeit gegeben war, zum Wannenbetriebe überzugehen. Im Jahre 1924 sollen denn auch bereits 90% einer Produktion von 300 Millionen Glühlampen aus Natron-Kalk-

Magnesiaglas hergestellt worden sein. W. E. S. Turner berichtet aus dem Jahre 1918 oder 1919, daß an einer Wanne zwei 12armige Maschinen aufgestellt waren, während in einer neueren Anlage der National Lamp Glass Works in Pitney, Cleveland an jeder von 2 Wannen je 4 Westlakemaschinen aufgestellt sind, jede mit 24 Pfeifen (12 Doppel-Einheiten). Die Saugformen tauchen unmittelbar in die Schmelzwanne; eine Drehwanne wie bei der Owensmaschine ist nicht erforderlich, weil die Westlake-Maschine sich langsamer dreht und das Vorschicken, Vollsaugen und Zurückziehen der verhältnismäßig kleinen Saugformen fast blitzschnell geschieht. Im übrigen hat der bedienende Maschinist nichts weiter zu tun, als zu beobachten und nötigenfalls die verschiedenen Regulierungs-Mechanismen während des Laufes der Maschine nach zustellen. Bei der erwähnten neueren Anlage führt der mechanische Förderer die Lampen auf dem Wege vom Abnehmeapparat zum Packraum durch einen gemauerten, gasgeheizten Miniatur-Kühlkanal von etwa 7 m Länge.

Die Angaben, welche über die Mengenleistung der Westlake-Maschine bekannt geworden sind, nehmen mit den Jahren zu, was sich dadurch erklärt, daß die ersten Maschinen 6 Einheiten hatten mit 6 Pfeifen, spätere 6 Doppeleinheiten also 12 Pfeifen, die neueren 12 Doppeleinheiten, also 24 Pfeifen. Aber die Angaben sind dadurch unklar, daß die Größe der betr. Maschine nach der Zahl der „Arme" angegeben wird, ohne daß immer erkennbar ist, ob es sich um Maschinen mit einer oder zwei Pfeifen für jede Arbeitseinheit, also jeden „Arm" handelt oder ob „Arm" gleich „Pfeife" zu verstehen ist. Von der Libbey Glass Co., welche die Maschine entwickelte, wird für das Jahr 1912 und die Maschine mit 6 Pfeifen eine Leistung von 15000 Kolben in 24 Stunden angegeben und für die Zeit um 1918 und die Maschine mit 24 Pfeifen eine Leistung von 60000 Kolben in 24 Stunden. Dies ist aber als Maximalleistung zu verstehen, während nach zuverlässigen Nachrichten die Normalleistung 45000 gute Kolben in 24 Stunden ist. Das stimmt auch besser zu einer Angabe aus amerikanischer Quelle, nach welcher im Jahre 1923 11 Westlake-Maschinen mit je 24 Pfeifen, welche bleifreies Kalk-Magnesiaglas aus Wannen verarbeiteten, 100 Millionen Kolben erzeugten, entsprechend rund 9 Millionen für eine 24er-Maschine und 1 Jahr.

Über die Art der verarbeiteten Gläser sind Angaben bereits gemacht worden. Magnesiahaltige Gläser, welche die Corning Glass Works in Corning, N. Y. für die Herstellung von Glühlampen sich haben in mehreren Ländern schützen lassen[1]), haben folgende Zusammensetzung:

	I	II	III	IV	V	VI	VII	VIII	IX
SiO_2	68,9	79,4	79,0	72,0	63,0	74,5	70,7	62	72,5
Na_2O	20,3	16,8	17,2	19,0	22,0	20,2	20,7	23	22,0
MgO	5,6	1,6	1,6	3,7	6,2	2,6	8,6	15	2,6
CaO.	5,2	2,2	2,2	5,3	8,8	2,7	—	—	—
ZnO	—	—	—	—	—	—	—	—	3,1

Vor dem Kriege war der Preis einer Maschine (also wohl der ersten mit 6 Pfeifen) 60—80000 M., was eine wenigstens ungefähre Vorstellung von dem heutigen Preise einer 24 Pfeifen-Maschine gibt.

Zur Geschichte der Westlakemaschine wird von unterrichteter Seite folgendes mitgeteilt. Nachdem die Entwicklung der Owensmaschine im wesentlichen abgeschlossen war, im Jahre 1907, wünschte die Libbey Glass Company, in deren Fabrik auch die ersten Versuche zur Owensmaschine stattgefunden hatten, eine automatische Maschine für Glühlampenkolben zu entwickeln. Diese Aufgabe wurde August Kadow übertragen, der in einer der Hütte der Owens Bottle Co. in Toledo anstoßenden Versuchsanlage mit Unterstützung der Owens-Ingenieure ans Werk ging. Die Owensmaschine war der Ausgangspunkt, aber die durch 1½ Jahre fortgesetzten Versuche ergaben die Unmöglichkeit, die Owensmaschine dieser neuen Aufgabe von bis dahin unerhörter

[1]) Ein Am. Pat. 1369988, Franz. Pat. 519075; ein deutsches Patent ist nicht bekannt geworden.

Schwierigkeit anzupassen, und die Owens-Ingenieure zogen sich von der Sache zurück. Der entscheidende Punkt war, daß man es mit Bleiglas zu tun hatte und hierfür die bei der Owensmaschine bewährte Drehwanne nicht gebrauchen konnte. S. O. Richardson jr., der langjährige Generaldirektor der Libbey Glass Co. ging daran, die Ofenfrage auf neuer Grundlage zu lösen, und August Kadow entwarf eine völlig geänderte Maschine, welche von der Owensmaschine nur die Saugform beibehielt. Im Jahre 1911 war es mit dem Aufwande von mehr als einer halben Million Dollars den unermüdlichen Anstrengungen Kadows und Richardsons und ihrer Mitarbeiter gelungen, ihre Ziele soweit zu erreichen, daß eine erste Maschine in der Versuchsanlage in Gang gesetzt werden konnte und Kolben fabrizierte, mit so befriedigendem Ergebnis, daß schon im folgenden Jahre in Sandusky, Ohio, eine Kolbenfabrik mit 8 im wesentlichen der ersten entsprechenden sechsarmigen Maschinen gebaut wurde. Bald darauf faßte Richardson die Idee, die Leistung der Maschine dadurch zu verdoppeln, daß man jede Einheit (jeden „Arm") der Maschine mit 2 Pfeifen und entsprechendem Zubehör ausstattete. Diese Maschine wurde ausgeführt und arbeitete bis 1917. Zu dieser Zeit ergaben Versuche die Möglichkeit zweier außerordentlicher Vereinfachungen der Maschine. Es gelang, die Arbeit der Saugform so zu beschleunigen, daß man sie während des ununterbrochenen Kreislaufes, also ohne vorübergehendes Anhalten und folgendes Nacheilen, füllen konnte, und es zeigte sich ferner, daß man die Streckung des Külbels ohne Pendelschwingungen nur durch Auf- und Abstoßen erreichen konnte. Damit war die Raumbeanspruchung jeder Einheit in der Breite sehr vermindert, und man konnte statt 6 nunmehr 12 Einheiten zu je 2 Pfeifen am Umkreis des Drehgestells unterbringen. (Merkwürdigerweise scheint die Pfeifenlänge, die nach dem Fortfall der Pendelschwingung ohne Bedeutung wird, nicht erheblich verkürzt worden zu sein, obgleich dies zu einer Vereinfachung ihres inneren Baues führen und die Maschine dem Typ der gewöhnlichen Kippmaschinen annähern würde.) Ungefähr um dieselbe Zeit wurde als Ergebnis von Versuchen, die durch die Schwierigkeiten infolge des Krieges veranlaßt waren, bekannt, daß man ein für die Kolbenfabrikation geeignetes Glas unter Ersetzung des Bleioxyds durch Kalk und Magnesia erhalten könne. Dies ermöglichte, die Maschine nunmehr aus der kontinuierlichen Wanne zu speisen und verbilligte und erleichterte ihre Arbeit außerordentlich. (Es wäre hiernach auch möglich, u. U. zur Drehwanne zurückzukehren, falls hierdurch eine erhöhte Arbeitsgeschwindigkeit sich erzielen ließe). Trotz dieser glücklichen Fortschritte im einzelnen konnte der ursprüngliche Gesamtentwurf beibehalten werden, und die erste Maschine vom Jahre 1911 ist tatsächlich noch heute in Betrieb — eine Tatsache, geeignet die außerordentliche Leistung Kadows ins rechte Licht zu setzen.

Die Maschine, welche heute alle Normalformen von Glühlampenkolben für den amerikanischen Markt liefert, arbeitet in den Fabriken der National Lamp Works in Nela Park, Cleveland (Ohio) und bei Providence (Rhode Island) sowie in Sandusky und Toledo für die Edison Lamp Works. Sie ist auch in England in Betrieb und wird in Kürze auch in Deutschland arbeiten. Ebenso wenig ruhen auch die Bemühungen, die Maschine zu vereinfachen und ihr neue Produktionszweige zu erschließen. Ein Projekt liegt bereits vor, alle Pfeifen der Maschine mit Hilfe einer einzigen Saugform zu speisen[1]). Auch Becher werden mit der Maschine bereits geblasen (35000 in 24 Stunden), wobei die Kappen abgesprengt und die Ränder verschmolzen und darauf die Becher während 8 Minuten einen kurzen, gasgeheizten Kanal durchwandern. Die Erfindung Kadows bedeutet somit das Eindringen der Blasemaschine in die Weißhohlglas-Industrie!

[1]) Am. Pat. 1251671.

4. Blasemaschinen nach dem Überlegesystem.

Die Grundform dieser Maschinenart ist von dem Amerikaner Proeger angegeben worden [1]). Das zugrunde liegende Blasverfahren stimmt im wesentlichen mit dem der Ashley-Maschine und der Kippmaschinen überein, aber die Anordnung der Formen ist insofern eigenartig, als keine der 3 Teilformen (Vor-, Kopf-, Fertigform) an der Maschine kippbar angeordnet ist, was, wie ohne weiteres einzusehen, eine Vereinfachung der Konstruktion bedeutet. Vor- und Fertigform, jene verkehrt, diese aufrecht, stehen fest auf der Maschinengrundplatte (vgl. 22 und 28, Abb. 550 S. 635). Die Kopfform ist als eine mit Handhabe versehene Zange ausgebildet, deren Backen den Kopfformhälften entsprechen (vgl. 1 und 2, Abb. 551). Sie ist von der Maschine völlig losgelöst und wird zur Bildung des Külbels unter die Vorform eingeschoben (vgl. 20 Abb. 550), wobei sie in Deckung mit einer Luftdüse tritt, welche die Preßluft zum Vorblasen zuführt, aber auch, wenigstens bei vielen Proegermaschinen, mit einer Saugpumpe (2 Abb. 550) verbunden und dann benützt werden kann, um das in die Vorform fallende Glas sogleich in die Kopfform und um den Mundstücksdorn herum zu saugen. Dieses Ansaugen, neuerdings auch bei den im Abschnitt 3 geschilderten Kippmaschinen angewendet statt des Eindrückens des Glases von oben her, hat diesem Verfahren gegenüber einige eigentümliche Vorteile. Einmal schafft es aus dem mit Glas auszufüllenden Formraume zunächst die Luft weg, welche also nicht wie beim Druckverfahren gefangen werden und Kissen oder Polster am unteren Ende der Vorform und in der Kopfform bilden und die genaue Ausfüllung hindern kann. Dann bedarf es keiner besonderen Maschinenbewegung für diese Art die Formbeschickung zu verdichten, während die Anwendung des Druckkopfes ein Tempo zwischen Einfüllen und Vorblasen bedeutet und somit die Arbeit verlangsamt.

Daß auch keine besondere Saugeinrichtung erforderlich wird, erreichte Proeger dadurch, daß er mit der Vorblasedüse eine mit einem Handhebel anzutreibende Kolbenpumpe (2, Abb. 550) verband, welche beim Einwärtshub die Luft an- und aus der Form absaugt, beim Gegenhub aus- und in das Glas einbläst.

Die völlige Loslösung der Kopfform von der Maschine und die Ausbildung als ein Handgerät hat schließlich noch die u. U. bedeutsame Folge, daß in dem Ablauf des von Ashley angegebenen mechanischen Blaseverfahrens gerade im schwierigsten Augenblick die sachverständige und nachhelfende Handarbeit möglich wird, indem nämlich z. B. der Arbeiter das Külbel auf der Kopfformzange stehen und dadurch sich verkürzen oder an der Kopfform hängen und dadurch sich verlängern lassen kann. Auch andere der guten Külbelausbildung nachhelfende Handgriffe sind vor der Einführung in die Fertigform möglich. Ist das Külbel reif zum Aufblasen, so wird es an der Kopfformzange von Hand in die Fertigform eingehängt (wie bei den Preßblasemaschinen Art Arbogast s. S. 575 u. ff.). Bei der Ur-Proegermaschine wurde dann ein aus einer Druckluftleitung gespeister Blasekopf aufgesetzt und so fertiggeblasen.

Bei dem Bemühen, der Flaschenblasemaschine in Deutschland eine allgemeinere Anwendung zu sichern, dadurch, daß sie auf die denkbar einfachste und für denkbar einfachste Betriebe geeignete Form gebracht wurde, hat Schiller die im vorstehenden rückschauend erläuterten Vorzüge der Proeger-Art frühzeitig erkannt und sich ihre weitere Vervollkommnung als Erster zur Aufgabe gemacht. Das Wesen der aus diesen Arbeiten entstandenen Schillermaschine wird im folgenden an deren Urform erläutert, welche aber in einigen wichtigen Punkten durch die später beschriebenen neuzeitlichen Typen der Maschine überholt und weiter entwickelt ist. Zunächst hat Schiller diese

[1]) Am. Pat. 744009, für Proeger und die Toledo Glass Co., angem. Januar 1902, in Europa auf den Namen Mac Intire patentiert, vgl. D. R. P. 148892.

Maschine dadurch für deutsche Verhältnisse, für die zahlreichen kleinen Hütten brauchbarer gemacht, daß er sie von dem bei dem Original vorgesehenen Anschluß an eine Preßluftanlage unabhängig machte, indem er auch für das Fertigblasen des Külbels wie bei seiner Preßblasemaschine eine Handluftpumpe 27 anbringt. Die Maschine kann also, so wie sie geliefert wird, ohne jede Installation in Betrieb genommen werden. Auch verspricht sich der Erfinder von dem Fertigblasen mit der Handluftpumpe eine bessere Glasverteilung als beim Aufblasen aus der Preßluftleitung.

Besonderer Wert ist darauf gelegt, die Wirkung der unter dem Maschinentisch angeordneten Pumpe, und zwar sowohl die Saugung als auch die Blasewirkung, aufs genaueste beherrschen zu können, da hiervon die gute Beschaffenheit der Flaschen abhängt.

Es ist nämlich zu bedenken, daß beim Saugen wie beim Blasen über dem Kolben im Pumpenzylinder ein beträchtliches Volumen verdünnter oder gepreßter Luft vorhanden ist, das natürlich auch nach dem Aufhören der Kolbenbewegung auf atmosphärischen Druck zu kommen bemüht ist. Es würde also auch nach dem Stillstehen des Hebels die Saugung oder das Blasen fortdauern. Jenes würde ein zu festes Ansaugen, Abkühlen und Brüchigwerden des Külbelkopfes, dieses eine zu weit getriebene Ausdehnung des Külbels, unter Umständen das Durchblasen zur Folge haben. Es ist daher eine Einrichtung zum augenblicklichen Spannungsausgleich im Pumpenzylinder getroffen, welche bei der in Abb. 550 dargestellten ältesten Form der Schillermaschine wie folgt beschaffen ist.

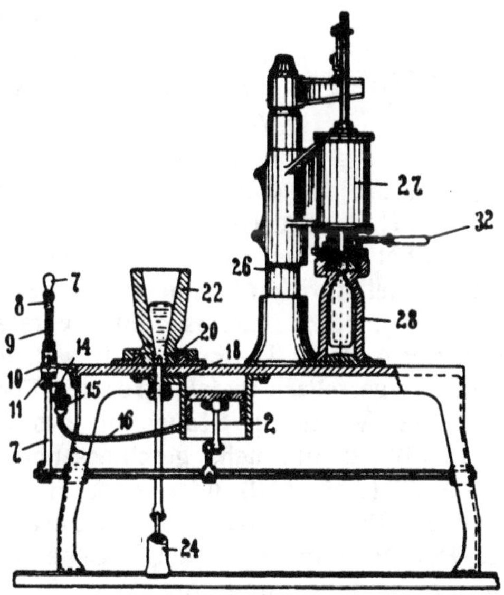

Abb. 550.

Von dem Raum über dem Pumpenkolben ist eine Schlauchleitung 16 abgezweigt, deren metallenes Endstück links am Pumpenhebel 7 festsitzt und durch ein ebenfalls am Hebel angehängtes Dichtungskissen 14 abgeschlossen werden kann. Der Handhebel ist in der Ruhestellung durch einen federnd abgedrückten Riegel 10 an einem Zahnbogen 11 festgestellt und wird jedesmal ausgerückt, wenn man beim Erfassen des Hebels 7 den daneben befindlichen Hilfsgriff (s. Abb. 550) anzieht. Da die Verlängerung der den Riegel 10 tragenden Stange 9 an einem kleinen zweiarmigen Hebel angreift, welcher am anderen Ende das Dichtungskissen trägt, so erfolgt beim Erfassen des Handhebels der Pumpe jedesmal gleichzeitig der Abschluß der Schlauchmündung also auch des Pumpeninnern, so daß die folgende Hebelbewegung je nach der Richtung Saugen oder Blasen bewirkt, während beim Loslassen des Pumpenhebels auch die Schlauchmündung freigegeben und das Pumpeninnere mit der Außenluft verbunden, also die Saugung oder die Blasewirkung plötzlich aufgehoben wird.

Begrenzt man die Bewegung des Pumpenhebels durch Anschläge, welche je nach der Art des herzustellenden Gegenstandes zunächst einmal durch Probieren am Zahnbogen passend eingestellt werden, so braucht im weiteren der Arbeiter keine Aufmerksamkeit auf die richtige Ausführung des Glaseinsaugens und des Külbelvorblasens mehr zu verwenden.

Auch die Kopfform (Abb. 551) ist verbessert. Sie hat im allgemeinen die von **Jean Wolf** angegebene Einrichtung, d. h. die Kopfformhälften 1 und 2 sind an Gradführungen gegeneinander verschiebbar, indem die eine Hälfte 2 mit geeigneten Durchbohrungen auf den Stangen 3 gleitet, welche die andere Hälfte 1 mit dem Handgriff 4, 5 verbinden.

Die eigentliche Handhabe 5 ist in dem die Stangen 3 vereinigenden Querjoch 4 drehbar und mit einem metallenen Futter 6 versehen, welches eine Längsnut 7 und eine anschließende Quernut 8 hat. In diesen Nuten gleitet der Zapfen 13 des die Kopfformhälfte 2 tragenden Schaftes 11. Steckt man die Öse 12 dieses Schaftes auf einen etwa am Maschinentisch angebrachten Dorn auf und zieht am Handgriff 5, so werden sich die Formhälften gegeneinander bewegen und in dieser Stellung verriegelt werden, wenn man den Handgriff dreht. Durch die Drehung tritt nämlich der Zapfen 13 in die Quernut 8. Um nach dem Aufblasen die fertige Flasche zu befreien, steckt man die Öse 12 wieder auf den Dorn, dreht den Handgriff ein wenig und drückt ihn gegen den Dorn. Die Folge ist, daß sich die Formhälften voneinander entfernen und die Flasche frei auf dem Maschinentisch stehen bleibt.

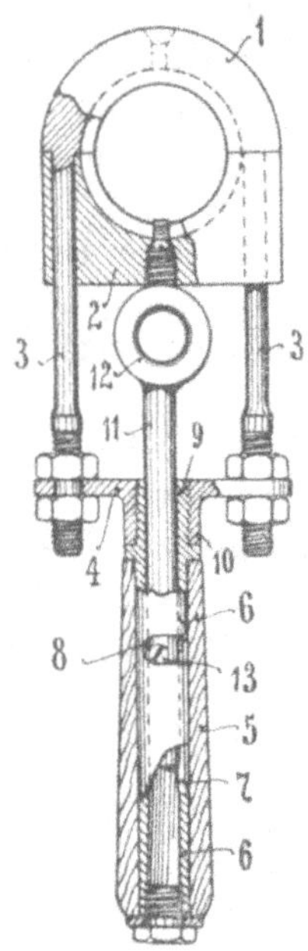

Abb. 551.

Um für die Flaschen mit Patentverschluß den störenden Grat auf dem obersten Rande der Kopfform zu beseitigen, welcher von dem unter der Kopfform mündenden ringförmigen, den Dorn umgebenden Saugkanal herrührt, hat der Erfinder die Abänderung getroffen, daß der Saugkanal nicht mehr am unteren Rande der (umgekehrt stehenden) Kopfform, sondern seitlich einmündet, und zwar durch einen Ringschlitz zwischen der Kopfform und der den obersten Rand des Flaschenkopfes bildenden Verbreiterung *b* des Dornes *a* (Abb. 552).

Mit dieser Einrichtung erhält man eine völlig glatte Auflagefläche für die Gummidichtung des Patentverschlusses. Die durch den Saugschlitz bedingte flache Wulst sitzt nunmehr seitlich am Flaschenkopf und stört durchaus nicht. Das bei der Owens-Maschine nötige Verschmelzen des Flaschenkopfes erübrigt sich hier.

Die Arbeit mit der Maschine verläuft folgendermaßen: Durch einen Tritt auf das Pedal 24 (Abb. 550) wird der Flaschenmündungsdorn in die Kopfform emporgestoßen. Noch während das Glas in die Vorform einläuft, wird es durch eine entsprechende Bewegung des Pumpenhebels eingesaugt, welche, wie erwähnt, durch einen Anschlag begrenzt ist. Ist dieser erreicht und der Pumpenraum durch Loslassen des Griffes 8 neu belüftet, so dreht der Arbeiter den Hebel sogleich zurück und bläst dadurch das Külbel zum Teil auf. Jetzt wird die Vorform geöffnet, die Kopfzange (Abb. 551) mit dem Külbel ergriffen und in eine Gabel eingeschoben, welche wagerecht vom Ständer 26 (Abb. 550), der Fertigblasepumpe vorsteht, so daß sie zwischen den Blasekopf und die Fertigform 28 zu liegen kommt, welche offen ist. Durch einen Tritt auf ein zweites, nicht dargestelltes Pedal wird der Fertigformboden angehoben, nötigenfalls in der bekannten Weise zur Stauchung des Külbelbodens benutzt und dann zum unteren Abschluß der nunmehr geschlossenen Fertigform. Durch die Drehung des Handgriffes 32 (Abb. 550) oder eines Handrades wird der unten an der Blasepumpe 27 sitzende Blasekopf fest auf die Fertigform niedergeschraubt und durch Betätigung des Pumpenhandhebels die Flasche fertiggeblasen. Sie wird darauf mit der Kopfform entnommen und von dieser in der schon geschilderten Weise befreit. Die Pumpe 27 nebst Blasekopf ist ebenso eingerichtet wie die bei der Preßblasemaschine von Schiller (Abb. 483 und 484). Am Maschinentische können in geeigneter Stellung Düsen angebracht sein, um die Vorform und die Fertigform zwecks Kühlung mit Preßluft anzublasen.

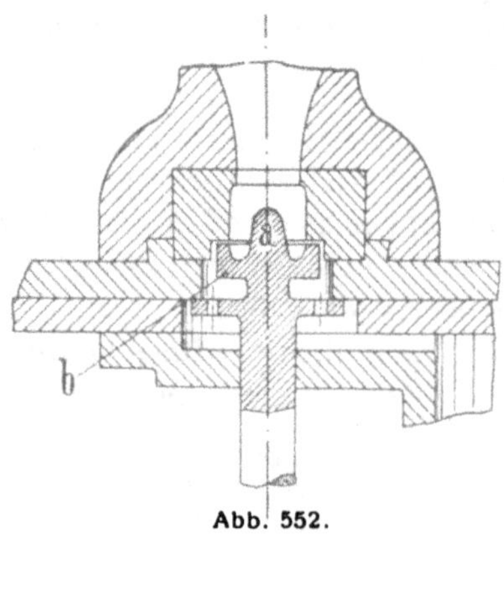

Abb. 552.

Da aber eine solche Druckluftkühlung das Vorhandensein einer Kompressoranlage voraussetzen und somit ein Abweichen bedeuten würde von dem Ziele eine möglichst „voraussetzungslose" Maschine zu schaffen, so sind bei einem neuzeitlichen Typ der Maschine zu dem Zwecke, um auch bei rascher Arbeit eine besondere Kühlung der Fertigformen ent-

Abb. 553.

behren zu können, zwei Fertigformen zu abwechselnder Benützung auf einem Drehtisch angeordnet (Abb. 553 rechts). Die Vorblasearbeit verläuft bei dieser Flaschenblasemaschine Typ B 2 wie oben geschildert, desgleichen das Fertigblasen in der vorn stehenden Form. Danach wird aber die Kopfform vom Flaschenkopf gelöst, um diesen nicht zu stark abzukühlen, während dagegen der Flaschenkörper in der Form steckend durch Drehung des Formentisches nach hinten wandert, um dort ausreichend fest zu werden. Zum Öffnen der Formzange ist die aus Abb. 554 im wagerechten Schnitt oberhalb der Kopfform ersichtliche Einrichtung getroffen [1]).

Die Kopfzange mit dem Külbel wird zwecks Fertigblasens auf einen plattenförmigen Träger aufgeschoben, welcher durch die auch in Abb. 553 sichtbaren, vom Pumpenkolben abwärts reichenden Arme 2 getragen wird. Die Kopfform gleitet dabei in Führungen 3, in welche Haken 4 hineinreichen, welche durch seitliche Kerben der vorangehenden Kopfformhälfte 5 hindurchgehen, aber von der nachfolgenden Hälfte 6 fortgestoßen werden und durch ein Gestänge 7, 8, 9 hinten auf der Tragplatte einen Finger 10 so vorschieben, daß er in den Weg eines Daumens 11 am Handrade 12 des Blasekopfes tritt. Sobald der Kopf durch eine Drehung gegen den Uhrzeiger emporgeschraubt wird, stößt der Daumen 11 gegen den Finger 10, und durch diesen Zusammenstoß werden mithin die Haken 4 sowie die Kopfformhälfte 6 vor und vom Flaschenkopfe abgezogen. Indem danach der Arbeiter die Kopfform im ganzen nach hinten schiebt, wird auch die hintere Kopfformhälfte 5 vom Flaschenkopf abgerückt, der nun durch Drehung des Formentisches seitlich aus den Zangenhälften herausbewegt wird. Dabei wird zuvor die den Formboden tragende Stange soweit gesenkt, daß der Flaschenboden, der ja meist flach gewölbt ist, davon freikommt.

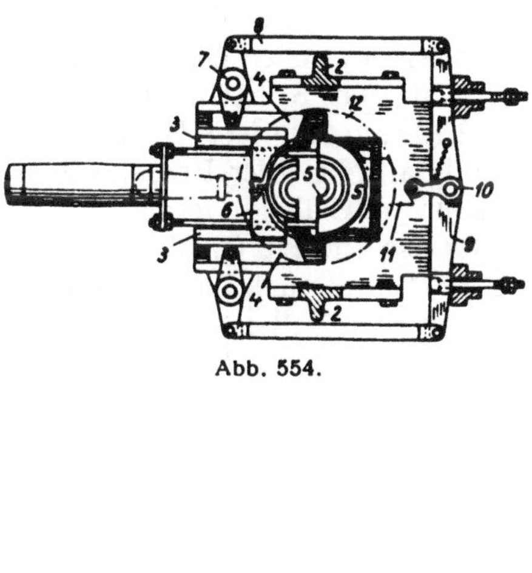

Abb. 554.

Die Maschine wird auch mit einer Einrichtung für Flaschen mit Einstichböden geliefert, welche in Abb. 553 nur der Deutlichkeit halber an der Vorderseite der Maschine gezeigt ist (in punktierter Dar-

[1]) D. R. P. 277873.

stellung), in Wirklichkeit an der Hinterseite des Drehtisches angebracht ist. Durch eine Stoßstange wird dort ein an der Stange befestigter der tiefen Bodenhöhlung entsprechender Kegel emporgestoßen und in den noch flachen und weichen Flaschenboden eingetrieben. Ein augenfälliger Beweis für die Güte der von dieser Maschine gelieferten Einstichflaschen ist es, daß auf ihr in St. Tref bei Lausanne Champagnerflaschen geblasen werden, an deren Qualität, insbesondere Haltbarkeit, ja die höchsten Anforderungen gestellt werden. Die Stückzahl entspricht dabei vollkommen der normalen Leistung für gewöhnliche Flaschen (s. u.). Während der eben beschriebene

Abb. 555.

Typ der Schiller-Maschine für enghalsige Gefäße, insbesondere Flaschen bestimmt ist und auch bei schwereren Flaschen eine flotte Arbeit erlaubt, hat Schiller aus der Urform noch einen zweiten Typ, die Universal-Glasblasemaschine B Ia entwickelt, der gleichzeitig vereinfacht und zu größter Mannigfaltigkeit der Erzeugnisse entwickelt erscheint und sowohl enghalsige Flaschen als auch weithalsige Gefäße nach Art der Weckgläser, Gewindeglocken, Sturmlaternengläser usw. liefert (s. Abb. 555). Bei dieser Form ist nur eine Fertigform vorhanden (Abb. 557), und auch die Vorform-Station entspricht, falls enghalsige Flaschen hergestellt werden sollen, im wesentlichen der bei der Urform.

Die Möglichkeit auch ganz weithalsige Gefäße, welche man früher nur mit der Preßblasemaschine herstellen konnte, zu blasen, wird durch die in Abb. 556 schematisch gezeigte Gestalt der Vorform 1 erreicht, welche oben bei 4 eine Einziehung hat. Da die Vorform nicht zum Vorblasen benützt und folglich bis dicht unter den Rand gefüllt wird, so liegt das in den Boden des Külbels kommende Glas bei 4 in dem eingezogenen Teile und wird daher stärker abgekühlt als der darunter liegende Teil, so daß es beim folgenden Vorblasen nach Freilegung des Külbels nicht durchgeblasen wird. Der Mündungsdorn hat natürlich eine der Halsweite entsprechende und daher u. U. sehr massige Gestalt, welche das Glas beträchtlich abkühlt. Auch darf für weithalsige Gefäße wegen der kompakten Anhäufung des Glases in der Vorform, welche die Verfestigung verlangsamt, das Glas nicht zu flüssig sein. Trotzdem werden aber infolge des Ansaugens die Mundstücke gut und rissefrei ausgebildet. Natürlich sind Vorkehrungen getroffen, um Mundstückkerne und Düsen verschiedenster Durchmesser einsetzen zu können.

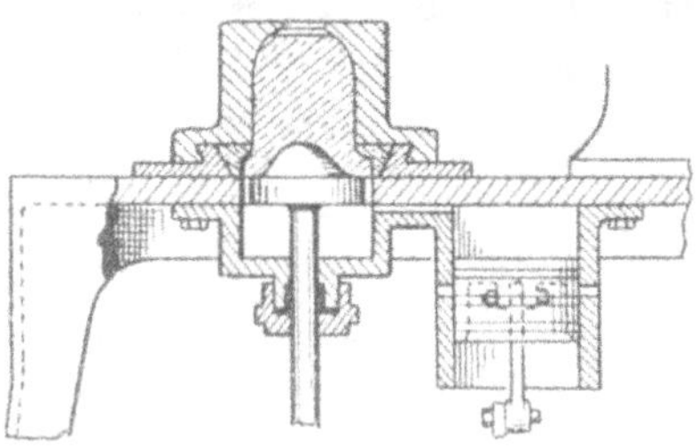

Abb. 556.

Mit dieser Ausbildung der Vorform ist später eine Vereinfachung verknüpft worden, welche darin besteht, daß die Vorform nicht trichterförmig und geteilt, sondern zylindrisch (abgesehen von der oberen Einziehung) und einteilig gestaltet, und nicht wie in Abb. 556 mit einem Falz an ihrer Unterseite eine Grundplatte mit unterschnittenen Rändern umgreift, sondern nur auf die Grundplatte aufgesetzt ist. Die Vorform stellt also einfach einen niedrigen Ring mit Handhabe dar, der nicht zum Vorblasen, sondern nur zum Einfüllen und Ansaugen des Glases benützt und dann sogleich nach oben vom Külbel abgezogen wird. Um die Saugung aufzuheben, bedarf es keines Ausgleichsventils an der Pumpe mehr, da ein leichtes Anheben der Kopfform die Saug- und Blasedüse freilegt. Das nun frei auf der Kopfform stehende Külbel wird durch den Gegenhub der Pumpe vorgeblasen und der Blasdruck wieder durch leichtes Anheben der Kopfform ausgeglichen. Wie wichtig die möglichst rasche Befreiung des Külbels von der Vorform ist, wurde schon früher (S. 602) erläutert. Es wird mit 3—4 Kopfformen gearbeitet, welche in der Arbeitspause auf einer Konsole vorn am Maschinentisch liegen und abkühlen. Im übrigen ist die Bedienung dieselbe wie die der Maschine gemäß Abb. 550.

Abb. 557.

Die Abb. 557 zeigt die neueste Form der Universal-Glasblasemaschine B 1 a mit einer die Auswechslung der Formen erleichternden und verbilligenden Einrichtung, sowohl an der Vor- als auch an der Blaseform, wobei auch die Vorform geteilt ist. Die Formhälften sind zu paralleler Verschiebung auf Schlitten *a* befestigt, welche mit Führungsrollen in exzentrische Nuten einer darunter liegenden Drehscheibe eingreifen und daher, falls man die Scheibe am Handgriff *b* dreht, radial vor oder zurückgeschoben werden. An den Schlitten sind senkrechte Formschalenständer *c* mit Hilfe der Schraubenspindel *d* so in radialer Richtung verstellbar, daß die mit einem Schwalbenschwanz auf die Ständer aufgeschobenen Formschalen *e* in der Endstellung der Drehscheibe, in welcher sie durch Reibung der Rollen in den Nuten festgestellt sind, sich in Schlußstellung befinden, welches auch ihr lichter Durchmesser sein mag. Ohne die Einstellbarkeit der Ständer an den Schlitten könnte man den Formhälften nicht die Gestalt einfacher Schalen von einer der erforderlichen Wärmehaltung angepaßten Dicke geben, sonderen müßte engen Formen eine große, weiten eine kleine Fleischstärke und also oft eine unzweckmäßige Masse geben. Auch bei der Vorform ist nichts als die zwei Schalen auszuwechseln, während man bei dem einfachen Vorformring mit Handhabe auch die Düsenplatte mit den Dichtungsfalzen auswechseln muß. Jenes kann bequem, dieses kann bei noch heißer Maschine geschehen.

Die geschilderten Vorzüge haben beiden Typen der Maschine eine außerordentliche Verbreitung in allen Weltteilen verschafft. Die Bedienung ist leicht auch für nicht

Abb 558.

geschulte Arbeiter zu erlernen und erfordert einen Anfänger, einen Arbeiter an der Vorform und einen Jungen an der Fertigform. Ein Anfänger kann zwei dieselben Flaschen machende Maschinen bedienen. Die Flaschenblasemaschine B 2 (Abb. 553) liefert 160—180 Flaschen mittlerer Größe in der Stunde im laufenden Betriebe, die Universalmaschine 150—170 Flaschen mittlerer Größe oder 120—140 Konservengläser u. dgl. von 1 l Inhalt in der Stunde, und zwar als durchschnittliche Betriebsleistung. Es wird derselbe Glassatz verarbeitet wie bei der Mundbläserei, so daß diese Maschinen neben Mundbläsern an demselben Ofen arbeiten können.

Ebenfalls nach dem Vorbilde der Proeger-Maschine aufgebaut ist die Maschine von Jean Wolf[1]). Sie ist aber nicht für reinen Handbetrieb, sondern halbautomatisch eingerichtet, d. h. die Bewegungen werden durch Kraftzylinder ausgeführt, diese aber in der richtigen Reihenfolge durch einen zentralen Hahn von Hand gesteuert. Die jetzige Ausführung ist sehr wesentlich gegenüber der ursprünglichen Gestalt[2]) vereinfacht, ohne Minderung der Leistung. Wie das Schaubild Abb. 558, und der Höhenschnitt durch die Vorblasestation[3]) Abb. 559 zeigen, sind die Hälften der außen kastenartigen wassergekühlten Vorform auf der die Saug- und Blasedüse 1 enthaltenden Grundplatte parallel verschiebbar mit Hilfe eines daneben liegenden Druckzylinders 2 mit zwei gegenläufig verschiebbaren Kolben. Statt eines

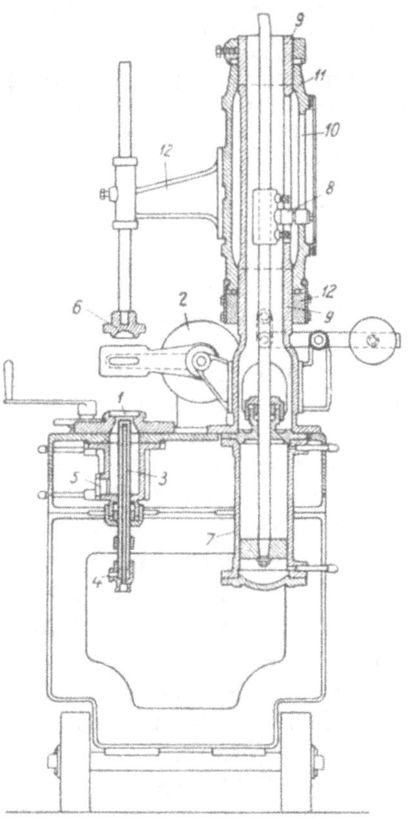

Abb. 559.

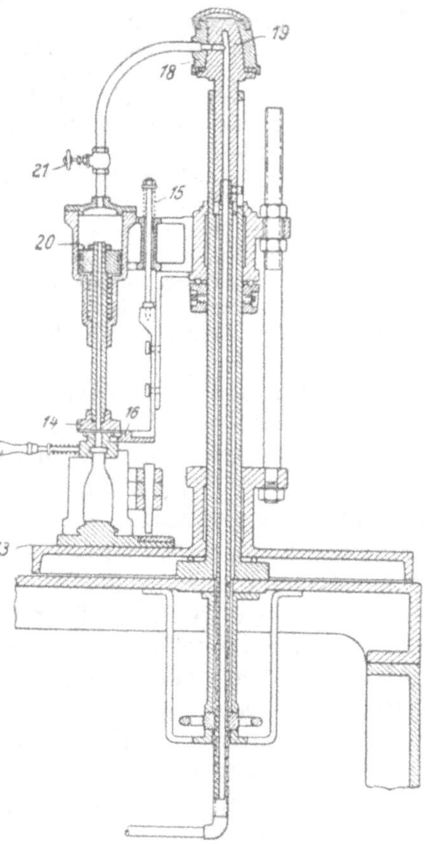

Abb. 560.

Revolvers mit mehreren Mundstücksdornen ist jetzt nur ein Dorn 3 vorhanden, welcher durch eine innere Luftkühlung (Anschlüsse bei 4) ausreichend kühl erhalten und durch einen besonderen daneben angeordneten Druckzylinder gehoben und gesenkt wird. 5 ist der Anschluß der Pumpe zum Ansaugen und Vorblasen des Glases, deren Zylinder im Schaubild unter dem Maschinentisch sichtbar ist, und zwar über einem Druckluft-Antriebszylinder, dessen Kolbenstange zugleich den Saug- und Blasekolben im oberen Zylinder trägt. Zur Abkühlung des Bodenglases beim Vorblasen wird auf die Vorform ein Deckel 6 aufgesetzt, indem er nach dem Einschneiden des Glases von der Seite her eingeschwenkt und dann gesenkt wird.

[1]) Hergestellt von Wolfs Maschinenbau-G. m. b. H., Köln, als „Modell A".
[2]) I. Aufl. S. 901 ff.
[3]) D. R. P. 343605.

Zu diesem Zwecke ist die Kolbenstange eines Druckzylinders 7 gegen Drehung durch einen Finger 8 gesichert, der einmal in einem vertikalen Schlitz des Ständers 9 gleitet, dann aber auch in einem schrägen Schlitz 10 der auf dem Ständer drehbaren Büchse 11, welche den Ausleger 12 des Vorformdeckels trägt. Geht also der Finger 8 abwärts, so schwenkt er zunächst den Deckel ein und stößt dann, am unteren Ende des schrägen Schlitzes angekommen, die den Ausleger tragende Büchse 11 abwärts, welche zu diesem Zwecke mit einem Kugellager, und durch Gegengewichte 7 ausgeglichen, auf einem heb- und senkbaren Ringe 12 ruht.

Die Einrichtung der Fertigblasestation[1]) ergibt sich aus dem Schaubild und den Abb. 560—561. Auf dem Schaubild ist sie noch weiter vereinfacht. Der Drehtisch 13 mit den Blaseformen und die Blaseköpfe 14 drehen sich als ein Ganzes um die Mittelsäule, wobei das Handrad unter dem Tisch eine Höhenverstellung der beiden Teile gegeneinander ermöglicht. Die Ausleger für die Blasköpfe tragen auf Druckfedern 15 je eine in der Höhenrichtung verstellbare Gabel 16 zur Aufnahme der Kopfzange 17 mit dem Külbel. Die Blaseköpfe sind an das drehbare Gehäuse 18 eines Hahnes angeschlossen, dessen feststehendes Küken 19 die Druckluft (im Schaubild von oben zugeführt) durch einen radialen und einen anschließenden peripheren Kanal (s. Abb. 561) einem der Blaseköpfe während der Drehung aus der Überlegestation in die nächste Station zuführt, wobei zunächst der Kolben 20 abwärts getrieben, also der Blasekopf auf die Form aufgesetzt und danach das Külbel aufgeblasen wird. Eine Feder hebt nach Absperrung der Druckluft den Blaskopf wieder. An der Rückseite der Maschine wird die fertige Flasche entnommen.

Abb. 561.

Sollen auch schwere Flaschen geblasen werden, so können auch drei und mehr Fertigformen vorgesehen sein, so daß die Flasche länger Zeit hat zu erstarren. Jeder Blaskopf kann dann, falls die zugehörige Form nicht benutzt werden soll, für sich durch ein Ventil 21 gesperrt werden. Alle Kraftzylinder werden in der richtigen Reihenfolge durch den im Schaubild links sichtbaren zentralen senkrecht stehenden Hahn mit Steuerkurbel an- und abgestellt. Einrichtung und Hantierung der Kopfzange ist wie S. 636 beschrieben.

Zur Bedienung ist ein Anfänger, ein Mann an der Vorform und dem Hauptsteuerventil und ein Junge an der Fertigform erforderlich, welche nach Angabe des Erfinders in der Stunde etwa 300 Flaschen mittlerer Größe herstellen können (300—400 von 250 g Inhalt, 250—300 von 500 g). Zum Betriebe werden etwa 1,5 m^3 auf 1—2 at komprimierter Luft gebraucht, wozu 4 PS am Kompressor erforderlich sind.

Das Schema der Überlege- oder Proeger-Maschine ist in den Vereinigten Staaten zu halbautomatischen Maschinen mit vielfacher Wirkung entwickelt worden, indem die umgekehrt stehenden Formen nebst dem anderen Zubehör der Vorformstation auf einem Drehtisch und die aufrecht stehenden Blaseformen nebst Zubehör der Blasestation auf einem andern Drehtisch angeordnet wurden, in ähnlicher Weise also, wie bei den 2 Tisch-Maschinen der Abschnitte 2 und 3 dieses Teiles an Hand der Maschinen von Miller (S. 587) O'Neill (S. 610) und Lynch (S. 614) gezeigt wurde. Die Umkehrung des Külbels erfolgt dabei während es mit der Kopfzange von dem einen auf den andern Tisch übergelegt wird. Solche 2-Mann-Maschinen der Proeger-Art sind z. B. von O'Neill[2]). W. S. Teeple[3]) und J. W. Lynch[4]) konstruiert worden. Sie zeigen allerdings nicht das Verdichten des Glases in der Vorform durch Einsaugen, sondern durch Eindrücken, was bei den unbestreitbaren Vorzügen des Einsaugens wundernehmen muß.

Daß die Maschinen der Proeger-Art auch zu Ein-Mann- oder zu völlig automatischem Betriebe entwickelt werden können, zeigt eine neuere Konstruktion von J. M. Young[5]), bei welcher das Überlegen mechanisch bewirkt wird. Typisch ist dabei, daß die Vorformen auf dem Kopf, die Fertigformen aufrecht stehen und trotzdem keine Form kippbar an der Maschine befestigt ist. Die Kopfform besteht vielmehr

[1]) D. R. P. 332070.
[2]) Am. Pat. 1217102 und 1315983.
[3]) Am. Pat. 1271961.
[4]) Am. Pat. 1297706.
[5]) Am. Pat. 1458454.

mit der Vorform aus einem Stück, bildet also ihr unteres Ende. Nach dem Eindrücken des Glases und dem Vorblasen des Külbels wird die Vor- und Kopfform geöffnet, so daß das Külbel frei und köpflings auf dem Mundstücksdorn steht. Dann wird es von einem mechanisch bewegten Greifer am Kopfe gefaßt, abgehoben und über Kopf vom Vorformtisch in die gegenüberstehende Fertigform des Blasetisches geschwungen. Mit einem Speiser würde die Maschine vollautomatisch.

5. Blasemaschinen mit aufrechter Spritz- oder Saugform.

A. Maschinen mit Spritzformen.

Von den drei Stufen, welche man bei dem von Ashley entwickelten mechanischen Blaseprozeß unterscheiden kann — Ansammlung eines Glaspostens vor einer Druckluftdüse, Entwicklung des Postens zu einem Zwischenkörper von richtiger Verteilung der Glasmasse und Temperatur, einem „Maschinenkülbel" also, und Fertigblasen dieses Postens (s. S. 591) — von diesen drei Stufen spielt sich die erste sowohl bei den Kippmaschinen, als auch bei den Maschinen der Proeger-Art in einer auf dem Kopf stehenden Vorform ab, die dritte dagegen in einer aufrecht stehenden Endform. Dazwischen muß das Külbel irgendwie umgekehrt werden, was Zeit und besondere Vorkehrungen an der Maschine erfordert. Der Vorteil ist daher augenfällig, der in der Ausschaltung dieser Kippbewegung liegen würde, also in der Ansammlung des Glaspostens in einer aufrecht stehenden Vorform. Schon sehr früh, noch vor Ashley, taucht der Gedanke auf, zuerst bei der durch Abb. 495 veranschaulichten Blasemaschine von Albert Robert Weber (1876). Dort ruht das Glas, nachdem es in den durch Aufklappen des Oberteils freigelegten Unterteil der Form eingegossen ist, auf dem Kolben *b*, der nun wie der Kolben einer Spritze das flüssige Glas in der zuvor geschlossenen, gewissermaßen den Spritzenzylinder darstellenden Form empor- und in die Kopfform einspritzt. Fehlt bei der Weberschen Maschine noch die besondere Vorform, so wird dieser Mangel bei späteren Versuchen mit Spritzformen beseitigt, so z. B. bei einer älteren Konstruktion von Rylands[1]), oder einer neueren von R. F. Hall, dem Konstrukteur einer Owens-Maschine herrührenden Konstruktion[2]), deren Arbeitsweise in Abb. 562 in drei aufeinander folgenden Stufen veranschaulicht ist. Die Vor- oder Spritzform 1 wird bei *A* mit Glas gefüllt, nachdem die geteilte Halsform 2, welche oben an die Kopfform anschließt, geöffnet worden ist. Nach der Füllung wird die Halsform wieder geschlossen und (s. *B*) der dem Spritzenkolben entsprechende Stempel 3 emporbewegt, so daß das Glas nach oben verdrängt wird und Hals- und Kopfform ausfüllt. Schließlich wird die Form 1 mit dem Stempel 3 wieder gesenkt (Stufe *C*), so daß nunmehr der Hohlraum der in unveränderter Stellung bleibenden Fertigform 4 zum Fertigblasen der Flasche frei wird. Vor dem Fertigblasen wird unter die Fertigform der Boden 5 gebracht.

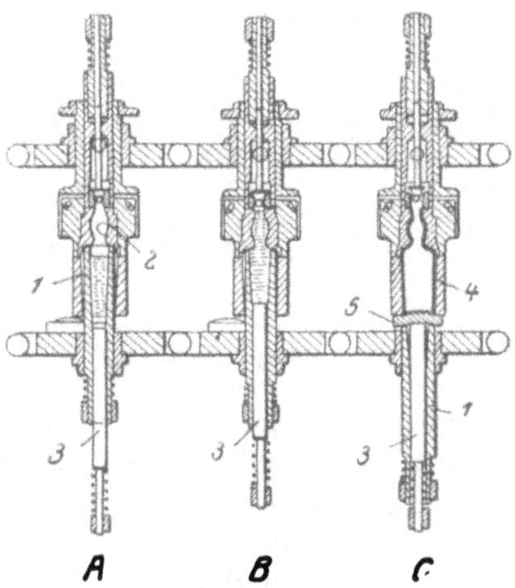

Abb. 562.

In einer Variante der Spritzform-Idee wird zum Emporspritzen des Glases Druckluft verwendet. Vernay z. B. füllt bei seiner Maschine[3]) (welche wohl infolge ihrer

[1]) Am. Pat. 416376, weniger klar beschrieben auch in D. R. P. 53331.
[2]) Am. Pat. 1393118, angemeldet 15. 1. 1919.
[3]) D. R. P. 144376, angemeldet 16. 2. 1901.

schwerfälligen Konstruktion trotz mehrfachen Experimentierens nie praktisch geworden ist) das Glas in einen mit Handhabe versehenen Kohlezylinder mit Bodenöffnung ein und bringt diesen gefüllten Zylinder unter der Kopfform und über einer Preßluftdüse in Stellung. Ein Luftstoß spritzt das Glas in die Kopfform empor, der Kohlezylinder wird nach unten abgezogen und das Glas hängt nun als zapfenförmiges Külbel frei an der Kopfform. Denselben Gedanken in Verbindung mit der mechanischen Speisung der Vorform bringt ein Vorschlag von L. W. Proeger[1]), von dem die Abb. 563 eine schematische Darstellung gibt. Die auf einem Drehtisch stehenden Spritzköpfe 1 werden am Ofenauslauf gefüllt und unter die Vorform 2 gedreht. Dort stößt sie ein Druckluftkopf 3 in geeigneten Führungen empor, bis sie unten an die Vorform anstoßen, und gleichzeitig dringt Druckluft aus dem Kopf 3 in den Spritzkopf 1 und bläst seinen Glasinhalt in die Vorform und Kopfform empor. Es gelingt, wie der Erfinder versichert, das Glas in einem Klumpen emporzutreiben. Das weitere Verfahren ist das übliche, der Mundstücksdorn 4 wird zurückgezogen, eine Anfangshöhlung geblasen, die Vorform gegen die Fertigform 5 ausgetauscht, das Külbel fertig geblasen, der Blasekopf 5 gehoben, die fertige Flasche entnommen.

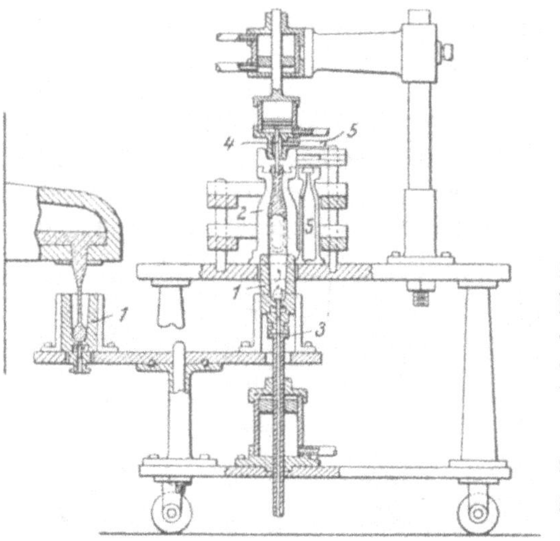

Abb. 563.

Wie weit der Proegersche Vorschlag erprobt worden ist, ist nicht bekannt geworden, aber er führt die Idee offenbar ein wenig dem Ziele näher, insofern als das Glas unmittelbar aus dem Ofen in die Form überführt wird. Denn da jede Zwischenbehandlung zum Zwecke der Vergleichmäßigung des vor der Druckluftdüse angesammelten Glases hinsichtlich der Temperatur bei diesem Spritzverfahren wegfällt, also die ganze zweite und wichtigste Stufe des Ashleyprozesses, so kann das Fertigblasen eines Glasgegenstandes mit guter Glasverteilung nur dann gelingen, wenn schon der Posten nach dem Einspritzen ganz homogen ist. Das wird bei dem Proegerschen Vorschlag schwerlich der Fall sein. Dieser Punkt ist berücksichtigt und damit der lange umworbene Gedanke der Spritzformmaschine zum Erfolge geführt bei der automatischen Blasemaschine von Severin. Ehe auf diese näher eingegangen wird, sei nur noch kurz darauf hingewiesen, daß unabhängig von dieser Entwicklung eine zweite der ersten technologisch äquivalente Lösung des Problems der Külbelbildung in aufrechter Stellung die Anwendung einer Saugform bei der im Abschnitt 5 B behandelten Owens-Maschine gebracht hat.

Die Einrichtung, durch welche bei der automatischen Glasblasemaschine von Severin das Glas in die aufrecht stehende Vorform emporgedrückt wird, gleicht ein wenig dem in der chemischen Industrie viel gebrauchten Druckfaß. In die geschmolzene Glasmasse des Ofens hinein wird ein Gefäß aus feuerfester Masse gestellt, das durch eine geeignete Öffnung nahe dem Boden mit Glas volläuft. Nach Abschluß dieser Öffnung wird im Gefäß über dem Glase ein Druck erzeugt, der es durch ein Steigrohr aus dem Gefäße hinaus- und zu dem der Vorform gegenüber befindlichen Auslauf hinausdrückt. Der Plan, Glas mit einem solchen druckfaßartigen Zwischenbehälter

[1]) Am. Pat. 1035387, angemeldet 12. 7. 1911.

aus dem Ofen zu befördern, war allerdings schon im Jahre 1903 durch Wilson und Dull gefaßt worden, aber nicht in einer praktisch brauchbaren Form. Die Ausmündung des Steigrohres sollte nämlich in der Ofenwandung und mit dieser verbunden sein, so daß das Glas beständig Neigung zum Einfrieren hätte haben und jedenfalls an seiner Reinheit Schaden leiden müssen[1]). Dem half Severin in der Weise ab, daß er das Steigrohr frei im Heizraum des Ofeninnern endigen ließ und die Mündung durch eine in der Ofenwand angebrachte Öffnung für die Form zugänglich machte, die also in in das Ofeninnere zum Füllen eingeführt werden muß. Bei der ersten Ausführung des Gedankens war die Mündung des Steigrohres nach unten umgebogen[2]). Das Glas lief hieraus durch eine an der Unterseite eines Ofenvorbaues angebrachte Öffnung in eine umgekehrte Vorform ein. Diese Vorform gehörte zu einer automatischen Maschine, welche aus der verbesserten Severinschen Handmaschine durch Hinzufügung der zur Erzeugung aller erforderlichen Maschinenbewegungen nötigen selbsttätigen Getriebe entstanden war. Diese Versuche blieben ohne brauchbares Ergebnis. Es war nicht möglich, den schädlichen Einfluß des nach dem Abschneiden an der Steigrohrmündung hängen bleibenden Glastropfens auf die Reinheit der nächsten Glascharge zu beseitigen. Erst die zweite Form des ursprünglichen Gedankens[3]) brachte eine praktisch brauchbare Lösung. Severin beseitigte nämlich die Umbiegung der Steigrohrmündung, so daß es nunmehr gerade nach oben endigte. Die Vorform ward nunmehr durch eine darüber in der Ofendecke angebrachte Öffnung eingeführt und

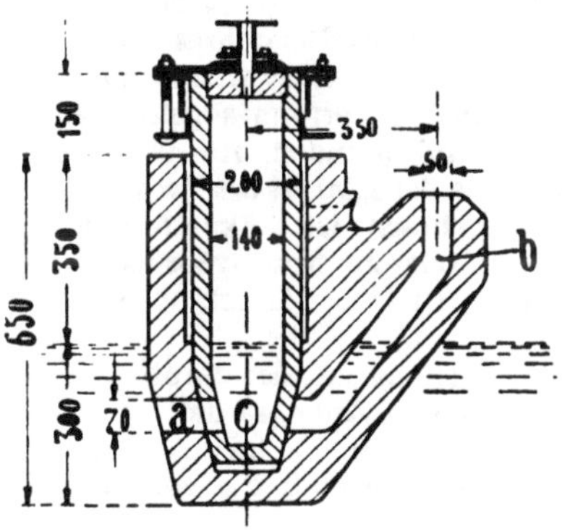

Abb. 564.

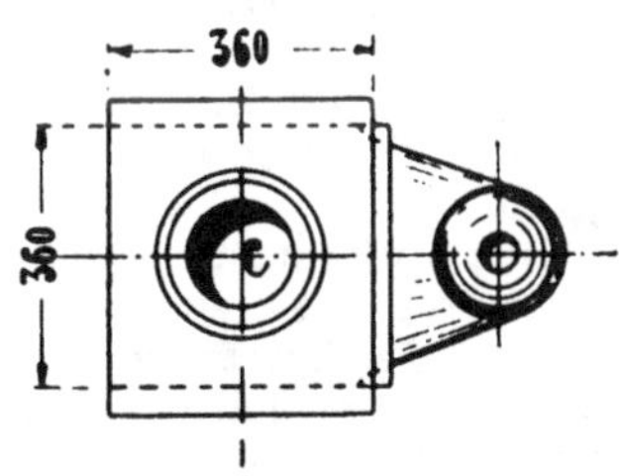

Abb. 565.

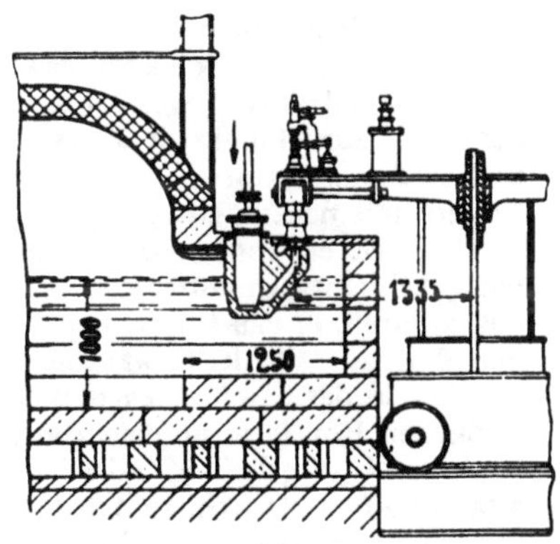

Abb. 566.

auf die Steigrohrmündung aufgesetzt. Jetzt ist es ein leichtes, den nach dem Füllen der Vorform durch das Abschneiden entstehenden zäheren Glaspfropfen in der Mündung des Steigrohres dadurch zu entfernen, daß man noch ein wenig Glas nachdrückt, welches die Mündung des Steigrohres überspült und säubert. Das schlechte Glas fällt in das Glasbad der Wanne zurück und wird, ehe es den Einlauf des Zwischenbehälters erreicht, wieder gründlich durchgeschmolzen. Diese Möglichkeit, das beim Aufnehmen abgekühlte Glas jedesmal zu beseitigen, ohne es doch zu verlieren, und das mit den einfachsten mechanischen Mitteln, ist der Kernpunkt der Severinschen Erfindung. Sein Wert leuchtet besonders ein, wenn man den Severinschen Druckherd mit der entsprechenden Einrichtung bei der Owens-Maschine, der Drehwanne, vergleicht.

Die Abb. 564 und 565 zeigen den Zwischenbehälter für sich, Abb. 566 seinen Einbau in die Wanne und andeutungsweise das Maschinen-Drehgestell mit einer Vorform. Das Druckfaß oder der Zwischenbehälter ist in die Decke eines an die Wanne angebauten, einfachen Vorherdes eingehängt, welcher wenig

[1]) Im Sprechsaal 1906, S. 1118 (Abb. 12) ist eine Beschreibung dieser Einrichtung nach dem amerikanischen Patente 775740 gegeben.

[2]) D. R. P. 212847, angem. 16. IX. 1905.

[3]) D. R. P. 213466, angem. 18. 6. 1906.

mehr als 1 m^2 Grundfläche einnimmt und mit dem Feuerraum der Wanne in offener Verbindung steht, außerdem aber auch noch durch einen besonderen darin einmündenden Brenner geheizt werden kann. Der Zwischenbehälter ist aus Hafenton hergestellt und ungefähr 50 cm hoch. Er hat unten an der dem Ofeninnern zugekehrten Seite einen Einlauf *a*, der sich etwa 10 cm unter der Glasoberfläche befindet, und nach der anderen Seite ein Steigrohr *b*, dessen Mündung sich dicht unter einer Öffnung der Vorherddecke befindet, welche gerade groß genug ist, um die zu füllende Vorform auf die Steigrohrmündung mit ihrem unteren Ende aufzusetzen. Nach dem Ausheben der Vorform wird die Herdöffnung selbsttätig durch einen Schamottedeckel bis zum Wiedergebrauch geschlossen.

In dem zylindrischen Hohlraum des Zwischengefäßes sitzt dicht passend ein ebenfalls hohler Stempel von ungefähr 10 cm lichtem Durchmesser und mit zwei Durchbohrungen seiner Wand nahe dem Boden, welche durch Drehung des Stempels so eingestellt werden können, daß die eine Öffnung mit dem Auslauf *a* sich deckt, während die andere durch die Behälterwand verschlossen ist, oder daß die andere in das Steigrohr mündet, während die erste abgeschlossen ist. Der Stempel ist an seinem oberen, aus dem Herde herausragenden Ende mit einer eisernen Kappe bewehrt, an welche eine Preßluftleitung sich anschließt, die zu einem kleinen Luftpumpenzylinder führt. An dem aus der Kammer führenden Luftrohr greift auch die Vorrichtung an, durch welche der Stempel hin und her gedreht werden kann, um die vorhin geschilderten beiden Stellungen anzunehmen. In der ersten läuft das Glas aus der Wanne in das Stempelinnere ein; die Einströmung wird unterstützt, indem man mit Hilfe der mit dem Stempelinnern verbundenen Luftpumpe eine leichte Saugung ausübt. Nach Füllung des Stempels wird er in die andere Stellung gedreht, dabei, um die Reibung an der kegelförmigen Dichtungsflächen zu vermindern, ein wenig gehoben[1]), und nun der Kolben im Luftpumpenzylinder zurückgeführt, so daß im Stempelinnern über dem Glase Druck entsteht, der es durch das Steigrohr hinauf- und in die aufgesetzte Vorform durch ihre Bodenöffnung hineintreibt. Darauf beginnt das Stempelspiel von neuem. Diese Einrichtung genügt, um ohne Schwierigkeit 30 kg Glas in der Minute aus dem Ofen in die Formen zu überführen.

Nach dem Füllen und Anheben der Form unter Abschneiden läßt man den Luftdruck zunächst noch einen Augenblick weiter wirken, so daß durch den aus der Austrittsöffnung des Steigrohres herausquellenden Glasstrom, welcher die kegelförmige Spitze des Steigrohres überspült und in die Glasschmelze des Ofens zurückfließt, jede Spur des durch die Berührung mit der metallenen Vorform abgekühlten und so durch Erstarrung verunreinigten Glases hinweggespült und die Steigrohrmündung zur nächsten Füllung mit neuem, gut durchgeschmolzenem Glase bereitgemacht wird. Da der Einlauf des Zwischengefäßes, wie erwähnt, etwa 10 cm unter dem Spiegel der Glasschmelze angebracht ist, so kann immer nur gut durchgeschmolzenes Glas eintreten; dem nach dem Füllen aus dem Steigrohr herausgedrückten, abgekühlten, in das Glasbad zurückfließenden Glase ist bis zum Wiedereintritt in das Druckfaß reichlich Zeit zur Wiederaufwärmung gegeben.

Die in der beschriebenen Weise gefüllte Vorform sitzt in aufrechter Stellung mit der darüber befindlichen Kopfform an einem in wagerechter Ebene drehbaren und anhebbaren Arme, so daß sie aus dem Herde ausgehoben und seitlich nach der Fertigform hin bewegt werden kann. Während der Bewegung öffnet sie sich, so daß das freigelegte Külbel mit der Fertigform umschlossen und ausgeblasen werden kann, ganz wie bei der Owens-Maschine.

Nach dem Berichte von Augenzeugen arbeitet die beschriebene Vorrichtung in jeder Beziehung einwandfrei, ruhig und sicher, sowohl hinsichtlich der Entnahme des Glases wie seiner Verarbeitung. Die erzeugten Flaschen sind sämtlich gut und fehlerfrei. Die Glasverteilung ist befriedigend, Gewicht, Gestalt, Inhalt natürlich völlig gleich. Die Flaschenköpfe sind, da an der Kopfform Saugschlitze nicht vorhanden sind, völlig glatt und brauchen nicht, wie bei der Owens-Maschine, nachträglich verschmolzen zu werden, sind vielmehr ohne Weiteres auch für Verschlüsse mit Gummidichtung brauchbar. Das Zwischengefäß hält im Betriebe etwa vier Wochen, der Stempel etwa eine Woche, ihre Ersetzung ist weder mit nennenswerten Schwierigkeiten noch Kosten verbunden. Ein Hafenmacher vermag in acht Stunden zwei Zwischengefäße und fünf Stempel anzufertigen. Man könnte diese Teile nach dem Gießverfahren noch einfacher und rascher herstellen. Die Auswechselung eines Druckfasses nimmt etwa eine halbe Stunde in Anspruch, die Ersetzung eines schadhaften Stempels etwa zehn Minuten.

Die Förderhöhe des Glases und die Höhe der Flaschen findet bei dem von Severin angegebenen Verfahren ihre Grenze nur in der Widerstandsfähigkeit des Zwischengefäßes gegen Druck. Die Versuche haben ergeben, daß es keinerlei Schwierigkeiten macht, das Glas 1 m und darüber in Steigrohren empor-

[1]) D. R. P. 276205.

zudrücken. Wenn auch solche Steighöhen bei der Herstellung von Flaschen praktisch nicht in Frage kommen, so erhellt doch aus dieser Angabe, daß die Füllgeschwindigkeit auch bei den höchsten Flaschenformen nicht merklich nachzulassen braucht.

Severin sieht einen weiteren Vorteil seines Verfahrens ferner darin, daß das Glas unter Druck in die Vorform gebracht und dadurch dichter und haltbarer wird. Man kann hierüber Zweifel haben, da der Vergleich mit der Metallgießerei oder den keramischen Massen wegen der anderen Natur des Glases nicht recht beweiskräftig ist.

In die Augen springend ist die außerordentliche Einfachheit der Severinschen Entnahmevorrichtung. Der einfache Vorherd der Severinschen Einrichtung kann leicht an jede vorhandene Wanne angebaut werden, und zwar mit außerordentlich geringen Kosten. Daß die Ersetzung der abgenutzten Zwischengefäße und Stempel billig ist, wurde schon dargelegt, ebenso daß die Ersetzung rasch ausführbar ist. Ferner ist nicht zu bestreiten, daß der Aufwand zur Beheizung des Vorherdes bedeutend geringer sein muß als der für die Drehwanne nötige, welcher fast die gleiche Höhe erreicht wie der Aufwand zum Schmelzen des Glases in der Wanne. Während bei der Drehwanne beständig ein Teil ihres Glasspiegels der freien Luft ausgesetzt und außerdem durch das Hindurchziehen der Metallform abgekühlt wird, ist der Vorherd nach Severin fast völlig abgeschlossen, während der Füllung durch die die Deckenöffnung fast völlig ausfüllende Vorform, in der Zwischenzeit durch den Schamottedeckel. Bewegte Teile, welche einen merklichen Aufwand an Betriebskraft erfordern, sind am Vorherd nicht vorhanden. Sie hat allerdings, wo es auf möglichst hohe Produktion ankommt, der Owens-Maschine gegenüber den Mangel, daß sie die absetzende Bewegung der Blasemaschine erzwingt. Wenn es möglich wäre, sie so weiter zu entwickeln, daß sie zur Speisung der ununterbrochen gedrehten Maschine brauchbar würde, wäre sie der Owens-Drehwanne überlegen.

Die zunächst von Severin gebaute Maschine hatte nur einen Arm und einen Satz Formen. Danach wurde der Bau einer dreiarmigen Maschine in Angriff genommen.

Diese Maschine, welche in Abb. 567 im Lichtbild dargestellt ist, trägt auf einem fahrbaren Untergestell von etwa 3 m Länge bei $2^3/_4$ m größter Breite links den Drehtisch für die Fertigform, rechts eine drehbare Säule, welche an 3 Armen je einen Vorformmechanismus trägt. Diese Säule und die Drehachse des Fertigformtisches sitzen an den beiden Enden eines Balanciers, so daß die eine Welle steigt, während die andere sinkt und umgekehrt. Sie sind durch ein Zahnradgetriebe von entsprechender Zahnhöhe dauernd so miteinander verbunden, daß während einer Dritteldrehung der einen Welle eine gleich große Drehung der anderen in umgekehrter Richtung erfolgt. Natürlich sind sie senkrecht geführt, und die Auf- und Abbewegung wird am Ende durch Flüssigkeitsbremsen stoßfrei gemacht. In der Höchststellung der Vorformensäule tritt ein an ihrem unteren Ende sitzender Kurbelzapfen in Eingriff mit einer Schaltvorrichtung, welche sie jedesmal um eine Drittelumdrehung herumdreht. Die Schaltvorrichtung besteht in einem im Maschinenuntergestell gelagerten Druckluftzylinder. Der Lauf auch dieses Druckluftkolbens wird durch Flüssigkeits-Bremszylinder stoßfrei gemacht. Die Drehachse des Fertigformtisches trägt eine Plattform, auf welcher drei den einzelnen Vorformen zugehörige Fertigformen stehen. Da auch diese Plattform mit ihrer Welle jedesmal eine Drittelumdrehung macht, so kommen bei jeder Schaltung eine Kopfform und eine Fertigform übereinander zu stehen. Immer, bei jeder dritten Schaltung, kommen wieder die zueinander gehörigen Formpaare zusammen.

Die senkrechte Bewegung, welche nötig ist, um die Fertigform und die Kopfformen aneinander zu schließen, verteilt sich zur Hälfte auf die Senkung der Kopfformen und zur anderen Hälfte auf die Hebung der Fertigformen.

Auf dem Untergestell ist ferner eine wagerecht liegende Walze drehbar gelagert, welche am besten durch einen Elektromotor von etwa $^1/_4$ PS in stetiger Umdrehung erhalten wird, und zwar je nach Bedarf mit 1,8—2,5 Touren in der Minute. Diese Walze trägt in Ringnuten leicht verstellbar eingelassene Knacken, welche die konzentrisch um die Walze verteilt liegenden Lufthähne usw. für die Umsteuerung derjenigen einzelnen Druckluftzylinder, welche während eines Haltes des Armkreuzes in Tätigkeit treten sollen, in die jeweils erforderliche Stellung bringen. Es sind dies die Ventile zum Ausdrücken des Glases aus dem Ofen, zum Heben und Senken der senkrechten Maschinen-Hauptachsen, zur Bewegung der Einrichtung, welche das Einstechen des Flaschenbodens ermöglicht, zum Anstellen der Wasser- und Luftkühlung für die Vorform und zum Bewegen eines Armes, welcher die fertige Flasche selbsttätig aus der geöffneten Kopfform herausnimmt (Abb. 567 links) und dem Einträger darbietet oder auch unmittelbar auf eine mechanische Eintragevorrichtung abliefert. Auch jeder der die Kopf- und Vorformsätze tragenden Arme ist mit einer Anzahl solcher Steuerhähne für die an ihm befestigten Druckluftzylinder versehen, denen die Preßluft durch die Längsbohrung der tragenden Welle zugeführt wird. Während der Aufundabbewegung oder der Drehung der Wellen stoßen diese Hähne gegen am Gestell befindliche, ebenfalls leicht verstellbare Knacken, ähnlich denen auf der Steuerwalze, und bewirken die Aufundabbewegung des Dornes zur Formung der Flaschenmündung, die Bewegung der Kopfform, der Vorform, der Fertigform, des Abschneidemessers, der Ausblasevorrichtung und des Deckels der Vorherdöffnung. Außer dem kleinen Antriebsmotor für die Steuerwalze ist für jede Maschine einschließlich der Füllvorrichtung ein Kompressor notwendig, der die zum Betriebe nötige Druckluft auf $2^1/_4$ at zusammendrückt.

Abb. 567.

Der Arbeitsgang der Maschine ist folgender: Der erste Arm befindet sich in der Anfangsstellung mit seinem Formensatze über der zunächst noch verschlossenen Zugangsöffnung zum Herdinnern und dem darin befindlichen Zwischengefäße. Bei Ingangsetzung der Maschine öffnet sich zunächst der Verschlußdeckel des Herdes. Die Vorform senkt sich auf die Mündung des Steigrohres, wird durch Hinaufpressen des Glases gefüllt, abgehoben und, nachdem das überflüssige Glas durch das Messer abgeschnitten ist, um 120° seitlich geschwenkt. Unmittelbar nach dem Heraufgehen schließt sich die Herdöffnung. Während des Herumschwenkens wird durch die einzelnen Zylinder der Flaschenmündungsdorn emporgezogen, das Glaskülbel teilweise vorgeblasen und die Vorformhälften geöffnet, so daß das nur in der Kopfform festgehaltene, teilweise schon hohle Külbel nunmehr in der zweiten Arbeitsstellung über der zugehörigen Fertigform schwebt. Jetzt senkt sich der dreiarmige Vorformträger von neuem, und während Vorform Nr. 2 zur Füllung gelangt, senkt sich das in Nr. 1 teilweise aufgeblasene Külbel in die Fertigform, welche in demselben Maße von unten her dem Külbel entgegenkommt. In der Zeit, welche zur Füllung des Formsatzes Nr. 2 notwendig ist, wird bei Nr. 1 das Ausblasen des vorgearbeiteten Külbels vorgenommen und die Kopfform Nr. 1 geöffnet. Während der Formträger von neuem in die Höhe geht, um nunmehr den Formsatz Nr. 2 in die zweite Arbeitsstellung zu bringen, bleibt die von Nr. 1 ausgeblasene Flasche in ihrer Fertigform zurück und wandert mit ihr nach der Entnahmestellung. Kopf- und Vorform Nr. 1 schließen sich während des zweiten Herumschwenkens wieder und gelangen in die dritte Arbeitsstellung.

Bei dem jetzt folgenden Senken des Vorformträgers, während Vorform Nr. 3 gefüllt und bei Nr. 2 die zweite Flasche fertiggestellt wird, tritt die durch den bisherigen Arbeitsvorgang erhitzte Kopf- und Vorform Nr. 1 in eine Kühlvase ein, in welcher sie von kalter und feuchter Luft umspült und für die nächste Füllung auf die geeignete Temperatur zurückgeführt wird. Schließlich, nach dem dritten Heben der Form und Herumschwenken um 120°, ist der Kreislauf vollendet und Formsatz Nr. 1 zur zweiten Füllung bereit.

Die Luftzufuhren zum Blasen und zum Kühlen der einzelnen Formsätze werden unabhängig voneinander geregelt, so daß z. B. bei kleineren und schwächeren Vorformen die Kühlung entsprechend vermindert werden kann. Der zur Kühlung dienende Luftstrom wird durch einen mit der Antriebswelle gekoppelten kleinen Ventilator auf der Maschine selbst erzeugt.

Während so der Vorformträger unter dreimaligem Anhalten, Senken, Heben und Weiterdrehen um je 120° seinen Kreislauf beendet, haben sich auch die beiden anderen Fertigformen bei jedem Halt unter die zugehörigen Vor- und Kopfformen eingestellt, um nach Empfang und Ausblasen eines Glaskülbels mit der fertigen Flasche ihre Umdrehung fortzusetzen, so daß also jede Fertigform ebenfalls drei Arbeitsstellungen einnimmt. In der ersten Stellung wird die Flasche fertiggeblasen. Dann senkt sich die Plattform mitsamt der Fertigform und dreht sich zum erstenmal weiter. In dieser zweiten Stellung wird, was bei manchen Flaschensorten gewünscht wird, das Einstechen des Flaschenbodens vorgenommen. Während des Herumschwenkens zur dritten Arbeitsstellung öffnet sich die Fertigform. In dieser Stellung wird die Flasche durch eine Zange selbsttätig der Form entnommen und zum Forttragen abgelegt. Sie ist hierzu bereits fest genug, da sie während der Bewegung aus der ersten, der Blasestellung, bis zur dritten, der Entnahmestellung, vollauf Zeit genug hat, sich abzukühlen. Der Flaschenkopf dagegen wird sofort nach dem Fertigblasen von der Kopfform befreit. Dies ist wichtig, da so die Gefahr des Springens vermieden wird. Die leere Fertigform kommt durch die nächste Dritteldrehung wieder in die Anfangsstellung zur Aufnahme eines neuen Külbels, und der Kreislauf beginnt auch hier von neuem.

Zur Bedienung der Maschine ist nach Angabe des Erfinders lediglich ein Einträger, zur Überwachung einer ganzen Anlage mit mehreren Maschinen nur ein Meister erforderlich. Als Betriebskraft sind etwa 12 PS erforderlich.

Die Leistung der Maschinen wird auf 360 Flaschen stündlich (von 700 g Gewicht) angegeben, so daß zwei Maschinen täglich etwa 14000 bis 18000 Flaschen je nach der Größe machen können. Zur Verarbeitung gelangt der gewöhnliche Glassatz. Der Preis einer Maschine betrug s. Z. M. 16000, der von zwei Maschinen nebst vollständiger Einrichtung mit Kompressor, Elektromotor usw. M. 65000—70000. Die Maschine kann alle Flaschengrößen von 0,2—2 l Inhalt, und zwar auch solche mit Einstichboden, arbeiten.

Daß die Maschine mit nur 3 Armen ausgestattet ist, hat seine besonderen Gründe. Während die Stärke der Owens-Maschine in der Erzeugung sehr großer Mengen ein und derselben Flaschenform mittlerer Größe liegt, wollte Severin mit seiner Maschine die Möglichkeit geben, auch kleinere Posten von Flaschen verschiedener Gestalt mit Vorteil automatisch blasen zu können. Die Gesamterzeugung aus der Wanne kann dadurch auf dieselbe Höhe wie bei einer sechs- und mehrarmigen Maschine gebracht werden, daß man mehrere Maschinen zugleich an der Wanne arbeiten läßt, was dadurch erleichtert wird, daß man eine beträchtliche Zahl der beschriebenen Druckfässer an einer Wanne aufstellt.

Ganz besonders geeignet für die lohnende Erzeugung mannigfaltiger Flaschenformen in kleineren Posten, wie sie für kleinere Hütten und Flaschenverbraucher in Frage kommen, wird die Maschine aber dadurch, daß sie gleichzeitig mit Formen verschiedener Größe besetzt werden kann, also z. B. gleichzeitig drei Sorten Flaschen arbeiten kann. Dies wird ermöglicht, indem der Unterbau für die Fertigform in der Höhe je nach der Formhöhe verstellt und die Saug- und Blasedauer für jeden Formsatz entsprechend eingestellt wird. Es genügt also, falls eine neue Flaschensorte aufgenommen werden soll, einen Satz Formen auszutauschen. Beim Übergang zu einer anderen Flaschensorte ist mithin nur ein Formensatz neu anzuschaffen. Diese Anschaffung ist natürlich schon bei einem kleineren Auftrage lohnend.

Die Maschine hat längere Zeit in der Hütte des Erfinders in Sasbach bei Achern störungsfrei und in jeder Hinsicht zufriedenstellend gearbeitet, und ihre Einführung im Auslande war im Werke, wurde aber infolge des Kriegsausbruches nicht vollendet.

Eine mit dem Severinschen Druckfaß, also mit dem Glas-Einspritzverfahren, arbeitende automatische Blasemaschine hat später Th. W. Simpson entwickelt[1]) und dabei den schon erwähnten, die Produk-

[1]) Brit. Pat. 20863 v. J. 1913 und 15742 v. J. 1914.

tionszahlen dämpfenden Mangel der absetzenden Drehung des Maschinengestells durch einen eigenartigen Konstruktionsgedanken zu mindern gesucht, welchen er bereits früher zum Aufbau einer selbsttätigen Maschine des Kippsystems gefaßt hatte[1]). Bei dieser Maschine sind je eine Kopfform, Vor- und Fertigform zu einer Einheit verbunden, und drei solcher Einheiten kreisen um eine gemeinschaftliche Mittelsäule, aber nicht wie gewöhnlich mit gleichem Winkelabstande (120°) zu einem Karussel verbunden, sondern unabhängig voneinander in der Weise, daß sie an der Füllstelle anhalten, dann, nach dem Einspritzen des Glases mit einem ständig um die Mittelsäule sich drehenden Radkranz gekuppelt und weitergedreht werden. Während dieser Drehung spielt sich der Blasevorgang in derselben Weise ab, wie bei der Owens-Maschine, und selbst die Einzelheiten der Getriebe zur Bewegung der formgebenden Teile sind denen der Owens-Maschine mit heb- und senkbaren Einheiten (S. 656 u. ff.) ähnlich. Eine augenfällige Ausnahme zeigt sich nur bei der Fertigform, welche nicht mit einer Schwingung auf und ab aus der Ruhe in die Arbeitsstellung und umgekehrt bewegt, sondern in wagerechter Ebene radial vor- und zurückgeschoben wird.

Bei der erneuten Ankunft an der Füllstelle wird jede Einheit wieder von dem ständig umlaufenden Rade solange entkuppelt, bis das Glas in die Vorform eingespritzt ist. Diese Anordnung der einzeln anhaltenden Einheiten vermindert, da immer nur die Masse einer einzigen Einheit, nicht des ganzen Drehgestells in Frage kommt, die Stöße beim Anhalten und Anfahren und erlaubt eine Drehgeschwindigkeit, welche zwischen der bei absetzender und der bei ununterbrochener Drehung der Maschine möglichen liegt.

Es sei hier noch auf eine ähnliche Idee von Kutschka hingewiesen[2]), der, bei einer Maschine des Kippsystems, die Fertigformen auf einem ständig um die Mittelsäule sich drehenden Gestellteil anordnet, die kippbaren Vorformen dagegen an unabhängig zur Füllstelle voreilenden und dort von den Fertigformen eingeholten Armen anordnet.

B. Maschinen mit Saugformen.

Owens-Maschinen.

Die zweite Lösung des Problems, die Glasmasse vor der Blasedüse bei aufrechter Stellung der Vorform anzusammeln, also die Kippung des Külbels zu vermeiden, ist wie schon erwähnt, das Aufsaugen des Glases in die aufrecht stehende Vorform, also das der Owens-Maschine zugrundeliegende Prinzip. Diese Lösung geht zeitlich der automatischen Severinmaschine voran und folgt ihr in dieser Darstellung nur aus dem Grunde, daß ihr ein besonderer Abschnitt gewidmet wird.

Michael J. Owens, den wir schon bei den kopfformlosen Blasemaschinen genannt, ist nicht nur der erste, der das Problem des völlig selbsttätigen Flaschenblasens gelöst hat, sondern im Grunde genommen auch derjenige, welcher diese Aufgabe zum ersten Male in Angriff genommen hat. Nicht, als ob man nicht vor Owens versucht hätte, Maschinen zu bauen, welche den einmal hineingegebenen Glasposten ohne jeden weiteren Eingriff zu einem Glasgefäße verarbeiten. Schon Ashley[3]) machte, wie schon erwähnt, ziemlich ausführliche Angaben zu einer in diesem Sinne fast ganz automatischen Flaschenblasemaschine. Später hat der Franzose Vernay[4]) äußerst verwickelte selbsttätige Maschinen gebaut, mit welchen in Frankreich mehrfache, aber durchaus erfolglose Versuche angestellt worden sind. Bei allen diesen Maschinen aber war der Automatismus insofern nicht streng durchgeführt, als sie immer noch von Hand mit Glas versorgt werden mußten, und man kann heute sagen, daß sie um ebensoviel, als ihnen am völligen Automatismus fehlte, vom endlichen Erfolge entfernt waren. Für diesen war es nötig, daß die Maschine das Glas unmittelbar aus dem Ofen selber entnimmt. Der Gedanke, das Glas in abgeteilten Mengen mechanisch aus dem Schmelzofen zu nehmen und der Maschine zuzuführen, war allerdings auch schon aufgetaucht. Aber bei allen diesen Versuchen hatte das Glas, bevor es in die Form gelangte, bereits allerhand bedenkliche Abenteuer zu be-

[1]) D. R. P. 234384.
[2]) D. R. P. 262892.
[3]) D. R. P. 52208, eingereicht 1889.
[4]) D. R. P. 111073, eingereicht 1897, D. R. P. 114376, eingereicht 1901.

stehen, welche die Gleichmäßigkeit seiner Temperatur und Zähigkeit verdarben und es zur Verarbeitung in der Blasemaschine, ganz besonders natürlich zur automatischen Verarbeitung, ungeeignet machten. Schon die Berührung mit einem freiliegenden Abstichloch oder einer freiliegenden Überlaufschnauze genügt u. U. um das Glas in diesem Sinne unbrauchbar zu machen. Anderseits aber war unschwer einzusehen, daß es nie gelingen würde, eine selbsttätige Blasemaschine in Gang zu bringen, ohne daß auch für ihre selbsttätige Versorgung mit Glas Vorkehrung getroffen wurde. Wie sollte man einem solchen Ungetüm mit mehrfacher Wirkung, wie es z. B. Vernay konstruiert hatte, rasch und gleichmäßig genug das Glas Posten für Posten zuführen, wenn man darauf angewiesen war, es ebenso Posten für Posten durch Arbeiter aus dem Ofen entnehmen und zur Maschine hintragen zu lassen? Lange Wege durften hierbei dem Anfänger nicht zugemutet werden, und an einer Stelle in so raschem Tempo das Glas schöpfen zu lassen, schien von vornherein wegen der Glasabkühlung aussichtslos. Dies und viele andere Gründe versperrten diesen Weg völlig. Inmitten solcher fast unübersteiglichen Schwierigkeiten als erster einen gangbaren Weg gezeigt zu haben, ist das große Verdienst von Owens.

Der Keim des Gedankens, welcher Owens zum Erfolge verhalf, ist in einem amerikanischen Patent von John H. Croskey und Joseph Locke[1]) in Pittsburg enthalten, welches im Jahre 1896 eingereicht wurde. Hier findet sich nämlich zum ersten Male der Gedanke, das Glas aus dem Ofen mit Hilfe eines Gefäßes herauszunehmen, welches in umgekehrter Stellung mit der Mündung nach unten in das Glas eingetaucht und darauf luftleer gemacht wird, so daß das Glas in dem Gefäße aufsteigt. Man kann darauf das Gefäß aufrichten und mit seiner Glasfüllung aus dem Ofen herausnehmen. Dieses Schöpfgerät ist von späteren Erfindern mehrfach in verbesserter Form zur Bedienung von Blasemaschinen versucht worden. Owens ist aber solchem Abwege nicht gefolgt, sondern hat den ursprünglichen Gedanken in fruchtbarster Weise weiter gedacht, indem er an die Stelle des Schöpfgefäßes, aus welchem erst eine Form gefüllt werden soll, die Form selbst setzte. In dieser einfachsten Form hat Owens seinen Gedanken im Jahre 1899 in Amerika zum Patente angemeldet[2]).

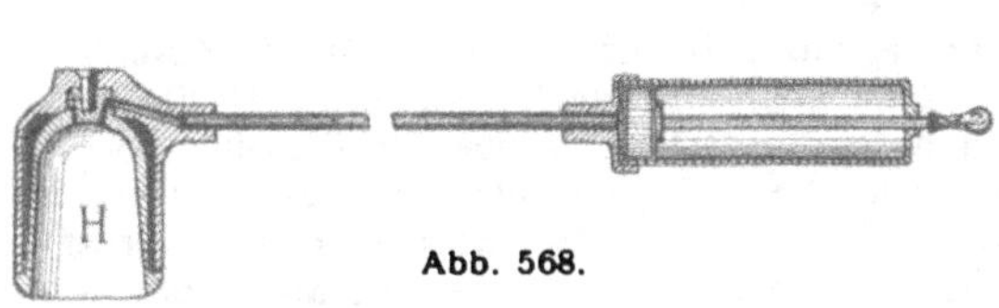

Abb. 568.

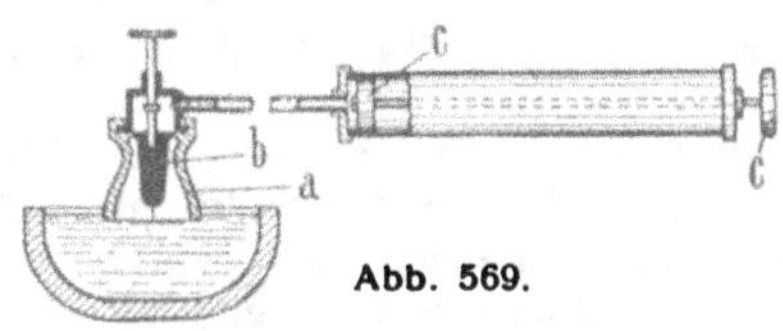

Abb. 569.

Wenn man die Zeichnungen des Patentes von Croskey und Locke (Abb. 568) mit der des ersten Patentes von Owens (Abb. 569) vergleicht, so sieht man überrascht, wie ähnlich beide Erfindungen im Äußeren sind und wie ein scheinbar winziger Schritt vorwärts Folgen und Erfolge von fast unabsehbarer Tragweite nach sich zieht. Wahrlich, das Ei des Kolumbus! In Abb. 568 ist *H* das durch Saugen zu füllende Gefäß, in Abb. 569 ist *a* die Vorform einer beliebigen Einrichtung zum Flaschenblasen. Beide Gefäße sind mit einer Kolbensaugpumpe verbunden.

Beim Einsaugen des Glases unmittelbar aus der Schmelze in die Form sind alle Übelstände der früheren Schöpfmethoden vermieden. So gleichmäßig, wie das Glas im Schmelzofen steht, so gleichmäßig kommt es in die Form hinein. Wesentlich ist natürlich auch, daß gerade so und nicht anders gesaugt wird, also daß das eine Formende in das Glas eintaucht und daß vom anderen Formende her die Luft abgesaugt wird, so daß das Glas in der stehenden Form aufsteigt. Auf solche Weise ist das Einschließen

[1]) Am. Pat. 575214.

[2]) Am. Pat. 759742, eingereicht 26. 12. 1899; D. R. P. 161344, eingereicht 18. 9. 1902.

von Luftblasen unmöglich und die genaue Ausbildung des Flaschenkopfes gesichert. Davon, daß man das Glas unmittelbar aus dem Ofen in die Maschinenform hineinsaugen könnte, hatte schon Ashley [1]) im Jahre 1887 gesprochen, ohne aber einen brauchbaren Weg zur Ausführung anzugeben.

So fruchtbar und bedeutungsvoll der eben entwickelte Grundgedanke der Owensmaschine ist, so war doch von hier noch ein weiter und dornenvoller Weg bis zu dem Ziele zu machen, den Grundgedanken zu einer allen Anforderungen der Praxis genügenden automatischen Maschine von großer Leistung auszugestalten.

Eine erste Lösung dieser Aufgabe [2]) ist zwar zunächst verworfen und statt ihrer eine andere Konstruktion [3]) in die Praxis eingeführt worden. Diese Konstruktion ist aber zur Zeit bereits überholt durch eine dritte[4]), bei welcher R. La France den Grundgedanken der Owensschen Konstruktion wieder aufgenommen hat.

Vor der Beschreibung dieser Konstruktion der Owens-Maschine muß noch über den Ofen, welcher die Maschine speist, ein Näheres gesagt werden. Der gangbarste Weg, um zu einer Maschine mit mehrfacher Wirkung zu gelangen, ist bekanntlich der, daß man die zu verwendende Anzahl von Formensätzen an einem Karussell anbringt, dessen Drehung die Formen der Reihe nach an die Füllstation bringt und darauf, nachdem während der Drehung die Formarbeit sich abgespielt hat, an die Entleerungsstelle, wo die fertigen Flaschen abgeliefert werden. Diese auch bei der Owens-Maschine befolgte Gesamtanordnung bringt es mit sich, daß die Vorformen stets an derselben Stelle in die Glasschmelze des Ofens eintauchen. Die erste eintauchende Form würde also mit ihrer beträchtlichen-Metallmasse das Glasbad stark abkühlen, und schon die nächste Form würde an derselben Stelle brauchbares Glas nicht mehr vorfinden. Dem vorzubeugen, wurde ein besonderer Ofen mit drehbarem Vorherd konstruiert[5]).

Zu der Maschine gehört ferner eine einfache Verschmelzvorrichtung, in welche die Flaschen unmittelbar aus der geöffneten Fertigform der Maschine hineinfallen, um am Kopfe verschmolzen zu werden. Die Anlage wird schließlich vervollständigt durch einen Kanalofen zum Kühlen der Flaschen mit beweglicher Fördersohle, wie man solche in Amerika schon früher benutzt hat. Sie sind aber in Europa erst mit der Owens-Maschine in die Praxis eingedrungen.

Der Ofen. Die Abb. 570 stellt die Gesamtanlage dar. Rechts ist im Umriß die Maschine *M* auf ihrem Unterbau aus Trägern mit der von unten kommenden Leitung für Kühlungsluft, links das Ende der Schmelzwanne und anschließend die Drehwanne sichtbar. (Die Leitungen für Blaseluft und Vakuum sind bei der La France-Konstruktion nicht, wie in der Abb. 570, von oben, sondern von unten durch die Mittelsäule der Maschine zugeführt.) Vor der Schmalseite der Wanne steht eine viereckige Ofenkammer *A*, welche eine schüsselförmige Wanne *G*, in welche die Vorformen der Maschine eintauchen, zum größten Teile überdeckt, dagegen den Raum unter der Schüssel zwecks besserer Abkühlung des dort befindlichen eisernen Unterbaues freiläßt. Die Wanne *G* hat etwa 25 cm Tiefe und 2—2½ m Durchmesser. An dem rechts in der Abbildung befindlichen Rande der Drehwanne ist ein schmaler Streifen des Glasspiegels dadurch bloßgelegt, daß die Stirnwand *B* der überdeckenden Kuppe etwas ausgebuchtet ist. An diese Bucht der Stirnwand ist die Maschine möglichst dicht herangerückt, so daß die Vorformen auf ihrer Kreisbahn dicht daran vorbei und über den frei liegenden Teil *C* der Glasschmelze streichen und durch eine Senkung eingetaucht werden können. Der Heizraum über der runden Wanne, welcher etwa 1,80 m Höhe hat, wird durch zwei Brenner mit freier Flammenentfaltung geheizt, welche durch den Maschinenführer so geregelt werden, daß die Glasmasse möglichst gleichmäßig heiß bleibt. Das Glas läuft aus der Schmelzwanne durch einen rinnenartig ausgehöhlten Stein *D* unter möglichst geringer freier Fallhöhe in langsamem, ununterbrochenem Strome in die runde Wanne ein. (Diese Steine

---

[1]) D. R. P. 47570, eingereicht 1887.

[2]) Am. Pat. 766768, eingereicht April 1903; D. R. P. 165832.

[3]) Am. Pat. 870664, eingereicht Mai 1905; D. R. P. 176959.

[4]) Am. Pat. 1185687 (1913); D. R. P. 280008 und 284517; Öst. Pat. 69822.

[5]) D. R. P. 155051. Dieses und die entsprechenden Patente in den anderen europäischen Ländern lauten auf den Namen der Toledo Glass Co., Toledo, Ohio. Ähnliche Drehwannen sind in den Ver. Staaten M. J. Owens (unter 840245) und Thomas Owens (unter 794734) patentiert worden. (Siehe Sprechsaal 1906, S. 1117, Abb. 10.)

müssen nach etwa 20 Tagen ausgewechselt werden, was etwa 8 Stunden Stillstand erfordert.) Zwei solcher Drehwannen, welche je eine Maschine speisen, werden an eine Schmelzwanne von entsprechender Größe angebaut. Sie drehen sich in entgegengesetzter Richtung.

Der Unterbau der Drehwanne besteht zunächst aus einer Plattform *E* aus eisernen Trägern, auf welcher der Wannenboden aufruht. Diese ruht auf einem Armkreuz mit Druckschrauben *F*, welche die genaue wagerechte Einstellung der Drehwanne ermöglichen. Das Armkreuz sitzt auf einer in den Hüttenflur versenkten drehbaren senkrechten Welle *L*, welche unten bei *O* auf einem Lager aus konischen Rollen ruht und bei *N* durch ein seitlich verstellbares Lager gestützt wird. Ferner sitzt auf der Welle ein Schneckenrad *P*, das durch eine Schnecke von einem Elektromotor aus angetrieben wird und so der Wanne Drehung mitteilt. Die senkrechte Welle ist rund 2,5 m lang, Lager und Getriebe sind also der Ofenhitze entrückt.

Die Drehwanne machte etwa 2½ Umdrehungen in der Minute, so daß jede Vorform an einer neuen Stelle mit frischem, unabgekühltem Glase eintaucht. Die abgekühlten Stellen und der beim Abschneiden der Glasmasse in die Schmelze zurückfallende Glasstrang werden während des Umlaufes der Wanne wieder aufgewärmt. Da die Drehwanne und die Maschine sich in entgegengesetztem Sinne drehen, laufen Vorform und Wanne an der Eintauchstelle in gleicher Richtung und mit ungefähr gleicher Geschwindigkeit. Unmittelbar nach dem Eintauchen der Vorform, das selbst bei der Herstellung von 1 l-Flaschen noch nicht 2 Sekunden dauert, beginnt ihre Füllung durch Saugen; am Ende der Füllung wird das Glas durch ein über die untere Formöffnung hinweggehendes Messer abgeschnitten, danach hebt sich die Vorform und geht wieder über den Rand der Drehwanne hinweg.

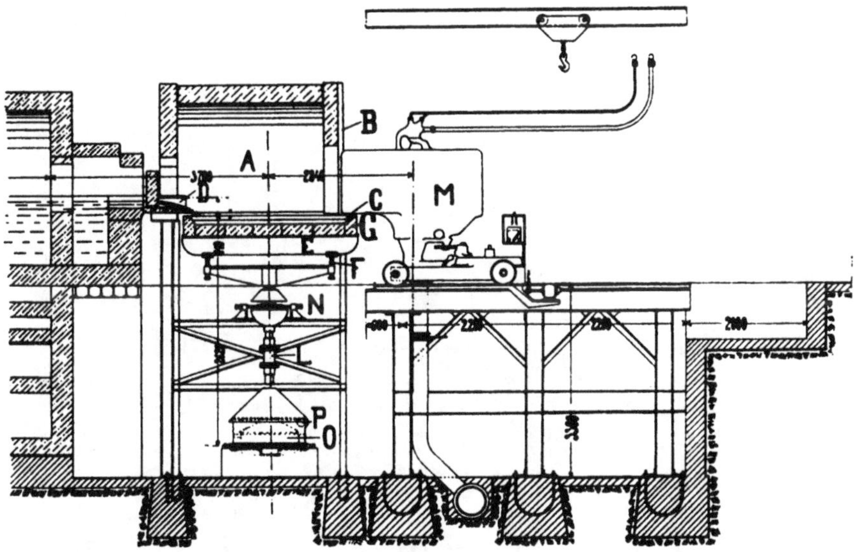

Abb. 570.

Während der Betriebspausen wird der freiliegende Teil des Wannenspiegels durch einen von oben herabzulassenden Schirm abgedeckt.

Die eben beschriebene Einrichtung, durch welche es in geistreicher Weise ermöglicht wird, in bebeliebig rascher Folge die Vorformen, ohne das Glas zu verderben, einzutauchen, haben die Amerikaner mit einer außerordentlich kühnen Idee durch eine im Wärmeverbrauch sparsamere Konstruktion zu ersetzen versucht, in dem sie den ganzen Schmelzofen drehbar machten, also der Schmelzwanne eine runde Gestalt geben und ihre ungeheure Last auf Rollenlagern im Kreise führen. In Deutschland ist eine solche Wanne in Sinzig a. Rh. gebaut, aber nicht dauernd betrieben worden.

Der Arbeitsgang der Maschine erhellt aus den Abb. 571—576. Abb. 571 zeigt die aufrechte Vorform mit dem unteren Ende in das Glas eingetaucht und oben den Flaschenmündungsdorn 92 in die Kopfform 63 hineinragend, an der Kopfform angeschlossen außerdem die Saugleitung 85. Das Glas steigt bis in die Kopfform empor und um den Dorn (Abb. 572) und wird unten durch ein Messer 120 abgeschnitten. Die Vorformhälften 54 gehen auseinander (Abb. 573), so daß das zapfenförmige Külbel

[1]) D. R. P. 198959, am. Pat. 908151 angem. 1907.

in der Kopfform frei hängt, die Fertigform 140 steigt mit geöffneten Hälften von unten empor. In Abb. 574 ist sie um das Külbel geschlossen; der Flaschenmündungsdorn 92 ist aus der Kopfform herausgezogen. Der Formboden 163 ist eingefügt.

In Abb. 575 ist der Blasekopf über die Kopfform geschoben, die ausgeblasene Flasche ist sichtbar; in Abb. 576 haben sich auch die Fertigform und die Kopfform geöffnet, und die fertige Flasche steht frei auf dem Fertigformboden, so daß sie köpflings in die Verschmelzmaschine abgeworfen werden kann. Kurz bevor sich die Fertigform und Kopfform öffnen, erfaßt ein schwenkbarer Halter

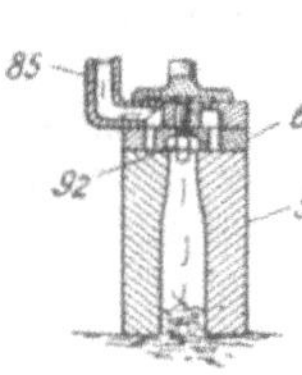

Abb. 571.

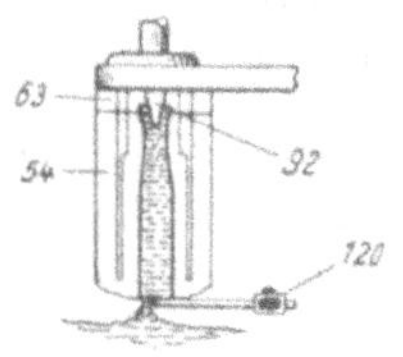

Abb. 572.

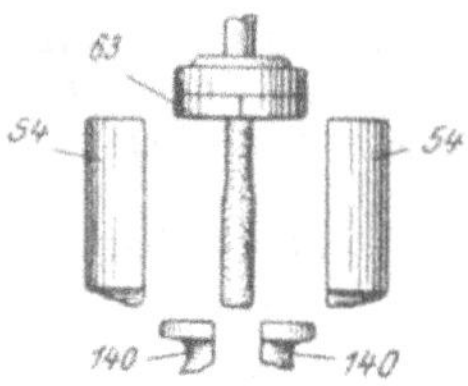

Abb. 573.

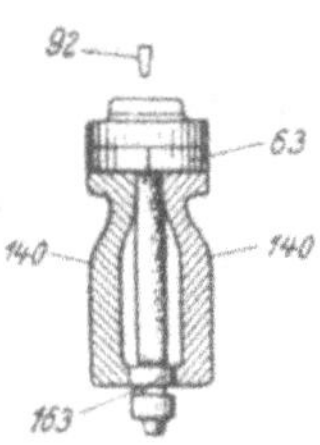

Abb. 574.

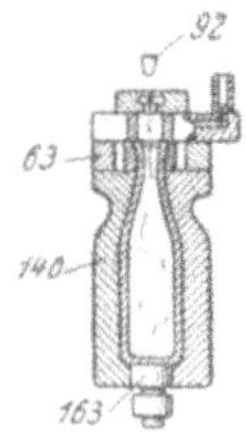

Abb. 575.

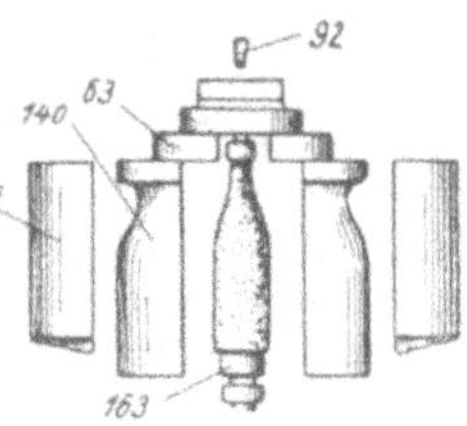

Abb. 576.

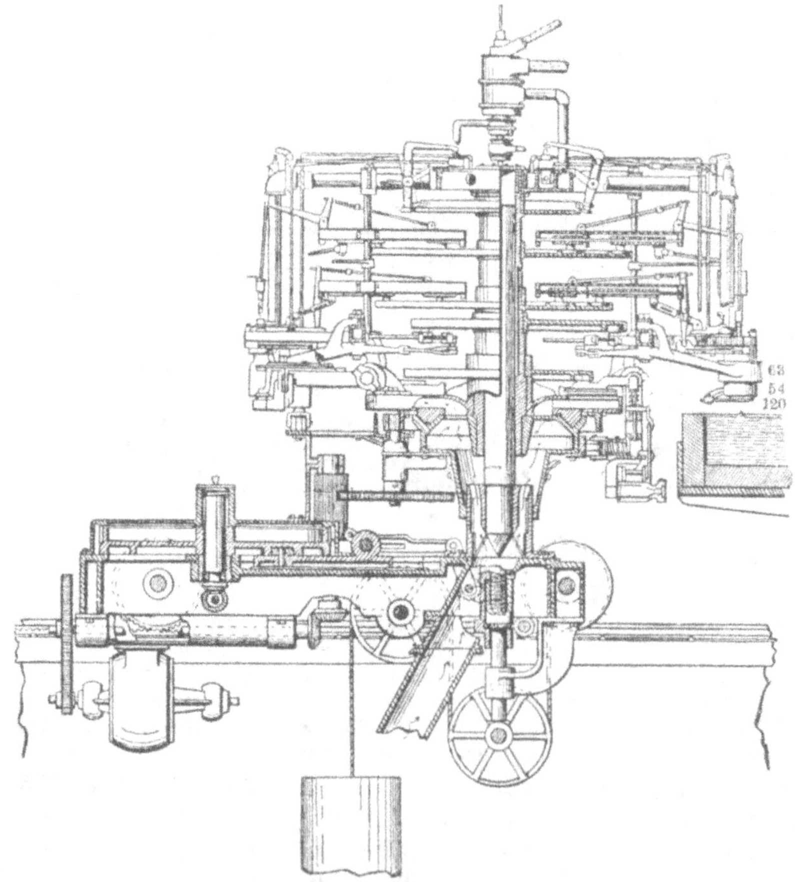

Abb. 577.

die Flaschenmündung, damit die Flasche, falls sie irgendwo ein wenig an der Form haftet, nicht in falscher Richtung und vorzeitig umfällt.

Der erste Typ mit welchem die Owens-Maschine ihren Siegeszug durch die Welt antrat, die sog. A.E.-Maschine, bestand aus einem Karussell, welches sich um die in Abb. 577 sichtbare Mittelachse ununterbrochen drehte und an seinem Umfange sechs Sätze Formen trug, von denen jeder aus den in Abb. 571—576 veranschaulichten Formen bestand. Durch die Drehung der Mittelsäule wurden die Saugformen 54 der Reihe nach über die rechts in der Abbildung angedeutete Drehwanne gebracht, woselbst die Kopfform 63, die Vorform 54 und das Abschneidemesser 120 sichtbar sind. Um nun das untere Ende der Vorform in das Wannenglas einzutauchen, wurde das ganze Karussell während der Drehung gesenkt und so die Vorform ohne Unterbrechung in ihrer Fortbewegung vollgesaugt. Dann hebt sich das Karussell wieder

Abb. 578.

soweit, daß die Vorform über den Rand der Drehwanne hinweggehen kann. Die weiteren Einzelheiten der Maschine stimmen, soweit nicht ausdrücklich etwas anderes angegeben, mit der im folgenden geschilderten A.R.-Maschine überein, und sind übrigens auch aus der Am. Pat. 766768 zu entnehmen. Diesen Typ, die A.E.-Maschine, hat man inzwischen verlassen und ist, wie schon erwähnt, bei den jetzigen Typen (bezeichnet A.N., A.R. und A.L.) zu einem bereits bei einem Vorläufer der A.E.-Maschine versuchten Konstruktionsgedanken zurückgekehrt, nach welchem nicht das ganze Maschinenkarussell gehoben und gesenkt wird, sondern nur die an der Vorformung beteiligten Formen. Die Zahl der Formensätze an dem Karussell ist von sechs auf zehn vermehrt worden, und selbst diese Maschinenungetüme sind noch übertrumpft worden durch 15armige Maschinen. Von der A.R.-Maschine, und zwar von der 15-armigen Ausführung dieser neuen Konstruktion zeigt die Abb. 578 ein Schaubild und die Abb. 579—587 Konstruktionszeichnungen.

Die Mittelsäule ist nicht mehr drehbar, sondern fest und entsprechend dem durch die Vermehrung der Formensätze gesteigerten Umfange der Maschine bedeutend breiter geworden und hohl ausgebildet, wie aus der die Hälfte eines Höhenschnittes darstellenden Abb. 579 hervorgeht.

Der Durchmesser der Maschine von der Vorformmitte bis zur Mitte der diametral gegenüberliegenden Vorform ist 4 m. An der Mittelsäule sind die zur Steuerung der Formbewegungen nötigen Daumenschienen befestigt. Die Mittelsäule erhebt sich auf der Plattform eines Spurwagens, dessen Räder an

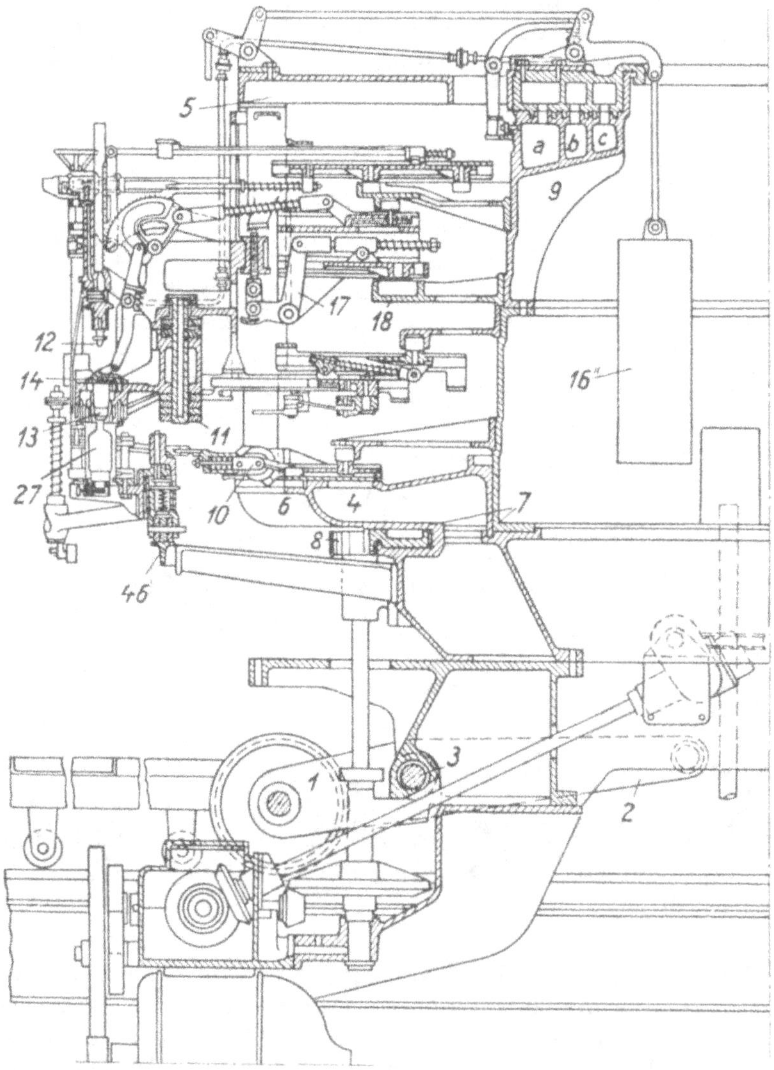

Abb. 579.

zweiarmigen Hebeln 1 um Zapfen 3 schwingen, so daß durch Verstellung der inneren Hebelenden 2 die Höhe der Maschine über Flur geregelt werden kann (bei neueren Maschinen wird die Plattform durch drei gemeinschaftlich angetriebene senkrechte Schraubenspindeln gehoben und gesenkt). Das drehbare Gestell der Maschine besteht aus einem oberen und einem unteren wagerechten Rahmen 4, 5, welche durch zehn lyrenartige Träger 6 (s. auch Abb. 581) entsprechend der Zahl der Formensätze verbunden und um die feste Mittelsäule drehbar sind. Der untere Rahmen und z. T. auch die Lyra sind hohl, und der Rahmen gleitet bei 7 luftdicht auf einer ebenfalls hohlen Verbreiterung der Mittelsäule. In diese Verbreiterung mündet ein weites Rohr (nicht dargestellt) zur Zuführung von Kühlwind ein, welcher durch die übereinander weggleitenden Öffnungen bei 7 in das Drehgestell eintritt und zum

Anblasen der Formen benützt wird. Das Drehgestell erhält seinen Antrieb von dem unten an der Maschine hängenden Elektromotor aus durch das Ritzel 8, welches an dem Zahnkranz des unteren Gestellrahmens 4 angreift. Oben an der Mittelsäule befinden sich drei ringförmige Kammern 9a, b, c, welche von Leitungen, die in der Mittelsäule emporgeführt sind, mit einer Luftpumpe, bzw. einem Kompressor, bzw. einem Gasbehälter verbunden sind. Diese Kammern stehen durch Öffnungen in ihrer Decke, über welche entsprechende Öffnungen dreier Ringkammern des Drehgestelles hinweggleiten, mit diesen drehbaren Kammern ständig in Verkehr, welche ihrerseits mit der Saugform, bzw. dem Blasekopf, bzw. den bei manchen Typen an geeigneten Stellen angebrachten Brennern zur Warmhaltung von Formteilen (falls dies nötig sein sollte) in Verbindung stehen. Der in Abb. 579 dargestellte Formensatz befindet sich in der dem Fertigblasen der Flasche entsprechenden Stellung. Die Fertigform 27, welche um das Gelenk 10 im ganzen auf und ab schwingen kann, ist durch eine Anlaufschiene in wagerechte Stellung emporgehoben. — Von der Vorform ist, da sie weit aufgeklappt ist, nur das Scharnier 11 zu sehen. Der Mundstücksdorn 12 ist nach oben aus der Kopfform 13 herausgezogen und diese Kopfform durch einen Muschelschieber 14 mit der Blaseluftleitung in Verbindung gebracht. Abb. 580 zeigt an der anderen Seite des Karussels die Füllung der Vorform 15 aus der Drehwanne. Abb. 581 gibt eine dazugehörige Stirnansicht. Die an der Vorformung beteiligten Formenteile sitzen an einem Schlitten 16, welcher zwischen den Seitenbalken der zugehörigen Lyra auf- und abgleiten kann. Sein Gewicht wird hierbei ausgeglichen, indem er mittelst der Zugstange 16^1 (Abb. 580) mit dem in Abb. 579 gezeigten Gegengewicht 16″ verbunden ist. Die Auf- und Abbewegung erhält der Schlitten infolge seiner gelenkigen Verbindung mit einem am Maschinendrehgestell sitzenden Winkelhebel 17 von der in Abb. 579 sichtbaren Daumenkurve 18 aus. Der Vorformschlitten kann in der Höhenrichtung gegenüber dem ihn tragenden Winkelhebel 17 mittels des Handrades 19 verstellt werden, so daß, falls die Vorformen verschieden hoch sind — etwa weil gleichzeitig verschiedene Flaschensorten geblasen werden sollen oder die Vorformen unten verschieden stark abgenutzt und abgeschliffen sind — sie dennoch alle mit ihrer Unterfläche auf gleiches Niveau gebracht und gleich tief in das Glas eingetaucht werden können. Um die Angel 20 drehen sich die Scharniere 21 der Kopfform und ebenso die Scharniere der Vorformen. An jeder Vorformhälfte sitzen zwei Tragarme, von denen je einer bei 22 ganz unten und bei 23 ganz oben sich um die Angel dreht, so daß sich eine sehr gute Zentrierung dieser Hälften ergibt, zumal die Scharnieraugen auf konischen Sitzflächen der Angeln aufruhen. Die Vorformhälften ruhen lose auf

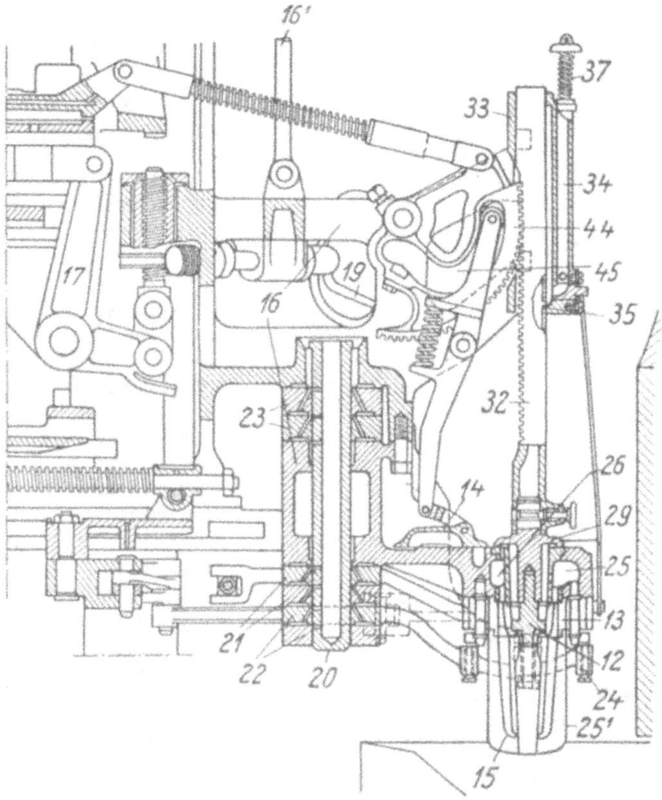

Abb. 580.

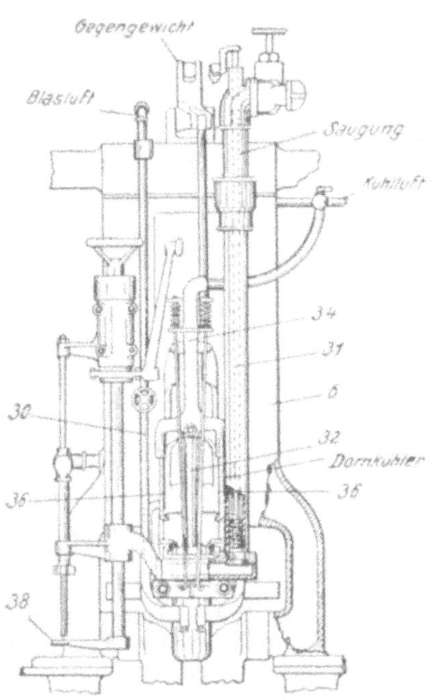

Abb. 581.

Stellschrauben 24 der Tragarme auf, so daß sie durch diese Schrauben genau in die richtige Lage gebracht werden und mit einem Griff ausgehoben werden können, so daß die Auswechslung bei noch laufender Maschine beginnen kann. Auch die Kopfform 13 stellt eine auswechselbare Büchse dar, wie aus Abb. 582 zu ersehen, welche den Zusammenschluß des die Saug- und Blaskanäle 25 bzw. 26 enthaltenden untersten Schlittenteiles mit der Kopfform 13 und der Fertigform 27 zeigt. Vom Schlitten nach unten ragende Bolzen 28 sichern die zentrische Übereinanderstellung der Formen. Ebenso ist der Mundstücksdorn 12, von dem pilzförmigen Stück 29, und dieses vom Dornschaft 32 leicht lösbar. Wenn der Mundstücksdorn 12 in die Kopfform eingefügt ist, so verbindet die an ihm sitzende Glocke 29 den Innenraum der Kopf- und der Vorform mit dem Saugkanal 25 des Schlittens, so daß nunmehr durch das eingetauchte untere Formende das geschmolzene Glas aufsteigt, bis es an dem schmalen Schlitz zwischen dem breiten Flansch des Dornes und der Kopfformwand, welcher das Absaugen der Luft gestattet, zum Stehen kommt. Der Saugkanal 25 des Schlittens steht bei geschlossener Vorform auch mit Saugkanälen 25′ in Verbindung, welche in die Schließflächen der Vorformhälften eingearbeitet sind, um beim Ansaugen des Glases das Eindringen von Luft zwischen diesen Schließflächen zu verhindern.

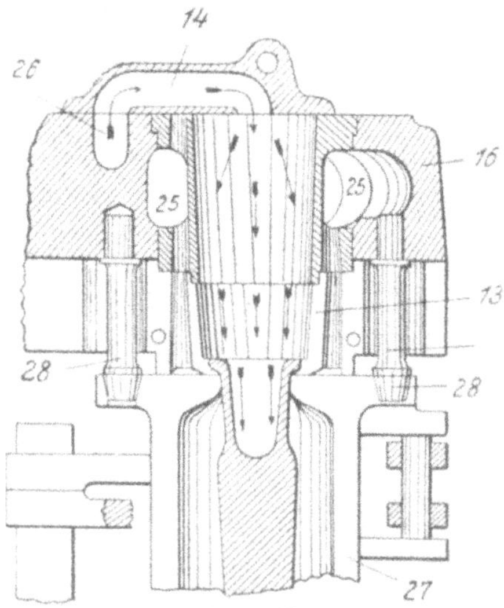

Abb. 582.

Die Leitungen, welche die Blase- und Saugkanäle des Schlittens mit den Ringkammern oben am Drehgestell verbinden (30, 31 Abb. 581) sind teleskopisch ausgebildet, damit sie das Auf und Ab des Schlittens nicht hindern. Der Mundstücksdorn ist lösbar an seinem hohlen Schafte 32 befestigt, und dieser Schaft gleitet in der Führungsbüchse 33 des Schlittens (Abb. 580). In diese Büchse mündet an ihrem unteren Ende durch einen Hahn ein Kühlluftrohr 34 ein, das durch einen Schlauch (Abb. 581) mit einer rings um das Drehgestell laufenden Kühlluftleitung verbunden ist. Ist der Dorn in gesenkter Stellung, wie in Abb. 580, so wird durch die Öffnung 35 Kühlluft durch sein Inneres geblasen, ist er in gehobener Stellung, so treffen ihn die Luftstrahlen der vom Kühlluftrohr 34 abzweigenden Rohre 36 (Abb. 581). An dem eben genannten Kühlluftrohr sind auch zwei Zugstangen 37 (Abb. 580 oben) befestigt, welche die Kopfform federnd gegen die Unterfläche des Schlittens ziehen.

Wird die vollgesaugte Vorform ausgehoben, so schneidet ein an der Unterfläche der Vorform scherendes Messer 38 (Abb. 581) das Glas ab und wird darauf in eine Ruhestellung zurückgeschwenkt, in welcher es ebenfalls unter einer Kühldüse steht (Abb. 581 und 583). Die Messerbewegung verläuft so, daß das Messer nach dem Abschneiden eine gewisse Zeitlang in der Stellung verweilt, in welcher es die Saugform unten abschließt. Währenddessen wird ein Luftstoß in das Külbel eingeblasen, um das Glas allenthalben zur genauen Ausfüllung der Vorform zu zwingen. Dann wird das Messer nach unten von der Vorform abgerückt, so daß es bei der folgenden Zurückschwingung nicht mehr über den Boden des Külbels streift. Dies ist insofern von Bedeutung, weil so die Bildung von Graten unten am Külbelboden verhindert wird. Die Messeranordnung ist im einzelnen aus Abb. 583 ersichtlich. Die Schwingbewegung des Messers wird durch Zahnrad 39 und eine radial am Maschinen-Drehgestell geführte Zahnstange bewirkt, welche von einer an der Mittelsäule der Maschine sitzenden Daumenkurve gesteuert wird. Die das Zahnrad tragende Büchse 40 bewegt sich mit der eigentlichen Messerwelle 42 auf und ab, und diese Bewegung wird ebenfalls von einer Daumenkurve der Mittelsäule veranlaßt mittels des Winkelhebels 41. Da es wünschenswert ist, die Dauer des Verweilens des Messers

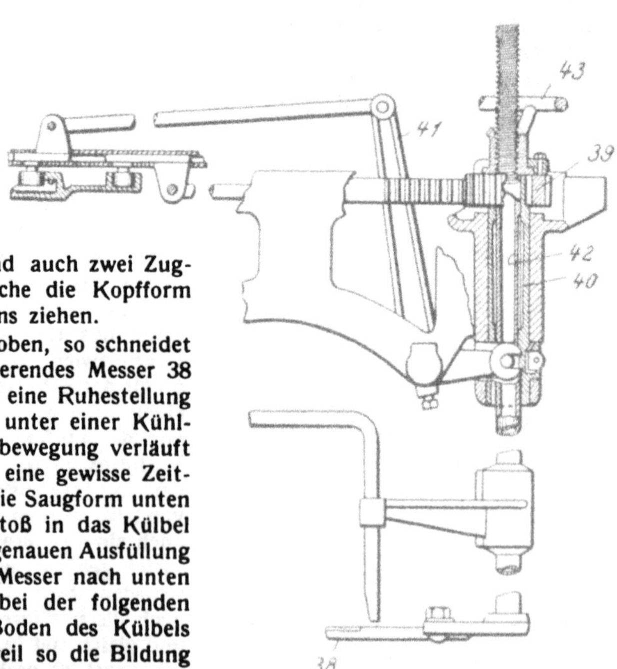

Abb. 583.

unter der Vorform den Umständen anzupassen, bei weichem Glase oder großen Külbeln zu verlängern, bei kälterem Glase oder kleineren Külbeln zu verkürzen, so ist der der Zurückschwingung des Messers entsprechende Daumenteil gegen den der Hinbewegung entsprechenden Teil verschiebbar. Er kann während des Ganges der Maschine durch ein nach außen führendes und in ein Handrad endigendes Getriebe verschoben werden. Um die Höhenlage des Messers entsprechend der Einstellung der Vorform ebenfalls regeln zu können, wird das Handrad 43 und eine damit verbundene Schraubenmutter gedreht und somit der Messerschaft, welcher infolge einer Feder -und Nutverbindung undrehbar in der ihn umfassenden Büchse ist, in dieser senkrecht verschoben.

Das Herausziehen des Mundstückdorns aus dem Külbel und das Vorschieben des Muschelschiebers 14 an seine Stelle (zwecks Fertigblasens) wird durch ein und dieselbe Daumenkurve bewirkt, welche einen Zahnbogen 44 (Abb. 580) trägt, der in eine Zahnung am Schafte 32 des Dornes eingreift. Derselbe Zahnbogen bewegt auch mit seiner schlitzförmigen Daumenführung 45 einen am Schlitten schwingbar angebrachten und unten mit dem Muschelschieber verbundenen Hebel. Es kann also die Bewegung dieses Schiebers und des Dornes immer nur gleichzeitig erfolgen. Sollte der Zahnbogen und der Dorn sich bewegen, der Muschelschieber aber bei seinem Vorschub auf ein Hindernis stoßen, so gibt der ihn steuernde zweiarmige Hebel nach, indem er in seinem Drehpunkt geknickt wird. Dies ist dadurch möglich, daß er aus zwei durch eine Feder miteinander verbundenen Teilen zusammengesetzt ist (s. Abb. 580).

Das nun folgende Öffnen der Vorform wird durch eine Daumenkurve der Mittelsäule veranlaßt. Zu dieser Zeit nähert sich der betrachtete Formensatz der in Abb. 579 gezeigten Stelle des Umlaufes, an welcher die geöffnete Fertigform durch eine Anlaufschiene 46 emporgeschwungen und um das frei an der Kopfform hängende Külbel herumgelegt wird, worauf durch einen zweiten Luftstoß das Külbel in der Fertigform aufgeblasen wird. Das hierzu nötige, durch eine Daumenscheibe gesteuerte Ventil ist in Abb. 579 am obersten Rande der Mittelsäule sichtbar. Bald danach wird der Flaschenkopf von der Kopfform befreit. Die über die Formangel hinaus verlängerten Kopfformtragarme werden nämlich hier entgegen der Wirkung einer Feder, welche für gewöhnlich die Kopfform geschlossen hält, zusammengedrückt, indem die schon offenen Vorformarme eine weitere Bewegung machen und dabei mit einem Fortsatz an die Kopfformarme stoßen. Die vorderen Enden dieser Arme und die Kopfformhälften gehen somit auseinander.

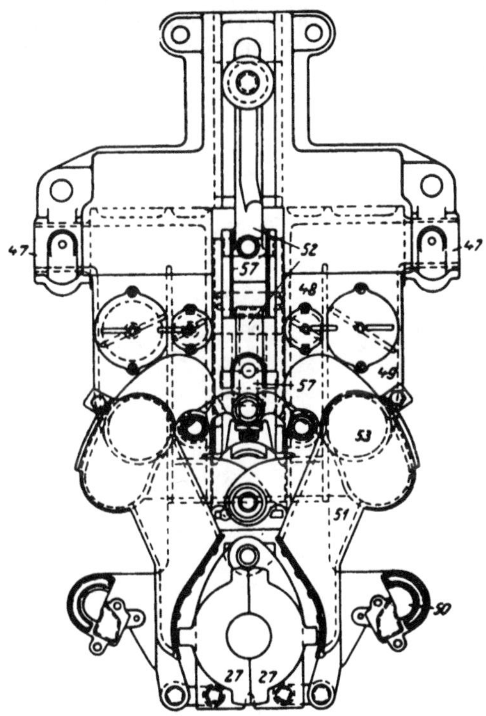

Abb. 584.

Bei der Konstruktion der Fertigform ist besonders auf ausreichende Kühlung, Einstellbarkeit und zuverlässige Antriebsvorrichtung Bedacht genommen. In Abb. 584 und 585 bezeichnen die Punkte 47 die wagerechte Achse, um welche der die Fertigform tragende Arm an dem lyrenförmigen Gestell auf- und abschwingt. An diesen Stellen tritt auch die Kühlluft aus dem hohlen unteren Rahmen des Drehgestells in die Hohlräume jenes Tragarmes ein, auf welchem sich die Fertigform aufbaut, und strömt durch die in Abb. 584 angedeuteten inneren Kanäle 48 dieses Tragarmes zu den Düsen 50, welche die zu dieser Zeit auseinander geklappten und darüber stehenden Vorformhälften anblasen, durch die äußeren Kanäle 49 dagegen zur Fertigform, und zwar durch die um eine mittelständige Achse schwingenden Hohlarme 51, welche durch kurze Lenkerglieder ganz vorn mit den Fertigformhälften und hinten mit einem von der Daumenkurve an der Mittelsäule in radialer Richtung des Drehgestells hin- und herbewegten Schieber 52 verbunden sind. Diese schwingenden Hohlarme 51 gleiten mit ihren inneren Enden von nierenförmigem Grundriß auf einer Fläche des Tragarmes, in welcher sich ein kreisfömiges Loch befindet, das von dem nierenförmig umrissenen Ende des Armes 51 bei jeder Stellung dieses Armes überdeckt wird, und, da das nierenförmige Ende an seiner Unterseite offen ist, in jeder Stellung den Eintritt der Kühlluft gestattet. Diese Kühlluft bläst durch senkrechte Schlitze 54 (Abb. 585) in einer der Fertigform zugewendeten Wand jedes Schwingarmes gegen diese Form aus. Die Stärke der Kühlluftströme wird durch Klappenventile in den Kanälen 48 und 49 (Abb. 584) geregelt. Bei Maschinen für kleinere Gegenstände, welche nicht eine so starke Kühlung der Fertigform erfordern, wird diese nur von unten her von Düsen gekühlt, welche den Düsen 50 für die Vorform entsprechen.

Der schon erwähnte, die Öffnung und Schließbewegung der Fertigformhälften während ihres Umlaufs veranlassende, durch eine Daumenkurve der Mittelsäule radial hin- und herbewegte Schieber 52 gleitet teils in einer Schlittenführung 55 des Drehgestells, teils in einer diese Führung verlängernden Schlittenführung 56 des auf- und abschwingenden Fertigformtragarmes. Er hat, da er die Schwingungen dieses Armes mitmachen und die Fertigform in halbniedergeschwungener Stellung öffnen soll, zwei durch einen kurzen Lenker 57 verbundene Knickpunkte und kann außerdem in seiner Längsrichtung nachgeben infolge Einschaltung einer Feder 58; dies für den Fall, daß sich die Hälften der Fertigform durch eingeklemmte Glasbruchstücke oder andere Hindernisse nicht schließen können. Eine andere Feder 59 ist zwischen die Form und die das äußere Ende des Fertigformtragarmes gegen die Laufschiene 46 abstützende Rolle 60 eingeschaltet, welche das Nachgeben der Fertigform ermöglicht, wenn sich zwischen ihr oberes Ende und die Kopfform Glasteile einklemmen. Es kommt z. B. vor, daß beim Öffnen der Vorform das Külbel an der einen Hälfte der Form kleben bleibt, krumm gebogen wird, dann durch die Fertigform ganz umgebogen und gegen die Kopfform geklemmt wird. Durch Drehen der Spindel 60′ (Abb. 585) mit einem Schraubenschlüssel wird die Schraube 61′ in einer feststehenden Mutterbüchse gedreht und damit die Höhenlage des Scharniers, um welches die Fertigformarme 50 schwingen, je nach der Höhe der damit zu verbindenden Fertigform eingestellt. Bei neueren Maschinen ist der Antriebspunkt dieses Einstellungsmechanismus übrigens seitlich der Form an eine zugänglichere Stelle verlegt.

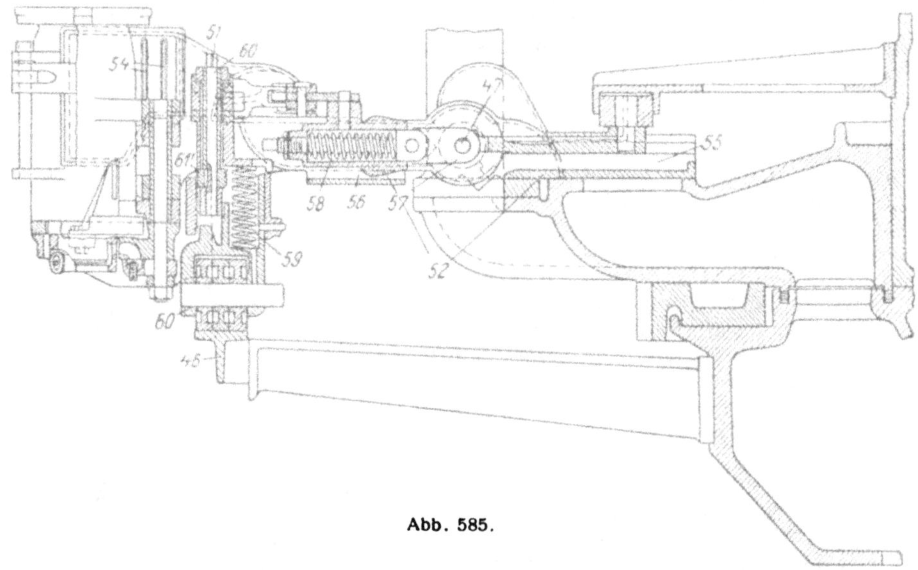

Abb. 585.

Bei den früheren Konstruktionen konnte die Fertigform nur bei wagerechter Stellung geöffnet werden, weil das doppelte Gelenk 57 fehlte. Die durch dieses Gelenk geschaffene Möglichkeit, die Fertigform in geschlossener Stellung, also mit der darin sitzenden fertigen Flasche niederzuschwingen, ist von größter praktischer Bedeutung. Die Fertigform braucht nämlich nicht mehr so bald wie früher geöffnet zu werden, wo sie bereits vor der erneuten Bereitstellung der Vorform für den Saugakt geöffnet und niedergeschwungen sein mußte. Sie geht nun vielmehr in geschlossenem Zustande mit der Flasche unter der Drehwanne hinweg (also während die Vorform bereits wieder gefüllt wird), schwingt dann wieder halb in die Höhe und öffnet sich erst kurz bevor das neue Külbel zur Aufnahme in die Fertigform bereit ist. Dieses längere Verweilen der fertigen Flasche in der Form, und zwar mit freiliegendem Kopfe, gestattet, die Maschine bei gegebenem Flaschengewicht schneller als früher sich drehen zu lassen, also die Produktion zu erhöhen. Bei größerer Umdrehungsgeschwindigkeit ergibt sie eine bessere Abkühlung der Flasche in der Form und hieraus wieder die Möglichkeit, weißes und halbweißes Glas zu verarbeiten oder schwieriger zu kühlende Flaschen, z. B. solche eckigen oder ovalen Querschnittes, zu blasen, in einem Worte, eine bedeutende Erweiterung der Maschinenleistung sowohl hinsichtlich der Menge als auch der Art der Erzeugung.

Diese wichtige Verbesserung zieht auch die schon beschriebene Umgestaltung der die Fertigform bedienenden Kühleinrichtung nach sich. Da die Fertigform nur kurze Zeit geöffnet bleibt, muß man namentlich bei schwereren Flaschensorten in der Lage sein, ihre Überhitzung jederzeit wirksam bekämpfen zu können. Sie macht ferner eine besondere Einrichtung zum Festhalten des Flaschenkopfes beim Öffnen der Fertigformhälften nötig. Hierzu wurde früher der Mundstückdorn für kurze Zeit nochmals in die Flasche eingeführt, was bei der neuen Konstruktion nicht möglich ist, weil der Dorn zur Zeit der Öffnung der Fertigform bereits wieder in der Vorform arbeitet. Die Haltevorrichtung[1]) ist aus Abb. 586 und 587 ersichtlich. Die erste Abbildung zeigt die Fertigform in geschlossenem Zustande mit der Flasche in der Stellung unmittelbar vor dem Öffnen und Auswerfen der Flasche. In diesem Augenblicke wird ein Arm 61 mit einer federnd nachgebenden Holzscheibe 62 über die Flasche eingeschwenkt und niedergedrückt, so daß die Flasche dadurch gegen die Bodenform gedrückt wird, und nicht an einer der auseinandergehenden Formhälften hängen bleiben kann. Die Auf- und Abbewegung der Holzscheibe wird durch eine Laufschiene 63 veranlaßt, welche über eine Rolle am unteren Ende des die Holzscheibe tragenden Schaftes 64 greift und den Schaft entgegen der Wirkung einer Feder abwärts zieht. Die Drehbewegung erhält der Schaft gleichzeitig mit der Hebung und Senkung, indem eine an ihm sitzende Rolle in einen schrägen Führungsschlitz der den Schaft führenden Büchse eingreift. Der Schaft besteht zwecks Änderung seiner Länge aus zwei Teilen, auch kann der Arm 61 in verschiedener Höhe daran festgestellt werden. Die Holzscheibe ist am Ende des Armes so befestigt, daß sie, ohne die Maschine anzuhalten, ausgewechselt werden kann, weil das Holz an sich zwar gut geeignet ist, aber bald verbrennt. Die Holzscheibe 62 wird nämlich (siehe Abb. 587) von der Seite in einen an der Unterseite einer Metallplatte sitzenden, aber nur den halben Umfang der Platte einnehmenden schräg einwärts gerichteten Flansch eingeschoben und darin durch einen schwingenden Bügel 65 gehalten, der durch eine um seine Achse gewundene Feder niedergehalten wird.

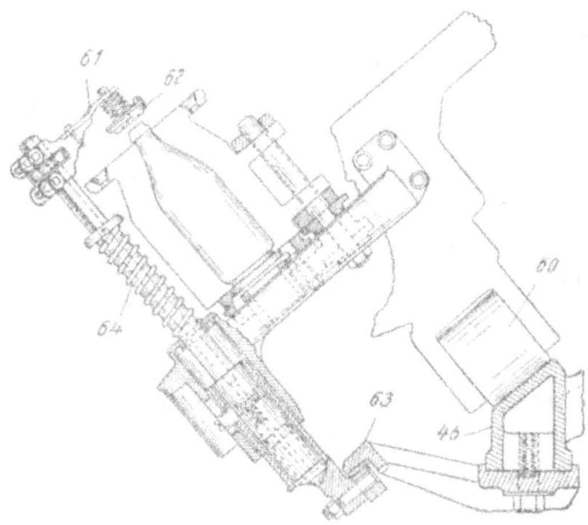

Abb. 586.

Die Beschreibung der Maschine zeigt, daß die Durcharbeitung der Owensmaschine seit ihrem ersten Erscheinen große Fortschritte gemacht hat. Dadurch daß nicht mehr die ganze große Last des Drehgestells bei jeder Formfüllung gehoben und gesenkt zu werden braucht, sondern nur der die Vorform tragende Schlitten, ist der Kraftbedarf herabgesetzt. Die Gestänge, welche die Formen mit den Daumenkurven an der Mittelsäule verbinden, sind durchweg aus zwei durch eine eingeschaltete Feder verbundenen Teilen zusammengesetzt und daher in der Längsrichtung nachgebend, und nötigenfalls auch in federnden Gelenken knickbar, falls die Formteile infolge des Einklemmens von Glas oder aus anderen Ursachen stecken bleiben. Die durch die Wärmeausdehnung oder Abnützung der Formen oder verschiedenen Glasstand in der Wanne notwendig werdenden Justierungen sind einfach auszuführen. Ausgiebige Kühlung und, falls nötig, auch Erwärmung der Formteile ist vorgesehen. Auf die durch die verbesserte Anordnung der Fertigform ermöglichte Ausdehnung des Arbeitsfeldes und der Mengenleistung wurde bereits hingewiesen, auf die leichte Auswechselbarkeit der sich rasch abnützenden Teile, insbesondere der Vorform und des Mundstücksdorns ebenfalls.

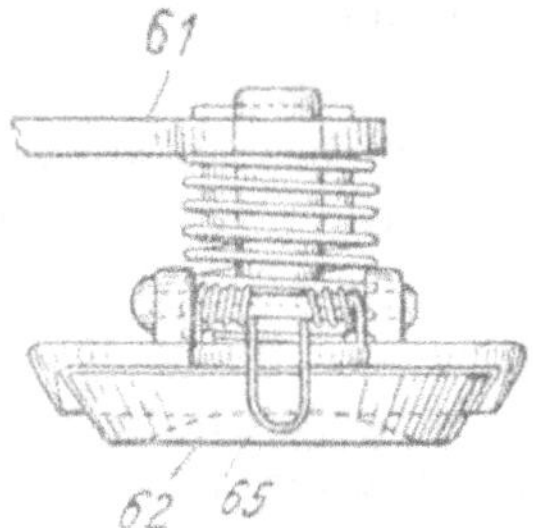

Abb. 587.

Etwas näher ist noch auf die eigentliche Formarbeit einzugehen. Zunächst ist zu beachten, daß beim Einsaugen des Glases in die Vorform die Möglichkeit besteht, daß durch die Schließfugen Luft in das Innere der Form und unter Umständen in die bereits eingesaugte Glasmasse unter Bildung von Luftblasen eindringen könnte. Das wird verhindert, indem in die Stoßflächen der Saugformhälften je zwei aufeinander passende Rinnen eingearbeitet sind (s. Abb. 580), welche beim Schließen der Form sich zu zwei Kanälen ergänzen, die oben mit der Saugleitung in Verbindung stehen.

[1]) Am. Pat. 1319098.

Auf diese Weise wird innerhalb der Schließfugen ebenfalls ein Vakuum erzeugt und das Einströmen von Luft in das Innere der Form verhindert.

Abweichend von dem bei Kipp- und Überlegemaschinen Üblichen und für die Owensmaschine kennzeichnend ist die Gestalt des Külbels. Während man in der Regel das durch Gießen hergestellte Külbel kürzer macht als die fertige Flasche und durch Aushängenlassen sich dehnen läßt, wird hier ganz anders verfahren. Das Külbel hat bereits die Länge der fertigen Flasche und ist infolgedessen ziemlich dünn, zapfenförmig.

Das nach den Erfahrungen bei den Handmaschinen kühne Unterfangen, ein so langes schmales Külbel beim Blasen durch den Preßluftstrahl gleichmäßig der Länge nach zu durchbohren und nur nach den Seiten auszudehnen, gelingt überraschend gut, offenbar, weil das Glas durch das unmittelbare Einsaugen aus der Wanne in die Form eine bisher unerreichbare Gleichmäßigkeit der Temperatur und Zähigkeit hat.

Die Verschmelzvorrichtung. Die, wie beschrieben, hergestellten Flaschen haben oben am Kopf noch Grate, welche bei Patentverschlüssen sehr lästig werden. Diese Grate bilden sich an dem Schlitz zwischen dem oberen Kopfformende und dem Mundstückdorn (Abb. 580), durch welchen die Luft abgesaugt wird und der beim Gebrauch sich unvermeidlich etwas erweitern muß. Es ist daher mit der Blasemaschine unmittelbar eine selbsttätige Verschmelzmaschine zur Beseitigung der Grate verbunden. Sie besteht aus einem kleinen, vom Maschinengetriebe aus gedrehten runden Tischchen, welches unmittelbar neben der Blasemaschine, und zwar an der Stelle aufgestellt ist, an welcher die fertigen Flaschen aus der Fertigform herausfallen. Sie gelangen durch eine Kippbewegung des Fertigformbodens köpflings in einen rüttelnden Blechtrichter und durch diesen in runde Ausschnitte des Tischchens, in welchen sie mit ihrer Brust hängen bleiben. In dieser Stellung sind die nach unten ragenden Flaschenköpfe einer Reihe von Gasflammen ausgesetzt, welche die Grate verschmelzen. Gleichzeitig senkt sich auf den Flaschenboden ein Stempel nieder, um ihn nachzurichten. Darauf wird der Boden noch, um ihn zu härten, durch eine Preßluftdüse angeblasen. Hierauf wird die Flasche durch einen Jungen aus dem Tischchen herausgenommen und den Einträgern übergeben.

Der Kühlofen. Er besteht aus einem Kanal mit beweglicher Kühlsohle, welche die eingebrachten Flaschen durch den Kanal hindurchführt. Er ist in Kap. 8 S. 519 ausführlich beschrieben.

Kraftbedarf. Zur Erzeugung des Kühlwindes wurden früher Rootsgebläse mit etwa 15 PS Kraftbedarf gebraucht, während man neuerdings, besonders in den Vereinigten Staaten, Hochdruckgebläse mit einem Druck entsprechend 200—300 mm Wassersäule anwendet, welche 20 PS erfordern. Die Bewegung der Blasemaschine erfordert etwa 6 PS, der Antrieb der Drehwanne 3 PS, der Kompressoren zur Erzeugung der Blaseluft von 1 at 15 PS, der Saugpumpe zum Ansaugen des Glases 12 PS und der Antrieb des Kühlofens 1—2 PS.

Leistung. Wenn die Maschine in Gang gesetzt ist, so liefert sie in den ersten Minuten, bis die Formen die richtige Hitze angenommen haben, unbrauchbare Flaschen. Dann aber geht der Betrieb von Montag früh 6 Uhr bis Sonntag früh 6 Uhr mit Ausnahme der regelmäßigen Pausen ununterbrochen. Der Maschinenführer hat nichts weiter zu tun als die Überwachung des Ganges. Zeigt sich ein schlecht ausgebildetes Külbel, so wird es gleich abgeschlagen. Die Brenner zur Beheizung der Wanne werden so eingestellt, daß das Glas die richtige Temperatur behält, was nach einiger Erfahrung keine Schwierigkeiten macht, ebenso wird die Umlaufsgeschwindigkeit der Blasemaschine und der Drehwanne der besten Arbeit entsprechend geregelt und die Tätigkeit der Kompressoren und des Kühlgebläses überwacht.

Ist das Ende der Schicht herangekommen, so werden die Motoren angehalten, die Drehwanne wird durch den Schirm nach außen abgeschlossen und die Maschine durch Kurbeln ein Stück vom Ofen abgerückt. Noch ist ihre Umdrehung nicht zur Ruhe gekommen,so greift schon die Mannschaft zu, welche die Auswechslung der formgebenden Teile bewirkt. Mit einem Ruck ist die Vorform aus ihrem Zapfenlager herausgehoben und auch die Auswechslung der anderen Teile geht so rasch vonstatten, daß nach etwa 40 Minuten die Maschine wieder in Gang gesetzt werden kann.

Bei den neueren Konstruktionen ist es sogar möglich, die Formen während des Ganges auszuwechseln, indem sie mit Gabeln ausgehoben und eingesetzt werden.

Wenn es sich darum handelt, die Formen gegen solche von andern Abmessungen auszutauschen, weil eine andere Sorte Flaschen erzeugt werden soll, so dauert dies natürlich länger, weil dann noch verschiedene Einstellungen der Maschinenteile vorgenommen werden müssen. Das erfordert eine Betriebsunterbrechung von 1½—2 Stunden, falls einfache Formen einzusetzen sind, und mindestens 3 Stunden, wenn Formen mit mehreren Formhöhlungen montiert werden sollen.

Die Formen bestehen aus Gußeisen, und da sie recht teuer sind, so ist am unteren, am meisten abgenutzten Ende der Vorform, welches beständig in das schmelzende Glas eintaucht, wieder abkühlt und der Scherung durch das Messer ausgesetzt ist, ein Stahleinsatz in den Gußeisenkörper eingepreßt, welcher die untere Formöffnung enthält. Alle neu einzusetzenden Teile müssen sorgfältig blank geputzt sein, die Abschneidemesser jedesmal frisch geschliffen.

Zur Bedienung der Maschine ist ein Maschinenführer nötig, ferner Jungen zum Abnehmen und Eintragen der Flaschen, ferner Flaschensortierer.

Über den Preis der Maschinen und die Kosten einer vollständigen Anlage einschließlich Wanne Angaben zu machen, ist bei den gegenwärtigen schwankenden wirtschaftlichen Verhältnissen zwecklos.

Mit der A.R.-Maschine werden nur die mittleren Flaschengrößen von ⅓ bis 1 l Fassung hergestellt. Hinsichtlich der erzeugten Stückzahl wird auf die Zusammenstellung auf S. 666 hingewiesen. Für die kleineren und größeren Sorten dagegen hat es sich als notwendig erwiesen, zwei besondere Typen zu bauen, die A.N.- und die A.L.-Maschine. Die A.N.-Maschine gleicht, abgesehen von der leichteren Bauart, den kleineren Formen und der schon bei der Beschreibung der A.R.-Maschine erwähnten einfacheren, weniger starken Kühlung der Fertigform, im wesentlichen der A.R.-Maschine. Sie hat ebenfalls zehn Arme und wird für Flaschengrößen bis zu einem halben Liter gebraucht. Für die kleinercn Sorten in diesem Bereiche werden Formen benützt, welche zwei und sogar drei Formhöhlungen in demselben Formkörper enthalten, so daß also aus jeder sich öffnenden Fertigform zwei bis drei Flaschen oder Fläschchen herausfallen.

Für die Leistungsfähigkeit dieses Typs und die Anpassungsfähigkeit der Owensmaschine überhaupt ist die Tatsache ein erstaunlicher Beleg, daß bei der Illinois Glass Co. in Alton, Ill. einmal flache Flaschenzwerge von 1½ cm^3 Inhalt und etwa 3 cm Höhe geblasen wurden, allerdings unter Bedingungen, welche eine dauernde wirtschaftliche Erzeugung nicht gestattet hätten, da die Glastemperatur und die Umdrehungsgeschwindigkeit der Maschine dabei zu hoch sein mußten.

Die A.L.-Maschine zeigt, anders als die A.N.-Maschine, wesentliche Unterschiede der Bauart von dem mittleren Typ, der A.R.-Maschine, welche durch die Größe und Schwere der erforderlichen Formen für Flaschen bis zu 5 l Inhalt bedingt sind. Aber noch größer sind diese Unterschiede bei einem vierten, einem Mammuth-Typ der Owensmaschine, welche Demijohns von rund 20—50 l Inhalt herstellt. Aber auch das Arbeitsverfahren ist in eigenartiger Weise der geänderten Aufgabe angepaßt [1]).

---

[1]) Siehe Am. Pat. 1322726 und 1348365; D. R. P. 363946.

Betrachtet man die Abb. 588, welche einen halben Höhenschnitt der Maschine darstellt, so erkennt man an der Lage des Ober- und des Unterteiles zur Drehwanne die große Höhenausdehnung der Maschine, welche ihr eine fast turmartige Gestalt gibt und durch zwei Stockwerke reicht.

Die Arbeitsweise ist insofern eigenartig, als nach dem Ansaugen des Glases in die Vorform 1, Abschneiden mit dem nicht dargestellten Messer und Vorblasen, sofort nach dem der Formensatz von der Drehwanne freigekommen ist, ein Formboden 2 emporgeführt wird (welcher in der Abbildung die Fertigform unten abschließt), bis er die Vorform unten abschließt. In dieser angehobenen Stellung verbleibt der Boden, während die Vorform sich öffnet, so daß das Külbel während der Drehung des Maschinenkarussells dauernd am Kopf und Boden festgehalten ist. Dies ist nötig, weil andernfalls bei dem großen Gewicht der Külbel von $5\frac{1}{2}$ kg und mehr die durch die Maschinendrehung erzeugte Fliehkraft so groß wird, daß sich der Külbelkörper nach außen biegen und der Hals krumm werden würde. Das Külbel steht dann nicht zentrisch in der Fertigform, und es gibt schlechte Flaschen. Dann wird auch die Fertigform mit weitgeöffneten Hälften emporgehoben und um das Külbel geschlossen, wobei sie sich unten um die Bodenform herumlegt (Abb. 588). Nach dem Fertigblasen der Flasche senkt sich die Fertigform mit der darin eingeschlossenen Flasche und dem Formboden, wobei die Formen in senkrechten Schlittenführungen gleiten.

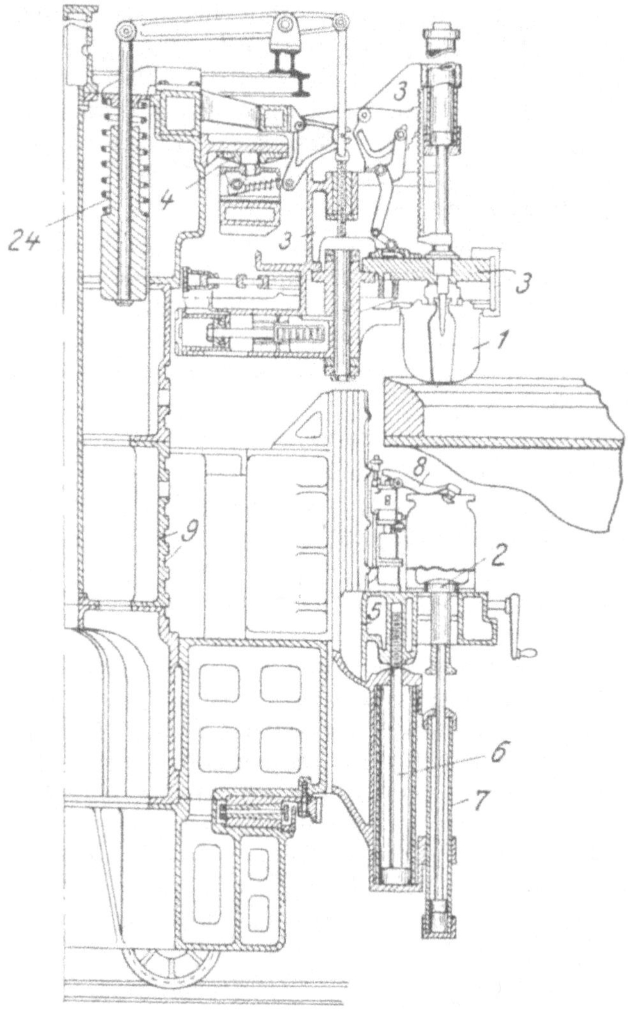

Abb. 588.

Bei der Konstruktion der Maschine hat man in weitem Maße auf Hebelwerke und Gestänge verzichtet und statt dessen Druckluftzylinder zur Erzeugung der einzelnen Arbeitsbewegungen angeordnet, was offenbar zur Gewichtsverminderung beiträgt. Man gelangt so zu verhältnismäßig größeren Umdrehungsgeschwindigkeiten und Produktionen. Auch hat ja der Druckluftantrieb, abgesehen von gewissen eingeborenen, aber nicht untragbaren Mängeln, gerade für den Betrieb der Glasbläsemaschinen den großen Vorzug, daß die Kraftübertragung elastisch geschieht, so daß also z. B. die Formhälften federnd geschlossen, die Körperformen federnd gegen die Halsform angedrückt werden.

Die bei der Vorformung mitwirkenden Formen sind an einem Schlitten 3 vereinigt, welcher in der Höhe einstellbar an einem, durch die Daumenkurve 4 im Sinne der Auf- und Abbewegung des Schlittens betätigten Winkelhebel befestigt ist. Das Schlittengewicht ist durch Gegengewicht und Druckfeder 24 ausgeglichen. An dem Schlitten sind ferner, wie aus der Abbildung erkennbar, Druckluftkolben zum Öffnen und Schließen der Vorform und der Kopfform, und zum Heben und Senken des Mundstücksdorns angebracht. Von dieser Bewegung ist auch wie bei der A.R.-Maschine die Bewegung des Muschelschiebers für die Blaseluft abgeleitet.

Die Fertigform nebst Zubehör sitzt auf einem in senkrechten Führungen des unteren Drehgestellteiles verschiebbaren Schlitten 5, der durch einen Druckluftkolben 6 auf und ab bewegt wird. Ein besonderer Druckluftkolben 7 hebt und senkt den Formboden. Auf dem Schlitten sind ferner zwei liegende Druckluftzylinder zum Öffnen und Schließen der Fertigformhälften und ein Zylinder zur Bewegung des wie bei der A.R.-Maschine den Flaschenkopf während des Öffnens der Fertigform festhaltenden Armes 8 angebracht.

Die Kolbenventile, welche zur Steuerung aller dieser Druckluftkolben eines Formsatzes nötig sind, sind in der in Abb. 589 veranschaulichten Weise zusammengefaßt. Die Ventilkolben werden durch Daumenkurven gesteuert, die in den Nuten 9 an der festen Mittelsäule der Maschine auswechselbar befestigt sind, so daß man den Zeitablauf der einzelnen Formungsvorgänge je nach der herzustellenden Flaschenart ändern kann. Diese Maschine liefert Flaschen und Demijohns in tadelloser Ausbildung bis zu der erstaunlichen Größe von rund 50 Gallons = 131. Die fertigen Flaschen werden aus der geöffneten Fertigform von Hand ausgehoben. Im übrigen ergibt sich der Arbeitsgang aus der Beschreibung der A.L.-Maschine und dem bei der A.R.-Maschine Gesagten ohne weiteres

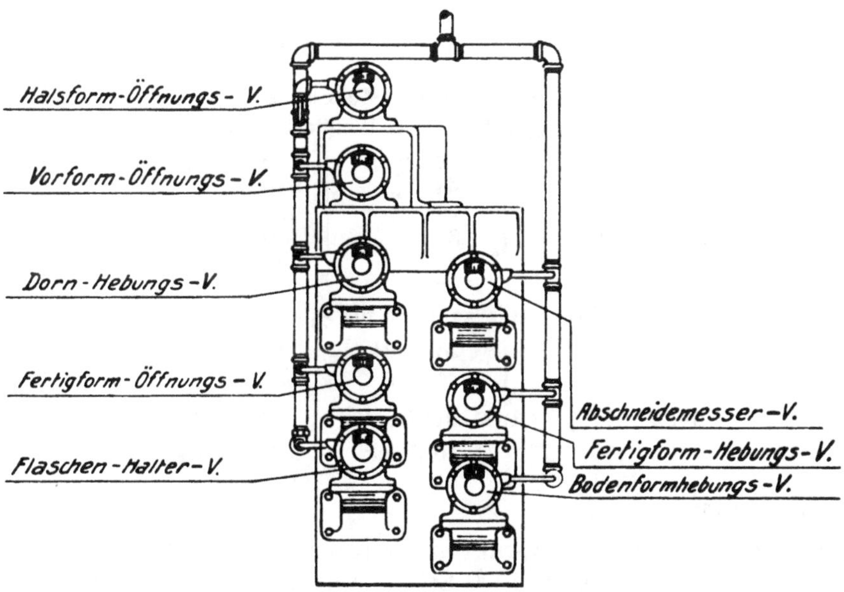

Abb. 589.

Zwei solcher A.L.-Maschinen sind nach Mitteilungen in der amerikanischen Fachpresse[1]) in der Betriebsperiode 1917/18 in Gang gesetzt worden. Die eine wurde in Alton, Ill., aufgestellt; sie wiegt 100 t und hat sechs Arme. Jede Fertigform wiegt 160 kg. Es wurden damit Flaschen von 5 Gallons = 19 l Inhalt hergestellt, und zwar 5—6 in der Minute, so daß also in der Minute 27—33 kg Glas verarbeitet werden. Die Wanne hat 15×8 m und braucht in 24 Stunden 40 t Kohle. Die andere wurde in Charleston in W. Va. aufgestellt, hat acht Arme, war für die Herstellung von 1—4 Gallon-Flaschen konstruiert und arbeitete dort Flaschen von 1 Gallon (3¾ l Inhalt) mit einer Geschwindigkeit von 7—8 p. M. Das sind gewiß erstaunliche Fortschritte des „Eisernen Mannes", wie der Präsident der amerikanischen Glasbläser-Association, aus dessen Bericht diese Zahlen stammen, die Owensmaschine nannte.

[1]) Bericht des Präsidenten der Glasbläser-Association der V. St. N. und Kanadas in Atlantic-City, Nat. Glass Budg. 35, Nr. 26 vom 1. XI. 19.

Über die Leistungsfähigkeit der Owensmaschine sind amerikanischen und englischen Quellen folgende Angaben zu entnehmen. Die folgende Tabelle gibt Produktionszahlen für verschiedene Systeme der Owensmaschine und verschiedene Flaschengewichte. Die zuerst genannte sechsarmige A.E.-Maschine ist das inzwischen überholte alte Modell mit heb- und senkbarem Karussell.

Produktionszahlen verschiedener Owensmaschinen i. J. 1915.

Flaschengewicht in g	An der Maschine geblasen/Min.	In 24 Std. mit Ausschuß
Sechsarmige-AE-Maschine für 1/3—1 l-Flaschen.		
210	22 Stück	31000 Stück
220	25 „	36000 „
340	17 „	24000 „
380 u. 420	16 „	21000 „
640	15 „	23000 „
650	14 „	20000 „
680	13 „	18500 „
Zehnarmige-AN-Maschine für kleinste bis ½ l-Flaschen (mit einfachen Formen).		
30	59 Stück	85000 Stück
35	44 „	63000 „
45	29 „	41000 „
90	39 „	56000 „
120	42 „	60000 „
Zehnarmige-AR-Maschine für 1/3—1 l-Flaschen.		
420	38 Stück	54000 Stück
650	24 „	33000 „
Sechsarmige-AL-Maschine für 2/3—5 l-Flaschen.		
650	16 Stück	23000 Stück
1500	11 „	15500 „

Der Ausschuß beträgt 2—10%.

Als höchste Erzeugung einer 15armigen Owensmaschine werden 60000 Bierflaschen in 24 Stunden[1]) und 800 Groß (115000 Stück) weithalsige Flaschen für eingemachte Früchte in 24 Stunden[2]) angegeben. Kleine Flaschen, welche in Formen mit zwei bis drei Formhöhlungen geblasen werden, so daß bei jeder Maschinenumdrehung 30 bis 45 Flaschen abgeliefert werden, wurden bis zu 200 in der Minute erzielt. Für die Leistungsfähigkeit der Maschine hinsichtlich der verschiedenen Flaschengrößen sprechen die schon bei der Darstellung der A.R.-Maschine gemachten Angaben. Allgemein wird als Bereich der Owensmaschine die Flaschengrößen von $^1/_{10}$ Unze bis 13 Gallon, d. h. von 3 cm^3 (?) bis zu 50 l bezeichnet[3]). Syphonflaschen, mit der Owensmaschine geblasen, werden auf 500 Pfund Druck geprüft und können für 15 at Druck gebraucht werden.

Zur Geschichte der Owensmaschine ist folgendes zu sagen[4]). Das erste auf das grundlegende Saugverfahren gerichtete Patent wurde, wie schon erwähnt, Ende 1899 in Amerika eingereicht. Den grundlegenden, der Abb. 569 entsprechenden Versuch

[1]) Nat. Glass Budg. 34, Nr. 18 v. J. IX. 18.
[2]) J. Soc. Glass Techn. 1917, S. 105.
[3]) l. c. 1917, S. 105.
[4]) Eine sehr vollständige Darstellung findet sich in: „American Bottles, Old and New", von W. S. Walbridge (Toledo, Ohio, 1920).

M. J. Owens veranschaulicht die Abb. 590[1]). Es folgten 2 Versuchsmaschinen, von Hand zu bedienen, bei welchen die einzige Saugform wagrecht vor- und zurückbewegt wurde. Das nächste automatische Modell mit Drehgestell, aber nur einem Formensatze, zeigte, daß man aus einem ruhenden Glasspiegel nicht saugen könne und führte zur Drehwanne. Die vierte vollständige Maschine, von Owens 1902 konstruiert, hatte für sich am Drehgestell heb- und senkbare Formen (s. S. 652, Anm. 2), die fünfte, von William C. Bock herrührend (s. S. 652, Anm. 3), wurde in die Praxis eingeführt (1904—1906). Die erste Maschine wurde im Jahre 1905 in Toledo (Vereinigte Staaten) in Betrieb gesetzt, 1906 zwei weitere in Toledo, 15 in Newark (Ohio) und vier in Kane (Pa.). 1908 kamen 14 und in der Folgezeit weitere Maschinen in Betrieb.

Abb. 590.

In dem schon erwähnten Bericht des Präsidenten der amerikanischen Glasbläser-Association wird eine Liste über die Verbreitung der Owensmaschine in den Vereinigten Staaten in der Betriebsperiode 1917/18 gegeben, aus welcher hervorgeht, daß in 25 Fabriken 210 Owensmaschinen arbeiteten, davon 25 allein in dem Werk der Illinois Glass Co. in Alton, Ill. Eine 15armige Maschine war damals für das Werk der Owens-Botle-Co. in Charleston im Bau. Aus diesem einen 15armigen Ungetüm waren aber, nach einer Mitteilung auf der Jahresversammlung 1919 der genannten Gesellschaft, bis 1919 bereits 7 geworden, davon 6 in Charleston, eines in Glassboro.

Um die Maschine in Europa einzuführen, entschlossen sich seinerzeit die Amerikaner, eine vollständige Anlage in England zu erbauen, in Traffordpark bei Manchester. Hier wurde die Frage ihrer Einführbarkeit unter unseren Verhältnissen durch erfahrene Fachmänner auf das gründlichste geprüft. Das Ergebnis war die Syndizierung der europäischen Flaschenindustrie unter deutscher Führung und der Ankauf der Owenspatente für die ganze Welt, ausgenommen Amerika, für zwölf Millionen Mark. Der Entschluß, eine so ungeheure Summe aufs Spiel zu setzen, war bis zu gewissem Grade hinsichtlich der ökonomischen Seite ein Schritt ins Dunkel. Zweifellos, niemand hätte bei uns geglaubt, daß die Lösung des so lange umworbenen Problems der automatischen Flaschenbläserei so nahe sei, niemand war gerüstet, dem plötzlich auftauchenden bedrohlichen Wunderwesen die Stirn zu bieten. Die Vorrangstellung der deutschen Flaschenindustrie war plötzlich von den Amerikanern empfindlich bedroht, und selbst ein magerer Vergleich war besser als Kampf, bei dem viel zu verlieren und nichts zu gewinnen war. Vom deutschen Standpunkte aus muß man es lebhaft bedauern, daß deutscher Erfindergeist nicht früher auf dem Plane war oder nicht tatkräftiger Unterstützung gefunden hat, daß z. B. die Severinsche automatische Maschine nicht ein wenig eher auf der Bildfläche erschienen ist. Vielleicht hätte die deutsche Flaschenindustrie dann mit geringeren Opfern ihren alten Platz behaupten können.

Nachdem das Patent auf das grundlegende Verfahren (s. S. 651, Anm. 2) und die Maschinenpatente auf die ersten Konstruktionen von Owens und Bock (s. S. 652, Anm. 2 u. 3) und ebenso die grundlegenden Auslandspatente erloschen waren, fingen auch andere Konstrukteure mit eigenen, auf dem Prinzip der Owensmaschine beruhen-

[1]) Druckstock von der Deutsch. Glast. Gesellsch. zur Verfügung gestellt, aus Glast. Ber. 3, 89 (1925).

den Konstruktionen an aufzutreten. In England ist besonders die Maschine von Hall zu nennen[1]), welche jedenfalls über das Stadium der „Papiererfindung" hinausgekommen ist. In Deutschland hat neuerdings Hans Hillmann, Groß-Räschen, eine für alle Flaschengrößen geeignete, also die drei Typen der Owensmaschine zu ersetzen bestimmte Universalmaschine konstruiert[2]). Die große Reichweite hinsichtlich der herzustellenden Flaschengrößen ist durch folgenden eigenartigen Konstruktionsgedanken erzielt.

Was die heute im Gebrauch befindlichen, für verschiedene Größenordnungen von Flaschen bestimmten drei Typen der Owensmaschine grundsätzlich unterscheidet, ist die Zeit, welche verstreicht vom Einsaugen des Glases in die Vorform bis zu dem Augenblicke, in welchem das Külbel aus der Vorform in die Fertigform eingebracht wird (bezogen auf dieselbe Umdrehungsgeschwindigkeit der Maschine) oder, was auf dasselbe hinauskommt, der Winkel, um welchen vom Einsaugen des Glases bis zur Einführung des Külbels in die Fertigform das Maschinendrehgestell sich dreht. Bei einer Universalmaschine muß demnach dieser Winkel veränderlich sein, d. h. im Falle der Owensmaschine müssen die Daumenkurven an der Maschinenmittelsäule, welche nach dem Einsaugen die Vorform öffnen, die Überführung des Külbels aus der Vor- in die Fertigform bewirken, diese Form öffnen und schließen und endlich die Kopfform öffnen, um den geeigneten Sektorwinkel gegen die bis zum Einsaugen in Tätigkeit tretenden Daumenkurven verstellbar sein.

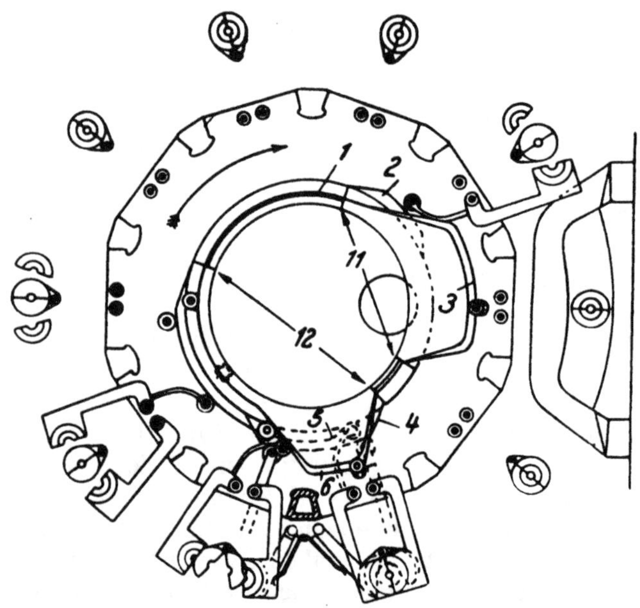

Abb. 591.

Eine zweite große Verschiedenheit der Anforderungen, welche die Herstellung kleiner und großer Flaschen an die Maschine stellt, ist die Geschwindigkeit, mit welcher das Külbel aus der Vorform in die Fertigform überführt wird. Sie muß groß sein bei kleinen Külbeln, kann aber eine gewisse Geschwindigkeit bei der üblichen Konstruktion der Owensmaschine nicht überschreiten, weil zum Zwecke dieser Überführung die Fertigform gehoben werden muß, deren Gewicht bei großen Flaschen sehr erheblich ist. Dieser Schwierigkeit begegnet Hillmann mit einer zweiten originellen Idee, indem er nicht die Fertigform gegen das frei an der Kopfform hängende Külbel anhebt, sondern die Kopfform mit dem Külbel auf das Niveau der Fertigform herabsenkt. Das kann infolge der verhältnismäßig geringen Größen- und Gewichtsunterschiede der Flaschenköpfe bzw. Kopfformen bei kleinsten und größten Flaschen in jedem Falle mit einer auch für die kleinsten Flaschen genügenden Geschwindigkeit geschehen, wobei die Kopfform der Schwerkraft folgend zwischen den geöffneten Armen der Vorform hindurch an einer Schlitzführung senkrecht herabgleitet.

[1]) Brit. Pat. 164764, 165799, 165800.

[2]) D. R. P. 388320, Brit. Pat. 172947.

Die Abb. 591 veranschaulicht in einer schematischen Zeichnung das bisher über die Konstruktionsgrundgedanken Gesagte. 1 ist die feststehende Mittelsäule der Maschine. An einem daran befestigten Zylindersegment 11 befindet sich ein Daumen 2, welcher die Vorform kurz vor Ankunft am Ofen weit öffnet, und ein Daumen 3, welcher die Kopfform so anhebt, daß sie sich von oben auf die inzwischen wieder geschlossene Vorform aufsetzt. Nach dem Einsaugen des Glases treten die Daumen in Wirkung, welche an dem konzentrisch zur Mittelsäule verschiebbaren Zylindersegmente 12 vereinigt sind. Die Verschiebung kann durch ein Handrad während des Ganges der Maschine erfolgen. Von den am beweglichen Zylindersegment befestigten Daumen öffnet zunächst der Daumen 4 die Fertigform, dann der Daumen 5 die Vorform. Inzwischen ist das Gestänge, welches die Vorform hebt, und durch den Daumen 3 des festen Zylindersegmentes 11 freigegeben worden war (weil beim Einsaugen die Kopfform durch die Vorform getragen wird), durch den Daumen 6 des verschiebbaren Zylindersegmentes wieder in die Stellung gebracht worden, in welcher es die Kopfform in angehobener Stellung unterstützt. Wenn darauf der zurückweichende Teil des Daumens in Wirkung tritt, gleitet die Kopfform zwischen den Hälften der Vorform herab auf die geöffnete Fertigform, die gleich darauf, da der zugehörige Daumen 4 zurückweicht, sich um das Külbel schließt. Am Ende des beweglichen Zylindersegmentes 12 bricht auch der die Vorform offenhaltende Daumen ab, so daß sich die Vorform schließt und geschlossen bleibt, bis sie, um die Kopfform aufsteigen zu lassen, wieder geöffnet werden muß.

Eine nicht geringe Vereinfachung bedeutet es auch, daß ein besonderes Gestänge zum Einfügen und Herausziehen des Mundstückdornes in die Kopfform dadurch entbehrlich gemacht ist, daß die Saugung zum Füllen der Vorform auch den Dorn in die Form hineinsaugt, und der Blasdruck zum Aufblasen des Külbels den Dorn wieder zurückdrückt.

Mit einem weiteren eigenartigen Gedanken will Hillmann die Drehwanne, die ja einen recht großen Kohlenverbrauch bedingt, entbehrlich machen. Vor jeder Vorform her geht nämlich eine am Maschinendrehgestell befestigte, quer zur Fortbewegungsrichtung ausgedehnte Klinge, welche das durch das Eintauchen der vorhergehenden Vorform abgekühlte Glas von dem freiliegenden Glasspiegel abstreift. Es handelt sich dabei, wie früher erwähnt, um eine Schicht von wenigen mm Dicke. Kurz bevor der Abstreifer den freien Glasspiegel verläßt, macht er infolge Zusammentreffens mit einem am Ofen festen Anschlage eine blitzschnelle Schwenkbewegung, durch welche das abgeschälte und mitgenommene kalte Glas durch einen Ausschnitt der Stirnwand des Schmelzofens in dessen Inneres zurückgeschleudert wird, um dort aufgewärmt zu werden. Es ist klar, daß hierbei der Wannenausbau, in welchem der Glasspiegel zum Eintauchen der Vorform freigelegt ist, nicht drehbar zu sein braucht, sondern ein festes flaches, offenes Vorbecken der Schmelzwanne sein darf, welches so weit als nötig vor die Ofenwand vorspringt.

Es würde zu weit führen, die anderen Einzelheiten der Maschine zu schildern, welche sich in einer Versuchsausführung bereits bewährt hat. Dieser Vorschlag birgt aber so viele originelle und einleuchtende Gedanken, welche auch über das Ziel der Schaffung einer Einheitsmaschine hinaus Bedeutung haben, daß es zu begrüßen ist, daß seine praktische Erprobung in die Wege geleitet ist.

Auf ganz anderem Wege wird das Problem, die Owensmaschine auch für kleinere Betriebe und Produktionen geeignet zu machen, durch die neuerdings von der Société an. d'Études et de Constructions d'Appareils mécaniques pour la Verrerie in Paris herausgebrachte Owensmaschine gelöst, deren Konstrukteur Roirant ist[1]). Sie greift insofern auf das erste Owenssche Versuchsmodell zurück, als sie nur eine feststehende Fertigform und eine zum Vollsaugen wagerecht vorgeschobene und nach der Füllung über die Fertigform zurückbewegte Vorform hat. Der Grundriß ist ein mit der einen Schmalseite dem Ofen zugekehrtes schmales Rechteck (vgl. Abb. 592). Hier ist der Formensatz, während am anderen Schmalende, in ausreichender Entfernung vom Ofen und eingekapselt das den automatischen

[1]) Franz. Pat. 575544, 589018, 589805.

Betrieb gestattende Getriebe liegt. In Höhe Oberkante des Ofenloches 8 — die Maschine arbeitet aus einer gewöhnlichen Wanne! — gleitet in den Führungsschienen 29 ein Schlitten hin und her und führt die darunter befestigte Vorform 1 und eine gleichachsig über der Form stehende, zugleich den Flaschenmündungsdorn tragende Saugkappe in den Ofen ein. Die geteilte Kopfform 2 liegt dabei lose in einer Ausdrehung der Vorform und umfaßt zugleich mit oberen Rändern die Saugkappe. Sind die Formen im Ofen, so wird die Saugform eingetaucht, indem die Schlittenbahn 29, hinten angehoben, um das vordere Ende schwingt. Der Saugkopf, durch eine zwischen den Führungsschienen 29 liegende Röhre und einen Schlauch 30 mit der Saugleitung verbunden, füllt nun die Vorform, die Schlittenbahn stellt sich wieder wagerecht, ein Messer *M* schnellt in den Ofen (in Abb. 592 punktiert dargestellt,

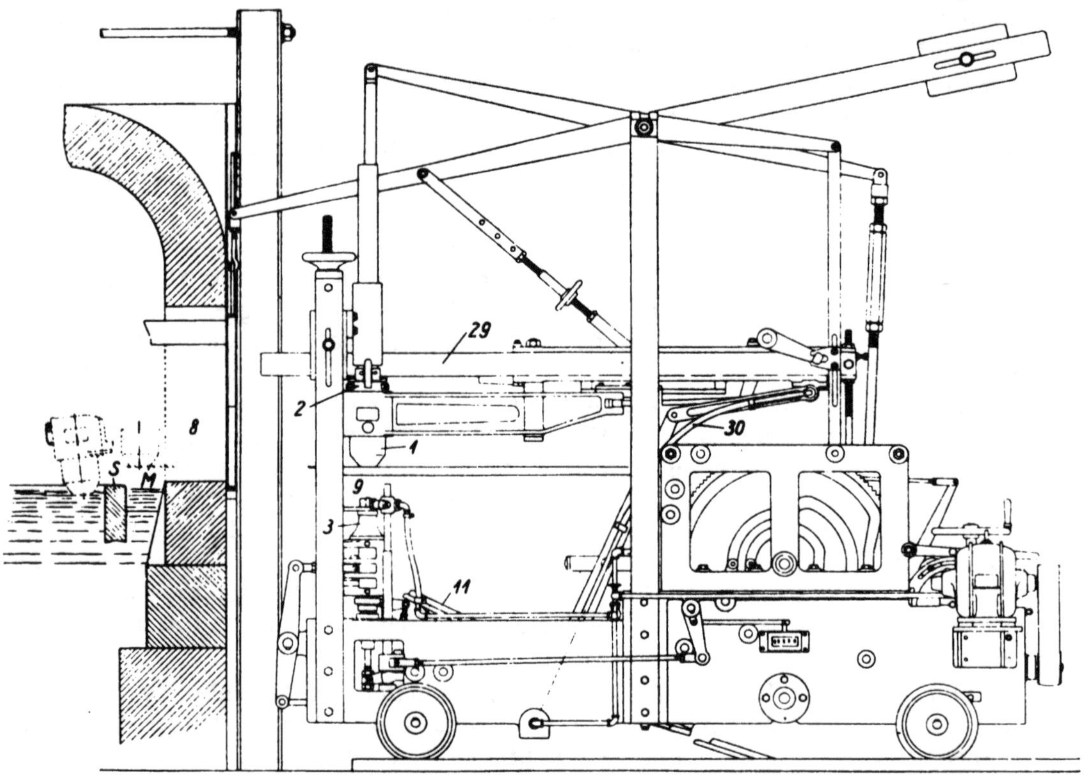

Abb. 592.

ebenso die Saugstellung) vor und schneidet ab, der Schlitten samt Formen fährt wieder heraus. Wenn sich jetzt die Vorform öffnet, bleibt die Kopfform mit dem Külbel an beiderseits angreifenden Haken eines Gestänges hängen, welches sie abwärts führt, wo sich die Fertigform 3 um das Külbel schließt, auf deren oberem Rande der Flaschenkopf frei liegen bleibt, da sich die Kopfform 2 sogleich öffnet, durch die Haken wieder unter den Saugkopf angehoben und auf die sich wieder schließende Vorform 2 abgelegt wird. Während nun unten durch einen über die Fertigform einschwenkenden und sich über den Flaschenkopf legenden Blasekopf 9 die Flasche fertig geblasen wird, wird oben bereits ein zweites Külbel gebildet. Diese Gleichzeitigkeit bedingt eine rasche Arbeit. Der nach dem Öffnen der Fertigform ausschwenkende Blasekopf wirft die fertige Flasche um und auf eine Schurre 11 (Abb. 593 zeigt ein Lichtbild der Maschine).

Das Merkwürdigste ist die Lösung der Ofenfrage. Keine Drehwanne, selbst kein Vorherd. Das Ofenloch ist durch einen Schieber verschlossen, welcher nur für die Dauer des Glassaugens von der Maschine selbsttätig geöffnet wird. Hinter dem Loch liegt ein Schiffchen *S* ähnlich wie bei der Westlake-Maschine (Abb. 537), in welchem geschöpft wird. Das abgeschnittene Glas fällt außerhalb des Schiffchens nieder und wird wieder verschmolzen. Nach zuverlässigen Angaben genügt diese Vorkehrung vollkommen. Die Maschine erzeugt also tadellose Flaschen in be-

Abb. 593.

friedigender Menge. Die einfache, übersichtliche Konstruktion arbeitet ohne Störung. Da die Maschine sehr schmal ist, können eine ganze Anzahl nebeneinander an einer mäßigen Ofen-Frontlänge untergebracht werden. Wenn diese guten Ergebnisse auch außerhalb der Mutterhütte erzielt werden können, so ist diese Maschine eine höchst beachtenswerte Neuerung und würde, bei freiem Wettbewerb, auch außerhalb Frankreichs eine große Zukunft haben. Immerhin kann sie Bedeutung gewinnen für größere Flaschenverbraucher, welche mehrere Flaschensorten ohne zu große Anlagekosten selbst erzeugen wollen.

6. Blase-Maschinen und -Apparate von P. Th. Sievert.[1])

Unter den zahlreichen Erfindungen P. Th. Sieverts, dieses fruchtbaren, ebenso ausdauernden als planvollen Erfindergeistes, ist die bedeutendste sein Glasblaseverfahren, auf welches schon in der die Darstellung der Blasemaschinen einleitenden Übersicht hingewiesen worden ist. Bei dieser Erfindung handelt es sich nicht um die mechanische Nachahmung eines von alters her überlieferten, durch Handarbeit ausgeführten Verfahrens, sondern um eine völlig neue, schon in den Grundlagen vom Hergebrachten abweichende Arbeitsweise, welche der Formung des Glases ganz neue und bis dahin verschlossene Gebiete eröffnet. Unter den vielen Patenten, welche Sievert bei der Ausgestaltung seiner Erfindung genommen hat, befindet sich eines, dessen praktische Bedeutung vielleicht gering sein mag, das aber den grundsätzlichen Unterschied des neuen und alten Blaseverfahrens am anschaulichsten aufzuzeigen geeignet ist[2]). In dieser Patentschrift wird folgende Ausführungsform des Sievertschen Blaseverfahrens beschrieben.

Auf einer ebenen Unterlage wird flüssige Glasmasse zu einem Kuchen ausgebreitet, etwa durch Eingießen des Glases in einen auf die Unterlage aufgelegten Ring. Dieser Ring und also der Umriß des Glaskuchens entspreche nach Gestalt und Größe der Mündung des herzustellenden Glasgegenstandes. Er ist also rund, wenn ein Gefäß mit runder, und vieleckig, wenn ein Behälter mit vieleckiger Mündung hergestellt werden soll. Ist der Kuchen gebildet, so wird er an ein Blasewerkzeug von der in Abb. 594 gezeigten Gestalt angeheftet. Dieses Werkzeug gleicht durchaus der gewöhnlichen Glasbläserpfeife, mit dem einzigen Unterschied, daß seine Mündung nicht rohrförmig ist, sondern zu einem Teller *b* mit nach unten abstehendem Rande *c* verbreitert ist, dessen Umriß und Größe der Öffnung des zu blasenden Gegenstandes entspricht. Das Anheften des Glaskuchens an den Rand *c* kann in beliebiger Weise erfolgen, z. B. dadurch, daß man den Rand glühend macht und ihn gegen den Rand des ebenfalls glühenden Glaskuchens andrückt. Bläst man nach dem Anheften des Kuchens in die Pfeife, so wird er zu einem Hohlkörper ausgedehnt.

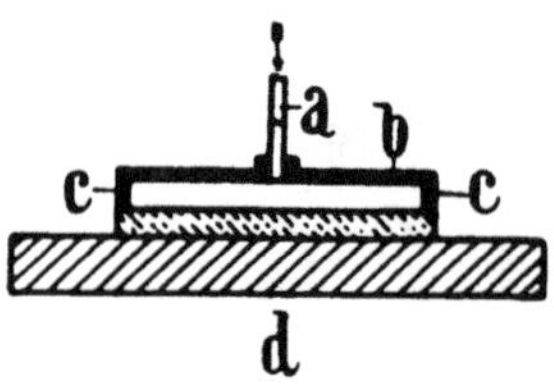

Abb. 594

Vergleichen wir damit die überlieferte Handbläserei! Das Ende der Pfeife ist rohrförmig, und an diesem Ende sammelt der Glasbläser durch wiederholtes Aufnehmen einen Glasballen und schiebt diesen „Glasposten" kunstgerecht vor die Mündung der Pfeife. Durch Blasen wird eine Höhlung darin hervorgebracht und die Kugel durch Schwingen und Wiederblasen in einen oben und unten geschlossenen Schlauch verwandelt, den der Bläser nun, hier den Durchmesser zurückhaltend, dort auftreibend, in die erstrebte Form bringt. Handelt es sich um ein Gefäß mit enger Mündung, z. B. eine Flasche, so bildet das obere Ende des Schlauches mit im wesentlichen unverändertem Durchmesser die Gefäßmündung. Soll aber ein weiter Körper gewonnen werden, eine Hohlglaswalze, eine Schale, so muß der Glasschlauch schon am oberen Ende zu einer Kalotte ausgeweitet werden, deren Grundfläche der späteren Hohl-

[1]) Chemische Industrie 1900, Seite 43. — Dinglers Pol. Journal 1901, Band 316, Seite 261 ff. — Prometheus 1901, Seite 321 ff. — Glashütte (Verlag J. Fahdt, Dresden) 1902, Seite 785 bis 1903, Seite 17. — Zeitschrift des Vereins deutscher Ingenieure 1902, Band 46, Seite 1197. — Scientific American 1902, Seite 329; 1903, Seite 326. — Verhandlungen des Vereins zur Beförderung des Gewerbfleißes in Preußen 1903, Band 82, Seite 132. — La Sciene au XXe Siècle, 1905, Seite 225 (Paris, bei Ch. Delagrave). — Granger, Les progrès récents dans l'Industrie du Verre, in Bibliothèque du Mois Scientifique et Industriel (Paris, Vve Ch. Dunod).

[2]) D. R. P. 118246.

körpermündung entspricht, die also nach Beendigung des Glasvorganges abgesprengt wird. Die ganze Umfläche des zu bildenden Hohlkörpers wird also von einem Punkte aus allmählich durch Aufblasen einer Kugel entwickelt, mit um so mehr Arbeit und Glasverlust, je größer die Mündungsweite ist. Bei dem neuen Verfahren dagegen geht die Hohlkörperbildung von einer Fläche aus, die an den Rändern festgehalten und unter mäßiger Streckung zu dem gewünschten Hohlkörper aufgeblasen wird. Die bei dem alten Verfahren unmittelbar an der Pfeife sitzende und später abzutrennende Glaskalotte wird hier durch den Teller *b* ersetzt, ein Glasverlust findet also auch bei größter Mündungsweite nicht statt. Sieht man von den in Abb. 594 veranschaulichten zufälligen Mitteln der Ausführung ab, so kann man das Sievertsche Blaseverfahren dahin definieren (siehe das grundlegende Patent 109363, 1898): Ausbreiten der geschmolzenen Glasmasse zu einer Schicht, Festhalten dieser Schicht längs eines dem Mündungsgrundriß des herzustellenden Glasgegenstandes entsprechenden Umrisses und Ausdehnen der Glasschicht innerhalb des festgehaltenen Umrisses zu einem Hohlkörper [1]).

Aus dieser Betrachtung ergibt sich erstens über die Leistungsfähigkeit des neuen Verfahrens, daß es besonders zur Herstellung von Gefäßen mit im Verhältnis zum Inhalte sehr weiter Mündung verwendbar ist und in dieser Richtung das Preßblaseverfahren weit überflügelt. Ferner gestattet es eine Massenfabrikation, da man das Aufblasen des Glaskuchens in eine Form hinein bewirken kann, welche nicht nur eine, sondern viele flache Formhöhlungen enthält. Da drittens die dem Blasen vorangehende Überführung der geschmolzenen Glasmasse in eine vorläufige, die gleichmäßige Ausdehnung durch die Preßluft gewährleistende Gestalt nicht, wie bei der Handbläserei, durch kunstgerechtes, große Erfahrung und Geschicklichkeit beanspruchendes Anfangen, sondern, wie bei der mechanischen Külbelbläserei, durch Gießen bewirkt wird, so eignet es sich hervorragend zur mechanischen, von gelernten Arbeitern unabhängigen Fabrikation. Da viertens diese vorläufige Gestalt eine flache Schicht, also ein Gebilde von einfachster Form und verhältnismäßig großer Oberflächenentwicklung ist, so können selbst ungewöhnlich große Glasmengen unter genügend gleichmäßiger Verteilung der Temperatur und Zähigkeit in diese Gestalt übergeführt werden, ohne daß die Abkühlung der gießfähigen Masse bezüglich der gegossenen Schicht bis zu der zum Blasen geeigneten zähflüssigen Beschaffenheit eine störend lange Zeit in Anspruch nimmt. Um also zusammenzufassen: Das Betätigungsfeld des Sievertschen Hohlglas-Blaseverfahrens ist besonders in der mechanischen und massenhaften Herstellung von Gefäßen mit sehr weiter Mündung durch Blasen zu sehen. Bei der Herstellung kleinerer Gegenstände tritt es in gewissen Wettbewerb mit den Glaspressen, liefert aber dieselben Gegenstände viel dünnwandiger und ohne weiteres mit schöner Feuerpolitur, anderseits aber erlaubt es die Herstellung von Glasgefäßen von einer auf andere Weise nicht zu erreichenden Größe. Wie sich noch zeigen wird, ist es mit diesem Verfahren auch möglich, viel größere Fensterglaswalzen, als von Hand zu blasen möglich, mechanisch zu blasen.

Wie sich fast von selbst versteht, ist das Sievertsche Verfahren nicht durch rein logische Überlegung entstanden. Nach einer persönlichen Mitteilung des Erfinders hat ein Zufall den ersten Gedanken in ihm keimen lassen. Der Hergang ist so lehrreich für das Wesen des Erfindens überhaupt und zugleich so charakteristisch für die planmäßige, scharf beobachtende, zergliedernde, das Wesentliche der Erscheinung erfassende und zum nützlichen Zwecke verallgemeinernde geistige Arbeitsweise Sieverts, daß er aufbewahrt zu werden verdient. Eines Tages wurde seine Aufmerksamkeit durch den Anblick gefesselt, daß ein Posten geschmolzenen Glases, der auf den feuchten Erdboden der Hütte gefallen

[1]) Da das in Fig. 143 dargestellte Werkzeug zur Ausführung des Sievertschen Blaseverfahrens die größte Ähnlichkeit mit dem Fangstück beim Walzenziehverfahren hat, so ist diese Figur auch gut geeignet, die wesentlichen Unterschiede des Sievertschen Fensterglas-Blaseverfahrens und des Walzenziehverfahrens zu verdeutlichen.

und hier auseinandergeflossen war, sich zu einer Blase aufblähte. Er erkannte als Ursache dieser Erscheinung, daß der Wasserdampf, der durch die Hitze des Glases aus dem feuchten Erdreiche entwickelt und vielleicht durch ein zufälliges Hindernis gestaut wurde, die Glasschicht aufblies, und fand so durch Verallgemeinerung und bewußte Anwendung des Zufälligen sein Verfahren, und zwar zunächst in einer Form, die sich unmittelbar zur praktischen Anwendung als höchst geeignet erwies.

Blaseapparate mit feuchter Asbestunterlage und auf die Glasschicht aufgesetztem Ring[1]). Jene zufällige Beobachtung zeigte nämlich nicht nur den Weg zu einem eigenartigen Blaseverfahren, sondern zeigte ferner, daß man zu seiner Ausführung der gespannten Luft überhaupt entraten könnte. In Abb. 595 ist schematisch die auf jener zufälligen Beobachtung beruhende Einrichtung dargestellt.

Auf einer Unterlage *a* liegt eine Asbestschicht *m*, welche mit Wasser getränkt ist, das von unten her zugeführt werden kann. Auf dieser Asbestschicht wird nun eine Glasmasse *e* schichtförmig ausgebreitet und ein Rahmen *f* daraufgelegt, dessen Umriß der Mündung des herzustellenden Gefäßes entspricht. Durch die Hitze der geschmolzenen Glasmasse entwickelt sich lebhaft Wasserdampf an der Oberfläche der feuchten Asbestschicht, welcher zwischen dieser und dem Glase seitlich abfließt. Drückt man aber den Rahmen gegen die Unterlage, was sinnbildlich durch die Schraubenklemmen *n* dargestellt wird, so bläst der Dampf die Glasschicht zu einem Hohlkörper e^1 auf.

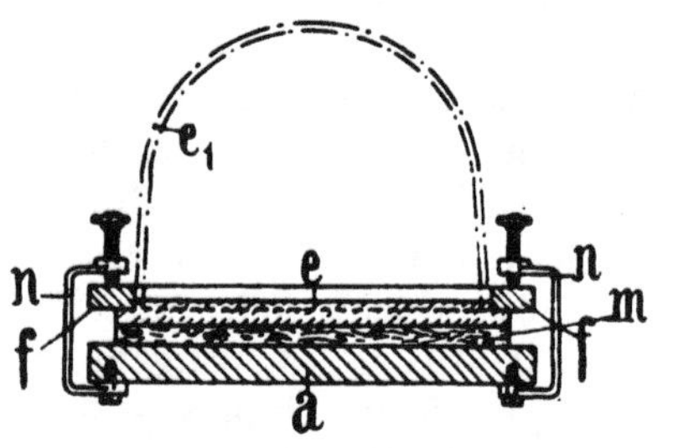

Abb. 595.

Nun würde es bei kleinen Glasgegenständen mit geringfügigem und, wie es für flache Gefäße notwendig ist, sehr dünnen Glasposten zweifellos schwierig sein, die Glasschicht etwa durch Walzen oder Pressen herzustellen und sie doch noch weich und heiß genug auf die Asbestunterlage zu bringen. Hier hat nun der Erfinder beobachtet, daß einer glühenden Glasoberfläche wenig Wärme entzogen wird, wenn sie in Berührung mit Gasschichten ist. Bildet eine feuchte Oberfläche die Unterlage der geschmolzenen Glasmasse, so ruht diese Masse nicht eigentlich auf der Unterlage, sondern sie schwebt, wie der auf eine glühende Herdplatte fallende Wassertropfen, gewissermaßen auf der gebildeten Dampfschicht und zeigt, wie dieser, eine große Beweglichkeit, ohne sich rasch abzukühlen. Gießt man also das Glas, welches verblasen werden soll, unmittelbar auf die schon erwähnte, kräftig genäßte Asbestschicht, welche den Dampf zum Aufblasen liefern soll, und versetzt nun die Platte in lebhaft rüttelnde Bewegung in senkrechter und wagerechter Richtung[2]), so läuft der Glasposten zu einer gleichmäßig dünnen, völlig ebenen Scheibe auseinander, die noch vollkommen bildsam ist.

In der Praxis benutzt man nun, um die Glasschicht am Rande anzudrücken, nicht erst einen besonderen Rahmen *f*, sondern stülpt die Form, in welcher die Glasmasse ausgeblasen werden soll, umgekehrt auf die Glasschicht und drückt sie fest, dann erfolgt sofort das Aufblasen der Glasschicht in die Form hinein. Damit nicht schon während des Rüttelns etwa ein unerwünschtes Aufblasen der Glasschicht erfolgt, bedeckt man sie zuvor mit einem lose aufgelegten, an der Unterseite ebenfalls mit angefeuchtetem Asbest bezogenen Deckel.

Das geschilderte Verfahren läßt sich tatsächlich ohne alle besonderen Apparate ausführen; es genügt eine Holzplatte mit Stiel mit einer leichten Vertiefung und Asbestüberzug sowie eine Form. Nach dem Aufgießen des Glases rüttelt man die am Stiel erfaßte Platte, stülpt die Form auf und findet sie mit dem Glaskörper von feuerpolierter Oberfläche ausgekleidet. Für größere Gegenstände und regelmäßigen Betrieb benutzt man eine mechanische Einrichtung, welche in Abb. 596 und 597 in einer Konstruktionszeichnung wiedergegeben ist[3]).

[1]) D. R. P. 109365, 115606, 116135.
[2]) D. R. P. 117935.
[3]) D. R. P. 124704.

Die Platte *b* (Abb. 596 u. 597), auf welche die Glasmasse aufgegossen wird, kann um eine Achse *c* schwingen und wird in eine wippende Bewegung versetzt durch eine Zugstange *d* (Abb. 597), deren unteres Ende an dem Exzenter einer wagerechten Welle *e* sitzt, die durch eine Reibungskuppelung (Abb. 597 links) mit einer beständig angetriebenen Riemenscheibe verbunden und so in Drehung versetzt wird. Bei einer neueren Einrichtung[3]) wird die rüttelnde Bewegung durch einen Wechselstrommagneten bewirkt. Die Form *l* sitzt fest an einer Welle *n* (oben), welche drehbar in entsprechenden Augen am oberen Ende der Stangen *o* befestigt ist, welche senkrecht am Maschinengestell geführt sind und durch einen Handhebel *p* auf und ab bewegt werden können. Die Enden der Welle *n* gleiten zwecks sicherer Führung noch in senkrechten Schlitzen der Seitenschilde *k* (Abb. 597). An diesen Schilden sitzen oben zwei nac hinnen vorstehende Bolzen *q* und *r*. Senkt man die Welle *n*, so schlägt eine an ihr sitzende Daumenplatte *s* (Abb. 597) erst mit einem seitlichen Daumen an den Zapfen *q*, danach mit einem mittleren Daumen an den Zapfen *r* und wird so um 180 Grad gewendet, so daß die Form *l* umgekehrt auf die Platte *b* zu stehen kommt und so angedrückt wird. Auf der Platte *b* liegt lose eine mit angefeuchtetem Asbest überzogene Platte. Sie wird durch federnde Haken *t* (Abb. 596 oben) von selbst an die Form angeschlossen und von ihr später mitgenommen. Beim Zurückwerfen des Handhebels geht die Form, in welcher jetzt der ausgeblasene Gegenstand, z. B. eine Schale für photographische Zwecke, sitzt, unter Umkehrung wieder in die Höhe. Die Form kann einem einzigen Gegenstande entsprechen oder mehreren nebeneinander liegenden. In jedem Falle sind die die Formhöhlungen umgebenden Formränder zugeschärft, so daß sie die Glasschicht einschneiden. Längs dieser Einschnitte kann dann der eigentliche Glaskörper von dem Überstande getrennt und damit auch der Preßling in seine etwaigen Einzelstücke zerlegt werden.

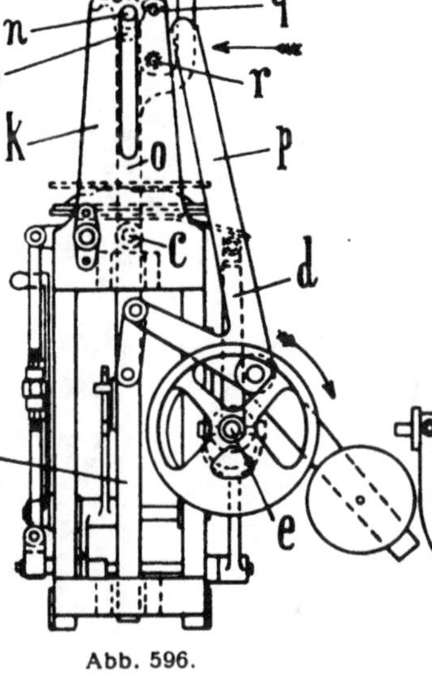

Abb. 596.

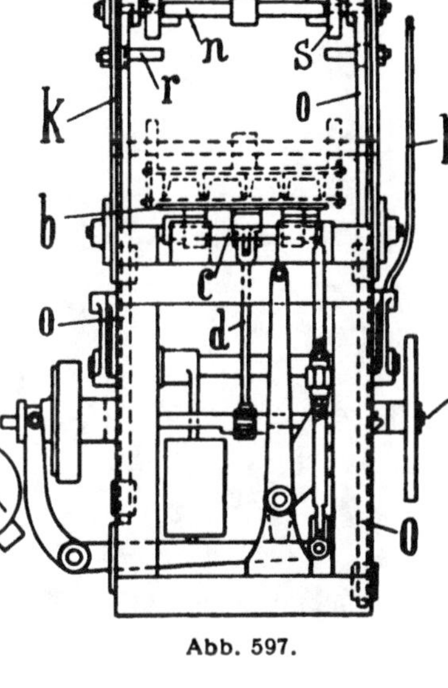

Abb. 597.

Abb. 598.

Die Abb. 598—600 zeigen den Apparat in drei Stufen des Betriebes, nämlich Aufgießen des Glases, Niedersenken der Form auf die durch Rütteln ausgebreitete Glasschicht, Wiederumkehren der Form, in welcher die fertige Schale mit dem Überstande sichtbar ist, welcher außerhalb der Formränder zu liegen gekommen ist.

Die Leistungsfähigkeit dieses einfachen Verfahrens ist sowohl nach Qualität und Größe der erzielten Stücke wie nach der Menge und endlich auch hinsichtlich der Vielseitigkeit der herstellbaren Formen ganz außerordentlich. Die Feuerpolitur ist tadellos. Anderseits lassen sich die feinsten Reliefs, z. B. Portraitreliefs, mit erstaunlicher Schärfe wiedergeben (vgl. Abb. 833, I. Auflage). Besonders geeignet ist das Ver-

[1]) D. R. P. 238280.

fahren — und findet hierzu in erster Reihe auch gegenwärtig Anwendung — zur Herstellung von photographischen Entwicklerschalen, welche selbst in einer Größe von 80 · 100 cm hergestellt werden können, aber auch Lampenglocken, Glasstürzen, Lichtschützer, Teller, Schalen und Wannen für wirtschaftliche und wissenschaft-

Abb. 599.

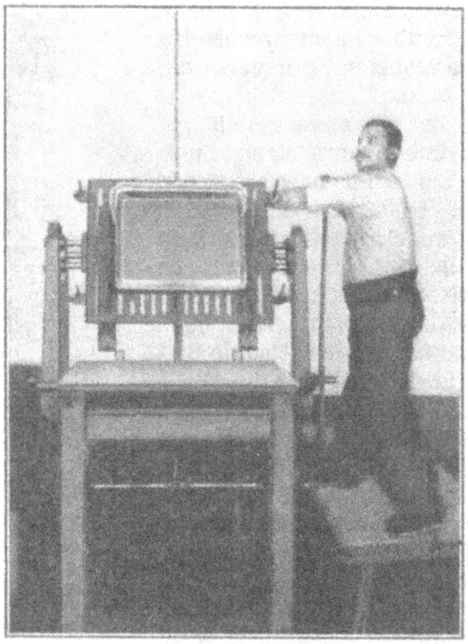

Abb. 600.

liche Zwecke, ferner Bilderrahmen, Dachfalzziegel, Hohlglasbuchstaben für Beleuchtungsreklamen bis zu 80 cm Höhe, Wandbekleidungsplatten, Schreibzeuge aus einem Stück, Bidets usw. können leicht und mit geringstem Glasabfall geblasen werden. Die Abb. 601 zeigt mehrere in einem einzigen Blasevorgange gleichzeitig hergestellte ver-

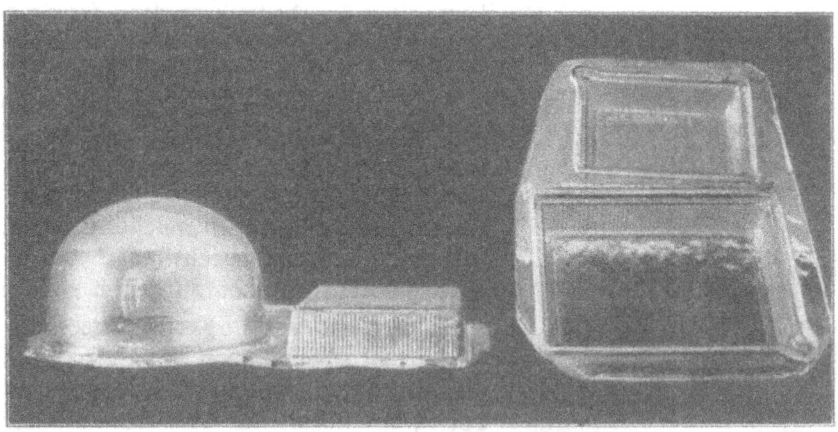

Abb. 601.

schiedenartige Stücke durch den Überstand vereinigt. Bemerkenswert ist besonders das links befindliche Stück, weil es zeigt, daß selbst Gegenstände von ganz abweichender Gestalt namentlich verschiedener Höhe, gleichzeitig gewonnen werden können, welche unter Umständen eine verschiedene Dicke der Anfangsglasschicht voraussetzen (je höher der Glasgegenstand, desto dicker muß die Anfangsschicht sein). Dies ist in der Weise ausführbar, daß man die angefeuchtete Unterlage auf der Fläche, über welcher der höhere Glasgegenstand geblasen werden soll, etwas aushöhlt. Beim Rütteln breitet sich das Glas mit gleichem Niveau aus, also mit größerer Dicke an der vertieften Stelle[1]). Die schon erwähnten Hohlglasbuchstaben können zu mehreren auf einmal in- oder nebeneinanderliegend geblasen werden.

Trotz der Einfachheit der Apparate ist die herzustellende Stückzahl die gleiche wie mit vollständigen Blasemaschinen. Lichtschirme sind z. B. in zehnstündiger Schicht von drei Mann (ein Glasanfänger, ein Mann an der Maschine und ein Junge, von denen zum mindesten die beiden letzten ungelernte Arbeiter sein können) erheblich über 1000 Stück gearbeitet worden.

Während das bisher geschilderte Verfahren, bei welchem die Glasschicht nach oben aufgeblasen wird, sich vorzüglich für die Herstellung flacher schalenförmiger Gefäße eignet, wird die Blaserichtung zweckmäßig umgekehrt, wenn es sich um die Herstellung tieferer Gefäße handelt[2]). Die Glasschicht wird, wie bei der ersten Ausführung, durch Rütteln auf der nassen Asbestplatte gebildet. Darauf wird aber nicht eine Form, sondern ein offener, mit Schneidkanten versehener, der Gefäßmündung entsprechender Ring *a* (Abb. 602) aufgedrückt; nunmehr wird beides, Unterlage, Glasschicht und Ring, um 180 Grad gedreht und die jetzt oben liegende Platte entfernt. Die Glasschicht schwebt frei in dem Ring, indem ihre Ränder durch die Ringschneiden gehalten werden, und bildet, teils weil schon

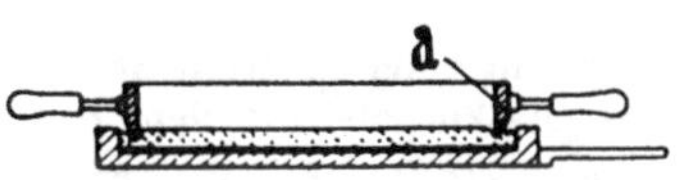

Abb. 602.

Abb. 603.

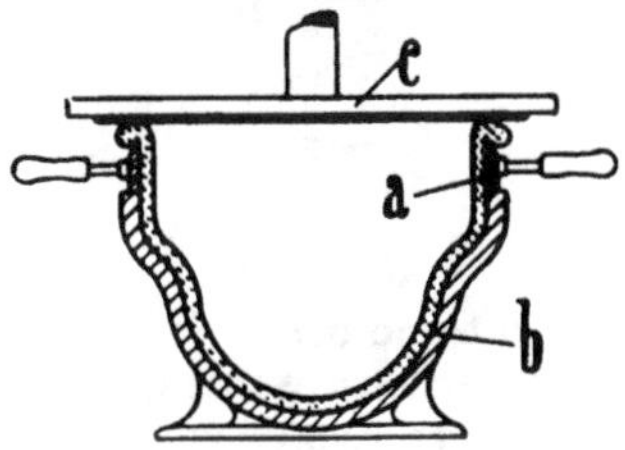

Abb. 604.

beim Aufdrücken des Ringes ein mäßiges Ausblasen stattgefunden hat, teils unter ihrem eigenen Gewichte durchhängend, einen Beutel, der sich von selbst in die Länge zieht (Abb. 603). Dieses „Sacken" ist ein Vorgang, der ganz dem Strecken des Külbels beim Blasen mit der Pfeife oder der gewöhnlichen Blasemaschine entspricht und hier wie bei der letzteren durch Stauchen mit einer Platte geregelt werden kann[3]); man läßt es so lange dauern, bis die gewünschte Tiefe des Glasbeutels erreicht ist, und setzt nun den Ring auf eine Blaseform *b* auf (Abb. 604), die aus einem Stück oder geteilt sein kann. Da jetzt die nasse Asbestschicht zum zweiten Male zwecks Fertigblasens zur Wirkung kommen muß, so benutzt man einen besonderen, mit einem angefeuchteten Asbestüberzuge versehenen Blasedeckel *c*[4]). In der eben geschilderten Weise wurde bei der in großem Maßstabe betriebenen Fabrikation von Bechern nach dem Sievertschen Verfahren gearbeitet, die sich durch ihr geringes Gewicht auszeichnen. Die Glasschicht wird auf einer mit Stiel versehenen nassen Platte durch Rütteln von Hand[5]) oder mit einer Vorrichtung gemäß Abb. 596 gebildet. Die Abb. 605 beleuchtet die Vielseitigkeit des Verfahrens, da die dort dargestellten Gefäße zur Aufbewahrnng von anatomischen und anderen Präparaten in Konservierungsflüssigkeiten einen eigenartigen, in anderer Weise nicht herstellbaren Rand auf-

[1]) D. R. P. 116026.

[2]) D. R. P. 128251.

[3]) Oder, wie Sievert in der Patentschrift 137361 angibt, durch einen in die untere Glasansammlung einzutreibenden Konus.

[4]) Wie schon bei den Preßblasemaschinen erwähnt, stellt dieser Blasedeckel eine ganz allgemein bei der Herstellung von Gefäßen mit weiter Mündung zum Fertigblasen geeignetes Werkzeug dar (s. Seite 581).

[5]) S. auch Prometheus a. a. O., Seite 345.

weisen. Dieser ist erst seitlich, dann abwärts, dann wieder seitlich, dann aufwärts gebogen und bildet so eine Rinne, welche den Rand des Deckels und das abdichtende Paraffin aufnimmt. Auch der links in Abb. 608 sichtbare Milcheimer von 23 cm Höhe und 5½ l Inhalt ist mit dem zuletzt beschriebenen Verfahren gewonnen.

Wie beim Blasen von unten nach oben, so kann auch hier der Grundriß des Glasgegenstandes beliebig, z. B. von viereckiger Gestalt sein. Es hat sich aber gezeigt, daß die Glasverteilung auf den Gefäßumfang eines z. B. vierseitigen Gefäßes besser gelingt, wenn man von einer runden oder rundlichen Glasschicht ausgeht, also einen entsprechenden Ring benutzt. Der sich bildende Glassack wird in diesem Falle durch Klopfen von außen mit hölzernen Leisten, nötigenfalls unter Zuhilfenahme eines in das Innere des Glassackes eingehaltenen viereckigen Holzkernes auf einen ungefähr viereckigen Umriß

Abb. 605.

gebracht und dann wie vorher aufgeblasen. Der Blasedeckel kann hierbei mit einer scharfen Schneidekante versehen werden, welche die Trennung des eigentlichen eckigen Glaskörpers von dem runden „verlorenen Kopfe" vorbereitet. Dies ist z. B. bei der Herstellung starkwandiger Akkumulatorenkästen nötig[1]).

Wenn es sich bei der Herstellung runder Glasgegenstände um die Erzielung besonders tadelloser Feuerpolitur handelt (wie Stürzen, Schalen, Gemüseglocken), so ist das Sievertsche Blaseverfahren auch dieser Anforderung ohne weiteres gewachsen. Es ist hierzu nur nötig, den Haltering *a* (Abb. 606) nicht auf die Form selbst, sondern auf einen besonderen Träger *b* zu lagern und die Form auf ein Kugellager *e* zu stellen.

Blaseapparate mit Metallplatte und Mundstück oder einen Randwulst bildenden Metallrahmen. Während das Blasen mit Hilfe einer feuchten

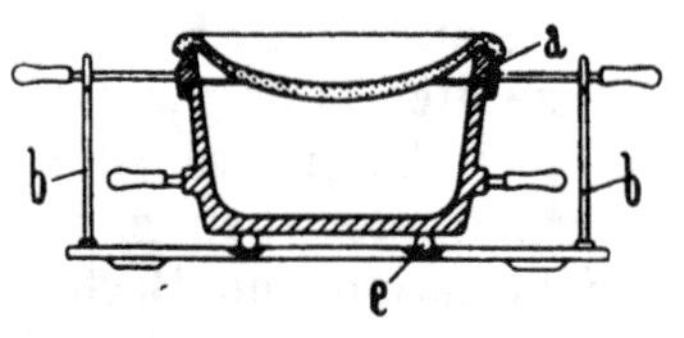

Abb. 606.

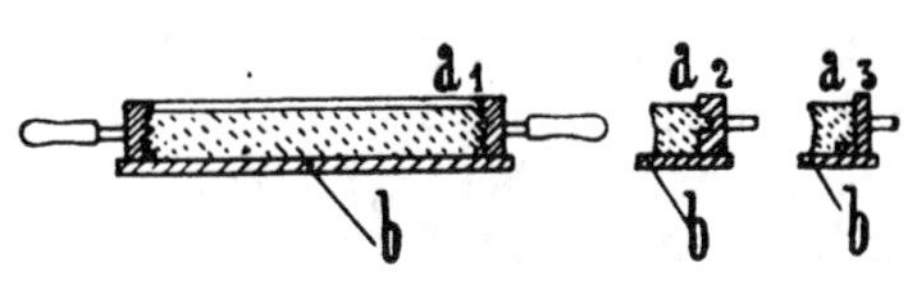

Abb. 607.

Asbestunterlage dort angezeigt ist, wo von einer verhältnismäßig dünnen Glasschicht ausgegangen wurde, also bei kleineren oder sehr flachen Gegenständen, und während hierbei der Rand der durch das Rütteln entstehenden Glasschicht außerhalb des aufgesetzten Ringes fällt und einen verlorenen Kopf gibt, kann dort, wo die Anfangsglasschicht eine beträchtliche Dicke hat, also bei tiefen und bei größeren Gefäßen, die Glasmasse in eine flache Metallform eingegossen werden (Abb. 607), deren Rand durch einen auf eine Metallunterlage *b* aufgelegten Ring a_1, a_2, a_3 gebildet wird, an dessen innerer Seite eine oder mehrere Nuten eingearbeitet sind, welche an der Glasschicht einen Randwulst bilden, der am fertigen Gefäße als ein Mündungs-

[1]) Über die Fabrikation von Akkumulatorenkästen nach Sievert s. a. Sprechsaal 1906, Seite 760, Spalte 1, sowie D. R. P. 160284.

rand oder Mundstück erscheint. Die Bildung eines verdickten Randes wird übrigens durch einen Metallring a', auch wenn er innen keine Nut hat, schon dadurch gefördert, daß der Rand der Glasschicht durch die Berührung mit dem Metall stärker erkaltet als die mittleren Teile und demnach beim Ausblasen des Ganzen eine größere Stärke erhält. Im übrigen aber genügt die der eingegossenen Glasmasse innewohnende Hitze, um die genaue Ausfüllung der durch den Rahmen gegebenen Begrenzung beim Eingießen sicherzustellen. Hebt man nach einem kurzen Augenblick den Rahmen von der Unterlage empor, so bildet die Glasmasse einen in dem Rahmen hängenden Sack, der nun, wie oben in Abb. 603 oder beim Külbelblasverfahren durch „Sackenlassen" in die Länge gezogen, auf eine Blaseform aufgesetzt und unter Zuhilfenahme eines oben auf den Metallrahmen aufgesetzten angefeuchteten Asbestdeckels ausgeblasen wird. Die Abb. 608 zeigt rechts einen in dieser Weise gewonnenen Milchkübel mit Eisenbewehrung von 40 cm Höhe und 24 l Inhalt.

Abb. 608.

Die Abb. 609 zeigt einen dergestalt gewonnenen Glasbottich, an welchem gleichzeitig die Kraft, mit welcher das Ausblasen erfolgt, und außerdem eine andere Sievertsche Erfindung veranschaulicht wird. In die Form ist nämlich vor dem Einblasen des Glaskörpers ein Mantel aus sog. Streckmetall eingelegt und in diesen die Wandung des Glaskörpers beim Aufblasen eingetrieben worden[1]). Es ist besonders an den Seitenteilen des Gefäßes deutlich zu erkennen, wie das Metallnetz nicht etwa nur flach auf der Glasoberfläche aufliegt, sondern wie ihre einzelnen Felder sich durch die Maschen des Metallnetzes hindurchwölben, so daß eine unzertrennliche Verbindung beider hergestellt ist. Das Streckmetall befördert die innige Verbindung infolge des Umstandes, daß die Ränder der das Gitterwerk bildenden flachen Metallstreifen bekanntlich schräg zur Ebene des Gitters stehen, daher leicht in die Glasschicht einschneiden und von dieser sogar ein wenig umfaßt werden. Für viele Zwecke wird aber ausreichende Haltbarkeit auch ohne Drahtnetz durch eine den Kanten des Gefäßes nachgehende Eisenbewehrung erzielt. Es sind z. B. für die Praxis in dieser Weise kippbare Milchständer viereckigen Querschnittes, 50 · 40 cm und 50 cm hoch, ausgeführt worden, welche ca. 100 l fassen und in einem eisernen Bock kippbar gelagert sind.

Abb. 609.

War bei den bisher geschilderten Ausführungsarten des Sievertschen Verfahrens besonders die Fähigkeit, sehr weite Gefäße zu liefern, und die Einfachheit der Mittel in die Augen fallend, so entfaltet es seine dritte Eigentümlichkeit, nämlich die Fähigkeit, außerordentlich große Glasmassen in einem einzigen Blasevorgange zu bewältigen, völlig erst, wenn man zum Aufblasen Preßluft verwendet. An die Stelle der mit angefeuchtetem Asbest bezogenen Platte tritt hierbei eine hohle Metallplatte, die an der Oberfläche mit kleinen Bohrungen versehen ist, aus welchen die in das Innere der Platte durch eine angeschlossene Leitung eingeführte Luft austreten und die aufgebrachte Glasschicht ausblasen kann. Zwei Möglichkeiten sind

[1]) D. R. P. 163190.

vorhanden: die Glasschicht kann entweder auf einer besonderen Unterlage in dem Metallrahmen gebildet und von der Unterlage abgehoben werden, indem ihr Rand von dem Metallrahmen begrenzt und gehalten ist, und durch eine oben aufgesetzte besondere Blaseplatte ausgedehnt werden, oder die Blaseplatte wird gleich der feuchten Asbestschicht zugleich als Unterlage zur Bildung der Glasschicht benutzt. Dieses letzte Mittel schien die einfachere Arbeitsweise zu ergeben und wurde technisch ausgebildet.

Abb. 610.

Da bei größeren Glasgegenständen grundsätzlich das Aufblasen des Glasbeutels im Hang wegen der besseren Glasverteilung vorzuziehen ist, so muß hierbei die Blaseplatte nebst der Glasschicht umgekehrt werden können. Der die Glasschicht haltende Rahmen muß also an der Platte zu befestigen sein. Auf diese Weise ergibt sich eine Blasevorrichtung, deren Wesen aus Abb. 610 erhellt. Die hohle Platte *a* kann um Zapfen *t* gekippt werden, von denen der eine zugleich die Zuführungsleitung für die Preßluft bildet. Die Platte ist von einem teilbaren Ringe *d* umgeben, der mit einer inneren Nute einen Vorsprung der Platte umfaßt und so in geschlossenem Zustande daran festgehalten wird. Eine zweite Nute liegt an der freien Innenseite des Rahmens. Die auf die Platte aufgegossene Glasmasse *e* füllt den Rahmen und auch die Nut an seiner inneren Seite. Kippt man jetzt die Blaseplatte mit Hilfe der Speichen *n* um 180 Grad, so bildet die Glasschicht einen an seinen Rändern festgehaltenen Sack, der ebenso, wie bereits vorher geschildert, ausgeblasen wird.

Abb. 611.

Die Glasmassen, welche bei entsprechender Bemessung des Blaseapparates in dieser Weise auf einmal verformt werden können, sind, verglichen mit den Glasposten der Mundbläserei oder der anderen Hohlglasblasemaschinen, geradezu riesig. Die Verarbeitung von 125 kg auf einmal bietet keinerlei Schwierigkeiten, und die Abbildung 611 zeigt eine Zusammenstellung so geblasenei Gefäße. Herstellbar und hergestellt worden sind in dieser Weise Badewannen, zylindrische und eckige Behälter für die chemische, galvanoplastische Industrie, Färberei, Gärungs- und Molkereigewerbe, Backmulden, Futterkrippen, Aquarien, Akkumulatorenkästen, Fischbehälter, ja selbst Särge sind so hergestellt und im Handel abgesetzt worden. Als Beispiel

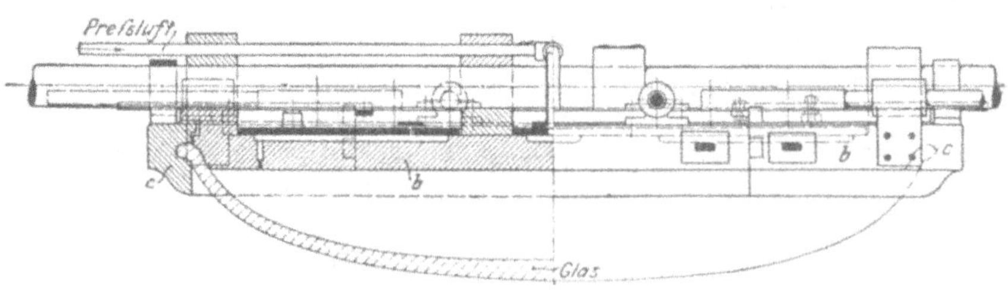

Abb. 612.

ist in Abb. 612—615 die Einrichtung zum Blasen einer Badewanne in Längsschnitt bezüglich Ansicht, Querschnitt und Grundriß und die Blasearbeit selbst in drei Stufen dargestellt.

Die ganze Blaseplatte ist an einer in ihrer Längsrichtung verlaufenden kräftigen Welle befestigt, welche an beiden Enden auf Ständern gelagert (Abb. 615), an dem einen Ende mit einer Speiche zur

Benutzung beim Kippen und mit einer Längsbohrung versehen ist, welche zugleich die Leitung für die Preßluft bildet (Abb. 613 rechts und links). Von diesem Kanal gehen zwei Zweigleitungen in den Hohlraum der Blaseplatte *b* (Abb. 613), aus welchem, in 50 mm Abstand angeordnet, 1 mm weite Bohrungen nach außen und unten führen. Seitlich an diese Blaseplatte *b* schließt sich der Rahmen *c* an, welcher aus zwei Seitenstücken und zwei bogenförmigen Endstücken besteht, die parallel zu sich selbst von der Platte abgerückt werden können, indem sie mit je zwei Augen auf Führungsstangen gleiten, die oben an der Platte befestigt sind und seitlich über sie hinausragen (Abb. 614). Nach dem Abrücken nehmen die vier Rahmenstücke die in Abb. 614 gestrichelt gezeichnete Lage ein. In Abb. 613 ist deutlich die an der inneren Seite der Rahmen befindliche Nut zu erkennen, welche den Randwulst der Badewanne bildet. Zum Abziehen der Längsteile des Rahmens sind unmittelbar angreifende zweiarmige Hebel, zum Abziehen der Bodenteile Keilstücke vorgesehen, welche durch zweiarmige Handhebel verschoben werden (Abb. 614). In Abb. 615 ist das Aufgießen der geschmolzenen Glasmasse auf die Blaseplatte zu sehen. Das Glas breitet sich von selbst gleichmäßig auf der Platte aus und tritt in die Randnut ein. Abb. 612 zeigt die Blaseplatte um 180 Grad gekippt und die mächtige Glasschwarte nach unten durchhängend. Jetzt kann auch, falls es sich darum handelt, eckige oder ovale Glaskörper mit großer Bodenfläche herzustellen, der Gestalt des Glasbeutels durch geeignetes Hantieren mit einem Holzstabe nachgeholfen werden, das ohne Mühe vonstatten geht. Im weiteren wird der Glasbeutel, damit er sich nicht zu schnell unter Bildung zu dünner Wandstellen in die Länge zieht, von dem die Maschine bedienenden Arbeiter von unten unterstützt, indem er vom Hüttenflur her einen mechanisch bewegten Tisch aufsteigen läßt, welcher mit Sägespänen bestreut ist. Unter allmählichem Nachgeben des Tisches und vorsichtigem Blasen erreicht der Glasbeutel so die Tiefe der fertigen Wanne. Er wird durch eine zweiteilige Form, welche auf den als Formboden dienenden Tisch jetzt aufgesetzt wird, eingeschlossen und durch kräftiges Einblasen von Preßluft zur Wannengestalt aufgetrieben. Nach dem Entfernen der Form und dem Öffnen der Rahmenteile bleibt die Wanne frei auf dem unterstützenden Tisch stehen.

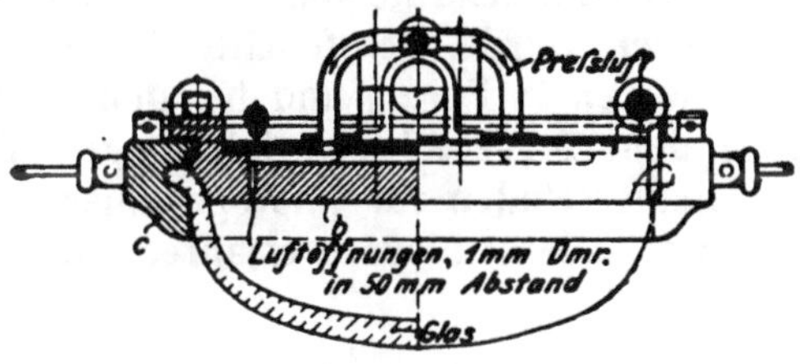

Abb. 613.

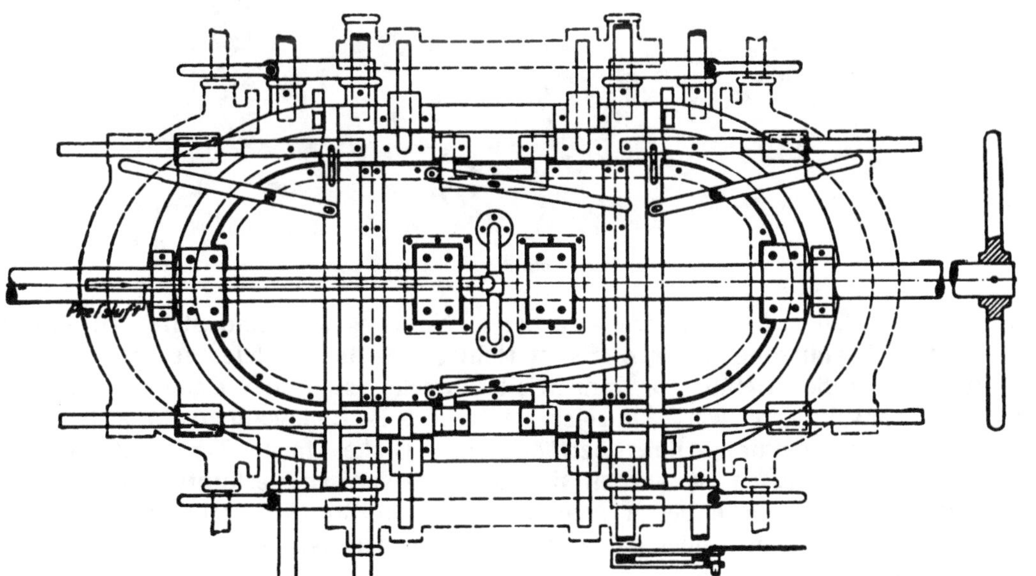

Abb. 614.

Der ganze Vorgang vom Ausgießen des Glases bis zum Einbringen der Wanne in den Ofen dauert etwa acht Minuten, ohne daß irgendeine Gefahr besteht, daß die Wanne schon vorher springen könnte. Es würde, wie durch Versuche festgestellt ist, etwa weitere vier Minuten dauern, bis die Wanne, im Freien geblasen, zerspringen würde. Damit die Form nicht zu heiß wird, wird abwechselnd mit zwei Formen gearbeitet. Eine Rotte von sieben Arbeitern kann in dieser Weise in zehn Stunden 50 Wannen herstellen. Das Kühlen erfordert natürlich mehrere Tage.

Erwägt man, welche eigenartige und weittragende Möglichkeiten der mechanischen Glasbläserei durch die geschilderten Methoden erschlossen werden, so muß man zugleich erstaunen, wie wenig davon in der Praxis am Leben geblieben ist, nachdem der Tod den unermüdlichen und gedankenreichen Erfinder vorzeitig und gerade in dem Augenblick abgerufen hat, als seinem Blasverfahren sich das weite Feld der Tafelglasindustrie zu eröffnen schien. Zurzeit wird wie auf S. 581 u. 582 angegeben wurde, der feuchte Asbestdeckel als Blasewerkzeug angewendet von den Adlerhütten in Penzig und bei den Fertigblasemaschinen von Cmok. Ferner werden nach dem Sievertblaseverfahren gemäß Abb. 596—600 von den Adlerhütten noch Entwicklerschalen für photographische Zwecke geblasen. Dagegen hat die Möglichkeit nach dem Sievertverfahren ungewöhnlich große Glasgefäße für industrielle

Abb. 615.

Zwecke (z. B. chemische Industrie, Färberei, Nahrungsmittelindustrie) zu blasen, keine weitere Ausnützung erfahren. Es ist richtig, daß beim Tode Sieverts die Haltbarkeit dieser großen Gefäße für industrielle Zwecke, auch der Badewannen, noch nicht völlig gewährleistet war. Da solche Gefäße, z. B. Badewannen, beim Einfüllen von heißem Wasser infolge ihrer beträchtlichen Dicke starke Temperaturschwankungen aushalten müssen, so wurden sie außen galvanisch verkupfert oder in ein Kupferdrahtnetz oder noch besser gemäß Abb. 609 in Streckmetall eingeblasen. Die mit Drahtnetz umgebenen oder galvanisch überzogenen Wannen haben sich in der Praxis bei vorsichtiger Behandlung — man muß zunächst etwas kaltes und dann erst warmes Wasser einlassen — bewährt. Sie springen allerdings, wenn man unmittelbar heißes Wasser einläßt. In allen Fällen, wo die Gefäße im Gebrauche nicht erwärmt werden, ist natürlich die Gefahr des Zerspringens nicht vorhanden.

Die trotzdem noch zu verzeichnenden Mißerfolge beruhten einmal darauf, daß über die zuverlässige Kühlung so großer Glasgefäße noch keine ausreichenden Erfahrungen zur Verfügung standen, und ferner an dem Mangel geeigneter, gegen Temperaturschwankungen unempfindlicher Gläser. In beiden Punkten hat sich aber inzwischen die Lage günstig geändert. Man kennt heute das Wesen des Kühlvorganges besser und beherrscht daher sicherer die damit zusammenhängenden Probleme. Der Kühlofen mit Muffelheizung hält seinen Einzug in die Glasindustrie. Ferner stehen heute Gläser zur Verfügung, welche die Herstellung von Gefäßen erlauben, die selbst bei hohen Wandstärken das Kochen auf offener Flamme erlauben (s. II. Band) und den bei industriellen Bottichen, Becken, Kesseln, Bädern vorkommenden Temperaturschwankungen ohne weiteres gewachsen sein dürften. Die Erfahrungen in der Quarzgutindustrie zeigen auch, daß gerade bei großen Gefäßen die Herstellungskosten beim Blasen glasiger, geschmolzener Massen geringer sind als beim Formen aus keramischen, im kalten Zustande plastischen Massen (Porzellan, Steinzeug). Nach allem ist für das Sievertsche Blasverfahren noch eine ausgedehntere Anwendung in der Zukunft zu erwarten als zur Zeit stattfindet.

Dagegen dürften die Hoffnungen, die Sievert auf die Anwendung seines Verfahrens zum Blasen von Tafelglas gesetzt hat, wenn man von der Möglichkeit, sehr dünnes Tafelglas herzustellen, absieht, wohl endgültig begraben sein. Es verhält sich an sich spröde dieser Aufgabe gegenüber, da es sich bei Fensterglaswalzen eben nicht um flache weite Gefäße handelt. Die Schwierigkeiten waren aber mehr oder weniger überwunden, und eine vollkommen nach dem Sievertverfahren arbeitende Fensterglashütte für den Grafen Orlow Dawidow in Sudimir, Kreis Kaluga, Rußland, in regelmäßigem Betriebe, als auch dieser Erfindung der Kriegsausbruch den Todesstoß versetzte. Auch ohne diesen unglücklichen Zufall war übrigens schon damals ihr endlicher Erfolg dadurch sehr in Frage gestellt, als ihr inzwischen ein gefährlicher Konkurrent in dem Lubberschen Walzenziehverfahren herangewachsen war. Heute sind noch die Verfahren von Fourcault und Colburn (Libbey Owens) dazugekommen.

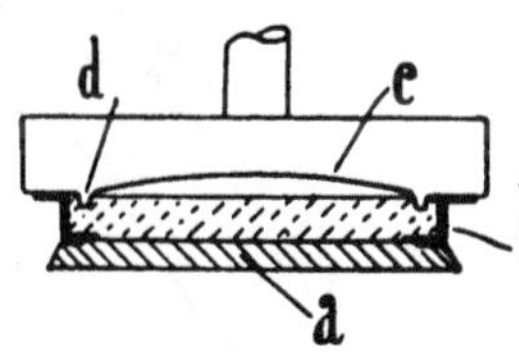

Abb. 616.

Die Fensterglasbläserei nach Sievert hat in dem Buch des langjährigen und um die Ausbildung der erforderlichen elektrischen Antriebs- und Steuervorrichtungen hochverdienten Mitarbeiters von Sievert, des Dr.-Ing. E. Klein: „Die jüngste Entwicklung der mechanischen Tafelglasbläserei nach dem Sievert-Verfahren“ [1]), eine so eingehende, auch kritische Darstellung auf Grund der praktischen Erfahrungen in Sudimir gefunden, daß hier auf dieses Werk hinsichtlich der Einzelheiten verwiesen und eine nur kurze Schilderung des wenigstens für gewöhnliches Fensterglas nur noch historische Bedeutung besitzenden Verfahrens gegeben werden kann.

Die Glasschicht, aus welcher die Walze entwickelt werden soll, wird dadurch gewonnen (Abb. 616), daß auf eine Metallplatte *a* ein Ring *b* mit einem unteren inneren und einem oberen äußeren Flansch aufgelegt und sein Hohlraum mit Glas gefüllt wird. Drei solcher Platten liegen auf dem in Abb. 617 sichtbaren Spurwagen (nur eine Platte ist hier gezeigt) und jede trägt ringsum verteilt vier aufrechte Zapfen, welche das zentrische Auflegen des Ringes *b* sichern. Mit diesem Wagen wird die gefüllte Aufgußplatte unter den Blasekopf eingefahren und durch Anschläge in der zentrierten Stellung gesichert. Der Blasekopf birgt, wie aus Abb. 618 ersichtlich, in seinem Rande eine Drahtwicklung *M* mit feuerbeständiger Isolierung und kann daher, nachdem er auf den Ring *b* niedergesenkt worden, durch einen elektrischen Strom zum Elektromagneten gemacht und so mit dem Ringe verbunden werden. Die Abb. 617 zeigt die Glasschicht abgehoben und am Blasekopf hängend, wobei der Blasekopf an einem Fahrstuhl befestigt ist, der mit Gleitschuhen an zwei Eisenbahnschienen Führung findet. Der Fahrstuhl wird durch einen Seilzug und eine elektrisch angetriebene Winde gehoben und gesenkt, unter Ausgleich des Rahmengewichtes durch ein Gegengewicht. Inmitten des Rahmens ist der Schaft der Blaseplatte drehbar gelagert, und er erhält Drehung durch einen im Rahmen eingebauten Elektromotor mit Rädervorgelege. Am oberen Ende des hohlen Schaftes schließt die Zuleitung für die Preßluft an.

Inmitten des Gerüstes ist im Hüttenflur die Feuertrommel versenkt, welche in Abb. 618 dargestellt ist. Sie hat über einem zylindrischen Schachte *H* eine Erweiterung *I*, welche sich oben wieder domförmig

---

[1]) Dresden 1917.

zusammenwölbt. Der zylindrische Trommelteil ist so tief, daß auch die längste Walze darin so weit versenkt werden kann, daß jede beliebige Stelle, auch u. U. nur der oberste von der Blaseplatte *B* gehaltene Rand der Erhitzung durch die in den domförmigen Teil einmündenden Brenner *N* ausgesetzt ist. An der Blaseplatte mit der elektromagnetischen Wicklung *M* hängt der Tragring *R* so, daß sein äußerer wagerechter Teil an den die Pole des Elektromagneten bildenden ringförmigen Vorsprüngen der Platte haftet, während der ebenfalls ringförmige Daumen *D* der Platte den Rand der Glasschicht an den inneren wagerechten Teil des Tragringes anpreßt. In den Deckelhälften befindet sich nur eine den Blaseplattenschaft dicht umschließende Aussparung. Die Hälften des Trommeldeckels sind von kleinen Wagen (Abb. 618) getragen, die von einem im Hüttenflur versenkten Elektromotor aus hin und her bewegt werden können.

Abb. 617.

In Abb. 617 ist unter dem Gießwagen die geteilte Trommeldecke und die mittlere Glutöffnung sichtbar. Auf demselben Gleise wie der Gießwagen läuft noch ein ganz niedriger, im Vordergrunde der Abb. 617 sichtbarer Wagen, welcher durch ein im Hüttenflur versenktes, elektrisch angetriebenes Werk unter die Blaseplatte und Walze ein- und wieder ausgefahren werden kann. Er trägt eine Platte, auf welche das untere Ende der Walze, um diese zu stauchen, beim Blasen aufgesetzt werden kann. Alle Steuerhebel zum Heben, Senken und Drehen und zur magnetischen Erregung der Blaseplatte, zur Bewegung des Wagens mit der Stauchplatte, zur Regelung der Preßluftzufuhr, zum Öffnen und Schließen der Trommel sind an dem in Abb. 619 rechts vorn sichtbaren Führerstand vereinigt. In dieser Abbildung ist auch die Vorrichtung zum Abnehmen der fertigen Walze gezeigt, welche einfach in einer Gabel besteht, die an einer Laufkatze aufgehängt ist und deren Schenkel den an der Blaseplatte haftenden Ring zweiseitig umfassen können, so daß er von der Gabel aufgenommen wird, sobald die magnetische Anziehung aufhört. Mit Hilfe dieser Gabel wird die fertige Walze zu einem kippbaren Schaff gebracht und mit diesem in wagerechte Lage gebracht.

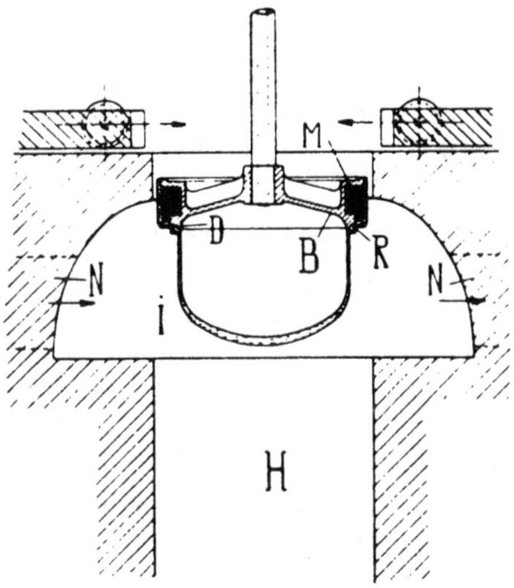

Abb. 618.

Bei dem in Abb. 617 veranschaulichten Stande der Dinge wird nun der Gießwagen ausgefahren und zur Füllung der zweiten Aufgußplatte bereitgestellt. Nun wird die Feuertrommel geöffnet, die Blaseplatte eingesenkt, und um ihren Schaft legt sich wieder dicht schließend der Feuertrommeldeckel. Nach einer durch die Erfahrung bestimmten Zeit wird die Blaseplatte aus gehoben und der länger gewordene Glassack allmählich zu einer kugeligen Blase geformt, indem er während des Blasens mit dem unteren Ende auf die in die Maschine eingefahrene Stauchplatte aufgesetzt und gleichzeitig gedreht wird. Das Einsenken, Anwärmen und Blasen, namentlich des unteren Walzenteiles, wird wiederholt, bis die Walze in der gewünschten Länge fertiggestellt ist. Es gelingt dabei, die Glasmasse am unteren Ende der Kalotte bis auf die vorgeschriebene Glasstärke zu verteilen. Die Kalotte noch auszuweiten, lohnt im allgemeinen den Zeitaufwand nicht. Es wird daher in der Regel nach Aufhebung der magnetischen Anziehung die Walze sofort mit Hilfe der Gabel aus der Maschine entfernt und auf dem Schaff durch Absprengen mit einem heißen Glasfaden die Kappe am offenen Ende und außerdem die Kalotte abgesprengt. (Dieses Mittel hat sich als sicherer erwiesen als die sonst verfügbaren, wie Diamant, Schneiderädchen, elektrisch erhitzter Draht, Stichflamme.) Die Kappe bleibt mit dem Ringe an einer zuvor angelegten fahrbaren Klaue hängen, die Kalotte wird von einem Jungen mit einem Drahtkörbchen aufgefangen. Der Glaszylinder wird nunmehr nach der Streckerei gebracht.

Abb. 619.

Zuletzt wurden der Regel nach Walzen von 62 cm Durchmesser und 2,5 mm Glasstärke geblasen. Für größere Glasstärken würden weitere Durchmesser gewählt werden. Als Regel wird für Glasstärken bis zu 2,5 mm eine Ringweite von 60 cm oder weniger, bis zu 4 mm von etwa 75 cm, bei größerer Stärke nicht unter 1 m Durchmesser angesehen. Natürlich können aber die Walzen von größerem Durchmesser auch zu geringerer Glasstärke ausgeblasen werden. Das in der Kalotte bleibende Glasgewicht wechselt natürlich mit der Glasstärke. Bei der Glasstärke von 1,5 mm geht es zuweilen bis auf weniger als $1\frac{1}{2}$ kg herunter. Bei Walzen von 2,5 mm Glasstärke betrug der Durchschnitt aus zehn Kalotten ca. 4 kg. Der Glasabfall in der oberen Kappe wächst nicht ganz im Verhältnis des Walzendurchmessers, fällt also bei Walzen größeren Durchmessers günstiger aus. Bei 62 cm Walzendurchmesser und 2,5 mm Glasstärke betrug das Gewicht der Kappe im Durchschnitt aus zehn Stück 15 kg, bei schwächerem Glase etwas weniger. Der Maximalverlust bei einer Walze von 2,5 mm Glasstärke ist also 19 kg bei einer Nutzfläche von 2,5 m^2 Glas; bei 1,5 mm Glasstärke verteilt sich ein etwas geringerer Verlust auf 3 bis 4 m^2 Glas. Eine handgearbeitete Walze gibt im Mittel etwa 1,25 m^2 Glas.

In der Streckerei werden die Walzen von 62 cm in zwei Segmente, weitere Walzen in drei Segmente zerlegt. Doch kann im Bedarfsfalle natürlich eine 62 cm-Walze auch in ein großes Blatt und einen Streifen zerlegt werden. Die Zerlegung der Walze in Segmente hat sich als sehr vorteilhaft erwiesen. Die muldenförmigen Segmente legen sich nämlich von selbst auseinander. Dabei fällt das bei der alten Weise nötige Ausbreiten der Walze und die dabei entstehenden Fehler weg. Die Walze braucht nicht geschoben und das Bügeln kann sehr eingeschränkt werden, was wiederum eine Menge Fehler verhindert. Das in Segmenten gestreckte Glas zeigt daher eine schönere Feuerpolitur als das aus ganzen Walzen hergestellte. Infolge der vereinfachten Arbeit ist eine gelernte, hochbezahlte Arbeitskraft entbehrlich und schließlich verläuft auch die Streckarbeit erheblich schneller. In derselben Zeit, in welcher 120 rheinische, mit dem Munde geblasene Walzen gestreckt werden, können 160—180 Segmente, die unter Umständen größer sind als eine mundgeblasene Walze, gestreckt werden. Die Ersparnisse in der Streckerei werden vom Erfinder auf $^5/_{12}$ der bisherigen Streckkosten geschätzt, ungerechnet die bessere Qualität.

Die Bedienung in einer Schicht besteht aus einem Maschinenführer, einem Glasschöpfer mit einem bis zwei Gehilfen zum Fahren des Gießwagens, einem Mann, welcher die Walze nach der Absprengstelle befördert, gegebenenfalls auch die mechanische Schere zum Öffnen der Kalotte bedient, drei bis vier Glassprengern und einem Jungen zum Heranholen der Glasfäden. Mit Ausnahme des Schöpfers werden keine gelernten Arbeiter verwendet. Sie erhalten, abgesehen vom Maschinenführer, nur die ortsüblichen Tagelöhne.

Die angegebene Anzahl von Sprengern und Walzenträgern kann, wie feststeht, für zwei vollausgenutzte Maschinen ihre Arbeit verrichten.

Mit der angegebenen Mannschaft sind 120 Walzen in der achtstündigen Schicht geblasen worden, was 300 m^2 von 2,5 mm Stärke oder rund 450 m^2 von 1,5 mm Glasstärke pro Schicht entspricht. Da übrigens die Herstellung einer Walze von größerem Durchmesser, größerer Länge und größerer Glasstärke nicht erheblich mehr Zeit in Anspruch nimmt, so stellte die unter den angegebenen Umständen erzielte Leistung von rund 1300 m^2 täglich nicht entfernt die oberste Grenze vor. Die höchste Leistung der Fläche nach wurde von Sievert auf etwa 2000 m^2 in 24 Stunden geschätzt.

Nach dem Sievertschen Verfahren läßt sich nicht nur einfaches Fensterglas herstellen, sondern auch Spezialgläser, also englisches Rippenglas, Craqueléeglas und farbige Gläser. Zur Craqueléeglasherstellung wird der Glasbeutel in ein Wasserbad geschnellt und nach Bedarf wieder angewärmt. Indem man auf die Aufgußplatte gleichzeitig verschieden gefärbte Glasmasse aufgießt oder vor dem Aufgießen farbiges Glaspulver aufbringt, erhält man verschiedene, farbig marmorierte Gläser. Namentlich das in der zuletzt erwähnten Weise gewonnene Glas soll von Fachleuten als sehr wirkungsvoll bezeichnet worden sein.

Die beschriebene, zunächst für die Fensterglasfabrikation bestimmte Maschine ist geeignet, auch beim Blasen sehr großer Glasgefäße nach dem Sievertschen Verfahren gute Dienste zu leisten. Wie erwähnt, blieben bei den älteren für diesen Zweck konstruierten Apparaten Spannungen in den Glaskörpern zurück, die sie Temperaturschwankungen gegenüber weniger widerstandsfähig machten. Dagegen bietet die Feuertrommel der neuen Maschine ein wirksames Abhilfemittel. Durch das nachträgliche Wiederanwärmen der fertiggeblasenen Gefäße können diese Spannungen beseitigt und, falls eine Form verwendet wurde, vollkommene Feuerpolitur wieder hergestellt werden. Die Festhaltung und Ablösung der u. U. zentnerschweren Gefäße von der Blaseplatte wird durch die magnetische Festhaltung außerordentlich erleichtert.

Auch die Herstellung von in den Streckmetallmantel eingeblasenen Glasgegenständen wird sehr verbessert. Durch die Verwendung von Preßluft kann der Glasgegenstand schon mit kräftigerem Druck ein- und seine Wandung durch die Maschen des Metalles stärker durchgeblasen werden. Außerdem aber kann durch nochmaliges Einwärmen des Glaskörpers mit dem daran haftenden Mantel die Verschmelzung beider vervollkommnet werden. In dieser Weise hergestellte Badewannen würden die in der alten Weise gewonnenen erheblich an Widerstandsfähigkeit übertreffen, und noch für manche andere Zwecke würden die mit der zuletzt geschilderten Blasemaschine herstellbaren großen Glashohlkörper sich geeignet erweisen.

Um große Gefäße verschiedener Weite mit ein und demselben elektromagnetischen Träger, dessen Kosten bei kleineren Aufträgen ins Gewicht fallen würde, in der Maschine mit Feuertrommel herstellen zu können, hat Sievert für Maschinen speziell zur Herstellung großer Gefäße die Blasevorrichtung von der elektromagnetischen Halte- und Einwärmevorrichtung getrennt[1]). An dem über der Feuertrommel auf und ab beweglichen und drehbaren Schafte sitzt nach der abgeänderten Einrichtung nur noch der elektromagnetische Träger, und dieser hält den Glaskörper an seinem Tragring nur während des Erwärmens. Danach wird der Tragring auf die Blaseform, jedenfalls unter einen besonderen Blasedeckel gebracht von solcher Form, daß er die Gefäßmündung genau abschließt, so daß durch eine an dem Deckel angebrachte feuchte Asbestlage oder Preßluftzuleitung das Aufblasen erfolgen kann. Der elektromagnetische Träger dagegen braucht hinsichtlich seines Umrisses nun nicht mehr mit der Gefäßmündung und ihrem Tragring übereinzustimmen. Man kann also mit ein und demselben Träger sehr verschieden gestaltete Gefäße herstellen. Die Abb. 620 zeigt in Draufsicht einen runden durchbrochenen Träger *t* der Maschine, an welchem der Tragring *r* für eine Badewanne hängt.

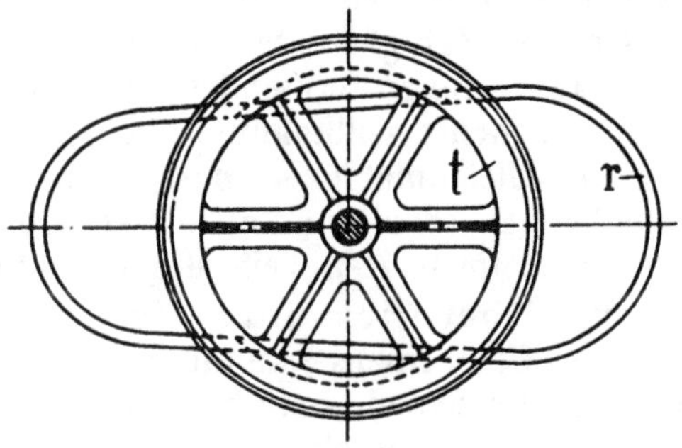

Abb. 620.

III. Maschinen zum Speisen von Pressen und Blasemaschinen mit geschmolzenem Glase (Speiser; feeder).

1. Frühere Entwicklung.

Apparate zum Speisen von Formmaschinen mit geschmolzenem Glase müssen natürlich je nach der Art des zu versorgenden Formmechanismus sehr verschiedene Gestalt annehmen. Es sollen im folgenden nur solche Einrichtungen oder Apparate behandelt werden, welche dazu dienen, geschmolzenes Glas in verhältnismäßig kleinen Posten und in rascher Aufeinanderfolge der Posten der Formmaschine zuzuführen, die also in erster Reihe der Speisung von Pressen und Blasemaschinen dienen.

Obgleich Formmaschinen dieser Art schon lange in der Praxis angewendet werden, geschah ihre Beschickung mit nur einer Ausnahme bis in die neueste Zeit immer noch in der aus Vorzeiten überlieferten Weise, daß ein Eisenstab, das Anfange- oder Aufnehmeeisen, mit einem Ende in die geschmolzene bis zu einer gewissen Zähigkeit abgekühlte Glasmasse getaucht und darin gedreht wird, bis sich eine gewisse Menge Glases daran geheftet, gewissermaßen aufgewickelt hat. Wird dieses Eisen aus dem Ofen genommen und über die zu beschickende Form gehalten, so läuft die geschmolzene Masse ab, und der ablaufende Glasstrang wird mit einer Schere abgeschnitten, wenn eine ausreichende Menge Glas in die Form eingelaufen ist. Diese Arbeit, die mehr Erfahrung und Geschick erfordert, als der Augenschein vermuten läßt, ist zugleich nicht wenig anstrengend, besonders seitdem man die Arbeitsgeschwindigkeit der zu speisenden Maschinen mehr und mehr zu steigern angefangen hat. Sie muß in ständigem Hin und Her in nächster Nähe des Schmelzofens getan, und namentlich beim Aufnehmen müssen Körper, Hände und Augen seiner Glutstrahlung ausgesetzt werden. Obgleich die „Anfänger" mit Kühlluft angeblasen werden und unter Um-

[1]) D. R. P. 227502.

ständen in der Stunde nur etwa 40 Minuten arbeiten, 20 Minuten rasten, muß der Lohn hoch sein. Daß das Problem der mechanischen Speisung mit Glas so lange praktisch ungelöst geblieben, liegt offenbar an seiner Schwierigkeit, an der außerordentlichen Empfindlichkeit des geschmolzenen Glases gegen Temperaturveränderungen, also in der starken Veränderung seiner physikalischen Eigenschaften, besonders der Zähigkeit, bei Änderungen der Temperaturen. Das zu lösende Problem ist, dem zu formenden Glasposten bis zum Augenblicke der eigentlichen Formung möglichst vollkommen die Reinheit, namentlich die Freiheit von Luftblasen, und die Gleichmäßigkeit oder doch symmetrische Verteilung der Temperatur und Zähigkeit zu erhalten; und dieses Problem muß nach dem Gesagten sehr schwierig sein. Erst im letzten Teile des 19. Jahrhunderts sehen wir es in Angriff genommen.

Ein Überblick über die versuchten Lösungen in der zeitlichen Reihenfolge des Erscheinens[1]) könnte verwirrend wirken wegen der großen Zahl der Versuche und der Verschiedenartigkeit der aufeinander folgenden Lösungsgedanken. Es soll daher hier der Überblick an ein aus der Natur des Speisevorganges selbst entwickeltes System geknüpft werden.

Eine Flüssigkeit kann man aus einem Behälter herausheben („aufnehmen") oder auslaufen lassen („abfüllen"). So kann man auch die Glas-Speiseapparate oder „Speiser" („feeder") einteilen in Aufnehmer und Abfüller (flowing devices). Das Abfüllen kann geschehen, indem man die Flüssigkeit über den Rand des Behälters überlaufen läßt, sie also ausgießt, oder durch eine unter dem Spiegel der Flüssigkeit liegende Öffnung auslaufen läßt, sie also abzapft. Dem würden die Glasausgüsse und die Glaszapfer entsprechen. Es sind also 3 Grundformen der Glasspeiser festzustellen: Aufnehmer, Ausgüsse, Zapfer.

Aufnehmer. Unter den **Aufnehmern** findet man am frühesten und am meisten diejenigen vertreten, welche das durch die Handarbeit gegebene Beispiel einfach mit mechanischen Mitteln nachahmen, indem dabei ein Eisenstab in den Ofen vorgeschoben, im Glase gedreht und wieder zurückgezogen wird[2]). Keine der zahlreichen Konstruktionen hat sich auch nur für längere Zeit in der Praxis erhalten.

Auch Aufnehmer, bei welchen das Glas mit einer Kelle geschöpft oder mit einem Sauggefäß aufgenommen wird (vgl. Abb. 568[3]) haben sich nicht eingebürgert. Wohl aber hat die Methode des Aufsaugens bei selbstaufnehmenden Formmaschinen, wie der Owens-Flaschenblasemaschine (Abschn. 5 B) und der Westlake-Glühlampenkolben-Blasemaschine, einen großen Erfolg gezeitigt. Owensmaschinen hat man neuerdings mit Kellen-Aufnehmern zu kombinieren versucht, indem man die Saugeform in eine zwischen dem Ofeninnern und der Maschine hin- und hergehende Kelle eintauchen will[4]).

Ausgüsse. Beim **Abfüllen** (flowing) muß außer einem Auslauf am Behälter noch eine Einrichtung vorhanden sein, um den Ausfluß zu unterbrechen. Beim Abfüllen durch Ausgießen, also bei Glasausgüssen, kann diese Unterbrechung erfolgen, indem man den Gefäßrand dort, wo die Flüssigkeit überlaufen soll, senkt, sei es indem man das Gefäß im ganzen neigt oder kippt, oder nur ein beweglich an die Schmelzwanne angeschlossene Auslaufschnauze[5]) senkt. Statt den Gefäßrand zu senken,

---

[1]) Ein mehr chronologischer, aber sehr vollständiger und lehrreicher Überblick ist von G. Dowse und Edward Meigh im Journ. Soc. Glass Techn. **5**, 134—153 (mit Abb.) gegeben worden.

[2]) Solche Aufnehmer sind besonders von Altenbaugh konstruiert worden (s. z. B. Am. Pat. 584138 und 618973/4/5); noch neuerdings hat K. E. Peiler, der Erfinder des zurzeit erfolgreichsten Hartford-Fairmont-Zapfers einen solchen Aufnehmer konstruiert (s. Am. Pat. 1324464).

[3]) D. R. P. 158970, Sprechsaal 1903, S. 846.

[4]) D. R. P. 258997.

[5]) D. R. P. 139336 v. Homer Brooke.

kann man auch den Flüssigkeitsspiegel heben, indem man in einen Glashafen mit Schnauze einen Tauchkörper einsenkt oder einstößt jedesmal, wenn an der Schnauze ein Glasposten überlaufen soll[1]).

Heber und Druckfaß. Den Übergang von den Ausgüssen zu den Zapfern bilden technologisch der Heber und das Druckfaß, weil hierbei das Glas zwar über den Rand des Behälters gehoben wird, aber unter dem Glasspiegel ausströmt. Glasheber sind mehrfach versucht worden[2]) und der Gedanke eines Druckfasses für geschmolzenes Glas, welcher anscheinend 1903 zum ersten Male auftaucht[3]), ist von Severin praktisch ausgeführt worden zur Speisung seiner automatischen Glasblasemaschine (s. S. 644 u. ff.). Durch Umbiegen des Auslaufrohres nach unten sollte das in einem Ofenvorbau in der Glasschmelze stehende Schamotte-Druckfaß auch zum Speisen anderer Glasblasemaschinen geeignet gemacht werden[4]). Obgleich hierbei der Auslauf im Heizraum des Ofenvorbaus lag, der unten für die Bereitstellung der Form offen war, soll doch der am Auslaufrohr nach dem Ausdrücken des Glases hängen bleibende Tropfen Schwierigkeiten gemacht haben.

2. Zapfspeiser.

Bei den eigentlichen Zapfapparaten ist der Auslauf eine unter dem Flüssigkeitsspiegel des Glasbehälters liegende, praktisch immer im Boden angebrachte Durchbrechung der Gefäßwand, ein Zapfloch; aber die Mittel zur Unterbrechung des ausfließenden Glasstromes sind sehr mannigfaltiger Art. Von außen und unten gegen das Zapfloch wirkende Stopfer, Schieber oder Scherklingen vermehren noch den jedem Zapfloch anhaftenden Übelstand, daß der ausfließende Glasstrom durch erstarrtes oder entglastes Glas verunreinigt wird[5]).

Noch ungleicher muß natürlich das Glas werden, wenn man es, wie bei frühen Lösungsversuchen des Problems geschehen, nach dem Abscheren nicht gleich in die Form fallen läßt, sondern unter dem Zapfloch einen darunter scherend beweglichen Meßbehälter anordnet[6]), in welchem die Formbeschickung abgemessen wird und der sie an die Form abliefert. Daß dabei mehrfach noch ein Kolben vorgesehen wird, welcher die Füllung oder die Entleerung des Meßbehälters beschleunigen soll, macht die Sache nicht besser.

Ein Fortschritt bei der Verwendung von Stopfern war es, daß man den Stopfer später von innen gegen das Zapfloch führte oder Zapfloch und Verschlußvorrichtung mit einer Heizkammer umschloß[7]). Gewisse Vorteile gegenüber der Stopfung durch feste Körper bietet der Gedanke, das Glas aus dem Zapfloch in das Ofeninnere zurückzusaugen[8]) oder durch gespanntes Gas von außen zurückzudrücken. Der Gedanke findet sich zuerst bei einer von Dixon und March angegebenen Zapfvorrichtung, deren Eigenart aber mehr in dem Gedanken liegt, hochgespannte Druckluftstrahlen zum Abschneiden des ausfließenden Glasstromes zu verwenden[9]). Bei anderen Vorschlägen wird das Zapfloch nach dem Abschneiden jedes Glaspostens mit einem Drucklufttrichter abgedeckt[10]) oder zunächst mit zwei Scherklingen abgeschlossen,

---

[1]) Am. Pat. 421620.
[2]) Brit. Pat. 14573 v. J. 1885; 354 v. J. 1887; 17933 v. J. 1889.
[3]) Am. Pat. 775740, Sprechsaal 1906, S. 1117/8.
[4]) D. R. P. 212847.
[5]) Brit. Pat. 147567. Erste Konstruktion von Tucker und Reeves, mit automatischer Abschervorrichtung.
[6]) Brit. Pat. 14909 v. J. 1900 von Sowden; Brit. Pat. 27227 v. J. 1905 von Morrison und Fischer.
[7]) Brit. Pat. 138895 der Empire Machine Co.
[8]) Brit. Pat. 114583 von Mc. Cauley.
[9]) D. R. P. 185766, Brit. Pat. 5040 v. J. 1906, Sprechsaal 1908, S. 4—6.
[10]) Brit. Pat. 7183 v. J. 1912 v. Wilzin.

durch deren eine eine Druckluftdüse in das Zapfloch mündet[1]). Die aus dem Trichter oder durch die Scherenklinge eintretende Druckluft drängt das Glas in den Zapfkanal zurück, wobei die Schnittnarbe sich in heißem Glase wieder auflöst. In verbesserter Form ist der Gedanke des Stopfens durch Außendruck bei der zweiten Zapferkonstruktion von Tucker und Reeves ausgeführt.

Stromzapfer.

Die älteren Zapfer sind nämlich mit einem Zapfloch von solchem Durchmesser versehen, daß ein Glasstrom oder -Strang von verhältnismäßig geringem Durchmesser austritt, der einige Zeit in die Form einlaufen muß, bis die zur Formbeschickung ausreichende Glasmenge sich angesammelt hat. Dabei aber wickelt, faltet und überlappt sich der Glasstrom in der Form, wobei Luftblasen eingeschlossen werden, und die ungleich abgekühlten Schnüre und Stränge bleiben als Rampen am fertigen Gegenstand sichtbar, zumal das zuerst eingelaufene Glas kälter und härter wird als das letzte. Dies zu vermeiden, machen z. B. Tucker und Reeves das Zapfloch so weit, daß schon nach kurzem Ausströmen ein zur Formbeschickung ausreichender dicker Glasposten 1 am Zapfloch 2 hängt (Abb. 621), der bereits abgeschnitten werden kann, ehe er sich zu dem schädlichen dünnen Schwanzstück ausziehen kann. Unter den Scherklingenträgern 4 sind dabei Führungsflächen 5 für den Glasposten befestigt. Es fällt also die gesamte Formbeschickung auf einmal in einem rundlichen massigen Klumpen in die Form. Der Vorteil ist nach dem Gesagten augenscheinlich. Nach dem Abfallen wird unter das Zapfloch ein Becher 6 (Abb. 622) gebracht, aus dem ein Gasluftgemisch mit starker Pressung herausbrennt. Je nachdem man den Becher mehr oder weniger nahe an das Zapfloch heranbewegt, kann man, zusammen mit dem Takt der Schere, Größe und Bildungsgeschwindigkeit der auf einanderfolgenden Glaschargen bestimmen. Steht der Becher wie in Abb. 622, so stoppt der Flammendruck den Ausfluß, rückt man ihn etwas ab, so senkt sich der Glasklumpen hängend in den Becher ein. In beiden Fällen wird die Schnittnarbe und die Klumpenoberfläche vorteilhaft aufgewärmt. Schließlich wird der Becher entfernt und aufs neue abgeschnitten. Alle erforderlichen Bewegungen werden durch eine selbsttätige Maschinerie geleistet, welche im wesentlichen aus Druckluftkolben besteht, die durch Daumenscheiben gesteuert werden[2]).

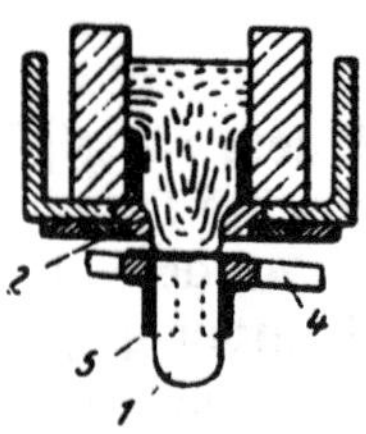

Abb. 621.

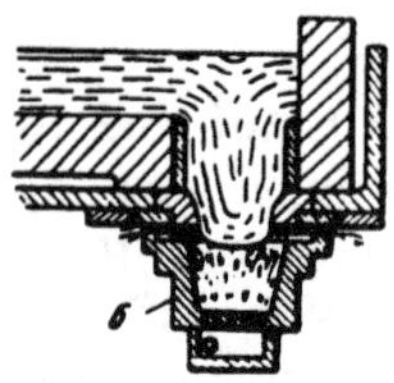

Abb. 622.

Diese Zapfmaschine von Tucker-Reeves ist gegenwärtig in den Vereinigten Staaten in Gebrauch und arbeitet verhältnismäßig einfach, aber so langsam, daß sie nur eine Maschine speisen kann. Bei der angeführten Anlage sind daher 4 Zapfer an verschiedenen Stellen der Wanne angebracht, deren jeder eine Presse speist, welche 22 Becher in der Minute liefert. Kehren wir aber zu den Stromzapfern zurück.

Um dem wünschenswerten Ziele, das ausströmende Glas möglichst unberührt in die Form zu bringen und das Abschließen des Zapfloches nach jedem Ausströmen einer Formbeschickung entbehrlich zu machen, kam man auf den glücklichen Gedanken, statt den Glasstrom am Zapfloch zu unterbrechen, ihn im Fall abzufangen und zu stauen, bis die zuvor gefüllte Form durch eine leere ersetzt ist. Der schon kurz erwähnte Zapfer von Homer Brooke (Jersey City, V. St. A.) beruht auf

---

[1]) Brit. Pat. 112947 und 151605 von W. J. Miller.

[2]) Brit. Pat. 105564 gibt das Verfahren, 109782 die Maschine, 121971 die die Flamme speisenden Injektorbrenner.

diesem Gedanken und war die erste praktisch erfolgreiche Lösung des Zapferproblems[1]).

Der die Formen 1 (Abb. 623) tragende Tisch wird schrittweise so gedreht, daß die Formen der Reihe nach unter der Ausflußöffnung 2 des Ofens, schematisch durch die Lippe 2 angedeutet, haltmachen. Um die Mittelachse der Maschine drehen sich ferner 2 Armkreuze in entgegengesetzten Richtungen. Die Arme des oberen Kreuzes tragen an ihren Enden Messer von ungefähr der Form einer der Höhe nach halbierten Tasse 3, deren halber Boden noch in der Mitte halbrund ausgeschnitten ist. Die am unteren Armkreuz sitzenden Messer 4 haben ebenfalls eine entsprechend ausgerundete Schneide, so daß, wenn beide Messer beim Zusammentreffen den Glasstrom zwischen sich nehmen und gegeneinander scheren, der Glasstrom durch die ausgerundeten Stellen beider Klingen abgeschnitten wird.

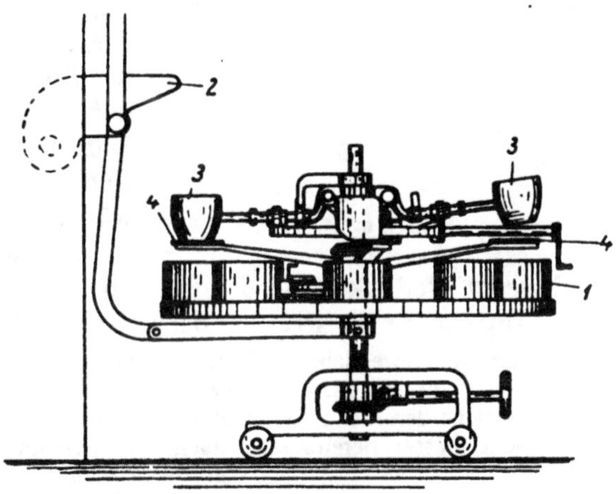

Abb. 623.

Abb. 624 zeigt die Stufen des Beschickungsvorganges. Wenn die in der Füllung begriffene Form (s. Stellung *a*) voll ist, wird der Glasstrom abgeschnitten (*b*) und gleich darauf der Tragarm des tassenförmigen Messers so gehoben und zugleich um seine Längsachse gedreht, daß die Tasse die bei *c* gezeigte Lage annimmt, in welcher sie den abgeschnittenen Glasstrom solange auffängt bis durch eine Teildrehung des Tisches eine leere Form an den Platz der eben gefüllten gekommen ist. Da währenddessen die Kippbewegung der Tasse fortdauert, fällt das abgefangene Glas mit dem weiter nachströmenden in die leere Form (*d*), deren Füllung nun fortschreitet, während das tassenförmige Messer sich im Weitergehen wieder aufrichtet und senkt (*e*), während zwei andere Messer der Füllstelle aufeinander zueilen (*a*).

Diese Maschine, welche 30 bis 90 Glasposten in der Minute liefern soll, ist in den Vereinigten Staaten seit der Jahrhundertwende in der Praxis viel gebraucht worden. Bei einer Beweisaufnahme aus Anlaß eines Patentprozesses zeigte die Maschine folgende Leistungen[2]). Bei der Herstellung von 1-Liter-Einmachgläsern erzeugten 4 durch Brookes-Zapfer gespeiste Maschinen mit 4 Mann Bedienung annähernd ebensoviel wie 10 von Hand beschickte Maschinen mit 20 Mann Bedienung. Bei kleinen Salbengläsern leisteten 5 Maschinen mit Zapfern und 5 Mann Bedienung soviel wie 15 handbeschickte Maschinen mit 30 Mann. Beim Pressen von Deckeln waren 5 Maschinen mit 2 Mann gleich 42 Maschinen mit 168 Mann, bei der Erzeugung von Glaseinsätzen 9 Maschinen mit 2 Mann gleich 35 Maschinen mit 150 Arbeitern und Jungen. Die Patente sind abgelaufen, und der Erfinder bietet der Fachwelt Rat und Hilfe bei Einführung seines Zapfers an.

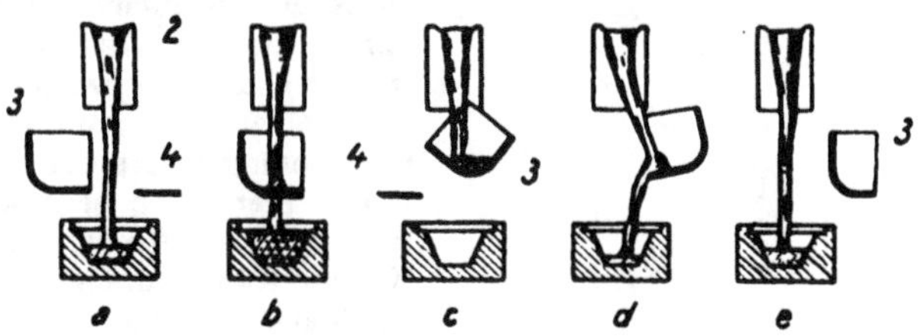

Abb. 624.

Der Brooke-Zapfer ist, wie aus der Betrachtung der Abb. 624 hervorgeht, noch nicht völlig frei von dem bei Gelegenheit des Tucker-Reeves-Zapfer (s. o.) erörterten Mangel, daß der Glasstrom sich erst in der Form allmählich zur vollen Formbeschickung ansammelt und dabei sich aufringelt, überschlägt und andre mit ungleicher Abkühlung verbundene Bewegungen macht. Daher haben spätere Erfinder die Idee des Brooke-Zapfers dadurch weiter entwickelt und verbessert, daß sie die den Glasstrom abteilenden und dann wieder abfangenden und aufstauenden Scherblätter ortsfest unterm Zapf-

[1]) D. R. P. 140227, Brit. Pat. 24324 v. J. 1901. Sprechsaal 1903, S. 810.

[2]) J. Soc. Glass Techn. 1919, S. 296.

loch anordneten und so ausbildeten, daß sich der ganze zu einer Formbeschickung nötige Glasklumpen darauf ansammeln kann, ehe die Scherblätter auseinandergehen und die Formbeschickung in einem Klumpen fallen lassen.

So sammelt sich z. B. bei dem Zapfer von Drey[1]) (Abb. 625) das aus dem Zapfloch ausströmende Glas in einer darunter vorgesehenen Kammer *a* auf den beiden hohlen, innen mit Wasser gekühlten Scherblättern 1 an. Diese Kühlung erzeugt im untern Teil des Glaspostens eine steifere Außenhaut, welche verhindert, daß der Posten sich bis zur Berührung der Seitenwände der Kammer ausdehnt. Wenn der Posten fällt, zieht sich sein Hals so weit aus, daß das Abschneiden keine Schwierigkeiten macht. Daß aber die kalte Außenhaut unten am Posten sich im Fall wieder ausreichend vom Innern erwärmt und erweicht, scheint etwas fraglich. Der dünne Hals ist schädlich.

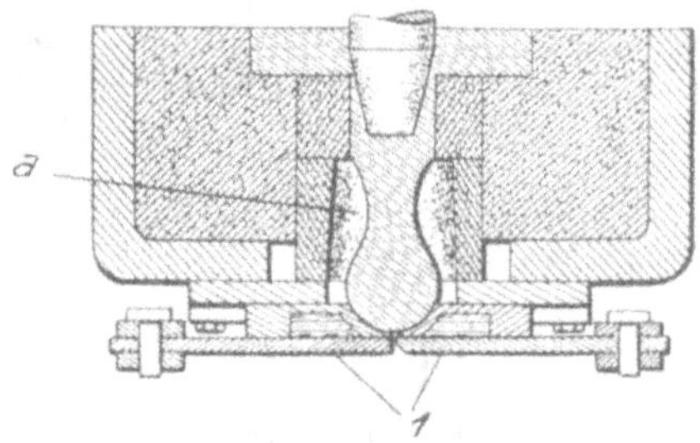

Abb. 625.

Diesem Bedenken wird bei dem Zapfer von Graham[2]) ausgewichen. Da dieser Apparat in die Praxis übergegangen ist, verdient er nähere Erwähnung.

Die aus zwei beweglichen Hälften bestehende Kammer *A* (Abb. 626 u. 627), in welcher die Formbeschickung sich ansammelt, hat hohle, wassergekühlte Wände und bei *B* eine nach innen vorspringende Schulter, welche den hier steifer werdenden Glasposten so stützt, daß die den Boden der Kammer bildenden Scherblätter bereits kurz nach dem Abschneiden auseinandergezogen werden können, ohne daß der Posten abfällt und seine Vergrößerung bis zum Betrage einer Formbeschickung unterbrochen wird. Die im Vergleich zu Drey raschere Öffnung der Messer schränkt die Abkühlung des Postens am Boden ein. Sind die Messer geöffnet (Abb. 627), so wird diese abgekühlte Masse am unteren Ende des Postens durch das in der Mittelachse des Postens nachströmende heiße Glas, welches durch die der Kammerwand anliegende und durch die Schulter *B* gehaltene steifere Glashaut gewissermaßen wie durch einen Schlauch hindurchläuft, mitgenommen, verteilt und aufgelöst. Damit hier keine neue abkühlende Berührung stattfindet, weichen die Kammerwände unter der Schulter auseinander. Hat sich der Posten genügend vergrößert, so rücken die Kammerwände auseinander, der Posten fällt ab und wird an seinem sich ausziehenden oberen Ende abgeschnitten. Die an der Kammerwand über der Schulter abgekühlte und bisher infolge der Hemmung durch die Schulter zurückgehaltene Glasschicht soll hierbei auch ausgezogen und von innen aufgewärmt werden. Die schräge Fläche des festen Körpers *S* und der Ring *R* sollen das abgeschnittene Ende in die Form leiten. Alle Bewegungen werden von einstellbaren automatischen Getrieben besorgt. Der in den Abbildungen sichtbare Stempel über dem Zapfloch wird nur bei Betriebspausen zum Abschluß benützt, während bei der Arbeit das Glas ununterbrochen aus dem Zapfloch strömt. Die Aufeinanderfolge der Posten ist dabei so rasch, daß ein Zapfer für 2 Blasemaschinen mit Drehtisch genügt. Das geht aus der Nachricht hervor, daß in der der Owens Bottle Co. gehörigen Flaschenhütte zu Okmulgee (Oklahoma) 2 Graham-Zapfer 4 Graham-Blasemaschinen (s. S. 606 u. ff.) speisen.

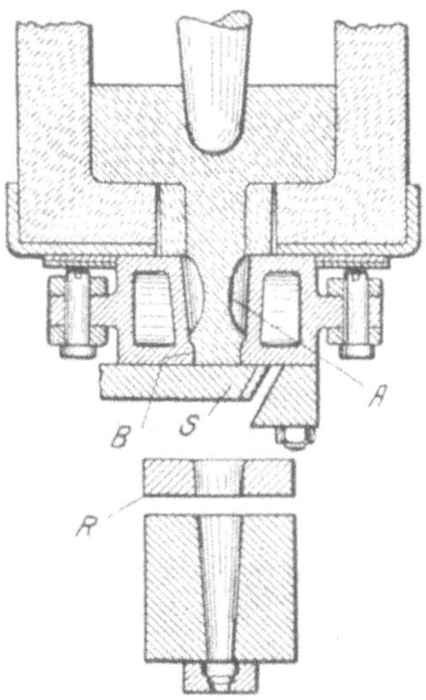

Abb. 626.

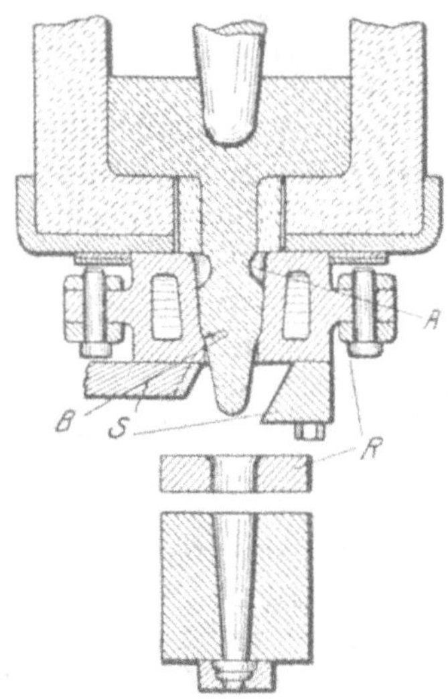

Abb. 627.

[1]) Brit. Pat. 15793 v. J. 1915, Am. Pat. 1215507.
[2]) D. R. P. 373750, Brit. Pat. 127996.

Postenzapfer.

Vorentwicklung. Der Gedanke, das geschmolzene Glas aus dem Ofen, statt es in einem flüssigen Strome allmählich in die Form einlaufen zu lassen, auf einmal in einem gedrungenen Klumpen einfallen zu lassen, den man in einer Stau-Vorrichtung sich ansammeln läßt, führte in logischer Weiterentwicklung zu der Erkenntnis, daß es überhaupt einen Abweg bedeutet, laufend-flüssiges Glas zur Verarbeitung zu benützen und zu zapfen, und leitete auf den graden, durch die Erfahrungen der Handarbeit gewiesenen Weg zurück, das Glas in zäherem, plastischem Zustande dem Ofen zu entnehmen. Damit wandelte sich das Problem insofern, als nun die Mittel unwichtig wurden, den ausfließenden Glasstrom zu unterbrechen, vielmehr an Mittel zu denken war, die Glasausströmung zu befördern und den zähen Glasteig aus dem Ofen auszustoßen. Dieser Gedanke, das Glas im Ofen so zäh werden zu lassen, daß die ganze Formbeschickung in einer Masse am Behälterauslaß angesammelt und durch Abschneiden auf einmal in die Form überführt werden kann, erweist sich in der Folge als außerordentlich fruchtbar und bedeutet nach einer langen Zeit des Tastens und Herumprobierens den Anfang einer befriedigenden Lösung des Speiser-Problems[1].)

Er erscheint z. B. verwirklicht in dem durch Abb. 621 u. 622 veranschaulichten Tucker-Reeves-Zapfer und in einem eigenartigen Speiser der Hartford-Fairmont Co. (Abb. 628), bei welchem in einer der Wanne angebauten Heizkammer eine aus der Wanne gespeiste schmale und lange Pfanne mit schnauzenartigem Überlauf am Ende aufgestellt ist, in welcher ein schaufelartiges Werkzeug hin und her geht und bei dem gegen die Schnauze gerichteten Stoße einen Glasposten aus der im Vergleich zum Pfannenrande tiefer eingeschnittenen Schnauze herausstößt. An einer abwärts zeigenden Lippe der Schnauze hängend wird der Posten abgeschnitten[2]). Einen andern Weg zeigte bei Speisern mit einem von innen gegen das Zapfloch zum Zwecke des Abschlusses geführten Kolben die Beobachtung, daß dieser Kolben, auch wenn er nicht in das Zapfloch eindringt und sich frei im Glasbade bewegt, bei der Schließbewegung das zähe Glas vor sich her und aus dem Zapfloch heraustreibt und so die Ansammlung des Glases in einen Klumpen begünstigt. Von großer praktischer Tragweite aber wurde diese Beobachtung erst durch die weitere, daß dieser frei im Glase vorstoßende Kolben zu richtiger Zeit einsetzend, ein fein abzustufendes, sehr erwünschtes Mittel liefert, die Gestalt des Glaspostens vorteilhaft zu beeinflussen, besonders wenn das Zapfloch nicht im ebenen Boden des Ofenvorbaus sich befindet, sondern in einer Boden-Vertiefung, in welche der Kolben mit Spielraum eindringt. Der zunächst unter dem Druck der Glasstandhöhe etwa mit dem Durchmesser des Zapfloches austretende Glasposten würde nämlich unter

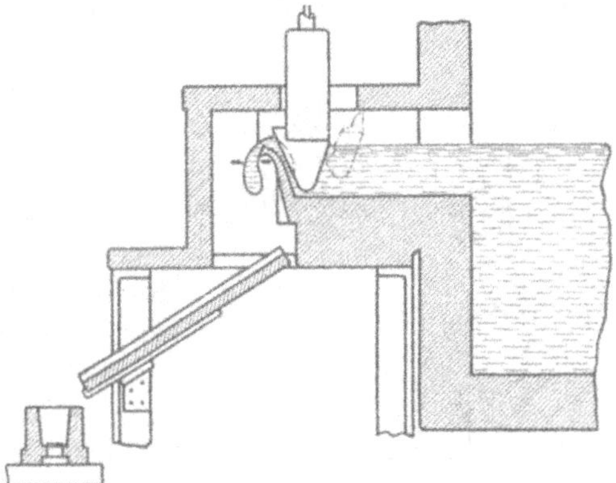

Aus Glast. Ber. 3, 93 (1925).
Abb. 628.

[1]) Die folgende Darstellung der stufenweisen Entwicklung des Zapfspeisers entspricht zwar im Wesentlichen auch dem historischen Verlauf. Die zur Erläuterung herangezogenen Beispiele sind aber keineswegs immer die, welchen die erfinderische Priorität für die erläuterte Idee zukommt. Diese erfinderischen Prioritäten sind z. Z. noch keineswegs zu übersehen.

[2]) Am. Pat. 1277254 von K. E. Peiler (für Hartford-Fairmont Co. angemeldet, Pat. 104506, 105672 und 161001.

dem Einflusse der Fallbeschleunigung sich schließlich oben ausziehen und dünner und dünner werden, so daß es zu einer Schwanzbildung mit den bei den Glasstromzapfern, mit fließendem Glasstrang, geschilderten Übeln käme. Setzt nun rechtzeitig der Kolbenstoß von innen gegen das Zapfloch ein, so erhöht er die Austrittsgeschwindigkeit der Glasmasse so, daß der Glasposten durchaus zylindrisch bleibt und mit einem stumpfen Ende abgeschnitten wird[1]). Ein ähnlicher, geistreich durchgeführter Gedanke steckt in dem Vorschlag von G. E. Howard, welcher in Abb. 629a bis e veranschaulicht ist. Hierbei wird aus einem Rohr *a*, welches im Zapfloch *b* oder ein wenig darunter mündet, mit Hilfe von Druckluft in den vom Zapfloch herabsackenden Glasposten Glas in solchem Verhältnis eingedrückt, daß der Postenquerschnitt trotz zunehmender Senk- oder Fallgeschwindigkeit erhalten bleibt (Abb. 629a—c). Hat der Posten die gewünschte Länge, so wird nun durch das Rohr das Glas zurückgesaugt, so daß eine Taille entsteht (Abb. 629d), durch welche ein Schnitt mit kleiner und glatter Narbe geführt werden kann. Nach dem Schnitt wird das abgekühlte Glas des Stumpfes in das Rohr *a* hineingesaugt und hier aufgewärmt (Abb. 629e) und dann noch weitere Glasmasse, bis im Rohr wieder eine zum „Einblasen“ in den nächsten Posten ausreichende Glasmenge angesammelt ist. Es kommt hier noch der Gedanke eines Zurückholens des Glases aus dem Zapfloch unmittelbar vor dem Abschneiden zu dem Ausstoßen während des Falles hinzu[2]).

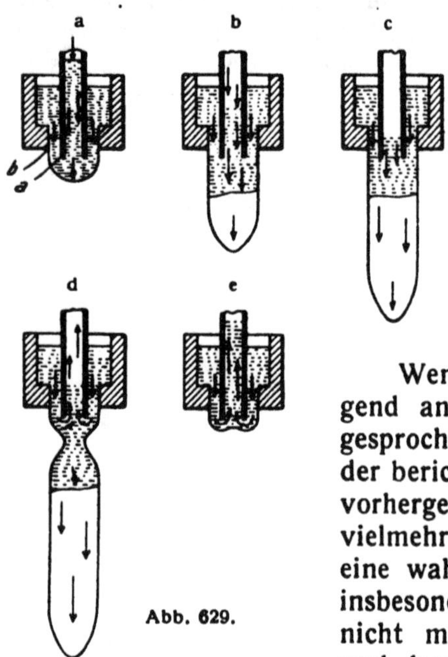

Abb. 629.

Wenn oben von einer mit dem Gedanken der hängend angesammelten Charge beginnenden Entwicklung gesprochen wurde, so ist damit nicht gemeint, daß jede der berichteten Verbesserungen sich aus der Kenntnis der vorhergehenden entwickelt hätte. In Wirklichkeit setzt vielmehr um 1914 aus Ursachen, die später erörtert werden, eine wahre Sintflut von Erfindungen betreffend Speiser, insbesondere Zapfer ein, und es ist gegenwärtig noch nicht möglich, den zeitlichen Rang dieser Erfindungen und den Einfluß früherer auf spätere ausreichend zu erkennen. Es bedeutet daher auch nicht die Feststellung eines solchen zeitlichen Ranges oder eines geistigen oder ursächlichen Zusammenhanges, wenn gesagt wird, daß der Zapfer der Hartford-Fairmont-Company, welcher zur Zeit der entwickeltste und praktisch erfolgreichste ist, und daher eingehender dargestellt wird, als eine äußerst glückliche Kombination bisher dargestellter Ideen erscheint.

In den zuletzt erwähnten Speisern zeigt sich eine neue Wandlung des technischen Problems. Es genügte nicht, eine ausreichende Glasmenge aus dem Ofen aus- und in die Form einströmen zu lassen. Auch war es noch eine rohe Lösung, einen irgendwie geformten Klumpen zäh-plastischen Glases aus dem Zapfloch ausquellen und in die Form hineinfallen zu lassen. Das Ziel wurde weiter gesteckt dahin, den Glasklumpen in seiner Gestalt so zu beeinflussen, daß er der Innengestalt der zu beschickenden Form möglichst entspricht. Daraus ergibt sich im Vergleich zur einfachen Klumpenbe-

[1]) Brit. Pat. 131586 von Tucker u. Reeves. (An die Stelle des Kolbenstoßes soll nach dieser Patentschrift u. U. ein auf den Glasspiegel wirkender Luftdruckstoß oder eine Erhöhung des Glasstandes über dem Zapfloch treten.)

[2]) Am. Pat. 1315668. Der Erfinder, dessen Zapfer praktisch erprobt wird, hat diesen Gedanken später zugunsten eines Kolbens wieder fallen lassen.

schickung die Möglichkeit, das Glas bereits in einer die Formung begünstigenden räumlichen Verteilung in die Form zu bringen, die Berührung des „Postens" (im Gegensatz zum regellosen Klumpen) mit der Form möglichst gleichzeitig an seiner ganzen Umfläche stattfinden zu lassen und dadurch die Gleichmäßigkeit der Temperatur und Zähigkeit des Postens zu erhalten. Tatsächlich erschließen diese „Postenspeiser" der Speisemaschine auch das Gebiet der enghalsigen Glashohlkörper oder Flaschen, während die Klumpenspeiser praktisch sich nur für gepreßte und weithalsige Preßblaseware bewährt haben. Die Klumpenspeisung aber stellte gegenüber der „Strom"-Speisung schon einen Fortschritt insofern dar, als das Sichaufringeln des Stromes in der Form, somit Luftblasen und Rampenbildung wegfällt, die Glastemperatur frei von der Rücksicht auf die Fließbarkeit durchaus der der zu speisenden Maschine angepaßt und das schwerbewegliche Glas leichter als flüssiges in gleiche Gewichtsmengen abgeteilt werden kann, daß ferner durch den im Vergleich zum Glasfluß kühleren Klumpen Schere und Form weniger erhitzt und die Erstarrung des Glases in der Form beschleunigt und die Arbeitsgeschwindigkeit erhöht wird.

Hartford-Fairmont-Speiser. Die Mittel, mit welchen bei dem Speiser der Hartford-Fairmont-Company (im folgenden kurz H. F. Speiser genannt)[1]) das Problem gelöst wird, sind, zum Teil wenigstens, in den Abb. 630—633 schematisch in ihrer Wirkungsweise veranschaulicht. Sie bestehen in einem Schamottenapf *a* von mäßiger Höhe, der in später zu beschreibender Weise für jede Abgabe eines Postens neu mit Glas beschickt wird. Die Bodenöffnung wird durch einen Ring *b* gebildet, der leicht gegen andere verschiedener Weite ausgewechselt werden kann. In diesem Napf bewegt sich ein Kolben (Treiber) *c* so auf und ab, daß er in der tiefsten Stellung durch die Bodenöffnung des Napfes ein wenig heraustritt und in der höchsten immer noch eingetaucht ist. Der Kolben stößt das Glas abwärts vor sich her oder nimmt es aufsteigend in die Napföffnung zurück, letzteres allerdings nur durch Adhäsion an seiner Oberfläche. Die Form der Kolbenspitze und die Weite der Bodenöffnung werden je nach der zu erzielenden Postenform verschieden gewählt. Die Kolbenbewegung wird durch ein selbsttätiges Getriebe bewirkt, welches so verstellt werden kann, daß die Länge und der Ort des Kolbenhubes nach Wunsch verändert werden können. Der Ort des Hubes, d. h. die Höhenlage der Umkehrpunkte des Hubes zur Napföffnung *b* kann während des Ganges der Maschine verändert werden. Durch das Maschinengetriebe wird ferner eine Schere *d* mit 2 Klingen bewegt, deren Bewegung so verändert werden kann, und zwar während des Ganges der Maschine, daß der zwischen den Klingen gefaßte Glasstrang rascher oder langsamer durchschnitten, also kürzere oder längere Zeit zwischen den Klingen eingeklemmt bleibt. Außerdem kann das Getriebe für den Treiber *b* während des Ganges der Maschine so verstellt werden, daß der Takt der Treiberbewegung im Verhältnis zum Scherenschnitt geändert werden kann. Es kann dabei im Verhältnis zum Scherenschnitt sowohl der Treiber-Aufwärtshub als auch der Abwärtshub zeitlich verlegt werden, entweder beide um gleiche Beträge, so daß die Dauer der Pause zwischen beiden in der tiefsten Treiberstellung gleich bleibt und nur zeitlich verschoben wird oder jeder Hub für sich, so daß die Pause geändert wird und außerdem nach Bedarf im Verhältnis zum Scherenschnitt zeitlich verschoben werden kann. Ganz besonders wichtig ist die Einstellung des Zeitabstandes zwischen dem Schnitt und dem Wiederaufsteigen des Treibers aus der tiefsten Lage. Durch Auswechslung der die Treiberbewegung steuernden Daumen kann auch das Gesetz der Bewegung selbst (Wechsel und Maß von gleichförmiger, beschleunigter, verzögerter Bewegung oder Stillstand) verändert werden. Alle Einstellungen sind an Skalen genau ablesbar. Durch diese Fülle von Anpassungen ergibt sich eine ganz außer-

[1]) Die Firma ist später in Hartford-Empire Co. umgewandelt worden.

ordentliche Mannigfaltigkeit von Einwirkungen auf die Gestalt des austretenden Glaspostens durch Weite der Bodenöffnung, Treiber-Bewegung und -Gestalt und Scherenbewegung, von denen die Abb. 630—633 einige Beispiele zeigen, aus denen auch die je nach der Postengestalt verschieden gewählte Weite des Ausflußringes erkennbar ist.

Es erläutern zunächst die Abb. 630a—e die Bildung eines Postens, welcher für eine Flaschenblasemaschine mit kippbarer Vorform bestimmt ist. Bei 630a rastet der Treiber in höchster Stellung, das Glas tritt von selbst aus. Dann geht der Treiber herab, etwas weiter als in Abb. 630b gezeigt, wobei

Abb. 630a.

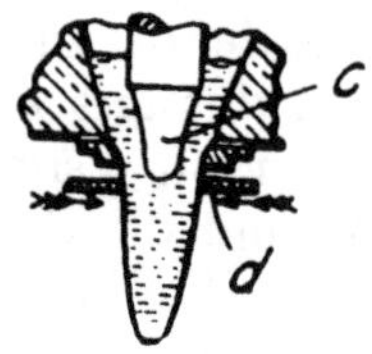

Abb. 630b.

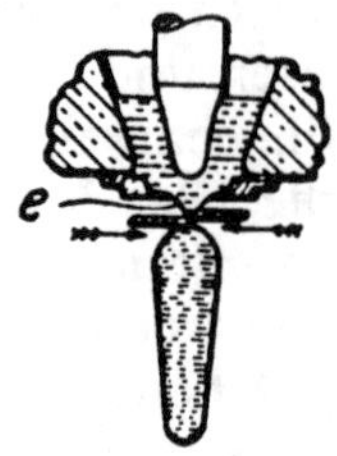

Abb. 630c.

Abb. 630d.

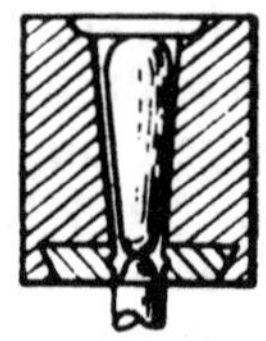
Abb. 630e.

er soviel Glas ausstößt, daß der hängende Posten oben sich nicht dünner auszieht, sondern im Gegenteil nach oben dicker wird. Die Scherenblätter erreichen den Posten, sobald der Treiber wieder aufsteigend aus ihrem Bereich gekommen ist (Abb. 630b) und klemmen und schneiden ihn, während der Treiber weiter ansteigt und das Glas über der Schere aufwärts zieht, so daß es zu einer Spitze *e* ausgezogen wird (Abb. 630c) welche darauf ein wenig in die Bodenöffnung zurückgezogen sich aufwärmt und zum unteren Ende des neuen Postens rundet (Abb. 630d). Der abgeschnittene umgekehrt kegelige Posten füllt die Vorform bis zum Mundstücksdorn gleichmäßig aus (Abb. 630e).

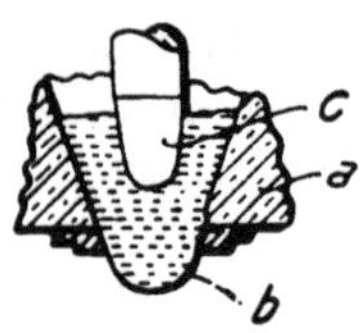

Abb. 631 a.

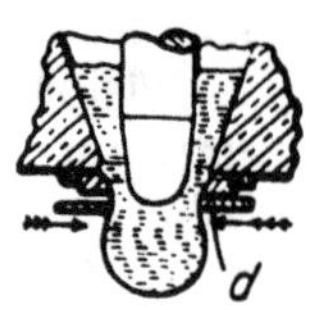

Abb. 631 b.

Abb. 631 c.

Abb. 631 d.

Abb. 631 e.

In Abb. 631 handelt es sich um die Beschickung einer Preßform. Ein Treiber mit stumpfer, dicker Spitze und eine Napföffnung von größerem Durchmesser als in Abb. 630 wirken mit der dicht an die Napföffnung gerückten Schere so zusammen, daß beim raschen Niedergang aus der höchsten Stellung (Abb. 631 a) in die tiefste (Abb. 631 b) ein rundlicher Glasklumpen ausgestoßen wird. Sowie diese tiefste Lage erreicht ist, fassen die Scherenklingen *d* am Posten an, bevor er sich in die Länge ziehen kann. Der Treiber geht ohne Stillstand sofort wieder hoch, und da der Scherenschnitt sehr rasch ausgeführt wird, so wird auch der Stumpf über der Schere durch den Treiber nicht ausgezogen (Abb. 631 c), es bildet sich vielmehr in der Napföffnung eine stumpfe Rundung (Abb. 631 d) als Anfang des nächsten Postens, während in die Form ein kugliger Posten fällt (Abb. 631 e).

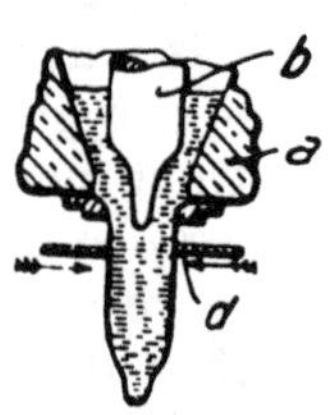

Abb. 632a.

Abb. 632b.

Abb. 632c.

Abb. 632 bezieht sich auf die Herstellung einer Schulterflasche in einer Kippmaschine. Die Napföffnung ist etwa dieselbe wie bei Abb. 630, aber der Treiber hat eine längere, dünne Spitze und die Schere liegt in größerem Abstande unter der Öffnung als bei Abb. 630. Der Treiber geht so nieder, daß er lediglich mit einer zur Aufrechterhaltung des Posten-Körperdurchmessers ausreichenden zusätzlichen Glasmenge dem natürlichen Flusse nachhilft (Abb. 632a). Entsprechend dem größeren Scherenabstande bildet sich ein längerer Stumpf, welcher, da der Scherenschnitt gemächlich, und während der Treiber in die Höhe geht, ausgeführt wird, zu einem zylindrischen Halsstück ausgezogen wird (Abbildung 632b), das sich ein wenig verlängert, bevor der Treiber wieder niedergeht. so daß der Posten gemäß Abb. 632c entsteht.

Abb. 633 bezieht sich auf die Herstellung einer weithalsigen Flasche in einer Kippmaschine. Um diesen Posten herzustellen, der sich von dem in Abb. 632c gezeigten durch das Fehlen des Halsstückes unterscheidet, wird die Schere näher an die Napföffnung herangedrückt und auf raschen Schnitt eingestellt. Der Treiber hat eine stumpfere Spitze und bewegt sich während des Schneidens langsamer aufwärts. Es entsteht so das stumpfe Ende gemäß Abb. 633.

Da u. U. das dem Napfe zugeleitete Glas in dem zuleitenden Herde an der Wand kühler geworden ist als in der Mitte und so das ausgetriebene Glas ungleich wird, hat man mischende Einrichtungen vorgeschlagen. W. T. Miller hat dem Dorn bei einigen seiner Speiser neuerdings eine Drehung gegeben, während nach einem Vorschlage der Owens Bottle Co. der Napf vom Vorherd getrennt, durch einen Überlauf aus dem Vorherd gespeist und dauernd gedreht wird, so daß ungleiches Glas im Napf ringsum verteilt und wieder homogen wird.

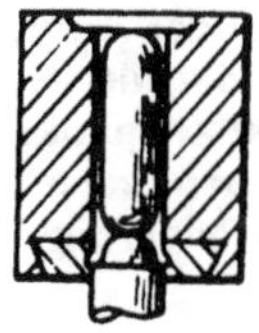

Abb. 633.

In dieser, nur mit einem Kolben (needle) arbeitenden Form ist der H. F.-Speiser in allerdings mäßigem Umfange in die Praxis als Einzel-Speiser (single feeder) eingeführt worden. Da seine Arbeitsgeschwindigkeit aber mäßig ist, hat er eine weitere rascher arbeitende Ausbildung erfahren zu einem mehrere Arbeitsstellen versorgenden Mehrfach-Speiser (multiple feeder). Der die Verbesserung ermöglichende Gedanke ist folgender:

Die Kraft, welche bei den an Abb. 630—633 erläuterten Vorgängen im allgemeinen den Austritt des Glases aus der Napföffnung bewirkt, ist die Schwerkraft oder der hydrostatische Druck der über der Öffnung stehenden Säule geschmolzenen Glases, und diese Kraft ist dabei der Einfachheit halber zunächst als gleichbleibend vorausgesetzt worden. Es ist aber klar, daß Schwankungen des Glasstandes über der Napföffnung die Ausströmungsgeschwindigkeit beeinflussen müssen, und solche Schwankungen werden bei dem H. F.-Speiser nicht nur nicht vermieden[1]), sondern im Gegenteil als ein weiteres Mittel zur Beeinflussung der Postengestalt in Zusammenwirkung mit den eben erläuterten benützt. Diese Ausnützung von absichtlichen Glasstandschwankungen ist schon früher versucht worden, indem man das Glas aus dem Ofen in den zur Entnahme dienenden Vorherd einsaugte oder ausdrückte. Aber da diese Methode luftdicht abgeschlossene Räume verlangt und die Drucke auch von den Temperaturen abhängen, so dürften rasch aufeinanderfolgende und genau abzustufende Glasstand- und Druckschwankungen auf diese Weise kaum zu erhalten sein. Das bei dem H. F.-Speiser verwendete Mittel ist hierzu sehr geeignet und besteht in der in den Abb. 634 u. 635 veranschaulichten Einrichtung[2]), von welcher die schon früher (S. 693) in anderem Zusammenhange erwähnte schwingende Schaufel den wesentlichen Bestandteil bildet.

Hierbei ist zunächst, wie bei den neueren Zapfern üblich, an die Wanne ein Vorherd *b* von erheblich geringerer Tiefe angeschlossen, in welchen das unbrauchbare Bodenglas der Wanne nicht eintreten kann. Er hat die Gestalt einer länglichen schmalen Rinne, an deren äußeres Ende sich der in den Abb. 630—632 schematisch dargestellte Napf *a* dergestalt anschließt, daß beide durch einen Damm *c* getrennt sind, der für gewöhnlich den Glasspiegel in der Rinne *b* überragt, aber tiefer als die Seitenwände der Rinne liegt, also einem Einschnitt in der Stirnwand der Rinne entspricht. In der Rinne schwingt die Schaufel *d* aus Schamotte so hin und her, daß ihr unteres Ende die durch eine Pfeillinie bezeichnete Bahn beschreibt, also am Ende der Vorwärtsschwingung (nach links in der Abbildung) sich hebt, in höherer Lage zurückgeht und am Ende der Rückwärtsschwingung sich senkt, wobei sie, wie die Abb. 634 u. 635 veranschaulichen, aufeinander folgende Wellen geschmolzenen Glases über den Damm *c* wirft und abwechselnde Hebungen und Senkungen der Glasstandshöhe im Napf bewirkt. Diese Schaufelbewegung läßt sich durch geeignete Mechanismen im Raume in dreifacher Weise und außerdem in der Zeit verändern. Zunächst läßt sich die Schwingungsweite und die Eintauchtiefe der Schaufel verstellen, deren Vermehrung, wie leicht einzusehen, die bei jeder Schaufelschwingung in den Napf gestoßene Glasmenge und damit die Postengröße vermehrt und umgekehrt. Die Einstellung der Schwingungsweite wird benützt, um die Fördermenge im groben zu verändern, während die Veränderung der Eintauchtiefe zur Fein-

---

[1]) Howard dagegen sieht bei seiner letzten Zapferkonstruktion (Brit. Pat. 174097 und 174311) eine Einrichtung zur genauen Konstanterhaltung des Glasstandes über der Zapföffnung vor.

[2]) Brit. Pat. 142786.

einstellung der Menge benützt wird. Drittens läßt sich der Schwingungsort längs der Rinne verschieben. Arbeitet die Schaufel näher dem Damme, so gibt es starke und rasche Höhenschwankungen des Glases im Napf, was die Bildung eines kurzen, breiten Postens (s. Abb. 631) begünstigt. Schwingt die Schaufel ferner vom Damm, so gibt es geringere und allmählicher verlaufende Höhenschwankungen im Napf, welche die Bildung eines längeren und schmäleren, also zylindrischen Postens bedingen. Endlich läßt sich der Zeitpunkt der Schwingung in bezug auf den Takt der Schere und des Treibers zeitlich verlegen, so daß der Scherenschnitt kürzere oder längere Zeit nach dem Schaufelvorstoß erfolgt. Rückt man den Zeitpunkt des Schaufelvorstoßes vor, so gewinnt der ausgetriebene Posten Zeit, sich bis zum Schnitt zu strecken. Im umgekehrten Falle erhält man einen kürzeren und gedrungeneren Posten. Alle diese Veränderungen lassen sich während des Ganges der Maschine machen.

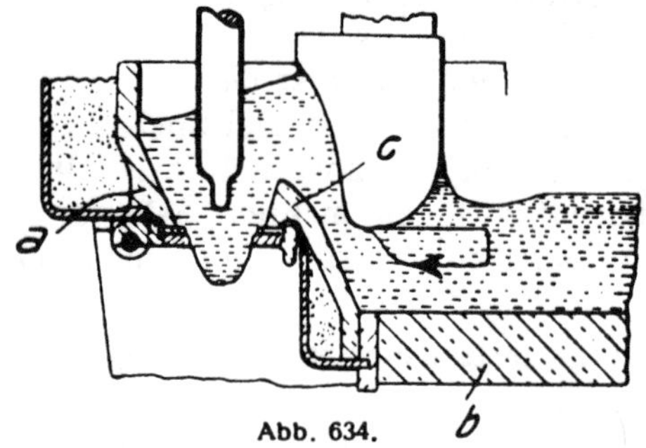

Abb. 634.

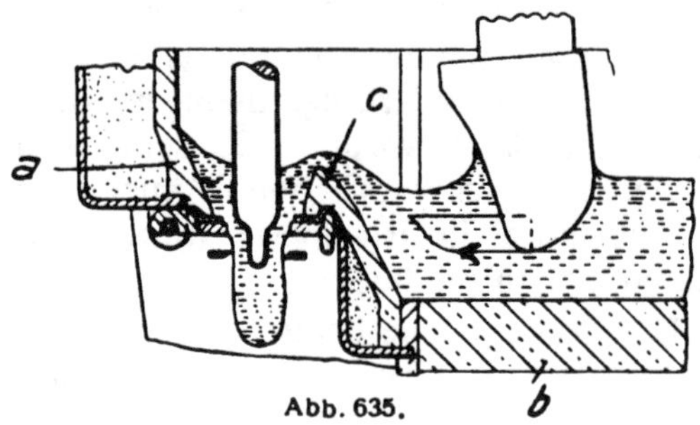

Abb. 635.

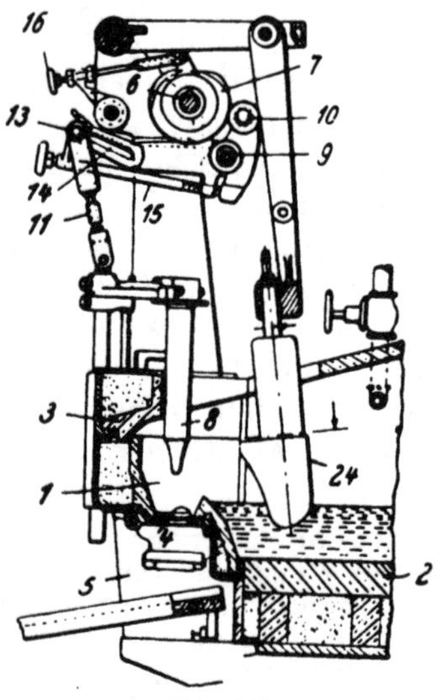

Abb. 636.

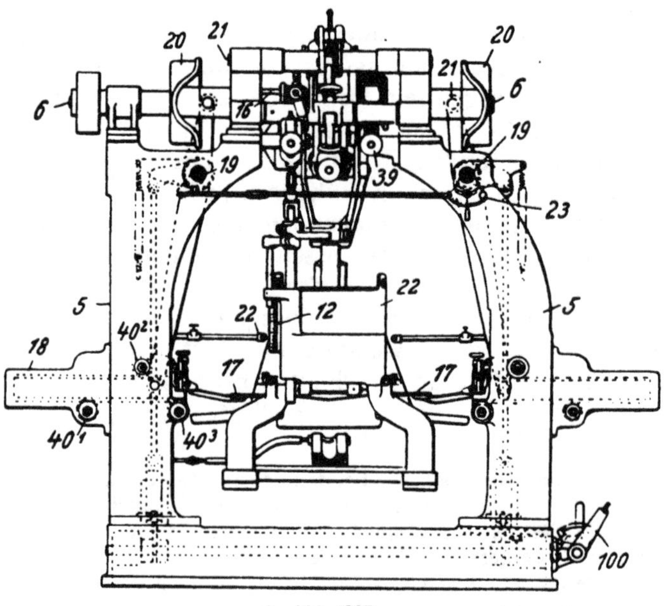

Abb. 637.

Es ist zu beachten, daß die geschilderte Einrichtung in sinnreicher Weise ermöglicht, in dem Napf einen verhältnismäßig niedrigen mittleren Glasstand in aufs feinste regelbarer Höhe aufrechtzuerhalten, ohne daß die Gefahr einer unberechenbaren ungleichen Abkühlung des Glases im Napf dringend wird, da das Glas in größerer Menge auf einmal und unter lebhafter Bewegung in den Napf gelangt. Der niedrige mittlere Stand macht, daß im Verhältnis zu dem entsprechenden niedrigen hydrostatischen Druck die Wirkung des Treibkolbens auf die Napföffnung stärker wirksam wird, also die Formung des Postens stärker beeinflussen kann, als wenn eine hohe Glassäule über der Napföffnung stünde.

Die Abb. 636 und 640 sind Längsteilschnitte, die Abb. 637 eine Vorderansicht der ganzen Maschine. Ein auf der Grundplatte stehender Unterbau aus einer Konsole und davon aufsteigenden Säulen trägt den bereits oben eingehend beschriebenen Napf 1, Abb. 636 (*a* in Abb. 630 und 631), und hält ihn gegen das Ende der in freier Verbindung mit dem Glasraum der Wanne stehenden Rinne 2 von mäßiger Tiefe. Der Napf sowohl wie der aufliegende geschlitzte Deckel 3 sind umgeben von einer dicken Schicht wärmesperrender Masse, zusammengehalten durch einen Blechmantel. Die Napföffnung wird durch einen Ring 4 gebildet, der durch eine an der Eisenbewehrung des Napfes gelenkig befestigte eiserne Brille an die Napfunterseite angedrückt wird und so leicht ausgewechselt werden kann.

Das Getriebe zur Bewegung von Treiber, Schaufel und Schere sitzt an einem auf der Grundplatte sich erhebendem Joch 5 (Abb. 637). Die Hauptwelle 6 trägt die Riemenscheibe und die zur Bewegung der genannten Werkzeuge dienenden Daumenscheiben, zunächst die zusammengesetzte Scheibe 7 (Abb. 636) für den auswechselbaren Treiber 8 aus feuerfester Masse mit Metallseele. Dieser wird durch einen um den Punkt 9 schwingenden Winkelhebel, Lenker und Gradführung unter der Wirkung der Daumenscheibe gegen die Rolle 10 am Winkelhebel auf und ab bewegt. Er kann genau zur Napföffnung zentriert und mit der Spannmutter 11 (Abb. 636) des Lenkers in der Höhe eingestellt werden, unter Ablesung an einer Skala 12 (Abb. 637). Verstellt man den Gelenkpunkt 13 längs eines Schlitzes 14 mit Skala, so verändert man den Schwingungsradius des Punktes 13, also die Hubgröße des Treibers. Die Schenkel des um 9 schwingenden Winkelhebels mit den Endpunkten 10 und 13 lassen sich in verschiedenen Winkeln zueinander einstellen, unter Verlegung des Hubortes der Höhe nach, wenn man die mit Handrad versehene Schraubenspindel 15 dreht, was während des Ganges der Maschine möglich ist.

Die Daumenscheibe 7 zur Auf- und Abbewegung des Treibers ist, wie Abb. 638 zeigt, mit zwei auswechselbaren und im Winkel verstellbaren Daumen für Auf- und Abbewegung versehen, zwischen denen ein dem Treiberstillstand in unterster Stellung entsprechender skalierter Scheibenteil liegt. Die Daumenscheibe kann während des Ganges der Maschine zur Hauptwelle 6 gedreht werden und zwar durch das Handrad 16 (Abb. 636). Mit diesem kann eine Büchse um die Hauptwelle gedreht werden, deren radial stehender Zapfen ein Kegelrad trägt, das einerseits in ein auf der Welle festes, anderseits ein mit der Daumenscheibe verbundenes Kegelrad eingreift. Durch diese Verstellung der Daumenscheibe wird der Treiberhub im Takte der Maschine zeitlich vor- oder zurückverlegt [1]).

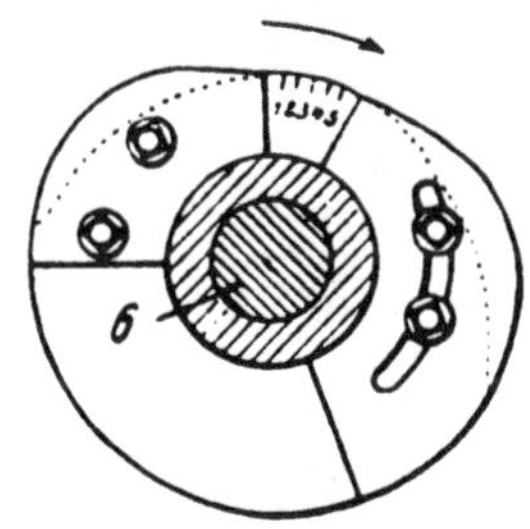

Abb. 638.

Die Scherklingen 17 (Abb. 637) sind in drei aufeinander senkrechten Richtungen zueinander und zur Napföffnung justierbar, und werden in Gradführungen 18 durch zwei 2armige Hebel hin- und herbewegt, welche um die Punkte 19 des Joches 5 unter dem Einfluß von Kurvenscheiben 20 schwingen. Die oberen Hebelenden 21 werden federnd gegen die Daumenscheiben angedrückt und können von ihnen durch ein Sperrhebelwerk 100 abgerückt werden, um die Schere stillzusetzen. In der äußersten Stellung werden die Scherblätter jedesmal aus Düsen 22 angespritzt zwecks Kühlung. Die Drehzapfen 19 der Scherenhebel sind im Maschinenjoch in exzentrischen Büchsen gelagert, deren Drehung mittels des Handgriffes 23 (Abb. 637 rechts) die Drehpunkte unter Kontrolle durch eine Skala einander nähert oder entfernt. Das hat zur Folge, daß die oberen Hebelenden zur Zeit des Scherenschnittes je nach dem Abstand der Drehpunkte verschiedenen Teilen der Steuerkurve anliegen, welche eine verschiedene Schnittgeschwindigkeit ergeben. Der Zweck hiervon wurde oben erläutert.

Der Schermechanismus hat gegen den ersten Entwurf eine verbesserte Form insofern erhalten, als die Scherblätter in dem Augenblicke, in welchem sie am hängenden Glastropfen anfassen, eine blitzschnelle Bewegung nach unten machen, so daß sie mit dem durchschnittenen Glase über der Schneide nur einen Augenblick in Berührung sind und ihm dann nach unten vorauseilen [2]). Dies vermindert die Abkühlung des Stumpfes (welcher die in die Kopfform fallende untere Spitze des nächsten Postens bildet) und die Erhitzung der Scherblätter außerordentlich.

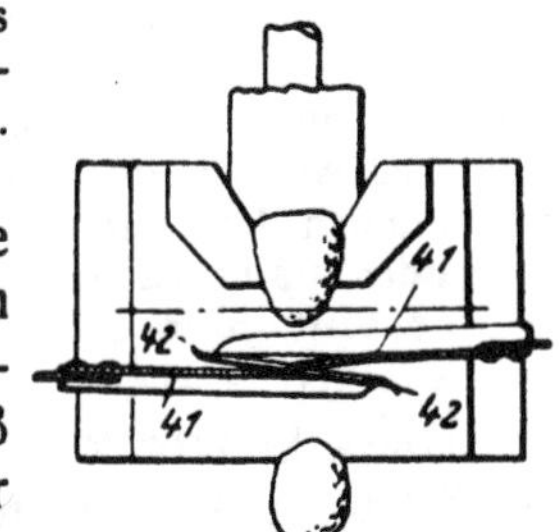

Abb. 639.

Um diese Bewegung zu erzielen, sind die den Schaft der Scherblätter gerade führenden beiden inneren Rollen 40^2 und 40^3 (Abb. 637) senkrecht beweglich, derart, daß die obere von beiden 40^2 ständig federnd nach unten gedrückt und die untere 40^3 im geeigneten Augenblick durch ein von der Hauptwelle 6 angetriebenes Gestänge blitzschnell gesenkt wird. Die Schneiden der schwach rinnenförmigen Scherblätter 41 sind <-förmig, so daß sie zuerst mit den äußersten Ecken 42 (Abb. 639), welche etwas

[1]) Brit. Pat. 142786. Eine etwas andre, noch anpassungsfähigere Einrichtung ist im Brit. Pat. 142785 angegeben.

[2]) Brit. Pat. 146617.

voneinander hinweg gebogen sind, übereinandergreifen und das Glas in ihren Buchten fangen. Die ein wenig federnden und nach innen und abwärts geneigten Scherblätter schleifen dabei dicht aufeinander. Abb. 639 zeigt die Stellung nach vollendetem Schnitt. Damit beide Scherblätter immer normal zu der durch ihre Mittellinie gedachten senkrechten Ebene stehen, kann die obere Rolle 40^2 in Richtung ihrer Drehungsachse verstellt werden. Da sie als Spurrolle ausgebildet ist und die obere Kante des Scherblattschaftes beiderseits übergreift, so hat diese Verstellung eine Drehung des Scherblattes um die Längsmittellinie zur Folge.

Das Getriebe für die Schaufel zeigt Abb. 640. Die Schaufel 24 (Abb. 636) besteht aus mehreren Schamotteabschnitten, welche durch ein inneres Luftkühlrohr zusammengehalten und leicht lösbar an einem hin und herschwingenden Hebel 25 (Abb. 640) befestigt sind. Damit die Schaufel die in Abb. 634 und 635 veranschaulichte Bewegung machen kann, schwingt der Drehpunkt 26 des Hebels 25 auch seinerseits, und zwar auf und ab, um den Punkt 27. Beide Schwingungen werden durch auf der Hauptwelle 6 sitzende Daumenscheiben bewirkt, die Auf- und Abschwingung durch die gegen die Rolle 28 wirkende Scheibe. Die wagerechte Schwingung wird durch zwei andere Scheiben veranlaßt, welche gegen die Rollen 29 und 30 an den Enden eines um 31 schwingenden Winkelhebels wirken. Mit diesem Winkelhebel ist die Schaufel durch eine Schubstange 32 verbunden, und zwar mit Hilfe zwischengeschalteter Federn 33 nach beiden Richtungen nachgiebig. Die Schubstange ist mit dem Winkelhebel am Punkte 34 verbunden, welcher den Scheitel eines mit dem Hebel ein Ganzes bildenden Gelenk-Dreiecks bildet, dessen eine Seite 36 durch das Handrad 37 in seiner Länge verändert werden kann, unter Kontrolle durch eine Skala, und mit dem Erfolge, daß der Schwingungsradius des Punktes 34 um den Punkt 31, also auch seine Schwingungsweite und in gleichem Maße die Schwingungsweite der Schaufel verändert werden kann.

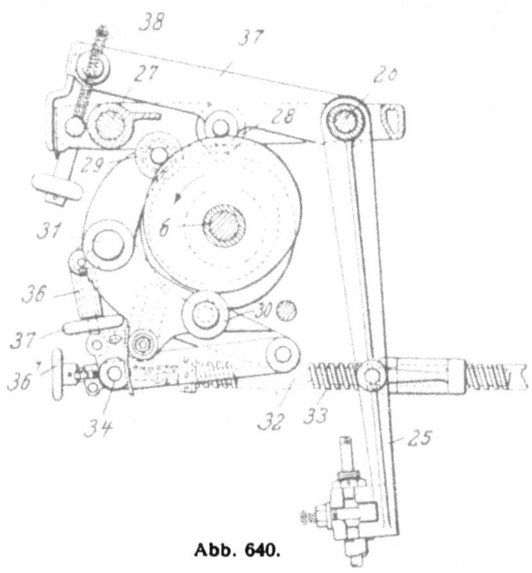

Abb. 640.

Der Ort der wagerechten Schaufelschwingung kann verlegt werden, indem man die schon erwähnte mit Schraubengewinde versehene Schubstange 32 durch Drehung am Handrad 36^1 gegen den Punkt 34 in ihrer Längsrichtung verschiebt, unter Kontrolle durch eine Skala.

Die die Höhenlage der Schaufel bestimmende Daumenrolle 28 sitzt an einem Hebel 37, welcher mit seinem Schwingungspunkt 27 nicht unmittelbar, sondern durch eine Schraubenspindel 38 starr verbunden ist. Dreht man das unten an dieser Spindel sitzende Handrad, so wird der Punkt 26, also auch die Schaufel, gehoben oder gesenkt. Auch für diese Bewegung ist eine Skala vorhanden. Endlich kann die Schaufelschwingung im Takte der Maschine zeitlich vor- oder zurückgeschoben werden, und zwar durch einen mit dem Handrad 39 (Abb. 637) angetriebenen Mechanismus, ähnlich dem zur zeitlichen Verschiebung der Treiberbewegung, wodurch die die Schaufel 3 steuernden Daumenscheiben als ein Ganzes zur Hauptwelle 6 gedreht werden.

Die Wirkungen der eben erläuterten Regulationen an der Schaufel auf die Postengestalt sind oben erläutert worden.

Diese konstruktiv bewunderungswürdig durchgearbeitete Maschine ist aufs eingehendste praktisch durchgeprobt, und die so ermittelten Zusammenhänge zwischen den Einstellungen der verschiedenen Mechanismen und ihrem Einflusse auf Gestalt und Größe des abgelieferten Postens sind auf Grund der Skalenangaben zu eingehend durchgearbeiteten Tabellen zusammengestellt, welche also die richtige Einstellung der Maschine für jede Postengestalt und -größe ohne weiteres ermöglichen.

Mit dem Hartford-Fairmont-Speiser vom Zapfer-Typ ist die Entwicklung der Speiser derjenigen der Pressen und Glasblasemaschinen insofern vorausgeeilt, als der Speiser die Glasposten mit solcher Geschwindigkeit aufeinander folgen lassen kann; daß keine der zur Zeit vorhandenen Formmaschinen nachkommen kann, vielmehr bis zu vier solcher Maschinen an einen Speiser, um ihn voll auszunützen, angeschlossen werden können. Es zeigt sich hier die neue Aufgabe, Formmaschinen zu bauen, welche so rasch arbeiten, daß möglichst eine einzige mit dem Speiser Schritt halten kann. Natürlich kann man den Speiser auch so langsam laufen lassen, wie zur Speisung nur einer Maschine nötig ist, was aber nur zweckmäßig wäre, wenn verschiedene Artikel in kleineren Mengen erzeugt werden sollen. Für die Massenproduktion verteilt man die vom Zapfer in rascher Folge gelieferten Posten auf mehrere Formmaschinen mit Hilfe einer schwingenden Rinne *a*.

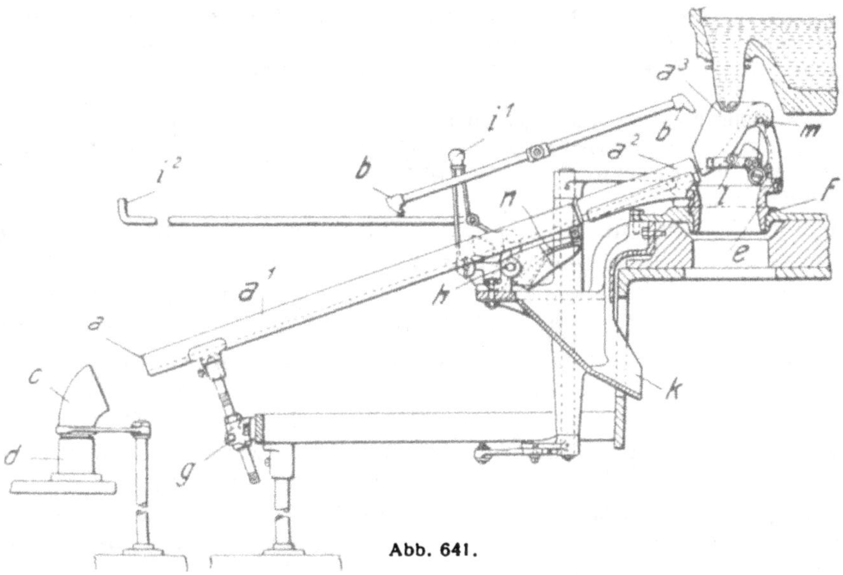

Abb. 641.

Diese in Abb. 641, aus drei hintereinanderfolgenden Abschnitten bestehende eiserne Rinne wird aus Zerstäubern *b* fortwährend mit Wasser oder Öl benetzt, welches in Berührung mit dem darüber gleitenden glühenden Glasposten eine Dampfschicht bildet, auf der wie auf einem Schmiermittel der Posten, ohne Wärme an die Rinne zu verlieren, mit großer Geschwindigkeit herabschießt und durch den Trichter *c* in die auf dem Drehtisch der Formmaschine stehende Form *d* umgelenkt wird[1]).

Die innere Wandkrümmung des Trichters entspricht im senkrechten Schnitt möglichst genau der Fallkurve des Postens und im wagerechten Schnitt dem Querschnitt des Postens. Außerdem wird diese Innenfläche durch eine am oberen Rande befindliche Schmierbüchse mit Öl geschmiert, alles zu dem Zweck, dem Posten die im Speiser erzeugte Gestalt zu erhalten[2]). Zu demselben Zweck ist auch der Rinnenquerschnitt dem Postenquerschnitte angepaßt.

Handelt es sich um die Speisung von Formmaschinen mit absetzend gedrehtem Formtisch, z. B. von 2 Maschinen, so ist für jede Maschine ein ortsfester unterster Rinnenabschnitt a^1 vorhanden (s. auch Abb. 642), im Gefälle einstellbar, und eine gemeinschaftliche aus zwei Abschnitten a^2 und a^3 bestehende schwingende Verteilerrinne, welche mit einem hohlzylinderischen Fuße *e* in einem am Speisergerüst befestigten Ringlager *f* sich drehen kann. Die seitliche Schwingung, welche diese Verteilerrinne abwechselnd mit jeder der ortsfesten Rinnen a^1 achsengleich einstellt, wird durch eine mit dem Getriebe des Speisers gekuppelte Steuermaschine

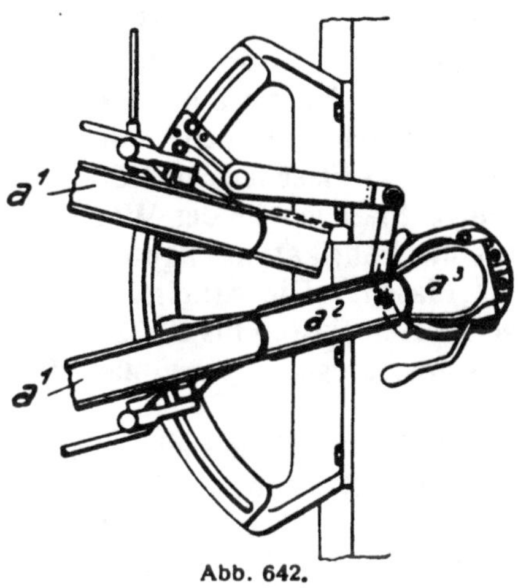

Abb. 642.

[1]) Franz. Pat. 506458; nach einer früheren Konstruktion war die Eisenrinne mit Schamotte ausgekleidet, die vom oberen Rinnende her mit Wasser berieselt wurde. Brit. Pat. 104605.

[2]) Bei einer verbesserten Konstruktion ist nur die linke Hälfte des Trichters vorhanden und der obere Teil zur Basis einstellbar (Brit. Pat. 154861).

erzeugt, welche zugleich die abwechselnden Teildrehungen der Formtische im richtigen Takte steuert, etwa mit Hilfe von Druckluftverbindungen[1]).

Vorkehrung ist getroffen, um bei Störungen der ganzen Maschineneinheit entweder eine oder alle Formmaschinen anhalten zu können, ohne den Fluß des Glases aus der Bodenöffnung des Speisernapfes stoppen zu müssen, was das empfindliche Wärmegleichgewicht darin stören könnte. Soll eine einzelne Maschine angehalten werden, so wird die ortsfeste Rinne a^1 (Abb. 641) mit dem oberen Ende emporgeschwungen, und zwar um den Punkt g als Drehpunkt, indem ein das oberste Rinnenende mit dem Punkte h verbindender und um h schwingbarer Lenker n mit Hilfe des Handgriffs i^1 oder der bis zur Formmaschine reichenden Zugstange i^2 in senkrechte Lage aufgerichtet wird. Gegen die in Abb. 641 untere, konkave Fläche des Lenkers treffen nun die aus der Verteilerrinne kommenden Posten, so daß sie in den Abfallschacht k abgelenkt werden.

Sollen alle Maschinen gleichzeitig angehalten werden, so schlägt man eine Stütze l weg, welche den obersten Verteilerabschnitt a^2, welcher um m schwingt, in der gezeichneten Lage erhält. Er fällt darauf in den senkrechten Hang, so daß die Glasposten sämtlich durch den hohlzylindrischen Fuß e ebenfalls in die Abfallgrube fallen.

Handelt es sich um die Speisung von Formmaschinen mit ununterbrochen gedrehtem Formtisch, so läßt man die festen Rinnenabschnitte a^1 unter Verlängerung der schwingenden Rinne a^2 weg. Deren unteres Ende geht dann während der Ablieferung des Postens mit den Formen mit, und zwar, wenn es sich um die Versorgung zweier Maschinen handelt, abwechselnd mit einer Form der einen und dann der anderen Maschine. Da die schwingende Rinne nicht zu lang werden darf, ist diese Anordnung nur dann zweckmäßig, wenn die Formmaschinen dicht an den Speiser herangerückt werden können. Andernfalls und ferner bei mehr als zwei ununterbrochen gedrehten Formtischen werden die untersten Rinnenabschnitte a^1 um ihr oberes Ende so in seitlicher Richtung drehbar gemacht, daß das untere Ende eine seitliche Schwingung machen und mit der Form während der Postenablieferung mitgehen kann. Dieses untere Ende wird dabei von einem Hebelwerk unterstützt, welches durch eine am Formentisch angebrachte Daumenkurve so gesteuert wird, daß das Rinnenende jede Form ein Stück begleitet und danach in die Erwartungsstellung zurückkehrt[1]).

Obgleich die geschilderte Maschinerie während des Betriebes eine dauernde sorgfältige Überwachung und Regulierung erfordert, genügt doch zu ihrer Bedienung ein Mann. Ununterbrochen läßt sie in rascher Folge die Glasposten mehreren angeschlossenen Formmaschinen zuschießen. Die Abb. 643 zeigt rechts im Hintergrunde den erhöht stehenden Speise-Apparat mit drei zu den tiefer stehenden Glasblasemaschinen führenden Rinnen.

Über die Leistung ihrer Postenspeisemaschine gibt die Hartford-Fairmont-Company[2]) an, daß sie 2 bis 4 Formmaschinen bedienen kann und beispielsweise mit drei automatischen Lynch- oder O'Neill-Blasemaschinen („Noboy"-Maschinen) in der Minute 40 Flaschen von 450 g Gewicht zu erzielen gestattet oder 2000 Groß handelsfähige Flaschen in der Woche. Im Gegensatz zu früheren Speisern taugt sie sowohl für die Fabrikation enghalsiger wie weithalsiger Ware im Gewicht von 60 bis 1000 g die Flasche. Die Arbeitsgeschwindigkeit des Zapfers kann von 10 in der Minute abgelieferten Posten bis zu 72 Posten minutlich verändert werden, ist also noch erheblich leistungsfähigeren Formmaschinen gewachsen als die oben beispielsweise angenommenen.

Bei dem Einzelspeiser (single feeder) wird die Blasemaschine so unter den Vorherd gestellt, daß die Posten mit beträchtlicher Fallhöhe unmittelbar in die Vorform fallen. Einzel- und Mehrfachspeiser können nebeneinander an demselben Ofen arbeiten, wie z. B. bei einer englischen Anlage ein Einzel- und zwei Mehrfachspeiser.

Die Angaben aus der Praxis fließen begreiflicherweise noch spärlich, doch zeigen die Nachrichten über die rasche Ausbreitung des H. F.-Speisers und andrer Speiser über-

[1]) Am. Pat. 1373202.

[2]) Am. Pat. 1373202.

haupt die in ihnen liegenden Entwicklungsmöglichkeiten zur Genüge. In England arbeitet z. B. ein H. F.-Speiser in Greenford (Middlesex) bei den Rockware Glassworks mit zwei H. F.-Milchflaschenmaschinen 44000 Milchflaschen von 470 cm^3 Fassung

Abb. 643.

im Tage. Auf einer Studienreise durch die Vereinigten Staaten traf Prof. W. E. S. Turner den H. F.-Speiser in 5 oder 6 der besichtigten Werke an[1]) und hörte da-

[1]) Die Vertretung für Europa führt das British Hartford-Fairmont Syndic. Ltd., Ely Place, London E.C. 1.

rüber anerkennende Urteile. An einer Stelle lieferte der H. F.-Zapfer mit 3 Cox-Blasemaschinen 38 Flaschen von 1 pint (470 cm³) in der Minute, während 3 andere in gleicher Weise gespeiste Maschinen von kleinen weithalsigen Schraubengläsern von 1 Unze (28,3 g) Gewicht 60 Stück in der Minute lieferten. Auf derselben Reise wurden an anderen Stellen die Zapfer von Tucker-Reeves, W. J. Miller und Howard angetroffen; der von Graham war in Okmulgee bei der Owens Bottle Co. in Betrieb.

Zur Entwicklung der Speiser-Frage im allgemeinen ist zu sagen, daß, während bis etwa 1914 die Sache in ruhiger Entwicklung ihren Fortgang nahm, zu diesem Zeitpunkte eine wahre Sintflut von Erfindungen und Patentanmeldungen betreffend Speiser hereinbrach. Man hat geradezu den Eindruck einer Explosion des Erfindungstriebes. Um diese Zeit begann auch Karl Ernst Peiler, der Erfinder und Konstrukteur des H. F.-Zapfers seine Arbeiten, die, wie die vorangegangene Darstellung zeigt, eine ganze Reihe eigenartiger und erfolgreicher Ideen (Treiber, Schaufel, Phasenverschiebung, schwingende, dampfgeschmierte Rinne) zutage förderten. Der Grund für die jähe Beschleunigung der Entwicklung liegt in der gleichzeitigen Entwicklung der Glasblasemaschinen. Man hatte die sog. halbautomatischen Maschinen soweit entwickelt, daß sie zu ihrer Bedienung nur noch den das Glas aus dem Ofen aufnehmenden und in die Vorform gebenden Anfänger benötigten; sie waren aus den anfänglichen Drei-Mann- zu Ein-Mann-Maschinen geworden. Um sie völlig automatisch zu machen und sie damit in gleiche Front mit der Owensmaschine zu rücken, war nur noch nötig, das Problem des automatischen Speisers zu lösen, und dies ist, kein Zweifel kann bestehen, im wesentlichen gelungen. Und diese Lösung wird zweifellos, wie schon oben angedeutet, wiederum auf die Entwicklung der Formmaschinen einen starken Anstoß üben. Man wird die Arbeitsgeschwindigkeit derselben erhöhen und, da z. B. die Verteilung der Posten mit der schwingenden Rinne die Beschikkung der Form während ihrer Fortbewegung ermöglicht, nunmehr von schrittweise gedrehten Formtischen zu solchen übergehen können, welche gleich der Owensmaschine sich ununterbrochen drehen. Der Fortfall der mit dem Anhalten verbundenen Stöße erlaubt aber die Vermehrung des Tischgewichtes, also die Vermehrung der Anzahl der Formen auf dem Drehtisch und die Erhöhung der Drehgeschwindigkeit, im ganzen also Steigerung der Maschinenleistung.

IV. Ziehmaschinen.

Übersicht. Diejenige Formungsmethode, welche dem Glase so recht eigentümlich ist, ist das „Spinnen" im geschmolzenen Zustande. Sie ist, abgesehen von den Ausgangsstoffen der künstlichen Fasern, bei keinem anderen Werkstoffe anwendbar. Die älteste Anwendung ist bekanntlich das Ziehen von Glasröhren. Streng genommen stimmt der in dem Ausdruck Spinnen liegende Vergleich mit der Tätigkeit der Spinne für das Ziehen von Röhren durch Handarbeit nicht, weil das Glasrohr hierbei nicht aus einem gestaltlosen Vorrat geschmolzenen Glases entsteht, sondern durch Strecken eines schon rohrförmigen Rohstückes. Dagegen trifft die Bezeichnung mit Recht auf die Herstellung von Glaswolle in ihren verschiedenen Erscheinungen zu, bei welcher die geschmolzene Spitze eines Glasstabes den gestaltlosen Vorrat an Schmelze bildet. Auch das in neuester Zeit aufgetretene mechanische Röhrenziehverfahren von Danner ist, wie wir sehen werden, ein echtes Spinnverfahren, nicht weniger die Methoden von Lubbers u. anderen zum Ziehen, besser Ausheben, von

[3]) J. Soc. Glass Techn. 1919, S. 187/189.

Fensterglaswalzen, und die Methoden von Fourcault, Colburn, Danner und anderen, zum Ziehen von Glastafeln.

Apparate zum Spinnen von Glaswolle werden hier übergangen, weil sie nicht der Glasindustrie im engeren Sinne, sondern der weiterverarbeitenden Industrie angehören.

1. Röhrenziehmaschine von Danner.

Die überlieferte Art des Ziehens von Glasröhren und Glasstäben erfordert, so einfach sie dem Nichteingeweihten scheinen möchte, dennoch ein hohes Maß von Erfahrung und Geschicklichkeit, da die gezogene Röhre auf ihrer ganzen Länge möglichst genau den vorgeschriebenen Durchmesser und die Wandstärke und die vorgeschriebene Querschnittsform aufweisen, auch im Querschnitt ringsum gleiche Glasdicke haben soll. Endlich sollen die nacheinander gezogenen Röhren derselben Sorte gleich ausfallen. Temperatur und Abmessungen des zunächst herzurichtenden, zwischen Pfeife und Zieheisen (Pontil) anzuheftenden und auszuziehenden ungefähr zylindrischen Körpers aus plastischer Glasmasse müssen genau nach der Erfahrung innegehalten werden, und die beiden Arbeiter müssen, ungeachtet ihrer raschen Fortbewegung während des Ziehens, die Stärke des Lufteinblasens, die Ziehgeschwindigkeit und die Dauer des Ziehvorganges genau dem gewünschten Ergebnisse anpassen. Diese Arbeit wird daher von je hochbezahlt. Ähnlich liegen die Dinge beim Ziehen von Glasstäben.

An Versuchen, die Arbeit des Röhrenziehens zu erleichtern, zu beschleunigen und zu verbilligen, hat es daher nicht gefehlt. Sie lassen sich in drei Gruppen scheiden. Bei der ersten wird das übliche Handverfahren durch mechanische Hilfsmittel zu verbessern gesucht, etwa indem man die zum Ziehen nötige Fortbewegung einem Spurwagen oder Fahrgestell überträgt[1]) oder auch mit einer Einrichtung nach Art einer Ziehbank ausführt. Die Verfahren der zweiten Gruppe gleichen im Wesen dem Verfahren zum Ziehen von Fensterglaswalzen nach Lubbers u. a. (s. S. 715 u. ff.), indem auch hier ein Fangstück in den Spiegel eines Glasbades eingetaucht und damit ein Glasstab oder ein Glasrohr emporgezogen wird[2]). Kann man schon diese Methode als ein Spinnverfahren ansprechen, so noch mehr die Versuche der dritten Gruppe, bei welchen das geschmolzene Glas aus Düsen runden Querschnitts mit einem mittleren hohlen Kern zum Einblasen von Luft in die sich fortspinnende Röhre austritt[3]). Keiner dieser Versuche hat ein Ergebnis von allgemeiner Bedeutung gebracht.

Die Röhren- oder Stabziehmaschine von Danner beruht auf einem Verfahren, das zu keiner dieser drei Gruppen gehört. Danner formt vielmehr das übliche Handverfahren nach einem überraschend einfachen und glücklichen Gedanken so um, daß es nicht mehr in aufeinanderfolgenden Arbeitsgängen ein Glasrohr nach dem andern liefert, sondern ununterbrochen ausgeführt werden kann. Der Erfinder berichtet, daß er bei der Beobachtung des üblichen Handverfahrens das bei der Entwicklung eines kontinuierlichen, mechanischen Ziehverfahrens zu lösende Problem darin erkannte, am Ende eines der Pfeife entsprechenden Werkzeuges dauernd ein Glasgebilde aufrechtzuerhalten, welches nach Gestalt und Temperatur dem bei der Handarbeit durch Blasen und Marbeln an der Pfeife vorbereiteten Glaszylinder entspricht; und von diesem Glasgebilde im gleichen Schritte mit seiner ständigen Ergänzung ein Rohr abzuziehen oder einen Stab, falls es nicht hohl, sondern massiv ist.

---

[1]) Am. Pat. 593581 und 865517; D. R. P. 261108. Verfahren dieser Art sind in Böhmen und in Chauny (Frankr.) Comp. Franç. pour l'Industrie de la Perle, ausgeführt worden.

[2]) Öst. Pat. 39946 und bes. das Verfahren der General Electric Co., New York, Am. Pat. 1273345/6, 1278046, 1325265.

[3]) Brit. Pat. 10634 v. J. 1845, Franz. Pat. 360614, D. R. P. 92656.

Der endgültigen Lösung des Problems kam er in tastenden Versuchen näher und näher.

Bei dem ersten Modell einer Ziehmaschine war ein gußeisernes Rohr mit ungefähr 22° Neigung zur Wagerechten auf angetriebenen Rollenlagern gelagert. Ein stetiger Glasstrom lief am oberen Ende auf die Innenwand des Rohres, verteilte sich infolge der Rohrdrehung ringsum an der Rohrwand und floß daran gleichzeitig abwärts nach dem unteren Rohrende, das soweit eingezogen war, um einen Glasstrang etwa von der Dicke des beim Handverfahren gebildeten Glaszylinders austreten zu lassen. Dieser Glasstrang wurde laufend ab- und bis zum gewünschten Durchmesser ausgezogen. Man erhielt Stäbe oder Röhren von runder Gestalt und gleichmäßiger Wandstärke aber unmöglicher Glasqualität, übel verfärbt, voller Streifen usw. (Sommer 1914).

Ein zweiter Versuch mit einem bedeutend kleineren (schmiedeeisernen) Rohr gab viel klarere Röhren und bestätigte somit die Vermutung, daß die Glasmängel beim ersten Versuch zum guten Teil dadurch verursacht wurden, daß die geschmolzene Masse in dem weiten Rohr zu lange bei verminderter Temperatur gehalten worden und daher entglast war.

Unter Benützung dieser Erfahrung wurde eine neue Maschine gebaut mit einem Rohre aus Nichrom (Chromnickeleisen) und einem in der Rohrachse liegenden, unten bündig damit endenden besonderen Blasrohre, wodurch die Blasluft besser geregelt werden konnte. Die hohe Feuerbeständigkeit des Nichroms führte zu erheblich farbloseren Röhren. Da sie aber noch sehr viel langgezogene Luftblasen zeigten (von der Schöpfkelle herrührend, aber auch beim Auflaufen des Glases auf die Rohrwand entstehend), so wurde eine wichtige Verbesserung dadurch bewirkt, daß man das Glas auf das zentrale Blasrohr auflaufen und während des Hinabfließens sich darum wickeln ließ und ein noch entscheidenderer Erfolg dadurch, daß man das Blasrohrende über das umgebende Rohr hinaus führte und nunmehr von der Spitze des Blasrohres zog. Dies in Verbindung mit einer „polierenden“ Brennerflamme beseitigte äußere Längsriefen der gezogenen Rohre. Noch aber zeigten entglaste Stellen an den Rohren, daß in der Maschine noch nicht die Glastemperatur richtig beherrscht werden konnte.

Bei einer vierten Maschine wurde daher das Rohr aus feuerfestem Ton und so weit gemacht, daß es mit dem geschmolzenen Glase, welches am Blasrohr herablief, gar nicht mehr in Berührung kam, sondern es nur gleich einer Wärm-Muffel umgab (s. Abb. 644 und S. 707). Gleichzeitig wurde die den Glasvorrat aufnehmende und der Pfeife zuführende Behälteranordnung verbessert und eine Maschine gebaut, welche das Glasrohr fortlaufend erfaßte, abzog und in handliche Längen zerschnitt. Man konnte nun, um die Wende 1915 zu 1916, daran gehen, die Maschine in Dauerbetrieb Tag und Nacht laufen zu lassen, mit dem Ergebnis, daß durch 4 Wochen 95% der Erzeugung als gute Röhren gewonnen wurden mit einer Ziehgeschwindigkeit von ca. 45 m in der Minute. Da das Mantelrohr nicht mehr zur Glasverteilung, sondern nur noch als Muffel gebraucht wurde, wurde bei einer fünften Maschine diese Muffel undrehbar aus feuerfester Masse hergestellt und schließlich im Laufe des Jahres 1917 drei Maschinen aufgestellt, welche noch durch einen eingebauten Läuterhafen ergänzt waren, in welchem das mit der Kelle eingeschöpfte Glas sich wieder klären und die richtige Temperatur annehmen kann, bevor es in den die Pfeife versorgenden Behälter gelangt. Nachdem 1918 noch eine mit dem Ziehapparat gekuppelte Sortiermaschine hinzugefügt worden war, war das Problem des automatischen Röhrenziehens praktisch in allen Teilen gelöst. Die Lösung kann in Kürze so umschrieben werden: Indem man an einem in geneigter Stellung gelagerten und ständig gedrehten Umdrehungskörper einen ununterbrochenen Strom geschmolzenen Glases herablaufen läßt und diesen Körper mit einer Atmosphäre von geeigneter und gleichbleibender Temperatur umgibt, unterhält man am unteren Ende dauernd einen Glaskörper, der infolge der Schraubenbewegung des herabfließenden Glases um die Pfeife homogen ist, infolge des Fließens mit freier Oberfläche in dünner Schicht völlig blanken Oberflächenspiegel und lautere Masse zeigt, durch Regelung der Heizatmosphäre bei richtig abgestimmter gleichbleibender Temperatur und Zähigkeit erhalten werden und somit dauernd zu einem gleichförmigen Stabe, oder Rohr, falls durch die Pfeife Luft geblasen wird, ausgezogen werden kann. Umfang und Wandstärke des gezogenen Rohrs werden nach Vorschrift beherrscht durch geeignete Bemessung folgender Größen: Durchmesser des gedrehten Körpers (der „Pfeife"), Stärke des zugeführten Glasstroms, Stärke der Blaseluft und Ziehgeschwindigkeit, bezogen auf eine gegebene Glasmasse und -temperatur.

Nach dem Gesagten besteht ein Danner-Apparat aus einer Behälter-Anordnung zur Unterhaltung des Glasstromes, der schräg gelagerten Pfeife nebst Dreh-Antrieb, einem sie umgebenden Ofen und endlich der Maschine zum Abziehen (und Zerteilen) des Glasrohrs. Die Abb. 644 veranschaulicht die oben als vierte Maschine bezeichnete Konstruktion[1]) in einem Höhenschnitt durch den eigentlichen Ziehofen, in dessen Achse die Pfeife 1 liegt, am oberen Ende drehbar in einem Lager gehalten und mit Preßluftanschluß 3 versehen, am unteren Ende mit einer Schamottehülle 4 bekleidet, welche durch ein angeschraubtes Mundstück 5 festgehalten ist. Sie ist von einer auf Rollenlagern 6 drehbaren und durch Brenner 7 beheizten Schamottemuffel umgeben.

Die Rollenlager und die Muffel werden durch einen mit der Maschine verbundenen Elektromotor gedreht. Der Glasstrom läuft oben auf die Pfeife aus einer treppenartigen und mit Schütze versehenen Behälteranordnung, deren Längsachse rechtwinklig zur Bildebene liegt und auf deren oberste Stufe das mit einer Kelle aus dem Hafen geholte Glas

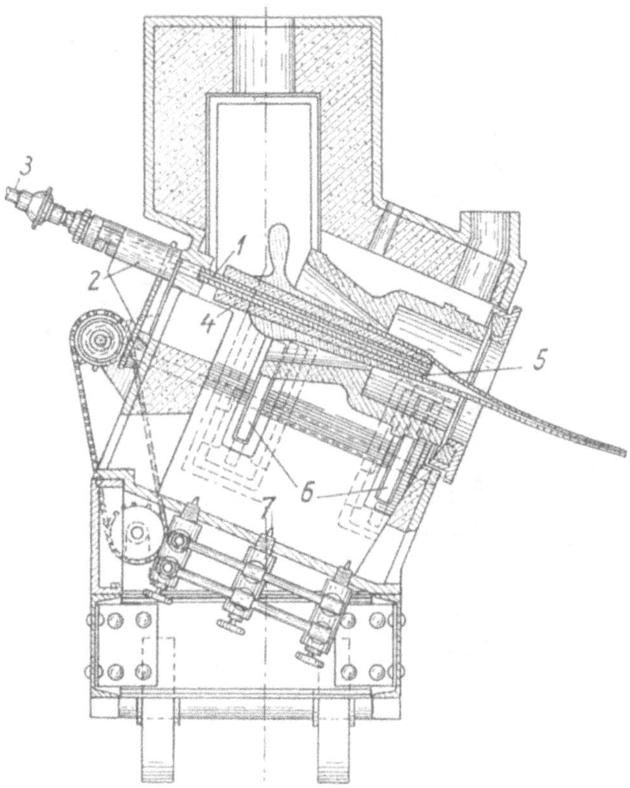

Abb. 644.

[1]) D. R. P. 384796. Am. Pat. 1218598. Brit. Pat. 110642, 111521.

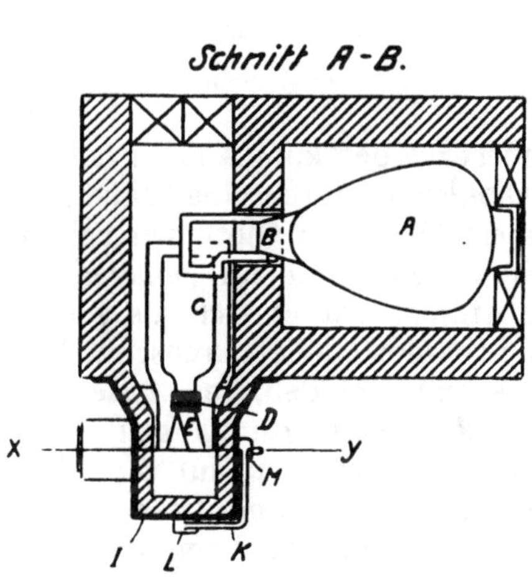

Abb. 645.

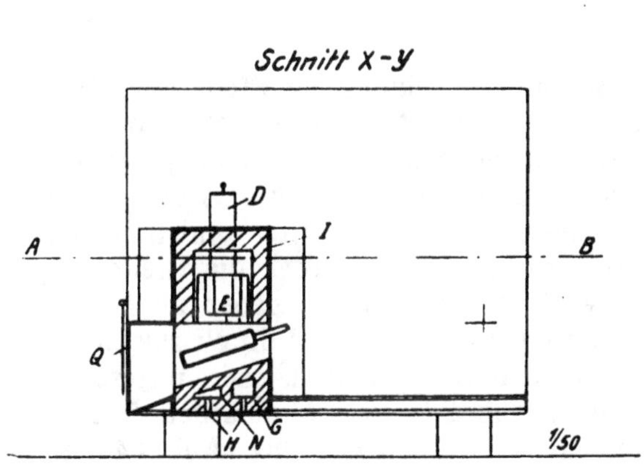

Abb. 646.

aufgegossen wird. Diese Behälter werden durch eine darunter angeordnete Heizkammer mit regelbaren Brennern auf der erforderlichen Temperatur gehalten.

Abb. 645—646 zeigen das fünfte Modell, Abb. 647 die Eisenbewehrung ohne die Schamotteteile. *A* ist hier der Behälter zum Eingießen des Glases, aus welchem es durch eine Schnauze *B* und ein Zwischenstück in den tieferen Behälter *C* gelangt, wobei Luftblasen entweichen und die Temperatur sich vergleichmäßigen kann. Der Ablauf aus *C* wird durch die Schütze *D* geregelt. Die Pfeife (Abb. 646) besteht aus einem hoch feuerbeständigen Stahl und ist am oberen Ende in dem Lager *M* (Abb. 645) gehalten, welches am Ende eines rechtwinkligen um *L* schwingbaren Armes befestigt

Abb. 647.

ist, so daß die Neigung der Pfeife nach Bedarf verändert werden kann. Die Pfeife ist von einer festen Muffel *G* umgeben, deren Wandungshohlraum durch eine Wand *N* in zwei Abschnitte zerlegt ist, deren jeder durch besondere Gas- oder Ölbrenner beheizt werden kann. Es läßt sich also die Temperatur des Muffelinneren auf genauer und gleichbleibender Höhe halten und längs der Pfeife abstufen. Da es sich als vorteilhaft herausgestellt hat, der die Pfeife umgebenden Schamottehülle durchschnittlich größeren Durchmesser zu geben als bei dem vorhergehenden Modell, so ist sie nunmehr weiter gemacht und durch zwei auf die Pfeife aufgesteckte Endkappen gleichachsig zu dieser gehalten. Die untere Kappe ist wieder durch ein auf die Pfeife aufgeschraubtes kurzes Mundstück festgelegt. Blaspfeife, Muffel und Brenner sind von einem eisernen Gehäuse (Abb. 646) zu einem „Vorofen“ I zusammengeschlossen, dessen vordere Öffnung, durch welche das abgezogene Glasrohr austritt, mit einer

Klappe Q nach Bedarf verkleinert wird, ebenfalls zum Zwecke der Temperaturregelung im Ziehraum. Schaulöcher zur Beobachtung des Glaszuflusses, der Brenner usw. sind vorgesehen.

In Abb. 647 ist bei 1 der Gleichstrommotor von 600—1800 Umdrehungen minutlich sichtbar, der durch eine Welle 2 mit Kardangelenken und Zahnradvorgelege die Pfeife 3 (ohne Schamottehülse gezeigt) dreht. 4 ist das an dem schwingbaren Arm K (Abb. 645) befestigte Pfeifenhalslager, 5 das Rohr zur Zuführung der Druckluft, 6 das Gehäuse des Vorofens. Die Welle 2 kann, falls am Motor eine Störung eintritt, davon entkuppelt und mit Hilfe der Kurbel 7 und eines Kegelradgetriebes 8 von Hand weiter gedreht werden, damit sie sich nicht unter der einseitigen Belastung durch das Glas verbiegt. Abb. 648 zeigt das aus dem Ziehofen austretende Glasrohr.

Abb. 648.

Abb. 649 zeigt eine im Betriebe befindliche Anlage. Unter dem aufgezogenen Schieber (entspr. Q, Abb. 646) wird in der Öffnung des Vorofens der am unteren Ende der Pfeife sitzende Glaskörper sichtbar, welcher infolge der Pfeifendrehung etwas symmetrisch zur Pfeifenachse ist, und, von diesem Glaskörper ausgehend, das abgezogene Rohr, welches in einer Entfernung von etwa 3 bis 5 m vom Ziehofen ausreichend fest geworden ist, um ohne weitere Formveränderung von einer Reihe von genuteten Reibungsrollen aufgenommen zu werden, über welche es zur

Abb. 649.

Ziehmaschine läuft. Diese Maschine ist in beträchtlicher Entfernung (etwa 30 m) vom Ziehapparat aufgestellt und besteht aus einem das Glasrohr vorbewegenden und einem anderen Teile, der das Rohr in Längen zerteilt. Die Einrichtung ist folgende[1]):

Am Eingang zur Ziehvorrichtung wird das Glasrohr (Abb. 650 rechts) seitlich zwischen zwei federnd zusammengepreßten Leitrollen 1 erfaßt und zwischen die folgenden endlosen Förderketten geführt. Die Ketten laufen über Kettenräder, und die Achsen der vorderen Räder 2 werden von einem auf der Grundplatte sitzenden Elektromotor mit genauer Geschwindigkeitsregelung und Vorgelege angetrieben.

Abb. 650.

Die Lager der beiden oberen Wellen sitzen an Muttern fest und diese auf Schraubenspindeln, welche gleichzeitig durch Kegelradgetriebe 3 und Längswelle vom Handwirbel 3a aus gedreht werden können, so daß die Lagermuttern und die obere Kette in der Höhenlage verstellt werden können, je nach der Dicke des zu fördernden Glasrohres. Natürlich muß zwischen die obere Kettenradwelle und das Vorgelege ein Universalgelenk eingeschaltet sein. Der Abstand der beiden einander gegenüberliegenden Kettentrume (unteres Trum der oberen, oberes der unteren Kette) wird größer eingestellt als der Glasrohrdurchmesser, so daß das Glasrohr zwischen den Kettenrädern nicht von den Kettentrumenden berührt wird, sondern nur von den Kettenstrecken zwischen den Rädern, indem die untere Strecke 4 auf einer festen Stützschiene 5 aufliegt, die obere Strecke 6 dagegen durch federnd abwärts gedrückte Platten 7 nach unten durch- und gegen das Glasrohr gedrückt wird, so daß dieses nirgends mit starrem, sondern nur mit federndem Druck gehalten wird. Die Platten 7, sechs an Zahl, bilden eine geschlossene Führungsbahn für das Trum 6 und sitzen an Schäften, die in Federbüchsen 8 geführt sind. Diese Büchsen sind durch ein Joch 9 zu einem Ganzen zusammengefaßt, das von Schraubenspindeln getragen und durch gemeinschaftliche Betätigung der durch einen Kettenradantrieb verstellbaren Muttern 11 gehoben und gesenkt werden kann, zwecks Regelung des Druckes der Ketten gegen das Glasrohr.

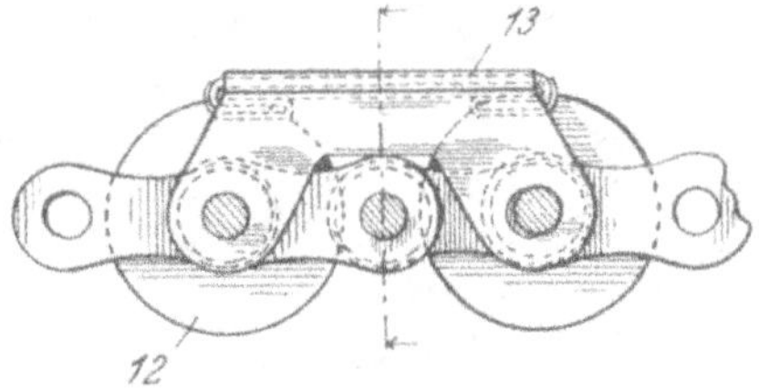

Abb. 651.

Die Kettenglieder haben inmitten ihrer Länge Lagerzapfen für Reibungsrollen 12 (Abb. 651) zur Verminderung der Reibung der Ketten gegen die Führungen 5 und 7. An den Lagerzapfen für diese Rollen sitzen ferner die eigentlichen Greifer, welche mit ihrer asbestbelegten Oberfläche 13 das Glasrohr fassen.

An die Ziehvorrichtung schließt sich der Schneidautomat. Aus der Fördervorrichtung tritt das Glasrohr in ein zweites, den Rollen 1 entsprechendes Paar von Führungsrollen 1 a, denen es im Falle des Bruches durch einen Fangtrichter 14 sicher zugeleitet wird, und hinter den Rollen auf den Schneidetisch 15, dessen linkes Ende federnd nach unten nachgibt, wenn das Glasrohr beim Schnitt dagegen

[1]) Am. Pat. 1220201; Brit. Pat. 140440.

gedrückt wird. Der Schnitt wird durch den Rand einer mit großer Geschwindigkeit gedrehten Stahlscheibe 16 bewirkt, die, während sie mit dem Glasrohr mitwandert, von oben dagegen gedrückt wird, eine Kerbe einschleift oder einschneidet und es gleichzeitig an der Schnittstelle durch Reibung stark erhitzt. Die hierbei entstehende Spannung erleichtert nachher den glatten Bruch. Nach dem Schnitt hebt sich die Schneidscheibe wieder ab, geht zurück usf. Die die linke Hälfte der Maschine gemäß Abb. 650 darstellende Abb. 652 zeigt den Mechanismus der Schneidscheibenbewegung im Grundriß. Die eingekapselte Schneidscheibe 16 sitzt an einer Lagergabel 17, und die zugehörige Riemenscheibe 18 zwischen den Gabelschenkeln. Die Gabel umfaßt mit dem ebenfalls gegabelten hinteren Ende eine Welle 18a, welche durch einen besonderen Elektromotor (Abb. 652 links oben) sehr rasch gedreht wird und ihre Drehung auf die mit Feder und Nut darauf längs verschiebbare Riemenscheibe 19 und von hier auf die Scheibe 18 überträgt. Die Welle 18a bildet zugleich die Schwingungsachse der Schneidscheiben-Lagergabel 17. Die Hin- und Herbewegung der Schneidscheibe veranlaßt der Schlitten 20, der mit zwei Armen die hinteren Lager der Gabel umklammert und durch einen Kettenradtrieb 21 hin- und herbewegt wird. Hierzu ist ein von der Kette nach vorn (in Abb. 652 nach unten) vorstehender Bolzen von einem am Schlitten 20 sitzenden Käfig 20a so gefangen, daß er darin auf und ab, aber nicht seitlich beweglich ist. Es nimmt also den Schlitten und die Schneidscheibe im oberen Teil des Kettenlaufes in der einen, im unteren Teil in der anderen Richtung mit. Diese Bewegung geht auf denselben Elektromotor zurück und hat die gleiche Geschwindigkeit wie die Vorschubbewegung des (abgebrochenen) Fördermechanismus, desgleichen die Drehung der Welle 21 zur Auf- und Abbewegung der Schneidscheibe. Zu diesem Zwecke sitzt auf der Welle 21 mit Feder und Nut, also dagegen längsverschiebbar und damit drehbar, eine Büchse (in der Abb. 652 durch die Schneidscheibenlagergabel verdeckt) mit einem ringsum verlaufenden Daumen, auf dem die Lagergabel mit einer daran sitzenden und durch die Stellschraube 21a dagegen in der Höhenrichtung verstellbaren Rolle aufruht. Der Daumen überträgt bei seiner Drehung die erforderliche Hebung und Senkung auf die Gabel und die Schneidscheibe. Natürlich muß die Daumenbüchse auf ihrer Welle 21 mit der Gabel hin und her wandern. Zu diesem Zwecke greift die Gabel mit einem nach unten abstehenden Finger in eine Ringnut der Büchse ein. Durch die Stellschraube 21a kann nach dem Gesagten die Schneidscheibe je nach der Glasrohrdicke verschieden hoch eingestellt werden. Zum Schutz gegen Glasstaub geht vor der Daumenbüchse ein die Nut der Welle 21 säubernder Wischer her, während die Lagerstellen der beiden Riemenscheiben (18 und 19) in Ölbäder eingeschlossen sind. Zu erwähnen ist noch, daß das Glasrohr, unmittelbar bevor es unter die Schneidscheibe tritt, zwischen zwei von der Gabel herabhängenden federnden Fingern durchläuft und so gegen seitliches Verbiegen beim Schneiden gesichert wird. Eine Leitrinne führt im Falle des Bruches, das abgebrochene Rohrende immer wieder sicher zwischen die Finger ein. Höhenlage und Min-destabstand der Fingerspitzen wird durch Stellschrauben 23 und 28 bestimmt.

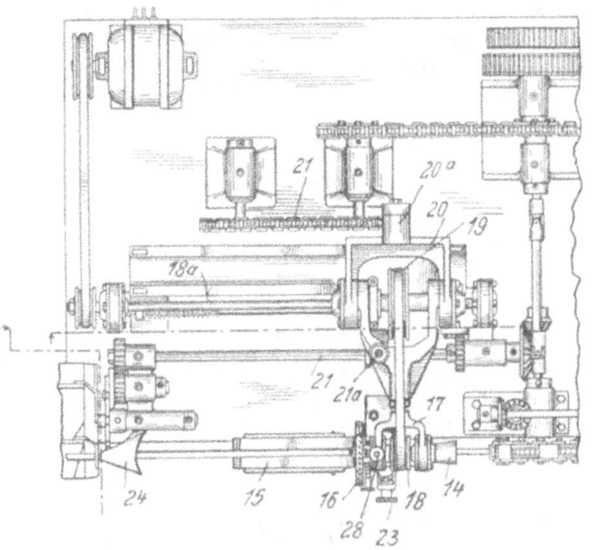

Abb. 652.

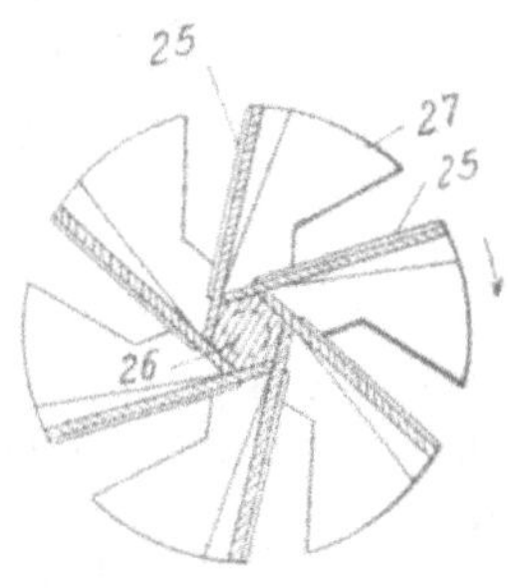

Abb. 653.

Das durch die Schneidscheibe eingekerbte Rohrende wird durch Führungstrichter 24 in die Abbrechvorrichtung eingeführt, welche aus sechs umlaufenden Flügeln 25 (Abb. 650 und 653) besteht, die parallel zur Richtung des Glasrohres und tangential zur gemeinschaftlichen Drehachse 26 stehen. An demjenigen Ende der Flügel, an welchem das Glasrohr eintritt, sind Stirnplatten 27 angebracht. Die Flügel werden vom Hauptmotor aus durch die Welle 21 und ein Maltheserkreuzgetriebe schrittweise gedreht, und zwar immer dann, wenn eine Kerbstelle im Glasrohr unmittelbar von der Unterlage 15 freigekommen ist. Die Stirnplatte bricht dabei das Glasrohr an der Kerbe ab und der Flügel lädt das abgebrochene Stück auf eine Abrollebene ab.

Außer dem eben beschriebenen Schneidemechanismus mit hin und her gehender Schneidscheibe hat man noch einen anderen konstruiert, bei welchem die Schneidscheibe um eine senkrechte Achse kreist, und an dem Punkte auf das Glasrohr niedergeht und schneidet, an welchem die Tangente an die Kreisbahn mit dem Glasrohr zusammenfällt. Dieser Mechanismus braucht weniger Kraft als der andere und ist für kleinere Röhrendurchmesser geeigneter.

Mit der Förder- und Schneidemaschine kann unmittelbar gekuppelt sein eine Sortiermaschine[1]). Die eben abgebrochene Glasrohrlänge *a* ist rechts in der Abb. 654 im Querschnitt, noch auf dem Flügel 25 der Abbrechvorrichtung liegend, zu sehen. Sie fällt in eine Bucht der Sortiermaschine, wird hier von Trägern 28 einer Kette ohne Ende aufgegriffen und links in Abb. 664 emporgehoben. Bei der Station I stößt eine wagerecht hin und her gehende Lehre die zu dicken, bei der Station II eine andre ähnliche Lehre die zu dünnen Glasrohre von den Trägern der Förderkette ab. Bei der Station III werden die wegen zu großer Wandstärke zu schweren Glasrohre von ihrem Träger abgekippt, bei der Station IV die Röhren von vorschriftsmäßigem Gewicht und Durchmesser. Die zu leichten werden weitergeführt, am Gipfel der Förderbahn abgeworfen und bei V gesammelt.

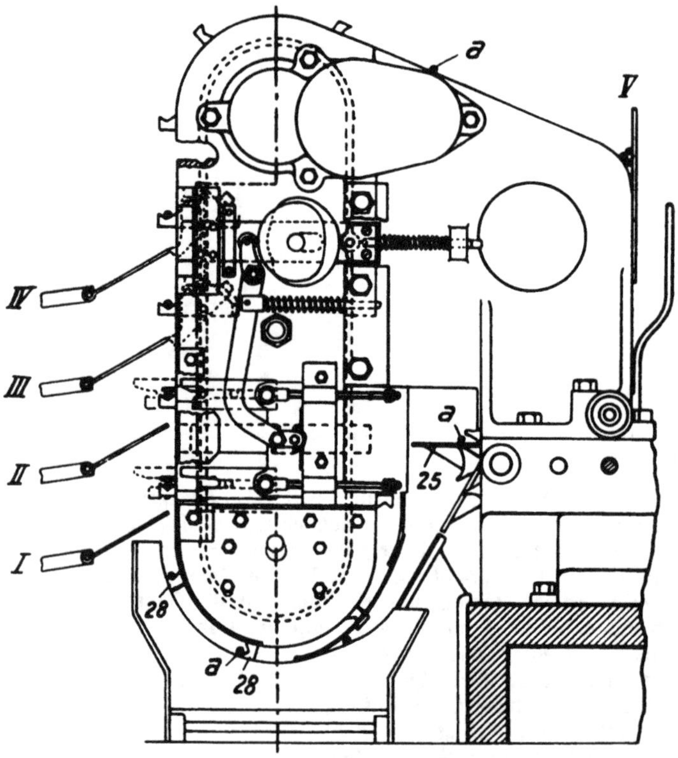

Abb. 654.

Über den Betrieb einer Danneranlage ist noch folgendes nachzutragen. Wenn Bleiglas verarbeitet wird, so wird es aus dem Hafen mit einer Kelle in den Aufnahmetrog des Ziehofens übergeschöpft. Wenn Kalkglas verarbeitet wird, kann das Glas aus der Schmelzwanne durch einen Überlauf in den Ziehofen gebracht werden. Im Aufnahmeofen und den folgenden Behältern können Luftblasen entweichen und die Temperatur des Glases auf die gleichmäßig bleibende Ziehtemperatur gebracht werden, doch ist es für einen glatten Betrieb sehr wesentlich, daß schon im Hafen die Endtemperatur des Glases möglichst gleichmäßig gehalten wird. Die Temperatur im Ziehofen muß natürlich der Natur des Glases angepaßt werden. Die Stärke des auf die Pfeife fließenden Glasstromes wird mit dem Schieber am Ausgange der letzten Behälterstufe geregelt und auch die Breite des Stromes kann durch Fassonstücke nach Bedarf verändert werden, welche in die Schnauze hinter dem Schieber eingesetzt werden.

Um die Temperatur im Ziehraum zu beherrschen, werden die Brenner in den beiden die Ziehmuffel umgebenden Heizkammern passend reguliert und die den Raum vorn abschließende Klappe verschieden weit geöffnet. Die Brenner werden bei dem bisher beschriebenen Kühlofen mit Teeröl oder Leuchtgas betrieben, doch hat man die Muffel auch schon für Generatorgas umkonstruiert.

Die Neigung der Pfeife kann durch Drehung des sie haltenden Armes und die Höhenlage der Pfeife durch die Höhenverstellung des Armlagers eingestellt werden. Für gleichmäßige Drehung sorgt der Gleichstrommotor, der die Pfeife antreibt.

[1]) Brit. Pat. 150018.

Je nach der Weite der zu ziehenden Glasrohre, welche in weiten Grenzen geändert werden kann (s. u.), werden auch sehr verschieden weite Schamottehülsen auf die Pfeife aufgesetzt, bis zu 25 cm Durchmesser und mehr, und vom unteren Ende der Hülse wird der Glasstrom in Gestalt eines Beutels abgezogen, dessen Zipfel das Glasrohr darstellt und der die in der Achse der Hülse liegende Preßluftdüse nicht berührt. Das Glasrohr erstarrt bereits in geringer Entfernung vom Ofen, doch gibt man der Ziehmaschine einen etwas größeren Abstand davon, wobei die das Glasrohr stützenden Reibungsrollen für die Gleichmäßigkeit des Reibungswiderstandes, also auch der Ziehgeschwindigkeit günstiger wirken, als wenn das Rohr über eine Fläche glitte. Die Ziehmaschine wird durch einen Gleichstrommotor betrieben, welcher eine ganz gleichmäßige Ziehgeschwindigkeit in weiten Grenzen, etwa zwischen 10 und 100 m in der Minute, festzuhalten gestattet. Das Ziel der Betriebsführung ist, den einem Rohr von gegebenen Abmessungen entsprechenden Gleichgewichtszustand im Ziehofen und der Ziehmaschine möglichst genau dauernd aufrechtzuerhalten, was besonders beim Ofen Aufmerksamkeit erfordert, in welchem Menge und Temperatur des Glasstromes zur Pfeife, die Heizraumtemperatur, die Neigung und Drehgeschwindigkeit der Pfeife und die Preßluftzufuhr zur Pfeife überwacht werden müssen. Ist aber ein gewisser Beharrungszustand einmal eingetreten, so muß das kontinuierlich mechanische Ziehverfahren seinem Wesen nach ein gleichmäßigeres Produkt ergeben als das immer wieder von einem Anfangszustand beginnende Handverfahren. Bei diesem muß für jedes zu ziehende Rohr immer wieder ein geeigneter Ausgangskörper plastischen Glases vorbereitet werden und selbst bei größter noch im Bereiche menschlicher Fähigkeit liegender Sorgfalt und Gleichmäßigkeit bei dieser Anfange-, Blas- und Marbelarbeit und der folgenden des Ausziehens können kaum zwei aufeinander folgende Röhren völlig gleich ausfallen. In der Tat ist das mechanische Verfahren dem Handverfahren an Gleichmäßigkeit der Abmessungen der gezogenen Rohre entschieden überlegen.

Die Betriebskosten setzen sich, abgesehen von den Kosten des Glases, zusammen aus den Kosten der Heizung der Glasbehälter und der Muffel im Ziehofen und den Stromkosten. Erstere schwanken natürlich stark. Der Kraftverbrauch ist etwa 4 PS (Ziehmaschine 2½ PS, Schneidvorrichtung mit hin- und hergehendem Schneidkopf 1 PS, mit rotierendem ¾ PS, Pfeife ¾ PS).

Nach dem Dannerverfahren können alle Arten von Glas von kapillarem bis zum Durchmesser von 70 mm und Stäbe von 2 bis 30 mm Durchmesser hergestellt werden. In der Glasfabrik von Kimble in Vineland, welche in größtem Maßstabe Glasröhren weiterverarbeitet, werden in der Danneranlage 95 bis 98% des durchgesetzten Glases als gute Röhren gewonnen, trotz höchster Anforderung an die Genauigkeit der Abmessungen. Es können mit einer Maschine hergestellt werden:

1000 kg Röhren von 2 bis 3 mm Durchmesser pro Tag,
3—4000 kg Röhren von 10 mm Durchmesser pro Tag.

In der Fabrik von Kimble werden z. B. pro Tag 18000 Stäbe von 60 cm Länge und 2,5 mm Durchmesser hergestellt. Die Ziehgeschwindigkeiten sind natürlich je nach der Glasart und dem Rohrdurchmesser sehr verschieden. 50 m in der Minute ist eine gewöhnliche Geschwindigkeit. Für Bleiröhren von 4 mm Durchmesser wird (im Jahre 1919) eine Ziehgeschwindigkeit von 36 bis 42 m angegeben. Die Genauigkeit und Gleichmäßigkeit der Abmessungen der mechanisch gezogenen Röhren ist aus den schon früher erörterten Gründen viel größer als bei handgearbeiteten. So ist es möglich, diese Röhren bei der Glühlampenfabrikation statt des den Glühfaden tragenden Stengels zu verwenden. Da man dieses Röhrchen auch zum Auspumpen der Lampe benutzen kann, erhält man die bevorzugten spitzenlosen Lampen. Die Maschine liefert Röhren für Wasserstandsgläser von ausgezeichneter, von Hand kaum zu erreichender Beschaffenheit. Die Rohre von größerem Durchmesser bis zu 70 mm werden auch zu Schmierölgläsern für Maschinen verarbeitet. Eine 1921 gebaute Maschine liefert alle Durchmesser von 3 bis 70 mm.

So befriedigend die Arbeit der Maschine im allgemeinen ist, so kommen dennoch zuweilen Störungsperioden vor, deren Ursachen nicht ganz durchsichtig und daher nicht leicht zu beheben sind, doch dürfte die Erfahrung allmählich bessere Aufschlüsse geben.

Über die Geschichte der Erfindung ist das Wesentlichste bereits in der Einleitung gegeben. Bemerkenswert ist, daß auch hier wieder einmal die Erfindung nicht im Fache selbst gemacht sondern von einem Fachfremden hineingetragen wurde. Der Erfinder Edw. Danner war, als die Libbey Glass Co., Toledo, Ohio, im Jahre 1912 in Sandusky eine Anlage zur Herstellung von Glühlampen mit der Westlakemaschine baute, Bauleiter für die Gebäude und Öfen. Er beobachtete in einer dort gelegenen Hütte das Röhrenziehen von Hand und formulierte hier bereits das bei der Mechanisierung dieses Verfahrens zu lösende Grundproblem so wie einleitend angegeben wurde. Da 1913 in Toledo ein Verfahren probiert wurde, Röhren unmittelbar aus dem Hafen mechanisch zu ziehen, aber ohne Erfolg blieb, erhielt Danner 1914 von dem Vizepräsidenten der Gesellschaft S. O. Richardson Fr. die Erlaubnis, die ersten Versuche zur Verwirklichung seiner Idee mit einem in Sandusky für den Betrieb der Westlakemaschine von ihm entworfenen Ofen vorzunehmen, in welchem ein Hafen mit einem Abstichloch am Boden aufgestellt war. Es fehlte nicht, wie bereits berichtet, an entmutigenden Rückschlägen, aber mit der Rückendeckung durch Richardson gelang es dem Erfinder, schrittweise seinen Apparat zu verbessern, bis im Sommer 1916 das fünfte Modell endlich praktisch vollauf brauchbare Ergebnisse brachte. Ausgang 1915 wurde die Ziehmaschine vollendet, 1918 die damit gekuppelte Sortiermaschine gebaut. Während diese beiden Apparate sofort zufriedenstellend arbeiteten, waren bei der Entwicklung des Ziehofens große Schwierigkeiten zu überwinden und fünfmal der Apparat umzukonstruieren, bis das Kernproblem, die richtige Temperaturabstufung des Glases auf seinem Wege bis zum Ziehpunkt am Pfeifenende, gelöst war. Eine weitere Entwicklung der Leistungsfähigkeit erwartet der Erfinder namentlich durch die Steigerung der Ziehgeschwindigkeit, da ein Versuch gezeigt hat, daß ein Glasrohr von geringem Durchmesser, welches bis dahin mit etwa 53 m in der Minute gezogen wurde, ebenso gut geriet bei der höchsten bei dem Versuch erzielbaren Ziehgeschwindigkeit von 142 m in der Minute und augenscheinlich auch mit noch höherer Geschwindigkeit zu ziehen gewesen wäre.

Der Dannerapparat ist in den Vereinigten Staaten bereits weit verbreitet und wird sowohl für Bleiglasröhren betrieben (unter Überschöpfen des Glases mit Kellen) als auch für Kalkglas unter unmittelbarer Speisung aus der Wanne. In Deutschland arbeitet er bei den Osramwerken in Weißwasser N.L., im Glaswerk Schott u. Gen. in Jena und dem Glaswerk „Ruhr“ Carnap bei Essen. Andere Anlagen dieser Art sind geplant, z. B. in Frankfurt a. M.

2. Walzenziehmaschinen zur Herstellung von Fensterglas.

Das übliche Verfahren der Herstellung von Fensterglas, nämlich durch Blasen, ist seiner Natur nach widerspenstig gegen den Versuch, es durch Anwendung maschineller Mittel zu beschleunigen. Eine beträchtliche Menge Glases muß auf einmal verarbeitet werden, und es erfordert eine entsprechend beträchtliche Zeit, diese Glasmenge mit der erforderlichen Gleichmäßigkeit der Temperatur- und der räumlichen Verteilung vor der Pfeifenmündung anzusammeln. Aus der so gebildeten, im wesentlichen kugelförmigen Masse soll nun ein langgestreckter Zylinder, die Walze, gebildet werden, und diese Streckung unter Aufrechterhaltung ganz gleichmäßiger Glasverteilung, also gleicher Wandstärke, erfordert wieder eine erhebliche, mit mechanischen Mitteln kaum abzukürzende Zeit. Aus diesen Gründen haben die Versuche, Fensterglas mechanisch zu blasen, keinen dauernden Erfolg gehabt, wie z. B. das Schicksal der Sievertschen Erfindung zeigt. Schon frühzeitig versuchte man daher, durch eine andere Arbeitsweise, welche man allgemein als „Spinnen“ bezeichnen könnte, Tafelglas zu gewinnen, indem man einen festen Körper, ein eisernes Fangstück, in einen Behälter mit geschmolzenem Glase eintaucht und durch Anheben des Fangstückes dauernd das Glasgebilde herauszieht. Zuerst verfiel man darauf, einen Eisenstab in wagrechter Lage und der Länge nach in die Glasmasse einzutauchen, der beim

Anheben ein Glasband nach sich zieht, stieß aber hierbei sofort auf außerordentliche Schwierigkeiten. Das Glasband zeigt, kaum entstanden, die Neigung, sich zum Glasfaden zusammenzuziehen. Nun folgte gewissermaßen ein Kompromißgedanke: zunächst eine Walze, einen Zylinder zu gewinnen, dessen Kontraktion zum Faden leicht durch dauerndes Einblasen von Luft verhindert werden konnte. Der älteste bekannt gewordene Versuch dieser Art ist in einem französischen Patent von Loup von 1856 enthalten[1]). Bekannter sind die Versuche, welche von M. A. Oppermann in der Fensterglashütte von D. Jonet in Charleroi angestellt wurden[2]). Ein deckelförmiges, kreisrundes Fangstück mit nach unten abstehendem Rand wurde mit diesem Rande in den das Glas enthaltenden Behälter eingetaucht und nach Anschmelzen des Glases angehoben. In den sich erhebenden Glaszylinder wurde Luft durch eine Öffnung des Deckels eingeblasen. Dieser und ebenso die durch amerikanische Patente bekannt gewordenen Versuche von Pease, George und Shortle (1897) sowie von Humphrey blieben ohne Ergebnis[3]).

Walzenziehmaschine nach Lubbers, Chambers und anderen.

a) Das Problem des Verfahrens. Ein den eben erwähnten Versuchen ganz ähnlicher war es, den im Jahre 1894 der Strecker Lubbers dem Fensterglasfabrikanten Chambers vorführte. Er tauchte eine Glasbläserpfeife in einen Behälter mit geschmolzenem Glase und zog einen Hohlkörper aus, indem er die Pfeife mit der Hand anhob und Luft durch die Pfeife blies. Er war bis zu dem Grade enthusiasmiert von seiner Entdeckung, daß er sich binnen drei Monaten nach diesem Verfahren maschinell gezogenes Fensterglas auf den Markt zu bringen vermaß und er gewann die finanzielle Unterstützung von Chambers. Beide kannten wahrscheinlich nicht die erfolglosen ähnlichen Bemühungen ihrer Vorgänger und ließen sich sicher nicht die ungeheuren Schwierigkeiten träumen, die bis zu dem in Greifnähe geglaubten Erfolge durch viele Jahre überwunden werden mußten, und das war für beide ein Glück. Sie wären sonst vielleicht vor ihrem Unternehmen zurückgeschreckt. Heute ist das Walzenziehverfahren nach Lubbers, Chambers u. anderen fertig und ein voller umwälzender Erfolg.

Der Erfinder schreitet in Dunkelheit vorwärts, dringt in unbekanntes Gebiet ein. Er müßte mehr als menschliches Wissen, mehr als menschlichen Scharfblick haben, wenn er beim Aufbruch schon alle Wege bis zum Ziele klar vor sich sähe. In Wirklichkeit geht er vorwärts wie ein Blinder, tastend nach Weg und Richtung; der Widerstand, der Mißerfolg sind seine Lehrmeister. Dies darf nicht vergessen werden, wenn in den folgenden Zeilen der Versuch gemacht werden soll, dasjenige, was in der Regel erst am Ende der mühseligen Wanderung des Erfinders klar erkennbar wird, der Klarheit halber hier an den Anfang zu setzen, nämlich das Problem, die Mittel zu seiner Lösung und die Abhängigkeiten dieser Mittel voneinander in Raum und Zeit. Das Problem war, einen Glaszylinder durch Ausheben aus der geschmolzenen Masse zu spinnen, von möglichst vollkommen kreisrundem Querschnitt, von gleichem Durchmesser seiner ganzen Länge nach, von gleicher Wandstärke ringsum und der ganzen Länge nach, und von vollkommener Feuerpolitur, d. h. ohne daß die Zylinderwand mit etwas anderem als Luft in Berührung kommt. Die Mittel, die hiernach zur Verfügung stehen, sind lediglich Beeinflussung der Temperatur des Glases, der Luftdruck im Innern der Walze und die Geschwindigkeit, mit welcher das Glas aus dem Bade gezogen wird.

---

[1]) Franz. Pat. 28563 u. addition 19645.

[2]) D. R. P. 36214 (1885), belg. Pat. 69954 (1885), brit. Pat. 14127 v. J. 1885.

[3]) Nähere Angaben über diese Verfahren s. Nat. Glass Budg. 34, Nr. 29, S. 12—14.

Teilprobleme. Wie der Durchmesser des Zylinders durch diese Mittel beeinflußt wird, kann man sich veranschaulichen, wenn man ein in senkrechter Stellung am oberen und am unteren Ende gehaltenes Glasrohr in der Mitte erhitzt. Die Wandung zieht sich an der erhitzten Stelle nach innen zurück (unter dem Einfluß der Oberflächenspannung [s. S. 58] in der Richtung des Rohrumfanges), der Durchmesser verringert sich. Die Einziehung kann beseitigt werden oder der Durchmesser des Rohres von vornherein aufrechterhalten werden durch Einblasen von Luft in das Glasrohr. So wird auch der Durchmesser, welchen der Glaszylinder annimmt, durch das Verhältnis der Glastemperatur und der Oberflächenspannung in der noch weichen Zylinderwand in der Richtung des Zylinderumfanges zum Luftdruck im Innern des Zylinders bestimmt. Soll der Querschnitt kreisrund sein, so muß dieses Verhältnis ringsum, auf derselben Kreislinie um die Zylinderachse, gleich sein, oder, da der Innendruck immer nach allen Richtungen gleich ist, die Glastemperatur muß ringsum auf derselben Kreislinie um die Zylinderachse gleich sein. Ist dies nicht der Fall, so muß der Querschnitt des Zylinders unrund werden. Die Wandstärke des gezogenen Zylinders hängt, wie nach den Erfahrungen beim Röhrenziehen oder beim Ausziehen eines vor der Glasbläserlampe erweichten Glasrohres ohne weiteres einleuchtet, ab von dem Verhältnis zwischen der Temperatur des Glases und der Geschwindigkeit des Ausziehens. Je weicher das Glas, je größer die Geschwindigkeit, desto geringer die Wandstärke. Soll die Wandstärke ringsum gleich sein, so wird wiederum die gleiche Glastemperatur auf derselben Kreislinie um die Zylinderachse gefordert, da ja die Ziehgeschwindigkeit ringsum ohne weiteres gleich ist. Ist das Glas auf einer Seite kälter, so wird auf dieser Seite die Wandstärke größer. Die gleiche Glastemperatur auf derselben Kreislinie kann im Ziehbehälter aber nur Bestand haben, wenn auch alle konzentrischen Kreise und Linien in sich gleichförmiger Temperatur sind, d. h., wenn die Temperatur längs aller Radien des Zylinderquerschnitts sich gleichmäßig ändert oder, kurz ausgedrückt, symmetrisch um die Zylinderachse verteilt ist.

Sollen der Zylinderdurchmesser und die Wandstärke der ganzen Länge des Zylinders nach gleich sein, so müssen die eben festgestellten Gleichgewichte und Symmetrien während der ganzen Dauer des Ziehvorganges aufrechterhalten werden, also bei dauernd symmetrischer Verteilung der Temperatur im Glasbad muß das Verhältnis sowohl der Glastemperatur zum Innendruck als auch zur Ziehgeschwindigkeit gleich bleiben in dem Sinne, daß bei Änderung der Temperatur sich Druck und Geschwindigkeit entgegengesetzt ändern. Bedenkt man, wie außerordentlich stark die mechanischen Eigenschaften des flüssigen oder weichen Glases schon durch geringe Temperaturschwankung beeinflußt werden (s. z. B. Zähigkeit, S. 51), so erhellt, daß diese Gleichgewichte aufs genaueste eingehalten werden müssen. Bedenkt man weiter, daß eine schmelzflüssige Glasmasse verarbeitet wird, welche also viel heißer ist als die beim Blasen verwendete, daß Wärmeverluste durch Leitung und Strahlung um so rascher sich vollziehen und Wärmegleichheit somit um so schwerer zu erhalten ist, je höher die Glastemperatur ist, und daß auch der Luftdruck in der Walze in verwickelter Abhängigkeit von der Temperatur der Walze und ihrem stetig zunehmenden Volumen steht, so wird die erschreckende Zahl und Größe der technischen Probleme begreiflich, die gelöst werden mußten, bis es gelang, die eben entwickelten höchst schwierigen Bedingungen praktisch zu verwirklichen und mit Sicherheit zu beherrschen, während die Glasmasse aus dem flüssigen Zustande des Bades durch den darauf sitzenden Glasmeniskus in die noch plastische und schließlich in die starre Zylinderwand übergeht.

Außerordentlich einfacher liegen die Verhältnisse beim Blasen der Glaswalze. Die Glasmasse ist in Schichten, welche eine nach der andern aufgenommen und ausgeglichen werden, und in Kugelgestalt um die Blasemündung verteilt. Das so gegebene Verhältnis zwischen dem aus dem Zentrum der Kugel wirkenden Blasdruck und dem Glaswiderstande kann zu jeder Zeit und an jeder Stelle der Blase durch Nachwärmen wieder hergestellt oder nach Bedarf geändert werden, wobei die Drehung der Walze um ihre Längsachse die gleichmäßige Verteilung der Erwärmung und Abkühlung um den Zylinderumfang ermöglicht. Hier ist vielleicht zu fragen, ob nicht das Mittel der Drehung des Zylinders um seine Achse auch beim Ziehprozeß zur Erhaltung der Symmetrie der Wärmeverteilung angewendet werden könnte, obgleich, da auch der Glasbehälter und das Fangstück mit gleicher Geschwindigkeit und stoßfrei gedreht werden müßten, nicht geringe Schwierigkeiten der praktischen Ausführung im Wege stehen werden.

Während beim Blasen ein bestimmter Glasposten verarbeitet wird, könnte das Ziehen des Glaszylinders endlos fortgesetzt werden unter stetiger Ergänzung des Glasbades im Ziehbehälter. Lediglich praktische Schwierigkeiten haben dazu geführt, das Ziehen bei einer gewissen Länge der Walze abzubrechen. Das Anfangen der Walze und das Trennen vom Glasbad, in welchem ihr Fuß zurückbleibt, brachten neue Probleme mit sich.

Verfolgen wir nun im einzelnen, wie die oben theoretisch entwickelten schwierigen Bedingungen erfolgreichen Walzenziehens praktisch verwirklicht worden sind.

b) Die technischen Mittel der Lösung.

1. Das Glasbad von symmetrischer Temperaturverteilung und die Aufrechterhaltung dieses Zustandes.

Wenn das Glasbad in der Weise hergestellt wird, daß man das Glas aus dem Schmelzofen mit einer Kelle schöpft und in den Ziehhafen ausgießt, so wird das Glas natürlich ungleich in seiner Temperatur durch die Berührung mit der Kelle, der Luft und dem Ziehhafen. Es wird daher nur das heißeste Glas aus der Kelle ausgegossen, der Rest in den Schmelzofen zurückgebracht, und, um die Ausgleichung zu beschleunigen, der Ziehhafen vor dem Füllen hoch erhitzt, und die Erhitzung muß während des Ziehens in solchem Maße fortgesetzt werden, daß das Glasbad trotz des Wärmeverlustes die geeignete Ziehtemperatur behält. Da um so rascher gezogen werden kann, je kühler die Oberfläche des Bades ist, so wird der Hafen von unten erhitzt. Nachdem die Walze die gewünschte Länge erreicht hat, wird sie unten abgeschnitten, so daß der Stumpf im Ziehhafen zurückbleibt. Die Notwendigkeit, diesen Stumpf wieder einzuschmelzen und die Schmelze vor neuer Zufuhr von Glas zu läutern, verursachte einen außerordentlichen Zeitverlust (½ Stunde und mehr). Nach zahlreichen Versuchen[1]) kam man zu einer von Thornburg angegebenen Konstruktion, welche in höchst sinnreicher Weise die Beheizung während des Ziehens zu gleicher Zeit mit der zum Zwecke der Beseitigung des Stumpfes nötigen Beheizung ermöglicht.

Der Hafen 46 (Abb. 655) ist doppelt, also gleich zwei mit den Böden aneinander gelegten Häfen ausgebildet und mit seitlichen Ansätzen 45 versehen, auf welche die eisernen Kappen 44 von Lagerzapfen 43 aufgesteckt sind, welche auf Lagerarmen ruhen, die an der eisernen Ummantelung 51 des Ziehofens befestigt und daran einstellbar sind. In der Seitenrichtung kann der Hafen mit Hilfe der Schrauben 52 eingestellt werden. Das Ofeninnere bildet einen Schacht, der unten bei 49 in einen Glaskeller o. dgl. mündet, durch seitlich eingeführte Gebläsebrenner 47, einer für jede der vier Ofenseiten, erhitzt wird, und im Lichten weiter ist als der Ziehhafen, so daß dieser, ohne anzustoßen, um seine Lagerzapfen gedreht werden kann. Um den Zwischenraum zwischen Hafen und Ofen oben abzuschließen, sind zwei auf dem Ofen verschiebbare Deckelplatten vorgesehen, welche in zusammengeschobener Lage mit ihren halbkreisförmigen Ausschnitten den Hafen dicht umschließen. Zur Hafen- und Deckelbewegung ist ein Ketten- bzw. ein Lenkerantrieb von Hand zu bewegen. Ist durch das Ziehen der Hafeninhalt soweit als möglich verbraucht, und der Walzenstumpf abgeschnitten, so wird der Hafen um 180° gekippt, der Stumpf nebst Glasrest in den Glaskeller entleert und von dort wieder in den Schmelzofen eingeführt. Durch die Brennerflammen wird die Hafenunterseite rein ausgeschmolzen und während dessen in die zuvor unten gewesene, jetzt oben befindliche, reine und hoch erhitzte Hafenhöhlung frisches Glas eingegossen und daraus eine neue Walze gezogen.

Durch diese Mittel gelingt es, in rascher Aufeinanderfolge Glasbäder von einiger Gleichmäßigkeit der Temperaturverteilung für die Zieharbeit bereitzustellen. Sie ist bei weitem nicht ausreichend, wie sich noch zeigen wird, aber sie läßt sich praktisch nicht weiter treiben.

---

[1]) D. R. P. 147367, Am. Pat. 702013/4 (1900 und 1901); Am. Pat. 739329 (1902), 758988 (1902) der Window Glass Machine Comp.; Sprechsaal 1904, S. 1718.

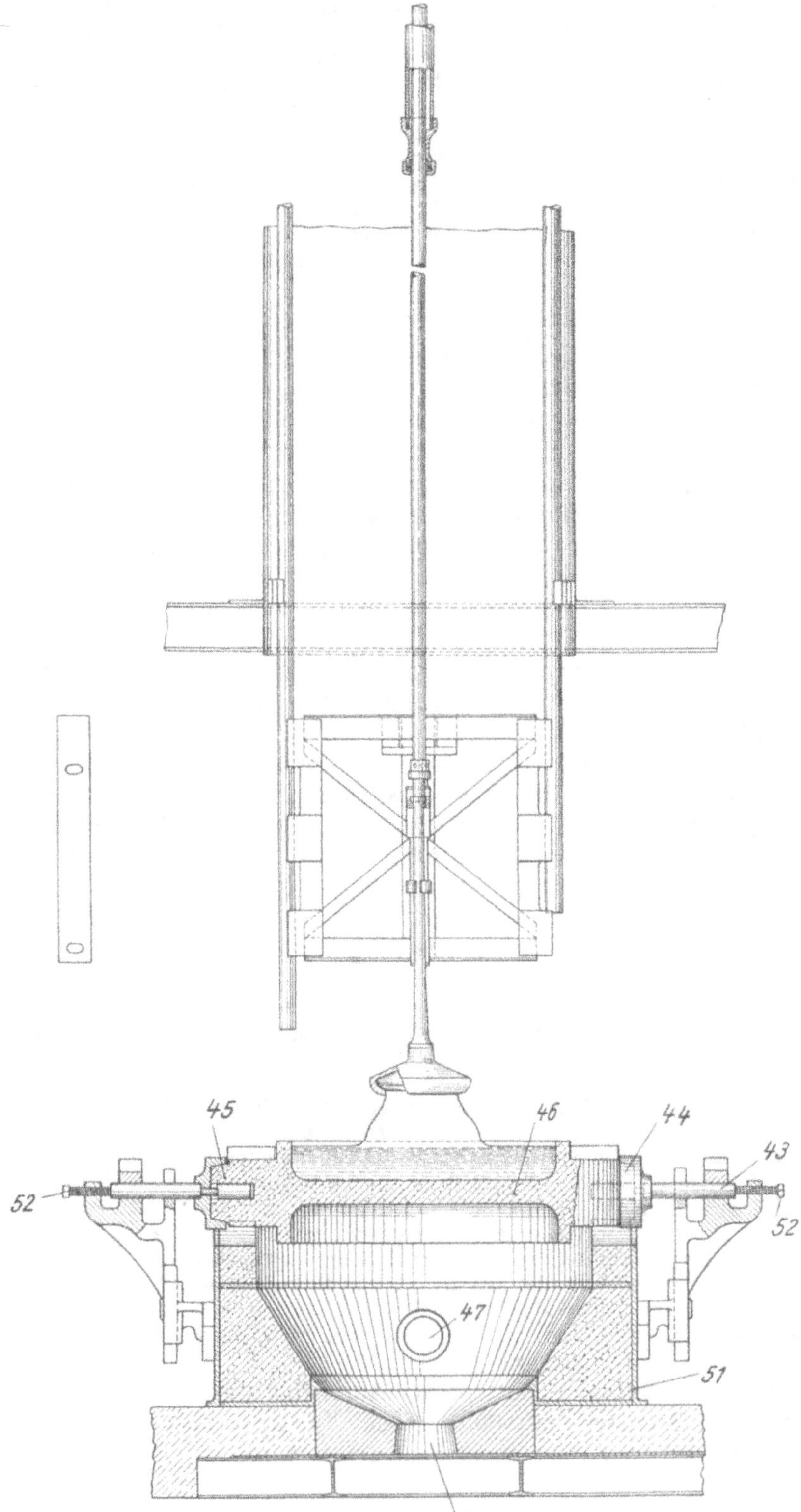

Abb. 655.

In einigen nach dem Lubbersverfahren arbeitenden Hütten wird aus einem an die Wanne angebauten Vorherd gezogen, dessen Glasraum mit der Wanne in unmittelbarer Verbindung steht. Die Abb. 664 S. 728 zeigt im Zusammenhange einer Gesamtanlage einen solchen Ziehherd. Die Ziehöffnung befindet sich in einer Nische des Schmelzofens. Um hier die Gleichmäßigkeit der Temperaturverteilung zu sichern, sind in der Stirnwand mehrere Gebläsebrenner angebracht zum Ausgleich der von der Wanne ausgehenden starken Erwärmung des Vorherdes, und der Zutritt des Wannenglases unter die Herdöffnung wird nach der Seite des Schmelzofens hin durch in der Glasschmelze liegende Schilde eingeengt[2]). Um den Walzenstumpf zu beseitigen, sind zwei Ringe *R*, welche in der Glasschmelze eingetaucht liegen, gegenständig an einer Drehachse *A* angebracht. Durch die Drehung der Achse wird der eben benützte Ring mit dem darin liegenden Stumpf in das Innere der Wanne zurückgebracht und der zuvor darin befindliche, mit ausgeglichenem Glase erfüllte Ring unter die Ziehherdöffnung gebracht.

2. Das Anfangen des Zylinders. Auch hier drang man durch ein Gestrüpp von Schwierigkeiten in jahrelanger Arbeit bis zur heutigen Lösung vor. Zunächst senkte Lubbers einen gemarbelten Glasposten an der Pfeife in das Bad ein und blies ihn, natürlich mit Preßluft, im Beginn des Anhebens der Pfeife zum gewünschten Zylinderdurchmesser auf. Als man aber die Walzen länger als die handgearbeiteten zu machen begann, brach die geblasene Glaskappe, weil sie dünnwandiger war als der Zylinder selbst. Dem abzuhelfen, fing man die Walze mit ganz geringer Ziehgeschwindigkeit und ganz geringer Luftzufuhr an, erhielt so einen schmalen, dickwandigen Hals, dann durch mäßige Erhöhung der Geschwindigkeit und Verstärkung der Luftzufuhr als Zwischenstufe zur höchsten endgültigen Geschwindigkeit und Luftzufuhr eine im Durchmesser und Wandstärke den Übergang zum eigentlichen Zylinder bildende Kappe. Außerordentliche Mühe verursachte es, Mechanismen zu finden, welche die erforderliche Allmählichkeit der Übergänge automatisch hervorzubringen gestatteten, aber bald, mit wachsenden Zylinderlängen und wachsenden Ziehzeiten, trat das neue Hemmnis ein, daß der Walzenhals von der Pfeife absprang. Man versuchte es mit massigen Pfeifen, die in besonderen Öfen vor Gebrauch glühend gemacht und mühsam zu hantieren waren, und umgab den Walzenhals mit einem Wärmeschutzmantel[2]). Auch die elektrische Warmhaltung wurde versucht. Heute gebraucht man das „kalte Fangstück" von der in Abb. 656 erkennbaren eigenartigen Gestalt[3]).

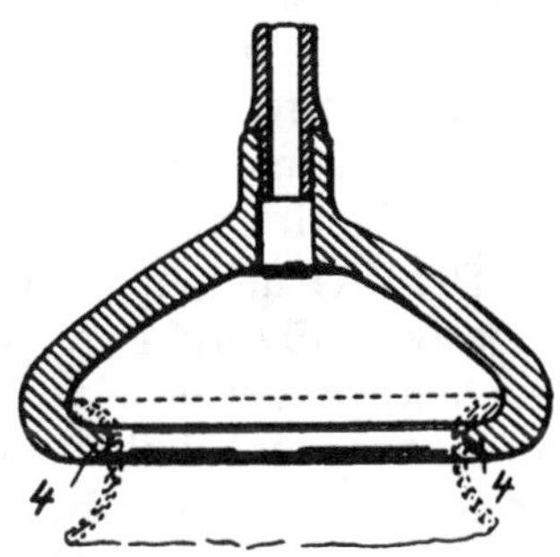

Abb. 656.

Dieses Fangstück wird in kaltem Zustande bis zu seinem größten Durchmesser in das Glasbad eingetaucht, während ihm ein schwacher Luftstrom zugeführt wird. Das eingetretene Glas wird in der Mitte wieder herausgedrängt, erstarrt dagegen auf dem nach innen vorspringenden Flansch 4 des Fangstücks und bleibt darauf in Gestalt eines lose aufliegenden Glasringes zurück (s. punktierte Darstellung), welcher dann in der gezeichneten Weise zum Glaszylinder ausgedehnt und fortgesetzt wird. Um das Brechen des Glasringes infolge der verschiedenen Ausdehnung des Ringes und des Fangstückes im Laufe der auf das Anfangen folgenden Abkühlung zu verhindern, empfiehlt es sich, das Fangstück auf Dunkelrotglut vorzuwärmen, keinesfalls aber so hoch, daß der darin sich bildende Glasring anschmelzen könnte. Auch bringt man in der Oberfläche des Flansches 4 eigenartig profilierte Nuten an, welche das eindringende und erstarrende Glas abdichtend festhalten, ohne doch die unabhängige Ausdehnung des Glas- und des Metallflansches schädlich zu hindern[4]).

---

[1]) Am. Pat. 1231776, D. R. P. 339756; Am. Pat. 1248372.

[2]) D. R. P. 219652, Am. Pat. 749680.

[3]) D. R. P. 275457, Am. Pat. 1295158; Sprechsaal 46, Nr. 47, S. 723, Abb. 5.

[4]) D. R. P. 416693. — Am. Pat. 1324229.

3. Die Beherrschung der Durchmesser durch das Gleichgewicht zwischen Innendruck und Glastemperatur oder Oberflächenspannung.

Um dieses Ziel mußte am schwersten und durch einen Zeitraum von 15 Jahren (von 1894 bis etwa 1909) gerungen werden. Ist durch die unter 1. beschriebenen Mittel die „symmetrische" Verteilung der Temperatur im Glasbehälter erreicht, so muß, um den Zylinder mit gleichbleibendem Durchmesser und kreisrundem Querschnitt fortzusetzen, das Verhältnis des Luftdrucks im Inneren des Zylinders zur Glastemperatur und zur Oberflächenspannung in der Richtung des Zylinderumfanges gleichbleiben. Bei gleichbleibender Ziehgeschwindigkeit nimmt das Zylindervolumen in jeder Zeiteinheit um den gleichen Betrag zu, bedarf also zur Ausfüllung mit Luft unter gleichbleibendem Druck in jeder Zeiteinheit der gleichen Luftzufuhr, — wenn alles andere gleichbliebe. Tatsächlich kühlt sich die Walze und die Luft darin dauernd ab, was einen Druckverlust zur Folge haben würde, der also durch eine die Volumenzunahme der Walze übersteigende Luftzufuhr stetig ausgeglichen werden muß. Und dieser Überschuß muß nach jeder Zeiteinheit gesteigert werden, da auch die durch Abkühlung in der Zeiteinheit entstehende Volumenverminderung der Luft im Walzeninneren um so größer wird, je größer die Walze schon geworden ist. Tatsächlich muß ferner, um das Verhältnis zwischen Innendruck und Oberflächenspannung gleichzuerhalten, der Innendruck gesteigert werden, weil allmählich die Badtemperatur sinkt und die Oberflächenspannung in der Richtung des Walzenumfangs steigt. Hierdurch wird eine weitere stetige Steigerung der Luftzufuhr nötig.

Der Versuch, mit einem Handhahn die erforderliche, andauernd und stetig gesteigerte Luftzufuhr zu erreichen, mißlang kläglich, und Walzen mit zahlreichen Bäuchen wurden erhalten, so sehr sich auch Lubbers abquälte, den Luftdruck in der Zuleitung mit Hilfe von Windkesseln, Reduzierventilen u. dgl. gleichzuerhalten. Endlich fand er den Fehler an ganz anderer Stelle. Auch die vorsichtigste Ventilöffnung von Hand ist zu schroff; die Folge ist ein Bauch im Zylinder, auf welchen der erschreckte Ventil-Steuermann mit einer noch gröberen Schließbewegung reagiert, um durch eine noch üblere Einschnürung der Walze zu einer wieder zu schroffen Ventilöffnung gejagt zu werden. Dies erkannt, war die Lösung nicht mehr schwer. Es wurde die Steuerung des Hahnes so mit der das Ziehen besorgenden Steuervorrichtung verbunden, daß der Hahn selbsttätig während des ganzen Ziehvorgangs stetig und gleichmäßig geöffnet wird. Hierdurch wird der freie Durchlaßquerschnitt des Hahnes, also auch die hindurchgeführte Luftmenge, stetig gesteigert, sonach die Gleichheit des Innendrucks und des Durchmessers gesichert.

Das eben Erörterte gilt für die Bildung des eigentlichen Zylinderkörpers von durchaus gleichem Durchmesser. Handelt es sich, wie bei der inzwischen veralteten Art des Anfangens der Walze mit einem schmalen, dickwandigen Halse, darum den Durchmesser zu vergrößern, so muß an die Stelle der stetigen Hahnöffnung eine unstetige mit einer plötzlichen Vermehrung der Luftzufuhr und einer Drucksteigerung in der Walze treten, welche ein Aufblähen des Durchmessers zu einer Schulter und zum endgültigen Zylinderdurchmesser zur Folge hat. Die Einrichtungen, um diese Ventilbewegungen zu erzeugen, sind wie schon erwähnt, mit den Mechanismen zur Bestimmung der Ziehgeschwindigkeit verbunden und werden mit diesen zusammen beschrieben werden.

Diese automatische Ventilsteuerung, welche im Wesen noch heute im Gebrauch ist, beseitigte die Schwierigkeit der Beherrschung des Durchmessers zum größten Teil, aber ein Rest brachte den Erfinder der Hoffnungslosigkeit nahe. Beim Ziehen der Zylinder blieb nämlich auch jetzt, oder wurde vielmehr erst jetzt erkennbar, eine eigentümliche Erscheinung, welche man als „Atmen" der Zylinder bezeichnet hat. In regelmäßigem Takte nämlich schwillt am werdenden Zylinderteil der Durchmesser an und ab, so daß die Walze eine Reihe von Bäuchen erhält, welche sie in der Regel unbrauchbar machen. Die Ursache dieser „Atmung" ist bis heute nicht bekannt (man hat an akustische Ursachen gedacht, da starke Geräusche u. U. sogar das Abstürzen der

Walzen veranlassen sollen[1])[2]), aber es gelang Lubbers schließlich doch, die Mittel zu finden, um das „Atmen" auf ein praktisch erträgliches Maß herabzusetzen. Es besteht darin, daß in der Luftzuleitung kurz vor dem Zylinder ein Luftauslaß angebracht ist, welcher nur so lange geschlossen oder verengt wird, als der Zylinder mit verengtem Durchmesser gezogen wird, während der eigentlichen Zylinderbildung aber weit offen steht. Durch diesen Auslaß ist die Außenluft gewissermaßen gleich einem Windkessel an das Walzeninnere angeschlossen und dämpft die das Atmen verursachenden Luftstöße oder -wellen[3]).

Noch bessere Ergebnisse werden neuerdings erzielt mit der in Abb. 657 veranschaulichten Einrichtung[4]).

Es ist in Abb. 657 das Ende der Luftleitung dargestellt, an deren unterer hohler Dichtungsfläche 10 das gewölbte Ende des Fangstückschaftes oder der Ziehpfeife abdichtend anliegt. Die Leitung ist bei 12 düsenartig verengt und der so entstehende Luftstrahl saugt zeitweilig Luft durch die seitliche Öffnung 15 ein, während zu anderen Zeiten durch diese Öffnung Luft aus dem Zylinder zurückgedrückt wird, ein Beweis, daß hier in der Tat ein Ausgleich von Druckschwankungen im Zylinder stattfindet. Die seitliche Öffnung 15 kann durch eine drehbare Büchse 14 mit einer engen Öffnung 17 entweder verengt werden (während der Bildung der Walzenschulter) oder durch Überdeckung mit einer gleich großen Öffnung der Büchse ganz frei gegeben werden (während des Ziehens der Walze selbst). Bei 125 mm Leitungsdruck hat die Öffnung 12 etwa 19 mm, der Auslaß 15 etwa 38 mm und die Luftkammer unter der Düse 12 ebenfalls etwa 38 mm Durchmesser. Die Steuerung der Büchse in beide, durch Rasten 21 festgelegte Stellungen geschieht selbsttätig beim Anfahren und Anhalten des das Fangstück tragenden Fahrstuhls durch Anschlag an geeigneten Daumenstücken, die unten an der Fahrstuhlführung festsitzen[5]).

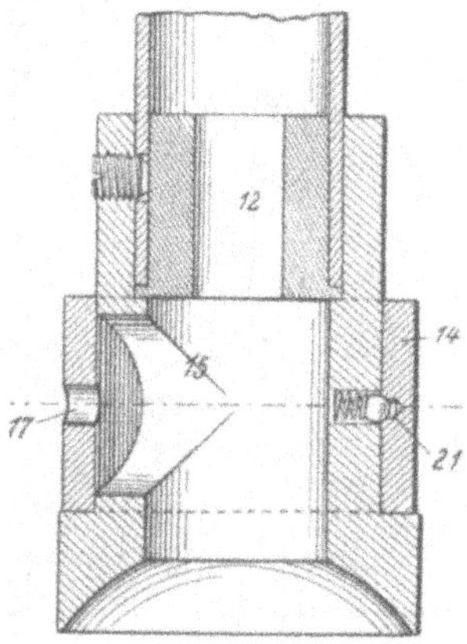

Abb. 657.

Dieser mit Düsenwirkung kombinierte Seitenauslaß hat das Atmen und die Beulen der Zylinder vollkommen beseitigt. Er ist von besonderer Bedeutung beimZiehen geringer Glasstärken.

4. Die Beherrschung der Glasstärke durch das Gleichgewicht zwischen Ziehgeschwindigkeit und Glastemperatur oder Oberflächenspannung.

Auch dieses Problem bot Schwierigkeiten, welche zuweilen unüberwindlich schienen. Nehmen wir zunächst wieder an, daß es durch die unter 1. beschriebenen Mittel gelungen sei, im Glasbade die symmetrische Verteilung der Temperatur zu erreichen, also eine Verteilung, bei welcher die Temperatur vom Mittelpunkt des Glasbades aus längs aller Radien gleichmäßig nach außen abnimmt, also längs jeder zum Mittelpunkte konzentrischen Kreislinie eine gleichförmige Temperatur herrscht. Dann bedarf es offenbar nur der Einsenkung des Fangstückes in ebenfalls symmetrischer Stellung, d. h. konzentrisch mit dem Mittelpunkte des Glasbades, um Gleichheit der Glastemperatur und Glasstärke rings um den Zylinderumfang zu erhalten, und der gleichmäßigen Beheizung des Glasbades während des Ziehens, um auch eine längs der Walze gleiche Glasdicke zu sichern. Nur daß in der Wirklichkeit die Annahme über den Temperaturzustand des Glasbades nicht zutraf und daß von Anfang an Zylinder

1) Siehe Proceedings of The Engineers Society of Western Pennsylvania, Pittsburgh, 33, Nr. 1 (Februar 1917), S. 26 und 29.

2) Vermutlich handelt es sich primär auch hier um eine Oberflächenerscheinung analog den „schwingenden Strahlen", siehe Rayleigh, Proc. Roy. Soc. **29**, 71 (1879) und **34**, 130 (1882). Der Herausgeber.

3) D. R. P. 241480.

4) D. R. P. 338831 und 368357.

5) D. R. P. 368357.

die Regel waren, deren Glasstärke von der einen Seite nach der andern stetig abnahm. Zugleich zeigte sich ein sehr merkwürdiger Vorgang, indem nämlich die Wurzel der Glaswalze nach der Richtung hin über die Oberfläche des Bades wanderte, nach welcher die dickere Zylinderseite lag. Nicht selten „scheiterte" dabei die Walze am Rande des Ziehgefäßes. Die ungleiche Glasstärke verursachte außerordentliche Verluste, indem die Walzen schon beim Ziehen oder später beim Zerlegen zersprangen. Man fand schließlich, daß die Ursache des Übels in der ungleichen Temperatur des Glasbades lag, aber man fand lange Zeit kein Mittel der Abhilfe.

Das „Wandern" schien völlig unverständlich. Aufklärung bringt wohl eine Betrachtung über die Verteilung der Oberflächenspannung[1]) an der Zylinderwurzel. Wir haben schon festgestellt, daß diese Spannung in der Richtung des Zylinderumfanges wirkt und ihn einzuziehen versucht, was durch Erzeugung von Innendruck verhindert werden muß. Die Spannung wirkt aber auch in senkrechter Richtung im Meniskus der Walze. Sie muß an der äußeren Oberfläche des Meniskus größer sein, wegen der niedrigeren Glastemperatur, als an der inneren Fläche und ist daher bestrebt, den äußeren Meniskus zu verkürzen und dadurch die Zylinderwand über dem Meniskus nach auswärts zu ziehen (s. Abb. 658). Dieser Zug nach außen kann dem durch die wagerechte Spannung erzeugten Zug nach innen gleichkommen, und es ist tatsächlich der Versuch gemacht worden, den Walzendurchmesser ohne Einblasen von Luft, nur durch stärkeres Abkühlen der Glasbadoberfläche außerhalb der Walze aufrechtzuerhalten. Da der durch die senkrechte Spannung gegebene Zug nach außen die Differenz eines nach außen und eines nach innen gerichteten Zuges ist, und da diese Züge an der kälteren Seite des Glasbades proportional größer sind als an der wärmeren, so muß auch ihre nach außen gerichtete Differenz an der kälteren Seite des Bades größer sein als an der wärmeren, d. h. die Walzenwurzel muß sich seitlich nach dem kälteren Glase zu verschieben. Daß an der kälteren Seite die Glaswand dicker gezogen wird, ist ohne weiteres verständlich.

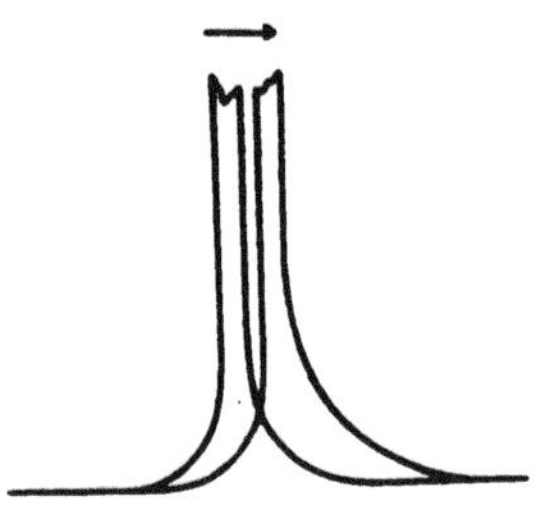
Abb. 658.

Wo aber der Ausweg? Die Unsymmetrie der Temperaturverteilung im Glasbade war unüberwindlich! Lubbers stellte das Ei des Kolumbus auf die Spitze, indem er das Fangstück unsymmetrisch in das Glasbad einsenkte, immer nach der Seite hin exzentrisch, an welcher sich die dünnere Walzenwand bildete, entgegengesetzt also der Wanderungsrichtung der Walze. Man hatte bis dahin schon das Fangstück an seinem Fahrstuhl seitlich verstellbar gemacht, um es unter Ausgleich der Wärmebewegung des Ziehofens stets zentrisch zum Ziehgefäß einstellen zu können. Jetzt verstellte man es zum entgegengesetzten Zwecke, stellte es exzentrisch zum Ziehgefäß ein, aber dadurch konzentrisch mit den Kreislinien gleichförmiger Temperatur im Bade, man könnte sagen, den Isothermen des Bades. Damit war das Wandern und die ungleiche Glasstärke rings um die Walze beseitigt.

Als man im Laufe der Entwicklung des Verfahrens immer längere Walzen zog, zeigte sich ein neuer Mangel. Obgleich man während des ganzen Ziehvorganges den Ziehhafen gleichmäßig von unten beheizte und somit Konstanz der Badtemperatur hätte erwarten dürfen, zeigte sich doch, daß die Wandstärke der Walze immer größer wurde, je länger der Ziehvorgang dauerte. Es war Chambers, welcher feststellte, daß das Glas im Ziehhafen trotz der Beheizung allmählich kühler und steifer wurde (was offenbar auf die Abnahme seiner Masse zurückzuführen ist) und auch das Mittel fand er zur Abhilfe, nämlich die Ziehgeschwindigkeit während der Bildung des Zylinders allmählich und gleichbleibend zu steigern, so daß das Gleichgewicht zwischen Glastemperatur und Ziehgeschwindigkeit erhalten blieb. Diese stetige Änderung wurde durch eine Windetrommel mit einer Seilnut stetig zunehmenden Umfangs erzielt.

Änderungen der Ziehgeschwindigkeit waren schon früher zu Änderungen der Glasstärke benützt worden, nämlich unstetige bei der Bildung des verdickten Walzenhalses und des allmählich auf die Wandstärke des Zylinders übergehenden Zylinders, und waren ebenfalls durch im Durchmesser zunehmende Seilnuten der Winde hervorgebracht worden, nachdem man viele Versuche mit Wechselgetrieben,

[1]) Siehe Kap. 1, S. 58.

magnetischen Kupplungen und Rheostaten nach Angaben des Elektrikers Hitner gemacht hatte. Diese Winde saß auf derselben Achse mit einer zweiten konischen Windetrommel, auf welche das die allmähliche Öffnung des Blaseventils bewirkende Seil sich aufwickelte, so daß hiermit der übereinstimmende Verlauf der Geschwindigkeits- und der Drucksteigerung gesichert war. An der „Luftwinde" war auch eine Einrichtung vorhanden, um zur Hals- und Schulterbildung eine anfängliche sehr geringe Ventilöffnung und eine plötzliche zur Erzeugung der Schulter[1]) zu bewirken. Die heute gebrauchte, vereinfachte Einrichtung ist aus Abb. 659 ersichtlich.

Das Steuerventil 1 ist in die Luftleitung eingeschaltet, welche von einem in Reichweite des Maschinen-Steuermannes befindlichen Haupthahn aufsteigt zu einer den Anschluß an die Pfeife vermittelnden Teleskopröhre. Der Steuerhebel 2 des Ventils wird durch eine in wagerechter Richtung geführte und durch das Zahnradgetriebe 21, 3 bewegte Zahnstange verstellt. Das Zahnrad 21 sitzt auf der durch Elektromotor und Vorgelege angetriebenen Achse 4, auf welcher auch die in der Hauptsache konische Seilwinde 5 zum Anheben der Pfeife oder des Fangstückes sitzt. Der Anfang der Windetrommel zeigt einige Seilnuten auf zylindrischer Umfläche für das Anfangen und die Bildung der Kappe.

5. Das Abtrennen der Walze vom Glasbade.

Man kann die Trennung ausführen durch Abschmelzen mit Hilfe von Gebläsebrennern, durch Anstechen und Abschneiden mit einer Schere, am besten aber durch Abstellen der Luftzufuhr und Beschleunigung der Ziehgeschwindigkeit. Dadurch zieht sich die Walze zu einem dünnen, leicht abzutrennenden Strange aus.

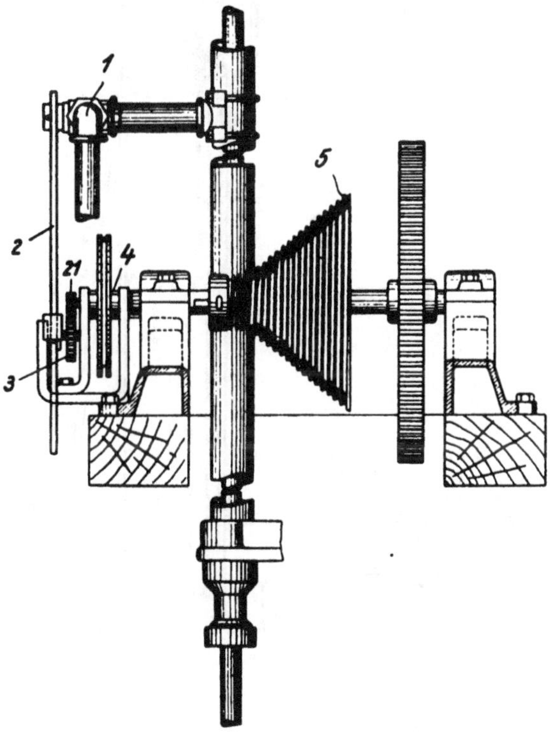

Abb. 659.

c) Gesamt-Anlage.

Nach dieser Schilderung des Verfahrens, in welcher die wechselvolle und oft dramatische Entwicklung nur angedeutet werden konnte, bleibt noch eine Schilderung der Gesamtanlage und des Betriebes übrig. Die Gesamtanlage geht aus Abb. 660 anschaulich hervor. Aus dem links sichtbaren Ende der Wanne wird mit der an einem Laufkran schwenkbar aufgehängten Kelle das Glas in den Ziehofen eingefüllt. Der Ziehofen wird in den Vereinigten Staaten meist mit Naturgas-Brennern beheizt, andernfalls, und in Europa immer, mit Zerstäuberbrennern. Die Verwendung von Generatorgas[2]) verursachte Schwierigkeiten.

Bei Verwendung von Teeröl für die Ziehöfen wird das aus der Zisterne in einen Druckkessel gepumpte Öl aus dem Kessel mittels einer zweiten Pumpe durch ein auf der Decke des Wannenofens liegendes, zur Vorwärmung dienendes Schlangenrohr in Ölfilter und aus diesen in einen hochliegenden Behälter mit einem in den Druckkessel zurückführenden Überlauf gedrückt. Aus dem Hochbehälter fließt das auf etwa 80° C erwärmte und filtrierte Öl teils in den Druckkessel zurück, teils unter Gefälledruck den mit Druckluftzerstäubung betriebenen Brennern der Ziehöfen zu, von denen 4, 6 oder 8 in einer Reihe stehen[3])

Ein Hafen von 91 cm lichtem Durchmesser hat 14 cm Tiefe und einen Boden von 7,5 cm Dicke. Ist ein Hafen gekippt und gefüllt, so wird das Fangstück an dem

[1]) Siehe Sprechsaal 46 (1913), Nr. 47, S. 721 u. 722; D. R. P. 264167. Am. Pat. 1114897.
[2]) Siehe Sprechsaal 46 (1913), Nr. 47, S. 723 u. f., ferner D. R. P. 307435.
[3]) Abbildung einer solchen Anlage s. Sprechsaal 49 (1916) Nr. 1, S. 5.

durch ein Gegengewicht ausgeglichenen Fahrstuhl befestigt, welcher niedergeholt wird, indem die konische Winde vom Steuerhaus aus durch eine elektromagnetische Kupplung mit dem Motor verbunden wird, dessen Anlasser ebenfalls im Steuerhaus ist.

Abb. 661 zeigt die Konstruktion des Fahrstuhls, der an Führungsstangen 79 gleitet und mit seinem Bügel 80 am Zugseil aufgehängt ist. Der Schaft 86 des Fangstückes ist mit einem Knauf in eine aufwärts gebogene Gabel 81 eingehängt, welche das seitliche Herausschwenken des Fangstückes aus dem Fahrstuhl erleichtert, wobei das obere Ende des Schaftes lose, aber abdichtend gegen das schon beschriebene nach Art einer Injektorkammer ausgebildete Ende der in einem Überrohr teleskopartig verschiebbaren Luftleitung anliegt. Um das Fangstück in zwei senkrecht zueinander stehenden Richtungen seitlich verstellen und im Notfall in die richtige exzentrische Lage zum Glasbade einstellen zu können, ist der

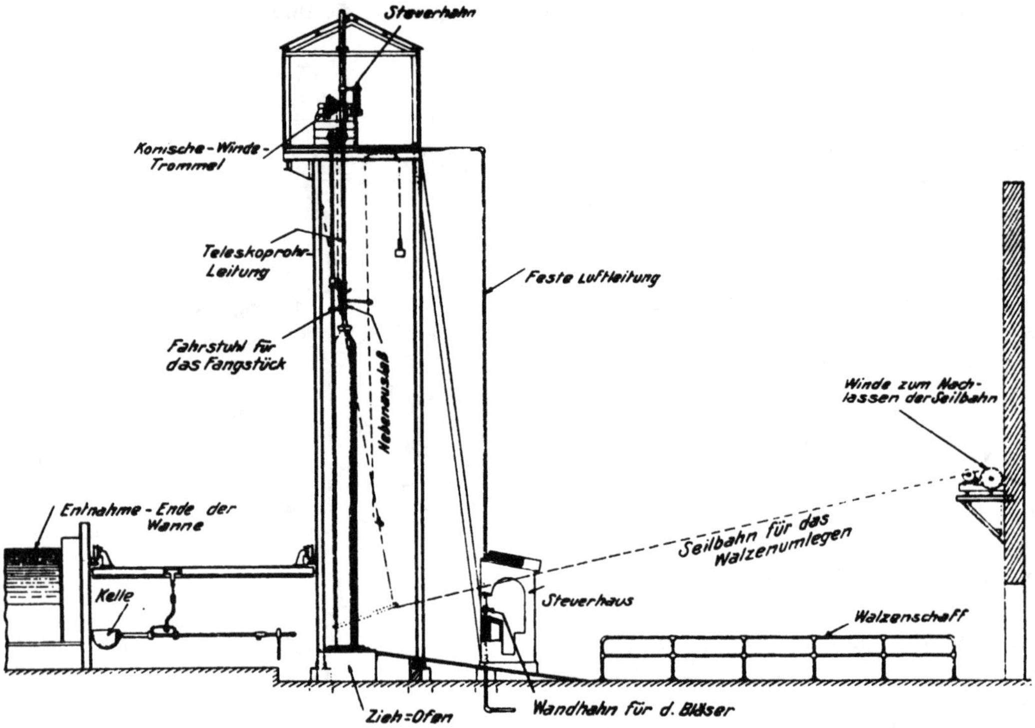

Abb. 660.

Bügel 80 an Querträgern des Fahrstuhls in wagerechten Schlitzen in jenen beiden Richtungen verstellbar mit Hilfe der auf den Gewindezapfen 82 verstellbaren Muttern. Da die Art der Temperaturverteilung im Ziehhafen, auch falls sie unsymmetrisch ist, doch für längere Zeit stationär bleibt, so genügt es, diese Einstellung vorzunehmen, sobald sich an einer Walze ungleiche Glasstärke auf entgegengesetzten Seiten zu zeigen beginnt[1]).

Nachdem das Fangstück einen Augenblick halb ins Glas eingetaucht geblieben ist, wird die Winde mit dem Motor gekuppelt und das Ausheben beginnt, wie in Abb. 662 veranschaulicht, wobei mit einer Geschwindigkeit von etwa $^1/_3$ m in der Minute die Walze aus dem Hafen emporwächst. Die Blaseluft wird durch ein Rotationsgebläse in einen Gasometer gedrückt und mit einem Druck von etwa 125 mm Wassersäule aus diesem an die Maschinen verteilt. Abb. 663 zeigt eine ganze Front von Ziehmaschinen, von denen immer je 3 bis 4 von einem Steuerhäuschen aus bedient werden.

[1]) Im D. R. P. 246392 ist eine Konstruktion zur Verstellung des Bügels 80 auch während des Ziehens oder zur Verstellung des Ziehofens beschrieben.

Die Walzen sind vor Zugluft geschützt und daher z. T. dem Blicke verdeckt durch nach vorn offene Blechmäntel. Bei der ersten der fünf sichtbaren Maschinen (am linken Bildrande) und der vierten reichen die Walzen bereits über den oberen Bildrand hinaus, die zweite Maschine ist vom Steuerhaus verdeckt, dieses aber von der Walze überragt, in der dritten steht das Fangstück leer über dem Ziehofen, in der fünften ist die Walze im unteren Teil durch das zweite Steuerhaus verdeckt, während das Fangstück nahe dem oberen Bildran dsteht. Es ist wahrlich ein unvergeßlicher Anblick beim Getöse der Gebläsebrenner diese gewaltigen Glassäulen, 13 m hoch und 70—80 cm breit, mit majestätischer Gemessenheit emporwachsen zu sehen.

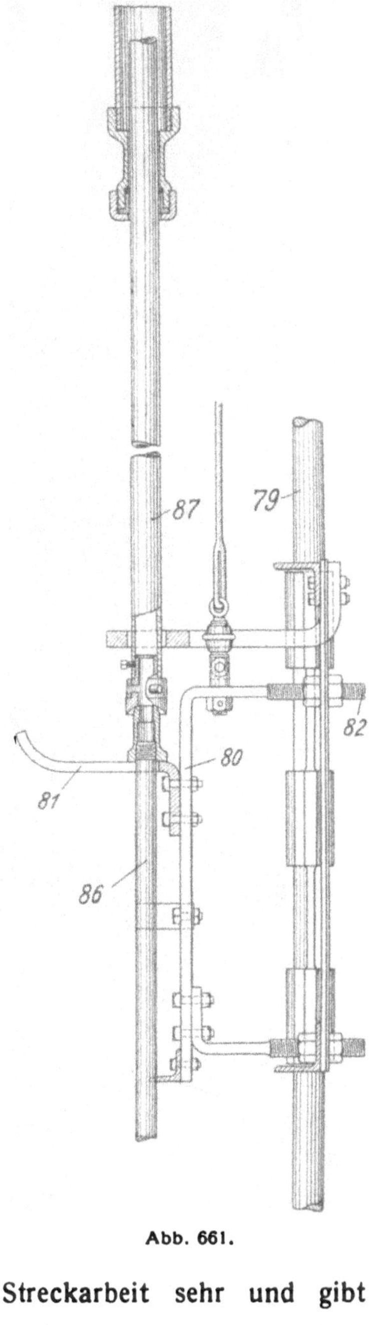

Abb. 661.

Obgleich man in den Anfängen des Ziehverfahrens von solchen Riesenmaßen weit entfernt war, so machte doch schon zu dieser Zeit das Umlegen dieser Walzen große Mühe, war anstrengend und gefährlich. Während der Fahrstuhl gesenkt wurde, mußte ein Arbeiter mit einer Gabel das untere Walzenende so lange stützen, bis die Walze, schließlich auch am Fangstück von Hand gehalten, in wagerechter Lage abgelegt werden konnte. Von 1904 an gebrauchte man statt der Handgabel eine auf einer Schiene laufende Klaue[1]) und später eine verbesserte Einrichtung mit einer Seilbahn statt der Schiene[2]), welche auch die Unterstützung des über 20 kg schweren Fangstücks leistete.

Sie ist aus Abb. 660 erkennbar. Das Tragseil der Seilbahn ist rechts an einer von der Kabine aus gesteuerten Winde befestigt, nach oben über 2 Rollen geführt und am andern Ende durch ein Gegenge wicht mit darüberliegender Pufferfeder beschwert. In etwa halber Länge sind daran zwei zu beiden Seiten des Zylinders vorbeigehende und oben am Maschinengerüst befestigte Stützseile befestigt. (In Abb. 663 durch einen kurzen Holzbalken verbunden sichtbar.) Auf der Seilbahn laufen 2 Rollen, von denen die eine einen mit Asbest ausgefütterten Metallring trägt, der über das untere abgetrennte Ende der Walze geschoben wird, während die andere (in Abb. 660 obere) durch eine Schraubenfeder einen am Schafte des Fangstücks einzuhängenden Haken trägt. Durch Herablassen des Fahrstuhles und geeignete Bedienung der Winde rechts wird die Walze unten ausgeschwenkt und samt dem Fangstück, von der Seilbahn getragen, in wagerechte Lage überführt und auf das Walzenschaff abgelegt[3]). Das Fangstück nebst Schaft kommt dabei auf einen in Abb. 663 (links neben der Kabine) sichtbaren Ständer mit zwei Gabeln zu liegen, welche federnd das Fangstück samt der Walzenkappe von der Walze hinwegziehen, was das Absprengen der Kappe sehr erleichtert.

Die auf das Schaff abgelegte Walze wird nun quer in einzelne Zylinderabschnitte geteilt. Dies geschah (1917) in den Vereinigten Staaten in Längen von 42 Zoll (1,07 m) bei 19 Zoll (48 cm) Durchmesser, in Deutschland in Längen von 1,6 bis 1,8 m. Infolge ihrer großen Durchmesser werden diese Trommeln zunächst noch der Länge nach geteilt und diese Mulden gestreckt. Die Zerteilung in Mulden erleichtert die Streckarbeit sehr und gibt ebeneres Glas.

[1]) D. R. P. 227830.

[2]) D. R. P. 276206, Am. Pat. 1176505.

[3]) D. R. P. 272440, Am. Pat. 1086394.

Zum Sprengen der Walzen benützt man, da das Umlegen von Glasfäden sich als zu umständlich erwies, elektrisch erhitzte Drahtschlingen. Solche Apparate sind von Hitner und anderen konstruiert worden[1]).

Abb. 662.

[1]) Siehe D. R. P. 282070, Am. Pat. 821361; Sprechsaal 1908, S. 42; 1019792; 1373728. Erfahrungen über die Einzelheiten der elektrischen Sprengarbeit werden mitgeteilt in Klein: Die jüngste Entwicklung der mechanischen Tafelglasbläserei nach dem Sievertschen Verfahren (Dresden 1917), S. 36 bis 40. Für die Längssprengung hat Hitner ebenfalls ein elektrisches Sprengwerkzeug konstruiert, s. Am. Pat. 1131134.

Eine Anlage zum Ziehen aus dem Vorherd ist in der Abb. 664 veranschaulicht und auf S. 719 bereits teilweise beschrieben.

Rechts unten ist Gebläse und Gasometer, links oben der Führerstand sichtbar. Da es hierbei sehr viel schwieriger ist, die notwendige Symmetrie der Glastemperatur im Glasbade herzustellen als

Abb. 663.

beim Ziehen aus dem Hafen, so genügt zum Ausgleich nicht mehr die Verstellung des Fangstücks am Fahrstuhl. Die seitliche Einstellung wird vielmehr durch eine Bewegung des Ziehringes *R* um die Achse *A* erzielt. Diese Achse ist mit Hilfe eines Gegengewichtes aufgehängt. Ihr Antrieb geschieht durch Kegelradgetriebe und umkehrbaren Riemenantrieb, die Steuerung vom Führerstande aus, auch zum Zwecke des Austausches der Ziehringe. Zum Zwecke der Verstellung des Ziehpunktes in der andern

Richtung ist das Fahrstuhlgerüst ebenfalls aufgehängt und mit Hilfe eines Zahnstangengetriebes *Z* und Handrades *H* beweglich. Die Luftzuführung geschieht durch Gelenkrohre.

Das Ziehen aus dem Vorherde bietet, theoretisch genommen, offenbare Vorteile vor dem Ziehen aus dem Hafen. Die Arbeit des Schöpfens fällt weg und die Gefährdung der Gleichmäßigkeit des Glases durch das Schöpfen, der Verlust an Glasrückstand im Hafen und die Beheizung der Ziehöfen. Dennoch ist die Beherrschung der Temperaturverhältnisse bei Vorherdziehen so schwierig, daß demgegenüber das Hafenziehen eine bessere Glasqualität, gleichmäßigere Glasdicke, schnellere Ziehgeschwindigkeit und größere Gleichmäßigkeit des Erzeugnisses bietet und deshalb praktisch den Vorrang hat.

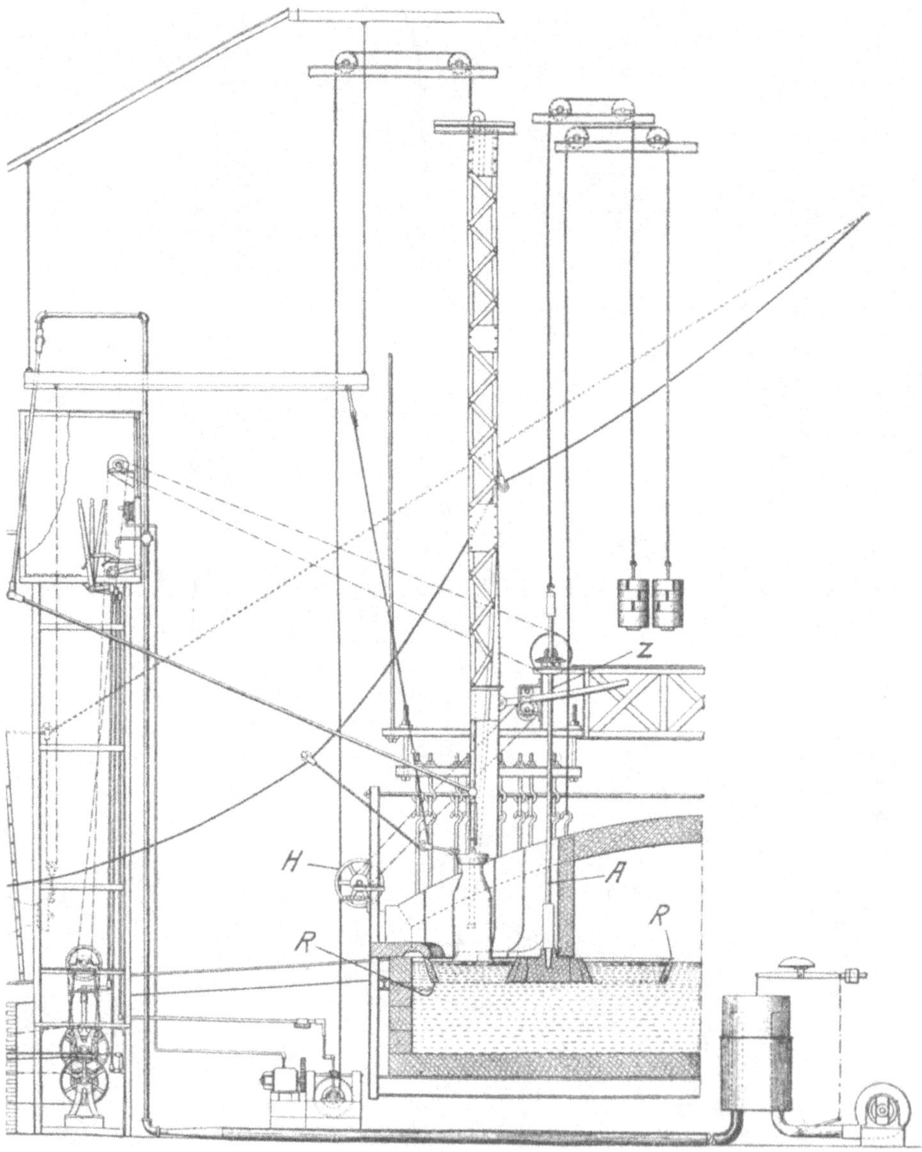

Abb. 664.

Der Betrieb der Ziehmaschinen mit Ziehhäfen hat auch eine Umstellung des Wannenbetriebes zufolge, da hierbei das Glas ganz erheblich schneller vom Schmelzende zum Schöpfende der Wanne fließt als bei der Handarbeit. Während man (unter deutschen Verhältnissen) durchschnittlich mit einer Glasentnahme aus der Wanne von 10 kg auf 1 m² Fensterglas von $^4/_4$ Stärke rechnet, müssen bei dem Ziehverfahren

19 bis 20 kg gerechnet werden[1]). Es bleiben nämlich von dem aus der Wanne geschöpften Glase etwa 35% im Löffel und kehren mit diesem noch rotglühend in den Ofen zurück, 20% bleiben als Rest im Ziehhafen und laufen in den Glaskeller, 2½% entfallen auf die Kappe und das Pfeifenglas, so daß im Durchschnitt nur 42,5% als Zylinder gewonnen werden.

In einer deutschen Anlage mit drei Maschinen wurden, nachdem der Betrieb sich eingelebt hatte, mit einer Maschine im Monat durchschnittlich 15000 bis 16500 m² geschnittenes Glas erzeugt, im ganzen also 45000 bis 49500 m² monatlich. Die Qualität war hervorragend, wie sich aus folgenden Zahlen ergibt. Es wurden im Monatsdurchschnitt geschnitten

ca. 24% I. und II. Sorte,
ca. 40% III. Sorte,
ca. 27% IV. Sorte,
ca. 9% Ausschuß.

Reinheit und unbedingt ruhiger Spiegel waren auch bei den stärkeren Sorten ($^6/_4$, $^8/_4$ und $^{12}/_4$ Stärke) so, daß dieses stärkere Glas dem wirklichen Spiegelglas sehr nahe kam. Der durch die höhere Schmelzleistung erhöhte Brennstoffverbrauch wurde größtenteils durch Ersparnis an Löhnen ausgeglichen, da bei gleicher Leistung die Belegschaft auf $^1/_3$ vermindert werden konnte. Bis zum Juli 1914 hatten sich die Ergebnisse ständig verbessert, so daß zu dieser Zeit die durchschnittlichen Selbstkosten 8 bis 10% unter den Selbstkosten des mit dem Mund geblasenen Glases an einer Wanne mit 6 Trommeln und einer Monatsleistung von 80000 m² blieben. Der Ausbruch des Weltkrieges machte der hoffnungssicheren Fabrikation ein Ende.

Zu dieser Zeit wurden die Walzen 8—9 m lang (ohne Kappe und Fuß) bei 55—60 cm Durchmesser gemacht. 1917 war man in den Vereinigten Staaten bei Walzen einfacher Stärke von 11,7 m Länge und 53—76 cm Durchmesser, doppelter Stärke von 8 m Länge und 61 cm Durchmesser. Der Ziehhafen hatte hierbei 91 cm lichten Durchmesser. Heute werden in Amerika die Walzen aus einem Hafen von 106 cm Durchmesser etwa 13,5 m lang bei 70—80 cm Durchmesser gezogen.

Besonders ausgezeichnet ist das Verfahren durch die Mannigfaltigkeit der herstellbaren Stärken und die Leichtigkeit, mit der auch ungewöhnliche Stärken fabriziert werden können[2]). Es werden Stärken erzeugt von 0,8 bis 4,7 mm. Auch ¼zölliges Glas (6,3 mm) ist gezogen worden, aber die Fabrikation war unlohnend. Das schwächste Glas von 0,8 mm wird für Zwecke der Mikroskopie (Objektträger) verwendet, ferner $^1/_{23}$ Zoll = 1,1 mm starkes für Projektionsbilder, $^1/_{16}$ Zoll = 1,6 mm starkes für photographische Zwecke, einfach und doppeltstarkes (2,1 und 3,2 mm). Die stärkeren Sorten bis zu 4,7 mm werden als Ersatz für dünnes Schleifglas, z. B. für Autolampen-Scheiben und -Windschirme gebraucht. In Deutschland wurde einfache, $^6/_4$, $^8/_4$ und $^{12}/_4$ Stärke gemacht.

Die Qualität ist ausgezeichnet, wie auch durch die oben erwähnten deutschen Berichte bestätigt wird. Jedes Fensterglas der üblichen Zusammensetzung eignet sich auch zur Verarbeitung durch Ziehen.

Über die allmähliche technische Entwicklung des Verfahrens ist bereits bei der Darstellung der Einzelheiten das Nötige eingeschaltet worden, so daß nur wenig noch nachzutragen ist. Wie schon erwähnt, war es im Jahre 1894, daß Lubbers seinen grundlegenden Versuch dem großen Tafelglasfabrikanten James A. Chambers vorführte und auf dessen Kosten in Allegheny in Pennsylvanien zu experimentieren begann. Nach etwa 7 Jahren, Ende 1901, hatte er hier das Verfahren und die Maschine

---

[1]) Nach einem Vortrag von Linton in „The Engineers Society of Western Pennsylvania", gehalten in Pittsburgh 1917, verhalten sich die Ofenleistungen derselben Wanne bei Hand- und Maschinenblasen und entsprechender Produktionssteigerung wie 3,5 : 20.

[2]) Das Folgende nach den Aussagen des General-Managers W. L. Mouro der American Window Glass Co. bei den Erhebungen der U.S.-Tarif-Kommission in Pittsburgh im Januar 1918 (Nat. Glass Budg. 34, 18, S. 1ff.).

soweit entwickelt, daß er gute Zylinder von 20—25 cm Durchmesser und etwa 1½ m Länge ziehen konnte. Von Wirtschaftlichkeit war noch nicht die Rede. Chambers gründete, da er die enormen finanziellen Lasten nicht allein weiter tragen konnte, eine Gesellschaft, und es wurde nun eine Glashütte der Am. Window Glass Co. in Alexandria (Indiana) mit 12 Maschinen ausgestattet, mit der Absicht, dort Walzen von 4½—5½ m Länge zu ziehen. Die Ziehöfen entsprachen noch dem ersten Lubberschen Modell, hatten also im Innern einer Heizkammer versenkbare Häfen, in welchen ohne Ausgießen das Restglas und der Stumpf durch Oberhitze vor der neuen Beschickung klar eingeschmolzen wurden. Jedoch sollte nun, wegen der Absicht, längere Walzen zu machen, nicht mehr mit gleichbleibender Geschwindigkeit, sondern mit 3 Geschwindigkeiten für Hals, Schulter und Walze gezogen werden. 1902 im Juni wurde begonnen und im April 1903 eine zweite Versuchsanlage in Glas City in Betrieb genommen. Es kamen nun die aus dem Geschwindigkeitswechsel und der größeren Länge der Walzen entspringenden Schwierigkeiten, Abspringen von der Pfeife, die Dickenzunahme des Glases in der Walze, beseitigt durch Chamblers Erfindung, die Bemühungen um die Beschleunigung der Bereitstellung der Glasbäder (Drehtisch mit 2 Ziehhäfen), das Auskippen des Rückstandes, der Thornburgsche Doppelhafen, die neuen Hitnerschen Sprengwerkzeuge, der Kampf gegen die ungleiche Glasstärke und das „Wandern". Viel Zeit und Mühe kostete es auch, die richtige Zusammenarbeit der einzelnen Mechanismen zu sichern. Obgleich die Maschine noch nicht entfernt an Menge und Güte des Erzeugnisses und hinsichtlich der Gestehungskosten genügte, wurde sie dennoch von der American Window Glass Co., welche mit zunehmendem Arbeitermangel zu kämpfen hatte, in 9 ihrer größten Hütten eingeführt, mit der Hoffnung, die Entwicklung durch die Vervielfältigung der Köpfe und Erfahrungen zu beschleunigen. Immerhin betrug Anfang 1904, als Chambers von der Leitung der Gesellschaft zurücktrat, der Bruch noch etwa 80% und man setzte immer noch Geld zu. Es währte hiernach noch fast 2 Jahre, bis befriedigende Ergebnisse erzielt wurden. 1905 endlich war das Verfahren wettbewerbsfähig, und es scheint, daß 1906 die Konkurrenz des Maschinenglases zum ersten Male den alten Hütten fühlbar wurde, 12 Jahre nach Beginn der Versuche und nachdem Millionen von Dollars daran gewagt worden. 1923 wurden mindestens 60% des Fensterglases in den Vereinigten Staaten nach Lubbers-Chambers gezogen. Nach einer Zeitungsnachricht soll 1922 die American Window Glass Comp. in 13 z. T. riesigen Wannen 3½ Millionen Kisten zu 4,5 m^2 Fensterglas (rd. 16 Millionen m^2) gezogen haben, ungerechnet die Spezialsorten.

Auch in Europa faßte das Verfahren schließlich Fuß. Es wurde z. B. in England bei Pilkington Brothers, St. Helens, in Frankreich in Chalons-sur-Saone, in Deutschland in Schnappach bei Saarbrücken von den Vereinigten Vopeliusschen und Wentzelschen Glashütten in Sulzbach-Saar und in Crengeldanz, Bez. Dortmund (Gebr. Müllensiefen), endlich in Tremoschna eingeführt. Verhängnisvoll ist dem Verfahren auf dem Kontinent der Ausbruch des Weltkrieges geworden, welcher z. B. die deutschen Betriebe sofort zum Erliegen brachte. Da der Kohlenverbrauch des Verfahrens groß und, in Deutschland wenigstens, nach dem Kriege mit Kohlenmangel gerechnet wurde, so sind die deutschen Anlagen endgiltig aufgegeben worden und sind hier die Aussichten des Verfahrens nicht günstig. Auf dem Festlande soll 1923 nur noch in Chalons-sur-Saone nach dem Verfahren gearbeitet worden sein.

In den Vereinigten Staaten ist die Vorherrschaft des Verfahrens noch unerschüttert und seine Vertreter sehen die Lage zuversichtlich an. Sie berufen sich dabei darauf, daß nach ihrem Verfahren ein größerer Anteil der Produktion Glas erster Qualität sei, als bei den Tafel-Ziehprozessen. Auch darf natürlich die wirtschaftliche Stärke des in größerem Umfang eingeführten Lubbers-Verfahrens nicht übersehen werden.

Immerhin darf nicht vergessen werden, daß weitere technische Verbesserungen diese Lage ändern können, z. B. Vervollkommnung der Arbeit am Wannen-Vorherd und Einführung der kontinuierlichen Arbeitsweise[1]), bei der also die Walze, einmal angefangen, unter ständiger Ergänzung des Glasbades und ständiger Abtrennung am oberen Ende, endlos fortgesetzt wird. Die Erfinder sind jedenfalls am Werke!

3. Tafelziehmaschinen.

A. Übersicht.

Wie schließlich auch das Urteil der allein maßgebenden industriellen Praxis über den Wert der verschiedenen modernen Fensterglasmaschinen lauten wird, so kann nicht übersehen werden, daß die Maschinen von Lubbers u. a. und von Sievert, rein technologisch genommen, die mechanische Fensterglasfabrikation nur auf dem Umwege ermöglichen, der von der Handarbeit her geläufig geworden ist; auf dem Umwege nämlich über die Walzenbildung. An dieser Stelle macht die

[1]) Siehe z. B. Am. Pat. 846102 von Frink, Am. Pat. 901170, D. R. P. 213859 von H. D. Hershey.

Leistung der Sievertschen und der Maschine von Lubbers halt. Die Walze muß noch in der überlieferten Weise in eine Tafel ausgestreckt werden. Der gerade Weg ist die Bildung einer Glastafel unmittelbar aus der Schmelze, und auch dieser Weg ist seit langem versucht worden.

Das hierbei vorzüglich benutzte Verfahren beruht, wie schon bei Lubbers erwähnt, auf der Beobachtung, daß man das geschmolzene Glas durch Eintauchen eines festen Gegenstandes zu einem Strange oder Faden ausziehen kann. Taucht man nicht die Spitze eines Stabes ein, sondern bringt man den Stab in wagerechter Lage seiner ganzen Länge nach mit der Oberfläche des geschmolzenen Glases in Berührung, so folgt ihm beim Anheben ein Glasband von der der Stablänge entsprechenden Breite, welches in dem Maße, als es sich von der Glasschmelze entfernt, zu einer Glastafel erstarrt, während es sich unten aus der Glasschmelze heraus fortsetzt. Man hat dieses Verfahren Ziehen von Glastafeln genannt, nicht ganz glücklich, weil der Ausdruck an das hergebrachte „Ziehen" von Glasröhren nach dem Handverfahren erinnert, und auch dieses Verfahren von W. J. Colburn zur mechanischen Herstellung von Fensterglas auszubilden versucht wurde. Man würde, wie schon oben dargelegt, das Verfahren besser Spinn- oder Aushebeverfahren nennen.

Der Gedanke des Tafelspinnens reicht weit zurück und ist, soweit bekannt, der Öffentlichkeit zum ersten Male im Jahre 1857 von dem Engländer Clarke gemacht worden und zwar in einer für den damaligen Entwicklungszustand der Industrie erstaunlich reifen Form[1]). Clarke erörterte bereits alle dem Problem eigentümlichen Schwierigkeiten und bemühte sich, ihnen zu begegnen.

Abb. 665.

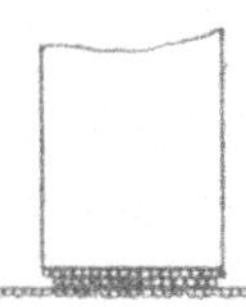
Abb. 666.

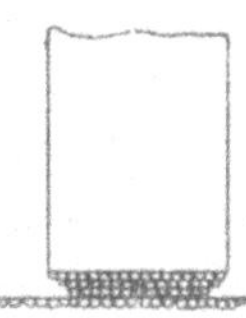
Abb. 667.

Abb. 668.

Die größte dieser Schwierigkeiten besteht darin, daß das Glasband beim Ausziehen sich nicht in unveränderter Breite fortsetzt, sondern unten, wo es der Glasschmelze entsteigt, beständig schmäler wird und sich schließlich zu einem Faden ausspinnt. Die Ursache dieser Erscheinung ist die in der Richtung quer zur Tafelbreite wirkende Oberflächenspannung (s. S. 58). Henrivaux hat den Vorgang in folgender Weise anschaulich zu machen versucht. In Abb. 665 ist ein in die Glasschmelze eingetauchtes Fangstück, z. B. eine Metalltafel von solcher Breite dargestellt, daß an ihrem unteren Rande beispielsweise 20 Glasteilchen anhaften können. Hebt man die Tafel, so werden diese 20 Teilchen über den Spiegel der Glasschmelze gehoben und an der Unterseite der Reihe werden weitere 20 Glasteilchen sich anzuheften bestrebt sein. Die beiden Endteilchen aber der Reihe, welche nicht, wie die die mittleren, von zwei Nachbarn gehalten sind, werden infolgedessen in die Schmelze zurückfallen, so daß die zweite Reihe nur noch 18, aus gleichen Gründen die dritte nur noch 16, die vierte nur noch 14 Teilchen enthält usw. (Abb. 666, 667 und 668). Hat man schließlich die Tafel zu einem Strange von im wesentlichen runden Querschnitt ausgesponnen, so sind in diesem Querschnitt alle Glasteilchen von zwei Nachbarn und den darüberliegenden Teilchenschichten gehalten. Der Strang wird sich also nun ins unendliche fortsetzen lassen. Clarke hat bereits das im Sinne dieser Theorie richtigste Mittel gefunden, nämlich die Oberfläche der Glasschmelze an den beiden Stellen, an denen die Ränder des Glasbandes herausgezogen werden sollen, und ebenso die Glastafelränder selbst, im Augenblick des Entstehens, abzukühlen. Dadurch wird die Oberflächenspannung in dem den Übergang von der Schmelze in den Tafelrand bildenden Meniscus erhöht und hier ein von der Tafel-

[1]) Brit. Pat. 489 v. J. 1857.

wurzel hinweg gerichteter Zug hervorgebracht, welcher den Tafelrand an seiner Stelle auf der Oberfläche der Schmelze festhält, entgegen der die Tafelbreite vermindernden Spannung in der Tafel. Clarke verwendet metallene Haken oder von Wasser durchströmte Röhrenbogen, welche er in die Oberfläche der Glasschmelze an den Tafelrändern eintaucht. Da dieses Mittel nach späteren Erfahrungen durchaus geeignet erscheint, so dürfte Clarke an anderen Schwierigkeiten gescheitert sein.

Nachdem der Vorschlag von Clarke lange geruht hatte, wurde er von dem Amerikaner Parish und von Frank[1]) in unvollkommenerer Form erneuert und seitdem bis in die neueste Zeit von einer großen Anzahl von Erfindern hartnäckig weiter verfolgt. Diese alle anzuführen, würde zu weit gehen, da nur zwei dazu gelangt sind, ihre Vorschläge in die lebendige Praxis überzuführen, nämlich der Belgier Fourcault und der Amerikaner Colburn.

Da es mit dem Emporziehen oder Ausheben von Tafeln anscheinend nicht glücken wollte, so verfiel man auf allerhand andere Methoden, von denen noch ein Wort gesagt sein soll. Am verlockendsten erschien der Vorschlag, das Glas aus einem im Boden eines Behälters angebrachten Schlitz in Gestalt eines Glasbandes auslaufen zu lassen. An zahlreichen Bemühungen in dieser Richtung hat es nicht gefehlt. Eine davon, die unter dem Namen Piccard patentiert worden ist — der wirkliche Erfinder soll ein belgischer Großindustrieller sein — ist bei der Société anonyme des Glaces de Moustier mit praktischen Versuchen verfolgt worden, aber ohne dauerndes Ergebnis. Auch dieses Verfahren krankt eben an zahlreichen inneren Schwierigkeiten. Die aus dem Bodenschlitz des Glasbehälters auslaufende Glastafel neigt dazu, unter ihrem eigenen Gewicht abzureißen oder sich doch sehr stark zu verschwächen.

Erfaßt man zunächst, wie dies auch schon vorgeschlagen, die Glastafel zwischen Walzen, welche sie führen und stützen und die Breite der Glastafel aufrecht erhalten sollen, so leidet der Glanz ihrer Oberfläche.

Auch der Gedanke, das Glas aus einem Schlitz in der Seitenwand des Ofens oder über eine Lippe auf eine schräge Fläche in Schichtform auslaufen und vom unteren Rande der Fläche in Gestalt einer Tafel abzuziehen, ist wiederholt versucht worden[2]), zuletzt von Danner, dem Vater des Glasröhrenziehverfahrens der Libbey Glass Co. (s. Abschnitt 1.), aber anscheinend ohne ermutigendes Ergebnis[3]). Hier handelt es sich schon um ein eigentliches Spinnen der Glastafel. In einer abgeänderten Form[4]), die indessen ebenfalls noch nicht über das Versuchsstadium hinausgekommen ist, soll dieses Dannerverfahren für Tafelglas bessere Ergebnisse zeitigen. Diese Gestalt ergibt sich als logische Weiterentwicklung des Röhrenziehverfahrens. So wie dort eine auf einen schräg gelagerten Zylinder auflaufende Glasmasse diesen umhüllt und am unteren Ende als runder Stab (oder Rohr) abgezogen wird, läuft hier die Glasmasse auf die obere Kante einer schräg stehenden Platte auf und verteilt sich hier auf beide Oberflächen der Platte, die obere und untere. Die beiden flachen Teilströme vereinigen sich am unteren Rande der Platte zu einer einheitlichen Schicht und werden von hier als Glasband abgezogen.

In der Abb. 669 ist 1 die Lippe des Vorherdes einer Wanne, 2 die schräge Leitfläche, auf deren breite obere Kante 3 der Glasstrom auffließt, während 4 und 5 die beiden Teilströme an den beiden Oberflächen der Platte 2 bezeichnen. Wie man sieht, vereinigen sich diese beiden Teilströme am unteren Ende der Platte so, daß die mit der Platte in Berührung gewesenen Glasteile in das Innere des entstehenden Glasbandes 6 kommen, während die freien Flüssigkeitsoberflächen der Ströme die Oberfläche des

[1]) Am. Pat. 245209 (1881); Am. Pat. 285888 (1883).

[2]) Hanrez, belg. Pat. 74958 (1886); Simon, österr. Pat. 11962 (1902).

[3]) Am. Pat. 1261366/7, Brit. Pat. 126747.

[4]) Brit. Pat. 159114, franz. Pat. 519675.

Glasbandes bilden. Dies bedeutet zweifellos einen großen Fortschritt. Natürlich verschmälert sich das Glasband beim Abziehen, da das Festhalten der Ränder nicht versucht wird, aber es erscheint nicht unmöglich, bei ausreichender Breite der Platte 2 und richtiger Abstimmung der Ziehgeschwindigkeit und der Abkühlung des Bandes diesem im Augenblicke des Festwerdens eine noch ausreichende Breite zu sichern. Das Festwerden kann im frei schwebenden Teile des Glasbandes, also vor dem Angriff der Ziehwalzen geschehen, so daß die einmal vorhandene hohe Feuerpolitur nicht beschädigt wird. Die Schwierigkeit dürfte hier darin liegen, in dem breiten Glasstrome auf der breiten Ablaufplatte die nötige Gleichmäßigkeit der Glastemperaturund Zähigkeit zu sichern.

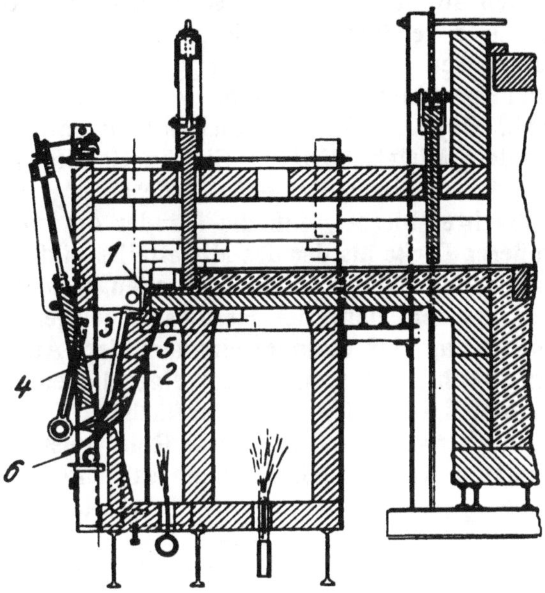

Abb. 669.

Nach anderen Vorschlägen wollte man anstoßend an die Wanne und in Höhe des Glasstandes darin, eine wassergekühlte Metallplatte anordnen, auf welche das Glas übertritt und von welcher es im halberstarrten Zustande als endloses Band (welches sich aus der Wanne beständig ergänzt) in eine Kühlgalerie hineingezogen werden sollte[1]). Statt der gekühlten Platte wollte man auch den Spiegel eines flüssigen Metallbades benutzen, welches in einem an die Wanne unmittelbar angebauten besonderen Herde flüssig erhalten wird[2]).

B. Tafelziehmaschine von Fourcault[3]).

Fourcault hat als gemeinschaftlichen Mangel aller früheren Zieh- oder Spinnverfahren erkannt, daß das Glas, um in die zu bildende Tafel einzutreten, aus dem Zusammenhange der Glasschmelze herausgerissen und angehoben werden muß, und das durch den weichsten Teil des Glasbandes! Von dieser Erkenntnis schritt er zu dem überraschenden Gedanken weiter, statt das Glas aus der Schmelze herauszunehmen, es von unten emporzudrücken.

Abb. 670.

Abb. 671.

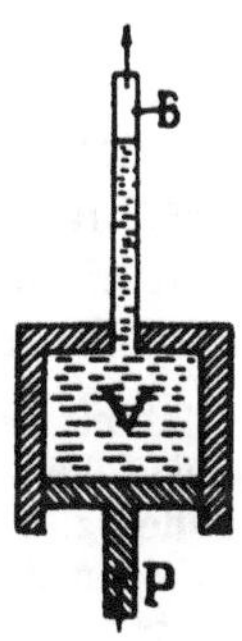

Abb. 672.

Treibt man in den in Abb. 670—672 dargestellten und mit Glas gefüllten länglichen Behälter *V* von unten den Stempel *P* ein, so wird aus dem Schlitz in der Oberseite des Gefäßes das Glas in Gestalt einer Tafel herausquellen, deren Breite der Länge des Schlitzes entspricht. Faßt man den oberen Rand dieser Tafel, statt ihn wie in Abb. 671 sich umlegen zu lassen, mit einem Fangstück *B* (Abb. 672), so wird diesem Fangstück ein Glasband von ganz gleichmäßiger Breite folgen, da auf seine Wurzel keinerlei Zug ausgeübt wird, vielmehr hier das Glas aus dem Schlitz unter Druck beständig nachquillt. Natürlich muß die Schnelligkeit, mit welcher das Fangstück *B* aufsteigt, der Schnelligkeit angepaßt werden, mit welcher das Glas aus dem Schlitz herausquillt.

[1]) E. Gobbe, D. R. P. 190805 (1906).

[2]) Heal, Am. Pat. 710357 (1902); 789911 (1902).

[3]) D. R. P. 161279 (1904), 178579 (1906), 178580 (1906), 182829 (1906), 185839 (1904); franz. Pat. 338146 (1904); brit. Pat. 28790 (1903); Am. Pat. 717378 (1902), 901800 (1904). Die eingeklammerten Zahlen bedeuten das Jahr der Einreichung.

Die praktische Lösung, welche Fourcault in Verfolgung dieses Gedankens fand, kann nicht anders als genial genannt werden. Sie wird verkörpert durch den in Abb. 673 dargestellten, als „Schlitzschwimmer" zu bezeichnenden länglich-viereckigen Kasten aus feuerfester Masse, welcher inmitten eine Erhöhung hat, mit einem nach oben sich verjüngenden, die ganze Länge der Erhöhung einnehmenden Schlitz. Läßt man diesen Kasten auf dem geschmolzenen Glase schwimmen, so steht in der mittleren Erhöhung das Glas bis wenige Zentimeter unter der Mündung *f* des Schlitzes (Abb. 674). Drückt man nun den Schwimmer auf irgendeine Weise in das Glas, so wird aus dem Mittelschlitz das Glas in Bandform herausquellen (Abb. 675) und nach Erfassung mit einem Fangstück, wie oben geschildert, angehoben werden können. Man beobachtet hierbei, daß die Ränder des so gebildeten Glasbandes einen Wulst von größerer Dicke als der des Mittelteiles bilden. Das erklärt sich aus der rascheren Abkühlung des Glases an diesen Stellen, welche einmal davon kommt, daß dieses Randglas aus dem nahe der Herdwand gelegenen, also kühleren Teile der Glasschmelze kommt, und daß es anderseits nach dem Ausquellen aus dem Schlitze nach drei Seiten hin abkühlt, nämlich an der eigentlichen Randfläche des Glasbandes und an den benachbarten Teilen der Seitenflächen. Das Glas inmitten des Bandes hingegen kühlt nur nach zwei Seiten ab. Diese Randwulste des Glasbandes müssen zwar später abgeschnitten werden, leisten aber während des Ziehens insofern gute Dienste, als sie starre Rippen bilden, welche die Breite des Glasbandes festhalten und die Zugfestigkeit in der Längsrichtung erhöhen.

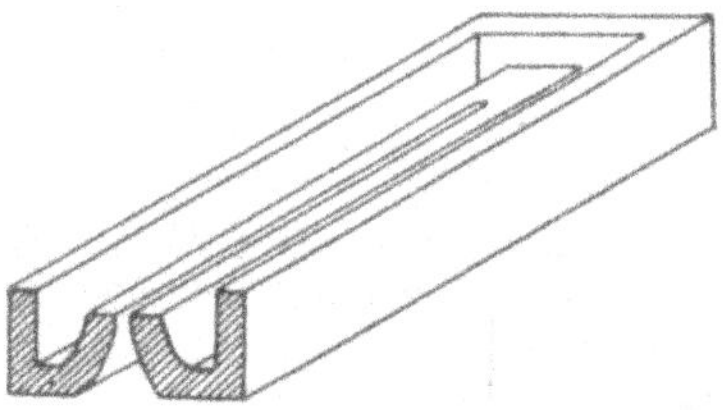

Abb. 673.

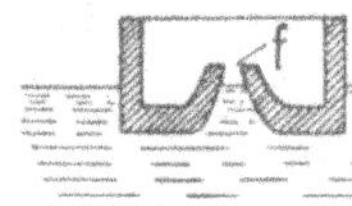

Abb. 674.

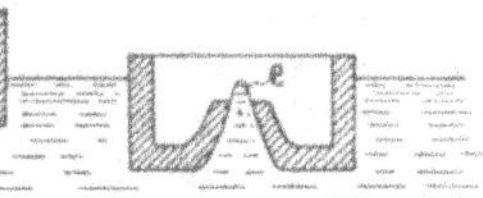

Abb. 675.

Es liegt aber auf der Hand, daß im übrigen die Erstarrung des einmal ausgezogenen Glasbandes in einer Umgebung von unbedingter Gleichmäßigkeit der Temperatur vor sich gehen muß. Jede Verschiedenheit der Abkühlung zu beiden Seiten des Bandes muß mit Notwendigkeit Spannungen hervorrufen, welche verursachen, daß sich die fertigen Glastafeln werfen und verziehen. Aus diesem Grunde umgibt Fourcault den Schwimmer und den ihn umgebenden Teil des Glasbades mit einer ringsum abgeschlossenen Kammer, einem Ziehschacht, der während des Ziehens keinerlei unmittelbare Beheizung erfährt, sondern der die nötige Wärme nur durch seine Wände hindurch aus dem benachbarten Ofenraum erhält.

Ist mit diesen Mitteln ein völlig ebenes und spannungsfreies Glasband gebildet, so ist noch die weitere Schwierigkeit zu überwinden, es zu kühlen und weiter bis auf den Schneidetisch zu bringen. Frühere Erfinder, z. B. der Window Glass Trust[1]), haben sich die Sache dadurch zu erleichtern versucht, daß sie das Ziehen des Glasbandes nur bis zu einer gewissen Länge fortsetzen, darauf das Band unten abschnitten und es hängend in einen Kühlkanal einführten. Hierbei ist nichts gebessert. Die Notwendigkeit, jede Glastafel von neuem durch Eintauchen des Fangstückes anzufangen, bedingt einen großen Zeitverlust. Der in das Glasbad zurückfallende abgeschnittene Stumpf verdirbt es, und Gleichmäßigkeit der Temperatur im Ziehraum ist natürlich schwerlich aufrecht zu erhalten. Man ging also daran, das Glasbad endlos auszuziehen und versuchte es zu kühlen, indem man es in noch weichem Zustande über eine Leitrolle in wagerechter Richtung umbog und in einen Kühlkanal von der üblichen Art einführte. Auf diese Weise arbeitet z. B. Colburn (Maschine der Libbey-Owens Sheet Glass Glass Co., siehe S. 745). Aber hierbei entsteht Gefahr für die Erhaltung der Feuerpolitur, auf die es doch bei der Fensterglasherstellung sehr ankommt.

[1]) D. R. P. 157210 (1904) und 171056 (1904).

Clarke ging der Frage am entschlossensten zu Leibe, indem er projektierte, die Glastafel senkrecht emporzufördern, indem er zu beiden Seiten der Tafel Triebwellen entgegengesetzter Drehrichtung anordnete, welche die Glastafel mit einzelnen Reibungsscheiben aus Asbest anfassen und heben. Auf eine Kühlung des Glasbandes allerdings verzichtete er und damit auch auf den Erfolg.

Es ist ein nicht zu unterschätzendes Verdienst Fourcaults, die außerordentliche Schwierigkeit besiegt zu haben, welche dem Emporfördern des Glasbandes und einer gleichzeitig guten Kühlung entgegenstehen. Was muß nicht alles beachtet und erfüllt werden! Das kaum erstarrte, sehr empfindliche Band darf trotz seiner Schwere beim Emporbewegen nicht stark gedrückt, nicht gekratzt, nicht mit kalten Flächen berührt und soll doch dabei sorgfältig gekühlt werden, noch dazu in einem senkrechten Schacht, über dessen Wirkungsweise und richtige Konstruktion praktische Erfahrungen wie für das Kühlen in wagerechten Kanälen nicht vorlagen. In Abb. 676 u. folg. ist die Fourcaultsche Fensterglasmaschinerie dargestellt.

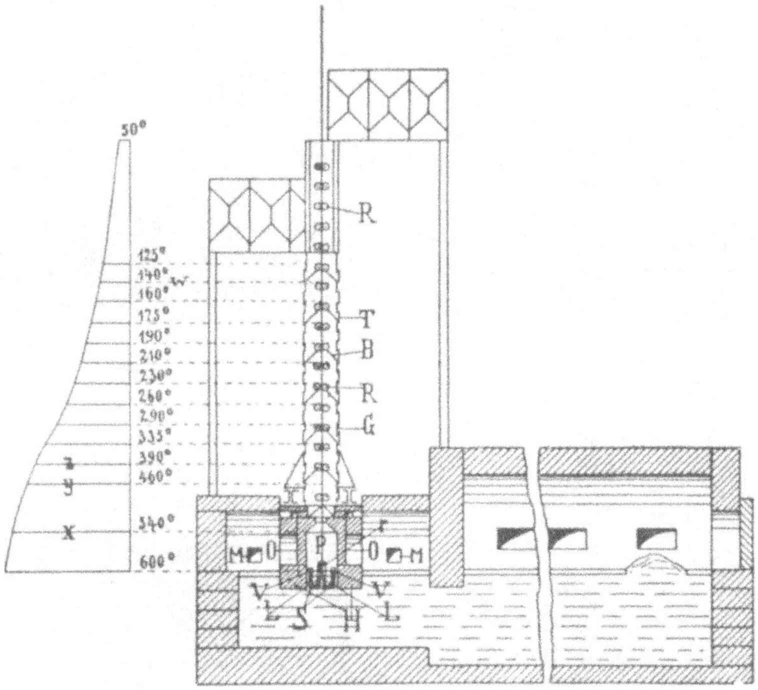

Abb. 676.

Das Glas wird in einer kontinuierlichen Wanne geschmolzen. An der dem Einlegeende entgegengesetzten Stirnwand ist ein Vorherd angebaut, und zwar so, daß sein Glasraum in völlig freier Verbindung mit dem Wannenraum steht, während die Feuerräume durch eine von der Decke bis in die Schmelze reichende Querwand getrennt sind. In den Vorherd ist eine Doppelbrücke H (Abb. 676 und 677) quer eingebaut, welche ein wenig über den Glasstand emporreicht und zwei dünne Wände O trägt, die quer durch den Feuerraum des Vorherdes gehen und ihn in zwei Heizräume mit besonderer Befeuerung durch Brenner M teilen, zwischen denen der Ziehschacht P liegt. An den Schmalseiten des Ziehschachtes befinden sich zwei Lufteinlässe r, durch welche nötigenfalls, aber mit Vorsicht, kalte Luft eingelassen werden kann, um dem schon erwähnten Randwulst die nötige Temperatur zu geben. Außerdem befinden sich in den Seiten der Ziehschachtwände Brenner, deren Luft- und Gaskanäle während des Ziehens dicht verschlossen bleiben und welche nur in Wirkung treten, wenn infolge einer Störung das Glasband unter dem untersten Walzenpaare abreißt, und in den Ziehschacht zurückfällt, so daß eine Wiedererwärmung der Kammer nötig wird. In dem Schacht schwimmt der auch in Abb. 673 dargestellte „Schlitzschwimmer“ S, welchen Fourcault „étireuse“ oder „débiteuse“ nennt, was man wohl am besten durch Ziehdüse wiedergeben kann. Dieser Körper kann mit Hilfe zweier ⌉_⌈-förmiger Balken v (Abb. 677 u. 679), welche an beiden Enden an je einem auf und ab beweglichen Querstück ruhen, in das Glas eingedrückt werden. Der Schlitz der Ziehdüse ist 1 m bis 1,25 m lang und verschmälert sich an seinen

Enden in der in Abb. 679 veranschaulichten Weise[1]), so daß auf der Länge *h* gleich 12—15 cm, die Breite sich um etwa ein Drittel verringert. Dies ist zweckmäßiger, als wenn der Schlitz an den Enden ebenso breit wie in der Mitte wäre oder wenn er spitz ausläuft. Im ersten Falle würde der Randwulst des Glasbandes zu dick, im zweiten Falle würde er Neigung, zu reißen, haben. Längs beider Ränder des Düsenschlitzes liegen zwei wasserdurchströmte Röhren *L* (Abb. 677 u. 679), deren Enden so nach aufwärts gebogen sind, daß sie längs der Glastafelränder sich erstrecken. Hierdurch wird das ausquellende Glas abgekühlt, so daß die Ziehgeschwindigkeit erhöht werden kann. Diese Abkühlung ist wünschenswert, weil man die Temperatur des Glases im Ziehherd nicht zu tief sinken lassen darf, um Entglasung zu vermeiden.

Mehrere Ziehschächte *P* können, wie leicht einzusehen, so in ein und demselben Vorherd abgetrennt werden, daß sie mit Heizkammern abwechseln. Bei der Versuchsanlage in Damprémy waren in dieser

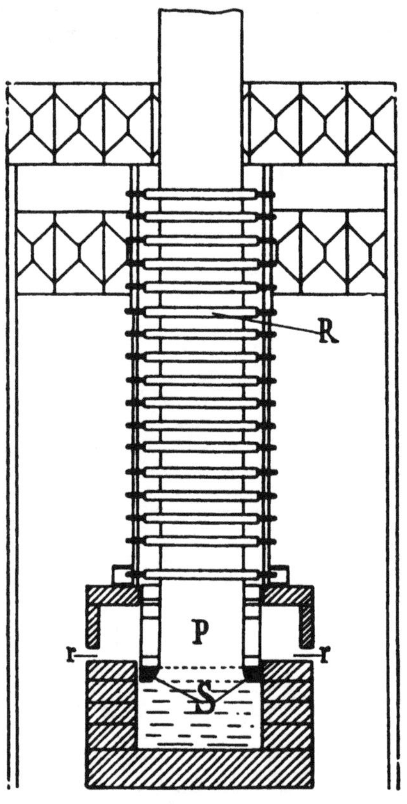

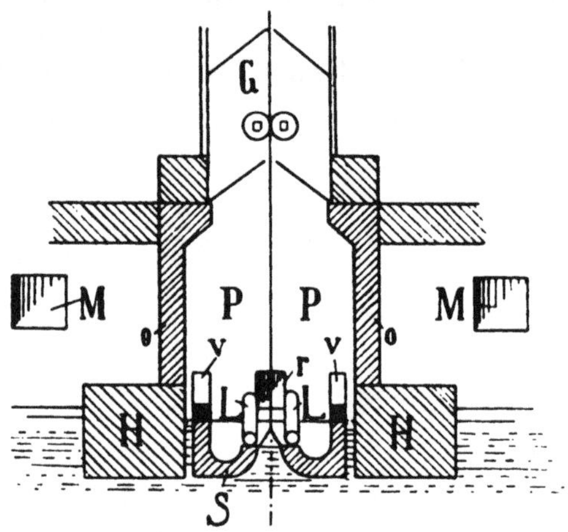

Abb. 677.

Abb. 678.

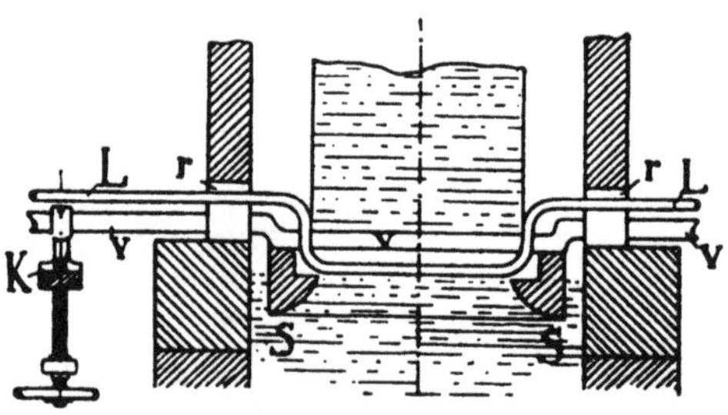

Abb. 679.

Weise drei Ziehschächte längs eines Vorherdes aufgebaut. Jetzt baut man nach einem von Fourcault herrührenden Vorschlage an den Vorherd einen rechtwinklig dazu verlaufenden Querkanal an und besetzt diesen mit Ziehmaschinen, um so viele Ziehstellen an einer Wanne zu schaffen, als zur vollen Ausnützung der Wanne nötig. Auch soll jede Ziehstelle hinsichtlich der Wärmeführung möglichst unabhängig von den andern sein, damit Störungen darin (Absturz des Glasbandes) die Nachbarstellen nicht beeinflussen. Das wird durch die in Abb. 680 gezeigte Einrichtung ermöglicht[2]). Quer zur Längsrichtung der Wanne und durch einen mit 3 Brücken versehenen Kanal damit zusammenhängend, erstreckt sich ein langer Kanal, dessen Breite derjenigen des zu ziehenden Glasbandes entspricht. Der Glasraum dieses Kanals ist im wesentlichen ungeteilt, während der Heizraum des Kanals durch Wände aus feuerfesten Steinen gemäß *O* Abb. 676 und 677, die unten in das Glas eintauchen, in eine größere Anzahl von Kammern eingeteilt ist, von denen abwechselnd die eine als Ziehkammer *P*, die folgende als Heizkammer *Z* dient. Beide Arten von Kammern sind unabhängig voneinander in der schon beschriebenen Weise heizbar, die Heizkammern mit regelbaren Brennern *M*. In ganzer Länge des Kanals und zu beiden Seiten desselben verlaufen unter der Ofensohle Regenerativkammern zur Vorwärmung

[1]) D. R. P. 178580 (1906).
[2]) Siehe Sprechsaal 49 (1916) Nr. 2, S. 11.

der Luft. Die Wanne selbst wird durch 4 Brennerpaare beheizt, bei denen der Gasschlitz zwischen 2 Luftschlitzen liegt. Die Generatoren liegen unmittelbar neben dem Ofen, das Gas wird nicht vorgewärmt. Nahe dem Wannenausgang liegt noch ein Paar Reservebrenner. Der Flammenraum der Wanne ist gegen den Ziehkanal, um dessen Überhitzung durch Eintreten der Wannengase zu verhindern, durch eine Querwand abgesperrt, welche bis auf 50 cm über der Glasoberfläche herabreicht.

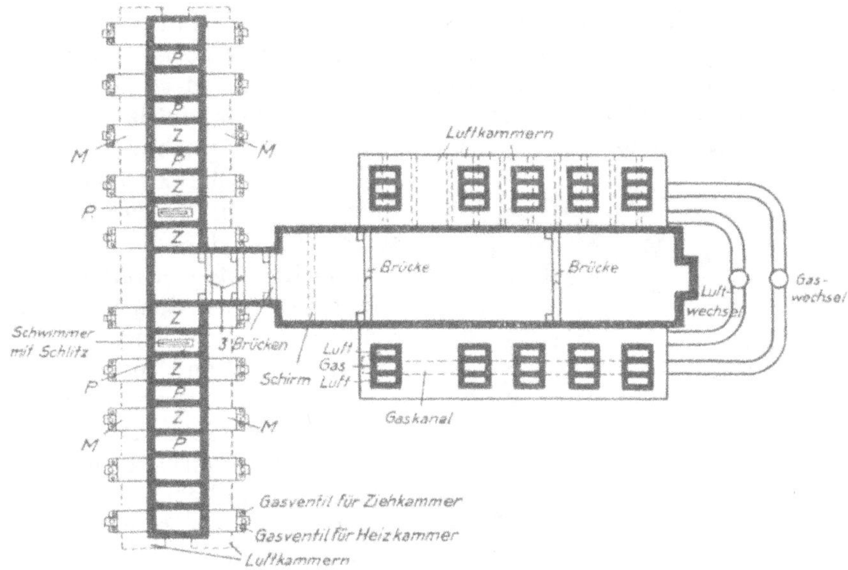

Abb. 680.

Über jedem Ziehschachte *P*, der sich oben ein wenig verengt, steht ein Kühlturm *G* von 4 m Höhe und länglich-rechteckigem Querschnitt, mit Wänden aus Eisenblech oder Gußeisen und einer wärmeisolierenden Bekleidung. In diesem Kühlturm ist übereinander eine Vielzahl von Walzenpaaren *R* so angeordnet, daß ihre gemeinschaftliche Tangentenfläche durch den Schlitz der Ziehdüse *S* geht. Zwischen diesen Walzen wird das aus dem Ziehschacht aufsteigende Glasband emporgefördert, indem den beiden Walzen jedes Paares entsprechende Drehung in entgegengesetztem Sinne mitgeteilt wird, bis das Glasband am oberen Ende des Turmes in gekühltem Zustande austritt und dort von einer Bühne aus in passende Längen zerschnitten werden kann. Die Walzen sind hergestellt, indem eine große Anzahl von Ringscheiben aus Asbestpappe auf eine gemeinschaftliche eiserne Achse aufgesteckt und durch auf die Achse aufgeschraubte Druckschrauben fest zusammengepreßt sind. Die Schnittflächen der aneinanderliegenden Scheiben bilden so eine feste und doch weiche Grifffläche. An den Enden sind die Walzen schwach kegelförmig gehalten[1]), und zwar um durch den so entstandenen Zwischenraum den dickeren Randwulst des Glasbandes hindurchpassieren zu lassen. Die Walzenachsen sind in den Schmalseiten des Turmes gelagert. Sämtliche Walzen der rechten Reihe erhalten Antrieb durch eine senkrechte Welle und Kegelräderpaare. Die Walzen der linken Seite sind beweglich gelagert, und zwar an dem einen Ende von Winkelhebeln, deren anderes Ende mit Gewichten belastet ist, wie in der das obere Ende des Kühlschachtes darstellenden Abb. 682 zu erkennen ist. Auf diese Weise können die Walzen ihren Abstand je nach der Glasdicke ändern, während der Druck der Walzen gegen das Glasband durch Verstellen der Hebelbelastung geregelt werden kann. Die linke Walze erhält ihren Antrieb von der rechten her mit Hilfe von Zahnrädern mit langen Zähnen, welche ein Auseinandergehen der Walzen ohne Aufheben ihres Eingriffs gestatten. Der Antrieb aller Walzen erfolgt von einer gemeinsamen senkrechten Welle aus mittels Kegelrädern. Die senkrechte Welle selbst wird wieder mit Kegelrädern von einer wagerechten Welle getrieben, welche ihrerseits unter Zwischenschaltung von Schneckengetriebe und mehrstufigem

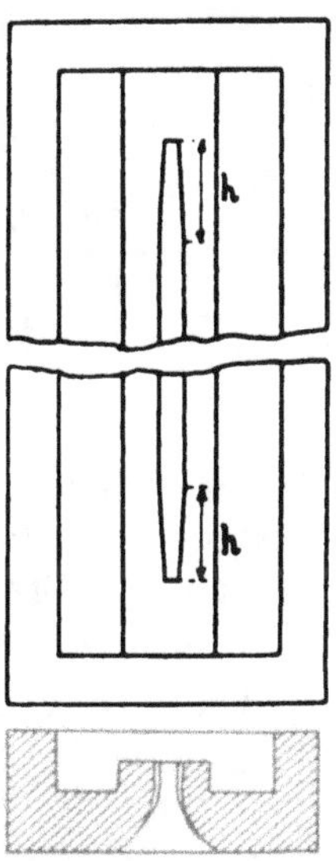

Abb 681.

[1]) D. R. P. 178579 (1906).

Vorgelege ihren Antrieb durch einen Elektromotor erhält. Infolge weitgehen- der Regelbarkeit des Motors und unter Benützung der Vorgelege-Stufen kann die Umfangsgeschwindigkeit der Walzen zwischen 10 und 45 cm in der Minute in weit über 100 Stufen geregelt werden. Der ganze Kühlturm ist in eine Reihe übereinanderliegender Kammern geschieden mit Hilfe von Blechen, welche, von der Breitseite des Turmes ausgehend, bis dicht an die Unterseite der Walzen reichen. Die Kammern sind durch Türen T in der Wand des Kühlturmes von außen zugänglich.

Alle Teile dieser Maschinerie sind das Ergebnis langer Erfahrung und eingehender Erprobung. Der freie Zusammenhang des Glasraumes des Vorherdes mit der Wanne ermöglicht eine Versorgung mit gleichmäßigem Glase. Die von der Wanne abgetrennten, die Ziehschächte einschließenden Heizkammern ermöglichen, da sie besondere Brenner haben, eine vom Wannenbetrieb und voneinander völlig unabhängige Temperaturregelung für die Ziehmaschinerie. Der Ziehschacht ist ringsum völlig abgeschlossen, so daß die Temperatur darin sehr gleichmäßig erhalten werden kann. Die Wärme wird dem Schachtraum während der eigentlichen Zieharbeit nur durch seine Wand hindurch, durch Leitung und Strahlung, zugeführt. Auch schützt dieser Schacht das Glasband unbedingt vor den Ofengasen, vor Flugstaub und ähnlichen Schädlichkeiten.

Abb. 682.

Die wichtige Rolle der Ziehdüse ist schon erwähnt.

Infolge der großen Anzahl von Förderwalzen, deren unterste etwa 1 m über dem Glasspiegel sich befindet, kann der Druck jedes Walzenpaares auf das Glasband sehr gering gehalten werden, trotzdem es sich um die Überwindung des Gewichtes eines 5 bis 6 m langen, über 1 m breiten und mehrere Millimeter starken Glasbandes handelt. Der geringe Höhenabstand der Walzen voneinander sorgt auch dafür, daß, falls das Glasband plötzlich bricht, was im Betriebe vorkommen kann, auch kleine Stücke gehalten und entfernt werden können. Im Sinne der Verminderung des Druckes auf das Glasband wirkt auch der Umstand, daß die Tafel nicht mit einzelnen Reibungsrollen (wie bei Clarke), sondern ihrer ganzen Breite nach erfaßt wird. Die Schnittflächen der Asbestscheiben sind weich und doch genügend greifend, außer dem bei 600 bis 700° C beständig.

Die Einschließung des Glasbandes in einen Kühlturm ist natürlich von größter Wichtigkeit für seine Kühlung, nicht weniger wichtig die wagerechte Querteilung des Turmes mit Hilfe der schrägen Wände und der dazwischen liegenden Walzen in einzelne übereinanderliegende Kammern. Nur so ist es möglich, schädliche senkrechte Luftströmungen zu verhindern, welche sich in einem Turm mit unversperrtem Querschnitte mit großer Gewalt entwickeln, nahe den Turmwänden kälter und im Schachtinnern heißer sein würden. Die schrägen Wände dienen auch natürlich dazu, Bruchstücke aufzufangen, so daß sie durch die Türen T entfernt werden können. Es liegt auf der Hand, daß die Glasbruchstücke ohne diese Querwände an die unteren

Teile des Glasbandes ankleben oder gar in den Ziehschacht hinabfallen und so großen Schaden anrichten würden.

Mit diesen Einrichtungen gelingt es, ein außerordentlich gleichmäßiges Temperaturgefälle im Kühlturm von oben nach unten zu erhalten. Diese Gleichmäßigkeit wird nicht zum wenigsten dadurch erreicht, daß die Beheizung überwiegend durch die von dem Glasband mitgeführte und in den Kammern an die Förderrollen und die Kammerwände ausgestrahlte Wärme bewirkt wird. Diese Teile, namentlich die sehr voluminösen Förderwalzen, wirken ihrerseits wieder als Speicher und Regler der Wärme. Bekanntlich ist die vom Kühlgut mitgeführte Wärme auch bei den in der Praxis gebräuchlicen Kühlkanälen Hauptursache des gleichmäßigen Temperaturabfalles längs des Kanales. Da die Asbestschicht der Walzen wenig wärmeleitend ist, so haben sie natürlich dieselbe Temperatur wie die von ihnen berührten Oberflächen des Glasbandes, so daß eine Abschreckung nicht stattfindet.

Auch die Bekleidung der nicht mit dem Glasband in Berührung befindlichen Walzenenden mit Asbest ist wichtig, da sonst die bloßliegenden Eisenachsen viel Wärme nach außen abgeben würden. Auch würden infolge des geringen Durchmessers der unbekleideten eisernen Achsen hier senkrechte Kanäle entstehen, welche starke Luftströmungen verursachen und den gleichmäßigen Temperaturabfall von unten nach oben stören würden.

Da die Walzen an den Enden kegelförmig sind, so lassen sie einen geringen Teil des Turmquerschnittes frei. Der durch diesen Querschnitt aufsteigende, sehr mäßige Wärmestrom ist aber nicht schädlich, sondern nützlich, da er dazu beiträgt, dem Randwulst des Glasbandes, welcher, wie erwähnt, rascher erstarrt als das Band selbst, die wünschenswerte langsamere Abkühlung zu verschaffen.

Ausdrücklich erwähnt muß noch werden, daß am untersten Walzenpaare das Glasband zwar noch heiß, aber doch schon völlig erstarrt ist, so daß die vollkommene Feuerpolitur, welche die Bandoberfläche im Ziehschacht erhalten hat, durch die Berührung mit dem ersten Walzenpaar nicht mehr beschädigt wird.

Um das Tafelziehen in Gang zu bringen, führt man zwischen die obersten Walzen ein Fangstück ein und bewegt sie, indem man die Maschine rückwärts gehen läßt, durch den Kühlturm hinab in den Ziehschacht, bis ihr unterer Rand in den Spalt der Ziehdüse eintritt und diesen Spalt verschließt. Darauf drückt man die Ziehdüse vermittelst der Querjoche in das geschmolzene Glas ein, so daß das Glas in dem Spalt in die Höhe tritt und an den eingetauchten Rand des Fangstückes in Form eines Wulstes von zwiebelförmigem Querschnitt anschmilzt, was nur kurze Zeit aber große Sorgfalt erfordert, da Form und Größe dieses Wulstes von großer Wichtigkeit für gleichmäßige Stärke und Güte der Tafel ist. Nun steuert man die Maschine um, und das Anheben beginnt zunächst mit kleiner Geschwindigkeit. Am oberen Ende des Turmes (Abb. 682) angekommen, wird zunächst das Fangstück abgeschnitten und darauf das Glasband fortlaufend in die gewünschten Längen zerlegt, von denen dann noch der Randwulst abgetrennt wird. Natürlich muß durch entsprechendes Nachlegen von Glassatz in die Wanne der Spiegel des Glases im Ziehschacht dauernd auf gleicher Höhe gehalten werden.

Stürzt das Glasband infolge Bruches unter dem untersten Walzenpaare ab, so werden nach dem Herausnehmen der Kühlrohre L und der Niederhalte-Balken v (Abb. 677 und 679) die Ziehkammerbrenner in Betrieb gesetzt und das auf Ziehtemperatur abgekühlte Glas in der Ziehkammer aufgewärmt. Hierbei schmelzen auch die beim Sturz des Glasbandes entstandenen Scherben, und man kann die Ziehdüse und ihre Umgebung durch besonders geformte Werkzeuge reinigen und in den Zustand versetzen, daß mit dem Ziehen wieder begonnen werden kann. Einige Zeit vor dem Wiederingangsetzen der Maschine müssen die Ziehkammerbrenner außer Betrieb gesetzt werden, damit das Glas soweit abkühlen kann, daß es die zum Ziehen erforderliche Zähigkeit hat.

Die Ziehgeschwindigkeit hängt ab von der zu erzielenden Glasstärke. Im allgemeinen kann man sagen, daß das Gewicht der ausgehobenen Glastafel in der Zeiteinheit gleichbleibt, wie auch die Dicke des Glasbandes ist, mit anderen Worten, die Ziehgeschwindigkeit kann um so größer sein, je dünner das Glasband ist. Natürlich hängt die Ziehgeschwindigkeit auch ab von der Temperatur des Glases im Ziehschacht. Sie kann um so mehr gesteigert werden, je kühler das Glas ist. Indessen findet die Erniedrigung der Glastemperatur eine untere Grenze durch die Gefahr einer im Ziehschacht eintretenden Entglasung. Die Geschwindigkeit bei der Herstellung von 2 mm starkem Glase kann z. B. etwa 25 m stündlich betragen, bei 5-mm-Glas 5 m stündlich, doch schwanken diese Zahlen stark je nach der Zähigkeit des Glases, die wieder von der Zusammensetzung als auch von den Temperaturen in Zieh- und Heizkammer abhängt. Für 3 mm starkes Glas hat sich z. B. in der Praxis eine Schwankung von 14 bis 18 m stündlich ergeben.

Zu einem ordnungsmäßigen Betriebe ist die Aufrechterhaltung der richtigen Temperaturverteilung in dem ganzen Apparat sehr wichtig, und hierauf ist das Augenmerk des überwachenden Arbeiters in erster Reihe gerichtet. In Abb. 676 ist neben der Darstellung der Ziehmaschine die Temperaturverteilung durch eine Kurve wiedergegeben, welche der normalen Temperaturverteilung entspricht. Man sieht aus dieser Kurve, daß die Temperatur unmittelbar oberhalb des Düsenschlitzes 600° C, am oberen Ende des Ziehschachtes 540° C, über der ersten Rolle 460° C und am oberen Ende des Ziehschachtes 125° C beträgt. Die bei weitem wichtigste Rolle spielt die Temperatur im Ziehschacht und im unteren Ende des Kühlschachtes. An dieser Stelle durchschreitet das Glasband die kritische Temperatur von 450° C, eine Temperatur, bei welcher es besonders zum Brechen neigt. Es ist leicht einzusehen, daß, wenn diese Temperatur und die Bruchgefahr unterhalb des untersten Walzenpaares liegt, das abgebrochene untere Tafelende in den Ziehschacht stürzen, das Glasbad verunreinigen und eine längere Betriebsstörung verursachen würde. Die kritische Temperatur muß also unbedingt über dem untersten Walzenpaare liegen; anderseits darf aber auch die Temperatur im Ziehschachte nicht so hoch gesteigert werden, daß sie an dessen oberem Ausgange 540° C übersteigt. Bei dieser Temperatur nämlich ist die Erstarrung des Glases beendet und der Erstarrungsvorgang muß völlig innerhalb des Ziehschachtes beendigt werden, da nur in seiner völlig abgeschlossenen Atmosphäre, in welcher die Glastafel lediglich durch Strahlung sich abkühlt, eine Erstarrung im völligen molekularen Gleichgewicht stattfinden kann. Würde die Erstarrung erst im Ziehschachte zu Ende kommen, so wären innere Spannungen und eine teilweise Härtung des Glases zu befürchten, mit der Folge schlechter Schneidbarkeit, krummer Tafeln und erhöhter Bruchgefahr (s. a. Kap. 3, S. 232, „Kühlen").

Daß diese feine Temperaturregelung in der Praxis wirklich möglich ist, zeigen die wiedergegebenen Betriebsberichte:

In den Abb. 683 u. 686 bedeuten die vollen Linien die während des Betriebes bei den Punkten *x*, *y*, *z* und *w* der Abb. 676 abgelesenen Temperaturen, die punktierte Linie die gleichzeitig vorhanden gewesene Ziehgeschwindigkeit. In den Abb. 685 u. 688 ist die gleichzeitig hergestellte Glasdicke durch eine volle Linie dargestellt. Zu den Abb. 684 u. 687 dient der folgende Originalbetriebsbericht als Erläuterung.

Freitag, den 24. Mai 1907: Von 11½ Uhr morgens ab fing das Glasband an, in kleinen unbrauchbaren Stücken zu brechen, weshalb mehr Feuer gegeben wurde, wie aus den Temperaturlinien in Abbildung 683 zu sehen ist. Um 12½ Uhr fiel die Scheibe (s. Abb. 684) nach 75½stündigem Gange im Ziehschacht nieder. Das Glas hatte eine Dicke von 2,75 mm und eine Ziehgeschwindigkeit war vorhanden von 20,50 m stündlich (s. Abb. 685 u. 683). Von 12½ bis 4¼ Uhr nachmittags wurde der Ziehschacht aufgewärmt und um 4 Uhr 25 Min. das Verfahren wieder begonnen (s. Abb. 684).

Es gab unbrauchbare Bruchstücke (s. Abb. 684) bis 5¼ Uhr, bis die Geschwindigkeit von 18,50 m allmählich erreicht wurde. Die Dicke des Glases betrug jetzt 3 mm. Diese Stärke wurde bis 3½ Uhr morgens beibehalten und dann durch Verminderung der Geschwindigkeit auf 18,25 m 3½ mm starkes Glas gemacht.

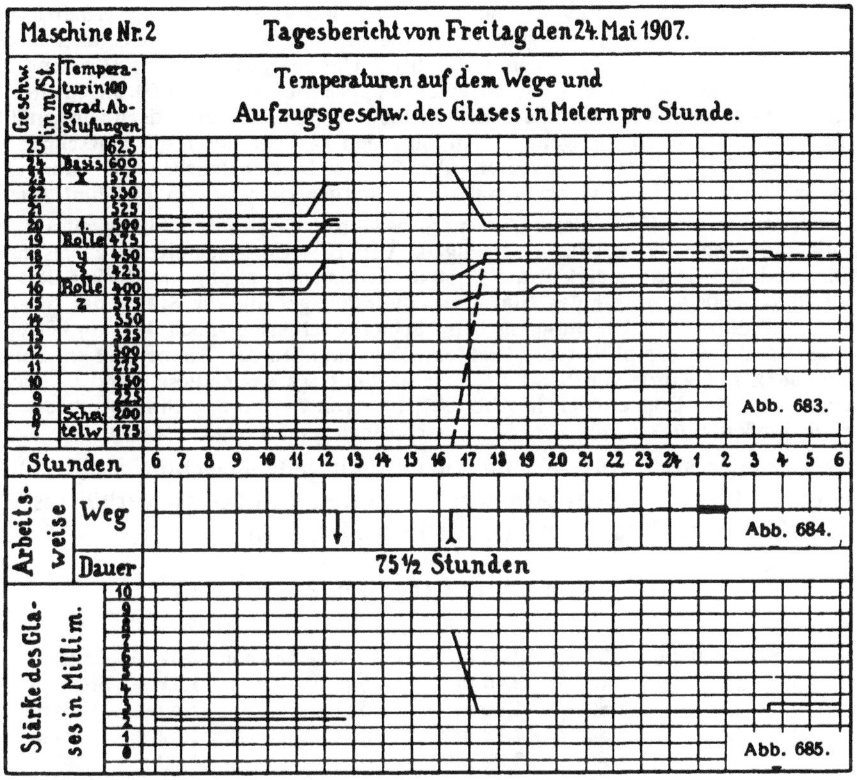
Maschine Nr. 2
Tagesbericht von Freitag den 24. Mai 1907.
Geschw. in m/St.
Temperatur in 100 grad. Abstufungen
Temperaturen auf dem Wege und Aufzugsgeschw. des Glases in Metern pro Stunde.
Basis X
1. Rolle y
Rolle z
Scheitelw
Stunden
6 7 8 9 10 11 12 13 14 15 16 17 18 19 20 21 22 23 24 1 2 3 4 5 6
Arbeitsweise
Weg
Dauer
75½ Stunden
Stärke des Glases in Millim.
Abb. 683.
Abb. 684.
Abb. 685.

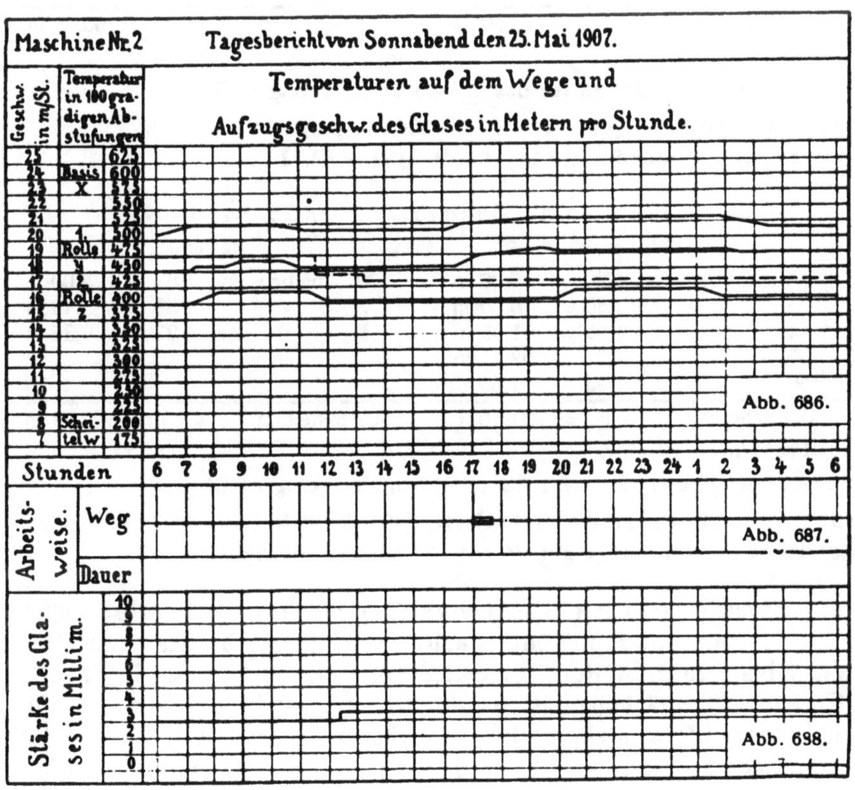
Maschine Nr. 2
Tagesbericht von Sonnabend den 25. Mai 1907.
Geschw. in m/St.
Temperatur in 100 gradigen Abstufungen
Temperaturen auf dem Wege und Aufzugsgeschw. des Glases in Metern pro Stunde.
Basis X
1. Rolle y
Rolle z
Scheitelw
Stunden
6 7 8 9 10 11 12 13 14 15 16 17 18 19 20 21 22 23 24 1 2 3 4 5 6
Arbeitsweise
Weg
Dauer
Stärke des Glases in Millim.
Abb. 686.
Abb. 687.
Abb. 688.

Von 10 bis 10 Uhr 20 Min. abends wurde noch Glas in schlechten Bruchstücken erhalten (s. Abb. 684). Von 11½ Uhr abends bis 12½ Uhr morgens traten die Scheiben zerbrochen aus, aber in sehr großen, beträchtlichen Stücken (s. Abb. 684). Von 1 Uhr bis 2 Uhr morgens trat das Glasband durch einen Mittelriß in zwei Stücken geteilt aus (durch einen Doppelstrich in Abb. 684 angedeutet).

Die vollen Striche deuten an, daß die Scheibe ohne Bruch heraustrat, jedoch wird zufälliger Querbruch nicht erwähnt. Dieser ist genügend in den folgenden Tabellen durch die angeschriebene Produktion von nicht bestellten Längen angedeutet. Am 24. Mai fand wahrscheinlich während des Tages zwölfmal und während der Nacht sechzehnmal ein Querbruch statt, am 25. Mai fünf- und siebenmal.

Sonnabend, den 25. Mai 1907: Um 6 Uhr morgens wurde die Ziehgeschwindigkeit auf 19 m stündlich eingestellt, um 3 mm starkes Glas zu erzeugen. Von 12½ Uhr nachmittags ab bis zum nächsten Morgen 6 Uhr wurde die Geschwindigkeit auf 17,50 m vermindert, um 3½ mm starkes Glas zu erhalten, jedoch von 9 Uhr abends ab wurde das Glas etwas dünnflüssiger und die Stärke des Glases nahm allmählich ab, so daß diese um 6 Uhr morgens beim Schichtwechsel nur noch 3¼ mm betrug.

Der Gang des Verfahrens blieb trotz leichter Schwankungen der Temperatur im Kühlturm sehr schön (s. Abb. 687), nur wurde von 5 bis 5½ Uhr nachmittags das endlose Band in zwei Längsteile gespalten erhalten (s. den Doppelstrich in Abb. 687) und von 7¼ bis 8½ Uhr abends etwas Bruch erhalten, aber in großen Stücken, die für das Ausschneiden ganz geeignet waren.

Solche Berichte sind von Anfang an und für jede Maschine aufgestellt worden, welche die ganze Geschichte der Apparate mit ihren Temperaturverhältnissen und der geleisteten Arbeit kurz gefaßt und deutlich wiedergeben.

Produktion am Freitag, den 24. Mai 1907.

Tag				Nacht			
37 Scheiben	von	1,57	= 58,09 m	21 Scheiben	von	2,02	= 42,42 m
1	„	2,10	= 2,10 m	35	„	1,71	= 59,85 m
1	„	1,80	= 1,80 m	6	„	1,63	= 9,78 m
31	„	1,52	= 47,12 m	10	„	1,52	= 15,20 m
9	„	1,71	= 15,39 m	6	„	1,20	= 7,20 m
1	„	1,00	= 1,00 m	4	„	1,40	= 5,60 m
				32	„	1,83	= 58,56 m
80 Scheiben			= 125,50 m	114 Scheiben			= 198,61 m

125,50 + 198,61 m = 324,11 m.

Der Tourenzähler gibt 373 m an für das in 24 Stunden gezogene Glas.

Leistung in vollständigen Scheiben: (324,11 · 100):373 = 86,80%.

Zeitbenutzung: 20 Stunden auf 24 (20 · 100):24 = 83,33%.

Produktion am Sonnabend, den 25. Mai 1907.

Tag				Nacht			
5 Scheiben	von	1,00	= 5,00 m	100 Scheiben	von	1,83	= 183,00 m
4	„	1,50	= 6,00 m	2	„	1,58	= 3,16 m
1	„	1,95	= 1,95 m	5	„	1,27	= 6,35 m
73	„	1,27	= 92,71 m				
50	„	1,83	= 91,59 m				
133 Scheiben			= 201,16 m	107 Scheiben			= 192,51 m

201,16 + 192,51 m = 393,67 m.

Der Tourenzähler gibt 411 m an für das in 24 Stunden gezogene Glas.

Leistung in vollständigen Scheiben: (393,67 · 100):411 = 95,78%.

Zeitbenutzung: 24 Stunden auf 24 (24 · 100):24 = 100,00%.

Betriebsergebnisse: Aus den vorstehenden Tabellen ergibt sich eine monatliche Produktion von 13500 m² oder nach Abzug allen Abfalles rund 10000 m² fertig verpackten, 1 bis 1,25 m breiten, $^4/_4$ = 1,8 mm starken Glases. In der Praxis stellten sich die Ergebnisse zunächst nicht so günstig. So wird im Jahre 1916 für die später in Damprémy errichtete, nicht mehr versuchsmäßige, sondern für den Absatz arbeitende Anlage nach zweijährigem Durchschnitt eine Monatsleistung von 5362 m² angegeben und 11600 m² als Rekordleistung einer Maschine. Zur Bedienung sind für jede Maschine ein Mann zur Überwachung des Ziehprozesses nötig und außerdem für die drei Maschinen (welche bei der Versuchsanlage an einer Wanne aufgestellt waren) ein Abschneider und ein Abträger; zusammen sind also für die drei Maschinen fünf Mann für die Schicht von 12 Stunden nötig. Dem steht für eine gleiche Leistung durch Blasearbeit in der bisherigen Weise eine Belegschaft von 15 Mann für die zwölfstündige Schicht gegenüber. Die Zahl von drei Maschinen an einer Wanne ist nicht notwendig. Wie schon früher erwähnt, kann der Ziehprozeß mit beliebig großen Wannen arbeiten, da mit Hilfe von besonderen Verbindungskanälen eine beliebige Reihe von Ziehschächten mit dem Ofen in Reihe verbunden werden können, und es können an einer Wanne von 75 bis 100 m² Heizfläche 8 Maschinen aufgestellt werden. Hergestellt werden können nach den Angaben des Erfinders Glasstärken von 2 bis 10 mm. Der Erfinder beabsichtigt daher, auch Spiegelglas sowohl in der Stärke der geblasenen Spiegel als der geschliffenen herzustellen. Für diese Verwendung, also als Ersatz des Rohglases, eignet sich das gezogene Glas ganz besonders, weil es absolut eben ist. Man würde daher beim Schleifen mit einem Schleifverlust von höchstens 2 mm auskommen statt 6½ bis 7 mm bei der Verarbeitung von Rohglas.

Diese große Ebenheit macht das Fourcault-Glas auch geeignet, mit den ohne Schwierigkeit herstellbaren Stärken im ungeschliffenen Zustande, ein besonderes modernes Bedürfnis zu befriedigen: den Riesenbedarf an Windscheiben für Automobile, die natürlich für Sicherheit des Fahrers ein Minimum an Bildzerrung nicht überschreiten dürfen. Kein anderes Rohglas kann diese Ansprüche ohne Schliff erfüllen. Der Schliff verteuert aber die Scheibe außerordentlich, so daß zurzeit für das Fourcault-Verfahren eine gewisse Monopolstellung für billige Windscheiben einnimmt.

Daß aber nach dem Fourcault-Verfahren Glastafeln von der Dicke des gegossenen Spiegelglases wirklich fabrikmäßig gezogen worden sind, ist nicht bekannt geworden. Die besondere Schwierigkeit dieser Aufgabe liegt darin, daß zur Erzielung der nötigen Tafeldicke von über 8 mm die Glastemperatur und Ziehgeschwindigkeit so niedrig sein müssen, daß die Gefahr der Entglasung nahetritt.

Ein der Erzeugung dieser größeren Glasstärken besonders angepaßtes Verfahren hat der Belgier Rowart[1]) ausgearbeitet. Das Verfahren von Rowart ist in einer Versuchsanlage in Auvelais bei Charleroi erprobt und dort von dem bekannten amerikanischen Glasingenieur J. W. Cruikshank besichtigt worden. Aus einer Wanne von ungefähr 9 × 3 m wurden Tafeln von etwa 60 cm Breite gezogen. Über die Dicke wird leider nicht berichtet. Industriell verwertbare Ergebnisse hat dieser Versuch bisher anscheinend nicht gehabt.

Über die Eigenschaften des gezogenen Glases berichtet der Erfinder Fourcault folgendes: Das gezogene Glas ist viel ebener als gestrecktes Glas, da es in freiem Hang erstarrt ist. Die Glasstärke ist völlig gleichmäßig und die Oberfläche sehr rein, da sie niemals der Gefahr alkalischer oder schwefliger Beschläge, niemals der Verunreinigung durch Flugstaub aus dem Schmelz- oder Streckofen oder durch Hüttenstaub ausgesetzt worden ist. Natürlich fehlen auch die vom Anfangen bei der Handarbeit herrührenden Blasen, ebenso die beim Strecken entstehenden Kratzer usw. Die Feuerpolitur ist vollkommen, weil das Glas, bevor es das unterste Walzenpaar erreicht, bereits völlig erstarrt ist. Da es völlig spannungsfrei ist, so ist es ausgezeichnet zu schneiden und wegen der Spannungsfreiheit einerseits und der völligen Ebenheit des Glases anderseits gibt es beim Versand sehr wenig Bruch. Diesen Vorzügen gegenüber wird dem gezogenen Glase ein einziger Mangel von den Fachleuten angerechnet. Es zeigt nämlich in der Ziehrichtung verlaufende Längsstreifen. Der

[1]) D. R. P. 182829 und 219329, Sprechsaal 1913, S. 48, entsprechen einer älteren Form, franz. Pat. 519436 u. Zusatz 24553, ferner franz. Pat. 547946, Brit. 182805 neueren Formen.

Gedanke liegt nahe, daß diese Längsstreifen von der Ziehdüse herrühren, mit welcher ja die gesamte Oberfläche des gezogenen Glasbandes in Berührung kommt. Dieser Annahme widerspricht indessen der Erfinder mit dem Hinweise, daß eine acht Monate lang in Gebrauch befindlich gewesene Ziehdüse am Schlitze keinerlei Abnutzung zeigte.

Versuche, den nach Fourcaults Ansicht zu Unrecht befürchteten ungünstigen Einfluß der Ziehdüse auf die Glasoberfläche zu vermeiden, sind gemacht worden, z. B. in der Form, daß nur die Ränder der Tafel durch düsenähnliche Führungen gezogen werden, welche in entsprechendem Abstande in den Glasspiegel eingetaucht erhalten werden. Die Tafelfläche selbst wird aus dem freien Glasspiegel gezogen [1]).

Der Erfinder sieht die Ursache der Längsstreifen in der ungleichartigen Beschaffenheit des aus der Wanne in den Ziehschacht eintretenden Glases. Zähere Teile in dieser Glasmasse müssen natürlich eine etwas größere Glasstärke ergeben und diese Verdickungen müssen sich beim Hindurchgehen durch die Ziehdüse in die Länge ziehen. Zum Beweis für die Richtigkeit seiner Ansicht teilt der Erfinder zwei Analysen mit, welche von zwei nebeneinanderliegenden, 15 mm breiten, der Ziehrichtung der Tafel nach abgeschnittenen Glasstreifen angefertigt worden sind, von denen der erste, bezeichnet V E B, ohne Streifen war, der zweite, gezeichnet V E S, Streifen aufwies.

Die Analysenresultate sind folgende:

	VEB	VES	VEB	VES
SiO_2	72,37	72,75	69,118	68,940
CaO.	11,72	11,54	11,720	11,540
Na_2O	14,72	14,49	14,340	14,165
Al_2O_3	0,41	0,51	2,560	3,184
Fe_2O_3	0,18	0,15	0,787	0,656
MgO	0,11	0,14	0,605	0,770
SO_3	0,49	0,42	0,870	0,745
	100,00	100,00	100,00	100,00

Aus dem Umstande, daß bei der mit Streifen behafteten Probe rund 0,6% kieselsaure Tonerde mehr gefunden wurden und ein entsprechender Gehalt an Glaubersalz [2]) weniger, schließt der Erfinder auf die vermutete Ungleichmäßigkeit der Glasplatte. Der Schluß kann zutreffen, ist aber doch wohl nicht ganz zwingend, da die tatsächlich festgestellten Differenzen von $^1/_{10}$% Tonerde und $^4/_{10}$% Kieselsäure doch zu nahe den unvermeidlichen Analysenfehlern liegen. Jedoch muß auch beachtet werden, daß die Probenahme, die das ganze Glas und nicht möglichst isolierte Streifensubstanz zur Analyse brachte, für die Aufklärung des Fehlers nicht gerade günstig war. Natürlich ist es sehr wahrscheinlich, daß das verarbeitete Glas ungleichmäßig war, da die Wanne, welche die Ziehmaschinen speiste, nur $8 \cdot 2{,}3 = 18{,}4$ m² Oberfläche und 45 t Inhalt hatte, was etwa $^1/_8$ der durchschnittlichen Größe der Fensterglaswannen entspricht. Jedenfalls kann kein Zweifel herrschen, daß das von Fourcault gezogene Glas eine handelsfähige Ware darstellte, da er 300000 m² davon mit dem geblasenen Glase und zur Zufriedenheit seiner Abnehmer verkauft hat.

Über die Entwicklungsgeschichte des Ziehverfahrens von Fourcault ist zu berichten, daß der Erfinder in den Jahren 1903 und 1904 zunächst auf seiner eigenen Hütte in Damprémy eine Ziehmaschine aufstellte, welche 0,30 m breite Tafeln machte. Die Versuche wurden im Jahre 1905 in Jeumont in Nordfrankreich bei der Compagnie de Glaces et Verres spéciaux du Nord fortgesetzt, mit einer Maschine, welche 1 m breites Glas arbeitete. Im August 1906 begann eine neue Versuchsreihe wiederum in der eigenen Hütte des Erfinders in Damprémy mit einer Maschine, welche 1,25 m breites Glas machte. Diese Maschine ging zwei Jahre und während der Arbeit wurde der Prozeß so weit vervollkommnet, daß nur noch solche Fehler dem Glase anhafteten, welche auf die Verwendung einer zu kleinen Wanne zurückzuführen waren. Da es dem Erfinder indessen nicht gelang, Kapitalien aufzutreiben, die es ihm ermöglicht hätten, seine Erfindung im großen auszuführen, so mußte er seinen Versuchsbetrieb schließen. Anfang 1913 endlich gelang es ihm, die nötigen Mittel zu gewinnen und im März 1914 wurde eine Hütte nach seinem Verfahren, im wesentlichen in der Form, die er ihm gegeben, in Damprémy in Betrieb genommen, die aber infolge des Krieges bald wieder zum Stillstand kam.

[1]) Franz. Pat. 547946 von Rowart.

[2]) Über die mögliche Wirkung geringen Sulfatgehaltes siehe S. 60/61.

Auch Fourcault erlebte, gleich Sievert und Colburn, das Wiederaufleben dieser Fabrikation und den endlichen Triumph seiner Ideen nicht mehr. Zurzeit sind Hütten nach dem Fourcault-Verfahren in Damprémy und Montigny in Belgien, ferner in Cussey in Frankreich (bei der Comp. Industrielle de verre à vitres) in Böhmen bei Mühlig und in Deutschland in Schnappach bei Sulzbach (Saar) und in Crengeldanz, Bezirk Dortmund in Betrieb. An den beiden letzten Stellen ist das Verfahren an die Stelle des bei Kriegsausbruch aufgegebenen Lubbers-Verfahren getreten. Inzwischen hat auch das Verfahren mit dem Colburn-Verfahren in dessen Heimatlande den Wettbewerb aufgenommen, indem mehrere amerikanische Hütten nach diesem Verfahren eingerichtet worden sind, und zwar die Jeannette Window Glass Co. in Point Marion mit 2 Wannen, die J. J. Quertinmont Glass Co. mit 1 Wanne in Point Marion und 1 Wanne in Fairchance, die Blackford Window Glass Co. in Vincennes Ind. mit 1 Wanne ebenda die Indiana Window Glass Co. mit 1 Wanne, die Clarksbury Glass Co. in Clarksburg W. Va. und die Continental Flat Glass Co. in Shreveport La. Inhaberin der Schutzrechte ist die Société brevets Fourcault in Damprémy.

C. Tafelziehmaschine von Colburn.

(Maschine der Libbey-Owens Sheet Glass Co.)

Die Colburnsche Maschine zerfällt wie die von Fourcault in zwei Hauptteile, welche den beiden Abschnitten des Problems des Tafelspinnens entsprechen und 1. der eigentlichen Bildung der Tafel und 2. ihrer Bergung, Kühlung und Zerteilung dienen. In beiden Hinsichten geht Colburn Wege, welche von denen Fourcaults charakteristisch abweichen.

Um die Tafel zu bilden, drückt Fourcault das Glas von unten nach oben unter hydrostatischem Druck durch eine Ziehdüse empor. Colburn zieht sie wirklich von oben her aus dem Glase heraus. Er muß daher besondere Mittel anwenden, um die Tafelränder auseinander zu ziehen. Die Frage der hierzu dienlichen Mittel wurde bei Fourcault flüchtig durch den Hinweis gestreift, daß der Engländer Clarke (s. S. 731), der Pfadfinder auf diesem Gebiete, die Tafelränder vermittelst Metallhaken oder von Wasser durchströmter Röhrenbogen festhält. Colburn und gleichzeitig Fourcault versuchten der Reihe nach die verschiedensten Mittel. Beide bemühten sich, völlig unabhängig voneinander, aber fast um die Wette, um die Auffindung eines brauchbaren Gedankens.

Zunächst versucht Colburn, den Rand des Glasbandes auf beiden Seiten zwischen angetriebenen kleinen Walzen zu fassen, welche so schräg gestellt sind, daß sie dem Tafelrand eine Bewegung nicht nur nach oben, sondern auch nach außen erteilen[1]). Fourcault wieder faßt den Tafelrand unmittelbar über der Ziehdüse beiderseits in Führungen, welche innen schräg nach oben und außen gehende Rillen aufweisen, die den Rand nach außen mitnehmen sollen[2]). Auch in gleichem Sinne sich drehende Schnecken, welche den Tafelrand von beiden Seiten fassen, sollen denselben Zweck erfüllen. Später versucht Colburn, sein Ziel zu erreichen durch wagerechte, rechtwinklig zur Tafelebene stehende Walzen, welche er in die Glasschmelze an den Stellen, an denen der Tafelrand wurzelt, bis zu ihrer Achse eintaucht und so bewegt, daß sie hier das Glas nach außen und oben mitnehmen[3]). Um diese Zeit beschäftigt sich Fourcault mit dem von Colburn bereits verlassenen Gedanken der schräg stehenden Walzenpaare[4]).

Während Fourcault schließlich durch die Anwendung der Ziehdüse dahin kommt, auf alle besonderen Mittel außer der Abkühlung zum Festhalten des Tafelrandes zu verzichten, setzte Colburn mit staunenswerter Ausdauer und unerschöpflicher Fruchtbarkeit der Gedanken seine Versuche fort, versuchte statt der halb eingetauchten Walzen zunächst kegelförmige, halb über das Glas emporragende und sich um die wagerecht liegende Kegelachse drehende Körper[5]), dann völlig im Glase eingetauchte Kugeln allein[6]) oder unter Zuhilfenahme der Abkühlung des Glases durch starkes Anblasen[7]) endlich Haken mit kreisender Bewegung[8]).

[1]) Am. Pat. 860528 (Okt. 1903).
[2]) Belg. Pat. (Nov. 1903) = franz. Pat. 338146.
[3]) Am. Pat. 840433 (Mai 1904).
[4]) Belg. Pat. (Mai 1904) = franz. Zusatz-Pat. 4802/338146.
[5]) Am. Pat. 823581 (Mai 1904).
[6]) Am. Pat. 876267 (Dez. 1904).
[7]) Am. Pat. 821785 (Mai 1904).
[8]) Am. Pat. 867948 (1906).

Colburn ging schließlich auf das schon von Clarke versuchte Mittel über, die Oberfläche des Glasbades an der Stelle, an welcher die Glastafelkanten wurzeln, abzukühlen. Durch dieses zähere Glas wird die Tafelkante gewissermaßen in der Oberfläche des Glases verankert und festgehalten.

Zu diesem Zwecke wird in der Wandung des Ziehherdes zunächst der Tafelkante eine Bucht mit gerundeten Wänden vorgesehen, welche bis unter den Spiegel der Glasschmelze reicht und hier sich etwas verschmälert. Außerdem brachte Colburn in einigem Abstande über dem Spiegel der Glasschmelze 2 Paare kurzer, am Ende wagerechter Drehachsen sitzender Walzen mit innerer Wasserkühlung an, welche mit ihren gerauhten Oberflächen die Tafelkante zwischen sich fassen und, da sie mit größerer Umfangsgeschwindigkeit angetrieben werden, als die Tafel im ganzen gehoben wird, einen zusätzlichen Zug auf die Tafelkanten ausüben und gleichzeitig ihre übermäßige Dicke herabsetzen sollten[1]).

Diese Einrichtung ist später insofern von Colburn wesentlich abgeändert worden, als die Walzen tiefer, 3—5 cm über der Glasoberfläche angeordnet werden und langsamer, als der Ziehgeschwindigkeit entspricht, angetrieben wurden (Abb. 692[2]). Außerdem wurden die Kühlbuchten weggelassen, da die von Kühlwasser durchflossenen Walzen bereits die darunter liegenden Teile des Glasspiegels ausreichend kühlten. In dieser Form wird die Einrichtung zur Bildung der Tafel noch jetzt gebraucht. Besonders bemerkenswert ist daran die geringe Umfangsgeschwindigkeit der Randwalzen, welche anfänglich auf etwa 80% der Ziehgeschwindigkeit gehalten wurde, jetzt aber nur 50 bis 25% derselben beträgt. Es muß hiernach der Rand der Glastafel mit beträchlicher Voreilung durch die Walzen hindurchgezogen werden, was insofern erstaunlich ist, als hiernach über den Walzen die Tafel einen größeren Längszug erfährt als unter den Walzen, was, nach dem ersten Eindruck eine Verschmälerung der Tafel über den Walzen befördern müßte. Tatsächlich wirkt dieser stärkere Längszug nur auf die kälteren und festeren Randstreifen der Tafel, welche hierdurch gleichsam wie Seile straff gespannt werden und die dazwischen liegende Tafelbreite festhalten. Die Walzen fassen die Tafelkanten in einer Breite von je etwa 5 cm.

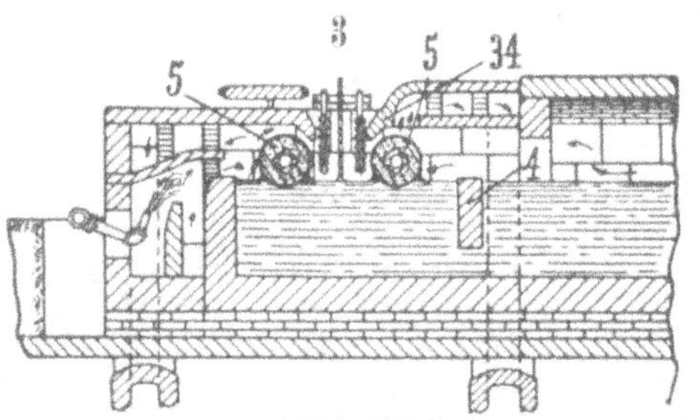

Abb. 689.

Nicht geringere Schwierigkeiten als das Festhalten der Tafelkanten im Abstand der gewünschten Tafelbreite machte die Beseitigung der zahlreichen Längsstreifen, welche bei diesen Versuchen die Glastafel verunzierten.

Die Ursache dieser Streifen suchte Colburn in erster Reihe in der Abkühlung der Oberfläche des geschmolzenen Glases an den Wandungen des Vorherdes. Hier bilden sich, so nahm er an, Glasknoten und andere zähere Glasteile und bewegen sich zusammen mit den festeren Teilen, welche durch die Abkühlung der Glasoberfläche durch die in den offenen Vorherd eintretende Luft entstehen, nach der Ziehstelle hin. Sie treten in das Glasband ein, werden in die Länge gezogen und ergeben die beobachteten Streifen. Natürlich können auch in das Glas fallende Staubteilchen und andere Fremdkörper ähnliche Schäden der Glasfläche bewirken. Die Abb. 689 veranschaulicht das Mittel, mit welchem Colburn dieser Schwierigkeit Herr zu werden versuchte[3]).

Es handelt sich um feuerfeste Walzen 5 zu beiden Seiten der Glastafel, welche durch die ganze Breite des Vorherdes reichen, aus welchem die Glastafel 3 gezogen wird. Sie drehen sich mit den der Glastafel gegenüberstehenden Seiten nach oben und machen eine Umdrehung in 10 bis 30 Minuten. Daher

[1]) Am. Pat. 1160692, angemeldet Januar 1901, oder Reissue 14794.

[2]) Am. Pat. 1248809; die richtige Höhe ist jedoch nur in Abb. 692 annähernd richtig wiedergegeben, während Abb. 690 eher der ersten Anordnung entspricht.

[3]) D. R. P. 196026.

nehmen sie das knotige Glas aus dem Raum zwischen den Walzen beständig nach oben und außen mit. An der Außenseite der Walzen soll es durch die Ofenhitze wieder aufgewärmt und gleichmäßig gemacht werden.

Die Versuche zeigten indessen, daß trotz der Arbeit dieser Walzen die Längsstreifen auf dem Glasbade nicht verschwanden. Sie sind, wie hier vorausgenommen werden mag, auch bei der heutigen, sehr vervollkommneten, im praktischen Großbetriebe ausgeführten Form des Verfahrens noch zuweilen bemerkbar.

Hier ist es Zeit, sich zu erinnern, daß auch Fourcault das Auftreten solcher Längsstreifen auf seinen Glastafeln beklagte. Ja, selbst bei dem nach dem Sievertschen Verfahren (s. Seite 683 u. ff.) durch Blasen, also in ganz anderer Weise gewonnenen Fensterglase sollen solche Längsstreifen gelegentlich bemerkbar gewesen sein. Der Schluß ist naheliegend, daß diese Streifen nicht Eigentümlichkeiten des eigentlichen Formvorganges bei diesen drei Verfahren zuzuschieben sind, sondern eine gemeinschaftliche Ursache haben, die kaum eine andere sein kann als die Beschaffenheit des verarbeiteten Glases. Es scheint hiernach, daß Fourcault recht hat, wenn er die Streifen auf eine mangelhafte Durchschmelzung der Glasmasse in der Wanne zurückführt, welche nicht imstande gewesen ist, Knoten von zäherer Beschaffenheit in der dünnflüssigeren Gesamtmasse völlig aufzulösen. Wenn er indessen die Hoffnung ausspricht, daß dieser Mangel, die Längsstreifen des Glasbandes, verschwinden werde, wenn man statt der kleinen Versuchswannen große Wannen verwenden wird, so ist hierüber ein Zweifel erlaubt. Es ist möglich, daß mit den jetzt üblichen Ofeneinrichtungen ein so gleichmäßiges Glas, daß die Längsstreifen im gesponnenen Fensterglase verschwinden, überhaupt nicht zu erreichen ist. Man darf nicht einwenden, daß das von Hand geblasene Fensterglas diese Längsstreifen nicht aufweist, obgleich das Glas in der üblichen Weise geschmolzen ist. Der Fall liegt hier anders. Das Glas wird nicht, wie es aus der Wanne kommt, zur Walze aufgeblasen. Es wird zunächst um die Pfeife gewickelt, in mehreren nacheinander aufgenommenen Schichten. Zähere Glasteile müssen dabei schon einmal in die Länge gezogen werden, und zwar in einer quer zu der Längsrichtung der künftigen Walze liegenden Richtung. Es können also, wenn überhaupt, nur ringsum verlaufende Unebenheiten entstehen. Diese aber werden, wenn nun die Längsausdehnung des Glaspostens zur Walze erfolgt, ihrer Breite nach auseinandergezogen und müssen hierbei praktisch verschwinden. Diese ganze Verteilungsarbeit fehlt bei dem Spinnverfahren (und auch bei dem Sievert-Fensterglasverfahren).

Man möchte daher erwarten, daß es hier, um zu streifenfreiem Glase zu gelangen, notwendig sein wird, das Glas einer mechanischen Durchmischung zu unterwerfen. Man könnte dabei in erster Reihe an ein Durchkrücken, wie es bei der Fabrikation des optischen Glases ausgeführt wird, denken. Das Durchkrücken würde am besten in einer Richtung parallel zur Glastafelfläche ausgeführt werden, um die zähen Teile über die Tafelbreite zu verteilen und beim Spinnen dann nochmals rechtwinklig dazu auseinanderzuziehen. Auf diesem Gedankengange beruhende Vorrichtungen sind nach 1911 patentiert worden, und zwar sowohl für das Walzenziehverfahren (D. R. P. 276204) als auch für das hier behandelte Colburnverfahren (Am. Pat. 1414008), aber anscheinend nicht praktisch geworden.

Es ist indessen kaum zweifelhaft, daß in der Hauptsache die Längsstreifen der Glastafeln bei den bisher erwähnten Colburnschen Versuchen darauf zurückzuführen waren, daß der Vorherd (Abb. 689) oben völlig offen und von der darüber liegenden, die Zug- und Kühleinrichtungen enthaltenden Kammer durch einen nach allen Seiten freien Luftraum getrennt war. Hieraus mußten unberechenbare, nicht zu beherrschende Abkühlungen der Glasoberflächen im Vorherd entstehen.

So bedeutete es einen entscheidenden Fortschritt, daß bei der jetzigen Form der Maschine dieser trennende Luftraum fortgefallen ist und die Glastafel auf dem Wege vom Vorherd zur Zieh- und Kühlkammer eine hohe Kammer durchschreitet, welche in ihrer ganzen Höhe durch die Wärmestrahlung des Glasbades erhitzt wird und auf zwei Seiten von Wänden begrenzt ist.[1])

Die einmal gebildete Glastafel fördert Colburn nicht in einem senkrechten Kühlschacht wie Fourcault empor, sondern er folgt anderen Vorbildern, indem er das Glasband in einen sich wagrecht erstreckenden Oberofen eintreten und dort um eine große Biegewalze im rechten Winkel herumgehen läßt, so daß es im weiteren in wagerechter Richtung durch eine geeignete Mitnehmevorrichtung fortbewegt und in einen Kühlkanal von der üblichen Form eingeführt werden kann. Von dieser Biegewalze und der dahinter befindlichen Ziehvorrichtung wird noch bei Betrachtung der Gesamtanlage die Rede sein.

Diese Gesamtanlage wird durch die Abb. 690 u. 694 veranschaulicht. Sie schließt sich mit ihrem rechten Ende unmittelbar an einen Wannenofen an, oder genauer gesagt, an einen Vorherd des Wannenofens, in welchem das Glas von der Schmelz- auf die Ziehtemperatur herabgekühlt wird. Die Wanne faßt, falls sie eine Maschine speist, etwa 400 t Glas, für zwei Maschinen etwa 800 t Glas.

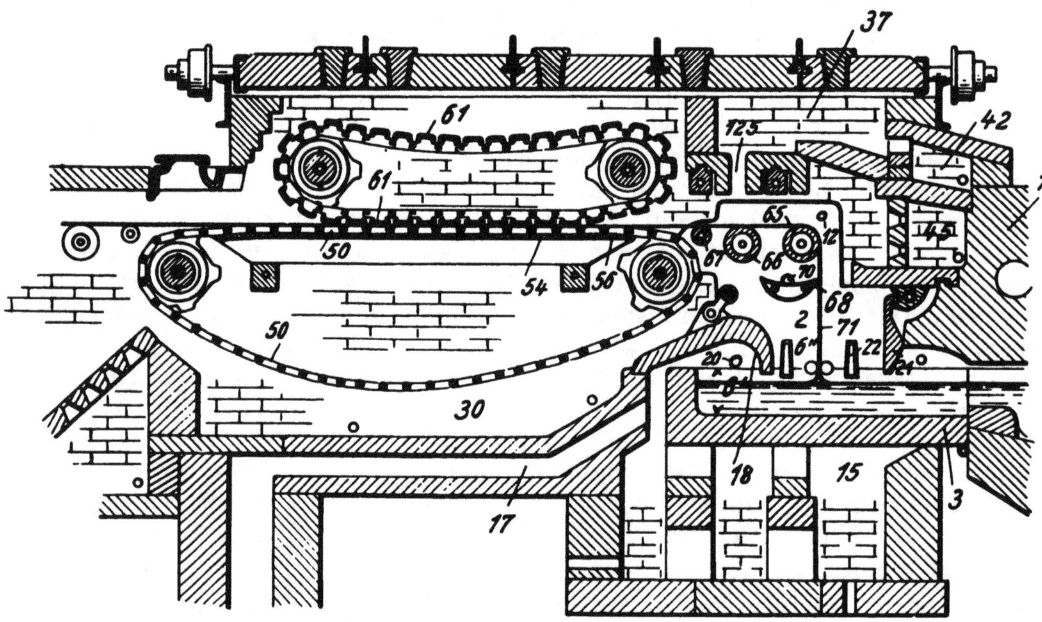

Abb. 690.

Der Vorherd stellt ein geräumiges, flaches Becken von kaum ein Viertel der Wannentiefe dar und ist von der Wanne durch eine Brücke geschieden. Der Überbau dieses Vorherdes ist zunächst der Ziehmaschine niedriger als an dem der Wanne anstoßenden Ende. Und dieser niedrigere Teil kann durch verschließbare Deckenöffnungen gekühlt und nach Bedarf durch einen aufziehbaren Schirm vom Heizraum der Wanne abgeschlossen werden. Wanne und Vorherd sind zusammen etwa 30 m lang. Die Stirnwand dieses Teiles des Vorherdes, rechts in Abb. 690 sichtbar, wird durch einen massiven, im Inneren mit einem Kühlkanal versehenen Schamotteblock 14 gebildet, welcher den Ziehraum wirksam gegen die Erwärmung vom Vorherde abschirmt. Eine solche Erwärmung wäre unerwünscht, weil sie zu beiden Seiten des ausgehobenen Glasbandes 71 verschiedene Temperaturen bedingen würde. Der eigentliche Ziehherd 3 besteht aus einem trogförmigen Schamotteblock. Der Trog ist etwa 15 cm tief und etwas breiter als die zu ziehende Tafel. Unter dem Trog ist eine Heizkammer 15 angeordnet mit Abzug 17, durch welchen auch die Abgase eines Naturgasbrenners 20 unter dem Schamotteschilde 18 gehen. Dieser Schild 18 und ein an der anderen Seite der Ziehstelle ihm entsprechender hängender Schild 21 begrenzen den Teil des Glasspiegels, aus welchem die Glastafel gezogen wird. Um den unteren Teil der

[1]) Es scheint, daß die erste Anregung zu dieser Verbesserung von J. Player ausgegangen ist (siehe Am. Pat. 991642 angemeldet 1908).

Glastafel vor der Hitze der Wanne und des Glases im Ziehherd zu schützen und um ferner das der Glastafelwurzel zuströmende Glas ausreichend und zu beiden Seiten der Tafel gleichmäßig zu kühlen und dadurch ein rascheres Ziehen zu ermöglichen, sind Metallschilde mit Wasserkühlung vorgesehen, deren Abstand von der Glastafel auf etwa 15—20 cm eingestellt werden kann, und welche mit ihrer unteren ebenen und nach beiden Enden ansteigenden Kantenfläche dicht über dem Glasspiegel liegen. Die Ränder der Glastafel werden, wie der Grundriß Abb. 691 und der senkrechte Mittelschnitt Abb. 692 erkennen lassen, aus dem Glase unmittelbar an der Herdwand gezogen, welches schon ohne besondere Kühlung kälter und strenger ist als die mittleren Teile. Außerdem wird es auch durch die Strahlung der wassergekühlten Walzen 72 abgekühlt. Dieses kühlere Glas liefert den verdickten Rand, welcher von den durch eine Feder 131 zusammengedrückten Walzen 72 gefaßt und etwas dünner gewalzt wird. Diese Walzen werden wie schon erwähnt, so angetrieben, daß ihre Umfangsgeschwindigkeit etwa die Hälfte bis ein Viertel beträgt von der Geschwindigkeit, mit welcher die Glastafeln im ganzen aufsteigen, was, wie bereits früher erläutert, einen der Aufrechterhaltung der Tafelbreite förderlichen Zug nach unten auf die Glastafelkanten ausübt.

Die Glastafel wird nun in einen Ziehschacht 2 emporgehoben, der, wie Abb. 690 und 694 erkennen lassen, an den Seiten offen ist, um die nötige Erstarrung in der Glastafel zu erzielen, bevor sie sich ihrem schwierigsten Augenblicke, nämlich der Biegung in die wagerechte Richtung über die Walze 65, nähert. Die Biegewalze liegt 63 cm über dem Glasspiegel[1]) und hat etwa 15 cm Durchmesser. Sie besteht z. B. aus Nichrom, welches auch bei der hohen Temperatur, welcher die Walze ausgesetzt ist, die erforderliche Hochpolitur beibehält.

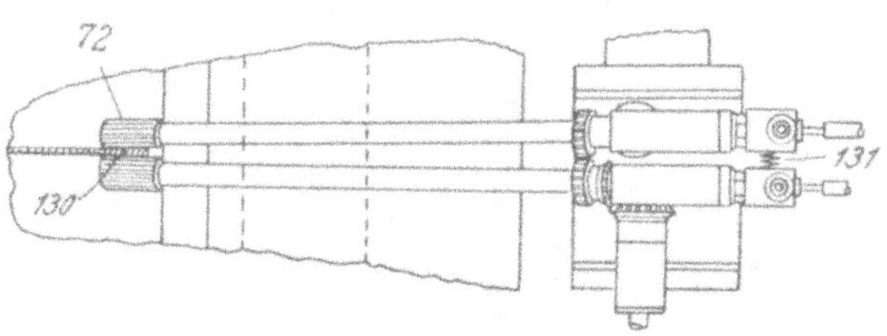

Abb. 691.

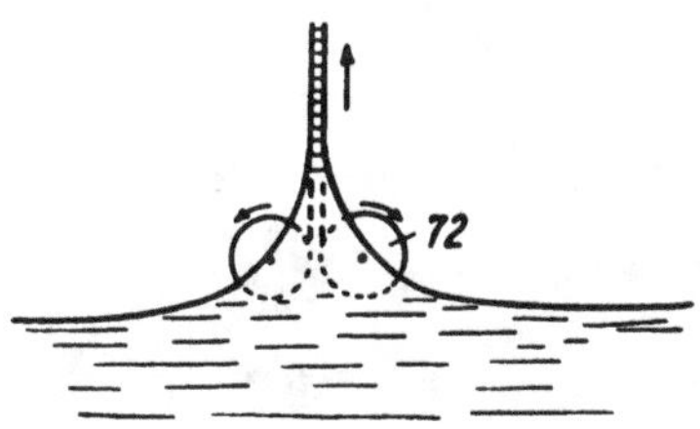

Abb. 692.

An dieser Biegewalze werden widersprechende Anforderungen an die Glastafel gestellt. Sie soll nicht so heiß sein, daß sie anklebt, weil sonst die Oberfläche Schaden leidet; sie soll aber auch nicht so kalt sein, daß sie hinter der Walze nicht wieder zu völlig ebener Gestalt sich ausstreckt. Dem ersten Ziele der Abkühlung dient ein von innen mit Wasser gekühlter Schild 68, welcher sowohl diejenige Oberfläche der Glastafel, welche mit der Biegewalze in Berührung kommt, durch Strahlung abkühlt, als auch diese Walze selbst. Die Abkühlung durch Anblasen mit Preßluft mittels des Rohres 70 hat sich als unnötig erwiesen. Ferner wird die Biegewalze noch von innen gekühlt, indem Luft hindurchgeblasen wird. Es ist nicht nötig, daß darin nach einer ersten Idee Wasser zerstäubt wird. Es ist klar, daß durch alle diese Mittel zwar die Glasoberfläche ausreichend widerstandsfähig, aber die Glastafel so steif wird, daß sie in welligem Zustande die Biegewalze verlassen würde.

Es werden daher in einer Verbrennungskammer 42 erzeugte und in der Kammer 37 mit Luft gemischte Heizgase von oben durch die Öffnung 125 auf die Glastafel gelenkt, um sie wieder zu erweichen, wobei sie gleichzeitig von unten durch die Walzen 66 und 67 gestützt wird. Es hat sich aber gezeigt, daß diese gewissermaßen diffuse Erwärmung nicht ausreicht, um die Wellen ganz aus der Tafel herauszubringen, sondern es ist nötig, sie einer örtlich eng begrenzten, aber sehr intensiven Erhitzung zu unterwerfen, in dem Augenblick und an der Stelle, wo sie die Biegewalze verläßt. Das geschieht durch eine, über die ganze Breite der Tafel reichende Reihe von Stichflammen, welche seitlich aus dem Rohre 12 herausbrennen. Infolge dieser Wiederaufwärmung wird die Glastafel, welche danach zwischen endlose Bänder eintritt, und von ihnen mitgezogen wird, völlig eben ausgestreckt.

Die nun fertige Glastafel tritt in die nächste, das Zugorgan bergende Kammer 30. Dieses Zugorgan besteht aus einem endlosen Förderband 50 für die Glastafel und einer auf der Glastafel

[1]) Bei der ersten Colburnschen Konstruktion, bei welcher Ziehherd und Oberofen durch einen Luftraum getrennt waren, betrug diese Entfernung 150 cm.

lastenden Schleppkette 60. Das Förderband besteht aus parallelen Querstäben, von denen jeder mit seinen beiden Nachbarn durch kurze Glieder rechteckigen Querschnittes gelenkig verbunden ist, und zwar so, daß immer ein Verbindungsglied mit dem einen Nachbarstabe abwechselt mit einem Verbindungsgliede nach dem anderen Nachbarstabe und längs des Stabes die abwechselnden Gelenke einander ein wenig übergreifen[1]). Es ist wichtig, daß bei dieser Konstruktion längere oder durchlaufende Querschlitze nicht vorhanden sind, weil die früheren Förderflächen, welche aus durchlaufenden Gallschen Ketten mit Querstäben bestanden, an den Querschlitzen Beschädigungen der Feuerpolitur verursachten. Die Unterlage, welche das Förderband im oberen Trum stützt, ist ein aus längslaufenden ⊓-förmigen Schienen zusammengenieteter Tisch 54 mit Abdachungen 56 an seinen Enden. Durch diese Abdachungen legen sich die Ketten sanft von unten gegen die Glastafel und unterstützen ihre Einebnung. Die Schleppkette besteht aus zwei Gallschen Ketten, auf welchen U-Schienen 61 aufliegen. Die Achsen der zugehörigen Kettenräder ruhen auf Federn und die Kette hängt so durch, daß das Gewicht des unteren Kettentrums auf der Glastafel lastet. Infolge des Durchhängens wird die Glastafel erst einige Zeit,

Abb. 693.

nachdem sie sich auf die Unterlage aufgelegt hat und dabei völlig eben geworden ist, durch die Schleppkette berührt. Das Zerkratzen der Oberfläche durch die Querschienen der Schleppkette ist unmöglich, weil die Glastafel, wie schon erwähnt, verdickte Ränder hat, welche beim Passieren der Biegewalze so breitgedrückt werden, daß sie im wesentlichen nach oben über die Tafelfläche emporstehen und allein von der Schiene 61 berührt werden, während die Fläche der Glastafel gänzlich unberührt bleibt. Vorsichtshalber sind die Querschienen auch noch nach oben gekrümmt. Zu beachten ist, daß die Glastafel hinter der Biegewalze von oben nur erhitzt und von unten nur gekühlt ist. Es ist also die untere Seite die kühlere und weniger empfindliche. Die Kammer 30 ist etwa 3 m lang.

Hinter der Ziehvorrichtung tritt die Glastafel in einen etwa 60 m langen **Kühlkanal** ein, welcher teils durch die vom Ziehschacht nach dem Schornstein ziehenden

[1]) Am. Pat. 1274385.

Heizgase, teils außerdem im vorderen Teil durch Brenner beheizt wird, welche in allmählich größer werdenden Abständen angebracht sind. Die Sohle des Kühlkanals wird von 200 angetriebenen mit Asbest umhüllten Walzen von etwa 15 cm Durchmesser gebildet. Am Ende des Kühlkanales tritt das Glasband endlich auf einen Schneidetisch aus, welcher wiederum aus Gallschen Ketten, aber mit aufgelegten Holzlatten besteht. Auf diesem Tisch werden die verdickten Tafelränder laufend durch je ein feststehendes Schneidewerkzeug[1]) abgetrennt, und von Hand das Glasband zunächst in handliche Längen und später in der Schneidestube in handelsübliche Längen zerschnitten. (Vgl. Abb. 693.)

Die Abb. 694 gibt eine Vorstellung von dem recht verwickelten und umfangreichen Getriebe, welches die beschriebene Maschine im Gange hält, und unter sorgfältiger Berücksichtigung der schwierigen Umstände konstruiert ist, unter denen es arbeitet, namentlich also der beträchtlichen und wechselnden Erwärmung. Alle längeren

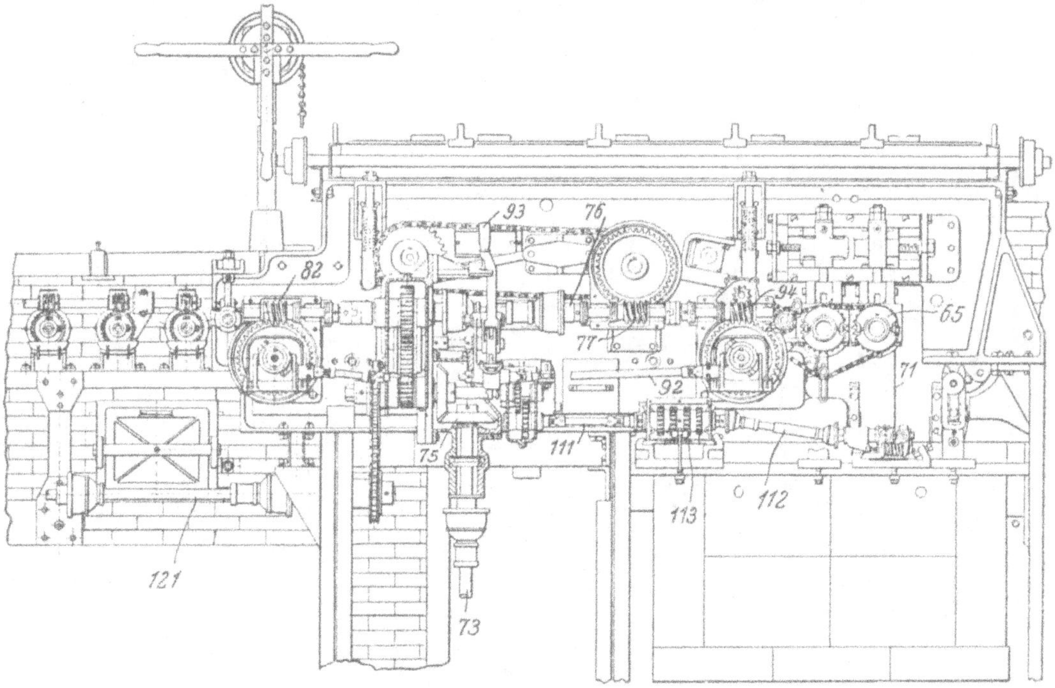

Abb. 694.

Wellen sind z. B. aus Abschnitten zusammengesetzt, die durch Universalgelenke miteinander verbunden sind. (Die Abb. entspricht einem Aufriß zum Schnitt Abb. 690).

73 ist die vom Motor kommende Triebwelle, welche durch ein Kegelradgetriebe und ein Wendegetriebe die Hauptwelle 76 treibt, die durch Schneckenradgetriebe 82 das untere endlose Band der Ziehvorrichtung bewegt und durch Schneckenradgetriebe 77 die Schleppkette.

Die mit dem Kegelradgetriebe verbundene Welle 75 treibt am linken Ende durch Kettenradverbindung die längs des Kühlkanals verlaufende Welle 121 zum Antrieb der Förderwalze, mit dem rechten Ende die Welle 111, 112 zur Bewegung der die Tafelkanten fassenden Walze (die Glastafel ist bei 71 angedeutet). Zwischen die Wellen 111 und 112 ist ein Wechselgetriebe 113 für vier verschiedene Geschwindigkeiten der Kantenwalzen eingeschaltet.

Bei Inbetriebsetzung der Anlage wird ein an der Kette befestigtes Fangstück 122 auf den Fördertisch herabgelassen, durch eine Deckenöffnung zwischen Ziehkammer und Kühlkanal, und durch

[1]) Die Anordnung, durch welche es dem an der einen Seite des Tisches stehenden Arbeiter möglich ist, die zum Beschneiden beider Tafelränder dienenden Rädchenschneider beide zu bedienen, entspricht im wesentlichen dem Am. Pat. 1407736 (April 1919 angem.).

eine Rückwärtsbewegung des Fördertisches in den Ziehschacht und über die Biegewalze in das Glasbad befördert. Die Umsteuerung des Fördertisches geschieht durch den Handhebel 93, der gleichzeitig das Wendegetriebe zur Umsteuerung der Welle 76, als auch eine Welle 92 bedient, die den hinteren Schneckenradantrieb 82 für den Fördertisch ausrückt und den vorderen Schneckenradantrieb 84 einrückt. Dieser Antrieb dreht auch die Biegewalze 65 und die dahinter folgenden Stützwalzen in jeder gewünschten Richtung, unter Vermittlung von Kettenradgetrieben. Die Biegewalze wird jedoch nur solange angetrieben als die Glastafel noch am Fangstück befestigt ist. Ist dieses Fangstück über den Fördertisch gegangen und die Glastafel zwischen Tisch und Schleppkette gehalten, so wird die Biegewalze vom Getriebe entkuppelt und wird vom Glasband mitgenommen.

Denkt man sich nun die zahlreichen Leitungen und Ventile hinzu für Kühlwasser und Kühlluft und zur Versorgung der Naturgasbrenner, so hat man das Bild einer aufs feinste durchgearbeiteten Maschinerie vor sich. (Vgl. die Abb. 695, in welcher das Getriebe, die Glastafel und ein Paar Kantenwalzen sichtbar sind).

Abb. 695.

Die Art der Inbetriebsetzung durch Einführen eines Fangstückes in die Schmelze ist schon oben geschildert worden. Es wird dazu ein flacher, 7½ cm breiter Eisenstab verwendet, dessen Länge der Tafelbreite gleichkommt. Hierbei kann im Anfang die Aufwärmung des Ganzen durch Flammen unterstützt werden, welche aus der Verbrennungskammer 45 herausbrennen. Die Ziehgeschwindigkeit wird nach der Stärke der zu ziehenden Glastafeln geregelt, während die Temperatur der Glasmasse in dem Ziehbehälter auf ungefähr 900° C gehalten wird. Um dünneres Glas zu machen, werden die wassergekühlten Schilde 22 vom Glase weiter abgerückt und die Ziehgeschwindigkeit gesteigert; um dickeres Glas zu machen, werden die Schilde dem Glase genähert und langsamer gezogen. Es wird Glas von einfacher (2,1 mm) doppelter (3,1 mm), von 4,7 und von 6,3 mm Stärke gezogen. Bei einfacher Stärke ist die Ziehgeschwindigkeit 1,50 m in der Minute; bei 6,3 mm 0,90 m. Die Breite beträgt jetzt 1,75 m, bei manchen Maschinen auch mehr (1,82 m).

Die Ziehgeschwindigkeit kann zwischen 76 und 200 cm minutlich geändert werden. Trotz der notwendigen, beständigen Überwachung und feinen Regelung wird in den Berichten die geringe Zahl der im Betriebe sichtbaren Arbeiter hervorgehoben. Es kommt natürlich vor, daß das gezogene Glasband bricht, eine Betriebsunterbrechung entsteht jedoch nur dann, wenn das Band zwischen der Biegewalze und der Schleppkette bricht, so daß das frisch gezogene Ende in den Ziehherd zurückfällt. Solche Störungen sind aber selten.

Betriebsergebnisse. Im Jahre 1919 berichtet ein englischer Sachverständiger[1]), der den Betrieb in der Hauptanlage in Charleston gesehen, daß Tafelglas von vollkommen ebener Oberfläche erzeugt wurde mit einem glatten Verlauf der Arbeit sowohl des Ofens als der Maschine, der faszinierend anzusehen war. Brüche hinter der Schleppkette oder im Kühlofen schaden nicht, da die dazwischen gezogenen zusammenhängenden Tafellängen sehr beträchtlich sind. Nach einer Nachricht aus dem Jahre 1920 z. B. wurden zusammenhängende Längen von 40 bis 60 m erzielt. Ein Bruch und Absturz der Glastafel unter der Biegewalze, welcher ein neues Anfangen mit dem Fangstück nötig macht, ist selten; dasselbe Glasband wird oft viele Wochen hindurch ununterbrochen fortgesponnen. Jeder gute Fensterglassatz kann verarbeitet werden.

Die Qualität wird als gut bezeichnet, die Glastafeln sind ausreichend eben und zeigen guten Glanz. Sie weisen geringe, nur bei eingehender Betrachtung wahrnehmbare Schwankungen in der Dicke auf; Blasen treten nur dann auf, wenn im Gange des Schmelzofens eine Störung eintritt. Das gezogene Glas wird in den Vereinigten Staaten vorwiegend als Fensterglas verwendet, stärkeres für Autos, stärkstes als Tischbelag u. dgl.

Leistung. Von dem gezogenen Glasbande fallen auf jeder Seite 7 bis 10 cm in Gestalt der am Ausgang des Kühlkanals abzuschneidenden verdickten Ränder ab. Bei 1,75 m Gesamtbreite, 10 cm Randabfall und 1,50 m Ziehgeschwindigkeit in der Minute errechnet sich danach eine Tages-Soll-Erzeugung der Maschine von 3348 m² Das wirkliche Ausbringen ist wegen des Verlustes in der Schneidestube und anderer Ausfälle ungefähr 2800 m² für die Maschine. Etwa 22 bis 25 t Glas werden in 24 Stunden für jede Maschine der Wanne entnommen, welche, falls sie nur eine Maschine speist, etwa 400 t Glas faßt und bei zwei angeschlossenen Maschinen 800 t.

Zur Geschichte des Colburn-Verfahrens ist folgendes zu berichten. Colburn[2]), der erst 1898 zur Glasindustrie gekommen war, beschäftigte sich zunächst in einer kleinen Versuchsanlage in Blackford, Pa., mit der Konstruktion einer „Fertigblasemaschine" (s. Teil II, Abschnitt 1) für Lampenzylinder und Becher. Nach 2 Jahren nahm er andre Versuche in einer kleinen Hütte in Franklin, Pa., auf, Fensterglas auf einer Art Röhren-Ziehbank herzustellen, ebenfalls ohne Erfolg. 1904 meldete er das erste Patent nach dem Tafelziehverfahren (Aushebe- oder Spinnverfahren) an[3]), aber erst 1906 begann er mit Versuchen in dieser Richtung, in deren Verlaufe er erst in Franklin und später in Reynoldsville mit finanzieller Unterstützung von Freunden und Aufwendung beträchtlicher Mittel eine ganze Reihe von Versuchsmaschinen baute und patentieren ließ und schließlich einer Lösung des Problems schon sehr nahegekommen war, als im Jahre 1911 die von ihm gegründete Verwertungsgesellschaft in Konkurs geriet. Die Patente wurden in der Versteigerung auf Betreiben von M. J. Owens, dem Erfinder der Owensmaschine, durch die Toledo Glass Co. unter Edward D. Libbey erworben, und die Versuche in einer neuen Versuchsanlage in Toledo, Ohio, mit Aufwand von einer weiteren Million Dollar und unter Mitwirkung von Colburn fortgesetzt. Sie führten aber erst 1916[4]) zu praktisch verwertbaren Leistungen der Maschine und zur Gründung der Libbey-Owens Sheet Glass Co., welche, ein rühmliches Beispiel, das Verdienst Colburns durch Überweisung einer ansehnlichen Aktienzahl aus freien

---

[1]) W. E. S. Turner, J. Soc. Gl. Techn. 1919, S. 198.

[2]) Siehe auch den Bericht von Fowle, teilweise abgedruckt in Nat. Glass Budget 40 (Mai 1924), bes. Nr. 5, S. 8, 9 und 20, auch als Buch erschienen unter dem Titel »Flat Glass«, herausgegeben von der Libbey-Owens Sheet Glass Co., Toledo, Ohio, 1924.

[3]) Am. Pat. 821785, angem. 28. V. 1904.

[4]) Vgl. das am 8. I. 16 von J. W. Colburn als Erfinder für die Toledo Glass Comp. angemeldete Am. Pat. 1248809.

Stücken belohnte. Leider konnte sich Colburn des endlichen Erfolges nach jahrelangen, wechselvollen, von Vielen belächelten Anstrengungen nicht lange freuen, da er Oktober 1917 starb.

Die Libbey-Owens Sheet Glass Co. eröffnete Oktober 1917 in Charleston, W.Va, eine Hütte mit 6 Maschinen mit einem Aufwand von 1½ Millionen Dollar. Der Erfolg war so, daß schon 1920 die Anlage verdoppelt wurde. Eine abermalige Verdopplung ist in der Weise in die Wege geleitet, daß an jede der 12 Wannen nach und nach noch je eine zweite Maschine angeschlossen wird. Dieses erste Werk ist mit der bei amerikanischen Unternehmungen gewohnten Übersichtlichkeit und Großzügigkeit angeordnet.

Jede aus Schmelzofen (mit Naturgas geheizt), Ziehmaschine und Kühlofen bestehende Einheit ist in einer Flucht angelegt. 12 solcher Einheiten stehen Seite an Seite unter einem Dache. Die Einrichtungen für die Zufuhr von Rohstoffen und Abfuhr der Erzeugnisse sind übersichtlich angegliedert. Nach und nach wird diese Anlage so umgebaut, daß von jedem Schmelzofen zwei Maschinen gespeist werden. Weitere mit der Colburnmaschine arbeitende Anlagen stehen in den Vereinigten Staaten in Shreveport, Louisiana (mit sechs Maschinen) und eine in Lancaster (Ohio), in Hamilton, Ontario, zwei in Canada, in Japan, Futashima, Chikuzen zurzeit mit drei Maschinen. Projektiert ist eine Anlage mit 6 Maschinen für Toledo, Ohio. Auch in Europa hat das Verfahren bereits Fuß gefaßt, indem die Libbey-Owens-Company ihre europäischen Patente für 60 Millionen Francs an eine Gesellschaft verkauft hat, an welcher die Société Solvay, Brüssel, einen Interessenanteil genommen hat und welche eine Anlage in Moll in Belgien mit 6 Maschinen errichtet hat, die seit Frühjahr 1923 im Betriebe ist. Weitere Anlagen s. u. In Europa werden einige Änderungen an der Maschine nötig sein, um das Naturgas durch Generatorgas zu ersetzen, das für die Speisung der Brenner in der eigentlichen Ziehmaschine wohl in Skrubbern gereinigt werden müßte. Studien in dieser Richtung sind übrigens schon von Colburn in Reynoldsville gemacht worden.

Daran, daß mit dem Colburn-Verfahren in der jetzigen verbesserten Gestalt dem Walzenziehverfahren nach Lubbers und selbst dem Tafelziehverfahren nach Fourcault, was die Massenerzeugung betrifft, ein sehr leistungsfähiger Mitbewerber erstanden ist, daran ist jedenfalls kein Zweifel. Ein Vergleich mit diesen anderen, namentlich dem Fourcault-Verfahren, erscheint verlockend, soll aber vertagt werden, bis ergiebigere Unterlagen dazu aus der Praxis gewonnen sind. Ist doch auch bei dem Tafelziehverfahren noch mit einer weiteren technischen Entwicklung und Vervollkommnung zu rechnen.

V. Maschinen und Apparate zum Fertigmachen von Glasgegenständen.

1. Schneiden und Absprengen.

Die Vorrichtungen zum »Schneiden« von Glas in kaltem Zustande arbeiten in verschiedener Weise, nämlich einmal mittels Durchschleifens, ferner mittels Brechens, oder Sprengens durch Stoß oder schroffe Temperaturänderung. Als Vorrichtung zum Durchschleifen dient in der Regel eine Sandsteinscheibe, besonders wo es sich um die Zerteilung beträchtlicher Glasstärken handelt, wie z. B. beim GeLademachen der Ränder von geblasenen Akkumulatorenkästen. Auch das Sandstrahlgebläse ist zum Schneiden von Glas gelegentlich empfohlen worden, z. B. zum Zerlegen von Glastafeln mit einseitig stark reliefierten Oberflächen oder starken Spannungen, oder auch von Drahtglas. Man müßte hierbei die zu zerlegenden Tafeln, mit Ausnahme der Schnittstelle, mit einer Schutzschicht oder einer Schablone versehen.

Zum Zerlegen insbesondere von Drahtglastafeln hat sich Offenbacher, Nürnberg, einen Fräser patentieren lassen[1]), der die Glastafeln von der Unterseite her bis zum Drahtnetz durchschleift, worauf die Zerteilung durch Brechen der verbleibenden Glasstärke und Durchschneiden des Drahtnetzes erfolgt. Zum Herausschneiden von stark bewegten Konturen aus dickem Glase ist ferner von Disselkoen eine Einrichtung empfohlen worden, welche an die Steinsäge erinnert[2]). Ein endloser Draht, welcher mit einer Geschwindigkeit von mindestens 350 m in der Minute über Schnurscheiben läuft, wirkt gegen die Kante der zu schneidenden Glastafel und sägt sie mit Hilfe einer Mischung von Karborundum und Öl, welche auf die Schnittstelle gebracht wird, durch.

Die am häufigsten angewendete Art und Weise, Tafelglas oder auch Glasröhren und Stangen zu zerteilen, ist bekanntlich das Brechen, nachdem an der Bruchstelle durch Ritzen mit dem Diamanten das Spannungsgleichgewicht (s. S. 59) aufgehoben worden ist. Zum Ritzen kann statt des Diamanten jeder andere Stoff von größerer als Glashärte verwendet werden, z. B. äußerst harte Stahlschneiden oder -rädchen mit zugeschärften Kanten, Korund und andere Halbedel- und Edelsteine, Karborundum und andere harte Karbide und Silicide. Auch Chrommetall oder verchromte Eisenwerkzeuge sind neuerdings vorgeschlagen worden.

Nicht zu starke Glasstangen oder Rohre kann man auch durch einen Stoß, z. B. Schlag mit einer scharfen Schneide ausreichend sauber zerteilen. Auf dieser Arbeitsweise beruhen die Apparate zur Herstellung von sogenannten Sprengperlen.

Bei einer von W. Kaulfuß angegebenen Maschine[3]) werden die Glasrohre in größerer Anzahl in die Rillen einer Tischplatte eingelegt und unter einer Gummiwalze hindurch über eine mit halbrunden Ausschnitten versehene Messerschneide hinweggeschoben, bis die Enden an eine Querschiene anstoßen. Das über die Schneide hinausragende Stück entspricht der Perlenlänge. In dieser Lage der Glasrohre werden sie genau über der unterstützenden Schneide von oben durch ein scharfes Messer mit einem Schlage getroffen. Die abspringenden Enden fallen als Perlen herab, wobei das Abstreifen der Enden vom Glasrohre durch eine selbsttätig eintretende kurze Aufwärtsbewegung der erwähnten Querschiene unterstützt wird. Das Messer wird angetrieben durch einen Tritthebel mit Kurbel und in regelmäßigen Schlägen auf und ab bewegt, und in gleichem Schritte werden die Glasrohre mit Hilfe einer federnden Klemme oder der angetriebenen Gummiwalze nachgeschoben.

Eine andere Maschine[4]) dient zum Sprengen der sog. Klautschen, d. h. von Glasrohren, welche durch Erhitzen und Aufblasen in eine zusammenhängende Reihe von geblasenen Perlen „Formperlen", verwandelt worden sind. Die Klautschen, und zwar mehr als ein Dutzend zugleich, werden zwischen zwei Messer geschoben, von denen das obere eine hin und her gehende, das untere ebenfalls eine hin und her gehende, zum oberen Messer gegenläufige und außerdem noch eine Aufundabbewegung hat. Die Maschine soll, von einem Arbeiter bedient, sechsmal so viel Formperlen absprengen, als ein Arbeiter in der alten Weise mit dem Fallmesser abtrennen kann.

Für Glasgegenstände, welche in ihrem Durchmesser über die bei Perlen und Stängeln üblichen hinausgehen, muß das Absprengen durch Erhitzen der Sprengstelle vorgenommen oder, richtiger, unterstützt werden. Bei dünnwandigen Glasgegenständen erhitzt man den Umfang, an welchem die Sprengung erfolgen soll, ringsum durch eine kurze heiße Stichflamme und stößt zum Schluß mit einem angefeuchteten Stahlstäbchen dagegen (oder berührt mit irgendeinem kalten und angefeuchteten Gegenstande), worauf die erhitzte Stelle springt, oder man ritzt, besonders bei dickwandigen Gefäßen, die Sprenglinie auf einer kurzen Strecke oder ringsum zunächst mit dem Diamanten vor. Die Erhitzung der geritzten Stelle mit der Stichflamme bewirkt dann unmittelbar das Springen. Aus dem Arbeitsgang ergibt sich,

---

[1]) D. R. P. 159850.

[2]) D. R. P. 127933.

[3]) Eine kurze Beschreibung ist im Sprechsaal 1909, Nr. 2, S. 15, und Nr. 11, S. 155, eine vollständige und genaue Beschreibung im D. R. P. 68988 gegeben.

[4]) Sprechsaal 1909, Nr. 11, S. 155.

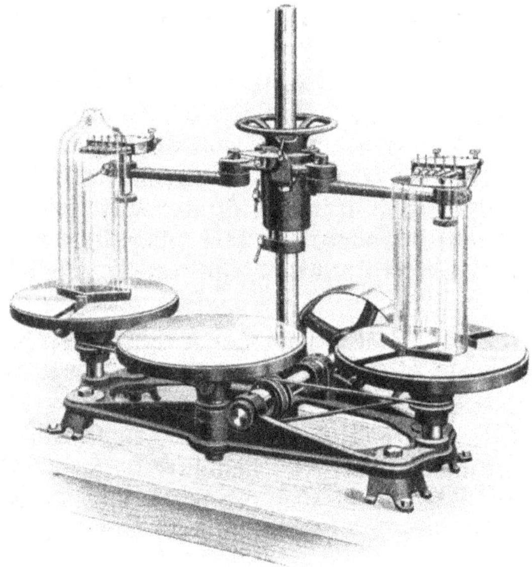

Abb. 696.

daß eine Absprengvorrichtung zwei Hauptteile aufweist, den Träger, welcher den Glasgegenstand aufnimmt und in Umdrehung versetzt, und den Brenner, welcher die Stichflamme liefert. Bei den Maschinen für kleinere Leistungen steht der Träger am Orte fest und die abzusprengenden Gegenstände werden einer nach dem andern aufgesetzt. Für größere Leistungen werden automatische oder halbautomatische Maschinen benutzt, bei welchen der Träger oder vielmehr eine endlose Reihe von Trägern während ihrer Drehung um die eigene Achse sich längs einer Flammenschneide fortbewegen. Es sind also immer eine ganze Anzahl von Gegenständen gleichzeitig in Arbeit.

Je nach der Gestalt der abzusprengenden Stücke muß der Träger verschiedene Gestalt haben.

Die Abb. 696 zeigt zunächst eine Absprengmaschine der ersten Art für Becher, mit 2 Arbeitsstellen und bedarf kaum einer Erläuterung. Der Brennerhalter ist an der Mittelsäule durch Handrad-Mutter in der Höhe fein verstellbar. Die beiden Brennerarme sind in Gelenken seitlich verschwenkbar, so daß die Stichflammen genau in die richtige Entfernung von der Becherwand gebracht werden können. Am Ende der Arme sind die Brenner wieder genau in der Höhe einstellbar. Der Becherfuß wird durch geeignete Klauen auf der Drehscheibe zentriert. Während die Becher auf den Drehscheiben rechts und links den Flammen ausgesetzt und dadurch abgesprengt werden, wird ein andrer Becher auf dem mittleren Teller durch Vorritzer für die Drehscheiben vorbereitet.

Um eckige, überhaupt unrunde Gefäße auf einem drehbaren Teller mit Hilfe der Stichflamme absprengen zu können, hat K. Lindner eine eigenartige Maschine konstruiert[1]). Die Brenner sitzen hierbei auf Schlitten, welche radial zur Achse des drehbaren Tellers verschiebbar sind. Unter dem Teller sitzt eine Schablone, welche genau dem Umriß des abzusprengenden Gegenstandes, z. B. eines viereckigen Glaskastens, entspricht und sich mit dem Teller dreht. An dem Rande der Schablone liegen die Brennerschlitten federnd an und werden also, während sich Schablone und Glaskasten drehen, stets in gleichem Abstande von der Glaswand gehalten. Eine Absprengmaschine gleichen Zweckes ist auch von Cmok für die Ver. Bornkesselwerke konstruiert worden.

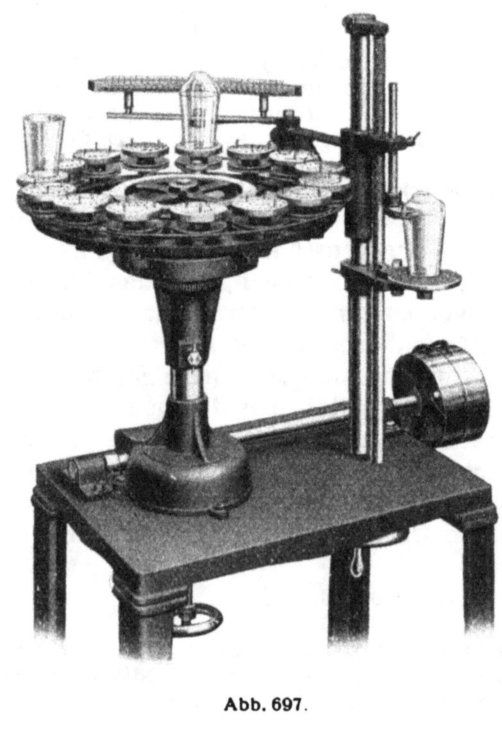

Abb. 697.

Um unabhängig von der Sprengdauer die Becher in rascherer Folge einsetzen zu können, sind karussellartige Absprengmaschinen konstruiert worden. Abb. 697 stellt eine solche Maschine in der Bauart von Cmok, Berlin-Niederschönhausen dar.

[1]) D. R. P. 192685.

Unter dem Tisch ist links das Handrad zur Höhenverstellung. 15 drehbare Gläserträger machen mit dem angetriebenen Maschinentisch eine Planetenbewegung, wobei die Träger durch eine Kette (nicht wie in der Abb. 696 durch eine Schnur) gedreht werden, welche um das inmitten des Trägerkreises sichtbare wagerechte und angetriebene Rad läuft. Durch das rechts unter dem Maschinentisch sichtbare Handrad kann an der Stange rechts ein Querhaupt in der Höhe eingestellt werden, welches nach vorn das Werkzeug zum Vorritzen, nach hinten den Absprengbrenner trägt, wobei der Abstand der ritzenden Spitze von dem zugehörigen Glasträger genau gleich dem Abstand der Stichflammenspitzen von den rotierenden Gläsertellern ist, so daß beide Werkzeuge zugleich und genau übereinstimmend nach der Becherhöhe eingestellt werden können. Der Absprengbrenner ist bogenförmig, im übrigen genau wie der Brenner gemäß Abb. 704.

Die Abb. 698 zeigt eine Absprengmaschine für solche Gegenstände, welche sich nicht stellen lassen, also besonders für Lampenzylinder, welche bekanntlich meist zu mehreren in einem Stück geblasen werden. Bei einem geblasenen Doppelzylinder sind drei Sprengungen auszuführen, nämlich das Absprengen des Bodenstückes und der an der Pfeife sitzenden Kappe und die Trennung der beiden zu-

Abb. 698.

sammenhängenden Zylinder in der Mitte. Diese drei Sprengungen werden von der Maschine gleichzeitig ausgeführt. Zwei doppelte oder dreifache Zylinder werden gleichzeitig in der Maschine behandelt.

Ihre linken Enden werden zwischen die am linken Ende der Maschine sichtbaren Reibräder eingelegt, welche durch einen geeigneten Trieb Drehung empfangen und auf die Zylinder übertragen. Die rechten Zylinderenden ruhen auf flachen Gabeln, welche in passendem Abstande von den Reibrädern an der Maschine festgeschraubt werden können (in der Abbildung undeutlich) und auf der Auflagefläche kleine Lagerröllchen aufweisen, auf denen die Zylinder sich leicht abrollen. Ihre genaue Lage in der Längsrichtung, so daß die abzusprengenden Stellen sich genau über den Brennern befinden, wird durch die links in der Abbildung über den Reibrädern sichtbaren, wagerechten, verstellbaren Stifte gesichert, gegen welche der Zylinderboden anstoßen muß. Die Stifte können mit einem kleinen Handrade auch in der Höhenlage eingestellt werden. Sind die Zylinder an den abzusprengenden Stellen genügend erhitzt, so werden sie nacheinander rasch auf eine Reihe von Trägergabeln gelegt, welche sich an der Hinterseite der Maschine befinden. Hier wird der zur Absprengung führende Stoß gegen die erhitzte Zylinderstelle ausgeführt, und zwar durch die dort sichtbaren wagerechten Stifte. Unter den Stiften dreht sich beständig eine Welle. Ein mit der Welle verbundener, und zwar in Abstand von ihr und parallel dazu gespannter Draht stößt bei jeder Drehung der Welle gegen kleine Nocken an den Stiften und nimmt sie rückwärts mit, bis die Nocken wieder abgleiten und nunmehr die Stifte unter dem Einfluß aufgesteckter Schraubenfedern nach vorn und gegen die Zylinder schnellen. Da je ein Stift nebst Gabelträger und eine doppelte Erhitzungsstelle, also je zwei Brenner, in einer Querreihe stehen, so sind diese vier Elemente auf je einer Querbank vereinigt, von denen vier mit Brennern besetzte (welche zum Absprengen eines dreifachen Zylinders ausreichen würden) in der Abbildung sichtbar sind und in der Längsrichtung der Maschinenbank auf Rundeisen verschoben werden können, so daß sie immer an die Stelle gebracht werden können, wo die Sprengung stattfinden soll. Bei Doppelzylindern werden natürlich nur drei Bänke gebraucht, bei einfachen nur zwei. Die Brenner erscheinen als runde Kapseln mit aufsitzenden Halbmonden, welche an der inneren und oberen Krümmung den Brennerschlitz tragen, in etwa 5 mm Abstand unter dem Glaszylinder. Beide Brenner einer Bank sind gemeinschaftlich verstellbar, indem ihre Gas-Zuführungsleitungen durch die Bank hindurchgeführt und an einer Traverse vereinigt sind, welche in dem unter der Bank sich anschließenden rechtwinkligen Rahmen durch ein kleines Handrad auf und ab verstellt werden können. Von den Zuleitungsrohren führen Schläuche zu den hinten an der Maschine liegenden, rechts sichtbaren Luft- und Gasleitungen. Die Möglichkeit der Anpassung der Maschine an verschiedene Formen und Größen von Zylindern usw. ist ersichtlich die denkbar größte.

Abb. 699 zeigt eine ähnliche Absprengmaschine von Cmok mit mechanisch angetriebenen Rollenlagern für drei zylindrische Gegenstände.

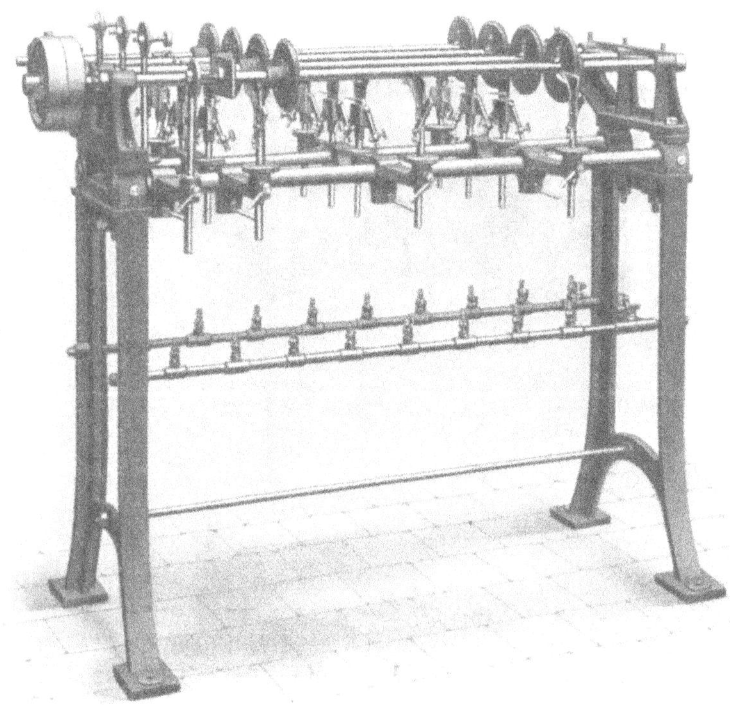

Abb. 699.

Zwischen und unter diesen Lagern stehen in 3 Querreihen je 3 Absprengbrenner ähnlich wie Abb. 705 welche also jeden Gegenstand gleichzeitig an 3 Querschnitten zu zerlegen gestatten. In derselben Flucht wie die Brenner stehen längs der Front der Maschine 3 Ritzwerkzeuge, in deren oberen konvex-bogenförmigem Rande die Diamanthalter federnd nachgiebig gelagert sind. S. Abb. 701 Einzeldarstellung. Indem man mit dem Glaswerkstück von Hand über die Diamantspitzen mit Druck hinwegfährt, erzeugt man 3 Risse in den richtigen Abständen. Die richtige Einstellung des Werkstückes in der Längsrichtung wird durch links befindliche einstellbare Anschlagplatten gesichert.

Die Abb. 700 zeigt eine von Geiler und Kalkow, Deuben, gebaute Maschine zum Absprengen von in einem Stück geblasenen großen Laternenmänteln, bei welchen die an der Pfeife sitzende Kappe und das Bodenstück entfernt werden muß. Auch bei dieser Maschine sind die Träger so angeordnet, daß der Glasgegenstand darauf in liegender Stellung in Umdrehung versetzt werden kann.

Die Träger werden gebildet durch zwei Räderpaare, auf denen der Laternenmantel mit wagerechter Achse aufliegt. Die rechtsstehenden größeren Räder werden in gleichsinnige Umdrehung versetzt von der Riemenscheibe links an der Maschine, indem ein auf derselben Achse sitzendes Zahnrad unter dem Maschinentisch zwei Kettenräder, durch diese eine endlose Kette und durch diese zwei andere Kettenräder über dem Tische in Bewegung setzt, welche mit den Reibrädern auf der gleichen Achse sitzen. An den abzusprengenden Enden des rohen Laternenmantels wirken je ein Paar Stichflammenbrenner, welche mit Preßluft und Gas oder Gasolin gespeist werden und deren Halter in Büchsen mit Druckschrauben in jeder der Größe und Gestalt des Werkstückes entsprechenden Lage festgestellt werden können. Die zusammengehörigen Reibräder und Brenner sind auf Schlitten angeordnet, welche je nach der Länge des Glasgegenstandes längs der Werkbank verschoben und festgestellt werden können. Die beiden wagerechten Stangen rechts an der Maschine bestimmen die richtige Lage des Glaskörpers in der Längsrichtung und sind ebenfalls nach Bedarf einstellbar. Diese Einrichtungen ermöglichen, Glasgegenstände jeder Größe bis zu 45 cm Durchmesser abzusprengen, nachdem sie an der Sprengstelle durch den Dia-

Abb. 700.

manten geritzt worden sind. Bei dem in der Abbildung dargestellten Laternenmantel von 40 cm Durchmesser werden Kappe und Boden in etwa 1½ Minuten glatt abgesprengt. Die Maße der Maschine sind folgende:

untere Gestellänge	ca. 1,25 m
untere Gestellbreite	„ 0,90 „
größte Höhe	„ 1,10 „
Gewicht	„ 200 kg.

Die Abb. 701 zeigt eine von Cmok entworfene Konstruktion einer Maschine zum Absprengen von Isolierflaschen (Ritzvorrichtung nebst Brenner zeigt besondere Seitenansicht).

Abb. 701.

Die Brenner der Absprengmaschinen zeigen mit Rücksicht auf ihren Zweck einige Besonderheiten. Es hat sich nämlich, statt die Flamme unmittelbar auf die zu erhitzende Glasstelle spielen zu lassen, als zweckmäßig erwiesen, nur ihre Verbrennungsgase wirken zu lassen. Die Flamme, welche in lebhafter Expansion befindliche Gase enthält, hat beim Auftreffen die Neigung, sich stark auszubreiten, während die Hitzewirkung der Abgase, welche man natürlich aus einem schmalen Schlitze austreten läßt, sich besser auf eine schmale Zone des Glases beschränken läßt, was der genauen Absprengung sehr förderlich ist. Man läßt also die Flamme der Absprengbrenner sich in einer geschlossenen Kammer entwickeln.

In Abb. 698 z. B. strömt ein Gemisch von Gas und Luft in die runden, auf den Querbänken paarweise sitzenden Kapseln und wird bei Inbetriebsetzung in diesen Kapseln entzündet, indem man eine durch einen kleinen Schieber verdeckte Öffnung freilegt und nach der Entzündung wieder schließt. Aus dem Schlitze der halbmondförmigen Aufsätze treten nur heiße Gase aus und gegen den Zylinder.

Abb. 702 und 703 zeigen einen anderen auf diesem Prinzip beruhenden Brenner. Der eigentliche Brenner *o* mit Preßluft- und Gaszuleitung kann aus dem Krümmer *k* herausgezogen und so entzündet werden. Man läßt zunächst die Flamme frei

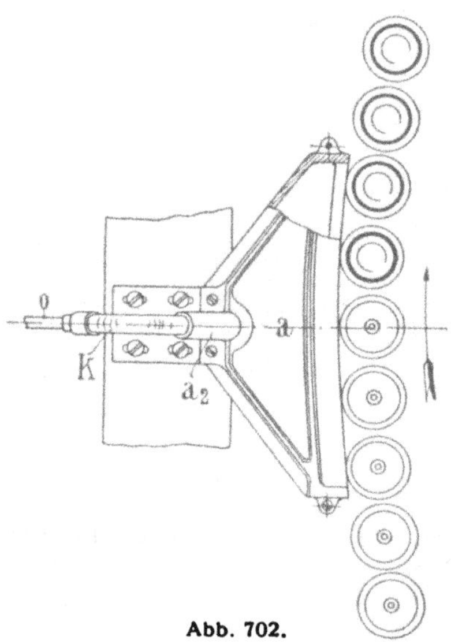

Abb. 702.

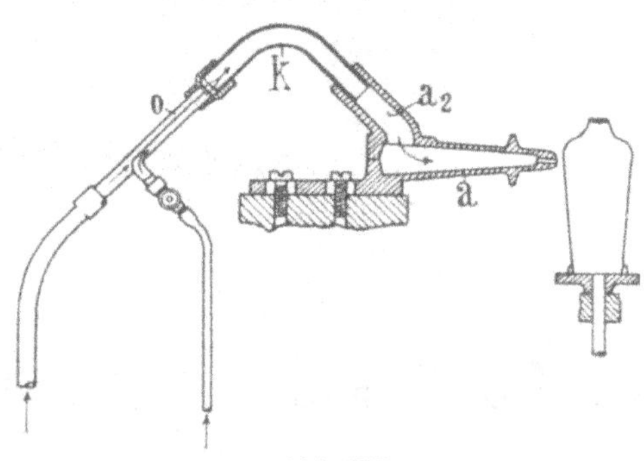

Abb. 703.

in den Krümmer hineinspielen, um aus diesem und der Kammer a^2 die kalte Luft zu beseitigen, und steckt darauf den Brenner wieder an seinen Platz. Die Stichflamme findet in den Räumen *k* und a^2 ausreichend Platz zur Entwicklung, so daß aus dem langen Schlitze der Kammer *a* nur heiße Gase gegen die vorbeigeführten Becher treffen.

Von Paul Bornkessel bzw. den Vereinigten Bornkesselwerken sind in neuerer Zeit Brenner für Absprengmaschinen auf den Markt gebracht worden, welche einen entschiedenen Fortschritt bedeuten. Sie beruhen, wie die Bornkesselschen Brennerkonstruktionen für das Glasfach überhaupt, auf dem Gedanken, eine Flamme von der gewünschten besonderen Form und Ausdehnung kammartig aus zahlreichen kleinen Stichflämmchen zusammenzusetzen, woraus sich gleichzeitig eine bedeutende Gasersparnis und Wirkungssteigerung ergibt. Abb. 704 zeigt einen Reihenbrenner dieser Art für Absprengmaschinen mit fortbewegten Werkstückhaltern (s. z. B. Abb. 697), Abb. 705 zum Absprengen auf am Orte verbleibenden Gläserträgern. Sehr glücklich ist das Problem gelöst, die zahlreichen Brenner jeden für sich auf die richtige Flammengröße einzustellen.

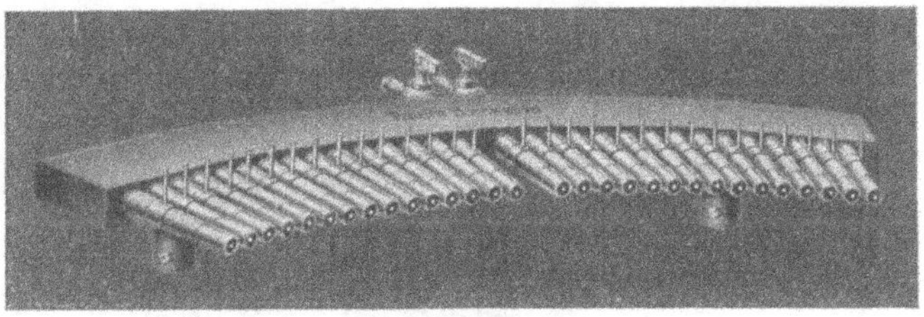

Abb. 704.

Alle Druckluftröhren *d* (Abb. 706), sind nämlich an dieselbe Luftkammer *b* angeschlossen und alle Gasröhren *f* an dieselbe Gaskammer *c*. Jedes Gasrohr kann an dem Querstift *i* in einer Büchse *e* so gedreht werden, daß seitliche Bohrungen in Rohr und Büchse bei *g*/*h* im gewünschten Maße zur Deckung gebracht werden können, zwecks Regelung des Gaszutritts. In dieser Weise sind alle Bornkesselbrenner eingerichtet, wobei, falls sehr lange spitze Flammen gebraucht werden, das Druckluftrohr durch ein Glasrohr mit vielen feinen, parallelen Kanälen ersetzt ist. Auch diese einfache Anordnung ist von großer praktischer Bedeutung für die Verbesserung der Brenner zur Weiterbearbeitung von Glasgegenständen geworden, besonders in der Glühlampenindustrie.

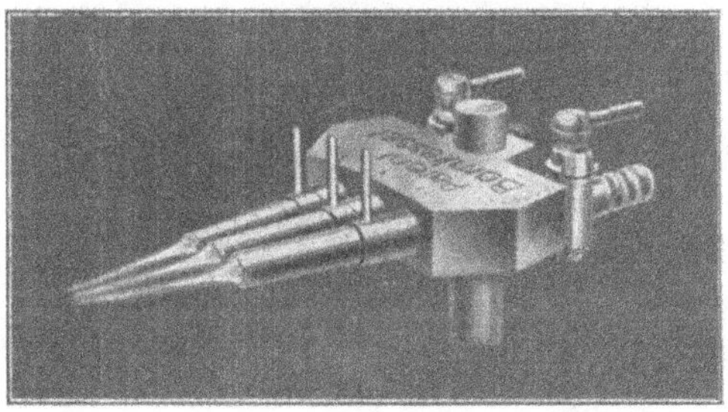

Abb. 705.

In den mit dem Brenner erzeugten kleinen und sehr steifen Stichflämmchen ist die Wärme auf einen sehr kleinen Raum konzentriert, woraus sich eine beträchtliche Gasersparnis ergibt. Nach Angaben aus der Praxis sprengt ein 30flammiger Bornkesselbrenner in einer Stunde mit 240 l Gas 165 Dutzend Becher von $\frac{1}{4}$ l Inhalt ab, während ein älterer Brenner stündlich 2250 l Gas gebrauchte und nur 130 Dutzend Bechergläser gleicher Größe absprengte.

Wo Leuchtgas nicht zur Verfügung steht, betreibt man die Brenner mit Gasolin indem man Preßluft durch einen Behälter hindurchbläst, in welchem Gasolin aufgespeichert ist. Die Preßluft belädt sich im Behälter mit einer solchen Menge von Gasolindampf, daß ein brennbares Dampfluftgemisch entsteht, das statt Leuchtgases den Brennern zugeführt wird.

Abb. 707 stellt einen einfachen, von Geiler & Kalkow gebauten Apparat hierzu in betriebsfertiger Aufstellung dar.

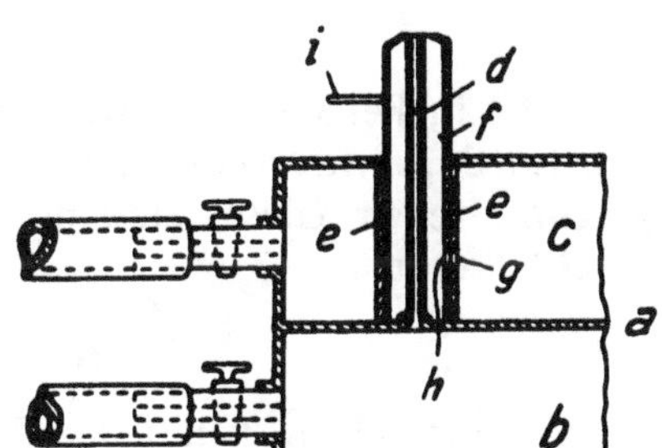

Abb. 706.

Der Gasolinbehälter von 40 · 50 · 90 cm hat oben drei Stutzen. Durch den rechten Stutzen wird das Gasolin eingefüllt, durch den mittleren, mit Hahn versehenen, die Luft eingeblasen, durch den linken, ebenfalls mit Hahn versehenen, das „Luftgas" zu den Brennern geführt. Der Ventilator rechts zum Einblasen der Luft wird von einer Transmission unter Vermittlung des an der Wand befestigten kleinen Vorgeleges betrieben. Dort, wo die vom Ventilator kommende Leitung ein Knie macht, kann das die Gebläseluft unmittelbar zu den Brennern führende Rohr angeschlossen werden.

Statt unmittelbaren Erhitzens des Glasgegenstandes mittels einer Stichflamme oder ihrer Abgase verwendet man zuweilen auch „Sprengkanten", d. h. Metallwinkel, welche im Inneren mit Gasflammen ständig erhitzt werden und an deren scharfe Kante der Glasgegenstand mit der zuvor geritzten Stelle angelegt wird[1]). Die Kante kann der Form des Glasgegenstandes durch Krümmung mehr oder weniger angepaßt sein. Endlich sind auch Sprengapparate gebaut worden, bei denen die Erhitzung der Sprengstellen durch einen darum geschlungenen Metalldraht bewirkt wird, der vermittelst eines hindurchgeleiteten elektrischen Stromes zum Glühen gebracht wird[2]). In den Vereinigten Staaten werden solche Apparate verwendet, um die sehr langen, durch Ziehen hergestellten Fensterglaswalzen in einzelne Zylinderabschnitte zu zerlegen[3]).

Abb. 707.

Die in Fensterglashütten üblichen einfachen Methoden des Sprengens mit einem glühend gemachten Eisen oder einem aus dem Ofen genommenen Faden geschmolzenen Glases sind noch nicht zur Grundlage von Absprengmaschinen gemacht worden.

2. Verschmelzmaschinen.

Verschmelzen nennt man das Wiedererhitzen von Glasgegenständen zu dem Zwecke, scharfe Kanten oder unebene Oberflächen bis zum beginnenden Fließen des Glases zu erweichen, so daß die Schärfen und Unebenheiten verschwinden und durch den vollkommenen Glanz der unberührt erstarrten Glasoberfläche, die „Feuerpolitur", ersetzt werden. Verschmolzen werden in erster Reihe die beim Absprengen entstehen-

[1]) Sprechsaal 1903, S. 444.
[2]) Sprechsaal, w. v., D. R. P. 68740 und 73527.
[3]) Sprechsaal 1908, S. 42; Amerik. Pat. 909451.

den scharfen Schnittkanten und die beim Pressen von Glasgegenständen durch die Berührung des Glases mit dem kalten Metall der Form oder des Stempels entstehende wellige „gehämmerte" Oberfläche. Man kann das Verschmelzen natürlich vornehmen, indem man die Glasgegenstände Stück für Stück der Flamme geeigneter Öfen aussetzt. Bei der Massenfabrikation, vorzüglich von Becherware und Beleuchtungsglas (Lampenzylindern) benutzt man aber zur Beseitigung scharfer Ränder vielfach besondere Maschinen.

Die allgemeine Anordnung solcher Ränderverschmelzmaschinen ist so, daß die Träger der zu verschmelzenden Gläser eine kreisförmige oder langgestreckte, in sich selbst zurücklaufende Bahn beschreiben, wobei sie sich gleichzeitig um ihre senkrechte Achse drehen und so die Gläser unter Drehung mit den zu verschmelzenden Stellen durch eine Reihe geeignet angeordneter Brennerflammen hindurchführen. Die Berührung mit den Flammen währt so lange, bis die Verschmelzung beendet ist.

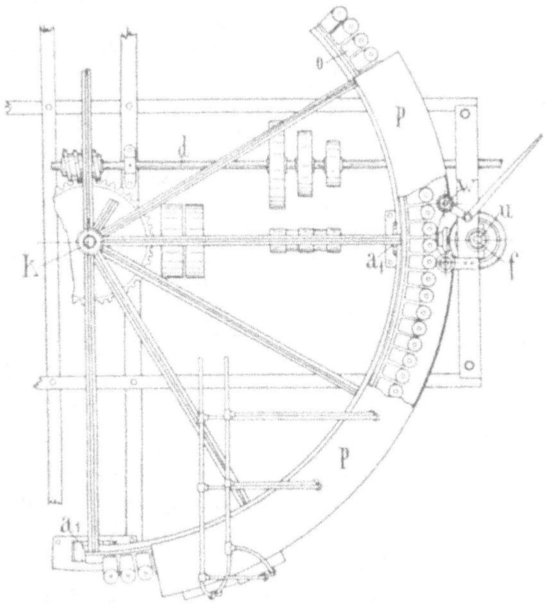

Abb. 708.

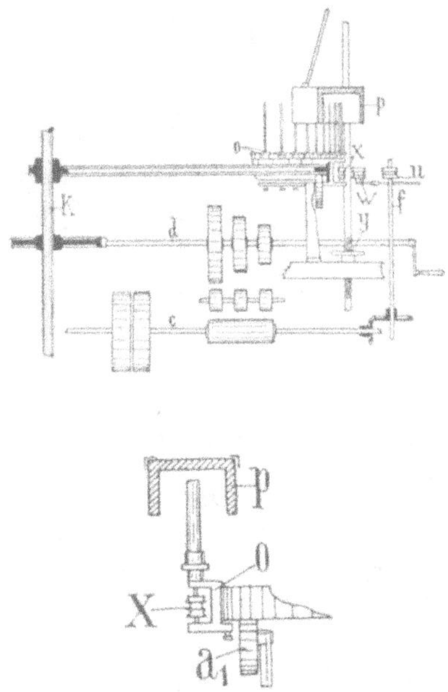

Abb. 710.

Die Bedienung der Maschine von Hand beschränkt sich also auf das Aufsetzen der abgesprengten und das Abnehmen der verschmolzenen Gläser. Die Maschinen mit kreisförmiger Gläserbahn nennt man auch Karussellmaschinen.

Die älteste Maschine dieser Art, welche in Deutschland in die Praxis eingeführt wurde, ist Goerisch & Co., Dresden, patentiert worden[1]).

In Abb. 708 u. 709 ist *k* die senkrechte Mittelachse des Karussells, *c* die Hauptantriebswelle, von welcher aus durch Riemen, Spannrollen und Stufenscheiben eine auf der Welle *d* sitzende Schnecke und hierdurch das Karussell mit verschiedenen Geschwindigkeiten gedreht werden kann. Das Karussell besteht aus einem großen Rade mit Speichen, das nach der Abb. 708 motorisch angetrieben wird. Statt dessen bevorzugt man allgemein jetzt das Drehen von Hand, weil nur so die Einwirkung der Flammen auf das Glas sich richtig überwachen läßt. Der Kranz des großen Rades ist von Rollen *a'* (Abb. 710) unterstützt und trägt Lagerböcke *o*, in denen sich senkrechte Spindeln drehen können. Auf diese werden oben die zu verschmelzenden Zylinder aufgesteckt (s. Abb. 710), während sie unten zum Zwecke des

[1]) D. R. P. 102538. Das Patent ging später in den Besitz der Firma Gebr. Putzler, Penzig, über und ist jetzt erloschen.

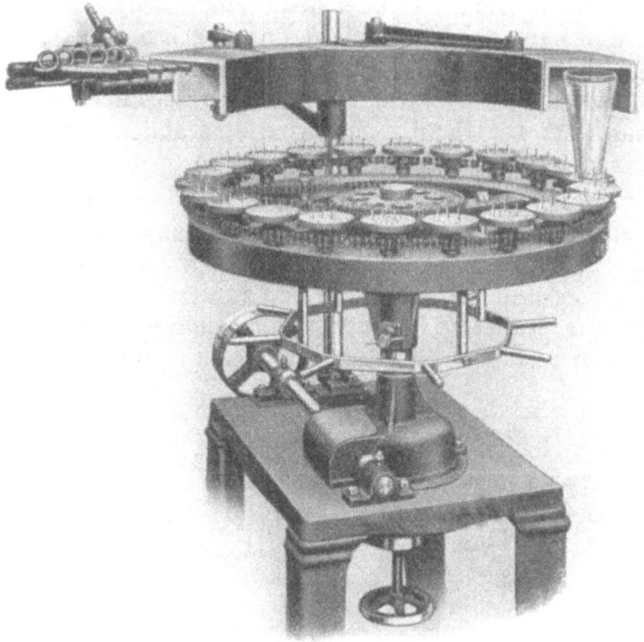

Abb. 711.

Antriebes der Spindeln mit Schnurscheiben *x* (Abb. 709 u. 710) versehen sind. Alle diese Schnurscheiben werden von der Hauptwelle aus durch Kegelradgetriebe und senkrechte Welle *f* gemeinschaftlich, und zwar durch eine Schnur getrieben, welche um die Scheibe *u* oben an der Welle *f* und um Spannrollen *w* läuft. Die Zylinder, welche auf die Spindeln aufgesteckt werden, kreisen also und drehen sich gleichzeitig um ihre Längsachse, während ihre oberen Enden auf einem Teil des Umlaufes der Verschmelzflamme ausgesetzt sind. Das Neue und Eigenartige an dieser Maschine war nun die Anordnung der nach einem Kreisbogen gekrümmten Schamottemuffel *p*, welche an einer Stange schwebend gehalten ist und mit dieser vermittelst des Schraubenhandrades *y* auf und ab verstellt werden kann, je nach der Höhe der verschmelzenden Zylinder. Durch die Decke der Muffel, und zwar in der Nähe des Endes, an welchem die Zylinder wieder austreten, münden zwei Gas- oder Gasolin-(Luftgas-)Brenner ein, deren Flammen unter der Decke der Muffel entlang streichen und mit Hilfe geeigneter, unter der Muffeldecke angebrachter Schützen so geleitet werden, daß sie dem Kreislauf der Zylinder entgegenstreichen. Diese werden also beim Eintritt in die Muffel zunächst in Berührung mit den Flammenabgasen vorgewärmt, ehe sie durch die Flammen selbst verschmolzen werden. Gleichzeitig mit dem Verschmelzen können auch Stempel, Goldränder usw. und durch seitlich in die Muffel einmündende Brenner Verzierungen eingebrannt werden.

Die Verbindung einer aus einem Stück bestehenden feststellbaren Muffel mit Gasbrennern war ein großer Fortschritt gegenüber älteren Karussellmaschinen des Auslandes, welche gemauerte Verschmelzkanäle und umständliche Einrichtungen zur Einstellung für verschiedene Gläserhöhen hatten.

Die Muffel hat natürlich den Zweck, die Hitze der Gasbrenner möglichst zusammenzuhalten und Gas zu sparen. Damit sie nicht die Verschmelzstelle der Beaufsichtigung entzieht, werden die Brenner schräg zum Muffelkanal an seinem Ausgang angeordnet. Abb. 711 zeigt eine entsprechend eingerichtete Verschmelzmaschine für Becher u. dgl. von Cmok. Die Drehung des Maschinentisches wird an den Handspeichen besorgt, die Drehung der 24 Gläserträger durch das in ihrer Mitte sichtbare Kettenrad und eine hierum und um Kettenrädchen auf den Trägerachsen laufende Kette. Um Gläser beliebiger Fußbreite auf den Träger feststellen zu können, sind diese mit bogenförmig und schräg zum Trägerradius verlaufenden Lochreihen versehen, in welche die Haltestifte für den Gläserfuß nach Bedarf eingestellt werden können. Der Brenner hat im wesentlichen die aus Abb. 712 ersichtliche Anordnung.

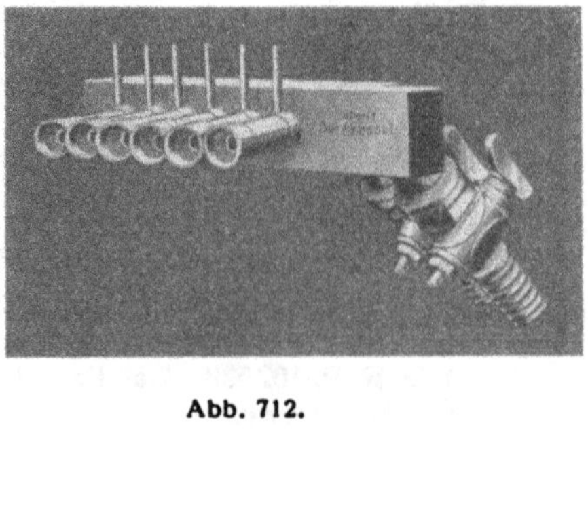

Abb. 712.

Abb. 713 zeigt eine Verschmelzmaschine für Lampenzylinder und andere röhrenförmige Gläser mit einer zum sicheren Aufstellen ungenügenden Grundrißfläche. Unterscheidend von der vorhergehenden Maschine ist die Ausbildung der Gläserhalter und der Brenner. Die Gläser werden in schräger Stellung gedreht, indem sie oben in offenen Drahthaken ruhen, unten auf gedrehten Konussen aufstehen und von diesen auf Drehung angetrieben werden. Die Brennerbatterie gemäß Abb. 714 zeigt eine obere Brennerreihe zum Verschmelzen der Gläserränder und zwei senkrechte Brennerreihen zum gleichzeitigen Einbrennen von Fabrikmarken.

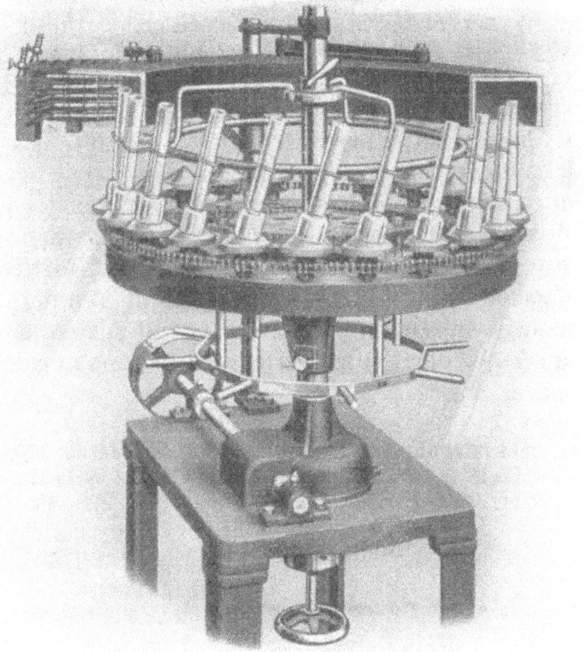

Abb. 713.

Für Lampenzylinder sind Verschmelzmaschinen angegeben worden und auch im Gebrauch, welche gleichzeitig beide Zylinderenden verschmelzen. Die Zylinder werden hierbei in wagerechter Lage quer auf eine endlose Kette aufgelegt, die über Kettenräder in wagerechter Richtung läuft und im oberen Teile, um das Durchhängen zu verhindern, in geeigneter Weise unterstützt ist, während das untere Kettentrumm freihängend sich zurückbewegt. Die zu verschmelzenden Zylinderenden stehen zu beiden Seiten des oberen Kettenstranges vor und werden von den senkrecht nach unten oder oben gerichteten Flammen, welche in zwei Reihen zu beiden Seiten des Kettenverlaufes stehen, bestrichen[1]).

Bei einer neuen automatischen Maschine von Cmok werden die Zylinder in wagerechter Lage durch hin- und herschwingende Greifer schrittweise von Lager zu Lager weiter gelegt, erst in einer oberen Vorwärm-Etage, dann in einer unteren Verschmelz-Etage. Das Auflegen auf das erste Lager besorgt ein eigenartiger Mechanismus, welcher die Gläser Stück für Stück aus einem Stapelbehälter aushebt. Da auch das Austragen selbsttätig bewirkt wird, so ist diese Verschmelzmaschine völlig automatisch. Die Leistung soll nach Art den halbautomatischen Apparaten gleichkommen, nach Menge sie außerordentlich übertreffen.

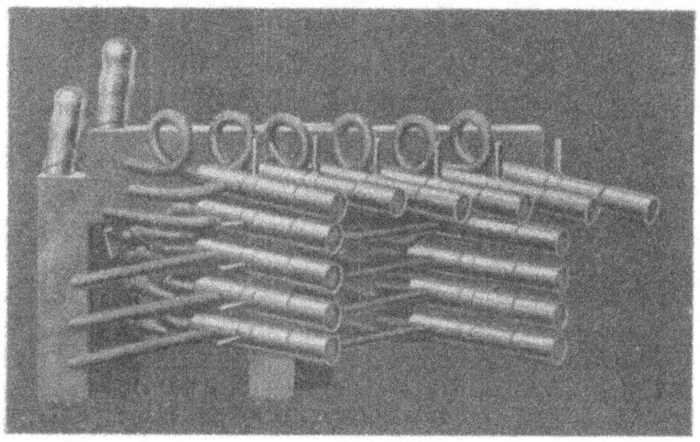

Abb. 714.

Maschinen zum Auftreiben von Preßglas haben sich in die deutsche Praxis noch wenig eingeführt. Man benutzt zum Auftreiben, wie schon erwähnt, meist noch Öfen und Handarbeit. An Versuchen hat es auch auf diesem Gebiete nicht gefehlt[2]). Ein solcher mit Gebläsebrenner arbeitender Auftreibapparat ist auch von Cmok konstruiert worden.

[1]) S. z. B. D. R. P. 51974 und 141144.

[2]) S. z. B. D. R. P. 75507 oder (ausführlicher) am. Pat. 580504; ferner S. 551.

Außer dem Absprengen, Verschmelzen und Auftreiben können Glasgegenstände noch eine weitere Bearbeitung zum Zwecke teilweiser Umformung erfahren. Lampenzylinder können z. B. nachträglich mit seitlichen Luftlöchern versehen werden[1]), Glasrohre durch Anformung eines Bodens und unter Umständen auch eines Halses zu Pastillengläsern oder Medizinflaschen verarbeitet werden[2]). Die Erfindertätigkeit auf diesem Gebiet ist besonders in Amerika sehr rege gewesen und hat die Praxis außerordentlich befruchtet. In Deutschland ist die Entwicklung noch nicht so weit fortgeschritten, mit Ausnahme der Glühlampenfabrikation mit ihren zahlreichen und zum Teil hochentwickelten glastechnischen Spezialapparaten. Außer dieser Fabrikation kommt besonders die Herstellung der schon erwähnten Pastillengläser und der Weinholdschen Flaschen mit luftleer gemachtem und verspiegeltem Wandungshohlraum (auch Dewarsche, im Handel z. B. Thermosflaschen genannt)[3]) in Frage. Mit diesem streifenden Blick auf das außerhalb des Rahmens der Darstellung liegende Gebiet der Glas weiterverarbeitenden Industrien sei dieser Band abgeschlossen.

---

[1]) Über Herstellung von Lochzylindern s. Sprechsaal 1905, S. 884, und D. R. P. 154015 v. Jähde.
[2]) S. z. B. D. R. P. 109646, 112249, 133601, 166681, auch Sprechsaal 1905, S. 1283.
[3]) D. R. P 186790, 199299, 199983, 211078, 220533, 224035, 224397.

Fig. 1. Schnitt A-B, C-D.

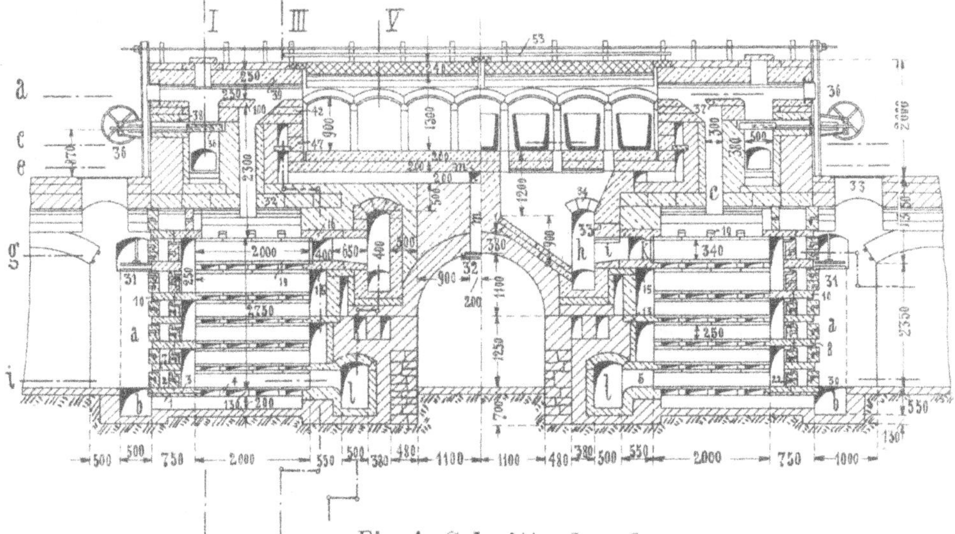

Fig. 4. Schnitt a-b, c-d.

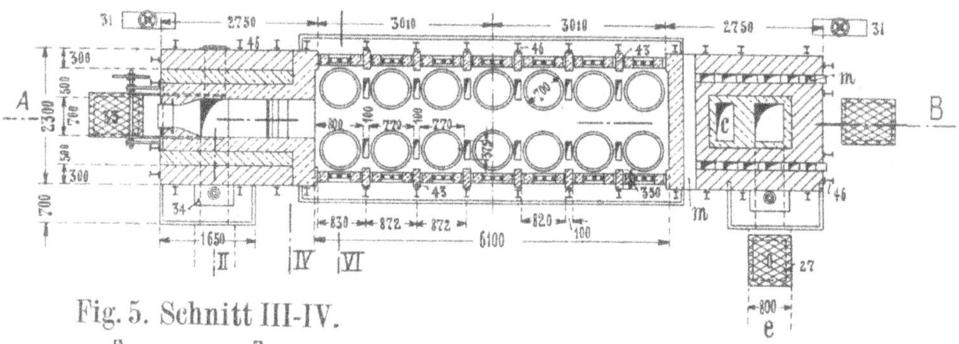

Fig. 5. Schnitt III-IV.

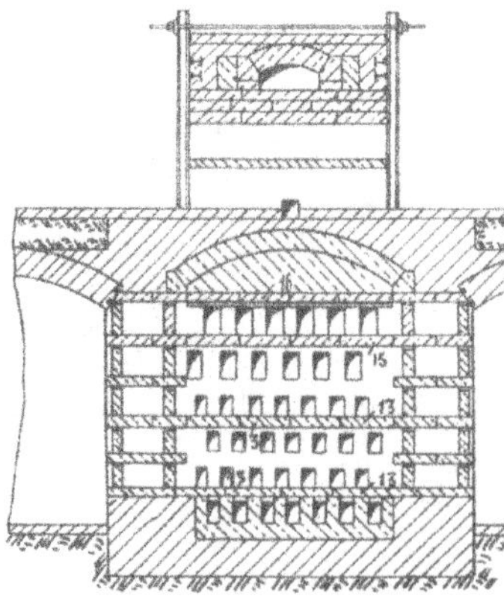

Fig. 6. Schnitt e-f.

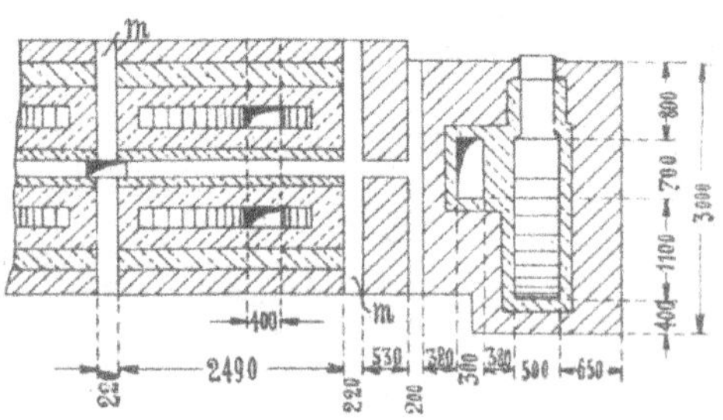

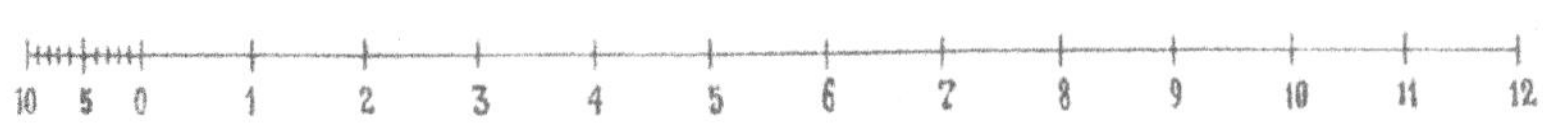

Lithographie u. Druck von A. Gaus & Co., München.

Fig. 2. Schnitt I-II.

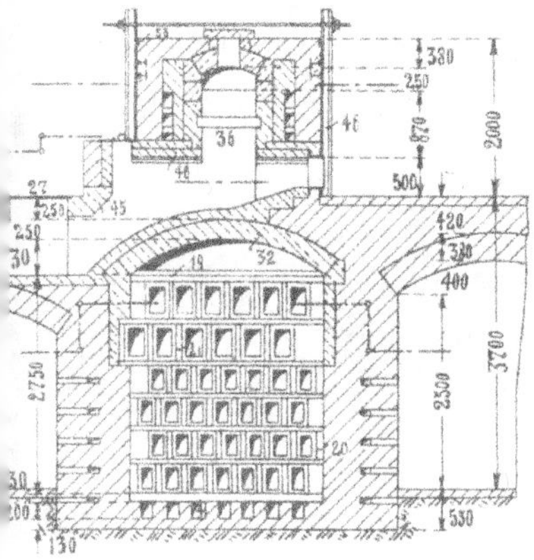

Fig. 3. Schnitt V-VI.

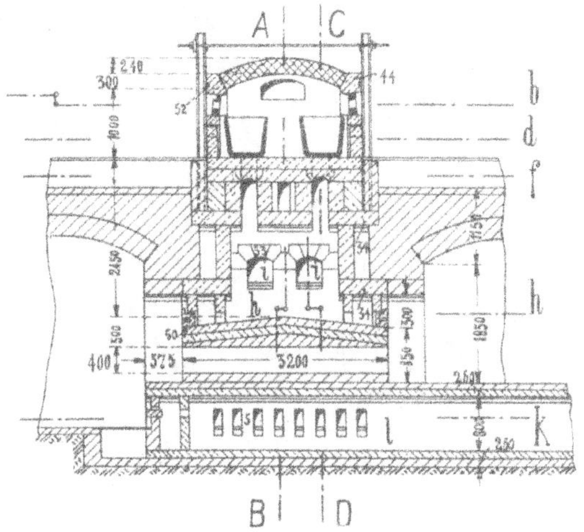

Fig. 7. Schnitt g-h, i-k.

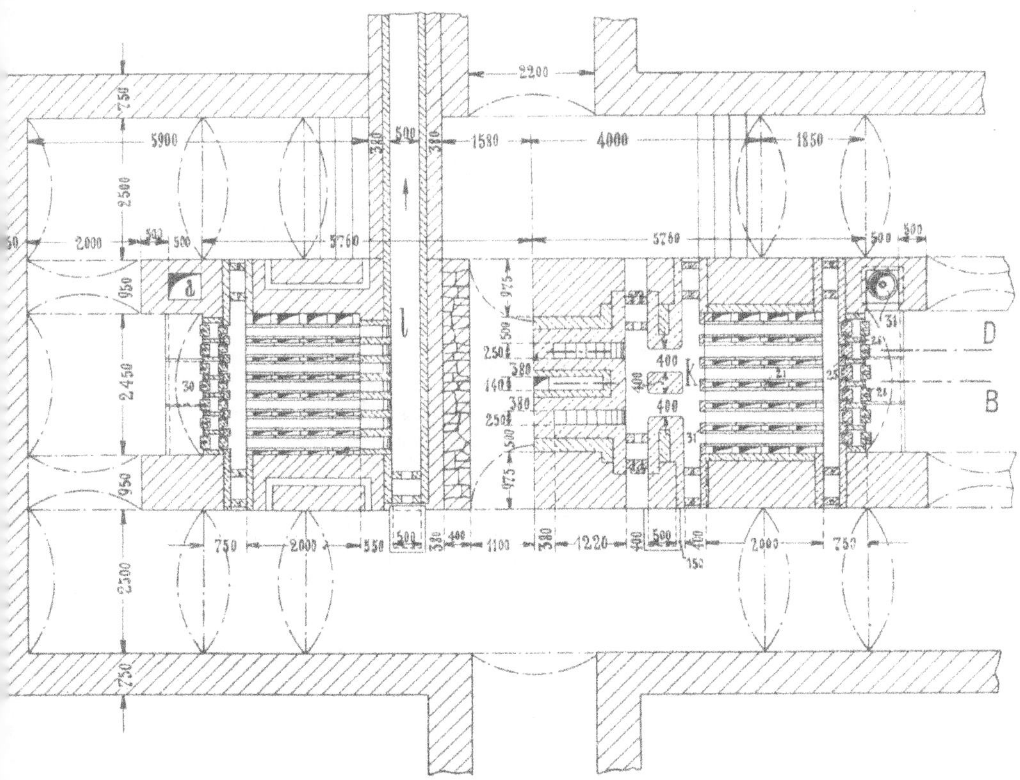

Verlag von R. Oldenbourg, München und Berlin.

Fig. 1. S

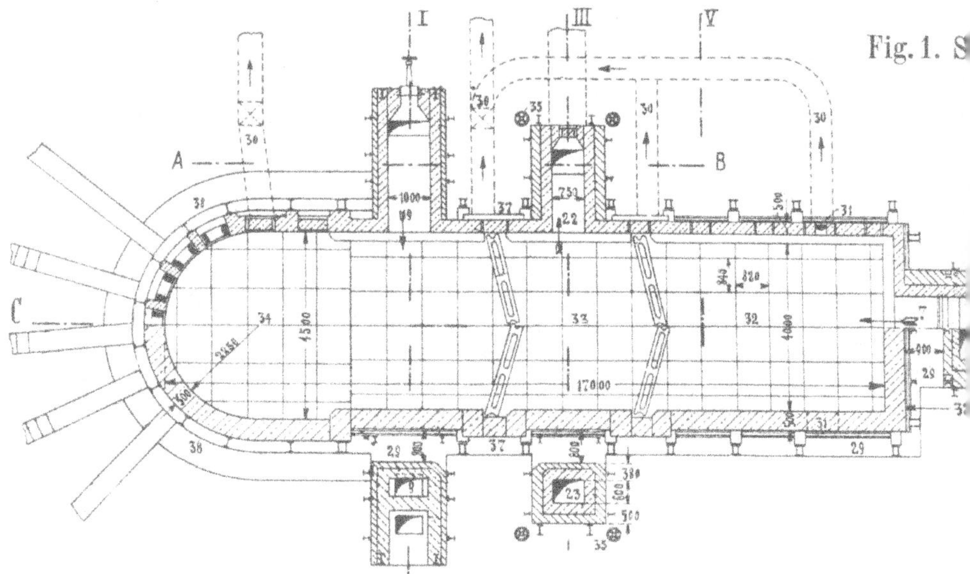

Fig. 2. Schnit

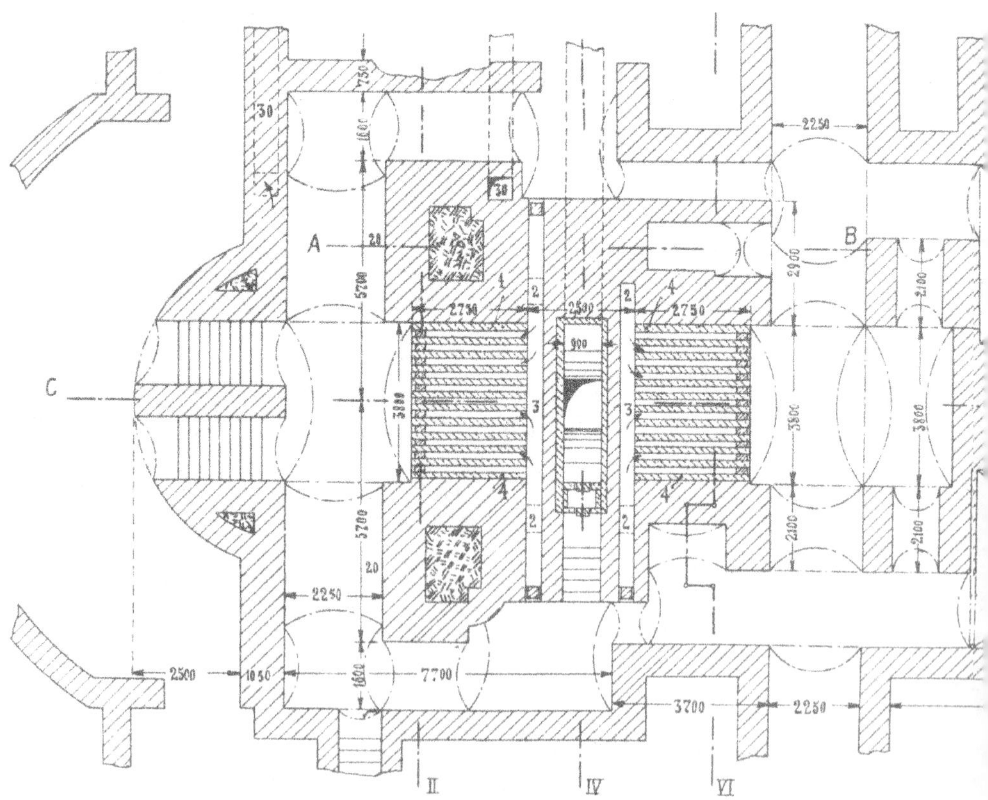

Lithographie u. Druck von A. Gaus & Co., München.

c-d.

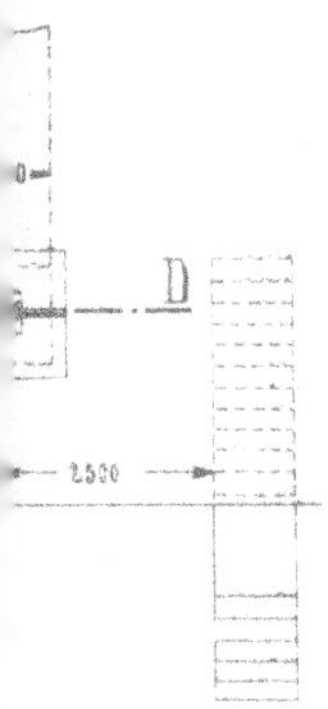

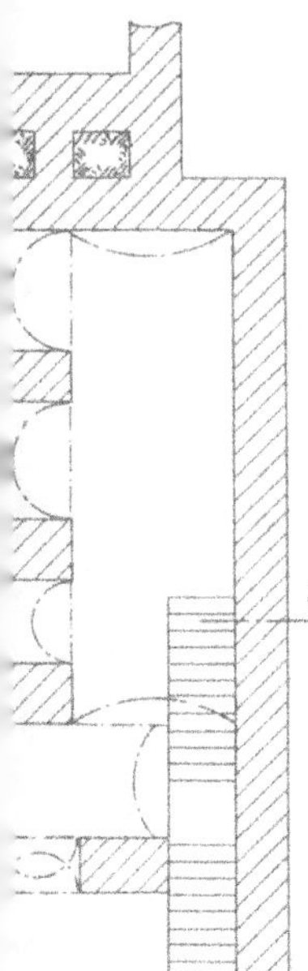

Fig. 3. Schnitt I-II.

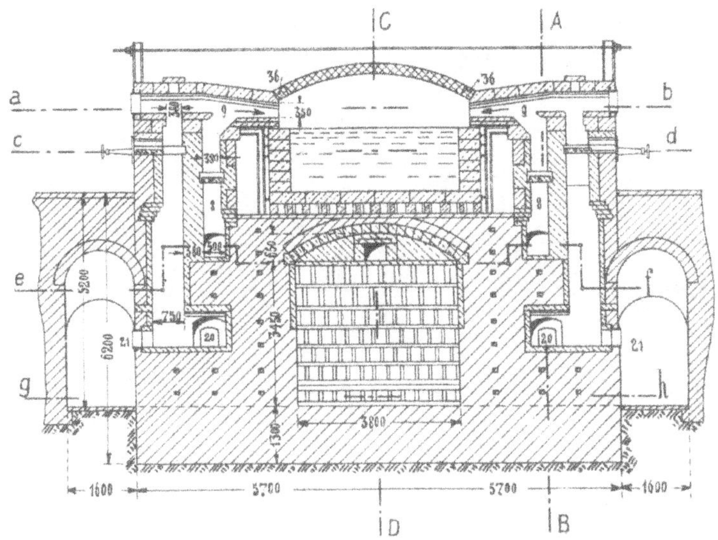

Fig. 4. Schnitt A-B.

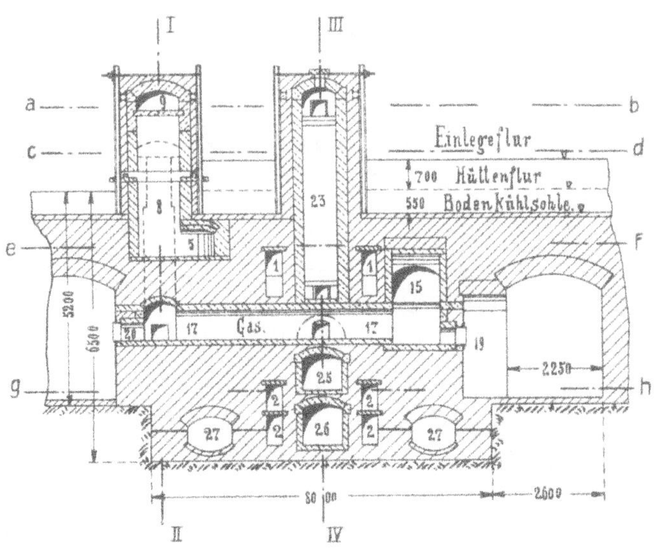

Verlag von R. Oldenbourg, München und Berlin.

Fig. 5. Schnitt C-D.

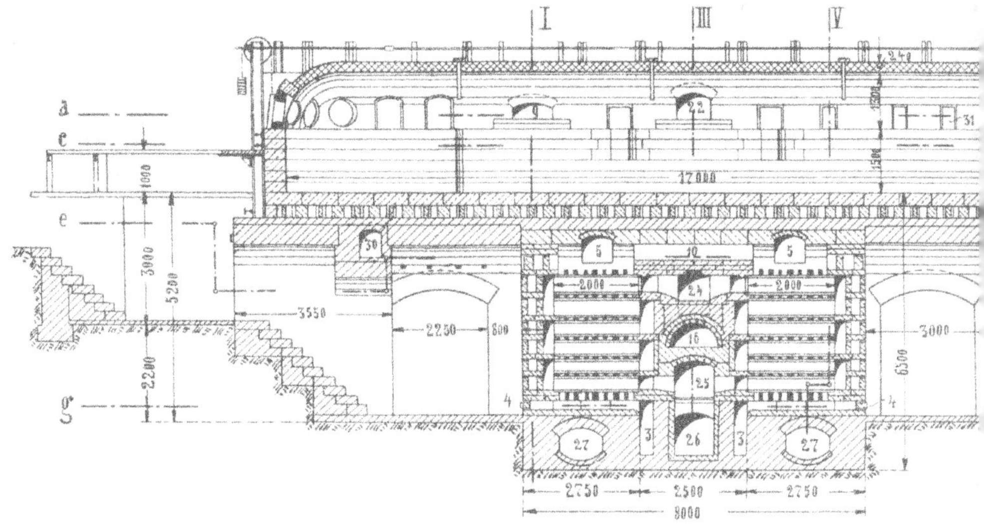

Fig. 7. Schnitt e-f.

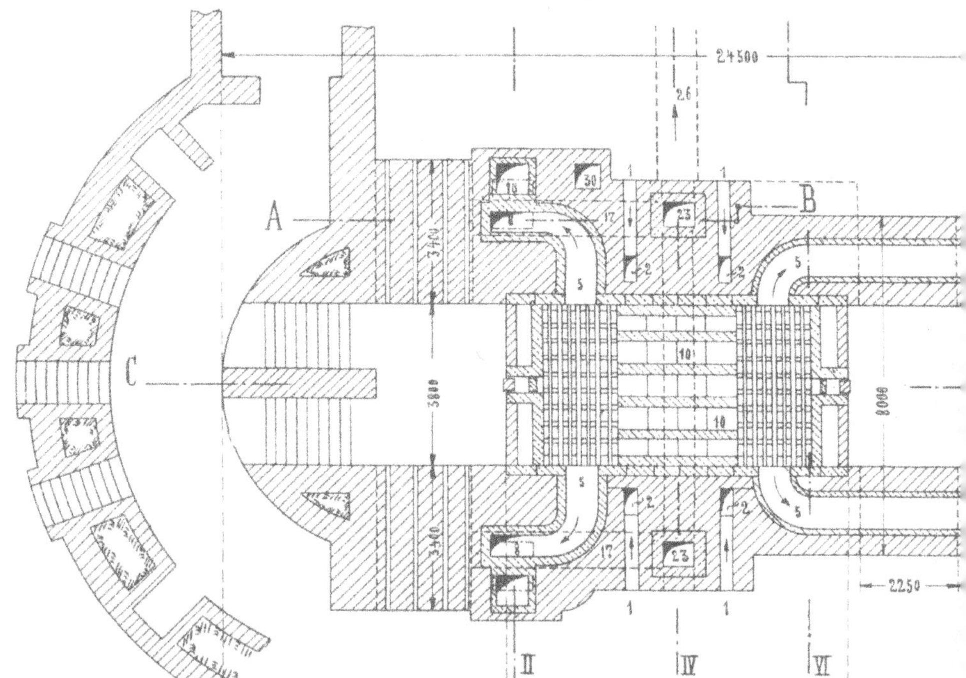

Lithographie u. Druck von A. Gaus & Co., München.

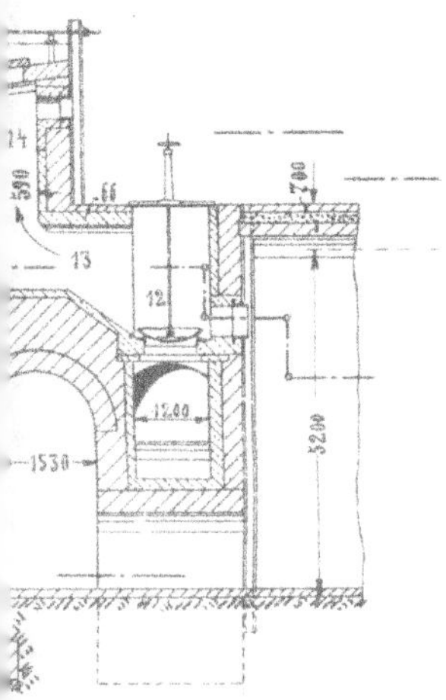

Fig. 6. Schnitt V-VI.

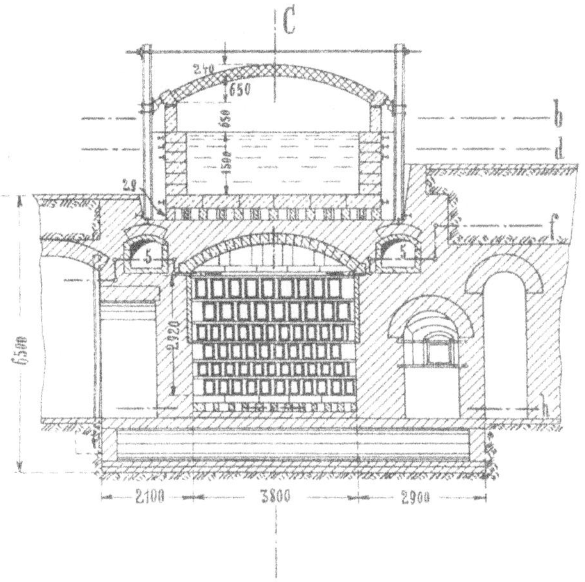

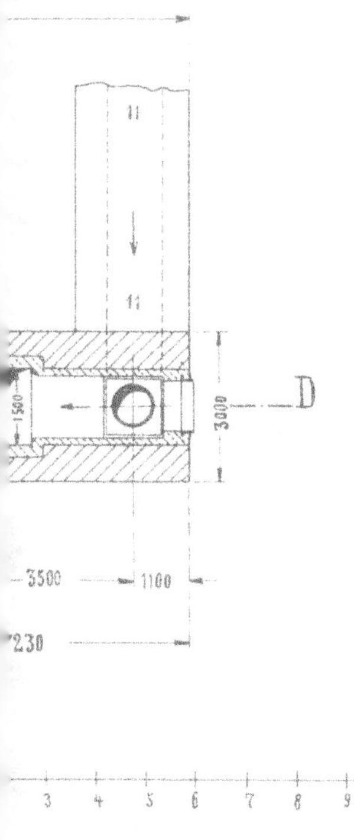

Fig. 8. Schnitt III-IV.

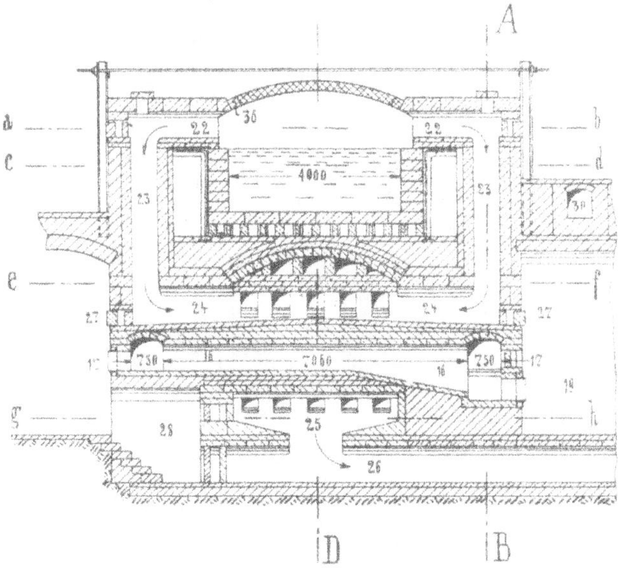

Verlag von R. Oldenbourg, München und Berlin.

Fig. 1. Schnitt A-B.

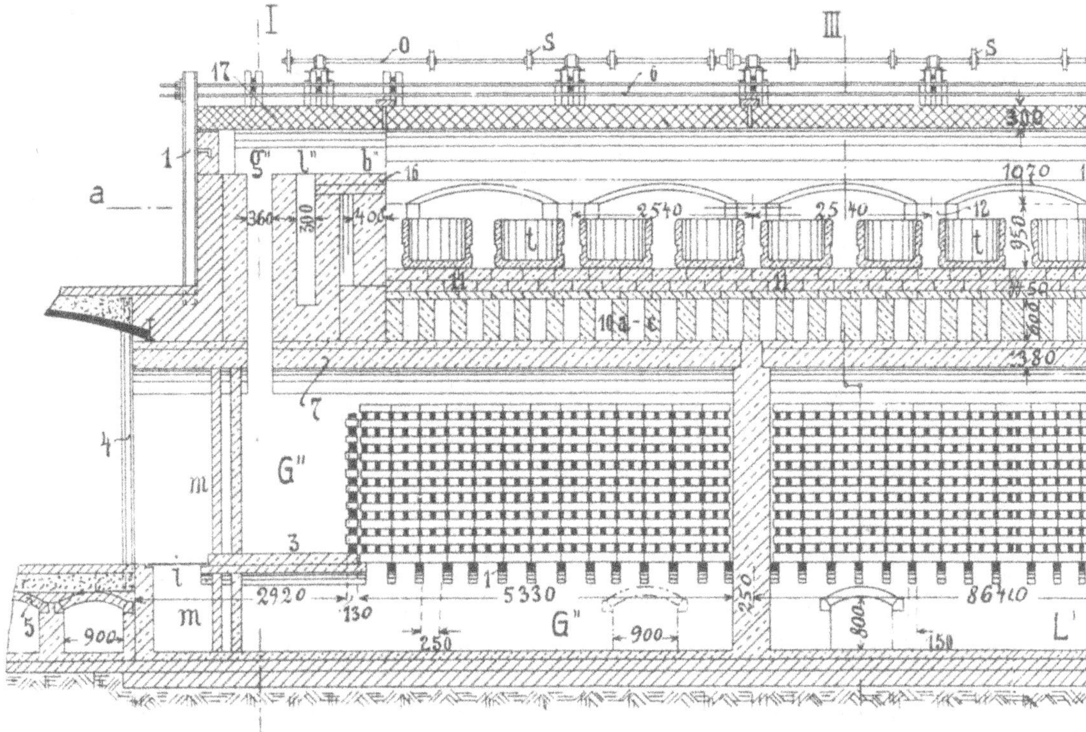

Fig. 3. Schnitt a-b.

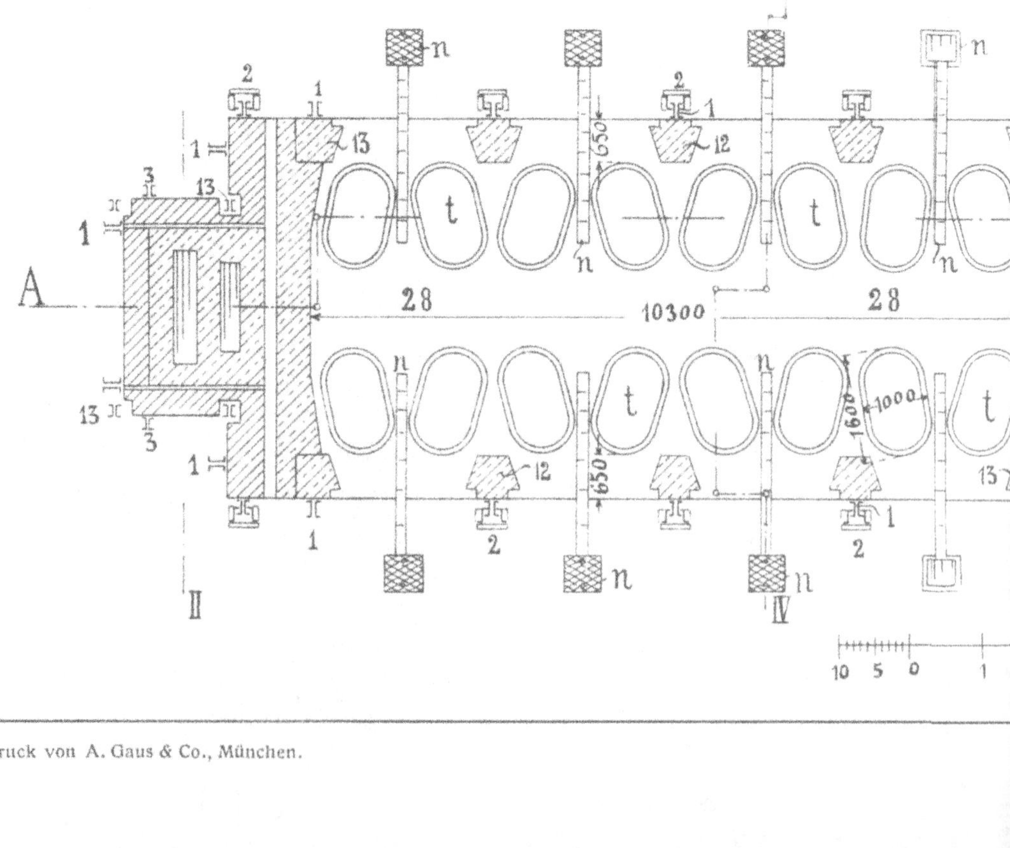

Lithographie u. Druck von A. Gaus & Co., München.

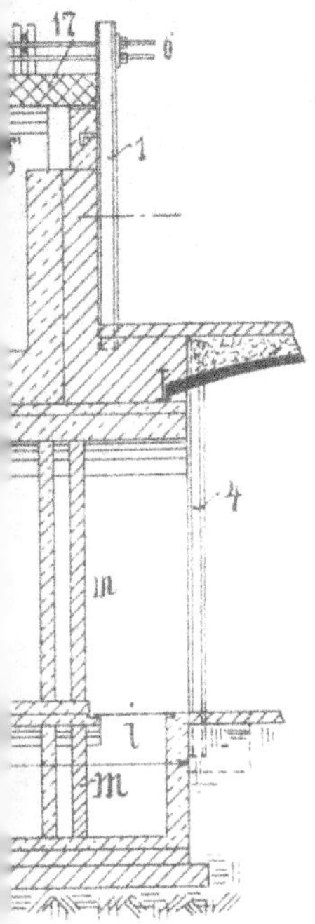

Fig. 2. Schnitt III-IV.

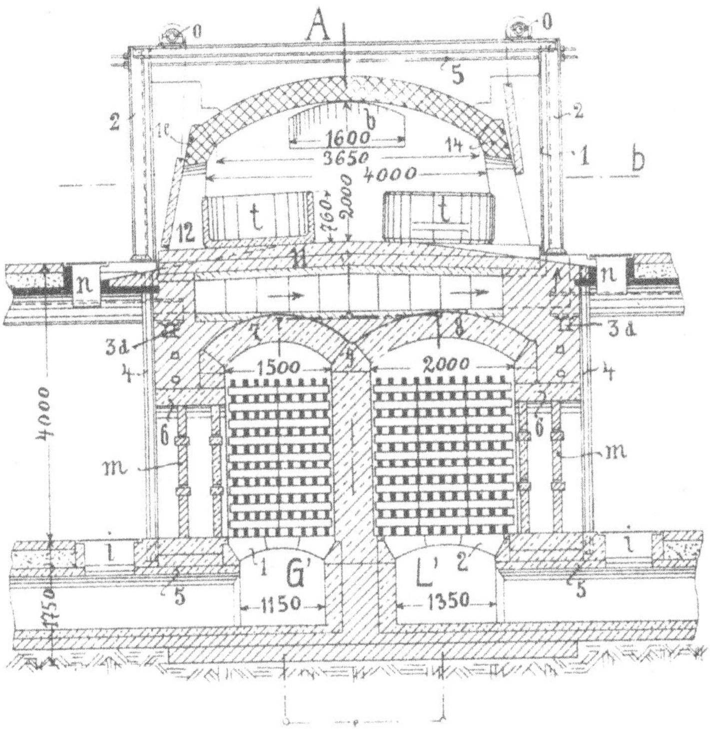

Fig. 4. Schnitt I-II.

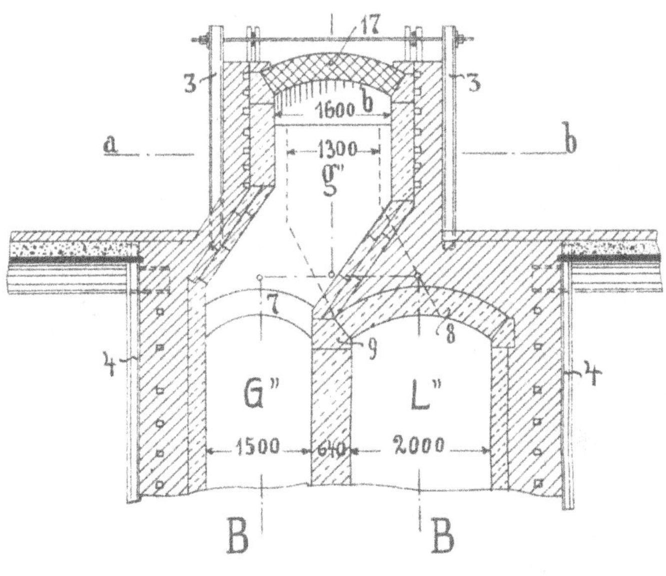

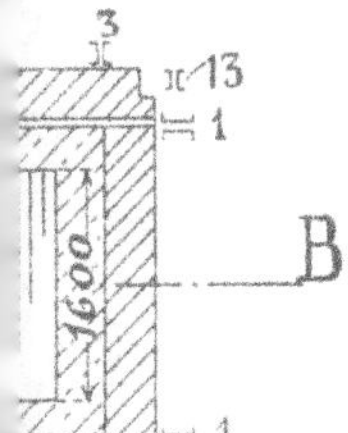

Verlag von R. Oldenbourg, München und Berlin.

Fig. 1. Schnitt A-B.

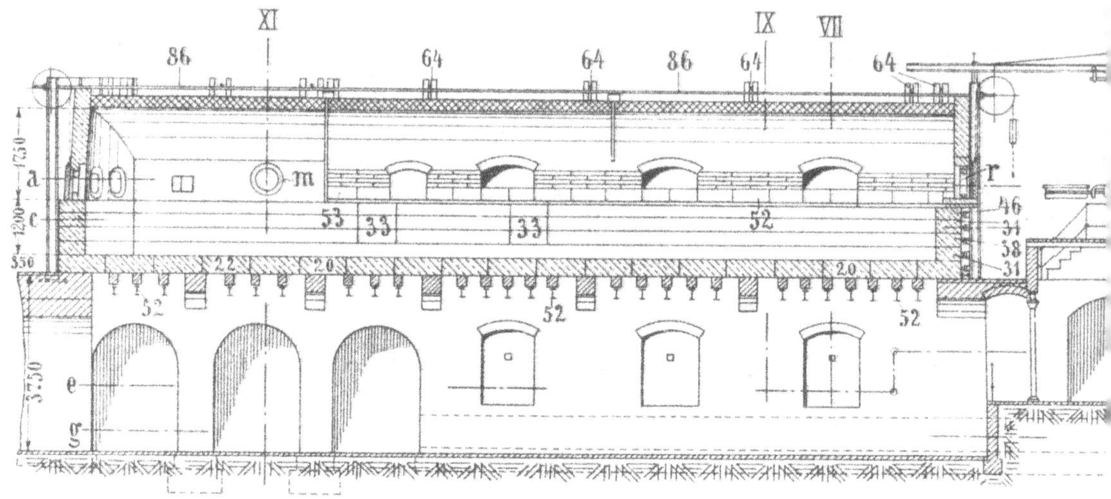

Fig. 2. Schnitt a-b, c-d.

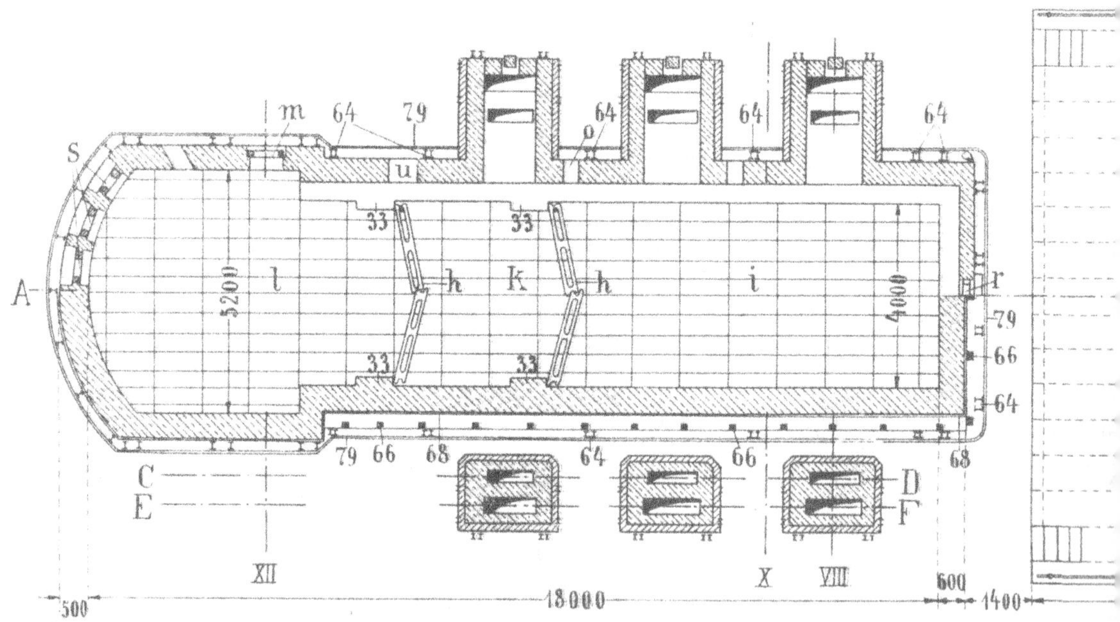

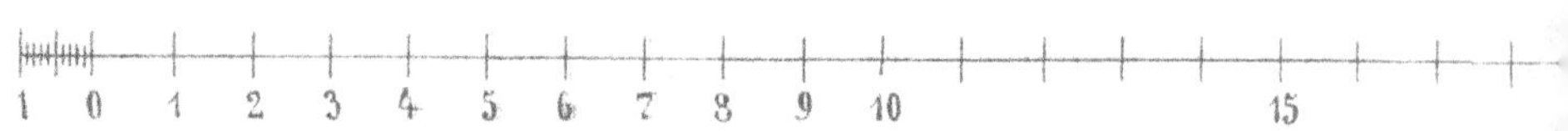

Lithographie u. Druck von A. Gaus & Co., München.

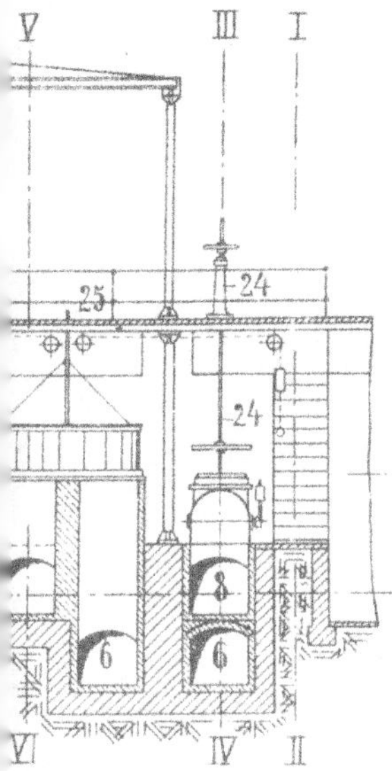

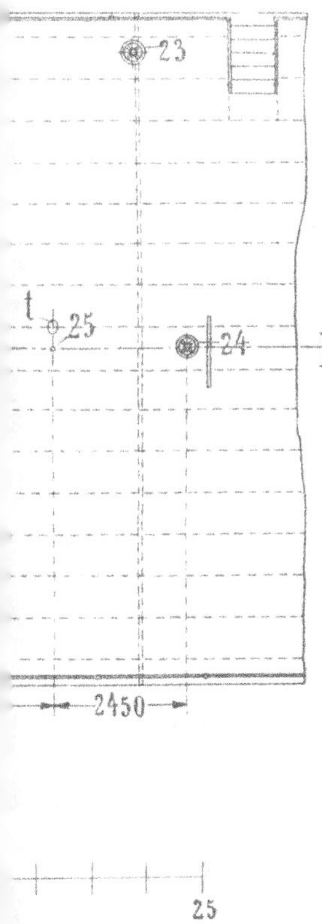

Fig. 3. Schnitt I-II.

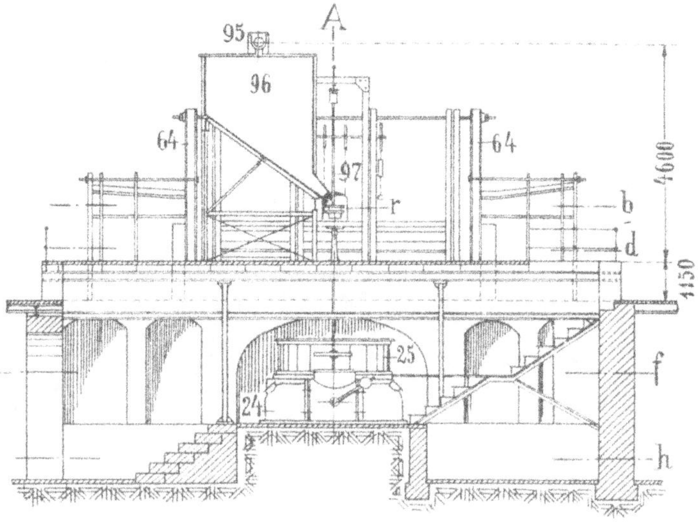

Fig. 4. Schnitt VII-VIII, IX-X.

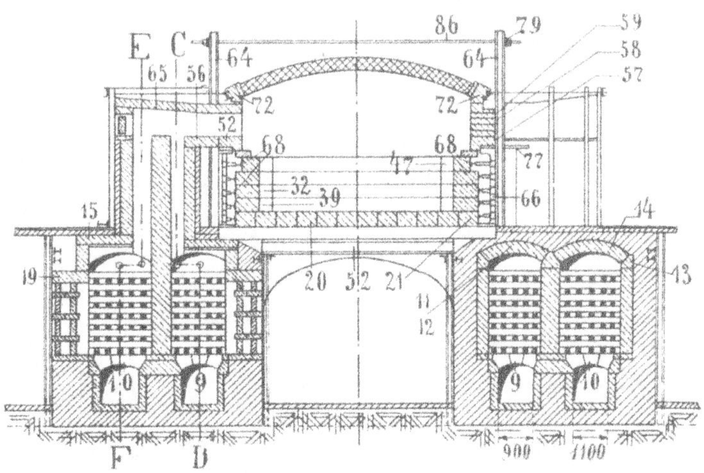

Fig. 5. Schnitt III-IV.

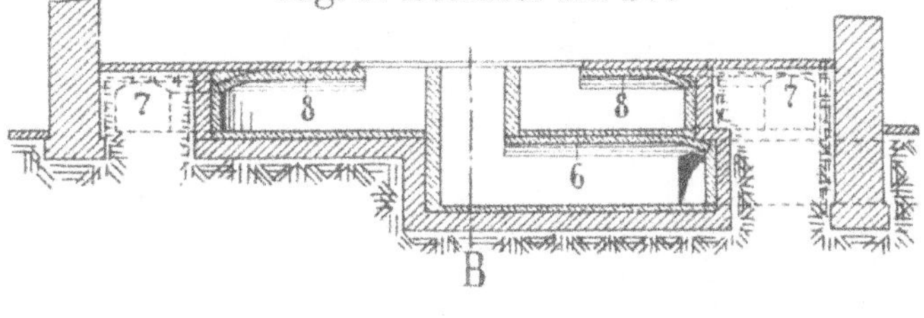

Verlag von R. Oldenbourg, München und Berlin.

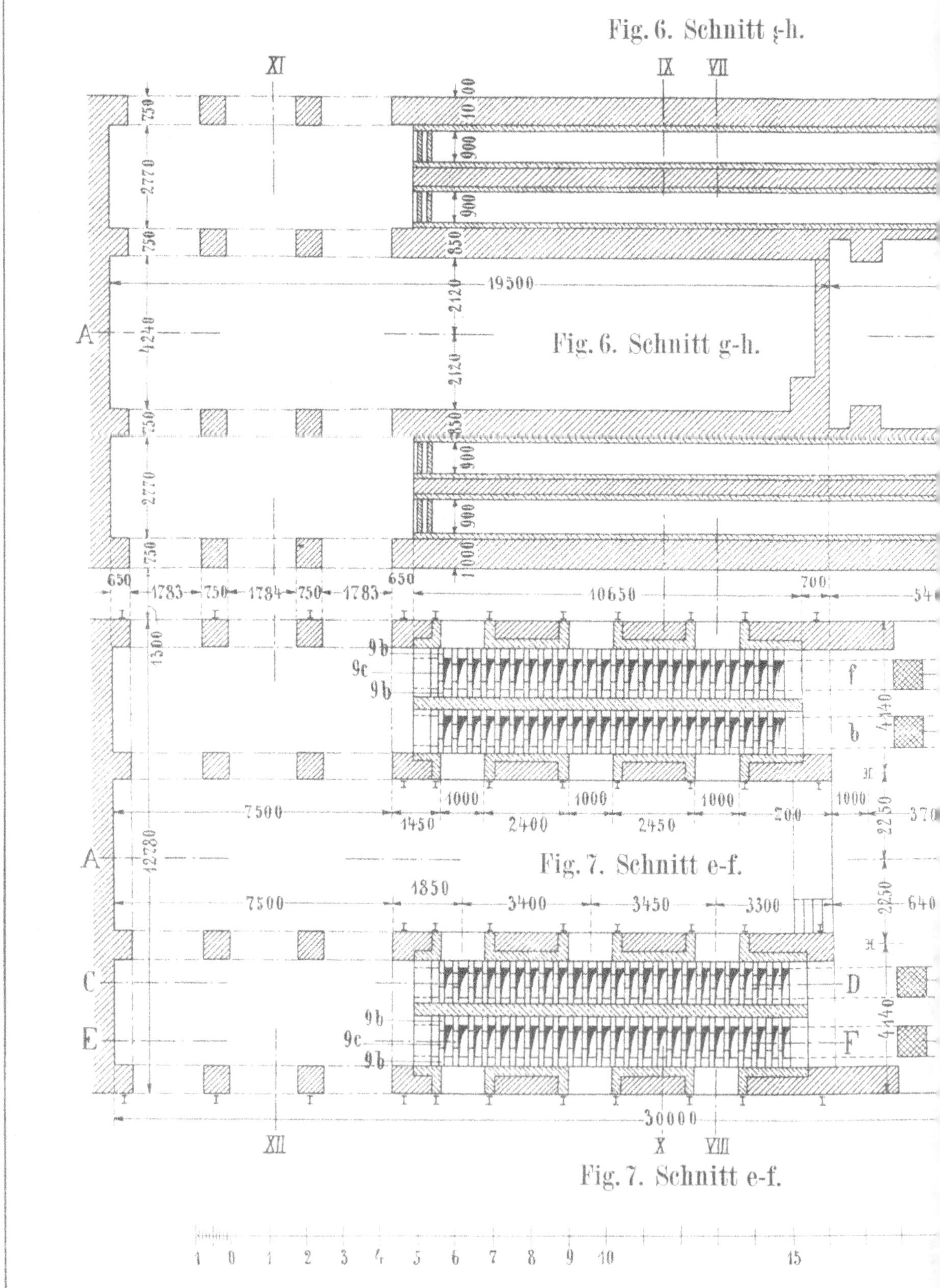

Lithographie u. Druck von A. Gaus & Co., München.

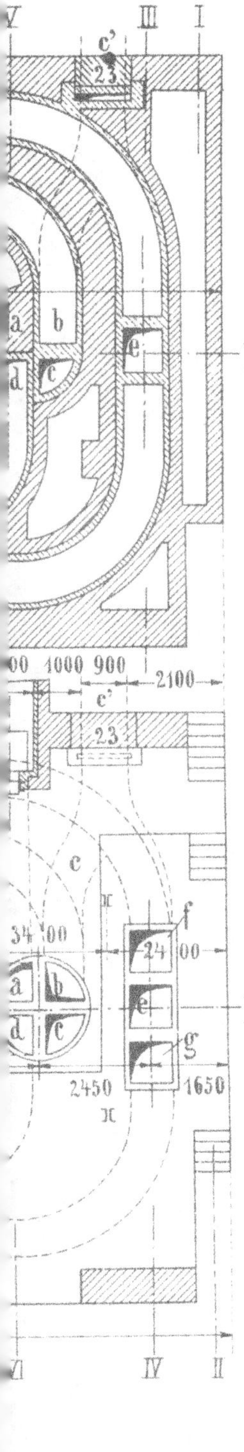

Fig. 8. Schnitt XI-XII.

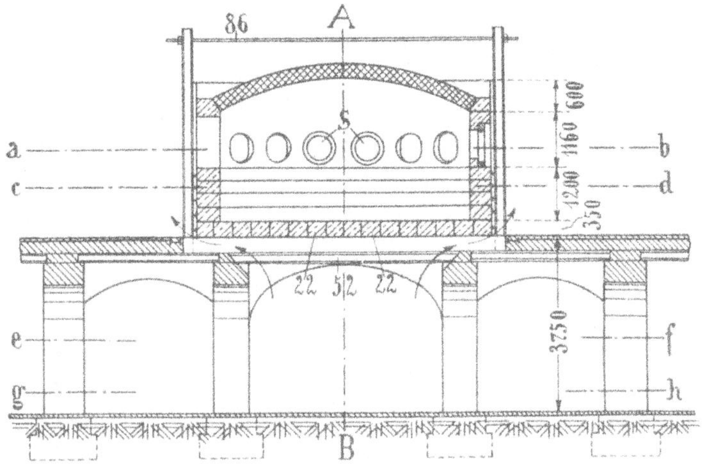

Fig. 9. Schnitt V-VI.

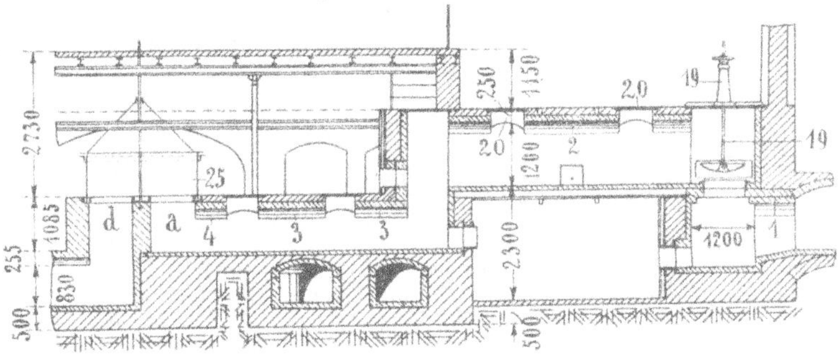

Fig. 10. Schnitt C-D, E-F.

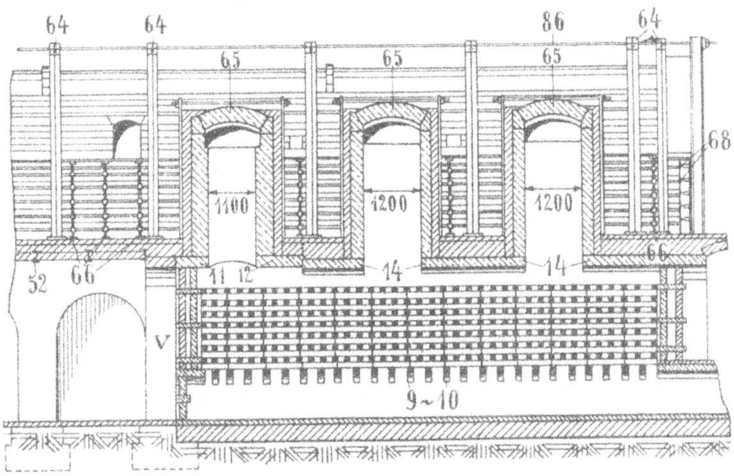

Verlag von R. Oldenbourg, München und Berlin.

Fig. 1. Schnitt A-B.

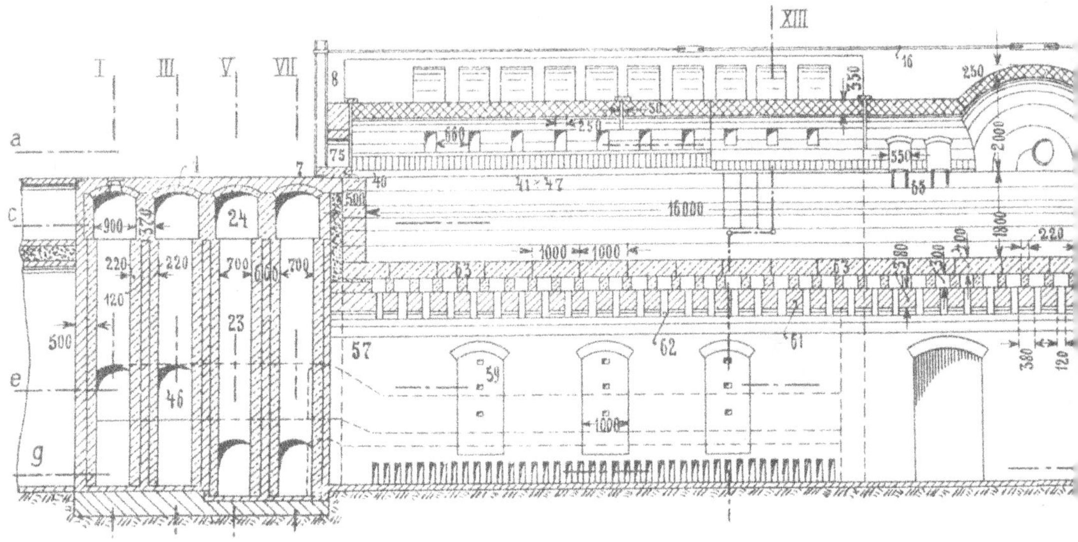

Fig. 3. Schnitt e-f, g-h.

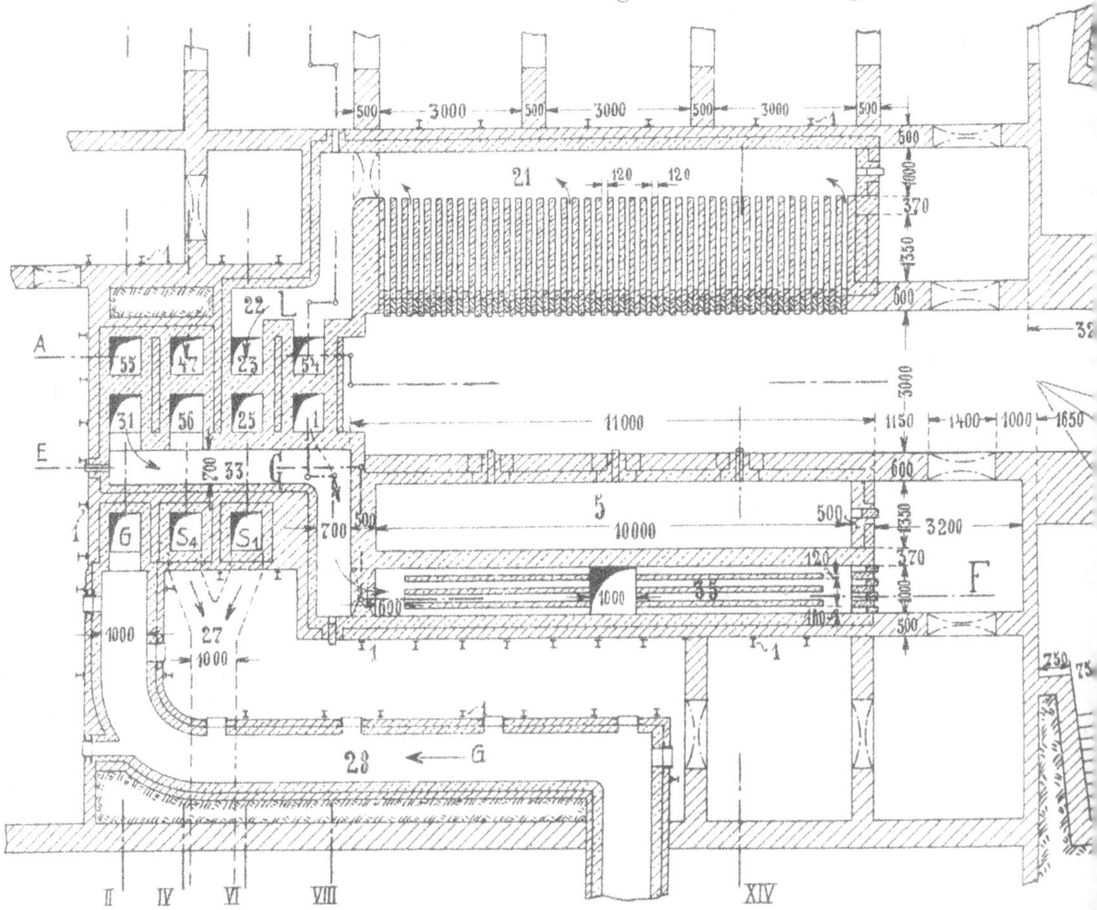

Lithographie u. Druck von A. Gaus & Co., München.

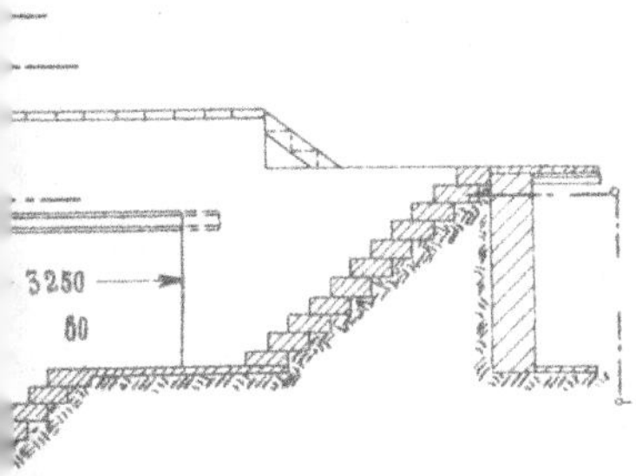

Fig. 2. Schnitt IX-X, XI-XII.

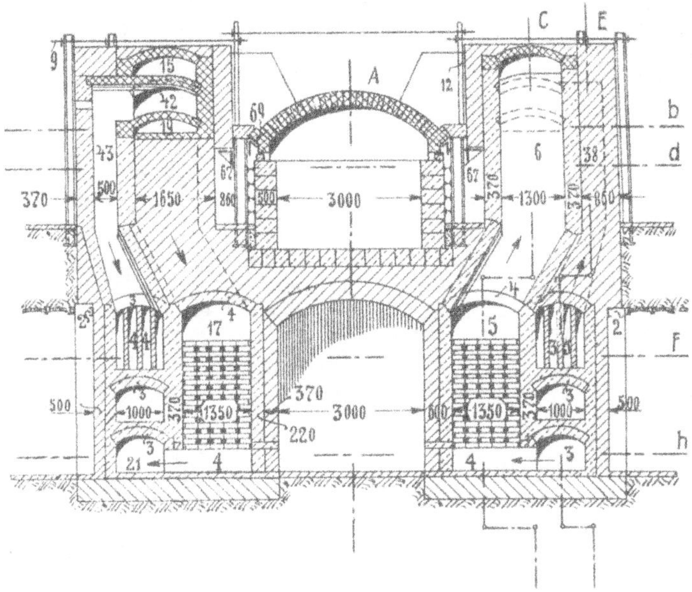

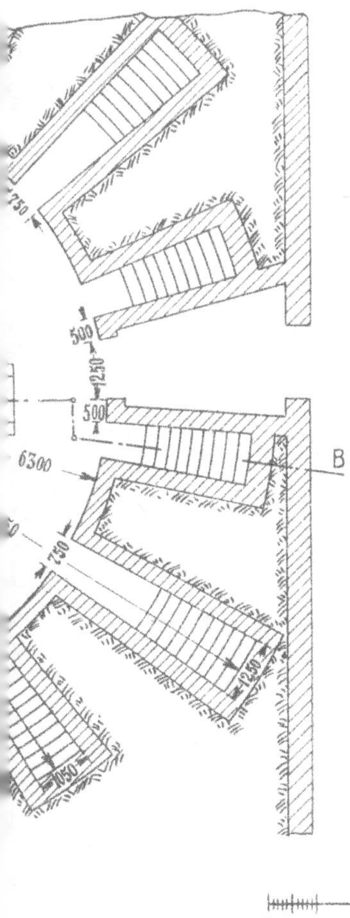

Fig. 4. Schnitt XIII-XIV.

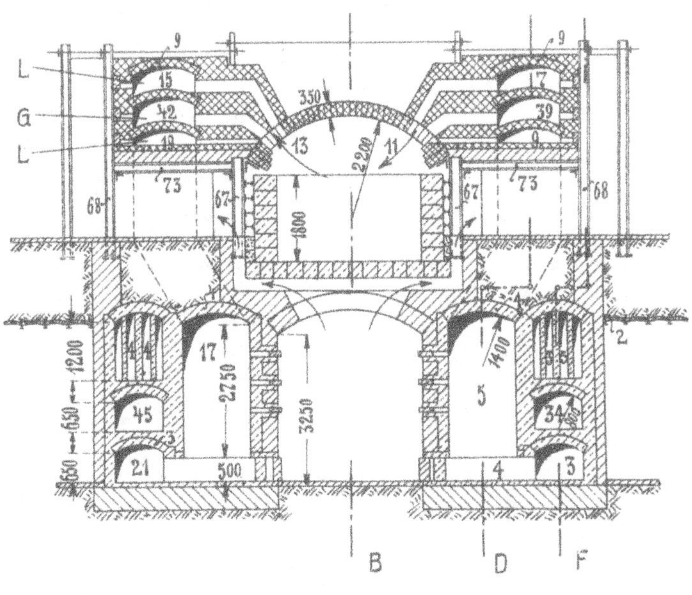

Verlag von R. Oldenbourg, München und Berlin.

Fig. 5. Schnitt C-D, E-F.

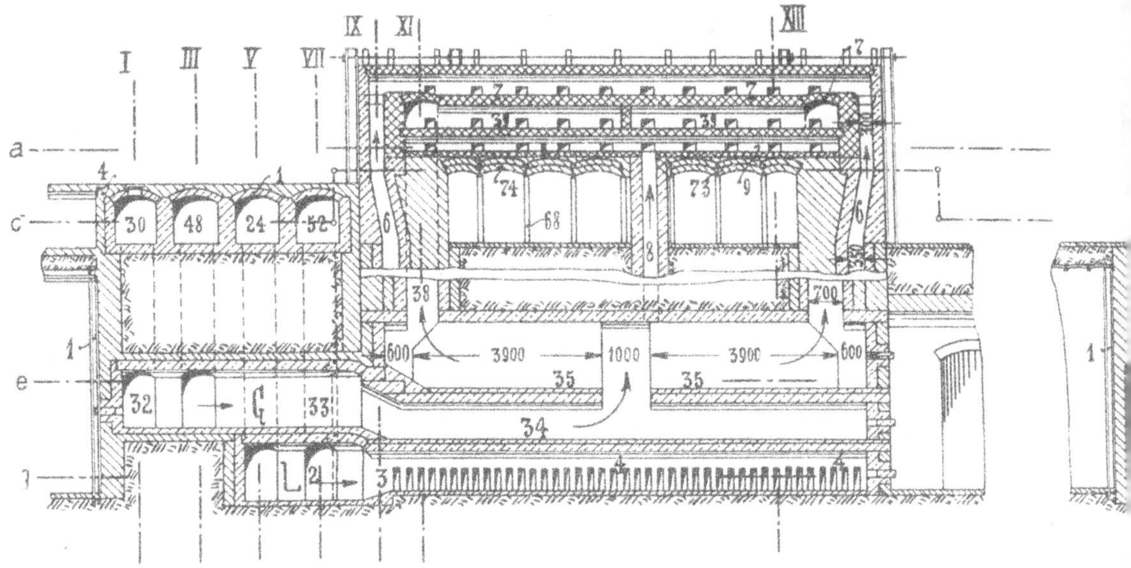

Fig. 8. Schnitt a-b, c-d.

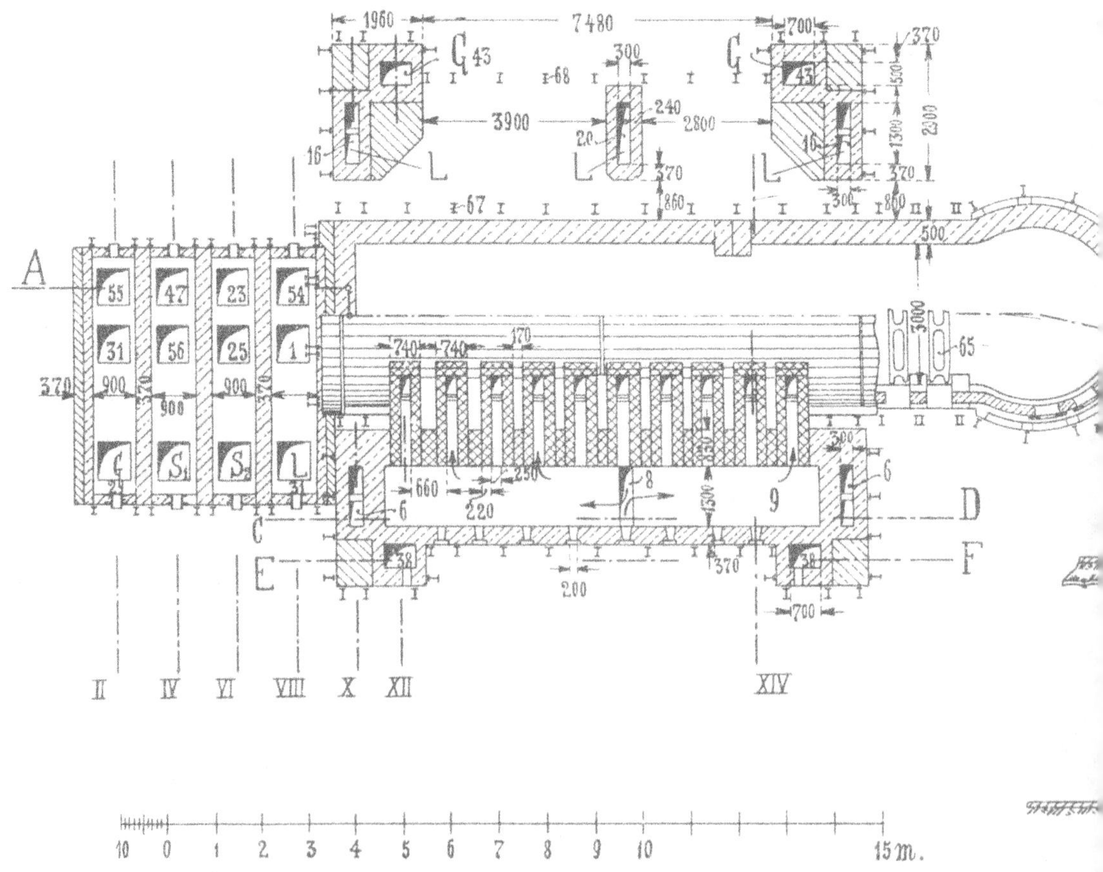

Lithographie u. Druck von A. Gaus & Co., München.

…nitt V-VI.

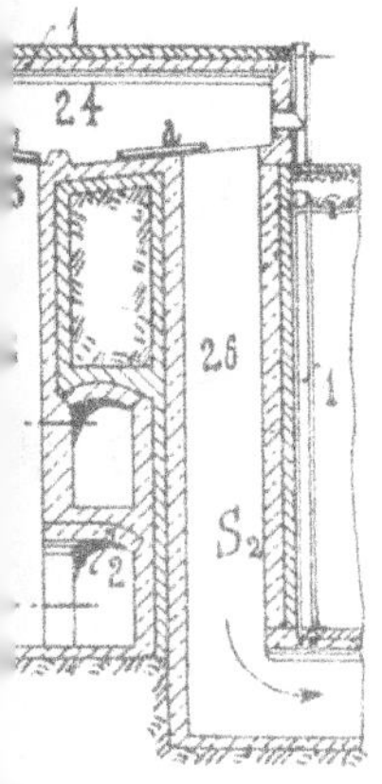

Fig. 7. Schnitt VII-VIII.

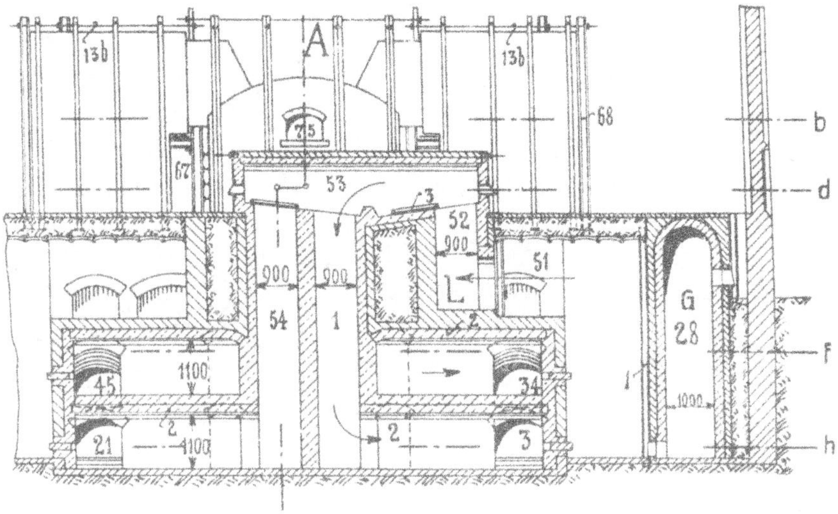

Fig. 11.

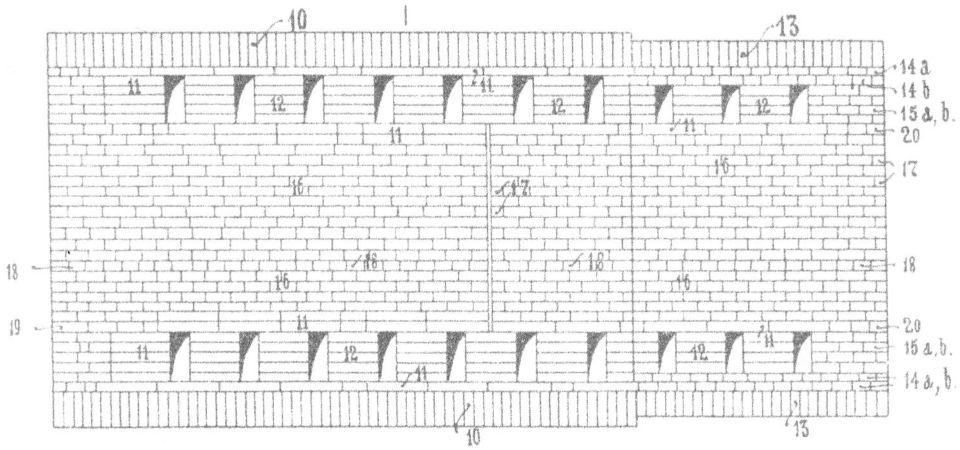

Schnitt III-IV.

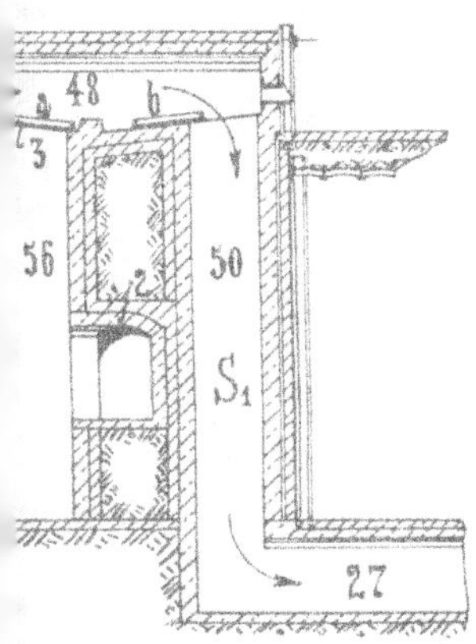

Fig. 10. Schnitt I-II.

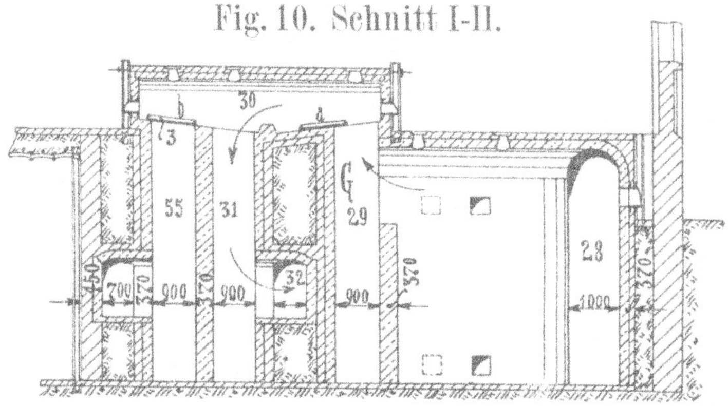

Verlag von R. Oldenbourg, München und Berlin.

Fig. 1. Schnitt A-B.

Fig. 3. Schnitt a-b.

Fig. 6. Schnitt VII-VIII.

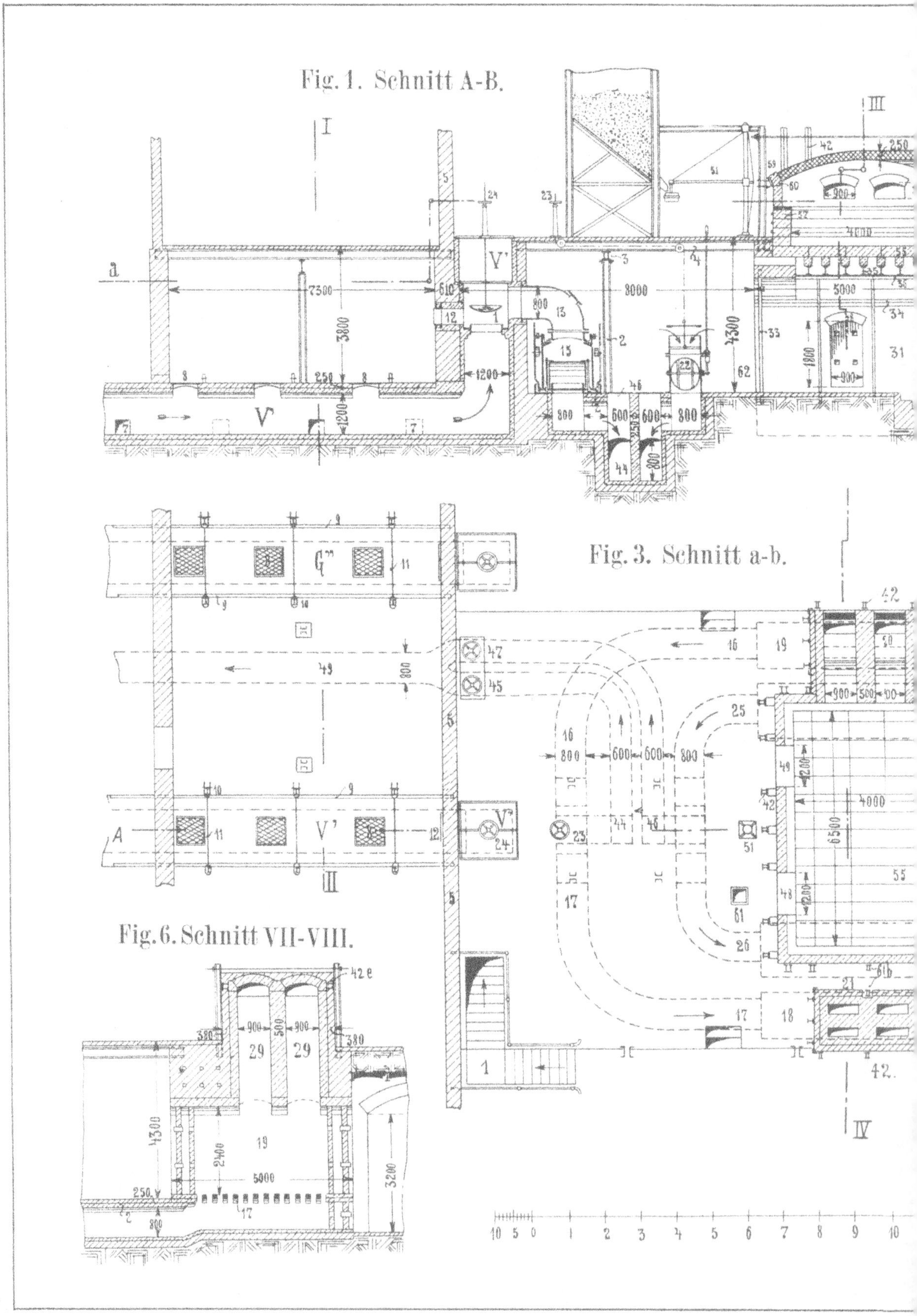

Lithographie u. Druck von A. Gaus & Co., München.

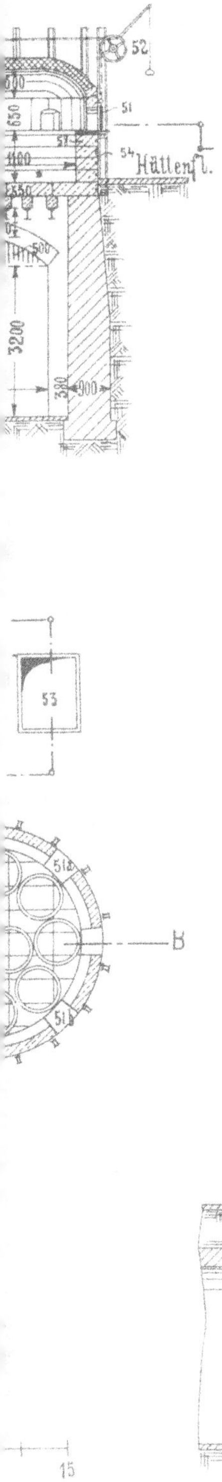

Fig. 2. Schnitt III-IV.

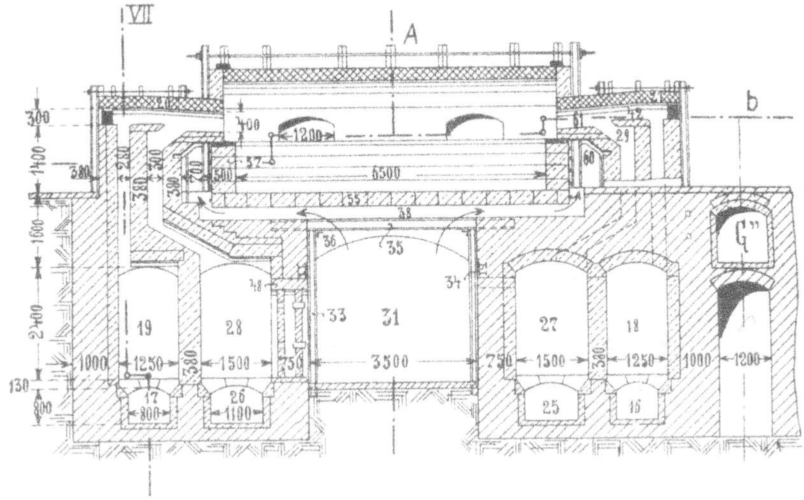

Fig. 4. Schnitt I-II.

Fig. 5. Schnitt V-VII.

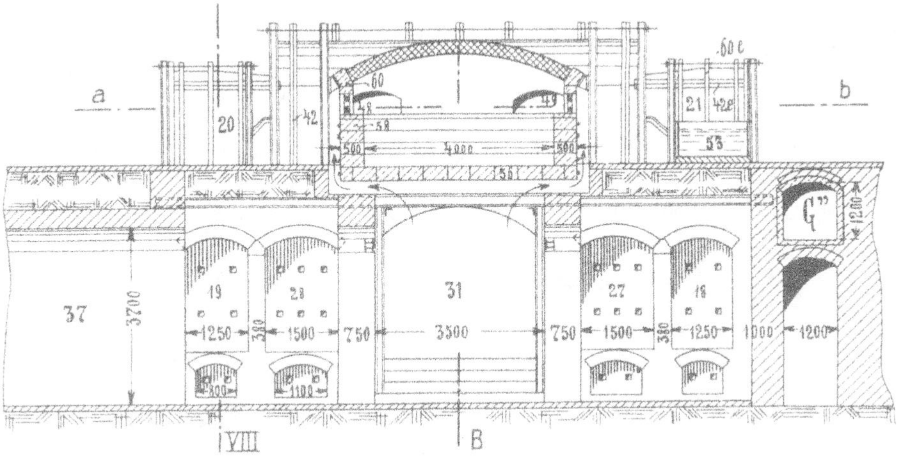

Verlag von R. Oldenbourg, München und Berlin.

Fig.

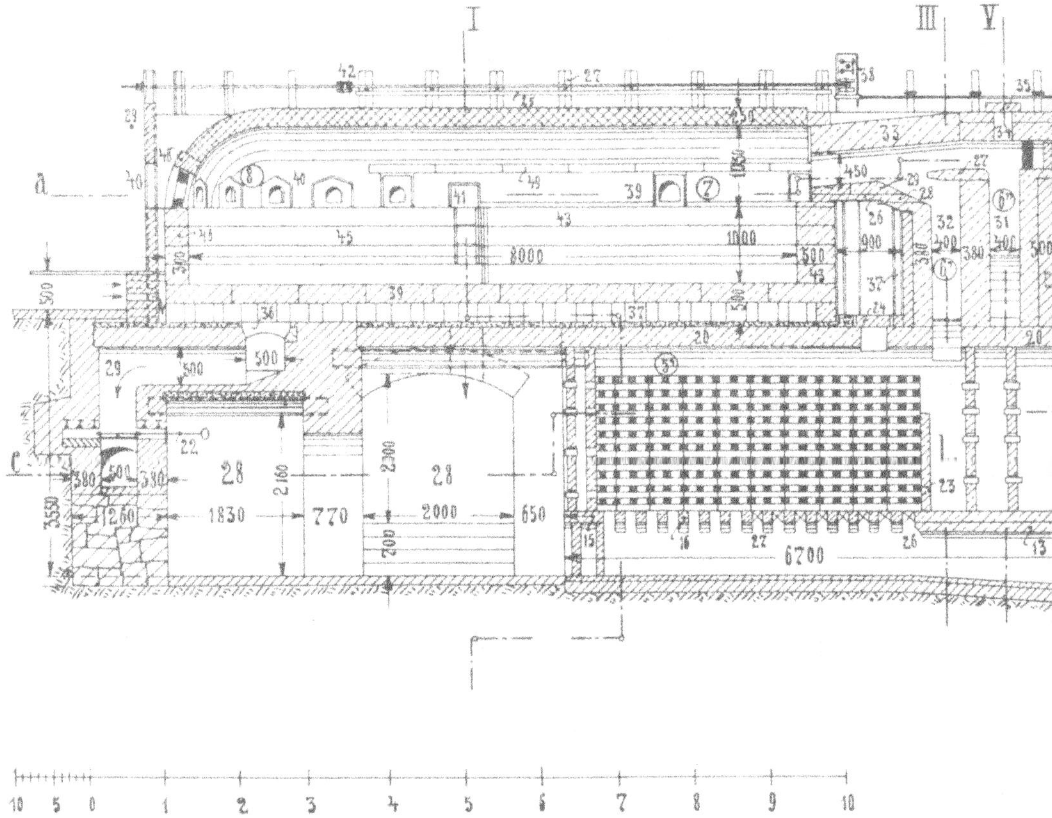

Fig. 8. Sc

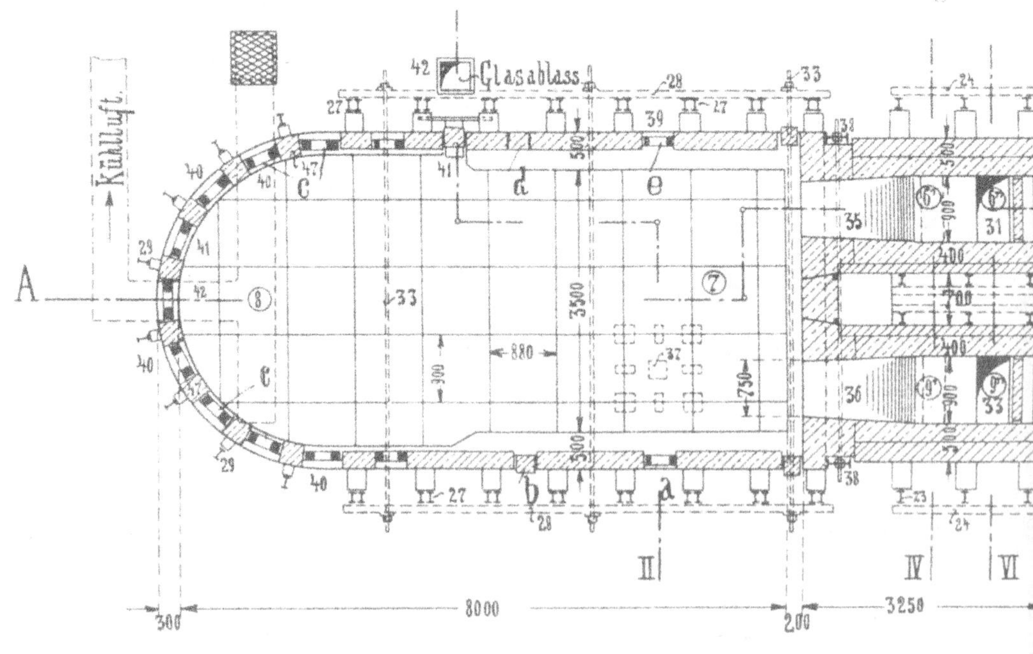

Lithographie u. Druck von A. Gaus & Co., München.

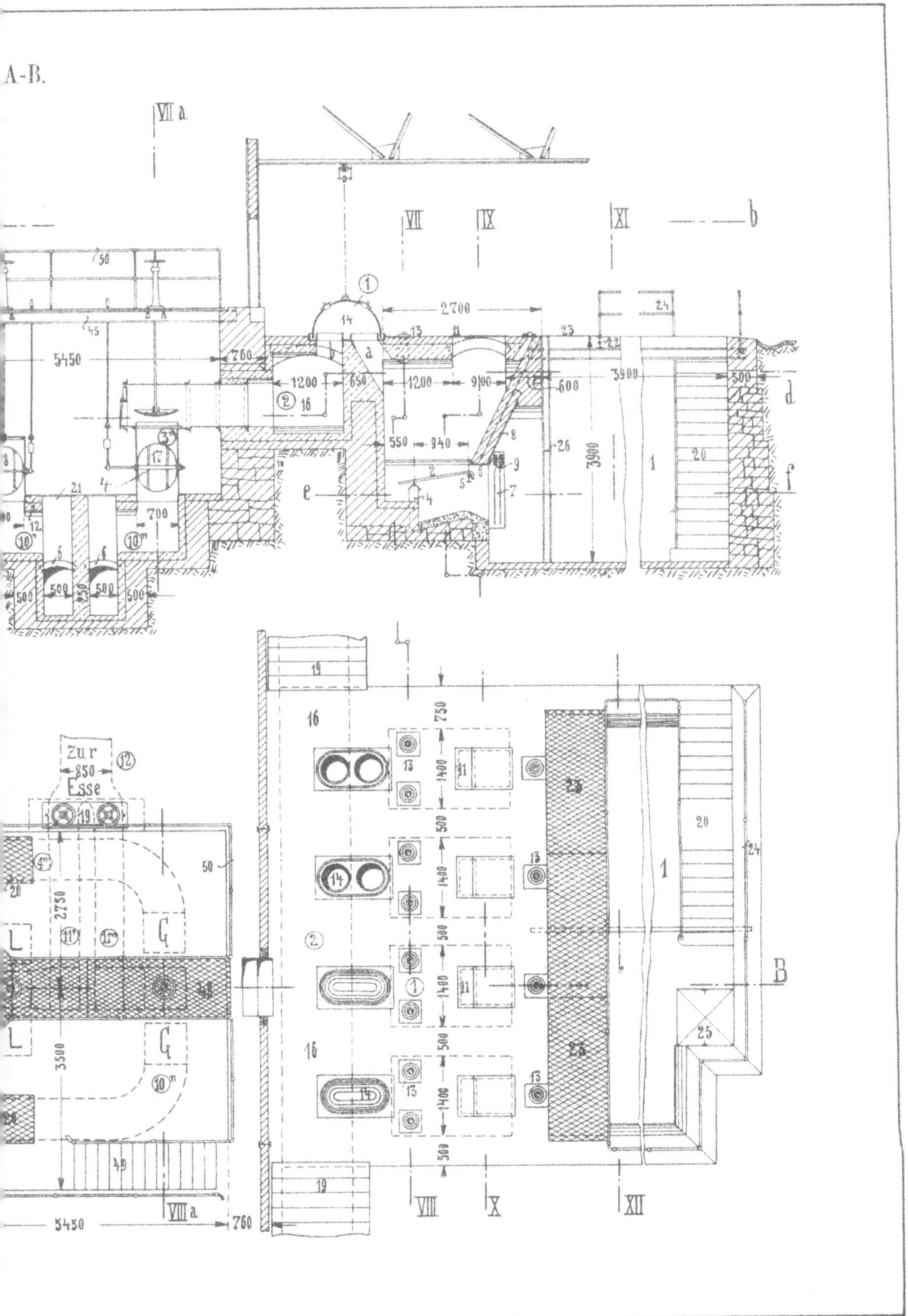

Verlag von R. Oldenbourg, München und Berlin.

Fig. 1. Schnitt I-II.

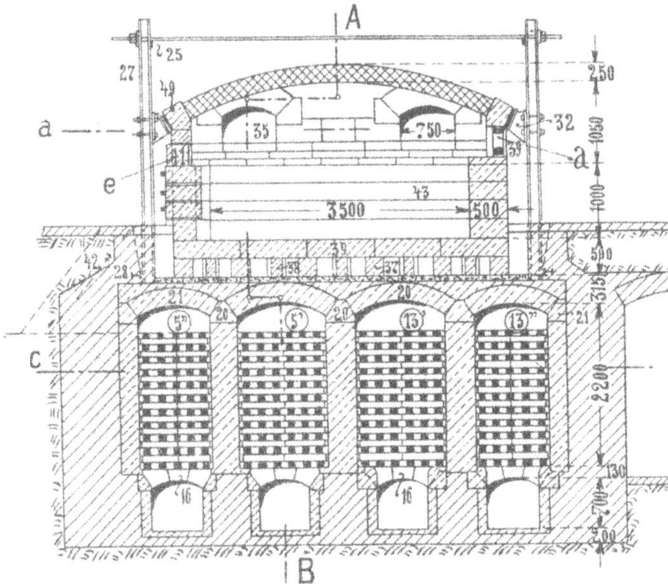

Fig. 2. Schnitt

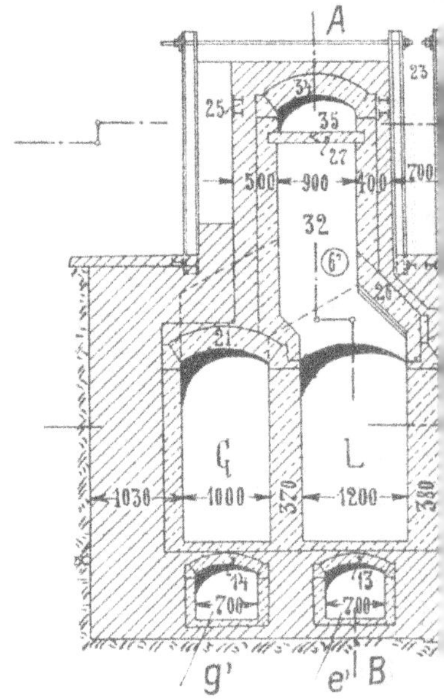

Fig. 4. Schnitt c-d.

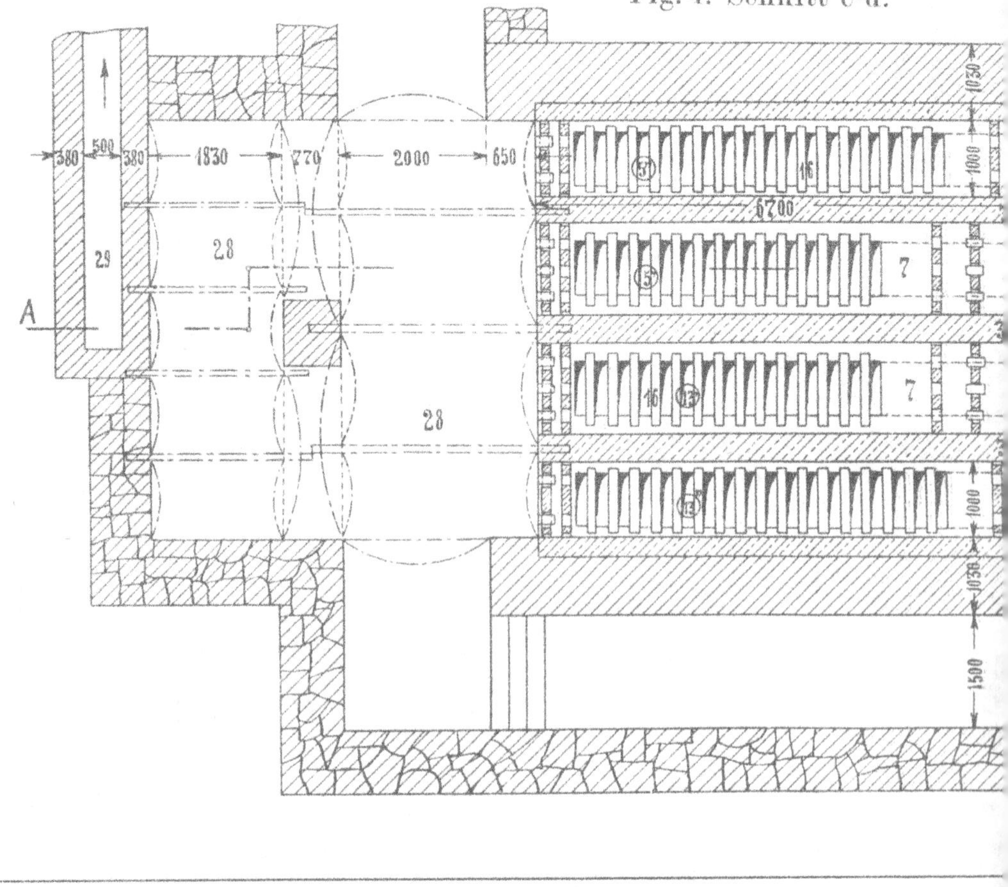

Lithographie u. Druck von A. Gaus & Co., München.

VI.

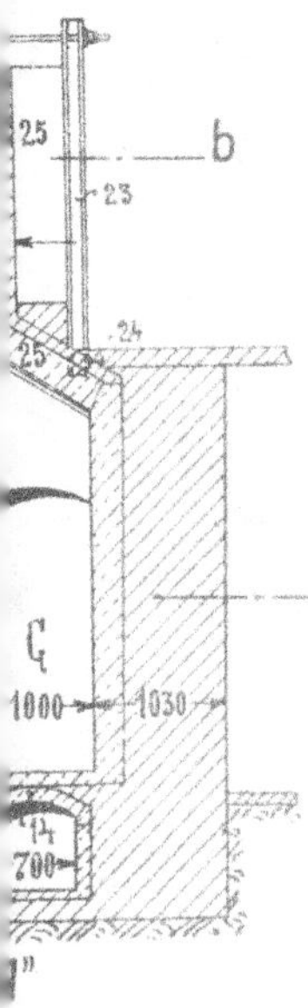

Fig. 3. Schnitt VII-VIII, IX-X, XI-XII.

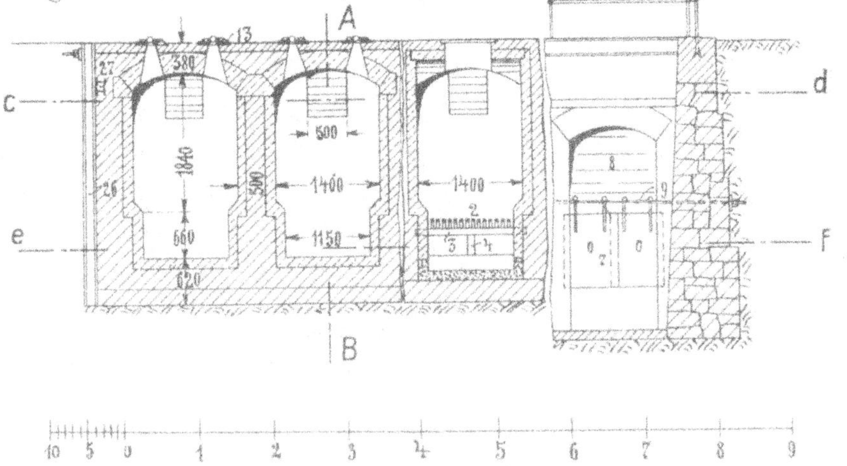

Fig. 5. Schnitt e-f.

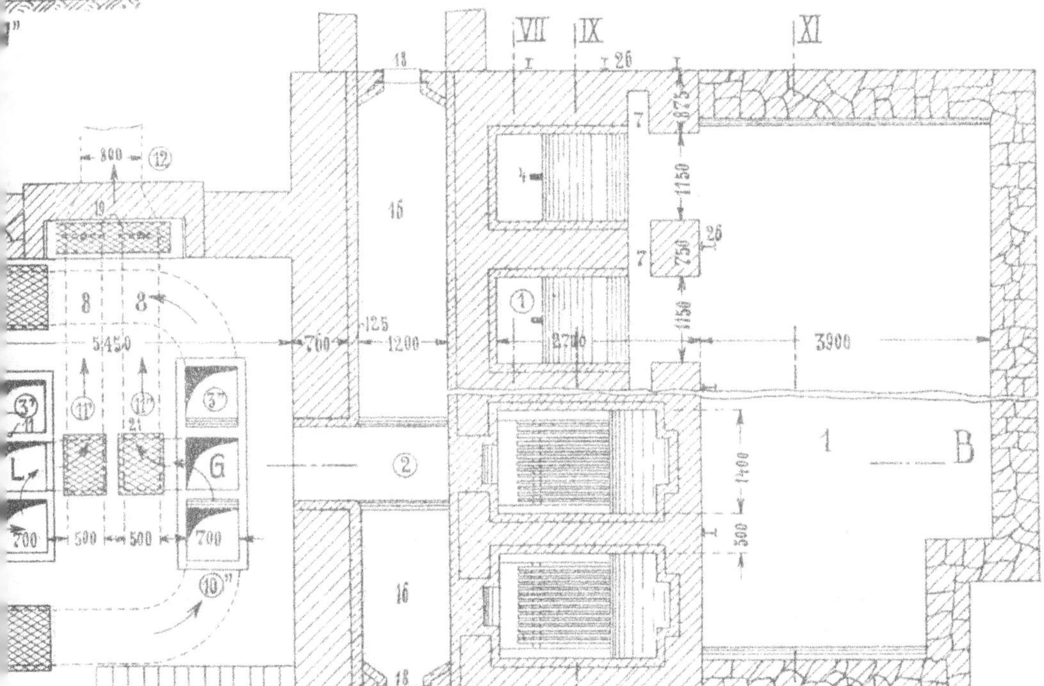

Fig. 6. Schnitt VII-VIII.

Verlag von R. Oldenbourg, München und Berlin.

Fig. 3. Schnitt E-F.

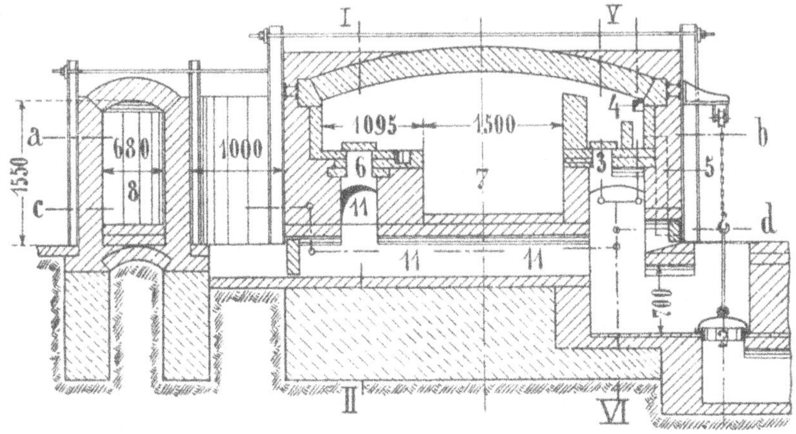

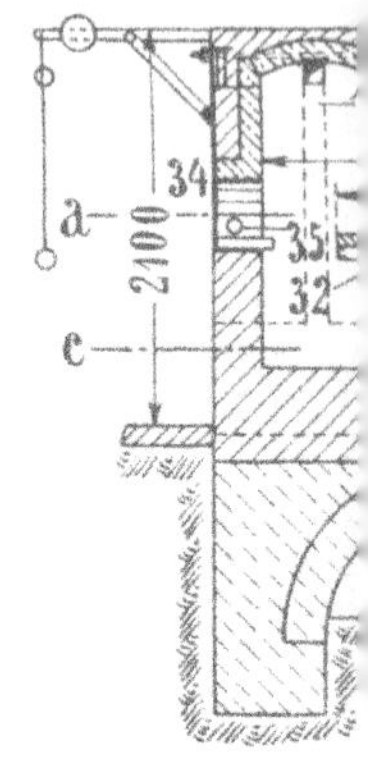

Fig. 4. Schnitt C-D.

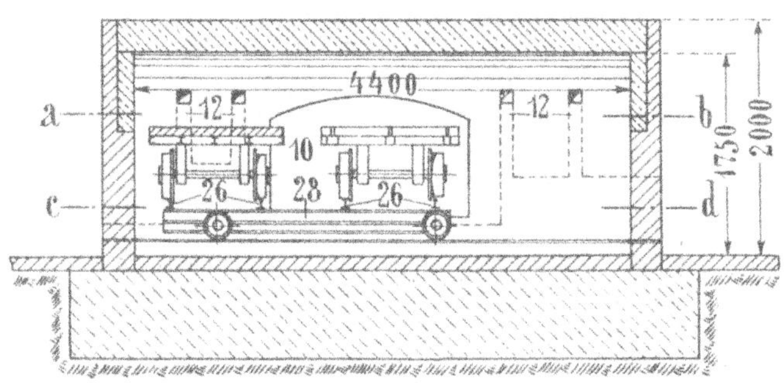

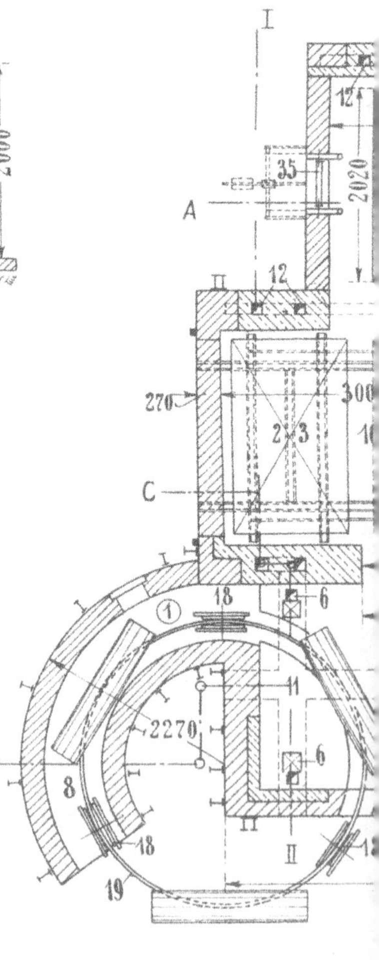

Fig. 5. Schnitt VII-VIII, IX-X.

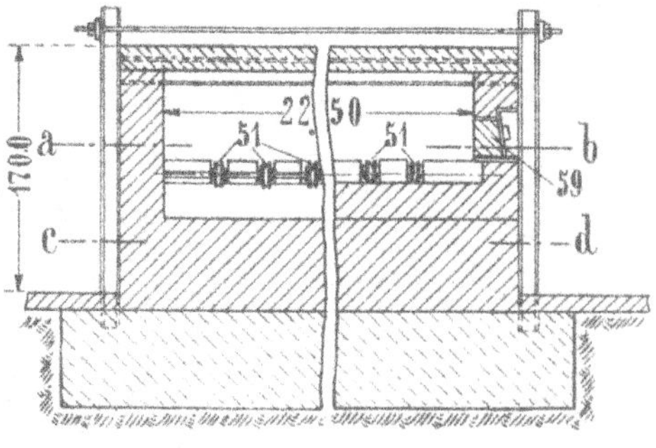

Lithographie u. Druck von A. Gaus & Co., München.

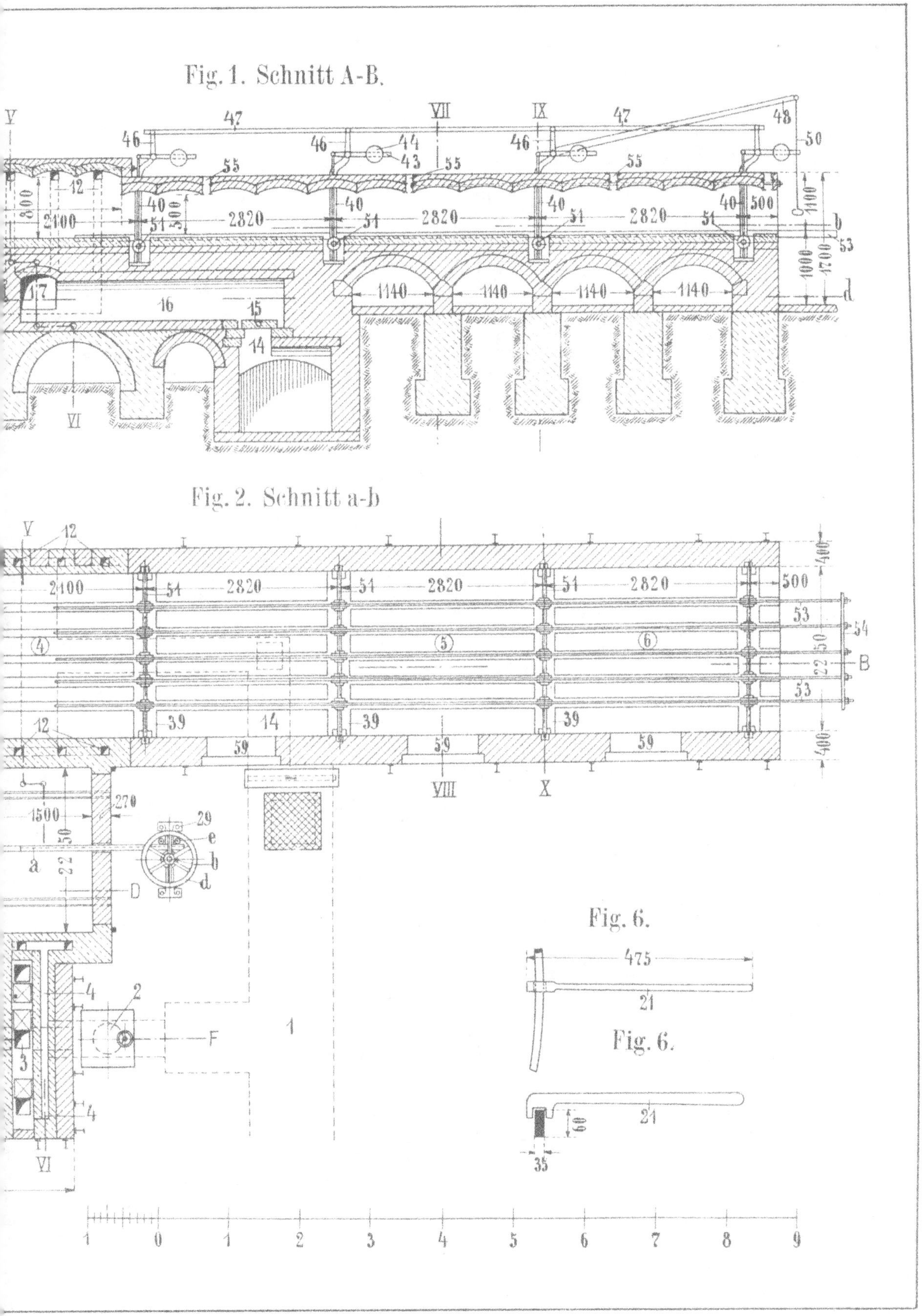

Verlag von R. Oldenbourg, München und Berlin.

Fig. 7. Schnitt V-VI.

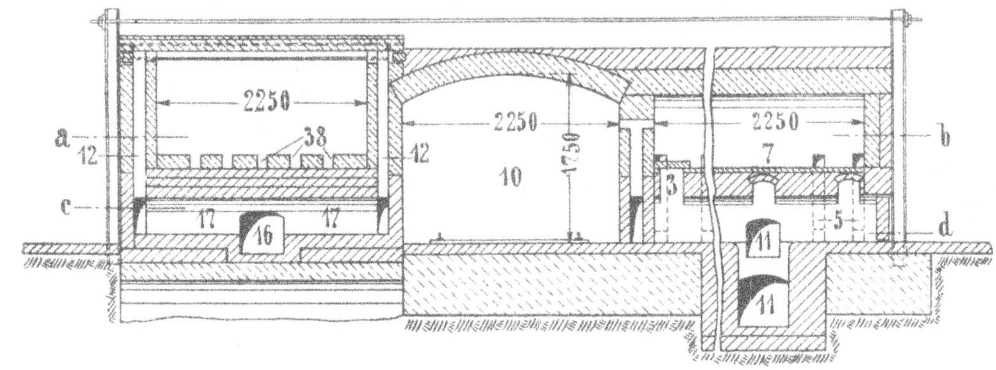

Fig. 9. Schnitt c-d.

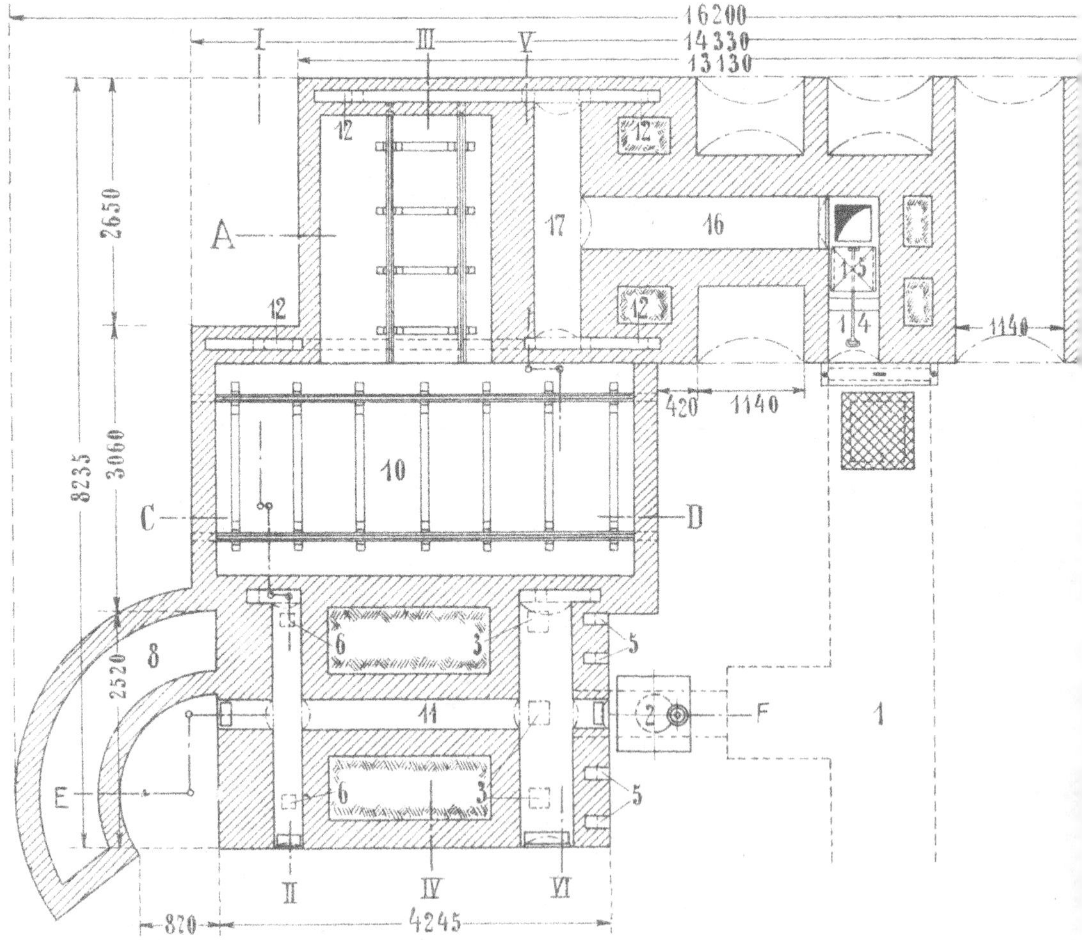

Lithographie u. Druck von A. Gaus & Co., München.

Fig. 8. Schnitt III-IV.

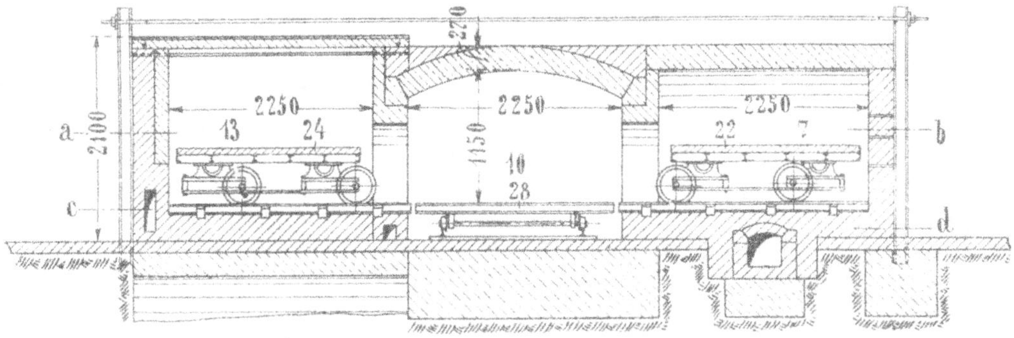

Fig. 10. Schnitt I-II.

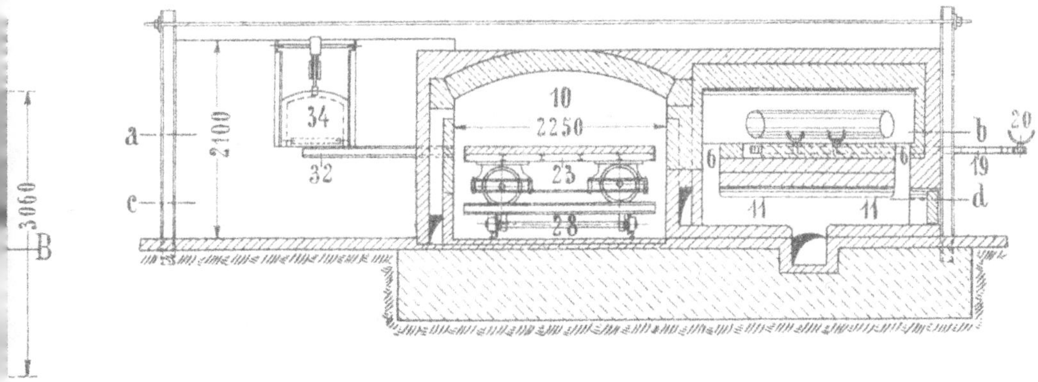

Fig. 11.

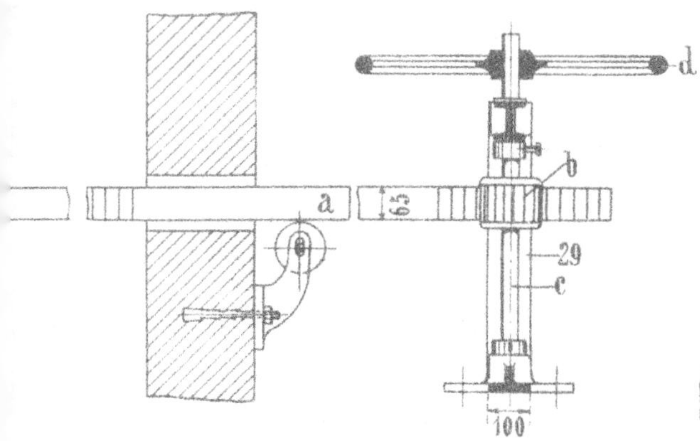

Fig. 12.

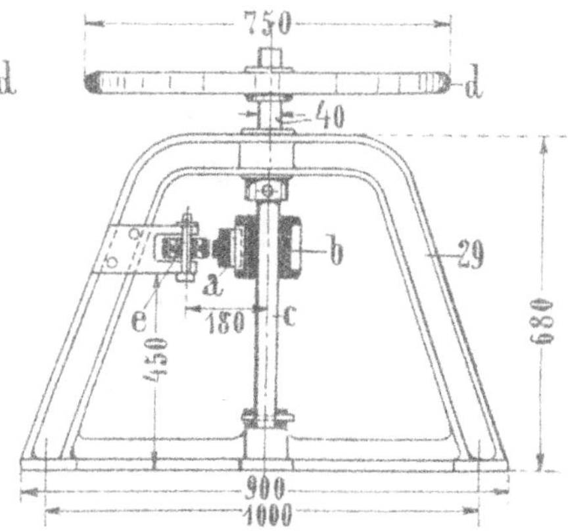

Verlag von R. Oldenbourg, München und Berlin.

www.ingramcontent.com/pod-product-compliance
Lightning Source LLC
LaVergne TN
LVHW081344011026
849161LV00013BB/3005